Beilsteins Handbuch der Organischen Chemie

Beilsteins Handbuch der Organischen Chemie

Vierte Auflage

Gesamtregister

für das Hauptwerk und die
Ergänzungswerke I, II, III und IV

Die Literatur bis 1959 umfassend

Herausgegeben vom
Beilstein-Institut für Literatur der Organischen Chemie
Frankfurt am Main

Sachregister für die Bände 17 und 18

Erster Teil

A—E

Springer-Verlag Berlin · Heidelberg · New York 1977

ISBN 3-540-08287-5 Springer-Verlag, Berlin · Heidelberg · New York
ISBN 0-387-08287-5 Springer-Verlag, New York · Heidelberg · Berlin

© by Springer-Verlag, Berlin · Heidelberg 1977
Library of Congress Catalog Card Number: 22−79
Printed in Germany

Satz, Druck und Bindearbeiten: Universitätsdruckerei H. Stürtz AG Würzburg

Verzeichnis der in systematischen Namen verwendeten Präfixe

Erläuterungen

B = Brückenpräfix (s. im Vorwort zum Sachregister).

L = Bezeichnung für einen Komplex-Liganden.

Z = Substitutionspräfix, dessen Vervielfachung durch die Affixe Bis-, Tris-, Tetrakis-
usw. gekennzeichnet wird.

Namen in *Kursivschrift* werden im Handbuch nicht mehr verwendet. Für die Verwendung
einzelner Präfixe gelten die folgenden Einschränkungen:

1 Nur unsubstituiert zu verwenden.

2 Nicht mit Kohlenstoff-Resten (d.h. Resten, deren freie Valenz sich an einem
Kohlenstoff-Atom befindet) substituierbar.

3 Im acyclischen Teil nicht mit Kohlenstoff-Resten substituierbar.

4 Nur an Ringatomen substituierbar.

5 Am Kohlenstoff-Gerüst nicht mit acyclischen Kohlenstoff-Resten substituierbar.

6 Nur am (an den) Heteroatom(en) substituierbar.

7 Am (an den) Heteroatom(en) nicht substituierbar.

8 Nur an Heteroatomen zugelassen.

9 Nur an Kohlenstoff-Atomen zugelassen.

Präfix	Formel	Bemerkungen
Acetamido	= Acetylamino	
Acetamino	= Acetylamino	
Acetimidoyl s. a. 1-Imino-äthyl	$-\overset{1}{C}(\overset{2}{C}H_3)=NH$	8
Acetoacetyl	$-\overset{1}{C}O-\overset{2}{C}H_2-\overset{3}{C}O-\overset{4}{C}H_3$	
Acetohydrazonoyl s. a. 1-Hydrazono-äthyl	$-C(CH_3)=N-NH_2$	8
Acetohydroximoyl s. a. 1-Hydroxyimino-äthyl	$-C(CH_3)=NOH$	7, 8
Acetonyl	$-\overset{1}{C}H_2-\overset{2}{C}O-\overset{3}{C}H_3$	5
Acetonyliden	$=CH-CO-CH_3$	5
Acetoxo	$O-CO-CH_3$	L
Acetoxomercurio	$-Hg-O-CO-CH_3$	Z
Acetoxy	$-O-CO-CH_3$	
Acetyl	$-\overset{1}{C}O-\overset{2}{C}H_3$	5
Acetylamino	$-NH-CO-CH_3$	Z
Acetylenyl	= Äthinyl	
Acetylimino	$=N-CO-CH_3$	Z
Acetylmercapto	$-S-CO-CH_3$	Z, 9
Acetylperoxy	$-O-O-CO-CH_3$	Z

Präfix	Formel	Bemerkungen
Acryloyl	$-CO-CH=CH_2$	
Adipoyl	$-CO-CH_2-CH_2-CH_2-CH_2-CO-$	
Äthandiyl	$-CH_2-CH_2-$	
Äthandiyldioxy	$-O-CH_2-CH_2-O-$	Z
Äthandiyliden	$=CH-CH=$	
Äthano	$-CH_2-CH_2-$	B
Äthanselenenyl s. a. Äthylseleno	$-Se-C_2H_5$	Z, 8
Äthanseleninyl	$-SeO-C_2H_5$	Z
Äthanselenonyl	$-SeO_2-C_2H_5$	Z
Äthansulfenyl s. a. Äthylmercapto	$-S-C_2H_5$	Z, 8
Äthansulfinyl	$-SO-C_2H_5$	Z
Äthansulfonyl	$-SO_2-C_2H_5$	Z
Äthantriyl	$-CH_2-CH{<}$	
Äthanylyliden	$-CH_2-CH=$	
Äthendiyl	$-CH=CH-$	
Ätheno	$-CH=CH-$	B
Äthensulfonyl	$=$ Äthylensulfonyl	
Äthenyl	$=$ Vinyl	
Äthindiyl	$-C{\equiv}C-$	
Äthinyl	$-C{\equiv}CH$	
Äthinylen	$=$ Äthindiyl	
Äthoxalyl	$=$ Äthoxyoxalyl	
Äthoxo	$O-C_2H_5$	L
Äthoxy	$-O-C_2H_5$	
Äthoxyarsinoyl	$-AsH(O)-OC_2H_5$	Z
Äthoxycarbimidoyl	$-C(OC_2H_5)=NH$	Z, 1
Äthoxycarbohydroximoyl	$-C(OC_2H_5)=NOH$	Z, 1
Äthoxycarbonyl	$-CO-OC_2H_5$	Z
Äthoxyoxalyl	$-CO-CO-OC_2H_5$	
Äthoxyphosphinoyl	$-PH(O)-OC_2H_5$	Z
Äthoxyphosphinyl	$=$ Äthoxyphosphinoyl	
Äthyl	$-C_2H_5$	
Äthylamino	$-NH-C_2H_5$	Z
Äthylazo	$-N=N-C_2H_5$	Z, 9
Äthyldisulfanyl	$-S-S-C_2H_5$	Z
Äthyldithio	$=$ Äthyldisulfanyl	
Äthylen	$=$ Äthandiyl	
Äthylendioxy	$=$ Äthandiyldioxy	
Äthylensulfonyl	$-SO_2-CH=CH_2$	Z
Äthyliden	$=CH-CH_3$	

Präfix	Formel	Bemerkungen
Äthylidendioxy	$-O-CH(CH_3)-O-$	Z
Äthylimino	$=N-C_2H_5$	Z
Äthylmercapto . . . . . . s. a. Äthansulfenyl	$-S-C_2H_5$	Z, 9
Äthylperoxy	$-O-O-C_2H_5$	Z
Äthylselanyl . . . . s. a. Äthanselenenyl	$-Se-C_2H_5$	Z, 9
Äthylsulfin	= Äthansulfinyl	
Äthylsulfinyl	= Äthansulfinyl	
Äthylsulfon	= Äthansulfonyl	
Äthylsulfonyl	= Äthansulfonyl	
Äthylthio	= Äthylmercapto	
Alanyl	$-CO-CH(NH_2)-CH_3$	5
β-Alanyl	$-CO-CH_2-CH_2-NH_2$	5
Allophanoyl	$-\overset{1}{C}O-\overset{2}{N}H-\overset{3}{C}O-\overset{4}{N}H_2$	
Allothreonyl	$-CO-CH(NH_2)-CH(OH)-CH_3$	5
Allyl	$-CH_2-CH=CH_2$	
Allyliden	$=CH-CH=CH_2$	
Aluminio	$-Al^{2+}$	
Amidino	= Carbamimidoyl	
Amido	NH_2	L
Amino	$-NH_2$	
Aminocarbonyl	= Carbamoyl	
Aminomercapto	= Aminosulfanyl	
Aminomethyl	$-CH_2-NH_2$	Z
Aminooxy	$-O-NH_2$	Z
Aminosulfanyl	$-S-NH_2$	
Ammonio	$-N\leqslant\ ]^+$	
Amyl	= Pentyl (oder Isopentyl)	
tert-*Amyl*	= *tert*-Pentyl	
Anilino	$-NH-C_6H_5$	
Anisidino z.B. *p*-Anisidino	$-NH-\langle\rangle-OCH_3$	6
Anisoyl	= Methoxybenzoyl	
Anisyl	= Methoxyphenyl oder Methoxybenzyl	
Anthracencarbonyl	$-CO-\langle\text{ring}\rangle$	Z
Anthrachinonyl	= 9,10-Dioxo-9,10-dihydro-anthryl	
Anthraniloyl	$-CO-\langle\text{ring}\rangle H_2N$	6
Anthroyl	= Anthracencarbonyl	
Anthryl z.B. [2]Anthryl	$\langle\text{ring}\rangle$	

Präfix	Formel	Bemer-kungen
Anthrylen	= Anthracendiyl	
Antimonio z. B. Antimonio (4+) . . .	$-Sb^{4+}$	
Arginyl	$\overset{\alpha}{-CO-CH(NH_2)}-[CH_2]_3\overset{\delta}{-NH}-\overset{\omega}{C(NH_2)}=\overset{\omega'}{NH}$	5
Arsa	bedeutet Austausch von CH gegen As	
Arseno	$-As=As-$	
Arsenoso	$-AsO$	
Arsinico	= Hydroxyarsoryl	
Arsino [1])	$-AsH_2$	
Arsinothioyl	= Thioarsinoyl	
Arsinoyl	$-AsH_2O$	
Arso	$-AsO_2$	
Arsonio	$-As\leqslant\,]^+$	
Arsono	$-AsO(OH)_2$	1
Arsonoso	= Hydroxyarsinoyl	
Arsoranyl	$-AsH_4$	
Arsoranyliden	$=AsH_3$	
Arsoryl	$-As(O)<$	
Asparaginyl	$-CO-\overset{\alpha}{CH(NH_2)}-CH_2-CO-\overset{\gamma}{NH_2}$	5
Aspartoyl	$-CO-CH(NH_2)-CH_2-CO-$	5
α-Aspartyl	$-CO-CH(NH_2)-CH_2-COOH$	5
β-Aspartyl	$-CO-CH_2-CH(NH_2)-COOH$	5
Atropoyl	$-CO-C(C_6H_5)=CH_2$	1
Aza	bedeutet Austausch von CH gegen N	
Azaäthano	$-NH-CH_2-$	B
8-Aza-bicyclo[3.2.1]octyl . . .	= Nortropanyl	
Azelaoyl	$-CO-[CH_2]_7-CO-$	1
Azido [2])	$-N_3$	
Azino . . . . s. a. Epazino	$=N-N=$	9
Azo . . . . s. a. Epazo	$-N=N-$	9
Azobenzolcarbonyl	= Phenylazobenzoyl	
Azonia	bedeutet Austausch von C gegen N^+	
Azoxy	$-N(O)=N-$	9
Behenoyl	= Docosanoyl	
Benzal	= Benzyliden	
Benzamido	= Benzoylamino	
Benzamino	= Benzoylamino	
Benzendiyl	= Phenylen	

[1]) Wird in zusammengesetzten Präfixen ebenso gehandhabt wie „Amino".
[2]) Wird in zusammengesetzten Präfixen ebenso gehandhabt wie „Chlor".

Präfix	Formel	Bemerkungen
o-Benzeno		B
Benzentriyl z. B. Benzen-1,2,4-triyl . .		
Benzhydryl	$-\overset{\alpha}{C}H(C_6H_5)_2$	3
Benzhydryliden	$=C(C_6H_5)_2$	
Benzidino	$-NH-\bigcirc-\bigcirc-NH_2$	
Benziloyl	$-CO-C(C_6H_5)_2-OH$	4
Benzimidoyl	$-C(C_6H_5)=NH$	8
Benz[e]indenyl	= Cyclopenta[a]naphthalinyl	
Benz[f]indenyl	= Cyclopenta[b]naphthalinyl	
Benzochinonyl	= Dioxo-cyclohexadienyl	
Benzo[...]dipyranyl	= Pyrano[...]chromenyl oder Pyrano[...]isochromenyl	
Benzohydrazonoyl	$-C(C_6H_5)=N-NH_2$	8
Benzohydroximoyl	$-C(C_6H_5)=NOH$	7, 8
Benzolazo	= Phenylazo und Phenyldiazeno	
Benzolazoxy	= Phenylazoxy	
Benzolsulfenyl . . . . . . s.a. Phenylmercapto	$-S-C_6H_5$	Z, 8
Benzolsulfinyl	$-SO-C_6H_5$	Z
Benzolsulfonyl	$-SO_2-C_6H_5$	Z
Benzo[b]pyranyl . . . . . (1-Benzopyranyl)	= Chromenyl	
Benzo[c]pyranyl . . . . . (2-Benzopyranyl)	= Isochromenyl	
Benzo[a]pyrenyl	= Benzo[def]chrysenyl	
Benzoyl [3])	$-CO-C_6H_5$	
Benzyl	$-CH_2-C_6H_5$	3
Benzylamino	$-NH-CH_2-C_6H_5$	Z, 3
Benzyliden	$=CH-C_6H_5$	3
Benzylidendioxy	$-O-CH(C_6H_5)-O-$	Z
Benzylidin (Benzylidyn) . . .	= Phenylmethantriyl oder Phenylmethanylyliden	
Benzylmercapto	$-S-CH_2-C_6H_5$	Z, 3, 9
Benzyloxy	$-O-CH_2-C_6H_5$	Z, 3
Benzyloxycarbonyl	$-CO-O-CH_2-C_6H_5$	Z, 3
Bibenzylyl z.B. Bibenzyl-3-yl, ...		Z
Bibenzyl-α-yl		
Bicyclo[2.2.1]heptyl	= Norbornyl	
Bicyclo[3.1.1]heptyl	= Norpinanyl	

[3]) Wird in zusammengesetzten Präfixen ebenso gehandhabt wie „Acetyl".

Präfix	Formel	Bemer-kungen
Bicyclo[4.1.0]heptyl	= Norcaranyl	
Bicyclohexylyl z. B. Bicyclohexyl-4-yl . .		Z
Binaphthylyl z. B. [2,2′]Binaphthyl-6-yl .		Z
Biphenylcarbonyl z. B. Biphenyl-4-carbonyl .	$-CO-$	Z
Biphenylyl z. B. Biphenyl-4-yl		Z
Biphenylylmethyl	= Phenylbenzyl	
Bismuta	bedeutet Austausch von CH gegen Bi	
Bismutino	$-BiH_2$	
Bismutio	$-Bi^{2+}$	
Bora	bedeutet Austausch von CH gegen B	
Boranyl	= Boryl	
Bornanyl z. B. Bornan-3-yl		5
Bornyl	und Spiegelbild	5
Borono	= Dihydroxyboryl	
Boryl	$-BH_2$	
Brassidinoyl	= Docos-13*t*-enoyl	
Brom [2])	$-Br$	
Bromo	Br	L
Butandiyl	$-CH_2-CH_2-CH_2-CH_2-$	
Butano	$-CH_2-CH_2-CH_2-CH_2-$	B
Butendioyl	$-CO-CH=CH-CO-$	
s.a. Maleoyl und Fumaroyl		
But-1-eno	$-CH=CH-CH_2-CH_2-$	B
But-2-eno	$-CH_2-CH=CH-CH_2-$	B
But-2-enoyl	= Crotonoyl	
But-3-enoyl	$-CO-CH_2-CH=CH_2$	
Butenyl z.B. But-2-enyl	$-CH_2-CH=CH-CH_3$	
Butoxy	$-O-CH_2-CH_2-CH_2-CH_3$	
sec-Butoxy	$-O-CH(CH_3)-CH_2-CH_3$	1
tert-Butoxy	$-O-C(CH_3)_3$	1
Butyl [4])	$-CH_2-CH_2-CH_2-CH_3$	
sec-Butyl [4])	$-CH(CH_3)-CH_2-CH_3$	1
tert-Butyl [4])	$-C(CH_3)_3$	1

[2]) s. S. VIII.

[4]) Wird in zusammengesetzten Präfixen ebenso gehandhabt wie „Äthyl".

Präfix	Formel	Bemerkungen
Butyliden	$=CH–CH_2–CH_2–CH_3$	
Butyloxy	= Butoxy	
Butyryl[3])	$–CO–CH_2–CH_2–CH_3$	
Camphanyl	= Bornanyl	
Campheroyl	= 1,2,2-Trimethyl-cyclopentan-1,3-dicarbonyl	
Campheryl	= 2-Oxo-bornanyl	
Camphoroyl	= 1,2,2-Trimethyl-cyclopentan-1,3-dicarbonyl	
Camphoryl	= 2-Oxo-bornanyl	
Caprinoyl	= Decanoyl	
Caproyl	= Hexanoyl	
Capryloyl	= Octanoyl	
Caranyl z. B. Caran-5-yl		5
Carbäthoxy	= Äthoxycarbonyl	
Carbamido	= Ureido	
Carbamimidoyl	$–C(NH_2)=NH$	
Carbamimidoylamino . . .	= Guanidino	
Carbamoyl[5])	$–CO–NH_2$	
Carbamoylacetyl	= Malonamoyl	
Carbamoylamino	= Ureido	
Carbamoylcarbamoyl	= Allophanoyl	
Carbanilino	= Phenylcarbamoyl	
Carbaniloyl	= Phenylcarbamoyl	
Carbazido	= Carbonohydrazido	
Carbazoyl	$\overset{1}{-C}O–\overset{2}{N}H–\overset{3}{N}H_2$	
Carbimidoyl	$–C(=NH)–$	7
Carbobenzoxy	= Benzyloxycarbonyl	
Carbonohydrazido	$-\overset{1}{N}H–\overset{2}{N}H–\overset{3}{C}O–\overset{4}{N}H–\overset{5}{N}H_2$	Z
Carbonyl	$–CO–$	
Carbonyldioxy	$–O–CO–O–$	Z
Carboxy	$–COOH$	1
Carboxyacetyl	$–CO–CH_2–COOH$	Z
Carboxyamino	$–NH–COOH$	Z
Carboxymercapto	$–S–COOH$	Z, 9
Carboxymethyl	$–CH_2–COOH$	Z

[3]) s. S. IX.
[5]) Wird in zusammengesetzten Präfixen ebenso gehandhabt wie „Carboxy".

Präfix	Formel	Bemerkungen
Carboxyoxy	–O–COOH	Z
Carvacryl	= 5-Isopropyl-2-methyl-phenyl	
Caryl	= Caranyl	
Cetyl	= Hexadecyl	
Chinolyl (Chinolinyl) z.B. [3]Chinolyl		
Chlor	–Cl	
Chloramino	–NH–Cl	Z
Chlorarsinoyl	–AsH(O)–Cl	Z
Chlorcarbonyl	–CO–Cl	Z
Chlorformyl	= Chlorcarbonyl	
Chlor-hydroxy-arsino	= Chlorarsinoyl	
Chlor-hydroxy-phosphino . . .	= Chlorphosphinoyl	
Chlormercapto	= Chlorsulfanyl	
Chlormethyl	–CH$_2$–Cl	Z
Chlormethyl-amino	–NH–CH$_2$Cl	Z
Chlor-methyl-amino	–N(Cl)–CH$_3$	Z
Chloro	Cl	L
Chloromercurio	–HgCl	Z
Chlorosyl	–ClO	
Chlorphosphinoyl	–PH(O)–Cl	Z
Chlorsulfanyl	–SCl	Z
Chlorsulfinyl	–SO–Cl	Z
Chlorsulfonyl	–SO$_2$–Cl	Z
Chloryl	–ClO$_2$	
Cholesteryl	–(C$_{27}$H$_{45}$)	1
Chroma	bedeutet Austausch von CH$_2$ gegen Cr	
Chromanyl		
Chromenyl z. B. 2*H*-Chromen-2-yl . .		
Cinnamoyl	$-CO-\overset{\alpha}{C}H=\overset{\beta}{C}H-C_6H_5$	3
Cinnamyl	$-\overset{\alpha}{C}H_2-\overset{\beta}{C}H=\overset{\gamma}{C}H-C_6H_5$	3
Cinnamyliden	=CH–CH=CH–C$_6$H$_5$	3
Citraconoyl	= Methylmaleoyl	
Citronellyl	= 3,7-Dimethyl-oct-6-enyl	
Citryl	= Geranyl und Neryl	
Cresyl	= Hydroxy-methyl-phenyl oder Tolyl	
Crotonoyl	–CO–CH=CH–CH$_3$	
Crotyl	= But-2-enyl	
Cumarinyl	= 2-Oxo-2*H*-chromenyl	

Präfix	Formel	Bemer-kungen
Cumaronyl	= Benzofuranyl	
Cumenyl	= Isopropylphenyl	
Cyan [5])	–CN	
Cyanato	–OCN	
Cyano	CN	L
Cyclobutyl	⟨□⟩	
Cyclohexadienyl z. B. Cyclohexa-2,5-dienyl .	⟨⬡⟩	
Cyclohexancarbonyl	–CO–⟨⬡⟩	Z
Cyclohexandiyl z. B. Cyclohexan-1,2-diyl .	⟨⬡⟩	
Cyclohexenyl z. B. Cyclohex-2-enyl . . .	⟨⬡⟩	
Cyclohexyl	⟨⬡⟩	
Cyclohexylcarbonyl	= Cyclohexancarbonyl	
Cyclohexyliden	=⟨⬡⟩	
Cyclopentano	⟨⬠⟩	B
Cyclopentyl	⟨⬠⟩	
Cymyl	= Isopropyl-methyl-phenyl	
Cysteinyl	$-CO-CH(NH_2)-CH_2SH$	5
Cysteyl	$-CO-CH(NH_2)-CH_2-SO_2OH$	5
Cystyl	$-CO-CH(NH_2)-CH_2-S$ $\|$ $-CO-CH(NH_2)-CH_2-S$	5
Decandioyl . . . . s. a. Sebacoyl	$-CO-[CH_2]_8-CO-$	
Decanoyl	$-CO-[CH_2]_8-CH_3$	
Decyl	$-CH_2-[CH_2]_8-CH_3$	
6-Desoxy-galactosyl	= Fucosyl	
6-Desoxy-mannosyl	= Rhamnosyl	
Desyl	= α'-Oxo-bibenzyl-α-yl	
Deuterio	–D	
Diacetoxojod	$-I(O-CO-CH_3)_2$	Z
Diacetylamino	$-N(CO-CH_3)_2$	Z
Diäthoxyarsoryl	$-AsO(OC_2H_5)_2$	Z
Diäthoxyphosphoryl	$-PO(OC_2H_5)_2$	Z
Diäthoxythiophosphoryl . . .	$-PS(OC_2H_5)_2$	Z
Diäthylamino	$-N(C_2H_5)_2$	Z
Diäthylaminomethyl	$-CH_2-N(C_2H_5)_2$	Z
Diarsanyl	$-AsH-AsH_2$	Z

[5]) s. S. XI.

Präfix	Formel	Bemerkungen
Diarsinyl	= Diarsanyl	
Diazeno	$-N=NH$	Z, 8
[1,3]Diazetidinyl	= Uretidinyl	
Diazo	$=N\equiv N$	Z
Diazoamino	= Triazen-1,3-diyl	
Diazonio	$-N_2^+$	Z
Dibenz[a,c]anthracenyl	= Benzo[b]triphenylenyl	
Dibenzo[...]pyranyl	= Benzo[...]chromenyl	
Diboran(6)-yl	$-B_2H_5$	Z
Dichloroaluminio	$-AlCl_2$	Z
Dichlorobismutio	$-BiCl_2$	Z
Dichlorojod	$-ICl_2$	Z
Dichlorphosphoryl	$-POCl_2$	Z
Diglycyl	$-CO-CH_2-NH-CO-CH_2-NH_2$	Z, 1
1,3-Dihydro-isobenzofuranyl .	= Phthalanyl	
Dihydroxyarsino	= Hydroxyarsinoyl	
2,4-Dihydroxy-3,3-dimethyl-butyryl	= Pantoyl	
Dihydroxyphosphino	= Hydroxyphosphinoyl	
Dioxy	= Peroxy	
1,2-Diphenyl-äthyl	= Bibenzyl-α-yl	
Diphenylmethyl	= Benzhydryl	
1,2-Diphenyl-vinyl	= Stilben-α-yl	
Diphosphanyl	$-PH-PH_2$	Z
Diphosphenyl	$-P=PH$	Z
Diphosphinyl	= Diphosphanyl	
Diphosphoryl	$>P(O)-O-P(O)<$	
Diplumbanyl	$-PbH_2-PbH_3$	Z
Diselandiyl	$-Se-Se-$	
Diselanyl	$-Se-SeH$	Z
Diselenido	$Se-Se$	L
Disilanyl	$-SiH_2-SiH_3$	Z
Distannanyl	$-SnH_2-SnH_3$	Z
Distibanyl	$-SbH-SbH_2$	Z
Disulfandiyl . . . . s. a. Disulfido	$-S-S-$	
Disulfanyl	$-S-SH$	Z
Disulfido	$S-S$	L
Disulfuryl	$-SO_2-O-SO_2-$	
Dithiocarboxy	$-CSSH$	Z, 1
Dodecanoyl . . . . s. a. Lauroyl	$-CO-[CH_2]_{10}-CH_3$	

Präfix	Formel	Bemer-kungen
Elaidoyl	$-CO-[CH_2]_7-C\overset{\underset{\displaystyle H}{\parallel}}{C}-[CH_2]_7-CH_3$	1
Epazino	=N–N=	B
Epazo	–N=N–	B
Epibornyl	H$_3$C–⟨CH$_3$⟩CH$_3$ und Spiegelbild	5
Epidioxido	–O–O–	B
Epidioxy	–O–O–	
Epidisulfido	–S–S–	B
Epiisobornyl	H$_3$C–⟨CH$_3$⟩CH$_3$ und Spiegelbild	5
Epimino	–NH–	B
Episelenido	–Se–	B
Episeleno	–Se–	
Episulfido	–S–	B
Episulfinyl	–S(O)–	
Episulfonyl	–SO$_2$–	
Epithio . . . . s. a. Sulfandiyl	–S–	
Epoxido	–O–	B
Epoxy	–O–	
Epoxyäthyl	= Oxiranyl	
Epoxymethano	= Oxaäthano	
Erucaoyl	= Docos-13c-enoyl	
Farnesyl	= 3,7,11-Trimethyl-dodeca-2,6,10-trienyl	
Flavanyl	= 2-Phenyl-chromanyl	
Flavenyl	= 2-Phenyl-chromenyl	
Fluor [2])	–F	
Fluoro	F	L
Formamido	= Formylamino	
Formamino	= Formylamino	
Formazano z.B. [5]Formazano	$-\overset{5}{N}H-\overset{4}{N}=\overset{3}{C}H-\overset{2}{N}=\overset{1}{N}H$	
Formazanyl	$-C(\overset{1}{N}=NH)=\overset{5}{N}-NH_2$	
Formazyl	= 1,5-Diphenyl-formazanyl	
Formimidoyl	–CH=NH	6, 8
Formohydrazonoyl	–CH=N–NH$_2$	1, 8
Formohydroximoyl	–CH=NOH	1, 8

[2]) s. S. VIII.

Präfix	Formel	Bemer-kungen
Formyl[3])	–CHO	1
Fumaroyl		
Furancarbonyl z. B. Furan-2-carbonyl . .		Z
Furano	= Furo[. . .]ätheno	
Furfuryl		3
Furfuryliden		3
Furo[. . .]ätheno z. B. Furo[3,4]ätheno . . .		B
Furo[. . .]buteno z. B. Furo[2,3]but-1-eno .		B
Furo[. . .]propeno z. B. Furo[3,2]propeno . .		B
Furoyl	= Furancarbonyl	
Furyl z. B. [2]Furyl		
Galloyl		1
Gentisoyl	= 2,5-Dihydroxy-benzoyl	
Geranyl		1
Germa	bedeutet Austausch von C gegen Ge	
Germanyl	= Germyl	
Germyl	–GeH$_3$	
Glucityl z. B. D-Glucit-3-yl	Formel I	
Glucityliden z. B. D-Glucit-1-yliden . . .	Formel II	
Glucofuranosyl z. B. D-Glucofuranosyl . . .	Formel III	
Gluconoyl z. B. D-Gluconoyl	Formel IV	
Glucopyranosyl z. B. D-Glucopyranosyl . .	Formel V	
D-*Glucopyranuronosyl*	= (5S)-5-Carboxy-D-xylopyranosyl	
Glucoseyl z. B. D-Glucose-4-yl	Formel VI	

[3]) s. S. IX.

Präfix	Formel	Bemer-kungen
Glucosyl . . . . s. a. Glucofuranosyl und Glucopyranosyl	$-(C_6H_{11}O_5)$	
Glucuronoyl z. B. D-Glucopyranuronoyl .	Formel VII	
Glutaminyl	$\overset{\alpha}{-CO-CH(NH_2)}-CH_2-CH_2-\overset{\delta}{CO}-NH_2$	5
Glutamoyl.	$-CO-CH(NH_2)-CH_2-CH_2-CO-$	5
α-Glutamyl	$-CO-CH(NH_2)-CH_2-CH_2-COOH$	5
γ-Glutamyl	$-CO-CH_2-CH_2-CH(NH_2)-COOH$	5
Glutaryl.	$-CO-CH_2-CH_2-CH_2-CO-$	
Glyceroyl	$-CO-CH(OH)-CH_2-OH$	1
Glyceryl	= Propan-1,2,3-triyl	
Glycidyl	= 2,3-Epoxy-propyl = Oxiranylmethyl	
Glycyl	$-CO-CH_2-NH_2$	5
Glykoloyl	$-CO-CH_2-OH$	1
Glyoxyloyl.	$-CO-CHO$	5
Guanidino.	$-NH-C(NH_2)=NH$	
Guanyl	= Carbamimidoyl	
Heptandioyl . . . . s. a. Pimeloyl	$-CO-[CH_2]_5-CO-$	
Heptanoyl.	$-CO-[CH_2]_5-CH_3$	
Heptyl	$-CH_2-[CH_2]_5-CH_3$	
Hexadecanoyl . . . . . . s. a. Palmitoyl	$-CO-[CH_2]_{14}-CH_3$	
Hexahydrobenzoyl.	= Cyclohexancarbonyl	
Hexamethylen	= Hexandiyl	
Hexandioyl.	= Adipoyl	
Hexandiyl.	$-[CH_2]_6-$	
Hexanoyl	$-CO-[CH_2]_4-CH_3$	
Hexyl.	$-CH_2-[CH_2]_4-CH_3$	
Hexyliden	$=CH-[CH_2]_4-CH_3$	
Hippuroyl.	$-CO-CH_2-NH-CO-C_6H_5$	1
Histidyl	$-CO-CH(NH_2)-CH_2-\overset{H}{\underset{N}{\langle}}$	4, 6
Homocysteinyl.	$-CO-CH(NH_2)-CH_2-CH_2-SH$	5

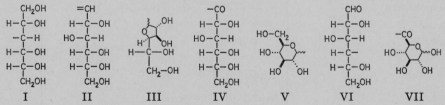

I   II   III   IV   V   VI   VII

Präfix	Formel	Bemerkungen
Homopiperonyl	$-CH_2-CH_2-$	1
Homoseryl.	$-CO-CH(NH_2)-CH_2-CH_2-OH$	5
Homoveratryl.	= 3,4-Dimethoxy-phenäthyl	
Hydantoyl.	$-\overset{1}{C}O-\overset{2}{C}H_2-\overset{3}{N}H-\overset{4}{C}O-\overset{5}{N}H_2$	
Hydracryloyl	= 3-Hydroxy-propionyl	
Hydratropoyl	= 2-Phenyl-propionyl	
Hydrazincarbonyl	= Carbazoyl	
Hydrazino	$-NH-NH_2$	
Hydrazono.	$=N-NH_2$	
1-Hydrazono-äthyl	$-C(CH_3)=N-NH_2$	Z, 9
s. a. Acetohydrazonoyl		
Hydrindyl	= Indanyl	
Hydrocinnamoyl	= 3-Phenyl-propionyl	
Hydroperoxy.	$-O-OH$	1
Hydroseleno	$-SeH$	1
Hydrotelluro	$-TeH$	1
Hydroxo	OH	L
Hydroxy	$-OH$	1
Hydroxyamino	$-NH-OH$	Z
Hydroxyarsoryl	$>AsO(OH)$	Z
Hydroxy-diphenyl-acetyl . . .	= Benziloyl	
Hydroxyimino	$=NOH$	Z
1-Hydroxyimino-äthyl . . .	$-C(CH_3)=NOH$	Z, 9
s. a. Acetohydroximoyl		
Hydroxylamino.	= Hydroxyamino	
Hydroxymercapto	= Sulfeno	
Hydroxymethyl	$-CH_2-OH$	Z
Hydroxy-phenyl-acetyl	= Mandeloyl	
Hydroxyphosphinyl	= Phosphinoyl	
Hydroxyphosphoryl.	$>PO(OH)$	Z
Imido	NH	L
Imino	$=NH, -NH-$	
s. a. Epimino		
1-Imino-äthyl	$-C(CH_3)=NH$	Z, 9
s. a. Acetimidoyl		
Iminomethano	= Azaäthano	
Imonio	$=N< \ ]^+$	
Isoamyl	= Isopentyl	
Isobornyl	H_3C- und Spiegelbild	5
Isobutenyl	= 2-Methyl-propenyl	

Präfix	Formel	Bemerkungen
Isobutoxy	$-O-CH_2-CH(CH_3)_2$	2
Isobutyl[4])	$\overset{\alpha}{-CH_2}-\overset{\beta}{CH}(\overset{\gamma,\gamma'}{CH_3})_2$	2
Isobutyloxy	= Isobutoxy	
Isobutyryl[3])	$-CO-\overset{\alpha}{CH}(\overset{\beta,\beta'}{CH_3})_2$	2
Isochinolyl (Isochinolinyl) z. B. [3]Isochinolyl		
Isochromanyl		
Isochromenyl z. B. 1H-Isochromen-6-yl .		
Isocrotonoyl	= *cis*-Crotonoyl	
Isocumarinyl	= 1-Oxo-1H-isochromenyl	
Isocyan	$-NC$	
Isocyanato	$-NCO$	
Isoflavanyl	= 3-Phenyl-chromanyl	
Isoflavenyl	= 3-Phenyl-chromenyl	
Isohexyl	$-CH_2-CH_2-CH_2-CH(CH_3)_2$	1
Isoleucyl	$-CO-CH(NH_2)-CH(CH_3)-CH_2-CH_3$	5
Isomenthyl	und Spiegelbild	2
Isonicotinoyl		
Isonitramino	$-N(O)=N-OH$ und Tautomere	
Isonitroso	= Hydroxyimino	
Isopentyl	$-CH_2-CH_2-CH(CH_3)_2$	1
Isophthaloyl		
Isopropenyl	$-C(CH_3)=CH_2$	1
Isopropoxy	$-O-CH(CH_3)_2$	2
Isopropyl[4])	$-\overset{\alpha}{CH}(\overset{\beta,\beta'}{CH_3})_2$	2
Isopropyliden	$=C(CH_3)_2$	2
Isopropyloxy	= Isopropoxy	
Isoselenocyanato	$-NCSe$	
Isosemicarbazido	= [Hydrazono-hydroxy-methyl]-amino oder N'-[Amino-hydroxy-methylen]-hydrazino	
Isothiocyanato	$-NCS$	
Isothioureido	$-NH-C(SH)=NH$	
Isoureido	$-NH-C(OH)=NH$	

[3]) s. S. IX.
[4]) s. S. X.

Präfix	Formel	Bemerkungen
Isovaleryl	$-CO-\overset{\alpha}{CH_2}-\overset{\beta}{CH}(\overset{\gamma,\gamma'}{CH_3})_2$	2
Isovalyl	$-CO-C(NH_2)(CH_3)-CH_2-CH_3$	6
Itaconoyl	= Methylensuccinyl	
Jod [2])	$-I$	
Joda	bedeutet Austausch von CH gegen I	
Jodo	I	L
Jodonio	$>I^+$	
Jodoso	= Jodosyl	
Jodosyl	$-IO$	
Jodoxy	= Jodyl	
Jodyl	$-IO_2$	
Kakodyl	= Dimethylarsino	
Keto	= Oxo	
Kresyl	= Hydroxy-methyl-phenyl oder Tolyl	
Lactoyl	$-CO-CH(OH)-CH_3$	5, 7
Lävulinoyl	$-CO-CH_2-CH_2-CO-CH_3$	1
Lanthionyl	$-CO-CH(NH_2)-CH_2-S-CH_2-CH(NH_2)-CO-$	5
Lauroyl s. a. Dodecanoyl	$-CO-[CH_2]_{10}-CH_3$	1
Leucyl	$-CO-CH(NH_2)-CH_2-CH(CH_3)_2$	5
Lignoceroyl	= Tetracosanoyl	
Linalyl	$H_2C=CH$ $\quad\quad CH_3$ $\quad -C-CH_2-CH_2-CH=C$ $H_3C \quad\quad\quad CH_3$	1
Linolenoyl	$-CO-[CH_2]_6-CH_2$ ... CH_2-CH_3	1
Linoloyl	$-CO-[CH_2]_6-CH_2$ ... $CH_2-[CH_2]_3-CH_3$	1
Lysyl	$-CO-\overset{\alpha}{CH}(NH_2)-[CH_2]_4-\overset{\varepsilon}{NH_2}$	5
Magnesio	$-Mg^+$	
Maleinimido		
Maleoyl		
Malonamoyl	$-CO-CH_2-CO-NH_2$	
Malonyl	$-CO-CH_2-CO-$	

---
[2]) s. S. VIII.

Präfix	Formel	Bemerkungen
Maloyl	$-CO-CH(OH)-CH_2-CO-$	1
Mandeloyl	$-CO-CH(OH)-C_6H_5$	4
Menthanyl z. B. p-Menthan-2-yl . . .		2
Menthyl	und Spiegelbild	2
Mercapto	$-SH$	
Mercura	bedeutet Austausch von CH_2 gegen Hg	
Mercurio	$-Hg^+$	
Mesaconoyl	= Methylfumaroyl	
Mesidino	= 2,4,6-Trimethyl-anilino	
Mesityl		1
Mesoxal	$-CO-CO-COOH$	
Mesoxalyl	$-CO-CO-CO-$	
Mesyl	= Methansulfonyl	
Methacryloyl	$-CO-C(CH_3)=CH_2$	1
Methallyl	$-CH_2-C(CH_3)=CH_2$	1
Methandiyl	$-CH_2-$	
Methano	$-CH_2-$	B
Methanoxymethano	= [2]Oxapropano	
Methansulfenyl . . . . . . s. a. Methylmercapto	$-S-CH_3$	Z, 8
Methansulfinyl	$-SO-CH_3$	Z
Methansulfonyl	$-SO_2-CH_3$	Z
Methantetrayl	$>C<$	
Methantriyl	$>CH-$	
Methanylyliden	$=CH-$	
Metheno	$=CH-$	B
Methionyl	$-CO-CH(NH_2)-CH_2-CH_2-S-CH_3$	5
Methoxalyl	= Methoxyoxalyl	
Methoxy[6])	$-O-CH_3$	
Methyl[4])	$-CH_3$	
Methylbenzoyl	= Toluoyl	
α-*Methyl-benzyl*	= 1-Phenyl-äthyl	
Methylen	$=CH_2$	
α-*Methylen-benzyl*	= 1-Phenyl-vinyl	
Methylendioxy	$-O-CH_2-O-$	Z

[4]) s. S. X.
[6]) Wird in zusammengesetzten Präfixen ebenso gehandhabt wie „Äthoxy".

Präfix	Formel	Bemer-kungen
N-*Methyl-glycyl*	= Sarkosyl	
Methylidin (Methylidyn) . . .	= Methantriyl oder Methanylyliden	
Methylmercapto	$-S-CH_3$	Z, 9
Methylol	= Hydroxymethyl	
Methylsulfin	= Methansulfinyl	
Methylsulfon	= Methansulfonyl	
Methylthio	= Methylmercapto	
Morpholino		
Morpholinyl z.B. Morpholin-2-yl		
Myristoyl . . . . s. a. Tetradecanoyl	$-CO-[CH_2]_{12}-CH_3$	1
Naphthalinazo	= Naphthylazo	
Naphthalincarbonyl z. B. 2*H*-Naphthalin- 4a-carbonyl . . . . . s. a. Naphthoyl		Z
Naphthalindiyl z.B. Naphthalin-1,2-diyl . .		
Naphthionyl		1
Naphtho[...]*pyranyl*	= Benzo[...]chromenyl oder Benzo[...]isochromenyl	
Naphthoyl z.B. [1]Naphthoyl		
Naphthyl[7]) z.B. [2]Naphthyl oder 4*H*-[4a]Naphthyl . . .	bzw.	
Naphthylen	= Naphthalindiyl	
Naphthyliden z.B. 1*H*-[2]Naphthyliden .		
Naphthyloxy	$-O-(C_{10}H_7)$	Z
Neoisomenthyl	und Spiegelbild	2
Neomenthyl	und Spiegelbild	2
Neopentyl	$-CH_2-C(CH_3)_3$	1
Neryl		1

---

[7]) Wird in zusammengesetzten Präfixen ebenso gehandhabt wie „Phenyl".

Präfix	Formel	Bemer-kungen
Nicotinoyl	$-CO-$ ⟨ring⟩	
Nipecotoyl	= Piperidin-3-carbonyl	
Nitramino	= Nitroamino	
Nitrato	NO_3	L
Nitrido	N	L
Nitrilo	$>N-$	
Nitrimino	= Nitroimino	
Nitro	$-NO_2$	
aci-Nitro	$=NOOH$	
Nitroamino	$-NH-NO_2$	Z
Nitroimino	$=N-NO_2$	Z
Nitrosimino	= Nitrosoimino	
Nitroso	$-NO$	
Nitrosoimino	$=N-NO$	Z
Nitrosyloxy	$-O-NO$	Z
Nitryloxy	$-O-NO_2$	Z
Nonandioyl . . . . s.a. Azelaoyl	$-CO-[CH_2]_7-CO-$	
Nonanoyl	$-CO-[CH_2]_7-CH_3$	
Nonyl	$-CH_2-[CH_2]_7-CH_3$	
Norbornyl z.B. [2]Norbornyl	⟨structure⟩	
Norcaranyl z. B. Norcaran-2-yl	⟨structure⟩	
Norcaryl	= Norcaranyl	
Norleucyl	$-CO-CH(NH_2)-[CH_2]_3-CH_3$	5
Norpinanyl z. B. Norpinan-3-yl	⟨structure⟩	
Nortropanyl z. B. Nortropan-3-yl . . .	⟨structure⟩	
Nortropyl	= Nortropanyl	
Norvalyl	$-CO-CH(NH_2)-CH_2-CH_2-CH_3$	5
Octadecanoyl . . . . . . s.a. Stearoyl	$-CO-[CH_2]_{16}-CH_3$	
Octamethylen	= Octandiyl	
Octandioyl . . . . s.a. Suberoyl	$-CO-[CH_2]_6-CO-$	
Octandiyl	$-[CH_2]_8-$	
Octanoyl	$-CO-[CH_2]_6-CH_3$	
Octyl	$-CH_2-[CH_2]_6-CH_3$	

Präfix	Formel	Bemer-kungen
Önanthoyl	= Heptanoyl	
Oleoyl	$-CO-[CH_2]_6-CH_2 \overset{H}{\underset{}{C}}=\overset{H}{\underset{}{C}} CH_2-[CH_2]_6-CH_3$	1
Oleyl	= Octadec-9c-enyl	
Ornithyl	$-CO-\overset{\alpha}{C}H(NH_2)-[CH_2]_3-\overset{\delta}{N}H_2$	5
Osma	bedeutet Austausch von CH_2 gegen Os	
Oxa	bedeutet Austausch von CH_2 gegen O	
Oxaäthano	$-O-CH_2-$	B
Oxal	= Hydroxyoxalyl	
Oxalacetyl	$-CO-CH_2-CO-CO-$	
Oxalyl	$-CO-CO-$	
Oxamoyl	= Aminooxalyl	
Oxapropano z.B. [2]Oxapropano	$-CH_2-O-CH_2-$	B
Oxido	= Epoxy oder Epoxido	
Oximino	= Hydroxyimino	
Oxo	=O	
Oxo	O	L
3-Oxo-butyryl	= Acetoacetyl	
Oxonia	bedeutet Austausch von CH gegen O+	
Oxonio	$-O<]^+$	
3-Oxo-phthalan-1-yl	= Phthalidyl	
2-Oxo-propionyl	= Pyruvoyl	
Oxy . . . . s.a. Epoxy und Hydroxy	$-O-$	
Palmitoyl . . . . s.a. Hexadecanoyl	$-CO-[CH_2]_{14}-CH_3$	1
Pantoyl	$-CO-CH(OH)-C(CH_3)_2-CH_2-OH$	1
Pelargonoyl	= Nonanoyl	
Pentamethylen	= Pentandiyl	
Pentandioyl	= Glutaryl	
Pentandiyl	$-[CH_2]_5-$	
Pentyl[4])	$-CH_2-CH_2-CH_2-CH_2-CH_3$	
tert-Pentyl[4])	$-C(CH_3)_2-CH_2-CH_3$	1
Peroxido	= Epidioxy oder Epidioxido	
Peroxo	O-O	L
Peroxy	$-O-O-$	
Phenacyl	$-\overset{\alpha}{C}H_2-CO-C_6H_5$	3

---

[4]) s. S. X.

Präfix	Formel	Bemerkungen
Phenäthyl	$-\overset{\alpha}{CH_2}-\overset{\beta}{CH_2}-C_6H_5$	3
Phenäthylphenyl	= Bibenzylyl	
Phenanthryl z.B. [2]Phenanthryl . . .		
Phenetidino z.B. *p*-Phenetidino	$-NH-\langle\bigcirc\rangle-O-C_2H_5$	6
Phenoxy [6])	$-O-C_6H_5$	
Phenyl	$-C_6H_5$	
Phenylacetyl.	$-CO-CH_2-C_6H_5$	Z
Phenylalanyl	$-CO-CH(NH_2)-CH_2-C_6H_5$	4, 6
Phenylazo . . . . s. a. Phenyldiazeno	$-N=N-C_6H_5$	Z, 9
Phenylazobenzoyl.	$-CO-C_6H_4-N=N-C_6H_5$	Z
Phenylazoxy . . . . z.B. *NNO*-Phenylazoxy . .	$-(N_2O)-C_6H_5$ $-N(O)=N-C_6H_5$	Z
Phenylbenzoyl	= Biphenylcarbonyl	
Phenylcarbamoyl.	$-CO-NH-C_6H_5$	Z
Phenyldiazeno	$-N=N-C_6H_5$	Z, 8
Phenyldisulfanyl	$-S-S-C_6H_5$	Z
Phenyldithio	= Phenyldisulfanyl	
Phenylen z.B. *o*-Phenylen . . . . . s. a. *o*-Benzeno		
Phenylhydrazino	= *N'*-Phenyl-hydrazino	
N'-Phenyl-hydrazino	$-NH-NH-C_6H_5$	Z
Phenylhydrazono	$=N-NH-C_6H_5$	Z
Phenylimino	$=N-C_6H_5$	Z
Phenylmercapto . . . . . s. a. Benzolsulfenyl	$-S-C_6H_5$	Z, 9
α-*Phenyl-phenäthyl*	= Bibenzyl-α-yl	
Phenylsulfamoyl	$-SO_2-NH-C_6H_5$	Z
Phenylsulfin	= Benzolsulfinyl	
Phenylsulfinyl	= Benzolsulfinyl	
Phenylsulfon	= Benzolsulfonyl	
Phenylsulfonyl	= Benzolsulfonyl	
Phenylthio	= Phenylmercapto	
Phospha	bedeutet Austausch von CH gegen P	
Phosphino [1])	$-PH_2$	
Phosphinothioyl	= Thiophosphinoyl	
Phosphinoyl	$-PH_2O$	
Phosphinyl	= Phosphinoyl	

[1]) s. S. VIII.
[6]) s S. XXI.

Präfix	Formel	Bemer-kungen
Phospho.	$-PO_2$	
Phosphonia	bedeutet Austausch von C gegen P+	
Phosphonio	$-P\leqslant]^+$	
Phosphono.	$-PO(OH)_2$	1
Phosphonooxy	$-O-PO(OH)_2$	Z, 1
Phosphoranyl	$-PH_4$	
Phosphoranyliden.	$=PH_3$	
Phosphoro	= Diphosphenyl	
Phosphoroso.	$-PO$	
Phosphoryl	$-P(O)<$	
Phthalamoyl.		
Phthalanyl z.B. Phthalan-5-yl		
Phthalidyl		1
Phthalimido		
Phthaloyl		
Phytyl		1
Pikryl.		1
Pikrylamino	= 2,4,6-Trinitro-anilino	
Pimeloyl. . . . . s.a. Heptandioyl	$-CO-[CH_2]_5-CO-$	1
Pinanyl z.B. Pinan-4-yl		5
Pipecoloyl.		1
Piperidino		
Piperidyl (Piperidinyl) z.B. [4]Piperidyl		
Piperinoyl.		1
Piperonoyl. . . . . s.a. Piperonyloyl	= Benzo[1,3]dioxol-5-carbonyl	

Präfix	Formel	Bemerkungen
Piperonyl	$-CH_2-$	1
Piperonyliden	$=CH-$	1
Piperonyloyl.	$-CO-$	1
Pivaloyl.	$-CO-C(CH_3)_3$	1
Plumbio(3+)	$-Pb^{3+}$	
Plumbyl.	$-PbH_3$	
Prolyl.	$-CO-$	
Propandiyl.	$-CH_2-CH_2-CH_2-$	
Propano.	$-CH_2-CH_2-CH_2-$	B
Propansulfonyl z.B. Propan-2-sulfonyl . .	$-SO_2-CH(CH_3)_2$	Z
Propargyl	= Prop-2-inyl	
Propeno.	$-CH=CH-CH_2-$	B
Propenoyl	= Acryloyl	
Propenyl	$-CH=CH-CH_3$	
Prop-2-enyl	= Allyl	
Propinoyl	= Propioloyl	
Propinyl z. B. Prop-1-inyl	$-C\equiv C-CH_3$	
Propioloyl.	$-CO-C\equiv CH$	
Propionyl	$-CO-CH_2-CH_3$	
Propionylamino	$-NH-CO-CH_2-CH_3$	Z
Propoxy[6])	$-O-CH_2-CH_2-CH_3$	
Propyl[4])	$-CH_2-CH_2-CH_3$	
Propylen	= Methyläthandiyl	
Propyliden.	$=CH-CH_2-CH_3$	
Propyloxy	= Propoxy	
Protocatechuoyl.	= 3,4-Dihydroxy-benzoyl	
Pyrano[...]benzopyranyl . . .	= Pyrano[...]chromenyl oder Pyrano[...]isochromenyl	
Pyridin-3-carbonyl	= Nicotinoyl	
Pyridin-4-carbonyl	= Isonicotinoyl	
Pyridinio	$-N^{\oplus}$	
Pyridyl (Pyridinyl) z.B. [2]Pyridyl.		
Pyrrolcarbonyl z. B. Pyrrol-2-carbonyl . .	$-CO-$	Z
Pyrrolidin-2-carbonyl	= Prolyl	

[4]) s. S. X.
[6]) s. S. XXI.

Präfix	Formel	Bemerkungen
Pyrrolidino	$-N\bigcirc$	
Pyrrolidinyl . . . . . z. B. Pyrrolidin-3-yl . . .	$\bigcirc NH$	
Pyrrolino z. B. $\varDelta^2$-Pyrrolino	$-N\bigcirc$	
Pyrrolyl z. B. Pyrrol-3-yl	$\bigcirc NH$	
Pyrroyl	= Pyrrolcarbonyl	
Pyrryl	= Pyrrolyl	
Pyruvoyl	$-CO-CO-CH_3$	5
Rhodan	= Thiocyanato	
Ricinoloyl	$-CO-[CH_2]_6-CH_2-\overset{H}{C}=\overset{H}{C}-CH_2-\overset{OH}{\underset{CH_2-[CH_2]_4-CH_3}{CH}}$	1
Salicyl	$-CH_2-\overset{HO}{\bigcirc}$	1
Salicyloyl	$-CO-\overset{HO}{\bigcirc}$	1
Sarkosyl	$-CO-CH_2-NH-CH_3$	1
Sebacoyl . . . . s. a. Decandioyl	$-CO-[CH_2]_8-CO-$	1
Selena	bedeutet Austausch von CH_2 gegen Se	
Seleneno	$-Se-OH$	1
Selenino	$-SeO(OH)$	1
Seleninyl	$-Se(O)-$	
Seleno	bedeutet Austausch von O gegen Se	
Selenocyanato	$-SeCN$	
Selenonia	bedeutet Austausch von CH gegen Se^+	
Selenonio	$-Se<]^+$	
Selenono	$-SeO_2OH$	
Selenonyl	$-SeO_2-$	
Selenoxo	$=Se$	
Selenyl	= Hydroseleno	
Semicarbazido	$-\overset{1}{N}H-\overset{2}{N}H-\overset{3}{C}O-\overset{4}{N}H_2$	
Semicarbazono	$=N-NH-CO-NH_2$	
Seryl	$-CO-CH(NH_2)-CH_2-OH$	5
Sila	bedeutet Austausch von C gegen Si	
Siloxy	= Silyloxy	
Silyl[4])	$-SiH_3$	
Silyloxy	$-O-SiH_3$	Z

[4]) s. S. X.

Präfix	Formel	Bemerkungen
Sorboyl	$-CO-\overset{H}{\underset{H}{C}}=\overset{H}{\underset{H}{C}}-\overset{}{\underset{}{C}}H-CH_3$	1
Stanna	bedeutet Austausch von C gegen Sn	
Stannio(3+)	$-Sn^{3+}$	
Stannono	$=$ Hydroxo-oxo-stannio	
Stannyl	$-SnH_3$	
Stearoloyl	$-CO-[CH_2]_7-C\equiv C-[CH_2]_7-CH_3$	1
Stearoyl . . . . s.a. Octadecanoyl	$-CO-[CH_2]_{16}-CH_3$	1
Stiba	bedeutet Austausch von CH gegen Sb	
Stibino . . . . s. a. Antimonio	$-SbH_2$	
Stibo	$-SbO_2$	
Stibono	$=$ Dihydroxo-oxo-antimonio-	
Stiboso	$-SbO$	
Stilbenyl z. B. Stilben-α-yl	$4\langle\overset{5'\;6'}{\underset{3'\;2'}{\bigcirc}}\rangle-\overset{\epsilon'}{C}H=\overset{\alpha}{\underset{\beta}{C}}-\langle\overset{2\;3}{\underset{6\;5}{\bigcirc}}\rangle4$	
Styryl	$-\overset{\alpha}{C}H=\overset{\beta}{C}H-C_6H_5$	3
Styrylphenyl	$=$ Stilbenyl	
Suberoyl	$-CO-[CH_2]_6-CO-$	1
Succinamoyl	$-\overset{1}{C}O-\overset{2}{C}H_2-\overset{3}{C}H_2-\overset{4}{C}O-NH_2$	
Succinimido	$O=\langle\overset{N}{\bigcirc}\rangle=O$	
Succinyl	$-CO-CH_2-CH_2-CO-$	
Sulfamoyl	$-SO_2-NH_2$	
Sulfandiyl . . . . s. a. Episulfido und Epithio	$-S-$	
Sulfanilamino	$=$ Sulfanilylamino	
Sulfanilyl	$-SO_2-\langle\bigcirc\rangle-NH_2$	6
Sulfanilylamino	$-NH-SO_2-\langle\bigcirc\rangle-NH_2$	Z, 6
Sulfato	$SO_2O^{\ominus}$	L
Sulfenamoyl	$=$ Aminosulfanyl	
Sulfeno	$-S-OH$	1
Sulfhydryl	$=$ Mercapto	
Sulfinamoyl	$-SO-NH_2$	
Sulfino	$-SO(OH)$	1
Sulfinyl	$-S(O)-$	
Sulfo	$-SO_2OH$	1
Sulfoamino	$-NH-SO_2OH$	Z
Sulfonato	$-SO_2O^{\ominus}$	

Präfix	Formel	Bemer-kungen
Sulfonio	$-S<\,]^+$	
Sulfonyl	$-SO_2-$	
Tartaroyl	$-CO-CH(OH)-CH(OH)-CO-$	6
Tartronoyl	$-CO-CH(OH)-CO-$	1
Tauryl	$-SO_2-CH_2-CH_2-NH_2$	5
Tellura	bedeutet Austausch von CH_2 gegen Te	
Tellurino	$-TeO(OH)$	
Tellurinyl	$-Te(O)-$	
Tellurio	$-Te<\,]^+$	
Telluro	bedeutet Austausch von O gegen Te	
Telluryl	= Hydrotelluro	
Terephthaloyl	$-co-$$-co-$	
Terphenylyl z. B. *p*-Terphenyl-4-yl . .		
Tetradecanoyl . . . . . . s. a. Myristoyl	$-CO-[CH_2]_{12}-CH_3$	
Tetramethylen	= Butandiyl	
Thenoyl	= Thiophencarbonyl	
Thenyl	= Thienylmethyl	
Thia	bedeutet Austausch von CH_2 gegen S	
Thienyl z.B. [2]Thienyl		
Thio (Substituent)	= Sulfandiyl	
Thio	bedeutet Austausch von O gegen S	
Thioacetyl	$-CS-CH_3$	
Thioacetylmercapto	$-S-CS-CH_3$	Z, 9
Thiocarbonyl	$-CS-$	
Thiocarboxy	$-COSH$	1
Thiocyanato	$-SCN$	
Thiohydroxylamino	= Mercaptoamino	
Thionaphthenyl	= Benzo[*b*]thiophenyl	
Thionia	bedeutet Austausch von CH gegen S^+	
Thionyl	= Sulfinyl	
Thiophencarbonyl z. B. Thiophen-2-carbonyl .	$-co-$	Z
Thiophosphinoyl	$-PH_2S$	
Thiophosphinyl	= Thiophosphinoyl	
Thiosemicarbazono	$=N-NH-CS-NH_2$	
Thiosulfo	$-SO_2SH$	1
Thioureido	$-NH-CS-NH_2$	
Thioxo	$=S$	
Thiuram	= Thiocarbamoyl	

Präfix	Formel	Bemerkungen
Threonyl	$-CO-CH(NH_2)-CH(OH)-CH_3$	5
Thujanyl z. B Thujan-3-yl	H_3C ... CH_3 ... CH ... CH_3	5
Thujyl	= Thujanyl	
Thymyl	= 2-Isopropyl-5-methyl-phenyl	
Thyronyl	$-CO-CH(NH_2)-CH_2$—◯—O—◯—OH	4, 6
Tigloyl	$-CO-C$ ... $C-CH_3$ ... CH_3	1
Toluidino z.B. *p*-Toluidino	$-NH$—◯—CH_3	6
Toluolsulfonyl z.B. Toluol-4-sulfonyl . . .	$-SO_2$—◯—CH_3	Z
Toluoyl z.B. *p*-Toluoyl	$-CO$—◯—CH_3	1
Tolyl[7]) z.B. *p*-Tolyl	◯—CH_3	1
Tosyl	= Toluol-4-sulfonyl	
Triazano.	$-\overset{1}{N}H-\overset{2}{N}H-\overset{3}{N}H_2$	
Triazeno z.B. Triaz-2-eno	$-NH-N=NH$	
Trihydroxydiphosphoryl . . .	$-PO(OH)-O-PO(OH)_2$	Z
Trimethylen	= Propandiyl	
2,4,6-Trinitro-phenyl	= Pikryl	
Triphenylmethyl	= Trityl	
Triphosphoryl	$>P(O)-O-P(O)-O-P(O)<$	Z
Tritio	$-T$	
Trityl.	$-C(C_6H_5)_3$	
Tropanyl z. B. Tropan-3-yl	◯N—CH_3	
Tropoyl	$-CO-CH(C_6H_5)-CH_2-OH$	1
Tropyl	= Tropanyl	
Tryptophyl	$-CO-CH(NH_2)-CH_2$—⬡NH	4, 6
Tyrosyl	$-CO-CH(NH_2)-CH_2$—◯—OH	4, 6
Ureido	$-NH-CO-NH_2$	
Ureidoacetyl	= Hydantoyl	
Uretidinyl z.B. Uretidin-2-yl	▢	
Ureylen	$-NH-CO-NH-$	

---

[7]) s. S. XXII.

Präfix	Formel	Bemerkungen
Valeryl	$-CO-[CH_2]_3-CH_3$	
Valyl	$-CO-CH(NH_2)-CH(CH_3)_2$	5
Vanilloyl	$-CO-\langle\!\!\!\!\!\!$ (O–CH$_3$, OH)	1
Vanillyl	$-CH_2-\langle\!\!\!\!\!\!$ (O–CH$_3$, OH)	1
Veratroyl	$-CO-\langle\!\!\!\!\!\!$ (O–CH$_3$, O–CH$_3$)	1
Veratryl	$-CH_2-\langle\!\!\!\!\!\!$ (O–CH$_3$, O–CH$_3$)	1
Vinyl	$-CH=CH_2$	
Vinylen	$=$ Äthendiyl	
Vinyliden	$=C=CH_2$	
Vinylsulfonyl	$=$ Äthylensulfonyl	
Xanthyl	$=$ Xanthenyl	
Xenyl.	$=$ Biphenylyl	
Xylidino.	$=$ Dimethyl-anilino	
Xylyl	$=$ Dimethyl-phenyl	
Xylylen z. B. *p*-Xylylen	$-CH_2-\langle\!\!\!\!\!\!$ $\rangle\!\!-CH_2-$	1

Berichtigung zu Seite 1

An Stelle des 1. und 2. Absatzes der Erläuterungen zum Sachregister sind die folgenden Texte zu setzen:

Das vorliegende Register enthält die Namen der jeweils in den Bänden 17 und 18 des Hauptwerks sowie der Ergänzungswerke I, II und III/IV abgehandelten Verbindungen mit Ausnahme von Salzen, deren Kationen aus Metallionen oder aus protonierten Basen bestehen, und von Additionsverbindungen. Darüber hinaus sind diejenigen Verbindungen aus anderen Bänden erfasst, die systematisch zu den in den Bänden 17 und 18 abgehandelten heterocyclischen Verbindungen mit einem Chalkogen-Ringatom gehören.

Die im Hauptwerk und in den Ergänzungswerken I und II verwendeten, zum Teil nach veralteten Nomenklaturprinzipien gebildeten Rationalnamen sind gegebenenfalls durch die heute im Ergänzungswerk III/IV gebrauchten, den IUPAC-Regeln entsprechenden Namen ersetzt worden. Zur Erleichterung der Auffindung solcher Verbindungen, die in früheren Serien des Handbuchs andere Namen erhalten haben, sind den Seitenzahlen, die sich auf das Hauptwerk und die Ergänzungswerke I und II beziehen, kleine Buchstaben beigefügt, die die Stelle auf der betreffenden Seite näher kennzeichnen, an der die Verbindung abgehandelt ist.

Sachregister

Das folgende Register enthält die Namen der in diesem Band abgehandelten Verbindungen mit Ausnahme der Namen von Salzen, deren Kationen aus Metall-Ionen, Metallkomplex-Ionen oder protonierten Basen bestehen, und von Addionsverbindungen.

Die im Register aufgeführten Namen („Registernamen") unterscheiden sich von den im Text verwendeten Namen im allgemeinen dadurch, dass Substitutionspräfixe und Hydrierungsgradpräfixe hinter den Stammnamen gesetzt („invertiert") sind, und dass alle zur Konfigurationskennzeichnung dienenden genormten Präfixe und Symbole (s. „Stereochemische Bezeichnungsweisen") weggelassen sind.

Der Registername enthält demnach die folgenden Bestandteile in der angegebenen Reihenfolge:

1. den Register-Stammnamen (in Fettdruck); dieser setzt sich, sofern nicht ein Radikofunktionalname (s. u.) vorliegt, zusammen aus
   a) dem Stammvervielfachungsaffix (z. B. Bi in [1,2']Binaphthyl),
   b) stammabwandelnden Präfixen [1]),
   c) dem Namensstamm (z. B. Hex in Hexan; Pyrr in Pyrrol),
   d) Endungen (z. B. an, en, in zur Kennzeichnung des Sättigungszustandes von Kohlenstoff-Gerüsten; ol, in, olidin zur Kennzeichnung von Ringgrösse und Sättigungszustand bei Heterocyclen; ium, id zur Kennzeichnung der Ladung eines Ions),
   e) dem Funktionssuffix zur Kennzeichnung der Hauptfunktion (z. B. -säure, -carbonsäure, -on, -ol),
   f) Additionssuffixen (z. B. oxid in Äthylenoxid).
2. Substitutionspräfixe, d. h. Präfixe, die den Ersatz von Wasserstoff-Atomen durch andere Atome oder Gruppen („Substituenten") kennzeichnen (z. B. Äthyl-chlor in 2-Äthyl-1-chlor-naphthalin; Epoxy in 1,4-Epoxy-*p*-menthan).
3. Hydrierungsgradpräfixe (z. B. Hydro in 1,2,3,4-Tetrahydro-naphthalin; Dehydro in 4,4'-Didehydro-β,β'-carotin-3,3'-dion).
4. Funktionsabwandlungssuffixe (z. B. -oxim in Aceton-oxim; -methylester in Bernsteinsäure-dimethylester; -anhydrid in Benzoesäure-anhydrid).

Beispiele:
Dibrom-chlor-methan wird registriert als **Methan,** Dibrom-chlor-;
meso-1,6-Diphenyl-hex-3-in-2,5-diol wird registriert als **Hex-3-in-2,5-diol,** 1,6-Diphenyl-;

---

[1]) Zu den stammabwandelnden Präfixen gehören:
Austauschpräfixe (z. B. Oxa in 3,9-Dioxa-undecan; Thio in Thioessigsäure),
Gerüstabwandlungspräfixe (z. B. Cyclo in 2,5-Cyclo-benzocyclohepten; Bicyclo in Bicyclo[2.2.2]octan; Spiro in Spiro[4.5]octan; Seco in 5,6-Seco-cholestan-5-on; Iso in Isopentan),
Brückenpräfixe (nur in Namen verwendet, deren Stamm ein Ringgerüst ohne Seitenkette bezeichnet; z. B. Methano in 1,4-Methano-naphthalin; Epoxido in 4,7-Epoxido-inden [zum Stammnamen gehörig im Gegensatz zu dem bedeutungsgleichen Substitutionspräfix Epoxy]),
Anellierungspräfixe (z. B. Benzo in Benzocyclohepten; Cyclopenta in Cyclopenta[*a*]phen=anthren),
Erweiterungspräfixe (z. B. Homo in *D*-Homo-androst-5-en),
Subtraktionspräfixe (z. B. Nor in *A*-Nor-cholestan; Desoxy in 2-Desoxy-hexose).

4a,8a-Dimethyl-octahydro-naphthalin-2-on-semicarbazon wird registriert als
Naphthalin-2-on, 4a,8a-Dimethyl-octahydro-, semicarbazon;
8-Hydroxy-4,5,6,7-tetramethyl-3a,4,7,7a-tetrahydro-4,7-äthano-inden-9-on wird registriert
als **4,7-Äthano-inden-9-on,** 8-Hydroxy-4,5,6,7-tetramethyl-3a,4,7,7a-tetrahydro-.

Besondere Regelungen gelten für Radikofunktionalnamen, d.h. Namen, die
aus einer oder mehreren Radikalbezeichnungen und der Bezeichnung einer
Funktionsklasse (z.B. Äther) oder eines Ions (z.B. Chlorid) zusammengesetzt
sind:

a) Bei Radikofunktionalnamen von Verbindungen, deren (einzige) durch
einen Funktionsklassen-Namen oder Ionen-Namen bezeichnete Funktionsgruppe mit nur einem (einwertigen) Radikal unmittelbar verknüpft ist, umfasst der Register-Stammname die Bezeichnung des Radikals und die Funktionsklassenbezeichnung (oder Ionenbezeichnung) in unveränderter Reihenfolge; ausgenommen von dieser Regelung sind jedoch Radikofunktionalnamen,
die auf die Bezeichnung eines substituierbaren (d. h. Wasserstoff-Atome ent-
haltenden) Anions enden (s. unter c)). Präfixe, die eine Veränderung des
Radikals ausdrücken, werden hinter den Stammnamen gesetzt[1]).

Beispiele:
Äthylbromid, Phenyllithium und Butylamin werden unverändert registriert;
4′-Brom-3-chlor-benzhydrylchlorid wird registriert als **Benzhydrylchlorid,** 4′-Brom-3-chlor-;
1-Methyl-butylamin wird registriert als **Butylamin,** 1-Methyl-.

b) Bei Radikofunktionalnamen von Verbindungen mit einem mehrwertigen
Radikal, das unmittelbar mit den durch Funktionsklassen-Namen oder Ionen-
Namen bezeichneten Funktionsgruppen verknüpft ist, umfasst der Register-
Stammname die Bezeichnung dieses Radikals und die (gegebenenfalls mit
einem Vervielfachungsaffix versehene) Funktionsklassenbezeichnung (oder
Ionenbezeichnung), nicht aber weitere im Namen enthaltene Radikalbezeich-
nungen, auch wenn sie sich auf unmittelbar mit einer der Funktionsgruppen
verknüpfte Radikale beziehen.

Beispiele:
Äthylendiamin und Äthylenchlorid werden unverändert registriert;
6-Methyl-1,2,3,4-tetrahydro-naphthalin-1,4-diyldiamin wird registriert als **Naphthalin-
1,4-diyldiamin,** 6-Methyl-1,2,3,4-tetrahydro-;
N,N-Diäthyl-äthylendiamin wird registriert als **Äthylendiamin,** N,N-Diäthyl-.

c) Bei Radikofunktionalnamen, deren (einzige) Funktionsgruppe mit mehreren Radikalen unmittelbar verknüpft ist oder deren als Anion bezeichnete
Funktionsgruppe Wasserstoff-Atome enthält, besteht der Register-Stammname
nur aus der Funktionsklassenbezeichnung (oder Ionenbezeichnung); die
Radikalbezeichnungen werden dahinter angeordnet.

Beispiele:
Benzyl-methyl-amin wird registriert als **Amin,** Benzyl-methyl-;
Äthyl-trimethyl-ammonium wird registriert als **Ammonium,** Äthyl-trimethyl-;
Diphenyläther wird registriert als **Äther,** Diphenyl-;
[2-Äthyl-[1]naphthyl]-phenyl-keton-oxim wird registriert als **Keton,** [2-Äthyl-
[1]naphthyl]-phenyl-, oxim.

---

[1]) Namen mit Präfixen, die eine Veränderung des als Anion bezeichneten Molekülteils
ausdrücken sollen (z. B. Methyl-chloracetat), werden im Handbuch nicht mehr verwendet.

Nach der sog. Konjunktiv-Nomenklatur gebildete Namen (z. B. Cyclo‹ hexanmethanol, 2,3-Naphthalindiessigsäure) werden im Handbuch nicht mehr verwendet.

Massgebend für die Anordnung von Verbindungsnamen sind in erster Linie die nicht kursiv gesetzten Buchstaben des Register-Stammnamens; in zweiter Linie werden die durch Kursivbuchstaben und/oder Ziffern repräsentierten Differenzierungsmarken des Register-Stammnamens berücksichtigt; erst danach entscheiden die nachgestellten Präfixe und zuletzt die Funktionsabwandlungssuffixe.

Beispiele:

o-**Phenylendiamin,** 3-Brom- erscheint unter dem Buchstaben P nach *m*-**Phenylendiamin,** 2,4,6-Trinitro-;

Cyclopenta[*b*]naphthalin, 1-Brom-1*H*- erscheint nach **Cyclopenta[*a*]naphthalin,** 3-Methyl-1*H*-;

Aceton, 1,3-Dibrom-, hydrazon erscheint nach **Aceton,** Chlor-, oxim.

Von griechischen Zahlwörtern abgeleitete Namen oder Namensteile sind einheitlich mit c (nicht mit k) geschrieben.

Die Buchstaben i und j werden unterschieden. Die Umlaute ä, ö und ü gelten hinsichtlich ihrer alphabetischen Einordnung als ae, oe bzw. ue.

A

17(13→18)-Abeo-androstan
s. *D*-Homo-18-nor-androstan
5(6→7)-Abeo-androstan-6-säure
—, 3-Acetoxy-17-benzoyloxy-5-hydroxy-,
— lacton **18** IV 1294
—, 3-Acetoxy-5-hydroxy-17-oxo-,
— lacton **18** IV 1451
—, 5-Hydroxy-3,17-bis-propionyloxy-,
— lacton **18** IV 1294
21(20→22)Abeo-chola-5,22-dien-24-säure
—, 3,21-Dihydroxy-,
— 21-lacton **18** IV 558
21(20→22)-Abeo-cholan-24-säure
—, 3,22-Diacetoxy-21-hydroxy-,
— lacton **18** IV 1312
21(20→22)-Abeo-chol-22-en-24-säure
—, 3,21-Dihydroxy-,
— 21-lacton **18** IV 475
19(10→5)-Abeo-cholestan
s. 19-Nor-cholestan, 5-Methyl-
5(6→7)-Abeo-cholestan-6-al
—, 5,7-Epoxy-3-hydroxy- **18** IV 276
5(6→7)-Abeo-cholestan-6-säure
—, 3-Acetoxy-5-hydroxy-,
— lacton **18** IV 276
18(13→8)-Abeo-lanostan
—, 3-Acetoxy-13,17-epoxy- **17** IV 1451
—, 3-Acetoxy-13,17-epoxy-24-methyl-
17 IV 1453
—, 3-Acetoxy-20,24-epoxy-24-methyl-
17 IV 1453
18(13→8)-Abeo-lanostan-3-ol
—, 20,24-Epoxy-24-methyl- **17** IV
1452
18(13→8)-Abeo-lanostan-3-on
—, 20,24-Epoxy-24-methyl- **17** IV
5050
18(13→8)-Abeo-lanostan-12-on
—, 3-Acetoxy-13,17-epoxy- **18** IV 281
14(13→12)-Abeo-27-nor-oleanan
—, 3-Acetoxy-12,14-epoxy-13-methyl-
17 IV 1530 c
10(1→2)-Abeo-oleanan-1,28-disäure
—, 13-Hydroxy-3,12-dioxo-,
— 28-lacton-1-methylester **18**
IV 6187
5(4→3)-Abeo-olean-3(5)-en
s. *A*-Neo-olean-3(5)-en
11(12→13)-Abeo-olean-18-en-12,28-disäure
—, 3-Acetoxy-19-hydroxy-11-oxo-,
— 12-lacton-28-methylester **18**
IV 6546
—, 3,19-Dihydroxy-11-oxo-,
— 12→19-lacton-28-methylester **18**
IV 6546

11(12→13)-Abeo-olean-18-en-12,30-disäure
—, 3-Acetoxy-19-hydroxy-11-oxo-,
— 12-lacton-30-methylester **18**
IV 6546
11(12→13)-Abeo-olean-18-en-12-säure
—, 3,19-Dihydroxy-11-oxo-,
— 19-lacton **18** IV 1668
20(17→18)-Abeo-pregna-4,18(20)-dien-15-carbaldehyd
—, 11,20-Epoxy-3-oxo- **17** IV 6380
20(17→18)-Abeo-pregna-4,18(20)-dien-3,16-dion
—, 11,20-Epoxy- **17** IV 6379
20(17→18)-Abeo-pregna-4,14,18(20)-trien-3,16-dion
—, 11,20-Epoxy- **17** IV 6420
5(6→7)-Abeo-2,3-seco-cholan-2,3,6,24-tetrasäure
—, 7-Hydroxy-12-oxo-,
— 3-lacton **10** III 4168 b
18(13→8)-Abeo-2,3-seco-25,26,27-trinor-lanostan-2,3,24-trisäure
—, 20-Hydroxy-,
— 24-lacton **18** IV 6163
18(13→8)-Abeo-*A*,25,26,27-tetranor-lanostan-24-säure
—, 20-Hydroxy-2-oxo-,
— lacton **17** IV 6275
18(13→8)-Abeo-25,26,27-trinor-lanostan
—, 3-Acetoxy-20,24-epoxy-24,24-diphenyl- **17** IV 1721
18(13→8)-Abeo-25,26,27-trinor-lanostan-3-ol
—, 20,24-Epoxy-24,24-diphenyl- **17**
IV 1720
18(13→8)-Abeo-25,26,27-trinor-lanostan-24-säure
—, 3-Acetoxy-20-hydroxy-,
— lacton **18** IV 272
—, 2,2-Dibrom-20-hydroxy-3-oxo-,
— lacton **17** IV 6277
—, 3,20-Dihydroxy-,
— 20-lacton **18** IV 271
—, 20-Hydroxy-3-oxo-,
— lacton **17** IV 6276
Abieslacton 18 IV 563
—, Dihydro- **18** IV 485
—, Tetrahydro- **18** IV 281
Abietan-18-säure
—, 13-Chlor-8,12-epoxy-14-hydroxy-,
— methylester **18** IV 4878
—, 8,14-Epoxy- **18** IV 4196
—, 7,8-Epoxy-13,14-dihydroxy- **18**
IV 5007
—, 8,12-Epoxy-13,14-dihydroxy- **18**
IV 5007
— methylester **18** IV 5008
—, 9-Hydroxy-,
— lacton **17** IV 4778

Abieta-6,8,11,13-tetraen-19-säure
—, 6-Hydroxy-,
— lacton **17** IV 5290
Abietinsäure
—, Dihydro-,
— δ-lacton **17** IV 4778
Abobiosid 18 IV 2484
Abogenin 18 IV 2484
Abomonosid 18 IV 2484
Abutsäure 18 IV 5240
Acacetin 18 182 a, II 173 a, IV 2683
—, Di-*O*-acetyl- **18** IV 2686
Acacetindibromid 18 II 166 c
Acacetinidin 17 II 240 d, IV 2705
Acaciacatechin 17 209 a
Acaciin 18 IV 2690
Acacipetalin 17 IV 3343
—, Tetra-*O*-acetyl- **17** IV 3344
Aceanthren-7,8-dicarbonsäure
—, 9,10-Dihydro-,
— anhydrid **17** IV 6512
Aceanthryleno[7,8-*c*]furan-1,3-dion
—, 4,5,6,7-Tetrahydro- **17** IV 6512
Acenaphthen
—, 1-Phenäthyl-decahydro- **17** IV 6565
Acenaphthen-5-carbaldehyd
— [5-brom-thiophen-2-
carbonylhydrazon] **18** IV 4038
— [5-chlor-thiophen-2-
carbonylhydrazon] **18** IV 4032
— [thiophen-2-carbonylhydrazon]
18 IV 4025
Acenaphthen-5-carbonsäure
—, 6-[2-Äthyl-1-hydroxy-but-1-enyl]-,
— lacton **17** I 210 e
—, 6-[1-Hydroxy-2-methyl-propenyl]-,
— lacton **17** I 209 f
Acenaphthen-5,6-dicarbonsäure
— anhydrid **17** I 268 c
—, 3,8-Dichlor-,
— anhydrid **17** IV 6427
—, 3-Sulfo-,
— anhydrid **18** IV 6750
Acenaphthen-1-on
—, 2-[3-Äthoxy-3-äthyl-3*H*-benzo[*b*]≉
thiophen-2-yliden]- **18** I 340 b
—, 2-Furfuryliden- **17** II 412 i
—, 2-[2-Glucopyranosyloxy-benzyliden]-
17 IV 3017
Acenaphthen-3-sulfonsäure
—, 2-Oxo-1-[3-oxo-3*H*-benzo[*b*]thiophen-
2-yliden]- **18** IV 6750
Acenaphthen-5-sulfonsäure
—, 2-Oxo-1-[3-oxo-3*H*-benzo[*b*]thiophen-
2-yliden]- **18** IV 6750
Acenaphtho[1,2-*b*][1]benzopyrylium
s. Acenaphtho[1,2-*b*]chromenylium
Acenaphtho[1,2-*b*]chromenylium 17 IV 1723

—, 11-Benzoyloxy-9-hydroxy- **17**
IV 2409
—, 9-Hydroxy- **17** IV 2241
**Acenaphtho[1,2-*d*]dibenz[*b,f*]oxepin-3b,12b-
diol**
—, 5,11-Dimethyl- **17** IV 2257
—, 5,7,9,11-Tetramethyl- **17** IV 2257
**Acenaphtho[1,2-*d*]dinaphth[2,1-*b*;1′,2′-*f*]oxepin-
3b,16c-diol 17** IV 2267
Acenaphtho[1,2-*j*]fluoranthen-4,5-dicarbonsäure
— anhydrid **17** IV 6653
Acenaphtho[1,2-*b*]furan
—, 9-Acetoxy-8-phenyl- **17** IV 1735
Acenaphtho[1,8-*bc*]furan-6-carbonsäure
—, 2a-Hydroxy-3,3-dimethyl-1-oxo-2a,3-
dihydro-1*H*- **10** III 4012 b
Acenaphtho[1,2-*b*]furan-8,9-dion 17 IV 6474
**Acenaphtho[1′,2′;6,7]naphtho[2,3-*c*]furan-9,11-
dion**
—, 8,12-Di-*p*-tolyl- **17** IV 6668
Acenaphtho[1,2-*c*]pyran-9-on
—, 7,10-Diphenyl- **17** IV 5639
Acenaphtho[1,2-*c*]thiophen-7,9-dicarbonsäure
—, 6b,9a-Dihydroxy-6b,7,9,9a-
tetrahydro- **18** I 474 e
—, 7,9-Dihydroxy-6b,7,9,9a-tetrahydro-
18 I 474 e
Acenaphth[1,2-*b*]oxetin
—, 8,8-Dimethyl-8*H*- **7** III
3832
**Acenaphthyleno[1′,2′;3,4]fluoreno[9,1-*bc*]furan-
6-on**
—, 4b-Hydroxy-7-phenyl-4b*H*- **10**
III 3512 a
Acenaphthyleno[1,2-*f*]isobenzofuran
—, 8,10-Di-*p*-tolyl- **17** IV 833
—, 8,10-Di-*p*-tolyl-7,11-dihydro- **17**
IV 829
Acephenanthren
—, 7-[2]Thienyl-9,10-dihydro- **17**
IV 737
Acephenanthren-7,8-dicarbonsäure
— anhydrid **17** IV 6532
—, 9,10-Dihydro-,
— anhydrid **17** IV 6512
Acephenanthryleno[7,8-*c*]furan-1,3-dion
—, 9,10-Dihydro- **17** IV 6532
—, 4,5,9,10-Tetrahydro- **17** IV 6512
Acerit 17 II 235 b, IV 2579
Acertannin 17 II 235 d, IV 2582
—, Octa-*O*-acetyl- **17** II 235 e,
IV 2583
Acetaldehyd
— bis-tetrahydrofurfurylacetal **17**
IV 1102
— difurfuryldithioacetal **17** IV 1256
— {[(7-methoxy-2-oxo-2*H*-chromen-
4-yl)-acetyl]-hydrazon} **18** IV 6356

Acetaldehyd (Fortsetzung)
—, Acetoxy-[4-acetoxy-3-hydroxy-5-oxo-tetrahydro-[2]furyl]- **18** IV 3058
—, Acetoxy-[4-acetoxy-3-(3,4,5-triacetoxy-6-acetoxymethyl-tetrahydro-pyran-2-yloxy)-tetrahydro-[2]furyl]-,
 — dimethylacetal **18** IV 2287
—, Acetoxy-[3,4-diacetoxy-5-oxo-tetrahydro-[2]furyl]- **18** IV 3058
—, Acetoxy-[3,4-diacetoxy-tetrahydro-[2]furyl]-,
 — dimethylacetal **18** IV 2285
—, [4-Acetoxy-6-(3-dimethylamino-3,6-didesoxy-glucopyranosyloxy)-10-(5-dimethylamino-6-methyl-tetrahydro-pyran-2-yloxy)-5-methoxy-9,16-dimethyl-2-oxo-oxacyclohexadeca-11,13-dien-7-yl]- **18** IV 7483
—, [4-Acetoxy-6-(3-dimethylamino-3,6-didesoxy-glucopyranosyloxy)-10-hydroxy-5-methoxy-9,16-dimethyl-2-oxo-oxacyclohexadeca-11,13-dien-7-yl]- **18** IV 7483
—, {4-Acetoxy-6-[3-dimethylamino-O^4-(O^4-isovaleryl-3-methyl-*ribo*-2,6-didesoxy-hexopyranosyl)-3,6-didesoxy-glucopyranosyloxy]-5-methoxy-9,16-dimethyl-2,10-dioxo-oxacyclohexadeca-11,13-dien-7-yl}- **18** IV 7486
—, {4-Acetoxy-6-[3-dimethylamino-O^4-(O^4-isovaleryl-3-methyl-*ribo*-2,6-didesoxy-hexopyranosyl)-3,6-didesoxy-glucopyranosyloxy]-5-methoxy-9,16-dimethyl-2,10-dioxo-oxacyclohexadec-7-yl}- **18** IV 7482
—, {4-Acetoxy-6-[3-dimethylamino-O^4-(3-methyl-*ribo*-2,6-didesoxy-hexopyranosyl)-3,6-didesoxy-glucopyranosyloxy]-10-[5-dimethylamino-6-methyl-tetrahydro-pyran-2-yloxy]-5-methoxy-9,16-dimethyl-2-oxo-oxacyclohexadeca-11,13-dien-7-yl}- **18** IV 7485
—, [4-Acetoxy-3-hydroxy-tetrahydro-[2]furyl]-hydroxy- **18** IV 2282
—, [4-Acetoxy-2-oxo-2H-chromen-3-yl]- **18** IV 1529
 — [4-nitro-phenylhydrazon] **18** IV 1529
—, [4-Acetoxy-3-(tetra-O-acetyl-galactopyranosyloxy)-tetrahydro-[2]furyl]- **18** IV 1114
—, [4-Acetyl-5-methyl-[2]furyl]-[2-oxo-äthoxy]-,
 — monohydrat **18** IV 1189
—, [4-Äthoxy-tetrahydro-pyran-4-yl]-,
 — diäthylacetal **18** IV 28

—, Benzo[b]thiophen-2-ylmercapto-,
 — dimethylacetal **17** IV 1455
 — [2,4-dinitro-phenylhydrazon] **17** IV 1455
—, Benzo[b]thiophen-5-ylmercapto-,
 — dimethylacetal **17** IV 1471
 — [2,4-dinitro-phenylhydrazon] **17** IV 1471
—, [Benzo[b]thiophen-2-ylmethylenamino]-,
 — diäthylacetal **17** IV 5063
—, [Benzo[b]thiophen-3-ylmethylenamino]-,
 — diäthylacetal **17** IV 5065
—, [3,4-Bis-benzoyloxy-tetrahydro-[2]furyl]-methoxy-,
 — dimethylacetal **18** IV 2285
—, [3,4-Bis-(4-nitro-benzoyloxy)-tetrahydro-[2]furyl]-[4-nitro-benzoyloxy]-,
 — diäthyldithioacetal **18** IV 2289
 — dimethylacetal **18** IV 2285
—, [3,4-Bis-(toluol-4-sulfonyloxy)-tetrahydro-[2]furyl]-methoxy-,
 — dimethylacetal **18** IV 2287
—, [5-Chlor-[2]thienyl]- **17** IV 4519
 — semicarbazon **17** IV 4519
—, [4,7-Diacetoxy-2-oxo-2H-chromen-3-yl]- **18** IV 2504
 — [4-nitro-phenylhydrazon] **18** IV 2504
—, [4,7-Dichlor-benzo[b]thiophen-5-ylmercapto]-,
 — dimethylacetal **17** IV 1472
—, [3,4-Dihydroxy-1,3-dimethyl-2-(4-methyl-3,5-dioxo-tetrahydro-[2]furyl)-cyclohexyl]- **18** IV 3068
—, {4,10-Dihydroxy-6-[O^4-(O^4-isovaleryl-3-methyl-*ribo*-2,6-didesoxy-hexopyranosyl)-3-dimethylamino-3,6-didesoxy-glucopyranosyloxy]-5-methoxy-9,16-dimethyl-2-oxo-oxacyclohexadeca-11,13-dien-7-yl}- **18** IV 7484
—, [5,7-Dihydroxy-6-isovaleryl-2-oxo-4-propyl-2H-chromen-8-yl]- **18** IV 3169
—, [5,7-Dihydroxy-8-isovaleryl-2-oxo-4-propyl-2H-chromen-6-yl]- **18** IV 3169
—, [5,7-Dihydroxy-2-methyl-4-oxo-4H-chromen-6-yl]- **18** IV 2514
—, [3,4-Dihydroxy-5-oxo-tetrahydro-[2]furyl]-hydroxy- **18** 207 a, I 409 a, IV 3055
 — [4-brom-phenylhydrazon] **18** IV 3058
 — [11-cyclopent-2-enyl-undecanoylhydrazon] **18** IV 3059
 — [4-nitro-benzolsulfonylhydrazon] **18** IV 3059
 — thiobenzoylhydrazon **18** IV 3059

Acetaldehyd (Fortsetzung)
—, [3,4-Dihydroxy-tetrahydro-[2]furyl]-
  18 IV 1113
  — dimethylacetal 18 IV 1115
—, [3,4-Dihydroxy-tetrahydro-
  [2]furyl]-hydroxy- 18 IV 2277
  — [benzyl-phenyl-hydrazon] 18
    IV 2288
  — [4-brom-phenylhydrazon] 18
    IV 2288
  — diäthyldithioacetal 18 IV 2289
  — dimethylacetal 18 IV 2283
  — diphenylhydrazon 18 IV 2288
  — phenylhydrazon 18 IV 2288
—, [3,4-Dihydroxy-tetrahydro-
  [2]furyl]-methoxy- 18 IV 2280
  — dimethylacetal 18 IV 2284
—, [4,6-Dimethoxy-7-methyl-3-oxo-
  phthalan-5-yl]- 18 IV 2407
  — [2,4-dinitro-phenylhydrazon] 18
    IV 2407
—, [5,7-Dimethoxy-2-oxo-2H-chromen-6-
  yl]- 18 IV 2504
  — [4-nitro-phenylhydrazon] 18
    IV 2504
—, [3,4-Dimethoxy-tetrahydro-
  [2]furyl]-methoxy- 18 IV 2281
  — dimethylacetal 18 IV 2284
—, [6-(3-Dimethylamino-3,6-didesoxy-
  glucopyranosyloxy)-10-(5-dimethylamino-
  6-methyl-tetrahydro-pyran-2-yloxy)-4-
  hydroxy-5-methoxy-9,16-dimethyl-2-oxo-
  oxacyclohexadeca-11,13-dien-7-yl]- 18
  IV 7483
—, [6-(3-Dimethylamino-3,6-didesoxy-
  glucopyranosyloxy)-10-(5-dimethylamino-
  6-methyl-tetrahydro-pyran-2-yloxy)-5-
  methoxy-9,16-dimethyl-2-oxo-4-
  propionyloxy-oxacyclohexadeca-11,13-
  dien-7-yl]- 18 IV 7484
—, [6-(3-Dimethylamino-3,6-didesoxy-
  glucopyranosyloxy)-10-hydroxy-5-
  methoxy-9,16-dimethyl-2-oxo-4-
  propionyloxy-oxacyclohexadeca-11,13-
  dien-7-yl]- 18 IV 7483
—, {6-[3-Dimethylamino-O^4-(3-methyl-
  ribo-2,6-didesoxy-hexopyranosyl)-3,6-
  didesoxy-glucopyranosyloxy]-10-
  [5-dimethylamino-6-methyl-tetrahydro-
  pyran-2-yloxy]-4-hydroxy-5-methoxy-
  9,16-dimethyl-2-oxo-oxacyclohexadeca-
  11,13-dien-7-yl}- 18 IV 7484
—, {6-[3-Dimethylamino-O^4-(3-methyl-
  ribo-2,6-didesoxy-hexopyranosyl)-3,6-
  didesoxy-glucopyranosyloxy]-10-
  [5-dimethylamino-6-methyl-tetrahydro-
  pyran-2-yloxy]-5-methoxy-9,16-dimethyl-

2-oxo-4-propionyloxy-oxacyclohexadeca-
  11,13-dien-7-yl}- 18 IV 7485
—, [2,5-Dimethyl-[3]thienylmercapto]-,
  — dimethylacetal 17 IV 1279
—, Furfuryliden- s. Acrylaldehyd,
  3-[2]Furyl-
—, Furfurylidenamino-,
  — diäthylacetal 17 IV 4422
—, [2]Furyl- 17 II 314 i, IV 4518
  — [4-nitro-phenylhydrazon] 17
    II 314 l
  — oxim 17 289 c, II 314 k
  — semicarbazon 17 II 314 m,
    IV 4518
—, [1-[2]Furyl-äthylamino]-,
  — diäthylacetal 18 IV 7116
—, [([2]Furyl-phenyl-methyl)-amino]-,
  — diäthylacetal 18 IV 7173
—, [1-[2]Furyl-propylamino]-,
  — diäthylacetal 18 IV 7134
—, [3-Galactopyranosyloxy-4-hydroxy-
  tetrahydro-[2]furyl]- 18 IV 1114
—, Glucopyranosyloxy-,
  — semicarbazon 17 IV 3009
—, [4-Hydroxy-dihydro-[2]furyliden]-
  18 IV 60
  — [4-nitro-phenylhydrazon] 18
    IV 60
—, Hydroxy-[4-hydroxy-3-methoxy-
  tetrahydro-[2]furyl]- 18 IV 2279
  — dimethylacetal 18 IV 2284
—, Hydroxy-[3-hydroxy-5-oxo-
  tetrahydro-[2]furyl]- 18 IV 2305
  — [benzyl-phenyl-hydrazon] 18
    IV 2305
  — phenylhydrazon 18 IV 2305
—, Hydroxy-[3-hydroxy-4-(toluol-4-
  sulfonyloxy)-tetrahydro-[2]furyl]- 18
  IV 2283
  — [4-nitro-phenylhydrazon] 18
    IV 2289
—, Hydroxy-[4-hydroxy-3-(3,4,5-
  trihydroxy-6-hydroxymethyl-tetrahydro-
  pyran-2-yloxy)-tetrahydro-[2]furyl]- 18
  IV 2282
  — dimethylacetal 18 IV 2286
—, [7-Hydroxy-3-methoxy-2-methyl-4-
  oxo-4H-chromen-8-yl]- 18 IV 2514
—, [7-Hydroxy-5-methoxy-2-methyl-4-
  oxo-4H-chromen-6-yl]- 18 IV
  2514
—, [4-Hydroxy-6-methoxy-7-methyl-3-
  oxo-phthalan-5-yl]- 18 IV 2407
—, [7-Hydroxy-3-methoxy-4-oxo-2-
  phenyl-4H-chromen-8-yl]- 18 IV 2803
  — [2,4-dinitro-phenylhydrazon] 18
    IV 2803
—, [3-Hydroxy-4-methoxy-tetrahydro-
  [2]furyl]- 18 IV 1114

Acetaldehyd (Fortsetzung)
—, [4-Hydroxy-3-methoxy-tetrahydro-[2]≠
furyl]- **18** IV 1113
  — dimethylacetal **18** IV 1115
—, [3-Hydroxy-4-methoxy-tetrahydro-
[2]furyl]-methoxy- **18** IV 2280
  — dimethylacetal **18** IV 2284
  — phenylimin **18** IV 2288
—, [4-Hydroxy-3-methoxy-tetrahydro-
[2]furyl]-methoxy- **18** IV
2280
  — dimethylacetal **18** IV 2284
  — phenylimin **18** IV 2287
—, [5-Hydroxy-11a-methyl-3,9-dioxo-4-
propyl-tetradecahydro-1,4-methano-
naphth[1,2-c]oxepin-5-yl]- **18** IV
2426
—, [7-Hydroxy-2-oxo-2H-chromen-8-yl]-
18 IV 1531
  — [2,4-dinitro-phenylhydrazon] **18**
IV 1531
—, [3-Hydroxy-5-oxo-tetrahydro-
[2]furyl]- **18** IV 1130
  — [4-nitro-phenylhydrazon] **18**
IV 1130
—, Methoxy-[3-methoxy-4-(4-nitro-
benzoyloxy)-tetrahydro-[2]furyl]-,
  — dimethylacetal **18** IV 2285
—, Methoxy-[4-methoxy-3-(3,4,5-
trimethoxy-6-methoxymethyl-tetrahydro-
pyran-2-yloxy)-tetrahydro-[2]furyl]-,
  — dimethylacetal **18** IV 2286
—, [7-Methoxy-2-oxo-2H-chromen-8-yl]-
18 IV 1531
—, [3-Methyl-tetrahydro-[2]furyl]- **17**
IV 4208
—, [Tetra-O-acetyl-glucopyranosyloxy]-,
  — dimethylacetal **17** IV 3216
  — semicarbazon **17** IV 3216
—, [2]Thienyl- **17** IV 4518
  — acetylimin **17** IV 4518
  — benzoylimin **17** IV 4518
  — [2,4-dinitro-phenylhydrazon] **17**
IV 4518
  — semicarbazon **17** IV 4519
—, [2]Thienylmercapto-,
  — dimethylacetal **17** IV 1228
  — [2,4-dinitro-phenylhydrazon] **17**
IV 1228
—, [3]Thienylmercapto-,
  — diäthylacetal **17** IV 1237
  — [2,4-dinitro-phenylhydrazon] **17**
IV 1237
—, [2]Thienylmethylenamino-,
  — diäthylacetal **17** IV 4481
—, [3]Thienylmethylenamino-,
  — diäthylacetal **17** IV 4497
—, [3,3,6-Trimethyl-3H-benzofuran-2-
yliden]- **17** IV 5137

—, Xanthen-9-yliden- **17** IV 5436
  — [2,4-dinitro-phenylhydrazon] **17**
IV 5436
Acetamid
s. a. Essigsäure-amid
—, N-[2-Acetoxy-1-acetoxymethyl-2-
[2]furyl-äthyl]- **18** IV 7429
—, N-[2-Acetoxy-1-acetoxymethyl-2-(5-
nitro-[2]furyl)-äthyl]- **18** IV
7429
—, N-[2-Acetoxy-1-acetoxymethyl-2-(5-
nitro-[2]thienyl)-äthyl]- **18** IV
7433
—, N-[2-Acetoxy-1-acetoxymethyl-2-
[2]thienyl-äthyl]- **18** IV 7431
—, N-[2-Acetoxy-äthyl]-N-furfuryl- **18**
IV 7081
—, N-[2-Acetoxy-äthyl]-N-[3-[2]furyl-
propyl]- **18** IV 7138
—, N-[2-Acetoxy-äthyl]-
N-tetrahydrofurfuryl- **18** IV 7039
—, N-[3-Acetoxy-benzo[b]thiophen-5-yl]-
18 IV 7344
—, N-[4-Acetoxy-chroman-3-ylmethyl]-
18 IV 7338
—, N-[2-Acetoxy-dibenzofuran-3-yl]- **18**
IV 7352
—, N-[8-Acetoxy-dibenzofuran-2-yl]- **18**
IV 7355
—, N-[8-Acetoxy-dibenzofuran-3-yl]- **18**
IV 7355
—, N-[8-Acetoxy-dibenzofuran-4-yl]- **18**
IV 7354
—, N-[3-Acetoxy-2-(4-dimethylamino-
phenyl)-4-oxo-4H-chromen-7-yl]- **18**
IV 8101
—, N-[4-Acetoxy-1,1-dioxo-tetrahydro-
1λ⁶-[3]thienyl]- **18** IV 7306
—, N-[2-Acetoxy-2-[2]furyl-äthyl]- **18**
IV 7319
—, N-[7-Acetoxy-8-methoxy-2-oxo-
chroman-3-yliden]- **18** IV 2376
—, N-[7-Acetoxy-8-methoxy-2-oxo-
2H-chromen-3-yl]- **18** IV 2376
—, N-[5-Acetoxymethyl-furfuryl]- **18**
IV 7330
—, N-[1-Acetoxymethyl-2-hydroxy-2-
[2]thienyl-äthyl]- **18** IV 7431
—, N-[1-Acetoxymethyl-2-oxo-2-
[2]thienyl-äthyl]- **18** IV 8077
—, N-[3-Acetoxy-4-oxo-2-phenyl-
4H-chromen-7-yl]- **18** IV 8101
—, N-[8-Acetyl-2-amino-dibenzofuran-3-
yl]- **18** IV 7980
—, N-[5-Acetyl-2-brom-[3]thienyl]- **18**
IV 7862
—, N-[8-Acetyl-dibenzofuran-3-yl]- **18**
IV 7980

Acetamid (Fortsetzung)
—, N-[5-Acetyl-2-methyl-[3]thienyl]- **18**
IV 7869
—, N-[8-Acetyl-2-nitro-dibenzofuran-3-
yl]- **18** IV 7980
—, N-[8-Acetyl-4-oxo-thiochroman-6-yl]-
18 IV 8044
—, N-[4-Äthoxy-dibenzofuran-1-yl]- **18**
IV 7357
—, N-[8-Äthoxy-dibenzothiophen-2-yl]-
18 IV 7355
—, N-[2-Äthoxy-4,5-dihydroxy-6-
hydroxymethyl-tetrahydro-pyran-3-yl]-
18 IV 7560
—, N-[8-Äthoxy-5,5-dioxo-
$5\lambda^6$-dibenzothiophen-2-yl]- **18** IV 7355
—, N-[8-Äthoxy-4-jod-dibenzothiophen-
2-yl]- **18** IV 7356
—, N-[8-Äthoxy-4-jod-5,5-dioxo-
$5\lambda^6$-dibenzothiophen-2-yl]- **18** IV 7356
—, N-[2-(4-Äthoxy-phenyl)-4-oxo-
chroman-8-yl]- **18** IV 8099
—, N-[10-Äthylamino-3-
glucopyranosyloxy-1,2-dimethoxy-9-oxo-
5,6,7,9-tetrahydro-benzo[a]heptalen-7-yl]-
17 IV 3422
—, N-[O^1-Äthyl-6-desoxy-glucopyranose-
2-yl]- **18** IV 7472
—, N-[3-Äthyl-2,4-dioxo-chroman-7-yl]-
18 IV 8044
—, N-[O^1-Äthyl-galactopyranose-2-yl]-
18 IV 7560
—, N-[O^1-Äthyl-glucopyranose-2-yl]-
18 IV 7560
—, N-[2-Äthylmercapto-5-(1,2-
dihydroxy-äthyl)-4-hydroxy-tetrahydro-
[3]furyl]- **18** IV 7640
—, N-[2-Äthylmercapto-4,5-dihydroxy-6-
hydroxymethyl-tetrahydro-pyran-3-yl]-
18 IV 7628
—, N-[2-Äthylmercapto-4-hydroxy-5-
hydroxymethyl-tetrahydro-[3]furyl]- **18**
IV 7466
—, N-[2-Äthyl-3-methyl-4-oxo-
4H-chromen-6-yl]- **18** IV 7936
—, N-[5-Äthyl-2-methyl-[3]thienyl]- **18**
IV 7141
—, N-[2-Äthyl-4-oxo-4H-chromen-6-yl]-
18 IV 7932
—, N-Äthyl-N-[2-(tetra-O-acetyl-
glucopyranosyloxy)-benzyl]- **17** IV 3413
—, N-Äthyl-N-[2]thienyl- **18** I 555 b
—, N-[S-Äthyl-1-thio-arabinofuranose-2-
yl]- **18** IV 7466
—, N-[S-Äthyl-1-thio-galactofuranose-2-
yl]- **18** IV 7640
—, N-[S-Äthyl-1-thio-galactopyranose-2-
yl]- **18** IV 7628

—, N-[S-Äthyl-1-thio-glucofuranose-2-yl]-
18 IV 7640
—, N-[S-Äthyl-1-thio-glucopyranose-2-yl]-
18 IV 7628
—, N-[S-Äthyl-1-thio-xylofuranose-2-yl]-
18 IV 7466
—, N-[1-Amino-dibenzofuran-4-yl]- **18**
IV 7283
—, N-[3-Amino-dibenzofuran-4-yl]- **18**
IV 7287
—, N-[10-Amino-3-glucopyranosyloxy-
1,2-dimethoxy-9-oxo-5,6,7,9-tetrahydro-
benzo[a]heptalen-7-yl]- **17** IV 3422
—, N-[1-(1-Amino-propyl)-3-oxo-
phthalan-5-yl]- **18** IV 7913
—, N-[glycero-gulo-2,6-Anhydro-1-
desoxy-heptit-3-yl]- **18** IV 7495
—, N-[glycero-gulo-3,7-Anhydro-1,2-
didesoxy-octit-4-yl]- **18** IV 7496
—, N-[1,5-Anhydro-glucit-2-yl]- **18**
IV 7487
—, N-[glycero-gulo-5,9-Anhydro-1,2,3,4-
tetradesoxy-decit-6-yl]- **18** IV 7497
—, N-[glycero-gulo-4,5-Anhydro-1,2,3-
tridesoxy-nonit-5-yl]- **18** IV 7496
—, N-Arabinopyranosyl- **2** IV 411
—, N-[10-Benzhydrylamino-3-
glucopyranosyloxy-1,2-dimethoxy-9-oxo-
5,6,7,9-tetrahydro-benzo[a]heptalen-7-yl]-
17 IV 3424
—, 2-Benzofuran-2-yl- **18** IV 4262
—, 2-Benzofuran-3-yl- **18** IV 4263
—, 2-Benzo[b]thiophen-3-yl- **18** IV 4264
—, N-Benzo[b]thiophen-3-yl- **18** 586 d,
II 420 g, IV 7161
—, N-Benzo[b]thiophen-4-yl- **18**
IV 7163
—, N-Benzo[b]thiophen-5-yl- **18**
IV 7164
—, N-[2-Benzo[b]thiophen-2-yl-äthyl]-
18 IV 7170
—, N-[2-Benzo[b]thiophen-3-yl-äthyl]-
18 IV 7170
—, N-Benzo[b]thiophen-3-yliden-
18 586 d, II 420 g, IV 7161
—, N-[10-Benzylamino-3-
glucopyranosyloxy-1,2-dimethoxy-9-oxo-
5,6,7,9-tetrahydro-benzo[a]hepten-7-yl]-
17 IV 3424
—, N-[O^1-Benzyl-glucopyranose-2-yl]-
18 IV 7562
—, N-[3-Benzyl-4-hydroxy-7-methoxy-
chroman-3-yl]- **14** III 572 b
—, N-[1-Benzyliden-3-oxo-phthalan-5-yl]-
18 IV 8009
—, N-[3-Benzyl-7-methoxy-4-oxo-
chroman-3-yl]- **14** III 572 b
—, N-[3-Benzyl-4-oxo-chroman-3-yl]-
18 IV 7991

Acetamid (Fortsetzung)
—, *N*-[1-Benzyl-3-oxo-phthalan-5-yl]-
18 IV 7987
—, *N*-[3-Benzyl-1-oxo-phthalan-5-yl]-
18 IV 7987
—, *N*-[2-Benzyloxy-4,5-dihydroxy-6-
hydroxymethyl-tetrahydro-pyran-3-yl]-
18 IV 7562
—, *N*-[2-Benzyloxy-4,5-dimethoxy-6-
methoxymethyl-tetrahydro-pyran-3-yl]-
18 IV 7562
—, *N*-[2-(4-Benzyloxy-3-methoxy-phenyl)-
4-oxo-chroman-6-yl]- **18** IV 8134
—, *N*-Benzyl-*N*-[2]thienyl- **18** IV 7063
—, *N*-[1-(3,4-Bis-acetoxymethyl-[2]furyl)-
äthyl]- **18** IV 7434
—, *N*-[1,1-Bis-acetoxymethyl-2-oxo-2-
[2]thienyl-äthyl]- **18** IV 8114
—, *N*-[3,5-Bis-chloromercurio-[2]thienyl]-
18 IV 8436
—, *N*-[5-(4,4'-Bis-dimethylamino-
benzhydryl)-[2]thienyl]- **18** IV 8014
—, *N*-[5-(4,4'-Bis-dimethylamino-
benzhydryl)-3*H*-[2]thienyliden]- **18**
IV 8014
—, *N,N*-Bis-[5,8a-dimethyl-2-oxo-
2,3,3a,5,6,7,8,8a,9,9a-decahydro-naphtho⁼
[2,3-*b*]furan-3-ylmethyl]- **18** IV 7881
—, *N*-{10-[Bis-(2-hydroxy-äthyl)-amino]-
3-glucopyranosyloxy-1,2-dimethoxy-9-
oxo-5,6,7,9-tetrahydro-benzo[*a*]heptalen-
7-yl}- **17** IV 3424
—, *N*-[1,1-Bis-hydroxymethyl-2-oxo-2-
[2]thienyl-äthyl]- **18** IV 8113
—, *N*-[3,5-Bis-methansulfonyl-[2]thienyl]-
18 IV 1125
—, *N*-[3,5-Bis-methansulfonyl-3*H*-
[2]thienyliden]- **18** IV 1125
—, *N,N*-Bis-[8a-methyl-5-methylen-2-
oxo-dodecahydro-naphtho[2,3-*b*]furan-3-
ylmethyl]- **18** IV 7882
—, *N*-[3,5-Bis-phenylsulfamoyl-[2]thienyl]-
18 IV 6738
—, *N*-[3,5-Bis-phenylsulfamoyl-3*H*-
[2]thienyliden]- **18** IV 6738
—, *N*-[3,18-Bis-tetrahydropyran-2-yloxy-
pregnan-20-yl]- **17** IV 1077
—, *N*-[2-Brom-benzo[*b*]thiophen-3-yl]-
18 II 421 b
—, *N*-[4-Brom-benzo[*b*]thiophen-5-yl]-
18 IV 7165
—, *N*-[3-Brom-5-chloromercurio-
[2]thienyl]- **18** IV 8435
—, *N*-[4-Brom-5-chloromercurio-
[2]thienyl]- **18** IV 8435
—, *N*-[5-Brom-2-chloromercurio-
[3]thienyl]- **18** IV 8446
—, *N*-[5-Brom-2-chlor-[3]thienyl]- **18**
IV 7066

—, *N*-[1-Brom-dibenzofuran-4-yl]- **18**
IV 7212
—, *N*-[2-Brom-dibenzofuran-3-yl]- **18**
IV 7202
—, *N*-[3-Brom-dibenzofuran-2-yl]- **18**
IV 7185
—, *N*-[8-Brom-dibenzofuran-3-yl]- **18**
IV 7202
—, *N*-[1-Brom-dibenzothiophen-4-yl]-
18 IV 7214
—, *N*-[2-Brom-dibenzothiophen-3-yl]-
18 IV 7208
—, *N*-[3-Brom-dibenzothiophen-2-yl]-
18 IV 7189
—, *N*-[4-Brom-5-jod-3-nitro-[2]thienyl]-
17 IV 4291
—, *N*-[4-Brom-5-jod-3-nitro-3*H*-
[2]thienyliden]- **17** IV 4291
—, *N*-[3-Brom-5-jod-[2]thienyl]- **17**
IV 4290
—, *N*-[4-Brom-5-jod-[2]thienyl]- **17**
IV 4290
—, *N*-[5-Brom-2-jod-[3]thienyl]- **18**
IV 7066
—, *N*-[3-Brom-5-jod-3*H*-[2]thienyliden]-
17 IV 4290
—, *N*-[4-Brom-5-jod-3*H*-[2]thienyliden]-
17 IV 4290
—, *N*-[1-Brom-4-methoxy-dibenzofuran-
3-yl]- **18** IV 7359
—, *N*-[3-Brom-5-(4-nitro-phenylazo)-
[2]thienyl]- **18** IV 8333
—, *N*-[4-Brom-5-(4-nitro-phenylazo)-
[2]thienyl]- **18** IV 8333
—, *N*-[3-Brom-5-(4-nitro-phenylazo)-3*H*-
[2]thienyliden]- **18** IV 8333
—, *N*-[4-Brom-5-(4-nitro-phenylazo)-3*H*-
[2]thienyliden]- **18** IV 8333
—, *N*-[3-Brom-5-nitro-[2]thienyl]- **17**
IV 4291
—, *N*-[3-Brom-5-nitro-3*H*-[2]thienyliden]-
17 IV 4291
—, 2-Brom-*N*-[2]thienyl- **17** I 137 a
—, *N*-[2-Brom-[3]thienyl]- **18** IV 7065
—, *N*-[3-Brom-[2]thienyl]- **17** IV 4289
—, *N*-[4-Brom-[2]thienyl]- **17** IV 4289
—, *N*-[5-Brom-[3]thienyl]- **18** IV 7066
—, *N*-[2-(5-Brom-[2]thienyl)-1-
hydroxymethyl-2-oxo-äthyl]- **18** IV 8077
—, 2-Brom-*N*-[3*H*-[2]thienyliden]- **17**
I 137 a
—, *N*-[3-Brom-3*H*-[2]thienyliden]- **17**
IV 4289
—, *N*-[4-Brom-3*H*-[2]thienyliden]- **17**
IV 4289
—, *N*-[2-(5-Brom-[2]thienyl)-2-oxo-äthyl]-
18 IV 7866

Acetamid (Fortsetzung)

—, *N*-[10-Butylamino-3-
glucopyranosyloxy-1,2-dimethoxy-9-oxo-
5,6,7,9-tetrahydro-benzo[*a*]heptalen-7-yl]-
17 IV 3423

—, *N*-[*O*¹-Butyl-glucopyranose-2-yl]- **18**
IV 7561

—, *N*-Butyl-*N*-tetrahydrofurfuryl- **18**
IV 7039

—, *N*-[5-Chlor-benzo[*b*]thiophen-3-yl]-
18 IV 7162

—, *N*-[5-Chlor-benzo[*b*]thiophen-3-
yliden]- **18** IV 7162

—, *N*-[2-Chlor-dibenzofuran-3-yl]- **18**
IV 7201

—, *N*-[8-Chlor-dibenzofuran-3-yl]- **18**
IV 7201

—, *N*-[1-Chlor-dibenzothiophen-2-yl]-
18 IV 7188

—, *N*-[2-Chlor-dibenzothiophen-3-yl]-
18 IV 7207

—, *N*-[4-Chlor-dibenzothiophen-3-yl]-
18 IV 7208

—, *N*-[7-Chlor-4,6-dimethoxy-6'-methyl-
3,4'-dioxo-3*H*-spiro[benzofuran-2,1'-
cyclohexan]-2'-yliden]- **18** IV 3167

—, *N*-[7-Chlor-4,6-dimethoxy-6'-methyl-
3,4'-dioxo-3*H*-spiro[benzofuran-2,1'-
cyclohex-2'-en]-2'-yl]- **18** IV 3167

—, *N*-[4-Chlor-3-hydroxy-6-methoxy-
benzo[*b*]thiophen-7-yl]- **18** II 438 d

—, *N*-[4-Chlor-6-methoxy-3-oxo-2,3-
dihydro-benzo[*b*]thiophen-7-yl]- **18**
II 438 d

—, *N*-[5-Chlor-3-(4-nitro-phenylazo)-
[2]thienyl]- **17** IV 5896

—, *N*-[5-Chlor-3-(4-nitro-
phenylhydrazono)-3*H*-[2]thienyliden]-
17 IV 5896

—, *N*-[5-Chloromercurio-[2]thienyl]- **18**
IV 8435

—, *N*-[4-Chlor-2-phenyl-chroman-3-yl]-
18 IV 7235

—, *N*-[2-Chlor-[3]thienyl]- **18** IV 7065

—, *N*-[5-Chlor-[2]thienyl]- **17** IV 4288

—, *N*-[5-Chlor-3*H*-[2]thienyliden]- **17**
IV 4288

—, *N*-[2-Chlor-xanthen-9-yl]- **18**
IV 7227

—, *N*-[3-Chlor-xanthen-9-yl]- **18**
IV 7227

—, *N*-Chroman-6-yl- **18** IV 7153

—, *N*-Cyclohexyl-*N*-[7-methyl-6-oxo-
6*H*-benzo[*c*]chromen-9-yl]- **18** IV 7980

—, *N*-[Deca-*O*-acetyl-cellotriosyl]- **17**
IV 3580

—, *N*-[5-(1,2-Diacetoxy-äthyl)-[3]furyl]-
18 IV 7428

—, *N*-[9,10-Diacetoxy-7a,12a-epoxy-
1,2,3-trimethoxy-5,6,7,7a,8,9,10,11,12,12a-
decahydro-benzo[*a*]heptalen-7-yl]- **18**
IV 7645

—, *N*-[5-Diacetoxymethyl-[2]furyl]- **17**
IV 5909

—, *N*-[5-Diacetoxymethyl-3*H*-
[2]furyliden]- **17** IV 5909

—, *N*-[5,7-Diacetoxy-2-oxo-chroman-3-
yliden]- **18** IV 2374

—, *N*-[7,8-Diacetoxy-2-oxo-chroman-3-
yliden]- **18** IV 2376

—, *N*-[5,7-Diacetoxy-2-oxo-2*H*-chromen-
3-yl]- **18** IV 2374

—, *N*-[7,8-Diacetoxy-2-oxo-2*H*-chromen-
3-yl]- **18** IV 2376

—, *N*-[10-Diäthylamino-3-
glucopyranosyloxy-1,2-dimethoxy-9-oxo-
5,6,7,9-tetrahydro-benzo[*a*]heptalen-7-yl]-
17 IV 3423

—, 2-Dibenzofuran-2-yl- **18** IV 4359

—, 2-Dibenzofuran-4-yl- **18** IV 4360

—, *N*-Dibenzofuran-1-yl- **18** IV 7183

—, *N*-Dibenzofuran-2-yl- **18** IV 7184

—, *N*-Dibenzofuran-3-yl- **18** II 422 b,
IV 7193

—, *N*-Dibenzofuran-4-yl- **18** IV 7211

—, *N*-[3-Dibenzofuran-2-yl-propyl]- **18**
II 425 b

—, *N*-Dibenzoselenophen-2-yl- **18**
IV 7191

—, *N*-Dibenzoselenophen-3-yl- **18**
IV 7210

—, 2-Dibenzothiophen-4-yl- **18** IV 4360

—, *N*-Dibenzothiophen-1-yl- **18**
IV 7183

—, *N*-Dibenzothiophen-2-yl- **18**
II 423 i, IV 7187

—, *N*-Dibenzothiophen-3-yl- **18**
IV 7205

—, *N*-Dibenzothiophen-4-yl- **18**
IV 7214

—, *N*-[2,8-Dibrom-dibenzofuran-3-yl]-
18 IV 7203

—, *N*-[3,4-Dibrom-5-(4-nitro-phenylazo)-
[2]thienyl]- **18** IV 8333

—, *N*-[3,4-Dibrom-5-(4-nitro-phenylazo)-
3*H*-[2]thienyliden]- **18** IV 8333

—, *N*-[3,4-Dibrom-5-nitro-[2]thienyl]-
17 IV 4291

—, *N*-[3,4-Dibrom-5-nitro-3*H*-
[2]thienyliden]- **17** IV 4291

—, *N*-[2,5-Dibrom-[3]thienyl]- **18**
IV 7066

—, *N*-[3,5-Dibrom-[2]thienyl]- **17**
IV 4289

—, *N*-[3,5-Dibrom-3*H*-[2]thienyliden]-
17 IV 4289

Acetamid (Fortsetzung)

—, N-[1-(2-Dibutylamino-äthylamino)-9-oxo-thioxanthen-4-yl]- **18** IV 7961

—, N-[2,5-Dichlor-[3]thienyl]- **18** IV 7065

—, N-[3,5-Dichlor-[2]thienyl]- **17** IV 4288

—, N-[3,5-Dichlor-3H-[2]thienyliden]- **17** IV 4288

—, N-[10,11-Dihydro-dibenz[b,f]oxepin-10-yl]- **18** IV 7233

—, N-[7,11b-Dihydro-indeno[2,1-c]-chromen-6a-yl]- **18** IV 7992

—, N-[5-(1,2-Dihydroxy-äthyl)-[3]furyl]- **18** IV 7427

—, N-[5-(1,2-Dihydroxy-äthyl)-tetrahydro-[3]furyl]- **18** IV 7425

—, N-[3,5-Dihydroxy-2-hydroxymethyl-6-methoxy-tetrahydro-pyran-4-yl]- **18** IV 7634

—, N-[4,5-Dihydroxy-6-hydroxymethyl-2-methoxy-tetrahydro-pyran-3-yl]- **18** IV 7554

—, N-[4,5-Dihydroxy-6-hydroxymethyl-2-phenoxy-tetrahydro-pyran-3-yl]- **18** IV 7561

—, N-[4,5-Dihydroxy-6-hydroxymethyl-2-propoxy-tetrahydro-pyran-3-yl]- **18** IV 7560

—, N-[4,5-Dihydroxy-2-methoxy-6-methoxymethyl-tetrahydro-pyran-3-yl]- **18** IV 7557

—, N-[3,5-Dihydroxy-2-methoxy-tetrahydro-pyran-4-yl]- **18** IV 7461

—, N-[4,5-Dihydroxy-2-methoxy-6-trityloxymethyl-tetrahydro-pyran-3-yl]- **18** IV 7563

—, N-[3,4-Dijod-5-nitro-[2]thienyl]- **17** IV 4291

—, N-[3,4-Dijod-5-nitro-3H-[2]thienyliden]- **17** IV 4291

—, N-[2,5-Dijod-[3]thienyl]- **18** IV 7067

—, N-[3,5-Dijod-[2]thienyl]- **17** IV 4290

—, N-[3,5-Dijod-3H-[2]thienyliden]- **17** IV 4290

—, N-[3,4-Dimethoxy-dibenzofuran-1-yl]- **18** IV 7444

—, N-[4,6-Dimethoxy-dibenzofuran-1-yl]- **18** IV 7444

—, N-[2,5-Dimethoxy-2,5-dihydro-furfuryl]- **18** IV 7426

—, N-[1-(2,5-Dimethoxy-2,5-dihydro-[2]furyl)-äthyl]- **18** IV 7427

—, N-[4,5-Dimethoxy-2-methoxymethyl-[3]furyl]- **18** IV 7469

—, N-[4,6-Dimethoxy-6'-methyl-3,4'-dioxo-3H-spiro[benzofuran-2,1'-cyclohexan]-2'-yliden]- **18** IV 3157

—, N-[4,6-Dimethoxy-6'-methyl-3,4'-dioxo-3H-spiro[benzofuran-2,1'-cyclohex-2'-en]-2'-yl]- **18** IV 3157

—, N-[2-(3,4-Dimethoxy-phenyl)-7-methoxy-4-oxo-chroman-6-yl]- **18** IV 8149

—, N-[2-(3,4-Dimethoxy-phenyl)-4-oxo-chroman-6-yl]- **18** IV 8134

—, N-[2,5-Dimethoxy-tetrahydro-furfuryl]- **18** IV 7399

—, N-[1-(4-Dimethylamino-benzyliden)-3-oxo-phthalan-5-yl]- **18** IV 8009

—, N-[1-(4-Dimethylamino-benzyl)-3-oxo-phthalan-5-yl]- **18** IV 7988

—, N-[10-Dimethylamino-3-glucopyranosyloxy-1,2-dimethoxy-9-oxo-5,6,7,9-tetrahydro-benzo[a]heptalen-7-yl]- **17** IV 3422

—, N-[3-Dimethylaminomethyl-4-oxo-chroman-6-yl]- **18** IV 7906

—, N-[3-Dimethylaminomethyl-4-oxo-thiochroman-6-yl]- **18** IV 7906

—, N-[3-Dimethylaminomethyl-4-oxo-thiochroman-7-yl]- **18** IV 7906

—, N-[2-(4-Dimethylamino-phenyl)-3,4-dioxo-chroman-7-yl]- **18** IV 8055

—, N-[2,3-Dimethyl-4-oxo-4H-chromen-6-yl]- **18** IV 7933

—, N-[2,3-Dimethyl-4-oxo-4H-chromen-8-yl]- **18** IV 7933

—, N-[1-(5,6-Dimethyl-3-oxo-phthalan-1-yl)-propyl]- **18** IV 7918

—, N-[2,2-Dimethyl-4-oxo-thietan-3-yl]- **18** IV 7844

—, N-[2,8-Dimethyl-4-oxo-thiochroman-5-yl]- **18** IV 7910

—, N-[2,8-Dimethyl-4-oxo-4H-thiochromen-5-yl]- **18** IV 7933

—, N-[2,5-Dimethyl-tetrahydro-thiopyran-4-yl]- **18** IV 7052

—, N-[2,5-Dimethyl-[3]thienyl]- **18** IV 7129

—, N-[1,7-Dinitro-dibenzofuran-4-yl]- **18** IV 7213

—, N-[3,8-Dinitro-dibenzofuran-4-yl]- **18** IV 7213

—, N-[3,5-Dinitro-[2]furyl]- **17** IV 4286

—, N-[3,5-Dinitro-3H-furyliden]- **17** IV 4286

—, N-[2-(2,4-Dinitro-phenylhydrazono)-2-[2]furyl-äthyl]- **18** IV 7864

—, N-{5-[(2,4-Dinitro-phenylhydrazono)-methyl]-furfuryl}- **18** IV 7867

—, N-[3,5-Dinitro-[2]thienyl]- **17** I 138 b, IV 4292

—, N-[1-(3,5-Dinitro-[2]thienyl)-äthyl]- **18** IV 7118

—, N-[3,5-Dinitro-3H-[2]thienyliden]- **17** I 138 b, IV 4292

Acetamid (Fortsetzung)

—, N-[1,1-Dioxo-1λ⁶-benzo[b]thiophen-5-yl]- **18** IV 7164

—, N-[1,1-Dioxo-1λ⁶-benzo[b]thiophen-6-yl]- **18** IV 7166

—, N-[2,4-Dioxo-chroman-7-yl]- **18** IV 8038

—, N-[5,5-Dioxo-5λ⁶-dibenzothiophen-2-yl]- **18** IV 7187

—, N-[5,5-Dioxo-5λ⁶-dibenzothiophen-3-yl]- **18** IV 7205

—, N-[1,1-Dioxo-2,3-dihydro-1λ⁶-benzo≠[b]thiophen-5-yl]- **18** IV 7150

—, N-[1,1-Dioxo-2,3-dihydro-1λ⁶-benzo≠[b]thiophen-6-yl]- **18** IV 7150

—, N-[3,4-Dioxo-2-phenyl-chroman-6-yl]- **18** IV 8054

—, N-[3,4-Dioxo-2-phenyl-chroman-7-yl]- **18** IV 8054

—, N-[1,1-Dioxo-tetrahydro-1λ⁶-thiopyran-4-yl]- **18** IV 7033

—, N-[1,1-Dioxo-1λ⁶-thiochroman-4-yl]- **18** IV 7151

—, N-[1,2-Diphenyl-naphtho[2,1-b]furan-5-yl]- **18** IV 7259

—, N-[3,5-Diphenyl-[2]thienyl]- **17** IV 5437

—, N-[3,5-Diphenyl-3H-[2]thienyliden]- **17** IV 5437

—, N-[3,5-Disulfamoyl-[2]thienyl]- **18** IV 6737

—, N-[3,5-Disulfamoyl-3H-[2]thienyliden]- **18** IV 6737

—, N-[7a,12a-Epoxy-9,10-dihydroxy-1,2,3-trimethoxy-5,6,7,7a,8,9,10,11,12,12a-decahydro-benzo[a]heptalen-7-yl]- **18** IV 7644

—, N-[7a,12a-Epoxy-9-hydroxy-1,2,3,10-tetramethoxy-5,6,7,7a,8,9,10,11,12,12a-decahydro-benzo[a]heptalen-7-yl]- **18** IV 7644

—, N-[6,7-Epoxy-5,6,7,8-tetrahydro-[1]naphthyl]- **18** IV 7170

—, N-[7a,12a-Epoxy-1,2,3-trimethoxy-5,6,7,7a,8,9,10,11,12,12a-decahydro-benzo[a]heptalen-7-yl]- **18** IV 7500

—, N-[5-Formyl-[2]thienyl]- **17** IV 5911

—, N-[5-Formyl-3H-[2]thienyliden]- **17** IV 5911

—, N-Furfuryl- **18** IV 7080

—, 2-[3]Furyl- **18** IV 4066

—, N-[2]Furyl- **17** 248 c, IV 4285

—, N-[3]Furyl- **18** IV 7063

—, N-[1-[2]Furyl-äthyl]- **18** IV 7117

—, N-[2-[2]Furyl-äthyl]- **18** IV 7120

—, N-[2-[2]Furyl-1,1-bis-hydroxymethyl-2-oxo-äthyl]- **18** IV 8113

—, N-[2-[2]Furyl-1-hydroxymethyl-2-oxo-äthyl]- **18** IV 8076

—, N-[3H-[2]Furyliden]- **17** 248 c, IV 4285

—, N-[2-[2]Furyl-2-methoxy-äthyl]- **18** IV 7319

—, N-[2-[2]Furyl-2-(4-nitro-phenylhydrazono)-äthyl]- **18** IV 7863

—, N-[2-[2]Furyl-2-oxo-äthyl]- **18** IV 7863

—, N-[[2]Furyl-phenyl-methyl]- **18** 587 b

—, N-Galactopyranosyl- **2** IV 414

—, N-[O⁴-Galactopyranosyl-galactose-2-yl]- **17** IV 3425

—, N-[O⁴-Galactopyranosyl-glucit-1-yliden]- **17** IV 3083

—, N-[O³-Galactopyranosyl-glucose-2-yl]- **17** IV 3424

—, N-[O⁴-Galactopyranosyl-glucose-2-yl]- **17** IV 3425

—, N-[O⁶-Galactopyranosyl-glucose-2-yl]- **17** IV 3427

—, N-[2-Galactopyranosyloxy-benzyl]- **17** IV 3412

—, N-[4-Galactopyranosyloxy-benzyl]- **17** IV 3414

—, N-Glucofuranosyl- **2** IV 413

—, N-Glucopyranosyl- **2** IV 413

—, N-[O⁴-Glucopyranosyl-glucit-1-yliden]- **17** IV 3082

—, N-[2-Glucopyranosyloxy-benzyl]- **17** IV 3412

—, N-[3-Glucopyranosyloxy-benzyl]- **17** IV 3414

—, N-[4-Glucopyranosyloxy-benzyl]- **17** IV 3414

—, N-[3-Glucopyranosyloxy-1,2-dimethoxy-10-methylamino-9-oxo-5,6,7,9-tetrahydro-benzo[a]heptalen-7-yl]- **17** IV 3422

—, N-[3-Glucopyranosyloxy-1,2-dimethoxy-10-methylmercapto-9-oxo-5,6,7,9-tetrahydro-benzo[a]heptalen-7-yl]- **17** IV 3428

—, N-[3-Glucopyranosyloxy-1,2-dimethoxy-10-(1-methyl-2-phenyl-äthylamino)-9-oxo-5,6,7,9-tetrahydro-benzo[a]heptalen-7-yl]- **17** IV 3424

—, N-[3-Glucopyranosyloxy-1,2-dimethoxy-9-oxo-10-pentylamino-5,6,7,9-tetrahydro-benzo[a]heptalen-7-yl]- **17** IV 3423

—, N-[3-Glucopyranosyloxy-1,2-dimethoxy-9-oxo-10-(N'-phenyl-hydrazino)-5,6,7,9-tetrahydro-benzo[a]≠heptalen-7-yl]- **17** IV 3433

Acetamid (Fortsetzung)

—, N-[3-Glucopyranosyloxy-1,2-
dimethoxy-9-oxo-10-propylamino-5,6,7,9-
tetrahydro-benzo[a]heptalen-7-yl]- **17**
IV 3423

—, N-[3-Glucopyranosyloxy-10-
hexylamino-1,2-dimethoxy-9-oxo-5,6,7,9-
tetrahydro-benzo[a]heptalen-7-yl]- **17**
IV 3423

—, N-[3-Glucopyranosyloxy-10-
hydrazino-1,2-dimethoxy-9-oxo-5,6,7,9-
tetrahydro-benzo[a]heptalen-7-yl]- **17**
IV 3433

—, N-[3-Glucopyranosyloxy-10-(2-
hydroxy-äthylamino)-1,2-dimethoxy-9-
oxo-5,6,7,9-tetrahydro-benzo[a]heptalen-
7-yl]- **17** IV 3424

—, N-[2-Glucopyranosyloxy-1,3,9-
trimethoxy-8-oxo-5,6,7,7b,8,10a-
hexahydro-benzo[a]cyclopenta[3,4]≠
cyclobuta[1,2-c]cyclohepten-7-yl]-
N-methyl- **17** IV 3429

—, N-[3-Glucopyranosyloxy-1,2,10-
trimethoxy-9-oxo-5,6,7,9-tetrahydro-
benzo[a]heptalen-7-yl]- **17** IV 3428

—, N-[5-(1-Hydroxy-äthyl)-[3]furyl]- **18**
IV 7319

—, N-[3-Hydroxy-benzofuran-5-yl]- **18**
II 432 a

—, N-[3-Hydroxy-benzo[b]thiophen-2-yl]-
18 595 c

—, N-[2-Hydroxy-1,1-bis-hydroxymethyl-
2-[2]thienyl-äthyl]- **18** IV 7497

—, N-[8-Hydroxy-dibenzofuran-2-yl]-
18 IV 7355

—, N-[8-Hydroxy-dibenzofuran-3-yl]-
18 IV 7355

—, N-[8-Hydroxy-dibenzofuran-4-yl]-
18 IV 7354

—, N-[4-Hydroxy-2,5-dimethoxy-6-
methoxymethyl-tetrahydro-pyran-3-yl]-
18 IV 7558

—, N-[5-Hydroxy-2,4-dimethoxy-6-
methoxymethyl-tetrahydro-pyran-3-yl]-
18 IV 7558

—, N-[5-Hydroxy-2,4-dimethoxy-6-
trityloxymethyl-tetrahydro-pyran-3-yl]-
18 IV 7564

—, N-[4-Hydroxy-6-hydroxymethyl-2,5-
dimethoxy-tetrahydro-pyran-3-yl]- **18**
IV 7556

—, N-[5-Hydroxy-6-hydroxymethyl-2,4-
dimethoxy-tetrahydro-pyran-3-yl]- **18**
IV 7556

—, N-[4-Hydroxy-2-hydroxymethyl-5-
methoxy-tetrahydro-[3]furyl]- **18**
IV 7467

—, N-[2-Hydroxy-1-hydroxymethyl-2-(5-
nitro-[2]thienyl)-äthyl]- **18** IV 7432

—, N-[2-Hydroxy-1-hydroxymethyl-2-
[2]thienyl-äthyl]- **18** IV 7430

—, N-[3-Hydroxy-2-(3-hydroxy-phenyl)-
4-oxo-4H-chromen-6-yl]- **18** IV 8136

—, N-[8-(1-Hydroxyimino-äthyl)-
dibenzofuran-3-yl]- **18** IV 7980

—, N-[5-(Hydroxyimino-methyl)-
[2]thienyl]- **17** IV 5911

—, N-[5-(Hydroxyimino-methyl)-3H-
[2]thienyliden]- **17** IV 5911

—, N-[4-Hydroxy-5-methoxy-2-
methoxymethyl-[3]furyl]- **18** IV 7468

—, N-[2-(4-Hydroxy-3-methoxy-phenyl)-
4-oxo-chroman-6-yl]- **18** IV 8134

—, N-[3-Hydroxy-2-(4-methoxy-phenyl)-
4-oxo-4H-chromen-6-yl]- **18** IV 8136

—, N-[9-Hydroxy-6-methoxy-9-phenyl-
xanthen-3-yl]- **18** I 567 c

—, N-[1-Hydroxymethyl-2-(4-nitro-
[2]thienyl)-2-oxo-äthyl]- **18** IV 8078

—, N-[1-Hydroxymethyl-2-(5-nitro-
[2]thienyl)-2-oxo-äthyl]- **18** IV 8078

—, N-[1-Hydroxymethyl-2-oxo-2-
[2]thienyl-äthyl]- **18** IV 8076

—, N-[6-Hydroxymethyl-2,4,5-
trimethoxy-tetrahydro-pyran-3-yl]- **18**
IV 7557

—, N-[5-Hydroxy-4-oxo-2-phenyl-
4H-chromen-6-yl]- **18** IV 8102

—, N-[4-Hydroxy-2-phenyl-chroman-3-yl]-
18 IV 7366

—, N-[2-(4-Hydroxy-phenyl)-3-methyl-4-
oxo-chroman-6-yl]- **18** IV 8099

—, N-[2-(4-Hydroxy-phenyl)-3-methyl-4-
oxo-chroman-7-yl]- **18** IV 8100

—, N-[2-(4-Hydroxy-phenyl)-4-oxo-
chroman-6-yl]- **18** IV 8098

—, N-[2-(4-Hydroxy-phenyl)-4-oxo-
chroman-7-yl]- **18** IV 8098

—, N-[2-(3-Hydroxy-phenyl)-4-oxo-
4H-chromen-6-yl]- **18** IV 8103

—, N-[9-Hydroxy-1,2,3,10-tetramethoxy-
5,6,7,7a,8,9,10,11-octahydro-12H-10,12a-
epoxido-benzo[a]heptalen-7-yl]- **18**
IV 7645

—, N-[2-Isopropyl-6-methoxy-2,3-
dihydro-benzofuran-5-yl]- **18** IV 7339

—, N-[7-Isopropyl-4-methyl-2,3-diphenyl-
benzofuran-6-yl]- **18** IV 7255

—, N-[7-Isopropyl-4-methyl-5-nitro-2,3-
diphenyl-benzofuran-6-yl]- **18** IV 7255

—, N-Isopropyl-N-[7-methyl-6-oxo-
6H-benzo[c]chromen-9-yl]- **18** IV 7980

—, N-[6-Jod-dibenzofuran-3-yl]- **18**
IV 7203

—, N-[4-Jod-3,5-dinitro-[2]thienyl]- **17**
IV 4293

—, N-[4-Jod-3,5-dinitro-3H-
[2]thienyliden]- **17** IV 4293

Acetamid (Fortsetzung)

—, N-[3-Jod-5-(4-nitro-phenylazo)-
[2]thienyl]- **18** IV 8333

—, N-[3-Jod-5-(4-nitro-phenylazo)-3H-
[2]thienyliden]- **18** IV 8333

—, N-[2-Jod-[3]thienyl]- **18** IV 7066

—, N-[5-Jod-[2]thienyl]- **17** IV 4290

—, N-[5-Jod-3H-[2]thienyliden]- **17**
IV 4290

—, N-Mannopyranosyl- **2** IV 414

—, N-[2-Methoxy-dibenzofuran-1-yl]-
18 IV 7351

—, N-[2-Methoxy-dibenzofuran-3-yl]-
18 IV 7352

—, N-[4-Methoxy-dibenzofuran-1-yl]-
18 IV 7357

—, N-[4-Methoxy-dibenzofuran-3-yl]-
18 IV 7358

—, N-[8-Methoxy-dibenzofuran-2-yl]-
18 IV 7355

—, N-[8-Methoxy-dibenzofuran-3-yl]-
18 IV 7355

—, N-[8-Methoxy-dibenzofuran-4-yl]-
18 IV 7354

—, N-[3-Methoxy-7,11b-dihydro-indeno≈
[2,1-c]chromen-6a-yl]- **18** IV 7377

—, N-[6-Methoxy-2-(2-methoxy-phenyl)-
4-oxo-chroman-8-yl]- **18** IV 8132

—, N-[6-Methoxy-2-(4-methoxy-phenyl)-
4-oxo-chroman-8-yl]- **18** IV 8133

—, N-[7-Methoxy-2-(2-methoxy-phenyl)-
4-oxo-chroman-6-yl]- **18** IV 8133

—, N-[4-Methoxy-2-nitro-dibenzofuran-
1-yl]- **18** IV 7357

—, N-[2-Methoxy-2-(5-nitro-[2]furyl)-
äthyl]- **18** IV 7320

—, N-[6-Methoxy-4-oxo-2-phenyl-
chroman-8-yl]- **18** IV 8095

—, N-[7-Methoxy-4-oxo-2-phenyl-
chroman-6-yl]- **18** IV 8096

—, N-[6-Methoxy-4-oxo-2-phenyl-
4H-chromen-8-yl]- **18** IV 8102

—, N-[4-Methoxy-9-oxo-xanthen-1-yl]-
18 IV 8093

—, N-[14-(4-Methoxy-phenyl)-
14H-dibenzo[a,j]xanthen-5-yl]- **18**
IV 7396

—, N-[2-(2-Methoxy-phenyl)-6-methyl-4-
oxo-chroman-8-yl]- **18** IV 8100

—, N-[2-(4-Methoxy-phenyl)-6-methyl-4-
oxo-chroman-8-yl]- **18** IV 8100

—, N-[4-Methoxy-phenyl]-N-[2-nitro-
dibenzofuran-3-yl]- **18** IV 7204

—, N-[2-(2-Methoxy-phenyl)-4-oxo-
chroman-8-yl]- **18** IV 8097

—, N-[2-(4-Methoxy-phenyl)-4-oxo-
chroman-6-yl]- **18** IV 8098

—, N-[2-(4-Methoxy-phenyl)-4-oxo-
chroman-7-yl]- **18** IV 8098

—, N-[2-(4-Methoxy-phenyl)-4-oxo-
chroman-8-yl]- **18** IV 8099

—, N-[2-(4-Methoxy-phenyl)-4-oxo-
4H-chromen-6-yl]- **18** IV 8103

—, N-{2-[5-(4-Methoxy-phenyl)-
[2]thienyl]-äthyl}- **18** IV 7348

—, N-[2-Methoxy-2-[2]thienyl-äthyl]- **18**
IV 7322

—, N-[2-(5-Methoxy-[2]thienyl)-äthyl]-
18 IV 7318

—, N-[O^1-Methyl-allopyranose-2-yl]-
18 IV 7554

—, N-[O^1-Methyl-altropyranose-2-yl]-
18 IV 7554

—, N-[O^1-Methyl-altropyranose-3-yl]-
18 IV 7634

—, N-[O^1-Methyl-arabinofuranose-3-yl]-
18 IV 7467

—, N-[2-Methyl-benzo[b]thiophen-3-yl]-
18 IV 7166

—, N-[3-Methyl-benzo[b]thiophen-2-yl]-
17 IV 4965

—, N-[2-Methyl-benzo[b]thiophen-3-
yliden]- **18** IV 7166

—, N-[3-Methyl-3H-benzo[b]thiophen-2-
yliden]- **17** IV 4965

—, N-[O^1-Methyl-3,6-didesoxy-
mannopyranose-3-yl]- **18** IV 7486

—, N-[2-Methyl-2,3-dihydro-benzofuran-
4-yl]- **18** IV 7154

—, N-[2-Methyl-2,3-dihydro-benzofuran-
5-yl]- **18** I 556 c, IV 7154

—, N-[2-Methyl-2,3-dihydro-benzofuran-
6-yl]- **18** IV 7154

—, N-[3-Methyl-2,4-dioxo-chroman-7-yl]-
18 IV 8039

—, N-[5-Methyl-3,3-diphenyl-dihydro-
[2]furyliden]- **17** IV 5382

—, N-[2-Methyl-[3]furyl]- **18** IV 7067

—, N-[O^1-Methyl-galactopyranose-2-yl]-
18 IV 7555

—, N-[O^1-Methyl-glucofuranose-2-yl]-
18 IV 7640

—, N-[O^1-Methyl-glucopyranose-2-yl]-
18 IV 7555

—, N-[O^1-Methyl-glucopyranose-3-yl]-
18 IV 7634

—, N-[O^1-Methyl-glucopyranose-6-yl]-
18 IV 7506

—, N-[O^1-Methyl-gulopyranose-2-yl]-
18 IV 7555

—, N-[O^1-Methyl-idopyranose-3-yl]- **18**
IV 7634

—, N-[2-Methyl-4-nitro-2,3-dihydro-
benzofuran-5-yl]- **18** IV 7154

—, N-[6-Methyl-2-(3-nitro-phenyl)-4-oxo-
chroman-8-yl]- **18** IV 7993

—, N-[5-Methyl-4-nitro-tetrahydro-
[3]thienyl]- **18** IV 7034

Acetamid (Fortsetzung)

—, *N*-[2-Methyl-4-oxo-4*H*-chromen-6-yl]-
18 IV 7926

—, *N*-[4-Methyl-2-oxo-2*H*-chromen-6-yl]-
18 IV 7927

—, *N*-[4-Methyl-2-oxo-2*H*-chromen-7-yl]-
18 IV 7928

—, *N*-[6-Methyl-4-oxo-2-phenyl-
chroman-8-yl]- **18** IV 7992

—, *N*-[3-Methyl-4-oxo-2-phenyl-
4*H*-chromen-8-yl]- **18** IV 8010

—, *N*-[4-Methyl-2-oxo-3-phenyl-
2*H*-chromen-7-yl]- **18** IV 8012

—, *N*-[8-Methyl-4-oxo-2-phenyl-
4*H*-thiochromen-5-yl]- **18** IV 8011

—, *N*-[1-Methyl-3-oxo-phthalan-4-yl]-
18 IV 7897

—, *N*-[1-Methyl-3-oxo-phthalan-5-yl]-
18 IV 7898

—, *N*-[3-Methyl-1-oxo-phthalan-4-yl]-
18 IV 7898

—, *N*-[4-Methyl-9-oxo-5,6,7,8-tetrahydro-
thioxanthen-1-yl]- **18** IV 7945

—, *N*-[8-Methyl-4-oxo-thiochroman-5-yl]-
18 IV 7907

—, *N*-[4-Methyl-9-oxo-thioxanthen-1-yl]-
18 IV 7972

—, *N*-[4-Methyl-9-oxo-xanthen-1-yl]-
18 IV 7969

—, *N*-Methyl-*N*-[2-(tetra-*O*-acetyl-
glucopyranosyloxy)-benzyl]- **17** IV 3413

—, *N*-[3-Methyl-[2]thienyl]- **17** IV 4303

—, *N*-[5-Methyl-[2]thienyl]- **17** IV 4302

—, *N*-Methyl-*N*-[2]thienyl- **18** I 555 a

—, *N*-[3-Methyl-3*H*-[2]thienyliden]- **17**
IV 4303

—, *N*-[5-Methyl-3*H*-[2]thienyliden]- **17**
IV 4302

—, *N*-[3-Methyl-[2]thienylmethyl]- **18**
IV 7127

—, *N*-[4-Methyl-thioxanthen-1-yl]- **18**
IV 7234

—, *N*-Methyl-*N*-[1,3,9-trimethoxy-8-oxo-
2-(tetra-*O*-acetyl-glucopyranosyloxy)-
5,6,7,7b,8,10a-hexahydro-benzo[*a*]≠
cyclopenta[3,4]cyclobuta[1,2-*c*]≠
cyclohepten-7-yl]- **17** IV 3429

—, *N*-[*O*¹-Methyl-xylofuranose-3-yl]-
18 IV 7468

—, *N*-[*O*¹-Methyl-xylopyranose-3-yl]-
18 IV 7461

—, *N*-[*O*¹-[1]Naphthyl-glucopyranose-2-
yl]- **18** IV 7563

—, *N*-[*O*¹-[2]Naphthyl-glucopyranose-2-
yl]- **18** IV 7563

—, *N*-[2-Nitro-benzo[*b*]thiophen-3-yl]-
18 IV 7162

—, *N*-[4-Nitro-benzo[*b*]thiophen-5-yl]-
18 IV 7165

—, *N*-[2-Nitro-benzo[*b*]thiophen-3-yliden]-
18 IV 7162

—, *N*-[2-(4-Nitro-benzoyl)-3-phenyl-
oxiranyl]- **18** IV 7982

—, *N*-[1-Nitro-dibenzofuran-4-yl]- **18**
IV 7213

—, *N*-[2-Nitro-dibenzofuran-3-yl]- **18**
II 422 g, IV 7203

—, *N*-[3-Nitro-dibenzofuran-2-yl]- **18**
II 423 f

—, *N*-[3-Nitro-dibenzofuran-4-yl]- **18**
IV 7213

—, *N*-[6-Nitro-dibenzofuran-4-yl]- **18**
IV 7213

—, *N*-[8-Nitro-dibenzofuran-2-yl]- **18**
IV 7186

—, *N*-[4-Nitro-dibenzoselenophen-3-yl]-
18 IV 7210

—, *N*-[1-Nitro-dibenzothiophen-2-yl]-
18 IV 7189

—, *N*-[3-Nitro-dibenzothiophen-2-yl]-
18 IV 7190

—, *N*-[4-Nitro-dibenzothiophen-3-yl]-
18 IV 7209

—, *N*-[8-Nitro-dibenzothiophen-2-yl]-
18 IV 7190

—, *N*-[4-Nitro-1,1-dioxo-1λ^6-benzo[*b*]≠
thiophen-5-yl]- **18** IV 7165

—, *N*-[6-Nitro-1,1-dioxo-1λ^6-benzo[*b*]≠
thiophen-5-yl]- **18** IV 7166

—, *N*-[8-Nitro-5,5-dioxo-
5λ^6-dibenzothiophen-2-yl]- **18** IV
7190

—, *N*-[*N*-(5-Nitro-furfuryliden)-sulfanilyl]-
17 IV 4463

—, *N*-[6-Nitro-1-oxo-phthalan-5-yl]- **18**
IV 7893

—, *N*-[6-Nitro-9-oxo-xanthen-3-yl]- **18**
IV 7960

—, *N*-[7-Nitro-9-oxo-xanthen-2-yl]- **18**
I 572 a

—, *N*-[2-(4-Nitro-phenylazo)-[3]thienyl]-
18 IV 8349

—, *N*-[5-(4-Nitro-phenylazo)-[2]thienyl]-
18 IV 8332

—, *N*-[5-(4-Nitro-phenylazo)-3*H*-
[2]thienyliden]- **18** IV 8332

—, *N*-[2-(3-Nitro-phenyl)-4-oxo-
chroman-8-yl]- **18** IV 7985

—, *N*-[2-(4-Nitro-phenyl)-5-oxo-
tetrahydro-[3]furyl]- **18** IV 7900

—, *N*-[1-(1-Nitro-propyl)-3-oxo-
phthalan-5-yl]- **18** IV 7912

—, *N*-[2-Nitro-[3]thienyl]- **18** IV 7067

—, *N*-[3-Nitro-[2]thienyl]- **17** IV 4290

—, *N*-[5-Nitro-[2]thienyl]- **17** IV 4290

—, *N*-[1-(5-Nitro-[2]thienyl)-äthyl]- **18**
IV 7118

Acetamid (Fortsetzung)
—, *N*-[3-Nitro-3*H*-[2]thienyliden]- **17**
  IV 4290
—, *N*-[5-Nitro-3*H*-[2]thienyliden]- **17**
  IV 4290
—, *N*-[2-(4-Nitro-[2]thienyl)-2-oxo-äthyl]-
  18 IV 7866
—, *N*-[2-(5-Nitro-[2]thienyl)-2-oxo-äthyl]-
  18 IV 7866
—, *N*-[6-Oxo-6*H*-benzo[*c*]chromen-2-yl]-
  18 IV 7966
—, *N*-[4-Oxo-chroman-6-yl]- **18**
  IV 7896
—, *N*-[2-Oxo-2*H*-chromen-6-yl]- **18**
  IV 7920
—, *N*-[1-(4-Oxo-4*H*-chromen-2-yl)-äthyl]-
  18 IV 7932
—, *N*-[2-(4-Oxo-4*H*-chromen-2-yl)-äthyl]-
  18 IV 7933
—, *N*-[4-Oxo-4*H*-chromen-2-ylmethyl]-
  18 IV 7926
—, *N*-[5-Oxo-5λ^4-dibenzothiophen-3-yl]-
  18 IV 7205
—, *N*-[3-Oxo-2,3-dihydro-benzofuran-5-
  yl]- **18** II 432 a
—, *N*-[4-Oxo-2-phenyl-4*H*-benzo[*h*]≠
  chromen-6-yl]- **18** IV
  8020
—, *N*-[4-Oxo-2-phenyl-chroman-3-yl]-
  18 IV 7983
—, *N*-[4-Oxo-2-phenyl-chroman-6-yl]-
  18 IV 7983
—, *N*-[4-Oxo-2-phenyl-chroman-7-yl]-
  18 IV 7984
—, *N*-[4-Oxo-2-phenyl-chroman-8-yl]-
  18 IV 7984
—, *N*-[4-Oxo-2-phenyl-chroman-3-yliden]-
  17 IV 6429
—, *N*-[2-Oxo-3-phenyl-2*H*-chromen-7-yl]-
  18 IV 8003
—, *N*-[4-Oxo-2-phenyl-4*H*-chromen-3-yl]-
  17 IV 6429
—, *N*-[4-Oxo-2-phenyl-4*H*-chromen-6-yl]-
  18 IV 8002
—, *N*-[4-Oxo-2-phenyl-4*H*-chromen-7-yl]-
  18 IV 8003
—, *N*-[1-Oxo-phthalan-4-yl]- **18**
  IV 7892
—, *N*-[1-Oxo-phthalan-5-yl]- **18**
  IV 7893
—, *N*-[3-Oxo-phthalan-4-yl]- **18**
  IV 7894
—, *N*-[3-Oxo-phthalan-5-yl]- **18**
  IV 7894
—, *N*-[2-Oxo-tetrahydro-[3]thienyl]- **18**
  IV 7836
—, *N*-[2-Oxo-2-[2]thienyl-äthyl]- **18**
  IV 7865

—, *N*-[4-Oxo-thiochroman-6-yl]- **18**
  IV 7897
—, *N*-[4-Oxo-thiochroman-7-yl]- **18**
  IV 7897
—, *N*-[9-Oxo-thioxanthen-2-yl]-di- **18**
  IV 7955
—, *N*-[9-Oxo-xanthen-2-yl]- **18** I 571 i
—, *N*-[9-Oxo-xanthen-3-yl]- **18** IV 7959
—, *N*-[1-Phenyl-*glycero-gulo*-2,6-
  anhydro-1-desoxy-heptit-3-yl]- **18**
  IV 7499
—, *N*-[1-Phenyl-1,5-anhydro-glucit-2-yl]-
  18 IV 7498
—, *N*-[4-Phenylazo-benzo[*b*]thiophen-5-
  yl]- **18** IV 8349
—, *N*-[3-Phenyl-benzo[*b*]thiophen-5-yl]-
  18 IV 7245
—, *N*-[2-Phenyl-chroman-4-yl]- **18**
  IV 7236
—, *N*-[2-Phenyl-chroman-6-yl]- **18**
  IV 7236
—, *N*-[14-Phenyl-14*H*-dibenzo[*a,j*]≠
  xanthen-5-yl]- **18** IV 7259
—, *N*-[2-(5-Phenyl-[2]furyl)-äthyl]- **18**
  IV 7176
—, *N*-[*O*¹-Phenyl-galactopyranose-2-yl]-
  18 IV 7561
—, *N*-[*O*¹-Phenyl-glucopyranose-2-yl]-
  18 IV 7561
—, *N*-[*O*¹-Phenyl-glucopyranose-6-yl]-
  18 IV 7506
—, *N*-[5-Phenylsulfamoyl-[2]thienyl]- **18**
  IV 6736
—, *N*-[5-Phenylsulfamoyl-3*H*-
  [2]thienyliden]- **18** IV 6736
—, *N*-Phenyl-*N*-[2]thienyl- **18** IV 7063
—, *N*-[2-Phenyl-1-[2]thienyl-äthyl]- **18**
  IV 7175
—, *N*-[2-(5-Phenyl-[2]thienyl)-äthyl]- **18**
  IV 7176
—, *N*-Phthalidyl- **18** IV 7885
—, *N*-[*O*¹-Propyl-glucopyranose-2-yl]-
  18 IV 7560
—, *N*-[5-Sulfamoyl-[2]thienyl]- **18**
  IV 6736
—, *N*-[5-Sulfamoyl-3*H*-[2]thienyliden]-
  18 IV 6736
—, *N*-[5-Sulfamoyl-[2]thienylmethyl]-
  18 IV 8285
—, *N*-[Tetra-*O*-acetyl-galactopyranosyl]-
  2 IV 415
—, *N*-[4-(Tetra-*O*-acetyl-
  galactopyranosyloxy)-benzyl]- **17**
  IV 3415
—, *N*-[Tetra-*O*-acetyl-glucopyranosyl]-
  2 IV 415
—, *N*-[2-(Tetra-*O*-acetyl-
  glucopyranosyloxy)-benzyl]- **17** IV 3413

Acetamid (Fortsetzung)
—, N-[3-(Tetra-O-acetyl-
glucopyranosyloxy)-benzyl]- **17** IV 3414
—, N-[4-(Tetra-O-acetyl-
glucopyranosyloxy)-benzyl]- **17** IV 3415
—, N-[Tetra-O-acetyl-mannopyranosyl]-
2 IV 415
—, N-[4,5,6,7-Tetrahydro-benzo[b]≠
thiophen-4-yl]- **18** IV 7148
—, N-[6,7,8,9-Tetrahydro-dibenzofuran-
3-yl]- **18** II 421 d
—, N-[3-(6,7,8,9-Tetrahydro-
dibenzofuran-2-yl)-propyl]- **18** II 421 g
—, N-Tetrahydrofurfuryl- **18** IV 7039
—, N-[1-Tetrahydro[2]furyl-äthyl]- **18**
IV 7049
—, N-Tetrahydropyran-4-yl- **18**
IV 7032
—, N-Tetrahydrothiopyran-4-yl- **18**
IV 7033
—, N-[2,3,5,6-Tetrahydroxy-4-(3,4,5-
trihydroxy-6-hydroxymethyl-tetrahydro-
pyran-2-yloxy)-hexyliden]- **17** IV 3082
—, N-[2,4,4,7-Tetramethyl-chroman-2-yl]-
18 IV 7158
—, N-[2,4,6,7-Tetramethyl-2,3-dihydro-
benzofuran-5-yl]- **18** IV 7158
—, N-[O^1,O^3,O^5,O^6-Tetramethyl-O^4-
(tetra-O-methyl-galactopyranosyl)-glucit-
2-yl]- **17** IV 3422
—, N-[2]Thienyl- **17** I 136 f, IV
4286
—, N-[3]Thienyl- **18** IV 7064
—, N-[1-[2]Thienyl-äthyl]- **18** IV 7118
—, N-[2-[2]Thienyl-äthyl]- **18** IV 7123
—, N-[2-[3]Thienyl-äthyl]- **18** IV 7126
—, N-[2-[2]Thienyl-äthyliden]- **17**
IV 4518
—, N-[3H-[2]Thienyliden]- **17** I 136 f, IV
4286
—, N-[2]Thienylmethyl- **18** IV 7104
—, N-[1-[2]Thienyl-propyl]- **18** IV 7135
—, N-[2-[2]Thienyl-vinyl]- **17** IV 4518
—, N-Thiochroman-4-yl- **18** IV 7151
—, N-[5-Thiocyanato-[2]thienyl]- **18**
IV 48
—, N-[5-Thiocyanato-3H-[2]thienyliden]-
18 IV 48
—, N-[O^1-o-Tolyl-glucopyranose-2-yl]-
18 IV 7562
—, N-[5-(o-Tolylimino-methyl)-[2]furyl]-
17 IV 5909
—, N-[5-(p-Tolylimino-methyl)-[2]furyl]-
17 IV 5909
—, N-[5-(o-Tolylimino-methyl)-3H-
[2]furyliden]- **17** IV 5909
—, N-[5-(p-Tolylimino-methyl)-3H-
[2]furyliden]- **17** IV 5909

—, N-[2,3,6-Triacetoxy-5-hydroxy-4-
(3,4,5-triacetoxy-6-acetoxymethyl-
tetrahydro-pyran-2-yloxy)-hexyliden]-
17 IV 3262
—, N-[Tri-O-acetyl-arabinopyranosyl]-
2 IV 412
—, N-[O^2,O^3,O^6-Triacetyl-O^4-(tetra-
O-acetyl-galactopyranosyl)-glucit-1-
yliden]- **17** IV 3262
—, N-[O^2,O^3,O^6-Triacetyl-O^4-(tetra-
O-acetyl-glucopyranosyl)-glucit-1-yliden]-
17 IV 3262
—, N-[Tri-O-acetyl-xylopyranosyl]- **2**
IV 412
—, N-[Tribrom-[2]thienyl]- **17** IV 4289
—, N-[3,4,5-Tribrom-3H-[2]thienyliden]-
17 IV 4289
—, N-[Trijod-[2]thienyl]- **17** IV 4290
—, N-[3,4,5-Trijod-3H-[2]thienyliden]-
17 IV 4290
—, N-[2,3,5-Trimethoxy-6-
methoxymethyl-tetrahydro-pyran-4-yl]-
18 IV 7635
—, N-[2,4,5-Trimethoxy-6-
methoxymethyl-tetrahydro-pyran-3-yl]-
18 IV 7558
—, N-[1,2,10-Trimethoxy-9-oxo-3-(tetra-
O-acetyl-glucopyranosyloxy)-5,6,7,9-
tetrahydro-benzo[a]heptalen-7-yl]- **17**
IV 3428
—, N-[2,4,5-Trimethoxy-6-
trityloxymethyl-tetrahydro-pyran-3-yl]-
18 IV 7564
—, N-[2,3,8-Trimethyl-4-oxo-
4H-thiochromen-5-yl]- **18** IV 7937
—, N-[Trinitro-[2]thienyl]- **17** IV 4293
—, N-[3,4,5-Trinitro-3H-[2]thienyliden]-
17 IV 4293
—, N-[Tris-chloromercurio-[2]thienyl]-
18 IV 8436
—, N-Xanthen-9-yl- **18** 588 a, IV 7216
—, N-Xylopyranosyl- **2** IV 411
Acetamidin
—, N,N-Dipentyl-2-tetrahydropyran-4-yl-
18 IV 3844
—, N-Furfuryl-N'-methyl- **18** IV
7080
—, 2-[Thiophen-2-carbonylamino]- **18**
IV 4021
Acetamidoxim
—, 2-Gentiobiosyloxy-2-phenyl-
31 400 d
—, 2-[O^6-Glucopyranosyl-
glucopyranosyloxy]-2-phenyl- **31** 400 d
Acetanilid s. Essigsäure-anilid
Acetat
—, Artenyl- **17** IV 1451
—, Eucalenyl- **17** IV 1451
—, Furfuryl- **17** IV 1246

Acetat (Fortsetzung)

—, Furfurylidendi- **17** 278 b, I 147 a,
II 309 d, IV 4413

—, Isopyromucyl- **18** 11 d

—, 5-Methyl-furfurylidendi- **17**
IV 289 e

—, Palysteryl-,
— oxid **17** IV 1446

—, Tetrahydrofurfurylidendi- **17**
IV 4181

Acetessigsäure
— [2-methoxy-dibenzofuran-3-
ylamid] **18** IV 7353
— [2]thienylamid **17** IV 4288
— [3*H*-[2]thienylidenamid] **17**
IV 4288

—, 4-[4-Acetoxy-7-acetyl-6-hydroxy-3,5-
dimethyl-benzofuran-2-yl]-,
— äthylester **18** IV 6624

—, 4-Acetoxy-4-hydroxy-2,2-dimethyl-,
— lacton **18** 82 a

—, 2-[3-Acetoxy-6-hydroxy-2,4,5-
trimethyl-benzyl]-,
— lacton **18** IV 1426

—, 2-[9-Acetyl-9-äthoxycarbonyl-2,7-
dihydroxy-xanthen-3-yl]-2-[2,5-dihydroxy-
phenyl]-,
— äthylester **18** IV 6695

—, 2-Acetylamino-4-hydroxy-,
— lacton **18** IV 8023

—, 4-[7-Acetyl-4,6-dihydroxy-3,5-
dimethyl-benzofuran-2-yl]-,
— äthylester **18** IV 6624

—, 4-[7-Acetyl-4,6-dihydroxy-3,5-
dimethyl-benzofuran-2-yl]-2-methyl- **18**
IV 6625
— äthylester **18** IV 6625

—, 4-[7-Acetyl-5,6-dihydroxy-3,5-
dimethyl-4-oxo-4,5-dihydro-benzofuran-2-
yl]-,
— äthylester **18** IV 3605

—, 4-[7-Acetyl-6,7-dihydroxy-3,5-
dimethyl-4-oxo-4,7-dihydro-benzofuran-2-
yl]-,
— äthylester **18** IV 3605

—, 2-[3-Äthoxycarbonyl-5-hydroxy-2-
methyl-benzofuran-6-yl]-,
— äthylester **18** IV 6623

—, 2-[4-Äthoxycarbonyl-3-hydroxy-5-
methyl-2,3-dihydro-[2]furyl]-,
— äthylester **18** IV 6578

—, 2-[4-Äthoxycarbonyl-5-methyl-
[2]furyl]-,
— äthylester **18** 495 b, II 368 g,
IV 6145

—, 4-[4-Äthoxycarbonyl-5-methyl-
[2]furyl]-,
— äthylester **18** IV 6144

—, 2-[3-Äthoxy-2-hydroxy-propyl]-,
— lacton **18** IV 1131

—, 2-[3-Äthoxy-2-hydroxy-propyl]-2-
methyl-,
— lacton **18** IV 1135

—, 4-Äthoxy-2-[5-oxo-tetrahydro-
[3]furyl]-,
— äthylester **18** IV 6458

—, 2-Äthyl-4-hydroxy-,
— lacton **17** 416 a, I 229 h,
IV 5836

—, 2-Äthyl-4-hydroxy-2-[1-methyl-butyl]-,
— lacton **17** IV 5884

—, 2-Äthyl-4-hydroxy-2-nitroso-,
— lacton **17** I 230 a

—, 2-Äthyl-2-xanthen-9-yl-,
— äthylester **18** 443 d

—, 2-Benzhydryl-4-hydroxy-,
— lacton **17** IV 6451

—, 4-Benzolsulfonyl-2-[2-hydroxy-äthyl]-
2-methyl-,
— lacton **18** IV 1132

—, 2-Benzyl-4-hydroxy-,
— lacton **17** 495 e, I 260 e,
IV 6187

—, 2-[1-Benzylidenhydrazono-äthyl]-4-
hydroxy-,
— lacton **17** I 282 a

—, 2,4-Bis-tetrahydropyran-2-yloxy-,
— äthylester **17** IV 1076

—, 2-Brom-2-[brom-(2-hydroxy-
[1]naphthyl)-methyl]-,
— lacton **17** 525 a

—, 2-Brom-2-chlor-4-hydroxy-,
— lacton **17** 406 a

—, 2-Brom-2-[2-cyan-2-hydroxy-propyl]-,
— lacton **18** IV 5974

—, 2-Brom-4-hydroxy-,
— lacton **17** 405 d, I 227 d,
IV 5819

—, 2-Brom-2-[2-hydroxy-äthyl]-,
— lacton **17** IV 5844

—, 2-Brom-4-hydroxy-2-methyl-,
— lacton **17** 414 b

—, 4-Brom-2-phthalidyliden-,
— äthylester **18** I 516 d

—, 2-[3-Butyl-2-carboxy-cyclopent-1-
enyl]-,
— anhydrid **17** IV 6723

—, 2-*sec*-Butyl-4-hydroxy-,
— lacton **17** IV 5863

—, 2-*tert*-Butyl-4-hydroxy-,
— lacton **17** IV 5863

—, 2-Butyl-2-[2-hydroxy-äthyl]-,
— lacton **17** IV 5878

—, 2-Butyl-4-hydroxy-2-methyl-,
— lacton **17** IV 5871

—, 2-[2-Carboxy-cyclopent-1-enyl]-,
— anhydrid **17** IV 6721

Acetessigsäure (Fortsetzung)

—, 2-Chlor-2-[3-chlor-2-hydroxy-propyl]-,
 — lacton 17 IV 5857
—, 2-Chlor-4-hydroxy-,
 — lacton 17 IV 5819
—, 2-Chlor-2-[2-hydroxy-äthyl]-,
 — lacton 17 IV 5844
—, 4-Chlor-2-[2-hydroxy-äthyl]-2-methyl-,
 — lacton 17 IV 5859
—, 2-Chlor-2-[2-hydroxy-propyl]-,
 — lacton 17 IV 5857
—, 2-[3-Chlor-2-hydroxy-propyl]-,
 — lacton 17 421 a, I 230 e,
  II 436 f, IV 5857
—, 2-[1-Chlor-5,8,8-trimethyl-4-oxo-3-
 oxa-bicyclo[3.2.1]oct-2-yl]-,
 — äthylester 18 IV 6025
—, 2-[1-Chlor-5,8,8-trimethyl-4-oxo-3-
 oxa-bicyclo[3.2.1]oct-2-yliden]-,
 — äthylester 18 IV 6025
—, 2-[2-Cyan-äthyl]-2-[2-hydroxy-äthyl]-,
 — lacton 18 IV 5977
—, 2-[2-Cyan-2-hydroxy-propyl]-,
 — lacton 18 IV 5974
—, 2-Cyclohexyl-4-hydroxy-,
 — lacton 17 IV 5949
—, 4-[4,6-Diacetoxy-7-acetyl-3,5-
 dimethyl-benzofuran-2-yl]-,
 — äthylester 18 IV 6624
—, 4-[4,6-Diacetoxy-7-acetyl-3,5-
 dimethyl-benzofuran-2-yl]-2-methyl-,
 — äthylester 18 IV 6625
—, 2-[2,4-Diacetoxy-5-acetyl-6-hydroxy-
 3-methyl-phenyl]-2-methyl-,
 — lacton 18 IV 3110
—, 2-[α-Diäthoxyphosphoryl-2-hydroxy-
 benzyl]-,
 — lacton 18 IV 8363
—, 2,2-Diäthyl-4-hydroxy-,
 — lacton 17 424 c, IV 5864
—, 2-Diazo-4-hydroxy-,
 — lacton 18 IV 8352
—, 2-Dibenzofuran-3-ylazo-,
 — anilid 18 IV 8307
 — o-anisidid 18 IV 8308
 — p-anisidid 18 IV 8308
 — [3-chlor-anilid] 18 IV 8307
 — [4-chlor-anilid] 18 IV 8307
 — [1]naphthylamid 18 IV 8307
 — [2]naphthylamid 18 IV
  8308
 — o-toluidid 18 IV 8307
 — p-toluidid 18 IV 8307
—, 2-Dibenzofuran-3-ylhydrazono-,
 — anilid 18 IV 8307
 — o-anisidid 18 IV 8308
 — p-anisidid 18 IV 8308
 — [3-chlor-anilid] 18 IV 8307
 — [4-chlor-anilid] 18 IV 8307

 — [1]naphthylamid 18 IV 8307
 — [2]naphthylamid 18 IV 8308
 — o-toluidid 18 IV 8307
 — p-toluidid 18 IV 8307
—, 2-[14H-Dibenzo[a,j]xanthen-14-yl]-,
 — äthylester 18 450 b
—, 2-[1,2-Dibrom-4,6-dihydroxy-3a,8-
 dimethyl-3-oxo-decahydro-azulen-5-yl]-2-
 methyl-,
 — 6-lacton 18 IV 2356
—, 2,2-Dibrom-4-hydroxy-,
 — lacton 17 406 b
—, 2,2-Dichlor-4-hydroxy-,
 — lacton 17 405 c
—, 2-[4,6-Dihydroxy-3a,8-dimethyl-3-
 oxo-decahydro-azulen-5-yl]-2-methyl-,
 — 6-lacton 18 IV 2355
—, 2-[2,5-Dihydroxy-3,4,6-trimethyl-
 benzyl]-,
 — 2-lacton 18 IV 1425
—, 2-[2,5-Dihydroxy-3,4,6-trimethyl-
 phenyl]-,
 — 2-lacton 18 IV 1423
—, 2-[3,4-Dimethoxy-phenyl]-4-hydroxy-,
 — lacton 18 IV 2381
—, 2-[3-Dimethylamino-2-hydroxy-
 propyl]-,
 — lacton 18 IV 8032
—, 2-[1,1-Dimethyl-3-oxo-butyl]-4-
 hydroxy-,
 — lacton 17 557 b
—, 2-[1-(2,4-Dinitro-phenylhydrazono)-
 äthyl]-4-hydroxy-,
 — lacton 17 IV 6681
—, 2-[2,4-Dioxo-dihydro-
 [3]furylidenhydrazino]-,
 — äthylester 17 553 c
—, 2-[Furan-2-carbonyl]-,
 — äthylester 18 IV 6018
—, 2-Furfuryl-,
 — äthylester 18 II 329 a, IV 5432
 — anilid 18 IV 5433
—, 2-Furfuryliden-,
 — äthylester 18 416 f, IV 5497
—, 2,2′-Furfuryliden-bis- s. Glutarsäure,
 2,4-Diacetyl-3-[2]furyl-
—, 2-[2]Furyl-,
 — äthylester 18 IV 5423
—, 2-[1-[2]Furyl-butyl]-,
 — äthylester 18 IV 5465
—, 2-[[2]Furyl-phenyl-methyl]-,
 — äthylester 18 IV 5644
—, 2-[1-[2]Furyl-propyl]-,
 — äthylester 18 IV 5459
—, 2-Hexadecyl-4-hydroxy-,
 — lacton 17 IV 5895
—, 2-Hexyl-4-hydroxy-,
 — lacton 17 IV 5877

Acetessigsäure   (Fortsetzung)
—, 2-[1-Hydrazono-äthyl]-4-hydroxy-,
— lacton **17** I 281 g
—, 4-Hydroxy-,
— lacton **17** 403 e, I 227 b,
II 429 b, IV 5817
—, 2-[2-Hydroxy-äthyl]-,
— lacton **17** IV 5837
—, 2-[2-Hydroxy-äthyl]-2-methyl-,
— lacton **17** IV 5858
—, 2-[2-Hydroxy-äthyl]-2-nitroso-,
— lacton **17** IV 5816
—, 2-[2-Hydroxy-benzyliden]-,
— lacton **17** 511 e, I 263 d,
II 483 c
—, 2-[3-Hydroxy-butyl]-,
— lacton **17** IV 5861
—, 2-[2-Hydroxy-cyclohepta-2,4,6-
trienyliden]-,
— lacton **17** IV 6288
—, 2-[2-Hydroxy-cyclohexyl]-,
— lacton **17** II 454 c
—, 4-[1-Hydroxy-cyclohexyl]-,
— lacton **17** IV 5950
—, 2-[2-Hydroxy-cyclohexyliden]-,
— lacton **17** IV 6011
—, 2-[1-Hydroxy-3,4-dihydro-
[2]naphthyl]-,
— lacton **17** IV 6355
—, 2-[1-Hydroxy-3,4-dihydro-
[2]phenanthryl]-,
— lacton **17** IV 6490
—, 2-[4-Hydroxy-1,2-dihydro-
[3]phenanthryl]-,
— lacton **17** IV 6491
—, 2-[2-Hydroxy-4,5-dimethoxy-benzyl]-,
— lacton **18** IV 2403
—, 4-[1-Hydroxy-6,7-dimethoxy-2-(4-
methoxy-phenyl)-1,2,3,4-tetrahydro-
[1]naphthyl]-,
— lacton **18** IV 3376
—, 4-Hydroxy-2,2-dimethyl-,
— lacton **17** 416 e, IV 5847
—, 2-[3-Hydroxy-1,3-dimethyl-butyl]-,
— lacton **17** IV 5875
—, 2-[6-Hydroxy-3a,8-dimethyl-3,4-
dioxo-decahydro-azulen-5-yl]-2-methyl-,
— lacton **17** IV 6826
—, 2-[6-Hydroxy-3a,8-dimethyl-3,4-
dioxo-3,3a,4,5,6,7,8,8a-octahydro-azulen-
5-yl]-2-methyl-,
— lacton **17** IV 6828
—, 2-[2-Hydroxy-1,2-dimethyl-propyl]-,
— lacton **17** IV 5874
—, 4-Hydroxy-2,4-diphenyl-,
— lacton **17** II 499 h, IV 6440
—, 4-Hydroxy-4,4-diphenyl-,
— lacton **17** IV 6438

—, 4-Hydroxy-4,4-diphenyl-2-
[1-semicarbazono-äthyl]-,
— lacton **17** IV 6793
—, 4-Hydroxy-2-[1-hydroxyimino-äthyl]-,
— lacton **17** I 281 f
—, 2-[β-Hydroxy-isobutyl]-,
— lacton **17** IV 5865
—, 4-Hydroxy-2-isobutyl-,
— lacton **17** 424 a
—, 4-Hydroxy-2-isopentyl-,
— lacton **17** 426 c
—, 4-Hydroxy-2-isopropyl-,
— lacton **17** 420 c
—, 2-[2-Hydroxy-4-isopropyl-cyclohepta-
2,4,6-trienyliden]-,
— lacton **17** IV 6308
—, 2-[2-Hydroxy-5-isopropyl-cyclohepta-
2,4,6-trienyliden]-,
— lacton **17** IV 6308
—, 2-[2-Hydroxy-6-isopropyl-cyclohepta-
2,4,6-trienyliden]-,
— lacton **17** IV 6308
—, 4-Hydroxy-2-jod-,
— lacton **17** 406 c, IV 5820
—, 2-[2-Hydroxy-4-methoxy-benzyl]-,
— lacton **18** IV 1398
—, 2-[2-Hydroxy-5-methoxy-benzyl]-,
— lacton **18** IV 1397
—, 2-[2-Hydroxy-4-methoxy-phenyl]-,
— lacton **18** IV 1385
—, 2-[2-Hydroxy-3-methoxy-propyl]-,
— lacton **18** IV 1131
—, 2-[2-Hydroxy-5-methoxy-3,4,6-
trimethyl-benzyl]-,
— lacton **18** IV 1426
—, 4-Hydroxy-2-methyl-,
— lacton **17** 412 d, I 229 e,
IV 5830
—, 2-[2-Hydroxy-4-methyl-benzyl]-,
— lacton **17** IV 6204
—, 2-[2-Hydroxy-5-methyl-benzyl]-,
— lacton **17** IV 6204
—, 2-[3-Hydroxy-1-methyl-butyl]-,
— lacton **17** IV 5869
—, 2-[2-Hydroxy-3-methyl-cyclohepta-
2,4,6-trienyliden]-,
— lacton **17** IV 6295
—, 2-[2-Hydroxy-4-methyl-cyclohepta-
2,4,6-trienyliden]-,
— lacton **17** IV 6295
—, 2-[2-Hydroxy-5-methyl-cyclohepta-
2,4,6-trienyliden]-,
— lacton **17** IV 6294
—, 2-[2-Hydroxy-6-methyl-cyclohepta-
2,4,6-trienyliden]-,
— lacton **17** IV 6294
—, 4-Hydroxy-2-[1-methylimino-äthyl]-
4,4-diphenyl-,
— lacton **17** IV 6793

Acetessigsäure (Fortsetzung)
—, 4-Hydroxy-2-methyl-2-nitroso-,
  — lacton 17 414 d
—, 4-Hydroxy-2-methyl-2-phenyl-,
  — lacton 17 IV 6190
—, 2-[3-Hydroxy-1-methyl-propyl]-,
  — lacton 17 IV 5861
—, 2-[1-Hydroxy-[2]naphthoyl]-,
  — lacton 17 572 c
—, 2-[3-Hydroxy-[2]naphthoyl]-,
  — lacton 17 572 b, IV 6788
—, 2-[1-Hydroxy-[2]naphthyl]-,
  — lacton 17 IV 6405
—, 4-Hydroxy-2-nitro-,
  — lacton 17 406 d, IV 5820
—, 4-Hydroxy-2-[4-nitro-benzyl]-,
  — lacton 17 IV 6187
—, 4-Hydroxy-2-octyl-,
  — lacton 17 IV 5886
—, 2-[(4-Hydroxy-2-oxo-2H-chromen-3-
  yl)-phenyl-methyl]-,
  — äthylester 18 IV 6194
—, 2-[β-Hydroxy-phenäthyl]-,
  — lacton 17 IV 6200
—, 2-[4-Hydroxy-[3]phenanthryl]-,
  — lacton 17 IV 6511
—, 2-[2-Hydroxy-3-phenoxy-propyl]-,
  — lacton 18 IV 1132
—, 2-[2-Hydroxy-phenyl]-,
  — lacton 17 IV 6179
—, 4-Hydroxy-2-phenyl-,
  — lacton 17 492 g, IV 6173
—, 4-Hydroxy-4-phenyl-,
  — lacton 17 492 f, IV 6165
—, 4-Hydroxy-2-[1-phenyl-äthyl]-,
  — lacton 17 IV 6198
—, 4-Hydroxy-2-[1-phenylhydrazono-
  äthyl]-,
  — lacton 17 I 281 h
—, 4-Hydroxy-2-[1-phenylimino-äthyl]-,
  — lacton 17 556 c, I 281 e,
    IV 6681
—, 4-Hydroxy-2-[3-phenyl-propyl]-,
  — lacton 17 IV 6209
—, 2-[2-Hydroxy-propenyl]-,
  — lacton 17 448 b
—, 2-[2-Hydroxy-propyl]-,
  — lacton 17 IV 5856
—, 4-Hydroxy-2-propyl-,
  — lacton 17 420 a
—, 4-Hydroxy-2-[1-semicarbazono-äthyl]-,
  — lacton 17 I 282 b
—, 2-[β-Hydroxy-styryl]-,
  — lacton 17 513 f
—, 2-Hydroxy-4-tetrahydropyran-2-
  yloxy-,
  — äthylester 17 IV 1076

—, 4-Hydroxy-2-tetrahydropyran-2-
  yloxy-,
  — äthylester 17 IV 1076
—, 2-[2-Hydroxy-3-trimethylammonio-
  propyl]-,
  — lacton 18 IV 8032
—, 2-[1-Imino-äthyl]-4-hydroxy-,
  — lacton 17 556 b, I 281 d,
    II 522 d
—, 2-[7-Methoxycarbonyloxy-2-oxo-
  2H-chromen-3-carbonyl]-,
  — äthylester 18 IV 6629
—, 2-[4-Methyl-1,1-dioxo-2,5-dihydro-
  1λ⁶-[3]thienyl]-,
  — äthylester 18 IV 5349
—, 2-[2-Oxo-2H-chromen-3-carbonyl]-,
  — äthylester 18 IV 6187
—, 4-Phenyl-2-salicyloyl-,
  — lacton 17 IV 6791
—, 2,2′-Phthalan-1,3-diyliden-di-,
  — diäthylester 18 I 528 a
—, 2-Phthalidyliden-,
  — äthylester 18 476 c, I 516 c,
    II 357 e, IV 6076
—, 2-Salicyl-,
  — lacton 17 IV 6191
—, 2-Salicyloyl-,
  — lacton 17 IV 6740
—, 2-Selenoxanthen-9-yl-,
  — äthylester 18 IV 5672
—, 2-Tetrahydropyran-2-yl-,
  — äthylester 18 IV 5307
—, 2-[2]Thienyl-,
  — äthylester 18 IV 5424
—, 4-[2]Thienyl-,
  — äthylester 18 IV 5423
—, 2-[2]Thienylmethyl-,
  — äthylester 18 IV 5433
—, 2-Thioxanthen-9-yl-,
  — äthylester 18 IV 5672
—, 2-Xanthen-9-yl-,
  — äthylester 18 441 d, IV 5671
  — anilid 18 IV 5671
  — o-anisidid 18 IV 5671
  — p-anisidid 18 IV 5671
  — o-toluidid 18 IV 5671
  — p-toluidid 18 IV 5671
Acetimidoylchlorid
—, 2,2,2-Trichlor-N-[4-chlor-1,1-dioxo-
  tetrahydro-1λ⁶-[3]thienyl]- 18 IV 7028
Acetimidsäure
—, 2-Anilino-2-[2-hydroxy-phenyl]-,
  — lacton 18 IV 7883
—, 2-Benzo[b]thiophen-3-yl-,
  — äthylester 18 IV 4264
—, 2,2-Dichlor-N-[4-chlor-1,1-dioxo-
  tetrahydro-1λ⁶-[3]thienyl]-,
  — methylester 18 IV 7028

Acetimidsäure   (Fortsetzung)
—, [2-Hydroxy-2,3,3-trimethyl-
   cyclopentyl]-,
   — lacton 17 IV 4365
—, 2-[2]Thienyl-,
   — äthylester 18 IV 4064
—, 2-[Thiophen-2-carbonylamino]-,
   — äthylester 18 IV 4021
Acetobromarabinopyranose 2 158 b,
   17 IV 2281, 31 40 g
Acetobromcellobiose 31 384 a
Acetobromcellotetraose 17 IV 3645
Acetobromcellotriose 17 IV 3630
Acetobromchinovose 17 IV 2301
Acetobromchondrosamin 18 IV 7492
Acetobromfructofuranose 17 IV 2651
Acetobromfructopyranose 17 IV 2599
Acetobromgalactofuranose 17 IV 2645
Acetobromgalactopyranose 2 165 b,
   17 IV 2606, 31 308 a
Acetobromgentiotriose 17 IV 3631
Acetobromglucopyranose 2 162 a,
   17 IV 2602, 31 148 b, 149 b
Acetobromglucosamin 18 IV 7491,
   31 170 a
Acetobromglucuron 31 265 a
Acetobromisoprimverose 17 IV 2610
Acetobromlactose 31 418 d
Acetobromlyxopyranose 17 IV 2283
Acetobrommaltose 31 394 d
Acetobrommannopyranose 17 IV 2605
Acetobromprimverose 17 IV 2610
Acetobromrhamnopyranose 17 IV 2301
Acetobromrhamnose 31 70 e
Acetobromribopyranose 17 IV 2281
Acetobromrutinose 17 IV 2610
Acetobromtalopyranose 17 IV 2607
Acetobromxylopyranose 17 IV 2282,
   31 51 f
Acetochloraltropyranose 17 IV 2591
Acetochlorarabinopyranose 2 158 a,
   17 IV 2279, 31 40 f
Acetochlorcellobiose 31 383 e
Acetochlorchinovose 17 IV 2300
Acetochlorfructofuranose 17 IV 2651
Acetochlorfructopyranose 17 IV 2588
Acetochlorgalactofuranose 17 IV 2644,
   31 307 f
Acetochlorgalactopyranose 2 165 a,
   17 IV 2593, 31 307 e
Acetochlorgalactosamin 18 IV 7490
Acetochlorglucofuranose 17 IV 2644
Acetochlorglucopyranose 2 161 b,
   17 IV 2591, 31 147 b
Acetochlorglucosamin 18 IV 7489
Acetochlorisoprimverose 17 IV 2596
Acetochlorlactose 31 418 b
Acetochlorlyxopyranose 17 IV 2280
Acetochlormaltose 31 394 c

Acetochlormannopyranose 17 IV 2593
Acetochlorprimverose 17 IV 2596
Acetochlorrhamnopyranose 17 IV 2300
Acetochlorribofuranose 17 IV 2294
Acetochlorribopyranose 17 IV 2279
Acetochlorrobinobiose 17 IV 2597
Acetochlorrutinose 17 IV 2597
Acetochlorsorbopyranose 17 IV 2589
Acetochlorxylopyranose 17 IV 2280, 31 51 e
Acetodibromgentiobiose 17 IV 2610
Acetodibromglucose 2 163 b, 17 IV 2303,
   31 150 a
Acetodibrompseudolactal 17 IV 3236
Acetofluorarabinopyranose 17 IV 2279
Acetofluorfructopyranose 17 IV 2585
Acetofluorgalactopyranose 17 IV 2588
Acetofluorglucopyranose 17 IV 2587
Acetofluormannopyranose 17 IV 2587
Acetofluorxylopyranose 17 IV 2279
Acetohydroxamsäure
—, 2-[3,5-Dioxo-4-phenyl-dihydro-
   [2]furyliden]-2-phenyl- 18 482 d
—, 2-[6-Hydroxy-2a,5a,7-trimethyl-2-
   oxo-decahydro-naphtho[1,8-bc]furan-6-yl]-
   18 IV 6306
Acetojodarabinopyranose 17 IV 2285
Acetojodcellobiose 31 384 b
Acetojodglucopyranose 17 IV 2613,
   31 150 c
Acetojodmannopyranose 17 IV 2613
Acetomycin 18 IV 1135
Aceton
   — difurfuryldithioacetal 17 IV 1256
   — di-[3]thienyldithioacetal 17
     IV 1237
   — [furan-2-carbonylhydrazon]
     18 280 b, IV 3970
   — [O-(furan-2-carbonyl)-oxim] 18
     IV 3968
   — [7-methoxy-4-methyl-2-oxo-
     2H-chromen-3-carbonylhydrazon]
     18 IV 6360
   — {[(7-methoxy-2-oxo-2H-chromen-
     4-yl)-acetyl]-hydrazon} 18 IV 6356
   — [5-nitro-furan-2-carbonylhydrazon]
     18 IV 3999
   — [3-(5-nitro-[2]furyl)-
     acryloylhydrazon] 18 IV 4164
   — [O-(2-oxo-2H-chromen-6-
     ylcarbamoyl)-oxim] 18 IV 7921
   — [thiophen-2-carbonylhydrazon]
     18 291 b
   — [4-xanthen-9-yl-semicarbazon] 18
     II 424 j, IV 7222
—, 1-Acetoxy-3-[hepta-O-acetyl-
   cellobiosyloxy]- 17 IV 3571
   — [4-nitro-phenylhydrazon] 17
     IV 3571

Aceton (Fortsetzung)

—, 1-Acetoxy-3-[hepta-*O*-acetyl-
gentiobiosyloxy]- **17** IV 3586
— [4-nitro-phenylhydrazon] **17**
IV 3586

—, 1-Acetoxy-3-[tetra-*O*-acetyl-
glucopyranosyloxy]- **17** IV 3226
— [4-nitro-phenylhydrazon] **17**
IV 3226

—, 1-Acetoxy-3-[3,4,5-triacetoxy-
tetrahydro-pyran-2-yloxy]- **17** IV
2456

—, 1-Acetoxy-3-[tri-*O*-acetyl-
arabinopyranosyloxy]- **17** IV
2456

—, 1-Acetoxy-3-[*O²,O³,O⁴*-triacetyl-*O⁶*-
(tetra-*O*-acetyl-glucopyranosyl)-
glucopyranosyloxy]- **17** IV 3586
— [4-nitro-phenylhydrazon] **17**
IV 3586

—, 1-Acetoxy-3-[*O²,O³,O⁶*-triacetyl-*O⁴*-
(tetra-*O*-acetyl-glucopyranosyl)-
glucopyranosyloxy]- **17** IV 3571
— [4-nitro-phenylhydrazon] **17**
IV 3571

—, 1-Acetoxy-3-[tri-*O*-acetyl-
xylopyranosyloxy]- **17** IV 2457

—, Acetyl- s. Pentan-2,4-dion

—, [7-Acetyl-4,6-dihydroxy-3,5-dimethyl-
benzofuran-2-yl]- **18** IV 2525

—, Benzo[*b*]thiophen-5-ylmercapto- **17**
IV 1471

—, Benzoyl- s. Butan-1,3-dion,
1-Phenyl-

—, Benzyliden-furfuryliden- **17** 364 b

—, 1,3-Bis-[3-[2]furyl-acryloylamino]-
18 IV 4152

—, 1,3-Bis-tetrahydropyran-2-yloxy- **17**
IV 1069

—, [4,6-Diacetoxy-7-acetyl-3,5-dimethyl-
benzofuran-2-yl]- **18** IV 2525

—, 1-Diazo-3-[6-methoxy-3-methyl-
benzofuran-2-yl]- **18** IV 4933

—, 1-Dibenzofuran-1-yl-1-phenyl- **17**
IV 5572
— oxim **17** IV 5572

—, [4,5-Dihydro-[2]furyl]- **17** IV 4313

—, [2,3-Dimethyl-4*H*-chromen-4-yl]- **17**
IV 5152

—, [5,5-Dimethyl-2,4-diphenyl-2,5-
dihydro-[2]furyl]- **17** IV 5487

—, [1,1-Dioxo-tetrahydro-1λ⁶-[3]thienyl]-
17 IV 4215

—, Furfuryl- **17** 297 a, II 318 h

—, Furfuryliden- s. But-3-en-2-on,
4-[2]Furyl-

—, [2]Furyl- **17** 295 c, IV 4542
— oxim **17** 295 d, IV 4542
— semicarbazon **17** 295 e

—, 1-[2]Furyl-1-hydroxy- **18** IV 113
— semicarbazon **18** IV 114

—, [7-(1-Hydrazono-äthyl)-4,6-
dihydroxy-3,5-dimethyl-benzofuran-2-yl]-,
— hydrazon **18** IV 2526

—, [2-Hydroxy-3-methyl-phenyl]- **17**
IV 1358

—, [2-Hydroxy-4-methyl-phenyl]- **17**
IV 1359

—, 1-Hydroxy-1-[2]thienyl- **18** IV 114
— semicarbazon **18** IV 114

—, Methoxy-,
— [furan-2-carbonylhydrazon] **18**
IV 3970

—, [6-Methoxy-2-methyl-4*H*-chromen-4-
yl]- **18** II 24 c

—, [7-Methoxy-2-methyl-4*H*-chromen-4-
yl]- **18** II 24 d

—, [8-Methoxy-2-methyl-4*H*-chromen-4-
yl]- **18** II 24 e
— phenylhydrazon **18** II 24 f

—, [3-Methyl-1*H*-benzo[*f*]chromen-1-yl]-
17 II 394 g

—, [3-Methyl-benzo[*b*]thiophen-2-yl]-
17 IV 5120

—, [2-Methyl-4*H*-chromen-4-yl]- **17**
IV 5141
— phenylhydrazon **17** II 370 c,
IV 5141

—, [5-Methyl-4,5-dihydro-[2]furyl]- **17**
IV 4328

—, [2-Methyl-3-phenyl-4*H*-chromen-4-yl]-
17 II 405 g

—, Tetrahydropyran-2-yl- **17** IV 4223
— [2,4-dinitro-phenylhydrazon] **17**
IV 4223
— semicarbazon **17** IV 4223

—, Tetrahydropyran-4-yl- **17** IV 4224
— [2,4-dinitro-phenylhydrazon] **17**
IV 4225
— oxim **17** IV 4225

—, Tetrahydropyran-2-yloxy- **17**
IV 1065

—, Thenyliden- s. But-3-en-2-on,
4-[2]Thienyl-

—, [2]Thienyl- **17** IV 4542
— [2,4-dinitro-phenylhydrazon] **17**
IV 4542
— oxim **17** IV 4542
— semicarbazon **17** IV 4542

—, [3]Thienyl- **17** IV 4544
— [2,4-dinitro-phenylhydrazon] **17**
IV 4545
— oxim **17** IV 4544

—, [3]Thienylmercapto- **17** IV 1238

—, Xanthen-9-yl- **17** 369 g, IV 5374

Aceton-1,3-dicarbonsäure
s. Glutarsäure, 3-Oxo-

Acetonitril

—, Acetoxy-[3,4-dihydro-2*H*-pyran-2-yl]-
18 IV 4821

—, Acetoxy-[5,6-dihydro-2*H*-pyran-3-yl]-
18 IV 4822

—, Acetoxy-[2,5-dimethyl-3,4-dihydro-
2*H*-pyran-2-yl]- 18 IV 4824

—, Acetoxy-[2]furyl- 18 IV 4833

—, [3-Acetoxy-5-oxo-4-phenyl-5*H*-
[2]furyliden]-phenyl- 18 535 i

—, [4-Acetoxy-phenyl]-[tetra-*O*-acetyl-
glucopyranosyloxy]- 17 IV 3376

—, [2-Acetyl-3-phenyl-2,3-dihydro-
benzofuran-3-yl]- 18 IV 5676

—, Äthoxycarbonyloxy-[2]furyl- 18
IV 4833

—, [7-Äthoxy-6-methoxy-1-oxo-phthalan-
4-yl]- 18 IV 6474

—, [2-Äthyl-hexanoyloxy]-[3,4-dihydro-
2*H*-pyran-2-yl]- 18 IV 4822

—, [2-Äthyl-hexanoyloxy]-[2,5-dimethyl-
3,4-dihydro-2*H*-pyran-2-yl]- 18 IV
4824

—, [4-Äthyl-5-oxo-tetrahydro-[3]furyl]-
18 IV 5302

—, [5-Äthyl-[2]thienyl]- 18 IV 4109

—, [5-Äthyl-[2]thienyl]-[4-dimethylamino-
phenylimino]- 18 IV 5427

—, Amino-[2]furyl- 18 II 483 b

—, Anilino-[2]furyl- 18 631 a

—, [*O*⁶-Arabinopyranosyl-
glucopyranosyloxy]-phenyl- 31 371 d

—, Benzofuran-2-yl- 18 IV 4262

—, Benzofuran-2-yl-hydroxy- 18
IV 4910

—, Benzo[*b*]thiophen-2-yl- 18 IV 4263

—, Benzo[*b*]thiophen-3-yl- 18 IV 4264

—, Benzo[*b*]thiophen-3-yl-
[4-dimethylamino-phenylimino]- 18
IV 5589

—, [*N*-Benzoyl-anilino]-[2]furyl- 18
IV 8170

—, Benzoyloxy-[3,4-dihydro-2*H*-pyran-2-
yl]- 18 IV 4822

—, Benzoyloxy-[5,6-dihydro-2*H*-pyran-3-
yl]- 18 IV 4822

—, Benzoyloxy-[2]furyl- 18 I 453 c,
II 295 b, IV 4833

—, [3-Benzoyloxy-5-oxo-4-phenyl-5*H*-
[2]furyliden]-phenyl- 18 535 j

—, [*N*-Benzyloxycarbonyl-
O-tetrahydropyran-2-yl-tyrosyloxy]- 17
IV 1079

—, [2-Brom-benzofuran-3-yl]- 18
IV 4263

—, [2-Brom-4,5-dioxo-4,5-dihydro-benzo=
[*b*]thiophen-7-yl]- 18 IV 6051

—, [3-Brom-5-methyl-[2]thienyl]- 18
IV 4097

—, Cellobiosyloxy- 31 385 e

—, [3-Chlor-5-oxo-4-phenyl-5*H*-
[2]furyliden]-phenyl- 18 447 e

—, [5-Chlor-[2]thienyl]- 18 IV 4065

—, 3a-Cyan-9-methoxy-2,3,3a,4,5,6-
hexahydro-benzo[*de*]chromen-4-yl]- 18
IV 5099

—, Cyclohex-2-enyl-[2]thienyl- 18
IV 4230

—, Cyclohexyl-[2]thienyl- 18 IV 4190

—, Cyclopent-1-enyl-[2]thienyl- 18
IV 4220

—, Cyclopent-2-enyl-[2]thienyl- 18
IV 4220

—, Cyclopentyliden-[2]thienyl- 18
IV 4220

—, Cyclopropyl-hydroxy- 18 IV 3828

—, [2,5-Diäthyl-[3]thienyl]- 18 IV 4128

—, [2,5-Diäthyl-[3]thienyl]-
[4-dimethylamino-phenylimino]- 18
IV 5451

—, Dibenzofuran-2-yl- 18 IV 4360

—, [3,4-Dichlor-5-oxo-2,5-dihydro-
[2]furyl]-phenyl- 18 IV 5601

—, [3,6-Dihydro-2*H*-pyran-4-yl]- 18
IV 3885

—, [5,6-Dihydro-2*H*-pyran-3-yl]- 18
IV 3885

—, [3,4-Dihydro-2*H*-pyran-2-yl]-hydroxy-
18 IV 4821

—, [5,7-Dimethoxy-2-(4-methoxy-phenyl)-
4-oxo-4*H*-chromen-6-yl]- 18 IV 6643

—, [5,7-Dimethoxy-2-(4-methoxy-phenyl)-
4-oxo-4*H*-chromen-8-yl]- 18 IV 6644

—, [4,6-Dimethoxy-7-methyl-3-oxo-
phthalan-5-yl]- 18 IV 6477

—, [4-Dimethylamino-phenylimino]-
[5-methyl-2,3-dihydro-benzofuran-7-yl]-
18 IV 5535

—, [4-Dimethylamino-phenylimino]-
[2]thienyl- 18 IV 5386

—, [2,3-Dimethyl-4-oxo-4*H*-chromen-6-
yl]- 18 IV 5614

—, [2,5-Dimethyl-[3]thienyl]- 18
IV 4111

—, [1,1-Dioxo-1λ⁶-benzo[*b*]thiophen-3-yl]-
18 IV 4265

—, [3,5-Dioxo-4-phenyl-dihydro-
[2]furyliden]-phenyl- 18 482 f

—, [10,10-Dioxo-10λ⁶-thioxanthen-9-yl]-
18 IV 4374

—, [4-Furfurylidenamino-phenyl]-
17 280 b

—, [2]Furyl- 18 IV 4062

—, [2]Furyl-hydroxy- 18 IV 4833

—, [2]Furyl-phenylhydrazono- 18
IV 5385

—, [2]Furyl-*p*-tolylimino- 18 IV
5385

Acetonitril   (Fortsetzung)
—, Gentiobiosyloxy-phenyl- **17** IV 3614,
   31 400 e, 404 d
—, [O^4-Glucopyranosyl-
   glucopyranosyloxy]- **31** 385 e
—, [O^6-Glucopyranosyl-
   glucopyranosyloxy]-phenyl- **17** IV
   3614, **31** 400 e, 404 d
—, Glucopyranosyloxy- **31** 196 a
—, Glucopyranosyloxy-[3-hydroxy-
   phenyl]- **17** IV 3375
—, Glucopyranosyloxy-[4-hydroxy-
   phenyl]- **17** IV 3375, **31** 242 d
—, Glucopyranosyloxy-[4-isopropyl-
   phenyl]- **17** IV 3358
—, Glucopyranosyloxy-phenyl- **17**
   IV 3356, **31** 238 e, 239 b, 240 a
—, [2-Glucopyranosyloxy-phenyl]- **17**
   IV 3355
—, [4-Glucopyranosyloxy-phenyl]- **17**
   IV 3355
—, [Hepta-O-acetyl-cellobiosyloxy]- **31** 385 f
—, [Hepta-O-acetyl-gentiobiosyloxy]-
   phenyl- **17** IV 3617, **31** 403 a, 404 e
—, [Hepta-O-benzoyl-gentiobiosyloxy]-
   phenyl- **31** 403 c
—, [Heptakis-O-(4-brom-benzoyl)-
   gentiobiosyloxy]-phenyl- **31** 404 b
—, [Heptakis-O-(4-chlor-benzoyl)-
   gentiobiosyloxy]-phenyl- **31** 404 a
—, [Heptakis-O-(4-methoxy-benzoyl)-
   gentiobiosyloxy]-phenyl- **31** 404 c
—, [Heptakis-O-phenylcarbamoyl-
   gentiobiosyloxy]-phenyl- **17** IV 3617
—, [Hepta-O-stearoyl-gentiobiosyloxy]-
   phenyl- **31** 403 b
—, [$O^2,O^3,O^4,O^{2'},O^{3'},O^{4'}$-Hexaacetyl-
   gentiobiosyloxy]-phenyl- **17** IV 3614
—, [Hexa-O-acetyl-primverosyloxy]-
   phenyl- **17** IV 3470
—, [Hexa-O-acetyl-vicianosyl]-phenyl-
   17 IV 3470
—, [Hexa-O-benzoyl-primverosyloxy]-
   phenyl- **17** IV 3470
—, [5-Hydroxy-7-methoxy-2-(4-methoxy-
   phenyl)-4-oxo-4H-chromen-6-yl]- **18**
   IV 6643
—, [5-Hydroxy-7-methoxy-2-(4-methoxy-
   phenyl)-4-oxo-4H-chromen-8-yl]- **18**
   IV 6644
—, [3-Hydroxymethyl-oxetan-3-yl]- **18**
   IV 4805
—, [4-Hydroxy-phenyl]-[3,4,5-trihydroxy-
   6-hydroxymethyl-tetrahydro-pyran-2-
   yloxy]- **17** IV 3375
—, [4-Hydroxy-tetrahydro-pyran-3-yl]-
   18 IV 4806
—, Isochroman-x-yl- **18** IV 4221

—, [5-Methoxy-7-methyl-3-oxo-phthalan-
   4-yl]- **18** IV 6323
—, [2-Methoxy-phenyl]-phthalidyliden-
   18 IV 6432
—, [2-Methyl-benzofuran-3-yl]- **18**
   IV 4274
—, [5-Methyl-2,3-dihydro-benzofuran-7-
   yl]- **18** IV 4222
—, [5-Methyl-[2]furyl]- **18** IV 4096
—, [3-Methyl-4-oxo-2-phenyl-
   4H-chromen-6-yl]- **18** IV 5688
—, Oxetan-3,3-diyl-di- **18** IV 4440
—, Oxiranyl- **18** IV 3822
—, [4-Oxo-2-phenyl-chroman-3-yl]- **18**
   IV 5670
—, [1-Oxo-phthalan-5-yl]- **18** II 333 a
—, Phenyl-phthalidyliden- **18** 444 e,
   I 504 a
—, Phenyl-primverosyloxy- **17** IV 3469
—, Phenyl-[tetra-O-acetyl-
   glucopyranosyloxy]- **17** IV 3356, **31**
   239 a, 240 b
—, Phenyl-[3,4,5-triacetoxy-6-(3,4,5-
   triacetoxy-tetrahydro-pyran-2-
   yloxymethyl)-tetrahydro-pyran-2-yloxy]-
   17 IV 3470
—, Phenyl-[O^2,O^3,O^4-triacetyl-O^6-(tetra-
   O-acetyl-glucopyranosyl)-
   glucopyranosyloxy]- **17** IV 3617, **31**
   403 a, 404 e
—, Phenyl-[O^2,O^3,O^4-triacetyl-O^6-(tri-
   O-acetyl-arabinopyranosyl)-
   glucopyranosyloxy]- **17** IV 3470
—, Phenyl-[O^2,O^3,O^4-triacetyl-O^6-(O^2,=
   O^3,O^4-triacetyl-glucopyranosyl)-
   glucopyranosyloxy]- **17** IV 3614
—, Phenyl-[O^2,O^3,O^4-triacetyl-O^6-(tri-
   O-acetyl-xylopyranosyl)-
   glucopyranosyloxy]- **17** IV 3470
—, Phenyl-[O^2,O^3,O^4-tribenzoyl-O^6-
   (tetra-O-benzoyl-glucopyranosyl)-
   glucopyranosyloxy]- **31** 403 c
—, Phenyl-[O^2,O^3,O^4-tribenzoyl-O^6-(tri-
   O-benzoyl-xylopyranosyl)-
   glucopyranosyloxy]- **17** IV 3470
—, Phenyl-[3,4,5-trihydroxy-6-
   hydroxymethyl-tetrahydro-pyran-2-yloxy]-
   17 IV 3356
—, Phenyl-{O^2,O^3,O^4-tris-[4-brom-
   benzoyl]-O^6-[tetrakis-O-(4-brom-benzoyl)-
   glucopyranosyl]-glucopyranosyloxy}-
   31 404 b
—, Phenyl-{O^2,O^3,O^4-tris-[4-chlor-
   benzoyl]-O^6-[tetrakis-O-(4-chlor-benzoyl)-
   glucopyranosyl]-glucopyranosyloxy}-
   31 404 a

Acetonitril (Fortsetzung)

—, Phenyl-{O^2,O^3,O^4-tris-[4-methoxy-benzoyl]-O^6-[tetrakis-O-(4-methoxy-benzoyl)-glucopyranosyl]-glucopyranosyloxy}- **31** 404 c

—, Phenyl-[O^2,O^3,O^4-tris-phenylcarbamoyl-O^6-(tetrakis-O-phenylcarbamoyl-glucopyranosyl)-glucopyranosyloxy]- **17** IV 3617

—, Phenyl-[O^2,O^3,O^4-tristearoyl-O^6-(tetra-O-stearoyl-glucopyranosyl)-glucopyranosyloxy]- **31** 403 b

—, Phenyl-vicianosyloxy- **31** 371 d

—, Phenyl-[O^6-xylopyranosyl-glucopyranosyloxy]- **17** IV 3469

—, Phthalidyl- **18** II 332 g

—, Phthalidyliden-m-tolyl- **18** 445 d

—, Phthalidyliden-o-tolyl- **18** 445 c

—, [Tetra-O-acetyl-glucopyranosyloxy]- **31** 196 b

—, [2-(Tetra-O-acetyl-glucopyranosyloxy)-phenyl]- **17** IV 3355

—, [4-(Tetra-O-acetyl-glucopyranosyloxy)-phenyl]- **17** IV 3356

—, Tetrahydro[2]furyl- **18** IV 3839

—, Tetrahydropyran-4-yl- **18** IV 3844

—, Tetrahydropyran-2-yloxy- **17** IV 1073

—, [2]Thienyl- **18** IV 4064

—, [3]Thienyl- **18** IV 4067

—, Thioxanthen-9-yl- **18** IV 4374

—, [O^2,O^3,O^6-Triacetyl-O^4-(tetra-O-acetyl-glucopyranosyl)-glucopyranosyloxy]- **31** 385 f

—, [5,6,7-Trimethoxy-3-oxo-phthalan-4-yl]- **18** IV 6585

—, Xanthen-9-yl- **18** 315 h

Acetonitromaltose 31 394 a

Acetophenon

s. a. Äthanon, 1-Phenyl-

— [5-brom-furan-2-carbonylhydrazon] **18** IV 3990

— {[(7-methoxy-2-oxo-2H-chromen-4-yl)-acetyl]-hydrazon} **18** IV 6356

—, Furfuryliden- **17** 353 b, II 377 a

α-Acetothienon 17 287 d, I 149 j, II 314 b

Acetusnetinsäure

— äthylester **18** IV 6624

—, Di-O-acetyl-,

— äthylester **18** IV 6624

Acetylaceton

s. Pentan-2,4-dion

Acetylazid

—, [4,5-Dimethoxy-3-oxo-phthalan-1-yl]- **18** II 391 h

—, [5,6-Dimethoxy-3-oxo-phthalan-1-yl]- **18** II 392 f

Acetylcaulutogenin 18 IV 3176

Acetylchlorid

—, [3-Acetoxy-2,5-dioxo-tetrahydro-[3]furyl]- **18** IV 6457

—, [4-Äthyl-5-oxo-tetrahydro-[3]furyl]- **18** IV 5301

—, [5-Äthyl-[2]thienyl]- **18** IV 4109

—, [4-Chlorcarbonyl-5-methyl-[2]furyl]- **18** IV 4507

—, [3-Chlor-tetrahydro-[2]furyl]- **18** IV 3839

—, Cyclohex-2-enyl-[2]thienyl- **18** IV 4229

—, Cyclopent-2-enyl-[2]thienyl- **18** IV 4219

—, [2,5-Diäthyl-[3]thienyl]- **18** IV 4128

—, Dibenzofuran-2-ylmercapto- **17** IV 1594

—, [5,6-Dihydro-2H-pyran-3-yl]- **18** IV 3885

—, [4,5-Dimethoxy-3-oxo-phthalan-1-yl]- **18** II 391 f

—, [5,6-Dimethoxy-3-oxo-phthalan-1-yl]- **18** II 392 d

—, [2]Furyl- **18** IV 4062

—, [3]Furyl- **18** IV 4066

—, [5-Methyl-2,3-dihydro-benzofuran-7-yl]- **18** IV 4222

—, [2-Oxo-2H-chromen-3-yl]- **18** IV 5593

—, [5-Oxo-tetrahydro-[2]furyl]- **18** IV 5268

—, [5-Oxo-tetrahydro-[3]furyl]- **18** IV 5269

—, [9-Oxo-xanthen-1-yloxy]- **18** IV 600

—, Phthalidyliden- **18** II 338 b

—, Tetrahydropyran-2-yl- **18** IV 3843

—, Tetrahydropyran-4-yl- **18** IV 3844

—, [2]Thienyl- **18** IV 4063

—, [2]Thienylmethylmercapto- **17** IV 1264

—, [5,6,7-Trimethoxy-1-oxo-1H-isochromen-4-yl]- **18** IV 6599

—, Xanthen-9-yl- **18** IV 4370

Acetyldiginatin-α 18 IV 3090

Acetylen

—, 1-Benzofuran-2-yl-2-[2-benzoyloxy-phenyl]- **17** IV 1696

—, Phenyl-tetrahydropyran-2-yl- **17** IV 558

Acetylendicarbonsäure

s. Butindisäure

Acofrionsäure

— 4-lacton **18** IV 2274

Acofriosid-L 18 IV 1601

—, Di-O-acetyl- **18** IV 1602

Acolongiflorosid-H 18 IV 2540

—, Di-O-acetyl- **18** IV 2540

Acolongiflorosid-K 18 IV 3557

—, Penta-O-acetyl- **18** IV 3557

Aconitsäure
  – anhydrid **18** IV 5989
Aconsäure 18 395 d, IV 5333
  – äthylester **18** IV 5334
  – anilid **18** IV 5335
  – benzylester **18** IV 5334
  – butylester **18** IV 5334
  – chlorid **18** IV 5335
  – cyclohexylester **18** IV 5334
  – [2-diäthylamino-äthylester] **18**
    IV 5335
  – [4-diäthylamino-1-methyl-
    butylester] **18** IV 5335
  – [3-diäthylamino-propylester] **18**
    IV 5335
  – [3-dimethylaminomethyl-anilid]
    18 IV 5335
  – isobutylester **18** IV 5334
  – isopropylester **18** IV 5334
  – methylester **18** IV 5334
  – propylester **18** IV 5334
–, Diphenyl- **18** 445 a
Acoschimperosid-P 18 IV 2479
–, Desacetyl- **18** IV 2473
–, Desacetylanhydro- **18** IV 1612
Acovenogenin 18 IV 2431
Acovenonsäure
  – 4-lacton **18** IV 2275
Acovenosid-A 18 IV 2431
–, Anhydro- **18** IV 1605
–, Di-*O*-acetyl- **18** IV 2432
–, Di-*O*-acetyl-dehydro- **18** IV 2542
–, $O^{2'}$-Gentiobiosyl- **18** IV 2433
–, $O^{4'}$-Gentiobiosyl- **18** IV 2433
–, Tri-*O*-acetyl- **18** IV 2433
–, Tri-*O*-benzoyl- **18** IV 2434
Acovenosid-B 18 IV 2433
Acovenosid-C 18 IV 2433
–, Octa-*O*-acetyl- **18** IV 2433
Acovenosigenin-A 18 IV 2431
–, Anhydro- **18** IV 1605
–, O^{1},O^{3}-Diacetyl- **18** IV 2431
–, Di-*O*-acetyl-anhydro- **18** IV 1605
–, Di-*O*-benzoyl-anhydro- **18** IV 1605
–, 1-Oxo-anhydro- **18** IV 1657
Acrammerin 18 IV 3572
–, Penta-*O*-acetyl- **18** IV 3572
–, Penta-*O*-methyl- **18** IV 3572
Acridinrot 18 II 433 h, IV 7361
Acrylaldehyd
–, 2-Äthyl-3-[2]furyl- **17** II 327 d,
    IV 4729
  – azin **17** IV 4729
  – carbamimidoylhydrazon **17**
    IV 4730
  – oxim **17** II 327 e
  – phenylhydrazon **17** II 327 f,
    IV 4729
  – semicarbazon **17** II 327 g

–, 2-Äthyl-3-[5-nitro-[2]furyl]- **17**
    IV 4729
  – semicarbazon **17** IV 4730
  – thiosemicarbazon **17** IV 4730
–, 2-Äthyl-3-[5-nitro-selenophen-2-yl]-
    17 IV 4730
  – semicarbazon **17** IV 4730
–, 2-Brom-3-[2,3-dihydro-1*H*-xanthen-4-
    yl]- **17** IV 5374
  – [4-nitro-phenylhydrazon] **17**
    IV 5374
  – semicarbazon **17** IV 5374
–, 2-Brom-3-[5-nitro-[2]furyl]- **17**
    IV 4707
  – [4-amino-2-hydroxy-
    benzoylhydrazon] **17** IV 4708
  – azin **17** IV 4708
  – benzoylhydrazon **17** IV 4707
  – carbamimidoylhydrazon **17**
    IV 4707
  – oxim **17** IV 4707
  – phenylhydrazon **17** IV 4707
  – semicarbazon **17** IV 4707
–, 2-Brom-3-[5-nitro-[2]thienyl]- **17**
    IV 4711
  – [furan-2-carbonylhydrazon] **18**
    IV 3974
  – hydrazon **17** IV 4712
  – oxim **17** IV 4712
  – phenylimin **17** IV 4711
  – semicarbazon **17** IV 4712
  – thiosemicarbazon **17** IV 4712
–, 2-Butyl-3-[2]furyl- **17** IV 4743
–, 2-Chlor-3-[2,3-dihydro-1*H*-xanthen-4-
    yl]- **17** IV 5373
  – [4-nitro-phenylimin] **17** IV 5373
  – phenylhydrazon **17** IV 5374
  – semicarbazon **17** IV 5374
–, 2-Chlor-3-[2]furyl- **17** 305 h
  – oxim **17** 306 a
  – phenylhydrazon **17** 306 b
–, 2-Chlor-3-[2]thienyl- **17** IV 4709
  – semicarbazon **17** IV 4709
–, 3-[5-Chlor-[2]thienyl]- **17** IV 4709
  – azin **17** IV 4709
  – semicarbazon **17** IV 4709
–, 3,3-Dibrom-2-[3,5-dibrom-2-hydroxy-
    4-methyl-phenyl]- **17** I 67 a
–, 2-[3,5-Dibrom-2-hydroxy-4-methyl-
    phenyl]- **17** I 66 c
–, 2-[3,5-Dibrom-2-hydroxy-phenyl]-
    17 I 63 f
–, 3-[2]Furyl- **17** 305 f, I 159 a,
    II 325 e, IV 4695
  – azin **17** IV 4700
  – diäthylacetal **17** IV 4696
  – dimethylacetal **17** IV 4696
  – [2,4-dimethyl-phenylimin] **17**
    IV 4698

Acrylaldehyd
—, 3-[2]Furyl- (Fortsetzung)
  — [2,4-dinitro-phenylhydrazon] **17**
    IV 4699
  — [2-hydroxy-äthylimin] **17** IV 4698
  — mesitylimin **17** IV 4698
  — [2-methoxy-phenylimin] **17**
    IV 4698
  — [4-methoxy-phenylimin] **17** IV 4698
  — [3-nitro-phenylimin] **17** I 159 b
  — [4-nitro-phenylimin] **17** IV 4697
  — oxim **17** II 326 a
  — phenylhydrazon **17** I 159 d,
    II 326 b
  — phenylimin **17** IV 4697
  — semicarbazon **17** 305 g,
    II 326 c, IV 4699
  — thiosemicarbazon **17** IV 4699
  — *m*-tolylimin **17** IV 4697
  — *o*-tolylimin **17** IV 4697
  — *p*-tolylimin **17** IV 4697
—, 3-[2]Furyl-2-hexyl- **17** IV 4753
  — [2,4-dinitro-phenylhydrazon] **17**
    IV 4753
—, 3-[2]Furyl-2-isopropyl- **17** IV 4737
—, 3-[2]Furyl-2-methyl- **17** 307 b,
    II 326 e, IV 4722
  — cyclohexylimin **17** IV 4722
  — oxim **17** II 326 f
  — phenylhydrazon **17** II 326 g
  — semicarbazon **17** II 326 h
—, 3-[2]Furyl-2-octyl- **17** IV 4758
—, 3-[2]Furyl-2-pentyl- **17** II 329 c,
    IV 4748
  — phenylhydrazon **17** II 329 d
  — semicarbazon **17** II 329 e
—, 3-[2]Furyl-2-phenyl- **17** IV 5267
—, 3-[2]Furyl-2-propyl- **17** II 328 c,
    IV 4737
  — [2,4-dinitro-phenylhydrazon] **17**
    II 328 f
  — oxim **17** II 328 d
  — phenylhydrazon **17** II 328 e
  — semicarbazon **17** II 328 g
—, 3-[3-Hydroxy-benzo[*b*]thiophen-2-yl]-,
  — phenylimin **18** IV 498
—, 3-[5-Methyl-[2]furyl]- **17** IV 4725
  — [2,4-dinitro-phenylhydrazon] **17**
    IV 4725
  — semicarbazon **17** IV 4725
—, 2-Methyl-3-[5-methyl-[2]furyl]- **17**
    IV 4731
  — semicarbazon **17** IV 4731
—, 2-Methyl-3-[5-nitro-[2]furyl]- **17**
    IV 4722
  — carbamimidoylhydrazon **17**
    IV 4723
  — oxim **17** IV 4722
  — semicarbazon **17** IV 4722

  — thiosemicarbazon **17** IV 4723
—, 2-Methyl-3-[5-nitro-selenophen-2-yl]-
    17 IV 4723
  — semicarbazon **17** IV 4723
—, 3-[3-Methyl-[2]thienyl]- **17** IV 4724
  — azin **17** IV 4724
  — semicarbazon **17** IV 4724
—, 3-[5-Nitro-[2]furyl]- **17** IV 4700
  — [*O*-acetyl-oxim] **17** IV 4702
  — [4-äthoxy-phenylimin] **17**
    IV 4701
  — [4-(4-äthoxy-phenyl)-
    semicarbazon] **17** IV 4704
  — [4-äthylmercapto-phenylimin] **17**
    IV 4701
  — [4-amino-2-hydroxy-
    benzoylhydrazon] **17** IV 4706
  — azin **17** IV 4706
  — benzoylhydrazon **17** IV 4703
  — [5-brom-furan-2-
    carbonylhydrazon] **18** IV 3991
  — carbamimidoylhydrazon **17**
    IV 4705
  — [4-carbamimidoyl-semicarbazon]
    17 IV 4704
  — [4-chlor-benzoylhydrazon] **17**
    IV 4703
  — [3-chlor-phenylimin] **17** IV 4701
  — [4-chlor-phenylimin] **17** IV 4701
  — cinnamoylhydrazon **17** IV 4703
  — [cyanacetyl-hydrazon] **17** IV 4703
  — diäthylacetal **17** IV 4700
  — [dichloracetyl-hydrazon] **17**
    IV 4702
  — [2,4-dichlor-benzoylhydrazon] **17**
    IV 4703
  — dimethylacetal **17** IV 4700
  — [2,4-dinitro-phenylhydrazon] **17**
    IV 4702
  — [furan-2-carbonylhydrazon] **18**
    IV 3974
  — glycylhydrazon **17** IV 4706
  — [(2-hydroxy-äthyl)-oxamoyl-
    hydrazon] **17** IV 4703
  — [2-(2-hydroxy-äthyl)-semicarbazon]
    17 IV 4705
  — [4-(2-hydroxy-äthyl)-semicarbazon]
    17 IV 4704
  — [2-hydroxy-phenylimin] **17**
    IV 4701
  — [4-isobutyl-thiosemicarbazon] **17**
    IV 4705
  — [4-methoxy-phenylimin] **17**
    IV 4701
  — [5-nitro-furan-2-carbonylhydrazon]
    18 IV 4001
  — oxamoylhydrazon **17** IV 4703
  — oxim **17** IV 4702

Acrylaldehyd
—, 3-[5-Nitro-[2]furyl]- (Fortsetzung)
    — [4-phenyl-semicarbazon] **17**
        IV 4704
    — semicarbazon **17** IV 4704
    — thiosemicarbazon **17** IV 4705
    — *p*-tolylimin **17** IV 4701
—, 3-[5-Nitro-selenophen-2-yl]- **17**
    IV 4712
    — semicarbazon **17** IV 4713
    — thiosemicarbazon **17** IV 4713
—, 3-[4-Nitro-[2]thienyl]- **17** IV 4709
    — semicarbazon **17** IV 4710
—, 3-[5-Nitro-[2]thienyl]- **17** IV 4710
    — semicarbazon **17** IV 4710
    — thiosemicarbazon **17** IV 4711
—, 3-[2-Oxo-2*H*-chromen-3-yl]- **17**
    IV 6344
    — [4-nitro-phenylhydrazon] **17** IV 6344
    — oxim **17** IV 6344
    — semicarbazon **17** IV 6344
—, 3-[2-Oxo-4-pentadecyl-2,5-dihydro-
    [3]furyl]- **17** IV 6063
—, 2-Pentyl-3-[2]thienyl- **17** IV 4748
    — semicarbazon **17** IV 4748
—, 3-Selenophen-2-yl- **17** IV 4712
    — semicarbazon **17** IV 4712
    — thiosemicarbazon **17** IV 4712
—, 3-[2]Thienyl- **17** IV 4708
    — [2,4-dinitro-phenylhydrazon] **17**
        IV 4708
    — oxim **17** IV 4708
    — semicarbazon **17** IV 4708
    — thiosemicarbazon **17** IV 4709
Acrylamid
    s. a. Acrylsäure-amid
—, *N*-Furfuryliden- **18** IV 4873
—, *N*-Xanthen-9-yl- **18** IV 7217
Acrylat
—, Furfuryl- **17** IV 1248
Acrylimidsäure
—, 3-[4-Acetoxy-2-hydroxy-phenyl]-2,3-
    diphenyl-,
    — lacton **18** I 339 g
—, 3-[4-Acetoxy-2-hydroxy-phenyl]-2-
    phenyl-,
    — lacton **18** I 325 a
—, 3-[4-Benzoyloxy-2-hydroxy-phenyl]-2-
    phenyl-,
    — lacton **18** I 325 b
—, 3-[3,4-Diacetoxy-2-hydroxy-phenyl]-2-
    phenyl-,
    — lacton **18** I 362 h
—, 3-[3,4-Diacetoxy-2-hydroxy-phenyl]-3-
    phenyl-,
    — lacton **18** I 363 g
—, 3-[2,4-Dihydroxy-6-methyl-phenyl]-2-
    phenyl-,
    — 2-lacton **18** I 328 b

—, 3-[2,4-Dihydroxy-phenyl]-2,3-
    diphenyl-,
    — 2-lacton **18** I 339 f
—, 3-[2,4-Dihydroxy-phenyl]-2-phenyl-,
    — 2-lacton **18** I 324 j
—, 3-[2,4-Dihydroxy-phenyl]-3-phenyl-,
    — 2-lacton **18** I 325 e
—, 2,3-Diphenyl-3-[2,3,4-trihydroxy-
    phenyl]-,
    — 2-lacton **18** I 382 c
—, 3-[1-Hydroxy-[2]naphthyl]-2-phenyl-,
    — lacton **17** I 216 g
—, 3-[2-Hydroxy-phenyl]-,
    — lacton **17** II 359 a
—, 3-[2-Hydroxy-phenyl]-2-phenyl-,
    — lacton **17** IV 5422
—, 3-[4-Methoxy-phenyl]-3-[2,4,6-
    trihydroxy-phenyl]-,
    — 2-lacton **18** I 398 g
—, 2-Phenyl-3-[2,3,4-trihydroxy-phenyl]-,
    — 2-lacton **18** I 362 g
Acrylohydrazonsäure
—, 3-[1-Hydroxy-[2]naphthyl]-,
    — lacton **17** IV 5310
Acrylohydroxamsäure
—, 2-Benzoylamino-3-[2]furyl- **18**
    IV 5400
—, 3-[2]Furyl- **18** IV 4153
Acrylohydroximoylchlorid
—, 3-[2]Thienyl- **18** IV 4167
Acrylohydroximsäure
—, 2-Chlor-3-[2-hydroxy-6-
    hydroxyimino-cyclohex-1-enyl]-,
    — lacton **17** IV 6066
—, 3-[1-Hydroxy-[2]naphthyl]-,
    — lacton **17** IV 5310
—, 3-[2-Hydroxy-phenyl]-,
    — lacton **17** 330 a, II 359 b
Acrylonitril
—, 3-Acenaphthen-3-yl-2-benzo[*b*]⚌
    thiophen-3-yl- **18** IV 4421
—, 3-Acenaphthen-5-yl-2-[2]thienyl- **18**
    IV 4411
—, 2-Acetoxymethyl-3-[2]furyl- **18**
    IV 4873
—, 3-[6-Äthoxy-4,7-dimethoxy-
    benzofuran-5-yl]-3-hydroxy- **18** IV 6599
—, 2-Äthoxymethyl-3-[2]furyl- **18**
    IV 4873
—, 2-[4-Äthyl-phenyl]-3-benzo[*b*]⚌
    thiophen-3-yl- **18** IV 4407
—, 2-[4-Äthyl-phenyl]-3-[2]furyl- **18**
    IV 4333
—, 3-[5-Äthyl-[2]thienyl]-2-[4-brom-
    phenyl]- **18** IV 4334
—, 3-[5-Äthyl-[2]thienyl]-2-[4-chlor-
    phenyl]- **18** IV 4334
—, 3-[5-Äthyl-[2]thienyl]-2-[4-fluor-
    phenyl]- **18** IV 4334

Acrylonitril (Fortsetzung)

—, 3-[5-Äthyl-[2]thienyl]-2-[4-jod-phenyl]-
18 IV 4334

—, 3-[5-Äthyl-[2]thienyl]-2-[2]naphthyl-
18 IV 4406

—, 3-[5-Äthyl-[2]thienyl]-2-[4-nitro-
phenyl]- 18 IV 4334

—, 3-[5-Äthyl-[2]thienyl]-2-phenyl- 18
IV 4333

—, 3-[5-Äthyl-[2]thienyl]-2-p-tolyl- 18
IV 4336

—, 2-[4-Amino-phenyl]-3-[2]furyl-
18 632 a

—, 3-[9]Anthryl-2-benzo[b]thiophen-3-yl-
18 IV 4422

—, 3-[9]Anthryl-2-[2,5-dimethyl-
[3]thienyl]- 18 IV 4419

—, 3-[9]Anthryl-2-[2]thienyl- 18
IV 4417

—, 3-Benzofuran-2-yl-3-hydroxy- 18
IV 5598

—, 3-Benzo[b]thiophen-2-yl- 18 IV 4293

—, 2-Benzo[b]thiophen-3-yl-3-[6-brom-2-
methoxy-[1]naphthyl]- 18 IV 4993

—, 2-Benzo[b]thiophen-3-yl-3-[5-brom-2-
methoxy-phenyl]- 18 IV 4990

—, 3-Benzo[b]thiophen-3-yl-2-[4-brom-
phenyl]- 18 IV 4402

—, 2-Benzo[b]thiophen-3-yl-3-[5-chlor-2-
methoxy-phenyl]- 18 IV 4990

—, 2-Benzo[b]thiophen-3-yl-3-[4-chlor-
phenyl]- 18 IV 4401

—, 3-Benzo[b]thiophen-3-yl-2-[4-chlor-
phenyl]- 18 IV 4402

—, 2-Benzo[b]thiophen-3-yl-3-
[2,4-dichlor-phenyl]- 18 IV 4401

—, 2-Benzo[b]thiophen-3-yl-3-
[3,4-dichlor-phenyl]- 18 IV 4401

—, 2-Benzo[b]thiophen-3-yl-3-
[3,4-dihydroxy-phenyl]- 18 IV 5062

—, 2-Benzo[b]thiophen-3-yl-3-
[3,4-dimethoxy-phenyl]- 18 IV 5062

—, 2-Benzo[b]thiophen-3-yl-3-[4-fluor-
phenyl]- 18 IV 4401

—, 2-Benzo[b]thiophen-3-yl-3-[4-hydroxy-
phenyl]- 18 IV 4990

—, 3-Benzo[b]thiophen-3-yl-2-[4-hydroxy-
phenyl]- 18 IV 4991

—, 2-Benzo[b]thiophen-3-yl-3-
[2-methoxy-[1]naphthyl]- 18 IV 4993

—, 3-Benzo[b]thiophen-3-yl-2-
[2-methoxy-[1]naphthyl]- 18 IV 4994

—, 2-Benzo[b]thiophen-3-yl-3-
[2-methoxy-phenyl]- 18 IV 4990

—, 2-Benzo[b]thiophen-3-yl-3-
[4-methoxy-phenyl]- 18 IV 4990

—, 3-Benzo[b]thiophen-3-yl-2-
[4-methoxy-phenyl]- 18 IV 4991

—, 2-Benzo[b]thiophen-3-yl-3-
[2-methylmercapto-[1]naphthyl]- 18
IV 4994

—, 2-Benzo[b]thiophen-3-yl-3-
[1]naphthyl- 18 IV 4417

—, 2-Benzo[b]thiophen-3-yl-3-
[2]naphthyl- 18 IV 4418

—, 3-Benzo[b]thiophen-3-yl-2-
[1]naphthyl- 18 IV 4418

—, 3-Benzo[b]thiophen-3-yl-2-
[2]naphthyl- 18 IV 4418

—, 3-Benzo[b]thiophen-2-yl-2-nitro- 18
IV 4294

—, 3-Benzo[b]thiophen-3-yl-2-nitro- 18
IV 4294

—, 2-Benzo[b]thiophen-3-yl-3-[3-nitro-
phenyl]- 18 IV 4401

—, 3-Benzo[b]thiophen-3-yl-2-[4-nitro-
phenyl]- 18 IV 4402

—, 2-Benzo[b]thiophen-3-yl-3-phenyl-
18 IV 4400

—, 3-Benzo[b]thiophen-2-yl-2-phenyl-
18 IV 4401

—, 3-Benzo[b]thiophen-3-yl-2-phenyl-
18 IV 4401

—, 2-Benzo[b]thiophen-3-yl-3-pyren-1-yl-
18 IV 4422

—, 3-Benzo[b]thiophen-3-yl-2-p-tolyl-
18 IV 4404

—, 2-Benzoyl-3-[2]furyl- 18 IV 5649

—, 3-[5-Benzyl-[2]thienyl]-2-[4-brom-
phenyl]- 18 IV 4412

—, 3-[5-Benzyl-[2]thienyl]-2-[4-chlor-
phenyl]- 18 IV 4412

—, 3-[5-Benzyl-[2]thienyl]-2-[4-fluor-
phenyl]- 18 IV 4412

—, 3-[5-Benzyl-[2]thienyl]-2-[4-jod-
phenyl]- 18 IV 4412

—, 3-[5-Benzyl-[2]thienyl]-2-[4-methoxy-
phenyl]- 18 IV 4992

—, 3-[5-Benzyl-[2]thienyl]-2-[2]naphthyl-
18 IV 4421

—, 3-[5-Benzyl-[2]thienyl]-2-[4-nitro-
phenyl]- 18 IV 4413

—, 3-[5-Benzyl-[2]thienyl]-2-phenyl- 18
IV 4412

—, 3-[5-Benzyl-[2]thienyl]-2-p-tolyl- 18
IV 4414

—, 3-[5-Brom-[2]furyl]-2-brommethyl-
18 IV 4173

—, 3-[6-Brom-2-methoxy-[1]naphthyl]-2-
[2]thienyl- 18 IV 4989

—, 2-[4-Brom-phenyl]-3-[5-brom-
[2]thienyl]- 18 IV 4327

—, 2-[4-Brom-phenyl]-3-[5-chlor-
[2]thienyl]- 18 IV 4327

—, 2-[4-Brom-phenyl]-3-[2,5-dimethyl-
[3]thienyl]- 18 IV 4335

Acrylonitril (Fortsetzung)

—, 2-[4-Brom-phenyl]-3-[2]furyl-
 18 313 a

—, 2-[4-Brom-phenyl]-3-[5-isobutyl-
 [2]thienyl]- **18** IV 4337

—, 2-[4-Brom-phenyl]-3-[4,5,6,7-
 tetrahydro-benzo[*b*]thiophen-2-yl]- **18**
 IV 4380

—, 2-[4-Brom-phenyl]-3-[2]thienyl- **18**
 IV 4327

—, 3-[5-Brom-[2]thienyl]-2-[4-chlor-
 phenyl]- **18** IV 4327

—, 3-[5-Brom-[2]thienyl]-2-[4-methoxy-
 phenyl]- **18** IV 4957

—, 3-[5-Brom-[2]thienyl]-2-[2]naphthyl-
 18 IV 4400

—, 3-[5-Brom-[2]thienyl]-2-[4-nitro-
 phenyl]- **18** IV 4328

—, 3-[5-Brom-[2]thienyl]-2-phenyl- **18**
 IV 4327

—, 3-[5-Brom-[2]thienyl]-2-*p*-tolyl- **18**
 IV 4332

—, 3-[5-*tert*-Butyl-[2]thienyl]-2-phenyl-
 18 IV 4338

—, 3-[5-Chlor-benzofuran-2-yl]-3-
 hydroxy- **18** IV 5598

—, 2-Chlormethyl-3-[2]furyl- **18**
 IV 4173

—, 2-Chlormethyl-3-[5-nitro-[2]furyl]-
 18 IV 4177

—, 2-[4-Chlor-phenyl]-3-[5-chlor-
 [2]thienyl]- **18** IV 4326

—, 2-[4-Chlor-phenyl]-3-[2,5-dimethyl-
 [3]thienyl]- **18** IV 4335

—, 3-[4-Chlor-phenyl]-2-[2,5-dimethyl-
 [3]thienyl]- **18** IV 4335

—, 2-[4-Chlor-phenyl]-3-[2]furyl-
 18 312 i

—, 2-[4-Chlor-phenyl]-3-[5-isobutyl-
 [2]thienyl]- **18** IV 4337

—, 2-[4-Chlor-phenyl]-3-[2]thienyl- **18**
 IV 4326

—, 3-[4-Chlor-phenyl]-2-[2]thienyl- **18**
 IV 4322

—, 3-[5-(3-Chlor-phenyl)-[2]thienyl]-2-
 phenyl- **18** IV 4411

—, 3-[5-Chlor-[2]thienyl]-3-hydroxy- **18**
 IV 5398

—, 3-[5-Chlor-[2]thienyl]-2-[4-hydroxy-
 phenyl]- **18** IV 4956

—, 3-[5-Chlor-[2]thienyl]-2-[4-jod-phenyl]-
 18 IV 4328

—, 3-[5-Chlor-[2]thienyl]-2-[4-methoxy-
 phenyl]- **18** IV 4957

—, 3-[5-Chlor-[2]thienyl]-2-[1]naphthyl-
 18 IV 4400

—, 3-[5-Chlor-[2]thienyl]-2-[4-nitro-
 phenyl]- **18** IV 4328

—, 3-[5-Chlor-[2]thienyl]-2-phenyl- **18**
 IV 4326

—, 3-[5-Chlor-[2]thienyl]-2-*p*-tolyl- **18**
 IV 4331

—, 2-[2-Cyan-äthoxymethyl]-3-[2]furyl-
 18 IV 4873

—, 2-[4-Cyclohexyl-phenyl]-3-[2]furyl-
 18 IV 4381

—, 2-[4-Diacetylamino-phenyl]-3-[2]furyl-
 18 632 b

—, 3-[2,5-Diäthyl-[3]thienyl]-2-
 [2]naphthyl- **18** IV 4409

—, 3-Dibenzofuran-2-yl-3-hydroxy- **18**
 IV 5664

—, 3-[2,5-Di-*tert*-butyl-4-methyl-
 [3]thienyl]-2-phenyl- **18** IV 4339

—, 3-[2,5-Di-*tert*-butyl-[3]thienyl]-2-
 phenyl- **18** IV 4339

—, 2-[3,4-Dichlor-phenyl]-3-[2]furyl- **18**
 IV 4325

—, 2-[3,4-Dichlor-phenyl]-3-[2]furyl-3-
 hydroxy- **18** IV 5638

—, 2-[3,4-Dichlor-phenyl]-3-[2]furyl-3-
 methoxy- **18** IV 4957

—, 2-[3,4-Dichlor-phenyl]-3-[2]thienyl-
 18 IV 4326

—, 3-[2,4-Dichlor-phenyl]-2-[2]thienyl-
 18 IV 4323

—, 3-[3,4-Dichlor-phenyl]-2-[2]thienyl-
 18 IV 4323

—, 3,3'-Di-[2]furyl-2,2'-[2]oxapropandiyl-di-
 18 IV 4873

—, 3-[3,4-Dihydroxy-phenyl]-2-[2]thienyl-
 18 IV 5051

—, 3-[5-Dimethoxymethyl-benzofuran-2-
 yl]-3-hydroxy- **18** IV 6076

—, 3-[5-Dimethoxymethyl-3-methyl-
 benzofuran-2-yl]-3-hydroxy- **18** IV 6077

—, 3-[5-Dimethoxymethyl-3-phenyl-
 benzofuran-2-yl]-3-hydroxy- **18** IV 6103

—, 2-[3,4-Dimethoxy-phenyl]-3-[2]furyl-
 18 IV 5052

—, 2-[3,4-Dimethoxy-phenyl]-3-
 [2]thienyl- **18** IV 5052

—, 3-[3,4-Dimethoxy-phenyl]-2-
 [2]thienyl- **18** IV 5051

—, 3-[4-Dimethylamino-phenyl]-2-
 [2]thienyl- **18** IV 8220

—, 3-[4-Dimethylamino-phenyl]-2-
 [thiophen-2-carbonyl]- **18** IV 8271

—, 2-[2,5-Dimethyl-[3]thienyl]-3-[4-fluor-
 phenyl]- **18** IV 4334

—, 3-[2,5-Dimethyl-[3]thienyl]-2-[4-fluor-
 phenyl]- **18** IV 4335

—, 3-[2,5-Dimethyl-[3]thienyl]-2-
 [4-hydroxy-phenyl]- **18** IV 4958

—, 3-[2,5-Dimethyl-[3]thienyl]-2-[4-jod-
 phenyl]- **18** IV 4336

Acrylonitril (Fortsetzung)

—, 3-[2,5-Dimethyl-[3]thienyl]-2-[4-methoxy-phenyl]- **18** IV 4958

—, 2-[2,5-Dimethyl-[3]thienyl]-3-[1]naphthyl- **18** IV 4406

—, 2-[2,5-Dimethyl-[3]thienyl]-3-[2]naphthyl- **18** IV 4407

—, 3-[2,5-Dimethyl-[3]thienyl]-2-[1]naphthyl- **18** IV 4407

—, 3-[2,5-Dimethyl-[3]thienyl]-2-[2]naphthyl- **18** IV 4407

—, 3-[2,5-Dimethyl-[3]thienyl]-2-[4-nitro-phenyl]- **18** IV 4336

—, 3-[2,5-Dimethyl-[3]thienyl]-2-phenyl- **18** IV 4335

—, 2-[2,5-Dimethyl-[3]thienyl]-3-pyren-1-yl- **18** IV 4422

—, 3-[2,5-Dimethyl-[3]thienyl]-2-*p*-tolyl- **18** IV 4336

—, 3-[1,3-Dioxo-1,3,3a,4,7,7a-hexahydro-isobenzofuran-4-yl]- **18** IV 6034

—, 3-[3,5-Diphenyl-selenophen-2-yl]-2-phenyl- **18** IV 4422

—, 3-[3,5-Diphenyl-[2]thienyl]-2-phenyl- **18** IV 4421

—, 2-[3-Fluor-4-methoxy-phenyl]-3-[2]furyl- **18** IV 4956

—, 2-[4-Fluor-[1]naphthyl]-3-[2]thienyl- **18** IV 4400

—, 2-[4-Fluor-phenyl]-3-[5-isobutyl-[2]thienyl]- **18** IV 4337

—, 2-[4-Fluor-phenyl]-3-[2]thienyl- **18** IV 4326

—, 3-[4-Fluor-phenyl]-2-[2]thienyl- **18** IV 4322

—, 3-[2]Furyl- **18** IV 4152

—, 3-[2]Furyl-3-hydroxy- **18** IV 5397

—, 3-[2]Furyl-2-hydroxymethyl- **18** IV 4873

—, 3-[2]Furyl-3-hydroxy-2-phenyl- **18** IV 5637

—, 3-[2]Furyl-2-methoxymethyl- **18** IV 4873

—, 3-[2]Furyl-2-[3-methoxy-phenyl]- **18** IV 4955

—, 3-[2]Furyl-3-methoxy-2-phenyl- **18** IV 4957

—, 3-[2]Furyl-2-nitro- **18** IV 4165

—, 3-[2]Furyl-2-[4-nitro-phenyl]- **18** 313 b, IV 4325

—, 3-[2]Furyl-2-phenyl- **18** 312 h, IV 4325

—, 3-[2]Furyl-2-propenyl- **18** IV 4205

—, 3-[2]Furyl-2-[*p*-tolylmercapto-methyl]- **18** IV 4874

—, 3-[2-Glucopyranosyloxy-phenyl]-2-phenyl- **31** 241 a

—, 2-[4-Hydroxy-phenyl]-3-[5-isobutyl-[2]thienyl]- **18** IV 4958

—, 2-[4-Hydroxy-phenyl]-3-[5-methyl-[2]thienyl]- **18** IV 4957

—, 3-Hydroxy-3-phenyl-2-[2-phenyl-4*H*-chromen-4-yl]- **18** IV 5708

—, 2-[4-Hydroxy-phenyl]-3-[2]thienyl- **18** IV 4956

—, 3-[4-Hydroxy-phenyl]-2-[2]thienyl- **18** IV 4955

—, 3-Hydroxy-3-[2]thienyl- **18** IV 5398

—, 2-Indan-5-yl-3-benzo[*b*]thiophen-3-yl- **18** IV 4413

—, 2-Indan-5-yl-3-[2]thienyl- **18** IV 4376

—, 3-[5-Isobutyl-[2]thienyl]-2-[4-jod-phenyl]- **18** IV 4337

—, 3-[5-Isobutyl-[2]thienyl]-2-[4-methoxy-phenyl]- **18** IV 4959

—, 3-[5-Isobutyl-[2]thienyl]-2-[2]naphthyl- **18** IV 4408

—, 3-[5-Isobutyl-[2]thienyl]-2-[4-nitro-phenyl]- **18** IV 4338

—, 3-[5-Isobutyl-[2]thienyl]-2-phenyl- **18** IV 4337

—, 3-[5-Isopropyl-[2]thienyl]-2-phenyl- **18** IV 4336

—, 2-[4-Jod-phenyl]-3-[4,5,6,7-tetrahydro-benzo[*b*]thiophen-2-yl]- **18** IV 4380

—, 2-[4-Jod-phenyl]-3-[2]thienyl- **18** IV 4327

—, 2-[4-Methoxy-phenyl]-3-[5-methyl-[2]thienyl]- **18** IV 4957

—, 2-[4-Methoxy-phenyl]-3-[2]thienyl- **18** IV 4956

—, 3-[2-Methoxy-phenyl]-2-[2]thienyl- **18** IV 4955

—, 3-[4-Methoxy-phenyl]-2-[2]thienyl- **18** IV 4955

—, 3-[10-Methyl-[9]anthryl]-2-[2]thienyl- **18** IV 4419

—, 2-[5-Methyl-2,3-dihydro-benzofuran-7-yl]-3-[1]naphthyl- **18** IV 4417

—, 2-[5-Methyl-2,3-dihydro-benzofuran-7-yl]-3-phenyl- **18** IV 4394

—, 3-[2-Methylmercapto-[1]naphthyl]-2-[2]thienyl- **18** IV 4989

—, 3-[4-Methylmercapto-phenyl]-2-[2]thienyl- **18** IV 4955

—, 3-[3-Methyl-4-methylmercapto-phenyl]-2-[2]thienyl- **18** IV 4957

—, 3-[5-Methyl-[2]thienyl]-2-[1]naphthyl- **18** IV 4403

—, 3-[5-Methyl-[2]thienyl]-2-[4-nitro-phenyl]- **18** IV 4332

—, 3-[5-Methyl-[2]thienyl]-2-phenyl- **18** IV 4332

—, 3-[5-Methyl-[2]thienyl]-2-*p*-tolyl- **18** IV 4333

—, 2-[2]Naphthyl-3-[4,5,6,7-tetrahydro-benzo[*b*]thiophen-2-yl]- **18** IV 4414

Acrylonitril (Fortsetzung)
—, 2-[1]Naphthyl-3-[2]thienyl- **18** IV 4400
—, 2-[2]Naphthyl-3-[2]thienyl- **18** IV 4400
—, 3-[1]Naphthyl-2-[2]thienyl- **18** IV 4399
—, 3-[2]Naphthyl-2-[2]thienyl- **18** IV 4399
—, 3-[5-Nitro-[2]furyl]- **18** IV 4164
—, 3-[5-Nitro-[2]furyl]-2-nitryloxymethyl- **18** IV 4874
—, 2-[4-Nitro-phenyl]-3-[2]thienyl- **18** IV 4328
—, 3-[5-Phenäthyl-[2]thienyl]-2-phenyl- **18** IV 4413
—, 2-Phenyl-3-[5-(3-phenyl-propyl)-[2]thienyl]- **18** IV 4414
—, 2-Phenyl-3-[2]thienyl- **18** IV 4326
—, 2-Phenyl-3-[3]thienyl- **18** IV 4329
—, 3-Phenyl-2-[2]thienyl- **18** IV 4322
—, 2-Phenyl-3-[5-m-tolyl-[2]thienyl]- **18** IV 4413
—, 3-[2]Thienyl-2-p-tolyl- **18** IV 4331
Acryloylchlorid
—, 2-Brom-3-[5-brom-[2]furyl]- **18** IV 4155
—, 3-[5-Brom-[2]furyl]- **18** IV 4154
—, 2-Cyan-3-[2]furyl- **18** 339 a
—, 2-Cyan-3-[5-nitro-[2]furyl]- **18** IV 4533
—, 3,3'-[3,4-Dibrom-thiophen-2,5-diyl]-bis- **18** IV 4547
—, 3-[2]Furyl- **18** I 441 a, II 274 c, IV 4149
—, 3-[2]Furyl-2-phenyl- **18** IV 4324
—, 3-[5-Methyl-[2]furyl]- **18** IV 4179
—, 2-Methyl-3-[5-nitro-[2]furyl]- **18** IV 4174
—, 3-[5-Nitro-[2]furyl]- **18** IV 4157
—, 3-[2-Oxo-2H-chromen-3-yl]- **18** IV 5636
—, 3-[2]Thienyl- **18** IV 4166
Acryloylisothiocyanat
—, 3-[2]Furyl- **18** IV 4151
—, 3-[2]Thienyl- **18** IV 4167
Acrylsäure
— [2-äthyl-2,3-epoxy-hexylester] **17** IV 1165
— [2,3-epoxy-butylester] **17** IV 1038
— [3,4-epoxy-cyclohexylmethylester] **17** IV 1201
— [2,3-epoxy-cyclopentylester] **17** IV 1188
— [β,γ-epoxy-isobutylester] **17** IV 1036
— [4,5-epoxy-2-methyl-cyclohexylmethylester] **17** IV 1205

— [2,3-epoxy-propylester] **17** IV 1005
— furfurylester **17** IV 1248
— oxiranylmethylester **17** IV 1005
— tetrahydrofurfurylester **17** IV 1104
—, 2-Acetonyl-3-[4-carboxy-5-methyl-[2]furyl]- **18** IV 6156
—, 2-Acetonyl-3-[2]furyl- **18** IV 5500
—, 2-Acetonyl-3-[2]furyl-3-hydroxy-,
— äthylester **18** IV 6020
—, 2-Acetonyl-3-[2-hydroxy-[1]naphthyl]-,
— lacton **17** IV 6447
—, 2-[6-Acetoxy-3-acetoxymethyl-4-hydroxy-8-methyl-1-oxo-1,3a,4,5,6,7-hexahydro-azulen-5-yl]-,
— lacton **18** IV 2526
—, 3-{4-[(2-Acetoxy-äthyl)-äthyl-amino]-phenyl}-2-cyan-,
— tetrahydrofurfurylester **17** IV 1122
—, 3-[4-Acetoxy-benzofuran-5-yl]- **18** IV 4945
—, 3-[6-Acetoxy-benzofuran-5-yl]- **18** IV 4946
—, 3-[4-Acetoxy-3-benzoyl-1-hydroxy-[2]naphthyl]-3-phenyl-,
— lacton **18** IV 1992
—, 2-[4-Acetoxy-2-brom-6-hydroxy-3a,8-dimethyl-3-oxo-3,3a,4,5,6,7,8,8a-octahydro-azulen-5-yl]-,
— lacton **18** IV 1436
—, 2-[4-Acetoxy-1,2-dibrom-6-hydroxy-3a,8-dimethyl-3-oxo-decahydro-azulen-5-yl]-,
— lacton **18** IV 1272
—, 3-[6-Acetoxy-2,3-dihydro-benzofuran-5-yl]- **18** IV 4930
—, 3-Acetoxy-3-[1-hydroxy-cyclohexyl]-,
— lacton **18** IV 120
—, 2-[4-Acetoxy-6-hydroxy-3a,8-dimethyl-3-oxo-2,3,3a,4,5,6,7,8-octahydro-azulen-5-yl]-,
— lacton **18** IV 1437
—, 2-[4-Acetoxy-6-hydroxy-3a,8-dimethyl-3-oxo-3,3a,4,5,6,7,8,8a-octahydro-azulen-5-yl]-,
— lacton **18** IV 1434
—, 2-[2-Acetoxy-2-hydroxy-1,2-diphenyl-äthyl]-,
— lacton **18** 77 a
—, 3-Acetoxy-3-[1-hydroxy-4-methyl-[2]naphthyl]-,
— lacton **18** IV 623
—, 2-Acetoxy-3-[2-hydroxy-[1]naphthyl]-,
— lacton **18** IV 605
—, 3-Acetoxy-3-[1-hydroxy-[2]naphthyl]-,
— lacton **18** IV 605

Acrylsäure (Fortsetzung)
—, 3-[6-Acetoxy-2-hydroxy-[1]naphthyl]-
2-benzolsulfonyl-,
— lacton **18** II 90 a
—, 3-[7-Acetoxy-2-hydroxy-[1]naphthyl]-
3-benzolsulfonyl-,
— lacton **18** II 89 c
—, 3-[6-Acetoxy-2-hydroxy-[1]naphthyl]-
2-[4-chlor-benzolsulfonyl]-,
— lacton **18** II 90 b
—, 3-[7-Acetoxy-2-hydroxy-[1]naphthyl]-
2-[4-chlor-benzolsulfonyl]-,
— lacton **18** II 89 d
—, 3-[6-Acetoxy-2-hydroxy-[1]naphthyl]-
2-[toluol-4-sulfonyl]-,
— lacton **18** II 90 c
—, 3-[7-Acetoxy-2-hydroxy-[1]naphthyl]-
2-[toluol-4-sulfonyl]-,
— lacton **18** II 89 e
—, 2-[4-Acetoxy-2-hydroxy-phenyl]-3-
phenyl-,
— lacton **18** IV 727
—, 3-Acetoxy-2-[2-hydroxy-phenyl]-3-
phenyl-,
— lacton **18** IV 727
—, 2-[3-Acetoxy-6-hydroxy-2,4,5-
trimethyl-phenyl]-3-[4-methoxy-phenyl]-,
— lacton **18** IV 1872
—, 2-[3-Acetoxy-6-hydroxy-2,4,5-
trimethyl-phenyl]-3-phenyl-,
— lacton **18** IV 780
—, 3-[2-(α-Acetoxy-isopropyl)-4-
methoxy-2,3-dihydro-benzofuran-7-yl]-
18 IV 5046
—, 3-[4-Acetoxy-2-(α-methoxy-isopropyl)-
benzofuran-5-yl]-,
— methylester **18** IV 5049
—, 3-[3-Acetoxy-7-methoxy-6-methyl-1-
oxo-phthalan-4-yl]- **18** IV 6508
—, 3-[4-Acetoxy-3-methoxy-phenyl]-2-
[2-hydroxy-äthyl]-,
— lacton **18** IV 1394
—, 3-[2-Acetoxy-3-methoxy-phenyl]-2-
[2-hydroxy-3-methoxy-phenyl]-,
— lacton **18** I 400 g
—, 3-[4-Acetoxy-3-methoxy-phenyl]-2-
[2-oxo-2H-chromen-3-yl]- **18** IV 6566
—, 3-[6-Acetoxy-3-methyl-2,3-dihydro-
benzofuran-5-yl]- **18** IV 4934
—, 3-[5-Acetoxymethyl-[2]furyl]- **18**
II 298 g
—, 3-[2-Acetoxy-[1]naphthyl]-2-salicyloyl-,
— lacton **18** IV 1956
—, 2-[4-(1-Acetoxy-3-oxo-butyl)-7-
hydroxy-5-methyl-cyclohept-3-enyl]-,
— lacton **18** IV 1267
—, 3-[4-Acetoxy-phenyl]-2-[2,4-diacetoxy-
6-hydroxy-phenyl]-,
— lacton **18** IV 2750

—, 3-[2-Acetoxy-phenyl]-2-[2-hydroxy-
äthyl]-,
— lacton **18** IV 367
—, 3-[3-Acetoxy-phenyl]-2-[2-hydroxy-
äthyl]-,
— lacton **18** IV 367
—, 3-[4-Acetoxy-phenyl]-2-[2-hydroxy-
äthyl]-,
— lacton **18** IV 368
—, 3-[3-Acetoxy-phenyl]-2-[2-oxo-
2H-chromen-3-yl]- **18** IV 6440
—, 3-[4-Acetoxy-phenyl]-2-[2-oxo-
2H-chromen-3-yl]- **18** IV 6441
—, 2-Acetyl-3-äthoxy-3-[1-hydroxy-
[2]naphthyl]-,
— lacton **18** 134 e
—, 2-Acetylamino-3-[4-äthoxycarbonyl-5-
methyl-[2]furyl]- **18** IV 6143
— äthylester **18** IV 6143
—, 2-Acetylamino-3-[2]furyl- **18**
IV 5399
—, 2-Acetylamino-3-[2]furyl-3-hydroxy-,
— methylester **18** IV 8264
—, 2-Acetylamino-3-[2-hydroxy-
[1]naphthyl]-,
— lacton **17** IV 6399
—, 3-[4-Acetylamino-1-hydroxy-
[2]naphthyl]-,
— lacton **18** II 466 g
—, 2-Acetylamino-3-[5-nitro-[2]furyl]-
18 IV 5400
—, 2-Acetylamino-3-[3-nitro-[2]thienyl]-,
— äthylester **18** IV 5404
—, 3-[3-Acetylamino-phenyl]-2-
[2-hydroxy-äthyl]-,
— lacton **18** IV 7929
—, 3-[4-Acetylamino-phenyl]-2-
[2-hydroxy-äthyl]-,
— lacton **18** IV 7931
—, 2-Acetylamino-3-[2]thienyl- **18**
IV 5402
—, 3-[5-Acetylamino-[2]thienyl]-2-
benzoylamino-,
— äthylester **18** IV 5989
—, 3-[4-Acetylamino-8,9,10-trimethoxy-
2-oxo-2,4,5,6-tetrahydro-benzo[6,7]≠
cyclohepta[1,2-b]furan-10b-yl]- **18**
IV 8281
— methylester **18** IV 8281
—, 2-Acetyl-3-[2,5-dimethyl-[3]thienyl]-,
— äthylester **18** IV 5502
—, 2-Acetyl-3-[2]furyl-,
— äthylester **18** 416 f, IV 5497
—, 2-Acetyl-3-[2-hydroxy-[1]naphthyl]-,
— lacton **17** 527 c, IV 6438
—, 2-Acetyl-3-[3-hydroxy-[2]naphthyl]-,
— lacton **17** IV 6437
—, 3-[4-Acetyl-5-methyl-[2]furyl]- **18**
IV 5501

Acrylsäure (Fortsetzung)
—, 2-Acetyl-3-[5-nitro-[2]furyl]-,
   – äthylester **18** IV 5497
—, 3-{3-[(N-Acetyl-sulfanilyl)-amino]-
   phenyl}-2-[2-hydroxy-äthyl]-,
   – lacton **18** IV 7930
—, 3-{4-[(N-Acetyl-sulfanilyl)-amino]-
   phenyl}-2-[2-hydroxy-äthyl]-,
   – lacton **18** IV 7931
—, 3-[4-Äthoxycarbonyl-5-methyl-
   [2]furyl]- **18** IV 4539
—, 3-[4-Äthoxycarbonyl-5-methyl-
   [2]furyl]-2-benzoylamino-,
   – äthylester **18** IV 6143
—, 3-[4-Äthoxycarbonyl-5-methyl-
   [2]furyl]-2-cyan-,
   – äthylester **18** IV 4597
—, 3-[5-(4-Äthoxycarbonyl-phenyl)-
   [2]furyl]- **18** IV 4570
—, 3-[4-Äthoxycarbonyl-5-phenyl-
   [2]furyl]-2-cyan-,
   – äthylester **18** IV 4598
—, 3-[6-Äthoxy-4-methoxy-benzofuran-5-
   yl]- **18** 356 f, IV 5047
—, 3-[5-Äthoxymethyl-[2]furyl]-3-
   hydroxy-,
   – äthylester **18** IV 6292
—, 3-[4-Äthoxy-phenyl]-2-[2,4-diäthoxy-
   6-hydroxy-phenyl]-,
   – lacton **18** IV 2750
—, 3-[2-Äthoxy-phenyl]-2-[2-hydroxy-
   äthyl]-,
   – lacton **18** IV 367
—, 2-Äthyl-3-[5-äthyl-[2]thienyl]-3-
   hydroxy-,
   – äthylester **18** IV 5461
—, 2-Äthyl-3-brom-3-[2-hydroxy-
   [1]naphthyl]-,
   – lacton **17** IV 5356
—, 3-[3-Äthyl-4,6-dimethyl-benzofuran-2-
   yl]- **18** IV 4318
   – methylester **18** IV 4319
—, 2-Äthyl-3-[2]furyl- **18** 302 c,
   II 274 h, IV 4182
—, 3-[5-Äthyl-[2]furyl]-,
   – methylester **18** IV 4183
—, 2-Äthyl-3-[2]furyl-3-hydroxy-,
   – äthylester **18** IV 5432
   – amid **18** IV 5432
   – methylester **18** IV 5432
—, 2-Äthyl-3-hydroxy-3-[5-methyl-
   [2]thienyl]-,
   – äthylester **18** IV 5448
—, 2-Äthyl-3-[2-hydroxy-[1]naphthyl]-,
   – lacton **17** 367 g, IV 5355
—, 3-[6-Äthyl-2-hydroxy-[1]naphthyl]-2-
   phenyl-,

   – lacton **17** IV 5571
—, 2-Äthyl-3-hydroxy-3-[2]thienyl-,
   – äthylester **18** IV 5432
—, 2-[4-Äthyl-phenyl]-3-[6-brom-2-
   hydroxy-[1]naphthyl]-,
   – lacton **17** IV 5571
—, 3-{4-[Äthyl-(2-propionyloxy-äthyl)-
   amino]-phenyl}-2-cyan-,
   – tetrahydrofurfurylester **17**
     IV 1122
—, 3-[5-Äthyl-[2]thienyl]- **18** IV
   4183
   – äthylester **18** IV 4183
—, 3-[5-Äthyl-[2]thienyl]-3-hydroxy-,
   – äthylester **18** IV 5435
—, 3-[5-Äthyl-[2]thienyl]-3-hydroxy-2-
   methyl-,
   – äthylester **18** IV 5449
—, 3-[5-Äthyl-[2]thienyl]-2-phenyl- **18**
   IV 4333
—, 3-Amino-2-cyan-3-[5,5-dimethyl-2-
   oxo-tetrahydro-[3]furyl]-,
   – äthylester **18** IV 6201
—, 3-Amino-2-cyan-3-[5-methyl-2-oxo-
   tetrahydro-[3]furyl]-,
   – äthylester **18** IV 6201
—, 3-Amino-2-cyan-3-[2-oxo-
   2H-chromen-3-yl]-,
   – äthylester **18** IV 6229
   – amid **18** IV 6230
—, 3-Amino-2-cyan-3-[2-oxo-octahydro-
   benzofuran-3-yl]-,
   – äthylester **18** IV 6210
—, 2-Amino-3-[2]furyl-3-hydroxy-,
   – äthylester **18** IV 8264
—, 2-Amino-3-[2-hydroxy-[1]naphthyl]-,
   – lacton **17** IV 6399
—, 3-[4-Amino-1-hydroxy-[2]naphthyl]-,
   – lacton **18** II 466 f, IV
     7966
—, 3-[2-Amino-phenyl]-2-[2,5-dimethyl-
   [3]thienyl]- **18** IV 8221
—, 3-[2-Amino-phenyl]-2-[2]furyl- **18**
   IV 8220
—, 3-[2-Amino-phenyl]-2-[2-hydroxy-
   äthyl]-,
   – lacton **18** IV 7929
—, 3-[3-Amino-phenyl]-2-[2-hydroxy-
   äthyl]-,
   – lacton **18** IV 7929
—, 3-[4-Amino-phenyl]-2-[2-hydroxy-
   äthyl]-,
   – lacton **18** IV 7930
—, 3-[6-(2-Amino-phenylimino)-2-
   hydroxy-cyclohex-1-enyl]-2-chlor-,
   – lacton **17** IV 6066
—, 3-Anilino-3-[1-hydroxy-cyclohexyl]-,
   – lacton **17** IV 5938

Acrylsäure (Fortsetzung)
—, 3-Anilino-2-[2-hydroxy-phenyl]-,
 − lacton **17** IV 6160
—, 3-Anilino-2-[2-hydroxy-phenyl]-3-
 phenyl-,
 − lacton **17** IV 6435
—, 3-[5-(4-Arsono-phenyl)-[2]furyl]- **18**
 IV 8374
—, 3-Benzofuran-2-yl-3-hydroxy-,
 − äthylester **18** IV 5597
 − anilid **18** IV 5597
 − o-anisidid **18** IV 5597
 − p-anisidid **18** IV 5598
 − [4-nitro-anilid] **18** IV 5597
—, 3-[3-Benzolsulfonylamino-phenyl]-2-
 [2-hydroxy-äthyl]-,
 − lacton **18** IV 7929
—, 3-[4-Benzolsulfonylamino-phenyl]-2-
 [2-hydroxy-äthyl]-,
 − lacton **18** IV 7931
—, 2-Benzolsulfonyl-3-[2,6-dihydroxy-
 [1]naphthyl]-,
 − 2-lacton **18** II 89 f
—, 2-Benzolsulfonyl-3-[2,7-dihydroxy-
 [1]naphthyl]-,
 − 2-lacton **18** II 88 j
—, 2-Benzolsulfonyl-3-[2-hydroxy-
 [1]naphthyl]-,
 − lacton **18** II 30 e
—, 3-Benzo[b]thiophen-2-yl- **18** IV 4293
 − methylester **18** IV 4293
—, 3-Benzo[b]thiophen-3-yl- **18** IV 4294
—, 3-Benzo[b]thiophen-2-yl-2-
 benzoylamino- **18** IV 5600
—, 3-Benzo[b]thiophen-2-yl-3-hydroxy-,
 − äthylester **18** IV 5599
 − anilid **18** IV 5599
 − [4-chlor-anilid] **18** IV 5600
—, 2-Benzoylamino-3-[4-carboxy-5-
 methyl-[2]furyl]- **18** IV 6142
—, 2-Benzoylamino-3-[2]furyl-
 18 409 a, IV 5399
 − äthylester **18** 409 c, IV 5399
 − amid **18** 409 d
 − [2-hydroxy-äthylamid] **18**
 IV 5399
 − methylester **18** 409 b
—, 2-Benzoylamino-3-[2-hydroxy-
 [1]naphthyl]-,
 − lacton **17** IV 6400
—, 3-[4-Benzoylamino-1-hydroxy-
 [2]naphthyl]-,
 − lacton **18** II 466 h
—, 2-Benzoylamino-3-[5-nitro-[2]furyl]-
 18 IV 5400
 − äthylester **18** IV 5400
—, 2-Benzoylamino-3-[5-nitro-[2]thienyl]-
 18 IV 5404
 − methylester **18** IV 5404

—, 2-Benzoylamino-3-[2-oxo-
 2H-chromen-6-yl]-,
 − anilid **18** IV 6075
 − [1]naphthylamid **18** IV 6075
 − p-toluidid **18** IV 6075
—, 2-Benzoylamino-3-[2]thienyl- **18**
 IV 5402
 − äthylester **18** IV 5403
 − methylester **18** IV 5402
 − [1-methyl-2-phenyl-äthylamid] **18**
 IV 5403
 − [1-methyl-2-[2]thienyl-äthylamid]
 18 IV 7137
 − octylamid **18** IV 5403
—, 2-Benzoyl-3-[2]furyl-,
 − äthylester **18** 437 d
—, 3-[3-Benzoyl-1-hydroxy-4-methoxy-
 [2]naphthyl]-3-phenyl-,
 − lacton **18** IV 1991
—, 3-[4-Benzoyl-2-hydroxy-3-methoxy-
 [1]naphthyl]-3-phenyl-,
 − lacton **18** IV 1992
—, 3-[5-Benzoyl-2-hydroxy-6-methoxy-
 [1]naphthyl]-3-phenyl-,
 − lacton **18** IV 1992
—, 2-Benzoyl-3-[1-hydroxy-[2]naphthyl]-,
 − lacton **17** II 513 e
—, 2-Benzoyl-3-[2-hydroxy-[1]naphthyl]-,
 − lacton **17** 544 e, IV 6548
—, 2-Benzoyl-3-[3-hydroxy-[2]naphthyl]-,
 − lacton **17** IV 6548
—, 2-[6-Benzoyloxy-3-benzoyloxymethyl-
 4-hydroxy-8-methyl-1-oxo-1,3a,4,5,6,7-
 hexahydro-azulen-5-yl]-,
 − lacton **18** IV 2527
—, 2-[6-Benzoyloxy-3-[(4-benzoyloxy-
 phenylacetoxy)-methyl]-4-hydroxy-8-
 methyl-1-oxo-1,3a,4,5,6,7-hexahydro-
 azulen-5-yl]-,
 − lacton **18** IV 2527
—, 3-Benzoyloxy-3-[1-hydroxy-
 cyclohexyl]-,
 − lacton **18** IV 120
—, 2-Benzoyloxy-3-[2-hydroxy-
 [1]naphthyl]-,
 − lacton **18** IV 605
—, 3-[4-Benzoyloxy-phenyl]-2-[2,4-bis-
 benzoyloxy-6-hydroxy-phenyl]-,
 − lacton **18** IV 2750
—, 2-Benzyl-3-[1-hydroxy-[2]naphthyl]-3-
 phenyl-,
 − lacton **17** I 225 c
—, 2-Benzyl-3-hydroxy-3-[2]thienyl-,
 − äthylester **18** IV 5641
—, 3-Benzylmercapto-3-[1-hydroxy-
 cyclohexyl]-,
 − lacton **18** IV 120

Acrylsäure (Fortsetzung)

—, 3-[4-Benzyloxy-3-methoxy-phenyl]-2-
[2-hydroxy-äthyl]-,
— lacton **18** IV 1394

—, 3-[4-Benzyloxy-phenyl]-2-[2-hydroxy-
äthyl]-,
— lacton **18** IV 368

—, 3-[5-Benzyl-[2]thienyl]-2-phenyl- **18**
IV 4412

—, 3-{4-[Bis-(2-propionyloxy-äthyl)-
amino]-phenyl}-2-cyan-,
— tetrahydrofurfurylester **17**
IV 1122

—, 3-[5-Brom-benzofuran-2-yl]-3-
hydroxy-,
— anilid **18** IV 5598

—, 3-[7-Brom-benzofuran-2-yl]-3-
hydroxy-,
— äthylester **18** IV 5598
— o-anisidid **18** IV 5599
— [4-nitro-anilid] **18** IV 5599

—, 2-[4-(2-Brom-benzoyloxy)-6-hydroxy-
3a,8-dimethyl-3-oxo-3,3a,4,5,6,7,8,8a-
octahydro-azulen-5-yl]-,
— lacton **18** IV 1435

—, 2-Brom-3-[5-brom-[2]furyl]-
18 301 e, IV 4154
— äthylester **18** 301 f, IV 4155

—, 2-Brom-3-[5-brom-[2]thienyl]- **18**
IV 4169

—, 2-Brom-3-[5-chlor-[2]thienyl]- **18**
IV 4168

—, 2-[2-Brom-4,6-dihydroxy-3a,8-
dimethyl-3-oxo-3,3a,4,5,6,7,8,8a-
octahydro-azulen-5-yl]-,
— 6-lacton **18** IV 1436

—, 3-[4-Brom-6,7-dimethoxy-benzofuran-
5-yl]- **18** IV 5048

—, 3-[5-Brom-[2]furyl]- **18** 301 d,
IV 4154
— äthylester **18** IV 4154
— amid **18** IV 4154
— methylester **18** IV 4154

—, 3-[5-Brom-[2]furyl]-2-cyan-,
— äthylester **18** 339 d, IV 4532

—, 2-Brom-3-[2-hydroxy-cyclohex-1-enyl]-,
— lacton **17** IV 4732

—, 2-Brom-3-[2-hydroxy-cyclopent-1-
enyl]-,
— lacton **17** IV 4726

—, 2-[2-Brom-4-hydroxy-3a,8-dimethyl-3-
oxo-3,3a,4,5,6,7,8,8a-octahydro-azulen-5-
yl]-,
— lacton **17** IV 6226

—, 2-Brom-3-[3-hydroxy-1,4-dioxo-1,4-
dihydro-[2]naphthyl]-,
— lacton **17** I 287 c

—, 3-[8-Brom-2-hydroxy-7-methoxy-
[1]naphthyl]-2-methyl-,

— lacton **18** IV 625

—, 2-Brom-[2-hydroxy-[1]naphthyl]-,
— lacton **17** IV 5312

—, 3-[4-Brom-1-hydroxy-[2]naphthyl]-,
— lacton **17** IV 5311

—, 3-[6-Brom-2-hydroxy-[1]naphthyl]-2-
[4-brom-phenyl]-,
— lacton **17** IV 5555

—, 3-[6-Brom-2-hydroxy-[1]naphthyl]-2-
[4-chlor-phenyl]-,
— lacton **17** IV 5554

—, 3-[6-Brom-2-hydroxy-[1]naphthyl]-2-
[4-jod-phenyl]-,
— lacton **17** IV 5555

—, 3-Brom-3-[2-hydroxy-[1]naphthyl]-2-
methyl-,
— lacton **17** IV 5328

—, 3-[6-Brom-2-hydroxy-[1]naphthyl]-2-
[4-nitro-phenyl]-,
— lacton **17** IV 5555

—, 2-Brom-3-[1-hydroxy-[2]naphthyl]-3-
phenyl-,
— lacton **17** IV 5553

—, 2-Brom-3-[2-hydroxy-[1]naphthyl]-3-
phenyl-,
— lacton **17** II 415 b

—, 3-[6-Brom-2-hydroxy-[1]naphthyl]-2-
phenyl-,
— lacton **17** IV 5554

—, 3-[6-Brom-2-hydroxy-[1]naphthyl]-2-
p-tolyl-,
— lacton **17** IV 5564

—, 3-[5-Brom-2-hydroxy-6-oxo-cyclohex-
1-enyl]-2-chlor-,
— lacton **17** IV 6066

—, 2-Brom-3-[5-nitro-[2]thienyl]- **18**
IV 4169
— äthylester **18** IV 4169
— amid **18** IV 4169

—, 2-[4-Brom-phenyl]-3-[1,4-dihydroxy-
[2]naphthyl]-,
— 1-lacton **18** IV 824

—, 2-[4-Brom-phenyl]-3-[2,5-dihydroxy-
[1]naphthyl]-,
— 2-lacton **18** IV 824

—, 2-[4-Brom-phenyl]-3-[2,7-dihydroxy-
[1]naphthyl]-,
— 2-lacton **18** IV 825

—, 2-[4-Brom-phenyl]-3-[2-hydroxy-
[1]naphthyl]-,
— lacton **17** IV 5554

—, 2-Brom-3-[2]thienyl- **18** IV 4168

—, 3-[5-Brom-[2]thienyl]- **18** IV
4168
— äthylester **18** IV 4168
— methylester **18** IV 4168

—, 3-[5-Brom-[2]thienyl]-2-methyl- **18**
IV 4178
— äthylester **18** IV 4178

Acrylsäure (Fortsetzung)
—, 2-[Butan-1-sulfonyl]-3-[2]furyl-,
   — äthylester **18** IV 4872
—, 3-[4-*sec*-Butoxy-phenyl]-2-[2-hydroxy-
   äthyl]-,
   — lacton **18** IV 368
—, 2-Butyl-3-[2]furyl- **18** IV 4187
—, 2-Butyl-3-[2-hydroxy-[1]naphthyl]-,
   — lacton **17** IV 5389
—, 3-[5-*tert*-Butyl-[2]thienyl]- **18**
   IV 4187
—, 3-[5-(2-Carboxy-äthyl)-[2]furyl]- **18**
   I 449 d, II 290 d, IV 4541
—, 3-[5-Carboxy-[2]furyl]- **18** II 290 c,
   IV 4538
—, 3-[4-Carboxy-5-methyl-[2]furyl]- **18**
   IV 4539
—, 3-[4-Carboxy-5-methyl-[2]furyl]-2-
   cyan-,
   — äthylester **18** IV 4597
—, 2-[2-Carboxy-phenyl]-3-
   [4-dimethylamino-phenyl]-,
   — anhydrid **18** IV 8056
—, 2-[2-Carboxy-phenyl]-3-[2]furyl- **18**
   IV 4569
—, 2-[2-Carboxy-phenyl]-3-[2]naphthyl-,
   — anhydrid **17** IV 6548
—, 2-[2-Carboxy-phenyl]-3-phenyl-,
   — anhydrid **17** I 272 d
—, 2-[2-Carboxy-phenyl]-3-[2]thienyl-
   18 IV 4569
—, 2-[4-Carboxy-phenyl]-3-[2]thienyl-
   18 IV 4329
—, 2-[4-Chlor-benzolsulfonyl]-3-
   [2,6-dihydroxy-[1]naphthyl]-,
   — 2-lacton **18** II 89 g
—, 2-[4-Chlor-benzolsulfonyl]-3-
   [2,7-dihydroxy-[1]naphthyl]-,
   — 2-lacton **18** II 89 a
—, 2-[4-Chlor-benzolsulfonyl]-3-
   [2-hydroxy-[1]naphthyl]-,
   — lacton **18** II 30 f
—, 3-[7-Chlor-4,6-dimethoxy-3-methyl-
   benzofuran-2-yl]- **18** IV 5048
   — methylester **18** IV 5048
—, 2-Chlor-3-[2]furyl- **18** 301 b
—, 3-[4-Chlor-[2]furyl]- **18** IV 4153
—, 3-[5-Chlor-[2]furyl]- **18** IV
   4153
   — äthylester **18** IV 4153
   — methylester **18** IV 4153
—, 2-Chlor-3-[2-hydroxy-cyclohex-1-enyl]-,
   — lacton **17** IV 4732
—, 2-Chlor-3-[2-hydroxy-4,4-dimethyl-6-
   oxo-cyclohex-1-enyl]-,
   — lacton **17** IV 6076
—, 3-[4-Chlor-1-hydroxy-[2]naphthyl]-,
   — lacton **17** II 383 g, IV 5311

—, 3-[4-Chlor-1-hydroxy-[2]naphthyl]-3-
   phenyl-,
   — lacton **17** IV 5553
—, 2-Chlor-3-[2-hydroxy-6-(4-nitro-
   phenylhydrazono)-cyclohex-1-enyl]-,
   — lacton **17** IV 6066
—, 2-Chlor-3-[2-hydroxy-6-oxo-cyclohex-
   1-enyl]-,
   — lacton **17** IV 6066
—, 3-[2-Chloromercuriomethyl-2,3-
   dihydro-benzofuran-5-yl]- **18** II 519 g
—, 2-[4-Chlor-phenyl]-3-[2,8-dihydroxy-
   5-methyl-[1]naphthyl]-,
   — 2-lacton **18** IV 834
—, 2-[2-Chlor-phenyl]-3-[1,4-dihydroxy-
   [2]naphthyl]-,
   — 1-lacton **18** IV 824
—, 2-[4-Chlor-phenyl]-3-[1,4-dihydroxy-
   [2]naphthyl]-,
   — 1-lacton **18** IV 824
—, 2-[4-Chlor-phenyl]-3-[2,5-dihydroxy-
   [1]naphthyl]-,
   — 2-lacton **18** IV 824
—, 2-[4-Chlor-phenyl]-3-[2,6-dihydroxy-
   [1]naphthyl]-,
   — 2-lacton **18** IV 825
—, 2-[4-Chlor-phenyl]-3-[2,7-dihydroxy-
   [1]naphthyl]-,
   — 2-lacton **18** IV 825
—, 3-[5-(4-Chlor-phenyl)-[2]furyl]- **18**
   IV 4330
—, 3-[2-Chlor-phenyl]-2-[2-hydroxy-
   äthyl]-,
   — lacton **17** IV 5091
—, 3-[4-Chlor-phenyl]-2-[2-hydroxy-
   äthyl]-,
   — lacton **17** IV 5091
—, 2-[4-Chlor-phenyl]-3-[2-hydroxy-
   [1]naphthyl]-,
   — lacton **17** IV 5554
—, 3-[4-Chlorsulfonyl-phenyl]-2-
   [2-hydroxy-äthyl]-,
   — lacton **18** IV 6741
—, 3-[5-Chlor-[2]thienyl]- **18** IV 4168
   — amid **18** IV 4168
—, 3-[5-Chlor-[2]thienyl]-2-methyl- **18**
   IV 4178
—, 2-[2-Cyan-äthyl]-3-[2]furyl-3-hydroxy-,
   — äthylester **18** IV 6144
—, 2-[2-Cyan-äthyl]-3-hydroxy-3-
   [2]thienyl-,
   — äthylester **18** IV 6144
—, 2-Cyan-3-[3-cyan-2-oxo-2*H*-chromen-
   6-yl]-,
   — äthylester **18** IV 6250
—, 2-Cyan-3-[4-diäthylamino-phenyl]-,
   — tetrahydrofurfurylester **17**
   IV 1122

Acrylsäure (Fortsetzung)
—, 2-Cyan-3-[2]furyl- **18** 338 c,
   I 449 c, IV 4531
   — äthylester **18** 338 d, IV 4532
   — allylester **18** IV 4532
   — amid **18** 339 b
   — methylester **18** IV 4532
—, 2-Cyan-3-[6-hydroxy-4-methoxy-
   benzofuran-7-yl]- **18** IV 5243
—, 2-Cyan-3-[2-hydroxy-[1]naphthyl]-,
   — lacton **18** IV 5658
—, 3-Cyan-2-hydroxy-3-[2]thienyl-,
   — äthylester **18** IV 6138
—, 2-Cyan-3-[5-methoxycarbonyl-
   [2]furyl]- **18** IV 4597
—, 2-Cyan-3-[5-nitro-[2]furyl]- **18** 339 f,
   IV 4532
   — äthylamid **18** IV 4534
   — äthylester **18** 339 g, IV 4533
   — allylamid **18** IV 4535
   — amid **18** IV 4534
   — anilid **18** IV 4535
   — p-anisidid **18** IV 4536
   — benzylamid **18** IV 4536
   — [4-brom-anilid] **18** IV 4535
   — butylamid **18** IV 4534
   — sec-butylamid **18** IV 4534
   — butylester **18** IV 4533
   — sec-butylester **18** IV 4533
   — [4-chlor-anilid] **18** IV 4535
   — cyclohex-2-enylamid **18** IV 4535
   — diisopentylamid **18** IV 4535
   — dimethylamid **18** IV 4534
   — dipropylamid **18** IV 4534
   — [2-hydroxy-äthylamid] **18**
     IV 4536
   — [4-hydroxy-anilid] **18** IV 4536
   — [2-hydroxy-propylamid] **18**
     IV 4536
   — isobutylamid **18** IV 4534
   — isobutylester **18** IV 4533
   — isopentylamid **18** IV 4535
   — isopentylester **18** IV 4533
   — isopropylamid **18** IV 4534
   — isopropylester **18** IV 4533
   — methylamid **18** IV 4534
   — methylester **18** IV 4533
   — propylamid **18** IV 4534
   — propylester **18** IV 4533
   — o-toluidid **18** IV 4535
   — p-toluidid **18** IV 4536
—, 2-Cyan-3-[2-oxo-2H-chromen-3-yl]-,
   — äthylester **18** IV 6186
   — amid **18** IV 6186
—, 2-Cyan-3-phenyl-3-[2]thienyl-,
   — äthylester **18** IV 4570
—, 2-Cyan-3-[2]thienyl- **18** IV 4537
   — äthylester **18** IV 4537

—, 2-Cyclohex-1-enyl-3-[2]furyl- **18**
   IV 4282
—, 3-[3,4-Diäthoxy-phenyl]-2-[2-hydroxy-
   äthyl]-,
   — lacton **18** IV 1394
—, 3-Diäthylamino-3-[2-hydroxy-bornan-
   2-yl]-,
   — lacton **18** IV 7881
—, 3-Diäthylamino-3-[1-hydroxy-
   cyclohexyl]-,
   — lacton **18** IV 7872
—, 3-[4-Diäthylamino-phenyl]-2-
   [2-hydroxy-äthyl]-,
   — lacton **18** IV 7930
—, 3-Dibenzofuran-2-yl- **18** IV 4387
   — [2-diäthylamino-äthylester] **18**
     IV 4387
   — methylester **18** IV 4387
—, 3-Dibenzofuran-4-yl- **18** IV 4387
—, 3-[5,7-Dibrom-benzofuran-2-yl]-3-
   hydroxy-,
   — äthylester **18** IV 5599
   — o-anisidid **18** IV 5599
—, 3-[2,5-Dibrom-2,5-dihydro-[2]furyl]-,
   — äthylester **18** IV 4093
—, 3-[4,5-Dibrom-4,5-dihydro-[2]furyl]-,
   — äthylester **18** IV 4093
—, 2-[1,2-Dibrom-4,6-dihydroxy-3a,8-
   dimethyl-3-oxo-decahydro-azulen-5-yl]-,
   — 6-lacton **18** IV 1272
—, 2-[3,5-Dibrom-2-hydroxy-4-methyl-
   phenyl]-,
   — lacton **17** I 174 h
—, 2-[3,5-Dibrom-2-hydroxy-phenyl]-,
   — lacton **17** I 172 g
—, 3,3'-[3,4-Dibrom-thiophen-2,5-diyl]-di-
   18 IV 4546
—, 2-[2,4-Dichlor-benzoylamino]-3-
   [5-nitro-[2]furyl]-,
   — äthylester **18** IV 5400
—, 3-[3,4-Dichlor-[2]furyl]- **18** IV 4153
   — methylester **18** IV 4153
—, 3-[4,5-Dichlor-[2]furyl]- **18** IV
   4154
—, 2-[3,4-Dichlor-phenyl]-3-
   [2,7-dihydroxy-[1]naphthyl]-,
   — 2-lacton **18** IV 825
—, 2-[2,4-Dichlor-phenyl]-3-[2-hydroxy-
   [1]naphthyl]-,
   — lacton **17** IV 5554
—, 2-[3,4-Dichlor-phenyl]-3-[2-hydroxy-
   [1]naphthyl]-,
   — lacton **17** IV 5554
—, 2,2'-Dicyan-3,3'-[2,5-dimethoxy-
   p-phenylen]-di-,
   — bis-tetrahydrofurfurylester **17**
     IV 1120

Acrylsäure (Fortsetzung)

—, 3,3'-Di-[2]furyl-2,2'-disulfandiyl-di-
  18 I 455 c, IV 4872

—, 3,3'-Di-[2]furyl-2,2'-sulfandiyl-di- **18**
  IV 4872
  — dimethylester **18** IV 4872

—, 3,3'-Di-[2]furyl-2,2'-sulfonyl-di-,
  — diäthylester **18** IV 4872

—, 3-[3,8-Dihydroxy-6,7-dimethoxy-5-
  methyl-1,2,3,4,4a,5,8,8a-octahydro-
  [2]naphthyl]-,
  — 3-lacton **18** IV 2350

—, 2-[2,5-Dihydroxy-4,8-dimethyl-10-(2-
  methyl-crotonoyloxy)-cyclodeca-3,7-dienyl]-,
  — 2-lacton **18** IV 1266

—, 2-[4,6-Dihydroxy-1,8-dimethyl-2-oxo-
  2,3,3a,4,5,6,7,8-octahydro-azulen-5-yl]-,
  — 6-lacton **18** IV 1437

—, 2-[4,6-Dihydroxy-3a,8-dimethyl-3-
  oxo-2,3,3a,4,5,6,7,8-octahydro-azulen-5-
  yl]-,
  — 6-lacton **18** IV 1436

—, 2-[4,6-Dihydroxy-3a,8-dimethyl-3-
  oxo-3,3a,4,5,6,7,8,8a-octahydro-azulen-5-
  yl]-,
  — 6-lacton **18** IV 1434

—, 2-[4,8a-Dihydroxy-3a,8-dimethyl-3-
  oxo-3,3a,4,5,6,7,8,8a-octahydro-azulen-5-
  yl]-,
  — 4-lacton **18** IV 1438

—, 2-[4,6-Dihydroxy-3-hydroxymethyl-8-
  methyl-1-oxo-1,3a,4,5,6,7-hexahydro-
  azulen-5-yl]-,
  — 4-lacton **18** IV 2526

—, 2-{4,6-Dihydroxy-3-[(4-hydroxy-
  phenylacetoxy)-methyl]-8-methyl-1-oxo-
  1,3a,4,5,6,7-hexahydro-azulen-5-yl}-,
  — 4-lacton **18** IV 2527

—, 3-[3,5-Dihydroxy-4-methoxy-2,2-
  dimethyl-chroman-6-yl]-,
  — methylester **18** IV 5094

—, 3-[1,4-Dihydroxy-3-methyl-
  [2]naphthyl]-2-phenyl-,
  — 1-lacton **18** IV 833

—, 3-[2,5-Dihydroxy-8-methyl-
  [1]naphthyl]-2-phenyl-,
  — 2-lacton **18** IV 834

—, 3-[2,6-Dihydroxy-5-methyl-
  [1]naphthyl]-2-phenyl-,
  — 2-lacton **18** IV 834

—, 3-[2,7-Dihydroxy-8-methyl-
  [1]naphthyl]-2-phenyl-,
  — 2-lacton **18** IV 835

—, 3-[2,8-Dihydroxy-5-methyl-
  [1]naphthyl]-2-phenyl-,
  — 2-lacton **18** IV 834

—, 2-[2,4-Dihydroxy-6-methyl-phenyl]-3-
  phenyl-,

— 2-lacton **18** IV 758

—, 3-[2,3-Dihydroxy-[1]naphthyl]-,
  — 2-lacton **18** IV 605

—, 3-[2,7-Dihydroxy-[1]naphthyl]-,
  — 2-lacton **18** IV 605

—, 3-[2,7-Dihydroxy-[1]naphthyl]-2-
  methyl-,
  — 2-lacton **18** IV 624

—, 3-[1,4-Dihydroxy-[2]naphthyl]-2-
  phenyl-,
  — 1-lacton **18** IV 823

—, 3-[2,3-Dihydroxy-[1]naphthyl]-2-
  phenyl-,
  — 2-lacton **18** IV 824

—, 3-[2,4-Dihydroxy-[1]naphthyl]-2-
  phenyl-,
  — 2-lacton **18** IV 824

—, 3-[2,5-Dihydroxy-[1]naphthyl]-2-
  phenyl-,
  — 2-lacton **18** IV 824

—, 3-[2,6-Dihydroxy-[1]naphthyl]-2-
  phenyl-,
  — 2-lacton **18** IV 825

—, 3-[2,7-Dihydroxy-[1]naphthyl]-2-
  phenyl-,
  — 2-lacton **18** IV 825

—, 3-[2,6-Dihydroxy-[1]naphthyl]-2-
  [toluol-4-sulfonyl]-,
  — 2-lacton **18** II 89 h

—, 3-[2,7-Dihydroxy-[1]naphthyl]-2-
  [toluol-4-sulfonyl]-,
  — 2-lacton **18** II 89 b

—, 3-[2,5-Dihydroxy-[1]naphthyl]-2-
  p-tolyl-,
  — 2-lacton **18** IV 833

—, 2-[2,4-Dihydroxy-phenyl]-3-
  [3,4-dimethoxy-phenyl]-,
  — 2-lacton **18** IV 2750

—, 2-[2,4-Dihydroxy-phenyl]-3-
  [4-methoxy-phenyl]-,
  — 2-lacton **18** IV 1826

—, 2-[2,4-Dihydroxy-phenyl]-3-phenyl-,
  — 2-lacton **18** IV 726

—, 2-[2,4-Dihydroxy-phenyl]-3-[3,4,5-
  trimethoxy-phenyl]-,
  — 2-lacton **18** IV 3334

—, 2-[2,5-Dihydroxy-3,4,6-trimethyl-
  phenyl]-3-[4-methoxy-phenyl]-,
  — 2-lacton **18** IV 1872

—, 2-[2,5-Dihydroxy-3,4,6-trimethyl-
  phenyl]-3-phenyl-,
  — 2-lacton **18** IV 780

—, 3-[4,6-Dimethoxy-benzofuran-5-yl]-
  18 356 e, IV 5047
  — methylester **18** 356 g

—, 3-[6,7-Dimethoxy-benzofuran-5-yl]-
  18 I 465 c, IV 5048
  — methylester **18** I 465 d

Acrylsäure (Fortsetzung)
—, 3-[4,6-Dimethoxy-benzofuran-5-yl]-
2,3-dimethoxy- **18** IV 5241
—, 3-[6,7-Dimethoxy-benzofuran-5-yl]-
2,3-dimethoxy- **18** IV 5241
—, 3-[6,7-Dimethoxy-2,3-dihydro-
benzofuran-5-yl]- **18** IV 5038
—, 3-[2,5-Dimethoxy-2,5-dihydro-
[2]furyl]-,
— äthylester **18** IV 5004
—, 3-[2,5-Dimethoxy-2,5-dihydro-
[2]furyl]-3-hydroxy-,
— methylester **18** IV 6458
—, 3-[5,7-Dimethoxy-2,2-dimethyl-
chroman-6-yl]- **18** IV 5044
—, 3-[5,7-Dimethoxy-2,2-dimethyl-
chroman-8-yl]- **18** IV 5045
—, 3-[5,8-Dimethoxy-2,2-dimethyl-
chroman-6-yl]- **18** IV 5044
—, 3-[5,7-Dimethoxy-2,2-dimethyl-
2*H*-chromen-6-yl]- **18** IV 5049
— methylester **18** IV 5049
—, 3-[5,8-Dimethoxy-2,2-dimethyl-
2*H*-chromen-6-yl]- **18** IV 5049
—, 3-[3,4-Dimethoxy-phenyl]-2-
[2-hydroxy-äthyl]-,
— lacton **18** IV 1394
—, 3-[3,4-Dimethoxy-phenyl]-2-
[2-hydroxy-4,6-dimethoxy-phenyl]-,
— lacton **18** IV 3334
—, 3-[2,3-Dimethoxy-phenyl]-2-
[2-hydroxy-3-methoxy-phenyl]-,
— lacton **18** I 400 f
—, 3-[3,4-Dimethoxy-phenyl]-2-
[2-hydroxy-4-methoxy-phenyl]-,
— lacton **18** IV 2750
—, 3-[3,4-Dimethoxy-phenyl]-2-
[2-hydroxy-phenyl]-,
— lacton **18** 134 d
—, 3-[2,5-Dimethoxy-tetrahydro-
[2]furyl]-3-hydroxy-,
— methylester **18** IV 6453
—, 3-Dimethylamino-3-[2-hydroxy-
bornan-2-yl]-,
— lacton **18** IV 7880
—, 3-[4-Dimethylamino-phenyl]-2-
[2-hydroxy-äthyl]-,
— lacton **18** IV 7930
—, 3-[4-Dimethylamino-phenyl]-2-
[1-hydroxy-9,10-dioxo-9,10-dihydro-
[2]anthryl]-,
— lacton **18** IV 8069
—, 3-[3,7-Dimethyl-2-oxo-3,3a,4,7,8,8a-
hexahydro-2*H*-cyclohepta[*b*]furan-6-yl]-
18 IV 5506
— [4-nitro-benzylester] **18** IV
5506
—, 3-[2,5-Dimethyl-[3]thienyl]- **18**
IV 4183

—, 2-[2,5-Dimethyl-[3]thienyl]-3-[2-nitro-
phenyl]- **18** IV 4335
—, 2-[4-(3,5-Dinitro-benzoyloxy)-6-
hydroxy-3a,8-dimethyl-3-oxo-3,3a,4,5,6,7,=
8,8a-octahydro-azulen-5-yl]-,
— lacton **18** IV 1435
—, 3-(2-{α-[*N'*-(2,4-Dinitro-phenyl)-
hydrazino]-isopropyl}-4-hydroxy-
benzofuran-5-yl)-,
— methylester **18** IV 8324
—, 2-[1-(2,4-Dinitro-phenylhydrazono)-
propyl]-3-[2]furyl-,
— äthylester **18** IV 5500
—, 3-[9,10-Dioxo-9,10-dihydro-
[2]anthryl]-2-[1-hydroxy-9,10-dioxo-9,10-
dihydro-[2]anthryl]-
— lacton **17** IV 6843
—, 3-[1,3-Dioxo-1,3,3a,4,7,7a-hexahydro-
isobenzofuran-4-yl]-,
— methylester **18** IV 6034
—, 3,3'-Di-[3]thienyl-2,2'-disulfandiyl-di-
18 IV 4873
—, 3-[2,3-Epoxy-2,6,6-trimethyl-
cyclohexyl]-,
— methylester **18** IV 4135
—, 2-[Furan-2-carbonylamino]-3-[5-nitro-
[2]furyl]-,
— äthylester **18** IV 5401
—, 3,3'-Furan-2,5-diyl-di- **18** I 449 e
— diäthylester **18** I 449 g
— dimethylester **18** I 449 f
—, 2-Furfuryl-3-hydroxy-3-phenyl-,
— äthylester **18** IV 5641
—, 3-[2]Furyl- **18** 300 a, I 440 g,
II 273 h, IV 4143
— [(*N*-acetyl-sulfanilyl)-amid] **18**
IV 4152
— [2-äthoxy-äthylester] **18** IV 4148
— [*N*-äthyl-anilid] **18** IV 4150
— [2-äthyl-butylester] **18** IV 4146
— äthylester **18** 300 c, I 440 i,
IV 4145
— allylester **18** I 440 j, IV 4146
— amid **18** 300 d, II 274 d,
IV 4149
— anhydrid **18** IV 4149
— anilid **18** IV 4150
— benzylamid **18** IV 4150
— [benzyl-(2-diäthylamino-äthyl)-
amid] **18** IV 4151
— benzylester **18** II 274 a,
IV 4147
— butylester **18** IV 4146
— [2-chlor-äthylester] **18** IV 4145
— cyclohexylester **18** IV 4147
— diäthylamid **18** IV 4149
— [2-diäthylamino-äthylester] **18**
II 274 b

Acrylsäure
- —, 3-[2]Furyl- (Fortsetzung)
- — [3,4-dimethoxy-phenäthylamid] **18** IV 4150
- — diphenylamid **18** IV 4150
- — dodecylester **18** IV 4146
- — furfurylester **18** IV 4149
- — hydrazid **18** IV 4153
- — [2-hydroxy-äthylester] **18** IV 4147
- — hydroxyamid **18** IV 4153
- — [hydroxymethyl-amid] **18** IV 4151
- — [2-hydroxy-phenylester] **18** IV 4148
- — [3-hydroxy-phenylester] **18** IV 4148
- — [4-hydroxy-phenylester] **18** IV 4148
- — isobutylester **18** IV 4146
- — isopentylamid **18** IV 4149
- — isopentylester **18** IV 4146
- — methallylester **18** IV 4147
- — [2-methoxy-äthylester] **18** IV 4147
- — [2-methoxy-phenylester] **18** IV 4148
- — [N-methyl-anilid] **18** IV 4150
- — methylester **18** 300 b, I 440 h, IV 4144
- — [1-methyl-heptylester] **18** IV 4146
- — [1-methyl-2-phenyl-äthylamid] **18** IV 4150
- — pentylester **18** IV 4146
- — phenäthylamid **18** IV 4150
- — phenäthylester **18** IV 4147
- — phenylester **18** IV 4147
- — propylester **18** IV 4146
- — tetrahydrofurfurylester **18** IV 4149
- — m-tolylester **18** IV 4147
- — p-tolylester **18** IV 4147
- — [2,2,2-trichlor-1-hydroxy-äthylamid] **18** IV 4151
- — [2-trimethylammonio-äthylester] **18** IV 4149
- — ureid **18** IV 4151
- —, 3-[3]Furyl-,
- — methylester **18** IV 4170
- —, 2-[3-[2]Furyl-acryloylamino]-3-[5-nitro-[2]furyl]-,
- — äthylester **18** IV 5401
- —, 3-[2]Furyl-3-hydroxy-,
- — äthylester **18** 408 f, I 489 a, II 327 h, IV 5392
- — amid **18** IV 5392
- — anilid **18** IV 5393
- — m-anisidid **18** IV 5395
- — o-anisidid **18** IV 5394
- — p-anisidid **18** IV 5395
- — [4-brom-anilid] **18** IV 5393

- — butylester **18** II 328 a
- — [3-chlor-anilid] **18** IV 5393
- — [4-chlor-anilid] **18** IV 5393
- — [4-chlor-2,5-dimethyl-anilid] **18** IV 5394
- — [5-chlor-2-methoxy-anilid] **18** IV 5394
- — [5-chlor-2-methyl-anilid] **18** IV 5393
- — [2,5-diäthoxy-anilid] **18** IV 5395
- — [2,5-diäthoxy-4-chlor-anilid] **18** IV 5396
- — diäthylamid **18** IV 5392
- — dibenzofuran-3-ylamid **18** IV 7198
- — [2,5-dichlor-anilid] **18** IV 5393
- — [2,5-dimethoxy-anilid] **18** IV 5395
- — [5,5-dioxo-5λ^6-dibenzothiophen-3-ylamid] **18** IV 7206
- — [2-methoxy-[1]naphthylamid] **18** IV 5395
- — methylester **18** II 327 e, IV 5392
- — [1]naphthylamid **18** IV 5394
- — [2]naphthylamid **18** IV 5394
- — p-phenetidid **18** IV 5395
- — [4-phenylmercapto-anilid] **18** IV 5395
- — propylester **18** II 327 k
- — o-toluidid **18** IV 5393
- — p-toluidid **18** IV 5393
- —, 3-[3]Furyl-3-hydroxy-,
- — äthylester **18** IV 5405
- — m-anisidid **18** IV 5405
- — o-anisidid **18** IV 5405
- — p-anisidid **18** IV 5405
- —, 3-[2]Furyl-3-hydroxy-2-methyl-,
- — äthylester **18** IV 5424
- — amid **18** IV 5424
- — methylester **18** IV 5424
- —, 3-[2]Furyl-3-hydroxy-2-propyl-,
- — äthylester **18** IV 5445
- — methylester **18** IV 5445
- —, 3-[2]Furyl-2-isopropenyl- **18** IV 4206
- —, 3-[2]Furyl-2-isopropyl- **18** I 441 c, IV 4184
- —, 3-[2]Furyl-2-mercapto- **18** I 489 c, IV 5401
- —, 3-[2]Furyl-2-[4-methoxy-phenyl]- **18** IV 4956
- —, 3-[2]Furyl-2-methyl- **18** 302 a, II 274 f, IV 4172
- — äthylester **18** II 274 g, IV 4173
- — amid **18** IV 4173
- —, 3-[2]Furyl-2-[N-methyl-guanidino]- **18** IV 8211

Acrylsäure (Fortsetzung)

—, 2-[2]Furyl-3-[2-nitro-phenyl]- **18** IV 4322

—, 3-[2]Furyl-2-[4-nitro-phenyl]- **18** IV 4325

—, 3-[2]Furyl-2-phenyl- **18** 312 g, IV 4323
- [*N*-äthyl-anilid] **18** IV 4324
- äthylester **18** IV 4323
- amid **18** IV 4324
- anilid **18** IV 4324
- butylester **18** IV 4323
- diäthylamid **18** IV 4324
- [2-diäthylamino-äthylester] **18** IV 4324
- dimethylamid **18** IV 4324
- diphenylamid **18** IV 4325
- [*N*-methyl-anilid] **18** IV 4324
- methylester **18** IV 4323
- pentylester **18** IV 4323
- propylester **18** IV 4323

—, 3-[2]Furyl-2-propionyl-,
- äthylester **18** IV 5500

—, 3-[2]Furyl-2-propyl- **18** IV 4184

—, 3-[6-Glucopyranosyloxy-benzofuran-5-yl]- **18** IV 4946

—, 2-Hexadecyl-3-hydroxy-3-[2]thienyl-,
- äthylester **18** IV 5493

—, 2-Hexyl-3-[2-hydroxy-[1]naphthyl]-,
- lacton **17** IV 5403

—, 2-Hexyl-3-hydroxy-3-[2]thienyl-,
- äthylester **18** IV 5476

—, 3-[4-Hydrazinosulfonyl-phenyl]-2-[2-hydroxy-äthyl]-,
- lacton **18** IV 6742

—, 3-[2-Hydroxy-äthoxy]-3-[1-hydroxy-cyclohexyl]-,
- 1-lacton **18** IV 120

—, 2-[2-Hydroxy-äthyl]-,
- lacton **17** IV 4304

—, 2-[2-Hydroxy-äthyl]-3-[4-isopropoxy-phenyl]-,
- lacton **18** IV 368

—, 2-[2-Hydroxy-äthyl]-3-[4-isopropyl-phenyl]-,
- lacton **17** IV 5142

—, 2-[2-Hydroxy-äthyl]-3-[4-methoxy-phenyl]-,
- lacton **18** IV 368

—, 2-[2-Hydroxy-äthyl]-3-[1]naphthyl-,
- lacton **17** IV 5346

—, 2-[2-Hydroxy-äthyl]-3-[3-(4-nitro-benzolsulfonylamino)-phenyl]-,
- lacton **18** IV 7930

—, 2-[2-Hydroxy-äthyl]-3-[4-(4-nitro-benzolsulfonylamino)-phenyl]-,
- lacton **18** IV 7931

—, 2-[2-Hydroxy-äthyl]-3-[2-nitro-phenyl]-,
- lacton **17** IV 5091

—, 2-[2-Hydroxy-äthyl]-3-[3-nitro-phenyl]-,
- lacton **17** IV 5091

—, 2-[2-Hydroxy-äthyl]-3-[4-nitro-phenyl]-,
- lacton **17** IV 5091

—, 2-[1-(2-Hydroxy-äthyl)-octyl]-,
- lacton **17** IV 4387

—, 2-[2-Hydroxy-äthyl]-3-phenyl-,
- lacton **17** IV 5091

—, 2-[2-Hydroxy-äthyl]-3-[4-phenylsulfamoyl-phenyl]-,
- lacton **18** IV 6742

—, 2-[2-Hydroxy-äthyl]-3-[4-sulfamoyl-phenyl]-,
- lacton **18** IV 6741

—, 2-[2-Hydroxy-äthyl]-3-*p*-tolyl-,
- lacton **17** IV 5112

—, 2-[2-Hydroxy-äthyl]-3-[3,4,5-trimethoxy-phenyl]-,
- lacton **18** IV 2402

—, 3-[2-Hydroxy-[1]anthryl]-,
- lacton **17** IV 5531

—, 3-[1-Hydroxy-[2]anthryl]-3-phenyl-,
- lacton **17** IV 5616

—, 3-[4-Hydroxy-benzofuran-5-yl]- **18** IV 4945

—, 3-[6-Hydroxy-benzofuran-5-yl]- **18** IV 4945

—, 3-[2-Hydroxy-bornan-2-yl]-,
- lacton **17** IV 4756

—, 3-[2-Hydroxy-born-2-en-3-yl]-,
- lacton **17** I 169 b, IV 5023

—, 3-[2-Hydroxy-cyclohex-1-enyl]-,
- lacton **17** IV 4732

—, 2-[2-Hydroxy-cyclohex-1-enyl]-3-phenyl-,
- lacton **17** IV 5281

—, 3-[1-Hydroxy-cyclohexyl]-,
- lacton **17** IV 4599

—, 3-[1-Hydroxy-cyclohexyl]-3-methoxy-,
- lacton **18** IV 119

—, 3-[1-Hydroxy-cyclohexyl]-2-[1]naphthylmethoxy-,
- lacton **18** IV 119

—, 3-[1-Hydroxy-cyclohexyl]-2-[4-nitro-benzoyloxy]-,
- lacton **18** IV 119

—, 3-[1-Hydroxy-cyclohexyl]-3-phenoxy-,
- lacton **18** IV 119

—, 3-[2-Hydroxy-cyclopent-1-enyl]-,
- lacton **17** IV 4726

—, 3-[1-Hydroxy-3,4-dihydro-[2]naphthyl]-,
- lacton **17** IV 5268

—, 3-[1-Hydroxy-3,4-dihydro-[2]phenanthryl]-,
- lacton **17** IV 5504

—, 3-[1-Hydroxy-3,4-dihydro-[2]phenanthryl]-2-methyl-,
- lacton **17** IV 5512

Acrylsäure (Fortsetzung)

—, 3-[6-Hydroxy-4,7-dimethoxy-
benzofuran-5-yl]- **18** IV 5098
—, 2-[2-Hydroxy-4,6-dimethoxy-phenyl]-
3-[4-methoxy-phenyl]-,
— lacton **18** IV 2749
—, 2-[2-Hydroxy-4,6-dimethoxy-phenyl]-
3-phenyl-,
— lacton **18** IV 1826
—, 2-[2-Hydroxy-4,6-dimethoxy-phenyl]-
3-[3,4,5-trimethoxy-phenyl]-,
— lacton **18** IV 3516
—, 3-[5-Hydroxy-2,2-dimethyl-chroman-
6-yl]- **18** IV 4937
—, 2-[2-Hydroxy-4,8-dimethyl-cyclodeca-
3,7-dienyl]-,
— lacton **17** IV 5028
—, 2-[4-Hydroxy-3,8-dimethylen-
decahydro-azulen-5-yl]-,
— lacton **17** IV 5157
—, 2-[6-Hydroxy-3a,8-dimethyl-4-(4-
nitro-benzoyloxy)-3-oxo-3,3a,4,5,6,7,8,8a-
octahydro-azulen-5-yl]-,
— lacton **18** IV 1435
—, 2-[4-Hydroxy-3a,8-dimethyl-3-oxo-
decahydro-azulen-5-yl]-,
— lacton **17** IV 6107
—, 2-[6-Hydroxy-3a,8-dimethyl-2-oxo-
decahydro-azulen-5-yl]-,
— lacton **17** IV 6104
—, 2-[6-Hydroxy-3a,8-dimethyl-3-oxo-
decahydro-azulen-5-yl]-,
— lacton **17** IV 6104
—, 2-[4-Hydroxy-3a,8-dimethyl-3-oxo-
3,3a,4,5,6,7-hexahydro-azulen-5-yl]-,
— lacton **17** IV 6315
—, 2-[4-Hydroxy-3a,8-dimethyl-3-oxo-
3,3a,4,5,6,7,8,8a-octahydro-azulen-5-yl]-,
— lacton **17** IV 6226
—, 2-[3-Hydroxy-4a,8-dimethyl-6-oxo-
1,2,3,4,4a,5,6,8a-octahydro-[2]naphthyl]-,
— lacton **17** IV 6227
—, 2-[1-Hydroxy-9,10-dioxo-9,10-
dihydro-[2]anthryl]-3-[2-methoxy-9,10-
dioxo-[1]anthryl]-,
— lacton **18** IV 3548
—, 2-[1-Hydroxy-9,10-dioxo-9,10-
dihydro-[2]anthryl]-3-phenyl-,
— lacton **17** IV 6817
—, 3-[3-Hydroxy-1,4-dioxo-1,4-dihydro-
[2]naphthyl]-,
— lacton **17** I 287 b
—, 3-Hydroxy-3-[6-hydroxy-4,7-
dimethoxy-benzofuran-5-yl]-,
— äthylester **18** IV 6599
—, 3-Hydroxy-3-[6-hydroxy-4,7-
dimethoxy-2,3-dihydro-benzofuran-5-yl]-,
— äthylester **18** IV 6585

—, 3-[6-Hydroxy-2-(α-hydroxy-isopropyl)-
2,3-dihydro-benzofuran-5-yl]- **18**
IV 5045
—, 3-Hydroxy-3-[7-hydroxy-2-oxo-
2*H*-chromen-3-yl]-,
— äthylester **18** IV 6526
—, 3-Hydroxy-3-[2-hydroxy-phenyl]-,
lacton s. unter Chroman-2,4-dion und
Cumarin, 4-Hydroxy-
—, 3-[3-Hydroxy-inden-2-yl]-,
— lacton **17** IV 5258
—, 2-[β-Hydroxy-isobutyl]-,
— lacton **17** IV 4315
—, 3-[2-(α-Hydroxy-isopropyl)-4-
methoxy-2,3-dihydro-benzofuran-7-yl]-
18 IV 5045
— methylester **18** IV 5046
—, 2-[6-Hydroxy-4-methoxyacetoxy-3a,8-
dimethyl-3-oxo-3,3a,4,5,6,7,8,8a-
octahydro-azulen-5-yl]-,
— lacton **18** IV 1435
—, 3-[6-Hydroxy-4-methoxy-benzofuran-
5-yl]- **18** IV 5047
—, 3-[6-Hydroxy-7-methoxy-benzofuran-
5-yl]- **18** IV 5047
— hydrazid **18** IV 5048
—, 3-[6-Hydroxy-4-methoxy-benzofuran-
5-yl]-2,3-dimethoxy- **18** IV 5241
—, 2-[4-Hydroxy-6-(4-methoxy-
benzoyloxy)-3-(4-methoxy-
benzoyloxymethyl)-8-methyl-1-oxo-
1,3a,4,5,6,7-hexahydro-azulen-5-yl]-,
— lacton **18** IV 2527
—, 3-Hydroxy-3-[7-methoxycarbonyloxy-
2-oxo-2*H*-chromen-3-yl]-,
— äthylester **18** IV 6526
—, 3-[4-Hydroxy-2-(α-methoxy-
isopropyl)-benzofuran-5-yl]- **18** IV 5049
— methylester **18** IV 5049
—, 3-Hydroxy-3-[5-methoxymethyl-
[2]furyl]-,
— äthylester **18** IV 6292
—, 3-[1-Hydroxy-4-methoxy-[2]naphthyl]-,
— lacton **18** IV 605
—, 3-[2-Hydroxy-7-methoxy-[1]naphthyl]-
2-methyl-,
— lacton **18** IV 624
—, 3-[2-Hydroxy-7-methoxy-8-nitro-
[1]naphthyl]-2-methyl-,
— lacton **18** IV 625
—, 3-Hydroxy-3-[8-methoxy-2-oxo-
2*H*-chromen-3-yl]-,
— äthylester **18** IV 6526
—, 2-[2-Hydroxy-4-methoxy-phenyl]-3-
[4-methoxy-phenyl]-,
— lacton **18** IV 1826
—, 3-[4-Hydroxy-3-methoxy-phenyl]-2-
[2-oxo-2*H*-chromen-3-yl]- **18** IV 6566

Acrylsäure   (Fortsetzung)
—, 2-[2-Hydroxy-4-methoxy-phenyl]-3-
phenyl-,
  − lacton **18** IV 726
—, 2-[2-Hydroxy-4-methoxy-phenyl]-3-
[3,4,5-trimethoxy-phenyl]-,
  − lacton **18** IV 3334
—, 3-[5-Hydroxy-2-methyl-benzofuran-4-
yl]- **18** IV 4951
—, 3-[6-Hydroxy-3-methyl-benzofuran-5-
yl]- **18** IV 4951
—, 3-[6-Hydroxy-6-methyl-benzofuran-2-
yl]- **18** II 305 a
—, 3-[6-Hydroxy-3-methyl-2,3-dihydro-
benzofuran-5-yl]- **18** II 303 a
—, 3-Hydroxy-3-[5-methyl-[2]furyl]-,
  − äthylester **18** IV 5424
  − anilid **18** IV 5425
  − o-anisidid **18** IV 5426
  − p-anisidid **18** IV 5426
  − [4-brom-anilid] **18** IV 5425
  − [3-chlor-anilid] **18** IV 5425
  − [4-chlor-anilid] **18** IV 5425
  − [1]naphthylamid **18** IV 5426
  − [2]naphthylamid **18** IV 5426
  − p-phenetidid **18** IV 5426
  − o-toluidid **18** IV 5425
  − p-toluidid **18** IV 5426
—, 3-[5-Hydroxymethyl-[2]furyl]- **18**
II 298 f
—, 3-Hydroxy-2-methyl-3-[5-methyl-
[2]thienyl]-,
  − äthylester **18** IV 5435
—, 3-[1-Hydroxy-4-methyl-[2]naphthyl]-
3-methoxy-,
  − lacton **18** IV 623
—, 3-[1-Hydroxy-4-methyl-[2]naphthyl]-
2-phenyl-,
  − lacton **17** IV 5564
—, 2-[7-Hydroxy-5-methyl-4-(3-oxo-but-
1-enyl)-cyclohept-3-enyl]-,
  − lacton **17** IV 6221
—, 3-Hydroxy-3-[3a-methyl-2-oxo-
hexahydro-cyclopenta[b]furan-4-yl]-,
  − äthylester **18** IV 5995
—, 2-[2-Hydroxy-5-methyl-phenyl]-3-
phenyl-,
  − lacton **17** IV 5450
—, 3-Hydroxy-2-methyl-3-[2]thienyl-,
  − äthylester **18** IV 5424
—, 3-Hydroxy-3-[5-methyl-[2]thienyl]-,
  − äthylester **18** IV 5427
  − methylester **18** IV 5426
—, 3-[1-Hydroxy-[2]naphthyl]-,
  − lacton **17** 359 f, II 383 f,
    IV 5310
—, 3-[2-Hydroxy-[1]naphthyl]-,
  − lacton **17** 359 g, I 193 c,
    IV 5311

—, 3-[3-Hydroxy-[2]naphthyl]-,
  − lacton **17** 354 a, IV 5292
—, 3-[1-Hydroxy-[2]naphthyl]-2,3-
diphenyl-,
  − lacton **17** IV 5622
—, 3-[2-Hydroxy-[1]naphthyl]-2,3-
diphenyl-,
  − lacton **17** IV 5623
—, 3-[2-Hydroxy-[1]naphthyl]-2-
isopropyl-,
  − lacton **17** IV 5376
—, 3-[2-Hydroxy-[1]naphthyl]-2-[4-jod-
phenyl]-,
  − lacton **17** IV 5555
—, 3-[1-Hydroxy-[2]naphthyl]-3-methoxy-,
  − lacton **18** IV 604
—, 3-[3-Hydroxy-[2]naphthyl]-3-methoxy-,
  − lacton **18** IV 598
—, 3-[2-Hydroxy-[1]naphthyl]-2-
[2-methoxy-benzolsulfonyl]-,
  − lacton **18** II 30 i
—, 3-[2-Hydroxy-[1]naphthyl]-2-
[4-methoxy-benzoyl]-,
  − lacton **18** IV 1956
—, 3-[2-Hydroxy-[1]naphthyl]-2-methyl-,
  − lacton **17** 362 g, IV 5328
—, 3-[2-Hydroxy-[1]naphthyl]-2-
[naphthalin-2-sulfonyl]-,
  − lacton **18** II 30 h
—, 3-[2-Hydroxy-[1]naphthyl]-2-
[2]naphthyl-,
  − lacton **17** IV 5617
—, 3-[2-Hydroxy-[1]naphthyl]-2-nitro-,
  − lacton **17** IV 5312
—, 3-[1-Hydroxy-[2]naphthyl]-3-[4-nitro-
phenyl]-,
  − lacton **17** IV 5553
—, 3-[3-Hydroxy-[2]naphthyl]-2-[1-(4-
nitro-phenylhydrazono)-äthyl]-,
  − lacton **17** IV 6437
—, 3-[2-Hydroxy-[1]naphthyl]-2-octyl-,
  − lacton **17** IV 5407
—, 3-[1-Hydroxy-[2]naphthyl]-2-phenyl-,
  − lacton **17** IV 5553
—, 3-[1-Hydroxy-[2]naphthyl]-3-phenyl-,
  − lacton **17** IV 5553
—, 3-[2-Hydroxy-[1]naphthyl]-2-phenyl-,
  − lacton **17** 390 e, I 217 a,
    IV 5554
—, 3-[2-Hydroxy-[1]naphthyl]-3-phenyl-,
  − lacton **17** II 415 a, IV 5554
—, 3-[2-Hydroxy-[1]naphthyl]-2-
[1-phenylhydrazono-äthyl]-,
  − lacton **17** 527 d
—, 3-[2-Hydroxy-[1]naphthyl]-2-[toluol-4-
sulfonyl]-,
  − lacton **18** II 30 g

Acrylsäure (Fortsetzung)

—, 3-[2-Hydroxy-[1]naphthyl]-2-*p*-tolyl-,
- lacton **17** IV 5564

—, 3-Hydroxy-3-[5-nitro-[2]furyl]-,
- äthylester **18** IV 5397

—, 3-[1-Hydroxy-4-nitro-[2]naphthyl]-,
- lacton **17** I 193 b, IV 5311

—, 3-Hydroxy-3-[3-oxo-3*H*-benzo[*f*]⚡
chromen-2-yl]-,
- äthylester **18** 479 a

—, 3-Hydroxy-3-[2-oxo-2*H*-chromen-3-
yl]-,
- äthylester **18** 476 b, IV 6075

—, 3-Hydroxy-3-[2-oxo-2*H*-cyclohepta[*b*]⚡
furan-3-yl]-,
- äthylester **18** IV 6074

—, 2-[*β*-Hydroxy-phenäthyl]-3-phenyl-,
- lacton **17** 384 c

—, 3-[2-Hydroxy-phenyl]-,
- lacton **17** 328 a, I 170 b,
  II 357 j

—, 2-[2-Hydroxy-1-phenyl-äthyl]-,
- lacton **17** IV 5093

—, 2-[2-Hydroxy-phenyl]-3-[2-methoxy-
phenyl]-,
- lacton **18** 61 h

—, 2-[2-Hydroxy-phenyl]-3-[3-methoxy-
phenyl]-,
- lacton **18** 61 i

—, 2-[2-Hydroxy-phenyl]-3-methoxy-3-
phenyl-,
- lacton **18** IV 727

—, 2-[2-Hydroxy-phenyl]-3-[4-methoxy-
phenyl]-,
- lacton **18** 62 a

—, 3-[2-Hydroxy-phenyl]-2-[2-oxo-
2*H*-chromen-3-carbonyl]- **18** 548 b

—, 3-[3-Hydroxy-phenyl]-2-[2-oxo-
2*H*-chromen-3-yl]- **18** IV 6440

—, 3-[4-Hydroxy-phenyl]-2-[2-oxo-
2*H*-chromen-3-yl]- **18** IV 6440

—, 2-[2-Hydroxy-phenyl]-3-phenyl-,
- lacton **17** 376 d, IV 5431

—, 3-Hydroxy-3-phenyl-2-xanthen-9-yl-,
- äthylester **18** 449 c

—, 3-Hydroxy-2-prop-2-inyl-3-[2]thienyl-,
- äthylester **18** IV 5521

—, 3-[2-Hydroxy-7-propionyloxy-
[1]naphthyl]-2-methyl-,
- lacton **18** IV 624

—, 2-[2-Hydroxy-propyl]-,
- lacton **17** IV 4309

—, 2-[3-Hydroxy-propyl]-,
- lacton **17** IV 4307

—, 3-[2-Hydroxy-6-propyl-[1]naphthyl]-2-
phenyl-,
- lacton **17** IV 5576

—, 2-[2-Hydroxy-propyl]-3-phenyl-,
- lacton **17** I 181 j

—, 2-[3-Hydroxy-propyl]-3-phenyl-,
- lacton **17** IV 5109

—, 3-[5-(2-Hydroxy-4-sulfo-[1]naphthyl)-
[2]furyl]- **18** IV 6769

—, 3-Hydroxy-3-tetrahydro[2]furyl-,
- äthylester **18** IV 5281

—, 3-[1-Hydroxy-5,6,7,8-tetrahydro-
[2]naphthyl]-,
- lacton **17** IV 5218

—, 3-[2-Hydroxy-5,6,7,8-tetrahydro-
[1]naphthyl]-,
- lacton **17** IV 5218

—, 3-[3-Hydroxy-5,6,7,8-tetrahydro-
[2]naphthyl]-,
- lacton **17** IV 5217

—, 3-[2-Hydroxy-2,5,5,8a-tetramethyl-
decahydro-[1]naphthyl]-,
- lacton **17** IV 4770

—, 2-Hydroxy-3-[2]thienyl-,
- methylester **18** IV 5402

—, 3-Hydroxy-3-[2]thienyl-,
- äthylester **18** IV 5397
- anilid **18** IV 5398
- [4-chlor-anilid] **18** IV 5398
- isobutylester **18** IV 5398
- methylester **18** IV 5397

—, 3-[1-Hydroxy-2,2,6-trimethyl-
cyclohexyl]-,
- lacton **17** IV 4646

—, 3-[3-Hydroxy-4,7,7-trimethyl-
norborn-2-en-2-yl]-,
- lacton **17** IV 5023

—, 3-[2-Isopropenyl-4-methoxy-
benzofuran-5-yl]- **18** IV 4958

—, 3-[4-Isopropyl-[2]furyl]- **18** IV
4185

—, 3-[5-Isopropyl-4-methoxy-2-methyl-
phenyl]-3-[2-oxo-2*H*-chromen-3-yl]- **18**
IV 6445
- äthylester **18** IV 6445
- methylester **18** IV 6445

—, 2-Isopropyl-3-[3-methyl-[2]thienyl]-,
- äthylester **18** IV 4187

—, 3-[5-Jod-[2]furyl]- **18** IV 4155
- äthylester **18** IV 4155
- methylester **18** IV 4155

—, 2-Mercapto-3-[5-propyl-[2]thienyl]-
18 IV 5449

—, 2-Mercapto-3-selenophen-2-yl- **18**
IV 5405

—, 2-Mercapto-3-[2]thienyl- **18** IV
5404

—, 2-Mercapto-3-[3]thienyl- **18** IV
5406

—, 3-[4-Methoxy-benzofuran-5-yl]- **18**
IV 4945

Acrylsäure (Fortsetzung)

—, 3-[6-Methoxy-benzofuran-5-yl]- **18**
IV 4946

— methylester **18** IV 4947

—, 3-[5-(2-Methoxycarbonyl-äthyl)-
[2]furyl]-,

— methylester **18** II 290 e,
IV 4541

—, 3-[5-Methoxycarbonyl-[2]furyl]- **18**
IV 4538

—, 3-[3-Methoxycarbonyl-1,2,2-
trimethyl-cyclopentyl]-,

— äthylester **18** IV 5374

—, 3-[4-Methoxy-dibenzofuran-1-yl]-
18 IV 4984

—, 3-[7-Methoxy-2,2-dimethyl-chroman-
6-yl]- **18** IV 4937

—, 3-[5-Methoxy-2,2-dimethyl-
2*H*-chromen-6-yl]- **18** IV 4954

—, 3-[7-Methoxy-2,2-dimethyl-
2*H*-chromen-6-yl]- **18** IV 4954

—, 3-[4-Methoxy-2-(α-methoxy-
isopropyl)-benzofuran-5-yl]-,

— methylester **18** IV 5049

—, 3-[6-Methoxy-3-methyl-benzofuran-2-
yl]- **18** II 305 b

— methylester **18** II 305 c

—, 3-[6-Methoxy-4-(3-methyl-but-2-
enyloxy)-benzofuran-5-yl]- **18** IV 5047

—, 3-[2-Methoxy-4-methyl-phenyl]-3-
[2-oxo-2*H*-chromen-3-yl]- **18** IV 6444

— äthylester **18** IV 6444

— methylester **18** IV 6444

—, 3-[2-Methoxy-5-methyl-phenyl]-3-
[2-oxo-2*H*-chromen-3-yl]- **18** IV 6443

— äthylester **18** IV 6443

— methylester **18** IV 6443

—, 3-[4-Methoxy-3-methyl-phenyl]-3-
[2-oxo-2*H*-chromen-3-yl]- **18** IV 6442

— äthylester **18** IV 6442

— methylester **18** IV 6442

—, 3-[2-Methoxy-9-oxo-xanthen-1-yl]-
18 IV 6432

— methylester **18** IV 6432

—, 3-[2-Methoxy-9-oxo-xanthen-1-yl]-2-
methyl- **18** IV 6436

— methylester **18** IV 6436

—, 3-[4-Methoxy-phenyl]-2-[2-oxo-
2*H*-chromen-3-yl]- **18** IV 6440

—, 3-[4-Methoxy-phenyl]-3-[2-oxo-
2*H*-chromen-3-yl]- **18** IV 6441

— äthylester **18** IV 6442

— methylester **18** IV 6441

—, 2-[4-Methoxy-phenyl]-3-[2]thienyl-
18 IV 4956

—, 3-[5-Methyl-[2]furyl]- **18** 302 b,
IV 4179

— äthylester **18** IV 4179

— amid **18** IV 4179

— methylester **18** IV 4179

—, 3-[7-Methyl-3-methylen-2-oxo-
3,3a,4,7,8,8a-hexahydro-2*H*-cyclohepta[*b*]≠
furan-6-yl]- **18** IV 5547

— [4-nitro-benzylester] **18** IV 5547

—, 2-Methyl-3-[5-methyl-[2]furyl]-,

— äthylester **18** IV 4183

—, 2-Methyl-3-[3-methyl-[2]thienyl]- **18**
IV 4182

— äthylester **18** IV 4182

—, 2-Methyl-3-[2-nitro-[2]furyl]-,

— [3-hydroxy-anilid] **18** IV 4176

—, 2-Methyl-3-[5-nitro-[2]furyl]- **18**
IV 4173

— äthylamid **18** IV 4174

— äthylester **18** IV 4174

— allylamid **18** IV 4175

— amid **18** IV 4174

— anilid **18** IV 4175

— *p*-anisidid **18** IV 4177

— benzylamid **18** IV 4176

— [4-brom-anilid] **18** IV 4176

— butylamid **18** IV 4175

— *sec*-butylamid **18** IV 4175

— *sec*-butylester **18** IV 4174

— [4-chlor-anilid] **18** IV 4175

— cyclohexylamid **18** IV 4175

— [2-hydroxy-äthylamid] **18**
IV 4176

— [4-hydroxy-anilid] **18** IV 4176

— [2-hydroxy-propylamid] **18**
IV 4176

— isobutylamid **18** IV 4175

— isobutylester **18** IV 4174

— isopentylamid **18** IV 4175

— isopropylamid **18** IV 4174

— isopropylester **18** IV 4174

— methylamid **18** IV 4174

— methylester **18** IV 4173

— [1]naphthylamid **18** IV 4176

— octylamid **18** IV 4175

— propylamid **18** IV 4174

— propylester **18** IV 4174

— *o*-toluidid **18** IV 4176

— *p*-toluidid **18** IV 4176

—, 3-[3-Methyl-oxiranyl]- **18** IV 3883

— methylester **18** IV 3883

—, 3-[5-Methyl-selenophen-2-yl]- **18**
IV 4180

—, 2-Methyl-3-[2]thienyl- **18** IV 4177

— äthylester **18** IV 4177

—, 2-Methyl-3-[3]thienyl-,

— äthylester **18** IV 4178

—, 3-[3-Methyl-[2]thienyl]- **18** IV 4178

— äthylester **18** IV 4178

—, 3-[5-Methyl-[2]thienyl]- **18** IV 4179

— äthylester **18** IV 4179

—, 2-[1]Naphthyl-3-[2]thienyl- **18**
IV 4399

Acrylsäure (Fortsetzung)

—, 2-[4-Nitro-benzoylamino]-3-[5-nitro-[2]furyl]-,
  - äthylester **18** IV 5400
—, 2-[5-Nitro-furan-2-carbonylamino]-3-[5-nitro-[2]furyl]-,
  - äthylester **18** IV 5401
—, 3-[5-Nitro-[2]furyl]- **18** IV 4155
  - acetylamid **18** IV 4163
  - [N'-acetyl-hydrazid] **18** IV 4164
  - [4-acetylsulfamoyl-anilid] **18** IV 4164
  - [2-äthoxy-6-brom-[1]naphthylamid] **18** IV 4163
  - äthylamid **18** IV 4157
  - äthylester **18** IV 4156
  - allylamid **18** IV 4159
  - amid **18** IV 4157
  - anhydrid **18** IV 4157
  - anilid **18** IV 4159
  - p-anisidid **18** IV 4162
  - [N'-benzoyl-hydrazid] **18** IV 4165
  - benzylamid **18** IV 4160
  - [bis-(2-hydroxy-äthyl)-amid] **18** IV 4161
  - [4-brom-anilid] **18** IV 4160
  - [5-brom-2-hydroxy-anilid] **18** IV 4161
  - [3-brom-4-hydroxy-5-isopropyl-2-methyl-anilid] **18** IV 4162
  - [1-brom-[2]naphthylamid] **18** IV 4161
  - [4-brom-[1]naphthylamid] **18** IV 4161
  - [1-brom-[2]naphthylester] **18** IV 4156
  - butylamid **18** IV 4158
  - sec-butylamid **18** IV 4158
  - [2-chlor-anilid] **18** IV 4159
  - [3-chlor-anilid] **18** IV 4159
  - [4-chlor-anilid] **18** IV 4159
  - [5-chlor-2-hydroxy-anilid] **18** IV 4161
  - [3-chlor-4-hydroxy-5-isopropyl-2-methyl-anilid] **18** IV 4162
  - [4-chlor-[1]naphthylamid] **18** IV 4160
  - [4-chlor-phenylester] **18** IV 4156
  - [4-cyan-anilid] **18** IV 4163
  - diäthylamid **18** IV 4157
  - dibutylamid **18** IV 4158
  - [2,4-dichlor-anilid] **18** IV 4159
  - [2,5-dichlor-anilid] **18** IV 4160
  - diisobutylamid **18** IV 4158
  - diisopentylamid **18** IV 4159
  - diisopropylamid **18** IV 4158
  - dimethylamid **18** IV 4157
  - [4-dimethylamino-anilid] **18** IV 4164
  - dipropylamid **18** IV 4158
  - hydrazid **18** IV 4164
  - [2-hydroxy-äthylamid] **18** IV 4161
  - [2-hydroxy-anilid] **18** IV 4161
  - [3-hydroxy-anilid] **18** IV 4162
  - [4-hydroxy-anilid] **18** IV 4162
  - [4-hydroxy-5-isopropyl-2-methyl-anilid] **18** IV 4162
  - [2-hydroxy-[1]naphthylamid] **18** IV 4163
  - [4-hydroxy-[1]naphthylamid] **18** IV 4163
  - [2-hydroxy-propylamid] **18** IV 4161
  - isobutylamid **18** IV 4158
  - isopentylamid **18** IV 4158
  - isopropylamid **18** IV 4158
  - isopropylidenhydrazid **18** IV 4164
  - [4-jod-anilid] **18** IV 4160
  - [4-mercapto-anilid] **18** IV 4162
  - methylamid **18** IV 4157
  - methylester **18** IV 4156
  - [1]naphthylamid **18** IV 4160
  - [2]naphthylamid **18** IV 4161
  - [2]naphthylester **18** IV 4156
  - [4-nitro-anilid] **18** IV 4160
  - [4-(4-nitro-phenylmercapto)-anilid] **18** IV 4162
  - pentylamid **18** IV 4158
  - phenylester **18** IV 4156
  - [N'-phenyl-hydrazid] **18** IV 4164
  - propylamid **18** IV 4157
  - [4-sulfamoyl-anilid] **18** IV 4163
  - [4-sulfamoyl-benzylamid] **18** IV 4164
  - p-toluidid **18** IV 4160
—, 3-[5-Nitro-[2]furyl]-2-[3-(5-nitro-[2]furyl)-acryloylamino]-,
  - äthylester **18** IV 5401
—, 3-[5-(2-Nitro-phenyl)-[2]furyl]- **18** IV 4330
—, 3-[5-(4-Nitro-phenyl)-[2]furyl]- **18** IV 4330
—, 2-[4-Nitro-phenyl]-3-[2]thienyl- **18** IV 4328
—, 3-[5-Nitro-selenophen-2-yl]- **18** IV 4170
  - methylester **18** IV 4170
—, 3-[2-Nitro-[3]thienyl]- **18** IV 4171
  - äthylester **18** IV 4171
—, 3-[5-Nitro-[2]thienyl]- **18** IV 4169
  - äthylester **18** IV 4169
  - amid **18** IV 4169
  - methylester **18** IV 4169
—, 2-[3-Oxo-3H-benzo[f]chromen-2-yl]-3-phenyl- **18** IV 5707

Acrylsäure (Fortsetzung)
—, 3-[12-Oxo-12*H*-benzo[*a*]xanthen-11-
yl]- **18** IV 5705
— äthylester **18** IV 5705
— dibenzo[*a,k*l]xanthen-1-ylester **18**
IV 5705
— methylester **18** IV 5705
—, 3-[2-Oxo-2*H*-chromen-3-yl]- **18** IV 5636
— äthylester **18** IV 5636
—, 2-[2-Oxo-2*H*-chromen-3-yl]-3-phenyl-
18 IV 5695
—, 3-[5-Phenäthyl-[2]thienyl]-2-phenyl-
18 IV 4413
—, 3,3'-*o*-Phenylen-di-,
— anhydrid **17** IV 6344
—, 3-[5-Phenyl-[2]furyl]- **18** IV 4330
—, 2-Phenyl-3-[5-(3-phenyl-propyl)-
[2]thienyl]- **18** IV 4414
—, 2-Phenyl-3-selenophen-2-yl- **18** IV
4328
—, 2-Phenyl-3-[2]thienyl- **18** IV 4325
—, 3-Phenyl-3-[2]thienyl- **18** IV 4329
— äthylester **18** IV 4308
—, 3-Phenyl-2-[2,4,6-trihydroxy-phenyl]-,
— 2-lacton **18** IV 1825
—, 3-[5-Prop-1-inyl-[2]thienyl]- **18**
IV 4261
— methylester **18** IV 4261
—, 3-[5-Propyl-[2]thienyl]- **18** IV 4185
— äthylester **18** IV 4185
—, 3-Selenophen-2-yl- **18** IV 4170
— äthylester **18** IV 4170
— methylester **18** IV 4170
—, 3-[5-(4-Sulfo-[1]naphthyl)-[2]furyl]-
18 IV 6768
—, 3-[5-(4-Sulfo-phenyl)-[2]furyl]- **18**
IV 6768
—, 3-[6-(Tetra-*O*-acetyl-
glucopyranosyloxy)-benzofuran-5-yl]-
18 IV 4947
—, 2-[2-Tetrahydropyran-2-yloxy-äthyl]-
17 IV 1073
— äthylester **17** IV 1073
—, 2-[1,2,4,6-Tetrahydroxy-3a,8-
dimethyl-3-oxo-decahydro-azulen-5-yl]-,
— 6-lacton **18** IV 3072
—, 3-[2]Thienyl- **18** 301 g, IV 4165
— äthylester **18** IV 4166
— amid **18** IV 4166
— *sec*-butylamid **18** IV 4167
— isopropylamid **18** IV 4167
— methylamid **18** IV 4167
— methylester **18** IV 4166
—, 3-[3]Thienyl- **18** IV 4171
— äthylester **18** IV 4171
—, 2-[2,3,6-Trihydroxy-3a,8-dimethyl-
decahydro-azulen-5-yl]-,
— 6-lacton **18** IV 1199

—, 2-[3,4,6-Trihydroxy-3a,8-dimethyl-
3,3a,4,5,6,7,8,8a-octahydro-azulen-5-yl]-,
— 6-lacton **18** IV 1268
—, 3-[6-(3,4,5-Trihydroxy-6-
hydroxymethyl-tetrahydro-pyran-2-yloxy)-
benzofuran-5-yl]- **18** IV 4946
—, 3-[4,6,7-Trimethoxy-benzofuran-5-yl]-
18 IV 5098
—, 3-[3,4,6-Trimethyl-benzofuran-2-yl]-
18 IV 4315
— methylester **18** IV 4315
Actidionsäure
—, Dihydro- **18** IV 6287
— methylester **18** IV 6288
Actinobolin 18 IV 8145
—, *N*-Acetyl- **18** IV 8146
Aculeatinhydrat 18 IV 3083
—, Di-*O*-acetyl- **18** IV 3083
Adipamid
—, *N,N'*-Bis-[2-oxo-tetrahydro-[3]furyl]-
18 IV 7833
—, *N,N'*-Di-xanthen-9-yl- **18** IV 7219
Adipamidsäure
—, 2-Äthoxy-5-hydroxy-,
— lacton **18** II 375 d
—, 2-[2-Hydroxy-äthyl]-*N,N*-diphenyl-,
— lacton **18** IV 5295
Adipinaldehydsäure
—, Pseudoalkylester s. unter Oxepan-2-on,
6-Alkyloxy-
Adipinamid
s. Adipamid
Adipinsäure
— anhydrid **17** 415 d, IV 5833
— bis-[2,3-epoxy-butylester] **17**
IV 1038
— bis-[3-methyl-oxiranylmethylester]
17 IV 1038
— bis-[1-methyl-3-tetrahydro[2]furyl-
propylester] **17** IV 1160
— bis-[5-nitro-furfurylidenhydrazid]
17 IV 4466
— bis-tetrahydrofurfurylester **17**
IV 1107
— bis-[1-tetrahydrofurfuryloxy=
carbonyl-äthylester] **17** IV 1115
— bis-[3-tetrahydro[2]furyl-
propylester] **17** IV 1148
— cyclohexylester-
tetrahydrofurfurylester **17** IV 1107
— isopropylester-
tetrahydrofurfurylester **17** IV 1107
— monoamid s. Adipamidsäure
—, 2-Acetonyl-4-hydroxy-4-phenyl-,
— 1-lacton **18** IV 6061
—, 2-Acetonyl-4-hydroxy-4-[1,2,3,4-
tetrahydro-[2]naphthyl]-,
— 1-lacton **18** IV 6080

Adipinsäure (Fortsetzung)
—, 2-Äthoxy-3-hydroxy-,
  — 6-lacton **18** IV 6265
—, 2-Äthoxy-5-hydroxy-,
  — 1-lacton **18** II 375 b
—, 5-Äthyl-2-hydroxy-2,3-dimethyl-,
  — 6-lacton **18** IV 5316
—, 2-Äthyl-3-hydroxy-3-methyl-,
  — 1-äthylester-6-lacton **18** IV 5310
—, 4-Äthyl-3-hydroxy-3-methyl-,
  — 1-äthylester-6-lacton **18** IV 5312
—, 5-Äthyliden-2-hydroxy-2,3-dimethyl-,
  — 6-lacton **18** IV 5355
—, 2-Allyl-5-hydroxy-3-methyl-,
  — 1-lacton **18** II 322 b
—, 3-Benzyl-,
  — anhydrid **17** II 478 e
—, 2,5-Bis-acetylmercapto-,
  — bis-[tetra-*O*-acetyl-glucopyranose-
    2-ylamid] **18** IV 7621
—, 2,5-Bis-[4-methyl-benzylamino]-,
  — anhydrid **18** II 469 b
—, 4-Brom-2,3-dihydroxy-,
  — 6→3-lacton **18** IV 6265
—, 3-Brom-4-hydroxy-3,4-diphenyl-,
  — 1-lacton **18** I 503 c
—, 2-Brom-4-hydroxy-3-oxo-,
  — 1-lacton **18** IV 5962
—, 2-Butyl-4-hydroxy-3-oxo-,
  — 1-lacton **18** IV 5980
—, 2-Butyryl-4-hydroxy-3-oxo-,
  — 1-lacton **18** IV 6131
—, 2-Decyl-3-hydroxy-3-methyl-,
  — 1-äthylester-6-lacton **18** IV 5325
—, 2,5-Diacetoxy-2,5-dimethyl-,
  — anhydrid **18** IV 2316
—, 2,5-Diäthoxy-,
  — anhydrid **18** II 144 a
—, 3,4-Dibenzyl-2-hydroxy-5-oxo-,
  — 6-lacton **18** IV 6100
—, 2,5-Dibrom-,
  — bis-[tetra-*O*-acetyl-glucopyranose-
    2-ylamid] **18** IV 7621
—, 2,3-Dihydroxy-,
  — 6→3-lacton **18** IV 6265
—, 3,4-Dihydroxy-,
  — 1→4-lacton **18** IV 6265
  — 1→4-lacton-6-methylester **18**
    IV 6265
—, 2,3-Dihydroxy-4,5-dimethoxy-,
  — 1-äthylester-6→3-lacton **18**
    II 397 e
  — 6→3-lacton **18** II 397 d
—, 2,5-Dihydroxy-2,5-dimethyl-,
  — monolacton **18** 519 a
—, 2,5-Dihydroxy-3,4-diphenyl-,
  — 1→5-lacton **18** IV 6421
—, 2,3-Dihydroxy-2,5,5-trimethyl-,
  — 6→3-lacton **18** IV 6273

—, 2,2-Dimethyl-,
  — anhydrid **17** 422 c
—, 3,3-Dimethyl-,
  — anhydrid **17** 422 d
—, 3-[1,5-Dimethyl-hexyl]-3-hydroxy-,
  — 1-äthylester-6-lacton **18** IV 5322
—, 3-[1,5-Dimethyl-hexyl]-3-hydroxy-2-
  methyl-,
  — 1-äthylester-6-lacton **18** IV 5323
—, 2-[1-(2,4-Dinitro-phenylhydrazono)-
  butyl]-4-hydroxy-3-oxo-,
  — 1-lacton **18** IV 6132
—, 3,4-Diphenyl-,
  — anhydrid **9** III 4571 c
—, 2,3-Epoxy-3-methyl-,
  — 1-[2-äthyl-hexylester]-6-butylester
    18 IV 4440
  — 6-[2-äthyl-hexylester]-1-butylester
    18 IV 4441
  — 1-[2-äthyl-hexylester]-6-
    dodecylester **18** IV 4441
  — 6-[2-äthyl-hexylester]-1-
    dodecylester **18** IV 4441
  — bis-[2-äthyl-hexylester] **18**
    IV 4441
  — 1-butylester-6-dodecylester **18**
    IV 4441
  — 6-butylester-1-dodecylester **18**
    IV 4441
  — dibutylester **18** IV 4440
  — didodecylester **18** IV 4441
—, 2,3-Epoxy-3-phenyl- **18** IV 4549
  — diäthylester **18** IV 4549
—, 2-Heptyl-4-hydroxy-5-[3-methyl-but-
  2-enyliden]-3-oxo-,
  — 1-lacton **18** IV 6030
—, 2-Hydroxy-,
  — 1-äthylester-6-lacton **18** IV 5267
  — 6-lacton **18** IV 5266
  — 6-lacton-1-methylester **18**
    IV 5266
—, 3-Hydroxy-,
  — 1-äthylester-6-lacton **18** IV 5268
  — 1-chlorid-6-lacton **18** IV 5268
  — 6-lacton **18** 371 d, II 312 c,
    IV 5268
  — 6-lacton-1-methylester **18**
    IV 5268
—, 2-[2-Hydroxy-äthyl]-,
  — 6-äthylester-1-lacton **18** IV 5294
  — 6-chlorid-1-lacton **18** IV 5295
  — 1-lacton **18** IV 5294
  — 1-lacton-6-methylester **18**
    IV 5294
—, 3-Hydroxy-3,4-bis-[4-methoxy-phenyl]-,
  — 6-lacton **18** IV 6551
—, 2-[3-Hydroxy-crotonoyl]-3-oxo-,
  — 6-äthylester-1-lacton **18** IV 6144
  — 1-lacton **18** IV 6144

Adipinsäure (Fortsetzung)
—, 3-Hydroxy-2,5-dimethoxy-,
 – 6-lacton-1-methylester **18**
 IV 6452
—, 3-Hydroxy-2,2-dimethyl-,
 – 6-lacton **18** IV 5295
 – 6-lacton-1-[4-phenyl-phenacylester]
 18 IV 5295
—, 3-Hydroxy-2,3-dimethyl-,
 – 1-äthylester-6-lacton **18** II 315 d
 – 6-lacton **18** I 480 e, II 315 c
—, 3-Hydroxy-2,5-dimethyl-,
 – 6-lacton **18** IV 5298
—, 4-Hydroxy-2,3-dimethyl-,
 – 6-[4-brom-phenacylester]-1-lacton
 18 IV 5303
—, 4-Hydroxy-2,5-dimethyl-,
 – 1-lacton **18** IV 5303
—, 4-Hydroxy-3,3-dimethyl-,
 – 1-lacton **18** 387 e, I 480 j
—, 3-Hydroxy-2,2-dimethyl-3-
 [2]naphthyl-,
 – 1-äthylester-6-lacton **18** IV 5652
—, 3-Hydroxy-2,2-dimethyl-3-[5,6,7,8-
 tetrahydro-[2]naphthyl]-,
 – 1-äthylester-6-lacton **18** IV 5626
—, 3-Hydroxy-2,5-diphenyl-,
 – 6-lacton-1-methylester **18**
 IV 5674
—, 3-Hydroxy-3,4-diphenyl-,
 – 6-lacton **18** I 503 a
—, 2-[3-Hydroxy-hex-2-enyliden]-,
 – 1-lacton **18** IV 5464
—, 2-[3-Hydroxy-hexyl]-,
 – 1-lacton **18** IV 5319
—, 2-[β-Hydroxy-isobutyl]-5-methyl-,
 – 1-lacton **18** IV 5319
—, 3-[α-Hydroxy-isopropyl]-,
 – 1-lacton **18** IV 5311
—, 4-Hydroxy-2-isopropyl-,
 – 6-äthylester-1-lacton **18** IV 5311
 – 1-lacton-6-methylester **18**
 IV 5311
—, 2-Hydroxy-2-isopropyl-5-methyl-,
 – 6-lacton **18** 392 e
—, 3-Hydroxy-3-[2-methoxy-5-methyl-
 phenyl]-,
 – 6-lacton **18** IV 6328
 – 6-lacton-1-methylester **18**
 IV 6328
—, 3-Hydroxy-3-[6-methoxy-[2]naphthyl]-,
 – 6-lacton-1-methylester **18**
 IV 6410
—, 3-Hydroxy-3-[6-methoxy-[2]naphthyl]-
 2,2-dimethyl-,
 – 1-äthylester-6-lacton **18** IV 6412
 – 6-lacton-1-methylester **18**
 IV 6412

—, 2-[β-Hydroxy-4-methoxy-phenäthyl]-,
 – 1-lacton **18** IV 6332
—, 3-Hydroxy-3-methyl-,
 – 1-äthylester-6-lacton **18** IV 5282
 – 6-lacton **18** 375 d, IV 5281
 – 6-lacton-1-methylester **18**
 IV 5281
—, 3-Hydroxy-4-methyl- **18** I 479 d
 – 6-lacton **18** IV 5282
 – 6-lacton-1-methylester **18**
 IV 5282
—, 4-Hydroxy-2-methyl-,
 – 1-lacton **18** IV 5283
 – 1-lacton-6-methylester **18**
 IV 5283
—, 3-Hydroxy-3-methyl-2-pent-2-enyl-,
 – 1-äthylester-6-lacton **18** IV 5373
—, 3-Hydroxy-3-methyl-2-pentyl-,
 – 1-äthylester-6-lacton **18** II 318 g
 – 6-lacton **18** II 318 f
—, 3-[2-Hydroxy-5-methyl-phenyl]-,
 – 1-lacton **18** IV 5545
—, 3-Hydroxy-3-[2]naphthyl-,
 – 6-lacton **18** IV 5651
 – 6-lacton-1-methylester **18**
 IV 5652
—, 2-Hydroxy-4-oxo-,
 – 6-lacton **18** IV 5962
—, 3-Hydroxy-4-oxo-,
 – 6-lacton **18** IV 5962
—, 3-Hydroxy-4-oxo-2,5-diphenyl-,
 – 6-lacton **18** IV 6097
 – 6-lacton-1-methylester **18**
 IV 6098
—, 3-Hydroxy-3-phenyl-,
 – 1-äthylester-6-lacton **18** IV 5539
—, 2-Hydroxy-2,4,4-trimethyl-,
 – 6-lacton **18** IV 5309
 – 6-lacton-1-methylester **18**
 IV 5309
—, 3-Hydroxy-2,2,3-trimethyl-,
 – 6-lacton **18** 390 h, I 481 a
—, 3-Hydroxy-3,4,4-trimethyl-,
 – 1-äthylester-6-lacton **18** IV 5312
—, 4-Hydroxy-2,2,4-trimethyl-,
 – 6-äthylester-1-lacton **18** IV 5313
 – 1-lacton **18** IV 5313
—, 3-Hydroxy-2,4,5-tris-propionyloxy-,
 – 1-äthylester-6-lacton **18** 551 c
—, 2-Isopropyl-5-methyl-,
 – anhydrid **17** 426 e
—, 2-Lactoyl-,
 – 1-lacton **18** IV 5976
—, 3-Methyl-,
 – anhydrid **17** II 433 e
—, 2-Salicyloyl-,
 – 1-lacton **18** IV 6058
—, 2,3,4,5-Tetrahydroxy-,
 – 1→4-lacton **18** IV 6569

Adipinsäure　(Fortsetzung)
—, 2,2,4,5-Tetramethyl-,
　— anhydrid **17** IV 5875
—, 2,2,5,5-Tetramethyl-,
　— anhydrid **17** II 442 f
—, 3,3,4,4-Tetramethyl-,
　— anhydrid **17** II 442 g
—, 2,3,5-Triacetoxy-4-hydroxy-,
　— 6-äthylester-1-lacton **18** 551 b
—, 2,3,4-Trihydroxy-,
　— 1→4-lacton **18** IV 6451
—, 2,3,5-Trihydroxy-,
　— 6→3-lacton **18** I 540 b
—, 2,3,5-Trihydroxy-4-methoxy-,
　— 6→3-lacton **18** I 544 a,
　II 397 c
—, 2,2,5-Trimethyl-,
　— anhydrid **17** 425 d
Adonitoxigenin 18 IV 3148
—, O^3,O^{16}-Diacetyl- **18** IV 3149
Adonitoxigeninsäure
—, O^{16}-Acetyl-O^3-[tri-O-acetyl-
　rhamnopyranosyl]- **18** IV 6612
　— methylester **18** IV 6613
Adonitoxin 18 IV 3149
—, Tetra-O-acetyl- **18** IV 3149
　— oxim **18** IV 3149
Adynerigenin
—, O-Acetyl-anhydro- **18** IV 593
—, Anhydro- **18** IV 592
—, Tetrahydro-anhydro- **18** IV 474
Äpfelsäure
　— anhydrid **18** I 342 b
　— 1-glucopyranosylester **17** IV 3379
　— lacton **18** I 477 d, II 311 b
Aequinoctin 18 IV 1769
—, Penta-O-acetyl- **18** IV 1770
Äscigenin 17 IV 2682
—, Tetra-O-acetyl- **17** IV 2683
Äscorceindisulfonsäure 18 578 a
Äsculetin 18 II 68 e, IV 1322
—, Dihydro- **18** 91 b
Äsculin 18 IV 1326, **31** 246 b
—, x,x-Dibrom- **31** 247 c
—, Penta-O-acetyl- **18** IV 1329, **31** 247 a
—, Penta-O-benzoyl- **31** 247 b
Äsculosid 18 IV 1326 a
Äthan
—, 1-Acetoxy-2-[α-acetoxy-tetrahydro-
　furfuryl]- **17** IV 4180
—, 1-Acetoxy-2-acetylamino-1-[2]furyl-
　18 IV 7319
—, 1-Acetoxy-2-[acetyl-furfuryl-amino]-
　18 IV 7081
—, 1-Acetoxy-2-[acetyl-
　tetrahydrofurfuryl-amino]- **18** IV
　7039

—, 1-Acetoxy-2-diäthylamino-1-
　dibenzothiophen-2-yl- **18** IV 7365
—, 1-Acetoxy-1-dibenzothiophen-2-yl-
　17 IV 1623
—, 1-Acetoxy-1-dibenzothiophen-2-yl-2-
　dimethylamino- **18** IV 7365
—, 1-Acetoxy-1-[2]furyl- **17** IV 1269
—, 1-Acetoxy-1-[4-nitro-[2]thienyl]- **17**
　IV 1274
—, 1-Acetoxy-1-[5-nitro-[2]thienyl]- **17**
　IV 1275
—, 1-Acetoxy-2-tetrahydrofurfuryloxy-
　17 IV 1101
—, 1-Acetoxy-1-tetrahydro[2]furyl- **17**
　IV 1139
—, 1-Acetoxy-1-[2]thienyl- **17** IV 1273
—, 1-Acetoxy-2-[2]thienyl- **17** IV 1276
—, 2-Acetoxy-1,1,1-trichlor-2-[5-chlor-
　[2]thienyl]- **17** IV 1274
—, 2-Acetoxy-1,1,1-trichlor-2-[2]furyl-
　17 IV 1271
—, 2-Acetoxy-1,1,1-trichlor-2-[5-methyl-
　[2]furyl]- **17** IV 1286
—, 2-Acetoxy-1,1,1-trichlor-2-[5-nitro-
　[2]furyl]- **17** IV 1272
—, 2-Acetoxy-1,1,1-trichlor-2-[2]thienyl-
　17 IV 1274
—, 1-Acetylamino-2-benzo[*b*]thiophen-2-yl-
　18 IV 7170
—, 1-Acetylamino-2-benzo[*b*]thiophen-3-yl-
　18 IV 7170
—, 1-Acetylamino-1-[3,5-dinitro-
　[2]thienyl]- **18** IV 7118
—, 1-Acetylamino-1-[2]furyl- **18**
　IV 7117
—, 1-Acetylamino-2-[2]furyl- **18**
　IV 7120
—, 2-Acetylamino-1-[2]furyl-1-methoxy-
　18 IV 7319
—, 2-Acetylamino-1-methoxy-1-[5-nitro-
　[2]furyl]- **18** IV 7320
—, 2-Acetylamino-1-methoxy-1-
　[2]thienyl- **18** IV 7322
—, 1-Acetylamino-1-[5-nitro-[2]thienyl]-
　18 IV 7118
—, 1-Acetylamino-2-[5-phenyl-[2]furyl]-
　18 IV 7176
—, 1-Acetylamino-2-phenyl-1-[2]thienyl-
　18 IV 7175
—, 1-Acetylamino-2-[5-phenyl-[2]thienyl]-
　18 IV 7176
—, 1-Acetylamino-1-tetrahydro[2]furyl-
　18 IV 7049
—, 1-Acetylamino-1-[2]thienyl- **18**
　IV 7118
—, 1-Acetylamino-2-[2]thienyl- **18**
　IV 7123
—, 1-Acetylamino-2-[3]thienyl- **18**
　IV 7126

Äthan (Fortsetzung)
—, 1-[4-Acetyl-phenyl]-2-[5-acetyl-[2]thienyl]- **17** IV 6367
—, 1-[2-Äthoxy-äthoxy]-2-[furan-2-carbonyloxy]- **18** IV 3923
—, 1-[2-Äthoxy-äthoxy]-2-[tetrahydrofuran-2-carbonyloxy]- **18** IV 3826
—, 1-Äthoxy-1,2-bis-tetrahydrofurfuryloxy- **17** IV 1103
—, 1-Äthoxy-2-chlor-1-tetrahydrofurfuryloxy- **17** IV 1103
—, 1-Äthoxy-1-dibenzofuran-2-yl-2-chlor- **17** IV 1623
—, 1-Äthoxy-1-[2]furyl- **17** IV 1269
—, 1-Äthoxy-1-[2]furyl-2-nitro- **17** II 117 a
—, 1-Äthoxy-2-tetrahydrofurfuryloxy- **17** IV 1100
—, 1-Äthoxy-1-[2]thienyl- **17** IV 1273
—, 1-Äthylamino-1-benzofuran-2-yl- **18** IV 7169
—, 1-Äthylamino-1-[2]furyl- **18** IV 7116
—, 1-Äthylamino-1-tetrahydro[2]furyl- **18** IV 7048
—, 1-Äthylamino-2-[2]thienyl- **18** IV 7123
—, 1-[N-Äthyl-anilino]-2-[furan-2-carbonyloxy]- **18** IV 3929
—, 1-[N-Äthyl-anilino]-2-[phenyl-[2]thienyl-acetoxy]- **18** IV 4296
—, 1-[Äthyl-furfuryl-amino]-2-[4-amino-benzoyloxy]- **18** II 417 i
—, 1-[Äthyl-furfuryl-amino]-2-[4-nitro-benzoyloxy]- **18** II 417 h
—, 1-[Äthyl-isopropyl-amino]-2-[xanthen-9-carbonyloxy]- **18** IV 4353
—, 1-[5-Äthyl-[2]thienyl]-2-[3,5-dinitro-benzoyloxy]- **17** IV 1294
—, 1-[5-Äthyl-[2]thienyl]-2-[4-nitro-benzoyloxy]- **17** IV 1294
—, 1-[5-Äthyl-[2]thienyl]-2-phenylcarbamoyloxy- **17** IV 1294
—, 1-Allophanoyloxy-2-[2,6,6-trimethyl-tetrahydro-pyran-2-yl]- **17** IV 1169
—, 1-[4-Amino-benzoyloxy]-2-tetrahydrothiopyran-4-ylamino- **18** IV 7033
—, 1-Anilino-1-[2]furyl- **18** IV 7116
—, 1-Benzofuran-2-yl-1-diäthylamino- **18** IV 7169
—, 1-Benzofuran-2-yl-1-dimethylamino- **18** IV 7169
—, 1-Benzofuran-2-yl-1-methylamino- **18** IV 7169
—, 1-Benzofuran-2-yl-1-phenylcarbamoyloxy- **17** 125 f, IV 1487
—, 1-Benzo[b]thiophen-2-yl-2-benzoylamino- **18** IV 7170

—, 1-Benzo[b]thiophen-3-yl-2-benzoylamino- **18** IV 7170
—, 1-Benzo[b]thiophen-3-yl-2-[3,5-dinitro-benzoyloxy]- **17** IV 1488
—, 2-Benzo[b]thiophen-2-ylmercapto-1,1-dimethoxy- **17** IV 1455
—, 2-Benzo[b]thiophen-5-ylmercapto-1,1-dimethoxy- **17** IV 1471
—, 1-Benzo[b]thiophen-3-yl-2-[4-nitro-benzoyloxy]- **17** IV 1488
—, 1-Benzo[b]thiophen-3-yl-2-phenylcarbamoyloxy- **17** IV 1488
—, 2-Benzoylamino-1-benzoyloxy-1-[2]furyl- **18** II 430 c, IV 7320
—, 1-Benzoylamino-2-dibenzofuran-2-yl- **18** IV 7235
—, 1-Benzoylamino-1-[2]furyl- **18** IV 7117
—, 1-Benzoylamino-2-[2]furyl- **18** IV 7121
—, 2-Benzoylamino-1-[2]furyl-1-methoxy- **18** IV 7320
—, 1-Benzoylamino-2-[5-phenyl-[2]furyl]- **18** IV 7176
—, 1-Benzoylamino-1-[4-phenyl-tetrahydro-pyran-4-yl]- **18** IV 7158
—, 1-Benzoylamino-2-[5-phenyl-[2]thienyl]- **18** IV 7176
—, 1-Benzoylamino-2-[2]thienyl- **18** IV 7123
—, 1-Benzoylamino-2-[3]thienyl- **18** IV 7126
—, 1-Benzoyloxy-2-dimethylamino-1-dibenzofuran-2-yl- **18** IV 7364
—, 2-Benzoyloxy-1,1,1-trichlor-2-[2]furyl- **17** IV 1271
—, 2-Benzoyloxy-1,1,1-trichlor-2-[2]thienyl- **17** IV 1274
—, 2-[Benzyl-methyl-amino]-1-methoxy-1-[2]thienyl- **18** IV 7321
—, 1-[Benzyl-methyl-amino]-2-thioxanthen-9-yl- **18** IV 7240
—, 1-Biphenyl-4-ylcarbamoyloxy-1-[2]furyl- **17** IV 1270
—, 1,1-Bis-äthoxycarbonylamino-2-[2]thienyl- **17** IV 4518
—, 1,1-Bis-äthylmercapto-1-[2]furyl- **17** IV 4507
—, 2,2-Bis-[4-(2-carboxy-benzylidenamino)-phenyl]-1,1,1-trichlor- **18** IV 7889
—, 1,2-Bis-[3-chlor-tetrahydro-[2]furyloxy]- **17** IV 1021
—, 1,2-Bis-[5,6-dihydro-4H-pyran-3-carbonyloxy]- **18** IV 3880
—, 1,2-Bis-[2,4-dimethyl-6-oxo-6H-pyran-3-carbonyloxy]- **18** IV 5413

Äthan (Fortsetzung)

—, 1,2-Bis-[2-(2,4-dimethyl-6-oxo-
6*H*-pyran-3-carbonyloxy)-äthoxy]- **18**
IV 5413

—, 1,2-Bis-[1,1-dioxo-tetrahydro-1λ^6-
[3]thienyloxy]- **17** IV 1028

—, 1,2-Bis-[1,2-epoxy-hexahydro-4,7-
methano-indan-5-yloxy]- **17** IV 1335

—, 1,2-Bis-[2,3-epoxy-hexahydro-4,7-
methano-indan-5-yloxy]- **17** IV 1335

—, 1,2-Bis-[2,3-epoxy-propoxy]- **17**
IV 997

—, 1,2-Bis-[furan-2-carbonyloxy]- **18**
IV 3923

—, 1,2-Bis-[2-(furan-2-carbonyloxy)-
äthoxy]- **18** IV 3923

—, 1,2-Bis-[furan-2-sulfonyl]- **17**
IV 1220

—, 1,1-Bis-furfurylmercapto- **17**
IV 1256

—, 1,2-Bis-[3-[2]furyl-acryloyloxy]- **18**
IV 4148

—, 1,2-Bis-glucopyranosyloxy- **17**
IV 2979, **31** 194 b

—, 1,2-Bis-[1-hydroxy-3-oxo-phthalan-1-
yl]- **10** 915 b, III 4076 c

—, 1,2-Bis-[2-methyl-tetrahydro-
[2]furyloxy]- **17** IV 1091

—, 1,2-Bis-oxiranylmethoxy- **17** IV 997

—, 1,2-Bis-[2-oxo-2*H*-chromen-7-yloxy]-
18 IV 297

—, 1,2-Bis-[4-oxo-oxetan-2-
ylmethylmercapto]- **18** IV 8

—, 1,2-Bis-[6-oxo-6*H*-pyran-2-
carbonyloxy]- **18** IV 5380

—, 1,2-Bis-[2-(6-oxo-6*H*-pyran-2-
carbonyloxy)-äthoxy]- **18** IV 5379

—, 1,2-Bis-[2-(6-oxo-6*H*-pyran-3-
carbonyloxy)-äthoxy]- **18** IV 5384

—, 1,2-Bis-phthalidyloxy- **18** IV 158

—, 1,2-Bis-[tetra-*O*-acetyl-
glucopyranosylmercapto]- **17** IV 3735

—, 1,2-Bis-[tetra-*O*-acetyl-
glucopyranosyloxy]- **17** IV 3187

—, 1,2-Bis-[tetrahydro-furan-2-
carbonyloxy]- **18** IV 3826

—, 1,2-Bis-[2-(tetrahydro-furan-2-
carbonyloxy)-äthoxy]- **18** IV 3826

—, 1,1-Bis-tetrahydrofurfuryloxy- **17**
IV 1102

—, 1,2-Bis-tetrahydropyran-2-yloxy- **17**
IV 1051

—, 1,2-Bis-[3]thienylmercapto- **17**
IV 1236

—, 1,2-Bis-[thiophen-2-sulfonyl]- **17**
IV 1227

—, 1-[2-Butoxy-äthoxy]-2-[3,4-epoxy-
cyclohexylmethoxy]- **17** IV 1200

—, 1-[2-Butoxy-äthoxy]-2-[furan-2-
carbonyloxy]- **18** IV 3923

—, 1-[2-Butoxy-äthoxy]-2-[tetrahydro-
furan-2-carbonyloxy]- **18** IV 3826

—, 1-Butoxy-2-tetrahydrofurfuryloxy-
17 IV 1100

—, 1-Butylamino-1-[2]furyl- **18** IV 7116

—, 1-Butylamino-1-tetrahydro[2]furyl-
18 IV 7049

—, 1-Butylamino-2-[2]thienyl- **18**
IV 7123

—, 1-[5-*tert*-Butyl-[2]thienyl]-2-
[2-octylmercapto-äthoxy]- **17** IV 1305

—, 1-[5-*tert*-Butyl-[2]thienyl]-2-
phenylcarbamoyloxy- **17** IV 1306

—, 1-[2-Butyryloxy-äthoxy]-2-
tetrahydrofurfuryloxy- **17** IV 1100

—, 2-Butyryloxy-1,1,1-trichlor-2-[2]furyl-
17 IV 1271

—, 1-[2-Chlor-äthoxy]-2-
tetrahydrofurfuryloxy- **17** IV 1100

—, 1-Chlor-2-furfurylmercapto- **17**
IV 1255

—, 2-Chlor-1-methoxy-1-oxiranyl- **17**
IV 1035

—, 1-[3-Chlor-3-methyl-tetrahydro-
pyran-2-yl]-2-[3-isopropyl-phenyl]- **17**
IV 467

—, 1-[3-Chlor-3-methyl-tetrahydro-
pyran-2-yl]-2-[4-methoxy-phenyl]- **17**
IV 1392

—, 1-Chlor-2-oxiranylmethoxy- **17**
IV 987

—, 1-[5-Chlor-[2]thienyl]-1-
isothiocyanato-2-thiocyanato- **18**
IV 7323

—, 1-Chlor-2-[3]thienylmercapto- **17**
IV 1234

—, 1-Chlor-2-[2]thienylmethoxy- **17**
IV 1258

—, 1-[5-Chlor-[2]thienyl]-2-
phenylcarbamoyloxy- **17** IV 1276

—, 1-Crotonoyloxy-2-[2,3-epoxy-
butyryloxy]- **18** IV 3823

—, 1-Crotonoyloxy-2-[3-methyl-
oxirancarbonyloxy]- **18** IV 3823

—, 1-Cyclohexylamino-2-[2]thienyl- **18**
IV 7123

—, 1-Cyclohexyl-2-tetrahydro[2]furyl-
17 IV 220

—, 1-Cyclohexyl-2-tetrahydropyran-2-yl-
17 IV 222

—, 1,2-Diacetoxy-1-[4-acetylamino-
[2]furyl]- **18** IV 7428

—, 1,1-Diäthoxy-2-[3]thienylmercapto-
17 IV 1237

—, 1-[2-Diäthylamino-äthoxy]-2-
dibenzofuran-3-ylamino- **18** IV 7193

Äthan (Fortsetzung)

—, 1-[2-Diäthylamino-äthoxy]-1-[2]furyl-
17 IV 1270

—, 1-[2-Diäthylamino-äthoxy]-1-[2]furyl-
2-phenyl- 17 IV 1541

—, 1-[2-Diäthylamino-äthoxy]-1-[3-
[2]furyl-2-phenyl-propionyloxy]- 18
IV 4305

—, 1-[2-Diäthylamino-äthoxy]-2-
[4-phenyl-tetrahydro-pyran-4-
carbonyloxy]- 18 IV 4223

—, 1-[2-Diäthylamino-äthoxy]-2-
[2-phenyl-3-[2]thienyl-propionyloxy]- 18
IV 4306

—, 1-[2-Diäthylamino-äthylmercapto]-2-
dibenzofuran-3-ylamino- 18 IV 7193

—, 1-Diäthylamino-1-dibenzofuran-2-yl-
18 IV 7234

—, 1-Diäthylamino-2-dibenzofuran-2-yl-
18 IV 7235

—, 1-Diäthylamino-2-dibenzofuran-4-yl-
18 IV 7235

—, 1-Diäthylamino-2-dibenzofuran-4-
yloxy- 17 IV 1599

—, 2-Diäthylamino-1-[furan-2-
carbonyloxy]-1-phenyl- 18 IV 3936

—, 1-Diäthylamino-2-furfurylmercapto-
17 IV 1258

—, 2-Diäthylamino-1-methoxy-1-
[2]thienyl- 18 IV 7321

—, 1-[5-Diäthylaminomethyl-[2]thienyl]-
2-[1]naphthylcarbamoyloxy- 18 IV 7334

—, 1-Diäthylamino-2-thioxanthen-9-yl-
18 IV 7240

—, 1-Diäthylamino-2-xanthen-9-yl- 18
IV 7239

—, 1-[2,5-Diäthyl-[3]thienyl]-2-[4-nitro-
benzoyloxy]- 17 IV 1306

—, 1,2-Diamino- s. Äthylendiamin

—, 1,2-Dibrom-1-[2]furyl-2-phenyl- 17
IV 553

—, 1-Dibutylamino-1-[2]furyl-2-phenyl-
18 IV 7175

—, 2-Dibutylamino-1-methoxy-1-
[2]thienyl- 18 IV 7321

—, 1-[Dichloracetyl-amino]-1-
[3,5-dinitro-[2]thienyl]- 18 IV 7118

—, 2-[Dichloracetyl-amino]-1-[2]furyl-1-
methoxy- 18 IV 7319

—, 1-[2,3-Dihydro-benzofuran-2-yl]-1-
phenylcarbamoyloxy- 17 IV 1365

—, 1-Diisopropylamino-2-xanthen-9-yl-
18 IV 7239

—, 1,2-Dimethoxy-1-oxiranyl- 17
IV 2000

—, 1,1-Dimethoxy-1-phenyl-2-
tetrahydropyran-2-yl- 17 IV 5014

—, 1,2-Dimethoxy-1-[tetrahydro-
[2]furyl]- 17 IV 2020

—, 1,1-Dimethoxy-2-[2]thienylmercapto-
17 IV 1228

—, 1-[2-Dimethylamino-äthoxy]-1-
[2]furyl- 17 IV 1270

—, 1-[2-Dimethylamino-äthoxy]-1-
[2]furyl-2-phenyl- 17 IV 1540

—, 1-Dimethylamino-1-[2]furyl-2-*p*-tolyl-
18 IV 7177

—, 1-Dimethylamino-2-
tetrahydrofurfuryloxy- 17 IV 1121

—, 1-Dimethylamino-2-tetrahydropyran-
4-yl- 18 IV 7051

—, 1-Dimethylamino-2-thioxanthen-9-yl-
18 IV 7239

—, 1-Dimethylamino-2-xanthen-9-yl-
18 IV 7238

—, 1-[3,5-Dinitro-benzoyloxy]-2-[4,5,6,7-
tetrahydro-benzo[*b*]thiophen-2-yl]- 17
IV 1334

—, 1-[3,5-Dinitro-[2]thienyl]-1-[5-nitro-
furan-2-carbonylamino]- 18 IV 7119

—, 1-[3,5-Dinitro-[2]thienyl]-1-[5-nitro-
thiophen-2-carbonylamino]- 18 IV 7119

—, 2-Dipropylamino-1-methoxy-1-
[2]thienyl- 18 IV 7321

—, Episulfonyl- 17 IV 13

—, Epithio- 17 II 12 a, IV 11

—, Epoxy- 17 4 a, I 3 a, II 9 a, IV 3

—, 1-[2,3-Epoxy-propoxy]-2-[2-methoxy-
äthoxy]- 17 IV 997

—, 1-[2,3-Epoxy-propoxy]-2-*o*-tolyloxy-
17 IV 997

—, 1-Formylamino-2-[2]furyl- 18
IV 7120

—, 1-Formylamino-2-[2]thienyl- 18
IV 7123

—, 1-[Furan-2-sulfonyl]-2-
methansulfonyl- 17 IV 1220

—, 2-Furfurylamino-1-[2]furyl-1-
methoxy- 18 IV 7320

—, 2-[Furfuryl-methyl-amino]- 18
I 555 g

—, 1-Furfuryloxy-2-vinyloxy- 17
IV 1245

—, 1-[2]Furyl-1-isothiocyanato-2-
thiocyanato- 18 IV 7323

—, 1-[2]Furyl-2-isothiocyanato-1-
thiocyanato- 18 IV 7323

—, 1-[2]Furyl-1-methoxy- 17 IV 1268

—, 1-[2]Furyl-1-methoxy-2-nitro- 17
II 116 j, IV 1272

—, 1-[2]Furyl-1-methoxy-2-[4-nitro-
benzoylamino]- 18 IV 7320

—, 1-[2]Furyl-2-[3-methoxy-phenyl]- 17
IV 1540

—, 1-[2]Furyl-2-methylamino- 18 IV 7119

—, 1-[2]Furyl-2-
[1]naphthylcarbamoyloxy- 17 IV 1275

Äthan (Fortsetzung)

—, 1-[3]Furyl-2-
[1]naphthylcarbamoyloxy- **17** IV 1277

—, 1-[2]Furyl-1-pentylamino- **18**
IV 7116

—, 1-[2]Furyl-2-phenyl- **17** 68 a,
IV 553

—, 1-[3]Furyl-2-phenylcarbamoyloxy-
17 IV 1277

—, 1-[2]Furyl-1-ureido- **18** IV 7117

—, 1-[2]Furyl-2-veratroylamino- **18**
IV 7121

—, 1-[1-Hydroxy-cyclohexyl]-2-
[4-hydroxy-2,2-dimethyl-tetrahydro-
pyran-4-yl]- **17** IV 2046

—, 1-Isopropoxy-1-[2]thienyl- **17**
IV 1273

—, 1-[Isopropyl-methyl-amino]-2-
[xanthen-9-carbonyloxy]- **18** IV 4353

—, 1-Methansulfonyl-2-[thiophen-2-
sulfonyl]- **17** IV 1227

—, 1-[2-Methoxy-äthoxy]-2-
oxiranylmethoxy- **17** IV 997

—, 1-Methoxy-2-[4-nitro-benzoyloxy]-1-
[tetrahydro-[2]furyl]- **17** IV 2020

—, 1-Methoxy-2-nitro-1-[2]thienyl- **17**
IV 1275

—, 1-[4-Methoxy-phenyl]-1-[2-(4-
methoxy-phenyl)-2*H*-cyclopenta[*kl*]≠
xanthen-1-yl]-2-xanthen-9-yliden- **17**
IV 2247

—, 1-[5-Methoxy-[2]thienyl]-2-
[1]naphthylcarbamoyloxy- **17** IV 2051

—, 1-Methylamino-1-[4-phenyl-
tetrahydro-pyran-4-yl]- **18** IV 7158

—, 1-Methylamino-2-phenyl-1-[2]thienyl-
18 IV 7175

—, 1-Methylamino-2-tetrahydro[2]furyl-
18 IV 7049

—, 1-Methylamino-1-[2]thienyl- **18**
IV 7117

—, 1-Methylamino-2-[2]thienyl- **18**
IV 7122

—, 1-Methylamino-2-[3]thienyl- **18**
IV 7125

—, 1-[2-Methyl-[3]thienyl]-2-
[1]naphthylcarbamoyloxy- **17** IV 1285

—, 1-[5-Methyl-[2]thienyl]-2-
[1]naphthylcarbamoyloxy- **17** IV 1286

—, 1-[4-Methyl-[2]thienyl]-2-
phenylcarbamoyloxy- **17** IV 1286

—, 1-[5-Methyl-[2]thienyl]-2-
[2]thienylmethoxy- **17** IV 1286

—, 1-[1]Naphthylcarbamoyloxy-1-
[3-phenyl-oxiranyl]- **17** IV 1360

—, 1-[4-Nitro-benzoyloxy]-2-
tetrahydrothiopyran-4-ylamino- **18**
IV 7033

—, 1-[5-Nitro-[2]thienyl]-1-[5-nitro-
thiophen-2-carbonylamino]- **18** IV 7118

—, 1-Oxiranylmethoxy-2-*o*-tolyloxy- **17**
IV 997

—, 1-Oxiranyl-1-phenoxy- **17** IV 1035

—, 1-Phenylcarbamoyloxy-2-[4,5,6,7-
tetrahydro-benzo[*b*]thiophen-2-yl]- **17**
IV 1334

—, 1-Phenylcarbamoyloxy-1-tetrahydro≠
[2]furyl- **17** IV 1139

—, 1-Phenylcarbamoyloxy-2-
tetrahydropyran-4-yl- **17** IV 1144

—, 1-Phenylcarbamoyloxy-1-tetrahydro≠
[2]thienyl- **17** IV 1139

—, 1-Phenylcarbamoyloxy-1-[2]thienyl-
17 IV 1273

—, 1-Phenylcarbamoyloxy-1-[3]thienyl-
17 IV 1276

—, 1-Phenylcarbamoyloxy-2-[2]thienyl-
17 IV 1276

—, 1-Phenylcarbamoyloxy-2-[3]thienyl-
17 IV 1277

—, 1-Phenyl-2-[2]thienyl- **17** IV 553

—, 1-[4-(1-Semicarbazono-äthyl)-phenyl]-
2-[5-(1-semicarbazono-äthyl)-[2]thienyl]-
17 IV 6367

—, 1-[2]Thienyl-1,1-bis-
[3]thienylmercapto- **17** IV 4516

—, 1-[2]Thienyl-1,2-dithiocyanato- **17**
IV 2052

—, 1-[2]Thienyl-2-veratroylamino- **18**
IV 7124

—, 1,1,1-Trichlor-2,2-bis-[4-(4,5-
dimethoxy-3-oxo-phthalan-1-ylamino)-
phenyl]- **18** IV 8115

—, 1,1,1-Trichlor-2,2-bis-
[4-phthalidylamino-phenyl]- **18** IV 7889

—, 1,1,1-Trichlor-2,2-bis-[[2]≠
thienylmercaptocarbonyl-amino]- **17**
IV 1228

—, 1,1,1-Trichlor-2-[2-chlor-benzoyloxy]-
2-[2]furyl- **17** IV 1271

—, 1,1,1-Trichlor-2-[4-chlor-benzoyloxy]-
2-[2]furyl- **17** IV 1271

—, 1,1,1-Trichlor-2-[4-chlor-phenyl]-2-
[furan-2-carbonyloxy]- **18** IV 3921

—, 1,1,1-Trichlor-2-[2]furyl-2-
isovaleryloxy- **17** IV 1271

—, 1,1,1-Trichlor-2-[2]furyl-2-
propionyloxy- **17** IV 1271

—, 1,1,1-Trifluor-2-oxiranylmethoxy-
17 IV 987

Äthan-1,2-diol

—, 1-[4-Acetylamino-[2]furyl]- **18**
IV 7427

—, 1-[4-Acetylamino-tetrahydro-
[2]furyl]- **18** IV 7425

—, 1-[5-Amino-4-anilino-3-hydroxy-2,3-
dihydro-[2]furyl]- **18** IV 8143

Äthan-1,2-diol (Fortsetzung)
—, 1-[5-Amino-4-benzylamino-3-
hydroxy-2,3-dihydro-[2]furyl]- **18**
IV 8143
—, 1-Benzofuran-2-yl- **17** IV 2124
—, 1-[2,3-Dihydro-benzofuran-2-yl]- **17**
IV 2077
—, 1-[3,5-Dimethoxy-1,2,3,8,9,9a-
hexahydro-3aH-phenanthro[4,5-*bcd*]≠
furan-9b-yl]- **17** IV 2682
—, 1-[5-(α-Hydroxy-isopropyl)-2-methyl-
tetrahydro-[2]furyl]- **17** IV 2326
—, 1-[3-Hydroxy-5-methoxy-1,2,3,8,9,9a-
hexahydro-3aH-phenanthro[4,5-*bcd*]≠
furan-9b-yl]- **17** IV 2682
—, 1-[5-Methoxy-1,2,3,8,9,9a-hexahydro-
3aH-phenanthro[4,5-*bcd*]furan-9b-yl]-
17 IV 2365
—, 1-Tetrahydrothiopyran-4-yl- **17**
IV 2023
Äthandion
—, Benzofuran-2-yl-phenyl-,
— bis-phenylhydrazon **17** IV 6479
—, Benzo[*b*]thiophen-3-yl-[4-nitro-
phenyl]-,
— bis-phenylhydrazon **17** IV 6479
—, [6-Benzoyl-2,5-diphenyl-3,4-dihydro-
2H-pyran-2-yl]-phenyl- **17** IV 6819
—, [3-Benzoyloxy-benzofuran-2-yl]-
[2-benzoyloxy-phenyl]- **18** I 402 c
—, [3-Benzoyloxy-benzo[*b*]thiophen-2-yl]-
[2-benzoyloxy-phenyl]- **18** I 403 a
—, [5-Brom-[2]thienyl]-phenyl- **17**
IV 6343
—, [2-Carboxymethoxy-4,5-dimethoxy-
phenyl]-[4-hydroxy-2-isopropyl-
benzofuran-5-yl]- **18** IV 3534
—, 1-[5,7-Dimethoxy-2,2-dimethyl-8-(3-
methyl-but-2-enyl)-2H-chromen-6-yl]-2-
[3,4-dimethoxy-phenyl]-,
— 2-oxim **18** IV 3538
—, 1-[5,7-Dimethoxy-2,2-dimethyl-8-(3-
methyl-but-2-enyl)-2H-chromen-6-yl]-2-
[4-methoxy-phenyl]-,
— 2-oxim **18** IV 3385
—, [3,4-Dimethoxy-phenyl]-[8-isopentyl-
5,7-dimethoxy-2,2-dimethyl-chroman-6-yl]-
18 IV 3529
—, [2]Furyl-[4-nitro-phenyl]-,
— bis-phenylhydrazon **17** IV 6342
—, [2]Furyl-phenyl- **17** 516 d, IV 6342
—, [3-Hydroxy-benzo[*b*]thiophen-2-yl]-
[2-hydroxy-phenyl]- **18** I 402 e
—, 1-[8-Isopentyl-5,7-dimethoxy-2,2-
dimethyl-chroman-6-yl]-2-[4-methoxy-
phenyl]- **18** IV 3357
— 2-oxim **18** IV 3357

—, 1-Oxiranyl-2-phenyl-,
— 1-phenylhydrazon **17** IV 6175
—, Phenyl-[5-phenyl-[2]furyl]- **17**
IV 6508
—, Phenyl-[2,3,4,5-tetrabrom-tetrahydro-
[2]furyl]- **17** 497 f
—, 1-Phenyl-2-[2]thienyl- **17** IV
6342
— 1-[*O*-benzoyl-oxim] **17** IV 6343
— bis-[*O*-acetyl-oxim] **17** IV 6343
— bis-phenylhydrazon **17** IV 6343
— dioxim **17** IV 6343
— 1-oxim **17** IV 6342
—, 1-Phenyl-2-[3]thienyl- **17** IV
6344
[1-^{14}C]Äthandion
—, 1-Phenyl-2-[2]thienyl- **17** IV
6342
—, 1-Phenyl-2-[3]thienyl- **17** IV
6344
**4,17-Äthandiyliden-cyclohexadeca[*c*]furan-1,3-
dion**
—, 18,19-Diphenyl-hexadecahydro- **17**
IV 6565
**1,4-Äthano-5,8-ätheno-isochromen-6,7,11-
tricarbonsäure**
—, 8a-Nitro-3-oxo-octahydro-,
— trimethylester **18** IV 6248
9,10-Äthano-anthracen-9-carbonsäure
—, 12-Hydroxymethyl-9,10-dihydro-,
— lacton **17** IV 5513
9,10-Äthano-anthracen-11-carbonsäure
—, 10-Hydroxymethyl-9,10-dihydro-,
— lacton **17** IV 5513
—, 12-Hydroxymethyl-9,10-dihydro-,
— lacton **17** IV 5513
—, 12-[1-Hydroxy-pent-1-enyl]-9,10-
dihydro-,
— lacton **17** IV 5548
1,4-Äthano-anthracen-2,3-dicarbonsäure
—, 11,12-Epoxy-9,10-diphenyl-1,2,3,4-
tetrahydro-,
— diäthylester **18** IV 4587
— dimethylester **18** IV 4587
9,10-Äthano-anthracen-11,12-dicarbonsäure
—, 9-Acetoxy-1,5-dichlor-9,10-dihydro-,
— anhydrid **18** IV 1931
—, 9-Acetoxy-1,8-dichlor-9,10-dihydro-,
— anhydrid **18** IV 1931
—, 10-Acetoxy-1,8-dichlor-9,10-dihydro-,
— anhydrid **18** IV 1932
—, 9-Acetoxy-9,10-dihydro-,
— anhydrid **18** IV 1931
—, 11-Acetoxy-12-methyl-9,10-dihydro-,
— anhydrid **18** IV 1933
—, 9-Acetylamino-9,10-dihydro-,
— anhydrid **18** IV 8059

9,10-Äthano-anthracen-
11,12-dicarbonsäure (Fortsetzung)
—, 9-Äthoxycarbonylamino-9,10-
dihydro-,
　— anhydrid **18** IV 8059
—, 11-Äthyl-9,10-dihydro-,
　— anhydrid **17** IV 6522
—, 9-Benzyl-9,10-dihydro-,
　— anhydrid **17** IV 6609
—, 9,10-Bis-[2-carboxy-äthyl]-9,10-
dihydro-,
　— anhydrid **18** IV 6235
—, 9,10-Bis-[3-carboxy-propyl]-9,10-dihydro-,
　— anhydrid **18** IV 6236
—, 9,10-Bis-[2,2-dicarboxy-äthyl]-9,10-
dihydro-,
　— anhydrid **18** IV 6261
—, 9,10-Bis-[3-methoxycarbonyl-propyl]-
9,10-dihydro-,
　— anhydrid **18** IV 6236
—, 9-Brom-9,10-dihydro-,
　— anhydrid **17** IV 6514
—, 11-Brom-9,10-dihydro-,
　— anhydrid **17** IV 6514
—, 11-Brom-12-methyl-9,10-dihydro-,
　— anhydrid **17** IV 6517
—, 11-Butyl-9,10-dihydro-,
　— anhydrid **17** IV 6525
—, 11-Carboxymethyl-9,10-dihydro-,
　— anhydrid **18** IV 6106
—, 10-[3-Carboxy-propyl]-2,7-dimethyl-
9,10-dihydro-,
　— anhydrid **18** IV 6107
—, 2-Chlor-9,10-dihydro-,
　— anhydrid **17** IV 6513
—, 11-Chlor-9,10-dihydro-,
　— anhydrid **17** IV 6513
—, 11-Chlor-9,10-dimethyl-9,10-dihydro-,
　— anhydrid **17** IV 6522
—, 1-Chlor-9-methoxy-9,10-dihydro-,
　— anhydrid **18** IV 1931
—, 11-Chlor-12-methyl-9,10-dihydro-,
　— anhydrid **17** IV 6517
—, 9-Cyan-10-phenyl-9,10-dihydro-,
　— anhydrid **18** IV 6112
—, 11-[2-Cyclohexyl-äthyl]-9,10-dihydro-,
　— anhydrid **17** IV 6544
—, 9-Cyclohexyl-9,10-dihydro-,
　— anhydrid **17** IV 6543
—, 11-Cyclohexylmethyl-9,10-dihydro-,
　— anhydrid **17** IV 6543
—, 9-Cyclohexyl-10-phenyl-9,10-dihydro-,
　— anhydrid **17** IV 6617
—, 11-Cyclopentyl-9,10-dihydro-,
　— anhydrid **17** IV 6542
—, 9,10-Diallyl-9,10-dihydro-,
　— anhydrid **17** IV 6560
—, 9,10-Dibrom-9,10-dihydro-,
　— anhydrid **17** IV 6515

—, 11,12-Dibrom-9,10-dihydro-,
　— anhydrid **17** IV 6515
—, 9,10-Dichlor-9,10-dihydro-,
　— anhydrid **17** IV 6514
—, 11,12-Dichlor-9,10-dihydro-,
　— anhydrid **17** IV 6514
—, 11,12-Difluor-9,10-dihydro-,
　— anhydrid **17** IV 6513
—, 9,10-Dihydro-,
　— anhydrid **17** II 511 g, IV 6513
—, 9,10-Dimethoxy-9,10-dihydro-,
　— anhydrid **18** IV 2816
—, 9,10-Dimethyl-9,10-dihydro-,
　— anhydrid **17** IV 6522
—, 9,10-Dinitro-9,10-dihydro-,
　— anhydrid **17** IV 6515
—, 9,10-Diphenyl-9,10-dihydro-,
　— anhydrid **17** IV 6645
—, 9-Formyl-9,10-dihydro-,
　— anhydrid **17** IV 6808
—, 11-Hydroxy-12-methyl-9,10-dihydro-,
　— anhydrid **18** IV 1933
—, 11-Isobutyl-9,10-dihydro-,
　— anhydrid **17** IV 6525
—, 2-Isopropenyl-9,10-dihydro-,
　— anhydrid **17** IV 6540
—, 11-Isopropyl-9,10-dihydro-,
　— anhydrid **17** IV 6524
—, 9-Methoxy-1,4-dimethyl-9,10-
dihydro-,
　— anhydrid **18** IV 1934
—, 9-Methyl-9,10-dihydro-,
　— anhydrid **17** IV 6516
—, 11-Methyl-9,10-dihydro-,
　— anhydrid **17** IV 6516
—, 9-Nitro-9,10-dihydro-,
　— anhydrid **17** IV 6515
—, 11-[4-Nitro-phenyl]-9,10-dihydro-,
　— anhydrid **17** IV 6608
—, 11-Phenäthyl-9,10-dihydro-,
　— anhydrid **17** IV 6611
—, 9-Phenyl-9,10-dihydro-,
　— anhydrid **17** IV 6607
—, 11-Phenyl-9,10-dihydro-,
　— anhydrid **17** IV 6607
—, 11-Propyl-9,10-dihydro-,
　— anhydrid **17** IV 6524
—, 2,3,6,7-Tetramethoxy-9,10-dihydro-,
　— anhydrid **18** IV 3537
—, 1,2,3,4-Tetramethyl-9,10-dihydro-,
　— anhydrid **17** IV 6526
9,10-Äthano-anthracen-9,11,12-
tricarbonsäure
—, 10*H*-,
　— 11,12-anhydrid **18** IV 6105
—, 10-Brom-10*H*-,
　— 11,12-anhydrid **18** IV 6105

6,12b-Äthano-benz[j]aceanthrylen-13,14-dicarbonsäure
—, 1,2-Dihydro-6H-,
  – anhydrid **17** IV 6609
—, 3-Methyl-1,2-dihydro-6H-,
  – anhydrid **17** IV 6610
8,12b-Äthano-benz[a]aceanthrylen-13,14-dicarbonsäure
—, 8H-,
  – anhydrid **17** IV 6614
7,12-Äthano-benz[a]anthracen-13,14-dicarbonsäure
—, 7,12-Diäthyl-7,12-dihydro-,
  – anhydrid **17** IV 6597
—, 7,12-Dihydro-,
  – anhydrid **17** IV 6586
—, 7,12-Dimethyl-7,12-dihydro-,
  – anhydrid **17** IV 6595
—, 1-Methyl-7,12-dihydro-,
  – anhydrid **17** IV 6588
—, 2-Methyl-7,12-dihydro-,
  – anhydrid **17** IV 6589
—, 3-Methyl-7,12-dihydro-,
  – anhydrid **17** IV 6589
—, 4-Methyl-7,12-dihydro-,
  – anhydrid **17** IV 6589
—, 5-Methyl-7,12-dihydro-,
  – anhydrid **17** IV 6589
—, 6-Methyl-7,12-dihydro-,
  – anhydrid **17** IV 6589
—, 7-Methyl-7,12-dihydro-,
  – anhydrid **17** IV 6590
—, 8-Methyl-7,12-dihydro-,
  – anhydrid **17** IV 6590
—, 9-Methyl-7,12-dihydro-,
  – anhydrid **17** IV 6590
—, 10-Methyl-7,12-dihydro-,
  – anhydrid **17** IV 6590
—, 11-Methyl-7,12-dihydro-,
  – anhydrid **17** IV 6590
—, 12-Methyl-7,12-dihydro-,
  – anhydrid **17** IV 6591
—, 12-Methyl-1,2,3,4,7,12-hexahydro-,
  – anhydrid **17** IV 6543
—, 7,8,12-Trimethyl-7,12-dihydro-,
  – anhydrid **17** IV 6596
4c,9-Äthano-benz[4,5]indeno[1,2,3-fg]≠ naphthacen-17,18-dicarbonsäure
—, 9H-,
  – anhydrid **17** IV 6661
10,14b-Äthano-benz[4,5]indeno[1,2,3-fg]≠ naphthacen-17,18-dicarbonsäure
—, 10H-,
  – anhydrid **17** IV 6661
7,12-Äthano-benzo[b]chrysen-15,16-dicarbonsäure
—, 7,12-Dihydro-,
  – anhydrid **17** IV 6625

4,10-Äthano-benzo[4,5]cyclohepta[1,2-c]furan-1,3,9,12-tetraon
—, 5,6,7-Trimethoxy-3a,4,10,10a-tetrahydro- **18** IV 3603
5,8-Äthano-benzocyclohepten-6,7-dicarbonsäure
—, 2,3,4-Trimethoxy-9,11-dioxo-6,7,8,9-tetrahydro-5H-,
  – anhydrid **18** IV 3603
5,9-Äthano-benzocyclohepten-2,3-dicarbonsäure
—, 2,3,4,5,6,7,8,9-Octahydro-1H-,
  – anhydrid **17** IV 6242
6,13-Äthano-benzo[a]cyclopent[h]anthracen-14,15-dicarbonsäure
—, 2,3,6,13-Tetrahydro-1H-,
  – anhydrid **17** IV 6610
3a,7-Äthano-benzofuran-2-on
—, 4-[1-(4,4-Dimethyl-3,5-dioxo-cyclopent-1-enyl)-äthyl]-8-hydroxy-8-methyl-tetrahydro- **18** IV 2530
—, 4-[1-(3,3-Dimethyl-2,4-dioxo-cyclopentyl)-äthyl]-8-hydroxy-8-methyl-tetrahydro- **18** IV 2424
8,13-Äthano-benzo[a]naphthacen-15,16-dicarbonsäure
—, 8,13-Dihydro-,
  – anhydrid **17** IV 6625
4b,16-Äthano-benzo[b]rubicen-17,18-dicarbonsäure
—, 16H-,
  – anhydrid **17** IV 6667
4,7-Äthano-benzo[c]thiophen
—, Octahydro- **17** IV 331
2λ⁶-4,7-Äthano-benzo[c]thiophen
—, 2,2-Dioxo-octahydro- **17** IV 332
4,7-Äthano-benzo[c]thiophen-2,2-dioxid
—, Octahydro- **17** IV 332
4,7-Äthano-benzo[c]thiophenium
—, 2-Methyl-octahydro- **17** IV 332
9,14-Äthano-benzo[b]triphenylen-15,16-dicarbonsäure
—, 9,14-Dihydro-,
  – anhydrid **17** IV 6626
1,5-Äthano-benz[d]oxepin-2,4-dion
—, 1,5-Dihydro- **17** IV 6301
2,5-Äthano-benzoxiren
—, Hexahydro- s. Bicyclo[2.2.2]octan, 2,3-Epoxy-
6,9-Äthano-cholest-7-en-30,31-dicarbonsäure
—, 3-Acetoxy-,
  – anhydrid **18** IV 1672
—, 3-Hydroxy- **18** IV 1672
  – dimethylester **18** IV 1672
5,8-Äthano-chroman-2-on
—, 5,6,7,8-Tetrahydro- **17** IV 4747
3,8a-Äthano-chromen-4-carbonsäure
—, 2-Oxo-octahydro- **18** IV 5472
  – methylester **18** IV 5472
  – phenacylester **18** IV 5472

5,8-Äthano-chromen-2-on
—, 3,4,5,6,7,8-Hexahydro- **17**
   IV 4747 c
**3,6-Äthano-cyclobutabenzen-4,5-
dicarbonsäure**
—, 7,8-Epoxy-2a,3,4,5,6,6a-hexahydro-,
   — dimethylester **9** III 4401 b
—, Octahydro-,
   — anhydrid **17** IV 6085
—, 1-Oxo-octahydro-,
   — anhydrid **17** IV 6730
4,7-Äthano-cyclobut[/]isobenzofuran-1,3-dion
—, Octahydro- **17** IV 6085
**4,7-Äthano-cyclobut[/]isobenzofuran-1,3,5-
trion**
—, Hexahydro- **17** IV 6730
4,8-Äthano-cyclohepta[c]furan-1,3-dion
—, 9-Acetoxy-10-brom-hexahydro- **18**
   IV 1194
—, 9,10-Diacetoxy-hexahydro- **18**
   IV 2328
—, Hexahydro- **17** IV 6023
—, 5,6,7,8-Tetrahydro-4H- **17** IV
   6077
1,3a-Äthano-cyclohepta[c]furan-3-on
—, 8a-Hydroxy-1-methyl-hexahydro-
   18 IV 125
**4,8-Äthano-cyclohepta[c]furan-1,3,5,6-
tetraon**
—, 8-Isopropyl-tetrahydro- **17** IV
   6826
4,8-Äthano-cyclohepta[c]furan-1,3,5-trion
—, 8-Methoxy-hexahydro- **18** IV 2347
**5,9-Äthano-cyclohept[/]isobenzofuran-1,3-
dion**
—, 4,5,6,7,8,9,10,10a-Octahydro-3aH-
   17 IV 6242
**7,20-Äthano-cyclohexadec[a]acenaphthylen-
21,22-dicarbonsäure**
—, 8,9,10,11,12,13,14,15,16,17,18,19-
   Dodecahydro-,
   — anhydrid **17** IV 6564
**6,9-Äthano-cyclopenta[a]phenanthren-18,19-
dicarbonsäure**
—, 3-Acetoxy-17-[1,5-dimethyl-hexyl]-
   10,13-dimethyl-Δ⁷-tetradecahydro-,
   — anhydrid **18** IV 1672
1,4-Äthano-cyclopenta[c]pyran-3,6-dion
—, 5,7-Dibenzyliden-9-hydroxy-8-
   isopropyl-7a-methyl-tetrahydro- **18**
   IV 1963
—, 9-Hydroxy-8-isopropyl-7a-methyl-
   7,7a-dihydro-1H,4H- **18** IV 1265
—, 9-Hydroxy-8-isopropyl-7a-methyl-
   tetrahydro- **18** IV 1196

1,4-Äthano-cyclopenta[c]pyran-3-on
—, 8-Hydroxy-9-isopropyl-7a-methyl-
   hexahydro- **18** IV 127
4,7-Äthano-cyclopenta[c]pyran-1,3,6-trion
—, 4,7-Dimethyl-dihydro- **17** IV 6723
1,4-Äthano-cyclopent[c]oxepin
—, 8-Acetoxy-1,3,3,6-tetramethyl-
   octahydro- **17** IV 1321
—, 8-Benzyloxy-1,3,3,6-tetramethyl-
   octahydro- **17** IV 1321
—, 8,9-Bis-benzoyloxy-1,3,3,6-
   tetramethyl-octahydro- **17** IV 2066
—, 8,9-Diacetoxy-1,3,3,6-tetramethyl-
   octahydro- **17** IV 2066
—, 1,3,3,6,8-Pentamethyl-he×ʸ¹ ⸱ ;o-
   17 IV 1323
—, 1,3,3,6,8-Pentamethyl-8-
   phenylcarbamoyloxy-octahydro- **17**
   IV 1323
—, 1,3,3,6-Tetramethyl-8-
   phenylcarbamoyloxy-octahydro- **17**
   IV 1322
1,4-Äthano-cyclopent[c]oxepin-7-carbaldehyd
—, 1,3,3,6-Tetramethyl-8-oxo-octahydro-
   17 IV 6062
   — semicarbazon **17** IV 6062
1,4-Äthano-cyclopent[c]oxepin-8,9-diol
—, 1,3,3,6-Tetramethyl-octahydro- **17**
   IV 2065
1,4-Äthano-cyclopent[c]oxepin-8,9-dion
—, 1,3,3,6-Tetramethyl-octahydro- **17**
   IV 6059
   — monosemicarbazon **17** IV 6059
1,4-Äthano-cyclopent[c]oxepin-8-ol
—, 1,3,3,6,8-Pentamethyl-octahydro- **17**
   IV 1323
—, 1,3,3,6-Tetramethyl-octahydro- **17**
   IV 1320
1,4-Äthano-cyclopent[c]oxepin-9-ol
—, 8-Acetoxy-1,3,3,6-tetramethyl-
   octahydro- **17** IV 2066
1,4-Äthano-cyclopent[c]oxepin-8-on
—, 7-Hydroxymethylen-1,3,3,6-
   tetramethyl-octahydro- **17** IV 6062
   — semicarbazon **17** IV 6062
—, 1,3,3,6-Tetramethyl-octahydro- **17**
   IV 4678
   — oxim **17** IV 4679
   — semicarbazon **17** IV 4679
1,4-Äthano-cyclopent[c]oxepin-9-on
—, 8-Acetoxy-1,3,3,6-tetramethyl-
   octahydro- **18** IV 137
   — semicarbazon **18** IV 137
—, 8-Hydroxy-1,3,3,6-tetramethyl-
   octahydro- **18** IV 137

2,5-Äthano-cyclopropabenzen-3,4-dicarbonsäure
—, 6-Brom-7-hydroxy-hexahydro-,
    — 3-lacton 18 IV 5502
—, 6,7-Dihydroxy-hexahydro-,
    — 3→7-lacton 18 IV 6309
—, 6,7-Dioxo-hexahydro-,
    — anhydrid 17 IV 6827
—, Hexahydro-,
    — anhydrid 17 IV 6079
2,5-Äthano-cyclopropabenzen-1,3,4-tricarbonsäure
—, Hexahydro-,
    — 1-äthylester-3,4-anhydrid 18
    IV 6036
—, 6-Hydroxy-7-oxo-hexahydro-,
    — 4-lacton 18 IV 6218
    — 4-lacton-1,3-dimethylester 18
    IV 6219
2,5-Äthano-cyclopropabenzen-1a,3,4-tricarbonsäure
—, Hexahydro-,
    — 3,4-anhydrid 18 IV 6036
2,5-Äthano-cyclopropabenzen-2,3,4-tricarbonsäure
—, Hexahydro-,
    — 3,4-anhydrid 18 IV 6035
2,7a-Äthano-cyclopropa[a]naphthalin-1,8,9-tricarbonsäure
—, 1,1a,2,4,5,6,7,7b-Octahydro-,
    — 8,9-anhydrid-1-methylester 18
    IV 6079
2,7-Äthano-cyclopropa[b]naphthalin-1,8,9-tricarbonsäure
—, 1a,2,3,4,5,6,7,7a-Octahydro-1H-,
    — 8,9-anhydrid-1-methylester 18
    IV 6079
2,6a-Äthano-cycloprop[e]inden-1,7,8-tricarbonsäure
—, 3,6b-Dimethyl-1a,2,4,5,6,6b-
    hexahydro-1H-,
    — 7,8-anhydrid-1-methylester 18
    IV 6080
—, 1a,2,4,5,6,6b-Hexahydro-1H-,
    — 7,8-anhydrid-1-methylester 18
    IV 6079
2,6-Äthano-cycloprop[f]inden-1,7,8-tricarbonsäure
—, 2,6-Dimethyl-1,1a,2,3,4,5,6,6a-
    octahydro-,
    — 7,8-anhydrid-1-methylester 18
    IV 6080
—, 1,1a,2,3,4,5,6,6a-Octahydro-,
    — 7,8-anhydrid-1-methylester 18
    IV 6078
4,6-Äthano-cycloprop[f]isobenzofuran-4-carbonsäure
—, 1,3-Dioxo-octahydro- 18 IV 6035

4,6-Äthano-cycloprop[f]isobenzofuran-4a-carbonsäure
—, 1,3-Dioxo-hexahydro- 18 IV 6036
4,6-Äthano-cycloprop[f]isobenzofuran-5-carbonsäure
—, 1,3-Dioxo-octahydro-,
    — äthylester 18 IV 6036
4,6-Äthano-cycloprop[f]isobenzofuran-1,3-dion
—, Hexahydro- 17 IV 6079
4,6-Äthano-cycloprop[f]isobenzofuran-1,3,7,8-tetraon
—, Hexahydro- 17 IV 6827
7a,13c-Äthano-dibenz[fg,j]aceanthrylen-14,15-dicarbonsäure
—, 2,3,6,7,10,11,12,13-Octahydro-1H-,
    — anhydrid 17 IV 6597
7,14-Äthano-dibenz[a,h]anthracen-15,16-dicarbonsäure
—, 7,14-Dihydro-,
    — anhydrid 17 IV 6625
9,14-Äthano-dibenzo[de,qr]naphthacen-15,16-dicarbonsäure
—, 9,14-Dihydro-,
    — anhydrid 17 IV 6642
10,15-Äthano-dibenzo[a,c]naphthacen-17,18-dicarbonsäure
—, 10,15-Dihydro-,
    — anhydrid 17 IV 6650
8,17-Äthano-dibenzo[a,l]pentacen-19,20-dicarbonsäure
—, 8,17-Dihydro-,
    — anhydrid 17 IV 6665
10,17-Äthano-dibenzo[a,c]pentacen-19,20-dicarbonsäure
—, 10,17-Dihydro-,
    — anhydrid 17 IV 6665
3b,8-Äthano-dibenzo[a,f]perylen-17,18-dicarbonsäure
—, 8H-,
    — anhydrid 17 IV 6662
8,19-Äthano-dinaphtho[2,1,8-c_1d_1a;2′,1′,8′-nop]heptacen-23,24-dicarbonsäure
—, 8,19-Dihydro-,
    — anhydrid 17 IV 6675
5,8-Äthano-ergosta-6,9(11)-dieno[6,7-c]furan-2′,5′-dion
—, 3-Acetoxy-6,7-dihydro- 18 IV 1674
5,8-Äthano-ergosta-6,22-dieno[6,7-c]furan-2′,5′-dion
—, 6,7-Dihydro- 17 IV 6422
5,8-Äthano-ergostan-7-carbonsäure
—, 3-Acetoxy-6-[1-hydroxy-äthyl]-,
    — lacton 18 IV 490
5,8-Äthano-ergostan-6,7-dicarbonsäure
—, 3-Acetoxy-,
    — anhydrid 18 IV 1631
5,8-Äthano-ergostano[6,7-c]furan-2′,5′-dion
—, 3-Acetoxy-6,7-dihydro- 18 IV 1631

5,8-Äthano-ergostano[6,7-c]furan-5'-on
—, 3-Acetoxy-2'-methyl-6,7-dihydro-
　18 IV 490
11,14-Äthano-ergosta-6,8,22-trien-30,31-
dicarbonsäure
—, 3-Acetoxy-,
　— anhydrid 18 IV 1881
5,8-Äthano-ergost-9(11)-en-6,7-
dicarbonsäure
—, 3-Acetoxy-,
　— anhydrid 18 IV 1674
5,8-Äthano-ergost-6-eno[6,7-c]furan-2',5'-
dion
—, 3-Acetoxy-6,7-dihydro- 18 IV 1631
5,8-Äthano-ergost-9(11)-eno[6,7-c]furan-2',5'-
dion
—, 3-Acetoxy-6,7-dihydro- 18 IV 1674
5,8-Äthano-ergost-22-eno[6,7-c]furan-2',5'-
dion
—, 6,7-Dihydro- 17 IV 6422
5,8-Äthano-ergost-6-eno[6,7-c]furan-5'-on
—, 3-Acetoxy-2'-methyl-6,7-dihydro-
　18 IV 490
16,22-Äthano-furost-17(20)-en-3,26-diol
—, 31,32-Bis-hydroxymethyl- 17
　IV 2684
3a,7-Äthano-inden-7,9-dicarbonsäure
—, 1,5,6,7a,9-Pentahydroxy-3,6-dimethyl-
　hexahydro-,
　— 9→5-lacton 18 IV 6652
4b,9-Äthano-indeno[1,2,3-fg]naphthacen-15,16-
dicarbonsäure
—, 9H-,
　— anhydrid 17 IV 6642
4,7-Äthano-isobenzofuran
—, 1,3,3a,4,7,7a-Hexahydro- 17 IV 382
—, Octahydro- 17 IV 331
4,7-Äthano-isobenzofuran-4-carbonsäure
—, 1,3-Dioxo-octahydro- 18 IV 6022
　— äthylester 18 IV 6022
4,7-Äthano-isobenzofuran-5-carbonsäure
—, 4,7-Dimethyl-1,3-dioxo-1,3,3a,4,7,7a-
　hexahydro- 18 IV 6037
4,7-Äthano-isobenzofuran-1,3-dion
—, 5,6-Dibrom-hexahydro- 17 IV 6017
—, 5,6-Dihydroxy-3a,7a-dimethyl-
　hexahydro- 18 IV 2328
—, 3a,7a-Dimethyl-5,6-bis-nitryloxy-
　hexahydro- 18 IV 2329
—, 4,7-Dimethyl-hexahydro- 17
　IV 6034
—, Hexahydro- 17 IV 6017
—, 4-Isopropyl-7-methyl-hexahydro- 17
　IV 6044
—, 3a-Methyl-hexahydro- 17 IV 6023
—, 5-Methyl-hexahydro- 17 IV 6023
—, 4,5,6,7-Tetrahydro- 17 IV 6075
4,7-Äthano-isobenzofuran-1-on
—, Hexahydro- 17 IV 4627

—, 3a,4,7,7a-Tetrahydro-3H- 17
　IV 4743
4,7-Äthano-isobenzofuran-1,3,5,6-tetraon
—, 3a,7a-Dimethyl-tetrahydro- 17
　IV 6825
4,7-Äthano-isobenzofuran-1,3,5,8-tetraon
—, 4-Äthyl-7-methyl-tetrahydro- 17
　IV 6826
—, 4,7-Diäthyl-tetrahydro- 17 IV 6826
—, 4,7-Dimethyl-tetrahydro- 17
　IV 6825
—, Tetrahydro- 17 IV 6825
4,7-Äthano-isobenzofuran-1,3,5-trion
—, 6-Acetoxy-6-methyl-tetrahydro- 18
　IV 2347
—, 4,6-Dimethyl-6-propyl-tetrahydro-
　17 IV 6727
—, 6-Hydroxy-4-isopropyl-7-methyl-
　tetrahydro- 18 IV 2351
—, 6-Hydroxy-6-methyl-tetrahydro- 18
　IV 2347
1,4-Äthano-isochroman-3-on
—, 1,4-Diphenyl- 17 IV 5597
3,8a-Äthano-isochroman-1-on
—, Tetrahydro- 17 IV 4641
1,4-Äthano-isochromen-3-on
—, 1,4-Diphenyl-1,4-dihydro- 17
　IV 5597 b
3,8a-Äthano-isochromen-1-on
—, Hexahydro- 17 IV 4641 a
Äthanol
—, 1-[4-Acetylamino-[2]furyl]- 18
　IV 7319
—, 2-[(5-Äthoxymethyl-furfuryl)-äthyl-
　amino]- 18 IV 7329
—, 2-[(5-Äthoxymethyl-furfuryl)-methyl-
　amino]- 18 IV 7329
—, 2-[4-Äthoxy-phenyl]-1-phenyl-1-
　[2]thienyl- 17 IV 2225
—, 2-[6-Äthoxy-tetrahydro-pyran-3-yl]-
　17 IV 2023
—, 2-Äthylamino-1-dibenzofuran-2-yl-
　18 IV 7364
—, 2-[Äthyl-(benzo[b]thiophen-3-
　ylmethyl)-amino]- 18 IV 7168
—, 2-[Äthyl-(5-butoxymethyl-furfuryl)-
　amino]- 18 IV 7330
—, 2-[Äthyl-(4-chlor-2,5-diphenyl-
　[3]furylmethyl)-amino]- 18 IV 7251
—, 2-[Äthyl-furfuryl-amino]- 18
　II 417 g
—, 2-[Äthyl-furfuryl-amino]-1-[4-chlor-
　phenyl]- 18 IV 7078
—, 2-[Äthyl-(5-isobutoxymethyl-furfuryl)-
　amino]- 18 IV 7330
—, 2-[Äthyl-(5-isopropoxymethyl-
　furfuryl)-amino]- 18 IV 7330
—, 2-[Äthyl-(5-methoxymethyl-furfuryl)-
　amino]- 18 IV 7329

Äthanol (Fortsetzung)

—, 2-[Äthyl-(5-propoxymethyl-furfuryl)-amino]- **18** IV 7329

—, 2-[5-Äthyl-[2]thienyl]- **17** IV 1294

—, 2-Amino-1-dibenzofuran-2-yl- **18** IV 7364

—, 2-Amino-1-[2,5-dimethoxy-2,5-dihydro-[2]furyl]- **18** IV 7497

—, 2-Amino-1-[2]furyl- **18** II 430 a, IV 7319

—, 2-Amino-1-[2]furyl-2-phenyl- **18** IV 7347

—, 2-Amino-2-[2]furyl-1-phenyl- **18** IV 7348

—, 1-[2-Amino-phenyl]-1-[2]thienyl- **18** IV 7348

—, 2-Amino-1-[2]thienyl- **18** IV 7320

—, 1-Benzofuran-2-yl- **17** 125 e, IV 1487

—, 1-Benzofuran-2-yl-2-benzylamino- **18** IV 7345

—, 1-Benzofuran-2-yl-2-[benzyl-methyl-amino]- **18** IV 7345

—, 1-Benzofuran-2-yl-2-diäthylamino- **18** IV 7345

—, 1-Benzofuran-2-yl-2-dibenzylamino- **18** IV 7346

—, 1-Benzofuran-2-yl-2-methylamino- **18** IV 7345

—, 1-Benzo[b]thiophen-2-yl- **17** IV 1488

—, 2-Benzo[b]thiophen-2-yl- **17** IV 1488

—, 2-Benzo[b]thiophen-3-yl- **17** IV 1488

—, 2-Benzo[b]thiophen-2-yl-1-phenyl-1-[2,3,5,6-tetramethyl-phenyl]- **17** IV 1733

—, 2-Benzoylamino-1-[2]furyl- **18** IV 7320

—, 2-Benzoylamino-1-[2]thienyl- **18** IV 7322

—, 2-Benzylamino-1-[2,3-dihydro-benzofuran-2-yl]- **18** IV 7339

—, 2-[Benzyl-furfuryl-amino]- **18** IV 7077

—, 2-[Benzyl-methyl-amino]-1-[2]thienyl- **18** IV 7321

—, 2-[Benzyl-[2]thienylmethyl-amino]- **18** IV 7102

—, 2-[Bis-(5-chlor-[2]thienylmethyl)-amino]- **18** IV 7114

—, 2-[Bis-(3-[2]furyl-propyl)-amino]- **18** IV 7138

—, 2-[Bis-[2]thienylmethyl-amino]- **18** IV 7111

—, 2-Brom-1-[2,5-diphenyl-[3]furyl]- **17** IV 1690

—, 2-Brom-1-[4-phenyl-tetrahydro-pyran-4-yl]- **17** IV 1385

—, 2-[(5-Butoxymethyl-furfuryl)-methyl-amino]- **18** IV 7329

—, 2-[5-tert-Butyl-[2]thienyl]- **17** IV 1305

—, 1-[5-Chloromercurio-[2]thienyl]- **18** IV 8434

—, 2-[3-Chlor-tetrahydro-[2]furyloxy]- **17** IV 1021

—, 1-[5-Chlor-[2]thienyl]- **17** IV 1274

—, 2-[5-Chlor-[2]thienyl]- **17** IV 1276

—, 2-[(5-Chlor-[2]thienylmethyl)-amino]- **18** IV 7112

—, 2-[(5-Chlor-[2]thienylmethyl)-propyl-amino]- **18** IV 7112

—, 1-[3,4-Diacetoxy-phenyl]-2-furfurylamino- **18** II 417 k

—, 2-Diäthylamino-1-dibenzofuran-2-yl- **18** IV 7365

—, 2-Diäthylamino-1-dibenzothiophen-2-yl- **18** IV 7365

—, 2-Diäthylamino-1-[2,3-dihydro-benzofuran-2-yl]- **18** IV 7338

—, 2-[5-Diäthylaminomethyl-[2]thienyl]- **18** IV 7334

—, 2-Diäthylamino-1-tetrahydropyran-4-yl- **18** IV 7314

—, 2-Diäthylamino-1-[2]thienyl- **18** IV 7320

—, 2-[2,5-Diäthyl-[3]thienyl]- **17** IV 1306

—, 1-Dibenzofuran-2-yl- **17** IV 1622

—, 2-Dibenzofuran-3-yl- **17** IV 1623

—, 2-Dibenzofuran-4-yl- **17** IV 1623

—, 1-Dibenzofuran-2-yl-2-dimethylamino- **18** IV 7364

—, 1-Dibenzothiophen-2-yl- **17** IV 1623

—, 1-Dibenzothiophen-2-yl-2-dimethylamino- **18** IV 7365

—, 2-Dibutylamino-1-[2]thienyl- **18** IV 7321

—, 2,2-Dichlor-1-furfurylidenamino- **17** IV 4422

—, 1-[2,5-Dichlor-[3]thienyl]- **17** IV 1277

—, 2-Difurfurylamino- **18** IV 7093

—, 1-[2,3-Dihydro-benzofuran-2-yl]- **17** 115 f, II 121 d, IV 1365

—, 1-[2,3-Dihydro-benzofuran-2-yl]-2-methylamino- **18** IV 7338

—, 1-[5,6-Dihydro-2H-thiopyran-3-yl]- **17** IV 1197

—, 1-[3,4-Dihydroxy-phenyl]-2-[2-[2]furyl-1-methyl-äthylamino]- **18** IV 7136

—, 1-[2,5-Dimethoxy-2,5-dihydro-[2]furyl]- **17** IV 2335

—, 1-[3,4-Dimethoxy-phenyl]-2-furfurylamino- **18** IV 7080

—, 1-[2,5-Dimethoxy-tetrahydro-[2]furyl]- **17** IV 2319

Äthanol (Fortsetzung)

—, 2-Dimethylamino-1-[4-hydroxy-phenyl]-1-[2]thienyl- **18** IV 7436

—, 2-Dimethylamino-1-[6,7,8,9-tetrahydro-dibenzofuran-3-yl]- **18** IV 7349

—, 1-[4-Dimethylamino-tetrahydro-[2]furyl]- **18** IV 7308

—, 1-[2,6-Dimethyl-5,6-dihydro-2H-pyran-3-yl]- **17** I 54 h

—, 2-[1,1-Dioxo-tetrahydro-1λ^6-[3]thienyloxy]- **17** IV 1028

—, 2-[1,1-Dioxo-tetrahydro-1λ^6-thiopyran-4-ylamino]- **18** IV 7033

—, 2-[2,2-Diphenyl-chroman-4-yl]-1,1-diphenyl- **17** IV 1779

—, 1,1-Diphenyl-2-[2-phenyl-4H-chromen-4-yl]- **17** IV 1760

—, 1,2-Diphenyl-1-[3-phenyl-oxiranyl]- **17** IV 1716

—, 1,1-Diphenyl-2-xanthen-9-yl- **17** II 173 d

—, 2-Diphthalidylamino- **18** IV 7891

—, 2-Dipropylamino-1-[4-phenyl-tetrahydro-pyran-4-yl]- **18** IV 7339

—, 2-[2,3-Epoxy-propoxy]- **17** IV 996

—, 1-[4-Formylamino-tetrahydro-[2]furyl]- **18** IV 7307

—, 2-[Furan-2-carbonyloxy]- **18** IV 3922

—, 2-Furfurylamino- **18** IV 7076

—, 2-Furfurylamino-1-[2]furyl- **18** II 430 d

—, 2-Furfurylidenamino- **17** IV 4418

—, 2-Furfurylidenamino-1-[2]furyl-2-phenyl- **18** IV 7348

—, 2-[Furfuryl-methyl-amino]-1-phenyl- **18** IV 7078

—, 2-[Furfuryl-methyl-amino]-1-[2]thienyl- **18** IV 7323

—, 1-[2]Furyl- **17** IV 1268

—, 2-[2]Furyl- **17** IV 1275

—, 2-[3]Furyl- **17** IV 1277

—, 2-[3-[2]Furyl-allylidenamino]- **17** IV 4698

—, 1-[2]Furyl-1,2-diphenyl- **17** IV 1690

—, 2-[2]Furyl-2-methoxy- **17** IV 2051

—, 1-[2]Furyl-2-[4-methoxy-benzylidenamino]-2-phenyl- **18** IV 7348

—, 1-[2]Furyl-2-nitro- **17** 113 d, II 116 i

—, 1-[2]Furyl-2-nitro-2-phenyl- **17** IV 1541

—, 1-[2]Furyl-1-phenyl- **17** IV 1541

—, 1-[2]Furyl-2-phenyl- **17** IV 1540

—, 2-[3-[2]Furyl-propylamino]- **18** IV 7138

—, 1-[2]Furyl-2,2,2-triphenyl- **17** I 87 b

—, 2-[3-Hydroxy-benzo[b]thiophen-6-yloxy]- **17** IV 2118

—, 2-[3-Hydroxy-4,5-diphenyl-[2]furyl]-1,2-diphenyl- **17** IV 2264

—, 2-[2-Hydroxymethyl-benzo[b]thiophen-3-yl]- **17** IV 2131

—, 1-[5-Hydroxy-2-methyl-naphtho[1,2-b]furan-3-yl]-1-phenyl- **18** IV 649

—, 2-[(5-Isobutoxymethyl-furfuryl)-methyl-amino]- **18** IV 7329

—, 2-[(5-Isopropoxymethyl-furfuryl)-methyl-amino]- **18** IV 7329

—, 2-[Isopropyl-tetrahydrofurfuryl-amino]- **18** IV 7038

—, 2-[(4-Methoxy-benzyl)-methyl-amino]-1-[2]thienyl- **18** IV 7322

—, 2-[4-Methoxy-dibenzofuran-1-yl]- **17** IV 2181

—, 2-[(5-Methoxymethyl-furfuryl)-methyl-amino]- **18** IV 7329

—, 1-[4-Methoxy-phenyl]-2-phenyl-1-[2]thienyl- **17** IV 2225

—, 2-Methoxy-2-tetrahydro[2]furyl- **17** IV 2020

—, 2-[5-Methoxy-[2]thienyl]- **17** IV 2051

—, 1-[4-Methylamino-tetrahydro-[2]furyl]- **18** IV 7307

—, 2-[3-Methyl-benzo[b]thiophen-2-yl]- **17** IV 1496

—, 2-[5-Methyl-furfurylamino]- **18** IV 7131

—, 2-[Methyl-(5-propoxymethyl-furfuryl)-amino]- **18** IV 7329

—, 2-[3-Methyl-tetrahydro-[2]furyl]-1,1-diphenyl- **17** IV 1644

—, 2-[1-Methyl-3-tetrahydro[2]furyl-propoxy]- **17** IV 1157

—, 2-[4-Methyl-tetrahydro-pyran-4-yl]- **17** IV 1155

—, 2-[2-Methyl-[3]thienyl]- **17** IV 1285

—, 2-[4-Methyl-[2]thienyl]- **17** IV 1285

—, 2-[5-Methyl-[2]thienyl]- **17** IV 1286

—, 2-[5-Methyl-[2]thienylmethylenamino]- **17** IV 4529

—, 1-[5-Nitro-[2]furyl]- **17** IV 1272

—, 1-[4-Nitro-[2]thienyl]- **17** IV 1274

—, 1-[5-Nitro-[2]thienyl]- **17** IV 1275

—, 2-Oxiranyl- **17** IV 1035

—, 2-Oxiranylmethoxy- **17** IV 996

—, 2-Oxiranyl-1-phenyl- **17** IV 1357

—, 2-[Oxy-furfuryliden-amino]-1-phenyl- **17** IV 4421

—, 2-[(β-Phenoxy-isopropyl)-[2]thienylmethyl-amino]- **18** IV 7102

—, 1-[3-Phenyl-oxiranyl]- **17** IV 1359

Äthanol (Fortsetzung)

—, 1-Phenyl-1-tetrahydropyran-2-yl- **17** IV 1385

—, 1-Phenyl-1-[2]thienyl- **17** 128 a

—, 2-[Propyl-tetrahydrofurfuryl-amino]- **18** IV 7037

—, 1-Selenophen-2-yl- **17** IV 1275

—, 2-[Tetra-*O*-acetyl-glucopyranosyloxy]- **17** IV 3185

—, 2-[4,5,6,7-Tetrahydro-benzo[*b*]≠ thiophen-2-yl]- **17** IV 1334

—, 2-Tetrahydrofurfurylamino- **18** IV 7037

—, 2-Tetrahydrofurfuryloxy- **17** IV 1100

—, 2-[2-Tetrahydrofurfuryloxy-äthoxy]- **17** IV 1100

—, 1-Tetrahydro[2]furyl- **17** IV 1138

—, 2-Tetrahydro[2]furyl- **17** IV 1139

—, 1-Tetrahydropyran-4-yl- **17** IV 1143

—, 2-Tetrahydropyran-4-yl- **17** IV 1144

—, 1-Tetrahydro[2]thienyl- **17** IV 1139

—, 2-Tetrahydrothiopyran-4-yl- **17** IV 1144

—, 2-Tetrahydrothiopyran-4-ylamino- **18** IV 7033

—, 2-[2,5,5,8a-Tetramethyl-hexahydro-chroman-2-yl]- **17** IV 1218

—, 1-[2]Thienyl- **17** IV 1272

—, 1-[3]Thienyl- **17** IV 1276

—, 2-[2]Thienyl- **17** IV 1275

—, 2-[3]Thienyl- **17** IV 1277

—, 2-[3]Thienylmercapto- **17** IV 1236

—, 2-[2]Thienylmethoxy- **17** IV 1259

—, 2-[[2]Thienylmethyl-amino]- **18** IV 7102

—, 2-[2]Thienylmethylenamino- **17** IV 4480

—, 1-Thietan-2-yl- **17** IV 1127

—, 2,2,2-Tribrom-1-furfurylidenamino- **17** IV 4422

—, 2,2,2-Trichlor-1-[5-chlor-[2]thienyl]- **17** IV 1274

—, 2,2,2-Trichlor-1-furfurylidenamino- **17** IV 4422

—, 2,2,2-Trichlor-1-[2]furyl- **17** II 116 h, IV 1271

—, 2,2,2-Trichlor-1-[5-methyl-[2]furyl]- **17** IV 1286

—, 1-[Trichlor-[2]thienyl]- **17** IV 1274

—, 2,2,2-Trichlor-1-[2]thienyl- **17** IV 1274

—, 2-[2,6,6-Trimethyl-tetrahydro-pyran-2-yl]- **17** IV 1169

7,20-Äthano-7,20-methano-cyclohexadec[*a*]≠ acenaphthylen-21,22-dicarbonsäure

—, 23-Oxo-8,9,10,11,12,13,14,15,16,17,≠ 18,19-dodecahydro-,

  — anhydrid **17** IV 6815

1,4-Äthano-4a,10a-methanoxymethano-phenanthren s. 1,4-Äthano-4a,10a-[2]oxapropano-phenanthren

Äthanon

  s. a. Desoxybenzoin

—, 1-[3-Acetonyloxy-4,6-dimethoxy-benzofuran-2-yl]- **18** IV 2392

—, 1-[9-Acetoxy-12-(4-acetoxy-2-hydroxy-phenyl)-12*H*-benzo[*a*]xanthen-12-yl]- **18** IV 2841

—, 1-[6-Acetoxyacetoxy-4-methoxy-benzofuran-5-yl]- **18** IV 1387

—, 1-[9-Acetoxy-12-(4-acetoxy-3-methoxy-phenyl)-12*H*-benzo[*a*]xanthen-12-yl]- **18** IV 2841

—, 2-Acetoxy-1-[6-acetoxymethyl-3,4-dihydro-2*H*-pyran-2-yl]- **18** IV 1134

—, 1-[3-Acetoxy-benzofuran-2-yl]- **18** IV 355

—, 1-[4-Acetoxy-benzofuran-2-yl]- **18** IV 359

—, 1-[6-Acetoxy-benzofuran-2-yl]- **18** IV 360

  — [4-nitro-phenylhydrazon] **18** IV 360

—, 2-Acetoxy-1-benzofuran-2-yl- **18** IV 361

—, 1-[4-Acetoxy-benzofuran-5-yl]-2-[2-äthoxycarbonylmethoxy-4,5-dimethoxy-phenyl]- **18** IV 3342

—, 1-[4-Acetoxy-benzofuran-5-yl]-2-methoxy- **18** IV 1388

—, 1-[3-Acetoxy-benzo[*b*]thiophen-2-yl]- **18** IV 356

—, 1-[3-Acetoxy-5-chlor-benzo[*b*]≠ thiophen-2-yl]- **18** IV 358

—, 1-[4-Acetoxy-8-chlor-naphtho[2,3-*b*]≠ thiophen-2-yl]- **18** IV 626

—, 1-[3-Acetoxy-4,6-dimethoxy-benzofuran-5-yl]- **18** IV 2393

—, 1-[6-Acetoxy-4,7-dimethoxy-benzofuran-5-yl]- **18** IV 2395

  — [*O*-acetyl-oxim] **18** IV 2398

—, 1-[6-Acetoxy-4,7-dimethoxy-2,3-dihydro-benzofuran-5-yl]- **18** IV 2344

—, 1-[4-Acetoxy-3,5-dimethoxy-phenyl]-2-[tetra-*O*-acetyl-glucopyranosyloxy]- **17** IV 3248

—, 1-[4-Acetoxy-3,5-dimethoxy-phenyl]-2-[tri-*O*-acetyl-xylopyranosyloxy]- **17** IV 2458

—, 1-[5-Acetoxy-2,6-dimethyl-benzofuran-3-yl]- **18** IV 413

—, 1-[5-Acetoxy-2,7-dimethyl-benzofuran-3-yl]- **18** IV 413

—, 1-[5-Acetoxy-2,2-dimethyl-2*H*-chromen-6-yl]-2-[2-carboxymethoxy-4,5-dimethoxy-phenyl]- **18** IV 3351

Äthanon (Fortsetzung)

—, 1-[2-Acetoxy-4-(2,3-epoxy-propoxy)-phenyl]- **17** IV 1004

—, 2-Acetoxy-1-[2]furyl- **18** IV 95
— semicarbazon **18** IV 96

—, 1-[4-Acetoxy-3-hydroxy-benzofuran-5-yl]- **18** IV 1386

—, 1-[6-Acetoxy-3-hydroxy-benzofuran-7-yl]- **18** IV 1389

—, 1-[4-Acetoxy-6-hydroxy-2,3,5-trimethyl-benzofuran-7-yl]- **18** II 74 e, IV 1422

—, 1-[5-Acetoxy-8-isopentyl-7-methoxy-2,2-dimethyl-chroman-6-yl]-2-[4-methoxy-phenyl]- **18** IV 2664

—, 1-[6-Acetoxy-2-isopropenyl-benzofuran-5-yl]- **18** IV 511

—, 1-[4-Acetoxy-2-isopropyl-benzofuran-5-yl]-2-[2-carboxymethoxy-4,5-dimethoxy-phenyl]- **18** IV 3352

—, 1-[6-Acetoxy-2-isopropyl-2,3-dihydro-benzofuran-5-yl]- **18** IV 228

—, 1-[4-Acetoxy-2-isopropyl-2,3-dihydro-benzofuran-5-yl]-2-[2,4,5-trimethoxy-phenyl]- **18** IV 3243
— oxim **18** IV 3243

—, 1-[6-Acetoxy-4-methoxy-benzofuran-5-yl]- **18** IV 1387

—, 1-[6-Acetoxy-4-methoxy-benzofuran-7-yl]- **18** IV 1390

—, 1-[6-Acetoxy-4-methoxy-2,3-dihydro-benzofuran-5-yl]- **18** IV 1241

—, 1-[7-Acetoxy-5-methoxy-2,2-dimethyl-chroman-6-yl]- **18** IV 1262

—, 1-[7-Acetoxy-5-methoxy-2,2-dimethyl-2H-chromen-6-yl]- **18** IV 1418

—, 1-[7-Acetoxy-5-methoxy-2,2-dimethyl-2H-chromen-8-yl]- **18** IV 1419

—, 1-[5-Acetoxy-6-methoxy-2-methyl-2,3-dihydro-naphtho[1,2-b]furan-9-yl]- **18** IV 1646

—, 1-[4-Acetoxy-3-methoxy-phenyl]-2-[tetra-O-acetyl-glucopyranosyloxy]- **17** IV 3239

—, 1-[2-Acetoxy-6-methoxy-4-(tetra-O-acetyl-glucopyranosyloxy)-phenyl]- **17** IV 3238

—, 1-[3-Acetoxy-5-methyl-benzofuran-2-yl]- **18** I 311 c

—, 1-[4-Acetoxy-3-methyl-benzofuran-5-yl]- **18** IV 391
— [2,4-dinitro-phenylhydrazon] **18** IV 392
— semicarbazon **18** IV 392

—, 1-[5-Acetoxy-2-methyl-benzofuran-3-yl]- **18** IV 387

—, 1-[6-Acetoxy-3-methyl-benzofuran-2-yl]- **18** IV 390

—, 1-[6-Acetoxy-3-methyl-benzofuran-5-yl]- **18** IV 393
— [2,4-dinitro-phenylhydrazon] **18** IV 393

—, 1-[6-Acetoxy-3-methyl-benzofuran-7-yl]- **18** IV 394

—, 1-[6-Acetoxy-3-methyl-2,3-dihydro-benzofuran-5-yl]- **18** IV 213

—, 1-[5-Acetoxymethyl-[2]furyl]- **18** IV 116
— semicarbazon **18** IV 116

—, 1-[5-Acetoxy-2-methyl-naphtho[1,2-b]furan-3-yl]- **18** IV 649

—, 2-Acetoxy-1-[5-nitro-[2]furyl]- **18** IV 96
— semicarbazon **18** IV 98

—, 1-[2-Acetoxy-4-oxiranylmethoxy-phenyl]- **17** IV 1004

—, 2-[2-Acetoxy-phenyl]-1-[2-methoxy-benzofuran-3-yl]- **18** IV 1854

—, 1-[4-Acetoxy-phenyl]-2-[tetra-O-acetyl-galactopyranosyloxy]- **17** IV 3504

—, 1-[4-Acetoxy-phenyl]-2-[tetra-O-acetyl-glucopyranosyloxy]- **17** IV 3232

—, 2-Acetoxy-1-[2]thienyl- **18** IV 99

—, 1-[7-Acetylamino-8-amino-dibenzofuran-2-yl]- **18** IV 7980

—, 1-[4-Acetylamino-5-brom-[2]thienyl]- **18** IV 7862

—, 2-Acetylamino-1-[5-brom-[2]thienyl]- **18** IV 7866

—, 1-[4-(2-Acetylamino-2-desoxy-glucopyranosyloxy)-phenyl]- **18** IV 7565

—, 1-[7-Acetylamino-dibenzofuran-2-yl]- **18** IV 7980
— oxim **18** IV 7980

—, 2-Acetylamino-1-[2]furyl- **18** IV 7863
— aminooxalylhydrazon **18** IV 7864
— [2,4-dinitro-phenylhydrazon] **18** IV 7864
— [(2-hydroxy-äthylaminooxalyl)-hydrazon] **18** IV 7864
— [4-nitro-phenylhydrazon] **18** IV 7863
— semicarbazon **18** IV 7864

—, 1-[4-Acetylamino-5-methyl-[2]thienyl]- **18** IV 7869

—, 1-[7-Acetylamino-8-nitro-dibenzofuran-2-yl]- **18** IV 7980

—, 2-Acetylamino-1-[4-nitro-[2]thienyl]- **18** IV 7866

—, 2-Acetylamino-1-[5-nitro-[2]thienyl]- **18** IV 7866

—, 1-[5-Acetylamino-[2]thienyl]- **17** IV 5918

Äthanon　(Fortsetzung)
—, 2-Acetylamino-1-[2]thienyl- **18**
　IV 7865
—, 2-[*N*-Acetyl-anilino]-1-[2]thienyl-
　18 605 g
—, 1-[5-Acetylimino-4,5-dihydro-
　[2]thienyl]- **17** IV 5918
—, 1-[5-Äthansulfonylmethyl-[2]thienyl]-
　18 IV 116
　— oxim **18** IV 116
—, 1-[4-Äthoxy-6-benzoyloxy-7-methoxy-
　benzofuran-5-yl]- **18** IV 2396
—, 2-[2-Äthoxycarbonylmethoxy-4,5-
　dimethoxy-phenyl]-1-[4-hydroxy-
　benzofuran-5-yl]- **18** IV 3342
—, 2-[2-Äthoxycarbonylmethoxy-4,5-
　dimethoxy-phenyl]-1-[4-hydroxy-2,3-
　dihydro-benzofuran-5-yl]- **18** IV 3232
—, 2-[2-Äthoxycarbonylmethoxy-4,5-
　dimethoxy-phenyl]-1-[4-hydroxy-2-
　isopropenyl-2,3-dihydro-benzofuran-5-yl]-
　18 IV 3353
—, 2-[2-Äthoxycarbonylmethoxy-4,5-
　dimethoxy-phenyl]-1-[4-hydroxy-2-
　isopropyl-benzofuran-5-yl]- **18** IV 3352
—, 2-[2-Äthoxycarbonylmethoxy-4,5-
　dimethoxy-phenyl]-1-[4-hydroxy-2-
　isopropyl-2,3-dihydro-benzofuran-5-yl]-
　18 IV 3243
—, 1-[6-Äthoxy-2,5-diäthyl-6-methyl-
　tetrahydro-pyran-2-yl]- **1** III 3321 e
—, 1-[6-Äthoxy-4,7-dimethoxy-
　benzofuran-5-yl]- **18** IV 2395
　— semicarbazon **18** IV 2399
—, 1-[7-Äthoxy-6-hydroxy-2,3-dihydro-
　benzofuran-5-yl]- **18** IV 1242
—, 1-[4-Äthoxy-6-hydroxy-7-methoxy-
　benzofuran-5-yl]- **18** IV 2395
　— [2,4-dinitro-phenylhydrazon] **18**
　　IV 2399
　— [4-nitro-phenylhydrazon] **18**
　　IV 2398
—, 1-[6-Äthoxy-2-isopropyl-4-methoxy-
　benzofuran-5-yl]- **18** IV 1421
—, 1-[6-Äthoxy-4-methoxy-benzofuran-5-
　yl]- **18** IV 1387
—, 1-[6-Äthoxy-6-methyl-tetrahydro-
　pyran-2-yl]- **1** III 3319 e, **18** IV 35
　— semicarbazon **18** IV 35
—, 1-[5-Äthoxy-4-nitro-[2]thienyl]- **18**
　IV 94
—, 1-[4-Äthoxy-phenyl]-2-hydroxy-2-
　[2]thienylmethylmercapto- **17** IV 1262
—, 2-[4-Äthoxy-phenyl]-1-[2]thienyl- **18**
　IV 499
—, 1-[6-Äthoxy-2,5,6-trimethyl-
　tetrahydro-pyran-2-yl]- **1** III 3321 a
—, 1-[5-Äthyl-2-äthylmercapto-[3]thienyl]-
　18 IV 117

— semicarbazon **18** IV 117
—, 2-Äthylamino-1-dibenzofuran-2-yl-
　18 IV 7981
—, 1-[2-Äthyl-benzofuran-3-yl]- **17**
　IV 5121
　— hydrazon **17** IV 5121
　— oxim **17** IV 5121
　— thiosemicarbazon **17** IV 5121
—, 1-[2-Äthyl-benzofuran-3-yl]-2-phenyl-
　17 IV 5472
　— oxim **17** IV 5472
—, 1-[3-Äthyl-benzo[*b*]thiophen-2-yl]-
　17 IV 5121
—, 1-[2-Äthyl-5-brom-[3]thienyl]- **17**
　IV 4567
—, 1-[5-Äthyl-2-brom-[3]thienyl]- **17**
　IV 4567
—, 1-[5-Äthyl-3-brom-[2]thienyl]- **17**
　IV 4568
　— semicarbazon **17** IV 4568
—, 1-[5-Äthyl-4-brom-[2]thienyl]- **17**
　IV 4569
　— semicarbazon **17** IV 4569
—, 1-[2-Äthyl-5-*tert*-butyl-[3]thienyl]-
　17 IV 4645
　— [2,4-dinitro-phenylhydrazon] **17**
　　IV 4645
　— semicarbazon **17** IV 4645
—, 1-[5-Äthyl-2-*tert*-butyl-[3]thienyl]-
　17 IV 4645
—, 1-[2-Äthyl-5-chlor-benzofuran-3-yl]-
　17 IV 5121
—, 1-[8-Äthyl-dibenzofuran-2-yl]- **17**
　IV 5378
—, 1-[5-Äthyl-2,3-dihydro-benzofuran-7-
　yl]- **17** IV 5010
　— [2,4-dinitro-phenylhydrazon] **17**
　　IV 5011
　— semicarbazon **17** IV 5011
—, 1-[4-Äthyl-2,5-dimethyl-[3]furyl]- **17**
　IV 4618
　— [2,4-dinitro-phenylhydrazon] **17**
　　IV 4619
—, 1-[4-Äthyl-2,5-dimethyl-[3]thienyl]-
　17 IV 4619
—, 1-[5-Äthyl-[2]furyl]- **17** IV 4567
　— [2,4-dinitro-phenylhydrazon] **17**
　　IV 4567
　— semicarbazon **17** IV 4567
—, 1-[5-Äthyl-6-hydroxy-3-methyl-
　benzofuran-7-yl]- **18** IV 428
　— semicarbazon **18** IV 428
—, 1-[7-Äthyl-4-hydroxy-3-methyl-
　benzofuran-5-yl]- **18** IV 428
—, 2-Äthylmercapto-2-hydroxy-1-
　[2]thienyl- **17** IV 5979
—, 1-[2-Äthyl-7-methoxy-benzofuran-3-
　yl]- **18** IV 413

Äthanon (Fortsetzung)

—, 1-[4-Äthyl-5-methyl-[2]thienyl]- **17**
   IV 4596
   — [4-nitro-phenylhydrazon] **17**
      IV 4596
—, 1-[5-Äthyl-3-methyl-[2]thienyl]- **17**
   IV 4597
   — semicarbazon **17** IV 4597
—, 1-[5-Äthyl-4-methyl-[2]thienyl]- **17**
   IV 4597
   — [4-nitro-phenylhydrazon] **17**
      IV 4597
   — semicarbazon **17** IV 4597
—, 1-[2-Äthyl-naphtho[2,1-*b*]furan-1-yl]-
   17 IV 5378
—, 1-[5-Äthyl-3-nitro-[2]thienyl]-
   17 298 b
—, 1-[5-Äthyl-4-nitro-[2]thienyl]-
   17 298 b
—, 1-[2-Äthyl-4,5,6,7-tetrahydro-benzo[*b*]≠
   thiophen-3-yl]- **17** IV 4751
   — [2,4-dinitro-phenylhydrazon] **17**
      IV 4751
   — oxim **17** IV 4751
—, 1-[2-Äthyl-5,6,7,8-tetrahydro-
   4*H*-cyclohepta[*b*]thiophen-3-yl]- **17**
   IV 4754
   — [2,4-dinitro-phenylhydrazon] **17**
      IV 4755
   — oxim **17** IV 4755
—, 1-[3-Äthyl-[2]thienyl]- **17** 297 g
   — oxim **17** 297 h
   — semicarbazon **17** IV 4567
—, 1-[5-Äthyl-[2]thienyl]- **17** 297 i,
   II 319 b, IV 4568
   — [2,4-dinitro-phenylhydrazon] **17**
      IV 4568
   — [4-nitro-phenylhydrazon] **17**
      IV 4568
   — oxim **17** 297 j, IV 4568
   — phenylhydrazon **17** 298 a
   — semicarbazon **17** II 319 c
—, 1-[5-Äthyl-[2]thienyl]-2-diazo- **17**
   IV 5992
—, 1-[5-Äthyl-[2]thienyl]-2-phenyl- **17**
   IV 5224
   — [2,4-dinitro-phenylhydrazon] **17**
      IV 5224
   — semicarbazon **17** IV 5224
—, 1-[5-Allyloxy-4-nitro-[2]thienyl]- **18**
   IV 94
—, 1-[7-Amino-dibenzofuran-2-yl]- **18**
   IV 7980
—, 2-Amino-1-dibenzofuran-2-yl- **18**
   IV 7981
—, 1-[8-Amino-5,7-dimethoxy-2,2-
   dimethyl-chroman-6-yl]- **18** IV 8118
—, 2-Amino-1-[2]furyl- **18** IV 7862

   — [2,4-dinitro-phenylhydrazon] **18**
      IV 7863
   — [4-nitro-phenylhydrazon] **18**
      IV 7863
   — semicarbazon **18** IV 7863
—, 2-Amino-1-[5-methyl-[2]thienyl]- **18**
   IV 7869
—, 2-Amino-1-[5-nitro-[2]furyl]- **18**
   IV 7864
—, 1-[5-Amino-4-nitro-[2]thienyl]- **17**
   IV 5918
—, 2-Amino-1-[4-nitro-[2]thienyl]- **18**
   IV 7866
—, 2-Amino-1-[5-phenyl-[2]thienyl]- **18**
   IV 7943
—, 1-[5-Amino-[2]thienyl]- **17** IV 5917
—, 2-Amino-1-[2]thienyl- **18** IV 7864
—, 1-[5-Anilino-4-nitro-[2]thienyl]- **17**
   IV 5918
—, 2-Anilino-1-[2]thienyl- **18** 605 f,
   II 462 b
—, 1-[2-(*O*⁶-Arabinopyranosyl-
   glucopyranosyloxy)-4-methoxy-phenyl]-
   17 IV 3462
—, 1-Benzofuran-2-yl- **17** 338 g,
   II 363 g, IV 5080
   — [*O*-acetyl-oxim] **17** IV 5080
   — azin **17** IV 5082
   — [*O*-benzoyl-oxim] **17** IV 5081
   — [*O*-benzyl-oxim] **17** IV 5080
   — [cyanacetyl-hydrazon] **17** IV 5082
   — hydrazon **17** IV 5081
   — [methyl-phenyl-hydrazon] **17**
      IV 5082
   — [2]naphthylhydrazon **17** IV 5082
   — oxim **17** 339 a, IV 5080
   — phenylhydrazon **17** II 364 a,
      IV 5081
   — semicarbazon **17** II 364 b,
      IV 5082
   — thiosemicarbazon **17** IV 5082
   — [*O*-(toluol-4-sulfonyl)-oxim] **17**
      IV 5081
—, 1-Benzofuran-3-yl- **17** IV 5084
   — oxim **17** IV 5084
   — semicarbazon **17** IV 5084
—, 1-Benzofuran-2-yl-2-benzylamino-
   18 IV 7929
—, 1-Benzofuran-2-yl-2-[benzyl-methyl-
   amino]- **18** IV 7929
—, 1-Benzofuran-2-yl-2-brom- **17**
   IV 5082
—, 1-Benzofuran-2-yl-2-chlor- **17**
   IV 5082
—, 1-Benzofuran-3-yl-2-chlor- **17**
   IV 5084
—, 1-Benzofuran-2-yl-2-diäthylamino-
   18 IV 7929

Äthanon (Fortsetzung)

—, 1-Benzofuran-2-yl-2-diazo- **17**
IV 6284

—, 1-Benzofuran-3-yl-2-diazo- **17**
IV 6284

—, 1-Benzofuran-2-yl-2-dibenzylamino-
18 IV 7929

—, 1-Benzofuran-2-yl-2-hydroxy- **18**
IV 361

—, 1-Benzofuran-2-yl-2-hydroxyimino-
17 IV 6283

—, 1-Benzofuran-2-yl-2-methylamino-
18 IV 7928

—, 1-Benzofuran-2-yl-2-
phenylhydrazono- **17** IV 6283

—, 1-Benzofuran-2-yl-2-semicarbazono-
17 IV 6283

—, 1-[5-Benzolsulfonylamino-2-methyl-
benzofuran-3-yl]- **18** IV 7936

—, 1-[5-Benzolsulfonylamino-2-methyl-
naphtho[1,2-*b*]furan-3-yl]- **18** IV 7991

—, 1-Benzo[*b*]selenophen-2-yl- **17**
IV 5084

  — [2,4-dinitro-phenylhydrazon] **17**
  IV 5084

—, 1-Benzo[*b*]selenophen-3-yl- **17**
IV 5086

  — semicarbazon **17** IV 5086

—, 1-Benzo[*b*]thiophen-2-yl- **17** IV 5083

  — [2]naphthylhydrazon **17** IV 5083

  — oxim **17** IV 5083

  — phenylhydrazon **17** IV 5083

  — semicarbazon **17** IV 5083

—, 1-Benzo[*b*]thiophen-3-yl- **17**
II 364 c, IV 5084

  — [(*N*-acetyl-sulfanilyl)-hydrazon]
  17 IV 5085

  — [4-nitro-phenylhydrazon] **17**
  IV 5085

  — oxim **17** IV 5085

  — phenylhydrazon **17** IV 5085

  — semicarbazon **17** II 364 d,
  IV 5085

—, 1-Benzo[*b*]thiophen-2-yl-2-brom- **17**
IV 5083

—, 1-Benzo[*b*]thiophen-3-yl-2-brom- **17**
IV 5086

—, 1-Benzo[*b*]thiophen-3-yl-2-chlor- **17**
IV 5085

—, 1-Benzo[*b*]thiophen-3-yl-2-diazo- **17**
IV 6284

—, 2-Benzo[*b*]thiophen-5-ylmercapto-1-
phenyl- **17** IV 1471

—, 1-Benzo[*b*]thiophen-3-yl-2-phenyl-
17 IV 5445

  — semicarbazon **17** IV 5446

—, 1-Benzo[*b*]thiophen-2-yl-2-
phenylmercapto- **18** IV 362

  — [2,4-dinitro-phenylhydrazon] **18**
  IV 362

—, 1-Benzo[*b*]thiophen-3-yl-2-
phenylmercapto- **18** IV 362

  — [2,4-dinitro-phenylhydrazon] **18**
  IV 362

—, 2-Benzoylamino-1-[2]furyl-,
  — oxim **18** IV 7864

—, 2-Benzoylamino-1-[2]thienyl- **18**
IV 7865

—, 2-[3-Benzoyl-benzofuran-2-yl]-1-
[2-benzoyloxy-phenyl]-2-
[4-dimethylamino-phenylimino]- **18**
I 402 d

—, 1-[4-(O^6-Benzoyl-glucopyranosyloxy)-
phenyl]- **17** IV 3300

—, 1-[4-Benzoyloxy-benzofuran-2-yl]-
18 IV 359

—, 1-[4-Benzoyloxy-benzofuran-5-yl]-
18 IV 364

—, 1-[3-Benzoyloxy-benzo[*b*]thiophen-2-
yl]- **18** II 21 a

—, 2-[3-Benzoyloxy-benzo[*b*]thiophen-2-
yl]-1-[2-benzoyloxy-phenyl]-2-
[4-dimethylamino-phenylimino]- **18**
I 403 d

—, 1-[2-Benzoyloxy-4,6-bis-(tetra-
O-acetyl-glucopyranosyloxy)-phenyl]-
17 IV 3238

—, 1-[6-Benzoyloxy-5-chlor-3-methyl-
benzofuran-7-yl]- **18** IV 395

—, 1-[4-Benzoyloxy-2,3-dihydro-
benzofuran-2-yl]- **18** IV 190

—, 1-[6-Benzoyloxy-2,3-dihydro-
benzofuran-5-yl]- **18** IV 190

—, 1-[3-Benzoyloxy-5,6-dimethoxy-
benzofuran-2-yl]- **18** IV 2393

—, 1-[6-Benzoyloxy-4,7-dimethoxy-
benzofuran-5-yl]- **18** IV 2396

  — [*O*-benzoyl-oxim] **18** IV 2398

—, 1-[6-Benzoyloxy-4,7-dimethoxy-2,3-
dihydro-benzofuran-5-yl]- **18** IV 2344

—, 1-[4-Benzoyloxy-3,5-dimethoxy-
phenyl]-2-[tetra-*O*-acetyl-
glucopyranosyloxy]- **17** IV 3249

—, 1-[3-Benzoyloxy-[2]furyl]- **18** IV 93

—, 2-Benzoyloxy-1-[2]furyl- **18** IV 95

  — semicarbazon **18** IV 96

—, 1-[2-Benzoyloxy-6-hydroxy-4-(tetra-
O-acetyl-glucopyranosyloxy)-phenyl]-
17 IV 3238

—, 1-[4-Benzoyloxy-2-hydroxy-6-(tetra-
O-acetyl-glucopyranosyloxy)-phenyl]-
17 IV 3238

—, 2-Benzoyloxyimino-2-phenyl-1-
[2]thienyl- **17** IV 6343

—, 1-[4-Benzoyloxy-6-methoxy-
benzofuran-5-yl]- **18** IV 1387

Äthanon (Fortsetzung)

—, 1-[6-Benzoyloxy-4-methoxy-
benzofuran-5-yl]- **18** IV 1387

—, 1-[4-Benzoyloxy-3-methoxy-phenyl]-2-
[2-methoxy-4-(7-methoxy-3-methyl-5-
propenyl-2,3-dihydro-benzofuran-2-yl)-
phenoxy]- **17** IV 2399

—, 1-[4-Benzoyloxy-3-methoxy-phenyl]-2-
[2-methoxy-4-(7-methoxy-3-methyl-5-
propyl-2,3-dihydro-benzofuran-2-yl)-
phenoxy]- **17** IV 2383

—, 1-[3-Benzoyloxy-5-methyl-
benzofuran-2-yl]- **18** I 311 d
— phenylhydrazon **18** I 312 c
— semicarbazon **18** I 312 d

—, 1-[4-Benzoyloxy-3-methyl-
benzofuran-5-yl]- **18** IV 392
— semicarbazon **18** IV 392

—, 1-[6-Benzoyloxy-3-methyl-
benzofuran-2-yl]- **18** IV 390

—, 1-[6-Benzoyloxy-3-methyl-
benzofuran-7-yl]- **18** IV 394

—, 1-[4-Benzoyloxy-phenyl]-2-[tetra-
O-acetyl-glucopyranosyloxy]- **17**
IV 3232

—, 1-[2-Benzoyloxy-4-(tetra-O-acetyl-
glucopyranosyloxy)-phenyl]- **17** IV 3230

—, 1-[2-Benzoyloxy-4-tetrahydropyran-2-
yloxy-phenyl]- **17** IV 1070

—, 2-Benzoyloxy-1-[2]thienyl- **18**
IV 100

—, 1-[4-(O^6-Benzoyl-O^2,O^3,O^4-trimethyl-
glucopyranosyloxy)-phenyl]- **17** IV 3300

—, 2-Benzylamino-1-[2]thienyl- **18**
IV 7865

—, 1-[2-Benzyl-benzofuran-3-yl]- **17**
IV 5461
— [2,4-dinitro-phenylhydrazon] **17**
IV 5461
— oxim **17** IV 5461

—, 1-[5-Benzyl-benzofuran-2-yl]- **17**
IV 5463

—, 2-Benzylmercapto-2-hydroxy-1-
[2]thienyl- **17** IV 5980

—, 2-Benzylmercapto-1-[2]thienyl- **18**
IV 100

—, 1-[3-Benzyl-6-methoxy-benzofuran-2-
yl]- **18** IV 771
— [2,4-dinitro-phenylhydrazon] **18**
IV 772

—, 1-[6-Benzyloxyacetoxy-4-methoxy-
benzofuran-5-yl]- **18** IV 1387

—, 1-[4-Benzyloxy-benzofuran-2-yl]- **18**
IV 359

—, 1-[6-Benzyloxy-benzofuran-2-yl]- **18**
IV 360
— [2,4-dinitro-phenylhydrazon] **18**
IV 360

—, 1-[4-Benzyloxy-6,7-dimethoxy-
benzofuran-5-yl]- **18** IV 2395
— oxim **18** IV 2398

—, 1-[6-Benzyloxy-4,7-dimethoxy-
benzofuran-5-yl]- **18** IV 2395

—, 1-[4-Benzyloxy-6-hydroxy-
benzofuran-7-yl]- **18** IV 1390

—, 1-[7-Benzyloxy-6-hydroxy-2,3-
dihydro-benzofuran-5-yl]- **18** IV 1242

—, 1-[4-Benzyloxy-6-hydroxy-7-methoxy-
benzofuran-5-yl]- **18** IV 2395

—, 1-[6-Benzyloxy-4-hydroxy-7-methoxy-
benzofuran-5-yl]- **18** IV 2395
— [2,4-dinitro-phenylhydrazon] **18**
IV 2399

—, 1-[5-Benzyl-[2]thienyl]- **17** IV 5214
— semicarbazon **17** IV 5214

—, 1-Biphenyl-4-yl-2-[furan-2-
carbonylamino]- **18** IV 3952

—, 1-Biphenyl-4-yl-2-[furan-2-
carbonyloxy]- **18** IV 3926

—, 1-[3,4-Bis-acetoxymethyl-[2]furyl]-
18 IV 1168
— [4-nitro-phenylhydrazon] **18**
IV 1169
— oxim **18** IV 1168

—, 1-[3,4-Bis-benzoyloxymethyl-
[2]furyl]- **18** IV 1168

—, 1-[2,5-Bis-(4-brom-phenyl)-[3]furyl]-
17 IV 5509
— oxim **17** IV 5509

—, 1-[2,5-Bis-(4-brom-phenyl)-[3]furyl]-2-
brom- **17** IV 5510

—, 1-[2,5-Bis-(4-brom-phenyl)-
[3]furyl]-2,2-dibrom- **17** IV 5510

—, 1-[3,4-Bis-chlormethyl-[2]furyl]- **17**
IV 4569

—, 2,2-Bis-[4-dimethylamino-phenyl]-1-
[2]thienyl- **18** IV 8017

—, 1-[3,4-Bis-hydroxymethyl-[2]furyl]-
18 IV 1168

—, 1-[3,4-Bis-methoxymethyl-[2]furyl]-
18 IV 1168

—, [3,5-Bis-(4-methoxy-phenyl)-
selenophen-2-yl]- **18** IV 1908

—, 1-[2,5-Bis-methylmercapto-[3]thienyl]-
18 IV 1163

—, 1-[5-Brom-benzofuran-2-yl]-
17 339 c

—, 2-Brom-1-benzofuran-2-yl- **17** 339 d

—, 2-Brom-1-[5-brom-benzofuran-2-yl]-
17 IV 5083

—, 2-Brom-1-[5-brom-[2]furyl]- **17**
IV 4505

—, 2-Brom-1-[5-brom-[2]thienyl]- **17**
IV 4514

—, 2-Brom-1-[5-chlor-benzofuran-2-yl]-
18 IV 5598

Äthanon (Fortsetzung)

—, 2-Brom-1-[5-(4-chlor-phenyl)-[2]thienyl]- **17** IV 5206

—, 2-Brom-1-[5-chlor-[2]thienyl]- **17** IV 4513

—, 1-[8-Brom-dibenzofuran-2-yl]- **17** IV 5330

—, 2-Brom-1-dibenzofuran-2-yl- **17** IV 5330

—, 2-Brom-1-dibenzofuran-3-yl- **17** IV 5332

—, 1-[8-Brom-dibenzofuran-2-yl]-2-phenyl- **17** IV 5565

—, 2-Brom-1-dibenzothiophen-2-yl- **17** IV 5331

—, 2-Brom-1-dibenzothiophen-4-yl- **17** IV 5332

—, 1-[4-Brom-2,5-diphenyl-[3]furyl]- **17** IV 5509

—, 2-Brom-1-[2,5-diphenyl-[3]furyl]- **17** IV 5509

—, 1-[5-Brom-[2]furyl]- **17** IV 4504
  — oxim **17** IV 4505

—, 2-Brom-1-[2]furyl- **17** IV 4505
  — semicarbazon **17** IV 4505

—, 1-[7-Brom-6-hydroxy-4-methoxy-benzofuran-5-yl]- **18** IV 1388

—, 1-[2-Brom-4-hydroxy-3-methyl-benzofuran-5-yl]- **18** IV 392

—, 1-[2-Brom-6-hydroxy-3-methyl-benzofuran-7-yl]- **18** IV 395

—, 1-[5-Brom-6-hydroxy-3-methyl-benzofuran-7-yl]- **18** IV 395

—, 1-[7-Brom-4-hydroxy-3-methyl-benzofuran-5-yl]- **18** IV 392

—, 1-[4-Brom-3-hydroxy-5-methyl-[2]furyl]- **18** IV 115

—, 2-Brom-1-[2-methoxy-dibenzofuran-3-yl]- **18** IV 627

—, 1-[5-Brom-3-methyl-[2]thienyl]- **17** 295 h
  — oxim **17** 295 i

—, 1-[5-Brom-4-methyl-[2]thienyl]- **17** IV 4547

—, 2-Brom-1-[naphtho[2,1-*b*]furan-2-yl]- **17** 363 e

—, 2-Brom-1-[5-nitro-[2]furyl]- **17** IV 4507

—, 1-[5-Brom-4-nitro-[2]thienyl]- **17** IV 4515

—, 2-Brom-1-[4-nitro-[2]thienyl]- **17** IV 4515

—, 2-Brom-1-[5-nitro-[2]thienyl]- **17** IV 4516

—, 2-[6-Brom-2-phenyl-chromen-4-yliden]-1-phenyl- **17** 399 e

—, 1-[4-Brom-phenyl]-2-[tetra-*O*-acetyl-glucopyranosylmercapto]- **17** IV 3736

—, 2-Brom-1-[4-phenyl-tetrahydro-pyran-4-yl]- **17** IV 5015

—, 2-Brom-1-[5-phenyl-[2]thienyl]- **17** IV 5206

—, 1-[4-Brom-phenyl]-2-[thiophen-3-carbonyloxy]- **18** IV 4055

—, 1-[5-Brom-selenophen-2-yl]- **17** IV 4517
  — phenylhydrazon **17** IV 4517
  — semicarbazon **17** IV 4517

—, 2-Brom-1-[6,7,8,9-tetrahydro-dibenzofuran-3-yl]- **17** IV 5228

—, 2-Brom-1-tetrahydropyran-4-yl- **17** IV 4205

—, 1-[3-Brom-[2]thienyl]- **17** IV 4512
  — semicarbazon **17** IV 4512

—, 1-[4-Brom-[2]thienyl]- **17** IV 4512
  — phenylhydrazon **17** IV 4512
  — semicarbazon **17** IV 4512

—, 1-[5-Brom-[2]thienyl]- **17** 288 b, IV 4512
  — phenylhydrazon **17** 288 c
  — semicarbazon **17** IV 4513
  — thiosemicarbazon **17** IV 4513

—, 2-Brom-1-[2]thienyl- **17** 288 d, II 314 h, IV 4513

—, 1-[5-Brom-[2]thienyl]-2-[dichloracetyl-amino]- **18** IV 7866

—, 2-[5-Brom-[2]thienyl]-2-hydroxy-1,2-diphenyl- **18** IV 801

—, 1-[5-Brom-[2]thienyl]-2-phenyl- **17** IV 5201

—, 2-[6-Brom-2-*p*-tolyl-chromen-4-yliden]-1-*p*-tolyl- **17** 400 g

—, 2-Brom-1-[5-*p*-tolyl-[2]thienyl]- **17** IV 5215

—, 1-[5-Butylamino-4-nitro-[2]thienyl]- **17** IV 5918

—, 1-[5-Butylimino-4-nitro-4,5-dihydro-[2]thienyl]- **17** IV 5918

—, 1-[5-Butylmercapto-[2]thienyl]- **18** IV 94

—, 2-Butylmercapto-1-[2]thienyl- **18** IV 100

—, 1-[2-*tert*-Butyl-5-methyl-[3]thienyl]- **17** IV 4637

—, 1-[5-*tert*-Butyl-2-methyl-[2]thienyl]-,
  — [2,4-dinitro-phenylhydrazon] **17** IV 4637

—, 1-[5-*tert*-Butyl-2-methyl-[3]thienyl]- **17** IV 4637
  — semicarbazon **17** IV 4637

—, 1-[5-*tert*-Butyl-4-nitro-[2]thienyl]- **17** IV 4615

—, 1-[3-Butyl-[2]thienyl]- **17** II 322 f
  — [4-nitro-phenylhydrazon] **17** II 322 g

Äthanon (Fortsetzung)
—, 1-[4-Butyl-[2]thienyl]- **17** II 322 f
— [4-nitro-phenylhydrazon] **17**
II 322 g
—, 1-[4-*tert*-Butyl-[2]thienyl]- **17**
IV 4613
— [2,4-dinitro-phenylhydrazon] **17**
IV 4614
— oxim **17** IV 4613
— semicarbazon **17** IV 4614
— thiosemicarbazon **17** IV 4614
—, 1-[5-Butyl-[2]thienyl]- **17** II 322 h,
IV 4612
— [4-nitro-phenylhydrazon] **17** II 322 i
—, 1-[5-*sec*-Butyl-[2]thienyl]- **17**
IV 4613
— [2,4-dinitro-phenylhydrazon] **17**
IV 4613
— semicarbazon **17** IV 4613
—, 1-[5-*tert*-Butyl-[2]thienyl]- **17**
IV 4614
— [2,4-dinitro-phenylhydrazon] **17**
IV 4614
— oxim **17** IV 4614
— semicarbazon **17** IV 4614
— thiosemicarbazon **17** IV 4615
—, 2-Butyryloxy-1-[2]furyl- **18** IV 95
— semicarbazon **18** IV 96
—, 2-[2-Carboxymethoxy-4,5-dimethoxy-
phenyl]-1-[5,7-diacetoxy-2,2-dimethyl-
chroman-8-yl]- **18** IV 3446
—, 2-[2-Carboxymethoxy-4,5-dimethoxy-
phenyl]-1-[5,7-dihydroxy-2,2-dimethyl-
chroman-6-yl]- **18** IV 3445
—, 2-[2-Carboxymethoxy-4,5-dimethoxy-
phenyl]-1-[5,7-dihydroxy-2,2-dimethyl-
chroman-8-yl]- **18** IV 3446
—, 2-[2-Carboxymethoxy-4,5-dimethoxy-
phenyl]-1-[4,6-dihydroxy-2-isopropenyl-
2,3-dihydro-benzofuran-5-yl]- **18**
IV 3526
—, 2-[2-Carboxymethoxy-4,5-dimethoxy-
phenyl]-1-[4,6-dihydroxy-2-isopropyl-2,3-
dihydro-benzofuran-5-yl]- **18** IV 3446
—, 2-[2-Carboxymethoxy-4,5-dimethoxy-
phenyl]-1-[4-hydroxy-benzofuran-5-yl]-
18 IV 3342
—, 2-[2-Carboxymethoxy-4,5-dimethoxy-
phenyl]-1-[4-hydroxy-2,3-dihydro-
benzofuran-5-yl]- **18** IV 3232
—, 2-[2-Carboxymethoxy-4,5-dimethoxy-
phenyl]-1-[5-hydroxy-2,2-dimethyl-
chroman-6-yl]- **18** IV 3242
—, 2-[2-Carboxymethoxy-4,5-dimethoxy-
phenyl]-1-[5-hydroxy-2,2-dimethyl-
2*H*-chromen-6-yl]- **18** IV 3350
—, 2-[2-Carboxymethoxy-4,5-dimethoxy-
phenyl]-1-[4-hydroxy-2-isopropenyl-2,3-
dihydro-benzofuran-5-yl]- **18** IV 3353

—, 2-[2-Carboxymethoxy-4,5-dimethoxy-
phenyl]-1-[4-hydroxy-2-isopropyl-
benzofuran-5-yl]- **18** IV 3351
—, 2-[2-Carboxymethoxy-4,5-dimethoxy-
phenyl]-1-[4-hydroxy-2-isopropyl-2,3-
dihydro-benzofuran-5-yl]- **18** IV 3243
—, 2-[2-Carboxymethoxy-4,5-dimethoxy-
phenyl]-1-[5-hydroxy-7-methoxy-2,2-
dimethyl-chroman-6-yl]- **18** IV 3445
—, 2-[2-Carboxymethoxy-phenyl]-1-
[6-hydroxy-2,3-dihydro-benzofuran-5-yl]-
18 IV 1742
—, 1-[4-Cellobiosyloxy-3-methoxy-
phenyl]- **17** IV 3533
—, 1-[5-Chlor-benzofuran-2-yl]-
17 339 b
—, 1-[5-(4-Chlor-benzyl)-benzofuran-2-yl]-
17 IV 5463
—, 2-Chlor-1-[8-(2-chlor-1-hydroxy-
äthyl)-dibenzofuran-2-yl]- **18** IV 663
—, 2-Chlor-1-[5-chlor-[2]thienyl]- **17**
IV 4511
—, 2-Chlor-1-dibenzofuran-2-yl- **17**
IV 5330
—, 1-[7-Chlor-4,6-dimethoxy-3-methyl-
benzofuran-2-yl]-2-diazo- **18** IV 2511
—, 1-[3-Chlor-[2]furyl]- **17** IV 4503,
18 IV 8469
— [2,4-dinitro-phenylhydrazon] **17**
IV 4504, **18** IV 8469
—, 1-[4-Chlor-[2]furyl]- **18** IV 8469
— [2,4-dinitro-phenylhydrazon] **18**
IV 8469
—, 1-[5-Chlor-[2]furyl]- **17** IV 4504
— [2,4-dinitro-phenylhydrazon] **17**
IV 4504
—, 2-Chlor-1-[2]furyl- **17** IV 4504
—, 1-[2-Chlor-4-glucopyranosyloxy-
phenyl]- **17** IV 3014
—, 1-[5-Chlor-3-hydroxy-benzo[*b*]≱
thiophen-2-yl]- **18** IV 358
— phenylhydrazon **18** IV 359
—, 1-[5-Chlor-3-hydroxy-1,1-dioxo-
1λ^6-benzo[*b*]thiophen-2-yl]- **18** IV 358
—, 1-[5-Chlor-3-hydroxy-6-methoxy-
benzofuran-2-yl]- **18** I 352 i
—, 1-[5-Chlor-6-hydroxy-3-methyl-
benzofuran-7-yl]- **18** IV 395
—, 2-Chlor-1-[3-hydroxy-5-methyl-
benzofuran-7-yl]- **18** 38 b
—, 2-Chlor-1-[6-hydroxy-3-methyl-
benzofuran-2-yl]- **18** II 24 a
—, 1-[4-Chlor-3-hydroxy-5-methyl-
[2]furyl]- **18** IV 115
—, 1-[3-Chlor-2-hydroxy-2-methyl-
tetrahydro-[3]furyl]- **1** III 3319 b
—, 1-[3-Chlor-2-hydroxy-2-phenyl-
tetrahydro-[3]furyl]- **8** III 2375 b

Äthanon (Fortsetzung)

—, 2-Chlor-1-[4-methoxy-dibenzofuran-1-yl]- **18** IV 627

—, 1-[5-(4'-Chlor-4-methoxy-stilben-α-yl)-[2]thienyl]- **18** IV 818
 — [2,4-dinitro-phenylhydrazon] **18** IV 818
 — oxim **18** IV 818
 — semicarbazon **18** IV 818

—, 2-Chlor-1-[5-methyl-[2]furyl]- **17** IV 4549

—, 1-[5-(4'-Chlor-4-methyl-stilben-α-yl)-[2]thienyl]- **17** IV 5546
 — [2,4-dinitro-phenylhydrazon] **17** IV 5546
 — oxim **17** IV 5546
 — semicarbazon **17** IV 5546

—, 2-Chlor-1-[5-nitro-[2]furyl]- **17** IV 4507

—, 1-[5-Chlor-4-nitro-[2]thienyl]- **17** IV 4515

—, 1-[5-Chloromercurio-[2]furyl]- **18** IV 8436
 — semicarbazon **18** IV 8436

—, 1-[2-(4-Chlor-phenyl)-benzofuran-3-yl]- **17** IV 5451
 — [2,4-dinitro-phenylhydrazon] **17** IV 5451

—, 1-[3-Chlor-phenyl]-2-[2]furyl- **17** IV 5201

—, 1-[4-Chlor-phenyl]-2-[2]furyl- **17** IV 5201

—, 1-[5-(3-Chlor-phenyl)-[2]thienyl]- **17** IV 5205
 — [2,4-dinitro-phenylhydrazon] **17** IV 5205
 — thiosemicarbazon **17** IV 5206

—, 1-[5-(4-Chlor-phenyl)-[2]thienyl]- **17** IV 5206

—, 1-[5-(4-Chlor-phenyl)-[2]thienyl]-2-phenyl- **17** IV 5506

—, 1-[5-Chlor-selenophen-2-yl]- **17** IV 4517
 — phenylhydrazon **17** IV 4517
 — semicarbazon **17** IV 4517

—, 1-[5-(4-Chlor-stilben-α-yl)-[2]thienyl]- **17** IV 5544
 — [2,4-dinitro-phenylhydrazon] **17** IV 5544
 — oxim **17** IV 5544
 — semicarbazon **17** IV 5544

—, 1-[5-(4'-Chlor-stilben-α-yl)-[2]thienyl]- **17** IV 5544
 — oxim **17** IV 5544
 — semicarbazon **17** IV 5544
 — thiosemicarbazon **17** IV 5544

—, 1-[5-Chlor-[2]thienyl]- **17** 287 g, IV 4510

— [4-isobutyl-thiosemicarbazon] **17** IV 4511
 — oxim **17** IV 4511
 — phenylhydrazon **17** 287 h
 — semicarbazon **17** IV 4511

—, 2-Chlor-1-[2]thienyl- **17** 288 a, I 150 h, IV 4511

—, 1-[5-Chlor-[2]thienyl]-2-phenyl- **17** IV 5201

—, 1-[5-Chlor-[2]thienyl]-2-thiocyanato- **18** IV 100

—, 1-[5-Chlor-[2]thienyl]-2,2,2-trifluor- **17** IV 4511

—, 1-Chroman-6-yl- **17** IV 4990
 — oxim **17** IV 4990
 — semicarbazon **17** IV 4990
 — thiosemicarbazon **17** IV 4990

—, 1-Chroman-6-yl-2-phenyl- **17** IV 5384

—, 2-Cinnamoyloxy-1-[2]thienyl- **18** IV 100

—, 1-Cyclohex-1-enyl-2-[2,2-dimethyl-tetrahydro-pyran-4-yliden]- **17** IV 4758

—, 1-Cyclopropyl-2-[2,4-dicyclopropyl-4-methyl-oxetan-2-yl]- **18** IV 8470

—, 1-Cyclopropyl-2-[5-methyl-4,5-dihydro-[2]furyl]- **17** IV 4620

—, 1-[5-Decyl-[2]thienyl]- **17** IV 4680

—, 2-[3,4-Diacetoxy-6-acetoxymethyl-5-(3,4,5-triacetoxy-6-acetoxymethyl-tetrahydro-pyran-2-yloxy)-tetrahydro-pyran-2-yloxy]-1-[3,4-diacetoxy-phenyl]- **17** IV 3575

—, 1-[3,6-Diacetoxy-benzofuran-2-yl]- **18** IV 1385
 — [2,4-dinitro-phenylhydrazon] **18** IV 1385

—, 1-[4,6-Diacetoxy-benzofuran-7-yl]- **18** IV 1390

—, 1-[4,6-Diacetoxy-2,3-dihydro-benzofuran-5-yl]- **18** IV 1241

—, 1-[4,6-Diacetoxy-2,3-dihydro-benzofuran-7-yl]- **18** IV 1244

—, 1-[6,7-Diacetoxy-2,3-dihydro-benzofuran-5-yl]- **18** IV 1242

—, 1-[5,7-Diacetoxy-2,2-dimethyl-chroman-6-yl]-2-[4,5-dimethoxy-2-methoxycarbonylmethoxy-phenyl]- **18** IV 3446

—, 2,2-Diacetoxy-1-[2,5-dimethyl-[3]thienyl]- **17** IV 5993

—, 1-[3,6-Diacetoxy-4-methoxy-benzofuran-5-yl]- **18** IV 2393

—, 1-[3,4-Diacetoxy-5-methoxy-phenyl]-2-[tetra-O-acetyl-glucopyranosyloxy]- **17** IV 3249

—, 1-[4,9-Diacetoxy-2-methyl-naphtho≠[2,3-b]furan-3-yl]- **18** IV 1728

Äthanon (Fortsetzung)

—, 2,2-Diacetoxy-1-[2-methyl-5-phenyl-
[3]furyl]- **17** IV 6348
—, 1-[3,4-Diacetoxy-phenyl]-2-[hepta-
O-acetyl-gentiobiosyloxy]- **17** IV 3586
—, 1-[3,4-Diacetoxy-phenyl]-2-[hepta-
O-acetyl-lactosyloxy]- **17** IV 3575
—, 1-[3,4-Diacetoxy-phenyl]-2-[hepta-
O-acetyl-maltosyloxy]- **17** IV 3575
—, 1-[3,4-Diacetoxy-phenyl]-2-[tetra-
O-acetyl-glucopyranosyloxy]- **17**
IV 3239
—, 1-[3,4-Diacetoxy-phenyl]-2-[O^2,O^3,⁼
O^6-triacetyl-O^4-(tetra-O-acetyl-
galactopyranosyl)-glucopyranosyloxy]-
17 IV 3575
—, 1-[3,4-Diacetoxy-phenyl]-2-[O^2,O^3,⁼
O^4-triacetyl-O^6-(tetra-O-acetyl-
glucopyranosyl)-glucopyranosyloxy]- **17**
IV 3586
—, 1-[3,4-Diacetoxy-phenyl]-2-[O^2,O^3,⁼
O^6-triacetyl-O^4-(tetra-O-acetyl-
glucopyranosyl)-glucopyranosyloxy]- **17**
IV 3575
—, 1-[3,4-Diacetoxy-phenyl]-2-[tri-
O-acetyl-xylopyranosyloxy]- **17** IV 2457
—, 1-[2,6-Diacetoxy-4-
(O^2-rhamnopyranosyl-glucopyranosyloxy)-
phenyl]- **17** IV 3477
—, 1-[4,6-Diacetoxy-2,3,5-trimethyl-
benzofuran-7-yl]- **18** II 75 a, IV 1422
— oxim **18** II 75 d
—, 1-[4,6-Diacetoxy-2,3,5-trimethyl-2,3-
dihydro-benzofuran-7-yl]-,
— oxim **18** II 64 f
—, 1-[2,3-Diäthoxy-2,3-dihydro-
benzofuran-2-yl]- **18** IV 1240
— oxim **18** IV 1240
— phenylhydrazon **18** IV 1240
—, 1-[4,6-Diäthoxy-3-glucopyranosyl-2-
hydroxy-phenyl]- **18** IV 3621
—, 1-{4,6-Diäthoxy-2-[4-nitro-
benzoyloxy]-3-[tetrakis-O-(4-nitro-
benzoyl)-glucopyranosyl]-phenyl}- **18**
IV 3621
—, 1-[6-(2-Diäthylamino-äthoxy)-4,7-
dimethoxy-benzofuran-5-yl]- **18** IV 2397
—, 1-[4-(2-Diäthylamino-äthoxy)-6-
hydroxy-7-methoxy-benzofuran-5-yl]-
18 IV 2397
—, 2-Diäthylamino-1-dibenzofuran-2-yl-
18 IV 7981
—, 2-Diäthylamino-1-dibenzothiophen-2-yl-
18 IV 7982
—, 2-Diäthylamino-1-[2,5-diphenyl-
[3]furyl]- **18** IV 8017
—, 2-Diäthylamino-1-[2]furyl- **18**
IV 7863

—, 2-Diäthylamino-1-[4-phenyl-
tetrahydro-pyran-4-yl]- **18** IV 7917
—, 2-Diäthylamino-1-[6,7,8,9-tetrahydro-
dibenzofuran-3-yl]- **18** IV 7946
—, 2-Diäthylamino-1-tetrahydropyran-4-yl-
18 IV 7850
—, 1-[2,5-Diäthyl-4-butyl-[3]thienyl]- **17**
IV 4662
— [2,4-dinitro-phenylhydrazon] **17**
IV 4662
—, 1-[2,5-Diäthyl-6-hydroxy-6-methyl-
tetrahydro-pyran-2-yl]- **1** III 3321 d
—, 1-[2,5-Diäthyl-6-methyl-3,4-dihydro-
2H-pyran-2-yl]- **17** IV 4379
— semicarbazon **17** IV 4379
—, 1-[2,5-Diäthyl-4-pentyl-[3]thienyl]-
17 IV 4669
— [2,4-dinitro-phenylhydrazon] **17**
IV 4669
—, 1-[2,5-Diäthyl-4-propyl-[3]thienyl]-
17 IV 4654
— [2,4-dinitro-phenylhydrazon] **17**
IV 4654
—, 1-[2,5-Diäthyl-[3]thienyl]- **17** 301 d,
IV 4618
— [2,4-dinitro-phenylhydrazon] **17**
IV 4618
— oxim **17** 301 e
— semicarbazon **17** IV 4618
—, 1-[3,4-Diäthyl-[2]thienyl]- **17**
IV 4618
— [4-nitro-phenylhydrazon] **17**
IV 4618
—, 1-[2,5-Diäthyl-[3]thienyl]-2-phenyl-
17 IV 5241
—, 2-Diazo-1-dibenzofuran-2-yl- **17**
IV 6427
—, 2-Diazo-1-dibenzofuran-4-yl- **17**
IV 6427
—, 2-Diazo-1-dibenzothiophen-4-yl- **17**
IV 6427
—, 2-Diazo-1-[4,6-dimethoxy-
dibenzofuran-1-yl]- **18** IV 2670
—, 2-Diazo-1-[4,5-dimethoxy-2-(6-
methoxy-benzofuran-3-yl)-phenyl]- **18**
IV 3362
—, 2-Diazo-1-[3-(3,4-dimethoxy-phenyl)-
6-methoxy-benzofuran-2-yl]- **18** IV 3363
—, 2-Diazo-1-[4,6-dimethyl-benzofuran-
2-yl]- **17** IV 6298
—, 2-Diazo-1-[2,5-dimethyl-[3]thienyl]-
17 IV 5994
—, 2-Diazo-1-[2,5-diphenyl-[3]furyl]- **17**
IV 6509
—, 2-Diazo-1-[2]furyl- **17** IV 5977
—, 2-Diazo-1-[6-isopropyl-2-methoxy-
tetrahydro-pyran-3-yl]- **18** IV 1136
—, 2-Diazo-1-[4-methoxy-benzofuran-5-
yl]- **18** IV 1523

Äthanon (Fortsetzung)

—, 2-Diazo-1-[6-methoxy-benzofuran-2-yl]- **18** IV 1523

—, 2-Diazo-1-[2-(6-methoxy-benzofuran-3-yl)-phenyl]- **18** IV 1888

—, 2-Diazo-1-[4-methoxy-dibenzofuran-1-yl]- **18** IV 1763

—, 2-Diazo-1-[6-methoxy-3-(3-methoxy-phenyl)-benzofuran-2-yl]- **18** IV 2798

—, 2-Diazo-1-[6-methoxy-3-*m*-tolyl-benzofuran-2-yl]- **18** IV 1906

—, 2-Diazo-1-[2-methoxy-4,6,6-trimethyl-tetrahydro-pyran-3-yl]- **18** IV 1136

—, 2-Diazo-1-[2-methyl-4,5-dihydro-[3]furyl]- **17** IV 5923

—, 2-Diazo-1-[5-nitro-[2]furyl]- **17** IV 5977

—, 2-Diazo-1-[2-phenyl-benzofuran-3-yl]- **17** IV 6479

—, 2-Diazo-1-[3-phenyl-benzofuran-2-yl]- **17** IV 6479

—, 2-Diazo-1-tetrahydropyran-4-yl- **17** IV 5851

—, 2-Diazo-1-[2]thienyl- **17** IV 5979

—, 2-Diazo-1-[2-*m*-tolyl-benzofuran-3-yl]- **18** IV 4393

—, 1-[2,5-Dibenzhydryl-[3]thienyl]- **17** II 429 a

—, 1-Dibenzofuran-2-yl- **17** 363 g, II 386 e, IV 5329
  — oxim **17** 363 h, IV 5330
  — phenylhydrazon **17** 363 i

—, 1-Dibenzofuran-3-yl- **17** IV 5331
  — [2,4-dinitro-phenylhydrazon] **17** IV 5331

—, 1-Dibenzofuran-2-yl-2-dimethylamino- **18** IV 7981

—, 1-Dibenzofuran-2-yl-2-hydroxyimino- **17** IV 6426

—, 1-Dibenzofuran-2-yl-2-methylamino- **18** IV 7981

—, 1-Dibenzofuran-2-yl-2-phenyl- **17** IV 5564

—, 1-Dibenzoselenophen-2-yl- **17** IV 5331

—, 1-Dibenzoselenophen-4-yl- **17** IV 5332

—, 1-Dibenzothiophen-2-yl- **17** IV 5330
  — oxim **17** IV 5331
  — semicarbazon **17** IV 5331

—, 1-Dibenzothiophen-4-yl- **17** IV 5332
  — [*O*-acetyl-oxim] **17** IV 5332
  — oxim **17** IV 5332
  — semicarbazon **17** IV 5332

—, 1-Dibenzothiophen-2-yl-2-dimethylamino- **18** IV 7982

—, 1-Dibenzothiophen-2-yl-2-phenyl- **17** IV 5565
  — oxim **17** IV 5565

  — semicarbazon **17** IV 5565

—, 2,2-Dibrom-1-benzofuran-2-yl- **17** 339 e

—, 1-[2,8-Dibrom-dibenzofuran-3-yl]- **17** IV 5332

—, 2,2-Dibrom-1-[2]furyl- **17** IV 4505

—, 2-[6,8-Dibrom-2-hydroxy-2-phenyl-chroman-4-yl]-1-phenyl- **8** III 3069 d

—, 1-[3,4-Dibrom-5-methyl-[2]thienyl]- **17** IV 4550

—, 1-[3,5-Dibrom-4-methyl-[2]thienyl]- **17** IV 4546

—, 1-[4,5-Dibrom-3-methyl-[2]thienyl]- **17** IV 4546

—, 2,2-Dibrom-1-[naphtho[2,1-*b*]furan-2-yl]- **17** 363 f

—, 2,2-Dibrom-1-[4-phenyl-tetrahydro-pyran-4-yl]- **17** IV 5015

—, 1-[2,5-Dibrom-[3]thienyl]- **17** IV 4521

—, 1-[3,4-Dibrom-[2]thienyl]- **17** IV 4513

—, 1-[3,5-Dibrom-[2]thienyl]- **17** IV 4513

—, 1-[4,5-Dibrom-[2]thienyl]- **17** IV 4514

—, 2,2-Dibrom-1-[2]thienyl- **17** 288 e

—, 2-Dibutylamino-1-[2]thienyl- **18** IV 7864

—, 1-[2,5-Di-*tert*-butyl-[3]thienyl]- **17** IV 4661

—, 2-[Dichloracetyl-amino]-1-[2]furyl- **18** IV 7863

—, 2-[Dichloracetyl-amino]-1-[2-methyl-5-phenyl-[3]furyl]- **18** IV 7944

—, 2-[Dichloracetyl-amino]-1-[5-methyl-2-phenyl-[3]furyl]- **18** IV 7944

—, 2-[Dichloracetyl-amino]-1-[2-methyl-5-phenyl-[3]thienyl]- **18** IV 7944

—, 2-[Dichloracetyl-amino]-1-[5-methyl-2-phenyl-[3]thienyl]- **18** IV 7944

—, 2-[Dichloracetyl-amino]-1-[5-methyl-[2]thienyl]- **18** IV 7870

—, 2-[Dichloracetyl-amino]-1-[5-nitro-[2]thienyl]- **18** IV 7866

—, 2-[Dichloracetyl-amino]-1-[5-phenyl-[2]thienyl]- **18** IV 7943

—, 2-[Dichloracetyl-amino]-1-[2]thienyl- **18** IV 7865

—, 1-[3,4-Dichlor-[2]furyl]- **17** IV 4504
  — [2,4-dinitro-phenylhydrazon] **17** IV 4504

—, 1-[6,7-Dichlor-5-hydroxy-2-methyl-benzofuran-3-yl]- **18** IV 388

—, 1-[6,7-Dichlor-5-methoxy-2-methyl-benzofuran-3-yl]- **18** IV 388

—, 1-[3,4-Dichlor-phenyl]-2-[2]furyl- **17** IV 5201

Äthanon (Fortsetzung)
—, 1-[2,5-Dichlor-[3]thienyl]- **17**
   IV 4520
   — semicarbazon **17** IV 4520
—, 1-[3,4-Dichlor-[2]thienyl]- **17**
   IV 4511
—, 1-[4,5-Dichlor-[2]thienyl]- **17**
   IV 4511
—, 1-[2,5-Dichlor-[3]thienyl]-2-phenyl-
   17 IV 5202
—, 1-[2,3-Dihydro-1*H*-benzo[*b*]⪥
   cyclopenta[*d*]thiophen-7-yl]- **17** IV 5220
   — [2,4-dinitro-phenylhydrazon] **17**
     IV 5220
—, 1-[1a,6b-Dihydro-1*H*-benzo[*b*]⪥
   cyclopropa[*d*]furan-1-yl]- **17** IV 5108
—, 1-[2,3-Dihydro-benzofuran-2-yl]- **17**
   II 344 d
   — oxim **17** II 344 e
   — phenylhydrazon **17** II 344 f
   — semicarbazon **17** II 344 g
—, 1-[2,3-Dihydro-benzofuran-5-yl]- **17**
   IV 4980
   — semicarbazon **17** IV 4980
—, 1-[2,3-Dihydro-benzofuran-5-yl]-2-
   phenyl- **17** IV 5370
—, 1-[1a,6b-Dihydro-1*H*-cyclopropa[*b*]⪥
   benzofuran-1-yl]- **17** IV 5108 c
—, 2-[4,5-Dihydro-[2]furyl]-1-phenyl-
   17 IV 5111
—, 1-[1,2-Dihydro-naphtho[2,1-*b*]furan-4-
   yl]- **17** IV 5278
   — azin **17** IV 5279
   — [2,4-dinitro-phenylhydrazon] **17**
     IV 5279
   — oxim **17** IV 5279
   — semicarbazon **17** IV 5279
—, 1-[5,6-Dihydro-2*H*-thiopyran-3-yl]-
   17 IV 4311
   — semicarbazon **17** IV 4311
—, 1-[3,4-Dihydroxy-benzofuran-5-yl]-
   18 IV 1386
—, 1-[3,4-Dihydroxy-benzofuran-7-yl]-
   18 IV 1389
—, 1-[3,6-Dihydroxy-benzofuran-7-yl]-
   18 IV 1389
—, 1-[4,6-Dihydroxy-benzofuran-7-yl]-
   18 IV 1389
—, 1-[4,6-Dihydroxy-2,3-dihydro-
   benzofuran-5-yl]- **18** IV 1240
—, 1-[4,6-Dihydroxy-2,3-dihydro-
   benzofuran-7-yl]- **18** IV 1243
—, 1-[6,7-Dihydroxy-2,3-dihydro-
   benzofuran-5-yl]- **18** IV 1242
—, 1-[3,6-Dihydroxy-4,7-dimethoxy-
   benzofuran-5-yl]- **18** IV 3080
—, 1-[5,7-Dihydroxy-2,2-dimethyl-
   chroman-6-yl]- **18** IV 1261

   — [2,4-dinitro-phenylhydrazon] **18**
     IV 1262
—, 1-[5,7-Dihydroxy-2,2-dimethyl-
   chroman-8-yl]- **18** IV 1263
   — [2,4-dinitro-phenylhydrazon] **18**
     IV 1263
—, 1-[5,7-Dihydroxy-2,2-dimethyl-
   chroman-6-yl]-2-[4,5-dimethoxy-2-
   methoxycarbonylmethoxy-phenyl]- **18**
   IV 3446
—, 1-[5,7-Dihydroxy-2,2-dimethyl-6-
   phenylazo-chroman-8-yl]- **18** IV 8341
—, 1-[5-(3,5-Dihydroxy-[1,4]dioxan-2-yl)-
   2-methyl-[3]furyl]- **18** IV 1189
—, 2-[6,7-Dihydroxy-2,3-diphenyl-
   benzofuran-5-yl]-1,2-diphenyl- **18**
   IV 2001
—, 1-[4,6-Dihydroxy-2-isopropenyl-2,3-
   dihydro-benzofuran-7-yl]- **18** IV 1422
—, 1-[4,6-Dihydroxy-2-isopropyl-2,3-
   dihydro-benzofuran-7-yl]- **18** IV 1264
—, 1-[2,5-Dihydroxy-2-isopropyl-4,6,7-
   trimethyl-2,3-dihydro-benzofuran-3-yl]-
   8 III 3530 a
—, 1-[3,6-Dihydroxy-4-methoxy-
   benzofuran-5-yl]- **18** IV 2393
—, 1-[4,6-Dihydroxy-7-methoxy-
   benzofuran-5-yl]- **18** IV 2394
—, 1-[3,6-Dihydroxy-4-methoxy-2-
   methyl-benzofuran-7-yl]- **18** IV 2406
—, 1-[3,4-Dihydroxy-phenyl]-2-[2-
   [2]furyl-1-methyl-äthylamino]- **18**
   IV 7136
—, 1-[2,6-Dihydroxy-4-
   (*O*²-rhamnopyranosyl-glucopyranosyloxy)-
   phenyl]- **17** IV 3477
—, 1-[2,6-Dihydroxy-4-(tetra-*O*-acetyl-
   glucopyranosyloxy)-phenyl]- **17** IV 3238
—, 1-[2,5-Dihydroxy-2,4,6,7-tetramethyl-
   2,3-dihydro-benzofuran-3-yl]- **8**
   III 3528 b
—, 1-[4,6-Dihydroxy-2,3,5-trimethyl-
   benzofuran-7-yl]- **18** II 74 c, IV 1422
   — oxim **18** II 75 b
   — phenylhydrazon **18** II 75 e,
     IV 1422
—, 1-[4,6-Dihydroxy-2,3,5-trimethyl-2,3-
   dihydro-benzofuran-7-yl]- **18** II 64 d
   — oxim **18** II 64 e
—, 1-[3,3a-Dihydroxy-4,4,7a-trimethyl-
   octahydro-benzofuran-2-yl]- **18** IV 1139
—, 1-[3,7-Dihydroxy-4,4,7a-trimethyl-
   octahydro-benzofuran-2-yl]- **18** IV 1140
—, 1-[2,5-Dihydroxy-4,6,7-trimethyl-2-
   tridecyl-2,3-dihydro-benzofuran-3-yl]-
   8 III 3556 a
—, 1-[2,5-Diisopropyl-6-methyl-3,4-
   dihydro-2*H*-pyran-2-yl]- **17** IV 4391

Äthanon (Fortsetzung)
—, 1-[4,6-Dimethoxy-benzofuran-5-yl]-
  18 IV 1387
—, 1-[4,6-Dimethoxy-benzofuran-7-yl]-
  18 IV 1390
—, 1-[4,6-Dimethoxy-benzofuran-2-yl]-
  2,2,2-trifluor- **18** IV 1385
—, 1-[4,6-Dimethoxy-benzofuran-7-yl]-
  2,2,2-trifluor- **18** IV 1390
—, 1-[5,6-Dimethoxy-benzofuran-2-yl]-
  2,2,2-trifluor- **18** IV 1385
—, 1-[3,4-Dimethoxy-dibenzofuran-1-yl]-
  18 IV 1695
  — oxim **18** IV 1695
—, 1-[4,6-Dimethoxy-dibenzofuran-1-yl]-
  18 IV 1695
  — oxim **18** IV 1696
—, 1-[2,3-Dimethoxy-2,3-dihydro-
  benzofuran-2-yl]- **18** IV 1240
  — [O-benzoyl-oxim] **18** IV 1240
  — oxim **18** IV 1240
—, 1-[4,6-Dimethoxy-2,3-dihydro-
  benzofuran-5-yl]- **18** IV 1241
—, 1-[4,6-Dimethoxy-2,3-dihydro-
  benzofuran-7-yl]- **18** IV 1243
  — oxim **18** IV 1244
  — phenylhydrazon **18** IV 1244
  — semicarbazon **18** IV 1244
—, 1-[6,7-Dimethoxy-2,3-dihydro-
  benzofuran-5-yl]- **18** IV 1242
—, 1-[2,5-Dimethoxy-2,5-dihydro-
  [2]furyl]- **18** IV 1129
  — dimethylacetal **18** IV 1129
—, 1-[5,7-Dimethoxy-2,2-dimethyl-
  chroman-6-yl]- **18** IV 1262
  — [2,4-dinitro-phenylhydrazon] **18**
    IV 1263
  — oxim **18** IV 1262
—, 1-[5,7-Dimethoxy-2,2-dimethyl-
  chroman-8-yl]- **18** IV 1263
—, 1-[5,7-Dimethoxy-2,2-dimethyl-
  chroman-6-yl]-2-methoxy- **18** IV 2349
  — oxim **18** IV 2349
—, 1-[5,7-Dimethoxy-2,2-dimethyl-
  chroman-8-yl]-2-methoxy- **18** IV 2349
  — oxim **18** IV 2350
—, 1-[5,7-Dimethoxy-2,2-dimethyl-
  2H-chromen-6-yl]- **18** IV 1418
  — [2,4-dinitro-phenylhydrazon] **18**
    IV 1419
  — oxim **18** IV 1419
—, 1-[5,7-Dimethoxy-2,2-dimethyl-
  2H-chromen-8-yl]- **18** IV 1419
—, 1-[5,7-Dimethoxy-2,2-dimethyl-3,6-
  dinitro-2H-chromen-8-yl]- **18** IV 1420
—, 1-[5,7-Dimethoxy-2,2-dimethyl-8-(3-
  methyl-but-2-enyl)-2H-chromen-6-yl]-2-
  [3,4-dimethoxy-phenyl]- **18** IV 3380

—, 1-[5,7-Dimethoxy-2,2-dimethyl-8-(3-
  methyl-but-2-enyl)-2H-chromen-6-yl]-2-
  [4-methoxy-phenyl]- **18** IV 2810
—, 1-[5,7-Dimethoxy-2,2-dimethyl-8-
  nitro-chroman-6-yl]- **18** IV 1263
—, 1-[4,7-Dimethoxy-6-(4-methoxy-
  benzoyloxy)-benzofuran-5-yl]- **18**
  IV 2397
—, 2-[4,5-Dimethoxy-2-
  methoxycarbonylmethoxy-phenyl]-1-
  [4-hydroxy-benzofuran-5-yl]- **18** IV 3342
—, 2-[4,5-Dimethoxy-2-
  methoxycarbonylmethoxy-phenyl]-1-
  [4-hydroxy-2,3-dihydro-benzofuran-5-yl]-
  18 IV 3232
—, 2-[4,5-Dimethoxy-2-
  methoxycarbonylmethoxy-phenyl]-1-
  [5-hydroxy-2,2-dimethyl-2H-chromen-6-
  yl]- **18** IV 3351
—, 2-[4,5-Dimethoxy-2-
  methoxycarbonylmethoxy-phenyl]-1-
  [4-hydroxy-2-isopropyl-benzofuran-5-yl]-
  18 IV 3352
—, 1-[5,6-Dimethoxy-3-methyl-
  benzofuran-2-yl]- **18** IV 1407
—, 1-[4,6-Dimethoxy-3-methyl-
  benzofuran-2-yl]-2,2,2-trifluor- **18**
  IV 1406
—, 1-[5,6-Dimethoxy-3-methyl-
  benzofuran-2-yl]-2,2,2-trifluor- **18**
  IV 1407
—, 1-{4,6-Dimethoxy-2-[4-nitro-
  benzoyloxy]-3-[tetrakis-O-(4-nitro-
  benzoyl)-glucopyranosyl]-phenyl}- **18**
  IV 3621
—, 1-[4-(3,4-Dimethoxy-phenacyloxy)-3-
  methoxy-phenyl]-2-[2-methoxy-4-(7-
  methoxy-3-methyl-5-propyl-2,3-dihydro-
  benzofuran-2-yl)-phenoxy]- **17** IV 2382
—, 1-[2-(3,4-Dimethoxy-phenyl)-2-
  hydroxy-6,7-dimethoxy-3-methyl-
  chroman-4-yl]- **10** III 1420 d
—, 2-[3,4-Dimethoxy-phenyl]-1-
  [5-hydroxy-8-isopentyl-7-methoxy-2,2-
  dimethyl-chroman-6-yl]- **18** IV 3247
  — oxim **18** IV 3247
—, 2-[3,4-Dimethoxy-phenyl]-1-
  [5-hydroxy-7-methoxy-2,2-dimethyl-8-(3-
  methyl-but-2-enyl)-2H-chromen-6-yl]-
  18 IV 3380
—, 2-[3,4-Dimethoxy-phenyl]-1-
  [8-isopentyl-5,7-dimethoxy-2,2-dimethyl-
  chroman-6-yl]- **18** IV 3247
—, 1-[3-(3,4-Dimethoxy-phenyl)-6-
  methoxy-benzofuran-2-yl]- **18** IV 2769
  — [2,4-dinitro-phenylhydrazon] **18**
    IV 2769

Äthanon (Fortsetzung)

—, 1-[3,4-Dimethoxy-phenyl]-2-
[2-methoxy-4-(7-methoxy-3-methyl-5-
propenyl-2,3-dihydro-benzofuran-2-yl)-
phenoxy]- **17** IV 2399

—, 1-[3,4-Dimethoxy-phenyl]-2-
[2-methoxy-4-(7-methoxy-3-methyl-5-
propyl-2,3-dihydro-benzofuran-2-yl)-
phenoxy]- **17** IV 2382

—, 1-[3,5-Dimethoxy-4-(tetra-*O*-acetyl-
glucopyranosyloxy)-phenyl]- **17** IV 3239

—, 1-[2,5-Dimethoxy-tetrahydro-
[2]furyl]- **18** IV 1113

— dimethylacetal **18** IV 1113

—, 1-[4,7-Dimethoxy-6-veratroyloxy-
benzofuran-5-yl]- **18** IV 2397

—, 1-[6-(2-Dimethylamino-äthoxy)-4,7-
dimethoxy-benzofuran-5-yl]- **18** IV 2397

—, 1-[4-(2-Dimethylamino-äthoxy)-6-
hydroxy-7-methoxy-benzofuran-5-yl]-
18 IV 2397

—, 1-[9c-(2-Dimethylamino-äthyl)-5-
hydroxy-3-methoxy-4a,5,6,9c-tetrahydro-
phenanthro[4,5-*bcd*]furan-1-yl]- **18**
IV 8135

—, 1-[9c-(2-Dimethylamino-äthyl)-5-
hydroxy-3-methoxy-4a,5,7a,9c-tetrahydro-
phenanthro[4,5-*bcd*]furan-1-yl]- **18**
IV 8135

—, 1-[8-Dimethylamino-5,7-dimethoxy-
2,2-dimethyl-chroman-6-yl]- **18** IV 8119

—, 2-[4-Dimethylamino-phenyl]-1-
[2]furyl-2-hydroxy- **18** IV 8088

—, 2-[4-Dimethylamino-phenylimino]-2-
[3-hydroxy-benzo[*b*]thiophen-2-yl]-1-
[2-hydroxy-phenyl]- **18** I 403 b

—, 2-[4-Dimethylamino-phenylimino]-2-
[3-methoxy-benzo[*b*]thiophen-2-yl]-1-
[2-methoxy-phenyl]- **18** I 403 c

—, 1-[9-(3-Dimethylamino-propyliden)-
thioxanthen-2-yl]- **18** IV 8015

—, 2-Dimethylamino-1-[6,7,8,9-
tetrahydro-dibenzofuran-3-yl]- **18**
IV 7946

—, 2-Dimethylamino-1-[2]thienyl- **18**
IV 7864

—, 1-[2,2-Dimethyl-chroman-6-yl]- **17**
IV 5019

— [2,4-dinitro-phenylhydrazon] **17**
IV 5020

—, 1-[2,2-Dimethyl-chroman-8-yl]- **17**
IV 5020

— [2,4-dinitro-phenylhydrazon] **17**
IV 5020

—, 2-[2,3-Dimethyl-4*H*-chromen-4-yl]-1-
phenyl- **17** II 405 f

—, 1-[2,2-Dimethyl-2,3-dihydro-
benzofuran-5-yl]- **17** IV 5011

—, 1-[5,6-Dimethyl-2,3-dihydro-
benzofuran-7-yl]- **17** IV 5011

— [2,4-dinitro-phenylhydrazon] **17**
IV 5011

— semicarbazon **17** IV 5011

—, 1-[5,7-Dimethyl-2,3-dihydro-
benzofuran-6-yl]- **17** IV 5011

— [2,4-dinitro-phenylhydrazon] **17**
IV 5012

—, 1-[8,8-Dimethyl-2,2-dioxo-4,5,6,7-
tetrahydro-2λ^6-3a,6-methano-benzo[*c*]
thiophen-1-yl]- **17** IV 4756

—, 1-[2,5-Dimethyl-[3]furyl]- **17** 298 g,
I 17 157 h, IV 4570

— oxim **17** 298 h, IV 4571

— phenylhydrazon **17** 298 i,
IV 4571

— semicarbazon **17** IV 4571

— thiosemicarbazon **17** IV 4571

—, 1-[2,5-Dimethyl-selenophen-3-yl]-
17 IV 4572

— semicarbazon **17** IV 4572

—, 1-[3,4-Dimethyl-selenophen-2-yl]-
17 IV 4570

— [2,4-dinitro-phenylhydrazon] **17**
IV 4570

—, 1-[3,5-Dimethyl-selenophen-2-yl]-
17 IV 4573

—, 1-[2,5-Dimethyl-[3]thienyl]- **17** 298 j,
I 157 h, II 319 d, IV 4571

— [4-nitro-phenylhydrazon] **17**
IV 4572

— oxim **17** I 157 i, IV 4571

— phenylhydrazon **17** IV 4571

— semicarbazon **17** I 157 j,
II 319 e, IV 4572

— thiosemicarbazon **17** IV 4572

—, 1-[3,4-Dimethyl-[2]thienyl]- **17**
IV 4569

— [4-nitro-phenylhydrazon] **17**
IV 4569

— oxim **17** IV 4569

— semicarbazon **17** IV 4569

—, 1-[3,5-Dimethyl-[2]thienyl]- **17**
IV 4572

— [4-nitro-phenylhydrazon] **17**
IV 4573

— oxim **17** IV 4573

— semicarbazon **17** IV 4573

—, 1-[4,5-Dimethyl-[2]thienyl]- **17**
IV 4570

— [4-nitro-phenylhydrazon] **17**
IV 4570

— oxim **17** IV 4570

— semicarbazon **17** IV 4570

—, 1-[2,5-Dimethyl-[3]thienyl]-2,2-
dihydroxy- **17** IV 5993

—, 1-[2,5-Dimethyl-[3]thienyl]-2-
hydroxyimino- **17** IV 5993

Äthanon (Fortsetzung)

—, 1-[2,5-Dimethyl-[3]thienyl]-2-phenyl-
17 IV 5226
— semicarbazon 17 IV 5226
—, 1-[2,5-Dimethyl-[3]thienyl]-2-
phenylhydrazono- 17 IV 5994
—, 1-[2,5-Dimethyl-[3]thienyl]-2-
semicarbazono- 17 IV 5994
—, 1-[3,5-Dinitro-[2]thienyl]- 17
IV 4516
—, 1-[1,1-Dioxo-1λ^6-benzo[b]thiophen-3-
yl]- 17 IV 5085
—, 2-[2,2-Diphenyl-chroman-4-yl]-1-
phenyl- 17 IV 5628
— [2,4-dinitro-phenylhydrazon] 17
IV 5629
—, 1-[2,5-Diphenyl-[3]furyl]- 17
IV 5509
— semicarbazon 17 IV 5509
—, 2-[2,5-Diphenyl-[3]furyl]-1-phenyl-
17 399 f, IV 5612
— azin 17 400 a
—, 1,2-Diphenyl-2-[2-phenyl-
4H-chromen-4-yl]- 17 IV 5635
—, 1,2-Diphenyl-2-[2-phenyl-chromen-4-
yliden]- 17 IV 5641
—, 1-[3,5-Diphenyl-selenophen-2-yl]- 17
IV 5509
— oxim 17 IV 5509
—, 1-[1,4-Diphenyl-1,2,3,4-tetrahydro-
1,4-epoxido-naphthalin-2-yl]- 17
IV 5599
—, 1-[2,5-Diphenyl-[3]thienyl]- 17
II 412 b
—, 1-[3,5-Diphenyl-[2]thienyl]- 17
II 412 a, IV 5508
— oxim 17 IV 5508
—, 2,2-Diphenyl-1-[2]thienyl- 17
IV 5506
—, 1-[3,5-Diphenyl-[2]thienyl]-2-phenyl-
17 IV 5612
—, 1,2-Diphenyl-2-[triphenyl-[3]furyl]-
7 III 4716 a, 17 IV 5646
—, 1,2-Diphenyl-2-xanthen-9-yl- 17
IV 5626
—, 1,2-Diphenyl-2-xanthen-9-yliden- 17
IV 5631
—, 1-[2,5-Dipropyl-[3]thienyl]- 17
IV 4645
— semicarbazon 17 IV 4645
—, 1-[3,5-Di-p-tolyl-selenophen-2-yl]-
17 IV 5522
—, 1-[3,5-Di-p-tolyl-[2]thienyl]- 17
IV 5522
—, 2-Dodecylmercapto-1-[2]furyl-2-
hydroxy- 17 IV 5977

—, 2-Dodecylmercapto-2-hydroxy-1-
[2]thienyl- 17 IV 5980
—, 1-[5-Dodecyl-[2]thienyl]- 17 IV
4688
— azin 17 IV 4689
— [2,4-dinitro-phenylhydrazon] 17
IV 4688
— semicarbazon 17 IV 4688
—, 1-[4,5-Epoxy-cyclohex-1-enyl]- 17
IV 4575
— semicarbazon 17 IV 4576
—, 1-[1,2-Epoxy-cyclohexyl]- 17
IV 4334
—, 1-[4,5-Epoxy-6-hydroxy-3-methoxy-
17,17-dimethyl-7,8,9,10-tetradehydro-
9,17-seco-morphinan-1-yl]- 18 IV
8135
—, 1-[4,5-Epoxy-6-hydroxy-3-methoxy-
17,17-dimethyl-8,9,10,14-tetradehydro-
9,17-seco-morphinan-1-yl]- 18 IV
8135
—, 1-[1,2-Epoxy-4-isopropenyl-
cyclopentyl]- 17 IV 4626
— semicarbazon 17 IV 4626
—, 1-[4,5-Epoxy-2-methyl-cyclohex-1-
enyl]- 17 IV 4601
—, 1-[4-(2,3-Epoxy-propoxy)-2-hydroxy-
phenyl]- 17 IV 1004
—, 1-[2-(2,3-Epoxy-propoxy)-phenyl]-
17 IV 1003
—, 1-[3-(2,3-Epoxy-propoxy)-phenyl]-
17 IV 1003
—, 1-[4-(2,3-Epoxy-propoxy)-phenyl]-
17 IV 1003
—, 2-[N-(2,3-Epoxy-propyl)-p-toluidino]-
1-phenyl- 18 II 414 f
—, 2-[3,4-Epoxy-2,2,3-trimethyl-
cyclopentyl]-1-phenyl- 17 IV 5163
—, 1-[5-Fluoren-9-ylidenmethyl-
[2]thienyl]- 17 IV 5566
— [2,4-dinitro-phenylhydrazon] 17
IV 5566
— oxim 17 IV 5566
— semicarbazon 17 IV 5566
—, 1-[4-Formylamino-[2]furyl]- 18
IV 7862
—, 2-[Furan-2-carbonylamino]-1-[4-nitro-
phenyl]- 18 IV 3952
—, 2-[Furan-2-carbonylamino]-1-phenyl-
18 IV 3952
—, 2-[Furan-2-carbonyloxy]-1-[2]furyl-
18 IV 3936
— semicarbazon 18 IV 3937
—, 1-[2-(Furan-2-carbonyloxy)-phenyl]-
18 IV 3925
—, 2-[Furan-2-carbonyloxy]-1-phenyl-
18 IV 3925

Äthanon (Fortsetzung)

—, 2-[Furan-2-carbonyloxy]-1-[2]thienyl-
 18 IV 3937

—, 2-Furfurylmercapto-2-hydroxy-1-
  phenyl- **17** IV 1257

—, 1-[2]Furyl- **17** 286 g, I 149 f,
  II 314 a, IV 4500

 — [O-acetyl-oxim] **17** 286 i, IV
   4502
 — azin **17** IV 4503
 — [O-benzoyl-oxim] **17** 287 a, IV 4502
 — [cyanacetyl-hydrazon] **17** IV 4503
 — diäthyldithioacetal **17** IV 4507
 — [2,4-dinitro-phenylhydrazon] **17**
   IV 4503
 — [furan-2-carbonylhydrazon] **18**
   IV 3973
 — [4-nitro-benzoylhydrazon] **17**
   IV 4503
 — [4-nitro-phenylhydrazon] **17**
   I 149 h
 — oxim **17** 286 h, I 149 g,
   IV 4501
 — phenylhydrazon **17** 287 b,
   IV 4503
 — semicarbazon **17** 287 c, I 149 i,
   IV 4503
 — thiosemicarbazon **17** IV 4503
 — [O-(toluol-4-sulfonyl)-oxim] **17**
   IV 4502
 — [O-trichloracetyl-oxim] **17**
   IV 4502

—, 1-[3]Furyl- **17** IV 4519
 — [4-nitro-phenylhydrazon] **17**
   IV 4520
 — semicarbazon **17** IV 4520

—, 1-[2]Furyl-2,2-dihydroxy- **17**
 IV 5976

—, 1-[2]Furyl-2-hexylmercapto-2-
  hydroxy- **17** IV 5977

—, 1-[2]Furyl-2-hydroxy- **18** IV 95
 — oxim **18** IV 96
 — [O-(toluol-4-sulfonyl)-oxim] **18**
   IV 96

—, 1-[2]Furyl-2-hydroxyimino- **17**
 IV 5976

—, 1-[2]Furyl-2-hydroxy-2-phenyl-
 18 43 b, II 25 g, IV 499
 — [O-acetyl-oxim] **18** 43 d
 — oxim **18** 43 c, II 26 a
 — semicarbazon **18** IV 499

—, 2-[2]Furyl-2-hydroxy-1-phenyl- **18**
 II 26 b, IV 500

—, 1-[2]Furyl-2-hydroxy-2-
  propylmercapto- **17** IV 5977

—, 1-[2]Furyl-2-[4-nitro-phenyl]- **17**
 II 373 b

—, 2-[2]Furyl-1-[4-nitro-phenyl]- **17**
 II 373 b, IV 5201

—, 1-[2]Furyl-2-phenyl- **17** IV 5200
 — [2,4-dinitro-phenylhydrazon] **17**
   IV 5200

—, 2-[2]Furyl-1-phenyl-,
 — oxim **17** IV 5201

—, 1-[2]Furyl-2-phenylhydrazono- **17**
 IV 5976

—, 1-[2]Furyl-2-semicarbazono- **17** IV 5977

—, 1-[2]Furyl-2-thiosemicarbazono- **17**
 IV 5977

—, 1-[2-Galactopyranosyloxy-phenyl]-
 17 IV 3013

—, 1-[4-Galactopyranosyloxy-phenyl]-
 17 IV 3014

—, 1-[4-(O^4-Glucopyranosyl-
  glucopyranosyloxy)-3-methoxy-phenyl]-
 17 IV 3533

—, 1-[3-Glucopyranosyl-2-hydroxy-4,6-
  dimethoxy-phenyl]- **18** IV 3621

—, 1-[4-Glucopyranosylmercapto-phenyl]-
 17 IV 3729

—, 1-[4-Glucopyranosyloxy-2,6-
  dihydroxy-phenyl]- **17** IV 3477

—, 1-[4-Glucopyranosyloxy-3,5-
  dimethoxy-phenyl]- **17** IV 3027

—, 1-[2-Glucopyranosyloxy-6-hydroxy-4-
  methoxy-phenyl]- **17** IV 3027

—, 1-[4-Glucopyranosyloxy-2-hydroxy-6-
  methoxy-phenyl]- **17** IV 3027

—, 1-[4-Glucopyranosyloxy-2-hydroxy-6-
  methyl-phenyl]- **17** IV 3022

—, 1-[3-Glucopyranosyloxy-4-hydroxy-
  phenyl]- **17** IV 3021

—, 1-[4-Glucopyranosyloxy-2-hydroxy-
  phenyl]- **17** IV 3021

—, 1-[2-Glucopyranosyloxy-4-methoxy-
  phenyl]- **17** IV 3020

—, 1-[2-Glucopyranosyloxy-5-methoxy-
  phenyl]- **17** IV 3021

—, 1-[3-Glucopyranosyloxy-4-methoxy-
  phenyl]- **17** IV 3021

—, 1-[4-Glucopyranosyloxy-2-methoxy-
  phenyl]- **17** IV 3021

—, 1-[4-Glucopyranosyloxy-3-methoxy-
  phenyl]- **17** IV 3022, **31** 228 d

—, 1-[2-Glucopyranosyloxy-phenyl]- **17**
 IV 3012

—, 1-[3-Glucopyranosyloxy-phenyl]- **17**
 IV 3013

—, 1-[4-Glucopyranosyloxy-phenyl]- **17**
 IV 3013, **31** 226 e
 — oxim **17** IV 3014
 — phenylhydrazon **17** IV 3014
 — semicarbazon **17** IV 3014

—, 1-[4-(Hepta-O-acetyl-cellobiosyloxy)-
  3-methoxy-phenyl]- **17** IV 3573

Äthanon   (Fortsetzung)
—, 1-[8-Heptyl-dibenzofuran-2-yl]- **17**
IV 5408
—, 2-Heptylmercapto-2-hydroxy-1-
[2]thienyl- **17** IV 5979
—, 1-[5-Heptylmercapto-[2]thienyl]- **18**
IV 95
—, 1-[5-Heptyl-[2]thienyl]- **17** IV 4652
— azin **17** IV 4652
— [2,4-dinitro-phenylhydrazon] **17**
IV 4652
— semicarbazon **17** IV 4652
—, 1-[5-Hexadecyl-[2]thienyl]- **17**
IV 4692
— [2,4-dinitro-phenylhydrazon] **17**
IV 4692
— oxim **17** IV 4692
— semicarbazon **17** IV 4693
—, 1-[5a,6,7,8,9,9a-Hexahydro-
dibenzofuran-2-yl]- **17** II 371 c
—, 1-[5-Hexylmercapto-[2]thienyl]- **18**
IV 95
—, 1-[3-Hydroxy-benzofuran-2-yl]- **18**
IV 355
—, 1-[4-Hydroxy-benzofuran-2-yl]- **18**
IV 359
— oxim **18** IV 359
—, 1-[4-Hydroxy-benzofuran-5-yl]- **18**
IV 363
—, 1-[4-Hydroxy-benzofuran-6-yl]-
18 35 a
—, 1-[5-Hydroxy-benzofuran-6-yl]- **18**
IV 364
—, 1-[6-Hydroxy-benzofuran-2-yl]- **18**
IV 359
—, 1-[6-Hydroxy-benzofuran-5-yl]- **18**
IV 364
—, 1-[4-Hydroxy-benzofuran-5-yl]-2-
[2-hydroxy-4,5-dimethoxy-phenyl]- **18**
IV 3341
—, 1-[2-Hydroxy-benzofuran-3-yl]-2-
[2-hydroxy-phenyl]- **18** IV 1853
—, 1-[4-Hydroxy-benzofuran-5-yl]-2-
methoxy- **18** IV 1388
—, 1-[4-Hydroxy-benzofuran-5-yl]-2-
phenyl- **18** IV 751
—, 1-[4-Hydroxy-benzofuran-5-yl]-2-
[2,4,5-trimethoxy-phenyl]- **18** IV 3342
—, 1-[3-Hydroxy-benzo[*b*]thiophen-2-yl]-
18 II 20 i, IV 356
— [4-brom-phenylhydrazon] **18**
IV 356
— [2,4-dinitro-phenylhydrazon] **18**
IV 357
— [2-methoxy-phenylhydrazon] **18**
IV 357
— [4-methoxy-phenylhydrazon] **18**
IV 357

— [2-nitro-phenylhydrazon] **18**
IV 356
— [3-nitro-phenylhydrazon] **18**
IV 357
— [4-nitro-phenylhydrazon] **18**
IV 357
— phenylhydrazon **18** II 21 b
— phenylimin **18** IV 356
— *o*-tolylhydrazon **18** IV 357
—, 1-[2-Hydroxy-4,6-bis-(tetra-*O*-acetyl-
glucopyranosyloxy)-phenyl]- **17** IV 3238
—, 1-[7-Hydroxy-chroman-6-yl]- **18**
IV 209
— [2,4-dinitro-phenylhydrazon] **18**
IV 210
— semicarbazon **18** IV 210
—, 1-[2-Hydroxy-dibenzofuran-1-yl]- **18**
IV 626
—, 1-[2-Hydroxy-dibenzofuran-3-yl]- **18**
IV 627
—, 1-[4-Hydroxy-dibenzofuran-3-yl]- **18**
IV 628
— oxim **18** IV 628
—, 1-[4-Hydroxy-2,3-dihydro-
benzofuran-2-yl]- **18** IV 190
— oxim **18** IV 190
—, 1-[5-Hydroxy-2,3-dihydro-
benzofuran-6-yl]- **18** IV 191
— [2,4-dinitro-phenylhydrazon] **18**
IV 191
—, 1-[6-Hydroxy-2,3-dihydro-
benzofuran-5-yl]- **18** IV 190
— [2,4-dinitro-phenylhydrazon] **18**
IV 190
—, 1-[4-Hydroxy-2,3-dihydro-
benzofuran-5-yl]-2-[2-hydroxy-4,5-
dimethoxy-phenyl]- **18** IV 3232
—, 1-[4-Hydroxy-2,3-dihydro-
benzofuran-5-yl]-2-methoxy- **18** IV 1242
— semicarbazon **18** IV 1242
—, 1-[4-Hydroxy-2,3-dihydro-
benzofuran-7-yl]-2-methoxy- **18** IV 1244
—, 1-[6-Hydroxy-2,3-dihydro-
benzofuran-5-yl]-2-methoxy- **18** IV 1243
— [2,4-dinitro-phenylhydrazon] **18**
IV 1243
—, 1-[6-Hydroxy-2,3-dihydro-
benzofuran-5-yl]-2-
[2-methoxycarbonylmethoxy-phenyl]- **18**
IV 1742
—, 1-[6-Hydroxy-2,3-dihydro-
benzofuran-5-yl]-2-[2-methoxy-phenyl]-
18 IV 1742
—, 1-[6-Hydroxy-2,3-dihydro-
benzofuran-5-yl]-2-phenyl- **18** IV 659
—, 1-[2-Hydroxy-4,5-dihydro-naphtho≠
[1,2-*b*]furan-3-yl]- **17** IV 6355

Äthanon (Fortsetzung)

—, 1-[2-Hydroxy-4,5-dihydro-
phenanthro[4,3-*b*]furan-3-yl]- **17**
IV 6491

—, 1-[2-Hydroxy-10,11-dihydro-
phenanthro[1,2-*b*]furan-1-yl]- **17**
IV 6490

—, 1-[3-Hydroxy-4,6-dimethoxy-
benzofuran-2-yl]- **18** IV 2392
— [2,4-dinitro-phenylhydrazon] **18**
IV 2392

—, 1-[3-Hydroxy-4,6-dimethoxy-
benzofuran-5-yl]- **18** IV 2393

—, 1-[3-Hydroxy-5,6-dimethoxy-
benzofuran-2-yl]- **18** IV 2393

—, 1-[4-Hydroxy-6,7-dimethoxy-
benzofuran-5-yl]- **18** IV 2394
— [2,4-dinitro-phenylhydrazon] **18**
IV 2398

—, 1-[6-Hydroxy-4,7-dimethoxy-
benzofuran-5-yl]- **18** IV 2394
— [2,4-dinitro-phenylhydrazon] **18**
IV 2398
— oxim **18** IV 2397
— phenylhydrazon **18** IV 2398
— semicarbazon **18** IV 2398

—, 1-[6-Hydroxy-4,7-dimethoxy-2,3-
dihydro-benzofuran-5-yl]- **18** IV 2344

—, 2-[2-Hydroxy-4,5-dimethoxy-phenyl]-
1-[4-hydroxy-2-isopropenyl-2,3-dihydro-
benzofuran-5-yl]- **18** II 223 d, IV 3352
— oxim **18** II 224 a

—, 2-[2-Hydroxy-4,5-dimethoxy-phenyl]-
1-[4-hydroxy-2-isopropyl-benzofuran-5-yl]-
18 II 223 c, IV 3351

—, 2-[2-Hydroxy-4,5-dimethoxy-phenyl]-
1-[4-hydroxy-2-isopropyl-2,3-dihydro-
benzofuran-5-yl]- **18** II 211 a

—, 1-[3-Hydroxy-4,6-dimethyl-
benzofuran-2-yl]- **18** IV 413
— [2,4-dinitro-phenylhydrazon] **18**
IV 413
— semicarbazon **18** IV 413

—, 1-[5-Hydroxy-2,6-dimethyl-
benzofuran-3-yl]- **18** IV 413

—, 1-[5-Hydroxy-2,7-dimethyl-
benzofuran-3-yl]- **18** IV 413
— [2,4-dinitro-phenylhydrazon] **18**
IV 413

—, 1-[5-Hydroxy-2,2-dimethyl-chroman-
6-yl]- **18** IV 226

—, 1-[5-Hydroxy-2,2-dimethyl-
2*H*-chromen-6-yl]- **18** IV 423

—, 1-[3-Hydroxy-1,1-dioxo-1λ⁶-benzo[*b*]≠
thiophen-2-yl]- **18** IV 356
— [2,4-dinitro-phenylhydrazon] **18**
IV 358
— [2-methoxy-phenylhydrazon] **18**
IV 358

— [2-nitro-phenylhydrazon] **18**
IV 358
— phenylhydrazon **18** IV 358
— *o*-tolylhydrazon **18** IV 358

—, 2-[2-Hydroxy-2,3-diphenyl-chroman-
4-yl]-1-phenyl- **8** III 3115 c

—, 2-Hydroxy-1,2-diphenyl-2-[2]thienyl-
18 I 333 c

—, 1-[3-Hydroxy-[2]furyl]- **18** IV 93

—, 2-[3a-Hydroxy-1,2,3,3a,9,9a-
hexahydro-cyclopenta[*b*]chromen-9-yl]-1-
phenyl- **8** III 2970 b

—, 2-[4a-Hydroxy-1,2,3,4,4a,9a-
hexahydro-xanthen-9-yl]-1-phenyl- **8**
III 2972 a

—, 2-Hydroxy-1-[4-hydroxy-benzofuran-
5-yl]- **18** IV 1388

—, 1-[6-Hydroxy-1-(α-hydroxy-isopropyl)-
4-methoxy-2,3-dihydro-benzofuran-5-yl]-
18 IV 2350

—, 1-[4-Hydroxyimino-2,6-dimethyl-
4*H*-chromen-3-yl]- **17** IV 6304

—, 2-Hydroxyimino-1-[2-methyl-5-
phenyl-[3]furyl]- **17** IV 6348

—, 2-Hydroxyimino-2-phenyl-1-
[2]thienyl- **17** IV 6342

—, 2-Hydroxyimino-1-[2]thienyl- **17**
IV 5978

—, 1-[5-Hydroxy-8-isopentyl-7-methoxy-
2,2-dimethyl-chroman-6-yl]-2-[4-methoxy-
phenyl]- **18** IV 2664
— oxim **18** IV 2664

—, 1-[6-Hydroxy-2-isopropenyl-
benzofuran-5-yl]- **18** IV 511
— [2,4-dinitro-phenylhydrazon] **18**
IV 512
— oxim **18** IV 512
— semicarbazon **18** IV 512

—, 1-[4-Hydroxy-2-isopropenyl-2,3-
dihydro-benzofuran-5-yl]-2-[2,4,5-
trimethoxy-phenyl]- **18** IV 3352
— oxim **18** IV 3353

—, 1-[6-Hydroxy-2-isopropenyl-4-
methoxy-2,3-dihydro-benzofuran-7-yl]-
18 IV 1422

—, 1-[4-Hydroxy-2-isopropyl-
benzofuran-6-yl]- **18** IV 428

—, 1-[4-Hydroxy-2-isopropyl-
benzofuran-5-yl]-2-[2-methoxy-phenyl]-
18 IV 1875

—, 1-[4-Hydroxy-2-isopropyl-
benzofuran-5-yl]-2-[2,4,5-trimethoxy-
phenyl]- **18** IV 3351

—, 1-[6-Hydroxy-2-isopropyl-2,3-
dihydro-benzofuran-5-yl]- **18** IV 228
— [2,4-dinitro-phenylhydrazon] **18**
IV 228
— oxim **18** IV 228

Äthanon (Fortsetzung)

—, 1-[6-Hydroxy-2-isopropyl-2,3-dihydro-benzofuran-7-yl]- **18** IV 228
 — [2,4-dinitro-phenylhydrazon] **18** IV 229
—, 1-[4-Hydroxy-2-isopropyl-2,3-dihydro-benzofuran-5-yl]-2-[2,4,5-trimethoxy-phenyl]- **18** IV 3242
 — oxim **18** IV 3243
—, 1-[6-Hydroxy-2-isopropyl-4-methoxy-benzofuran-5-yl]- **18** IV 1421
—, 1-[3-Hydroxy-4-jod-5-methyl-[2]furyl]- **18** IV 116
—, 1-[2-Hydroxy-3-mercapto-2-methyl-tetrahydro-[3]furyl]- **1** III 3325 c
—, 1-[4-Hydroxy-6-methoxy-benzofuran-5-yl]- **18** IV 1387
—, 1-[6-Hydroxy-4-methoxy-benzofuran-5-yl]- **18** IV 1386
 — oxim **18** IV 1388
—, 1-[6-Hydroxy-4-methoxy-benzofuran-7-yl]- **18** IV 1389
 — [2,4-dinitro-phenylhydrazon] **18** IV 1390
—, 1-[4-Hydroxy-6-methoxy-2,3-dihydro-benzofuran-5-yl]- **18** IV 1241
 — [2,4-dinitro-phenylhydrazon] **18** IV 1242
—, 1-[6-Hydroxy-4-methoxy-2,3-dihydro-benzofuran-5-yl]- **18** IV 1241
 — [2,4-dinitro-phenylhydrazon] **18** IV 1241
—, 1-[6-Hydroxy-4-methoxy-2,3-dihydro-benzofuran-7-yl]- **18** IV 1243
 — [2,4-dinitro-phenylhydrazon] **18** IV 1244
—, 1-[6-Hydroxy-7-methoxy-2,3-dihydro-benzofuran-5-yl]- **18** IV 1242
—, 1-[5-Hydroxy-7-methoxy-2,2-dimethyl-chroman-6-yl]- **18** IV 1262
 — [2,4-dinitro-phenylhydrazon] **18** IV 1262
—, 1-[7-Hydroxy-5-methoxy-2,2-dimethyl-chroman-6-yl]- **18** IV 1261
 — oxim **18** IV 1262
—, 1-[7-Hydroxy-5-methoxy-2,2-dimethyl-chroman-8-yl]- **18** IV 1263
—, 1-[5-Hydroxy-7-methoxy-2,2-dimethyl-chroman-6-yl]-2-methoxy- **18** IV 2349
 — oxim **18** IV 2349
—, 1-[7-Hydroxy-5-methoxy-2,2-dimethyl-2H-chromen-6-yl]- **18** IV 1418
 — [2,4-dinitro-phenylhydrazon] **18** IV 1419
 — oxim **18** IV 1419
—, 1-[7-Hydroxy-5-methoxy-2,2-dimethyl-2H-chromen-8-yl]- **18** IV 1419

 — [2,4-dinitro-phenylhydrazon] **18** IV 1420
—, 1-[7-Hydroxy-5-methoxy-2,2-dimethyl-3,6-dinitro-2H-chromen-8-yl]- **18** IV 1420
—, 1-[7-Hydroxy-5-methoxy-2,2-dimethyl-3,8-dinitro-2H-chromen-6-yl]- **18** IV 1419
—, 1-[5-Hydroxy-7-methoxy-2,2-dimethyl-8-(3-methyl-but-2-enyl)-2H-chromen-6-yl]-2-[4-methoxy-phenyl]- **18** IV 2810
—, 1-[7-Hydroxy-5-methoxy-2,2-dimethyl-8-nitro-chroman-6-yl]- **18** IV 1263
—, 2-[2-Hydroxy-8-methoxy-2-(4-methoxy-phenyl)-chroman-2-yl]-1-[4-methoxy-phenyl]- **8** III 4320 b
—, 1-[5-Hydroxy-6-methoxy-2-methyl-2,3-dihydro-naphtho[1,2-b]furan-9-yl]- **18** IV 1646
—, 1-[7-Hydroxy-5-methoxy-2-phenyl-chroman-8-yl]- **18** IV 1746
—, 2-[2-Hydroxy-2-(4-methoxy-phenyl)-chroman-4-yl]-1-[4-methoxy-phenyl]- **8** III 4184 a
—, 2-[2-Hydroxy-6-methoxy-2-phenyl-chroman-4-yl]-1-phenyl- **8** II 518 c, III 3895 b
—, 2-[2-Hydroxy-7-methoxy-2-phenyl-chroman-4-yl]-1-phenyl- **8** III 3895 a
—, 2-[2-Hydroxy-8-methoxy-2-phenyl-chroman-4-yl]-1-phenyl- **8** III 3894 c
—, 1-[2-Hydroxy-5-(4-methoxy-phenyl)-[3]furyl]- **18** IV 1537
—, 1-[4-Hydroxy-3-methoxy-phenyl]-2-[2-methoxy-4-(7-methoxy-3-methyl-5-propenyl-2,3-dihydro-benzofuran-2-yl)-phenoxy]- **17** IV 2399
—, 1-[4-Hydroxy-3-methoxy-phenyl]-2-[2-methoxy-4-(7-methoxy-3-methyl-5-propyl-2,3-dihydro-benzofuran-2-yl)-phenoxy]- **17** IV 2382
—, 2-[2-Hydroxy-4-methoxy-phenyl]-1-[6-methoxy-2-oxo-2,3-dihydro-benzofuran-3-yl]- **18** IV 3341
—, 1-[2-Hydroxy-4-methoxy-6-(tetra-O-acetyl-glucopyranosyloxy)-phenyl]- **17** IV 3237
—, 1-[2-Hydroxy-6-methoxy-4-(tetra-O-acetyl-glucopyranosyloxy)-phenyl]- **17** IV 3238
—, 2-[2-Hydroxy-8-methoxy-2-p-tolyl-chroman-4-yl]-1-p-tolyl- **8** III 3900 c
—, 1-[6-Hydroxy-4-methoxy-2,3,5-trimethyl-benzofuran-7-yl]- **18** II 74 d, IV 1422
 — oxim **18** II 75 c
 — phenylhydrazon **18** II 75 f

Äthanon (Fortsetzung)

—, 1-[6-Hydroxy-4-methoxy-2,3,7-
trimethyl-benzofuran-5-yl]- **18** IV 1423
— oxim **18** IV 1423
—, 1-[2-Hydroxy-2-methyl-2*H*-benzo[*g*]≠
chromen-3-yl]- **8** III 2866 a
—, 1-[3-Hydroxy-5-methyl-benzofuran-2-
yl]- **18** I 311 a, IV 391
— [benzoyl-phenyl-hydrazon] **18**
I 311 f
— phenylhydrazon **18** I 311 e
— semicarbazon **18** I 311 g
—, 1-[4-Hydroxy-3-methyl-benzofuran-5-
yl]- **18** IV 391
— [2,4-dinitro-phenylhydrazon] **18**
IV 392
— semicarbazon **18** IV 392
—, 1-[5-Hydroxy-2-methyl-benzofuran-3-
yl]- **18** IV 387
— [2,4-dinitro-phenylhydrazon] **18**
IV 388
—, 1-[6-Hydroxy-3-methyl-benzofuran-2-
yl]- **18** IV 389
— [2,4-dinitro-phenylhydrazon] **18**
IV 390
— semicarbazon **18** IV 390
—, 1-[6-Hydroxy-3-methyl-benzofuran-5-
yl]- **18** IV 393
— [2,4-dinitro-phenylhydrazon] **18**
IV 393
— semicarbazon **18** IV 393
—, 1-[6-Hydroxy-3-methyl-benzofuran-7-
yl]- **18** IV 393
— oxim **18** IV 395
— semicarbazon **18** IV 395
—, 1-[4-Hydroxy-3-methyl-benzofuran-5-
yl]-2-methoxy- **18** IV 1407
—, 1-[5-Hydroxy-2-methyl-6,9-dihydro-
6,9-äthano-naphtho[1,2-*b*]furan-3-yl]- **18**
IV 671
—, 1-[4-Hydroxy-3-methyl-2,3-dihydro-
benzofuran-5-yl]- **18** IV 213
— [2,4-dinitro-phenylhydrazon] **18**
IV 213
—, 1-[6-Hydroxy-3-methyl-2,3-dihydro-
benzofuran-5-yl]- **18** IV 213
— [2,4-dinitro-phenylhydrazon] **18**
IV 213
—, 1-[5-Hydroxymethyl-[2]furyl]- **18**
IV 116
— semicarbazon **18** IV 116
—, 2-Hydroxy-2-methylmercapto-1-
[2]thienyl- **17** IV 5979
—, 1-[5-Hydroxymethyl-2-methyl-
[3]furyl]- **18** IV 117
— semicarbazon **18** IV 118
—, 1-[5-Hydroxy-2-methyl-naphtho[1,2-*b*]≠
furan-3-yl]- **18** IV 649

— [2,4-dinitro-phenylhydrazon] **18**
IV 649
—, 1-[2-Hydroxy-6-methyl-4-(tetra-
O-acetyl-glucopyranosyloxy)-phenyl]-
17 IV 3232
—, 1-[2-Hydroxy-2-methyl-tetrahydro-
[3]furyl]- **1** III 3318 e
—, 1-[4-Hydroxy-4-methyl-tetrahydro-
pyran-3-yl]- **18** IV 35
— semicarbazon **18** IV 35
—, 1-[6-Hydroxy-6-methyl-tetrahydro-
pyran-2-yl]- **1** III 3319 c
—, 2-Hydroxy-2-[5-methyl-[2]thienyl]-1,2-
diphenyl- **18** IV 806
—, 1-[2-Hydroxy-naphtho[1,2-*b*]furan-2-
yl]- **17** IV 6405
—, 2-[3-Hydroxy-naphtho[2,3-*b*]furan-2-
yl]-1-phenyl- **18** II 50 g
—, 2-Hydroxy-2-[2]naphthylmercapto-1-
[2]thienyl- **17** IV 5980
—, 2-Hydroxy-1-[5-nitro-[2]furyl]- **18**
IV 96
— aminooxalylhydrazon **18** IV 97
— [5-brom-furan-2-
carbonylhydrazon] **18** IV 3991
— [cyanacetyl-hydrazon] **18** IV 97
— [dichloracetyl-hydrazon] **18**
IV 97
— [2,4-dinitro-phenylhydrazon] **18**
IV 97
— [furan-2-carbonylhydrazon] **18**
IV 3974
— [(2-hydroxy-äthylaminooxalyl)-
hydrazon] **18** IV 97
— [2-(2-hydroxy-äthyl)-semicarbazon]
18 IV 98
— [2-methyl-semicarbazon] **18**
IV 98
— phenylhydrazon **18** IV 96
— [4-phenyl-semicarbazon] **18**
IV 97
— semicarbazon **18** IV 97
— thiosemicarbazon **18** IV 97
—, 1-[5-Hydroxy-4-nitro-[2]thienyl]- **17**
IV 5918
—, 2-Hydroxy-2-octadecylmercapto-1-
[2]thienyl- **17** IV 5980
—, 1-[2-Hydroxy-4-oxiranylmethoxy-
phenyl]- **17** IV 1004
—, 1-[2-Hydroxy-phenanthro[4,3-*b*]furan-
3-yl]- **17** IV 6511
—, 1-[7-Hydroxy-2-phenyl-chroman-8-yl]-
18 IV 666
— [2,4-dinitro-phenylhydrazon] **18**
IV 667
—, 2-[2-Hydroxy-2-phenyl-chroman-4-yl]-
1,2-diphenyl- **8** III 3115 c

Äthanon (Fortsetzung)

—, 2-[2-Hydroxy-2-phenyl-chroman-4-yl]-
1-phenyl- **8** 369 g, II 424 a,
III 3068 b

—, 1-[2-Hydroxy-2-phenyl-2H-chromen-
3-yl]- **18** I 331 b

—, 2-Hydroxy-2-phenylmercapto-1-
[2]thienyl- **17** IV 5980

—, 2-[2-Hydroxy-phenyl]-1-[2-methoxy-
benzofuran-3-yl]- **18** IV 1853

—, 2-[2-Hydroxy-phenyl]-1-[2-oxo-2,3-
dihydro-benzofuran-3-yl]- **18** IV 1853

—, 2-Hydroxy-2-phenyl-1-[2]thienyl- **18**
IV 499

—, 2-Hydroxy-2-phenyl-1-[3]thienyl- **18**
IV 500

  — oxim **18** IV 500

—, 2-Hydroxy-2-propylmercapto-1-
[2]thienyl- **17** IV 5979

—, 1-[2-Hydroxy-4-(tetra-O-acetyl-
glucopyranosyloxy)-phenyl]- **17** IV 3230

—, 1-[2-Hydroxy-5-(tetra-O-acetyl-
glucopyranosyloxy)-phenyl]- **17** IV 3231

—, 2-Hydroxy-1-[4-(tetra-O-acetyl-
glucopyranosyloxy)-phenyl]- **17** IV 3232

—, 1-[2-Hydroxy-4-tetrahydropyran-2-
yloxy-phenyl]- **17** IV 1070

—, 1-[2-Hydroxy-4-tetrahydropyran-4-
yloxy-phenyl]- **18** IV 8461

—, 2-Hydroxy-1-[2]thienyl- **18** IV 99

—, 2-Hydroxy-1-[2]thienyl-2-
[2]thienylmethylmercapto- **17** IV 5980

—, 1-[6-Hydroxy-2,5,6-trimethyl-
tetrahydro-pyran-2-yl]- **1** III 3320 f

—, 1-[4-Hydroxy-3-xanthen-9-yl-phenyl]-
18 IV 837

—, 1-[5-Imino-4,5-dihydro-[2]thienyl]-
17 IV 5917

—, 1-[5-Imino-4-nitro-4,5-dihydro-
[2]thienyl]- **17** IV 5918

—, 1-[5-Isobutylmercapto-[2]thienyl]-
18 IV 94

—, 1-[5-Isobutyl-[2]thienyl]- **17** IV 4613
  — semicarbazon **17** IV 4613

—, 1-[8-Isopentyl-5,7-dimethoxy-2,2-
dimethyl-chroman-6-yl]-2-[4-methoxy-
phenyl]- **18** IV 2664

—, 1-[5-Isopentylmercapto-[2]thienyl]-
18 IV 95

—, 1-[5-Isopentyl-[2]thienyl]- **17**
II 323 g, IV 4634
  — semicarbazon **17** II 323 h

—, 1-[2-Isopropenyl-6-(tetra-O-acetyl-
glucopyranosyloxy)-benzofuran-5-yl]-
18 IV 511

—, 1-[4-Isopropyl-2,5-dimethyl-[3]thienyl]-
17 IV 4638

—, 1-[2-(3-Isopropyl-[2]furyl)-3-methyl-
cyclopentyl]- **17** IV 4759

— semicarbazon **17** IV 4759

—, 1-[5-Isopropylmercapto-[2]thienyl]-
18 IV 94

—, 1-[2-Isopropyl-6-methoxy-2,3-
dihydro-benzofuran-5-yl]- **18** IV 228
  — oxim **18** IV 228

—, 1-[3-Isopropyl-[2]thienyl]- **17**
IV 4594
  — [4-nitro-phenylhydrazon] **17**
    II 321 f, vgl. IV 4594 a
  — semicarbazon **17** IV 4594

—, 1-[4-Isopropyl-[2]thienyl]- **17**
IV 4594
  — [4-nitro-phenylhydrazon] **17**
    II 321 f, vgl. IV 4594 a
  — semicarbazon **17** IV 4594

—, 1-[5-Isopropyl-[2]thienyl]- **17**
II 321 g, IV 4594
  — [2,4-dinitro-phenylhydrazon] **17**
    IV 4595
  — [4-nitro-phenylhydrazon] **17**
    II 321 i, IV 4594
  — oxim **17** II 321 h, IV 4594
  — semicarbazon **17** IV 4595

—, 1-[5-Jod-[2]thienyl]- **17** 288 f,
I 150 i
  — phenylhydrazon **17** 288 g

—, 1-[5-Methansulfonylamino-2-methyl-
benzofuran-3-yl]- **18** IV 7936

—, 1-[4-Methoxy-benzofuran-5-yl]- **18**
IV 363
  — [2,4-dinitro-phenylhydrazon] **18**
    IV 364
  — semicarbazon **18** IV 364

—, 1-[6-Methoxy-benzofuran-2-yl]- **18** IV 360

—, 1-[7-Methoxy-benzofuran-2-yl]- **18** IV 361

—, 1-[2-Methoxy-benzofuran-3-yl]-2-
[2-methoxy-phenyl]- **18** IV 1854

—, 1-[4-Methoxy-benzofuran-5-yl]-2-
phenyl- **18** IV 752
  — [2,4-dinitro-phenylhydrazon] **18**
    IV 752

—, 1-[2-(4-Methoxy-benzoyloxy)-4-(tetra-
O-acetyl-glucopyranosyloxy)-phenyl]-
17 IV 3231

—, 1-[2-Methoxy-dibenzofuran-1-yl]-
18 IV 626

—, 1-[2-Methoxy-dibenzofuran-3-yl]-
18 IV 627

—, 1-[4-Methoxy-dibenzofuran-1-yl]-
18 IV 627
  — oxim **18** IV 627

—, 1-[4-Methoxy-dibenzofuran-3-yl]-
18 IV 628
  — oxim **18** IV 628

—, 1-[4-Methoxy-2,3-dihydro-
benzofuran-2-yl]- **18** II 12 i
  — [4-nitro-phenylhydrazon] **18**
    II 13 a

Äthanon (Fortsetzung)
—, 1-[5-Methoxy-2,3-dihydro-
benzofuran-6-yl]- **18** IV 191
— [2,4-dinitro-phenylhydrazon] **18**
IV 191
—, 2-Methoxy-1,2-diphenyl-2-[2]thienyl-
18 IV 800
—, 1-[3-Methoxy-[2]furyl]- **18** IV 93
—, 1-[6-Methoxy-2-isopropenyl-
benzofuran-5-yl]- **18** IV 511
—, 2-Methoxy-1-[4-methoxy-benzofuran-
5-yl]- **18** IV 1388
—, 2-[8-Methoxy-2-(4-methoxy-phenyl)-
chromen-4-yliden]-1-[4-methoxy-phenyl]-
18 IV 2839
—, 1-[3-Methoxy-5-methyl-benzofuran-2-
yl]- **18** I 311 b
— phenylhydrazon **18** I 312 a
— semicarbazon **18** I 312 b
—, 1-[4-Methoxy-3-methyl-benzofuran-5-
yl]- **18** IV 391
— semicarbazon **18** IV 392
—, 1-[5-Methoxy-2-methyl-benzofuran-3-
yl]- **18** IV 387
—, 1-[6-Methoxy-3-methyl-benzofuran-2-
yl]- **18** IV 389
— [2,4-dinitro-phenylhydrazon] **18**
IV 390
— semicarbazon **18** IV 390
—, 1-[6-Methoxy-3-methyl-benzofuran-5-
yl]- **18** IV 393
—, 1-[6-Methoxy-3-methyl-benzofuran-7-
yl]- **18** IV 394
— semicarbazon **18** IV 395
—, 1-[6-Methoxy-6-methyl-tetrahydro-
pyran-2-yl]- **1** III 3319 d, **18** IV
35
— semicarbazon **18** IV 35
—, 1-[5-Methoxy-4-nitro-[2]thienyl]- **18**
IV 93
—, 1-[3-Methoxy-phenanthro[4,5-*bcd*]⍰
furan-1-yl]- **18** IV 791
—, 2-[6-Methoxy-2-phenyl-chromen-4-
yliden]-1-phenyl- **18** II 53 d, IV
854
—, 2-[7-Methoxy-2-phenyl-chromen-4-
yliden]-1-phenyl- **18** IV 855
—, 2-[8-Methoxy-2-phenyl-chromen-4-
yliden]-1-phenyl- **18** IV 855
—, 2-[6-Methoxy-2-phenyl-4*H*-chromen-
4-yl]-1-phenyl- **18** IV 850
—, 2-[7-Methoxy-2-phenyl-4*H*-chromen-
4-yl]-1-phenyl- **18** IV 851
—, 2-[8-Methoxy-2-phenyl-4*H*-chromen-
4-yl]-1-phenyl- **18** IV 851
—, 1-[4-Methoxy-phenyl]-2-[2-(4-
methoxy-phenyl)-4*H*-chromen-4-yl]- **18**
IV 1962

—, 1-[4-Methoxy-phenyl]-2-[2-(4-
methoxy-phenyl)-chromen-4-yliden]- **18**
IV 1979
—, 1-[4-Methoxy-phenyl]-2-[tetra-
O-acetyl-glucopyranosyloxy]- **17**
IV 3232
—, 2-[4-Methoxy-phenyl]-1-[2]thienyl-
18 IV 499
—, 1-[5-(4-Methoxy-stilben-α-yl)-
[2]thienyl]- **18** IV 817
— [2,4-dinitro-phenylhydrazon] **18**
IV 817
— oxim **18** IV 817
— semicarbazon **18** IV 817
—, 1-[2-Methoxy-4-(tetra-*O*-acetyl-
glucopyranosyloxy)-phenyl]- **17** IV 3230
—, 1-[3-Methoxy-4-(tetra-*O*-acetyl-
glucopyranosyloxy)-phenyl]- **31** 228 e
—, 1-[4-Methoxy-2-(tetra-*O*-acetyl-
glucopyranosyloxy)-phenyl]- **17** IV 3230
—, 1-[4-Methoxy-3-(tetra-*O*-acetyl-
glucopyranosyloxy)-phenyl]- **17** IV 3231
—, 1-[5-Methoxy-2-(tetra-*O*-acetyl-
glucopyranosyloxy)-phenyl]- **17** IV 3231
—, 2-Methoxy-1-[4-(tetra-*O*-acetyl-
glucopyranosyloxy)-phenyl]- **17** IV 3232
—, 1-[4-Methoxy-3-(tetra-*O*-methyl-
glucopyranosyloxy)-phenyl]- **17** IV 3022
—, 1-[2-Methoxy-[3]thienyl]- **18** IV 100
—, 1-[5-Methoxy-[2]thienyl]- **18** IV 93
— [4-nitro-phenylhydrazon] **18**
IV 93
—, 2-[8-Methoxy-2-*p*-tolyl-chromen-4-
yliden]-1-*p*-tolyl- **18** IV 856
—, 1-{3-Methoxy-4-[*O²,O³,O⁶*-triacetyl-
O⁴-(tetra-*O*-acetyl-glucopyranosyl)-
glucopyranosyloxy]-phenyl}- **17** IV 3573
—, 1-[3-Methoxy-4-(tri-*O*-acetyl-
xylopyranosyloxy)-phenyl]- **17** IV 2457
—, 1-[6-Methoxy-3-veratryl-benzofuran-
2-yl]- **18** IV 2778
— [2,4-dinitro-phenylhydrazon] **18**
IV 2778
— oxim **18** IV 2778
—, 1-[6-Methoxy-3-veratryl-benzofuran-
2-yl]-2-phenyl- **18** IV 2835
—, 1-[4-Methoxy-2-vicianosyloxy-phenyl]-
17 IV 3462
—, 1-[3-Methoxy-4-xylopyranosyloxy-
phenyl]- **17** IV 2442
—, 1-[2-Methyl-benzofuran-3-yl]- **17**
IV 5105
— [2,4-dinitro-phenylhydrazon] **17**
IV 5106
— oxim **17** IV 5105
—, 1-[2-Methyl-benzo[*b*]thiophen-3-yl]-
17 IV 5106
—, 1-[3-Methyl-benzo[*b*]thiophen-2-yl]-
17 IV 5107

Äthanon (Fortsetzung)
—, 1-[5-(1-Methyl-butyl)-[2]thienyl]- **17**
IV 4634
— semicarbazon **17** IV 4634
—, 2-[2-Methyl-4*H*-chromen-4-yl]-1-
phenyl- **17** II 405 b
—, 1-[2-Methyl-2,3-dihydro-1*H*-benzo[*b*]≠
cyclopenta[*d*]thiophen-7-yl]- **17** IV
5231
— [2,4-dinitro-phenylhydrazon] **17**
IV 5231
— semicarbazon **17** IV 5231
—, 1-[2-Methyl-2,3-dihydro-benzofuran-
5-yl]- **17** IV 4995
— oxim **17** IV 4995
—, 1-[5-Methyl-2,3-dihydro-benzofuran-
7-yl]- **17** IV 4995
— [2,4-dinitro-phenylhydrazon] **17**
IV 4995
— oxim **17** IV 4995
— semicarbazon **17** IV 4995
—, 1-[5-Methyl-2,3-dihydro-benzofuran-
7-yl]-2-phenyl- **17** IV 5385
— [2,4-dinitro-phenylhydrazon] **17**
IV 5386
—, 2-[5-Methyl-4,5-dihydro-[2]furyl]-1-
phenyl- **17** IV 5127
—, 1-[4-Methyl-5,6-dihydro-2*H*-pyran-3-
yl]- **17** IV 4321
— phenylhydrazon **17** IV 4321
— semicarbazon **17** IV 4321
—, 1-[6-Methyl-3,4-dihydro-2*H*-pyran-2-
yl]- **17** II 298 e, IV 4320
— semicarbazon **17** IV 4321
—, 1-[4-Methyl-5,6-dihydro-
2*H*-thiopyran-3-yl]- **17** IV 4321
— [2,4-dinitro-phenylhydrazon] **17**
IV 4321
— semicarbazon **17** IV 4321
—, 1-[6-Methyl-2,5-diphenyl-3,4-dihydro-
2*H*-pyran-2-yl]- **17** IV 5483
— oxim **17** IV 5483
—, 1-[5-Methyl-[2]furyl]- **17** IV 4548
— [*O*-acetyl-oxim] **17** IV 4548
— [*O*-benzoyl-oxim] **17** IV 4549
— [2,4-dinitro-phenylhydrazon] **17**
IV 4549
— oxim **17** IV 4548
— semicarbazon **17** IV 4549
— [*O*-(toluol-4-sulfonyl)-oxim] **17**
IV 4549
—, 1-[5-Methyl-[2]furyl]-2-
semicarbazono- **17** IV 5986
—, 1-[5-Methylmercapto-[2]thienyl]- **18**
IV 94
— oxim **18** IV 95
—, 1-[5-Methyl-2-methylmercapto-
[3]thienyl]- **18** IV 115

—, 1-[5-Methyl-3-nitro-[2]thienyl]-
17 296 d
—, 1-[5-Methyl-4-nitro-[2]thienyl]-
17 296 d, IV 4550
— thiosemicarbazon **17** IV 4551
—, 1-[2-Methyl-5-phenylcarbamoyloxy-
benzofuran-3-yl]- **18** IV 388
—, 2-[6-Methyl-2-phenyl-chromen-4-
yliden]-1-phenyl- **17** 400 e
—, 2-[2-Methyl-3-phenyl-4*H*-chromen-4-
yl]-1-phenyl- **17** II 423 b
—, 1-[2-Methyl-5-phenyl-[3]furyl]-
17 352 b
— oxim **17** 352 c
— semicarbazon **17** 352 d
—, 1-[2-Methyl-5-phenyl-[3]furyl]-2-
phenylhydrazono- **17** IV 6348
—, 1-[3-Methyl-selenophen-2-yl]- **17**
IV 4546
—, 1-[5-Methyl-selenophen-2-yl]- **17**
IV 4551
— semicarbazon **17** IV 4551
—, 1-[5-(4-Methyl-stilben-α-yl)-[2]thienyl]-
17 IV 5546
— oxim **17** IV 5546
— semicarbazon **17** IV 5546
— thiosemicarbazon **17** IV 5546
—, 1-[2-Methyl-4,5,6,7-tetrahydro-benzo≠
[*b*]thiophen-3-yl]- **17** IV 4747
—, 1-[6-Methyl-tetrahydro-pyran-2-yl]-
17 IV 4226
— semicarbazon **17** IV 4227
—, 1-[2-Methyl-5-(1,2,3,4-tetrahydroxy-
butyl)-[3]furyl]- **18** IV 3066
— [2,4-dinitro-phenylhydrazon] **18**
IV 3067
—, 1-[2-Methyl-[3]thienyl]- **17** IV 4545
— oxim **17** IV 4545
—, 1-[3-Methyl-[2]thienyl]- **17** 295 f,
IV 4545
— [4-nitro-phenylhydrazon] **17**
IV 4546
— oxim **17** 295 g, IV 4546
— semicarbazon **17** IV 4546
—, 1-[4-Methyl-[2]thienyl]- **17** IV 4546
— [4-nitro-phenylhydrazon] **17**
IV 4547
— oxim **17** IV 4547
— semicarbazon **17** IV 4547
—, 1-[5-Methyl-[2]thienyl]- **17** 296 a,
II 318 a, IV 4550
— [4-nitro-phenylhydrazon] **17**
IV 4550
— oxim **17** 296 b, IV 4550
— phenylhydrazon **17** 296 c
— semicarbazon **17** II 318 b,
IV 4550
— thiosemicarbazon **17** IV 4550

Äthanon (Fortsetzung)

—, 1-[2-Methyl-5-p-tolyl-[3]thienyl]- **17**
IV 5226

—, 1-[5-Methyl-2-p-tolyl-[3]thienyl]- **17**
IV 5226

—, 1-Naphtho[2,1-b]furan-2-yl- **17**
363 a, IV 5329
— oxim **17** 363 b
— phenylhydrazon **17** 363 c
— semicarbazon **17** 363 d

—, 2-[1]Naphthyl-1-[2]thienyl- **17**
IV 5445

—, 1-[2-Nitro-benzo[b]thiophen-3-yl]-
17 IV 5086

—, 1-[7-Nitro-dibenzofuran-2-yl]- **17**
II 386 f, IV 5330

—, 1-[5-Nitro-[2]furyl]- **17** IV 4506
— [4-(3-diäthylamino-propyl)-
semicarbazon] **17** IV 4506
— [4-isobutyl-thiosemicarbazon] **17**
IV 4507
— [4-(3-isopropylamino-propyl)-
semicarbazon] **17** IV 4506
— [2-methyl-semicarbazon] **17**
IV 4507
— oxim **17** IV 4506
— semicarbazon **17** IV 4506
— thiosemicarbazon **17** IV 4506

—, 1-[4-Nitro-5-phenoxy-[2]thienyl]- **18**
IV 94

—, 2-[4-Nitro-phenylhydrazono]-1-
[2]thienyl- **17** IV 5978

—, 1-[4-Nitro-5-phenylimino-4,5-
dihydro-[2]thienyl- **17** IV 5918

—, 1-[5-Nitro-selenophen-2-yl]- **17**
IV 4517
— semicarbazon **17** IV 4517

—, 2-[N-Nitroso-anilino]-1-[2]thienyl-
18 605 h

—, 1-[4-Nitro-[2]thienyl]- **17** IV 4514
— [4-brom-phenylhydrazon] **17**
IV 4514
— oxim **17** IV 4514

—, 1-[5-Nitro-[2]thienyl]- **17** IV 4514
— [4-brom-phenylhydrazon] **17**
IV 4515
— oxim **17** IV 4515
— thiosemicarbazon **17** IV 4515

—, 1-[5-Nonylmercapto-[2]thienyl]- **18**
IV 95

—, 1-[5-Nonyl-[2]thienyl]- **17** IV
4668
— [2,4-dinitro-phenylhydrazon] **17**
IV 4668
— semicarbazon **17** IV 4668

—, 1-[5-Octadecyl-[2]thienyl]- **17**
IV 4694

—, 1-[8-Octyl-dibenzofuran-2-yl]- **17**
IV 5409

—, 1-[5-Octylmercapto-[2]thienyl]- **18**
IV 95

—, 1-[5-Octyl-[2]thienyl]- **17** 304 f,
IV 4659
— azin **17** IV 4660
— [2,4-dinitro-phenylhydrazon] **17**
IV 4659
— semicarbazon **17** IV 4659

—, 1-[2-Oxa-norcaran-7-yl]- **17** IV
4334
— semicarbazon **17** IV 4334

—, 1-[2-Oxiranylmethoxy-phenyl]- **17**
IV 1003

—, 1-[3-Oxiranylmethoxy-phenyl]- **17**
IV 1003

—, 1-[4-Oxiranylmethoxy-phenyl]- **17**
IV 1003

—, 2-[N-Oxiranylmethyl-p-toluidino]-1-
phenyl- **18** II 414 f

—, 1-[8-Pentyl-dibenzofuran-2-yl]- **17**
IV 5404

—, 1-[5-Pentylmercapto-[2]thienyl]- **18**
IV 94

—, 1-[5-Pentyl-[2]thienyl]- **17** IV
4633
— azin **17** IV 4633
— [2,4-dinitro-phenylhydrazon] **17**
IV 4633
— semicarbazon **17** IV 4633

—, 1-[5-tert-Pentyl-[2]thienyl]- **17**
IV 4634
— [2,4-dinitro-phenylhydrazon] **17**
IV 4635
— semicarbazon **17** IV 4635

—, 1-[5-Phenäthyl-[2]thienyl]- **17**
IV 5225
— semicarbazon **17** IV 5225

—, 1-[2-Phenyl-benzofuran-3-yl]- **17**
IV 5451
— [2,4-dinitro-phenylhydrazon] **17**
IV 5451

—, 1-[5-(4-Phenyl-butyl)-[2]thienyl]- **17**
IV 5240
— semicarbazon **17** IV 5241

—, 2-Phenylmercapto-1-[2]thienyl- **18**
IV 100

—, 2-Phenyl-1-[2-phenyl-benzofuran-5-yl]-
17 IV 5591
— [2,4-dinitro-phenylhydrazon] **17**
IV 5591

—, 1-Phenyl-2-[2-phenyl-4H-chromen-4-
yl]- **17** II 422 f, IV 5595

—, 1-Phenyl-2-[2-phenyl-chromen-4-
yliden]- **17** 399 d, II 426 a

—, 1-Phenyl-2-[5-phenyl-[2]furyl]- **17**
IV 5506
— oxim **17** IV 5507

—, 2-Phenyl-1-[5-phenyl-[2]thienyl]- **17**
IV 5506

Äthanon (Fortsetzung)
—, 1-[5-(3-Phenyl-propyl)-[2]thienyl]-
   17 IV 5234
   — semicarbazon **17** IV 5234
—, 1-[3-Phenyl-selenophen-2-yl]- **17**
   IV 5205
   — [2,4-dinitro-phenylhydrazon] **17**
      IV 5205
—, 1-Phenyl-2-[tetra-*O*-acetyl-
   glucopyranosyloxy]- **17** IV 3222
—, 1-Phenyl-2-[x-tetrahydro-
   acenaphthen-1-yl]- **17** IV 6565
—, 1-Phenyl-2-tetrahydropyran-2-yl- **17**
   IV 5014
   — dimethylacetal **17** IV 5014
   — [2,4-dinitro-phenylhydrazon] **17**
      IV 5014
   — semicarbazon **17** IV 5014
—, 1-[4-Phenyl-tetrahydropyran-4-yl]-
   17 IV 5014
—, 2-Phenyl-1-tetrahydropyran-2-yl- **17**
   IV 5014
   — [2,4-dinitro-phenylhydrazon] **17**
      IV 5014
—, 1-[5-Phenyl-[2]thienyl]- **17** IV 5205
—, 2-Phenyl-1-[2]thienyl- **17** IV 5200
   — [2,4-dinitro-phenylhydrazon] **17**
      IV 5200
—, 1-Phenyl-2-[thiophen-2-
   carbonylamino]- **18** IV 4020
—, 2-Phenyl-1-[5-*p*-tolyl-[2]thienyl]- **17**
   IV 5516
—, 1-Phenyl-2-xanthen-9-yl- **17** 393 f,
   IV 5570
—, 1-[8-Propyl-dibenzofuran-2-yl]- **17**
   IV 5391
—, 1-[5-Propylmercapto-[2]thienyl]- **18**
   IV 94
—, 1-[3-Propyl-[2]thienyl]- **17** II 320 f
   — [4-nitro-phenylhydrazon] **17**
      II 320 h
   — oxim **17** II 320 g
—, 1-[4-Propyl-[2]thienyl]- **17** II 320 f
   — [4-nitro-phenylhydrazon] **17**
      II 320 h
   — oxim **17** II 320 g
—, 1-[5-Propyl-[2]thienyl]- **17** 300 a,
   II 320 i, IV 4593
   — [2,4-dinitro-phenylhydrazon] **17**
      IV 4593
   — [4-nitro-phenylhydrazon] **17**
      II 321 b
   — oxim **17** 300 b, II 321 a
   — phenylhydrazon **17** 300 c
—, 1-Selenophen-2-yl- **17** IV 4516
   — phenylhydrazon **17** IV 4516
   — semicarbazon **17** IV 4516
—, 1-Selenophen-2-yl-2-semicarbazono-
   17 IV 5980

—, 1-Selenophen-2-yl-2-
   thiosemicarbazono- **17** IV 5981
—, 2-Semicarbazono-1-[2]thienyl- **17**
   IV 5978
—, 2-Semicarbazono-1-[3]thienyl- **17**
   IV 5981
—, 1-[5-Stilben-α-yl-[2]thienyl]- **17**
   IV 5544
   — [2,4-dinitro-phenylhydrazon] **17**
      IV 5544
   — oxim **17** IV 5544
   — semicarbazon **17** IV 5544
   — thiosemicarbazon **17** IV 5544
—, 1-[5-Styryl-selenophen-2-yl]- **17**
   IV 5275
—, 1-[5-Styryl-[2]thienyl]- **17** IV 5274
   — [2,4-dinitro-phenylhydrazon] **17**
      IV 5275
   — semicarbazon **17** IV 5275
—, 1-[2-(Tetra-*O*-acetyl-
   galactopyranosyloxy)-phenyl]- **17**
   IV 3221
—, 1-[4-(Tetra-*O*-acetyl-
   galactopyranosyloxy)-phenyl]- **17**
   IV 3222
—, 1-[4-(Tetra-*O*-acetyl-
   glucopyranosylmercapto)-phenyl]- **17**
   IV 3736
—, 1-[2-(Tetra-*O*-acetyl-
   glucopyranosyloxy)-phenyl]- **17** IV
   3221
—, 1-[3-(Tetra-*O*-acetyl-
   glucopyranosyloxy)-phenyl]- **17** IV 3221
—, 1-[4-(Tetra-*O*-acetyl-
   glucopyranosyloxy)-phenyl]- **17**
   IV 3222, **31** 227 a
—, 2-[Tetra-*O*-acetyl-glucopyranosyloxy]-
   1-[3,4,5-triacetoxy-phenyl]- **17** IV 3249
—, 1-[4-(Tetra-*O*-acetyl-
   glucopyranosyloxy)-2-(3,4,5-trimethoxy-
   benzoyloxy)-phenyl]- **17** IV 3231
—, 1-[4-(Tetra-*O*-acetyl-
   glucopyranosyloxy)-2-veratroyloxy-
   phenyl]- **17** IV 3231
—, 1-[4-(Tetra-*O*-acetyl-glucopyranosyl)-
   phenyl]- **18** IV 3071
   — [2,4-dinitro-phenylhydrazon] **18**
      IV 3071
—, 1-[7,8,9,10-Tetrahydro-6*H*-benzo[*b*]≠
   cyclohepta[*d*]thiophen-2-yl]- **17** IV 5237
—, 1-[7,8,9,10-Tetrahydro-6*H*-benzo[*b*]≠
   cyclohepta[*d*]thiophen-3-yl]- **17** IV 5237
   — [2,4-dinitro-phenylhydrazon] **17**
      IV 5237
   — oxim **17** IV 5237
   — semicarbazon **17** IV 5237
—, 1-[2,3,4,5-Tetrahydro-benzo[*b*]thiepin-
   7-yl]- **17** IV 5006
   — semicarbazon **17** IV 5006

Äthanon (Fortsetzung)

—, 1-[4,5,6,7-Tetrahydro-benzo[b]≠
thiophen-2-yl]- **17** IV 4741
 — [2,4-dinitro-phenylhydrazon] **17**
   IV 4741
 — oxim **17** IV 4741
 — semicarbazon **17** IV 4741

—, 1-[2,3,4,5-Tetrahydro-benz[b]oxepin-
7-yl]- **17** IV 5005
 — semicarbazon **17** IV 5005

—, 1-[5,6,7,8-Tetrahydro-4H-cyclohepta≠
[b]thiophen-2-yl]- **17** IV 4745
 — [2,4-dinitro-phenylhydrazon] **17**
   IV 4746
 — oxim **17** IV 4746
 — semicarbazon **17** IV 4746

—, 1-[6,7,8,9-Tetrahydro-dibenzofuran-3-
yl]- **17** II 374 e, IV 5228
 — oxim **17** II 374 f

—, 1-[6,7,8,9-Tetrahydro-
dibenzothiophen-2-yl]- **17** IV
5228

—, 1-[6,7,8,9-Tetrahydro-
dibenzothiophen-3-yl]- **17** IV
5228
 — [2,4-dinitro-phenylhydrazon] **17**
   IV 5229
 — oxim **17** IV 5229
 — semicarbazon **17** IV 5229

—, 1-Tetrahydro[2]furyl- **17** II 290 e,
IV 4195
 — [2,4-dinitro-phenylhydrazon] **17**
   IV 4195

—, 1-Tetrahydropyran-2-yl- **17** IV 4205
 — [2,4-dinitro-phenylhydrazon] **17**
   IV 4205

—, 1-Tetrahydropyran-4-yl- **17** IV 4205
 — [2,4-dinitro-phenylhydrazon] **17**
   IV 4205
 — oxim **17** IV 4205
 — semicarbazon **17** IV 4205

—, 1-[4-Tetrahydropyran-2-yloxy-2-
(2,4,6-trimethyl-benzoyloxy)-phenyl]- **17**
IV 1070

—, 1-[3,4,8,11-Tetramethoxy-5,6,12,13-
tetrahydro-11bH-benzo[7,8]fluoreno[9,8a-
b]furan-7a-yl]- **18** IV 3377

—, 1-[2]Thienyl- **17** 287 d, I 149 j,
II 314 b, IV 4507
 — [O-acetyl-oxim] **17** IV 4509
 — [4-äthoxy-phenylimin] **17** I 150 a
 — [2-äthyl-hexylimin] **17** IV 4508
 — azin **17** IV 4510
 — benzoylhydrazon **17** I 150 e
 — carbamimidoylhydrazon **17**
   I 150 g
 — [2,4-dinitro-phenylhydrazon] **17**
   IV 4509

 — [di-[3]thienyl-dithioacetal] **17**
   IV 4516
 — [4-isobutyl-thiosemicarbazon] **17**
   IV 4510
 — [4-nitro-benzolsulfonylhydrazon]
   17 IV 4510
 — [4-nitro-phenylhydrazon] **17**
   I 150 d, IV 4509
 — oxim **17** 287 e, I 150 b,
   II 314 c, IV 4509
 — phenylhydrazon **17** 287 f,
   II 314 e
 — phenylimin **17** IV 4508
 — semicarbazon **17** I 150 f,
   II 314 f
 — sulfanilylhydrazon **17** IV 4510
 — thiosemicarbazon **17** IV 4509
 — [O-(2,2,2-trichlor-1-hydroxy-äthyl)-
   oxim] **17** I 150 c

—, 1-[3]Thienyl- **17** IV 4520
 — [2,4-dinitro-phenylhydrazon] **17**
   IV 4520
 — phenylhydrazon **17** IV 4520
 — semicarbazon **17** IV 4520

—, 1-[2]Thienyl-2-thiocyanato- **18** 14 b,
IV 100
 — [2,4-dinitro-phenylhydrazon] **18**
   IV 100

—, 1-[2]Thienyl-2-thiosemicarbazono-
17 IV 5979

—, 1-[2]Thienyl-2-thioureido- **18**
IV 7865

—, 1-Thietan-2-yl- **17** IV 4184

—, 1-Thiochroman-6-yl- **17** IV 4990
 — [2,4-dinitro-phenylhydrazon] **17**
   IV 4991
 — oxim **17** IV 4991
 — semicarbazon **17** IV 4991

—, 1-[2-p-Tolyl-benzofuran-3-yl]- **17**
IV 5463
 — [2,4-dinitro-phenylhydrazon] **17**
   IV 5463

—, 1-[3-p-Tolyl-selenophen-2-yl]- **17**
IV 5214
 — [2,4-dinitro-phenylhydrazon] **17**
   IV 5214

—, 1-[5-p-Tolyl-[2]thienyl]- **17** IV 5214
 — semicarbazon **17** IV 5214

—, 1-p-Tolyl-2-[2-p-tolyl-chromen-4-
yliden]- **17** 400 f

—, 1-[2-(3,4,5-Triacetoxy-6-
acetoxymethyl-tetrahydro-pyran-2-yloxy)-
phenyl]- **17** IV 3221

—, 1-[4-(3,4,5-Triacetoxy-6-
acetoxymethyl-tetrahydro-pyran-2-yloxy)-
phenyl]- **17** IV 3222

—, 1-[3,4,6-Triacetoxy-benzofuran-7-yl]-
18 IV 2399

Äthanon (Fortsetzung)
—, 1-[4-(Tri-*O*-acetyl-2-acetylamino-2-desoxy-glucopyranosyloxy)-phenyl]- **18** IV 7575
—, 1-[Triäthyl-[3]thienyl]- **17** IV 4645
 — [2,4-dinitro-phenylhydrazon] **17** IV 4645
—, 1-[Tribrom-[2]thienyl]- **17** IV 4514
—, 2,2,2-Trichlor-1-[4,6-dimethoxy-3-methyl-benzofuran-2-yl]- **18** IV 1407
—, 2,2,2-Trichlor-1-[5,6-dimethoxy-3-methyl-benzofuran-2-yl]- **18** IV 1407
—, 2,2,2-Trichlor-1-[6-hydroxy-benzofuran-2-yl]- **18** IV 361
—, 2,2,2-Trichlor-1-[4-hydroxy-3-methyl-benzofuran-2-yl]- **18** IV 388
—, 2,2,2-Trichlor-1-[5-hydroxy-3-methyl-benzofuran-2-yl]- **18** IV 389
—, 2,2,2-Trichlor-1-[6-hydroxy-3-methyl-benzofuran-2-yl]- **18** IV 390
—, 2,2,2-Trichlor-1-[6-methoxy-benzofuran-2-yl]- **18** IV 361
—, 2,2,2-Trichlor-1-[5-methoxy-3-methyl-benzofuran-2-yl]- **18** IV 389
—, 2,2,2-Trichlor-1-[6-methoxy-3-methyl-benzofuran-2-yl]- **18** IV 391
—, 2,2,2-Trichlor-1-[3-methyl-benzofuran-2-yl]- **17** IV 5107
—, 1-[Trichlor-[2]thienyl]- **17** IV 4511
—, 1-[Trichlor-[3]thienyl]- **17** IV 4521
—, 2,2,2-Trichlor-1-[2]thienyl- **17** II 314 g
—, 2,2,2-Trifluor-1-[6-hydroxy-benzofuran-2-yl]- **18** IV 360
—, 2,2,2-Trifluor-1-[5-hydroxy-3-methyl-benzofuran-2-yl]- **18** IV 389
—, 2,2,2-Trifluor-1-[6-hydroxy-3-methyl-benzofuran-2-yl]- **18** IV 390
—, 2,2,2-Trifluor-1-[5-methoxy-benzofuran-2-yl]- **18** IV 359
—, 2,2,2-Trifluor-1-[6-methoxy-benzofuran-2-yl]- **18** IV 360
 — [2,4-dinitro-phenylhydrazon] **18** IV 361
—, 2,2,2-Trifluor-1-[7-methoxy-benzofuran-4-yl]- **18** IV 363
—, 2,2,2-Trifluor-1-[5-methoxy-3-methyl-benzofuran-2-yl]- **18** IV 389
—, 2,2,2-Trifluor-1-[6-methoxy-3-methyl-benzofuran-2-yl]- **18** IV 390
—, 2,2,2-Trifluor-1-[7-methoxy-3-methyl-benzofuran-2-yl]- **18** IV 391
—, 2,2,2-Trifluor-1-[7-methoxy-3-methyl-benzofuran-x-yl]- **18** IV 391
—, 2,2,2-Trifluor-1-[3-methyl-benzofuran-2-yl]- **17** IV 5106
—, 1-[3,4,6-Trihydroxy-benzofuran-5-yl]- **18** IV 2393

—, 1-[3,4,6-Trihydroxy-benzofuran-7-yl]- **18** IV 2399
—, 1-[2-(3,4,5-Trihydroxy-6-hydroxymethyl-tetrahydro-pyran-2-yloxy)-phenyl]- **17** IV 3012
—, 1-[4-(3,4,5-Trihydroxy-6-hydroxymethyl-tetrahydro-pyran-2-yloxy)-phenyl]- **17** IV 3013
—, 1-[3,4,6-Trihydroxy-2-methyl-benzofuran-5-yl]- **18** IV 2406
 — [4-nitro-phenylhydrazon] **18** IV 2406
—, 1-[3,4,6-Trihydroxy-2-methyl-benzofuran-7-yl]- **18** IV 2406
 — [4-nitro-phenylhydrazon] **18** IV 2406
 — oxim **18** IV 2406
—, 1-[3,4,5-Trihydroxy-tetrahydro-[2]furyl]- **1** IV 4297
—, 1-[3,4,6-Trimethoxy-benzofuran-2-yl]- **18** IV 2392
 — [2,4-dinitro-phenylhydrazon] **18** IV 2392
 — semicarbazon **18** IV 2393
—, 1-[4,6,7-Trimethoxy-benzofuran-5-yl]- **18** IV 2394
 — oxim **18** IV 2397
 — semicarbazon **18** IV 2398
—, 1-[5,6,7-Trimethoxy-2,2-dimethyl-chroman-8-yl]- **18** IV 2349
—, 1-[5,7,8-Trimethoxy-2,2-dimethyl-chroman-6-yl]- **18** IV 2348
 — [2,4-dinitro-phenylhydrazon] **18** IV 2348
 — semicarbazon **18** IV 2348
—, 1-[5,6,7-Trimethoxy-2,2-dimethyl-2*H*-chromen-8-yl]- **18** IV 2414
—, 1-[5,7,8-Trimethoxy-2,2-dimethyl-2*H*-chromen-6-yl]- **18** IV 2414
 — [2,4-dinitro-phenylhydrazon] **18** IV 2414
 — oxim **18** IV 2414
 — semicarbazon **18** IV 2414
—, 1-[1,6,9-Trimethoxy-4,10,11,12-tetrahydro-fluoreno[9a,1,2-*de*]chromen-10-yl]- **18** IV 2818
—, 1-[2,2,3-Trimethyl-2,3-dihydro-benzofuran-5-yl]- **17** IV 5021
 — semicarbazon **17** IV 5021
—, 1-[2,5,6-Trimethyl-3,4-dihydro-2*H*-pyran-2-yl]- **17** IV 4348
 — oxim **17** IV 4348
 — semicarbazon **17** IV 4348
—, 1-[4-(*O*²,*O*³,*O*⁴-Trimethyl-glucopyranosyloxy)-phenyl]- **17** IV 3014
—, 1-[5-Trimethylsilyl-[2]furyl]- **18** IV 8384
 — semicarbazon **18** IV 8384

Äthanon (Fortsetzung)
—, 1-[5-Trimethylsilyl-[2]thienyl]- **18**
　　IV 8384
　　— semicarbazon **18** IV 8384
—, 1-[2,5,6-Trimethyl-tetrahydro-pyran-
　　2-yl]- **17** IV 4250
　　— semicarbazon **17** IV 4250
—, 1-[Trimethyl-[2]thienyl]- **17** IV 4598
　　— [4-nitro-phenylhydrazon] **17**
　　　IV 4598
　　— oxim **17** IV 4598
　　— semicarbazon **17** IV 4598
—, 1-[Trimethyl-[3]thienyl]- **17** II 321 j, IV
　　4598
　　— [4-nitro-phenylhydrazon] **17** II 322 a,
　　　IV 4598
　　— oxim **17** IV 4598
　　— semicarbazon **17** II 322 b, IV
　　　4598
—, 1-[5-Undecyl-[2]thienyl]- **17** IV
　　4684
　　— azin **17** IV 4684
　　— [2,4-dinitro-phenylhydrazon] **17**
　　　IV 4684
　　— semicarbazon **17** IV 4684
5,12-Äthano-naphthacen-13,14-dicarbonsäure
—, 5,12-Dihydro-,
　　— anhydrid **17** IV 6586
—, 5,12-Diphenyl-5,12-dihydro- **17**
　　IV 6663
　　— anhydrid **17** IV 6663
—, 6,11-Diphenyl-5,12-dihydro- **17**
　　IV 6663
　　— anhydrid **17** IV 6663
1,4-Äthano-naphthalin-2,3-dicarbonsäure
—, 9-Hydroxy-1,2,3,4-tetrahydro-,
　　— 3-lacton **18** IV 5642
　　— 3-lacton-2-methylester **18**
　　　IV 5642
—, 9-Oxo-1,2,3,4-tetrahydro-,
　　— anhydrid **17** IV 6780
—, 1,2,3,4-Tetrahydro-,
　　— anhydrid **17** IV 6356
1,4-Äthano-naphthalin-6,7-dicarbonsäure
—, 1,2,3,4,5,6,7,8-Octahydro-,
　　— anhydrid **17** IV 6220
1,4-Äthano-naphthalin-2,3,5,6-
tetracarbonsäure
—, 7-Benzhydryl-9-hydroxy-9-methoxy-8-
　　[4-methoxy-phenyl]-1,2,3,4,4a,5-
　　hexahydro-,
　　— 5-lacton **18** IV 6692
　　— 5-lacton-2,3,6-trimethylester **18**
　　　IV 6692
—, 9,9-Dihydroxy-7-methyl-1,2,3,4,4a,5,⇌
　　6,7-octahydro-,
　　— 5-lacton **10** III 4167 a
—, 9-Hydroxy-9-methoxy-7-methyl-
　　1,2,3,4,4a,5,6,7-octahydro-,

　　— 5-lacton **18** IV 6684
　　— 5-lacton-2,3,6-trimethylester **18**
　　　IV 6684
—, 9-Hydroxy-9-methoxy-8-phenyl-
　　1,2,3,4,4a,5,6,7-octahydro-,
　　— 5-lacton **18** IV 6689
　　— 5-lacton-2,3,6-trimethylester **18**
　　　IV 6689
1,4a-Äthano-naphtho[1,2-*h*]chromen-10a-
carbonsäure
—, 8-Benzoyloxy-6a-hydroxy-2-
　　methoxycarbonylmethyl-12a-methyl-3-
　　oxo-tetradecahydro-,
　　— methylester **18** IV 6663
—, 2-Carboxymethyl-6a,8-dihydroxy-12a-
　　methyl-3-oxo-tetradecahydro- **18**
　　IV 6661
—, 6a,8-Dihydroxy-2-
　　methoxycarbonylmethyl-12a-methyl-3-
　　oxo-tetradecahydro-,
　　— methylester **18** IV 6662
—, 6a-Hydroxy-2-
　　methoxycarbonylmethyl-12a-methyl-3,8-
　　dioxo-tetradecahydro-,
　　— methylester **18** IV 6668
—, 2-Methoxycarbonylmethyl-12a-
　　methyl-3,8-dioxo-Δ^{6a}-dodecahydro-,
　　— methylester **18** IV 6231
—, 2-Methoxycarbonylmethyl-12a-
　　methyl-3,8-dioxo-tetradecahydro-,
　　— methylester **18** IV 6226
7,14-Äthano-naphtho[1,2-*b*]chrysen-17,18-
dicarbonsäure
—, 7,14-Dihydro-,
　　— anhydrid **17** IV 6651
9,14-Äthano-naphtho[2,3-*a*]coronen-17,18-
dicarbonsäure
—, 9,14-Dihydro-,
　　— anhydrid **17** IV 6671
4,9-Äthano-naphtho[2,3-*c*]furan-1,3-dion
—, 3a,4,9,9a-Tetrahydro- **17** IV
　　6356
5,8-Äthano-naphtho[2,3-*c*]furan-1,3-dion
—, 3a,4,5,6,7,8,9,9a-Octahydro- **17**
　　IV 6220
6,9-Äthano-naphtho[1,2-*b*]furan-5-ol
—, 3-Acetyl-2-methyl-6,9-dihydro- **18**
　　IV 671
4,9-Äthano-naphtho[2,3-*c*]furan-1,3,10-trion
—, 3a,4,9,9a-Tetrahydro- **17** IV
　　6780
8,15-Äthano-naphtho[2,1,8-*yza*]hexacen-19,20-
dicarbonsäure
—, 8,15-Dihydro-,
　　— anhydrid **17** IV 6669
7,12-Äthano-naphtho[2,1,8-*qra*]naphthacen-
15,16-dicarbonsäure
—, 7,12-Dihydro-,
　　— anhydrid **17** IV 6642

8,13-Äthano-naphtho[2,1,8-*uva*]pentacen-17,18-dicarbonsäure
—, 8,13-Dihydro-,
— anhydrid 17 IV 6662
6,15-Äthano-naphtho[2,3-*c*]pentaphen-19,20-dicarbonsäure
—, 5,9,14,18-Tetraoxo-5,6,9,14,15,18-hexahydro-,
— anhydrid 17 IV 6845
1,4-Äthano-4a,10a-[2]oxapropano-phenanthren-11,13-dion
—, 1,2,3,4,9,10-Hexahydro- 17 IV 6416
2,6-Äthano-oxepin-3-carbonitril
—, 4-Isopropenyl-2,7,7-trimethyl-hexahydro- 17 IV 4679
2,6-Äthano-oxepin-3-carbonsäure
—, 4-[*β*-Amino-isopropyl]-2,7,7-trimethyl-hexahydro-,
— lactam 17 IV 4679
5,14-Äthano-pentacen-15,16-dicarbonsäure
—, 6,13-Diphenyl-5,14-dihydro- 17 IV 6670
— anhydrid 17 IV 6670
—, 6,13-Diphenyl-5,7,12,14-tetrahydro-,
— anhydrid 17 IV 6669
6,13-Äthano-pentacen-15,16-dicarbonsäure
—, 6,13-Dihydro-,
— anhydrid 17 IV 6625
—, 6,13-Diphenyl-6,13-dihydro- 17 IV 6670
— anhydrid 17 IV 6670
—, 6,13-Diphenyl-5,6,13,14-tetrahydro-,
— anhydrid 17 IV 6669
1,6a-Äthano-pentaleno[1,2-*c*]furan-1,6-dicarbonsäure
—, 3a-Methyl-8-oxo-octahydro- 18 IV 6157
2,10a-Äthano-phenanthren
s. 6a,9-Methano-cyclohepta[*a*]naphthalin
1,4-Äthano-phenanthren-4a,10a-dicarbonsäure
—, 1,2,3,4,9,10-Hexahydro-,
— anhydrid 17 IV 6416
4a,9-Äthano-phenanthren-11,12-dicarbonsäure
—, 10a-Methyl-1,2,3,5,6,7,8,9,10,10a-decahydro-4*H*-,
— anhydrid 17 IV 6325
—, 10a-Methyl-1-oxo-1,2,3,5,6,7,8,9,10,⁛10a-decahydro-4*H*-,
— anhydrid 17 IV 6771
3,10a-Äthano-phenanthren-1,2,11,12-tetracarbonsäure
—, 7-Methoxy-2,3,9,10-tetrahydro-1*H*-,
— 1,2-anhydrid 18 IV 6677
— tetramethylester 18 IV 6677

3,10a-Äthano-phenanthren-1,2,8-tricarbonsäure
—, 11,12-Dihydroxy-12-[α-hydroxy-isopropyl]-4b,8-dimethyl-dodecahydro-,
— 1→11-lacton 18 IV 6663
—, 12-Hydroxy-12-[α-hydroxy-isopropyl]-4b,8-dimethyl-11-oxo-dodecahydro-,
— 1,2-anhydrid 18 IV 6663
—, 12-Hydroxy-12-isopropyl-4b,8-dimethyl-dodecahydro-,
— 1-lacton 18 IV 6172
— 2-lacton 18 IV 6173
— 1-lacton-2,8-dimethylester 18 IV 6173
— 2-lacton-1,8-dimethylester 18 IV 6173
—, 11-Hydroxy-12-isopropyliden-4b,8-dimethyl-dodecahydro-,
— 1-lacton 18 IV 6183
— 1-lacton-2,8-dimethylester 18 IV 6183
— 1-lacton-8-methylester 18 IV 6183
3b,11-Äthano-phenanthro[1,2-*c*]furan-12,13-dicarbonsäure
—, 7-Methoxy-1,3-dioxo-3,3a,4,5,11,11a-hexahydro-1*H*- 18 IV 6677
1,3-Äthano-phthalan s. 1,4-Epoxido-naphthalin, 1,4-Dihydro-
8,12-Äthano-podocarpan-16-säure
—, 17-Hydroxy-,
— lacton 17 IV 5038
6a,9-Äthano-4,10b-propano-benz[*h*]isochromen-3-on
—, 4-Methyl-octahydro- 17 IV 5038
10,23-Äthano-tetraacenaphth[1,2-*a*;1',2'-*c*;1'',⁛2''-*h*;1''',2'''-*j*]anthracen-27,28-dicarbonsäure
—, 10,23-Dihydro-,
— anhydrid 17 IV 6675
9b,18b-Äthano-tetrabenzo[*de,hi,op,st*]pentacen-19,20-dicarbonsäure
— anhydrid 17 IV 6672
10,21-Äthano-tetrabenzo[*a,c,l,n*]pentacen-23,24-dicarbonsäure
—, 10,21-Dihydro-,
— anhydrid 17 IV 6674
14b,18b-Äthano-tetrabenzo[*de,h,kl,rst*]⁼pentaphen-19,20-dicarbonsäure
— anhydrid 17 IV 6673
Äthansulfonsäure
—, 2-Acetoxy-2-[3,4,5-triacetoxy-tetrahydro-[2]furyl]- 18 IV 6735
—, 2-Äthoxycarbonyl-1-[2]furyl- 18 IV 6767
—, 2-Amino-1-[2]furyl- 18 IV 8285
—, 2-Carbamoyl-1-[2]furyl- 18 IV 6767
—, 1-[2]Furyl-2-nitro- 18 IV 6716

Äthansulfonsäure (Fortsetzung)
—, 2-Glucopyranosyloxy- **17** IV 3405
  — äthylester **17** IV 3405
—, 2-Oxo-2-[2]thienyl- **18** IV 6738
—, 2-[Tetra-O-acetyl-glucopyranosyloxy]-,
  — äthylester **17** IV 3405
Äthanthiol
—, 2-[[2]Thienylmethyl-amino]- **18** IV 7102
Äthanthion
—, 2-[4-Mercapto-[2]thienyl]-1-phenyl-
18 IV 499
Äthan-1,1,2-tricarbonsäure
—, 2-[1-Hydroxy-cyclohexyl]-,
  — 1-lacton **18** II 366 b
—, 2-[1-Hydroxy-cyclopentyl]-,
  — 1-lacton **18** II 365 e
—, 1-[4-Methoxy-1-methyl-3-oxo-
phthalan-1-yl]-,
  — 1,1-diäthylester **18** IV 6683
  — triäthylester **18** IV 6683
7,3a,4-Äthanylyliden-isobenzofuran-8-ol
—, Hexahydro- **17** IV 1335
Äthebenol 17 167 b, I 98 g, IV 2224
Äthen
  s. Äthylen
**5,9-Ätheno-acenaphtho[5′,6′;4,5,6]cyclohepta=
[1,2-c]furan-6,8-dion**
—, 1,2,5,5a,8a,9-Hexahydro- **17**
IV 6538
**5,8-Ätheno-androsta-6,9(11)-dieno[6,7-c]furan-
17,2′,5′-trion**
—, 3-Acetoxy-6,7-dihydro- **18** IV 2787
5,8-Ätheno-androstan-6,7-dicarbonsäure
—, 3-Acetoxy-17-oxo-,
  — anhydrid **18** IV 2663
**5,8-Ätheno-androstano[6,7-c]furan-17,2′,5′-
trion**
—, 3-Acetoxy-6,7-dihydro- **18** IV 2663
**5,8-Ätheno-androst-9(11)-en-6,7-
dicarbonsäure**
—, 3-Acetoxy-17-oxo-,
  — anhydrid **18** IV 2787
**5,8-Ätheno-androst-6-eno[6,7-c]furan-2′,5′-
dion**
—, 3-Acetoxy-6,7-dihydro- **18** IV 2663
**5,8-Ätheno-androst-9(11)-eno[6,7-c]furan-
17,2′,5′-trion**
—, 3-Acetoxy-6,7-dihydro- **18** IV 2787
1,4-Ätheno-anthracen-2,3-dicarbonsäure
—, 9,10-Diphenyl-1,2,3,4-tetrahydro-,
  — anhydrid **17** IV 6645
9,10-Ätheno-anthracen-11,12-dicarbonsäure
—, 9-Brom-9,10-dihydro-,
  — anhydrid **17** IV 6531
—, 9,10-Dihydro-,
  — anhydrid **17** IV 6531
4,11-Ätheno-anthra[2,3-c]furan-1,3-dion
—, 5,10-Diphenyl-3a,4,11,11a-tetrahydro-
17 IV 6645

**4,10-Ätheno-benzo[4,5]cyclohepta[1,2-c]furan-
1,3,9-trion**
—, 6,7,8,10-Tetraacetoxy-11,12-dibrom-
3a,4,10,10a-tetrahydro- **18** IV 3603
—, 6,7,8,10-Tetraacetoxy-3a,4,10,10a-
tetrahydro- **18** IV 3603
—, 3a,4,10,10a-Tetrahydro- **17** IV 6788
—, 6,7,8,10-Tetrahydroxy-3a,4,10,10a-
tetrahydro- **18** IV 3602
—, 5,6,7,12-Tetramethoxy-3a,4,10,10a-
tetrahydro- **18** IV 3603
—, 6,7,8,10-Tetramethoxy-3a,4,10,10a-
tetrahydro- **18** IV 3602
**5,8-Ätheno-benzocyclohepten-6,7-
dicarbonsäure**
—, 9-Oxo-6,7,8,9-tetrahydro-5H-,
  — anhydrid **17** IV 6788
—, 1,2,3,8-Tetraacetoxy-10,11-dibrom-9-
oxo-6,7,8,9-tetrahydro-5H-,
  — anhydrid **18** IV 3603
—, 1,2,3,8-Tetraacetoxy-9-oxo-6,7,8,9-
tetrahydro-5H-,
  — anhydrid **18** IV 3603
—, 1,2,3,8-Tetrahydroxy-9-oxo-6,7,8,9-
tetrahydro-5H-,
  — anhydrid **18** IV 3602
—, 1,2,3,8-Tetramethoxy-9-oxo-6,7,8,9-
tetrahydro-5H-,
  — anhydrid **18** IV 3602
—, 2,3,4,11-Tetramethoxy-9-oxo-6,7,8,9-
tetrahydro-5H-,
  — anhydrid **18** IV 3603
**5,9-Ätheno-benzocyclohepten-2,3-
dicarbonsäure**
—, 2,3,4,5,6,7,8,9-Octahydro-1H-,
  — anhydrid **17** IV 6318
**1,4-Ätheno-benzo[c]phenanthren-2,3,5,6-
tetracarbonsäure**
—, 1,2,3,4,4a,5,6,6a,7,8-Decahydro-,
  — 2,3-anhydrid **18** IV 6236
  — 5,6-anhydrid **18** IV 6236
**1,4-Ätheno-benzo[3,4]phenanthro[1,2-c]furan-
2,3-dicarbonsäure**
—, 5,7-Dioxo-1,2,3,4,4a,4b,5,7,7a,7b,8,9-
dodecahydro- **18** IV 6236
**9,13-Ätheno-benzo[5,6]phenanthro[2,3-c]furan-
7,8-dicarbonsäure**
—, 10,12-Dioxo-5,6,6a,7,8,8a,9,9a,10,12,=
12a,13-dodecahydro- **18** IV 6236
**1λ⁶-4,7-Ätheno-benzo[b]thiophen-5,6-
dicarbonsäure**
—, 1,1-Dioxo-3a,4,5,6,7,7a-hexahydro-,
  — dimethylester **18** IV 4549
5,8-Ätheno-cholestan-6,7-dicarbonsäure
—, 3-Acetoxy-,
  — anhydrid **18** IV 1672
5,8-Ätheno-cholestano[6,7-c]furan-2′,5′-dion
—, 3-Acetoxy-6,7-dihydro- **18** IV 1672

5,8-Ätheno-cholest-6-eno[6,7-c]furan-2',5'-dion
—, 3-Acetoxy-6,7-dihydro- **18** IV 1672
3,6-Ätheno-cyclobutabenzen-4,5-dicarbonsäure
—, 1,2-Diacetoxy-octahydro-,
   — anhydrid **18** IV 2413
—, 1,1-Diäthoxy-octahydro-,
   — anhydrid **17** IV 6747
—, 1,2-Dibrom-octahydro-,
   — anhydrid **17** IV 6208
—, 1,2-Dichlor-octahydro-,
   — anhydrid **17** IV 6208
—, 1,2-Epoxy-1,2,2a,3,6,6a-hexahydro-,
   — dimethylester **18** IV 4560
—, 1,2-Epoxy-octahydro-,
   — dimethylester **18** IV 4550
—, 2a,3,4,5,6,6a-Hexahydro-,
   — anhydrid **17** IV 6301
—, Octahydro-,
   — anhydrid **17** IV 6208
—, 1-Oxo-octahydro-,
   — anhydrid **17** IV 6747
—, 2a,3,6,6a-Tetrahydro-,
   — anhydrid **17** IV 6345
4,7-Ätheno-cyclobut[f]isobenzofuran-1,3-dion
—, 5,6-Diacetoxy-octahydro- **18**
   IV 2413
—, 5,5-Diäthoxy-octahydro- **17** IV
   6747
—, 5,6-Dibrom-octahydro- **17** IV
   6208
—, 5,6-Dichlor-octahydro- **17** IV
   6208
—, 3a,4,4a,6a,7,7a-Hexahydro- **17**
   IV 6301
—, Octahydro- **17** IV 6208
—, 4,4a,6a,7-Tetrahydro- **17** IV 6345
4,7-Ätheno-cyclobut[f]isobenzofuran-1,3,5-trion
—, Hexahydro- **17** IV 6747
4,13-Ätheno-cyclododeca[c]furan-1,3-dion
—, Dodecahydro- **17** IV 6116
5,8-Ätheno-cyclohept[fg]acenaphthylen-6,7-dicarbonsäure
—, 1,2,5,6,7,8-Hexahydro-,
   — anhydrid **17** IV 6538
4,8-Ätheno-cyclohepta[c]furan-1,3-dion
—, 4,5,6,7,8,8a-Hexahydro-3aH- **17**
   IV 6077
—, 4,7,7-Trimethyl-5-methylen-hexahydro- **17** IV 6238
—, 4,7,7-Trimethyl-5,6,7,8-tetrahydro-4H- **17** IV 6219
4,8-Ätheno-cyclohepta[c]furan-1,3,5,6-tetraon
—, 8-Isopropyl-tetrahydro- **17** IV 6827
—, Tetrahydro- **17** IV 6827

4,8-Ätheno-cyclohepta[c]furan-1,3,5-trion
—, 6-Brom-4-hydroxy-3a,4,8,8a-tetrahydro- **18** IV 2512
—, 4-Hydroxy-3a,4,8,8a-tetrahydro- **18**
   IV 2511
—, 4-Methoxy-3a,4,8,8a-tetrahydro- **18**
   IV 2512
—, 8-Methoxy-3a,4,8,8a-tetrahydro- **18**
   IV 2511
—, 4-Phenyl-3a,4,8,8a-tetrahydro- **17**
   IV 6792
—, 6-Phenyl-3a,4,8,8a-tetrahydro- **17**
   IV 6792
—, 4,7,7-Trimethyl-hexahydro- **17**
   IV 6731
7,10-Ätheno-cyclohepta[de]naphthalin-8,9-dicarbonsäure
—, 7,8,9,10-Tetrahydro-,
   — anhydrid **17** IV 6515
8,11-Ätheno-cyclohepta[a]naphthalin-9,10-dicarbonsäure
—, 7-Oxo-8,9,10,11-tetrahydro-7H-,
   — anhydrid **17** IV 6808
5,9-Ätheno-cyclohept[f]isobenzofuran-1,3-dion
—, 4,5,6,7,8,9,10,10a-Octahydro-3aH-
   17 IV 6318
7,20-Ätheno-cyclohexadec[a]acenaphthylen-21,22-dicarbonsäure
—, 8,9,10,11,12,13,14,15,16,17,18,19-Dodecahydro-,
   — anhydrid **17** IV 6598
4,17-Ätheno-cyclohexadeca[c]furan-1,3-dion
—, 18,19-Diphenyl-5,6,7,8,9,10,11,12,13,≠ 14,15,16-dodecahydro- **17** IV 6598
7,22-Ätheno-cyclooctadec[a]acenaphthylen-23,24-dicarbonsäure
—, 8,9,10,11,12,13,16,17,18,19,20,21-Dodecahydro-,
   — anhydrid **17** IV 6612
4,19-Ätheno-cyclooctadeca[c]furan-1,3-dion
—, Octadecahydro- **17** IV 6122
—, 5,6,7,8,9,10,11,12,13,14,15,16,17,18-Tetradecahydro- **17** IV 6330
3,6-Ätheno-cyclopenta[ef]heptalen-4,5-dicarbonsäure
—, 3,11-Dimethyl-3,4,5,6-tetrahydro-,
   — anhydrid **17** IV 6523
7,11-Ätheno-cyclopenta[5,6]heptaleno[2,3-c]≠ furan-8,10-dion
—, 11,13-Dimethyl-7,7a,10a,11-tetrahydro- **17** IV 6523
5,8-Ätheno-cyclopenta[a]phenanthren-6,7-dicarbonsäure
—, 3-Acetoxy-10,13-dimethyl-17-[1,4,5-trimethyl-hex-2-enyl]-teradecahydro-,
   — anhydrid **18** IV 1759

2,5-Ätheno-cyclopropabenzen-3,4-dicarbonsäure
—, Hexahydro-,
— anhydrid 17 IV 6197
—, 1-Isopropyl-hexahydro-,
— anhydrid 17 IV 6220
—, 1-Phenyl-hexahydro-,
— anhydrid 17 IV 6457
—, 1,1,2,7-Tetramethyl-hexahydro-,
— anhydrid 17 IV 6243
—, 1,1,6-Trimethyl-hexahydro-,
— anhydrid 17 IV 6220
—, 1,1,7-Trimethyl-2-phenyl-hexahydro-,
— anhydrid 17 IV 6470

2,5-Ätheno-cyclopropabenzen-1,3,4-tricarbonsäure
—, 2-Brom-hexahydro-,
— 3,4-anhydrid-1-methylester 18 IV 6056
—, 6-Brom-hexahydro-,
— 3,4-anhydrid-1-methylester 18 IV 6056
—, 6-tert-Butyl-hexahydro-,
— 3,4-anhydrid-1-methylester 18 IV 6067
—, 2-Chlor-hexahydro-,
— 3,4-anhydrid-1-methylester 18 IV 6055
—, 6-Chlor-hexahydro-,
— 3,4-anhydrid-1-methylester 18 IV 6056
—, 1a,2-Dimethyl-hexahydro-,
— 3,4-anhydrid-1-methylester 18 IV 6060
—, 2,7-Dimethyl-hexahydro-,
— 3,4-anhydrid-1-methylester 18 IV 6060
—, 6,7-Dimethyl-hexahydro-,
— 3,4-anhydrid-1-methylester 18 IV 6060
—, Hexahydro-,
— 1-äthylester-3,4-anhydrid 18 IV 6055
— 3,4-anhydrid 18 IV 6055
— 3,4-anhydrid-1-methylester 18 IV 6055
—, 1a-Methyl-hexahydro-,
— 3,4-anhydrid-1-methylester 18 IV 6058
—, 2-Methyl-hexahydro-,
— 3,4-anhydrid-1-methylester 18 IV 6058
—, 6-Methyl-hexahydro-,
— 3,4-anhydrid-1-methylester 18 IV 6058
—, 1a,5,7-Trimethyl-hexahydro-,
— 3,4-anhydrid-1-methylester 18 IV 6063

2,5-Ätheno-cyclopropabenzen-1a,3,4-tricarbonsäure
—, Hexahydro-,
— 3,4-anhydrid 18 IV 6054
— 3,4-anhydrid-1a-methylester 18 IV 6055

2,5-Ätheno-cyclopropabenzen-2,3,4-tricarbonsäure
—, Hexahydro-,
— 3,4-anhydrid 18 IV 6054
— 3,4-anhydrid-2-methylester 18 IV 6054

2,5-Ätheno-cyclopropabenzen-3,4,6-tricarbonsäure
—, Hexahydro-,
— 3,4-anhydrid 18 IV 6056
— 3,4-anhydrid-6-methylester 18 IV 6056

4,6-Ätheno-cycloprop[/]isobenzofuran-4-carbonsäure
—, 1,3-Dioxo-octahydro- 18 IV 6054
— methylester 18 IV 6054

4,6-Ätheno-cycloprop[/]isobenzofuran-4a-carbonsäure
—, 1,3-Dioxo-hexahydro- 18 IV 6054
— methylester 18 IV 6055

4,6-Ätheno-cycloprop[/]isobenzofuran-5-carbonsäure
—, 4-Brom-1,3-dioxo-octahydro-,
— methylester 18 IV 6056
—, 7-Brom-1,3-dioxo-octahydro-,
— methylester 18 IV 6056
—, 7-tert-Butyl-1,3-dioxo-octahydro-,
— methylester 18 IV 6067
—, 4-Chlor-1,3-dioxo-octahydro-,
— methylester 18 IV 6055
—, 7-Chlor-1,3-dioxo-octahydro-,
— methylester 18 IV 6056
—, 4,4a-Dimethyl-1,3-dioxo-octahydro-,
— methylester 18 IV 6060
—, 4,8-Dimethyl-1,3-dioxo-octahydro-,
— methylester 18 IV 6060
—, 7,8-Dimethyl-1,3-dioxo-octahydro-,
— methylester 18 IV 6060
—, 1,3-Dioxo-octahydro- 18 IV 6055
— äthylester 18 IV 6055
— methylester 18 IV 6055
—, 4-Methyl-1,3-dioxo-octahydro-,
— methylester 18 IV 6058
—, 4a-Methyl-1,3-dioxo-octahydro-,
— methylester 18 IV 6058
—, 7-Methyl-1,3-dioxo-octahydro-,
— methylester 18 IV 6058
—, 4,5a,7-Trimethyl-1,3-dioxo-octahydro-,
— methylester 18 IV 6063

4,6-Ätheno-cycloprop[/]isobenzofuran-7-carbonsäure
—, 1,3-Dioxo-octahydro- 18 IV 6056
— methylester 18 IV 6056

4,6-Ätheno-cycloprop[/]isobenzofuran-1,3-dion

—, Hexahydro- **17** IV 6197
—, 5-Isopropyl-hexahydro- **17** IV 6220
—, 5-Phenyl-hexahydro- **17** IV 6457
—, 4,5,5,8-Tetramethyl-hexahydro- **17** IV 6243
—, 5,5,7-Trimethyl-hexahydro- **17** IV 6220
—, 5,5,8-Trimethyl-4-phenyl-hexahydro- **17** IV 6470

4,15-Ätheno-cyclotetradeca[c]furan-1,3-dion

—, 5,6,7,8,9,10,11,12,13,14-Decahydro- **17** IV 6322

4,14-Ätheno-cyclotrideca[c]furan-1,3-dion

—, Dodecahydro- **17** IV 6117

5,8-Ätheno-23,24-dinor-chola-9(11),20-dien-6,7-dicarbonsäure

—, 3,21-Diacetoxy-,
  — anhydrid **18** IV 2791

5,8-Ätheno-23,24-dinor-chola-6,9(11)-dieno≈[6,7-c]furan-22-al

—, 3-Acetoxy-2′,5′-dioxo-6,7,2′,5′-tetrahydro- **18** IV 2791
—, 3-Formyloxy-2′,5′-dioxo-6,7,2′,5′-tetrahydro- **18** IV 2791
—, 3-Heptanoyloxy-2′,5′-dioxo-6,7,2′,5′-tetrahydro- **18** IV 2792
—, 3,2′,5′-Trioxo-6,7,2′,5′-tetrahydro- **17** IV 6834

5,8-Ätheno-23,24-dinor-chola-6,20-dieno[6,7-c]≈furan-2′,5′-dion

—, 3,21-Diacetoxy-6,7-dihydro- **18** IV 2669

5,8-Ätheno-23,24-dinor-chola-9(11),20-dieno≈[6,7-c]furan-2′,5′-dion

—, 3,21-Diacetoxy-6,7-dihydro- **18** IV 2791

5,8-Ätheno-23,24-dinor-chola-6,9(11)-dieno≈[6,7-c]furan-22-oylchlorid

—, 3-Acetoxy-2′,5′-dioxo-6,7,2′,5′-tetrahydro- **18** IV 6554

5,8-Ätheno-23,24-dinor-chola-6,9(11)-dieno≈[6,7-c]furan-22-säure

—, 3-Acetoxy-2′,5′-dioxo-6,7,2′,5′-tetrahydro- **18** IV 6553
  — methylester **18** IV 6554
—, 3-Heptanoyloxy-2′,5′-dioxo-6,7,2′,5′-tetrahydro- **18** IV 6554

5,8-Ätheno-23,24-dinor-chola-6,9(11)-dieno≈[6,7-c]furan-22,2′,5′-trion

—, 3-Acetoxy-22-phenyl-6,7-dihydro- **18** IV 2835

5,8-Ätheno-23,24-dinor-cholan-6,7-dicarbonsäure

—, 3-Acetoxy-20-brom-21-oxo-,
  — anhydrid **18** IV 2669

—, 3-Acetoxy-22-[2,4-dinitro-phenylhydrazono]-,
  — anhydrid **18** IV 2668
—, 3-Acetoxy-22-oxo-,
  — anhydrid **18** IV 2668

5,8-Ätheno-23,24-dinor-cholano[6,7-c]furan-21-al

—, 3-Acetoxy-20-brom-2′,5′-dioxo-6,7,2′,5′-tetrahydro- **18** IV 2669

5,8-Ätheno-23,24-dinor-cholano[6,7-c]furan-22-al

—, 3-Acetoxy-2′,5′-dioxo-6,7,2′,5′-tetrahydro- **18** IV 2668

5,8-Ätheno-23,24-dinor-cholano[6,7-c]furan-22-säure

—, 3-Acetoxy-2′,5′-dioxo-6,7,2′,5′-tetrahydro- **18** IV 6544
  — methylester **18** IV 6544

5,8-Ätheno-23,24-dinor-chola-6,9(11),20-trieno≈[6,7-c]furan-2′,5′-dion

—, 3,21-Diacetoxy-6,7-dihydro- **18** IV 2791

5,8-Ätheno-23,24-dinor-chol-9(11)-en-6,7-dicarbonsäure

—, 3-Acetoxy-22-cyan-22-hydroxy-,
  — anhydrid **18** IV 6639
—, 3-Acetoxy-22-[2,4-dinitro-phenylhydrazono]-,
  — anhydrid **18** IV 2792
—, 3-Acetoxy-22-oxo-,
  — anhydrid **18** IV 2791
—, 3-Acetoxy-22-oxo-22-phenyl-,
  — anhydrid **18** IV 2835
—, 3,22-Bis-[2,4-dinitro-phenylhydrazono]-,
  — anhydrid **17** IV 6834
—, 22-[2,4-Dinitro-phenylhydrazono]-3-formyloxy-,
  — anhydrid **18** IV 2792
—, 22-[2,4-Dinitro-phenylhydrazono]-3-heptanoyloxy-,
  — anhydrid **18** IV 2792
—, 3,22-Dioxo-,
  — anhydrid **17** IV 6834
—, 3-Formyloxy-22-oxo-,
  — anhydrid **18** IV 2791
—, 3-Heptanoyloxy-22-oxo-,
  — anhydrid **18** IV 2792

5,8-Ätheno-23,24-dinor-chol-20-en-6,7-dicarbonsäure

—, 3,21-Diacetoxy-,
  — anhydrid **18** IV 2669

5,8-Ätheno-23,24-dinor-chol-6-eno[6,7-c]furan-21-al

—, 3-Acetoxy-20-brom-2′,5′-dioxo-6,7,2′,5′-tetrahydro- **18** IV 2669

5,8-Ätheno-23,24-dinor-chol-6-eno[6,7-c]furan-22-al

—, 3-Acetoxy-2',5'-dioxo-6,7,2',5'-
   tetrahydro- **18** IV 2668

5,8-Ätheno-23,24-dinor-chol-9(11)-eno[6,7-c]≑furan-22-al

—, 3-Acetoxy-2',5'-dioxo-6,7,2',5'-
   tetrahydro- **18** IV 2791
—, 3-Formyloxy-2',5'-dioxo-6,7,2',5'-
   tetrahydro- **18** IV 2791
—, 3-Heptanoyloxy-2',5'-dioxo-6,7,2',5'-
   tetrahydro- **18** IV 2792
—, 3,2',5'-Trioxo-6,7,2',5'-tetrahydro-
   17 IV 6834

5,8-Ätheno-23,24-dinor-chol-20-eno[6,7-c]furan-2',5'-dion

—, 3,21-Diacetoxy-6,7-dihydro- **18** IV 2669

5,8-Ätheno-23,24-dinor-chol-9(11)-eno[6,7-c]≑furan-22-oylchlorid

—, 3-Acetoxy-2',5'-dioxo-6,7,2',5'-
   tetrahydro- **18** IV 6554

5,8-Ätheno-23,24-dinor-chol-6-eno-[6,7-c]furan-22-säure

—, 3-Acetoxy-2',5'-dioxo-6,7,2',5'-
   tetrahydro- **18** IV 6544
   — methylester **18** IV 6544

5,8-Ätheno-23,24-dinor-chol-9(11)-eno[6,7-c]≑furan-22-säure

—, 3-Acetoxy-2',5'-dioxo-6,7,2',5'-
   tetrahydro- **18** IV 6553
   — methylester **18** IV 6554
—, 3-Heptanoyloxy-2',5'-dioxo-6,7,2',5'-
   tetrahydro- **18** IV 6554

5,8-Ätheno-23,24-dinor-chol-9(11)-eno[6,7-c]≑furan-22,2',5'-trion

—, 3-Acetoxy-22-phenyl-6,7-dihydro-
   18 IV 2835

5,8-Ätheno-23,24-dinor-chol-9(11)-en-22-säure

—, 3-Acetoxy-9,11-epoxy-6,7-bis-
   methoxycarbonyl-,
   — methylester **18** IV 5253

5,8-Ätheno-ergosta-9(11),22-dien-6,7-dicarbonsäure

—, 3-Acetoxy-,
   — anhydrid **18** IV 1880
—, 3-Heptanoyloxy-,
   — anhydrid **18** IV 1881

5,8-Ätheno-ergosta-6,22-dieno[6,7-c]furan

—, 3-Acetoxy-2',5'-dimethyl- **17**
   IV 1680

5,8-Ätheno-ergosta-6,22-dieno[6,7-c]furan-2',5'-diol

—, 3-Acetoxy-2',5'-dimethyl-6,7,2',5'-
   tetrahydro- **17** IV 1680

5,8-Ätheno-ergosta-6,9(11)-dieno[6,7-c]furan-2',5'-dion

—, 3-Acetoxy-22,23-dibrom-6,7-dihydro-
   18 IV 1759
—, 3-Acetoxy-6,7-dihydro- **18** IV 1758

5,8-Ätheno-ergosta-6,22-dieno[6,7-c]furan-2',5'-dion

—, 3-Acetoxy-6,7-dihydro- **18** IV 1759
—, 6,7-Dihydro- **17** IV 6422
—, 3-Hydroxy-6,7-dihydro- **18** IV 1759

5,8-Ätheno-ergosta-9(11),22-dieno-[6,7-c]furan-2',5'-dion

—, 3-Acetoxy-6,7-dihydro- **18** IV 1880
—, 3-Heptanoyloxy-6,7-dihydro- **18**
   IV 1881

5,8-Ätheno-ergosta-6,22-dieno[6,7-c]furan-5'-on

—, 3-Acetoxy-2'-methylen-6,7-dihydro-
   18 IV 685

5,8-Ätheno-ergosta-6,22-dieno[6,7-c]furan-3,2',5'-trion

—, 6,7-Dihydro- **17** IV 6790

5,8-Ätheno-ergostan-7-carbonsäure

—, 3-Acetoxy-6-[1-hydroxy-vinyl]-,
   — lacton **18** IV 597

5,8-Ätheno-ergostan-6,7-dicarbonsäure

—, 3-Acetoxy-,
   — anhydrid **18** IV 1673
—, 3-Acetoxy-22,23-dibrom-,
   — anhydrid **18** IV 1673

5,8-Ätheno-ergostano[6,7-c]furan-2',5'-dion

—, 3-Acetoxy-22,23-dibrom-6,7-dihydro-
   18 IV 1673
—, 3-Acetoxy-6,7-dihydro- **18** IV 1673

5,8-Ätheno-ergostano[6,7-c]furan-5'-on

—, 3-Acetoxy-2'-methylen-6,7-dihydro-
   18 IV 597

5,8-Ätheno-ergosta-6,9(11),22-trieno[6,7-c]≑furan-2',5'-dion

—, 3-Acetoxy-6,7-dihydro- **18** IV 1880

5,8-Ätheno-ergost-22-en-7-carbonsäure

—, 3-Acetoxy-6-[1-hydroxy-vinyl]-,
   — lacton **18** IV 685

5,8-Ätheno-ergost-9(11)-en-6,7-dicarbonsäure

—, 3-Acetoxy-,
   — anhydrid **18** IV 1758
—, 3-Acetoxy-22,23-dibrom-,
   — anhydrid **18** IV 1759

5,8-Ätheno-ergost-22-en-6,7-dicarbonsäure

   — anhydrid **17** IV 6422
—, 3-Acetoxy-,
   — anhydrid **18** IV 1759
—, 3-Hydroxy-,
   — anhydrid **18** IV 1759
—, 3-Oxo-,
   — anhydrid **17** IV 6790

5,8-Ätheno-ergost-22-eno[6,7-c]furan

—, 3-Acetoxy-2',5'-dimethyl- **17**
   IV 1680

5,8-Ätheno-ergost-22-eno[6,7-c]furan-2′,5′-diol
—, 3-Acetoxy-2′,5′-dimethyl-6,7,2′,5′-tetrahydro- **17** IV 1680

5,8-Ätheno-ergost-6-eno[6,7-c]furan-2′,5′-dion
—, 3-Acetoxy-22,23-dibrom-6,7-dihydro- **18** IV 1673
—, 3-Acetoxy-6,7-dihydro- **18** IV 1673

5,8-Ätheno-ergost-9(11)-eno[6,7-c]furan-2′,5′-dion
—, 3-Acetoxy-22,23-dibrom-6,7-dihydro- **18** IV 1759
—, 3-Acetoxy-6,7-dihydro- **18** IV 1758

5,8-Ätheno-ergost-22-eno[6,7-c]furan-2′,5′-dion
—, 3-Acetoxy-6,7-dihydro- **18** IV 1759
—, 6,7-Dihydro- **17** IV 6422
—, 3-Hydroxy-6,7-dihydro- **18** IV 1759

5,8-Ätheno-ergost-6-eno[6,7-c]furan-5′-on
—, 3-Acetoxy-2′-methylen-6,7-dihydro- **18** IV 597

5,8-Ätheno-ergost-22-eno[6,7-c]furan-5′-on
—, 3-Acetoxy-2′-methylen-6,7-dihydro- **18** IV 685

5,8-Ätheno-ergost-22-eno[6,7-c]furan-3,2′,5′-trion
—, 6,7-Dihydro- **17** IV 6790

4,7-Ätheno-indan-5,6-dicarbonsäure
—, Hexahydro-,
 — anhydrid **17** IV 6213
—, 8-Isopropyl-3a-methyl-hexahydro-,
 — anhydrid **17** IV 6248

4,7-Ätheno-inden-5,6-dicarbonsäure
—, 2,7-Dimethyl-1-oxo-3,3a,8,9-tetraphenyl-3a,4,5,6,7,7a-hexahydro-,
 — anhydrid **17** IV 6823
—, 3a,4,5,6,7,7a-Hexahydro-,
 — anhydrid **17** IV 6307
—, 8-Isopropyl-3a-methyl-octahydro-,
 — anhydrid **17** IV 6248 c
—, Octahydro-,
 — anhydrid **17** IV 6213 b
—, 1-Oxo-2,7-dipentyl-3,3a,8,9-tetraphenyl-3a,4,5,6,7,7a-hexahydro-,
 — anhydrid **17** IV 6823
—, 1-Oxo-3a,4,5,6,7,7a-hexahydro-,
 — anhydrid **17** IV 6769
—, 1-Oxo-3,3a,8,9-tetraphenyl-3a,4,5,6,7,₌7a-hexahydro-,
 — anhydrid **17** IV 6822

4,8-Ätheno-indeno[5,6-c]furan-1,3-dion
—, 4,4a,5,7a,8,8a-Hexahydro-3aH- **17** IV 6307
—, 9-Isopropyl-4a-methyl-octahydro- **17** IV 6248

—, Octahydro- **17** IV 6213

4,8-Ätheno-indeno[5,6-c]furan-1,3,5-trion
—, 4,6-Dimethyl-7,7a,9,10-tetraphenyl-3a,4,4a,7a,8,8a-hexahydro- **17** IV 6823
—, 4,6-Dipentyl-7,7a,9,10-tetraphenyl-3a,4,4a,7a,8,8a-hexahydro- **17** IV 6823
—, 3a,4,4a,7a,8,8a-Hexahydro- **17** IV 6769
—, 7,7a,9,10-Tetraphenyl-3a,4,4a,7a,8,8a-hexahydro- **17** IV 6822

4,7-Ätheno-isobenzofuran
—, 1,3-Diphenyl-4,5,6,7-tetrahydro- **17** IV 758
—, Octahydro- **17** IV 382

4,7-Ätheno-isobenzofuran-4-carbaldehyd
—, 1,3-Dioxo-octahydro- **17** IV 6728
—, 5-Methyl-1,3-dioxo-octahydro- **17** IV 6729

4,7-Ätheno-isobenzofuran-4-carbonsäure
—, 1,3-Dioxo-octahydro- **18** IV 6035
 — äthylester **18** IV 6035
 — methylester **18** IV 6035
—, 5-Methyl-1,3-dioxo-octahydro- **18** IV 6035

4,7-Ätheno-isobenzofuran-1,3-dion
—, 8-Acetoxy-4,6-dimethyl-hexahydro- **18** IV 1260
—, 4-Acetyl-hexahydro- **17** IV 6729
—, 4-Benzyl-7-isopropyl-hexahydro- **17** IV 6418
—, 5,6-Bis-benzoylimino-4-methyl-hexahydro- **17** IV 6827
—, 3a,7a-Dibrom-hexahydro- **17** IV 6076
—, 5,6-Dihydroxy-hexahydro- **18** IV 2345
—, 3a,7a-Dimethyl-hexahydro- **17** IV 6084
—, 4,7-Dimethyl-hexahydro- **17** IV 6084
—, 8,9-Dimethyl-hexahydro- **17** IV 6084
—, 4,8-Diphenyl-hexahydro- **17** IV 6542
—, 8-Heptafluorpropyl-hexahydro- **17** IV 6091
—, Hexahydro- **17** IV 6075
—, 5-Isopropenyl-8,9-dimethyl-hexahydro- **17** IV 6239
—, 6-Isopropenyl-4,9-dimethyl-hexahydro- **17** IV 6238
—, 5-Isopropenyl-8-methyl-hexahydro- **17** IV 6219
—, 6-Isopropenyl-9-methyl-4-phenyl-hexahydro- **17** IV 6469
—, 5-Isopropyl-8,9-dimethyl-hexahydro- **17** IV 6115

4,7-Ätheno-isobenzofuran-1,3-dion (Fortsetzung)
—, 6-Isopropyl-4,9-dimethyl-hexahydro-
17 IV 6114
—, 4-Isopropyl-hexahydro- 17 IV 6091
—, 5-Isopropyl-hexahydro- 17 IV 6091
—, 5-Isopropyliden-8,9-dimethyl-
hexahydro- 17 IV 6239
—, 6-Isopropyliden-4,9-dimethyl-
hexahydro- 17 IV 6238
—, 4-Isopropyl-7-methyl-hexahydro- 17
IV 6101
—, 5-Isopropyl-8-methyl-hexahydro- 17
IV 6101
—, 4-Isopropyl-7-[2]naphthyl-hexahydro-
17 IV 6526
—, 4-Isopropyl-7-phenyl-hexahydro- 17
IV 6416
—, 4-Methoxy-hexahydro- 18 IV 1247
—, 4-Methoxy-5-methyl-hexahydro- 18
IV 1254
—, 4-Methoxy-6-methyl-hexahydro- 18
IV 1254
—, 4-Methoxy-7-methyl-hexahydro- 18
IV 1254
—, 3a-Methyl-hexahydro- 17 IV 6078
—, 4-Methyl-hexahydro- 17 IV 6078
—, 5-Methyl-hexahydro- 17 IV 6078
—, 8-Methyl-hexahydro- 17 IV 6078
—, 4,5,5,8-Tetramethyl-hexahydro- 17
IV 6102
—, 4,5,6,6-Tetramethyl-hexahydro- 17
IV 6102
—, 4,6,6,8-Tetramethyl-hexahydro- 17
IV 6102

4,7-Ätheno-isobenzofuran-1-on
—, Hexahydro- 17 IV 4743
—, 3-Hydroxy-7-isopropyl-4-methyl-3-
phenyl-hexahydro- 10 III 3287 a

4,7-Ätheno-isobenzofuran-1,3,5-trion
—, 6-Acetoxy-6,8-dimethyl-tetrahydro-
18 IV 2412
—, 6-Acetoxy-6-methyl-tetrahydro- 18
IV 2407
—, 6-Acetoxy-6-phenyl-tetrahydro- 18
IV 2770
—, 6-Acetoxy-4,6,8-trimethyl-tetrahydro-
18 IV 2415
—, 6-Allyl-4,6-dimethyl-tetrahydro- 17
IV 6755
—, 6-Dichlormethyl-6-methyl-tetrahydro-
17 IV 6730
—, 6,6-Dimethyl-tetrahydro- 17
IV 6729
—, 4,6,6,7,8,9-Hexachlor-tetrahydro-
17 IV 6728
—, 6-Hydroxy-6-methyl-tetrahydro- 18
IV 2407

—, 6-Methyl-6-phenyl-tetrahydro- 17
IV 6789
—, 4,6,8-Trimethyl-6-propyl-tetrahydro-
17 IV 6733
—, 4,6,6-Trimethyl-tetrahydro- 17
IV 6730

5,8-Ätheno-lumist-22-en-6,7-dicarbonsäure
—, 3-Acetoxy-,
 — anhydrid 18 IV 1760

6,9-Ätheno-1,4-methano-benz[c]oxepin-5,7,8-tricarbonsäure
—, 9a-Nitro-3-oxo-octahydro-,
 — trimethylester 18 IV
 6248

**4,17-Ätheno-4,17-methano-cyclohexadeca[c]=
furan-1,3,20-trion**
—, 18,19-Diphenyl-3a,5,6,7,8,9,10,11,12,=
13,14,15,16,17a-tetradecahydro- 17
IV 6816

**1,4-Ätheno-4a,10a-methanoxymethano-
phenanthren** s. 1,4-Ätheno-4a,10a-
[2]oxapropano-phenanthren

1,4-Ätheno-naphthalin-2,3-dicarbonsäure
—, Decahydro-,
 — anhydrid 17 IV 6219
—, 9,10-Diäthyl-1,2,3,4-tetrahydro-,
 — anhydrid 17 IV 6416
—, 1,4-Dimethyl-1,2,3,4-tetrahydro-,
 — anhydrid 17 IV 6414
—, 1,9-Dimethyl-1,2,3,4-tetrahydro-,
 — anhydrid 17 IV 6414
—, 5,8-Dimethyl-1,2,3,4-tetrahydro-,
 — anhydrid 17 IV 6414
—, 9,10-Dimethyl-1,2,3,4-tetrahydro-,
 — anhydrid 17 IV 6414
—, 1,4,5,6,7,9,10-Heptamethyl-1,2,3,4-
tetrahydro-,
 — anhydrid 17 IV 6420
—, 1,4,5,6,9,10-Hexamethyl-1,2,3,4-
tetrahydro-,
 — anhydrid 17 IV 6419
—, 1,4,5,7,9,10-Hexamethyl-1,2,3,4-
tetrahydro-,
 — anhydrid 17 IV 6419
—, 1,4,6,7,9,10-Hexamethyl-1,2,3,4-
tetrahydro-,
 — anhydrid 17 IV 6419
—, 1-Methyl-1,2,3,4-tetrahydro-,
 — anhydrid 17 IV 6410
—, 5-Methyl-1,2,3,4-tetrahydro-,
 — anhydrid 17 IV 6410
—, 9-Methyl-1,2,3,4-tetrahydro-,
 — anhydrid 17 IV 6410
—, 1,4,5,6,7,8,9,10-Octamethyl-1,2,3,4-
tetrahydro-,
 — anhydrid 17 IV 6421

1,4-Ätheno-naphthalin-
2,3-dicarbonsäure (Fortsetzung)
—, 1,4,6,9,10-Pentamethyl-1,2,3,4-
    tetrahydro-,
    — anhydrid **17** IV 6417
—, 1,2,3,4-Tetrahydro-,
    — anhydrid **17** IV 6407
—, 1,4,9,10-Tetramethyl-1,2,3,4-
    tetrahydro-,
    — anhydrid **17** IV 6416
—, 1,4,9-Triäthyl-1,2,3,4-tetrahydro-,
    — anhydrid **17** IV 6419
—, 1,4,9-Trimethyl-1,2,3,4-tetrahydro-,
    — anhydrid **17** IV 6414
1,4-Ätheno-naphthalin-6,7-dicarbonsäure
—, 1,2,3,4,5,6,7,8-Octahydro-,
    — anhydrid **17** IV 6313
2,4a-Ätheno-naphthalin-3,4-dicarbonsäure
—, 8a,10-Dimethyl-8-oxo-octahydro-,
    — anhydrid **17** IV 6757
1,4-Ätheno-naphthalin-2,3,5,6-
tetracarbonsäure
—, 8-Acetoxy-8a-hydroxy-decahydro-,
    — 5-lacton-2,3,6-trimethylester **18** IV 6683
—, 8,8a-Dihydroxy-decahydro-,
    — 5→8a-lacton **18** IV 6683
    — 5→8a-lacton-2,3,6-trimethylester
      18 IV 6683
—, 8,9-Dimethyl-1,2,3,4,4a,5,6,7-
    octahydro-,
    — 2,3-anhydrid **18** IV 6230
    — 5,6-anhydrid **18** IV 6230
—, 8a-Hydroxy-decahydro-,
    — 5-lacton **18** IV 6248
    — 5-lacton-2,3,6-trimethylester **18**
      IV 6248
—, 8-Hydroxy-8a-nitro-decahydro-,
    — 5-lacton-2,3,6-trimethylester **18**
      IV 6248
    — 6-lacton-2,3,5-trimethylester **18**
      IV 6248
—, 1,2,3,4,4a,5,6,7-Octahydro-,
    — 2,3-anhydrid **18** IV 6230
    — 5,6-anhydrid **18** IV 6230
—, 8-Phenyl-1,2,3,4,4a,5,6,7-octahydro-,
    — 2,3-anhydrid **18** IV 6234
    — 5,6-anhydrid **18** IV 6234
7,11-Ätheno-naphtho[1′,8′;4,5,6]cyclohepta≠
[1,2-c]furan-8,10-dion
—, 7,7a,10a,11-Tetrahydro- **17** IV 6515
8,12-Ätheno-naphtho[1′,2′;4,5]cyclohepta[1,2-c]≠
furan-7,9,11-trion
—, 8,8a,11a,12-Tetrahydro- **17** IV 6808
6,9-Ätheno-naphtho[1,2-b]furan-3-
carbonsäure
—, 5-Hydroxy-2-methyl-6,7,8,9-
    tetrahydro- **18** IV 4978

    — äthylester **18** IV 4978
—, 5-Hydroxy-2-phenyl-6,7,8,9-
    tetrahydro- **18** IV 4993
    — äthylester **18** IV 4993
—, 5-Methoxy-2-methyl-6,7,8,9-
    tetrahydro- **18** IV 4978
—, 5-Methoxy-2-phenyl-6,7,8,9-
    tetrahydro- **18** IV 4993
4,9-Ätheno-naphtho[2,3-c]furan-5,6-
dicarbonsäure
—, 8,11-Dimethyl-1,3-dioxo-1,3,3a,4,4a,≠
    5,6,7,9,9a-decahydro- **18** IV 6230
—, 1,3-Dioxo-1,3,3a,4,4a,5,6,7,9,9a-
    decahydro- **18** IV 6230
—, 1,3-Dioxo-8-phenyl-1,3,3a,4,4a,5,6,7,≠
    9,9a-decahydro- **18** IV 6234
6,9-Ätheno-naphtho[1,2-c]furan-7,8-
dicarbonsäure
—, 5,10-Dimethyl-1,3-dioxo-1,3,3a,4,6,7,≠
    8,9,9a,9b-decahydro- **18** IV
    6230
—, 1,3-Dioxo-1,3,3a,4,6,7,8,9,9a,9b-
    decahydro- **18** IV 6230
—, 1,3-Dioxo-5-phenyl-1,3,3a,4,6,7,8,9,≠
    9a,9b-decahydro- **18** IV 6234
4,9-Ätheno-naphtho[2,3-c]furan-1,3-dion
—, Decahydro- **17** IV 6219
—, 10,11-Diäthyl-3a,4,9,9a-tetrahydro-
    17 IV 6416
—, 4,9-Dimethyl-3a,4,9,9a-tetrahydro-
    17 IV 6414
—, 4,11-Dimethyl-3a,4,9,9a-tetrahydro-
    17 IV 6414
—, 10,11-Dimethyl-3a,4,9,9a-tetrahydro-
    17 IV 6414
—, 4,5,6,7,9,10,11-Heptamethyl-
    3a,4,9,9a-tetrahydro- **17** IV 6420
—, 4,5,7,9,10,11-Hexamethyl-3a,4,9,9a-
    tetrahydro- **17** IV 6419
—, 4,6,7,9,10,11-Hexamethyl-3a,4,9,9a-
    tetrahydro- **17** IV 6419
—, 5-Methyl-3a,4,9,9a-tetrahydro- **17**
    IV 6410
—, 10-Methyl-3a,4,9,9a-tetrahydro- **17**
    IV 6410
—, 4,5,6,7,8,9,10,11-Octamethyl-
    3a,4,9,9a-tetrahydro- **17** IV 6421
—, 4,6,9,10,11-Pentamethyl-3a,4,9,9a-
    tetrahydro- **17** IV 6417
—, 3a,4,9,9a-Tetrahydro- **17** IV 6407
—, 4,9,10,11-Tetramethyl-3a,4,9,9a-
    tetrahydro- **17** IV 6416
—, 4,9,10-Triäthyl-3a,4,9,9a-tetrahydro-
    17 IV 6419
—, 4,9,10-Trimethyl-3a,4,9,9a-
    tetrahydro- **17** IV 6414

5,8-Ätheno-naphtho[2,3-c]furan-1,3-dion

—, 3a,4,5,6,7,8,9,9a-Octahydro- **17**
IV 6313

4a,9a-Ätheno-naphtho[1,2-c]furan-1,3,6-trion

—, 5a,11-Dimethyl-hexahydro- **17**
IV 6757

**1,4-Ätheno-4a,8-oxaäthano-naphthalin-2,3,7-
tricarbonsäure**

—, 5-Acetoxy-9-oxo-octahydro-,
 — trimethylester **18** IV 6683

—, 5-Hydroxy-9-oxo-octahydro- **18**
IV 6683
 — trimethylester **18** IV 6683

—, 9-Oxo-octahydro- **18** IV 6248
 — trimethylester **18** IV 6248

**1,4-Ätheno-4a,10a-[2]oxapropano-phenanthren-
11,13-dion**

—, 1,2,3,4,9,10-Hexahydro- **17** IV
6463

**1,6a-Ätheno-pentaleno[1,2-c]furan-1,6-
dicarbonsäure**

—, 3a-Methyl-octahydro- **18** IV 4554
 — dimethylester **18** IV 4554

**1,4-Ätheno-phenanthren-4a,10a-
dicarbonsäure**

—, 1,2,3,4,9,10-Hexahydro-,
 — anhydrid **17** IV 6463

**3b,11-Ätheno-phenanthro[1,2-c]furan-6-
carbonsäure**

—, 12-Isopropyl-6,9a-dimethyl-1,3-dioxo-
tetradecahydro- **18** IV 6084
 — äthylester **18** IV 6085
 — butylester **18** IV 6086
 — methylester **18** IV 6085
 — propylester **18** IV 6085

**5,8-Ätheno-pregna-9(11),17(20)-dien-6,7-
dicarbonsäure**

—, 3,20-Diacetoxy-,
 — anhydrid **18** IV 2789

**5,8-Ätheno-pregna-9(11),20-dien-6,7-
dicarbonsäure**

—, 3,20-Diacetoxy-,
 — anhydrid **18** IV 2789

—, 3,21-Diacetoxy-20-methyl-,
 — anhydrid **18** IV 2791

**5,8-Ätheno-pregna-9(11),17(20)-dieno[6,7-c]⇌
furan-2′,5′-dion**

—, 3,20-Diacetoxy-6,7-dihydro- **18**
IV 2789

**5,8-Ätheno-pregna-9(11),20-dieno[6,7-c]furan-
2′,5′-dion**

—, 3,20-Diacetoxy-6,7-dihydro- **18**
IV 2789

**5,8-Ätheno-pregna-6,9(11)-dieno[6,7-c]furan-
3,20,2′,5′-tetraon**

—, 6,7-Dihydro- **17** IV 6834

**5,8-Ätheno-pregna-6,9(11)-dieno[6,7-c]furan-
12,20,2′,5′-tetraon**

—, 3-Acetoxy-6,7-dihydro- **18** IV 3381

**5,8-Ätheno-pregna-6,9(11)-dieno[6,7-c]furan-
20,2′,5′-trion**

—, 3-Acetoxy-12-brom-6,7-dihydro- **18**
IV 2790

—, 3-Acetoxy-17-brom-6,7-dihydro- **18**
IV 2790

—, 3-Acetoxy-21-brom-6,7-dihydro- **18**
IV 2791

—, 3-Acetoxy-6,7-dihydro- **18** IV 2789

—, 3-Acetoxy-12-hydroxy-6,7-dihydro-
18 IV 3359

—, 3-Acetoxy-21-hydroxy-6,7-dihydro-
18 IV 3359

—, 3-Benzoyloxy-6,7-dihydro- **18**
IV 2790

—, 3,12-Diacetoxy-6,7-dihydro- **18**
IV 3359

—, 3,21-Diacetoxy-6,7-dihydro- **18**
IV 3359

—, 3-Heptanoyloxy-6,7-dihydro- **18**
IV 2790

—, 3-Hydroxy-6,7-dihydro- **18** IV 2789

5,8-Ätheno-pregnan-6,7-dicarbonsäure

—, 3-Acetoxy-17-brom-9,11-epoxy-20-
oxo-,
 — dimethylester **18** IV 6632

—, 3-Acetoxy-20-brom-20-methyl-21-
oxo-,
 — anhydrid **18** IV 2669

—, 3-Acetoxy-9,11-epoxy-17-hydroxy-20-
oxo-,
 — dimethylester **18** IV 6672

—, 3-Acetoxy-9,11-epoxy-20-oxo-,
 — dimethylester **18** IV 6632

—, 3-Acetoxy-20-methyl-21-oxo-,
 — anhydrid **18** IV 2668

—, 3-Acetoxy-20-oxo-,
 — anhydrid **18** IV 2667

—, 12-Brom-3,11,20-trioxo-,
 — anhydrid **17** IV 6842

—, 3,21-Diacetoxy-9,11-epoxy-20-oxo-,
 — dimethylester **18** IV 6672

—, 9,11-Epoxy-3,17-dihydroxy-20-oxo-,
 — dimethylester **18** IV 6672

—, 9,11-Epoxy-3,20-dioxo- **18** IV 6233
 — dimethylester **18** IV 6233

—, 9,11-Epoxy-3-hydroxy-20-oxo- **18**
IV 6631
 — dimethylester **18** IV 6632
 — 6-methylester **18** IV 6631
 — 7-methylester **18** IV 6631

—, 3,9,11-Triacetoxy-20-oxo-,
 — anhydrid **18** IV 3448

5,8-Ätheno-pregnano[6,7-c]furan-3,11,20,2′,5′-pentaon
—, 12-Brom-6,7-dihydro- **17** IV 6842
5,8-Ätheno-pregnano[6,7-c]furan-20,2′,5′-trion
—, 3-Acetoxy-6,7-dihydro- **18** IV 2667
—, 3,9,11-Triacetoxy-6,7-dihydro- **18** IV 3448
5,8-Ätheno-pregnan-6,7,20-tricarbonsäure
—, 3-Acetoxy-,
 — 6,7-anhydrid **18** IV 6544
 — 6,7-anhydrid-20-methylester **18** IV 6544
—, 3-Acetoxy-9,11-epoxy-,
 — trimethylester **18** IV 5253
5,8-Ätheno-pregna-6,9(11),17(20)-trieno[6,7-c]furan-2′,5′-dion
—, 3,20-Diacetoxy-6,7-dihydro- **18** IV 2789
5,8-Ätheno-pregna-6,9(11),20-trieno[6,7-c]furan-2′,5′-dion
—, 3,20-Diacetoxy-6,7-dihydro- **18** IV 2789
5,8-Ätheno-pregn-9(11)-en-6,7-dicarbonsäure
—, 3-Acetoxy-12-brom-20-oxo-,
 — anhydrid **18** IV 2790
—, 3-Acetoxy-17-brom-20-oxo-,
 — anhydrid **18** IV 2790
—, 3-Acetoxy-21-brom-20-oxo-,
 — anhydrid **18** IV 2791
—, 3-Acetoxy-20-chlorcarbonyl-,
 — anhydrid **18** IV 6554
—, 3-Acetoxy-21-[2,4-dinitrophenylhydrazono]-20-methyl-,
 — anhydrid **18** IV 2792
—, 3-Acetoxy-12,20-dioxo-,
 — anhydrid **18** IV 3381
—, 3-Acetoxy-12-hydroxy-20-oxo-,
 — anhydrid **18** IV 3359
—, 3-Acetoxy-21-hydroxy-20-oxo-,
 — anhydrid **18** IV 3359
—, 3-Acetoxy-20-methyl-21-oxo-,
 — anhydrid **18** IV 2791
—, 3-Acetoxy-20-methyl-21-oxo-21-phenyl-,
 — anhydrid **18** IV 2835
—, 3-Acetoxy-20-oxo-,
 — anhydrid **18** IV 2789
—, 3-Benzoyloxy-20-oxo-,
 — anhydrid **18** IV 2790
—, 3,12-Diacetoxy-20-oxo-,
 — anhydrid **18** IV 3359
—, 3,21-Diacetoxy-20-oxo-,
 — anhydrid **18** IV 3359
—, 21-[2,4-Dinitro-phenylhydrazono]-3-formyloxy-20-methyl-,
 — anhydrid **18** IV 2792

—, 21-[2,4-Dinitro-phenylhydrazono]-3-heptanoyloxy-20-methyl-,
 — anhydrid **18** IV 2792
—, 3,20-Dioxo-,
 — anhydrid **17** IV 6834
—, 3-Formyloxy-20-methyl-21-oxo-,
 — anhydrid **18** IV 2791
—, 3-Heptanoyloxy-20-methyl-21-oxo-,
 — anhydrid **18** IV 2792
—, 3-Heptanoyloxy-20-oxo-,
 — anhydrid **18** IV 2790
—, 3-Hydroxy-20-oxo-,
 — anhydrid **18** IV 2789
—, 20-Methyl-3,21-dioxo-,
 — anhydrid **17** IV 6834 c
5,8-Ätheno-pregn-20-en-6,7-dicarbonsäure
—, 3,20-Diacetoxy-9,11-epoxy-,
 — dimethylester **18** IV 5243
—, 3,21-Diacetoxy-20-methyl-,
 — anhydrid **18** IV 2669
5,8-Ätheno-pregn-6-eno[6,7-c]furan-3,11,20,2′,5′-pentaon
—, 12-Brom-6,7-dihydro- **17** IV 6842
5,8-Ätheno-pregn-9(11)-eno[6,7-c]furan-3,20,2′,5′-tetraon
—, 6,7-Dihydro- **17** IV 6834
5,8-Ätheno-pregn-9(11)-eno[6,7-c]furan-12,20,2′,5′-tetraon
—, 3-Acetoxy-6,7-dihydro- **18** IV 3381
5,8-Ätheno-pregn-6-eno[6,7-c]furan-20,2′,5′-trion
—, 3-Acetoxy-6,7-dihydro- **18** IV 2667
—, 3,9,11-Triacetoxy-6,7-dihydro- **18** IV 3448
5,8-Ätheno-pregn-9(11)-eno[6,7-c]furan-20,2′,5′-trion
—, 3-Acetoxy-12-brom-6,7-dihydro- **18** IV 2790
—, 3-Acetoxy-17-brom-6,7-dihydro- **18** IV 2790
—, 3-Acetoxy-21-brom-6,7-dihydro- **18** IV 2791
—, 3-Acetoxy-6,7-dihydro- **18** IV 2789
—, 3-Acetoxy-12-hydroxy-6,7-dihydro- **18** IV 3359
—, 3-Acetoxy-21-hydroxy-6,7-dihydro- **18** IV 3359
—, 3-Benzoyloxy-6,7-dihydro- **18** IV 2790
—, 3,12-Diacetoxy-6,7-dihydro- **18** IV 3359
—, 3,21-Diacetoxy-6,7-dihydro- **18** IV 3359
—, 3-Heptanoyloxy-6,7-dihydro- **18** IV 2790
—, 3-Hydroxy-6,7-dihydro- **18** IV 2789

5,8-Ätheno-pregn-9(11)-en-6,7,20-tricarbonsäure

—, 3-Acetoxy-,
— 6,7-anhydrid **18** IV 6553
— 6,7-anhydrid-20-methylester **18** IV 6554
—, 3-Heptanoyloxy-,
— 6,7-anhydrid **18** IV 6554

5,8-Ätheno-stigmastan-6,7-dicarbonsäure

—, 3-Acetoxy-,
— anhydrid **18** IV 1674

5,8-Ätheno-stigmastano[6,7-c]furan-2′,5′-dion

—, 3-Acetoxy-6,7-dihydro- **18** IV 1674

5,8-Ätheno-stigmast-6-eno[6,7-c]furan-2′,5′-dion

—, 3-Acetoxy-6,7-dihydro- **18** IV 1674

Äther

—, Äthyl-furfuryl- **17** 112 c, II 114 b
—, Allyl-furfuryl- **17** II 115 b
—, Benzyl-furfuryl- **17** II 115 c
—, Bis-[7-acetoxy-2,4-diphenyl-2H-chromen-2-yl]- **17** IV 2245
—, Bis-[O^6-(3-acetoxy-2-eicosyl-tetracosanoyl)-glucopyranosyl]- **17** IV 3612
—, Bis-[3-acetoxy-tetrahydro-pyran-2-yl]- **17** IV 2002
—, Bis-[5-äthoxycarbimidoyl-furfuryl]- **18** IV 4851
—, Bis-[5-äthoxycarbonyl-furfuryl]- **18** IV 4842
—, Bis-[5-(äthoxycarbonylmethyl-carbamoyl)-furfuryl]- **18** IV 4851
—, Bis-[5-äthyl-5-methyl-tetrahydro-[2]furyl]- **17** II 109 k
—, Bis-benzo[b]thiophen-5-yl- **17** IV 1469
—, Bis-[3-brom-5,6-dihydro-2H-pyran-2-yl]- **17** IV 1185
—, Bis-[7-brom-4,5-dimethoxy-3-oxo-phthalan-1-yl]- **18** 166 c, I 389 b, IV 2335
—, Bis-[(5-brom-[2]furyl)-phenyl-methyl]- **17** IV 1538
—, Bis-[4-brom-3-methoxy-5-oxo-2-(3,4,5-tribrom-2,6-dimethoxy-phenoxycarbonyl)-2,5-dihydro-[2]furyl]- **18** IV 6455
—, Bis-[2-brommethyl-2,3-dihydro-benzofuran-5-yl]- **17** IV 1355
—, Bis-[3-brom-tetrahydro-pyran-2-yl]- **17** IV 1083
—, Bis-[5-carbamimidoyl-furfuryl]- **18** IV 4852
—, Bis-[5-carbamoyl-furfuryl]- **18** IV 4850
—, Bis-[2-carboxy-benzofuran-5-ylmethyl]- **18** 349 h
—, Bis-[5-carboxy-furfuryl]- **18** I 455 a, IV 4839

—, Bis-[5-(carboxymethyl-carbamoyl)-furfuryl]- **18** IV 4851
—, Bis-[5-(2-carboxy-vinyl)-furfuryl]- **18** IV 4874
—, Bis-[5-(2-chlor-äthoxycarbonyl)-furfuryl]- **18** IV 4842
—, Bis-[2-chlor-6H-benzo[c]chromen-6-yl]- **17** IV 1614
—, Bis-[5-chlorcarbonyl-furfuryl]- **18** IV 4849
—, Bis-[(5-chlor-[2]furyl)-phenyl-methyl]- **17** IV 1538
—, Bis-[1-(5-chloromercurio-[2]thienyl)-äthyl]- **18** IV 8434
—, Bis-[3-chlor-tetrahydro-[2]furyl]- **17** IV 1022
—, Bis-[3-chlor-tetrahydro-pyran-2-yl]- **17** IV 1082
—, Bis-[6-chlor-2,4,4,7-tetramethyl-chroman-2-yl]- **17** II 125 g
—, Bis-[5-chlor-[2]thienyl]- **17** IV 1260
—, Bis-[4-cinnamyliden-2-methyl-5-oxo-tetrahydro-[2]furyl]- **18** I 313 a
—, Bis-[5-cyan-furfuryl]- **18** IV 4851
—, Bis-[2-cyan-3-[2]furyl-allyl]- **18** IV 4873
—, Bis-[erythro-2-desoxy-pentopyranosyl]- **17** IV 2277
—, Bis-[di-O-acetyl-erythro-2-desoxy-pentopyranosyl]- **17** IV 2277
—, Bis-[5-(4,4′-dianilino-benzhydryliumyl)-furfuryl]- **18** IV 7455
—, Bis-[14H-dibenzo[a,j]xanthen-14-yl]- **17** 148 c, IV 1736
—, Bis-[3,4-dibrom-tetrahydro-pyran-2-yl]- **17** IV 1083
—, Bis-[3,4-dichlor-5-oxo-2,5-dihydro-[2]furyl]- **18** IV 53
—, Bis-[2-(5,6-dihydro-4H-pyran-3-carbonyloxy)-äthyl]- **18** IV 3880
—, Bis-[3,4-dihydro-2H-pyran-2-yl]- **17** IV 1184
—, Bis-[1,7-dihydroxy-9-methyl-xanthen-9-yl]- **17** I 114 b
—, Bis-[4,5-dihydroxy-tetrahydro-pyran-2-yl]- **17** IV 2277
—, Bis-[4,5-dimethoxy-7-nitro-3-oxo-phthalan-1-yl]- **18** 167 a, II 147 d
—, Bis-[4,5-dimethoxy-3-oxo-phthalan-1-yl]- **18** 165 h, I 388 e, IV 2334
—, Bis-[5,6-dimethoxy-3-oxo-phthalan-1-yl]- **18** II 146 a
—, Bis-[6,7-dimethoxy-1-oxo-phthalan-4-ylmethyl]- **18** IV 2342
—, Bis-[3,3-dimethyl-1H,3H-benz[de]isochromen-1-yl]- **17** IV 1579
—, Bis-[4,7-dimethyl-1-oxo-octahydro-cyclopenta[c]pyran-3-yl]- **18** IV 72

Äther (Fortsetzung)

—, Bis-[2-(2,4-dimethyl-6-oxo-6*H*-pyran-3-carbonyloxy)-äthyl]- **18** IV 5413

—, Bis-[6,6-dimethyl-4-oxo-tetrahydro-thiopyran-3-ylmethyl]- **18** IV 35

—, Bis-[3-(3,5-dinitro-benzoyloxy)-tetrahydro-pyran-2-yl]- **17** IV 2002

—, Bis-[1,1-dioxo-tetrahydro-1λ^6-[3]thienyl]- **17** IV 1030

—, Bis-[10,10-dioxo-10λ^6-thioxanthen-9-yl]- **17** IV 1612

—, Bis-[3,3-diphenyl-phthalan-1-yl]- **17** II 162 e

—, Bis-[1,2-diphenyl-propyl]- **17** IV 623

—, Bis-[O^6-(2-eicosyl-3-hydroxy-tetracosanoyl)-glucopyranosyl]- **17** IV 3612

—, Bis-[O^6-(2-eicosyl-tetracos-2-enoyl)-glucopyranosyl]- **17** IV 3604

—, [O^2,O^6-Bis-(2-eicosyl-tetracos-2-enoyl)-glucopyranosyl]-[O^6-(2-eicosyl-tetracos-2-enoyl)-glucopyranosyl]- **17** IV 3605

—, Bis-[1,2-epoxy-1,2-dimethyl-propyl]- **17** II 107 i

—, Bis-[8,12-epoxy-eudesman-12-yl]- **17** IV 1318 e

—, Bis-[2,3-epoxy-propyl]- **17** 106 e, IV 1014

—, Bis-[8,12-epoxy-13,14,15,16-tetranor-labdan-12-yl]- **17** IV 1323

—, Bis-[5-formyl-furfuryl]- **18** 15 c, I 299 c, II 7 d, IV 102

—, Bis-[O^6-fructofuranosyl-fructofuranosyl]- **17** IV 3822

—, Bis-[(furan-2-carbonylamino)-methyl]- **18** IV 3939

—, Bis-[2-(furan-2-carbonyloxy)-äthyl]- **18** IV 3923

—, Bis-[furfurylcarbamoyl-phenyl-methyl]- **18** IV 7087

—, Bis-furfuryloxymethyl- **17** IV 1246

—, Bis-[1-[2]furyl-äthoxymethyl]- **17** IV 1269

—, Bis-[[2]furyl-diphenyl-methyl]- **17** IV 1686

—, Bis-[(1-[2]furyl-heptyloxy)-methyl]- **17** IV 1308

—, Bis-[(1-[2]furyl-4-methyl-pentyloxy)-methyl]- **17** IV 1304

—, Bis-[1-[2]furyl-2-methyl-propoxymethyl]- **17** IV 1292

—, Bis-[(1-[2]furyl-pentyloxy)-methyl]- **17** IV 1297

—, Bis-[(1-[2]furyl-propoxy)-methyl]- **17** IV 1281

—, Bis-[O^4-glucopyranosyl-glucopyranosyl]- **17** IV 3636

—, Bis-[hepta-*O*-acetyl-maltosyl]- **17** IV 3648

—, Bis-[3-hydroxy-4,6-dimethyl-benzofuran-2-yl]- **17** I 95 b

—, Bis-[5-(hydroxyimino-methyl)-furfuryl]- **18** 15 g, IV 104

—, Bis-[1-hydroxy-7-methoxy-9-phenyl-xanthen-9-yl]- **17** I 117 f

—, Bis-[3-hydroxy-5-methyl-2,3-dihydro-[2]furyl]- **17** IV 2036

—, Bis-[5-hydroxy-2-methyl-tetrahydro-pyran-2-yl]- **17** IV 2019

—, Bis-[4-(2-hydroxy-5-oxo-tetrahydro-[2]furyl)-phenyl]- **10** III 4233 e

—, Bis-[5-(2-hydroxy-phenylcarbamoyl)-furfuryl]- **18** IV 4851

—, Bis-[1-(4-hydroxy-phenyl)-3-oxo-phthalan-1-yl]- **18** I 358 b

—, Bis-[3-hydroxy-tetrahydro-pyran-2-yl]- **17** IV 2002

—, Bis-[5-isopropyl-2,4,4,8-tetramethyl-chroman-2-yl]- **17** II 126 g

—, Bis-[8-isopropyl-2,4,4,5-tetramethyl-chroman-2-yl]- **17** II 126 e

—, Bis-[1-(5-mercurio(1+)-[2]thienyl)-äthyl]- **18** IV 8434

—, Bis-[4-(4-methoxy-benzyliden)-2-methyl-5-oxo-tetrahydro-[2]furyl]- **18** I 353 a

—, Bis-[5-methoxycarbonyl-furfuryl]- **18** IV 4840

—, Bis-[2-(4-methoxy-phenyl)-6-methyl-chroman-4-yl]- **17** IV 2193

—, Bis-[6-methoxy-tetrahydro-pyran-2-yl]- **17** IV 2003

—, Bis-[2-methyl-6*H*-benzo[*c*]chromen-6-yl]- **17** IV 1622

—, Bis-[2-methyl-chroman-2-yl]- **17** IV 1363

—, Bis-[4-methyl-5-propenyl-tetrahydro-[2]furyl]- **17** IV 1202

—, Bis-[4-methyl-5-propyl-tetrahydro-[2]furyl]- **17** IV 1162

—, Bis-[5-methyl-tetrahydro[2]furyl]- **17** II 106 f

—, Bis-[6-methyl-tetrahydro-pyran-2-yl]- **17** II 108 d

—, Bis-[5-nitro-3-oxo-phthalan-1-yl]- **18** 18 e

—, Bis-[7-nitro-3-oxo-phthalan-1-yl]- **18** 18 b

—, Bis-[1-oxa-spiro[4.5]dec-2-yl]- **17** IV 1207

—, Bis-oxiranylmethyl- **17** IV 1014

—, Bis-[4-oxiranyl-phenyl]- **17** IV 1343

—, Bis-[3-oxo-1*H*,3*H*-benz[*de*]isochromen-1-yl]- **18** I 313 d

—, Bis-[4-(5-oxo-2,5-dihydro-[3]furyl)-phenyl]- **18** IV 312

Äther (Fortsetzung)

—, Bis-[3-oxo-4,6-dimethyl-2,3-dihydro-
benzofuran-2-yl]- **17** I 95 b
—, Bis-[2-oxo-3,3-diphenyl-2,3-dihydro-
benzofuran-6-yl]- **18** 71 e
—, Bis-[3-oxo-2-(1-oxo-aceanthren-2-
yliden)-2,3-dihydro-benzo[*b*]thiophen-5-yl]-
18 IV 1991
—, Bis-[3-oxo-2-(2-oxo-aceanthren-1-
yliden)-2,3-dihydro-benzo[*b*]thiophen-5-yl]-
18 IV 1991
—, Bis-[3-oxo-2-(2-oxo-acenaphthen-1-
yliden)-2,3-dihydro-benzo[*b*]thiophen-5-yl]-
18 IV 1963
—, Bis-[3-oxo-2-(10-oxo-10*H*-
[9]phenanthryliden)-2,3-dihydro-benzo[*b*]⸗
thiophen-5-yl]- **18** IV 1982
—, Bis-[2-(6-oxo-6*H*-pyran-2-
carbonyloxy)-äthyl]- **18** IV 5379
—, Bis-[4-(5-oxo-tetrahydro-[2]furyl)-
phenyl]- **18** IV 182
—, Bis-[2,4,4,6,8-pentamethyl-chroman-
2-yl]- **17** II 126 c
—, Bis-[2,4,4,6,8-pentamethyl-5,7-dinitro-
chroman-2-yl]- **17** II 126 d
—, Bis-[5-phenylcarbamoyl-furfuryl]-
18 IV 4851
—, Bis-[5-(phenylhydrazono-methyl)-
furfuryl]- **18** 16 c
—, Bis-[5-(phenylimino-methyl)-furfuryl]-
18 15 e
—, Bis-[9-phenyl-xanthen-9-yl]- **17**
I 81 a
—, Bis-phthalidylidenmethyl- **18** IV 308
—, Bis-[5-semicarbazonomethyl-furfuryl]-
18 I 300 r
—, Bis-[9-styryl-xanthen-9-yl]- **17**
II 166 c
—, Bis-[tetra-*O*-acetyl-galactopyranosyl]-
17 IV 3598
—, Bis-[tetra-*O*-acetyl-glucopyranosyl]-
17 IV 3597, **31** 379 b, 380 a
—, Bis-[2-(tetra-*O*-acetyl-
glucopyranosyloxy)-äthyl]- **17** IV 3187
—, Bis-[tetra-*O*-benzoyl-glucopyranosyl]-
17 IV 3608
—, Bis-[2-(tetrahydro-furan-2-
carbonyloxy)-äthyl]- **18** IV 3826
—, Bis-[2-tetrahydrofurfuryloxyacetoxy-
äthyl]- **17** IV 1112
—, Bis-[2-tetrahydrofurfuryloxy-äthyl]-
17 IV 1101
—, Bis-[2-(1-tetrahydrofurfuryloxy⸗
carbonyl-äthoxycarbonyloxy)-äthyl]- **17**
IV 1117
—, Bis-[2-tetrahydrofurfuryloxycarbonyl-
äthyl]- **17** IV 1118
—, Bis-[4-tetrahydrofurfuryloxycarbonyl-
butyl]- **17** IV 1119

—, Bis-[tetrahydrofurfuryloxycarbonyl-
methyl]- **17** IV 1114
—, Bis-[2-tetrahydrofurfuryloxycarbonyl⸗
oxy-äthyl]- **17** IV 1110
—, Bis-[3-tetrahydrofurfuryloxycarbonyl-
propyl]- **17** IV 1118
—, Bis-[3-tetrahydro[2]furyl-propyl]- **17**
IV 1149
—, Bis-tetrahydropyran-2-yl- **17**
IV 1080
—, Bis-[tetrakis-*O*-methansulfonyl-
glucopyranosyl]- **17** IV 3694
—, Bis-[tetrakis-*O*-(4-phenylazo-benzoyl)-
glucopyranosyl]- **17** IV 3625
—, Bis-[tetrakis-*O*-phenylcarbamoyl-
glucopyranosyl]- **31** 379 c
—, Bis-[2,4,4,6-tetramethyl-chroman-2-yl]-
17 II 125 d
—, Bis-[2,4,4,7-tetramethyl-chroman-2-yl]-
17 II 125 f
—, Bis-[2,3,5,5-tetramethyl-2,5-dihydro-
[2]furyl]- **17** IV 1203
—, Bis-[3a,6,6,9a-tetramethyl-
dodecahydro-naphtho[2,1-*b*]furan-2-yl]-
17 IV 1323
—, Bis-[tetra-*O*-methyl-galactofuranosyl]-
17 IV 3775
—, Bis-[tetra-*O*-methyl-glucopyranosyl]-
17 IV 3515
—, Bis-[tetra-*O*-methyl-idopyranosyl]-
17 IV 3515
—, Bis-[tetra-*O*-nitro-glucopyranosyl]-
31 379 d
—, Bis-[tetra-*O*-propionyl-
glucopyranosyl]- **17** IV 3602
—, Bis-[tetra-*O*-stearoyl-glucopyranosyl]-
17 IV 3604
—, Bis-[1-[2]thienyl-äthyl]- **17** IV 1273
—, Bis-[2-(4-[2]thienyl-butyryloxy)-äthyl]-
18 IV 4104
—, Bis-[2]thienylmethyl- **17** IV 1260
—, Bis-[*O*⁶-(toluol-4-sulfonyl)-
glucopyranosyl]- **17** IV 3684
—, Bis-[3,4,5-triacetoxy-6-acetoxymethyl-
tetrahydro-pyran-2-yloxy]- **17** IV 3597
—, Bis-[3,4,5-triacetoxy-6-methylen-
tetrahydro-pyran-2-yl]- **17** IV 2661
—, Bis-[3,4,5-triacetoxy-tetrahydro-
pyran-2-yl]- **17** IV 2475
—, Bis-[tri-*O*-acetyl-2-acetylamino-2-
desoxy-glucopyranosyl]- **18** IV 7589
—, Bis-[tri-*O*-acetyl-arabinopyranosyl]-
17 IV 2475
—, Bis-[tri-*O*-acetyl-6-brom-6-desoxy-
glucopyranosyl]- **17** IV 2571
—, Bis-[tri-*O*-acetyl-*xylo*-6-desoxy-hex-5-
enopyranosyl]- **17** IV 2661

Äther   (Fortsetzung)

—, Bis-[O^2,O^3,O^4-triacetyl-O^6-(2-eicosyl-
3-hydroxy-tetracosanoyl)-glucopyranosyl]-
17 IV 3613

—, Bis-[O^2,O^3,O^4-triacetyl-
glucopyranosyl]- **17** IV 3553

—, Bis-[tri-O-acetyl-6-jod-6-desoxy-
glucopyranosyl]- **17** IV 2575

—, Bis-[O^2,O^3,O^6-triacetyl-O^4-(tetra-
O-acetyl-glucopyranosyl)-glucopyranosyl]-
17 IV 3648

—, Bis-[O^2,O^3,O^4-triacetyl-O^6-(toluol-4-
sulfonyl)-glucopyranosyl]- **17** IV 3686

—, Bis-[O^2,O^3,O^4-triacetyl-O^6-trityl-
glucopyranosyl]- **17** IV 3554

—, Bis-[tri-O-acetyl-xylopyranosyl]- **17**
IV 2476

—, Bis-[3,4,5-tribrom-[2]thienylmethyl]-
17 IV 1261

—, Bis-[3,4,5-trihydroxy-6-
hydroxymethyl-tetrahydro-pyran-2-yl]-
17 IV 3505

—, Bis-[3,4,5-trihydroxy-tetrahydro-
pyran-2-yl]- **17** IV 2474

—, Bis-[3,4,5-trimethoxy-6-
methoxymethyl-tetrahydro-pyran-2-yl]-
17 IV 3515

—, Bis-[3,5,5-trimethyl-2,5-dihydro-
[2]furyl]- **17** IV 1198

—, Bis-[3,5,8a-trimethyl-dodecahydro-
naphtho[2,3-b]furan-2-yl]- **17** IV 1318

—, Bis-[O^2,O^3,O^5-trimethyl-
lyxofuranosyl]- **17** IV 2510

—, Bis-[2,7,9-trimethyl-xanthen-9-yl]-
17 IV 1632

—, Bis-[1,1,3-trioxo-2-phenyl-2,3-
dihydro-1λ^6-benzo[b]thiophen-2-yl]- **18**
IV 609

—, Bis-[2,4,6-tris-(4-methoxy-phenyl)-
2H-pyran-2-yl]- **17** I 125 b

—, Bis-[3,4,5-tris-(4-phenylazo-
benzoyloxy)-6-(4-phenylazo-
benzoyloxymethyl)-tetrahydro-pyran-2-yl]-
17 IV 3625

—, Bis-[O^2,O^3,O^4-tristearoyl-
glucopyranosyl]- **17** IV 3603

—, Bis-[O^6-trityl-glucopyranosyl]- **17**
IV 3526

—, Butyl-furfuryl- **17** II 114 d

—, [5-Carboxy-furfuryl]-
[5-methoxycarbonyl-furfuryl]- **18**
IV 4840

—, [3-Chlor-tetrahydro-pyran-2-yl]-
tetrahydropyran-2-yl- **17** IV 1082

—, Cinnamyl-furfuryl- **17** II 115 d

—, [2-Diäthylamino-äthyl]-
[2-dibenzofuran-3-ylamino-äthyl]- **18**
IV 7193

—, Diarabinopyranosyl- **17** IV 2474

—, [3,3-Dichlor-tetrahydro-pyran-2-yl]-
tetrahydrofurfuryl- **17** IV 1124

—, Difurfuryl- **17** II 116 a

—, Digalactopyranosyl- **17** IV 3507

—, Diglucopyranosyl- **17** IV 3505,
31 378 b, 379 e

—, Di-isochroman-1-yl- **17** IV 1352

—, Dimaltosyl- **17** IV 3636

—, Dimannofuranosyl- **17** IV 3775

—, [1,1-Dioxo-tetrahydro-1λ^6-[2]thienyl]-
[1,1-dioxo-tetrahydro-1λ^6-[3]thienyl]- **17**
IV 1030

—, Diphthalidyl- **18** 17 g, I 302 c,
II 9 d, IV 161

—, Di-thioxanthen-9-yl- **17** I 74 b

—, Di-xanthen-9-yl- **17** 129 c, IV
1604

—, Dixylopyranosyl- **17** IV 2474

—, [O^6-(2-Eicosyl-tetracos-2-enoyl)-
glucopyranosyl]-glucopyranosyl- **17**
IV 3604

—, [2,3-Epoxy-3-phenyl-propyl]-
[2,3-epoxy-propyl]- **6** III 2404 e

—, Fructofuranosyl-[O^6-
(O^6-fructofuranosyl-fructofuranosyl)-
fructofuranosyl]- **17** IV 3822

—, Furfuryl-heptyl- **17** II 115 a

—, Furfuryl-isoamyl- **17** 112 e

—, Furfuryl-isobutyl- **17** II 114 e

—, Furfuryl-methyl- **17** 112 b,
II 114 a, IV 1243

—, Furfuryl-phenyl- **17** IV 1244

—, Furfuryl-propyl- **17** 112 d,
II 114 c

—, Furfuryl-tetrahydropyran-2-yl- **17**
IV 1252

—, Furfuryl-o-tolyl- **17** IV 1245

—, Furfuryl-p-tolyl- **17** IV 1245

—, Furfuryl-trityl- **17** IV 1245

—, Furfuryl-vinyl- **17** IV 1244

—, Glucopyranosyl-[O^6-methansulfonyl-
glucopyranosyl]- **17** IV 3684

—, Glucopyranosyl-[O^6-phosphono-
glucopyranosyl]- **17** IV 3722

—, [3-Hydroxy-5-methyl-2,3-dihydro-
[2]furyl]-[2-hydroxy-5-methyl-2,3-dihydro-
[3]furyl]- **17** IV 2036

—, [3-Hydroxy-6-methyl-tetrahydro-
pyran-2-yl]-[2-hydroxy-6-methyl-
tetrahydro-pyran-3-yl]- **17** IV 2013

—, Methyl-[5-nitro-furfuryl]- **17**
IV 1254

—, [Tetra-O-acetyl-galactopyranosyl]-
[tetra-O-acetyl-galactopyranosyl]- **17**
IV 3598

—, [Tetra-O-acetyl-glucopyranosyl]-
[tetra-O-acetyl-glucopyranosyl]- **17**
IV 3597

Äther (Fortsetzung)

—, [Tetra-*O*-acetyl-glucopyranosyl]-[*O*³,⁼
*O*⁴,*O*⁶-triacetyl-glucopyranosyl]- **17**
IV 3582

—, [Tetra-*O*-acetyl-glucopyranosyl]-[*O*²,⁼
*O*³,*O*⁴-triacetyl-*O*⁶-methansulfonyl-
glucopyranosyl]- **17** IV 3685

—, Tetrahydrofurfuryl-tetrahydro[2]⁼
furyl- **17** IV 1123

—, Tetrahydrofurfuryl-tetrahydropyran-
2-yl- **17** IV 1124

—, [Tri-*O*-acetyl-chinovopyranosyl]-[tri-
O-acetyl-chinovopyranosyl]- **17** IV 2561

—, [Tri-*O*-acetyl-6-desoxy-
glucopyranosyl]-[tri-*O*-acetyl-6-desoxy-
glucopyranosyl]- **17** IV 2561

—, [Tri-*O*-acetyl-xylopyranosyl]-[tri-
O-acetyl-xylopyranosyl]- **17** IV 2476

—, [3,4,5-Trimethoxy-6-methoxymethyl-
tetrahydro-pyran-2-yl]-[2,3,5-trimethoxy-
6-methoxymethyl-tetrahydro-pyran-4-yl]-
17 IV 3513

—, [3,4,5-Trimethoxy-6-methoxymethyl-
tetrahydro-pyran-2-yl]-[2,4,5-trimethoxy-
6-methoxymethyl-tetrahydro-pyran-3-yl]-
17 IV 3514

—, [3,4,5-Trimethoxy-6-methoxymethyl-
tetrahydro-pyran-2-yl]-[4,5,6-trimethoxy-
2-methoxymethyl-tetrahydro-pyran-3-yl]-
17 IV 3511

Äthin

s. Acetylen

Äthylamin

—, 1-Äthyl-2-tetrahydropyran-4-yl- **18**
IV 7058

—, 2-[5-Äthyl-[2]thienyl]- **18** IV 7144

—, 1-Benzofuran-2-yl- **18** 586 f,
IV 7168

—, 2-Benzolsulfonyl-1-[2]thienyl- **18**
IV 7323

—, 2-Benzo[*b*]thiophen-2-yl- **18** IV
7169

—, 2-Benzo[*b*]thiophen-3-yl- **18** IV
7170

—, 2-Benzo[*b*]thiophen-3-yl-1,1-dimethyl-
18 IV 7171

—, 1-[3,4-Bis-hydroxymethyl-[2]furyl]-
18 IV 7434

—, 2-[5-Chlor-[2]thienyl]- **18** IV 7125

—, 1-Dibenzofuran-2-yl- **18** IV 7234

—, 2-Dibenzofuran-2-yl- **18** IV 7235

—, 2-Dibenzofuran-4-yl- **18** IV 7235

—, 1-[2,3-Dihydro-benzofuran-2-yl]- **18**
II 420 d

—, 2-[5,6-Dihydro-2*H*-pyran-3-yl]- **18**
IV 7061

—, 1-[2,5-Dimethoxy-2,5-dihydro-
[2]furyl]- **18** IV 7427

—, 1-[2,5-Dimethyl-[3]thienyl]- **18**
IV 7144

—, 1-[3,5-Dinitro-[2]thienyl]- **18**
IV 7118

—, 1-[2]Furyl- **18** IV 7116

—, 2-[2]Furyl- **18** II 418 k, IV 7119

—, 2-[2]Furyl-2-methoxy- **18** II 430 b,
IV 7319

—, 2-[2]Furyl-1-methyl- **18** IV 7135

—, 2-[2]Furyl-1-phenyl- **18** IV 7175

—, 1-[4-Methoxy-dibenzofuran-1-yl]-
18 IV 7364

—, 1-[4-Methoxy-dibenzofuran-3-yl]-
18 IV 7365

—, 2-[5-(4-Methoxy-phenyl)-[2]furyl]-
18 IV 7348

—, 2-[4-Methoxy-phenyl]-1-[2]thienyl-
18 IV 7347

—, 2-[5-(4-Methoxy-phenyl)-[2]thienyl]-
18 IV 7348

—, 2-Methoxy-2-[2]thienyl- **18** IV 7320

—, 2-[5-Methoxy-[2]thienyl]- **18**
IV 7318

—, 1-Methyl-2-tetrahydro[2]furyl- **18**
IV 7054

—, 1-Methyl-1-tetrahydropyran-4-yl-
18 IV 7055

—, 1-Methyl-2-tetrahydropyran-4-yl-
18 IV 7055

—, 1-Methyl-2-[2]thienyl- **18** IV 7136

—, 1-Methyl-2-[3]thienyl- **18** IV 7140

—, 1-[5-Methyl-[2]thienyl]- **18** IV 7141

—, 2-[5-Methyl-[2]thienyl]- **18** IV 7141

—, 2-[1]Naphthyl-1-[2]thienyl- **18**
IV 7246

—, 1-[5-Nitro-[2]thienyl]- **18** IV 7118

—, 2-[5-Phenyl-[2]furyl]- **18** IV 7175

—, 2-[5-Phenyl-tetrahydro-[2]furyl]- **18**
IV 7157

—, 1-[4-Phenyl-tetrahydro-pyran-4-yl]-
18 IV 7158

—, 2-Phenyl-1-[2]thienyl- **18** IV 7175

—, 2-[5-Phenyl-[2]thienyl]- **18** IV 7176

—, 2-[5-Propyl-[2]thienyl]- **18** IV 7146

—, 2-Selenophen-2-yl- **18** IV 7125

—, 1-[6,7,8,9-Tetrahydro-dibenzofuran-3-
yl]- **18** II 421 e

—, 2-Tetrahydrofurfuryloxy- **17**
IV 1121

—, 1-Tetrahydro[2]furyl- **18** IV 7048

—, 2-Tetrahydro[2]furyl- **18** II 415 e,
IV 7049

—, 1-Tetrahydropyran-4-yl- **18** IV 7051

—, 2-Tetrahydropyran-3-yl- **18** IV 7051

—, 2-Tetrahydropyran-4-yl- **18** IV 7051

—, 1-[2]Thienyl- **18** 585 f, IV 7117

—, 2-[2]Thienyl- **18** IV 7122

—, 2-[3]Thienyl- **18** IV 7125

Äthylamin (Fortsetzung)
—, 1-[2]Thienyl-2-[toluol-4-sulfonyl]- **18**
    IV 7323
Äthylen
—, 1-[2-Äthoxy-äthoxy]-1-[3]thienyl- **17**
    IV 1325
—, 2-[4-Äthoxy-phenyl]-1-[4-methoxy-
    phenyl]-1-[2]thienyl- **17** IV 2230
—, 2-[4-Äthoxy-phenyl]-1-phenyl-1-
    [2]thienyl- **17** IV 1701
—, 1-[4-Äthylmercapto-phenyl]-2-phenyl-
    1-[2]thienyl- **17** IV 1701
—, 1-[4-Äthyl-phenyl]-1-[2,5-dimethyl-
    [3]thienyl]-2-phenyl- **17** IV 729
—, 1-[4-Äthyl-phenyl]-2-[2]thienyl- **17**
    IV 578
—, 1-[5-Äthyl-[2]thienyl]-1,2-diphenyl-
    17 IV 727
—, 1-[5-Äthyl-[2]thienyl]-2-phenyl- **17**
    IV 578
—, 1-Benzolsulfonyl-2-[2]thienyl- **17**
    IV 1325
—, 1-Benzo[b]thiophen-3-yl-1,2-diphenyl-
    17 IV 769
—, 2-Benzo[b]thiophen-3-yl-1,1-diphenyl-
    17 IV 769
—, 2-Benzo[b]thiophen-2-yl-1-phenyl-1-
    [2,3,5,6-tetramethyl-phenyl]- **17** IV 775
—, 2-Benzo[b]thiophen-3-yl-1-phenyl-1-
    [2,3,5,6-tetramethyl-phenyl]- **17** IV 775
—, 1-Biphenyl-4-yl-2-brom-1-[5-chlor-
    [2]thienyl]-2-phenyl- **17** IV 781
—, 1-Biphenyl-4-yl-1-[5-chlor-[2]thienyl]-
    2-phenyl- **17** IV 781
—, 1-Biphenyl-4-yl-1-[2]furyl-2-phenyl-
    17 IV 780
—, 1-Biphenyl-4-yl-1-[5-methyl-[2]thienyl]-
    2-phenyl- **17** IV 783
—, 1-Biphenyl-4-yl-2-phenyl-1-[2]thienyl-
    17 IV 780
—, 1,1-Bis-[4-(2-carboxy-
    benzylidenamino)-phenyl]-2,2-dichlor-
    18 IV 7890
—, 1-Brom-2-[4-brom-phenyl]-2-[5-brom-
    [2]thienyl]-1-phenyl- **17** IV 722
—, 1-Brom-2-[5-brom-[2]thienyl]-1-
    [4-chlor-phenyl]-2-[4-methoxy-phenyl]-
    17 IV 1700
—, 1-Brom-2-[5-brom-[2]thienyl]-1-
    [4-chlor-phenyl]-2-phenyl- **17** IV 722
—, 1-Brom-2-[5-brom-[2]thienyl]-2-
    [4-chlor-phenyl]-1-phenyl- **17** IV 722
—, 1-Brom-2-[5-brom-[2]thienyl]-1-
    [4-chlor-phenyl]-2-p-tolyl- **17** IV 727
—, 1-Brom-2-[5-brom-[2]thienyl]-1,2-
    diphenyl- **17** IV 722
—, 1-Brom-2-[5-brom-[2]thienyl]-2-
    [2-methoxy-phenyl]-1-phenyl- **17**
    IV 1699

—, 1-Brom-2-[5-brom-[2]thienyl]-2-
    [3-methoxy-phenyl]-1-phenyl- **17**
    IV 1700
—, 1-Brom-2-[5-brom-[2]thienyl]-2-
    [4-methoxy-phenyl]-1-phenyl- **17**
    IV 1700
—, 1-Brom-2-[5-brom-[2]thienyl]-1-
    phenyl-2-p-tolyl- **17** IV 727
—, 1-Brom-2-[5-chlor-[2]thienyl]-1,2-
    diphenyl- **17** IV 722
—, 1-Brom-2-[2,5-dimethyl-[3]thienyl]-
    1,2-diphenyl- **17** IV 728
—, 1-Brom-1,2-diphenyl-2-[5-phenyl-
    [2]thienyl]- **17** IV 781
—, 1-[4-Brom-phenyl]-2-phenyl-1-
    [2]thienyl- **17** IV 722
—, 1-Brom-1-[2]thienyl- **17** IV 362
—, 1-Brom-1-[3]thienyl- **17** IV 364
—, 1-Brom-2-[2]thienyl- **17** IV 362
—, 1-[5-Brom-[2]thienyl]-1,2-diphenyl-
    17 IV 721
—, 1-Chlor-1,2-difluor-2-[2]furyl- **17**
    IV 358
—, 1-Chlor-1,2-difluor-2-[2]thienyl- **17**
    IV 361
—, 1-[4-Chlor-phenyl]-2-[2]furyl- **17**
    IV 569
—, 1-[2-Chlor-phenyl]-2-[2]furyl-1-nitro-
    17 IV 570
—, 2-[4-Chlor-phenyl]-1-[4-methoxy-
    phenyl]-1-[2]thienyl- **17** IV 1700
—, 1-[4-Chlor-phenyl]-2-phenyl-1-
    [2]thienyl- **17** IV 721
—, 2-[4-Chlor-phenyl]-1-phenyl-1-
    [2]thienyl- **17** IV 721
—, 1-[4-Chlor-phenyl]-2-[2]thienyl- **17**
    IV 570
—, 2-[4-Chlor-phenyl]-1-[2]thienyl-1-
    p-tolyl- **17** IV 727
—, 1-[5-Chlor-[2]thienyl]-1,2-diphenyl-
    17 IV 721
—, 1-[5-Chlor-[2]thienyl]-2-phenyl-1-
    p-tolyl- **17** IV 727
—, 1-[5-Chlor-[2]thienyl]-2-pikryl- **17**
    IV 571
—, 1,2-Dibrom-1-phenyl-2-
    tetrahydropyran-2-yl- **17** IV 527
—, 1,1-Dichlor-2,2-bis-[4-(4,5-dimethoxy-
    3-oxo-phthalan-1-ylamino)-phenyl]- **18**
    IV 8115
—, 1,1-Dichlor-2,2-bis-
    [4-phthalidylamino-phenyl]- **18** IV 7890
—, 1,2-Dijod-1-phenyl-2-
    tetrahydropyran-2-yl- **17** IV 527
—, 1-[2,5-Dimethyl-[3]thienyl]-1,2-
    diphenyl- **17** IV 728
—, 1-[2,5-Dimethyl-[3]thienyl]-1-
    [4-methoxy-phenyl]-2-phenyl- **17**
    IV 1702

Äthylen   (Fortsetzung)

—, 1-[2,5-Dimethyl-[3]thienyl]-1-
[2]naphthyl-2-phenyl- **17** IV 773

—, 1-[2,5-Dimethyl-[3]thienyl]-2-[2-nitro-
phenyl]- **17** IV 578

—, 1-[2,5-Dimethyl-[3]thienyl]-2-phenyl-
17 IV 578

—, 1-[2,5-Dimethyl-[3]thienyl]-2-phenyl-
1-*p*-tolyl- **17** IV 729

—, 1-[2,5-Dimethyl-[3]thienyl]-2-pikryl-
17 IV 579

—, 1-[2,5-Dimethyl-[3]thienyl]-2-*p*-tolyl-
17 IV 580

—, 1-[2,4-Dinitro-phenyl]-2-[2]furyl- **17**
II 67 c

—, 1-[3,5-Dinitro-[2]thienyl]-2-phenyl-
17 IV 571

—, 1,2-Diphenyl-1-[5-phenyl-[2]thienyl]-
17 IV 781

—, 1,2-Diphenyl-1-[2]thienyl- **17** IV 721

—, 1,2-Diphenyl-1-[5-*p*-tolyl-[2]thienyl]-
17 IV 784

—, 1-[2]Furyl-1,2-diphenyl- **17** IV 720

—, 1-[2]Furyl-2-[5-methyl-2,4-dinitro-
phenyl]- **17** IV 575

—, 1-[2]Furyl-2-nitro- **17** 47 d,
II 47 d, IV 359

—, 1-[2]Furyl-2-[2-nitro-phenyl]- **17**
IV 569

—, 1-[2]Furyl-2-[4-nitro-phenyl]- **17**
IV 570

—, 2-[2]Furyl-1-nitro-1-phenyl- **17**
II 67 b

—, 1-[2]Furyl-1-phenyl- **17** IV 571

—, 1-[2]Furyl-2-phenyl- **17** IV 569

—, 1-[2]Furyl-2-[2,4,6-trinitro-phenyl]-
17 II 67 d

—, 1-[2-Methoxy-phenyl]-2-phenyl-1-
[2]thienyl- **17** IV 1699

—, 1-[3-Methoxy-phenyl]-2-phenyl-1-
[2]thienyl- **17** IV 1700

—, 1-[4-Methoxy-phenyl]-2-phenyl-1-
[2]thienyl- **17** IV 1700

—, [4-Methoxy-phenyl]-phenyl-xanthen-
9-yliden- **17** IV 1761

—, 1-[4-Methylmercapto-phenyl]-2-
phenyl-1-[2]thienyl- **17** IV 1700

—, 1-[5-Methyl-[2]thienyl]-2-phenyl- **17**
IV 576

—, 1-[5-Methyl-[2]thienyl]-2-pikryl- **17**
IV 576

—, 1-[5-Methyl-[2]thienyl]-2-*p*-tolyl- **17**
IV 578

—, 1-[2]Naphthyl-2-phenyl-1-[2]thienyl-
17 IV 769

—, 2-[1]Naphthyl-1-phenyl-1-[2]thienyl-
17 IV 768

—, 1-[1]Naphthyl-1-[2]thienyl- **17**
IV 689

—, 1-[3-Nitro-[2]furyl]-2-phenyl- **17**
IV 569

—, 1-[5-Nitro-[2]furyl]-2-phenyl- **17**
IV 569

—, 1-Nitro-1-phenyl-2-[2]thienyl- **17**
IV 571

—, 1-[4-Nitro-phenyl]-2-[2]thienyl- **17**
IV 571

—, 1-Nitro-2-selenophen-2-yl- **17**
IV 363

—, 1-Nitro-2-[2]thienyl- **17** IV 362

—, 1-Nitro-2-[3]thienyl- **17** IV 364

—, 1-[3-Nitro-[2]thienyl]-2-phenyl- **17**
IV 570

—, 1-Phenyl-2-selenophen-2-yl- **17**
IV 571

—, 1-Phenyl-1-[2]thienyl- **17** IV 572

—, 1-Phenyl-2-[2]thienyl- **17** IV 570

—, 2-Phenyl-1-[2]thienyl-1-*p*-tolyl- **17**
IV 726

—, 1-Phenyl-1-xanthen-9-yl- **17** IV 754

—, 1-Picryl-2-[2]thienyl- **17** IV 571

—, 1-[2]Thienyl-2-[toluol-4-sulfonyl]- **17**
IV 1325

—, 1-[2]Thienyl-1-*m*-tolyl- **17** IV 576

—, 1-[2]Thienyl-1-*p*-tolyl- **17** IV 576

—, 1-[2]Thienyl-1-[3-trifluormethyl-
phenyl]- **17** IV 576

Äthylendiamin

—, *N*-Äthoxyoxalyl-
N-furfurylidenhydrazinooxalyl- **17**
IV 4440

—, *N*-Äthoxyoxalyl-*N'*-
[5-hydroxymethyl-
furfurylidenhydrazinooxalyl]- **18** IV 108

—, *N*-Äthoxyoxalyl-*N'*-[5-methyl-
furfurylidenhydrazinooxalyl]- **17**
IV 4526

—, *N*-Benzo[*b*]thiophen-2-ylmethyl-
N',N'-dimethyl-*N*-phenyl- **18** IV 7167

—, *N*-Benzo[*b*]thiophen-3-ylmethyl-
N',N'-dimethyl-*N*-phenyl- **18** IV 7168

—, N^1-Benzyl-N^1-[2-(14*H*-dibenzo[*a,j*]≈
xanthen-14-yl)-äthyl]-1,N^2,N^2-trimethyl-
18 IV 7257

—, *N*-Benzyl-*N',N'*-dimethyl-*N*-
[thiophen-2-carbonyl]- **18** IV 4022

—, *N,N'*-Bis-[cyan-[2]furyl-methyl]- **18**
IV 8171

—, *N,N'*-Bis-[cyan-[2]thienyl-methyl]-
18 IV 8171

—, *N,N'*-Bis-[x,x-dihydro-furfuryl]- **18**
IV 7089

—, *N,N'*-Bis-[2,4-dinitro-phenyl]-
N,N'-difurfuryl- **18** IV 7090

—, *N,N'*-Bis-[1-(2,4-dioxo-dihydro-
[3]furyl)-äthyliden]- **17** II 522 e

—, *N,N'*-Bis-[furan-2-carbonyl]-
18 278 c

Äthylendiamin (Fortsetzung)

—, N,N'-Bis-[furan-2-
carbonylmercaptothiocarbonyl]- **18**
IV 4002

—, N,N'-Bis-furfurylidenhydrazinooxalyl-
17 IV 4441

—, N,N'-Bis-[N-furfuryliden-sulfanilyl]-
17 IV 4423

—, N,N'-Bis-[3-(6-hydroxy-4,7-
dimethoxy-benzofuran-5-yl)-1-methyl-3-
oxo-propenyl]- **18** IV 3106

—, N,N'-Bis-[3-(6-hydroxy-4,7-
dimethoxy-benzofuran-5-yl)-1-methyl-3-
oxo-propyliden]- **18** IV 3106

—, N,N'-Bis-[2-methyl-3-(5-nitro-[2]furyl)-
acryloyl]- **18** IV 4177

—, N,N'-Bis-[7-phenyl-2,3-dihydro-
benzofuran-2-ylmethyl]- **18** IV 7238

—, N,N'-Bis-selenophen-2-ylmethylen-
17 IV 4492

—, N,N'-Bis-tetrahydrofurfuryl- **18**
IV 7042

—, N,N'-Bis-[2]thienylmethyl- **18**
IV 7107

—, N,N'-Bis-[2]thienylmethylen- **17**
IV 4481

—, N,N'-Bis-[β,β,β'-trichlor-α,β'-epoxy-
isobutyryl]- **18** 262 d

—, N'-[5-Brom-[2]thienylmethyl]-
N,N-dimethyl- **18** IV 7114

—, N-Butyl-N-[2-hydroxy-propyl]-N'-
[4-oxo-thiochroman-3-ylmethyl]- **18**
IV 7904

—, N-[2-Chlor-phenyl]-N-[5-chlor-
[2]thienylmethyl]-N',N'-dimethyl- **18**
IV 7113

—, N-[3-Chlor-phenyl]-N-[5-chlor-
[2]thienylmethyl]-N',N'-dimethyl- **18**
IV 7113

—, N-[4-Chlor-phenyl]-N-[5-chlor-
[2]thienylmethyl]-N',N'-dimethyl- **18**
IV 7113

—, N-[2-Chlor-phenyl]-N',N'-dimethyl-
N-[2]thienylmethyl- **18** IV 7108

—, N-[3-Chlor-phenyl]-N',N'-dimethyl-
N-[2]thienylmethyl- **18** IV 7108

—, N-[4-Chlor-phenyl]-N',N'-dimethyl-
N-[2]thienylmethyl- **18** IV 7108

—, N'-[5-Chlor-[2]thienylmethyl]-
N,N-dimethyl- **18** IV 7113

—, N-[5-Chlor-[2]thienylmethyl]-
N',N'-dimethyl-N-phenyl- **18** IV 7113

—, N-[5-Chlor-[2]thienylmethyl]-N-
[4-methoxy-phenyl]-N',N'-dimethyl- **18**
IV 7114

—, N^2-Cyclohexyl-N^2-furfuryl-1,1-
dimethyl- **18** IV 7091

—, N,N'-Diacetyl-N,N'-difurfuryl- **18**
IV 7090

—, N,N-Diäthyl-N'-benzo[b]thiophen-5-yl-
18 IV 7164

—, N,N-Diäthyl-N'-benzyl-N'-[2-
(14H-dibenzo[a,j]xanthen-14-yl)-äthyl]-
18 IV 7257

—, N,N-Diäthyl-N'-benzyl-N'-[3-[2]furyl-
acryloyl]- **18** IV 4151

—, N,N-Diäthyl-N'-benzyl-N'-[xanthen-
9-carbonyl]- **18** IV 4357

—, N,N-Diäthyl-N'-[2-brom-
dibenzofuran-3-yl]- **18** IV 7202

—, N,N-Diäthyl-N'-cyclohexancarbonyl-
N'-[1,1-dioxo-2,3-dihydro-1λ^6-benzo[b]≠
thiophen-3-yl]- **18** IV 7149

—, N,N-Diäthyl-N'-[cyclohex-2-enyl-
[2]thienyl-acetyl]- **18** IV 4229

—, N,N-Diäthyl-N'-cyclohexyl-N'-
[xanthen-9-carbonyl]- **18** IV 4357

—, N,N-Diäthyl-N'-[cyclopent-2-enyl-
[2]thienyl-acetyl]- **18** IV 4220

—, N,N-Diäthyl-N'-dibenzofuran-3-yl-
18 IV 7197

—, N,N-Diäthyl-N'-furfuryl- **18**
IV 7088

—, N,N-Diäthyl-N'-[4-methyl-
thioxanthen-1-yl]- **18** IV 7234

—, N,N-Diäthyl-N'-[4-methyl-xanthen-1-
yl]- **18** IV 7233

—, N,N-Diäthyl-N'-[5-nitro-thiophen-2-
carbonyl]- **18** IV 4046

—, N,N-Diäthyl-N'-phenyl-N'-
[2]thienylmethyl- **18** IV 7108

—, N,N-Diäthyl-N'-phenyl-N'-[xanthen-
9-carbonyl]- **18** IV 4357

—, N,N-Diäthyl-N'-[thiophen-2-carbonyl]-
18 IV 4022

—, N,N-Diäthyl-N'-[xanthen-9-carbonyl]-
18 IV 4356

—, N,N-Diäthyl-N'-[xanthen-9-yl-acetyl]-
18 IV 4371

—, N,N'-Dibenzoyl-N,N'-difurfuryl- **18**
IV 7090

—, N,N'-Dibenzoyl-N-furfuryl- **18**
IV 7090

—, N,N'-Dibenzyl-N,N'-diphthalidyl-
18 IV 7889

—, N,N'-Dibutyl-N,N'-diphthalidyl- **18**
IV 7888

—, N,N'-Difurfuryl- **18** IV 7089

—, N,N'-Difurfuryl-N,N'-bis-
[1]naphthylcarbamoyl- **18** IV 7091

—, N,N'-Difurfuryl-N,N'-bis-
phenylcarbamoyl- **18** IV 7091

—, N,N'-Difurfuryl-N,N'-bis-[2,4,6-
trinitro-phenyl]- **18** IV 7090

—, N,N'-Difurfuryl-N,N'-dinitroso- **18**
IV 7095

—, N,N'-Difurfuryl-N,N'-dipicryl- **18**
IV 7090 b

Äthylendiamin (Fortsetzung)

—, N,N'-Difurfuryliden- **17** IV 4424

—, N,N-Dimethyl-N'-phenyl-
N'-tetrahydrofurfuryl- **18** IV 7042

—, N,N-Dimethyl-N'-phenyl-N'-
[2]thienylmethyl- **18** IV 7108

—, 1,1-Dimethyl-N^2-tetrahydrofurfuryl-
18 IV 7042

—, N,N-Dimethyl-N'-[thiophen-2-
carbonyl]- **18** IV 4022

—, N,N'-Diphenyl-N,N'-diphthalidyl-
18 IV 7888

—, N,N'-Diphthalidyl-N,N'-disalicyl-
18 IV 7889

—, N-Furfuryl- **18** IV 7088

—, N-Furfuryl-N,N'-bis-
[1]naphthylcarbamoyl- **18** IV 7091

—, N-Furfuryl-N,N'-bis-
phenylcarbamoyl- **18** IV 7091

—, N'-Furfuryl-N,N-dimethyl- **18**
IV 7088

—, N^2-Furfuryl-1,1-dimethyl- **18**
IV 7091

—, N-Furfuryl-N',N'-dimethyl-N-phenyl-
18 IV 7089

—, N-Furfuryl-N-[4-isopropyl-phenyl]-
N',N'-dimethyl- **18** IV 7090

—, N-Furfuryl-N-[4-methoxy-phenyl]-
N',N'-dimethyl- **18** IV 7090

—, N-[4-Methoxy-phenyl]-
N',N'-dimethyl-N-[2]thienylmethyl- **18**
IV 7108

—, N-[5-Phenoxy-2,3-dihydro-
benzofuran-2-ylmethyl]- **18** IV 7337

—, N-[7-Phenyl-2,3-dihydro-benzofuran-
2-ylmethyl]- **18** IV 7238

—, N-[3-[2]Thienyl-propyl]- **18** IV 7139

—, N,N,N'-Triäthyl-N'-[14H-dibenzo[a,j]=
xanthen-14-ylmethyl]- **18** IV 7256

—, 1,N^1,N^1-Trimethyl-N^2-phenyl-N^2-
[2]thienylmethyl- **18** IV 7109

—, N,N,N'-Trimethyl-N'-
[2]thienylmethyl- **18** IV 7107

Äthylenoxid

s. Oxiran

Äthylensulfid

s. Thiiran

Äthylensulfon

s. Thiiran-1,1-dioxid

Äthylentetracarbonsäure

— 1,2-anhydrid-1,2-dichlorid **18**
IV 6202

— 1,2-anhydrid-1,2-diphenylester
18 IV 6202

— 1,2-diäthylester-1,2-anhydrid **18**
IV 6202

Äthylentricarbonitril

—, [2]Furyl- **18** IV 4596

Äthylentricarbonsäure

—, Phenyl-,

— 1-äthylester-1,2-anhydrid **18**
IV 6074

— 1,2-anhydrid **18** IV 6073

Äthylidendiamin

—, N-Benzyl-N'-[5-brom-furan-2-
carbonyl]-2,2,2-trichlor- **18** IV 3989

—, N-Benzyl-2,2,2-trichlor-N'-[furan-2-
carbonyl]- **18** IV 3951

—, N-Benzyl-2,2,2-trichlor-N'-[5-nitro-
furan-2-carbonyl]- **18** IV 3997

—, N-[5-Brom-furan-2-carbonyl]-2,2,2-
trichlor-N'-phenyl- **18** IV 3989

—, 2,2,2-Trichlor-N-[furan-2-carbonyl]-
18 IV 3951

—, 2,2,2-Trichlor-N-[furan-2-carbonyl]-
N'-methyl- **18** IV 3951

—, 2,2,2-Trichlor-N-[furan-2-carbonyl]-
N'-phenäthyl- **18** IV 3952

—, 2,2,2-Trichlor-N-[furan-2-carbonyl]-
N'-phenyl- **18** IV 3951

—, 2,2,2-Trichlor-N-[5-nitro-furan-2-
carbonyl]-N'-phenyl- **18** IV 3997

Äthylisocyanat

—, 2-Benzo[b]thiophen-3-yl-1,1-dimethyl-
18 IV 7171

Äthylmethylxanthophansäure **18** IV 6247

Äthylthiocyanat

—, 1-[5-Äthyl-5-methyl-tetrahydro-
[2]furyl]-1-methyl- **17** IV 1172

Ätioresibufogeninsäure

—, O-Acetyl- **18** IV 4889

Afzelin **18** IV 3293

—, Hexa-O-acetyl- **18** IV 3293

Agarobiit **17** IV 3499

—, Hepta-O-methyl- **17** IV 3499

Agarobionsäure

—, Hexa-O-methyl- **18** IV 5068

— methylester **18** IV 5070

Agarobiose **18** IV 2282

— diäthyldithioacetal **18** IV 2289

— dimethylacetal **18** IV 2286

— phenylosazon **18** IV 2312

—, Hexa-O-acetyl-,

— diäthyldithioacetal **18** IV 2290

— dimethylacetal **18** IV 2287

—, Hexa-O-methyl- **18** IV 2282

— diäthyldithioacetal **18** IV 2290

— dimethylacetal **18** IV 2286

Agavogenin

—, Dihydro- **17** IV 2676

Ageratochromen **17** IV 2128

Agnosid **17** IV 3456

Agnusid **17** IV 3456

Agrimonolid **18** IV 2660

—, Desmethyl- **18** IV 2660

—, Dibrom- **18** IV 2661

—, Di-O-methyl- **18** IV 2660

Agrimonolid (Fortsetzung)
—, O-Methyl- **18** IV 2660
Ajugose 17 IV 3804
—, Eicosa-O-acetyl- **17** IV 3810
—, Eicosa-O-benzoyl- **17** IV 3813
—, Eicosa-O-methyl- **17** IV 3806
Alanin
s. a. Propionsäure, Amino-
 — [5,6,8-trihydroxy-3-methyl-1-oxo-
 3,4,4a,5,6,7-hexahydro-
 1H-isochromen-4-ylamid] **18**
 IV 8145
—, N-Acetyl-,
 — [5,6,8-trihydroxy-3-methyl-1-oxo-
 3,4,4a,5,6,7-hexahydro-
 1H-isochromen-4-ylamid] **18**
 IV 8146
—, N-Äthyl-N-[tetrahydro-pyran-4-
 carbonyl]-,
 — diäthylamid **18** IV 3837
 — dimethylamid **18** IV 3837
—, 3-Benzofuran-3-yl- **18** IV 8218
—, 3-Benzo[b]thiophen-2-yl- **18** IV 8218
—, 3-Benzo[b]thiophen-3-yl- **18** IV 8218
—, N-Benzyloxycarbonyl-3-[tetra-
 O-acetyl-glucopyranosyldisulfanyl]-,
 — methylester **17** IV 3755
—, N-[5-(2,4-Diguanidino-3,5,6-
 trihydroxy-cyclohexyloxy)-3-hydroxy-2-
 methyl-4-(2-methylamino-2-desoxy-
 glucopyranosyloxy)-tetrahydro-
 [3]furylmethyl]- **18** IV 7549
—, N-[5-(2,4-Diguanidino-3,5,6-
 trihydroxy-cyclohexyloxy)-3-hydroxy-2-
 methyl-4-(2-methylamino-2-desoxy-
 glucopyranosyloxy)-tetrahydro-
 [3]furylmethylen]- **18** IV 7544
—, N-[Furan-2-carbonyl]- **18** 277 i
 — äthylester **18** 277 j
—, 3-[2]Furyl- **18** IV 8190
—, N-[6-Methyl-2,4-dioxo-chroman-3-
 ylmethyl]-,
 — äthylester **18** IV 8046
—, N-Streptomycyl- **18** IV 7549
—, N-Streptomycyliden- **18** IV 7544
—, 3-[2]Thienyl- **18** IV 8190
—, 3-[3]Thienyl- **18** IV 8198
—, N-Xanthen-9-ylcarbamoyl- **18**
 IV 7222
β-Alanin
—, N,N-Diäthyl-,
 — [norborn-5-en-2-yl-[2]thienyl-
 methylester] **17** IV 1501
—, N-Dichloracetyl-N-furfuryl-,
 — nitril **18** IV 7087
—, N-Furfuryl-,
 — nitril **18** IV 7087
—, 3-[2]Furyl- **18** IV 8188

—, N-[3-Hydroxy-4,4-dimethyl-dihydro-
 [2]furyliden]- **18** IV 28
 — äthylester **18** IV 28
—, 3-[2]Thienyl- **18** IV 8189
—, 3-[3]Thienyl- **18** IV 8198
Alantcampher 17 327 a, I 169 f, II 356 c
Alantolacton 17 327 a, I 169 g,
 II 356 c, IV 5030
—, Dihydro- **17** 308 e, IV 4763
—, Isotetrahydro- **17** IV 4673
—, Tetrahydro- **17** IV 4672
Alantolsäure
 — amid **18** IV 7881
—, N-Acetyl-,
 — amid **18** IV 7881
Albomycetin 18 IV 7407
Albsapin 18 II 81 g
Aldosteron
—, O^18-Acetyl- **18** IV 2536
—, O^18,O^21-Diacetyl- **18** IV 2536
Alectoron 18 IV 2416
 — oxim **18** IV 2416
—, Tri-O-acetyl- **18** IV 2417
—, Tri-O-methyl- **18** IV 2417
 — oxim **18** IV 2417
Alginetin 18 IV 1364
Algolscharlach-GG 17 545 g, I 277 e,
 II 515 b
Allarsäure
 — 1→4-lacton **18** IV 6569
Allen
—, 1-[2]Furyl-3-phenyl- **17** 72 f
Alleosid-A 18 IV 3135
Alloascorbinsäure 18 IV 3400
Allo-benzalphthalid 17 IV 5433
Allobetulin 17 II 138 e, IV 1528
—, O-Acetyl- **17** IV 1529
—, O-Formyl- **17** IV 1529
—, Oxy- **18** IV 486
Allobetulon 17 IV 5180
 — azin **17** IV 5180
 — oxim **17** IV 5180
Allobiliansäure
 — anhydrid **18** IV 6227
Allo-brombenzalphthalid 17 IV 5433
Allocyanidin 18 I 424 b
Allocymarin 18 IV 3137
—, O^4'-Acetyl- **18** IV 3137
Allodalbergin 18 IV 1813
Allodehydroacetyloleanolsäure
 — lacton **10** III 1151, **18** IV 567
Allo-dehydro-diacetyl-hederageninlacton 18
 IV 1626
Allodehydrohederageninlacton 18 IV
 1626
Allodihydrotoxicarolsäure 18 IV 3446
—, Di-O-acetyl- **18** IV 3446
Allodunnion 17 IV 6363
—, Dihydro- **17** IV 6316

Alloeleutherin 18 IV 1643
—, O-Acetyl-dihydro- **17** IV 2369
—, Di-O-methyl-dihydro- **17** IV 2369
—, O-Methyl-dihydro- **17** IV 2369
Alloemicymarin 18 IV 2441
—, Di-O-acetyl- **18** IV 2442
Alloevodion 18 IV 2414
—, Dihydro- **18** IV 2349
Alloevodionol 18 IV 1419
　　— [2,4-dinitro-phenylhydrazon] **18**
　　　IV 1420
—, O-Acetyl- **18** IV 1419
—, O-Methyl- **18** IV 1419
Allofuranose 1 IV 4299
Allogeigerinsäure 18 IV 6306
　　— methylester **18** IV 6306
—, Dehydro- **18** IV 6027
　　— methylester **18** IV 6028
Alloglaucotoxigenin 18 IV 3148
—, O^3,O^{15}-Diacetyl- **18** IV 3148
　　— oxim **18** IV 3148
Alloglaucotoxigeninsäure
—, O^3,O^{15}-Diacetyl- **18** IV 6612
Allograciolon 18 IV 486
Alloheterobetulin 17 IV 1529
—, O-Acetyl- **17** IV 1530
—, O-Formyl- **17** IV 1530
—, Oxo- **18** IV 487
Alloheterobetulon 17 IV 5180
—, Oxo- **17** IV 6338
Allohydroxycitronensäure
　　— lacton **18** IV 6576
Allohydroxymatairesinol 18 IV 3443
Allohydroxyrosanolacton 17 IV 4776
Alloisocitronensäure
　　— lacton **18** IV 6115
Alloisoeleutherin 18 IV 1642
Alloisotenulin
—, Desacetyldihydro- **18** IV 1206
—, Desoxo-desacetyl-dihydro- **18**
　　IV 128
—, Desoxo-dihydro- **18** IV 129
—, Dihydro- **18** IV 1207
Allokessylalkohol 17 IV 1321
—, O-Acetyl- **17** IV 1321
Allokessylketon 17 IV 1321
　　— semicarbazon **17** IV 1321
Allolactose 17 IV 3077
　　— phenylosazon **17** IV 3107
—, Octa-O-acetyl- **17** IV 3601
Allolactosid
—, Methyl-[hepta-O-acetyl- **17** IV
　　3583
Allolactosylbromid
—, Hepta-O-acetyl- **17** IV 3497
Allolactosylchlorid
—, Hepta-O-acetyl- **17** IV 3496
Alloledienosid 18 IV 2440
Allomaltol 17 II 449 c, IV 5914

Allomuscarin 18 IV 7312
Allomuscaron 18 IV 7848
Allonormuscarin 18 IV 7310
—, O-[Toluol-4-sulfonyl]- **18** IV
　　7310
Allonormuscaron 18 IV 7848
Allonsäure
　　— 4-lacton **18** I 406 c, IV 3024
　　— 5-lacton **18** IV 3018
Allopedicinin 18 IV 3308
Alloperiplocymarin 18 IV 2438
—, O-Acetyl- **18** IV 2439
Alloperiplogenin 18 IV 2436
—, O^3-Acetyl- **18** IV 2436
—, O^3-[O-Acetyl-cymaropyranosyl]- **18**
　　IV 2439
—, O^3-Cymaropyranosyl- **18** IV
　　2438
—, O^3-[Di-O-acetyl-digitalopyranosyl]-
　　18 IV 2442
—, O^3-Digitalopyranosyl- **18** IV 2441
—, O^3-Fucopyranosyl- **18** IV 2440
Allophansäure
　　— [2-äthyl-4,6,7-trimethyl-2,3-
　　　dihydro-benzofuran-5-ylester] **17**
　　　IV 1390
　　— [2,2-didodecyl-5,7,8-trimethyl-
　　　chroman-6-ylester] **17** IV 1453
　　— [2-dodecyl-2,5,7,8-tetramethyl-
　　　chroman-6-ylester] **17** IV 1407
　　— [8,8a-epoxy-2,5,5-trimethyl-
　　　decahydro-[2]naphthylester] **17**
　　　IV 1316
　　— furfurylester **17** II 115 m
　　— [2-heptadecyl-4,6,7-trimethyl-2,3-
　　　dihydro-benzofuran-5-ylester] **17**
　　　IV 1432
　　— [2-hexadecyl-2,5,7,8-tetramethyl-
　　　chroman-6-ylester] **17** IV 1436
　　— [2-isohexyl-2,5,7,8-tetramethyl-
　　　chroman-6-ylester] **17** IV 1401
　　— [2-methyl-2,3-dihydro-benzofuran-
　　　5-ylester] **17** IV 1355
　　— [5-nitro-furfurylidenhydrazid] **17**
　　　IV 4468
　　— [2,2,5,7,8-pentamethyl-chroman-6-
　　　ylester] **17** IV 1395
　　— tetrahydrofurfurylester **17**
　　　IV 1112
　　— [4-tetrahydro[2]furyl-butylester]
　　　17 IV 1161
　　— [2,4,6,7-tetramethyl-benzofuran-5-
　　　ylester] **17** IV 1500
　　— [2,5,7,8-tetramethyl-chroman-6-
　　　ylester] **17** IV 1389
　　— [2,4,6,7-tetramethyl-2,3-dihydro-
　　　benzofuran-5-ylester] **17** IV 1384
　　— [2,2,4-trimethyl-chroman-6-ylester]
　　　17 IV 1381

Allophansäure (Fortsetzung)
—, 4-Xanthen-9-yl-,
— äthylester **18** II 424 a
— [3,7-dimethyl-octa-2,6-dienylester]
18 IV 7221
— [3,7-dimethyl-oct-6-enylester] **18**
IV 7221
— geranylester **18** IV 7221
Alloprotolichesterinsäure 18 IV 5377
—, Dihydro- **18** IV 5328
Allopyranose 1 IV 4299
—, Penta-*O*-acetyl- **17** IV 3275
Allopyranosid
—, Methyl- **17** IV 2908
—, Methyl-[*O*³-aza- **18** IV 7629
Alloquassin 18 IV 3174
Alloquassinolsäure 18 IV 3173
Allorosenonolacton 17 IV 6261
Allorottlerin 18 IV 3617
—, Dihydro- **18** IV 3616
—, Penta-*O*-acetyl- **18** IV 3617
—, Penta-*O*-acetyl-dihydro- **18** IV 3616
—, Penta-*O*-methyl- **18** IV 3617
—, Penta-*O*-methyl-dihydro- **18**
IV 3616
—, Penta-*O*-methyl-tetrahydro- **18**
IV 3613
—, Tetrahydro- **18** IV 3612
—, Tetra-*O*-methyl-tetrahydro- **18**
IV 3613
Allosaminsäure
— 4-lacton **18** II 481 a
Allosantensäure
— anhydrid **17** IV 5945
Allostrophanthidin 18 IV 3129
— oxim **18** IV 3147
—, *O*³-Acetyl- **18** IV 3130
—, *O*³-[*O*-Acetyl-cymaropyranosyl]- **18**
IV 3137
—, 14-Anhydro-,
— oxim **18** IV 2588
—, *O*³-Cymaropyranosyl- **18** IV 3137
—, Dihydro- **18** IV 3097
Allostrophanthidinsäure 18 IV 6609
— methylester **18** IV 6610
Allostrophanthidol
—, Dihydro- **18** IV 3074
Allostrophanthidonsäure
— methylester **18** IV 6627
—, *Δ*⁴-Anhydro-,
— methylester **18** IV 6543
Allotetrahydrohelenalin 18 IV 1199
—, *O*-Acetyl- **18** IV 1201
Allouzarigenin 18 IV 1471
—, *O*³-Acetyl- **18** IV 1474
—, *O*-Acetyl-*β*-anhydro- **18** IV 555
Allowogonin 18 IV 2675

Alloxanthoxyletinsäure
—, *O*-Methyl-tetrahydro- **18** IV 5016
Allrizziagenin
—, Di-*O*-acetyl-,
— bromlacton **18** IV 1511
Allulofuranosid
—, Methyl-[tetra-*O*-methyl- **17** IV 3782
Allylalkohol
—, 1-[2-Äthyl-phenyl]-1-tetrahydro[3]≠
furyl- **17** IV 1506
—, 3-[2-Äthyl-phenyl]-3-tetrahydro[3]≠
furyl- **17** IV 1506
—, 2-Brom-3-[5-nitro-[2]thienyl]- **17**
IV 1327
—, 3-{2-[4-(2,4-Dinitro-phenoxy)-3-
methoxy-phenyl]-3-hydroxymethyl-7-
methoxy-2,3-dihydro-benzofuran-5-yl}-
17 IV 3871
—, 3-[2]Furyl- **17** II 119 h, IV 1326
—, 3-[2]Furyl-1,1-diphenyl- **17** IV 1702
—, 3-[2]Furyl-2-nitro- **17** IV 1326
—, 3-[2]Furyl-1,1,2-triphenyl- **17**
IV 1752
—, 3-[2-(*α*-Hydroxy-isopropyl)-4-
methoxy-2,3-dihydro-benzofuran-5-yl]-
17 IV 2360
—, 3-[6-Hydroxy-7-methoxy-benzofuran-
5-yl]- **17** IV 2364
—, 3-[2-(4-Hydroxy-3-methoxy-phenyl)-
3-hydroxymethyl-7-methoxy-2,3-dihydro-
benzofuran-5-yl]- **17** IV 3870
—, 3-[5-Methyl-[2]furyl]- **17** IV 1330
—, 2-Methyl-3-[5-methyl-[2]furyl]- **17**
IV 1331
—, 3-[5-Nitro-[2]furyl]- **17** IV 1326
—, 3-[5-Nitro-[2]thienyl]- **17** IV 1326
—, 3-Tetrahydro[2]furyl- **17** II 111 g
Allylenoxid 17 20 g
δ-**Alnincanol 17** IV 1452
Alnincanon 17 IV 5050
— [2,4-dinitro-phenylhydrazon] **17**
IV 5051
— semicarbazon **17** IV 5051
Alnusa-1(10),5-dien
—, 3-Tetrahydropyran-2-yloxy- **17**
IV 1050
Alnusan
Bezifferung s. **17** IV 1050 Anm.
—, 3-Acetoxy-5,6-epoxy- **17** IV 1526
Aloin 18 IV 3630
—, 11-Desoxy- **18** IV 3606
Alphitonin 8 III 4374 b
Alpinetin 18 IV 1700
Alpinon 18 IV 2621
— oxim **18** IV 2623
—, Di-*O*-acetyl- **18** IV 2622
—, Di-*O*-benzoyl- **18** IV 2622
Altenusin
—, Dehydro- **18** IV 3196

Altenusin　(Fortsetzung)
—, Tri-O-acetyl-dehydro- **18** IV 3195
Alternariol 18 IV 2617
—, O-Methyl- **18** IV 2617
Alternarsäure 18 IV 6653
　— methylester **18** IV 6654
Altral
—, Dihydro- **17** IV 2312
Altrarsäure
　— 1→4-lacton **18** IV 6569
　— 6→3-lacton **18** IV 6570
Altrofuranose 1 IV 4301
Altronsäure
　— 4-lacton **18** I 406 d, IV 3024
—, O^3,O^4,O^6-Trimethyl-,
　— 5-lacton **18** IV 3020
Altropyranose 1 IV 4301
—, O^2,O^3-Diacetyl-O^1,O^6-[1-hydroxy-
　äthyliden]-O^4-[tetra-O-acetyl-
　glucopyranosyl]- **17** IV 3490
—, O^3,O^6-Diacetyl-O^1,O^2-[1-hydroxy-
　äthyliden]-O^4-[tetra-O-acetyl-
　glucopyranosyl]- **17** IV 3490
—, O^4-Glucopyranosyl- **17** IV 3061
—, Penta-O-acetyl- **17** IV 3276
—, O^2,O^3,O^4,O^6-Tetraacetyl- **2** IV 345
—, O^1,O^2,O^3,O^6-Tetraacetyl-O^4-[tetra-
　O-acetyl-galactopyranosyl]- **17** IV 3592
—, O^1,O^2,O^3,O^6-Tetraacetyl-O^4-[tetra-
　O-acetyl-glucopyranosyl]- **17** IV 3589
—, O^1,O^2,O^3,O^6-Tetrapropionyl-O^4-
　[tetra-O-propionyl-galactopyranosyl]-
　17 IV 3602
—, O^2,O^3,O^6-Triacetyl-O^4-[tetra-
　O-acetyl-galactopyranosyl]- **17** IV 3257
—, O^2,O^3,O^6-Triacetyl-O^4-[tetra-
　O-acetyl-glucopyranosyl]- **17** IV 3256
Altropyranosid
—, Methyl- **17** IV 2909
—, Methyl-[O^4-acetyl-O^2-methyl-O^3-
　(toluol-4-sulfonyl)-O^6-trityl- **17** IV 3666
—, Methyl-[O^2-aza- **18** IV 7525
—, Methyl-[O^3-aza- **18** IV 7629
—, Methyl-[O^2-benzyl- **18** IV 8468
—, Methyl-[O^3,O^4-diacetyl-O^2-methyl-
　17 IV 3114
—, Methyl-[O^3,O^4-diacetyl-O^2-methyl-
　O^6-trityl- **17** IV 3116
—, Methyl-[O^4,O^6-dibenzoyl-O^2-methyl-
　O^3-(toluol-4-sulfonyl)- **17** IV 3681
—, Methyl-[O^4,O^6-dimethyl- **17**
　IV 2923
—, Methyl-[O^4,O^6-dimethyl-O^2,O^3-bis-
　(toluol-4-sulfonyl)- **17** IV 3688
—, Methyl-[O^2-methyl- **17** IV 2919
—, Methyl-[O^3-methyl- **17** IV 2918
—, Methyl-[O^2-methyl-O^3-(toluol-4-
　sulfonyl)- **17** IV 3658
—, Methyl-[O^2-phosphono- **17** IV 3715

—, Methyl-[tetra-O-acetyl- **17** IV 3131
—, Methyl-[tetra-O-benzoyl- **17**
　IV 3314
—, Methyl-[tetra-O-methyl- **17** IV 2928
—, Methyl-[O^2,O^4,O^6-triacetyl-
　O^3-methyl- **17** IV 2538
—, Methyl-[O^2,O^3,O^6-triacetyl-O^4-(tetra-
　O-acetyl-galactopyranosyl)- **17** IV 3556
—, Methyl-[O^2,O^3,O^4-triacetyl-O^6-trityl-
　17 IV 3124
—, Methyl-[O^2,O^3,O^4-tribenzoyl-O^6-
　(toluol-4-sulfonyl)- **17** IV 3682
—, Methyl-[O^2,O^3,O^4-tribenzoyl-
　O^6-trityl- **17** IV 3311
Altropyranosylchlorid
—, Tetra-O-acetyl- **17** IV 2591
—, O^2,O^3,O^6-Triacetyl-O^4-[tetra-
　O-acetyl-galactopyranosyl]- **17** IV 3490
—, O^2,O^3,O^6-Triacetyl-O^4-[tetra-
　O-acetyl-glucopyranosyl]- **17** IV 3489
Altrosaminsäure
　— 4-lacton **18** II 481 b
Altrose
—, O^4-Galactopyranosyl- **17** IV 3066
—, O^4-Glucopyranosyl- **17** IV 3061
—, O^2,O^3,O^6-Triacetyl-O^4-[tetra-
　O-acetyl-galactopyranosyl]- **17** IV 3257
—, O^2,O^3,O^6-Triacetyl-O^4-[tetra-
　O-acetyl-glucopyranosyl]- **17** IV 3256
Amarbelin 18 IV 3508
Amarbelitin 18 IV 3507
Amaromycin 18 IV 7407
Amarsäure
　— lacton **17** I 220 e
Ambosid 18 IV 3120
Ambreinolid 17 IV 4686
—, 3-Methyl- **17** IV 4690
Ambrettolid 17 II 304 b, IV 4394
—, Dihydro- **17** II 296 a
α-Ambrinoloxid 17 IV 1315
Ambrosa-1,11(13)-dien-12-säure
—, 6-Acetoxy-8-hydroxy-4-oxo-,
　— lacton **18** IV 1437
—, 6,8-Dihydroxy-4-oxo-,
　— 8-lacton **18** IV 1436
Ambrosa-2,7(11)-dien-12-säure
—, 6,8-Dihydroxy-4-oxo-,
　— 8-lacton **18** IV 1434
—, 6-Hydroxy-4-oxo-,
　— lacton **17** IV 6226
Ambrosa-2,11(13)-dien-12-säure
—, 6-Acetoxy-3-brom-8-hydroxy-4-oxo-,
　— lacton **18** IV 1436
—, 6-Acetoxy-8-hydroxy-4-oxo-,
　— lacton **18** IV 1434
—, 6-[2-Brom-benzoyloxy]-8-hydroxy-4-
　oxo-,
　— lacton **18** IV 1435

Ambrosa-2,11(13)-dien-12-säure   (Fortsetzung)
—, 3-Brom-6,8-dihydroxy-4-oxo-,
   − 8-lacton **18** IV 1436
—, 3-Brom-6-hydroxy-4-oxo-,
   − lacton **17** IV 6226
—, 1,6-Dihydroxy-4-oxo-,
   − 6-lacton **18** IV 1438
—, 6,8-Dihydroxy-4-oxo-,
   − 8-lacton **18** IV 1434
—, 6-[3,5-Dinitro-benzoyloxy]-8-hydroxy-
   4-oxo-,
   − lacton **18** IV 1435
—, 8-Hydroxy-6-methoxyacetoxy-4-oxo-,
   − lacton **18** IV 1435
—, 8-Hydroxy-6-[4-nitro-benzoyloxy]-4-
   oxo-,
   − lacton **18** IV 1435
—, 6-Hydroxy-4-oxo-,
   − lacton **17** IV 6226
—, 4,6,8-Trihydroxy-,
   − 8-lacton **18** IV 1268
Ambrosan
   Bezifferung s. **17** IV 4670 Anm.
Ambrosan-12-säure
—, 6-Acetoxy-2,3-dibrom-8-hydroxy-4-
   oxo-,
   − lacton **18** IV 1204
—, 6-Acetoxy-4,8-dihydroxy-,
   − 8-lacton **18** IV 1176
—, 6-Acetoxy-8-hydroxy-,
   − lacton **18** IV 128
—, 8-Acetoxy-6-hydroxy-,
   − lacton **18** IV 129
—, 6-Acetoxy-8-hydroxy-4-
   hydroxyimino-,
   − lacton **18** IV 1202
—, 6-Acetoxy-8-hydroxy-4-oxo-,
   − lacton **18** IV 1201
—, 8-Acetoxy-6-hydroxy-4-oxo-,
   − lacton **18** IV 1207
—, 6-Acetoxy-8-hydroxy-4-
   phenylhydrazono-,
   − lacton **18** IV 1203
—, 3-Brom-6,8-dihydroxy-4-oxo-,
   − 8-lacton **18** IV 1203
—, 3-Brom-8-hydroxy-4,6-dioxo-,
   − lacton **17** IV 6725
—, 2,3-Dibrom-6,8-dihydroxy-11,13-
   dimethyl-4,13-dioxo-,
   − 8-lacton **18** IV 2356
—, 2,3-Dibrom-6,8-dihydroxy-4-oxo-,
   − 8-lacton **18** IV 1204
—, 3,3-Dibrom-6,8-dihydroxy-4-oxo-,
   − 8-lacton **18** IV 1203
—, 2,3-Dibrom-6,13-epoxy-8,13-
   dihydroxy-11,13-dimethyl-4-oxo-,
   − 8-lacton **18** IV 2356
—, 3,3-Dibrom-8-hydroxy-4,6-dioxo-,
   − lacton **17** IV 6725

—, 6,8-Dihydroxy-,
   − 6-lacton **18** IV 128
   − 8-lacton **18** IV 128
—, 6,8-Dihydroxy-11,13-dimethyl-4,13-
   dioxo-,
   − 8-lacton **18** IV 2355
—, 6,8-Dihydroxy-4-hydroxyimino-,
   − 8-lacton **18** IV 1202
—, 6,8-Dihydroxy-3-hydroxymethylen-4-
   oxo-,
   − 8-lacton **18** IV 2355
—, 6,8-Dihydroxy-3-[4-methoxy-
   benzyliden]-4-oxo-,
   − 8-lacton **18** IV 2662
—, 1,6-Dihydroxy-4-oxo-,
   − 6-lacton **18** IV 1207
—, 6,8-Dihydroxy-4-oxo-,
   − 6-lacton **18** IV 1206
   − 8-lacton **18** IV 1199
—, 6-[3,5-Dinitro-benzoyloxy]-8-hydroxy-
   4-oxo-,
   − lacton **18** IV 1202
—, 4-[2,4-Dinitro-phenylhydrazono]-6,8-
   dihydroxy-,
   − 8-lacton **18** IV 1203
—, 4-[2,4-Dinitro-phenylhydrazono]-8-
   hydroxy-6-oxo-,
   − lacton **17** IV 6725
—, 6,13-Epoxy-8,13-dihydroxy-11,13-
   dimethyl-4-oxo-,
   − 8-lacton **18** IV 2355
—, 3-Formyl-6,8-dihydroxy-4-oxo-,
   − 8-lacton **18** IV 2355
—, 6-Hydroxy-,
   − lacton **17** IV 4671
—, 8-Hydroxy-,
   − lacton **17** IV 4670
—, 8-Hydroxy-11,13-dimethyl-4,6,13-
   trioxo-,
   − lacton **17** IV 6826
—, 6-Hydroxy-4,8-dioxo-,
   − lacton **17** IV 6726
—, 8-Hydroxy-4,6-dioxo-,
   − lacton **17** IV 6724
—, 6-Hydroxy-4-oxo-,
   − lacton **17** IV 6049
—, 6-Hydroxy-8-oxo-,
   − lacton **17** IV 6048
—, 8-Hydroxy-6-oxo-,
   − lacton **17** IV 6047
—, 8-Hydroxy-4-oxo-6-
   phenylcarbamoyloxy-,
   − lacton **18** IV 1202
—, 8-Hydroxy-4-oxo-6-semicarbazono-,
   − lacton **17** IV 6725
—, 8-Hydroxy-4-oxo-6-phenyl⁼
   carbamoyloxy-,
   − lacton **18** IV 1202

Ambrosan-12-säure (Fortsetzung)
—, 4,6,8-Trihydroxy-,
— 8-lacton **18** IV 1176
—, 2,6,8-Trihydroxy-4-oxo-,
— 8-lacton **18** IV 2329
Ambrosa-1(10),2,11(13)-trien-12-säure
—, 6-Hydroxy-4-oxo-,
— lacton **17** IV 6315
Ambros-2-en-12-säure
—, 6-Acetoxy-3-brom-8-hydroxy-4-oxo-,
— lacton **18** IV 1271
—, 6-Acetoxy-8-hydroxy-4-oxo-,
— lacton **18** IV 1270
—, 3-Brom-6,13-epoxy-8,13-dihydroxy-
11,13-dimethyl-4-oxo-,
— 8-lacton **18** IV 2423
—, 6,8-Dihydroxy-4-oxo-,
— 8-lacton **18** IV 1269
—, 6,13-Epoxy-8,13-dihydroxy-11,13-
dimethyl-4-oxo-,
— 8-lacton **18** IV 2422
—, 8-Hydroxy-11,13-dimethyl-4,6,13-
trioxo-,
— lacton **17** IV 6828
—, 8-Hydroxy-4,6-dioxo-,
— lacton **17** IV 6732
—, 8-Hydroxy-6-[2-methyl-crotonoyloxy]-
4-oxo-,
— lacton **18** IV 1271
Ambros-7(11)-en-12-säure
—, 4-Acetoxy-6-hydroxy-,
— lacton **18** IV 144
—, 4,6-Dihydroxy-,
— 6-lacton **18** IV 144
—, 1,6-Dihydroxy-4-oxo-,
— 6-lacton **18** IV 1277
—, 6,8-Dihydroxy-4-oxo-,
— 8-lacton **18** IV 1269
—, 4-[3,5-Dinitro-benzoyloxy]-6-hydroxy-,
— lacton **18** IV 144
—, 8-Hydroxy-4,6-dioxo-,
— lacton **17** IV 6731
—, 6-Hydroxy-4-oxo-,
— lacton **17** IV 6106
—, 6-Hydroxy-4-phenylcarbamoyloxy-,
— lacton **18** IV 144
Ambros-11(13)-en-12-säure
—, 6-Acetoxy-2,3-dibrom-8-hydroxy-4-
oxo-,
— lacton **18** IV 1272
—, 2,3-Dibrom-6,8-dihydroxy-4-oxo-,
— 8-lacton **18** IV 1272
—, 6-Hydroxy-4-oxo-,
— lacton **17** IV 6107
—, 2,3,6,8-Tetrahydroxy-4-oxo-,
— 8-lacton **18** IV 3072
Ambrosin 17 IV 6226
—, Brom- **17** IV 6226
—, Dihydro- **17** IV 6106

Ameisensäure
— [1-äthyl-1,2-epoxy-pentylester] **17**
IV 1152
— [19,28-epoxy-oleanan-3-ylester]
17 IV 1529
— [2,3-epoxy-propylester] **17**
IV 1004
— [20,28-epoxy-taraxastan-3-ylester]
17 IV 1530
— furfurylester **17** IV 1246
— [5-hydroxymethyl-
furfurylidenhydrazid] **18** IV 107
— oxiranylmethylester **17** 106 a,
II 105 f, IV 1004
— tetrahydrofurfurylester **17**
IV 1103
— [2,3,5,6-tetrahydro-4-(3,4,5-
trihydroxy-6-hydroxymethyl-
tetrahydro-pyran-2-yloxy)-
hexylidenhydrazid] **17** IV 3088
—, Chlor-,
— tetrahydrofurfurylester **17**
IV 1110
— tetrahydro[3]furylester **17**
IV 1025
Ameliarosid 17 IV 3013
Amicetamin 18 IV 7487
Amidophosphorsäure
—, Diphenyl-,
— [O¹-methyl-glucopyranose-4,6-
diylester] **17** IV 3715
—, [2,3-Epoxy-propyl]-methyl-,
— diäthylester **18** IV 7023
—, Methyl-oxiranylmethyl-,
— diäthylester **18** IV 7023
—, Phenyl-,
— äthylester-[tetra-O-acetyl-
glucopyranose-6-ylester] **17** IV 3720
Amidoschwefelsäure
—, N-[O¹-Methyl-glucopyranose-2-yl]-
18 IV 7626
—, N-[Tetra-O-acetyl-glucopyranose-2-yl]-
18 IV 7626
—, N-[Tetra-O-methyl-glucopyranose-2-
yl]- **18** IV 7626
—, N-[O³,O⁴,O⁶-Triacetyl-O¹-methyl-
glucopyranose-2-yl]- **18** IV 7626
Amin
hier nur sekundäre und tertiäre
Monoamine; primäre Amine s.
unter den entsprechenden Alkyl-
bzw. Arylaminen
—, Acenaphthen-5-yl-furfuryliden- **17**
II 310 i
—, [3-Acetoxy-benzo[b]thiophen-2-
carbonyl]-acetyl- **18** IV 4903
—, [3-Acetoxy-benzo[b]thiophen-2-
carbonyl]-propionyl- **18** IV 4903

Amin (Fortsetzung)

—, Acetyl-bis-[tetra-O-acetyl-
glucopyranosyl]- **18** IV 7524

—, Acetyl-[3,5-dinitro-thiophen-2-
carbonyl]- **18** IV 4048

—, Acetyl-[9,10-epoxy-octadecanoyl]-
18 IV 3874

—, Acetyl-[3-hydroxy-benzo[b]thiophen-
2-carbonyl]- **18** IV 4903

—, Acetyl-[5-nitro-furan-2-carbonyl]-
18 IV 3997

—, Acetyl-[N-(5-nitro-furfuryliden)-
sulfanilyl]- **17** IV 4463

—, Acetyl-[3-(5-nitro-[2]furyl)-acryloyl]-
18 IV 4163

—, Acetyl-[5-nitro-thiophen-2-carbonyl]-
18 IV 4045

—, [N-Acetyl-sulfanilyl]-[furan-2-
carbonyl]- **18** IV 3964

—, [N-Acetyl-sulfanilyl]-[3-[2]furyl-
acryloyl]- **18** IV 4152

—, Acetyl-[thiophen-2-carbonyl]- **18**
IV 4021

—, [4'-Äthoxy-biphenyl-4-yl]-
furfuryliden- **17** IV 4421

—, [N-Äthoxycarbonyl-sulfanilyl]-[furan-
2-carbonyl]- **18** IV 3964

—, [5-Äthoxymethyl-furfuryl]-äthyl- **18**
IV 7325

—, [5-Äthoxymethyl-furfuryl]-äthyl-
[2-chlor-äthyl]- **18** IV 7327

—, [5-Äthoxymethyl-furfuryl]-[2-chlor-
äthyl]-methyl- **18** IV 7326

—, [5-Äthoxymethyl-furfuryl]-methyl-
18 IV 7324

—, Äthyl-[1-benzofuran-2-yl-äthyl]- **18**
IV 7169

—, Äthyl-[1-benzofuran-2-yl-äthyl]-
methyl- **18** IV 7169

—, Äthyl-benzo[b]thiophen-3-ylmethyl-
[2-chlor-äthyl]- **18** IV 7168

—, Äthyl-bis-[5-methyl-furfuryl]- **18**
IV 7132

—, Äthyl-bis-[2-(tetra-O-acetyl-
glucopyranosyloxy)-benzyl]- **17** IV 3413

—, Äthyl-bis-tetrahydrofurfuryl- **18**
IV 7043

—, Äthyl-bis-[2-[2]thienyl-äthyl]- **18**
IV 7124

—, Äthyl-bis-[3-[2]thienyl-propyl]- **18**
IV 7140

—, Äthyl-[5-butoxymethyl-furfuryl]- **18**
IV 7326

—, Äthyl-[5-butoxymethyl-furfuryl]-
[2-chlor-äthyl]- **18** IV 7328

—, Äthyl-[2-chlor-äthyl]-
[5-isobutoxymethyl-furfuryl]- **18**
IV 7328

—, Äthyl-[2-chlor-äthyl]-
[5-isopropoxymethyl-furfuryl]- **18**
IV 7328

—, Äthyl-[2-chlor-äthyl]-
[5-methoxymethyl-furfuryl]- **18** IV 7327

—, Äthyl-[2-chlor-äthyl]-
[5-propoxymethyl-furfuryl]- **18** IV 7327

—, Äthyl-[2-cyclohexyl-äthyl]-[2-
[2]thienyl-äthyl]- **18** IV 7123

—, Äthyl-dibenzofuran-3-yl- **18**
IV 7192

—, Äthyl-dibenzofuran-3-yl-nitroso- **18**
IV 7201

—, Äthyl-[α,α-dichlor-furfuryl]-
18 278 e

—, Äthyl-difurfuryl- **18** IV 7093

—, Äthyl-[2,6-dimethyl-5,6-dihydro-
2H-pyran-3-ylmethylen]- **17** IV 4324

—, [2-Äthyl-1,2-epoxy-butyl]-dimethyl-
18 IV 7051

—, Äthyl-[2,3-epoxy-propyl]-[1]naphthyl-
18 IV 7019

—, Äthyl-furfuryl- **18** 585 b, II 417 b,
IV 7070

—, Äthyl-furfuryliden- **17** 279 a,
II 310 a, IV 4415

—, Äthyl-furfuryl-methyl- **18** I 555 e

—, Äthyl-[1-[2]furyl-äthyl]- **18** IV 7116

—, Äthyl-[1-[2]furyl-pentyl]- **18** IV 7145

—, Äthyl-[1-[2]furyl-propyl]- **18**
IV 7134

—, [2-Äthyl-hexyl]-[1-[2]thienyl-äthyliden]-
17 IV 4508

—, Äthyl-[5-isobutoxymethyl-furfuryl]-
18 IV 7326

—, Äthyl-[5-isopropoxymethyl-furfuryl]-
18 IV 7326

—, Äthyl-isopropyl-tetrahydropyran-2-yl-
18 IV 7029

—, Äthyl-[5-methoxymethyl-furfuryl]-
18 IV 7325

—, Äthyl-[5-methyl-furfuryl]- **18**
IV 7130

—, Äthyl-[5-methyl-tetrahydro-furfuryl]-
18 IV 7050

—, Äthyl-[1]naphthyl-oxiranylmethyl-
18 IV 7019

—, Äthyl-phenäthyl-[3-[2]thienyl-propyl]-
18 IV 7139

—, Äthyl-[8-phenyl-chroman-4-yl]- **18**
IV 7237

—, Äthyl-[5-propoxymethyl-furfuryl]-
18 IV 7325

—, Äthyl-tetrahydrofurfuryl- **18**
IV 7035

—, Äthyl-[1-tetrahydro[2]furyl-äthyl]-
18 IV 7048

—, [5-Äthyl-tetrahydro-
[3]furyl]-dimethyl- **18** IV 7048

Amin   (Fortsetzung)

—, Äthyl-[1-tetrahydro[2]furyl-pentyl]-
   18 IV 7058
—, Äthyl-[1-tetrahydro[2]furyl-propyl]-
   18 IV 7053
—, Äthyl-[2]thienyl- **17** I 136 e
—, Äthyl-[2-[2]thienyl-äthyl]- **18**
   IV 7123
—, Äthyl-[2]thienylmethyl- **18** IV 7098
—, Äthyl-[3-[2]thienyl-propyl]- **18**
   IV 7139
—, Allyl-[1,1-dioxo-tetrahydro-1λ^6-
   [3]thienyl]- **18** IV 7026
—, Allyl-diphthalidyl- **18** IV 7891
—, Allyl-[5-methyl-furfuryl]- **18**
   IV 7131
—, Benzimidoyl-[3-methyl-2-oxo-
   tetrahydro-furan-3-carbonyl]- **18**
   IV 5275
—, [1-Benzofuran-2-yl-äthyl]-dimethyl-
   18 IV 7169
—, [1-Benzofuran-2-yl-äthyl]-methyl-
   18 IV 7169
—, Benzofuran-2-ylmethylen-[2]naphthyl-
   17 IV 5062
—, Benzo[b]thiophen-3-yl-benzo[b]≠
   thiophen-3-yliden- **18** II 421 a,
   IV 7162
—, Benzo[b]thiophen-5-yl-benzyliden-
   18 IV 7164
—, Benzo[b]thiophen-2-ylmethylen-
   [2,2-diäthoxy-äthyl]- **17** IV 5063
—, Benzo[b]thiophen-3-ylmethylen-
   [2,2-diäthoxy-äthyl]- **17** IV 5065
—, [4-Benzoylamino-2-methyl-5-oxo-2,5-
   dihydro-[3]furyl]-[4-hydroxy-5-methyl-2-
   oxo-2,5-dihydro-[3]furyl]- **18** IV 8031
—, Benzyl-bis-[5-methyl-furfuryl]- **18**
   IV 7132
—, Benzyl-[2-chlor-äthyl]-furfuryl- **18**
   IV 7076
—, Benzyl-[2-chlor-äthyl]-
   [2]thienylmethyl- **18** IV 7101
—, Benzyl-[2-(4-chlor-phenyl)-chromen-
   4-yliden]- **17** IV 5416
—, Benzyl-dibenzofuran-2-ylmethyl- **18**
   IV 7231
—, Benzyl-[2-(14H-dibenzo[a,j]xanthen-
   14-yl)-äthyl]- **18** IV 7257
—, Benzyl-[14H-dibenzo[a,j]xanthen-14-
   yl]-methyl- **18** IV 7256
—, Benzyl-diphthalidyl- **18** IV 7891
—, Benzyl-[2,3-epoxy-propyl]-isopropyl-
   18 IV 7019
—, Benzyl-[2,3-epoxy-propyl]-methyl-
   18 IV 7019
—, Benzyl-furfuryl- **18** IV 7075
—, Benzyl-furfuryliden- **17** 279 i,
   IV 4417

—, Benzyl-furfuryl-methyl- **18** II 417 d,
   IV 7075
—, Benzyl-furfuryl-nitroso- **18** IV 7095
—, Benzyliden-dibenzothiophen-2-yl-
   18 IV 7186
—, Benzyliden-dibenzothiophen-3-yl-
   18 IV 7205
—, Benzyliden-[2,3-epoxy-propyl]- **18**
   II 414 e
—, Benzyliden-oxiranylmethyl- **18**
   II 414 e
—, Benzyliden-tetrahydropyran-4-yl- **18**
   IV 7032
—, Benzyliden-[2-[3]thienyl-äthyl]- **18**
   IV 7125
—, Benzyliden-[2]thienylmethyl- **18**
   IV 7104
—, Benzyl-isopropyl-oxiranylmethyl-
   18 IV 7019
—, Benzyl-[2-methoxy-2-[2]thienyl-äthyl]-
   methyl- **18** IV 7321
—, Benzyl-[5-methyl-furfuryl]- **18**
   IV 7131
—, Benzyl-methyl-oxiranylmethyl- **18**
   IV 7019
—, Benzyl-methyl-[2]thienylmethyl- **18**
   II 418 e
—, Benzyl-methyl-[2-thioxanthen-9-yl-
   äthyl]- **18** IV 7240
—, Benzyl-nitroso-[2,2,3,5,5-pentamethyl-
   tetrahydro-[3]furyl]- **18** I 554 e
—, [3-Benzyloxy-4-methoxy-benzyl]-[2-
   [2]furyl-äthyl]- **18** IV 7119
—, [4-Benzyloxy-3-methoxy-benzyl]-[2-
   [2]furyl-äthyl]- **18** IV 7120
—, [3-Benzyloxy-4-methoxy-benzyliden]-
   [2-[2]furyl-äthyl]- **18** IV 7120
—, Benzyl-[2,2,3,5,5-pentamethyl-
   tetrahydro-[3]furyl]- **18** I 554 c
—, [1-Benzyl-2-phenyl-äthyl]-furfuryl-
   18 IV 7076
—, Benzyl-[2-phenyl-chromen-4-yliden]-
   17 IV 5414
—, Benzyl-tetrahydrofurfuryl- **18**
   IV 7037
—, Benzyl-[2]thienylmethyl- **18** IV 7101
—, Biphenyl-4-yl-furfuryliden- **17**
   IV 4418
—, Bis-[2-(5-äthoxycarbonyl-[2]furyl)-
   äthyl]- **18** IV 8200
—, Bis-[4-äthoxycarbonyl-5-methyl-
   [3]thienyl]- **18** I 587 c
—, Bis-[4-amino-1,1-dioxo-tetrahydro-
   1λ^6-[3]thienyl]- **18** IV 7262
—, Bis-benzolsulfonyl-[2-nitro-
   dibenzofuran-3-yl]- **18** IV 7204
—, Bis-benzo[b]thiophen-3-yl- **18**
   II 421 a, IV 7162

Amin (Fortsetzung)

—, Bis-benzo[*b*]thiophen-3-ylmethyl- **18** IV 7168

—, [3,4-Bis-benzyloxy-benzyl]-[2-[2]furyl-äthyl]- **18** IV 7120

—, [3,4-Bis-benzyloxy-benzyliden]-[2-[2]furyl-äthyl]- **18** IV 7120

—, Bis-[1-(5-brom-furan-2-carbonylamino)-2,2,2-trichlor-äthyl]- **18** IV 3989

—, Bis-[2-carboxy-benzo[*b*]thiophen-5-yl]- **18** IV 8215

—, Bis-[4-carboxy-5-methyl-[3]thienyl]- **18** I 587 b

—, Bis-[2-chlor-äthyl]-[2]thienylmethyl- **18** IV 7098

—, Bis-[5-chlor-[2]thienylmethyl]- **18** IV 7114

—, Bis-[4-(2-cyan-2-tetrahydrofurfuryloxycarbonyl-vinyl)-phenyl]-methyl- **17** IV 1123

—, Bis-[2-(2-diäthylamino-äthoxy)-äthyl]-dibenzofuran-3-yl- **18** IV 7193

—, Bis-[2-diäthylamino-äthyl]-dibenzofuran-3-yl- **18** IV 7197

—, Bis-[2-dibenzofuran-2-yl-2-oxo-äthyl]-methyl- **18** IV 7981

—, Bis-[14*H*-dibenzo[*a,j*]xanthen-14-yl]- **18** 589 d

—, Bis-[14*H*-dibenzo[*a,j*]xanthen-14-yl]-*m*-tolyl- **18** 589 e

—, Bis-[*erythro*-2,3-didesoxy-hexopyranosyl]- **18** IV 7425

—, Bis-{[5-(2,4-diguanidino-3,5,6-trihydroxy-cyclohexyloxy)-3-hydroxy-2-methyl-4-(2-methylamino-2-desoxy-glucopyranosyloxy)-tetrahydro-[3]furyl]-hydroxy-methyl}- **18** IV 7543

—, Bis-[4-(2,3-dihydro-1*H*-xanthylium-4-ylidenmethyl)-phenyl]-methyl- **18** IV 7385

—, Bis-[3,4-dihydroxy-tetrahydro-[2]furyl]- **1** 855 c

—, Bis-[5,8a-dimethyl-2-oxo-2,3,3a,5,6,7,�8a,9,9a-decahydro-naphtho[2,3-*b*]furan-3-ylmethyl]- **18** IV 7881

—, Bis-[2,6-dimethyl-tetrahydro-pyran-3-ylmethyl]- **18** IV 7056

—, Bis-[2,3-epoxy-propyl]-methyl- **18** IV 7021

—, Bis-[2,3-epoxy-propyl]-[1]naphthyl- **18** IV 7022

—, Bis-[2,3-epoxy-propyl]-propyl- **18** IV 7021

—, Bis-[furan-2-carbonyl]- **18** IV 3963

—, Bis-[3-[2]furyl-1-methyl-propyl]- **18** IV 7143

—, Bis-[5-[2]furyl-3-oxo-pent-4-enyl]-methyl- **18** IV 7876

—, Bis-[*O*⁴-glucopyranosyl-glucopyranosyl]- **18** IV 7519

—, Bis-[2-glucopyranosyloxy-benzyl]- **17** IV 3412

—, Bis-[(hepta-*O*-acetyl-gentiobiosyloxy)-phenyl-acetyl]- **17** IV 3616

—, Bis-[2-hydroxy-äthyl]-[2]thienylmethyl- **18** IV 7102

—, Bis-[5-hydroxy-6-hydroxymethyl-tetrahydro-pyran-2-yl]- **18** IV 7425

—, Bis-[5-hydroxy-5-phenyl-2-oxo-tetrahydro-[3]furyl]- **14** III 1655 d

—, Bis-[5-methyl-furfuryl]-octyl- **18** IV 7132

—, Bis-[8a-methyl-5-methylen-2-oxo-dodecahydro-naphtho[2,3-*b*]furan-3-ylmethyl]- **18** IV 7881

—, Bis-[1-methyl-2-[2]thienyl-äthyl]- **18** IV 7137

—, Bis-[5-methyl-[2]thienylmethyl]- **18** IV 7133

—, Bis-[(5-nitro-furfuryliden)-carbazoyl]- **17** IV 4469

—, Bis-{[3-(5-nitro-[2]furyl)-allyliden]-carbazoyl}- **17** IV 4705

—, Bis-oxiranylmethyl-propyl- **18** IV 7021

—, Bis-[2-oxo-dihydro-[3]furylidenmethyl]- **18** IV 7859

—, Bis-{phenyl-[*O*²,*O*³,*O*⁴-triacetyl-*O*⁶-(tetra-*O*-acetyl-glucopyranosyl)-glucopyranosyloxy]-acetyl}- **17** IV 3616

—, Bis-[tetra-*O*-acetyl-glucopyranosyl]- **18** IV 7518

—, Bis-[tetra-*O*-acetyl-mannopyranosyl]- **18** IV 7519

—, Bis-tetrahydrofurfuryl- **18** IV 7043

—, Bis-[2-tetrahydrofurfuryloxy-äthyl]- **17** IV 1121

—, Bis-tetrahydro[2]furyl- **18** IV 7024

—, Bis-tetrahydropyran-2-yl- **18** IV 7030

—, Bis-tetrahydropyran-2-ylmethyl- **18** IV 7046

—, Bis-tetrahydropyran-3-ylmethyl- **18** IV 7047

—, Bis-[2,2,5,5-tetramethyl-4-oxo-tetrahydro-[3]furylmethyl]- **18** IV 7857

—, Bis-[2]thienylmethyl- **18** IV 7110

—, Bis-[tri-*O*-acetyl-xylopyranosyl]- **18** IV 7465

—, Bis-[2,2,2-trichlor-1-(furan-2-carbonylamino)-äthyl]- **18** IV 3952

—, [2-Brom-äthyl]-diphthalidyl- **18** IV 7890

—, [4-Brom-2,5-bis-(4-brom-phenyl)-[3]furylmethyl]-dimethyl- **18** IV 7251

—, [5-Brom-3,4-dinitro-[2]thienyl]-phenyl- **17** IV 4293

Amin (Fortsetzung)

—, [3-(2-Brom-thioxanthen-9-yliden)-propyl]-dimethyl- **18** IV 7248

—, [4'-Butoxy-biphenyl-4-yl]-furfuryliden- **17** IV 4421

—, [5-Butoxymethyl-furfuryl]-[2-chlor-äthyl]-methyl- **18** IV 7327

—, [5-Butoxymethyl-furfuryl]-methyl- **18** IV 7324

—, Butyl-bis-[2-[2]thienyl-äthyl]- **18** IV 7125

—, Butyl-bis-[3-[2]thienyl-propyl]- **18** IV 7140

—, Butyl-difurfuryl- **18** IV 7093

—, Butyl-[1,1-dioxo-1λ^6-benzo[*b*]thiophen-3-yl]- **18** IV 7161

—, Butyl-[1,1-dioxo-tetrahydro-1λ^6-[3]thienyl]- **18** IV 7025

—, *sec*-Butyl-diphthalidyl- **18** IV 7890

—, [5-*tert*-Butyl-furan-2-carbonyl]-[4-nitro-benzolsulfonyl]- **18** IV 4119

—, [5-*tert*-Butyl-furan-2-carbonyl]-sulfanilyl- **18** IV 4119

—, Butyl-furfuryl- **18** IV 7071

—, Butyl-furfuryliden- **17** IV 4415

—, Butyl-[1-[2]furyl-äthyl]- **18** IV 7116

—, Butyl-[1-[2]furyl-pentyl]- **18** IV 7145

—, Butyl-[1-[2]furyl-propyl]- **18** IV 7134

—, Butyl-[5-methyl-furfuryl]- **18** IV 7130

—, Butyl-[2-phenyl-chromen-4-yliden]- **17** IV 5414

—, Butyl-[1-tetrahydro[2]furyl-äthyl]- **18** IV 7049

—, Butyl-[1-tetrahydro[2]furyl-pentyl]- **18** IV 7058

—, Butyl-[1-tetrahydro[2]furyl-propyl]- **18** IV 7054

—, Butyl-tetrahydropyran-2-yl- **18** IV 7029

—, Butyl-[2-[2]thienyl-äthyl]- **18** IV 7123

—, Butyl-[2]thienylmethylen- **17** IV 4479

—, Butyl-[1-[2]thienyl-propyl]- **18** IV 7135

—, Butyl-[3-[2]thienyl-propyl]- **18** IV 7139

—, [2-Chlor-äthyl]-bis-[5-chlor-[2]thienylmethyl]- **18** IV 7114

—, [2-Chlor-äthyl]-bis-[2]thienylmethyl- **18** IV 7111

—, [2-Chlor-äthyl]-[5-chlor-[2]thienylmethyl]-propyl- **18** IV 7112

—, [2-Chlor-äthyl]-[5-isobutoxymethyl-furfuryl]-methyl- **18** IV 7327

—, [2-Chlor-äthyl]-[5-isopropoxymethyl-furfuryl]-methyl- **18** IV 7326

—, [2-Chlor-äthyl]-[5-methoxymethyl-furfuryl]-methyl- **18** IV 7326

—, [2-Chlor-äthyl]-methyl-[5-propoxymethyl-furfuryl]- **18** IV 7326

—, [2-Chlor-äthyl]-[β-phenoxy-isopropyl]-[2]thienylmethyl- **18** IV 7102

—, [6-Chlor-2,3-diphenyl-2*H*-chromen-2-yl]-dimethyl- **18** IV 7254

—, [4-Chlor-2,5-diphenyl-[3]furylmethyl]-dimethyl- **18** IV 7251

—, Chlor-furfuryliden- **17** IV 4424

—, [6-Chlor-4-methoxy-benzo[*b*]thiophen-3-yl]-[6-chlor-4-methoxy-benzo[*b*]thiophen-3-yliden]- **18** IV 7345

—, [3-(1-Chlor-4-methoxy-thioxanthen-9-yliden)-propyl]-dimethyl- **18** IV 7376

—, [3-(2-Chlor-7-methoxy-thioxanthen-9-yliden)-propyl]-dimethyl- **18** IV 7376

—, [3-(1-Chlor-4-methyl-thioxanthen-9-yliden)-propyl]-dimethyl- **18** IV 7250

—, [3-(4-Chlor-1-methyl-thioxanthen-9-yliden)-propyl]-dimethyl- **18** IV 7249

—, [4-Chlor-2-nitro-phenyl]-dibenzofuran-3-yl- **18** IV 7193

—, [2-Chlor-4-nitro-phenyl]-thioxanthen-9-yl- **18** IV 7229

—, [3-(4-Chlor-phenyl)-3-[2]furyl-propyl]-dimethyl- **18** IV 7178

—, [5-Chlor-[2]thienylmethyl]-dimethyl- **18** IV 7112

—, [5-Chlor-[2]thienylmethyl]-[2-(2-methoxy-phenyl)-1-methyl-äthyl]-methyl- **18** IV 7112

—, {2-[2-(5-Chlor-[2]thienylmethyl)-phenoxy]-äthyl}-dimethyl- **17** IV 1535

—, {2-[2-(5-Chlor-[2]thienylmethyl)-phenoxy]-propyl}-dimethyl- **17** IV 1535

—, [3-(5-Chlor-[2]thienyl)-4-phenyl-but-2-enyl]-dimethyl- **18** IV 7182

—, [3-(2-Chlor-thioxanthen-9-yliden)-propyl]-dimethyl- **18** IV 7247

—, [3-(3-Chlor-thioxanthen-9-yliden)-propyl]-dimethyl- **18** IV 7248

—, [3-(4-Chlor-thioxanthen-9-yliden)-propyl]-dimethyl- **18** IV 7248

—, [3-(2-Chlor-thioxanthen-9-yl)-propyl]-dimethyl- **18** IV 7243

—, [3-(2-Chlor-xanthen-9-yliden)-propyl]-dimethyl- **18** IV 7246

—, Chroman-3-yl-dimethyl- **18** IV 7151

—, [2-Cyclohexyl-äthyl]-furfuryl-methyl- **18** IV 7073

—, Cyclohexyl-bis-[2,3-epoxy-propyl]- **18** IV 7021

—, Cyclohexyl-bis-oxiranylmethyl- **18** IV 7021

—, Cyclohexyl-dibenzofuran-2-ylmethyl- **18** IV 7231

—, Cyclohexyl-diphthalidyl- **18** IV 7891

Amin (Fortsetzung)

—, Cyclohexyl-[2,3-epoxy-propyl]- **18**
IV 7018

—, Cyclohexyl-furfuryl- **18** IV 7073

—, Cyclohexyl-furfuryliden- **17** IV 4416

—, Cyclohexyl-furfuryl-[β-nitro-isobutyl]-
18 IV 7073

—, [2-(Cyclohexyl-[2]furyl-methoxy)-
äthyl]-dimethyl- **17** IV 1337

—, Cyclohexyl-[3-[2]furyl-2-methyl-allyl]-
12 III 32 a

—, Cyclohexyl-[3-[2]furyl-2-methyl-
allyliden]- **17** IV 4722

—, Cyclohexyl-[3-[2]furyl-2-methyl-
propenyl]- **12** III 32 a

—, Cyclohexyl-[5-methyl-furfuryl]- **18**
IV 7131

—, Cyclohexylmethyl-furfuryl-methyl-
18 IV 7073

—, Cyclohexyl-oxiranylmethyl- **18**
IV 7018

—, Cyclohexyl-phenäthyl-[2-[2]thienyl-
äthyl]- **18** IV 7123

—, Cyclohexyl-selenophen-2-ylmethylen-
17 IV 4491

—, Cyclohexyl-tetrahydropyran-2-yl-
18 IV 7030

—, Cyclohexyl-[2-[2]thienyl-äthyl]- **18**
IV 7123

—, [3-Cyclopent-1-enyl-3-[2]thienyl-
propyl]-dimethyl- **18** IV 7157

—, [3-Cyclopentyliden-3-[2]thienyl-
propyl]-dimethyl- **18** IV 7157

—, Decyl-streptomycyl- **18** IV 7548

—, Diacetyl-[2]thienylmethyl- **18**
IV 7104

—, [2,2-Diäthoxy-äthyl]-furfuryliden-
17 IV 4422

—, [2,2-Diäthoxy-äthyl]-[1-[2]furyl-äthyl]-
18 IV 7116

—, [2,2-Diäthoxy-äthyl]-[[2]furyl-phenyl-
methyl]- **18** IV 7173

—, [2,2-Diäthoxy-äthyl]-[1-[2]furyl-
propyl]- **18** IV 7134

—, [2,2-Diäthoxy-äthyl]-
[2]thienylmethylen- **17** IV 4481

—, [2,2-Diäthoxy-äthyl]-
[3]thienylmethylen- **17** IV 4497

—, Diäthyl-[8-äthyl-chroman-4-yl]- **18**
IV 7156

—, Diäthyl-[5-äthyl-[2]thienylmethyl]-
18 IV 7141

—, Diäthyl-[1-benzofuran-2-yl-äthyl]-
18 IV 7169

—, Diäthyl-[2-benzo[b]thiophen-3-yloxy-
äthyl]- **17** IV 1459

—, Diäthyl-[4-brom-2,5-bis-(4-brom-
phenyl)-[3]furylmethyl]- **18** IV 7251

—, Diäthyl-[2-brom-1,1-dioxo-2,3-
dihydro-1λ^6-benzo[b]thiophen-3-yl]- **18**
IV 7149

—, Diäthyl-[1-chlor-4-methyl-9-phenyl-
xanthen-9-yl]- **18** IV 7253

—, Diäthyl-[3-chlor-tetrahydro-[2]furyl]-
18 IV 7024

—, Diäthyl-[3-(4-chlor-thioxanthen-9-
yliden)-propyl]- **18** IV 7248

—, Diäthyl-[3-(2-chlor-thioxanthen-9-yl)-
propyl]- **18** IV 7243

—, Diäthyl-chroman-4-yl- **18** IV 7151

—, Diäthyl-[2-(cyclohexyl-[2]furyl-
methoxy)-äthyl]- **17** IV 1337

—, Diäthyl-dibenzofuran-3-yl- **18**
IV 7192

—, Diäthyl-dibenzofuran-4-yl- **18**
IV 7211

—, Diäthyl-[1-dibenzofuran-2-yl-äthyl]-
18 IV 7234

—, Diäthyl-[2-dibenzofuran-2-yl-äthyl]-
18 IV 7235

—, Diäthyl-[2-dibenzofuran-4-yl-äthyl]-
18 IV 7235

—, Diäthyl-[2-dibenzofuran-4-yloxy-
äthyl]- **17** IV 1599

—, Diäthyl-[2-(14H-dibenzo[a,j]xanthen-
14-yl)-äthyl]- **18** IV 7257

—, Diäthyl-[14H-dibenzo[a,j]xanthen-14-
ylmethyl]- **18** IV 7256

—, Diäthyl-[2,3-dihydro-benzofuran-2-
ylmethyl]- **18** IV 7155

—, Diäthyl-[1,1-dioxo-1λ^6-benzo[b]≠
thiophen-3-yl]- **18** IV 7161

—, Diäthyl-[1,1-dioxo-2,3-dihydro-
1λ^6-benzo[b]thiophen-3-yl]- **18** IV 7149

—, Diäthyl-[2-(1,1-dioxo-tetrahydro-1λ^6-
[3]thienylmercapto)-äthyl]- **17** IV 1034

—, Diäthyl-[2-(1,1-dioxo-tetrahydro-1λ^6-
[3]thienyloxy)-äthyl]- **17** IV 1030

—, Diäthyl-[2,3-diphenyl-2H-chromen-2-
yl]- **18** IV 7254

—, Diäthyl-[2,5-diphenyl-[3]furylmethyl]-
18 IV 7250

—, Diäthyl-[2,3-epoxy-propyl]-
18 583 e, II 414 a, IV 7017

—, Diäthyl-[2-(2,3-epoxy-
propylmercapto)-äthyl]- **17** IV 1018

—, Diäthyl-[3-(2-fluor-thioxanthen-9-yl)-
propyl]- **18** IV 7243

—, Diäthyl-furfuryl- **18** IV 7070

—, Diäthyl-[2-furfurylmercapto-äthyl]-
17 IV 1258

—, Diäthyl-[2-(1-[2]furyl-äthoxy)-äthyl]-
17 IV 1270

—, Diäthyl-[2-(2-[2]furyl-äthoxy)-äthyl]-
17 IV 1270

—, Diäthyl-[2-(1-[2]furyl-butoxy)-äthyl]-
17 IV 1290

Amin (Fortsetzung)

—, Diäthyl-[2-(1-[2]furyl-hexyloxy)-äthyl]-
17 IV 1303

—, Diäthyl-[2-(1-[2]furyl-3-methyl-
butoxy)-äthyl]- 17 IV 1300

—, Diäthyl-[2-(1-[2]furyl-4-methyl-
pentyloxy)-äthyl]- 17 IV 1305

—, Diäthyl-[2-(1-[2]furyl-2-methyl-
propoxy)-äthyl]- 17 IV 1293

—, Diäthyl-[2-(1-[2]furyl-pentyloxy)-
äthyl]- 17 IV 1298

—, Diäthyl-[2-(1-[2]furyl-2-phenyl-
äthoxy)-äthyl]- 17 IV 1541

—, Diäthyl-[1-[2]furyl-4-phenyl-butyl]-
18 IV 7179

—, Diäthyl-[2-([2]furyl-phenyl-methoxy)-
äthyl]- 17 IV 1537

—, Diäthyl-[2-(1-[2]furyl-3-phenyl-
propoxy)-äthyl]- 17 IV 1546

—, Diäthyl-[2-(1-[2]furyl-propoxy)-äthyl]-
17 IV 1282

—, Diäthyl-[3-[2]furyl-propyl]- 18
IV 7138

—, Diäthyl-isochroman-1-yl- 18
IV 7153

—, Diäthyl-[2-(4-methoxy-dibenzofuran-
1-yl)-äthyl]- 18 IV 7364

—, Diäthyl-[2-methoxy-2-[2]thienyl-äthyl]-
18 IV 7321

—, Diäthyl-[2-(1-methyl-3-[2]thienyl-
inden-1-yl)-äthyl]- 18 IV 7241

—, Diäthyl-[2-(3-methyl-1-[2]thienyl-
inden-1-yl)-äthyl]- 18 IV 7241

—, Diäthyl-[5-methyl-[2]thienylmethyl]-
18 IV 7133

—, Diäthyl-[1-methyl-2-thioxanthen-9-yl-
äthyl]- 18 IV 7242

—, Diäthyl-[5-nitro-1,1-dioxo-1λ^6-benzo≠
[b]thiophen-3-yl]- 18 IV 7163

—, Diäthyl-oxiranylmethyl- 18 583 e,
II 414 a, IV 7017

—, Diäthyl-[2-oxiranylmethylmercapto-
äthyl]- 17 IV 1018

—, Diäthyl-[5-phenoxy-2,3-dihydro-
benzofuran-2-ylmethyl]- 18 IV 7337

—, Diäthyl-[7-phenoxy-2,3-dihydro-
benzofuran-2-ylmethyl]- 18 IV 7337

—, Diäthyl-[8-phenyl-chroman-4-yl]- 18
IV 7237

—, Diäthyl-[5-phenyl-2,3-dihydro-
benzofuran-2-ylmethyl]- 18 IV 7238

—, Diäthyl-[7-phenyl-2,3-dihydro-
benzofuran-2-ylmethyl]- 18 IV 7238

—, Diäthyl-tetrahydrofurfuryl- 18
IV 7035

—, Diäthyl-tetrahydropyran-2-yl- 18
IV 7029

—, Diäthyl-[2]thienylmethyl- 18
IV 7098

—, Diäthyl-[2-thioxanthen-9-yl-äthyl]-
18 IV 7240

—, Diäthyl-[2-(4-thioxanthen-9-
ylidenmethyl-phenoxy)-äthyl]- 17
IV 1724

—, Diäthyl-[2-thioxanthen-9-yl-propyl]-
18 IV 7242

—, Diäthyl-[3-thioxanthen-9-yl-propyl]-
18 IV 7242

—, Diäthyl-[2-xanthen-9-yl-äthyl]- 18
IV 7239

—, Diäthyl-[2-(4-xanthen-9-ylidenmethyl-
phenoxy)-äthyl]- 17 IV 1724

—, Diäthyl-[2-xanthen-9-yloxy-äthyl]-
17 IV 1604

—, Diarabinopyranosyl- 18 IV 7464

—, [4-Dibenzofuran-3-ylazo-phenyl]-
phenyl- 18 I 597 a

—, Dibenzofuran-3-yl-dimethyl- 18
IV 7192

—, Dibenzofuran-4-yl-dimethyl- 18
IV 7211

—, Dibenzofuran-3-yl-methyl- 18
IV 7192

—, Dibenzofuran-3-yl-phenyl- 18
II 422 a

—, Dibenzofuran-3-yl-propyl- 18
IV 7193

—, [3-Dibenzofuran-2-yl-propyl]-
dimethyl- 18 IV 7240

—, [3-Dibenzofuran-4-yl-propyl]-
dimethyl- 18 IV 7241

—, Dibenzofuran-4-yl-[3-trifluormethyl-
benzyliden]- 18 IV 7211

—, Dibenzothiophen-3-yl-
[4-dimethylamino-benzyliden]- 18
IV 7206

—, [2-(14H-Dibenzo[a,j]xanthen-14-yl)-
äthyl]-dimethyl- 18 IV 7257

—, [14H-Dibenzo[a,j]xanthen-14-
ylmethyl]-dimethyl- 18 IV 7256

—, [14H-Dibenzo[a,j]xanthen-14-
ylmethyl]-methyl- 18 IV 7256

—, [14H-Dibenzo[a,j]xanthen-14-yl]-
[1]naphthyl- 18 589 c

—, [14H-Dibenzo[a,j]xanthen-14-yl]-
phenyl- 18 588 k, IV 7255

—, [14H-Dibenzo[a,j]xanthen-14-yl]-
o-tolyl- 18 589 a

—, [14H-Dibenzo[a,j]xanthen-14-yl]-
p-tolyl- 18 589 b

—, [5,7-Dibrom-3-dibrommethylen-6-
methyl-benzofuran-2-yl]-phenyl- 18
I 557 b

—, [6,8-Dibrom-2,3-diphenyl-
2H-chromen-2-yl]-dimethyl- 18 IV 7254

—, [5,7-Dibrom-3-methylen-benzofuran-
2-yl]-phenyl- 18 I 556 h

Amin (Fortsetzung)

—, [5,7-Dibrom-6-methyl-3-methylen-
   benzofuran-2-yl]-phenyl- **18** I 557 a
—, [3-(2,7-Dibrom-thioxanthen-9-yliden)-
   propyl]-dimethyl- **18** IV 7248
—, Dibutyl-[2,3-epoxy-propyl]- **18**
   IV 7018
—, Dibutyl-[1-[2]furyl-2-phenyl-äthyl]-
   18 IV 7175
—, Dibutyl-[1-[2]furyl-4-phenyl-butyl]-
   18 IV 7179
—, Dibutyl-[2-methoxy-2-[2]thienyl-äthyl]-
   18 IV 7321
—, Dibutyl-oxiranylmethyl- **18** IV 7018
—, Dibutyl-tetrahydrofurfuryl- **18**
   IV 7036
—, Dibutyl-[3-xanthen-9-yliden-propyl]-
   18 IV 7246
—, Dicellobiosyl- **18** IV 7519
—, [3-(2,7-Dichlor-thioxanthen-9-yl)-
   propyl]-dimethyl- **18** IV 7243
—, Dierythrofuranosyl- **1** 855 c, **18**
   IV 7399
—, Difurfuryl- **18** II 418 a, IV 7092
—, Difurfuryl-methyl- **18** IV 7092
—, Difurfuryl-pentyl- **18** IV 7093
—, Difurfuryl-propyl- **18** IV 7093
—, Digalactopyranosyl- **1** 917 a,
   31 309 f
—, Diglucopyranosyl- **1** 902 c, **18** IV 7517,
   31 159 c
—, [2,3-Dihydro-benzofuran-2-ylmethyl]-
   dimethyl- **18** IV 7155
—, [10,11-Dihydro-dibenz[b,f]oxepin-10-
   yl]-dimethyl- **18** IV 7232
—, [10,11-Dihydro-dibenz[b,f]oxepin-10-
   yl]-methyl- **18** IV 7232
—, [1,2-Dihydro-naphtho[2,1-b]furan-1-
   yl]-[2,3-dimethyl-phenyl]- **18** IV 7181
—, [1,2-Dihydro-naphtho[2,1-b]furan-1-
   yl]-[2,4-dimethyl-phenyl]- **18** IV 7181
—, [1,2-Dihydro-naphtho[2,1-b]furan-1-
   yl]-[2,5-dimethyl-phenyl]- **18** IV 7181
—, [1,2-Dihydro-naphtho[2,1-b]furan-1-
   yl]-[1]naphthyl- **18** IV 7181
—, [1,2-Dihydro-naphtho[2,1-b]furan-1-
   yl]-[2]naphthyl- **18** IV 7182
—, [3,4-Dihydro-2H-pyran-2-ylmethylen]-
   methallyl- **17** IV 4306
—, [(5,6-Dihydro-2H-pyran-3-yl)-
   [1]naphthyl-methyl]-dimethyl- **18**
   IV 7241
—, [1-(5,6-Dihydro-2H-pyran-3-yl)-octyl]-
   dimethyl- **18** IV 7063
—, [1-(5,6-Dihydro-2H-pyran-3-yl)-4-
   phenyl-butyl]-dimethyl- **18** IV 7172
—, [(5,6-Dihydro-2H-pyran-3-yl)-phenyl-
   methyl]-dimethyl- **18** IV 7171

—, [1-(5,6-Dihydro-2H-pyran-3-yl)-
   propyl]-dimethyl- **18** IV 7062
—, Diisopropyl-[2-xanthen-9-yl-äthyl]-
   18 IV 7239
—, Dimannopyranosyl **1** 908 b,
   18 IV 7517, **31** 289 g
—, [2-(4,9-Dimethoxy-6-methyl-
   6H-benzo[c]chromen-1-yl)-1-methyl-äthyl]-
   dimethyl- **18** IV 7452
—, [2-(4,9-Dimethoxy-6-methyl-
   6H-benzo[c]chromen-1-yl)-1-phenyl-äthyl]-
   dimethyl- **18** IV 7455
—, [2,3-Dimethoxy-phenäthyl]-furfuryl-
   methyl- **18** IV 7079
—, [2,3-Dimethoxy-phenäthyl]-methyl-
   tetrahydrofurfuryl- **18** IV 7038
—, [3,4-Dimethoxy-phenäthyl]-methyl-
   tetrahydrofurfuryl- **18** IV 7038
—, [2,3-Dimethoxy-phenäthyl]-
   tetrahydrofurfuryl- **18** IV 7038
—, [3,11-Dimethyl-14H-dibenzo[a,j]≠
   xanthen-14-yl]-phenyl- **18** IV 7258
—, [4,10-Dimethyl-14H-dibenzo[a,j]≠
   xanthen-14-yl]-phenyl- **18** IV 7258
—, [2,2-Dimethyl-2,3-dihydro-
   benzofuran-5-yl]-phenyl- **18** IV 7155
—, [2,5-Dimethyl-3,4-dihydro-2H-pyran-
   2-ylmethylen]-methallyl- **17** IV 4323
—, [3,4-Dimethyl-1,1-dioxo-2,5-dihydro-
   1λ⁶-[2]thienyl]- **18** IV 7060
—, Dimethyl-[3-methyl-benzofuran-6-yl]-
   18 586 e
—, Dimethyl-[5-methyl-2,3-dihydro-
   furfuryl]- **18** IV 7060
—, Dimethyl-[5-methylen-tetrahydro-
   furfuryl]- **18** IV 7060
—, Dimethyl-[4-methylen-tetrahydro-
   [3]thienylmethyl]- **18** IV 7061
—, Dimethyl-[5-methyl-furfuryl]- **18**
   IV 7129
—, Dimethyl-[α-methylmercapto-furfuryl]-
   17 IV 4476
—, Dimethyl-[2-methyl-4-phenyl-3-
   [2]thienyl-but-2-enyl]- **18** IV 7183
—, Dimethyl-[7-methyl-9-phenyl-
   xanthen-3-yl]- **18** II 425 f
—, Dimethyl-[3-methyl-selenophen-2-
   ylmethyl]- **18** IV 7127
—, Dimethyl-[5-methyl-tetrahydro-
   furfuryl]- **18** IV 7050
—, Dimethyl-[3-methyl-[2]thienylmethyl]-
   18 IV 7126
—, Dimethyl-[1-methyl-2-thioxanthen-9-
   yl-äthyl]- **18** IV 7242
—, Dimethyl-[3-(2-methyl-thioxanthen-9-
   yliden)-propyl]- **18** IV 7249
—, Dimethyl-[3-(4-methyl-thioxanthen-9-
   yliden)-propyl]- **18** IV 7249

Amin (Fortsetzung)

—, Dimethyl-[3-(2-methyl-thioxanthen-9-yl)-propyl]- **18** IV 7244

—, Dimethyl-[1-methyl-2-xanthen-9-yl-äthyl]- **18** IV 7242

—, Dimethyl-[7-oxa-dispiro[5.1.5.2]pentadec-14-en-1-ylmethyl]- **18** IV 7148

—, Dimethyl-oxiranylmethyl- **18** IV 7017

—, Dimethyl-[5-phenoxy-2,3-dihydro-benzofuran-2-ylmethyl]- **18** IV 7337

—, Dimethyl-[12-phenyl-12*H*-benzo[*a*]xanthen-9-yl]- **18** II 425 g

—, Dimethyl-[8-phenyl-chroman-4-yl]- **18** IV 7237

—, Dimethyl-[5-phenyl-2,3-dihydro-benzofuran-2-ylmethyl]- **18** IV 7238

—, Dimethyl-[7-phenyl-2,3-dihydro-benzofuran-2-ylmethyl]- **18** IV 7238

—, Dimethyl-[6-phenyl-5,6-dihydro-4*H*-cyclopenta[*b*]thiophen-4-yl]- **18** IV 7182

—, Dimethyl-[4-phenyl-3-[2]thienyl-but-2-enyl]- **18** IV 7182

—, Dimethyl-[3-phenyl-1-[2]thienyl-butyl]- **18** IV 7180

—, Dimethyl-[4-phenyl-1-[2]thienyl-butyl]- **18** IV 7179

—, Dimethyl-[2-(phenyl-[2]thienyl-methoxy)-äthyl]- **17** IV 1538

—, Dimethyl-[phenyl-[2]thienyl-methyl]- **18** IV 7174

—, Dimethyl-[3-phenyl-3-[2]thienyl-propyl]- **18** IV 7178

—, Dimethyl-[9-phenyl-xanthen-9-yl]- **18** IV 7252

—, Dimethyl-selenophen-2-ylmethyl- **18** IV 7115

—, [3,4-Dimethyl-selenophen-2-ylmethyl]-dimethyl- **18** IV 7142

—, [3,5-Dimethyl-selenophen-2-ylmethyl]-dimethyl- **18** IV 7142

—, Dimethyl-[1,2,3,4-tetrahydro-dibenzofuran-1-yl]- **18** IV 7177

—, Dimethyl-[1,2,3,4-tetrahydro-dibenzofuran-1-ylmethyl]- **18** IV 7178

—, Dimethyl-[2-tetrahydrofurfuryloxy-äthyl]- **17** IV 1121

—, Dimethyl-tetrahydro[3]furyl- **18** IV 7024

—, Dimethyl-[3-tetrahydro[2]furyl-propyl]- **18** IV 7055

—, Dimethyl-tetrahydropyran-2-yl- **18** IV 7029

—, Dimethyl-tetrahydropyran-4-yl- **18** IV 7032

—, Dimethyl-[2-tetrahydropyran-4-yl-äthyl]- **18** IV 7051

—, Dimethyl-tetrahydropyran-4-ylmethyl- **18** IV 7048

—, Dimethyl-[2]thienylmethyl- **18** IV 7097

—, Dimethyl-[2-(2-(2]thienylmethyl-phenoxy)-äthyl]- **17** IV 1534

—, Dimethyl-[2-(2-(3]thienylmethyl-phenoxy)-äthyl]- **17** IV 1539

—, Dimethyl-[2-(2-[2]thienylmethyl-phenoxy)-propyl]- **17** IV 1535

—, Dimethyl-[1-[2]thienyl-propyl]- **18** IV 7135

—, Dimethyl-[2-thioxanthen-9-yl-äthyl]- **18** IV 7239

—, Dimethyl-[3-thioxanthen-9-yliden-propyl]- **18** IV 7246

—, Dimethyl-[2-thioxanthen-9-yl-propyl]- **18** IV 7242

—, Dimethyl-[3-thioxanthen-9-yl-propyl]- **18** IV 7242

—, Dimethyl-[2,6,8-trimethyl-chroman-4-yl]- **18** IV 7157

—, Dimethyl-[2-xanthen-9-yl-äthyl]- **18** IV 7238

—, Dimethyl-[3-xanthen-9-yliden-propyl]- **18** IV 7246

—, Dimethyl-xanthen-9-ylmethyl- **18** IV 7234

—, Dimethyl-[2-xanthen-9-yloxy-äthyl]- **17** IV 1604

—, Dimethyl-[2-xanthen-9-yl-propyl]- **18** IV 7242

—, [4,2′-Dinitro-stilben-α-yl]-furfuryliden- **17** IV 4418

—, [3,5-Dinitro-[2]thienyl]-[4-nitro-phenyl]- **17** IV 4292

—, [3,5-Dinitro-[2]thienyl]-phenyl- **17** IV 4292

—, [3,5-Dinitro-[2]thienyl]-*p*-tolyl- **17** IV 4292

—, [1,1-Dioxo-2,3-dihydro-1λ^6-[3]thienyl]-dimethyl- **18** IV 7059

—, [1,1-Dioxo-tetrahydro-1λ^6-[3]thienyl]-dimethyl- **18** IV 7025

—, [1,1-Dioxo-tetrahydro-1λ^6-[3]thienyl]-phenäthyl- **18** IV 7026

—, [2-(10,10-Dioxo-10λ^6-thioxanthen-9-yl)-äthyl]-dimethyl- **18** IV 7240

—, [2,3-Diphenyl-2*H*-chromen-2-yl]-dimethyl- **18** IV 7253

—, [2,5-Diphenyl-[3]furylmethyl]-dimethyl- **18** IV 7250

—, [2,6-Diphenyl-pyran-4-yliden]-[1]naphthyl- **17** IV 5493

—, [9-(2,2-Diphenyl-vinyl)-xanthen-9-yl]-diphenyl- **18** II 425 h

—, Diphthalidyl- **18** IV 7890

—, Dipropyl-[3-thioxanthen-9-yl-propyl]- **18** IV 7242

Amin (Fortsetzung)

—, Disorbopyranosyl- **18** IV 7507

—, Di-thioxanthen-9-yl- **18** IV 7231

—, Di-xanthen-9-yl- **18** IV 7224

—, Dixylopyranosyl- **18** IV 7464

—, Dodecyl-furfuryl-methyl- **18**
IV 7072

—, Dodecyl-[5-methyl-furfuryl]- **18**
IV 7131

—, Dodecyl-streptomycyl- **18** IV 7548

—, [1,2-Epoxy-cyclohexyl]-dimethyl- **18**
IV 7061

—, [2,3-Epoxy-6-methoxy-cycloheptyl]-
dimethyl- **18** II 428 f

—, [2-(1,2-Epoxy-2-methyl-1-phenyl-
propoxy)-äthyl]-dimethyl- **17** IV 1361

—, [5,6-Epoxy-octyl]-dimethyl- **18**
IV 7057

—, [2,3-Epoxy-propyl]-dimethyl- **18**
IV 7017

—, [2,3-Epoxy-propyl]-dipropyl- **18**
IV 7017

—, [2,3-Epoxy-propyl]-di-*o*-tolyl- **18**
IV 7019

—, [2,3-Epoxy-propyl]-[1-methyl-2-
phenyl-äthyl]- **18** IV 7019

—, [1,3-Epoxy-2,3-seco-androst-3-en-2-yl]-
dimethyl- **18** IV 7159

—, [3-(2-Fluor-thioxanthen-9-yliden)-
propyl]-dimethyl- **18** IV 7247

—, [Furan-2-carbimidoyl]-sulfanilyl- **18**
IV 3968

—, [Furan-2-carbonyl]-[*N*-(furan-2-
carbonyl)-sulfanilyl]- **18** IV 3964

—, [Furan-2-carbonyl]-[4-hydroxy-
benzolsulfonyl]- **18** IV 3963

—, [Furan-2-carbonyl]-sulfanilyl- **18**
IV 3963

—, Furfuryl-bis-[2-hydroxy-äthyl]- **18**
IV 7077

—, Furfuryl-bis-[2-hydroxy-propyl]- **18**
IV 7077

—, Furfuryl-dimethyl- **18** IV 7069

—, Furfuryl-[2-[2]furyl-äthyl]- **18**
IV 7122

—, Furfuryl-[2-[2]furyl-2-methoxy-äthyl]-
18 IV 7320

—, Furfuryliden-[4'-methoxy-biphenyl-4-
yl]- **17** IV 4421

—, Furfuryliden-methyl- **17** 278 f,
IV 4415

—, Furfuryliden-[1-methyl-cyclohexyl]-
17 IV 4416

—, Furfuryliden-[1-methyl-2-phenyl-
äthyl]- **17** IV 4418

—, Furfuryliden-[2]naphthyl- **17** 279 k

—, Furfuryliden-nitro- **17** IV 4452

—, Furfuryliden-pentyl- **17** IV 4416

—, Furfuryliden-phenäthyl- **17** IV 4418

—, Furfuryliden-[1-phenyl-äthyl]- **17**
IV 4417

—, Furfuryliden-[α-phenylmercapto-
furfuryl]- **17** IV 4476

—, Furfuryliden-pin-2(10)-en-3-yl-
17 279 c

—, Furfuryliden-propyl- **17** IV 4415

—, Furfuryliden-[1,1,3,3-tetramethyl-
butyl]- **17** IV 4416

—, Furfuryliden-[1-*p*-tolylazo-
[2]naphthyl]- **17** II 311 d

—, Furfuryl-isopropyl- **18** IV 7071

—, Furfuryl-[4-isopropyl-benzyl]- **18**
IV 7076

—, Furfuryl-[2-(2-methoxy-5-methyl-
phenyl)-1-methyl-äthyl]- **18** IV 7079

—, Furfuryl-[2-(2-methoxy-phenyl)-1-
methyl-äthyl]- **18** IV 7078

—, Furfuryl-[3-(2-methoxy-phenyl)-
propyl]- **18** IV 7078

—, Furfuryl-methyl- **18** 584 c, I 555 c,
IV 7069

—, Furfuryl-methyl-[5-methyl-furfuryl]-
18 IV 7132

—, Furfuryl-methyl-[2]thienylmethyl-
18 II 418 i

—, Furfuryl-1-[1-methyl-3-(2,6,6-
trimethyl-cyclohex-1-enyl)-propyl]- **18**
IV 7073

—, Furfuryl-[2]naphthyl- **18** IV 7076

—, Furfuryl-[2]naphthyl-nitroso- **18**
IV 7095

—, Furfuryl-[β-nitro-isobutyl]- **18**
IV 7072

—, Furfuryl-pentyl- **18** IV 7072

—, Furfuryl-phenäthyl- **18** IV 7076

—, Furfuryl-propyl- **18** IV 7071

—, [2-(1-[2]Furyl-äthoxy)-äthyl]-
dimethyl- **17** IV 1270

—, [2-[2]Furyl-äthyl]-methyl- **18**
IV 7119

—, [2-[2]Furyl-äthyl]-methylen- **18**
IV 7120

—, [1-[2]Furyl-äthyl]-pentyl- **18** IV 7116

—, [2-[2]Furyl-äthyl]-veratryl- **18**
IV 7119

—, [2-(1-[2]Furyl-butoxy)-äthyl]-
dimethyl- **17** IV 1289

—, [1-[2]Furyl-butyl]-propyl- **18**
IV 7142

—, [1-[2]Furyl-hexyl]-methyl- **18**
IV 7146

—, [2-(1-[2]Furyl-hexyloxy)-äthyl]-
dimethyl- **17** IV 1303

—, [2-[2]Furyl-1-methyl-äthyl]-methyl-
18 IV 7136

—, [2-(1-[2]Furyl-3-methyl-butoxy)-äthyl]-
dimethyl- **17** IV 1300

Amin (Fortsetzung)

—, [1-[2]Furyl-4-methyl-pentyl]-methyl-
18 IV 7147

—, [2-(1-[2]Furyl-4-methyl-pentyloxy)-
äthyl]-dimethyl- 17 IV 1305

—, [2-(1-[2]Furyl-2-methyl-propoxy)-
äthyl]-dimethyl- 17 IV 1293

—, [[2]Furyl-[1]naphthyl-methyl]-
dimethyl- 18 IV 7246

—, [1-[2]Furyl-octyl]-dimethyl- 18
IV 7147

—, [2-(1-[2]Furyl-pentyloxy)-äthyl]-
dimethyl- 17 IV 1298

—, [2-(1-[2]Furyl-2-phenyl-äthoxy)-äthyl]-
dimethyl- 17 IV 1540

—, [1-[2]Furyl-3-phenyl-butyl]-dimethyl-
18 IV 7179

—, [1-[2]Furyl-4-phenyl-butyl]-dimethyl-
18 IV 7179

—, [2-([2]Furyl-phenyl-methoxy)-äthyl]-
dimethyl- 17 IV 1537

—, [[2]Furyl-phenyl-methyl]-dimethyl-
18 IV 7173

—, [1-[2]Furyl-5-phenyl-pentyl]-dimethyl-
18 IV 7180

—, [2-(1-[2]Furyl-3-phenyl-propoxy)-
äthyl]-dimethyl- 17 IV 1546

—, [3-[2]Furyl-3-phenyl-propyl]-dimethyl-
18 IV 7178

—, [2-(1-[2]Furyl-propoxy)-äthyl]-
dimethyl- 17 IV 1282

—, [3-[2]Furyl-propyl]-dimethyl- 18
IV 7138

—, [1-[2]Furyl-2-p-tolyl-äthyl]-dimethyl-
18 IV 7177

—, [[2]Furyl-p-tolyl-methyl]-dimethyl-
18 IV 7175

—, Hexadecyl-diphthalidyl- 18
IV 7891

—, Hexadecyl-methyl-[2]thienylmethyl-
18 IV 7100

—, Hexadecyl-streptomycin- 18
IV 7549

—, Hexadecyl-[2]thienylmethyl- 18
IV 7100

—, Hexyl-[3-[2]thienyl-propyl]- 18
IV 7139

—, [3-Hydroxy-benzo[b]thiophen-2-
carbonyl]-propionyl- 18 IV 4903

—, Indan-1-yl-methyl-tetrahydrofurfuryl-
18 IV 7037

—, [5-Isobutoxymethyl-furfuryl]-methyl-
18 IV 7325

—, [1-Isopentyl-2-methyl-5-tetrahydro[3]≥
furyl-pentyl]-dimethyl- 18 IV
7059

—, [5-Isopropoxymethyl-furfuryl]-
methyl- 18 IV 7324

—, Isopropyl-[2-(2-methoxy-phenyl)-1-
methyl-äthyl]-[2]thienylmethyl- 18
IV 7103

—, Isopropyl-[5-methyl-furfuryl]- 18
IV 7130

—, Isopropyl-[β-nitro-isobutyl]-
tetrahydrofurfuryl- 18 IV 7036

—, Isopropyl-tetrahydrofurfuryl- 18
IV 7036

—, Isopropyl-tetrahydropyran-2-yl- 18
IV 7029

—, Isopropyl-[2-[2]thienyl-äthyl]-[4-
[2]thienyl-butyl]- 18 IV 7143

—, Isopropyl-[4-[2]thienyl-butyl]- 18
IV 7143

—, Isothiochroman-4-yl-dimethyl- 18
II 420 b

—, [2-Methoxy-äthyl]-diphthalidyl- 18
IV 7891

—, [4-Methoxy-benzyl]-[2-methoxy-2-
[2]thienyl-äthyl]-methyl- 18 IV 7322

—, [2-(5-Methoxy-2,3-dihydro-
3aH-phenanthro[4,5-bcd]furan-9b-yl)-
äthyl]-dimethyl- 18 IV 7371

—, [2-(5-Methoxy-3,9a-dihydro-
3aH-phenanthro[4,5-bcd]furan-9b-yl)-
äthyl]-dimethyl- 18 IV 7370

—, [2-(5-Methoxy-1,2,3,8,9,9a-
hexahydro-3aH-phenanthro[4,5-bcd]≥
furan-9b-yl)-äthyl]-dimethyl-
18 IV 7350

—, [5-Methoxymethyl-furfuryl]-methyl-
18 IV 7324

—, [2-(2-Methoxy-5-methyl-phenyl)-1-
methyl-äthyl]-[2]thienylmethyl- 18
IV 7103

—, [3-(4-Methoxy-1-methyl-thioxanthen-
9-yliden)-propyl]-dimethyl- 18
IV 7377

—, [4-Methoxy-2-nitro-phenyl]-
thioxanthen-9-yl- 18 IV 7229

—, [4-Methoxy-2-nitro-phenyl]-xanthen-
9-yl- 18 IV 7216

—, [2-(2-Methoxy-phenyl)-1-methyl-
äthyl]-methyl-[2]thienylmethyl- 18
IV 7103

—, [2-(2-Methoxy-phenyl)-1-methyl-
äthyl]-[2]thienylmethyl- 18 IV 7103

—, [4-Methoxy-phenyl]-[2-nitro-
dibenzofuran-3-yl]- 18 IV 7203

—, [3-(2-Methoxy-phenyl)-propyl]-
[2]thienylmethyl- 18 IV 7103

—, [2-Methoxy-2-[2]thienyl-äthyl]-
dipropyl- 18 IV 7321

—, [2-(5-Methoxy-[2]thienyl)-äthyl]-
methyl- 18 IV 7318

—, [3-(1-Methoxy-thioxanthen-9-yliden)-
propyl]-dimethyl- 18 IV 7375

Amin (Fortsetzung)

—, [3-(2-Methoxy-thioxanthen-9-yliden)-propyl]-dimethyl- **18** IV 7376
—, [3-(3-Methoxy-thioxanthen-9-yliden)-propyl]-dimethyl- **18** IV 7376
—, [3-(4-Methoxy-thioxanthen-9-yliden)-propyl]-dimethyl- **18** IV 7376
—, Methyl-bis-[5-methyl-furfuryl]- **18** IV 7132
—, Methyl-bis-oxiranylmethyl- **18** IV 7021
—, Methyl-bis-[3-oxo-3-[2]thienyl-propyl]- **18** IV 7868
—, Methyl-bis-[2-(tetra-O-acetyl-glucopyranosyloxy)-benzyl]- **17** IV 3412
—, Methyl-bis-tetrahydrofurfuryl- **18** IV 7043
—, Methyl-bis-[3-tetrahydro[2]furyl-propyl]- **18** IV 7055
—, Methyl-bis-[2-[2]thienyl-äthyl]- **18** IV 7124
—, Methyl-bis-[2]thienylmethyl- **18** IV 7110
—, Methyl-bis-[3-[2]thienyl-propyl]- **18** IV 7140
—, [2-Methyl-2,3-dihydrobenzofuran-5-yl]-phenyl- **18** IV 7154
—, Methyl-diphthalidyl- **18** IV 7890
—, Methylen-[2]thienylmethyl- **18** IV 7104
—, [5-Methyl-furfuryl]-octadecyl- **18** IV 7131
—, [5-Methyl-furfuryl]-octyl- **18** IV 7131
—, Methyl-[5-methyl-furfuryl]- **18** IV 7129
—, Methyl-[1-methyl-2-tetrahydro[2]furyl-äthyl]- **18** IV 7054
—, Methyl-[4-(6-methyl-tetrahydro-pyran-2-yl)-butyl]- **18** IV 7058
—, Methyl-[1-methyl-2-[2]thienyl-äthyl]- **18** IV 7137
—, Methyl-[1-methyl-2-[3]thienyl-äthyl]- **18** IV 7140
—, Methyl-[3-methyl-[2]thienylmethyl]- **18** IV 7126
—, Methyl-[5-methyl-[2]thienylmethyl]- **18** IV 7133
—, Methyl-phenäthyl-tetrahydrofurfuryl- **18** IV 7037
—, [1-Methyl-2-phenyl-äthyl]-oxiranylmethyl- **18** IV 7019
—, Methyl-[1-(4-phenyl-tetrahydro-pyran-4-yl)-äthyl]- **18** IV 7158
—, Methyl-[2-phenyl-1-[2]thienyl-äthyl]- **18** IV 7175
—, Methyl-[5-propoxymethyl-furfuryl]- **18** IV 7324

—, Methyl-tetrahydrofurfuryl- **18** IV 7035
—, Methyl-tetrahydrofurfuryl-[2,3,4-trimethoxy-phenäthyl]- **18** IV 7039
—, Methyl-[2-tetrahydro[2]furyl-äthyl]- **18** IV 7049
—, Methyl-[3-tetrahydro[2]furyl-propyl]- **18** IV 7054
—, Methyl-tetrahydropyran-4-yl- **18** IV 7032
—, Methyl-[2]thienyl- **17** I 136 d
—, Methyl-[1-[2]thienyl-äthyl]- **18** IV 7117
—, Methyl-[2-[2]thienyl-äthyl]- **18** IV 7122
—, Methyl-[2-[3]thienyl-äthyl]- **18** IV 7125
—, Methyl-[2-[2]thienyl-äthyl]-[2]thienylmethyl- **18** IV 7124
—, Methyl-[2]thienylmethyl- **18** IV 7097
—, Methyl-[2]thienylmethylen- **17** IV 4479
—, Methyl-[1-[2]thienyl-propyl]- **18** IV 7135
—, Methyl-[3-[2]thienyl-propyl]- **18** IV 7139
—, [1]Naphthyl-bis-oxiranylmethyl- **18** IV 7022
—, [1]Naphthyl-[5-nitro-furfuryliden]- **17** IV 4461
—, [2]Naphthyl-[5-nitro-furfuryliden]- **17** IV 4461
—, [1]Naphthyl-selenophen-2-ylmethylen- **17** IV 4491
—, [2]Naphthyl-[2]thienylmethyl- **18** IV 7101
—, [2]Naphthyl-[2]thienylmethylen- **17** IV 4480
—, [3-Nitro-biphenyl-4-yl]-thioxanthen-9-yl- **18** IV 7229
—, [3-Nitro-biphenyl-4-yl]-xanthen-9-yl- **18** IV 7216
—, [2-Nitro-dibenzofuran-3-yl]-xanthen-9-yl- **18** IV 7224
—, [β-Nitro-isobutyl]-tetrahydrofurfuryl- **18** IV 7036
—, [2-Nitro-phenyl]-thioxanthen-9-yl- **18** IV 7229
—, [2-Nitro-phenyl]-xanthen-9-yl- **18** IV 7215
—, Nitroso-bis-[tetra-O-acetyl-glucopyranosyl]- **18** IV 7524
—, Nitroso-bis-[tetra-O-benzoyl-glucopyranosyl]- **18** IV 7525
—, Nitroso-bis-[3,4,5-triacetoxy-6-acetoxymethyl-tetrahydropyran-2-yl]- **18** IV 7524
—, Octyl-bis-[2]thienylmethyl- **18** IV 7111

Amin (Fortsetzung)
—, Octyl-diphthalidyl- **18** IV 7891
—, Octyl-[2-phenyl-chromen-4-yliden]-
  17 IV 5414
—, Octyl-streptomycyl- **18** IV 7548
—, Octyl-[2]thienylmethyl- **18** IV 7099
—, Oxiranyl-disulfo- **18** II 416 g
—, Oxiranylmethyl-dipropyl- **18**
  IV 7017
—, Oxiranylmethyl-di-*o*-tolyl- **18**
  IV 7019
—, [2-Oxo-dihydro-[3]furylidenmethyl]-
  [2-oxo-tetrahydro-[3]furlylmethylen]- **18**
  IV 7859
—, Pentyl-tetrahydropyran-2-yl- **18**
  IV 7030
—, [1-Phenyl-äthyl]-[2]thienylmethylen-
  17 IV 4480
—, Phenyl-benzo[*b*]thiophen-3-yl- **18**
  I 556 g
—, Phenyl-xanthen-9-yl- **18** IV 7215
—, [5-Propylmercapto-[2]thienylmethyl]-
  pyren-1-yl- **18** IV 7317
—, Propyl-tetrahydrofurfuryl- **18**
  IV 7035
—, Selenophen-2-ylmethyl-selenophen-2-
  ylmethylen- **18** IV 7115
—, Streptomycyl-tetradecyl- **18** IV 7548
—, Tetrahydrofurfuryl-[2,3,4-trimethoxy-
  phenäthyl]- **18** IV 7039
—, [2]Thienylmethyl-[2]thienylmethylen-
  18 IV 7111
—, Trifurfuryl- **18** II 418 b, IV 7094
—, Tris-[5-äthoxycarbonyl-furfuryl]- **18**
  IV 8188
—, Tris-[5-*tert*-butyl-[2]thienylmethyl]-
  18 IV 7146
—, Tris-[2-(14*H*-dibenzo[*a,j*]xanthen-14-
  yl)-äthyl]- **18** IV 7258
—, Tris-[2,3-epoxy-propyl]- **18** IV 7023
—, Tris-[furan-2-carbonyl]- **18** IV 3963
—, Tris-[furan-2-thiocarbonylmercapto-
  methyl]- **18** IV 4008
—, Tris-[5-methyl-[2]thienylmethyl]- **18**
  IV 7133
—, Tris-oxiranylmethyl- **18** IV 7023
—, Tris-[3-oxo-3-[2]thienyl-propyl]- **18**
  IV 7869
—, Tris-[2-(tetra-*O*-acetyl-
  glucopyranosyloxy)-benzyl]- **17** IV 3413
—, Tris-tetrahydrofurfuryl- **18** IV 7044
—, Tris-[2-tetrahydrofurfuryloxy-äthyl]-
  17 IV 1121
—, Tris-[2]thienylmethyl- **18** IV 7111
—, Xanthen-9-yl-[4-xanthen-9-yl-phenyl]-
  18 I 559 d
Aminocineol 18 I 554 f
Aminodesmotroposantonin 18 IV 8088
Aminoeleutherol 18 IV 8129

Aminoeuxanthinsäure 18 IV 8130
α-Aminohelicin 18 IV 7527
Aminol-H 18 IV 8243
—, Tetrahydro- **18** IV 8243
Aminosidin 18 IV 7535
Aminosidin-I 18 IV 7534
Aminoxid
—, Furfuryliden-methyl- **17** IV 4415
Ammonium
—, [8-Acetoxy-2a-äthyl-2-oxo-2a,3,4,5-
  tetrahydro-2*H*-naphtho[1,8-*bc*]furan-4-yl]-
  trimethyl- **18** IV 8088
—, [2-(7-Acetyl-3-hydroxy-5-methoxy-
  3,3a-dihydro-2*H*-phenanthro[4,5-*bcd*]₴
  furan-9b-yl)-äthyl]-trimethyl- **18**
  IV 8135
—, [4-Acetyl-5-oxo-tetrahydro-furfuryl]-
  trimethyl- **18** IV 8032
—, [5-Acetyl-tetrahydro-
  [3]furyl]-trimethyl- **18** IV 7846
—, [O^5-Acetyl-O^2,O^3,O^6-trimethyl-
  glucofuranosyl]-trimethyl- **18** IV 7639
—, [O^4-Acetyl-O^2,O^3,O^6-trimethyl-
  glucopyranosyl]-trimethyl- **18** IV 7510
—, [5-Äthoxycarbonyl-2-äthyl-
  [3]furylmethyl]-diäthyl-methyl- **18**
  IV 8205
—, [5-Äthoxycarbonyl-2-äthyl-
  [3]furylmethyl]-trimethyl- **18** IV 8204
—, [2-Äthoxycarbonyl-benzofuran-5-
  ylmethyl]-diäthyl-methyl- **18** IV 8217
—, [2-Äthoxycarbonyl-benzofuran-5-
  ylmethyl]-trimethyl- **18** IV 8216
—, [5-Äthoxycarbonyl-furfuryl]-äthyl-
  dibutyl- **18** IV 8184
—, [5-Äthoxycarbonyl-furfuryl]-äthyl-
  dimethyl- **18** IV 8174
—, [5-Äthoxycarbonyl-furfuryl]-äthyl-
  dipropyl- **18** IV 8180
—, [5-Äthoxycarbonyl-furfuryl]-diäthyl-
  methyl- **18** IV 8176
—, [5-Äthoxycarbonyl-furfuryl]-diäthyl-
  propyl- **18** IV 8178
—, [5-Äthoxycarbonyl-furfuryl]-dibutyl-
  methyl- **18** IV 8183
—, [5-Äthoxycarbonyl-furfuryl]-
  isopropyl-dimethyl- **18** IV 8182
—, [5-Äthoxycarbonyl-furfuryl]-methyl-
  dipropyl- **18** IV 8179
—, [5-Äthoxycarbonyl-furfuryl]-triäthyl-
  18 IV 8176
—, [5-Äthoxycarbonyl-furfuryl]-
  trimethyl- **18** IV 8173
—, [5-Äthoxycarbonyl-furfuryl]-
  tripropyl- **18** IV 8181
—, Äthoxycarbonylmethyl-diäthyl-[2-
  (cyclohex-2-enyl-[2]thienyl-acetoxy)-äthyl]-
  18 IV 4228

Ammonium (Fortsetzung)

—, Äthoxycarbonylmethyl-diäthyl-[2-(cyclopent-2-enyl-[2]thienyl-acetoxy)-äthyl]- **18** IV 4218

—, [2-Äthoxycarbonyl-1-oxa-spiro[2.5]≠octan-4-ylmethyl]-äthyl-dimethyl- **18** IV 8168

—, [2-Äthoxycarbonyl-1-oxa-spiro[2.5]≠octan-4-ylmethyl]-trimethyl- **18** IV 8168

—, [2-(3-Äthoxycarbonyl-2-oxo-tetrahydro-[3]furyl)-äthyl]-trimethyl- **18** IV 8259

—, [3-Äthoxycarbonyl-2-oxo-tetrahydro-[3]furylmethyl]-trimethyl- **18** IV 8257

—, [3-Äthoxy-2,3-epoxy-1-methyl-propyl]-trimethyl- **18** IV 7306

—, [2-(5-Äthoxymethyl-benzofuran-2-carbonyloxy)-äthyl]-äthyl-dimethyl- **18** IV 4919

—, [2-(5-Äthoxymethyl-benzofuran-2-carbonyloxy)-äthyl]-diäthyl-methyl- **18** IV 4919

—, [2-(5-Äthoxymethyl-benzofuran-2-carbonyloxy)-äthyl]-trimethyl- **18** IV 4919

—, [3-(5-Äthoxymethyl-benzofuran-2-carbonyloxy)-butyl]-triäthyl- **18** IV 4924

—, [3-(5-Äthoxymethyl-benzofuran-2-carbonyloxy)-butyl]-trimethyl- **18** IV 4924

—, [1-(3-Äthoxy-oxiranyl)-äthyl]-trimethyl- **18** IV 7306

—, Äthyl-{2-[5-(äthylmercapto-methyl)-furan-2-carbonyloxy]-äthyl}-dimethyl- **18** IV 4856

—, Äthyl-[2-äthyl-5-methoxycarbonyl-[3]furylmethyl]-dimethyl- **18** IV 8204

—, Äthyl-[2-(5-benzyl-furan-2-carbonyloxy)-äthyl]-dimethyl- **18** IV 4298

—, Äthyl-[3-(5-benzyl-furan-2-carbonyloxy)-butyl]-dimethyl- **18** IV 4300

—, Äthyl-[3-(5-benzyl-furan-2-carbonyloxy)-2,2-dimethyl-propyl]-dimethyl- **18** IV 4302

—, Äthyl-[3-(5-benzyl-furan-2-carbonyloxy)-2-methyl-butyl]-dimethyl- **18** IV 4301

—, Äthyl-[3-(5-benzyl-furan-2-carbonyloxy)-propyl]-dimethyl- **18** IV 4299

—, Äthyl-[3-(5-benzyloxymethyl-furan-2-carbonyloxy)-2,2-dimethyl-propyl]-dimethyl- **18** IV 4848

—, Äthyl-[2-(5-brom-furan-2-carbonyloxy)-äthyl]-dimethyl- **18** IV 3982

—, Äthyl-[3-(5-brom-furan-2-carbonyloxy)-butyl]-dimethyl- **18** IV 3985

—, Äthyl-[3-(5-brom-furan-2-carbonyloxy)-2,2-dimethyl-propyl]-dimethyl- **18** IV 3987

—, Äthyl-[3-(5-brom-furan-2-carbonyloxy)-2-methyl-butyl]-dimethyl- **18** IV 3986

—, Äthyl-[3-(5-brom-furan-2-carbonyloxy)-propyl]-dimethyl- **18** IV 3983

—, Äthyl-[5-butoxycarbonyl-furfuryl]-dibutyl- **18** IV 8184

—, Äthyl-[5-butoxycarbonyl-furfuryl]-dimethyl- **18** IV 8174

—, Äthyl-[5-butoxycarbonyl-furfuryl]-dipropyl- **18** IV 8180

—, Äthyl-[2-(5-butoxymethyl-benzofuran-2-carbonyloxy)-äthyl]-dimethyl- **18** IV 4921

—, Äthyl-*sec*-butyl-methyl-[2-(xanthen-9-carbonyloxy)-äthyl]- **18** IV 4354

—, Äthyl-cyclohexyl-[2,3-epoxy-propyl]-[2-hydroxy-äthyl]- **18** II 414 d

—, Äthyl-cyclohexyl-[2-hydroxy-äthyl]-oxiranylmethyl- **18** II 414 d

—, Äthyl-[2-(cyclohexyl-hydroxy-[2]thienyl-acetoxy)-äthyl]-dimethyl- **18** IV 4877

—, Äthyl-dibutyl-[5-isobutoxycarbonyl-furfuryl]- **18** IV 8185

—, Äthyl-dibutyl-[5-isopropoxycarbonyl-furfuryl]- **18** IV 8184

—, Äthyl-dibutyl-[5-methoxycarbonyl-furfuryl]- **18** IV 8184

—, Äthyl-dibutyl-[5-propoxycarbonyl-furfuryl]- **18** IV 8184

—, Äthyl-difurfuryl-methyl- **18** I 556 b

—, Äthyl-diisopropyl-[2-(xanthen-9-carbonyloxy)-äthyl]- **18** IV 4354

—, Äthyl-dimethyl-[2-(5-methyl-furan-2-carbonyloxy)-äthyl]- **18** IV 4077

—, Äthyl-dimethyl-[3-(5-methyl-furan-2-carbonyloxy)-butyl]- **18** IV 4080

—, Äthyl-dimethyl-[3-(5-methyl-furan-2-carbonyloxy)-propyl]- **18** IV 4078

—, Äthyl-[2,2-dimethyl-3-(5-methyl-furan-2-carbonyloxy)-propyl]-dimethyl- **18** IV 4083

—, Äthyl-dimethyl-[5-methyl-furfuryl]- **18** IV 7130

—, Äthyl-dimethyl-{2-[5-(methylmercapto-methyl)-furan-2-carbonyloxy]-äthyl}- **18** IV 4856

—, Äthyl-dimethyl-[2-methyl-3-(5-methyl-furan-2-carbonyloxy)-butyl]- **18** IV 4082

Ammonium (Fortsetzung)

—, Äthyl-dimethyl-[3-methyl-3-(5-methyl-furan-2-carbonyloxy)-butyl]- **18** IV 4081

—, Äthyl-dimethyl-[5-propoxycarbonyl-furfuryl]- **18** IV 8174

—, Äthyl-dimethyl-[2-(5-propoxymethyl-benzofuran-2-carbonyloxy)-äthyl]- **18** IV 4920

—, Äthyl-dimethyl-[2]thienylmethyl- **18** IV 7098

—, Äthyl-dimethyl-[2-(xanthen-9-yl-acetoxy)-äthyl]- **18** IV 4368

—, Äthyl-dipropyl-[2-(xanthen-9-yl-acetoxy)-äthyl]- **18** IV 4369

—, Äthyl-[2-(furan-2-carbonyloxy)-äthyl]-dimethyl- **18** IV 3929

—, Äthyl-[3-(furan-2-carbonyloxy)-butyl]-dimethyl- **18** IV 3932

—, Äthyl-[3-(furan-2-carbonyloxy)-2,2-dimethyl-propyl]-dimethyl- **18** IV 3935

—, Äthyl-[3-(furan-2-carbonyloxy)-2-methyl-butyl]-dimethyl- **18** IV 3934

—, Äthyl-[3-(furan-2-carbonyloxy)-propyl]-dimethyl- **18** IV 3930

—, Äthyl-furfuryl-dimethyl- **18** I 555 f, IV 7070

—, [5-Äthyl-furfuryl]-trimethyl- **18** IV 7141

—, Äthyl-[2-(1-[2]furyl-äthoxy)-äthyl]-dimethyl- **17** IV 1270

—, Äthyl-[2-(1-[2]furyl-butoxy)-äthyl]-dimethyl- **17** IV 1290

—, Äthyl-[2-(1-[2]furyl-propoxy)-äthyl]-dimethyl- **17** IV 1282

—, Äthyl-[3-[2]furyl-propyl]-dimethyl- **18** IV 7138

—, Äthyl-[5-hydroxymethyl-furfuryl]-dimethyl- **18** IV 7327

—, [O^1-(12-Äthyl-11-hydroxy-3,5,7,11-tetramethyl-2,8-dioxo-oxacyclododec-9-en-4-yl)-*xylo*-4,6-didesoxy-hexopyranose-3-yl]-trimethyl- **18** IV 7422 c

—, Äthyl-[5-isobutoxycarbonyl-furfuryl]-dimethyl- **18** IV 8175

—, Äthyl-[5-isobutoxycarbonyl-furfuryl]-dipropyl- **18** IV 8180

—, Äthyl-[5-isopropoxycarbonyl-furfuryl]-dimethyl- **18** IV 8174

—, Äthyl-[5-isopropoxycarbonyl-furfuryl]-dipropyl- **18** IV 8180

—, Äthyl-[2-(5-isopropoxymethyl-benzofuran-2-carbonyloxy)-äthyl]-dimethyl- **18** IV 4920

—, Äthyl-isopropyl-methyl-[2-(xanthen-9-carbonyloxy)-äthyl]- **18** IV 4353

—, {2-[5-(Äthylmercapto-methyl)-furan-2-carbonyloxy]-äthyl}-trimethyl- **18** IV 4856

—, Äthyl-[5-methoxycarbonyl-furfuryl]-dimethyl- **18** IV 8174

—, Äthyl-[5-methoxycarbonyl-furfuryl]-dipropyl- **18** IV 8180

—, [2-Äthyl-5-methoxycarbonyl-[3]furylmethyl]-trimethyl- **18** IV 8204

—, Äthyl-[3-(5-methoxymethyl-benzofuran-2-carbonyloxy)-butyl]-dimethyl- **18** IV 4923

—, Äthyl-[5-propoxycarbonyl-furfuryl]-dipropyl- **18** IV 8180

—, [5-Äthyl-tetrahydro-[3]furyl]-trimethyl- **18** IV 7048

—, [α-Allylmercapto-furfuryliden]-dimethyl- **18** IV 4007

—, [2-Amino-2-desoxy-glucopyranosyl]-trimethyl- **18** IV 7494

—, [3-Amino-4,5-dihydroxy-6-hydroxymethyl-tetrahydro-pyran-2-yl]-trimethyl- **18** IV 7494

—, [1-Benzofuran-2-yl-äthyl]-trimethyl- **18** IV 7169

—, [2-(Benzo[*b*]thiophen-2-carbonyloxy)-äthyl]-diisopropyl-methyl- **18** IV 4252

—, [2-(Benzo[*b*]thiophen-3-carbonyloxy)-äthyl]-diisopropyl-methyl- **18** IV 4257

—, [3-(Benzo[*b*]thiophen-3-carbonyloxy)-propyl]-trimethyl- **18** IV 4258

—, [O^5-Benzoyl-O^2,O^3,O^6-trimethyl-glucofuranosyl]-trimethyl- **18** IV 7639

—, Benzyl-dimethyl-[2]thienylmethyl- **18** II 418 f

—, [2-(5-Benzyl-furan-2-carbonyloxy)-äthyl]-trimethyl- **18** IV 4298

—, [3-(5-Benzyl-furan-2-carbonyloxy)-butyl]-trimethyl- **18** IV 4300

—, [3-(5-Benzyl-furan-2-carbonyloxy)-2,2-dimethyl-propyl]-trimethyl- **18** IV 4302

—, [3-(5-Benzyl-furan-2-carbonyloxy)-2-methyl-butyl]-trimethyl- **18** IV 4301

—, [3-(5-Benzyl-furan-2-carbonyloxy)-propyl]-trimethyl- **18** IV 4299

—, Benzyl-furfuryl-dimethyl- **18** II 417 e

—, Benzyl-[2-hydroxy-2-[2]thienyl-äthyl]-dimethyl- **18** IV 7322

—, Benzyliden-[4,5-dimethoxy-3-oxo-phthalan-1-ylmethyl]-methyl- **18** II 476 e

—, [α-Benzylmercapto-furfuryliden]-dimethyl- **18** IV 4007

—, Benzyl-methyl-[2-phenyl-chromen-4-yliden]- **18** IV 7374

—, [2-(5-Benzyloxymethyl-furan-2-carbonyloxy)-äthyl]-trimethyl- **18** IV 4843

—, [5-Benzyloyloxymethyl-furfuryl]-trimethyl- **18** IV 7325

Ammonium   (Fortsetzung)

—, Bis-[2,3-epoxy-propyl]-[4-methoxy-
phenyl]-methyl- **18** IV 7022

—, [2-(7-Brom-2,5-dimethoxy-3-oxo-3,9a-
dihydro-3a*H*-phenanthro[4,5-*bcd*]furan-
9b-yl)-äthyl]-trimethyl- **18** IV 8135

—, [2-(5-Brom-furan-2-carbonyloxy)-
äthyl]-trimethyl- **18** IV 3982

—, [3-(5-Brom-furan-2-carbonyloxy)-
butyl]-trimethyl- **18** IV 3985

—, [3-(5-Brom-furan-2-carbonyloxy)-2,2-
dimethyl-propyl]-trimethyl- **18** IV 3987

—, [3-(5-Brom-furan-2-carbonyloxy)-2-
methyl-butyl]-trimethyl- **18** IV 3986

—, [3-(5-Brom-furan-2-carbonyloxy)-
propyl]-trimethyl- **18** IV 3983

—, [2-(7-Brom-5-methoxy-3-oxo-1,2,3,9a-
tetrahydro-3a*H*-phenanthro[4,5-*bcd*]⇥
furan-9b-yl)-äthyl]-trimethyl- **18**
IV 8092

—, [5-Brommethyl-3,3-diphenyl-dihydro-
[2]furyliden]-dimethyl- **17** IV 5383

—, [3-Brommethyl-oxetan-3-ylmethyl]-
trimethyl- **18** IV 7045

—, [(5-Brom-
[2]thienylmethylencarbazoyl)-methyl]-
trimethyl- **17** IV 4487

—, [5-Butoxycarbonyl-furfuryl]-dibutyl-
methyl- **18** IV 8184

—, [5-Butoxycarbonyl-furfuryl]-
isopropyl-dimethyl- **18** IV 8182

—, [5-Butoxycarbonyl-furfuryl]-methyl-
dipropyl- **18** IV 8180

—, [5-Butoxycarbonyl-furfuryl]-
trimethyl- **18** IV 8174

—, [5-Butoxycarbonyl-furfuryl]-tripropyl-
18 IV 8181

—, [2-(5-Butoxymethyl-benzofuran-2-
carbonyloxy)-äthyl]-trimethyl- **18**
IV 4921

—, [3-(5-Butoxymethyl-benzofuran-2-
carbonyloxy)-butyl]-trimethyl- **18**
IV 4925

—, Butyl-dimethyl-[2]thienylmethyl- **18**
IV 7099

—, Butyl-furfuryl-dimethyl- **18** IV 7071

—, {2-[5-(Butylmercapto-methyl)-furan-
2-carbonyloxy]-äthyl}-trimethyl- **18**
IV 4858

—, [3-Carbamoyl-7-(7-chlor-4-hydroxy-1-
methyl-3-oxo-phthalan-1-yl)-2,4a-
dihydroxy-4,5-dioxo-1,4,4a,5,6,7,8,8a-
octahydro-[1]naphthyl]-trimethyl- **18**
IV 8282

—, [4-Carboxy-2-oxo-5-tridecyl-
tetrahydro-[3]furylmethyl]-trimethyl- **18**
IV 8260

—, [2-Cellobiosyloxy-äthyl]-trimethyl-
17 IV 3620

—, Cellobiosyl-trimethyl- **18** IV 7510

—, Cellotetraosyl-trimethyl- **18** IV 7510

—, Cellotriosyl-trimethyl- **18** IV 7510

—, [4-(4-Chlor-benzoyloxy)-5-methyl-
tetrahydro-furfuryl]-trimethyl- **18**
IV 7313

—, [5-Chlormethyl-furfuryl]-trimethyl-
18 IV 7132

—, [4-Chlor-5-methyl-tetrahydro-
furfuryl]-trimethyl- **18** IV 7050

—, [5-Chlor-[2]thienylmethyl]-trimethyl-
18 IV 7112

—, [2-(Cyclohex-2-enyl-[2]thienyl-
acetoxy)-äthyl]-diisopropyl-methyl- **18**
IV 4227

—, [2-(Cyclohexyl-[2]furyl-methoxy)-
äthyl]-trimethyl- **17** IV 1337

—, [2-(Cyclopent-2-enyl-[2]thienyl-
acetoxy)-äthyl]-diisopropyl-methyl- **18**
IV 4217

—, [Deca-*O*-acetyl-cellotriosyl]-trimethyl-
18 IV 7511

—, Decyl-furfuryl-dimethyl- **18** IV 7072

—, Diäthyl-[2-äthyl-5-methoxycarbonyl-
[3]furylmethyl]-methyl- **18** IV 8205

—, Diäthyl-[3-(benzo[*b*]thiophen-2-
carbonyloxy)-propyl]-methyl- **18**
IV 4252

—, Diäthyl-[3-(benzo[*b*]thiophen-3-
carbonyloxy)-propyl]-methyl- **18**
IV 4258

—, Diäthyl-[3-(benzo[*b*]thiophen-3-yl-
acetoxy)-propyl]-methyl- **18** IV 4264

—, Diäthyl-[5-benzoyl-2,3-dihydro-
benzofuran-2-ylmethyl]-methyl- **18**
IV 7994

—, Diäthyl-benzyl-[2-(cyclohex-2-enyl-
[2]thienyl-acetoxy)-äthyl]- **18** IV 4228

—, Diäthyl-benzyl-[2-(cyclopent-2-enyl-
[2]thienyl-acetoxy)-äthyl]- **18** IV 4217

—, Diäthyl-[2-(5-benzyl-furan-2-
carbonyloxy)-äthyl]-methyl- **18** IV 4298

—, Diäthyl-[3-(5-benzyl-furan-2-
carbonyloxy)-butyl]-methyl- **18** IV 4301

—, Diäthyl-[3-(5-benzyl-furan-2-
carbonyloxy)-2,2-dimethyl-propyl]-
methyl- **18** IV 4302

—, Diäthyl-[3-(5-benzyl-furan-2-
carbonyloxy)-2-methyl-butyl]-methyl-
18 IV 4302

—, Diäthyl-[3-(5-benzyl-furan-2-
carbonyloxy)-propyl]-methyl- **18**
IV 4299

—, Diäthyl-[2-(5-benzyloxymethyl-furan-
2-carbonyloxy)-äthyl]-methyl- **18**
IV 4843

—, Diäthyl-[3-(5-benzyloxymethyl-furan-
2-carbonyloxy)-2,2-dimethyl-propyl]-
methyl- **18** IV 4848

Ammonium (Fortsetzung)

—, Diäthyl-[2-(5-brom-furan-2-carbonyloxy)-äthyl]-methyl- **18** IV 3983

—, Diäthyl-[3-(5-brom-furan-2-carbonyloxy)-butyl]-methyl- **18** IV 3985

—, Diäthyl-[3-(5-brom-furan-2-carbonyloxy)-2,2-dimethyl-propyl]-methyl- **18** IV 3987

—, Diäthyl-[3-(5-brom-furan-2-carbonyloxy)-2-methyl-butyl]-methyl- **18** IV 3986

—, Diäthyl-[5-brommethyl-3,3-diphenyl-dihydro-[2]furyliden]- **17** IV 5383

—, Diäthyl-[3-butoxycarbonyl-allyl]-[2-(cyclopent-2-enyl-[2]thienyl-acetoxy)-äthyl]- **18** IV 4218

—, Diäthyl-[5-butoxycarbonyl-furfuryl]-methyl- **18** IV 8176

—, Diäthyl-[5-butoxycarbonyl-furfuryl]-propyl- **18** IV 8178

—, Diäthyl-[2-(5-butoxymethyl-benzofuran-2-carbonyloxy)-äthyl]-methyl- **18** IV 4921

—, Diäthyl-butyl-furfuryl- **18** IV 7071

—, Diäthyl-butyl-[2]thienylmethyl- **18** IV 7099

—, Diäthyl-butyl-[2-(xanthen-9-carbonyloxy)-äthyl]- **18** IV 4354

—, Diäthyl-{2-[2-(2-chlor-phenyl)-5,6-dihydro-4*H*-pyran-3-carbonyloxy]-äthyl}-methyl- **18** IV 4279

—, Diäthyl-[2-(cyclohex-2-enyl-[2]thienyl-acetoxy)-äthyl]-methyl- **18** IV 4227

—, Diäthyl-[2-(cyclohexyl-hydroxy-[2]thienyl-acetoxy)-äthyl]-methyl- **18** IV 4877

—, Diäthyl-[2-(cyclopent-2-enyl-[2]thienyl-acetoxy)-äthyl]-methyl- **18** IV 4216

—, Diäthyl-[2-(2,6-dimethyl-5,6-dihydro-4*H*-pyran-3-carbonyloxy)-äthyl]-methyl- **18** IV 3894

—, Diäthyl-[2,2-dimethyl-3-(5-methyl-furan-2-carbonyloxy)-propyl]-methyl- **18** IV 4083

—, Diäthyl-[2-(2,4-dimethyl-6-oxo-6*H*-pyran-3-carbonyloxy)-äthyl]-methyl- **18** IV 5416

—, Diäthyl-[2,2-dimethyl-3-(5-phenäthyloxymethyl-furan-2-carbonyloxy)-propyl]-methyl- **18** IV 4849

—, Diäthyl-[2,2-dimethyl-3-(5-phenoxymethyl-furan-2-carbonyloxy)-propyl]-methyl- **18** IV 4847

—, Diäthyl-dodecyl-furfuryl- **18** IV 7072

—, Diäthyl-dodecyl-[2]thienylmethyl- **18** IV 7099

—, Diäthyl-[2-(furan-2-carbonyloxy)-äthyl]-methyl- **18** IV 3929

—, Diäthyl-[3-(furan-2-carbonyloxy)-butyl]-methyl- **18** IV 3932

—, Diäthyl-[3-(furan-2-carbonyloxy)-2,2-dimethyl-propyl]-methyl- **18** IV 3935

—, Diäthyl-[3-(furan-2-carbonyloxy)-propyl]-methyl- **18** IV 3930

—, Diäthyl-furfuryl-hexadecyl- **18** IV 7073

—, Diäthyl-furfuryl-methyl- **18** IV 7071

—, Diäthyl-furfuryl-octadecyl- **18** IV 7073

—, Diäthyl-furfuryl-propyl- **18** IV 7071

—, Diäthyl-furfuryl-tetradecyl- **18** IV 7072

—, Diäthyl-[2-(1-[2]furyl-äthoxy)-äthyl]-methyl- **17** IV 1270

—, Diäthyl-[2-(1-[2]furyl-butoxy)-äthyl]-methyl- **17** IV 1290

—, Diäthyl-[5-[2]furyl-3-hydroxyimino-pent-4-enyl]-methyl- **18** IV 7875

—, Diäthyl-[2-(1-[2]furyl-3-phenyl-propoxy)-äthyl]-methyl- **17** IV 1546

—, Diäthyl-[2-(1-[2]furyl-propoxy)-äthyl]-methyl- **17** IV 1282

—, Diäthyl-[3-[2]furyl-propyl]-methyl- **18** IV 7138

—, Diäthyl-hexadecyl-[2]thienylmethyl- **18** IV 7100

—, Diäthyl-[2-hydroxy-äthyl]-[2-(xanthen-9-carbonyloxy)-äthyl]- **18** IV 4355

—, Diäthyl-[5-hydroxymethyl-furfuryl]-methyl- **18** IV 7328

—, Diäthyl-[2-(hydroxy-phenyl-[2]thienyl-acetoxy)-äthyl]-methyl- **18** IV 4948

—, Diäthyl-[2-(hydroxy-phenyl-[3]thienyl-acetoxy)-äthyl]-methyl- **18** IV 4951

—, Diäthyl-[2-hydroxy-2-[2]thienyl-äthyl]-methyl- **18** IV 7321

—, Diäthyl-[5-isobutoxycarbonyl-furfuryl]-methyl- **18** IV 8176

—, Diäthyl-[5-isobutoxycarbonyl-furfuryl]-propyl- **18** IV 8178

—, Diäthyl-[2-(5-isobutoxymethyl-benzofuran-2-carbonyloxy)-äthyl]-methyl- **18** IV 4922

—, Diäthyl-[2-(5-isopentyloxymethyl-benzofuran-2-carbonyloxy)-äthyl]-methyl- **18** IV 4922

—, Diäthyl-[5-isopropoxycarbonyl-furfuryl]-methyl- **18** IV 8176

—, Diäthyl-[5-isopropoxycarbonyl-furfuryl]-propyl- **18** IV 8178

—, Diäthyl-[2-(5-isopropoxymethyl-benzofuran-2-carbonyloxy)-äthyl]-methyl- **18** IV 4921

Ammonium　(Fortsetzung)

—, Diäthyl-isopropyl-[2-(xanthen-9-yl-acetoxy)-äthyl]- **18** IV 4369

—, Diäthyl-isopropyl-[2-(xanthen-9-ylcarbonyloxy)-äthyl]- **18** IV 4353

—, Diäthyl-[2-methoxycarbonyl-benzofuran-5-ylmethyl]-methyl- **18** IV 8217

—, Diäthyl-[5-methoxycarbonyl-furfuryl]-methyl- **18** IV 8176

—, Diäthyl-[5-methoxycarbonyl-furfuryl]-propyl- **18** IV 8178

—, Diäthyl-[2-(9-methoxycarbonyl-xanthen-9-yl)-äthyl]-methyl- **18** IV 8223

—, Diäthyl-[2-(5-methoxymethyl-benzofuran-2-carbonyloxy)-äthyl]-methyl- **18** IV 4919

—, Diäthyl-[3-(5-methoxymethyl-benzofuran-2-carbonyloxy)-butyl]-methyl- **18** IV 4923

—, Diäthyl-[2-methoxy-2-[2]thienyl-äthyl]-methyl- **18** IV 7321

—, Diäthyl-[2-(2-methoxy-xanthen-9-carbonyloxy)-äthyl]-methyl- **18** IV 4970

—, Diäthyl-methyl-[2-(2,7-dimethyl-xanthen-9-carbonyloxy)-äthyl]- **18** IV 4377

—, Diäthyl-methyl-[2-(5-methyl-furan-2-carbonyloxy)-äthyl]- **18** IV 4077

—, Diäthyl-methyl-[3-(5-methyl-furan-2-carbonyloxy)-butyl]- **18** IV 4080

—, Diäthyl-methyl-[3-(5-methyl-furan-2-carbonyloxy)-propyl]- **18** IV 4078

—, Diäthyl-methyl-[2-methyl-3-(5-methyl-furan-2-carbonyloxy)-butyl]- **18** IV 4082

—, Diäthyl-methyl-[3-methyl-3-(5-methyl-furan-2-carbonyloxy)-butyl]- **18** IV 4081

—, Diäthyl-methyl-[4-methyl-2-oxo-2H-chromen-7-yl]- **18** IV 7928

—, Diäthyl-methyl-[2-(4-methyl-2-oxo-2H-chromen-7-yloxy)-äthyl]- **18** IV 338

—, Diäthyl-methyl-[2-(4-methyl-9-oxo-thioxanthen-1-ylamino)-äthyl]- **18** IV 7973

—, Diäthyl-methyl-[2-(6-methyl-2-phenyl-5,6-dihydro-4H-pyran-3-carbonyloxy)-äthyl]- **18** IV 4282

—, Diäthyl-methyl-[5-methyl-[2]thienylmethyl]- **18** IV 7133

—, Diäthyl-methyl-[2-(2-methyl-xanthen-9-carbonyloxy)-äthyl]- **18** IV 4374

—, Diäthyl-methyl-[2-(4-methyl-xanthen-9-carbonyloxy)-äthyl]- **18** IV 4375

—, Diäthyl-methyl-[2-(2-oxo-3-phenyl-2,3-dihydro-benzofuran-3-yl)-äthyl]- **18** IV 7995

—, Diäthyl-methyl-[5-oxo-tetrahydro-furfuryl]- **18** IV 7840

—, Diäthyl-methyl-[5-phenoxy-2,3-dihydro-benzofuran-2-ylmethyl]- **18** IV 7337

—, Diäthyl-methyl-[7-phenoxy-2,3-dihydro-benzofuran-2-ylmethyl]- **18** IV 7337

—, Diäthyl-methyl-[2-(5-phenoxymethyl-furan-2-carbonyloxy)-äthyl]- **18** IV 4842

—, Diäthyl-methyl-[2-(2-phenyl-5,6-dihydro-4H-pyran-3-carbonyloxy)-äthyl]- **18** IV 4278

—, Diäthyl-methyl-[2-(phenyl-[2]thienyl-acetoxy)-äthyl]- **18** IV 4295

—, Diäthyl-methyl-[2-(phenyl-[2]thienylmethyl-carbamoyloxy)-äthyl]- **18** IV 7107

—, Diäthyl-methyl-[3-(3-phenyl-2-[2]thienyl-propionyloxy)-propyl]- **18** IV 4305

—, Diäthyl-methyl-[2-(9-phenyl-xanthen-9-carbonyloxy)-äthyl]- **18** IV 4415

—, Diäthyl-methyl-[2-(3-phenyl-2-xanthen-9-yl-propionyloxy)-äthyl]- **18** IV 4417

—, Diäthyl-methyl-[5-propoxycarbonyl-furfuryl]- **18** IV 8176

—, Diäthyl-methyl-[2-(5-propoxymethyl-benzofuran-2-carbonyloxy)-äthyl]- **18** IV 4920

—, Diäthyl-methyl-[2]thienylmethyl- **18** IV 7098

—, Diäthyl-methyl-[2-(thioxanthen-9-carbonyloxy)-äthyl]- **18** IV 4358

—, Diäthyl-methyl-[2-(9-o-tolyl-xanthen-9-carbonyloxy)-äthyl]- **18** IV 4416

—, Diäthyl-methyl-[2-(xanthen-9-carbonylamino)-äthyl]- **18** IV 4357

—, Diäthyl-methyl-[2-(xanthen-9-carbonyloxy)-äthyl]- **18** IV 4352

—, Diäthyl-methyl-[β-(xanthen-9-carbonyloxy)-isopropyl]- **18** IV 4355

—, Diäthyl-methyl-[2-(xanthen-9-carbonyloxy)-propyl]- **18** IV 4356

—, Diäthyl-methyl-[3-(xanthen-9-carbonyloxy)-propyl]- **18** IV 4355

—, Diäthyl-methyl-[2-(xanthen-9-yl-acetoxy)-äthyl]- **18** IV 4368

—, Diäthyl-methyl-[β-(xanthen-9-yl-acetoxy)-isopropyl]- **18** IV 4370

—, Diäthyl-methyl-[3-(xanthen-9-yl-acetoxy)-propyl]- **18** IV 4370

—, Diäthyl-methyl-[2-xanthen-9-yl-äthyl]- **18** IV 7239

—, Diäthyl-methyl-[2-(2-xanthen-9-yl-butyryloxy)-äthyl]- **18** IV 4380

—, Diäthyl-methyl-[2-(2-xanthen-9-yl-propionyloxy)-äthyl]- **18** IV 4376

Ammonium (Fortsetzung)

—, Diäthyl-octadecyl-[2]thienylmethyl-
18 IV 7100

—, Diäthyl-pentyl-[2]thienylmethyl- 18
IV 7099

—, Diäthyl-[5-propoxycarbonyl-furfuryl]-
propyl- 18 IV 8178

—, Diäthyl-propyl-[2]thienylmethyl- 18
IV 7098

—, Diäthyl-propyl-[2-(xanthen-9-
carbonyloxy)-äthyl]- 18 IV 4352

—, Diäthyl-propyl-[2-(xanthen-9-yl-
acetoxy)-äthyl]- 18 IV 4369

—, Diäthyl-tetradecyl-[2]thienylmethyl-
18 IV 7100

—, Diallyl-methyl-[2-(xanthen-9-
carbonyloxy)-äthyl]- 18 IV 4354

—, [3-Dibenzofuran-2-yl-propyl]-
trimethyl- 18 IV 7241

—, [3-Dibenzofuran-4-yl-propyl]-
trimethyl- 18 IV 7241

—, Dibenzofuran-3-yl-trimethyl- 18
IV 7192

—, [14-Dibenzo[a,j]xanthen-14-ylmethyl]-
trimethyl- 18 IV 7256

—, Dibenzyl-furfuryl-methyl- 18
II 417 f

—, Dibutyl-[2-(2,4-dimethyl-6-oxo-
6H-pyran-3-carbonyloxy)-äthyl]-methyl-
18 IV 5416

—, Dibutyl-[3-(hydroxy-phenyl-
[2]thienyl-acetoxy)-propyl]-methyl- 18
IV 4950

—, Dibutyl-[5-isobutoxycarbonyl-
furfuryl]-methyl- 18 IV 8184

—, Dibutyl-[5-isobutoxycarbonyl-
furfuryl]-propyl- 18 IV 8185

—, Dibutyl-[5-isopropoxycarbonyl-
furfuryl]-methyl- 18 IV 8183

—, Dibutyl-[5-isopropoxycarbonyl-
furfuryl]-propyl- 18 IV 8185

—, Dibutyl-isopropyl-
[5-methoxycarbonyl-furfuryl]- 18
IV 8185

—, Dibutyl-[5-methoxycarbonyl-furfuryl]-
methyl- 18 IV 8183

—, Dibutyl-[5-methoxycarbonyl-furfuryl]-
propyl- 18 IV 8185

—, Dibutyl-methyl-[3-([1]naphthyl-
[2]thienyl-acetoxy)-propyl]- 18 IV 4388

—, Dibutyl-methyl-[3-(phenyl-[2]thienyl-
acetoxy)-propyl]- 18 IV 4296

—, Dibutyl-methyl-[5-propoxycarbonyl-
furfuryl]- 18 IV 8183

—, Dibutyl-methyl-[2-(xanthen-9-
carbonyloxy)-äthyl]- 18 IV 4354

—, Dibutyl-[5-propoxycarbonyl-furfuryl]-
propyl- 18 IV 8185

—, {3-[(3,4-Dichlor-benzolsulfonyl)-
furfuryl-amino]-propyl}-[3,4-dichlor-
benzyl]-dimethyl- 18 IV 7094

—, [5-(1,2-Dihydroxy-äthyl)-tetrahydro-
[3]furyl]-trimethyl- 18 IV 7425

—, [5,14-Dihydroxy-19-oxo-17-(5-oxo-
2,5-dihydro-[3]furyl)-androstan-3-
yloxycarbonylmethyl]-trimethyl- 18
IV 3135

—, {2-[(3,4-Dihydroxy-5-oxo-tetrahydro-
[2]furyl)-hydroxy-acetoxy]-äthyl}-
trimethyl- 18 IV 6575

—, Diisopropyl-methyl-[2-(2-methyl-5,6-
dihydro-4H-pyran-3-carbonyloxy)-äthyl]-
18 IV 3886

—, Diisopropyl-methyl-[2-(6-methyl-2-
phenyl-5,6-dihydro-4H-pyran-3-
carbonyloxy)-äthyl]- 18 IV 4282

—, Diisopropyl-methyl-[2-(2-phenyl-5,6-
dihydro-4H-pyran-3-carbonyloxy)-äthyl]-
18 IV 4278

—, Diisopropyl-methyl-[2-(4-phenyl-
tetrahydro-pyran-4-carbonyloxy)-äthyl]-
18 IV 4224

—, Diisopropyl-methyl-[2-(xanthen-9-
carbonyloxy)-äthyl]- 18 IV 4353

—, Diisopropyl-methyl-[2-xanthen-9-yl-
äthyl]- 18 IV 7239

—, [2-(3,5-Dimethoxy-1,2,3,8,9,9a-
hexahydro-3aH-phenanthro[4,5-bcd]≠
furan-9b-yl)-äthyl]-trimethyl- 18
IV 7440

—, [2-(4,9-Dimethoxy-6-methyl-
6H-benzo[c]chromen-1-yl)-1-phenyl-äthyl]-
trimethyl- 18 IV 7455

—, [4,5-Dimethoxy-3-oxo-phthalan-1-
ylmethyl]-trimethyl- 18 IV 8116

—, [4-Dimethylamino-1,1-dioxo-
tetrahydro-1λ^6-[3]thienyl]-trimethyl- 18
IV 7263

—, [3-Dimethylaminomethyl-oxetan-3-
ylmethyl]-trimethyl- 18 IV 7266

—, Dimethyl-bis-[2-oxo-2-[2]thienyl-
äthyl]- 18 IV 7865

—, Dimethyl-bis-[2-[2]thienyl-äthyl]- 18
IV 7124

—, Dimethyl-bis-[3-[2]thienyl-propyl]-
18 IV 7140

—, [2-(2,6-Dimethyl-5,6-dihydro-
4H-pyran-3-carbonyloxy)-äthyl]-
diisopropyl-methyl- 18 IV 3894

—, [2,2-Dimethyl-3-(5-methyl-furan-2-
carbonyloxy)-propyl]-trimethyl- 18
IV 4082

—, Dimethyl-[α-methylmercapto-
furfuryliden]- 18 IV 4006

—, Dimethyl-nonyl-[2]thienylmethyl-
18 IV 7099

Ammonium (Fortsetzung)

—, Dimethyl-octadecyl-[2]thienylmethyl- **18** IV 7100

—, [2-(2,4-Dimethyl-6-oxo-6*H*-pyran-3-carbonyloxy)-äthyl]-trimethyl- **18** IV 5415

—, Dimethyl-[2-oxo-2-[2]thienyl-äthyl]-phenacyl- **18** IV 7865

—, Dimethyl-pentyl-[2]thienylmethyl- **18** IV 7099

—, [2,2-Dimethyl-3-(5-phenäthyloxymethyl-furan-2-carbonyl)-propyl]-trimethyl- **18** IV 4848

—, [2,2-Dimethyl-3-(5-phenoxymethyl-furan-2-carbonyloxy)-propyl]-trimethyl- **18** IV 4847

—, Dimethyl-[α-phenylmercapto-furfuryliden]- **18** IV 4007

—, [2-(3,3-Dimethyl-2-phenyl-oxiranyloxy)-äthyl]-trimethyl- **17** IV 1362

—, Dimethyl-phenyl-[*O²,O⁴,O⁶*-triacetyl-*O³*-(toluol-4-sulfonyl)-glucopyranosyl]- **18** IV 7513

—, Dimethyl-phenyl-[3,4,5-tribrom-[2]thienylmethyl]- **18** IV 7114

—, Dimethyl-propyl-[2]thienylmethyl- **18** IV 7098

—, Dimethyl-propyl-[2-(xanthen-9-yl-acetoxy)-äthyl]- **18** IV 4368

—, Dimethyl-tetradecyl-[2]thienylmethyl- **18** IV 7100

—, [4,5-Dioxo-5,6-dihydro-4*H*-pyran-2-ylmethyl]-trimethyl- **18** IV 8033

—, [1,1-Dioxo-2,3-dihydro-1λ^6-[3]thienyl]-trimethyl- **18** IV 7060

—, [3,16-Dioxo-2-oxa-androstan-1-ylmethyl]-trimethyl- **18** IV 8035

—, Dodecyl-dimethyl-[2]thienylmethyl- **18** IV 7099

—, Dodecyl-furfuryl-dimethyl- **18** IV 7072

—, [1,3-Epoxy-16-hydroxy-2,3-seco-androst-3-en-2-yl]-trimethyl- **18** IV 7340

—, [2,3-Epoxy-6-methoxy-cycloheptyl]-trimethyl- **18** II 428 g

—, [2-(1,2-Epoxy-2-methyl-1-phenyl-propoxy)-äthyl]-trimethyl- **17** IV 1362

—, [5,6-Epoxy-octyl]-trimethyl- **18** IV 7058

—, [1,3-Epoxy-16-oxo-2,3-seco-androst-3-en-2-yl]-trimethyl- **18** IV 7919

—, [2,3-Epoxy-propyl]-trimethyl- **18** 583 d, IV 7017

—, [1,3-Epoxy-2,3-seco-androstan-2-yl]-trimethyl- **18** IV 7336

—, [2-(Furan-2-carbonyloxy)-äthyl]-trimethyl- **18** IV 3928

—, [3-(Furan-2-carbonyloxy)-butyl]-trimethyl- **18** IV 3932

—, [3-(Furan-2-carbonyloxy)-2,2-dimethyl-propyl]-trimethyl- **18** IV 3935

—, [3-(Furan-2-carbonyloxy)-2-methyl-butyl]-trimethyl- **18** IV 3934

—, [3-(Furan-2-carbonyloxy)-propyl]-trimethyl- **18** IV 3930

—, Furfuryl-dimethyl-octadecyl- **18** IV 7073

—, Furfuryl-dimethyl-pentyl- **18** IV 7072

—, Furfuryl-dimethyl-propyl- **18** IV 7071

—, Furfuryl-dimethyl-tetradecyl- **18** IV 7072

—, Furfuryl-dimethyl-[2]thienylmethyl- **18** II 418 j

—, Furfuryl-dimethyl-undecyl- **18** IV 7072

—, Furfuryl-heptyl-dimethyl- **18** IV 7072

—, Furfuryl-hexadecyl-dimethyl- **18** IV 7073

—, Furfuryl-hexyl-dimethyl- **18** IV 7072

—, Furfuryl-[2-hydroxy-äthyl]-dimethyl- **18** I 555 h

—, Furfuryl-[2-hydroxy-2-phenyl-äthyl]-dimethyl- **18** IV 7078

—, Furfuryl-[2-hydroxy-2-[2]thienyl-äthyl]-dimethyl- **18** IV 7323

—, Furfuryliden-dimethyl- **17** 278 h

—, Furfuryl-isobutyl-dimethyl- **18** IV 7072

—, Furfuryl-isopentyl-dimethyl- **18** IV 7072

—, Furfuryl-isopropyl-dimethyl- **18** IV 7071

—, [2-(Furfuryl-phenyl-carbamoyloxy)-äthyl]-diisopropyl-methyl- **18** IV 7085

—, Furfuryl-trimethyl- **18** 585 a, I 555 d, II 417 a, IV 7070

—, [2-(3-[2]Furyl-acryloyloxy)-äthyl]-trimethyl- **18** IV 4149

—, [2-(1-[2]Furyl-äthoxy)-äthyl]-trimethyl- **17** IV 1270

—, [2-[2]Furyl-äthyl]-trimethyl- **18** IV 7119

—, [2-(1-[2]Furyl-butoxy)-äthyl]-trimethyl- **17** IV 1290

—, [5-[2]Furyl-3-hydroxyimino-pent-4-enyl]-trimethyl- **18** IV 7874

—, [2-(1-[2]Furyl-2-phenyl-äthoxy)-äthyl]-trimethyl- **17** IV 1541

—, [2-([2]Furyl-phenyl-methoxy)-äthyl]-trimethyl- **17** IV 1537

—, [2-(3-[2]Furyl-propionyloxy)-äthyl]-trimethyl- **18** IV 4091

Ammonium (Fortsetzung)

—, [2-(1-[2]Furyl-propoxy)-äthyl]-trimethyl- **17** IV 1282

—, [3-[2]Furyl-propyl]-trimethyl- **18** IV 7138

—, Galactopyranosyl-trimethyl- **18** IV 7509

—, {O^4-[O^4-(O^4-Glucopyranosyl-glucopyranosyl)-glucopyranosyl]-glucopyranosyl}-trimethyl- **18** IV 7510

—, [O^4-(O^4-Glucopyranosyl-glucopyranosyl)-glucopyranosyl]-trimethyl- **18** IV 7510

—, [2-(O^4-Glucopyranosyl-glucopyranosyloxy)-äthyl]-trimethyl- **17** IV 3620

—, [O^4-Glucopyranosyl-glucopyranosyl]-trimethyl- **18** IV 7510

—, [2-Glucopyranosyloxy-äthyl]-trimethyl- **17** IV 3406

—, Glucopyranosyl-trimethyl- **18** IV 7509

—, [2-(Hepta-O-acetyl-cellobiosyloxy)-äthyl]-trimethyl- **17** IV 3620

—, [Hepta-O-acetyl-cellobiosyl]-trimethyl- **18** IV 7511

—, [Hepta-O-acetyl-gentiobiosyl]-trimethyl- **18** IV 7512

—, Heptyl-dimethyl-[2]thienylmethyl- **18** IV 7099

—, Hexadecyl-dimethyl-[2]thienylmethyl- **18** IV 7100

—, Hexyl-dimethyl-[2]thienylmethyl- **18** IV 7099

—, [2-Hydroxy-äthyl]-dimethyl-[3,5,5-trimethyl-2-oxo-tetrahydro-[3]furyl]- **18** 603 d

—, [5-(1-Hydroxy-äthyl)-tetrahydro-[3]furyl]-trimethyl- **18** IV 7308

—, {2-[8-Hydroxy-2-methoxycarbonyl-3-(2-oxo-äthyliden)-3,5a,6,7,8,8a-hexahydro-naphtho[1,8-*bc*]furan-8b-yl]-äthyl}-trimethyl- **18** IV 8281

—, [2-(3-Hydroxy-5-methoxy-2,3-dihydro-3a*H*-phenanthro[4,5-*bcd*]furan-9b-yl)-äthyl]-trimethyl- **18** IV 7450

—, [2-(3-Hydroxy-5-methoxy-3,9a-dihydro-3a*H*-phenanthro[4,5-*bcd*]furan-9b-yl)-äthyl]-trimethyl- **18** IV 7447

—, [2-(3-Hydroxy-5-methoxy-1,2,3,8,9,≠9a-hexahydro-3a*H*-phenanthro[4,5-*bcd*≠furan-9b-yl)-äthyl]-trimethyl- **18** IV 7439

—, [2-(3-Hydroxy-5-methoxy-8-oxo-1,2,3,8,9,9a-hexahydro-3a*H*-phenanthro≠[4,5-*bcd*]furan-9b-yl)-äthyl]-trimethyl- **18** IV 8129

—, [4-Hydroxy-5-methyl-4,5-dihydro-furfuryl]-trimethyl- **18** IV 7316

—, [5-Hydroxymethyl-furfuryliden]-diphenyl- **18** IV 103

—, [5-Hydroxymethyl-furfuryliden]-methyl-phenyl- **18** IV 103

—, [5-Hydroxymethyl-furfuryl]-trimethyl- **18** IV 7325

—, [4-Hydroxy-5-methyl-furfuryl]-trimethyl- **18** IV 7324

—, [2-Hydroxy-1-methyl-2-phenyl-äthyl]-trimethyl- **17** IV 412

—, [2-Hydroxy-1-methyl-2-phenyl-2-[2]thienyl-äthyl]-trimethyl- **18** IV 7349

—, [4-Hydroxy-5-methyl-tetrahydro-furfuryl]-trimethyl- **18** IV 7310

—, [5-Hydroxymethyl-tetrahydro-furfuryl]-trimethyl- **18** IV 7313

—, [16-Hydroxy-2-oxa-androstan-1-ylmethyl]-trimethyl- **18** IV 7336

—, [16-Hydroxy-2-oxa-androst-3-en-1-ylmethyl]-trimethyl- **18** IV 7340

—, [2-Hydroxy-8-oxa-bicyclo[3.2.1]oct-3-yl]-trimethyl- **18** I 562 b, II 429 d

—, [4-Hydroxy-8-oxa-bicyclo[3.2.1]oct-6-yl]-trimethyl- **18** I 562 b, II 429 d

—, [16-Hydroxy-3-oxo-2-oxa-androstan-1-ylmethyl]-trimethyl- **18** IV 8079

—, [5-Hydroxy-4-oxo-4*H*-pyran-2-ylmethyl]-trimethyl- **18** IV 8033

—, [2-(Hydroxy-phenyl-[2]thienyl-acetoxy)-äthyl]-trimethyl- **18** IV 4948

—, [4-Hydroxy-tetrahydro-furfuryl]-trimethyl- **18** IV 7307

—, [2-Hydroxy-2-[2]thienyl-äthyl]-[4-methoxy-benzyl]-dimethyl- **18** IV 7322

—, [5-Isobutoxycarbonyl-furfuryl]-dimethyl-propyl- **18** IV 8177

—, [5-Isobutoxycarbonyl-furfuryl]-isopropyl-dimethyl- **18** IV 8182

—, [5-Isobutoxycarbonyl-furfuryl]-methyl-dipropyl- **18** IV 8180

—, [5-Isobutoxycarbonyl-furfuryl]-trimethyl- **18** IV 8174

—, [5-Isobutoxycarbonyl-furfuryl]-tripropyl- **18** IV 8181

—, [2-(5-Isobutoxymethyl-benzofuran-2-carbonyloxy)-äthyl]-trimethyl- **18** IV 4922

—, [3-(5-Isobutoxymethyl-benzofuran-2-carbonyloxy)-butyl]-trimethyl- **18** IV 4926

—, {2-[5-(Isobutylmercapto-methyl)-furan-2-carbonyloxy]-äthyl}-trimethyl- **18** IV 4858

—, [2-(5-Isopentyloxymethyl-benzofuran-2-carbonyloxy)-äthyl]-trimethyl- **18** IV 4922

Ammonium (Fortsetzung)

—, [3-(5-Isopentyloxymethyl-benzofuran-2-carbonyloxy)-butyl]-trimethyl- **18** IV 4926

—, [5-Isopropoxycarbonyl-furfuryl]-dimethyl-propyl- **18** IV 8177

—, [5-Isopropoxycarbonyl-furfuryl]-isopropyl-dimethyl- **18** IV 8182

—, [5-Isopropoxycarbonyl-furfuryl]-methyl-dipropyl- **18** IV 8179

—, [5-Isopropoxycarbonyl-furfuryl]-trimethyl- **18** IV 8174

—, [5-Isopropoxycarbonyl-furfuryl]-tripropyl- **18** IV 8181

—, [2-(5-Isopropoxymethyl-benzofuran-2-carbonyloxy)-äthyl]-trimethyl- **18** IV 4920

—, [3-(5-Isopropoxymethyl-benzofuran-2-carbonyloxy)-butyl]-trimethyl- **18** IV 4925

—, Isopropyl-dimethyl-[5-propoxycarbonyl-furfuryl]- **18** IV 8182

—, Isopropyl-dimethyl-[2-(xanthen-9-carbonyloxy)-äthyl]- **18** IV 4353

—, Isopropyl-dimethyl-[2-(xanthen-9-yl-acetoxy)-äthyl]- **18** IV 4369

—, {2-[5-(Isopropylmercapto-methyl)-furan-2-carbonyloxy]-äthyl}-trimethyl- **18** IV 4857

—, Isopropyl-[5-methoxycarbonyl-furfuryl]-dimethyl- **18** IV 8181

—, Isopropyl-[5-propoxycarbonyl-furfuryl]-dipropyl- **18** IV 8182

—, Isothiochroman-4-yl-trimethyl- **18** II 420 c

—, [4-(4-Jod-benzoyloxy)-5-methyl-tetrahydro-furfuryl]-trimethyl- **18** IV 7313

—, [α-Methallylmercapto-furfuryliden]-dimethyl- **18** IV 4007

—, [2-Methoxycarbonyl-benzofuran-5-ylmethyl]-methyl-dipropyl- **18** IV 8217

—, [2-Methoxycarbonyl-benzofuran-5-ylmethyl]-trimethyl- **18** IV 8216

—, [5-Methoxycarbonyl-furfuryl]-dimethyl-propyl- **18** IV 8177

—, [5-Methoxycarbonyl-furfuryl]-methyl-dipropyl- **18** IV 8179

—, [5-Methoxycarbonyl-furfuryl]-trimethyl- **18** IV 8173

—, [5-Methoxycarbonyl-furfuryl]-tripropyl- **18** IV 8181

—, [2-(5-Methoxy-2,3-dihydro-3aH-phenanthro[4,5-bcd]furan-9b-yl)-äthyl]-trimethyl- **18** IV 7371

—, [2-(5-Methoxy-1,2,3,8,9,9a-hexahydro-3aH-phenanthro[4,5-bcd]=furan-9b-yl)-äthyl]-trimethyl- **18** IV 7350

—, [2-(5-Methoxymethyl-benzofuran-2-carbonyloxy)-äthyl]-trimethyl- **18** IV 4918

—, [3-(5-Methoxymethyl-benzofuran-2-carbonyloxy)-butyl]-trimethyl- **18** IV 4923

—, [2-Methoxy-8-oxa-bicyclo[3.2.1]oct-3-yl]-trimethyl- **18** II 429 e

—, [4-Methoxy-8-oxa-bicyclo[3.2.1]oct-6-yl]-trimethyl- **18** II 429 e

—, [2-(3-Methoxy-5-oxo-5H-[2]furyliden)-propyl]-trimethyl- **18** IV 8078

—, [5-Methoxy-4-oxo-4H-pyran-2-ylmethyl]-trimethyl- **18** IV 8076

—, [2-(5-Methoxy-3-oxo-1,2,3,9a-tetrahydro-3aH-phenanthro[4,5-bcd]=furan-9b-yl)-äthyl]-trimethyl- **18** IV 8092

—, [4-Methoxy-phenyl]-methyl-bis-oxiranylmethyl- **18** IV 7022

—, [2-(5-Methoxy-[2]thienyl)-äthyl]-trimethyl- **18** IV 7318

—, Methyl-dipropyl-[2-(xanthen-9-carbonyloxy)-äthyl]- **18** IV 4352

—, Methyl-dipropyl-[2-(xanthen-9-yl-acetoxy)-äthyl]- **18** IV 4369

—, Methyl-[5-propoxycarbonyl-furfuryl]-dipropyl- **18** IV 8179

—, [5-Propoxycarbonyl-furfuryl]-tripropyl- **18** IV 8181

—, N,N,N′,N′-Tetraäthyl-N,N′-bis-[2-(cyclohex-2-enyl-[2]thienyl-acetoxy)-äthyl]-N,N′-p-xylylen-di- **18** IV 4228

—, N,N,N′,N′-Tetraäthyl-N,N′-bis-[2-(cyclopent-2-enyl-[2]thienyl-acetoxy)-äthyl]-N,N′-p-xylylen-di- **18** IV 4218

—, N,N,N′,N′-Tetraäthyl-N,N′-bis-[2]thienylmethyl-N,N′-decandiyl-di- **18** IV 7110

—, N,N,N′,N′-Tetramethyl-N,N′-bis-[2]thienylmethyl-N,N′-butandiyl-di- **18** IV 7109

—, N,N,N′,N′-Tetramethyl-N,N′-bis-[2]thienylmethyl-N,N′-decandiyl-di- **18** IV 7110

—, N,N,N′,N′-Tetramethyl-N,N′-bis-[2]thienylmethyl-N,N′-hexandiyl-di- **18** IV 7110

—, N,N,N′,N′-Tetramethyl-N,N′-bis-[2]thienylmethyl-N,N′-nonandiyl-di- **18** IV 7110

—, N,N,N′,N′-Tetramethyl-N,N′-bis-[2]thienylmethyl-N,N′-pentandiyl-di- **18** IV 7109

Ammonium (Fortsetzung)

—, N,N,N',N'-Tetramethyl-N,N'-bis-[2]thienylmethyl-N,N'-propandiyl-di- **18** IV 7109

—, {2-[O^2,O^3,O^6-Triacetyl-O^4-(tetra-O-acetyl-glucopyranosyl)-glucopyranosyloxy]-äthyl}-trimethyl- **17** IV 3620

—, Triäthyl-[2-äthyl-5-methoxycarbonyl-[3]furylmethyl]- **18** IV 8205

—, Triäthyl-[2-(5-benzyl-furan-2-carbonyloxy)-äthyl]- **18** IV 4298

—, Triäthyl-[3-(5-benzyl-furan-2-carbonyloxy)-butyl]- **18** IV 4301

—, Triäthyl-[3-(5-benzyl-furan-2-carbonyloxy)-2-methyl-butyl]- **18** IV 4302

—, Triäthyl-[3-(5-benzyl-furan-2-carbonyloxy)-propyl]- **18** IV 4299

—, Triäthyl-[2-(5-brom-furan-2-carbonyloxy)-äthyl]- **18** IV 3983

—, Triäthyl-[3-(5-brom-furan-2-carbonyloxy)-butyl]- **18** IV 3986

—, Triäthyl-[3-(5-brom-furan-2-carbonyloxy)-2-methyl-butyl]- **18** IV 3987

—, Triäthyl-[3-(5-brom-furan-2-carbonyloxy)-propyl]- **18** IV 3984

—, Triäthyl-[5-butoxycarbonyl-furfuryl]- **18** IV 8177

—, Triäthyl-[chroman-6-ylcarbamoyl-methyl]- **18** IV 7153

—, Triäthyl-[2-(cyclohex-2-enyl-[2]thienyl-acetoxy)-äthyl]- **18** IV 4227

—, Triäthyl-[2-(cyclopent-2-enyl-[2]thienyl-acetoxy)-äthyl]- **18** IV 4217

—, Triäthyl-[2,2-dimethyl-3-(5-methyl-furan-2-carbonyloxy)-propyl]- **18** IV 4083

—, Triäthyl-[2,3-epoxy-propyl]- **18** 583 f

—, Triäthyl-[2-(furan-2-carbonyloxy)-äthyl]- **18** IV 3929

—, Triäthyl-[3-(furan-2-carbonyloxy)-butyl]- **18** IV 3933

—, Triäthyl-[3-(furan-2-carbonyloxy)-2-methyl-butyl]- **18** IV 3934

—, Triäthyl-[3-(furan-2-carbonyloxy)-propyl]- **18** IV 3930

—, Triäthyl-furfuryl- **18** IV 7071

—, Triäthyl-[furfurylcarbamoyl-methyl]- **18** IV 7092

—, Triäthyl-[2-(1-[2]furyl-äthoxy)-äthyl]- **17** IV 1270

—, Triäthyl-[2-(1-[2]furyl-butoxy)-äthyl]- **17** IV 1290

—, Triäthyl-[2-[2]furyl-2-hydroxy-1-methyl-äthyl]- **18** II 430 g

—, Triäthyl-[2-([2]furyl-phenyl-methoxy)-äthyl]- **17** IV 1538

—, Triäthyl-[2-(1-[2]furyl-propoxy)-äthyl]- **17** IV 1282

—, Triäthyl-[3-[2]furyl-propyl]- **18** IV 7138

—, Triäthyl-[5-hydroxymethyl-furfuryl]- **18** IV 7328

—, Triäthyl-[5-isobutoxycarbonyl-furfuryl]- **18** IV 8177

—, Triäthyl-[5-isopropoxycarbonyl-furfuryl]- **18** IV 8177

—, Triäthyl-[2-(5-isopropoxymethyl-benzofuran-2-carbonyloxy)-äthyl]- **18** IV 4921

—, Triäthyl-[3-(5-isopropoxymethyl-benzofuran-2-carbonyloxy)-butyl]- **18** IV 4925

—, Triäthyl-[5-methoxycarbonyl-furfuryl]- **18** IV 8176

—, Triäthyl-[3-(5-methoxymethyl-benzofuran-2-carbonyloxy)-butyl]- **18** IV 4923

—, Triäthyl-[5-methoxy-4-oxo-$4H$-pyran-2-ylmethyl]- **18** IV 8076

—, Triäthyl-[2-(5-methyl-furan-2-carbonyloxy)-äthyl]- **18** IV 4078

—, Triäthyl-[3-(5-methyl-furan-2-carbonyloxy)-butyl]- **18** IV 4080

—, Triäthyl-[3-(5-methyl-furan-2-carbonyloxy)-propyl]- **18** IV 4078

—, Triäthyl-[2-methyl-3-(5-methyl-furan-2-carbonyloxy)-butyl]- **18** IV 4082

—, Triäthyl-[3-methyl-3-(5-methyl-furan-2-carbonyloxy)-butyl]- **18** IV 4081

—, Triäthyl-[2-(4-methyl-9-oxo-thioxanthen-1-ylamino)-äthyl]- **18** IV 7973

—, Triäthyl-[2-(2-methyl-xanthen-9-carbonyloxy)-äthyl]- **18** IV 4375

—, Triäthyl-oxiranylmethyl- **18** 583 f

—, Triäthyl-[2-(4-oxo-2-phenyl-$4H$-chromen-7-yloxy)-äthyl]- **18** IV 697

—, Triäthyl-[2-(5-phenoxymethyl-furan-2-carbonyloxy)-äthyl]- **18** IV 4842

—, Triäthyl-[3-(5-phenoxymethyl-furan-2-carbonyloxy)-butyl]- **18** IV 4845

—, Triäthyl-[5-propoxycarbonyl-furfuryl]- **18** IV 8177

—, Triäthyl-[3-(5-propoxymethyl-benzofuran-2-carbonyloxy)-butyl]- **18** IV 4924

—, Triäthyl-[2-(tetra-O-acetyl-glucopyranosyloxy)-äthyl]- **17** IV 3407

—, Triäthyl-[2]thienylmethyl- **18** IV 7098

—, Triäthyl-[2-(xanthen-9-carbonyloxy)-äthyl]- **18** IV 4352

Ammonium (Fortsetzung)

—, Triäthyl-[3-(xanthen-9-carbonyloxy)-propyl]- **18** IV 4355

—, Triäthyl-[2-(xanthen-9-yl-acetoxy)-äthyl]- **18** IV 4368

—, Triäthyl-[2-(xanthen-9-yliden-acetoxy)-äthyl]- **18** IV 4387

—, Trimethyl-[O^1-methyl-6-desoxy-glucopyranose-3-yl]- **18** IV 7482

—, Trimethyl-[5-methyl-2,3-dihydro-furfuryl]- **18** IV 7060

—, Trimethyl-[5-methylen-tetrahydro-furfuryl]- **18** IV 7060

—, Trimethyl-[4-methylen-tetrahydro-[3]thienylmethyl]- **18** IV 7061

—, Trimethyl-[2-(5-methyl-furan-2-carbonyloxy)-äthyl]- **18** IV 4077

—, Trimethyl-[3-(5-methyl-furan-2-carbonyloxy)-butyl]- **18** IV 4080

—, Trimethyl-[3-(5-methyl-furan-2-carbonyloxy)-propyl]- **18** IV 4078

—, Trimethyl-[5-methyl-furfuryl]- **18** IV 7130

—, Trimethyl-[O^1-methyl-glucopyranose-6-yl]- **18** IV 7505

—, Trimethyl-[2-methyl-3-(5-methyl-furan-2-carbonyloxy)-butyl]- **18** IV 4081

—, Trimethyl-[3-methyl-3-(5-methyl-furan-2-carbonyloxy)-butyl]- **18** IV 4081

—, Trimethyl-[4-methyl-14-(5-nitro-furfurylidencarbazoyl)-tetradecyl]- **17** IV 4475

—, Trimethyl-[4-methyl-2-oxo-2H-chromen-7-yl]- **18** 611 a, IV 7927

—, Trimethyl-[5-methyl-4-oxo-tetrahydro-furfuryl]- **18** IV 7848

—, Trimethyl-[5-methyl-2-oxo-tetrahydro-[3]furylmethyl]- **18** II 461 a

—, Trimethyl-[5-methyl-tetrahydro-furfuryl]- **18** IV 7050

—, Trimethyl-[3-methyl-[2]thienylmethyl]- **18** IV 7126

—, Trimethyl-[(5-methyl-[2]thienylmethylencarbazoyl)-methyl]- **17** IV 4530

—, Trimethyl-[10-(5-nitro-furfurylidencarbazoyl)-decyl]- **17** IV 4475

—, Trimethyl-[(5-nitro-furfurylidencarbazoyl)-methyl]- **17** IV 4474

—, Trimethyl-[(5-nitro-[2]thienylmethylencarbazoyl)-methyl]- **17** IV 4490

—, Trimethyl-oxiranylmethyl- **18** 583 d, IV 7017

—, Trimethyl-[2-oxo-2H-chromen-6-yl]- **18** 609 c

—, Trimethyl-[17-(5-oxo-2,5-dihydro-[3]furyl)-androst-5-en-3-yloxycarbonylmethyl]- **18** IV 551

—, Trimethyl-[23-(5-oxo-2,5-dihydro-[3]furyl)-24-nor-chol-5-en-3-yloxycarbonylmethyl]- **18** IV 560

—, Trimethyl-[16-oxo-2-oxa-androst-3-en-1-ylmethyl]- **18** IV 7919

—, Trimethyl-[2-(4-oxo-2-phenyl-4H-chromen-7-yloxy)-äthyl]- **18** IV 697

—, Trimethyl-[4-oxo-tetrahydro-furfuryl]- **18** IV 7838

—, Trimethyl-[5-oxo-tetrahydro-furfuryl]- **18** IV 7840

—, Trimethyl-[2-oxo-tetrahydro-[3]furyl]- **18** IV 7831

—, Trimethyl-[2-(5-phenäthyloxymethyl-furan-2-carbonyloxy)-äthyl]- **18** IV 4843

—, Trimethyl-[3-(5-phenäthyloxymethyl-furan-2-carbonyloxy)-butyl]- **18** IV 4846

—, Trimethyl-[5-phenoxy-2,3-dihydro-benzofuran-2-ylmethyl]- **18** IV 7337

—, Trimethyl-[2-(5-phenoxymethyl-furan-2-carbonyloxy)-äthyl]- **18** IV 4842

—, Trimethyl-[3-(5-phenoxymethyl-furan-2-carbonyloxy)-butyl]- **18** IV 4845

—, Trimethyl-[2-(phenyl-[2]thienyl-methoxy)-äthyl]- **17** IV 1538

—, Trimethyl-phthalidylmethyl- **18** IV 7899

—, Trimethyl-[5-propoxycarbonyl-furfuryl]- **18** IV 8173

—, Trimethyl-[2-(5-propoxymethyl-benzofuran-2-carbonyloxy)-äthyl]- **18** IV 4920

—, Trimethyl-[3-(5-propoxymethyl-benzofuran-2-carbonyloxy)-butyl]- **18** IV 4924

—, Trimethyl-{2-[5-(propylmercapto-methyl)-furan-2-carbonyloxy]-äthyl}- **18** IV 4857

—, Trimethyl-[tetra-O-acetyl-galactopyranosyl]- **18** IV 7510

—, Trimethyl-[tetra-O-acetyl-glucopyranosyl]- **18** IV 7510

—, Trimethyl-[2-(tetra-O-acetyl-glucopyranosyloxy)-äthyl]- **17** IV 3406

—, Trimethyl-[2-(tetra-O-acetyl-glucopyranosyloxy)-benzyl]- **17** IV 3412

—, Trimethyl-[3-(tetra-O-acetyl-glucopyranosyloxy)-propyl]- **17** IV 3407

—, Trimethyl-[lin-tetra[1→4]-glucopyranosyl]- **18** IV 7510

—, Trimethyl-tetrahydro[3]furyl- **18** IV 7025

—, Trimethyl-tetrahydropyran-2-ylmethyl- **18** IV 7046

Ammonium   (Fortsetzung)
—, Trimethyl-[tetra-O-methyl-glucopyranose-2-yl]- **18** IV 7550
—, Trimethyl-[2-[2]thienyl-äthyl]- **18** IV 7122
—, Trimethyl-[2]thienylmethyl- **18** II 418 c, IV 7098
—, Trimethyl-[[2]⧣thienylmethylencarbazoyl-methyl]- **17** IV 4484
—, Trimethyl-[2-(2-[2]thienylmethyl-phenoxy)-äthyl]- **17** IV 1535
—, Trimethyl-[2-(thiophen-2-carbonyloxy)-äthyl]- **18** IV 4015
—, Trimethyl-[2-thioxanthen-9-yl-äthyl]- **18** IV 7240
—, Trimethyl-[3,4,5-triacetoxy-6-acetoxymethyl-tetrahydro-pyran-2-yl]- **18** IV 7510
—, Trimethyl-[3,4,5-triacetoxy-tetrahydro-pyran-2-yl]- **18** IV 7464
—, Trimethyl-[tri-O-acetyl-arabinopyranosyl]- **18** IV 7464
—, Trimethyl-[tri-O-acetyl-chinovopyranosyl]- **18** IV 7471
—, Trimethyl-[tri-O-acetyl-6-desoxy-glucopyranosyl]- **18** IV 7471
—, Trimethyl-[O^2,O^3,O^4-triacetyl-O^6-(tetra-O-acetyl-glucopyranosyl)-glucopyranosyl]- **18** IV 7512
—, Trimethyl-[O^2,O^3,O^6-triacetyl-O^4-(tetra-O-acetyl-glucopyranosyl)-glucopyranosyl]- **18** IV 7511
—, Trimethyl-{2-[O^2,O^3,O^6-triacetyl-O^4-(tetra-O-acetyl-glucopyranosyl)-glucopyranosyloxy]-äthyl}- **17** IV 3620
—, Trimethyl-{O^2,O^3,O^6-triacetyl-O^4-[O^2,O^3,O^6-triacetyl-O^4-(tetra-O-acetyl-glucopyranosyl)-glucopyranosyl]-glucopyranosyl}- **18** IV 7511
—, Trimethyl-[tri-O-acetyl-xylopyranosyl]- **18** IV 7464
—, Trimethyl-[trideca-O-acetyl-cellotetraosyl]- **18** IV 7511
—, Trimethyl-[trideca-O-acetyl-lin-tetra-[1→4]-glucopyranosyl]- **18** IV 7511
—, Trimethyl-[3,4,5-trihydroxy-6-hydroxymethyl-tetrahydro-pyran-2-yl]- **18** IV 7509
—, Trimethyl-[3,4,5-trihydroxy-6-methoxy-tetrahydro-pyran-2-ylmethyl]- **18** IV 7505
—, Trimethyl-[2,4,5-trimethoxy-6-methoxymethyl-tetrahydro-pyran-3-yl]- **18** IV 7550
—, Trimethyl-[O^2,O^3,O^6-trimethyl-glucofuranosyl]- **18** IV 7639
—, Trimethyl-[O^2,O^3,O^6-trimethyl-glucopyranosyl]- **18** IV 7509

—, Trimethyl-[3-(1,1,5-trimethyl-3-oxo-phthalan-4-yl)-propyl]- **18** II 465 a
—, Trimethyl-[3,5,5-trimethyl-2-oxo-tetrahydro-[3]furyl]- **18** 603 b
—, Trimethyl-[O^2,O^3,O^6-trimethyl-O^5-(toluol-4-sulfonyl)-glucofuranosyl]- **18** IV 7639
—, Trimethyl-[O^6-trityl-glucopyranosyl]- **18** IV 7509
—, Trimethyl-[2-(xanthen-9-carbonyloxy)-äthyl]- **18** IV 4351
—, Trimethyl-[β-(xanthen-9-carbonyloxy)-isopropyl]- **18** IV 4355
—, Trimethyl-[2-(xanthen-9-yl-acetoxy)-äthyl]- **18** IV 4367
—, Trimethyl-[2-xanthen-9-yl-äthyl]- **18** IV 7239
—, Tripropyl-[2-(xanthen-9-yl-acetoxy)-äthyl]- **18** IV 4369
Ammoresinol 18 IV 1756
—, O-Acetyl- **18** IV 1756
—, Bis-O-[4-chlor-benzoyl]- **18** IV 1756
—, Di-O-acetyl- **18** IV 1756
—, Di-O-benzoyl- **18** IV 1756
Ampelopsin 18 IV 3564
Ampeloptin 18 IV 3564
—, Hexa-O-acetyl- **18** IV 3566
—, Hexa-O-benzoyl- **18** IV 3566
—, Hexa-O-methyl- **18** IV 3565
—, Tetra-O-methyl- **18** IV 3565
Amphotericin-B 18 IV 7481
—, Tetradecahydro- **18** IV 7479
Amurensin 18 IV 3373
—, Di-O-methyl- **18** IV 3374
—, Hepta-O-acetyl- **18** IV 3375
—, Tri-O-methyl- **18** IV 3374
Amygdalin 17 IV 3614, **31** 400 e
—, Hepta-O-acetyl- **17** IV 3617, **31** 403 a
—, Hepta-O-benzoyl- **31** 403 c
—, Heptakis-O-[4-brom-benzoyl]- **31** 404 b
—, Heptakis-O-[4-chlor-benzoyl]- **31** 404 a
—, Heptakis-O-[4-methoxy-benzoyl]- **31** 404 c
—, Heptakis-O-phenylcarbamoyl- **17** IV 3617
—, Hepta-O-stearoyl- **31** 403 b
—, Hexa-O-acetyl- **17** IV 3614
Amygdalinsäure 31 399 c
— methylester **31** 400 b
—, Hepta-O-acetyl- **17** IV 3614, **31** 400 a
— äthylester **17** IV 3615
— amid **17** IV 3616
— methylester **17** IV 3615
Amygdalose 31 397 a
Amylotriose 17 IV 3541

β-Amyradiendionoloxid **18** IV 1667
—, *O*-Acetyl- **18** IV 1668
—, *O*-Benzoyl- **18** IV 1668
α-Amyradienon-II-oxid **17** IV 5253
α-Amyrinoxid **17** IV 1527
—, *O*-Acetyl- **17** IV 1527
δ-Amyrinoxid
—, *O*-Acetyl- **17** IV 1527
α-Amyronoxid-II **17** IV 5179
Andrographolid 18 IV 2357
—, Anhydro-diacetyl- **18** IV 1452
—, Desoxy- **18** IV 1294
—, Di-*O*-acetyl-desoxy **18** IV 1294
—, Diacetylanhydro- **18** IV 1452
—, Di-*O*-acetyl-tetrahydrodesoxy- **18** IV 1183
—, Hydrodesoxy- **18** IV 1182
—, Octahydro- **18** IV 1183
—, Tetrahydro- **18** IV 2325
—, Tri-*O*-acetyl- **18** IV 2358
—, Tri-*O*-acetyl-octahydro- **18** IV 1183
—, Tri-*O*-formyl- **18** IV 2358
Andrographolid-dibromid
—, Tri-*O*-acetyl- **18** IV 2333
Andrographolid-hydrobromid
—, Tri-*O*-acetyl- **18** IV 2358
Andrographolid-hydrochlorid 18 IV 2357
—, Tri-*O*-acetyl- **18** IV 2358
Andrololacton 18 IV 149
—, *O*-Acetyl- **18** IV 149
Androsin 17 IV 3022, **31** 228 d
—, Tetra-*O*-acetyl- **31** 228 e
Androsta-4,9(11)-dien-17-carbaldehyd
—, 16,17-Epoxy-3-oxo- **17** IV 6377
Androsta-4,9(11)-dien-17-carbonsäure
—, 16,17-Epoxy-3-oxo- **18** IV 5647
— methylester **18** IV 5647
Androsta-4,14-dien-18-carbonsäure
—, 11-Hydroxy-3,16-dioxo-,
— lacton **17** IV 6784
Androsta-4,15-dien-18-carbonsäure
—, 17-Formyl-11-hydroxy-3-oxo-,
— lacton **17** IV 6784
Androsta-4,16-dien-18-carbonsäure
—, 15-Formyl-11-hydroxy-3-oxo-,
— lacton **17** IV 6784
Androsta-14,16-dien-17-carbonsäure
—, 3-Acetoxy-5,6-epoxy-,
— methylester **18** IV 4955
Androsta-5,16-dieno[17,16-*b*]furan-4′,5′-dion
—, 3-Hydroxy- **18** IV 1654
Androsta-3,5-dieno[16,17-*e*]isobenzofuran-1′,3′-dion
—, 3,6′-Diacetoxy-16,3′a,7′,7′a-tetrahydro- **18** IV 2789
Androsta-1,4-dien-3-on
—, 17-Acetoxy-6,19-episeleno- **18** IV 542
—, 6,19-Episeleno-17-hydroxy- **18** IV 542

Androsta-3,5-dien-17-on
—, 3-[5-Carboxy-xylopyranosyloxy]- **18** IV 5128
—, 3-[Tri-*O*-acetyl-5-methoxycarbonyl-xylopyranosyloxy]- **18** IV 5184
Androsta-1,4-dien-3,11,17-trion
—, 6,7-Epoxy- **17** IV 6783
Androstan
—, 3-Acetoxy-17-acetoxymethyl-14,15-epoxy- **17** IV 2088
—, 3-Acetoxy-16,17-epoxy- **17** IV 1402
—, 17-Acetoxy-2,3-epoxy- **17** IV 1401
—, 17-Acetoxy-3,4-epoxy- **17** IV 1402
—, 3-Acetoxy-16,17-epoxy-15-methoxy- **17** IV 2085
—, 3-Acetoxy-17-tetrahydropyran-2-yloxy- **17** IV 1059
—, 17-Äthinyl- s. Pregn-20-in
—, 3,17-Diacetoxy-17-aminomethyl-5,6-epoxy- **18** IV 7435
—, 3,17-Diacetoxy-5,6-epoxy- **17** IV 2084
—, 3,17-Diacetoxy-8,14-epoxy- **17** IV 2084
—, 3,17-Diacetoxy-16,17-epoxy- **17** IV 2085
—, 3,17-Diacetoxy-5,6-epoxy-17-methyl- **17** IV 2087
—, 16,17-Epoxy- **17** IV 468
—, 5,6-Epoxy-3,17-bis-propionyloxy- **17** IV 2084
—, 16,17-Epoxy-3-methoxy- **17** IV 1402
—, 17-Propyl- s. 21,24-Dinor-cholan
Androstan-17-carbonitril
—, 3-Acetoxy-5,6-epoxy-17-hydroxy- **18** IV 5019
—, 3-Acetoxy-5,6-epoxy-17-tetrahydropyran-2-yloxy- **18** IV 5019
—, 3,17-Diacetoxy-5,6-epoxy- **18** IV 5019
Androstan-17-carbonsäure
—, 19-Acetoxy-3-[*O²,O⁴*-diacetyl-*O³*-methyl-6-desoxy-glucopyranosyloxy]-,
— methylester **17** IV 2555
—, 19-Acetoxy-3-[*O²,O⁴*-diacetyl-*O³*-methyl-6-desoxy-glucopyranosyloxy]-14-hydroxy- **17** IV 2556
— methylester **17** IV 2556
—, 3-Acetoxy-5,6-epoxy-,
— methylester **18** IV 4888
—, 3-Acetoxy-8,14-epoxy-,
— methylester **18** IV 4888
—, 3-Acetoxy-9,11-epoxy-,
— methylester **18** IV 4889
—, 3-Acetoxy-14,15-epoxy- **18** IV 4889
— methylester **18** IV 4890
—, 3-Acetoxy-5,6-epoxy-14-hydroxy-,
— methylester **18** IV 5018

Androstan-17-carbonsäure (Fortsetzung)
—, 3-Acetoxy-7,8-epoxy-14-hydroxy-
   18 IV 5020
   — methylester **18** IV 5020
—, 3-Acetoxy-8,19-epoxy-5-hydroxy-,
   — äthylester **18** IV 5026
—, 3-Acetoxy-14,15-epoxy-5-hydroxy-
   18 IV 5022
   — methylester **18** IV 5023
—, 3-Acetoxy-14,15-epoxy-16-hydroxy-,
   — methylester **18** IV 5024
—, 3-Acetoxy-3,9-epoxy-11-oxo-,
   — methylester **18** IV 6335
—, 3-Acetoxy-12-hydroxy-,
   — lacton **18** IV 250
—, 3-Acetoxy-14-hydroxy-,
   — lacton **18** IV 251
—, 3-Acovenopyranosyloxy-1-oxo-,
   — methylester **17** IV 2557
—, 19-Benzoyloxy-3,19-epoxy-5-hydroxy-,
   — äthylester **18** IV 5025
—, 3-Benzoyloxy-12-hydroxy-,
   — lacton **18** IV 250
—, 3,11-Diacetoxy-8,14-epoxy-,
   — methylester **18** IV 5021
—, 3,11-Diacetoxy-9,11-epoxy-,
   — methylester **18** IV 5022
—, 3,11-Diacetoxy-14,15-epoxy-,
   — methylester **18** IV 5023
—, 3,16-Diacetoxy-14,15-epoxy- **18**
   IV 5024
   — methylester **18** IV 5024
—, 3,11-Diacetoxy-7,8-epoxy-14-
   hydroxy-12-oxo- **18** IV 6590
   — benzhydrylester **18** IV 6591
   — methylester **18** IV 6590
—, 3-[O^2,O^4-Diacetyl-O^3-methyl-6-
   desoxy-glucopyranosyloxy]-,
   — methylester **17** IV 2553
—, 3-[O^2,O^4-Diacetyl-O^3-methyl-6-
   desoxy-glucopyranosyloxy]-7,8-epoxy-14-
   hydroxy-,
   — methylester **18** IV 5021
—, 3-[O^2,O^4-Diacetyl-O^3-methyl-6-
   desoxy-glucopyranosyloxy]-14-hydroxy-,
   — methylester **17** IV 2555
—, 3-[O^2,O^4-Diacetyl-O^3-methyl-6-
   desoxy-talopyranosyloxy]-14-hydroxy-1-
   oxo- **17** IV 2558
   — methylester **17** IV 2559
—, 3-[O^2,O^4-Diacetyl-O^3-methyl-6-
   desoxy-talopyranosyloxy]-1-oxo-,
   — methylester **17** IV 2557
—, 3-[Di-O-acetyl-thevetopyranosyloxy]-
   7,8-epoxy-14-hydroxy-,
   — methylester **18** IV 5021
—, 3,12-Dihydroxy-,
   — 12-lacton **18** IV 250

—, 3,17-Dihydroxy-16,16-bis-
   hydroxymethyl-11-oxo-,
   — 16-lacton **18** IV 3086
—, 3,17-Dihydroxy-16-hydroxymethyl-
   16-methyl-11-oxo-,
   — 16-lacton **18** IV 2430
—, 3-[2,4-Dinitro-phenylhydrazono]-8,19-
   epoxy-,
   — äthylester **18** IV 5553
—, 7,8-Epoxy-3,14-dihydroxy- **18**
   IV 5019
   — methylester **18** IV 5020
—, 8,19-Epoxy-3,5-dihydroxy- **18**
   IV 5025
   — äthylester **18** IV 5025
   — methylester **18** IV 5025
—, 14,15-Epoxy-3,5-dihydroxy-,
   — methylester **18** IV 5022
—, 14,15-Epoxy-3,16-dihydroxy- **18**
   IV 5023
   — methylester **18** IV 5024
—, 9,11-Epoxy-3-hydroxy-,
   — methylester **18** IV 4889
—, 14,15-Epoxy-3-hydroxy-,
   — methylester **18** IV 4889
—, 4,5-Epoxy-17-hydroxy-3,11-dioxo-
   18 IV 6519
—, 8,19-Epoxy-3-hydroxyimino-,
   — äthylester **18** IV 5553
—, 7,8-Epoxy-14-hydroxy-3-[O^3-methyl-
   6-desoxy-glucopyranosyloxy]-,
   — methylester **18** IV 5021
—, 7,8-Epoxy-14-hydroxy-3-oxo-,
   — methylester **18** IV 6334
—, 8,19-Epoxy-5-hydroxy-3-oxo-,
   — äthylester **18** IV 6335
—, 14,15-Epoxy-5-hydroxy-3-oxo-,
   — methylester **18** IV 6335
—, 7,8-Epoxy-14-hydroxy-3-
   thevetopyranosyloxy-,
   — methylester **18** IV 5021
—, 1,2-Epoxy-3-oxo-,
   — methylester **18** IV 5551
—, 3,9-Epoxy-11-oxo- **18** IV 5552
   — methylester **18** IV 5553
—, 8,19-Epoxy-3-oxo-,
   — äthylester **18** IV 5553
—, 9,11-Epoxy-3-oxo-,
   — methylester **18** IV 5552
—, 14,15-Epoxy-3-oxo-,
   — methylester **18** IV 5552
—, 12-Hydroxy-,
   — lacton **17** IV 5040
—, 19-Hydroxy-3-[O^3-methyl-6-desoxy-
   glucopyranosyloxy]-,
   — methylester **17** IV 2555
—, 12-Hydroxy-3-oxo-,
   — lacton **17** IV 6262

Androstan-17-carbonsäure (Fortsetzung)
—, 19-Hydroxy-3-thevetopyranosyloxy-,
— methylester **17** IV 2555
—, 3-[O^3-Methyl-6-desoxy-
glucopyranosyloxy]-,
— methylester **17** IV 2552
—, 3-[O^3-Methyl-6-desoxy-
glucopyranosyloxy]-19-oxo-,
— methylester **17** IV 2557
—, 3-[O^3-Methyl-6-desoxy-
talopyranosyloxy]-1-oxo-,
— methylester **17** IV 2557
—, 19-Oxo-3-thevetopyranosyloxy-,
— methylester **17** IV 2557
—, 3-Thevetopyranosyloxy-,
— methylester **17** IV 2552
Androstan-17,18-dicarbonsäure
— anhydrid **17** IV 6265
Androstan-3,14-diol
—, 7,8-Epoxy-17-hydroxymethyl- **17**
IV 2343
Androstan-3,17-diol
—, 1,2-Epoxy- **17** IV 2083
—, 4,5-Epoxy- **17** IV 2083
—, 5,6-Epoxy- **17** IV 2083
—, 5,6-Epoxy-17-methyl- **17** IV 2087
Androstan-7,11-diol
—, 3,17-Diacetoxy-8,9-epoxy- **17**
IV 2675
Androstan-3,17-dion
—, 1,2-Epoxy- **17** IV 6256
—, 4,5-Epoxy- **17** IV 6256
—, 5,6-Epoxy- **17** IV 6256
—, 9,11-Epoxy- **17** IV 6257
—, 11,12-Epoxy- **17** IV 6257
Androstan-6,17-dion
—, 2,3-Epoxy- **17** IV 6256
Androstan-7,11-dion
—, 3,17-Diacetoxy-8,9-epoxy- **18**
IV 2424
Androstano[16,17-c]furan-11,5'-dion
—, 3,17-Dihydroxy-16-methyl-16,17-
dihydro- **18** IV 2430
Androstano[16,17-c]furan-11-on
—, 3-Acetoxy-5'-methyl- **18** IV 548
Androstan-3-ol
—, 17-Acetoxy-4,5-epoxy- **17** IV 2083
—, 5,6-Epoxy- **17** IV 1402
—, 16,17-Epoxy- **17** IV 1402
—, 17-Tetrahydropyran-2-yloxy- **17**
IV 1059
Androstan-17-ol
—, 3-Acetoxy-5,6-epoxy- **17** IV 2084
—, 3-Acetoxy-5,6-epoxy-17-methyl- **17**
IV 2087
—, 2,3-Epoxy- **17** IV 1401
—, 3,4-Epoxy- **17** IV 1402
—, 5,6-Epoxy-17-methyl-3-propionyloxy-
17 IV 2088

—, 3-Tetrahydropyran-2-yloxy- **17**
IV 1059
Androstan-3-on
—, 17-Acetoxy-1,2-epoxy- **18** IV 242
—, 17-Acetoxy-4,5-epoxy- **18** IV 243
—, 1,2-Epoxy-17-hydroxy- **18** IV 242
—, 4,5-Epoxy-17-hydroxy- **18** IV 242
—, 4,5-Epoxy-17-hydroxy-17-methyl-
18 IV 249
—, 9,11-Epoxy-17-hydroxy-17-methyl-
18 IV 250
—, 1,2-Epoxy-17-propionyloxy- **18**
IV 242
—, 17-Tetrahydropyran-2-yloxy- **17**
IV 1067
Androstan-17-on
—, 3-Acetoxy-5,6-epoxy- **18** IV 244
—, 3-Acetoxy-9,11-epoxy- **18** IV 245
—, 3-Acetoxy-11,12-epoxy- **18** IV 246
—, 3-Acetoxy-14,15-epoxy- **18** IV 246
—, 3-Benzoyloxy-5,6-epoxy- **18** IV 245
—, 3-Benzoyloxy-9,11-epoxy- **18** IV 245
—, 3-[5-Carboxy-xylopyranosyloxy]- **18**
IV 5127
—, 2,3-Epoxy- **17** IV 5035
—, 3,4-Epoxy- **17** IV 5036
—, 5,6-Epoxy-3-hydroxy- **18** IV 243
—, 9,11-Epoxy-3-hydroxy- **18** IV 245
—, 11,12-Epoxy-3-hydroxy- **18** IV 246
—, 5,6-Epoxy-3-propionyloxy- **18**
IV 244
—, 3-Glucopyranosyloxy- **17** IV 3015
—, 3-Glucopyranosyloxy-5,6-dihydroxy-
17 IV 3027
—, 3-[Tetra-O-acetyl-glucopyranosyloxy]-
17 IV 3224
—, 3-[Tri-O-acetyl-5-methoxycarbonyl-
xylopyranosyloxy]- **18** IV 5183
Androstano[12,13,17-bc]oxocin-8'-on
—, 5'-Methyl-tetrahydro- **17** IV 5043
Androstano[2,3-b]pyrano[2,3-e][1,4]dioxin-19-al
—, 14,8'a-Dihydroxy-6'-methyl-8'-oxo-
17-[5-oxo-2,5-dihydro-
[3]furyl]-hexahydro- **18** IV 3125
—, 14,7',8',8'a-Tetrahydroxy-6'-methyl-
17-[5-oxo-2,5-dihydro-
[3]furyl]-hexahydro- **18** IV 3126
—, 14,8',8'a-Trihydroxy-6'-methyl-17-
[5-oxo-2,5-dihydro-[3]furyl]-hexahydro-
18 IV 3124
—, 14,8',8'a-Trihydroxy-6'-methyl-17-
[5-oxo-tetrahydro-[3]furyl]-hexahydro-
18 IV 3096
**Androstano[2,3-b]pyrano[2,3-e][1,4]dioxin-19-
säure**
—, 14,8',8'a-Trihydroxy-6'-methyl-17-
[5-oxo-2,5-dihydro-[3]furyl]-hexahydro-
18 IV 6608

Androstan-3,7,12-triol

—, 17-[1-(6-Äthyl-6-hydroxy-5-methyl-
  tetrahydro-pyran-2-yl)-äthyl]- **10**
  III 2426 e

Androstan-3,11,17-trion

—, 4,5-Epoxy- **17** IV 6761

Androst-5-en

—, 3-Acetoxy-16,17-epoxy- **17** IV 1510

—, 3-Acetoxy-17-tetrahydropyran-2-
  yloxy- **17** IV 1060

—, 17-[2-Äthyl-butyryloxy]-3-
  tetrahydropyran-2-yloxy- **17** IV 1061

—, 17-Benzoyloxy-3-tetrahydropyran-2-
  yloxy- **17** IV 1061

—, 17-Cyclohexancarbonyloxy-3-
  tetrahydropyran-2-yloxy- **17** IV 1061

—, 17-[3-Cyclopentyl-propionyloxy]-3-
  tetrahydropyran-2-yloxy- **17** IV 1061

—, 17-Lauroyloxy-3-tetrahydropyran-2-
  yloxy- **17** IV 1061

—, 17-[3-Phenyl-propionyloxy]-3-
  tetrahydropyran-2-yloxy- **17** IV 1061

—, 17-Propionyloxy-3-tetrahydropyran-
  2-yloxy- **17** IV 1060

Androst-7-en

—, 3,17-Diacetoxy-9,11-epoxy- **17**
  IV 2136

Androst-4-en-18-al

—, 14,15-Epoxy-11-hydroxy-3,16-dioxo-
  18 IV 2576

Androst-4-en-17-carbaldehyd

—, 16,17-Epoxy-3,11-dioxo- **17** IV 6772

Androst-5-en-17-carbonitril

—, 3-Acetoxy-17-tetrahydropyran-2-
  yloxy- **17** IV 1075

Androst-2-en-17-carbonsäure

—, 14-Hydroxy-1-oxo-,
  — methylester **17** IV 2540

Androst-4-en-carbonsäure

—, 8,19-Epoxy-3-hydroxyimino-,
  — äthylester **18** IV 5627

—, 8,19-Epoxy-3-oxo-,
  — äthylester **18** IV 5627

Androst-4-en-17-carbonsäure

—, 11-Acetoxy-18-hydroxy-3-oxo-,
  — lacton **18** IV 1592

—, 16,17-Epoxy-3,11-dioxo- **18** IV 6081
  — methylester **18** IV 6082

—, 18-Hydroxy-3,11-dioxo-,
  — lacton **17** IV 6771

—, 18-Hydroxy-3-oxo-,
  — lacton **17** IV 6326

Androst-5-en-17-carbonsäure

—, 3,14,19-Trihydroxy-,
  — 14-lacton **18** IV 1454

Androst-8(14)-en-17-carbonsäure

—, 3,11-Diacetoxy-7,15-epoxy-12-oxo-,
  — benzhydrylester **18** IV 6519
  — methylester **18** IV 6519

Androst-14-en-17-carbonsäure

—, 19-Acetoxy-3-[O^2,O^4-diacetyl-
  O^3-methyl-6-desoxy-glucopyranosyloxy]-,
  — methylester **17** IV 2556

—, 3,11-Diacetoxy-7,8-epoxy-12-oxo-,
  — benzhydrylester **18** IV 6519
  — methylester **18** IV 6519

—, 3-[O^2,O^4-Diacetyl-O^3-methyl-6-
  desoxy-glucopyranosyloxy]-,
  — methylester **17** IV 2553

—, 3-[O^2,O^4-Diacetyl-O^3-methyl-6-
  desoxy-talopyranosyloxy]-1-oxo-,
  — methylester **17** IV 2558

Androst-16-en-17-carbonsäure

—, 3-Acetoxy-5,6-epoxy-,
  — methylester **18** IV 4939

—, 3-Acetoxy-14,15-epoxy-,
  — methylester **18** IV 4939

—, 3-Acetoxy-14,15-epoxy-5,6-
  dihydroxy-,
  — methylester **18** IV 5096

Androst-4-en-17-carbonylchlorid

—, 16,17-Epoxy-3,11-dioxo- **18** IV 6082

Androst-4-en-3,16-dion

—, 11,18;14,15-Diepoxy-18-hydroxy-
  18 IV 2576

Androst-4-en-3,17-dion

—, 9,11-Epoxy- **17** IV 6325

Androst-16-eno-[16,17-c]furan-11,5'-dion

—, 3,17-Dihydroxy-16-methyl-16,17-
  dihydro- **18** IV 2430

Androst-16-eno[16,17-c]furan-11-on

—, 3-Acetoxy-5'-methyl- **18** IV 548

**Androst-5-eno[16,17-e]isobenzofuran-1',3'-
dion**

—, 3,6'-Diacetoxy-16,3'a,7',7'a-
  tetrahydro- **18** IV 2667

Androst-5-en-3-ol

—, 16,17-Epoxy- **17** IV 1510

—, 17-Tetrahydropyran-2-yloxy- **17**
  IV 1060

Androst-5-en-17-ol

—, 3-Tetrahydropyran-2-yloxy- **17**
  IV 1060

Androst-4-en-3-on

—, 17-Acetoxy-11,18-epoxy- **18** IV 461

—, 17-[5-Carboxy-xylopyranosyloxy]-
  18 IV 5128

—, 4-Chlor-17-[3-tetrahydro[2]furyl-
  propionyloxy]- **18** IV 3847

—, 17,18-Diacetoxy-11,18-epoxy- **18**
  IV 1452

—, 16,17-Epoxy- **17** IV 5168

—, 6,7-Epoxy-17-hydroxy- **18** IV 461

—, 9,11-Epoxy-17-hydroxy-17-methyl-
  18 IV 464

—, 17-[Furan-2-carbonyloxy]- **18**
  IV 3926

Androst-4-en-3-on (Fortsetzung)
—, 17-[O^4-Glucopyranosyl-
glucopyranosyloxy]- **17** IV 3531
—, 17-Glucopyranosyloxy- **17**
IV 3016
—, 17-[Hepta-O-acetyl-maltosyloxy]- **17**
IV 3571
—, 17-Maltosyloxy- **17** IV 3531
—, 17-[2-Methyl-tetrahydro-[2]furyloxy]-
17 IV 1092
—, 17-[2-Methyl-tetrahydro-pyran-2-
yloxy]- **17** IV 1132
—, 17-[Tetra-O-acetyl-
glucopyranosyloxy]- **17** IV 3225
—, 17-[Tetrahydro-furan-2-carbonyloxy]-
18 IV 3827
—, 17-Tetrahydropyran-2-yloxy- **17**
IV 1067
—, 17-[Tri-O-acetyl-5-methoxycarbonyl-
xylopyranosyloxy]- **18** IV 5183
—, 17-[O^2,O^3,O^6-Triacetyl-O^4-(tetra-
O-acetyl-glucopyranosyl)-
glucopyranosyloxy]- **17** IV 3571
Androst-5-en-17-on
—, 3-[5-Carboxy-xylopyranosyloxy]- **18**
IV 5128
—, 3-Glucopyranosyloxy- **17** IV 3016
—, 3-[Tetra-O-acetyl-glucopyranosyloxy]-
17 IV 3225
—, 3-Tetrahydropyran-2-yloxy- **17**
IV 1068
—, 3-[Tri-O-acetyl-5-methoxycarbonyl-
xylopyranosyloxy]- **18** IV 5184
Androst-6-en-3-on
—, 4,5-Epoxy-17-hydroxy- **18** IV 461
Androst-3-eno[12,13,17-bc]oxocin-8′-on
—, 5′-Methyl-tetrahydro- **17**
IV 5175
**Androst-2-eno[2,3-b]pyrano[2,3-e][1,4]dioxin-
19-al**
—, 14,8′a-Dihydroxy-6′-methyl-8′-oxo-17-
[5-oxo-2,5-dihydro-[3]furyl]-hexahydro-
18 IV 3125
—, 14,7′,8′,8′a-Tetrahydroxy-6′-methyl-
17-[5-oxo-2,5-dihydro-
[3]furyl]-hexahydro- **18** IV 3126
—, 14,8′,8′a-Trihydroxy-6′-methyl-17-
[5-oxo-2,5-dihydro-[3]furyl]-hexahydro-
18 IV 3124
—, 14,8′,8′a-Trihydroxy-6′-methyl-17-
[5-oxo-tetrahydro-[3]furyl]-hexahydro-
18 IV 3096
Androst-4-en-18-säure
—, 17-Acetoxy-11-hydroxy-3-oxo-,
— lacton **18** IV 1590
Androsteron
—, O-[5-Carboxy-xylopyranosyl]- **18**
IV 5127
—, O-Glucopyranosyl- **17** IV 3015

—, Glucopyranosyl-dehydro- **17**
IV 3016
—, O-[Tetra-O-acetyl-glucopyranosyl]-
17 IV 3224
—, O-[Tetra-O-acetyl-glucopyranosyl]-
dehydro- **17** IV 3225
Anetholoxid 17 115 b, II 120 b
Angelical 18 IV 1521
α-Angelicalacton 17 252 b, II 297 c,
IV 4300
β-Angelicalacton 17 253 a, I 139 b,
II 297 d, IV 4302
Angelicon 18 IV 2571
— semicarbazon **18** IV 2571
Angustifolionol 18 IV 1413
Angustosid
—, Methyl-,
— dimethylacetal **18** IV 2265
Anhydrid
s. a. Oxid
s. a. unter den entsprechenden
Carbonsäuren
—, [N-Acetoxy-furan-2-carbimidsäure]-
essigsäure- **18** II 268 h
—, [6-Acetoxy-2-oxo-2H-anthra[9,1-bc]⚡
furan-5-carbonsäure]-essigsäure- **18**
IV 6439
—, 5-{4-[3-(4-Acetylamino-phenyl)-2-
methyl-allyliden]-tetrahydro-[2]furyl}-3-
methoxy-2,4-dimethyl-penta-2,4-
diensäure-essigsäure- **18** IV 8243
—, [7-Acetyl-6-hydroxy-3-methyl-
benzofuran-2-carbonsäure]-essigsäure-
18 IV 6383
—, [$N,N′$-Äthandiyl-bis-
dithiocarbamidsäure]-[furan-2-
carbonsäure]-di- **18** IV 4002
—, Benzoesäure-[4-benzoylmetcapto-2-
dihydro[2]thienyliden-thiobuttersäure]-S-
18 345 c
—, Benzoesäure-[N-(thiophen-2-
carbonyl)-benzimidsäure]- **18** IV 4021
—, [4-Benzoyl-2,5-diphenyl-furan-3-
carbonsäure]-essigsäure- **18** IV 5710
—, [4-Benzoylmercapto-2-dihydro[2]⚡
thienyliden-buttersäure]-thiobenzoesäure-
S- **18** 345 c
—, [Bicyclohexyl-2,2′-dicarbonsäure]-
essigsäure-di- **17** IV 6041
—, Decevinsäure-essigsäure- **18** IV 6168
—, [6,8-Diacetoxy-3,4,5-trimethyl-
isochroman-7-carbonsäure]-essigsäure-
18 IV 5015
—, [Di-[2]furyl-arsinigsäure]-essigsäure-
18 IV 8365
—, Diisopropyldithiocarbamidsäure-
[furan-2-carbonsäure]- **18** IV 4002
—, Dimethyldithiocarbamidsäure-[furan-
2-carbonsäure]- **18** IV 4002

Anhydrid (Fortsetzung)

—, Essigsäure-[furan-2-carbonsäure]-
18 IV 3928

—, Essigsäure-[furan-2,5-dicarbonsäure]-di-
18 330 d

—, Essigsäure-[2]furylarsonigsäure-di-
18 IV 8367

—, Essigsäure-[1-hydroxy-6a-methyl-3,9-
dioxo-5,6,6a,7,8,9-hexahydro-
3H,4H-benz[de]isochromen-6-
carbonsäure]- 18 IV 6168

—, Essigsäure-[1-methoxy-6a-methyl-3,9-
dioxo-5,6,6a,7,8,9-hexahydro-
3H,4H-benz[de]isochromen-6-
carbonsäure]- 18 IV 6512

—, Essigsäure-[O-methyl-decevinsäure]-
18 IV 6512

—, Essigsäure-[6a-methyl-1,3,9-trioxo-
4,5,6,6a,7,8,9,9a-octahydro-1H,3H-benz⹀
[de]isochromen-6-carbonsäure]- 18
IV 6168

—, Essigsäure-[3-(5-nitro-[2]furyl)-
acrylsäure]- 18 IV 4156

—, Essigsäure-[2-oxo-2H-anthra[9,1-bc]⹀
furan-7-carbonsäure]- 18 IV 5691

—, Essigsäure-[(5-oxo-dihydro-
[2]furyliden)-essigsäure]- 18 IV 5338

—, Essigsäure-[2,3,4-trichlor-6-
diäthylamino-9-oxo-xanthen-1-
carbonsäure]- 18 I 590 b

—, [Furan-2-carbonsäure]-
trifluoressigsäure- 18 IV 3928

—, [Kohlensäure-monomethylester]-
[7-methoxycarbonyloxy-2-oxo-
2H-chromen-6-carbonsäure]- 18 IV 6350

Anhydroabogenin 18 IV 2484

α,γ-**Anhydroaconitsäure** 18 I 511 e, II 352 f

β,γ-**Anhydroaconitsäure** 18 463 Anm.,
I 511 f, II 353 a

Anhydroacoschimperosid-P

—, Desacetyl- 18 IV 1612

Anhydroacovenosid-A 18 IV 1605

Anhydroacovenosigenin-A 18 IV 1605

—, Di-O-acetyl- 18 IV 1605

—, Di-O-benzoyl- 18 IV 1605

—, 1-Oxo- 18 IV 1657

Anhydroadynerigenin 18 IV 592

—, O-Acetyl- 18 IV 593

—, Tetrahydro- 18 IV 474

2,5-Anhydro-allarsäure 18 309 a

1,5-Anhydro-allit 17 IV 2578

2,3-Anhydro-allopyranosid

—, Methyl- 17 IV 3670

3,4-Anhydro-allopyranosid

—, Methyl- 17 IV 3670

2,5-Anhydro-alloschleimsäure 18 309 a

3,6-Anhydro-allose

— phenylosazon 18 IV 2306

— o-tolylosazon 18 IV 2308

— p-tolylosazon 18 IV 2308

14-Anhydro-allostrophanthidin 18 IV 2587

— oxim 18 IV 2588

—, O^3-Benzoyl- 18 IV 2588

$\varDelta^4$-**Anhydroallostrophanthidonsäure**

— methylester 18 IV 6543

β-**Anhydroallouzarigenin**

—, O-Acetyl- 18 IV 555

1,5-Anhydro-altrit 17 IV 2578

—, Tetra-O-acetyl- 17 IV 2581

—, Tetra-O-benzoyl- 17 IV 2582

2,6-Anhydro-altrit 17 IV 2578

—, Tetra-O-acetyl- 17 IV 2581

2,6-Anhydro-altrose 18 IV 2269

3,6-Anhydro-altrose

— phenylosazon 18 IV 2306

— o-tolylosazon 18 IV 2308

— p-tolylosazon 18 IV 2308

Anhydroandrographolid

—, Diacetyl- 18 IV 1453

—, Di-O-acetyl- 18 IV 1452

Anhydro-arabinitol

s. Anhydro-arabit

2,5-Anhydro-arabinose 18 IV 1106

— [benzyl-phenyl-hydrazon] 18
IV 1108

— dimethylacetal 18 IV 1107

1,4-Anhydro-arabit 17 IV 2290

—, O^2,O^3-Diacetyl-O^5-trityl- 17
IV 2291

—, O^2,O^3-Dibenzoyl-O^5-trityl- 17
IV 2291

—, Tri-O-acetyl- 17 IV 2291

—, Tri-O-benzoyl- 17 IV 2292

—, Tri-O-methyl- 17 IV 2292

1,5-Anhydro-arabit 17 IV 2277

—, 5-[N'-(4-Chlor-benzolsulfonyl)-
N'-methyl-N-nitroso-hydrazino]- 18
IV 8316

—, Tri-O-acetyl- 17 IV 2278

—, Tri-O-acetyl-1-[N'-acetyl-N'-(4-chlor-
benzolsulfonyl)-N-nitroso-hydrazino]-
18 IV 8317

—, Tri-O-acetyl-1-benzolsulfonyl- 17
IV 2488

—, Tri-O-acetyl-1-[3-brom-4-methoxy-
phenyl]- 17 IV 2667

—, Tri-O-acetyl-5-[N'-(4-chlor-
benzolsulfonyl)-N'-methyl-N-nitroso-
hydrazino]- 18 IV 8317

—, Tri-O-acetyl-1-[3-chlor-4-methoxy-
phenyl]- 17 IV 2667

—, Tri-O-acetyl-1-[4-methoxy-phenyl]-
17 IV 2666

—, Tri-O-acetyl-1-[1]naphthyl- 17
IV 2368

—, Tri-O-acetyl-1-phenyl- 17 IV 2340

—, Tri-O-acetyl-1-o-tolyl- 17 IV 2342

1,5-Anhydro-arabit (Fortsetzung)
—, Tri-*O*-acetyl-1-*p*-tolyl- **17** IV 2343
—, Tri-*O*-benzoyl- **17** IV 2278
2,5-Anhydro-arabit 17 IV 2290
—, Tris-*O*-[toluol-4-sulfonyl]- **17**
   IV 2293
Anhydrobovogenin-A 18 IV 1757
Anhydrobrasilin
—, Tri-*O*-acetyl- **17** IV 2401
—, Tri-*O*-methyl- **17** 183 c, II 225 f,
   IV 2401
Anhydrobrasilsäure 18 530 f, IV 6351
Anhydrobufalin 18 IV 595
Anhydrobufotalonsäure 18 IV 6408
Anhydrocafesterol 17 IV 5251
Anhydrocafestol 17 IV 5251
Anhydrocalotropin 18 IV 3125
Anhydrocamphoronsäure 18 456 e, 459 e,
   II 351 f
   — äthylester **18** 458 a
   — anhydrid **18** 458 c
   — anilid **18** 458 f
   — chlorid **18** 458 d,
      II 351 g, 352 a
   — methylester **18** 457 a
Anhydrocanariengenin-A 18 IV 591
Anhydrocanarigenin 18 IV 591
Anhydrocarminsäure 10 II 778
—, Tetra-*O*-methyl- **10** II 778
Anhydrocellobiose
   — *o*-tolylosazon **18** IV 2313
Anhydrocerberigenin 18 IV 552
—, *O*-Acetyl- **18** IV 552
Anhydrochinovasäure 18 II 340 e
Anhydrocochenillesäure 18 545 a, IV 6497
—, *O*-Acetyl- **18** IV 6497
   — methylester **18** IV 6497
—, *O*-Benzoyl- **18** IV 6497
—, *O*-Methyl-,
   — methylester **18** IV 6497
β-**Anhydrocoroglaucigenin 18** IV 1608
—, Di-*O*-acetyl- **18** IV 1608
16-Anhydrocryptogr_andosid-A
—, Desacetyl- **18** IV 1610
16-Anhydrocryptograndosid-B
—, Desacetyl- **18** IV 1611
Anhydrodehydroterminonsäure
—, Di-*O*-acetyl-,
   — methylester **18** IV 5058
Anhydrodesacetylcinobufagin
—, Octahydro- **18** IV 1311
16-Anhydro-desgluco-digitalinum-verum 18
   IV 1612
—, Di-*O*-acetyl- **18** IV 1613
1,5-Anhydro-6-desoxy-altrit
—, 6,6-Bis-äthansulfonyl- **18** IV 2270
—, 6,6-Bis-äthansulfonyl-tri-*O*-benzoyl-
   18 IV 2272
—, 6,6-Bis-methansulfonyl- **18** IV 2269

—, 6,6-Bis-[propan-1-sulfonyl]- **18**
   IV 2270
—, Tri-*O*-acetyl-6,6-bis-äthansulfonyl-
   18 IV 2272
—, Tri-*O*-acetyl-6,6-bis-[propan-1-
   sulfonyl]- **18** IV 2272
2,5-Anhydro-1-desoxy-arabit
—, 3-Hydroxymethyl- **17** IV 2321
—, 3-Methyl- **17** IV 2018
3,6-Anhydro-1-desoxy-galactit 17 IV 2319
—, Tris-*O*-[toluol-4-sulfonyl]- **17**
   IV 2320
3,6-Anhydro-2-desoxy-galactose
   s. *lyxo*-3,6-Anhydro-2-desoxy-hexose
1,4-Anhydro-6-desoxy-glucit
—, 6-Chlor- **17** IV 2320
—, 6-Jod- **17** IV 2321
—, Tri-*O*-acetyl-6-chlor- **17** IV 2320
—, Tri-*O*-benzoyl-6-jod- **17** IV 2321
1,5-Anhydro-2-desoxy-glucit
—, 2-Acetylamino- **18** IV 7487
—, 2-Acetylamino-1-äthansulfonyl- **18**
   IV 7628
—, 2-Acetylamino-1-äthyl- **18** IV 7496
—, 2-Acetylamino-1-benzyl- **18** IV 7499
—, 2-Acetylamino-1-butyl- **18** IV 7497
—, 2-Acetylamino-1-methyl- **18**
   IV 7495
—, 2-Acetylamino-1-phenyl- **18** IV 7498
—, 2-Acetylamino-1-propyl- **18** IV 7496
—, 2-Amino-1-[4-nitro-phenyl]- **18**
   IV 7499
—, 2-[Dichloracetyl-amino]-1-[4-nitro-
   phenyl]- **18** IV 7499
—, Tri-*O*-acetyl-2-acetylamino- **18**
   IV 7487
—, Tri-*O*-acetyl-2-acetylamino-1-äthyl-
   18 IV 7496
—, Tri-*O*-acetyl-2-acetylamino-1-benzyl-
   18 IV 7499
—, Tri-*O*-acetyl-2-acetylamino-1-
   [4-brom-phenyl]- **18** IV 7498
—, Tri-*O*-acetyl-2-acetylamino-1-butyl-
   18 IV 7497
—, Tri-*O*-acetyl-2-acetylamino-1-methyl-
   18 IV 7496
—, Tri-*O*-acetyl-2-acetylamino-1-[3-nitro-
   phenyl]- **18** IV 7498
—, Tri-*O*-acetyl-2-acetylamino-1-[4-nitro-
   phenyl]- **18** IV 7499
—, Tri-*O*-acetyl-2-acetylamino-1-phenyl-
   18 IV 7498
—, Tri-*O*-acetyl-2-acetylamino-1-propyl-
   18 IV 7496
2,6-Anhydro-1-desoxy-glucit
—, 1,1-Bis-äthansulfonyl- **18** IV 2269
—, Tri-*O*-acetyl-1,1-bis-äthansulfonyl-
   18 IV 2271

2,5-Anhydro-6-desoxy-gluconsäure
—, Bis-*O*-[toluol-4-sulfonyl]-,
  — dimethylamid **18** IV 4997
  — methylester **18** IV 4997
—, 6-Jod-bis-*O*-[toluol-4-sulfonyl]-,
  — dimethylamid **18** IV 4998
  — methylester **18** IV 4998
3,6-Anhydro-2-desoxy-gluconsäure
—, *O*⁴-Methyl- **18** IV 4996
3,6-Anhydro-2-desoxy-glucose
s. *arabino*-3,6-Anhydro-2-desoxy-hexose
altro-**2,6-Anhydro-5-desoxy-heptit 17**
  IV 2655
galacto-**2,6-Anhydro-3-desoxy-heptit 17**
  IV 2655
—, Tetrakis-*O*-[4-nitro-benzoyl]- **17**
  IV 2655
glycero-gulo-**2,6-Anhydro-1-desoxy-heptit**
—, 1-Nitro- **17** IV 2654
—, Tetra-*O*-acetyl-1-nitro- **17** IV 2655
manno-**2,6-Anhydro-3-desoxy-heptose**
—, Tri-*O*-acetyl-,
  — diäthylacetal **18** IV 2294
lyxo-**1,4-Anhydro-2-desoxy-hex-1-enit**
—, 1-Amino-2-anilino- **18** IV 8143
—, 1-Amino-2-benzylamino- **18**
  IV 8143
xylo-**1,4-Anhydro-2-desoxy-hex-1-enit**
—, 1-Amino-2-anilino- **18** IV 8143
arabino-**1,5-Anhydro-2-desoxy-hex-1-enit 17**
  I 111 c, II 214 b, IV 2332, **31** 116 b
—, *O*³,*O*⁴-Diacetyl-*O*⁶-benzoyl- **17**
  IV 2335
—, *O*³,*O*⁶-Diacetyl-*O*⁴-methyl- **17**
  IV 2333
—, *O*⁴,*O*⁶-Diacetyl-*O*³-methyl- **17**
  IV 2333
—, *O*³,*O*⁴-Diacetyl-*O*⁶-phenylcarbamoyl-
  17 IV 2335
—, *O*³,*O*⁴-Diacetyl-*O*⁶-[tetra-*O*-acetyl-
  galactopyranosyl]- **17** IV 3453
—, *O*³,*O*⁶-Diacetyl-*O*⁴-[tetra-*O*-acetyl-
  galactopyranosyl]- **17** IV 3453,
  31 417 b
—, *O*³,*O*⁴-Diacetyl-*O*⁶-[tetra-*O*-acetyl-
  glucopyranosyl]- **17** IV 3453
—, *O*³,*O*⁶-Diacetyl-*O*⁴-[tetra-*O*-acetyl-
  glucopyranosyl]- **17** IV 3452,
  31 382 b
—, *O*⁴,*O*⁶-Diacetyl-*O*³-[tetra-*O*-acetyl-
  glucopyranosyl]- **17** IV 3453
—, *O*⁴-Galactopyranosyl- **17** IV 3451,
  31 417 a
—, *O*⁶-Galactopyranosyl- **17** IV 3452
—, *O*³-Glucopyranosyl- **17** IV 3451
—, *O*⁴-Glucopyranosyl- **17** IV 3450,
  31 382 a
—, *O*⁶-Glucopyranosyl- **17** IV 3452
—, *O*³-Methyl- **17** IV 2333

—, Tri-*O*-acetyl- **17** I 111 d, II 214 c,
  IV 2333, **31** 116 c
—, Tri-*O*-methyl- **17** IV 2333
ribo-**1,5-Anhydro-2-desoxy-hex-1-enit**
—, *O*⁴-Galactopyranosyl-2-phenylazo-1-
  [*N*′-phenyl-hydrazino]- **18**
  IV 3036
—, *O*⁴-Glucopyranosyl-2-phenylazo-1-
  [*N*′-phenyl-hydrazino]- **18**
  IV 3036
—, 2-Phenylazo-1-[*N*′-phenyl-hydrazino]-
  18 IV 3035
—, Tri-*O*-acetyl-2-phenylazo-1-
  [*N*′-phenyl-hydrazino]- **18** IV 3036
xylo-**1,5-Anhydro-2-desoxy-hex-1-enit**
—, 2-Phenylazo-1-[*N*′-phenyl-hydrazino]-
  18 IV 3035
arabino-**1,5-Anhydro-6-desoxy-hex-1-enit**
—, Tri-*O*-acetyl- **17** IV 2331
arabino-**2,6-Anhydro-5-desoxy-hex-5-enit 17**
  IV 2332
—, Tri-*O*-acetyl- **17** IV 2334
—, Tri-*O*-methyl- **17** IV 2333
arabino-**1,5-Anhydro-2-desoxy-hexit 17**
  I 110 e, IV 2312, **31** 115 d
—, *O*³,*O*⁶-Diacetyl-*O*⁴-[tetra-*O*-acetyl-
  galactopyranosyl]- **31** 416 d
—, *O*³,*O*⁴-Diacetyl-*O*⁶-[tetra-*O*-acetyl-
  glucopyranosyl]- **17** IV 3449
—, *O*³,*O*⁶-Diacetyl-*O*⁴-[tetra-*O*-acetyl-
  glucopyranosyl]- **31** 381 c
—, *O*³,*O*⁶-Dimethyl- **17** IV 2313
—, *O*³,*O*⁶-Dimethyl-*O*⁴-[toluol-4-
  sulfonyl]- **17** IV 2314
—, *O*⁴-[3,5-Dinitro-benzoyl]-
  *O*³,*O*⁶-dimethyl- **17** IV 2314
—, *O*⁴-Galactopyranosyl- **31** 416 c
—, *O*⁴-Glucopyranosyl- **17** IV 3447, **31**
  381 b
—, *O*⁶-Glucopyranosyl- **17** IV 3447
—, *O*³-[Toluol-4-sulfonyl]- **17** IV 2314
—, *O*⁶-[Toluol-4-sulfonyl]- **17** IV 2314
—, Tri-*O*-acetyl- **17** I 111 a, IV 2313,
  31 116 a
ribo-**1,5-Anhydro-2-desoxy-hexit 17** IV 2312
arabino-**1,5-Anhydro-6-desoxy-hexit**
—, 6,6-Bis-[butan-1-sulfonyl]- **18**
  IV 2271
—, 6,6-Bis-[2-methyl-propan-1-sulfonyl]-
  18 IV 2271
arabino-**2,6-Anhydro-1-desoxy-hexit**
—, 1,1-Bis-[propan-2-sulfonyl]- **18**
  IV 2271
—, 1,1-Bis-[toluol-α-sulfonyl]- **18**
  IV 2271
arabino-**2,6-Anhydro-5-desoxy-hexit 17**
  IV 2313
—, 5-Hydroxymethyl- **17**
  IV 2655

arabino-**2,6-Anhydro-5-desoxy-hexit**　(Fortsetzung)
—, Tri-*O*-acetyl- **17** IV 2313
—, Tri-*O*-methyl- **17** IV 2313
ribo-**2,5-Anhydro-3-desoxy-hexonsäure 18**
　IV 4998
　　— dimethylamid **18** IV 4998
　　— methylester **18** IV 4998
—, Bis-*O*-[toluol-4-sulfonyl]-,
　　— dimethylamid **18** IV 4999
—, Di-*O*-acetyl-,
　　— methylester **18** IV 4998
—, *O*⁶-[Toluol-4-sulfonyl]-,
　　— dimethylamid **18** IV 4998
arabino-**3,6-Anhydro-2-desoxy-hexonsäure**
—, *O*⁴-Methyl- **18** IV 4996
arabino-**3,6-Anhydro-2-desoxy-hexose 18**
　IV 1113
　　— [benzyl-phenyl-hydrazon] **18**
　　　IV 1113
—, *O*⁵-Acetyl-*O*⁴-[tetra-*O*-acetyl-
　　galactopyranosyl]- **18** IV 1114
—, *O*⁴-Galactopyranosyl- **18** IV 1114
　　— [benzyl-phenyl-hydrazon] **18**
　　　IV 1114
—, *O*⁴-Methyl- **18** IV 1113
　　— dimethylacetal **18** IV 1115
—, *O*⁵-Methyl- **18** IV 1114
lyxo-**3,6-Anhydro-2-desoxy-hexose 18**
　IV 1113
　　— dimethylacetal **18** IV 1115
—, *O*⁴-Methyl- **18** IV 1114
　　— dimethylacetal **18** IV 1115
2,6-Anhydro-1-desoxy-mannit 17 IV 2299
—, 1,1-Bis-äthansulfonyl- **18** IV 2270
—, 1,1-Bis-äthansulfonyl-tri-*O*-benzoyl-
　18 IV 2272
—, Tri-*O*-acetyl- **17** IV 2299
—, Tri-*O*-acetyl-6-allyl- **17** IV 2336
—, Tri-*O*-acetyl-1,1-bis-äthansulfonyl-
　18 IV 2271
—, Tri-*O*-acetyl-6-[2,3-dibrom-propyl]-
　17 IV 2325
—, Tri-*O*-benzoyl- **17** IV 2299
—, Tri-*O*-benzoyl-1-jod- **17** IV 2304
3,6-Anhydro-1-desoxy-mannit 17 IV 2319
—, 1-Amino- **18** IV 7495
3,6-Anhydro-2-desoxy-mannose
　s. *arabino*-3,6-Anhydro-2-desoxy-hexose
3,7-Anhydro-2-desoxy-octonsäure
—, 2-Amino- **18** IV 8251
—, 2-Amino-*O*⁶-galactopyranosyl- **18**
　IV 8251
erythro-**1,5-Anhydro-2-desoxy-pent-1-enit 17**
　II 183 e, 184 b, IV 2034
—, Di-*O*-acetyl- **17** II 184 a, IV 2035
threo-**1,5-Anhydro-2-desoxy-pent-1-enit 17**
　II 184 d, IV 2034
—, Di-*O*-acetyl- **17** II 184 e, IV 2035
—, Di-*O*-methyl- **17** IV 2034

erythro-**1,5-Anhydro-2-desoxy-pentit 17**
　IV 2003
—, Bis-*O*-[toluol-4-sulfonyl]- **17**
　IV 2005
—, Di-*O*-acetyl- **17** IV 2005
threo-**1,5-Anhydro-2-desoxy-pentit 17**
　IV 2004
—, Bis-*O*-phenylcarbamoyl- **17** IV 2005
—, Bis-*O*-[toluol-4-sulfonyl]- **17**
　IV 2006
—, Di-*O*-acetyl- **17** IV 2005
—, Di-*O*-benzoyl- **17** IV 2005
3,6-Anhydro-2-desoxy-talose
　s. *lyxo*-3,6-Anhydro-2-desoxy-hexose
2,5-Anhydro-1-desoxy-xylit
—, 1-Äthylamino- **18** IV 7400
—, 1-[Äthyl-(toluol-4-sulfonyl)-amino]-
　bis-*O*-[toluol-4-sulfonyl]- **18** IV 7400
—, 1-Amino- **18** IV 7399
—, 1-Anilino- **18** IV 7400
—, Bis-*O*-[toluol-4-sulfonyl]-1-[toluol-4-
　sulfonylamino]- **18** IV 7400
—, Bis-*O*-[toluol-4-sulfonyl]-1-[*N*-(toluol-
　4-sulfonyl)-anilino]- **18** IV 7401
—, 1-Chlor- **17** IV 2006
—, 1-Chlor-bis-*O*-phenylcarbamoyl- **17**
　IV 2007
—, 1-Chlor-bis-*O*-[toluol-4-sulfonyl]- **17**
　IV 2007
—, 1-Chlor-*O*³-phenylcarbamoyl- **17**
　IV 2007
—, 1-Chlor-*O*⁴-phenylcarbamoyl- **17**
　IV 2007
—, 1-Diäthylamino- **18** IV 7400
—, 1-Diäthylamino-bis-*O*-[toluol-4-
　sulfonyl]- **18** IV 7400
—, Di-*O*-benzoyl-1-chlor- **17** IV 2007
2,6-Anhydro-1,3-didesoxy-allit
—, 3-Acetylamino-1,1-bis-äthansulfonyl-
　18 IV 8110
—, Di-*O*-acetyl-3-acetylamino-1,1-bis-
　äthansulfonyl- **18** IV 8110
glycero-gulo-**2,6-Anhydro-1,3-didesoxy-heptit**
—, 3-Acetylamino- **18** IV 7495
—, 3-Acetylamino-1-phenyl- **18** IV 7499
—, Tri-*O*-acetyl-3-acetylamino- **18**
　IV 7496
—, Tri-*O*-acetyl-3-acetylamino-1-phenyl-
　18 IV 7499
arabino-**1,5-Anhydro-2,6-didesoxy-hex-1-enit**
　17 II 185 c, IV 2037
—, *O*⁴-Acetyl-*O*³-methyl- **17** IV 2038
—, Di-*O*-acetyl- **17** II 185 d, IV 2039
—, Di-*O*-acetyl-6-brom- **17** II 185 e
—, Di-*O*-acetyl-6-[2,4-dibrom-anilino]-
　18 IV 7427
—, 6-[2,4-Dibrom-anilino]- **18** IV 7426
—, *O*³-Methyl- **17** IV 2038

ribo-1,5-Anhydro-2,6-didesoxy-hex-1-enit 17
II 186 a, IV 2037
—, Di-*O*-acetyl- 17 IV 2038
xylo-1,5-Anhydro-2,6-didesoxy-hex-1-enit 17
IV 2038
—, Di-*O*-acetyl- 17 IV 2039
arabino-2,6-Anhydro-1,5-didesoxy-hex-5-enit
17 IV 2037
—, Di-*O*-acetyl- 17 IV 2039
erythro-1,5-Anhydro-2,3-didesoxy-hex-2-enit
—, O^6-Acetyl-O^4-[tetra-*O*-acetyl-
glucopyranosyl]- 17 IV 3445
3,6-Anhydro-2,4-didesoxy-hex-2-enose 2
IV 323
erythro-1,5-Anhydro-2,3-didesoxy-hexit
—, O^6-Acetyl-O^4-[tetra-*O*-acetyl-
glucopyranosyl]- 17 IV 3445
2,5-Anhydro-1,6-didesoxy-idit
—, 1,6-Dijod- 17 IV 2019
1,4-Anhydro-2,6-didesoxy-mannit
—, 2,6-Dichlor- 17 IV 2017
2,5-Anhydro-1,6-didesoxy-mannit
—, O^3,O^4-Diacetyl- 17 IV 2018
—, O^3,O^4-Diacetyl-1,6-dichlor- 17
IV 2018
—, 1,6-Dichlor- 17 IV 2018
—, 1,6-Dichlor-O^3,O^4-bis-
methansulfonyl- 17 IV 2019
3,6-Anhydro-1,2-didesoxy-mannit
—, 1,2-Dichlor- 17 IV 2017
glycero-gulo-3,7-Anhydro-1,2-didesoxy-oct-1-
enit
—, Tetra-*O*-acetyl- 17 IV 2663
glycero-gulo-3,7-Anhydro-1,2-didesoxy-oct-1-
init
—, 1-Phenyl- 17 IV 2681
—, Tetra-*O*-acetyl-1-phenyl- 17
IV 2681
glycero-gulo-3,7-Anhydro-1,2-didesoxy-octit
—, 1-Phenyl- 17 IV 2674
—, Tetra-*O*-acetyl- 17 IV 2656
—, Tetra-*O*-acetyl-1-phenyl- 17 IV 2674
16-Anhydro-digitalinum-verum 18 IV 1613
—, Mono-*O*-acetyl- 18 IV 1613
—, Penta-*O*-acetyl- 18 IV 1614
α-Anhydrodigitoxigenin 18 IV 552
—, *O*-Acetyl- 18 IV 553
—, Dihydro- 18 IV 474
β-Anhydrodigitoxigenin 18 IV 554
—, *O*-Acetyl- 18 IV 555
—, *O*-[O^2-Acetyl-digitalopyranosyl]- 18
IV 557
—, *O*-[O^2-Acetyl-thevetopyranosyl]- 18
IV 556
—, *O*-[Di-*O*-acetyl-digitalopyranosyl]-
18 IV 556
—, *O*-[Di-*O*-acetyl-thevetopyranosyl]-
18 IV 556
—, *O*-Digitalopyranosyl- 18 IV 557

—, *O*-Rhamnopyranosyl- 18 IV 556
—, Tetrahydro- 18 IV 263
—, *O*-Thevetopyranosyl- 18 IV 556
—, *O*-[Tri-*O*-acetyl-rhamnopyranosyl]-
18 IV 557
γ-Anhydrodigitoxigenin 18 IV 554
δ-Anhydrodigitoxigenin 18 IV 552
α-Anhydrodigitoxigenon 17 IV 6380
β-Anhydrodigitoxigenon 17 IV 6381
—, Tetrahydro- 17 IV 6271
Anhydrodigitoxose 17 II 186 a
Anhydrodigoxigenin
—, 12-Epi-20-iso-tetrahydro- 18
IV 1305
—, 12-Epi-tetrahydro- 18 IV 1305
α-Anhydrodigoxigenin 18 IV 1604
—, O^3-Acetyl- 18 IV 1604
—, Di-*O*-acetyl- 18 IV 1604
—, Dihydro- 18 IV 1466
β-Anhydrodigoxigenin 18 IV 1607
—, O^{12}-Acetyl- 18 IV 1607
—, Di-*O*-acetyl- 18 IV 1607
α-Anhydrodigoxigenon 17 IV 6785
—, Dihydro- 17 IV 6775
β-Anhydrodigoxigenon 17 IV 6785
—, Tetrahydro- 17 IV 6765
α-Anhydrodihydrocalotropagenin 18 IV 2542
—, Tri-*O*-acetyl- 18 IV 2542
Anhydrodihydrochinonacenaphthenchinon 18
II 136 d
β-Anhydrodihydrodigitoxigenin 18 IV 474
β-Anhydrodihydrodigoxigenon 17 IV 6776
Anhydro-α-dihydrogitoxigenin
—, Di-*O*-acetyl- 18 IV 1466
Anhydro-β-dihydrogitoxigenin
—, Di-*O*-acetyl- 18 IV 1499
Anhydrodihydrostrophanthidin 18 IV 2542
—, O^3-Benzoyl- 18 IV 2542
—, Dihydro- 18 IV 2487
Anhydrodihydroterminonsäure
—, 12-Oxo-,
— methylester 18 IV 6539
Anhydro-dimethyl-dimethoxy-isolariciresinol
17 IV 3907
Anhydrodiresorcinacenaphthenchinon 18
I 383 e, II 136 f
3,6-Anhydro-dulcit s. 1,4-Anhydro-galactit
Anhydroemicymarigenin 18 IV 1603
Anhydroenneaheptit 17 208 b, IV 3831
—, Penta-*O*-allyl- 17 IV 3831
—, Penta-*O*-nitro- 17 IV 3832
—, Tetra-*O*-benzoyl- 17 208 d
Anhydroenneaheptose 18 IV 3034
Anhydroepicatechin
—, Tetra-*O*-methyl- 17 II 238 a,
IV 2702
1,4-Anhydro-erythrit 17 IV 1994
—, O^2-Äthyl- 17 IV 1996

1,4-Anhydro-erythrit (Fortsetzung)
—, O^2-Äthyl-O^3-phenylcarbamoyl- **17** IV 1997
—, Bis-O-[4-nitro-benzoyl]- **17** IV 1996
—, Bis-O-phenylcarbamoyl- **17** IV 1997
—, Di-O-nitro- **17** IV 1997
—, O^2-Methyl- **17** IV 1995
—, O^2-Methyl-O^3-phenylcarbamoyl- **17** IV 1997
2,3-Anhydro-erythrit 17 IV 2000
—, Bis-O-tetrahydro[3]furyl- **17** IV 2000
α-Anhydroforocidin-A 18 IV 7485
β-Anhydroforocidin-A 18 IV 7485
Anhydroforocidin-B 18 IV 7483
Anhydroforocidin-C 18 IV 7483
3,6-Anhydro-fructose
  — phenylosazon **18** IV 2306
1,4-Anhydro-fucit 17 IV 2319
—, Tris-O-[toluol-4-sulfonyl]- **17** IV 2320
Anhydrofusarubin 18 IV 3195
2,5-Anhydro-galactarsäure 18 I 473 e, II 309 f
1,4-Anhydro-galactit 17 IV 2642
—, O^3-Galactopyranosyl- **17** IV 3499
—, 6-Methoxy- **18** IV 2283
—, 6-Methoxy-tetrakis-O-[4-nitro-benzoyl]- **18** IV 2287
—, Tetra-O-acetyl- **17** IV 2643
—, Tetra-O-benzoyl- **17** IV 2644
—, O^2,O^5,O^6-Triacetyl-O^3-[tetra-O-acetyl-galactopyranosyl]- **17** IV 3499
—, O^2,O^5,O^6-Trimethyl-O^3-[tetra-O-methyl-galactopyranosyl]- **17** IV 3499
1,5-Anhydro-galactit 17 IV 2580
—, 1-Phenyl- **17** IV 2670
—, Tetra-O-acetyl- **17** IV 2582
—, Tetra-O-acetyl-1-[N'-acetyl-N'-(4-chlor-benzolsulfonyl)-N-nitroso-hydrazino]- **18** IV 8320
—, Tetra-O-acetyl-1-[N-acetyl-N'-nitroso-N'-(toluol-4-sulfonyl)-hydrazino]- **18** IV 8320
—, Tetra-O-acetyl-1-[N-acetyl-N'-(toluol-4-sulfonyl)-hydrazino]- **18** IV 8319
—, Tetra-O-acetyl-1-biphenyl-4-yl- **17** IV 2696
—, Tetra-O-acetyl-1-[N'-(4-chlor-benzolsulfonyl)-N'-methyl-N-nitroso-hydrazino]- **18** IV 8319
—, Tetra-O-acetyl-1-[1]naphthyl- **17** IV 2685
—, Tetra-O-benzoyl-1-phenyl- **17** IV 2672
—, O^2,O^3,O^4-Tribenzoyl-O^6-[toluol-4-sulfonyl]- **17** IV 2584
2,5-Anhydro-galactonsäure 18 I 467 c, II 308 d

2,6-Anhydro-galactonsäure
—, Tri-O-acetyl-6-brom-,
  — methylester **18** IV 5066
3,6-Anhydro-galactonsäure 18 IV 5067
  — methylester **18** IV 5068
—, O^2,O^4-Dimethyl- **18** IV 5067
  — amid **18** IV 5071
  — methylester **18** IV 5069
—, O^2,O^5-Dimethyl- **18** IV 5068
  — amid **18** IV 5071
  — methylester **18** IV 5069
—, O^2,O^5-Dimethyl-O^4-[tetra-O-methyl-galactopyranosyl]- **18** IV 5068
  — methylester **18** IV 5070
—, O^2-Methyl- **18** IV 5067
  — amid **18** IV 5071
  — methylester **18** IV 5069
—, O^4-Methyl- **18** IV 5067
  — amid **18** IV 5070
  — methylester **18** IV 5069
—, Tri-O-methyl- **18** IV 5068
  — methylester **18** IV 5070
3,6-Anhydro-galactopyranosylamin
—, O^2,O^4-Dimethyl-N-phenyl- **18** IV 2287
3,6-Anhydro-galactose 18 IV 2278
  — [benzyl-phenyl-hydrazon] **18** IV 2289
  — diäthyldithioacetal **18** IV 2289
  — dimethylacetal **18** IV 2283
  — diphenylhydrazon **18** IV 2288
  — methylhemiacetal **18** IV 2283
  — phenylosazon **18** IV 2306
  — p-tolylosazon **18** IV 2308
—, O^2,O^5-Diacetyl-O^4-[tetra-O-acetyl-galactopyranosyl]-,
  — diäthyldithioacetal **18** IV 2290
  — dimethylacetal **18** IV 2287
—, O^4,O^5-Dibenzoyl-O^2-methyl-,
  — dimethylacetal **18** IV 2285
—, O^2,O^4-Dimethyl- **18** IV 2280
  — dimethylacetal **18** IV 2284
  — phenylimin **18** IV 2287
—, O^2,O^5-Dimethyl- **18** IV 2281
  — dimethylacetal **18** IV 2284
—, O^2,O^4-Dimethyl-O^5-[4-nitro-benzoyl]-,
  — dimethylacetal **18** IV 2285
—, O^2,O^5-Dimethyl-O^4-[tetra-O-methyl-galactopyranosyl]- **18** IV 2282
  — diäthyldithioacetal **18** IV 2290
  — dimethylacetal **18** IV 2286
—, O^4-Galactopyranosyl- **18** IV 2282
  — diäthyldithioacetal **18** IV 2289
  — dimethylacetal **18** IV 2286
—, O^2-Methyl- **18** IV 2280
  — dimethylacetal **18** IV 2284
—, O^4-Methyl- **18** IV 2279
  — dimethylacetal **18** IV 2284

3,6-Anhydro-galactose (Fortsetzung)

—, O^2-Methyl-O^4,O^5-bis-[toluol-4-sulfonyl]-,
— dimethylacetal **18** IV 2287

—, Tri-O-acetyl-,
— dimethylacetal **18** IV 2285

—, Tri-O-methyl- **18** IV 2281
— dimethylacetal **18** IV 2284

—, Tris-O-[4-nitro-benzoyl]-,
— diäthyldithioacetal **18** IV 2289
— dimethylacetal **18** IV 2285

Anhydrogamabufaginsäure 18 IV 1618

$\Delta^{8(14)}$-**Anhydrogamabufogenin 18** IV 1661

Δ^{14}-**Anhydrogamabufogenin 18** IV 1662

Anhydrogamabufogenintetrahydrid 18
 IV 1500

$\Delta^{8(14)}$-**Anhydrogamabufotalin 18** IV 1661

Δ^{14}-**Anhydrogamabufotalin 18** IV 1662

Anhydrogeigerin 17 IV 6224

Anhydrogeigerinin 17 IV 6104

Anhydrogitaligenin 18 IV 2456

Anhydrogitalin 18 IV 2462

14-Anhydrogitoxigenin

—, Di-O-acetyl- **18** IV 1608

16-Anhydrogitoxigenin 18 IV 1608

2,5-Anhydro-glucarsäure 18 I 473 a,
 II 309 b

— bis-dimethylamid **18** IV 5227

— 1-dimethylamid **18** IV 5226

— 1-dimethylamid-6-methylester **18**
 IV 5226

—, Bis-O-[toluol-4-sulfonyl]-,
— bis-dimethylamid **18** IV 5227

1,2-Anhydro-glucit

—, 2-Acetoxymethyl-tetra-O-acetyl- **17**
 IV 3830

—, 2-Hydroxymethyl- **17** IV 3830

1,4-Anhydro-glucit 17 IV 2641

—, 1-Äthansulfinyl- **17** IV 3779

—, O^x,O^x-Benzyliden- **17** IV 2641

—, Tetra-O-acetyl- **17** IV 2642

—, O^2,O^3,O^5,O^6-Tetraacetyl-1-
äthansulfinyl- **17** IV 3781

—, Tetrakis-O-methansulfonyl- **17** IV 2644

—, Tetra-O-methyl- **17** IV 2642

—, O^6-[Toluol-4-sulfonyl]- **17** IV 2644

—, O^2,O^3,O^5-Tribenzoyl-O^6-[toluol-4-
sulfonyl]- **17** IV 2644

1,5-Anhydro-glucit 17 II 235 b, IV 2579

—, 1-[4-Acetylamino-phenyl]- **18**
 IV 7642

—, 1-[4-Äthyl-phenyl]- **17** IV 2674

—, 1-Benzolsulfonyl- **17** IV 3727

—, 1-Benzolsulfonyl-tetra-O-propionyl-
 17 IV 3737

—, O^2,O^4-Bis-[toluol-4-sulfonyl]-
O^3,O^6-bis-[3,4,5-trimethoxy-benzoyl]-
 17 IV 2584

—, O^3,O^6-Bis-[3,4,5-trimethoxy-benzoyl]-
 17 IV 2582

—, 1-[5-Brom-[2]thienyl]- **17** IV 3443

—, O^2,O^4-Diacetyl-O^3,O^6-bis-[3,4,5-
trimethoxy-benzoyl]- **17** IV 2583

—, O^3,O^6-Digalloyl- **17** IV 2582

—, O^4-Galactopyranosyl- **17** IV 3486

—, O^4-Glucopyranosyl- **17** IV 3486

—, O^6-Glucopyranosyl- **17** IV 3487

—, O^4-Glucopyranosyl-1-phenyl- **17**
 IV 3501

—, O^6-Glucopyranosyl-1-phenyl- **17**
 IV 3501

—, 1-[4-Methoxy-phenyl]- **17** IV 3833

—, 1-[4-Nitro-phenyl]- **17** IV 2672

—, 1-Phenäthyl- **17** IV 2674

—, 1-Phenyl- **17** IV 2669

—, 2-Phenyl- **17** IV 2668

—, 1-Phenyläthinyl- **17** IV 2681

—, 1-Phenyl-tetra-O-propionyl- **17**
 IV 2671

—, 1-Phenyl-O^6-[toluol-4-sulfonyl]- **17**
 IV 2672

—, 1-Phenyl-O^6-trityl- **17** IV 2670

—, O^6-Phosphono- **17** IV 2584

—, Tetra-O-acetyl- **17** II 235 c,
 IV 2581

—, Tetra-O-acetyl-1-[4-acetylamino-
phenyl]- **18** IV 7642

—, Tetra-O-acetyl-1-[N'-acetyl-N'-(4-
chlor-benzolsulfonyl)-N-nitroso-
hydrazino]- **18** IV 8319

—, Tetra-O-acetyl-1-[N-acetyl-N'-nitroso-
N'-(toluol-4-sulfonyl)-hydrazino]- **18**
 IV 8320

—, Tetra-O-acetyl-1-[4-acetyl-phenyl]-
 18 IV 3071

—, Tetra-O-acetyl-1-{4-[(N-acetyl-
sulfanilyl)-amino]-phenyl}- **18** IV 7642

—, Tetra-O-acetyl-1-[N-acetyl-N'-(toluol-
4-sulfonyl)-hydrazino]- **18** IV 8318

—, Tetra-O-acetyl-1-äthansulfinyl- **17**
 IV 3731

—, Tetra-O-acetyl-2-äthinyl- **17**
 IV 2664

—, Tetra-O-acetyl-1-[4-äthoxy-3,5-
dibrom-phenyl]- **17** IV 3834

—, Tetra-O-acetyl-1-[4-äthoxy-phenyl]-
 17 IV 3834

—, Tetra-O-acetyl-1-äthyl- **17** IV 2656

—, Tetra-O-acetyl-2-äthyl- **17** IV 2656

—, Tetra-O-acetyl-1-allyl- **17** IV 2664

—, Tetra-O-acetyl-1-[3-amino-4-methoxy-
phenyl]- **18** IV 7644

—, Tetra-O-acetyl-1-[4-amino-phenyl]-
 18 IV 7642

—, Tetra-O-acetyl-1-benzolsulfonyl- **17**
 IV 3733

—, Tetra-O-acetyl-1-[4-benzoylamino-3-
brom-phenyl]- **18** IV 7643

1,5-Anhydro-glucit (Fortsetzung)
—, Tetra-*O*-acetyl-1-[3-benzoylamino-4-methoxy-phenyl]- **18** IV 7644
—, Tetra-*O*-acetyl-1-[4-benzoylamino-phenyl]- **18** IV 7642
—, Tetra-*O*-acetyl-1-biphenyl-4-yl- **17** IV 2696
—, Tetra-*O*-acetyl-1-[4'-brom-biphenyl-4-yl]- **17** IV 2697
—, Tetra-*O*-acetyl-1-[3-brom-4-methoxy-phenyl]- **17** IV 3834
—, Tetra-*O*-acetyl-1-[5-brom-2-methoxy-phenyl]- **17** IV 3833
—, Tetra-*O*-acetyl-1-[5-brom-2-methyl-phenyl]- **17** IV 2673
—, Tetra-*O*-acetyl-1-[5-brom-[2]thienyl]- **17** IV 3444
—, Tetra-*O*-acetyl-1-butyl- **17** IV 2657
—, Tetra-*O*-acetyl-1-[3-chlor-4-methoxy-phenyl]- **17** IV 3834
—, Tetra-*O*-acetyl-1-[2-chlormethyl-phenyl]- **17** IV 2673
—, Tetra-*O*-acetyl-1-[5-chlor-2-methyl-phenyl]- **17** IV 2673
—, Tetra-*O*-acetyl-1-[4-chlor-phenyl]- **17** IV 2672
—, Tetra-*O*-acetyl-1-[*N,N'*-diacetyl-*N'*-formyl-hydrazino]- **18** IV 8318
—, Tetra-*O*-acetyl-1-[*N,N'*-diacetyl-hydrazino]- **18** IV 8318
—, Tetra-*O*-acetyl-1-[3,4-dibrom-phenyl]- **17** IV 2672
—, Tetra-*O*-acetyl-1-[2,3-dibrom-propyl]- **17** IV 2656
—, Tetra-*O*-acetyl-1-[2,3-dithiocyanato-propyl]- **17** IV 3885
—, Tetra-*O*-acetyl-1-[3-jod-4-methoxy-phenyl]- **17** IV 3834
—, Tetra-*O*-acetyl-1-[4-methoxy-3-nitro-phenyl]- **17** IV 3835
—, Tetra-*O*-acetyl-1-[4-methoxy-phenyl]- **17** IV 3833
—, Tetra-*O*-acetyl-1-[4-methoxy-3-(toluol-4-sulfonylamino)-phenyl]- **18** IV 7644
—, Tetra-*O*-acetyl-1-[1]naphthyl- **17** IV 2684
—, Tetra-*O*-acetyl-1-[4-nitro-phenyl]- **17** IV 2672
—, Tetra-*O*-acetyl-1-phenäthyl- **17** IV 2674
—, Tetra-*O*-acetyl-1-phenyl- **17** IV 2670
—, Tetra-*O*-acetyl-2-phenyl- **17** IV 2669
—, Tetra-*O*-acetyl-1-phenyläthinyl- **17** IV 2681
—, Tetra-*O*-acetyl-1-[2]thienyl- **17** IV 3444
—, Tetra-*O*-acetyl-1-thiocyanato- **17** IV 3741

—, Tetra-*O*-acetyl-1-[toluol-4-sulfonyl]- **17** IV 3733
—, Tetra-*O*-acetyl-1-[toluol-α-sulfonyl]- **17** IV 3734
—, Tetra-*O*-acetyl-1-[4-(toluol-4-sulfonylamino)-phenyl]- **18** IV 7642
—, Tetra-*O*-acetyl-1-*o*-tolyl- **17** IV 2673
—, Tetra-*O*-acetyl-1-*p*-tolyl- **17** IV 2673
—, Tetra-*O*-acetyl-1-[4,5,10-triacetoxy-[9]anthryl]- **17** IV 3917
—, Tetra-*O*-acetyl-1-[4,5,10-trihydroxy-[9]anthryl]- **18** IV 3606
—, Tetra-*O*-acetyl-1-vinyl- **17** IV 2663
—, Tetra-*O*-benzoyl- **17** IV 2582
—, Tetra-*O*-benzoyl-1-[4-methoxy-phenyl]- **17** IV 3834
—, Tetra-*O*-benzoyl-1-phenyl- **17** IV 2671
—, 1-[1,3,6,8-Tetrabrom-4,5,10-trihydroxy-2-hydroxymethyl-[9]anthryl]- **18** IV 3632
—, 1-[1,3,6,8-Tetrachlor-4,5,10-trihydroxy-2-hydroxymethyl-[9]anthryl]- **18** IV 3632
—, Tetra-*O*-methyl- **17** IV 2580
—, Tetra-*O*-methyl-1-phenyl- **17** IV 2670
—, 1-[2]Thienyl- **17** IV 3443
—, 1-[Toluol-4-sulfonyl]- **17** IV 3728
—, O^2-[Toluol-4-sulfonyl]- **17** IV 2583
—, O^3,O^4,O^6-Triacetyl- **17** IV 2581
—, O^3,O^4,O^6-Triacetyl-2-phenyl- **17** IV 2668
—, O^2,O^3,O^6-Triacetyl-1-phenyl-O^4-[tetra-*O*-acetyl-galactopyranosyl]- **17** IV 3502
—, O^2,O^3,O^4-Triacetyl-1-phenyl-O^6-[tetra-*O*-acetyl-glucopyranosyl]- **17** IV 3503
—, O^2,O^3,O^6-Triacetyl-1-phenyl-O^4-[tetra-*O*-acetyl-glucopyranosyl]- **17** IV 3502
—, O^2,O^3,O^4-Triacetyl-O^6-[tetra-*O*-acetyl-glucopyranosyl]- **17** IV 3495
—, O^2,O^3,O^6-Triacetyl-O^4-[tetra-*O*-acetyl-glucopyranosyl]- **17** IV 3487
—, O^2,O^3,O^4-Triacetyl-O^6-[toluol-4-sulfonyl]- **17** IV 2583
—, 1-[4,5,10-Trihydroxy-[9]anthryl]- **18** IV 3606
—, 1-[4,5,10-Trihydroxy-2-hydroxymethyl-[9]anthryl]- **18** IV 3630
—, 1-[4,6,10-Trihydroxy-5-methoxy-2-methyl-[9]anthryl]- **18** IV 3629
—, 1-[4,5,10-Trihydroxy-2-methyl-[9]anthryl]- **18** IV 3606
—, O^x,O^x,O^x-Trimethyl-1-phenyl- **17** IV 2670

2,5-Anhydro-glucit 17 IV 2648
—, O^1,O^6-Bis-benzolsulfonyl- **17** IV 2648
—, O^3,O^4-Bis-[toluol-4-sulfonyl]- **17**
   IV 2650
—, O^1,O^6-Diacetyl-O^3,O^4-bis-[toluol-4-
   sulfonyl]- **17** IV 2651
—, O^1,O^6-Dibenzoyl- **17** IV 2649
—, O^1,O^6-Dibenzoyl-O^3,O^4-bis-[toluol-4-
   sulfonyl]- **17** IV 2651
—, Tetrakis-O-[toluol-4-sulfonyl]- **17**
   IV 2651
2,6-Anhydro-glucit 17 IV 2579
3,6-Anhydro-glucit 17 IV 2640
—, O^2,O^5-Dimethyl- **17** IV 2642
5,6-Anhydro-glucit
—, 5-Acetoxymethyl-tetra-O-acetyl- **17**
   IV 3831
3,6-Anhydro-glucofuranose 18 IV 2277
3,6-Anhydro-glucofuranosylamin
—, O^2,O^5-Dimethyl-N-phenyl- **18**
   IV 2288
2,5-Anhydro-gluconsäure 18 359 b, I 467
   a, II 308 b, IV 5072
   — amid **18** IV 5073
   — dimethylamid **18** IV 5073
   — methylester **18** IV 5072
—, Tris-O-[toluol-4-sulfonyl]-,
   — dimethylamid **18** IV 5074
   — methylester **18** IV 5073
3,6-Anhydro-gluconsäure 18 I 466 e
   — amid **18** I 466 f, IV 5070
—, O^2,O^4-Dimethyl- **18** IV 5067
   — amid **18** IV 5071
—, O^2,O^5-Dimethyl-,
   — amid **18** IV 5071
—, O^4-Methyl-,
   — amid **18** IV 5070
   — methylester **18** IV 5069
—, O^5-Methyl-,
   — amid **18** IV 5070
3,6-Anhydro-glucopyranosid
—, Methyl- **17** IV 3670
2,5-Anhydro-glucose 18 IV 2291
3,6-Anhydro-glucose 18 IV 2277
   — [4-brom-phenylhydrazon] **18**
   IV 2288
   — phenylhydrazon **18** IV 2288
   — phenylosazon **18** IV 2306
—, O^5-Acetyl- **18** IV 2282
—, O^2,O^4-Dimethyl- **18** IV 2280
—, O^2,O^5-Dimethyl- **18** IV 2280
   — phenylimin **18** IV 2288
—, O^4-Methyl- **18** IV 2279
—, O^5-[Toluol-4-sulfonyl]- **18** IV 2283
   — [4-nitro-phenylhydrazon] **18**
   IV 2289
—, Tri-O-methyl- **18** IV 2281
   — dimethylacetal **18** IV 2284
Anhydroglykogallol 17 176 e

Anhydrographoliddibromid
—, Diacetyl-desoxy- **18** IV 1222
1,2-Anhydro-gulit s. 5,6-Anhydro-glucit
1,4-Anhydro-gulit s. 3,6-Anhydro-glucit
1,5-Anhydro-gulit s. 2,6-Anhydro-glucit
2,6-Anhydro-gulonsäure
—, Tri-O-acetyl-6-brom- **18** IV 5065
   — methylester **18** IV 5066
—, Tri-O-acetyl-6-chlor-,
   — methylester **18** IV 5065
3,6-Anhydro-gulose
   — phenylosazon **18** IV 2306
   — p-tolylosazon **18** IV 2308
Anhydrohämatoxylin
—, Tetra-O-methyl- **17** 203 b,
   II 246 b
Anhydrohämatoxylon 17 IV 3872
—, Acetyl-tetrabenzyl- **17** IV 3872
—, Penta-O-acetyl- **17** IV 3872
Anhydrohellebrigenin 18 IV 2667
—, O^3-Acetyl- **18** IV 2667
Anhydrohemimellitsäure 18 468 c
*glycero-gulo-***2,6-Anhydro-heptononitril**
—, Tetra-O-acetyl- **18** IV 5225
—, O^3,O^4,O^7-Triacetyl-O^5-[tetra-
   O-acetyl-galactopyranosyl]- **18** IV 5226
—, O^3,O^4,O^7-Triacetyl-O^5-[tetra-
   O-acetyl-glucopyranosyl]- **18** IV 5225
*glycero-manno-***2,6-Anhydro-heptononitril**
—, Tetra-O-acetyl- **18** IV 5225
3,6-Anhydro-heptonsäure 18 363 e
*glycero-gulo-***2,6-Anhydro-heptonsäure**
—, O^3,O^4,O^7-Triacetyl-O^5-[tetra-
   O-acetyl-glucopyranosyl]-,
   — amid **18** IV 5225
*arabino-***1,5-Anhydro-hex-1-enit**
—, Tetra-O-acetyl- **17** II 236 e,
   IV 2658
—, Tetra-O-benzoyl- **17** IV 2659
—, Tetra-O-methyl- **17** IV 2657
—, O^2,O^3,O^4-Triacetyl-O^6-[4-phenylazo-
   phenylcarbamoyl]- **17** IV 2659
—, O^2,O^3,O^6-Triacetyl-O^4-[tetra-
   O-acetyl-galactopyranosyl]- **17** IV 3500
—, O^2,O^3,O^4-Triacetyl-O^6-[tetra-
   O-acetyl-glucopyranosyl]- **17** IV 3501
—, O^2,O^3,O^6-Triacetyl-O^4-[tetra-
   O-acetyl-glucopyranosyl]- **17** IV 3500
*arabino-***2,6-Anhydro-hex-5-enit**
—, Tetra-O-acetyl- **17** IV 2658
2,5-Anhydro-hexose 18 161 b, I 387 b
*arabino-***3,6-Anhydro-[2]hexosulose**
   — bis-phenylhydrazon **18** IV 2306
—, O^5-Acetyl-O^4-[tetra-O-acetyl-
   galactopyranosyl]-,
   — 1-[methyl-phenyl-hydrazon]-2-
   phenylhydrazon **18** IV 2313

arabino-**3,6-Anhydro-[2]hexosulose**   (Fortsetzung)
—, O^5-Acetyl-O^4-[tetra-O-acetyl-
   glucopyranosyl]-,
 – bis-phenylhydrazon **18** IV 2314
 – 1-[methyl-phenyl-hydrazon]-2-
   phenylhydrazon **18** IV 2312
—, Di-O-acetyl-,
 – bis-phenylhydrazon **18** IV 2309
—, O^4,O^5-Diacetyl-1-phenylazo-,
 – bis-phenylhydrazon **18** IV 6453
—, O^4-Galactopyranosyl-,
 – 1-[methyl-phenyl-hydrazon]-2-
   phenylhydrazon **18** IV 2312
—, O^4-Glucopyranosyl-,
 – bis-phenylhydrazon **18** IV 2311
 – 1-[methyl-phenyl-hydrazon]-2-
   phenylhydrazon **18** IV 2312
—, 1-Phenylazo-,
 – bis-phenylhydrazon **18** IV 6452
—, O^5-[Toluol-4-sulfonyl]-,
 – bis-phenylhydrazon **18** IV 2314
lyxo-**3,6-Anhydro-[2]hexosulose**
 – bis-phenylhydrazon **18** IV 2306
 – bis-*p*-tolylhydrazon **18** IV 2308
 – 1-[methyl-phenyl-hydrazon]-2-
   phenylhydrazon **18** IV 2307
—, Bis-O-[toluol-4-sulfonyl]-,
 – 1-[methyl-phenyl-hydrazon]-2-
   phenylhydrazon **18** IV 2314
—, Di-O-acetyl-,
 – 1-[acetyl-phenyl-hydrazon]-2-
   phenylhydrazon **18** IV 2310
 – bis-phenylhydrazon **18** IV 2310
 – 1-[methyl-phenyl-hydrazon]-2-
   phenylhydrazon **18** IV 2310
—, O^4-Galactopyranosyl-,
 – bis-phenylhydrazon **18** IV 2311
—, O^4-Methyl-,
 – bis-phenylhydrazon **18** IV 2309
ribo-**3,6-Anhydro-[2]hexosulose**
 – 1-[benzyl-phenyl-hydrazon]-2-
   phenylhydrazon **18** IV 2309
 – bis-phenylhydrazon **18** IV 2306
 – bis-[4-sulfamoyl-phenylhydrazon]
   18 IV 2309
 – bis-*o*-tolylhydrazon **18** IV 2308
 – bis-*p*-tolylhydrazon **18** IV 2308
 – 1-[methyl-phenyl-hydrazon] **18**
   IV 2305
 – 1-[methyl-phenyl-hydrazon]-2-
   oxim **18** IV 2306
 – 1-[methyl-phenyl-hydrazon]-2-
   phenylhydrazon **18** IV 2307
 – 1-phenylhydrazon-2-[4-sulfamoyl-
   phenylhydrazon] **18** IV 2309
—, O^5-Acetyl-O^4-[tetra-O-acetyl-
   galactopyranosyl]-,
 – bis-phenylhydrazon **18** IV 2313

 – 1-[methyl-phenyl-hydrazon]-2-
   phenylhydrazon **18** IV 2313
—, O^5-Acetyl-O^4-[tetra-O-acetyl-
   glucopyranosyl]-,
 – bis-phenylhydrazon **18** IV 2313
 – 1-[methyl-phenyl-hydrazon]-2-
   phenylhydrazon **18** IV 2312
—, Bis-O-[toluol-4-sulfonyl]-,
 – 1-[methyl-phenyl-hydrazon]-2-
   phenylhydrazon **18** IV 2314
—, Di-O-acetyl-,
 – 2-[O-acetyl-oxim]-1-[methyl-
   phenyl-hydrazon] **18** IV 2306
 – 1-[acetyl-phenyl-hydrazon]-2-
   phenylhydrazon **18** IV 2310
 – bis-phenylhydrazon **18** IV 2309
 – 1-[methyl-phenyl-hydrazon] **18**
   IV 2305
 – 1-[methyl-phenyl-hydrazon]-2-
   phenylhydrazon **18** IV 2310
—, Di-O-benzoyl-,
 – bis-phenylhydrazon **18** IV 2310
—, O^4-Galactopyranosyl-,
 – bis-phenylhydrazon **18** IV 2311
 – bis-*o*-tolylhydrazon **18** IV 2313
 – 1-[methyl-phenyl-hydrazon]-2-
   phenylhydrazon **18** IV 2312
—, O^4-Glucopyranosyl-,
 – bis-phenylhydrazon **18** IV 2311
 – bis-*o*-tolylhydrazon **18** IV 2313
 – 1-[methyl-phenyl-hydrazon]-2-
   phenylhydrazon **18** IV 2312
—, O^5-[Toluol-4-sulfonyl]-,
 – bis-phenylhydrazon **18** IV 2314
Anhydrohomocamphoronsäure 18 460 c
Anhydrohomoisomuscarin 18 IV 7017
16-Anhydrohonghelosid-A
—, Desacetyl- **18** IV 1609
Anhydro-hydroxynorcafestenolid 17 IV 5249
Anhydro-hydroxy-oxo-norcafestenolid 17
   IV 6376
Anhydroicaritin 18 IV 3371
—, Des-O-methyl- **18** IV 3371
—, Tri-O-acetyl- **18** IV 3372
—, Tri-O-benzoyl- **18** IV 3372
—, Tri-O-methyl- **18** IV 3372
—, Tri-O-methyl-dihydro- **18** IV 3356
Anhydroicaritin-hydrochlorid 18 IV 3356
β-**Anhydroicaritol 18** IV 2349
 – oxim **18** IV 2349
2,5-Anhydro-idarsäure 18 I 473 c, II 309 d
1,2-Anhydro-idit
—, 2-Acetoxymethyl-tetra-O-acetyl- **17**
   IV 3831
2,5-Anhydro-idit 17 IV 2649
—, O^1,O^6-Bis-[toluol-4-sulfonyl]- **17**
   IV 2650
—, Tetra-O-acetyl- **17** IV 2649
—, O^1-[Toluol-4-sulfonyl]- **17** IV 2650

2,5-Anhydro-idose 18 IV 2291
— diphenylhydrazon **18** IV 2293
3,6-Anhydro-idose 18 IV 2278
2,5-Anhydro-idozuckersäure 18 I 473 c,
II 309 d
1,2-Anhydro-*allo*-inosit 17 IV 2661
1,2-Anhydro-*cis*-inosit 17 IV 2661
1,2-Anhydro-*epi*-inosit
—, Tetra-*O*-acetyl- **17** IV 2663
1,2-Anhydro-*myo*-inosit 17 IV 2662
1,2-Anhydro-*neo*-inosit 17 IV 2663
—, Tetra-*O*-acetyl- **17** IV 2663
2,3-Anhydro-*allo*-inosit 17 IV 2662
—, O^1,O^5,O^6-Triacetyl-O^4-methyl- **17**
IV 2663
5,6-Anhydro-*allo*-inosit 17 IV 2662
Anhydroisocatechin
—, Tetra-*O*-methyl- **17** II 243 a,
IV 2707
Δ^2-Anhydroisodihydroiresin 18 IV 145
Anhydro-γ-isogitoxigensäure 18 IV 6399
— methylester **18** IV 6399
Anhydroisolactal 18 IV 1114
Anhydroisolariciresinol 17 II 245 b
—, Di-*O*-acetyl- **17** II 245 d
—, Di-*O*-äthyl- **17** IV 2713
—, Di-*O*-methyl- **17** II 245 c, IV 2712
Anhydroisoperiplogonsäure
— methylester **18** IV 6084
Anhydro-α-isostrophanthonsäure
— dimethylester **18** IV 6231
— monomethylester **18** IV 6231
γ-Anhydroisostrophanthonsäure
— dimethylester **18** IV 6232
Anhydroisotaxiresinol
—, Tri-*O*-äthyl- **17** IV 2713
Anhydroitaconitin 18 IV 1639
—, *O*-Acetyl- **18** IV 1639
Anhydrojavanicin 18 IV 2618
—, Brom- **18** IV 2618
Anhydrojudaicin 17 IV 6237
Anhydrolactose
— phenylosazon **31** 457 a
— *o*-tolylosazon **18** IV 2313
Anhydrolariciresinol 17 II 245 b
Anhydroleukoisophoenicin 17 IV 2690
1,4-Anhydro-lyxit s. 2,5-Anhydro-arabit
2,5-Anhydro-mannarsäure 18 364 b,
II 309 e
1,2-Anhydro-mannit
—, 2-Acetoxymethyl-tetra-*O*-acetyl- **17**
IV 3830
—, 2-Hydroxymethyl- **17** IV 3830
1,4-Anhydro-mannit 17 II 235 f, IV 2641
—, O^3,O^5-Diacetyl-O^2,O^6-dibenzoyl-
17 IV 2643
—, O^2,O^6-Dibenzoyl- **17** IV 2643
—, Tetra-*O*-acetyl- **17** IV 2642
—, Tetra-*O*-benzoyl- **17** IV 2643

—, O^2,O^5,O^6-Tribenzoyl- **17** IV 2643
1,5-Anhydro-mannit 17 191 a, I 122 a,
II 235 a, IV 2579
—, 5-[3,4-Dimethyl-phenyl]- **17** IV 2674
—, 1-[4-Methoxy-phenyl]- **17** IV 3833
—, 1-Phenyl- **17** IV 2669
—, Tetra-*O*-acetyl- **17** I 122 b,
IV 2582
—, Tetra-*O*-acetyl-1-[N'-acetyl-N'-(4-
chlor-benzolsulfonyl)-N-nitroso-
hydrazino]- **18** IV 8319
—, Tetra-*O*-acetyl-1-[N'-(4-chlor-
benzolsulfonyl)-N'-methyl-N-nitroso-
hydrazino]- **18** IV 8319
—, Tetra-*O*-acetyl-1-phenyl- **17** IV 2671
—, Tetrakis-*O*-methansulfonyl- **17**
IV 2584
—, Tetra-*O*-methyl- **17** IV 2580
—, 5-*p*-Tolyl- **17** IV 2673
—, O^2,O^3,O^4-Tribenzoyl-O^6-[toluol-4-
sulfonyl]- **17** IV 2584
2,5-Anhydro-mannit 17 IV 2649
—, O^1,O^6-Bis-[toluol-4-sulfonyl]- **17**
IV 2650
—, O^1,O^6-Ditrityl- **17** IV 2649
2,5-Anhydro-mannonsäure 18 359 b,
I 467 b, II 308 c
— äthylester **18** IV 5073
—, Tri-*O*-methyl- **18** IV 5072
— amid **18** IV 5073
— methylester **18** IV 5073
3,6-Anhydro-mannonsäure
— [N'-phenyl-hydrazid] **18** IV 5072
—, O^2,O^4-Dimethyl- **18** IV 5067
2,5-Anhydro-mannose 18 IV 2291
— [benzyl-phenyl-hydrazon] **18**
IV 2293
— diäthyldithioacetal **18** IV 2293
— dimethylacetal **18** IV 2292
— [2,4-dinitro-phenylhydrazon] **18**
IV 2292
— diphenylhydrazon **18** IV 2292
— [4-nitro-phenylhydrazon] **18**
IV 2292
—, O^3-Methyl- **18** IV 2292
—, Tri-*O*-methyl- **18** IV 2292
— diäthyldithioacetal **18** IV 2294
— dimethylacetal **18** IV 2292
— semicarbazon **18** IV 2293
3,6-Anhydro-mannose 18 IV 2278
— [benzyl-phenyl-hydrazon] **18**
IV 2288
— phenylosazon **18** IV 2306
—, O^2,O^4-Dimethyl- **18** IV 2280
—, O^2,O^5-Dimethyl- **18** IV 2281
2,5-Anhydro-mannozuckersäure 18 364 b,
II 309 e
Anhydromarrubanol 17 IV 1403
α-Anhydromenabegenin 18 IV 553

β-Anhydromenabegenin 18 IV 554
Anhydromonocrotalsäure 18 IV 5347
 — amid 18 IV 5348
 — methylester 18 IV 5347
Anhydroneoquassin 18 IV 2576
16-Anhydronerigosid
 —, Desacetyl- 18 IV 1610
Anhydroneriifolin 18 IV 556
β-Anhydroodorosid-H 18 IV 557
 —, O^2-Acetyl- 18 IV 557
 —, Di-O-acetyl- 18 IV 556
16-Anhydrooleandrin
 —, Desacetyl- 18 IV 1609
Anhydrooleanolsäurelacton-I 17 IV 5255 b
Anhydrooleanolsäurelacton-II 17 IV 5255
Anhydroososäure 18 IV 6636
 —, Tri-O-methyl- 18 IV 6636
 — methylester 18 IV 6636
Anhydroouabain
 —, Hepta-O-acetyl- 18 IV 3413
 —, Hepta-O-acetyl-tetrahydro- 18
  IV 3405
Anhydro-γ-oxodihydrodigitoxigenon 17
 IV 6776
glycero-gulo-5,9-Anhydro-1,2,3,4,6-
 pentadesoxy-decit
 —, 6-Acetylamino- 18 IV 7497
 —, Tri-O-acetyl-6-acetylamino- 18
  IV 7497
threo-1,5-Anhydro-pent-1-enit
 —, Tri-O-acetyl- 17 IV 2328
 —, Tri-O-benzoyl- 17 IV 2329
threo-4,5-Anhydro-pentonsäure
 —, 4-Acetoxymethyl-O^2,O^3-diacetyl-,
 — methylester 18 IV 5074
Anhydroperhydrotrollichrom 17 IV 2407
14-Anhydro-periplogenin
 —, Tetrahydro- 18 IV 1304
Δ^4-Anhydroperiplogenon 18 IV 1657
14-Anhydro-periplogenon-(3)
 —, Tetrahydro- 18 IV 1498
Anhydropseudosantonin 17 IV 6229
Anhydropseudosantonsäure 17 IV 6227
 — phenylhydrazon 10 III 4279 a
 —, Hexahydro- 18 IV 132
3,6-Anhydro-psicose
 — phenylosazon 18 IV 2306
 — o-tolylosazon 18 IV 2308
 — p-tolylosazon 18 IV 2308
1,4-Anhydro-rhamnit 17 IV 2319
1,5-Anhydro-rhamnit 17 IV 2299
 —, Tri-O-acetyl- 17 IV 2299
 —, Tri-O-benzoyl- 17 IV 2299
α-Anhydrorhodexigenin-A 18 IV 1604
β-Anhydrorhodexigenin-A 18 IV 1606
1,4-Anhydro-ribit 17 IV 2290
 —, Tri-O-benzoyl- 17 IV 2292

1,5-Anhydro-ribit 17 IV 2277
 —, Tri-O-acetyl- 17 IV 2278
 —, Tri-O-acetyl-1-[N'-acetyl-N'-(4-chlor-
  benzolsulfonyl)-N-nitroso-hydrazino]-
  18 IV 8317
 —, Tri-O-acetyl-1-[N'-(4-chlor-
  benzolsulfonyl)-N'-methyl-N-nitroso-
  hydrazino]- 18 IV 8316
 —, Tri-O-acetyl-1-phenyl- 17 IV 2340
 —, Tri-O-benzoyl- 17 IV 2278
2,5-Anhydro-ribose 18 IV 1106
 — diisobutyldithioacetal 18 IV 1110
 — dipropyldithioacetal 18 IV 1109
 — [4-nitro-phenylhydrazon] 18 IV 1107
Anhydroryanodol 18 IV 3405
 —, Oxo- 18 IV 3405
α-Anhydrosarmentogenin 18 IV 1604
β-Anhydrosarmentogenin 18 IV 1606
 —, O^{11}-Acetyl- 18 IV 1606
 —, Di-O-acetyl- 18 IV 1606
Anhydrosarmentogenon
 —, α_1-Tetrahydro- 17 IV 6765
 —, α_2-Tetrahydro- 17 IV 6765
β-Anhydrosarmentogenon 17 IV 6785
Anhydrosarmentologenin-A 18 IV 3407
Anhydrosarmentologenin-B 18 IV 3407
Anhydrosarsasapogeninsäure
 —, O^3-Acetyl-tetrahydro-,
 — lacton 18 IV 479
 —, O^3-Benzoyl-tetrahydro-,
 — lacton 18 IV 479
2,5-Anhydro-schleimsäure 18 I 473 e,
 II 309 f
Anhydroscillaridin-A 17 IV 5489
$\Delta^{3,5}$-3-Anhydro-scilliglaucosidin 18 IV 1879
Anhydroscilliglaucosidin-19-ol 18 IV 2666
Anhydroscilliphäosidin 18 IV 1756
Anhydroscymnol 17 IV 2675
 —, Tetra-O-acetyl- 17 IV 2675
Anhydrosolanion 18 IV 2618
1,5-Anhydro-sorbit 17 II 235 b
3,6-Anhydro-sorbit 17 I 122 c, IV 2640
Anhydrost-2-eno[2,3-b]pyrano[2,3-e][1,4]=
 dioxin-19-säure
 —, 14,8′,8′a-Trihydroxy-6′-methyl-17-
  [5-oxo-2,5-dihydro-[3]furyl]-hexahydro-
  18 IV 6608
Anhydrostrophanthidin
 s. Pachygenin
14-Anhydro-strophanthidin 18 IV 2587
 —, O^3-Benzoyl- 18 IV 2587
Δ^4-Anhydrostrophanthidinsäure
 — methylester 18 IV 6536
Δ^{14}-Anhydrostrophanthidinsäure
 — methylester 18 IV 6536
Δ^4-Anhydrostrophanthidonsäure
 — methylester 18 IV 6542
 — methylester-oxim 18 IV 6543
 — nitril 18 IV 6543

16-Anhydrostrospesid 18 IV 1612
—, Di-*O*-acetyl- **18** IV 1613
—, Mono-*O*-acetyl- **18** IV 1612
3,4-Anhydro-tagatose 18 IV 2294
3,6-Anhydro-tagatose
  — phenylosazon **18** IV 2306
  — *p*-tolylosazon **18** IV 2308
2,5-Anhydro-talarsäure 18 I 473 d
1,5-Anhydro-talit s. 2,6-Anhydro-altrit
2,5-Anhydro-talonsäure 18 I 467 d,
  II 308 e
2,5-Anhydro-taloschleimsäure 18 I 473 d
2,5-Anhydro-talose 18 IV 2291
  — [benzyl-phenyl-hydrazon] **18**
    IV 2293
Anhydrotelocinobufagon 18 IV 1757
Anhydrotenulin 18 IV 2422
Anhydroterminolsäure
  — lacton **18** IV 2559
—, *O*²-Acetyl-,
  — lacton **18** IV 2560
—, Tri-*O*-acetyl-,
  — lacton **18** IV 2560
—, Tri-*O*-acetyl-7-oxo-,
  — lacton **18** IV 3183
—, Tri-*O*-benzoyl-,
  — lacton **18** IV 2560
Anhydroterminonsäure
  — methylester **18** IV 5052
glycero-gulo-**2,6-Anhydro-7,8,9,10-tetradesoxy-decit**
—, Tetra-*O*-acetyl- **17** IV 2657
glycero-gulo-**5,9-Anhydro-1,2,3,4-tetradesoxy-decit**
—, Tetra-*O*-acetyl- **17** IV 2657
manno-**4,8-Anhydro-1,2,3,9-tetradesoxy-non-1-enit**
—, Tri-*O*-acetyl- **17** IV 2336
glycero-gulo-**4,8-Anhydro-1,2,3,5-tetradesoxy-nonit**
—, 5-Acetylamino- **18** IV 7496
—, Tri-*O*-acetyl-5-acetylamino- **18** IV 7496
manno-**4,8-Anhydro-1,2,3,9-tetradesoxy-nonit**
—, Tri-*O*-acetyl-1,2-dibrom- **17** IV 2325
Anhydrotetrahydrochlorogensäure
—, 3,6-Dehydro- **18** IV 6071
Anhydrotetrahydropseudosantonin
—, Acetyl- **18** IV 144
Anhydrotetrahydropseudosantonsäure 17
  IV 6050
Anhydrotetrahydrosarsasapogeninsäure 18
  IV 4899
  — methylester **18** IV 4900
—, *O*-Acetyl-,
  — methylester **18** IV 4900
—, *O*-Benzoyl-,
  — methylester **18** IV 4900
Anhydrotetrahydrotigogeninsäure 18 IV 4899

α-**Anhydrotetramethylhämatoxylon 17** 225 d
—, *O*-Acetyl- **17** 226 a, II 275 a
β-**Anhydrotetramethylhämatoxylon 17** 224 d
Anhydrothevetigenin 18 IV 552
1,4-Anhydro-threit 17 IV 1995
—, *O*²-Äthyl- **17** IV 1996
—, *O*²-Benzyl- **17** IV 1996
—, Bis-*O*-[4-nitro-benzoyl]- **17** IV 1996
—, Bis-*O*-phenylcarbamoyl- **17** IV 1997
—, *O*²-Butyl- **17** IV 1996
—, *O*²-[4-Hydroxy-butyl]- **17** IV 1996
—, *O*²-Methyl- **17** IV 1995
—, *O*²-Methyl-*O*³-phenylcarbamoyl- **17**
    IV 1997
—, *O*²-Phenyl- **17** IV 1996
2,3-Anhydro-threit
—, Di-*O*-benzyl- **17** IV 2000
gluco-**4,8-Anhydro-1,2,3-tridesoxy-non-1-enit**
—, Tetra-*O*-acetyl- **17** IV 2664
gluco-**4,8-Anhydro-1,2,3-tridesoxy-nonit**
—, Tetra-*O*-acetyl-1,2-dibrom- **17** IV 2656
—, Tetra-*O*-acetyl-1,2-dithiocyanato-
    17 IV 3885
glycero-gulo-**3,7-Anhydro-1,2,4-tridesoxy-octit**
—, 4-Acetylamino- **18** IV 7496
—, Tri-*O*-acetyl-4-acetylamino- **18**
    IV 7496
xylo-**4,8-Anhydro-1,2,3-tridesoxy-octit**
—, Tri-*O*-acetyl-1,2-dibrom- **17** IV 2323
—, Tri-*O*-acetyl-1,2-dithiocyanato- **17** IV 3831
Anhydrotrimellitsäure 18 468 e, I 514 d
α-**Anhydrotrimethylbrasilon 17** 204 f,
  IV 2717
β-**Anhydrotrimethylbrasilon 17** 203 d,
  IV 2717
Anhydroustinsäure 18 IV 3081
—, Tri-*O*-acetyl- **18** IV 3081
—, Tri-*O*-methyl- **18** IV 3081
α-**Anhydrouzarigenin 18** IV 553
—, *O*-Acetyl- **18** IV 553
β-**Anhydrouzarigenin 18** IV 554
—, *O*-Acetyl- **18** IV 555
—, *O*-Benzoyl- **18** IV 555
—, *α*₁-Tetrahydro- **18** IV 264
—, *α*₂-Tetrahydro- **18** IV 264
β-**Anhydrouzarigenon 17** IV 6381
—, Tetrahydro- **17** IV 6271
1,4-Anhydro-xylit 17 IV 2291
—, *O*²-Acetyl-*O*³,*O*⁵-sulfinyl- **17**
    IV 2293
—, *O*²-Benzoyl- **17** IV 2292
—, *O*²-Benzoyl-*O*³,*O*⁵-sulfinyl- **17**
    IV 2293
—, *O*²,*O*³-Bis-[toluol-4-sulfonyl]-*O*⁵-trityl- **17** IV 2293
—, *O*²,*O*³-Diacetyl-*O*⁵-trityl- **17**
    IV 2291
—, *O*³,*O*⁵-Sulfinyl- **17** IV 2293

1,4-Anhydro-xylit (Fortsetzung)

—, O^3,O^5-Sulfinyl-O^2-[toluol-4-sulfonyl]-
17 IV 2293

—, Tri-O-allyl- **17** IV 2291

—, Tri-O-benzoyl- **17** IV 2292

—, Tris-O-phenylcarbamoyl- **17**
IV 2292

—, Tris-O-[toluol-4-sulfonyl]- **17**
IV 2293

—, O^5-Trityl- **17** IV 2291

1,5-Anhydro-xylit 17 IV 2277

—, 1-Benzolsulfonyl- **17** IV 2487

—, 1-Phenyl- **17** IV 2340

—, 1-Phenyl-tri-O-propionyl- **17**
IV 2341

—, Tri-O-acetyl- **17** IV 2278

—, Tri-O-acetyl-1-[4-äthoxy-3,5-dibrom-
phenyl]- **17** IV 2667

—, Tri-O-acetyl-1-[4-äthoxy-3-nitro-
phenyl]- **17** IV 2667

—, Tri-O-acetyl-1-[4-äthoxy-phenyl]- **17**
IV 2666

—, Tri-O-acetyl-1-benzolsulfonyl- **17**
IV 2488

—, Tri-O-acetyl-1-biphenyl-4-yl- **17**
IV 2380

—, Tri-O-acetyl-1-[3-brom-4-methoxy-
phenyl]- **17** IV 2667

—, Tri-O-acetyl-1-[N'-(4-chlor-
benzolsulfonyl)-N'-methyl-N-nitroso-
hydrazino]- **18** IV 8317

—, Tri-O-acetyl-1-[3-chlor-4-methoxy-
phenyl]- **17** IV 2666

—, Tri-O-acetyl-1-[4-chlor-phenyl]- **17**
IV 2341

—, Tri-O-acetyl-1-[2,3-dibrom-propyl]-
17 IV 2323

—, Tri-O-acetyl-1-[2,3-dithiocyanato-
propyl]- **17** IV 3831

—, Tri-O-acetyl-1-[4-methoxy-3-nitro-
phenyl]- **17** IV 2667

—, Tri-O-acetyl-1-[4-methoxy-phenyl]-
17 IV 2666

—, Tri-O-acetyl-1-phenyl- **17** IV 2340

—, Tri-O-acetyl-1-o-tolyl- **17** IV 2342

—, Tri-O-acetyl-1-p-tolyl- **17** IV 2343

—, Tri-O-benzoyl- **17** IV 2278

—, Tri-O-benzoyl-1-phenyl- **17** IV 2341

2,5-Anhydro-xylose 18 IV 1107

— [benzyl-phenyl-hydrazon] **18**
IV 1108

— dibenzyldithioacetal **18** IV 1110

— diisobutyldithioacetal **18** IV 1110

— [4-nitro-phenylhydrazon] **18**
IV 1107

—, O^3,O^4-Bis-phenylcarbamoyl-,

— dibenzyldithioacetal **18** IV 1111

α-**Anhydroxysmalogenin 18** IV 592

β-**Anhydroxysmalogenin 18** IV 1603

2,5-Anhydro-zuckersäure 18 I 473 a,
II 309 b

Anilin

—, N-[3-Acetoxy-benzo[b]thiophen-2-
carbonyl]-N-acetyl- **18** IV 4903

—, N-[5-Äthoxy-3,4-dichlor-2,5-diphenyl-
2,5-dihydro-[2]furyl]- **18** IV 7375

—, N-[5-Äthoxy-3,4-dichlor-2,5-diphenyl-
2,5-dihydro-[2]furyl]-N-methyl- **18**
IV 7375

—, N-Äthyl-N-[2,3-epoxy-propyl]- **18**
IV 7018

—, N-Äthyl-N-furfuryl- **18** IV 7074

—, N-Äthyl-N-[[2]furyl-diphenyl-methyl]-
18 IV 7250

—, 4-Äthylmercapto-N-[3-(5-nitro-
[2]furyl)-allyliden]- **17** IV 4701

—, N-[4-Äthyl-5-methyl-tetrahydro-
furfuryl]- **18** IV 7057

—, N-Äthyl-N-oxiranylmethyl- **18**
IV 7018

—, N-Äthyl-N-tetrahydrofurfuryl- **18**
IV 7036

—, N-Äthyl-N-[2]thienylmethyl- **18**
IV 7101

—, N-Allyl-N-[2]thienylmethyl- **18**
II 418 d

—, 2-Benzo[b]thiophen-2-ylmercapto-
17 IV 1455

—, 2-Benzo[b]thiophen-3-ylmercapto-
17 IV 1466

—, N-Benzo[b]thiophen-2-ylmethyl- **18**
IV 7167

—, N-Benzoyl-N-[furan-2-thiocarbonyl]-
18 IV 4006

—, N,N-Bis-[2-chlor-äthyl]-4-
glucopyranosylmercapto- **17** IV 3748

—, N,N-Bis-[2-chlor-äthyl]-4-[tetra-
O-acetyl-glucopyranosyldisulfanyl]- **17**
IV 3755

—, N,N-Bis-[2-chlor-äthyl]-4-[tetra-
O-acetyl-glucopyranosylmercapto]- **17**
IV 3749

—, N,N-Bis-[2,3-epoxy-propyl]- **18**
IV 7022

—, N,N-Bis-oxiranylmethyl- **18** IV 7022

—, N,N-Bis-phthalidylidenmethyl- **18**
IV 7925

—, 2-Brom-N-[3-brom-tetrahydro-pyran-
2-yl]- **18** IV 7031

—, [5-Brom-3,4-dinitro-3H-
[2]thienyliden]- **17** IV 4293

—, 4-Brom-N-furfuryliden- **17** IV 4416

—, [2-Brom-3-(5-nitro-[2]thienyl)-
allyliden]- **17** IV 4711

—, 4-Chlor-N,N-bis-[2,3-epoxy-propyl]-
18 IV 7022

—, 4-Chlor-N,N-bis-oxiranylmethyl- **18**
IV 7022

Anilin (Fortsetzung)

—, 4-Chlor-*N*,*N*-bis-[2]thienylmethyl-
18 IV 7111

—, 4-Chlor-*N*-dibenzo[*a*,*j*]xanthen-14-
yliden- 17 IV 5603

—, *N*-[2-Chlor-3-(2,3-dihydro-
1*H*-xanthen-4-yl)-allyliden]-4-nitro- 17
IV 5373

—, 4-Chlor-*N*-[2,3-epoxy-propyl]- 18
IV 7018

—, 2-Chlor-*N*-furfuryliden- 17 II 310 b

—, 4-Chlor-*N*-furfuryliden- 17 II 310 c

—, [5-Chlor-furfuryliden]- 17 IV 4455

—, 4-Chlor-*N*-[5-nitro-furfuryliden]- 17
IV 4460

—, 3-Chlor-*N*-[3-(5-nitro-[2]furyl)-
allyliden]- 17 IV 4701

—, 4-Chlor-*N*-[3-(5-nitro-[2]furyl)-
allyliden]- 17 IV 4701

—, 4-Chlor-*N*-oxiranylmethyl- 18
IV 7018

—, 4-Chlor-*N*-[2]thienylmethyl- 18
IV 7101

—, 4-Chlor-*N*-[2]thienylmethylen- 17
IV 4479

—, *N*,*N*-Diäthyl-4-[14*H*-dibenzo[*a*,*j*]≈
xanthen-14-yl]- 18 590 c

—, *N*,*N*-Diäthyl-4-[2,7-dimethyl-9-
phenyl-xanthen-9-yl]- 18 IV 7259

—, *N*,*N*-Diäthyl-3-[2,3-epoxy-propoxy]-
17 IV 1010

—, *N*,*N*-Diäthyl-3-oxiranylmethoxy- 17
IV 1010

—, 4-Dibenzofuran-3-ylazo- 18 I 596 g

—, 4-Dibenzofuran-3-ylazo-
N,*N*-dimethyl- 18 I 596 h

—, 4-Dibenzofuran-3-ylazo-3-methyl-
18 I 597 b

—, Dibenzofuran-2-ylmethylen- 17
IV 5314

—, 2-[14*H*-Dibenzo[*a*,*j*]xanthen-14-yl]-
18 II 426 a

—, 3-[14*H*-Dibenzo[*a*,*j*]xanthen-14-yl]-
18 II 426 b

—, 4-[14*H*-Dibenzo[*a*,*j*]xanthen-14-yl]-
18 II 426 d

—, *N*-[2-(14*H*-Dibenzo[*a*,*j*]xanthen-14-yl)-
äthyl]- 18 IV 7257

—, 4-[14*H*-Dibenzo[*a*,*j*]xanthen-14-yl]-
N,*N*-dimethyl- 18 590 a

—, Dibenzo[*a*,*j*]xanthen-14-yliden- 17
IV 5603

—, *N*-Dibenzo[*a*,*j*]xanthen-14-yliden-2-
methyl-4,6-dinitro- 17 IV 5603

—, 3-[3,11-Dibrom-14*H*-dibenzo[*a*,*j*]≈
xanthen-14-yl]- 18 IV 7259

—, 4-[3,11-Dibrom-14*H*-dibenzo[*a*,*j*]≈
xanthen-14-yl]-*N*,*N*-dimethyl- 18
IV 7260

—, *N*,*N*-Difurfuryl- 18 IV 7093

—, *N*-[2,3-Dihydro-benzofuran-3-yl]-2,5-
dimethyl- 18 IV 7148

—, 4-[1,2-Dihydro-naphtho[2,1-*b*]furan-1-
yl]- 18 IV 7252

—, [3,11-Dimethyl-dibenzo[*a*,*j*]xanthen-
14-yliden]- 17 IV 5611

—, [4,10-Dimethyl-dibenzo[*a*,*j*]xanthen-
14-yliden]- 17 IV 5611

—, [2,5-Dimethyl-3,4-dihydro-2*H*-pyran-
2-ylmethylen]- 17 IV 4323

—, [2,6-Dimethyl-5,6-dihydro-2*H*-pyran-
3-ylmethylen]- 17 IV 4325

—, *N*,*N*-Dimethyl-4-[2-phenyl-
4*H*-chromen-4-yl]- 18 IV 7254

—, 4-[3,3-Dimethyl-1-phenyl-phthalan-1-
yl]-*N*,*N*-dimethyl- 18 IV 7253

—, *N*,*N*-Dimethyl-4-[9-phenyl-xanthen-9-
yl]- 18 589 g

—, *N*-[2,2-Dimethyl-tetrahydro-pyran-4-
yl]- 18 IV 7051

—, [2,2-Dimethyl-tetrahydro-pyran-4-
yliden]- 17 IV 4206

—, 2-[2-(2,5-Dimethyl-[3]thienyl)-vinyl]-
18 IV 7182

—, *N*,*N*-Dimethyl-4-[triphenyl-[3]furyl]-
18 IV 7261

—, *N*,*N*-Dimethyl-4-[1,3,3-triphenyl-
phthalan-1-yl]- 18 590 e

—, *N*,*N*-Dimethyl-4-xanthen-9-yl- 18
I 559 c

—, [3,5-Dinitro-3*H*-[2]thienyliden]- 17
IV 4292

—, *N*-[3,5-Dinitro-3*H*-[2]thienyliden]-4-
nitro- 17 IV 4292

—, [1,1-Dioxo-1λ^6-thiochromen-4-yliden]-
17 IV 5054

—, [10,10-Dioxo-10λ^6-thioxanthen-9-
yliden]- 17 IV 5303

—, 4-[3,3-Diphenyl-phthalan-1-yl]-
N,*N*-dimethyl- 18 589 h, I 559 e

—, [2,6-Diphenyl-pyran-4-yliden]- 17
IV 5493

—, *N*-[Diphenyl-[2]thienyl-methyl]- 18
II 425 e

—, *N*-[2,3-Epithio-propyl]-*N*-methyl- 18
IV 7023

—, 4-[1,2-Epoxy-cyclohexyl]- 18
IV 7171

—, 4-[1,2-Epoxy-cyclohexyl]-
N,*N*-dimethyl- 18 IV 7171

—, *N*-[2,3-Epoxy-propyl]- 18 II 414 b,
IV 7018

—, *N*-[2,3-Epoxy-propyl]-*N*-methyl- 18
II 414 c, IV 7018

—, *N*-Furfuryl- 18 IV 7073

—, 4-Furfuryl-*N*,*N*-dimethyl- 18
IV 7173

—, Furfuryliden- 17 279 d, IV 4416

Anilin   (Fortsetzung)

—, *N*-Furfuryliden-2,4-dimethyl-5-nitro-
17 II 310 h

—, *N*-Furfuryliden-4-methyl-2,5-dinitro-
17 IV 4417

—, *N*-Furfuryliden-2-methyl-4-nitro- 17
II 310 e

—, *N*-Furfuryliden-2-methyl-5-nitro- 17
II 310 f, IV 4417

—, *N*-Furfuryliden-4-nitro- 17
II 310 d, IV 4416

—, *N*-Furfuryliden-4-[4-nitro-
benzolsulfonyl]- 17 IV 4420

—, *N*-Furfuryliden-4-sulfanilyl- 17
IV 4420

—, *N*-Furfuryl-*N*-methyl- 18 IV 7074

—, *N*-Furfuryl-*N*-nitroso- 18 IV 7095

—, 2-[2]Furyl- 18 IV 7172

—, 4-[2]Furyl- 18 IV 7173

—, *N*-[1-[2]Furyl-äthyl]- 18 IV 7116

—, *N*-[1-[2]Furyl-äthyl]-*N*-methyl- 18
IV 7116

—, [3-[2]Furyl-allyliden]- 17 IV 4697

—, *N*-[3-[2]Furyl-allyliden]-2,4-dimethyl-
17 IV 4698

—, *N*-[3-[2]Furyl-allyliden]-4-nitro- 17
IV 4697

—, *N*-[3-[2]Furyl-allyliden]-2,4,6-
trimethyl- 17 IV 4698

—, [5-[2]Furyl-penta-2,4-dienyliden]- 17
IV 4954

—, 4-[2-[2]Furyl-vinyl]- 18 IV 7180

—, 2-[2-[2]Furyl-vinyl]-5-nitro- 18
IV 7180

—, 4-[2-[2]Furyl-vinyl]-3-nitro- 18
IV 7180

—, *N*-Glucopyranosyl- s.
Glucopyranosylamin, *N*-Phenyl-

—, *N*-[4-Methoxy-benzyliden]-4-
[triphenyl-[2]thienyl]- 18 IV 7260

—, 4-[2-(4-Methoxy-phenyl)-
4*H*-chromen-4-yl]-*N*,*N*-dimethyl- 18
IV 7387

—, 4-[4-Methoxy-2-phenyl-4*H*-chromen-
4-yl]-*N*,*N*-dimethyl- 18 IV 7386

—, [5-Methyl-furfuryliden]- 17 IV 4523

—, [2-Methyl-7-nitro-thioxanthen-9-
yliden]- 17 IV 5323

—, *N*-Methyl-*N*-oxiranylmethyl- 18
II 414 c, IV 7018

—, *N*-[4-Methyl-5-propenyl-tetrahydro-
[2]furyl]- 18 IV 7062

—, *N*-[4-Methyl-5-propyl-tetrahydro-
[2]furyl]- 18 IV 7056

—, *N*-[5-Methyl-tetrahydro-furfuryl]-
18 IV 7050

—, *N*-Methyl-*N*-tetrahydropyran-2-yl-
18 IV 7030

—, [3-Methyl-[2]thienylmethylen]- 17
IV 4521

—, [5-Methyl-[2]thienylmethylen]- 17
IV 4529

—, *N*-Methyl-*N*-thiiranylmethyl- 18
IV 7023

—, 4-[5-Nitro-furan-2-sulfonyl]- 17
IV 1222

—, [5-Nitro-furfuryliden]- 17 IV 4460

—, *N*-[5-Nitro-furfuryliden]-4-[4-nitro-
phenylmercapto]- 17 IV 4461

—, 4-[5-Nitro-[2]furylmercapto]- 17
IV 1221

—, 4-Nitro-*N*-[5-nitro-furfuryliden]- 17
IV 4460

—, 3-Nitro-*N*-[2-nitro-thioxanthen-9-
yliden]- 17 IV 5306

—, 3-Nitro-*N*-selenophen-2-ylmethylen-
17 IV 4491

—, 4-[5-Nitro-[2]thienylmercapto]- 17
IV 1231

—, 3-Nitro-*N*-[2]thienylmethylen- 17
IV 4479

—, 4-Nitro-*N*-[2]thienylmethylen- 17
IV 4479

—, 4-[5-Nitro-thiophen-2-sulfonyl]- 17
IV 1232

—, [2-Nitro-thioxanthen-9-yliden]- 17
IV 5306

—, 2-Nitro-4-xanthen-9-yl- 18 IV 7253

—, 3-Nitro-*N*-xanthen-9-yliden- 17
IV 5294

—, 4-Nitro-*N*-xanthen-9-yliden- 17
IV 5294

—, *N*-Oxiranylmethyl- 18 II 414 b,
IV 7018

—, Phenylazo- s. unter Azobenzol,
Amino-

—, [2-Phenyl-chromen-4-yliden]- 17
IV 5414

—, [Phenyl-[2]thienyl-methylen]- 17
IV 5187

—, 4-[9-Phenyl-xanthen-9-yl]- 18 589 f

—, Selenophen-2-ylmethylen- 17
IV 4491

—, *N*-Tetrahydrofurfuryl- 18 IV 7036

—, *N*-Tetrahydro[3]furyl- 18 IV 7025

—, *N*-Tetrahydropyran-2-yl- 18
IV 7030

—, 2-[2]Thienyl- 18 IV 7172

—, [1-[2]Thienyl-äthyliden]- 17 IV 4508

—, [1-[2]Thienyl-butyliden]- 17 IV 4557

—, 2-[2]Thienylmercapto- 17 IV 1230

—, *N*-[2]Thienylmethyl- 18 IV 7100

—, [2]Thienylmethylen- 17 IV 4479

—, [1-[2]Thienyl-propyliden]- 17
IV 4540

—, 4-[2-[2]Thienyl-vinyl]- 18 IV 7181

—, 4-[Thiophen-2-sulfonyl]- 17 IV 1230

Anilin (Fortsetzung)
—, Thioxanthen-9-yliden- **17** IV 5303
—, 4-[1,3,3-Triphenyl-phthalan-1-yl]-
   18 590 d
—, 4-[Triphenyl-[2]thienyl]- **18** IV 7260
—, 3-Xanthen-9-yl- **18** IV 7252
—, 4-Xanthen-9-yl- **18** I 559 b,
   IV 7252
—, Xanthen-9-yliden- **17** IV 5293
Anilinium
—, 4-[14*H*-Dibenzo[*a,j*]xanthen-14-yl]-
   N,N,N-trimethyl- **18** 590 b
—, *N,N*-Dimethyl-*N*-thiiranylmethyl-
   18 IV 7024
—, *N*-[2,3-Epithio-propyl]-*N,N*-dimethyl-
   18 IV 7024
—, 4-[1,2-Epoxy-cyclohexyl]-tri-
   N-methyl- **18** IV 7171
—, 4-Furfuryl-tri-*N*-methyl- **18** IV 7173
—, *N*-[3-[2]Furyl-allyliden]-*N*-methyl-
   17 I 159 c, IV 4697
—, *N*-[5-[2]Furyl-penta-2,4-dienyliden]-
   N-methyl- **17** IV 4954
—, 4-[4-Methoxycarbonyl-1-oxo-
   isochroman-3-yl]-tri-*N*-methyl- **18**
   IV 8272
Anilinousnolsäure 18 IV 3524
Anilin-*N*-oxid
—, Furfuryliden- **17** IV 4416
Anisatinsäure 18 IV 6652
— methylester **18** IV 6653
o-**Anisidin**
—, *N*-Furfuryl- **18** IV 7077
—, *N*-Furfuryliden- **17** IV 4419
—, *N*-[3-[2]Furyl-allyliden]- **17** IV 4698
p-**Anisidin**
—, *N,N*-Bis-[2,3-epoxy-propyl]- **18**
   IV 7022
—, *N,N*-Bis-oxiranylmethyl- **18** IV 7022
—, *N,N*-Bis-[2]thienylmethyl- **18**
   IV 7111
—, *N*-Furfuryl- **18** IV 7078
—, *N*-Furfuryliden- **17** IV 4420
—, *N*-[3-[2]Furyl-allyliden]- **17** IV 4698
—, *N*-[7-[2]Furyl-hepta-2,4,6-trienyliden]-
   17 IV 5088
—, *N*-[5-[2]Furyl-penta-2,4-dienyliden]-
   17 IV 4954
—, *N*-[5-Methyl-[2]thienylmethylen]- **17**
   IV 4529
—, *N*-[5-Nitro-furfuryliden]- **17** IV 4461
—, *N*-[3-(5-Nitro-[2]furyl)-allyliden]- **17**
   IV 4701
—, *N*-[2]Thienylmethyl- **18** IV 7103
—, *N*-[2]Thienylmethylen- **17** IV 4480
p-**Anisidinium**
—, *N*-[3-[2]Furyl-allyliden]-*N*-methyl-
   17 IV 4698

—, *N*-[5-[2]Furyl-penta-2,4-dienyliden]-
   N-methyl- **17** IV 4954
Anisol
—, 2-Brom-4-[1,2-epoxy-propyl]- **17** 115 c
—, 4-[1,2-Epoxy-butyl]- **17** II 120 f
—, 4-[2,3-Epoxy-cyclopentyl]- **17**
   IV 1497
—, 4-[1,2-Epoxy-pentyl]- **17** II 122 e
—, 4-[2,3-Epoxy-propyl]- **17** 115 a
—, 4-[3]Thienyl- **17** II 139 a
Anisoxid 17 IV 532
Anissäure
   s. Benzoesäure, Methoxy-
Anthallan 18 IV 8146
Antheraxanthin 17 IV 2240
cis-**Antheraxanthin 17** IV 2241
Antheraxanthin-A 17 IV 2240
Antheraxanthin-B 17 IV 2240
Anthra[9′,1′,2′;11,12,1]benzo[4,5]chryseno≈
   [2,3-*c*]furan-3,5-dion
—, 1,2,6,7-Tetrahydro- **17** IV 6662
—, 2b,5a,8,17-Tetrahydro- **17** IV 6662
Anthra[2,1-*b*]benzo[*d*]furan 17 IV 761
Anthra[2,3-*b*]benzo[*d*]furan 17 IV 761
Anthra[2,1-*b*]benzo[*d*]furan-8,13-chinon 17
   IV 6572
Anthra[2,3-*b*]benzo[*d*]furan-7,12-chinon 17
   IV 6572
—, 3-Amino- **18** IV 8059
—, 3-Benzoylamino- **18** IV 8059
Anthra[2,1-*b*]benzo[*d*]furan-8-ol
—, 8,13-Dihydro- **17** II 164 g
Anthra[1,2-*b*]benzo[*d*]thiophen 17 IV 761
—, 5,13-Diacetoxy- **17** IV 2250
—, 5,13-Diacetoxy-6,7-dihydro- **17**
   IV 2243
Anthra[2,3-*b*]benzo[*d*]thiophen 17 IV 761
Anthra[1,2-*b*]benzo[*d*]thiophen-5,13-chinon 17
   IV 6573
—, 1-Acetoxy- **18** IV 1967
—, 4-Acetoxy- **18** IV 1967
—, 1-Acetoxy-6,7-dihydro- **18** IV 1957
—, 4-Acetoxy-6,7-dihydro- **18** IV 1957
—, 1-Acetoxy-5a,6,12a,12b-tetrahydro-
   17 IV 2410
—, 4-Acetoxy-5a,6,12a,12b-tetrahydro-
   17 IV 2410
—, 6,7-Dihydro- **17** IV 6549
—, 1-Hydroxy- **18** IV 1967
—, 4-Hydroxy- **18** IV 1967
Anthra[2,1-*b*]benzo[*d*]thiophen-8,13-chinon 17
   IV 6573
Anthra[2,3-*b*]benzo[*d*]thiophen-6,13-chinon 17
   II 515 d, IV 6573
—, 3-Chlor-1-methyl- **17** IV 6581
—, 7,12-Dihydroxy- **18** IV 2836
Anthra[2,3-*b*]benzo[*d*]thiophen-7,12-chinon 17
   IV 6572
—, 6,13-Dihydroxy- **18** IV 2836

Anthra[1,2-*b*]benzo[*d*]thiophen-5,13-diol
—, 1-Acetoxy-6,12a-dihydro- **17**
IV 2409
—, 4-Acetoxy-6,12a-dihydro- **17**
IV 2409
—, 6,12a-Dihydro- **18** IV 8465
Anthra[1,2-*b*]benzo[*d*]thiophen-5,13-dion
—, 5a,6,7,12b-Tetrahydro- **18** IV 8465
—, 5a,6,12a,12b-Tetrahydro- **18**
IV 8465
Anthra[1,2-*b*]benzo[*d*]thiophen-5-on
—, 13*H*- **17** IV 5582
Anthra[1,2-*b*]benzo[*d*]thiophen-13-on
—, 5*H*- **17** IV 5582
Anthracen
—, 9-Äthoxy-9-[2]furyl-10-methoxy-10-
phenyl-9,10-dihydro- **17** IV 2253
—, 9-Äthoxy-9-[2]furyl-10-phenyl-9,10-
dihydro- **17** IV 1751
—, 9,10-Bis-furfuryloxy-9,10-diphenyl-
9,10-dihydro- **17** IV 1246
—, 1,5-Bis-[1-hydroxy-3-oxo-phthalan-1-
yl]- **10** III 4100 c
—, 9,10-Diäthoxy-9-[2]furyl-10-phenyl-
9,10-dihydro- **17** IV 2253
—, 9,10-Dimethoxy-9-phenyl-10-
[2]thienyl-9,10-dihydro- **17**
IV 2254
—, 9,10-Episulfonyl- s. 9,10-Episulfido-
anthracen-11,11-dioxid
—, 9-[2]Furyl-9,10-dimethoxy-10-phenyl-
9,10-dihydro- **17** IV 2253
—, 9-[2]Furyl-9-methoxy-10-phenyl-9,10-
dihydro- **17** IV 1750
—, 9-[2]Furyl-10-phenyl- **17** IV 785
—, 9-Phenyl-10-[2]thienyl- **17** IV 785
—, 1,8,9-Triacetoxy-10-[tetra-*O*-acetyl-
glucopyranosyl]- **17** IV 3917
Anthracen-1-carbonsäure
—, 10-Acetoxy-9-hydroxy-,
— lacton **18** II 45 b, IV 789
—, 2-[α-Acetoxy-α-hydroxy-benzyl]-9,10-
dioxo-9,10-dihydro-,
— lacton **18** IV 2840
—, 10-Acetoxy-9-hydroxy-2-methyl-,
— lacton **18** II 45 c
—, 9-Äthyl-9-hydroxy-10-oxo-9,10-
dihydro-,
— lacton **17** IV 6484
—, 9-Biphenyl-4-yl-9-hydroxy-2-methyl-
10-oxo-9,10-dihydro-,
— lacton **17** IV 6638
—, 2-Brom-9-hydroxy-10-oxo-9-phenyl-
9,10-dihydro-,
— lacton **17** IV 6576
—, 2-Brom-9-hydroxy-10-oxo-9-*p*-tolyl-
9,10-dihydro-,
— lacton **17** IV 6582

—, 10-Chlor-9-hydroxy-2-methyl-9-
phenyl-9,10-dihydro-,
— lacton **17** IV 5593
—, 9-[4-Chlor-phenyl]-9-hydroxy-4-
methyl-10-oxo-9,10-dihydro-,
— lacton **17** IV 6583
—, 9-[4-Chlor-phenyl]-9-hydroxy-10-oxo-
9,10-dihydro-,
— lacton **17** IV 6576
—, 9,10-Dihydroxy-,
— 9-lacton **17** II 504 d, **18** IV 789
—, 9,10-Dihydroxy-2-methyl-,
— 9-lacton **17** II 505 c
—, 9,10-Dihydroxy-2-methyl-9-phenyl-
9,10-dihydro-,
— 9-lacton **18** IV 848
—, 9-[2,4-Dimethyl-phenyl]-9-hydroxy-
2,4-dimethyl-10-oxo-9,10-dihydro-,
— lacton **17** IV 6595
—, 9-[2,4-Dimethyl-phenyl]-9-hydroxy-4-
methyl-10-oxo-9,10-dihydro-,
— lacton **17** IV 6592
—, 9-[2,5-Dimethyl-phenyl]-9-hydroxy-2-
methyl-10-oxo-9,10-dihydro-,
— lacton **17** IV 6592
—, 2-[α-Hydroxy-benzhydryl]-9,10-dioxo-
9,10-dihydro-,
— lacton **17** II 533 f
—, 9-Hydroxy-9,10-dihydro-,
— lacton **17** II 400 b
—, 9-Hydroxy-2,4-dimethyl-10-oxo-9-
phenyl-9,10-dihydro-,
— lacton **17** IV 6588
—, 9-Hydroxy-9-[4-methoxy-phenyl]-2-
methyl-10-oxo-9,10-dihydro-,
— lacton **18** IV 1976
—, 9-Hydroxy-9-[4-methoxy-phenyl]-4-
methyl-10-oxo-9,10-dihydro-,
— lacton **18** IV 1977
—, 9-Hydroxy-9-[4-methoxy-phenyl]-10-
oxo-9,10-dihydro-,
— lacton **18** IV 1970
—, 9-Hydroxy-2-methyl-10-oxo-9,10-
dihydro-,
— lacton **17** II 505 c
—, 9-Hydroxy-2-methyl-10-oxo-9-phenyl-
9,10-dihydro-,
— lacton **17** IV 6583
—, 9-Hydroxy-4-methyl-10-oxo-9-phenyl-
9,10-dihydro-,
— lacton **17** IV 6583
—, 9-Hydroxy-2-methyl-10-oxo-9-*p*-tolyl-
9,10-dihydro-,
— lacton **17** IV 6588
—, 9-Hydroxy-10-oxo-9,10-dihydro-,
— lacton **17** II 504 d, **18** IV 789
—, 9-Hydroxy-10-oxo-9-phenyl-9,10-
dihydro-,
— lacton **17** IV 6575

Anthracen-2-carbonsäure

—, 5-Acetoxy-9,10-dioxo-4-[tetra-
　O-acetyl-glucopyranosyloxy]-9,10-
　dihydro- **17** IV 3401
—, 1,3-Dihydroxy-9,10-dioxo-4-
　primverosyloxy-9,10-dihydro- **17**
　IV 3471
—, 1,3-Dihydroxy-9,10-dioxo-4-
　[O^6-xylopyranosyl-glucopyranosyloxy]-
　9,10-dihydro- **17** IV 3471
—, 9,10-Dioxo-4,5-bis-[tetra-O-acetyl-
　glucopyranosyloxy]-9,10-dihydro- **17**
　IV 3401
—, 9,10-Dioxo-9,10-dihydro-,
　— furfurylester **17** II 115 n
—, 5-Glucopyranosyloxy-4,10-dihydroxy-
　17 IV 3400
　— methylester **17** IV 3400
—, 4-Glucopyranosyloxy-5-hydroxy-9,10-
　dioxo-9,10-dihydro- **17** IV 3400
—, 5-Glucopyranosyloxy-4-hydroxy-10-
　oxo-9,10-dihydro- **17** IV 3400
　— methylester **17** IV 3400
—, 7-Glucopyranosyl-3,5,6,8-
　tetrahydroxy-1-methyl-9,10-dioxo-9,10-
　dihydro- **18** IV 6697
—, 7-Glucopyranosyl-3,5,6,8-
　tetramethoxy-1-methyl-9,10-dioxo-9,10-
　dihydro-,
　— methylester **18** IV 6697
—, 7-Glucopyranosyl-3,5,8-trihydroxy-1-
　methyl-9,10-dioxo-9,10-dihydro- **18**
　IV 6696
—, 1-[α-Hydroxy-benzhydryl]-,
　— lacton **17** IV 5640
—, 3-[α-Hydroxy-benzhydryl]-,
　— lacton **17** II 428 e
—, 1-[α-Hydroxy-benzhydryl]-9,10-dioxo-
　9,10-dihydro-,
　— lacton **17** II 533 f
—, 3-[α-Hydroxy-benzhydryl]-9,10-dioxo-
　9,10-dihydro-,
　— lacton **17** II 533 e
—, 5-Hydroxy-9,10-dioxo-4-[tetra-
　O-acetyl-glucopyranosyloxy]-9,10-
　dihydro-,
　— methylester **17** IV 3401
　— [tetra-O-acetyl-
　　glucopyranosylester] **17** IV 3401
—, 3,5,6,8-Tetraacetoxy-1-methyl-9,10-
　dioxo-7-[tetra-O-acetyl-glucopyranosyl]-
　9,10-dihydro- **18** IV 6697
—, 3,5,8-Triacetoxy-1-methyl-9,10-dioxo-
　7-[tetra-O-acetyl-glucopyranosyl]-9,10-
　dihydro- **18** IV 6696

Anthracen-9-carbonsäure

—, 10-Acetoxy-1-hydroxy-,
　— lacton **18** IV 789

—, 10-Acetoxy-1-hydroxy-2-methyl-,
　— lacton **18** IV 790
—, 1,10-Dihydroxy-,
　— 1-lacton **18** IV 789
—, 1,10-Dihydroxy-2-methyl-,
　— 1-lacton **18** IV 790
—, 10-[α-Hydroxy-benzhydryl]-9,10-
　dihydro-,
　— lacton **17** IV 5634
—, 10-[α-Hydroxy-isopropyl]-9,10-
　dihydro-,
　— lacton **17** IV 5478
—, 1-Hydroxy-2-methyl-10-oxo-9,10-
　dihydro-,
　— lacton **18** IV 790
—, 1-Hydroxy-10-oxo-9,10-dihydro-,
　— lacton **18** IV 789
—, 10-[1-Hydroxy-1-phenyl-äthyl]-9,10-
　dihydro-,
　— lacton **17** IV 5598

Anthracen-1,4-chinon

—, 2-Furfuryl-9,10-dihydroxy- **18**
　IV 2826

Anthracen-1,2-dicarbonsäure

　— anhydrid **17** IV 6499
—, 10-Acetoxy-,
　— anhydrid **18** IV 1925
—, 9,10-Dihydroxy-,
　— 1→9-lacton **18** IV 6438
—, 9,10-Dioxo-9,10-dihydro-,
　— anhydrid **17** I 293 c, II 538 c,
　　IV 6835
—, 9-Hydroxy-,
　— anhydrid **17** IV 6802
—, 9-Hydroxy-10-oxo-9-phenyl-9,10-
　dihydro-,
　— 1-lacton **18** IV 6110
—, 9-Oxo-9,10-dihydro-,
　— anhydrid **17** IV 6802
—, 4-Phenyl-,
　— anhydrid **17** IV 6599
—, 9-Phenyl-,
　— anhydrid **17** IV 6599

Anthracen-1,4-dicarbonsäure

—, 9-Acetoxy-10-hydroxy-,
　— 4-lacton **18** IV 6439
—, 9,10-Dihydroxy-,
　— 1→9-lacton **18** IV 6439
—, 9,10-Dihydroxy-9,10-di-p-tolyl-9,10-
　dihydro-,
　— 1→9-lacton **18** IV 6449
—, 9-Hydroxy-,
　— 1-lacton **18** IV 5691
—, 9-Hydroxy-10-oxo-9,10-dihydro-,
　— 1-lacton **18** IV 6439

Anthracen-1,5-dicarbonsäure

—, 4,8-Dianilino-9,10-dihydroxy-,
　— monolacton **19** II 376 a

Anthracen-1,5-dicarbonsäure (Fortsetzung)
—, 9,10-Dihydroxy-,
  – monolacton **18** II 359 e
—, 9,10-Dihydroxy-4,8-di-*p*-toluidino-,
  – monolacton **19** II 376 b
—, 9-Hydroxy-,
  – 1-lacton **18** IV 5691
—, 9-Hydroxy-10-oxo-9,10-dihydro-,
  – 1-lacton **18** II 359 e
Anthracen-1,9-dicarbonsäure
  – anhydrid **17** I 274 b, IV 6503
—, 7-Chlor-,
  – anhydrid **17** II 510 d
Anthracen-2,3-dicarbonsäure
  – anhydrid **17** 537 a, II 509 b,
    IV 6498
—, 1,2,3,4,5,6,7,8,9,10-Decahydro-,
  – anhydrid **17** IV 6320
—, 1,4-Dichlor-9,10-dioxo-9,10-dihydro-,
  – anhydrid **17** IV 6835
—, 1,4-Dihydroxy-9,10-dioxo-9,10-
  dihydro-,
  – anhydrid **18** IV 3539
—, 9,10-Dihydroxy-1,4-dioxo-1,4-
  dihydro-,
  – anhydrid **18** IV 3539
—, 9,10-Dioxo-9,10-dihydro-,
  – anhydrid **17** 580 d, I 293 b,
    II 538 a, IV 6835
—, 1,2,3,4,5,6,7,8,8a,9,10,10a-
  Dodecahydro-,
  – anhydrid **17** IV 6244
—, 1-[5,6,7,8-Tetrahydro-[2]naphthyl]-
  5,6,7,8-tetrahydro-,
  – anhydrid **17** IV 6596
Anthracen-9,10-dicarbonsäure
—, 9,10-Dihydro-,
  – anhydrid **17** IV 6480
—, 9,10-Dimethyl-9,10-dihydro-,
  – anhydrid **17** IV 6491
—, 9-Methyl-9,10-dihydro-,
  – anhydrid **17** IV 6484
Anthracen-1,9-diol
—, 8-Galactopyranosyloxy- **17** IV 3023
—, 8-[Tetra-*O*-acetyl-glucopyranosyloxy]-
  17 IV 3234
Anthracen-9,10-diol
—, 9,10-Diamino-1,2-bis-
  glucopyranosyloxy-9,10-dihydro- **17**
  IV 3032
—, 2,3-Epoxy-9-methyl-1,2,3,4,4a,9,9a,⚐
  10-octahydro- **17** IV 2148
—, 9-[2]Furyl-10-phenyl-9,10-dihydro-
  17 IV 2253
—, 9-Phenyl-10-[2]thienyl-9,10-dihydro-
  17 IV 2254
—, 1-[2]Thienyl-1,4-dihydro- **17**
  IV 2231

Anthracen-1,9-dion
—, 2-[3-Oxo-3*H*-benzo[*b*]thiophen-2-
  yliden]-2,10-dihydro- **17** I 291 d
Anthracen-1,10-dion
—, 2-[3-Oxo-3*H*-benzo[*b*]thiophen-2-
  yliden]-2,9-dihydro- **17** I 291 d
Anthracengelb 18 IV 1380
9,10-[9,10]Anthraceno-anthracen
  s. 5,12;6,11-Di-*o*-benzeno-
  dibenzo[*a,e*]cyclooocten
Anthracen-2-sulfonsäure
—, 4,4′-Bis-[4-chlor-anilino]-9,10,9′,10′-
  tetraoxo-9,10,9′,10′-tetrahydro-1,1′-
  [furan-2,5-bis-carbonylamino]-bis- **18**
  IV 4493
—, 4,4′-Dianilino-9,10,9′,10′-tetraoxo-
  9,10,9′,10′-tetrahydro-1,1′-[furan-2,5-bis-
  carbonylamino]-bis- **18** IV 4492
—, 4,4′-Di-*p*-anisidino-9,10,9′,10′-
  tetraoxo-9,10,9′,10′-tetrahydro-1,1′-
  [furan-2,5-bis-carbonylamino]-bis- **18**
  IV 4494
—, 9,10,9′,10′-Tetraoxo-4,4′-di-
  p-phenetidino-9,10,9′,10′-tetrahydro-1,1′-
  [furan-2,5-bis-carbonylamino]-bis- **18**
  IV 4494
—, 9,10,9′,10′-Tetraoxo-4,4′-di-
  m-toluidino-9,10,9′,10′-tetrahydro-1,1′-
  [furan-2,5-bis-carbonylamino]-bis- **18**
  IV 4493
—, 9,10,9′,10′-Tetraoxo-4,4′-di-
  o-toluidino-9,10,9′,10′-tetrahydro-1,1′-
  [furan-2,5-bis-carbonylamino]-bis- **18**
  IV 4493
—, 9,10,9′,10′-Tetraoxo-4,4′-di-
  p-toluidino-9,10,9′,10′-tetrahydro-1,1′-
  [furan-2,5-bis-carbonylamino]-bis- **18**
  IV 4493
Anthracen-1,8,9,10-tetraol
—, 3-[6-Desoxy-mannopyranosyloxy]-6-
  methyl-9,10-dihydro- **17** IV 2534
Anthracen-1,5,9-tricarbonsäure
  – 1,9-anhydrid **18** IV 6104
Anthracen-1,7,9-triol
—, 10-Glucopyranosyl-8-methoxy-3-
  methyl- **18** IV 3629
Anthracen-1,8,9-triol
—, 10-Glucopyranosyl- **18** IV 3606
—, 10-Glucopyranosyl-3-hydroxymethyl-
  18 IV 3630
—, 10-Glucopyranosyl-3-methyl- **18**
  IV 3606
—, 3-Hydroxymethyl-10-[tetra-*O*-acetyl-
  glucopyranosyl]- **18** IV 3631
—, 10-[Tetra-*O*-acetyl-glucopyranosyl]-
  18 IV 3606
—, 2,4,5,7-Tetrabrom-10-glucopyranosyl-
  3-hydroxymethyl- **18** IV 3632

Anthracen-1,8,9-triol   (Fortsetzung)
—, 2,4,5,7-Tetrachlor-10-glucopyranosyl-
    3-hydroxymethyl- **18** IV 3632
Anthracen-1,9,10-triol
—, 8-Glucopyranosyloxy- **17** IV 3029
Anthrachinon
—, 1-Acetoxy-2-[3,4-diacetoxy-6-
    acetoxymethyl-5-(3,4,5-triacetoxy-6-
    acetoxymethyl-tetrahydro-pyran-2-yloxy)-
    tetrahydro-pyran-2-yloxy]- **17** IV 3576
—, 1-Acetoxy-2-[hepta-O-acetyl-
    cellobiosyloxy]- **17** IV 3576
—, 1-Acetoxy-8-[hepta-O-acetyl-
    cellobiosyloxy]- **17** IV 3578
—, 1-Acetoxy-2-[hepta-O-acetyl-
    gentiobiosyloxy]- **17** IV 3586
—, 1-Acetoxy-2-[hepta-O-acetyl-
    maltosyloxy]- **17** IV 3576
—, 1-Acetoxy-2-[hexa-O-acetyl-
    primverosyloxy]- **17** IV 3465, **31** 374 b
—, 1-Acetoxy-2-methyl-3-[tetra-O-acetyl-
    glucopyranosyloxy]- **17** IV 3245, **31**
    231 a
—, 1-Acetoxy-3-methyl-8-[tetra-O-acetyl-
    glucopyranosyloxy]-6-[tri-O-acetyl-
    rhamnopyranosyloxy]- **17** IV 3254
—, 1-Acetoxy-2-[tetra-O-acetyl-
    glucopyranosyloxy]- **17** IV 3241
    — 9-acetylimin **17** IV 3241
    — 9-imin **17** IV 3241
—, 1-Acetoxy-8-[tetra-O-acetyl-
    glucopyranosyloxy]- **17** IV 3244
—, 1-Acetoxy-2-[2-(tetra-O-acetyl-
    glucopyranosyloxy)-benzyloxy]- **17**
    IV 3198
    — 9-acetylimin **17** IV 3198
—, 1-Acetoxy-8-[2-(tetra-O-acetyl-
    glucopyranosyloxy)-benzyloxy]- **17**
    IV 3198
—, 1-Acetoxy-2-[O^2,O^3,O^4-triacetyl-O^6-
    (tetra-O-acetyl-glucopyranosyl)-
    glucopyranosyloxy]- **17** IV 3586
—, 1-Acetoxy-2-[O^2,O^3,O^6-triacetyl-O^4-
    (tetra-O-acetyl-glucopyranosyl)-
    glucopyranosyloxy]- **17** IV 3576
—, 1-Acetoxy-8-[O^2,O^3,O^6-triacetyl-O^4-
    (tetra-O-acetyl-glucopyranosyl)-
    glucopyranosyloxy]- **17** IV 3578
—, 1-Acetoxy-2-[O^2,O^3,O^4-triacetyl-O^6-
    (tri-O-acetyl-xylopyranosyl)-
    glucopyranosyloxy]- **17** IV 3465, **31**
    374 b
—, 1-Amino-2-[tetra-O-acetyl-
    glucopyranosyloxy]- **17** IV 3422
—, 3-Apiofuranosyloxy-1,8-dihydroxy-6-
    methyl- **17** IV 2535
—, 1-Arabinopyranosyloxy- **17** IV 2442

—, 1-Benzoylamino-6-brom-7-chlor-4-
    [5-dimethylsulfamoyl-thiophen-2-
    carbonylamino]- **18** IV 6766
—, 1-Benzoylamino-6,7-dichlor-4-
    [5-dimethylsulfamoyl-thiophen-2-
    carbonylamino]- **18** IV 6766
—, 1-Benzoylamino-4-[6-oxo-6H-anthra≠
    [1,9-bc]thiophen-3-carbonylamino]- **18**
    IV 5692
—, 1-Benzoylamino-5-[6-oxo-6H-anthra≠
    [1,9-bc]thiophen-3-carbonylamino]- **18**
    IV 5692
—, 1-Benzoyloxy-2-[tetra-O-benzoyl-
    glucopyranosyloxy]- **17** IV 3322
—, 1-Benzoyl-x,x,x-tribrom- **17** IV 5602
—, 4-Biphenyl-4-ylamino-2-brom-1-
    [furan-2-carbonylamino]- **18** IV 3960
—, 1,5-Bis-[5-carboxy-1-hydroxy-3-oxo-
    phthalan-1-yl]- **10** III 4180 b
—, 1-[3,6-Bis-diäthylamino-9-hydroxy-
    xanthen-9-yl]-2-hydroxy- **18** IV 8150
—, 1,5-Bis-[furan-2-carbonylamino]- **18**
    IV 3960
—, 1,8-Bis-[furan-2-carbonylamino]- **18**
    IV 3960
—, 1,5-Bis-[furan-2-carbonylamino]-4-
    hydroxy- **18** IV 3962
—, 1,2-Bis-glucopyranosyloxy- **17**
    IV 3031
—, 1,5-Bis-glucopyranosyloxy- **17**
    IV 3032
—, 2,3-Bis-glucopyranosyloxy- **17**
    IV 3033
—, 2,6-Bis-glucopyranosyloxy- **17**
    IV 3033
—, 2,7-Bis-glucopyranosyloxy- **17**
    IV 3033
—, 2,6-Bis-glucopyranosyloxy-1,5-
    dihydroxy- **17** IV 3110
    — monoimin **17** IV 3110
—, 2,6-Bis-glucopyranosyloxy-1-hydroxy-
    17 IV 3049
—, 2,7-Bis-glucopyranosyloxy-1-hydroxy-
    17 IV 3049
—, 1,3-Bis-[hepta-O-acetyl-
    cellobiosyloxy]- **17** IV 3576
—, 1,7-Bis-[hepta-O-acetyl-
    cellobiosyloxy]- **17** IV 3577
—, 2,6-Bis-[hepta-O-acetyl-
    cellobiosyloxy]- **17** IV 3578
—, 2,7-Bis-[hepta-O-acetyl-
    cellobiosyloxy]- **17** IV 3578
—, 1,5-Bis-[1-hydroxy-3-oxo-phthalan-1-
    yl]- **10** III 4156 b
—, 1,3-Bis-[tetra-O-acetyl-
    glucopyranosyloxy]- **17** IV 3242
—, 1,4-Bis-[tetra-O-acetyl-
    glucopyranosyloxy]- **17** IV 3242

Anthrachinon (Fortsetzung)

—, 1,5-Bis-[tetra-O-acetyl-glucopyranosyloxy]- **17** IV 3242

—, 2,3-Bis-[tetra-O-acetyl-glucopyranosyloxy]- **17** IV 3244

—, 2,6-Bis-[tetra-O-acetyl-glucopyranosyloxy]- **17** IV 3244

—, 2,7-Bis-[tetra-O-acetyl-glucopyranosyloxy]- **17** IV 3245

—, 1,3-Bis-[O^2,O^3,O^6-triacetyl-O^4-(tetra-O-acetyl-glucopyranosyl)-glucopyranosyloxy]- **17** IV 3576

—, 1,7-Bis-[O^2,O^3,O^6-triacetyl-O^4-(tetra-O-acetyl-glucopyranosyl)-glucopyranosyloxy]- **17** IV 3577

—, 2,6-Bis-[O^2,O^3,O^6-triacetyl-O^4-(tetra-O-acetyl-glucopyranosyl)-glucopyranosyloxy]- **17** IV 3578

—, 2,7-Bis-[O^2,O^3,O^6-triacetyl-O^4-(tetra-O-acetyl-glucopyranosyl)-glucopyranosyloxy]- **17** IV 3578

—, 2-Brom-1-[furan-2-carbonylamino]- **18** IV 3953

—, 2-Brom-1-[furan-2-carbonylamino]-4-[1]naphthylamino- **18** IV 3959

—, 2-Brom-1-[furan-2-carbonylamino]-4-[2]naphthylamino- **18** IV 3960

—, 2-Brom-1-[furan-2-carbonylamino]-4-p-phenetidino- **18** IV 3960

—, 2-Brom-1-[furan-2-carbonylamino]-4-p-toluidino- **18** IV 3959

—, 1-[O^6-Cellobiosyl-glucopyranosyloxy]-8-hydroxy- **17** IV 3636

—, 1-Cellobiosyloxy- **17** IV 3535

—, 3-Cellobiosyloxy-1,8-dihydroxy-6-methyl- **17** IV 3540

—, 1-Cellobiosyloxy-8-hydroxy- **17** IV 3537
   — 9-imin **17** IV 3538

—, 2-Cellobiosyloxy-1-hydroxy- **17** IV 3536
   — 9-imin **17** IV 3537

—, 8-Cellobiosyloxy-1-hydroxy-3-methyl- **17** IV 3538

—, 2-Cellobiosyloxy-1,5,8-trihydroxy-, — 9-imin **17** IV 3552

—, 1-[2-Chlor-benzoyl]- **17** IV 6576

—, 6-Chlor-1-[6-oxo-6H-anthra[1,9-bc]‡thiophen-3-carbonylamino]- **18** IV 5692

—, 2-[O^6-(6-Desoxy-mannopyranosyl)-glucopyranosyloxy]-1,5-dihydroxy-6-methyl- **17** IV 3479

—, 3-[6-Desoxy-mannopyranosyloxy]-1,8-dihydroxy-6-methyl- **17** IV 2535

—, 3-[6-Desoxy-mannopyranosyloxy]-1-glucopyranosyloxy-8-hydroxy-6-methyl- **17** IV 3049

—, 1-[3,4-Diacetoxy-6-acetoxymethyl-5-(3,4,5-triacetoxy-6-acetoxymethyl-tetrahydro-pyran-2-yloxy)-tetrahydro-pyran-2-yloxy]- **17** IV 3574

—, 3-[3,4-Diacetoxy-6-acetoxymethyl-5-(3,4,5-triacetoxy-6-acetoxymethyl-tetrahydro-pyran-2-yloxy)-tetrahydro-pyran-2-yloxy]-1,8-dihydroxy-6-methyl- **17** IV 3579

—, 1-[3,4-Diacetoxy-6-acetoxymethyl-5-(3,4,5-triacetoxy-6-acetoxymethyl-tetrahydro-pyran-2-yloxy)-tetrahydro-pyran-2-yloxy]-8-hydroxy- **17** IV 3577

—, 8-[3,4-Diacetoxy-6-acetoxymethyl-5-(3,4,5-triacetoxy-6-acetoxymethyl-tetrahydro-pyran-2-yloxy)-tetrahydro-pyran-2-yloxy]-1-hydroxy-3-methyl- **17** IV 3578

—, 1,8-Diacetoxy-3-[hepta-O-acetyl-cellobiosyloxy]-6-methyl- **17** IV 3580

—, 1,8-Diacetoxy-3-methyl-6-[tetra-O-acetyl-glucopyranosyloxy]- **17** IV 3255

—, 1,8-Diacetoxy-3-methyl-6-[O^2,O^3,O^6-triacetyl-O^4-(tetra-O-acetyl-glucopyranosyl)-glucopyranosyloxy]- **17** IV 3580

—, 1,4-Diacetoxy-2-[tetra-O-acetyl-glucopyranosyloxy]- **17** IV 3253

—, 1,4-Diacetoxy-5-[tetra-O-acetyl-glucopyranosyloxy]- **17** IV 3254

—, 1,5-Diacetoxy-4-[tetra-O-acetyl-glucopyranosyloxy]- **17** IV 3254

—, 1,8-Diacetoxy-4-[tetra-O-acetyl-glucopyranosyloxy]- **17** IV 3254

—, 4,5-Dianilino-2,7-dibrom-1,8-bis-[furan-2-carbonylamino]- **18** IV 3961

—, 4,8-Dianilino-2,6-dibrom-1,5-bis-[furan-2-carbonylamino]- **18** IV 3961

—, 4,5-Di-p-anisidino-2,7-dibrom-1,8-bis-[furan-2-carbonylamino]- **18** IV 3962

—, 4,8-Di-p-anisidino-2,6-dibrom-1,5-bis-[furan-2-carbonylamino]- **18** IV 3961

—, 2-[14H-Dibenzo[a,j]xanthen-14-yl]- **17** IV 6667

—, 2,6-Dibrom-1,5-bis-[furan-2-carbonylamino]-4,8-di-p-phenetidino- **18** IV 3961

—, 2,7-Dibrom-1,8-bis-[furan-2-carbonylamino]-4,5-di-p-phenetidino- **18** IV 3962

—, 2,6-Dibrom-1,5-bis-[furan-2-carbonylamino]-4,8-di-p-toluidino- **18** IV 3961

—, 2,7-Dibrom-1,8-bis-[furan-2-carbonylamino]-4,5-di-p-toluidino- **18** IV 3961

—, 6,7-Dichlor-1-[4-chlor-benzoylamino]-4-[5-dimethylsulfamoyl-thiophen-2-carbonylamino]- **18** IV 6766

—, 1-[5,6-Dihydro-4H-pyran-3-ylseleno]- **17** IV 1182

Anthrachinon (Fortsetzung)

—, 1,5-Dihydroxy-2,6-bis-[tetra-O-acetyl-glucopyranosyloxy]- **17** IV 3275

—, 1,8-Dihydroxy-2,7-bis-[tetra-O-acetyl-glucopyranosyloxy]- **17** IV 3275

—, 1-[3,4-Dihydroxy-6-hydroxymethyl-5-(3,4,5-trihydroxy-6-hydroxymethyl-tetrahydro-pyran-2-yloxy)-tetrahydro-pyran-2-yloxy]- **17** IV 3534

—, 3-[3,4-Dihydroxy-6-hydroxymethyl-5-(3,4,5-trihydroxy-6-hydroxymethyl-tetrahydro-pyran-2-yloxy)-tetrahydro-pyran-2-yloxy]-1,8-dihydroxy-6-methyl- **17** IV 3540

—, 1-[3,4-Dihydroxy-6-hydroxymethyl-5-(3,4,5-trihydroxy-6-hydroxymethyl-tetrahydro-pyran-2-yloxy)-tetrahydro-pyran-2-yloxy]-8-hydroxy- **17** IV 3537

—, 8-[3,4-Dihydroxy-6-hydroxymethyl-5-(3,4,5-trihydroxy-6-hydroxymethyl-tetrahydro-pyran-2-yloxy)-tetrahydro-pyran-2-yloxy]-1-hydroxy-3-methyl- **17** IV 3538

—, 1,8-Dihydroxy-3-maltosyloxy-6-methyl- **17** IV 3540

—, 1,5-Dihydroxy-2-methyl-6-primverosyloxy- **17** IV 3463

—, 1,5-Dihydroxy-2-methyl-6-[O^6-rhamnopyranosyl-glucopyranosyloxy]- **17** IV 3479

—, 1,8-Dihydroxy-3-methyl-6-rhamnopyranosyloxy- **17** IV 2535

—, 1,8-Dihydroxy-3-methyl-6-[O^2,O^3,O^6-triacetyl-O^4-(tetra-O-acetyl-glucopyranosyl)-glucopyranosyloxy]- **17** IV 3579

—, 1,5-Dihydroxy-2-methyl-6-[O^6-xylopyranosyl-glucopyranosyloxy]- **17** IV 3463

—, 1,8-Dihydroxy-2-[tetra-O-acetyl-galactopyranosyloxy]- **17** IV 3254

—, 1,4-Dihydroxy-2-[tetra-O-acetyl-glucopyranosyloxy]- **17** IV 3252

—, 1,5-Dihydroxy-2-[tetra-O-acetyl-glucopyranosyloxy]- **17** IV 3253

—, 1,4-Dihydroxy-2-[O^2,O^3,O^6-triacetyl-O^4-(tetra-O-acetyl-glucopyranosyl)-glucopyranosyloxy]- **17** IV 3579

—, 1-[Furan-2-carbonylamino]- **18** IV 3953

—, 1-[Furan-2-carbonylamino]-4-hydroxy- **18** IV 3953

—, 2-Furfuryl-1,4-dihydroxy- **18** IV 2826

—, 1-[O^4-Galactopyranosyl-glucopyranosyloxy]-8-hydroxy- **17** IV 3538

—, 1-Galactopyranosyloxy-8-hydroxy- **17** IV 3032

—, 2-Gentiobiosyloxy-1-hydroxy- **17** IV 3537
    — 9-imin **17** IV 3537

—, 1-[O^6-(O^4-Glucopyranosyl-glucopyranosyl)-glucopyranosyloxy]-8-hydroxy- **17** IV 3636

—, 1-[O^4-Glucopyranosyl-glucopyranosyloxy]- **17** IV 3534

—, 3-[O^4-Glucopyranosyl-glucopyranosyloxy]-1,8-dihydroxy-6-methyl- **17** IV 3540

—, 1-[O^4-Glucopyranosyl-glucopyranosyloxy]-8-hydroxy- **17** IV 3537
    — 9-imin **17** IV 3538

—, 2-[O^4-Glucopyranosyl-glucopyranosyloxy]-1-hydroxy- **17** IV 3536
    — 9-imin **17** IV 3537

—, 2-[O^6-Glucopyranosyl-glucopyranosyloxy]-1-hydroxy- **17** IV 3537
    — 9-imin **17** IV 3537

—, 8-[O^4-Glucopyranosyl-glucopyranosyloxy]-1-hydroxy-3-methyl- **17** IV 3538

—, 2-[O^4-Glucopyranosyl-glucopyranosyloxy]-1,5,8-trihydroxy-,
    — 9-imin **17** IV 3552

—, 1-Glucopyranosyloxy- **17** IV 3024

—, 2-Glucopyranosyloxy- **17** IV 3025

—, 1-[2-Glucopyranosyloxy-benzyloxy]-8-hydroxy-,
    — 9-imin **17** IV 2987

—, 2-[2-Glucopyranosyloxy-benzyloxy]-1-hydroxy- **17** IV 2987
    — 9-imin **17** IV 2987

—, 2-Glucopyranosyloxy-1,5-dihydroxy-,
    — 9-imin **17** IV 3049

—, 3-Glucopyranosyloxy-1,8-dihydroxy-6-methyl- **17** IV 3050

—, 1-Glucopyranosyloxy-5-hydroxy- **17** IV 3032

—, 1-Glucopyranosyloxy-8-hydroxy- **17** IV 3032
    — 9-imin **17** IV 3033

—, 2-Glucopyranosyloxy-1-hydroxy- **17** IV 3031
    — 9-imin **17** IV 3031

—, 2-Glucopyranosyloxy-7-hydroxy- **17** IV 3033

—, 1-Glucopyranosyloxy-8-hydroxy-2,7-dimethyl- **17** IV 3034

—, 1-Glucopyranosyloxy-8-hydroxy-3-methoxy-6-methyl- **31** 234 e

—, 1-Glucopyranosyloxy-8-hydroxy-6-methoxy-3-methyl- **31** 234 e

—, 1-Glucopyranosyloxy-8-hydroxy-3-methyl- **17** IV 3034 c

—, 3-Glucopyranosyloxy-1-hydroxy-2-methyl- **17** IV 3034, **31** 230 e

Anthrachinon (Fortsetzung)

—, 3-Glucopyranosyloxy-5-hydroxy-1-methyl- **17** IV 3034

—, 8-Glucopyranosyloxy-1-hydroxy-3-methyl- **17** IV 3034, **31** 234 d

—, 1-Glucopyranosyloxy-8-hydroxy-6-methyl-3-rhamnopyranosyloxy- **17** IV 3049

—, 2-Glucopyranosyloxy-1-methoxy- **17** IV 3031

—, 2-Glucopyranosyloxy-1,5,8-trihydroxy- **17** IV 3110

— 9-imin **17** IV 3110

—, 1-[Hepta-O-acetyl-cellobiosyloxy]- **17** IV 3574

—, 2-[Hepta-O-acetyl-cellobiosyloxy]-1,4-dihydroxy- **17** IV 3579

—, 3-[Hepta-O-acetyl-cellobiosyloxy]-1,8-dihydroxy-6-methyl- **17** IV 3580

—, 1-[Hepta-O-acetyl-cellobiosyloxy]-8-hydroxy- **17** IV 3577

—, 2-[Hepta-O-acetyl-cellobiosyloxy]-1-hydroxy- **17** IV 3576

—, 8-[Hepta-O-acetyl-cellobiosyloxy]-1-hydroxy-3-methyl- **17** IV 3578

—, 2-[Hepta-O-acetyl-cellobiosyloxy]-1,5,8-trihydroxy- **17** IV 3581

—, 2-[Hepta-O-acetyl-gentiobiosyloxy]-1-hydroxy- **17** IV 3586

—, 2-[Hepta-O-acetyl-gentiobiosyloxy]-1-methoxy- **17** IV 3586

—, 1-[Hepta-O-acetyl-lactosyloxy]-8-hydroxy- **17** IV 3577

—, 1-[Hepta-O-acetyl-maltosyloxy]- **17** IV 3574

—, 3-[Hepta-O-acetyl-maltosyloxy]-1,8-dihydroxy-6-methyl- **17** IV 3579

—, 1-[Hepta-O-acetyl-maltosyloxy]-8-hydroxy- **17** IV 3577

—, 8-[Hepta-O-acetyl-maltosyloxy]-1-hydroxy-3-methyl- **17** IV 3578

—, 1-Hydroxy-2,6-bis-[tetra-O-acetyl-glucopyranosyloxy]- **17** IV 3253

—, 1-Hydroxy-2,7-bis-[tetra-O-acetyl-glucopyranosyloxy]- **17** IV 3253

—, 2-[14-Hydroxy-14H-dibenzo[a,j]xanthen-14-yl]- **18** IV 2001

—, 1-Hydroxy-2,7-dimethyl-8-[tetra-O-acetyl-glucopyranosyloxy]- **17** IV 3246

—, 1-Hydroxy-8-lactosyloxy- **17** IV 3538

—, 1-Hydroxy-8-maltosyloxy- **17** IV 3537

—, 1-Hydroxy-8-maltosyloxy-3-methyl- **17** IV 3538

—, 1-Hydroxy-2-methyl-3-primverosyloxy- **17** IV 3463

—, 1-Hydroxy-2-methyl-3-[tetra-O-acetyl-glucopyranosyloxy]- **17** IV 3245

—, 1-Hydroxy-3-methyl-8-[tetra-O-acetyl-glucopyranosyloxy]- **17** IV 3246

—, 5-Hydroxy-1-methyl-3-[tetra-O-acetyl-glucopyranosyloxy]- **17** IV 3245

—, 1-Hydroxy-3-methyl-8-[O^2,O^3,O^6-triacetyl-O^4-(tetra-O-acetyl-glucopyranosyl)-glucopyranosyloxy]- **17** IV 3578

—, 1-Hydroxy-2-methyl-3-[O^6-xylopyranosyl-glucopyranosyloxy]- **17** IV 3463

—, 2-[2-Hydroxy-5-oxo-tetrahydro-[2]furyl]- **10** III 4026 c

—, 1-Hydroxy-2-primverosyloxy- **17** IV 3462, **31** 374 b

—, 1-Hydroxy-8-[tetra-O-acetyl-galactopyranosyloxy]- **17** IV 3243

—, 1-Hydroxy-2-[tetra-O-acetyl-glucopyranosyloxy]- **17** IV 3241

—, 1-Hydroxy-5-[tetra-O-acetyl-glucopyranosyloxy]- **17** IV 3242

—, 1-Hydroxy-8-[tetra-O-acetyl-glucopyranosyloxy]- **17** IV 3243

— 9-imin **17** IV 3244

—, 2-Hydroxy-7-[tetra-O-acetyl-glucopyranosyloxy]- **17** IV 3245

—, 1-Hydroxy-2-[2-(tetra-O-acetyl-glucopyranosyloxy)-benzyloxy]- **17** IV 3197

—, 1-Hydroxy-8-[2-(tetra-O-acetyl-glucopyranosyloxy)-benzyloxy]- **17** IV 3198

—, 1-Hydroxy-2-[tetra-O-benzoyl-glucopyranosyloxy]- **17** IV 3322

—, 1-Hydroxy-8-[3,4,5-triacetoxy-6-acetoxymethyl-tetrahydro-pyran-2-yloxy]- **17** IV 3243

—, 1-Hydroxy-8-[tri-O-acetyl-arabinopyranosyloxy]- **17** IV 2458

—, 1-Hydroxy-2-[O^2,O^3,O^4-triacetyl-glucopyranosyloxy]- **17** IV 3127

—, 1-Hydroxy-8-[O^2,O^3,O^4-triacetyl-O^6-(hepta-O-acetyl-cellobiosyl)-glucopyranosyloxy]- **17** IV 3649

—, 1-Hydroxy-8-[O^2,O^3,O^6-triacetyl-O^4-(tetra-O-acetyl-galactopyranosyl)-glucopyranosyloxy]- **17** IV 3577

—, 1-Hydroxy-2-[O^2,O^3,O^4-triacetyl-O^6-(tetra-O-acetyl-glucopyranosyl)-glucopyranosyloxy]- **17** IV 3586

—, 1-Hydroxy-2-[O^2,O^3,O^6-triacetyl-O^4-(tetra-O-acetyl-glucopyranosyl)-glucopyranosyloxy]- **17** IV 3576

—, 1-Hydroxy-8-[O^2,O^3,O^6-triacetyl-O^4-(tetra-O-acetyl-glucopyranosyl)-glucopyranosyloxy]- **17** IV 3577

Anthrachinon (Fortsetzung)

—, 1-Hydroxy-8-{O^2,O^3,O^4-triacetyl-O^6- [O^2,O^3,O^6-triacetyl-O^4-(tetra-O-acetyl- glucopyranosyl)-glucopyranosyl]- glucopyranosyloxy}- **17** IV 3649

—, 1-Hydroxy-8-[3,4,5-trihydroxy-6- hydroxymethyl-tetrahydro-pyran-2-yloxy]- **17** IV 3032

—, 1-Hydroxy-2-[O^6-xylopyranosyl- glucopyranosyloxy]- **17** IV 3462, **31** 374 b

—, 1-Maltosyloxy- **17** IV 3534

—, 1-Methoxy-2,7-bis-[tetra-O-acetyl- glucopyranosyloxy]- **17** IV 3253

—, 1-Methoxy-2-methyl-3- primverosyloxy- **17** IV 3463

—, 1-Methoxy-2-methyl-3-[tetra- O-acetyl-glucopyranosyloxy]- **17** IV 3245

—, 1-Methoxy-2-methyl-3- [O^6-xylopyranosyl-glucopyranosyloxy]- **17** IV 3463

—, 2-[6-Methoxy-3-oxo-3H-benzofuran- 2-ylidenmethyl]- **18** II 189 i

—, 1-Methoxy-2-[tetra-O-acetyl- glucopyranosyloxy]- **17** IV 3241

—, 1-Methoxy-8-[tetra-O-acetyl- glucopyranosyloxy]- **17** IV 3244

—, 1-Methoxy-2-[2-(tetra-O-acetyl- glucopyranosyloxy)-benzyloxy]- **17** IV 3198

—, 1-Methoxy-2-[O^2,O^3,O^4-triacetyl-O^6- (tetra-O-acetyl-glucopyranosyl)- (tetra-O-acetyl-glucopyranosyl)- glucopyranosyloxy]- **17** IV 3586

—, 2-Methyl-1,3-bis-[tetra-O-acetyl- glucopyranosyloxy]- **17** IV 3246

—, 3-Methyl-1-[tetra-O-acetyl- glucopyranosyloxy]- **17** IV 3235

—, 1-[6-Oxo-6H-anthra[1,9-bc]thiophen- 3-carbonylamino]- **18** IV 5691

—, 1-[6-Oxo-6H-anthra[1,9-bc]thiophen- 4-carbonylamino]- **18** IV 5693

—, 2-[3-Oxo-3H-benzofuran-2- ylidenmethyl]- **17** II 532 g

—, 2-[3-Oxo-3H-benzo[b]selenophen-2- ylidenmethyl]- **17** I 292 b

—, 2-[3-Oxo-3H-benzo[b]thiophen-2- ylidenmethyl]- **17** II 533 a

—, 2-[3-Oxo-3H-naphtho[1,2-b]furan-2- ylidenmethyl]- **17** II 533 d

—, 2-[3-Oxo-3H-naphtho[2,3-b]furan-2- ylidenmethyl]- **17** II 533 c

—, 1-[Tetra-O-acetyl-glucopyranosyloxy]- **17** IV 3234

—, 2-[Tetra-O-acetyl-glucopyranosyloxy]- **17** IV 3234

—, 1-[2]Thienyl- **17** IV 6527

—, 1-[2]Thienyl-1,4,4a,9a-tetrahydro- **17** 2231

—, 1-[Tri-O-acetyl-arabinopyranosyloxy]- **17** IV 2457

—, 1-[O^2,O^3,O^6-Triacetyl-O^4-(tetra- O-acetyl-glucopyranosyl)- glucopyranosyloxy]- **17** IV 3574

—, x,x,x-Trichlor-2-methyl- **17** IV 6142

—, 1,5,8-Trihydroxy-2-[tetra-O-acetyl- glucopyranosyloxy]- **17** IV 3275

—, 1,5,8-Trihydroxy-2- [O^2,O^3,O^6-triacetyl-O^4-(tetra-O-acetyl- glucopyranosyl)-glucopyranosyloxy]- **17** IV 3581

—, 1,2,3-Tris-[tetra-O-acetyl- glucopyranosyloxy]- **17** IV 3252

Anthra[1,9,8-$cdef$]chromen-2,6-dion 17 IV 6545

—, 10-Brom- **17** IV 6545

—, 10-Nitro- **17** IV 6545

Anthra[9,1-bc;10,5-b',c']difuran

—, 2,7-Bis-[2,4-dimethyl-phenyl]-2,7- dihydroxy-2,7-dihydro- **18** IV 8454

—, 2,7-Bis-[2,4-dimethyl-phenyl]-2,7- dihydroxy-2,5b,7,10b-tetrahydro- **18** IV 8454

Anthra[1,2-c;5,6-c']difuran-1,6,7,12-tetraon

—, 3,9-Dihydroxy-3,9-diphenyl-3H,9H- **10** III 4156 c

Anthra[2,1-b]furan 17 IV 709

—, 1-Methyl- **17** IV 718

Anthra[9,1-bc]furan-3-carbonsäure

—, 2,6-Dioxo-10b-phenyl-6,10b-dihydro- 2H- **18** IV 6110

—, 2-Hydroxy-6-oxo-6H- **18** IV 6438

—, 6-Hydroxy-2-oxo-2H- **18** IV 6438

Anthra[9,1-bc]furan-5-carbonsäure

—, 6-Acetoxy-2-oxo-2H- **18** IV 6439

—, 6,10b-Dihydroxy-2-oxo-6-phenyl- 6,10b-dihydro-2H- **10** III 4796 a

—, 6,10b-Dihydroxy-2-oxo-6-p-tolyl- 6,10b-dihydro-2H- **10** III 4796 c

—, 2,6-Dioxo-6,10b-dihydro-2H- **18** IV 6439

—, 2-Hydroxy-6-oxo-6H- **18** IV 6439

—, 6-Hydroxy-2-oxo-2H- **18** IV 6439

—, 10b-Hydroxy-2-oxo-6,10b-dihydro- 2H- **10** III 4021 d

—, 6-Hydroxy-2-oxo-6,10b-di-p-tolyl- 6,10b-dihydro-2H- **18** IV 6449

—, 2-Oxo-2H- **18** IV 5691

Anthra[9,1-bc]furan-7-carbonsäure

—, 5,10-Dianilino-6-hydroxy-2-oxo-2H- **19** II 376 a

—, 2,6-Dioxo-6,10b-dihydro-2H- **18** II 359 e

—, 6-Hydroxy-2-oxo-2H- **18** II 359 e

—, 10b-Hydroxy-2-oxo-6,10b-dihydro- 2H- **10** III 4021 e

—, 6-Hydroxy-2-oxo-5,10-di-p-toluidino- 2H- **19** II 376 b

Anthra[9,1-*bc*]furan-7-carbonsäure (Fortsetzung)
—, 2-Oxo-2*H*- **18** IV 5691
Anthra[1,2-*b*]furan-4,5-chinon
—, 2-Methyl-2,3-dihydro- **17** II 506 d
Anthra[1,2-*b*]furan-6,11-chinon
—, 5-Acetoxy-2-äthyl-2,3-dihydro- **18**
    IV 1917
—, 2-Äthyl-5-hydroxy-2,3-dihydro- **18**
    IV 1916
Anthra[9,1-*bc*]furan-2,6-diol
—, 2-[2-Amino-phenyl]-2*H*- **14** III 670 c
Anthra[1,2-*b*]furan-2,3-dion
—, 11b-Hydroxy-3a,4,5,7,8,9,10,11b-
    octahydro- **10** III 3611 b
Anthra[1,2-*c*]furan-1,3-dion 17 IV 6499
—, 6-Acetoxy- **18** IV 1925
—, 5-Phenyl- **17** IV 6599
—, 11-Phenyl- **17** IV 6599
Anthra[1,9-*bc*]furan-1,6-dion
—, 10b*H*- **18** IV 789
—, 3-Methyl-10b*H*- **18** IV 790
Anthra[2,3-*c*]furan-1,3-dion 17 537 a,
    II 509 b, IV 6498
—, 3a,4,5,6,7,8,9,10,11,11a-Decahydro-
    17 IV 6320
—, $\Delta^{4a,(10a)}$-Dodecahydro- **17** IV 6244
—, 4-[5,6,7,8-Tetrahydro-[2]naphthyl]-
    6,7,8,9-tetrahydro- **17** IV 6596
Anthra[9,1-*bc*]furan-2,6-dion
—, 10b*H*- **17** II 504 d, **18** IV 789
—, 10b-Äthyl-10b*H*- **17** IV 6484
—, 10b-Biphenyl-4-yl-3-methyl-10b*H*-
    17 IV 6638
—, 3-Brom-10b-phenyl-10b*H*- **17**
    IV 6576
—, 3-Brom-10b-*p*-tolyl-10b*H*- **17**
    IV 6582
—, 10b-[4-Chlor-phenyl]-10b*H*- **17**
    IV 6576
—, 10b-[4-Chlor-phenyl]-5-methyl-
    10b*H*- **17** IV 6583
—, 3,5-Dimethyl-10b-phenyl-10b*H*- **17**
    IV 6588
—, 10b-[2,4-Dimethyl-phenyl]-3,5-
    dimethyl-10b*H*- **17** IV 6595
—, 10b-[2,4-Dimethyl-phenyl]-5-methyl-
    10b*H*- **17** IV 6592
—, 10b-[2,5-Dimethyl-phenyl]-3-methyl-
    10b*H*- **17** IV 6592
—, 10b-Hydroxy-10b*H*- **10** 834 f,
    I 403 a, II 581 g, III 3633 d
—, 10b-Hydroxy-5-phenyl-10b*H*- **10**
    III 3674 d
—, 10b-[4-Methoxy-phenyl]-10b*H*- **18**
    IV 1970
—, 10b-[4-Methoxy-phenyl]-3-methyl-
    10b*H*- **18** IV 1976
—, 10b-[4-Methoxy-phenyl]-5-methyl-
    10b*H*- **18** IV 1977

—, 3-Methyl-10b*H*- **17** II 505 c
—, 3-Methyl-10b-phenyl-10b*H*- **17**
    IV 6583
—, 5-Methyl-10b-phenyl-10b*H*- **17**
    IV 6583
—, 3-Methyl-10b-*p*-tolyl-10b*H*- **17**
    IV 6588
—, 10b-Phenyl-10b*H*- **17** IV 6575
Anthra[9,1-*bc*]furan-2-ol
—, 2-[2-Amino-phenyl]-6-methoxy-2*H*-
    14 III 670 c
Anthra[9,1-*bc*]furan-6-ol
—, 2-[2-Amino-phenyl]-2-methoxy-2*H*-
    14 III 670 c
Anthra[1,2-*b*]furan-2-on
—, 3-Hydroxy-3a,4,5,7,8,9,10,11b-
    octahydro-3*H*- **18** IV 533
—, 11b-Hydroxy-3a,4,5,7,8,9,10,11b-
    octahydro-3*H*- **10** III 3241 e
—, 3a,4,5,7,8,9,10,11b-Octahydro-3*H*-
    17 IV 5244
Anthra[1,2-*c*]furan-3-on
—, 1,1-Diphenyl-1*H*- **17** IV 5640
—, 1-Hydroxy-1-phenyl-1*H*- **10**
    III 3489 a
Anthra[1,9-*bc*]furan-1-on
—, 6-Acetoxy- **18** IV 789
—, 6-Acetoxy-3-methyl- **18** IV 790
—, 6-Hydroxy- **18** IV 789
—, 6-Hydroxy-3-methyl- **18** IV 790
Anthra[1,9-*bc*]furan-6-on
—, 5-Chlor-1-phenyl- **17** IV 5602
—, 3,4-Diacetoxy-1-phenyl- **18** 155 b
—, 1,10b-Dibrom-3,4-dihydroxy-1-
    phenyl-1,10b-dihydro- **18** 154 c
—, 3,4-Dihydroxy-1-phenyl- **18** 155 a
Anthra[2,3-*c*]furan-1-on
—, 3,3-Diphenyl-3*H*- **17** II 428 e
Anthra[9,1-*bc*]furan-2-on
—, 6-Acetoxy- **18** IV 45 b, IV 789
—, 6-Acetoxy-3-methyl- **18** IV 45 c
—, 6-Acetoxy-3-methyl-10b-phenyl-6*H*-
    18 IV 848
—, 6-Chlor-3-methyl-10b-phenyl-6,10b-
    dihydro- **17** IV 5593
—, 6,10b-Dihydro- **17** II 400 b
—, 6-Hydroxy- **17** II 504 d, **18**
    IV 789
—, 6-Hydroxy-3-methyl- **17** II 505 c
—, 6-Hydroxy-3-methyl-10b-phenyl-
    6,10b-dihydro- **18** IV 848
—, 3,9,10,10b-Tetrahydroxy-5-methyl-
    6,10b-dihydro- **10** III 4783 d
Anthra[9,1-*bc*]furan-6-on
—, 2-Biphenyl-4-yl- **17** II 428 c
—, 2-[4-Chlor-phenyl]- **17** II 424 a
—, 7-[2,4-Dimethyl-benzoyl]-2-
    [2,4-dimethyl-phenyl]- **17** IV 6647

Anthra[9,1-*bc*]furan-6-on   (Fortsetzung)
—, 7-[2,4-Dimethyl-benzoyl]-2-
  [2,4-dimethyl-phenyl]-2-hydroxy-2,10b-
  dihydro- **8** III 3949 a
—, 2-[2,4-Dimethyl-phenyl]- **17**
  II 426 b
—, 10b-Hydroxy-2,2-diphenyl-2,10b-
  dihydro- **8** III 3119 b
—, 2-[4-Methoxy-phenyl]- **18** II 52 h
—, 3-Methyl-2-phenyl- **17** IV 5604
—, 2-[1]Naphthyl- **17** II 427 f
—, 2-Phenyl- **17** II 423 f, IV 5602
—, 2-*p*-Tolyl- **17** II 425 c
Anthra[1,2-*b*]furan-2,3,6,11-tetraon
  — 3-[4-dimethylamino-phenylimin]
    17 IV 6835
Anthra[1,2-*c*]furan-1,3,6,11-tetraon 17
  I 293 c, II 538 c, IV 6835
Anthra[2,3-*c*]furan-1,3,5,10-tetraon 17
  580 d, I 293 b, II 538 a, IV 6835
—, 4,11-Dichlor- **17** IV 6835
—, 4,11-Dihydroxy- **18** IV 3539
Anthra[1,2-*b*]furan-2,6,11-trion
—, 3*H*- **17** IV 6802
—, 3-Benzyliden-3*H*- **17** IV 6817
—, 3-[4-Dimethylamino-benzyliden]-3*H*-
  18 IV 8069
—, 3-[4-Dimethylamino-phenylimino]-
  3*H*- **17** IV 6835
—, 3-[9,10-Dioxo-9,10-dihydro-
  [2]anthrylmethylen]-3*H*- **17** IV 6843
—, 3-[2-Methoxy-9,10-dioxo-9,10-
  dihydro-[1]anthrylmethylen]-3*H*- **18**
  IV 3548
—, 3-[2-Oxo-acenaphthen-1-yliden]-3*H*-
  17 IV 6838
—, 3-Salicyliden-3*H*- **18** IV 2841
Anthra[1,2-*c*]furan-1,3,11-trion
—, 6*H*- **17** IV 6802
Anthra[1,2-*c*]furan-1,6,11-trion
—, 3-Acetoxy-3-phenyl-3*H*- **18** IV 2840
—, 3,3-Diphenyl-3*H*- **17** II 533 f
—, 3-Hydroxy-3-phenyl-3*H*- **10**
  III 4034 f
Anthra[1,2-*c*]furan-3,6,11-trion
—, 1,1-Diphenyl-1*H*- **17** II 533 f
—, 1-Hydroxy-1-phenyl-1*H*- **10**
  III 4035 b
Anthra[2,3-*c*]furan-1,4,9-trion
—, 3,3-Diphenyl-3*H*- **17** II 533 e
Anthra[2,3-*c*]furan-1,5,10-trion
—, 3-[4-Chlor-phenyl]-3,4,11-trihydroxy-
  3*H*- **10** III 4837 a
—, 3-Hydroxy-3-phenyl-3*H*- **10**
  I 433 c, II 631 a, III 4036 b
—, 3,4,11-Trihydroxy-3-phenyl-3*H*- **10**
  III 4836 b
—, 3,4,11-Trihydroxy-3-*p*-tolyl-3*H*- **10**
  III 4837 b

Anthra[1,9-*ef*]isobenzofuran
  s. Benzo[1,10]phenanthro[2,3-*c*]furan
Anthra[3,2,1-*de*]isochromen-4,6,8,13-tetraon
  s. Benzo[*de*]naphth[2,3-*g*]isochromen-
    4,6,8,13-tetraon
Anthra[2,1,9-*def*]isochromen-1,3,6-trion 17
  II 532 f, IV 6812
—, 9-Chlor- **17** IV 6812
**Anthra[2,1-*b*]naphtho[2,3-*d*]furan-7-
  carbonsäure**
—, 9,14-Dioxo-9,14-dihydro-,
  — *o*-toluidid **18** IV 6112
Anthranilsäure
  — glucopyranosylester **17** IV 3430
—, *N*-Acetyl-,
  — glucopyranosylester **17** IV 3430
—, *N*-[5-Brommethyl-furfuryliden]- **17**
  II 315 c
—, *N*-[1-(2-Carboxy-anilino)-3-oxo-
  phthalan-1-carbonyl]- **18** IV 8267
—, *N*-[2-Carboxy-benzyliden]- **18**
  IV 7888
—, *N*-Dibenzofuran-3-yl- **18** II 422 d
—, *N*-[4-(2,4-Dimethoxy-phenyl)-6-oxo-3,6-
  dihydro-pyran-2-yliden]-,
  — methylester **18** IV 2500
—, *N*-[4-(2,4-Dimethoxy-phenyl)-6-oxo-
  6*H*-pyran-2-yl]-,
  — methylester **18** IV 2500
—, *N*-[Furan-2-carbonyl]- **18** IV 3956
—, *N*-Furfuryliden- **17** II 311 a
  — furfurylidenhydrazid **17** IV 4449
—, *N*-[3-[2]Furyl-3-hydroxy-acryloyl]-
  18 IV 5396
—, *N*-[3-[3]Furyl-3-hydroxy-acryloyl]-
  18 IV 5405
—, *N*-[3-[2]Furyl-3-oxo-propionyl]- **18**
  IV 5396
—, *N*-[3-[3]Furyl-3-oxo-propionyl]- **18**
  IV 5405
—, *N*-[O^4-Glucopyranosyl-glucit-1-
  yliden]- **31** 395 c
—, *N*-[O^4Glucopyranosyl-
  glucopyranosyl]- **31** 395 c
—, *N*-Maltosyl- **31** 395 c
—, *N*-[4-Methoxy-2-methyl-9-oxo-
  thioxanthen-1-yl]- **18** I 580 g
—, *N*-[4-(2-Methoxy-4-methyl-phenyl)-6-
  oxo-3,6-dihydro-pyran-2-yliden]-,
  — methylester **18** IV 1535
—, *N*-[4-(2-Methoxy-4-methyl-phenyl)-6-
  oxo-6*H*-pyran-2-yl]-,
  — methylester **18** IV 1535
—, *N*-[4-(4-Methoxy-phenyl)-6-oxo-3,6-
  dihydro-pyran-2-yliden]-,
  — methylester **18** IV 1525
—, *N*-[4-(4-Methoxy-phenyl)-6-oxo-
  6*H*-pyran-2-yl]-,
  — methylester **18** IV 1525

Anthranilsäure (Fortsetzung)
−, *N*-Methyl-,
− furfurylidenhydrazid **17** IV 4449
−, *N*-[5-Methyl-furan-2-carbonyl]- **18**
IV 4084
−, *N*-[4-Methyl-9-oxo-thioxanthen-1-yl]-
18 I 574 e
−, *N*-[4-Methyl-9,10,10-trioxo-
10λ^6-thioxanthen-1-yl]- **18** I 574 f
−, *N*-[5-Nitro-furfuryliden]- **17** IV 4462
−, *N*-[2-Oxo-2*H*-chromen-6-yl]- **18**
IV 7923
−, *N*-[2-Oxo-2,3-dihydro-benzo[*b*]≠
thiophen-3-ylmethylen]- **17** I 257 e
−, *N*-[1-Oxo-4-(3-oxo-3*H*-benzo[*b*]≠
thiophen-2-yliden)-1,4-dihydro-
[2]naphthyl]- **18** II 471 c
− methylester **18** II 471 d
−, *N*-[2-Oxo-5-phenyl-2,5-dihydro-
[3]furyl]- **17** IV 6169
−, *N*-[2-Oxo-5-phenyl-dihydro-
[3]furyliden]- **17** IV 6169
−, *N*-[3-Phenyl-chromen-2-yliden]- **17**
II 397 b
−, *N*-Phthalidyl- **18** IV 7888
− äthylester **18** IV 7888
−, *N*-Selenophen-2-ylmethylen- **17**
IV 4492
α-**Anthrapinakolin 17** II 100 a, IV 814
Anthra[1,2-*b*]pyran
s. Naphtho[2,3-*h*]chromen
Anthra[2,1-*b*]pyran
s. Naphtho[2,3-*f*]chromen
Anthra[1,2-*b*]selenophen
−, 6,11-Dimethyl- **17** IV 725
Anthra[1,2-*b*]selenophen-2-carbonsäure
−, 6,11-Dioxo-6,11-dihydro- **18**
IV 6103
Anthra[1,2-*b*]selenophen-6,11-chinon 17
IV 6499
Anthra[1,2-*b*]thiophen 17 IV 709
−, 6,11-Dimethyl- **17** IV 725
Anthra[2,3-*b*]thiophen
−, 2-Methyl- **17** IV 719
Anthra[1,2-*b*]thiophen-2-carbonsäure
−, 6,11-Dioxo-6,11-dihydro- **18**
IV 6103
Anthra[1,9-*bc*]thiophen-1-carbonsäure
−, 6-Oxo-3-methyl-6*H*- **18** I 506 a
Anthra[1,9-*bc*]thiophen-3-carbonsäure
−, 1-Acetyl-6-oxo-6*H*- **18** IV 6104
−, 1-Benzoyl-6-oxo-6*H*- **18** IV 6111
−, 6-Oxo-6*H*- **18** IV 5691
− [4-benzoylamino-9,10-dioxo-9,10-
dihydro-[1]anthrylamid] **18** IV 5692
− [5-benzoylamino-9,10-dioxo-9,10-
dihydro-[1]anthrylamid] **18** IV 5692
− [6-chlor-9,10-dioxo-9,10-dihydro-
[1]anthrylamid] **18** IV 5692

− [9,10-dioxo-9,10-dihydro-
[1]anthrylamid] **18** IV 5691
− [6,12-dioxo-6,12-dihydro-dibenzo≠
[*def,mno*]chrysen-4-ylamid] **18**
IV 5692
Anthra[1,9-*bc*]thiophen-4-carbonsäure
−, 6-Oxo-6*H*- **18** IV 5692
− [9,10-dioxo-9,10-dihydro-
[1]anthrylamid] **18** IV 5693
Anthra[1,9-*bc*]thiophen-3-carbonylchlorid
−, 1-Acetyl-6-oxo-6*H*- **18** IV 6104
−, 1-Benzoyl-6-oxo-6*H*- **18** IV 6112
−, 6-Oxo-6*H*- **18** IV 5691
Anthra[1,9-*bc*]thiophen-4-carbonylchlorid
−, 6-Oxo-6*H*- **18** IV 5693
Anthra[1,2-*b*]thiophen-6,11-chinon 17
IV 6498
−, 3-Acetoxy- **18** IV 1925
−, 3-Hydroxy- **18** IV 1925
Anthra[2,1-*b*]thiophen-6,11-chinon
−, 1-Acetoxy- **18** II 111 b, IV 1925
−, 1-[4-Brom-benzoyloxy]- **18** IV 1925
−, 2-Brom-1-hydroxy- **18** IV 1926
−, 1-Hydroxy- **18** II 111 a, IV 1925
Anthra[2,3-*b*]thiophen-5,10-chinon
−, 3-Hydroxy- **18** II 110 f
Anthra[1,9-*bc*]thiophen-1,3-dicarbonsäure
−, 6-Oxo-6*H*- **18** IV 6194
− bis-[5-benzoylamino-9,10-dioxo-
9,10-dihydro-[1]anthrylamid] **18**
IV 6194
Anthra[1,9-*bc*]thiophen-1,3-dicarbonylchlorid
−, 6-Oxo-6*H*- **18** IV 6194
Anthra[2,1-*b*]thiophen-1,2-dion 17 II 509 d
Anthra[1,2-*b*]thiophen-3-ol 17 II 160 a
Anthra[2,1-*b*]thiophen-1-ol 17 II 160 b
Anthra[2,3-*b*]thiophen-3-ol 17 II 159 e
Anthra[1,2-*b*]thiophen-3-on 17 II 160 a
−, 2-[4-Dimethylamino-phenylimino]-
17 II 509 c
Anthra[1,9-*bc*]thiophen-6-on 17 I 211 c
−, 1-Acetyl- **17** I 275 d
−, 1-[4-Hydroxy-benzoyl]- **18** I 383 b
−, 5-Methoxy- **18** I 331 f
−, 3-Methyl- **17** I 211 e
−, 5-Methyl- **17** IV 5491
Anthra[2,1-*b*]thiophen-1-on 17 II 160 b
−, 2-[4-Dimethylamino-phenylimino]-
17 II 509 e
Anthra[2,3-*b*]thiophen-3-on 17 II 159 e
−, 2-[4-Dimethylamino-phenylimino]-
17 II 509 a
Anthra[1,2-*b*]thiophen-3,6,11-trion 18
IV 1925
Anthra[2,1-*b*]thiophen-1,6,11-trion 18
II 111 a, IV 1925
−, 2-Benzyliden- **17** IV 6817
−, 2-Brom- **18** IV 1926

Anthra[2,1-*b*]thiophen-1,6,11-trion   (Fortsetzung)
—, 3-[4-Dimethylamino-phenylimino]-
17 II 538 b
—, 2-[2-Oxo-acenaphthen-1-yliden]- 17
IV 6838
Anthra[2,3-*b*]thiophen-3,5,10-trion 18
II 110 f
—, 2-[4-Dimethylamino-phenylimino]-
17 II 537 d
Anthroesäure
s. Anthracen-carbonsäure
[9]Anthrol
—, 1-Acetoxy-8-[tetra-*O*-acetyl-
galactopyranosyloxy]- 17 IV 3234
—, 1,8-Diacetoxy-3-acetoxymethyl-10-
[tetra-*O*-acetyl-glucopyranosyl]- 18
IV 3632
—, 1,8-Diacetoxy-3-acetoxymethyl-
2,4,5,7-tetrabrom-10-[tetra-*O*-acetyl-
glucopyranosyl]- 18 IV 3633
—, 1,8-Dimethoxy-3-methoxymethyl-10-
[tetra-*O*-methyl-glucopyranosyl]- 18
IV 3631
—, 10-Furfuryloxy-9,10-diphenyl-9,10-
dihydro- 17 IV 1246
—, 9-[2]Furyl-10-methoxy-10-phenyl-
9,10-dihydro- 17 IV 2253
—, 9-[2]Furyl-10-phenyl-9,10-dihydro-
17 IV 1750
—, 10-Methoxy-10-phenyl-9-[2]thienyl-
9,10-dihydro- 17 IV 2254
—, 9-Phenyl-10-thioxanthen-9-yliden-
9,10-dihydro- 17 IV 1781
—, 9-Phenyl-10-xanthen-9-yliden-9,10-
dihydro- 17 IV 1781
Anthron
—, 4-Acetoxy-10-acetylimino-3-[tetra-
O-acetyl-glucopyranosyloxy]- 17
IV 3241
—, 4-Acetoxy-10-acetylimino-3-[2-(tetra-
O-acetyl-glucopyranosyloxy)-benzyloxy]-
17 IV 3198
—, 10-Acetoxy-2,3-epoxy-10-methyl-
1,2,3,4,4a,9a-hexahydro- 18 IV 529
—, 1-Acetoxy-8-[tetra-*O*-acetyl-
galactopyranosyloxy]- 17 IV 3234
—, 10,10-Bis-acetylamino-3-
glucopyranosyloxy-4-hydroxy- 17
IV 3242
—, 1,5-Bis-[5-carboxy-1-hydroxy-3-oxo-
phthalan-1-yl]-10-hydroxy- 10
III 4874 a
—, 2,6-Bis-glucopyranosyloxy-1,5-
dihydroxy-10-imino- 17 IV 3110
—, 3-Cellobiosyloxy-4-hydroxy-10-imino-
17 IV 3537
—, 4-Cellobiosyloxy-5-hydroxy-10-imino-
17 IV 3538
—, 6-Cellobiosyloxy-1,4,5-trihydroxy-10-
imino- 17 IV 3552
—, 1,8-Diacetoxy-3-acetoxymethyl-10-
[tetra-*O*-acetyl-glucopyranosyl]- 18
IV 3632
—, 1,8-Diacetoxy-3-acetoxymethyl-
2,4,5,7-tetrabrom-10-[tetra-*O*-acetyl-
glucopyranosyl]- 18 IV 3633
—, 1,8-Dichlor-10-furfuryliden- 17
IV 5556
—, 1,8-Dihydroxy-3-hydroxymethyl-10-
[tetra-*O*-acetyl-glucopyranosyl]- 18
IV 3631
—, 1,8-Dihydroxy-10-[tetra-*O*-acetyl-
glucopyranosyl]- 18 IV 3606
—, 1,8-Dimethoxy-3-methoxymethyl-10-
[tetra-*O*-methyl-glucopyranosyl]- 18
IV 3631
—, 2,3-Epoxy-10-hydroxy-8-methoxy-10-
methyl-1,2,3,4,4a,9a-hexahydro- 18
IV 1584
—, 2,3-Epoxy-10-hydroxy-10-methyl-
1,2,3,4,4a,9a-hexahydro- 18 IV 529
—, 1-Galactopyranosyloxy-8-hydroxy-
17 IV 3023
—, 3-Gentiobiosyloxy-4-hydroxy-10-
imino- 17 IV 3537
—, 10-Glucopyranosyl-1,8-dihydroxy-
18 IV 3606
—, 10-Glucopyranosyl-1,8-dihydroxy-3-
hydroxymethyl- 18 IV 3630
—, 10-Glucopyranosyl-2,8-dihydroxy-1-
methoxy-6-methyl- 18 IV 3629
—, 10-Glucopyranosyl-1,8-dihydroxy-3-
methyl- 18 IV 3606
—, 3-[2-Glucopyranosyloxy-benzyloxy]-4-
hydroxy-10-imino- 17 IV 2987
—, 4-[2-Glucopyranosyloxy-benzyloxy]-5-
hydroxy-10-imino- 17 IV 2987
—, 1-Glucopyranosyloxy-8,10-dihydroxy-
17 IV 3029
—, 4-Glucopyranosyloxy-5,10-dihydroxy-
17 IV 3029
—, 6-Glucopyranosyloxy-1,5-dihydroxy-
10-imino- 17 IV 3049
—, 3-Glucopyranosyloxy-4-hydroxy-10-
imino- 17 IV 3031
—, 4-Glucopyranosyloxy-5-hydroxy-10-
imino- 17 IV 3033
—, 6-Glucopyranosyloxy-1,4,5-
trihydroxy-10-imino- 17 IV 3110
—, 4-Hydroxy-10-imino-5-[tetra-
O-acetyl-glucopyranosyloxy]- 17
IV 3244
—, 1-Hydroxy-8-[tetra-*O*-acetyl-
glucopyranosyloxy]- 17 IV 3234
—, 10-Hydroxy-10-[2]thienyl- 18 IV 812
—, 10-Phenyl-10-[2-phenyl-tetrahydro-
pyran-2-ylperoxy]- 17 IV 1368

Anthron (Fortsetzung)
—, 10-Phenyl-10-tetrahydropyran-2-
   ylperoxy- **17** IV 1080
—, Phthalidyliden- **17** 547 e
—, 2,4,5,7-Tetrabrom-10-glucopyranosyl-
   1,8-dihydroxy-3-hydroxymethyl- **18**
   IV 3632
—, 2,4,5,7-Tetrachlor-10-glucopyranosyl-
   1,8-dihydroxy-3-hydroxymethyl- **18**
   IV 3632
—, Thioxanthen-9-yliden- **17** IV 5640
—, Xanthen-9-yliden- **17** IV 5639
Antiarigenin 18 IV 3417
—, O^3-Benzoyl-dianhydro- **18** IV 2663
—, O^{19}-Benzoyl-O^3-[tri-O-benzoyl-6-
   desoxy-gulopyranosyl]-al-dihydro- **18**
   IV 3409
—, O^3-[6-Desoxy-gulopyranosyl]- **18**
   IV 3418
—, O^3-[6-Desoxy-gulopyranosyl]-
   al-dihydro- **18** IV 3409
—, O^{12},O^{19}-Diacetyl-
   O^3-rhamnopyranosyl-al-dihydro- **18**
   IV 3409
—, O^{12},O^{19}-Diacetyl-O^3-[tri-O-acetyl-
   rhamnopyranosyl]-al-dihydro- **18**
   IV 3409
—, Dianhydro- **18** IV 2663
—, O^3,O^{12}-Dibenzoyl- **18** IV 3417
—, O^{12},O^{19}-Dibenzoyl-O^3-[tri-
   O-benzoyl-rhamnopyranosyl]-al-dihydro-
   18 IV 3410
—, al-Dihydro- **18** IV 3408
—, O^3-Rhamnopyranosyl- **18** IV 3417
—, O^3-Rhamnopyranosyl-al-dihydro-
   18 IV 3408
—, O^3,O^{12},O^{19}-Triacetyl-al-dihydro-
   18 IV 3408
—, O^3,O^{12},O^{19}-Triacetyl-monoanhydro-
   al-dihydro- **18** IV 3118
—, O^3-[Tri-O-benzoyl-6-desoxy-
   gulopyranosyl]- **18** IV 3418
—, O^3,O^{12},O^{19}-Tribenzoyl-al-dihydro-
   18 IV 3408
—, O^3-[Tri-O-benzoyl-rhamnopyranosyl]-
   18 IV 3418
Antiarigeninsäure
—, O^3,O^{12}-Dibenzoyl-,
   — methylester **18** IV 6660
α-Antiarin 18 IV 3418
   — oxim **18** IV 3419
—, al-Dihydro- **18** IV 3409
—, Tetra-O-benzoyl-al-dihydro- **18**
   IV 3409
β-Antiarin 18 IV 3417
—, Di-O-acetyl-al-dihydro- **18** IV 3409
—, al-Dihydro- **18** IV 3408
—, Penta-O-acetyl-al-dihydro- **18**
   IV 3409

—, Penta-O-benzoyl-al-dihydro- **18**
   IV 3410
Antiaronsäure
   — lacton **18** 161 g, IV 2273
Antimon(2+)
—, Tri-[2]thienyl- **18** IV 8378
Antimycin 18 IV 6329
Antimycinlacton 18 IV 45
Antiogenin
—, O^{12}-Acetyl-O^3-[tri-O-acetyl-
   rhamnopyranosyl]- **18** IV 3089
—, O^3-Rhamnopyranosyl- **18** IV 3088
Antiosid 18 IV 3088
Antirrhinin 17 IV 3898
**Antitumorprotidosynthese-Acetobacteroxydase-
   Coenzym 18** IV 6264
Aparajitin 17 IV 4284
Aphanizophyll 17 IV 2533
Apigenidin 17 IV 3504
Apigenin 18 181 j, I 396 g, II 172 f,
   IV 2682
—, O-Glucopyranosyl- **31** 250 b
—, Tri-O-acetyl- **18** IV 2687
—, Tri-O-benzoyl- **18** IV 2687
Apigeninidin 17 II 240 b, IV 2704
—, Tri-O-methyl- **17** II 241 a
Apigenon
—, Tri-O-methyl- **18** IV 2685
Apiin 18 IV 2688
—, Octa-O-acetyl- **18** IV 2692
(α-)Apoallobetulin 6 II 940 g, **17**
   IV 568
β-Apoallobetulin 6 III 5235
Apoalpinon 8 III 4124 a
—, Di-O-benzoyl- **18** IV 2650
Apoatractylosid 17 IV 3696
Apocamphersäure
   — anhydrid **17** 453 e, I 238 a,
   IV 5946
—, Phenyl-,
   — anhydrid **17** II 487 b
Apocampholid 17 I 140 i
—, Diäthyl- **17** I 144 e
—, Dimethyl- **17** IV 4378
Apocannosid 18 IV 2549
Apocholsäure
—, Epoxy- **18** IV 5027
Apocynamarin 18 IV 3127
Apofenchocamphersäure
   — anhydrid **17** I 238 b
Apogossypolsäure
   — anhydrid **18** IV 2406
Apooxyallobetulin 17 IV 5254
Aporubropunctatin
—, Hexahydro- **18** IV 246
Aposantensäure
   — anhydrid **17** IV 5934
Apoterramycin
—, Desdimethylamino- **18** IV 6688

α-**Apoterramycin 18** IV 8283
—, Tri-O-acetyl- **18** IV 8283
β-**Apoterramycin 18** IV 8283
—, Tri-O-acetyl- **18** IV 8283
Apoterramycinonitril
—, Benzolsulfonyl- **18** IV 8283
Apotrichotheca-2,9-dien-4,8-dion
—, 13-Hydroxy- **18** IV 1445
Apotrichotheca-3,9-dien-2,8-dion
—, 13-Acetoxy- **18** IV 1444
—, 13-Hydroxy- **18** IV 1444
Apotrichotheca-2,9-dien-13-säure
—, 4,8-Dioxo- **18** IV 6062
Apotrichotheca-3,9-dien-13-säure
—, 2,8-Dioxo- **18** IV 6061
Apotrichothecan
  Bezifferung s. **18** IV 1216
    Anm. 2.
Apotrichothecan-2,8-dion
—, 13-Hydroxy- **18** IV 1219
  — mono-[2,4-dinitro-phenylhydrazon]
    18 IV 1219
Apotrichothecan-4,8-dion
—, 2-Chlor-13-hydroxy- **18** IV 1219
—, 13-Hydroxy- **18** IV 1219
Apotrichothecan-8-on
—, 2,4,13-Trihydroxy- **18** IV 2322
Apotrichothecan-13-säure
—, 2-Brom-4-butyryloxy-8-oxo- **18**
  IV 6305
—, 4-Butyryloxy-2-chlor-8-[2,4-dinitro-
  phenylhydrazono]- **18** IV 6305
—, 4-Butyryloxy-2-chlor-8-oxo- **18**
  IV 6305
  — amid **18** IV 6305
—, 2-Chlor-4-hydroxy-8-oxo- **18**
  IV 6305
—, 2,8-Dioxo- **18** IV 6027
—, 4,8-Dioxo- **18** IV 6027
  — methylester **18** IV 6027
Apotrichothec-9-en-8,13-diol
—, 2-Chlor-4-crotonoyloxy- **17**
  IV 2337 b
Apotrichothec-2-en-4,8-dion
—, 13-Hydroxy-9H- **18** IV 1285
Apotrichothec-3-en-2,8-dion
—, 13-Hydroxy-9H- **18** IV 1285
Apotrichothec-9-en-4,8-dion
—, 2-Chlor-13-hydroxy- **18**
  IV 1285
  — 8-[2,4-dinitro-phenylhydrazon]
    18 IV 1285
Apotrichothec-9-en-8-on
—, 2-Brom-4-crotonoyloxy-13-hydroxy-
  18 IV 1218
—, 2-Brom-4,13-dihydroxy- **18**
  IV 1218
  — [4-chlor-2-nitro-phenylhydrazon]
    18 IV 1218

— semicarbazon **18** IV 1218
—, 2-Chlor-4-crotonoyloxy-13-hydroxy-
  18 IV 1217
  — [4-chlor-2-nitro-phenylhydrazon]
    18 IV 1218
  — [2,4-dinitro-phenylhydrazon] **18**
    IV 1218
—, 2-Chlor-4,13-dihydroxy- **18** IV 1216
  — [4-brom-2-nitro-phenylhydrazon]
    18 IV 1217
  — [4-chlor-2-nitro-phenylhydrazon]
    18 IV 1217
  — [2,4-dinitro-phenylhydrazon] **18**
    IV 1217
  — semicarbazon **18** IV 1217
—, 4-Crotonoyloxy-2,13-dihydroxy- **18**
  IV 2331
  — [2,4-dinitro-phenylhydrazon] **18**
    IV 2332
—, 2,4,13-Trihydroxy- **18** IV 2331
  — [2,4-dinitro-phenylhydrazon] **18**
    IV 2331
Apotrichothec-2-en-13-säure
—, 4,8-Dioxo- **18** IV 6038
Apotrichothec-3-en-13-säure
—, 2,8-Dioxo- **18** IV 6038
Apotrichothec-9-en-13-säure
—, 2-Chlor-4-crotonoyloxy-8-oxo- **18**
  IV 6310
Apovitexin
—, Di-O-äthyl- **18** IV 3621
—, Di-O-methyl- **18** IV 3621
Apoxanthoxyletin 18 IV 2497
—, Desoxy- **18** IV 1382
Arabinal 17 II 183 e, 184 b, IV 2034
—, Di-O-acetyl- **17** II 184 a, IV 2035
—, Di-O-acetyl-dihydro- **17** II 182 a
—, Dihydro- **17** IV 2003
Arabinitol
  s. Arabit
Arabinofuranose 1 IV 4215
—, O^2-Acetyl-O^1,O^3,O^5-tribenzoyl- **17**
  IV 2508
—, O^1-Phosphono- **17** IV 2518
—, Tetra-O-acetyl- **17** IV 2502
—, Tetra-O-benzoyl- **17** IV 2508
—, O^1,O^2,O^3-Triacetyl-O^5-nitro- **17**
  IV 2517
—, O^1,O^2,O^3-Triacetyl-O^5-[tetra-
  O-acetyl-glucopyranosyl]- **17** IV 3473
—, O^1,O^2,O^3-Triacetyl-O^5-trityl- **17**
  IV 2501
—, O^1,O^3,O^5-Tribenzoyl- **17** IV 2506
—, O^1,O^3,O^5-Tribenzoyl-
  O^2-methansulfonyl- **17** IV 2514
Arabinofuranose-1-dihydrogenphosphat 17
  IV 2518
Arabinofuranosid
—, Äthyl- **1** 864 d, **17** IV 2495

Arabinofuranosid (Fortsetzung)

—, Äthyl-[O^2,O^3-diacetyl- **17** IV 2500

—, Äthyl-[O^2,O^3-diacetyl-O^5-methyl-
17 IV 2500

—, Äthyl-[O^2,O^3-diacetyl-O^5-trityl- **17**
IV 2500

—, Äthyl-[O^2,O^3-dimethyl- **17** IV 2495

—, Äthyl-[O^2,O^3-dimethyl-O^5-(toluol-4-
sulfonyl)- **17** IV 2512

—, Äthyl-[O^5-(toluol-4-sulfonyl)- **17**
IV 2512

—, [β,β'-Bis-(4-nitro-benzoyloxy)-
isopropyl]-[tris-O-(4-nitro-benzoyl)- **17**
IV 2507

—, [β,β'-Dihydroxy-isopropyl]- **17**
IV 2498

—, Methyl- **1** 864 a, **17** IV 2491

—, Methyl-[O^2,O^3-dimethyl- **17**
IV 2493

—, Methyl-[O^2,O^5-dimethyl- **17**
IV 2494

—, Methyl-[O^2,O^3-dimethyl-O^5-(tetra-
O-methyl-galactopyranosyl)- **17** IV 3473

—, Methyl-[O^2,O^5-dimethyl-O^3-(tetra-
O-methyl-galactopyranosyl)- **17** IV 3472

—, Methyl-[O^2,O^3-dimethyl-O^5-trityl-
17 IV 2497

—, Methyl-[O^3,O^5-ditrityl- **17** IV 2498

—, Methyl-[O^2-methyl-O^3,O^5-ditrityl-
17 IV 2498

—, Methyl-[O^5-(toluol-4-sulfonyl)- **17**
IV 2511

—, Methyl-[tri-O-benzoyl- **17** IV 2506

—, Methyl-[tri-O-methyl- **1** 864 c, **17**
IV 2495

—, Methyl-[tris-O-methansulfonyl- **17**
IV 2516

—, Methyl-[tris-O-(toluol-4-sulfonyl)-
17 IV 2516

—, Methyl-[O^5-trityl- **17** IV 2497

—, Trityl-[O^2,O^3-diacetyl-O^5-trityl- **17**
IV 2500

—, Trityl-[O^2,O^3-dibenzoyl-O^5-trityl-
17 IV 2504

—, Trityl-[O^5-trityl- **17** IV 2497

Arabinofuranosylamin

—, N-Benzyl-O^3-galactopyranosyl- **17**
IV 3037

—, O^3-Galactopyranosyl-N-[1]naphthyl-
17 IV 3037

—, O^3-Galactopyranosyl-N-[2]naphthyl-
17 IV 3038

—, O^3-Galactopyranosyl-N-phenyl- **17**
IV 3037

—, O^3-Galactopyranosyl-N-p-tolyl- **17**
IV 3037

Arabinofuranosylbromid

—, Tri-O-benzoyl- **17** IV 2295

Arabinofuranuronsäure

—, O^1-Methyl-,

— methylester **18** IV 5064

Arabinon 31 371 a

Arabinononitril

—, O^2,O^4,O^5-Triacetyl-O^3-[tetra-
O-acetyl-galactopyranosyl]- **17**
IV 3388

—, O^3,O^4,O^5-Triacetyl-O^2-[tetra-
O-acetyl-glucopyranosyl]- **17** IV 3388

Arabinonsäure

— 4-lacton **18** 158 a, I 384 d,
II 140 c, IV 2260

—, O^2,O^3-Dibenzoyl-,

— 4-lacton **18** II 141 a

—, O^2,O^3-Dimethyl-,

— 4-lacton **18** IV 2263

—, O^2,O^4-Dimethyl-,

— 5-lacton **18** IV 2257

—, O^2,O^5-Dimethyl-,

— 4-lacton **18** IV 2264

—, O^3,O^4-Dimethyl-,

— 5-lacton **18** IV 2257

—, O^3,O^5-Dimethyl-,

— 4-lacton **18** IV 2263

—, O^3-Galactopyranosyl- **17** IV 3388

—, O^3-Glucopyranosyl- **17** IV 3388

—, O^2-Methyl-,

— 4-lacton **18** IV 2262

—, O^3-Methyl-,

— 4-lacton **18** IV 2261

—, O^5-Methyl-,

— 4-lacton **18** IV 2262

—, O^2,O^3,O^5-Triacetyl-,

— lacton **18** I 385 a, II 140 h,
IV 2265

—, O^2,O^3,O^5-Triacetyl-5-[1,5-diphenyl-
formazanyl]-,

— lacton **18** IV 6575

—, O^2,O^3,O^5-Tribenzoyl-,

— lacton **18** II 141 b

—, O^2,O^3,O^4-Trimethyl-,

— lacton **18** II 138 d, IV 2258

—, O^2,O^3,O^5-Trimethyl-,

— lacton **18** II 140 e, IV 2264

Arabinopyranose 1 IV 4215

—, O^2,O^3-Dimethyl-O^1,O^4-bis-[4-nitro-
benzoyl]- **17** IV 2464

—, O^4-Formyl-O^2-methyl- **2** IV 42

—, O^3-Glucopyranosyl- **17** IV 3035

—, O^1-Phosphono- **17** IV 2485

—, Tetra-O-acetyl- **17** IV 2460

—, Tetra-O-benzoyl- **17** IV 2467

—, Tetra-O-galloyl- **17** IV 2471

—, Tetrakis-O-äthoxycarbonyl- **17**
IV 2469

—, Tetrakis-O-methoxycarbonyl- **17**
IV 2469

Arabinopyranose (Fortsetzung)

—, Tetrakis-O-[4-phenylazo-benzoyl]-
17 IV 2473

—, Tetrakis-O-[3,4,5-triacetoxy-benzoyl]-
17 IV 2472

—, Tetra-O-propionyl- 17 IV 2463

—, O^2,O^3,O^4-Triacetyl- 2 IV 325

—, O^2,O^3,O^4-Triacetyl-O^1-nitro- 17
IV 2484

—, O^1,O^3,O^4-Triacetyl-O^2-[tetra-
O-acetyl-galactopyranosyl]- 17
IV 3466

—, O^1,O^2,O^4-Triacetyl-O^3-[tetra-
O-acetyl-glucopyranosyl]- 17
IV 3466

—, O^1,O^3,O^4-Triacetyl-O^2-[tetra-
O-acetyl-glucopyranosyl]- 17
IV 3466

—, O^1,O^3,O^4-Tribenzoyl-
O^2-methansulfonyl- 17 IV 2482

Arabinopyranose-1-dihydrogenphosphat 17
IV 2485

Arabinopyranosid

—, Äthyl- 17 IV 2434, 31 45 h

—, Äthyl-[tri-O-acetyl- 17 IV 2450

—, [4-Amino-phenyl]- 17 IV 2472

—, Arabinopyranosyl- s. Äther,
Diarabinopyranosyl-

—, Benzyl- 17 IV 2439

—, Benzyl-[O^2-benzoyl- 17 IV 2464

—, Benzyl-[O^3,O^4-bis-(tri-O-acetyl-
xylopyranosyl)- 17 IV 2478

—, Benzyl-[O^3,O^4-dixylopyranosyl- 17
IV 2478

—, Benzyl-[O^2-methansulfonyl- 17
IV 2481

—, Benzyl-[tri-O-acetyl- 17 IV 2454

—, Benzyl-[tri-O-benzoyl- 17 IV 2466

—, [2,3-Bis-benzoyloxy-1-
benzoyloxymethyl-propyl]-[tri-O-benzoyl-
17 IV 2466

—, [β,β'-Bis-benzoyloxy-isopropyl]-[tri-
O-benzoyl- 17 IV 2466

—, [2,3-Dihydroxy-1-hydroxymethyl-
propyl]- 17 IV 2441

—, [β,β'-Dihydroxy-isopropyl]- 17
IV 2441

—, [5-Isopropyl-2-methyl-phenyl]- 31 46 c

—, Methyl- 17 IV 2426, 18 IV 8466,
31 45 d

—, Methyl-[O^2-acetyl- 18 IV 8466

—, Methyl-[O^2-acetyl-O^3,O^4-bis-(toluol-
4-sulfonyl)- 18 IV 8467

—, Methyl-[O^4-acetyl-O^2,O^3-ditrityl-
17 IV 2448

—, Methyl-[O^2-benzoyl- 17 IV 2463

—, Methyl-[O^2-benzoyl-O^3,O^4-dimethyl-
17 IV 2463

—, Methyl-[O^3,O^4-bis-(4-nitro-benzoyl)-
O^2-(toluol-4-sulfonyl)- 17 IV 2482

—, Methyl-[O^3,O^4-diacetyl-
O^2-methansulfonyl- 17 IV 2481

—, Methyl-[O^3,O^4-diacetyl-O^2-(toluol-4-
sulfonyl)- 17 IV 2482

—, Methyl-[O^2,O^4-diacetyl-O^3-trityl-
17 IV 2448

—, Methyl-[O^3,O^4-dibenzoyl-
O^2-methansulfonyl- 17 IV 2482

—, Methyl-[O^3,O^4-dimethyl- 17
IV 2432

—, Methyl-[O^2,O^4-dimethyl-O^3-(tetra-
O-methyl-galactopyranosyl)- 17 IV 3461

—, Methyl-[O^2,O^4-dimethyl-O^3-(tetra-
O-methyl-glucopyranosyl)- 17 IV 3460

—, Methyl-[O^3,O^4-dimethyl-O^2-(toluol-4-
sulfonyl)- 17 IV 2481

—, Methyl-[O^2,O^4-dimethyl-O^3-(tri-
O-methyl-arabinopyranosyl)- 17
IV 2474

—, Methyl-[O^2,O^3-ditrityl- 17 IV 2440

—, Methyl-[O^2-methansulfonyl- 17
IV 2479

—, Methyl-[O^2-methyl- 17 IV 2430

—, Methyl-[O^2-(toluol-4-sulfonyl)- 17
IV 2480

—, Methyl-[tri-O-acetyl- 17 IV 2449,
31 45 g

—, Methyl-[tri-O-benzoyl- 17 IV 2464

—, Methyl-[tri-O-methyl- 17 IV 2432,
31 45 f

—, Methyl-[tris-O-methansulfonyl- 17
IV 2483

—, Methyl-[tris-O-(toluol-4-sulfonyl)-
17 IV 2483

—, Methyl-[O^2-trityl- 17 IV 2440

—, Methyl-[O^3-trityl- 17 IV 2440

—, [2]Naphthyl- 31 46 d

—, [2-Nitro-phenyl]- 17 IV 2438

—, [4-Nitro-phenyl]- 17 IV 2438

—, [4-Nitro-phenyl]-[tri-O-acetyl- 17
IV 2453

—, Phenyl- 17 IV 2436

—, Phenyl-[tri-O-acetyl- 17 IV 2452

—, o-Tolyl- 17 IV 2439,
31 46 a

Arabinopyranosylamin 1 IV 4248

—, N-Acetyl- 2 IV 411

—, N-Benzyl-O^3-galactopyranosyl- 17
IV 3037

—, O^3-Galactopyranosyl-N-[1]naphthyl-
17 IV 3037

—, O^3-Galactopyranosyl-N-[2]naphthyl-
17 IV 3038

—, O^3-Galactopyranosyl-N-phenyl- 17
IV 3037

—, O^3-Galactopyranosyl-N-p-tolyl- 17
IV 3037

Arabinopyranosylamin (Fortsetzung)
—, N,O^2,O^3,O^4-Tetraacetyl- **2** IV 412
Arabinopyranosylazid
—, Tri-O-acetyl- **17** IV 2285
Arabinopyranosylbromid
—, O^3,O^4-Dibenzoyl-O^2-methansulfonyl-
  17 IV 2284
—, Tri-O-acetyl- **2** 158 b, **17** IV 2281,
  31 40 g
—, Tri-O-benzoyl- **17** IV 2284
Arabinopyranosylchlorid
—, Tri-O-acetyl- **2** 158 a, **17** IV 2279,
  31 40 f
Arabinopyranosylfluorid
—, Tri-O-acetyl- **17** IV 2279
Arabinopyranosyljodid
—, Tri-O-acetyl- **17** IV 2285
Arabinose
  — arabinopyranosylimin **18**
    IV 7464
—, O^3-Arabinofuranosyl- **17** IV 2499
—, O^5-Arabinofuranosyl- **17** IV 2499
  — phenylosazon **17** IV 2499
—, O^3-Arabinopyranosyl- **17** IV 2443
  — phenylosazon **17** IV 2445
—, O^5-Arabinopyranosyl- **17** IV 2444
  — phenylosazon **17** IV 2446
—, O^3-Cellobiosyl- **17** IV 3539
—, O^2,O^5-Diacetyl-O^3-[tetra-O-acetyl-
  galactopyranosyl]- **17** IV 3247
—, O^2,O^5-Diacetyl-O^3-[tetra-O-acetyl-
  glucopyranosyl]- **17** IV 3246
—, O^2-Galactopyranosyl- **17** IV 3035
  — phenylhydrazon **17** IV 3035
—, O^3-Galactopyranosyl- **17** IV
  3036, **31** 375 a
  — benzylimin **17** IV 3037
  — [benzyl-phenyl-hydrazon]
    31 375 b
  — [1]naphthylimin **17** IV 3037
  — [2]naphthylimin **17** IV 3038
  — phenylimin **17** IV 3037
  — phenylosazon **17** IV 3041
  — tolylimin **17** IV 3037
—, O^5-Galactopyranosyl- **17** IV 3039
—, O^3-[O^6-Galactopyranosyl-
  galactopyranosyl]- **17** IV 3539
—, O^2-[O^4-Galactopyranosyl-
  xylopyranosyl]- **17** IV 3458
—, O^3-Galactosyl-,
  — phenylosazon **31** 375 c
—, O^2-Glucopyranosyl- **17** IV 3034
  — phenylhydrazon **17** IV 3035
—, O^3-Glucopyranosyl- **17** IV 3035
  — phenylosazon **17** IV 3035,
    3040
—, O^5-Glucopyranosyl- **17** IV 3038
  — phenylosazon **17** IV 3041

—, O^3-[O^4-Glucopyranosyl-
  glucopyranosyl]- **17** IV 3539
—, O^2,O^3,O^4-Triacetyl- **2** IV 325
—, O^2,O^4,O^5-Triacetyl-O^3-[tri-O-acetyl-
  xylopyranosyl]- **17** IV 2458
—, O^2,O^3,O^4-Trimethyl-O^5-[tri-
  O-methyl-arabinopyranosyl]- **17**
  IV 2445
—, O^2,O^3,O^5-Trimethyl-O^4-[tri-
  O-methyl-arabinopyranosyl]- **17**
  IV 2445
—, O^2,O^4,O^5-Trimethyl-O^3-[tri-
  O-methyl-arabinopyranosyl]- **17**
  IV 2444
—, O^2,O^3,O^4-Trimethyl-O^5-[tri-
  O-methyl-xylopyranosyl]- **17** IV 2445
—, O^2,O^4,O^5-Trimethyl-O^3-[tri-
  O-methyl-xylopyranosyl]- **17** IV 2444
—, O^2-Xylopyranosyl- **17** IV 2442
—, O^3-Xylopyranosyl- **17** IV 2443
  — phenylosazon **17** IV 2445
—, O^5-Xylopyranosyl- **17** IV 2444
  — phenylosazon **17** IV 2446
Arabinosid
—, Benzyl- **31** 46 b
Arabinosylamin
—, N-Methyl- **4** IV 169
Arabinothiose
  s. 1-Thio-arabinopyranose
Arabiose **31** 371 a
Arabit
—, O^2-Galactofuranosyl- **17** IV 3769
—, O^4-Galactopyranosyl- **17** IV 3004
—, O^1,O^3,O^4,O^5-Tetraacetyl-O^2-[tetra-
  O-acetyl-galactofuranosyl]- **17** IV 3770
—, O^1,O^2,O^3,O^5-Tetraacetyl-O^4-[tetra-
  O-acetyl-glucopyranosyl]- **17** IV 3212
—, O^1,O^2,O^3,O^4-Tetraacetyl-O^5-[tri-
  O-acetyl-xylopyranosyl]- **17** IV 2456
—, O^2-Xylopyranosyl- **17** IV 2442
Araboascorbinsäure **18** IV 3037
—, O^2,O^3-Dimethyl- **18** IV 3047
—, O^2,O^3-Dimethyl-O^6-trityl- **18**
  IV 3049
—, O^6-Lauroyl- **18** IV 3051
—, O^3-Methyl- **18** IV 3047
—, O^6-Myristoyl- **18** IV 3052
—, O^6-Palmitoyl- **18** IV 3052
—, O^6-Stearoyl- **18** IV 3052
—, Tetra-O-methyl- **18** IV 3048
—, O^2,O^3,O^5-Trimethyl- **18** IV 3048
—, O^2,O^3,O^5-Trimethyl-O^6-trityl- **18**
  IV 3050
Arabononitril
  s. Arabinononitril
Arabonsäure
  s. Arabinonsäure
Araboorthosaccharonsäure
  — lacton **18** IV 6263

Arborescin
—, Tetrahydro- **18** IV 130
Arbutin 17 IV 2983, **31** 210 f
—, Benzyl- **31** 213 c
—, Methyl- **17** IV 2984, **31** 213 a
—, Penta-*O*-acetyl- **31** 213 d
—, Penta-*O*-benzoyl- **31** 214 a
Arctigenin 18 II 210 a, IV 3237
—, *O*-Acetyl- **18** IV 3239
—, *O*-Äthyl- **18** IV 3239
—, *O*-Methyl- **18** IV 3238
Arctiin 18 IV 3240
Arctiopicrin 18 IV 1266
Arenobufagin 18 IV 3179
—, O^3,O^{11}-Diacetyl- **18** IV 3180
Arenobufagon 18 IV 3358
Argentinogenin 18 IV 3249
—, Di-*O*-acetyl- **18** IV 3249
Arginin
—, N^α-{7-[16-Acetoxy-14-hydroxy-17-(6-
oxo-6*H*-pyran-3-yl)-androstan-3-
yloxycarbonyl]-heptanoyl}- **18** IV 2557
—, N^α-{7-[16-Acetoxy-14-hydroxy-17-(6-
oxo-tetrahydro-pyran-3-yl)-androstan-3-
yloxycarbonyl]-heptanoyl}- **18** IV 2365
—, N^α-[5-(2,4-Diguanidino-3,5,6-
trihydroxy-cyclohexyloxy)-3-hydroxy-2-
methyl-4-(2-methylamino-2-desoxy-
glucopyranosyloxy)-tetrahydro-
[3]furylmethyl]- **18** IV 7550
—, N^α-[5-(2,4-Diguanidino-3,5,6-
trihydroxy-cyclohexyloxy)-3-hydroxy-2-
methyl-4-(2-methylamino-2-desoxy-
glucopyranosyloxy)-tetrahydro-
[3]furylmethylen]- **18** IV 7544
—, N^α-{7-[11,14-Dihydroxy-17-(6-oxo-
6*H*-pyran-3-yl)-androstan-3-
yloxycarbonyl]-heptanoyl}- **18** IV 2555
—, N^2-Streptomycyl- **18** IV 7550
—, N^α-Streptomycyliden- **18** IV 7544
Aristolacton
—, Dihydro- **17** IV 4760
—, Hexahydro- **17** IV 4394
Aritason 17 IV 5172
—, Dihydro- **17** IV 5039
Arjunetin 17 IV 3387
Arjunolsäure
— bromlacton **18** IV 2494
—, 5,6-Dihydroxy-,
— 13-lacton **18** IV 3410
Arlitan 17 IV 2641
—, Tetra-*O*-methyl- **17** IV 2642
Aromadendrin 18 IV 3204
—, Tetra-*O*-acetyl- **18** IV 3207
—, Tetra-*O*-benzoyl- **18** IV 3208
—, Tetra-*O*-methyl- **18** IV 3206
Arsan
s. Arsin

Arsin
—, Acetoxy-di-[2]furyl- **18** IV 8365
—, Chlor-bis-[5-chlor-[2]furyl]- **18**
IV 8365
—, Chlor-di-[2]furyl- **18** IV 8365
—, Chlor-di-[2]thienyl- **18** I 603 b,
IV 8366
—, Chlor-phenyl-[2]thienyl- **18** IV 8366
—, Cyan-di-[2]furyl- **18** IV 8364
—, Cyan-di-[2]thienyl- **18** IV 8364
—, Cyan-phenyl-[2]thienyl- **18** IV 8364
—, Diacetoxy-[2]furyl- **18** IV 8367
—, Dichlor-[5-chlor-[2]furyl]- **18**
IV 8367
—, Dichlor-dibenzofuran-3-yl- **18**
IV 8368
—, Dichlor-[2]furyl- **18** IV 8367
—, Dichlor-[8-nitro-dibenzofuran-3-yl]-
18 IV 8368
—, Dichlor-[2]thienyl- **18** I 603 a,
IV 8367
—, Dicyan-[2]furyl- **18** IV 8364
—, Tri-[2]furyl- **18** IV 8364
—, Tri-[3]furyl- **18** IV 8365
—, Tris-[5-brom-[2]furyl]- **18** IV 8364
—, Tris-[5-chlor-[2]furyl]- **18** IV 8364
—, Tri-[2]thienyl- **18** I 602 d,
II 507 a, IV 8365
Arsinoxid
—, Tri-[2]furyl- **18** IV 8369
—, Tris-[2-oxo-2*H*-chromen-6-yl]- **18**
IV 8369
—, Tri-[2]thienyl- **18** IV 8369
Arsinsäure
—, Bis-[5-jod-[2]thienyl]- **18** IV 8370
—, Bis-[5-nitro-[2]thienyl]- **18** I 603 e
—, [5-Brom-[2]thienyl]-methyl- **18**
IV 8370
—, Di-[2]furyl- **18** IV 8370
—, Di-[2]thienyl- **18** I 603 d
— anhydrid **18** IV 8370
Arsonsäure
—, [3-Acetylamino-5-methyl-[2]thienyl]-
18 IV 8375
—, [4-Acetylamino-5-methyl-[2]thienyl]-
18 IV 8375
—, [7-Acetylamino-9-oxo-xanthen-2-yl]-
18 IV 8375
—, [5-Acetylamino-[2]thienyl]- **18**
I 604 d
—, [5-Acetylimino-4,5-dihydro-[2]thienyl]-
18 I 604 d
—, [2-Amino-dibenzofuran-4-yl]- **18**
IV 8375
—, [8-Amino-dibenzofuran-3-yl]- **18**
IV 8375
—, [3-Amino-5-methyl-[2]thienyl]- **18**
IV 8375

Arsonsäure (Fortsetzung)

—, [4-Amino-5-methyl-[2]thienyl]- **18** IV 8375

—, [7-Amino-9-oxo-xanthen-2-yl]- **18** IV 8375

—, [5-Amino-[2]thienyl]- **18** I 604 c

—, [5-Benzoyl-[2]thienyl]- **18** IV 8373

—, [5-Brom-3-nitro-[2]thienyl]- **18** IV 8371

—, [5-Brom-4-nitro-[2]thienyl]- **18** IV 8371

—, [5-Brom-[2]thienyl]- **18** II 507 b

—, {4-[5-(2-Carboxy-vinyl)-[2]furyl]-phenyl}- **18** IV 8374

—, {4-[5-(4-Chlor-phenyl)-2-oxo-2,5-dihydro-[3]furylamino]-phenyl}- **17** IV 6170

—, {4-[5-(4-Chlor-phenyl)-2-oxo-dihydro-[3]furylidenamino]-phenyl}- **17** IV 6170

—, Dibenzofuran-2-yl- **18** IV 8372

—, Dibenzofuran-3-yl- **18** IV 8372

—, Dibenzofuran-4-yl- **18** IV 8372

—, [4,7-Dimethyl-2-oxo-2*H*-chromen-6-yl]- **18** IV 8373

—, [1,3-Dioxo-phthalan-4-yl]- **18** II 507 e

—, [1,3-Dioxo-phthalan-5-yl]- **18** II 508 a

—, [2]Furyl- **18** IV 8371

—, [4-[2]Furyl-phenyl]- **18** IV 8371

—, (4-{2-Hydroxy-5-[1-(4-hydroxy-phenyl)-3-oxo-phthalan-1-yl]phenylazo}-phenyl)- **18** II 503 a

—, (4-{2-Hydroxy-5-[4,5,6,7-tetrachlor-1-(4-hydroxy-phenyl)-3-oxo-phthalan-1-yl]-phenylazo}-phenyl)- **18** II 503 c

—, [5-Imino-4,5-dihydro-[2]thienyl]- **18** I 604 c

—, [5-Jod-3-nitro-[2]thienyl]- **18** II 507 d

—, [5-Jod-4-nitro-[2]thienyl]- **18** II 507 d

—, [5-Jod-[2]thienyl]- **18** II 507 c

—, [2-Methoxy-4-(2-oxo-5-phenyl-2,5-dihydro-[3]furylamino)-phenyl]- **17** IV 6170

—, [2-Methoxy-4-(2-oxo-5-phenyl-dihydro-[3]furylidenamino)-phenyl]- **17** IV 6170

—, {4-[5-(2-Methoxy-phenyl)-2-oxo-2,5-dihydro-[3]furylamino]-phenyl}- **18** IV 1353

—, {4-[5-(4-Methoxy-phenyl)-2-oxo-2,5-dihydro-[3]furylamino]-phenyl}- **18** IV 1355

—, {4-[5-(2-Methoxy-phenyl)-2-oxo-dihydro-[3]furylidenamino]-phenyl}- **18** IV 1353

—, {4-[5-(4-Methoxy-phenyl)-2-oxo-dihydro-[3]furylidenamino]-phenyl}- **18** IV 1355

—, [5-Methyl-3-nitro-[2]thienyl]- **18** IV 8371

—, [5-Methyl-4-nitro-[2]thienyl]- **18** IV 8371

—, [4-Methyl-2-oxo-2*H*-benzo[*h*]≠chromen-6-yl]- **18** IV 8374

—, [7-Methyl-2-oxo-2*H*-chromen-6-yl]- **18** IV 8373

—, [2-Methyl-4-(2-oxo-5-phenyl-2,5-dihydro-[3]furylamino)-phenyl]- **17** IV 6170

—, [2-Methyl-4-(2-oxo-5-phenyl-dihydro-[3]furylidenamino)-phenyl]- **17** IV 6170

—, [5-Methyl-[2]thienyl]- **18** IV 8371

—, [2-Nitro-dibenzofuran-4-yl]- **18** IV 8373

—, [8-Nitro-dibenzofuran-3-yl]- **18** IV 8372

—, {4-[(5-Nitro-furfurylidencarbazoyl)-amino]-phenyl}- **17** IV 4469

—, [7-Nitro-9-oxo-xanthen-2-yl]- **18** IV 8373

—, [8-Nitro-9-oxo-xanthen-1-yl]- **18** IV 8373

—, [5-Nitro-[2]thienyl]- **18** I 604 b, IV 8371

—, [2-Oxo-2*H*-benzo[*h*]chromen-6-yl]- **18** IV 8374

—, [4-(2-Oxo-2*H*-chromen-3-yl)-phenyl]- **18** IV 8374

—, [4-(2-Oxo-5-phenyl-2,5-dihydro-[3]furylamino)-phenyl]- **17** IV 6169

—, [4-(2-Oxo-5-phenyl-dihydro-[3]furylidenamino)-phenyl]- **17** IV 6169

—, [9-Oxo-xanthen-3-yl]- **18** IV 8374

—, [8-Sulfo-dibenzofuran-3-yl]- **18** IV 8374

—, [2]Thienyl- **18** I 603 f
  — anhydrid **18** I 604 a

—, [4-[2]Thienyl-phenyl]- **18** IV 8371

—, [4-(2-[2]Thienyl-vinyl)-phenyl]- **18** IV 8372

Arsoran

—, Dichlor-tri-[2]furyl- **18** IV 8369

—, Dioxo-[2]thienyl- **18** I 604 a

Artabsin 18 IV 234

—, Dihydro- **18** IV 144

Artabsin-a

—, Tetrahydro- **18** IV 130

Artabsin-b

—, Tetrahydro- **18** IV 130

Artabsin-c

—, Tetrahydro- **18** IV 130

Artebufogenin 18 IV 1663

—, *O*-Acetyl- **18** IV 1664

Artebufogenon 17 IV 6785

Artemazulen 17 IV 636
Artemetin 18 IV 3578
—, O-Acetyl- **18** IV 3581
Artemionsäure 10 III 3558 d
—, Tetrahydro- **10** III 3535 a
Artemisen 18 IV 1440
Artemisetin 18 IV 3578
—, O-Acetyl- **18** IV 3581
Artemisin 18 106 b, II 76 g, IV 1440
  — [2,4-dinitro-phenylhydrazon] **18**
    IV 1442
  — oxim **18** II 78 b
  — phenylhydrazon **18** II 78 d
—, O-Acetyl- **18** II 78 a, IV 1441
  — oxim **18** II 78 c
  — phenylhydrazon **18** II 78 e
—, O-Acetyl-α-tetrahydro- **18** IV 1210
  — oxim **18** IV 1210
—, O-Äthoxycarbonyl- **18** IV 1441
—, γ-Desoxytetrahydro- **18** IV 132
—, O-Formyl- **18** IV 1440
—, Hexahydro- **18** IV 1178
—, α-Tetrahydro- **18** II 60 d, IV 1209
  — oxim **18** II 60 e
  — semicarbazon **18** II 60 f
—, β-Tetrahydro- **18** II 60 g, IV 1210
  — oxim **18** II 61 a
  — semicarbazon **18** II 61 b
—, γ-Tetrahydro- **18** II 61 c, IV 1209
  — oxim **18** II 61 d
—, δ-Tetrahydro- **18** II 61 e, IV 1210
  — oxim **18** II 61 f
—, O-[Toluol-4-sulfonyl]- **18** IV 1442
Artenylacetat 17 IV 1451
Artenylbenzoat 17 IV 1451
Artocarpin 18 IV 3386
—, O-Acetyl-di-O-methyl- **18** IV 3386
—, Di-O-äthyl- **18** IV 3386
—, Dihydro- **18** IV 3380
—, Di-O-methyl- **18** IV 3386
—, Di-O-methyl-dihydro- **18** IV 3380
—, Di-O-methyl-O-[toluol-4-sulfonyl]-
  18 IV 3387
—, Tetrahydro- **18** IV 3358
—, Tri-O-acetyl- **18** IV 3386
—, Tri-O-benzoyl- **18** IV 3387
—, Tris-O-[toluol-4-sulfonyl]- **18**
  IV 3387
Asaresen-A 18 IV 298
Ascaridinsäure 18 I 447 b, II 285 f
Ascaridolglykol 17 IV 2044
α-Ascaridolglykol 17 I 89 d, II 186 c,
  IV 2044 c
β-Ascaridolglykol 17 I 89 d
Ascarosid-A 17 IV 2309
Ascarosid-C 17 IV 2310
—, Tetra-O-methyl- **17** IV 2310
Ascarylalkohol-A 17 IV 2309

Ascarylopyranosid
—, [5-Hydroxy-1-methyl-triacontyl]- **17**
  IV 2309
Ascorbinsäure 18 IV 3038
—, O^2-Benzoyl- **18** IV 3053
—, O^6-Benzoyl-O^2,O^3-dimethyl- **18**
  IV 3053
—, O^2-Benzoyl-O^3-methyl- **18** IV 3053
—, O^2,O^3-Bis-[4-brom-phenacyl]- **18**
  IV 3050
—, O^2,O^3-Bis-[4-phenyl-phenacyl]- **18**
  IV 3050
—, Dehydro- **18** IV 3062
—, O^5,O^6-Diacetyl- **18** IV 3050
—, O^5,O^6-Diacetyl-O^2,O^3-bis-[4-brom-
  phenacyl]- **18** IV 3051
—, O^5,O^6-Diacetyl-O^2,O^3-diphenacyl-
  18 IV 3050
—, O^5,O^6-Dibenzoyl-O^2,O^3-bis-[4-brom-
  phenacyl]- **18** IV 3054
—, O^5,O^6-Dibenzoyl-O^2,O^3-diphenacyl-
  18 IV 3054
—, O^2,O^3-Dimethyl- **18** IV 3047
—, O^2,O^3-Dimethyl-O^5,O^6-bis-[4-nitro-
  benzoyl]- **18** IV 3054
—, O^2,O^3-Dimethyl-O^5-[4-nitro-benzoyl]-
  O^6-trityl- **18** IV 3053
—, O^2,O^3-Dimethyl-O^6-trityl- **18**
  IV 3049
—, O^2,O^3-Diphenacyl- **18** IV 3050
—, O^6-Lauroyl- **18** IV 3051
—, O^3-Methyl- **18** IV 3047
—, O^6-Myristoyl- **18** IV 3052
—, O^6-Palmitoyl- **18** IV 3052
—, O^6-Stearoyl- **18** IV 3053
—, Tetra-O-acetyl- **18** IV 3051
—, Tetra-O-butyryl- **18** IV 3051
—, Tetra-O-methyl- **18** IV 3049
—, Tetra-O-propionyl- **18** IV 3051
—, O^2,O^3,O^5-Triacetyl-O^6-lauroyl- **18**
  IV 3052
—, O^2,O^3,O^5-Triacetyl-O^6-stearoyl- **18**
  IV 3053
—, O^2,O^5,O^6-Tribenzoyl- **18** IV 3054
—, Tri-O-lauroyl- **18** IV 3051
—, O^2,O^3,O^5-Trimethyl- **18** IV 3048
—, O^2,O^3,O^6-Trimethyl- **18** IV 3048
—, O^2,O^3,O^5-Trimethyl-O^6-[4-nitro-
  benzoyl]- **18** IV 3053
—, O^2,O^3,O^5-Trimethyl-O^6-trityl- **18**
  IV 3050
—, O^6-Trityl- **18** IV 3049
—, O^2,O^5,O^6-Triveratroyl- **18** IV 3054
Asebotin 17 IV 3042, **31** 233 a
p-Asebotin 17 IV 3043
—, Hexa-O-acetyl- **17** IV 3250
Asiaticosid 17 IV 3627
—, Dodeca-O-methyl- **17** IV 3628

Asiatsäure
- [O^6-(O^4-rhamnopyranosyl-
  glucopyranosyl)-glucopyranosylester]
  17 IV 3627
-, Tri-O-methyl-,
  - {O^2,O^3,O^4-trimethyl-O^6-[O^2,O^3,=
    O^6-trimethyl-O^4-(tri-O-methyl-
    rhamnopyranosyl)-glucopyranosyl]-
    glucopyranosylester} **17** IV 3628

Asparagin
-, N^2-Benzyloxycarbonyl-N^4-xanthen-9-yl-
  18 IV 7224
-, N^2-[Furan-2-carbonyl]- **18** 278 b

Asparaginsäure
- anhydrid **18** IV 8024
-, N-Acetyl-,
  - anhydrid **18** IV 8024
-, N-Acetyl-N-benzyl-,
  - anhydrid **18** IV 8024
-, N-Benzoyl-,
  - anhydrid **18** I 578 c, IV 8025
-, N-Benzyl-,
  - anhydrid **18** IV 8024
-, N-Benzyl-N-nitroso-,
  - anhydrid **18** IV 8026
-, N-Benzyloxycarbonyl-,
  - anhydrid **18** IV 8025
-, N-[Furan-2-carbonyl]- **18** 278 a
-, N-Lauroyl-,
  - anhydrid **18** IV 8025
-, N-Methoxycarbonyl-,
  - anhydrid **18** IV 8025
-, N-[4-Nitro-benzyloxycarbonyl]-,
  - anhydrid **18** IV 8026
-, N-Phenylmercaptocarbonyl-,
  - anhydrid **18** IV 8026
-, N-α-Tocopheryloxycarbonyl- **17**
  IV 1443
-, N-[Toluol-4-sulfonyl]-,
  - anhydrid **18** IV 8026
-, N-Trifluoracetyl-,
  - anhydrid **18** IV 8024

Asperxanthon 18 IV 2617
Aspidinin 17 IV 6844
Asterin 31 253 b
Astilbin 18 IV 3435
-, Hepta-O-acetyl- **18** IV 3436
Astragalin 18 IV 3294
-, Hepta-O-acetyl- **18** IV 3296
Aticonsäure
-, Dimethyl-,
  - anhydrid **17** 448 a
-, Phenyl-,
  - anhydrid **17** 511 d
Atisan
  Bezifferung s. **18** IV 6084 Anm.

Atractylin 17 IV 3378
Atractylon 17 IV 536
Atractylosid 17 IV 3697
Atractylsäure 17 IV 3697
β-Atractylsäure 17 IV 3696
Atromentinsäure 18 II 401 e, IV 6646
- methylester **18** IV 6647
-, Di-O-methyl- **18** IV 6647
- äthylester **18** IV 6647
Atroninsulfon 18 IV 4402, IV 8461
Atronylensulfonsäure 18 IV 4402
Atrovenetin 18 IV 3354
-, Brom- **18** IV 3356
-, Tri-O-acetyl- **18** IV 3355
-, Tri-O-methyl- **18** IV 3353
Atrovenetin-A
-, Mono-O-methyl- **18** IV 3354
-, Tetra-O-methyl- **18** IV 3355
Atrovenetin-B
-, Tetra-O-methyl- **18** IV 3354
Aucubigenin 17 IV 3455
Aucubin 17 IV 3455
-, Hexa-O-acetyl- **17** IV 3456
-, Hexa-O-acetyl-tetrahydro- **17**
  IV 3454
-, Penta-O-acetyl-O-trityl- **17** IV 3456
-, Tetra-O-acetyl-di-O-trityl- **17**
  IV 3456
-, Tri-O-acetyl-tri-O-trityl- **17** IV 3455
Aucubin-A
-, Hexaacetyl-monobrom- **17** IV 3501
Aucubindibromid
-, Hexa-O-acetyl- **17** IV 3454
Aucubinhexaacetat
-, Acetoxy- **17** IV 3457
Aucubinoctaacetat
-, Dihydro-dioxy- **17** IV 3832
Aucubosid 17 IV 3455
Auranetin 18 IV 3467
Aurantiin 18 IV 2637
Aurapten 18 IV 296
Auraptenhydrat 18 IV 2415
Auraptensäure 18 IV 5045
- methylester **18** IV 5046
-, O-Acetyl- **18** IV 5046
-, O-Acetyl-dihydro- **18** IV 5016
-, Dihydro- **18** IV 5016
Auremycin
-, Isodesdimethylamino- **18** IV 6688
Aureochinonamid 18 IV 6690
Aureomycin
-, Isodesoxydesdimethylamino- **18**
  IV 6677
Aureomycinsäure
-, Desdimethylamino- **18** IV 6692
α-Aureomycinsäure 18 IV 8284
β-Aureomycinsäure 18 IV 8284
Aureon 18 IV 3535

Aureonamid 18 IV 6688
Aureothinsäure 18 IV 4317
Aureusidin 18 IV 3325
—, Tetra-*O*-acetyl- **18** IV 3328
—, Tetra-*O*-äthyl- **18** IV 3328
—, Tetra-*O*-benzoyl- **18** IV 3328
—, Tetra-*O*-methyl- **18** IV 3327
Aureusin 18 IV 3328
—, Hepta-*O*-acetyl- **18** IV 3329
Auxin-a-lacton 18 IV 1182
Avicularin 18 IV 3490
—, Hepta-*O*-acetyl- **18** IV 3491
Ayanin 18 IV 3477
—, Di-*O*-acetyl- **18** IV 3486
Ayapanin 18 IV 295
Azaleatin 18 IV 3474
—, Tetra-*O*-acetyl- **18** IV 3488
Azalein 18 IV 3492
Azelainsäure
  — anhydrid **17** 425 c, IV 5867
  — bis-[1-methyl-3-tetrahydro[2]furyl-
    propylester] **17** IV 1160
  — bis-tetrahydrofurfurylester **17**
    IV 1107
  — bis-[3-tetrahydro[2]furyl-
    propylester] **17** IV 1149
Azobenzol
—, 4'-[Äthyl-(2,3-epoxy-propyl)-amino]-
  2,6-dichlor-4-nitro- **18** IV 7021
—, 4-[Äthyl-(2,3-epoxy-propyl)-amino]-
  4'-jod-2-methyl- **18** IV 7021
—, 4-[Äthyl-(2,3-epoxy-propyl)-amino]-
  4'-nitro- **18** IV 7021
—, 4'-[Äthyl-oxiranylmethyl-amino]-2,6-
  dichlor-4-nitro- **18** IV 7021
—, 4-[Äthyl-oxiranylmethyl-amino]-4'-
  jod-2-methyl- **18** IV 7021
—, 4-[Äthyl-oxiranylmethyl-amino]-4'-
  nitro- **18** IV 7021
—, 2,4-Bis-{2-hydroxy-5-[1-(4-hydroxy-
  phenyl)-3-oxo-phthalan-1-yl]-
  benzylidenamino}- **18** II 187 a
—, 2,6-Dichlor-4'-[(2,3-epoxy-propyl)-
  methyl-amino]-4-nitro- **18** IV 7020
—, 2,6-Dichlor-4'-[methyl-
  oxiranylmethyl-amino]-4-nitro- **18**
  IV 7020
—, 4-Dimethylamino-4'-lactosyloxy- **17**
  IV 3622
—, 4-[(2,3-Epoxy-propyl)-methyl-amino]-
  4'-nitro- **18** IV 7020
—, 4-Furfurylidenamino- **17** 280 j
—, 2-Furfurylidenamino-5,4'-dimethyl-
  17 II 311 c
—, 4-Galactopyranosyloxy- **17** IV 3434
—, 4-Glucopyranosyloxy- **17** IV 3433
—, 3-Glucopyranosyloxy-4-hydroxy-4'-
  methoxy- **17** IV 3435

—, 2-Hydroxy-3-methoxy-5-[7-methoxy-
  3-methyl-5-propenyl-2,3-dihydro-
  benzofuran-2-yl]- **18** IV 8330
—, 2-Hydroxy-3-methoxy-5-[7-methoxy-
  3-methyl-5-propenyl-2,3-dihydro-
  benzofuran-2-yl]-4'-nitro- **18**
  IV 8330
—, 4-Lactosyloxy- **17** IV 3622
—, 4-Maltosyloxy- **17** IV 3622
—, 4-Methoxy-4'-[tetra-*O*-acetyl-
  glucopyranosyloxy]- **17** IV 3435
—, 4-[Methyl-oxiranylmethyl-amino]-4'-
  nitro- **18** IV 7020
—, 3-Nitro-4'-[tetra-*O*-acetyl-
  glucopyranosyloxy]- **17** IV 3434
—, 4-Phthalidylamino- **18** IV 7890
—, 4-[Tetra-*O*-acetyl-
  galactopyranosyloxy]- **17** IV 3434
—, 4-[Tetra-*O*-acetyl-glucopyranosyloxy]-
  17 IV 3434
—, 4-[Tetra-*O*-propionyl-
  galactopyranosyloxy]- **17** IV 3435
—, 4-[Tetra-*O*-propionyl-
  glucopyranosyloxy]- **17** IV 3435
—, 4-[Tri-*O*-acetyl-xylopyranosyloxy]-
  17 IV 2473
—, 4-[Tri-*O*-propionyl-xylopyranosyloxy]-
  17 IV 2473
—, 4-Xylopyranosyloxy- **17** IV 2473
Azobenzol-4-carbonsäure
  — [hepta-*O*-acetyl-cellobiosylester]
    17 IV 3624
  — [tetra-*O*-methyl-
    galactopyranosylester] **17**
    IV 3437
  — [tetra-*O*-methyl-
    glucopyranosylester] **17** IV 3437
  — [2-[3]thienylmercapto-äthylester]
    17 IV 1236
  — [4-[3]thienylmercapto-butylester]
    17 IV 1237
  — [2-[3]thienylmercapto-propylester]
    17 IV 1236
—, 4'-Nitro-,
  — [7-tetrahydropyran-2-yloxy-hept-3-
    enylester] **17** IV 1055
  — [7-tetrahydropyran-2-yloxy-hept-3-
    inylester] **17** IV 1056
Azobenzol-3,3'-dicarbonsäure
—, 4,4'-Bis-[1-äthyl-1-hydroxy-propyl]-,
  — dilacton **18** 645 d
—, 4,4-Bis-hydroxymethyl-,
  — dilacton **18** 645 c
Azobenzol-4-sulfonsäure
—, 4'-[Äthyl-(2,3-epoxy-propyl)-amino]-
  2'-methyl-,
  — amid **18** IV 7021

Azobenzol-4-sulfonsäure (Fortsetzung)
—, 4'-[Äthyl-oxiranylmethyl-amino]-2'-
methyl-,
 — amid **18** IV 7021
—, 2'-tert-Butyl-4'-[6-(furan-2-
carbonylamino)-1-hydroxy-3-sulfo-
[2]naphthylazo]-5'-methoxy- **18** IV 3963
—, 4'-[6-(Furan-2-carbonylamino)-1-
hydroxy-3-sulfo-[2]naphthylazo]- **18**
IV 3962
—, 4'-[6-(Furan-2-carbonylamino)-1-
hydroxy-3-sulfo-[2]naphthylazo]-5'-
methoxy-2'-methyl- **18** IV 3963
—, 4'-Furfurylidenamino- **17** IV 4424
—, 3'-Glucopyranosyloxy-4'-hydroxy-
17 IV 3435
[6,6']Azochromen-2,2'-dion 18 IV 8335
—, 7,8-Dihydroxy-4-methyl- **18**
IV 8342
—, 4,7-Dimethyl- **18** IV 8336
—, 7-Hydroxy-4-methyl- **18** IV 8339
[6,8']Azochromen-2,2'-dion
—, 4',6'-Dimethyl- **18** IV 8336
[6,6']Azocumarin 18 IV 8335
[2,2']Azodibenzofuran 18 II 500 e
[3,3']Azodibenzofuran 18 II 500 d
[4,4']Azophthalan-1,1'-dion
—, 3,3'-Bis-carboxymethyl-6,7,6',7'-
tetramethoxy- **18** 651 b
—, 3,3'-Diacetoxy-6,7,6',7'-tetramethoxy-
18 650 a
[5,5']Azophthalan-3,3'-dion 18 645 c
—, 1,1,1',1'-Tetraäthyl- **18** 645 d
[6,6']Azophthalid 18 645 c
[2,2']Azothiophen-5-carbonsäure
—, 5'-Acetylamino-,
 — äthylester **18** IV 8346
—, 5'-Acetylimino-4',5'-dihydro-,
 — äthylester **18** IV 8346
Azoxybenzol
—, 4,4'-Bis-[2-[2]furyl-vinyl]- **18**
IV 8326
—, 2,2'-Bis-[2-(3-methyl-4-oxo-
4H-chromen-2-yl)-vinyl]- **18** II 506 d
—, 3,3'-Bis-[2-(3-methyl-4-oxo-
4H-chromen-2-yl)-vinyl]- **18** II 506 e
—, 4,4'-Bis-[2-(3-methyl-4-oxo-
4H-chromen-2-yl)-vinyl]- **18** II 506 f
[6,6']Azoxychromen-2,2'-dion 18 IV 8335
[6,6']Azoxycumarin 18 IV 8335
[2,2']Azoxydibenzofuran 18 IV 8326
[3,3']Azoxydibenzofuran 18 II 506 c
**5λ^6,5'λ^6-[3,3']Azoxydibenzothiophen-2,8,2',8'-
tetrasulfonsäure**
—, 7,7'-Diamino-5,5,5',5'-tetraoxo- **18**
I 602 b

ONN-Azoxymethan
—, [O^3-Glucopyranosyl-
glucopyranosyloxy]- **17** IV 3531
—, [O^6-Glucopyranosyl-
glucopyranosyloxy]- **17** IV 3531
—, Glucopyranosyloxy- **17** IV 3009
—, [Tetra-O-acetyl-glucopyranosyloxy]-
17 IV 3215
—, [O^2,O^3,O^4-Triacetyl-O^6-(tetra-
O-acetyl-glucopyranosyl)-
glucopyranosyloxy]- **17** IV 3585
—, [O^2,O^4,O^6-Triacetyl-O^3-(tetra-
O-acetyl-glucopyranosyl)-
glucopyranosyloxy]- **17** IV 3582
—, [O^6-Xylopyranosyl-
glucopyranosyloxy]- **17**
IV 3462
Azulen
—, 5-Isopropyl-3a,8-dimethyl-decahydro-
s. Ambrosan
—, 7-Isopropyl-1,4-dimethyl-decahydro-
s. Guajan
—, 5-Isopropyl-3a,8-dimethyl-hexahydro-
18 IV 1176
—, 4-[2]Thienyl- **17** IV 657
Azulen-3a-carbonsäure
—, 1,8a-Dihydroxy-1-methyl-octahydro-,
 — 1-lacton **18** IV 125
Azulen-1,3-diol
—, 5,6-Epoxy-1-isopropyl-3a,6-dimethyl-
4,8-bis-[2-methyl-butyryloxy]-decahydro-
17 IV 2665
—, 5,6-Epoxy-1-isopropyl-3a,6-dimethyl-
4,8-bis-[2-methyl-crotonoyloxy]-
decahydro- **17** IV 2665
Azuleno[4,5-b]furan
—, 3,6,9-Trimethyl- **17** IV 636
—, 3,6,9-Trimethyl-dodecahydro- **17**
IV 349
Azuleno[6,5-b]furan
—, 3,5,8-Trimethyl- **17** IV 636
Azuleno[6,5-b]furan-6-carbaldehyd
—, 4-Hydroxy-3,4a,8-trimethyl-2,5-
dioxo-dodecahydro- **18** IV 2355
Azuleno[4,5-b]furan-3-carbonsäure
—, 8-Brom-2,4-dihydroxy-2,3,6,9a-
tetramethyl-9-oxo-2,3,3a,4,5,6,6a,9,9a,9b-
decahydro-,
 — 4-lacton **18** IV 2423
—, 2,4-Dihydroxy-2,3,6,9a-tetramethyl-9-
oxo-2,3,3a,4,5,6,6a,9,9a,9b-decahydro-,
 — 4-lacton **18** IV 2422
—, 2,4-Dihydroxy-2,3,6,9a-tetramethyl-9-
oxo-dodecahydro-,
 — 4-lacton **18** IV 2355
Azuleno[4,5-b]furan-9-carbonsäure
—, 3,6-Dimethyl-2,4,7-trioxo-
dodecahydro- **18** IV 6156

Azuleno[4,5-b]furan-2,4-dion
—, 9-Hydroxy-3,6,9-trimethyl-decahydro-
18 IV 1205
—, 3,6,9-Trimethyl-decahydro- **17**
IV 6048
—, 3,6,9a-Trimethyl-decahydro- **17**
IV 6048
—, 3,6,9-Trimethyl-3,3a,5,6,6a,7,8,9b-
octahydro- **17** IV 6106
Azuleno[4,5-b]furan-2,7-dion
—, 4-Acetoxy-9-acetoxymethyl-3,6-
dimethyl-decahydro- **18**
IV 2330
—, 4-Acetoxy-9-acetoxymethyl-6-methyl-
3-methylen-3,3a,4,5,9a,9b-hexahydro-
18 IV 2526
—, 9-Acetoxymethyl-3,6-dimethyl-
3,3a,4,5,9a,9b-hexahydro- **18**
IV 1438
—, 4-Acetoxy-3,6,9-trimethyl-decahydro-
18 IV 1205
—, 4-Acetoxy-3,6,9-trimethyl-3,3a,4,5,9a,⸗
9b-hexahydro- **18** IV 1437
—, 4-Benzoyloxy-9-benzoyloxymethyl-6-
methyl-3-methylen-3,3a,4,5,9a,9b-
hexahydro- **18** IV 2527
—, 4-Benzoyloxy-9-[(4-benzoyloxy-
phenylacetoxy)-methyl]-6-methyl-3-
methylen-3,3a,4,5,9a,9b-hexahydro- **18**
IV 2527
—, 6-Brom-3,6,6a-trimethyl-3,3a,4,5,6,6a,⸗
8,9b-octahydro- **17** IV 6105
—, 4-[4-Chlor-benzoyloxy]-9-{[4-(4-chlor-
benzoyloxy)-phenylacetoxy]-methyl}-6-
methyl-3-methylen-3,3a,4,5,9a,9b-
hexahydro- **18** IV 2527
—, 6-Chlor-3,6,6a-trimethyl-decahydro-
17 IV 6047
—, 6-Chlor-3,6,6a-trimethyl-3,3a,4,5,6,6a,⸗
8,9b-octahydro- **17** IV 6105
—, 3,6a-Dimethyl-6-methylen-decahydro-
17 IV 6048
—, 3,6a-Dimethyl-6-methylen-3,3a,4,5,6,⸗
6a,9a,9b-octahydro- **17** IV 6225
—, 3,6-Dimethyl-4-[toluol-4-sulfonyloxy]-
9-[toluol-4-sulfonyloxymethyl]-decahydro-
18 IV 2331
—, 4-Hydroxy-9-hydroxymethyl-3,6-
dimethyl-decahydro- **18** IV 2330
—, 4-Hydroxy-9-hydroxymethyl-3,6-
dimethyl-3,3a,4,5,9a,9b-hexahydro- **18**
IV 2419
—, 4-Hydroxy-9-hydroxymethyl-3,6-
dimethyl-3,3a,4,5,6,6a,9a,9b-octahydro-
18 IV 2352
—, 4-Hydroxy-9-hydroxymethyl-3,6-
dimethyl-3,3a,4,5,8,9,9a,9b-octahydro-
18 IV 2351

—, 4-Hydroxy-9-hydroxymethyl-6-
methyl-3-methylen-3,3a,4,5,9a,9b-
hexahydro- **18** IV 2526
—, 4-Hydroxy-9-[(4-hydroxy-
phenylacetoxy)-methyl]-3,6-dimethyl-
decahydro- **18** IV 2330
—, 4-Hydroxy-9-[(4-hydroxy-
phenylacetoxy)-methyl]-6-methyl-3-
methylen-3,3a,4,5,9a,9b-hexahydro- **18**
IV 2527
—, 9-Hydroxymethyl-3,6-dimethyl-
3,3a,8,9,9a,9b-hexahydro- **18** IV 1437
—, 4-[4-Methoxy-benzoyloxy]-9-
[4-methoxy-benzoyloxymethyl]-6-methyl-
3-methylen-3,3a,4,5,9a,9b-hexahydro-
18 V 2527
—, 3,6,6a-Trimethyl-decahydro- **17**
IV 6047
    — mono-[2,4-dinitro-phenylhydrazon]
    17 IV 6047
—, 3,6,9-Trimethyl-decahydro- **17**
IV 6048
    — mono-[2,4-dinitro-phenylhydrazon]
    17 IV 6048
—, 3,6,6a-Trimethyl-3,3a,4,6a,8,9b-
hexahydro- **17** IV 6224
—, 3,6,9-Trimethyl-3,3a,4,5,6,6a,9a,9b-
octahydro- **17** IV 6105
Azuleno[4,5-b]furan-2,8-dion
—, 4-Acetoxy-6-hydroxy-3,6,9-trimethyl-
3a,5,6,6a,7,9b-hexahydro-3H,4H- **18**
IV 2352
—, 6-Acetoxy-3,6,9-trimethyl-3a,5,6,6a,7,⸗
9b-hexahydro-3H,4H- **18** IV 1277
—, 6-Äthoxy-3,6,9-trimethyl-3a,5,6,6a,7,⸗
9b-hexahydro-3H,4H- **18** IV 1276
—, 3,9-Dimethyl-6-methylen-3a,5,6,6a,7,⸗
9b-hexahydro-3H,4H- **17** IV 6225
—, 4-Hydroxy-3,6,9-trimethyl-3a,5,6,6a,⸗
7,9b-hexahydro-3H,4H- **18** IV 1275
—, 6-Hydroxy-3,6,9-trimethyl-3a,5,6,6a,⸗
7,9b-hexahydro-3H,4H- **18**
IV 1275
—, 6-Hydroxy-3,6,9-trimethyl-octahydro-
18 IV 1206
—, 6-Methoxy-3,6,9-trimethyl-3a,5,6,6a,⸗
7,9b-hexahydro-3H,4H- **18** IV 1276
    — 8-oxim **18** IV 1277
—, 6,9,9a-Trihydroxy-3,6,9-trimethyl-
octahydro- **18** IV 3069
—, 3,6,9-Trimethyl-3a,5,7,9b-tetrahydro-
3H,4H- **17** IV 6225
    — mono-[2,4-dinitro-phenylhydrazon]
    17 IV 6225
Azuleno[4,5-b]furan-2,9-dion
—, 4-Acetoxy-3,6,9a-trimethyl-
decahydro- **18** IV 1207

Azuleno[4,5-*b*]furan-2,9-dion   (Fortsetzung)
—, 8-Brom-6,9a-dimethyl-3-methylen-
3,3a,4,5,6,6a,9a,9b-octahydro- **17**
IV 6226
—, 6,9a-Dimethyl-3-methylen-decahydro-
17 IV 6107
  — mono-[2,4-dinitro-phenylhydrazon]
  17 IV 6107
—, 6,9a-Dimethyl-3-methylen-3,3a,4,5,9a,⁼
9b-hexahydro- **17** IV 6315
—, 6,9a-Dimethyl-3-methylen-3,3a,4,5,6,⁼
6a,9a,9b-octahydro- **17** IV 6226
—, 6a-Hydroxy-6,9a-dimethyl-3-
methylen-3,3a,4,5,6,6a,9a,9b-octahydro-
18 IV 1438
—, 4-Hydroxy-3,6,9a-trimethyl-
decahydro- **18** IV 1206
—, 6a-Hydroxy-3,6,9a-trimethyl-
decahydro- **18** IV 1207
—, 6a-Hydroxy-3,6,9a-trimethyl-4,5,6,6a,⁼
7,8,9a,9b-octahydro- **18** IV 1277
—, 3,6,9a-Trimethyl-decahydro- **17**
IV 6049
  — monooxim **17** IV 6049
—, 3,6,9a-Trimethyl-4,5,6,6a,9a,9b-
hexahydro- **17** IV 6226
—, 3,6,9a-Trimethyl-4,5,6,6a,7,8,9a,9b-
octahydro- **17** IV 6106
  — mono-[2,4-dinitro-phenylhydrazon]
  17 IV 6106
  — monooxim **17** IV 6106
Azuleno[6,5-*b*]furan-2,4-dion
—, 5-[2,4-Dinitro-phenylhydrazono]-
3,4a,8-trimethyl-decahydro- **17** IV 6725
—, 3,4a,8-Trimethyl-decahydro- **17**
IV 6047
Azuleno[6,5-*b*]furan-2,5-dion
—, 4-Acetoxy-6-brom-4a,8-dimethyl-3-
methylen-3,3a,4,4a,7a,8,9,9a-octahydro-
18 IV 1436
—, 4-Acetoxy-6-brom-3,4a,8-trimethyl-
3,3a,4,4a,7a,8,9,9a-octahydro- **18**
IV 1271
—, 4-Acetoxy-6,7-dibrom-4a,8-dimethyl-
3-methylen-decahydro- **18** IV 1272
—, 4-Acetoxy-6,7-dibrom-3,4a,8-
trimethyl-decahydro- **18** IV 1204
—, 4-Acetoxy-4a,8-dimethyl-3-methylen-
3,3a,4,4a,6,8,9,9a-octahydro- **18** IV 1437
—, 4-Acetoxy-4a,8-dimethyl-3-methylen-
3,3a,4,4a,7a,8,9,9a-octahydro- **18**
IV 1434
—, 4-Acetoxy-3,4a,8-trimethyl-
decahydro- **18** IV 1201
  — 5-oxim **18** IV 1202
  — 5-phenylhydrazon **18** IV 1203
—, 4-Acetoxy-3,4a,8-trimethyl-3,3a,4,4a,⁼
7a,8,9,9a-octahydro- **18** IV 1270

—, 3-Acetyl-6-brom-4-hydroxy-3,4a,8-
trimethyl-3,3a,4,4a,7a,8,9,9a-octahydro-
18 IV 2422
—, 3-Acetyl-6,7-dibrom-4-hydroxy-
3,4a,8-trimethyl-decahydro- **18** IV 2356
—, 3-Acetyl-4-hydroxy-3,4a,8-trimethyl-
decahydro- **18** IV 2355
—, 3-Acetyl-4-hydroxy-3,4a,8-trimethyl-
3,3a,4,4a,7a,8,9,9a-octahydro- **18**
IV 2422
—, 4-[2-Brom-benzoyloxy]-4a,8-dimethyl-
3-methylen-3,3a,4,4a,7a,8,9,9a-octahydro-
18 IV 1435
—, 6-Brom-4-hydroxy-4a,8-dimethyl-3-
methylen-3,3a,4,4a,7a,8,9,9a-octahydro-
18 IV 1436
—, 6-Brom-4-hydroxy-3,4a,8-trimethyl-
decahydro- **18** IV 1203
—, 6,7-Dibrom-4-hydroxy-4a,8-dimethyl-
3-methylen-decahydro- **18** IV 1272
—, 6,6-Dibrom-4-hydroxy-3,4a,8-
trimethyl-decahydro- **18** IV 1203
—, 6,7-Dibrom-4-hydroxy-3,4a,8-
trimethyl-decahydro- **18** IV 1204
—, 4,7-Dihydroxy-3,4a,8-trimethyl-
decahydro- **18** IV 2329
—, 4a,8-Dimethyl-3-methylen-decahydro-
17 IV 6104
  — mono-[2,4-dinitro-phenylhydrazon]
  17 IV 6105
—, 4a,8-Dimethyl-3-methylen-4-[4-nitro-
benzoyloxy]-3,3a,4,4a,7a,8,9,9a-
octahydro- **18** IV 1435
—, 4-[3,5-Dinitro-benzoyloxy]-4a,8-
dimethyl-3-methylen-3,3a,4,4a,7a,8,9,9a-
octahydro- **18** IV 1435
—, 4-[3,5-Dinitro-benzoyloxy]-3,4a,8-
trimethyl-decahydro- **18** IV 1202
—, 4-Hydroxy-4a,8-dimethyl-3-methylen-
3,3,4,4a,7a,8,9,9a-octahydro- **18** IV 1434
—, 4-Hydroxy-4a,8-dimethyl-3-methylen-
3,3a,4,4a,6,8,9,9a-octahydro- **18** IV 1436
—, 4-Hydroxy-6-hydroxymethylen-
3,4a,8-trimethyl-decahydro- **18** IV 2355
—, 4-Hydroxy-6-[4-methoxy-benzyliden]-
3,4a,8-trimethyl-decahydro- **18** IV 2662
—, 4-Hydroxy-3,4a,8-trimethyl-
decahydro- **18** IV 1199
  — 5-[2,4-dinitro-phenylhydrazon]
  18 IV 1202
  — 5-oxim **18** IV 1202
—, 4-Hydroxy-3,4a,8-trimethyl-4,4a,7a,8,⁼
9,9a-hexahydro- **18** IV 1434
—, 4-Hydroxy-3,4a,8-trimethyl-3,3a,4,4a,⁼
7a,8,9,9a-octahydro- **18** IV 1269
—, 4-Hydroxy-3,4a,8-trimethyl-4,4a,6,7,⁼
7a,8,9,9a-octahydro- **18** IV 1269

Azuleno[6,5-*b*]furan-2,5-dion　(Fortsetzung)

—, 4-Methoxyacetoxy-4a,8-dimethyl-3-
methylen-3,3a,4,4a,7a,8,9,9a-octahydro-
18 IV 1435

—, 4,6,7-Trihydroxy-4a,8-dimethyl-3-
methylen-decahydro- **18** IV 3072

—, 3,4a,8-Trimethyl-4-[2-methyl-
crotonoyloxy]-3,3a,4,4a,7a,8,9,9a-
octahydro- **18** IV 1271

—, 3,4a,8-Trimethyl-4-
phenylcarbamoyloxy-decahydro- **18**
IV 1202

—, 3,4a,8-Trimethyl-4-semicarbazono-
decahydro- **17** IV 6725

Azuleno[6,5-*b*]furan-2,6-dion

—, 4-Acetoxy-3,5,8-trimethyl-3a,7,7a,8,9,⚟
9a-hexahydro-3*H*,4*H*- **18** IV 1273

—, 4-Acetoxy-3,7,8-trimethyl-3a,4a,5,8,9,⚟
9a-hexahydro-3*H*,4*H*- **18** IV 1274

—, 4a,8-Dimethyl-3-methylen-octahydro-
17 IV 6104

— mono-[2,4-dinitro-phenylhydrazon]
17 IV 6105

—, 4-Hydroxy-7,8-dimethyl-3-methylen-
3a,4a,5,8,9,9a-hexahydro-3*H*,4*H*- **18**
IV 1437

—, 4-Hydroxy-3,5,8-trimethyl-3a,7,7a,8,⚟
9,9a-hexahydro-3*H*,4*H*- **18**
IV 1272

—, 4-Hydroxy-3,7,8-trimethyl-3a,4a,5,8,⚟
9,9a-hexahydro-3*H*,4*H*- **18** IV 1274

—, 4-Hydroxy-3,5,8-trimethyl-octahydro-
18 IV 1204

—, 4-Methansulfonyloxy-3,5,8-trimethyl-
3a,7,7a,8,9,9a-hexahydro-3*H*,4*H*- **18**
IV 1274

—, 3,5,8-Trimethyl-3a,7,7a,8,9,9a-
hexahydro-3*H*,4*H*- **17** IV 6105

— mono-[2,4-dinitro-phenylhydrazon]
17 IV 6105

—, 3,5,8-Trimethyl-3a,7,9,9a-tetrahydro-
3*H*,4*H*- **17** IV 6224

— mono-[2,4-dinitro-phenylhydrazon]
17 IV 6224

Azuleno[4,5-*b*]furan-2-on

—, 4-Acetoxy-9-hydroxy-3,6,9-trimethyl-
decahydro- **18** IV 1177

—, 4-Acetoxy-9-hydroxy-3,6,9-trimethyl-
3a,4,5,9,9a,9b-hexahydro-3*H*- **18**
IV 1274

—, 4-Acetoxy-9-hydroxy-3,6,9-trimethyl-
3a,4,5,7,8,9,9a,9b-octahydro-3*H*- **18**
IV 1204

—, 8-Acetoxy-6,9,9a-trihydroxy-3,6,9-
trimethyl-decahydro- **18** IV 3067

—, 4-Acetoxy-3,6,9-trimethyl-decahydro-
18 IV 129

—, 4-Acetoxy-3,6,9a-trimethyl-
decahydro- **18** IV 129

—, Decahydro- **17** IV 4649

—, 4,9-Dihydroxy-3,6,9-trimethyl-
decahydro- **18** IV 1177

—, 6,8-Dihydroxy-3,6,9-trimethyl-
decahydro- **18** IV 1177

—, 6,6a-Dihydroxy-3,6,9-trimethyl-
3a,4,5,6,6a,7,9a,9b-octahydro-3*H*- **18**
IV 1205

—, 6,8-Dihydroxy-3,6,9-trimethyl-
3a,4,5,6,6a,7,8,9b-octahydro-3*H*- **18**
IV 1205

—, 4-Hydroxy-3,6,9-trimethyl-decahydro-
18 IV 129

—, 4-Hydroxy-3,6,9a-trimethyl-
decahydro- **18** IV 128

—, 6-Hydroxy-3,6,9-trimethyl-decahydro-
18 IV 130

—, 6-Hydroxy-3,6,9-trimethyl-3a,4,5,6,8,⚟
9b-hexahydro-3*H*- **18** IV 234

—, 6-Hydroxy-3,6,9-trimethyl-3a,4,5,6,⚟
6a,7,8,9b-octahydro-3*H*- **18** IV 144

—, 6-Methyl-decahydro- **17** IV 4656

—, 3-Methyl-6,9-dimethylen-decahydro-
17 IV 5030

—, 3,6,9-Trimethyl-decahydro- **17**
IV 4670

—, 3,6,9a-Trimethyl-decahydro- **17**
IV 4671

—, 3,6,9-Trimethylen-decahydro- **17**
IV 5157

—, 3,6,9-Trimethyl-3a,4,5,6,6a,7,8,9b-
octahydro-3*H*- **17** IV 4763

—, 3,6,9-Trimethyl-3a,4,5,7,8,9,9a,9b-
octahydro-3*H*- **17** IV 4762

Azuleno[4,5-*c*]furan-2-on

—, 9-Hydroxy-3,6,9a-trimethyl-5,6,6a,7,⚟
8,9,9a,9b-octahydro-4*H*- **18** IV 144

Azuleno[6,5-*b*]furan-2-on

—, 4-Acetoxy-5-hydroxy-3,4a,8-
trimethyl-decahydro- **18** IV 1176

—, 4-Acetoxy-3,4a,8-trimethyl-
decahydro- **18** IV 128

—, 5,6-Diacetoxy-4a,8-dimethyl-3-
methylen-decahydro- **18** IV 1199

—, 5,6-Diacetoxy-3,4a,8-trimethyl-
decahydro- **18** IV 1177

—, 5,6-Dihydroxy-4a,8-dimethyl-3-
methylen-decahydro- **18** IV 1199

—, 4,5-Dihydroxy-4a,8-dimethyl-3-
methylen-3a,4,4a,5,7a,8,9,9a-octahydro-
3*H*- **18** IV 1268

—, 4,5-Dihydroxy-3,4a,8-trimethyl-
decahydro- **18** IV 1176

—, 4,6-Dihydroxy-3,5,8-trimethyl-
decahydro- **18** IV 1273

—, 5,6-Dihydroxy-3,4a,8-trimethyl-
decahydro- **18** IV 1177

—, 4-Hydroxy-3,4a,8-trimethyl-
decahydro- **18** IV 128

Azuleno[6,5-*b*]furan-2-on   (Fortsetzung)
—, 3,4a,8-Trimethyl-decahydro- **17**
    IV 4670
Azuleno[4,5-*b*]furan-2,4,8-trion
—, 3,6,9-Trimethyl-3a,5,6,6a,7,9b-
    hexahydro-3*H*- **17** IV 6732
Azuleno[4,5-*b*]furan-2,4,9-trion
—, 3,6,9a-Trimethyl-octahydro- **17**
    IV 6726
Azuleno[4,5-*b*]furan-2,6,7-trion
—, 3,6a-Dimethyl-octahydro- **17**
    IV 6048
Azuleno[6,5-*b*]furan-2,4,5-trion
—, 3-Acetyl-3,4a,8-trimethyl-3a,4a,7a,8,9,≠
    9a-hexahydro-3*H*- **17** IV 6828
—, 3-Acetyl-3,4a,8-trimethyl-octahydro-
    17 IV 6826
—, 6-Brom-3,4a,8-trimethyl-octahydro-
    17 IV 6725
—, 6,6-Dibrom-3,4a,8-trimethyl-
    octahydro- **17** IV 6725
—, 3,4a,8-Trimethyl-3a,4a,7a,8,9,9a-
    hexahydro-3*H*- **17** IV 6731
—, 3,4a,8-Trimethyl-6,7,7a,8,9,9a-
    hexahydro-4a*H*- **17** IV 6731
—, 3,4a,8-Trimethyl-octahydro- **17**
    IV 6724
Azuleno[6,5-*b*]furan-2,4,6-trion
—, 3,5,8-Trimethyl-3a,7,7a,8,9,9a-
    hexahydro-3*H*- **17** IV 6732
—, 3,7,8-Trimethyl-3a,4a,5,8,9,9a-
    hexahydro-3*H*- **17** IV 6732
—, 3,5,8-Trimethyl-octahydro- **17**
    IV 6726
Azulen-4-ol
—, 8,8a-Epoxy-5-[*β*-hydroxy-isopropyl]-
    3,8-dimethyl-1,3a,4,5,6,7,8,8a-octahydro-
    17 IV 2071

B

Bacillin 18 IV 8263
Bacilysin 18 IV 8263
Baicalein 18 I 396 b, II 172 b, IV 2671
—, Tri-*O*-acetyl- **18** IV 2673
—, Tri-*O*-methyl- **18** IV 2672
Baicaleinidin 17 II 238 d
Baicalin 18 IV 5154
—, Penta-*O*-acetyl- **18** IV 5154
Balbianosäure 18 II 284 d
Balduilin 18 IV 1435
—, Brom- **18** IV 1436
—, Desoxo-desacetyl-tetrahydro- **18**
    IV 128

—, Desoxo-tetrahydro- **18** IV 128
—, Dibrom- **18** IV 1272
—, Hexahydro- **18** IV 1177
—, Tetrahydro- **18** IV 1201
Balduilin-A
—, Desacetyltetrahydro- **18** IV 1199
—, Tetrahydro- **18** IV 1201
Balduilin-B
—, Desacetyltetrahydro- **18** IV 1207
—, Tetrahydro- **18** IV 1207
Bamicetamin 18 IV 7487
Banthin 18 IV 4352
Baptigenin 18 IV 3318
—, Tetra-*O*-acetyl- **18** IV 3318
—, Tetra-*O*-benzoyl- **18** IV 3318
Baptisin 18 IV 3318
Barbaloin 18 IV 3630
—, Desoxy- **18** IV 3606
—, Di-*O*-methyl-desoxy- **18** IV 3607
—, Hepta-*O*-acetyl- **18** IV 3632
—, Hepta-*O*-acetyl-tetrabrom- **18**
    IV 3633
—, Hepta-*O*-methyl- **18** IV 3631
—, Tetrabrom- **18** IV 3632
—, Tetrachlor- **18** IV 3632
Barringtogensäure
—, Di-*O*-acetyl-,
    — lacton **18** IV 6523
Bassiasäure
    — bromlacton **18** IV 2560
    — hydroxylacton **18** IV 3151
Batatsäure 18 IV 5445
    — [4-brom-phenacylester] **18**
      IV 5446
    — [2,4-dinitro-phenylhydrazon] **18**
      IV 5446
    — semicarbazon **18** IV 5446
Behenamid
—, *N*-[1-Glucopyranosyloxymethyl-2-
    hydroxy-heptadec-3-enyl]- **17** IV 3418
γ-Behenolacton 17 248 b
Behenolsäure
    — [2,3-epoxy-propylester] **17** 106 c
Belamcandin 18 IV 3601
Belamcangenin 18 IV 3601
Bellidifolin 18 IV 3187
—, Tri-*O*-acetyl- **18** IV 3189
Belmacamdin 18 IV 3601
Belmacamgenin 18 IV 3601
Benzalanthronoxid 7 I 301 f, **17** II 421 c
Benzaldehyd
    — benzo[*b*]thiophen-5-ylimin **18**
      IV 7164
    — [5-brom-furan-2-
      carbonylhydrazon] **18** IV 3989
    — [5-brom-thiophen-2-
      carbonylhydrazon] **18** IV 4038

Benzaldehyd (Fortsetzung)
- [5-chlor-thiophen-2-
  carbonylhydrazon] **18** IV 4031
- dibenzothiophen-2-ylimin **18**
  IV 7186
- dibenzothiophen-3-ylimin **18**
  IV 7205
- [2,3-epoxy-propylimin] **18**
  II 414 e
- [furan-2-carbonylhydrazon]
  18 280 c, IV 3970
- [7-methoxy-4-methyl-2-oxo-
  2*H*-chromen-3-carbonylhydrazon]
  18 IV 6360
- {[(7-methoxy-2-oxo-2*H*-chromen-
  4-yl)-acetyl]-hydrazon}
  18 IV 6356
- tetrahydropyran-4-ylimin **18**
  IV 7032
- [2-[3]thienyl-äthylimin] **18**
  IV 7125
- [2]thienylmethylimin **18** IV 7104
- [thiophen-2-carbonylhydrazon]
  18 291 c
- [4-xanthen-9-yl-semicarbazon] **18**
  II 424 k
-, 3-Acetoxy-4-[tetra-*O*-acetyl-
  galactopyranosyloxy]- **17** IV 3228
-, 4-Acetoxy-3-[tetra-*O*-acetyl-
  glucopyranosyloxy]- **17** IV 3227
-, 4-Acetylamino-,
  - [5-brom-furan-2-
    carbonylhydrazon] **18** IV 3990
  - [furan-2-carbonylhydrazon] **18**
    IV 3973
  - [furan-2-thiocarbonylhydrazon]
    18 IV 4007
-, 2-[*O*^x-Acetyl-glucopyranosyloxy]-4,6-
  dihydroxy- **17** IV 3113
-, 3-[*O*²-Acetyl-*O*³-methansulfonyl-
  glucopyranosyloxy]-4-glucopyranosyloxy-
  17 IV 3666
-, 4-Äthoxy-3-glucopyranosyloxy- **17**
  IV 3017
-, 3-Äthoxy-4-[tetra-*O*-acetyl-
  glucopyranosyloxy]- **17** IV 3228
  - [2,4-dinitro-phenylhydrazon] **17**
    IV 3230
-, 4-Äthoxy-3-[tetra-*O*-acetyl-
  glucopyranosyloxy]- **17** IV 3227
-, 2-[2-Amino-2-desoxy-
  glucopyranosyloxy]- **18** IV 7527, **31**
  225 c
-, 2-Benzolsulfonyloxy-,
  - [3-anilino-benzofuran-2-ylimin]
    18 IV 7281
-, 2-[*O*²-Benzoyl-glucopyranosyloxy]-
  17 IV 3299

-, 2-[*O*⁶-Benzoyl-glucopyranosyloxy]-
  17 IV 3299, **31** 224 d
-, 2-Benzoyloxy-,
  - [3-anilino-benzofuran-2-ylimin]
    18 IV 7280
  - [3-(*N*-methyl-anilino)-benzofuran-
    2-ylimin] **18** IV 7281
-, 2-Benzoyloxy-6-hydroxy-4-[tetra-
  O-acetyl-glucopyranosyloxy]- **17**
  IV 3237
-, 2-Benzoyloxy-6-methoxy-4-[tetra-
  O-acetyl-glucopyranosyloxy]- **17**
  IV 3237
-, 3-Benzyloxy-4-glucopyranosyloxy-
  17 IV 3018
-, 3-Benzyloxy-4-methoxy-,
  - [2-[2]furyl-äthylimin] **18**
    IV 7120
-, 2,4-Bis-benzoyloxy-6-[tetra-*O*-acetyl-
  glucopyranosyloxy]- **18** IV 3200
-, 3,4-Bis-benzyloxy-,
  - [2-[2]furyl-äthylimin] **18** IV 7120
-, 3,4-Bis-[*O*⁴-galactopyranosyl-
  glucopyranosyloxy]- **17** IV 3533
-, 3,4-Bis-galactopyranosyloxy- **17**
  IV 3020
-, 3,4-Bis-glucopyranosyloxy- **17**
  IV 3019
-, 3,4-Bis-[hepta-*O*-acetyl-lactosyloxy]-
  17 IV 3573
-, 3,4-Bis-lactosyloxy- **17** IV 3533
-, 3,4-Bis-[tetra-*O*-acetyl-
  galactopyranosyloxy]- **17** IV 3229
-, 3,4-Bis-[tetra-*O*-acetyl-
  glucopyranosyloxy]- **17** IV 3229
-, 3,4-Bis-[3,4,5-triacetoxy-6-
  acetoxymethyl-tetrahydro-pyran-2-yloxy]-
  17 IV 3229
-, 3,4-Bis-[*O*²,*O*³,*O*⁶-triacetyl-*O*⁴-(tetra-
  O-acetyl-galactopyranosyl)-
  glucopyranosyloxy]- **17** IV 3573
-, 3,4-Bis-[3,4,5-trihydroxy-6-
  hydroxymethyl-tetrahydro-pyran-2-yloxy]-
  17 IV 3019
-, 4-[6-Brom-6-desoxy-
  glucopyranosyloxy]-3-methoxy- **17**
  IV 2567
-, 5-Brom-2-glucopyranosyloxy-
  31 226 a
-, 5-Brom-2-hydroxy-,
  - [5-brom-thiophen-2-
    carbonylhydrazon] **18** IV 4039
  - [5-chlor-thiophen-2-
    carbonylhydrazon] **18** IV 4033
-, 4-Cellobiosyloxy-3-methoxy- **17**
  IV 3532
  - [4-nitro-phenylhydrazon] **17**
    IV 3533

Benzaldehyd (Fortsetzung)
—, 3-Chinovopyranosyloxy-4-
glucopyranosyloxy- **17** IV 3019
—, 2-Chlor-,
— [5-brom-thiophen-2-
carbonylhydrazon] **18** IV 4038
— [5-chlor-thiophen-2-
carbonylhydrazon] **18** IV 4032
— [thiophen-2-carbonylhydrazon]
18 IV 4025
—, 4-Chlor-,
— [5-brom-thiophen-2-
carbonylhydrazon] **18** IV 4038
—, 4-[6-Chlor-6-desoxy-
glucopyranosyloxy]-3-methoxy- **17**
IV 2565
—, 5-Chlor-2-glucopyranosyloxy-
31 225 f
—, 5-Chlor-2-hydroxy-,
— [5-brom-thiophen-2-
carbonylhydrazon] **18** IV 4039
— [5-chlor-thiophen-2-
carbonylhydrazon] **18** IV 4033
—, 3-[6-Desoxy-glucopyranosyloxy]-4-
glucopyranosyloxy- **17** IV 3019
—, 4-[6-Desoxy-glucopyranosyloxy]-3-
methoxy- **17** IV 2534
—, 4-[3,4-Diacetoxy-6-acetoxymethyl-5-
(3,4,5-triacetoxy-6-acetoxymethyl-
tetrahydro-pyran-2-yloxy)-tetrahydro-
pyran-2-yloxy]-3-methoxy- **17** IV 3572
—, 3-[O^2,O^6-Diacetyl-
O^3-methansulfonyl-glucopyranosyloxy]-4-
[tetra-O-acetyl-glucopyranosyloxy]- **17**
IV 3668
—, 3,5-Dibrom-4-hydroxy-,
— [thiophen-2-carbonylhydrazon]
18 IV 4026
—, 2,4-Dichlor-,
— [5-chlor-thiophen-2-
carbonylhydrazon] **18** IV 4032
— [thiophen-2-carbonylhydrazon]
18 IV 4025
—, 3,4-Dichlor-,
— [5-brom-thiophen-2-
carbonylhydrazon] **18** IV 4038
— [5-chlor-thiophen-2-
carbonylhydrazon] **18** IV 4032
— [thiophen-2-carbonylhydrazon]
18 IV 4025
—, 3,5-Dichlor-2-hydroxy-,
— [5-brom-thiophen-2-
carbonylhydrazon] **18** IV 4039
—, 4-[3,4-Dihydroxy-6-hydroxymethyl-5-
(3,4,5-trihydroxy-6-hydroxymethyl-
tetrahydro-pyran-2-yloxy)-tetrahydro-
pyran-2-yloxy]-3-methoxy- **17** IV 3532
— [4-nitro-phenylhydrazon] **17**
IV 3533

—, 2,4-Dihydroxy-6-[tetra-O-acetyl-
glucopyranosyloxy]- **17** IV 3236
—, 3,4-Dimethoxy- s. Veratrumaldehyd
—, 5-[3,7-Dimethoxy-4-oxo-4H-chromen-
2-yl]-2-hydroxy-3-methoxy- **18** IV 3531
—, 2-[5,6-Dimethoxy-3-oxo-phthalan-1-
yl]-4,5-dimethoxy- **18** IV 3516
—, 3,5-Dimethoxy-4-[tetra-O-acetyl-
glucopyranosyloxy]- **17** IV 3237
—, 4-Dimethylamino-,
— [5-brom-furan-2-
carbonylhydrazon] **18** IV 3990
— [5-brom-thiophen-2-
carbonylhydrazon] **18** IV 4040
— [5-chlor-thiophen-2-
carbonylhydrazon] **18** IV 4034
— dibenzothiophen-3-ylimin **18**
IV 7206
— [thiophen-2-carbonylhydrazon]
18 IV 4028
—, 2-[2-(1,4-Dioxo-isochroman-3-yl)-
glykoloyl]- **18** 230 d
—, 4-Dodecyloxy-3-methoxy-,
— [5-chlor-thiophen-2-
carbonylhydrazon] **18** IV 4033
— [thiophen-2-carbonylhydrazon]
18 IV 4027
—, 4-[1,2-Epoxy-3-oxo-3-phenyl-propyl]-
17 I 269 d
—, 2-[2,3-Epoxy-propoxy]- **17** IV 1003
—, 4-[6-Fluor-6-desoxy-
glucopyranosyloxy]-3-methoxy- **17**
IV 2563
—, 4-Furfurylidenamino-,
— thiosemicarbazon **17** IV 4423
—, 4-[O^4-Galactopyranosyl-
glucopyranosyloxy]-3-glucopyranosyloxy-
17 IV 3533
—, 4-[O^4-Galactopyranosyl-
glucopyranosyloxy]-3-hydroxy- **17**
IV 3532
—, 4-[O^4-Galactopyranosyl-
glucopyranosyloxy]-3-methoxy- **17**
IV 3532
—, 2-Galactopyranosyloxy- **17** IV 3010
—, 3-Galactopyranosyloxy-4-
glucopyranosyloxy- **17** IV 3019
—, 4-Galactopyranosyloxy-3-hydroxy-
17 IV 3018
—, 4-Galactopyranosyloxy-3-
[O^6-methansulfonyl-glucopyranosyloxy]-
17 IV 3665
—, 4-Galactopyranosyloxy-3-methoxy-
17 IV 3018
—, 4-[O^4-Glucopyranosyl-
glucopyranosyloxy]-3-methoxy- **17**
IV 3532
— [4-nitro-phenylhydrazon] **17**
IV 3533

Benzaldehyd (Fortsetzung)
—, 2-Glucopyranosyloxy- **17** IV
  3010, **31** 223 c
  — [*N*-benzyl-oxim] **31** 244 e
  — [α'-hydroxy-bibenzyl-α-ylimin]
    31 244 g, 245 a
  — [4-hydroxy-phenylimin] **17**
    IV 3011
  — [4-methoxy-phenylimin] **17**
    IV 3011
  — oxim **31** 225 e
  — phenylhydrazon **31** 245 d
  — phenylimin **31** 244 b
  — [*N*-phenyl-oxim] **31** 244 c
  — thiosemicarbazon **17** IV 3012
—, 3-Glucopyranosyloxy- **17** IV 3012
—, 4-Glucopyranosyloxy- **17** IV
  3012, **31** 226 c
  — [4-glucopyranosyl-
    thiosemicarbazon] **17** IV 3012
  — phenylhydrazon **17** IV 3012
  — thiosemicarbazon **17** IV 3012
—, 4-Glucopyranosyloxy-3,5-dimethoxy-
  17 IV 3026, **31** 230 a
  — phenylhydrazon **31** 230 a
—, 3-Glucopyranosyloxy-hydroxy- **17**
  IV 3017
  — [4-nitro-phenylhydrazon] **17**
    IV 3020
—, 4-Glucopyranosyloxy-2-hydroxy- **17**
  IV 3017
—, 4-Glucopyranosyloxy-3-hydroxy- **17**
  IV 3018
—, 4-Glucopyranosyloxy-2-hydroxy-6-
  methoxy- **17** IV 3026
—, 3-Glucopyranosyloxy-4-lactosyloxy-
  17 IV 3533
—, 4-Glucopyranosyloxy-3-
  [*O*⁶-methansulfonyl-glucopyranosyloxy]-
  17 IV 3665
—, 3-Glucopyranosyloxy-4-methoxy-
  17 IV 3017
  — thiosemicarbazon **17** IV 3020
—, 4-Glucopyranosyloxy-3-methoxy-
  17 IV 3018, **31** 228 a
  — [2,4-dinitro-phenylhydrazon] **17**
    IV 3020
  — oxim **31** 228 c
  — phenylhydrazon **17** IV 3020, **31**
    245 f
  — thiosemicarbazon **17** IV 3020
—, 4-Glucopyranosyloxy-3-
  xylopyranosyloxy- **17** IV 3019
—, 4-[Hepta-*O*-acetyl-cellobiosyloxy]-3-
  methoxy- **17** IV 3572
—, 4-[Hepta-*O*-acetyl-lactosyloxy]-3-
  hydroxy- **17** IV 3572
—, 2-[Hepta-*O*-acetyl-lactosyloxy]-6-
  hydroxy-4-methoxy- **17** IV 3574

—, 4-[Hepta-*O*-acetyl-lactosyloxy]-3-
  methoxy- **17** IV 3572
—, 4-[Hepta-*O*-acetyl-lactosyloxy]-3-
  [tetra-*O*-acetyl-glucopyranosyloxy]- **17**
  IV 3573
—, 4-[Hepta-*O*-acetyl-maltosyloxy]-3-
  methoxy- **17** IV 3572
—, 4-*glycero-gulo*-Heptopyranosyloxy-3-
  methoxy- **17** IV 3877
—, 4-Hydroxy-,
  — [5-brom-thiophen-2-
    carbonylhydrazon] **18** IV 4039
  — [thiophen-2-carbonylhydrazon]
    18 IV 4026
—, 2-Hydroxy-4,6-bis-[tetra-*O*-acetyl-
  glucopyranosyloxy]- **17** IV 3237
—, 2-Hydroxy-3,5-dijod-,
  — [5-brom-thiophen-2-
    carbonylhydrazon] **18** IV 4039
  — [5-chlor-thiophen-2-
    carbonylhydrazon] **18** IV 4033
  — [thiophen-2-carbonylhydrazon]
    18 IV 4026
—, 4-Hydroxy-3,5-dijod-,
  — [thiophen-2-carbonylhydrazon]
    18 IV 4026
—, 2-Hydroxy-5-[1-(4-hydroxy-phenyl)-3-
  oxo-phthalan-1-yl]- **18** IV 2833
  — oxim **18** IV 2833
—, 3-Hydroxy-4-lactosyloxy- **17**
  IV 3532
—, 2-Hydroxy-3-methoxy-,
  — [5-brom-thiophen-2-
    carbonylhydrazon] **18** IV 4040
  — [5-chlor-thiophen-2-
    carbonylhydrazon] **18** IV 4033
—, 2-Hydroxy-4-methoxy-6-[tetra-
  O-acetyl-glucopyranosyloxy]- **17**
  IV 3236
—, 2-Hydroxy-6-methoxy-4-[tetra-
  O-acetyl-glucopyranosyloxy]- **17**
  IV 3236
—, 2-Hydroxy-4-methoxy-6-
  [*O*²,*O*³,*O*⁶-triacetyl-*O*⁴-(tetra-*O*-acetyl-
  galactopyranosyl)-glucopyranosyloxy]-
  17 IV 3574
—, 2-Hydroxy-3-methoxy-5-[3,5,7-
  trimethoxy-4-oxo-4*H*-chromen-2-yl]- **18**
  IV 3607
—, 2-[Hydroxy-phthalidyl-methyl]- **18**
  IV 1857
—, 3-Hydroxy-4-[tetra-*O*-acetyl-
  galactopyranosyloxy]- **17** IV 3675
—, 2-Hydroxy-4-[tetra-*O*-acetyl-
  glucopyranosyloxy]- **17** IV 3227
—, 3-Hydroxy-4-[tetra-*O*-acetyl-
  glucopyranosyloxy]- **17** IV 3227

Benzaldehyd (Fortsetzung)
—, 3-Hydroxy-4-[O^2,O^3,O^6-triacetyl-O^4-(tetra-O-acetyl-galactopyranosyl)-glucopyranosyloxy]- **17** IV 3572
—, 3-Hydroxy-4-[3,4,5-trihydroxy-6-hydroxymethyl-tetrahydro-pyran-2-yloxy]- **17** IV 3018
—, 4-[6-Jod-6-desoxy-glucopyranosyloxy]-3-methoxy- **17** IV 2572
—, 4-Lactosyloxy-3-methoxy- **17** IV 3532
—, 4-Maltosyloxy-3-methoxy- **17** IV 3532
 — [4-nitro-phenylhydrazon] **17** IV 3533
—, 3-Methansulfonyloxy-4-[tetra-O-acetyl-glucopyranosyloxy]- **17** IV 3229
—, 4-Methansulfonyloxy-3-[tetra-O-acetyl-glucopyranosyloxy]- **17** IV 3227
—, 4-Methoxy-,
 — [4-benzoylamino-5-(3-phenoxy-propyl)-thiophen-3-carbonylhydrazon] **18** IV 8241
 — [5-brom-thiophen-2-carbonylhydrazon] **18** IV 4039
 — [5-chlor-thiophen-2-carbonylhydrazon] **18** IV 4033
 — [thiophen-2-carbonylhydrazon] **18** IV 4026
 — [4-(triphenyl-[2]thienyl)-phenylimin] **18** IV 7260
—, 3-Methoxy-4-[penta-O-acetyl-*glycero-gulo*-heptopyranosyloxy]- **17** IV 3880
—, 3-Methoxy-4-[tetra-O-acetyl-galactopyranosyloxy]- **17** IV 3228
—, 3-Methoxy-2-[tetra-O-acetyl-glucopyranosyloxy]- **17** IV 3226
—, 3-Methoxy-4-[tetra-O-acetyl-glucopyranosyloxy]- **17** IV 3228, **31** 228 b
 — [2,4-dinitro-phenylhydrazon] **17** IV 3229
—, 4-Methoxy-3-[tetra-O-acetyl-glucopyranosyloxy]- **17** IV 3227
—, 3-Methoxy-4-[O^2-(toluol-4-sulfonyl)-glucopyranosyloxy]- **17** IV 3665
—, 3-Methoxy-4-[O^3-(toluol-4-sulfonyl)-glucopyranosyloxy]- **17** IV 3664
—, 3-Methoxy-4-[O^4-(toluol-4-sulfonyl)-glucopyranosyloxy]- **17** IV 3664
—, 3-Methoxy-4-[O^6-(toluol-4-sulfonyl)-glucopyranosyloxy]- **17** IV 3665
—, 3-Methoxy-4-[3,4,5-triacetoxy-6-acetoxymethyl-tetrahydro-pyran-2-yloxy]- **17** IV 3228
—, 3-Methoxy-4-[tri-O-acetyl-6-brom-6-desoxy-glucopyranosyloxy]- **17** IV 2569

—, 3-Methoxy-4-[tri-O-acetyl-6-chlor-6-desoxy-glucopyranosyloxy]- **17** IV 2566
—, 3-Methoxy-4-[tri-O-acetyl-6-desoxy-glucopyranosyloxy]- **17** IV 2547
—, 3-Methoxy-4-[tri-O-acetyl-6-fluor-6-desoxy-glucopyranosyloxy]- **17** IV 2564
—, 3-Methoxy-4-[tri-O-acetyl-6-jod-6-desoxy-glucopyranosyloxy]- **17** IV 2573
—, 3-Methoxy-4-[O^2,O^3,O^6-triacetyl-O^4-(tetra-O-acetyl-galactopyranosyl)-glucopyranosyloxy]- **17** IV 3572
—, 3-Methoxy-4-[O^2,O^3,O^6-triacetyl-O^4-(tetra-O-acetyl-glucopyranosyl)-glucopyranosyloxy]- **17** IV 3572
—, 3-Methoxy-4-[O^2,O^3,O^4-triacetyl-O^6-(toluol-4-sulfonyl)-glucopyranosyloxy]- **17** IV 3675
—, 3-Methoxy-4-[O^2,O^3,O^6-triacetyl-O^4-(toluol-4-sulfonyl)-glucopyranosyloxy]- **17** IV 3674
—, 3-Methoxy-4-[O^2,O^4,O^6-triacetyl-O^3-(toluol-4-sulfonyl)-glucopyranosyloxy]- **17** IV 3674
—, 3-Methoxy-4-[O^3,O^4,O^6-triacetyl-O^2-(toluol-4-sulfonyl)-glucopyranosyloxy]- **17** IV 3674
—, 3-Methoxy-4-[3,4,5-trihydroxy-6-hydroxymethyl-tetrahydro-pyran-2-yloxy]- **17** IV 3018
—, 4-[5-Methyl-2-oxo-[3]thienylidenmethyl]- **17** IV 6348
—, 3-Nitro-,
 — [5-chlor-thiophen-2-carbonylhydrazon] **18** IV 4032
—, 4-Nitro-,
 — [benzyl-furfuryl-hydrazon] **18** IV 8298
—, 4-[5-Nitro-furfurylidenamino]-,
 — thiosemicarbazon **17** IV 4462
—, 2-Nitro-4-[4-oxo-4H-chromen-2-yl]- **17** IV 6477
 — [4-dimethylamino-phenylimin] **17** IV 6478
 — phenylhydrazon **17** IV 6478
—, 2-Oxiranylmethoxy- **17** IV 1003
—, 2-[Tetra-O-acetyl-galactopyranosyloxy]- **17** IV 3219
—, 4-[Tetra-O-acetyl-galactopyranosyloxy]-3-[O^2,O^3,O^4-triacetyl-O^6-methansulfonyl-glucopyranosyloxy]- **17** IV 3675
—, 2-[Tetra-O-acetyl-glucopyranosyloxy]- **17** IV 3219, **31** 224 b
 — [4-hydroxy-phenylimin] **17** IV 3219
 — [4-methoxy-phenylimin] **17** IV 3219
 — phenylimin **31** 224 b
 — [N-phenyl-oxim] **31** 244 d

Benzaldehyd (Fortsetzung)

—, 3-[Tetra-*O*-acetyl-glucopyranosyloxy]-
  17 IV 3220, **31** 226 b

— [2,4-dinitro-phenylhydrazon] **17**
  IV 3220

—, 4-[Tetra-*O*-acetyl-glucopyranosyloxy]-
  17 IV 3220, **31** 226 d

— [2,4-dinitro-phenylhydrazon] **17**
  IV 3220

— [4-(tetra-*O*-acetyl-glucopyranosyl)-
  thiosemicarbazon] **17** IV 3221

— thiosemicarbazon **17** IV 3221

—, 4-[Tetra-*O*-acetyl-glucopyranosyloxy]-
  3-[tri-*O*-acetyl-chinovopyranosyloxy]-
  17 IV 3229

—, 4-[Tetra-*O*-acetyl-glucopyranosyloxy]-
  3-[tri-*O*-acetyl-6-desoxy-
  glucopyranosyloxy]- **17** IV 3229

—, 4-[Tetra-*O*-acetyl-glucopyranosyloxy]-
  3-[O^2,O^3,O^4-triacetyl-O^6-methansulfonyl-
  glucopyranosyloxy]- **17** IV 3674

—, 4-[Tetra-*O*-acetyl-glucopyranosyloxy]-
  3-[O^2,O^4,O^6-triacetyl-O^3-methansulfonyl-
  glucopyranosyloxy]- **17** IV 3674

—, 3-[Tetra-*O*-acetyl-glucopyranosyloxy]-
  4-[O^2,O^3,O^6-triacetyl-O^4-(tetra-*O*-acetyl-
  galactopyranosyl)-glucopyranosyloxy]-
  17 IV 3573

—, 4-[Tetra-*O*-acetyl-glucopyranosyloxy]-
  3-[tri-*O*-acetyl-xylopyranosyloxy]- **17**
  IV 3228

—, 2-[Tetra-*O*-benzoyl-
  glucopyranosyloxy]- **31** 225 a

—, 2-[Tetra-*O*-cinnamoyl-
  glucopyranosyloxy]- **31** 225 b

—, 2-[Tetra-*O*-palmitoyl-
  glucopyranosyloxy]- **31** 224 c

—, 2-[3,4,5-Triacetoxy-6-acetoxymethyl-
  tetrahydro-pyran-2-yloxy]- **17**
  IV 3219

—, 3-[3,4,5-Triacetoxy-6-acetoxymethyl-
  tetrahydro-pyran-2-yloxy]- **17** IV 3220

—, 4-[3,4,5-Triacetoxy-6-acetoxymethyl-
  tetrahydro-pyran-2-yloxy]-3-[3,4,5-
  triacetoxy-6-methansulfonyloxymethyl-
  tetrahydro-pyran-2-yloxy]- **17** IV 3674

—, 4-[3,4,5-Triacetoxy-6-acetoxymethyl-
  tetrahydro-pyran-2-yloxy]-3-[3,4,5-
  triacetoxy-tetrahydro-pyran-2-yloxy]- **17**
  IV 3228

—, 2-[Tri-*O*-acetyl-2-amino-2-desoxy-
  glucopyranosyloxy]- **31** 225 d

—, 3-Trifluormethyl-,
  — dibenzofuran-4-ylimin **18**
  IV 7211

—, 2-[3,4,5-Trihydroxy-6-hydroxymethyl-
  tetrahydro-pyran-2-yloxy]- **17** IV 3010

—, 4-[3,4,5-Trihydroxy-6-hydroxymethyl-
  tetrahydro-pyran-2-yloxy]-3-[3,4,5-
  trihydroxy-6-methansulfonyloxymethyl-
  tetrahydro-pyran-2-yloxy]- **17** IV 3665

—, 3-[3,4,5-Trihydroxy-tetrahydro-pyran-
  2-yloxy]-4-[3,4,5-trihydroxy-6-
  hydroxymethyl-tetrahydro-pyran-2-yloxy]-
  17 IV 3019

Benzamid

s. a. Benzoesäure-amid

—, *N*-[4-Acetoxyimino-tetrahydro-
  [3]thienyl]- **18** IV 7837

—, *N*-[7-Acetoxy-8-methoxy-2-oxo-
  chroman-3-yliden]- **18** IV 2376

—, *N*-[7-Acetoxy-8-methoxy-2-oxo-
  2*H*-chromen-3-yl]- **18** IV 2376

—, *N*-Benzofuran-5-yl- **18** IV 7163

—, *N*-Benzo[*b*]thiophen-3-yl- **18**
  II 420 h

—, *N*-Benzo[*b*]thiophen-6-yl- **18**
  IV 7166

—, *N*-[2-Benzo[*b*]thiophen-2-yl-äthyl]-
  18 IV 7170

—, *N*-[2-Benzo[*b*]thiophen-3-yl-äthyl]-
  18 IV 7170

—, *N*-[2-Benzoyloxy-2-[2]furyl-äthyl]-
  18 II 430 c, IV 7320

—, *N*-[4-Benzoyloxyimino-tetrahydro-
  [3]thienyl]- **18** IV 7837

—, *N*-Benzyl-*N*-furfuryl- **18** IV 7082

—, *N*-[2-Benzyloxy-4,5-dimethoxy-6-
  methoxymethyl-tetrahydro-pyran-3-yl]-
  18 IV 7607

—, *N*-[2-Brom-dibenzothiophen-3-yl]-
  18 IV 7208

—, *N*-[3-Brom-dibenzothiophen-2-yl]-
  18 IV 7189

—, *N*-Butyl-*N*-tetrahydrofurfuryl- **18**
  IV 7040

—, *N*-[2-Chlor-dibenzothiophen-3-yl]-
  18 IV 7208

—, *N*-[3-Chlor-dibenzothiophen-2-yl]-
  18 IV 7189

—, *N*-[4-Chlor-dibenzothiophen-3-yl]-
  18 IV 7208

—, *N*-[5-Chlor-4,9-dioxo-4,9-dihydro-
  naphtho[2,3-*b*]thiophen-8-yl]- **18**
  IV 8051

—, *N*-[5-Chloromercurio-furfuryl]- **18**
  IV 8446

—, *N*-[2-Chlor-xanthen-9-yl]- **18**
  IV 7227

—, *N*-[3-Chlor-xanthen-9-yl]- **18**
  IV 7228

—, *N*-Cyclohexyl-*N*-tetrahydrofurfuryl-
  18 IV 7040

—, *N*-[5,7-Diacetoxy-2-oxo-chroman-3-
  yliden]- **18** IV 2374

Benzamid (Fortsetzung)

—, *N*-[7,8-Diacetoxy-2-oxo-chroman-3-
yliden]- **18** IV 2376

—, *N*-[5,7-Diacetoxy-2-oxo-2*H*-chromen-
3-yl]- **18** IV 2374

—, *N*-[7,8-Diacetoxy-2-oxo-2*H*-chromen-
3-yl]- **18** IV 2376

—, *N*-Dibenzofuran-2-yl- **18** II 423 d,
IV 7184

—, *N*-Dibenzofuran-3-yl- **18** 587 h

—, *N*-[2-Dibenzofuran-2-yl-äthyl]- **18**
IV 7235

—, *N*-Dibenzothiophen-2-yl- **18**
IV 7187

—, *N*-Dibenzothiophen-3-yl- **18**
IV 7205

—, *N*-[1-(2-Dibutylamino-äthylamino)-9-
oxo-thioxanthen-4-yl]- **18** IV 7962

—, *N*-[2,3-Dihydro-benzofuran-3-yl]-
18 IV 7149

—, *N*-[4,5-Dihydroxy-6-hydroxymethyl-2-
methoxy-tetrahydro-pyran-3-yl]- **18**
IV 7606

—, *N*-[5,7-Dihydroxy-2-oxo-chroman-3-
yliden]- **18** IV 2374

—, *N*-[7,8-Dihydroxy-2-oxo-chroman-3-
yliden]- **18** IV 2375

—, *N*-[5,7-Dihydroxy-2-oxo-
2*H*-chromen-3-yl]- **18** IV 2374

—, *N*-[7,8-Dihydroxy-2-oxo-
2*H*-chromen-3-yl]- **18** IV 2375

—, *N*-[2,5-Dimethoxy-2,5-dihydro-
furfuryl]- **18** IV 7426

—, *N*-[5,7-Dimethoxy-2-oxo-chroman-3-
yliden]- **18** IV 2374

—, *N*-[5,7-Dimethoxy-2-oxo-
2*H*-chromen-3-yl]- **18** IV 2374

—, *N*-[2,5-Dimethoxy-tetrahydro-
furfuryl]- **18** IV 7399

—, *N*-[2,5-Dimethyl-1,1-dioxo-
tetrahydro-1λ^6-thiopyran-4-yl]- **18**
IV 7052

—, *N*-[2,4-Dimethyl-[3]furyl]- **18**
IV 7127

—, *N*-[2,5-Dimethyl-[3]furyl]- **18**
IV 7128

—, *N*-[2,6-Dimethyl-tetrahydro-pyran-4-
yl]- **18** II 415 h

—, *N*-[2,5-Dimethyl-tetrahydro-
thiopyran-4-yl]- **18** IV 7052

—, *N*-[2,5-Dimethyl-[3]thienyl]- **18**
IV 7129

—, *N*-[3,4-Dimethyl-6-[2]thienyl-
cyclohex-3-enyl]- **18** IV 7156

—, *N*-[4-(2,4-Dinitro-phenylhydrazono)-
tetrahydro-[3]thienyl]- **18** IV 7837

—, *N*-[7,12-Dioxo-7,12-dihydro-anthra≠
[2,3-*b*]benzo[*d*]furan-3-yl]- **18** IV 8059

—, *N*-[8,13-Dioxo-8,13-dihydro-
dinaphtho[2,1-*b*;2′,3′-*d*]furan-9-yl]- **18**
IV 8060

—, *N*-[8,13-Dioxo-8,13-dihydro-
dinaphtho[2,1-*b*;2′,3′-*d*]furan-12-yl]- **18**
IV 8061

—, *N*-[4,9-Dioxo-4,9-dihydro-naphtho≠
[2,3-*b*]thiophen-5-yl]- **18** IV 8048

—, *N*-[4,9-Dioxo-4,9-dihydro-naphtho≠
[2,3-*b*]thiophen-8-yl]- **18** IV 8050

—, *N*-[1,1-Dioxo-1λ^6-thiochroman-4-yl]-
18 IV 7152

—, *N*-[2,3-Epoxy-cyclohexyl]- **18**
IV 7061

—, *N*-Furfuryl- **18** IV 7082

—, *N*-Furfuryl-*N*-methyl- **18** I 556 a

—, *N*-[2]Furyl- **17** IV 4285

—, *N*-[3]Furyl- **18** IV 7064

—, *N*-[3-[2]Furyl-acryloyloxy]- **18**
IV 4152

—, *N*-[1-[2]Furyl-äthyl]- **18** IV 7117

—, *N*-[2-[2]Furyl-äthyl]- **18** II 419 a,
IV 7121

—, *N*-[1-[2]Furyl-butyl]- **18** IV 7142

—, *N*-[2-[2]Furyl-2-hydroxy-äthyl]- **18**
IV 7320

—, *N*-[2-[2]Furyl-2-hydroxy-1-
hydroxymethyl-äthyl]- **18** IV 7429

—, *N*-[2-[2]Furyl-2-hydroxyimino-äthyl]-
18 IV 7864

—, *N*-[3*H*-[2]Furyliden]- **17** IV 4285

—, *N*-[2-[2]Furyl-2-methoxy-äthyl]- **18**
IV 7320

—, *N*-[1-[2]Furyl-3-methyl-butyl]- **18**
IV 7146

—, *N*-[1-[2]Furyl-4-methyl-pentyl]- **18**
IV 7147

—, *N*-[1-[2]Furyl-2-methyl-propyl]- **18**
IV 7144

—, *N*-[3-[2]Furyl-1-methyl-propyl]- **18**
II 419 f

—, *N*-[1-[2]Furyl-pentyl]- **18** IV 7145

—, *N*-[1-[2]Furyl-propyl]- **18** IV 7134

—, *N*-[1-Glucopyranosyloxymethyl-
heptadecyl]- **17** IV 3407

—, *N*-[4-Hydroxyimino-tetrahydro-
[3]thienyl]- **18** IV 7837

—, *N*-[7-Hydroxy-8-methoxy-2-oxo-
chroman-3-yliden]- **18** IV 2375

—, *N*-[7-Hydroxy-8-methoxy-2-oxo-
2*H*-chromen-3-yl]- **18** IV 2375

—, *N*-[5-(α-Hydroxy-4-nitro-benzyl)-4-
oxo-tetrahydro-[3]thienyl]- **18** IV 8084

—, *N*-[2-Hydroxy-2-[2]thienyl-äthyl]- **18**
IV 7322

—, *N*-[4-Isocyanato-2-(3-phenoxy-propyl)-
[3]thienyl]- **18** IV 7333

—, *N*-[2-(5-Methoxy-[2]thienyl)-äthyl]-
18 IV 7319

Benzamid (Fortsetzung)

—, *N*-[3-Methyl-benzo[*b*]thiophen-2-yl]-
  17 IV 4966
—, *N*-[3-Methyl-3*H*-benzo[*b*]thiophen-2-
  yliden]- **17** IV 4966
—, *N*-[2-Methyl-[3]furyl]- **18** IV 7067
—, *N*-[5-Methyl-[2]furyl]- **17** IV 4301
—, *N*-[5-Methyl-3*H*-[2]furyliden]- **17**
  IV 4301
—, *N*-[*O*¹-Methyl-glucofuranose-2-yl]-
  18 IV 7640
—, *N*-[*O*¹-Methyl-glucopyranose-2-yl]-
  18 IV 7606
—, *N*-[4-Methyl-2-oxo-2*H*-chromen-6-yl]-
  18 IV 7927
—, *N*-[5-Methyl-selenophen-2-ylmethyl]-
  18 IV 7134
—, *N*-Methyl-*N*-tetrahydrofurfuryl- **18**
  IV 7040
—, *N*-[1-Methyl-2-[3]thienyl-äthyl]- **18**
  IV 7140
—, *N*-[3-Methyl-[2]thienylmethyl]- **18**
  IV 7127
—, *N*-[2-Nitro-benzo[*b*]thiophen-3-yl]-
  18 IV 7163
—, *N*-[2-Nitro-benzo[*b*]thiophen-3-yliden]-
  18 IV 7163
—, *N*-[3-Nitro-dibenzothiophen-2-yl]-
  18 IV 7190
—, *N*-[4-Nitro-dibenzothiophen-3-yl]-
  18 IV 7209
—, *N*-[7-Nitro-9-oxo-xanthen-2-yl]- **18**
  IV 7954
—, *N*-[4-(4-Nitro-phenylhydrazono)-
  tetrahydro-[3]thienyl]- **18** IV 7837
—, *N*-[2-(4-Nitro-phenyl)-oxetan-3-yl]-
  18 IV 7150
—, *N*-[4-Oxo-5-pentyliden-tetrahydro-
  [3]thienyl]- **18** IV 7861
—, *N*-[4-Oxo-2-phenyl-4*H*-benzo[*h*]≠
  chromen-6-yl]- **18** IV 8020
—, *N*-[4-Oxo-2-phenyl-4*H*-chromen-6-yl]-
  18 IV 8002
—, *N*-[5-Oxo-2-phenyl-tetrahydro-
  [3]furyl]- **18** IV 7900
—, *N*-[4-Oxo-2-phenyl-tetrahydro-
  [3]thienyl]- **18** IV 7899
—, *N*-[1-Oxo-phthalan-4-yl]- **18**
  IV 7892
—, *N*-[1-Oxo-phthalan-5-yl]- **18**
  IV 7893
—, *N*-[3-Oxo-phthalan-4-yl]- **18**
  IV 7894
—, *N*-[3-Oxo-phthalan-5-yl]- **18**
  IV 7894
—, *N*-[2-Oxo-tetrahydro-[3]thienyl]- **18**
  IV 7836
—, *N*-[4-Oxo-tetrahydro-[3]thienyl]- **18**
  IV 7836

—, *N*-[2-Oxo-2-[2]thienyl-äthyl]- **18**
  IV 7865
—, *N*-[1-Oxo-1λ^4-thiochroman-4-yl]- **18**
  IV 7152
—, *N*-[9-Oxo-xanthen-3-yl]- **18** IV 7959
—, *N*-[2-(5-Phenyl-[2]furyl)-äthyl]- **18**
  IV 7176
—, *N*-[4-Phenylhydrazono-tetrahydro-
  [3]thienyl]- **18** IV 7837
—, *N*-[1-(4-Phenyl-tetrahydro-pyran-4-yl)-
  äthyl]- **18** IV 7158
—, *N*-[2-(5-Phenyl-[2]thienyl)-äthyl]- **18**
  IV 7176
—, *N*-[9-Phenyl-xanthen-9-yl]- **18**
  IV 7252
—, *N*-Phthalidyl- **18** IV 7886
—, *N*-Phthalidylmethyl- **18** IV 7899
—, *N*-[1-Phthalidyl-propyl]- **18** IV 7912
—, *N*-Selenophen-2-ylmethyl- **18**
  IV 7115
—, *N*-[1-(Tetra-*O*-benzoyl-
  glucopyranosyloxymethyl)-heptadecyl]-
  17 IV 3407
—, *N*-[4,5,6,7-Tetrahydro-benzo[*b*]≠
  thiophen-4-yl]- **18** IV 7148
—, *N*-Tetrahydro[3]furyl- **18** IV 7025
—, *N*-Tetrahydropyran-4-yl- **18**
  II 415 b
—, *N*-Tetrahydropyran-2-ylmethyl- **18**
  IV 7046
—, *N*-Tetrahydrothiopyran-4-yl- **18**
  IV 7033
—, *N*-[2,2,5,5-Tetramethyl-tetrahydro-
  [3]furyl]- **18** II 416 b
—, *N*-[2]Thienyl- **17** I 137 e
—, *N*-[3]Thienyl- **18** IV 7064
—, *N*-[3-[2]Thienyl-acryloyloxy]- **18**
  IV 4167
—, *N*-[2-[2]Thienyl-äthyl]- **18** IV 7123
—, *N*-[2-[3]Thienyl-äthyl]- **18** IV 7126
—, *N*-[2-[2]Thienyl-äthyliden]- **17**
  IV 4518
—, *N*-[3*H*-[2]Thienyliden]- **17** I 137 e
—, *N*-[2]Thienylmethyl- **18** IV 7105
—, *N*-[2-[2]Thienyl-vinyl]- **17** IV 4518
—, *N*-Thiochroman-4-yl- **18** IV 7152
—, *N*-[2,4,5-Triacetoxy-6-acetoxymethyl-
  tetrahydro-pyran-3-yl]- **18** IV 7609
—, *N*-[2,4,5-Trimethoxy-6-
  methoxymethyl-tetrahydro-pyran-3-yl]-
  18 IV 7607
—, *N*-Xanthen-9-yl- **18** I 557 d,
  IV 7218

Benzamidin

—, 3-[3-Chlor-5-phenyl-[2]furyl]- **18**
  IV 4396
—, 3-[4-Chlor-5-phenyl-[2]furyl]- **18**
  IV 4396

Benzamidin (Fortsetzung)
—, N-[3-Methyl-2-oxo-tetrahydro-furan-
  3-carbonyl]- **18** IV 5275
—, 3-[5-Phenyl-[2]furyl]- **18** IV 4395
—, 4-[5-Phenyl-[2]furyl]- **18** IV 4397
Benz[5,6]anthra[2,1-b]benzo[d]furan 17
  IV 796
Benz[5,6]anthra[2,3-b]benzo[d]furan 17
  IV 796
**Benz[5,6]anthra[2,3-b]benzo[d]furan-7-
  carbaldehyd 17 IV 5630**
**Benz[3,4]anthra[1,2-b]benzo[d]thiophen-5,15-
  chinon**
—, 6,7,8,9-Tetrahydro- **17** IV 6608
Benz[de]anthracen-1-carbonsäure
—, 11-Hydroxy-x-nitro-7-oxo-7H-,
  — lacton **10** III 3448 b
Benz[de]anthracen-3-carbonsäure
—, 4-Hydroxy-7-oxo-7H-,
  — lacton **17** II 513 c
Benz[de]anthracen-8-carbonsäure
—, 7-Hydroxy-7H-,
  — lacton **17** IV 5549
—, 7-Hydroxy-4-methyl-7H-,
  — lacton **17** IV 5561
—, 7-Hydroxy-6-methyl-7H-,
  — lacton **17** IV 5560
Benz[de]anthracen-11-carbonsäure
—, 3-Brom-1-hydroxy-7-oxo-7H-,
  — lacton **17** IV 6545
—, 1-Hydroxy-3-nitro-7-oxo-7H-,
  — lacton **17** IV 6545
—, 1-Hydroxy-7-oxo-7H-,
  — lacton **17** IV 6545
Benz[a]anthracen-7,12-chinon
—, 4-[1-Hydroxy-3-oxo-phthalan-1-yl]-
  10 III 4038 c
Benz[a]anthracen-4,5-dicarbonsäure
—, 10-tert-Butyl-7,12-dioxo-7,12-
  dihydro-,
  — anhydrid **17** IV 6837
—, 7,12-Dioxo-7,12-dihydro-,
  — anhydrid **17** II 539 b, IV 6836
Benz[a]anthracen-5,6-dicarbonsäure
  — anhydrid **17** IV 6571
Benz[a]anthracen-8,9-dicarbonsäure
—, 3-Isopropyl-7-methyl-,
  — anhydrid **17** IV 6594
—, 3-Isopropyl-7-methyl-10,11-dihydro-,
  — anhydrid **17** IV 6560
Benz[de]anthracen-2,3-dicarbonsäure
—, 1-[9,10-Dioxo-9,10-dihydro-
  [2]anthryl]-7-oxo-7H-,
  — anhydrid **17** IV 6843
—, 7-Oxo-7H-,
  — anhydrid **17** IV 6812
—, 7-Oxo-1-phenyl-7H-,
  — anhydrid **17** IV 6818

Benz[de]anthracen-3,4-dicarbonsäure
—, 10-Chlor-7-oxo-7H-,
  — anhydrid **17** IV 6812
—, 7-Oxo-7H-,
  — anhydrid **17** II 532 f, IV 6812
Benz[de]anthracen-7,8-dicarbonsäure
—, 6a,7-Dibrom-4-oxo-6a,7-dihydro-4H-,
  — anhydrid **17** IV 6813
—, 5-Nitro-4-oxo-4H-,
  — anhydrid **17** IV 6813
—, 4-Oxo-4H-,
  — anhydrid **17** IV 6812
Benz[a]anthracen-7,12-dion
—, 6a,12a-Epoxy-5,6,6a,12a-tetrahydro-
  17 IV 6512
Benz[de]anthracen-7-on
—, 9-Chlor-3-[thiophen-2-carbonyl]- **17**
  IV 6599
—, 3-[2,5-Dichlor-thiophen-3-carbonyl]-
  17 IV 6600
—, 3-[2,5-Dichlor-thiophen-3-carbonyl]-
  9-methyl- **17** IV 6603
—, 3-[Thiophen-2-carbonyl]- **17**
  IV 6599
**Benz[4',10']anthra[9',1',2',3';3,4,5]chryseno=
  [1,2-c]furan-1,3-dion 17** IV 6666
Benz[3,4]anthra[1,2-c]furan-1,3-dion 17
  IV 6571
Benz[3,4]anthra[9,1-bc]furan-6,12-dion
—, 4b-Hydroxy-4bH- **10** III 3670 b
Benz[5,6]anthra[1,2-c]furan-1,3-dion
—, 9-Isopropyl-13-methyl- **17** IV 6594
—, 9-Isopropyl-13-methyl-4,5-dihydro-
  17 IV 6560
Benz[5,6]anthra[9,1-bc]furan-2,6-dion
—, 12b-Hydroxy-12bH- **10** III 3670 c
—, 12b-Hydroxy-11-methyl-12bH- **10**
  III 3671 b
Benz[5,10]anthra[9,1-bc]furan-2-on
—, 11bH- **17** IV 5549
—, 11b-Hydroxy-3,4,5,5a,11b,11c-
  hexahydro-2aH- **10** III 3401 b
—, 9-Methyl-11bH- **17** IV 5561
—, 11-Methyl-11bH- **17** IV 5560
Benz[5,10]anthra[9,1-bc]furan-4-on
—, 5a-Hydroxy-5aH- **10** III 3450 c
Benz[5,10]anthra[2,1,9-def]isochromen
—, 1,3-Diphenyl-1H,3H- **17** IV 837
Benz[4,10]anthra[2,1,9,8-klmna]xanthen 17
  IV 803
**Benz[4,10]anthra[2,1,9,8-klmna]xanthen-7,13-
  chinon 17** IV 6630
Benzene
  s. Benzol
**5λ⁶-6,13-o-Benzeno-anthra[2,3-b]benzo[d]=
  thiophen**
—, 5,5-Dioxo-5a,6,13,13a-tetrahydro-
  17 IV 799

6,13-*o*-Benzeno-anthra[2,3-*b*]benzo[*d*]thiophen-5,5-dioxid
—, 5a,6,13,13a-Tetrahydro- **17**
IV 799
9,10-*o*-Benzeno-anthracen-9-carbonsäure
—, 1-Hydroxy-10*H*-,
— lacton **17** IV 5604
9,10-*o*-Benzeno-anthracen-4a,9a-dicarbonsäure
—, 1,4,9,10-Tetrahydro-,
— anhydrid **17** IV 6555
—, 1,1,3-Trimethyl-1,4,9,10-tetrahydro-,
— anhydrid **17** IV 6562
6,10b-*o*-Benzeno-anthra[1,9-*bc*]furan-1-on
—, 6*H*- **17** IV 5604
9,14-*o*-Benzeno-anthra[2,3-*b*]naphtho[1,2-*d*]⸗ furan-6-carbonsäure
—, 8,15-Dioxo-8,9,14,15-tetrahydro-,
— anilid **18** IV 6112
8,13-*o*-Benzeno-anthra[2,3-*b*]naphtho[2,1-*d*]⸗ furan-7,14-chinon
—, 8,13-Dihydro- **17** IV 6655
9,14-*o*-Benzeno-anthra[2,3-*b*]naphtho[1,2-*d*]⸗ furan-8,15-chinon
—, 9,14-Dihydro- **17** IV 6655
5λ⁶-6,11-*o*-Benzeno-benzo[*b*]naphtho[2,3-*d*]⸗ thiophen
—, 5,5-Dioxo-5a,6,11,11a-tetrahydro- **17** IV 771
6,11-*o*-Benzeno-benzo[*b*]naphtho[2,3-*d*]⸗ thiophen-5,5-dioxid
—, 5a,6,11,11a-Tetrahydro- **17** IV 771
9,10-*o*-Benzeno-1,4-methano-anthracen-2,3-dicarbonsäure
—, 1,2,3,4,4a,9,9a,10-Octahydro-,
— anhydrid **9** III 4693 a, **17** IV 6558
9,10-*o*-Benzeno-1,4-methano-anthracen-4a,9a-dicarbonsäure
—, 1,4,9,10-Tetrahydro-,
— anhydrid **17** IV 6591
5,10-*o*-Benzeno-4,11-methano-anthra[2,3-*c*]⸗ furan-1,3-dion
—, 3a,4,4a,5,10,10a,11,11a-Octahydro- **17** IV 6558
9,10-*o*-Benzeno-1,4-methano-4a,9a-methanoxymethano-anthracen s.
9,10-*o*-Benzeno-1,4-methano-4a,9a-[2]oxapropano-anthracen
9,10-*o*-Benzeno-1,4-methano-4a,9a-[2]oxapropano-anthracen-17,19-dion
—, 1,4,9,10-Tetrahydro- **17** IV 6591
9,10-*o*-Benzeno-4a,9a-methanoxymethano-anthracen s. 9,10-*o*-Benzeno-4a,9a-[2]oxapropano-anthracen
4,9-*o*-Benzeno-naphtho[2,3-*c*]furan
—, 1,3-Bis-[4-brom-phenyl]-4,9-dihydro- **17** IV 827

—, 4,9-Dichlor-1,3,3a,4,9,9a-hexahydro- **17** IV 700
—, 1,3-Diphenyl-4,9-dihydro- **17** IV 827
—, 1,3,3a,4,9,9a-Hexahydro- **17** IV 700
5,9b-*o*-Benzeno-naphtho[1,2-*c*]furan
—, 1-Allyloxy-3,3a,4,5-tetrahydro-1*H*- **17** IV 1690
5,9b-*o*-Benzeno-naphtho[1,2-*c*]furan-1-on
—, 3,3a,4,5-Tetrahydro- **17** IV 5513
5,9b-*o*-Benzeno-naphtho[1,2-*c*]furan-3-on
—, 4,5-Dihydro-3a*H*- **17** IV 5513
9,10-*o*-Benzeno-4a,9a-[2]oxapropano-anthracen-17,19-dion
—, 1,4,9,10-Tetrahydro- **17** IV 6555
—, 1,1,3-Trimethyl-1,4,9,10-tetrahydro- **17** IV 6562
4,9-*o*-Benzeno-3a,9a-propano-naphtho[2,3-*c*]⸗ furan-1,3-dion
—, 4,9-Dihydro- **17** IV 6540
8xnz[7,8,14,15]ergosta-8(14),9(11)-dien-5′,6′-dicarbonsäure
—, 3-Acetoxy-7,15,5′,6′-tetrahydro-,
— anhydrid **18** IV 1761
Benz[7,8,14,15]ergosta-8(14),22-dien-5′,6′-dicarbonsäure
—, 3-Acetoxy-7,15,5′,6′-tetrahydro-,
— anhydrid **18** IV 1761
—, 3-Benzoyloxy-7,15,5′,6′-tetrahydro-,
— anhydrid **18** IV 1761
—, 3,6-Diacetoxy-5-hydroxy-7,15,5′,6′-tetrahydro-,
— anhydrid **18** IV 3250
Benz[7,8,14,15]ergosta-5,8(14),22-trien-5′,6′-dicarbonsäure
—, 3-Benzoyloxy-7,15,5′,6′-tetrahydro-,
— anhydrid **18** IV 1881
Benz[7,8,14,15]ergosta-8(14),9(11),22-trien-5′,6′-dicarbonsäure
—, 3-Acetoxy-7,15,5′,6′-tetrahydro-,
— anhydrid **18** IV 1881
Benz[7,8,14,15]ergost-8(14)-en-5′,6′-dicarbonsäure
—, 3-Cyclohexancarbonyloxy-7,15,5′,6′-tetrahydro-,
— anhydrid **18** IV 1674
Benzfuril 17 516 d, IV 6342
Benzfurilsäure 18 351 i
Benzfuroin 18 43 b, II 25 g, IV 499
Benzidin
—, *N,N′*-Bis-[3-benzofuran-2-yl-3-hydroxy-acryloyl]- **18** IV 5598
—, *N,N′*-Bis-[3-benzofuran-2-yl-3-oxo-propionyl]- **18** IV 5598
—, *N,N′*-Bis-[3-benzo[*b*]thiophen-2-yl-3-hydroxy-acryloyl]- **18** IV 5600

Benzidin (Fortsetzung)

—, N,N'-Bis-[3-benzo[b]thiophen-2-yl-3-
   oxo-propionyl]- **18** IV 5600

—, N,N'-Bis-[2-chlor-3-(2,3-dihydro-
   1H-xanthylium-4-yliden)-propenyl]- **18**
   IV 581

—, Bis-[2-chlor-3-(2,3-dihydro-
   1H-xanthylium-4-yliden)-propyliden]-
   18 IV 581

—, N,N'-Bis-[furan-2-carbonyl]- **18**
   IV 3958

—, Bis-[3-[2]furyl-allyliden]- **17**
   IV 4699

—, N,N'-Bis-[3-[2]furyl-3-hydroxy-
   acryloyl]- **18** IV 5397

—, N,N'-Bis-[3-[2]furyl-3-oxo-propionyl]-
   18 IV 5397

—, Bis-[O⁴-glucopyranosyl-glucit-1-
   yliden]- **31** 395 d

—, N,N'-Bis-[O⁴-glucopyranosyl-
   glucopyranosyl]- **31** 395 d

—, N,N'-Bis-[2-hydroxy-
   dibenzothiophen-3-carbonyl]-3,3'-
   dimethoxy- **18** IV 4969

—, Bis-{2-hydroxy-5-[1-(4-hydroxy-
   phenyl)-3-oxo-phthalan-1-yl]-benzyliden}-
   18 II 186 f

—, N,N'-Bis-[2-(6-hydroxy-3-oxo-
   3H-xanthen-9-yl)-benzoyl]- **18** I 538 f

—, N,N'-Bis-[2-(6-hydroxy-3-oxo-
   3H-xanthen-9-yl)-benzoyl]-3,3'-
   dimethoxy- **18** I 539 b

—, N,N'-Bis-[2-(6-hydroxy-3-oxo-
   3H-xanthen-9-yl)-benzoyl]-3,3'-dimethyl-
   18 I 539 a

—, N,N'-Bis-[3-hydroxy-3-[2]thienyl-
   acryloyl]- **18** IV 5398

—, N,N'-Bis-[5-nitro-furan-2-carbonyl]-
   18 IV 3999

—, Bis-[5-nitro-furfuryliden]- **17**
   IV 4463

—, N,N'-Bis-[3-oxo-3-[2]thienyl-
   propionyl]- **18** IV 5398

—, N,N'-Bis-[2-(2,4,5,7-tetrabrom-6-
   hydroxy-3-oxo-3H-xanthen-9-yl)-benzoyl]-
   18 I 539 d

—, N,N'-Bis-[thiophen-2-carbonyl]- **18**
   IV 4023

—, N-[2-Carboxy-benzoyl]-3,3'-dimethyl-
   N'-[2-(2,4,5,7-tetrabrom-6-hydroxy-3-oxo-
   3H-xanthen-9-yl)-benzoyl]- **18** I 539 e

—, N-[2-Carboxy-benzoyl]-N'-[2-(6-
   hydroxy-3-oxo-3H-xanthen-9-yl)-benzoyl]-
   3,3'-dimethyl- **18** I 538 g

—, N,N'-Diarabinosyl- **31** 42 f

—, N,N'-Difurfuryl- **18** IV 7092

—, Difurfuryliden- **17** 280 g, IV 4424

—, N,N'-Difurfuryliden-3,3'-dimethoxy-
   17 280 i

—, N,N'-Difurfuryliden-3,3'-dimethyl-
   17 280 h

—, N,N'-Dimaltosyl- **31** 395 d

—, 3,3'-Dimethoxy-N,N'-bis-[2-(2,4,5,7-
   tetrabrom-6-hydroxy-3-oxo-3H-xanthen-
   9-yl)-benzoyl]- **18** I 539 f

—, 3,3'-Dimethyl-N,N'-bis-[5-nitro-
   furfuryliden]- **17** IV 4463

—, N-[3-[2]Furyl-3-hydroxy-acryloyl]-N'-
   [3-hydroxy-3-phenyl-acryloyl]- **18**
   IV 5396

—, N-[3-[2]Furyl-3-oxo-propionyl]-N'-
   [3-oxo-3-phenyl-propionyl]- **18** IV 5396

Benzidinsulfon **18** 591 b, IV 7289

Benzilsäure

   — tetrahydrofurfurylester **17**
      IV 1119

Benzimidsäure

—, 3-[3-Chlor-5-phenyl-[2]furyl]-,
   — methylester **18** IV 4396

—, 3-[4-Chlor-5-phenyl-[2]furyl]-,
   — methylester **18** IV 4396

—, 4-[3-Chlor-5-phenyl-[2]furyl]-,
   — methylester **18** IV 4397

—, 4-[4-Chlor-5-phenyl-[2]furyl]-,
   — methylester **18** IV 4397

—, N-[3-[2]Furyl-acryloyloxy]-,
   — methylester **18** IV 4152

Benz[e]-as-indacen-6b,10a-dicarbonsäure

—, Δ³ᵃ-Dodecahydro-,
   — anhydrid **17** IV 6323

Benz[e]inden

   s. Cyclopenta[a]naphthalin

**Benz[a]indeno[1,2,3-fg]aceanthrylen-9,10-
dicarbonsäure**

—, 8b,10a-Diphenyl-8b,9,10,10a-
   tetrahydro-,
   — anhydrid **17** IV 6673

**Benz[1,2]indeno[1',2',3';5,6]aceanthryleno≥
[3,4-c]furan-5,7-dion**

—, 4b,7b-Diphenyl-4b,4c,7a,7b-
   tetrahydro- **17** IV 6673

Benz[4,5]indeno[1,2-e][1]benzothiophen

   s. Benzo[7,8]fluoreno[3,4-b]thiophen

Benz[6,7]indeno[1,2-b]benzo[d]thiophen

—, 7H- **17** IV 746

Benz[de]indeno[4,5-h]chromen-2,7-dion

—, 12b-Hydroxy-8,9,10,12b-tetrahydro-
   10 III 3664 a

Benz[h]indeno[1,2-c]chromen-6,11-dion **17**
   IV 6571

Benz[h[indeno[2,1-c]chromen-6,7-dion **17**
   IV 6571

Benz[f]indeno[1,2-b]chromen-12-on

—, 7a-Hydroxy-7aH- **8** I 674 g,
   II 425 d, III 3074 e, **18** I 339 c

Benz[*h*]indeno[1,2-*b*]chromen-8-on
—, 12b-Hydroxy-12b*H*- **8** III 3075 b
Benz[*h*]indeno[2,1-*c*]chromen-7-on
—, 6,6-Bis-[2-oxo-4-phenyl-2*H*-benzo[*h*]=
chromen-3-carbonyloxy]- **17**
IV 6571
Benz[*f*]indeno[1,2-*b*]chromenylium
—, 12-Oxo-12*H*- **18** I 339 c
Benz[*b*]indeno[1,2-*d*]furan
—, 2-Chlor-6,10b-dihydro-5a*H*- **17**
IV 667
—, 6,10b-Dihydro-5a*H*- **17** IV 667
—, 1-Methyl-6,10b-dihydro-5a*H*- **17**
IV 672
—, 2-Methyl-6,10b-dihydro-5a*H*- **17**
IV 672
—, 3-Methyl-6,10b-dihydro-5a*H*- **17**
IV 672
Benz[*b*]indeno[2,1-*d*]furan
—, 5a-Methyl-10-[1-phenyl-äthyliden]-
10,10a-dihydro-5a*H*- **17** IV 773
Benz[*b*]indeno[4,5-*d*]furan
—, 5-Methoxy-2,3-dihydro-1*H*- **17**
IV 1671
Benz[*b*]indeno[5,4-*d*]furan-1-carbonsäure
—, 8-Methoxy-3a-methyl-3-oxo-3,3a,4,5-
tetrahydro-2*H*-,
— äthylester **18** IV 6421
Benz[4,5]indeno[1,2-*b*]furan-8,10-dion
—, 6b-Äthyl-3-methoxy-9,9a-dihydro-
6b*H*- **18** IV 1867
—, 6b-Methyl-9,9a-dihydro-6b*H*- **17**
IV 6450
Benz[6,7]indeno[1,2-*b*]furan-2-on
—, 10a-Hydroxy-7-phenyl-8,10a-dihydro-
10 III 3471 b
Benz[6,7]indeno[1,2-*b*]furan-9-on
—, 7,10a-Dihydroxy-7-methyl-7,7a,8,10a-
tetrahydro- **10** III 4451 d
—, 10a-Hydroxy-7-methyl-8,10a-dihydro-
10 III 3383 a
—, 10a-Hydroxy-7-phenyl-1,2,3,4,8,10a-
hexahydro- **10** III 3445 a
—, 10a-Methoxy-7-phenyl-8,10a-dihydro-
18 IV 844
Benz[6,7]indeno[2,1-*b*]furan-9-on
—, 7a-Hydroxy-5,6,6a,7,7a,10-
hexahydro- **10** III 3276 b
—, 5,6,6a,7,7a,10,10a,10b-Octahydro-
17 IV 5238
Benz[*b*]indeno[1,2-*d*]furan-6-on
—, 3-Acetoxy-5a,10b-diphenyl-5a,10b-
dihydro- **18** IV 868
—, 3-Hydroxy-1,5a-dimethyl-10b-phenyl-
5a,10b-dihydro- **18** IV 851
—, 3-Hydroxy-5a,10b-diphenyl-5a,10b-
dihydro- **18** IV 868

—, 3-Hydroxy-5a-methyl-10b-phenyl-
5a,10b-dihydro- **18** IV 848
Benz[*b*]indeno[2,1-*d*]furan-10-on
—, 3-Hydroxy-1,10a-dimethyl-5a-phenyl-
5a,10a-dihydro- **18** IV 851
—, 3-Hydroxy-10a-methyl-5a-phenyl-
5a,10a-dihydro- **18** IV 848
Benz[*b*]indeno[4,5-*d*]furan-3-on
—, 5-Methoxy-1,2-dihydro- **18** IV 728
Benz[*cd*]indeno[1,2,3-*hi*]isobenzofuran-1-on
—, 3a-Hydroxy-4a-phenyl-3a,4a-dihydro-
8 III 3098 c
Benz[*de*]indeno[1,2,3-*ij*]isochromen-4-on
—, 5a-Hydroxy-5a*H*- **10** III 3447 a
Benz[4′,5′]indeno[1′,2′;5,6]naphtho[2,3-*b*]=
benzo[*d*]furan
—, 5*H*- **17** IV 821 a
Benz[4′,5′]indeno[1′,2′;5,6]naphtho[2,3-*b*]=
benzo[*d*]thiophen
—, 5*H*- **17** IV 821 b
Benz[*b*]indeno[1′,2′;5,6]naphtho[2,3-*d*]furan
—, 5*H*- **17** IV 785
Benz[*b*]indeno[2,1-*d*]oxepin-6-on
—, 10-Methoxy-1,2,3,4,4a,7,7a,12,12a,=
12b-decahydro- **18** IV 536
Benz[*b*]indeno[5,4-*d*]oxepin-5-on
—, 12a-Methyl-hexadecahydro- **17**
IV 4771
Benz[*e*]indeno[1,2-*b*]oxepin-12-on
—, 6,11-Dihydro- **17** I 213 b
— phenylhydrazon **17** II 411 d
Benz[*b*]indeno[1,2-*d*]pyran
s. Indeno[2,1-*c*]chromen
Benz[*b*]indeno[1,2-*e*]pyran
s. Indeno[2,1-*b*]chromen
Benz[4,5]indeno[1,2-*c*]pyran-7,9-dion
—, 6b,10,10a,11-Tetrahydro- **17** IV 6449
Benz[*b*]indeno[5,4-*d*]thiophen-1-carbonsäure
—, 3a-Methyl-3-oxo-3,3a,4,5-tetrahydro-
2*H*- **18** IV 5673
— äthylester **18** IV 5673
—, 3a-Methyl-3-oxo-3a,4,5,10b-
tetrahydro-3*H*- **18** IV 5673
—, 3a-Methyl-3-semicarbazono-3,3a,4,5-
tetrahydro-2*H*-,
— äthylester **18** IV 5673
Benz[*b*]indeno[5,4-*d*]thiophen-3-ol
—, 3a-Methyl-2,3,3a,4,5,5a,10a,10b-
octahydro-1*H*- **17** IV 5244
$10\lambda^6$-Benz[*b*]indeno[5,4-*d*]thiophen-3-ol
—, 3a-Methyl-10,10-dioxo-2,3,3a,4,5,5a,=
10a,10b-octahydro-1*H*- **17** IV 5244
Benz[*b*]indeno[5,4-*d*]thiophen-3-on
—, 3a-Methyl-1,2,3a,4,5,10b-hexahydro-
17 IV 5285
—, 3a-Methyl-2,3a,4,5-tetrahydro- **17**
IV 5378

$10\lambda^6$-Benz[*b*]indeno[5,4-*d*]thiophen-3-on
—, 3a-Methyl-10,10-dioxo-1,2,3a,4,5,10b-
  hexahydro- 17 IV 5286
—, 3a-Methyl-10,10-dioxo-1,2,3a,4,5,5a,⁼
  10a,10b-octahydro- 17 IV 5244
Benz[*a*]indeno[7,1,2-*jkl*]xanthen
—, 1,5-Dihydro- 17 IV 779
—, 3,4-Dihydro- 17 IV 779
—, 13-Phenyl- 17 IV 825
Benz[*a*]indeno[7,1,2-*jkl*]xanthenylium
—, 13-Phenyl-13*H*- 17 IV 1775
Benz[*de*]isochroman-1-on
—, 3-Äthoxy-3-phenyl-3*H*- 18 IV 812
Benz[*de*]isochromen
—, 1*H*,3*H*- 17 IV 575
—, 1-Äthoxy-1,3-diphenyl-1*H*,3*H*- 17
  IV 1751
—, 1-Äthoxy-3,3-diphenyl-1*H*,3*H*- 17
  IV 1751
—, 3-Äthyliden-1,1-diphenyl-1*H*,3*H*- 17
  IV 793
—, 1-Benzyliden-3-[1]naphthyl-1*H*,3*H*-
  17 II 100 f
—, 1-Benzyliden-3-*p*-tolyl-1*H*,3*H*- 17
  II 94 g
—, 1-Chlor-1,3,3-triphenyl-1*H*,3*H*- 17
  IV 824
—, 1,3-Diphenyl-1*H*,3*H*- 17 IV 783
—, 3-Isopropyliden-1,1-diphenyl-
  1*H*,3*H*- 17 IV 794
—, 1-Methoxy-3,3-diphenyl-1*H*,3*H*- 17
  IV 1751
—, 3-Methylen-1,1-diphenyl-1*H*,3*H*- 17
  IV 791
Benz[*f*]isochromen
—, 4,4-Diäthyl-1,4-dihydro-2*H*- 17
  IV 582
—, 1,4-Dihydro-2*H*- 17 IV 576
Benz[*g*]isochromen
—, 10-Acetoxy-5,9-dimethoxy-1,3-
  dimethyl-3,4-dihydro-1*H*- 17 IV 2370
—, 5,10-Dimethoxy-1,3-dimethyl-3,4,6,7,⁼
  8,9-hexahydro-1*H*- 17 IV 2135
—, 5,9,10-Trimethoxy-1,3-dimethyl-3,4-
  dihydro-1*H*- 17 IV 2369
Benz[*de*]isochromen-1-carbonsäure
—, 3-Oxo-1*H*,3*H*- 18 I 498 c
  — äthylester 18 I 498 d
Benz[*de*]isochromen-4-carbonsäure
—, 1,3-Dioxo-1*H*,3*H*- 18 IV 6091
  — methylester 18 IV 6091
Benz[*de*]isochromen-5-carbonsäure
—, 1,3-Dioxo-1*H*,3*H*- 18 IV 6091
  — methylester 18 IV 6091
Benz[*de*]isochromen-6-carbonsäure
—, 5-Acetyl-1,3-dioxo-1*H*,3*H*- 18
  IV 6191
  — methylester 18 IV 6191
—, 1,3-Dioxo-1*H*,3*H*- 18 IV 6091

  — [*N*-äthyl-anilid] 18 IV 6092
  — äthylester 18 IV 6092
  — methylester 18 IV 6091
—, 1-Hydroxy-6a-methyl-3,9-dioxo-
  5,6,6a,7,8,9-hexahydro-3*H*,4*H*- 18
  IV 6168
  — methylester 18 IV 6168
—, 1-Methoxy-6a-methyl-3,9-dioxo-
  5,6,6a,7,8,9-hexahydro-3*H*,4*H*- 18
  IV 6512
  — methylester 18 IV 6512
—, 6a-Methyl-1,3,9-trioxo-4,5,6,6a,7,8,9,⁼
  9a-octahydro-1*H*,3*H*- 18 IV 6168
  — methylester 18 IV 6168
Benz[*h*]isochromen-7-carbonsäure
—, 4,7,10a-Trimethyl-1,3-dioxo-
  dodecahydro-,
  — methylester 18 IV 6029
Benz[*g*]isochromen-5,10-chinon
—, 3-Äthoxy-6,9-dihydroxy-7-methoxy-3-
  methyl-3,4-dihydro-1*H*- 18 IV 3420
—, 6,9-Dihydroxy-3,7-dimethoxy-3-
  methyl-3,4-dihydro-1*H*- 18 IV 3420
—, 6,9-Dihydroxy-7-methoxy-3-methyl-
  1*H*- 18 IV 3195
—, 6,9-Dihydroxy-7-methoxy-3-methyl-
  3,4-dihydro-1*H*- 18 IV 3168
—, 1,3-Dimethyl-3,4,6,7,8,9-hexahydro-
  1*H*- 17 IV 6227
—, 9-Methoxy-1,3-dimethyl-3,4-dihydro-
  1*H*- 18 IV 1642
Benz[*g*]isochromen-6,9-chinon
—, 3-Äthoxy-5,10-dihydroxy-7-methoxy-
  3-methyl-3,4-dihydro-1*H*- 18 IV 3420
—, 5,10-Dihydroxy-3,7-dimethoxy-3-
  methyl-3,4-dihydro-1*H*- 18 IV 3420
—, 5,10-Dihydroxy-7-methoxy-3-methyl-
  1*H*- 18 IV 3195
—, 5,10-Dihydroxy-7-methoxy-3-methyl-
  3,4-dihydro-1*H*- 18 IV 3168
Benz[*de*]isochromen-6-diazonium
—, 1,3-Dioxo-5-sulfo-1*H*,3*H*-,
  — betain 18 IV 8287
Benz[*de*]isochromen-6,7-dicarbonsäure
—, 1,3-Dioxo-1*H*,3*H*-,
  — bis-[*N*-äthyl-anilid] 18 IV 6233
Benz[*g*]isochromen-5,10-diol
—, 1,3-Dimethyl-3,4,6,7,8,9-hexahydro-
  1*H*- 17 IV 2135
Benz[*de*]isochromen-1,3-dion 17 521 d,
  I 267 c, II 494 d, IV 6392;
  s. a. Naphthalin-1,8-dicarbonsäure-
  anhydrid
  — mono-benzylidenhydrazon 17
    IV 6393
  — mono-[3-chlor-
    benzylidenhydrazon] 17 IV 6393
  — mono-[4-methoxy-
    benzylidenhydrazon] 17 IV 6393

Benz[*de*]isochromen-1,3-dion (Fortsetzung)
- mono-[4-methyl-
  benzylidenhydrazon] **17** IV 6393
- monooxim **21** 527 k
—, 5-Acetoxy-,
  - 1-[*O*-acetyl-oxim] **21** 612 g
  - 3-[*O*-acetyl-oxim] **21** 612 g
—, 5-Acetoxy-6-acetylamino- **18**
  IV 8130
—, 5-Acetoxy-6-brom- **18** IV 1677
—, 5-Acetoxy-6-nitro- **18** IV 1677
—, 4-Acetyl- **17** IV 6787
—, 5-Acetyl- **17** IV 6787
—, 6-Acetyl- **17** IV 6787
—, 5-Acetylamino- **18** 622 b
—, 6-Acetylamino- **18** IV 8052
—, 6-Acetyl-7-nitro- **17** IV 6787
—, 4-Äthyl- **17** IV 6406
—, 5-Äthyl- **17** IV 6406
—, 6-Äthyl- **17** IV 6406
—, 5-Amino- **18** 622 a, IV 8052
—, 6-Amino- **18** II 469 e, IV 8052
—, 6-Amino-5-hydroxy- **18** IV 8129
—, 5-Amino-6-phenylazo- **18** IV 8350
—, 6-Benzoyl- **17** IV 6810
—, 5-Benzoyloxy-6-brom- **18** IV 1677
—, 5,6-Bis-benzoyloxy- **18** IV 2599
—, 5,8-Bis-benzoyloxy- **18** IV 2600
—, 4-Brom- **17** IV 6394
—, 6-Brom- **17** IV 6394
  - 1-oxim **21** 529 c, II 391 c
  - 3-oxim **21** 529 c, II 391 c
—, x-Brom-6-*tert*-butyl- **17** IV 6412
—, 5-Brom-7-chlor- **17** IV 6395
—, 6-Brom-7-chlor- **17** IV 6395
—, 6-Brom-5,8-di-*tert*-butyl- **17**
  IV 6418
—, 6-Brom-5,8-dinitro- **17** IV 6398
—, 6-Brom-5-hydroxy- **18** IV 1677
—, 6-Brom-5-methoxy- **18** IV 1677
—, 6-Brom-5-nitro- **17** IV 6396
—, 6-Brom-7-nitro- **17** IV 6397
—, 4-*tert*-Butyl- **17** IV 6412
—, 5-*tert*-Butyl- **17** IV 6412
—, 6-*tert*-Butyl- **17** IV 6412
—, 5-*tert*-Butyl-x-nitro- **17** IV 6412
—, 4,9-Diacetoxy- **18** IV 2599
—, 5,6-Diacetoxy- **18** IV 2599
—, 5,8-Diacetoxy- **18** IV 2600
—, 4,7-Diacetyl- **17** IV 6833
—, 5,8-Diamino- **18** IV 8052
—, 6,7-Diamino- **18** IV 8052
—, 4,7-Dibenzoyl- **17** IV 6837
—, 6,7-Dibenzoyl- **17** IV 6838
—, 6,7-Dibrom- **17** IV 6395
—, x,x-Dibrom- **17** IV 6395
—, x,x-Dibrom-5-*tert*-butyl- **17** IV 6412
—, 4,6-Dibrom-7-chlor- **17** IV 6395
—, 5,8-Di-*tert*-butyl- **17** IV 6417

—, 5,8-Di-*tert*-butyl-6-chlor- **17**
  IV 6418
—, 5,8-Di-*tert*-butyl-6-nitro- **17** IV 6418
—, 5,7-Dichlor- **17** IV 6394
—, 5,8-Dichlor- **17** IV 6394
—, 6,7-Dichlor- **17** IV 6394
—, 4,9-Dihydroxy- **18** IV 2598
—, 5,6-Dihydroxy- **18** IV 2599
—, 5,8-Dihydroxy- **18** IV 2599
—, 5,8-Dihydroxy-6-[4-nitro-phenylazo]-
  18 IV 8345
—, 4,9-Dimethoxy- **18** IV 2598
—, 5,8-Dimethoxy- **18** IV 2599
—, 5,6-Dimethoxy-7-phenyl- **18**
  IV 2823
—, 7,8-Dimethoxy-4-phenyl- **18**
  IV 2823
—, 5,8-Dinitro- **17** IV 6397
—, 6,7-Dinitro- **17** IV 6397
—, 6-[9,10-Dioxo-9,10-dihydro-
  [1]anthrylamino]- **18** IV 8052
—, 6,7-Dipropyl- **17** IV 6415
—, 4-Fluor- **17** IV 6393
—, 6-Fluor- **17** IV 6394
—, Hexabrom- **17** IV 6396
—, 4-Hydroxy- **18** IV 1676
—, 5-Hydroxy- **18** IV 1677
  - 1-oxim **21** 612 e
  - 3-oxim **21** 612 e
  - 1-phenylhydrazon **21** 612 h
  - 3-phenylhydrazon **21** 612 h
—, 6-Hydroxy- **18** IV 1678
—, 5-Hydroxy-6-nitro- **18** IV 1677
—, 4-Methoxy- **18** IV 1676
—, 5-Methoxy-,
  - 1-[*O*-methyl-oxim] **21** 612 f
  - 3-[*O*-methyl-oxim] **21** 612 f
—, 6-Methoxy- **18** IV 1678
—, 4-Methoxy-8-nitro- **18** IV 1676
—, 6-Methoxy-4-phenyl- **18** IV 1939
—, 5-Methyl- **17** IV 6402
—, 5-Nitro- **17** IV 6396
—, 6-Nitro- **17** IV 6396
—, 6-[7-Oxo-7*H*-benz[*de*]anthracen-3-yl]-
  17 IV 6819
—, 4-Phenyl- **17** IV 6530
—, 4-Propionyl- **17** IV 6788
—, 6-Propionyl- **17** IV 6788
—, 4-Propyl- **17** IV 6410
—, 6-Propyl- **17** IV 6410
—, 6-Sulfoamino- **18** II 470 a
—, 4,6,7-Tribrom- **17** IV 6395
—, 5,6,7-Tribrom- **17** IV 6395
—, 5,6,8-Tribrom- **17** IV 6395
—, 4,6,7-Trichlor- **17** IV 6394
—, 5,6,7-Trichlor- **18** IV 6748

Benz[*f*]isochromen-2,4-dion
—, 8-Acetoxy-10a-methyl-decahydro-
  18 IV 1195

Benz[*f*]isochromen-2,4-dion   (Fortsetzung)
—, 8-Acetoxy-4a,7,7,10a-tetramethyl-
5,6,6a,7,8,9,10,10a-octahydro-4a*H*- **18**
IV 1290
—, 8-Hydroxy-4a,7,7,10a-tetramethyl-
5,6,6a,7,8,9,10,10a-octahydro-4a*H*- **18**
IV 1290
—, 8-Methoxy-4a,7-dimethyl-5,6-
dihydro-4a*H*- **18** IV 1643
—, 8-Methoxy-4a,7-dimethyl-4a,5,6,10b-
tetrahydro-1*H*- **18** IV 1584
—, 4a-Methyl-5,6-dihydro-4a*H*- **17**
IV 6355
—, 4a-Methyl-4a,5,6,10b-tetrahydro-
1*H*- **17** IV 6311
Benz[*de*]isochromen-4,9-disulfonsäure
—, 6,7-Dibrom-1,3-dioxo-1*H*,3*H*- **18**
IV 6749
Benz[*de*]isochromen-5,8-disulfonsäure
—, 1,3-Dioxo-1*H*,3*H*- **18** IV 6749
Benz[*de*]isochromen-5,8-disulfonylchlorid
—, 1,3-Dioxo-1*H*,3*H*- **18** IV 6749
Benz[*de*]isochromen-1-ol
—, 1-Äthyl-3,3-diphenyl-1*H*,3*H*- **8**
III 1722 a
—, 3,3-Bis-[4-hydroxy-3-methyl-phenyl]-
1*H*,3*H*- **8** III 3917 b
—, 1-Butyl-3,3-diphenyl-1*H*,3*H*- **8**
III 1723 a
—, 1-*sec*-Butyl-3,3-diphenyl-1*H*,3*H*-
8 III 1723 b
—, 1-Isopropyl-3,3-diphenyl-1*H*,3*H*-
8 III 1722 b
—, 1,3,3-Triphenyl-1*H*,3*H*- **8**
III 1751 c
Benz[*g*]isochromen-10-ol
—, 5-Acetoxy-1,3-dimethyl-3,4,6,7,8,9-
hexahydro-1*H*- **17** IV 2136
—, 5-Acetoxy-9-methoxy-1,3-dimethyl-
3,4-dihydro-1*H*- **17** IV 2369
—, 5-Äthoxy-1,3-dimethyl-3,4,6,7,8,9-
hexahydro-1*H*- **17** IV 2136
—, 5-Äthoxy-9-methoxy-1,3-dimethyl-
3,4-dihydro-1*H*- **17** IV 2369
—, 5,9-Dimethoxy-1,3-dimethyl-3,4-
dihydro-1*H*- **17** IV 2368
—, 5-Methoxy-1,3-dimethyl-3,4,6,7,8,9-
hexahydro-1*H*- **17** IV 2135
Benz[*de*]isochromen-1-on
—, 3*H*- **17** I 189 b, IV 5259
—, 3-Acetonyl-3*H*- **17** 525 d, I 268 b
—, 3-Acetoxy-3*H*- **18** 44 e
—, 3-[2-Äthoxycarbonyloxy-4-
dimethylamino-phenyl]-3-
[4-dimethylamino-2-hydroxy-phenyl]-
3*H*- **18** IV 8142
—, 3-Äthyl-3*H*- **17** II 378 a
—, 3-Äthyl-3-phenyl-3*H*- **17** IV 5545
—, 3-[1-Äthyl-propenyl]-3*H*- **17** I 202 f

—, 3-Azido-3*H*- **17** IV 5260
—, 3-Benzyliden-3*H*- **17** IV 5558
—, 3-Benzylidenhydrazono-3*H*- **17**
IV 6393
—, 3,3-Bis-[4-acetoxy-phenyl]-3*H*- **18**
II 136 c
—, 3,3-Bis-[2-äthoxycarbonyloxy-4-
dimethylamino-phenyl]-3*H*- **18** IV 8142
—, 3,3-Bis-[4-hydroxy-3-methyl-phenyl]-
3*H*- **18** IV 1988
—, 3,3-Bis-[4-hydroxy-phenyl]-3*H*-
18 156 c, II 136 b, IV 1987
—, 3-Butyl-3-phenyl-3*H*- **17** IV 5547
—, 3-Chlor-3*H*- **17** IV 5259
—, 3-[3-Chlor-benzylidenhydrazono]-
3*H*- **17** IV 6393
—, 3-Chlor-3-phenyl-3*H*- **17** IV 5535
—, 3,6-Diacetoxy-3*H*- **18** 109 e
—, 3,7-Diacetoxy-3*H*- **18** 109 e
—, 5,8-Dichlor-3-phenylhydrazono-3*H*-
17 IV 6394
—, 3,3-Dimethyl-3*H*- **17** IV 5279
—, 3-[4-Dimethylamino-phenyl]-3*H*- **18**
IV 8018
—, 3-[3,3-Dimethyl-2-oxo-butyl]-3*H*-
17 526 c
—, 3,3-Diphenyl-3*H*- **17** I 225 a,
IV 5619
—, 3,3-Di-*p*-tolyl-3*H*- **17** II 427 b,
IV 5621
—, 3-Fluoren-9-yliden-3*H*- **17** IV 5630
—, 3-Heptyl-3-phenyl-3*H*- **17** IV 5549
—, 3-Hydroxy-3*H*- **10** 746 d, I 351
b, II 514 a, III 3266 d
—, 3-Hydroxy-3-[4-hydroxy-phenyl]-
3*H*- **10** III 4484 c
—, 3-[2-Hydroxyimino-3,3-dimethyl-
butyl]-3*H*- **17** 526 d
—, 3-[*β*-Hydroxyimino-3-methyl-
phenäthyl]-3*H*- **17** 544 a
—, 3-[*β*-Hydroxyimino-phenäthyl]-3*H*-
17 543 d
—, 3-[2-Hydroxyimino-propyl]-3*H*-
17 525 e
—, 3-Hydroxy-3-[2-methoxy-[1]naphthyl]-
3*H*- **10** III 4500 c
—, 3-Hydroxy-7-methyl-3-phenyl-3*H*-
10 III 3436 e
—, 3-Hydroxy-3-[1]naphthyl-3*H*- **10**
II 554, III 3491 a
—, 3-Hydroxy-3-phenyl-3*H*- **10**
II 546 e, III 3431 d
—, 3-[4-Hydroxy-phenyl]-3-phenyl-3*H*-
18 IV 860
—, 3-Isopropyliden-3*H*- **17** I 200 b
—, 3-[4-Methoxy-benzylidenhydrazono]-
3*H*- **17** IV 6393
—, 3-[4-Methyl-benzylidenhydrazono]-
3*H*- **17** IV 6393

Benz[de]isochromen-1-on (Fortsetzung)
—, 3-[3-Methyl-phenacyl]-3H- **17** 543 f
—, 3-Methyl-3-phenyl-3H- **17** IV 5542
—, 3-[3-Methyl-β-phenylhydrazono-
phenäthyl]-3H- **17** 544 b
—, 3-[1]Naphthyl-3H- **17** II 425 b
—, 3-[2-Oxo-acenaphthen-1-yl]-3H-
17 550 c
—, 3-[2-Oxo-hexyl]-3H- **17** 526 b
—, 3-Phenacyl-3H- **17** 543 c
—, 3-[β-Phenylhydrazono-phenäthyl]-
3H- **17** 543 e
—, 3-[2-Phenylhydrazono-propyl]-3H-
17 525 f
—, 7,8,9,9a-Tetrahydro-3H- **17** IV 5126
—, 3-p-Tolyl-3H- **17** II 414 b
Benz[f]isochromen-4-on
—, 1,2-Dihydro- **17** IV 5269
Benz[g]isochromen-7-on
—, 6,9,10-Trihydroxy-3-methyl-3,4-
dihydro- **18** IV 2573
Benz[c]isochromeno[3,4,5-mna]xanthen-6-on
—, 4b-Hydroxy-4bH- **18** IV 5708
Benz[de]isochromen-4-sulfonsäure
—, 6,7-Dibrom-1,3-dioxo-1H,3H- **18**
IV 6748
—, 6,7-Dichlor-1,3-dioxo-1H,3H- **18**
IV 6747
—, 1,3-Dioxo-1H,3H- **18** I 553 a,
II 410 i, IV 6747
Benz[de]isochromen-5-sulfonsäure
—, 6-Amino-1,3-dioxo-1H,3H- **18**
IV 8287
—, 7-Brom-1,3-dioxo-1H,3H- **18**
IV 6748
—, 7-Chlor-1,3-dioxo-1H,3H- **18**
IV 6748
—, 6,7-Dichlor-1,3-dioxo-1H,3H- **18**
IV 6748
—, 1,3-Dioxo-1H,3H- **18** 576 b,
II 410 j, IV 6748
Benz[de]isochromen-6-sulfonsäure
—, 1,3-Dioxo-1H,3H- **18** II 411 b
— amid **18** IV 6749
— methylester **18** II 411 c
Benz[de]isochromen-5-sulfonylchlorid
—, 7-Brom-1,3-dioxo-1H,3H- **18**
IV 6749
—, 7-Chlor-1,3-dioxo-1H,3H- **18**
IV 6748
Benz[de]isochromen-1,3,5,6-tetraon
— 6-oxim **17** IV 6833
Benz[de]isochromen-1,3,5-trion
—, 6-Hydroxyimino-6H- **17** IV 6833
Benz[de]isochromenylium
—, 3-Äthyl-1,1-diphenyl-1H- **17**
IV 1752
—, 3-Butyl-1,1-diphenyl-1H- **17**
IV 1752

—, 1,1,3-Triphenyl-1H- **17** IV 1776
Benzoat
—, Artenyl- **17** IV 1451
—, Isopyromucyl- **18** 11 e
Benzo[d]benzo[1,2]fluoreno[3,4-b]pyran
s. Dibenz[c,h]indeno[1,2-f]=
chromen
Benzo[b]benzo[7,8]fluoreno[3,4-d]thiophen
—, 5H- **17** IV 785
Benzobromarabinofuranose **17** IV 2295
Benzobromarabinopyranose **17** IV 2284
Benzobromfructopyranose **17** IV 2599
Benzobromglucopyranose **17** IV 2608, **31**
150 b
Benzobromlyxopyranose **17** IV 2284
Benzobrommannopyranose **17** IV 2608
Benzobromrhamnopyranose **17** IV 2301
Benzobromribopyranose **17** IV 2283
Benzobromxylopyranose **17** IV 2284
[1,2]Benzochinon
—, 3-Hydroxy-6-xanthen-9-yl-,
— 2-oxim **18** II 114 f
[1,4]Benzochinon
— [furan-2-carbonylhydrazon]-oxim
18 IV 3970
—, 2-[1-Butyl-6-methoxy-3-oxo-phthalan-
4-yloxy]-5-methoxy-3-pentyl- **18** IV 1259
—, 2,5-Dichlor-3,6-bis-dibenzofuran-3-
ylamino- **18** IV 7197
—, 3-Glucopyranosyloxy-5-hydroxy-2-
[4-hydroxy-cinnamoyl]- **17** IV 3111
—, 2-Hydroxy-3-xanthen-9-yl-,
— 1-oxim **18** II 114 g
—, 2-Methoxy-5-[7-methoxy-chroman-3-
yl]- **18** IV 2648
—, 2-Methoxy-5-phthalidyl- **18**
II 172 a
—, [3-Oxo-1-phenyl-phthalan-1-yl]- **17**
I 290 a
—, Trimethyl-[2-(2-methyl-5-oxo-
tetrahydro-[2]furyl)-äthyl]- **17** IV 6733
Benzochlorglucopyranose **17** IV 2596
Benzochlormannopyranose **17** IV 2596
Benzochlorrhamnopyranose **17** IV 2300
Benzochlorribopyranose **17** IV 2280
**Benzo[7,8,14,15]cholest-8(14)-en-5',6'-
dicarbonsäure**
—, 3-Acetoxy-7,15,5',6'-tetrahydro-,
— anhydrid **18** IV 1673
—, 3-Benzoyloxy-7,15,5',6'-tetrahydro-,
— anhydrid **18** IV 1673
—, 7,15,5',6'-Tetrahydro-,
— anhydrid **17** IV 6386
Benzo[c]chromen
—, 6H- **17** IV 616
—, 1-Acetoxy-3-[1-äthyl-propyl]-6,6,9-
trimethyl-6H- **17** IV 1656
—, 3-Acetoxy-6,6-dimethyl-6H- **17**
IV 1629

Benzo[c]chromen　(Fortsetzung)
—, 3-Acetoxy-6,6-dimethyl-7,8,9,10-
tetrahydro-6H- **17** IV 1552
—, 1-Acetoxy-3,6,6,9-tetramethyl-
7,8,9,10-tetrahydro-6H- **17** IV 1556
—, 2-Acetoxy-6,6,9-trimethyl-6H- **17**
IV 1634
—, 3-Acetoxy-1,6,6-trimethyl-6H- **17**
IV 1634
—, 1-Acetoxy-6,6,9-trimethyl-3-pentyl-
6H- **17** II 152 a, IV 1653
—, 1-Acetoxy-6,6,9-trimethyl-4-pentyl-
6H- **17** IV 1655
—, 3-Acetoxy-6,6,9-trimethyl-1-pentyl-
6H- **17** IV 1651
—, 3-Acetoxy-6,6,9-trimethyl-2-pentyl-
6H- **17** IV 1652
—, 1-Acetoxy-6,6,9-trimethyl-3-pentyl-
7,8,9,10-tetrahydro-6H- **17** IV 1562
—, 1-Acetoxy-3,6,6-trimethyl-7,8,9,10-
tetrahydro-6H- **17** IV 1554
—, 3-Acetoxy-6,6,9-trimethyl-7,8,9,10-
tetrahydro-6H- **17** IV 1555
—, 3-Äthoxy-6,6-dimethyl-7,8,9,10-
tetrahydro-6H- **17** IV 1551
—, 3-Äthoxy-6,6,9-trimethyl-7,8,9,10-
tetrahydro-6H- **17** IV 1554
—, 3-[1-Äthyl-propyl]-6,6,9-trimethyl-1-
[4-nitro-benzoyloxy]-6H- **17** IV 1656
—, 1-[4-Amino-benzoyloxy]-6,6,9-
trimethyl-3-pentyl-6H- **17** IV 1653
—, 3-[4-Amino-benzoyloxy]-6,6,9-
trimethyl-4-pentyl-6H- **17** IV 1655
—, 1-Benzolsulfonyloxy-6,6,9-trimethyl-
3-pentyl-6H- **17** IV 1653
—, 1-Benzolsulfonyloxy-6,6,9-trimethyl-
2,4,8-trinitro-3-pentyl-6H- **17** IV 1654
—, 1-Benzyloxy-6,6,9-trimethyl-2-pentyl-
6H- **17** IV 1651
—, 1-Benzyloxy-6,6,9-trimethyl-4-pentyl-
6H- **17** IV 1654
—, 3-Butoxy-6,6-dimethyl-7,8,9,10-
tetrahydro-6H- **17** IV 1552
—, 3-Butoxy-6,6,9-trimethyl-7,8,9,10-
tetrahydro-6H- **17** IV 1555
—, 3-Butyryloxy-6,6-dimethyl-7,8,9,10-
tetrahydro-6H- **17** IV 1552
—, 3-Butyryloxy-6,6,9-trimethyl-7,8,9,10-
tetrahydro-6H- **17** IV 1555
—, 2-Chlor-6H- **17** IV 617
—, 2-Chlor-6,6-diphenyl-6H- **17** IV 791
—, 1-[2-Cyclohexyl-äthyl]-4,9-dimethoxy-
6-methyl-6H- **17** IV 2220
—, 4,9-Dimethoxy-6-methyl-1-phenäthyl-
6H- **17** IV 2237
—, 4,9-Dimethoxy-6-methyl-1-propenyl-
6H- **17** IV 2216
—, 4,9-Dimethoxy-6-methyl-1-propyl-
6H- **17** IV 2196

—, 4,9-Dimethoxy-6-methyl-1-styryl-
6H- **17** IV 2249
—, 6,6-Dimethyl-6H- **17** IV 638
—, 1-[β-Dimethylamino-phenäthyl]-4,9-
dimethoxy-6-methyl-6H- **18** IV 7455
—, 1-[2-Dimethylamino-propyl]-4,9-
dimethoxy-6-methyl-6H- **18** IV 7452
—, 6,6-Dimethyl-3-pentyl-7,8,9,10-
tetrahydro-6H- **17** IV 566
—, 2-[3,5-Dinitro-benzoyloxy]-6,6,9-
trimethyl-6H- **17** IV 1634
—, 1-[3,5-Dinitro-phenylcarbamoyloxy]-
6,6-dimethyl-3-pentyl-7,8,9,10-tetrahydro-
6H- **17** IV 1559
—, 1-[3,5-Dinitro-phenylcarbamoyloxy]-
6,6,9-trimethyl-3-pentyl-6a,7,8,10a-
tetrahydro-6H- **17** IV 1563
—, 1-[3,5-Dinitro-phenylcarbamoyloxy]-
6,6,9-trimethyl-3-pentyl-7,8,9,10-
tetrahydro-6H- **17** IV 1562
—, 1-[Menthyloxy-acetoxy]-6,6,9-
trimethyl-3-pentyl-7,8,9,10-tetrahydro-
6H- **17** IV 1561
—, 1-[4-Methoxycarbonyloxy-
benzoyloxy]-6,6,9-trimethyl-3-pentyl-6H-
17 IV 1653
—, 1-Methoxy-6,6,9-trimethyl-2-pentyl-
6H- **17** IV 1651
—, 1-Methoxy-6,6,9-trimethyl-3-pentyl-
6H- **17** IV 1652
—, 1-Methoxy-6,6,9-trimethyl-4-pentyl-
6H- **17** IV 1654
—, 1-Methoxy-6,6,9-trimethyl-3-pentyl-
7,8,9,10-tetrahydro-6H- **17** IV 1561
—, 1-Methoxy-6,6,9-trimethyl-2,4,8-
trinitro-3-pentyl-6H- **17** IV 1654
—, 2-Methyl-6H- **17** IV 628
—, 9-Methyl-6H- **17** IV 628
—, 6,6,8,9-Tetramethyl-6H- **17** IV 649
—, 3,6,6,9-Tetramethyl-1-[4-nitro-
benzoyloxy]-6H- **17** IV 1638
—, 3,6,6,9-Tetramethyl-1-phosphonooxy-
7,8,9,10-tetrahydro-6H- **17** IV 1556
—, 3,6,6,9-Tetramethyl-7,8,9,10-
tetrahydro-6H- **17** IV 565
—, 2,6,6-Trimethyl-6H- **17** IV 643
—, 6,6,9-Trimethyl-1-[3-nitro-
benzolsulfonyloxy]-3-pentyl-6H- **17**
IV 1653
—, 6,6,9-Trimethyl-3-[3-nitro-
benzolsulfonyloxy]-1-pentyl-6H- **17**
IV 1651
—, 6,6,9-Trimethyl-3-[3-nitro-
benzolsulfonyloxy]-2-pentyl-6H- **17**
IV 1652
—, 6,6,9-Trimethyl-3-[3-nitro-
benzolsulfonyloxy]-4-pentyl-6H- **17**
IV 1655

Benzo[c]chromen   (Fortsetzung)

—, 6,6,9-Trimethyl-1-[4-nitro-
benzoyloxy]-2-pentyl-6H- **17** IV 1652

—, 6,6,9-Trimethyl-1-[4-nitro-
benzoyloxy]-3-pentyl-6H- **17** IV 1653

—, 6,6,9-Trimethyl-1-[4-nitro-
benzoyloxy]-4-pentyl-6H- **17** IV 1655

—, 6,6,9-Trimethyl-3-[4-nitro-
benzoyloxy]-1-pentyl-6H- **17** IV 1651

—, 6,6,9-Trimethyl-3-[4-nitro-
benzoyloxy]-4-pentyl-6H- **17** IV 1655

—, 6,6,9-Trimethyl-3-pentyl-1-pentyloxy-
7,8,9,10-tetrahydro-6H- **17** IV 1561

—, 6,6,9-Trimethyl-3-pentyl-1-
phosphonooxy-7,8,9,10-tetrahydro-6H-
17 IV 1561

—, 6,6,9-Trimethyl-3-pentyl-7,8,9,10-
tetrahydro-6H- **17** IV 567

—, 2,6,6-Trimethyl-7,8,9,10-tetrahydro-
6H- **17** IV 564

—, 3,6,6-Trimethyl-7,8,9,10-tetrahydro-
6H- **17** IV 565

Benzo[de]chromen

—, 7,8-Diacetoxy-6,9-dimethyl-3-
[4-methyl-pent-3-enyl]- **17** IV 2219

—, 5-Methoxy-2-methyl-2,3-dihydro-
17 IV 1578

Benzo[f]chromen

—, 3H- **17** IV 616

—, 2-Acetoxy-3H- **17** IV 1614

—, 1-[2-Acetoxy-[1]naphthyl]-3-methyl-
2,3-dihydro-1H- **17** IV 1743

—, 1-Äthoxy-3-phenyl-1H- **17** IV 1709

—, 3-Äthyl-3,4a,7,7,10a-pentamethyl-
dodecahydro- **17** IV 356

—, 1-[2-Benzoyloxy-[1]naphthyl]-3-
methyl-2,3-dihydro-1H- **17** IV 1743

—, 3-Benzyliden-2-phenyl-3H- **17**
II 95 d

—, 1,3-Bis-[4-methoxy-phenyl]-1H- **17**
IV 2256

—, 3,3-Diäthyl-3H- **17** IV 649

—, 2,3-Dihydro-1H- **17** IV 577

—, 3,3-Dimethyl-3H- **17** IV 637

—, 3,3-Diphenyl-3H- **17** IV 791

—, 1-[2,2-Diphenyl-vinyl]-3,3-diphenyl-
2,3-dihydro-1H- **17** IV 838

—, 3-Methoxy-2,3-diphenyl-3H- **17** IV 1754

—, 1-[4-Methoxy-phenyl]-3-phenyl-1H-
17 IV 1754

—, 1-Methyl-3H- **17** IV 628

—, 3-Methyl-1H- **17** IV 628

—, 3-Methyl-2,3-dihydro-1H- **17** IV 580

—, 3-Methyl-dodecahydro- **17** IV 346

—, 3-Methyl-2,3,4a,5,6,10b-hexahydro-
1H- **17** IV 534

—, 3-Methyl-2,3,5,6-tetrahydro-1H-
6 III 5067 c

—, 3,4a,7,7,10a-Pentamethyl-4a,5,6,6a,7,⁼
8,9,10,10a,10b-decahydro-1H- **17** IV 394

—, 3,4a,7,7,10a-Pentamethyl-
dodecahydro- **17** IV 354

—, 4a,7,7,8,10a-Pentamethyl-
dodecahydro- **17** IV 355

—, 3,4a,7,7,10a-Pentamethyl-3-vinyl-
2,4a,5,6,6a,7,8,9,10,10a-decahydro-3H-
17 IV 469

—, 3,4a,7,7,10a-Pentamethyl-3-vinyl-
dodecahydro- **17** IV 395

—, 4a,7,7,10a-Tetramethyl-4a,5,6,6a,7,8,⁼
9,10,10a,10b-decahydro-1H- **17** IV 394

—, 4a,7,7,10a-Tetramethyl-dodecahydro-
17 IV 353

—, 1,3,3-Trimethyl-3H- **17** IV 643

Benzo[g]chromen

—, 5,10-Diacetoxy-2H- **17** IV 2178

—, 5,10-Diacetoxy-2,2-dimethyl-2H- **17**
II 193 g, IV 2189

—, 5,10-Diacetoxy-2,2-dimethyl-3,4-
dihydro-2H- **17** I 97 c, IV 2162

—, 2,2-Dimethyl-3,4-dihydro-2H-
17 69 c

—, 4-Isopropyl-2,2,6,6,9,9-hexamethyl-
3,4,6,7,8,9-hexahydro-2H- **17** IV 539

Benzo[h]chromen

—, 2H- **17** IV 616

—, 6-Acetoxy-2-methyl-2-[4,8,12-
trimethyl-tridecyl]-3,4,7,8,9,10-hexahydro-
2H- **17** IV 1522

—, 6-Acetoxy-2,2,3,5-tetramethyl-3,4-
dihydro-2H- **17** IV 1581

—, 6-Allophanoyloxy-2-methyl-2-[4,8,12-
trimethyl-tridecyl]-3,4,7,8,9,10-hexahydro-
2H- **17** IV 1522

—, 4-Benzhydryliden-2-[4-methoxy-
styryl]-4H- **17** IV 1781

—, 6-Chlor-2,2-dimethyl-2H- **17** IV 637

—, 5,6-Diacetoxy-2H- **17** IV 2177

—, 5,6-Diacetoxy-2,2-dimethyl-2H- **17**
IV 2189

—, 5,6-Diacetoxy-2,2-dimethyl-3,4-
dihydro-2H- **17** 160 g, I 97 d,
IV 2163

—, 3,4-Dihydro-2H- **17** IV 576

—, 2,2-Dimethyl-2H- **17** IV 637

—, 2,2-Dimethyl-3,4-dihydro-2H-
17 69 d

—, 2,5-Dimethyl-6-[4-nitro-benzoyloxy]-
2-[4,8,12-trimethyl-tridecyl]-3,4-dihydro-
2H- **17** IV 1584

—, Dodecahydro- **17** IV 344

—, 3,4,4a,5,6,10b-Hexahydro-2H- **17**
IV 530

—, 2-Imino-4-methyl-3-phenyl-2H- **17**
I 219 a

—, 2-Imino-3-phenyl-2H- **17** I 216 g

—, 4-Imino-2-phenyl-4H- **17** IV 5551

Benzo[*h*]chromen (Fortsetzung)
—, 4-Isopropyl-2,2,6,7,7,10,10-
heptamethyl-3,4,7,8,9,10-hexahydro-2*H*-
17 IV 540
—, 6-Methoxy-2,2-dimethyl-2*H*- **17**
IV 1629
—, 6-Methoxy-2,2-dimethyl-3,4-dihydro-
2*H*- **17** IV 1579
—, 6-Methoxy-2,2-dimethyl-3,4,4a,5,6,⇌
10b-hexahydro-2*H*- **17** IV 1507
—, 4-Methyl-2*H*- **17** IV 628
—, 4-Methyl-2,2-diphenyl-2*H*- **17**
IV 793
—, 4-Methylen-2-phenyl-4*H*- **17** I 40 c
—, 2-Methyl-4-methylen-4*H*- **17** I 35 f
—, 2,2,4-Trimethyl-2*H*- **17** IV 643
Benzo[*f*]chromen-3-carbaldehyd
—, 3,4a,7,7,10a-Pentamethyl-
dodecahydro- **17** IV 4690
— semicarbazon **17** IV 4691
Benzo[*h*]chromen-6-carbaldehyd
⌐, 4-Methyl-2-oxo-2*H*- **17** IV 6437
— oxim **17** IV 6437
— phenylhydrazon **17** IV 6438
— semicarbazon **17** IV 6438
Benzo[*c*]chromen-2-carbonitril
—, 6-Oxo-6*H*- **18** IV 5659
Benzo[*de*]chromen-3a-carbonitril
—, 4-Cyanmethyl-9-methoxy-2,3,5,6-
tetrahydro-4*H*- **18** IV 5099
Benzo[*f*]chromen-2-carbonitril
—, 3-Oxo-3*H*- **18** IV 5658
—, 3-Oxo-2,3-dihydro-1*H*- **18** IV 5650
Benzo[*g*]chromen-3-carbonitril
—, 4-Acetoxy-2-oxo-2*H*- **18** 533 a
—, 2,4-Dioxo-3,4-dihydro-2*H*- **18** 478 a
Benzo[*h*]chromen-3-carbonitril
—, 4-Äthoxy-2-oxo-2*H*- **18** 533 d
—, 2,4-Dioxo-3,4-dihydro-2*H*- **18** 478 e
Benzo[*h*]chromen-6-carbonitril
—, 4-Methyl-2-oxo-2*H*- **18** II 344 b
Benzo[*c*]chromen-1-carbonsäure
—, 3,8-Bis-benzyloxy-4,9,10-trimethoxy-
6-oxo-6*H*-,
— methylester **18** IV 6686
—, 4,9-Diacetoxy-6-oxo-6*H*- **18** 547 a
—, 4,9-Dihydroxy-6-oxo-6*H*- **18** 546 d
—, 10-Hydroxy-3,4,8,9-tetramethoxy-6-
oxo-6*H*- **18** IV 6686
—, 3,4,8,9,10-Pentahydroxy-6-oxo-6*H*-
18 564 f, I 550 b
—, 3,4,8,9,10-Pentamethoxy-6-oxo-6*H*-,
— methylester **18** 565 a, I 550 c
Benzo[*c*]chromen-2-carbonsäure
—, 3-Acetoxy-6-oxo-7,8,9,10-tetrahydro-
6*H*-,
— methylester **18** IV 6404
—, 3-Hydroxy-6-oxo-7,8,9,10-tetrahydro-
6*H*- **18** IV 6403

— methylester **18** IV 6404
Benzo[*c*]chromen-4-carbonsäure
—, 3,7-Dihydroxy-1,9-dimethyl-6-oxo-
6*H*- **18** IV 6550
Benzo[*c*]chromen-10-carbonsäure
—, 7-Hydroxy-6-oxo-6*H*- **18** IV 6415
—, 9-Hydroxy-6-oxo-6*H*- **18** IV 6415
Benzo[*de*]chromen-6-carbonsäure
—, 8-Methoxy-5-[2-methoxycarbonyl-1-
methyl-äthyl]-6,9,9b-trimethyl-7-oxo-
1,2,3a,4,5,6,6a,7,9a,9b-decahydro- **18**
IV 6589
Benzo[*f*]chromen-1-carbonsäure
—, 3-Oxo-3*H*- **18** I 501 c
— äthylester **18** I 501 d
Benzo[*f*]chromen-2-carbonsäure
—, 2-Acetylamino-3-oxo-2,3-dihydro-
1*H*-,
— äthylester **18** IV 8271
—, 1,3-Dioxo-2,3-dihydro-1*H*-,
— äthylester **18** IV 6092
—, 1,3-Dioxo-1,2,7,8,9,10-hexahydro-
3*H*-,
— äthylester **18** IV 6078
—, 1-Hydroxy-3-oxo-3*H*-,
— äthylester **18** IV 6092
—, 5-Hydroxy-3-oxo-3*H*- **18** IV 6414
— äthylester **18** IV 6414
—, 9-Hydroxy-3-oxo-3*H*- **18** IV 6415
— äthylester **18** IV 6415
—, 1-Hydroxy-3-oxo-7,8,9,10-tetrahydro-
3*H*-,
— äthylester **18** IV 6078
—, 5-[1]Naphthylcarbamoyl-3-oxo-3*H*-,
— äthylester **18** IV 6191
—, 5-[3-Nitro-phenylcarbamoyl]-3-oxo-
3*H*-,
— äthylester **18** IV 6190
—, 3-Oxo-3*H*- **18** 438 c, I 501 b,
IV 5657
— äthylester **18** 438 d, IV 5657
— amid **18** IV 5657
— anilid **18** IV 5657
— *p*-toluidid **18** IV 5658
—, 3-Oxo-2,3-dihydro-1*H*- **18** IV 5650
— äthylester **18** IV 5650
— benzylester **18** IV 5650
—, 3-Oxo-2,3,7,8,9,10-hexahydro-1*H*-,
— äthylester **18** IV 5619
—, 3-Oxo-5-phenylcarbamoyl-3*H*-,
— äthylester **18** IV 6190
Benzo[*f*]chromen-3-carbonsäure
—, 1-Oxo-2,3-dihydro-1*H*- **18** IV 4972
—, 3,4a,7,7,10a-Pentamethyl-
dodecahydro- **18** IV 4142
Benzo[*f*]chromen-5-carbonsäure
—, 2-Acetyl-3-methyl-1-oxo-1*H*- **18**
IV 6097
— methylester **18** IV 6097

Benzo[*f*]chromen-5-carbonsäure   (Fortsetzung)
—, 2-Acetyl-3-oxo-3*H*-,
— anilid **18** IV 6095
— methylester **18** IV 6095
— [1]naphthylamid **18** IV 6096
— [2]naphthylamid **18** IV 6096
— [3-nitro-anilid] **18** IV 6095
—, 3-Oxo-3*H*-,
— anilid **18** IV 5658
— methylester **18** IV 5658
— [1]naphthylamid **18** IV 5658
— [2]naphthylamid **18** IV 5658
— [3-nitro-anilid] **18** IV 5658
Benzo[*f*]chromen-7-carbonsäure
—, 3-Isopropyl-7,10a-dimethyl-
dodecahydro- **18** IV 4141
Benzo[*g*]chromen-2-carbonsäure
—, 4-Oxo-4*H*- **18** IV 5654
Benzo[*g*]chromen-3-carbonsäure
—, 4-Acetoxy-2-oxo-2*H*-,
— äthylester **18** 532 h
—, 2,4-Dioxo-3,4-dihydro-2*H*-,
— äthylester **18** 477 b, IV 6092
— amid **18** 477 c
— [*N'*-phenyl-hydrazid] **18** 478 b
—, 2,4-Dioxo-3,4,6,7,8,9-hexahydro-2*H*-,
— äthylester **18** IV 6078
—, 4-Hydroxy-2-oxo-2*H*-,
— äthylester **18** IV 6092
—, 4-Hydroxy-2-oxo-6,7,8,9-tetrahydro-
2*H*-,
— äthylester **18** IV 6078
—, 4-Methoxy-2-oxo-2*H*-,
— äthylester **18** 532 g
—, 2-Oxo-2*H*- **18** IV 5654
— äthylester **18** IV 5655
Benzo[*h*]chromen-2-carbonsäure
—, 4-Oxo-4*H*- **18** 438 a, I 500 r,
IV 5656
— äthylester **18** I 501 a
Benzo[*h*]chromen-3-carbonsäure
—, 6-Acetoxy-5-methyl-2-oxo-2*H*- **18**
IV 6416
— äthylester **18** IV 6417
—, 6-Acetoxy-5-methyl-2-oxo-3,4-
dihydro-2*H*-,
— äthylester **18** IV 6410
—, 4-Äthoxy-2-oxo-2*H*-,
— äthylester **18** 533 c
—, 2,4-Dioxo-3,4-dihydro-2*H*-,
— äthylester **18** 478 c, IV 6092
— amid **18** 478 d
—, 6-Hydroxy-5-methyl-2-oxo-2*H*- **18**
IV 6416
— äthylester **18** IV 6416
—, 6-Hydroxy-5-methyl-2-oxo-3,4-
dihydro-2*H*-,
— äthylester **18** IV 6410

—, 4-Hydroxy-2-oxo-2*H*-,
— äthylester **18** IV 6092
—, 6-Methoxy-5-methyl-2-oxo-2*H*- **18**
IV 6416
— methylester **18** IV 6416
—, 4-[4-Nitro-phenyl]-2-oxo-2*H*-,
— äthylester **18** IV 5702
—, 2-Oxo-2*H*- **18** IV 5657
— äthylester **18** IV 5657
—, 2-Oxo-5,6-dihydro-2*H*- **18** IV 5649
— äthylester **18** IV 5649
—, 2-Oxo-4-phenyl-2*H*- **18** IV 5702
— äthylester **18** IV 5702
Benzo[*h*]chromen-4-carbonsäure
—, 2-Oxo-2*H*-,
— äthylester **18** 438 b
—, 2-Oxo-3-phenyl-2*H*- **18** IV 5702
— äthylester **18** IV 5703
Benzo[*h*]chromen-6-carbonsäure
—, 4-Methyl-2-oxo-2*H*- **18** II 344 a
Benzo[*de*]chromen-7,8-chinon
—, 6,9-Dimethyl-3-[4-methyl-pent-3-enyl]-
17 IV 6468
Benzo[*g*]chromen-5,10-chinon
—, 3-Acetoxy-2,2-dimethyl-3,4-dihydro-
2*H*- **18** 111 b
—, 2-Äthoxy-3-methyl-2*H*- **18** IV 1690
—, 2-Äthoxy-3-methyl-3,4-dihydro-2*H*-
18 IV 1641
—, 8-Brom-2,2-dimethyl-3,4-dihydro-
2*H*- **17** 519 b
—, 2-Butoxy-3-methyl-2*H*- **18** IV 1690
—, 3,4-Dihydro-2*H*- **17** IV 6349
—, 2,2-Dimethyl-2*H*- **17** II 496 f,
IV 6408
—, 2,2-Dimethyl-3,4-dihydro-2*H*-
17 518 d, I 265 e, II 489 c, IV 6362
— 10-[2,4-dinitro-phenylhydrazon]
17 IV 6362
— 10-oxim **17** 519 a
—, 3-Hydroxy-2,2-dimethyl-3,4-dihydro-
2*H*- **18** 111 a, II 83 a
—, 2-Hydroxy-2-methyl-4-phenyl-3,4-
dihydro-2*H*- **8** III 3867 a
—, 2-Hydroxy-2-*p*-tolyl-3,4-dihydro-2*H*-
8 III 3866 e
—, 2-Methoxy-3-methyl-2*H*- **18**
IV 1690
—, 2-Methoxy-2-methyl-4-phenyl-3,4-
dihydro-2*H*- **18** IV 1934
—, 3-Methyl-2*H*- **17** IV 6403
—, 2-Methyl-3,4-dihydro-2*H*- **17**
II 488 c
—, 3-Methyl-3,4-dihydro-2*H*- **17**
IV 6354
—, 2,2,3-Trimethyl-3,4-dihydro-2*H*- **17**
IV 6368

Benzo[*h*]chromen-5,6-chinon
—, 3-Brom-2,2-dimethyl-3,4-dihydro-
  2*H*- **17** 520 d, II 489 e, IV 6363
—, 8-Brom-2,2-dimethyl-3,4-dihydro-
  2*H*- **17** 520 e
—, 8-Brom-3-hydroxy-2,2-dimethyl-3,4-
  dihydro-2*H*- **18** 111 d
—, 3,8-Dibrom-2,2-dimethyl-3,4-dihydro-
  2*H*- **17** 521 a
—, 2,2-Dimethyl-2*H*- **17** IV 6409
—, 2,2-Dimethyl-3,4-dihydro-2*H*-
  17 519 c, I 265 f, II 489 d, IV 6362
  — 6-[*O*-benzoyl-oxim] **17** 520 b
  — 6-[2,4-dinitro-phenylhydrazon]
    17 IV 6363
  — 6-oxim **17** 520 a
—, 3-Hydroxy-2,2-dimethyl-3,4-dihydro-
  2*H*- **18** 111 c, II 83 b, IV 1643
—, 2-Hydroxy-2-*p*-tolyl-3,4-dihydro-2*H*-
  8 III 3866 e
—, 3-Methyl-2*H*- **17** IV 6403
—, 2-Methyl-3,4-dihydro-2*H*- **17**
  II 488 d
—, 3-Methyl-3,4-dihydro-2*H*- **17**
  IV 6354
—, 2-Phenyl-3,4-dihydro-2*H*- **17**
  II 512 a
—, 2,2,3-Trimethyl-3,4-dihydro-2*H*- **17**
  IV 6368
Benzo[*h*]chromen-5,10-chinon
—, 2-Hydroxy-2-methyl-4-phenyl-3,4-
  dihydro-2*H*- **8** III 3867 a
Benzo[*f*]chromen-2,5-dicarbonsäure
—, 3-Oxo-3*H*-,
  — 2-äthylester-5-methylester **18**
    IV 6190
Benzo[*g*]chromen-2,3-dicarbonsäure
—, 2-Hydroxy-2*H*-,
  — diäthylester **10** III 4781 d
Benzo[*c*]chromen-1,3-diol
—, 6,6,9-Trimethyl-7,8,9,10-tetrahydro-
  6*H*- **17** IV 2149
Benzo[*c*]chromen-1,6-dion
—, 3-[1-Äthyl-propyl]-9-methyl-3,4-
  dihydro-2*H*- **17** IV 6375
—, 3,4-Dihydro-2*H*- **17** IV 6349
—, 3,3-Dimethyl-3,4-dihydro-2*H*- **17**
  IV 6363
—, 3,3-Dimethyl-8-methoxy-3,4-dihydro-
  2*H*- **18** IV 1645
—, 8-Hydroxy-3,3-dimethyl-3,4-dihydro-
  2*H*- **18** IV 1645
—, 3-Methyl-3,4-dihydro-2*H*- **17**
  IV 6355
—, 9-Methyl-2-pentyl-3,4-dihydro-2*H*-
  17 IV 6375
—, 9-Methyl-3-pentyl-3,4-dihydro-2*H*-
  17 IV 6375

—, 9-Methyl-4-pentyl-3,4-dihydro-2*H*-
  17 IV 6375
Benzo[*c*]chromen-2,6-dion
—, 3,7-Dihydroxy-9-methoxy-4a-methyl-
  4a*H*- **18** IV 3196
—, 4a-Hydroxy-4a*H*- **10** III 3619 d
Benzo[*c*]chromen-6,9-dion
—, 7-Hydroxy-7-methyl-7,8,10,10a-
  tetrahydro-6a*H*- **18** IV 1576
Benzo[*de*]chromen-2,3-dion
—, 6-Hydroxy- **18** IV 1676
Benzo[*de*]chromen-2,6-dion
—, 7-Methyl-3,3a,4,5-tetrahydro- **17**
  IV 6306
Benzo[*f*]chromen-1,2-dion
—, 3-Hydroxy-3-phenyl-3*H*-,
  — 2-phenylhydrazon **15** III 148 i
—, 3-Phenyl- **17** IV 6533
Benzo[*f*]chromen-1,3-dion **17** IV 6399
—, 2-Benzyl- **17** IV 6536
Benzo[*f*]chromen-2,3-dion
—, 1*H*- **17** IV 6399
Benzo[*f*]chromen-3,7-dion
—, 6a-Methyl-1,5,6,6a,8,9,10,10a-
  octahydro-2*H*- **17** IV 6095
—, 6a-Methyl-1,6,6a,8,9,10,10a,10b-
  octahydro-2*H*- **17** IV 6095
Benzo[*g*]chromen-2,4-dion **17** 524 c, IV 6398
—, 3-Acetyl- **17** 572 b, IV 6788
—, 3-[1]Naphthyl- **17** IV 6604
Benzo[*g*]chromen-2,6-dion
—, 7,8-Dimethoxy-9-methyl-5,5a,9,9a,10,⸗
  10a-hexahydro-4a*H*- **18** IV 1324
—, 7,8-Dimethoxy-9-methyl-4,4a,5,5a,9,⸗
  9a,10,10a-octahydro-3*H*- **18** IV 2350
Benzo[*g*]chromen-5,10-dion
—, 10a-Hydroxy-2,2-dimethyl-3,4,4a,10a-
  tetrahydro-2*H*- **8** 415 b, II 465 e,
  III 3616 b
—, 4-Hydroxy-2,4-diphenyl-4a,10a-
  dihydro-4*H*- **17** IV 2419
—, 10a-Hydroxy-3-methyl-4a,10a-
  dihydro-2*H*- **8** III 3661 a
—, 10a-Hydroxy-3-methyl-3,4,4a,10a-
  tetrahydro-2*H*- **8** III 3614 b
Benzo[*h*]chromen-2,4-dion **17** 524 d,
  IV 6398
—, 3-Acetyl- **17** 572 c
—, 3-Benzyl- **17** IV 6535
—, 3-Benzyl-5,6-dihydro- **17** IV 6520
—, 3-Benzyl-6-hydroxy- **18** IV 1950
—, 6-Methyl- **17** IV 6404
—, 3-[1]Naphthyl- **17** IV 6604
—, 3-[4-Nitro-phenylhydrazono]- **17**
  IV 6786
—, 3-Phenyl- **17** IV 6532
Benzo[*h*]chromen-2,6-dion
—, 10b-Hydroxy-5-methyl-3,4-dihydro-
  10b*H*- **10** III 3609 d

Benzo[*h*]chromen-3,4-dion

—, 2-[4-Benzyloxy-3-methoxy-phenyl]-
　18 IV 2825
—, 2-[4-Benzyloxy-3-methoxy-phenyl]-6-
　brom- 18 IV 2826
—, 6-Brom-2-[3,4-dimethoxy-phenyl]-
　18 IV 2825
—, 6-Brom-2-[4-methoxy-phenyl]- 18
　IV 1941
—, 6-Brom-2-phenyl- 17 IV 6532
—, 2-[3,4-Dihydroxy-phenyl]- 18 199 g
—, 2-[3,4-Dimethoxy-phenyl]- 18 199
　h, IV 2825
　— 3-oxim 18 200 c
—, 2-[3,4-Dimethoxy-phenyl]-6-nitro-
　18 IV 2826
—, 2-[3-Hydroxy-phenyl]- 18 141 c
—, 2-[4-Hydroxy-phenyl]- 18 142 a
—, 2-[4-Isopropyl-phenyl]- 17 544 c
—, 2-[2-Methoxy-phenyl]- 18 IV 1941
—, 2-[3-Methoxy-phenyl]- 18 141 d,
　IV 1941
　— 3-oxim 18 141 f
—, 2-[4-Methoxy-phenyl]- 18 142 b,
　IV 1941
　— 3-oxim 18 142 e
—, 2-[4-Methoxy-phenyl]-6-nitro- 18
　IV 1942
—, 6-Nitro-2-phenyl- 17 IV 6532
—, 2-Phenyl- 17 542 b, IV 6532
—, 2-Phenyl-2*H*-,
　— 3-oxim 17 542 c
—, 2-Phenyl-2,3-dihydro-,
　— 3-oxim 17 542 c

Benzo[*h*]chromen-5,6-dion

—, 10b-Hydroxy-2,2-dimethyl-3,4,4a,10b-
　tetrahydro-2*H*- 8 415 b, II 465 e,
　III 3616 b
—, 10b-Hydroxy-3-methyl-4a,10b-
　dihydro-2*H*- 8 III 3661 a
—, 10b-Hydroxy-3-methyl-3,4,4a,10b-
　tetrahydro-2*H*- 8 III 3614 b

Benzo[*c*]chromen-1-ol

—, 3-[1-Äthyl-butyl]-6,6,9-trimethyl-
　7,8,9,10-tetrahydro-6*H*- 17 IV 1565
—, 9-Äthyl-6,6-dimethyl-3-pentyl-
　7,8,9,10-tetrahydro-6*H*- 17 IV 1566
—, 3-[1-Äthyl-2-methyl-propyl]-6,6,9-
　trimethyl-7,8,9,10-tetrahydro-6*H*- 17
　IV 1566
—, 3-[1-Äthyl-propyl]-6,6,9-trimethyl-
　6*H*- 17 IV 1655
—, 3-Äthyl-6,6,9-trimethyl-7,8,9,10-
　tetrahydro-6*H*- 17 IV 1557
—, 3-Butoxy-6,6,9-trimethyl-7,8,9,10-
　tetrahydro-6*H*- 17 IV 2149
—, 3-Butyl-6,6,9-trimethyl-7,8,9,10-
　tetrahydro-6*H*- 17 IV 1559

—, 6,6-Diäthyl-9-methyl-3-pentyl-
　7,8,9,10-tetrahydro-6*H*- 17 IV 1568
—, 6,6-Diäthyl-3-methyl-7,8,9,10-
　tetrahydro-6*H*- 17 IV 1557
—, 6,6-Dibutyl-3,9-dimethyl-7,8,9,10-
　tetrahydro-6*H*- 17 IV 1568
—, 6,6-Dibutyl-9-methyl-3-pentyl-
　7,8,9,10-tetrahydro-6*H*- 17 IV 1572
—, 6,6-Dibutyl-3-methyl-7,8,9,10-
　tetrahydro-6*H*- 17 IV 1564
—, 3-[1,1-Dimethyl-butyl]-6,6,9-
　trimethyl-7,8,9,10-tetrahydro-6*H*- 17
　IV 1566
—, 3-[1,2-Dimethyl-butyl]-6,6,9-
　trimethyl-7,8,9,10-tetrahydro-6*H*- 17
　IV 1566
—, 3,9-Dimethyl-6,6-dipropyl-7,8,9,10-
　tetrahydro-6*H*- 17 IV 1564
—, 3-[1,1-Dimethyl-heptyl]-6,6,9-
　trimethyl-7,8,9,10-tetrahydro-6*H*- 17
　IV 1571
—, 3-[1,2-Dimethyl-heptyl]-6,6,9-
　trimethyl-7,8,9,10-tetrahydro-6*H*- 17
　IV 1571
—, 3-[1,2-Dimethyl-hexyl]-6,6,9-
　trimethyl-7,8,9,10-tetrahydro-6*H*- 17
　IV 1570
—, 3-[1,2-Dimethyl-octyl]-6,6,9-trimethyl-
　7,8,9,10-tetrahydro-6*H*- 17 IV 1571
—, 6,6-Dimethyl-3-pentyl-7,8,9,10-
　tetrahydro-6*H*- 17 IV 1559
—, 3-Heptyloxy-6,6,9-trimethyl-7,8,9,10-
　tetrahydro-6*H*- 17 IV 2150
—, 3-Heptyl-6,6,9-trimethyl-7,8,9,10-
　tetrahydro-6*H*- 17 IV 1568
—, 3-Hexyloxy-6,6,9-trimethyl-7,8,9,10-
　tetrahydro-6*H*- 17 IV 2149
—, 3-Hexyl-6,6,9-trimethyl-7,8,9,10-
　tetrahydro-6*H*- 17 IV 1564
—, 3-Isohexyl-6,6,9-trimethyl-7,8,9,10-
　tetrahydro-6*H*- 17 IV 1565
—, 3-Isopentyl-6,6,9-trimethyl-7,8,9,10-
　tetrahydro-6*H*- 17 IV 1564
—, 3-Methyl-6,6-dipentyl-7,8,9,10-
　tetrahydro-6*H*- 17 IV 1569
—, 3-Methyl-6,6-dipropyl-7,8,9,10-
　tetrahydro-6*H*- 17 IV 1559
—, 9-Methyl-3-pentyl-6,6-dipropyl-
　7,8,9,10-tetrahydro-6*H*- 17 IV 1571
—, 3,6,6,9-Tetramethyl-6*H*- 17 IV 1638
—, 6,6,7,9-Tetramethyl-3-pentyl-7,8,9,10-
　tetrahydro-6*H*- 17 IV 1566
—, 6,6,8,9-Tetramethyl-3-pentyl-7,8,9,10-
　tetrahydro-6*H*- 17 IV 1567
—, 6,6,9,9-Tetramethyl-3-pentyl-7,8,9,10-
　tetrahydro-6*H*- 17 IV 1567
—, 3,6,6,9-Tetramethyl-7,8,9,10-
　tetrahydro-6*H*- 17 IV 1556
—, 3,6,6-Trimethyl-6*H*- 17 IV 1634

Benzo[c]chromen-1-ol (Fortsetzung)
—, 6,6,9-Trimethyl-3-[1-methyl-butyl]-7,8,9,10-tetrahydro-6H- **17** IV 1563
—, 6,6,9-Trimethyl-3-[1-methyl-heptyl]-7,8,9,10-tetrahydro-6H- **17** IV 1570
—, 6,6,9-Trimethyl-3-[1-methyl-hexyl]-7,8,9,10-tetrahydro-6H- **17** IV 1568
—, 6,6,9-Trimethyl-3-[1-methyl-nonyl]-7,8,9,10-tetrahydro-6H- **17** IV 1571
—, 6,6,9-Trimethyl-3-[1-methyl-octyl]-7,8,9,10-tetrahydro-6H- **17** IV 1570
—, 6,6,9-Trimethyl-3-[1-methyl-pentyl]-7,8,9,10-tetrahydro-6H- **17** IV 1565
—, 6,6,9-Trimethyl-3-[2-methyl-pentyl]-7,8,9,10-tetrahydro-6H- **17** IV 1565
—, 6,6,9-Trimethyl-3-[3-methyl-pentyl]-7,8,9,10-tetrahydro-6H- **17** IV 1565
—, 6,6,9-Trimethyl-3-nonyl-7,8,9,10-tetrahydro-6H- **17** IV 1570
—, 6,6,9-Trimethyl-3-octyl-7,8,9,10-tetrahydro-6H- **17** IV 1569
—, 6,6,9-Trimethyl-2-pentyl-6H- **17** IV 1651
—, 6,6,9-Trimethyl-3-pentyl-6H- **17** II 151 f, IV 1652
—, 6,6,9-Trimethyl-4-pentyl-6H- **17** IV 1654
—, 6,6,9-Trimethyl-3-pentyl-6a,7,8,9,10,10a-hexahydro-6H- **17** IV 1512
—, 6,6,9-Trimethyl-3-pentyloxy-7,8,9,10-tetrahydro-6H- **17** IV 2149
—, 6,6,8-Trimethyl-3-pentyl-7,8,9,10-tetrahydro-6H- **17** IV 1560
—, 6,6,9-Trimethyl-3-pentyl-6a,7,8,10a-tetrahydro-6H- **17** IV 1562
—, 6,6,9-Trimethyl-3-pentyl-6a,7,10,10a-tetrahydro-6H- **17** IV 1562
—, 6,6,9-Trimethyl-3-pentyl-7,8,9,10-tetrahydro-6H- **17** IV 1561
—, 6,6,10-Trimethyl-3-pentyl-7,8,9,10-tetrahydro-6H- **17** IV 1563
—, 6,6,9-Trimethyl-3-[1-propyl-pentyl]-7,8,9,10-tetrahydro-6H- **17** IV 1570
—, 6,6,9-Trimethyl-3-propyl-7,8,9,10-tetrahydro-6H- **17** IV 1557
—, 3,6,6-Trimethyl-7,8,9,10-tetrahydro-6H- **17** IV 1554
—, 6,6,9-Trimethyl-3-[1,2,4-trimethyl-hexyl]-7,8,9,10-tetrahydro-6H- **17** IV 1571
—, 6,6,9-Trimethyl-2,4,8-trinitro-3-pentyl-6H- **17** II 152 b, IV 1654
Benzo[c]chromen-2-ol
—, 6,6-Dimethyl-7,8,9,10-tetrahydro-6H- **17** IV 1551
—, 6,6,9-Trimethyl-6H- **17** IV 1634
—, 6,6,9-Trimethyl-3-pentyl-6H- **17** IV 1654

—, 6,6,9-Trimethyl-3-pentyl-7,8,9,10-tetrahydro-6H- **17** IV 1562
—, 6,6,9-Trimethyl-7,8,9,10-tetrahydro-6H- **17** IV 1554
Benzo[c]chromen-3-ol
—, 2-Cyclohexyl-6,6,9-trimethyl-7,8,9,10-tetrahydro-6H- **17** IV 1583
—, 6,6-Dimethyl-6F- **17** IV 1629
—, 6,6-Dimethyl-7,8,9,10-tetrahydro-6H- **17** IV 1551
—, 2-Heptyl-6,6,9-trimethyl-7,8,9,10-tetrahydro-6H- **17** IV 1567
—, 2-Hexyl-6,6,9-trimethyl-7,8,9,10-tetrahydro-6H- **17** IV 1564
—, 1,6,6-Trimethyl-6H- **17** IV 1634
—, 6,6,9-Trimethyl-2-[1-methyl-heptyl]-7,8,9,10-tetrahydro-6H- **17** IV 1569
—, 6,6,9-Trimethyl-2-octyl-7,8,9,10-tetrahydro-6H- **17** IV 1569
—, 6,6,9-Trimethyl-1-pentyl-6H- **17** IV 1651
—, 6,6,9-Trimethyl-2-pentyl-6H- **17** IV 1652
—, 6,6,9-Trimethyl-4-pentyl-6H- **17** IV 1655
—, 6,6,9-Trimethyl-7,8,9,10-tetrahydro-6H- **17** IV 1554
Benzo[f]chromen-1-ol
—, 2-Brom-2,3-dihydro-1H- **17** IV 1577
—, 1-Methyl-2,3-dihydro-1H- **17** IV 1579
—, 2-Methyl-2,3-dihydro-1H- **17** IV 1579
Benzo[f]chromen-2-ol
—, 3H- **17** IV 5270
Benzo[f]chromen-3-ol
—, 1,3-Bis-[4-methoxy-phenyl]-3H- **8** III 3924 a
—, 2,3-Diphenyl-3H- **8** III 1728 c
—, 3-[2-Hydroxy-phenyl]-3H- **8** III 3026 c
—, 3-[2-Methoxy-phenyl]-3H- **8** III 3027 a
—, 1-[4-Methoxy-phenyl]-3-phenyl-3H- **8** III 3101 a
—, 3-Methyl-2,3-dihydro-1H- **8** III 1151 c
—, 3-Phenyl-3H- **8** III 1649 a
Benzo[f]chromen-9-ol
—, 3-Äthyl-3,4a,7,7,9,10a-hexamethyl-dodecahydro- **17** IV 1325
—, 3-Äthyl-3,4a,7,7,10a-pentamethyl-dodecahydro- **17** IV 1324
—, 3,4a,7,7,9,10a-Hexamethyl-3-vinyl-dodecahydro- **17** IV 1342
Benzo[g]chromen-2-ol
—, 3-Acetyl-2-methyl-2H- **8** III 2866 a
—, 2-Methyl-2H- **8** III 1333 a
—, 2-Phenyl-2H- **8** III 1650 c

Benzo[g]chromen-4-ol

—, 5,10-Dimethoxy-2,4-diphenyl-4H-
   17 IV 2419

Benzo[h]chromen-4-ol

—, 6-Methoxy-2,2-dimethyl-3,4-dihydro-
   2H- **17** IV 2162

—, 4-Methyl-3,4-dihydro-2H- **17**
   IV 1578

Benzo[h]chromen-6-ol

—, 2,5-Dimethyl-2-[4,8,12-trimethyl-
   tridecyl]-3,4-dihydro-2H- **17** IV 1584

—, 2-Methyl-2-[4,8,12-trimethyl-tridecyl]-
   3,4,7,8,9,10-hexahydro-2H- **17** IV 1522

—, 2,2,3,5-Tetramethyl-3,4-dihydro-2H-
   17 IV 1581

—, 2,2,5-Trimethyl-3,4-dihydro-2H- **17**
   IV 1580

Benzo[c]chromen-6-on 17 360 a, II 384 a,
   IV 5313

—, 2-Acetoxy- **18** IV 606

—, 3-Acetoxy- **18** IV 606

—, 1-Acetoxy-2-acetyl-7,8,9,10-
   tetrahydro- **18** IV 1644

—, 3-Acetoxy-2-acetyl-7,8,9,10-
   tetrahydro- **18** IV 1644

—, 3-Acetoxy-4-acetyl-7,8,9,10-
   tetrahydro- **18** IV 1644

—, 3-Acetoxy-2-äthyl-8-methyl-7,8,9,10-
   tetrahydro- **18** IV 531

—, 3-Acetoxy-2-äthyl-9-methyl-7,8,9,10-
   tetrahydro- **18** IV 532

—, 3-Acetoxy-2-äthyl-10-methyl-7,8,9,10-
   tetrahydro- **18** IV 532

—, 1-Acetoxy-3-[1-äthyl-propyl]-9-
   methyl- **18** IV 679

—, 10-Acetoxy-2,9-dimethoxy- **18**
   IV 2608

—, 3-Acetoxy-1,9-dimethyl- **18** IV 649

—, 9-Acetoxy-2,7-dimethyl- **18** IV 649

—, 1-Acetoxy-3,8-dimethyl-7,8,9,10-
   tetrahydro- **18** IV 526

—, 1-Acetoxy-3,9-dimethyl-7,8,9,10-
   tetrahydro- **18** IV 527

—, 1-Acetoxy-3,10-dimethyl-7,8,9,10-
   tetrahydro- **18** IV 527

—, 1-Acetoxy-3-isopentyl-9-methyl-
   7,8,9,10-tetrahydro- **18** IV 542

—, 1-Acetoxy-3-methyl- **18** IV 625

—, 2-Acetoxy-9-methyl- **18** IV 626

—, 3-Acetoxy-1-methyl- **18** IV 625

—, 3-Acetoxy-9-methyl- **18** IV 626

—, 1-Acetoxy-9-methyl-3-pentyl- **18**
   IV 678

—, 2-Acetoxy-9-methyl-3-pentyl- **18**
   IV 678

—, 3-Acetoxy-9-methyl-1-pentyl- **18**
   IV 676

—, 1-Acetoxy-9-methyl-3-pentyl-7,8,9,10-
   tetrahydro- **18** IV 540

—, 2-Acetoxy-9-methyl-3-pentyl-7,8,9,10-
   tetrahydro- **18** IV 541

—, 1-Acetoxy-3-methyl-7,8,9,10-
   tetrahydro- **18** IV 520

—, 3-Acetoxy-8-methyl-7,8,9,10-
   tetrahydro- **18** IV 520

—, 3-Acetoxy-9-methyl-7,8,9,10-
   tetrahydro- **18** IV 521

—, 3-Acetoxy-10-methyl-7,8,9,10-
   tetrahydro- **18** IV 521

—, 3-Acetoxy-1-pentadecyl-7,8,9,10-
   tetrahydro- **18** IV 561

—, 1-Acetoxy-3-pentyl-7,8,9,10-
   tetrahydro- **18** IV 537

—, 2-Acetoxy-7,8,9,10-tetrahydro- **18**
   IV 513

—, 3-Acetoxy-7,8,9,10-tetrahydro- **18**
   II 27 a, IV 513

—, 2-Acetylamino- **18** IV 7966

—, 9-[Acetyl-cyclohexyl-amino]-7-methyl-
   18 IV 7980

—, 2-Acetyl-3-hydroxy-8-methyl-7,8,9,10-
   tetrahydro- **18** IV 1647

—, 2-Acetyl-3-hydroxy-9-methyl-7,8,9,10-
   tetrahydro- **18** IV 1647

—, 4-Acetyl-3-hydroxy-8-methyl-7,8,9,10-
   tetrahydro- **18** IV 1648

—, 4-Acetyl-3-hydroxy-9-methyl-7,8,9,10-
   tetrahydro- **18** IV 1648

—, 2-Acetyl-1-hydroxy-7,8,9,10-
   tetrahydro- **18** IV 1644

—, 2-Acetyl-3-hydroxy-7,8,9,10-
   tetrahydro- **18** IV 1644

—, 4-Acetyl-3-hydroxy-7,8,9,10-
   tetrahydro- **18** IV 1644

—, 9-[Acetyl-isopropyl-amino]-7-methyl-
   18 IV 7980

—, 3-[1-Äthyl-butyl]-1-hydroxy-9-methyl-
   7,8,9,10-tetrahydro- **18** IV 543

—, 2-Äthyl-3-hydroxy-8-methyl-7,8,9,10-
   tetrahydro- **18** IV 531

—, 2-Äthyl-3-hydroxy-9-methyl-7,8,9,10-
   tetrahydro- **18** IV 532

—, 2-Äthyl-3-hydroxy-10-methyl-
   7,8,9,10-tetrahydro- **18** IV 532

—, 3-Äthyl-1-hydroxy-9-methyl-7,8,9,10-
   tetrahydro- **18** IV 532

—, 9-Äthyl-1-hydroxy-3-pentyl-7,8,9,10-
   tetrahydro- **18** IV 544

—, 2-Äthyl-3-hydroxy-7,8,9,10-
   tetrahydro- **18** IV 526

—, 2-Äthyl-3-methoxy-8-methyl-7,8,9,10-
   tetrahydro- **18** IV 531

—, 2-Äthyl-3-methoxy-9-methyl-7,8,9,10-
   tetrahydro- **18** IV 532

—, 2-Äthyl-3-methoxy-10-methyl-
   7,8,9,10-tetrahydro- **18** IV 532

Benzo[c]chromen-6-on   (Fortsetzung)
—, 3-[1-Äthyl-2-methyl-propyl]-1-
   hydroxy-9-methyl-7,8,9,10-tetrahydro-
   18 IV 544
—, 3-[1-Äthyl-propyl]-1-hydroxy-9-
   methyl- **18** IV 679
—, 1-Allyl-3,4-dimethoxy-7,8,9,10-
   tetrahydro- **18** IV 1647
—, 1-Allyl-4-hydroxy-3-methoxy-
   7,8,9,10-tetrahydro- **18** IV 1647
—, 4-Allyloxy-3-methoxy-7,8,9,10-
   tetrahydro- **18** IV 1563
—, 2-Amino- **18** IV 7966
—, 9-Amino-8-isopropyl-4,10b-dimethyl-
   1,2,3,4,4a,10b-hexahydro- **18** IV 7939
—, 7-Amino-8-isopropyl-4,10b-dimethyl-
   9-nitro-1,2,3,10b-tetrahydro- **18** IV 7947
—, 7-Amino-8-isopropyl-4,10b-dimethyl-
   1,2,3,10b-tetrahydro- **18** IV 7947
—, 9-Amino-7-methyl- **18** IV 7979
—, 9-Anilino-7-methyl- **18** IV 7980
—, 1-Benzolsulfonyloxy-9-methyl-2-
   pentyl- **18** IV 677
—, 1-Benzolsulfonyloxy-9-methyl-4-
   pentyl- **18** IV 678
—, 3-Benzoyloxy-7,8,9,10-tetrahydro-
   18 II 27 b
—, 1-Benzyloxy-9-methyl-2-pentyl- **18**
   IV 677
—, 1-Benzyloxy-9-methyl-4-pentyl- **18**
   IV 678
—, 2,4-Bis-acetylamino- **18** IV 7967
—, 8-Brom-2-methyl- **17** IV 5328
—, 3-Butoxy-7,8,9,10-tetrahydro- **18**
   IV 513
—, 9-Butylamino-7-methyl- **18** IV 7979
—, 3-Butyl-1-hydroxy-9-methyl-7,8,9,10-
   tetrahydro- **18** IV 537
—, 2-Chlor- **17** IV 5313
—, 7-Chlor- **17** IV 5313
—, 9-Chlor- **17** IV 5313
—, 9-[4-Chlor-anilino]-7-methyl- **18**
   IV 7980
—, 2-Chlor-3-diäthoxyphosphoryloxy-
   7,8,9,10-tetrahydro- **18** IV 514
—, 2-Chlor-3-diäthoxythiophosphoryloxy-
   7,8,9,10-tetrahydro- **18** IV 514
—, 2-Chlor-3-
   dimethoxythiophosphoryloxy-7,8,9,10-
   tetrahydro- **18** IV 514
—, 2-Chlor-3-hydroxy-7,8,9,10-
   tetrahydro- **18** IV 514
—, 9-Cyclohexylamino-7-methyl- **18**
   IV 7979
—, 2-Cyclohexyl-3-hydroxy-9-methyl-
   7,8,9,10-tetrahydro- **18** IV 590
—, 8-Cyclohexyl-3-hydroxy-7,8,9,10-
   tetrahydro- **18** IV 589
—, 3,8-Diacetoxy- **18** IV 1686

—, 3,7-Diacetoxy-9-methoxy-1-methyl-
   18 IV 2618
—, 1,3-Diacetoxy-8-methyl-7,8,9,10-
   tetrahydro- **18** IV 1576
—, 1,3-Diacetoxy-9-methyl-7,8,9,10-
   tetrahydro- **18** IV 1577
—, 1,3-Diacetoxy-10-methyl-7,8,9,10-
   tetrahydro- **18** IV 1578
—, 3,4-Diacetoxy-8-methyl-7,8,9,10-
   tetrahydro- **18** IV 1577
—, 3,4-Diacetoxy-9-methyl-7,8,9,10-
   tetrahydro- **18** IV 1577
—, 3,4-Diacetoxy-10-methyl-7,8,9,10-
   tetrahydro- **18** IV 1578
—, 3-Diäthoxyphosphoryloxy-7,8,9,10-
   tetrahydro- **18** IV 513
—, 3-Diäthoxythiophosphoryloxy- **18**
   IV 606
—, 3-Diäthoxythiophosphoryloxy-4-
   nitro-7,8,9,10-tetrahydro- **18** IV 515
—, 3-Diäthoxythiophosphoryloxy-
   7,8,9,10-tetrahydro- **18** IV 514
—, 3-Diäthoxythiophosphoryloxy-7,9,9-
   trimethyl-7,8,9,10-tetrahydro- **18** IV 533
—, 3-Diäthylamino-7,8,9,10-tetrahydro-
   18 IV 7945
—, 2,4-Diamino- **18** IV 7967
—, 7,9-Diamino-8-isopropyl-4,10b-
   dimethyl-1,2,3,4,4a,10b-hexahydro- **18**
   IV 7939
—, 8,10-Dibrom-2-methyl- **17** IV 5329
—, 3,8-Dihydroxy- **18** IV 1686
—, 4,7-Dihydroxy- **18** IV 1687
—, 3,7-Dihydroxy-1,9-dimethyl- **18**
   IV 1727
—, 1,3-Dihydroxy-8-methoxy- **18**
   IV 2607
—, 3,7-Dihydroxy-9-methoxy-1-methyl-
   18 IV 2617
—, 1,3-Dihydroxy-8-methyl-7,8,9,10-
   tetrahydro- **18** IV 1576
—, 1,3-Dihydroxy-9-methyl-7,8,9,10-
   tetrahydro- **18** II 81 a, IV 1577
—, 1,3-Dihydroxy-10-methyl-7,8,9,10-
   tetrahydro- **18** IV 1578
—, 3,4-Dihydroxy-8-methyl-7,8,9,10-
   tetrahydro- **18** IV 1576
—, 3,4-Dihydroxy-9-methyl-7,8,9,10-
   tetrahydro- **18** II 81 b, IV 1577
—, 3,4-Dihydroxy-10-methyl-7,8,9,10-
   tetrahydro- **18** IV 1578
—, 1,3-Dihydroxy-7,8,9,10-tetrahydro-
   18 IV 1563
—, 3,4-Dihydroxy-7,8,9,10-tetrahydro-
   18 IV 1563
—, 3-Diisopropoxythiophosphoryloxy-
   7,8,9,10-tetrahydro- **18** IV 514

Benzo[c]chromen-6-on   (Fortsetzung)

—, 3-Diisopropoxythiophosphoryloxy-
  7,9,9-trimethyl-7,8,9,10-tetrahydro- **18**
  IV 533

—, 2,3-Dimethoxy- **18** IV 1686

—, 2,9-Dimethoxy- **18** II 90 d

—, 3,8-Dimethoxy- **18** IV 1686

—, 4,7-Dimethoxy- **18** IV 1687

—, 4,9-Dimethoxy- **18** IV 1687

—, 3,8-Dimethoxy-1-methyl- **18**
  IV 1695

—, 1,3-Dimethoxy-8-methyl-7,8,9,10-
  tetrahydro- **18** IV 1576

—, 3,4-Dimethoxy-8-methyl-7,8,9,10-
  tetrahydro- **18** IV 1577

—, 3,4-Dimethoxy-9-methyl-7,8,9,10-
  tetrahydro- **18** IV 1577

—, 2,3-Dimethoxy-7,8,9,10-tetrahydro-
  18 IV 1563

—, 3,4-Dimethoxy-7,8,9,10-tetrahydro-
  18 IV 1563

—, 3-Dimethoxythiophosphoryloxy-
  7,8,9,10-tetrahydro- **18** IV 513

—, 3-Dimethoxythiophosphoryloxy-
  7,9,9-trimethyl-7,8,9,10-tetrahydro- **18**
  IV 533

—, 8,9-Dimethyl- **17** IV 5356

—, 3-[1,1-Dimethyl-butyl]-1-hydroxy-9-
  methyl-7,8,9,10-tetrahydro- **18** IV 544

—, 3-[1,2-Dimethyl-butyl]-1-hydroxy-9-
  methyl-7,8,9,10-tetrahydro- **18** IV 544

—, 3-[1,1-Dimethyl-heptyl]-1-hydroxy-9-
  methyl-7,8,9,10-tetrahydro- **18** IV 549

—, 3-[1,2-Dimethyl-heptyl]-1-hydroxy-9-
  methyl-7,8,9,10-tetrahydro- **18** IV 549

—, 3-[1,2-Dimethyl-hexyl]-1-hydroxy-9-
  methyl-7,8,9,10-tetrahydro- **18** IV 548

—, 3-[1,2-Dimethyl-octyl]-1-hydroxy-9-
  methyl-7,8,9,10-tetrahydro- **18** IV 558

—, 3,9-Dimethyl-7,8,9,10-tetrahydro-
  17 IV 5238

—, 8,9-Dimethyl-6a,7,10,10a-tetrahydro-
  17 IV 5238

—, 2-Heptyl-3-hydroxy-9-methyl-
  7,8,9,10-tetrahydro- **18** IV 546

—, 3-Heptyl-4-hydroxy-9-methyl-
  7,8,9,10-tetrahydro- **18** IV 546

—, 2,3,4,8,9,10-Hexaacetoxy- **18** 256 b

—, 3,4,7,8,9,10-Hexaacetoxy- **18** 256 b

—, 2,3,4,8,9,10-Hexahydroxy- **18** 256 a

—, 3,4,7,8,9,10-Hexahydroxy- **18** 256 a

—, 2,3,4,8,9,10-Hexakis-benzoyloxy-
  18 256 c

—, 3,4,7,8,9,10-Hexakis-benzoyloxy-
  18 256 c

—, 2-Hexyl-3-hydroxy-9-methyl- **18**
  IV 680

—, 2-Hexyl-3-hydroxy-9-methyl-7,8,9,10-
  tetrahydro- **18** IV 542

—, 3-Hexyl-1-hydroxy-9-methyl-7,8,9,10-
  tetrahydro- **18** IV 542

—, 3-Hydroxy- **18** II 31 a, IV 606

—, 4-Hydroxy- **18** IV 607

—, 7-Hydroxy- **18** IV 607

—, 9-Hydroxy- **18** IV 607

—, 10-Hydroxy-2,9-dimethoxy- **18**
  IV 2607

—, 3-Hydroxy-7,9-dimethoxy-1-methyl-
  18 IV 2617

—, 3-Hydroxy-1,9-dimethyl- **18** IV 648

—, 9-Hydroxy-2,7-dimethyl- **18** IV 649

—, 1-Hydroxy-7,9-dimethyl-3-pentyl-
  7,8,9,10-tetrahydro- **18** IV 544

—, 1-Hydroxy-8,9-dimethyl-3-pentyl-
  7,8,9,10-tetrahydro- **18** IV 545

—, 1-Hydroxy-9,9-dimethyl-3-pentyl-
  7,8,9,10-tetrahydro- **18** IV 545

—, 1-Hydroxy-3,8-dimethyl-7,8,9,10-
  tetrahydro- **18** IV 526

—, 1-Hydroxy-3,9-dimethyl-7,8,9,10-
  tetrahydro- **18** IV 526

—, 1-Hydroxy-3,10-dimethyl-7,8,9,10-
  tetrahydro- **18** IV 527

—, 3-Hydroxy-1,9-dimethyl-7,8,9,10-
  tetrahydro- **18** IV 526

—, 4a-Hydroxy-dodecahydro- **10**
  III 2942 c

—, 1-Hydroxy-3-isohexyl-9-methyl-
  7,8,9,10-tetrahydro- **18** IV 543

—, 1-Hydroxy-3-isopentyl-9-methyl-
  7,8,9,10-tetrahydro- **18** IV 542

—, 3-Hydroxy-8-methoxy- **18** IV 1686

—, 3-Hydroxy-8-methoxy-1-methyl- **18**
  IV 1695

—, 4-Hydroxy-3-methoxy-7,8,9,10-
  tetrahydro- **18** IV 1563

—, 1-Hydroxy-3-methyl- **18** IV 625

—, 2-Hydroxy-9-methyl- **18** IV 626

—, 3-Hydroxy-1-methyl- **18** IV 625

—, 3-Hydroxy-9-methyl- **18** IV 626

—, 1-Hydroxy-9-methyl-3-[1-methyl-
  butyl]-7,8,9,10-tetrahydro- **18** IV 541

—, 1-Hydroxy-9-methyl-3-[1-methyl-
  heptyl]-7,8,9,10-tetrahydro- **18** IV 547

—, 3-Hydroxy-9-methyl-2-[1-methyl-
  heptyl]-7,8,9,10-tetrahydro- **18** IV 547

—, 1-Hydroxy-9-methyl-3-[1-methyl-
  hexyl]-7,8,9,10-tetrahydro- **18** IV 546

—, 1-Hydroxy-9-methyl-3-[1-methyl-
  nonyl]-7,8,9,10-tetrahydro- **18** IV 558

—, 1-Hydroxy-9-methyl-3-[1-methyl-
  octyl]-7,8,9,10-tetrahydro- **18** IV 549

—, 1-Hydroxy-9-methyl-3-[2-methyl-
  pentyl]-7,8,9,10-tetrahydro- **18** IV 543

—, 1-Hydroxy-9-methyl-3-[3-methyl-
  pentyl]-7,8,9,10-tetrahydro- **18** IV 543

—, 1-Hydroxy-9-methyl-3-[1-methyl-
  phenyl]-7,8,9,10-tetrahydro- **18** IV 543

Benzo[c]chromen-6-on   (Fortsetzung)

—, 1-Hydroxy-9-methyl-3-octyl-7,8,9,10-tetrahydro- **18** IV 547

—, 3-Hydroxy-9-methyl-2-octyl-7,8,9,10-tetrahydro- **18** IV 547

—, 1-Hydroxy-9-methyl-2-pentyl- **18** IV 676

—, 1-Hydroxy-9-methyl-3-pentyl- **18** IV 677

—, 1-Hydroxy-9-methyl-4-pentyl- **18** IV 678

—, 2-Hydroxy-9-methyl-3-pentyl- **18** IV 678

—, 3-Hydroxy-9-methyl-1-pentyl- **18** IV 676

—, 3-Hydroxy-9-methyl-2-pentyl- **18** IV 677

—, 3-Hydroxy-9-methyl-4-pentyl- **18** IV 679

—, 1-Hydroxy-8-methyl-3-pentyl-7,8,9,10-tetrahydro- **18** IV 540

—, 1-Hydroxy-9-methyl-3-pentyl-7,8,9,10-tetrahydro- **18** IV 540

—, 1-Hydroxy-10-methyl-3-pentyl-7,8,9,10-tetrahydro- **18** IV 541

—, 2-Hydroxy-9-methyl-3-pentyl-7,8,9,10-tetrahydro- **18** IV 541

—, 1-Hydroxy-9-methyl-3-[1-propyl-pentyl]-7,8,9,10-tetrahydro- **18** IV 548

—, 1-Hydroxy-9-methyl-3-propyl-7,8,9,10-tetrahydro- **18** IV 535

—, 3-Hydroxy-8-methyl-4-[1-semicarbazono-äthyl]-7,8,9,10-tetrahydro- **18** IV 1648

—, 3-Hydroxy-9-methyl-4-[1-semicarbazono-äthyl]-7,8,9,10-tetrahydro- **18** IV 1648

—, 1-Hydroxy-3-methyl-7,8,9,10-tetrahydro- **18** IV 519

—, 2-Hydroxy-9-methyl-7,8,9,10-tetrahydro- **18** IV 520

—, 3-Hydroxy-8-methyl-7,8,9,10-tetrahydro- **18** IV 520

—, 3-Hydroxy-9-methyl-7,8,9,10-tetrahydro- **18** IV 520

—, 3-Hydroxy-10-methyl-7,8,9,10-tetrahydro- **18** IV 521

—, 1-Hydroxy-9-methyl-3-[1,2,4-trimethyl-hexyl]-7,8,9,10-tetrahydro- **18** IV 549

—, 3-Hydroxy-4-nitro-7,8,9,10-tetrahydro- **18** IV 514

—, 3-Hydroxy-1-pentadecyl-7,8,9,10-tetrahydro- **18** IV 560

—, 1-Hydroxy-3-pentyl-7,8,9,10-tetrahydro- **18** IV 537

—, 2-Hydroxy-7,8,9,10-tetrahydro- **18** IV 513

—, 3-Hydroxy-7,8,9,10-tetrahydro- **18** 44 b, II 26 e, IV 513

—, 3-Hydroxy-8,9,10-trimethoxy- **18** IV 3192

—, 3-Hydroxy-7,9,9-trimethyl-7,8,9,10-tetrahydro- **18** IV 532

—, 3-Hydroxy-2,4,8-trinitro- **18** IV 606

—, 2-Isopropyl- **17** IV 5377

—, 9-Isopropylamino-7-methyl- **18** IV 7979

—, 8-Isopropyl-4,10b-dimethyl-7-nitro-1,2,3,10b-tetrahydro- **17** IV 5248

—, 8-Isopropyl-4,10b-dimethyl-9-nitro-1,2,3,10b-tetrahydro- **17** IV 5248

—, 8-Isopropyl-4,10b-dimethyl-1,2,3,10b-tetrahydro- **17** IV 5247

—, 3-Isopropyl-7-methyl- **17** IV 5390

—, 8-Isopropyl-4-methyl- **17** IV 5390

—, 2-Methoxy- **18** IV 605

—, 3-Methoxy- **18** II 31 b, IV 606

—, 4-Methoxy- **18** IV 607

—, 1-Methoxy-3,8-dimethyl-7,8,9,10-tetrahydro- **18** IV 526

—, 1-Methoxy-3,9-dimethyl-7,8,9,10-tetrahydro- **18** IV 527

—, 4-Methoxy-2-methyl- **18** IV 625

—, 1-Methoxy-9-methyl-2-pentyl- **18** IV 677

—, 1-Methoxy-9-methyl-4-pentyl- **18** IV 678

—, 3-Methoxy-8-methyl-7,8,9,10-tetrahydro- **18** IV 520

—, 3-Methoxy-9-methyl-7,8,9,10-tetrahydro- **18** IV 521

—, 3-Methoxy-10-methyl-7,8,9,10-tetrahydro- **18** IV 521

—, 3-Methoxy-4-propionyloxy-7,8,9,10-tetrahydro- **18** IV 1563

—, 3-Methoxy-7,8,9,10-tetrahydro- **18** II 26 f

—, 1-Methyl- **17** IV 5328

—, 2-Methyl- **17** IV 5328

—, 3-Methyl- **17** IV 5328

—, 7-Methyl- **17** IV 5329

—, 9-Methyl- **17** IV 5329

—, 9-Methyl-3-pentyl-7,8,9,10-tetrahydro- **17** IV 5249

—, 3-Methyl-7,8,9,10-tetrahydro- **17** II 374 d

—, 9-Methyl-6a,7,10,10a-tetrahydro- **17** IV 5228

—, 2-Nitro- **17** IV 5314

—, 8-Nitro- **17** IV 5314

—, 3,4,8,9,10-Pentaacetoxy- **18** 238 a

—, 3,4,8,9,10-Pentahydroxy- **18** 237 c, I 420 c

—, 3,4,8,9,10-Pentakis-benzoyloxy- **18** 238 b

Benzo[*c*]chromen-6-on　(Fortsetzung)
—, 3-Pentyl-7,8,9,10-tetrahydro- **17**
　IV 5247
—, 2-Phenylazo- **18** IV 8337
—, 3,8,9,10-Tetramethoxy- **18** IV 3192
—, 1,3,8-Triacetoxy- **18** IV 2607
—, 1,3,8-Trihydroxy- **18** IV 2607
—, 3,7,9-Trihydroxy-1-methyl- **18**
　IV 2617
—, 1,3,8-Trimethoxy- **18** IV 2607
—, 3,7,9-Trimethoxy-1-methyl- **18**
　IV 2618

Benzo[*de*]chromen-2-on
—, 7-Methyl-3a,4,5,6-tetrahydro-3*H*-
　17 IV 5142

Benzo[*f*]chromen-1-on 17 IV 5312
—, 3-[1-Acetoxy-[2]naphthyl]- **18**
　IV 859
—, 3-[3-Acetoxy-[2]naphthyl]- **18**
　IV 859
—, 2-Acetoxy-2-phenyl-2,3-dihydro- **18**
　IV 815
—, 2-Acetyl-3-methyl- **17** II 501 h
—, 2-Acetyl-3-phenyl- **17** II 514 c
—, 5-Acetyl-3-phenyl-7,8,9,10-
　tetrahydro- **17** IV 6524
—, 3-Äthoxy-2-brom-2,3-dihydro- **18**
　IV 576
—, 3-[4-Äthoxy-[1]naphthyl]-2,3-dihydro-
　18 II 53 e
—, 2-Äthyl-3-methyl- **17** IV 5377
—, 2-Äthyl-3-phenyl- **17** IV 5571
—, 2-Äthyl-3-styryl- **17** IV 5596
—, 2-Benzyliden-3-phenyl-2,3-dihydro-
　17 IV 5625
—, 2-Benzyl-3-methyl- **17** II 514 b
—, 3-Benzyl-2-phenyl- **17** IV 5624
—, 2-Brom- **17** IV 5312
—, 2-Brom-2,3-dihydro- **17** IV 5269
—, 7-Brom-2,3-dihydro- **17** IV 5270
—, 8-Brom-2,3-dihydro- **17** IV 5270
—, 3-[5-Brom-2-hydroxy-phenyl]-2,3-
　dihydro- **18** IV 815
—, 2-Butyl-3-phenyl- **17** IV 5577
—, 2-Decyl-3-methyl- **17** IV 5410
—, 8,10-Diacetoxy-3,5-dimethyl- **18**
　IV 1727
—, 2-Diäthylamino- **18** IV 7966
—, 2-Diäthylaminomethyl-2,3-dihydro-
　18 IV 7949
—, 2,3-Dihydro- **17** IV 5269
　— [2,4-dinitro-phenylhydrazon] **17**
　　IV 5269
　— oxim **17** IV 5269
　— semicarbazon **17** IV 5269
—, 8,10-Dihydroxy-3,5-dimethyl- **18**
　IV 1727
—, 3-[3,4-Dihydroxy-phenyl]- **18**
　IV 1942

—, 8,10-Dimethoxy-3,5-dimethyl- **18**
　IV 1727
—, 3-[3,4-Dimethoxy-phenyl]- **18**
　IV 1942
—, 3-[3,4-Dimethoxy-phenyl]-2,3-
　dihydro- **18** IV 1933
—, 2,3-Dimethyl- **17** IV 5356
—, 3,5-Dimethyl- **17** IV 5356
—, 3,8-Dimethyl- **17** IV 5356
—, 2-[4-Dimethylamino-benzyliden]-2,3-
　dihydro- **18** IV 8021
—, 2-Dimethylaminomethyl-2,3-dihydro-
　18 IV 7949
—, 3,3-Dimethyl-2,3-dihydro- **17**
　IV 5283
　— [2,4-dinitro-phenylhydrazon] **17**
　　IV 5283
—, 2,3-Diphenyl- **17** IV 5623
—, 2-Hexadecyl-3-methyl- **17** IV 5412
—, 2-[1-Hydroxyimino-äthyl]-3-methyl-
　17 II 502 a
　— oxim **17** II 502 b
—, 3-Hydroxy-3-[1-methoxy-[2]naphthyl]-
　2,3-dihydro- **8** III 3914 a
—, 3-Hydroxy-3-[3-methoxy-[2]naphthyl]-
　2,3-dihydro- **8** III 3914 b
—, 3-Hydroxy-3-[4-methoxy-phenyl]-2,3-
　dihydro- **8** III 3860 b
—, 3-[1-Hydroxy-[2]naphthyl]- **18**
　IV 859
—, 3-[3-Hydroxy-[2]naphthyl]- **18**
　IV 859
—, 3-Hydroxy-3-[1]naphthyl-2,3-dihydro-
　8 III 3090 b
—, 3-Hydroxy-3-[2]naphthyl-2,3-dihydro-
　8 III 3091 c
—, 3-Hydroxy-3-pentadecyl-2,3-dihydro-
　8 III 2777 a
—, 2-Hydroxy-3-phenyl- **17** IV 6533
—, 3-[4-Hydroxy-phenyl]- **18** IV 826
—, 2-Hydroxy-2-phenyl-2,3-dihydro- **18**
　IV 815
—, 3-[2-Hydroxy-phenyl]-2,3-dihydro-
　18 IV 815
—, 3-Hydroxy-3-phenyl-2,3-dihydro-
　8 III 3028 a
—, 2-Isopropyl-3-methyl- **17** IV 5389
—, 2-Isopropyl-3-styryl- **17** IV 5599
—, 3-[1-Methoxy-[2]naphthyl]- **18**
　IV 859
—, 3-[2-Methoxy-[1]naphthyl]- **18**
　IV 859
—, 3-[3-Methoxy-[2]naphthyl]- **18**
　IV 859
—, 3-[2-Methoxy-[1]naphthyl]-2,3-
　dihydro- **18** IV 855
—, 3-[2-Methoxy-phenyl]- **18** IV 826
—, 3-[4-Methoxy-phenyl]- **18** IV 826

Benzo[/]chromen-1-on   (Fortsetzung)
—, 3-[4-Methoxy-phenyl]-2,3-dihydro-
   18 IV 815
—, 3-Methyl- **17** II 386 c, IV 5328
   — oxim **17** II 386 d
—, 2-Methyl-2,3-dihydro- **17** IV 5277
   — oxim **17** IV 5277
   — semicarbazon **17** IV 5278
—, 3-Methyl-2,3-dihydro- **17** IV 5278
   — oxim **17** IV 5278
—, 2-Methyl-3-phenyl- **17** IV 5564
—, 3-Methyl-2-phenyl- **17** IV 5564
—, 3-Methyl-2-propyl- **17** IV 5389
—, 2-Methyl-3-styryl- **17** IV 5592
—, 3-Methyl-2-tetradecyl- **17** IV 5411
—, 3-[1]Naphthyl- **17** IV 5617
—, 3-[2]Naphthyl- **17** IV 5617
—, 3-[2-Nitro-phenyl]- **17** IV 5556
—, 3-[3-Nitro-phenyl]- **17** IV 5556
—, 3-[4-Nitro-phenyl]- **17** IV 5556
—, 3-Pentadecyl- **17** IV 5411
—, 2-Phenyl- **17** IV 5555
—, 3-Phenyl- **17** I 216 d, II 414 f,
   IV 5555
—, 3-Phenyl-2,3-dihydro- **17** II 413 f,
   IV 5540
—, 3-Phenyl-2-propyl- **17** IV 5576
—, 3-Phenyl-7,8,9,10-tetrahydro- **17**
   IV 5520
—, 2-Propyl-3-styryl- **17** IV 5598
—, 3-Styryl- **17** IV 5586
—, 3-Styryl-2,3-dihydro- **17** IV 5571
—, 2-Thiocyanato-2,3-dihydro- **18**
   IV 575
—, 3-[3,4,5-Trimethoxy-phenyl]- **18**
   IV 2826
Benzo[/]chromen-2-on
—, 1*H*- **17** IV 5270
Benzo[/]chromen-3-on **17** 359 g, I 193 c,
   IV 5311
—, 2-Acetoxy- **18** IV 605
—, 8-Acetoxy-2-benzolsulfonyl- **18**
   II 90 a
—, 9-Acetoxy-2-benzolsulfonyl- **18**
   II 89 c
—, 8-Acetoxy-2-[4-chlor-benzolsulfonyl]-
   18 II 90 b
—, 9-Acetoxy-2-[4-chlor-benzolsulfonyl]-
   18 II 89 d
—, 8-Acetoxy-1-methyl- **18** IV 624
—, 9-Acetoxy-1-methyl- **18** IV 624
—, 8-Acetoxy-2-[toluol-4-sulfonyl]- **18**
   II 90 c
—, 9-Acetoxy-2-[toluol-4-sulfonyl]- **18**
   II 89 e
—, 2-Acetyl- **17** 527 c, IV 6447,
   IV 6438
—, 2-Acetylamino- **17** IV 6399

—, 2-Acetyl-1,2-dibrom-1,2-dihydro-
   17 525 a
—, 2-Acetylimino-1,2-dihydro- **17**
   IV 6399
—, 2-Acetyl-4a,7,7,10a-tetramethyl-
   dodecahydro- **17** IV 6063
—, 1-Äthyl- **17** IV 5355
—, 2-Äthyl- **17** 367 g, IV 5355
—, 2-Äthyl-1-brom- **17** IV 5356
—, 1-Äthyl-2-methyl- **17** IV 5377
—, 2-Äthyl-1-methyl- **17** IV 5377
—, 8-Äthyl-2-phenyl- **17** IV 5571
—, 2-[4-Äthyl-phenyl]-8-brom- **17**
   IV 5571
—, 2-Äthyl-1-propyl- **17** IV 5398
—, 2-Amino- **17** IV 6399
—, 2-Benzolsulfonyl- **18** II 30 e
—, 2-Benzolsulfonyl-8-hydroxy- **18**
   II 89 f
—, 2-Benzolsulfonyl-9-hydroxy- **18**
   II 88 j
—, 2-Benzoyl- **17** 544 e, IV 6548
—, 2-Benzoylamino- **17** IV 6400
—, 2-Benzoylimino-1,2-dihydro- **17**
   IV 6400
—, 6-Benzoyl-5-methoxy-1-phenyl- **18**
   IV 1992
—, 7-Benzoyl-8-methoxy-1-phenyl- **18**
   IV 1992
—, 2-Benzoyloxy- **18** IV 605
—, 2-Benzyl-1-hydroxy- **17** IV 6536
—, 2-Brom- **17** IV 5312
—, 8-Brom-2-[4-brom-phenyl]- **17**
   IV 5555
—, 8-Brom-2-[4-chlor-phenyl]- **17**
   IV 5554
—, 8-Brom-2-[4-jod-phenyl]- **17**
   IV 5555
—, 10-Brom-9-methoxy-2-methyl- **18**
   IV 625
—, 1-Brommethyl- **17** IV 5327
—, 1-Brom-2-methyl- **17** IV 5328
—, 2-Brom-1-methyl- **17** I 196 c,
   IV 5327
—, 8-Brom-2-[4-nitro-phenyl]- **17**
   IV 5555
—, 2-Brom-1-phenyl- **17** II 415 b
—, 2-[4-Brom-phenyl]- **17** IV 5554
—, 8-Brom-2-phenyl- **17** IV 5554
—, 2-[4-Brom-phenyl]-7-hydroxy- **18**
   IV 824
—, 2-[4-Brom-phenyl]-9-hydroxy- **18**
   IV 825
—, 8-Brom-2-*p*-tolyl- **17** IV 5564
—, 2-Butyl- **17** IV 5389
—, 2-[4-Chlor-benzolsulfonyl]- **18**
   II 30 f
—, 2-[4-Chlor-benzolsulfonyl]-8-hydroxy-
   18 II 89 g

Benzo[/]chromen-3-on   (Fortsetzung)

—, 2-[4-Chlor-benzolsulfonyl]-9-hydroxy-
18 II 89 a

—, 2-Chlor-1-methyl- **17** I 196 b,
IV 5327

—, 2-[4-Chlor-phenyl]- **17** IV 5554

—, 2-[4-Chlor-phenyl]-7-hydroxy- **18**
IV 824

—, 2-[4-Chlor-phenyl]-8-hydroxy- **18**
IV 825

—, 2-[4-Chlor-phenyl]-9-hydroxy- **18**
IV 825

—, 2-[4-Chlor-phenyl]-10-hydroxy-7-
methyl- **18** IV 834

—, 1,2-Diäthyl- **17** IV 5389

—, 2-[2,4-Dichlor-phenyl]- **17** IV 5554

—, 2-[3,4-Dichlor-phenyl]- **17** IV 5554

—, 2-[3,4-Dichlor-phenyl]-9-hydroxy-
18 IV 825

—, 1,2-Dihydro- **17** IV 5270

—, 1,2-Dimethyl- **17** IV 5356

—, 1,8-Dimethyl- **17** IV 5356

—, 1,1-Dimethyl-1,2-dihydro- **17**
IV 5283

—, 2-[2-(2,4-Dinitro-phenylhydrazono)-
propyl]- **17** IV 6447

—, 1,2-Diphenyl- **17** IV 5623

—, 2-[3-Fluor-4-hydroxy-phenyl]- **18**
IV 825

—, 1,2,7,8,9,10-Hexahydro- **17** IV 5139

—, 2-Hexyl- **17** IV 5403

—, 1-Hydroxy- **17** IV 6399

—, 2-Hydroxy- **17** IV 6399

—, 5-Hydroxy- **18** IV 605

—, 9-Hydroxy- **18** IV 605

—, 2-[4-Hydroxy-benzoyl]- **18** IV 1956

—, 8-Hydroxy-1-methyl- **18** IV 623

—, 9-Hydroxy-1-methyl- **18** IV 624

—, 9-Hydroxy-2-methyl- **18** IV 624

—, 7-Hydroxy-10-methyl-2-phenyl- **18**
IV 834

—, 8-Hydroxy-7-methyl-2-phenyl- **18**
IV 834

—, 9-Hydroxy-10-methyl-2-phenyl- **18**
IV 835

—, 10-Hydroxy-7-methyl-2-phenyl- **18**
IV 834

—, 5-Hydroxy-2-phenyl- **18** IV 824

—, 6-Hydroxy-2-phenyl- **18** IV 824

—, 7-Hydroxy-2-phenyl- **18** IV 824

—, 8-Hydroxy-2-phenyl- **18** IV 825

—, 9-Hydroxy-2-phenyl- **18** IV 825

—, 8-Hydroxy-2-[toluol-4-sulfonyl]- **18**
II 89 h

—, 9-Hydroxy-2-[toluol-4-sulfonyl]- **18**
II 89 b

—, 7-Hydroxy-2-*p*-tolyl- **18** IV 833

—, 2-Imino-1,2-dihydro- **17** IV 6399

—, 2-Isopropyl- **17** IV 5376

—, 2-[4-Jod-phenyl]- **17** IV 5555

—, 2-[2-Methoxy-benzolsulfonyl]- **18**
II 30 i

—, 2-[4-Methoxy-benzoyl]- **18** IV 1956

—, 9-Methoxy-2-methyl- **18** IV 624

—, 9-Methoxy-2-methyl-10-nitro- **18**
IV 625

—, 1-Methyl- **17** 362 h, I 195 f,
IV 5327

—   oxim **17** I 196 a

—, 2-Methyl- **17** 362 g, IV 5328

—, 1-Methyl-7,8-dihydro- **17** IV 5277

—, 1-Methyl-1,2,7,8,9,10-hexahydro- **17**
IV 5150

—, 1-Methyl-x-nitro- **17** IV 5327

—, 2-Methyl-9-propionyloxy- **18** IV 624

—, 2-Methyl-1-propyl- **17** IV 5389

—, 1-Methyl-7,8,9,10-tetrahydro- **17**
IV 5227

—, 10b-Methyl-1,2,6,10b-tetrahydro-
17 IV 5228

—, 2-[Naphthalin-2-sulfonyl]- **18**
II 30 h

—, 2-[2]Naphthyl- **17** IV 5617

—, 2-Nitro- **17** IV 5312

—, 1,2,6,6a,7,8,9,10-Octahydro- **17**
IV 5022

—, 2-Octyl- **17** IV 5407

—, 4a,7,7,8,10a-Pentamethyl-
dodecahydro- **17** IV 4690

—, 1-Phenyl- **17** II 415 a, IV 5554

—, 2-Phenyl- **17** I 217 a, IV 5554

—, 1-Phenyl-1,2-dihydro- **17** II 413 g,
IV 5540

—, 2-[1-Phenylhydrazono-äthyl]-
17 527 d

—, 2-Phenyl-8-propyl- **17** IV 5576

—, 1-Propyl- **17** IV 5376

—, 2-[2-Semicarbazono-propyl]- **17**
IV 6447

—, 1,2,5,6-Tetrahydro- **17** IV 5218

—, 7,8,9,10-Tetrahydro- **17** IV 5218

—, 4a,7,7,10a-Tetramethyl-4a,5,6,6a,7,8,≈
9,10,10a,10b-decahydro- **17**
IV 4770

—, 4a,7,7,10a-Tetramethyl-dodecahydro-
17 IV 4686

—, 2-[Toluol-4-sulfonyl]- **18** II 30 g

—, 2-*p*-Tolyl- **17** IV 5564

Benzo[/]chromen-4-on

—, 2-[3,5-Dinitro-benzoyl]-3-[3,5-dinitro-
phenyl]- **17** IV 6624

Benzo[/]chromen-9-on

—, 3-Äthyl-3,4a,7,7,10a-pentamethyl-
dodecahydro- **17** IV 4692

—, 3,4a,7,7,10a-Pentamethyl-3-vinyl-
dodecahydro- **17** IV 4774

—   oxim **17** IV 4774

—   semicarbazon **17** IV 4774

Benzo[g]chromen-2-on **17** 354 a, IV 5292
—, 3-Acetyl- **17** IV 6437
—, 3-Acetyl-4-hydroxy- **17** IV 6788
—, 3-Benzoyl- **17** IV 6548
—, 3,4,6,7,8,9-Hexahydro- **17** IV 5139
—, 4-Hydroxy- **17** 524 c, IV 6398
—, 5-Hydroxy-3,4-dihydro- **18** IV 575
—, 6-Hydroxy-7,8-dimethoxy-9-methyl-
　4a,5,5a,6,9,9a,10,10a-octahydro- **18**
　IV 2350
—, 4-Hydroxy-3-[1]naphthyl- **17** IV 6604
—, 4-Methoxy- **18** IV 598
—, 4-Methyl- **17** IV 5321
—, 4-Methyl-6,7-dihydro- **17** IV 5277
—, 4-Methyl-3,4,6,7,8,9-hexahydro- **17**
　IV 5149
—, 4-Methyl-6,7,8,9-tetrahydro- **17**
　IV 5227
—, 3-[1-(4-Nitro-phenylhydrazono)-äthyl]-
　17 IV 6437
—, 6,7,8,9-Tetrahydro- **17** IV 5217
—, 6,7,8-Trihydroxy-9-methyl-3,4,4a,5,9,⚞
　9a,10,10a-octahydro- **18** IV 2350
Benzo[g]chromen-4-on
—, 6-Acetoxy-5-hydroxy-8-methoxy-2-
　methyl- **18** IV 2610
—, 2-[2-Acetoxy-[1]naphthyl]- **18**
　IV 857
—, 2-[2-Acetoxy-phenyl]- **18** IV 820
—, 10-Acetyl-2-phenyl-6,7,8,9-
　tetrahydro- **17** IV 6524
—, 6,8-Diacetoxy-5-hydroxy-2-methyl-
　18 IV 2610
—, 5,6-Diacetoxy-8-methoxy-2-methyl-
　18 IV 2610
—, 5,6-Dihydroxy-8-methoxy-2-methyl-
　18 IV 2609
—, 2-[3,5-Dinitro-phenyl]- **17** IV 5550
—, 6-Hydroxy-5,8-dimethoxy-2-methyl-
　18 IV 2610
—, 10-Hydroxy-2-methyl- **18** IV 614
—, 2-[2-Hydroxy-[1]naphthyl]- **18**
　IV 857
—, 2-[2-Hydroxy-phenyl]- **18** IV 820
—, 3-[4-Methoxy-benzyliden]-2,3-
　dihydro- **18** I 338 g
—, 10-Methoxy-2-methyl- **18** IV 614
—, 2-[2-Methoxy-[1]naphthyl]- **18**
　IV 857
—, 2-[3-Methoxy-[2]naphthyl]- **18**
　IV 857
—, 2-[2-Methoxy-phenyl]- **18** IV 820
—, 10-Methoxy-2-styryl- **18** IV 843
—, 2-Methyl- **17** IV 5320
—, 2-[2]Naphthyl- **17** IV 5616
—, 2-[2-Nitro-phenyl]- **17** IV 5550
—, 2-[3-Nitro-phenyl]- **17** IV 5550
—, 2-[4-Nitro-phenyl]- **17** IV 5550
—, 2-Phenyl- **17** IV 5550

—, 2-Phenyl-6,7,8,9-tetrahydro- **17**
　IV 5520
—, 2-Styryl- **17** IV 5585
—, 5,6,8-Triacetoxy-2-methyl- **18**
　IV 2610
—, 5,6,8-Trihydroxy-2-methyl- **18**
　IV 2609
—, 5,6,8-Trimethoxy-2-methyl- **18**
　IV 2610
Benzo[h]chromen-2-on **17** 359 f, II 383 f,
　IV 5310
　— hydrazon **17** IV 5310
　— oxim **17** IV 5310
—, 4-Acetoxy- **18** IV 605
—, 6-Acetoxy-5-benzoyl-4-phenyl- **18**
　IV 1992
—, 4-Acetoxy-6-methyl- **18** IV 623
—, 6-Acetoxy-4-methyl- **18** IV 621
—, 7-Acetoxy-4-methyl- **18** IV 622
—, 9-Acetoxy-4-methyl- **18** IV 622
—, 10-Acetoxy-4-methyl- **18** IV 623
—, 3-[1-Acetoxy-2,2,2-trichlor-äthyl]-4-
　methyl- **18** IV 662
—, 3-Acetyl-4-äthoxy- **18** 134 e
—, 6-Acetylamino- **18** II 466 g
—, 6-Acetylamino-3-brom-4-methyl- **18**
　II 467 b
—, 6-Acetylamino-4-methyl- **18** I 575 b
—, 6-Acetyl-4-isopropyl- **17** IV 6462
—, 3-Äthyl-6-chlor-4-methyl- **17**
　IV 5376
—, 4-Äthyl-6-chlor-3-methyl- **17**
　IV 5376
—, 3-Äthyl-4-methyl- **17** 369 h
—, 3-Allyl-4-methyl- **17** II 403 f
—, 6-Amino- **18** II 466 f, IV 7966
—, 6-Amino-3-brom-4-methyl- **18**
　II 467 a
—, 6-Amino-4-methyl- **18** I 575 a
—, 3-Benzoyl- **17** II 513 e
—, 6-Benzoylamino- **18** II 466 h
—, 6-Benzoylamino-4-methyl- **18**
　I 575 c
—, 5-Benzoyl-6-methoxy-4-phenyl- **18**
　IV 1991
—, 4-Benzyl- **17** IV 5563
—, 3-Benzyl-6-brom-4-methyl- **17**
　IV 5571
—, 3-Benzyl-6-chlor-4-methyl- **17**
　IV 5571
—, 3-Benzyl-4,6-dihydroxy- **18** IV 1950
—, 3-Benzyl-4-hydroxy- **17** IV 6535
—, 3-Benzyl-4-hydroxy-5,6-dihydro- **17**
　IV 6520
—, 3-Benzyl-4-methyl- **17** I 219 f,
　IV 5570
—, 3-Benzyl-4-phenyl- **17** I 225 c
—, 6-Brom- **17** IV 5311
—, 6-Brom-3,4-dimethyl- **17** IV 5355

Benzo[*h*]chromen-2-on (Fortsetzung)

—, 3-Brom-4-isopropyl- **17** IV 5375
—, 6-Brom-4-isopropyl- **17** IV 5375
—, 4-Brommethyl- **17** IV 5326
—, 6-Brom-4-methyl- **17** II 385 j,
  IV 5326
—, 3-Brom-4-methyl-6-nitro- **17**
  II 386 b
—, 3-Brom-4-phenyl- **17** IV 5553
—, 3-[4-Brom-phenyl]-6-hydroxy- **18**
  IV 824
—, 6-Chlor- **17** II 383 g, IV 5311
—, 6-Chlor-3,4-dimethyl- **17** IV 5355
—, 6-Chlor-3-isobutyl-4-methyl- **17**
  IV 5398
—, 3-Chlor-4-methyl- **17** I 195 c,
  II 385 g, IV 5326
—, 6-Chlor-4-methyl- **17** II 385 h,
  IV 5326
—, 6-Chlor-4-methyl-3-phenyl- **17**
  IV 5563
—, 6-Chlor-4-methyl-3-propyl- **17**
  IV 5388
—, 6-Chlor-4-phenyl- **17** IV 5553
—, 3-[2-Chlor-phenyl]-6-hydroxy- **18**
  IV 824
—, 3-[4-Chlor-phenyl]-6-hydroxy- **18**
  IV 824
—, 3-[2-Chlor-propyl]-4-methyl- **17**
  IV 5388
—, 4-[2-Chlor-styryl]- **17** IV 5586
—, 6-Cyan-4-methyl- **18** II 344 b
—, 3,4-Dibrom-3,4-dihydro- **17** IV 5268
—, 4a,10b-Dibrom-3,4,4a,5,6,10b-
  hexahydro- **17** IV 5139
—, 3-[2,2-Dichlor-äthyl]-4-methyl- **17**
  IV 5376
—, 3,6-Dichlor-4-methyl- **17** II 385 i,
  IV 5326
—, 3,4-Dihydro- **17** IV 5268
—, 5,6-Dihydro- **17** IV 5268
—, 3,4-Dimethyl- **17** IV 5355
—, 4-[4-Dimethylamino-styryl]- **18**
  II 468 d
—, 4,4-Dimethyl-3,4-dihydro- **17**
  IV 5282
—, 3,4-Diphenyl- **17** IV 5622
—, Dodecahydro- **17** IV 4656
—, 3,4,4a,5,6,10b-Hexahydro- **17**
  IV 5139
—, 3,4,7,8,9,10-Hexahydro- **17** IV 5139
—, 4-Hydroxy- **17** 524 d, IV 6398
—, 5-Hydroxy-3,4-dihydro- **18** IV 575
—, 8-Hydroxy-4,6-dimethyl- **18** IV 648
—, 9-Hydroxy-4,6-dimethyl- **18** IV 648
—, 10b-Hydroxy-3,4,4a,5,6,10b-
  hexahydro- **10** III 3185 d
—, 6-[Hydroxyimino-methyl]-4-methyl-
  17 IV 6437

—, 4-[4-Hydroxy-3-methoxy-styryl]- **18**
  IV 1959
—, 4-Hydroxy-6-methyl- **17** IV 6404
—, 5-Hydroxy-4-methyl- **18** IV 621
—, 6-Hydroxy-4-methyl- **18** IV 621
—, 7-Hydroxy-4-methyl- **18** IV 621
—, 8-Hydroxy-4-methyl- **18** IV 622
—, 9-Hydroxy-4-methyl- **18** IV 622
—, 10-Hydroxy-4-methyl- **18** IV 623
—, 6-Hydroxy-5-methyl-3-phenyl- **18**
  IV 833
—, 4-Hydroxy-3-[1]naphthyl- **17**
  IV 6604
—, 4-Hydroxy-3-[4-nitro-phenylazo]- **17**
  IV 6786
—, 4-Hydroxy-3-phenyl- **17** IV 6532
—, 6-Hydroxy-3-phenyl- **18** IV 823
—, 9-Hydroxy-4,6,10-trimethyl- **18**
  IV 662
—, 4-Isopropyl- **17** IV 5375
—, 3-Isopropyl-4-methyl- **17** IV 5389
—, 6-Jod-4-methyl- **17** II 386 a
—, 4-Methoxy- **18** IV 604
—, 6-Methoxy- **18** IV 605
—, 4-Methoxy-6-methyl- **18** IV 623
—, 7-Methoxy-4-methyl- **18** IV 622
—, 10-Methoxy-4-methyl- **18** IV 623
—, 4-[4-Methoxy-*β*-phenylmercapto-
  phenäthyl]- **18** IV 1951
—, 4-[2-Methoxy-styryl]- **18** IV 844
—, 4-[4-Methoxy-styryl]- **18** II 51 g,
  IV 844
—, 4-[4-Methoxy-styryl]-3-phenyl- **18**
  IV 868
—, 4-[4-Methoxy-*β*-(toluol-2-sulfonyl)-
  phenäthyl]- **18** IV 1952
—, 4-[4-Methoxy-*β*-(toluol-3-sulfonyl)-
  phenäthyl]- **18** IV 1952
—, 4-[4-Methoxy-*β*-*m*-tolylmercapto-
  phenäthyl]- **18** IV 1952
—, 4-[4-Methoxy-*β*-*o*-tolylmercapto-
  phenäthyl]- **18** IV 1951
—, 4-[4-Methoxy-*β*-*p*-tolylmercapto-
  phenäthyl]- **18** IV 1952
—, 4-Methyl- **17** 362 f, I 195 a,
  II 385 f, IV 5325
  — oxim **17** I 195 b
—, 4-Methyl-dodecahydro- **17** IV 4665
—, 4-Methyl-3,4,4a,5,6,10b-hexahydro-
  17 IV 5149
—, 4-Methyl-3,4,7,8,9,10-hexahydro- **17**
  IV 5149
—, 4-Methyl-6-nitro- **17** I 195 d
—, 4-Methyl-7-[4-nitro-benzoyloxy]- **18**
  IV 622
—, 4-Methyl-6-[2-nitro-phenylazo]-
  18 647 b
—, 4-Methyl-6-[3-nitro-phenylazo]-
  18 647 c

Benzo[*h*]chromen-2-on   (Fortsetzung)
—, 4-Methyl-6-[4-nitro-phenylazo]-
  18 647 d
—, 4-Methyl-6-[2-oxo-2*H*-chromen-6-
  ylazo]- **18** IV 8338
—, 4-Methyl-3-phenyl- **17** I 218 e,
  II 417 i, IV 5563
—, 6-Methyl-3-phenyl- **17** IV 5564
—, 4-Methyl-6-phenylazo- **18** 647 a
—, 4-Methyl-6-[phenylhydrazono-methyl]-
  17 IV 6438
—, 4-Methyl-3-propyl- **17** IV 5388
—, 4-Methyl-6-semicarbazonomethyl-
  17 IV 6438
—, 4-[4-Methyl-styryl]- **17** IV 5592
—, 4-Methyl-3,4,5,6-tetrahydro- **17**
  IV 5227
—, 4-Methyl-7,8,9,10-tetrahydro- **17**
  IV 5227
—, 4-Methyl-3-[2,2,2-trichlor-1-hydroxy-
  äthyl]- **18** IV 662
—, 6-Nitro- **17** I 193 b, IV 5311
—, 4-[4-Nitro-phenyl]- **17** IV 5553
—, 3-Phenyl- **17** IV 5553
—, 4-Phenyl- **17** IV 5553
—, 4-Phenyl-3,4-dihydro- **17** IV 5539
—, 4-[β-Phenylmercapto-phenäthyl]- **18**
  IV 837
—, 3-Phenyl-4-styryl- **17** IV 5631
—, 4-Propyl- **17** IV 5374
—, 4-Styryl- **17** IV 5586
—, 3,4,5,6-Tetrahydro- **17** IV 5218
—, 7,8,9,10-Tetrahydro- **17** IV 5218
—, 4-[β-*m*-Tolylmercapto-phenäthyl]-
  18 IV 837
—, 4-[β-*o*-Tolylmercapto-phenäthyl]- **18**
  IV 837
—, 4-[β-*p*-Tolylmercapto-phenäthyl]- **18**
  IV 837

Benzo[*h*]chromen-4-on **17** 359 e, I 192 i
— semicarbazon **17** I 193 a
—, 3-Acetoxy-2-[4-acetoxy-phenyl]-
  18 142 d
—, 3-Acetoxy-2-[4-benzyloxy-3-methoxy-
  phenyl]- **18** IV 2825
—, 3-Acetoxy-2-[4-benzyloxy-3-methoxy-
  phenyl]-6-brom- **18** IV 2826
—, 3-Acetoxy-6-brom-2-[3,4-dimethoxy-
  phenyl]- **18** IV 2826
—, 3-Acetoxy-6-brom-2-[4-methoxy-
  phenyl]- **18** IV 1941
—, 3-Acetoxy-2-[3,4-diacetoxy-phenyl]-
  18 200 b
—, 3-Acetoxy-2-[3,4-dimethoxy-phenyl]-
  18 200 a
—, 3-Acetoxy-2-[4-isopropyl-phenyl]-
  18 73 d
—, 2-[3-Acetoxy-4-methoxy-phenyl]- **18**
  II 115 d

—, 3-Acetoxy-2-[3-methoxy-phenyl]-
  18 141 e
—, 3-Acetoxy-2-[4-methoxy-phenyl]-
  18 142 c
—, 2-[1-Acetoxy-[2]naphthyl]- **18**
  IV 858
—, 2-[3-Acetoxy-[2]naphthyl]- **18**
  IV 858
—, 2-[3-Acetoxy-phenyl]- **18** II 49 a
—, 2-[4-Acetoxy-phenyl]- **18** 70 d
—, 3-Acetoxy-2-phenyl- **18** 69 b
—, 7-Acetoxy-2-phenyl- **18** IV 821
—, 2-[2-Acetoxy-phenyl]-2,3-dihydro-
  18 IV 814
—, 2-[4-Acetoxy-phenyl]-2,3-dihydro-
  18 IV 815
—, 6-Acetylamino-2-phenyl- **18** IV 8020
—, 3-Acetyl-6-brom-2-methyl- **17**
  IV 6447
—, 3-Acetyl-6-chlor-2-methyl- **17**
  IV 6447
—, 6-Acetyl-2,3-dimethyl- **17** IV 6456
—, 3-Acetyl-6-lauroyl-2-methyl- **17**
  IV 6800
—, 3-Acetyl-2-methyl- **17** II 501 g
—, 3-Acetyl-2-methyl-6-nitro- **17**
  IV 6448
—, 3-Acetyl-2-methyl-6-palmitoyl- **17**
  IV 6800
—, 3-Acetyl-2-methyl-6-stearoyl- **17**
  IV 6800
—, 2-[4-Äthoxy-[1]naphthyl]- **18**
  II 54 b
—, 2-[2-Äthoxy-phenyl]- **18** 70 a
—, 2-Äthyl- **17** IV 5354
—, 3-Äthyl-6-brom-2-methyl- **17**
  IV 5375
—, 3-Äthyl-6-chlor-2-methyl- **17**
  IV 5375
—, 3-Äthyl-6-chlor-2-styryl- **17** IV 5596
—, 2-Äthyl-2-hydroxy-2,3-dihydro-
  8 III 2718 e
—, 2-Äthyl-3-methyl- **17** IV 5376
—, 3-Äthyl-2-methyl- **17** IV 5375
—, 3-Äthyl-2-methyl-6-nitro- **17**
  IV 5376
—, 2-[3-Amino-phenyl]- **18** IV 8020
—, 2-[4-Amino-phenyl]- **18** IV 8020
—, 6-Amino-2-phenyl- **18** IV 8019
—, 6-Benzoylamino-2-hydroxy-2-phenyl-
  2,3-dihydro- **14** III 669 b
—, 6-Benzoylamino-2-phenyl- **18**
  IV 8020
—, 3-Benzoyl-6-chlor-2-phenyl- **17**
  IV 6624
—, 3-Benzoyl-2-phenyl- **17** IV 6624
—, 3-Benzyl- **17** IV 5563
—, 3-Benzyl-2-[α,β-dibrom-phenäthyl]-
  17 IV 5628

Benzo[*h*]chromen-4-on (Fortsetzung)

—, 3-Benzyl-2-[3,4-dimethoxy-styryl]-
  18 IV 1993

—, 3-Benzyliden-2,3-dihydro- **17**
  II 417 h

—, 3-Benzyl-2-[2-methoxy-styryl]- **18**
  IV 868

—, 3-Benzyl-2-[4-methoxy-styryl]- **18**
  IV 868

—, 3-Benzyl-2-methyl- **17** IV 5570

—, 2-[4-Benzyloxy-3-methoxy-phenyl]-
  18 IV 1940

—, 2-[4-Benzyloxy-3-methoxy-phenyl]-6-
  brom-3-hydroxy- **18** IV 2826

—, 2-[4-Benzyloxy-3-methoxy-phenyl]-3-
  hydroxy- **18** IV 2825

—, 2-[4-Benzyloxy-3-methoxy-phenyl]-3-
  hydroxy-2,3-dihydro- **18** IV 2817

—, 2-[4-Benzyloxy-phenyl]-6-brom- **18**
  IV 823

—, 2-[4-Benzyloxy-phenyl]-6-nitro- **18**
  IV 823

—, 3-Benzyl-2-phenyl- **17** IV 5624

—, 3-Benzyl-2-styryl- **17** IV 5634

—, 6-Brom-2-[2-brom-5-methoxy-phenyl]-
  18 IV 822

—, 6-Brom-2-[3-brom-4-methoxy-phenyl]-
  18 IV 823

—, 6-Brom-2-[5-brom-2-methoxy-phenyl]-
  18 IV 821

—, 3-Brom-2,3-dihydro- **17** IV 5269

—, 6-Brom-2-[3,4-dimethoxy-phenyl]-
  18 IV 1940

—, 6-Brom-2-[3,4-dimethoxy-phenyl]-3-
  hydroxy- **18** IV 2825

—, 6-Brom-2,3-dimethyl- **17** IV 5355

—, 6-Brom-2-hydroxy-2,3-dihydro-
  8 III 2660 d

—, 6-Brom-2-[4-hydroxy-3-methoxy-
  phenyl]- **18** IV 1940

—, 6-Brom-3-hydroxy-2-[4-methoxy-
  phenyl]- **18** IV 1941

—, 6-Brom-3-hydroxy-2-phenyl- **17**
  IV 6532

—, 6-Brom-2-[2-methoxy-phenyl]- **18**
  IV 821

—, 6-Brom-2-[4-methoxy-phenyl]- **18**
  IV 823

—, 2-[2-Brom-5-methoxy-phenyl]-6-nitro-
  18 IV 822

—, 2-[3-Brom-4-methoxy-phenyl]-6-nitro-
  18 IV 823

—, 2-[5-Brom-2-methoxy-phenyl]-6-nitro-
  18 IV 822

—, 6-Brom-3-methyl-2-styryl- **17**
  IV 5592

—, 6-Brom-2-phenyl- **17** IV 5552

—, 3-Brom-2-phenyl-2,3-dihydro-
  17 390 a

—, 6-Chlor- **17** IV 5310

—, 6-Chlor-2,3-dimethyl- **17** IV 5354

—, 6-Chlor-2,2-dimethyl-2,3-dihydro-,
  — [2,4-dinitro-phenylhydrazon] **17**
  IV 5282

—, 6-Chlor-2-hydroxy-2,3-dihydro-
  8 III 2660 c

—, 6-Chlor-3-isobutyl-2-methyl- **17**
  IV 5398

—, 6-Chlor-3-isobutyl-2-styryl- **17**
  IV 5600

—, 6-Chlor-2-methyl-3-propyl- **17**
  IV 5388

—, 6-Chlor-3-methyl-2-styryl- **17**
  IV 5592

—, 2-[4-Chlor-phenyl]- **17** IV 5552

—, 6-Chlor-3-propyl-2-styryl- **17**
  IV 5598

—, 2-[2-Chlor-styryl]- **17** IV 5585

—, 3-Decyl-6-lauroyl-2-methyl- **17**
  IV 6473

—, 8,10-Diacetoxy-2,5-dimethyl- **18**
  IV 1727

—, 2-[3,4-Diacetoxy-phenyl]- **18**
  IV 1940

—, 3,6-Diacetyl-2-methyl- **17** IV 6794

—, 2-[3,4-Diäthoxy-styryl]- **18** IV 1958

—, 3,6-Dibrom-2-[3,4-dimethoxy-phenyl]-
  18 IV 1940

—, 2-[α,β-Dibrom-phenäthyl]-3-phenyl-
  17 IV 5626

—, 3,6-Dibrom-2-phenyl- **17** IV 5552

—, 6-[2,5-Dichlor-phenylazo]-2-phenyl-
  18 IV 8333

—, 2,3-Dihydro- **17** I 189 d, II 377 b,
  IV 5268
  — oxim **17** I 189 e, IV 5269
  — semicarbazon **17** I 189 f

—, 8,10-Dihydroxy-2,5-dimethyl- **18**
  IV 1727

—, 2-[3,4-Dihydroxy-phenyl]- **18**
  II 115 a, IV 1939

—, 2-[3,4-Dihydroxy-phenyl]-3-hydroxy-
  18 199 g

—, 8,10-Dimethoxy-2,5-dimethyl- **18**
  IV 1727

—, 2-[2,4-Dimethoxy-phenyl]- **18**
  IV 1939

—, 2-[3,4-Dimethoxy-phenyl]- **18**
  II 115 c, IV 1940

—, 2-[3,4-Dimethoxy-phenyl]-2,3-
  dihydro- **18** 141 b

—, 2-[3,4-Dimethoxy-phenyl]-3-hydroxy-
  18 199 h, IV 2825

—, 2-[2,4-Dimethoxy-phenyl]-2-hydroxy-
  2,3-dihydro- **8** III 4180 c

—, 2-[3,4-Dimethoxy-phenyl]-3-hydroxy-
  6-nitro- **18** IV 2826

Benzo[*h*]chromen-4-on   (Fortsetzung)

—, 2-[3,4-Dimethoxy-phenyl]-6-nitro-
   18 IV 1940

—, 2-[3,4-Dimethoxy-styryl]- **18**
   IV 1958

—, 2-[3,4-Dimethoxy-styryl]-3-methyl-
   18 IV 1960

—, 2-[3,4-Dimethoxy-styryl]-3-phenyl-
   18 IV 1992

—, 2,3-Dimethyl- **17** IV 5354

—, 2,2-Dimethyl-2,3-dihydro- **17**
   IV 5282

   — [2,4-dinitro-phenylhydrazon] **17**
      IV 5282

—, 2,3-Dimethyl-6-nitro- **17** IV 5355

—, 2,3-Dimethyl-6-propionyl- **17**
   IV 6462

—, 2,3-Diphenyl- **17** IV 5622

—, 3-Hexadecyl-2-methyl- **17** IV 5411

—, 3-Hexadecyl-2-methyl-6-stearoyl- **17**
   IV 6474

—, 5-Hydroxy-8,10-dimethoxy-2-methyl-
   18 IV 2617

—, 6-Hydroxy-2,2-dimethyl-2,3,7,8,9,10-
   hexahydro- **18** IV 448

   — [2,4-dinitro-phenylhydrazon] **18**
      IV 448

   — semicarbazon **18** IV 448

—, 3-Hydroxy-2-[3-hydroxy-phenyl]-
   18 141 c

—, 3-Hydroxy-2-[4-hydroxy-phenyl]-
   18 142 a

—, 3-Hydroxyimino-2-phenyl-2,3-
   dihydro- **17** 542 c

—, 2-Hydroxy-2-[3-methoxy-[2]naphthyl]-
   2,3-dihydro- **8** III 3915 b

—, 2-[3-Hydroxy-4-methoxy-phenyl]-
   18 II 115 b

—, 3-Hydroxy-2-[2-methoxy-phenyl]-
   18 IV 1941

—, 3-Hydroxy-2-[3-methoxy-phenyl]-
   18 141 d, IV 1941

—, 3-Hydroxy-2-[4-methoxy-phenyl]-
   18 142 b, IV 1941

—, 2-Hydroxy-2-[2-methoxy-phenyl]-2,3-
   dihydro- **8** III 3860 c

—, 3-Hydroxy-2-[4-methoxy-phenyl]-2,3-
   dihydro- **18** IV 1932

—, 3-Hydroxy-2-[4-methoxy-phenyl]-6-
   nitro- **18** IV 1942

—, 2-Hydroxy-2-[4-methoxy-styryl]-2,3-
   dihydro- **8** III 3892 a

—, 2-Hydroxy-2-methyl-2,3-dihydro-
   8 II 361 b, III 2691 a

—, 2-[1-Hydroxy-[2]naphthyl]- **18**
   IV 858

—, 2-[3-Hydroxy-[2]naphthyl]- **18**
   IV 858

—, 2-Hydroxy-2-[1]naphthyl-2,3-dihydro-
   8 III 3091 d

—, 2-Hydroxy-2-[2]naphthyl-2,3-dihydro-
   8 III 3092 a

—, 3-Hydroxy-6-nitro-2-phenyl- **17**
   IV 6532

—, 2-Hydroxy-2-[3-nitro-phenyl]-2,3-
   dihydro- **8** III 3030 c

—, 2-Hydroxy-2-[4-nitro-phenyl]-2,3-
   dihydro- **8** III 3030 d

—, 2-[2-Hydroxy-phenyl]- **18** II 48 e

—, 2-[3-Hydroxy-phenyl]- **18** II 48 f

—, 2-[4-Hydroxy-phenyl]- **18** 70 b,
   IV 822

—, 3-Hydroxy-2-phenyl- **17** IV 6532

—, 7-Hydroxy-2-phenyl- **18** IV 821

—, 2-Hydroxy-2-phenyl-2,3-dihydro-
   8 III 3030 b

—, 2-[2-Hydroxy-phenyl]-2,3-dihydro-
   18 IV 814

—, 2-[3-Hydroxy-phenyl]-2,3-dihydro-
   18 IV 814

—, 2-[4-Hydroxy-phenyl]-2,3-dihydro-
   18 IV 814

—, 2-Hydroxy-2-styryl-2,3-dihydro-
   8 III 3066 c

—, 2-Hydroxy-2-[3,4,5-trimethoxy-
   phenyl]-2,3-dihydro- **8** III 4318 a

—, 2-[4-Isopropyl-phenyl]-2,3-dihydro-
   17 390 b

—, 3-[4-Methoxy-benzoyl]-2-[4-methoxy-
   phenyl]- **18** IV 2842

—, 6-Methoxy-2,2-dimethyl-2,3-dihydro-
   18 IV 579

   — [2,4-dinitro-phenylhydrazon] **18**
      IV 580

—, 6-Methoxy-2-methyl- **18** IV 621

—, 2-[1-Methoxy-[2]naphthyl]- **18**
   IV 858

—, 2-[3-Methoxy-[2]naphthyl]- **18**
   IV 858

—, 2-[2-Methoxy-phenyl]- **18** IV 821

—, 2-[3-Methoxy-phenyl]- **18** II 48 g

—, 2-[4-Methoxy-phenyl]- **18** 70 c,
   IV 822

—, 2-[3-Methoxy-phenyl]-2,3-dihydro-
   18 68 c

—, 2-[4-Methoxy-phenyl]-2,3-dihydro-
   18 68 d, IV 815

—, 2-[4-Methoxy-phenyl]-6-nitro- **18**
   IV 823

—, 2-[2-Methoxy-styryl]- **18** IV 844

—, 2-[4-Methoxy-styryl]- **18** IV 844

—, 2-[4-Methoxy-styryl]-3-methyl- **18**
   IV 848

—, 2-[2-Methoxy-styryl]-3-phenyl- **18**
   IV 867

—, 2-[4-Methoxy-styryl]-3-phenyl- **18**
   IV 867

Benzo[*h*]chromen-4-on   (Fortsetzung)
—, 2-Methyl- **17** II 385 e, IV 5325
—, 2-Methyl-6-palmitoyl-3-tetradecyl-
    17 IV 6474
—, 2-Methyl-3-phenyl- **17** IV 5563
—, 3-Methyl-2-styryl- **17** IV 5592
—, 2-Methyl-3-tetradecyl- **17** IV 5411
—, 2-[1]Naphthyl- **17** IV 5616
—, 2-[2]Naphthyl- **17** IV 5616
—, 2-[2-Nitro-phenyl]- **17** IV 5552
—, 2-[3-Nitro-phenyl]- **17** IV 5552
—, 2-[4-Nitro-phenyl]- **17** IV 5552
—, 6-Nitro-2-phenyl- **17** IV 5552
—, 2-[3-Nitro-phenyl]-2,3-dihydro- **17**
    IV 5539
—, 2-[4-Nitro-styryl]- **17** IV 5586
—, 2-Phenyl- **17** 390 d, I 216 a,
    II 414 e, IV 5551
    — oxim **17** IV 5551
—, 3-Phenyl- **17** IV 5553
—, 2-[4-Phenyl-buta-1,3-dienyl]- **17**
    IV 5609
—, 2-Phenyl-2,3-dihydro- **17** 389 e,
    IV 5539
—, 2-Phenyl-5,6-dihydro- **17** IV 5539
    — oxim **17** IV 5539
—, 2-Phenyl-6-phenylazo- **18** IV 8338
—, 3-Phenyl-2-styryl- **17** IV 5631
—, 2-Phenyl-7,8,9,10-tetrahydro- **17**
    IV 5520
—, 2-Styryl- **17** IV 5585
—, 2-[3,4,5-Trimethoxy-phenyl]- **18**
    IV 2825
—, 3-Veratryliden-2,3-dihydro- **18**
    IV 1950
Benzo[*h*]chromen-3-sulfonsäure
—, 2,2-Dimethyl-5,6-dioxo-3,4,5,6-
    tetrahydro-2*H*- **18** IV 6747
    — äthylester **18** IV 6747
    — amid **18** IV 6747
Benzo[*h*]chromen-6-sulfonsäure
—, 2-[2-Methoxy-phenyl]-4-oxo-4*H*- **18**
    IV 6761
—, 2-[4-Methoxy-phenyl]-4-oxo-3,4-
    dihydro-2*H*- **18** IV 6761
—, 2-[3-Nitro-phenyl]-4-oxo-3,4-dihydro-
    2*H*- **18** IV 6744
—, 4-Oxo-2-phenyl-3,4-dihydro-2*H*- **18**
    IV 6744
Benzo[*h*]chromen-3-sulfonylchlorid
—, 2,2-Dimethyl-5,6-dioxo-3,4,5,6-
    tetrahydro-2*H*- **18** IV 6747
Benzo[*c*]chromen-6-thion
—, 3-Diäthoxythiophosphoryloxy-
    7,8,9,10-tetrahydro- **18** IV 515
—, 3-Diisopropoxythiophosphoryloxy-
    7,8,9,10-tetrahydro- **18** IV 515
—, 3-Dimethoxythiophosphoryloxy-
    7,8,9,10-tetrahydro- **18** IV 515

Benzo[*f*]chromen-1-thion
—, 3-Phenyl- **17** II 414 g
Benzo[*f*]chromen-3-thion **17** IV 5312
—, 1-Methyl- **17** I 196 d
Benzo[*h*]chromen-2-thion **17** IV 5311
—, 4-Methyl- **17** I 195 e
Benzo[*h*]chromen-4-thion
—, 2-[4-Methoxy-styryl]- **18**
    IV 844
—, 2-Methyl- **17** IV 5325
—, 2-Phenyl- **17** IV 5553
—, 2-Phenyl-5,6-dihydro- **17**
    IV 5539
—, 2-Styryl- **17** IV 5586
Benzo[*g*]chromen-4,5,10-triol
—, 2,4-Diphenyl-4*H*- **17** IV 2419
Benzo[*f*]chromen-3,7,10-trion
—, 1-Phenyl-1,2-dihydro- **17** IV 6808
    — mono-[2,4-dinitro-phenylhydrazon]
       17 IV 6808
Benzo[*g*]chromen-2,5,10-trion **17** I 287 b
—, 3-Brom- **17** I 287 c
—, 3,4-Dihydro- **17** IV 6780
Benzo[*h*]chromen-2,3,4-trion
    — 3-[4-nitro-phenylhydrazon] **17**
       IV 6786
Benzo[*c*]chromenylium
—, 2-Chlor-6-phenyl- **17** IV 1709
—, 6-Phenyl- **17** 142 a
Benzo[*f*]chromenylium
—, 3-[2-(2-Acetoxy-[1]naphthyl)-vinyl]-2-
    methyl- **17** II 211 c
—, 3-[2-(2-Acetoxy-[1]naphthyl)-vinyl]-2-
    pentyl- **17** II 212 a
—, 3-[2-(2-Acetoxy-[1]naphthyl)-vinyl]-2-
    phenyl- **17** II 213 b
—, 2-Benzyl-3-[2-(2-hydroxy-[1]naphthyl)-
    vinyl]- **17** II 213 c
—, 3-Benzyl-2-phenyl- **17** II 172 e
—, 1,3-Bis-[4-methoxy-phenyl]- **17**
    IV 2419
—, 2-Brom-3-methyl- **17** IV 1622
—, 3-[4-Brom-phenyl]- **17** IV 1709
—, 3-*tert*-Butyl- **17** IV 1638
—, 2-Carboxymethyl-3-[2-(2-hydroxy-
    [1]naphthyl)-vinyl]- **18** IV 5063
—, 3-[2-Chlor-phenyl]- **17** IV 1709
—, 3-[2,4-Dihydroxy-phenyl]- **17**
    IV 2404
—, 3-[2,4-Dimethoxy-phenyl]- **17**
    IV 2404
—, 3-[3,4-Dimethoxy-styryl]- **17**
    II 231 b
—, 2,3-Dimethyl- **17** II 149 b
—, 3-[4-Dimethylamino-styryl]- **18**
    II 436 e, IV 7389
—, 1,3-Diphenyl- **17** I 88 e
—, 2,3-Diphenyl- **17** 149 c, I 88 d,
    IV 1754

Benzo[f]chromenylium (Fortsetzung)
—, 3-[4-Hydroxy-3-methoxy-styryl]- **17** II 231 a
—, 3-[2-(2-Hydroxy-[1]naphthyl)-1-methyl-vinyl]-2-methyl- **17** II 211 d
—, 3-[2-(2-Hydroxy-[1]naphthyl)-vinyl]- **17** II 210 f
—, 3-[2-(2-Hydroxy-[1]naphthyl)-vinyl]-2-methoxycarbonylmethyl- **18** IV 5063
—, 3-[2-(2-Hydroxy-[1]naphthyl)-vinyl]-2-methyl- **17** II 211 b
—, 3-[2-(2-Hydroxy-[1]naphthyl)-vinyl]-2-pentyl- **17** II 211 e
—, 3-[2-(2-Hydroxy-[1]naphthyl)-vinyl]-2-phenyl- **17** II 213 a
—, 3-[2-Hydroxy-phenyl]- **17** IV 2233
—, 3-[4-Hydroxy-phenyl]- **17** IV 2233
—, 3-[4-Hydroxy-styryl]- **17** II 204 a
—, 3-[2-Hydroxy-styryl]-2-methyl- **17** II 204 c
—, 3-[2-Hydroxy-styryl]-2-phenyl- **17** II 212 b
—, 3-Isobutyl- **17** IV 1638
—, 3-Isopropyl- **17** IV 1633
—, 1-Methoxy- **17** IV 2178
—, 2-Methoxy-3-[1]naphthyl- **17** II 209 g
—, 3-[2-Methoxy-phenyl]- **17** IV 2233
—, 3-[3-Methoxy-phenyl]- **17** IV 2233
—, 3-[4-Methoxy-phenyl]- **17** IV 2233
—, 1-[4-Methoxy-phenyl]-3-phenyl- **17** IV 2256
—, 3-[4-Methoxy-styryl]- **17** II 204 b
—, 3-Methyl- **17** IV 1621
—, 3-Methyl-2-phenyl- **17** II 163 a, IV 1713
—, 3-[2-Methyl-propenyl]- **17** IV 1676
—, 3-Norborn-5-en-2-yl- **17** IV 1703
—, 3-Pentyl- **17** IV 1643
—, 3-Phenyl- **17** 141 e, IV 1708
—, 3-Propenyl- **17** IV 1674
—, 3-Propyl- **17** IV 1633
—, 3-p-Tolyl- **17** IV 1712
—, 3-[2,3,4-Trihydroxy-phenyl]- **17** IV 2719
—, 3-[2,3,4-Trimethoxy-phenyl]- **17** IV 2719
—, 1,2,3-Triphenyl- **17** IV 1778

Benzo[g]chromenylium
—, 4-Hydroxy-5,6,8-trimethoxy-2-methyl- **18** IV 2610

Benzo[h]chromenylium
—, 2-Äthyl-3-methyl-4-phenyl- **17** IV 1718
—, 2-Äthyl-4-phenyl- **17** IV 1715
—, 4,5-Dihydroxy-8,10-dimethoxy-2-methyl- **18** IV 2617
—, 2,3-Dimethyl-4-phenyl- **17** IV 1715
—, 3,4-Dimethyl-2-phenyl- **17** IV 1715

—, 4-Hydroxy-2-phenyl-5,6-dihydro- **17** IV 5539
—, 4-Methoxy- **17** IV 2177
—, 2-Methyl-4-phenyl- **17** IV 1712
—, 2-Styryl- **17** II 166 d

Benzo[a]chrysen
—, 7,12-Epoxy- s. 7,12-Epoxido-benzo[a]chrysen

Benzo[def]chrysen
—, 7-[Tetra-O-acetyl-glucopyranosyloxy]- **17** IV 3185

Benzo[c]chrysen-5,6-dicarbonsäure
—, 4b,5,6,6a,7,8,13,14-Octahydro-,
  — anhydrid **17** IV 6561
—, 7,8,13,14-Tetrahydro-,
  — anhydrid **17** IV 6608

Benzo[def]chrysen-7,8-dicarbonsäure
  — anhydrid **17** IV 6613
—, 9,10-Dihydro-,
  — anhydrid **17** IV 6603

Benzo[g]chrysen-1,2-dicarbonsäure
—, 4-Methyl-,
  — anhydrid **17** IV 6623
—, 4-Methyl-1,2,3,14c-tetrahydro-,
  — anhydrid **17** IV 6609

Benzo[g]chrysen-9,10-dicarbonsäure
  — anhydrid **17** IV 6621

Benzo[9,10]chryseno[5,6-c]furan-5,7-dion
—, 4b,4c,7a,7b,8,9,14,15-Octahydro- **17** IV 6561
—, 8,9,14,15-Tetrahydro- **17** IV 6608

Benzo[10,11]chryseno[1,2-c]furan-7,9-dion **17** IV 6613
—, 10,11-Dihydro- **17** IV 6603

Benzo[11,12]chryseno[5,6-c]furan-1,3-dion **17** IV 6621

Benzo[def]chrysen-7-on
—, 8-[Benzo[b]thiophen-3-ylmethylen]-9,10-dihydro-8H- **17** IV 5644

Benzo[a]chryseno[1,12,11-jkl]xanthenylium **17** IV 1780

α-Benzocöroxonol **18** 78 a
β-Benzocöroxonol **18** 78 c

Benzo[6,7]cyclohepta[1,2-b]furan
—, 2-Pyruvoyl-5,6-dihydro-4H- **17** IV 6410
—, 8,9,10-Trimethoxy-2,2-dimethyl-3,4,5,6-tetrahydro-2H- **17** IV 2365

Benzo[6,7]cyclohepta[1,2-b]furan-2-carbonsäure
—, 5,6-Dihydro-4H- **18** IV 4332

Benzo[3,4]cyclohepta[1,2-c]furan-1,3-dion
—, 4-Acetylamino-8,9,10-trimethoxy-5,6-dihydro-4H- **18** IV 8151
—, 6-Benzoylamino-8,9-dimethoxy-5,6-dihydro-4H- **18** IV 8147
—, 4-Benzoylamino-8,9,10-trimethoxy-5,6-dihydro-4H- **18** IV 8151

Benzo[3,4]cyclohepta[1,2-*c*]furan-1,3-dion
(Fortsetzung)
—, 7,8-Dimethoxy-5,6-dihydro-4*H*- **18**
　　IV 2568
—, 8,9-Dimethoxy-5,6-dihydro-4*H*- **18**
　　IV 2569
—, 8,9,10-Trimethoxy-6*H*- **18** IV 3184
—, 7,8,9-Trimethoxy-5,6-dihydro-4*H*-
　　18 IV 3154
—, 8,9,10-Trimethoxy-5,6-dihydro-4*H*-
　　18 IV 3154
—, 8,9,10-Trimethoxy-4,5,6,10b-
　　tetrahydro-3a*H*- **18** IV 3109
Benzo[6,7]cyclohepta[1,2-*b*]furan-2,3-dion
—, 5,6-Dihydro-4*H*- **17** IV 6349
—, 8,9-Dimethoxy-5,6-dihydro-4*H*- **18**
　　IV 2568
—, 8,9-Dimethyl-5,6-dihydro-4*H*- **17**
　　IV 6361
—, 5-Methyl-5,6-dihydro-4*H*- **17**
　　IV 6354
—, 7-Methyl-5,6-dihydro-4*H*- **17** IV 6354
—, 7,8,9-Trimethoxy-5,6-dihydro-4*H*-
　　18 IV 3154
Benzo[3,4]cyclohepta[1,2-*c*]furan-3-on
—, 4-Acetylamino-8,9,10-trimethoxy-
　　1,4,5,6-tetrahydro- **18** IV 8147
—, 4-Amino-8,9,10-trimethoxy-1,4,5,6-
　　tetrahydro- **18** IV 8147
—, 4-Benzoylamino-8,9,10-trimethoxy-
　　1,4,5,6-tetrahydro- **18** IV 8147
—, 8,9,10-Trimethoxy-1,6-dihydro- **18**
　　IV 8147
Benzo[6,7]cyclohepta[1,2-*b*]furan-2-on
—, 3-Acetoxy-3,4,5,6-tetrahydro- **18**
　　IV 512
—, 3,4,5,6-Tetrahydro- **17** IV 5216
—, 8,9,10-Trimethoxy-3,4,5,6-tetrahydro-
　　18 IV 2521
Benzo[4,5]cyclohepta[1,2,3-*de*]naphthalin-2,3-
dicarbonsäure
—, 7,8-Dihydro-,
　　— anhydrid **17** IV 6549
Benzo[6′,7′]cyclohepta[1′,3′;4,5]naphtho[1,2-*c*]⇌
furan-1,3-dion
—, 7,8-Dihydro- **17** IV 6549
Benzo[6,7]cyclohepta[1,2-*b*]pyran-2,4-dion
—, 3-Benzyl-6,7-dihydro-5*H*- **17**
　　IV 6523
—, 6,7-Dihydro-5*H*- **17** IV 6354
Benzo[3,4]cyclohepta[1,2-*c*]pyran-4-on
—, 9,10-Dimethoxy-2-methyl-1,4a,5,6,7,⇌
　　11b-hexahydro-2*H*- **18** IV 1433
—, 9,10-Dimethoxy-2-methyl-1,5,6,7-
　　tetrahydro-2*H*- **18** IV 1583
Benzo[6,7]cyclohepta[1,2-*b*]pyran-2-on
—, 3-Benzyl-4-hydroxy-6,7-dihydro-5*H*-
　　17 IV 6523

—, 4-Hydroxy-6,7-dihydro-5*H*- **17**
　　IV 6354
Benzo[*b*]cyclohepta[*d*]thiophen
—, 3-Acetyl-7,8,9,10-tetrahydro-6*H*- **17**
　　IV 5237
—, 2,3,4,6,7,8,9,10-Octahydro-1*H*- **17**
　　IV 460
—, 7,8,9,10-Tetrahydro-6*H*- **17** IV 560
Benzo[*b*]cyclohepta[*d*]thiophen-7,9-
dicarbonsäure
—, 8-Oxo-8*H*-,
　　— diäthylester **18** IV 6190
Benzo[*b*]cyclohepta[*d*]thiophen-6-on
—, 7,8,9,10-Tetrahydro- **17** IV 5216
　　— [2,4-dinitro-phenylhydrazon] **17**
　　　IV 5216
　　— oxim **17** IV 5216
　　— semicarbazon **17** IV 5216
Benzo[*b*]cyclohepta[*d*]thiophen-10-on
—, 1,2,3,4,6,7,8,9-Octahydro- **17**
　　IV 5022
　　— [2,4-dinitro-phenylhydrazon] **17**
　　　IV 5022
　　— oxim **17** IV 5022
　　— semicarbazon **17** IV 5022
—, 6,7,8,9-Tetrahydro- **17** IV 5216
　　— [2,4-dinitro-phenylhydrazon] **17**
　　　IV 5217
　　— oxim **17** IV 5216
　　— semicarbazon **17** IV 5217
Benzocyclohepten
—, 5,6-Epoxy-6,7,8,9-tetrahydro-5*H*-
　　17 IV 520
Benzocyclohepten-6-carbonsäure
—, 7-Amino-5-hydroxymethyl-2,3,4-
　　trimethoxy-8,9-dihydro-7*H*-,
　　— lacton **18** IV 8147
—, 7-Benzoylamino-5-hydroxymethyl-
　　2,3,4-trimethoxy-8,9-dihydro-7*H*-,
　　— lacton **18** IV 8147
—, 5-[2-Hydroxy-propyl]-2,3-dimethoxy-
　　8,9-dihydro-7*H*-,
　　— lacton **18** IV 1583
—, 5-[2-Hydroxy-propyl]-2,3-dimethoxy-
　　6,7,8,9-tetrahydro-5*H*-,
　　— lacton **18** IV 1433
Benzocyclohepten-1,2-dicarbonsäure
—, 2,3,5,6,7,8,9,9a-Octahydro-1*H*-,
　　— anhydrid **17** IV 6087
Benzocyclohepten-5,6-dicarbonsäure
—, 7-Acetylamino-2,3,4-trimethoxy-8,9-
　　dihydro-7*H*-,
　　— anhydrid **18** IV 8151
—, 7-Benzolsulfonylamino-2,3,4-
　　trimethoxy-8,9-dihydro-7*H*-,
　　— anhydrid **18** IV 8151
—, 9-Benzoylamino-2,3-dimethoxy-8,9-
　　dihydro-7*H*-,
　　— anhydrid **18** IV 8147

Benzocyclohepten-5,6-dicarbonsäure (Fortsetzung)
—, 7-Benzoylamino-2,3,4-trimethoxy-8,9-
    dihydro-7H-,
    — anhydrid **18** IV 8151
—, 1,2-Dimethoxy-8,9-dihydro-7H-,
    — anhydrid **18** IV 2568
—, 2,3-Dimethoxy-8,9-dihydro-7H-,
    — anhydrid **18** IV 2569
—, 2,3,4-Trimethoxy-9H-,
    — anhydrid **18** IV 3184
—, 1,2,3-Trimethoxy-8,9-dihydro-7H-,
    — anhydrid **18** IV 3154
—, 2,3,4-Trimethoxy-8,9-dihydro-7H-,
    — anhydrid **18** IV 3154
—, 2,3,4-Trimethoxy-6,7,8,9-tetrahydro-
    5H-,
    — anhydrid **18** IV 3109
Benzocyclohepten-6,8-dicarbonsäure
—, 6,7,8,9-Tetrahydro-5H-,
    — anhydrid **17** IV 6306
Benzocyclohepten-7-ol
—, 9,9a-Epoxy-1,1,4a,7-tetramethyl-
    decahydro- **17** IV 1318
Benzocyclohepten-5-on
—, 2,3-Bis-glucopyranosyloxy-4,6-
    dihydroxy- **17** IV 3041
—, 4,6-Diacetoxy-2,3-bis-[tetra-O-acetyl-
    glucopyranosyloxy]- **17** IV 3250
—, 4,6-Dihydroxy-2,3-bis-[tetra-O-acetyl-
    glucopyranosyloxy]- **17** IV 3250
—, 6-Furfuryliden-6,7,8,9-tetrahydro-
    17 IV 5365
—, 2-[O^4-Glucopyranosyl-
    glucopyranosyloxy]-3,4,6-trihydroxy- **17**
    IV 3540
—, 2-Glucopyranosyloxy-3,4,6-
    trihydroxy- **17** IV 3041
—, 2-[Hepta-O-acetyl-maltosyloxy]-3,4,6-
    trihydroxy- **17** IV 3579
—, 3,4,6-Triacetoxy-2-[hepta-O-acetyl-
    maltosyloxy]- **17** IV 3579
—, 3,4,6-Triacetoxy-2-[tetra-O-acetyl-
    glucopyranosyloxy]- **17** IV 3249
—, 3,4,6-Triacetoxy-2-
    [O^2,O^3,O^6-triacetyl-O^4-(tetra-O-acetyl-
    glucopyranosyl)-glucopyranosyloxy]- **17**
    IV 3579
—, 3,4,6-Trihydroxy-2-maltosyloxy- **17**
    IV 3540
—, 3,4,6-Trihydroxy-2-[tetra-O-acetyl-
    glucopyranosyloxy]- **17** IV 3249
—, 3,4,6-Trihydroxy-2-
    [O^3,O^4,O^6-triacetyl-glucopyranosyloxy]-
    17 IV 3127
—, 3,4,6-Trihydroxy-2-
    [O^2,O^3,O^6-triacetyl-O^4-(tetra-O-acetyl-
    glucopyranosyl)-glucopyranosyloxy]- **17**
    IV 3579

Benzo[3,4]cyclohept[1,2]oxiren
—, 2,3,4,8b-Tetrahydro-1aH- **17** IV 520
Benzocyclooocten
—, 5,6-Epoxy-5,6,7,8,9,10-hexahydro-
    17 IV 524
Benzocycloocten-1,2-dicarbonsäure
—, 1,2,3,5,6,7,8,9,10,10a-Decahydro-,
    — anhydrid **17** IV 6094
Benzo[3,4]cyclooct[1,2]oxiren
—, 1a,2,3,4,5,9b-Hexahydro- **17** IV 524
**Benzo[de]cyclopenta[g]chromen-10-
carbonsäure**
—, 10-Hydroxy-2-methoxy-3,8,10a,10c-
    tetramethyl-1,5-dioxo-$\varDelta^2$-dodecahydro-
    18 IV 6606
    — methylester **18** IV 6607
—, 10-Hydroxy-2-methoxy-3,8,10a,10c-
    tetramethyl-1-oxo-$\varDelta^2$-dodecahydro- **18**
    IV 6483
    — methylester **18** IV 6483
—, 10-Hydroxy-3,8,10a,10c-tetramethyl-
    1,2,5-trioxo-tetradecahydro- **18** IV 6606
**Benzo[g]cyclopenta[c]chromen-11-
carbonsäure**
—, 3-[1,5-Dimethyl-hexyl]-3a,7,7,10a,11b-
    pentamethyl-4-oxo-
    $\varDelta^{5a(11a)}$-tetradecahydro-,
    — methylester **18** IV 5560
Benzo[h]cyclopenta[c]chromen-8-carbonsäure
—, 6,9-Dioxo-6,7,8,9-tetrahydro-,
    — äthylester **18** IV 6100
—, 9-Hydroxy-6-oxo-6,7-dihydro-,
    — äthylester **18** IV 6100
Benzo[c]cyclopenta[h]chromen-5-on
—, 1,7-Diacetoxy-11a-methyl-2,3,3a,10,⸗
    11,11a-hexahydro-1H- **18** IV 1652
Benzo[f]cyclopenta[b]chromen-11-on
—, 8-Benzyliden-9,10-dihydro-8H- **17**
    IV 5609
—, 9,10-Dihydro-8H- **17** IV 5452
Benzo[g]cyclopenta[c]chromen-4-on
—, 8-Acetoxy-3-[1,5-dimethyl-hexyl]-
    3a,7,7,11,11b-pentamethyl-2,3,3a,7,8,9,10,⸗
    11b-octahydro-1H- **18** IV 562
Benzo[h]cyclopenta[c]chromen-6-on
—, 8,9-Dihydro-7H- **17** IV 5452
—, 7,8,9,9a,10,11-Hexahydro-6aH- **17**
    IV 5285
—, 1-Hydroxy-8,9-dihydro-7H- **18**
    IV 759
—, 2-Hydroxy-8,9-dihydro-7H- **18**
    IV 759
—, 3-Hydroxy-8,9-dihydro-7H- **18**
    IV 760
—, 4-Hydroxy-8,9-dihydro-7H- **18**
    IV 760
—, 11-Hydroxy-8,9-dihydro-7H- **18**
    IV 760

Benzo[h]cyclopenta[c]chromen-6-on (Fortsetzung)
—, 4b-Hydroxy-6a,7,8,9,9a,9b,10,11-
octahydro-4bH- **10** III 3240 e
—, 1-Methoxy-8,9-dihydro-7H- **18**
IV 759
—, 4-Methoxy-8,9-dihydro-7H- **18**
IV 760
—, 8-Methyl-8,9-dihydro-7H- **17**
IV 5467
**Benzo[a]cyclopenta[3,4]cyclobuta[1,2-c]⹂
cyclohepten-8-on**
—, 7-[Acetyl-methyl-amino]-2-
glucopyranosyloxy-1,3,9-trimethoxy-
6,7,7b,10a-tetrahydro-5H- **17** IV 3429
—, 7-[Acetyl-methyl-amino]-1,3,9-
trimethoxy-2-[tetra-O-acetyl-
glucopyranosyloxy]-6,7,7b,10a-
tetrahydro-5H- **17** IV 3429
Benzo[b]cyclopenta[d]furan
—, 5-Brom-2,3,3a,8b-tetrahydro-1H- **17**
IV 520
—, 7-Brom-2,3,3a,8b-tetrahydro-1H- **17**
IV 520
—, 2,3,3a,8b-Tetrahydro-1H- **17** IV 520
Benzo[b]cyclopenta[d]furan-7-ol
—, 3-Chlor-1-crotonoyloxy-3a-
hydroxymethyl-6,8a,8b-trimethyl-
2,3,3a,4a,7,8,8a,8b-octahydro-1H- **17**
IV 2337
Benzo[ghi]cyclopenta[cd]perylen
—, 9,10-Diphenyl- **17** IV 6674
**Benzo[ghi]cyclopenta[cd]perylen-6,7-
dicarbonsäure**
—, 9,10-Diphenyl-,
— anhydrid **17** IV 6674
Benzo[b]cyclopenta[e]pyran
s. Cyclopenta[b]chromen
Benzo[b]cyclopenta[d]thiophen
—, 7-Acetyl-2,3-dihydro-1H- **17**
IV 5220
—, 7-Acetyl-2-methyl-2,3-dihydro-1H-
17 IV 5231
—, 2,3-Dihydro-1H- **17** IV 553
—, 2-Methyl-2,3-dihydro-1H- **17**
IV 557
Benzo[b]cyclopenta[d]thiophen-3-on
—, 1,2-Dihydro- **17** IV 5197
— [2,4-dinitro-phenylhydrazon] **17**
IV 5197
— oxim **17** IV 5197
— semicarbazon **17** IV 5197
—, 2-Methyl-1,2-dihydro- **17** IV 5209
— [2,4-dinitro-phenylhydrazon] **17**
IV 5209
— oxim **17** IV 5209
— semicarbazon **17** IV 5209
Benzo[b]cyclopropa[d]furan
s. Cyclopropa[b]benzofuran

**Benzo[b]cyclopropa[d]thiophen-1-
carbonsäure**
—, 1a,6b-Dihydro-1H- **18** IV 4270
— amid **18** IV 4271
— 4-phenyl-phenacylester **18**
IV 4271
**2λ⁶-Benzo[b]cyclopropa[d]thiophen-1-
carbonsäure**
—, 2,2-Dioxo-1a,6b-dihydro-1H- **18**
IV 4271
Benzo[b]cycloprop[c]oxepin-2,4-dion
—, 5a,9,9-Trimethyl-hexahydro- **17**
IV 6041
**Benzo[1″,2″:2,3;3″,4″:3′,4′]dicholestan-5″,6″-
dicarbonsäure**
—, 5′,6′-Didehydro-2,4′,5″,6″-
tetrahydro-,
— anhydrid **17** IV 6544
**Benzo[1,2;3,4]dicyclohepten-6,7-
dicarbonsäure**
—, 1,2,3,4,5,8,9,10,11,12-Decahydro-,
— anhydrid **17** IV 6374
—, 1,2,3,4,5,5a,7a,8,9,10,11,12-
Dodecahydro-,
— anhydrid **17** IV 6322
—, 1,2,3,4,5,5a,6,7,7a,8,9,10,11,12-
Tetradecahydro-,
— anhydrid **17** IV 6250
**Benzo[1,2;3,4]dicycloocten-7,8-
dicarbonsäure**
—, 1,2,3,4,5,6,9,10,11,12,13,14-
Dodecahydro-,
— anhydrid **17** IV 6376
—, 1,2,3,4,5,6,6a,7,8,8a,9,10,11,12,13,14-
Hexadecahydro-,
— anhydrid **17** IV 6260
Benzo[1,2-b;3,4-c′]difuran-5-carbonsäure
—, 4,5a-Dihydroxy-4-methyl-1,3,7-
trioxo-1,3,3a,4,5,5a,7,8-octahydro-,
— äthylester **18** IV 6681
Benzo[1,2-b;4,5-b′]difuran-2,6-dion
—, 4a-Acetoxy-8a-hydroxy-octahydro-
18 IV 6463
Benzo[1,2-c;4,5-c′]difuran-1,5-dion
—, 3,7-Dihydroxy-3-[1]naphthyl-7-phenyl-
3H,7H- **10** III 4097 a
—, 3,7-Dihydroxy-3-[1,2,3,4,5,6,7,8-
octahydro-[9]phenanthryl]-7-phenyl-
3H,7H- **10** III 4096 b
Benzo[1,2-c;4,5-c′]difuran-1,7-dion
—, 3,5-Dihydroxy-3H,5H- **10** II 636 c,
III 4064 b
Benzo[1,2-b;3,4-c′]difuran-1,3,7-trion
—, 5-Acetyl-4,5a-dihydroxy-4-methyl-
3a,4,5,5a-tetrahydro-8H- **18** IV 6657
**Benzo[pqr]dinaphtho[8,1,2-bcd;2′,1′,8′-lmn]⹂
perylen**
s. Dibenzo[de,kl]phenanthro[2,1,10,9,8,7-
pqrstuv]pentaphen

$2\lambda^5$-Benzo[1,3,2]dioxaphosphol
—, 2-Oxo-2-[9-phenyl-xanthen-9-yl]- **18**
    IV 8359
Benzo[1,3,2]dioxaphosphol-2-oxid
—, 2-[9-Phenyl-xanthen-9-yl]- **18**
    IV 8359
Benzo[c][1,2]dioxin-3-ol
—, 8a-Methoxy-4,7-dimethyl-3,5,6,7,8,8a-
    hexahydro-8*H*- **17** IV 2060
Benzo[c][1,2]dioxin-8a-ol
—, 3-Methoxy-4,7-dimethyl-3,5,6,7-
    tetrahydro-8*H*- **17** IV 2060
Benzo[1,2-*b*;3,4-*b'*]dipyran
s. Pyrano[2,3-*f*]chromen
Benzoesäure
  — [4-(7-acetoxy-4-oxo-chroman-3-
    ylidenmethyl)-anilid] **18** IV 8105
  — [5-äthoxymethyl-
    furfurylidenhydrazid] **18** IV 112
  — [5-anilinomethyl-
    furfurylidenhydrazid] **18** IV 7867
  — [2-benzofuran-2-yläthinyl-
    phenylester] **17** IV 1696
  — benzofuran-7-ylester **17** IV 1474
  — benzo[*b*]thiophen-6-ylester **17**
    IV 1473
  — benzo[*b*]thiophen-2-ylmethylester
    17 IV 1478
  — benzo[*b*]thiophen-3-ylmethylester
    17 IV 1480
  — [2-benzyliden-3-phenyl-
    2*H*-chromen-7-ylester] **17** IV 1738
  — [2-benzyliden-3-phenyl-oxet-4-yl-
    ester] **17** IV 1684
  — [2-brom-3-(5-nitro-[2]furyl)-
    allylidenhydrazid] **17** IV 4707
  — [5-(4-chlor-phenoxymethyl)-
    furfurylidenhydrazid] **18** IV 112
  — [3-diäthylaminomethyl-oxetan-3-
    ylmethylester] **18** IV 7307
  — [1,1-diäthyl-3-[2]furyl-allylester]
    17 IV 1336
  — [1-dibenzofuran-2-yl-2-
    dimethylamino-äthylester] **18**
    IV 7364
  — dibenzofuran-4-ylester **17**
    IV 1599
  — [4,5-dichlor-[2]thienylmethylester]
    17 IV 1260
  — [2,3-dihydro-benzofuran-2-
    ylmethylester] **17** IV 1356
  — [2,5-dimesityl-[3]furylester] **17**
    IV 1694
  — [5-dimethylaminomethyl-2,2-
    dimethyl-4-phenyl-tetrahydro-
    thiopyran-4-ylester] **18** IV 7340
  — [5,5-dioxo-5λ^6-dibenzothiophen-2-
    ylester] **17** IV 1595

  — [1,1-dioxo-2,3-dihydro-1λ^6-benzo=
    [*b*]thiophen-3-ylester] **17** IV 1345
  — [1,1-dioxo-tetrahydro-1λ^6-
    [2]thienylester] **17** IV 1023
  — [2,3-diphenyl-benzofuran-5-ylester]
    17 IV 1723
  — [2,3-diphenyl-benzofuran-6-ylester]
    17 IV 1724
  — [2,5-diphenyl-[3]furylester] **17**
    IV 1683
  — [12,19-epithio-oleana-9(11),12,18-
    trien-3-ylester] **17** IV 1658
  — [5,6-epoxy-cholestan-3-ylester] **17**
    IV 1423
  — [14,15-epoxy-cholestan-3-ylester]
    17 IV 1425
  — [9,11-epoxy-cholest-7-en-3-ylester]
    17 IV 1517
  — [17,21-epoxy-hopan-6-ylester] **17**
    IV 1528
  — [9,11-epoxy-lanostan-3-ylester]
    17 IV 1451
  — [4b,8a-epoxy-4a-methyl-
    tetradecahydro-[2]phenanthrylester]
    17 IV 1341
  — [16,17-epoxy-östra-1,3,5(10)-trien-
    3-ylester] **17** IV 1582
  — [2,3-epoxy-propylester] **17**
    II 105 h, IV 1007
  — [5,6-epoxy-stigmastan-3-ylester]
    17 IV 1446
  — [1,2-epoxy-2,3,3-triphenyl-indan-1-
    ylester] **17** IV 1758
  — furfurylester **17** 112 g
  — [*N'*-furfuryl-hydrazid] **18** IV 8298
  — furfurylidenhydrazid **17** 283 k,
    IV 4437
  — [2-furfuryl-phenylester] **17**
    IV 1534
  — furostan-3-ylester **17** IV 1414
  — furost-25-en-3-ylester **17** IV 1516
  — [3-[2]furyl-1,1-diisobutyl-allylester]
    17 IV 1340
  — [3-[2]furyl-1,1-diisopentyl-
    allylester] **17** IV 1341
  — [3-[2]furyl-1,1-dipropyl-allylester]
    17 IV 1339
  — [1-[2]furyl-1-*p*-tolyl-propylester]
    17 IV 1549
  — [1,2,3,4,9,9a-hexahydro-xanthen-
    4a-ylester] **17** IV 1503
  — [5-hydroxymethyl-
    furfurylidenhydrazid] **18** IV 107
  — [4-(7-hydroxy-4-oxo-chroman-3-
    ylidenmethyl)-anilid] **18** IV 8105
  — [2-isopropyl-benzofuran-4-ylester]
    17 IV 1495
  — [3-(7-methoxy-4-oxo-chroman-3-
    ylidenmethyl)-anilid] **18** IV 8104

Benzoesäure (Fortsetzung)

- [4-(7-methoxy-4-oxo-chroman-3-ylidenmethyl)-anilid] **18** IV 8105
- [2-methyl-chroman-4-ylester] **17** IV 1363
- [4-methyl-2,3-diphenyl-benzofuran-6-ylester] **17** IV 1728
- [6-methyl-2,3-diphenyl-benzofuran-4-ylester] **17** IV 1729
- [4-methyl-2,5-diphenyl-[3]furylester] **17** IV 1687
- [N'-(5-methyl-3-oxo-benzo[b]⚡thiophen-2-yliden)-N-phenyl-hydrazid] **17** I 258 f
- [1-methyl-3-tetrahydro[2]furyl-propylester] **17** IV 1160
- [3-methyl-tetrahydro-pyran-4-ylester] **17** IV 1136
- [5-methyl-[2]thienylester] **17** IV 1241
- [1-naphtho[2,1-b]furan-1-yl-[2]naphthylester] **17** IV 1746
- [5-nitro-furfurylidenhydrazid] **17** IV 4465
- [3-(5-nitro-[2]furyl)-allylidenhydrazid] **17** IV 4703
- [11-oxa-bicyclo[4.4.1]undec-1-ylester] **17** IV 1213
- oxiranylmethylester **17** IV 1007
- [N'-(2-oxo-benzo[b]thiophen-3-yliden)-N-phenyl-hydrazid] **17** I 249 f
- [4-(4-oxo-chroman-2-yl)-anilid] **18** IV 7986
- [2-phenyl-chromen-4-ylidenhydrazid] **17** IV 5415
- phthalan-1-ylester **17** IV 1347
- phthalidylester **18** IV 161
- tetrahydrofurfurylester **17** IV 1105
- tetrahydropyran-2-ylester **17** IV 1072
- tetrahydro[2]thienylester **17** IV 1023
- [2,4,6,7-tetramethyl-benzofuran-5-ylester] **17** IV 1500
- [1-[2]thienyl-äthylidenhydrazid] **17** I 150 e
- [2]thienylester **17** IV 1223
- [3]thienylester **17** IV 1233
- [2]thienylmethylester **17** IV 1259
- [thiophen-2-carbonyloxyamid] **18** II 270 e
- [2,2,2-trichlor-1-[2]furyl-äthylester] **17** IV 1271
- [2,2,2-trichlor-1-[2]thienyl-äthylester] **17** IV 1274
- [2,2,3-trichlor-1-[2]thienyl-butylester] **17** IV 1291

- [triphenyl-[2]furylester] **17** IV 1737
- [triphenyl-[3]furylester] **17** IV 1737
- [N'-xanthen-9-yl-hydrazid] **18** II 496 a
- xanthen-9-ylmethylester **17** IV 1621
- [4-xanthen-9-yl-phenylester] **17** IV 1708

—, 2-Acetoxy-,
- [2-oxo-2H-chromen-4-ylester] **18** IV 289
- [2-oxo-3-phenyl-2H-chromen-4-ylester] **18** IV 710

—, 3-Acetoxy-,
- [2-oxo-2H-chromen-4-ylester] **18** IV 289

—, 4-Acetoxy-,
- [2-oxo-2H-chromen-4-ylester] **18** IV 289
- [tetra-O-acetyl-glucopyranosylester] **17** IV 3355

—, 5-Acetoxy-2-[1-acetoxy-4-hydroxy-7a-methyl-3a,6,7,7a-tetrahydro-indan-5-yl]-,
- lacton **18** IV 1652

—, 3-Acetoxy-2-[4-acetoxy-1-hydroxy-5,6,7,8-tetrahydro-[2]naphthyl]-6-methyl-,
- lacton **18** IV 1873

—, 2-[3-Acetoxy-benzo[b]thiophen-2-ylmercapto]-,
- [toluol-4-sulfonylamid] **17** IV 2113

—, 2-Acetoxy-5-brom-3-[4,5-dimethoxy-3-oxo-phthalan-1-yl]-,
- methylester **18** IV 6634

—, 2-[3-Acetoxy-5-chlor-benzo[b]⚡thiophen-2-ylmercapto]-5-chlor-,
- acetylamid **17** IV 2113
- benzolsulfonylamid **17** IV 2113

—, 2-Acetoxy-6-[3,4-diacetoxy-1-hydroxy-6-methylen-cyclohexa-2,4-dienyl]-4-methoxy-,
- lacton **18** IV 3195

—, 3-Acetoxy-2-[4,8-diacetoxy-1-hydroxy-[2]naphthyl]-6-methyl-,
- lacton **18** IV 2815

—, 2-[4-Acetoxy-3,5-dibrom-2-hydroxy-benzoyl]-,
- lacton **18** II 97 c

—, 2-[4-Acetoxy-2-hydroxy-benzhydryl]-,
- lacton **18** IV 833

—, 2-[4-Acetoxy-2-hydroxy-benzoyl]-,
- lacton **18** II 97 b

—, 2-Acetoxy-6-[β-hydroxy-isobutyl]-3,4-dimethyl-,
- lacton **18** IV 228

Benzoesäure   (Fortsetzung)
—, 2-Acetoxy-6-[2-hydroxy-4-(4-
    methoxy-phenyl)-butyl]-4-methoxy-,
    — lacton **18** IV 2661
—, 2-[1-(4-Acetoxy-2-hydroxy-phenyl)-2-
    phenyl-but-1-en-yl]-,
    — lacton **18** IV 851
—, 2-[1-(4-Acetoxy-2-hydroxy-phenyl)-2-
    phenyl-propionyl]-,
    — lacton **18** IV 848
—, 2-Acetoxy-6-[2-hydroxy-propyl]-,
    — lacton **18** IV 189
—, 2-Acetoxy-6-[2-hydroxy-propyl]-4-
    methoxy-,
    — lacton **18** IV 1240
—, 4-Acetoxy-3-methoxy-,
    — [tetra-*O*-acetyl-
      glucopyranosylester] **17** IV 3373
    — [*O²,O³,O⁴*-triacetyl-*O⁶*-cinnamoyl-
      glucopyranosylester] **17** IV 3374
—, 2-Acetoxy-4-methoxy-6-[2-oxo-heptyl]-,
    — [8-acetoxy-1-oxo-3-pentyl-
      1*H*-isochromen-6-ylester] **18** IV 1428
—, 2-[7-Acetoxy-4-methyl-2-oxo-
    2*H*-chromen-3-carbonyl]- **18** 548 a
—, 2-[7-Acetoxy-4-methyl-2-oxo-
    2*H*-chromen-3-ylmethyl]- **18** 534 c
—, 2-Acetoxy-3-nitro-,
    — [tetra-*O*-acetyl-
      glucopyranosylester] **17** IV 3351
—, 2-Acetoxy-5-nitro-,
    — [tetra-*O*-acetyl-
      glucopyranosylester] **17** IV 3351
—, 2-[6-Acetoxy-3-oxo-3*H*-xanthen-9-yl]-,
    — äthylester **18** 537 a
    — methylester **18** II 389 c
—, 2-Acetoxy-3-[tetra-*O*-acetyl-
    glucopyranosyloxy]-,
    — methylester **17** IV 3363
—, 2-Acetoxy-4-[tetra-*O*-acetyl-
    glucopyranosyloxy]-,
    — methylester **17** IV 3366
—, 2-Acetoxy-5-[tetra-*O*-acetyl-
    glucopyranosyloxy]-,
    — äthylester **17** IV 3369
    — methylester **17** IV 3369
    — propylester **17** IV 3369
—, 2-Acetoxy-6-[tetra-*O*-acetyl-
    glucopyranosyloxy]-,
    — äthylester **17** IV 3370
    — methylester **17** IV 3370
    — propylester **17** IV 3371
—, 3-Acetoxy-4-[tetra-*O*-acetyl-
    glucopyranosyloxy]- **17** IV 3372
—, 3-Acetoxy-5-[tetra-*O*-acetyl-
    glucopyranosyloxy]-,
    — äthylester **17** IV 3375
    — methylester **17** IV 3374
    — propylester **17** IV 3375

—, 4-Acetoxy-2-[tetra-*O*-acetyl-
    glucopyranosyloxy]-,
    — äthylester **17** IV 3366
    — methylester **17** IV 3366
    — propylester **17** IV 3366
—, 5-Acetoxy-2-[tetra-*O*-acetyl-
    glucopyranosyloxy]-,
    — äthylester **17** IV 3369
    — methylester **17** IV 3369
    — propylester **17** IV 3369
—, 5-[1-Acetoxy-2,2,2-trichlor-äthyl]-2-
    hydroxy-4-methyl-,
    — lacton **18** II 13 f
—, 2-[3-Acetoxy-xanthen-9-yl]-3,4,5,6-
    tetrachlor- **18** II 306 c
—, 4-[Acetyl-(5-acetylamino-furfuryl)-
    amino]- **18** IV 7859
—, 4-[Acetyl-(5-acetylimino-4,5-dihydro-
    furfuryl)-amino]- **18** IV 7859
—, 3-Acetylamino-4-[5,6-dimethoxy-3-
    oxo-phthalan-4-yloxy]-5-nitro-,
    — methylester **18** IV 2338
—, 4-[5-Acetylamino-[2]furylazo]-,
    — äthylester **18** IV 8331
—, 4-[5-Acetylamino-[2]thienylazo]-,
    — äthylester **18** IV 8332
—, 4-Acetylamino-2-[tri-*O*-acetyl-5-
    methoxycarbonyl-xylopyranosyloxy]-,
    — methylester **18** IV 5195
—, 4-[5-Acetylimino-4,5-dihydro-[2]furylazo]-,
    — äthylester **18** IV 8331
—, 4-[5-Acetylimino-4,5-dihydro-
    [2]thienylazo]-,
    — äthylester **18** IV 8332
—, 2-[Acetylimino-methyl]- **18** IV 7885
—, 2-[5-Acetyl-3-methyl-[2]thienylmethyl]-
    3,6-dichlor- **18** IV 5644
—, 2-[(4-Acetyl-phenylimino)-methyl]-
    18 IV 7885
—, 4-Äthoxy-,
    — tetrahydrofurfurylester **17** IV 1119
—, 2-[Äthoxycarbonylimino-methyl]-
    18 IV 7886
—, 2-[(2-Äthoxycarbonyl-phenylimino)-
    methyl]- **18** IV 7888
—, 4-[5-(4-Äthoxycarbonyl-styryl)-
    [2]furyl]-,
    — äthylester **18** IV 4585
—, 2-[9-Äthoxy-6-dimethylamino-2-
    methyl-xanthen-9-yl]-,
    — äthylester **18** 633 c
—, 3-Äthoxy-2-[2-hydroxy-5-oxo-tetrahydro-
    [2]furyl]- **10** III 4742 c
—, 2-[6-Äthoxy-3-oxo-3*H*-xanthen-9-yl]-,
    — äthylester **18** 536 d, I 538 e,
      IV 6447
    — methylester **18** I 538 c
—, 2-[(4-Äthoxy-phenylimino)-methyl]-
    18 IV 7885

Benzoesäure (Fortsetzung)

—, 2-[6-Äthoxy-2,4,5,7-tetrabrom-3-oxo-
3*H*-xanthen-9-yl]-,
— äthylester **18** 537 d

—, 2-[6-Äthylamino-3-äthylimino-
3*H*-xanthen-9-yl]- **19** I 785 e

—, 2-[Äthylcarbamoylimino-methyl]-
18 IV 7886

—, 2-[4-(1-Äthyl-propyl)-2-hydroxy-6-
oxo-cyclohex-1-enyl]-4-methyl-,
— lacton **17** IV 6375

—, 2-[5-Äthyl-thiophen-2-carbonyl]- **18**
IV 5641

—, 2-[Allophanoylimino-methyl]- **18**
IV 7887

—, 2-[7-Allyl-6-hydroxy-3-oxo-
3*H*-xanthen-9-yl]-,
— allylester **18** IV 6447

—, 2-Allyloxymethyl-,
— [2,3-epoxy-propylester] **17**
IV 1009
— oxiranylmethylester **17** IV 1009

—, 2-[6-Allyloxy-3-oxo-3*H*-xanthen-9-yl]-,
— allylester **18** IV 6447

—, 2-Amino- s. a. Anthranilsäure

—, 3-Amino-,
— furfurylidenhydrazid **17** IV 4449

—, 4-Amino-,
— [7-chlor-9-oxo-thioxanthen-2-
ylamid] **18** IV 7957
— [7-chlor-9,10,10-trioxo-
10λ^6-thioxanthen-2-ylamid] **18**
IV 7957
— [(1,1-dioxo-tetrahydro-
1λ^6-thiopyran-4-yl)-(2-hydroxy-äthyl)-
amid] **18** IV 7034
— furfurylidenhydrazid **17** IV 4449
— [5-hydroxymethyl-
furfurylidenhydrazid] **18** IV 110
— [2-tetrahydrothiopyran-4-ylamino-
äthylester] **18** IV 7033
— [6,6,9-trimethyl-3-pentyl-
6*H*-benzo[*c*]chromen-1-ylester] **17**
IV 1653
— [6,6,9-trimethyl-4-pentyl-
6*H*-benzo[*c*]chromen-3-ylester] **17**
IV 1655
— [9,10,10-trioxo-10λ^6-thioxanthen-2-
ylamid] **18** IV 7955

—, 5-Amino-2-[7-amino-9-oxo-xanthen-
3-ylmercapto]- **18** IV 8093

—, 2-{[4-(4-Amino-benzyl)-phenylimino]-
methyl}- **18** IV 7889

—, 4-Amino-2-[5-carboxy-
xylopyranosyloxy]- **18** IV 5147

—, 3-Amino-4-[5,6-dimethoxy-3-oxo-
phthalan-4-yloxy]- **18** IV 2338

—, 3-Amino-4-[5,6-dimethoxy-3-oxo-
phthalan-4-yloxy]-5-nitro-,
— methylester **18** IV 2338

—, 4-Amino-2-glucopyranosyloxy-,
— amid **17** IV 3431
— methylester **17** IV 3431

—, 4-Amino-2-hydroxy-,
— [2-brom-3-(5-nitro-[2]furyl)-
allylidenhydrazid] **17** IV 4708
— [5-nitro-furfurylidenhydrazid] **17**
IV 4475
— [3-(5-nitro-[2]furyl)-
allylidenhydrazid] **17** IV 4706

—, 6-[2-Amino-1-hydroxy-äthyl]-2,3-
dihydroxy- **18** IV 8116

—, 2-Amino-6-[2-hydroxy-1,3-dimethyl-
cyclohex-2-enyl]-3-isopropyl-,
— lacton **18** IV 7947

—, 2-Amino-6-[2-hydroxy-1,3-dimethyl-
cyclohex-2-enyl]-3-isopropyl-4-nitro-,
— lacton **18** IV 7947

—, 4-Amino-2-[2-hydroxy-1,3-dimethyl-
cyclohexyl]-5-isopropyl-,
— lacton **18** IV 7939

—, 2-Amino-4-[1-hydroxy-3-oxo-
phthalan-1-yl]- **14** I 709 a, III 1694 f

—, 3-Amino-2-[2-hydroxy-5-oxo-
tetrahydro-[2]furyl]- **14** III 1693 c

—, 3-Amino-4-[2-hydroxy-5-oxo-
tetrahydro-[2]furyl]- **14** III 1694 a

—, 2-[6-Amino-3-imino-3*H*-xanthen-9-yl]-
19 342 g

—, 4-Amino-2-[tetra-*O*-acetyl-
glucopyranosyloxy]-,
— methylester **17** IV 3431

—, 3-Amino-2-[thiophen-2-carbonyl]-
18 IV 8271

—, 4-Amino-2-[thiophen-2-carbonyl]-
18 IV 8270

—, 4-Amino-2-[tri-*O*-acetyl-5-
methoxycarbonyl-xylopyranosyloxy]-,
— methylester **18** IV 5195

—, 2-[*O*^{6}-Arabinopyranosyl-
glucopyranosyloxy]-,
— methylester **17** IV 3468

—, 2-Arabinopyranosyloxy-,
— amid **17** IV 2470
— dimethylamid **17** IV 2471
— methylamid **17** IV 2470

—, 2-[Benzofuran-2-carbonyl]- **18**
IV 5680

—, 2-[Benzofuran-2-yl-(2,4-dinitro-
phenylhydrazono)-methyl]- **18** IV 5680

—, 2-[Benzolsulfonylimino-methyl]- **18**
IV 7891

—, 2-[Benzo[*b*]thiophen-2-carbonyl]- **18**
IV 5681
— methylester **18** IV 5681

Benzoesäure (Fortsetzung)
—, 2-[Benzo[*b*]thiophen-3-carbonyl]- **18**
  IV 5681
  — methylester **18** IV 5681
—, 4-[Benzo[*b*]thiophen-2-
  carbonylamino]-2-hydroxy- **18** IV 4255
—, 4-[Benzo[*b*]thiophen-2-
  ylmethylenamino]- **17** IV 5064
—, 4-[Benzo[*b*]thiophen-2-
  ylmethylenamino]-2-hydroxy- **17**
  IV 5064
—, 6-Benzoylamino-3-[7-benzoylamino-8-
  carboxy-2,4,4-trimethyl-chroman-2-yl]-2-
  hydroxy- **18** IV 8250
—, 2-[Benzoylimino-methyl]- **18**
  IV 7886
—, 2-Benzoyloxy-6-[2-hydroxy-propyl]-,
  — lacton **18** IV 189
—, 4-Benzoyloxy-3-methoxy-,
  — [2-[2]furyl-äthylamid] **18** IV 7122
—, 2-Benzoyloxy-3-[8-methoxycarbonyl-
  2,4,4-trimethyl-chroman-2-yl]-,
  — methylester **18** IV 5108
—, 2-[Benzoyloxy-(2-oxo-5-*p*-tolyl-
  [3]furyliden)-methyl]-,
  — äthylester **18** I 537 d
—, 3-Benzoyloxy-4-[tetra-*O*-acetyl-
  glucopyranosyloxy]- **17** IV 3372
—, 2-[Benzylcarbamoylimino-methyl]-
  18 IV 7887
—, 4-[3-Benzyl-2-chlor-5-oxo-4-phenyl-
  2,5-dihydro-[2]furyl]- **18** IV 5707
—, 4-[3-Benzyl-2-hydroxy-5-oxo-4-
  phenyl-2,5-dihydro-[2]furyl]- **10**
  III 4033 c
  — methylester **10** III 4033 d
—, 2-[Benzylimino-methyl]- **18** IV 7885
—, 2-Benzyloxy-,
  — [2-oxo-3-phenyl-2*H*-chromen-4-
  ylester] **18** IV 710
—, 2-[Benzyloxycarbonylhydrazono-
  methyl]- **18** IV 8321
—, 3-Benzyloxy-4-methoxy-,
  — [2-[2]furyl-äthylamid] **18** IV 7121
—, 4-Benzyloxy-3-methoxy-,
  — [2-[2]furyl-äthylamid] **18** IV 7121
  — [2-[2]thienyl-äthylamid] **18**
  IV 7124
—, 3,4-Bis-benzyloxy-,
  — [2-[2]furyl-äthylamid] **18** IV 7121
—, 5-{4′-[3-(3,6-Bis-diäthylamino-9-
  hydroxy-xanthen-9-yl)-4-hydroxy-
  phenylazo]-biphenyl-4-ylazo}-2-hydroxy-
  18 II 505 f
—, 2-[3,6-Bis-dimethylamino-9-hydroxy-
  xanthen-9-yl]-,
  — methylester **18** II 485 e

—, 3-[Bis-(4,4-dimethyl-2,6-dioxo-
  cyclohexyl)-methyl]-2-[2-hydroxy-äthyl]-,
  — lacton **17** IV 6842
—, 2,4-Bis-glucopyranosyloxy-,
  — äthylester **17** IV 3364
  — methylester **17** IV 3364
  — propylester **17** IV 3364
—, 2,6-Bis-glucopyranosyloxy-,
  — methylester **17** IV 3370
—, 3,5-Bis-glucopyranosyloxy-,
  — äthylester **17** IV 3374
  — methylester **17** IV 3374
  — propylester **17** IV 3374
—, 2,2′-[1,4-Bis-phenylhydrazono-
  butandiyl]-di-,
  — anhydrid **17** 580 c
—, 2,2′-[1,4-Bis-phenylimino-butandiyl]-
  di-,
  — anhydrid **17** 580 b
—, 2,6-Bis-[tetra-*O*-acetyl-
  glucopyranosyloxy]-,
  — äthylester **17** IV 3370
  — methylester **17** IV 3370
  — propylester **17** IV 3371
—, 3,5-Bis-[tetra-*O*-acetyl-
  glucopyranosyloxy]-,
  — äthylester **17** IV 3375
  — methylester **17** IV 3375
  — propylester **17** IV 3375
—, 2-Brom-,
  — furfurylidenhydrazid **17** IV 4437
—, 3-Brom-,
  — furfurylidenhydrazid **17** IV 4437
—, 4-Brom-,
  — furfurylidenhydrazid **17** IV 4438
  — [11-oxa-bicyclo[4.4.1]undec-1-
  ylester] **17** IV 1213
  — [2,2,5,7,8-pentamethyl-chroman-6-
  ylester] **17** IV 1394
—, 2-[(4-Brom-benzolsulfonylimino)-
  methyl]- **18** IV 7891
—, 2-[Brom-(1-brom-3-oxo-phthalan-1-
  yl)-methyl]-,
  — methylester **18** II 345 b
—, 4-[2-Brom-3-(5-cyan-[2]thienyl)-
  allylidenamino]- **18** IV 5497
—, 2-[Brom-(3,5-dibrom-4-oxo-
  cyclohexa-2,5-dienyliden)-methyl]- **18**
  IV 1946
—, 5-Brom-3-[4,5-dimethoxy-3-oxo-
  phthalan-1-yl]-2-hydroxy- **18** IV 6633
  — methylester **18** IV 6634
—, 2-[4-Brom-2,5-dimethyl-thiophen-3-
  carbonyl]- **18** IV 5642
—, 5-Brom-2-hydroxy-,
  — [5-propyl-
  [2]thienylmethylenhydrazid] **17**
  IV 4565

Benzoesäure (Fortsetzung)

—, 4-[2-Brom-3-(5-nitro-[2]furyl)-
   allylidenamino]-2-hydroxy-,
   – methylester **17** IV 4707
—, 4-[2-Brom-3-(5-nitro-[2]thienyl)-
   allylidenamino]- **17** IV 4711
—, 2-[2-Brom-3-oxo-3*H*-benzo[*f*]⇌
   chromen-1-yl]- **18** II 349 c, IV 5703
   – äthylester **18** II 349 d
—, 2-[Brom-(3-oxo-phthalan-1-yl)-
   methyl]-,
   – methylester **18** II 345 a
—, 2-[5-Brom-thiophen-2-carbonyl]- **18**
   IV 5632
   – äthylester **18** IV 5632
   – methylester **18** IV 5632
—, 4-Brom-2-[thiophen-2-carbonyl]- **18**
   IV 5632
—, 5-Brom-2-[thiophen-2-carbonyl]- **18**
   IV 5632
—, 2-[5-Brom-thiophen-2-carbonyl]-3-
   nitro-,
   – methylester **18** IV 5634
—, 2,2′-Butendioyl-di-,
   – anhydrid **17** IV 6835
—, 2-[*tert*-Butoxycarbonylhydrazono-
   methyl]- **18** IV 8321
—, 4-*tert*-Butyl-2-[1,3-dioxo-1*H*,3*H*-benz⇌
   [*de*]isochromen-6-carbonyl]- **18** IV 6198
—, 4-[(*N*-Butyl-furan-2-carbimidoyl)-
   amino]-,
   – äthylester **18** IV 3967
—, 3-[1-Butyl-1-hydroxy-6-methoxy-3-
   oxo-phthalan-4-yloxy]-4,6-dimethoxy-2-
   pentyl- **10** III 4561 b
—, 2-[*tert*-Butylimino-methyl]- **18**
   IV 7884
—, 2-[3-Carbamoyl-1-oxo-isochroman-3-
   yl]- **18** 499 e
—, 2-[5-Carbamoyl-xylopyranosyloxy]-,
   – methylester **18** IV 5216
—, 2,2′-Carbonyl-di-,
   – anhydrid **17** IV 6790
—, 2,4′-Carbonyl-di-,
   – anhydrid **17** 572 e
—, 2-[3-Carboxy-benzofuran-2-carbonyl]-
   18 IV 6193
—, 2-[3-Carboxy-benzofuran-2-yl]- **18**
   IV 4578
—, 2-[3-Carboxy-benzo[*b*]thiophen-2-
   carbonyl]- **18** IV 6193
—, 3-[2-Carboxy-benzylidenamino]- **18**
   IV 7888
—, 2-[2-Carboxy-5-chlor-benzo[*b*]⇌
   thiophen-3-yl]- **18** IV 4578
—, 2-[1-Carboxy-2-[2]furyl-äthyl]- **18**
   IV 4566
—, 2-[1-Carboxy-2-[2]furyl-vinyl]- **18**
   IV 4569

—, 2-[2-Carboxy-5-methyl-benzo[*b*]⇌
   thiophen-3-yl]- **18** IV 4579
—, 2-[3-Carboxy-5-methyl-[2]furyl]- **18**
   I 450 d
—, 2-[3-Carboxymethyl-5-oxo-
   tetrahydro-[2]furyl]- **18** 497 g
—, 2-[1-Carboxy-naphtho[2,1-*b*]thiophen-
   2-carbonyl]- **18** IV 6197
—, 2-[3-Carboxy-naphtho[2,3-*b*]thiophen-
   2-carbonyl]- **18** IV 6196
—, 2-[3-Carboxy-5-phenyl-[2]furyl]- **18**
   I 451 d
—, 4-[2-(5-Carboxy-[2]thienyl)-äthyl]-
   18 IV 4567
—, 4-[4-(5-Carboxy-[2]thienyl)-butyl]-
   18 IV 4569
—, 4-[5-Carboxy-[2]thienylmethyl]- **18**
   IV 4566
—, 4-[3-(5-Carboxy-[2]thienyl)-propyl]-
   18 IV 4568
—, 2-[1-Carboxy-2-[2]thienyl-vinyl]- **18**
   IV 4569
—, 2-[3-Carboxy-5-*p*-tolyl-[2]furyl]- **18**
   I 451 f
—, 3-[8-Carboxy-2,4,4-trimethyl-
   chroman-2-yl]-2-hydroxy- **18** IV 5108
—, 2-[5-Carboxy-xylopyranosyloxy]- **18**
   IV 5137
—, 4-[5-Carboxy-xylopyranosyloxy]-2,5-
   dichlor-3-isopropyl-6-methyl- **31** 276 c
—, 4-[5-Carboxy-xylopyranosyloxy]-3,5-
   dimethoxy- **31** 276 e
—, 4-[5-Carboxy-xylopyranosyloxy]-3-
   methoxy- **18** IV 5140, **31** 276 d
—, 2-Chlor-,
   – furfurylidenhydrazid **17** IV 4437
   – [2,2,2-trichlor-1-[2]furyl-äthylester]
     17 IV 1271
—, 3-Chlor-,
   – furfurylidenhydrazid **17** IV 4437
—, 4-Chlor-,
   – [5-(13-cyclopentyl-tridecyl)-
     [2]thienylmethylenhydrazid] **17**
     IV 4781
   – furfurylidenhydrazid **17** IV 4437
   – [5-nitro-furfurylester] **17** IV 1255
   – [5-nitro-furfurylidenhydrazid] **17**
     IV 4465
   – [3-(5-nitro-[2]furyl)-
     allylidenhydrazid] **17** IV 4703
   – [2,2,2-trichlor-1-[2]furyl-äthylester]
     17 IV 1271
—, 5-Chlor-2-[5-chlor-3-hydroxy-benzo[*b*]⇌
   thiophen-2-ylmercapto]-,
   – benzolsulfonylamid **17** IV 2113
—, 2-Chlor-4-[4-chlor-1-hydroxy-3-oxo-
   phthalan-1-yl]-5-methoxy- **10** III 4781 a

Benzoesäure (Fortsetzung)

—, 5-Chlor-2-[5-chlor-3-oxo-benzo[*b*]≠
thiophen-2-ylmercapto]-,
  — benzolsulfonylamid **17** IV 2113

—, 2-[Chlor-(1-chlor-3-oxo-phthalan-1-
yl)-methyl]- **18** II 344 j

—, 2-[5-Chlor-furan-2-carbonyloxy]- **18**
IV 3978

—, 3-Chlor-4-glucopyranosyloxy- **17**
IV 3353
  — methylester **17** IV 3353

—, 5-Chlor-2-hydroxy-,
  — [5-(13-cyclopentyl-tridecyl)-
  [2]thienylmethylenhydrazid] **17**
  IV 4781
  — [5-propyl-
  [2]thienylmethylenhydrazid] **17**
  IV 4564

—, 2-[1-Chlor-2-hydroxy-1-methyl-2-
phenyl-äthyl]-,
  — lacton **17** IV 5369

—, 2-Chlor-4-[1-hydroxy-3-oxo-phthalan-
1-yl]- **10** II 618 b, III 4009 f

—, 2-Chlor-5-[1-hydroxy-3-oxo-phthalan-
1-yl]- **10** II 617 h, III 4009 b

—, 2-Chlor-4-[1-hydroxy-3-oxo-phthalan-
1-yl]-5-methoxy- **10** III 4780 f

—, 3-[7-Chlor-1-hydroxy-3-oxo-phthalan-
1-yl]-4-methoxy- **10** III 4780 d

—, 2-[(5-Chlor-2-hydroxy-phenylimino)-
methyl]- **18** IV 7885

—, 2-[6-Chlor-4-methyl-benzo[*b*]≠
thiophen-2-carbonyl]- **18** II 346 e,
IV 5685

—, 2,2′-[3-Chlor-4-nitro-thiophen-2,5-
diyldimercapto]-di- **17** IV 2047

—, 3-[3-Chlor-5-phenyl-[2]furyl]- **18**
IV 4395
  — [2-diäthylamino-äthylamid] **18**
  IV 4396
  — methylester **18** IV 4395

—, 3-[4-Chlor-5-phenyl-[2]furyl]- **18**
IV 4395
  — [2-diäthylamino-äthylamid] **18**
  IV 4396
  — methylester **18** IV 4395

—, 2-[(2-Chlor-phenylimino)-methyl]-
18 IV 7884

—, 2-[Chlor-phthalidyl-methyl]-,
  — äthylester **18** II 344 i
  — methylester **18** II 344 h

—, 3-Chlor-4-[tetra-*O*-acetyl-
glucopyranosyloxy]-,
  — methylester **17** IV 3354

—, 2-Chlor-6-[2]thienylmethyl- **18**
IV 4297

—, 3-Chlor-2-[2]thienylmethyl- **18**
IV 4297

—, 4-Chlor-2-[2]thienylmethyl- **18**
IV 4297

—, 5-Chlor-2-[2]thienylmethyl- **18**
IV 4297

—, 2-[5-Chlor-thiophen-2-carbonyl]- **18**
IV 5631
  — äthylester **18** IV 5631

—, 2-Chlor-6-[thiophen-2-carbonyl]- **18**
IV 5631

—, 3-Chlor-2-[thiophen-2-carbonyl]- **18**
IV 5631

—, 4-Chlor-2-[thiophen-2-carbonyl]- **18**
IV 5631

—, 5-Chlor-2-[thiophen-2-carbonyl]- **18**
IV 5631

—, 2-[5-Chlor-thiophen-2-carbonyl]-3-
nitro-,
  — methylester **18** IV 5634

—, 2,2′-[3-Chlor-thiophen-2,5-
diyldimercapto]-di- **17** IV 2047

—, 4-Cinnamoyloxy-3-methoxy-,
  — [tetra-*O*-acetyl-
  glucopyranosylester] **17** IV 3373

—, 4-Cyan-,
  — furfurylester **17** IV 1250
  — tetrahydrofurfurylester **17**
  IV 1109

—, 3-[1-Cyan-2-[2]furyl-2-oxo-äthylazo]-
4-[1-methyl-butyl]- **18** IV 6009

—, 3-[1-Cyan-2-[2]furyl-2-oxo-
äthylidenhydrazino]-4-[1-methyl-butyl]-
18 IV 6009

—, 2-[2-Cyan-2-hydroxy-äthyl]-,
  — lacton **18** IV 5525

—, 4-[(*N*-Cyclohexyl-furan-2-
carbimidoyl)-amino]-,
  — äthylester **18** IV 3968

—, 2-[6-Desoxy-mannopyranosyloxy]-,
  — methylester **17** IV 2552

—, 3,4-Diacetoxy-,
  — [2-oxo-2*H*-chromen-4-ylester] **18**
  IV 289

—, 4,6-Diacetoxy-3-[6-acetoxy-1-oxo-3-
pentyl-1*H*-isochromen-8-yloxy]-2-[2-oxo-
heptyl]- **18** IV 1429

—, 3,5-Diacetoxy-4-[tetra-*O*-acetyl-
glucopyranosyloxy]-,
  — äthylester **31** 243 g

—, 2-[2,7-Diacetoxy-xanthen-9-yl]-
18 358 b

—, 2-[3,6-Diacetoxy-xanthen-9-yl]-
18 358 f, I 466 b

—, 2,3-Diäthoxy-6-[3,5,7-triäthoxy-6-
methoxy-4-oxo-4*H*-chromen-2-yl]- **18**
IV 6691
  — äthylester **18** IV 6692

—, 2-[3,6-Diäthoxy-xanthen-9-yl]-
18 358 e
  — äthylester **18** 358 h

Benzoesäure (Fortsetzung)

—, 2-[Diäthylcarbamoylimino-methyl]-
18 IV 7886

—, 2,4-Diamino-6-[2-hydroxy-1,3-
dimethyl-cyclohexyl]-3-isopropyl-,
— lacton **18** IV 7939

—, 2-[Dibenzofuran-2-carbonyl]-
18 448 d, II 349 e, IV 5704
— amid **18** 448 g
— methylester **18** 448 e

—, 5-Dibenzofuran-3-ylazo-2-hydroxy-
18 I 596 c

—, 2-[Dibenzothiophen-2-carbonyl]- **18**
IV 5704
— äthylester **18** IV 5704

—, 3,5-Dibrom-2-hydroxy-,
— furfurylidenhydrazid **17** IV 4447

—, 2-[1,2-Dibrom-2-hydroxy-äthyl]-,
— lacton **17** 316 h

—, 2-[1,2-Dibrom-2-hydroxy-propyl]-,
— lacton **17** 321 a

—, 4,5-Dibrom-2-[2,6,7-triacetoxy-3-oxo-
3*H*-xanthen-9-yl]-,
— äthylester **18** 558 d

—, 4,5-Dibrom-2-[2,6,7-trihydroxy-3-
oxo-3*H*-xanthen-9-yl]-,
— äthylester **18** 558 c

—, 2,4-Dichlor-,
— [5-nitro-furfurylidenhydrazid] **17**
IV 4465
— [3-(5-nitro-[2]furyl)-
allylidenhydrazid] **17** IV 4703

—, 2-[(2,2-Dichlor-butyrylimino)-methyl]-
18 IV 7886

—, 3,5-Dichlor-2-[2,2-dimethyl-
2*H*-chromen-3-ylmethoxy]-,
— amid **17** IV 1498

—, 3,6-Dichlor-2-[2,5-dimethyl-thiophen-
3-carbonyl]- **18** IV 5641
— methylester **18** IV 5642

—, 3,6-Dichlor-2-[1,3-dioxo-1*H*,3*H*-benz≠
[*de*]isochromen-6-carbonyl]- **18** IV 6196

—, 3,5-Dichlor-4-glucopyranosyloxy-,
— amid **17** IV 3353

—, 2,6-Dichlor-4-[1-hydroxy-5,7-
dimethoxy-3-oxo-phthalan-1-yl]-3,5-
dimethoxy- **10** III 4864 a

—, 2,5-Dichlor-4-[1-hydroxy-3-oxo-
phthalan-1-yl]- **10** III 4010 a

—, 3,6-Dichlor-2-[3-methyl-
[2]thienylmethyl]- **18** IV 4308

—, 3,6-Dichlor-2-[5-methyl-
[2]thienylmethyl]- **18** IV 4309

—, 3,6-Dichlor-2-[3-methyl-thiophen-2-
carbonyl]- **18** IV 5638
— methylester **18** IV 5638

—, 3,6-Dichlor-2-[5-methyl-thiophen-2-
carbonyl]- **18** IV 5639
— methylester **18** IV 5639

—, 3,5-Dichlor-2-[2-oxo-2*H*-chromen-3-
ylmethoxy]- **18** IV 325
— amid **18** IV 326
— methylester **18** IV 325

—, 3,5-Dichlor-4-[tetra-*O*-acetyl-
glucopyranosyloxy]-,
— methylester **17** IV 3354

—, 2,3-Dichlor-6-[thiophen-2-carbonyl]-
18 IV 5632

—, 3,4-Dichlor-2-[thiophen-2-carbonyl]-
18 IV 5632

—, 3,6-Dichlor-2-[thiophen-2-carbonyl]-
18 IV 5632
— methylester **18** IV 5632

—, 2,2′-[2,5-Dichlor-thiophen-3,4-
diyldimercapto]-di- **17** IV 2049

—, 2-[3,6-Dichlor-xanthen-9-yl]-
18 317 b

—, 2,4-Dihydroxy-,
— [tetra-*O*-acetyl-
glucopyranosylester] **17** IV 3367

—, 2,5-Dihydroxy-,
— [tetra-*O*-acetyl-
glucopyranosylester] **17** IV 3369

—, 2-[2,4-Dihydroxy-benzhydryl]-,
— 2-lacton **18** IV 833

—, 2-[2,4-Dihydroxy-butyl]-3,4,5-
trimethoxy-,
— 2-lacton **18** IV 3071

—, 2-[3,11-Dihydroxy-7*H*-dibenzo[*c,h*]≠
xanthen-7-yl]- **18** I 466 d

—, 2-[1,8-Dihydroxy-3,6-dimethyl-
xanthen-9-yl]- **18** 359 a

—, 4,6-Dihydroxy-3-[6-hydroxy-1-oxo-3-
pentyl-1*H*-isochromen-8-yloxy]-2-pentyl-
18 IV 1427
— methylester **18** IV 1428

—, 2-[5,7-Dihydroxy-3-methoxy-4-oxo-
4*H*-chromen-2-yl]- **18** IV 6639

—, 4,6-Dihydroxy-3-[6-methoxy-1-oxo-3-
pentyl-1*H*-isochromen-8-yloxy]-2-[2-oxo-
heptyl]- **18** IV 1428
— methylester **18** IV 1429

—, 3-[5,7-Dihydroxy-2-(4-methoxy-
phenyl)-4-oxo-4*H*-chromen-8-yl]-4-
methoxy- **18** IV 6678
— äthylester **18** IV 6679
— methylester **18** IV 6679

—, 2,4-Dihydroxy-6-methyl-,
— [tetra-*O*-acetyl-
glucopyranosylester] **17** IV 3376

—, 2-[5,7-Dihydroxy-4-methyl-2-oxo-
2*H*-chromen-3-ylcarbonyl]- **18** 557 a

—, 2-[7,8-Dihydroxy-4-methyl-2-oxo-
2*H*-chromen-3-ylcarbonyl]- **18** 557 b

—, 2-[5,7-Dihydroxy-4-methyl-2-oxo-
2*H*-chromen-3-ylmethyl]- **18** 547 c

—, 2-[7,8-Dihydroxy-4-methyl-2-oxo-
2*H*-chromen-3-ylmethyl]- **18** 547 d

Benzoesäure (Fortsetzung)
—, 4-[4,5-Dihydroxy-9-methyl-3-oxo-1,3-
dihydro-naphtho[2,3-c]furan-1-yl]-2,3,6-
trihydroxy-,
    — amid **18** IV 6689
—, 2-[5,7-Dihydroxy-6-methyl-1-oxo-
phthalan-4-yloxy]-4-hydroxy-3,6-
dimethyl- **18** IV 2343
—, 2-[5,7-Dihydroxy-6-methyl-1-oxo-
phthalan-4-yloxy]-4-methoxy-3,6-
dimethyl-,
    — methylester **18** IV 2343
—, 2-[2,4-Dihydroxy-9-oxo-3-sulfo-
thioxanthen-1-ylmercapto]- **18** II 412 e
—, 2-[1-(2,4-Dihydroxy-phenyl)-2-phenyl-
propenyl]-,
    — 2-lacton **18** IV 847
—, 6,6'-Dihydroxy-3,3'-phthalidyliden-di-
18 IV 6680
—, 3,5-Dihydroxy-4-[tetra-O-acetyl-
glucopyranosyloxy]-,
    — äthylester **31** 243 f
—, 2-[2,7-Dihydroxy-xanthen-9-yl]-
18 358 a
    — äthylester **18** 358 c
—, 2-[3,6-Dihydroxy-xanthen-9-yl]-
18 358 d, I 465 e, II 307 c
    — äthylester **18** 358 g
    — methylester **18** I 538 a
—, 2,4-Dihydroxy-3-xanthen-9-yl- **18**
II 307 d
—, 3,5-Dijod-2-[6-methyl-2,4-dioxo-
4H-pyran-3-ylazo]- **17** IV 6695
—, 3,5-Dijod-2-[4-methyl-2,6-dioxo-
6H-pyran-3-ylidenhydrazino]- **17**
IV 6697
—, 3,5-Dijod-2-[6-methyl-2,4-dioxo-
4H-pyran-3-ylidenhydrazino]- **17**
IV 6695
—, 2-[6,7-Dimethoxy-benzofuran-3-
ylmethyl]-4,5-dimethoxy- **18** 366 e
    — methylester **18** 367 a
—, 2-[5,6-Dimethoxy-1,3-dioxo-phthalan-
4-yl]-3,4-dimethoxy- **18** IV 6686
—, 4-[5,6-Dimethoxy-1,3-dioxo-phthalan-
4-yloxy]- **18** II 196 c
—, 4-[6,7-Dimethoxy-1,3-dioxo-phthalan-
4-yloxy]- **18** II 196 d
—, 4,5-Dimethoxy-2-[6-methoxy-
benzofuran-3-yl]- **18** IV 5104
—, 4,5-Dimethoxy-2-[6-methoxy-
benzofuran-3-ylmethyl]- **18** 361 c
—, 4,6-Dimethoxy-3-[6-methoxy-1-oxo-3-
pentyl-1H-isochromen-8-yloxy]-2-[2-oxo-
heptyl]-,
    — methylester **18** IV 1429
—, 4,6-Dimethoxy-3-[6-methoxy-1-oxo-3-
pentyl-1H-isochromen-8-yloxy]-2-pentyl-,
    — methylester **18** IV 1428

—, 3-[5,7-Dimethoxy-2-(4-methoxy-
phenyl)-4-oxo-4H-chromen-8-yl]-4-
methoxy- **18** IV 6679
    — methylester **18** IV 6679
—, 4-[4,5-Dimethoxy-9-methyl-3-oxo-1,3-
dihydro-naphtho[2,3-c]furan-1-yl]-2,3,6-
trimethoxy-,
    — amid **18** IV 6690
—, 2-[5,7-Dimethoxy-6-methyl-1-oxo-
phthalan-4-yloxy]-4-methoxy-3,6-
dimethyl-,
    — methylester **18** IV 2343
—, 2-[3,7-Dimethoxy-4-oxo-4H-chromen-
2-yl]-,
    — methylester **18** IV 6554
—, 6-[4,5-Dimethoxy-3-oxo-phthalan-1-
ylcarbonyl]-2,3-dimethoxy- **18** 565 c
—, 5-[4,5-Dimethoxy-3-oxo-phthalan-1-
yl]-2-hydroxy-4-methyl- **18** IV 6636
    — äthylester **18** IV 6636
—, 6-[4,5-Dimethoxy-3-oxo-phthalan-1-
ylmethyl]-2,3-dimethoxy- **18** 563 c
—, 4-[5,6-Dimethoxy-3-oxo-phthalan-4-
yloxy]-3,5-dinitro-,
    — methylester **18** IV 2338
—, 4-[5,6-Dimethoxy-3-oxo-phthalan-4-
yloxy]-3-menthyloxyacetylamino-5-nitro-,
    — methylester **18** IV 2339
—, 4-[5,6-Dimethoxy-3-oxo-phthalan-4-
yloxy]-3-nitro- **18** IV 2338
    — methylester **18** IV 2338
—, 2-[2,4-Dimethoxy-9-oxo-thioxanthen-
1-ylmercapto]- **18** II 158 a
—, 3,5-Dimethoxy-4-[tetra-O-acetyl-
glucopyranosyloxy]-,
    — methylester **31** 243 e
—, 3,4-Dimethoxy-2-[1,1,2,2-tetrachlor-2-
hydroxy-äthyl]-,
    — lacton **18** IV 1231
—, 2,3-Dimethoxy-6-[3,5,6,7-
tetramethoxy-4-oxo-4H-chromen-2-yl]-
18 IV 6691
    — methylester **18** IV 6691
—, 2-[3,6-Dimethoxy-xanthen-9-yl]- **18**
I 466 a
    — methylester **18** I 466 c
—, 2-[1-(4-Dimethylamino-phenyl)-2-
hydroxy-3-oxo-indan-2-yl]-,
    — lacton **18** I 578 d
—, 2-[2,2-Dimethyl-2H-chromen-3-
ylmethoxy]-3,5-dimethyl-,
    — amid **17** IV 1498
—, 4-[2,6-Dimethyl-5,6-dihydro-
2H-pyran-3-ylmethylenamino]-2-hydroxy-
17 IV 4325
—, 4,5-Dimethyl-2-[6-methoxy-
benzofuran-3-ylmethyl]-,
    — methylester **18** 361 d

Benzoesäure   (Fortsetzung)
—, 3,5-Dimethyl-4-nitro-,
  — furfurylidenhydrazid **17** IV 4439
—, 2-[2,6-Dimethyl-4-oxo-4*H*-pyran-3-
  carbonyl]- **18** IV 6087
—, 2-[2-(2,4-Dimethyl-phenyl)-2,3-epoxy-
  propyl]- **18** IV 4380
—, 2-[2-(2,4-Dimethyl-phenyl)-
  oxiranylmethyl]- **18** IV 4380
—, 2-{[4-(1,1-Dimethyl-propyl)-
  phenylimino]-methyl}- **18** IV 7885
—, 2-[2,5-Dimethyl-selenophen-3-
  carbonyl]- **18** II 340 b
—, 2-[2,5-Dimethyl-[3]thienylmercapto]-
  17 IV 1279
—, 2-[2,5-Dimethyl-thiophen-3-carbonyl]-
  18 IV 5641
  — äthylester **18** IV 5641
—, 2,2'-[2,5-Dimethyl-thiophen-3,4-
  diyldimercapto]-di- **17** IV 2052
—, 4-[2,7-Dimethyl-thioxanthen-9-yl]-
  18 II 282 d
—, 2-[2,7-Dimethyl-xanthen-9-yl]-
  18 317 d
—, 2-[3,6-Dimethyl-xanthen-9-yl]-
  18 317 e
  — methylester **18** 317 f
—, 3,5-Dinitro-,
  — [2-äthyl-chroman-4-ylester] **17**
    IV 1372
  — [1-äthyl-3-[2]furyl-propylester] **17**
    IV 1299
  — [äthyl-(5-methyl-tetrahydro-
    furfuryl)-amid] **18** IV 7050
  — [4-äthyl-tetrahydro-thiopyran-4-
    ylester] **17** IV 1143
  — [2-benzo[*b*]thiophen-3-yl-
    äthylester] **17** IV 1488
  — [2-benzo[*b*]thiophen-3-yl-1-methyl-
    äthylester] **17** IV 1494
  — [4-butyl-tetrahydro-thiopyran-4-
    ylester] **17** IV 1165
  — [5,6-dihydro-2*H*-pyran-3-
    ylmethylester] **17** IV 1192
  — [2,6-dimethyl-tetrahydro-pyran-3-
    ylmethylester] **17** IV 1155
  — [1,1-dioxo-tetrahydro-1λ^6-
    [3]thienylester] **17** IV 1029
  — [2,3-epoxy-cyclohexylester] **17**
    IV 1196
  — [5,10-epoxy-9,10-seco-ergosta-
    6,8,22-trien-3-ylester] **17** IV 1573
  — [7,8-epoxy-9,10-seco-ergosta-5,10≠
    (19),22-trien-3-ylester] **17** IV 1573
  — furfurylester **17** II 115 j,
    IV 1249
  — furfurylidenhydrazid **17** IV 4438
  — furostan-3-ylester **17** IV 1414
  — furost-25-en-3-ylester **17** IV 1516

  — [1-[3]furyl-heptylester] **17**
    IV 1309
  — [3-[2]furyl-1-methyl-propylester]
    17 IV 1291
  — [2-hexadecyl-2,5,7,8-tetramethyl-
    chroman-6-ylester] **17** IV 1436
  — isochroman-6-ylester **17** IV 1354
  — [5-methyl-1,1-dioxo-tetrahydro-
    1λ^6-[3]thienylester] **17** IV 1094
  — [2-methyl-3-phenyl-chroman-7-
    ylester] **17** IV 1631
  — [11-oxa-bicyclo[4.4.1]undec-5-en-1-
    ylester] **17** IV 1307
  — [6-oxa-spiro[4.5]dec-9-ylester] **17**
    IV 1207
  — [1-oxa-spiro[5.5]undec-4-ylester]
    17 IV 1212
  — [1-pentyl-3-tetrahydro[2]furyl-
    propylester] **17** IV 1179
  — [4-pentyl-tetrahydro-thiopyran-4-
    ylester] **17** IV 1169
  — [2-phenyl-tetrahydro-pyran-4-
    ylester] **17** IV 1369
  — [1-propyl-4-tetrahydro[2]furyl-
    butylester] **17** IV 1175
  — [4-propyl-tetrahydro-thiopyran-4-
    ylester] **17** IV 1154
  — tetrahydrofurfurylester **17**
    IV 1106
  — tetrahydropyran-2-ylester **17**
    IV 1072
  — tetrahydropyran-4-ylester **17**
    IV 1087
  — tetrahydropyran-2-ylmethylester
    17 IV 1134
  — tetrahydro[3]thienylester **17**
    IV 1029
  — [1-[2]thienyl-but-3-enylester] **17**
    IV 1329
  — [4-[2]thienyl-but-2-enylester] **17**
    IV 1329
  — [3]thienylester **17** IV 1233
  — [1-[2]thienylmethyl-allylester] **17**
    IV 1329
  — [6,6,9-trimethyl-6*H*-benzo[*c*]≠
    chromen-2-ylester] **17** IV 1634
—, 2-[4-(3,5-Dinitro-benzoyloxy)-2-
  hydroxy-butyl]-3,4,5-trimethoxy-,
  — lacton **18** IV 3071
—, 2-[3-(2,4-Dinitro-phenylhydrazono)-2-
  hydroxy-cyclopent-1-enyl]-3,4,5-
  trimethoxy-,
  — lacton **18** IV 3153
—, 2-[1-(2,4-Dinitro-phenylhydrazono)-2-
  hydroxy-1,2,3,4-tetrahydro-
  [2]naphthylmethyl]-,
  — lacton **17** IV 6490

Benzoesäure (Fortsetzung)
—, 3-[(2,4-Dinitro-phenylhydrazono)-
methyl]-2,6-dihydroxy-4-[2-hydroxy-1-
methyl-propyl]-5-methyl-,
— methylester **18** IV 6331
—, 4-{5-[(2,4-Dinitro-phenylhydrazono)-
methyl]-[2]furyl}- **18** IV 5635
—, 2,2′-[3,4-Dinitro-thiophen-2,5-
disulfinyl]-di- **17** IV 2048
—, 2-[3,5-Dinitro-thiophen-2-sulfinyl]-
17 IV 1233
—, 2-[2,7-Dinitro-xanthen-9-yl]-
18 317 c
—, 2-[2,6-Dioxo-2*H*,6*H*-anthra[9,1-*bc*]≠
furan-10b-yl]- **18** IV 6110
—, 2-[1,3-Dioxo-1*H*,3*H*-benz[*de*]≠
isochromen-6-carbonyl]- **18** 501 a,
IV 6196
—, 4-[1-(2,4-Dioxo-chroman-3-yl)-
äthylidenamino]- **17** IV 6741
—, 2-[1,3-Dioxo-phthalan-5-carbonyl]-
18 II 372 a
—, 2-[1,3-Dioxo-phthalan-4-ylmethyl]-
18 IV 6095
—, 2-[2,6-Dioxo-6*H*-pyran-3-
ylidenhydrazino]- **17** IV 6693
—, 2-[Dithioallophanoylimino-methyl]-
18 IV 7887
—, 2-[2,3-Epoxy-propoxy]-,
— amid **17** IV 1009
— diäthylamid **17** IV 1009
—, 4-[2,3-Epoxy-propoxy]-,
— äthylester **17** IV 1009
—, 4-[2,3-Epoxy-propoxy]-3-methoxy-,
— äthylester **17** IV 1010
—, 4-[(2,3-Epoxy-propyl)-(toluol-4-
sulfonyl)-amino]- **18** IV 7023
— äthylester **18** IV 7023
—, 4-[5-Formyl-[2]furyl]- **18** IV 5635
—, 3-Formyl-2-[2-hydroxy-äthyl]-,
— lacton **17** IV 6178
—, 3-Formyl-4-methoxy-6-methyl-2-
[3,5,7-trihydroxy-6-methyl-1-oxo-
phthalan-4-yloxy]- **10** III 4721 c
—, 2-[3-Formyl-6-methyl-4-oxo-
4*H*-pyran-2-yl]-3-hydroxy-5,6-dimethoxy-,
— methylester **18** IV 6671
—, 2-[Furan-2-carbonyloxy]- **18**
IV 3928
—, 2-[Furan-2-carbonyloxy]-4-methyl-
18 IV 3928
—, 4-Furfurylamino-,
— äthylester **18** IV 7087
—, 4-[(*N*-Furfuryl-glycyl)-amino]-,
— isobutylester **18** IV 7086
—, 4-Furfurylidenamino-2-hydroxy- **17**
IV 4423
—, 2-[Furfurylidencarbazoyl-methoxy]-,
— amid **17** IV 4446

—, 2-Furfurylidenhydrazino- **17**
IV 4447
—, 3-Furfurylidenhydrazino- **17**
IV 4447
—, 4-Furfurylidenhydrazino- **17** IV 4447
—, 4-[3-[2]Furyl-acryloyl]- **18** IV 5649
—, 3-[3-[2]Furyl-3-hydroxy-
acryloylamino]- **18** IV 5396
—, 3-[3-[3]Furyl-3-hydroxy-
acryloylamino]- **18** IV 5406
—, 4-[3-[2]Furyl-3-hydroxy-
acryloylamino]- **18** IV 5396
—, 4-[3-[3]Furyl-3-hydroxy-
acryloylamino]- **18** IV 5406
—, 3-[3-[2]Furyl-3-oxo-propionylamino]-
18 IV 5396
—, 3-[3-[3]Furyl-3-oxo-propionylamino]-
18 IV 5406
—, 4-[3-[2]Furyl-3-oxo-propionylamino]-
18 IV 5396
—, 4-[3-[3]Furyl-3-oxo-propionylamino]-
18 IV 5406
—, 4-[*O*⁴-Galactopyranosyl-glucit-1-
ylidenamino]- **17** IV 3083
—, 4-[*O*⁴-Galactopyranosyl-glucit-1-
ylidenamino]-2-hydroxy- **17** IV 3084
— phenylester **17** IV 3084
—, 2-Galactopyranosyloxy-,
— amid **17** IV 3345
— dimethylamid **17** IV 3346
— isopropylamid **17** IV 3346
— methylamid **17** IV 3345
— methylester **17** IV 3344
— propylamid **17** IV 3346
—, 3-Galloyloxy-4,5-dihydroxy-,
— glucopyranosylester **17** IV 3381
—, 4-[*O*⁴-Glucopyranosyl-glucit-1-
ylidenamino]-2-hydroxy- **17** IV 3083
—, 2-Glucopyranosylmercapto- **17**
IV 3746
— äthylester **17** IV 3746
— amid **17** IV 3746
— methylamid **17** IV 3746
— methylester **17** IV 3746
— propylester **17** IV 3746
—, 2-Glucopyranosyloxy- **17** IV
3344, **31** 234 f
— amid **17** IV 3344
— dimethylamid **17** IV 3345
— methylamid **17** IV 3345
— methylester **17** IV 3344
— propylamid **17** IV 3346
— ureid **17** IV 3346
—, 3-Glucopyranosyloxy- **17** IV
3351, **31** 235 c
— methylester **17** IV 3352
—, 4-Glucopyranosyloxy- **17** IV
3352, **31** 235 e
— methylester **17** IV 3352

Benzoesäure (Fortsetzung)

—, 3-[2-Glucopyranosyloxy-
benzylidenamino]- **31** 245 b
  — amid **31** 245 c

—, 4-[2-Glucopyranosyloxy-
benzylidenamino]- **17**
IV 3011
  — äthylester **17** IV 3011

—, 4-[2-Glucopyranosyloxy-
benzylidenamino]-2-hydroxy- **17**
IV 3011

—, 4-Glucopyranosyloxy-3,5-dihydroxy-
31 243 c

—, 3-Glucopyranosyloxy-4,5-dimethoxy-
17 IV 3380

—, 4-Glucopyranosyloxy-3,5-dimethoxy-
17 IV 3380, **31** 243 d

—, 2-Glucopyranosyloxy-4-hydroxy-,
  — äthylester **17** IV 3363
  — methylester **17** IV 3363
  — propylester **17** IV 3363

—, 2-Glucopyranosyloxy-5-hydroxy-,
  — äthylester **17** IV 3367
  — methylester **17** IV 3367
  — propylester **17** IV 3367

—, 2-Glucopyranosyloxy-6-hydroxy-,
  — methylester **17** IV 3370

—, 3-Glucopyranosyloxy-4-hydroxy- **31** 241 b,
vgl. **17** IV 3371 c

—, 3-Glucopyranosyloxy-5-hydroxy-,
  — methylester **17** IV 3374
  — propylester **17** IV 3374

—, 4-Glucopyranosyloxy-2-hydroxy- **17**
IV 3364
  — äthylester **17** IV 3364
  — methylester **17** IV 3364
  — propylester **17** IV 3364

—, 4-Glucopyranosyloxy-3-hydroxy- **17**
IV 3371

—, 5-Glucopyranosyloxy-2-hydroxy-,
  — äthylester **17** IV 3368
  — methylester **17** IV 3368
  — propylester **17** IV 3368

—, 2-Glucopyranosyloxy-4-methoxy-
17 IV 3363
  — methylester **17** IV 3363

—, 2-Glucopyranosyloxy-5-methoxy-
17 IV 3367
  — methylester **17** IV 3367

—, 3-Glucopyranosyloxy-2-methoxy-,
  — methylester **17** IV 3363

—, 4-Glucopyranosyloxy-3-methoxy-
31 241 d
  — diäthylamid **17** IV 3371

—, 2-Glucopyranosyloxy-4-methyl- **17**
IV 3357

—, 2-Glucopyranosyloxy-5-methyl- **17**
IV 3357

—, 2-Glucopyranosyloxy-4-nitro-,
  — methylester **17** IV 3347

—, 2-Glykoloyl-,
  — lacton **17** IV 6159

—, 2-[Hexa-*O*-acetyl-primverosyloxy]-,
  — methylester **17** IV 3469

—, 2-[Hexa-*O*-acetyl-primverosyloxy]-4-
methoxy-,
  — methylester **17** IV 3470

—, 2-[Hexa-*O*-acetyl-primverosyloxy]-5-
methoxy-,
  — methylester **17** IV 3471

—, 2-[Hexa-*O*-acetyl-vicianosyloxy]-,
  — methylester **17** IV 3469

—, 2-[2,3,4,4,6,6-Hexachlor-1-hydroxy-5-
oxo-cyclohex-2-encarbonyl]-,
  — lacton **17** II 529 b

—, 3,4,5,3′,4′,5′-Hexahydroxy-2,2′-
methylen-di-,
  — anhydrid **10** 594

—, 2-[6-Hex-2-enyloxy-3-oxo-
3*H*-xanthen-9-yl]-,
  — hex-2-enylester **18** IV 6447

—, 3-Hydroxy-,
  — [tetra-*O*-acetyl-
glucopyranosylester] **17** IV 3352

—, 4-Hydroxy-,
  — furfurylidenhydrazid **17** IV 4448
  — [5-hydroxymethyl-
furfurylidenhydrazid] **18** IV 109
  — [tetra-*O*-acetyl-
glucopyranosylester] **17** IV 3354

—, 2-[2-Hydroxy-äthyl]-,
  — lacton **17** IV 4964

—, 2-[(2-Hydroxy-äthylcarbamoylimino)-
methyl]- **18** IV 7887

—, 2-[2-Hydroxy-äthyl]-3,6-dimethyl-,
  — lacton **17** IV 4994

—, 2-[2-Hydroxy-äthyl]-5-methyl-,
  — lacton **17** IV 4980

—, 2-[3-Hydroxy-benzo[*b*]thiophen-2-
ylmercapto]-,
  — [toluol-4-sulfonylamid] **17**
IV 2113

—, 2,2′-[α-Hydroxy-benzyliden]-di-,
  — lacton **18** IV 5705

—, 2-[1-Hydroxy-4,8-bis-
methanosulfonyloxy-[2]naphthyl]-3-
methanosulfonyloxy-6-methyl-,
  — lacton **18** IV 2816

—, 6-[1-Hydroxy-6,7-dimethoxy-3,4-
dihydro-[2]naphthyl]-2,3-dimethoxy-,
  — lacton **18** IV 3367

—, 2-[1-Hydroxy-5,8-dimethoxy-3,4-
dihydro-1*H*-[2]naphthylidenmethyl]-,
  — lacton **18** IV 1916

—, 3-Hydroxy-5,6-dimethoxy-2-
[6-methyl-4-oxo-4*H*-pyran-2-yl]- **18**
IV 6622

Benzoesäure (Fortsetzung)
—, 6-[1-Hydroxy-6,7-dimethoxy-
   [2]naphthyl]-2,3-dimethoxy-,
   — lacton **18** IV 3382
—, 2-[2-Hydroxy-5,8-dimethoxy-1-oxo-
   1,2,3,4-tetrahydro-[2]naphthylmethyl]-,
   — lacton **18** IV 2807
—, 2-[6-Hydroxy-2,7-dimethoxy-3-oxo-
   3*H*-xanthen-9-yl]-,
   — methylester **18** I 546 d
—, 2-[9-Hydroxy-3,6-dimethoxy-xanthen-
   9-yl]- **18** I 469 c
—, 2-[2-Hydroxy-1,3-dimethyl-cyclohex-
   2-enyl]-5-isopropyl-,
   — lacton **17** IV 5247
—, 2-[2-Hydroxy-1,3-dimethyl-cyclohex-
   2-enyl]-5-isopropyl-4-nitro-,
   — lacton **17** IV 5248
—, 6-[2-Hydroxy-1,3-dimethyl-cyclohex-
   2-enyl]-3-isopropyl-2-nitro-,
   — lacton **17** IV 5248
—, 2-[2-Hydroxy-4,4-dimethyl-6-oxo-
   cyclohex-1-enyl]-,
   — lacton **17** IV 6363
—, 2-[2-Hydroxy-4,4-dimethyl-6-oxo-
   cyclohex-1-enyl]-5-methoxy-,
   — lacton **18** IV 1645
—, 2-[8-Hydroxy-1,6-dimethyl-3-oxo-
   3*H*-xanthen-9-yl]-,
   — methylester **18** I 539 g
—, 2-[3-Hydroxy-1,4-dioxo-1,4-dihydro-
   [2]naphthyl]-,
   — lacton **17** IV 6807
—, 2-[1-(3-Hydroxy-1,4-dioxo-1,4-
   dihydro-[2]naphthyl)-vinyl]-,
   — lacton **17** IV 6810
—, 2-[2-Hydroxy-2,2-diphenyl-äthyl]-,
   — lacton **17** IV 5569
—, 2-[9-Hydroxy-fluoren-9-yl]-,
   — lacton **17** IV 5581
—, 6-[1-Hydroxy-3-(2-hydroxy-4,6-
   dimethoxy-phenyl)-3-oxo-propyl]-2,3-
   dimethoxy-,
   — 2-lacton **18** II 255 f
—, 2-Hydroxy-5-{4′-[4-hydroxy-3-(6-
   hydroxy-3-oxo-3*H*-xanthen-9-yl)-
   phenylazo]-biphenyl-4-ylazo}- **18**
   II 502 d
—, 4-[5-Hydroxy-5-(2-hydroxy-5-methyl-
   phenyl)-2-oxo-tetrahydro-[3]furylamino]-
   14 III 1144 d
—, 2-Hydroxy-4-[1-hydroxy-3-oxo-
   phthalan-1-yl]- **10** III 4781 b
—, 2-Hydroxy-5-[1-hydroxy-3-oxo-
   phthalan-1-yl]- **10** III 4779 b
—, 2-Hydroxy-4-[1-hydroxy-3-oxo-
   phthalan-1-yl]-5-methoxy- **10** III 4824 d
—, 2-Hydroxy-5-[1-hydroxy-3-oxo-
   phthalan-1-yl]-3-methyl- **10** III 4782 d

—, 2-Hydroxy-5-[6-hydroxy-3-oxo-
   3*H*-xanthen-9-yl]- **18** II 396 d
—, 4-[5-Hydroxy-5-(2-hydroxy-phenyl)-2-
   oxo-tetrahydro-[3]furylamino]- **14**
   III 1144 c
—, 2-Hydroxy-5-{4′-[4-hydroxy-3-(4,5,6-
   trihydroxy-3-oxo-3*H*-xanthen-9-yl)-
   phenylazo]-biphenyl-4-ylazo}- **18**
   II 504 a
—, 2-Hydroxy-6-[5-hydroxy-3,6,7-
   trimethoxy-4-oxo-4*H*-chromen-2-yl]-3-
   methoxy- **18** IV 6691
—, 2-Hydroxy-3-mercurio(1+)-4-[α-sulfo-
   furfurylamino]-,
   — Betain **17** IV 4415
—, 2-[1-Hydroxy-4-methansulfonyloxy-
   5,6,7,8-tetrahydro-[2]naphthyl]-3-
   methansulfonyloxy-6-methyl-,
   — lacton **18** IV 1873
—, 2-Hydroxy-4-methoxy-,
   — [tetra-*O*-acetyl-
      glucopyranosylester] **17** IV 3367
—, 2-Hydroxy-5-methoxy-,
   — [tetra-*O*-acetyl-
      glucopyranosylester] **17** IV 3370
—, 4-Hydroxy-3-methoxy-,
   — glucopyranosylester **17** IV 3372
—, 2-[2-Hydroxy-4-methoxy-benzhydryl]-,
   — lacton **18** IV 833
—, 2-[(2-Hydroxy-4-methoxycarbonyl-
   phenylimino)-methyl]- **18** IV 7888
—, 2-Hydroxy-3-[8-methoxycarbonyl-
   2,4,4-trimethyl-chroman-2-yl]-,
   — methylester **18** IV 5108
—, 3-[5-Hydroxy-7-methoxy-2-(4-
   methoxy-phenyl)-4-oxo-4*H*-chromen-8-yl]-
   4-methoxy-,
   — methylester **18** IV 6679
—, 2-[5-Hydroxy-7-methoxy-6-methyl-1-
   oxo-phthalan-4-yloxy]-4-methoxy-3,6-
   dimethyl-,
   — methylester **18** IV 2343
—, 2-[7-Hydroxy-3-methoxy-4-oxo-
   4*H*-chromen-2-yl]- **18** IV 6554
—, 2-[β-Hydroxy-4-methoxy-phenäthyl]-
   6-methoxy-,
   — lacton **18** IV 1723
—, 2-[2-Hydroxy-4-(4-methoxy-phenyl)-
   butyl]-4,6-dimethoxy-,
   — lacton **18** IV 2660
—, 2-[3-Hydroxy-6-methoxy-xanthen-9-
   yl]- **18** I 465 f
—, 2-Hydroxymethyl-,
   — furfurylidenhydrazid **17** IV 4448
   — [5-hydroxymethyl-
      furfurylidenhydrazid] **18** IV 109
   — lacton **17** 310 c, I 161 d,
      II 332 j, IV 4948

Benzoesäure
—, 2-Hydroxymethyl-, (Fortsetzung)
  — [5-methyl-furfurylidenhydrazid]
    17 IV 4527
—, 2-Hydroxy-3-methyl-,
  — [tetra-*O*-acetyl-
    glucopyranosylester] **17** IV 3357
—, 2-Hydroxy-4-methyl-,
  — [tetra-*O*-acetyl-
    glucopyranosylester] **17** IV 3358
—, 2-Hydroxy-5-methyl-,
  — [tetra-*O*-acetyl-
    glucopyranosylester] **17** IV 3357
—, 2-[2-Hydroxy-5-methyl-benzoyl]-,
  — lacton **17** IV 6437
—, 2-[2-Hydroxy-5-methyl-benzyl]-,
  — lacton **17** IV 5350
—, 2-[4-Hydroxymethyl-4-methyl-
    Δ^2-oxazolin-2-yl]-,
  — lacton **17** IV 6139
—, 2-Hydroxymethyl-5-nitro-,
  — furfurylidenhydrazid **17** IV 4448
  — [5-hydroxymethyl-
    furfurylidenhydrazid] **18** IV 109
  — [5-methyl-furfurylidenhydrazid]
    17 IV 4527
—, 2-[7-Hydroxy-4-methyl-2-oxo-
    2*H*-chromen-3-carbonyl]- **18** 547 e
—, 2-[7-Hydroxy-4-methyl-2-oxo-
    2*H*-chromen-3-ylmethyl]- **18** 534 b
—, 2-[2-Hydroxy-4-methyl-6-oxo-
    cyclohex-1-enyl]-,
  — lacton **17** IV 6355
—, 2-[9-Hydroxy-4-methyl-10-oxo-9,10-
    dihydro-[9]anthryl]-,
  — lacton **17** IV 6585
—, 2-Hydroxy-5-[3-methyl-5-oxo-5*H*-
    [2]furylidenamino]- **21** 408 f
—, 2-Hydroxy-5-[4-methyl-5-oxo-5*H*-
    [2]furylidenamino]- **21** 408 f
—, 2-[2-Hydroxy-1-methyl-2-phenyl-äthyl]-,
  — lacton **17** IV 5369
—, 2-Hydroxy-3-methyl-5-phthalidyl-
    18 IV 6417
  — methylester **18** IV 6418
—, 2-[2-Hydroxy-1-methyl-propyl]-4,6-
    dimethoxy-,
  — lacton **18** IV 1253
—, 2-Hydroxy-4-methyl-5-[2,2,2-trichlor-
    1-hydroxy-äthyl]-,
  — lacton **18** II 13 e
—, 2-[2-Hydroxy-[1]naphthoyl]-,
  — lacton **17** IV 6531
—, 2-[2-Hydroxy-[1]naphthyl]-,
  — lacton **17** IV 5533
—, 2-[2-Hydroxy-[1]naphthylmethyl]-,
  — lacton **17** IV 5535

—, 6-[2-Hydroxy-[1]naphthylmethyl]-2,3-
    dimethoxy-,
  — lacton **18** IV 1930
—, 2-Hydroxy-3-nitro-,
  — [tetra-*O*-acetyl-
    glucopyranosylester] **17** IV 3351
—, 2-Hydroxy-4-nitro-,
  — [tetra-*O*-acetyl-
    glucopyranosylester] **17** IV 3351
—, 2-Hydroxy-5-nitro-,
  — [tetra-*O*-acetyl-
    glucopyranosylester] **17** IV 3351
—, 2-Hydroxy-4-[(5-nitro-
    furfurylidenthiocarbazoyl)-amino]- **17**
    IV 4470
—, 2-[2-Hydroxy-3-(4-nitro-
    phenylhydrazono)-cyclopent-1-enyl]-3,4,5-
    trimethoxy-,
  — lacton **18** IV 3153
—, 2-Hydroxy-4-[3-(5-nitro-[2]thienyl)-
    allylidenamino]- **17** IV 4710
—, 2-[5-Hydroxy-11-oxo-benzo[*a*]fluoren-
    6-yl]-,
  — lacton **17** IV 6621
—, 4-[1-(4-Hydroxy-2-oxo-2*H*-chromen-
    3-yl)-äthylidenamino]- **17** IV 6741
—, 2-[2-Hydroxy-6-oxo-cyclohex-1-enyl]-,
  — lacton **17** IV 6349
—, 2-[2-Hydroxy-3-oxo-cyclopent-1-enyl]-
    3,4,5-trimethoxy-,
  — lacton **18** IV 3152
—, 2-[9-Hydroxy-10-oxo-9,10-dihydro-
    [9]anthryl]-,
  — lacton **17** II 516 d, IV 6580
—, 2-Hydroxy-4-[1-(2-oxo-dihydro-
    [3]furyliden)-äthylamino]- **17** IV 5843
—, 2-Hydroxy-5-[5-oxo-dihydro-
    [2]furylidenamino]- **21** 378 h
—, 4-[4-Hydroxy-4-(5-oxo-5*H*-
    [2]furyliden)-crotonoylamino]- **18**
    IV 6011
—, 2-[2-Hydroxy-1-oxo-indan-2-ylmethyl]-,
  — lacton **17** I 273 c
—, 2-[3-Hydroxy-1-oxo-inden-2-yl]-,
  — lacton **17** IV 6502
—, 2-[2-Hydroxy-6-oxo-3-pentyl-
    cyclohex-1-enyl]-4-methyl-,
  — lacton **17** IV 6375
—, 2-[2-Hydroxy-6-oxo-4-pentyl-
    cyclohex-1-enyl]-4-methyl-,
  — lacton **17** IV 6375
—, 2-[2-Hydroxy-6-oxo-5-pentyl-
    cyclohex-1-enyl]-4-methyl-,
  — lacton **17** IV 6375
—, 4-[5-Hydroxy-2-oxo-5-phenyl-
    tetrahydro-[3]furylamino]- **14** III 1144 b
—, 4-[1-Hydroxy-3-oxo-phthalan-1-yl]-
    10 882 d, II 617 i, III 4009 d

Benzoesäure (Fortsetzung)

—, 3-[1-Hydroxy-3-oxo-phthalan-1-yl]-4-
　　methoxy- **10** III 4780 c
—, 4-[1-Hydroxy-3-oxo-phthalan-1-yl]-3-
　　methoxy- **10** III 4780 e
—, 5-[1-Hydroxy-3-oxo-phthalan-1-yl]-2-
　　methoxy- **10** III 4779 c
—, 5-[1-Hydroxy-3-oxo-phthalan-1-yl]-2-
　　methoxy-3-methyl- **10** III 4782 e
—, 2-Hydroxy-4-[1-(2-oxo-tetrahydro-
　　[3]furyl)-äthylidenamino]- **17** IV 5843
—, 2-[2-Hydroxy-1-oxo-1,2,3,4-
　　tetrahydro-[2]naphthylmethyl]-,
　　　— lacton **17** IV 6489
—, 2-[6-Hydroxy-3-oxo-3H-xanthen-9-yl]-,
　　　— äthylester **18** 536 c, II 389 d,
　　　　IV 6446
　　　— allylester **18** IV 6447
　　　— methylester **18** 536 a, I 538 a,
　　　　II 389 a, IV 6446
—, 2-Hydroxy-5-[9-oxo-xanthen-3-ylazo]-
　　18 IV 8337
—, 2,2′-[3-Hydroxy-pentandiyl]-di-,
　　　— lacton **18** IV 5676
　　　— lacton-methylester **18** IV 5677
—, 2-[(4-Hydroxy-phenylimino)-methyl]-
　　18 IV 7885
—, 2-Hydroxy-5-phthalidyl- **18** IV 6415
—, 3-Hydroxy-4-phthalidylamino-,
　　　— methylester **18** IV 7888
—, 2-Hydroxy-5-phthalidylidenamino-
　　21 487 d
—, 2-[2-Hydroxy-propyl]-,
　　　— lacton **17** IV 4980
—, 2-[3-Hydroxy-propyl]-,
　　　— lacton **17** IV 4974
—, 2-[2-Hydroxy-propyl]-4,6-dimethoxy-,
　　　— lacton **18** IV 1239
—, 2-[2-Hydroxy-propyl]-6-methoxy-,
　　　— lacton **18** IV 189
—, 2-[2-Hydroxy-propyl]-3,4,5-
　　trimethoxy-,
　　　— lacton **18** IV 2344
—, 2-Hydroxy-4-[α-sulfo-furfurylamino]-
　　17 IV 4415
—, 3-Hydroxy-4-[tetra-O-acetyl-
　　glucopyranosyloxy-,
　　　— methylester **31** 241 c, vgl. **17** IV 3371 c
—, 4-Hydroxy-2-[tetra-O-acetyl-
　　glucopyranosyloxy]- **17** IV 3365
—, 4-Hydroxy-3-[tetra-O-acetyl-
　　glucopyranosyloxy-,
　　　— methylester **31** 241 c, vgl. **17** IV 3371 c
—, 2-Hydroxy-4-[2-(tetra-O-acetyl-
　　glucopyranosyloxy)-benzylidenamino]-
　　17 IV 3220
—, 2-[5-Hydroxy-2,3,4,11-tetrahydro-
　　1H-benzo[a]fluoren-6-yl]-,
　　　— lacton **17** IV 5612

—, 2-Hydroxy-4-[2,3,5,6-tetrahydroxy-4-
　　(3,4,5-trihydroxy-6-hydroxymethyl-
　　tetrahydro-pyran-2-yloxy)-
　　hexylidenamino]- **17** IV 3083
—, 2-[6-Hydroxy-2,4,5,7-tetrajod-3-oxo-
　　3H-xanthen-9-yl]-3,4,5,6-tetrajod- **19**
　　I 727 d
—, 2-[9-Hydroxy-1,3,6,9-tetramethoxy-
　　fluoren-9-yl]-,
　　　— lacton **18** I 418 f
—, 2-[9-Hydroxy-2,3,6,7-tetramethoxy-
　　xanthen-9-yl]-,
　　　— methylester **18** I 475 d
—, 4-[8-Hydroxy-3,6,9-trimethyl-2-oxo-
　　2,3,3a,4,5,9b-hexahydro-naphtho[1,2-b]≠
　　furan-7-ylazo]- **18** 649 d
—, 2-[2-Hydroxy-vinyl]-,
　　　— lacton **17** 333 e, IV 5062
—, 2-[9-Hydroxy-xanthen-9-yl]- **18**
　　I 462 e
—, 2-Isobutyryl-3-methoxy- **18** IV 1318
—, 2-Isobutyryl-6-methoxy- **18** IV 1318
—, 3-Jod-,
　　　— furfurylidenhydrazid **17** IV 4438
—, 4-Jod-,
　　　— furfurylidenhydrazid **17** IV 4438
—, 2-Lactoyl-,
　　　— lacton **17** IV 6182
—, 2-Mercaptomethyl-,
　　　— lacton **17** IV 4953
—, 2-[2-Mercapto-vinyl]-,
　　　— lacton **17** IV 5062
—, 4-Methansulfonyloxy-2-[tetra-
　　O-acetyl-glucopyranosyloxy]-,
　　　— methylester **17** IV 3366
—, 2-Methoxy-,
　　　— [2-oxo-2H-chromen-4-ylester] **18**
　　　　IV 288
—, 3-Methoxy-,
　　　— [4-(2-oxo-2H-chromen-3-yl)-anilid]
　　　　18 IV 8006
—, 4-Methoxy-,
　　　— furfurylidenhydrazid **17** IV 4448
　　　— [11-oxa-bicyclo[4.4.1]undec-1-
　　　　ylester] **17** IV 1213
　　　— [4-(2-oxo-2H-chromen-3-yl)-anilid]
　　　　18 IV 8007
　　　— [2-oxo-2H-chromen-4-ylester] **18**
　　　　IV 289
　　　— tetrahydrofurfurylester **17**
　　　　IV 1119
—, 2-[6-Methoxy-benzofuran-3-yl]- **18**
　　IV 4981
—, 2-[(4-Methoxy-
　　benzyloxycarbonylhydrazono)-methyl]-
　　18 IV 8322
—, 4-Methoxycarbonyloxy-,
　　　— [6,6,9-trimethyl-3-pentyl-benzo[c]≠
　　　　chromen-1-ylester] **17** IV 1653

Benzoesäure (Fortsetzung)

—, 2-[2-Methoxy-dibenzofuran-3-carbonyl]- **18** IV 6448

—, 2-[β-Methoxy-2,4-dimethyl-styryl]- **18** IV 4381

—, 2-[Methoxyimino-methyl]- **18** IV 8295

—, 3-Methoxy-4-[5-methoxycarbonyl-tri-O-methyl-xylopyranosyloxy]-,
— methylester **18** IV 5192

—, 2-[3-Methoxy-5-methyl-2,3-dihydro-benzo[b]thiophen-3-yl]- **18** IV 4976

—, 2-Methoxy-5-[3-methyl-5-oxo-5H-[2]furylidenamino]- **21** 408 g

—, 2-Methoxy-5-[4-methyl-5-oxo-5H-[2]furylidenamino]- **21** 408 g

—, 2-Methoxy-3-methyl-5-phthalidyl- **18** IV 6417

—, 2-[(2-Methoxy-4-nitro-phenylhydrazono)-methyl]- **18** IV 8321

—, 3-Methoxy-4-oxiranylmethoxy-,
— äthylester **17** IV 1010

—, 2-[2-Methoxy-6-oxo-6H-benzo[c]≈chromen-3-yl]-,
— methylester **18** IV 6448

—, 2-Methoxy-5-[5-oxo-dihydro-[2]furylidenamino]- **21** 379 a

—, 2-[6-Methoxy-3-oxo-3H-xanthen-9-yl]-,
— äthylester **18** I 538 d
— methylester **18** 536 b, I 538 b, II 389 b

—, 2-Methoxy-5-phthalidyl- **18** IV 6415

—, 2-Methoxy-5-phthalidylidenamino- **21** 487 e

—, 4-Methoxy-2-primverosyloxy-,
— methylester **17** IV 3470, **31** 373 d

—, 5-Methoxy-2-primverosyloxy-,
— methylester **17** IV 3470, **31** 374 a

—, 2-Methoxy-3-[tetra-O-acetyl-glucopyranosyloxy]-,
— methylester **17** IV 3363

—, 3-Methoxy-4-[tetra-O-acetyl-glucopyranosyloxy]- **17** IV 3371, **31** 241 e
— äthylester **17** IV 3372
— diäthylamid **17** IV 3372
— methylester **17** IV 3372, **31** 241 f

—, 4-Methoxy-2-[tetra-O-acetyl-glucopyranosyloxy]- **17** IV 3365
— methylester **17** IV 3365

—, 5-Methoxy-2-[tetra-O-acetyl-glucopyranosyloxy]- **17** IV 3368
— methylester **17** IV 3368

—, 2-Methoxy-4-[tetrahydropyran-2-ylmethyl-amino]- **18** IV 7046
— methylester **18** IV 7046

—, 4-Methoxy-2-[O^2,O^3,O^4-triacetyl-glucopyranosyloxy]-,
— methylester **17** IV 3365

—, 5-Methoxy-2-[O^2,O^3,O^4-triacetyl-glucopyranosyloxy]-,
— methylester **17** IV 3368

—, 4-Methoxy-2-[O^2,O^3,O^4-triacetyl-O^6-(tri-O-acetyl-xylopyranosyl)-glucopyranosyloxy]-,
— methylester **17** IV 3470

—, 5-Methoxy-2-[O^2,O^3,O^4-triacetyl-O^6-(tri-O-acetyl-xylopyranosyl)-glucopyranosyloxy]-,
— methylester **17** IV 3471

—, 4-Methoxy-2-[O^2,O^3,O^4-triacetyl-O^6-trityl-glucopyranosyloxy]-,
— methylester **17** IV 3365

—, 5-Methoxy-2-[O^2,O^3,O^4-triacetyl-O^6-trityl-glucopyranosyloxy]-,
— methylester **17** IV 3368

—, 4-Methoxy-2-[O^6-trityl-glucopyranosyloxy]-,
— methylester **17** IV 3365

—, 4-Methoxy-2-[O^6-xylopyranosyl-glucopyranosyloxy]-,
— methylester **17** IV 3470, **31** 373 d

—, 5-Methoxy-2-[O^6-xylopyranosyl-glucopyranosyloxy]-,
— methylester **17** IV 3470, **31** 374 a

—, 4-Methylamino-,
— furfurylidenhydrazid **17** IV 4450

—, 2-[Methylcarbamoylimino-methyl]- **18** IV 7886

—, 4-Methyl-3,5-dinitro-,
— furfurylidenhydrazid **17** IV 4439

—, 2-[4-Methyl-1,3-dioxo-3,4-dihydro-1H-isochromen-4-ylmethyl]- **18** 479 c

—, 4-[1-(6-Methyl-2,4-dioxo-3,4-dihydro-2H-pyran-3-yl)-äthylidenamino]- **17** IV 6701
— äthylester **17** IV 6701

—, 2-[4-Methyl-2,6-dioxo-6H-pyran-3-ylidenhydrazino]- **17** IV 6697

—, 2,4′-Methylen-di-,
— anhydrid **17** 527 e

—, 4-Methyl-3-nitro-,
— furfurylidenhydrazid **17** IV 4439

—, 2-[5-Methyl-3-oxo-2-oxa-bicyclo≈[2.1.0]pentan-5-ylmethyl]- **10** II 577 b

—, 2-[1-Methyl-3-oxo-phthalan-1-yl]- **18** IV 5666

—, 3-Methyl-4-[2-oxo-tetrahydro-[3]furyloxy]- **18** IV 5

—, 5-Methyl-2-[2-oxo-tetrahydro-[3]furyloxy]- **18** IV 5

—, 2-[4-Methyl-9-oxo-thioxanthen-1-ylmercapto]- **18** I 318 c

—, 4-Methyl-2-[tetra-O-acetyl-glucopyranosyloxy]- **17** IV 3357

—, 5-Methyl-2-[tetra-O-acetyl-glucopyranosyloxy]- **17** IV 3357

Benzoesäure (Fortsetzung)
- , 2-[4-Methyl-thiophen-2-carbonyl]-
  18 IV 5638
- , 2-[5-Methyl-thiophen-2-carbonyl]-
  18 IV 5638
  - äthylester **18** IV 5639
  - methylester **18** IV 5638
- , 2-[[2]Naphthylimino-methyl]- **18**
  IV 7885
- , 2-Nitro-,
  - furfurylamid **18** IV 7082
  - furfurylidenhydrazid **17** IV 4438
- , 3-Nitro-,
  - furfurylidenhydrazid **17** IV 4438
  - [3-[2]furyl-1-methyl-
    allylidenhydrazid] **17** IV 4716
  - [5-nitro-furfurylidenhydrazid] **17**
    IV 4465
  - [octahydro-benzofuran-3-ylester]
    17 IV 1205
  - [*N'*-thioxanthen-9-yl-hydrazid]
    18 IV 8312
  - [*N'*-xanthen-9-yl-hydrazid] **18**
    IV 8312
- , 4-Nitro-,
  - [5-äthyl-benzofuran-6-ylester] **17**
    IV 1489
  - benzofuran-2-ylmethylester **17**
    IV 1477
  - [2-benzo[*b*]thiophen-3-yl-
    äthylester] **17** IV 1488
  - benzo[*b*]thiophen-6-ylester **17**
    IV 1474
  - [2-benzo[*b*]thiophen-3-yl-1-methyl-
    äthylester] **17** IV 1494
  - [benzyl-phthalidylmethyl-amid]
    18 IV 7899
  - [benzyl-(1-phthalidyl-propyl)-amid]
    18 IV 7913
  - [5-brom-2,3-epoxy-
    cyclopentylester] **17** IV 1189
  - [2,3-dihydro-benzofuran-6-ylester]
    17 IV 1347
  - [2,2-dimethyl-chroman-7-ylester]
    17 IV 1374
  - [2,2-dimethyl-chroman-8-ylester]
    17 IV 1374
  - [2,3-dimethyl-chroman-6-ylester]
    17 IV 1374
  - [3,5-dimethyl-2,3-dihydro-
    benzofuran-6-ylester] **17** IV 1367
  - [5,5-dimethyl-tetrahydro-
    [3]furylester] **17** IV 1140
  - [2,2-dimethyl-tetrahydro-pyran-4-
    ylester] **17** IV 1144
  - [2,6-dimethyl-tetrahydro-pyran-4-
    ylester] **17** IV 1145

- [(1,1-dioxo-tetrahydro-
  $1\lambda^6$-thiopyran-4-yl)-(2-hydroxy-äthyl)-
  amid] **18** IV 7033
- [2,3-epoxy-propylester] **17**
  IV 1007
- furfurylester **17** IV 1249
- furfurylidenhydrazid **17** IV 4438
- [1-[2]furyl-äthylidenhydrazid] **17**
  IV 4503
- [2-[2]furyl-2-methoxy-äthylamid]
  18 IV 7320
- [3-[2]furyl-1-methyl-allylester] **17**
  IV 1327
- [hexahydro-cyclopenta[*b*]furan-3-
  ylester] **17** IV 1201
- [5-hydroxymethyl-
  furfurylidenhydrazid] **18** IV 107
- [2-methyl-benzofuran-5-ylester]
  17 IV 1477
- [2-methyl-chroman-6-ylester] **17**
  IV 1364
- [5-methyl-2,3-dihydro-benzofuran-
  6-ylester] **17** IV 1357
- [5-methyl-furfurylester] **17**
  IV 1280
- [5-methyl-4-nitro-tetrahydro-
  [3]thienylester] **17** IV 1095
- [6-methyl-11-oxa-bicyclo[4.4.1]≠
  undec-1-ylester] **17** IV 1215
- [4-methyl-tetrahydro-[3]furylester]
  17 IV 1127
- [1-methyl-2-tetrahydropyran-2-yl-
  äthylester] **17** IV 1153
- [2-methyl-tetrahydro-pyran-4-
  ylester] **17** IV 1133
- [1-methyl-2-[2]thienyl-äthylester]
  17 IV 1283
- [1-methyl-3-[2]thienyl-allylester]
  17 IV 1328
- [10-oxa-bicyclo[4.3.1]dec-1-ylester]
  17 IV 1209
- [11-oxa-bicyclo[4.4.1]undec-5-en-1-
  ylester] **17** IV 1306
- [11-oxa-bicyclo[4.4.1]undec-1-
  ylester] **17** IV 1213
- [6-oxa-spiro[4.5]dec-9-ylester] **17**
  IV 1207
- [1-oxa-spiro[5.5]undec-4-ylester]
  17 IV 1212
- oxiranylmethylester **17** IV 1007
- [14-phenyl-14*H*-dibenzo[*a,j*]≠
  xanthen-5-ylester] **17** IV 1762
- [phenyl-phthalidyl-methylamid]
  18 IV 7988
- [2-phenyl-tetrahydro-pyran-4-
  ylester] **17** IV 1369
- [1-phthalidyl-propylamid] **18**
  IV 7914

Benzoesäure (Fortsetzung)
- [2-propyl-benzofuran-6-ylester] 17 IV 1493
- [2-propyl-tetrahydro-pyran-4-ylester] 17 IV 1153
- tetrahydrofurfurylester 17 IV 1106
- tetrahydropyran-4-ylester 17 II 106 d, IV 1087
- [2-tetrahydrothiopyran-4-ylamino-äthylester] 18 IV 7033
- tetrahydrothiopyran-4-ylester 17 IV 1089
- [3,6,6,9-tetramethyl-6*H*-benzo[*c*]chromen-1-ylester] 17 IV 1638
- [2]thienylamid 17 IV 4287
- [3*H*-[2]thienylidenamid] 17 IV 4287
- [2,2,4-trimethyl-chroman-7-ylester] 17 IV 1381
- [6,6,9-trimethyl-1-pentyl-6*H*-benzo[*c*]chromen-3-ylester] 17 IV 1651
- [6,6,9-trimethyl-2-pentyl-6*H*-benzo[*c*]chromen-1-ylester] 17 IV 1652
- [6,6,9-trimethyl-3-pentyl-6*H*-benzo[*c*]chromen-1-ylester] 17 IV 1653
- [6,6,9-trimethyl-4-pentyl-6*H*-benzo[*c*]chromen-1-ylester] 17 IV 1655
- [6,6,9-trimethyl-4-pentyl-6*H*-benzo[*c*]chromen-3-ylester] 17 IV 1655
- [2,2,3-trimethyl-6-propyl-2,3-dihydro-benzofuran-5-ylester] 17 IV 1396
- [2,5,7-trimethyl-2-(4,8,12-trimethyl-tridecyl)-chroman-6-ylamid] 18 IV 7160
- [2,5,8-trimethyl-2-(4,8,12-trimethyl-tridecyl)-chroman-6-ylamid] 18 IV 7160
- xanthen-9-ylamid 18 IV 7218
-, 2-[(4-Nitro-benzolsulfonylimino)-methyl]- 18 IV 7892
-, 4-[5-Nitro-furan-2-carbonylamino]- 18 IV 3997
-, 4-[5-Nitro-furan-2-sulfonylamino]-,
  - äthylester 18 IV 6705
-, 3-[5-Nitro-furfurylidenamino]- 17 IV 4462
-, 4-[5-Nitro-furfurylidenamino]- 17 IV 4462
  - äthylester 17 IV 4462
-, 4-[3-(5-Nitro-[2]furyl)-acryloylamino]- 18 IV 4163
-, 4-[3-(5-Nitro-[2]furyl)-allylidenamino]-,
  - äthylester 17 IV 4702
-, 4-[6-Nitro-2-oxo-2*H*-chromen-3-carbonylamino]-,
  - äthylester 18 IV 5583
-, 2-[(3-Nitro-phenylimino)-methyl]- 18 IV 7884
-, 4-Nitro-2-[tetra-*O*-acetyl-glucopyranosyloxy]-,
  - methylester 17 IV 3351
-, 4-[3-(5-Nitro-[2]thienyl)-allylidenamino]- 17 IV 4710
-, 2-[5-Nitro-thiophen-2-carbonyl]- 18 I 498 b
-, 2-Nitro-6-[thiophen-2-carbonyl]- 18 IV 5633
  - methylester 18 IV 5633
-, 3-Nitro-2-[thiophen-2-carbonyl]- 18 IV 5634
  - äthylester 18 IV 5634
  - methylester 18 IV 5634
-, 3-Nitro-2-[thiophen-3-carbonyl]- 18 IV 5633
-, 4-Nitro-2-[thiophen-2-carbonyl]- 18 IV 5633
  - methylester 18 IV 5633
-, 5-Nitro-2-[thiophen-2-carbonyl]- 18 IV 5633
  - methylester 18 IV 5633
-, 2-[2-Nitro-thiophen-3-sulfinyl]- 17 IV 1240
-, 4-Nitro-2-[tri-*O*-acetyl-5-methoxycarbonyl-xylopyranosyloxy]-,
  - methylester 18 IV 5190
-, 2-[Octanoylimino-methyl]- 18 IV 7886
-, 2-Oxiranylmethoxy-,
  - amid 17 IV 1009
  - diäthylamid 17 IV 1009
-, 4-Oxiranylmethoxy-,
  - äthylester 17 IV 1009
-, 4-[Oxiranylmethyl-(toluol-4-sulfonyl)-amino]- 18 IV 7023
  - äthylester 18 IV 7023
-, 2-[3-Oxo-3*H*-benzo[*f*]chromen-1-yl]- 18 II 348 g, IV 5703
  - äthylester 18 II 349 b
  - methylester 18 II 349 a, IV 5703
-, 2-[3-Oxo-3*H*-benzo[*b*]selenophen-2-ylidenmethyl]- 18 I 503 g
-, 2-[3-Oxo-benzo[*b*]thiophen-2-ylmercapto]-,
  - [toluol-4-sulfonylamid] 17 IV 2113
-, 2-[4-Oxo-chroman-3-carbonyl]- 18 IV 6097
  - phenacylester 18 IV 6097

Benzoesäure (Fortsetzung)
—, 4-[2-Oxo-2*H*-chromen-3-
carbonylamino]-,
— äthylester **18** IV 5574
—, 4-[4-Oxo-4*H*-chromen-2-
carbonylamino]- **18** IV 5566
—, 4-[2-Oxo-2*H*-chromen-6-
sulfonylamino]- **18** IV 6740
—, 2-[2-Oxo-2*H*-chromen-3-yl]- **18**
IV 5678
—, 4-[2-Oxo-2*H*-chromen-3-yl]- **18**
IV 5678
—, 4-[4-Oxo-4*H*-chromen-2-yl]- **18**
IV 5678
— äthylester **18** IV 5678
— methylester **18** IV 5678
—, 2-[3-Oxo-2,3-dihydro-1*H*-benzo[*f*]≈
chromen-1-yl]- **18** II 348 e
— äthylester **18** II 348 f
—, 4-[1-(2-Oxo-dihydro-[3]furyliden)-
äthylamino]-,
— äthylester **17** IV 5842
— [2-diäthylamino-äthylester] **17**
IV 5842
— [3-dimethylamino-1,2-dimethyl-
propylester] **17** IV 5843
—, 2-[1-Oxo-1*H*-isochromen-3-yl]-
18 444 f
— methylester **18** IV 8478
—, 4-[4-Oxo-4-(5-oxo-2,5-dihydro-
[2]furyl)-crotonoylamino]- **18**
IV 6011
—, 2-[3-Oxo-6-pent-2-enyloxy-
3*H*-xanthen-9-yl]-,
— pent-2-enylester **18** IV 6447
—, 4-[2-Oxo-5-phenyl-2,5-dihydro-
[3]furylamino]- **17** IV 6169
— äthylester **17** IV 6169
—, 4-[2-Oxo-5-phenyl-dihydro-
[3]furylidenamino]- **17** IV 6169
— äthylester **17** IV 6169
—, 2-[3-Oxo-1-phenyl-phthalan-1-yl]-
18 II 350 a, IV 5705
—, 2-[3-Oxo-phthalan-1-carbonyl]-
18 478 f, I 517 a, II 358 c
—, 4,4'-[3-Oxo-phthalan-1,1-diyl]-di- **18**
IV 6197
— diamid **18** IV 6197
—, 2-[1-Oxo-phthalan-4-yl]- **18** IV 5660
—, 2-[3-Oxo-3*H*-phthalan-1-
ylidenmethyl]-,
— methylester **18** IV 8478
—, 2-[2-(1-Oxo-1,3,4,5-tetrahydro-benz[*c*]≈
oxepin-3-yl)-äthyl]- **18** IV 5676
— methylester **18** IV 5677
—, 4-[1-(2-Oxo-tetrahydro-[3]furyl)-
äthylidenamino]-,
— äthylester **17** IV 5842

— [2-diäthylamino-äthylester] **17**
IV 5842
— [3-dimethylamino-1,2-dimethyl-
propylester] **17** IV 5843
—, 2,2'-[9-Oxo-thioxanthen-1,3-
diyldimercapto]-di- **18** IV 1681
—, 2-[2-Oxo-5-*p*-tolyl-2,3-dihydro-furan-
3-carbonyl]- **18** I 518 e
— äthylester **18** I 518 g
— methylester **18** I 518 f
—, 2-[1,3,6,8,9-Pentahydroxy-fluoren-9-
yl]-,
— 9-lacton **18** 233 b, I 418 e
—, 2-Phenoxymethyl-,
— [2,3-epoxy-propylester] **17**
IV 1010
— oxiranylmethylester **17** IV 1010
—, 2-[Phenylacetylimino-methyl]- **18**
IV 7886
—, 2-[(4-Phenylazo-phenylimino)-methyl]-
18 IV 7890
—, 2-[Phenylcarbamoylimino-methyl]-
18 IV 7887
—, 4-[5-Phenyl-[2]furyl]-,
— [2-diäthylamino-äthylamid] **18**
IV 4396
— methylester **18** IV 4396
—, 2-[Phenylimino-methyl]- **18** IV 7884
—, 3-[3-Phenyl-oxiranyl]-,
— methylester **18** IV 4361
—, 4-[3-Phenyl-oxiranyl]- **18** IV 4361
— methylester **18** IV 4362
—, 2-[*N*''''-Phenyl-3-[2]thienyl-
[*N*]formazano]- **18** IV 4029
—, 2-[Phenylthiocarbamoylimino-methyl]-
18 IV 7887
—, 2-Phthalidyl- **18** 439 a, IV 5660
— äthylester **18** 439 c
— amid **18** 439 d
— methylester **18** 439 b, IV 5660
— [*N*'-phenyl-hydrazid] **18** 439 e
—, 3-Phthalidylamino- **18** IV 7888
—, 4,4'-Phthalidyliden-di- **18** 501 b
— diäthylester **18** 501 c
—, 2-Phthalidylidenmethyl- **18** 444 f
— methylester **18** II 346 c
—, 2-[Phthalidylimino-methyl]- **18**
IV 7890
—, 2-Phthalidylmethyl- **18** 440 c,
II 344 c, IV 5666
— äthylester **18** II 344 e
— amid **18** II 344 g
— methylester **18** II 344 d
—, 2-Primverosyloxy- **17** IV 3468
— methylester **17** IV 3468, **31** 373 c
—, 4-[(*N*-Propyl-furan-2-carbimidoyl)-
amino]-,
— äthylester **18** IV 3967

Benzoesäure (Fortsetzung)
—, 2-Rhamnopyranosyloxy-,
— methylester **17** IV 2552
—, 2-Salicyl-,
— lacton **17** IV 5320
—, 2-Salicyloyl-,
— lacton **17** IV 6425
—, 4-Selenophen-2-ylmethylenamino-
17 IV 4492
—, 2,2′-Succinyl-di-,
— anhydrid **17** 580 a
—, 2-[(4-Sulfamoyl-phenylimino)-methyl]-
18 IV 7888
—, 2-[1,3,6,8-Tetraacetoxy-9-hydroxy-
fluoren-9-yl]-,
— lacton **18** I 418 h
—, 2-[3,4,5,6-Tetraacetoxy-xanthen-9-yl]-
18 368 c
—, 2-[Tetra-*O*-acetyl-
galactopyranosyloxy]-,
— amid **17** IV 3349
— methylamid **17** IV 3350
— methylester **17** IV 3348
—, 2-[Tetra-*O*-acetyl-
glucopyranosylmercapto]-,
— äthylester **17** IV 3746
— amid **17** IV 3747
— methylamid **17** IV 3747
— methylester **17** IV 3746
— propylester **17** IV 3747
—, 2-[Tetra-*O*-acetyl-glucopyranosyloxy]-
17 IV 3348, **31** 235 a
— äthylester **17** IV 3348
— amid **17** IV 3349
— butylester **17** IV 3349
— dimethylamid **17** IV 3350
— isobutylester **17** IV 3349
— isopropylamid **17** IV 3350
— isopropylester **17** IV 3349
— methylamid **17** IV 3349
— methylester **17** IV 3348, **31** 235 b
— propylamid **17** IV 3350
— propylester **17** IV 3349
— ureid **17** IV 3350
—, 3-[Tetra-*O*-acetyl-glucopyranosyloxy]-,
— methylester **17** IV 3352, **31** 235 d
—, 4-[Tetra-*O*-acetyl-glucopyranosyloxy]-,
— äthylester **17** IV 3353
— butylester **17** IV 3354
— isobutylester **17** IV 3354
— isopropylester **17** IV 3353
— methylester **17** IV 3353, **31** 235 f
— propylester **17** IV 3353
—, 4-[2-(Tetra-*O*-acetyl-
glucopyranosyloxy)-benzylidenamino]-
17 IV 3219
—, 2-[1,3,6,8-Tetraäthoxy-9-hydroxy-
fluoren-9-yl]-,
— lacton **18** I 418 g

—, 2-[2,4,5,7-Tetrabrom-6-hydroxy-3-
oxo-3*H*-xanthen-9-yl]-,
— äthylester **18** 537 c, IV 6448
— methylester **18** 537 b, II 389 e,
IV 6448
—, 2,3,4,5-Tetrabrom-6-[3,6,9-
trihydroxy-xanthen-9-yl]- **18** I 470 e
—, 2,3,4,5-Tetrachlor-6-[6-hydroxy-3-
oxo-3*H*-xanthen-9-yl]- **19** I 722 f
— methylester **18** I 539 c
—, 2,3,4,5-Tetrachlor-6-[3-hydroxy-
xanthen-9-yl]- **18** II 306 b
—, 2,3,4,5-Tetrachlor-6-[3,4,5,6,9-
pentahydroxy-xanthen-9-yl]- **18** I 476 a
—, 2,3,4,5-Tetrachlor-6-propionyl- **18**
IV 194
—, 2,3,4,5-Tetrachlor-6-[3,4,5,6-
tetraacetoxy-xanthen-9-yl]- **18** 368 e
—, 2,3,4,5-Tetrachlor-6-[thiophen-2-
carbonyl]- **18** IV 5632
—, 2,3,4,5-Tetrachlor-6-[4,5,6-trihydroxy-
3-oxo-3*H*-xanthen-9-yl]-,
— äthylester **18** 559 d
— methylester **18** 559 b
—, 2-[2,4,5,7-Tetrachlor-3,6,9-trihydroxy-
xanthen-9-yl]- **18** I 470 c
—, 2,3,4,5-Tetrachlor-6-[3,6,9-trihydroxy-
xanthen-9-yl]- **18** I 470 d
—, 2,3,4,5-Tetrachlor-6-[2,6,7-
trimethoxy-3-oxo-3*H*-xanthen-9-yl]-,
— methylester **18** 558 b
—, 2,3,4,5-Tetrachlor-6-[4,5,6-
trimethoxy-3-oxo-3*H*-xanthen-9-yl]-,
— methylester **18** 559 c
—, 2,2′-Tetrahydrofuran-2,5-diyl-di-
18 342 b
—, 2,3,4,5-Tetrahydro-6-[6-hydroxy-3-
oxo-3*H*-xanthen-9-yl]- **19** I 724 d
—, 3,4,5,6′-Tetrahydroxy-4′-methyl-2,3′-
methandiyl-di- **18** IV 2336
—, 2-[1,3,6,8-Tetrahydroxy-xanthen-9-yl]-
18 368 a
—, 2-[3,4,5,6-Tetrahydroxy-xanthen-9-yl]-
18 368 b
—, 2,3,4,5-Tetrajod-6-[3,6,9-trihydroxy-
xanthen-9-yl]- **18** I 470 f
—, 2-[1,3,6,8-Tetrakis-benzoyloxy-9-
hydroxy-fluoren-9-yl]-,
— lacton **18** I 418 i
—, 2-[3,4,5,6-Tetramethoxy-xanthen-9-yl]-,
— methylester **18** 368 d
—, 2-[2]Thienylmercapto- **17** IV 1229
— amid **17** IV 1229
— hydrazid **17** IV 1229
—, 2-[3]Thienylmercapto- **17** IV 1239
—, 2-[2]Thienylmethyl- **18** IV 4297
—, 4-[2-[2]Thienyl-vinyl]- **18** IV 4329
—, 2-[Thioacetylimino-methyl]- **18**
IV 7885

Benzoesäure (Fortsetzung)

—, 2-[Thiocarbamoylimino-methyl]- **18** IV 7887

—, 2-[Thiophen-2-carbonyl]- **18** I 497 i, IV 5630
 — äthylester **18** I 498 a
 — methylester **18** IV 5630

—, 2,2′-[Thiophen-2,5-disulfinyl]-di- **17** IV 2049

—, 2,2′-Thiophen-2,5-diyldimercapto-di- **17** IV 2047

—, 2,2′-Thiophen-3,4-diyldimercapto-di- **17** IV 2048

—, 4,4′,4″,4‴-Thiophen-1,2,3,4-tetrayl-tetra-,
 — tetraäthylester **18** IV 4603
 — tetramethylester **18** IV 4603

—, 4,4′,4″,4‴-Thiophen-2,3,4,5-tetrayl-tetra- **18** IV 4603

—, 2,2′,2″,2‴-Thiophentetrayl= tetramercapto-tetra- **17** IV 2664

—, 4-[5-Thiosemicarbazonomethyl-[2]furyl]- **18** IV 5636

—, 2-Thioxanthen-9-yl- **18** IV 4415

—, 2-[(Toluol-4-sulfonylimino)-methyl]- **18** IV 7892

—, 3,4,5-Triacetoxy-,
 — [2-oxo-2H-chromen-7-ylester] **18** IV 289

—, 2-[3,4,5-Triacetoxy-6-acetoxymethyl-tetrahydro-pyran-2-yloxy]-,
 — amid **17** IV 3349
 — methylamid **17** IV 3349
 — methylester **17** IV 3348

—, 3,4,5-Triacetoxy-2-[2-hydroxy-3-oxo-cyclopent-1-enyl]-,
 — lacton **18** IV 3152

—, 2-[2,3,4-Triacetoxy-9-oxo-thioxanthen-9-ylmercapto]- **18** II 199 b

—, 2-[2,6,7-Triacetoxy-3-oxo-3H-xanthen-9-yl]-,
 — äthylester **18** 558 a

—, 2-[3,4,5-Triacetoxy-6-(3,4,5-triacetoxy-tetrahydro-pyran-2-yloxymethyl)-tetrahydro-pyran-2-yloxy]-,
 — methylester **17** IV 3469

—, 2-[Tri-O-acetyl-6-desoxy-mannopyranosyloxy]-,
 — methylester **17** IV 2552

—, 2-[O²,O³,O⁴-Triacetyl-glucopyranosyloxy]-,
 — methylester **17** IV 3347

—, 2-[Tri-O-acetyl-5-methoxycarbonyl-xylopyranosyloxy]-,
 — methylester **18** IV 5189

—, 2-[Tri-O-acetyl-rhamnopyranosyloxy]-,
 — methylester **17** IV 2552

—, 2-[O²,O³,O⁴-Triacetyl-O⁶-(tri-O-acetyl-arabinopyranosyl)-glucopyranosyloxy]-,
 — methylester **17** IV 3469

—, 2-[O²,O³,O⁴-Triacetyl-O⁶-(tri-O-acetyl-xylopyranosyl)-glucopyranosyloxy]-,
 — methylester **17** IV 3469

—, 2-[O²,O³,O⁴-Triacetyl-O⁶-trityl-glucopyranosyloxy]-,
 — amid **17** IV 3347
 — methylester **17** IV 3347

—, 2-[Tri-O-acetyl-xylopyranosyloxy]-,
 — amid **17** IV 2471
 — methylamid **17** IV 2471
 — methylester **17** IV 2471

—, 2-[4,5,6-Triäthoxy-3-oxo-3H-xanthen-9-yl]-,
 — äthylester **18** 559 a

—, 2-[(2,4,5-Trichlor-phenylimino)-methyl]- **18** IV 7884

—, 3-Trifluormethyl-,
 — [5,8,14-trioxo-5,14-dihydro-8H-naphtho[2,3-c]thioxanthen-6-ylamid] **18** IV 8069

—, 2-[3,6,9-Trihydroxy-fluoren-9-yl]-,
 — 9-lacton **18** II 131 d

—, 2-[3,4,5-Trihydroxy-6-hydroxymethyl-tetrahydro-pyran-2-yloxy]-,
 — amid **17** IV 3344
 — dimethylamid **17** IV 3345
 — methylamid **17** IV 3345
 — methylester **17** IV 3344
 — propylamid **17** IV 3346

—, 2-[2,3,4-Trihydroxy-9-oxo-thioxanthen-1-ylmercapto]- **18** II 199 a

—, 2-[2,6,7-Trihydroxy-3-oxo-3H-xanthen-9-yl]-,
 — äthylester **18** 557 c

—, 2-[4,5,6-Trihydroxy-3-oxo-3H-xanthen-9-yl]-,
 — äthylester **18** 558 g
 — methylester **18** 558 e

—, 2-[3,4,5-Trihydroxy-tetrahydro-pyran-2-yloxy]-,
 — amid **17** IV 2470
 — methylamid **17** IV 2470

—, 2-[3,4,5-Trihydroxy-6-(3,4,5-trihydroxy-tetrahydro-pyran-2-yloxymethyl)-tetrahydro-pyran-2-yloxy]-,
 — methylester **17** IV 3468

—, 2-[2,6,7-Trimethoxy-3-oxo-3H-xanthen-9-yl]-,
 — methylester **18** I 547 a

—, 2-[4,5,6-Trimethoxy-3-oxo-3H-xanthen-9-yl]-,
 — methylester **18** 558 f

Benzoesäure (Fortsetzung)

—, 3,4,5-Trimethoxy-2-[3,4,5,6,7-
pentamethoxy-1-methoxycarbonyl-9-oxo-
xanthen-2-yl]- **18** IV 6698

—, 2-[2,5,6-Trioxo-5,6-dihydro-
2H-benzo[h]chromen-4-yl]- **18** IV 6196

—, 3,4,5-Tris-benzyloxy-2-[2-hydroxy-3-
oxo-cyclopent-1-enyl]-,
– lacton **18** IV 3152

—, 2-[O⁶-Trityl-glucopyranosyloxy]-,
– amid **17** IV 3347
– methylester **17** IV 3347

—, 2-Vicianosyloxy-,
– methylester **17** IV 3468

—, 2-Xanthen-9-yl- **18** 316 d, I 445 g
– äthylester **18** 317 a
– methylester **18** 316 e

—, 2-[O⁶-Xylopyranosyl-
glucopyranosyloxy]- **17** IV 3468
– methylester **17** IV 3468, **31** 373 c

—, 2-Xylopyranosyloxy-,
– amid **17** IV 2470
– methylamid **17** IV 2470
– methylester **17** IV 2470

Benzo[k]fluoranthen

—, 7,12-Epoxy- s. 7,12-Epoxido-benzo=
[k]fluoranthen

Benzo[ghi]fluoranthen-3,4-dicarbonsäure
– anhydrid **17** IV 6599

Benzo[j]fluoranthen-4,5-dicarbonsäure
– anhydrid **17** IV 6612

Benzo[k]fluoranthen-9,10-dicarbonsäure

—, 8,11-Di-p-tolyl-,
– anhydrid **17** IV 6668

Benzo[6,7]fluorantheno[2,3-c]furan-7,9-dion
17 IV 6599

Benzo[7,8]fluorantheno[2,3-c]furan-8,10-dion
17 IV 6612

Benzo[a]fluoren

—, 11-Acetyl-6-äthyl-11,11a-epoxy-
1,2,7,10-tetramethoxy-6,6a,11,11a-
tetrahydro-5H- **18** IV 3377

Benzo[c]fluoren-5,6-dicarbonsäure

—, 7,7-Diphenyl-7H-,
– anhydrid **17** IV 6656

Benzo[7,8]fluoreno[3,4-b]dibenzofuran

—, 5H- **17** IV 821

Benzo[7,8]fluoreno[3,4-b]dibenzothiophen

—, 5H- **17** IV 821

Benzo[7,8]fluoreno[9,8a-b]furan

—, 7a-Acetyl-3,4,8,11-tetramethoxy-
5,6,7a,11b,12,13-hexahydro- **18** IV 3377

Benzo[3,4]fluoreno[1,2-c]furan-1,3-dion

—, 12,12-Diphenyl-12H- **17** IV 6656

Benzo[3,4]fluoreno[9,1-bc]furan-2-on

—, 11b-Hydroxy-3-phenyl-11bH- **10**
III 3499 a

Benzo[3,4]fluoreno[9,1-bc]furan-6-on

—, 4b-Hydroxy-4bH- **10** 785 e,
I 381 d, II 548 h, III 3447 d

—, 4b-Hydroxy-6a,7,11b,11c-tetrahydro-
4bH- **10** III 3412 c

Benzo[5,6]fluoreno[9,1-bc]furan-4-on

—, 5a-Hydroxy-5aH- **10** III 3447 f

Benzo[7,8]fluoreno[9,8a-c]pyran

—, 3,4,9,12-Tetramethoxy-8-methyl-5,6-
dihydro-12bH- **17** IV 2721

—, 3,4,9,12-Tetramethoxy-8-methyl-
5,6,13,14-tetrahydro-12bH- **17** IV 2718

Benzo[b]fluoreno[2,1-d]pyran
s. Fluoreno[1,2-c]chromen

Benzo[7,8]fluoreno[3,4-b]thiophen

—, 6H- **17** IV 746

Benzofluorglucopyranose 17 IV 2588

Benzofuran 17 54 g, I 24 i, II 57 g,
IV 478

—, 5-Acetoacetyl-4-benzyloxy-6,7-
dimethoxy- **18** IV 3105

—, 5-Acetoacetyl-6,7-dimethoxy-2,3-
dihydro- **18** IV 2410

—, 2-Acetonyl-4,6-diacetoxy-7-acetyl-3,5-
dimethyl- **18** II 156 f, IV 2525

—, 3-Acetonyloxy-2-acetyl-4,6-
dimethoxy- **18** IV 2392

—, 6-Acetoxy- **17** IV 1473

—, 6-Acetoxyacetoxy-5-acetyl-4-
methoxy- **18** IV 1387

—, 3-Acetoxy-2-[2-acetoxy-5-nitro-
phenyl]-5-nitro-2,3-dihydro- **17** IV 2180

—, 2-Acetoxyacetyl- **18** IV 361

—, 3-Acetoxy-2-acetyl- **18** IV 355

—, 4-Acetoxy-2-acetyl- **18** IV 359

—, 6-Acetoxy-2-acetyl- **18** IV 360

—, 3-Acetoxy-5-acetyl-4,6-dimethoxy-
18 IV 2393

—, 6-Acetoxy-5-acetyl-4,7-dimethoxy-
18 IV 2395

—, 6-Acetoxy-5-acetyl-4,7-dimethoxy-2,3-
dihydro- **18** IV 2344

—, 5-Acetoxy-3-acetyl-2,7-dimethyl- **18**
IV 413

—, 6-Acetoxy-5-acetyl-2-isopropenyl-
18 IV 511

—, 6-Acetoxy-5-acetyl-2-isopropyl-2,3-
dihydro- **18** IV 228

—, 6-Acetoxy-5-acetyl-4-methoxy- **18**
IV 1387

—, 6-Acetoxy-7-acetyl-4-methoxy- **18**
IV 1390

—, 6-Acetoxy-5-acetyl-4-methoxy-2,3-
dihydro- **18** IV 1241

—, 4-Acetoxy-5-acetyl-3-methyl- **18**
IV 391

—, 5-Acetoxy-3-acetyl-2-methyl- **18**
IV 387

Benzofuran (Fortsetzung)

—, 6-Acetoxy-2-acetyl-3-methyl- **18**
IV 390

—, 6-Acetoxy-5-acetyl-3-methyl- **18**
IV 393

—, 6-Acetoxy-7-acetyl-3-methyl- **18**
IV 394

—, 6-Acetoxy-5-acetyl-3-methyl-2,3-
dihydro- **18** IV 213

—, 6-Acetoxy-3-äthyl-5-[1-äthyl-1,2-
dibrom-propyl]-2-methyl-2,3-dihydro-
17 IV 1399

—, 6-Acetoxy-3-äthyl-5-[1-äthyl-
propenyl]-2-methyl-2,3-dihydro- **17**
IV 1508

—, 6-Acetoxy-5-äthyl-2,3-dihydro- **17**
IV 1366

—, 3-Acetoxy-2-äthyl-4,6-dimethyl- **17**
II 137 c

—, 3-Acetoxy-2-äthyl-5-methyl- **17**
I 68 b, II 136 d

—, 5-Acetoxy-4-benzoyl-6-brom-2,3-
diphenyl- **18** IV 865

—, 5-Acetoxy-6-benzoyl-4-brom-2,3-
diphenyl- **18** IV 866

—, 7-Acetoxy-6-benzoyl-4-brom-2,3-
diphenyl- **18** IV 867

—, 6-Acetoxy-7-benzoyl-5-chlor-3-
methyl- **18** IV 758

—, 5-Acetoxy-4-benzoyl-2,3-diphenyl-
18 IV 864

—, 5-Acetoxy-6-benzoyl-2,3-diphenyl-
18 IV 866

—, 6-Acetoxy-5-benzoyl-2,3-diphenyl-
18 IV 865

—, 7-Acetoxy-6-benzoyl-2,3-diphenyl-
18 IV 867

—, 6-Acetoxy-7-benzoyl-3-methyl- **18**
IV 758

—, 6-Acetoxy-2-brom-7-cinnamoyl-3-
methyl- **18** IV 805

—, 6-Acetoxy-2-butyryl-3-methyl- **18**
IV 428

—, 3-Acetoxy-5-chlor- **17** II 127 b

—, 7-Acetoxy-2-[3,4-diacetoxy-phenyl]-5-
propyl- **17** IV 2398

—, 2-Acetoxy-5,7-dibrom-3-
dibrommethylen-6-methyl-2,3-dihydro-
17 I 67 d

—, 3-Acetoxy-5,7-dibrom-2,3-dihydro-
17 I 57 e

—, 2-Acetoxy-5,7-dibrom-3,6-dimethyl-
17 I 66 b

—, 2-Acetoxy-5,7-dibrom-3-methyl- **17**
I 63 b

—, 2-Acetoxy-5,7-dibrom-3-methylen-
2,3-dihydro- **17** I 64 a

—, 2-Acetoxy-5,7-dibrom-6-methyl-3-
methylen-2,3-dihydro- **17** I 66 f

—, 3-Acetoxy-5,7-dichlor- **17** IV 1456

—, 6-Acetoxy-2,3-dihydro- **17** IV 1347

—, 3-Acetoxy-4,6-dimethoxy- **17**
IV 2353

—, 5-[α-Acetoxy-3,4-dimethoxy-benzyl]-
4,6-dimethoxy-2,3-dihydro- **17** II 261 d

—, 7-[α-Acetoxy-3,4-dimethoxy-benzyl]-
4,6-dimethoxy-2,3-dihydro- **17** II 261 h

—, 6-Acetoxy-4,7-dimethoxy-2,3-
dihydro- **17** IV 2339

—, 3-Acetoxy-4,6-dimethoxy-2-methyl-
17 IV 2358

—, 3-Acetoxy-2,5-dimethyl- **17** I 66 a,
II 134 f

—, 3-Acetoxy-4,6-dimethyl- **17** I 67 f

—, 3-Acetoxy-2,5-dimethyl-2,3-dihydro-
17 IV 1366

—, 4-Acetoxy-2,3-diphenyl-
17 144 f, vgl. IV 1724 a

—, 5-Acetoxy-2,3-diphenyl- **17** 144 d,
IV 1723

—, 6-Acetoxy-2,3-diphenyl- **17** IV 1724

—, 4-Acetoxy-2-isopropyl-2,3-dihydro-
17 II 123 c

—, 6-Acetoxy-2-isopropyl-2,3-dihydro-
17 IV 1377

—, 3-Acetoxy-2-isopropyl-4,6-dimethoxy-
17 IV 2360

—, 3-Acetoxy-2-isopropyl-5-methyl- **17**
I 69 d, II 136 h

—, 3-Acetoxy-7-isopropyl-4-methyl- **17**
IV 1499

—, 5-Acetoxy-2-isopropyl-4,6,7-
trimethyl- **17** IV 1505

—, 5-Acetoxy-2-isopropyl-4,6,7-
trimethyl-2,3-dihydro- **17** IV 1396

—, 3-Acetoxy-6-methoxy- **17** I 93 b,
II 189 b

—, 6-Acetoxy-4-methoxy- **17** IV 2119

—, 4-Acetoxy-5-methoxyacetyl- **18**
IV 1388

—, 6-Acetoxy-4-methoxy-2,3-dihydro-
17 IV 2072

—, 4-Acetoxy-6-methoxy-3,5-dimethyl-
17 IV 2125

—, 2-[4-Acetoxy-3-methoxy-phenyl]-7-
methoxy-3-methyl-5-propyl- **17** IV 2398

—, 2-Acetoxymethyl- **17** IV 1477

—, 6-Acetoxy-3-methyl- **17** IV 1479

—, 2-Acetoxymethyl-2,3-dihydro- **17**
IV 1355

—, 2-Acetoxymethyl-5-methyl-2,3-
dihydro- **17** IV 1358

—, 2-Acetoxymethyl-7-methyl-2,3-
dihydro- **17** IV 1358

—, 6-Acetoxy-3-methyl-2-propionyl- **18**
IV 412

—, 2-[2-Acetoxy-5-nitro-phenyl]-5-nitro-
17 IV 1662

Benzofuran (Fortsetzung)

—, 3-[2-Acetoxy-5-nitro-phenyl]-5-nitro-
17 IV 1664

—, 5-Acetoxy-2,3,4,6,7-pentamethyl-2,3-
dihydro- 17 IV 1391

—, 3-Acetoxy-2-phenyldiazencarbonyl-
18 I 458 d

—, 3-[4-Acetoxy-phenyl]-2,3-dihydro-
17 130 e

—, 2-[3-Acetoxy-propyl]-2,3-dihydro-
17 IV 1376

—, 7-[α'-Acetoxy-stilben-α-yl]-2,3-
diphenyl- 17 IV 1781

—, 5-Acetoxy-2,4,6,7-tetramethyl- 17
IV 1500

—, 5-Acetoxy-2,4,6,7-tetramethyl-2,3-
dihydro- 17 IV 1383

—, 5-Acetoxy-2,4,6,7-tetramethyl-2-
[3,7,11-trimethyl-dodecyl]-2,3-dihydro-
17 IV 1412

—, 3-Acetoxy-2-p-tolyldiazencarbonyl-
18 I 458 e

—, 2-Acetoxy-2,5,7-tribrom-6-methyl-3-
methylen-2,3-dihydro- 17 I 175 e

—, 3-Acetoxy-4,6,7-trimethoxy- 17
IV 2679

—, 3-Acetoxy-2,4,6-trimethyl- 17
I 68 d

—, 3-Acetoxy-4,6,7-trimethyl- 17
IV 1497

—, 2-Acetyl- 17 338 g, II 363 g,
IV 5080

—, 3-Acetyl- 17 IV 5084

—, 5-Acetyl-4-äthoxy-6-benzoyloxy-7-
methoxy- 18 IV 2396

—, 5-Acetyl-6-äthoxy-4,7-dimethoxy-
18 IV 2395

—, 5-Acetyl-6-äthoxy-2-isopropyl-4-
methoxy- 18 IV 1421

—, 5-Acetyl-6-äthoxy-4-methoxy- 18
IV 1387

—, 3-Acetyl-2-äthyl- 17 IV 5121

—, 3-Acetyl-2-äthyl-5-chlor- 17 IV 5121

—, 7-Acetyl-5-äthyl-2,3-dihydro- 17
IV 5010

—, 3-Acetyl-2-äthyl-7-methoxy- 18
IV 413

—, 5-Acetylamino-2-isopropyl-6-
methoxy-2,3-dihydro- 18 IV 7339

—, 6-Acetylamino-7-isopropyl-4-methyl-
2,3-diphenyl- 18 IV 7255

—, 6-Acetylamino-7-isopropyl-4-methyl-
5-nitro-2,3-diphenyl- 18 IV 7255

—, 4-Acetylamino-2-methyl-2,3-dihydro-
18 IV 7154

—, 5-Acetylamino-2-methyl-2,3-dihydro-
18 IV 7154

—, 6-Acetylamino-2-methyl-2,3-dihydro-
18 IV 7154

—, 5-Acetylamino-2-methyl-4-nitro-2,3-
dihydro- 18 IV 7154

—, 5-Acetylamino-2,4,6,7-tetramethyl-
2,3-dihydro- 18 IV 7158

—, 3-Acetyl-5-benzolsulfonylamino-2-
methyl- 18 IV 7936

—, 2-Acetyl-4-benzoyloxy- 18 IV 359

—, 5-Acetyl-4-benzoyloxy- 18 IV 364

—, 7-Acetyl-6-benzoyloxy-5-chlor-3-
methyl- 18 IV 395

—, 5-Acetyl-6-benzoyloxy-2,3-dihydro-
18 IV 190

—, 2-Acetyl-3-benzoyloxy-5,6-dimethoxy-
18 IV 2393

—, 5-Acetyl-6-benzoyloxy-4,7-dimethoxy-
18 IV 2396

—, 5-Acetyl-6-benzoyloxy-4,7-dimethoxy-
2,3-dihydro- 18 IV 2344

—, 5-Acetyl-4-benzoyloxy-6-methoxy-
18 IV 1387

—, 5-Acetyl-6-benzoyloxy-4-methoxy-
18 IV 1387

—, 2-Acetyl-6-benzoyloxy-3-methyl- 18
IV 390

—, 5-Acetyl-4-benzoyloxy-3-methyl- 18
IV 392

—, 7-Acetyl-6-benzoyloxy-3-methyl- 18
IV 394

—, 2-Acetyl-5-benzyl- 17 IV 5463

—, 3-Acetyl-2-benzyl- 17 IV 5461

—, 2-Acetyl-3-benzyl-6-methoxy- 18
IV 771

—, 2-Acetyl-4-benzyloxy- 18 IV 359

—, 2-Acetyl-6-benzyloxy- 18 IV 360

—, 5-Acetyl-6-benzyloxyacetoxy-4-
methoxy- 18 IV 1387

—, 5-Acetyl-4-benzyloxy-6,7-dimethoxy-
18 IV 2395

—, 5-Acetyl-6-benzyloxy-4,7-dimethoxy-
18 IV 2395

—, 2-Acetyl-5-[4-chlor-benzyl]- 17
IV 5463

—, 3-Acetyl-2-[4-chlor-phenyl]- 17
IV 5451

—, 2-Acetyl-2,3-diäthoxy-2,3-dihydro-
18 IV 1240

—, 5-Acetyl-6-[2-diäthylamino-äthoxy]-
4,7-dimethoxy- 18 IV 2397

—, 3-Acetyl-6,7-dichlor-5-methoxy-2-
methyl- 18 IV 388

—, 2-Acetyl-2,3-dihydro- 17 II 344 d

—, 5-Acetyl-2,3-dihydro- 17 IV 4980

—, 7-Acetyl-4,6-dihydroxy-2,3,5-
trimethyl- 18 II 74 c

—, 5-Acetyl-4,6-dimethoxy- 18 IV 1387

—, 7-Acetyl-4,6-dimethoxy- 18 IV 1390

—, 2-Acetyl-2,3-dimethoxy-2,3-dihydro-
18 IV 1240

Benzofuran (Fortsetzung)

—, 5-Acetyl-4,6-dimethoxy-2,3-dihydro-
18 IV 1241

—, 5-Acetyl-6,7-dimethoxy-2,3-dihydro-
18 IV 1242

—, 7-Acetyl-4,6-dimethoxy-2,3-dihydro-
18 IV 1243

—, 5-Acetyl-4,7-dimethoxy-6-[4-methoxy-
benzoyloxy]- 18 IV 2397

—, 2-Acetyl-5,6-dimethoxy-3-methyl-
18 IV 1407

—, 2-Acetyl-3-[3,4-dimethoxy-phenyl]-6-
methoxy- 18 IV 2769

—, 5-Acetyl-4,7-dimethoxy-6-
veratroyloxy- 18 IV 2397

—, 5-Acetyl-6-[2-dimethylamino-äthoxy]-
4,7-dimethoxy- 18 IV 2397

—, 5-Acetyl-2,2-dimethyl-2,3-dihydro-
17 IV 5011

—, 6-Acetyl-5,7-dimethyl-2,3-dihydro-
17 IV 5011

—, 7-Acetyl-5,6-dimethyl-2,3-dihydro-
17 IV 5011

—, 6-Acetyl-4-hydroxy- 18 35 a

—, 2-Acetyl-3-hydroxy-5-methyl- 18
I 311 a

—, 5-Acetyl-2-isopropenyl-6-methoxy-
18 IV 511

—, 5-Acetyl-2-isopropenyl-6-[tetra-
O-acetyl-glucopyranosyloxy]- 18 IV 511

—, 5-Acetyl-2-isopropyl-6-methoxy-2,3-
dihydro- 18 IV 228

—, 3-Acetyl-5-methansulfonylamino-2-
methyl- 18 IV 7936

—, 2-Acetyl-6-methoxy- 18 IV 360

—, 2-Acetyl-7-methoxy- 18 IV 361

—, 5-Acetyl-4-methoxy- 18 IV 363

—, 6-Acetyl-5-methoxy-2,3-dihydro- 18
IV 191

—, 2-Acetyl-6-methoxy-3-methyl- 18
IV 389

—, 3-Acetyl-5-methoxy-2-methyl- 18
IV 387

—, 5-Acetyl-4-methoxy-3-methyl- 18
IV 391

—, 5-Acetyl-6-methoxy-3-methyl- 18
IV 393

—, 7-Acetyl-6-methoxy-3-methyl- 18
IV 394

—, 2-Acetyl-6-methoxy-3-veratryl- 18
IV 2778

—, 3-Acetyl-2-methyl- 17 IV 5105

—, 5-Acetyl-2-methyl-2,3-dihydro- 17
IV 4995

—, 7-Acetyl-2-methyl-2,3-dihydro- 17
IV 4995

—, 3-Acetyl-2-methyl-5-
phenylcarbamoyloxy- 18 IV 388

—, 3-Acetyl-2-phenyl- 17 IV 5451

—, 3-Acetyl-2-p-tolyl- 17 IV 5463

—, 2-Acetyl-3,4,6-trimethoxy- 18
IV 2392

—, 5-Acetyl-4,6,7-trimethoxy- 18
IV 2394

—, 5-Acetyl-2,2,3-trimethyl-2,3-dihydro-
17 IV 5021

—, 3-Äthoxy- 17 I 59 c

—, 6-Äthoxy- 17 121 g

—, 6-Äthoxy-3-äthyl- 17 126 a

—, 6-Äthoxy-5-äthyl-4,7-dimethoxy- 17
IV 2359

—, 6-Äthoxy-5-äthyl-4-methoxy- 17
IV 2124

—, 2-Äthoxycarbonylamino-4,6-bis-
benzyloxy-3,7-dimethyl- 18 IV 1245

—, 2-Äthoxycarbonylamino-4,6-
dimethoxy-3,7-dimethyl- 18 IV 1245

—, 2-Äthoxycarbonylimino-4,6-bis-
benzyloxy-3,7-dimethyl-2,3-dihydro- 18
IV 1245

—, 2-Äthoxycarbonylimino-4,6-
dimethoxy-3,7-dimethyl-2,3-dihydro- 18
IV 1245

—, 6-Äthoxycarbonyloxy-3-methyl- 17
II 132 b

—, 2-Äthoxy-5,7-dibrom-3-
dibrommethylen-6-methyl-2,3-dihydro-
17 I 67 c

—, 2-Äthoxy-5,7-dibrom-6-methyl-3-
methylen-2,3-dihydro- 17 I 66 e

—, 4-Äthoxy-6-methoxy-3-phenyl- 17
II 194 d

—, 6-Äthoxy-4-methoxy-5-vinyl- 17
IV 2145

—, 3-Äthoxymethyl- 17 IV 1480

—, 3-Äthoxy-5-methyl- 17 I 64 e

—, 5-Äthoxy-3-methyl- 17 I 63 d

—, 6-Äthoxy-3-methyl- 17 123 a

—, 3-Äthoxy-3-phenyl-2,3-dihydro-
17 130 b

—, 2-[3-Äthoxy-propyl]-2,3-dihydro- 17
IV 1376

—, 2-Äthoxy-2,5,7-tribrom-3-methylen-
2,3-dihydro- 17 I 172 i

—, 2-Äthoxy-2,5,7-tribrom-6-methyl-3-
methylen-2,3-dihydro- 17 I 175 d

—, 3-Äthoxy-4,6,7-trimethyl- 17
IV 1497

—, 2-Äthyl- 17 IV 508

—, 3-Äthyl- 17 I 27 c

—, 5-Äthyl- 17 61 e

—, 7-Äthyl- 17 62 a

—, 3-Äthyl-5-[1-äthyl-propenyl]-2-
methyl-6-phenylcarbamoyloxy-2,3-
dihydro- 17 IV 1508

—, 2-Äthyl-5-allophanoyloxy-4,6,7-
trimethyl-2,3-dihydro- 17 IV 1390

—, 2-Äthyl-3-benzoyl- 17 IV 5461

Benzofuran (Fortsetzung)

—, 3-Äthyl-2-benzoyl- **17** IV 5462

—, 3-Äthyl-2-benzoyl-7-chlor- **17** IV 5462

—, 3-Äthyl-2-benzoyl-5,7-dichlor- **17** IV 5462

—, 2-Äthyl-3-benzyl- **17** IV 673

—, 3-Äthyl-2-benzyl- **17** IV 674

—, 3-Äthyl-5-*tert*-butyl-2,3-dihydro- **17** IV 462

—, 2-Äthyl-3-butyryl- **17** IV 5146

—, 2-Äthyl-5-chlor- **17** IV 509

—, 2-Äthyl-3-cinnamoyl- **17** IV 5520

—, 3-Äthyl-2,3-dihydro- **17** IV 434

—, 5-Äthyl-2,3-dihydro- **17** IV 434

—, 3-Äthyl-5,6-dimethoxy-2-methyl- **17** IV 2131

—, 3-Äthyl-2,5-dimethyl- **17** II 62 e

—, 3-Äthyl-4,6-dimethyl- **17** IV 523

—, 2-Äthyl-7-methoxy- **17** IV 1487

—, 2-Äthyl-3-methyl- **17** IV 518

—, 3-Äthyl-5-methyl- **17** I 29 e

—, 3-Äthyl-5-methyl-2,3-dihydro- **17** IV 447

—, 7-Äthyl-5-methyl-2,3-dihydro- **17** IV 447

—, 5-Äthyl-6-[4-nitro-benzoyloxy]- **17** IV 1489

—, 2-Äthyl-3-phenylacetyl- **17** IV 5472

—, 2-Äthyl-3-propionyl- **17** IV 5137

—, 2-Äthyl-4,5,6,7-tetrahydro- **17** IV 380

—, 5-Allophanoyloxy-2-heptadecyl-4,6,7-trimethyl-2,3-dihydro- **17** IV 1432

—, 5-Allophanoyloxy-2-methyl-2,3-dihydro- **17** IV 1355

—, 5-Allophanoyloxy-2,4,6,7-tetramethyl- **17** IV 1500

—, 5-Allophanoyloxy-2,4,6,7-tetramethyl-2,3-dihydro- **17** IV 1384

—, 5-Allophanoyloxy-4,6,7-trimethyl-2-[1,5,9,13-tetramethyl-tetradecyl]-2,3-dihydro- **17** IV 1445

—, 2-Allyliden-3,3,5-trimethyl-2,3-dihydro- **17** IV 561

—, 2-Allyliden-3,3,6-trimethyl-2,3-dihydro- **17** IV 561

—, 5-Allyl-7-methoxy-2-methyl- **17** I 70 b

—, 5-Allyloxy-2,2,3-trimethyl-2,3-dihydro- **17** IV 1378

—, 5-Amino- **18** IV 7163

—, 6-Amino- **18** IV 7166

—, 2-Amino-3-anilino- **18** IV 7883

—, 3-Amino-2,3-dihydro- **18** 585 j, IV 7148

—, 5-Amino-2,2-dimethyl-2,3-dihydro- **18** IV 7155

—, 5-Amino-2-isopropyl-6-methoxy-2,3-dihydro- **18** IV 7339

—, 6-Amino-7-isopropyl-4-methyl-2,3-diphenyl- **18** IV 7255

—, 5-Amino-2-methyl-4-nitro-2,3-dihydro- **18** IV 7154

—, 5-Amino-7-nitro-2,3-dihydro- **17** IV 405

—, 7-Amino-5-nitro-2,3-dihydro- **17** IV 405

—, 5-Amino-2,4,6,7-tetramethyl-2,3-dihydro- **18** IV 7157

—, 5-Amino-2,4,7-trimethyl-2,3-dihydro- **18** IV 7156

—, 3-Anilino-2-[2-benzolsulfonyloxy-benzylidenamino]- **18** IV 7281

—, 3-Anilino-2-[2-benzoyloxy-benzylidenamino]- **18** IV 7280

—, 5-Anilino-2,2-dimethyl-2,3-dihydro- **18** IV 7155

—, 3-Anilino-2-imino-2,3-dihydro- **18** IV 7883

—, 5-Anilino-2-methyl-2,3-dihydro- **18** IV 7154

—, 3-Anilino-2-salicylidenamino- **18** II 426 f, IV 7280

—, 2-Benzhydryl- **17** II 88 f

—, 2-Benzhydryliden-2,3-dihydro- **17** II 88 f

—, 2-[2-Benzolsulfonyloxy-benzylidenamino]-3-phenylimino-2,3-dihydro- **18** IV 7281

—, 2-Benzoyl- **17** 375 b, II 399 a, IV 5426

—, 3-Benzoyl- **17** IV 5431

—, 5-Benzoylamino- **18** IV 7163

—, 3-Benzoylamino-2,3-dihydro- **18** IV 7149

—, 6-Benzoyl-5-benzoyloxy-4-brom-2,3-diphenyl- **18** IV 866

—, 4-Benzoyl-5-benzoyloxy-2,3-diphenyl- **18** IV 864

—, 5-Benzoyl-6-benzoyloxy-2,3-diphenyl- **18** IV 865

—, 6-Benzoyl-5-benzoyloxy-2,3-diphenyl- **18** IV 866

—, 6-Benzoyl-7-benzoyloxy-2,3-diphenyl- **18** IV 867

—, 2-Benzoyl-6-benzyloxy-3-methyl- **18** IV 753

—, 2-Benzoyl-5-*tert*-butyl-7-chlor- **17** IV 5480

—, 2-Benzoyl-5-chlor- **17** IV 5427

—, 7-Benzoyl-5-chlor-6-methoxy-3-methyl- **18** IV 758

—, 2-Benzoyl-7-chlor-3-methyl- **17** IV 5447

—, 2-Benzoyl-7-chlor-3-propyl- **17** IV 5473

Benzofuran (Fortsetzung)

—, 2-Benzoyl-5,7-dibrom- **17** IV 5428

—, 2-Benzoyl-5,7-dichlor-3-methyl- **17** IV 5447

—, 2-Benzoyl-5,7-dichlor-3-propyl- **17** IV 5473

—, 5-Benzoyl-2,3-dihydro- **17** 365 c

—, 2-Benzoyl-2,3-dimethoxy-2,3-dihydro- **18** IV 1725

—, 2-Benzoyl-6-methoxy- **18** IV 721

—, 6-Benzoyl-5-methoxy-2,3-diphenyl- **18** IV 865

—, 6-Benzoyl-7-methoxy-2,3-diphenyl- **18** IV 866

—, 7-Benzoyl-5-methoxy-2,3-diphenyl- **18** IV 867

—, 2-Benzoyl-6-methoxy-3-methyl- **18** IV 753

—, 7-Benzoyl-6-methoxy-3-methyl- **18** IV 758

—, 2-Benzoyl-6-methoxy-3-veratryl- **18** IV 2834

—, 2-Benzoyl-5-methyl- **17** IV 5448

—, 7-Benzoyloxy- **17** IV 1474

—, 6-Benzoyloxy-2-[4-benzoyloxy-phenyl]- **17** IV 2201

—, 6-Benzoyloxy-2-[4-benzoyloxy-phenyl]-2-methyl-2,3-dihydro- **17** IV 2188

—, 2-[2-Benzoyloxy-benzylidenamino]-3-[*N*-methyl-anilino]- **18** IV 7281

—, 2-[2-Benzoyloxy-benzylidenamino]-3-phenylimino-2,3-dihydro- **18** IV 7280

—, 6-Benzoyloxy-7-cinnamoyl-3-methyl- **18** IV 805

—, 6-Benzoyloxy-2,3-dihydro- **17** II 120 a

—, 5-Benzoyloxy-2,3-diphenyl- **17** IV 1723

—, 6-Benzoyloxy-2,3-diphenyl- **17** IV 1724

—, 4-Benzoyloxy-2-isopropyl- **17** IV 1495

—, 6-Benzoyloxy-7-methoxy-3-methyl- **17** IV 2122

—, 2-[4-(4-Benzoyloxy-3-methoxy-phenacyloxy)-3-methoxy-phenyl]-7-methoxy-3-methyl-5-propenyl-2,3-dihydro- **17** IV 2399

—, 2-[4-(4-Benzoyloxy-3-methoxy-phenacyloxy)-3-methoxy-phenyl]-7-methoxy-3-methyl-5-propyl-2,3-dihydro- **17** IV 2383

—, 3-Benzoyloxy-5-methyl- **17** I 64 f

—, 6-Benzoyloxy-3-methyl- **17** II 132 a

—, 2-Benzoyloxymethyl-2,3-dihydro- **17** IV 1356

—, 4-Benzoyloxy-6-methyl-2,3-diphenyl- **17** IV 1729

—, 6-Benzoyloxy-4-methyl-2,3-diphenyl- **17** IV 1728

—, 2-[2-Benzoyloxy-phenyl]- **17** IV 1662

—, 5-Benzoyloxy-2,4,6,7-tetramethyl- **17** IV 1500

—, 2-Benzoyl-5-phenyl- **17** IV 5585

—, 2-Benzyl- **17** II 78 f, IV 663

—, 3-Benzyl- **17** IV 663

—, 2-Benzyl-2,3-dihydro- **17** II 76 b

—, 3-Benzyl-2,3-dihydro- **17** IV 635

—, 5-Benzyl-2,3-dihydro- **17** 76 c, I 32 f

—, 3-Benzyl-6-methoxy- **17** IV 1669

—, 3-Benzyl-5-methyl-2,3-dihydro- **17** IV 640

—, 3-Benzyl-6-methyl-2,3-dihydro- **17** IV 641

—, 3-Benzyl-7-methyl-2,3-dihydro- **17** IV 641

—, 6-Benzyloxy- **17** IV 1472

—, 6-Benzyloxy-2-[4-benzyloxy-phenyl]- **17** IV 2200

—, 6-Benzyloxy-2,3-dihydro- **17** IV 1347

—, 6-Benzyloxy-4,7-dimethoxy- **17** IV 2357

—, 2-[2-Benzyloxy-4,6-dimethoxy-phenyl]-5,6-dimethoxy- **17** IV 3855

—, 6-Benzyloxy-3,5-dimethyl- **17** IV 1490

—, 6-Benzyloxy-3-hydroxyamino-4,7-dimethoxy- **18** IV 8293

—, 4-Benzyloxy-2-isopropenyl- **17** IV 1540

—, 6-Benzyloxy-2-isopropenyl- **17** IV 1540

—, 6-Benzyloxy-4-methoxy- **17** IV 2119

—, 5-Benzyloxy-3-methyl- **17** IV 1478

—, 6-Benzyloxy-3-methyl- **17** IV 1479

—, 6-Benzyloxy-5-methyl- **17** IV 1483

—, 3,4-Bis-benzoyloxy- **17** IV 2114

—, 3,4-Bis-benzoyloxy-2-isopropyl- **17** IV 2129

—, 4,6-Bis-benzoyloxy-2,3,5-trimethyl- **17** II 192 a

—, 4,6-Bis-benzyloxy-2-benzyloxycarbonylamino-3,7-dimethyl- **18** IV 1245

—, 4,6-Bis-benzyloxy-2-benzyloxycarbonylimino-3,7-dimethyl-2,3-dihydro- **18** IV 1245

—, 5,7-Bis-[1-hydroxyimino-äthyl]-4,6-dimethoxy-2,3-dihydro- **18** IV 2411

—, 3-[3,4-Bis-methansulfonyloxy-phenyl]-4,6-bis-methansulfonyloxy-2-[2,4,6-tris-methansulfonyloxy-benzyl]-2,3-dihydro- **17** IV 3918

Benzofuran (Fortsetzung)
—, 2,3-Bis-[4-methoxy-phenyl]- **17** IV 2242
—, 2,3-Bis-[4-methoxy-phenyl]-5-methyl- **17** IV 2246
—, 2,3-Bis-salicylidenamino- **18** IV 7281
—, 2-Brom- **17** 57 h
—, 3-Brom- **17** 57 i, IV 480
—, 5-Brom- **17** 58 a
—, 2-Bromacetyl- **17** IV 5082
—, 5-Brom-2-bromacetyl- **17** IV 5083
—, 4-Brom-2-[2-brom-4,5-dimethoxy-phenyl]-7-methoxy-3-methyl-5-propyl-2,3-dihydro- **17** IV 2383
—, 5-Brom-2-[5-brom-2-hydroxy-phenyl]- **17** IV 2200
—, 5-Brom-2-[5-brom-2-hydroxy-phenyl]-3-methoxy- **17** IV 2200
—, 2-Brom-3-brommethyl- **17** IV 500
—, 5-Brom-2-brommethyl-2,3-dihydro- **17** I 23 e
—, 5-Brom-2-chlor-3-phenyl- **17** I 34 c
—, 7-Brom-3-dibrommethylen-5-methyl-2,3-dihydro- **17** I 27 g
—, 5-Brom-2,3-dihydro- **17** II 49 e
—, 2-Brom-3,3-dimethoxy-2-nitro-2,3-dihydro- **17** I 161 b
—, 7-Brom-2,5-dimethyl-2,3-dihydro- **17** IV 436
—, 6-Brom-7-isopropyl-4-methyl-2,3-diphenyl- **17** IV 760
—, 5-Brom-2-isopropyl-4,6,7-trimethyl-2,3-dihydro- **17** IV 463
—, x-Brom-5-methoxy- **17** IV 1468
—, 5-Brom-6-methoxy-3-methyl- **17** IV 1479
—, 2-Brom-3-methyl- **17** IV 500
—, 3-Brom-2-methyl- **17** I 25 d, IV 498
—, 5-Brom-2-methyl- **17** I 25 e, II 59 f
—, 2-Brommethyl-2,3-dihydro- **17** I 23 d, II 52 d, IV 421
—, 5-Brom-2-methyl-2,3-dihydro- **17** I 23 c, IV 421
—, 7-Brom-5-methyl-2,3-dihydro- **17** IV 424
—, 2-Brommethyl-7-phenoxy-2,3-dihydro- **17** IV 1355
—, 2-Brom-5-methyl-3-phenyl- **17** I 34 i
—, 2-Brom-6-methyl-3-phenyl- **17** I 35 d
—, 2-Brommethyl-5-phenyl-2,3-dihydro- **17** IV 635
—, 2-Brommethyl-7-phenyl-2,3-dihydro- **18** IV 7238

—, 5-Brom-6-methyl-3-phenyl-2,3-dihydro- **17** I 32 i
—, 3-Brom-2-nitro- **17** 59 d
—, 2-Brom-3-phenyl- **17** 79 b, I 34 a
—, 5-Brom-2-phenyl- **17** 78 e
—, 5-Brom-3-phenyl- **17** I 34 b, IV 659
—, 2-[3-Brom-propyl]-2,3-dihydro- **17** IV 447
—, 5-Brom-2,4,6,7-tetramethyl-2,3-dihydro- **17** IV 454
—, 5-Brom-4,6,7-trimethyl-2-[1-methyl-hexyl]-2,3-dihydro- **17** IV 1400
—, 5-Brom-4,6,7-trimethyl-2-[1,5,9,13-tetramethyl-tetradecyl]-2,3-dihydro- **17** IV 477
—, 3-[4-Brom-valeryloxy]-7-chlor-4,6-dimethoxy- **17** IV 2355
—, 5-*tert*-Butyl- **17** 65 f
—, 5-*tert*-Butyl-2-jodmethyl-2,3-dihydro- **17** IV 459
—, 5-*tert*-Butyl-2-methyl- **17** II 63 b
—, 5-*tert*-Butyl-2-methyl-2,3-dihydro- **17** IV 459
—, 7-Butyl-5-methyl-2,3-dihydro- **17** IV 459
—, 5-Butyryl-2,3-dihydro- **17** IV 5010
—, 2-Butyryl-6-methoxy-3-methyl- **18** IV 427
—, 2-Butyryl-6-methoxy-3-veratryl- **18** IV 2782
—, 7-Butyryl-5-methyl-2,3-dihydro- **17** IV 5021
—, 6-Butyryloxy-3-methyl- **17** IV 1479
—, 2-Chlor- **17** 57 a, IV 480
—, 3-Chlor- **17** 57 b, IV 480
—, 5-Chlor- **17** 57 c, IV 480
—, 6-Chlor- **17** IV 480
—, 7-Chlor- **17** 57 d, IV 480
—, 2-Chloracetyl- **17** IV 5082
—, 3-Chloracetyl- **17** IV 5084
—, 7-Chlor-2-diazoacetyl-4,6-dimethoxy-3-methyl- **18** IV 2511
—, 7-Chlor-4,6-dimethoxy-2,3-dimethyl- **17** IV 2125
—, 7-Chlor-4,6-dimethoxy-3-methyl- **17** IV 2122
—, 5-Chlor-2,2-dimethyl-2,3-dihydro- **17** IV 434
—, 5-Chlor-2,3-diphenyl- **17** IV 747
—, 4-Chlor-2-isopropyl-2,3-dihydro- **17** II 55 g
—, 5-Chlor-7-isopropyl-2-[4-methoxy-phenyl]-4-methyl- **17** IV 1678
—, 5-Chlor-7-isopropyl-3-[4-methoxy-phenyl]-4-methyl- **17** IV 1678
—, 5-Chlor-7-isopropyl-4-methyl-3-phenyl- **17** IV 676

Benzofuran (Fortsetzung)

—, 5-Chlor-7-isopropyl-4-methyl-3-
p-tolyl- **17** IV 678
—, 2-Chlormethyl- **17** IV 498
—, 5-Chlor-2-methyl- **17** IV 498
—, 2-Chlormethyl-2,3-dihydro- **17**
IV 421
—, 5-Chlormethyl-2,3-dihydro- **17**
IV 423
—, 5-Chlormethyl-2,2-dimethyl-2,3-
dihydro- **17** IV 448
—, 3-Chlormethyl-2-methyl- **17** IV 510
—, 5-Chlormethyl-2-methyl-2,3-dihydro-
17 IV 435
—, 7-Chlormethyl-5-methyl-2,3-dihydro-
17 IV 437
—, 2-Chlor-5-methyl-3-phenyl- **17** 79 d
—, 2-Chlor-6-methyl-3-phenyl- **17**
I 35 c
—, 2-Chlor-3-phenyl- **17** 79 a
—, 2-[4-Chlor-phenyl]- **17** IV 658
—, 5-Chlor-3-phenyl- **17** I 33 i,
IV 659
—, 5-Chlor-3-p-tolyl- **17** IV 664
—, 2-Chlor-3-trichlormethylmercapto-
2,3-dihydro- **17** IV 1343
—, 3-Chlor-2-trichlormethylmercapto-
2,3-dihydro- **17** IV 1343
—, 3-[3-Chlor-2,4,6-trimethoxy-benzyl]-6-
methoxy- **17** IV 2709
—, 3-[3-Chlor-2,4,6-trimethoxy-benzyl]-6-
methoxy-2,3-dihydro- **17** IV 2696
—, 2-Cinnamoyl- **17** IV 5503
—, 5-Cinnamoyl-6-hydroxy-4,7-
dimethoxy- **18** IV 2804
—, 7-Cinnamoyl-5-methyl-2,3-dihydro-
17 IV 5472
—, 5-Cinnamoyl-4,6,7-trimethoxy- **18**
IV 2805
—, 5-Cinnamoyl-2,2,3-trimethyl-2,3-
dihydro- **17** IV 5484
—, 4-Cyclohexancarbonyloxy-2-
isopropyl-2,3-dihydro- **17** IV 1377
—, 5-Cyclohexyl-2-methyl-2,3-dihydro-
17 IV 536
—, 7-Cyclohexyl-2-methyl-2,3-dihydro-
17 IV 536
—, 3,4-Diacetoxy- **17** IV 2114
—, 3,5-Diacetoxy- **17** IV 2115
—, 3,6-Diacetoxy- **17** IV 2117
—, 6,7-Diacetoxy- **17** IV 2120
—, 4,7-Diacetoxy-5-[α-acetoxy-3,4-
dimethoxy-benzyl]-6-methoxy-2,3-
dihydro- **17** II 277 e
—, 3,6-Diacetoxy-2-acetyl- **18** IV 1385
—, 4,6-Diacetoxy-7-acetyl- **18** IV 1390
—, 4,6-Diacetoxy-7-aetyl-2-
[2,4-diacetoxy-penta-1,3-dienyl]-3,7-
dimethyl- **18** II 198 d

—, 4,6-Diacetoxy-5-acetyl-2,3-dihydro-
18 IV 1241
—, 4,6-Diacetoxy-7-acetyl-2,3-dihydro-
18 IV 1244
—, 6,7-Diacetoxy-5-acetyl-2,3-dihydro-
18 IV 1242
—, 3,6-Diacetoxy-5-acetyl-4-methoxy-
18 IV 2393
—, 4,6-Diacetoxy-7-acetyl-2,3,5-
trimethyl- **18** IV 1422
—, 3,6-Diacetoxy-5-äthyl- **17** IV 2124
—, 3,6-Diacetoxy-2-benzyl- **17** IV 2208
—, 4,6-Diacetoxy-3-[3,4-diacetoxy-
phenyl]-2-[2,4,6-triacetoxy-benzyl]-2,3-
dihydro- **17** IV 3918
—, 4,6-Diacetoxy-5,7-diacetyl-2,3-
dihydro- **18** IV 2411
—, 4,6-Diacetoxy-2,3-dihydro- **17**
IV 2072
—, 6,7-Diacetoxy-2,3-dihydro- **17**
IV 2073
—, 3,6-Diacetoxy-4,7-dimethoxy- **17**
IV 2679
—, 3,4-Diacetoxy-2-isopropyl- **17**
IV 2129
—, 3,6-Diacetoxy-2-isopropyl- **17**
IV 2130
—, 3,6-Diacetoxy-4-methoxy- **17**
IV 2354
—, 4,7-Diacetoxy-6-methoxy-2,3-
dihydro- **17** II 215 d
—, 4,6-Diacetoxy-5-[3,4,α-triacetoxy-
benzyl]-2,3-dihydro- **17** II 261 e
—, 4,6-Diacetoxy-7-[3,4,α-triacetoxy-
benzyl]-2,3-dihydro- **17** II 261 i
—, 4,6-Diacetoxy-2,3,5-trimethyl- **17**
II 191 e
—, 5,7-Diacetyl-4,6-bis-benzyloxy-2,3-
dihydro- **18** IV 2411
—, 5,7-Diacetyl-2,3-dihydro- **17**
IV 6205
—, 5,7-Diacetyl-4,6-dimethoxy-2,3-
dihydro- **18** IV 2411
—, 5,6-Diäthoxy-2-[2-äthoxy-4,6-
dimethoxy-phenyl]- **17** IV 3855
—, 2,2-Diäthoxy-5,7-dibrom-6-methyl-3-
methylen-2,3-dihydro- **17** I 175 b
—, 3,4-Diäthoxy-2-isopropyl-2,3-
dihydro- **17** IV 2079
—, 4,6-Diäthoxy-2,3,5-trimethyl- **17**
IV 2132
—, 2-Diäthylaminomethyl-5-benzoyl-2,3-
dihydro- **18** IV 7994
—, 2-Diäthylaminomethyl-2,3-dihydro-
18 IV 7155
—, 2-Diäthylaminomethyl-5-phenoxy-
2,3-dihydro- **18** IV 7337
—, 2-Diäthylaminomethyl-7-phenoxy-
2,3-dihydro- **18** IV 7337

Benzofuran (Fortsetzung)

—, 2-Diäthylaminomethyl-5-phenyl-2,3-dihydro- **18** IV 7238

—, 2-Diäthylaminomethyl-7-phenyl-2,3-dihydro- **18** IV 7238

—, 5,7-Diäthyl-2,3-dihydro- **17** IV 454

—, 2-Diazoacetyl- **17** IV 6284

—, 3-Diazoacetyl- **17** IV 6284

—, 2-Diazoacetyl-3-[3,4-dimethoxy-phenyl]-6-methoxy- **18** IV 3363

—, 3-[2-Diazoacetyl-4,5-dimethoxy-phenyl]-6-methoxy- **18** IV 3362

—, 2-Diazoacetyl-4,6-dimethyl- **17** IV 6298

—, 2-Diazoacetyl-6-methoxy- **18** IV 1523

—, 5-Diazoacetyl-4-methoxy- **18** IV 1523

—, 2-Diazoacetyl-6-methoxy-3-[3-methoxy-phenyl]- **18** IV 2798

—, 2-Diazoacetyl-6-methoxy-3-*m*-tolyl- **18** IV 1906

—, 2-Diazoacetyl-3-phenyl- **17** IV 6479

—, 3-Diazoacetyl-2-phenyl- **17** IV 6479

—, 3-[2-Diazoacetyl-phenyl]-6-methoxy- **18** IV 1888

—, 2,3-Dibrom- **17** 58 b

—, 2,5-Dibrom- **17** 58 c

—, 3,5-Dibrom- **17** 58 c

—, 5,7-Dibrom- **17** 58 d, I 24 j

—, 4,6-Dibrom-2-[2-brom-4,5-dimethoxy-phenyl]-7-methoxy-3-methyl-5-propyl-2,3-dihydro- **17** IV 2383

—, 5,7-Dibrom-3-brommethylen-2,3-dihydro- **17** I 26 d

—, 5,7-Dibrom-3-brommethylen-6-methyl-2,3-dihydro- **17** 62 h, I 28 b

—, 5,7-Dibrom-3-dibrommethylen-2,3-dihydro- **17** I 26 f

—, 5,7-Dibrom-3-dibrommethylen-2-methoxy-6-methyl-2,3-dihydro- **17** I 67 b

—, 5,7-Dibrom-3-dibrommethylen-6-methyl-2,3-dihydro- **17** 62 i, I 28 d

—, 2,3-Dibrom-2,3-dihydro- **17** 50 d, IV 405

—, 5,7-Dibrom-2,2-dimethoxy-6-methyl-3-methylen-2,3-dihydro- **17** I 175 a

—, 5,7-Dibrom-3-methoxy-2,3-dihydro- **17** I 57 d

—, 5,7-Dibrom-2-methoxy-3-methylen-2,3-dihydro- **17** I 63 g

—, 5,7-Dibrom-2-methoxy-6-methyl-3-methylen-2,3-dihydro- **17** I 66 d

—, 4,6-Dibrom-2-methyl-2,3-dihydro- **17** IV 421

—, 5,7-Dibrom-2-methyl-2,3-dihydro- **17** IV 421

—, 5,7-Dibrom-3-methylen-2,3-dihydro- **17** I 26 b

—, 5,7-Dibrom-6-methyl-3-methylen-2,3-dihydro- **17** I 27 h

—, 2,3-Dichlor- **17** 57 e

—, 2,5-Dichlor- **17** 57 f

—, 2,3-Dichlor-2,3-dihydro- **17** 50 b

—, 3,3-Dichlor-2,3-dihydro- **17** 50 c

—, 5,7-Dichlor-2-methyl- **17** IV 498

—, 2,5-Dichlor-3-phenyl- **17** I 33 j

—, 2,3-Dihydro- **17** 50 a, I 22 d, IV 404

—, 2-[2,4-Dihydroxy-phenyl]-5-methyl- **17** IV 2208

—, 2,3-Diisopropyl-5-methyl-2,3-dihydro- **6** III 1347, **17** IV 465

—, 4,6-Dimethoxy- **17** IV 2119

—, 5,6-Dimethoxy- **17** IV 2120

—, 6,7-Dimethoxy- **17** IV 2120

—, 5-[3,5-Dimethoxy-benzyl]-2,3-dihydro- **17** 161 f

—, 3-[2,3-Dimethoxy-benzyl]-4,6-dimethoxy- **17** IV 2709

—, 4,6-Dimethoxy-2,3-dihydro- **17** IV 2072

—, 6,7-Dimethoxy-2,3-dihydro- **17** IV 2073

—, 4,6-Dimethoxy-2,3-dimethyl- **17** IV 2125

—, 4,6-Dimethoxy-3,5-dimethyl- **17** IV 2125

—, 4,6-Dimethoxy-3,7-dimethyl- **17** IV 2126

—, 5,6-Dimethoxy-2,3-dimethyl- **17** IV 2131

—, 3,5-Dimethoxy-2-methyl- **17** I 94 d

—, 4,6-Dimethoxy-3-methyl- **17** 157 d, IV 2122

—, 4,6-Dimethoxy-7-methyl- **17** IV 2123

—, 5,6-Dimethoxy-2-methyl- **18** IV 8464

—, 5,6-Dimethoxy-3-methyl- **17** IV 2122

—, 6,7-Dimethoxy-3-methyl- **17** 157 e, I 95 a, IV 2122

—, 4,6-Dimethoxy-3-methyl-2,3-dihydro- **17** IV 2075

—, 4,6-Dimethoxy-7-methyl-2,3-dihydro- **17** IV 2075

—, 4,6-Dimethoxy-2-methyl-3-phenyl- **17** IV 2208

—, 4,6-Dimethoxy-3-methyl-2-trichloracetyl- **18** IV 1407

—, 5,6-Dimethoxy-3-methyl-2-trichloracetyl- **18** IV 1407

—, 4,6-Dimethoxy-3-methyl-2-trifluoracetyl- **18** IV 1406

Benzofuran (Fortsetzung)

—, 5,6-Dimethoxy-3-methyl-2-
trifluoracetyl- **18** IV 1407

—, 3-[4,5-Dimethoxy-2-nitro-benzyl]-6-
methoxy- **17** IV 2392

—, 3,3-Dimethoxy-2-nitro-2,3-dihydro-
17 I 160 d

—, 2-[4,5-Dimethoxy-2-nitro-phenyl]-7-
methoxy-3-methyl-4-nitro-5-propyl-2,3-
dihydro- **17** IV 2383

—, 2-[4-(3,4-Dimethoxy-phenacyloxy)-3-
methoxy-phenyl]-7-methoxy-3-methyl-5-
propenyl-2,3-dihydro- **17** IV 2399

—, 2-[4-(3,4-Dimethoxy-phenacyloxy)-3-
methoxy-phenyl]-7-methoxy-3-methyl-5-
propyl-2,3-dihydro- **17** IV 2382

—, 2-[2,4-Dimethoxy-phenyl]- **17**
IV 2201

—, 4,6-Dimethoxy-3-phenyl- **17** 162 a,
II 194 c, IV 2201

—, 5,6-Dimethoxy-3-phenyl- **17**
IV 2201

—, 6,7-Dimethoxy-3-phenyl- **17** 162 b,
IV 2201

—, 2-[3,4-Dimethoxy-phenyl]-4,6-
dimethoxy- **17** II 243 b

—, 2-[3,4-Dimethoxy-phenyl]-6,7-
dimethoxy- **17** IV 2701

—, 3-[3,4-Dimethoxy-phenyl]-4,6-
dimethoxy-2-[2,4,6-trimethoxy-benzyl]-
2,3-dihydro- **17** IV 3918

—, 2-[2,4-Dimethoxy-phenyl]-6-methoxy-
17 IV 2384

—, 3-[3,4-Dimethoxy-phenyl]-6-methoxy-
17 IV 2385

—, 2-[3,4-Dimethoxy-phenyl]-7-methoxy-
3-methyl-5-propenyl-2,3-dihydro- **17**
IV 2399

—, 2-[3,4-Dimethoxy-phenyl]-7-methoxy-
3-methyl-5-propyl- **17** IV 2398

—, 2-[3,4-Dimethoxy-phenyl]-7-methoxy-
3-methyl-5-propyl-2,3-dihydro- **17**
IV 2382

—, 3-[3,4-Dimethoxy-styryl]-6-methoxy-
17 I 115 b

—, 4,6-Dimethoxy-2-trifluoracetyl- **18**
IV 1385

—, 4,6-Dimethoxy-7-trifluoracetyl- **18**
IV 1390

—, 5,6-Dimethoxy-2-trifluracetyl- **18**
IV 1385

—, 5,6-Dimethoxy-2-[2,4,6-trimethoxy-
phenyl]- **17** IV 3855

—, 4,6-Dimethoxy-2,3,5-trimethyl- **17**
IV 2131

—, 4,6-Dimethoxy-2,3,7-trimethyl- **17**
IV 2132

—, 4,6-Dimethoxy-3-veratryl- **17**
IV 2709

—, 2,3-Dimethyl- **17** 62 b, IV 510

—, 2,5-Dimethyl- **17** 62 c, I 27 d,
II 60 c, IV 511

—, 2,6-Dimethyl- **17** 62 d, IV 511

—, 2,7-Dimethyl- **17** 62 e, I 27 e,
II 60 d, IV 512

—, 3,5-Dimethyl- **17** 62 f, I 27 f

—, 3,6-Dimethyl- **17** 62 g, IV 512

—, 3,7-Dimethyl- **17** 63 a, IV 513

—, 4,6-Dimethyl- **17** 63 b

—, 4,7-Dimethyl- **17** 63 c

—, 5,6-Dimethyl- **17** 63 d, I 29 b

—, 5,7-Dimethyl- **17** 63 e

—, 6,7-Dimethyl- **17** 63 f

—, 2-Dimethylaminomethyl-2,3-dihydro-
18 IV 7155

—, 2-Dimethylaminomethyl-5-phenoxy-
2,3-dihydro- **18** IV 7337

—, 2-Dimethylaminomethyl-5-phenyl-
2,3-dihydro- **18** IV 7238

—, 2-Dimethylaminomethyl-7-phenyl-
2,3-dihydro- **18** IV 7238

—, 2,2-Dimethyl-2,3-dihydro- **17**
IV 434

—, 2,3-Dimethyl-2,3-dihydro- **17**
II 54 b, IV 435

—, 2,4-Dimethyl-6,7-dihydro- **17**
IV 435

—, 2,5-Dimethyl-2,3-dihydro- **17**
I 24 c, IV 435

—, 2,7-Dimethyl-2,3-dihydro- **17**
I 24 d, IV 436

—, 3,3-Dimethyl-2,3-dihydro- **17**
IV 436

—, 3,5-Dimethyl-2,3-dihydro- **17**
IV 436

—, 3,6-Dimethyl-2,3-dihydro- **17** 53 d,
IV 436

—, 3,7-Dimethyl-2,3-dihydro- **17**
IV 436

—, 5,6-Dimethyl-2,3-dihydro- **17**
IV 436

—, 5,7-Dimethyl-2,3-dihydro- **17** 53 e,
I 24 e, IV 437

—, 2,2-Dimethyl-5,7-dinitro-2,3-dihydro-
17 IV 434

—, 2,3-Dimethyl-5,7-dinitro-2,3-dihydro-
17 IV 435

—, 4,6-Dimethyl-2,3-diphenyl- **17**
IV 755

—, 4,7-Dimethyl-2,3-diphenyl- **17**
IV 755

—, 5,6-Dimethyl-2,3-diphenyl- **17**
IV 755

—, 5,7-Dimethyl-2,3-diphenyl- **17**
IV 756

—, 3,3-Dimethyl-2-methylen-2,3-dihydro-
17 IV 518

Benzofuran (Fortsetzung)

—, 3,5-Dimethyl-6-[4-nitro-benzoyloxy]-2,3-dihydro- **17** IV 1367

—, 3,6-Dimethyl-octahydro- **17** IV 209

—, 2-[2,4-Dimethyl-phenoxy]-3,5,7-trimethyl-2,3-dihydro- **17** IV 1375

—, 3,5-Dimethyl-2-phenyl- **17** IV 669

—, 2,2-Dimethyl-5-[phenylcarbamoyloxy-methyl]-2,3-dihydro- **17** IV 1378

—, 2,5-Dimethyl-2-phenyl-2,3-dihydro-**17** IV 641

—, 2,5-Dimethyl-3-phenyl-2,3-dihydro-**17** IV 641

—, 3,5-Dimethyl-2-phenyl-2,3-dihydro-**17** IV 641

—, 2,3-Dimethyl-4,5,6,7-tetrahydro- **17** IV 380

—, 3,6-Dimethyl-4,5,6,7-tetrahydro- **17** IV 380

—, 5,7-Dinitro-2,3-dihydro- **17** IV 405

—, 5,7-Dinitro-3-[4-nitro-phenyl]-2,3-dihydro- **17** IV 625

—, 2-[4-(2,4-Dinitro-phenoxy)-3-methoxy-phenyl]-3-hydroxymethyl-5-[3-hydroxy-propenyl]-7-methoxy-2,3-dihydro- **17** IV 3871

—, 5-[2,4-Dinitro-phenylazo]-2,4,6,7-tetramethyl-2,3-dihydro- **18** IV 8326

—, 2,3-Diphenyl- **17** IV 747

—, 2,3-Diphenyl-5,6-dihydro- **17** IV 735

—, 2,3-Diphenyl-4,5,6,7-tetrahydro- **17** IV 728

—, 2-Glykoloyl- **18** IV 361

—, 2-Hydroperoxy-7a-methoxy-3,6-dimethyl-2,4,5,6,7,7a-hexahydro- **17** IV 2060

—, 7a-Hydroperoxy-2-methoxy-3,6-dimethyl-2,4,5,6,7,7a-hexahydro- **17** IV 2060

—, 3-Hydroxyamino-5-methyl- **17** II 338 g, **18** 637 d, I 591 b

—, 3-Hydroxyamino-7-methyl- **17** II 339 c, **18** 638 b, I 591 c

—, 2-[2-Hydroxy-4,6-dimethoxy-phenyl]-5,6-dimethoxy- **17** IV 3855

—, 2-[4-Hydroxy-3-hydroxymethyl-5-methoxy-phenyl]-7-methoxy-3-methyl-5-propenyl-2,3-dihydro- **17** IV 2713

—, 2-[α-Hydroxy-isopropyl]-5-[3-hydroxy-propenyl]-4-methoxy-2,3-dihydro- **17** IV 2360

—, 4-Hydroxy-5-methoxyacetyl-3-methyl-**18** IV 1407

—, 2-[4-(4-Hydroxy-3-methoxy-phenacyloxy)-3-methoxy-phenyl]-7-methoxy-3-methyl-5-propenyl-2,3-dihydro- **17** IV 2399

—, 2-[4-(4-Hydroxy-3-methoxy-phenacyloxy)-3-methoxy-phenyl]-7-methoxy-3-methyl-5-propyl-2,3-dihydro-**17** IV 2382

—, 2-[4-Hydroxy-3-methoxy-phenyl]-3-hydroxymethyl-5-[3-hydroxy-propenyl]-7-methoxy-2,3-dihydro- **17** IV 3870

—, 2-[4-Hydroxy-3-methoxy-phenyl]-3-hydroxymethyl-5-[3-hydroxy-propyl]-7-methoxy-2,3-dihydro- **17** IV 3854

—, 2-[4-Hydroxy-3-methoxy-phenyl]-5-[3-hydroxy-propyl]-7-methoxy-3-methyl-**17** IV 2712

—, 2-[4-Hydroxy-3-methoxy-phenyl]-7-methoxy-3-methyl-5-propenyl-2,3-dihydro- **17** II 225 c, IV 2398

—, 2-[4-Hydroxy-3-methoxy-phenyl]-7-methoxy-3-methyl-5-propyl- **17** IV 2398

—, 2-[4-Hydroxy-3-methoxy-phenyl]-7-methoxy-3-methyl-5-propyl-2,3-dihydro-**17** IV 2381

—, 2-Hydroxymethyl- **17** IV 1477

—, 2-Hydroxymethyl-2,3-dihydro- **17** IV 1355

—, 5-Hydroxymethyl-2,3-dihydro- **17** IV 1357

—, 2-Hydroxymethyl-2,3-dimethyl-2,3-dihydro- **17** IV 1378

—, 5-Hydroxymethyl-2,2-dimethyl-2,3-dihydro- **17** IV 1378

—, 5-Hydroxymethyl-2-methyl-2,3-dihydro- **17** IV 1366

—, 2-Hydroxymethyl-2-methyl-3-methylen-2,3-dihydro- **17** IV 1496

—, 2-Isobutyryl-6-methoxy-3-veratryl-**18** IV 2783

—, 2-Isopropenyl- **17** IV 553

—, 2-Isopropenyl-2,3-dihydro- **17** II 61 e

—, 2-Isopropenyl-4-methoxy-2,3-dihydro- **17** II 136 c

—, 2-Isopropenyl-6-methoxy-3-methyl-**17** IV 1544

—, 5-Isopropyl- **17** 64 d

—, 2-Isopropyl-3,4-bis-phenylcarbamoyloxy- **17** IV 2129

—, 2-Isopropyl-3,4-bis-phenylcarbamoyloxy-octahydro- **17** IV 2045

—, 2-Isopropyl-4,6-dimethoxy- **17** IV 2130

—, 7-Isopropyl-2,4-dimethyl- **17** II 63 c

—, 7-Isopropyl-3,4-dimethyl- **17** IV 529

—, 7-Isopropyl-2,4-dimethyl-2,3-dihydro-**17** IV 459

—, 7-Isopropyl-4,5-dimethyl-3-phenyl-**17** IV 678

—, 2-Isopropyl-4-methoxy- **17** II 135 f

—, 3-Isopropyl-6-methoxy- **17** IV 1496

Benzofuran (Fortsetzung)

—, 2-Isopropyl-6-methoxy-2,3-dihydro-
  17 IV 1377
—, 2-Isopropyl-6-methoxy-3-methyl- **17**
  IV 1383
—, 4-Isopropyl-7-methyl- **17** 65 h
—, 7-Isopropyl-4-methyl- **17** 65 g
—, 7-Isopropyl-4-methyl-2,3-diphenyl-
  17 87 d, IV 760
—, 7-Isopropyl-4-methyl-6-nitro-2,3-
  diphenyl- **17** IV 760
—, 7a-Isopropyl-5-methyl-octahydro-
  17 II 34 b
—, 5-Isopropyl-4-methyl-3-phenyl- **17**
  IV 676
—, 7-Isopropyl-4-methyl-3-phenyl- **17**
  IV 676
—, 2-Isopropyl-4-phenylcarbamoyloxy-
  17 IV 1495
—, 2-Isopropyl-4-phenylcarbamoyloxy-
  2,3-dihydro- **17** IV 1377
—, 2-Isopropyl-4-phenylcarbamoyloxy-
  octahydro- **17** IV 1214
—, 2-Isopropyl-4-[toluol-4-sulfonyloxy]-
  17 II 136 a
—, 2-Isopropyl-4,6,7-trimethyl-2,3-
  dihydro- **17** IV 463
—, 7-Isopropyl-2,4,5-trimethyl-2,3-
  dihydro- **17** IV 462
—, 2-Jodmethyl-2,3-dihydro- **17** II 52 e
—, 3-Mesityl-2,3-dihydro- **17** IV 648
—, 3-Methoxy- **17** I 59 b
—, 4-Methoxy- **17** IV 1467
—, 5-Methoxy- **17** 121 e, IV 1468
—, 6-Methoxy- **17** 121 f, IV 1472
—, 7-Methoxy- **17** II 130 f, IV 1474
—, 6-Methoxy-2,3-bis-[2-methoxy-
  phenyl]- **17** IV 2409
—, 6-Methoxy-2,3-bis-[4-methoxy-
  phenyl]- **17** IV 2409
—, 5-Methoxy-2,3-dihydro- **17** IV 1346
—, 3-Methoxy-2,5-dimethyl- **17** I 65 d
—, 5-Methoxy-2,3-dimethyl- **17**
  IV 1489
—, 6-Methoxy-2,3-dimethyl- **17**
  IV 1489
—, 6-Methoxy-3,4-dimethyl- **17** 126 b
—, 6-Methoxy-3,7-dimethyl- **17**
  IV 1490
—, 5-Methoxy-4,6-dinitro-2,3-dihydro-
  17 IV 1346
—, 6-Methoxy-2,3-diphenyl- **17** IV 1723
—, 4-Methoxy-5-methoxyacetyl- **18**
  IV 1388
—, 7-Methoxy-2-[3-methoxy-4-(4-nitro-
  benzoyloxy)-phenyl]-3-methyl-5-propenyl-
  2,3-dihydro- **17** IV 2400
—, 6-Methoxy-3-[3-methoxy-phenyl]-
  17 IV 2201

—, 6-Methoxy-3-[4-methoxy-phenyl]-
  17 IV 2202
—, 6-Methoxy-2-[4-methoxy-phenyl]-3-
  methyl- **17** IV 2208
—, 6-Methoxy-2-[4-methoxy-phenyl]-2-
  methyl-2,3-dihydro- **17** IV 2188
—, 6-Methoxy-3-[4-methoxy-phenyl]-2-
  phenyl- **17** IV 2242
—, 6-Methoxy-3-[2-methoxy-styryl]- **17**
  I 98 c
—, 6-Methoxy-3-[3-methoxy-styryl]- **17**
  I 98 d
—, 6-Methoxy-3-[4-methoxy-styryl]- **17**
  I 98 e
—, 3-Methoxy-5-methyl- **17** I 64 d
—, 5-Methoxy-2-methyl- **17** IV 1477
—, 5-Methoxy-3-methyl- **17** I 63 c,
  IV 1478
—, 6-Methoxy-3-methyl- **17** 122 f,
  IV 1479
—, 7-Methoxy-2-methyl- **17** II 131 c
—, 7-Methoxy-3-methyl- **17** IV 1480
—, 6-Methoxy-3-methyl-2,3-dihydro-
  17 115 d
—, 5-Methoxy-4-methyl-2-phenyl- **17**
  IV 1670
—, 5-Methoxy-6-methyl-2-phenyl- **17**
  IV 1670
—, 6-Methoxy-3-methyl-2-phenyl- **17**
  IV 1670
—, 6-Methoxy-3-methyl-2-propionyl-
  18 IV 412
—, 5-Methoxy-3-methyl-2-trichloracetyl-
  18 IV 389
—, 6-Methoxy-3-methyl-2-trichloracetyl-
  18 IV 391
—, 5-Methoxy-3-methyl-2-trifluoracetyl-
  18 IV 389
—, 6-Methoxy-3-methyl-2-trifluoracetyl-
  18 IV 390
—, 7-Methoxy-3-methyl-2-trifluoracetyl-
  18 IV 391
—, 7-Methoxy-x-nitro- **17** IV 1474
—, 4-Methoxy-6-[4-nitro-benzoyloxy]-
  2,3-dihydro- **17** IV 2072
—, 7-Methoxy-4-nitro-2-phenyl- **17**
  IV 1662
—, 2-[4-Methoxy-phenyl]- **17** IV 1663
—, 5-Methoxy-2-phenyl- **17** IV 1660
—, 6-Methoxy-2-phenyl- **17** IV 1660
—, 6-Methoxy-3-phenyl- **17** 133 d,
  II 153 c
—, 7-Methoxy-2-phenyl- **17** IV 1662
—, 4-Methoxy-5-phenylacetyl- **18**
  IV 752
—, 6-Methoxy-2-phenylacetyl-3-veratryl-
  18 IV 2835
—, 3-[4-Methoxy-phenyl]-2,3-dihydro-
  17 130 d, IV 1619

Benzofuran (Fortsetzung)

—, 3-[2-Methoxy-phenyl]-6-methyl- **17**
I 77 d

—, 3-[4-Methoxy-phenyl]-5-methyl- **17**
I 77 c

—, 3-[2-Methoxy-phenyl]-6-methyl-2,3-
dihydro- **17** I 74 c

—, 6-Methoxy-2-propionyl-3-veratryl-
18 IV 2781

—, 2-[3-Methoxy-propyl]-2,3-dihydro-
17 IV 1376

—, 6-Methoxy-3-styryl- **17** I 78 d

—, 5-Methoxy-2-tetradecyl-2,3-dihydro-
17 IV 1404

—, 5-Methoxy-2,4,6,7-tetramethyl- **17**
IV 1500

—, 6-Methoxy-3-*m*-tolyl- **17** IV 1670

—, 6-Methoxy-2-trichloracetyl- **18**
IV 361

—, 5-Methoxy-2-trifluoracetyl- **18**
IV 359

—, 6-Methoxy-2-trifluoracetyl- **18**
IV 360

—, 7-Methoxy-4-trifluoracetyl- **18**
IV 363

—, 6-Methoxy-3-[2,4,6-trimethoxy-
benzyl]- **17** IV 2709

—, 6-Methoxy-3-[2,4,6-trimethoxy-
benzyl]-2,3-dihydro- **17** IV 2696

—, 7-Methoxy-2-[2,4,6-trimethoxy-
phenyl]- **17** IV 2701

—, 6-Methoxy-2,3,7-trimethyl- **17**
IV 1496

—, 7-Methoxy-2-vanilloyl- **18** IV 2740

—, 6-Methoxy-3-veratryl- **17** IV 2391

—, 7-Methoxy-2-veratryl- **17** IV 2391

—, 2-Methyl- **17** 60 e, I 25 c,
II 59 e, IV 497

—, 3-Methyl- **17** 60 f, I 26 a, IV 500

—, 4-Methyl- **17** IV 502

—, 5-Methyl- **17** 61 a, I 27 a, IV 502

—, 6-Methyl- **17** 61 b, IV 503

—, 7-Methyl- **17** 61 c, IV 503

—, 3-[*N*-Methyl-anilino]-2-
salicylidenamino- **18** IV 7281

—, 2-Methyl-2,3-dihydro- **17** I 23 b,
II 52 c, IV 420

—, 3-Methyl-2,3-dihydro- **17** IV 422

—, 5-Methyl-2,3-dihydro- **17** 53 a,
I 23 f, IV 423

—, 7-Methyl-2,3-dihydro- **17** II 52 f

—, 2-Methyl-5,7-dinitro- **17** I 25 g,
IV 498

—, 2-Methyl-5,7-dinitro-2,3-dihydro-
17 IV 422

—, 5-Methyl-2,3-diphenyl- **17** IV 753

—, 6-Methyl-2,3-diphenyl- **17** IV 753

—, 7-Methyl-2,3-diphenyl- **17** IV 753

—, 2-Methyl-5-nitro- **17** I 25 f

—, 2-Methyl-5-[4-nitro-benzoyloxy]- **17**
IV 1477

—, 5-Methyl-6-[4-nitro-benzoyloxy]-2,3-
dihydro- **17** IV 1357

—, 2-Methyl-4-nitro-2,3-dihydro- **17**
IV 421

—, 5-Methyl-2-nitro-3-phenyl- **17**
I 35 a

—, 6-Methyl-2-nitro-3-phenyl- **17**
I 35 e

—, 5-Methyl-3-nitrosyloxy-2,3-dihydro-
17 I 58 c

—, 2-Methyl-octahydro- **17** IV 202

—, 7a-Methyl-octahydro- **17** II 31 f,
IV 202

—, 5-Methyl-7-palmitoyl-2,3-dihydro-
17 IV 5043

—, 2-Methyl-5-*tert*-pentyl-2,3-dihydro-
17 IV 462

—, 3-Methyl-2-phenyl- **17** IV 664

—, 5-Methyl-2-phenyl- **17** I 34 f,
IV 664

—, 5-Methyl-3-phenyl- **17** I 34 h,
IV 665

—, 6-Methyl-2-phenyl- **17** I 34 g,
IV 665

—, 6-Methyl-3-phenyl- **17** I 35 b,
IV 666

—, 7-Methyl-2-phenyl- **17** IV 665

—, 5-Methyl-7-phenylacetyl-2,3-dihydro-
17 IV 5385

—, 5-Methyl-2-phenylazo-3-[*N'*-phenyl-
hydrazino]- **18** I 601 d

—, 2-Methyl-5-[phenylcarbamoyloxy-
methyl]-2,3-dihydro- **17** IV 1366

—, 2-Methyl-3-phenyl-2,3-dihydro- **17**
II 76 c

—, 2-Methyl-5-phenyl-2,3-dihydro- **17**
IV 635

—, 2-Methyl-6-phenyl-2,3-dihydro- **17**
IV 635

—, 2-Methyl-7-phenyl-2,3-dihydro- **17**
IV 635

—, 5-Methyl-3-phenyl-2,3-dihydro-
17 76 d, I 32 g

—, 6-Methyl-3-phenyl-2,3-dihydro- **17**
I 32 h

—, 5-Methyl-7-propionyl-2,3-dihydro-
17 IV 5010

—, 3-Methyl-6-propionyloxy- **17**
IV 1479

—, 5-Methyl-7-propyl-2,3-dihydro- **17**
IV 454

—, 2-Methyl-4,5,6,7-tetrahydro- **17**
IV 375

—, 3-Methyl-2-trichloracetyl- **17**
IV 5107

—, 3-Methyl-2-trifluoracetyl- **17**
IV 5106

Benzofuran (Fortsetzung)
—, 2-Nitro- **17** 59 a, IV 481
—, 3-Nitro- **17** IV 481
—, 4-Nitro- **17** IV 481
—, 5-Nitro- **17** IV 481
—, 6-Nitro- **17** IV 481
—, 7-Nitro- **17** IV 481
—, 6-[4-Nitro-benzoyloxy]-2,3-dihydro-
   17 IV 1347
—, 2-[4-Nitro-benzoyloxymethyl]- **17**
   IV 1477
—, 6-[4-Nitro-benzoyloxy]-2-[4-(4-nitro-
   benzoyloxy)-phenyl]- **17** IV 2201
—, 3-[4-Nitro-benzoyloxy]-octahydro-
   17 IV 1205
—, 6-[4-Nitro-benzoyloxy]-2-propyl- **17**
   IV 1493
—, 2-Nitro-3-phenyl- **17** I 34 d
—, 5-Nitro-2-phenyl- **17** IV 658
—, 3-[3-Nitro-phenyl]-2,3-dihydro- **17**
   IV 402
—, 3-Nitrosyloxy-2,3-dihydro- **17** 114 e
—, Octahydro- **17** IV 191
—, 5-Phenäthyl-2-phenyl- **17** IV 755
—, 2-Phenyl- **17** 78 d, I 33 f,
   II 78 d, IV 658
—, 3-Phenyl- **17** 78 f, I 33 h, IV 659
—, 5-Phenylacetyl-2,3-dihydro- **17**
   IV 5370
—, 7-Phenylcarbamoyloxy- **17** IV 1474
—, 2-[Phenylcarbamoyloxy-methyl]- **17**
   IV 1478
—, 6-[Phenylcarbamoyloxy-methyl]-
   17 124 d
—, 2-[Phenylcarbamoyloxy-methyl]-2,3-
   dihydro- **17** IV 1356
—, 5-[Phenylcarbamoyloxy-methyl]-2,3-
   dihydro- **17** IV 1357
—, 2-Phenyl-2,3-dihydro- **17** 75 b,
   II 74 b
—, 3-Phenyl-2,3-dihydro- **17** 75 c,
   IV 624
—, 3-Phenylimino-2-salicylidenamino-
   2,3-dihydro- **18** II 426 f, IV 7280
—, 2-Phenyl-5-phenylacetyl- **17** IV 5591
—, 2-Phenyl-5-phenyläthinyl- **17** IV 778
—, 2-Phenyl-4,5,6,7-tetrahydro- **17**
   IV 579
—, 2-Pivaloyl- **17** IV 5135
—, 2-Propionyl- **17** IV 5104
—, 3-Propionyl- **17** IV 5104
—, 5-Propionyl-2,3-dihydro- **17**
   IV 4994
—, 2-Propyl- **17** IV 517
—, 2-Propyl-2,3-dihydro- **17** IV 447
—, 2,3,5,7-Tetrabrom- **17** 58 h
—, 2,2,5,7-Tetrabrom-3-brommethylen-6-
   methyl-2,3-dihydro- **17** I 28 e

—, 2,2,5,7-Tetrabrom-3-dibrommethylen-
   6-methyl-2,3-dihydro- **17** I 29 a
—, 2,3,5,7-Tetrabrom-2,3-dihydro-
   17 50 f
—, 2,2,5,7-Tetrabrom-3-methylen-2,3-
   dihydro- **17** I 26 e
—, 2,2,5,7-Tetrabrom-6-methyl-3-
   methylen-2,3-dihydro- **17** I 28 c
—, 2,4,5,7-Tetramethyl- **17** 66 a
—, 2,2,3,5-Tetramethyl-2,3-dihydro- **17**
   IV 454
—, 2,4,6,7-Tetramethyl-2,3-dihydro- **17**
   IV 454
—, 2,4,4,7a-Tetramethyl-3a,4,5,6,7,7a-
   hexahydro- **17** IV 339
—, 2,4,6,7-Tetramethyl-5-[4-nitro-
   benzoylmercapto]-2,3-dihydro- **17**
   IV 1384
—, 2,4,6,7-Tetramethyl-5-thiocyanato-
   2,3-dihydro- **17** IV 1384
—, 2-[Toluol-4-sulfonylimino]-octahydro-
   17 IV 4333
—, 2-o-Toluoyl- **17** 380 f
—, 2-m-Tolyl- **17** IV 664
—, 2-o-Tolyl- **17** IV 663
—, 2-p-Tolyl- **17** IV 664
—, 3,4,6-Triacetoxy- **17** IV 2354
—, 3,6,7-Triacetoxy- **17** IV 2356
—, 3,4,6-Triacetoxy-7-acetyl- **18**
   IV 2399
—, 3,4,6-Triacetoxy-2-[3,4-diacetoxy-
   benzyl]- **17** IV 3865
—, 3,4,6-Triacetoxy-2-[3,4-diacetoxy-
   benzyl]-2,3-dihydro- **17** IV 3865
—, 3,4,6-Triacetoxy-2-[3,4-diacetoxy-
   phenyl]- **17** IV 3855
—, 3,4,6-Triacetoxy-2,3-dihydro- **17**
   IV 2338
—, 3,4,6-Triacetoxy-2-isopropyl- **17**
   IV 2360
—, 3,4,6-Triacetoxy-2-[4-methoxy-phenyl]-
   17 IV 2701
—, 2,3,5-Tribrom- **17** 58 e
—, 2,3,7-Tribrom- **17** 58 f, IV 481
—, 2,5,7-Tribrom- **17** 58 g
—, 3,5,7-Tribrom- **17** 58 g
—, 2,5,7-Tribrom-3-dibrommethylen-2,3-
   dihydro- **17** I 26 g
—, 2,5,7-Tribrom-3-dibrommethylen-6-
   methyl-2,3-dihydro- **17** I 28 f
—, 2,3,5-Tribrom-2,3-dihydro- **17** 50 e
—, 2,3,x-Tribrom-5-methoxy-2,3-
   dihydro- **17** IV 1346
—, 2,5,7-Tribrom-2-methoxy-3-methylen-
   2,3-dihydro- **17** I 172 h
—, 2,5,7-Tribrom-2-methoxy-6-methyl-3-
   methylen-2,3-dihydro- **17** I 175 c
—, 2,5,7-Tribrom-3-methylen-2,3-
   dihydro- **17** I 26 c

Benzofuran (Fortsetzung)

—, 2,5,7-Tribrom-6-methyl-3-methylen-2,3-dihydro- **17** I 28 a

—, 4,5,7-Trichlor-2-methyl- **17** IV 498

—, 4,6,7-Trimethoxy- **17** IV 2357

—, 4,6,7-Trimethoxy-2,3-dihydro- **17** IV 2338

—, 4,5,6-Trimethoxy-3-[4-methoxy-phenyl]- **17** IV 2702

—, 2-[2,4,6-Trimethoxy-phenyl]- **17** IV 2384

—, 4,5,6-Trimethoxy-3-phenyl-3-[3,4,5-trimethoxy-phenyl]-2,3-dihydro- **17** IV 3907

—, 2,3,5-Trimethyl- **17** II 61 f

—, 3,4,6-Trimethyl- **17** IV 519

—, 3,4,7-Trimethyl- **17** 65 a

—, 3,5,6-Trimethyl- **17** 65 b, I 29 f

—, 3,5,7-Trimethyl- **17** 65 c, IV 519

—, 4,5,7-Trimethyl- **17** 65 d

—, 2,2,3-Trimethyl-2,3-dihydro- **17** IV 448

—, 2,2,5-Trimethyl-2,3-dihydro- **17** IV 448

—, 2,2,6-Trimethyl-2,3-dihydro- **17** IV 448

—, 2,2,7-Trimethyl-2,3-dihydro- **17** IV 448

—, 2,5,7-Trimethyl-2,3-dihydro- **17** II 56 a

—, 2,2,3-Trimethyl-5,7-dinitro-2,3-dihydro- **17** IV 448

—, 4,6,7-Trimethyl-2-[1-methyl-hexyl]-2,3-dihydro- **17** IV 1400

—, 2,2,3-Trimethyl-5-[4-nitro-benzoyloxy]-6-propyl-2,3-dihydro- **17** IV 1396

—, 2,2,3-Trimethyl-5-propenyl-2,3-dihydro- **17** IV 532

—, 2,2,3-Trimethyl-5-propionyl-2,3-dihydro- **17** IV 5025

—, 2,2,3-Trimethyl-5-propyl-2,3-dihydro- **17** IV 462

—, 3,3,5-Trimethyl-2-propyl-2,3-dihydro- **17** IV 462

—, 3,3,6-Trimethyl-2-propyl-2,3-dihydro- **17** IV 462

—, 2,2,3-Trimethyl-5-propyl-octahydro- **17** IV 223

—, 2,2,3-Triphenyl-2,3,5,6-tetrahydro- **17** IV 784

—, 3,4,6-Tris-benzoyloxy-2-[3,4-bis-benzoyloxy-benzyl]- **17** IV 3865

—, 5-Undecanoyl-2,3-dihydro- **17** IV 5035

—, 2-Vanilloyl- **18** IV 1819

—, 2-Veratroyl- **18** 132 a

—, 5-Veratroyl-2,3-dihydro- **18** 121 e

—, 2-Vinyl- **17** IV 548

Benzo[b]furan

s. Benzofuran

Benzo[c]furan

s. Isobenzofuran

Benzofuranamin

s. Benzofuranylamin

Benzofuran-2-carbaldehyd **17** IV 5062

— [2]naphthylimin **17** IV 5062

— phenylhydrazon **17** IV 5063

— semicarbazon **17** IV 5063

— thiosemicarbazon **17** IV 5063

—, 6-Acetoxy-3-methyl- **18** IV 364

— [2,4-dinitro-phenylhydrazon] **18** IV 365

—, 3-Äthyl-4,6-dimethyl- **17** IV 5137

— [2,4-dinitro-phenylhydrazon] **17** IV 5137

—, 3-Benzyl- **17** IV 5446

— [2,4-dinitro-phenylhydrazon] **17** IV 5446

—, 3-Benzyl-6-methoxy- **18** IV 752

— [2,4-dinitro-phenylhydrazon] **18** IV 753

—, 7-Chlor-4,6-dimethoxy-3-methyl- **18** IV 1391

— [2,4-dinitro-phenylhydrazon] **18** IV 1391

—, 4,6-Dimethoxy-3,5-dimethyl- **18** IV 1408

— [2,4-dinitro-phenylhydrazon] **18** IV 1408

—, 4,6-Dimethoxy-3,7-dimethyl- **18** IV 1408

—, 4,6-Dimethoxy-3-methyl- **18** IV 1390

— [2,4-dinitro-phenylhydrazon] **18** IV 1391

—, 5,6-Dimethoxy-3-methyl- **18** IV 1391

— oxim **18** IV 1391

—, 3-[3,4-Dimethoxy-phenyl]-6-methoxy- **18** IV 2750

— [2,4-dinitro-phenylhydrazon] **18** IV 2751

—, 6,7-Dimethoxy-3-veratryl-,

— [2,4-dinitro-phenylhydrazon] **18** IV 3342

—, 3,6-Dimethyl- **17** IV 5107

— [2,4-dinitro-phenylhydrazon] **17** IV 5107

—, 6-Hydroxy- **18** II 18 e

—, 4-Hydroxy-3,6-dimethyl- **18** II 24 b

—, 6-Hydroxy-3-methyl- **18** II 21 c

— oxim **18** II 21 e

— phenylhydrazon **18** II 21 f

— phenylimin **18** II 21 d

—, 6-Methoxy-3,7-dimethyl- **18** IV 395

— [2,4-dinitro-phenylhydrazon] **18** IV 395

Benzofuran-2-carbaldehyd (Fortsetzung)
—, 6-Methoxy-3-[3-methoxy-phenyl]-
   18 IV 1826
   — [2,4-dinitro-phenylhydrazon] **18**
      IV 1827
—, 6-Methoxy-3-[4-methoxy-phenyl]-
   18 IV 1827
   — [2,4-dinitro-phenylhydrazon] **18**
      IV 1827
—, 6-Methoxy-3-methyl- **18** IV 364
   — [2,4-dinitro-phenylhydrazon] **18**
      IV 364
—, 6-Methoxy-3-*m*-tolyl- **18** IV 759
   — oxim **18** IV 759
—, 6-Methoxy-3-veratryl- **18** IV 2768
   — [*O*-acetyl-oxim] **18** IV 2769
   — [2,4-dinitro-phenylhydrazon] **18**
      IV 2769
   — oxim **18** IV 2769
   — semicarbazon **18** IV 2769
—, 5-Nitro- **17** IV 5063
   — semicarbazon **17** IV 5063
   — thiosemicarbazon **17** IV 5063
—, 3-Phenyl- **17** IV 5432
   — [2,4-dinitro-phenylhydrazon] **17**
      IV 5432
   — semicarbazon **17** IV 5432
—, 3,4,6-Trimethyl- **17** IV 5121
   — [2,4-dinitro-phenylhydrazon] **17**
      IV 5121
Benzofuran-3-carbaldehyd
—, 2-Äthyl- **17** IV 5106
   — hydrazon **17** IV 5106
   — oxim **17** IV 5106
—, 2-Äthyl-5-chlor- **17** IV 5106
   — oxim **17** IV 5106
—, 2-Äthyl-7-methoxy- **18** IV 388
   — semicarbazon **18** IV 388
—, 2-Methyl- **17** IV 5086
—, 2-Oxo-2,3-dihydro- **17** IV 6160
   — phenylhydrazon **17** IV 6160
   — phenylimin **17** IV 6160
—, 2-Phenyl- **17** IV 5432
   — [2,4-dinitro-phenylhydrazon] **17**
      IV 5432
   — oxim **17** IV 5432
Benzofuran-5-carbaldehyd
—, 6-Acetoxy-2,3-dihydro- **18** IV 173
   — [2,4-dinitro-phenylhydrazon] **18**
      IV 173
—, 6-Acetoxy-3-methyl-2,3-dihydro- **18** IV 191
   — [2,4-dinitro-phenylhydrazon] **18**
      IV 192
—, 2-Benzyliden-4,7-dihydroxy-6-
   methoxy-3-oxo-2,3-dihydro- **18** IV 3363
   — mono-phenylhydrazon **18**
      IV 3363
—, 2,3-Dihydro- **17** IV 4966
   — semicarbazon **17** IV 4966

—, 2-[3,4-Dimethoxy-benzoyl]-7-
   methoxy- **18** IV 3362
   — monooxim **18** IV 3362
—, 4-[6,7-Dimethoxy-4-oxo-chroman-3-
   yloxy]-2-isopropenyl-2,3-dihydro- **18**
   IV 2339
—, 4-Hydroxy- **18** IV 307
   — semicarbazon **18** IV 307
—, 6-Hydroxy- **18** II 18 f
—, 6-Hydroxy-2,3-dihydro- **18** IV 173
   — [2,4-dinitro-phenylhydrazon] **18**
      IV 173
—, 6-Hydroxy-4,7-dimethoxy-2,3-
   dihydro- **18** IV 2339
—, 4-Hydroxy-2-isopropenyl- **18** IV 504
—, 6-Hydroxy-4-methoxy-2,3-dihydro-
   18 IV 1231
—, 6-Hydroxy-7-methoxy-2,3-dihydro-
   18 IV 1231
—, 6-Hydroxy-4-methoxy-7-nitro-
   18 102 d
—, 6-Hydroxy-3-methyl- **18** II 21 i
—, 6-Hydroxy-3-methyl-2,3-dihydro-
   18 II 13 c, IV 191
   — [2,4-dinitro-phenylhydrazon] **18**
      IV 191
—, 2-Isopropenyl-4-methoxy- **18** IV 504
—, 6-Methoxy- **18** IV 307
—, 6-Methoxy-2,3-dihydro- **18** IV 173
—, 2-Methyl-2,3-dihydro- **17** IV 4980
   — [2,4-dinitro-phenylhydrazon] **17**
      IV 4981
—, 4,6,7-Trimethoxy-2,3-dihydro- **18**
   IV 2339
   — semicarbazon **18** IV 2340
Benzofuran-7-carbaldehyd
—, 4,6-Dimethoxy- **18** IV 1345
—, 6-Hydroxy-4-methoxy- **18** IV 1345
   — [2,4-dinitro-phenylhydrazon] **18**
      IV 1346
—, 5-Methyl-2,3-dihydro- **17** IV 4981
   — [2,4-dinitro-phenylhydrazon] **17**
      IV 4981
Benzofuran-2-carbamid 18 308 d
—, *N,N*-Diäthyl- **18** IV 4248
—, *N*-[3-Diäthylamino-propyl]- **18**
   IV 4248
Benzofuran-2-carbamidoxim 18 IV 4248
Benzofuran-3-carbamidoxim 18 IV 4257
Benzofuran-5-carbohydroxamsäure
—, 2-Isopropyl-4-methoxy- **18** II 304 a
Benzofuran-2-carbonitril 18 308 f
—, 4,6-Dimethoxy-3,5-dimethyl- **18**
   IV 5039
—, 6-Methoxy-3-veratryl- **18** IV 5107
—, 3-Methyl- **18** IV 4267
Benzofuran-3-carbonitril 18 IV 4256
—, 5-Acetoxy-2-acetylamino-4,6,7-
   trimethyl- **18** IV 6326

Benzofuran-3-carbonitril (Fortsetzung)

—, 5-Acetoxy-2-acetylimino-4,6,7-
  trimethyl-2,3-dihydro- **18** IV 6326
—, 2-Äthyl- **18** IV 4274
—, 2-Amino-5-hydroxy-4,6,7-trimethyl-
  18 IV 6325
—, 2-Benzoylamino-5-benzoyloxy-4,6,7-
  trimethyl- **18** IV 6326
—, 2-Benzoylimino-5-benzoyloxy-4,6,7-
  trimethyl-2,3-dihydro- **18** IV 6326
—, 2,5-Bis-benzoyloxy-4,6,7-trimethyl-
  18 IV 5044
—, 2-*tert*-Butyl-2,3-dihydro- **18** IV 4238
—, 7a-Cyclohexyl-2-oxo-2,4,5,6,7,7a-
  hexahydro- **18** IV 5509
—, 2,5-Diacetoxy-4,6,7-trimethyl- **18**
  IV 5044
—, 5-Hydroxy-2-imino-4,6,7-trimethyl-
  2,3-dihydro- **18** IV 6325
—, 2-Oxo-octahydro- **18** IV 5351
—, 2-Phenyl- **18** IV 4386
—, 2-*m*-Tolyl- **18** IV 4390

Benzofuran-7-carbonitril

—, 4-[4-Methoxy-phenyl]-7-methyl-2-
  oxo-2,3,4,5,6,7-hexahydro- **18**
  IV 6406
—, 4-[4-Methoxy-phenyl]-7-methyl-2-
  oxo-2,3,6,7-tetrahydro- **18** IV 6410
—, 5-Methyl-2,3-dihydro- **18** IV 4212

Benzofuran-7a-carbonitril

—, 2-Oxo-3a-phenyl-hexahydro- **18**
  IV 5621
—, 3,3,6-Trimethyl-2-oxo-hexahydro-
  18 404 b

Benzofuran-2-carbonsäure 18 307 f,
  II 276 g, IV 4247
  — äthylester **18** 308 a, I 442 g
  — amid **18** 308 d; s. a. Benzo≠
    furan-2-carbamid
  — [amid-oxim] **18** IV 4248
  — anilid **18** 308 e
  — azid **18** 308 h; s. a. Benzofuran-2-
    carbonylazid
  — benzofuran-2-ylester **18** IV 4248
  — chlorid **18** 308 c, IV 4248;
    s. a. Benzofuran-2-carbonylchlorid
  — diäthylamid **18** IV 4248
  — [2-diäthylamino-äthylester] **18**
    IV 4247
  — [3-diäthylamino-propylamid] **18**
    IV 4248
  — [2-dimethylamino-äthylester] **18**
    IV 4247
  — hydrazid **18** 308 g
  — methylester **18** IV 4247
  — [1-methyl-2-oxo-
    propylidenhydrazid] **18** IV 4248
  — phenylester **18** 308 b
  — vinylester **18** IV 4247

—, 3-Acetoxy-,
  — äthylester **18** I 457 b
—, 4-Acetoxy- **18** IV 4904
—, 6-Acetoxy- **18** IV 4906
  — äthylester **18** IV 4907
  — methylester **18** IV 4906
—, 6-Acetoxy-7-acetyl-3-methyl- **18**
  IV 6382
—, 6-Acetoxy-7-benzoyl-3-methyl- **18**
  IV 6435
—, 6-Acetoxy-7-butyryl-3-methyl- **18**
  IV 6395
—, 3-Acetoxy-4,6-dimethoxy-,
  — äthylester **18** IV 5089
  — methylester **18** IV 5089
—, 6-Acetoxy-4,7-dimethoxy-,
  — äthylester **18** IV 5090
  — methylester **18** IV 5090
—, 3-Acetoxy-5-methyl-,
  — äthylester **18** I 461 a
—, 5-Acetoxymethyl-,
  — äthylester **18** IV 4918
—, 6-Acetoxy-3-methyl- **18** IV 4913
—, 6-Acetoxy-3-methyl-7-propionyl- **18**
  IV 6390
—, 7-Acetyl-5-äthyl-6-hydroxy-3-methyl-
  18 IV 6395
—, 5-Acetylamino- **18** IV 8214
—, 7-Acetyl-6-benzoyloxy-3-methyl- **18**
  IV 6382
—, 7-Acetyl-5-chlor-6-hydroxy-3-methyl-
  18 IV 6383
  — äthylester **18** IV 6383
—, 7-Acetyl-5-chlor-6-methoxy-3-methyl-,
  — methylester **18** IV 6383
—, 5-Acetyl-6-hydroxy-4,7-dimethoxy-
  18 IV 6599
—, 7-Acetyl-6-hydroxy-4-methoxy- **18**
  IV 6503
  — äthylester **18** IV 6503
—, 5-Acetyl-6-hydroxy-3-methyl- **18**
  IV 6381
—, 7-Acetyl-6-hydroxy-3-methyl- **18**
  IV 6381
  — äthylester **18** IV 6382
  — methylester **18** IV 6382
—, 7-Acetyl-6-methoxy-3-methyl- **18**
  IV 6382
  — methylester **18** IV 6382
—, 3-Äthoxy- **18** I 456 b, II 300 d
  — äthylester **18** I 457 a
—, 6-Äthoxy- **18** 348 b
—, 3-Äthoxycarbonylmethyl-2,3-dihydro-,
  — äthylester **18** IV 4548
—, 3-Äthoxycarbonylmethyl-3,6-
  dimethyl-2,3-dihydro-,
  — äthylester **18** IV 4551

Benzofuran-2-carbonsäure (Fortsetzung)
—, 3-Äthoxycarbonylmethylen-5-methyl-
2,3-dihydro-,
  — äthylester **18** IV 4560
—, 3-Äthoxycarbonylmethylen-6-methyl-
2,3-dihydro-,
  — äthylester **18** IV 4560
—, 3-Äthoxycarbonylmethyl-7-methoxy-
2,3-dihydro-,
  — äthylester **18** IV 5092
—, 6-Äthoxycarbonyloxy-3-methyl- **18**
II 302 c
—, 3-[1-Äthoxycarbonyl-propyl]-3,6-
dimethyl-2,3-dihydro-,
  — äthylester **18** IV 4554
—, 6-Äthoxy-2,3-dihydro- **18** 346 g
—, 3-Äthoxymethyl- **18** IV 4915
—, 3-Äthoxy-5-methyl- **18** I 460 c
  — äthylester **18** I 460 f
—, 5-Äthoxymethyl- **18** 349 g, IV 4917
  — [2-(äthyl-dimethyl-ammonio)-
    äthylester] **18** IV 4919
  — [2-diäthylamino-äthylester] **18**
    IV 4919
  — [3-diäthylamino-1-methyl-
    propylester] **18** IV 4924
  — [2-(diäthyl-methyl-ammonio)-
    äthylester] **18** IV 4919
  — [2-dimethylamino-äthylester] **18**
    IV 4919
  — [3-dimethylamino-1-methyl-
    propylester] **18** IV 4923
  — [1-methyl-3-triäthylammonio-
    propylester] **18** IV 4924
  — [1-methyl-3-trimethylammonio-
    propylester] **18** IV 4924
  — [2-trimethylammonio-äthylester]
    18 IV 4919
—, 5-Äthyl-7-brom-6-hydroxy-3-methyl-
18 IV 4936
—, 3-Äthyl-4,6-dimethyl- **18** IV 4284
—, 7-Äthyl-6-hydroxy-3,5-dimethyl- **18**
IV 4937
  — hydrazid **18** IV 4937
  — methylester **18** IV 4937
—, 5-Äthyl-6-methoxy-3-methyl- **18**
IV 4936
—, 2-Äthyl-3-oxo-2,3-dihydro-,
  — äthylester **18** I 491 h
—, 5-Amino- **18** IV 8214
—, 7-Benzoyl-6-benzoyloxy-3-methyl-
18 IV 6435
—, 7-Benzoyl-5-chlor-6-hydroxy-3-
methyl- **18** IV 6435
  — äthylester **18** IV 6436
—, 7-Benzoyl-5-chlor-6-methoxy-3-
methyl-,
  — methylester **18** IV 6436
—, 7-Benzoyl-6-hydroxy- **18** IV 6432

—, 7-Benzoyl-6-hydroxy-3-methyl- **18**
IV 6434
  — äthylester **18** IV 6435
  — methylester **18** IV 6435
—, 7-Benzoyl-6-methoxy-3-methyl-,
  — methylester **18** IV 6435
—, 3-Benzoyloxy-,
  — äthylester **18** I 457 c
—, 3-Benzoyloxy-5-methyl-,
  — äthylester **18** I 461 b
—, 6-Benzoyloxy-3-methyl- **18** IV 4913
—, 3-Benzyl- **18** IV 4389
  — [N-methyl-anilid] **18** IV 4389
  — methylester **18** IV 4389
  — p-toluidid **18** IV 4389
—, 3-Benzyl-6-methoxy- **18** IV 4985
  — [N'-benzolsulfonyl-hydrazid] **18**
    IV 4985
  — hydrazid **18** IV 4985
—, 3-Benzyloxy- **18** II 300 f
—, 6-Benzyloxy- **18** IV 4905
  — äthylester **18** IV 4907
  — methylester **18** IV 4906
—, 6-Benzyloxy-4,7-dimethoxy-,
  — äthylester **18** IV 5090
  — methylester **18** IV 5090
—, 6-Benzyloxy-4-methoxy- **18** IV 5031
  — äthylester **18** IV 5031
  — methylester **18** IV 5031
—, 3-Benzyloxy-5-methyl- **18** II 302 f
—, 6,7-Bis-benzoyloxy-3-methyl- **18**
IV 5036
—, 4,6-Bis-benzyloxy-3,7-dimethyl- **18**
IV 5040
  — hydrazid **18** IV 5040
  — methylester **18** IV 5040
—, 6,7-Bis-benzyloxy-3-methyl- **18**
IV 5036
—, 5-Brom- **18** 308 j, IV 4250
—, 5-Brom-4,6-dimethoxy- **18** 354 f
  — methylester **18** 354 g
—, 7-Brom-4,6-dimethoxy- **18** 354 f
  — methylester **18** 354 g
—, 5-Brom-6,7-dimethoxy-3-methyl- **18**
IV 5037
—, 7-Brom-4,6-dimethoxy-3-methyl- **18**
IV 5036
—, 3-Brom-6,7-dimethoxy-3-methyl-2,3-
dihydro- **18** IV 5037
—, 5-Brom-3,6-dimethyl- **18** IV 4276
—, 7-Brom-3,6-dimethyl-5-nitro- **18**
II 278 e
—, 4-Brom-5-hydroxy-3-methyl- **18**
IV 4911
—, 7-Brom-6-hydroxy-3-methyl-
18 349 b
—, 7-Brom-4-methoxy-3,6-dimethyl- **18**
IV 4931

Benzofuran-2-carbonsäure (Fortsetzung)
—, 5-Brom-6-methoxy-3-methyl- **18** IV 4914
—, 6-Brom-5-methoxy-3-methyl- **18** IV 4912
—, 7-Brom-4-methoxy-3-methyl- **18** IV 4911
—, 7-Brom-6-methoxy-3-methyl- **18** IV 4914
—, 3-Brommethyl-,
— äthylester **18** IV 4267
—, 5-Brom-3-methyl- **18** 309 g
—, 5-Brommethyl-3-phenyl-,
— methylester **18** IV 4391
—, 7-Brom-5-nitro- **18** II 277 b
— äthylester **18** II 277 c
—, 2-Brom-3-phenyl-2,3-dihydro- **18** II 280 d
—, 2-Brom-3-*p*-tolyl-2,3-dihydro- **18** II 280 j
—, 5-Butoxymethyl- **18** IV 4918
— [2-(äthyl-dimethyl-ammonio)-äthylester] **18** IV 4921
— [2-diäthylamino-äthylester] **18** IV 4921
— [3-diäthylamino-1-methyl-propylester] **18** IV 4925
— [2-(diäthyl-methyl-ammonio)-äthylester] **18** IV 4921
— [2-dimethylamino-äthylester] **18** IV 4921
— [3-dimethylamino-1-methyl-propylester] **18** IV 4925
— [1-methyl-3-trimethylammonio-propylester] **18** IV 4925
— [2-trimethylammonio-äthylester] **18** IV 4921
—, 6-Butoxy-3-methyl- **18** IV 4912
— [2-dimethylamino-äthylester] **18** IV 4913
—, 5-[Butylmercapto-methyl]-,
— äthylester **18** IV 4927
—, 7-Butyryl-6-hydroxy-3-methyl- **18** IV 6394
—, 7-Butyryl-6-methoxy-3-methyl- **18** IV 6395
—, 6-Butyryloxy-3-methyl- **18** IV 4913
—, 5-[Carbamimidoylmercapto-methyl]-,
— äthylester **18** IV 4928
— methylester **18** IV 4927
—, 3-Carboxymethyl-5,7-dichlor-6-hydroxy- **18** I 468 b
—, 3-Carboxymethyl-2,3-dihydro- **18** IV 4548
—, 3-Carboxymethyl-3,6-dimethyl-2,3-dihydro- **18** IV 4551
—, 3-Carboxymethylen-5-methyl-2,3-dihydro- **18** IV 4560

—, 3-Carboxymethylen-6-methyl-2,3-dihydro- **18** IV 4560
—, 3-Carboxymethyl-5-methyl- **18** I 450 b
—, 3-Carboxymethyl-6-methyl-3-phenyl-2,3-dihydro- **18** IV 4577
—, 3-[Carboxy-phenyl-methyl]-2,3-dihydro- **18** IV 4577
—, 3-Chlor- **18** IV 4248
— methylester **18** IV 4249
—, 5-Chlor- **18** 308 i, IV 4249
— methylester **18** IV 4249
—, 6-Chlor- **18** IV 4249
— methylester **18** IV 4249
—, 7-Chlor- **18** IV 4249
— methylester **18** IV 4249
—, 5-Chlor-4,6-dimethoxy- **18** 354 d
—, 7-Chlor-4,6-dimethoxy- **18** 354 d
—, 7-Chlor-4,6-dimethoxy-3-methyl- **18** IV 5035
— äthylester **18** IV 5036
— methylester **18** IV 5036
—, 5-Chlor-3,6-dimethyl- **18** II 278 d
—, 5-Chlormethyl-,
— äthylester **18** 310 d, IV 4269
— methylester **18** IV 4269
—, 5-Chlormethyl-3-methyl-,
— methylester **18** IV 4276
—, 5-Chlorsulfonyl-,
— methylester **18** IV 6768
—, 5-[(2-Cyan-äthylmercapto)-methyl]- **18** IV 4927
—, 3-Cyanmethyl-2,3-dihydro-,
— äthylester **18** IV 4548
—, 6-Cyclohexylmethoxy-,
— äthylester **18** IV 4906
—, 5,7-Diacetyl-6-hydroxy-3-methyl- **18** IV 6531
—, 5,6-Diäthoxy- **18** 355 a
—, 6,7-Diäthoxy- **18** 355 b
—, 5-Diäthylaminomethyl-,
— äthylester **18** IV 8216
— methylester **18** IV 8216
—, 5-[(Diäthyl-methyl-ammonio)-methyl]-,
— äthylester **18** IV 8217
— methylester **18** IV 8217
—, 5,7-Dibrom- **18** 309 a
— methylester **18** 309 b
—, 4,6-Dibrom-5-hydroxy-3-methyl- **18** IV 4912
—, 5,7-Dibrom-4-methoxy-3,6-dimethyl- **18** IV 4931
—, 5,7-Dibrom-4-methoxy-3-methyl- **18** IV 4911
—, 5,7-Dibrom-6-methoxy-3-methyl- **18** IV 4914
—, 5,7-Dibrom-3-methyl- **18** 309 h
—, 5,7-Dibrom-6-methyl- **18** IV 4269

Benzofuran-2-carbonsäure (Fortsetzung)
—, 5-Dibutylaminomethyl-,
  — äthylester 18 IV 8217
  — methylester 18 IV 8217
—, 5,7-Dichlor-4,6-dimethoxy- 18 354 e
—, 5,7-Dichlor-6-hydroxy-3-methyl- 18
  I 459 g
—, 2,3-Dihydro- 18 305 a, IV 4204
  — äthylester 18 305 b, I 441 f
  — amid 18 305 c
  — anilid 18 305 d
  — hydrazid 18 305 e
—, 4,6-Dihydroxy-3-methyl- 18 355 d
  — äthylester 18 355 f
—, 6,7-Dihydroxy-3-methyl-,
  — äthylester 18 IV 5036
—, 5,7-Dijod-6-methoxy-3-methyl- 18
  IV 4915
  — methylester 18 IV 4915
—, 3,6-Dimethoxy- 18 IV 5030
—, 4,6-Dimethoxy- 18 IV 5030
  — äthylester 18 IV 5031
  — methylester 18 IV 5031
—, 5,6-Dimethoxy- 18 IV 5031
  — äthylester 18 IV 5032
  — methylester 18 IV 5032
—, 6,7-Dimethoxy- 18 IV 5032
—, 3-[2,4-Dimethoxy-benzoyl]-,
  — methylester 18 IV 6560
—, 4,6-Dimethoxy-3,5-dimethyl- 18
  IV 5039
  — äthylester 18 IV 5039
  — methylester 18 IV 5039
—, 4,6-Dimethoxy-3,7-dimethyl- 18
  IV 5039
  — hydrazid 18 IV 5040
  — methylester 18 IV 5040
—, 6,7-Dimethoxy-3-
  methoxycarbonylmethyl-3-methyl-2,3-
  dihydro-,
  — methylester 18 IV 5239
—, 6,7-Dimethoxy-3-
  methoxycarbonylmethyl-3-phenyl-2,3-
  dihydro-,
  — methylester 18 IV 5245
—, 4,6-Dimethoxy-3-methyl- 18 355 e,
  IV 5035
  — äthylester 18 355 g, IV 5035
—, 4,6-Dimethoxy-5-methyl-,
  — äthylester 18 IV 5037
—, 4,6-Dimethoxy-7-methyl- 18
  IV 5037
  — äthylester 18 IV 5038
—, 5-Dimethoxymethyl-,
  — methylester 18 IV 5591
—, 5,6-Dimethoxy-3-methyl- 18
  IV 5036
—, 6,7-Dimethoxy-3-methyl- 18 355 h,
  IV 5036

—, 6,7-Dimethoxy-3-[methylcarbamoyl-
  methyl]-3-phenyl-2,3-dihydro-,
  — methylamid 18 IV 5246
—, 5-Dimethoxymethyl-3-methyl-,
  — methylester 18 IV 5601
—, 6,7-Dimethoxy-3-methyl-3-
  [methylcarbamoyl-methyl]-2,3-dihydro-,
  — methylamid 18 IV 5239
—, 4,6-Dimethoxy-2-[1-methyl-3-oxo-
  butyl]-3-oxo-2,3-dihydro-,
  — äthylester 18 IV 6604
—, 5-Dimethoxymethyl-3-phenyl-,
  — methylester 18 IV 5683
—, 3-[4,5-Dimethoxy-2-nitro-benzyl]-6-
  methoxy- 18 IV 5107
  — methylester 18 IV 5107
—, 4,6-Dimethoxy-3-oxo-2,3-dihydro-,
  — äthylester 18 IV 5089
  — methylester 18 IV 5089
—, 4,6-Dimethoxy-3-phenyl- 18 357 a,
  IV 5058
—, 5,6-Dimethoxy-3-phenyl- 18
  IV 5058
  — methylester 18 IV 5058
—, 6,7-Dimethoxy-3-phenyl- 18
  IV 5058
—, 3-[3,4-Dimethoxy-phenyl]-6-methoxy-
  18 IV 5105
  — äthylester 18 IV 5105
—, 6,7-Dimethoxy-3-veratryl- 18
  IV 5244
—, 3,5-Dimethyl- 18 310 f, I 444 c
  — äthylester 18 310 g, I 444 d
—, 3,6-Dimethyl- 18 310 h, I 444 e,
  II 278 c, IV 4276
  — äthylester 18 310 i, IV 4276
  — [2-dimethylamino-äthylester] 18
  IV 4276
—, 3,7-Dimethyl- 18 IV 4277
  — äthylester 18 IV 4277
—, 4,6-Dimethyl- 18 IV 4277
  — amid 18 IV 4278
—, 5-Dimethylaminomethyl-,
  — äthylester 18 IV 8216
  — methylester 18 IV 8216
—, 6-Dimethylamino-3-methyl-
  18 631 e
—, 2,3-Dimethyl-2,3-dihydro- 18
  IV 4223
  — äthylester 18 IV 4223
—, 3,6-Dimethyl-2,3-dihydro- 18 307 b
—, 2,5-Dimethyl-3-oxo-2,3-dihydro-,
  — äthylester 18 I 492 a
—, 3,6-Dimethyl-4,5,6,7-tetrahydro- 18
  IV 4190
  — anilid 18 IV 4190
—, 7-[1-(2,4-Dinitro-phenylhydrazono)-
  äthyl]-6-hydroxy-4-methoxy-,
  — äthylester 18 IV 6503

Benzofuran-2-carbonsäure　(Fortsetzung)
—, 7-[(2,4-Dinitro-phenylhydrazono)-
　methyl]-6-hydroxy-4-methoxy-,
　　— äthylester **18** IV 6497
—, 5-Dipropylaminomethyl-,
　　— äthylester **18** IV 8217
　　— methylester **18** IV 8217
—, 5-Formyl- **18** IV 5590
　　— [2-hydroxy-anilid] **18** IV 5591
　　— methylester **18** IV 5590
—, 7-Formyl-4,6-dimethoxy-,
　　— äthylester **18** IV 6497
—, 7-Formyl-6-hydroxy-4-methoxy- **18**
　IV 6496
　　— äthylester **18** IV 6496
—, 5-Formyl-3-methyl-,
　　— methylester **18** IV 5601
—, 5-Formyl-3-phenyl-,
　　— methylester **18** IV 5683
—, 3-Hydroxy-,
　　— äthylester **18** 347 c, I 456 c,
　　　II 300 g, IV 4901
　　— methylester **18** 347 b
　　— [N'-phenyl-hydrazid] **18** I 457 d
　　— [N'-o-tolyl-hydrazid] **18** I 457 e
　　— [N'-p-tolyl-hydrazid] **18** I 457 f
—, 4-Hydroxy- **18** IV 4904
—, 6-Hydroxy- **18** II 301 c, IV 4905
　　— äthylester **18** IV 4906
　　— methylester **18** IV 4906
—, 7-Hydroxy- **18** IV 4907
　　— methylester **18** IV 4907
—, 3-Hydroxy-4,6-dimethoxy-,
　　— äthylester **18** IV 5089
　　— methylester **18** IV 5089
—, 6-Hydroxy-4,7-dimethoxy-,
　　— äthylester **18** IV 5090
　　— methylester **18** IV 5089
—, 3-[2-Hydroxy-4,6-dimethoxy-benzoyl]-
　18 IV 6642
—, 3-[2-Hydroxy-4,6-dimethoxy-benzoyl]-
　6-methoxy- **18** IV 6675
—, 3-[2-Hydroxy-4,6-dimethoxy-benzoyl]-
　7-methoxy- **18** IV 6676
—, 4-Hydroxy-3,6-dimethyl- **18**
　II 302 h, IV 4930
　　— äthylester **18** 350 c
—, 6-Hydroxy-7-[1-hydroxyimino-äthyl]-
　3-methyl- **18** IV 6382
—, 6-Hydroxy-7-[1-hydroxyimino-butyl]-
　3-methyl- **18** IV 6395
—, 4-Hydroxy-6-methoxy- **18** II 306 d
　　— äthylester **18** II 306 e
—, 6-Hydroxy-4-methoxy- **18** II 306 d,
　IV 5030
　　— äthylester **18** II 306 e, IV 5031
　　— methylester **18** IV 5031
—, 3-[2-Hydroxy-4-methoxy-benzoyl]-
　18 IV 6560

—, 6-Hydroxy-4-methoxy-7-methyl-,
　　— äthylester **18** IV 5038
—, 3-Hydroxy-5-methyl-,
　　— äthylester **18** I 460 d, II 302 g
—, 3-Hydroxy-7-methyl-,
　　— äthylester **18** IV 4928
—, 4-Hydroxy-3-methyl-,
　　— äthylester **18** IV 4911
—, 5-Hydroxymethyl- **18** 349 f,
　IV 4917
—, 6-Hydroxy-3-methyl- **18** 348 c,
　I 459 e, II 302 b
　　— äthylester **18** 348 f, IV 4913
—, 6-Hydroxy-3-methyl-7-propionyl-
　18 IV 6389
—, 6-Hydroxy-3-methyl-7-
　[1-semicarbazono-äthyl]- **18** IV 6382
—, 6-Hydroxy-3-methyl-7-
　[α-semicarbazono-benzyl]- **18** IV 6435
—, 6-Hydroxy-3-methyl-7-
　[1-semicarbazono-propyl]- **18**
　IV 6390
—, 4-Hydroxy-5-phenylacetyl- **18**
　IV 6434
　　— äthylester **18** IV 6434
—, 3-Hydroxy-2-phenyl-2,3-dihydro- **18**
　IV 4975
　　— äthylester **18** IV 4975
—, 5-Isobutoxymethyl- **18** IV 4918
　　— [2-diäthylamino-äthylester] **18**
　　　IV 4922
　　— [3-diäthylamino-1-methyl-
　　　propylester] **18** IV 4926
　　— [2-(diäthyl-methyl-ammonio)-
　　　äthylester] **18** IV 4922
　　— [2-dimethylamino-äthylester] **18**
　　　IV 4922
　　— [3-dimethylamino-1-methyl-
　　　propylester] **18** IV 4925
　　— [1-methyl-3-trimethylammonio-
　　　propylester] **18** IV 4926
　　— [2-trimethylammonio-äthylester]
　　　18 IV 4922
—, 5-Isopentyloxymethyl- **18** IV 4918
　　— [2-diäthylamino-äthylester] **18**
　　　IV 4922
　　— [3-diäthylamino-1-methyl-
　　　propylester] **18** IV 4926
　　— [2-(diäthyl-methyl-ammonio)-
　　　äthylester] **18** IV 4922
　　— [2-dimethylamino-äthylester] **18**
　　　IV 4922
　　— [3-dimethylamino-1-methyl-
　　　propylester] **18** IV 4926
　　— [1-methyl-3-trimethylammonio-
　　　propylester] **18** IV 4926
　　— [2-trimethylammonio-äthylester]
　　　18 IV 4922

Benzofuran-2-carbonsäure (Fortsetzung)
—, 5-Isopropoxymethyl- **18** IV 4918
  – [2-(äthyl-dimethyl-ammonio)-
    äthylester] **18** IV 4920
  – [2-diäthylamino-äthylester] **18**
    IV 4921
  – [3-diäthylamino-1-methyl-
    propylester] **18** IV 4925
  – [2-(diäthyl-methyl-ammonio)-
    äthylester] **18** IV 4921
  – [2-dimethylamino-äthylester] **18**
    IV 4920
  – [3-dimethylamino-1-methyl-
    propylester] **18** IV 4925
  – [1-methyl-3-triäthylammonio-
    propylester] **18** IV 4925
  – [1-methyl-3-trimethylammonio-
    propylester] **18** IV 4925
  – [2-triäthylammonio-äthylester]
    18 IV 4921
  – [2-trimethylammonio-äthylester]
    18 IV 4920
—, 7-Isopropyl-3,4-dimethyl- **18** IV 4285
  – äthylester **18** IV 4285
  – hydrazid **18** IV 4286
  – [4-hydroxy-anilid] **18** IV 4285
—, 3-Isopropyl-6-methoxy- **18** IV 4934
—, 2-Isopropyl-3-oxo-2,3-dihydro-,
  – äthylester **18** 427 d
—, 5-Jod-6-methoxy-3-methyl- **18**
    IV 4914
  – methylester **18** IV 4914
—, 7-Jod-6-methoxy-3-methyl- **18**
    IV 4914
  – methylester **18** IV 4914
—, 3-Methoxy- **18** I 456 a, II 300 c,
    IV 4901
  – äthylester **18** I 456 d, IV 4901
  – methylester **18** IV 4901
—, 4-Methoxy- **18** IV 4904
  – methylester **18** IV 4904
—, 5-Methoxy- **18** IV 4904
  – äthylester **18** IV 4904
—, 6-Methoxy- **18** 348 a, IV 4905
  – äthylester **18** IV 4906
—, 7-Methoxy- **18** II 301 d, IV 4907
  – äthylester **18** II 302 a
  – methylester **18** IV 4907
—, 3-Methoxycarbonylmethylen-5-
    methyl-2,3-dihydro-,
  – methylester **18** IV 4560
—, 3-Methoxycarbonylmethylen-6-
    methyl-2,3-dihydro-,
  – methylester **18** IV 4560
—, 3-Methoxycarbonylmethyl-6-methyl-
    3-phenyl-2,3-dihydro-,
  – methylester **18** IV 4577

—, 6-[2-Methoxycarbonyl-1-methyl-
    vinyloxy]-,
  – methylester **18** IV 4906
—, 3-[Methoxycarbonyl-phenyl-methyl]-
    2,3-dihydro-,
  – methylester **18** IV 4577
—, 6-Methoxy-2,3-dihydro- **18**
    346 f
—, 4-Methoxy-3,6-dimethyl- **18**
    350 b
  – äthylester **18** 350 d
—, 6-Methoxy-3,7-dimethyl- **18**
    IV 4931
  – äthylester **18** IV 4932
—, 6-Methoxy-3-hydroxy-,
  – äthylester **18** IV 5030
—, 6-Methoxy-3-[3-methoxy-phenyl]-
    18 IV 5059
—, 6-Methoxy-3-[4-methoxy-phenyl]-
    18 IV 5059
  – äthylester **18** IV 5059
—, 3-Methoxy-5-methyl- **18** I 460 b,
    II 302 d
  – äthylester **18** I 460 e
—, 5-Methoxymethyl- **18** IV 4917
  – [3-(äthyl-dimethyl-ammonio)-1-
    methyl-propylester] **18** IV 4923
  – [2-diäthylamino-äthylester] **18**
    IV 4918
  – [3-diäthylamino-1-methyl-
    propylester] **18** IV 4923
  – [2-(diäthyl-methyl-ammonio)-
    äthylester] **18** IV 4919
  – [3-(diäthyl-methyl-ammonio)-1-
    methyl-propylester] **18** IV 4923
  – [2-dimethylamino-äthylester] **18**
    IV 4918
  – [3-dimethylamino-1-methyl-
    propylester] **18** IV 4923
  – [1-methyl-3-triäthylammonio-
    propylester] **18** IV 4923
  – [1-methyl-3-trimethylammonio-
    propylester] **18** IV 4923
  – [2-trimethylammonio-äthylester]
    18 IV 4918
—, 5-Methoxy-3-methyl- **18** IV 4911
  – äthylester **18** IV 4911
—, 6-Methoxy-3-methyl- **18** 348 d,
    IV 4912
  – äthylester **18** 349 a, IV 4913
  – methylester **18** 348 e, IV 4913
—, 7-Methoxy-3-methyl- **18** IV 4915
  – äthylester **18** IV 4915
—, 6-Methoxy-3-methyl-7-propionyl-
    18 IV 6390
—, 6-Methoxy-3-oxo-2,3-dihydro-,
  – äthylester **18** IV 5030
—, 6-Methoxy-3-phenyl- **18** 352 d,
    IV 4981

Benzofuran-2-carbonsäure (Fortsetzung)

—, 3-[2-Methoxy-phenyl]-6-methyl-2,3-
dihydro- **18** I 462 a
  — hydrazid **18** I 462 c
  — methylester **18** I 462 b
—, 6-Methoxy-3-*m*-tolyl- **18** IV 4986
—, 6-Methoxy-3-[2,4,6-trimethoxy-
benzoyl]- **18** IV 6675
  — methylester **18** IV 6675
—, 7-Methoxy-3-[2,4,6-trimethoxy-
benzoyl]- **18** IV 6676
  — methylester **18** IV 6676
—, 6-Methoxy-3-veratryl- **18** IV 5106
  — methylester **18** IV 5107
—, 3-Methyl- **18** 309 c, IV 4266
  — äthylester **18** 309 e, I 443 c
  — amid **18** 309 f
  — [2-diäthylamino-äthylester] **18**
  IV 4267
  — methylester **18** 309 d, IV 4266
—, 4-Methyl- **18** IV 4268
  — methylester **18** IV 4268
—, 5-Methyl- **18** IV 4268
  — äthylester **18** IV 4269
  — methylester **18** IV 4269
—, 6-Methyl- **18** 310 e, IV 4269
  — äthylester **18** I 443 d
  — methylester **18** IV 4269
—, 7-Methyl- **18** IV 4270
  — methylester **18** IV 4270
—, 5-[(Methyl-dipropyl-ammonio)-methyl]-,
  — methylester **18** IV 8217
—, 2-Methyl-3-methylen-2,3-dihydro-
18 IV 4275
  — äthylester **18** IV 4275
—, 3-Methyl-5-nitro- **18** 310 a
  — äthylester **18** 310 b
—, 2-[1-Methyl-3-oxo-butyl]-3-oxo-2,3-
dihydro-,
  — äthylester **18** IV 6059
—, 2-Methyl-3-oxo-2,3-dihydro-,
  — äthylester **18** I 491 a
—, 5-Methyl-3-oxo-2,3-dihydro-,
  — äthylester **18** I 460 d, II 302 g
—, 7-Methyl-3-oxo-2,3-dihydro-,
  — äthylester **18** IV 4928
—, 5-Methyl-3-phenyl- **18** IV 4391
  — äthylester **18** IV 4391
—, 3-Methyl-6-propionyloxy- **18** IV 4913
—, 5-Methyl-3-propoxy- **18** II 302 e
—, 4-Nitro- **18** IV 4250
  — methylester **18** IV 4250
—, 5-Nitro- **18** II 276 h, IV 4250
  — äthylester **18** II 277 a, IV 4250
  — hydrazid **18** IV 4250
  — methylester **18** IV 4250
—, 6-Nitro- **18** IV 4251
  — methylester **18** IV 4251
—, 7-Nitro- **18** IV 4251

  — äthylester **18** IV 4251
  — methylester **18** IV 4251
—, 5,5'-[2]Oxapropandiyl-bis- **18** 349 h
—, 3-Oxo-2,3-dihydro-,
  — äthylester **18** 347 c, I 456 c,
  II 300 g, IV 4901
  — methylester **18** 347 b
  — [*N'*-phenyl-hydrazid] **18** I 457 d
  — [*N'*-*o*-tolyl-hydrazid] **18** I 457 e
  — [*N'*-*p*-tolyl-hydrazid] **18** I 457 f
—, 3-Oxo-2-[3-oxo-butyl]-2,3-dihydro-,
  — äthylester **18** IV 6058
—, 4-Oxo-4,5,6,7-tetrahydro- **18**
  IV 5498
—, 3-Phenyl- **18** IV 4383
  — äthylester **18** IV 4383
  — [*N'*-benzolsulfonyl-hydrazid] **18**
  IV 4384
  — diäthylamid **18** IV 4383
  — hydrazid **18** IV 4384
  — methylester **18** IV 4383
—, 3-Phenyl-2,3-dihydro- **18** II 280 b,
  IV 4367
  — methylester **18** II 280 c
—, 3-[*N'*-Phenyl-hydrazino]-,
  — äthylester **18** I 595 b
—, 3-Propoxy- **18** II 300 e
—, 5-Propoxymethyl- **18** IV 4917
  — [2-(äthyl-dimethyl-ammonio)-
  äthylester] **18** IV 4920
  — [2-diäthylamino-äthylester] **18**
  IV 4920
  — [3-diäthylamino-1-methyl-
  propylester] **18** IV 4924
  — [2-(diäthyl-methyl-ammonio)-
  äthylester] **18** IV 4920
  — [2-dimethylamino-äthylester] **18**
  IV 4919
  — [3-dimethylamino-1-methyl-
  propylester] **18** IV 4924
  — [1-methyl-3-triäthylammonio-
  propylester] **18** IV 4924
  — [1-methyl-3-trimethylammonio-
  propylester] **18** IV 4924
  — [2-trimethylammonio-äthylester]
  18 IV 4920
—, 3-*p*-Tolyl-2,3-dihydro- **18** II 280 h
  — methylester **18** II 280 i
—, 3-[2,4,6-Trimethoxy-benzoyl]- **18**
  IV 6642
  — methylester **18** IV 6642
—, 4,5,6-Trimethoxy-3-phenyl- **18**
  IV 5104
—, 5,6,7-Trimethoxy-3-phenyl- **18**
  IV 5104
—, 3,4,6-Trimethyl- **18** IV 4281
  — äthylester **18** IV 4282
—, 3,5,6-Trimethyl- **18** I 444 g

Benzofuran-2-carbonsäure   (Fortsetzung)
—, 5-Trimethylammoniomethyl-,
    — äthylester **18** IV 8216
    — methylester **18** IV 8216
—, 3,5,7-Trimethyl-2,3-dihydro- **18**
    IV 4232
Benzofuran-3-carbonsäure 18 IV 4256
    — [amid-oxim] **18** IV 4257
    — chlorid **18** IV 4256
—, 5-Acetoxy-6-äthoxyoxalyl-2-methyl-,
    — äthylester **18** IV 6622
—, 5-Acetoxy-6-äthoxyoxalyloxy-2-
    methyl-,
    — äthylester **18** IV 5037
—, 2-[2-Acetoxy-benzyl]- **18** IV 4986
—, 5-Acetoxy-4-brom-6,7-dimethyl-2-
    oxo-2,3-dihydro-,
    — äthylester **18** IV 6322
—, 5-Acetoxy-6-brom-4,7-dimethyl-2-
    oxo-2,3-dihydro-,
    — äthylester **18** IV 6322
—, 7-Acetoxy-3-methyl-2-oxo-octahydro-,
    — äthylester **18** IV 6286
—, 5-Acetoxy-4,6,7-trimethyl-2-oxo-2,3-
    dihydro-,
    — äthylester **18** IV 6325
—, 6-[Äthoxycarbonyl-cyan-methyl]-2-
    amino-5-hydroxy-,
    — äthylester **18** IV 6682
—, 6-[Äthoxycarbonyl-cyan-methyl]-5-
    hydroxy-2-imino-2,3-dihydro-,
    — äthylester **18** IV 6682
—, 6-[1-Äthoxycarbonyl-2-oxo-propyl]-5-
    hydroxy-2-methyl-,
    — äthylester **18** IV 6623
—, 2-Äthoxy-5-hydroxy-6-methoxy-,
    — amid **18** IV 6469
—, 2-Äthoxy-4,5,6,7-tetrahydro-,
    — äthylester **18** IV 4875
—, 2-Äthyl- **18** IV 4274
    — amid **18** IV 4274
—, 3-Äthyl-2-oxo-octahydro-,
    — hydrazid **18** II 324 b
—, 2-Äthyl-4,5,6,7-tetrahydro- **18**
    IV 4189
    — äthylester **18** IV 4189
—, 2-Amino-5,7-dimethyl-,
    — äthylester **18** IV 5535
—, 2-Amino-5-hydroxy-6-methoxy-,
    — äthylester **18** IV 6469
—, 4-Amino-5-methoxy-2,6-dimethyl-,
    — äthylester **18** IV 8242
—, 4-Amino-5-methoxy-2-methyl- **18**
    IV 8242
    — äthylester **18** IV 8242
—, 5-Benzolsulfonylamino-2-methyl- **18**
    IV 8215
    — äthylester **18** IV 8216

—, 5-Benzolsulfonylamino-2-phenyl-,
    — äthylester **18** IV 8224
—, 2-Benzoyl- **18** IV 5682
    — äthylester **18** IV 5682
—, 2-Benzoyl-6-methoxy- **18** IV 6431
    — äthylester **18** IV 6431
—, 5-Benzoyloxy-2-methyl-,
    — äthylester **18** IV 4916
—, 2-Benzyl- **18** IV 4389
—, 7-Benzyl-5-brom-6-hydroxy-3-methyl-
    18 IV 4989
—, 7-Benzyl-6-hydroxy-3-methyl- **18**
    IV 4989
—, 5-[4-Brom-benzoyloxy]-2-phenyl-,
    — äthylester **18** IV 4982
—, 4-Brom-2,5-dimethoxy-6,7-dimethyl-
    18 IV 5040
—, 6-Brom-2,5-dimethoxy-4,7-dimethyl-
    18 IV 5040
—, 4-Brom-5-hydroxy-6,7-dimethyl-2-
    oxo-2,3-dihydro-,
    — äthylester **18** IV 6322
—, 6-Brom-5-hydroxy-4,7-dimethyl-2-
    oxo-2,3-dihydro-,
    — äthylester **18** IV 6321
—, 7-Brom-5-hydroxy-4,6-dimethyl-2-
    oxo-2,3-dihydro-,
    — äthylester **18** IV 6321
—, 6-Brom-5-methoxy-4,7-dimethyl-2-
    oxo-2,3-dihydro-,
    — äthylester **18** IV 6321
—, 7-Brom-3-methyl-2-oxo-octahydro-
    18 IV 5359
—, 7-Brom-2-oxo-octahydro- **18**
    IV 5351
—, 4-[4-Brom-
    phenacyloxycarbonylmethyl]-3-hydroxy-
    6,7-dimethoxy-2,2-dimethyl-2,3-dihydro-,
    — [4-brom-phenacylester] **18**
    IV 5252
—, 2-[4-Brom-phenyl]-5-hydroxy-,
    — äthylester **18** IV 4982
—, 3-[2-Carboxy-äthyl]-2-oxo-octahydro-
    18 II 366 d
—, 2-[2-Carboxy-benzoyl]- **18** IV 6193
—, 5-Carboxymethoxy-6,7-dichlor-2-
    methyl- **18** IV 4916
—, 5-Carboxymethoxy-6,7-dichlor-2-
    phenyl- **18** IV 4982
—, 2-Carboxymethyl-3,5-dimethyl-2,3-
    dihydro- **18** IV 4551
—, 4-Carboxymethyl-3-hydroxy-6,7-
    dimethoxy-2,2-dimethyl-2,3-dihydro- **18**
    IV 5252
—, 4-Carboxymethyl-3,6,7-trihydroxy-
    2,2-dimethyl-2,3-dihydro- **18** IV 5252
—, 2-[2-Carboxy-phenyl]- **18** IV 4578

Benzofuran-3-carbonsäure (Fortsetzung)
—, 4-Chlor-5-hydroxy-6-methyl-2-oxo-
2,3-dihydro-,
  — äthylester **18** IV 6315
—, 4-Chlor-5-hydroxy-7-methyl-2-oxo-
2,3-dihydro-,
  — äthylester **18** IV 6315
—, 7-Chlor-3-methyl-2-oxo-octahydro-
18 IV 5358
—, 7-Cyclohexyl-2-oxo-octahydro-,
  — äthylester **18** IV 5487
—, 3-Cyclopent-2-enyl-2-oxo-
octahydro-,
  — äthylester **18** IV 5506
  — [2-diäthylamino-äthylester] **18**
    IV 5506
—, 5,6-Diacetoxy-2-methyl-,
  — äthylester **18** IV 5037
—, 5,6-Diäthoxy-2-[2-äthoxy-4,6-
dimethoxy-phenyl]- **18** IV 5254
  — methylester **18** IV 5254
—, 5,6-Diäthoxy-2-[2-äthoxy-6-hydroxy-
4-methoxy-phenyl]- **18** IV 5253
—, 3-[2-Diäthylamino-äthyl]-2-oxo-
octahydro-,
  — äthylester **18** IV 8264
—, 5,7-Dibrom- **18** I 442 i
  — äthylester **18** I 443 a
  — methylester **18** I 442 j
—, 5,7-Dibrom-6-methyl- **18** I 443 g
  — äthylester **18** I 443 i
  — anilid **18** I 444 b
  — methylester **18** I 443 h
—, 6,7-Dichlor-5-hydroxy-2-[4-methoxy-
phenyl]-,
  — äthylester **18** IV 5059
—, 6,7-Dichlor-5-hydroxy-2-methyl- **18**
IV 4916
  — äthylester **18** IV 4916
—, 4,6-Dichlor-5-hydroxy-7-methyl-2-
oxo-2,3-dihydro-,
  — äthylester **18** IV 6315
—, 6,7-Dichlor-5-hydroxy-2-phenyl- **18**
IV 4982
  — äthylester **18** IV 4982
—, 6,7-Dichlor-5-methoxy-2-methyl- **18**
IV 4916
  — äthylester **18** IV 4916
—, 6,7-Dichlor-5-methoxy-2-phenyl- **18**
IV 4982
  — äthylester **18** IV 4982
—, 5,6-Dihydroxy-2-methyl-,
  — äthylester **18** IV 5037
—, 2-[2,4-Dimethoxy-phenyl]-6-methoxy-
18 IV 5105
  — methylester **18** IV 5105
—, 5,6-Dimethoxy-2-[2,4,6-trimethoxy-
phenyl]- **18** IV 5253
  — methylester **18** IV 5254

—, 6,7-Dimethoxy-2-veratroyl- **18**
IV 6676
  — äthylester **18** IV 6676
—, 2-[α-(2,4-Dinitro-phenylhydrazono)-
benzyl]- **18** IV 5682
—, 2,7-Dioxo-octahydro- **18** IV 5991
—, 2-Heptadecyl-5-hydroxy-4,6,7-
trimethyl- **18** IV 4942
  — äthylester **18** IV 4942
—, 2-[2-Hydroxy-4,6-dimethoxy-phenyl]-
5,6-dimethoxy- **18** IV 5253
—, 5-Hydroxy-2,6-dimethyl-,
  — äthylester **18** IV 4931
—, 2-[α-Hydroxyimino-benzyl]-6-
methoxy- **18** IV 6431
—, 5-Hydroxy-2-imino-6-methoxy-2,3-
dihydro-,
  — äthylester **18** IV 6469
—, 2-[2-Hydroxy-4-methoxy-benzyl]-6-
methoxy- **18** IV 5107
—, 5-Hydroxy-6-methoxy-2-methyl-,
  — äthylester **18** IV 5037
—, 5-Hydroxy-6-methoxy-2-oxo-2,3-
dihydro-,
  — äthylester **18** IV 6469
—, 5-Hydroxy-2-methyl- **18** IV 4915
  — äthylester **18** 349 c, IV 4915
—, 7-Hydroxy-3-methyl-2-oxo-
octahydro- **18** IV 6285
  — äthylester **18** IV 6286
  — methylester **18** IV 6286
—, 5-Hydroxy-4-methyl-2-phenyl-,
  — äthylester **18** IV 4987
—, 5-Hydroxy-6-methyl-2-phenyl-,
  — äthylester **18** IV 4987
—, 5-Hydroxy-2-[4-nitro-phenyl]-,
  — äthylester **18** IV 4983
—, 3-Hydroxy-2-oxo-octahydro-,
  — äthylester **18** IV 6281
—, 7-Hydroxy-2-oxo-octahydro- **18**
IV 6281
  — äthylester **18** IV 6282
  — methylester **18** IV 6282
—, 7a-Hydroxy-2-oxo-octahydro- **10**
III 3893 d
—, 5-Hydroxy-2-phenyl- **18** IV 4981
  — äthylester **18** IV 4981
—, 7a-Hydroxy-3a,6,7-trimethyl-4-nitro-
2,5-dioxo-2,3,3a,4,5,7a-hexahydro-,
  — äthylester **10** III 4056 b
—, 5-Hydroxy-4,6,7-trimethyl-2-oxo-2,3-
dihydro-,
  — äthylester **18** IV 6325
—, 5-Hydroxy-4,6,7-trimethyl-2-
pentadecyl-,
  — äthylester **18** IV 4942
—, 2-Imino-5,7-dimethyl-2,3-dihydro-,
  — äthylester **18** IV 5535

Benzofuran-3-carbonsäure   (Fortsetzung)
—, 6-Isopropyl-3a-methyl-2,7-dioxo-
    octahydro-,
    — äthylester **18** II 354 f
—, 2-[2-Methoxy-benzoyl]-,
    — äthylester **18** IV 6432
—, 2-[2-Methoxy-benzyl]- **18** IV 4986
—, 2-[2-Methoxycarbonyl-phenyl]-,
    — methylester **18** IV 4579
—, 5-Methoxy-2,6-dimethyl-,
    — äthylester **18** IV 4931
—, 5-Methoxy-2,6-dimethyl-4,7-dioxo-
    4,7-dihydro-,
    — äthylester **18** IV 6504
—, 5-Methoxy-2,6-dimethyl-4-nitro-,
    — äthylester **18** IV 4931
—, 5-Methoxy-2-methyl- **18** IV 4915
    — äthylester **18** IV 4916
—, 6-Methoxy-2-methyl- **18** IV 4917
—, 5-Methoxy-2-methyl-4,7-dioxo-4,7-
    dihydro-,
    — äthylester **18** IV 6496
—, 5-Methoxy-2-methyl-4-nitro-,
    — äthylester **18** IV 4917
—, 7-Methoxy-3-methyl-2-oxo-
    octahydro- **18** IV 6285
—, 5-Methoxy-4-methyl-2-phenyl-,
    — äthylester **18** IV 4987
—, 5-Methoxy-6-methyl-2-phenyl- **18**
    IV 4987
    — äthylester **18** IV 4988
—, 5-Methoxy-2-[4-nitro-phenyl]-,
    — äthylester **18** IV 4983
—, 5-Methoxy-2-phenyl- **18** IV 4981
    — äthylester **18** IV 4981
—, 6-Methoxy-2-veratroyl- **18** IV 6642
    — äthylester **18** IV 6642
—, 2-Methyl- **18** IV 4268
    — amid **18** IV 4268
    — methylester **18** IV 4268
—, 3-Methyl-2,7-dioxo-octahydro- **18**
    IV 5992
    — methylester **18** IV 5993
—, 3-Methyl-2-oxo-octahydro- **18**
    IV 5358
—, 6-Methyl-2-oxo-octahydro-,
    — äthylester **18** II 323 b
—, 7a-Methyl-2-oxo-octahydro-,
    — äthylester **18** IV 5359
—, 2-Methyl-4,5,6,7-tetrahydro- **18**
    II 275 a, IV 4186
    — äthylester **18** II 275 b, IV 4186
—, 2-[1]Naphthoyl- **18** IV 5704
    — äthylester **18** IV 5704
—, 2-[2-Nitro-benzoyl]- **18** IV 5682
    — äthylester **18** IV 5682
—, 7-[4-Nitro-benzoyloxy]-2-oxo-
    octahydro-,
    — methylester **18** IV 6282

—, 2-Oxo-octahydro- **18** II 321 i,
    IV 5351
    — äthylester **18** II 322 a,
    IV 5351
    — [2-diäthylamino-äthylester] **18**
    IV 5351
—, 2-Pentyl-4,5,6,7-tetrahydro- **18**
    IV 4193
—, 2-Phenyl- **18** IV 4386
    — amid **18** IV 4386
    — methylester **18** IV 4386
—, 2-[2-Propionyloxy-benzyl]- **18**
    IV 4986
—, 2-Salicyl- **18** IV 4985
    — methylester **18** IV 4986
—, 2-Salicyloyl- **18** IV 6431
—, 2-*m*-Toluoyl- **18** IV 5685
    — äthylester **18** IV 5685
—, 2-*o*-Toluoyl- **18** IV 5685
    — äthylester **18** IV 5685
—, 2-*p*-Toluoyl- **18** IV 5686
    — äthylester **18** IV 5686
—, 2-*m*-Tolyl- **18** IV 4389
    — amid **18** IV 4389
—, 4,6,7-Trichlor-5-hydroxy-2-methyl-
    18 349 d
    — äthylester **18** 349 e,
    IV 4917
—, 2-[2,4,6-Trimethoxy-phenyl]- **18**
    IV 5105

Benzofuran-3a-carbonsäure
—, 5-Methyl-2-oxo-7a-phenyl-hexahydro-,
    — äthylester **18** IV 5623
—, 6-Methyl-2-oxo-7a-phenyl-hexahydro-,
    — äthylester **18** IV 5624
—, 7-Methyl-2-oxo-7a-phenyl-hexahydro-,
    — äthylester **18** IV 5624
—, 2-Oxo-7a-phenyl-hexahydro- **18**
    IV 5621
    — äthylester **18** IV 5621

Benzofuran-4-carbonsäure
—, 6-Acetoxy-7-methoxy-2-oxo-2,3-
    dihydro- **18** IV 6469
—, 5-Brom-6,7-dimethoxy-2,2-dimethyl-
    3-oxo-2,3-dihydro- **18** IV 8479
—, 2-[1-Carboxy-äthyl]-6,7-dihydroxy-
    10 II 339 h
—, 6,7-Dihydroxy-2-methyl- **10**
    II 339 f
—, 6,7-Dimethoxy-2,2-dimethyl-5-nitro-
    3-oxo-2,3-dihydro- **18** IV 8479
—, 6,7-Dimethoxy-2,2-dimethyl-3-oxo-
    2,3-dihydro- **18** IV 8478
—, 6,7-Dimethoxy-2-oxo-2,3-dihydro-
    18 IV 6469
    — methylester **18** IV 6470
—, 4,7a-Dimethyl-2-oxo-octahydro- **18**
    IV 5371
    — anilid **18** IV 5372

Benzofuran-4-carbonsäure (Fortsetzung)

—, 6-Hydroxy-7-methoxy-2-oxo-2,3-
　dihydro- **18** IV 6469
　— äthylester **18** IV 6470
　— methylester **18** IV 6470
—, 3a-Hydroxy-4-methyl-2-oxo-
　octahydro-,
　— äthylester **18** IV 6286
—, 7a-Hydroxy-4-methyl-2-oxo-
　octahydro- **10** III 3904 b
—, 6-Hydroxy-2-oxo-2,3-dihydro- **18**
　IV 6312
—, 7-Methoxy- **18** IV 4907
—, 6-Methyl-2-oxo-2,3-dihydro- **18**
　IV 5527
　— methylester **18** IV 5527
—, 7-Methyl-2-oxo-3-phenyl-2,3-dihydro-
　18 IV 5666
—, 2-Oxo-2,3-dihydro- **18** IV 5518
—, 2-Oxo-3-phenyl-2,3-dihydro- **18**
　IV 5659
　— äthylester **18** IV 5660
　— methylester **18** IV 5659
—, 2,6,7-Trimethoxy-,
　— methylester **18** IV 5090

Benzofuran-5-carbonsäure

—, 2-Acetoxomercuriomethyl-2,3-
　dihydro-,
　— äthylester **18** IV 8443
—, 4-Acetoxy- **18** IV 4908
—, 4-Acetoxy-2-acetyl-,
　— methylester **18** IV 6372
—, 4-Acetoxy-2-acetyl-2,3-dihydro- **18**
　IV 6321
　— methylester **18** IV 6321
—, 4-Acetoxy-3-hydroxy-,
　— methylester **18** IV 5032
—, 4-Acetoxy-2-isopropenyl-2,3-dihydro-
　18 II 304 f
—, 4-Acetoxy-2-isopropyl- **18** II 303 d,
　IV 4934
—, 4-Acetoxy-2-isopropyl-2,3-dihydro-
　18 II 299 d
—, 2-[4-Acetoxy-3-methoxy-phenyl]-7-
　methoxy-3-methyl-2,3-dihydro- **18**
　IV 5103
—, 4-Acetoxy-3-oxo-2,3-dihydro-,
　— methylester **18** IV 5032
—, 2-Acetyl-4-benzoyloxy-,
　— methylester **18** IV 6372
—, 2-Acetyl-4-hydroxy- **18**
　IV 6372
　— methylester **18** IV 6372
—, 2-Acetyl-4-hydroxy-2,3-dihydro- **18**
　IV 6321
　— methylester **18** IV 6321
—, 2-Acetyl-4-methoxy-,
　— methylester **18** IV 6372

—, 2-Acetyl-4-methoxy-2,3-dihydro- **18**
　II 382 b
—, 4-Äthoxy-6-hydroxy- **18** IV 5033
—, 2-Brom-4-hydroxy-3-methyl- **18**
　IV 4928
—, 2-Brommethyl-2,3-dihydro-,
　— methylester **18** IV 4211
—, 2-Chlor- **18** IV 4260
—, 2-[3-Chlor-4-hydroxy-5-methoxy-
　phenyl]-7-methoxy-3-methyl-2,3-dihydro-
　18 IV 5104
—, 4-Chlor-2-isopropyl-2,3-dihydro- **18**
　II 276 e
—, 2-Chloromercuriomethyl-2,3-dihydro-
　18 II 519 d
—, 2-Diäthylaminomethyl-2,3-dihydro-
　18 IV 8212
　— methylester **18** IV 8212
—, 2,3-Dihydro- **18** IV 4205
—, 3,4-Dihydroxy-,
　— methylester **18** IV 5032
—, 6,7-Dihydroxy- **18** IV 5033
—, 6,7-Dihydroxy-2,3-dihydro- **18**
　IV 5009
—, 2-[α,β-Dihydroxy-isopropyl]-4-
　hydroxy-2,3-dihydro- **18** IV 5088
　— methylester **18** IV 5088
—, 4,6-Dihydroxy-2,3,7-trimethyl-,
　— methylester **18** IV 5043
—, 4,6-Dimethoxy-,
　— methylester **18** IV 5033
—, 6,7-Dimethoxy- **18** IV 5033
—, 6,7-Dimethoxy-2,3-dihydro- **18**
　IV 5009
—, 2-[3,4-Dimethoxy-phenyl]-7-methoxy-
　3-methyl-2,3-dihydro- **18** IV 5103
　— methylester **18** IV 5104
—, 2,2-Dimethyl-2,3-dihydro- **18**
　IV 4223
—, 2,2-Dimethyl-3-methylen-2,3-dihydro-
　18 IV 4281
—, 2,2-Dimethyl-3-oxo-2,3-dihydro- **18**
　IV 5535
　— methylester **18** IV 5535
—, 2-[1-(2,4-Dinitro-phenylhydrazono)-
　äthyl]-4-hydroxy-,
　— methylester **18** IV 6373
—, 2,6-Dioxo-4-phenyl-2,3,3a,4,5,6-
　hexahydro-,
　— äthylester **18** IV 5651
—, 4-Hydroxy- **18** IV 4908
　— methylester **18** IV 4908
—, 6-Hydroxy- **18** IV 4909
—, 6-Hydroxy-2,3-dihydro- **18** IV 4879
—, 6-Hydroxy-4,7-dimethoxy- **18**
　IV 5090
　— amid **18** IV 5091
　— methylester **18** IV 5090

Benzofuran-5-carbonsäure (Fortsetzung)
—, 4-Hydroxy-2-[1-hydroxyimino-äthyl]-,
  — methylester **18** IV 6372
—, 4-Hydroxy-2-isopropenyl-2,3-
  dihydro- **18** II 304 d, IV 4935
  — methylester **18** II 304 g
—, 4-Hydroxy-2-isopropyl- **18** II 303 b,
  IV 4934
  — methylester **18** II 303 e
—, 4-Hydroxy-2-isopropyl-2,3-dihydro-
  18 II 299 b, IV 4884
  — methylester **18** II 300 b
—, 6-Hydroxy-2-isopropyl-4-methoxy-
  18 IV 5042
—, 6-Hydroxy-4-methoxy- **18** IV 5032
—, 6-Hydroxy-7-methoxy- **18** IV 5033
—, 6-Hydroxy-4-methoxy-7-nitro-
  18 355 c
—, 2-[4-Hydroxy-3-methoxy-phenyl]-7-
  methoxy-3-methyl-2,3-dihydro- **18**
  IV 5103
—, 4-Hydroxy-2-methyl- **18** IV 4928
—, 4-Hydroxy-3-methyl- **18** IV 4928
—, 4-Hydroxy-2-methyl-2,3-dihydro-
  18 IV 4881
—, 4-Hydroxy-3-oxo-2,3-dihydro-,
  — methylester **18** IV 5032
—, 4-Hydroxy-2-[1-semicarbazono-äthyl]-,
  — methylester **18** IV 6373
—, 4-Hydroxy-2-[1-semicarbazono-äthyl]-
  2,3-dihydro-,
  — methylester **18** IV 6321
—, 3-Hydroxy-2,2,3-trimethyl-2,3-
  dihydro- **18** IV 4884
—, 2-Isopropenyl-4-methoxy-2,3-
  dihydro- **18** II 304 e, IV 4935
  — methylester **18** IV 4935
—, 2-Isopropyl-2,3-dihydro- **18**
  II 276 d
—, 2-Isopropyl-4-methoxy- **18** II 303 c,
  IV 4934
  — methylester **18** IV 4935
—, 2-Isopropyl-4-methoxy-2,3-dihydro-
  18 II 299 c
  — methylester **18** IV 4884
—, 2-Isopropyl-4-[toluol-4-sulfonyloxy]-
  2,3-dihydro- **18** II 300 a
—, 4-Methoxy- **18** IV 4908
  — methylester **18** IV 4908
—, 2-[4-Methoxy-benzyliden]-3-oxo-2,3-
  dihydro- **18** IV 6432
—, 6-Methoxy-2,3-dihydro- **18** IV 4879
—, 2-Methyl-2,3-dihydro- **18** I 442 c,
  IV 4211
  — äthylester **18** I 442 d
—, 2-Oxo-2,3-dihydro- **18** IV 5518
—, 2-Oxo-3-phenyl-2,3-dihydro- **18**
  IV 5660

—, 2-Oxo-4-phenyl-2,3,3a,4-tetrahydro-,
  — äthylester **18** IV 5651
—, 4,6,7-Trimethoxy- **18** IV 5090
  — methylester **18** IV 5091
—, 2,2,3-Trimethyl-2,3-dihydro- **18**
  IV 4234
  — anilid **18** IV 4234
  — [4-brom-phenacylester] **18**
  IV 4234
  — methylester **18** IV 4234
Benzofuran-6-carbonsäure
—, 4-Acetoxy-7-phenyl- **18** IV 4983
  — äthylester **18** IV 4983
  — anhydrid **18** IV 4983
—, 4-Acetoxy-7-p-tolyl- **18** IV 4987
  — methylester **18** IV 4987
—, 2-Brommethyl-2,3-dihydro-,
  — methylester **18** IV 4211
—, 7-[2-Carboxy-1-methyl-2-oxo-
  äthyliden]-3,6-dimethyl-2-oxo-octahydro-
  vgl. **18** IV 6466 b
—, 7-[2-Carboxy-1-methyl-2-
  phenylhydrazono-äthyliden]-3,6-dimethyl-
  2-phenylhydrazono-octahydro- **18**
  I 527 g, vgl. **18** IV 6466 b
—, 2-Diäthylaminomethyl-2,3-dihydro-,
  — methylester **18** IV 8212
—, 7-[3,4-Dimethoxy-phenyl]-4-hydroxy-
  18 IV 5105
—, 2-Dimethylaminomethyl-2,3-dihydro-,
  — methylester **18** IV 8212
—, 4-Hydroxy- **18** IV 4909
—, 4-Hydroxy-2-isopropyl- **18** IV 4935
—, 4-Hydroxy-7-[4-methoxy-phenyl]-
  18 IV 5059
—, 4-Hydroxy-7-[4-methoxy-phenyl]-5-
  phenylazo- **18** IV 8347
—, 4-Hydroxy-7-phenyl- **18** IV 4983
  — äthylester **18** IV 4983
—, 4-Hydroxy-5-phenylazo-7-p-tolyl-
  18 IV 8346
—, 4-Hydroxy-7-p-tolyl- **18** IV 4986
  — methylester **18** IV 4987
—, 2-Oxo-2,3-dihydro- **18** IV 5518
Benzofuran-7-carbonsäure
—, 6-Acetoxy-4-methoxy-2,3-dihydro-,
  — methylester **18** IV 5009
—, 3-Acetoxy-2-oxo-2,4,5,6-tetrahydro-,
  — methylester **18** IV 6308
—, 5-Acetyl-4,6-dihydroxy-,
  — äthylester **18** IV 6503
—, 5-Acetyl-4,6-dihydroxy-3-oxo-2,3-
  dihydro-,
  — äthylester **18** IV 6600
—, 5-Acetyl-4,6-dimethoxy-,
  — äthylester **18** IV 6504
—, 5-Acetyl-6-hydroxy-4-methoxy-,
  — äthylester **18** IV 6503

Benzofuran-7-carbonsäure (Fortsetzung)
—, 5-Acetyl-3,4,6-trihydroxy-,
  — äthylester **18** IV 6600
—, 7a-Äthoxycarbonylmethyl-7-methyl-
  2-oxo-4-phenyl-octahydro-,
  — methylester **18** IV 6180
—, 4-Äthoxy-6-hydroxy-2,3,5-trimethyl-
  18 IV 5043
  — methylester **18** IV 5043
—, 2-Brom-6-hydroxy-3-methyl- **18**
  IV 4928
—, 3-Brom-2-methyl- **18** I 443 f
—, 2-Brommethyl-2,3-dihydro-,
  — methylester **18** IV 4211
—, 2-Chloromercuriomethyl-2,3-dihydro-
  18 II 519 e
—, 3,4-Diacetoxy-5-acetyl-6-hydroxy-,
  — äthylester **18** IV 6600
—, 3,6-Diacetoxy-4-methoxy-,
  — methylester **18** IV 5091
—, 2-Diäthylaminomethyl-2,3-dihydro-,
  — amid **18** IV 8212
  — methylester **18** IV 8212
—, 3,4-Dihydroxy-,
  — methylester **18** IV 5033
—, 3,6-Dihydroxy-4-methoxy-,
  — methylester **18** IV 5091
—, 4,5-Dihydroxy-4-[4-methoxy-phenyl]-
  7-methyl-2-oxo-2,3,4,5,6,7-hexahydro-,
  — methylester **18** IV 6624
—, 4,6-Dimethoxy- **18** IV 5033
—, 3,3-Dimethyl-2-oxo-2,3-dihydro- **18**
  IV 5535
—, 2,3-Dioxo-2,3,3a,4,5,6-hexahydro-,
  — methylester **18** IV 6018
—, 2-Hydroxomercuriomethyl-2,3-
  dihydro- **18** IV 8443
—, 6-Hydroxy-4-methoxy- **18** IV 5033
  — methylester **18** IV 5034
—, 6-Hydroxy-4-methoxy-2,3-dihydro-
  18 IV 5009
  — methylester **18** IV 5009
—, 6-Hydroxy-4-methoxy-3-oxo-2,3-
  dihydro-,
  — methylester **18** IV 5091
—, 6-Hydroxy-4-methoxy-2,3,5-
  trimethyl- **18** IV 5043
  — methylester **18** IV 5043
—, 6-Hydroxy-3-methyl- **18** IV 4928
—, 7a-Hydroxy-7-methyl-4-
  [2-methylmercapto-äthyl]-2-oxo-2,3,5,6,7,⁼
  7a-hexahydro-,
  — methylester **10** III 4715 b
—, 4-Hydroxy-3-oxo-2,3-dihydro-,
  — methylester **18** IV 5033
—, 3-Hydroxy-2-oxo-2,4,5,6-tetrahydro-,
  — methylester **18** IV 6018

—, 7a-Methoxycarbonylmethyl-4-
  [4-methoxy-phenyl]-7-methyl-2-oxo-
  octahydro-,
  — methylester **18** IV 6625
—, 4-Methoxy-2-methyl-2,3-dihydro-
  18 IV 4881
—, 4-[4-Methoxy-phenyl]-7-methyl-2-
  oxo-2,3,4,5,6,7-hexahydro-,
  — methylester **18** IV 6406
—, 4-[4-Methoxy-phenyl]-7-methyl-2-
  oxo-2,3,5,6,7,7a-hexahydro-,
  — methylester **18** IV 6406
—, 4-[4-Methoxy-phenyl]-7-methyl-2-
  oxo-2,3,6,7-tetrahydro-,
  — methylester **18** IV 6410
—, 2-Methyl- **18** I 443 e
—, 2-Methyl-2,3-dihydro- **18** IV 4211
—, 5-Methyl-2,3-dihydro- **18** IV 4212
  — amid **18** IV 4212
—, 2-Oxo-2,3-dihydro- **18** IV 5518
—, 2-Oxo-2,3,3a,4,5,6-hexahydro-,
  — äthylester **18** IV 5436
—, 2-Oxo-4-phenyl-octahydro- **18**
  IV 5621
  — methylester **18** IV 5621
—, 3,4,6-Triacetoxy-5-acetyl-,
  — äthylester **18** IV 6600
Benzofuran-x-carbonsäure
—, 7-Methoxy-3-methyl- **18** IV 4928
Benzofuran-2-carbonylazid 18 308 h
—, 7-Äthyl-6-hydroxy-3,5-dimethyl- **18**
  IV 224
—, 2,3-Dihydro- **18** 305 g
—, 3-[2-Methoxy-phenyl]-6-methyl-2,3-
  dihydro- **18** I 462 d
Benzofuran-3-carbonylbromid
—, 5,7-Dibrom- **18** I 443 b
—, 5,7-Dibrom-6-methyl- **18** I 444 a
Benzofuran-2-carbonylchlorid 18 308 c,
  IV 4248
—, 5-Äthoxymethyl- **18** IV 4926
—, 5-Butoxymethyl- **18** IV 4927
—, 4,6-Dimethyl- **18** IV 4277
—, 5-Isobutoxymethyl- **18** IV 4927
—, 5-Isopentyloxymethyl- **18** IV 4927
—, 5-Isopropoxymethyl- **18** IV 4927
—, 7-Isopropyl-3,4-dimethyl- **18**
  IV 4285
—, 6-Methoxy- **18** IV 4907
—, 4-Methoxy-3,6-dimethyl- **18** I 461 c
—, 5-Methoxymethyl- **18** IV 4926
—, 6-Methoxy-3-methyl- **18** I 459 f
—, 3-Methyl- **18** IV 4267
—, 5-Methyl-3-phenyl- **18** IV 4391
—, 5-Propoxymethyl- **18** IV 4926
Benzofuran-3-carbonylchlorid 18 IV 4256
—, 2-Äthyl- **18** IV 4274
Benzofuran-5-carbonylchlorid
—, 4-Methoxy- **18** IV 4909

Benzofuran-5-carbonylchlorid   (Fortsetzung)
—, 2-Methyl-2,3-dihydro- **18** IV 4211
Benzofuran-6-carbonylchlorid
—, 4-Acetoxy-7-phenyl- **18** IV 4983
Benzofuran-7-carbonylchlorid
—, 2-Methyl-2,3-dihydro- **18** IV 4211
—, 5-Methyl-2,3-dihydro- **18** IV 4212
Benzofuran-4,5-chinon
—, 2,6,7-Trimethyl-2,3-dihydro- **17**
    IV 6076
Benzofuran-4,7-chinon
—, 5-[α-Acetoxy-3,4-dimethoxy-benzyl]-
    6-methoxy-2,3-dihydro- **18** II 234 c
—, 5-Acetyl-6-hydroxy- **18** IV 2499
—, 2-Benzyl-3-hydroxy-5,6-dimethoxy-
    18 IV 3333
—, 2-Benzyl-3-hydroxy-6-methoxy- **18**
    IV 2748
—, 5-[α-Hydroxy-3,4-dimethoxy-benzyl]-
    6-methoxy-2,3-dihydro- **18** II 234 b
—, 6-Hydroxy-5-[α'-oxo-bibenzyl-α-yl]-
    2,3-diphenyl- **18** IV 2846
—, 6-Methoxy-2,3-dihydro- **18** II 61 h
Benzofuran-6,7-chinon
—, 2,3-Bis-[4-methoxy-phenyl]- **18**
    IV 2832
—, 2,3-Diphenyl- **17** IV 6546
Benzofurandiamin
  s. Benzofurandiyldiamin
Benzofuran-2,2-dicarbonsäure
—, 6-Benzyloxy-3-hydroxy-3*H*-,
    — diäthylester **18** IV 5238
Benzofuran-2,3-dicarbonsäure 18 IV 4556
    — 3-äthylester **18** IV 4556
    — dimethylester **18** IV 4556
—, 5-Amino- **18** IV 8232
    — dimethylester **18** IV 8232
—, 4,6-Dihydroxy- **18** IV 5240
—, 6,7-Dihydroxy- **18** IV 5240
—, 4,6-Dimethoxy- **18** IV 5240
    — dimethylester **18** IV 5240
—, 5,6-Dimethoxy- **18** IV 5240
    — 2-äthylester **18** IV 5240
    — 3-äthylester **18** IV 5240
    — dimethylester **18** IV 5240
—, 6,7-Dimethoxy- **18** IV 5241
    — dimethylester **18** IV 5241
—, 5,6-Dimethyl- **18** I 450 c
—, 6-Hydroxy- **18** IV 5097
—, 6-Methoxy- **18** IV 5097
    — dianilid **18** IV 5097
    — dimethylester **18** IV 5097
—, 5-Methyl- **18** IV 4558
    — 3-äthylester **18** IV 4558
    — dimethylester **18** IV 4558
—, 6-Methyl- **18** I 450 a, IV 4558
    — dimethylester **18** IV 4558
—, 5-Nitro- **18** IV 4557
    — dimethylester **18** IV 4557

Benzofuran-2,5-dicarbonsäure 18 340 e
—, x-Brom- **18** IV 4557
    — dimethylester **18** IV 4557
—, 7-Brom-6-methoxy-3-methyl- **18**
    IV 5098
—, 3-Carboxymethyl-2-methyl-2,3-
    dihydro- **18** IV 4598
—, 4-Hydroxy- **18** IV 5097
    — 2-äthylester **18** IV 5097
    — 2-äthylester-5-methylester **18**
    IV. 5098
—, 6-Methoxy-3-methyl- **18** IV 5098
Benzofuran-3,5-dicarbonsäure
—, 2-Carboxymethyl-3-methyl-2,3-
    dihydro- **18** IV 4598
Benzofuran-3,6-dicarbonsäure
—, 5-Hydroxy-2-methyl- **18** IV 5098
    — dimethylester **18** IV 5099
Benzofuran-4,5-dicarbonsäure
—, 7-Acetyl-2-hydroxy-6-methyl- **18**
    IV 6225
—, 7-Acetyl-2-methoxy-6-methyl-,
    — dimethylester **18** IV 6623
—, 7-Acetyl-6-methyl-2-oxo-2,3-dihydro-
    18 IV 6225
—, 6-Propenyl-3a,4,5,6-tetrahydro-,
    — anhydrid **17** IV 409
—, 3a,4,5,6-Tetrahydro- **18** IV 4541
—, 4,5,6,7-Tetrahydro- **18** IV 4541
Benzofuran-4,6-dicarbonsäure
—, 2-Oxo-2,3-dihydro- **18** IV 6164
Benzofuran-4,7-dicarbonsäure
—, 6-Methyl-2-oxo-2,3-dihydro- **18**
    IV 6164
Benzofuran-5,7-dicarbonsäure
—, 4,6-Dihydroxy-3-oxo-2,3-dihydro-,
    — diäthylester **18** IV 5253
—, 3,4,6-Trihydroxy-,
    — diäthylester **18** IV 5253
Benzofuran-6,7-dicarbonsäure
—, 5-Methallyl-4,5,6,7-tetrahydro- **18**
    IV 4553
—, 5-Methallyl-5,6,7,7a-tetrahydro- **18**
    IV 4553
Benzofuran-2,3-diol 18 IV 154
—, 5-Brom-2-[5-brom-2-hydroxy-phenyl]-
    2,3-dihydro- **8** III 3650 a
—, 2-[2-Hydroxy-phenyl]-2,3-dihydro-
    8 III 3647 d
—, 7-Isopropyl-4-methyl-5-nitro-2,3-
    diphenyl-2,3-dihydro- **8** III 3044 c
Benzofuran-2,5-diol
—, 3-Acetyl-2-isopropyl-4,6,7-trimethyl-
    2,3-dihydro- **8** III 3530 a
—, 3-Acetyl-2,4,6,7-tetramethyl-2,3-
    dihydro- **8** III 3528 b
—, 3-Acetyl-4,6,7-trimethyl-2-tridecyl-
    2,3-dihydro- **8** III 3556 a

Benzofuran-2,5-diol (Fortsetzung)
—, 3-Isobutyryl-2-isopropyl-4,6,7-
trimethyl-2,3-dihydro- **8** III 3530 b
—, 3-Isobutyryl-2,4,6,7-tetramethyl-2,3-
dihydro- **8** III 3530 a
—, 2,4,6,7-Tetramethyl-3-tetradecanoyl-
2,3-dihydro- **8** III 3556 a
Benzofuran-2,6-diol
—, 3-[2,4-Dihydroxy-phenyl]- **18**
IV 2608
Benzofuran-3,3a-diol
—, 2-Acetyl-4,4,7a-trimethyl-hexahydro-
18 IV 1139
Benzofuran-3,4-diol **17** IV 2114
—, 5-Acetyl- **18** IV 1386
—, 7-Acetyl- **18** IV 1389
—, 2-Benzyl-6,7-dimethoxy- **17** IV 2708
—, 5,7-Dimethoxy- **17** IV 2677
—, 6,7-Dimethoxy- **17** IV 2678
—, 2-Isopropyl- **17** IV 2129
—, 2-Isopropyl-octahydro- **17** IV 2045
—, 6-Methoxy- **17** IV 2353
—, 5,6,7-Trimethoxy- **17** IV 3835
Benzofuran-3,5-diol **17** IV 2115
—, 4,6-Dimethoxy- **17** IV 2677
—, 2-Isopropyl-4,6,7-trimethyl- **17** IV 2135
Benzofuran-3,6-diol **17** 156 e, I 92 d,
II 188 d, IV 2116
—, 7-Acetyl- **18** IV 1389
—, 5-Acetyl-4,7-dimethoxy- **18** IV 3080
—, 5-Acetyl-4-methoxy- **18** IV 2393
—, 7-Acetyl-4-methoxy-2-methyl- **18**
IV 2406
—, 4-Äthoxy- **17** IV 2353
—, 5-Äthyl- **17** IV 2124
—, 2-Benzyl- **17** IV 2207
—, 7-Benzyloxy- **17** IV 2356
—, 5-Brom- **17** IV 2117
—, 5-Butyl- **17** IV 2132
—, 4,7-Dimethoxy- **17** IV 2678
—, 5-Hexyl- **17** IV 2134
—, 2-Isopropyl- **17** IV 2130
—, 4-Methoxy- **17** IV 2352
—, 7-Methoxy- **17** I 112 d, IV 2356
—, 2-Methyl- **17** II 190 h, IV 2121
—, 5-Methyl- **17** IV 2122
—, 5-Pentyl- **17** IV 2133
—, 2-Propyl- **17** IV 2128
—, 5-Propyl- **17** IV 2129
Benzofuran-3,7-diol **17** I 94 c
—, 2-Acetyl-4,4,7a-trimethyl-octahydro-
18 IV 1140
—, 6-Methoxy- **17** I 112 d, IV 2355
Benzofuran-4,6-diol
—, 2-Acetonyl-7-acetyl-3,5-dimethyl-
18 II 156 d, IV 2525
—, 7-Acetyl- **18** IV 1389
—, 5-Acetyl-2,3-dihydro- **18** IV 1240
—, 7-Acetyl-2,3-dihydro- **18** IV 1243

—, 7-Acetyl-3,5-dimethyl-2-[2-oxo-butyl]-
18 IV 2528
—, 7-Acetyl-2-isopropenyl-2,3-dihydro-
18 IV 1422
—, 7-Acetyl-2-isopropyl-2,3-dihydro-
18 IV 1264
—, 5-Acetyl-7-methoxy- **18** IV 2394
—, 7-Acetyl-2,3,5-trimethyl- **18** IV 1422
—, 7-Cinnamoyl-2-isopropenyl-2,3-
dihydro- **18** IV 1923
—, 5,7-Diacetyl-2,3-dihydro- **18**
IV 2410
—, 7-[2-Diäthylamino-äthoxy]- **17**
IV 2357
—, 2,3-Dihydro- **17** IV 2072
—, 3-[3,4-Dihydroxy-phenyl]-2-[2,4,6-
trihydroxy-benzyl]-2,3-dihydro- **17**
IV 3917
—, 7-[1-Hydrazono-äthyl]-2-
[2-hydrazono-propyl]-3,5-dimethyl- **18**
IV 2526
—, 2-Isopropyl- **17** IV 2130
—, 5-[3,4,α-Trihydroxy-benzyl]-2,3-
dihydro- **17** II 261 b
—, 7-[3,4,α-Trihydroxy-benzyl]-2,3-
dihydro- **17** II 261 f
—, 2,3,5-Trimethyl- **17** II 191 d,
IV 2131
Benzofuran-4,7-diol
—, 5-[α-Hydroxy-3,4-dimethoxy-benzyl]-
6-methoxy-2,3-dihydro- **17** II 277 d
—, 6-Methoxy-2,3-dihydro- **17** II 215 c
Benzofuran-6,7-diol **17** IV 2120
—, 5-Acetyl-2,3-dihydro- **18** IV 1242
—, 2,3-Dihydro- **17** IV 2072
—, 2-[4-Dimethylamino-phenyl]-3-
phenyl- **18** IV 7456
Benzofuran-2,3-dion **17** 466 e, I 245 f,
II 462 e, IV 6130
— 3-[4-dimethylamino-phenylimin]
17 IV 6130
— dioxim **17** 467 b
— 2-oxim **17** 466 f, II 462 f
— 2-oxim-3-phenylhydrazon
17 467 c
— 3-phenylhydrazon **17** I 246 b
—, 6-Acetoxy- **18** IV 1316
—, 6-Acetoxy-7-äthyl-5-methyl- **18**
IV 1408
—, 7-Äthyl-6-hydroxy-5-methyl- **18**
IV 1407
—, 5-Brom- **17** IV 6131
—, 5-Chlor-4,6-dimethyl- **17** II 475 g
—, 5-Chlor-6-methoxy-,
— 2-phenylhydrazon **18** I 599 b
—, 5-Cyclohexyl-7a-hydroxy-hexahydro-
10 III 3533 e
—, 5,7-Dibrom-,
— 2-oxim **17** I 246 d

Benzofuran-2,3-dion (Fortsetzung)
—, 4,6-Dimethoxy- **18** IV 2367
—, 6,7-Dimethoxy- **18** IV 2367
  — 2-oxim **18** IV 2367
—, 4,6-Dimethyl- **17** II 474 d,
  IV 6181
  — 3-[benzyl-phenyl-hydrazon] **17**
    II 475 f
  — 3-[methyl-phenyl-hydrazon] **17**
    II 475 e
  — 2-phenylhydrazon **18** II 500 f
  — 3-phenylhydrazon **17** II 475 d
—, 4,7-Dimethyl- **17** II 475 h
—, 4,7-Dimethyl-4,5,6,7-tetrahydro- **17**
  I 241 f
—, Hexahydro- **17** IV 5929
—, 7a-Hydroxy-7,7-dimethyl-hexahydro-
  10 III 3520 c
—, 7a-Hydroxy-hexahydro- **10** 793 d,
  II 557 a, III 3517 b
  — 3-[2-nitro-benzoylhydrazon] **10**
    III 3517 c
—, 6-Hydroxy-4-methyl- **18** II 71 c,
  IV 1345
—, 7a-Hydroxy-7-methyl-hexahydro-
  10 III 3519 b
—, 5-Hydroxy-4,6,7-trimethyl- **18**
  IV 1408
—, 7-Isopropyl-4-methyl- **17** II 477 e
  — 2-oxim **17** II 477 f
—, 4-Isopropyl-7-methyl-3a,4,5,6-
  tetrahydro- **17** IV 6027
    — 3-[2,4-dinitro-phenylhydrazon]
    17 IV 6027
—, 7-Isopropyl-4-methyl-3a,4,5,6-
  tetrahydro- **17** IV 6027
—, 7-[4-Isopropyl-phenyl]-3a,4,5,6-
  tetrahydro- **17** IV 6371
—, 6-Methoxy- **18** II 64 g, IV 1316
  — 2-oxim **18** II 65 c
  — 2-phenylhydrazon **18** I 599 a
—, 6-Methoxy-4-methyl- **18** II 71 d,
  IV 1345
—, 7-[3-Methoxy-phenyl]-3a,4,5,6-
  tetrahydro- **18** IV 1640
—, 7-[4-Methoxy-phenyl]-3a,4,5,6-
  tetrahydro- **18** IV 1640
—, 7-Methoxy-3a,4,5,6-tetrahydro- **18**
  I 344 d
—, 5-Methyl- **17** 490 a, I 257 g
  — 3-[benzyl-phenyl-hydrazon] **17**
    I 258 a
  — bis-phenylhydrazon **18** I 601 d
  — 2-oxim **17** 490 b, II 471 f
  — 2-phenylhydrazon **18** I 598 c
  — 3-phenylhydrazon **17** I 257 h
—, 6-Methyl- **17** 490 f, II 471 h
  — 2-oxim **17** 490 g, II 472 b
  — 2-phenylhydrazon **18** I 598 e

—, 7-Methyl-,
  — 2-oxim **17** II 472 c
—, 7-Methyl-hexahydro- **17** IV 5941
—, 7-Methyl-3a,4,5,6-tetrahydro- **17**
  I 241 e
—, 7-Phenyl-3a,4,5,6-tetrahydro- **17**
  IV 6352
—, 4,6,7-Trimethyl- **17** IV 6194
  — 2-oxim **17** IV 6195
—, 4,4,7a-Trimethyl-hexahydro- **17**
  IV 5965
—, 4,6,7-Trimethyl-5-nitro- **17** IV 6195
Benzofuran-2,4-dion
—, 6-Äthyl-7-isopropyl-3,6-dimethyl-
  hexahydro- **17** IV 5973
—, 3-[5,5-Dimethyl-2,6-dioxo-cyclohexyl]-
  7a-hydroxy-6,6-dimethyl-hexahydro- **10**
  II 636 a, III 4060 b
—, 6,6-Dimethyl-hexahydro- **17**
  IV 5953
  — mono-[4-nitro-phenylhydrazon]
    17 IV 5953
—, 6,6-Dimethyl-3,5,6,7-tetrahydro- **17**
  IV 6012
—, 7-Isopropenyl-3,6-dimethyl-6-vinyl-
  hexahydro- **17** IV 6103
—, 6-[4-Isopropyl-phenyl]-hexahydro-
  17 IV 6320
—, 6-[4-Isopropyl-phenyl]-3,5,6,7-
  tetrahydro- **17** IV 5166
—, 6-Phenyl-hexahydro- **17** IV 6310
—, 6-Phenyl-3,5,6,7-tetrahydro- **17**
  IV 6352
Benzofuran-2,5-dion
—, 7a-Hydroxy-3H,7aH- **10** I 392 g,
  II 565 f, III 3537 d
—, 7a-Hydroxy-6-methyl-3-[4-methyl-5-
  oxo-5H-[2]furyliden]-3H,7aH- **18**
  IV 6186
—, 4-Methyl-tetrahydro- **17** IV 5941
—, Tetrahydro- **17** I 237 d, IV 5929
  — mono-[2,4-dinitro-phenylhydrazon]
    17 IV 5930
Benzofuran-2,6-dion
—, 4,5,5,7,7-Pentachlor-3,3-diphenyl-
  3,4,5,7-tetrahydro- **17** I 275 e
Benzofuran-2,7-dion
—, 6-Brom-3-methyl-tetrahydro- **17**
  IV 5941
—, 5,6-Dihydro-3H,4H- **17** IV 5994
—, 3,6-Dimethyl-5,6-dihydro-3H,4H-,
  — 7-oxim **17** IV 6012
—, 4-Hydroxy-3,6-dimethyl-6-[4-oxo-
  valeryl]-tetrahydro- **18** IV 3072
—, 3-Methyl-tetrahydro- **17** IV 5940
  — mono-[2,4-dinitro-phenylhydrazon]
    17 IV 5941
  — monosemicarbazon **17** IV 5940

Benzofuran-2,7-dion   (Fortsetzung)

—, Tetrahydro- **17** IV 5930

    — 7-oxim **17** IV 5930

    — 7-semicarbazon **17** IV 5930

Benzofuran-4,6-dion

—, 3-Acetoxy-2-isopropyl-5,5,7,7-
    tetramethyl-7*H*- **18** IV 1268

—, 3-Acetoxy-5,5,7,7-tetramethyl-7*H*-
    18 IV 1259

—, 3-Hydroxy-2-isopropyl-5,5,7,7-
    tetramethyl-7*H*- **18** IV 1268

—, 3-Hydroxy-5,5,7,7-tetramethyl-7*H*-
    18 IV 1258

Benzofuran-2,3-diyldiamin

—, N^2-[2-Benzolsulfonyloxy-benzyliden]-
    N^3-phenyl- **18** IV 7281

—, N^2-[2-Benzoyloxy-benzyliden]-
    N^3-methyl-N^3-phenyl- **18** IV 7281

—, N^2-[2-Benzoyloxy-benzyliden]-
    N^3-phenyl- **18** IV 7280

—, N^2,N^3-Disalicyliden- **18** IV 7281

—, N^3-Methyl-N^3-phenyl-N^2-salicyliden-
    18 IV 7281

—, N^3-Phenyl-N^2-salicyliden- **18**
    II 426 f, IV 7280

Benzofuran-2-ol

—, 7-Acetoxy-3-methyl-4,5-dihydro- **18**
    IV 140

—, 2-[3-Äthyl-2,4-dihydroxy-phenyl]-5,6-
    dimethoxy-2,3-dihydro- **8** III
    4238 b

—, 2-Äthyl-4,6-dimethyl-3-phenyl-2,3-
    dihydro- **8** III 1411 e

—, 5-Brom-2-[5-brom-2-hydroxy-phenyl]-
    3-methoxy-2,3-dihydro- **8** III 3650 b

—, 5,7-Dibrom-3-dibrommethylen-6-
    methyl-2,3-dihydro- **17** I 67 a

—, 5,7-Dibrom-3-methylen-2,3-dihydro-
    17 I 63 f

—, 5,7-Dibrom-6-methyl-3-methylen-2,3-
    dihydro- **17** I 66 c

—, 2,5-Dimethyl-2,3-dihydro- **8**
    III 470 f

—, 4,5-Dimethyl-2,3-diphenyl-2,3-
    dihydro- **8** III 1671 c

—, 4,7-Dimethyl-2,3-diphenyl-2,3-
    dihydro- **8** III 1671 d

—, 3-[5-(2,4-Dinitro-phenylimino)-penta-
    1,3-dienyl]- **17** IV 6349

—, 2-[2-Hydroxy-phenyl]-2,3-dihydro-
    8 III 2669 b

—, 7-Isopropyl-4-methyl-2,3-diphenyl-
    2,3-dihydro- **8** III 1676 e

—, 7-Methoxy-5-methyl-2,3-dihydro-
    8 III 2176 c

—, 3-Methyl-2,3-diphenyl- **17** II 163 d

—, 4-Methyl-2,3-diphenyl-2,3-dihydro-
    8 III 1664 a

—, 2-[2,4,6-Trihydroxy-phenyl]-2,3-
    dihydro- **8** III 4069 d

Benzofuran-3-ol 17 118 a, I 59 a, II 126 i,
    IV 1456

—, 5-Acetoxy- **17** IV 2115

—, 6-Acetoxy- **17** IV 2117

—, 4-Acetoxy-5-acetyl- **18** IV 1386

—, 6-Acetoxy-7-acetyl- **18** IV 1389

—, 6-Acetoxy-5-äthyl- **17** IV 2124

—, 6-Acetoxy-5-brom- **17** IV 2117

—, 4-Acetoxy-2-isopropyl- **17** IV 2129

—, 5-Acetoxy-2-isopropyl-4,6,7-
    trimethyl- **17** IV 2135

—, 6-Acetoxy-2-[4-methoxy-phenyl]- **17**
    IV 2384

—, 2-Acetoxy-5-methyl- **17** 157 f

—, 6-Acetoxy-5-methyl- **17** IV 2123

—, 2-Acetyl- **18** IV 355

—, 5-Acetylamino- **18** II 432 a

—, 2-Acetyl-5-chlor-6-methoxy- **18**
    I 352 i

—, 2-Acetyl-4,6-dimethoxy- **18** IV 2392

—, 2-Acetyl-5,6-dimethoxy- **18** IV 2393

—, 5-Acetyl-4,6-dimethoxy- **18** IV 2393

—, 2-Acetyl-4,6-dimethyl- **18** IV 413

—, 2-Acetyl-5-methyl- **18** IV 391

—, 2-Äthyl- **17** II 134 c

—, 2-Äthyl-5-brom-4,6-dimethyl- **17**
    II 137 d

—, 2-Äthyl-4,6-dimethyl- **17** II 137 b

—, 2-Äthyl-5-methyl- **17** I 68 a

—, 2-Allyl- **17** II 139 c

—, 3-Allyl-6-methoxy-2,3-dihydro- **17**
    IV 2129

—, 2-Allyl-5-methyl- **17** II 139 d

—, 2-Azido- **17** II 127 g

—, 2-Azido-5-brom-6-methoxy- **17**
    II 190 b

—, 2-Benzoyl- **18** IV 719

—, 2-Benzoyl-6-methoxy- **18** I 364 d

—, 5-Benzoyl-2-[4-methoxy-benzoyl]-
    18 IV 2839

—, 2-Benzoyl-5-methyl- **18** IV 755

—, 2-Benzoyl-6-methyl- **18** I 329 b

—, 6-Benzoyloxy-4-methoxy- **17**
    IV 2354

—, 2-Benzyl- **17** II 154 a, IV 1669

—, 2-Benzyl-4,6-dimethyl- **17** IV 2391

—, 2-Benzyl-5-methoxy- **17** IV 2207

—, 2-Benzyl-6-methoxy- **17** IV 2208

—, 2-Benzyl-5-methyl- **17** II 154 f

—, 6-Benzyloxy-4,7-dimethoxy- **17**
    IV 2678

—, 7-Benzyloxy-6-methoxy- **17** IV 2356

—, 4,6-Bis-benzoyloxy- **17** IV 2354

—, 4,6-Bis-benzoyloxy-2-[3,4-bis-
    benzoyloxy-benzyl]- **17** IV 3865

Benzofuran-3-ol (Fortsetzung)
—, 4,6-Bis-benzoyloxy-2-[3,4-bis-
    benzoyloxy-benzyl]-2,3-dihydro- **17**
    IV 3865
—, 6,7-Bis-chloracetoxy- **17** 177 c
—, 2-Brom- **17** I 59 e, II 127 d
—, 5-Brom-2-[5-brom-2-hydroxy-phenyl]-
    17 IV 2200
—, 2-Brom-5-chlor- **17** II 127 e
—, 7-Brom-4,6-dimethoxy- **17** IV 2355
—, 2-Brom-4,6-dimethyl- **17** I 67 g
—, 5-Brom-6-methoxy- **17** II 189 e
—, 5-Brom-6-methoxy-2-nitro- **17**
    II 190 a
—, 2-Brom-5-methyl- **17** 124 a
—, 2-Brom-6-methyl- **17** 125 a
—, 2-Butyl-5-methyl- **17** II 137 e
—, 5-Chlor- **17** I 59 d, II 127 a
—, 6-Chlor- **17** IV 1456
—, 7-Chlor- **17** II 127 c
—, 7-Chlor-4,6-dimethoxy- **17** IV 2354
—, 5-Chlor-4,6-dimethyl- **17** IV 1490
—, 5-Chlor-6-methoxy- **17** I 93 d
—, 5-Chlor-6-methoxy-2-phenylazo- **18**
    I 599 b
—, 2-Cinnamoyl-5-methyl- **18** I 333 e,
    IV 804
—, 2-Cyclohexyl-6-methoxy- **18**
    IV 8464
—, 4,6-Diacetoxy- **17** I 112 c, IV 2354
—, 6,7-Diacetoxy- **17** IV 2356
—, 4,6-Diacetoxy-2-methyl- **17** IV 2358
—, 4,6-Diäthoxy- **17** IV 2353
—, 2,5-Dibenzoyl- **18** IV 1976
—, 5,7-Dibrom- **17** I 60 a
—, 5,7-Dibrom-2,3-dihydro- **17** I 57 c
—, 2,5-Dibrom-6-methoxy- **17** II 189 f
—, 5,7-Dichlor- **17** IV 1456
—, 2,2-Dichlor-5-methyl-2,3-dihydro-
    17 IV 1356
—, 2,3-Dihydro- **17** 114 d
—, 4,6-Dimethoxy- **17** 176 d, I 112 b,
    IV 2353
—, 5,6-Dimethoxy- **17** IV 2355
—, 6,7-Dimethoxy- **17** 177 a, I 112 e,
    II 215 f
—, 4,6-Dimethoxy-2,5-dimethyl- **17**
    IV 2359
—, 4,6-Dimethoxy-2-methyl- **17**
    IV 2358
—, 4,6-Dimethoxy-5-methyl- **17**
    IV 2358
—, 4,6-Dimethoxy-7-methyl- **17**
    IV 2358
—, 5,6-Dimethoxy-2-methyl- **17**
    IV 2358
—, 2-[3,4-Dimethoxy-phenyl]-4,6-
    dimethoxy-3-methyl-2,3-dihydro- **17**
    II 262 a

—, 4,6-Dimethoxy-5-styryl- **17** IV 2400
—, 4,6-Dimethoxy-7-styryl- **17** IV 2400
—, 4,6-Dimethoxy-2-[3,4,5-trimethoxy-
    benzyl]- **17** II 282 e
—, 4,6-Dimethoxy-2-veratryl- **17**
    II 271 a
—, 2,5-Dimethyl- **17** I 65 c, II 134 e,
    IV 1489
—, 2,6-Dimethyl- **17** II 134 g
—, 4,6-Dimethyl- **17** I 67 e, II 135 b,
    IV 1490
—, 5,7-Dimethyl- **17** 126 d, II 135 c
—, 2-Dimethylaminomethyl-6-methoxy-
    18 IV 7435
—, 4,6-Dimethyl-2-phenylazo- **18**
    II 500 f
—, 2-[5-(2,4-Dinitro-phenylimino)-penta-
    1,3-dienyl]- **18** IV 574
—, 2-[2-Hydroxy-4,6-dimethoxy-benzyl]-
    6-methoxy- **17** IV 3866
—, 2-[α-Hydroxy-isopropyl]-5-
    [3-hydroxy-propenyl]-4-methoxy-2,3-
    dihydro- **17** IV 2679
—, 2-[2-Hydroxy-4-methoxy-benzyl]-6-
    methoxy- **17** IV 2708
—, 2-[2-Hydroxy-[1]naphthylmethyl]-6-
    methoxy- **17** IV 2405
—, 2-[2-Hydroxy-5-nitro-phenyl]-5-nitro-
    2,3-dihydro- **17** IV 2180
—, 2-Isopropyl-4,6-dimethoxy- **17**
    IV 2360
—, 2-Isopropyl-4,6-dimethyl- **17**
    II 137 f
—, 7-Isopropyl-3,4-dimethyl-2,3-dihydro-
    17 IV 1390
—, 2-Isopropyl-6-methoxy- **17** IV 2130
—, 3-Isopropyl-6-methoxy-2,3-dihydro-
    17 II 188 c
—, 2-Isopropyl-5-methoxy-4,6,7-
    trimethyl- **17** IV 2135
—, 2-Isopropyl-5-methyl- **17** I 69 c
—, 7-Isopropyl-4-methyl- **17** II 137 a,
    IV 1499
—, 4-Methoxy- **17** IV 2114
—, 5-Methoxy- **17** I 92 a, IV 2115
—, 6-Methoxy- **17** 156 f, I 92 e,
    II 188 e, IV 2116
—, 7-Methoxy- **17** IV 2118
—, 6-Methoxy-2-methyl- **17** I 94 e,
    II 191 a, IV 2121
—, 6-Methoxy-2-[2]naphthoyl- **18**
    IV 1943
—, 2-[(2-Methoxy-[1]naphthyl)-(2-oxo-
    cyclohexyl)-methyl]- **18** IV 1963
—, 6-Methoxy-2-phenylazo- **18** I 599 a
—, 6-Methoxy-2-salicyl- **17** IV 2391
—, 2-Methyl- **17** 122 d, I 63 a,
    II 131 b

Benzofuran-3-ol (Fortsetzung)

—, 5-Methyl- **17** 123 b, I 64 c,
II 132 g

—, 6-Methyl- **17** 124 e, I 65 a,
II 133 c

—, 7-Methyl- **17** 125 c, I 65 b,
II 133 g

—, 5-Methyl-2-[2]naphthoyl- **18** IV 835

—, 5-Methyl-2-pentyl- **17** II 138 a

—, 5-Methyl-2-phenylazo- **18** I 598 c

—, 6-Methyl-2-phenylazo- **18** I 598 e

—, 5-Methyl-2-propyl- **17** II 136 g

—, 5-Methyl-2-tetradecyl- **17** II 138 d

—, 2-[1]Naphthoyl- **18** IV 829

—, 2-[2]Naphthoyl- **18** IV 830

—, 2-Nitro- **17** 119 a, I 60 b

—, 5-Nitro- **17** II 127 f

—, Octahydro- **17** IV 1204

—, 2-Phenyldiazencarbonyl- **18** I 457 g

—, 2-Propyl- **17** II 135 d

—, 6-[Tetra-O-acetyl-glucopyranosyloxy]-
17 IV 3446

—, 2-m-Tolyldiazencarbonyl- **18**
I 458 b

—, 2-o-Tolyldiazencarbonyl- **18**
I 458 a

—, 2-p-Tolyldiazencarbonyl- **18** I 458 c

—, 2,5,7-Trichlor-6-methoxy- **17**
II 189 d

—, 4,5,6-Trimethoxy- **17** IV 2677

—, 4,6,7-Trimethoxy- **17** IV 2678

—, 4,5,6-Trimethoxy-2-[4-methoxy-
benzyl]- **17** IV 3864

—, 4,6,7-Trimethoxy-2-[4-methoxy-
benzyl]- **17** IV 3864

—, 2,4,6-Trimethyl- **17** I 68 c,
II 136 e, IV 4993

—, 4,5,7-Trimethyl- **17** II 136 f

—, 4,6,7-Trimethyl- **17** IV 1497

—, 2-Veratryl- **17** II 222 d

Benzofuran-4-ol 17 IV 1467

—, 5-Acetoacetyl- **18** IV 1550

—, 5-Acetoacetyl-6-methoxy- **18**
IV 2518

—, 5-Acetoacetyl-6-methoxy-2,3-dihydro-
18 IV 2409

—, 5-Acetoacetyl-3-methyl- **18** IV 1562

—, 2-Acetyl- **18** IV 359

—, 5-Acetyl- **18** IV 363

—, 5-Acetyl-7-äthyl-3-methyl- **18**
IV 428

—, 5-Acetyl-6-benzyloxy-7-methoxy- **18**
IV 2395

—, 5-Acetyl-2-brom-3-methyl- **18**
IV 392

—, 5-Acetyl-7-brom-3-methyl- **18**
IV 392

—, 2-Acetyl-2,3-dihydro- **18** IV 190

—, 5-Acetyl-6,7-dimethoxy- **18** IV 2394

—, 6-Acetyl-2-isopropyl- **18** IV 428

—, 5-Acetyl-6-methoxy- **18** IV 1387

—, 5-Acetyl-6-methoxy-2,3-dihydro- **18**
IV 1241

—, 5-Acetyl-3-methyl- **18** IV 391

—, 5-Acetyl-3-methyl-2,3-dihydro- **18**
IV 213

—, 2-Chloromercuriomethyl-2,3-dihydro-
18 IV 8434

—, 5,7-Diacetyl-6-benzyloxy-2,3-dihydro-
18 IV 2411

—, 5,7-Diacetyl-6-methoxy-2,3-dihydro-
18 IV 2410

—, 2,3-Dihydro- **17** IV 1346

—, 3,6-Dimethyl- **17** 126 c, II 135 a

—, 2,3-Diphenyl- **17** 144 e, vgl.
IV 1723 e

—, 5-Glykoloyl- **18** IV 1388

—, 2-[α-Hydroxy-isopropyl]- **17**
IV 2130

—, 2-[α-Hydroxy-isopropyl]-2,3-dihydro-
17 IV 2079

—, 2-Isopropenyl-2,3-dihydro- **17**
II 136 b, IV 1495

—, 2-Isopropyl- **17** II 135 e, IV 1495

—, 2-Isopropyl-2,3-dihydro- **17**
II 123 b, IV 1377

—, 2-Isopropyl-octahydro- **17** IV 1214

—, 5-Methoxyacetyl- **18** IV 1388

—, 5-Methoxyacetyl-2,3-dihydro- **18**
IV 1242

—, 7-Methoxyacetyl-2,3-dihydro- **18**
IV 1244

—, 6-Methoxy-3,5-dimethyl- **17**
IV 2125

—, 2-Methyl- **17** IV 1476

—, 3-Methyl- **17** IV 1478

—, 2-Methyl-2,3-dihydro- **17** IV 1354

—, 6-Methyl-2,3-diphenyl- **17** IV 1729

—, 3-Methyl-2-trichloracetyl- **18** IV 388

—, 5-Phenylacetyl- **18** IV 751

—, 2,5,6,7-Tetramethyl-2,3-dihydro- **17**
IV 1384

—, 7-p-Tolyl- **17** IV 1670

Benzofuran-5-ol

—, 6-Acetyl- **18** IV 364

—, 3-Acetyl-6,7-dichlor-2-methyl- **18**
IV 388

—, 6-Acetyl-2,3-dihydro- **18** IV 191

—, 3-Acetyl-2,7-dimethyl- **18** IV 413

—, 3-Acetyl-2-methyl- **18** IV 387

—, 2-Äthoxy- **17** IV 2114

—, 2-Äthoxy-4,6-dimethyl- **17** IV 2126

—, 3-Äthyl-6-methoxy-2-methyl- **17**
IV 2131

—, 3-Äthyl-2,4,6,7-tetramethyl-2,3-
dihydro- **17** IV 1397

—, 2-Äthyl-4,6,7-trimethyl- **17** IV 1502

Benzofuran-5-ol   (Fortsetzung)
—, 2-Äthyl-4,6,7-trimethyl-2,3-dihydro-
     17 IV 1390
—, 7-Äthyl-2,4,6-trimethyl-2,3-dihydro-
     17 IV 1390
—, 6-Allyl-2,2,3-trimethyl-2,3-dihydro-
     17 IV 1378
—, 4-Benzoyl-6-brom-2,3-diphenyl- **18**
     IV 865
—, 6-Benzoyl-4-brom-2,3-diphenyl- **18**
     IV 866
—, 4-Benzoyl-2,3-diphenyl- **18** IV 864
—, 6-Benzoyl-2,3-diphenyl- **18** IV 865
—, 2-Decyl-3-methyl-2,3-dihydro- **17**
     IV 1400
—, 2,3-Dimethyl- **17** IV 1489
—, 2,2-Dimethyl-2,3-dihydro- **17**
     IV 1366
—, 2,4-Dimethyl-2,3-dihydro- **17**
     IV 1366
—, 2,6-Dimethyl-2,3-dihydro- **17**
     IV 1367
—, 2,3-Diphenyl- **17** 144 c, IV 1723
—, 2-Heptadecyl-4,6,7-trimethyl- **17**
     IV 1517
—, 2-Heptadecyl-4,6,7-trimethyl-2,3-
     dihydro- **17** IV 1432
—, 2-Hexadecyl-3-methyl-2,3-dihydro-
     17 IV 1406
—, 2-Isopropyl-4,6,7-trimethyl- **17**
     IV 1504
—, 2-Isopropyl-4,6,7-trimethyl-2,3-
     dihydro- **17** IV 1396
—, 2-Methyl- **17** IV 1476
—, 3-Methyl- **17** IV 1478
—, 2-Methyl-2,3-dihydro- **17** IV 1354
—, 4-Methyl-2,3-dihydro- **17** IV 1356
—, 6-Methyl-2,3-dihydro- **17** IV 1357
—, 2-Methyl-4-nitro-2,3-dihydro- **17**
     IV 1355
—, 3-Methyl-2-tetradecyl-2,3-dihydro-
     17 IV 1405
—, 3-Methyl-2-trichloracetyl- **18** IV 389
—, 3-Methyl-2-trifluoracetyl- **18** IV 389
—, 2,2,4,6,7-Pentamethyl-2,3-dihydro-
     17 IV 1390
—, 2,3,4,6,7-Pentamethyl-2,3-dihydro-
     17 IV 1391
—, 2-Phenyl- **17** IV 1660
—, 2,4,6,7-Tetramethyl- **17** IV 1500
—, 2,4,6,7-Tetramethyl-2,3-dihydro- **17**
     IV 1383
—, 2,4,7-Trimethyl- **17** IV 1496
—, 2,2,3-Trimethyl-2,3-dihydro- **17**
     IV 1378
—, 2,4,7-Trimethyl-2,3-dihydro- **17**
     IV 1379
—, 4,6,7-Trimethyl-2,3-dihydro- **17**
     IV 1379

—, 4,6,7-Trimethyl-2-[1-methyl-hexyl]-
     2,3-dihydro- **17** IV 1400
—, 4,6,7-Trimethyl-2-pentadecyl- **17**
     IV 1513
—, 4,6,7-Trimethyl-2-propyl- **17**
     IV 1504
—, 2,2,3-Trimethyl-6-propyl-2,3-dihydro-
     17 IV 1396
—, 4,6,7-Trimethyl-2-propyl-2,3-dihydro-
     17 IV 1396
—, 4,6,7-Trimethyl-2-[1,5,9,13-
     tetramethyl-tetradecyl]- **17** IV 1520
—, 4,6,7-Trimethyl-2-[1,5,9,13-
     tetramethyl-tetradecyl]-2,3-dihydro- **17**
     IV 1445
—, 4,6,7-Trimethyl-2-tridecyl- **17**
     IV 1513
—, 4,6,7-Trimethyl-2-tridecyl-2,3-
     dihydro- **17** IV 1405
Benzofuran-6-ol **17** II 130 e, IV 1472
—, 5-Acetoacetyl- **18** IV 1550
—, 5-Acetoacetyl-7-benzyloxy-2,3-
     dihydro- **18** IV 2410
—, 5-Acetoacetyl-4-benzyloxy-7-
     methoxy- **18** IV 3105
—, 5-Acetoacetyl-2,3-dihydro- **18**
     IV 1414
—, 5-Acetoacetyl-4,7-dimethoxy- **18**
     IV 3105
—, 5-Acetoacetyl-4,7-dimethoxy-2,3-
     dihydro- **18** IV 3082
—, 5-Acetoacetyl-2-isopropenyl- **18**
     IV 1642
—, 5-Acetoacetyl-2-isopropyl-2,3-
     dihydro- **18** IV 1433
—, 5-Acetoacetyl-4-methoxy- **18**
     IV 2517
—, 7-Acetoacetyl-4-methoxy- **18**
     IV 2518
—, 5-Acetoacetyl-4-methoxy-2,3-dihydro-
     18 IV 2409
—, 7-Acetoacetyl-4-methoxy-2,3-dihydro-
     18 IV 2410
—, 7-Acetoacetyl-4-methoxy-2,3,5-
     trimethyl- **18** IV 2525
—, 5-Acetoacetyl-3-methyl- **18** IV 1562
—, 7-Acetoacetyl-3-methyl- **18** IV 1562
—, 5-Acetoacetyl-3-methyl-2,3-dihydro-
     18 IV 1421
—, 4-Acetoxy-7-acetyl-2,3,5-trimethyl-
     18 IV 1422
—, 2-Acetyl- **18** IV 359
—, 5-Acetyl- **18** IV 364
—, 5-Acetyl-7-äthoxy-2,3-dihydro- **18**
     IV 1242
—, 5-Acetyl-4-äthoxy-7-methoxy- **18**
     IV 2395
—, 7-Acetyl-5-äthyl-3-methyl- **18**
     IV 428

Benzofuran-6-ol (Fortsetzung)

—, 7-Acetyl-4-benzyloxy- **18** IV 1390

—, 5-Acetyl-7-benzyloxy-2,3-dihydro-
18 IV 1242

—, 5-Acetyl-4-benzyloxy-7-methoxy- **18**
IV 2395

—, 5-Acetyl-7-brom-4-methoxy- **18**
IV 1388

—, 7-Acetyl-2-brom-3-methyl- **18**
IV 395

—, 7-Acetyl-5-brom-3-methyl- **18**
IV 395

—, 7-Acetyl-5-chlor-3-methyl- **18**
IV 395

—, 5-Acetyl-4-[2-diäthylamino-äthoxy]-7-
methoxy- **18** IV 2397

—, 5-Acetyl-2,3-dihydro- **18** IV 190

—, 5-Acetyl-4,7-dimethoxy- **18** IV 2394

—, 5-Acetyl-4,7-dimethoxy-2,3-dihydro-
18 IV 2344

—, 5-Acetyl-4-[2-dimethylamino-äthoxy]-
7-methoxy- **18** IV 2397

—, 5-Acetyl-2-[α-hydroxy-isopropyl]-4-
methoxy-2,3-dihydro- **18** IV 2350

—, 5-Acetyl-2-isopropenyl- **18** IV 511

—, 7-Acetyl-2-isopropenyl-4-methoxy-
2,3-dihydro- **18** IV 1422

—, 5-Acetyl-2-isopropyl-2,3-dihydro-
18 IV 228

—, 7-Acetyl-2-isopropyl-2,3-dihydro-
18 IV 228

—, 5-Acetyl-2-isopropyl-4-methoxy- **18**
IV 1421

—, 5-Acetyl-4-methoxy- **18** IV 1386

—, 7-Acetyl-4-methoxy- **18** IV 1389

—, 5-Acetyl-4-methoxy-2,3-dihydro- **18**
IV 1241

—, 5-Acetyl-7-methoxy-2,3-dihydro- **18**
IV 1242

—, 7-Acetyl-4-methoxy-2,3-dihydro- **18**
IV 1243

—, 5-Acetyl-4-methoxy-2,3,7-trimethyl-
18 IV 1423

—, 7-Acetyl-4-methoxy-2,3,5-trimethyl-
18 IV 1422

—, 2-Acetyl-3-methyl- **18** IV 389

—, 5-Acetyl-3-methyl- **18** IV 393

—, 7-Acetyl-3-methyl- **18** IV 393

—, 5-Acetyl-3-methyl-2,3-dihydro- **18**
IV 213

—, 2-Äthoxycarbonylimino-7-äthyl-3,5-
dimethyl-2,3-dihydro- **18** IV 224

—, 4-Äthoxy-2,3,5-trimethyl- **17**
IV 2132

—, 5-Äthyl- **17** IV 1488

—, 3-Äthyl-5-[1-äthyl-1,2-dibrom-propyl]-
7-brom-2-methyl-2,3-dihydro- **17**
IV 1399

—, 3-Äthyl-5-[1-äthyl-propenyl]-2-
methyl-2,3-dihydro- **17** IV 1508

—, 5-Äthyl-2,3-dihydro- **17** IV 1365

—, 5-Äthyl-4,7-dimethoxy- **17** IV 2359

—, 5-Äthyl-3-hydroxyamino- **18**
IV 8291

—, 3-Amino-2,3-dihydro- **18** II 431 h

—, 3-Amino-2-methyl- **18** II 432 b

—, 2-Benzoyl- **18** IV 720

—, 7-Benzoyl- **18** IV 727

—, 7-Benzoyl-5-chlor-3-methyl- **18**
IV 758

—, 5-Benzoyl-2,3-diphenyl- **18** IV 865

—, 2-Benzoyl-3-methyl- **18** IV 753

—, 7-Benzoyl-3-methyl- **18** IV 758

—, 5-Benzoyl-3-methyl-2,3-dihydro- **18**
IV 660

—, 7-Benzyl-5-brom-3-methyl- **17**
IV 1673

—, 7-Benzyl-3-methyl- **17** IV 1673

—, 2,3-Bis-[4-methoxy-phenyl]- **17**
IV 2409

—, 2-Brom-7-cinnamoyl-3-methyl- **18**
IV 805

—, 5-Brom-3-hydroxyamino- **18**
IV 8290

—, 5-Butyl-3-hydroxyamino- **18**
IV 8291

—, 5-Butyryl-4,7-dimethoxy- **18**
IV 2409

—, 2-Butyryl-3-methyl- **18** IV 427

—, 7-Butyryl-3-methyl- **18** IV 428

—, 2-Chloromercuriomethyl-2,3-dihydro-
18 IV 8435

—, 5-Cinnamoyl-4-methoxy- **18**
IV 1905

—, 7-Cinnamoyl-3-methyl- **18** IV 805

—, 5-Crotonoyl-2,3-dihydro- **18** IV 412

—, 5,7-Diacetyl-4-benzyloxy-2,3-dihydro-
18 IV 2411

—, 5,7-Diacetyl-4-methoxy-2,3-dihydro-
18 IV 2410

—, 2,7-Diacetyl-3-methyl- **18** IV 1562

—, 5,7-Diacetyl-3-methyl- **18** IV 1562

—, 2,3-Dihydro- **17** II 119 j, IV 1346

—, 2-[4,α-Dihydroxy-benzyl]-3-methyl-
17 II 224 b

—, 4,7-Dimethoxy- **17** IV 2357

—, 4,7-Dimethoxy-2,3-dihydro- **17**
IV 2338

—, 3,5-Dimethyl-2,3-dihydro- **17**
IV 1367

—, 2,3-Diphenyl- **17** IV 1723

—, 2-[1,5,10,14,18,22-Hexamethyl-
tricosa-1,3,5,7,9,11,13,15,17,21-decaenyl]-
4,4,7a-trimethyl-2,4,5,6,7,7a-hexahydro-
17 IV 1721

—, 5-Hexyl-3-hydroxyamino- **18**
IV 8292

Benzofuran-6-ol   (Fortsetzung)
—, 3-Hydroxyamino- **18** II 8 g
—, 3-Hydroxyamino-4,7-dimethoxy- **18**
    IV 8293
—, 3-Hydroxyamino-2-isopropyl- **18**
    IV 8291
—, 3-Hydroxyamino-5-methyl- **18**
    IV 8291
—, 3-Hydroxyamino-5-pentyl- **18** IV 8292
—, 3-Hydroxyamino-5-propyl- **18** IV 8291
—, 2-[α-Hydroxy-4-methoxy-benzyl]-3-
    methyl- **17** II 224 c
—, 2-[4-Hydroxy-phenyl]- **17** IV 2200
—, 2-[4-Hydroxy-phenyl]-2-methyl-2,3-
    dihydro- **17** IV 2188
—, 5-[3-Hydroxy-propenyl]-7-methoxy-
    17 IV 2364
—, 2-[α-Imino-benzyl]-3-methyl- **18**
    IV 753
—, 2-Isopropyl- **17** IV 1495
—, 2-Isopropyl-2,3-dihydro- **17** IV 1377
—, 4-Methoxy- **17** IV 2119
—, 5-Methoxyacetyl-2,3-dihydro- **18**
    IV 1243
—, 4-Methoxy-2,3-dihydro- **17** IV 2072
—, 7-Methoxy-3-methyl- **17** IV 2122
—, 4-Methoxy-2,3,5-trimethyl- **17**
    IV 2131
—, 3-Methyl- **17** 122 e, I 63 e,
    II 131 d, IV 1479
—, 3-Methyl-2,3-dihydro- **17** I 58 b,
    II 120 d, IV 1356
—, 5-Methyl-2,3-dihydro- **17** IV 1356
—, 4-Methyl-2,3-diphenyl- **17** IV 1728
—, 3-Methyl-2-propionyl- **18** IV 412
—, 3-Methyl-7-propionyl- **18** IV 412
—, 3-Methyl-2-trichloracetyl- **18** IV 390
—, 3-Methyl-2-trifluoracetyl- **18** IV 390
—, 5-Phenylacetyl-2,3-dihydro- **18**
    IV 659
—, 2-Propyl- **17** IV 1493
—, 2-Trichloracetyl- **18** IV 361
—, 2-Trifluoracetyl- **18** IV 360
Benzofuran-7-ol 17 IV 1474
—, 6-Benzoyl-4-brom-2,3-diphenyl- **18**
    IV 867
—, 6-Benzoyl-2,3-diphenyl- **18** IV 866
Benzofuran-2-on
—, 3H- **17** 309 a, I 159 g, II 331 b,
    IV 4946
—, 7-Acetoxy-3H- **18** I 302 a
—, 6-Acetoxy-3-[4-acetoxy-3-methoxy-
    phenyl]-5-methoxy-3H- **18** IV 3192
—, 3-Acetoxy-3-[2-acetoxy-phenyl]-3H-
    18 IV 1688
—, 3-Acetoxy-3-[4-acetoxy-phenyl]-3H-
    18 II 90 f
—, 6-Acetoxy-5-acetylamino-3,3-
    diphenyl-3H- **18** I 581 c

—, 6-Acetoxy-7-acetyl-3,5-dimethyl-3H-
    18 IV 1415
—, 4-Acetoxy-7-acetyl-6-hydroxy-3,5-
    dimethyl-3H- **18** IV 2412
—, 3-[1-Acetoxy-äthyliden]-3H- **18**
    IV 363
—, 3-[1-Acetoxy-äthyliden]-6-methoxy-
    3H- **18** IV 1386
—, 3-Acetoxy-3-benzyl-3H- **18** IV 644
—, 3-[α-Acetoxy-benzyliden]-3H- **18**
    IV 727
—, 6-Acetoxy-3-benzyliden-3H- **18**
    IV 727
—, 5-Acetoxy-3-benzyliden-4,6,7-
    trimethyl-3H- **18** IV 780
—, 5-Acetoxy-3-benzyl-4,6,7-trimethyl-
    3H- **18** IV 673
—, 5-Acetoxy-4-brom-6,7-dimethyl-3H-
    18 IV 193
—, 5-Acetoxy-6-brom-4,7-dimethyl-3H-
    18 IV 193
—, 6-Acetoxy-3-[2,4-diacetoxy-6-methyl-
    phenyl]-4-methyl-3H- **18** 180 b
—, 6-Acetoxy-3-[2,4-diacetoxy-phenyl]-
    3H- **18** 175 b
—, 6-Acetoxy-3-[2,4-diacetoxy-phenyl]-3-
    phenyl-3H- **18** II 184 b
—, 4-Acetoxy-3,7-diacetyl-6-hydroxy-3,5-
    dimethyl-3H- **18** IV 3110
—, 3-Acetoxy-5,6-dihydro-4H- **18**
    IV 139
—, 6-Acetoxy-3,3-diphenyl-3H- **18** 71 c
—, 3-Acetoxy-hexahydro- **18** IV 65
—, 3-[2-Acetoxy-3-methoxy-benzyliden]-
    7-methoxy-3H- **18** I 400 g
—, 5-Acetoxy-3-[4-methoxy-benzyliden]-
    4,6,7-trimethyl-3H- **18** IV 1872
—, 3-[2-Acetoxy-α-methoxy-
    phenäthyliden]-3H- **18** IV 1854
—, 3-Acetoxy-7-[4-methoxy-phenyl]-5,6-
    dihydro-4H- **18** IV 1640
—, 3-Acetoxy-7-methyl-5,6-dihydro-4H-
    18 I 301 c, I 140
—, 7-Acetoxy-3-methyl-4,5-dihydro-3H-
    18 IV 140
—, 7-Acetoxy-3-methyl-5,6-dihydro-4H-
    18 IV 140
—, 5-Acetoxy-7a-methyl-hexahydro- **18**
    IV 69
—, 7-Acetoxy-3-methyl-3a,4,5,7a-
    tetrahydro-3H- **18** IV 120
—, 6-Acetoxy-5-nitro-3,3-diphenyl-3H-
    18 I 337 e
—, 6-Acetoxy-7-nitro-3,3-diphenyl-3H-
    18 I 337 g
—, 3-Acetoxy-3-phenyl-3H- **18** II 31 e
—, 3-[4-Acetoxy-phenyl]-3H- **18** IV 609
—, 3-Acetoxy-7-phenyl-5,6-dihydro-4H-
    18 IV 579

Benzofuran-2-on   (Fortsetzung)

—, 3-Acetoxy-5,6,7,7a-tetrahydro-4*H*-
18 IV 118

—, 3-Acetoxy-4,6,7-trimethyl-3*H*- **18**
IV 214

—, 5-Acetoxy-4,6,7-trimethyl-3*H*- **18**
IV 214

—, 7-Acetoxy-4,4,7a-trimethyl-
hexahydro- **18** IV 76

—, 5-Acetoxy-4,6,7-trimethyl-3-phenyl-
3*H*- **18** IV 670

—, 3-Acetyl-3*H*- **17** IV 6179

—, 7-Acetyl-3-[3-acetyl-2,4,6-trihydroxy-
5-methyl-phenyl]-4,6-dihydroxy-5-methyl-
3*H*- **18** IV 3634

—, 3-Acetylamino-5-methyl-3-phenyl-
3*H*- **18** 615 f

—, 3-Acetylamino-3-phenyl-3*H*-
18 615 b

—, 5-Acetyl-4,6-dihydroxy-3,7-dimethyl-
3*H*- **18** IV 2411

—, 7-Acetyl-4,6-dihydroxy-3,5-dimethyl-
3*H*- **18** IV 2411

—, 3-Acetyl-hexahydro- **17** II 454 c

—, 7a-Acetyl-hexahydro- **17** IV 5953

—, 7-Acetyl-6-hydroxy-3,5-dimethyl-
3*H*- **18** IV 1414

—, 5-Acetyl-6-hydroxy-4-methoxy-3,7-
dimethyl-3*H*- **18** IV 2412

—, 7-Acetyl-6-hydroxy-4-methoxy-3,5-
dimethyl-3*H*- **18** IV 2411

—, 3-Acetyl-5-hydroxy-4,6,7-trimethyl-
3*H*- **18** IV 1423

—, 3-Acetyl-6-methoxy-3*H*- **18** IV 1385

—, 3-Acetyl-5,6,7,7a-tetrahydro-4*H*- **17**
IV 6011

—, 7a-Äthinyl-3-dimethylamino-
hexahydro- **18** IV 7880

—, 5-Äthoxy-3*H*- **18** IV 155

—, 6-Äthoxy-3,3-diphenyl-3*H*- **18** 71 b

—, 7-Äthoxy-hexahydro- **18** IV 66

—, 3-Äthoxy-5-methyl-3-phenyl-3*H*-
18 53 c

—, 3-Äthoxy-6-methyl-3-phenyl-3*H*-
18 53 d

—, 3-Äthoxy-3-phenyl-3*H*- **18** 47 i

—, 3-Äthoxy-7-phenyl-5,6-dihydro-4*H*-
18 IV 578

—, 3-Äthyl-3-[2-dimethylamino-äthyl]-7-
methoxy-3*H*- **18** IV 8085

—, 3-Äthyl-3-[3-(2,4-dinitro-
phenylhydrazono)-3-phenyl-propyl]-7-
methoxy-3*H*- **18** IV 1875

—, 3-Äthyl-hexahydro- **17** IV 4361

—, 7-Äthyl-6-hydroxy-3,5-dimethyl-3*H*-
18 IV 224

—, 6-Äthyl-4-hydroxy-7-isopropyl-3,6-
dimethyl-hexahydro- **18** IV 80

—, 6-Äthyl-7a-hydroxy-5-isopropyl-3,6-
dimethyl-5,6,7,7a-tetrahydro-4*H*- **10**
III 2950 c

—, 6-Äthyl-5-isopropyl-3,6-dimethyl-5,6-
dihydro-4*H*- **17** IV 4760

—, 6-Äthyl-7-isopropyl-3,6-dimethyl-
hexahydro- **17** IV 4393

—, 3-Äthyl-7-methoxy-3-[3-oxo-3-phenyl-
propyl]-3*H*- **18** IV 1874

—, 3-Äthyl-5-methyl-3-phenyl-3*H*- **17**
II 394 f

—, 3-Äthyl-3-phenyl-3*H*- **17** II 391 g

—, 7-Äthyl-3-phenyl-3*H*- **17** IV 5370

—, 3-Allyl-5-methyl-3-phenyl-3*H*- **17**
II 405 d

—, 3-Allyl-3-phenyl-3*H*- **17** II 403 e

—, 7-Amino-5-brom-6-hydroxy-3,3-
diphenyl-3*H*- **18** I 581 f

—, 3-[4-Amino-butyl]-3-phenyl-3*H*- **18**
IV 8001

—, 7-Amino-5-chlor-6-hydroxy-3,3-
diphenyl-3*H*- **18** I 581 e

—, 3-Amino-hexahydro- **18** IV 7860

—, 5-Amino-6-hydroxy-3,3-diphenyl-
3*H*- **18** I 581 b

—, 7-Amino-6-hydroxy-3,3-diphenyl-
3*H*- **18** I 581 d

—, 7a-Aminomethyl-3a-cyclohexyl-
hexahydro- **18** IV 7873

—, 3-Amino-3-phenyl-3*H*- **18** IV 7967

—, 3-Anilino-3*H*-,
  — imin **18** IV 7883

—, 3-[1-Anilino-äthyliden]-3*H*- **17**
IV 6179

—, 3-[α-Anilino-benzyliden]-3*H*- **17**
IV 6435

—, 3-Anilinomethylen-3*H*- **17** IV 6160

—, 6-Benzhydryliden-3-phenyl-6*H*- **17**
IV 5630

—, 6-Benzhydryl-3-phenyl-3*H*- **17**
IV 5625

—, 7-Benzolsulfonyloxy-4,4,7a-trimethyl-
hexahydro- **18** IV 77

—, 3-Benzoyl-3*H*- **17** IV 6435

—, 3-Benzoyl-6-methoxy-3*H*- **18**
IV 1826

—, 6-Benzoyloxy-3-[2,4-bis-benzoyloxy-6-
methyl-phenyl]-4-methyl- **18** 180 c

—, 6-Benzoyloxy-3-[2,4-bis-benzoyloxy-
phenyl]-3*H*- **18** 175 c

—, 6-Benzoyloxy-3-[2,4-bis-benzoyloxy-
phenyl]-3-phenyl-3*H*- **18** II 184 c

—, 6-Benzoyloxy-3,3-diphenyl-3*H*-
18 71 d

—, 5-Benzoyloxy-7a-methyl-hexahydro-
18 IV 69

—, 3-Benzoyl-3-phenyl-3*H*- **17** II 514 a

—, 3-Benzyl-3*H*- **17** 365 b, II 388 g

Benzofuran-2-on (Fortsetzung)

—, 3-[2-(Benzyl-butyl-amino)-äthyl]-3-phenyl-3*H*- **18** IV 7996

—, 3-Benzyl-5,6-dihydro-4*H*- **17** IV 5281

—, 3-Benzyl-hexahydro- **17** IV 5156

—, 3-Benzyl-3-hydroxy-3*H*- **18** IV 644

—, 3-Benzyliden-3*H*- **17** 376 d, IV 5431

—, 3-Benzyliden-4,6-dihydroxy-3*H*- **18** IV 1825

—, 3-Benzyliden-4,6-dimethoxy-3*H*- **18** IV 1826

—, 3-Benzyliden-6-hydroxy-3*H*- **18** IV 726

—, 3-Benzyliden-6-hydroxy-4-methyl-3*H*- **18** IV 758

—, 3-Benzyliden-5-hydroxy-4,6,7-trimethyl-3*H*- **18** IV 780

—, 3-Benzyliden-6-methoxy-3*H*- **18** IV 726

—, 3-Benzyliden-5-methyl-3*H*- **17** IV 5450

—, 3-Benzyliden-4,5,6,7-tetrahydro-3*H*- **17** IV 5281

—, 3-Benzyl-7a-methyl-hexahydro- **17** IV 5162

—, 3-Benzyl-5-methyl-3-phenyl-3*H*- **17** II 419 b

—, 3-Benzyl-7a-[2-oxo-cyclohexyl]-5,6,7,7a-tetrahydro-4*H*- **17** IV 6419

—, 6-Benzyloxy-3-[4-benzyloxy-3-methoxy-phenyl]-5-methoxy-3*H*- **18** IV 3192

—, 3-Benzyloxycarbonylamino-hexahydro- **18** IV 7861

—, 5-Benzyloxy-hexahydro- **18** IV 65

—, 5-Benzyloxy-7a-methyl-hexahydro- **18** IV 69

—, 3-Benzyl-3-phenyl-3*H*- **17** II 418 f

—, 3-Benzyl-4,5,6,7-tetrahydro-3*H*- **17** IV 5236

—, 3-Benzyl-5,6,7,7a-tetrahydro-4*H*- **17** IV 5236

—, 4,6-Bis-benzoyloxy-3-[4-benzoyloxy-benzyliden]-3*H*- **18** IV 2750

—, 3,3-Bis-[2-carboxy-äthyl]-7-methoxy-3*H*- **18** IV 6604

—, 3,3-Bis-[4-methoxy-phenyl]-5-methyl-3*H*- **18** IV 1950

—, 3,3-Bis-[4-methoxy-phenyl]-6-methyl-3*H*- **18** IV 1950

—, 5-Brom-3-[2-diäthylamino-äthyl]-3-phenyl-3*H*- **18** IV 7996

—, 7-Brom-5,6-dimethyl-3,3-diphenyl-3*H*- **17** 394 c

—, 3a-Brom-3,3-dimethyl-hexahydro- **17** IV 4361

—, 5-Brom-3,3-diphenyl-3*H*- **17** 391 e

—, 3a-Brom-hexahydro- **17** 257 d

—, 7-Brom-5-hydroxy-3*H*- **18** IV 155

—, 4-Brom-5-hydroxy-6,7-dimethyl-3*H*- **18** IV 193

—, 6-Brom-5-hydroxy-4,7-dimethyl-3*H*- **18** IV 192

—, 5-Brom-6-hydroxy-3,3-diphenyl-3*H*- **18** 71 f, I 337 b

—, 5-Brom-6-hydroxy-7-nitro-3,3-diphenyl-3*H*- **18** I 337 i

—, 4-Brom-5-methoxy-6,7-dimethyl-3*H*- **18** IV 193

—, 6-Brom-5-methoxy-4,7-dimethyl-3*H*- **18** IV 193

—, 3-Brom-3-[4-methoxy-phenyl]-5-methyl-3*H*- **18** II 35 d

—, 5-Brom-6-methyl-3,3-diphenyl-3*H*- **17** 393 a

—, 7-Brom-5-methyl-3,3-diphenyl-3*H*- **17** 392 e

—, 3a-Brom-6-methyl-hexahydro- **17** 259 b

—, 7-Brom-3-methyl-hexahydro- **17** IV 4342

—, 3-Brom-5-methyl-3-phenyl-3*H*- **17** 365 e, II 389 a

—, 3-Brom-6-methyl-3-phenyl-3*H*- **17** 365 g

—, 3-Brom-3-phenyl-3*H*- **17** 361 a, II 384 c

—, 5-Brom-3-phenyl-3*H*- **17** I 193 e

—, 3-[2-Butylamino-äthyl]-3-phenyl-3*H*- **18** IV 7995

—, 5-*tert*-Butyl-3-phenyl-3*H*- **17** IV 5396

—, 5-Chlor-3-[2-diäthylamino-äthyl]-3-phenyl-3*H*- **18** IV 7996

—, 3-{3-Chlor-α-[5-(2-hydroxy-benzofuran-3-yl)-penta-2,4-dienylidenamino]-benzyliden}-3*H*- **18** IV 8008

—, 3-{4-Chlor-α-[5-(2-hydroxy-benzofuran-3-yl)-penta-2,4-dienylidenamino]-benzyliden}-3*H*- **18** IV 8008

—, 5-Chlor-6-hydroxy-3,3-diphenyl-3*H*- **18** I 336 e

—, 4-Chlor-5-hydroxy-7-methyl-3*H*- **18** IV 174

—, 5-Chlor-6-hydroxy-7-nitro-3,3-diphenyl-3*H*- **18** I 337 h

—, 5-Chlor-3-phenyl-3*H*- **17** I 193 d, IV 5317

—, 3-[4-Chlor-phenyl]-3-[2,4-dihydroxy-phenyl]-6-hydroxy-3*H*- **18** II 184 d

—, 3-[4-Chlor-phenyl]-4,6-dihydroxy-3-[2,4,6-trihydroxy-phenyl]-3*H*-, — imin **18** II 246 d

Benzofuran-2-on   (Fortsetzung)

—, 3-[3-Chlor-propyl]-3-phenyl-3*H*- **17**
IV 5386

—, 5-[1-Cyan-1-methyl-äthoxy]-4-
isopropyl-3,3,7-trimethyl-3*H*- **18** IV 233

—, 5-[1-Cyan-1-methyl-äthoxy]-7-
isopropyl-3,3,4-trimethyl-3*H*- **18** IV 233

—, 5-[1-Cyan-1-methyl-äthoxy]-3,3,4,7-
tetramethyl-3*H*- **18** IV 224

—, 7-Cyclohexyl-hexahydro- **17**
IV 4662

—, 7-Cyclohexyl-3-methyl-5,6-dihydro-
4*H*- **17** IV 5029

—, 7-Cyclohexyl-3-methyl-hexahydro-
17 IV 4669

—, 3-Cyclohexylmethyl-4,5,6,7-
tetrahydro-3*H*- **17** IV 4761

—, 7-Cyclohexyl-3-methyl-3a,4,5,6-
tetrahydro-3*H*- **17** IV 4761

—, 4,6-Diacetoxy-3-[4-acetoxy-
benzyliden]-3*H*- **18** IV 2750

—, 4,6-Diacetoxy-7-acetyl-3,5-dimethyl-
3*H*- **18** IV 2412

—, 4,6-Diacetoxy-7-acetyl-5-methyl-3-
[2,4,6-triacetoxy-3-acetyl-5-methyl-phenyl]-
3*H*- **18** IV 3634

—, 4,6-Diacetoxy-3-[4-chlor-phenyl]-3-
[2,4,6-triacetoxy-phenyl]-3*H*-,
— imin **18** II 246 e

—, 4,6-Diacetoxy-3,7-diacetyl-3,5-
dimethyl-3*H*- **18** IV 3110

—, 6,7-Diacetoxy-4,5-dichlor-3,3-
diphenyl-3*H*- **18** I 372 d

—, 3-[2,α-Diacetoxy-4-methoxy-
phenäthyliden]-6-methoxy-3*H*- **18**
IV 3341

—, 3-[2,α-Diacetoxy-phenäthyliden]-3*H*-
18 IV 1854

—, 4,6-Diacetoxy-3-phenyl-3-[2,4,6-
triacetoxy-phenyl]-3*H*-,
— imin **18** II 246 c

—, 3,7-Diacetyl-4,6-dihydroxy-3,5-
dimethyl-3*H*- **18** IV 3110

—, 4,6-Diäthoxy-3-[4-äthoxy-benzyliden]-
3*H*- **18** IV 2750

—, 3-[2-Diäthylamino-äthyl]-3*H*- **18**
IV 7907

—, 3-[2-Diäthylamino-äthyl]-5-methyl-
3*H*- **18** IV 7911

—, 3-[2-Diäthylamino-äthyl]-5-methyl-3-
phenyl-3*H*- **18** IV 8000

—, 3-[2-Diäthylamino-äthyl]-7-methyl-3-
phenyl-3*H*- **18** IV 8000

—, 3-[2-Diäthylamino-äthyl]-5-methyl-3-
propyl-3*H*- **18** IV 7918

—, 3-[2-Diäthylamino-äthyl]-3-phenyl-
3*H*- **18** IV 7995

—, 3-[2-Diäthylamino-äthyl]-3-phenyl-5-
propyl-3*H*- **18** IV 8002

—, 3-[2-Diäthylamino-äthyl]-3-*m*-tolyl-
3*H*- **18** IV 7999

—, 3-[3-Diäthylamino-propyl]-3-phenyl-
3*H*- **18** IV 8000

—, 3-[11-Diäthylamino-undecyl]-3-
phenyl-3*H*- **18** IV 8002

—, 5,7-Dibrom-3,6-dimethyl-3*H*- **17**
I 164 d

—, 5,7-Dibrom-6-hydroxy-3,3-diphenyl-
3*H*- **18** I 337 c

—, 5,7-Dibrom-3-methylen-3*H*- **17**
I 172 g

—, 5,7-Dibrom-6-methyl-3-methylen-
3*H*- **17** I 174 h

—, 3-[2-Dibutylamino-äthyl]-3-phenyl-
3*H*- **18** IV 7995

—, 3-[3-Dibutylamino-propyl]-3-phenyl-
3*H*- **18** IV 8000

—, 4,5-Dichlor-6,7-dihydroxy-3,3-
diphenyl-3*H*- **18** I 372 c

—, 4,7-Dichlor-5,6-dihydroxy-3,3-
diphenyl-3*H*- **18** I 372 b

—, 5,7-Dichlor-6-hydroxy-3,3-diphenyl-
3*H*- **18** I 337 a

—, 5,6-Dihydro-4*H*- **17** IV 4727

—, 6,7-Dihydroxy-3,3-diphenyl-3*H*-
18 142 g

—, 4,6-Dihydroxy-3-[4-hydroxy-
benzyliden]-3*H*- **18** IV 2749

—, 4,6-Dihydroxy-3-[2-methoxy-phenyl]-
3-[2,4,6-trihydroxy-phenyl]-3*H*-,
— imin **18** II 256 c

—, 4,6-Dihydroxy-3-[4-methoxy-phenyl]-
3-[2,4,6-trihydroxy-phenyl]-3*H*-,
— imin **18** II 257 a

—, 3-[2,4-Dihydroxy-6-methyl-phenyl]-6-
hydroxy-4-methyl-3*H*- **18** 180 a

—, 3-[2,4-Dihydroxy-phenyl]-6-hydroxy-
3*H*- **18** 175 a, IV 2608

—, 3-[2,4-Dihydroxy-phenyl]-6-hydroxy-
3-[2-methoxy-phenyl]-3*H*-,
— imin **18** II 226 d

—, 3-[2,4-Dihydroxy-phenyl]-6-hydroxy-
3-[4-methoxy-phenyl]-3*H*-,
— imin **18** II 226 e

—, 3-[2,4-Dihydroxy-phenyl]-6-hydroxy-
3-phenyl-3*H*- **18** II 184 a, IV 2828

—, 3-[2,4-Dihydroxy-phenyl]-6-hydroxy-
3-[3,4,5-trimethoxy-phenyl]-3*H*-,
— imin **18** II 257 b

—, 4,6-Dihydroxy-3-phenyl-3-[2,4,6-
trihydroxy-phenyl]-3*H*-,
— imin **18** II 246 b

—, 4,6-Dihydroxy-3-[2,4,6-trihydroxy-
phenyl]-3-[3,4,5-trimethoxy-phenyl]-3*H*-,
— imin **18** II 261 d

—, 4,6-Dimethoxy-3*H*- **18** IV 1222

—, 4,6-Dimethoxy-3,7-dimethyl-3*H*- **18**
IV 1244

Benzofuran-2-on (Fortsetzung)

—, 4,6-Dimethoxy-3-[4-methoxy-
    benzyliden]-3*H*- **18** IV 2749
—, 3-[2,α-Dimethoxy-phenäthyliden]-
    3*H*- **18** IV 1854
—, 4,6-Dimethoxy-3-[3,4,5-trimethoxy-
    benzyliden]-3*H*- **18** IV 3516
—, 4,6-Dimethoxy-3-veratryliden-3*H*-
    18 IV 3334
—, 3,3-Dimethyl-3*H*- **17** IV 4981
—, 3,5-Dimethyl-3*H*- **17** IV 4981
—, 5,7-Dimethyl-3*H*- **17** IV 4981
—, 3-[2-Dimethylamino-äthyl]-3-phenyl-
    3*H*- **18** IV 7995
—, 3-Dimethylamino-hexahydro- **18**
    IV 7861
—, 3-[4-Dimethylamino-phenylimino]-
    3*H*- **17** IV 6130
—, 3-[2,3-Dimethyl-benzyliden]-7-
    methoxy-3*H*- **18** I 400 f
—, 3,5-Dimethyl-5,6-dihydro-4*H*- **17**
    IV 4742
—, 3,6-Dimethyl-5,6-dihydro-4*H*- **17**
    IV 4742
—, 5,6-Dimethyl-3,3-diphenyl-3*H*-
    17 394 b
—, 5,7-Dimethyl-3,3-diphenyl-3*H*-
    17 394 d
—, 3,3-Dimethyl-hexahydro- **17**
    II 302 a, IV 4361
—, 3,5-Dimethyl-hexahydro- **17**
    IV 4361
—, 3,7-Dimethyl-hexahydro- **17**
    IV 4362
—, 3a,7a-Dimethyl-hexahydro- **17**
    IV 4362
—, 5,5-Dimethyl-hexahydro- **17**
    IV 4362
—, 6,6-Dimethyl-hexahydro- **17**
    IV 4362
—, 6,7a-Dimethyl-hexahydro- **17**
    IV 4363
—, 3,5-Dimethyl-3-phenyl-3*H*- **17**
    II 392 a
—, 4,5-Dimethyl-3-phenyl-3*H*- **17**
    IV 5370
—, 4,6-Dimethyl-3-phenyl-3*H*- **17**
    IV 5370
—, 4,7-Dimethyl-3-phenyl-3*H*- **17**
    IV 5370
—, 5,6-Dimethyl-3-phenyl-3*H*- **17**
    IV 5371
—, 5,7-Dimethyl-3-phenyl-3*H*- **17**
    IV 5371
—, 4,6-Dimethyl-3-phenylimino-3*H*- **17**
    II 475 b
—, 3,3-Dimethyl-4,5,6,7-tetrahydro-3*H*-
    17 IV 4623

—, 3,5-Dimethyl-3a,4,5,6-tetrahydro-
    3*H*- **17** IV 4623
—, 7-[3,5-Dinitro-benzoyloxy]-
    hexahydro- **18** IV 66
—, 7-[3,5-Dinitro-benzoyloxy]-3-methyl-
    hexahydro- **18** IV 69
—, 3-[1-(2,4-Dinitro-phenylhydrazono)-
    äthyl]-3*H*- **17** IV 6179
—, 3-[1-(2,4-Dinitro-phenylhydrazono)-
    äthyl]-5,6,7,7a-tetrahydro-4*H*- **17**
    IV 6012
—, 3-[5-(2,4-Dinitro-phenylimino)-penta-
    1,3-dienyl]-3*H*- **17** IV 6349
—, 3,3-Diphenyl-3*H*- **17** 391 d
—, 4,6-Diphenyl-3*H*- **17** IV 5561
—, Hexahydro- **17** II 299 a, IV 4332
—, 3-Hydroxy-3*H*- **18** 17 a, IV 154
—, 5-Hydroxy-3*H*- **18** 17 b, I 301 d,
    IV 155
—, 6-Hydroxy-3*H*- **18** IV 155
—, 7-Hydroxy-3*H*- **18** I 301 e
—, 3-[1-Hydroxy-äthyliden]-3*H*- **17**
    IV 6179
—, 3-{α-[5-(2-Hydroxy-benzofuran-3-yl)-
    penta-2,4-dienylidenamino]-benzyliden}-
    3*H*- **18** IV 8008
—, 3-{α-[5-(2-Hydroxy-benzofuran-3-yl)-
    penta-2,4-dienylidenamino]-4-methoxy-
    benzyliden}-3*H*- **18** IV 8104
—, 3-{α-[5-(2-Hydroxy-benzofuran-3-yl)-
    penta-2,4-dienylidenamino]-4-methyl-
    benzyliden}-3*H*- **18** IV 8013
—, 3-{α-[5-(2-Hydroxy-benzofuran-3-yl)-
    penta-2,4-dienylidenamino]-4-nitro-
    benzyliden}-3*H*- **18** IV 8008
—, 6-Hydroxy-3,3-bis-[4-methoxy-phenyl]-
    3*H*- **18** IV 2828
—, 3-Hydroxy-4,6-dimethoxy-3-[3,4,5-
    trimethoxy-benzyl]-3*H*- **18** IV 3567
—, 5-Hydroxy-4,6-dimethyl-3*H*- **18**
    IV 192
—, 5-Hydroxy-4,7-dimethyl-3*H*- **18**
    IV 192
—, 7-Hydroxy-3,6-dimethyl-3*H*- **18**
    IV 192
—, 3-Hydroxy-3,5-dimethyl-hexahydro-
    18 IV 73
—, 3a-Hydroxy-3,3-dimethyl-hexahydro-
    18 IV 72
—, 3a-Hydroxy-5,5-dimethyl-hexahydro-
    18 IV 73
—, 7a-Hydroxy-3,3-dimethyl-hexahydro-
    10 III 2854 e
—, 7a-Hydroxy-3a,4-dimethyl-
    hexahydro- **10** III 2857 e
—, 7a-Hydroxy-3a,7-dimethyl-
    hexahydro- **10** III 2858 c

Benzofuran-2-on   (Fortsetzung)

—, 6-Hydroxy-3,5-dimethyl-7-[1-(4-nitro-phenylhydrazono)-äthyl]-3*H*- **18** IV 1415

—, 3-Hydroxy-3,5-dimethyl-3a,4,5,6-tetrahydro-3*H*- **18** IV 122

—, 7a-Hydroxy-3,6-dimethyl-5,6,7,7a-tetrahydro-4*H*- **10** III 2906 c

—, 4-Hydroxy-3,3-diphenyl-3*H*- **18** 70 e

—, 5-Hydroxy-3,3-diphenyl-3*H*- **18** 70 f, I 336 c

—, 6-Hydroxy-3,3-diphenyl-3*H*- **18** 70 g, I 336 d

—, 7-Hydroxy-3,3-diphenyl-3*H*- **18** IV 830

—, 3-Hydroxy-hexahydro- **18** IV 64

—, 5-Hydroxy-hexahydro- **17** I 237 d, IV 5930 a

—, 7-Hydroxy-hexahydro- **18** IV 65

—, 7a-Hydroxy-hexahydro- **10** III 2820 c

—, 3-[2-Hydroxy-α-hydroxyimino-phenäthyl]-3*H*- **18** IV 1854

—, 3-[1-Hydroxyimino-äthyl]-3*H*- **17** IV 6179

—, 7-Hydroxyimino-3,6-dimethyl-4,5,6,7-tetrahydro-3*H*- **17** IV 6012

—, 7-Hydroxyimino-hexahydro- **17** IV 5930

—, 4-Hydroxy-7-isopropenyl-3,6-dimethyl-6-vinyl-hexahydro- **18** IV 143

—, 7a-Hydroxy-5-isopropenyl-3,6-dimethyl-6-vinyl-5,6,7,7a-tetrahydro-4*H*- **10** III 3112 a

—, 7a-Hydroxy-5-isopropyliden-3,6-dimethyl-6-vinyl-5,6,7,7a-tetrahydro-3*H*- **10** III 3111 d

—, 3-Hydroxy-4-isopropyl-7-methyl-5,6-dihydro-4*H*- **17** IV 6027

—, 3-Hydroxy-7-isopropyl-4-methyl-5,6-dihydro-4*H*- **17** IV 6027

—, 6-Hydroxy-3-[4-methoxy-benzyliden]-3*H*- **18** IV 1826

—, 5-Hydroxy-3-[4-methoxy-benzyliden]-4,6,7-trimethyl-3*H*- **18** IV 1872

—, 3-[2-Hydroxy-α-methoxy-phenäthyliden]-3*H*- **18** IV 1853

—, 3-[(2-Hydroxy-4-methoxy-phenyl)-acetyl]-6-methoxy-3*H*- **18** IV 3341

—, 3-Hydroxy-7-[3-methoxy-phenyl]-5,6-dihydro-4*H*- **18** IV 1640

—, 3-Hydroxy-7-[4-methoxy-phenyl]-5,6-dihydro-4*H*- **18** IV 1640

—, 5-Hydroxy-4-methyl-3*H*- **18** IV 173

—, 5-Hydroxy-6-methyl-3*H*- **18** IV 174

—, 6-Hydroxy-4-methyl-3,3-diphenyl-3*H*- **18** 73 a

—, 3-Hydroxymethylen-3*H*- **17** IV 6160

—, 3-Hydroxy-3-methyl-hexahydro- **18** IV 68

—, 3a-Hydroxy-6-methyl-hexahydro- **18** 9 a

—, 7-Hydroxy-3-methyl-hexahydro- **18** IV 68

—, 7a-Hydroxy-3-methyl-hexahydro- **10** III 2836 b

—, 7a-Hydroxy-3a-methyl-hexahydro- **10** III 2837 b

—, 7a-Hydroxy-5-methyl-hexahydro- **10** III 2838 f

—, 7a-Hydroxy-6-methyl-hexahydro- **10** II 425 h, III 2839 c

—, 7a-Hydroxy-7-methyl-hexahydro- **10** III 2838 e

—, 4-Hydroxy-6-methyl-3-phenyl-3*H*- **18** 53 h

—, 6-Hydroxy-4-methyl-3-phenyl-3*H*- **18** 53 e

—, 3-Hydroxy-3-methyl-3a,4,5,6-tetrahydro-3*H*- **18** IV 121

—, 3-Hydroxy-7-methyl-5,6,7,7a-tetrahydro-4*H*- **17** IV 5941

—, 6-Hydroxy-5-nitro-3,3-diphenyl-3*H*- **18** 71 g, I 337 d

—, 6-Hydroxy-7-nitro-3,3-diphenyl-3*H*- **18** I 337 f

—, 3-[4-Hydroxy-phenyl]-3*H*- **18** II 31 g, IV 609

—, 4-Hydroxy-3-phenyl-3*H*- **18** 48 a

—, 5-Hydroxy-3-phenyl-3*H*- **18** 48 c

—, 6-Hydroxy-3-phenyl-3*H*- **18** 48 d

—, 3-[(2-Hydroxy-phenyl)-acetyl]-3*H*- **18** IV 1853

—, 7a-Hydroxy-4-phenyl-hexahydro- **10** III 3190 d

—, 3-[2-Hydroxy-α-phenylhydrazono-phenäthyl]-3*H*- **18** IV 1854

—, 3-Hydroxy-5,6,7,7a-tetrahydro-4*H*- **17** IV 5929

—, 6-Hydroxy-3-[3,4,5-trimethoxy-benzyliden]-3*H*- **18** IV 3334

—, 5-Hydroxy-4,6,7-trimethyl-3*H*- **18** IV 214

—, 7-Hydroxy-3a,6,7-trimethyl-hexahydro- **18** IV 76

—, 7-Hydroxy-4,4,7a-trimethyl-hexahydro- **18** IV 76

—, 5-Hydroxy-4,6,7-trimethyl-3-palmitoyl-3*H*- **18** IV 1501

—, 5-Hydroxy-4,6,7-trimethyl-3-phenyl-3*H*- **18** IV 670

—, 5-Hydroxy-4,6,7-trimethyl-3-stearoyl-3*H*- **18** IV 1506

—, 3-Hydroxy-4,4,7a-trimethyl-5,6,7,7a-tetrahydro-4*H*- **17** IV 5965

—, 6-Hydroxy-4,4,7a-trimethyl-5,6,7,7a-tetrahydro-4*H*- **18** IV 123

Benzofuran-2-on (Fortsetzung)

—, 6-Hydroxy-3-veratryliden-3*H*- **18** IV 2750

—, 5-Isopropenyl-3,6-dimethyl-6-vinyl-5,6-dihydro-4*H*- **17** IV 5155

—, 7-Isopropenyl-3,6-dimethyl-6-vinyl-hexahydro- **17** IV 4760

—, 3-Isopropyl-hexahydro- **17** IV 4376

—, 3-Isopropyliden-3*H*- **17** IV 5105

—, 3-Isopropyl-6-methyl-hexahydro- **17** IV 4385

—, 7a-Isopropyl-5-methyl-hexahydro- **17** IV 4385

—, 4-Isopropyl-7-methyl-3-phenyl-3*H*- **17** IV 5396

—, 7-Isopropyl-4-methyl-3-phenyl-3*H*- **17** IV 5396

—, 7a-Isopropyl-5-methyl-3a,6,7,7a-tetrahydro-3*H*- **17** IV 4647

—, 6-[4-Isopropyl-phenyl]-hexahydro- **17** IV 5166

—, 3a-Jod-hexahydro- **17** II 299 b, IV 4333

—, 7-Jod-hexahydro- **17** IV 4333

—, 3-Jod-3-[4-methoxy-phenyl]-5-methyl-3*H*- **18** II 35 e

—, 3-Jod-5-methyl-3-phenyl-3*H*- **17** II 389 b

—, 3-Jod-3-phenyl-3*H*- **17** II 384 d

—, 6-Methoxy-3*H*- **18** IV 156

—, 7-Methoxy-3*H*- **18** I 301 f

—, 3-[1-Methoxy-äthyliden]-3*H*- **18** IV 362

—, 3-[2-Methoxy-benzyliden]-3*H*- **18** 61 g

—, 3-[3-Methoxy-benzyliden]-3*H*- **18** 61 h

—, 3-[α-Methoxy-benzyliden]-3*H*- **18** IV 727

—, 3-[4-Methoxy-benzyliden]-3*H*- **18** 62 a

—, 5-Methoxy-3,3-diphenyl-3*H*- **18** IV 830

—, 6-Methoxy-3,3-diphenyl-3*H*- **18** 71 a

—, 3-Methoxy-hexahydro- **18** IV 64

—, 6-Methoxy-3-[4-methoxy-benzyliden]-3*H*- **18** IV 1826

—, 6-Methoxy-3-[4-methoxy-phenyl]-3*H*- **18** IV 1688

—, 5-Methoxy-6-methyl-3*H*- **18** IV 174

—, 3-Methoxy-7-methyl-5,6-dihydro-4*H*- **18** I 301 b

—, 3-[2-Methoxy-phenyl]-3*H*- **18** I 315 h

—, 3-Methoxy-3-phenyl-3*H*- **18** II 31 d

—, 3-Methoxy-7-phenyl-5,6-dihydro-4*H*- **18** IV 578

—, 3-[2-Methoxy-phenyl]-5-methyl-3*H*- **18** I 320 e, II 35 b

—, 3-[2-Methoxy-phenyl]-6-methyl-3*H*- **18** I 320 g

—, 3-[2-Methoxy-phenyl]-7-methyl-3*H*- **18** I 321 a

—, 3-[4-Methoxy-phenyl]-5-methyl-3*H*- **18** I 320 f, II 35 c

—, 4-[4-Methoxy-phenyl]-7-methyl-hexahydro- **18** IV 447

—, 7a-[4-Methoxy-phenyl]-5-methyl-hexahydro- **18** IV 447

—, 4-[4-Methoxy-phenyl]-7-methyl-4,5,6,7-tetrahydro-3*H*- **18** IV 525

—, 4-[4-Methoxy-phenyl]-7-methyl-5,6,7,7a-tetrahydro-4*H*- **18** IV 524

—, 6-[4-Methoxy-phenyl]-4-methyl-5,6,7,7a-tetrahydro-3*H*- **18** IV 524

—, 6-Methoxy-3-[1-propionyloxy-propyliden]-3*H*- **18** IV 1406

—, 3-[1-Methoxy-propyliden]-3*H*- **18** IV 386

—, 6-Methoxy-3-[3,4,5-trimethoxy-benzyliden]-3*H*- **18** IV 3334

—, 7-Methoxy-4,4,7a-trimethyl-hexahydro- **18** IV 76

—, 6-Methoxy-3-veratryliden-3*H*- **18** IV 2750

—, 3-Methyl-3*H*- **17** IV 4965

—, 4-Methyl-3*H*- **17** IV 4966

—, 5-Methyl-3*H*- **17** IV 4966

—, 6-Methyl-3*H*- **17** IV 4966

—, 7-Methyl-3*H*- **17** IV 4967

—, 3-Methyl-5,6-dihydro-4*H*- **17** IV 4734

—, 5-Methyl-3,3-diphenyl-3*H*- **17** 392 d

—, 6-Methyl-3,3-diphenyl-3*H*- **17** 392 f

—, 7-Methyl-3,3-diphenyl-3*H*- **17** 393 b

—, 3-Methyl-hexahydro- **17** IV 4341

—, 6-Methyl-hexahydro- **17** II 300 f

—, 7-Methyl-hexahydro- **17** IV 4342

—, 7a-Methyl-hexahydro- **17** II 300 e, IV 4343

—, 3-Methyl-7-[4-nitro-benzoyloxy]-hexahydro- **18** IV 68

—, 5-Methyl-3-phenacyl-3-phenyl-3*H*- **17** II 515 a

—, 3-Methyl-3-phenyl-3*H*- **17** II 388 h

—, 4-Methyl-3-phenyl-3*H*- **17** IV 5347

—, 5-Methyl-3-phenyl-3*H*- **17** 365 d, I 199 a, II 388 i, IV 5347

—, 6-Methyl-3-phenyl-3*H*- **17** 365 f, I 199 b, II 389 c, IV 5347

—, 7-Methyl-3-phenyl-3*H*- **17** IV 5347

—, 3-Methyl-3a,4,5,6-tetrahydro-3*H*- **17** IV 4600

—, 3-Methyl-4,5,6,7-tetrahydro-3*H*- **17** IV 4601

—, 3-Methyl-5,6,7,7a-tetrahydro-4*H*- **17** IV 4601

Benzofuran-2-on   (Fortsetzung)
—, 7a-[1]Naphthyl-hexahydro- **17**
   IV 5399
—, 7a-[2]Naphthyl-hexahydro- **17**
   IV 5399
—, 5-Nitro-3*H*- **17** 309 c
—, 7-[4-Nitro-benzoyloxy]-hexahydro-
   18 IV 66
—, 5-*tert*-Pentyl-3-phenyl-3*H*- **17**
   IV 5403
—, 7a-Phenäthyl-hexahydro- **17**
   IV 5162
—, 3-Phenyl-3*H*- **17** 360 e, II 384 b,
   IV 5316
—, 7a-Phenyläthinyl-hexahydro- **17**
   IV 5284
—, 6-Phenyl-hexahydro- **17** IV 5147
—, 7a-Phenyl-hexahydro- **17** IV 5147
—, 3-[1-Phenylhydrazono-äthyl]-3*H*- **17**
   IV 6179
—, 3-[Phenylhydrazono-methyl]-3*H*- **17**
   IV 6160
—, 3-[1-Phenylimino-äthyl]-3*H*- **17**
   IV 6179
—, 3-[α-Phenylimino-benzyl]-3*H*- **17**
   IV 6435
—, 3-Phenyl-5-propyl-3*H*- **17** IV 5386
—, 3-Propionyl-3*H*- **17** IV 6194
—, 7-Semicarbazono-hexahydro- **17**
   IV 5930
—, 3a,4,5,7a-Tetrahydro-3*H*- **17**
   IV 4575
—, 4,5,6,7-Tetrahydro-3*H*- **17** IV 4575
—, 5,6,7,7a-Tetrahydro-4*H*- **17** IV 4574
—, 7-[Toluol-4-sulfonyloxy]-hexahydro-
   18 IV 66
—, 3-*m*-Tolyl-3*H*- **17** IV 5346
—, 3,3,5-Trimethyl-3*H*- **17** IV 4995
—, 3,3,6-Trimethyl-3*H*- **17** IV 4995
—, 4,6,7-Trimethyl-3*H*- **17** IV 4996
—, 4,4,7a-Trimethyl-hexahydro- **17**
   IV 4376
—, 3,3,6-Trimethyl-4,5,6,7-tetrahydro-
   3*H*- **17** 303 e
—, 3-Veratryliden-3*H*- **18** 134 d
Benzofuran-3-on **17** 118 a, I 59 a,
   II 126 i, IV 1456
   — azin **18** IV 8299
   — [2-nitro-phenylhydrazon] **18**
      IV 8298
   — [3-nitro-phenylhydrazon] **18**
      IV 8298
   — [4-nitro-phenylhydrazon] **18**
      IV 8299
   — oxim **18** 637 c
   — semicarbazon **18** 640 a
—, 2-Acetonyl-2-acetyl-4,6-dimethoxy-
   18 IV 3109
—, 5-Acetoxy- **17** IV 2115

—, 6-Acetoxy- **17** IV 2117
—, 4-Acetoxy-5-acetyl- **18** IV 1386
—, 6-Acetoxy-7-acetyl- **18** IV 1389
—, 2-Acetoxy-2-acetyl-4,6-dimethoxy-
   18 IV 3080
—, 6-Acetoxy-5-äthyl- **17** IV 2124
—, 6-Acetoxy-5-äthyl-2-benzyliden- **18**
   IV 774
—, 6-Acetoxy-2-benzyliden- **18** IV 724
—, 6-Acetoxy-2-benzyliden-5-butyl- **18**
   IV 782
—, 6-Acetoxy-2-benzyliden-5-hexyl- **18**
   IV 786
—, 2-[2-Acetoxy-benzyliden]-6-methoxy-
   18 IV 1822
—, 6-Acetoxy-2-benzyliden-5-methyl-
   18 IV 755
—, 6-Acetoxy-2-benzyliden-5-pentyl- **18**
   IV 784
—, 6-Acetoxy-2-benzyliden-5-propyl-
   18 IV 779
—, 3-[2-Acetoxy-benzyliden]-4,6,7-
   trimethoxy- **18** IV 3324
—, 6-Acetoxy-5-brom- **17** IV 2117
—, 6-Acetoxy-2-[3,4-diacetoxy-
   benzyliden]- **18** 192 g, IV 2746
—, 6-Acetoxy-2-[3,4-diacetoxy-
   benzyliden]-7-methoxy- **18** IV 3331
—, 4-Acetoxy-2-[3,4-diacetoxy-
   benzyliden]-6-[tetra-*O*-acetyl-
   glucopyranosyloxy]- **18** IV 3329
—, 6-Acetoxy-2-[3,4-diacetoxy-
   benzyliden]-4-[tetra-*O*-acetyl-
   glucopyranosyloxy]- **18** IV 3329
—, 7-Acetoxy-2-[3,4-diacetoxy-
   benzyliden]-6-[tetra-*O*-acetyl-
   glucopyranosyloxy]- **18** IV 3332
—, 2-[2-Acetoxy-4,6-dimethoxy-
   benzyliden]-6-methoxy- **18** IV 3333
—, 2-[4-Acetoxy-3,5-dimethoxy-
   benzyliden]-4,6,7-trimethoxy- **18**
   IV 3602
—, 2-Acetoxy-4,6-dimethoxy-2-
   [4-methoxy-benzyl]- **18** IV 3229
—, 2-Acetoxy-4,6-dimethoxy-2-[3,4,5-
   trimethoxy-benzyl]- **18** IV 3567
—, 2-Acetoxy-2,5-dimethyl- **18** I 304 c
—, 2-Acetoxyimino- **17** 467 a
—, 2-Acetoxyimino-7-isopropyl-4-
   methyl- **17** II 477 g
—, 4-Acetoxy-2-isopropyl- **17** IV 2129
—, 5-Acetoxy-2-isopropyl-4,6,7-
   trimethyl- **17** IV 2135
—, 2-[2-Acetoxy-3-methoxy-benzyliden]-
   18 I 366 c
—, 2-[2-Acetoxy-3-methoxy-benzyliden]-
   5-methoxy- **18** II 177 g
—, 2-[2-Acetoxy-4-methoxy-benzyliden]-
   6-methoxy- **18** IV 2744

Benzofuran-3-on   (Fortsetzung)
—, 2-[2-Acetoxy-3-methoxy-benzyliden]-
4,6,7-trimethoxy- **18** IV 3515
—, 2-[4-Acetoxy-3-methoxy-benzyliden]-
4,6,7-trimethoxy- **18** IV 3516
—, 6-Acetoxy-2-[4-methoxy-phenyl]- **17**
IV 2384
—, 6-Acetoxy-7-methoxy-2-veratryliden-
18 IV 3331
—, 2-Acetoxy-5-methyl- **17** 157 f
—, 6-Acetoxy-5-methyl- **17** IV 2123
—, 2-[2-Acetoxy-[1]naphthylmethylen]-6-
methoxy- **18** IV 1943
—, 2-Acetyl- **18** IV 355
—, 2-Acetyl-2-allyl-4,6-dimethoxy- **18**
IV 2520
—, 5-Acetylamino- **18** II 432 a
—, 2-Acetyl-5-chlor-6-methoxy- **18**
I 352 i
—, 5-Acetyl-4,6-dihydroxy- **18** IV 2393
—, 7-Acetyl-4,6-dihydroxy- **18** IV 2399
—, 5-Acetyl-4,6-dihydroxy-2-methyl- **18**
IV 2406
—, 7-Acetyl-4,6-dihydroxy-2-methyl- **18**
IV 2406
—, 2-Acetyl-4,6-dimethoxy- **18** IV 2392
—, 2-Acetyl-5,6-dimethoxy- **18** IV 2393
—, 5-Acetyl-4,6-dimethoxy- **18** IV 2393
—, 2-Acetyl-4,6-dimethoxy-2-[3-oxo-
butyl]- **18** IV 3110
—, 2-Acetyl-4,6-dimethyl- **18** IV 413
    — [2,4-dinitro-phenylhydrazon] **18**
    IV 413
    — semicarbazon **18** IV 413
—, 2-Acetyl-4,6-dimethyl-2-[3-oxo-butyl]-
17 IV 6756
—, 5-Acetyl-4-hydroxy- **18** IV 1386
—, 7-Acetyl-4-hydroxy- **18** IV 1389
—, 7-Acetyl-6-hydroxy- **18** IV 1389
—, 5-Acetyl-6-hydroxy-4,7-dimethoxy-
18 IV 3080
—, 5-Acetyl-6-hydroxy-4-methoxy- **18**
IV 2393
—, 7-Acetyl-6-hydroxy-4-methoxy-2-
methyl- **18** IV 2406
—, 2-Acetyl-5-methyl- **18** I 311 a,
IV 391
—, 6-Äthoxy-2-[4-äthoxy-3-methoxy-
benzyliden]- **18** 192 f
—, 2-[2-Äthoxy-benzyliden]- **18** II 41 e
—, 6-Äthoxycarbonyloxy-7-hydroxy-2-
benzyliden- **18** II 101 j
—, 7-Äthoxycarbonyloxy-6-hydroxy-2-
benzyliden- **18** II 101 j
—, 6-Äthoxy-2-[3,4-diäthoxy-benzyliden]-
4-methoxy- **18** IV 3328
—, 2-Äthoxy-2,5-dimethyl- **18** I 304 b
—, 4-Äthoxy-6-hydroxy- **17** IV 2353

—, 4-Äthoxy-6-hydroxy-2-veratryliden-
18 IV 3327
—, 2-[α-Äthoxy-4-methoxy-benzyl]-2-
brom- **18** IV 1725
—, 2-[α-Äthoxy-4-methoxy-benzyl]-2-
brom-6-methoxy- **18** IV 2650
—, 2-[Äthoxy-(2-methoxy-[1]naphthyl)-
methyl]-2-brom- **18** IV 1933
—, 4-Äthoxy-6-methoxy-2-veratryliden-
18 IV 3327
—, 2-[4-Äthoxy-[1]naphthylmethylen]-5-
methoxy- **18** II 117 c
—, 2-[4-Äthoxy-[1]naphthylmethylen]-6-
methoxy- **18** II 117 d
—, 6-Äthoxy-2-veratryliden- **18** 192 e
—, 2-Äthyl- **17** II 134 c
—, 5-Äthyl-2-benzyliden-6-hydroxy- **18**
IV 774
—, 2-Äthyl-5-brom-4,6-dimethyl- **17**
II 137 d
—, 2-Äthyl-2-brom-5-methyl- **17**
I 166 e
—, 2-Äthyl-2,5-dibrom-4,6-dimethyl-
17 II 353 c
—, 2-Äthyl-2,6-dihydroxy- **8** III 3508 b
    — imin **8** III 3508 c
—, 2-Äthyl-4,6-dihydroxy- **17** II 623 a
—, 2-Äthyl-4,6-dihydroxy-2,3-dihydro-
17 II 623
—, 2-Äthyl-2,5-dimethyl- **17** I 168 a
    — semicarbazon **17** I 168 b
—, 2-Äthyl-4,6-dimethyl- **17** II 137 b
—, 5-Äthyl-6-hydroxy- **17** IV 2124
    — oxim **18** IV 8291
—, 2-Äthyl-2-hydroxy-5-methyl- **18**
I 305 e
—, 2-Äthyl-5-methyl- **17** I 68 a
    — semicarbazon **17** II 349 i, **18**
    I 593 c
—, 2-Allyl- **17** II 139 c
—, 2-Allyl-5-methyl- **17** II 139 d
—, 2-[4-Amino-anilino]-2-mercapto-6-
methoxy- **18** II 65 f
—, 2-[2-Amino-benzyliden]-6,7-
dimethoxy- **18** IV 8137
—, 2-[3-Amino-benzyliden]-6,7-
dimethoxy- **18** IV 8137
—, 2-[4-Amino-benzyliden]-6,7-
dimethoxy- **18** IV 8137
—, 2-[4-Aminophenylimino]-6-methoxy-
18 II 65 a
—, 2-Anilino-2,5-dimethyl- **18** II 463 c
—, 2-Anilino-2-mercapto- **17** II 462 g
—, 2-Anilino-2-mercapto-6-methoxy-
18 II 65 e
—, 2-Anilino-2,4,6-trimethyl- **18**
II 464 c
—, 2-Azido- **17** II 127 g

Benzofuran-3-on (Fortsetzung)

—, 2-Azido-5-brom-6-methoxy- **17**
II 190 b

—, 2-Benzoyl- **18** IV 719

—, 2-Benzoyl-6-methoxy- **18** I 364 d

—, 5-Benzoyl-2-[4-methoxy-benzoyl]-
18 IV 2839

—, 5-Benzoyl-2-[4-methoxy-benzyliden]-
18 IV 1976

—, 2-Benzoyl-5-methyl- **18** I 328 d

—, 2-Benzoyl-6-methyl- **18** I 329 b

—, 2-Benzoyloxy-2,5-dimethyl- **18**
I 304 d

—, 4-Benzoyloxy-2-isopropyliden- **18**
IV 387

—, 6-Benzoyloxy-4-methoxy- **17**
IV 2354

—, 2-[Benzoyl-phenyl-hydrazono]-4,6-
dimethyl- **17** II 475 c

—, 2-Benzyl- **17** II 154 a, **17** 1669

—, 2-Benzyl-6,7-dihydroxy- **17** I 115 a

—, 2-Benzyl-2,4-dihydroxy-6-methoxy-
8 III 4124 a

—, 2-Benzyl-4,7-dihydroxy-6-methoxy-
17 IV 2708

—, 2-Benzyl-4,6-dimethoxy- **17** IV 2391

—, 2-Benzyl-6-hydroxy- **17** IV 2207

—, 2-Benzyl-2-hydroxy-4,6-dimethoxy-
8 III 4124 b

—, 2-Benzyl-4-hydroxy-6,7-dimethoxy-
17 IV 2708

—, 2-Benzyliden- **17** 375 f, I 205 d,
II 399 d, IV 5429

—, 2-Benzyliden-6,7-bis-[toluol-4-
sulfonyloxy]- **18** II 102 c

—, 2-Benzyliden-5-brom-4,6-dimethoxy-
18 132 c

—, 2-Benzyliden-7-brom-4,6-dimethoxy-
18 132 c, IV 1820

—, 2-Benzyliden-7-brom-6-hydroxy-5-
nitro- **18** IV 724

—, 2-Benzyliden-5-butyl-6-hydroxy- **18**
IV 782

—, 2-Benzyliden-5-chlor- **17** I 205 e,
II 399 e, IV 5429

—, 2-Benzyliden-6-chlor- **17** IV 5429

—, 2-Benzyliden-7-chlor- **17** II 399 f,
IV 5430

—, 2-Benzyliden-7-chlor-4,6-dimethoxy-
18 IV 1819

—, 2-Benzyliden-5-chlor-6-methoxy- **18**
I 326 a

—, 2-Benzyliden-4,6-dihydroxy- **18**
IV 1819

—, 2-Benzyliden-5,6-dihydroxy- **18**
IV 1820

—, 2-Benzyliden-6,7-dihydroxy-
18 132 e, I 365 j, II 101 h, IV 1820

—, 2-Benzyliden-4,7-dihydroxy-5,6-
dimethoxy- **18** IV 3323

—, 2-Benzyliden-4,7-dihydroxy-6-
methoxy- **18** IV 2741

—, 2-Benzyliden-4,6-dimethoxy-
18 132 b, I 365 i, IV 1819

—, 2-Benzyliden-5,6-dimethoxy- **18**
IV 1820

—, 2-Benzyliden-6,7-dimethoxy-
18 133 a, I 365 k, IV 1820

—, 2-Benzyliden-4,6-dimethyl- **17**
I 209 d

—, 2-Benzyliden-5-hexyl-6-hydroxy- **18**
IV 786

—, 2-Benzyliden-4-hydroxy- **18** IV 722

—, 2-Benzyliden-6-hydroxy- **18** IV 723

—, 2-Benzyliden-4-hydroxy-5,7-
dimethoxy- **18** IV 2741

—, 2-Benzyliden-4-hydroxy-6,7-
dimethoxy- **18** IV 2741

—, 2-Benzyliden-6-hydroxy-7-methoxy-
18 IV 1820

—, 2-Benzyliden-7-hydroxy-6-methoxy-
18 IV 1820

—, 2-Benzyliden-6-hydroxy-5-methyl-
18 IV 755

—, 2-Benzyliden-6-hydroxy-5-pentyl-
18 IV 784

—, 2-Benzyliden-6-hydroxy-5-propyl-
18 IV 779

—, 2-Benzyliden-6-hydroxy-7-[toluol-4-
sulfonyloxy]- **18** II 102 a

—, 2-Benzyliden-7-hydroxy-6-[toluol-4-
sulfonyloxy]- **18** II 102 b

—, 2-Benzyliden-4-hydroxy-5,6,7-
trimethoxy- **18** IV 3323

—, 2-Benzyliden-7-isopropyl-4-methyl-
17 II 406 a, IV 5480

—, 2-Benzyliden-4-methoxy- **18** IV 722

—, 2-Benzyliden-5-methoxy- **18** I 325 g

—, 2-Benzyliden-6-methoxy- **18** 60 h,
I 325 h, IV 723

—, 2-Benzyliden-6-methoxy-4-methyl-
18 IV 754

—, 2-Benzyliden-6-methoxy-5-nitro- **18**
IV 724

—, 2-Benzyliden-5-methyl- **17** 381 a,
II 402 d, IV 5449

—, 2-Benzyliden-6-methyl- **17** I 207 g

—, 2-Benzyliden-7-methyl- **17** I 208 a

—, 2-Benzyliden-4,5,7-trihydroxy-6-
methoxy- **18** IV 3323

—, 2-Benzyliden-4,5,6-trimethoxy- **18**
IV 2740

—, 2-Benzyliden-4,6,7-trimethoxy- **18**
IV 2741

—, 2-Benzyl-2-methoxy- **18** IV 643

—, 2-Benzyl-5-methoxy- **17** IV 2207

—, 2-Benzyl-6-methoxy- **17** IV 2208

Benzofuran-3-on (Fortsetzung)

—, 2-Benzyl-5-methyl- **17** II 154 f
—, 2-[4-Benzyloxy-benzyliden]- **18**
     IV 726
—, 2-[4-Benzyloxy-α-brom-benzyl]-2-
     brom- **18** IV 644
—, 6-Benzyloxy-5-brom-2-[4-methoxy-
     benzyliden]- **18** IV 1824
—, 6-Benzyloxy-2,5-dibrom-2-[α-brom-4-
     methoxy-benzyl]- **18** IV 1724
—, 6-Benzyloxy-4,7-dimethoxy- **17**
     IV 2678
     — oxim **18** IV 8293
—, 7-Benzyloxy-6-hydroxy- **17** IV 2356
—, 7-Benzyloxy-6-methoxy- **17** IV 2356
—, 2-[4-Benzyloxy-3-methoxy-benzyliden]-
     6-hydroxy- **18** IV 2746
—, 2-[4-Benzyloxy-3-methoxy-benzyliden]-
     6-methoxy- **18** IV 2746
—, 2-[4-Benzyloxy-3-methoxy-benzyliden]-
     5-methyl- **18** IV 1856
—, 2-[4-Benzyloxy-3-methoxy-benzyliden]-
     6-methyl- **18** IV 1856
—, 2-Benzyl-4,5,7-trihydroxy-6-methoxy-
     18 IV 3202
—, 2-Benzyl-2,4,6-trimethoxy- **8**
     III 4125 b, **18** IV 2650
—, 2,2-Bis-[2-äthoxycarbonyl-äthyl]- **18**
     IV 6167
—, 6,7-Bis-äthoxycarbonyloxy-2-
     benzyliden- **18** II 101 k
—, 4,6-Bis-benzoyloxy- **17** IV 2354
—, 6,7-Bis-benzoyloxy-2-[3-benzoyloxy-
     benzyliden]- **18** 191 j
—, 6,7-Bis-benzoyloxy-2-benzyliden-
     18 133 d
—, 2-[3,4-Bis-benzoyloxy-benzyliden]-6-
     hydroxy- **18** IV 2746
—, 2-[3,4-Bis-benzoyloxy-benzyliden]-6-
     hydroxy-7-methoxy- **18** IV 3331
—, 2-[3,4-Bis-benzoyloxy-benzyliden]-7-
     methoxy-6-[tetra-O-acetyl-
     glucopyranosyloxy]- **18** IV 3333
—, 2,4-Bis-benzoyloxy-2-benzyl-6-
     methoxy- **18** IV 2650
—, 4,6-Bis-benzoyloxy-2-[3,4-bis-
     benzoyloxy-benzyl]- **17** IV 3865
—, 4,6-Bis-benzoyloxy-2-[3,4-bis-
     benzoyloxy-benzyliden]- **18** IV 3328
—, 2,2-Bis-[2-carboxy-äthyl]- **18**
     IV 6167
—, 2,2-Bis-[2-carboxy-äthyl]-4,6-
     dimethyl- **18** IV 6170
—, 6,7-Bis-chloracetoxy- **17** 177 c
—, 2,2-Bis-[2-cyan-äthyl]- **18** IV 6167
—, 2,2-Bis-[2-cyan-äthyl]-4,6-dimethoxy-
     18 IV 6657
—, 2,2-Bis-[2-cyan-äthyl]-4,6-dimethyl-
     18 IV 6170

—, 2,2-Bis-[2-methoxycarbonyl-äthyl]-
     18 IV 6167
—, 2,2-Bis-[2-methoxycarbonyl-äthyl]-
     4,6-dimethyl- **18** IV 6170
—, 2-Brom- **17** I 59 e, II 127 d
—, 2-[α-Brom-benzyliden]-4,6-dimethyl-
     17 I 209 e
—, 2-[α-Brom-benzyliden]-6-methoxy-
     18 I 326 b
—, 2-[α-Brom-benzyliden]-6-methyl- **17**
     I 207 h
—, 2-Brom-2-[α-brom-benzyl]- **17**
     I 198 f
—, 2-Brom-2-[α-brom-benzyl]-5-chlor-
     17 II 388 d
—, 2-Brom-2-[α-brom-benzyl]-7-chlor-
     17 II 388 e
—, 2-Brom-2-[α-brom-benzyl]-5-chlor-6-
     methoxy- **18** I 320 d
—, 2-Brom-2-[α-brom-benzyl]-4,6-
     dimethyl- **17** I 202 c
—, 2-Brom-2-[α-brom-benzyl]-5-methoxy-
     18 I 320 a
—, 2-Brom-2-[α-brom-benzyl]-6-methoxy-
     18 I 320 c
—, 2-Brom-2-[α-brom-benzyl]-5-methyl-
     17 368 g, II 391 f
—, 2-Brom-2-[α-brom-benzyl]-6-methyl-
     17 I 201 a
—, 2-Brom-2-[α-brom-benzyl]-7-methyl-
     17 I 201 b
—, 2-Brom-2-[α-brom-2-chlor-benzyl]-
     17 II 388 f
—, 2-Brom-2-[α-brom-3,4-dimethoxy-
     benzyl]- **18** I 360 b
—, 7-Brom-2-[3-brom-4,5-dimethoxy-
     benzyliden]-6-hydroxy-5-nitro- **18**
     IV 2748
—, 7-Brom-2-[3-brom-4-hydroxy-5-
     methoxy-benzyliden]-6-hydroxy-5-nitro-
     18 IV 2748
—, 5-Brom-2-[5-brom-2-hydroxy-phenyl]-
     2-hydroxy- **8** III 3694 d
—, 2-Brom-2-[α-brom-isopropyl]-4,6,7-
     trimethyl- **17** IV 5026
—, 2-Brom-2-[α-brom-4-methoxy-benzyl]-
     18 IV 644
—, 5-Brom-2-[5-brom-2-methoxy-
     benzyliden]- **18** IV 725
—, 7-Brom-2-[3-brom-4-methoxy-
     benzyliden]-6-hydroxy-5-nitro- **18**
     IV 1825
—, 7-Brom-2-[5-brom-2-methoxy-
     benzyliden]-6-hydroxy-5-nitro- **18**
     IV 1823
—, 5-Brom-2-[5-brom-2-methoxy-
     benzyliden]-6-methoxy- **18** IV 1822
—, 2-Brom-2-[α-brom-4-methoxy-benzyl]-
     6-methoxy- **18** IV 1724

Benzofuran-3-on　(Fortsetzung)

—, 2-Brom-2-[α-brom-4-methoxy-benzyl]-
6-methyl- **18** IV 660

—, 2-Brom-2-[α-brom-4-methoxy-benzyl]-
7-methyl- **18** IV 660

—, 2-Brom-2-[brom-(2-methoxy-
[1]naphthyl)-methyl]- **18** IV 816

—, 2-Brom-2-[α-brom-2-nitro-benzyl]-5-
methyl- **17** I 200 e

—, 2-Brom-2-[α-brom-3-nitro-benzyl]-5-
methyl- **17** I 200 f

—, 2-Brom-2-[α-brom-4-nitro-benzyl]-5-
methyl- **17** I 200 g

—, 2-Brom-5-chlor- **17** II 127 e

—, 7-Brom-2-[3,5-dibrom-2-hydroxy-
benzyliden]-6-hydroxy-5-nitro- **18**
IV 1823

—, 7-Brom-4,6-dimethoxy- **17** IV 2355
 — [2,4-dinitro-phenylhydrazon] **18**
 IV 8315

—, 2-Brom-2-[4,α-dimethoxy-benzyl]-
18 IV 1725

—, 5-Brom-2-[2,4-dimethoxy-benzyliden]-
4,6-dimethoxy- **18** II 218 g

—, 2-Brom-2-[4,α-dimethoxy-benzyl]-6-
methoxy- **18** IV 2650

—, 5-Brom-4,6-dimethoxy-2-[4-methoxy-
benzyliden]- **18** IV 2743

—, 7-Brom-4,6-dimethoxy-2-[4-methoxy-
benzyliden]- **18** IV 2743

—, 2-Brom-2,5-dimethyl- **17** I 164 c

—, 2-Brom-4,6-dimethyl- **17** I 67 g

—, 5-Brom-6-hydroxy- **17** IV 2117
 — oxim **18** IV 8290

—, 2-[3-Brom-4-hydroxy-5-methoxy-
benzyliden]-6-methoxy-5-nitro- **18**
IV 2748

—, 7-Brom-6-hydroxy-2-[2-methoxy-
benzyliden]-5-nitro- **18** IV 1823

—, 7-Brom-6-hydroxy-2-[4-methoxy-
benzyliden]-5-nitro- **18** IV 1824

—, 7-Brom-6-hydroxy-5-nitro-2-
salicyliden- **18** IV 1823

—, 7-Brom-6-hydroxy-5-nitro-2-
vanillyliden- **18** IV 2747

—, 7-Brom-6-hydroxy-5-nitro-2-
veratryliden- **18** IV 2748

—, 2-Brom-2-isopropyl-5-methyl- **17**
I 167 g

—, 5-Brom-6-methoxy- **17** II 189 e

—, 2-[3-Brom-4-methoxy-benzoyl]- **18**
IV 1818

—, 2-[5-Brom-2-methoxy-benzyliden]-
18 IV 725

—, 2-[3-Brom-4-methoxy-benzyliden]-6-
methoxy-5-nitro- **18** IV 1825

—, 2-[5-Brom-2-methoxy-benzyliden]-6-
methoxy-5-nitro- **18** IV 1823

—, 7-Brom-2-[4-methoxy-benzyliden]-5-
methyl- **18** IV 756

—, 2-Brom-6-methoxy-2-methyl- **18**
I 303 a

—, 5-Brom-6-methoxy-2-nitro- **17**
II 190 a

—, 5-Brom-6-methoxy-2-[2-nitro-
benzyliden]- **18** II 41 c

—, 5-Brom-6-methoxy-2-phenylimino-
18 II 65 d

—, 2-Brom-5-methyl- **17** 124 a

—, 2-Brom-6-methyl- **17** 125 a

—, 2-Brom-2-nitro- **17** I 161 a

—, 2-[α-Brom-3-nitro-benzyliden]-5-
methyl- **17** I 207 e

—, 2-[α-Brom-4-nitro-benzyliden]-5-
methyl- **17** I 207 f

—, 5-Brom-2,2,4,6-tetramethyl- **17**
II 353 e

—, 2-Brom-2,4,6-trimethyl- **17** II 350 h

—, 5-Butyl-6-hydroxy- **17** IV 2132
 — oxim **18** IV 8291

—, 2-*sec*-Butyliden-4,6,7-trimethyl- **17**
IV 5155

—, 2-Butyl-5-methyl- **17** II 137 e
 — semicarbazon **17** II 355 h

—, 5-Chlor- **17** I 59 d, II 127 a
 — [4-nitro-phenylhydrazon] **17**
 II 331 f
 — oxim **17** II 331 e
 — semicarbazon **17** II 332 a, **18**
 IV 8299

—, 6-Chlor- **17** IV 1456
 — semicarbazon **18** IV 8299

—, 7-Chlor- **17** II 127 c
 — [4-nitro-phenylhydrazon] **17**
 II 332 c
 — oxim **17** II 332 b
 — semicarbazon **17** II 332 d, **18**
 IV 8300

—, 7-Chloracetyl-5-methyl- **18** 38 b

—, 2-[2-Chlor-benzyliden]- **17** II 399 g

—, 2-[2-Chlor-benzyliden]-6,7-dihydroxy-
18 133 e

—, 2-[2-Chlor-benzyliden]-5-methoxy-
18 II 41 a

—, 2-[2-Chlor-benzyliden]-6-methoxy-
18 II 41 b

—, 2-Chlor-2-[α-chlor-benzyl]-5-methoxy-
18 I 319 f

—, 5-Chlor-2-[5-chlor-2-hydroxy-phenyl]-
2-hydroxy- **8** III 3694 b

—, 7-Chlor-4,6-dimethoxy- **17** IV 2354
 — [2,4-dinitro-phenylhydrazon] **18**
 IV 8315

—, 2-[α-Chlor-3,4-dimethoxy-benzyliden]-
18 I 366 g

—, 7-Chlor-4,6-dimethoxy-2-[1-methyl-3-
oxo-butyl]- **18** IV 2414

Benzofuran-3-on   (Fortsetzung)

—, 2-Chlor-2,5-dimethyl- **17** I 164 b

—, 5-Chlor-2,2-dimethyl- **17** II 344 h

—, 5-Chlor-4,6-dimethyl- **17** IV 1490

—, 5-Chlor-2-[4-dimethylamino-
phenylimino]- **17** I 246 c

—, 5-Chlor-6-methoxy- **17** I 93 d

—, 2-Chlor-2-nitro- **17** I 160 e

—, 2-Cinnamoyl-5-methyl- **18** I 333 e,
IV 804

—, 2-Cinnamyliden-6,7-dihydroxy-
18 139 a

—, 2-Cyclohexyliden-6-methoxy- **18**
IV 519

—, 2-Cyclohexyl-6-methoxy- **18**
IV 8464

—, 4,6-Diacetoxy- **17** I 112 c, IV 2354

—, 6,7-Diacetoxy- **17** IV 2356

—, 6,7-Diacetoxy-2-[2-acetoxy-
benzyliden]- **18** 191 g

—, 6,7-Diacetoxy-2-[3-acetoxy-
benzyliden]- **18** 191 i

—, 6,7-Diacetoxy-2-[4-acetoxy-
benzyliden]- **18** 192 b

—, 6,7-Diacetoxy-2-[2-acetoxy-5-brom-
benzyliden]- **18** II 177 h

—, 6,7-Diacetoxy-2-[2-acetoxy-
[1]naphthylmethylen]- **18** II 183 i

—, 6,7-Diacetoxy-2-[2-amino-benzyliden]-
18 II 479 d

—, 6,7-Diacetoxy-2-benzyliden-
18 133 c, II 101 i

—, 2-[2,4-Diacetoxy-benzyliden]-6-
methoxy- **18** IV 2744

—, 2-[3,4-Diacetoxy-benzyliden]-6-
methoxy- **18** I 400 e

—, 2-[3,4-Diacetoxy-benzyliden]-7-
methoxy-6-[tetra-*O*-acetyl-
glucopyranosyloxy]- **18** IV 3332

—, 2-[3,4-Diacetoxy-benzyliden]-6-[tetra-
O-acetyl-glucopyranosyloxy]- **18**
IV 2746

—, 6,7-Diacetoxy-2-brom-2-[α-brom-3,4-
dimethoxy-benzyl]- **18** II 207 b

—, 4,6-Diacetoxy-2-brom-2-[α-brom-4-
methoxy-7-phenyl]- **18** II 167 d

—, 6,7-Diacetoxy-2-cinnamyliden-
18 139 c

—, 4,6-Diacetoxy-2-[3,4-diacetoxy-
benzyliden]- **18** IV 3328

—, 5,6-Diacetoxy-2-[3,4-diacetoxy-
benzyliden]- **18** IV 3329

—, 6,7-Diacetoxy-2-[3,4-diacetoxy-
benzyliden]- **18** IV 3331

—, 6,7-Diacetoxy-2-[2,4-dimethoxy-
benzyliden]- **18** II 219 c

—, 6,7-Diacetoxy-2-[4-dimethylamino-
benzyliden]- **18** 629 a

—, 6,7-Diacetoxy-2-[4-dimethylamino-
cinnamyliden]- **18** 629 e

—, 6,7-Diacetoxy-2-[4-dimethylamino-3-
nitro-benzyliden]- **18** 629 c

—, 6,7-Diacetoxy-2-[4-isopropyl-
benzyliden]- **18** II 106 b

—, 4,6-Diacetoxy-2-[2-methoxy-
benzyliden]- **18** II 177 d

—, 4,6-Diacetoxy-2-methyl- **17** IV 2358

—, 6,7-Diacetoxy-2-[4-nitro-benzyliden]-
18 133 j

—, 6,7-Diacetoxy-2-veratryliden- **18**
II 219 f

—, 4,6-Diäthoxy- **17** IV 2353

—, 6,7-Diäthoxy-2-benzyliden- **18** 133 b

—, 4,6-Diäthoxy-2-benzyliden-5-brom-
18 132 d

—, 4,6-Diäthoxy-2-benzyliden-7-brom-
18 132 d

—, 2-[3,4-Diäthoxy-benzyliden]-6-
hydroxy-4-methoxy- **18** IV 3327

—, 6,7-Diäthoxy-2-cinnamyliden-
18 139 b

—, 4,6-Diäthoxy-2-[3,4-diäthoxy-
benzyliden]- **18** IV 3328

—, 4,6-Diäthoxy-2-veratryliden- **18**
IV 3327

—, 2,2-Diäthyl-5-methyl- **17** II 355 i

—, 2,5-Dibenzoyl- **18** IV 1976

—, 2,2-Dibenzyl-5-methyl- **17** II 419 j

—, 2,2-Dibrom- **17** I 160 c

—, 5,7-Dibrom- **17** I 60 a

—, 5,7-Dibrom-2-[5-brom-2-methoxy-
benzyliden]-6-hydroxy- **18** IV 1822

—, 2,2-Dibrom-6,7-dimethoxy- **18**
I 345 a

—, 2-[3,5-Dibrom-2-hydroxy-benzyliden]-
6-methoxy-5-nitro- **18** IV 1823

—, 5,7-Dibrom-2-hydroxyimino- **17**
I 246 d

—, 2,5-Dibrom-6-methoxy- **17** II 189 f

—, 2,2-Dibrom-5-methyl- **17** 317 b

—, 5,7-Dibrom-2,2,4,6-tetrabrom- **17**
II 353 f

—, 5,7-Dibrom-2,2,4,6-tetramethyl- **17**
II 353 f

—, 5,7-Dibrom-2,2,4-trimethyl- **17**
II 350 b

—, 2,2-Dichlor- **17** I 160 b

—, 5,7-Dichlor- **17** IV 1456

— oxim **18** IV 8289

—, 2,5-Dichlor-2-[α-chlor-benzyl]-4,6-
dimethyl- **17** I 202 b

—, 2,7-Dichlor-2-[α-chlor-benzyl]-4,6-
dimethyl- **17** I 202 b

—, 2,5-Dichlor-2-[α-chlor-benzyl]-6-
methoxy- **18** I 320 b

—, 2,2-Dichlor-5-methyl- **17** 317 a

—, 2,2-Dichlor-6-methyl- **17** 317 d

Benzofuran-3-on   (Fortsetzung)
—, 4,6-Dihydroxy- **17** I 112 a,
   II 215 e, IV 2352
—, 5,6-Dihydroxy- **17** IV 2355
—, 6,7-Dihydroxy- **17** 176 e, IV 2355
—, 2-[3,4-Dihydroxy-benzyl]-4,6-
   dihydroxy- **17** IV 3865
—, 2-[3,4-Dihydroxy-benzyliden]-
   18 134 b, IV 1825
—, 2-[3,4-Dihydroxy-benzyliden]-4,6-
   dihydroxy- **18** IV 3325
—, 2-[3,4-Dihydroxy-benzyliden]-5,6-
   dihydroxy- **18** IV 3329
—, 2-[3,4-Dihydroxy-benzyliden]-6,7-
   dihydroxy- **18** IV 3329
—, 2-[3,4-Dihydroxy-benzyliden]-6,7-
   dimethoxy- **18** 224 c, I 416 b,
   IV 3330
—, 2-[3,4-Dihydroxy-benzyliden]-6-
   glucopyranosyloxy- **18** IV 2746
—, 2-[3,4-Dihydroxy-benzyliden]-4-
   glucopyranosyloxy-6-hydroxy- **18**
   IV 3328
—, 2-[3,4-Dihydroxy-benzyliden]-6-
   glucopyranosyloxy-4-hydroxy- **18**
   IV 3328
—, 2-[3,4-Dihydroxy-benzyliden]-6-
   glucopyranosyloxy-7-hydroxy- **18**
   IV 3331
—, 2-[3,4-Dihydroxy-benzyliden]-6-
   glucopyranosyloxy-7-methoxy- **18**
   IV 3332
—, 2-[3,4-Dihydroxy-benzyliden]-4-
   hydroxy- **18** IV 2743
—, 2-[3,4-Dihydroxy-benzyliden]-6-
   hydroxy- **18** 192 c, IV 2744
—, 2-[3,4-Dihydroxy-benzyliden]-6-
   hydroxy-7-methoxy- **18** IV 3330
—, 2-[3,4-Dihydroxy-benzyliden]-7-
   hydroxy-6-methoxy- **18** IV 3330
—, 2-[2,4-Dihydroxy-benzyliden]-6-
   methoxy- **18** IV 2744
—, 2-[3,4-Dihydroxy-benzyliden]-6-
   methoxy- **18** I 400 b, IV 2745
—, 2-[3,4-Dihydroxy-benzyl]-2,4,6-
   trihydroxy- **8** III 4374 b
—, 4,6-Dihydroxy-2-[4-hydroxy-
   benzyliden]- **18** IV 2742
—, 5,6-Dihydroxy-2-[4-hydroxy-
   benzyliden]- **18** IV 2743
—, 6,7-Dihydroxy-2-[3-hydroxy-
   benzyliden]- **18** 191 h
—, 6,7-Dihydroxy-2-[4-hydroxy-
   benzyliden]- **18** 191 k, IV 2743
—, 4,6-Dihydroxy-2-[4-hydroxy-
   benzyliden]-5-methoxy- **18** IV 3323
—, 4,6-Dihydroxy-2-[4-hydroxy-
   benzyliden]-7-methoxy- **18** IV 3324

—, 4,6-Dihydroxy-2-[4-hydroxy-phenyl]-
   18 174 g
—, 4,6-Dihydroxy-2-isopropyl- **17**
   IV 2360
—, 4,6-Dihydroxy-5-methoxy- **17**
   IV 2677
—, 4,6-Dihydroxy-7-methoxy- **17**
   IV 2677
—, 4,6-Dihydroxy-2-[2-methoxy-
   benzyliden]- **18** IV 2741
—, 4,6-Dihydroxy-2-[4-methoxy-
   benzyliden]- **18** I 399 c
—, 6,7-Dihydroxy-2-[4-methoxy-
   benzyliden]- **18** 192 a
—, 4,6-Dihydroxy-2-[4-methoxy-phenyl]-
   17 IV 2701
—, 2,6-Dihydroxy-2-methyl- **8**
   III 3496 c
—, 4,6-Dihydroxy-2-methyl- **17** IV 2357
—, 6,7-Dihydroxy-2-[4-methyl-
   benzyliden]- **18** 136 g
—, 6,7-Dihydroxy-2-[2-nitro-benzyliden]-
   18 133 g
—, 6,7-Dihydroxy-2-[3-nitro-benzyliden]-
   18 133 h
—, 6,7-Dihydroxy-2-[4-nitro-benzyliden]-
   18 133 i
—, 6,7-Dihydroxy-2-[4-nitro-
   cinnamyliden]- **18** 139 d
—, 2-[3,4-Dihydroxy-phenyl]-4,6-
   dihydroxy- **17** IV 3854
—, 6,7-Dihydroxy-2-salicyliden-
   18 191 f
—, 4,6-Dihydroxy-2-veratryliden- **18**
   IV 3326
—, 6,7-Dihydroxy-2-veratryliden- **18**
   II 219 d
—, 4,6-Dimethoxy- **17** 176 d, I 112 b,
   IV 2353
   — hydrazon **18** II 61 g
—, 5,6-Dimethoxy- **17** IV 2355
—, 6,7-Dimethoxy- **17** 177 a, I 112 e,
   II 215 f
   — semicarbazon **18** IV 8315
—, 2-[2,3-Dimethoxy-benzyliden]- **18**
   I 366 b
—, 2-[2,4-Dimethoxy-benzyliden]- **18**
   I 366 d
—, 2-[2,3-Dimethoxy-benzyliden]-4,6-
   dimethoxy- **18** I 415 f, IV 3325
—, 2-[2,3-Dimethoxy-benzyliden]-6,7-
   dimethoxy- **18** II 219 b
—, 2-[2,4-Dimethoxy-benzyliden]-4,6-
   dimethoxy- **18** I 415 g, IV 3325
—, 2-[2,5-Dimethoxy-benzyliden]-4,6-
   dimethoxy- **18** IV 3325
—, 2-[2,3-Dimethoxy-benzyliden]-5-
   methoxy- **18** II 177 f

Benzofuran-3-on (Fortsetzung)

—, 2-[2,4-Dimethoxy-benzyliden]-5-
  methyl- **18** IV 1855
—, 2-[2,3-Dimethoxy-benzyliden]-4,6,7-
  trimethoxy- **18** IV 3515
—, 4,6-Dimethoxy-2,5-dimethyl- **17**
  IV 2359
—, 4,6-Dimethoxy-2-[2-methoxy-
  benzyliden]- **18** IV 2741
—, 4,6-Dimethoxy-2-[3-methoxy-
  benzyliden]- **18** IV 2742
—, 4,6-Dimethoxy-2-[4-methoxy-
  benzyliden]- **18** IV 2742
—, 2-[3,5-Dimethoxy-4-methoxymethoxy-
  benzyliden]-4,6,7-trimethoxy- **18**
  IV 3602
—, 4,6-Dimethoxy-2-methyl- **17**
  IV 2358
    — [2,4-dinitro-phenylhydrazon] **18**
      IV 8315
—, 4,6-Dimethoxy-5-methyl- **17**
  IV 2358
    — [2,4-dinitro-phenylhydrazon] **18**
      IV 8316
—, 4,6-Dimethoxy-7-methyl- **17**
  IV 2358
—, 5,6-Dimethoxy-2-methyl- **17**
  IV 2358
—, 6,7-Dimethoxy-2-[2-nitro-benzyliden]-
  18 IV 1820
—, 6,7-Dimethoxy-2-[3-nitro-benzyliden]-
  18 IV 1821
—, 6,7-Dimethoxy-2-[4-nitro-benzyliden]-
  18 IV 1821
—, 4,6-Dimethoxy-2-salicyliden- **18**
  IV 2741
—, 6,7-Dimethoxy-2-salicyliden- **18**
  I 399 d
—, 4,6-Dimethoxy-5-styryl- **17** IV 2400
—, 4,6-Dimethoxy-7-styryl- **17** IV 2400
—, 4,6-Dimethoxy-2-[3,4,5-trimethoxy-
  benzyl]- **17** II 282 e
—, 4,6-Dimethoxy-2-[3,4,5-trimethoxy-
  benzyliden]- **18** II 240 g, IV 3516
—, 4,6-Dimethoxy-2-vanillyliden- **18**
  IV 3326
—, 4,6-Dimethoxy-2-veratryl- **17**
  II 271 a
    — semicarbazon **18** II 207 a
—, 4,6-Dimethoxy-5-veratryl- **18**
  II 206 g
—, 4,6-Dimethoxy-2-veratryliden- **18**
  I 416 a, II 219 a, IV 3327
—, 6,7-Dimethoxy-2-veratryliden- **18**
  II 219 e, IV 3331
—, 2,5-Dimethyl- **17** I 65 c, II 134 e,
  IV 1489
    — oxim **18** I 591 d

—   semicarbazon **17** II 344 i, **18**
  I 592 d
—, 2,6-Dimethyl- **17** II 134 g
    — semicarbazon **17** II 345 a
—, 4,6-Dimethyl- **17** I 67 e, II 135 b,
  IV 1490
    — [4-nitro-phenylhydrazon] **18**
      I 593 a
    — semicarbazon **18** I 593 b
—, 5,7-Dimethyl- **17** 126 d, II 135 c
    — oxim **18** 638 c
    — semicarbazon **17** II 345 b
—, 2-[4-Dimethylamino-anilino]-2-
  mercapto- **17** I 246 e
—, 2-[4-Dimethylamino-anilino]-2-
  mercapto-6-methoxy- **18** II 65 g
—, 2-[4-Dimethylamino-anilino]-2-
  mercapto-6-methyl- **17** I 259 b
—, 2-[4-Dimethylamino-benzyliden]- **18**
  I 576 g, IV 8007
—, 2-[4-Dimethylamino-benzyliden]-6,7-
  dihydroxy- **18** 628 c
—, 2-[4-Dimethylamino-benzyliden]-7-
  isopropyl-4-methyl- **18** IV 8015
—, 2-[4-Dimethylamino-benzyliden]-5-
  methoxy- **18** II 474 g
—, 2-[4-Dimethylamino-cinnamyliden]-
  6,7-dihydroxy- **18** 629 d
—, 2-Dimethylaminomethyl-6-methoxy-
  18 IV 7435
—, 2-[4-Dimethylamino-3-nitro-
  benzyliden]-6,7-dihydroxy- **18** 629 b
—, 2-[4-Dimethylamino-phenylimino]-
  17 I 246 a
—, 2-[4-Dimethylamino-phenylimino]-
  4,6-dimethyl- **17** II 475 a
—, 2-[4-Dimethylamino-phenylimino]-6-
  methoxy- **18** II 65 b
—, 2-[4-Dimethylamino-phenylimino]-5-
  methyl- **17** II 471 e
—, 2-[4-Dimethylamino-phenylimino]-6-
  methyl- **17** I 259 a, II 472 a
—, 2,5-Dimethyl-2-[1]naphthylamino-
  18 II 463 e
—, 2,5-Dimethyl-2-[2]naphthylamino-
  18 II 463 f
—, 2,5-Dimethyl-2-[3-oxo-butyl]- **17**
  IV 6215
    — monosemicarbazon **17** IV 6215
—, 4,6-Dimethyl-2-phenylimino- **17**
  II 474 e
—, 2,5-Dimethyl-2-thiocyanato- **18**
  II 13 b
—, 2,5-Dimethyl-2-o-toluidino- **18**
  II 463 d
—, 2-[1-(2,4-Dinitro-phenylhydrazono)-
  äthyl]-4,6-dimethoxy- **18** IV 2392
—, 2-[5-(2,4-Dinitro-phenylimino)-penta-
  1,3-dienyl]- **18** IV 574

Benzofuran-3-on   (Fortsetzung)

—, 6-Glucopyranosyloxy-2-
[3-glucopyranosyloxy-4-hydroxy-
benzyliden]- **18** IV 2747

—, 5-Hexyl-6-hydroxy- **17** IV 2134
— oxim **18** IV 8292

—, 2-Hydroxy- **18** IV 154

—, 4-Hydroxy- **17** IV 2114

—, 5-Hydroxy- **17** IV 2115

—, 6-Hydroxy- **17** 156 e, I 92 d,
II 188 d, IV 2116
— oxim **18** II 8 g

—, 7-Hydroxy- **17** I 94 c

—, 2-[3-Hydroxy-benzyliden]- **18** 61 c,
IV 725

—, 2-[4-Hydroxy-benzyliden]- **18** 61 e,
IV 725

—, 2-[3-Hydroxy-benzyliden]-4,6-
dimethoxy- **18** IV 2742

—, 2-[3-Hydroxy-benzyliden]-6,7-
dimethoxy- **18** I 399 e

—, 2-[4-Hydroxy-benzyliden]-4,6-
dimethoxy- **18** IV 2742

—, 2-[4-Hydroxy-benzyliden]-6,7-
dimethoxy- **18** I 399 f

—, 2-[4-Hydroxy-benzyliden]-5-methyl-
18 64 g, IV 756

—, 2-[4-Hydroxy-benzyliden]-6-methyl-
18 64 i

—, 2-[4-Hydroxy-benzyliden]-7-methyl-
18 65 b

—, 4-Hydroxy-5,7-dimethoxy- **17**
IV 2677

—, 4-Hydroxy-6,7-dimethoxy- **17**
IV 2678

—, 5-Hydroxy-4,6-dimethoxy- **17**
IV 2677

—, 6-Hydroxy-4,7-dimethoxy- **17**
IV 2678
— oxim **18** IV 8293

—, 2-[2-Hydroxy-4,6-dimethoxy-
benzyliden]-6-methoxy- **18** IV 3333

—, 2-[4-Hydroxy-3,5-dimethoxy-
benzyliden]-4,6,7-trimethoxy- **18**
IV 3602

—, 2-[2-Hydroxy-4,6-dimethoxy-benzyl]-
6-methoxy- **17** IV 3866

—, 2-Hydroxy-4,6-dimethoxy-2-
[4-methoxy-benzyl]- **8** III 4272 b

—, 2-Hydroxy-4,6-dimethoxy-2-[3,4,5-
trimethoxy-benzyl]- **8** III 4393 a

—, 2-Hydroxy-4,6-dimethoxy-2-veratryl-
8 III 4375 a

—, 2-Hydroxy-2,5-dimethyl- **8**
III 2355 e, **18** I 303 g
— [4-brom-phenylhydrazon] **18**
I 304 e
— [4-nitro-phenylhydrazon] **18**
I 304 f

—, 4-Hydroxy-2-[4-hydroxy-benzyliden]-
18 IV 1821

—, 6-Hydroxy-2[3-hydroxy-benzyliden]-
18 134 a

—, 6-Hydroxy-2-[4-hydroxy-benzyliden]-
18 IV 1823

—, 6-Hydroxy-2-[3-hydroxy-4-methoxy-
benzyliden]- **18** IV 2745

—, 2-Hydroxy-2-[2-hydroxy-phenyl]-
8 III 3692 c

—, 2-Hydroxyimino- **17** 466 f,
II 462 f

—, 2-Hydroxyimino-7-isopropyl-4-
methyl- **17** II 477 f

—, 2-Hydroxyimino-5-methyl-
17 490 b, II 471 f

—, 2-Hydroxyimino-6-methyl-
17 490 g, II 472 b

—, 2-Hydroxyimino-7-methyl- **17**
II 472 c

—, 2-Hydroxyimino-4,6,7-trimethyl- **17**
IV 6195

—, 4-Hydroxy-2-isopropyl- **17** IV 2129
— azin **18** IV 8314

—, 6-Hydroxy-2-isopropyl- **17** IV 2130
— oxim **18** IV 8291

—, 4-Hydroxy-2-isopropyliden- **18**
IV 387

—, 2-Hydroxy-2-isopropyl-5-methyl- **18**
I 305 g

—, 2-[4-Hydroxy-5-isopropyl-2-methyl-
benzyliden]-7-isopropyl-4-methyl- **18**
IV 787

—, 5-Hydroxy-2-isopropyl-4,6,7-
trimethyl- **17** IV 2135
— [2,4-dinitro-phenylhydrazon] **18**
IV 8314

—, 4-Hydroxy-6-methoxy- **17** IV 2353
— [2,4-dinitro-phenylhydrazon] **18**
IV 8315

—, 6-Hydroxy-4-methoxy- **17** IV 2352

—, 6-Hydroxy-7-methoxy- **17** I 112 d,
IV 2356

—, 7-Hydroxy-6-methoxy- **17** I 112 d,
IV 2355

—, 2-[2-Hydroxy-3-methoxy-benzyliden]-
18 I 366 a

—, 2-[3-Hydroxy-4-methoxy-benzyliden]-
18 IV 1825

—, 6-Hydroxy-2-[4-methoxy-benzyliden]-
18 IV 1824

—, 2-[2-Hydroxy-3-methoxy-benzyliden]-
4,6-dimethoxy- **18** IV 3324

—, 2-[2-Hydroxy-5-methoxy-benzyliden]-
4,6-dimethoxy- **18** IV 3325

—, 2-[3-Hydroxy-4-methoxy-benzyliden]-
4,6-dimethoxy- **18** IV 3326

—, 2-[2-Hydroxy-3-methoxy-benzyliden]-
5-methoxy- **18** II 177 e

Benzofuran-3-on (Fortsetzung)

—, 2-[2-Hydroxy-4-methoxy-benzyliden]-
6-methoxy- **18** IV 2744

—, 2-[2-Hydroxy-3-methoxy-benzyliden]-
4,6,7-trimethoxy- **18** IV 3515

—, 2-[2-Hydroxy-4-methoxy-benzyl]-6-
methoxy- **17** IV 2708

—, 4-Hydroxy-6-methoxy-2-[4-methoxy-
phenyl]-5-methyl- **18** 179 c

—, 2-Hydroxy-6-methoxy-2-methyl- **18**
I 346 c

—, 2-Hydroxy-2-[2-methoxy-phenyl]-
8 II 473 g, III 3693 a

—, 4-Hydroxy-6-methoxy-2-veratryliden-
18 IV 3326

—, 6-Hydroxy-4-methoxy-2-veratryliden-
18 IV 3326

—, 6-Hydroxy-7-methoxy-2-veratryliden-
18 IV 3330

—, 7-Hydroxy-6-methoxy-2-veratryliden-
18 IV 3330

—, 6-Hydroxy-2-methyl- **17** II 190 h,
IV 2121

—, 6-Hydroxy-5-methyl- **17** IV 2122
 — oxim **18** IV 8291

—, 2-[2-Hydroxy-[1]naphthylmethylen]-6-
methoxy- **18** IV 1943

—, 2-[2-Hydroxy-[1]naphthylmethyl]-6-
methoxy- **17** IV 2405

—, 2-[3-Hydroxy-4-oxo-4*H*-
[1]naphthyliden]-6,7-dimethoxy- **18**
I 418 a

—, 6-Hydroxy-5-pentyl- **17** IV 2133
 — oxim **18** IV 8292

—, 6-Hydroxy-2-propyl- **17** IV 2128

—, 6-Hydroxy-5-propyl- **17** IV 2129
 — oxim **18** IV 8291

—, 4-Hydroxy-5,6,7-trimethoxy- **17**
IV 3835

—, 2-Hydroxy-2,4,6-trimethyl- **18**
I 305 f

—, 6-Hydroxy-2-vanillyliden- **18**
IV 2745

—, 6-Hydroxy-2-veratryliden- **18**
IV 2745

—, 2-Isopropyl-4,6-dimethoxy- **17**
IV 2360
 — [2,4-dinitro-phenylhydrazon] **18**
 IV 8316

—, 2-Isopropyl-4,6-dimethyl- **17**
II 137 f

—, 2-Isopropyliden-4,6-dimethoxy- **18**
IV 1406

—, 2-Isopropyliden-6-methoxy- **18**
IV 387

—, 2-Isopropyliden-4-
phenylcarbamoyloxy- **18** IV 387

—, 2-Isopropyliden-4,6,7-trimethyl- **17**
IV 5146

—, 7-Isopropyl-2-isopropyliden-4-methyl-
17 IV 5155

—, 7-Isopropyl-2-[5-isopropyl-4-
methoxy-2-methyl-benzyliden]-4-methyl-
18 IV 787

—, 2-Isopropyl-6-methoxy- **17** IV 2130

—, 7-Isopropyl-2-[4-methoxy-benzyliden]-
4-methyl- **18** IV 783

—, 2-Isopropyl-5-methoxy-4,6,7-
trimethyl- **17** IV 2135

—, 2-Isopropyl-5-methyl- **17** I 69 c
 — oxim **18** I 591 e
 — semicarbazon **18** I 593 f

—, 7-Isopropyl-4-methyl- **17** II 137 a,
IV 1499
 — oxim **17** II 353 a
 — semicarbazon **17** II 353 b

—, 7-Isopropyl-4-methyl-2-salicyliden-
18 IV 783

—, 4-Methoxy- **17** IV 2114

—, 5-Methoxy- **17** I 92 a, IV 2115
 — semicarbazon **18** I 594 a

—, 6-Methoxy- **17** 156 f, I 92 e,
II 188 e, IV 2116
 — semicarbazon **18** I 594 c, II 8 h

—, 7-Methoxy- **17** IV 2118

—, 2-[4-Methoxy-benzoyl]- **18** IV 1818

—, 2-[4-Methoxy-benzoyl]-5-methyl- **18**
I 368 b, IV 1855

—, 2-[2-Methoxy-benzyliden]- **18** I 326 c

—, 2-[4-Methoxy-benzyliden]- **18** 61 f,
I 326 e, II 41 f, IV 725

—, 2-[2-Methoxy-benzyliden]-5-methyl-
18 IV 755

—, 2-[4-Methoxy-benzyliden]-5-methyl-
18 II 43 i, IV 756

—, 2-[4-Methoxy-benzyliden]-6-methyl-
18 IV 757

—, 2-[4-Methoxy-benzyliden]-7-methyl-
18 IV 757

—, 2-Methoxy-2,5-dimethyl- **18** I 304 a

—, 4-Methoxy-2-[2-methoxy-benzyliden]-
18 IV 1821

—, 4-Methoxy-2-[4-methoxy-benzyliden]-
18 IV 1821

—, 6-Methoxy-2-[4-methoxy-benzyliden]-
18 IV 1824

—, 6-Methoxy-2-[2-methoxy-benzyliden]-
5-nitro- **18** IV 1822

—, 6-Methoxy-2-[4-methoxy-benzyliden]-
5-nitro- **18** IV 1824

—, 6-Methoxy-2-[(4-methoxy-phenyl)-(2-
oxo-cyclohexyl)-methyl]- **18** IV 2810

—, 6-Methoxy-2-[1-(4-methoxy-phenyl)-
3-oxo-2,3-diphenyl-propyl]- **18** IV 2844

—, 6-Methoxy-2-methyl- **17** I 94 e,
II 191 a, IV 2121
 — [2,4-dinitro-phenylhydrazon] **18**
 IV 8314

Benzofuran-3-on (Fortsetzung)

—, 6-Methoxy-2-[2]naphthoyl- **18** IV 1943

—, 2-[2-Methoxy-[1]naphthylmethylen]- **18** IV 829

  — [2,4-dinitro-phenylhydrazon] **18** IV 829

—, 2-[(2-Methoxy-[1]naphthyl)-(2-oxo-cyclohexyl)-methyl]- **18** IV 1963

—, 6-Methoxy-2-[2-nitro-benzyliden]- **18** IV 724

—, 6-Methoxy-5-nitro-2-salicyliden- **18** IV 1822

—, 6-Methoxy-5-nitro-2-vanillyliden- **18** IV 2747

—, 6-Methoxy-5-nitro-2-veratryliden- **18** IV 2747

—, 6-Methoxy-2-phenylimino- **18** II 64 h

—, 2-[1-(4-Methoxy-phenyl)-3-oxo-2,3-diphenyl-propyl]- **18** IV 1993

—, 6-Methoxy-2-salicyl- **17** IV 2391

—, 6-Methoxy-2-salicyliden- **18** IV 1821

—, 7-Methoxy-6-[tetra-*O*-methyl-glucopyranosyloxy]-2-veratryliden- **18** IV 3332

—, 6-Methoxy-2-[3,4,5-trimethoxy-benzyliden]- **18** II 220 a

—, 5-Methoxy-2-vanillyliden- **18** I 399 g

—, 6-Methoxy-2-vanillyliden- **18** I 400 c, IV 2745

—, 7-Methoxy-2-vanillyliden- **18** IV 2748

—, 4-Methoxy-2-veratryliden- **18** IV 2743

—, 5-Methoxy-2-veratryliden- **18** I 400 a

—, 6-Methoxy-2-veratryliden- **18** 192 d, I 400 d, IV 2745

—, 7-Methoxy-2-veratryliden- **18** IV 2748

—, 2-Methyl- **17** 122 d, I 63 a, II 131 b

—, 5-Methyl- **17** 123 b, I 64 c, II 132 g

  — [4-nitro-phenylhydrazon] **17** II 338 h, **18** I 592 c

  — oxim **17** II 338 g, **18** 637 d, I 591 b

  — semicarbazon **17** II 338 i, **18** 640 b

—, 6-Methyl- **17** 124 e, I 65 a, II 133 c

  — [4-nitro-phenylhydrazon] **17** II 338 j

  — oxim **18** 638 a

  — semicarbazon **18** 640 c

—, 7-Methyl- **17** 125 c, I 65 b, II 133 g

  — azin **17** II 339 f

  — [4-nitro-phenylhydrazon] **17** II 339 d

  — oxim **17** II 339 c, **18** 638 b, I 591 c

  — semicarbazon **17** II 339 e, **18** 640 d

—, 5-Methyl-2-[2]naphthoyl- **18** IV 835

—, 5-Methyl-2-[2-nitro-benzyliden]- **17** 381 b, I 207 c

—, 5-Methyl-2-[3-nitro-benzyliden]- **17** I 207 d

—, 5-Methyl-2-[4-nitro-benzyliden]- **17** 381 c

—, 5-Methyl-2-pentyl- **17** II 138 a

—, 5-Methyl-2-propyl- **17** II 136 g

  — semicarbazon **17** II 352 j

—, 5-Methyl-2-salicyliden- **18** 64 f

—, 6-Methyl-2-salicyliden- **18** 64 h

—, 7-Methyl-2-salicyliden- **18** 65 a

—, 5-Methyl-2-tetradecyl- **17** II 138 d

—, 5-Methyl-2-veratryliden- **18** IV 1856

—, 2-[1]Naphthoyl- **18** IV 829

—, 2-[2]Naphthoyl- **18** IV 830

—, 2-Nitro- **17** 119 a, I 60 b

—, 5-Nitro- **17** II 127 f

—, 2-[2-Nitro-benzyliden]- **17** 375 g, I 205 f

—, 2-[4-Nitro-benzyliden]- **17** IV 5430

—, 2-[3-Oxo-butyl]- **18** IV 411

—, 2-Phenyldiazencarbonyl- **18** I 457 g

—, 2-Propyl- **17** II 135 d

—, 2-Salicyliden- **18** 61 a, II 41 d, IV 724

—, 6-[Tetra-*O*-acetyl-glucopyranosyloxy]- **17** IV 3446

—, 2,2,4,6-Tetramethyl- **17** II 353 d

—, 2,2,5,7-Tetramethyl- **17** II 353 g

—, 2-*m*-Tolyldiazencarbonyl- **18** I 458 b

—, 2-*o*-Tolyldiazencarbonyl- **18** I 458 a

—, 2-*p*-Tolyldiazencarbonyl- **18** I 458 c

—, 2,5,7-Tribrom-2-[α-brom-3,4,5-trimethoxy-benzyl]-4,6-dimethoxy- **18** II 234 a

—, 2,2,5-Tribrom-6-methoxy- **18** II 8 i

—, 2,5,7-Trichlor-6-methoxy- **17** II 189 d

—, 4,5,6-Trimethoxy- **17** IV 2677

—, 4,6,7-Trimethoxy- **17** IV 2678

—, 2,4,6-Trimethoxy-2-[4-methoxy-benzyl]- **18** IV 3229

—, 4,5,6-Trimethoxy-2-[4-methoxy-benzyl]- **17** IV 3864

Benzofuran-3-on   (Fortsetzung)

—, 4,6,7-Trimethoxy-2-[4-methoxy-
benzyl]- **17** IV 3864

—, 4,5,6-Trimethoxy-2-[4-methoxy-
benzyliden]- **18** IV 3323

—, 4,6,7-Trimethoxy-2-[4-methoxy-
benzyliden]- **18** IV 3324

—, 4,6,7-Trimethoxy-2-
[2-methoxymethoxy-benzyliden]- **18**
IV 3324

—, 4,6,7-Trimethoxy-2-[3-methoxy-2-
methoxymethoxy-benzyliden]- **18**
IV 3515

—, 4,6,7-Trimethoxy-2-[3-methoxy-4-
methoxymethoxy-benzyliden]- **18**
IV 3515

—, 4,6,7-Trimethoxy-2-salicyliden- **18**
IV 3324

—, 2,4,6-Trimethoxy-2-[3,4,5-trimethoxy-
benzyl]- **18** IV 3566

—, 4,6,7-Trimethoxy-2-vanillyliden- **18**
IV 3515

—, 2,4,6-Trimethoxy-2-veratryl- **18**
IV 3440

—, 2,2,4-Trimethyl- **17** II 350 a

—, 2,2,5-Trimethyl- **17** I 166 f
   — [4-nitro-phenylhydrazon] **17**
      I 166 g
   — semicarbazon **17** I 167 a

—, 2,2,6-Trimethyl- **17** II 350 c
   — [4-nitro-phenylhydrazon] **17**
      II 350 d
   — semicarbazon **17** II 350 e

—, 2,2,7-Trimethyl- **17** II 350 f
   — semicarbazon **17** II 350 g

—, 2,4,6-Trimethyl- **17** I 68 c,
      II 136 e, IV 4993
   — [4-nitro-phenylhydrazon] **18**
      I 593 d
   — semicarbazon **18** I 593 e

—, 4,5,7-Trimethyl- **17** II 136 f

—, 4,6,7-Trimethyl- **17** IV 1497

—, 4,6,7-Trimethyl-2-[1-methyl-
hexyliden]- **17** IV 5167

—, 2,4,6-Trimethyl-2-[1]naphthylamino-
18 II 464 d

—, 4,6,7-Trimethyl-2-[1,5,9,13-
tetramethyl-tetradecyliden]- **17** IV 5178

—, 2,4,6-Trimethyl-2-thiocyanato- **18**
      II 14 b

—, 2-Vanillyliden- **18** I 366 e, IV 1825

—, 2-Veratryl- **17** II 222 d
   — phenylhydrazon **18** II 94 h

—, 2-Veratryliden- **18** I 366 f,
      II 102 d

Benzofuran-4-on

—, 2-[2-Acetoxy-5,5-dimethyl-6-oxo-
cyclohex-1-enyl]-6,6-dimethyl-2,3,6,7-
tetrahydro-5*H*- **17** II 525 c

—, 2-Benzoyloxymethyl-3-[2-benzoyloxy-
4,4-dimethyl-6-oxo-cyclohex-1-enyl]-6,6-
dimethyl-1,2,6,7-tetrahydro-5*H*- **18**
II 155 c

—, 3,6-Dimethyl-6,7-dihydro-5*H*- **17**
IV 4742
   — [2,4-dinitro-phenylhydrazon] **17**
      IV 4742
   — semicarbazon **17** IV 4742

—, 3-[4,4-Dimethyl-2,6-dioxo-cyclohexyl]-
2-hydroxymethyl-6,6-dimethyl-2,3,6,7-
tetrahydro-5*H*- **18** IV 2423

—, 2-[2-Hydroxy-4,4-dimethyl-6-oxo-
tetrahydro-pyran-2-yl]-6,6-dimethyl-
3,5,6,7-tetrahydro-2*H*- **18** IV 6028

—, 2-[2-Hydroxy-4,4-dimethyl-6-oxo-
tetrahydro-pyran-2-yl]-3,6,6-trimethyl-
3,5,6,7-tetrahydro-2*H*- **18** IV 6030

—, 2-Isopropenyl-6,6-dimethyl-2,3,6,7-
tetrahydro-5*H*- **17** IV 4755
   — [2,4-dinitro-phenylhydrazon] **17**
      IV 4755

—, 2-Methyl-6,7-dihydro-5*H*- **17**
IV 4733
   — [2,4-dinitro-phenylhydrazon] **17**
      IV 4733

—, 2-Phenyl-6,7-dihydro-5*H*- **17**
IV 5276

Benzofuran-5-on

—, 7a-Hydroxy-2-isopropyl-4,6,7-
trimethyl-2,3-dihydro-7a*H*- **8** III 2250 b

—, 7a-Hydroxy-2,4,6,7-tetramethyl-2,3-
dihydro-7a*H*- **8** III 2239 d

—, 6-Methyl-3-methylen-2,3,6,7-
tetrahydro-4*H*- **17** IV 4742

Benzofuran-2-sulfonsäure **18** IV 6719

—, 2,5-Dimethyl-3-oxo-2,3-dihydro- **18**
IV 6739

—, 3-Hydroxy-2,3-dihydro- **17** IV 479

Benzofuran-3-sulfonsäure

—, 2-Hydroxy-2,3-dihydro- **17** IV 479

Benzofuran-5-sulfonsäure

—, 6-Acetoxy-2-oxo-3,3-diphenyl-2,3-
dihydro- **18** 577 c

—, 6-Äthoxy-2-oxo-3,3-diphenyl-2,3-
dihydro- **18** 577 b

—, 2-Cyanacetyl-,
   — anilid **18** IV 6769
   — [4-*tert*-pentyl-*N*-(3-phenyl-propyl)-
      anilid] **18** IV 6770
   — *p*-toluidid **18** IV 6769

—, 2-[2-Cyan-1-hydroxy-vinyl]-,
   — anilid **18** IV 6769
   — [4-*tert*-pentyl-*N*-(3-phenyl-propyl)-
      anilid] **18** IV 6770
   — *p*-toluidid **18** IV 6769

—, 6-Hydroxy-2-oxo-3,3-diphenyl-2,3-
dihydro- **18** 576 b

Benzofuran-5-sulfonsäure (Fortsetzung)

—, 6-Methoxy-2-oxo-3,3-diphenyl-2,3-dihydro- **18** 577 a

—, 2,4,6,7-Tetramethyl-2,3-dihydro-,
   — anilid **18** IV 6719

Benzofuran-5-sulfonylchlorid

—, 2-Cyanacetyl- **18** IV 6769

—, 2-[2-Cyan-1-hydroxy-vinyl]- **18** IV 6769

—, 2,4,6,7-Tetramethyl-2,3-dihydro- **18** IV 6718

Benzofuran-2-thiocarbonsäure

— S-[2-diäthylamino-äthylester] **18** IV 4251

— S-[4-diäthylamino-butylester] **18** IV 4251

—, 3-Methyl-,
   — O-äthylester **18** 310 c

Benzofuran-3-thiol **17** IV 1457

Benzofuran-5-thiol

—, 2,4,6,7-Tetramethyl-2,3-dihydro- **17** IV 1384

Benzofuran-2,5,7-tricarbonsäure

—, 3,4,6-Trimethyl-,
   — 5-äthylester **18** I 452 d

Benzofuran-3,4,6-triol **17** I 112 a, II 215 e, IV 2352

—, 5-Acetyl- **18** IV 2393

—, 7-Acetyl- **18** IV 2399

—, 5-Acetyl-2-methyl- **18** IV 2406

—, 7-Acetyl-2-methyl- **18** IV 2406

—, 2-Äthyl- **17** II 623

—, 2-[3,4-Dihydroxy-benzyl]- **17** IV 3865

—, 2-[3,4-Dihydroxy-benzyl]-2,3-dihydro- **17** IV 3865

—, 2-[3,4-Dihydroxy-phenyl]- **17** IV 3854

—, 2-[4-Hydroxy-phenyl]- **18** 174 g

—, 2-Isopropyl- **17** IV 2360

—, 5-Methoxy- **17** IV 2677

—, 7-Methoxy- **17** IV 2677

—, 2-[4-Methoxy-phenyl]- **17** IV 2701

—, 2-Methyl- **17** IV 2357

Benzofuran-3,4,7-triol

—, 2-Benzyl-6-methoxy- **17** IV 2708

Benzofuran-3,5,6-triol **17** IV 2355

Benzofuran-3,6,7-triol **17** 176 e, IV 2355

—, 2-Benzyl- **17** I 115 a

Benzofuran-2,5,6-trion

—, 4,7-Dichlor-3,3-diphenyl-3H- **17** I 289 d

—, 4,4,7,7-Tetrachlor-3,3-diphenyl-4,7-dihydro-3H- **17** I 289 c

Benzofuran-2,6,7-trion

—, 4,5-Dichlor-3,3-diphenyl-3H- **17** I 289 e

Benzofuran-3,4,6-trion

—, 2-Isopropyl-5,5,7,7-tetramethyl-7H- **18** IV 1268

—, 5,5,7,7-Tetramethyl-7H- **18** IV 1258

Benzofuran-3,4,7-trion

—, 2-Benzyl-5,6-dimethoxy- **18** IV 3333

—, 2-Benzyliden-5,6-dimethoxy- **18** IV 3360

—, 2-Benzyliden-6-methoxy- **18** IV 2793

—, 2-Benzyl-6-methoxy- **18** IV 2748

Benzofuran-3-ylamin

—, 2,3-Dihydro- **18** 585 j, IV 7148

—, 5-Methyl-2,3-dihydro- **18** I 556 d

Benzofuran-5-ylamin **18** IV 7163

—, 2,2-Dimethyl-2,3-dihydro- **18** IV 7155

—, 2-Isopropyl-6-methoxy-2,3-dihydro- **18** IV 7339

—, 2-Methyl-4-nitro-2,3-dihydro- **18** IV 7154

—, 2,4,6,7-Tetramethyl-2,3-dihydro- **18** IV 7157

—, 2,4,7-Trimethyl-2,3-dihydro- **18** IV 7156

Benzofuran-6-ylamin **18** IV 7166

—, 7-Isopropyl-4-methyl-2,3-diphenyl- **18** IV 7255

Benzo[c]furanylium
   s. Isobenzofurylium

Benzofuran-2-ylquecksilber(1+)

—, 3,6-Dimethyl-4,5,6,7-tetrahydro- **18** IV 8424

Benzofuran-3-ylquecksilber(1+)

—, 2-Äthyl-4,5,6,7-tetrahydro- **18** IV 8423

Benzofuran-5-ylthiocyanat

—, 2,4,6,7-Tetramethyl-2,3-dihydro- **17** IV 1384

Benzofuro[3,2-c]chromen-1,11a-diol

—, 3-Methoxy- **18** IV 2723

—, 2,3,8-Trimethoxy- **18** IV 3512

Benzofuro[3,2-c]chromen-3,11a-diol **18** IV 1804

—, 6-Brommethyl- **18** IV 1841

—, 6-Hydroxymethyl- **18** IV 2756

—, 6-Methyl- **18** IV 1840

Benzofuro[3,2-c]chromen-11a-ol

—, 1,3-Dimethoxy- **18** IV 2723

—, 3-Methoxy- **18** IV 1804

—, 3-Methoxy-6-methyl- **18** IV 1840

Benzo[4,5]furo[2,3-b]chromen-5a-ol **18** IV 714

Benzo[4,5]furo[3,2-b]chromen-5a-ol **18** IV 724

Benzofuro[3,2-*c*]chromen-1,2,3,11a-tetraol 18
IV 3308
Benzofuro[3,2-*c*]chromen-1,3,9,11a-tetraol 18
IV 3314
Benzofuro[3,2-*c*]chromen-1,3,11a-triol 18
IV 2723
—, 2,8-Dimethoxy- 18 IV 3512
—, 9-Methoxy-6,6a-dihydro- 18
IV 3228
—, 4-Methyl- 18 IV 2765
Benzofuro[3,2-*c*]chromen-3,9,11a-triol
—, 6-Methyl- 18 IV 2756
Benzofuro[3,2-*b*]chromenylium
—, 3,8-Dihydroxy-11-phenyl- 18 IV 723
—, 3-Hydroxy-8-methoxy-11-phenyl-
18 IV 723
Benzo[*de*]furo[3,4-*g*]isochromen-4,6,10-trion
—, 8-Hydroxy-8-methyl-8*H*- 18
IV 6191
Benzo[*a*]furo[4,3,2-*kl*]xanthen-2-on
—, 12c-Hydroxy-12c*H*- 18 IV 5699
—, 3,4,5-Trichlor-12c-hydroxy-12c*H*-
18 IV 5699
Benzo[*a*]heptalen
—, 7-Acetylamino-7a,12a-epoxy-1,2,3-
trimethoxy-5,6,7,7a,8,9,10,11,12,12a-
decahydro- 18 IV 7500
—, 9,10-Diacetoxy-7-acetylamino-7a,12a-
epoxy-1,2,3-trimethoxy-5,6,7,7a,8,9,10,11,≠
12,12a-decahydro- 18 IV 7645
—, 7a,12a-Epoxy-1,2,3-trimethoxy-
5,6,7,7a,8,9,10,11,12,12a-decahydro- 17
IV 2365
Benzo[*a*]heptalen-9,10-diol
—, 7-Acetylamino-7a,12a-epoxy-1,2,3-
trimethoxy-5,6,7,7a,8,9,10,11,12,12a-
decahydro- 18 IV 7644
Benzo[*a*]heptalen-9-ol
—, 7-Acetylamino-7a,12a-epoxy-1,2,3,10-
tetramethoxy-5,6,7,7a,8,9,10,11,12,12a-
decahydro- 18 IV 7644
Benzo[*a*]heptalen-9-on
—, 7-Acetylamino-10-äthylamino-3-
glucopyranosyloxy-1,2-dimethoxy-6,7-
dihydro-5*H*- 17 IV 3422
—, 7-Acetylamino-10-amino-3-
glucopyranosyloxy-1,2-dimethoxy-6,7-
dihydro-5*H*- 17 IV 3422
—, 7-Acetylamino-10-benzhydrylamino-
3-glucopyranosyloxy-1,2-dimethoxy-6,7-
dihydro-5*H*- 17 IV 3424
—, 7-Acetylamino-10-benzylamino-3-
glucopyranosyloxy-1,2-dimethoxy-6,7-
dihydro-5*H*- 17 IV 3424
—, 7-Acetylamino-10-[bis-(2-hydroxy-
äthyl)-amino]-3-glucopyranosyloxy-1,2-
dimethoxy-6,7-dihydro-5*H*- 17 IV 3424

—, 7-Acetylamino-10-butylamino-3-
glucopyranosyloxy-1,2-dimethoxy-6,7-
dihydro-5*H*- 17 IV 3423
—, 7-Acetylamino-10-diäthylamino-3-
glucopyranosyloxy-1,2-dimethoxy-6,7-
dihydro-5*H*- 17 IV 3423
—, 7-Acetylamino-10-dimethylamino-3-
glucopyranosyloxy-1,2-dimethoxy-6,7-
dihydro-5*H*- 17 IV 3422
—, 7-Acetylamino-3-glucopyranosyloxy-
1,2-dimethoxy-10-methylamino-6,7-
dihydro-5*H*- 17 IV 3422
—, 7-Acetylamino-3-glucopyranosyloxy-
1,2-dimethoxy-10-methylmercapto-6,7-
dihydro-5*H*- 17 IV 3428
—, 7-Acetylamino-3-glucopyranosyloxy-
1,2-dimethoxy-10-[1-methyl-2-phenyl-
äthylamino]-6,7-dihydro-5*H*- 17 IV 3424
—, 7-Acetylamino-3-glucopyranosyloxy-
1,2-dimethoxy-10-pentylamino-6,7-
dihydro-5*H*- 17 IV 3423
—, 7-Acetylamino-3-glucopyranosyloxy-
1,2-dimethoxy-10-[*N'*-phenyl-hydrazino]-
6,7-dihydro-5*H*- 17 IV 3433
—, 7-Acetylamino-3-glucopyranosyloxy-
1,2-dimethoxy-10-propylamino-6,7-
dihydro-5*H*- 17 IV 3423
—, 7-Acetylamino-3-glucopyranosyloxy-
10-hexylamino-1,2-dimethoxy-6,7-
dihydro-5*H*- 17 IV 3423
—, 7-Acetylamino-3-glucopyranosyloxy-
10-hydrazino-1,2-dimethoxy-6,7-dihydro-
5*H*- 17 IV 3433
—, 7-Acetylamino-3-glucopyranosyloxy-
10-[2-hydroxy-äthylamino]-1,2-
dimethoxy-6,7-dihydro-5*H*- 17 IV 3424
—, 7-Acetylamino-3-glucopyranosyloxy-
1,2,10-trimethoxy-6,7-dihydro-5*H*- 17
IV 3428
—, 7-Acetylamino-1,2,10-trimethoxy-3-
[tetra-*O*-acetyl-glucopyranosyloxy]-6,7-
dihydro-5*H*- 17 IV 3428
Benzohydroximsäure
—, 2,4'-Carbonyl-di-,
— anhydrid 17 572 f
Benzoin
—, Desoxy- s. Desoxybenzoin
Benzoingelb 18 155 a
Benzojodglucopyranose 17 IV 2614
Benzojodmannopyranose 17 IV 2614
Benzojodrhamnopyranose 17 IV 2303
Benzol
—, 1-Acetoxy-5-[8-acetoxy-3,7-dimethyl-
octyl]-2-methyl-4-[tetra-*O*-acetyl-
glucopyranosyloxy]- 17 IV 3207
—, 1-Acetoxy-2-[2,3-epoxy-3-methyl-
butyl]-3,5-dimethoxy- 17 IV 2341
—, 1-Acetoxy-2-[2,3-epoxy-propyl]- 17
IV 1348

Benzol   (Fortsetzung)

—, 1-Acetoxy-4-[1,2-epoxy-propyl]-2-methoxy- **17** IV 2075

—, 1-Acetoxy-4-[2,3-epoxy-propyl]-2-methoxy- **17** IV 2074

—, 2-Acetoxy-1-[1,2-epoxy-propyl]-3-methoxy- **17** IV 2074

—, 1-Acetoxy-2-[2,3-epoxy-propyl]-4-methyl- **17** IV 1358

—, 2-Acetoxy-1-[2,3-epoxy-propyl]-3-methyl- **17** IV 1358

—, 1-Acetoxy-2-methoxy-4-[3-methyl-oxiranyl]- **17** IV 2075

—, 1-Acetoxy-2-methoxy-4-oxiranylmethyl- **17** IV 2074

—, 1-Acetoxy-4-methyl-2-oxiranylmethyl-**17** IV 1358

—, 2-Acetoxy-1-methyl-3-oxiranylmethyl-**17** IV 1358

—, 1-Acetoxy-4-nitro-2-[5-nitro-benzofuran-3-yl]- **17** IV 1664

—, 1-Acetoxy-2-oxiranylmethyl- **17** IV 1348

—, 5-[3-Acetoxy-propenyl]-1,3-dimethoxy-2-[tetra-*O*-acetyl-glucopyranosyloxy]- **17** IV 3211

—, 4-[3-Acetoxy-propenyl]-2-methoxy-1-[tetra-*O*-acetyl-glucopyranosyloxy]- **17** IV 3208

—, 1-Acetyl-2-benzoyloxy-4-tetrahydropyran-2-yloxy- **17** IV 1070

—, 1-Acetyl-4-tetrahydropyran-2-yloxy-2-[2,4,6-trimethyl-benzoyloxy]- **17** IV 1070

—, 1-Äthoxy-4-[2,3-epoxy-propyl]-2-methoxy- **17** IV 2074

—, 1-Äthoxy-2-methoxy-4-oxiranylmethyl- **17** IV 2074

—, 1-Allyl-2-[2,3-epoxy-propoxy]- **17** IV 995

—, 4-Allyl-1-[2,3-epoxy-propoxy]-2-methoxy- **17** IV 1001

—, 4-Allyl-2-methoxy-1-oxiranylmethoxy- **17** IV 1001

—, 1-Allyl-2-oxiranylmethoxy- **17** IV 995

—, 1-Allyloxy-2-cyclohexyl- **17** IV 536

—, 1-Allyloxy-4-cyclohexyl- **17** IV 536

—, 1-Allyloxy-4-[2,3-epoxy-propoxy]-**17** IV 999

—, 1-Allyloxy-4-oxiranylmethoxy- **17** IV 999

—, 1-Benzofuran-2-yl-2-benzoyloxy- **17** IV 1662

—, 1-Benzofuran-2-ylmethyl-5-isopropyl-4-methoxy-2-methyl- **17** IV 1679

—, 2-Benzofuran-2-yl-1,3,5-trimethoxy-**17** IV 2384

—, 1-Benzyloxy-2-furfuryl- **17** IV 1534

—, 1-Benzyloxy-2-[2,3-epoxy-propoxy]-**17** IV 998

—, 1-Benzyloxy-4-[2,3-epoxy-propoxy]-**17** IV 999

—, 1-Benzyloxy-4-[2,3-epoxy-propyl]-2-methoxy- **18** IV 1248

—, 1-Benzyloxy-2-oxiranylmethoxy- **17** IV 998

—, 1-Benzyloxy-4-oxiranylmethoxy- **17** IV 999

—, 1,2-Bis-benzyloxy-4-[1,2-epoxy-propyl]- **17** IV 2074

—, 1,2-Bis-benzyloxy-4-[3-methyl-oxiranyl]- **17** IV 2074

—, 1,4-Bis-[2-cyan-2-tetrahydrofurfuryloxycarbonyl-vinyl]-2,5-dimethoxy- **17** IV 1120

—, 1,4-Bis-[2,4-dimethyl-6-oxo-6*H*-pyran-3-carbonyloxy]- **18** IV 5414

—, 1,2-Bis-[2,3-epoxy-propoxy]-**17** 105 i, IV 998

—, 1,3-Bis-[2,3-epoxy-propoxy]- **17** IV 998

—, 1,4-Bis-[2,3-epoxy-propoxy]- **17** IV 999

—, 1,2-Bis-[furan-2-carbonyloxy]- **18** IV 3924

—, 1,3-Bis-[furan-2-carbonyloxy]-**18** 275 f, IV 3924

—, 1,4-Bis-[furan-2-carbonyloxy]- **18** IV 3924

—, 1,5-Bis-furfurylidenhydrazino-2,4-dinitro- **17** IV 4450

—, 1,5-Bis-[furfuryliden-methyl-hydrazino]-2,4-dinitro- **17** IV 4451

—, 1,3-Bis-[3-[2]furyl-acryloyloxy]- **18** IV 4148

—, 1,2-Bis-glucopyranosyloxy- **17** IV 2982

—, 1,3-Bis-glucopyranosyloxy- **17** IV 2983

—, 1,4-Bis-glucopyranosyloxy- **17** IV 2985

—, 1,4-Bis-[3-hydroxy-benzo[*b*]thiophen-2-ylazo]- **17** IV 6133

—, 1,5-Bis-[5-hydroxymethyl-furfurylidenhydrazino]-2,4-dinitro- **18** IV 110

—, 1,5-Bis-[(5-hydroxymethyl-furfuryliden)-methyl-hydrazino]-2,4-dinitro- **18** IV 111

—, 1,5-Bis-[5-methyl-furfurylidenhydrazino]-2,4-dinitro- **17** IV 4528

—, 1,5-Bis-[methyl-(5-methyl-furfuryliden)-hydrazino]-2,4-dinitro- **17** IV 4528

—, 1,2-Bis-oxiranylmethoxy- **17** IV 998

—, 1,3-Bis-oxiranylmethoxy- **17** IV 998

—, 1,4-Bis-oxiranylmethoxy- **17** IV 999

Benzol   (Fortsetzung)

—, 1,4-Bis-[3-oxo-3*H*-benzo[*b*]thiophen-
2-ylidenhydrazino]- **17** IV 6133

—, 1,2-Bis-[tetra-*O*-acetyl-
glucopyranosyloxy]- **17** IV 3191

—, 1,3-Bis-[tetra-*O*-acetyl-
glucopyranosyloxy]- **17** IV 3191

—, 1,4-Bis-[tetra-*O*-acetyl-
glucopyranosyloxy]- **17** IV 3194

—, 1,2-Bis-tetrahydropyran-2-yloxy- **17**
IV 1058

—, 1,3-Bis-tetrahydropyran-2-yloxy- **17**
IV 1058

—, 1,4-Bis-tetrahydropyran-2-yloxy- **17**
IV 1058

—, 1,4-Bis-[3,4,5-triacetoxy-6-
acetoxymethyl-tetrahydro-pyran-2-yloxy]-
17 IV 3194

—, 1,4-Bis-[tri-*O*-acetyl-5-
methoxycarbonyl-xylopyranosyloxy]- **18**
IV 5180

—, 1,4-Bis-[3,4,5-trihydroxy-6-
hydroxymethyl-tetrahydro-pyran-2-yloxy]-
17 IV 2985

—, 1,2-Bis-[5,8,8-trimethyl-4-oxo-3-oxa-
bicyclo[3.2.1]oct-2-
ylidenaminooxycarbonyl]- **21** 420 c

—, 1-[2-Brom-benzyl]-4-tetrahydropyran-
2-yloxy- **17** IV 1051

—, 1-Brom-4-[1,2-epoxy-butyl]- **17**
II 53 b

—, 1-Brom-4-[3,4-epoxy-butyl]- **17**
II 52 j

—, 1-Brom-2-[2,3-epoxy-propoxy]- **17**
IV 992

—, 1-Brom-4-[2,3-epoxy-propoxy]- **17**
IV 992

—, 1-Brom-4-[1,2-epoxy-propyl]- **17**
II 51 d

—, 1-Brom-4-[2,3-epoxy-propyl]- **17**
II 51 a

—, 4-Brom-1-[furan-2-carbonyloxy]-2-
nitro- **18** IV 3920

—, 1-Brom-4-[2]furyl- **17** IV 543

—, 1-Brom-4-oxiranyl- **17** IV 402

—, 1-Brom-2-oxiranylmethoxy- **17**
IV 992

—, 1-Brom-4-oxiranylmethoxy- **17**
IV 992

—, 1-Brom-2-tetrahydropyran-2-yloxy-
17 IV 1047

—, 1-Brom-3-tetrahydropyran-2-yloxy-
17 IV 1047

—, 1-Brom-4-tetrahydropyran-2-yloxy-
17 IV 1047

—, 1-Brom-4-[2]thienyl- **17** II 64 f

—, 1-Butoxy-2-[2,3-epoxy-propoxy]- **17**
IV 998

—, 1-Butoxy-4-[2,3-epoxy-propoxy]- **17**
IV 999

—, 1-Butoxy-2-[2,3-epoxy-propyl]- **17**
IV 1348

—, 1-Butoxy-2-oxiranylmethoxy- **17**
IV 998

—, 1-Butoxy-4-oxiranylmethoxy- **17**
IV 999

—, 1-Butoxy-2-oxiranylmethyl- **17**
IV 1348

—, 4-*tert*-Butyl-2-chlor-1-[furan-2-
carbonyloxy]- **18** IV 3921

—, 1-*tert*-Butyl-4-[2,3-epoxy-propoxy]-
17 IV 994

—, 1-*tert*-Butyl-4-furfuryloxy- **17**
IV 1245

—, 1-*tert*-Butyl-4-oxiranylmethoxy- **17**
IV 994

—, 1-*tert*-Butyl-4-[2]thienylmethyl- **17**
IV 563

—, 2-Chlor-1,4-bis-[2,3-epoxy-propoxy]-
17 IV 1000

—, 2-Chlor-1,4-bis-oxiranylmethoxy-
17 IV 1000

—, 1-Chlor-2-[2,3-epoxy-propoxy]- **17**
IV 991

—, 1-Chlor-4-[2,3-epoxy-propoxy]- **17**
IV 991

—, 1-Chlor-4-[2,3-epoxy-propylmercapto]-
17 IV 1018

—, 1-Chlor-4-furfuryloxy- **17** IV 1244

—, 1-Chlor-3-[2]furyl- **17** IV 543

—, 1-Chlor-4-[2]furyl- **17** IV 543

—, 1-Chlor-4-[3]furyl- **17** IV 546

—, 1-Chlor-4-[5-nitro-[2]furylmercapto]-
17 IV 1221

—, 1-Chlor-4-oxiranyl- **17** IV 401

—, 1-Chlor-2-oxiranylmethoxy- **17**
IV 991

—, 1-Chlor-4-oxiranylmethoxy- **17**
IV 991

—, 1-Chlor-4-oxiranylmethylmercapto-
17 IV 1018

—, 1-Chlor-3-[2]thienyl- **17** IV 544

—, 1-Chlor-4-[2]thienyl- **17** II 64 e,
IV 544

—, 1-[5-Chlor-[2]thienylmethyl]-2-
[2-dimethylamino-äthoxy]- **17** IV 1535

—, 1-[5-Chlor-[2]thienylmethyl]-2-
[*β*-dimethylamino-isopropoxy]- **17**
IV 1535

—, 1-Cyclohexyl-2-[2,3-epoxy-propoxy]-
17 IV 995

—, 1-Cyclohexyl-2-oxiranylmethoxy- **17**
IV 995

—, 1,2-Diacetoxy-3-[2,3-epoxy-propyl]-
17 IV 2073

—, 1,2-Diacetoxy-3-oxiranylmethyl- **17**
IV 2073

Benzol　(Fortsetzung)

—, 1,3-Diäthoxy-2-äthyl-4-xanthen-9-yl-
　17 II 202 g
—, 1,2-Diäthoxy-3-[2,3-epoxy-propoxy]-
　17 IV 1002
—, 1,3-Diäthoxy-2-[2,3-epoxy-propoxy]-
　17 IV 1003
—, 1,2-Diäthoxy-3-oxiranylmethoxy-
　17 IV 1002
—, 1,3-Diäthoxy-2-oxiranylmethoxy-
　17 IV 1003
—, 1-[2-Diäthylamino-äthoxy]-4-
　thioxanthen-9-ylidenmethyl- **17** IV 1724
—, 1-[2-Diäthylamino-äthoxy]-4-xanthen-
　9-ylidenmethyl- **17** IV 1724
—, 1,2-Dibenzoyl-3-methyl- **17** IV 5570
—, 1,5-Dibrom-2-[furan-2-carbonyloxy]-
　3-nitro- **18** IV 3920
—, 2,4-Dibrom-1-tetrahydropyran-2-
　yloxy- **17** IV 1047
—, 1,4-Di-*tert*-butyl-2,5-bis-[2,3-epoxy-
　propoxy]- **17** IV 1001
—, 1,4-Di-*tert*-butyl-2,5-bis-
　oxiranylmethoxy- **17** IV 1001
—, 1,3-Dichlor-2,5-bis-[2,3-epoxy-
　propoxy]- **17** IV 1000
—, 1,4-Dichlor-2,5-bis-[2,3-epoxy-
　propoxy]- **17** IV 1000
—, 1,3-Dichlor-2,5-bis-oxiranylmethoxy-
　17 IV 1000
—, 1,4-Dichlor-2,5-bis-oxiranylmethoxy-
　17 IV 1000
—, 2,4-Dichlor-1-[2,3-epoxy-propoxy]-
　17 IV 992
—, 1,2-Dichlor-4-oxiranyl- **17** IV 401
—, 2,4-Dichlor-1-oxiranylmethoxy- **17**
　IV 992
—, 1,3-Dimethoxy-2,5-bis-[tetra-*O*-acetyl-
　glucopyranosyloxy]- **17** IV 3211
—, 1,2-Dimethoxy-4-oxiranylmethyl-
　17 IV 2073
—, 1-[4-(3,4-Dimethoxy-phenacyloxy)-3-
　methoxy-phenacyloxy]-2-methoxy-4-
　[7-methoxy-3-methyl-5-propyl-2,3-
　dihydro-benzofuran-2-yl]- **17** IV 2382
—, 1-[2-Dimethylamino-äthoxy]-2-
　[2]thienylmethyl- **17** IV 1534
—, 1-[2-Dimethylamino-äthoxy]-2-
　[3]thienylmethyl- **17** IV 1539
—, 1-[β-Dimethylamino-isopropoxy]-2-
　[2]thienylmethyl- **17** IV 1535
—, 1-[N,N′-Dimethyl-hydrazino]-5-
　furfurylidenhydrazino-2,4-dinitro- **17**
　IV 4450
—, 1-[N′,N′-Dimethyl-hydrazino]-5-
　furfurylidenhydrazino-2,4-dinitro- **17**
　IV 4450

—, 1-[N,N′-Dimethyl-hydrazino]-5-
　[furfuryliden-methyl-hydrazino]-2,4-
　dinitro- **17** IV 4450
—, 1-[N′,N′-Dimethyl-hydrazino]-5-
　[furfuryliden-methyl-hydrazino]-2,4-
　dinitro- **17** IV 4450
—, 1-[N′,N′-Dimethyl-hydrazino]-5-
　[5-hydroxymethyl-furfurylidenhydrazino]-
　2,4-dinitro- **18** IV 110
—, 1-[N′,N′-Dimethyl-hydrazino]-5-
　[(5-hydroxymethyl-furfuryliden)-methyl-
　hydrazino]-2,4-dinitro- **18** IV 110
—, 1-[N′,N′-Dimethyl-hydrazino]-5-
　[5-methyl-furfurylidenhydrazino]-2,4-
　dinitro- **17** IV 4528
—, 1-[N′,N′-Dimethyl-hydrazino]-5-
　[methyl-(5-methyl-furfuryliden)-
　hydrazino]-2,4-dinitro- **17** IV 4528
—, 4-[1,2-Dimethyl-1-phenyl-propyl]-1-
　methoxy-2-xanthen-9-yl- **17** IV 1757
—, 2,4-Dinitro-1-oxiranyl- **17** IV 403
—, 2,4-Dinitro-1-
　oxiranylmethylmercapto- **17** IV 1018
—, 2,4-Dinitro-1-[2]thienylmercapto- **17**
　IV 1226
—, 2,4-Dinitro-1-[3]thienylmercapto- **17**
　IV 1235
—, 1-[2,3-Epoxy-propoxy]-4-jod- **17**
　IV 992
—, 1-[2,3-Epoxy-propoxy]-2-methoxy-
　17 IV 998
—, 1-[2,3-Epoxy-propoxy]-3-methoxy-
　17 IV 998
—, 1-[2,3-Epoxy-propoxy]-4-methoxy-
　17 IV 999
—, 1-[2,3-Epoxy-propoxy]-2-methoxy-4-
　propenyl- **17** IV 1001
—, 1-[2,3-Epoxy-propoxy]-2-nitro- **17**
　IV 992
—, 1-[2,3-Epoxy-propoxy]-3-nitro- **17**
　IV 992
—, 1-[2,3-Epoxy-propoxy]-4-nitro- **17**
　IV 993
—, 1-[2,3-Epoxy-propoxy]-4-pentyl- **17**
　IV 994
—, 1-[2,3-Epoxy-propoxy]-4-[1,1,3,3-
　tetramethyl-butyl]- **17** IV 994
—, 4-[1,2-Epoxy-propyl]-1,2-dimethoxy-
　17 156 c, I 91 g
—, 4-[2,3-Epoxy-propyl]-1,2-dimethoxy-
　17 156 b, IV 2073
—, 1-[2,3-Epoxy-propylmercapto]-2,4-
　dinitro- **17** IV 1018
—, 1-[Furan-2-carbonylamino]-2-[furan-
　2-carbonyloxy]- **18** IV 3947
—, Furfuryl- **17** IV 549
—, 1-Furfuryl-2-furfuryloxy- **17**
　IV 1534

Benzol (Fortsetzung)

—, 2-Furfuryl-1-furfuryloxy-4-methyl-
17 IV 1544

—, 1-Furfurylidenhydrazino-5-
[furfuryliden-methyl-hydrazino]-2,4-
dinitro- **17** IV 4450

—, 1-Furfurylmercapto-2,4-dinitro- **17**
IV 1256

—, 1-Furfuryl-2-methoxy- **17** IV 1533

—, 1-Furfuryl-4-methoxy- **17** IV 1536

—, 1-Furfuryl-2-methoxy-3-methyl- **17**
IV 1542

—, 1-Furfuryl-2-methoxy-4-methyl- **17**
IV 1544

—, 1-Furfuryl-4-methoxy-2-methyl- **17**
IV 1541

—, 2-Furfuryl-1-methoxy-4-methyl- **17**
IV 1543

—, 4-Furfuryl-1-methoxy-2-methyl- **17**
IV 1542

—, 1-Furfuryl-4-methyl- **17** IV 554

—, 1-Furfuryl-3-methyl-2-
phenylcarbamoyloxy- **17** IV 1542

—, 2-Furfuryl-4-methyl-1-
phenylcarbamoyloxy- **17** IV 1543

—, 4-Furfuryl-2-methyl-1-
phenylcarbamoyloxy- **17** IV 1543

—, 1-Furfuryloxy-2,4-dinitro- **17**
IV 1245

—, 1-Furfuryloxy-2-methoxy- **17**
IV 1245

—, 1-Furfuryloxy-4-nitro- **17** IV 1244

—, 1-Furfuryl-2-phenylcarbamoyloxy-
17 IV 1534

—, 1-Furfuryl-4-phenylcarbamoyloxy-
17 IV 1536

—, 1-[2]Furyl-2-nitro- **17** IV 543

—, 1-[2]Furyl-4-nitro- **17** IV 543

—, Gentiobiosyl- **17** IV 3501

—, 1-Glucopyranosyloxy-4-
glucopyranosyloxy- **17** IV 2985

—, 1-[5-Hydroxymethyl-
furfurylidenhydrazino]-5-
[(5-hydroxymethyl-furfuryliden)-methyl-
hydrazino]-2,4-dinitro- **18** IV 110

—, 4-[2-Hydroxy-5-oxo-tetrahydro-
[2]furyl]-2-[4-(2-hydroxy-5-oxo-
tetrahydro[2]furyl)-phenyl]-1-methoxy-
10 III 4547 a

—, 1-Jod-4-oxiranylmethoxy- **17** IV 992

—, Maltosyl- **17** IV 3501

—, 1-Methoxy-4-[1-methyl-1-phenyl-
propyl]-2-xanthen-9-yl- **17** IV 1756

—, 1-Methoxy-3-oxiranyl- **17** IV 1343

—, 1-Methoxy-4-oxiranyl- **17** IV 1343

—, 1-Methoxy-2-oxiranylmethoxy- **17**
IV 998

—, 1-Methoxy-3-oxiranylmethoxy- **17**
IV 998

—, 1-Methoxy-4-oxiranylmethoxy- **17**
IV 999

—, 2-Methoxy-1-oxiranylmethoxy-4-
propenyl- **17** IV 1001

—, 1-Methoxy-2-tetrahydrofurfuryl- **17**
IV 1369

—, 1-Methoxy-4-tetrahydrofurfuryl- **17**
IV 1370

—, 1-Methoxy-2-tetrahydrofurfuryloxy-
17 IV 1102

—, 1-Methoxy-3-tetrahydropyran-2-
yloxy- **17** IV 1058

—, 1-Methoxy-4-[3]thienyl- **17** IV 1533

—, 1-Methoxy-2-[2]thienylmethyl- **17**
IV 1534

—, 1-Methoxy-4-[2]thienylmethyl- **17**
IV 1536

—, 1-[5-Methyl-furfurylidenhydrazino]-5-
[methyl-(5-methyl-furfuryliden)-
hydrazino]-2,4-dinitro- **17** IV 4528

—, 1-[4-(5-Nitro-furfurylidenamino)-
phenoxy]-4-[4-(5-nitro-furfurylidenamino)-
phenylmercapto]- **17** IV 4461

—, 1-Nitro-4-[5-nitro-[2]furylmercapto]-
17 IV 1221

—, 1-Nitro-4-[5-nitro-[2]thienylmercapto]-
17 IV 1231

—, 1-Nitro-2-oxiranyl- **17** II 49 c,
IV 402

—, 1-Nitro-3-oxiranyl- **17** IV 402

—, 1-Nitro-4-oxiranyl- **17** II 49 d,
IV 402

—, 1-Nitro-2-oxiranylmethoxy- **17**
IV 992

—, 1-Nitro-3-oxiranylmethoxy- **17**
IV 992

—, 1-Nitro-4-oxiranylmethoxy- **17** IV 993

—, 1-Nitro-2-[2]thienyl- **17** IV 545

—, 1-Nitro-4-[2]thienyl- **17** II 64 i,
IV 545

—, 1-Nitro-4-[2]thienylmercapto- **17**
IV 1226

—, Oxiranyl- **17** 49 d, I 22 c, II 49 b,
IV 398

—, 1-Oxiranylmethoxy-4-pentyl- **17**
IV 994

—, 1-Oxiranylmethoxy-4-[1,1,3,3-
tetramethyl-butyl]- **17** IV 994

—, Pentachlor-[2,3-epoxy-propoxy]- **17**
IV 992

—, Pentachlor-oxiranylmethoxy- **17**
IV 992

—, 1-[Tetra-*O*-acetyl-glucopyranosyloxy]-
4-[tetra-*O*-acetyl-glucopyranosyloxy]- **17**
IV 3194

—, 1-[Tetra-*O*-acetyl-glucopyranosyloxy]-
2-[*O*^{2},*O*^{3},*O*^{4}-triacetyl-*O*^{6}-methansulfonyl-
glucopyranosyloxy]- **17** IV 3673

Benzolbrenzcatechinphthalein 18 I 373 e

Benzoldiazonium

—, 4,5-Dimethoxy-2-[3,5,7-trimethoxy-4-oxo-4*H*-chromen-2-yl]- **18** I 602 a

—, 4-[Triphenyl-[2]thienyl]- **18** IV 8351

Benzol-1,3-disulfonamid

—, *N,N'*-Di-xanthen-9-yl- **18** IV 7226

Benzol-1,3-disulfonsäure

—, 4-[3,6-Bis-diäthylamino-9-hydroxy-xanthen-9-yl]- **18** II 490 e

Benzolhydrochinonphthalein 18 I 373 d

Benzolpentacarbonsäure

—, [3,6-Bis-diäthylamino-9-hydroxy-xanthen-9-yl]- **18** I 589 d

—, [3,6-Bis-dimethylamino-9-hydroxy-xanthen-9-yl]- **18** I 589 b

Benzolpyrogallolphthalein 18 200 d, IV 2828

Benzolresorcinphthalein 18 143 a, I 373 a

Benzolsulfonamid

—, *N*-[3-Acetyl-2-methyl-benzofuran-5-yl]- **18** IV 7936

—, *N*-[3-Acetyl-2-methyl-naphtho[1,2-*b*]≠furan-5-yl]- **18** IV 7991

—, *N*-[2-Amino-dibenzofuran-3-yl]- **18** IV 7283

—, *N*-[2-Chlor-xanthen-9-yl]- **18** IV 7227

—, *N*-[3-Chlor-xanthen-9-yl]- **18** IV 7228

—, *N*-Chroman-7-yl- **18** II 419 h

—, *N*-[3,3-Diäthyl-5-methyl-dihydro-[2]furyliden]- **17** IV 4246

—, *N*-Dibenzofuran-3-yl- **18** IV 7200

—, *N*-Dibenzothiophen-2-yl- **18** IV 7188

—, *N*-Dibenzothiophen-3-yl- **18** IV 7207

—, *N*-[1-(2-Dibutylamino-äthylamino)-9-oxo-thioxanthen-4-yl]- **18** IV 7962

—, *N*-Furfuryliden- **17** IV 4425

—, *N*-[2-Nitro-dibenzofuran-3-yl]- **18** IV 7204

—, *N*-[3-Nitro-dibenzothiophen-2-yl]- **18** IV 7190

—, *N*-Phthalidyl- **18** IV 7891

—, *N*-Tetrahydrothiopyran-4-yl- **18** IV 7034

—, *N*-Xanthen-9-yl- **18** IV 7224

—, *N*-Xanthen-9-yliden- **17** IV 5294

Benzolsulfonsäure

— furfurylidenhydrazid **17** IV 4451

— [2-[2]furyl-anilid] **18** IV 7172

— [4-(5-methyl-2-oxo-[3]furylidenmethyl)-anilid] **18** IV 7943

— [3-(2-oxo-dihydro-[3]furylidenmethyl)-anilid] **18** IV 7929

— [4-(2-oxo-dihydro-[3]furylidenmethyl)-anilid] **18** IV 7931

— [6,7,8,9-tetrahydro-dibenzofuran-2-ylamid] **18** IV 7176

— [7,8,9,9a-tetrahydro-dibenzofuran-2-ylamid] **18** IV 7176

— [6,6,9-trimethyl-3-pentyl-6*H*-benzo[*c*]chromen-1-ylester] **17** IV 1653

— [6,6,9-trimethyl-2,4,8-trinitro-3-pentyl-6*H*-benzo[*c*]chromen-1-ylester] **17** IV 1654

—, 5-[4-Äthoxy-phenylazo]-2-[6-hydroxy-3-oxo-3*H*-xanthen-9-yl]- **18** II 505 c

—, 4-Äthyl-,

— xanthen-9-ylamid **18** IV 7225

—, 4-[4-Amino-benzo[*b*]thiophen-7-ylazo]- **18** IV 8349

—, 2-Amino-3,5-dinitro-,

— tetrahydrofurfurylamid **18** IV 7044

—, 4-[5-Amino-[2]thienylazo]-,

— amid **18** IV 8332

—, 4-Amino-3-xanthen-9-yl-,

— xanthen-9-ylamid **18** IV 7227 a

—, 4-Anilino-3-nitro-,

— tetrahydrofurfurylamid **18** IV 7044

—, 4-*p*-Anisidino-3-nitro-,

— tetrahydrofurfurylamid **18** IV 7044

—, 4-Brom-,

— phthalidylamid **18** IV 7891

— xanthen-9-ylamid **18** IV 7225

—, 4-Butyl-,

— xanthen-9-ylamid **18** IV 7226

—, 4-Chlor-,

— furfurylidenamid **17** IV 4425

— [*N'*-lyxopyranosyl-*N*-methyl-*N'*-nitroso-hydrazid] **18** IV 8316

— [*N*-methyl-*N'*-nitroso-*N'*-(tetra-*O*-acetyl-galactopyranosyl)-hydrazid] **18** IV 8319

— [*N*-methyl-*N'*-nitroso-*N'*-(tetra-*O*-acetyl-mannopyranosyl)-hydrazid] **18** IV 8319

— [*N*-methyl-*N'*-nitroso-*N'*-(3,4,5-triacetoxy-6-acetoxymethyl-tetrahydro-pyran-2-yl)-hydrazid] **18** IV 8319

— [*N*-methyl-*N'*-nitroso-*N'*-(3,4,5-triacetoxy-tetrahydro-pyran-2-yl)-hydrazid] **18** IV 8316

— [*N*-methyl-*N'*-nitroso-*N'*-(tri-*O*-acetyl-lyxopyranosyl)-hydrazid] **18** IV 8317

Benzolsulfonsäure
—, 4-Chlor-, (Fortsetzung)
  — [N-methyl-N'-nitroso-N'-(tri-
    O-acetyl-ribopyranosyl)-hydrazid]
    18 IV 8316
  — [N-methyl-N'-nitroso-N'-(tri-
    O-acetyl-xylopyranosyl)-hydrazid]
    18 IV 8317
  — [2]thienylamid **17** IV 4288
  — [3H-[2]thienylidenamid] **17**
    IV 4288
  — xanthen-9-ylamid **18** IV 7224
—, 2-Chlor-5-[1-chlor-3-oxo-phthalan-1-
  yl]-,
  — amid **18** IV 6743
—, 2-Chlor-3,5-dinitro-,
  — tetrahydrofurfurylamid **18**
    IV 7044
—, 4-Chlor-3-nitro-,
  — tetrahydrofurfurylamid **18**
    IV 7044
—, 2-Chlor-5-phthalidyl-,
  — amid **18** IV 6743
—, 2-[3,6-Diacetoxy-xanthen-9-yl]- **18**
    II 407 b
—, 3,5-Dibrom-,
  — dibenzofuran-3-ylamid **18** IV 7200
—, 3,4-Dichlor-,
  — [(3-dimethylamino-propyl)-
    furfuryl-amid] **18** IV 7094
  — xanthen-9-ylamid **18** IV 7224
—, 2-[5,7-Dihydroxy-3,4-dioxo-chroman-
    2-yl]-4,5-dihydroxy- **18** IV 6764
—, 4,5-Dihydroxy-2-[3-hydroxy-4-oxo-
    4H-chromen-2-yl]- **18** IV 6763
—, 4-[1-(3,4-Dihydroxy-tetrahydro-
    [2]furyl)-2-phenylhydrazono-
    äthylidenhydrazino]-,
  — amid **18** IV 2309
—, 4,5-Dihydroxy-2-[3,5,7-trihydroxy-4-
    oxo-4H-chromen-2-yl]- **18** IV 6764
—, 2-[3,6-Dihydroxy-xanthen-9-yl]- **18**
    II 407 a
—, 2-[2,7-Dimethyl-xanthen-9-yl]- **18**
    II 405 f
—, 2-[3,6-Dimethyl-xanthen-9-yl]- **18**
    II 406 a
—, 2-[3,4-Dioxo-chroman-2-yl]-4,5-
    dihydroxy- **18** IV 6763
—, 4-[2,4-Dioxo-chroman-3-
    ylidenhydrazino]- **17** IV 6737
  — amid **17** IV 6738
—, 4-[3,4-Dioxo-3,4-dihydro-pyran-2-
    ylidenhydrazino]-,
  — amid **17** IV 6692
—, 4-[5,5-Dioxo-7-sulfo-
    5λ⁶-dibenzothiophen-3-yl]- **18** IV 6732
—, 4-[5-Formyl-[2]furyl]- **18** IV 6742

—, 4-Furfurylidenhydrazino-,
  — amid **17** IV 4449
—, 2-[2-[2]Furyl-vinyl]-5-nitro-,
  — phenylester **18** IV 6719
—, 4-Hydroxy-,
  — [2-oxo-2H-chromen-6-ylamid] **18**
    IV 7923
—, 2-[9-Hydroxy-2,7-dimethyl-xanthen-9-
    yl]- **18** II 406 g
  — methylester **18** II 406 h
—, 4-[9-Hydroxy-10,10-dioxo-6-sulfo-
    10λ⁶-thioxanthen-3-yl]- **18** IV 6734
—, 4-[4-Hydroxy-2-oxo-2H-chromen-3-
    ylazo]- **17** IV 6737
—, 4-[8-Hydroxy-3,6,9-trimethyl-2-oxo-
    2,3,3a,4,5,9b-hexahydro-naphtho[1,2-b]≈
    furan-7-ylazo]- **18** 649 e
—, 4-[5-Imino-4,5-dihydro-[2]thienylazo]-,
  — amid **18** IV 8332
—, 4-[4-Methyl-2,6-dioxo-6H-pyran-3-
    ylidenhydrazino]- **17** IV 6697
—, 2-Nitro-,
  — furfurylidenhydrazid **17** IV 4451
—, 3-Nitro-,
  — furfurylidenhydrazid **17** IV 4451
  — [6,6,9-trimethyl-1-pentyl-
    6H-benzo[c]chromen-3-ylester] **17**
    IV 1651
  — [6,6,9-trimethyl-2-pentyl-
    6H-benzo[c]chromen-3-ylester] **17**
    IV 1652
  — [6,6,9-trimethyl-3-pentyl-
    6H-benzo[c]chromen-1-ylester] **17**
    IV 1653
  — [6,6,9-trimethyl-4-pentyl-
    6H-benzo[c]chromen-3-ylester] **17**
    IV 1655
  — xanthen-9-ylamid **18** IV 7225
—, 4-Nitro-,
  — furfurylidenhydrazid **17** IV 4451
  — [5-nitro-furfurylidenhydrazid] **17**
    IV 4475
  — [3-(2-oxo-dihydro-
    [3]furylidenmethyl)-anilid] **18**
    IV 7930
  — [4-(2-oxo-dihydro-
    [3]furylidenmethyl)-anilid] **18**
    IV 7931
  — phthalidylamid **18** IV 7892
  — [tetrahydro-1λ⁴-thiopyran-1-
    ylidenamid] **17** IV 57 c
  — [1-[2]thienyl-äthylidenhydrazid]
    17 IV 4510
  — xanthen-9-ylamid **18** IV 7225
—, 4-[5-Nitro-furfurylidenhydrazino]-,
  — amid **17** IV 4474
  — dimethylamid **17** IV 4474
—, 3-[3-Oxo-3H-benzo[b]thiophen-2-
    ylidenmethyl]- **18** IV 6744

Benzolsulfonsäure (Fortsetzung)

—, 4-[2-Oxo-2H-chromen-3-yl]- **18**
  IV 6744
—, 4-[2-Oxo-2H-chromen-6-ylazo]-
  18 646 e
—, 4-[2-Oxo-dihydro-[3]furylidenmethyl]-,
  — amid **18** IV 6741
  — anilid **18** IV 6742
  — hydrazid **18** IV 6742
—, 4-[2-Oxo-3-phenyl-2H-chromen-6-yl]-
  18 647 f
—, 4-Pentyl-,
  — xanthen-9-ylamid **18** IV 7226
—, Phenylazo- s. Azobenzol-sulfonsäure
—, 4-Propyl-,
  — xanthen-9-ylamid **18** IV 7226
—, 2-[2,3,6,7-Tetraacetoxy-xanthen-9-yl]-
  18 II 407 d
—, 2-[2,3,6,7-Tetrahydroxy-xanthen-9-yl]-
  18 II 407 c

Benzolsulfonylchlorid

—, 2-Chlor-5-[1-chlor-3-oxo-phthalan-1-
  yl]- **18** IV 6743
—, 4-[2-Oxo-dihydro-[3]furylidenmethyl]-
  18 IV 6741

Benzol-1,2,3,5-tetracarbonsäure

  — 1,2-anhydrid **18** 508 d, IV 6225
—, 4,6-Dimethoxy-,
  — 1,2-anhydrid **18** IV 6681

Benzol-1,2,3-tricarbonsäure

  — 1,2-anhydrid **18** 468 c
—, 5-Äthoxy-4-isopropyl-6-methoxy-,
  — 2,3-anhydrid **18** IV 6602
—, 4-Äthoxy-5-methoxy-,
  — 1,2-anhydrid **18** IV 6594
—, 4,6-Dichlor-,
  — 1,2-anhydrid **18** 468 d
—, 4,5-Dihydroxy-6-isopropyl-,
  — 1,2-anhydrid **18** IV 6601
—, 4,5-Dimethoxy-,
  — 1,2-anhydrid **18** II 398 f
—, 4,6-Dimethoxy-5-methyl-,
  — 1,2-anhydrid **18** IV 6597
  — 1,2-anhydrid-3-methylester **18**
  IV 6597
—, 4-[α-Hydroxy-isopropyl]-,
  — 1,2-diäthylester-3-lacton **18**
  IV 6166
  — 3-lacton **18** IV 6165
  — 3-lacton-1,2-dimethylester **18**
  IV 6165
—, 4-Hydroxy-5-methyl-,
  — 1,2-anhydrid **18** IV 6498
  — 2,3-anhydrid **18** IV 6498
—, 5-Hydroxyoxalyl-4,6-dimethoxy-,
  — 1,2-anhydrid **18** IV 6691
—, 4-Isopropyl-5,6-dimethoxy-,
  — 2,3-anhydrid **18** IV 6601

  — 2,3-anhydrid-1-methylester **18**
  IV 6602
—, 4-Methoxy-,
  — 2,3-anhydrid **18** IV 6488
—, 5-Methoxy-,
  — 1,2-anhydrid **18** IV 6488
—, 4-Methoxy-5-methyl-,
  — 1,2-anhydrid **18** IV 6498
  — 2,3-anhydrid **18** IV 6498
—, 4-Methoxy-6-methyl-,
  — 1,2-anhydrid-3-methylester **18**
  I 542 b
—, 4-Methyl-,
  — 2,3-anhydrid **18** IV 6051
—, 5-Nitro-,
  — 1,2-anhydrid **18** IV 6049
—, 4-Propyl-,
  — 2,3-anhydrid-1-methylester **18**
  IV 6054

Benzol-1,2,4-tricarbonsäure

  — 1,2-anhydrid **18** 468 e, I 514 d,
  IV 6049
  — 1,2-anhydrid-4-methylester **18**
  I 514 e
—, 3-Acetoxy-5-methyl-,
  — 1,2-anhydrid **18** IV 6498
—, 5-Acetoxy-3-methyl-,
  — 1,2-anhydrid **18** IV 6497
  — 1,2-anhydrid-4-methylester **18**
  IV 6497
—, 5-Acetylamino-,
  — 1,2-anhydrid **18** I 590 c
—, 5-Benzoyl-,
  — 1,2-anhydrid **18** IV 6193
—, 5-Benzoyloxy-3-methyl-,
  — 1,2-anhydrid **18** IV 6497
—, 5-Chlor-,
  — 1,2-anhydrid **18** IV 6050
—, 3,5-Dimethoxy-,
  — 1,2-anhydrid **18** IV 6594
—, 3,6-Dimethoxy-,
  — 1,2-anhydrid **18** IV 6594
—, 5,6-Dimethoxy-,
  — 1,2-anhydrid **18** IV 6594
—, 6-[α-Hydroxy-isopropyl]-,
  — 1-lacton **18** IV 6166
  — 1-lacton-2,4-dimethylester **18**
  IV 6166
—, 5-Hydroxy-3-methyl-,
  — 1,2-anhydrid **18** IV 6497
—, 5-[1-Hydroxy-1-phenyl-äthyl]-,
  — 4-lacton **9** III 4839 b
—, 3-Methoxy-,
  — 1,2-anhydrid **18** IV 6489
—, 6-Methoxy-,
  — 1,2-anhydrid **18** IV 6489
—, 3-Methoxy-5-methyl-,
  — 1,2-anhydrid **18** IV 6498

Benzol-1,2,4-tricarbonsäure (Fortsetzung)
—, 5-Methoxy-3-methyl-,
   — 1,2-anhydrid-4-methylester **18**
   IV 6497
—, 5-[2,4,5,7-Tetrabrom-3,6,9-
   trihydroxy-xanthen-9-yl]- **18** 369 d
—, 5-[3,6,9-Trihydroxy-2,4,5,7-tetrajod-
   xanthen-9-yl]- **18** 369 e
—, 5-[3,6,9-Trihydroxy-xanthen-9-yl]-
   18 369 c
**Benzo[5,6]naphthaceno[11,12,1-*cdef*]chromen-
13-on 17** IV 5639
**Benzo[*b*]naphth[1′,2′;6,7]indeno[2,1-*d*]=
thiophen**
—, 7*H*- **17** IV 784
**Benzo[*de*]naphth[2,3-*g*]isochromen-4,6,8,13-
tetraon 17** II 539 b, IV 6836 d
—, 11-*tert*-Butyl- **17** IV 6837 b
**Benzo[*de*]naphth[1,8-*gh*]isochromen-1,3,10-
trion 17** IV 6812
—, 11-Nitro- **17** IV 6813
Benzo[*c*]naphtho[1,2-*h*]chromen-4,5-dion
—, 10-Acetoxy-1,12a,14a-trimethyl-
   Δ⁶ᵃ, ⁸-tetradecahydro- **18** IV 1665
Benzo[*de*]naphtho[1,2-*h*]chromen-2,7-dion
—, 13b-Hydroxy-3,13b-dihydro- **10**
   III 3670 g
—, 13b-Hydroxy-4-methyl-3,13b-
   dihydro- **10** III 3672 f
—, 13b-Hydroxy-4-methyl-8,9,10,11-
   tetrahydro-13b*H*- **10** III 3666 b
Benzo[*h*]naphtho[3,2,1-*de*]chromen-6,13-dion
—, 4b-Hydroxy-4b,7-dihydro- **10**
   III 3670 f
Benzo[*c*]naphtho[1,2-*h*]chromen-5-on
—, 4,10-Diacetoxy-1,12a,14a-trimethyl-
   1,2,3,7,9,10,11,12,12a,12b,13,14,14a,14b-
   tetradecahydro- **18** IV 1665
Benzo[*h*]naphtho[2,3-*c*]chromen-6-on
—, 7,7a,8,9,10,11,11a,12-Octahydro- **17**
   IV 5528
Benzo[*b*]naphtho[1,2-*d*]furan 17 IV 713
—, 6-Acetoxy-2,3,8,9-tetrakis-benzyloxy-
   17 IV 3872
—, 6-Acetoxy-2,3,8,9-tetramethoxy-
   17 226 a, II 275 a
—, 6-Acetoxy-2,3,8,9-tetramethoxy-5-
   nitro- **17** 226 b
—, 6-Acetoxy-2,3,9-trimethoxy- **17** 205 b
—, 6-Acetoxy-2,3,9-trimethoxy-5-nitro-
   17 206 c
—, 5,6-Diacetoxy-2,3,9-trimethoxy-
   17 225 c
—, 7a,8,9,10,11,11a-Hexahydro- **17**
   IV 646
—, 9-Methoxy-6-[4-nitro-benzoyloxy]-
   17 IV 2230
—, 10-Methyl- **17** IV 720
—, 2,3,6,8,9-Pentaacetoxy- **17** IV 3872

—, 2,3,6,8,9-Pentamethoxy- **17** 225 e
—, 2,3,6,9-Tetraacetoxy- **17** 205 c
—, 2,3,6,9-Tetramethoxy- **17** 205 a
—, 2,3,6,9-Tetramethoxy-5-nitro-
   17 206 b
—, 2,3,9-Trimethoxy-6-[4-nitro-
   benzoyloxy]- **17** IV 2718
Benzo[*b*]naphtho[2,1-*d*]furan 17 IV 712
—, 8-Methyl- **17** I 37 e
Benzo[*b*]naphtho[2,3-*b*]furan
—, x-Methyl- **17** IV 719
Benzo[*b*]naphtho[2,3-*d*]furan 17 84 a,
   IV 710
—, 3-Acetoxy- **17** 138 e
—, 6-Acetoxy- **17** IV 1697
—, 7-Acetoxy- **17** IV 1697
—, 6-Acetoxy-3,4,8,9-tetramethoxy-
   17 224 f
—, 6-Acetoxy-3,4,8,9-tetramethoxy-11-
   nitro- **17** 224 g
—, 6-Acetoxy-3,8,9-trimethoxy-
   17 204 b
—, 6-Acetoxy-3,8,9-trimethoxy-11-nitro-
   17 204 d
—, 6-Äthoxy-3,8,9-trimethoxy- **17**
   IV 2403
—, 7-Amino-7,8,9,10-tetrahydro- **18**
   IV 7248
—, 6,11-Diacetoxy- **17** IV 2229
—, 6,11-Diacetoxy-3-methoxy- **17** 184 c
—, 6,11-Diacetoxy-3-methoxy-1-methyl-
   17 185 a
—, 6,11-Diacetoxy-7-methyl- **17**
   IV 2230
—, 6,11-Diacetoxy-3,4,8,9-tetramethoxy-
   17 232 a
—, 6,11-Diacetoxy-3,8,9-trimethoxy-
   17 224 b
—, x,x-Dihydro- **17** IV 710
—, 3-Isopropyl-11b-methyl-1,2,3,4,4a,=
   11b-hexahydro- **17** IV 655
—, 3-Methoxy- **17** 138 d
—, 7-Methoxy- **17** IV 1697
—, 2-Methyl- **17** IV 719
—, 6-Methyl- **17** IV 719
—, 7-Methyl- **17** IV 719
—, 8-Methyl- **17** IV 720
—, 9-Methyl- **17** IV 720
—, 10-Methyl- **17** IV 720
—, 11-Methyl- **17** IV 719
—, 7-Methyl-9,10-dihydro- **17** IV 696
—, 3,6,8,9,11-Pentaacetoxy- **17** 224 c
—, 3,4,6,8,9-Pentamethoxy- **17** 224 e
—, 3,6,8,9,11-Pentamethoxy- **17** 224 a
—, 3,6,8,9-Tetraacetoxy- **17** 204 c
—, 1,2,3,4-Tetrahydro- **17** II 79 e
—, 7,8,9,10-Tetrahydro- **17** IV 670
—, 3,4,8,9-Tetramethoxy- **17** IV 2717
—, 3,6,8,9-Tetramethoxy- **17** 204 a

Benzo[*b*]naphtho[2,3-*d*]furan (Fortsetzung)
—, 3,8,9-Triacetoxy- **17** 184 f
—, 3,6,11-Triacetoxy-1-methyl-
   17 185 b
—, 3,6,11-Trimethoxy- **17** 184 b
—, 3,8,9-Trimethoxy- **17** 184 e,
   IV 2402
—, 3,8,9-Trimethoxy-6-methyl- **17**
   IV 2402
Benzo[*b*]naphtho[2,3-*d*]furan-6-carbaldehyd
   17 IV 5533
   — [2,4-dinitro-phenylhydrazon] **17**
     IV 5533
   — oxim **17** IV 5533
Benzo[*b*]naphtho[2,3-*d*]furan-11-carbaldehyd
   17 IV 5533
Benzo[*b*]naphtho[1,2-*d*]furan-5-carbonsäure
   18 IV 4409
   — methylester **18** IV 4409
Benzo[*b*]naphtho[2,3-*d*]furan-6-carbonsäure
   18 IV 4409
Benzo[*b*]naphtho[2,3-*d*]furan-11-carbonsäure
   18 IV 4409
Benzo[*b*]naphtho[1,2-*d*]furan-5,6-chinon
—, 2,3,8,9-Tetramethoxy- **18** 253 d
   — 5-[4-dimethylamino-phenylimin]
     18 IV 3535
—, 2,3,9-Trimethoxy- **18** 229 d
   — 5-[4-dimethylamino-phenylimin]
     18 IV 3382
Benzo[*b*]naphtho[2,1-*d*]furan-5,6-chinon 17
   IV 712
Benzo[*b*]naphtho[2,3-*d*]furan-6,11-chinon 17
   IV 6501
—, 3-Acetoxy- **18** 140 a
—, 3-Acetoxy-1-methyl- **18** 140 g
—, 3-Anilino- **18** IV 8057
—, 3-Dimethylamino- **18** IV 8057
—, 3-Hydroxy- **18** 139 e
—, 3-Hydroxy-1-methyl- **18** 140 e
—, 3-Methoxy- **18** 139 f, IV 1927
—, 7-Methoxy- **18** IV 1927
—, 3-Methoxy-2,4-dinitro- **18** 140 b
—, 3-Methoxy-1-methyl- **18** 140 f
—, 7-Methyl- **17** IV 6506
—, 9-Methyl- **17** IV 6506
—, 3,4,8,9-Tetramethoxy- **18** 253 c,
   IV 3535
—, 3,8,9-Triacetoxy- **18** 229 b
—, 3,8,9-Trimethoxy- **18** 229 a,
   IV 3381
Benzo[*b*]naphtho[2,3-*d*]furan-6,11-diol 17
   IV 2229
Benzo[*b*]naphtho[1,2-*d*]furan-1-ol
—, 1,2,3,4-Tetrahydro- **17** IV 1675
Benzo[*b*]naphtho[1,2-*d*]furan-5-ol 17 IV 1698
—, 2,9-Dimethoxy- **17** IV 2402
—, 3,9-Dimethoxy- **17** IV 2402
—, 9-Methoxy-2-methyl- **17** IV 2230

—, 2,3,9-Trimethoxy- **17** IV 2717
Benzo[*b*]naphtho[1,2-*d*]furan-6-ol
—, 9-Methoxy- **17** IV 2229
—, 2,3,9-Trimethoxy- **17** 204 f,
   IV 2717
—, 2,3,9-Trimethoxy-5-nitro- **17** 206 a
Benzo[*b*]naphtho[1,2-*d*]furan-10-ol 17
   IV 1698
Benzo[*b*]naphtho[2,1-*d*]furan-4-ol
—, 1,2,3,4-Tetrahydro- **17** IV 1674
Benzo[*b*]naphtho[2,1-*d*]furan-5-ol 17 IV 1697
—, 2-Methyl- **17** IV 1699
Benzo[*b*]naphtho[2,1-*d*]furan-8-ol 17 IV 1698
Benzo[*b*]naphtho[2,3-*d*]furan-2-ol 17 IV 1697
Benzo[*b*]naphtho[2,3-*d*]furan-3-ol 17 138 c
Benzo[*b*]naphtho[2,3-*d*]furan-6-ol 17 IV 1697
—, 3-Methoxy- **17** IV 2229
—, 3,4,8,9-Tetramethoxy- **17** 224 d
—, 3,8,9-Trimethoxy- **17** 203 d,
   IV 2717
Benzo[*b*]naphtho[2,3-*d*]furan-7-ol 17 IV 1697
Benzo[*b*]naphtho[1,2-*d*]furan-1-on
—, 3,4-Dihydro-2*H*- **17** IV 5454
   — [2,4-dinitro-phenylhydrazon] **17**
     IV 5454
   — oxim **17** IV 5454
Benzo[*b*]naphtho[1,2-*d*]furan-6-on
—, 5-[4-Dimethylamino-phenylimino]-
   2,3,8,9-tetramethoxy-5*H*- **18** IV 3535
—, 5-[4-Dimethylamino-phenylimino]-
   2,3,9-trimethoxy-5*H*- **18** IV 3382
Benzo[*b*]naphtho[2,1-*d*]furan-4-on
—, 2,3-Dihydro-1*H*- **17** IV 5453
   — [2,4-dinitro-phenylhydrazon] **17**
     IV 5454
Benzo[*b*]naphtho[2,3-*d*]furan-7-on
—, 8-[Acenaphthen-5-ylmethylen]-9,10-
   dihydro-8*H*- **17** IV 5642
—, 8-Benzyliden-9,10-dihydro-8*H*- **17**
   IV 5609
—, 8-Brom-9,10-dihydro-8*H*- **17**
   IV 5453
—, 9,10-Dihydro-8*H*- **17** IV 5452
   — oxim **17** IV 5452
   — semicarbazon **17** IV 5453
—, 8-Dimethylamino-9,10-dihydro-8*H*-
   18 IV 8014
—, 8-Dimethylaminomethyl-9,10-
   dihydro-8*H*- **18** IV 8015
—, 2-Methyl-9,10-dihydro-8*H*- **17**
   IV 5467
   — oxim **17** IV 5467
—, 8-[1]Naphthylmethylen-9,10-dihydro-
   8*H*- **17** IV 5633
Benzo[*b*]naphtho[2,3-*d*]furan-10-on
—, 8,9-Dihydro-7*H*- **17** IV 5453
   — oxim **17** IV 5453
Benzo[*b*]naphtho[1,2-*d*]furan-2,3,6,8,9-pentaol
   17 IV 3872

Benzo[*b*]naphtho[1,2-*d*]furan-2,3,6,9-tetraol
17 204 e

Benzo[*b*]naphtho[2,3-*d*]furan-3,6,8,9-tetraol
17 203 c

Benzo[*b*]naphtho[2,3-*d*]furan-3,8,9-triol
17 184 d

Benzo[*b*]naphtho[2,3-*d*]furan-7-ylamin
—, 7,8,9,10-Tetrahydro- 18 IV 7248

Benzo[*q,r*]naphtho[2,1,8,7-*fghi*]pentacen-1,2-
dicarbonsäure
— anhydrid 17 IV 6666

Benzo[*b*]naphtho[2,3-*d*]pyran
s. Naphtho[2,3-*c*]chromen

Benzo[*d*]naphtho[1,2-*b*]pyran
s. Dibenzo[*c,h*]chromen

Benzo[*b*]naphtho[1,2-*d*]selenophen 17 IV 716
Benzo[*b*]naphtho[2,3-*d*]selenophen 17 IV 711
Benzo[*b*]naphtho[2,1-*f*]thiepin-7-carbonsäure
—, 10-Nitro- 18 IV 4415

Benzo[*f*]naphtho[1,8-*bc*]thiepin-12-on
—, 6-Methoxy- 18 IV 812

Benzo[*b*]naphtho[1,2-*d*]thiophen 17 IV 714
—, 5,6-Dihydro- 17 IV 691
—, 8,9,10,11-Tetrahydro- 17 IV 671

7λ^4-Benzo[*b*]naphtho[1,2-*d*]thiophen
—, 7-Oxo- 17 IV 714

7λ^6-Benzo[*b*]naphtho[1,2-*d*]thiophen
—, 5-Brom-7,7-dioxo- 17 IV 715
—, 5-Chlor-7,7-dioxo- 17 IV 715
—, 5,6-Diacetoxy-7,7-dioxo-5,6-dihydro-
17 IV 2224
—, 5,6-Dibrom-3,10-dinitro-7,7-dioxo-
5,6,6a,11b-tetrahydro- 17 IV 672
—, 3,10-Dibrom-7,7-dioxo- 17 IV 715
—, 3,10-Dibrom-7,7-dioxo-6a,11b-
dihydro- 17 IV 690
—, 5,6-Dibrom-7,7-dioxo-5,6,6a,11b-
tetrahydro- 17 IV 671
—, 5,6-Dibrom-9-nitro-7,7-dioxo-
5,6,6a,11b-tetrahydro- 17 IV 672
—, 5,11b-Dichlor-7,7-dioxo-6a,11b-
dihydro- 17 IV 690
—, 5,6-Dichlor-7,7-dioxo-5,6,6a,11b-
tetrahydro- 17 IV 671
—, 3,10-Dinitro-7,7-dioxo- 17 IV 715
—, 4,11-Dinitro-7,7-dioxo- 17 IV 716
—, 3,10-Dinitro-7,7-dioxo-6a,11b-
dihydro- 17 IV 691
—, 4,11-Dinitro-7,7-dioxo-6a,11b-
dihydro- 17 IV 691
—, 7,7-Dioxo- 17 IV 714
—, 7,7-Dioxo-6a,11b-dihydro- 17
IV 690
—, 7,7-Dioxo-5,6,6a,11b-tetrahydro- 17
IV 671
—, 9-Nitro-7,7-dioxo- 17 IV 715
—, 2-Nitro-7,7-dioxo-6a,11b-dihydro-
17 IV 690

—, 9-Nitro-7,7-dioxo-6a,11b-dihydro-
17 IV 691
—, 10-Nitro-7,7-dioxo-6a,11b-dihydro-
17 IV 691
—, 3,5,6,10-Tetrabrom-7,7-dioxo-
5,6,6a,11b-tetrahydro- 17 IV 672

Benzo[*b*]naphtho[2,1-*d*]thiophen 17 IV 712
—, 1-Chlor- 17 IV 713
—, 1-Chlor-7,8,9,10-tetrahydro- 17
IV 671
—, 1,4-Diacetoxy-5,6-dihydro- 17
IV 2224
—, 7,8,9,10-Tetrahydro- 17 IV 670

11λ^6-Benzo[*b*]naphtho[2,1-*d*]thiophen
—, 11,11-Dioxo- 17 IV 713

Benzo[*b*]naphtho[2,3-*d*]thiophen 17 IV 711
—, 6,11-Bis-benzoyloxy- 17 IV 2229
—, 6,11-Dimethyl- 17 IV 726
—, 6,6a,7,8,9,10,10a,11-Octahydro- 17
IV 581
—, 7,8,9,10-Tetrahydro- 17 IV 670

5λ^6-Benzo[*b*]naphtho[2,3-*d*]thiophen
—, 5,5-Dioxo- 17 IV 711

Benzo[*b*]naphtho[2,3-*d*]thiophen-8-
carbaldehyd
—, 6,11-Dioxo-6,11-dihydro-,
— phenylimin 17 IV 6807

Benzo[*b*]naphtho[2,3-*d*]thiophen-9-
carbaldehyd
—, 6,11-Dioxo-6,11-dihydro- 17
IV 6808
— phenylimin 17 IV 6808

Benzo[*b*]naphtho[1,2-*d*]thiophen-5-carbonsäure
18 IV 4409
— äthylester 18 IV 4410

7λ^6-Benzo[*b*]naphtho[1,2-*d*]thiophen-5-
carbonsäure
—, 7,7-Dioxo- 18 IV 4410

7λ^6-Benzo[*b*]naphtho[1,2-*d*]thiophen-11b-
carbonsäure
—, 7,7-Dioxo-6a*H*- 18 IV 4402

Benzo[*b*]naphtho[2,3-*d*]thiophen-7-
carbonsäure
—, 6,11-Dioxo-6,11-dihydro- 18
IV 6103
— amid 18 IV 6104

Benzo[*b*]naphtho[2,3-*d*]thiophen-10-
carbonsäure
—, 6,11-Dioxo-6,11-dihydro- 18
IV 6103
— amid 18 IV 6104

Benzo[*b*]naphtho[2,3-*d*]thiophen-7-
carbonylchlorid
—, 6,11-Dioxo-6,11-dihydro- 18
IV 6104

Benzo[*b*]naphtho[2,3-*d*]thiophen-10-
carbonylchlorid
—, 6,11-Dioxo-6,11-dihydro- 18
IV 6104

$7\lambda^6$-Benzo[*b*]naphtho[1,2-*d*]thiophen-5,6-chinon

—, 7,7-Dioxo- **17** IV 6502
Benzo[*b*]naphtho[2,1-*d*]thiophen-1,4-chinon **17** IV 6502
—, 5,6-Dihydro- **17** IV 6480
Benzo[*b*]naphtho[2,1-*d*]thiophen-5,6-chinon **17** IV 6502
Benzo[*b*]naphtho[2,3-*d*]thiophen-6,11-chinon **17** II 509 f, IV 6501
—, 7-Acetoxy-10-chlor- **18** IV 1927
—, 10-Acetoxy-7-chlor- **18** IV 1927
—, 8-Acetylamino- **18** IV 8058
—, 10-Acetylamino- **18** IV 8058
—, 7-Amino- **18** IV 8057
—, 8-Amino- **18** IV 8058
—, 10-Amino- **18** IV 8057
—, 7-Amino-10-hydroxy- **18** IV 8138
—, 10-Amino-7-hydroxy- **18** IV 8138
—, 7,10-Bis-butylamino- **18** IV 8058
—, 7,10-Bis-methylamino- **18** IV 8058
—, 8-Brom- **17** IV 6502
—, 8-Chlor- **17** II 510 a, IV 6502
—, 9-Chlor- vgl. **17** IV 6502 a
—, 2-Chlor-7,10-dihydroxy-4-methyl- **18** IV 2813
—, 2-Chlor-4,8-dimethyl- **17** IV 6512
—, 7-Chlor-8,10-dimethyl- **17** IV 6512
—, 7-Chlor-10-hydroxy- **18** IV 1927
—, 10-Chlor-7-hydroxy- **18** IV 1927
—, 2-Chlor-4-methyl- **17** II 511 a, IV 6505
—, 3-Chlor-1-methyl- **17** II 510 f, IV 6505
—, 7-Chlor-10-methyl- **17** IV 6507
—, 10-Chlor-7-methyl- **17** IV 6507
—, 7,10-Diacetoxy- **18** IV 2813
—, 7,10-Diamino- **18** IV 8058
—, 8-Dibrommethyl- **17** IV 6506
—, 7,9-Dihydroxy- **18** IV 2812
—, 7,10-Dihydroxy- **18** IV 2812
—, 8,10-Dihydroxy- **18** IV 2812
—, 7,10-Di-*p*-toluidino- **18** IV 8058
—, 7-Methyl- **17** IV 6507
—, 8-Methyl- **17** II 511 b, IV 6506
—, 9-Methyl- **17** IV 6506
—, 10-Methyl- **17** IV 6506
—, 8-[Phenylimino-methyl]- **17** IV 6807
—, 9-[Phenylimino-methyl]- **17** IV 6808
—, 7,8,10-Trihydroxy- **18** IV 3381
—, 7,9,10-Trihydroxy- **18** IV 3381
Benzo[*b*]naphtho[2,3-*d*]thiophen-7,10-chinon
—, 2-Chlor-6,11-dihydroxy-4-methyl- **18** IV 2813
—, 6,11-Dihydroxy- **18** IV 2812
$7\lambda^6$-Benzo[*b*]naphtho[1,2-*d*]thiophen-5,6-diol
—, 7,7-Dioxo-5,6,6a,11b-tetrahydro- **17** IV 2213

Benzo[*b*]naphtho[2,1-*d*]thiophen-1,4-diol
—, 5,6-Dihydro- **17** IV 2224
Benzo[*b*]naphtho[2,1-*d*]thiophen-1,4-dion
—, 4a,5,6,11b-Tetrahydro- **17** IV 2224
Benzo[*b*]naphtho[1,2-*d*]thiophen-7,7-dioxid **17** IV 714
—, 9-Amino- **18** IV 7251
—, 10-Amino-6a,11b-dihydro- **18** IV 7250
—, 5-Brom- **17** IV 715
—, 5-Chlor- **17** IV 715
—, 5,6-Diacetoxy-5,6-dihydro- **17** IV 2224
—, 3,10-Diamino-6a,11b-dihydro- **18** IV 7294
—, 3,10-Dibrom- **17** IV 715
—, 3,10-Dibrom-6a,11b-dihydro- **17** IV 690
—, 5,6-Dibrom-3,10-dinitro-5,6,6a,11b-tetrahydro- **17** IV 672
—, 5,6-Dibrom-9-nitro-5,6,6a,11b-tetrahydro- **17** IV 672
—, 5,6-Dibrom-5,6,6a,11b-tetrahydro- **17** IV 671
—, 5,11b-Dichlor-6a,11b-dihydro- **17** IV 690
—, 5,6-Dichlor-5,6,6a,11b-tetrahydro- **17** IV 671
—, 6a,11b-Dihydro- **17** IV 690
—, 3,10-Dinitro- **17** IV 715
—, 4,11-Dinitro- **17** IV 716
—, 3,10-Dinitro-6a,11b-dihydro- **17** IV 691
—, 4,11-Dinitro-6a,11b-dihydro- **17** IV 691
—, 9-Nitro- **17** IV 715
—, 2-Nitro-6a,11b-dihydro- **17** IV 690
—, 9-Nitro-6a,11b-dihydro- **17** IV 691
—, 10-Nitro-6a,11b-dihydro- **17** IV 691
—, 3,5,6,10-Tetrabrom-5,6,6a,11b-tetrahydro- **17** IV 672
—, 5,6,6a,11b-Tetrahydro- **17** IV 671
Benzo[*b*]naphtho[2,1-*d*]thiophen-11,11-dioxid **17** IV 713
—, 6a,11a-Dihydro- **17** IV 717
Benzo[*b*]naphtho[2,3-*d*]thiophen-5,5-dioxid **17** IV 711
$7\lambda^6$-Benzo[*b*]naphtho[1,2-*d*]thiophen-3,10-diyldiamin
—, 7,7-Dioxo-6a,11b-dihydro- **18** IV 7294
Benzo[*b*]naphtho[2,3-*d*]thiophen-7-on
—, 8-[Acenaphthen-5-ylmethylen]-9,10-dihydro-8*H*- **17** IV 5642
—, 8-Benzyliden-9,10-dihydro-8*H*- **17** IV 5610
—, 9,10-Dihydro-8*H*- **17** IV 5453
   — oxim **17** IV 5453
   — semicarbazon **17** IV 5453

Benzo[*b*]naphtho[2,3-*d*]thiophen-7-on (Fortsetzung)
—, 8-[1]Naphthylmethylen-9,10-dihydro-
8*H*- **17** IV 5634
Benzo[*b*]naphtho[1,2-*d*]thiophen-7-oxid 17
IV 714
**Benzo[*b*]naphtho[2,3-*d*]thiophen-x-
sulfonsäure**
—, 6,11-Dioxo-6,11-dihydro- **18**
IV 6750
—, 8-Methyl-6,11-dioxo-6,11-dihydro-
18 IV 6750
**7λ⁶-Benzo[*b*]naphtho[1,2-*d*]thiophen-9-
ylamin**
—, 7,7-Dioxo- **18** IV 7251
**7λ⁶-Benzo[*b*]naphtho[1,2-*d*]thiophen-10-
ylamin**
—, 7,7-Dioxo-6a,11b-dihydro- **18**
IV 7250
Benzo[*a*]naphtho[3,2,1-*kl*]xanthen 17 96 c
—, 5-Acetoxy- **17** 150 b
Benzo[*c*]naphtho[3,2,1-*kl*]xanthen 17 96 b
—, 9-Acetoxy- **17** 150 a
Benzo[*a*]naphtho[3,1-*kl*]xanthen-7-ol 17 401 g
Benzo[*a*]naphtho[3,1-*kl*]xanthen-7-on
—, 11b*H*- **17** 401 g
Benzo[*a*]naphtho[3,2,1-*kl*]xanthen-7-on
—, 11b-Äthoxy-11b*H*- **18** 78 d
—, 11b-Hydroxy-11b*H*- **18** 78 c
Benzo[*c*]naphtho[3,2,1-*kl*]xanthen-9-on
—, 13b-Äthoxy-13b*H*- **18** 78 b
—, 13b-Hydroxy-13b*H*- **18** 78 a
Benzo[*a*]naphtho[3,2,1-*kl*]xanthenylium
—, 7-Oxo-7*H*- **18** 78 c
Benzo[*a*]naphtho[8,1,2-*jkl*]xanthenylium
—, 14-Phenyl- **17** IV 1778
Benzo[*c*]naphtho[3,2,1-*kl*]xanthenylium
—, 9-Oxo-9*H*- **18** 78 a
Benzo[*e*]naphth[2,1-*b*]oxepin-8,13-dion 17
IV 6531
Benzo[*e*]naphth[1,2-*b*]oxepin-12-on
—, 1,4-Dimethoxy-5,6-dihydro-13a*H*-
18 IV 1916
Benzo[*e*]naphth[2,1-*b*]oxepin-8-on
—, 13*H*- **17** IV 5535
—, 9,10-Dimethoxy-13*H*- **18** IV 1930
Benzo[*e*]naphth[2,3-*b*]oxepin-5,7,12-trion
—, 13-Methylen-13*H*- **17** IV 6810
Benzonitril
—, 2-Chlor-5-[1-hydroxy-3-oxo-phthalan-
1-yl]- **10** III 4009 c
—, 4-[2,3-Epoxy-propoxy]- **17** IV 1009
—, 4-Furfurylidenhydrazino-3-nitro- **17**
IV 4447
—, [4-Furfuryliden-methyl-hydrazino]-3-
nitro- **17** IV 4448
—, 2-Glucopyranosyloxy- **17** IV 3347
—, 3-Glucopyranosyloxy- **17** IV 3352
—, 4-Glucopyranosyloxy- **17** IV 3353

—, 2-[5-Hydroxymethyl-
furfurylidenhydrazino]-5-nitro- **18**
IV 108
—, 4-[5-Hydroxymethyl-
furfurylidenhydrazino]-3-nitro- **18**
IV 109
—, 2-[(5-Hydroxymethyl-furfuryliden)-
methyl-hydrazino]-5-nitro- **18** IV 109
—, 2-[5-Methyl-furfurylidenhydrazino]-5-
nitro- **17** IV 4527
—, 4-[5-Methyl-furfurylidenhydrazino]-3-
nitro- **17** IV 4527
—, 2-[Methyl-(5-methyl-furfuryliden)-
hydrazino]-5-nitro- **17** IV 4527
—, 4-[Methyl-(5-methyl-furfuryliden)-
hydrazino]-3-nitro- **17** IV 4527
—, 4-{[Methyl-(tetra-*O*-acetyl-
glucopyranosyl)-amino]-methyl}- **18**
IV 7523
—, 4-Oxiranylmethoxy- **17** IV 1009
—, 4-[4-Oxo-4*H*-chromen-2-yl]- **18**
IV 5678
—, 3-[5-Phenyl-[2]furyl]- **18** IV 4395
—, 4-[5-Phenyl-[2]furyl]- **18** IV 4396
—, 2-[Tetra-*O*-acetyl-glucopyranosyloxy]-
17 IV 3350
—, 3-[Tetra-*O*-acetyl-glucopyranosyloxy]-
17 IV 3352
—, 4-[Tetra-*O*-acetyl-glucopyranosyloxy]-
17 IV 3354
—, 4-[2]Thienyl- **18** II 278 f
—, 4-[3]Thienyl- **18** II 278 f
Benzo[6,7]pentapheno[13,14-*bcd*]furan 17
IV 820
—, 5,10-Diacetoxy- **17** IV 2265
Benzo[*b*]perylen-14-carbonsäure
—, 1-Hydroxy-,
— lacton **17** IV 5639
Benzo[*ghi*]perylen-7-carbonsäure
—, 8-Hydroxy-,
— lacton **17** IV 5629
Benzo[*ghi*]perylen-1,2-dicarbonsäure
— anhydrid **17** IV 6629
—, 4,10-Dibenzoyl-,
— anhydrid **17** IV 6839
—, 4,10-Dichlor-,
— anhydrid **17** IV 6630
—, 7,8-Dimethyl-3,4,11,12-tetrahydro-,
— anhydrid **17** IV 6616
Benzo[*ghi*]perylen-7,8-dicarbonsäure
— anhydrid **17** IV 6630
Benzo[6,7]perylo[1,12-*cde*]oxepin-1,3-dion 17
IV 6630
Benzo[6,7]perylo[1,12-*bcd*]pyran-2-on
s. Naphth[2′,1′,8′,7′;4,10,5]anthra[1,9,8-
cdef]chromen-2-on
Benzo[10,11]perylo[1,12-*bcd*]pyran-13-on
s. Benzo[5,6]naphthaceno[11,12,1-*cdef*]⥸
chromen-13-on

Benzo[4,5]phenaleno[1,2-c]furan
s. Benzo[1,10]phenanthro[2,3-c]furan
Benzo[5,6]phenaleno[1,9-bc]furan-1,5-dion 17
 II 513 c

Benzo[b]phenaleno[1,2-d]thiophen-7-on 17
 IV 5581
—, 3-Amino- **18** IV 8022
—, 11-Chlor-9-methyl- **17** IV 5583
—, 4-Methyl- **17** IV 5583
—, 5-Methyl- **17** IV 5583
—, 3-Nitro- **17** IV 5581
Benzo[b]phenaleno[2,1-d]thiophen-7-on 17
 IV 5581
—, 3-Amino- **18** IV 8022
—, 9-Chlor-11-methyl- **17**
 IV 5583
—, 4-Methyl- **17** IV 5583
—, 5-Methyl- **17** IV 5583
—, 3-Nitro- **17** IV 5581
Benzo[4,5]phenaleno[1,2,3-kl]thioxanthen
s. Benzo[1,10]phenanthro[2,3,4-kl]-
 thioxanthen
Benzo[4,5]phenaleno[1,2,3-kl]thioxanthen-16-ol
—, 16-Phenyl-16H- **17** IV 1783
Benzo[4,5]phenaleno[1,2,3-kl]xanthen
s. Benzo[1,10]phenanthro[2,3,4-kl]-
 xanthen
Benzo[c]phenanthren-1,2-dicarbonsäure
—, 5-Isopropyl-9-methyl-,
 — anhydrid **17** IV 6594
—, 5-Isopropyl-9-methyl-3,4-dihydro-,
 — anhydrid **17** IV 6560
Benzo[c]phenanthren-4a,12c-dicarbonsäure
—, 2,3-Dimethyl-1,4,5,6-tetrahydro-,
 — anhydrid **17** IV 6525
—, 1,2,3,4,5,6-Hexahydro-,
 — anhydrid **17** IV 6495
—, 1,4,5,6-Tetrahydro-,
 — anhydrid **17** IV 6522
Benzo[c]phenanthren-5,6-dicarbonsäure
 — anhydrid **17** IV 6572
—, 3-Acetoxy-,
 — anhydrid **18** IV 1967
—, 8-Acetoxy-,
 — anhydrid **18** IV 1968
—, 3-Acetoxy-11-methoxy-,
 — anhydrid **18** IV 2836
—, 3-Chlor-,
 — anhydrid **17** IV 6572
—, 4a,6a-Dihydro-,
 — anhydrid **17** IV 6549
—, 3,11-Dimethoxy-,
 — anhydrid **18** IV 2836
—, 7,8-Dimethyl-,
 — anhydrid **17** IV 6585
—, 3-Hydroxy-,
 — anhydrid **18** IV 1967
—, 8-Hydroxy-,
 — anhydrid **18** IV 1968

—, 3-Hydroxy-11-methoxy-,
 — anhydrid **18** IV 2835
—, 3-Methoxy-,
 — anhydrid **18** IV 1967
—, 8-Methoxy-,
 — anhydrid **18** IV 1968
—, 10-Methoxy-,
 — anhydrid **18** IV 1968
—, 11-Methoxy-,
 — anhydrid **18** IV 1968
—, 3-Methyl-,
 — anhydrid **17** IV 6580
—, 4-Methyl-,
 — anhydrid **17** IV 6580
—, 7-Methyl-,
 — anhydrid **17** IV 6580
—, 8-Methyl-,
 — anhydrid **17** IV 6580
—, 9-Methyl-,
 — anhydrid **17** IV 6581
—, 11-Methyl-,
 — anhydrid **17** IV 6581
—, 3-Phenyl-,
 — anhydrid **17** IV 6631
Benzo[c]phenanthren-5-on
—, 6-Furfuryliden-6a,7,8,12b-tetrahydro-
 6H- **17** IV 5597
Benzo[h]phenanthro[1,10,9-cde]chromen-6,14-dion
—, 4b-Hydroxy-4bH- **10** III 3678 a
—, 4b-Methoxy-4bH- **18** IV 1988
Benzo[h]phenanthro[1,10,9-cde]chromen-6-on
—, 14-Acetoxy- **18** IV 861
—, 14-Hydroxy- **18** IV 861
Benzo[b]phenanthro[2,3-d]furan-7,13-chinon
 17 IV 6573
Benzo[3,4]phenanthro[1,2-c]furan-5,7-dion 17
 IV 6572
—, 3-Acetoxy- **18** IV 1967
—, 9-Acetoxy- **18** IV 1968
—, 3-Acetoxy-12-methoxy- **18** IV 2836
—, 3-Chlor- **17** IV 6572
—, 4a,7b-Dihydro- **17** IV 6549
—, 3,12-Dimethoxy- **18** IV 2836
—, 8,9-Dimethyl- **17** IV 6585
—, 3-Hydroxy- **18** IV 1967
—, 9-Hydroxy- **18** IV 1968
—, 3-Hydroxy-12-methoxy- **18** IV 2835
—, 3-Methoxy- **18** IV 1967
—, 9-Methoxy- **18** IV 1968
—, 11-Methoxy- **18** IV 1968
—, 12-Methoxy- **18** IV 1968
—, 3-Methyl- **17** IV 6580
—, 4-Methyl- **17** IV 6580
—, 8-Methyl- **17** IV 6580
—, 9-Methyl- **17** IV 6580
—, 10-Methyl- **17** IV 6581
—, 12-Methyl- **17** IV 6581
—, 3-Phenyl- **17** IV 6631

Benzo[1,10]phenanthro[2,3-c]furan-1,3,7-trion
17 IV 6812
—, 12-[9,10-Dioxo-9,10-dihydro-
[2]anthryl]- 17 IV 6843
—, 12-Phenyl- 17 IV 6818
Benzo[c]phenanthro[2,3-e]oxepin-5,7-dion 17
IV 6603
Benzo[b]phenanthro[1,2-d]thiophen 17 IV 762
7λ⁶-Benzo[b]phenanthro[1,2-d]thiophen
—, 7,7-Dioxo- 17 IV 762
—, 7,7-Dioxo-5,6,6a,11b-tetrahydro- 17
IV 737
Benzo[b]phenanthro[2,3-d]thiophen 17 IV 761
—, 7,13-Dimethyl- 17 IV 770
Benzo[b]phenanthro[3,2-d]thiophen 17 IV 761
—, 7,13-Dimethyl- 17 IV 770
Benzo[b]phenanthro[9,10-d]thiophen 17
IV 762
—, 10,11,12,13-Tetrahydro- 17 IV 738
Benzo[b]phenanthro[2,3-d]thiophen-7,13-
chinon 17 IV 6573
Benzo[b]phenanthro[3,2-d]thiophen-7,13-
chinon 17 IV 6573
Benzo[b]phenanthro[9,10-d]thiophen-5,8-
chinon
—, 1,2,3,4-Tetrahydro- 17 IV 6538
Benzo[b]phenanthro[1,2-d]thiophen-7,7-dioxid
17 IV 762
—, 5,6,6a,11b-Tetrahydro- 17 IV 737
Benzo[b]phenanthro[2,3-d]thiophen-7-on
—, 13H- 17 IV 5582
Benzo[b]phenanthro[2,3-d]thiophen-13-on
—, 7H- 17 IV 5582
Benzo[b]phenanthro[3,2-d]thiophen-7-on
—, 13H- 17 IV 5582
Benzo[b]phenanthro[3,2-d]thiophen-13-on
—, 7H- 17 IV 5582
Benzo[1,10]phenanthro[2,3,4-kl]thioxanthen-16-ol
—, 16-Phenyl-16H- 17 IV 1783 b
Benzo[1,10]phenanthro[2,3,4-kl]thioxanthen-16-on
17 IV 5644
Benzo[a]phenanthro[1,10,9-jkl]⇌
thioxanthenylium 17 IV 1774
—, 2-Amino- 18 IV 7397
—, 3-Amino- 18 IV 7398
Benzo[a]phenanthro[1,10,9-jkl]xanthen
—, 16cH- 17 IV 821
—, 3-Methyl-16cH- 17 IV 823
Benzo[c]phenanthro[2,1,10,9-klmn]xanthen
17 IV 820
Benzo[1,10]phenanthro[2,3,4-kl]xanthen-16-on
17 IV 5643
Benzo[a]phenanthro[1,10,9-jkl]xanthen-3-on
17 IV 5643
Benzo[a]phenanthro[1,10,9-jkl]xanthenylium
17 IV 1774
—, 2-Amino- 18 IV 7397
—, 3-Amino- 18 IV 7398
—, 4-Amino- 18 IV 7397

—, 3-Benzoyloxy- 17 IV 2265
—, 3-Chlor- 17 IV 1774
—, 3-Hydroxy- 17 IV 5643
—, 2-Methoxy- 17 IV 2265
—, 1-Methyl- 17 IV 1775
—, 3-Methyl- 17 IV 1775
—, 2-Nitro- 17 IV 1774
Benzophenon
— di-[3]thienyldithioacetal 17 IV 1237
—, 3-Acetyl-6-glucopyranosyloxy-2-
hydroxy- 17 IV 3031
—, 4,4′-Bis-[2,3-epoxy-propoxy]- 17
IV 1004
—, 4,4′-Bis-oxiranylmethoxy- 17
IV 1004
—, 4-[2,3-Epoxy-propoxy]- 17 IV 1003
—, 4-Glucopyranosyloxy- 31 227 f
—, 2-[α-Hydroxy-benzhydryl]- 17 149 d,
I 88 f
—, 2-[α-Hydroxy-benzyl]- 17 142 b
—, 4-Methoxy-4′-[5-phenyl-[2]furyl]- 18
IV 853
—, 4-Oxiranylmethoxy- 17 IV 1003
—, 4-[Tetra-O-acetyl-glucopyranosyloxy]-
31 227 g
Benzophenonsulfon 17 358 a, I 191 k
Benzo[k]pleiaden-7,14-dion
—, 1-Hydroxy- 17 IV 6603
1-Benzopyran
s. Chromen
—, 3,4-Dihydro-2H- s. Chroman
2-Benzopyran
s. Isochromen
—, 3,4-Dihydro-1H- s. Isochroman
Benzo[b]pyran
s. Chromen
—, 3,4-Dihydro-2H- s. Chroman
Benzo[c]pyran
s. Isochromen
—, 3,4-Dihydro-1H- s. Isochroman
Benzo[a]pyren
s. Benzo[def]chrysen
Benzo[cd]pyren-1,2-dicarbonsäure
—, 8,9,10,11-Tetrahydro-7H-,
— anhydrid 17 IV 6551
Benzo[b]pyreno[1′,2′;6,7]indeno[2,1-d]⇌
thiophen
—, 8H- 17 IV 832
1-Benzopyrylium
s. Chromenylium
2-Benzopyrylium
s. Isochromenylium
Benzo[b]pyrylium
s. Chromenylium
Benzo[c]pyrylium
s. Isochromenylium
2-Benzoselenin
s. Isoselenochromen
—, 3,4-Dihydro- s. Isoselenochroman

Benzo[c]selenin
s. Isoselenochromen
—, 3,4-Dihydro- s. Isoselenochroman
2-Benzoseleninium
—, 1,2,3,4-Tetrahydro- s.
    Isoselenochromanium
1-Benzoselenophen
s. Benzo[b]selenophen
2-Benzoselenophen
s. Benzo[c]selenophen
Benzo[b]selenophen 17 II 59 c,
    IV 494
—, 2-Acetyl- 17 IV 5084
—, 3-Acetyl- 17 IV 5086
—, 2-Brom- 17 IV 495
—, 3-Brom- 17 IV 495
—, 4,7-Diacetoxy-3,6-dimethyl- 17
    IV 2126
—, 2,3-Dibrom- 17 IV 495
—, 2-Methyl- 17 IV 499
—, 3-Nitro- 17 IV 495
—, 4,5,7-Triacetoxy-3,6-dimethyl- 17
    IV 2359
—, 2,3,4-Trichlor- 17 IV 495
Benzo[b]selenophen-3-carbonsäure 18
    IV 4259
Benzo[b]selenophen-4,7-chinon
—, 5-Acetoxy-3,6-dimethyl- 18 IV 1392
—, 2,5-Dibrom-3,6-dimethyl- 17
    IV 6181
—, 3,6-Dimethyl- 17 IV 6180
  — mono-[2,4-dinitro-phenylhydrazon]
    17 IV 6180
  — monooxim 17 IV 6180
—, 5-Hydroxy-3,6-dimethyl- 18 IV 1391
—, 5-Methoxy-3,6-dimethyl- 18
    IV 1392
Benzo[b]selenophen-4,7-diol
—, 3,6-Dimethyl- 17 IV 2126
Benzo[b]selenophen-2,3-dion 17 I 250 f
  — 2-[O-acetyl-oxim] 17 I 251 e
  — 2-[O-benzoyl-oxim] 17 I 251 f
  — 2-[O-methyl-oxim] 17 I 251 d
  — 2-[4-nitro-phenylhydrazon] 18
    I 598 b
  — 2-oxim 17 I 251 c
  — 2-phenylhydrazon 18 I 598 a
Benzo[c]selenophen-1,3-dion 17 IV 6151
Benzo[b]selenophen-3-ol 17 I 62 c, IV 1467
—, 2-Brom- 17 I 62 d
—, 5-Methyl- 17 IV 1483
—, 2-[4-Nitro-phenylazo]- 18 I 598 b
—, 2-Phenylazo- 18 I 598 a
Benzo[b]selenophen-3-on 17 I 62 c, IV 1467
  — semicarbazon 18 IV 8301
—, 2-Acetoxyimino- 17 I 251 e
—, 2-Benzoyloxyimino- 17 I 251 f
—, 2-Brom- 17 I 62 d

—, 2-[4-Dimethylamino-phenylimino]-
    17 I 251 b
—, 2-[2,4-Dinitro-phenyl]- 17 I 205 i
—, 2-Fluoren-9-yliden- 17 I 223 c
—, 2-Hydroxyimino- 17 I 251 c
—, 2-[4-Hydroxy-[1]naphthylmethylen]-
    18 I 336 b
—, 2-Methoxyimino- 17 I 251 d
—, 2-[2-Methoxy-[1]naphthylmethylen]-
    18 I 336 a
—, 5-Methyl- 17 IV 1483
—, 2-[4-Nitro-benzyliden]- 17 I 205 h
—, 2-[2-Oxo-acenaphthen-1-yliden]- 17
    I 278 a
—, 2-Phenylimino- 17 I 251 a
—, 2-Salicyliden- 18 I 326 d
Benzo[c]selenophen-1-on
—, 3H- 17 314 d
Benzo[b]selenophen-4,5,7-triol
—, 3,6-Dimethyl- 17 IV 2359
Benzo[c]selenopyran
s. Isoselenochromen
—, 3,4-Dihydro-1H- s.
    Isoselenochroman
2-Benzotellurin
s. Isotellurochromen
—, 3,4-Dihydro- s. Isotellurochroman
Benzo[c]tellurin
s. Isotellurochromen
—, 3,4-Dihydro- s. Isotellurochroman
2-Benzotellurinium
—, 1,2,3,4-Tetrahydro- s.
    Isotellurochromanium
1-Benzotellurophen
s. Benzo[b]tellurophen
2-Benzotellurophen
s. Benzo[c]tellurophen
Benzo[b]tellurophen-3-ol 17 II 130 d
Benzo[b]tellurophen-3-on 17 II 130 d
Benzo[c]telluropyran
s. Isotellurochromen
—, 3,4-Dihydro-1H- s.
    Isotellurochroman
Benzotetronsäure 17 488 a, I 257 b,
    II 469 d, IV 6153
  — bromid 17 332 a
  — chlorid 17 331 d
Benzo[4,5]thieno[2,3-c]furan-1-on
—, 3-[3-Acetylamino-phenyl]-3-hydroxy-
    3H- 18 IV 8272
—, 3-[4-Acetylamino-phenyl]-3-hydroxy-
    3H- 18 IV 8273
—, 6-Äthoxy-3-hydroxy-3-phenyl-3H-
    18 IV 6431
—, 3-[3-Amino-phenyl]-3-hydroxy-3H-
    18 IV 8272
—, 3-[4-Amino-phenyl]-3-hydroxy-3H-
    18 IV 8273

Benzo[4,5]thieno[2,3-c]furan-1-on (Fortsetzung)
—, 3-Brommethyl-6-chlor-3-hydroxy-8-
  methyl-3H- **18** IV 5610
—, 3-Brommethyl-3-hydroxy-3H- **18**
  IV 5601
—, 6-Chlor-3-hydroxy-3,8-dimethyl-3H-
  18 IV 5610
—, 3-Hydroxy-3-methyl-3H- **18**
  IV 5600
—, 3-Hydroxy-3-[1]naphthyl-3H- **18**
  IV 5705
—, 3-Hydroxy-3-[2]naphthyl-3H- **18**
  IV 5705
—, 3-Hydroxy-3-[2-nitro-phenyl]-3H-
  18 IV 5682
—, 3-Hydroxy-3-[3-nitro-phenyl]-3H-
  18 IV 5682
—, 3-Hydroxy-3-[4-nitro-phenyl]-3H-
  18 IV 5683
—, 3-Hydroxy-3-phenyl-3H- **18** IV 5682
—, 3-Hydroxy-3-p-tolyl-3H- **18** IV 5686
Benzo[4,5]thieno[2,3-c]furan-3-on
—, 1-Acenaphthen-5-yl-6-chlor-1-
  hydroxy-8-methyl-1H- **18** IV 5707
—, 1-Acenaphthen-5-yl-1-hydroxy-1H-
  18 IV 5707
—, 1-[4-Acetoxy-3,5-dibrom-2-hydroxy-
  phenyl]-1-hydroxy-1H- **18** IV 6561
—, 1-[4-Brom-phenyl]-1-hydroxy-1H-
  18 IV 5681
—, 6-Chlor-1-hydroxy-8-methyl-1-
  phenyl-1H- **18** IV 5686
—, 7-Chlor-1-hydroxy-5-methyl-1-
  phenyl-1H- **18** IV 5686
—, 7-Chlor-1-hydroxy-5-methyl-1-p-tolyl-
  1H- **18** IV 5688
—, 1-[4-Chlor-phenyl]-1-hydroxy-1H-
  18 IV 5681
—, 1-[3,5-Dibrom-2,4-dihydroxy-phenyl]-
  1-hydroxy-1H- **18** IV 6561
—, 1-[2,4-Dihydroxy-phenyl]-1-hydroxy-
  1H- **18** IV 6561
—, 1-Hydroxy-1-[4-methoxy-phenyl]-
  1H- **18** IV 6431
—, 1-Hydroxy-1-phenyl-1H- **18** IV 5681
—, 1-Hydroxy-1-pyren-1-yl-1H- **18**
  IV 5712
—, 1-Hydroxy-1-p-tolyl-1H- **18** IV 5685
α-**Benzothienon 17** 348 e, I 187 c, II 372 d
**Benzo[4,5]thieno[2,3-b]thieno[4,3,2-de]‍‍=
  thiochromen 17** IV 484
**Benzo[4,5]thieno[3,2-b]thieno[4,3,2-de]‍=
  thiochromen 17** IV 484
1-Benzothiepin
  s. Benzo[b]thiepin
2-Benzothiepin
  s. Benzo[c]thiepin
3-Benzothiepin
  s. Benzo[d]thiepin

Benzo[b]thiepin
—, 7-Acetyl-2,3,4,5-tetrahydro- **17**
  IV 5006
—, 2,3,4,5-Tetrahydro- **17** IV 428
1λ⁶-Benzo[b]thiepin
—, 3-Brom-1,1-dioxo-2,3-dihydro- **17**
  IV 507
—, 1,1-Dioxo- **17** IV 547
—, 1,1-Dioxo-2,3-dihydro- **17**
  IV 507
—, 1,1-Dioxo-2,3,4,5-tetrahydro- **17**
  IV 428
Benzo[c]thiepin
—, 1-Methyl-1,3,4,5-tetrahydro- **17**
  IV 444
—, 1,3,4,5-Tetrahydro- **17** II 53 d,
  IV 428
Benzo[d]thiepin
—, 1,2,4,5-Tetrahydro- **17** IV 428
3λ⁶-Benzo[d]thiepin
—, 1-Brom-3,3-dioxo-1,2,4,5-tetrahydro-
  17 IV 429
—, 1,5-Dibrom-3,3-dioxo-1,2,4,5-
  tetrahydro- **17** IV 429
—, 3,3-Dioxo- **17** IV 547
—, 3,3-Dioxo-1,2,4,5-tetrahydro- **17**
  IV 429
Benzo[d]thiepin-2,4-dicarbonsäure 18
  IV 4565
  — diäthylester **18** IV 4565
  — dimethylester **18** IV 4565
3λ⁴-Benzo[d]thiepin-2,4-dicarbonsäure
—, 3,3-Dibrom-,
  — dimethylester **18** IV 4565
Benzo[b]thiepin-1,1-dioxid 17 IV 547
—, 3-Brom-2,3-dihydro- **17** IV 507
—, 2,3-Dihydro- **17** IV 507
—, 2,3,4,5-Tetrahydro- **17** IV 428
Benzo[c]thiepin-1,1-dioxid
—, 1,3,4,5-Tetrahydro- **17** II 53 e
Benzo[d]thiepin-3,3-dioxid 17 IV 547
—, 1-Brom-1,2,4,5-tetrahydro- **17**
  IV 429
—, x-Nitro- **17** IV 547
—, 1,2,4,5-Tetrahydro- **17** IV 429
Benzo[c]thiepinium
—, 2-Methyl-1,3,4,5-tetrahydro- **17**
  II 53 f
Benzo[b]thiepin-5-ol
—, 2,3,4,5-Tetrahydro- **17** IV 1362
1λ⁶-Benzo[b]thiepin-5-ol
—, 1,1-Dioxo-2,3,4,5-tetrahydro- **17**
  IV 1362
3λ⁶-Benzo[d]thiepin-1-ol
—, 3,3-Dioxo-1,2,4,5-tetrahydro- **17**
  IV 1363
Benzo[b]thiepin-5-on
—, 3,4-Dihydro-2H- **17** IV 4973
  — semicarbazon **17** IV 4974

Benzo[c]thiepin-5-on
—, 3,4-Dihydro-1H- **17** IV 4974
  — [2,4-dinitro-phenylhydrazon] **17**
    IV 4974
  — oxim **17** IV 4974
  — semicarbazon **17** IV 4974
Benzo[d]thiepin-1-on
—, 4,5-Dihydro- **17** II 341 a, IV 4974
  — [2,4-dinitro-phenylhydrazon] **17**
    IV 4975
  — oxim **17** II 341 b, IV 4975
  — semicarbazon **17** II 341 c,
    IV 4975
3λ⁶-Benzo[d]thiepin-1-on
—, 3,3-Dioxo-4,5-dihydro- **17** IV 4975
Benzo[de]thiochromen 17 IV 613
—, 3-Acetoxy- **17** I 72 b
—, 9-Chlor- **17** IV 613
Benzo[f]thiochromen
—, 2,3-Dihydro-1H- **17** IV 577
4λ⁶-Benzo[f]thiochromen
—, 4,4-Dioxo-2,3-dihydro-1H- **17** IV 577
Benzo[c]thiochromen-7,8-dicarbonsäure
—, 6-Methyl-2,3,4,4a,6,6a,7,8,9,10-
    decahydro-1H- **18** IV 4544
Benzo[f]thiochromen-4,4-dioxid
—, 2,3-Dihydro-1H- **17** IV 577
Benzo[de]thiochromen-3-ol 17 I 189 a,
    II 376 f, IV 5258
—, 7,9-Bis-acetylamino- **18** IV 7947
—, 7-Chlor- **17** II 376 h
—, 7,9-Diamino- **18** IV 7947
—, 7,9-Dinitro- **17** IV 5259
1λ⁶-Benzo[de]thiochromen-3-ol
—, 7,9-Dinitro-1,1-dioxo- **17** IV 5259
Benzo[c]thiochromen-6-on 17 IV 5314
Benzo[de]thiochromen-3-on 17 I 189 a,
    II 376 f, IV 5258
—, 2-[2-Amino-10-oxo-10H-
    [9]phenanthryliden]- **18** IV 8065
—, 2-[7-Amino-10-oxo-10H-
    [9]phenanthryliden]- **18** IV 8065
—, 7,9-Bis-acetylamino- **18** IV 7947
—, 2-[2-Brom-10-oxo-10H-
    [9]phenanthryliden]- **17** IV 6636
—, 2-[7-Brom-10-oxo-10H-
    [9]phenanthryliden]- **17** IV 6636
—, 7-Chlor- **17** II 376 h
—, 7,9-Diamino- **18** IV 7947
—, 7,9-Dinitro- **17** IV 5259
—, 2-[2,7-Dinitro-10-oxo-10H-
    [9]phenanthryliden]- **17** IV 6637
—, 2-[2-Nitro-10-oxo-10H-
    [9]phenanthryliden]- **17** IV 6636
—, 2-[4-Nitro-10-oxo-10H-
    [9]phenanthryliden]- **17** IV 6636
—, 2-[5-Nitro-10-oxo-10H-
    [9]phenanthryliden]- **17** IV 6636

—, 2-[7-Nitro-10-oxo-10H-
    [9]phenanthryliden]- **17** IV 6636
—, 2-[10-Oxo-10H-[9]phenanthryliden]-
    17 IV 6636
1λ⁶-Benzo[de]thiochromen-3-on
—, 7,9-Dinitro-1,1-dioxo- **17** IV 5259
Benzo[f]thiochromen-1-on
—, 2-Brom- **17** II 383 h
—, 2,2-Dibrom-2,3-dihydro- **17**
    II 377 f
—, 2,3-Dihydro- **17** II 377 d, IV 5270
  — semicarbazon **17** II 377 e
—, 2,3,7,8,9,10-Hexahydro- **17** II 370 e
—, 3-Phenyl- **17** I 216 e
4λ⁶-Benzo[f]thiochromen-1-on
—, 4,4-Dioxo-2,3-dihydro- **17** IV 5270
Benzo[g]thiochromen-4-on
—, 2,3,6,7,8,9-Hexahydro- **17** II 370 e
Benzo[h]thiochromen-4-on
—, 2,3-Dihydro- **17** II 377 c
—, 2,3,7,8,9,10-Hexahydro- **17** II 370 f
  — semicarbazon **17** II 370 g
—, 2-Phenyl- **17** I 216 c
Benzo[f]thiochromen-3-thion 17 IV 5312
Benzo[h]thiochromen-2-thion 17 IV 5311
3-Benzothiocin
  s. Benzo[d]thiocin
Benzo[d]thiocin
—, 1,4,5,6-Tetrahydro-2H- **17** IV 444
Benzo[d]thiocin-1-on
—, 5,6-Dihydro-4H- **17** II 347 a,
    IV 4989
  — [2,4-dinitro-phenylhydrazon] **17**
    IV 4989
  — oxim **17** IV 4989
  — semicarbazon **17** IV 4989
Benzo[d]thiocin-6-on
—, 1,2,4,5-Tetrahydro- **17** IV 4989
Benzo[de]thioisochromen-1,3-dion 17 IV 6398
1-Benzothiophen
  s. Benzo[b]thiophen
2-Benzothiophen
  s. Benzo[c]thiophen
Benzo[b]thiophen 17 59 f, I 25 a, II 58 a,
    IV 482
—, 2-Acetonyl-3-methyl- **17** IV 5120
—, 3-Acetoxy- **17** II 129 c, IV 1459
—, 5-Acetoxy- **17** IV 1468
—, 3-Acetoxy-2-acetyl- **18** IV 356
—, 3-Acetoxy-5-acetylamino- **18**
    IV 7344
—, 3-Acetoxy-2-acetyl-5-chlor- **18**
    IV 358
—, 3-Acetoxy-6-äthoxy-5-chlor- **17**
    II 190 f
—, 3-Acetoxy-2-äthyl- **17** IV 1487
—, 3-Acetoxy-2-benzoyl- **18** IV 720
—, 5-Acetoxy-3-brom- **17** IV 1469
—, 3-Acetoxy-5-chlor- **17** IV 1460

Benzo[*b*]thiophen (Fortsetzung)

—, 5-Acetoxy-4,6-dibrom- **17** IV 1470
—, 3-Acetoxy-2-methyl- **17** IV 1476
—, 3-Acetoxy-6-methyl- **17** II 133 e
—, 3-Acetoxy-5-nitro- **17** IV 1463
—, 3-Acetoxy-6-nitro- **17** IV 1464
—, 3-Acetoxy-7-nitro- **17** IV 1464
—, 2-Acetyl- **17** IV 5083
—, 3-Acetyl- **17** II 364 c, IV 5084
—, 2-Acetyl-3-äthyl- **17** IV 5121
—, 3-Acetyl-2-äthyl-4,5,6,7-tetrahydro-
    17 IV 4751
—, 3-Acetylamino- **18** 586 d, II 420 g,
    IV 7161
—, 4-Acetylamino- **18** IV 7163
—, 5-Acetylamino- **18** IV 7164
—, 4-Acetylamino-3-acetylimino-2,3-
    dihydro- **18** IV 7281
—, 5-Acetylamino-4-brom- **18** IV 7165
—, 3-Acetylamino-5-chlor- **18** IV 7162
—, 2-Acetylamino-3-methyl- **17**
    IV 4965
—, 3-Acetylamino-2-methyl- **18**
    IV 7166
—, 3-Acetylamino-2-nitro- **18** IV 7162
—, 5-Acetylamino-4-nitro- **18** IV 7165
—, 5-Acetylamino-3-phenyl- **18** IV 7245
—, 5-Acetylamino-4-phenylazo- **18**
    IV 8349
—, 4-Acetylamino-4,5,6,7-tetrahydro-
    18 IV 7148
—, 2-Acetylimino-3-methyl-2,3-dihydro-
    17 IV 4965
—, 2-Acetyl-3-methyl- **17** IV 5107
—, 3-Acetyl-2-methyl- **17** IV 5106
—, 3-Acetyl-2-methyl-4,5,6,7-tetrahydro-
    17 IV 4747
—, 3-Acetyl-2-nitro- **17** IV 5086
—, 2-Acetyl-4,5,6,7-tetrahydro- **17**
    IV 4741
—, 3-Äthoxy- **17** I 61 c
—, 5-Äthoxy- **17** IV 1468
—, 3-Äthoxy-5-chlor- **17** IV 1460
—, 3-Äthoxymethyl- **17** IV 1480
—, 3-Äthoxy-5-nitro- **17** IV 1463
—, 3-Äthoxy-6-nitro- **17** IV 1464
—, 3-Äthoxy-7-nitro- **17** IV 1464
—, 3-Äthoxy-2-[4-nitro-phenyl]- **17**
    I 77 b
—, 3-Äthoxy-2,3,5-trimethyl-2,3-dihydro-
    17 IV 1378
—, 2-Äthyl- **17** IV 509
—, 3-Äthyl- **17** IV 509
—, 2-[2-Äthyl-benzolsulfinyl]-2,3-
    dihydro- **17** IV 486
—, 2-Äthyl-2,3-dihydro- **17** IV 433
—, 3-Äthyl-3-methoxy-5-methyl-2,3-
    dihydro- **17** IV 1378
—, 3-Äthyl-2-methyl- **17** IV 518

—, 3-Äthyl-5-methyl- **17** IV 518
—, 2-Äthyl-4,5,6,7-tetrahydro- **17**
    IV 380
—, 3-Allyl- **17** IV 553
—, 4-Allyl-5-[1]naphthylcarbamoyloxy-
    17 IV 1540
—, 3-Amino- **18** 586 II 420 f,
    IV 7161
—, 4-Amino- **18** IV 7163
—, 5-Amino- **18** IV 7164
—, 6-Amino- **18** IV 7166
—, 5-Amino-3-brom- **18** IV 7165
—, 5-Amino-4-brom- **18** IV 7165
—, 2-Aminomethyl- **18** IV 7167
—, 5-Amino-3-methyl- **18** IV 7168
—, 5-Amino-4-nitro- **18** IV 7165
—, 5-Amino-3-phenyl- **18** IV 7245
—, 4-Amino-4,5,6,7-tetrahydro- **18**
    IV 7148
—, 2-Anilinomethyl- **18** IV 7167
—, 3-Benzhydryl- **17** IV 753
—, 3-Benzoyl- **17** IV 5431
—, 6-Benzoylamino- **18** IV 7166
—, 2-Benzoylamino-3-methyl- **17**
    IV 4966
—, 3-Benzoylamino-2-nitro- **18** IV 7163
—, 4-Benzoylamino-4,5,6,7-tetrahydro-
    18 IV 7148
—, 2-Benzoylimino-3-benzoyloxy-5-
    methyl-2,3-dihydro- **18** I 303 b
—, 2-Benzoylimino-3-methyl-2,3-
    dihydro- **17** IV 4966
—, 2-Benzoyl-3-methyl- **17** IV 5448
—, 3-Benzoyl-2-methyl- **17** IV 5447
—, 6-Benzoyloxy- **17** IV 1473
—, 2-Benzoyloxymethyl- **17** IV 1478
—, 3-Benzoyloxymethyl- **17** IV 1480
—, 3-Benzoyloxy-2-phenyl- **17** I 76 g
—, 2,3-Bis-acetoxomercurio- **18**
    IV 8431
—, 3,4-Bis-acetylamino- **18** IV 7281
—, 4,7-Bis-acetylamino- **18** IV 7282
—, 5,6-Bis-benzoyloxy-2,3-dichlor-
    17 157 c
—, 6,7-Bis-benzoyloxy-2,3-dichlor-
    17 157 c
—, 2,3-Bis-brommethyl- **17** IV 511
—, x,x-Bis-carboxymethyl- **17** IV 484
—, 2,3-Bis-chlormethyl- **17** IV 511
—, 2,3-Bis-chloromercurio- **18** IV 8431
—, 2,3-Bis-hydroxymethyl- **17** IV 2125
—, 2,3-Bis-propylaminomethyl- **18**
    IV 7282
—, 2-Brom- **17** IV 488
—, 3-Brom- **17** II 58 d, IV 489
—, 4-Brom- **17** IV 490
—, 5-Brom- **17** IV 490
—, 6-Brom- **17** IV 490
—, 7-Brom- **17** IV 491

Benzo[b]thiophen   (Fortsetzung)

—, 2-Bromacetyl- **17** IV 5083

—, 3-Bromacetyl- **17** IV 5086

—, 3-[2-Brom-äthyl]- **17** IV 510

—, 2-Brom-3-brommethyl- **17** IV 501

—, 7-Brom-6-methoxy-2-phenyl- **17**
IV 1661

—, 2-Brom-3-methyl- **17** IV 501

—, 3-Brom-2-methyl- **17** IV 499

—, 3-Brom-2-nitro- **17** IV 493

—, 3-Brom-5-nitro- **17** IV 493

—, 2-Brom-3-propionylamino- **18**
IV 7162

—, 3-[2-Brom-propyl]- **17** IV 517

—, 3-[3-Brom-propyl]- **17** IV 518

—, 2-Brom-4,5,6,7-tetrahydro- **17**
IV 371

—, 3-Butyl- **17** IV 522

—, 3-*tert*-Butyl- **17** IV 523

—, 3-Butyryl- **17** IV 5120

—, 3-Butyryl-2-nitro- **17** IV 5120

—, 2-Butyryl-4,5,6,7-tetrahydro- **17**
IV 4750

—, 3-Chlor- **17** IV 486

—, 4-Chlor- **17** IV 487

—, 5-Chlor- **17** IV 487

—, 6-Chlor- **17** IV 487

—, 7-Chlor- **17** IV 488

—, 3-Chloracetyl- **17** IV 5085

—, 2-[2-Chlor-äthyl]- **17** IV 509

—, 5-Chlor-3-methoxy- **17** IV 1460

—, 2-Chlormethyl- **17** IV 499

—, 3-Chlormethyl- **17** IV 501

—, 6-Chlor-4-methyl- **17** II 59 h,
IV 502

—, 2-Chlormethyl-3-methyl- **17** IV 510

—, x-Chloromercurio-4,5,6,7-tetrahydro-
17 IV 371

—, 2-Cinnamoyl-4,5,6,7-tetrahydro- **17**
IV 5385

—, 3-Cyclohex-1-enyl- **17** IV 579

—, 3-Decanoyl- **17** IV 5167

—, 4,7-Diacetoxy- **17** IV 2119

—, 4,5-Diacetoxy-6-brom- **17** IV 2119

—, 6,7-Diacetoxy-3,5-dichlor-2-phenyl-
17 IV 2200

—, 2-Diacetoxymethyl- **17** IV 5063

—, 4,7-Diacetoxy-5-methyl- **17** IV 2123

—, 3-[2-Diäthylamino-äthoxy]- **17**
IV 1459

—, 2,3-Diäthyl-4,5,6,7-tetrahydro- **17**
IV 386

—, 4,6-Diallyl-5-
[1]naphthylcarbamoyloxy- **17** IV 1578

—, 4,7-Diamino- **18** IV 7282

—, 5,7-Diamino-3-phenyl- **18** IV 7293

—, 3-Diazoacetyl- **17** IV 6284

—, 2,3-Dibrom- **17** 60 b, II 59 a,
IV 491

—, 4,6-Dibrom-5-methoxy- **17** IV 1470

—, 3,7-Dibrom-6-methoxy-2-phenyl- **17**
IV 1661

—, 2,3-Dibrom-5-nitro- **17** IV 493

—, 2,3-Dichlor- **17** II 58 c, IV 488

—, 3,5-Dichlor- **17** IV 488

—, 4,7-Dichlor-5-[2,2-dimethoxy-
äthylmercapto]- **17** IV 1472

—, 5,7-Dichlor-4-methyl-2-phenyl- **17**
IV 664

—, 2,3-Dihydro- **17** II 50 a, IV 405

—, 3-[3,4-Dihydro-[1]naphthyl]- **17**
IV 724

—, 3,6-Dimethoxy- **17** I 93 g

—, 5,6-Dimethoxy- **17** IV 2120

—, 2-[2,2-Dimethoxy-äthylmercapto]-
17 IV 1455

—, 5-[2,2-Dimethoxy-äthylmercapto]-
17 IV 1471

—, 5,6-Dimethoxy-2-[4-methoxy-phenyl]-
17 IV 2384

—, 5,6-Dimethoxy-3-methyl- **17**
IV 2122

—, 5,6-Dimethoxy-2-phenyl- **17**
IV 2199

—, 2,3-Dimethyl- **17** IV 510

—, 2,4-Dimethyl- **17** IV 511

—, 3,5-Dimethyl- **17** IV 512

—, 3,6-Dimethyl- **17** IV 512

—, 3,7-Dimethyl- **17** IV 513

—, 2,4-Dimethyl-6,7-dihydro- **17**
IV 435

—, 5,6-Dimethyl-1,1-dioxo-2,3,3a,4,7,7a-
hexahydro- **17** IV 326

—, 3,6-Dimethyl-5-nitro- **17** IV 512

—, 3,4-Dinitro- **17** IV 493

—, 3,5-Dinitro- **17** IV 494

—, 3,6-Dinitro- **17** IV 491

—, 3,7-Dinitro- **17** IV 491

—, 5,7-Dinitro-3-phenyl- **17** IV 660

—, 2-[2,4-Dinitro-phenylmercapto]- **17**
IV 1454

—, 3-[2,4-Dinitro-phenylmercapto]- **17**
IV 1465

—, 3-[2,2-Diphenyl-vinyl]- **17** IV 769

—, 3-Glucopyranosyloxy- **17** IV 3445

—, 3-Heptanoyl- **17** IV 5155

—, Hexachlor- **17** 60 a

—, 3-Hexanoyl- **17** IV 5146

—, 3-[2-Hydroxy-äthyl]-2-
hydroxymethyl- **17** IV 2131

—, 2-Hydroxymethyl- **17** IV 1478

—, 3-Hydroxymethyl- **17** IV 1480

—, 2-Hydroxymethyl-3-methyl- **17**
IV 1489

—, 3-Hydroxymethyl-2-methyl- **17**
IV 1489

—, 3-Isopropyl-3-methoxy-5-methyl-2,3-
dihydro- **17** IV 1383

Benzo[*b*]thiophen (Fortsetzung)
—, 7-Isopropyl-2,3,4-trimethyl- **6**
　II 108 e
—, 2-Jod- **17** IV 491
—, 3-Jod- **17** IV 491
—, 2-[2-Jod-äthyl]- **17** IV 509
—, 3-Jod-2-methyl-4,5,6,7-tetrahydro-
　17 IV 375
—, 2-Jod-4,5,6,7-tetrahydro- **17** IV 371
—, 3-Lauroyl- **17** IV 5169
—, 3-Methoxy- **17** 120 a, I 61 b,
　II 129 b
—, 5-Methoxy- **17** IV 1468
—, 6-Methoxy- **17** IV 1473
—, 7-Methoxy- **17** IV. 1475
—, 3-Methoxy-3,5-dimethyl-2,3-dihydro-
　17 IV 1367
—, 3-Methoxymethyl- **17** IV 1480
—, 6-Methoxy-5-methyl- **17** IV 1483
—, 3-Methoxy-5-methyl-3-phenyl-2,3-
　dihydro- **17** IV 1628
—, 3-Methoxy-5-nitro- **17** IV 1463
—, 3-Methoxy-6-nitro- **17** IV 1463
—, 3-Methoxy-7-nitro- **17** IV 1464
—, 2-[4-Methoxy-phenyl]- **17** IV 1663
—, 6-Methoxy-2-phenyl- **17** IV 1660
—, 6-Methoxy-3-phenyl- **17** IV 1661
—, 3-Methoxy-2-phenylazo- **18** I 597 g
—, 2-Methyl- **17** II 59 g, IV 498
—, 3-Methyl- **17** IV 500
—, 4-Methyl- **17** IV 502
—, 5-Methyl- **17** I 27 b, IV 502
—, 6-Methyl- **17** IV 503
—, 7-Methyl- **17** IV 503
—, 3-[1-Methyl-butyl]- **17** IV 529
—, 2-Methyl-2,3-dihydro- **17** IV 422
—, 3-Methyl-2,3-dihydro- **17** IV 422
—, 4-Methyl-2,3-dihydro- **17** IV 423
—, 4-Methyl-6,7-dihydro- **17** IV 423
—, 4-Methylen-4,5,6,7-tetrahydro- **17**
　IV 423
—, 2-Methyl-3-nitro- **17** IV 499
—, 3-Methyl-2-nitro- **17** IV 501
—, 3-[1-Methyl-pentyl]- **17** IV 532
—, 6-Methyl-2-phenoxy-3-*p*-tolyl- **17**
　IV 1674
—, 5-Methyl-2-phenyl- **17** IV 664
—, 5-Methyl-3-phenyl- **17** IV 665
—, 6-Methyl-2-phenyl- **17** IV 665
—, 3-Methyl-2-[2-phenylcarbamoyloxy-
　äthyl]- **17** IV 1496
—, 3-Methyl-2-[2-phenylcarbamoyloxy-
　propyl]- **17** IV 1499
—, 2-Methyl-3-propionylamino- **18**
　IV 7167
—, 2-Methyl-3-propionyloxy- **17**
　IV 1476
—, 2-Methyl-4,5,6,7-tetrahydro- **17**
　IV 375

—, 3-Myristoyl- **17** IV 5174
—, 3-[1]Naphthyl- **17** IV 733
—, 4-[1]Naphthylcarbamoyloxy- **17**
　IV 1467
—, 3-Nitro- **17** 60 d, II 59 b, IV 491
—, 4-Nitro- **17** IV 492
—, 5-Nitro- **17** IV 492
—, 5-Nitro-3-phenyl- **17** IV 660
—, 2-[2-Nitro-phenylmercapto]- **17**
　IV 1454
—, 3-[2-Nitro-phenylmercapto]- **17**
　IV 1465
—, 2-Nitro-3-propionyl- **17** IV 5105
—, 2-Nitro-3-propionylamino- **18**
　IV 7162
—, 3-Nonanoyl- **17** IV 5165
—, Octahydro- **17** IV 191
—, 3-Octanoyl- **17** IV 5161
—, 3-Palmitoyl- **17** IV 5175
—, 2-Palmitoyl-4,5,6,7-tetrahydro- **17**
　IV 4781
—, 2,3,x,x,x-Pentachlor- **17** IV 483
—, 3-Phenäthyl- **17** IV 669
—, 2-Phenoxy-3-phenyl- **17** IV 1663
—, 2-Phenyl- **17** IV 659
—, 3-Phenyl- **17** IV 660
—, 4-Phenyl- **17** IV 660
—, 5-Phenyl- **17** IV 660
—, 3-Phenylacetyl- **17** IV 5445
—, 2-Phenylmercapto- **17** IV 1454
—, 3-Phenyl-2-phenylmercapto- **17**
　IV 1663
—, 3-Phenyl-5-phenylmercapto- **17**
　IV 1663
—, 2-Phenyl-4,5,6,7-tetrahydro- **17**
　IV 579
—, 2-[2-Phenyl-2-(2,3,5,6-tetramethyl-
　phenyl)-vinyl]- **17** IV 775
—, 3-[2-Phenyl-2-(2,3,5,6-tetramethyl-
　phenyl)-vinyl]- **17** IV 775
—, 2-Pivaloyl- **17** IV 5136
—, 3-Propenyl- **17** IV 553
—, 3-Propionyl- **17** IV 5105
—, 3-Propionylamino- **18** IV 7162
—, 3-Propionyloxy- **17** IV 1459
—, 2-Propionyl-4,5,6,7-tetrahydro- **17**
　IV 4746
—, 3-Propyl- **17** IV 517
—, 2-Propyl-4,5,6,7-tetrahydro- **17**
　IV 384
—, 3-Stearoyl- **17** IV 5176
—, 3-Stilben-α-yl- **17** IV 769
—, 3-Styryl- **17** IV 689
—, 3-Sulfooxy- **17** I 61 e
—, 3-[Tetra-*O*-acetyl-glucopyranosyloxy]-
　17 IV 3445
—, 2,3,x,x-Tetrachlor- **17** IV 483
—, 2,3,x,x-Tetrachlor-6-methoxy-
　17 122 b

Benzo[b]thiophen (Fortsetzung)
—, 4,5,6,7-Tetrahydro- **17** IV 371
—, 4,4,7,7-Tetramethyl-4,5,6,7-
tetrahydro- **17** IV 386
—, 3-Thiocyanatomethyl- **17** IV 1480
—, 2-o-Toluidinomethyl- **18** IV 7167
—, 3-o-Toluoyl- **17** IV 5446
—, 4,5,7-Triacetoxy- **17** IV 2356
—, 3,5,7-Tribrom-6-methoxy-2-phenyl-
17 IV 1661
—, 2,3,x-Trichlor-6-methoxy- **17** 122 a
—, 2,3,5-Trimethyl- **17** IV 518
—, 2,3,7-Trimethyl- **17** IV 519
—, 3,4,6-Trinitro- **17** IV 494
—, 3,4,7-Trinitro- **17** IV 494
—, 3,5,7-Trinitro- **17** IV 494
—, 3-[2,4,6-Trinitro-styryl]- **17** IV 689
—, 3-Undecanoyl- **17** IV 5168
—, 2-Undecanoyl-4,5,6,7-tetrahydro-
17 IV 4772
—, 3-Valeryl- **17** IV 5134
—, 3-Vinyl- **17** IV 548

1λ^4-Benzo[b]thiophen
—, 2-Äthyl-1-[toluol-4-sulfonylimino]-
2,3-dihydro- **17** IV 434
—, 1-Oxo-2,3-dihydro- **17** IV 405

1λ^6-Benzo[b]thiophen
—, 3-Äthoxy-1,1-dioxo- **17** IV 1458
—, 3-Äthoxy-1,1-dioxo-2,3-dihydro- **17**
IV 1344
—, 2-Äthyl-1,1-dioxo- **17** IV 509
—, 3-Äthyl-1,1-dioxo- **17** IV 509
—, 3-Äthyl-1,1-dioxo-2,3-dihydro- **17**
IV 434
—, 3-Benzolsulfonyl-7-chlor-1,1-dioxo-
17 IV 1466
—, 3-Benzolsulfonyl-1,1-dioxo- **17**
IV 1465
—, 2-Benzolsulfonyl-1,1-dioxo-2,3-
dihydro- **17** IV 1344
—, 3-Benzolsulfonyl-1,1-dioxo-2,3-
dihydro- **17** IV 1345
—, 5-Benzolsulfonyl-1,1-dioxo-3-phenyl-
17 IV 1663
—, 3-Benzolsulfonyl-5-methyl-1,1-dioxo-
17 IV 1482
—, 3-Benzolsulfonyl-7-methyl-1,1-dioxo-
17 IV 1485
—, 3-Benzyloxy-1,1-dioxo-2-phenyl- **17**
IV 1659
—, 2-Brom-1,1-dioxo- **17** IV 488
—, 3-Brom-1,1-dioxo- **17** IV 489
—, 4-Brom-1,1-dioxo- **17** IV 490
—, 5-Brom-1,1-dioxo- **17** IV 490
—, 6-Brom-1,1-dioxo- **17** IV 490
—, 2-Brom-1,1-dioxo-2,3-dihydro- **17**
IV 406
—, 3-Brom-1,1-dioxo-2,3-dihydro- **17**
IV 406

—, 6-Brom-1,1-dioxo-2,3-dihydro- **17**
IV 407
—, 3-Brom-5-nitro-1,1-dioxo- **17**
IV 493
—, 3-tert-Butoxy-1,1-dioxo-2,3-dihydro-
17 IV 1345
—, 2-Chlor-1,1-dioxo- **17** IV 486
—, 3-Chlor-1,1-dioxo- **17** IV 487
—, 7-Chlor-1,1-dioxo- **17** IV 488
—, 7-Chlor-1,1-dioxo-3-phenylmercapto-
17 IV 1466
—, 7-Chlor-1,1-dioxo-3-[toluol-4-
sulfonyl]- **17** IV 1466
—, 7-Chlor-1,1-dioxo-3-p-tolylmercapto-
17 IV 1466
—, 2-Chlor-3-methoxy-1,1-dioxo- **17**
IV 1460
—, 2,3-Dibrom-1,1-dioxo-2,3-dihydro-
17 IV 407
—, 3,3a-Dibrom-1,1-dioxo-octahydro-
17 IV 192
—, 2,3-Dibrom-6-nitro-1,1-dioxo-2,3-
dihydro- **17** IV 407
—, 2,3-Dichlor-1,1-dioxo- **17** IV 488
—, 2,3-Dichlor-1,1-dioxo-2,3-dihydro-
17 IV 406
—, 2,3-Dimethyl-1,1-dioxo- **17** IV 510
—, 5,6-Dimethyl-1,1-dioxo-2,3,3a,4,7,7a-
hexahydro- **17** IV 326
—, 3,6-Dimethyl-5-nitro-1,1-dioxo- **17**
IV 513
—, 1,1-Dioxo- **17** I 25 b, II 58 b, IV 485
—, 1,1-Dioxo-2,3-dihydro- **17** II 50 b, IV 405
—, 1,1-Dioxo-3a,7a-dihydro- **17** IV 404
—, 1,1-Dioxo-3,5-diphenyl-2,3-dihydro-
17 IV 735
—, 1,1-Dioxo-3,6-diphenyl-2,3-dihydro-
17 IV 735
—, 1,1-Dioxo-2,3,3a,4,7,7a-hexahydro-
17 IV 313
—, 1,1-Dioxo-2,3,4,5,6,7-hexahydro- **17**
IV 313
—, 1,1-Dioxo-2,4,5,6,7,7a-hexahydro-
17 IV 313
—, 1,1-Dioxo-octahydro- **17** IV 191
—, 1,1-Dioxo-3-phenäthyl- **17** IV 669
—, 1,1-Dioxo-3-phenäthyl-2,3-dihydro-
17 IV 640
—, 1,1-Dioxo-3-phenoxy- **17** IV 1459
—, 1,1-Dioxo-2-phenyl- **17** IV 659
—, 1,1-Dioxo-3-phenyl- **17** IV 660
—, 1,1-Dioxo-4-phenyl- **17** IV 660
—, 1,1-Dioxo-3-phenylmercapto- **17**
IV 1465
—, 1,1-Dioxo-2-phenylmercapto-2,3-
dihydro- **17** IV 1344
—, 1,1-Dioxo-3-phenylmercapto-2,3-
dihydro- **17** IV 1345

1λ⁶-Benzo[b]thiophen (Fortsetzung)
—, 1,1-Dioxo-2-[toluol-4-sulfonyl]-2,3-
dihydro- **17** IV 1344
—, 1,1-Dioxo-3-[toluol-α-sulfonyl]-2,3-
dihydro- **17** IV 1346
—, 1,1-Dioxo-3-[toluol-4-sulfonyl]-2,3-
dihydro- **17** IV 1346
—, 1,1-Dioxo-2-*p*-tolylmercapto-2,3-
dihydro- **17** IV 1344
—, 1,1-Dioxo-3-*p*-tolylmercapto-2,3-
dihydro- **17** IV 1345
—, 3-[Hexan-1-sulfonyl]-1,1-dioxo-2,3-
dihydro- **17** IV 1345
—, 3-Isopropoxy-1,1-dioxo-2,3-dihydro-
17 IV 1344
—, 3-Jod-1,1-dioxo- **17** IV 491
—, 3-Jod-1,1-dioxo-2,3-dihydro- **17**
IV 407
—, 3-Methoxy-1,1-dioxo- **17** IV 1458
—, 3-Methoxy-1,1-dioxo-2,3-dihydro-
17 IV 1344
—, 3-Methoxymethyl-1,1-dioxo- **17**
IV 1480
—, 6-Methoxy-5-methyl-1,1-dioxo- **17**
IV 1483
—, 2-Methyl-1,1-dioxo- **17** IV 499
—, 3-Methyl-1,1-dioxo- **17** IV 501
—, 5-Methyl-1,1-dioxo- **17** IV 502
—, 6-Methyl-1,1-dioxo- **17** IV 503
—, 7-Methyl-1,1-dioxo- **17** IV 504
—, 2-Methyl-1,1-dioxo-2,3-dihydro- **17**
IV 422
—, 3-Methyl-1,1-dioxo-2,3-dihydro- **17**
IV 423
—, 6-Methyl-1,1-dioxo-2,3-dihydro- **17**
IV 424
—, 5-Methyl-1,1-dioxo-2-phenyl- **17**
IV 665
—, 5-Methyl-1,1-dioxo-3-phenyl- **17**
IV 666
—, 5-Methyl-1,1-dioxo-3-
phenylmercapto- **17** IV 1482
—, 7-Methyl-1,1-dioxo-3-
phenylmercapto- **17** IV 1485
—, 5-Methyl-1,1-dioxo-3-[toluol-4-
sulfonyl]- **17** IV 1482
—, 7-Methyl-1,1-dioxo-3-[toluol-4-
sulfonyl]- **17** IV 1486
—, 5-Methyl-1,1-dioxo-3-
p-tolylmercapto- **17** IV 1482
—, 7-Methyl-1,1-dioxo-3-
p-tolylmercapto- **17** IV 1485
—, 4-Nitro-1,1-dioxo- **17** IV 492
—, 5-Nitro-1,1-dioxo- **17** IV 492
—, 6-Nitro-1,1-dioxo- **17** IV 492
—, 6-Nitro-1,1-dioxo-2,3-dihydro- **17**
IV 407
—, 2,3,7-Trimethyl-1,1-dioxo- **17**
IV 519

Benzo[c]thiophen
—, x-Acetoxomercurio-1,4,4-trimethyl-
4,5,6,7-tetrahydro- **17** IV 384
—, x-Chloromercurio-1,4,4-trimethyl-
4,5,6,7-tetrahydro- **17** IV 384
—, 1-[4-Chlor-phenyl]- **17** IV 661
—, 1,3-Diäthyl-4,5,6,7-tetrahydro- **17**
IV 386
—, 1,3-Dihydro- **17** 51 c, II 50 e,
IV 408
—, 1,3-Dimethyl-4,5,6,7-tetrahydro- **17**
IV 381
—, 1,3-Diphenyl- **17** IV 749
—, 1,3-Diphenyl-1,3-dihydro- **17**
II 85 b
—, 1-Methyl-1,3-dihydro- **17** II 52 g
—, 1-Methylimino-1,3-dihydro-
17 314 b
—, 1-[3-Nitro-phenyl]-3-phenyl- **17**
IV 749
—, Octahydro- **17** IV 193
—, 1-Phenyl- **17** IV 661
—, 1-Phenyl-3-*p*-tolyl-1,3-dihydro- **17**
II 86 a
—, 1,3,4,7-Tetramethyl- **17** IV 523
—, 1,3,5,6-Tetraphenyl- **17** IV 833
—, 1-*p*-Tolyl- **17** IV 666
—, 1,3,7-Trimethyl-4,5-dihydro- **17**
IV 448
—, 1,4,4-Trimethyl-4,5,6,7-tetrahydro-
17 IV 384
2λ⁴-Benzo[c]thiophen
—, 2-Oxo-1,3-dihydro- **17** IV 408
2λ⁶-Benzo[c]thiophen
—, 2,2-Dioxo-1,3-dihydro- **17** 51 d,
IV 408
—, 2,2-Dioxo-1,3-diphenyl-1,3-dihydro-
17 IV 736
—, 2,2-Dioxo-octahydro- **17** IV 193
—, 2,2-Dioxo-1,1,3-triphenyl-1,3-
dihydro- **17** IV 793
—, 2,2-Dioxo-1,1,3-triphenyl-1,7a-
dihydro- **17** IV 792
Benzo[b]thiophenamin
s. Benzo[b]thiophenylamin
Benzo[b]thiophen-2-carbaldehyd 17
IV 5063
— [2,2-diäthoxy-äthylimin] **17**
IV 5063
— [2,4-dinitro-phenylhydrazon] **17**
IV 5064
— phenylhydrazon **17** IV 5064
— thiosemicarbazon **17** IV 5064
—, 6-Äthoxy-3-chlor- **18** IV 307
—, 6-Äthoxy-3-hydroxy- **18** IV 1343
— azin **18** IV 1344
— [2,4-dinitro-phenylhydrazon] **18**
IV 1344
— phenylimin **18** IV 1343

Benzo[b]thiophen-2-carbaldehyd (Fortsetzung)
—, 6-Äthoxy-3-oxo-2,3-dihydro- **18**
　IV 1343
　— azin **18** IV 1344
　— [2,4-dinitro-phenylhydrazon] **18**
　　IV 1344
—, 3-Brom- **17** IV 5064
　— phenylhydrazon **17** IV 5065
—, 3-Chlor- **17** IV 5064
　— phenylhydrazon **17** IV 5064
—, 6-Chlor-3-hydroxy-4-methyl- **18**
　IV 365
　— azin **18** IV 365
　— [2,4-dinitro-phenylhydrazon] **18**
　　IV 365
　— phenylhydrazon **18** IV 365
—, 6-Chlor-4-methyl-3-oxo-2,3-dihydro-
　18 IV 365
—, 3-Hydroxy- **18** I 307 e, II 17 g,
　IV 306
　— acetylimin **18** II 18 c
　— azin **18** IV 306
　— imin **18** II 18 b
　— phenylhydrazon **18** I 307 g
　— phenylimin **18** I 307 f, IV 306
　— semicarbazon **18** IV 306
—, 3-Hydroxy-5-methyl- **18** II 21 g
　— phenylhydrazon **18** II 21 h
—, 3-Methoxy- **18** II 18 a
　— phenylhydrazon **18** II 18 d
—, 3-Methyl- **17** IV 5086
　— phenylhydrazon **17** IV 5086
—, 5-Methyl-3-oxo-2,3-dihydro- **18**
　II 21 g
—, 3-Oxo-2,3-dihydro- **18** I 307 e,
　II 17 g
—, 4,5,6,7-Tetrahydro- **18** IV 8470
　— [2,4-dinitro-phenylhydrazon] **18**
　　IV 8470
　— semicarbazon **18** IV 8470
—, 5,6,7,8-Tetrahydro- **18** IV 8470
　— [2,4-dinitro-phenylhydrazon] **18**
　　IV 8470
　— semicarbazon **18** IV 8470
Benzo[b]thiophen-3-carbaldehyd 17 IV 5065
　— [2,2-diäthoxy-äthylimin] **17**
　　IV 5065
　— [2,4-dinitro-phenylhydrazon] **17**
　　IV 5065
　— [4-nitro-phenylhydrazon] **17**
　　IV 5065
　— oxim **17** IV 5065
　— phenylhydrazon **17** IV 5065
　— semicarbazon **17** IV 5065
　— thiosemicarbazon **17** IV 5066
—, 6-Äthoxy-2-oxo-2,3-dihydro- **18**
　IV 1344
　— [2,4-dinitro-phenylhydrazon] **18**
　　IV 1345

　— phenylhydrazon **18** IV 1344
　— phenylimin **18** IV 1344
—, 2-Benzoyloxy- **18** IV 307
—, 5-Chlor-7-methyl-2-oxo-2,3-dihydro-
　17 IV 6181
　— phenylhydrazon **17** IV 6181
—, 6-Chlor-4-methyl-2-oxo-2,3-dihydro-
　17 IV 6180
　— [2,4-dinitro-phenylhydrazon] **17**
　　IV 6180
　— phenylhydrazon **17** IV 6180
—, 2-Hydroxy- **17** 489 e, I 257 d
—, 2-Methoxy- **18** IV 307
—, 2-Nitro- **17** IV 5066
—, 2-Oxo-2,3-dihydro- **17** 489 e,
　I 257 d, IV 6160
　— azin **17** I 257 f
　— [2,4-dinitro-phenylhydrazon] **17**
　　IV 6161
　— phenylhydrazon **17** IV 6161
　— phenylimin **17** IV 6161
Benzo[b]thiophen-2-carbamid 18 II 277 h,
　IV 4253
—, N-Allyl- **18** IV 4253
—, N-Benzyl- **18** IV 4254
—, N-Cyclohexyl- **18** IV 4253
—, N-Hexyl- **18** IV 4253
—, N-Phenäthyl- **18** IV 4254
Benzo[b]thiophen-3-carbamid 18 IV 4258
—, N,N-Diäthyl- **18** IV 4258
—, N-[3-Diäthylamino-propyl]- **18**
　IV 4259
Benzo[b]thiophen-2-carbanilid 18 IV 4253
Benzo[b]thiophen-3-carbanilid 18 IV 4259
Benzo[b]thiophen-3-carbonitril 18 IV 4259
—, 2-tert-Butyl-2,3-dihydro- **18** IV 4239
Benzo[b]thiophen-5-carbonitril 18 IV 4260
—, 4,6-Dimethyl-3-oxo-2,3-dihydro- **18**
　IV 4932
—, 3-Hydroxy-4,6-dimethyl- **18**
　IV 4932
Benzo[b]thiophen-6-carbonitril 18
　IV 4260
Benzo[b]thiophen-7-carbonitril 18
　IV 4261
—, 4-Chlor-3-hydroxy-6-methyl- **18**
　IV 4929
—, 3-Hydroxy-4-methyl- **18** IV 4929
—, 4-Methyl-3-oxo-2,3-dihydro- **18**
　IV 4929
Benzo[b]thiophen-2-carbonsäure 18 I 442 h,
　II 277 d, IV 4251
　— äthylester **18** II 277 f
　— allylamid **18** IV 4253
　— amid **18** II 277 h, IV 4253
　— anilid **18** IV 4253
　— o-anisidid **18** IV 4254
　— p-anisidid **18** IV 4255
　— azid **18** II 277 j

Benzo[b]thiophen-2-carbonsäure (Fortsetzung)
- benzylamid **18** IV 4254
- [2-chlor-anilid] **18** IV 4253
- [3-chlor-anilid] **18** IV 4253
- [4-chlor-anilid] **18** IV 4253
- chlorid **18** II 277 g
- cyclohexylamid **18** IV 4253
- [3-diäthylamino-propylester] **18** IV 4252
- [3-(diäthyl-methyl-ammonio)-propylester] **18** IV 4252
- [2,4-dichlor-anilid] **18** IV 4254
- [2,5-dichlor-anilid] **18** IV 4254
- [2-diisopropylamino-äthylester] **18** IV 4252
- [2-(diisopropyl-methyl-ammonio)-äthylester] **18** IV 4252
- [2-dimethylamino-propylester] **18** IV 4252
- hexylamid **18** IV 4253
- hydrazid **18** II 277 i
- [4-hydroxy-anilid] **18** IV 4254
- methylester **18** II 277 e, IV 4252
- phenäthylamid **18** IV 4254
- *m*-toluidid **18** IV 4254
- *o*-toluidid **18** IV 4254
- *p*-toluidid **18** IV 4254
- vinylester **18** IV 4252
—, 3-[Acenaphthen-5-carbonyl]- **18** IV 5707
- methylester **18** IV 5707
—, 3-[Acenaphthen-5-carbonyl]-6-chlor-4-methyl- **18** IV 5707
—, 3-Acetoxy-,
- acetylamid **18** IV 4903
- [*N*-acetyl-anilid] **18** IV 4903
- äthylester **18** IV 4902
- anilid **18** IV 4903
- propionylamid **18** IV 4903
—, 3-[4-Acetoxy-3,5-dibrom-2-hydroxy-benzoyl]- **18** IV 6561
- methylester **18** IV 6561
—, 3-[4-Acetoxy-2-hydroxy-benzoyl]-,
- methylester **18** IV 6561
—, 3-Acetylamino- **18** IV 8213
—, 5-Acetylamino- **18** IV 8214
—, 3-[3-Acetylamino-benzo[b]thiophen-2-carbonylamino]-,
- amid **18** IV 8214
—, 5-Acetylamino-3,6-dimethyl- **18** IV 8219
—, 5-Acetylamino-4-nitro- **18** IV 8215
—, 5-Acetylamino-3-phenyl- **18** IV 8223
—, 2-Acetyl-3-oxo-2,3-dihydro- **18** II 356 b

—, 3-Äthoxy- **18** I 459 b
—, 7-[Äthoxycarbonyl-cyan-methyl]-4,5-dioxo-4,5-dihydro- **18** IV 6256
—, 6-Äthylmercapto-3-hydroxy- **18** I 465 b
—, 6-Äthylmercapto-3-oxo-2,3-dihydro- **18** I 465 b
—, 3-Äthyl-5-methyl- **18** IV 4281
—, 3-Amino- **18** 631 c, II 483 f
—, 5-Amino- **18** IV 8214
- äthylester **18** IV 8214
—, 3-[3-Amino-benzo[b]thiophen-2-carbonylamino]- **18** IV 8213
—, 5-Amino-4-brom- **18** IV 8215
—, 3-Amino-5-chlor- **18** 631 d
—, 5-Amino-3,6-dimethyl- **18** IV 8219
—, 5-Amino-3-hydroxy- **18** 632 e, I 588 c, II 484 d
—, 6-Amino-3-hydroxy- **18** 633 a, I 588 d
—, 5-Amino-3-methyl- **18** IV 8215
—, 5-Amino-4-nitro- **18** IV 8215
—, 7-Amino-5-nitro-3-phenyl- **18** IV 8224
—, 5-Amino-3-oxo-2,3-dihydro- **18** 632 e, I 588 c, II 484 d
—, 6-Amino-3-oxo-2,3-dihydro- **18** 633 a, I 588 d
—, 5-Amino-3-phenyl- **18** IV 8223
—, 7-Anilino-6-chlor-4,5-dioxo-4,5-dihydro- **18** IV 6488
—, 3-Benzoyl- **18** IV 5681
—, 3-Benzoyl-5-chlor-7-methyl- **18** IV 5686
—, 3-Benzoyl-6-chlor-4-methyl- **18** IV 5686
—, 5,7-Bis-acetylamino-3-phenyl- **18** IV 8224
—, 3-Brom- **18** IV 4255
—, 5-Brom- **18** IV 4255
—, 3-[4-Brom-benzoyl]- **18** IV 5681
—, 4-Brom-5-hydroxy- **18** IV 4905
—, 3-Brom-5-nitro- **18** IV 4256
—, 7-Brom-5-nitro- **18** IV 4256
—, 3-Carbamoyl- **18** II 291 d
—, 5-[2-Carboxy-äthylmercapto]-3-methyl- **18** IV 4912
—, 3-Carboxymethyl-2,3-dihydro- **18** IV 4548
—, 5-Carboxymethylmercapto-3-methyl- **18** IV 4912
—, 5-[2-Carboxy-4-nitro-phenylmercapto]-3-methyl- **18** IV 4912
—, 3-[2-Carboxy-phenyl]-5-chlor- **18** IV 4578
—, 3-[2-Carboxy-phenyl]-5-methyl- **18** IV 4579

Benzo[*b*]thiophen-2-carbonsäure (Fortsetzung)

—, 3-[4-Chlor-benzoyl]- **18** IV 5681

—, 6-Chlor-3-hydroxy-4-methyl- **18**
I 460 a

—, 6-Chlor-5-hydroxy-4-oxo-7-
phenylimino-4,7-dihydro- **18** IV 6488

—, 6-Chlor-4-methyl-3-oxo-2,3-dihydro-
18 I 460 a

—, 5-Chlor-7-methyl-3-*p*-toluoyl- **18**
IV 5688

—, 5-Chlor-3-phenyl- **18** IV 4384

—, 3-Cyan-,
  — amid **18** IV 4557

—, 3-{3-[2-(2-Cyan-phenylmercapto)-
acetylamino]-benzo[*b*]thiophen-2-
carbonylamino}- **18** IV 8213

—, 5,7-Diamino-3-phenyl- **18** IV 8224

—, 3-[3,5-Dibrom-2,4-dihydroxy-benzoyl]-
18 IV 6561

—, 4,6-Dibrom-5-hydroxy- **18** IV 4905

—, 4,6-Dibrom-5-methoxy- **18** IV 4905
  — methylester **18** IV 4905

—, 6,7-Dichlor-4,5-dioxo-4,5-dihydro-
18 IV 6049

—, 2,3-Dihydro- **18** IV 4204

—, 3,6-Dihydroxy- **18** 354 a

—, 3-[2,4-Dihydroxy-benzoyl]- **18**
IV 6561
  — methylester **18** IV 6561

—, 5,6-Dimethoxy- **18** IV 5032
  — amid **18** IV 5032

—, 5,6-Dimethoxy-3-oxo-2,3-dihydro-,
  — äthylester **18** IV 5089

—, 3,5-Dimethyl- **18** IV 4276
  — äthylester **18** IV 4276

—, 3,6-Dimethyl-5-nitro- **18** IV 4277
  — äthylester **18** IV 4277
  — amid **18** IV 4277
  — methylester **18** IV 4277

—, 4,6-Dimethyl-3-oxo-2,3-dihydro- **18**
I 461 d

—, 5,7-Dinitro-3-phenyl- **18** IV 4385
  — äthylester **18** IV 4385
  — amid **18** IV 4385
  — diäthylamid **18** IV 4386
  — methylester **18** IV 4385

—, 3-Hydroxy- **18** 347 d, I 458 f,
II 300 h
  — acetylamid **18** IV 4903
  — äthylamid **18** IV 4902
  — äthylester **18** II 301 a
  — amid **18** IV 4902
  — anilid **18** IV 4902
  — benzylamid **18** IV 4902
  — methylamid **18** IV 4902
  — methylester **18** 347 e, I 459 c
  — propionylamid **18** IV 4903

—, 5-Hydroxy- **18** IV 4904

—, 3-Hydroxy-5,6-dimethoxy-,
  — äthylester **18** IV 5089

—, 3-Hydroxy-4,6-dimethyl- **18** I 461 d

—, 4-Hydroxyimino-5-oxo-4,5-dihydro-
18 IV 6049

—, 3-Hydroxy-4-methoxy- **18** I 464 b

—, 3-Hydroxy-6-methoxy-
18 354 b, I 464 e

—, 3-Hydroxy-6-methyl- **18** 350 a

—, 3-Hydroxy-5-methylmercapto- **18**
I 464 d

—, 3-Hydroxy-6-methylmercapto-
18 354 c, I 465 a

—, 3-Hydroxy-7-nitro- **18** IV 4903

—, 5-Hydroxy-4-nitro- **18** IV 4905

—, 5-Hydroxy-4-nitroso- **18** IV 6049

—, 6-Hydroxy-3-oxo-2,3-dihydro- **18** 354 a

—, 3-Hydroxy-6-sulfo- **18** I 553 d

—, 3-Hydroxy-4,5,6,7-tetrahydro-,
  — äthylester **18** IV 5436

—, 3-Hyroxy-5-methoxy- **18** I 464 c

—, 5,5'-Imino-bis- **18** IV 8215

—, 3-Imino-2,3-dihydro- **18** 631 c,
II 483 f

—, 5-Isocyanato-,
  — äthylester **18** IV 8215

—, 7-Jod-5-nitro-3-phenyl- **18** IV 4385

—, 3-Methoxy- **18** I 459 a
  — methylester **18** I 459 d

—, 6-Methoxy- **18** IV 4907
  [4-brom-phenacylester] **18**
IV 4907

—, 3-[4-Methoxy-benzoyl]- **18** IV 6431

—, 3-Methoxycarbonylmethyl-2,3-
dihydro-,
  — methylester **18** IV 4549

—, 4-Methoxy-3-oxo-2,3-dihydro- **18**
I 464 b

—, 5-Methoxy-3-oxo-2,3-dihydro- **18**
I 464 c

—, 6-Methoxy-3-oxo-2,3-dihydro-
18 354 b, I 464 e

—, 3-Methyl- **18** IV 4267
  — amid **18** IV 4267
  — anilid **18** IV 4267
  — methylester **18** IV 4267

—, 5-Methyl- **18** IV 4269

—, 5-Methylmercapto-3-oxo-2,3-dihydro-
18 I 464 d

—, 6-Methylmercapto-3-oxo-2,3-dihydro-
18 354 c, I 465 a

—, 2-Methyl-3-oxo-2,3-dihydro-,
  — methylester **18** I 491 b

—, 6-Methyl-3-oxo-2,3-dihydro-
18 350 a

—, 5-Methyl-3-phenyl- **18** IV 4391

—, 3-Methyl-5-thiocyanato- **18** IV 4912

—, 5-Nitro- **18** IV 4255
  — äthylester **18** IV 4256

Benzo[b]thiophen-2-carbonsäure (Fortsetzung)
—, 7-Nitro-3-oxo-2,3-dihydro- **18**
IV 4903
—, 5-Nitro-3-phenyl- **18** IV 4384
  — äthylester **18** IV 4384
  — amid **18** IV 4385
  — diäthylamid **18** IV 4385
  — methylester **18** IV 4384
—, 3-Oxo-2,3-dihydro- **18** 347 d,
  I 458 f, II 300 h
  — acetylamid **18** IV 4903
  — äthylamid **18** IV 4902
  — äthylester **18** II 301 a
  — amid **18** IV 4902
  — anilid **18** IV 4902
  — benzylamid **18** IV 4902
  — methylamid **18** IV 4902
  — methylester **18** 347 e, I 459 c
  — propionylamid **18** IV 4903
—, 4,4,6,6,7-Pentachlor-5-oxo-4,5,6,7-
  tetrahydro- **18** IV 5498
—, 3-Phenyl- **18** IV 4384
—, 3-[Pyren-1-carbonyl]- **18** IV 5712
—, 4,4,6,7-Tetrachlor-5-oxo-4,5-dihydro-
  18 IV 5517
—, 4,5,6,7-Tetrahydro- **18** IV 4183
  — amid **18** IV 4184
—, 3-[Toluol-4-sulfonyloxy]-,
  — anilid **18** IV 4903
—, 3-p-Toluoyl- **18** IV 5685
—, 4,6,7-Trichlor-5-hydroxy- **18**
  IV 4904

1λ⁶-Benzo[b]thiophen-2-carbonsäure
—, 3-Äthoxycarbonylmethoxy-1,1-dioxo-,
  — äthylester **18** IV 4902
—, 3-Amino-1,1-dioxo-,
  — äthylester **18** II 484 a
  — amid **18** II 484 b
  —, 2-Brom-3-hydroxy-3-methoxy-1,1-
  dioxo-2,3-dihydro-,
  — äthylester **18** IV 5518
—, 2-Brom-1,1,3-trioxo-2,3-dihydro-,
  — äthylester **18** II 330 c
—, 3-Hydroxy-1,1-dioxo-,
  — äthylester **18** II 301 b
  — methylester **18** II 300 i
—, 3-Methoxy-1,1-dioxo-,
  — äthylester **18** IV 4901
—, 1,1,3-Trioxo-2,3-dihydro-,
  — äthylester **18** II 301 b
  — methylester **18** II 300 i

Benzo[b]thiophen-3-carbonsäure 18 II 277 k,
  IV 4257
  — äthylester **18** IV 4257
  — amid **18** IV 4258
  — anilid **18** IV 4259
  — chlorid **18** IV 4258
  — diäthylamid **18** IV 4258

  — [3-diäthylamino-propylamid] **18**
  IV 4259
  — [3-diäthylamino-propylester] **18**
  IV 4258
  — [3-(diäthyl-methyl-ammonio)-
  propylester] **18** IV 4258
  — [2-diallylamino-äthylester] **18**
  IV 4257
  — [2-diisopropylamino-äthylester]
  18 IV 4257
  — [2-(diisopropyl-methyl-ammonio)-
  äthylester] **18** IV 4257
  — [3-dimethylamino-propylester] **18**
  IV 4258
  — hydrazid **18** IV 4259
  — methylester **18** IV 4257
  — [N'-phenyl-hydrazid] **18** IV 4259
  — [N'-(toluol-4-sulfonyl)-hydrazid]
  18 IV 4259
  — [3-trimethylammonio-propylester]
  18 IV 4258
—, 2-Acetyl- **18** IV 5600
—, 2-[3-Acetylamino-benzoyl]- **18**
  IV 8272
—, 2-[4-Acetylamino-benzoyl]- **18**
  IV 8273
—, 2-Acetyl-6-chlor-4-methyl- **18**
  IV 5610
—, 6-Äthoxy-2-benzoyl- **18** IV 6431
—, 2-Äthyl- **18** IV 4275
—, 2-Amino- **18** II 330 d
—, 2-[3-Amino-benzoyl]- **18** IV 8272
—, 2-[4-Amino-benzoyl]- **18** IV 8273
—, 2-Benzoyl- **18** IV 5681
—, 2-Benzoyl-5-chlor-7-methyl- **18**
  IV 5686
—, 2-Bromacetyl- **18** IV 5601
—, 2-Bromacetyl-6-chlor-4-methyl- **18**
  IV 5610
—, 2-Carbamoyl- **18** II 291 c
—, 2-[2-Carboxy-benzoyl]- **18** IV 6193
—, 2-[4-Chlor-benzoyl]- **18** IV 5681
—, 2-Cyan-,
  — amid **18** IV 4557
—, 2,3-Dihydro- **18** IV 4205
—, 2-[(2-Hydroxyoxalyl-phenylmercapto)-
  acetyl]- **18** IV 6372
—, 2-Imino-2,3-dihydro- **18** II 330 d
—, 2-[2-Methoxy-phenyl]-2,3-dihydro-
  18 IV 4975
—, 2-Methyl- **18** IV 4268
—, 2-[1]Naphthoyl- **18** IV 5705
—, 2-[2]Naphthoyl- **18** IV 5705
—, 2-[2-Nitro-benzoyl]- **18** IV 5682
—, 2-[3-Nitro-benzoyl]- **18** IV 5682
—, 2-[4-Nitro-benzoyl]- **18** IV 5683
—, 2-p-Toluoyl- **18** IV 5686

1λ⁶-Benzo[b]thiophen-3-carbonsäure
—, 1,1-Dioxo- **18** IV 4257

Benzo[b]thiophen-5-carbonsäure **18** IV 4260
Benzo[b]thiophen-6-carbonsäure **18** IV 4260
—, 3-Hydroxy- **18** IV 4909
—, 3-Oxo-2,3-dihydro- **18** IV 4909
Benzo[b]thiophen-7-carbonsäure **18** IV 4260
—, 2-Äthyl-2,3-dihydro- **18** IV 4222
—, 4-Chlor-3-hydroxy-6-methyl- **18**
    IV 4929
—, 4-Chlor-6-methyl-3-oxo-2,3-dihydro-
    18 IV 4929
—, 3-Hydroxy- **18** IV 4909
—, 3-Hydroxy-3a,4,5,6-tetrahydro-,
    — äthylester **18** IV 5436
—, 3-Oxo-2,3-dihydro- **18** IV 4909
—, 3-Oxo-2,3,3a,4,5,6-hexahydro-,
    — äthylester **18** IV 5436
Benzo[b]thiophen-2-carbonylazid **18** II 277 j
Benzo[b]thiophen-2-carbonylchlorid **18**
    II 277 g
—, 3,6-Dimethyl-5-nitro- **18** IV 4277
—, 5,7-Dinitro-3-phenyl- **18** IV 4385
—, 3-Methyl- **18** IV 4267
—, 5-Nitro- **18** IV 4256
—, 5-Nitro-3-phenyl- **18** IV 4384
Benzo[b]thiophen-3-carbonylchlorid **18**
    IV 4258
Benzo[b]thiophen-4,5-chinon
    — 4-oxim **17** IV 6129
—, 7-Anilino-6-brom- **18** IV 1316
—, 7-Anilino-2,3,6-trichlor- **18** IV 1315
—, 3-Brom- **17** IV 6130
—, 6-Brom- **17** IV 6130
—, 2,6-Dibrom- **17** IV 6130
—, 2,3,6,7-Tetrachlor- **17** IV 6129
—, 2,3,6-Tribrom- **17** IV 6130
Benzo[b]thiophen-4,7-chinon **17** IV 6129
    — monosemicarbazon **17** IV 6129
—, 6-Brom-5-hydroxy-,
    — 7-phenylimin **18** IV 1316
—, 6-[3-Cyclohexyl-propyl]-5-hydroxy-
    18 IV 1589
—, 5-Hydroxy-6-methyl- **18** IV 1345
—, 5-Methoxy- **18** IV 1315
—, 5-Methyl- **17** IV 6162
—, 6-Methyl- **17** IV 6163
—, 2,3,6-Trichlor-5-hydroxy-,
    — 7-phenylimin **18** IV 1315
Benzo[b]thiophen-6,7-chinon
—, 2,5-Dichlor-3-phenyl- **17** IV 6423
—, 3,5-Dichlor-2-phenyl- **17** IV 6423
Benzo[b]thiophen-2,3-dicarbaldehyd **17**
    IV 6284
    — bis-[N-(4-dimethylamino-phenyl)-
        oxim] **17** IV 6284
    — bis-[2,4-dinitro-phenylhydrazon]
        17 IV 6285

Benzo[b]thiophen-2,3-dicarbamid **18** IV 4557
Benzo[b]thiophen-2,3-dicarbonitril **18** IV 4557

Benzo[b]thiophen-2,3-dicarbonsäure **18** 340 d,
    II 291 a
    — diäthylester **18** IV 4557
    — diamid **18** IV 4557
    — dichlorid **18** IV 4557
    — dimethylester **18** II 291 b
—, 6-Äthoxy- **18** IV 5097
—, 5-Chlor-7-methyl- **18** II 291 e,
    IV 4558
—, 6-Chlor-4-methyl- **18** IV 4558
Benzo[b]thiophen-4,5-dicarbonsäure
—, 4,5,6,7-Tetrahydro- **18** IV 4541
Benzo[b]thiophen-4,7-dicarbonsäure
—, 4-[2]Thienyl-4,5,6,7-tetrahydro- **18**
    II 298 a
Benzo[b]thiophen-2,3-dicarbonylchlorid **18**
    IV 4557
Benzo[b]thiophen-3,6-diol **17** 156 g, I 93 e
Benzo[b]thiophen-4,5-diol
—, 6-Brom- **17** IV 2119
Benzo[b]thiophen-4,7-diol **17** IV 2119
Benzo[b]thiophen-5,6-diol **17** IV 2120
—, 2,3-Dichlor- **17** 157 b
Benzo[b]thiophen-6,7-diol
—, 2,3-Dichlor- **17** 157 b
—, 2,5-Dichlor-3-phenyl- **17** IV 2200
—, 3,5-Dichlor-2-phenyl- **17** IV 2200
Benzo[b]thiophen-2,3-dion **17** 467 d,
    I 247 a, II 462 h, IV 6131
    — 2-[O-acetyl-oxim] **17** 468 g
    — 2-[O-acetyl-oxim]-3-
        phenylhydrazon **17** I 250 a
    — 2-[4-amino-phenylhydrazon] **17**
        IV 6132
    — 3-benzhydrylidenhydrazon **17**
        II 463 b
    — 2-[O-benzolsulfonyl-oxim]
        17 468 h
    — 2-[O-benzoyl-oxim]-3-
        phenylhydrazon **17** I 250 b
    — 2-[benzoyl-phenyl-hydrazon] **17**
        I 248 f
    — 3-[benzoyl-phenyl-hydrazon] **17**
        I 249 f
    — bis-phenylhydrazon **17** I 250 c
    — 3-fluoren-9-ylidenhydrazon **17**
        II 463 c
    — 3-hydrazon **17** IV 6133
    — 2-[4-hydroxy-phenylimin] **17**
        IV 6131
    — 2-[O-methyl-oxim] **17** 468 f
    — 3-[methyl-phenyl-hydrazon] **17**
        I 249 c
    — 3-[1]naphthylhydrazon **17**
        I 249 d
    — 3-[2]naphthylhydrazon **17**
        I 249 e
    — 2-[4-nitro-phenylhydrazon]
        17 IV 6132, **18** 644 b

Benzo[b]thiophen-2,3-dion (Fortsetzung)
- 3-[4-nitro-phenylhydrazon] **17**
  I 249 b
- 2-oxim **17** 468 e, I 248 b,
  IV 6132
- 3-oxim **17** 468 i, I 248 d
- 2-oxim-3-phenylhydrazon **17**
  I 249 g
- 2-oxim-3-thiosemicarbazon **17**
  IV 6133
- 2-phenylhydrazon **18** 644 a,
  I 597 f
- 3-phenylhydrazon **17** 469 a,
  I 249 a
—, 6-Äthoxy- **18** IV 1316
  - 2-[4-dimethylamino-phenylimin]
    18 IV 1317
  - 3-hydrazon **18** IV 1317
  - 2-[4-(2-hydroxy-äthoxy)-
    phenylimin] **18** IV 1317
  - 2-[4-hydroxy-phenylimin] **18**
    IV 1316
  - 2-[4-methoxy-phenylimin] **18**
    IV 1317
  - 3-phenylhydrazon **18** IV 1317
—, 6-[2-Äthoxy-äthoxy]-,
  - 2-[4-dimethylamino-phenylimin]
    18 IV 1317
—, 6-Äthylmercapto-,
  - 2-oxim **18** I 347 c
—, 5-Brom-6-methyl- **17** IV 6163
  - 2-[4-dimethylamino-phenylimin]
    17 IV 6164
—, 6-Brom-5-methyl- **17** IV 6163
  - 2-[4-dimethylamino-phenylimin]
    17 IV 6163
—, 4-Chlor- **17** IV 6134
  - 2-[4-dimethylamino-phenylimin]
    17 IV 6134
—, 5-Chlor- **17** 469 b, I 250 d
  - 2-oxim **17** 469 c
—, 6-Chlor- **17** II 463 f
—, 7-Chlor- **17** I 250 e, IV 6134
  - 2-[4-hydroxy-phenylimin] **17**
    IV 6134
—, 4-Chlor-5,7-dimethyl-,
  - 2-[4-dimethylamino-phenylimin]
    17 IV 6182
—, 7-Chlor-4,6-dimethyl-,
  - 2-[4-dimethylamino-phenylimin]
    17 IV 6181
—, 5-Chlor-6-methyl- **17** IV 6163
  - 2-[4-dimethylamino-phenylimin]
    17 IV 6163
—, 5-Chlor-7-methyl- **17** IV 6164
  - 2-[4-dimethylamino-phenylimin]
    17 IV 6164
—, 6-Chlor-4-methyl- **17** II 471 a,
  IV 6161

—, 6-Chlor-5-methyl- **17** IV 6162
  - 2-[4-dimethylamino-phenylimin]
    17 IV 6162
—, 6-Chlor-7-methyl- **17** II 472 e
—, 5,6-Dichlor- **17** IV 6134
  - 2-[4-dimethylamino-phenylimin]
    17 IV 6135
—, 4,7-Dimethyl-,
  - 2-[4-dimethylamino-phenylimin]
    17 IV 6181
—, 5-Methoxy-,
  - 2-oxim **18** I 347 a
—, 4-Methyl- **17** IV 6161
  - 2-[4-hydroxy-phenylimin] **17**
    IV 6161
—, 5-Methyl- **17** 490 c, I 258 b,
  II 471 g, IV 6162
  - 2-[benzoyl-phenyl-hydrazon] **17**
    I 258 f
  - 2-oxim **17** 490 e, I 258 e,
    IV 6162
  - 2-phenylhydrazon **18** I 598 d
—, 6-Methyl-,
  - 2-[4-hydroxy-phenylimin] **17**
    IV 6163
—, 7-Methyl- **17** IV 6164
  - 2-[4-hydroxy-phenylimin] **17**
    IV 6164
—, 5-Methylmercapto-,
  - 2-oxim **18** I 347 b
1λ⁶-Benzo[b]thiophen-2,3-dion
—, 1,1-Dioxo- **17** II 463 d
Benzo[c]thiophen-1,3-dion 17 486 f, I 256 c,
  II 469 a, 470 e, IV 6150
Benzo[b]thiophen-1,1-dioxid 17 I 25 b,
  II 58 b, IV 485
—, 3-Acetoxy-5-chlor- **17** IV 1461
—, 3-Acetoxy-2,3-dihydro- **17** IV 1345
—, 3-Acetoxy-5-methyl- **17** IV 1481
—, 3-Acetyl- **17** IV 5085
—, 5-Acetylamino- **18** IV 7164
—, 6-Acetylamino- **18** IV 7166
—, 5-Acetylamino-2,3-dihydro- **18**
  IV 7150
—, 6-Acetylamino-2,3-dihydro- **18**
  IV 7150
—, 5-Acetylamino-4-nitro- **18** IV 7165
—, 5-Acetylamino-6-nitro- **18** IV 7166
—, 3-Äthoxy- **17** IV 1458
—, 3-Äthoxy-2,3-dihydro- **17** IV 1344
—, 2-Äthyl- **17** IV 509
—, 3-Äthyl- **17** IV 509
—, 3-Äthyl-2,3-dihydro- **17** IV 434
—, 3-Amino- **18** IV 7161
—, 5-Amino- **18** IV 7164
—, 6-Amino- **18** IV 7166
—, 5-Amino-3-brom- **18** IV 7165
—, 5-Amino-6-brom- **18** IV 7165

Benzo[*b*]thiophen-1,1-dioxid (Fortsetzung)
—, 5-Amino-3-diäthylamino- **18**
     IV 7281
—, 5-Amino-2,3-dihydro- **18** IV 7150
—, 6-Amino-2,3-dihydro- **18** IV 7150
—, 5-Amino-6-nitro- **18** IV 7166
—, 3-Benzolsulfonyl- **17** IV 1465
—, 3-Benzolsulfonyl-7-chlor- **17**
     IV 1466
—, 2-Benzolsulfonyl-2,3-dihydro- **17**
     IV 1344
—, 3-Benzolsulfonyl-2,3-dihydro- **17**
     IV 1345
—, 3-Benzolsulfonyl-5-methyl- **17**
     IV 1482
—, 3-Benzolsulfonyl-7-methyl- **17**
     IV 1485
—, 5-Benzolsulfonyl-3-phenyl- **17**
     IV 1663
—, 3-Benzoyloxy-2,3-dihydro- **17**
     IV 1345
—, 3-Benzyloxy-2-phenyl- **17** IV 1659
—, 2-Brom- **17** IV 488
—, 3-Brom- **17** IV 489
—, 4-Brom- **17** IV 490
—, 5-Brom- **17** IV 490
—, 6-Brom- **17** IV 490
—, 2-Brom-3-diäthylamino-2,3-dihydro-
     18 IV 7149
—, 2-Brom-2,3-dihydro- **17** IV 406
—, 3-Brom-2,3-dihydro- **17** IV 406
—, 6-Brom-2,3-dihydro- **17** IV 407
—, 3-Brom-5-nitro- **17** IV 493
—, 3-*tert*-Butoxy-2,3-dihydro- **17**
     IV 1345
—, 3-Butylamino- **18** IV 7161
—, 2-Chlor- **17** IV 486
—, 3-Chlor- **17** IV 487
—, 7-Chlor- **17** IV 488
—, 2-Chlor-3-methoxy- **17** IV 1460
—, 7-Chlor-3-phenylmercapto- **17**
     IV 1466
—, 7-Chlor-3-[toluol-4-sulfonyl]- **17**
     IV 1466
—, 7-Chlor-3-*p*-tolylmercapto- **17**
     IV 1466
—, 3-Diäthylamino- **18** IV 7161
—, 3-Diäthylamino-2,3-dihydro- **18**
     IV 7149
—, 3-Diäthylamino-5-nitro- **18** IV 7163
—, 2,3-Dibrom-2,3-dihydro- **17** IV 407
—, 2,3-Dibrom-6-nitro-2,3-dihydro- **17**
     IV 407
—, 3,3a-Dibrom-octahydro- **17** IV 192
—, 2,3-Dichlor- **17** IV 488
—, 2,3-Dichlor-2,3-dihydro- **17** IV 406
—, 2,3-Dihydro- **17** II 50 b, IV 405
—, 3a,7a-Dihydro- **17** IV 404

—, 3,3-Dimethoxy-2,3-dihydro- **17**
     IV 4947
—, 2,3-Dimethyl- **17** IV 510
—, 5,6-Dimethyl-2,3,3a,4,7,7a-
     hexahydro- **17** IV 326
—, 3,6-Dimethyl-5-nitro- **17** IV 513
—, 3,5-Diphenyl-2,3-dihydro- **17**
     IV 735
—, 3,6-Diphenyl-2,3-dihydro- **17**
     IV 735
—, 2,3,3a,4,7,7a-Hexahydro- **17** IV 313
—, 2,3,4,5,6,7-Hexahydro- **17** IV 313
—, 2,4,5,6,7,7a-Hexahydro- **17** IV 313
—, 3-[Hexan-1-sulfonyl]-2,3-dihydro-
     17 IV 1345
—, 3-Isopropoxy-2,3-dihydro- **17**
     IV 1344
—, 3-Jod- **17** IV 491
—, 3-Jod-2,3-dihydro- **17** IV 407
—, 3-Methoxy- **17** IV 1458
—, 3-Methoxy-2,3-dihydro- **17** IV 1344
—, 3-Methoxymethyl- **17** IV 1480
—, 6-Methoxy-5-methyl- **17** IV 1483
—, 2-Methyl- **17** IV 499
—, 3-Methyl- **17** IV 501
—, 5-Methyl- **17** IV 502
—, 6-Methyl- **17** IV 503
—, 7-Methyl- **17** IV 504
—, 2-Methyl-2,3-dihydro- **17** IV 422
—, 3-Methyl-2,3-dihydro- **17** IV 423
—, 6-Methyl-2,3-dihydro- **17** IV 424
—, 5-Methyl-2-phenyl- **17** IV 665
—, 5-Methyl-3-phenyl- **17** IV 666
—, 5-Methyl-3-phenylmercapto- **17**
     IV 1482
—, 7-Methyl-3-phenylmercapto- **17**
     IV 1485
—, 2-Methyl-3-propionylamino- **18**
     IV 7167
—, 2-Methyl-3-propionyloxy- **17**
     IV 1476
—, 5-Methyl-3-[toluol-4-sulfonyl]- **17**
     IV 1482
—, 7-Methyl-3-[toluol-4-sulfonyl]- **17**
     IV 1486
—, 5-Methyl-3-*p*-tolylmercapto- **17**
     IV 1482
—, 7-Methyl-3-*p*-tolylmercapto- **17**
     IV 1485
—, 4-Nitro- **17** IV 492
—, 5-Nitro- **17** IV 492
—, 6-Nitro- **17** IV 492
—, 6-Nitro-2,3-dihydro- **17** IV 407
—, Octahydro- **17** IV 191
—, 3-Phenäthyl- **17** IV 669
—, 3-Phenäthyl-2,3-dihydro- **17** IV 640
—, 3-Phenoxy- **17** IV 1459
—, 2-Phenyl- **17** IV 659
—, 3-Phenyl- **17** IV 660

Benzo[b]thiophen-1,1-dioxid (Fortsetzung)
—, 4-Phenyl- **17** IV 660
—, 3-Phenylhydrazino-2-
[α-phenylhydrazono-benzyl]- **18** IV 8322
—, 3-Phenylmercapto- **17** IV 1465
—, 2-Phenylmercapto-2,3-dihydro- **17**
IV 1344
—, 3-Phenylmercapto-2,3-dihydro- **17**
IV 1345
—, 2-[Toluol-4-sulfonyl]-2,3-dihydro-
17 IV 1344
—, 3-[Toluol-α-sulfonyl]-2,3-dihydro-
17 IV 1346
—, 3-[Toluol-4-sulfonyl]-2,3-dihydro-
17 IV 1346
—, 2-p-Tolylmercapto-2,3-dihydro- **17**
IV 1344
—, 3-p-Tolylmercapto-2,3-dihydro- **17**
IV 1345
—, 2,3,7-Trimethyl- **17** IV 519
Benzo[c]thiophen-2,2-dioxid
—, 1,3-Dihydro- **17** 51 d, IV 408
—, 1,3-Diphenyl-1,3-dihydro- **17**
IV 736
—, Octahydro- **17** IV 193
—, 1,1,3-Triphenyl-1,3-dihydro- **17**
IV 793
—, 1,1,3-Triphenyl-1,7a-dihydro- **17**
IV 792
1λ⁶-Benzo[b]thiophen-3,5-diyldiamin
—, N³,N³-Diäthyl-1,1-dioxo- **18**
IV 7281
Benzo[b]thiophen-4,7-diyldiamin 18 IV 7282
Benzo[b]thiophen-5,7-diyldiamin
—, 3-Phenyl- **18** IV 7293
Benzo[b]thiophen-2,3-diyldiquecksilber(2+)
18 IV 8431
Benzo[b]thiophenium
—, 3-Hydroxy-1,5-dimethyl- **17** IV 1481
—, 1-Methyl-2,3-dihydro- **17** IV 406
—, 1-Methyl-octahydro- **17** IV 192
Benzo[c]thiophenium
—, 1,2-Dimethyl-1,3-dihydro- **17**
II 52 h
—, 2-Methyl-1,3-dihydro- **17** 51 e,
IV 408
—, 2-Methyl-octahydro- **17** IV 193
Benzo[b]thiophen-2-ol 17 IV 4947
—, 3-[1]Naphthylazo- **17** I 249 d
—, 3-[2]Naphthylazo- **17** I 249 e
—, 3-[4-Nitro-phenylazo]- **17** I 249 b
—, 3-Phenylazo- **17** I 249 a
Benzo[b]thiophen-3-ol 17 119 b, I 60 c,
II 128 a, IV 1458
—, 2-Acetyl- **18** IV 356
—, 2-Acetylamino- **18** 595 c
—, 7-Acetylamino-4-chlor-6-methoxy-
18 II 438 d

—, 2-[4-Acetylamino-phenylazo]- **17**
IV 6133
—, 2-Acetyl-5-chlor- **18** IV 358
—, 6-Äthoxy- **17** I 93 h, II 190 d,
IV 2118
—, 6-[2-Äthoxy-äthoxy]- **17** IV 2118
—, 5-Äthoxy-6-brom- **17** IV 2116
—, 6-Äthoxy-5-brom- **17** II 190 g
—, 5-Äthoxy-6-chlor- **17** IV 2116
—, 6-Äthoxy-5-chlor- **17** II 190 e
—, 6-Äthoxy-5-chlor-4,7-dimethyl- **17**
IV 2128
—, 6-Äthoxy-4,7-dichlor- **17** IV 2118
—, 6-Äthoxy-4,7-dimethyl- **17** IV 2127
—, 6-Äthoxy-2-[phenylimino-methyl]-
18 IV 1343
—, 2-Äthyl- **17** IV 1487
—, 6-Äthylmercapto- **17** I 94 b
—, 5-Amino- **18** 595 d, I 563 a,
IV 7344
—, 6-Amino- **18** 595 e, I 563 b
—, 2-[4-Amino-phenyl]- **18** I 564 c
—, 2-[4-Amino-phenylazo]- **17** IV 6132
—, 2-Benzoyl- **18** IV 720
—, 6-Benzoyl- **18** IV 727
—, 2-Brom- **17** 121 b
—, 5-Brom- **17** 121 c, IV 1462
—, 6-Brom- **17** IV 1462
—, 6-Brom-2,4-dimethyl- **17** II 134 d
—, 6-Brom-5-methoxy- **17** IV 2116
—, 6-Brom-5-methoxy-4,7-dimethyl- **17**
IV 2127
—, 5-Brom-6-methyl- **17** IV 1484
—, 6-Brom-4-methyl- **17** II 132 f
—, 6-Brom-5-methyl- **17** IV 1482
—, 2-Butyryl- **18** IV 411
—, 2-Chlor- **17** 120 b
—, 4-Chlor- **17** IV 1460
—, 5-Chlor- **17** 121 a, I 62 a,
IV 1460
—, 6-Chlor- **17** I 62 b, II 129 e,
IV 1461
—, 7-Chlor- **17** IV 1461
—, 4-Chlor-5,7-dimethyl- **17** IV 1492
—, 5-Chlor-4,7-dimethyl- **17** IV 1491
—, 6-Chlor-4,7-dimethyl- **17** IV 1491
—, 6-Chlor-5,7-dimethyl- **17** IV 1492
—, 7-Chlor-4,5-dimethyl- **17** IV 1490
—, 7-Chlor-4,6-dimethyl- **17** IV 1491
—, 6-Chlor-7-isopropyl-4-methyl- **17**
IV 1499
—, 6-Chlor-4-methoxy- **17** IV 2115
—, 6-Chlor-5-methoxy- **17** IV 2115
—, 4-Chlor-5-methoxy-6,7-dimethyl- **17**
IV 2128
—, 5-Chlor-6-methoxy-4,7-dimethyl- **17**
IV 2127
—, 5-Chlor-7-methoxy-4,6-dimethyl- **17**
IV 2127

Benzo[b]thiophen-3-ol   (Fortsetzung)

—, 6-Chlor-5-methoxy-4,7-dimethyl- **17** IV 2127

—, 6-Chlor-7-methoxy-4,5-dimethyl- **17** IV 2126

—, 7-Chlor-5-methoxy-6-methyl- **17** IV 2123

—, 5-Chlor-6-methyl- **17** IV 1484

—, 5-Chlor-7-methyl- **17** II 134 a

—, 6-Chlor-4-methyl- **17** I 64 b, II 132 c, IV 1481

—, 6-Chlor-5-methyl- **17** IV 1481

—, 6-Chlor-7-methyl- **17** II 134 b

—, 7-Chlor-5-methyl- **17** II 133 b

—, 4,7-Dichlor- **17** IV 1461

—, 5,6-Dichlor- **17** IV 1461

—, 5,7-Dichlor- **17** II 130 a

—, 5,6-Dichlor-4,7-dimethyl- **17** IV 1491

—, 5,7-Dichlor-4,6-dimethyl- **17** IV 1491

—, 6,7-Dichlor-4,5-dimethyl- **17** IV 1490

—, 4,5-Dichlor-7-methyl- **17** IV 1485

—, 4,6-Dichlor-7-methyl- **17** IV 1485

—, 4,7-Dichlor-5-methyl- **17** IV 1482

—, 4,7-Dichlor-6-methyl- **17** IV 1484

—, 5,6-Dichlor-4-methyl- **17** II 132 d

—, 5,7-Dichlor-6-methyl- **17** II 133 f

—, 6,7-Dichlor-4-methyl- **17** II 132 e

—, 4,6-Dimethyl- **17** I 67 h

—, 2-[5-(2,4-Dinitro-phenylimino)-penta-1,3-dienyl]- **18** IV 575

—, 6-[2-Hydroxy-äthoxy]- **17** IV 2118

—, 4-Isopropyl-7-methyl- **17** IV 1500

—, 5-Jod- **17** IV 1462

—, 5-Methoxy- **17** I 92 b, IV 2115

—, 6-Methoxy- **17** 156 h, I 93 f, II 190 c, IV 2117

—, 5-Methoxy-6,7-dimethyl- **17** IV 2128

—, 6-Methoxy-4,5-dimethyl- **17** IV 2126

—, 4-Methyl- **17** IV 1480

—, 5-Methyl- **17** 124 b, I 64 g, II 133 a

—, 6-Methyl- **17** 125 b, II 133 d, IV 1483

—, 7-Methyl- **17** IV 1484

—, 3-Methyl-2,3-dihydro- **17** IV 1356

—, 5-Methylmercapto- **17** I 92 c

—, 6-Methylmercapto- **17** 157 a, I 94 a

—, 5-Methyl-2-phenylazo- **18** I 598 d

—, 2-Nitro- **17** IV 1463

—, 5-Nitro- **17** IV 1463

—, 6-Nitro- **17** IV 1463

—, 7-Nitro- **17** IV 1464

—, 2-[4-Nitro-phenyl]- **17** I 77 a, IV 1660

—, 2-[4-Nitro-phenylazo]- **17** IV 6132, **18** 644 b

—, 2-Nitroso- **17** IV 6132

—, 2-Phenyl- **17** I 76 f, II 153 a, IV 1659

—, 5-Phenyl- **17** IV 1664

—, 2-Phenylazo- **18** 644 a, I 597 f

—, 2-[1-Phenylimino-äthyl]- **18** IV 356

—, 2-[Phenylimino-methyl]- **18** IV 306

—, 2-[5-Phenylimino-penta-1,3-dienyl]- **18** IV 574

—, 2-[3-Phenylimino-propenyl]- **18** IV 498

—, 2-Propionyl- **18** IV 386

—, 4,5,6,7-Tetrachlor- **17** II 130 c

—, 5,6,7-Trichlor- **17** II 130 b

$1\lambda^6$-Benzo[b]thiophen-3-ol

—, 2-[4-Acetylamino-phenyl]-1,1-dioxo- **18** IV 7373

—, 2-Acetyl-5-chlor-1,1-dioxo- **18** IV 358

—, 2-Acetyl-1,1-dioxo- **18** IV 356

—, 2-[4-Amino-phenyl]-1,1-dioxo- **18** IV 7373

—, 2-Benzhydryl-1,1-dioxo- **17** IV 1728

—, 2-Benzhydryl-5-methyl-1,1-dioxo- **17** IV 1731

—, 2-Benzhydryl-6-methyl-1,1-dioxo- **17** IV 1731

—, 2-Benzhydryl-7-methyl-1,1-dioxo- **17** IV 1731

—, 2-Benzoyl-1,1-dioxo- **18** IV 720

—, 2-Brom-1,1-dioxo- **17** IV 1462

—, 5-Chlor-1,1-dioxo- **17** IV 1460

—, 7-Chlor-1,1-dioxo- **17** IV 1461

—, 7-Chlor-1,1-dioxo-2-[α-phenylmercapto-benzyl]- **17** IV 2208

—, 2-[4,4'-Dimethoxy-benzhydryl]-5-methyl-1,1-dioxo- **17** IV 2414

—, 2-[4,4'-Dimethoxy-benzhydryl]-6-methyl-1,1-dioxo- **17** IV 2414

—, 2-[4,4'-Dimethoxy-benzhydryl]-7-methyl-1,1-dioxo- **17** IV 2414

—, 1,1-Dioxo- **17** I 61 a, II 129 a, IV 1458

—, 1,1-Dioxo-2-phenyl- **17** IV 1659

—, 1,1-Dioxo-2-[α-phenylmercapto-benzyl]- **17** IV 2208

—, 2-[4-Methoxy-benzhydryl]-1,1-dioxo- **17** IV 2246

—, 2-[4-Methoxy-benzhydryl]-5-methyl-1,1-dioxo- **17** IV 2248

—, 2-[4-Methoxy-benzhydryl]-6-methyl-1,1-dioxo- **17** IV 2248

—, 2-[4-Methoxy-benzhydryl]-7-methyl-1,1-dioxo- **17** IV 2249

$1\lambda^6$-**Benzo[b]thiophen-3-ol**   (Fortsetzung)

—, 2-[4-Methoxy-α-p-tolylmercapto-
benzyl]-1,1-dioxo- **17** IV 2392

—, 2-[4-Methoxy-α-p-tolylmercapto-
benzyl]-5-methyl-1,1-dioxo- **17** IV 2394

—, 2-[4-Methoxy-α-p-tolylmercapto-
benzyl]-6-methyl-1,1-dioxo- **17** IV 2395

—, 2-[4-Methoxy-α-p-tolylmercapto-
benzyl]-7-methyl-1,1-dioxo- **17** IV 2395

—, 2-Methyl-1,1-dioxo- **17** IV 1476

—, 5-Methyl-1,1-dioxo- **17** IV 1481

—, 6-Methyl-1,1-dioxo- **17** IV 1484

—, 7-Methyl-1,1-dioxo- **17** IV 1485

—, 5-Methyl-1,1-dioxo-2-
[α-phenylmercapto-benzyl]- **17** IV 2211

—, 6-Methyl-1,1-dioxo-2-
[α-phenylmercapto-benzyl]- **17** IV 2212

—, 7-Methyl-1,1-dioxo-2-
[α-phenylmercapto-benzyl]- **17** IV 2212

—, 5-Methyl-1,1-dioxo-2-[α-
p-tolylmercapto-benzyl]- **17** IV 2212

—, 6-Methyl-1,1-dioxo-2-[α-
p-tolylmercapto-benzyl]- **17** IV 2212

—, 7-Methyl-1,1-dioxo-2-[α-
p-tolylmercapto-benzyl]- **17** IV 2213

—, 2-[2-Nitro-phenyl]-1,1-dioxo- **17**
IV 1659

—, 2-[4-Nitro-phenyl]-1,1-dioxo- **17**
II 153 b

Benzo[b]thiophen-4-ol **17** 121 d, IV 1467

—, 7-Amino- **18** IV 7345

—, 5-Methyl- **17** IV 1483

—, 4-Methyl-4,5,6,7-tetrahydro- **17**
IV 1331

—, 4-Phenyl-4,5,6,7-tetrahydro- **17** IV 1578

Benzo[b]thiophen-5-ol **17** IV 1468

—, 4-Allyl- **17** IV 1539

—, 3-Brom- **17** IV 1469

—, 4-Brom- **17** IV 1469

—, 4-Brom-3-nitro- **17** IV 1471

—, 4-Brom-6-nitro- **17** IV 1471

—, 6-Brom-4-nitro- **17** IV 1471

—, 4,6-Diallyl- **17** IV 1578

—, 3,4-Dibrom- **17** IV 1469

—, 4,6-Dibrom- **17** IV 1470

—, 4,6-Dichlor- **17** IV 1469

—, 4-Nitroso- **17** IV 6129

—, Pentachlor- **17** IV 1469

—, 2,3,4,6-Tetrabrom- **17** IV 1470

—, 3,4,6-Tribrom- **17** IV 1470

$1\lambda^6$-**Benzo[b]thiophen-5-ol**

—, 1,1-Dioxo- **17** IV 1468

Benzo[b]thiophen-6-ol **17** IV 1473

—, 7-Brom-2-phenyl- **17** IV 1661

—, 3,7-Dibrom-2-phenyl- **17** IV 1661

—, 3,7-Dichlor-2-phenyl- **17** IV 1661

—, 5-Methyl- **17** IV 1483

—, 2-Phenyl- **17** IV 1660

—, 3-Phenyl- **17** IV 1660

—, 3,5,7-Trichlor-2-phenyl- **17** IV 1661

Benzo[b]thiophen-7-ol **17** IV 1475

Benzo[b]thiophen-2-on

—, $3H$- **17** I 160 a, II 331 c, IV 4947

—, 3-Acetyl-$3H$- **17** IV 6180

—, 6-Äthoxy-$3H$- **18** IV 156

—, 6-Äthoxy-3-anilinomethylen-$3H$- **18**
IV 1344

—, 6-Äthoxy-3-[5-anilino-penta-2,4-
dienyliden]-$3H$- **18** IV 1637

—, 6-Äthoxy-3-[(2,4-dinitro-
phenylhydrazono)-methyl]-$3H$- **18**
IV 1345

—, 6-Äthoxy-3-hydroxymethylen-$3H$-
18 IV 1344

—, 6-Äthoxy-3-[phenylhydrazono-
methyl]-$3H$- **18** IV 1344

—, 6-Äthoxy-3-[phenylimino-methyl]-
$3H$- **18** IV 1344

—, 6-Äthoxy-3-[5-phenylimino-pent-2-
enyliden]-$3H$- **18** IV 1637

—, 3-[1-Anilino-äthyliden]-$3H$- **17**
IV 6180

—, 3-[3-Anilino-allyliden]-$3H$- **17**
IV 6292

—, 3-Anilinomethylen-$3H$- **17** IV 6161

—, 3-[5-Anilino-penta-2,4-dienyliden]-
$3H$- **17** IV 6349

—, 3-Benzhydrylidenhydrazono-$3H$- **17**
II 463 b

—, 3-Benzoyl-$3H$- **17** IV 6435

—, 3-Benzoyloxymethylen-$3H$- **18**
IV 307

—, 3-[Benzoyl-phenyl-hydrazono]-$3H$-
17 I 249 f

—, 3-Benzyliden-$3H$- **17** IV 5431

—, 3,3-Bis-[4-acetoxy-phenyl]-$3H$- **18**
I 372 f

—, 3,3-Bis-[4-dimethylamino-phenyl]-
$3H$- **18** I 577 d

—, 3,3-Bis-[4-hydroxy-[1]naphthyl]-$3H$-
17 IV 6131

—, 3,3-Bis-[4-hydroxy-phenyl]-$3H$- **18**
I 372 e

—, 6-Chlor-3-[(2,4-dinitro-
phenylhydrazono)-methyl]-4-methyl-$3H$-
17 IV 6180

—, 5-Chlor-7-methyl-3-
[phenylhydrazono-methyl]-$3H$- **17**
IV 6181

—, 6-Chlor-4-methyl-3-
[phenylhydrazono-methyl]-$3H$- **17**
IV 6180

—, 3-[4-Dimethylamino-benzyliden]-$3H$-
18 I 576 h

—, 3-[(2,4-Dinitro-phenylhydrazono)-
methyl]-$3H$- **17** IV 6161

Benzo[b]thiophen-2-on　(Fortsetzung)
—, 3,3-Diphenyl-3H- **17** IV 5561
—, 3,3-Di-p-tolyl-3H- **17** IV 5574
—, 3-[Fluoren-9-ylidenhydrazono]-3H-
　17 II 463 c
—, 3-Hydrazono-3H- **17** IV 6133
—, 3-Hydroxyimino-3H- **17** 468 i,
　I 248 d
—, 3-Hydroxymethylen-3H- **17**
　IV 6160
—, 3-[2-Methoxy-benzyliden]-3H- **18**
　I 326 f, IV 727
—, 3-Methoxymethylen-3H- **18** IV 307
—, 3-[Methyl-phenyl-hydrazono]-3H-
　17 I 249 c
—, 3-[1]Naphthylhydrazono-3H- **17**
　I 249 d
—, 3-[2]Naphthylhydrazono-3H- **17**
　I 249 e
—, 3-[2-Nitro-benzyliden]-3H- **17**
　IV 5431
—, 3-[4-Nitro-phenylhydrazono]-3H-
　17 I 249 b
—, 3-[2-Oxo-acenaphthen-1-yliden]-3H-
　17 I 278 b, IV 6571
—, 3-Phenylhydrazono-3H- **17** 469 a,
　I 249 a
—, 3-[1-Phenylhydrazono-äthyl]-3H- **17**
　IV 6180
—, 3-[Phenylhydrazono-methyl]-3H- **17**
　IV 6161
—, 3-[1-Phenylimino-äthyl]-3H- **17**
　IV 6180
—, 3-[5-Phenylimino-pent-2-enyliden]-
　3H- **17** IV 6349
—, 3-[3-Phenylimino-propyliden]-3H-
　17 IV 6292

1λ⁴-Benzo[b]thiophen-2-on
—, 3,3-Bis-[4-dimethylamino-phenyl]-1-
　oxo-3H- **18** IV 8020

Benzo[b]thiophen-3-on 17 119 b, I 60 c,
　II 128 a, IV 1458
　— [2,4-dinitro-phenylhydrazon] **18**
　　IV 8300
　— imin **18** 586 c, II 420 f,
　　IV 7161
　— [4-nitro-phenylhydrazon] **17**
　　II 332 e
　— semicarbazon **17** II 332 f, **18**
　　IV 8300
—, 2-[2-Acetoxy-α-diacetoxyboryloxy-
　cinnamyliden]- **18** IV 1905
—, 2-[2-Acetoxy-α-hydroxy-
　cinnamyliden]- **18** IV 1905
—, 2-Acetoxyimino- **17** 468 g
—, 2-[3-Acetoxy-4-oxo-4H-
　[1]naphthyliden]- **18** II 113 b
—, 2-Acetyl- **18** II 20 i, IV 356

—, 2-Acetylamino- **18** 595 c
—, 7-Acetylamino-4-chlor-6-methoxy-
　18 II 438 d
—, 2-[Acetylamino-methylen]- **18**
　II 18 c
—, 2-[4-Acetylamino-phenylhydrazono]-
　17 IV 6133
—, 2-Acetyl-5-chlor- **18** IV 358
—, 2-[5-Acetyl-2-oxo-acenaphthen-1-
　yliden]- **17** IV 6816
—, 2-[6-Acetyl-2-oxo-acenaphthen-1-
　yliden]- **17** IV 6816
—, 6-Äthoxy- **17** I 93 h, II 190 d,
　IV 2118
　— [2,4-dinitro-phenylhydrazon] **18**
　　IV 8313
—, 6-[2-Äthoxy-äthoxy]- **17** IV 2118
—, 6-[2-Äthoxy-äthoxy]-2-
　[4-dimethylamino-phenylimino]- **18**
　IV 1317
—, 6-Äthoxy-2-anilinomethylen- **18**
　IV 1343
—, 5-Äthoxy-6-brom- **17** IV 2116
—, 6-Äthoxy-5-brom- **17** II 190 g
—, 6-Äthoxy-2-[5-brom-6-chlor-4,7-
　dinitro-2-oxo-acenaphthen-1-yliden]- **18**
　IV 1965
—, 6-Äthoxy-2-[6-brom-5-chlor-4,7-
　dinitro-2-oxo-acenaphthen-1-yliden]- **18**
　IV 1965
—, 6-Äthoxy-2-[5-brom-6-chlor-2-oxo-
　acenaphthen-1-yliden]- **18** IV 1965
—, 6-Äthoxy-2-[6-brom-5-chlor-2-oxo-
　acenaphthen-1-yliden]- **18** IV 1965
—, 6-Äthoxy-2-[4-brom-5,6-di-tert-butyl-
　2-oxo-acenaphthen-1-yliden]- **18**
　IV 1982
—, 6-Äthoxy-2-[5-brom-4,7-di-tert-butyl-
　2-oxo-acenaphthen-1-yliden]- **18**
　IV 1982
—, 6-Äthoxy-2-[6-brom-4,7-di-tert-butyl-
　2-oxo-acenaphthen-1-yliden]- **18**
　IV 1982
—, 6-Äthoxy-2-[7-brom-5,6-di-tert-butyl-
　2-oxo-acenaphthen-1-yliden]- **18**
　IV 1982
—, 5-Äthoxy-6-chlor- **17** IV 2116
—, 6-Äthoxy-5-chlor- **17** II 190 e
　— [4-nitro-phenylhydrazon] **18**
　　II 8 j
　— semicarbazon **18** II 9 a
—, 6-Äthoxy-2-{4-[(2-chlor-äthyl)-
　methyl-amino]-benzyliden}- **18** IV 8104
—, 6-Äthoxy-5-chlor-4,7-dimethyl- **17**
　IV 2128
—, 6-Äthoxy-2-[5,6-dibrom-2-oxo-
　acenaphthen-1-yliden]- **18** IV 1965

Benzo[*b*]thiophen-3-on (Fortsetzung)
—, 6-Äthoxy-2-[4,7-di-*tert*-butyl-2-oxo-
　acenaphthen-1-yliden]- **18** IV 1981
—, 6-Äthoxy-2-[5,6-di-*tert*-butyl-2-oxo-
　acenaphthen-1-yliden]- **18** IV 1981
—, 6-Äthoxy-4,7-dichlor- **17** IV 2118
—, 6-Äthoxy-2-[5,6-dichlor-4,7-dinitro-2-
　oxo-acenaphthen-1-yliden]- **18** IV 1965
—, 6-Äthoxy-2-[5,6-dichlor-2-oxo-
　acenaphthen-1-yliden]- **18** IV 1964
—, 6-Äthoxy-4,7-dimethyl- **17** IV 2127
—, 6-Äthoxy-2-[4-dimethylamino-
　phenylimino]- **18** II 66 a, IV 1317
—, 6-Äthoxy-2-[4-(2-hydroxy-äthoxy)-
　phenylimino]- **18** IV 1317
—, 6-Äthoxy-2-hydroxymethylen- **18**
　IV 1343
—, 6-Äthoxy-2-[4-hydroxy-phenylimino]-
　18 IV 1316
—, 6-Äthoxy-2-[4-methoxy-phenylimino]-
　18 IV 1317
—, 6-Äthoxy-2-[1-oxo-3,4-dihydro-1*H*-
　[2]naphthyliden]- **18** II 112 d
—, 6-Äthoxy-2-[1-oxo-1*H*-
　[2]naphthyliden]- **18** II 113 c
—, 6-Äthoxy-2-phenylimino- **18** II 65 h
—, 2-Äthyl- **17** IV 1487
—, 2-[4-Äthylamino-phenylimino]-
　17 468 c
—, 6-Äthylmercapto- **17** I 94 b
—, 2-[3-Äthyl-2-oxo-acenaphthen-1-
　yliden]- **17** IV 6583
—, 2-[4-Äthyl-2-oxo-acenaphthen-1-
　yliden]- **17** IV 6584
—, 2-[5-Äthyl-2-oxo-acenaphthen-1-
　yliden]- **17** IV 6584
—, 2-[6-Äthyl-2-oxo-acenaphthen-1-
　yliden]- **17** IV 6584
—, 2-[7-Äthyl-2-oxo-acenaphthen-1-
　yliden]- **17** IV 6584
—, 2-[8-Äthyl-2-oxo-acenaphthen-1-
　yliden]- **17** IV 6583
—, 5-Amino- **18** IV 7344
—, 2-[3-Amino-benzyliden]-5-methyl-
　18 IV 8013
—, 2-Aminomethylen- **18** II 18 b
—, 2-[2-Amino-10-oxo-10*H*-
　[9]phenanthryliden]- **18** IV 8061
—, 2-[4-Amino-10-oxo-10*H*-
　[9]phenanthryliden]- **18** IV 8062
—, 2-[5-Amino-10-oxo-10*H*-
　[9]phenanthryliden]- **18** IV 8062
—, 2-[7-Amino-10-oxo-10*H*-
　[9]phenanthryliden]- **18** IV 8061
—, 2-[4-Amino-phenylhydrazono]- **17**
　IV 6132
—, 2-[1-Anilino-äthyliden]- **18** IV 356
—, 2-[3-Anilino-allyliden]- **18** IV 498 b

—, 2-Anilinomethylen- **18** I 307 f,
　IV 306
—, 2-[4-Anilino-phenylimino]-
　17 468 d, I 248 a
—, 2-[4-Anilino-phenylimino]-5-methyl-
　17 I 258 d
—, 2-Benzolsulfonyloxyimino- **17** 468 h
—, 2-Benzoyl- **18** I 325 f, II 40 d,
　IV 720
—, 6-Benzoyl- **18** IV 727
—, 2-Benzoylimino- **17** I 248 c
—, 2-[Benzoyl-phenyl-hydrazono]- **17**
　I 248 f
—, 2-[Benzoyl-phenyl-hydrazono]-5-
　methyl- **17** I 258 f
—, 2-Benzyliden- **17** 375 h
—, 2-Benzyliden-5-brom- **17** IV 5430
—, 2-Benzyliden-7-chlor- **17** IV 5430
—, 2-Benzyliden-5-methoxy- **18** IV 723
—, 2-Benzyliden-6-methoxy- **18** IV 724
—, 2-Benzyliden-4-methyl- **17** IV 5448
—, 2-Benzyliden-5-methyl- **17** 381 d,
　IV 5449
—, 2-Benzyliden-6-methyl- **17** IV 5449
—, 2-Benzyliden-7-methyl- **17** IV 5450
—, 2-{4-[Bis-(2-chlor-äthyl)-amino]-
　benzyliden}- **18** IV 8007
—, 2-{4-[Bis-(2-chlor-äthyl)-amino]-
　benzyliden}-6-chlor-4-methyl- **18**
　IV 8013
—, 2-[4,4′-Bis-dimethylamino-
　benzhydryliden]- **18** IV 8022
—, 2-Brom- **17** 121 b
—, 5-Brom- **17** 121 c, IV 1462
—, 6-Brom- **17** IV 1462
—, 2-Brom-2-[α-brom-benzyl]- **17** 365 a
—, 2-Brom-2-[α-brom-benzyl]-5-methyl-
　17 369 a
—, 5-Brom-2-[5-brom-2-oxo-
　acenaphthen-1-yliden]- **17** IV 6569
—, 5-Brom-2-[6-brom-2-oxo-
　acenaphthen-1-yliden]- **17** IV 6569
—, 2-[5-Brom-6-chlor-4,7-dinitro-2-oxo-
　acenaphthen-1-yliden]- **17** IV 6570
—, 2-[6-Brom-5-chlor-4,7-dinitro-2-oxo-
　acenaphthen-1-yliden]- **17** IV 6570
—, 2-[5-Brom-6-chlor-4,7-dinitro-2-oxo-
　acenaphthen-1-yliden]-6-chlor- **17**
　IV 6570
—, 2-[6-Brom-5-chlor-4,7-dinitro-2-oxo-
　acenaphthen-1-yliden]-6-chlor- **17**
　IV 6570
—, 2-[5-Brom-6-chlor-4,7-dinitro-2-oxo-
　acenaphthen-1-yliden]-6-chlor-4-methyl-
　17 IV 6577
—, 2-[6-Brom-5-chlor-4,7-dinitro-2-oxo-
　acenaphthen-1-yliden]-6-chlor-4-methyl-
　17 IV 6577

Benzo[*b*]thiophen-3-on   (Fortsetzung)

—, 2-[5-Brom-6-chlor-2-oxo-acenaphthen-1-yliden]- **17** IV 6569

—, 2-[6-Brom-5-chlor-2-oxo-acenaphthen-1-yliden]- **17** IV 6569

—, 5-Brom-2-[5-chlor-2-oxo-acenaphthen-1-yliden]- **17** IV 6568

—, 5-Brom-2-[6-chlor-2-oxo-acenaphthen-1-yliden]- **17** IV 6568

—, 2-[5-Brom-6-chlor-2-oxo-acenaphthen-1-yliden]-6-chlor- **17** IV 6569

—, 2-[6-Brom-5-chlor-2-oxo-acenaphthen-1-yliden]-6-chlor- **17** IV 6569

—, 2-[5-Brom-6-chlor-2-oxo-acenaphthen-1-yliden]-6-chlor-4-methyl- **17** IV 6577

—, 2-[6-Brom-5-chlor-2-oxo-acenaphthen-1-yliden]-6-chlor-4-methyl- **17** IV 6577

—, 2-[5-Brom-4,7-di-*tert*-butyl-2-oxo-acenaphthen-1-yliden]- **17** IV 6598

—, 2-[6-Brom-4,7-di-*tert*-butyl-2-oxo-acenaphthen-1-yliden]- **17** IV 6598

—, 2-[5-Brom-4,7-di-*tert*-butyl-2-oxo-acenaphthen-1-yliden]-6-chlor-4-methyl- **17** IV 6598

—, 2-[6-Brom-4,7-di-*tert*-butyl-2-oxo-acenaphthen-1-yliden]-6-chlor-4-methyl- **17** IV 6598

—, 6-Brom-2,4-dimethyl- **17** II 134 d

—, 5-Brom-2-[4-dimethylamino-benzyliden]- **18** IV 8008

—, 5-Brom-2-[4-dimethylamino-phenylimino]-6-methyl- **17** IV 6164

—, 6-Brom-2-[4-dimethylamino-phenylimino]-4-methyl- **17** II 471 d

—, 6-Brom-2-[4-dimethylamino-phenylimino]-5-methyl- **17** IV 6163

—, 6-Brom-5-methoxy- **17** IV 2116

—, 6-Brom-5-methoxy-4,7-dimethyl- **17** IV 2127

—, 5-Brom-2-[3-methoxy-2-oxo-acenaphthen-1-yliden]- **18** IV 1966

—, 5-Brom-2-[8-methoxy-2-oxo-acenaphthen-1-yliden]- **18** IV 1966

—, 5-Brom-6-methoxy-2-[2-oxo-acenaphthen-1-yliden]- **18** II 133 g

—, 5-Brom-6-methyl- **17** IV 1484

—, 6-Brom-4-methyl- **17** II 132 f
  − [4-nitro-phenylhydrazon] **17** II 338 f

—, 6-Brom-5-methyl- **17** IV 1482

—, 5-Brom-2-[4-nitro-benzyliden]- **17** IV 5431

—, 5-Brom-2-[1-oxo-aceanthren-2-yliden]- **17** IV 6620

—, 5-Brom-2-[2-oxo-aceanthren-1-yliden]- **17** IV 6620

—, 2-[5-Brom-2-oxo-acenaphthen-1-yliden]- **17** 546 b, II 515 c, IV 6568

—, 2-[6-Brom-2-oxo-acenaphthen-1-yliden]- **17** 546 b, II 515 c, IV 6568

—, 5-Brom-2-[2-oxo-acenaphthen-1-yliden]- **17** IV 6567

—, 2-[5-Brom-2-oxo-acenaphthen-1-yliden]-5-[4-carboxymethylmercapto-phenyl]- **18** IV 1995

—, 2-[6-Brom-2-oxo-acenaphthen-1-yliden]-5-[4-carboxymethylmercapto-phenyl]- **18** IV 1995

—, 2-[5-Brom-2-oxo-acenaphthen-1-yliden]-4-chlor- **17** IV 6568

—, 2-[5-Brom-2-oxo-acenaphthen-1-yliden]-5-chlor- **17** IV 6568

—, 2-[5-Brom-2-oxo-acenaphthen-1-yliden]-6-chlor- **17** IV 6568

—, 2-[5-Brom-2-oxo-acenaphthen-1-yliden]-7-chlor- **17** IV 6569

—, 2-[6-Brom-2-oxo-acenaphthen-1-yliden]-4-chlor- **17** IV 6568

—, 2-[6-Brom-2-oxo-acenaphthen-1-yliden]-5-chlor- **17** IV 6568

—, 2-[6-Brom-2-oxo-acenaphthen-1-yliden]-6-chlor- **17** IV 6568

—, 2-[6-Brom-2-oxo-acenaphthen-1-yliden]-7-chlor- **17** IV 6569

—, 2-[5-Brom-2-oxo-acenaphthen-1-yliden]-5-methoxy- **18** IV 1964

—, 2-[6-Brom-2-oxo-acenaphthen-1-yliden]-5-methoxy- **18** IV 1964

—, 2-[5-Brom-2-oxo-acenaphthen-1-yliden]-4-methyl- **17** IV 6577

—, 2-[5-Brom-2-oxo-acenaphthen-1-yliden]-5-methyl- **17** IV 6578

—, 2-[5-Brom-2-oxo-acenaphthen-1-yliden]-6-methyl- **17** IV 6579

—, 2-[5-Brom-2-oxo-acenaphthen-1-yliden]-7-methyl- **17** IV 6579

—, 2-[6-Brom-2-oxo-acenaphthen-1-yliden]-4-methyl- **17** IV 6577

—, 2-[6-Brom-2-oxo-acenaphthen-1-yliden]-5-methyl- **17** IV 6578

—, 2-[6-Brom-2-oxo-acenaphthen-1-yliden]-6-methyl- **17** IV 6579

—, 2-[6-Brom-2-oxo-acenaphthen-1-yliden]-7-methyl- **17** IV 6579

—, 2-[5-Brom-2-oxo-acenaphthen-1-yliden]-5-phenyl- **17** IV 6630

—, 2-[6-Brom-2-oxo-acenaphthen-1-yliden]-5-phenyl- **17** IV 6630

—, 5-Brom-2-[1-oxo-indan-2-yliden]- **17** IV 6504

—, 5-Brom-2-[2-oxo-indan-1-yliden]- **17** IV 6504

Benzo[b]thiophen-3-on   (Fortsetzung)
—, 2-[2-Brom-10-oxo-10H-
  [9]phenanthryliden]- **17** IV 6601
—, 2-[7-Brom-10-oxo-10H-
  [9]phenanthryliden]- **17** IV 6601
—, 2-[3-tert-Butyl-2-oxo-acenaphthen-1-
  yliden]- **17** IV 6593
—, 2-[4-tert-Butyl-2-oxo-acenaphthen-1-
  yliden]- **17** IV 6593
—, 2-[5-tert-Butyl-2-oxo-acenaphthen-1-
  yliden]- **17** IV 6593
—, 2-[6-tert-Butyl-2-oxo-acenaphthen-1-
  yliden]- **17** IV 6593
—, 2-[7-tert-Butyl-2-oxo-acenaphthen-1-
  yliden]- **17** IV 6593
—, 2-Butyryl- **18** IV 411
—, 5-[4-Carboxymethylmercapto-phenyl]-
  2-[5,6-dinitro-2-oxo-acenaphthen-1-yliden]-
  18 IV 1996
—, 5-[4-Carboxymethylmercapto-phenyl]-
  2-[5-nitro-2-oxo-acenaphthen-1-yliden]-
  18 IV 1995
—, 5-[4-Carboxymethylmercapto-phenyl]-
  2-[6-nitro-2-oxo-acenaphthen-1-yliden]-
  18 IV 1995
—, 5-[4-Carboxymethylmercapto-phenyl]-
  2-[1-oxo-aceanthren-2-yliden]- **18**
  IV 2000
—, 5-[4-Carboxymethylmercapto-phenyl]-
  2-[2-oxo-aceanthren-1-yliden]- **18**
  IV 2000
—, 5-[4-Carboxymethylmercapto-phenyl]-
  2-[2-oxo-acenaphthen-1-yliden]- **18**
  IV 1995
—, 5-[4-Carboxymethylmercapto-phenyl]-
  2-[10-oxo-10H-[9]phenanthryliden]- **18**
  IV 1998
—, 2-Chlor- **17** 120 b
—, 4-Chlor- **17** IV 1460
  — [2,4-dinitro-phenylhydrazon] **18**
  IV 8301
—, 5-Chlor- **17** 121 a, I 62 a,
  IV 1460
  — [4-nitro-phenylhydrazon] **17**
  II 332 g
  — semicarbazon **17** II 332 h
—, 6-Chlor- **17** I 62 b, II 129 e,
  IV 1461
—, 7-Chlor- **17** IV 1461
  — [2,4-dinitro-phenylhydrazon] **18**
  IV 8301
—, 2-[4-Chlor-benzyliden]-5-methyl- **17**
  IV 5449
—, 4-Chlor-2-[5-chlor-2-oxo-
  acenaphthen-1-yliden]- **17** IV 6566
—, 4-Chlor-2-[6-chlor-2-oxo-
  acenaphthen-1-yliden]- **17** IV 6566
—, 5-Chlor-2-[5-chlor-2-oxo-
  acenaphthen-1-yliden]- **17** IV 6566

—, 5-Chlor-2-[6-chlor-2-oxo-
  acenaphthen-1-yliden]- **17** IV 6566
—, 6-Chlor-2-[5-chlor-2-oxo-
  acenaphthen-1-yliden]- **17** IV 6566
—, 6-Chlor-2-[6-chlor-2-oxo-
  acenaphthen-1-yliden]- **17** IV 6566
—, 7-Chlor-2-[5-chlor-2-oxo-
  acenaphthen-1-yliden]- **17** IV 6567
—, 7-Chlor-2-[6-chlor-2-oxo-
  acenaphthen-1-yliden]- **17** IV 6567
—, 6-Chlor-2-[5,6-dibrom-2-oxo-
  acenaphthen-1-yliden]- **17** IV 6569
—, 6-Chlor-2-[5,6-dibrom-2-oxo-
  acenaphthen-1-yliden]-4-methyl- **17**
  IV 6577
—, 6-Chlor-2-[5,6-dichlor-4,7-dinitro-2-
  oxo-acenaphthen-1-yliden]- **17** IV 6570
—, 6-Chlor-2-[5,6-dichlor-4,7-dinitro-2-
  oxo-acenaphthen-1-yliden]-4-methyl- **17**
  IV 6577
—, 6-Chlor-2-[5,6-dichlor-2-oxo-
  acenaphthen-1-yliden]- **17** IV 6567
—, 6-Chlor-2-[5,6-dichlor-2-oxo-
  acenaphthen-1-yliden]-4-methyl- **17**
  IV 6576
—, 4-Chlor-5,7-dimethyl- **17** IV 1492
—, 5-Chlor-4,7-dimethyl- **17** IV 1491
—, 6-Chlor-4,7-dimethyl- **17** IV 1491
—, 6-Chlor-5,7-dimethyl- **17** IV 1492
—, 7-Chlor-4,5-dimethyl- **17** IV 1490
—, 7-Chlor-4,6-dimethyl- **17** IV 1491
—, 7-Chlor-2-[4-dimethylamino-
  benzyliden]- **18** IV 8008
—, 4-Chlor-2-[4-dimethylamino-
  phenylimino]- **17** IV 6134
—, 5-Chlor-2-[4-dimethylamino-
  phenylimino]- **17** II 463 e
—, 6-Chlor-2-[4-dimethylamino-
  phenylimino]- **17** II 463 g
—, 4-Chlor-2-[4-dimethylamino-
  phenylimino]-5,7-dimethyl- **17** IV 6182
—, 7-Chlor-2-[4-dimethylamino-
  phenylimino]-4,6-dimethyl- **17** IV 6181
—, 5-Chlor-2-[4-dimethylamino-
  phenylimino]-6-methyl- **17** IV 6163
—, 5-Chlor-2-[4-dimethylamino-
  phenylimino]-7-methyl- **17** II 472 d,
  IV 6164
—, 6-Chlor-2-[4-dimethylamino-
  phenylimino]-4-methyl- **17** II 471 b
—, 6-Chlor-2-[4-dimethylamino-
  phenylimino]-5-methyl- **17** IV 6162
—, 6-Chlor-2-[4-dimethylamino-
  phenylimino]-7-methyl- **17** II 472 f
—, 5-Chlor-2-hydroxyimino- **17** 469 c
—, 7-Chlor-2-[4-hydroxy-phenylimino]-
  17 IV 6134
—, 6-Chlor-7-isopropyl-4-methyl- **17**
  IV 1499

Benzo[*b*]thiophen-3-on (Fortsetzung)

—, 6-Chlor-7-isopropyl-4-methyl-2-
[2-oxo-acenaphthen-1-yliden]- **17**
IV 6593

—, 6-Chlor-4-methoxy- **17** IV 2115
  — [6-chlor-4-methoxy-benzo[*b*]≠
thiophen-3-ylimin] **18** IV 7345

—, 6-Chlor-5-methoxy- **17** IV 2115

—, 4-Chlor-5-methoxy-6,7-dimethyl- **17**
IV 2128

—, 5-Chlor-6-methoxy-4,7-dimethyl- **17**
IV 2127

—, 5-Chlor-7-methoxy-4,6-dimethyl- **17**
IV 2127

—, 6-Chlor-5-methoxy-4,7-dimethyl- **17**
IV 2127

—, 6-Chlor-7-methoxy-4,5-dimethyl- **17**
IV 2126

—, 7-Chlor-5-methoxy-6-methyl- **17**
IV 2123

—, 4-Chlor-2-[3-methoxy-2-oxo-
acenaphthen-1-yliden]- **18** IV 1965

—, 4-Chlor-2-[8-methoxy-2-oxo-
acenaphthen-1-yliden]- **18** IV 1965

—, 5-Chlor-2-[3-methoxy-2-oxo-
acenaphthen-1-yliden]- **18** IV 1966

—, 5-Chlor-2-[8-methoxy-2-oxo-
acenaphthen-1-yliden]- **18** IV 1966

—, 6-Chlor-2-[3-methoxy-2-oxo-
acenaphthen-1-yliden]- **18** IV 1966

—, 6-Chlor-2-[8-methoxy-2-oxo-
acenaphthen-1-yliden]- **18** IV 1966

—, 7-Chlor-2-[3-methoxy-2-oxo-
acenaphthen-1-yliden]- **18** IV 1966

—, 7-Chlor-2-[8-methoxy-2-oxo-
acenaphthen-1-yliden]- **18** IV 1966

—, 5-Chlor-6-methyl- **17** IV 1484

—, 5-Chlor-7-methyl- **17** II 134 a
  — [2,4-dinitro-phenylhydrazon] **18**
    IV 8302

—, 6-Chlor-4-methyl- **17** I 64 b,
II 132 c, IV 1481
  — [2,4-dinitro-phenylhydrazon] **18**
    IV 8302

—, 6-Chlor-5-methyl- **17** IV 1481

—, 6-Chlor-7-methyl- **17** II 134 b

—, 7-Chlor-5-methyl- **17** II 133 b

—, 6-Chlor-7-methyl-2-[2-oxo-
acenaphthen-1-yliden]- **17** II 516 c

—, 4-Chlor-2-[4-nitro-benzyliden]- **17**
IV 5430

—, 7-Chlor-2-[4-nitro-benzyliden]- **17**
IV 5431

—, 7-Chlor-2-[2-nitro-10-oxo-10*H*-
[9]phenanthryliden]- **17** IV 6601

—, 7-Chlor-2-[7-nitro-10-oxo-10*H*-
[9]phenanthryliden]- **17** IV 6601

—, 7-Chlor-2-[1-oxo-aceanthren-2-yliden]-
17 IV 6620

—, 7-Chlor-2-[2-oxo-aceanthren-1-yliden]-
17 IV 6620

—, 2-[5-Chlor-2-oxo-acenaphthen-1-
yliden]- **17** IV 6566

—, 2-[6-Chlor-2-oxo-acenaphthen-1-
yliden]- **17** IV 6566

—, 4-Chlor-2-[2-oxo-acenaphthen-1-
yliden]- **17** IV 6565

—, 5-Chlor-2-[2-oxo-acenaphthen-1-
yliden]- **17** IV 6565

—, 6-Chlor-2-[2-oxo-acenaphthen-1-
yliden]- **17** 546 a, IV 6566

—, 7-Chlor-2-[2-oxo-acenaphthen-1-
yliden]- **17** IV 6566

—, 2-[5-Chlor-2-oxo-acenaphthen-1-
yliden]-4-methyl- **17** IV 6576

—, 2-[5-Chlor-2-oxo-acenaphthen-1-
yliden]-5-methyl- **17** IV 6578

—, 2-[5-Chlor-2-oxo-acenaphthen-1-
yliden]-6-methyl- **17** IV 6579

—, 2-[5-Chlor-2-oxo-acenaphthen-1-
yliden]-7-methyl- **17** IV 6579

—, 2-[6-Chlor-2-oxo-acenaphthen-1-
yliden]-4-methyl- **17** IV 6576

—, 2-[6-Chlor-2-oxo-acenaphthen-1-
yliden]-5-methyl- **17** IV 6578

—, 2-[6-Chlor-2-oxo-acenaphthen-1-
yliden]-6-methyl- **17** IV 6579

—, 2-[6-Chlor-2-oxo-acenaphthen-1-
yliden]-7-methyl- **17** IV 6579

—, 5-Chlor-2-[1-oxo-indan-2-yliden]- **17**
IV 6504

—, 7-Chlor-2-[1-oxo-indan-2-yliden]- **17**
IV 6504

—, 4-Chlor-2-[10-oxo-10*H*-
[9]phenanthryliden]- **17** IV 6600

—, 5-Chlor-2-[10-oxo-10*H*-
[9]phenanthryliden]- **17** IV 6600

—, 6-Chlor-2-[10-oxo-10*H*-
[9]phenanthryliden]- **17** IV 6600

—, 7-Chlor-2-[10-oxo-10*H*-
[9]phenanthryliden]- **17** IV 6600

—, 2-Cinnamyliden-5-methyl- **17**
IV 5512

—, 2-[α-Diacetoxyboryloxy-4-
dimethylamino-cinnamyliden]- **18**
IV 8106

—, 2-[2,5-Diamino-10-oxo-10*H*-
[9]phenanthryliden]- **18** IV 8062

—, 2-[2,7-Diamino-10-oxo-10*H*-
[9]phenanthryliden]- **18** IV 8062

—, 2-[4,5-Diamino-10-oxo-10*H*-
[9]phenanthryliden]- **18** IV 8062

—, 2-[4,7-Diamino-10-oxo-10*H*-
[9]phenanthryliden]- **18** IV 8062

—, 2,2-Dibenzoyl- **17** I 290 b

—, 2,2-Dibrom- **17** 310 a, I 161 c,
II 332 i

—, 2,2-Dibrom-5-chlor- **17** 310 b

Benzo[*b*]thiophen-3-on (Fortsetzung)
—, 2,2-Dibrom-5-methyl- **17** 317 c
—, 2-[5,6-Dibrom-2-oxo-acenaphthen-1-
   yliden]- **17** IV 6569
—, 2-[4,7-Di-*tert*-butyl-5-chlor-2-oxo-
   acenaphthen-1-yliden]- **17** IV 6597
—, 2-[4,7-Di-*tert*-butyl-6-chlor-2-oxo-
   acenaphthen-1-yliden]- **17** IV 6597
—, 2-[4,7-Di-*tert*-butyl-2-oxo-
   acenaphthen-1-yliden]- **17** IV 6597
—, 2,2-Dichlor- **17** 309 h
—, 4,7-Dichlor- **17** IV 1461
   — [2,4-dinitro-phenylhydrazon] **18**
      IV 8301
—, 5,6-Dichlor- **17** IV 1461
—, 5,7-Dichlor- **17** II 130 a
—, 5,7-Dichlor-2-[5,6-dichlor-2-oxo-
   acenaphthen-1-yliden]- **17** IV 6567
—, 5,7-Dichlor-2-[5,6-dichlor-2-oxo-
   acenaphthen-1-yliden]-4-methyl- **17**
   IV 6577
—, 5,6-Dichlor-4,7-dimethyl- **17**
   IV 1491
—, 5,7-Dichlor-4,6-dimethyl- **17**
   IV 1491
—, 6,7-Dichlor-4,5-dimethyl- **17**
   IV 1490
—, 5,6-Dichlor-2-[4-dimethylamino-
   phenylimino]- **17** IV 6135
—, 5,6-Dichlor-2-[4-dimethylamino-
   phenylimino]-4-methyl- **17** II 471 c
—, 2-[5,6-Dichlor-4,7-dinitro-2-oxo-
   acenaphthen-1-yliden]- **17** IV 6570
—, 4,5-Dichlor-7-methyl- **17** IV 1485
—, 4,6-Dichlor-7-methyl- **17** IV 1485
—, 4,7-Dichlor-5-methyl- **17** IV 1482
—, 4,7-Dichlor-6-methyl- **17** IV 1484
—, 5,6-Dichlor-4-methyl- **17** II 132 d
—, 5,7-Dichlor-6-methyl- **17** II 133 f
—, 6,7-Dichlor-4-methyl- **17** II 132 e
—, 2-[5,6-Dichlor-2-oxo-acenaphthen-1-
   yliden]- **17** IV 6567
—, 2-[5,6-Dichlor-2-oxo-acenaphthen-1-
   yliden]-6-methoxy- **18** IV 1964
—, 2-[2,3-Dichlor-4-oxo-4*H*-
   [1]naphthyliden]-2*H*- **17** 541 b
—, 2-[3,4-Dihydroxy-benzyliden]-
   18 134 c
—, 2-[3,4-Dihydroxy-benzyliden]-5-
   methyl- **18** IV 1856
—, 2-[2,α-Dihydroxy-cinnamyliden]- **18**
   IV 1904
—, 2-[3,4-Dihydroxy-1-naphthyl]- **17**
   I 117 a
—, 2-[2,7-Dihydroxy-10-oxo-10*H*-
   [9]phenanthryliden]- **18** IV 2840
—, 4,6-Dimethyl- **17** I 67 h
—, 2-[4-Dimethylamino-benzyliden]-4-
   methyl- **18** IV 8013

—, 2-[4-Dimethylamino-benzyliden]-5-
   methyl- **18** IV 8013
—, 2-[4-Dimethylamino-benzyliden]-6-
   methyl- **18** IV 8013
—, 2-[4-Dimethylamino-benzyliden]-7-
   methyl- **18** IV 8014
—, 2-[4-Dimethylamino-cinnamoyl]- **18**
   IV 8106
—, 2-[4-Dimethylamino-phenylimino]-
   17 468 b, I 247 d
—, 2-[4-Dimethylamino-phenylimino]-
   4,7-dimethyl- **17** IV 6181
—, 2-[4-Dimethylamino-phenylimino]-5-
   methyl- **17** 490 d, I 258 c
—, 2-[3,6-Dimethyl-2-oxo-acenaphthen-1-
   yliden]- **17** II 517 a
—, 2-[5,8-Dimethyl-2-oxo-acenaphthen-1-
   yliden]- **17** II 517 a
—, 2-[5,6-Dinitro-2-oxo-acenaphthen-1-
   yliden]- **17** IV 6570
—, 2-[5,6-Dinitro-2-oxo-acenaphthen-1-
   yliden]-5-phenyl- **17** IV 6631
—, 2-[2,5-Dinitro-10-oxo-10*H*-
   [9]phenanthryliden]- **17** IV 6601
—, 2-[2,7-Dinitro-10-oxo-10*H*-
   [9]phenanthryliden]- **17** IV 6602
—, 2-[4,5-Dinitro-10-oxo-10*H*-
   [9]phenanthryliden]- **17** IV 6601
—, 2-[4,7-Dinitro-10-oxo-10*H*-
   [9]phenanthryliden]- **17** IV 6601
—, 2-[5-(2,4-Dinitro-phenylimino)-penta-
   1,3-dienyl]- **18** IV 575
—, 2-[1,3-Dioxo-indan-2-yliden]- **17**
   IV 6807
—, 2,2-Diphenyl- **17** II 416 h
—, 2-Fluoren-9-yliden- **17** 398 a
—, 6-Hydroxy- **17** 156 g, I 93 e
—, 6-[2-Hydroxy-äthoxy]- **17** IV 2118
—, 2-{4-[(2-Hydroxy-äthyl)-methyl-
   amino]-benzyliden}- **18** IV 8008
—, 2-[3-Hydroxy-benzyliden]- **18** 61 d
—, 2-[4-Hydroxy-benzyliden]- **18** 61 g
—, 2-[3-Hydroxy-benzyliden]-5-methyl-
   18 IV 755
—, 2-[4-Hydroxy-benzyliden]-5-methyl-
   18 IV 756
—, 2-Hydroxyimino- **17** 468 e,
   I 248 b, IV 6132
—, 2-Hydroxyimino-5-methyl- **17** 490
   e, I 258 e, IV 6162
—, 2-[3-Hydroxy-4-oxo-4*H*-
   [1]naphthyliden]- **18** II 113 a
—, 2-[2-Hydroxy-10-oxo-10*H*-
   [9]phenanthryliden]- **18** IV 1982
—, 2-[4-Hydroxy-10-oxo-10*H*-
   [9]phenanthryliden]- **18** IV 1983
—, 2-[5-Hydroxy-10-oxo-10*H*-
   [9]phenanthryliden]- **18** IV 1983

Benzo[*b*]thiophen-3-on   (Fortsetzung)

—, 2-[7-Hydroxy-10-oxo-10*H*-
[9]phenanthryliden]- **18** IV 1982
—, 2-[4-Hydroxy-phenyl]- **17** I 247 c
—, 2-[4-Hydroxy-phenylimino]- **17**
IV 6131
—, 2-[4-Hydroxy-phenylimino]-4-methyl-
17 IV 6161
—, 2-[4-Hydroxy-phenylimino]-6-methyl-
17 IV 6163
—, 2-[4-Hydroxy-phenylimino]-7-methyl-
17 IV 6164
—, 2-[2-Hydroxy-4-phenylimino-4*H*-
[1]naphthyliden]- **18** II 112 f
—, 4-Isopropyl-7-methyl- **17** IV 1500
—, 4-Isopropyl-7-methyl-2-[2-oxo-
acenaphthen-1-yliden]- **17** IV 6593
—, 5-Jod- **17** IV 1462
—, 5-Jod-2-[3-methoxy-2-oxo-
acenaphthen-1-yliden]- **18** IV 1967
—, 5-Jod-2-[8-methoxy-2-oxo-
acenaphthen-1-yliden]- **18** IV 1967
—, 5-Jod-2-[2-oxo-acenaphthen-1-yliden]-
17 IV 6570
—, 5-Methoxy- **17** I 92 b, IV 2115
—, 6-Methoxy- **17** 156 h, I 93 f,
II 190 c, IV 2117
—, 2-[4-Methoxy-benzyliden]-5-methyl-
18 IV 757
—, 5-Methoxy-6,7-dimethyl- **17**
IV 2128
—, 6-Methoxy-4,5-dimethyl- **17**
IV 2126
—, 2-Methoxyimino- **17** 468 f
—, 5-Methoxy-2-[3-methoxy-2-oxo-
acenaphthen-1-yliden]- **18**
IV 2835
—, 5-Methoxy-2-[8-methoxy-2-oxo-
acenaphthen-1-yliden]- **18**
IV 2835
—, 5-Methoxy-2-[4-nitro-benzyliden]-
18 IV 723
—, 2-[3-Methoxy-2-oxo-acenaphthen-1-
yliden]- **18** IV 1965
—, 2-[8-Methoxy-2-oxo-acenaphthen-1-
yliden]- **18** IV 1965
—, 5-Methoxy-2-[2-oxo-acenaphthen-1-
yliden]- **18** IV 1963
—, 2-[3-Methoxy-2-oxo-acenaphthen-1-
yliden]-4-methyl- **18** IV 1970
—, 2-[3-Methoxy-2-oxo-acenaphthen-1-
yliden]-5-methyl- **18** IV 1971
—, 2-[3-Methoxy-2-oxo-acenaphthen-1-
yliden]-6-methyl- **18** IV 1971
—, 2-[3-Methoxy-2-oxo-acenaphthen-1-
yliden]-7-methyl- **18** IV 1971
—, 2-[8-Methoxy-2-oxo-acenaphthen-1-
yliden]-4-methyl- **18** IV 1970

—, 2-[8-Methoxy-2-oxo-acenaphthen-1-
yliden]-5-methyl- **18** IV 1971
—, 2-[8-Methoxy-2-oxo-acenaphthen-1-
yliden]-6-methyl- **18** IV 1971
—, 2-[8-Methoxy-2-oxo-acenaphthen-1-
yliden]-7-methyl- **18** IV 1971
—, 2-[3-Methoxy-4-oxo-4*H*-
[1]naphthyliden]- **18** I 371 c
—, 4-Methyl- **17** IV 1480
—, 5-Methyl- **17** 124 b, I 64 g,
II 133 a
  — [2,4-dinitro-phenylhydrazon] **18**
  IV 8302
—, 6-Methyl- **17** 125 b, II 133 d,
IV 1483
  — [4-nitro-phenylhydrazon] **17**
  II 339 a
  — semicarbazon **17** II 339 b
—, 7-Methyl- **17** IV 1484
—, 2-[4-(*N*-Methyl-anilino)-benzyliden]-
18 IV 8007
—, 5-Methylmercapto- **17** I 92 c
—, 6-Methylmercapto- **17** 157 a,
I 94 a
—, 6-Methylmercapto-2-[2-oxo-
acenaphthen-1-yliden]- **18** 154 e
—, 5-Methyl-2-[4-methyl-benzyliden]-
17 IV 5461
—, 4-Methyl-2-[4-nitro-benzyliden]- **17**
IV 5448
—, 5-Methyl-2-[3-nitro-benzyliden]- **17**
IV 5449
—, 5-Methyl-2-[4-nitro-benzyliden]- **17**
IV 5449
—, 6-Methyl-2-[4-nitro-benzyliden]- **17**
IV 5450
—, 7-Methyl-2-[4-nitro-benzyliden]- **17**
IV 5450
—, 4-Methyl-2-[2-nitro-10-oxo-10*H*-
[9]phenanthryliden]- **17** IV 6604
—, 4-Methyl-2-[7-nitro-10-oxo-10*H*-
[9]phenanthryliden]- **17** IV 6604
—, 5-Methyl-2-[2-nitro-10-oxo-10*H*-
[9]phenanthryliden]- **17** IV 6605
—, 5-Methyl-2-[7-nitro-10-oxo-10*H*-
[9]phenanthryliden]- **17** IV 6605
—, 6-Methyl-2-[2-nitro-10-oxo-10*H*-
[9]phenanthryliden]- **17** IV 6605
—, 6-Methyl-2-[7-nitro-10-oxo-10*H*-
[9]phenanthryliden]- **17** IV 6605
—, 7-Methyl-2-[2-nitro-10-oxo-10*H*-
[9]phenanthryliden]- **17** IV 6606
—, 7-Methyl-2-[7-nitro-10-oxo-10*H*-
[9]phenanthryliden]- **17** IV 6606
—, 4-Methyl-2-[1-oxo-aceanthren-2-
yliden]- **17** IV 6622
—, 4-Methyl-2-[2-oxo-aceanthren-1-
yliden]- **17** IV 6622

Benzo[*b*]thiophen-3-on (Fortsetzung)

—, 5-Methyl-2-[1-oxo-aceanthren-2-yliden]- **17** IV 6623

—, 5-Methyl-2-[2-oxo-aceanthren-1-yliden]- **17** IV 6623

—, 6-Methyl-2-[1-oxo-aceanthren-2-yliden]- **17** IV 6623

—, 6-Methyl-2-[2-oxo-aceanthren-1-yliden]- **17** IV 6623

—, 7-Methyl-2-[1-oxo-aceanthren-2-yliden]- **17** IV 6623

—, 7-Methyl-2-[2-oxo-aceanthren-1-yliden]- **17** IV 6623

—, 4-Methyl-2-[2-oxo-acenaphthen-1-yliden]- **17** IV 6576

—, 5-Methyl-2-[1-oxo-acenaphthen-1-yliden]- **17** I 278 c

—, 5-Methyl-2-[2-oxo-acenaphthen-1-yliden]- **17** IV 6578

—, 6-Methyl-2-[2-oxo-acenaphthen-1-yliden]- **17** IV 6578

—, 7-Methyl-2-[2-oxo-acenaphthen-1-yliden]- **17** IV 6579

—, 5-Methyl-2-[2-oxo-indan-1-yliden]- **17** IV 6510

—, 7-Methyl-2-[2-oxo-indan-1-yliden]- **17** IV 6510

—, 4-Methyl-2-[10-oxo-10*H*-[9]phenanthryliden]- **17** IV 6604

—, 5-Methyl-2-[10-oxo-10*H*-[9]phenanthryliden]- **17** IV 6604

—, 6-Methyl-2-[10-oxo-10*H*-[9]phenanthryliden]- **17** IV 6605

—, 7-Methyl-2-[10-oxo-10*H*-[9]phenanthryliden]- **17** IV 6605

—, 2-[Methyl-phenyl-hydrazono]- **17** I 248 e

—, 5-Methyl-2-vanillyliden- **18** IV 1856

—, 2-Nitro- **17** IV 1463

—, 5-Nitro- **17** IV 1463

—, 6-Nitro- **17** IV 1463

—, 7-Nitro- **17** IV 1464

—, 2-[3-Nitro-benzoyl]- **18** IV 720

—, 2-[2-Nitro-benzyliden]- **17** 376 a, I 205 g

—, 2-[3-Nitro-benzyliden]- **17** 376 b

—, 2-[4-Nitro-benzyliden]- **17** 376 c

—, 2-[5-Nitro-2-oxo-acenaphthen-1-yliden]-5-phenyl- **17** IV 6631

—, 2-[6-Nitro-2-oxo-acenaphthen-1-yliden]-5-phenyl- **17** IV 6631

—, 2-[2-Nitro-10-oxo-10*H*-[9]phenanthryliden]- **17** IV 6601

—, 2-[4-Nitro-10-oxo-10*H*-[9]phenanthryliden]- **17** IV 6601

—, 2-[5-Nitro-10-oxo-10*H*-[9]phenanthryliden]- **17** IV 6601

—, 2-[7-Nitro-10-oxo-10*H*-[9]phenanthryliden]- **17** IV 6601

—, 2-[4-Nitro-phenyl]- **17** I 77 a, IV 1660

—, 2-[4-Nitro-phenylhydrazono]- **17** IV 6132, **18** 644 b

—, 2-[1-Oxo-aceanthren-2-yliden]- **17** I 279 e

—, 2-[2-Oxo-aceanthren-1-yliden]- **17** I 279 e

—, 2-[1-Oxo-aceanthren-2-yliden]-5-phenyl- **17** IV 6654

—, 2-[2-Oxo-aceanthren-1-yliden]-5-phenyl- **17** IV 6654

—, 2-[2-Oxo-acenaphthen-1-yliden]- **17** 545 g, I 277 e, II 515 b, IV 6565

—, 2-[2-Oxo-acenaphthen-1-yliden]-5-phenyl- **17** IV 6630

—, 2-[1-Oxo-1*H*-[2]anthryliden]- **17** I 279 b

—, 2-[10-Oxo-10*H*-[9]anthryliden]- **17** 547 d, II 518 g

—, 2-[5-Oxo-5*H*-benzo[*c*]phenanthren-6-yliden]- **17** IV 6637

—, 2-[6-Oxo-6*H*-benzo[*c*]phenanthren-5-yliden]- **17** IV 6637

—, 2-[1-Oxo-3,4-dihydro-1*H*-[2]naphthyliden]- **17** II 511 f

—, 2-[2-Oxo-indan-1-yliden]- **17** II 510 e, IV 6503

—, 2-[1-Oxo-1*H*-[2]naphthyliden]- **17** II 512 d

—, 2-[10-Oxo-10*H*-[9]phenanthryliden]- **17** II 518 h

—, 2-[10-Oxo-10*H*-[9]phenanthryliden]-5-phenyl- **17** IV 6641

—, 2-Phenyl- **17** I 76 f, II 153 a, IV 1659

—, 5-Phenyl- **17** IV 1664

—, 2-[7-Phenyl-hepta-2,4,6-trienyliden]- **17** IV 5567

—, 2-Phenylimino- **17** 467 e, I 247 b, II 463 a

—, 2-[1-Phenylimino-äthyl]- **18** IV 356

—, 2-[5-Phenylimino-penta-1,3-dienyl]- **18** IV 574

—, 2-[3-Phenylimino-propenyl]- **18** IV 498

—, 2-[5-Phenyl-penta-2,4-dienyliden]- **17** IV 5539

—, 2-[11-Phenyl-undeca-2,4,6,8,10-pentaenyliden]- **17** IV 5612

—, 2-Propionyl- **18** II 23 e, IV 386

—, 2-Salicyliden- **18** 61 b

—, 4,5,6,7-Tetrachlor- **17** II 130 c

—, 2-*p*-Tolylimino- **17** 468 a

—, 5,6,7-Trichlor- **17** II 130 b

—, 2-[2,3,3-Trichlor-allyliden]- **17** IV 5197

—, 5,6,7-Trichlor-2-[5,6-dichlor-2-oxo-acenaphthen-1-yliden]- **17** IV 6567

1λ⁶-Benzo[b]thiophen-3-on

—, 2-[4-Acetylamino-phenyl]-1,1-dioxo-
 18 IV 7373

—, 2-Acetyl-5-chlor-1,1-dioxo- **18**
 IV 358

—, 2-Acetyl-1,1-dioxo- **18** IV 356

—, 2-[4-Amino-phenyl]-1,1-dioxo- **18**
 IV 7373

—, 2-Benzhydryl-1,1-dioxo- **17** IV 1728

—, 2-Benzhydryl-5-methyl-1,1-dioxo-
 17 IV 1731

—, 2-Benzhydryl-6-methyl-1,1-dioxo-
 17 IV 1731

—, 2-Benzhydryl-7-methyl-1,1-dioxo-
 17 IV 1731

—, 2-Benzoyl-2-brom-1,1-dioxo- **17**
 IV 6435

—, 2-Benzoyl-1,1-dioxo- **18** IV 720

—, 2-Benzyliden-7-chlor-1,1-dioxo- **17**
 IV 5430

—, 2-Benzyliden-1,1-dioxo- **17** IV 5430

—, 2-Benzyliden-5-methyl-1,1-dioxo- **17**
 IV 5449

—, 2-Benzyliden-6-methyl-1,1-dioxo- **17**
 IV 5450

—, 2-Benzyliden-7-methyl-1,1-dioxo- **17**
 IV 5450

—, 2-Brom-1,1-dioxo- **17** IV 1462

—, 2-Brom-1,1-dioxo-2-phenyl- **17**
 IV 5316

—, 2-Brom-2-[4-nitro-phenyl]-1,1-dioxo-
 17 IV 5316

—, 5-Chlor-1,1-dioxo- **17** IV 1460
 — phenylhydrazon **18** IV 8301

—, 7-Chlor-1,1-dioxo- **17** IV 1461

—, 7-Chlor-1,1-dioxo-2-
 [α-phenylmercapto-benzyl]- **17** IV 2208

—, 2-Cinnamyliden-1,1-dioxo- **17**
 IV 5503

—, 2-Cyclopentyliden-1,1-dioxo- **17**
 IV 5216

—, 2,2-Dibrom-1,1-dioxo- **17** IV 4947

—, 2-[4,4'-Dimethoxy-benzhydryl]-5-
 methyl-1,1-dioxo- **17** IV 2414

—, 2-[4,4'-Dimethoxy-benzhydryl]-6-
 methyl-1,1-dioxo- **17** IV 2414

—, 2-[4,4'-Dimethoxy-benzhydryl]-7-
 methyl-1,1-dioxo- **17** IV 2414

—, 1,1-Dioxo- **17** I 61 a, II 129 a,
 IV 1458
 — butylimin **18** IV 7161
 — dimethylacetal **17** IV 4947
 — [2,4-dinitro-phenylhydrazon] **18**
  IV 8300
 — hydrazon **18** IV 8300
 — imin **18** IV 7161
 — oxim **18** IV 8289
 — phenylhydrazon **18** IV 8300

—, 1,1-Dioxo-2-[4-oxo-cyclohexa-2,5-
 dienyliden]- **17** IV 6423

—, 1,1-Dioxo-2-phenyl- **17** IV 1659

—, 1,1-Dioxo-2-[α-phenylhydrazono-
 benzyl]-,
 — phenylhydrazon **18** IV 8322

—, 1,1-Dioxo-2-[α-phenylmercapto-
 benzyl]- **17** IV 2208

—, 2-[4-Methoxy-benzhydryl]-1,1-dioxo-
 17 IV 2246

—, 2-[4-Methoxy-benzhydryl]-5-methyl-
 1,1-dioxo- **17** IV 2248

—, 2-[4-Methoxy-benzhydryl]-6-methyl-
 1,1-dioxo- **17** IV 2248

—, 2-[4-Methoxy-benzhydryl]-7-methyl-
 1,1-dioxo- **17** IV 2249

—, 2-[4-Methoxy-benzyliden]-1,1-dioxo-
 18 IV 726

—, 2-[4-Methoxy-benzyliden]-5-methyl-
 1,1-dioxo- **18** IV 757

—, 2-[4-Methoxy-benzyliden]-6-methyl-
 1,1-dioxo- **18** IV 757

—, 2-[4-Methoxy-benzyliden]-7-methyl-
 1,1-dioxo- **18** IV 758

—, 2-[4-Methoxy-α-p-tolylmercapto-
 benzyl]-1,1-dioxo- **17** IV 2392

—, 2-[4-Methoxy-α-p-tolylmercapto-
 benzyl]-5-methyl-1,1-dioxo- **17** IV 2394

—, 2-[4-Methoxy-α-p-tolylmercapto-
 benzyl]-6-methyl-1,1-dioxo- **17** IV 2395

—, 2-[4-Methoxy-α-p-tolylmercapto-
 benzyl]-7-methyl-1,1-dioxo- **17** IV 2395

—, 2-[3-Methyl-benzyliden]-1,1-dioxo-
 17 IV 5446

—, 2-[4-Methyl-benzyliden]-1,1-dioxo-
 17 IV 5446

—, 2-Methyl-1,1-dioxo- **17** IV 1476

—, 5-Methyl-1,1-dioxo- **17** IV 1481

—, 6-Methyl-1,1-dioxo- **17** IV 1484

—, 7-Methyl-1,1-dioxo- **17** IV 1485

—, 5-Methyl-1,1-dioxo-2-
 [α-phenylmercapto-benzyl]- **17** IV 2211

—, 6-Methyl-1,1-dioxo-2-
 [α-phenylmercapto-benzyl]- **17** IV 2212

—, 7-Methyl-1,1-dioxo-2-
 [α-phenylmercapto-benzyl]- **17** IV 2212

—, 5-Methyl-1,1-dioxo-2-[α-
 p-tolylmercapto-benzyl]- **17** IV 2212

—, 6-Methyl-1,1-dioxo-2-[α-
 p-tolylmercapto-benzyl]- **17** IV 2212

—, 7-Methyl-1,1-dioxo-2-[α-
 p-tolylmercapto-benzyl]- **17** IV 2213

—, 7-Methyl-2-[4-nitro-benzyliden]-1,1-
 dioxo- **17** IV 5450

—, 2-[2-Nitro-phenyl]-1,1-dioxo- **17**
 IV 1659

—, 2-[4-Nitro-phenyl]-1,1-dioxo- **17**
 II 153 b

Benzo[b]thiophen-4-on
—, 2-Äthyl-6,7-dihydro-5H- **17** IV 4740
  — azin **17** IV 4741
  — [2,4-dinitro-phenylhydrazon] **17**
    IV 4740
  — oxim **17** IV 4740
  — semicarbazon **17** IV 4740
—, 2-Äthyl-3-methyl-6,7-dihydro-5H-
  17 IV 4747
—, 5,7-Bis-[4-dimethylamino-
  phenylimino]-6-methyl-6,7-dihydro-5H-
  18 IV 8038
—, 6-Brom-5-hydroxy-7-phenylimino-
  7H- **18** IV 1316
—, 2-tert-Butyl-6,7-dihydro-5H- **17**
  IV 4750
  — semicarbazon **17** IV 4750
—, 3-tert-Butyl-6,7-dihydro-5H- **17**
  IV 4750
  — semicarbazon **17** IV 4751
—, 2-Chlor-6,7-dihydro-5H- **17** IV 4727
  — semicarbazon **17** IV 4727
—, 6,7-Dihydro-5H- **17** IV 4726
  — [O-acetyl-oxim] **17** IV 4726
  — [2,4-dinitro-phenylhydrazon] **17**
    IV 4726
  — oxim **17** IV 4726
  — semicarbazon **17** IV 4726
—, 5-[4-Dimethylamino-anilino]-7-
  [4-dimethylamino-phenylimino]-6-methyl-
  7H- **18** IV 8038
—, 7-[4-Dimethylamino-anilino]-5-
  [4-dimethylamino-phenylimino]-6-methyl-
  5H- **18** IV 8038
—, 2,3-Dimethyl-6,7-dihydro-5H- **17**
  IV 4741
  — semicarbazon **17** IV 4741
—, 2-Methyl-6,7-dihydro-5H- **17**
  IV 4733
  — azin **17** IV 4733
  — [2,4-dinitro-phenylhydrazon] **17**
    IV 4733
  — oxim **17** IV 4733
  — semicarbazon **17** IV 4733
—, 5-Methyl-6,7-dihydro-5H- **17**
  IV 4734
—, 6-Methyl-6,7-dihydro-5H- **17**
  IV 4735
  — [2,4-dinitro-phenylhydrazon] **17**
    IV 4735
  — oxim **17** IV 4735
  — semicarbazon **17** IV 4735
—, 5-[1]Naphthylmethylen-6,7-dihydro-
  5H- **17** IV 5543
—, 2-Phenyl-6,7-dihydro-5H- **17**
  IV 5276
—, 2,3,6-Trichlor-5-hydroxy-7-
  phenylimino-7H- **18** IV 1315

Benzo[b]thiophen-5-on
—, 3,4-Dibrom-4-nitro-4H- **18** IV 6620
—, 4-Hydroxyimino-4H- **17** IV 6129
—, 3,4,4,6-Tetrabrom-4H- **17** IV 4946
—, 2,3,4,6-Tetrabrom-4-nitro-4H- **17**
  IV 6130
—, 4,4,6-Tribrom-4H- **17** IV 4946
Benzo[b]thiophen-6-on
—, 3,4,5,5,7,7-Hexachlor-2-phenyl-4,7-
  dihydro-5H- **17** IV 5276
Benzo[c]thiophen-1-on
—, 3H- **17** 314 a, IV 4953
—, 3-Äthyliden-3H- **17** IV 5087
—, 6-Amino-3H- **18** IV 7894
—, 6-Chlor-3H- **17** IV 4953
—, 3,3-Diphenyl-3H- **17** IV 5562
—, Hexahydro- **17** IV 4334
—, 3-[4-Hydroxy-phenyl]-3H- **18**
  IV 613
—, 3-[1]Naphthyl-3H- **17** IV 5535
—, 3-Phenyl-3H- **17** IV 5319 e
Benzo[c]thiophen-4-on
—, 1,3-Diäthyl-6,7-dihydro-5H- **17**
  IV 4752
  — azin **17** IV 4752
  — [2,4-dinitro-phenylhydrazon] **17**
    IV 4752
  — oxim **17** IV 4752
—, 1,3-Dimethyl-6,7-dihydro-5H- **17**
  IV 4742
Benzo[b]thiophen-1-oxid
—, 2,3-Dihydro- **17** IV 405
—, 3-Methyl-2,3-dihydro- **17** IV 422
Benzo[c]thiophen-2-oxid
—, 1,3-Dihydro- **17** IV 408
Benzo[b]thiophen-7-sulfonsäure
—, 4-Amino-5-hydroxy- **18** IV 8286
—, 4,5-Dioxo-4,5-dihydro- **18** IV 6745
Benzo[b]thiophen-2-thiol 17 IV 4947
Benzo[b]thiophen-3-thiol 17 IV 1464
Benzo[b]thiophen-5-thiol 17 IV 1471
Benzo[b]thiophen-2-thion
—, 3H- **17** IV 4947
Benzo[c]thiophen-1-thion
—, 3H- **17** 314 c
—, 3,3-Diphenyl-3H- **17** 392 b
Benzo[b]thiophen-1-[toluol-4-sulfonylimid]
—, 2-Äthyl-2,3-dihydro- **17** IV 434
Benzo[b]thiophen-3-ylamin 18 586 c,
  II 420 f, IV 7161
1λ⁶-Benzo[b]thiophen-3-ylamin
—, 1,1-Dioxo- **18** IV 7161
Benzo[b]thiophen-4-ylamin 18 IV 7163
—, 4,5,6,7-Tetrahydro- **18** IV 7148
Benzo[b]thiophen-5-ylamin 18 IV 7164
—, 3-Brom- **18** IV 7165
—, 4-Brom- **18** IV 7165
—, 3-Methyl- **18** IV 7168
—, 4-Nitro- **18** IV 7165

Benzo[*b*]thiophen-5-ylamin (Fortsetzung)
—, 3-Phenyl- **18** IV 7245
—, 4-Phenylazo- **18** IV 8349
1λ⁶-Benzo[*b*]thiophen-5-ylamin
—, 3-Brom-1,1-dioxo- **18** IV 7165
—, 6-Brom-1,1-dioxo- **18** IV 7165
—, 1,1-Dioxo- **18** IV 7164
—, 1,1-Dioxo-2,3-dihydro- **18** IV 7150
—, 6-Nitro-1,1-dioxo- **18** IV 7166
Benzo[*b*]thiophen-6-ylamin **18** IV 7166
1λ⁶-Benzo[*b*]thiophen-6-ylamin
—, 1,1-Dioxo- **18** IV 7166
—, 1,1-Dioxo-2,3-dihydro- **18** IV 7150
Benzo[*b*]thiophen-2-yllithium **18** IV 8403
Benzo[*b*]thiophen-2-ylquecksilber(1+)
—, 3,5-Dimethyl- **18** IV 8425
—, 3-Methyl- **18** IV 8425
—, 5-Methyl-3-phenyl- **18** IV 8427
—, 3-Phenyl- **18** IV 8426
1λ⁶-Benzo[*b*]thiophen-2-ylquecksilber(1+)
—, 3-Methoxy-1,1-dioxo-2,3-dihydro-
18 IV 8434
Benzo[*b*]thiophen-3-ylquecksilber(1+) **18**
IV 8425
—, 2-Äthyl-4,5,6,7-tetrahydro- **18**
IV 8423
—, 2-Methyl-4,5,6,7-tetrahydro- **18**
IV 8423
1-Benzothiopyran
s. Thiochromen
—, 3,4-Dihydro-2*H*- s. Thiochroman
2-Benzothiopyran
s. Isothiochromen
—, 3,4-Dihydro-1*H*- s. Isothiochroman
Benzo[*b*]thiopyran
s. Thiochromen
—, 3,4-Dihydro-2*H*- s. Thiochroman
Benzo[*c*]thiopyran
s. Isothiochromen
—, 3,4-Dihydro-1*H*- s. Isothiochroman
Benzo[*b*]thiopyran-1,1-dioxid
—, 3,4-Dihydro-2*H*- **17** I 23 a
1-Benzothiopyrylium
s. Thiochromenylium
2-Benzothiopyrylium
—, 1,2,3,4-Tetrahydro- s.
Isothiochromanium
Benzo[*b*]thiopyrylium
s. Thiochromenylium
Benzo[*a*]thioxanthen
—, 9-Nitro-12*H*- **17** IV 717
Benzo[*kl*]thioxanthen 17 IV 716
7λ⁶-Benzo[*kl*]thioxanthen
—, 6-Chlor-7,7-dioxo- **17** IV 717
—, 7,7-Dioxo- **17** IV 717
Benzo[*kl*]thioxanthen-7,7-dioxid 17 IV 717
—, 6-Chlor- **17** IV 717
—, x,x-Dihydro- **17** IV 717
Benzo[*a*]thioxanthen-12-on 17 IV 5532 f

—, 6-Amino- **18** I 577 a
—, 9-Nitro- **17** IV 5532
Benzo[*b*]thioxanthen-12-on 17 IV 5532 f
—, 6,11-Diacetoxy- **18** I 370 a,
II 112 a
—, 6,11-Dihydroxy- **18** II 111 g
Benzo[*c*]thioxanthen-7-on 17 IV 5532
—, 6-Amino- **18** I 577 a
—, 5,6-Diacetoxy- **18** I 370 d
Benzo[*b*]thioxanthen-6,11,12-trion 17
II 531 c
Benzo[*c*]thioxanthen-5,6,7-trion 17 II 531 d
Benzo[1,2-*c*;3,4-*c*′;5,6-*c*″]trifuran-1,4,7-trion
—, 3,6,9-Trihydroxy-3,6,9-triphenyl-
3*H*,6*H*,9*H*- **10** III 4169 b
Benzo[*b*]triphenylen-1-carbonsäure
—, 9-Acetoxy-14-hydroxy-,
— lacton **18** IV 861
—, 9,14-Hydroxy-,
— 14-lacton **18** IV 861
—, 14-Hydroxy-14-methoxy-9-oxo-9,14-
dihydro-,
— lacton **18** IV 1988
**Benzo[11,12]triphenyleno[1,2-*c*]furan-9,11-
dion**
—, 7-Methyl- **17** IV 6623
—, 7-Methyl-8,8a,11a,11b-tetrahydro-
17 IV 6609
Benz[*d*]oxacyclododecin-2,10-dion
—, 11,13-Bis-benzoyloxy-4-methyl-
4,5,6,7,8,9-hexahydro-1*H*- **18** IV 2421
—, 11,13-Bis-[4-chlor-benzoyloxy]-4-
methyl-4,5,6,7,8,9-hexahydro-1*H*- **18**
IV 2421
—, 11,13-Diacetoxy-4-methyl-4,5,6,7,8,9-
hexahydro-1*H*- **18** IV 2420
—, 11,13-Dihydroxy-4-methyl-12,14-bis-
phenylazo-4,5,6,7,8,9-hexahydro-1*H*- **18**
IV 8345
—, 11,13-Dihydroxy-4-methyl-4,5,6,7,8,9-
hexahydro-1*H*- **18** IV 2420
— 10-oxim **18** IV 2421
—, 11,13-Dihydroxy-4-methyl-4,5,6,7-
tetrahydro-1*H*- **18** IV 2528
—, 11,13-Dimethoxy-4-methyl-4,5,6,7,8,9-
hexahydro-1*H*- **18** IV 2420
Benz[*d*]oxacyclododecin-2-on
—, 11,13-Bis-benzoyloxy-4-methyl-
1,4,5,6,7,8,9,10-octahydro- **18** IV 1289
—, 11,13-Diacetoxy-4-methyl-1,4,5,6,7,8,⇌
9,10-octahydro- **18** IV 1289
—, 11,13-Dihydroxy-4-methyl-1,4,5,6,7,8,⇌
9,10-octahydro- **18** IV 1289
Benzo[*a*]xanthen
—, 12*H*- **17** IV 717
—, 9-Acetoxy-12-[4-acetoxy-2-hydroxy-
phenyl]-12-acetyl-12*H*- **18** IV 2841
—, 9-Acetoxy-12-[4-acetoxy-3-methoxy-
phenyl]-12-acetyl-12*H*- **18** IV 2841

Benzo[a]xanthen (Fortsetzung)
—, 9-Acetoxy-12-[4-methoxy-phenyl]-12H- **17** I 110 b
—, 12-Äthoxy-12-phenyl-12H- **17** IV 1749
—, 9-Benzoyloxy-12-phenyl-12H- **17** I 87 d
—, 12-Benzyliden-12H- **17** IV 789
—, 12-[α-Brom-benzyliden]-12H- **17** IV 789
—, 12-[α-Brom-4-chlor-benzyliden]-12H- **17** IV 789
—, 9-Dimethylamino-12-phenyl-12H- **18** II 425 g
—, 12-Methoxy-12-phenyl-12H- **17** IV 1749
—, 12-[1]Naphthyl-12H- **17** I 46 e, II 98 f
—, 12-Phenyl-12H- **17** II 94 a, IV 779
—, 12-Phenyl-x,x-dihydro-12H- **17** IV 1749
Benzo[b]xanthen
—, 12-Phenyl-12H- **17** I 43 n, II 93 f, IV 779
Benzo[c]xanthen
—, 7H- **17** IV 718
—, 5-Acetoxy-6-[2-acetoxy-3,5-dimethyl-benzyl]-9,11-dimethyl-7H- **17** IV 2255
—, 5-Brom-7-[α-brom-benzyliden]-7H- **17** IV 789
—, 8-Methyl-7H- **17** IV 724
—, 9-Methyl-7H- **17** IV 724
—, 10-Methyl-7H- **17** IV 724
—, 11-Methyl-7H- **17** IV 725
—, 7-Phenyl-7H- **17** IV 780
Benzo[kl]xanthen **17** IV 716
—, 10-Acetoxy- **17** IV 1698
—, 10-Methoxy- **17** IV 1698
—, 1,2,3,11b-Tetrahydro- **17** IV 673
Benzo[a]xanthen-9-carbonsäure
—, 8,11-Dihydroxy-10-[2]naphthyloxy-12-oxo-12H- **18** IV 6649
Benzo[a]xanthen-11-carbonsäure
—, 3,6-Dibrom-12-oxo-12H- **10** III 4482 a
—, 12-Oxo-12H- **18** IV 5699
—, 8,9,10-Trichlor-12-oxo-12H- **18** I 507 c, IV 5699
Benzo[c]xanthen-5,6-chinon
—, 8,8,11a-Trimethyl-7a,8,9,10,11,11a-hexahydro-7H- **17** IV 6418
Benzo[c]xanthen-8,9-dicarbonsäure
—, 10-[4-Methoxy-phenyl]-7-oxo-7a,8,9,10-tetrahydro-7H-,
— dimethylester **18** IV 6649
Benzo[a]xanthen-9-ol **17** II 160 d
—, 12-[4-Methoxy-phenyl]-12H- **17** I 110 a
—, 12-Phenyl-12H- **17** I 87 c

Benzo[a]xanthen-12-ol
—, 12-Benzyl-12H- **17** IV 1752
—, 10-Nitro-12-phenyl-12H- **17** IV 1749
—, 12-Phenyl-12H- **17** II 172 a, IV 1748
Benzo[b]xanthen-1-ol
—, 12H- **17** IV 1699
Benzo[b]xanthen-12-ol
—, 12-Phenyl-12H- **17** IV 1748
Benzo[c]xanthen-5-ol
—, 6-[2-Hydroxy-3,5-dimethyl-benzyl]-9,11-dimethyl-7H- **17** IV 2255
Benzo[c]xanthen-7-ol
—, 7H- **17** 138 F
—, 7-Phenyl-7H- **17** IV 1748
Benzo[kl]xanthen-10-ol **17** IV 1698
—, 4-Chlor- **17** IV 1698
—, 6-Methoxy- **17** IV 2230
Benzo[a]xanthen-9-on
—, 6-[3,4-Dihydroxy-benzyl]-2,10-dihydroxy-5-[4-hydroxy-2-methoxy-phenyl]-1,3-dimethoxy- **18** IV 3639
—, 6-[2,4-Dihydroxy-benzyl]-5-[3,4-dihydroxy-phenyl]-1,2,3,10-tetrahydroxy- **18** IV 3638
—, 2,10-Dihydroxy-5-[4-hydroxy-2-methoxy-phenyl]-1,3-dimethoxy-6-vanillyl- **18** IV 3639
—, 12-[2,4-Dihydroxy-phenyl]- **18** II 135 h
—, 6-[2,4-Dimethoxy-benzyl]-5-[3,4-dimethoxy-phenyl]-1,2,3,10-tetramethoxy- **18** IV 3638
—, 5-[2,4-Dimethoxy-phenyl]-1,2,3,10-tetramethoxy-6-veratryl- **18** IV 3639
—, 12-Phenyl- **17** I 224 h
Benzo[a]xanthen-12-on **17** 389 a, I 213 f, II 413 a, IV 5532
Benzo[b]xanthen-12-on **17** II 413 a, IV 5531
—, 3-Acetoxy- **18** I 334 b
—, 2-Benzolsulfonyl-1-hydroxy- **18** IV 1928
—, 1-Benzolsulfonyloxy- **18** IV 811
—, 2-Benzoyl-1-hydroxy- **18** IV 1988
—, 1-Benzoyloxy- **18** IV 811
—, 2-Chlor- **17** IV 5531
—, 3,4-Dihydroxy- **18** I 370 b
—, 1-Hydroxy- **18** IV 811
—, 3-Hydroxy- **18** I 334 a
—, 2-Methyl- **17** 389 d
Benzo[c]xanthen-7-on **17** 388 f, IV 5532
—, 4-Acetoxy- **18** 66 e
—, 10-Acetoxy-5,6-dihydro- **18** IV 799
—, 4-Hydroxy- **18** 66 d
—, 10-Hydroxy-5,6-dihydro- **18** IV 799
—, 8-Methyl- **17** IV 5536
—, 9-Methyl- **17** IV 5536

Benzo[c]xanthen-7-on   (Fortsetzung)
—, 10-Methyl- **17** IV 5536
—, 11-Methyl- **17** IV 5536
Benzo[a]xanthen-12-thion 17 IV 5532
Benzo[c]xanthen-7-thion 17 IV 5532
Benzo[b]xanthen-6,11,12-trion
—, 7,10-Bis-benzoyloxy-3,8-dimethoxy-1-
    methyl- **18** IV 3612
—, 7,10-Dihydroxy-3,8-dimethoxy-1-
    methyl- **18** IV 3611
Benzo[b]xanthen-7,10,12-trion
—, 6,11-Bis-benzoyloxy-3,8-dimethoxy-1-
    methyl- **18** IV 3612
—, 6,11-Dihydroxy-3,8-dimethoxy-1-
    methyl- **18** IV 3611
Benzo[a]xanthen-12-yl
—, 12-Phenyl-12*H*- **17** I 44 d
Benzo[b]xanthen-12-yl
—, 12-Phenyl-12*H*- **17** I 44 d
Benzo[a]xanthenylium
—, 6-[2,4-Dihydroxy-benzyl]-5-
    [3,4-dihydroxy-phenyl]-1,2,3,9,10-
    pentahydroxy- **18** IV 3638
—, 6-[2,4-Dimethoxy-benzyl]-5-
    [3,4-dimethoxy-phenyl]-9-hydroxy-
    1,2,3,10-tetramethoxy- **18** IV 3639
—, 5-[2,4-Dimethoxy-phenyl]-9-hydroxy-
    1,2,3,10-tetramethoxy-6-veratryl- **18**
    IV 3639
—, 8-[2-Hydroxy-[1]naphthylmethylen]-
    8,9,10,11-tetrahydro- **17** II 212 c
—, 12-Phenyl- **17** IV 1748
Benzo[b]xanthenylium
—, 12-Phenyl- **17** IV 1748
Benzo[c]xanthenylium 17 138 f
Benz[f][1,4]oxazocin-1,6-dion
—, 4-Hydroxymethyl-4-methyl-4,5-
    dihydro-3*H*- **17** IV 6139
1-Benzoxepin
    s. Benz[b]oxepin
2-Benzoxepin
    s. Benz[c]oxepin
3-Benzoxepin
    s. Benz[d]oxepin
Benz[b]oxepin
—, 2-Acetoxy-2,3,4,5-tetrahydro- **17**
    IV 1362
—, 7-Acetyl-2,3,4,5-tetrahydro- **17**
    IV 5005
—, 6,2,5-Äthanylyliden- s. 2,5-Cyclo-
    indeno[7,1-bc]oxepin
—, 5-Amino-7,8-dimethyl-2,3,4,5-
    tetrahydro- **18** IV 7157
—, 7-Chlormethyl-2,3,4,5-tetrahydro-
    17 IV 444
—, 4,5-Dibrom-7,8-dimethyl-2,3,4,5-
    tetrahydro- **17** IV 452
—, 5,5-Dichlor-7,8-dimethyl-2,3,4,5-
    tetrahydro- **17** IV 452

—, 7,8-Dimethyl-2,3-dihydro- **17**
    IV 521
—, 7,8-Dimethyl-2,3,4,5-tetrahydro- **17**
    IV 452
—, 7-Hydroxymethyl-2,3,4,5-tetrahydro-
    17 IV 1372
—, 7-Methyl-2,3,4,5-tetrahydro- **17**
    IV 444
—, 7-[Phenylcarbamoyloxy-methyl]-
    2,3,4,5-tetrahydro- **17** IV 1372
—, 7-Propionyl-2,3,4,5-tetrahydro- **17**
    IV 5019
—, 2,3,4,5-Tetrahydro- **17** IV 428
—, 5,7,8-Trimethyl-2,3-dihydro- **17**
    IV 528
Benz[c]oxepin
—, 3,3-Diphenyl-1,3,4,5-tetrahydro- **17**
    IV 740
—, 3-Phenyl-1,3,4,5-tetrahydro- **17**
    IV 640
Benz[b]oxepin-2-carbonsäure
—, 2,3,4,5-Tetrahydro- **18** IV 4220
Benz[b]oxepin-4-carbonsäure
—, 5-[2-Methoxycarbonyl-äthyl]-5-
    methyl-2-oxo-2,3,4,5-tetrahydro-,
    — methylester **18** IV 6169
Benz[b]oxepin-7-carbonsäure
—, 2,3,4,5-Tetrahydro- **18** IV 4221
Benz[c]oxepin-4-carbonsäure
—, 3-Methyl-1,5-dioxo-1,5-dihydro-,
    — äthylester **18** I 516 b, II 357 d
Benz[c]oxepin-8-carbonsäure
—, 5,5-Dimethyl-1,3-dioxo-1,3,4,5-
    tetrahydro- **18** IV 6057
Benz[d]oxepin-2,4-dicarbonsäure 18 IV 4564
    — dimethylester **18** IV 4564
Benz[b]oxepin-2,3-dion 17 IV 6281
—, 8-Hydroxy- **18** IV 1519
Benz[b]oxepin-2,5-dion
—, 6,8-Dimethoxy-4-[4-methoxy-phenyl]-
    3,4-dihydro- **18** IV 3334
Benz[b]oxepin-4,5-dion
—, 7,8-Dimethyl-2,3-dihydro- **17**
    IV 6201
    — dioxim **17** IV 6202
    — 4-oxim **17** IV 6202
Benz[c]oxepin-1,3-dion 17 IV 6281
Benz[d]oxepin-2,4-dion
—, 1,1,5,5-Tetramethyl-1,5-dihydro- **17**
    IV 6214
Benz[b]oxepin-5-ol
—, 4-Amino-7,8-dimethyl-2,3,4,5-
    tetrahydro- **18** IV 7339
—, 7,8-Dimethyl-2,3,4,5-tetrahydro- **17**
    IV 1380
—, 5,7,8-Trimethyl-2,3,4,5-tetrahydro-
    17 IV 1388
Benz[b]oxepin-2-on
—, 4-Acetyl-3*H*- **17** IV 6294

Benz[*b*]oxepin-2-on   (Fortsetzung)
—, 4-Acetyl-8-hydroxy-3*H*- **18** IV
1537
—, 3-Chlor-4,5-dihydro-3*H*- **17** IV 4973
—, 4,5-Dihydro-3*H*- **17** IV 4973
—, 7-Methoxy-4,5-dihydro-3*H*- **18**
IV 185

Benz[*b*]oxepin-5-on
—, 4-Acetoxy-7,8-dimethyl-3,4-dihydro-
2*H*- **18** IV 222
—, 4-Amino-7,8-dimethyl-3,4-dihydro-
2*H*- **18** IV 7915
—, 4-Benzyliden-7,8-dimethyl-3,4-
dihydro-2*H*- **17** IV 5479
—, 4-Brom-7,8-dimethyl-3,4-dihydro-
2*H*- **17** IV 5006
—, 4,4-Dibrom-7,8-dimethyl-3,4-dihydro-
2*H*- **17** IV 5006
—, 3,4-Dihydro-2*H*- **17** IV 4973
—, 7,8-Dimethyl-3,4-dihydro-2*H*- **17**
IV 5006
    — oxim **17** IV 5006
    — semicarbazon **17** IV 5006
—, 7,8-Dimethyl-4-
dimethylaminomethyl-3,4-dihydro-2*H*-
18 IV 7917
—, 4-Hydroxy-7,8-dimethyl-3,4-dihydro-
2*H*- **18** IV 222
—, 4-Hydroxyimino-7,8-dimethyl-3,4-
dihydro-2*H*- **17** IV 6202
—, 8-Methoxy-3,4-dihydro-2*H*- **18**
IV 185
    — oxim **18** IV 185
    — semicarbazon **18** IV 185
—, 7-Methyl-3,4-dihydro-2*H*- **17**
IV 4989
    — oxim **17** IV 4989
    — semicarbazon **17** IV 4989

Benz[*c*]oxepin-1-on
—, 4,5-Dihydro-3*H*- **17** IV 4974

Benz[*b*]oxepin-5-ylamin
—, 7,8-Dimethyl-2,3,4,5-tetrahydro- **18**
IV 7157

Benzoxet
—, Hexahydro- s. 7-Oxa-bicyclo[4.2.0]≠
octan

Benzoxiren
—, Hexahydro- s. Cyclohexan, Epoxy-
—, Tetrahydro- s. Cyclohexen, Epoxy-

Benz[*a*]oxireno[*c*]cyclohepten
s. Benzocyclohepten, 5,6-Epoxy-5*H*-

Benz[*a*]oxireno[*c*]cycloocten
—, 1a,2,3,4,5,9b-Hexahydro- **17** IV 524

Benz[*e*]oxonin-3,5-dion 17 IV 6344

Benz[*b*]oxonin-2-on
—, 4,5,6,7-Tetrahydro-3*H*- **17** IV 5005

Benzoylaceton
s. Butan-1,3-dion, 1-Phenyl-

Benzoylazid
—, 2-[2]Thienylmercapto- **17** IV 1230

Benzoylchlorid
—, 3-[3-Chlor-5-phenyl-[2]furyl]- **18**
IV 4395
—, 3-[4-Chlor-5-phenyl-[2]furyl]- **18**
IV 4395
—, 3-Methoxy-4-[tetra-*O*-acetyl-
glucopyranosyloxy]- **17** IV 3372
—, 2-Phthalidylmethyl- **18** II 344 f

Benzoylformoin 8 474 f, III 3813 b

α-Benzpinakolin 17 94 c, I 45 b, II 94 e
s. Oxiran, Tetraphenyl-

Benzylalkohol
—, 2-[*O²*-Benzoyl-glucopyranosyloxy]-
17 IV 3298
—, 2-[*O⁶*-Benzoyl-glucopyranosyloxy]-
17 IV 3298
—, 2-Chlor-α-[3,3-diphenyl-
oxiranylperoxy]- **17** IV 1617
—, α-[3,3-Diphenyl-oxiranylperoxy]- **17**
IV 1617
—, 2-Galactopyranosyloxy- **17** IV 2986
—, 2-Glucopyranosyloxy- **17** IV
2986, **31** 214 e
—, 4-Glucopyranosyloxy- **17** IV 2988
—, 3-Glucopyranosyloxymethyl-
31 220 c
—, 4-Glucopyranosyloxymethyl-
31 220 d
—, 2-[Hepta-*O*-acetyl-maltosyloxy]- **17**
IV 3569
—, 4-[Hepta-*O*-acetyl-maltosyloxy]- **17**
IV 3569
—, 2-Hydroxy-3-methoxy-5-[7-methoxy-
3-methyl-5-propenyl-2,3-dihydro-
benzofuran-2-yl]- **17** IV 2713
—, 2-Maltosyloxy- **17** IV 3527
—, 4-Maltosyloxy- **17** IV 3528
—, α-[3-(4-Methoxy-phenyl)-3-phenyl-
oxiranylperoxy]- **17** IV 2179
—, 2-[Tetra-*O*-acetyl-
galactopyranosyloxy]- **17** IV 3196
—, 2-[Tetra-*O*-acetyl-glucopyranosyloxy]-
17 IV 3196
—, 4-[Tetra-*O*-acetyl-glucopyranosyloxy]-
17 IV 3199
—, 2-[3,4,5-Triacetoxy-6-acetoxymethyl-
tetrahydro-pyran-2-yloxy]- **17** IV 3196
—, 2-[*O⁶*-Veratroyl-glucopyranosyloxy]-
17 IV 3373

Bergaptensäure 18 IV 5047
—, *O*-Äthyl- **18** 356 f,
IV 5047
—, *O*-Methyl- **18** 356 e,
IV 5047

Bergenin 19 IV 3198
—, Amino- **19** IV 4342
—, Phenylazo- **19** IV 4405
Bernsteinaldehydsäure 3 III 1209 e
Bernsteinsäure
— [3-acetoxy-14-hydroxy-17-(5-oxo-2,5-dihydro-[3]furyl)-androstan-16-ylester]-methylester **18** IV 2460
— [16-acetoxy-14-hydroxy-17-(5-oxo-2,5-dihydro-[3]furyl)-androstan-3-ylester]-methylester **18** IV 2460
— anhydrid **17** 407 b, I 228 e, II 429 c, IV 5820
— bis-furfurylidenydrazid **17** IV 4441
— bis-[5-hydroxymethyl-furfurylidenhydrazid] **18** IV 108
— bis-[5-methyl-furfurylidenhydrazid] **17** IV 4527
— bis-[5-nitro-furfurylidenhydrazid] **17** IV 4466
— bis-[2-tetrahydrofurfuryloxy-äthylester] **17** IV 1101
— butylester-furfurylester **17** IV 1249
— difurfurylester **17** IV 1249
— [14-hydroxy-17-(5-oxo-2,5-dihydro-[3]furyl)-androstan-3-ylester]-methylester **18** IV 1474
— mono-[3-acetoxy-14-hydroxy-17-(5-oxo-2,5-dihydro-[3]furyl)-androstan-16-ylester] **18** IV 2460
— mono-[16-acetoxy-14-hydroxy-17-(5-oxo-2,5-dihydro-[3]furyl)-androstan-3-ylester] **18** IV 2459
— monoamid s. Succinamidsäure
— monoanilid s. Succinamidsäure, N-Phenyl-
— mono-[5,14-dihydroxy-19-oxo-17-(5-oxo-2,5-dihydro-[3]furyl)-androstan-3-ylester] **18** IV 3134
— mono-[2,3-dimethyl-4-oxo-4H-chromen-6-ylmethylester] **18** IV 408
— mono-[4,4-dimethyl-2-oxo-tetrahydro-[3]furylester] **18** IV 25
— mono-[16,17-epoxy-11-hydroxy-3,20-dioxo-pregn-4-en-21-ylester] **18** IV 2535
— mono-[16,17-epoxy-12-hydroxy-20-oxo-pregnan-3-ylester] **18** IV 1301
— mono-[16,17-epoxy-3,11,20-trioxo-pregn-4-en-21-ylester] **18** IV 2578
— monofurfurylester **17** IV 1249
— mono-[14-hydroxy-17-(5-oxo-2,5-dihydro-[3]furyl)-androstan-3-ylester] **18** IV 1474

— mono-[3-methyl-4-oxo-2-phenyl-4H-chromen-6-ylmethylester] **18** IV 769
— mono-[2-oxo-2a,5,5a,6,8a,8b-hexahydro-2H-naphtho[1,8-bc]furan-6-ylester] **18** IV 216
— mono-[2,2,5,7,8-pentamethyl-chroman-6-ylester] **17** IV 1395
— mono-α-tocopherylester **17** IV 1442
—, 2-Acetonyl-3-[2-hydroxy-5-methyl-phenyl]-,
— 1-lacton-4-methylester **18** IV 6059
— 4-lacton-1-methylester **18** IV 6059
—, Acetoxy-,
— anhydrid **18** 81 d, II 55 f, IV 1123
—, [α-Acetoxy-benzhydryl]-benzhydryliden-,
— anhydrid **18** IV 1998
—, Acetoxy-benzyliden-,
— anhydrid **18** 107 a
—, 2-Acetoxy-2-chlorcarbonylmethyl-,
— anhydrid **18** IV 6457
—, [3-Acetoxy-10,13-dimethyl-17-(1,4,5-trimethyl-hex-2-enyl)-Δ⁵,⁸⁽¹⁴⁾-dodecahydro-cyclopenta[a]-phenanthren-7-yl]-,
— anhydrid **18** IV 1757
—, [3-Acetoxy-ergosta-5,8(14),22-trien-7-yl]-,
— anhydrid **18** IV 1757
—, [1-(7-Acetoxy-heptyl)-undec-2-enyl]-,
— anhydrid **18** IV 1184
—, 2-Acetoxy-3-[1-hydroxy-äthyl]-,
— 4-äthylester-1-lacton **18** IV 6265
—, Acetoxyimino-,
— anhydrid **17** 554 e
—, [4-Acetoxy-3-methoxy-phenyl]-,
— anhydrid **18** II 154 c
—, Acetoxymethyl-trimethyl-,
— anhydrid **18** 83 a
—, [2-Acetoxy-phenyl]-,
— anhydrid **18** 103 d, vgl. IV 5523 b
—, Acetoxy-trimethyl-,
— anhydrid **18** 82 d
—, 2-[N-Acetyl-anilino]-2-methyl-,
— anhydrid **18** 620 a
—, 2-[1-(3-Acetyl-2,4-dihydroxy-phenyl)-äthyliden]-,
— 1→2-lacton **18** IV 6530
—, 2-Acetyl-2-[1-hydroxy-äthyl]-,
— 1-äthylester-4-lacton **18** IV 5975
—, 2-Acetyl-3-[1-hydroxy-äthyliden]-,
— 4-äthylester-1-lacton **18** IV 5990
—, 2-Acetyl-3-[α-hydroxy-benzyl]-,
— 4-äthylester-1-lacton **18** IV 6057

Bernsteinsäure (Fortsetzung)
—, 2-Acetyl-2-[1-hydroxy-butyl]-,
    — 1-äthylester-4-lacton **18** IV 5981
—, 2-Acetyl-3-[α-hydroxy-isopropyl]-,
    — 4-äthylester-1-lacton **18** IV 5977
—, Acetylmercapto-,
    — anhydrid **18** IV 1124
—, Acetyl-veratryliden-,
    — anhydrid **18** IV 3154
—, [1-Äthoxy-äthyliden]-,
    — anhydrid **18** IV 1164
—, [2-Äthoxy-benzyliden]-
    benzhydryliden-,
    — anhydrid **18** 156 a
—, Äthoxycarbonylimino-,
    — anhydrid **17** IV 6678
—, [3-Äthoxycarbonyl-5,6,7-trihydroxy-
    1-oxo-isochroman-4-yl]-,
    — diäthylester **18** IV 6694
—, 2-Äthoxymethyl-3-[1-hydroxy-äthyl]-,
    — 4-äthylester-1-lacton **18** IV 6268
—, Äthyl-,
    — anhydrid **17** 416 c, II 433 a,
      IV 5837
—, Äthyl-äthyliden-,
    — anhydrid **17** 452 a
—, 2-[1-(4-Äthyl-2,5-dihydroxy-phenyl)-
    äthyliden]-,
    — 1→2-lacton **18** IV 6393
—, 2-[1-(5-Äthyl-2,4-dihydroxy-phenyl)-
    äthyliden]-,
    — 1→2-lacton **18** IV 6392
—, 3-Äthyl-2,2-diphenyl-,
    — anhydrid **17** IV 6459
—, 2-Äthyl-3-dodecyl-,
    — anhydrid **17** IV 5894
—, 2-Äthyl-3-hydroxymethyl-,
    — 4-äthylester-1-lacton **18** IV 5285
    — 4-chlorid-1-lacton **18** IV 5286
    — 1-lacton **18** IV 5284
—, 2-Äthyl-3-hydroxy-2-methyl-,
    — 1-lacton **18** IV 5290
—, Äthyliden-methyl-,
    — anhydrid **17** 449 c
—, 2-Äthyl-2-methyl-,
    — anhydrid **17** 421 b, IV 5858
—, 2-Äthyl-3-methyl-,
    — anhydrid **17** 421 c, IV 5859
—, Äthyl-methylen-,
    — anhydrid **17** 449 b
—, Äthyl-oxo-,
    — anhydrid **17** IV 6681
—, 2-Äthyl-2-phenyl-,
    — anhydrid **17** IV 6201
—, [1-Äthyl-3-phenyl-allyl]-,
    — anhydrid **17** IV 6313
—, 2-[1-(5-Äthyl-2,3,4-trihydroxy-phenyl)-
    äthyliden]-,
    — 1→2-lacton **18** IV 6510

—, Allyl-,
    — anhydrid **17** IV 5922
—, 2-Amino-2,3-dimethyl-,
    — anhydrid **18** 620 b
—, [9]Anthryl-,
    — anhydrid **17** IV 6509
—, Azido-,
    — anhydrid **17** IV 5823
—, [7H-Benz[de]anthracen-7-yl]-,
    — anhydrid **17** IV 6551
—, Benzhydryliden-,
    — anhydrid **17** 534 e, I 272 f
—, Benzhydryliden-benzyliden-,
    — anhydrid **17** 548 a, I 279 c,
      II 519 a, IV 6606
—, 3-Benzhydryliden-2-brom-2-[α-brom-
    benzyl]-,
    — anhydrid **17** 547 c
—, Benzhydryliden-[4-chlor-benzyliden]-,
    — anhydrid **17** 548 b
—, Benzhydryliden-cinnamyliden-,
    — anhydrid **17** 550 d
—, Benzhydryliden-[2,3-dibrom-3-phenyl-
    propyliden]-,
    — anhydrid **17** 549 c
—, Benzhydryliden-[3,3-diphenyl-
    allyliden]-,
    — anhydrid **17** IV 6652
—, Benzhydryliden-[3,3-diphenyl-
    propyliden]-,
    — anhydrid **17** IV 6646
—, Benzhydryliden-fluoren-9-yliden-,
    — anhydrid **17** 551 e
—, Benzhydryliden-furfuryliden-
    18 343 b
—, Benzhydryliden-[4-isopropyl-
    benzyliden]-,
    — anhydrid **17** 549 e
—, Benzhydryliden-isopropyliden-,
    — anhydrid **17** 540 b
—, Benzhydryliden-[2-methoxy-
    benzyliden]-,
    — anhydrid **18** 155 d
—, Benzhydryliden-[4-methoxy-
    benzyliden]-,
    — anhydrid **18** 156 b
—, Benzhydryliden-methyl-,
    — anhydrid **17** 536 a
—, Benzhydryliden-[4-methyl-benzyliden]-,
    — anhydrid **17** 549 b
—, Benzhydryliden-[2-nitro-benzyliden]-,
    — anhydrid **17** 548 c, IV 6606
—, Benzhydryliden-[3-nitro-benzyliden]-,
    — anhydrid **17** 548 d
—, Benzhydryliden-[4-nitro-benzyliden]-,
    — anhydrid **17** 548 e
—, Benzhydryliden-veratryliden-,
    — anhydrid **18** 202 d

Bernsteinsäure (Fortsetzung)
—, [8*H*-Benzo[*fg*]naphthacen-8-yl]-,
　— anhydrid 17 IV 6615
—, 2-Benzoylamino-3-[benzoylamino-
　methyl]-,
　— anhydrid 18 IV 8031
—, 2-[1-(3-Benzoyl-2,4-dihydroxy-phenyl)-
　äthyliden]-,
　— 1→2-lacton 18 IV 6566
—, Benzoylimino-methyl-,
　— anhydrid 17 IV 6680
—, 2-Benzoyl-2-[1-methyl-3-oxo-
　phthalan-1-yl]-,
　— diäthylester 18 IV 6234
—, Benzyl-,
　— anhydrid 17 495 f, II 476 f,
　　IV 6188
—, Benzyl-benzyliden-,
　— anhydrid 17 IV 6485
—, 3-Benzyl-2,2-dimethyl-,
　— anhydrid 17 498 e, IV 6210
—, 2-Benzyl-2,3-epoxy-3-phenäthyl- 18
　II 292 c
—, 3-Benzyl-2-hydroxy-2-[4-methoxy-
　benzyl]- 10 III 2389 e
—, 2-Benzyl-3-hydroxymethyl-,
　— 4-äthylester-1-lacton 18 IV 5539
　— 1-lacton 18 IV 5538
—, 2-Benzyl-2-hydroxy-3-phenäthyl-,
　— anhydrid vgl. 18 IV 1873 c
—, 2-Benzyl-3-hydroxy-3-phenäthyl-,
　— anhydrid vgl. 18 IV 1873 c
—, 3-Benzyl-2-hydroxy-2-phenäthyl-,
　— anhydrid 18 IV 1873
—, Benzyliden-,
　— anhydrid 17 511 c, I 263 b,
　　IV 6287
—, Benzyliden-cinnamyliden-,
　— anhydrid 17 542 e
—, Benzyliden-fluoren-9-yliden-,
　— anhydrid 17 550 a
—, 2-Benzyliden-3-hydroxymethylen-,
　— 1-lacton 18 IV 5635
—, 2-Benzyliden-3-[2-hydroxy-
　[1]naphthylmethylen]-,
　— 4-lacton 18 IV 5707
—, Benzyliden-isopropyliden-,
　— anhydrid 17 517 b
—, Benzyliden-[4-methoxy-benzyliden]-,
　— anhydrid 18 141 a, IV 1930
—, Benzyliden-phenäthyl-,
　— anhydrid 17 II 508 d
—, Benzyliden-[1-phenyl-äthyliden]-,
　— anhydrid 17 539 d
—, Benzyliden-phenylhydrazono-,
　— anhydrid 17 I 285 f
—, 2-Benzyliden-3-salicyliden-,
　— 4-lacton 18 IV 5695

—, Benzylmercapto-,
　— anhydrid 18 IV 1124
—, [Benzylmercapto-methyl]-,
　— anhydrid 18 IV 1127
—, Benzyl-[4-methoxy-benzyliden]-,
　— anhydrid 18 IV 1907
—, 3-Benzyl-2-methoxy-2-[4-methoxy-
　benzyl]-,
　— anhydrid 18 IV 2779
—, 2-Benzyl-2-methoxy-3-phenäthyl-,
　— anhydrid 18 II 106 d, vgl. IV 1873 c
—, 2-Benzyl-3-methoxy-3-phenäthyl-,
　— anhydrid 18 II 106 d, vgl. IV 1873 c
—, 2-Benzyl-3-phenäthyl-,
　— anhydrid 17 II 503 e
—, Benzyl-phenäthyliden-,
　— anhydrid 17 II 508 e
—, 2-Benzyl-2-phenyl-,
　— anhydrid 17 IV 6452
—, 2-Benzyl-3-phenyl-,
　— anhydrid 17 IV 6452
—, Bibenzyl-α-yl-,
　— anhydrid 17 IV 6458
—, Bicyclohexyl-4-yl-,
　— anhydrid 17 IV 6060
—, Bis-[4-acetoxy-3-methoxy-benzyliden]-,
　— anhydrid 18 IV 3536
—, 2,3-Bis-[*N*-acetyl-anilino]-,
　— anhydrid 18 619 e
—, 2,3-Bis-[*N*-acetyl-*p*-toluidino]-,
　— anhydrid 18 619 f
—, 2,3-Bis-benzoyloxy-,
　— anhydrid 18 162 d, II 143 e,
　　IV 2297
—, Bis-[4-brom-phenylhydrazono]-,
　— anhydrid 17 II 535 a
—, Bis-[2-chlor-benzyliden]-,
　— anhydrid 17 IV 6508
—, Bis-[4-chlor-benzyliden]-,
　— anhydrid 17 IV 6509
—, Bis-[4-chlor-phenylhydrazono]-,
　— anhydrid 17 II 534 e
—, 2,3-Bis-cinnamoyloxy-,
　— anhydrid 18 163 b, I 387 f
—, Bis-[2,4-dibrom-phenylhydrazono]-,
　— anhydrid 17 II 535 b
—, Bis-[2,4-dichlor-phenylhydrazono]-,
　— anhydrid 17 II 534 f
—, Bis-[2,5-dichlor-phenylhydrazono]-,
　— anhydrid 17 IV 6824
—, Bis-diphenylhydrazono-,
　— anhydrid 17 579 a
—, 2,3-Bis-[furan-2-carbonyloxy]-,
　— diäthylester 18 276 c
　— dimethylester 18 276 b
—, 2,3-Bis-furfurylidenamino-2,3-
　dihydroxy- 17 280 c

Bernsteinsäure (Fortsetzung)
—, 2,2-Bis-[1-hydroxy-äthyl]-,
  — 1-isopropylester-4-lacton **18**
    IV 6271
—, 2,3-Bis-hydroxymethyl-,
  — 1→3-lacton **18** IV 6267
—, 2,3-Bis-isobutyryloxy-,
  — anhydrid **18** 162 c
—, Bis-[4-isopropyl-benzyliden]-,
  — anhydrid **17** 540 f
—, 2,3-Bis-[4-methoxy-benzyl]-,
  — anhydrid **18** IV 2780
—, Bis-[2-methoxy-benzyliden]-,
  — anhydrid **18** IV 2814
—, Bis-[4-methoxy-benzyliden]-,
  — anhydrid **18** 198 e, IV 2814
—, Bis-[3-methoxy-4-methoxymethoxy-
  benzyliden]-,
  — anhydrid **18** IV 3536
—, 2,2-Bis-[4-methoxy-phenyl]-,
  — anhydrid **18** IV 2751
—, Bis-[2-methyl-benzyliden]-,
  — anhydrid **17** IV 6517
—, Bis-[4-methyl-benzyliden]-,
  — anhydrid **17** IV 6517
—, Bis-[4-nitro-phenylhydrazono]-,
  — anhydrid **17** 578 e
—, 2,3-Bis-phenylacetoxy-,
  — anhydrid **18** 163 a
—, Bis-phenylhydrazono-,
  — anhydrid **17** 578 d, II 534 d
—, [Bis-tetrahydrofurfuryloxy-
  phosphoryl]-,
  — dibutylester **17** IV 1125
—, 2,3-Bis-*p*-toluoyloxy-,
  — anhydrid **18** IV 2297
—, Bis-*o*-tolylhydrazono-,
  — anhydrid **17** II 535 c
—, Bis-*p*-tolylhydrazono-,
  — anhydrid **17** II 535 d
—, Bis-[2,4,5-trichlor-phenylhydrazono]-
  17 IV 6824
  — anhydrid **17** IV 6824
—, 2,3-Bis-trimethylsilylmethyl-,
  — anhydrid **18** IV 8385
—, 2,3-Bis-triphenylplumbyl-,
  — anhydrid **18** IV 8395
—, Brom-,
  — anhydrid **17** 410 e
—, [10-Brom-[9]anthryl]-,
  — anhydrid **17** IV 6509
—, 2-Brom-2-brommethyl-,
  — anhydrid **17** 415 c
—, 2-Brom-3-chlor-,
  — anhydrid **17** 411 a
—, 3-Brom-2,2-dimethyl-,
  — anhydrid **17** 417 d
—, 2-[3-Brom-2-hydroxy-cyclohexyl]-,
  — 1-lacton **18** IV 5358

  — 1-lacton-4-methylester **18**
    IV 5358
—, 2-Brom-2-[1-hydroxy-cyclopentyl]-,
  — 4-lacton **18** I 484 f
—, 2-Brom-3-hydroxy-2,3-dimethyl-,
  — 1-lacton **18** IV 5275
—, 2-Brom-2-[9-hydroxy-fluoren-9-yl]-,
  — 1-äthylester-4-lacton **18**
    IV 5687
  — 4-lacton **18** IV 5687
—, 2-Brom-2-[α-hydroxy-isopropyl]-,
  — 4-lacton **18** IV 5288
—, 2-Brom-2-[1-hydroxy-3-methyl-
  cyclohexyl]-,
  — 4-lacton **18** I 487 g
—, 2-[3-Brom-2-hydroxymethyl-5,6-
  dimethoxy-phenyl]-,
  — 1-lacton **18** IV 6476
—, [3-Brom-4-methoxy-phenyl]-,
  — anhydrid **18** IV 1358
—, Brommethyl-,
  — anhydrid **17** 415 a
—, 2-[3-Brommethyl-7-hydroxy-1,1-
  dimethyl-decahydro-3,7-methano-
  cyclobutacyclononen-6-yl]-,
  — 1-lacton **18** IV 5513
  — 4-lacton **18** IV 5513
—, [3-Brommethyl-7-hydroxy-1,1-
  dimethyl-decahydro-3,7-methano-
  cyclobutacyclononen-6-yl]-,
  — anhydrid **18** IV 1290 e
—, 2-[1-Brommethyl-8-hydroxy-4,4-
  dimethyl-tricyclo[6.3.1.0^{2,5}]dodec-9-yl]-,
  — anhydrid **18** IV 1290
  — 1-lacton **18** IV 5513
  — 4-lacton **18** IV 5513
—, 2-Brom-3-phenylimino-,
  — anhydrid **17** 555 b
—, 2-[3-Brom-propyl]-2-[3-hydroxy-
  propyl]-,
  — 4-äthylester-1-lacton **18**
    IV 5314
—, [2-Brom-[3]thienylmethyl]- **18**
  IV 4512
—, Brom-trimethyl-,
  — anhydrid **17** 422 a
—, But-2-enyl-,
  — anhydrid **17** IV 5926
—, Butyl-,
  — anhydrid **17** IV 5863
—, [4-*tert*-Butyl-benzyl]-,
  — anhydrid **17** IV 6221
—, 2-[1-(5-Butyl-2,4-dihydroxy-phenyl)-
  äthyliden]-,
  — 1→2-lacton **18** IV 6397
—, 3-Butyl-2,2-diphenyl-,
  — anhydrid **17** IV 6467
—, Butyl-oxo-,
  — anhydrid **17** IV 6684

Bernsteinsäure (Fortsetzung)

—, 2-[4-Butyl-phenyl]-2-hexyl-,
  — anhydrid **17** IV 6258

—, 2-Butyryl-2-[1-hydroxy-äthyl]-,
  — 1-äthylester-4-lacton **18** IV 5980

—, 2-Butyryl-2-[α-hydroxy-benzyl]-,
  — 1-äthylester-4-lacton **18** IV 6061

—, 2-Butyryl-2-[1-hydroxy-butyl]-,
  — 1-äthylester-4-lacton **18** IV 5983

—, 2-Butyryl-2-hydroxymethyl-,
  — 1-äthylester-4-lacton **18** IV 5976

—, [3-Carbamoyl-5,6,7-trimethoxy-1-oxo-
isochroman-4-yl]-,
  — diamid **18** IV 6695

—, [6-(2-Carboxy-äthyl)-3a-methyl-
dodecahydro-cyclopenta[*a*]naphthalin-3-
yl]-,
  — anhydrid **18** IV 6045

—, [3-Carboxy-[1]naphthyl]-,
  — anhydrid **18** IV 6093

—, [4-Carboxy-[1]naphthyl]-,
  — anhydrid **18** IV 6093

—, 2-[3-Carboxy-5,6,7-trihydroxy-1-oxo-
isochroman-4-yl]-,
  — 1-[O^1,O^3,O^6-trigalloyl-
glucopyranose-4-ylester] **18** IV 6695

—, [3-Carboxy-5,6,7-trihydroxy-1-oxo-
isochroman-4-yl]- **18** II 404 b, IV 6693

—, [3-Carboxy-5,6,7-trimethoxy-1-oxo-
isochroman-4-yl]- **18** IV 6693

—, Chlor-,
  — anhydrid **17** 410 c

—, [1-Chlor-äthyliden]-methyl-,
  — anhydrid **17** II 451 f

—, [3-Chlor-benzyl]-,
  — anhydrid **17** IV 6188

—, [4-Chlor-benzyliden]-isopropyliden-,
  — anhydrid **17** 517 c

—, [2-Chlor-benzyliden]-[2-methoxy-
benzyliden]-,
  — anhydrid **18** IV 1930

—, [3-Chlor-but-2-enyl]-,
  — anhydrid **17** IV 5926

—, 2-[3-Chlorcarbonyl-butyl]-3-methyl-,
  — anhydrid **18** IV 5979

—, 3-Chlor-2,2-dimethyl-,
  — anhydrid **17** II 433 c

—, 2-Chlor-3-hydroxy-2,3-dimethyl-,
  — 1-lacton **18** IV 5275

—, [7-Chlor-4-methoxy-1-methyl-3-oxo-
phthalan-1-yl]- **18** IV 6604

—, [3-Chlor-4-methoxy-phenyl]-,
  — anhydrid **18** IV 1358

—, [5-Chlor-2-methoxy-phenyl]-,
  — anhydrid **18** IV 1357

—, 2-Chlor-3-[2,3,4,5,6-pentachlor-
cyclohexyl]-,
  — anhydrid **17** IV 5900

—, [2-Chlor-phenyl]-,
  — anhydrid **17** IV 6174

—, 2-Chlor-3-phenyl-,
  — anhydrid **17** IV 6174

—, [4-Chlor-phenyl]-,
  — anhydrid **17** IV 6174

—, 2-Chlor-3-phenylimino-,
  — anhydrid **17** 554 f

—, Chlor-trifluor-,
  — anhydrid **17** IV 5822

—, [7-Chlor-1,1,3-trimethyl-decahydro-
3,7-methano-cyclobutacyclononen-6-yl]-,
  — anhydrid **17** IV 6117

—, [8-Chlor-1,4,4-trimethyl-tricyclo=
[6.3.1.0^{2,5}]dodec-9-yl]-,
  — anhydrid **17** IV 6117

—, 1-[1-Chlor-vinyl]-2-methyl-,
  — anhydrid **17** II 451 g

—, 2-Cinnamoyl-3-[α-hydroxy-
cinnamyliden]-,
  — 1-lacton-4-methylester **18**
    IV 6108

—, Cinnamoylimino-methyl-,
  — anhydrid **17** IV 6680

—, Cinnamyl-,
  — anhydrid **17** IV 6302

—, Cinnamyliden-,
  — anhydrid **17** 516 h, IV 6348

—, Cinnamyliden-isopropyliden-,
  — anhydrid **17** 525 g

—, 2-Cyan-2-[2]thienyl-,
  — diäthylester **18** IV 4594

—, Cycloheptyliden-phenyl-,
  — anhydrid **17** IV 6371

—, Cyclohex-2-enyl-,
  — anhydrid **17** IV 6011

—, Cyclohexyl-,
  — anhydrid **17** IV 5949

—, 2-[2-Cyclohexyl-äthyl]-2-phenyl-,
  — anhydrid **17** IV 6322

—, 2-[Cyclohexyl-hydroxy-phenyl-
methyl]-,
  — 4-lacton **18** IV 5625

—, Cyclohexyliden- **18** IV 5356

—, [10-Cyclohexyloxy-decyl]-,
  — anhydrid **18** IV 1140

—, 2-[5-Cyclohexyl-pentyl]-2-phenyl-,
  — anhydrid **17** IV 6327

—, [Cyclohexyl-phenyl-methylen]-,
  — anhydrid **17** IV 6371

—, Cyclopent-1-enylmethyl-,
  — anhydrid **17** IV 6011

—, Cyclopentyl-,
  — anhydrid **17** IV 5937

—, Cyclopentyliden-,
  — anhydrid **17** I 241 d

—, Decyl-,
  — anhydrid **17** IV 5889

Bernsteinsäure (Fortsetzung)
—, 2-Decyl-2-methyl-,
  – anhydrid **17** IV 5891
—, Decyl-oxo-,
  – anhydrid **17** IV 6689
—, 2-Decyl-3-propyl-,
  – anhydrid **17** IV 5893
—, 2,3-Diacetoxy-,
  – anhydrid **18** 162 b, I 387 e,
    II 143 d, IV 2296
—, 2,3-Diäthoxy-,
  – anhydrid **18** I 387 d
—, Diäthoxythiophosphorylmercapto-,
  – anhydrid **18** IV 1124
—, 2,2-Diäthyl-,
  – anhydrid **17** II 439 d
—, 2,3-Diäthyl-,
  – anhydrid **17** 424 d, II 439 e,
    IV 5864
—, 2,3-Diäthyl-2,3-dichlor-,
  – anhydrid **17** 425 a
—, 2,3-Diäthyl-2,3-diisopropyl-,
  – anhydrid **17** IV 5890
—, 2,3-Diäthyl-2,3-dimethyl-,
  – anhydrid **17** I 232 b, II 444 d
—, 2,2-Diäthyl-3-methyl-,
  – anhydrid **17** IV 5874
—, Dibenzhydryliden-,
  – anhydrid **17** 551 c, II 521 a,
    IV 6642
—, [14*H*-Dibenzo[*a,j*]xanthen-14-yl]-
    18 343 g, II 292 f
—, 2,2-Dibenzyl-,
  – anhydrid **17** IV 6458
—, 2,3-Dibenzyl-,
  – anhydrid **17** 530 b, II 503 a,
    IV 6458
—, 2,3-Dibenzyl-2-hydroxy-,
  – anhydrid **18** IV 1867
—, Dibenzyliden-,
  – anhydrid **17** 538 e, II 511 c,
    IV 6508
—, 2,3-Dibenzyl-2-methoxy-,
  – anhydrid **18** IV 1867
—, 2,3-Dibrom-,
  – anhydrid **17** 411 b, II 429 d
—, [3,5-Dibrom-4-methoxy-phenyl]-,
  – anhydrid **18** IV 1358
—, 2,3-Dibrom-2-methyl-,
  – anhydrid **17** 415 b
—, Dibutoxyphosphoryl-,
  – bis-tetrahydrofurfurylester **17**
    IV 1123
—, 2,3-Di-*tert*-butyl-,
  – anhydrid **17** IV 5887
—, 2,3-Dichlor-,
  – anhydrid **17** 410 d, I 229 a,
    IV 5823

—, [2,2-Dichlor-äthyl]-,
  – anhydrid **17** IV 5837
—, 2,3-Dichlor-2,3-dimethyl-,
  – anhydrid **17** 418 a
—, 2-[2,2-Dichlor-1-hydroxy-äthyl]-,
  – 4-lacton **18** IV 5270
—, [1,5-Dichlor-10-hydroxy-[9]anthryl]-,
  – anhydrid **17** IV 6805
—, [1,5-Dichlor-10-oxo-9,10-dihydro-
    [9]anthryl]-,
  – anhydrid **17** IV 6805
—, [1,8-Dichlor-10-oxo-9,10-dihydro-
    [9]anthryl]-,
  – anhydrid **17** IV 6805
—, [4,5-Dichlor-10-oxo-9,10-dihydro-
    [9]anthryl]-,
  – anhydrid **17** IV 6805
—, [2,4-Dichlor-phenyl]-,
  – anhydrid **17** IV 6174
—, [2,5-Dichlor-phenyl]-,
  – anhydrid **17** IV 6174
—, [3,4-Dichlor-phenyl]-,
  – anhydrid **17** IV 6174
—, [2,5-Dichlor-[3]thienylmethyl]- **18**
    IV 4512
—, Dicinnamyliden-,
  – anhydrid **17** 544 f, II 514 d
—, 2,3-Dicyclohexyl-,
  – anhydrid **17** IV 6061
—, 2,3-Dideuterio-,
  – anhydrid **17** IV 5822
—, 2,3-Di-fluoren-9-yl-,
  – anhydrid **17** IV 6646
—, Di-fluoren-9-yliden-,
  – anhydrid **17** IV 6653
—, 2,3-Diheptyl-,
  – anhydrid **17** IV 5894
—, [9,10-Dihydro-[9]anthryl]-,
  – anhydrid **17** IV 6488
—, 2-[1,2-Dihydro-dibenzothiophen-4-yl]-,
  – 1-äthylester **18** IV 4570
—, [1,2-Dihydro-[2]naphthyl]-,
  – anhydrid **17** IV 6352
—, [3,4-Dihydro-[1]naphthyl]-,
  – anhydrid **17** IV 6351
—, 2-[2,4-Dihydroxy-benzhydryliden]-,
  – 1→2-lacton **18** IV 6433
—, 2-[α,β-Dihydroxy-isopropyl]-,
  – 1→β-lacton **18** IV 6267
—, 2-[1-(2,6-Dihydroxy-4-methyl-phenyl)-
    äthyliden]-,
  – 1-lacton **18** IV 6386
—, 2-[1-(2,4-Dihydroxy-phenyl)-
    äthyliden]-,
  – 1→2-lacton **18** IV 6373
—, 2-[1-(2,4-Dihydroxy-5-propyl-phenyl)-
    äthyliden]-,
  – 1→2-lacton **18** IV 6396

Bernsteinsäure (Fortsetzung)
—, 2,3-Diisopropyl-,
   — anhydrid **17** 428 b
—, Diisopropyliden-,
   — anhydrid **17** 463 c
—, 2,3-Dimethoxy-,
   — anhydrid **18** I 387 c
—, [2,2′-Dimethoxy-benzhydryliden]-,
   — anhydrid **18** IV 2800
—, [4,4′-Dimethoxy-benzhydryliden]-,
   — anhydrid **18** IV 2800
—, [2,4-Dimethoxy-phenyl]-,
   — anhydrid **18** IV 2381
—, [3,4-Dimethoxy-phenyl]-,
   — anhydrid **18** IV 2382
—, Dimethoxythiophosphorylmercapto-,
   — anhydrid **18** IV 1124
—, 2,2-Dimethyl-,
   — anhydrid **17** 417 c, II 433 b,
     IV 5848
—, 2,3-Dimethyl-,
   — anhydrid **17** 417 e, I 230 b,
     II 433 d, IV 5850
—, [1,3-Dimethyl-[9]anthryl]-,
   — anhydrid **17** IV 6520
—, [1,4-Dimethyl-[9]anthryl]-,
   — anhydrid **17** IV 6520
—, [2,3-Dimethyl-[9]anthryl]-,
   — anhydrid **17** IV 6521
—, [2,4-Dimethyl-[9]anthryl]-,
   — anhydrid **17** IV 6520
—, [4,4′-Dimethyl-benzhydryliden]-,
   — anhydrid **17** IV 6492
—, [10,10-Dimethyl-2,6-dimethylen-
bicyclo[7.2.0]undec-5-yl]-,
   — anhydrid **17** IV 6252
—, 2,3-Dimethyl-2,3-diphenyl-,
   — anhydrid **17** IV 6460
—, 2,3-Dimethyl-2,3-dipropyl-,
   — anhydrid **17** I 232 c
—, Dimethyl-methylen-,
   — anhydrid **17** 449 d
—, [4,4-Dimethyl-2-neopentyl-pent-2-
enyl]-,
   — anhydrid **17** IV 5974
—, 2,2-Dimethyl-3-[3-oxo-butyl]-,
   — anhydrid **17** IV 6688
—, [1,3-Dimethyl-10-oxo-9,10-dihydro-
[9]anthryl]-,
   — anhydrid **17** IV 6806
—, [1,4-Dimethyl-10-oxo-9,10-dihydro-
[9]anthryl]-,
   — anhydrid **17** IV 6806
—, [2,3-Dimethyl-10-oxo-9,10-dihydro-
[9]anthryl]-,
   — anhydrid **17** IV 6806
—, [2,4-Dimethyl-10-oxo-9,10-dihydro-
[9]anthryl]-,

— anhydrid **17** IV 6806
—, [1,1-Dimethyl-2-oxo-propyl]-,
   — anhydrid **17** II 523 d
—, 2,3-Di-[1]naphthyl-,
   — anhydrid **17** IV 6607
—, 2-[2,4-Dinitro-phenylhydrazono]-3-
[β-hydroxy-isobutyl]-,
   — 1-äthylester-4-lacton **18**
     IV 5975
—, 2-[2,4-Dinitro-phenylhydrazono]-3-
[3-hydroxy-1-methyl-propyl]-,
   — 1-äthylester-4-lacton **18**
     IV 5971
—, 2,2-Dinonyl-,
   — anhydrid **17** IV 5896
—, 2,3-Dioctyl-,
   — anhydrid **17** IV 5895
—, [1,3-Dioxo-octahydro-4,7-äthano-
isobenzofuran-5-yl]- **18** IV 6219
—, [1,3-Dioxo-octahydro-4,7-ätheno-
isobenzofuran-5-yl]- **18** IV 6219
   — dimethylester **18** IV 6219
—, 2,2-Dipentyl-,
   — anhydrid **17** IV 5889
—, 2,2-Diphenyl-,
   — anhydrid **17** IV 6440
—, 2,3-Diphenyl-,
   — anhydrid **17** 528 c, I 269 c,
     II 500 a, IV 6440
—, [1,2-Diphenyl-äthyl]-,
   — anhydrid **17** IV 6458
—, [(9,10-Diphenyl-[2]anthryl)-phenyl-
methylen]-,
   — anhydrid **17** IV 6668
—, 2,2-Diphenyl-3-propyl-,
   — anhydrid **17** IV 6465
—, 2,2-Dipropyl-,
   — anhydrid **17** IV 5878
—, 2,3-Dipropyl-,
   — anhydrid **17** 427 d
—, 2,3-Ditetradecyl-,
   — anhydrid **17** I 232 e
—, 2,3-Ditrityl-,
   — anhydrid **17** IV 6670
—, 2,3-Diveratryl-,
   — anhydrid **18** IV 3521
—, Diveratryliden-,
   — anhydrid **18** 254 a, IV 3536
—, Dodecyl-,
   — anhydrid **17** IV 5892
—, Dodecylmercapto-,
   — anhydrid **18** IV 1123
—, 2-Dodecyl-3-methyl-,
   — anhydrid **17** IV 5893
—, Epithio-,
   — diäthylester **18** 319 b
—, Epoxy- **18** 318 d, I 446 c,
   II 283 a, IV 4424
   — diamid **18** 319 a

Bernsteinsäure
—, Epoxy-, (Fortsetzung)
  — dianilid **18** IV 4425
  — dichlorid **18** 318 g
  — dimethylester **18** 318 e, IV
    4425
  — diphenylester **18** 318 f
—, 2,3-Epoxy-2,3-dimethyl- **18** IV 4434
—, [2,3-Epoxy-4,4-dimethyl-2-neopentyl-
    pentyl]- **18** IV 4451
—, 2,3-Epoxy-2-methyl- **18** 319 c,
    II 284 a, IV 4426
  — diäthylester **18** 319 d
—, [2,3-Epoxy-2-neopentyl-propyl]-
    2 III 1981 a
—, Fluoren-9-yl-,
  — anhydrid **17** IV 6483
—, Fluoren-9-yl-fluoren-9-yliden-,
  — anhydrid **17** IV 6650
—, Fluoren-9-yliden-,
  — anhydrid **17** IV 6503
—, Fluoren-9-yliden-isopropyliden-,
  — anhydrid **17** 543 b
—, Fluoren-9-yliden-methyl-,
  — anhydrid **17** 539 a
—, Fluoren-9-yl-isopropyliden-,
  — anhydrid **17** 540 c
—, [Furan-2-carbonyl]-,
  — diäthylester **18** IV 6141
—, Furfuryl- **18** 336 c
  — diäthylester **18** 336 d
—, Furfuryliden- **18** 340 a
—, Furfuryliden-isopropyliden-
    18 340 c
—, [2]Furyl- **18** 332 a
  — bis-benzylidenhydrazid **18** 332 i
  — diäthylester **18** 332 c, II 288 g
  — diamid **18** 332 e
  — dihydrazid **18** 332 h
  — dimethylester **18** 332 b
—, 2-[[2]Furyl-(4-methoxy-phenyl)-
    methylen]-,
  — 1-äthylester **18** IV 5103
—, [[2]Furyl-phenyl-methyl]- **18**
    IV 4568
—, [[2]Furyl-phenyl-methylen]- **18**
    IV 4570
  — 1-äthylester **18** IV 4570
—, 2-Glykoloyl-,
  — 4-äthylester-1-lacton **18** IV 5963
  — 1-lacton **18** IV 5963
—, Heptyl-,
  — anhydrid **17** IV 5884
—, 2-Heptyl-2-phenyl-,
  — anhydrid **17** IV 6246
—, Hexadecyl-,
  — anhydrid **17** IV 5895
—, Hexadecylmercapto-,
  — anhydrid **18** IV 1123

—, 2-Hexadecyl-3-methyl-,
  — anhydrid **17** IV 5896
—, Hexadecyl-oxo-,
  — anhydrid **17** IV 6689
—, Hexa-2,5-dienyl-,
  — anhydrid **17** IV 6008
—, 2-[3,4,5,6,7,8-Hexahydro-2*H*-
    [1]anthryliden]-,
  — 1-äthylester **17** IV 5246
—, Hex-2-enyl-,
  — anhydrid **17** IV 5947
—, Hexyl-,
  — anhydrid **17** 427 b, IV 5877
—, 2-Hexyl-2-methyl-,
  — anhydrid **17** IV 5884
—, Hexyl-oxo-,
  — anhydrid **17** IV 6687
—, 2-Hydroxy-,
  — anhydrid **18** I 342 b
  — 4-lacton **18** I 477 d, II 311 b
—, 2-[1-Hydroxy-äthyl]-,
  — 1-äthylester-4-lacton **18**
    IV 5270
  — 4-lacton **18** IV 5270
—, 2-[2-Hydroxy-äthyl]-,
  — 1-lacton **18** IV 5268
—, 3-[2-Hydroxy-äthyl]-2,2-dimethyl-,
  — 4-lacton **18** IV 5295
—, 2-[1-Hydroxy-äthyliden]-3-methyl-,
  — 4-lacton **18** IV 5343
—, [10-Hydroxy-[9]anthryl]-,
  — anhydrid **17** IV 6804
—, 2-[α-Hydroxy-benzhydryl]-,
  — 1-äthylester-4-lacton **18** IV 5670
—, 2-[2-Hydroxy-benzhydryliden]-,
  — 1-lacton **18** IV 5684
—, 2-[α-Hydroxy-benzyl]-,
  — 4-lacton **18** IV 5529
  — 4-lacton-1-methylester **18**
    IV 5529
—, 2-[1-Hydroxy-cycloheptyl]-,
  — 4-lacton **18** IV 5367
—, 2-[1-Hydroxy-cyclohexyl]-,
  — 4-lacton **18** IV 5356
  — 4-lacton-1-methylester **18**
    IV 5356
—, 2-[2-Hydroxy-cyclohexyl]-,
  — 1-lacton **18** IV 5357
—, 2-[2-Hydroxy-cyclohexyliden]-,
  — 1-lacton **18** IV 5451
—, 2-[1-Hydroxy-decahydro-[1]naphthyl]-,
  — 4-lacton **18** IV 5484
—, 2-[2-Hydroxy-decahydro-[2]naphthyl]-,
  — 4-lacton **18** IV 5485
—, 3-Hydroxy-2,2-dimethyl-,
  — anhydrid **18** 82 b
  — 1-lacton **18** 374 e
  — 1-lacton-4-methylester **18** I 479 a

Bernsteinsäure (Fortsetzung)
—, [10-Hydroxy-1,4-dimethyl-[9]anthryl]-,
  — anhydrid **17** IV 6806
—, [10-Hydroxy-2,3-dimethyl-[9]anthryl]-,
  — anhydrid **17** IV 6806
—, 2-[α-Hydroxy-2,5-dimethyl-phenacyl]-
  3-methyl-,
  — 1-chlorid-4-lacton **18** IV 6061
  — 4-lacton **18** IV 6060
—, 2-[2-Hydroxy-1,2-dimethyl-propyl]-,
  — 1-lacton **18** IV 5312
—, 3-Hydroxy-2,2-dipropyl-,
  — 1-lacton **18** II 318 b
—, 2-[2-Hydroxy-2,2-di-*p*-tolyl-äthyl]-,
  — 1-lacton **18** IV 5677
—, 2-[1-Hydroxy-dodecyl]-3-methyl-,
  — 4-lacton **18** IV 5325
—, 2-[1-Hydroxy-dodecyl]-3-methylen-,
  — 4-lacton **18** IV 5376
—, [α-Hydroxy-furfuryliden]-,
  — diäthylester **18** IV 6141
—, 2-[1-Hydroxy-heptyl]-,
  — 4-lacton **18** IV 5318
—, 2-Hydroxy-3-[α-hydroxy-benzyl]-,
  — 4-äthylester-1-lacton **18** 526 d
—, Hydroxyimino-,
  — anhydrid **17** 554 d
—, 2-[α-Hydroxy-isopropyl]-,
  — 4-lacton **18** IV 5286
  — 4-lacton-1-methylester **18**
    IV 5288
—, 2-[α-Hydroxy-isopropyl]-2-methyl-,
  — 4-lacton **18** IV 5304
—, 2-Hydroxy-2-[4-methoxy-benzyl]-3-
  phenäthyl-,
  — anhydrid **18** IV 2782
—, 2-[α-Hydroxy-4-methoxy-2,5-
  dimethyl-phenacyl]-3-methyl-,
  — 4-lacton **18** IV 6513
—, 2-[1-Hydroxy-1-(6-methoxy-
  [2]naphthyl)-propyl]-2-methyl-,
  — 1-äthylester-4-lacton **18** IV 6412
—, 2-Hydroxymethyl-,
  — 1-äthylester-4-lacton **18** IV 5265
  — 1-chlorid-4-lacton **18** IV 5265
  — 4-lacton **18** IV 5264
  — 4-lacton-1-methylester **18**
    IV 5265
—, 2-[1-Hydroxy-2-methyl-cyclohexyl]-,
  — 4-lacton **18** IV 5367
—, 2-[1-Hydroxy-3-methyl-cyclohexyl]-,
  — 4-lacton **18** I 487 f
—, 2-[2-Hydroxy-2-methyl-cyclohexyl]-,
  — 1-lacton **18** IV 5369
  — 1-lacton-4-methylester **18**
    IV 5369
—, 2-[2-Hydroxy-2-methyl-cyclopentyl]-,
  — 4-äthylester-1-lacton **18** IV 5360

—, 2-Hydroxymethylen-3-[3-nitro-
  benzyliden]-,
  — 4-lacton **18** IV 5635
—, 2-[1-Hydroxy-1-methyl-heptyl]-,
  — 4-lacton **18** IV 5320
—, 2-Hydroxymethyl-3-imino-,
  — 1-äthylester-4-lacton **18** IV 5962
—, 2-Hydroxymethyl-3-isobutyl-,
  — 4-lacton **18** IV 5310
—, 2-Hydroxymethyl-3-isopropyl-,
  — 1-äthylester-4-lacton **18** IV 5299
  — 4-lacton **18** IV 5299
—, 2-Hydroxymethyl-2-methyl-,
  — 4-lacton **18** IV 5275
  — 4-lacton-1-[4-phenyl-phenacylester]
    18 IV 5275
—, 2-[3-Hydroxy-4-methyl-pentyl]-,
  — 1-lacton-4-methylester **18**
    IV 5314
—, 2-Hydroxymethyl-3-phenyl-,
  — 1-äthylester-4-lacton **18** IV 5532
  — 4-lacton **18** IV 5532
—, 2-[1-Hydroxy-1-methyl-2-phenyl-
  äthyl]-,
  — 1-äthylester-4-lacton **18** IV 5544
  — 1-*tert*-butylester-4-lacton **18**
    IV 5544
—, 2-[1-(2-Hydroxy-4-methyl-phenyl)-
  äthyliden]-,
  — 1-lacton **18** IV 5614
—, 2-[2-Hydroxy-5-methyl-phenyl]-2-
  phenyl-,
  — 1-lacton **18** II 345 e
—, 2-[2-Hydroxy-1-methyl-propenyl]-,
  — 1-lacton **18** IV 5347
—, 2-[1-Hydroxy-1-methyl-propyl]-,
  — 4-lacton **18** IV 5302
—, 2-[2-Hydroxy-1-methyl-propyl]-,
  — 1-lacton **18** IV 5303
—, 2-[2-Hydroxy-2-methyl-propyl]-,
  — 1-lacton **18** IV 5303
—, 2-[1-(1-Hydroxy-[2]naphthyl)-
  äthyliden]-,
  — 1-lacton **18** IV 5667
—, 2-[1-(2-Hydroxy-[1]naphthyl)-
  äthyliden]-,
  — 1-lacton **18** IV 5668
—, 2-[2-Hydroxy-[1]naphthylmethylen]-,
  — 1-lacton **18** IV 5663
—, 2-[α-Hydroxy-4-nitro-benzyl]-,
  — 1-azid-4-lacton **18** IV 5530
  — 1-chlorid-4-lacton **18** IV 5530
  — 4-lacton **18** IV 5529
  — 4-lacton-1-methylester **18**
    IV 5529
—, 2-[1-Hydroxy-nonyl]-3-methyl-,
  — 4-lacton **18** IV 5323
—, 2-Hydroxy-2-phenoxymethyl-,
  — anhydrid **18** IV 2298

Bernsteinsäure (Fortsetzung)
—, 2-[2-Hydroxy-phenyl]-,
　　— anhydrid **18** IV 5523
　　— 4-lacton **18** IV 5523
　　— 4-lacton-1-methylester **18**
　　　　IV 5523
—, 2-[1-Hydroxy-1-phenyl-propyl]-,
　　— 1-äthylester-4-lacton **18** IV 5544
—, 2-[3-Hydroxy-propyl]-,
　　— 1-lacton **18** IV 5276
—, 2-[α-Hydroxy-styryl]-3-phenyl-,
　　— 1-äthylester-4-lacton **18** IV 5687
—, 1-[1-Hydroxy-tetradecyl]-,
　　— 4-lacton **18** IV 5325
—, 2-[1-Hydroxy-tetradecyl]-,
　　— 4-lacton-1-methylester **18**
　　　　IV 5325
—, 2-[1-Hydroxy-tetradecyl]-3-methyl-,
　　— 4-lacton **18** IV 5328
　　— 4-lacton-1-methylester **18**
　　　　IV 5329
—, 2-[1-Hydroxy-tetradecyl]-3-methylen-,
　　— 4-lacton **18** IV 5377
—, 2-Hydroxy-2,3,3-trimethyl-,
　　— 4-lacton **18** 382 b, II 314 g
—, 2-[7-Hydroxy-1,1,3-trimethyl-
　　decahydro-3,7-methano-
　　cyclobutacyclononen-6-yl]-,
　　— 4-lacton **18** IV 5512
—, [2-(3-Hydroxy-3,4,4-trimethyl-5-oxo-
　　tetrahydro-[2]furyl)-propyl]- **18** IV 6578
—, 2-[2-Hydroxy-2,4,4-trimethyl-pentyl]-,
　　— 1-lacton **18** IV 5322
—, 2-[8-Hydroxy-1,4,4-trimethyl-tricyclo⹀
　　[6.3.1.0²,⁵]dodec-9-yl]-,
　　— 4-lacton **18** IV 5512
—, Indan-1-yl-,
　　— anhydrid **17** IV 6305
—, Isobutyliden-isopropyliden-,
　　— anhydrid **17** 463 f
—, 2-Isobutyl-3-isopropyl-,
　　— anhydrid **17** 431 c
—, Isohexyl-,
　　— anhydrid **17** IV 5877
—, 2-Isopentyl-3-methyl-,
　　— anhydrid **17** 427 c
—, Isopropenyl-,
　　— anhydrid **17** 448 a
—, Isopropyl-,
　　— anhydrid **17** 420 d, IV 5855
—, [4-Isopropyl-benzyliden]-,
　　— anhydrid **17** 516 c
—, [4-Isopropyl-benzyliden]-
　　isopropyliden-,
　　— anhydrid **17** 521 b
—, Isopropyliden-,
　　— anhydrid **17** 447 f
—, Isopropyliden-[2-methoxy-benzyliden]-,

　　— anhydrid **18** 110 b
—, Isopropyliden-[4-methoxy-benzyliden]-,
　　— anhydrid **18** 110 c
—, Isopropyliden-[4-methyl-benzyliden]-,
　　— anhydrid **17** 518 c
—, Isopropyliden-[2-nitro-benzyliden]-,
　　— anhydrid **17** 517 d
—, Isopropyliden-[3-nitro-benzyliden]-,
　　— anhydrid **17** 517 e
—, Isopropyliden-[4-nitro-benzyliden]-,
　　— anhydrid **17** 517 f
—, Isopropyliden-[1-phenyl-äthyliden]-,
　　— anhydrid **17** 518 b
—, Isopropyliden-veratryliden-,
　　— anhydrid **18** 173 b
—, 2-Isopropyl-3-methyl-,
　　— anhydrid **17** 424 b
—, Isopropyl-oxo-,
　　— anhydrid **17** IV 6682
—, 2-Isopropyl-3-propyl-,
　　— anhydrid **17** 428 a
—, 2-Lactoyl-,
　　— 4-äthylester-1-lacton **18** IV 5968
　　— 1-lacton **18** IV 5968
—, p-Mentha-1,8-dien-3-yl-,
　　— anhydrid **17** IV 6099
—, 2-Mesityl-3-phenyl-,
　　— anhydrid **17** IV 6464
—, Methallyl-,
　　— anhydrid **17** IV 5927
—, Methoxy-,
　　— anhydrid **18** I 342 c
—, [1-Methoxy-äthyliden]-,
　　— anhydrid **18** IV 1164
—, [2-Methoxy-benzhydryliden]-,
　　— anhydrid **18** IV 1892
—, [4-Methoxy-benzyl]-,
　　— anhydrid **18** IV 1395
—, [α-Methoxy-benzyl]-,
　　— anhydrid **18** IV 1395
—, [2-Methoxy-benzyliden]-,
　　— anhydrid **18** IV 1526
—, [4-Methoxy-benzyliden]-,
　　— anhydrid **18** IV 1526
—, [4-Methoxy-benzyliden]-phenäthyl-,
　　— anhydrid **18** IV 1918
—, [4-Methoxy-benzyliden]-
　　phenäthyliden-,
　　— anhydrid **18** II 110 c
—, 2-[1-Methoxycarbonylmethyl-
　　1,6,6,10a-tetramethyl-11-oxo-
　　dodecahydro-4a,8a-oxaäthano-
　　phenanthren-2-yl]-2-methyl-,
　　— dimethylester **18** IV 6244
—, [3-Methoxycarbonyl-5,6,7-
　　trimethoxy-1-oxo-isochroman-4-yl]-,
　　— dimethylester **18** IV 6694

Bernsteinsäure (Fortsetzung)
—, [4-Methoxy-2,5-dimethoxy-phenacyl]-,
　— anhydrid **18** II 156 c
—, 2-[4-Methoxy-2,5-dimethyl-phenacyl]-
　3-methyl-,
　— anhydrid **18** IV 2525
—, 2-Methoxy-2-[4-methoxy-benzyl]-3-
　phenäthyl-,
　— anhydrid **18** IV 2782
—, [3-Methoxy-4-methoxymethoxy-
　benzyliden]-,
　— anhydrid **18** IV 2501
—, Methoxymethyl-,
　— anhydrid **18** IV 1126
—, [4-Methoxy-1-methyl-3-oxo-phthalan-
　1-yl]- **18** IV 6603
—, 2-[2-Methoxy-5-methyl-phenacyl]-3-methyl-,
　— anhydrid **18** IV 2521
—, [2-Methoxy-5-methyl-phenyl]-,
　— anhydrid **18** IV 1396
—, [4-Methoxy-2-methyl-phenyl]-,
　— anhydrid **18** IV 1395
—, [4-Methoxy-3-methyl-phenyl]-,
　— anhydrid **18** IV 1395
—, [1-(4-Methoxy-3-methyl-phenyl)-2-
　methyl-propyliden]-,
　— anhydrid **18** IV 1578
—, [2-Methoxy-[1]naphthyl]-,
　— anhydrid **18** IV 1688
—, [4-Methoxy-[1]naphthyl]-,
　— anhydrid **18** IV 1688
—, [1-(6-Methoxy-[2]naphthyl)-propyl]-,
　— anhydrid **18** IV 1748
—, [4-Methoxy-phenäthyl]-,
　— anhydrid **18** IV 1408
—, [2-Methoxy-phenyl]-,
　— anhydrid **18** IV 1357
—, [3-Methoxy-phenyl]-,
　— anhydrid **18** IV 1357
—, [4-Methoxy-phenyl]-,
　— anhydrid **18** II 72 a, IV 1357
—, 2-[4-Methoxy-phenyl]-3-phenyl-,
　— anhydrid **18** IV 1834
—, Methyl-,
　— anhydrid **17** 414 e, I 229 f,
　　II 431 f, IV 5831
—, [2-Methyl-benzyl]-,
　— anhydrid **17** IV 6199
—, [3-Methyl-benzyl]-,
　— anhydrid **17** IV 6199
—, [4-Methyl-benzyl]-,
　— anhydrid **17** IV 6199
—, [1-Methyl-but-2-enyl]-,
　— anhydrid **17** IV 5936
—, [2-Methyl-cyclohex-2-enyl]-,
　— anhydrid **17** IV 6019
—, [3-Methyl-cyclohexyliden]-,
　— anhydrid **17** I 242 d

—, [5-Methyl-dihydro-[2]furyliden]-
　18 326 a
—, [2-Methyl-3,4-dihydro-2*H*-
　[1]phenanthryliden]-,
　— anhydrid **17** IV 6492
—, [4-Methyl-2,5-dioxo-2,5-dihydro-
　[3]furyl]- **18** IV 6207
—, [3-Methyl-1,4-dioxo-1,4-dihydro-
　[2]naphthylmercapto]-,
　— anhydrid **18** IV 1124
—, 3-Methyl-2,2-diphenyl-,
　— anhydrid **17** IV 6453
—, Methylen-,
　— anhydrid **17** 442 a, I 234 d,
　　II 449 a, IV 5913
　— bis-tetrahydrofurfurylester **17**
　　IV 1108
—, [1-Methyl-heptyliden]-,
　— anhydrid **17** IV 5967
—, 2-Methyl-3-[4-methyl-2,5-dioxo-2,5-
　dihydro-[3]furylmethyl]- **18** IV 6209
—, Methyl-methylen-,
　— anhydrid **17** 446 a
—, Methyl-oxo-,
　— anhydrid **17** IV 6680
—, 2-Methyl-3-phenyl-,
　— anhydrid **17** 496 a
—, [1-Methyl-1-phenyl-äthyl]-,
　— anhydrid **17** IV 6209
—, [1-Methyl-2-phenyl-äthyliden]-,
　— anhydrid **17** IV 6302
—, [1-Methyl-3-phenyl-allyl]-,
　— anhydrid **17** IV 6307
—, 2-Methyl-3-tetradecyl-,
　— anhydrid **17** IV 5895
—, [2-Methyl-3-(2,3,3,5-tetramethyl-2,3-
　dihydro-[2]furyl)-allyl]- **18** IV 4529
—, [1-Methyl-1-*p*-tolyl-äthyl]-,
　— anhydrid **17** IV 6214
—, [6*H*-Naphtho[2,1,8,7-*defg*]
　naphthacen-6-yl]-,
　— anhydrid **17** IV 6638
—, [7*H*-Naphtho[2,1,8,7-*defg*]
　naphthacen-7-yl]-,
　— anhydrid **17** IV 6638
—, [1]Naphthyl-,
　— anhydrid **17** IV 6402
—, [2]Naphthyl-,
　— anhydrid **17** IV 6403
—, [1-[2]Naphthyl-äthyliden]-,
　— anhydrid **17** IV 6445
—, [1]Naphthylmethyl-,
　— anhydrid **17** IV 6407
—, [2]Naphthylmethyl-,
　— anhydrid **17** IV 6408
—, [1]Naphthylmethylen-,
　— anhydrid **17** IV 6434
—, [2-Neopentyl-allyl]-,
　— anhydrid **17** IV 5968

Bernsteinsäure (Fortsetzung)

—, [2-Neopentyl-oxiranylmethyl]- **2**
    III 1981 a
—, [α-Nitro-isopropyl]-,
    — anhydrid **17** IV 5855
—, [4-Nitro-phenäthyl]-,
    — anhydrid **17** IV 6198
—, [2-Nitro-phenyl]-,
    — anhydrid **17** IV 6175
—, [4-Nitro-phenyl]-,
    — anhydrid **17** IV 6175
—, [4-Nitro-phenylhydrazono]-oxo-,
    — anhydrid **17** IV 6824
—, Nonyl-,
    — anhydrid **17** IV 5889
—, Octadecyl-,
    — anhydrid **17** IV 5896
—, Octadecylmercapto-,
    — anhydrid **18** IV 1124
—, Octyl-,
    — anhydrid **17** IV 5887
—, Octyl-oxo-,
    — anhydrid **17** IV 6688
—, Oxo-,
    — anhydrid **17** IV 6678
—, [2-Oxo-butyl]-,
    — anhydrid **17** IV 6684
—, [2-Oxo-cyclopentyl]-,
    — anhydrid **17** IV 6703
—, [10-Oxo-9,10-dihydro-[9]anthryl]-,
    — anhydrid **17** IV 6804
—, [3-Oxo-1,3-diphenyl-propyl]-,
    — anhydrid **17** 574 e
—, Oxo-pentyl-,
    — anhydrid **17** IV 6686
—, Oxo-tetradecyl-,
    — anhydrid **17** IV 6689
—, Oxo-o-tolylhydrazono-,
    — anhydrid **17** II 534 b
—, Oxo-p-tolylhydrazono-,
    — anhydrid **17** II 534 c
—, Pentadecyl-,
    — anhydrid **17** IV 5895
—, Pentyl-,
    — anhydrid **17** IV 5870
—, 2-Pentyl-2-phenyl-,
    — anhydrid **17** IV 6221
—, Phenacyl-,
    — anhydrid **17** 570 a
—, Phenäthyl-,
    — anhydrid **17** 497 g, IV 6198
—, [1-[3]Phenanthryl-äthyl]-,
    — anhydrid **17** IV 6521
—, [1-[3]Phenanthryl-äthyliden]-,
    — anhydrid **17** IV 6536
—, 2-[9]Phenanthryl-2,3-diphenyl-,
    — anhydrid **17** IV 6645
—, 3-[9]Phenanthryl-2,2-diphenyl-,
    — anhydrid **17** IV 6645

—, Phenyl-,
    — anhydrid **17** 492 h, II 473 a,
      I 259 c, IV 6173
—, [1-Phenyl-äthyl]-,
    — anhydrid **17** IV 6199
—, [1-Phenyl-äthyliden]-,
    — anhydrid **17** 513 d
—, [4-Phenyl-but-2-enyl]-,
    — anhydrid **17** IV 6307
—, [4-Phenyl-butyl]-,
    — anhydrid **17** IV 6213
—, 2-Phenyl-2-[3-phenyl-propyl]-,
    — anhydrid **17** IV 6463
—, 2-Phenyl-3-[3-phenyl-propyl]-,
    — anhydrid **17** IV 6464
—, [3-Phenyl-propyl]-,
    — anhydrid **17** IV 6209
—, 2-Phenyl-2-undecyl-,
    — anhydrid **17** IV 6262
—, Pinan-10-yl-,
    — anhydrid **17** IV 6038
—, Pin-2-en-10-yl-,
    — anhydrid **17** IV 6094
—, Prop-2-inyl-,
    — anhydrid **17** IV 5985
—, Propionylimino-,
    — anhydrid **17** II 521 e
—, Propionyloxy-,
    — anhydrid **18** 81 e
—, Propyl-,
    — anhydrid **17** 420 b
—, 2-Salicyl-,
    — 4-[2-diäthylamino-äthylester]-1-
      lacton **18** IV 5533
    — 4-[2-dimethylamino-äthylester]-1-
      lacton **18** IV 5533
—, 2-Salicyliden-,
    — 1-lacton **18** IV 5592
—, 2-Salicyloyl-,
    — 1-lacton **18** IV 6053
—, Styryl-,
    — anhydrid **17** 513 c
—, Tetraäthyl-,
    — anhydrid **17** 431 d, I 232 d,
      II 445 b, IV 5887
—, Tetradecyl-,
    — anhydrid **17** 432 c, IV 5894
—, Tetradecylmercapto-,
    — anhydrid **18** IV 1123
—, Tetradeuterio-,
    — anhydrid **17** IV 5822
—, Tetrafluor-,
    — anhydrid **17** IV 5822
—, [1,2,3,4-Tetrahydro-[2]naphthyl]-,
    — anhydrid **17** IV 6310
—, [3,4,3',4'-Tetramethoxy-
      benzhydryliden]-,
    — anhydrid **18** IV 3531

Bernsteinsäure (Fortsetzung)

—, Tetramethyl-,
- anhydrid **17** 425 b, I 231 f,
  II 439 f, IV 5867

—, Tetrapropyl-,
- anhydrid **17** 432 a

—, [2]Thienyl- **18** IV 4504

—, [3]Thienyl- **18** IV 4504

—, [3]Thienylmercapto- **17** IV 1240

—, [2]Thienylmethyl- **18** IV 4511

—, [3]Thienylmethyl- **18** IV 4512

—, Thioxanthen-9-ylmercapto- **17**
  IV 1614

—, o-Tolyl-,
- anhydrid **17** IV 6189

—, [5,6,7-Triacetoxy-3-äthoxycarbonyl-1-
  oxo-isochroman-4-yl]-,
- diäthylester **18** IV 6694

—, Triäthyl-,
- anhydrid **17** II 444 c

—, 2-[2,2,2-Trichlor-1-hydroxy-äthyl]-,
- 1-äthylester-4-lacton **18** IV 5270
- 4-lacton **18** IV 5270
- 4-lacton-1-methylester **18**
  IV 5270

—, Tridecyl-,
- anhydrid **17** IV 5893

—, Trifluor-,
- anhydrid **17** IV 5822

—, 2-[2,4-Trihydroxy-benzyliden]-,
- 1→2-lacton **18** IV 6498

—, 2-[1-(2,3,4-Trihydroxy-phenyl)-
  äthyliden]-,
- 1→2-lacton **18** IV 6505

—, 2-[1-(2,4,6-Trihydroxy-phenyl)-
  äthyliden]-,
- 1→2-lacton **18** IV 6504

—, 2-[5,6,7-Trimethoxy-3-
  methoxycarbonyl-1-oxo-isochroman-4-yl]-,
- 4-methylester-1-[O^2-methyl-O^1,O^3,≠
  O^6-tris-(3,4,5-trimethoxy-benzoyl)-
  glucopyranose-4-ylester] **18** IV 6695
- 4-methylester-1-[O^1,O^3,O^6-tris-
  (3,4,5-trimethoxy-benzoyl)-
  glucopyranose-4-ylester] **18** IV 6695

—, [3-(3,4,5-Trimethoxy-phenyl)-propyl]-,
- anhydrid **18** IV 3082

—, Trimethyl-,
- anhydrid **17** 421 d, II 436 g

—, [1,1,2-Trimethyl-allyl]-,
- anhydrid **17** IV 5948

—, Triphenyl-,
- anhydrid **17** II 514 e, IV 6551

—, Undecyl-,
- anhydrid **17** IV 5890

—, Undecylmercapto-,
- anhydrid **18** IV 1123

—, Veratryl-,
- anhydrid **18** IV 2402

—, Veratryliden-,
- anhydrid **18** 173 a, IV 2501

—, Xanthen-9-ylmercapto- **17** IV 1610

Betulindisäure

—, Oxyallo- **18** IV 6176

Betulinoxid

—, Di-O-acetyl- **17** IV 2145

Betulinsäure

—, O-Acetyl-,
- methylester-oxid **18** IV 4943

Betulosid 17 IV 2989

—, Dibenzoyl- **17** IV 3299

—, Penta-O-acetyl- **17** IV 3201

[2,2′]Bianthryl-1,1′-dicarbonsäure

—, 9,10,9′,10′-Tetraoxo-9,10,9′,10′-
  tetrahydro-,
- anhydrid **17** IV 6845

[9,9′]Bianthryl-2,2′-dicarbonsäure

—, 5,5′-Bis-glucopyranosyloxy-4,4′-
  dihydroxy-10,10′-dioxo-9,10,9′,10′-
  tetrahydro- **17** IV 3402
- dimethylester **17** IV 3403

—, 5,5′-Bis-glucopyranosyloxy-4,4′-
  dimethoxy-10,10′-dioxo-9,10,9′,10′-
  tetrahydro-,
- dimethylester **17** IV 3404

—, 4,4′-Diacetoxy-10,10′-dioxo-5,5′-bis-
  [tetra-O-acetyl-glucopyranosyloxy]-
  9,10,9′,10′-tetrahydro- **17** IV 3404
- dimethylester **17** IV 3404

—, 4,4′-Diacetoxy-10,10′-dioxo-5,5′-bis-
  [3,4,5-triacetoxy-6-acetoxymethyl-
  tetrahydro-pyran-2-yloxy]-9,10,9′,10′-
  tetrahydro-,
- dimethylester **17** IV 3404

—, 4,4′-Dihydroxy-10,10′-dioxo-5,5′-bis-
  [3,4,5-trihydroxy-6-hydroxymethyl-
  tetrahydro-pyran-2-yloxy]-9,10,9′,10′-
  tetrahydro- **17** IV 3402
- dimethylester **17** IV 3403

—, 4,4′-Dimethoxy-10,10′-dioxo-5,5′-bis-
  [tetra-O-acetyl-glucopyranosyloxy]-
  9,10,9′,10′-tetrahydro-,
- dimethylester **17** IV 3404

—, 4,4′-Dimethoxy-10,10′-dioxo-5,5′-bis-
  [3,4,5-triacetoxy-6-acetoxymethyl-
  tetrahydro-pyran-2-yloxy]-9,10,9′,10′-
  tetrahydro-,
- dimethylester **17** IV 3404

[2,5′]Bibenzofuranyl-2,4′-diol

—, 5,6-Dimethoxy-3H- **18** IV 3341

—, 5,6-Dimethoxy-2′,3′-dihydro-3H- **18**
  IV 3232

—, 2′-Isopropenyl-5,6-dimethoxy-2′,3′-
  dihydro-3H- **18** IV 3352

—, 2′-Isopropyl-5,6-dimethoxy-3H- **18**
  IV 3351

[3a,3'a]Bibenzofuranyl-2,2'-dion
—, 6,6'-Diäthyl-7,7'-diisopropyl-3,6,3',6'-
  tetramethyl-octahydro- **18** IV 80
[2,3']Bibenzofuranyl-2-ol
—, 2'-Methoxy-3*H*- **18** IV 1853
Bibenzyl
—, 4,4'-Bis-[2-hydroxy-5-oxo-tetrahydro-
  [2]furyl]- **10** III 4081 e
—, 2,2'-Diacetoxy-α,α'-bis-[furan-2-
  carbonylamino]- **18** IV 3959
—, 4,4'-Diacetoxy-α,α'-diäthyl-
  α,α'-epoxy- **17** IV 2197
—, α,α'-Diäthyl-4-benzoyloxy-4'-[tetra-
  O-acetyl-glucopyranosyloxy]- **17**
  IV 3202
—, α,α'-Diäthyl-4,4'-bis-[furan-2-
  carbonyloxy]- **18** IV 3925
—, α,α'-Diäthyl-4,4'-bis-
  glucopyranosyloxy- **17** IV 2992
—, α,α'-Diäthyl-4,4'-bis-[2-methyl-
  tetrahydro-pyran-2-yloxy]- **17** IV 1132
—, α,α'-Diäthyl-4,4'-bis-[tetra-*O*-acetyl-
  glucopyranosyloxy]- **17** IV 3203
—, α,α'-Diäthyl-4,4'-bis-tetrahydropyran-
  2-yloxy- **17** IV 1064
—, α,α'-Diäthyl-α,α'-epoxy-4,4-
  dimethoxy- **17** IV 2197
—, α,α'-Diäthyliden-4,4'-bis-[furan-2-
  carbonyloxy]- **18** IV 3925
—, α,α'-Epoxy- s. Oxiran,
  2,3-Diphenyl-

Bibenzyl-α-carbaldehyd
—, α,α'-Epoxy- **17** IV 5338
Bibenzyl-α-carbimidsäure
—, α,α'-Epoxy-,
  — methylester **18** IV 4364
Bibenzyl-α-carbohydroximsäure
—, α,α'-Epoxy-,
  — methylester **18** IV 4365
Bibenzyl-α-carbonitril
—, α,α'-Epoxy- **18** IV 4364
Bibenzyl-2-carbonsäure
—, 3'-Acetoxy-3,α'-dihydroxy-4'-
  methoxy-,
  — α'-lacton **18** IV 2649
—, 3'-Acetoxy-α'-hydroxy-3,4'-
  dimethoxy-,
  — lacton **18** IV 2649
—, 3,3'-Bis-benzoyloxy-α'-hydroxy-4'-
  methoxy-,
  — lacton **18** IV 2649
—, α-Brom-α'-hydroxy-,
  — lacton **17** IV 5345
—, α-Chlor-α'-hydroxy-,
  — lacton **17** IV 5345
—, 3,3'-Diacetoxy-α'-hydroxy-4'-
  methoxy-,

  — lacton **18** IV 2649
—, α,α'-Dihydroxy-,
  — α-lacton **18** IV 645
  — α'-lacton **18** IV 643
—, 3',α'-Dihydroxy-3,4'-dimethoxy-,
  — α'-lacton **18** IV 2649
—, α,α'-Dihydroxy-α-methyl-,
  — α-lacton **18** IV 661
—, 2'-Hydroxy-,
  — lacton **17** IV 5349
—, α'-Hydroxy-,
  — lacton **17** IV 5345
—, α'-Hydroxy-3,3',4'-trimethoxy-,
  — lacton **18** IV 2649
—, 3,3',α'-Trihydroxy-4'-methoxy-,
  — α'-lacton **18** IV 2649
Bibenzyl-3-carbonsäure
—, α,α'-Epoxy-,
  — methylester **18** IV 4361
Bibenzyl-4-carbonsäure
—, α,α'-Epoxy- **18** IV 4361
  — methylester **18** IV 4362
Bibenzyl-α-carbonsäure
—, 4'-Chlor-α,α'-epoxy- **18** IV 4365
  — methylester **18** IV 4365
—, α,α'-Epoxy- **18** IV 4362
  — äthylester **18** IV 4363
  — amid **18** IV 4363
  — [2-diäthylamino-äthylester] **18**
    IV 4363
  — methylester **18** IV 4362
—, α,α'-Epoxy-4'-methoxy-,
  — äthylester **18** IV 4975
  — methylester **18** IV 4974
Bibenzyl-2,2'-dicarbonsäure
—, α-Hydroxy-,
  — 2-lacton **18** IV 5666
—, α-Oxo-,
  — anhydrid **17** IV 6791
Bibenzyl-2,3-dicarbonsäure
  — anhydrid **17** IV 6445
Bibenzyl-2,α-dicarbonsäure
  — anhydrid **17** I 270 b
Bibenzyl-2,2'-diol
—, 4-Anilino-6,4',6'-tribrom-3,5,3',5'-
  tetramethyl- **17** IV 6373
—, α,α'-Bis-[furan-2-carbonylamino]-
  18 IV 3959
Bibenzyl-3,4'-diol
—, 5-Glucopyranosyloxy- **17**
  IV 3000
Bibenzyl-4,4'-diol
—, α,α'-Diäthyl-α,α'-epoxy- **17** IV 2197
Bibenzyl-2,2'-diyldiamin
—, *N*,*N*'-Bis-[2,4-dinitro-phenyl]-
  α,α'-epoxy-5,5'-dinitro- **18** IV 7292
—, α,α'-Epoxy-*N*,*N*'-dimethyl-
  N,*N*'-diphenyl- **18** IV 7292

Bibenzyl-2,2′-diyldiamin
(Fortsetzung)
—, α,α′-Epoxy-*N*,*N*′-diphenyl- **18**
    IV 7292
Bibenzyl-4-ol
—, α,α′-Diäthyl-4′-glucopyranosyloxy-
    17 IV 2991
Bibenzyl-α-ol
—, α′-[2-Glucopyranosyloxy-
    benzylidenamino]- **31** 244 g, 245 a
Bicarbamidsäure
—, Furfuryloxy-,
    — diäthylester **17** IV 1253
[3,3′]Bichromenyl-2,2′-dion
—, 4,4′-Dimethoxy- **18** IV 291
[6,6′]Bichromenyl-2,2′-dion
—, 4a,8,8,4′a,8′,8′-Hexakis-[2-carboxy-
    äthyl]-8a,8′a-dihydroxy-hexadecahydro-
    10 III 4181 a
Bicyclo[1.1.0]butan-1,2,4-tricarbonsäure
—, 2-Brom-3-methyl-,
    — 2,4-anhydrid **18** II 355 b
—, 3-Methyl-,
    — 2,4-anhydrid **18** II 355 a
**Bicyclo[14.2.2]eicosa-1(18),16,19-trien-17,18-
dicarbonsäure**
    — anhydrid **17** IV 6330
Bicyclo[14.2.2]eicos-19-en-17,18-dicarbonsäure
    — anhydrid **17** IV 6122
Bicyclo[2.2.1]heptan
    s. Norbornan
Bicyclo[3.1.1]heptan
    s. Norpinan
Bicyclo[4.1.0]heptan
    s. Norcaran
Bicyclo[3.2.0]heptan-1,2-dicarbonsäure
—, 2,6,6-Trimethyl-,
    — anhydrid **17** IV 6032
Bicyclo[3.2.0]heptan-6-on
—, 2,3-Epoxy-7,7-diphenyl- **17** IV 5521
**Bicyclo[10.2.2]hexadeca-1(14),12,15-trien-
13,14-dicarbonsäure**
    — anhydrid **17** IV 6322
Bicyclo[2.1.1]hexan-2,5-dicarbonsäure
—, 1,5-Dimethyl-,
    — anhydrid **17** IV 6018
Bicyclo[3.1.0]hexan-6,6-dicarbonsäure
—, 2-Hydroxy-,
    — lacton **18** IV 5429
    — lacton-methylester **18** IV 5429
Bicyclohexyl
—, 1,2-Epoxy- **17** II 46 c
Bicyclohexyl-2-carbonsäure
—, 2,1′-Dihydroxy-,
    — 1′-lacton **18** IV 126
—, 1′-Hydroxy-,
    — lacton **17** IV 4655

Bicyclohexyl-1,1′-dicarbonsäure
    — anhydrid **17** IV 6040
Bicyclohexyl-1,2′-dicarbonsäure
    — anhydrid **17** IV 6040
Bicyclohexyl-2,2′-dicarbonsäure
    — anhydrid **17** IV 6040
Bicyclohexyl-2-ol
—, 2-[2,5-Dimethyl-phenyl]-1′,2′-epoxy-
    17 IV 1560
—, 1′,2′-Epoxy-2-[2-methoxy-phenyl]-
    17 IV 2151
—, 1′,2′-Epoxy-2-[1]naphthyl- **17**
    IV 1679
—, 1′,2′-Epoxy-2-[2]naphthyl- **17**
    IV 1680
—, 1′,2′-Epoxy-2-phenyl- **17** IV 1557
—, 1′,2′-Epoxy-2-*o*-tolyl- **17**
    IV 1558
—, 1′,2′-Epoxy-3-*m*-tolyl- **17**
    IV 1558
**Bicyclo[3.2.1]nona-2,8-dien-6,7-
dicarbonsäure**
—, 3-Brom-5-hydroxy-4-oxo-,
    — anhydrid **18** IV 2512
—, 5-Hydroxy-4-oxo-,
    — anhydrid **18** IV 2511
—, 1-Methoxy-4-oxo-,
    — anhydrid **18** IV 2511
—, 5-Methoxy-4-oxo-,
    — anhydrid **18** IV 2512
—, 4-Oxo-3-phenyl-,
    — anhydrid **17** IV 6792
—, 4-Oxo-5-phenyl-,
    — anhydrid **17** IV 6792
**Bicyclo[3.2.2]nona-6,8-dien-6,7-
dicarbonsäure**
—, 1,4,4-Trimethyl-,
    — anhydrid **17** IV 6219
Bicyclo[3.2.2]nonan-6,7-dicarbonsäure
    — anhydrid **17** IV 6023
—, 8-Acetoxy-9-brom-,
    — anhydrid **18** IV 1194
—, 1-Acetoxy-4-hydroxy-2-oxo-,
    — 6-lacton **18** IV 6465
—, 8,9-Diacetoxy-,
    — anhydrid **18** IV 2328
—, 8,9-Dibrom-1,4-dihydroxy-2-oxo-,
    — 6→4-lacton **18** IV 6466
—, 8,9-Dihydroxy-,
    — 6→9-lacton **18** IV 6300
    — 6→9-lacton-7-methylester **18**
       IV 6301
—, 1,4-Dihydroxy-2-oxo-,
    — 6→4-lacton **18** IV 6465
—, 1-Isopropyl-3,4-dioxo-,
    — anhydrid **17** IV 6826
—, 1-Methoxy-4-oxo-,
    — anhydrid **18** IV 2347

Bicyclo[3.2.2]non-2-en-6,7-dicarbonsäure
—, 8-Brom-9-hydroxy-1-methoxy-4-oxo-,
   — 6-lacton **18** IV 6477
—, 9-Brom-8-hydroxy-1-methoxy-4-oxo-,
   — 7-lacton **18** IV 6477
Bicyclo[3.2.2]non-6-en-6,7-dicarbonsäure
   — anhydrid **17** IV 6077
Bicyclo[3.2.2]non-8-en-6,7-dicarbonsäure
   — anhydrid **17** IV 6077
—, 1-Acetoxy-8-brom-4-hydroxy-2-oxo-,
   — 6-lacton **18** IV 6478
—, 1-Acetoxy-4-hydroxy-2-oxo-,
   — 6-lacton **18** IV 6478
—, 8-Brom-1,4-dihydroxy-2-oxo-,
   — 6→4-lacton **18** IV 6478
—, 1,4-Dihydroxy-2-oxo-,
   — 6→4-lacton **18** IV 6478
—, 2,2-Dihydroxy-3-oxo-,
   — 7→2-lacton **18** IV 6478
—, 2,3-Dioxo-,
   — anhydrid **17** IV 6827
—, 1-Isopropyl-3,4-dioxo-,
   — anhydrid **17** IV 6827
—, 1,4,4-Trimethyl-2-methylen- **17**
   IV 6238
   — anhydrid **17** IV 6238
—, 1,4,4-Trimethyl-2-oxo-,
   — anhydrid **17** IV 6731
Bicyclo[12.2.2]octadeca-1(17),14(18)-dien-15,16-dicarbonsäure
—, 17,18-Diphenyl-,
   — anhydrid **17** IV 6565
Bicyclo[12.2.2]octadeca-1(16),14,17-trien-15,16-dicarbonsäure
—, 17,18-Diphenyl-,
   — anhydrid **17** IV 6598
Bicyclo[2.2.2]octan
—, 2,3-Epoxy- **17** IV 314
Bicyclo[2.2.2]octan-2-carbonsäure
—, 6-Hydroxy-,
   — lacton **17** IV 4604
—, 5-Hydroxy-6-jod-,
   — lacton **17** IV 4604
—, 6-Hydroxy-5-jod-,
   — lacton **17** IV 4604
—, 6-Hydroxy-5-jod-2-methyl-,
   — lacton **17** IV 4628
—, 3-Hydroxymethyl-,
   — lacton **17** IV 4627
Bicyclo[3.2.1]octan-1-carbonsäure
—, 6-Methylen-7-oxo-2-[1,4,6-trihydroxy-7,7-dimethyl-hexahydro-isobenzofuran-3a-yl]-,
   — 4-lacton **18** IV 3114
—, 6-Methylen-2-[1,4,6-trihydroxy-7,7-dimethyl-hexahydro-isobenzofuran-3a-yl]-,

   — 4-lacton **18** IV 2425
—, 6-Methyl-7-oxo-2-[1,4,6-trihydroxy-7,7-dimethyl-hexahydro-isobenzofuran-3a-yl]-,
   — 4-lacton **18** IV 3085
Bicyclo[2.2.2]octan-2,3-dicarbonsäure
   — anhydrid **17** IV 6017
—, 5-Acetoxomercurio-6-hydroxy-,
   — 2-lacton-3-methylester **18**
   IV 8445
—, 5-Acetoxy-5-methyl-6-oxo-,
   — anhydrid **18** IV 2347
—, 1-Äthyl-4-methyl-5,7-dioxo-,
   — anhydrid **17** IV 6826
—, 5-Anilino-6-hydroxy-,
   — 2-lacton **18** IV 8266
—, 7-Brom-5-dichlormethyl-8-hydroxy-5-methyl-6-oxo-,
   — 3-lacton **18** IV 6024
   — 3-lacton-2-methylester **18**
   IV 6024
—, 5-Brom-6-hydroxy-,
   — 2-lacton **18** IV 5457
   — 2-lacton-3-methylester **18**
   IV 5457
—, 5-Brom-6-hydroxy-2,3-dimethyl-,
   — 2-lacton **18** IV 5474
   — 2-lacton-3-methylester **18**
   IV 5474
—, 5-Brom-6-hydroxy-7-isopropyl-5,6-dimethyl-,
   — 2-lacton **18** IV 5487
   — 2-lacton-3-methylester **18**
   IV 5488
—, 5-Brom-6-hydroxy-1-isopropyl-4-methyl-,
   — 2-lacton **18** IV 5486
—, 6-Brom-5-hydroxy-2-methyl-,
   — 3-lacton **18** IV 5464
   — 3-lacton-2-methylester **18**
   IV 5464
—, 5-Chloromercurio-6-hydroxy-,
   — 2-lacton **18** IV 8444
   — 2-lacton-3-methylester **18**
   IV 8444
—, 1,4-Diäthyl-5,7-dioxo-,
   — anhydrid **17** IV 6826
—, 5,6-Dibrom-,
   — anhydrid **17** IV 6017
—, 5,6-Dihydroxy-,
   — 2→6-lacton **18** IV 6299
   — 2→6-lacton-3-methylester **18**
   IV 6300
—, 5,6-Dihydroxy-2,3-dimethyl-,
   — anhydrid **18** IV 2328
   — 2→6-lacton **18** IV 6301
   — 2→6-lacton-3-methylester **18**
   IV 6301

Bicyclo[2.2.2]octan-2,3-dicarbonsäure
(Fortsetzung)

—, 5,6-Dihydroxy-2-methyl-,
   — 3→5-lacton **18** IV 6300
—, 1,4-Dimethyl-,
   — anhydrid **17** IV 6034
—, 2,3-Dimethyl-5,6-bis-nitryloxy-,
   — anhydrid **18** IV 2329
—, 1,4-Dimethyl-5,7-dioxo-,
   — anhydrid **17** IV 6825
—, 2,3-Dimethyl-5,6-dioxo-,
   — anhydrid **17** IV 6825
—, 1,5-Dimethyl-6-oxo-5-propyl-,
   — anhydrid **17** IV 6727
—, 5,7-Dioxo-,
   — anhydrid **17** IV 6825
—, 5-[2,5-Dioxo-tetrahydro-[3]furyl]- **18**
   IV 6219
—, 5-Hydroxomercurio-6-hydroxy-,
   — 2-lacton **18** IV 8444
—, 5-Hydroxy-,
   — 3-lacton **18** IV 5457
—, 5-Hydroxy-2,3-dimethyl-,
   — 3-lacton-2-methylester **18**
   IV 5474
—, 5-Hydroxy-7-isopropyliden-5-methyl-,
   — 3-lacton **18** IV 5506
   — 3-lacton-2-methylester **18**
   IV 5506
—, 5-Hydroxy-4-isopropyl-1-methyl-,
   — 3-lacton **18** IV 5485
—, 5-Hydroxy-7-isopropyl-5-methyl-,
   — 2-äthylester-3-lacton **18** IV 5487
   — 2-isopropylester-3-lacton **18**
   IV 5487
   — 3-lacton **18** IV 5486
   — 3-lacton-2-methylester **18**
   IV 5486
—, 5-Hydroxy-1-isopropyl-4-methyl-6-
   oxo-,
   — anhydrid **18** IV 2351
—, 5-Hydroxy-4-isopropyl-1-methyl-6-
   oxo-,
   — 3-lacton **18** IV 6026
   — 3-lacton-2-methylester **18**
   IV 6026
—, 5-Hydroxy-5-methyl-6-oxo-,
   — anhydrid **18** IV 2347
—, 5-Hydroxy-5-methyl-7-oxo-,
   — 3-lacton **18** IV 6023
   — 3-lacton-2-methylester **18**
   IV 6023
—, 1-Isopropyl-4-methyl-,
   — anhydrid **17** IV 6044
—, 2-Methyl-,
   — anhydrid **17** IV 6023
—, 5-Methyl-,
   — anhydrid **17** IV 6023

—, 5,5,6,6-Tetrahydroxy-2,3-dimethyl-,
   — 2→6;3→5-dilacton **10** III 4057 a
Bicyclo[4.2.0]octan-3,4-dicarbonsäure
   — anhydrid **17** IV 6016
Bicyclo[2.2.2]octan-1,2,3-tricarbonsäure
   — 1-äthylester-2,3-anhydrid **18** IV 6022
   — 2,3-anhydrid **18** IV 6022
Bicyclo[2.2.2]oct-2-en
—, 5,6-Epoxy- **17** IV 372
Bicyclo[4.2.0]oct-2-en
—, 7,8-Dibrom-4,5-epoxy- **17** IV 372
—, 7,8-Dichlor-4,5-epoxy- **17** IV 372
Bicyclo[2.2.2]oct-5-en-2-carbonsäure
—, 3-Hydroxymethyl-,
   — lacton **17** IV 4743
Bicyclo[2.2.2]oct-2-en-2,3-dicarbonsäure
   — anhydrid **17** IV 6075
Bicyclo[2.2.2]oct-5-en-2,3-dicarbonsäure
   — anhydrid **17** II 461 g, IV 6075
—, 5-Acetoxy-1,8-dimethyl-,
   — anhydrid **18** IV 1260
—, 8-Acetoxy-5,8-dimethyl-7-oxo-,
   — anhydrid **18** IV 2412
—, 7-Acetoxy-7-methyl-8-oxo-,
   — anhydrid **18** IV 2407
—, 7-Acetoxy-8-oxo-7-phenyl-,
   — anhydrid **18** IV 2770
—, 8-Acetoxy-1,5,8-trimethyl-7-oxo-,
   — anhydrid **18** IV 2415
—, 1-Acetyl-,
   — anhydrid **17** IV 6729
—, 7-Acetyl-5,6-dimethyl-,
   — anhydrid **17** IV 6239
—, 8-Acetyl-1,6-dimethyl-,
   — anhydrid **17** IV 6239
—, 6-[2-Äthoxycarbonyl-äthyl]-1-methyl-
   5-phenäthyl-,
   — anhydrid **9** III 3258 c
—, 8-Allyl-1,8-dimethyl-7-oxo-,
   — anhydrid **17** IV 6755
—, 1-Benzyl-4-isopropyl-,
   — anhydrid **17** IV 6418
—, 7,8-Bis-benzoylimino-1-methyl-,
   — anhydrid **17** IV 6827
—, 2,3-Dibrom-,
   — anhydrid **17** IV 6076
—, 7-[1,2-Dicarboxy-äthyl]-,
   — anhydrid **18** IV 6219
—, 7-Dichlormethyl-7-methyl-8-oxo-,
   — anhydrid **17** IV 6730
—, 7,8-Dihydroxy-,
   — anhydrid **18** IV 2345
—, 1,4-Dimethyl-,
   — anhydrid **17** IV 6084
—, 2,3-Dimethyl-,
   — anhydrid **17** IV 6084
—, 5,6-Dimethyl-,
   — anhydrid **17** IV 6084

Bicyclo[2.2.2]oct-5-en-2,3-dicarbonsäure
(Fortsetzung)
—, 1,6-Dimethyl-8-oxo-,
    — anhydrid **17** IV 6238
—, 5,6-Dimethyl-7-oxo-,
    — anhydrid **17** IV 6239
—, 7,7-Dimethyl-8-oxo-,
    — anhydrid **17** IV 6729
—, 7-[2,5-Dioxo-tetrahydro-[3]furyl]- **18** IV 6219
    — dimethylester **18** IV 6219
—, 1,5-Diphenyl-,
    — anhydrid **17** IV 6542
—, 1-Formyl-,
    — anhydrid **17** IV 6728
—, 1-Formyl-7-methyl-,
    — anhydrid **17** IV 6729
—, 5-Heptafluorpropyl-,
    — anhydrid **17** IV 6091
—, 1,4,5,6,7,7-Hexachlor-8-oxo-,
    — anhydrid **17** IV 6728
—, 7-Hydroxy-7-methyl-8-oxo-,
    — anhydrid **18** IV 2407
—, 7-Isopropenyl-1,6-dimethyl-,
    — anhydrid **17** IV 6243
—, 7-Isopropenyl-5,6-dimethyl-,
    — anhydrid **17** IV 6239
—, 8-Isopropenyl-1,6-dimethyl-,
    — anhydrid **17** IV 6238, IV 6243
—, 7-Isopropenyl-5-methyl-,
    — anhydrid **17** IV 6219
—, 8-Isopropenyl-5-methyl-,
    — anhydrid **17** IV 6220
—, 7-Isopropenyl-6-methyl-1-phenyl-,
    — anhydrid **17** IV 6469
—, 8-Isopropenyl-6-methyl-1-phenyl-,
    — anhydrid **17** IV 6469
—, 1-Isopropyl-,
    — anhydrid **17** IV 6091
—, 7-Isopropyl-,
    — anhydrid **17** IV 6091
—, 7-Isopropyl-5,6-dimethyl-,
    — anhydrid **17** IV 6115
—, 8-Isopropyl-1,6-dimethyl-,
    — anhydrid **17** IV 6114
—, 7-Isopropyliden-5,6-dimethyl-,
    — anhydrid **17** IV 6239
—, 8-Isopropyliden-1,6-dimethyl-,
    — anhydrid **17** IV 6238
—, 1-Isopropyl-4-methyl-,
    — anhydrid **17** IV 6101
—, 7-Isopropyl-5-methyl-,
    — anhydrid **17** II 462 d, IV 6101
—, 1-Isopropyl-4-[2]naphthyl-,
    — anhydrid **17** IV 6526
—, 1-Isopropyl-4-phenyl-,
    — anhydrid **17** IV 6416
—, 1-Methoxy-,
    — anhydrid **18** IV 1247

—, 1-Methoxy-4-methyl-,
    — anhydrid **18** IV 1254
—, 1-Methoxy-5-methyl-,
    — anhydrid **18** IV 1254
—, 1-Methoxy-6-methyl-,
    — anhydrid **18** IV 1254
—, 1-Methyl-,
    — anhydrid **17** IV 6078
—, 2-Methyl-,
    — anhydrid **17** IV 6078
—, 5-Methyl-,
    — anhydrid **17** IV 6078
—, 7-Methyl-,
    — anhydrid **17** IV 6078
—, 7-Methyl-8-oxo-7-phenyl-,
    — anhydrid **17** IV 6789
—, 1,5,7,7-Tetramethyl-,
    — anhydrid **17** IV 6102
—, 1,5,8,8-Tetramethyl-,
    — anhydrid **17** IV 6102
—, 1,7,8,8-Tetramethyl-,
    — anhydrid **17** IV 6102
—, 1,5,8,8-Tetramethyl-7-oxo-,
    — anhydrid **10** III 3944 a
—, 1,8,8-Trimethyl-7-oxo-,
    — anhydrid **17** IV 6730
—, 1,5,8-Trimethyl-7-oxo-8-propyl-,
    — anhydrid **17** IV 6733

Bicyclo[3.2.1]oct-2-en-2,3-dicarbonsäure
—, 1,8,8-Trimethyl-,
    — anhydrid **17** IV 6090
Bicyclo[4.2.0]oct-1(6)-en-3,4-dicarbonsäure
    — anhydrid **17** IV 6073
Bicyclo[2.2.2]oct-5-en-1,2,3-tricarbonsäure
    — 1-äthylester-2,3-anhydrid **18**
        IV 6035
    — 2,3-anhydrid **18** IV 6035
    — 2,3-anhydrid-1-methylester **18**
        IV 6035
—, 7-Methyl-,
    — 2,3-anhydrid **18** IV 6035
Bicyclo[2.2.2]oct-5-en-2,3,5-tricarbonsäure
—, 1,4-Dimethyl-,
    — 2,3-anhydrid **18** IV 6037
Bicyclo[2.2.2]oct-6-ylquecksilber(1+)
—, 1,3,3-Trimethyl-2-oxa- **18** 655 b
**Bicyclo[9.2.2]pentadec-14-en-12,13-
dicarbonsäure**
    — anhydrid **17** IV 6117
Bicyclo[2.1.0]pentan-1,2-dicarbonsäure
—, 5,5-Dimethyl-3-oxo-,
    — anhydrid **17** 566 b
Bicyclopentyl
—, 2,2′-Epoxy- s. Dicyclopenta[b,d]≠
furan, Decahydro-
Bicyclopentyl-1,1′-dicarbonsäure
    — anhydrid **17** IV 6030

Bicyclo[8.2.2]tetradec-13-en-11,12-dicarbonsäure
— anhydrid **17** IV 6116
Bicyclo[7.2.0]undecan
—, 5,6-Epoxy-2,6,10,10-tetramethyl- **17** IV 348
—, 5,6-Epoxy-6,10,10-trimethyl-2-methylen- **17** IV 392
Bicyclo[7.2.0]undecan-2-ol
—, 5,6-Epoxy-2-hydroxymethyl-6,10,10-trimethyl- **17** IV 2065
Bicyclo[7.2.0]undecan-2-on
—, 5,6-Epoxy-6,10,10-trimethyl- **17** IV 4664
— semicarbazon **17** IV 4664
Biflorin 17 IV 6468
—, Di-O-acetyl-dihydro- **17** IV 2219
[2,2']Bifluorenyl-1,1'-dicarbonsäure
—, 9,9'-Dioxo-,
— anhydrid **17** IV 6838
[9,9']Bifluorenyl-2,2'-dicarbonsäure
— bis-tetrahydrofurfurylester **17** IV 1110
Biformin 17 IV 1532
[2,2']Bifuryl-4-carbonsäure
—, 2-Hydroxy-5-oxo-2,3,4,5-tetrahydro- **18** IV 6141
[3,3']Bifuryl-2,2'-dion
—, 5,5'-Dihydroxy-3,5,3',5'-tetra-p-tolyl-tetrahydro- **10** III 4100 b
[3,3']Bifuryliden-2,2'-dion
—, 5,5'-Dihydroxy-5,5'-diphenyl-tetrahydro- **10** 920 b, II 644 f, III 4089 c
—, 5,5'-Dihydroxy-5,5'-di-p-tolyl-tetrahydro- **10** III 4091 a
—, 5-Hydroxy-5,5'-diphenyl-4,5-dihydro- **18** IV 6105
—, 5-Hydroxy-5,5'-di-p-tolyl-4,5-dihydro- **18** IV 6106
—, 5-Hydroxy-5'-[2]naphthyl-5-phenyl-4,5-dihydro- **18** IV 6111
[3,3']Bifuryliden-2,5'-dion
—, 5,2'-Bis-[4-brom-phenyl]-5,2'-dihydroxy-tetrahydro- **10** III 4090 a
[2,2']Bifuryl-5-on
—, 2-Hydroxy-3,4-dihydro-2H- **18** IV 5421
Bigitaligenin 18 IV 2456
Bigitalin 18 IV 2462
Biglandulinsäure 18 IV 6129
— diäthylester **18** IV 6130
— dimethylester **18** IV 6129
—, Dihydro- **18** IV 6120
— methylester **18** IV 6121
Biguanid
—, 1-Äthyl-1-furfuryl- **18** IV 7085
—, 1-Äthyl-1-[2]thienylmethyl- **18** IV 7106

—, 1,1'-Bis-[2-diäthylamino-äthyl]-1,1'-dibenzofuran-3,7-diyl-bis- **18** IV 7288
—, 1-[2-Brom-dibenzofuran-3-yl]- **18** IV 7202
—, 1-[2-Diäthylamino-äthyl]-1-dibenzofuran-3-yl- **18** IV 7197
—, 1,1'-Dibenzofuran-2,7-diyl-bis- **18** IV 7284
—, 1,1'-Dibenzofuran-3,7-diyl-bis- **18** IV 7288
—, 1-Dibenzofuran-2-yl- **18** IV 7184
—, 1-Dibenzofuran-3-yl- **18** IV 7195
—, 1-Dibenzofuran-3-yl-1-methyl- **18** IV 7196
—, 1-Dibenzothiophen-2-yl- **18** IV 7187
—, 1,1'-[2,8-Dimethyl-dibenzofuran-3,7-diyl]-bis- **18** IV 7293
—, 1-Furfuryl- **18** IV 7084
—, 1-Furfuryl-1-methyl- **18** IV 7085
—, 1-[8-Jod-dibenzofuran-3-yl]- **18** IV 7203
—, 1-[2-Methoxy-dibenzofuran-3-yl]- **18** IV 7352
—, 1-Methyl-1-[2]thienylmethyl- **18** IV 7106
—, 1-[2]Thienylmethyl- **18** IV 7106
[2,2']Biindanyl-1-carbonsäure
—, 1-Äthoxy-2-brom-2'-hydroxy-3,1',3'-trioxo-,
— lacton **18** IV 3389
—, 1-Äthoxy-2'-hydroxy-3,1',3'-trioxo-,
— lacton **18** IV 3389
—, 2-Brom-2'-hydroxy-1-methoxy-3,1',3'-trioxo-,
— lacton **18** IV 3389
—, 2'-Hydroxy-1-methoxy-3,1',3'-trioxo-,
— lacton **18** IV 3388
[1,2']Biindanyliden-3,1',3'-trion
—, 2-[11-(1,3-Dioxo-indan-2-yliden)-10,11-dihydro-indeno[1,2-b]chromen-10-yl]- **17** IV 6843
—, 2-[11-(1,3-Dioxo-indan-2-yliden)-7-hydroxy-10,11-dihydro-indeno[1,2-b]chromen-10-yl]- **18** IV 3548
—, 2-[11-(1,3-Dioxo-indan-2-yliden)-6-methoxy-10,11-dihydro-indeno[1,2-b]chromen-10-yl]- **18** IV 3548
—, 2-[11-(1,3-Dioxo-indan-2-yliden)-7-methoxy-10,11-dihydro-indeno[1,2-b]chromen-10-yl]- **18** IV 3548
—, 2-[Xanthen-9-yliden-äthyliden]- **17** IV 6822
[2,2']Biindenyl-1-carbonsäure
—, 1-Äthoxy-2-brom-2'-hydroxy-3,1',3'-trioxo-2,3,2',3'-tetrahydro-,
— lacton **18** IV 3389a
—, 1-Äthoxy-2'-hydroxy-3,1',3'-trioxo-2,3,2',3'-tetrahydro-,
— lacton **18** IV 3389a

[2,2']Biindenyl-1-carbonsäure (Fortsetzung)
—, 2-Brom-2'-hydroxy-1-methoxy-
3,1',3'-trioxo-2,3,2',3'-tetrahydro-,
— lacton **18** IV 3389 a
—, 2'-Hydroxy-1-methoxy-3,1',3'-trioxo-
2,3,2',3'-tetrahydro-,
— lacton **18** IV 3388

[1,2']Biindenyliden-3,1',3'-trion
—, 2-[11-(1,3-Dioxo-indan-2-yliden)-
10,11-dihydro-indeno[1,2-b]chromen-10-
yl]- **17** IV 6843 c
—, 2-[11-(1,3-Dioxo-indan-2-yliden)-7-
hydroxy-10,11-dihydro-indeno[1,2-b]≠
chromen-10-yl]- **18** IV 3548 c
—, 2-[11-(1,3-Dioxo-indan-2-yliden)-6-
methoxy-10,11-dihydro-indeno[1,2-b]≠
chromen-10-yl]- **18** IV 3548 b
—, 2-[11-(1,3-Dioxo-indan-2-yliden)-7-
methoxy-10,11-dihydro-indeno[1,2-b]≠
chromen-10-yl]- **18** IV 3548 d
—, 2-[xanthen-9-yliden-äthyliden]- **17**
IV 6822 d

[1,1']Biisobenzofuranyl-3,3'-dion
—, 1,1'-Dihydroxy-1H,1'H- **10** 910 c,
I 442 b, II 640 b, III 4075 c
—, 1-Hydroxy-1H,1'H- **18** 478 f,
I 517 a, II 358 c
—, 1-Hydroxy-4,5,4',5'-tetramethoxy-
1H,1'H- **18** 565 c

[5,5']Biisobenzofuranyl-3,3'-dion
—, 1,1'-Dihydroxy-1,1'-diisopropyl-4,4'-
dimethoxy-6,6'-dimethyl-1H,1'H- **10**
III 4854 b
—, 1,4,1',4'-Tetrahydroxy-1,1'-diisopropyl-
6,6'-dimethyl-1H,1'H- **10** III 4854 a

[1,1']Biisobenzofuranyl-3-on
—, 3'-Hydroxy-1',3'-dihydro-1H- **18**
IV 1857 a

[1,5']Biisobenzofuranyl-3,1',3'-trion
—, 1-Hydroxy-1H- **18** II 372 a

[3,5']Biisoxazolyl
—, 4,5,3',4'-Tetraphenyl- **17** IV 6643

Bikaverin 18 IV 3611
—, Bis-O-[4-nitro-benzoyl]- **18** IV 3611

Biliobansäure 18 IV 6222
— dimethylester **18** IV 6223
— dimethylester-oxim **18** IV 6223
— oxim **18** IV 6223
—, Chenodesoxy- **18** IV 6162
—, Desoxy- **18** IV 6162
—, Neodesoxy- **18** IV 6161
—, Nordesoxy- **18** IV 6161

Bilobanon 17 IV 5028
— oxim **17** IV 5028
— semicarbazon **17** IV 5028

[1,1']Binaphthyl
—, 2,2'-Bis-dibenzo[a,kl]xanthen-1-
ylperoxy- **17** II 168 d, IV 1735

[1,2']Binaphthyl
—, 1',2'-Epoxy-6,6'-dimethoxy-1,2,3,4,1',≠
2',3',4'-octahydro- **17** IV 2226

[2,2']Binaphthyl-3-carbonsäure
—, 1'-Hydroxy-1,4,4a,5,6,7,8,8a-
octahydro-,
— lacton **17** IV 5528

[1,1']Binaphthyl-3,4-dicarbonsäure
— anhydrid **17** IV 6603

[1,2']Binaphthyl-2,3-dicarbonsäure
— anhydrid **17** IV 6602

[2,2']Binaphthyl-1,4,5',8'-tetraon
—, 6',7'-Epoxy-5,1'-dihydroxy-7,3'-
dimethyl-6',7'-dihydro- **18** IV 3543

[2,2']Binaphthyl-1,4a,1'-tricarbonsäure
—, 6'-Acetoxy-1-hydroxy-2,7,7,2',5',5',≠
8'a-heptamethyl-eicosahydro-,
— 4a-lacton **18** IV 6616
— 4a-lacton-1,1'-dimethylester **18**
IV 6617
—, 1,6'-Dihydroxy-2,7,7,2',5',5',8'a-
heptamethyl-eicosahydro-,
— 4a→1-lacton **18** IV 6615

[1,1']Binaphthyl-3,4,8'-trion
—, 4',5'-Diacetoxy-6',7'-epoxy-5-
hydroxy-6',7'-dihydro-5'H- **18** IV 3541
—, 6',7'-Epoxy-5,5'-dihydroxy-4'-
methoxy-6',7'-dihydro-5'H- **18** IV 3540
—, 6',7'-Epoxy-5'-hydroxy-5,4'-
dimethoxy-6',7'-dihydro-5'H- **18**
IV 3541
—, 6',7'-Epoxy-5,4',5'-trihydroxy-6',7'-
dihydro-5'H- **18** IV 3540

Biochanebin-A 18 IV 2726

Biochanin-A 18 IV 2726
—, Di-O-acetyl- **18** IV 2730

Biochanin-B 18 IV 1806

Biphenyl
—, 4'-Äthoxycarbonylamino-2-[5-nitro-
furan-2-carbonylamino]- **18** IV 3998
—, 4,4'-Bis-äthoxycarbonylamino-2-
[5,6-dihydro-4H-pyran-3-carbonylamino]-
18 IV 3881
—, 4,4'-Bis-äthoxycarbonylamino-2-
[5-nitro-furan-2-carbonylamino]- **18**
IV 3998
—, 4,4'-Bis-äthoxycarbonylamino-2-
[thiophen-2-carbonylamino]- **18** IV 4023
—, 4,4'-Bis-[1-(4-äthoxy-
phenylcarbamoyl)-2-[2]furyl-2-oxo-
äthylazo]- **18** IV 6008
—, 4,4'-Bis-[1-(4-äthoxy-
phenylcarbamoyl)-2-[2]furyl-2-oxo-
äthylidenhydrazino]- **18** IV 6008
—, 4,4'-Bis-[1-(4-äthoxy-
phenylcarbamoyl)-2-(5-methyl-[2]furyl)-2-
oxo-äthylazo]- **18** IV 6018

Biphenyl (Fortsetzung)

—, 4,4'-Bis-[1-(4-äthoxy-
phenylcarbamoyl)-2-(5-methyl-[2]furyl)-2-
oxo-äthylidenhydrazino]- **18** IV 6018

—, 4,4'-Bis-[3-benzo[*b*]thiophen-2-yl-
N''''-phenyl-[*N*]formazano-3,3'-dimethoxy-
18 IV 4255

—, 4,4'-Bis-[3-(3,6-bis-diäthylamino-9-
hydroxy-xanthen-9-yl)-4-hydroxy-
phenylazo]- **18** II 506 a

—, 4,4'-Bis-[1-(4-brom-phenylcarbamoyl)-
2-[2]furyl-2-oxo-äthylazo- **18** IV 6004

—, 4,4'-Bis-[1-(4-brom-phenylcarbamoyl)-
2-[2]furyl-2-oxo-äthylidenhydrazino]- **18**
IV 6004

—, 4,4'-Bis-[1-(4-brom-phenylcarbamoyl)-
2-(5-methyl-[2]furyl)-2-oxo-äthylazo]- **18**
IV 6015

—, 4,4'-Bis-[1-(4-brom-phenylcarbamoyl)-
2-(5-methyl-[2]furyl)-2-oxo-
äthylidenhydrazino]- **18** IV 6015

—, 4,4'-Bis-[1-(3-chlor-phenylcarbamoyl)-
2-[2]furyl-2-oxo-äthylazo]- **18** IV 6004

—, 4,4'-Bis-[1-(4-chlor-phenylcarbamoyl)-
2-[2]furyl-2-oxo-äthylazo]- **18** IV 6004

—, 4,4'-Bis-[1-(3-chlor-phenylcarbamoyl)-
2-[2]furyl-2-oxo-äthylidenhydrazino]- **18**
IV 6004

—, 4,4'-Bis-[1-(4-chlor-phenylcarbamoyl)-
2-[2]furyl-2-oxo-äthylidenhydrazino]- **18**
IV 6004

—, 4,4'-Bis-[1-(3-chlor-phenylcarbamoyl)-
2-(5-methyl-[2]furyl)-2-oxo-äthylazo]- **18**
IV 6015

—, 4,4'-Bis-[1-(4-chlor-phenylcarbamoyl)-
2-(5-methyl-[2]furyl)-2-oxo-äthylazo]- **18**
IV 6015

—, 4,4'-Bis-[1-(3-chlor-phenylcarbamoyl)-
2-(5-methyl-[2]furyl)-2-oxo-
äthylidenhydrazino]- **18** IV 6015

—, 4,4'-Bis-[1-(4-chlor-phenylcarbamoyl)-
2-(5-methyl-[2]furyl)-2-oxo-
äthylidenhydrazino]- **18** IV 6015

—, 2,2'-Bis-[2,4-dihydroxy-benzoyl]- **17**
II 498 b

—, 2,4-Bis-furfurylidenamino- **17** 280 f

—, 4,4'-Bis-[2-[2]furyl-1-(2-methoxy-
phenylcarbamoyl)-2-oxo-äthylazo]- **18**
IV 6006

—, 4,4'-Bis-[2-[2]furyl-1-(4-methoxy-
phenylcarbamoyl)-2-oxo-äthylazo]- **18**
IV 6008

—, 4,4'-Bis-[2-[2]furyl-1-(2-methoxy-
phenylcarbamoyl)-2-oxo-
äthylidenhydrazino]- **18** IV 6006

—, 4,4'-Bis-[2-[2]furyl-1-(4-methoxy-
phenylcarbamoyl)-2-oxo-
äthylidenhydrazino]- **18** IV 6008

—, 4,4'-Bis-[2-[2]furyl-1-
[1]naphthylcarbamoyl-2-oxo-äthylazo]-
18 IV 6005

—, 4,4'-Bis-[2-[2]furyl-1-
[2]naphthylcarbamoyl-2-oxo-äthylazo]-
18 IV 6006

—, 4,4'-Bis-[2-[2]furyl-1-
[1]naphthylcarbamoyl-2-oxo-
äthylidenhydrazino]- **18** IV 6005

—, 4,4'-Bis-[2-[2]furyl-1-
[2]naphthylcarbamoyl-2-oxo-
äthylidenhydrazino]- **18** IV 6006

—, 4,4'-Bis-[2-[2]furyl-2-oxo-1-
phenylcarbamoyl-äthylazo]- **18** IV 6003

—, 4,4'-Bis-[2-[2]furyl-2-oxo-1-
phenylcarbamoyl-äthylidenhydrazino]-
18 IV 6003

—, 4,4'-Bis-[2-[2]furyl-2-oxo-1-
o-tolylcarbamoyl-äthylazo]- **18** IV 6004

—, 4,4'-Bis-[2-[2]furyl-2-oxo-1-
p-tolylcarbamoyl-äthylazo]- **18** IV 6005

—, 4,4'-Bis-[2-[2]furyl-2-oxo-1-
o-tolylcarbamoyl-äthylidenhydrazino]-
18 IV 6004

—, 4,4'-Bis-[2-[2]furyl-2-oxo-1-
p-tolylcarbamoyl-äthylidenhydrazino]-
18 IV 6005

—, 4,4'-Bis-[3-[2]furyl-*N''''*-phenyl-
[*N*]formazano]-3,3'-dimethoxy- **18**
IV 3976

—, 4,4'-Bis-[3-hydroxy-benzo[*b*]thiophen-
2-ylazo]- **17** IV 6133

—, 2,2'-Bis-[4-hydroxy-benzoyl]- **17**
II 498 a

—, 4,4'-Bis-[4-hydroxy-3-(6-hydroxy-3-
oxo-3*H*-xanthen-9-yl)-phenylazo]- **18**
II 502 e

—, 4,4'-Bis-[4-hydroxy-3-(4,5,6-
trihydroxy-3-oxo-3*H*-xanthen-9-yl)-
phenylazo]- **18** II 504 b

—, 4,4'-Bis-[1-(2-methoxy-
phenylcarbamoyl)-2-(5-methyl-[2]furyl)-2-
oxo-äthylazo]- **18** IV 6017

—, 4,4'-Bis-[1-(4-methoxy-
phenylcarbamoyl)-2-(5-methyl-[2]furyl)-2-
oxo-äthylazo]- **18** IV 6018

—, 4,4'-Bis-[1-(2-methoxy-
phenylcarbamoyl)-2-(5-methyl-[2]furyl)-2-
oxo-äthylidenhydrazino]- **18** IV 6017

—, 4,4'-Bis-[1-(4-methoxy-
phenylcarbamoyl)-2-(5-methyl-[2]furyl)-2-
oxo-äthylidenhydrazino]- **18** IV 6018

—, 4,4'-Bis-[2-(5-methyl-[2]furyl)-1-
[1]naphthylcarbamoyl-2-oxo-äthylazo]-
18 IV 6016

—, 4,4'-Bis-[2-(5-methyl-[2]furyl)-1-
[2]naphthylcarbamoyl-2-oxo-äthylazo]-
18 IV 6017

Biphenyl (Fortsetzung)
—, 4,4'-Bis-[2-(5-methyl-[2]furyl)-1-
[1]naphthylcarbamoyl-2-oxo-
äthylidenhydrazino]- **18** IV 6016
—, 4,4'-Bis-[2-(5-methyl-[2]furyl)-1-
[2]naphthylcarbamoyl-2-oxo-
äthylidenhydrazino]- **18** IV 6017
—, 4,4'-Bis-[2-(5-methyl-[2]furyl)-2-oxo-1-
phenylcarbamoyl-äthylazo]- **18** IV 6014
—, 4,4'-Bis-[2-(5-methyl-[2]furyl)-2-oxo-1-
phenylcarbamoyl-äthylidenhydrazino]-
18 IV 6014
—, 4,4'-Bis-[2-(5-methyl-[2]furyl)-2-oxo-1-
o-tolylcarbamoyl-äthylazo]- **18** IV 6015
—, 4,4'-Bis-[2-(5-methyl-[2]furyl)-2-oxo-1-
p-tolylcarbamoyl-äthylazo]- **18** IV 6016
—, 4,4'-Bis-[2-(5-methyl-[2]furyl)-2-oxo-1-
o-tolylcarbamoyl-äthylidenhydrazino]-
18 IV 6015
—, 4,4'-Bis-[2-(5-methyl-[2]furyl)-2-oxo-1-
p-tolylcarbamoyl-äthylidenhydrazino]-
18 IV 6016
—, 4,4'-Bis-[3-oxo-3H-benzo[b]thiophen-
2-ylidenhydrazino]- **17** IV 6133
—, 4,4'-Bis-[2-oxo-2H-chromen-6-ylazo]-
18 IV 8335
—, 4,4'-Bis-[N'''-phenyl-3-[2]thienyl-
[N]formazano]- **18** IV 4029
—, 2-Brom-4'-[2,3-epoxy-propoxy]- **17**
IV 996
—, 2-Brom-4'-oxiranylmethoxy- **17**
IV 996
—, 3-Chlor-4-[2,3-epoxy-propoxy]- **17**
IV 996
—, 3-Chlor-4-methoxy-4'-
[2]thienylmethyl- **17** IV 1687
—, 3-Chlor-4-oxiranylmethoxy- **17**
IV 996
—, 3,3'-Dimethoxy-4,4'-bis-[N'''-phenyl-
3-[2]thienyl-[N]formazano]- **18** IV 4029
—, 2-Tetrahydrofurfuryloxy- **17**
IV 1100
Biphenyl-2-carbonsäure
—, 2'-Acetoxy-4'-[1-äthyl-propyl]-6'-
hydroxy-5-methyl-,
— lacton **18** IV 679
—, 4'-Acetoxy-2'-hydroxy-,
— lacton **18** IV 606
—, 5'-Acetoxy-2'-hydroxy-,
— lacton **18** IV 606
—, 6-Acetoxy-2'-hydroxy-5,5'-dimethoxy-,
— lacton **18** IV 2608
—, 4'-Acetoxy-2'-hydroxy-5,6'-dimethyl-,
— lacton **18** IV 649
—, 5-Acetoxy-2'-hydroxy-3,5'-dimethyl-,
— lacton **18** IV 649
—, 2'-[Acetoxy-hydroxy-methyl]-,
— lacton **18** IV 613

—, 2'-Acetoxy-6'-hydroxy-4'-methyl-,
— lacton **18** IV 625
—, 4'-Acetoxy-2'-hydroxy-5-methyl-,
— lacton **18** IV 626
—, 4'-Acetoxy-2'-hydroxy-6'-methyl-,
— lacton **18** IV 625
—, 5'-Acetoxy-2'-hydroxy-5-methyl-,
— lacton **18** IV 626
—, 2'-Acetoxy-6'-hydroxy-5-methyl-4'-
pentyl-,
— lacton **18** IV 678
—, 4'-Acetoxy-2'-hydroxy-5-methyl-6'-
pentyl-,
— lacton **18** IV 676
—, 5'-Acetoxy-2'-hydroxy-5-methyl-4'-
pentyl-,
— lacton **18** IV 678
—, 5'-Acetylamino-2'-hydroxy-,
— lacton **18** IV 7966
—, 5-[Acetyl-cyclohexylamino]-2'-
hydroxy-3-methyl-,
— lacton **18** IV 7980
—, 5-[Acetyl-isopropylamino]-2'-
hydroxy-3-methyl-,
— lacton **18** IV 7980
—, 2'-[1-Äthyl-1-hydroxy-2-jod-propyl]-,
— lacton **17** IV 5397
—, 2'-[1-Äthyl-1-hydroxy-propyl]-,
— lacton **17** IV 5397
—, 4'-[1-Äthyl-propyl]-2',6'-dihydroxy-5-
methyl-,
— lacton **18** IV 679
—, 5'-Amino-2'-hydroxy-,
— lacton **18** IV 7966
—, 5-Amino-2'-hydroxy-3-methyl-,
— lacton **18** IV 7979
—, 5-Anilino-2'-hydroxy-3-methyl-,
— lacton **18** IV 7980
—, 2'-Benzolsulfonyloxy-6'-hydroxy-5-
methyl-3'-pentyl-,
— lacton **18** IV 677
—, 6'-Benzolsulfonyloxy-2'-hydroxy-5-
methyl-3'-pentyl-,
— lacton **18** IV 678
—, 2'-[1-Benzyl-1-hydroxy-2-phenyl-
äthyl]-,
— lacton **17** IV 5628
—, 2'-Benzyloxy-6'-hydroxy-5-methyl-3'-
pentyl-,
— lacton **18** IV 677
—, 6'-Benzyloxy-2'-hydroxy-5-methyl-3'-
pentyl-,
— lacton **18** IV 678
—, 3',5'-Bis-acetylamino-2'-hydroxy-,
— lacton **18** IV 7967
—, 2'-[4,4'-Bis-benzoyloxy-α-hydroxy-
benzhydryl]-,
— lacton **17** II 498 a

Biphenyl-2-carbonsäure (Fortsetzung)

—, 4-Brom-2'-hydroxy-5'-methyl-,
  — lacton 17 IV 5328
—, 5-Butylamino-2'-hydroxy-3-methyl-,
  — lacton 18 IV 7979
—, 5-[4-Chlor-anilino]-2'-hydroxy-3-methyl-,
  — lacton 18 IV 7980
—, 3-Chlor-2'-hydroxy-,
  — lacton 17 IV 5313
—, 5-Chlor-2'-hydroxy-,
  — lacton 17 IV 5313
—, 5'-Chlor-2'-hydroxy-,
  — lacton 17 IV 5313
—, 5'-Cyan-2'-hydroxy-,
  — lacton 18 IV 5659
—, 5-Cyclohexylamino-2'-hydroxy-3-
  methyl-,
  — lacton 18 IV 7979
—, 4,4'-Diacetoxy-2'-hydroxy-,
  — lacton 18 IV 1686
—, 2'-[4,4'-Diacetoxy-α-hydroxy-
  benzhydryl]-,
  — lacton 17 II 498 a
—, 4'-Diäthoxythiophosphoryloxy-2'-
  hydroxy-,
  — lacton 18 IV 606
—, 3',5'-Diamino-2'-hydroxy-,
  — lacton 18 IV 7967
—, 4,6-Dibrom-2'-hydroxy-5'-methyl-,
  — lacton 17 IV 5329
—, 2',3'-Dihydroxy-,
  — 2'-lacton 18 IV 607
—, 2',4'-Dihydroxy-,
  — 2'-lacton 18 II 31 a,
    IV 606
—, 3,2'-Dihydroxy-,
  — 2'-lacton 18 IV 607
—, 5,2'-Dihydroxy-,
  — 2'-lacton 18 IV 607
—, 6,2'-Dihydroxy-5,5'-dimethoxy-,
  — 2'-lacton 18 IV 2607
—, 2',4'-Dihydroxy-3,5-dimethoxy-6'-
  methyl-,
  — 2'-lacton 18 IV 2617
—, 2',4'-Dihydroxy-5,6'-dimethyl-,
  — 2'-lacton 18 IV 648
—, 5,2'-Dihydroxy-3,5'-dimethyl-,
  — 2'-lacton 18 IV 649
—, 2',4'-Dihydroxy-4-methoxy-,
  — 2'-lacton 18 IV 1686
—, 2',4'-Dihydroxy-4-methoxy-6'-methyl-,
  — 2'-lacton 18 IV 1695
—, 2',4'-Dihydroxy-5-methyl-,
  — 2'-lacton 18 IV 626
—, 2',4'-Dihydroxy-6'-methyl-,
  — 2'-lacton 18 IV 625
—, 2',5'-Dihydroxy-5-methyl-,
  — 2'-lacton 18 IV 626

—, 2',6'-Dihydroxy-4'-methyl-,
  — lacton 18 IV 625
—, 2',4'-Dihydroxy-5-methyl-3'-pentyl-,
  — 2'-lacton 18 IV 679
—, 2',4'-Dihydroxy-5-methyl-5'-pentyl-,
  — 2'-lacton 18 IV 677
—, 2',4'-Dihydroxy-5-methyl-6'-pentyl-,
  — 2'-lacton 18 IV 676
—, 2',5'-Dihydroxy-5-methyl-4'-pentyl-,
  — 2'-lacton 18 IV 678
—, 2',6'-Dihydroxy-5-methyl-3'-pentyl-,
  — 2'-lacton 18 IV 678
  — 6'-lacton 18 IV 676
—, 2',6'-Dihydroxy-5-methyl-4'-pentyl-,
  — lacton 18 IV 677
—, 2',4'-Dihydroxy-4,5,6-trimethoxy-,
  — 2'-lacton 18 IV 3192
—, 2',4'-Dihydroxy-4,3',5'-trinitro-,
  — 2'-lacton 18 IV 606
—, 2'-[1-(3,4-Dimethyl-phenyl)-1-
  hydroxy-pentyl]-,
  — lacton 17 IV 5580
—, 2'-[1-(3,4-Dimethyl-phenyl)-1-
  hydroxy-propyl]-,
  — lacton 17 IV 5579
—, 3,4,5,6,2',3',4'-Heptahydroxy-,
  — 2'-lacton 18 256 a
—, 4,5,6,2',3',4',5'-Heptahydroxy-,
  — 2'-lacton 18 256 a
—, 3,4,5,6,3',4'-Hexaacetoxy-2'-hydroxy-,
  — lacton 18 256 b
—, 4,5,6,3',4',5'-Hexaacetoxy-2'-hydroxy-,
  — lacton 18 256 b
—, 4,5,6,2',3',4'-Hexahydroxy-,
  — 2'-lacton 18 237 c, I 420 c
—, 3,4,5,6,3',4'-Hexakis-benzoyloxy-2'-
  hydroxy-,
  — lacton 18 256 c
—, 4,5,6,3',4',5'-Hexakis-benzoyloxy-2'-
  hydroxy-,
  — lacton 18 256 c
—, 5'-Hexyl-2',4'-dihydroxy-5-methyl-,
  — 2'-lacton 18 IV 680
—, 2'-Hydroxy-,
  — lacton 17 360 a, II 384 a,
    IV 5313
—, 2'-[α-Hydroxy-benzhydryl]-,
  — lacton 17 II 427 d, IV 5624
—, 2'-Hydroxy-3,3'-dimethoxy-,
  — lacton 18 IV 1687
—, 2'-Hydroxy-4,4'-dimethoxy-,
  — lacton 18 IV 1686
—, 2'-Hydroxy-4',5'-dimethoxy-,
  — lacton 18 IV 1686
—, 2'-Hydroxy-5,3'-dimethoxy-,
  — lacton 18 IV 1687
—, 2'-Hydroxy-5,5'-dimethoxy-,
  — lacton 18 II 90 d

Biphenyl-2-carbonsäure (Fortsetzung)
—, 2'-Hydroxy-4,4'-dimethoxy-6'-methyl-,
  — lacton **18** IV 1695
—, 2'-Hydroxy-4,5-dimethyl-,
  — lacton **17** IV 5356
—, 2'-[9-Hydroxy-fluoren-9-yl]-,
  — lacton **17** 402 b
—, 2'-Hydroxy-5'-isopropyl-,
  — lacton **17** IV 5377
—, 2'-[α-Hydroxy-isopropyl]-,
  — lacton **17** IV 5372
—, 2'-Hydroxy-5-isopropylamino-3-
  methyl-,
  — lacton **18** IV 7979
—, 2'-Hydroxy-4-isopropyl-3'-methyl-,
  — lacton **17** IV 5390
—, 2'-Hydroxy-4'-isopropyl-3-methyl-,
  — lacton **17** IV 5390
—, 2'-Hydroxy-3'-methoxy-,
  — lacton **18** IV 607
—, 2'-Hydroxy-4'-methoxy-,
  — lacton **18** II 31 b, IV 606
—, 2'-Hydroxy-5'-methoxy-,
  — lacton **18** IV 605
—, 2'-Hydroxy-3'-methoxy-5'-methyl-,
  — lacton **18** IV 625
—, 2'-Hydroxy-6'-methoxy-5-methyl-3'-
  pentyl-,
  — lacton **18** IV 678
—, 6'-Hydroxy-2'-methoxy-5-methyl-3'-
  pentyl-,
  — lacton **18** IV 677
—, 2'-Hydroxymethyl-,
  — lacton **17** I 193 g, IV 5320
—, 2'-Hydroxy-3-methyl-,
  — lacton **17** IV 5329
—, 2'-Hydroxy-5-methyl-,
  — lacton **17** IV 5329
—, 2'-Hydroxy-5'-methyl-,
  — lacton **17** IV 5328
—, 2'-Hydroxy-6'-methyl-,
  — lacton **17** IV 5328
—, 2'-Hydroxy-4-nitro-,
  — lacton **17** IV 5314
—, 2'-Hydroxy-5'-nitro-,
  — lacton **17** IV 5314
—, 2'-Hydroxy-5'-phenylazo-,
  — lacton **18** IV 8337
—, 2'-[1-Hydroxy-1-propyl-butyl]-,
  — lacton **17** IV 5405
—, 2'-Hydroxy-4,5,6,4'-tetramethoxy-,
  — lacton **18** IV 3192
—, 2'-Hydroxy-4,4',6'-trimethoxy-,
  — lacton **18** IV 2607
—, 2'-Hydroxy-3,5,4'-trimethoxy-6'-
  methyl-,
  — lacton **18** IV 2618

—, 2'-Mercapto-,
  — lacton **17** IV 5314
—, 4,5,6,3',4'-Pentaacetoxy-2'-hydroxy-,
  — lacton **18** 238 a
—, 4,5,6,3',4'-Pentakis-benzoyloxy-2'-
  hydroxy-,
  — lacton **18** 238 b
—, 4,2',4',6'-Tetrahydroxy-,
  — 2'-lacton **18** IV 2607
—, 3,5,2',4'-Tetrahydroxy-6'-methyl-,
  — 2'-lacton **18** IV 2617
—, 4,2',4'-Triacetoxy-6'-hydroxy-,
  — lacton **18** IV 2607
—, 3,2',3'-Trihydroxy-,
  — 2'-lacton **18** IV 1687
—, 4,2',4'-Trihydroxy-,
  — 2'-lacton **18** IV 1686
—, 2'-[4,4',α-Trihydroxy-benzhydryl]-,
  — α-lacton **17** II 497 d
—, 3,2',4'-Trihydroxy-5,6'-dimethyl-,
  — 2'-lacton **18** 1727
—, 2',4',6'-Trihydroxy-4-methoxy-,
  — 2'-lacton **18** IV 2607
—, 3,2',4'-Trihydroxy-5-methoxy-6'-
  methyl-,
  — 2'-lacton **18** IV 2617
Biphenyl-4-carbonsäure
—, 4'-[1-Hydroxy-3-oxo-phthalan-1-yl]-
  10 III 4031 c
Biphenyl-2,2'-dicarbonsäure
  — anhydrid **17** 526 f, II 497 d,
    IV 6425
Biphenyl-2,3-dicarbonsäure
  — anhydrid **17** IV 6423
—, 6-Äthyl-,
  — anhydrid **17** IV 6446
—, 5-*tert*-Butyl-,
  — anhydrid **17** IV 6461
—, 3',4'-Dichlor-,
  — anhydrid **17** IV 6424
—, 4,5-Dimethyl-,
  — anhydrid **9** III 4839 c
—, 4-Fluoren-9-ylidenmethyl-,
  — anhydrid **17** IV 6641
—, 4-Methyl-,
  — anhydrid **17** IV 6436
—, 5-Methyl-,
  — anhydrid **17** IV 6436
—, 6-Methyl-,
  — anhydrid **17** IV 6436
Biphenyl-2,3'-dicarbonsäure
—, 2'-Hydroxymethyl-,
  — 3'-lacton **18** IV 5660
—, 3,2',4'-Trihydroxy-5,6'-dimethyl-,
  — 2→2'-lacton **18** IV 6550
Biphenyl-2,6-dicarbonsäure
—, 3,2'-Dihydroxy-,
  — 2→2'-lacton **18** IV 6415
  — 6→2'-lacton **18** IV 6415

Biphenyl-3,4-dicarbonsäure
— anhydrid **17** II 497 c, IV 6424
—, 3',4'-Dichlor-,
— anhydrid **17** IV 6424
—, 5-Methyl-,
— anhydrid **17** IV 6436
—, 6-Methyl-,
— anhydrid **17** IV 6437
—, 4'-Nitro-,
— anhydrid **17** IV 6424
—, 5,2',4'-Trimethyl-,
— anhydrid **17** IV 6455
Biphenyldiol
—, Tetramethyl- **17** IV 5243
Biphenyl-2,5-diol
—, 3,4-Epoxy- **17** IV 6344
Biphenyl-4-ol
—, 4'-Furfurylidenamino- **17** IV 4421
Biphenyl-4-sulfonsäure
—, 4'-[5,5-Dioxo-7-sulfo-
dibenzothiophen-3-yl]- **18** IV 6733
Biphenyl-2,3,2',3'-tetracarbonsäure
—, 4,4'-Diamino-,
— 2,3-anhydrid **18** 634 c
Biphenyl-2,3,2',5'-tetracarbonsäure
— 2,2'-anhydrid **18** IV 6233
— 2,3-anhydrid **18** IV 6233
Biphenyl-2,3,2'-tricarbonsäure
—, 5,6,5',6'-Tetramethoxy-,
— 2,3-anhydrid **18** IV 6686
Biphenyl-2,3,4-tricarbonsäure
— 2,3-anhydrid **18** IV 6094
— 2,3-anhydrid-4-methylester **18**
IV 6095
Biphenyl-2,5,2'-tricarbonsäure
—, 4'-Isopropyl-3-methyl-,
— 2,2'-anhydrid **18** IV 6099
Biphthalanyl
s. Biisobenzofuranyl
[1,1']Biphthalanyl-3-on
—, 3'-Hydroxy- **18** IV 1857
Bipindalosid 18 IV 3087
Bipindogenin 18 IV 3087
—, O^{11}-Acetyl-O^3-[di-O-acetyl-
digitalopyranosyl]- **18** IV 3088
—, O^{11}-Acetyl-O^3-[tri-O-acetyl-6-desoxy-
talopyranosyl]- **18** IV 3088
—, O^{11}-Acetyl-O^3-[tri-O-acetyl-
rhamnopyranosyl]- **18** IV 3088
—, O^3-[6-Desoxy-talopyranosyl]- **18**
IV 3087
—, O^3-Digitalopyranosyl- **18** IV 3087
—, O^3-Rhamnopyranosyl- **18** IV 3087
Bipindosid 18 IV 3087
[15,15']Bi[podocarpa-7,13-dienyl]
—, 15,15'-Epoxy-13,13'-diisopropyl- **17**
IV 708

[2,3']Bipyranyl-2'-ol
—, Octahydro- **18** IV 42
Bisaboloxid-A 17 IV 1317
Bis-dehydroöstrololacton 18 IV 674
Bis-desacetyl-cephalosporin-P$_1$-lacton 18
IV 2559
Bis-desacetyl-dihydrocephalosporin-P$_1$-lacton
18 IV 2491
Bis-desacetyl-tetrahydrocephalosporin-
P$_1$-lacton 18 IV 2367
Bis-desoxystreptose 17 IV 2018
Bisdiketohydrindenoxid 7 III 4851 a
Bisfuro[3'',2'';2,3]furo[3,4-b;3',4'-e][1,4]dioxin-
5,11-dion
—, 3,5a,9,11a-Tetrahydroxy-te⁺⁻ hydro-
18 IV 3062
Bismutin
—, Tri-[2]thienyl- **18** II 508 g
Bisnorquassin 18 IV 3171
[2,2']Bithienyl-2,2'-dicarbonsäure
—, 3,3'-Dioxo-tetrahydro-,
— diäthylester **18** IV 5260
Biuret
—, 1,5-Bis-[5-nitro-furfurylidenamino]-
17 IV 4469
—, 1,5-Bis-[3-(5-nitro-[2]furyl)-
allylidenamino]- **17** IV 4705
—, 1,5-Di-xanthen-9-yl- **18** I 558 g
—, 1-[5-Nitro-furfurylidenamino]- **17**
IV 4468
—, 1-Phthalidyl- **18** IV 7887
Blastmycinlactol 18 IV 41
Blastmycinon 18 IV 41
Blei
—, Dibenzofuran-2-yl-triphenyl- **18**
IV 8395
—, Dibenzofuran-3-yl-triphenyl- **18**
IV 8395
—, Dibenzofuran-4-yl-triphenyl- **18**
IV 8395
—, Di-[2]furyl-bis-[4-methoxy-phenyl]-
18 IV 8394
—, Di-[2]furyl-diphenyl- **18** IV 8394
—, Di-[2]furyl-di-[2]thienyl- **18**
IV 8394
—, Diphenyl-di-[2]thienyl- **18**
IV 8394
—, [2]Furyl-triphenyl- **18** IV 8393
—, [2]Furyl-tris-[4-methoxy-phenyl]- **18**
IV 8393
—, Tetra-[2]furyl- **18** IV 8394
—, Tetra-[2]thienyl- **18** II 509 d
—, Triphenyl-[2]thienyl- **18** II 509 c,
IV 8394
Blei(2+)
—, Bis-[4-methoxy-phenyl]- **18** IV 8394
—, Di-[2]thienyl- **18** IV 8395
Boistrosid 18 IV 2548
—, Di-O-acetyl- **18** IV 2550

Boivinopyranosid
—, Methyl- **17** IV 2305
—, Methyl-[bis-O-(toluol-4-sulfonyl)-
17 IV 2308
Boran
—, [3-Brom-[2]thienyl]-dihydroxy- **18**
IV 8398
—, [4-Brom-[2]thienyl]-dihydroxy- **18**
IV 8398
—, [4-Brom-[3]thienyl]-dihydroxy- **18**
IV 8399
—, [5-Brom-[2]thienyl]-dihydroxy- **18**
IV 8398
—, [5-Brom-[3]thienyl]-dihydroxy- **18**
IV 8399
—, Dibenzothiophen-2-yl-dihydroxy-
18 IV 8399
—, Dibenzothiophen-4-yl-dihydroxy-
18 IV 8399
—, Dihydroxy-[2]furyl- **18** IV 8398
—, Dihydroxy-[2]thienyl- **18** IV 8398
—, Dihydroxy-[3]thienyl- **18** IV 8398
Borat
—, Trifurfuryl- **17** IV 1253
—, Tris-tetrahydrofurfuryl- **17**
IV 1125
Bornan
—, 2,3-Epoxy- **17** IV 331
Bornan-10-nitril
—, 4-Brom-2-tetrahydropyran-2-yloxy-
17 IV 1074
Bornan-2-on
—, 3-[Carbamoyl-furfuryliden-hydrazino]-,
— oxim **17** 284 d
—, 3-Furfuryliden- **17** II 371 d
—, 3-Glucopyranosyloxy- **17** IV 3010
—, 3-[Tetra-O-acetyl-glucopyranosyloxy]-
17 IV 3218
— oxim **17** IV 3218
—, 5-[Tetra-O-acetyl-glucopyranosyloxy]-
17 IV 3218
— oxim **17** IV 3218
—, 3-Tetrahydro-furfuryl- **17** II 325 c
Bornan-3-on
—, 2-Glucopyranosyloxy- **17** IV 3010
—, 2-[Tetra-O-acetyl-glucopyranosyloxy]-
17 IV 3218
— semicarbazon **17** IV 3219
Bornan-9-säure
—, 2-Hydroxy-,
— lacton **17** IV 4628
Bornan-8-sulfonsäure
—, 3-Brom-2-oxo-,
— α-tocopherylester **17** IV 1444
Borneol
—, O-Galactopyranosyl- **17** IV 2944
—, O-Glucopyranosyl- **17** IV 2944, **31**
203 b

—, O-glycero-gulo-Heptopyranosyl- **17**
IV 3876
—, O-[Penta-O-acetyl-glycero-
gulo-heptopyranosyl]- **17** IV 3879
—, O-[Tetra-O-acetyl-galactopyranosyl]-
17 IV 3156
—, O-[Tetra-O-acetyl-glucopyranosyl]-
17 IV 3155
Boronsäure
—, [3-Brom-[2]thienyl]- **18** IV 8398
—, [4-Brom-[2]thienyl]- **18** IV 8398
—, [4-Brom-[3]thienyl]- **18** IV 8399
—, [5-Brom-[2]thienyl]- **18** IV 8398
—, [5-Brom-[3]thienyl]- **18** IV 8399
—, Dibenzothiophen-2-yl- **18** IV 8399
—, Dibenzothiophen-4-yl- **18** IV 8399
—, [2]Furyl- **18** IV 8398
—, [2]Thienyl- **18** IV 8398
—, [3]Thienyl- **18** IV 8398
Borrelidin 18 IV 6655
— methylester **18** IV 6655
— [4-nitro-benzylester] **18** IV 6655
—, Bis-O-[4-nitro-benzoyl]-,
— methylester **18** IV 6655
—, Di-O-acetyl-,
— methylester **18** IV 6655
Borsäure
— bis-tetrahydrofurfurylester **17**
IV 1125
— trifurfurylester **17** IV 1253
—, Tetrakis-[5-methyl-[2]furyl]- **18**
IV 8397
—, Tetra-selenophen-2-yl- **18** IV 8397
—, Tetra-[2]thienyl- **18** IV 8397
Bovocryptosid 18 IV 3421
—, Dihydro- **18** IV 3421
—, Octahydro- **18** IV 3421
Bovogenin-A 18 IV 2592
—, O^3-Acetyl- **18** IV 2593
—, Anhydro- **18** IV 1757
Bovogenol-A 18 IV 2557
—, O^3,O^{19}-Diacetyl- **18** IV 2558
Bovokryptosid 18 IV 3421
Bovorubosid 18 IV 3448
— oxim **18** IV 3448
Bovosid-A 18 IV 2593
Bovosid-A-19-säure
— methylester **18** IV 6538
Bovosidol-A 18 IV 2558
—, O^{19}-Acetyl- **18** IV 2558
—, Tri-O-acetyl- **18** IV 2558
γ-**Brasan 17** IV 713; s. a. Benzo[b]naphtho≈
[1,2-d]furan
β-**Brasanchinon 17** IV 6501
β-**Brasan-2-ol 17** IV 1697
α-**Brasan-5-ol 17** IV 1697
γ-**Brasan-5-ol 17** IV 1698
β-**Brasan-6-ol 17** IV 1697
β-**Brasan-7-ol 17** IV 1697

α-**Brasan-8-ol 17** IV 1698
γ-**Brasan-10-ol 17** IV 1698
Brasilein 18 194 f, II 179 h, IV 2770
Brasileinol
—, Isotrimethyldihydro- **17** II 272 c
—, Tetramethyldihydro- **17** 218 b
—, Trimethyldihydro- **17** 218 a
Brasilin 17 194 b, II 244 c, IV 2711
—, Brom- **17** 197 e
—, Dibrom- **17** 197 h
—, Tetrabrom- **17** 198 h
—, Tribrom- **17** 198 b
Brasilinsäure 10 1042 d, III 4815 a
—, Dihydro-,
  — lacton **18** IV 3193
Brasilon
—, Bromtrimethyl- **18** IV 3343
—, Tri-O-acetyl- **18** II 221 b
—, Tri-O-benzoyl- **18** II 221 c
—, Tri-O-methyl- **18** 225 e, II 221 a,
  IV 3343
Brasilonol
—, Trimethyl- **18** II 208 e
—, Tri-O-methyl- **18** IV 3233
Brasilsäure 18 543 d, IV 6476
Brassidinsäure
  — α-tocopherylester **17** IV 1441
Brayleyanin 18 IV 1567
Braylinsäure
—, O-Methyl-tetrahydro- **18** IV 5016
—, Tetrahydro- **18** IV 5016
Brazan
  s. Brasan
Brefeldin-A 18 IV 1220
Brenzanhydrochinovasäure 18 II 340 e
  — lacton **17** IV 5252
Brenzcatechin
—, 4-Chlor-5-xanthen-9-yl- **17** II 202 e
—, 4-Chroman-2-yl- **17** IV 2186
—, 4-[7-Hydroxy-chroman-2-yl]- **17**
  IV 2375
—, 4-Xanthen-9-yl- **17** II 202 d
Brenzcatechincamphorcin 18 II 224 e
Brenzcatechinphthalein 18 231 g, I 418 c,
  II 227 c
Brenzchinovasäure
  — lacton **17** IV 5252
  — methylester-oxid **18** IV 4942
Brenzchollepidansäure 18 IV 6248
  — trimethylester **18** IV 6249
Brenzcholoidansäure 18 IV 6171
  — dimethylester **18** IV 6172
Brenzprosolannellsäure 18 IV 6069
Brenzpseudocholoidansäure 18 IV 6258
Brenzschleimsäure 18 272 g, I 438 a,
  II 265 g, IV 3914
Brenztraubenaldehyd
  s. a. Pyruvaldehyd und
  Propionaldehyd, 2-Oxo-

—, [2]Furyl- **17** IV 5985
  — bis-[2,4-dinitro-phenylhydrazon]
    17 IV 5985
  — 1-[2,4-dinitro-phenylhydrazon]
    17 IV 5985
Brenztraubensäure
  — [furan-2-carbonylhydrazon] **18**
    IV 3972
  — [thiophen-2-carbonylhydrazon]
    18 IV 4028
—, [4-Äthoxycarbonyl-5-methyl-
  [2]furyl]- **18** IV 6142
—, [3-Äthyl-4,6-dimethyl-benzofuran-2-
  yl]- **18** IV 5620
—, Benzo[b]thiophen-3-yl- **18** IV 5600
—, Benzo[b]thiophen-3-yl-cyan-,
  — äthylester **18** IV 6179
—, [4-Carboxy-5-methyl-[2]furyl]- **18**
  IV 6142
—, Cyan-[2]thienyl-,
  — äthylester **18** IV 6138
—, [4,6-Dimethoxy-3,5-dimethyl-
  benzofuran-2-yl]- **18** IV 6510
—, [4,6-Dimethoxy-3-methyl-benzofuran-
  2-yl]- **18** IV 6507
—, [3-(3,4-Dimethoxy-phenyl)-6-
  methoxy-benzofuran-2-yl]- **18**
  IV 6645
—, [3,6-Dimethyl-benzofuran-2-yl]- **18**
  IV 5616
—, Furfuryliden- **18** IV 5494
—, [2]Furyl- **18** II 328 d, IV 5399
  — methylester **18** IV 5399
—, [1-Hydroxy-cyclohexyl]-,
  — lacton **17** IV 5937
—, [1-Hydroxy-cyclohexyl]-phenyl-,
  — lacton **17** IV 6314
—, [2-Hydroxy-[1]naphthyl]-,
  — lacton **17** IV 6399
—, [2-Hydroxy-6-nitro-phenyl]-,
  — lacton **17** IV 6153
—, [2-Hydroxy-phenyl]-,
  — lacton **17** IV 6152
—, [6-Methoxy-3,7-dimethyl-benzofuran-
  2-yl]- **18** IV 6390
—, [6-Methoxy-3-(3-methoxy-phenyl)-
  benzofuran-2-yl]- **18** IV 6561
—, [6-Methoxy-3-(4-methoxy-phenyl)-
  benzofuran-2-yl]- **18** IV 6562
—, [6-Methoxy-3-methyl-benzofuran-2-
  yl]- **18** IV 6381
—, [6-Methoxy-3-m-tolyl-benzofuran-2-
  yl]- **18** IV 6437
—, [2-Nitro-[3]thienyl]- **18** IV 5406
—, [3-Nitro-[2]thienyl]- **18** IV 5403
—, [2-Phenyl-benzofuran-3-yl]- **18**
  IV 5686
—, [3-Phenyl-benzofuran-2-yl]- **18**
  IV 5686

Brenztraubensäure (Fortsetzung)
—, Selenophen-2-yl-,
— methylester **18** IV 5404
—, [2]Thienyl- **18** IV 5402
— methylester **18** IV 5402
—, [3,4,6-Trimethyl-benzofuran-2-yl]-
18 IV 5619
Brenzweinsäure
s. Bernsteinsäure, Methyl-
Brevifolin 18 IV 3152
—, Tri-*O*-acetyl- **18** IV 3152
—, Tri-*O*-benzyl- **18** IV 3152
—, Tri-*O*-methyl- **18** IV 3152
Brevifolincarbonsäure 18 IV 6670
—, Tri-*O*-methyl- **18** IV 6670
— methylester **18** IV 6670
Brevilin-A 18 IV 1271
Bromanhydrojavanicin 18 IV 2618
Bromatrovenetin 18 IV 3356
Bromdehydrotetrahydrohelenalin 17
IV 6725
Bromdesoxypatulinsäure 18 IV 5341
Bromfurocain Nr. 24 **18** IV 3988
Bromgibberellin-A₁ 18 IV 6516
— methylester **18** IV 6516
Bromgibberellin-A₃ 18 IV 6532
—, *O*-Acetyl- **18** IV 6533
Bromgibberellinsäure 18 IV 6532
— methylester **18** IV 6533
—, *O*-Acetyl- **18** IV 6533
— methylester **18** IV 6533
Bromherqueinon 18 IV 3528
Bromisoherqueinon 18 IV 3528
Bromisotenulin 18 IV 1271
Bromopiansäure
— anhydrid **18** IV 2335
Brompseudosantonin 18 IV 1281
— oxim **18** IV 1281
Bromsulfalein 18 II 412 c
Bromtenulin 18 IV 2423
β-Bromterebinsäure 18 IV 5288
Bryobiosid 17 IV 3475
—, Acetyl- **17** IV 3484
Bryodulcosid
—, Nona-*O*-acetyl- **17** IV 3627
Buddleoflavonol 18 IV 2683
Buddleoflavonolosid 18 IV 2689
Bufa-20,22-dienolid
—, 16-Acetoxy-3-[7-(1-carboxy-4-
guanidino-butylcarbamoyl)-heptanoyloxy]-
14-hydroxy- **18** IV 2557
—, 3-Acetoxy-15-chlor-5,14-dihydroxy-
18 IV 2554
—, 3-Acetoxy-15-chlor-14-hydroxy- **18**
IV 1619
—, 19-Acetoxy-3-[*O²*,*O⁴*-diacetyl-
O³-methyl-6-desoxy-glucopyranosyloxy]-
14-hydroxy- **18** IV 2558

—, 19-Acetoxy-3-[di-*O*-acetyl-
thevetopyranosyloxy]-14-hydroxy- **18**
IV 2558
—, 3-Acetoxy-5,14-dihydroxy- **18**
IV 2553
—, 16-Acetoxy-3,14-dihydroxy- **18**
IV 2556
—, 3-Acetoxy-5,14-dihydroxy-19-oxo-
18 IV 3180
—, 3-Acetoxy-14-hydroxy- **18** IV 1618
—, 19-Acetoxy-14-hydroxy-3-[*O³*-methyl-
6-desoxy-glucopyranosyloxy]- **18**
IV 2558
—, 3-Acetoxy-14-hydroxy-19-oxo- **18**
IV 2593
—, 16-Acetoxy-14-hydroxy-3-oxo- **18**
IV 2592
—, 19-Acetoxy-14-hydroxy-3-
thevetopyranosyloxy- **18** IV 2558
—, 3-Acetoxy-15-oxo- **18** IV 1664
—, 3-Acetoxy-5,14,19-trihydroxy- **18**
IV 3150
—, 3,11-Bis-formyloxy-14-hydroxy- **18**
IV 2555
—, 3-[7-(1-Carboxy-4-guanidino-
butylcarbamoyl)-heptanoyloxy]-11,14-
dihydroxy- **18** IV 2555
—, 15-Chlor-3,14-dihydroxy- **18**
IV 1618
—, 15-Chlor-14-hydroxy-3-oxo- **18**
IV 1663
—, 15-Chlor-3,5,14-trihydroxy- **18**
IV 2553
—, 3,19-Diacetoxy-5,14-dihydroxy- **18**
IV 3150
—, 3,11-Diacetoxy-14-hydroxy- **18**
IV 2555
—, 3,12-Diacetoxy-14-hydroxy- **18**
IV 2556
—, 3,16-Diacetoxy-14-hydroxy- **18**
IV 2557
—, 3,19-Diacetoxy-14-hydroxy- **18**
IV 2558
—, 3,11-Diacetoxy-14-hydroxy-12-oxo-
18 IV 3180
—, 3,12-Diacetoxy-14-hydroxy-11-oxo-
18 IV 3179
—, 3-[*O²*,*O³*-Diacetyl-*O⁴*-(tetra-*O*-acetyl-
glucopyranosyl)-rhamnopyranosyloxy]-
5,14-dihydroxy-19-oxo- **18** IV 3182
—, 3,14-Dihydroxy- **18** IV 1617
—, 3,14-Dihydroxy-11,12-dioxo- **18**
IV 3249
—, 5,14-Dihydroxy-19-hydroxyimino-3-
scillabiosyloxy- **18** IV 3183
—, 14,19-Dihydroxy-3-[*O³*-methyl-6-
desoxy-glucopyranosyloxy]- **18** IV 2558

Bufa-20,22-dienolid (Fortsetzung)

—, 5,14-Dihydroxy-3-[O^3-methyl-6-desoxy-glucopyranosyloxy]-16,19-dioxo-
18 IV 3448

—, 3,14-Dihydroxy-19-oxo- **18** IV 2592

—, 5,14-Dihydroxy-3-oxo- **18** IV 2592

—, 12,14-Dihydroxy-3-oxo- **18** IV 2592

—, 5,14-Dihydroxy-19-oxo-3-rhamnopyranosyloxy- **18** IV 3181

—, 5,14-Dihydroxy-19-oxo-3-scillabiosyloxy- **18** IV 3181

—, 5,14-Dihydroxy-19-oxo-3-[tetra-O-acetyl-glucopyranosyloxy]- **18**
IV 3182

—, 5,14-Dihydroxy-19-oxo-3-[tri-O-acetyl-rhamnopyranosyloxy]- **18**
IV 3181

—, 14,19-Dihydroxy-3-thevetopyranosyloxy- **18** IV 2558

—, 3,15-Dioxo- **17** IV 6785

—, 3-[O^2-Glucopyranosyl-O^3-methyl-6-desoxy-glucopyranosyloxy]-14-hydroxy-19-oxo- **18** IV 2593

—, 3-Glucopyranosyloxy-5,14-dihydroxy-19-oxo- **18** IV 3182

—, 3-Glucopyranosyloxy-5,14,19-trihydroxy- **18** IV 3151

—, 3-[O^4-Glucopyranosyl-rhamnopyranosyloxy]-5,14-dihydroxy-19-hydroxyimino- **18** IV 3183

—, 3-[O^4-Glucopyranosyl-rhamnopyranosyloxy]-5,14-dihydroxy-19-oxo- **18** IV 3181

—, 3-[O^2-Glucopyranosyl-thevetopyranosyloxy]-14-hydroxy-19-oxo-
18 IV 2593

—, 3-[Hexa-O-acetyl-scillabiosyloxy]-5,14-dihydroxy-19-oxo- **18** IV 3182

—, 14-Hydroxy-3,11-dioxo- **18** IV 2667

—, 14-Hydroxy-3-[O^3-methyl-6-desoxy-glucopyranosyloxy]-19-oxo- **18** IV 2593

—, 14-Hydroxy-3-[4-nitro-benzoyloxy]-
18 IV 1618

—, 3-Hydroxy-15-oxo- **18** IV 1663

—, 14-Hydroxy-3-oxo- **18** IV 1663

—, 14-Hydroxy-19-oxo-3-thevetopyranosyloxy- **18** IV 2593

—, 14-Hydroxy-3,11,12-trioxo- **18**
IV 3358

—, 3,5,14,19-Tetrahydroxy- **18** IV 3149

—, 3,5,14-Trihydroxy- **18** IV 2553

—, 3,9,14-Trihydroxy- **18** IV 2554

—, 3,11,14-Trihydroxy- **18** IV 2554

—, 3,12,14-Trihydroxy- **18** IV 2556

—, 3,14,16-Trihydroxy- **18** IV 2556

—, 3,14,19-Trihydroxy- **18** IV 2557

—, 5,14,16-Trihydroxy-3-[O^3-methyl-6-desoxy-glucopyranosyloxy]-19-oxo- **18**
IV 3421

—, 3,5,14-Trihydroxy-19-oxo- **18**
IV 3180

—, 3,11,14-Trihydroxy-12-oxo- **18**
IV 3179

—, 3,12,14-Trihydroxy-11-oxo- **18**
IV 3179

—, 5,14,19-Trihydroxy-3-rhamnopyranosyloxy- **18** IV 3150

Bufalin **18** IV 1617

—, O^3-Acetyl- **18** IV 1618

—, Anhydro- **18** IV 595

—, O^3-[4-Nitro-benzoyl]- **18** IV 1618

—, Tetrahydro-acetyl- **18** IV 1311

Bufalinchlorid **18** IV 1618

Bufalinonchlorid **18** IV 1663

Bufalon **18** IV 1663

Bufanolid **17** IV 5042

—, 3-Acetoxy- **18** IV 268

—, 16-Acetoxy-3-[7-(1-carboxy-4-guanidino-butylcarbamoyl)-heptanoyloxy]-14-hydroxy- **18** IV 2365

—, 3-Acetoxy-5,14-dihydroxy- **18**
IV 2364

—, 16-Acetoxy-3,14-dihydroxy- **18**
IV 2364

—, 3-Acetoxy-5,14-dihydroxy-19-oxo-
18 IV 3098

—, 3-Acetoxy-14-hydroxy- **18** IV 1311

—, 3,11-Diacetoxy-14-hydroxy-12-oxo-
18 IV 3098

—, 3,4-Dihydroxy- **18** IV 1311

—, 3,14-Dihydroxy- **18** IV 1311

—, 14,16-Dihydroxy-3-oxo- **18** IV 2488

—, 3-[O^4-Glucopyranosyl-rhamnopyranosyloxy]-14-hydroxy- **18**
IV 1312

—, 3-Hydroxy- **18** IV 268

—, 14-Hydroxy- **18** IV 269

—, 14-Hydroxy-3-rhamnopyranosyloxy-
18 IV 1312

—, 14-Hydroxy-3-scillabiosyloxy- **18**
IV 1312

—, 3-Oxo- **17** IV 6273

—, 3,8,14-Trihydroxy- **18** IV 2364

—, 3,11,14-Trihydroxy- **18** IV 2364

—, 3,14,16-Trihydroxy- **18** IV 2364

Bufa-3,5,14,20,22-pentaenolid **17** IV 5489

—, 19-[2,4-Dinitro-phenylhydrazono]-
17 IV 6497

—, 19-Hydroxy- **18** IV 787

—, 19-Oxo- **17** IV 6497

Bufarenogin **18** IV 3179

—, O^3,O^{12}-Diacetyl- **18** IV 3179

Bufa-3,5,20,22-tetraenolid

—, 16-Acetoxy-14-hydroxy-19-oxo- **18**
IV 2788

—, 12,14-Dihydroxy- **18** IV 1756

—, 14-Hydroxy- **18** IV 682

—, 14-Hydroxy-19-oxo- **18** IV 1879

Bufa-14,16,20,22-tetraenolid
—, 3-Acetoxy- **18** IV 683
—, 3-Hydroxy- **18** IV 683
—, 3-Oxo- **17** IV 6472
Bufa-3,20,22-trienolid
—, 16-Acetoxy-5-glucopyranosyloxy-14-hydroxy-19-oxo- **18** IV 3248
—, 5-Glucopyranosyloxy-14-hydroxy-19-oxo- **18** IV 2665
—, 14-Hydroxy-19-hydroxyimino-5-[tetra-O-acetyl-glucopyranosyloxy]- **18** IV 2665
—, 14-Hydroxy-19-oxo-5-[tetra-O-acetyl-glucopyranosyloxy]- **18** IV 2665
Bufa-4,20,22-trienolid
—, 6-Acetoxy-8,14-dihydroxy-3-oxo- **18** IV 3249
—, 6-Acetoxy-8,14-dihydroxy-3-[tetra-O-acetyl-glucopyranosyloxy]- **18** IV 3178
—, 6-Acetoxy-8,14-dihydroxy-3-[tetra-O-benzoyl-glucopyranosyloxy]- **18** IV 3178
—, 6-Acetoxy-8,14-dihydroxy-3-[tetra-O-propionyl-glucopyranosyloxy]- **18** IV 3178
—, 6-Acetoxy-3-glucopyranosyloxy-8,14-dihydroxy- **18** IV 3178
—, 3-Acetoxy-14-hydroxy- **18** IV 1658
—, 3-Acetoxy-14-hydroxy-19-oxo- **18** IV 2667
—, 6-Acetoxy-3,8,14-trihydroxy- **18** IV 3177
—, 3,6-Diacetoxy-8,14-dihydroxy- **18** IV 3177
—, 3,19-Diacetoxy-14-hydroxy- **18** IV 2591
—, 3,6-Diacetoxy-8,14-sulfinyldioxy- **18** IV 3179
—, 3-[O^2,O^3-Diacetyl-O^4-(tetra-O-acetyl-glucopyranosyl)-rhamnopyranosyloxy]-14-hydroxy- **18** IV 1661
—, 3,14-Dihydroxy- **18** IV 1658
—, 3,14-Dihydroxy-19-hydroxyimino- **18** IV 2666
—, 3,14-Dihydroxy-19-oxo- **18** IV 2666
—, 8,14-Dihydroxy-3-oxo- **18** IV 2665
—, 14,19-Dihydroxy-3-oxo- **18** IV 2665
—, 12,14-Dihydroxy-3-rhamnopyranosyloxy- **18** IV 2590
—, 12,14-Dihydroxy-3-scillabiosyloxy- **18** IV 2590
—, 3,14-Dihydroxy-19-semicarbazono- **18** IV 2666
—, 14,19-Dihydroxy-3-semicarbazono- **18** IV 2666
—, 3-[2,4-Dinitro-phenylhydrazono]-14-hydroxy- **18** IV 1757

—, 3-{O^2,O^3-Dipropionyl-O^4-[O^2,O^3,O^6-tripropionyl-O^4-(tetra-O-propionyl-glucopyranosyl)-glucopyranosyl]-rhamnopyranosyloxy}-14-hydroxy- **18** IV 1661
—, 3-[O^4-(O^4-Glucopyranosyl-glucopyranosyl)-rhamnopyranosyloxy]-14-hydroxy- **18** IV 1660
—, 3-[O^4-Glucopyranosyl-rhamnopyranosyloxy]-12,14-dihydroxy- **18** IV 2590
—, 3-[O^4-Glucopyranosyl-rhamnopyranosyloxy]-14-hydroxy- **18** IV 1659
—, 3-[Hexa-O-acetyl-scillabiosyloxy]-14-hydroxy- **18** IV 1661
—, 14-Hydroxy-3,19-dioxo- **18** IV 2788
—, 14-Hydroxy-3-hydroxyimino-19-semicarbazono- **18** IV 2789
—, 14-Hydroxy-3-oxo- **18** IV 1757
—, 14-Hydroxy-3-oxo-19-semicarbazono- **18** IV 2788
—, 14-Hydroxy-3-rhamnopyranosyloxy- **18** IV 1659
—, 14-Hydroxy-3-scillabiosyloxy- **18** IV 1659
—, 14-Hydroxy-3-[tri-O-benzoyl-rhamnopyranosyloxy]- **18** IV 1659
—, 3,6,8,14-Tetrahydroxy- **18** IV 3177
—, 3,14,19-Trihydroxy- **18** IV 2590
—, 6,8,14-Trihydroxy-3-oxo- **18** IV 3249
Bufa-8(14),20,22-trienolid
—, 3,11-Dihydroxy- **18** IV 1661
Bufa-9(11),20,22-trienolid
—, 3,11-Diacetoxy-14-hydroxy-12-oxo- **18** IV 3249
—, 3,11,14-Trihydroxy-12-oxo- **18** IV 3249
Bufa-14,20,22-trienolid
—, 3-Acetoxy- **18** IV 596
—, 3-Acetoxy-5-hydroxy-19-oxo- **18** IV 2667
—, 3,16-Diacetoxy- **18** IV 1662
—, 3,11-Dihydroxy- **18** IV 1662
—, 3,5-Dihydroxy-19-oxo- **18** IV 2667
—, 3-Hydroxy- **18** IV 595
—, 3-Hydroxy-19-oxo- **18** IV 1757
Bufa-16,20,22-trienolid
—, 3,14-Dihydroxy- **18** IV 1662
Buf-3-enolid **17** IV 5175
Buf-8(14)-enolid
—, 3,11-Bis-[4-nitro-benzoyloxy]- **18** IV 1501
—, 3,11-Dihydroxy- **18** IV 1500
Buf-14-enolid
—, 11-Hydroxy-3-[4-nitro-benzoyloxy]- **18** IV 1501

Buf-20(22)-enolid
—, 3-Acetoxy-8,14-dihydroxy- **18**
  IV 2488
—, 3-Glucopyranosyloxy-8,14-dihydroxy-
  18 IV 2488
—, 3,8,14-Trihydroxy- **18** IV 2488
Bufosterocholensäure
—, Trioxy-,
  — bromlacton **18** IV 2366
Bufotalan
—, α-Trioxy- **18** IV 2364
α-Bufotalan 17 IV 5042
β-Bufotalan 17 IV 5042
Bufotalanon
—, Dihydroxy- **18** IV 2488
α-Bufotalanon 17 IV 6273
Bufotalansäure 18 IV 268
Bufotalatrien
—, Dihydroxy- **18** IV 1662
α-Bufotalen 17 IV 5175
β-Bufotalen 17 IV 5175
α-Bufotalenglykol 18 IV 1311
β-Bufotalenglykol 18 IV 1311
Bufotalidin 18 IV 3180
Bufotalien 18 IV 683
—, O-Acetyl- **18** IV 683
Bufotalienon 17 IV 6472
Bufotalin 18 IV 2556
—, O^3-Acetyl- **18** IV 2557
—, Desacetyl- **18** IV 2556
—, α-Tetrahydro- **18** IV 2364
—, β-Tetrahydro- **18** IV 2365
Bufotalinchlorid 18 IV 1618
Bufotalon 18 IV 2592
Bufotoxin 18 IV 2557
—, Tetrahydro- **18** IV 2365
Bullatenon 17 IV 5112
  — [2,4-dinitro-phenylhydrazon] **17**
  IV 5112
Buta-1,3-dien
—, 2-[3,4-Epoxy-4-methyl-pentyl]- **17**
  IV 325
—, 1-[2]Furyl- **17** IV 398
—, 1-[2]Furyl-3-methyl- **17** IV 409
—, 1-[2]Furyl-4-nitro- **17** IV 398
—, 1-Phenyl-4-[2]thienyl- **17** IV 621
—, 1-[2]Thienyl- **17** IV 398
Buta-1,3-dien-1,2,3,4-tetracarbonsäure
—, 1-Hydroxy-,
  — 3-lacton-1,2,4-trimethylester **18**
  IV 6241
Buta-1,3-dien-1,1,3-tricarbonsäure
—, 4-Äthoxy-4-hydroxy-,
  — 1,3-diäthylester-1-lacton **18**
  IV 6581
—, 4-Hydroxy-4-methoxy-,
  — 1-lacton-1,3-dimethylester **18**
  IV 6580

—, 4-Hydroxy-4-phenyl-,
  — 1,3-diäthylester-1-lacton **18**
  IV 6185
Buta-1,3-dien-1,1,4-tricarbonsäure
—, 2-Hydroxy-,
  — 1,1-diäthylester-4-lacton **18**
  IV 6138
Butan
—, 1-[2-Acetoxy-4,6-dimethoxy-phenyl]-
  2,3-epoxy-3-methyl- **17** IV 2341
—, 4-Acetoxy-1,2-epoxy- **17** I 52 b
—, 1-Acetoxy-1-[2]furyl- **17** 113 h
—, 1-Acetoxy-1-[2]furyl-3-methyl- **17**
  IV 1300
—, 3-Acetoxy-1-[2]furyl-3-methyl- **17**
  II 118 g
—, 3-Acetoxy-1-tetrahydro[2]furyl- **17**
  IV 1158
—, 1-Acetoxy-2,2,3-trichlor-1-[2]thienyl-
  17 IV 1291
—, 1-[4-Acetyl-phenyl]-4-[5-acetyl-
  [2]thienyl]- **17** IV 6372
—, 1-Acryloyloxy-2,3-epoxy- **17**
  IV 1038
—, 1-Äthoxy-2,3-epoxy- **17** IV 1037
—, 4-Äthoxy-1,2-epoxy- **17** I 52 a
—, 1-Äthoxy-1,2-epoxy-1-phenyl- **17**
  IV 1359
—, 1-Äthoxy-1-[2]furyl-3-methyl- **17**
  IV 1299
—, 1-Äthoxy-4-tetrahydropyran-2-yloxy-
  17 IV 1052
—, 2-Äthyl-1-biphenyl-2-yl-1,2-epoxy-1-
  phenyl- **17** IV 742
—, 3-[2-Äthyl-butyryloxy]-1-tetrahydro[2]≠
  furyl- **17** IV 1158
—, 2-Äthyl-1,2-epoxy- **17** 14 c
—, 2-Äthyl-1,2-epoxy-1-methoxy-1-
  phenyl- **17** IV 1380
—, 2-Äthyl-1,2-epoxy-1-[4-methoxy-
  phenyl]- **17** IV 1380
—, 2-Äthyl-1,2-epoxy-1-phenyl- **17**
  II 56 d, IV 452
—, 3-[2-Äthyl-hexanoyloxy]-1-tetrahydro≠
  [2]furyl- **17** IV 1159
—, 2-Äthyl-1-phenylcarbamoyloxy-1-
  [2]thienyl- **17** IV 1305
—, 1-Allophanoyloxy-4-tetrahydro[2]≠
  furyl- **17** IV 1161
—, 1-Allyloxy-2,3-epoxy- **17** IV 1037
—, 3-Amino-1-benzo[b]thiophen-3-yl-3-
  methyl- **18** IV 7172
—, 1-Amino-4-diäthylamino-1-[2]thienyl-
  18 IV 7277
—, 3-Amino-1-[2]furyl- **18** II 419 e,
  IV 7143
—, 3-Amino-1-[2]furyl-2-methyl- **18**
  IV 7145

Butan (Fortsetzung)

—, 2-Amino-1-tetrahydropyran-4-yl- **18**
IV 7058
—, 2-Amino-1-[2]thienyl- **18** IV 7143
—, 2-Amino-3-[2]thienyl- **18** IV 7144
—, 1-Benzoylamino-1-[2]furyl- **18**
IV 7142
—, 1-Benzoylamino-1-[2]furyl-3-methyl-
18 IV 7146
—, 3-Benzoyloxy-1-tetrahydro[2]furyl-
17 IV 1160
—, 1-Benzoyloxy-2,2,3-trichlor-1-
[2]thienyl- **17** IV 1291
—, 2-Benzyl-1,2-epoxy-3-methyl-1-
phenyl- **17** IV 650
—, 2-Benzyl-1,2-epoxy-1-phenyl- **17**
II 77 c
—, 1-Biphenyl-4-yl-1,2-epoxy-1-methoxy-
2-methyl- **17** IV 1636
—, 1,4-Bis-benzyloxy-2,3-epoxy- **17**
IV 2000
—, 1,4-Bis-[3-chlor-tetrahydro-
[2]furyloxy]- **17** IV 1022
—, 1,4-Bis-[2,4-dimethyl-6-oxo-
6H-pyran-3-carbonyloxy]- **18** IV 5413
—, 1,4-Bis-[dimethyl-[2]thienylmethyl-
ammonio]- **18** IV 7109
—, 1,4-Bis-[2,3-epoxy-propoxy]- **17**
IV 997
—, 1,1-Bis-furfurylmercapto- **17**
IV 1256
—, 2,2-Bis-furfurylmercapto- **17**
IV 1257
—, 1,1-Bis-furfurylmercapto-3-methyl-
17 IV 1257
—, 1,4-Bis-glucopyranosyloxy- **17**
IV 2980
—, 1,4-Bis-oxiranylmethoxy- **17** IV 997
—, 1,4-Bis-[N'-(2-oxo-tetrahydro-[3]furyl)-
ureido]- **18** IV 7834
—, 1,3-Bis-phthalidyloxy- **18** IV 159
—, 1,4-Bis-phthalidyloxy- **18** IV 159
—, 2,3-Bis-phthalidyloxy- **18** IV 159
—, 1,4-Bis-[tetra-O-acetyl-
glucopyranosyloxy]- **17** IV 3189
—, 1,4-Bis-tetrahydroselenophenio- **17**
II 17 c
—, 1,4-Bis-tetrahydrotellurophenio-
17 IV 44
—, 1,4-Bis-tetrahydrothiophenio- **17** IV 38
—, 1,1-Bis-[3]thienylmercapto- **17**
IV 1237
—, 1,4-Bis-[3]thienylmercapto- **17**
IV 1237
—, 1-Brom-2,3-epoxy- **17** II 17 i,
IV 50
—, 3-Brom-1,2-epoxy- **17** IV 46
—, 4-Brom-1,2-epoxy- **17** 11 b, I 6 b

—, 1-Brom-2,3-epoxy-3-methyl- **17**
IV 72
—, 3-[5-Brom-furan-2-carbonyloxy]-1-
diäthylamino- **18** IV 3985
—, 3-[5-Brom-furan-2-carbonyloxy]-1-
diäthylamino-2-methyl- **18** IV 3986
—, 3-[5-Brom-furan-2-carbonyloxy]-1-
dimethylamino- **18** IV 3985
—, 3-[5-Brom-furan-2-carbonyloxy]-1-
dimethylamino-2-methyl- **18** IV 3986
—, 1-[4-Brom-phenyl]-1,2-epoxy- **17**
II 53 b
—, 4-[4-Brom-phenyl]-1,2-epoxy- **17**
II 52 j
—, 1-Butoxy-4-tetrahydropyran-2-yloxy-
17 IV 1052
—, 3-Butyryloxy-1-tetrahydro[2]furyl-
17 IV 1158
—, 1-Chlor-2,3-epoxy- **17** 11 e, IV
50
—, 3-Chlor-1,2-epoxy- **17** IV 45
—, 4-Chlor-1,2-epoxy- **17** IV 45
—, 1-Chlor-2,3-epoxy-4-methoxy- **17**
IV 1039
—, 1-Chlor-3,4-epoxy-2-methoxy- **17**
IV 1035
—, 1-Chlor-2,3-epoxy-3-methyl- **17**
IV 72
—, 3-Chlor-1,2-epoxy-3-methyl- **17**
IV 70
—, 3-Chlor-1,2-epoxy-1-phenyl- **17**
II 53 a
—, 1-Chlor-2,3-epoxy-4-
phenylcarbamoyloxy- **17** IV 1039
—, 1-Chlor-1-[2]furyl- **17** 43 g
—, 2-Chlormethyl-1-tetrahydro[2]furyl-
17 IV 119
—, 1-Chlor-4-[3]thienylmercapto- **17**
IV 1235
—, 1-Crotonoyloxy-2,3-epoxy- **17**
IV 1038
—, 3-Decanoyloxy-1-tetrahydro[2]furyl-
17 IV 1159
—, 1,1-Diacetoxy-2,3-epoxy- **17**
IV 4168
—, 1,1-Diäthoxy-2,3-epoxy- **17** IV 4168
—, 1,4-Diäthoxy-2,3-epoxy- **17** IV 2000
—, 1-[2-Diäthylamino-äthoxy]-1-[2]furyl-
17 IV 1290
—, 1-[2-Diäthylamino-äthoxy]-1-[2]furyl-
3-methyl- **17** IV 1300
—, 1-Diäthylamino-3-[furan-2-
carbonyloxy]- **18** IV 3932
—, 1-Diäthylamino-3-[furan-2-
carbonyloxy]-2-methyl- **18** IV 3934
—, 1-Diäthylamino-1-[2]furyl-4-phenyl-
18 IV 7179
—, 1-Diäthylamino-3-[5-methyl-furan-2-
carbonyloxy]- **18** IV 4080

Butan (Fortsetzung)

—, 1-Diäthylamino-2-methyl-3-[5-methyl-furan-2-carbonyloxy]- **18** IV 4082

—, 1-Diäthylamino-3-methyl-3-[5-methyl-furan-2-carbonyloxy]- **18** IV 4081

—, 1,2-Dibrom-3,4-epoxy- **17** I 6 c, IV 46

—, 1-Dibutylamino-1-[2]furyl-4-phenyl- **18** IV 7179

—, 1,2-Dichlor-3,4-epoxy- **17** IV 45

—, 1,4-Dichlor-2,3-epoxy- **17** IV 50

—, 1-[5,6-Dihydro-2*H*-pyran-3-yl]-1-dimethylamino-4-phenyl- **18** IV 7172

—, 1,2-Dimethoxy-3,4-bis-phenylcarbamoyloxy- **17** IV 1039

—, 1-[2-Dimethylamino-äthoxy]-1-[2]furyl- **17** IV 1289

—, 1-[2-Dimethylamino-äthoxy]-1-[2]furyl-3-methyl- **17** IV 1300

—, 1-Dimethylamino-3-[furan-2-carbonyloxy]- **18** IV 3932

—, 1-Dimethylamino-2-[furan-2-carbonyloxy]-2-methyl- **18** IV 3933

—, 1-Dimethylamino-3-[furan-2-carbonyloxy]-2-methyl- **18** IV 3933

—, 1-Dimethylamino-1-[2]furyl-3-phenyl- **18** IV 7179

—, 1-Dimethylamino-1-[2]furyl-4-phenyl- **18** IV 7179

—, 1-Dimethylamino-3-[5-methyl-furan-2-carbonyloxy]- **18** IV 4079

—, 1-Dimethylamino-2-methyl-3-[5-methyl-furan-2-carbonyloxy]- **18** IV 4081

—, 1-Dimethylamino-3-methyl-3-[5-methyl-furan-2-carbonyloxy]- **18** IV 4080

—, 1-Dimethylamino-3-phenyl-1-[2]thienyl- **18** IV 7180

—, 1-Dimethylamino-4-phenyl-1-[2]thienyl- **18** IV 7179

—, 1-[2,2-Dimethyl-6-methylen-cyclohexyl]-2,3-epoxy- **17** IV 342

—, 3-[3,5-Dinitro-benzoyloxy]-1-[2]furyl- **17** IV 1291

—, 1-Dipropylamino-3-[furan-2-carbonyloxy]-2-methyl- **18** IV 3934

—, 1,2-Epithio- **17** II 17 f, IV 46

—, 1,3-Epithio- **17** I 5 g, IV 44

—, 2,3-Epithio- **17** IV 50

—, 2,3-Epithio-2,3-dimethyl- **17** II 23 h

—, 2,3-Epithio-2-methyl- **17** II 22 e, IV 72

—, 2,3-Epithio-1-phenylcarbamoylmercapto-4-phenylcarbamoyloxy- **17** IV 2001

—, 1,2-Epoxy- **17** II 17 e, IV 45

—, 1,3-Epoxy- **17** IV 44

—, 2,3-Epoxy- **17** 11 d, II 17 h, IV 48

—, 2,3-Epoxy-1,4-bis-[tetrahydro[3]furyloxy]- **17** IV 2000

—, 1,2-Epoxy-3,4-dimethoxy- **17** IV 2000

—, 2,3-Epoxy-1,4-dimethoxy- **17** IV 2000

—, 1,2-Epoxy-2,3-dimethyl- **17** II 23 e, IV 88

—, 1,2-Epoxy-3,3-dimethyl- **17** IV 87

—, 1,3-Epoxy-2,2-dimethyl- **17** IV 86

—, 2,3-Epoxy-2,3-dimethyl- **17** 15 b, I 10 g, IV 89

—, 1,2-Epoxy-2,3-dimethyl-1,1-diphenyl- **17** IV 651

—, 1,3-Epoxy-2,2-dimethyl-1,1-diphenyl- **17** 78 a

—, 1,3-Epoxy-2,3-dimethyl-1,1-diphenyl- **17** 78 a

—, 1,3-Epoxy-2,2-dimethyl-1-phenyl- **17** 54 b, IV 451

—, 1,3-Epoxy-2,3-dimethyl-1-phenyl- **17** 54 b

—, 1,3-Epoxy-2,2-dimethyl-1-*p*-tolyl- **17** I 24 g

—, 1,3-Epoxy-2,3-dimethyl-1-*p*-tolyl- **17** I 24 g

—, 1,2-Epoxy-1,1-diphenyl- **17** II 76 g

—, 2,3-Epoxy-2,3-diphenyl- **17** II 77 a

—, 2,3-Epoxy-1-jod-3-methyl- **17** IV 72

—, 1,2-Epoxy-1-methoxy- **17** IV 1034

—, 1,2-Epoxy-3-methoxy- **17** IV 1034

—, 2,3-Epoxy-1-methoxy- **17** IV 1037

—, 1,2-Epoxy-4-methoxy-2-methyl- **17** IV 1129

—, 2,3-Epoxy-1-methoxy-3-methyl- **17** IV 1130

—, 2,3-Epoxy-2-methoxy-3-methyl- **17** IV 1129

—, 1,2-Epoxy-1-methoxy-2-methyl-1-phenyl- **17** IV 1372

—, 1,2-Epoxy-1-methoxy-1-phenyl **17** IV 1359

—, 1,2-Epoxy-1-[4-methoxy-phenyl]- **17** IV 1360

—, 1,2-Epoxy-1-[4-methoxy-phenyl]-2-methyl- **17** II 122 f

—, 1,2-Epoxy-2-methyl- **17** 13 a, I 8 e, II 22 b

—, 1,2-Epoxy-3-methyl- **17** 12 e, II 22 a

—, 1,3-Epoxy-2-methyl- **17** IV 67

—, 1,3-Epoxy-3-methyl- **17** II 21 d, IV 67

—, 2,3-Epoxy-2-methyl- **17** 13 c, II 22 d, IV 71

—, 1,2-Epoxy-3-methyl-1,1-diphenyl- **17** II 77 e

Butan (Fortsetzung)
—, 2,3-Epoxy-1-[1-methyl-pent-2-en-4-inyloxy]- **17** IV 1038
—, 2,3-Epoxy-1-[1-methyl-pentyloxy]- **17** IV 1037
—, 1,2-Epoxy-2-methyl-1-phenyl- **17** II 55 b, IV 444
—, 1,2-Epoxy-2-methyl-4-phenyl- **17** IV 443
—, 1,2-Epoxy-3-methyl-1-phenyl- **17** II 55 a
—, 2,3-Epoxy-2-methyl-3-phenyl- **17** I 24 f
—, 1,2-Epoxy-3-[1]naphthylcarbamoyloxy-1-phenyl- **17** IV 1360
—, 1,2-Epoxy-3-phenoxy- **17** IV 1035
—, 1,2-Epoxy-4-phenoxy- **17** II 106 b
—, 2,3-Epoxy-1-phenoxy- **17** IV 1038
—, 1,2-Epoxy-1-phenyl- **17** II 52 k
—, 1,2-Epoxy-4-phenyl- **17** II 52 i, IV 426
—, 2,3-Epoxy-2-phenyl- **17** IV 427
—, 2,3-Epoxy-1-phenylcarbamoyloxy- **17** IV 1037
—, 1-[2,3-Epoxy-propoxy]-1H,1H-heptafluor- **17** IV 988
—, 1-[2,3-Epoxy-propoxy]-2-methyl- **17** IV 989
—, 2,3-Epoxy-1,1,1-trifluor- **17** IV 49
—, 2,3-Epoxy-1,1,1-trifluor-3-methyl- **17** IV 71
—, 1,2-Epoxy-2,3,3-trimethyl- **17** IV 98
—, 3-Furfurylamino-1-[2,6,6-trimethyl-cyclohex-1-enyl]- **18** IV 7073
—, 1-[2]Furyl-2,3-dimethyl-3-phenylcarbamoyloxy- **17** II 119 f
—, 1-[2]Furyl-3-methyl-3-phenylcarbamoyloxy- **17** II 119 a
—, 1-[2]Furyl-4-[1]naphthylcarbamoyloxy- **17** IV 1292
—, 1-[2]Furyl-1-phenylcarbamoyloxy- **17** IV 1289
—, 1-[2]Furyl-1-propylamino- **18** IV 7142
—, 1-Glucopyranosyloxy-4-[O⁶-methansulfonyl-glucopyranosyloxy]- **17** IV 3663
—, 1H,1H-Heptafluor-1-oxiranylmethoxy- **17** IV 988
—, 3-Hexanoyloxy-1-tetrahydro[2]furyl- **17** IV 1158
—, 1-Isopropylamino-4-[2]thienyl- **18** IV 7143
—, 3-Lauroyloxy-1-tetrahydro[2]furyl- **17** IV 1159
—, 1-Methoxy-4-tetrahydropyran-2-yloxy- **17** IV 1052

—, Methoxy-tris-phenylcarbamoyloxy- **17** IV 1039
—, 2-Methyl-1-oxiranylmethoxy- **17** IV 989
—, 2-Methyl-1-tetrahydro[2]furyl- **17** IV 118
—, 2-Methyl-1-tetrahydro[2]thienyl- **17** IV 119
—, 3-Myristoyloxy-1-tetrahydro[2]furyl- **17** IV 1159
—, 1-[1]Naphthylcarbamoyloxy-4-tetrahydro[2]thienyl- **17** IV 1161
—, 3-Nonanoyloxy-1-tetrahydro[2]furyl- **17** IV 1159
—, 3-Octanoyloxy-1-tetrahydro[2]furyl- **17** IV 1158
—, 3-Palmitoyloxy-1-tetrahydro[2]furyl- **17** IV 1159
—, 1-Phenoxy-4-tetrahydropyran-2-yloxy- **17** IV 1052
—, 1-Phenylcarbamoyloxy-1-tetrahydro[2]furyl- **17** IV 1157
—, 1-Phenylcarbamoyloxy-1-[2]thienyl- **17** IV 1290
—, 1-Phenyl-4-[2]thienyl- **17** IV 561
—, 3-Propionyloxy-1-tetrahydro[2]furyl- **17** IV 1158
—, 1-[4-(1-Semicarbazono-äthyl)-phenyl]-4-[5-(1-semicarbazono-äthyl)-[2]thienyl]- **17** IV 6372
—, 3-Stearoyloxy-1-tetrahydro[2]furyl- **17** IV 1160
—, 1-[Tetra-O-acetyl-glucopyranosyloxy]-4-[O²,O³,O⁴-triacetyl-O⁶-methansulfonyl-glucopyranosyloxy]- **17** IV 3673
—, 1,1,1-Trichlor-3,4-epoxy- **17** IV 46
—, 1,1,1-Trichlor-3,4-epoxy-3-methyl- **17** IV 70
—, 1,2,4-Tris-[3-chlor-tetrahydro-[2]furyloxy]- **17** IV 1022

Butanal
s. Butyraldehyd

Butan-1,2-diol
—, 3,4-Dimethoxy- **17** IV 1039

Butan-1,3-diol
—, 1-[2]Furyl- **17** IV 2058
—, 1-[2]Furyl-2-methyl- **17** IV 2059
—, 1-Tetrahydro[2]furyl- **17** IV 2025

Butan-1,4-diol
—, 2,3-Epoxy- **17** IV 2000

Butan-1,2-dion
—, 3,4-Epoxy-3-methyl-1-phenyl-,
— 2-phenylhydrazon **17** IV 6190
—, 3,4-Epoxy-1-phenyl-,
— 2-phenylhydrazon **17** IV 6175

Butan-1,3-dion
—, 2-Acetyl-1-[2]thienyl- **17** IV 6721

Butan-1,3-dion (Fortsetzung)

—, 1-Benzofuran-2-yl-4,4,4-trifluor- **17** IV 6297

—, 1-Benzo[*b*]thiophen-2-yl-4,4,4-trifluor- **17** IV 6298

—, 1-Benzo[*b*]thiophen-3-yl-4,4,4-trifluor- **17** IV 6298

—, 1-[4-Benzyloxy-6,7-dimethoxy-benzofuran-5-yl]- **18** IV 3105

—, 1-[7-Benzyloxy-6-hydroxy-2,3-dihydro-benzofuran-5-yl]- **18** IV 2410

—, 1-[4-Benzyloxy-6-hydroxy-7-methoxy-benzofuran-5-yl]- **18** IV 3105

—, 1-[5-Brom-[2]thienyl]- **17** IV 5991

—, 1-[5-Brom-[2]thienyl]-4,4,4-trifluor- **17** IV 5991

—, 1-[5-Chlor-[2]thienyl]- **17** IV 5991

—, 1-[5-Chlor-[2]thienyl]-4,4,4-trifluor- **17** IV 5991

—, 2-[14*H*-Dibenzo[*a,j*]xanthen-14-yl]-1-phenyl- **17** 551 d

—, 1-[6,7-Dimethoxy-2,3-dihydro-benzofuran-5-yl]- **18** IV 2410

—, 1-[2,5-Dimethyl-[3]furyl]-4,4,4-trifluor- **17** IV 6009

—, 1-[2,5-Dimethyl-[3]furyl]-4,4,4-trifluor-2-methyl- **17** IV 6018

—, 1-[2,5-Dimethyl-[3]thienyl]-4,4,4-trifluor- **17** IV 6009

—, 1-[2,5-Dimethyl-[3]thienyl]-4,4,4-trifluor-2-methyl- **17** IV 6019

—, 1-[x,x-Dinitro-[2]thienyl]- **17** IV 5988

—, 1-[2]Furyl- **17** IV 5987

—, 1-[3]Furyl- **17** IV 5992

—, 1-[2]Furyl-2-methyl- **17** IV 5999

—, 1-[4-Hydroxy-benzofuran-5-yl]- **18** IV 1550

—, 1-[6-Hydroxy-benzofuran-5-yl]- **18** IV 1550

—, 1-[6-Hydroxy-2,3-dihydro-benzofuran-5-yl]- **18** IV 1414

—, 1-[6-Hydroxy-4,7-dimethoxy-benzofuran-5-yl]- **18** IV 3105

— 3-semicarbazon **18** IV 3107

—, 1-[6-Hydroxy-4,7-dimethoxy-2,3-dihydro-benzofuran-5-yl]- **18** IV 3082

—, 1-[6-Hydroxy-2,3-dimethoxy-phenyl]- **18** IV 1358

—, 1-[6-Hydroxy-2-isopropenyl-benzofuran-5-yl]- **18** IV 1642

—, 1-[6-Hydroxy-2-isopropyl-2,3-dihydro-benzofuran-5-yl]- **18** IV 1433

—, 1-[4-Hydroxy-6-methoxy-benzofuran-5-yl]- **18** IV 2518

—, 1-[6-Hydroxy-4-methoxy-benzofuran-5-yl]- **18** IV 2517

—, 1-[6-Hydroxy-4-methoxy-benzofuran-7-yl]- **18** IV 2518

—, 1-[6-Hydroxy-4-methoxy-benzofuran-5-yl]-4-methoxy- **18** IV 3108

—, 1-[4-Hydroxy-6-methoxy-2,3-dihydro-benzofuran-5-yl]- **18** IV 2409

—, 1-[6-Hydroxy-4-methoxy-2,3-dihydro-benzofuran-5-yl]- **18** IV 2409

—, 1-[6-Hydroxy-4-methoxy-2,3-dihydro-benzofuran-7-yl]- **18** IV 2410

—, 1-[6-Hydroxy-4-methoxy-2,3,5-trimethyl-benzofuran-7-yl]- **18** IV 2525

—, 1-[4-Hydroxy-3-methyl-benzofuran-5-yl]- **18** IV 1562

—, 1-[6-Hydroxy-3-methyl-benzofuran-5-yl]- **18** IV 1562

—, 1-[6-Hydroxy-3-methyl-benzofuran-7-yl]- **18** IV 1562

—, 1-[6-Hydroxy-3-methyl-2,3-dihydro-benzofuran-5-yl]- **18** IV 1421

—, 1-[2-Hydroxy-4-tetrahydropyran-2-yloxy-phenyl]- **18** IV 317

—, 1-[2-Hydroxy-4-tetrahydropyran-4-yloxy-phenyl]- **18** IV 8462

—, 1-[7-Methoxycarbonyloxy-2-oxo-2*H*-chromen-3-yl]- **18** IV 2568

—, 1-[2-Oxo-chroman-6-yl]- **17** IV 6749

—, 1-[2-Oxo-2*H*-chromen-3-yl]- **17** IV 6769

—, 1-Phenyl-2-[2-phenyl-4*H*-chromen-4-yl]- **17** IV 6595

—, 1-Phenyl-2-phthalidyl- **17** 574 d

—, 1-Phenyl-2-phthalidyliden- **17** 576 a, I 288 a, II 530 g

—, 1-Phenyl-2-selenoxanthen-9-yl- **17** IV 6557

—, 1-Phenyl-2-thioxanthen-9-yl- **17** IV 6557

—, 1-Phenyl-2-xanthen-9-yl- **17** 545 d

—, 1-Selenophen-2-yl- **17** IV 5991

—, 1-Tetrahydro[2]furyl- **17** IV 5862

—, 1-[2]Thienyl- **17** IV 5988

—, 4,4,4-Trifluor-1-[2]furyl- **17** IV 5987

— monooxim **17** IV 5987

—, 4,4,4-Trifluor-1-[2]furyl-2-methyl- **17** IV 5999

—, 4,4,4-Trifluor-1-[5-jod-[2]thienyl]- **17** IV 5991

—, 4,4,4-Trifluor-2-methyl-1-[5-methyl-[2]furyl]- **17** IV 6008

—, 4,4,4-Trifluor-2-methyl-1-[5-methyl-[2]thienyl]- **17** IV 6008

—, 4,4,4-Trifluor-1-[3-methyl-[2]thienyl]- **17** IV 6000

—, 4,4,4-Trifluor-1-[5-methyl-[2]thienyl]- **17** IV 6000

—, 4,4,4-Trifluor-2-methyl-1-[2]thienyl- **17** IV 6000

—, 4,4,4-Trifluor-1-[2]thienyl- **17** IV 5989

— monooxim **17** IV 5989

Butan-1,3-dion   (Fortsetzung)
—, 1-[4,6,7-Trimethoxy-benzofuran-5-yl]-,
  — 3-semicarbazon **18** IV 3107
Butan-1,4-dion
—, 1,2-Diphenyl-4-[2]thienyl- **17**
  II 512 b
—, 2,3-Epoxy-1,4-bis-[4-methoxy-phenyl]-
  18 IV 2752
—, 2,3-Epoxy-1,4-dimesityl- **17** IV 6470
—, 2,3-Epoxy-1,4-diphenyl- **17** IV 6442
Butan-2,3-dion
  — mono-[benzofuran-2-
    carbonylhydrazon] **18** IV 4248
  — mono-[furan-2-carbonylhydrazon]
    18 IV 3970
Butandiyldiamin
—, N,N'-Bis-[2,3-epoxy-propyl]-
  N,N'-dimethyl- **18** IV 7020
—, N^4,N^4-Diäthyl-N^1-benzyl-N^1-[2-
  (14H-dibenzo[a,j]xanthen-14-yl)-äthyl]-1-
  methyl- **18** IV 7257
—, N^4,N^4-Diäthyl-N^1-benzyl-N^1-
  [14H-dibenzo[a,j]xanthen-14-ylmethyl]-1-
  methyl- **18** IV 7257
—, N^4,N^4-Diäthyl-N^1,N^1-bis-[2-
  (14H-dibenzo[a,j]xanthen-14-yl)-äthyl]-1-
  methyl- **18** IV 7258
—, N^4,N^4-Diäthyl-1-[2]thienyl- **18**
  IV 7277
—, N,N'-Dimethyl-N,N'-bis-
  oxiranylmethyl- **18** IV 7020
—, N-[1,1-Dioxo-2,3-dihydro-1λ^6-benzo=
  [b]thiophen-3-yl]- **18** IV 7149
—, N'-[1,1-Dioxo-2,3-dihydro-1λ^6-benzo=
  [b]thiophen-3-yl]-N,N-dimethyl- **18**
  IV 7149
3a,7a-Butano-isobenzofuran
  s. 4a,8a-[2]Oxapropano-naphthalin
Butan-1-ol
—, 2-Äthyl-1-[2]thienyl- **17** IV 1305
—, 2-Amino-1-[2]furyl- **18** II 430 i
—, 2-Amino-1-[2]furyl-3-methyl- **18**
  Ii 431 e
—, 4-[3,4-Bis-äthoxycarbonylamino-
  [2]furyl]- **18** IV 7334
—, 1-[4-Brom-phenyl]-1-[2]furyl- **17**
  IV 1549
—, 1-[4-Brom-phenyl]-1-[2]furyl-3-
  methyl- **17** IV 1551
—, 4-Chlor-2,3-epoxy- **17** IV 1039
—, 1-[4-Chlor-phenyl]-1-[2]furyl- **17**
  IV 1549
—, 1-[4-Chlor-phenyl]-1-[2]furyl-3-
  methyl- **17** IV 1550
—, 4-[3-Chlor-tetrahydro-[2]furyloxy]-
  17 IV 1021
—, 4-Diäthylamino-1-[2]furyl- **18**
  IV 7334

—, 3-Dimethylamino-1-phenyl-1-
  [2]thienyl- **18** IV 7349
—, 1-[2,6-Dimethyl-5,6-dihydro-
  2H-pyran-3-yl]-3-methyl- **17** I 56 b
—, 2,3-Epithio-4-mercapto- **17** IV 2001
—, 2,3-Epoxy- **17** IV 1037
—, 3,4-Epoxy- **17** IV 1035
—, 2,3-Epoxy-1,3-diphenyl- **17** IV 1630
—, 3,4-Epoxy-1-phenyl- **17** IV 1357
—, 2-Furfuryl- **17** IV 1299
—, 2-Furfurylamino-1-[2]furyl- **18**
  II 431 a
—, 2-Furfurylamino-1-[2]furyl-3-methyl-
  18 II 431 f
—, 1-[2]Furyl- **17** 113 g, IV 1289
—, 4-[2]Furyl- **17** IV 1291
—, 1-[2]Furyl-3-methyl- **17** IV 1299
—, 1-[2]Furyl-3-methyl-2-nitro- **17**
  II 118 e
—, 1-[2]Furyl-3-methyl-1-phenyl- **17**
  IV 1550
—, 1-[2]Furyl-3-methyl-1-p-tolyl- **17**
  IV 1553
—, 1-[2]Furyl-2-nitro- **17** II 118 a
—, 1-[2]Furyl-1-phenyl- **17** IV 1549
—, 1-[2]Furyl-1-p-tolyl- **17** IV 1551
—, 3-Methyl-1-oxiranyl- **17** IV 1152
—, 1-Oxiranyl- **17** IV 1142
—, 4-[Tetra-O-acetyl-glucopyranosyloxy]-
  17 IV 3189
—, 2-Tetrahydrofurfuryl- **17** IV 1167
—, 1-Tetrahydro[2]furyl- **17** IV 1157
—, 3-Tetrahydro[2]furyl- **17** IV 1161
—, 4-Tetrahydro[2]furyl- **17** IV 1161
—, 4-Tetrahydro[2]thienyl- **17** IV 1161
—, 1-[2]Thienyl- **17** IV 1290
—, 4-[3]Thienylmercapto- **17** IV 1236
—, 2,2,3-Trichlor-1-[2]thienyl- **17**
  IV 1291
Butan-2-ol
—, 4-[2-Benzyl-tetrahydro-[2]furyl]- **17**
  IV 1398
—, 4-[2-Butyl-tetrahydro-[2]furyl]- **17**
  IV 1177
—, 2-Cyclohexyl-4-[5-methyl-[2]furyl]-
  17 IV 1341
—, 4-Dimethylamino-3-methyl-1-phenyl-
  2-[2]thienyl- **18** IV 7350
—, 4-Dimethylamino-1-phenyl-2-
  [2]thienyl- **18** IV 7349
—, 4-[2,2-Dimethyl-chroman-6-yl]-2-
  methyl- **17** IV 1398
—, 3,3-Dimethyl-1-phenyl-2-[2]thienyl-
  17 IV 1553
—, 3,4-Epoxy-3,4-diphenyl- **17** IV
  5364, IV 1630
—, 3,4-Epoxy-2-methyl-4-phenyl- **17**
  IV 1372
—, 3,4-Epoxy-4-phenyl- **17** IV 1359

Butan-2-ol   (Fortsetzung)
—, 3,4-Epoxy-1,1,2,4-tetraphenyl- **17**
    IV 1756
—, 4-[2,3-Epoxy-2,6,6-trimethyl-
    cyclohexyl]-2-methyl- **17** IV 1217
—, 1-[3,4-Epoxy-2,2,3-trimethyl-
    cyclopentyl]-2-phenyl- **17** IV 1509
—, 3,4-Epoxy-1,2,4-triphenyl- **17**
    IV 1716
—, 2-[2]Furyl- **17** IV 1292
—, 4-[2]Furyl- **17** IV 1291
—, 4-[2]Furyl-2,3-dimethyl- **17** II
    119 e
—, 4-[2]Furyl-2-methyl- **17** II 118 f
—, 4-[2-Isopentyl-tetrahydro-[2]furyl]-
    17 IV 1179
—, 4-[5-Methyl-[2]furyl]- **17** IV 1300
—, 4-[5-Methyl-[2]furyl]-2-[1]naphthyl-
    17 IV 1678
—, 4-[5-Methyl-[2]furyl]-2-phenyl- **17**
    IV 1551
—, 4-[5-Methyl-[2]furyl]-2-*p*-tolyl- **17**
    IV 1553
—, 2-Methyl-4-[5-methyl-[2]furyl]-1-
    phenyl- **17** IV 1553
—, 2-Methyl-1-phenyl-4-tetrahydro[2]⪜
    furyl- **17** IV 1397
—, 2-[4-Methyl-selenophen-2-yl]- **17**
    IV 1301
—, 4-[5-Methyl-tetrahydro-[2]furyl]- **17**
    IV 1167
—, 2-[4-Methyl-[2]thienyl]- **17** IV 1301
—, 4-Tetrahydro[2]furyl- **17** II 110 c,
    IV 1157
—, 2-Tetrahydropyran-2-yl- **17** IV 1165
Butan-3-olid 17 I 130 d, II 286 e, IV 4167;
    s. a. unter Oxetan-2-on
Butan-1-on
—, 1-[6-Acetoxy-3-methyl-benzofuran-2-
    yl]- **18** IV 428
—, 2-[4-Acetoxy-phenyl]-1-[5-brom-
    [2]thienyl]- **18** IV 517
—, 2-[4-Acetoxy-phenyl]-1-[2]thienyl-
    18 IV 516
—, 1-[4-Äthoxy-6-hydroxy-7-methoxy-
    benzofuran-5-yl]-3-äthylimino- **18**
    IV 3107
—, 1-[4-Äthoxy-6-hydroxy-7-methoxy-
    benzofuran-5-yl]-3-benzylimino- **18**
    IV 3107
—, 1-[4-Äthoxy-6-hydroxy-7-methoxy-
    benzofuran-5-yl]-3-propylimino- **18**
    IV 3107
—, 1-[3-Äthoxymethyl-4-hydroxymethyl-
    [2]furyl]- **18** IV 1168
—, 1-[4-Äthoxymethyl-3-hydroxymethyl-
    [2]furyl]- **18** IV 1168
—, 1-[2-Äthyl-benzofuran-3-yl]- **17**
    IV 5146

—, 2-Äthyl-1-[2]furyl- **17** IV 4610
    — semicarbazon **17** IV 4610
—, 3-Äthylimino-1-[6-hydroxy-4,7-
    dimethoxy-benzofuran-5-yl]- **18** IV 3105
—, 2-Äthyl-2-phenyl-1-[2]thienyl- **17**
    IV 5240
—, 1-[5-Äthyl-[2]thienyl]- **17** IV 4612
    — [2,4-dinitro-phenylhydrazon] **17**
        IV 4612
    — semicarbazon **17** IV 4612
—, 2-Äthyl-1-[2]thienyl- **17** IV 4611
    — oxim **17** IV 4611
—, 4-Anilino-2,3-epoxy-1,3-diphenyl-
    18 IV 7991
—, 1-Benzo[*b*]thiophen-3-yl- **17** IV 5120
    — semicarbazon **17** IV 5120
—, 4-Benzo[*b*]thiophen-3-yl-2,2-dimethyl-
    1-phenyl- **17** IV 5484
—, 1-[6-Benzyl-5-benzyloxy-7-hydroxy-
    2,2-dimethyl-chroman-8-yl]-3-methyl-
    18 IV 1754
—, 3-Benzylimino-1-[6-hydroxy-4,7-
    dimethoxy-benzofuran-5-yl]- **18** IV 3106
—, 1-[5-Benzyloxy-7-hydroxy-2,2-
    dimethyl-chroman-8-yl]-3-methyl- **18**
    IV 1289
—, 1-[5-Benzyloxy-7-methoxy-2,2-
    dimethyl-chroman-8-yl]-3-methyl- **18**
    IV 1290
—, 4-Brom-2,3-epoxy-1,3-diphenyl- **17**
    IV 5362
    — [2,4-dinitro-phenylhydrazon] **17**
        IV 5363
—, 4-Brom-2,3-epoxy-1,3-di-*p*-tolyl- **19**
    IV 395
—, 1-[4-Brom-phenyl]-3-[2]furyl-4-nitro-
    17 IV 5222
—, 1-[4-Brom-phenyl]-3-[2]furyl-4-nitro-
    4-phenyl- **17** IV 5522
—, 1-[5-Brom-[2]thienyl]- **17** IV 4558
    — semicarbazon **17** IV 4558
—, 1-[5-Brom-[2]thienyl]-2-[4-hydroxy-
    phenyl]- **18** IV 516
    — [2,4-dinitro-phenylhydrazon] **18**
        IV 517
—, 1-[5-Brom-[2]thienyl]-4,4,4-trichlor-3-
    hydroxy- **18** IV 117
—, 3-Butylimino-1-[6-hydroxy-4,7-
    dimethoxy-benzofuran-5-yl]- **18** IV 3106
—, 1-[5-*tert*-Butyl-[2]thienyl]- **17**
    IV 4643
    — azin **17** IV 4644
    — semicarbazon **17** IV 4644
—, 4-Chlor-2,3-epoxy-1,3-diphenyl- **17**
    IV 5361
    — [2,4-dinitro-phenylhydrazon] **17**
        IV 5362
    — oxim **17** IV 5362

Butan-1-on (Fortsetzung)
—, 4-Chlor-2,3-epoxy-1,3-di-*p*-tolyl- **19**
　　IV 395
—, 1-[5-(4-Chlor-phenyl)-[2]thienyl]- **17**
　　IV 5225
—, 1-[5-Chlor-[2]thienyl]- **17** IV 4558
　　— semicarbazon **17** IV 4558
—, 1-Chroman-6-yl- **17** IV 5019
—, 4-Diäthylamino-1-[2]furyl- **18**
　　IV 7870
　　— oxim **18** IV 7870
—, 4-Diäthylamino-1-[2]thienyl- **18**
　　IV 7870
　　— oxim **18** IV 7870
—, 1-[2,5-Diäthyl-[3]thienyl]- **17**
　　IV 4644
　　— [2,4-dinitro-phenylhydrazon] **17**
　　　　IV 4644
　　— semicarbazon **17** IV 4645
—, 1-Dibenzofuran-2-yl- **17** IV 5378
—, 1-[2,5-Dichlor-[3]thienyl]- **17**
　　IV 4561
—, 1-[2,3-Dihydro-benzofuran-5-yl]- **17**
　　IV 5010
　　— semicarbazon **17** IV 5010
—, 1-[5,7-Dihydroxy-2,2-dimethyl-
　　chroman-6-yl]-3-methyl- **18** IV 1289
—, 1-[5,7-Dihydroxy-2,2-dimethyl-
　　chroman-8-yl]-3-methyl- **18** IV 1289
—, 1-[2,2-Dimethyl-3,6-dihydro-
　　2*H*-pyran-4-yl]-3-methoxy- **18** IV 75
—, 1-[2,5-Dimethyl-[3]furyl]- **17**
　　IV 4616
　　— [2,4-dinitro-phenylhydrazon] **17**
　　　　IV 4616
—, 1-[3,3-Dimethyl-hexahydro-
　　isochroman-8-yl]-3-methyl- **17** IV 4396
—, 1-[3,4-Dimethyl-selenophen-2-yl]-
　　17 IV 4615
　　— [2,4-dinitro-phenylhydrazon] **17**
　　　　IV 4615
—, 1-[2,2-Dimethyl-tetrahydro-pyran-4-
　　yl]- **17** IV 4258
—, 1-[2,2-Dimethyl-tetrahydro-pyran-4-
　　yl]-3-methoxy- **18** IV 44
—, 1-[2,5-Dimethyl-[3]thienyl]- **17**
　　IV 4616
　　— semicarbazon **17** IV 4616
—, 1-[2,5-Dimethyl-[3]thienyl]-3-methyl-
　　17 IV 4636
　　— semicarbazon **17** IV 4636
—, 1-[2,5-Dimethyl-[3]thienyl]-4-phenyl-
　　17 IV 5241
—, 2,4-Dinitro-1-phenyl-3-[2]thienyl- **17**
　　IV 5222
—, 1-[3,5-Diphenyl-selenophen-2-yl]- **17**
　　IV 5523
—, 1-[1,2-Epoxy-cyclohexyl]-3-methoxy-
　　18 IV 73

—, 2,3-Epoxy-1,4-dimesityl-4-
　　phenylcarbamoyloxy- **18** IV 681
—, 2,3-Epoxy-1,3-diphenyl- **17** IV 5360
—, 2,3-Epoxy-4-hydroxy-1,4-dimesityl-
　　18 IV 681
—, 2,3-Epoxy-4-jod-1,3-diphenyl- **17**
　　IV 5364
—, 3,4-Epoxy-3-methyl-1-phenyl-2-
　　phenylhydrazono- **17** IV 6190
—, 3,4-Epoxy-1-phenyl-2-
　　phenylhydrazono- **17** IV 6175
—, 1-[2]Furyl- **17** I 157 d, IV 4556
　　— [cyanacetyl-hydrazon] **17** IV 4556
　　— oxim **17** IV 4556
　　— semicarbazon **17** I 157 e,
　　　　IV 4556
　　— thiosemicarbazon **17** IV 4557
—, 1-[10-[2]Furyl-[9]anthryl]-4-hydroxy-
　　4,4-diphenyl- **18** IV 871
—, 1-[2-[3]Furyl-2,3-dihydroxy-5-methyl-
　　cyclopentyl]-3-methyl- **18** IV 1197
—, 3-[2]Furyl-2,4-dinitro-1-phenyl- **17**
　　IV 5222
—, 1-[2]Furyl-2-methyl- **17** IV 4584
　　— semicarbazon **17** IV 4584
—, 1-[2]Furyl-3-methyl- **17** I 158 a,
　　IV 4585
　　— oxim **17** IV 4585
　　— semicarbazon **17** I 158 b
—, 3-[2]Furyl-4-nitro-1,4-diphenyl- **17**
　　IV 5521
—, 3-[2]Furyl-4-nitro-1-phenyl- **17**
　　IV 5221
—, 3-[2]Furyl-1-phenyl- **17** IV 5221
　　— semicarbazon **17** IV 5221
—, 2-[[2]Furyl-phenyl-methyl]-1-phenyl-
　　17 IV 5526
—, 3-[2]Furyl-1-*p*-tolyl- **17** IV 5233
　　— semicarbazon **17** IV 5233
—, 1-[4-Glucopyranosyloxy-phenyl]- **17**
　　IV 3015
—, Heptafluor-1-[2]thienyl- **17** IV 4558
　　— [2,4-dinitro-phenylhydrazon] **17**
　　　　IV 4558
—, 1-[3-Hydroxy-benzo[*b*]thiophen-2-yl]-
　　18 IV 411
—, 1-[6-Hydroxy-4,7-dimethoxy-
　　benzofuran-5-yl]- **18** IV 2409
　　— [2,4-dinitro-phenylhydrazon] **18**
　　　　IV 2409
—, 1-[6-Hydroxy-4,7-dimethoxy-
　　benzofuran-5-yl]-3-isopropylimino- **18**
　　IV 3106
—, 1-[6-Hydroxy-4,7-dimethoxy-
　　benzofuran-5-yl]-3-methylimino- **18**
　　IV 3105
—, 1-[6-Hydroxy-4,7-dimethoxy-
　　benzofuran-5-yl]-3-propylimino- **18**
　　IV 3106

Butan-1-on (Fortsetzung)

—, 1-[5-Hydroxy-7-methoxy-2,2-dimethyl-chroman-8-yl]-3-methyl- **18** IV 1289

—, 1-[6-Hydroxy-3-methyl-benzofuran-2-yl]- **18** IV 427

—, 1-[6-Hydroxy-3-methyl-benzofuran-7-yl]- **18** IV 428

—, 3-[2-Hydroxy-4-methyl-phenyl]-1,3-diphenyl- **17** II 164 e

—, 3-[2-Hydroxy-5-methyl-phenyl]-1,3-diphenyl- **17** II 164 d

—, 2-[4-Hydroxy-phenyl]-1-[2]thienyl- **18** IV 516
  — [2,4-dinitro-phenylhydrazon] **18** IV 516

—, 1-[2-Methoxy-dibenzofuran-3-yl]- **18** IV 662

—, 1-[6-Methoxy-3-methyl-benzofuran-2-yl]- **18** IV 427

—, 3-Methoxy-1-[2-methyl-tetrahydro-[2]furyl]- **18** IV 41

—, 3-Methoxy-1-[2,2,5,5-tetramethyl-2,5-dihydro-[3]furyl]- **18** IV 77

—, 3-Methoxy-1-[2,2,5,5-tetramethyl-tetrahydro-[3]furyl]- **18** IV 46
  — [2,4-dinitro-phenylhydrazon] **18** IV 46

—, 3-Methoxy-1-[2,2,5-trimethyl-2,5-dihydro-[3]furyl]- **18** IV 75

—, 3-Methoxy-1-[2,2,5-trimethyl-tetrahydro-[3]furyl]- **18** IV 45

—, 1-[6-Methoxy-3-veratryl-benzofuran-2-yl]- **18** IV 2782
  — [2,4-dinitro-phenylhydrazon] **18** IV 2782

—, 1-[5-Methyl-2,3-dihydro-benzofuran-7-yl]- **17** IV 5021
  — [2,4-dinitro-phenylhydrazon] **17** IV 5021
  — semicarbazon **17** IV 5021

—, 1-[5-Methyl-[2]furyl]- **17** IV 4589
  — [2,4-dinitro-phenylhydrazon] **17** IV 4589
  — semicarbazon **17** IV 4589

—, 3-Methyl-1-[3-methyl-[2]furyl]- **17** I 158 e, II 322 e, IV 4611
  — oxim **17** I 158 f, IV 4611
  — semicarbazon **17** I 158 g, IV 4611

—, 3-Methyl-1-[3-methyl-[2]furyl]-3-semicarbazido- **18** IV 8320
  — semicarbazon **18** IV 8321

—, 2-Methyl-1-selenophen-2-yl- **17** IV 4584
  — [2,4-dinitro-phenylhydrazon] **17** IV 4585

—, 3-Methyl-1-selenophen-2-yl- **17** IV 4586

—, semicarbazon **17** IV 4586

—, 3-Methyl-1-[2-(tetra-O-acetyl-glucopyranosyloxy)-phenyl]- **17** IV 3224

—, 3-Methyl-1-[4-(tetra-O-acetyl-glucopyranosyloxy)-phenyl]- **17** IV 3224

—, 1-[2-Methyl-tetrahydro-pyran-4-yl]- **17** IV 4249
  — [2,4-dinitro-phenylhydrazon] **17** IV 4249

—, 3-Methyl-1-tetrahydropyran-4-yl- **17** IV 4248
  — [2,4-dinitro-phenylhydrazon] **17** IV 4249
  — semicarbazon **17** IV 4249

—, 1-[3-Methyl-[2]thienyl]- **17** IV 4587
  — semicarbazon **17** IV 4588

—, 1-[4-Methyl-[2]thienyl]- **17** IV 4588
  — semicarbazon **17** IV 4588

—, 1-[5-Methyl-[2]thienyl]- **17** IV 4589
  — semicarbazon **17** IV 4589

—, 2-Methyl-1-[2]thienyl- **17** IV 4584
  — [2,4-dinitro-phenylhydrazon] **17** IV 4584

—, 3-Methyl-1-[2]thienyl- **17** II 320 a, IV 4585
  — [4-äthoxy-phenylimin] **17** II 320 b
  — carbamimidoylhydrazon **17** II 320 e
  — oxim **17** II 320 c
  — semicarbazon **17** II 320 d, IV 4585

—, 1-[2-Nitro-benzo[b]thiophen-3-yl]- **17** IV 5120

—, 1-Phenyl-4-[2]thienyl- **17** IV 5221
  — [2,4-dinitro-phenylhydrazon] **17** IV 5221
  — semicarbazon **17** IV 5221

—, 1-[5-Phenyl-[2]thienyl]- **17** IV 5225

—, 2-Phenyl-1-[2]thienyl- **17** IV 5222

—, 4-Phenyl-1-[2]thienyl- **17** IV 5221
  — semicarbazon **17** IV 5221

—, 1-Selenophen-2-yl- **17** IV 4558
  — semicarbazon **17** IV 4559

—, 1-[2-(Tetra-O-acetyl-glucopyranosyloxy)-phenyl]- **17** IV 3223

—, 1-[4-(Tetra-O-acetyl-glucopyranosyloxy)-phenyl]- **17** IV 3223

—, 1-[4,5,6,7-Tetrahydro-benzo[b]thiophen-2-yl]- **17** IV 4750
  — semicarbazon **17** IV 4750

—, 1-Tetrahydropyran-4-yl- **17** IV 4237
  — semicarbazon **17** IV 4238

—, 1-[2,2,5,5-Tetramethyl-tetrahydro-[3]furyl]- **17** IV 4269
  — [2,4-dinitro-phenylhydrazon] **17** IV 4269

Butan-1-on   (Fortsetzung)
—, 1-[2]Thienyl- **17** II 318 e, IV 4557
 — [2,4-dinitro-phenylhydrazon] **17**
   IV 4557
 — oxim **17** II 318 f
 — phenylimin **17** IV 4557
 — semicarbazon **17** II 318 g,
   IV 4557
 — thiosemicarbazon **17** IV 4557
—, 1-[3]Thienyl- **17** IV 4560
 — [2,4-dinitro-phenylhydrazon] **17**
   IV 4560
 — semicarbazon **17** IV 4560
—, 1-Thiochroman-6-yl- **17** IV 5019
 — semicarbazon **17** IV 5019
—, 1-[5-*p*-Tolyl-[2]thienyl]- **17** IV 5234
 — semicarbazon **17** IV 5234
—, 4,4,4-Trichlor-1-[5-chlor-[2]thienyl]-3-
   hydroxy- **18** IV 117
—, 4,4,4-Trichlor-3-hydroxy-1-[2]thienyl-
   18 IV 116
—, 4,4,4-Trifluor-3,3-dihydroxy-1-
   [2]thienyl- **17** IV 5989
—, 1-[2,2,5-Trimethyl-tetrahydro-
   [3]furyl]- **17** IV 4263

Butan-2-on
 — difurfuryldithioacetal **17** IV 1257
 — {[(7-methoxy-2-oxo-2*H*-chromen-
   4-yl)-acetyl]-hydrazon} **18** IV 6356
—, 1-[7-Acetyl-4,6-dihydroxy-3,5-
   dimethyl-benzofuran-2-yl]- **18** IV 2528
—, 3-[7-Acetyl-4,6-dihydroxy-3,5-
   dimethyl-benzofuran-2-yl]- **18** IV 2528
—, 4-Äthoxycarbonylamino-1-brom-4-
   [2]furyl- **18** IV 7870
—, 4-[7-Chlor-4,6-dimethoxy-3-methyl-
   benzofuran-2-yl]- **18** IV 6624
—, 1-Diazo-3-methyl-4-[2]thienyl- **17**
   IV 6000
—, 3,4-Dibrom-4-[2]thienyl- **17** I 157 f
—, 1-[4,5-Dihydro-[2]furyl]- **17** IV 4327
—, 4-Dimethylamino-1-[2-methyl-
   tetrahydro-pyran-4-yliden]- **18** IV 7861
—, 1-[2,2-Dimethyl-tetrahydro-pyran-4-
   yl]- **17** IV 4259
 — semicarbazon **17** IV 4259
—, 1-[2,2-Dimethyl-tetrahydro-pyran-4-
   yliden]-4-methoxy- **18** IV 75
—, 1-[2,2-Dimethyl-tetrahydro-pyran-4-
   yl]-4-methoxy- **18** IV 44
—, 3,4-Epoxy- **17** IV 4168
—, 3,4-Epoxy-3,4-diphenyl- **17** IV 5364
—, 3,4-Epoxy-3-methyl- **17** IV 4185
—, 3,4-Epoxy-3-methyl-4-phenyl- **17** IV 4988
 — semicarbazon **17** IV 4989
—, 3,4-Epoxy-4-phenyl- **17** I 163 d,
   II 340 h, IV 4971
 — semicarbazon **17** IV 4972

—, 3,4-Epoxy-4-[2,6,6-trimethyl-
   cyclohex-2-enyl]- **17** IV 4654
 — [4-phenyl-semicarbazon] **17**
   IV 4654
—, 4-[2,3-Epoxy-2,6,6-trimethyl-
   cyclohexyl]- **17** IV 4389
 — [4-phenyl-semicarbazon] **17**
   IV 4389
 — semicarbazon **17** IV 4389
—, 1-[2]Furyl- **17** IV 4559
 — oxim **17** IV 4559
 — semicarbazon **17** IV 4559
—, 3-[2]Furyl- **17** IV 4561
 — semicarbazon **17** IV 4561
—, 4-[2]Furyl- **17** 297 a, II 318 h,
   IV 4559
 — [4-brom-phenylhydrazon]
   17 297 c
 — [2,4-dinitro-phenylhydrazon] **17**
   IV 4560
 — oxim **17** II 319 a, IV 4559
 — semicarbazon **17** 297 d
 — thiosemicarbazon **17** IV 4560
—, 4-[2]Furyl-4-hydroxy- **18** IV 117
—, 4-[2]Furyl-4-hydroxy-3-methyl- **18**
   IV 118
—, 4-[2]Furyl-3-methyl- **17** II 319 h
—, 4-[2]Furyl-4-phenyl- **17** IV 5223
 — semicarbazon **17** IV 5223
—, 4-[3-Hydroxy-benzofuran-2-yl]- **18**
   IV 411
—, 4-[4-Hydroxy-2,6-dimethyl-
   tetrahydro-pyran-3-yl]- **18** IV 44
 — semicarbazon **18** IV 44
—, 3-Hydroxy-3-[2]thienyl- **18** IV 117
—, 4-Methoxy-1-[2-methyl-tetrahydro-
   pyran-4-yl]- **18** IV 43
—, 4-Methoxy-1-[2-methyl-tetrahydro-
   pyran-4-yliden]- **18** IV 69
—, 4-Methoxy-1-[2,2,5,5-tetramethyl-
   dihydro-[3]furyliden]- **18** IV 77
—, 4-Methoxy-1-[2,2,5,5-tetramethyl-
   tetrahydro-[3]furyl]- **18** IV 46
 — [2,4-dinitro-phenylhydrazon] **18**
   IV 46
—, 4-Methoxy-1-[2,2,5-trimethyl-
   dihydro-[3]furyliden]- **18** IV 75
—, 4-Methoxy-1-[2,2,5-trimethyl-
   tetrahydro-[3]furyl]- **18** IV 45
—, 1-[5-Methyl-4,5-dihydro-[2]furyl]-
   17 IV 4338
—, 4-[5-Methyl-[2]furyl]- **17** IV 4589
 — [2,4-dinitro-phenylhydrazon] **17**
   IV 4590
 — semicarbazon **17** IV 4590
—, 3-Methyl-1-[5-methyl-4,5-dihydro-
   [2]furyl]- **17** IV 4350
—, 4-[5-Methyl-tetrahydro-[2]furyl]- **17**
   IV 4244

Butan-2-on (Fortsetzung)

—, 3-Methyl-4-tetrahydropyran-2-yloxy-
17 IV 1066

—, 1-Phenyl-1-[2]thienyl- 17 IV 5223

—, 4-[Tetra-*O*-acetyl-glucopyranosyloxy]-
17 IV 3217

—, 4-[4-(Tetra-*O*-acetyl-
glucopyranosyloxy)-phenyl]- 17 IV 3223

—, 4-Tetrahydro[2]furyl- 17 II 292 i,
IV 4228
- [2,4-dinitro-phenylhydrazon] 17
IV 4229
- oxim 17 IV 4229

—, 1-Tetrahydropyran-4-yl- 17 IV 4238
- [2,4-dinitro-phenylhydrazon] 17
IV 4238
- oxim 17 IV 4238

—, 3-Tetrahydropyran-2-yl- 17 IV 4238

—, 4-Tetrahydropyran-2-yloxy- 17
IV 1065

—, 1-[2,2,5,5-Tetramethyl-tetrahydro-
[3]furyl]- 17 IV 4269
- [2,4-dinitro-phenylhydrazon] 17
IV 4270

—, 3-[2]Thienyl- 17 IV 4561

—, 4-[2]Thienyl- 17 IV 4560
- [2,4-dinitro-phenylhydrazon] 17
IV 4560
- semicarbazon 17 IV 4560

—, 4-[1,3,3-Trimethyl-7-oxa-[2]norbornyl]-
17 IV 4390
- semicarbazon 17 IV 4390

3a,9b-Butano-naphtho[1,2-*c*]furan
s. 4a,10a-[2]Oxapropano-phenanthren

3a,9b-Butano-naphtho[2,1-*b*]furan
s. 10a,4a-[1]Oxapropano-phenanthren

Butan-1-sulfonsäure

—, 1-[2]Furyl-3-oxo- 18 IV 6738

—, 4-Glucopyranosyloxy- 17 IV 3406

—, 4-[Tetra-*O*-acetyl-glucopyranosyloxy]-,
- äthylester 17 IV 3406

Butan-2-sulfonsäure

—, 4-[2]Furyl-2-hydroxy- 17 297 b

Butan-1,2,3,4-tetracarbonsäure
- 1,4-diäthylester-2,3-anhydrid 18
IV 6200
- monoanhydrid 18 502 f

—, 1-Hydroxy-,
- 3-lacton 18 IV 6238
- 3-lacton-1,2,4-trimethylester 18
IV 6238
- 1,2,4-triäthylester-3-lacton 18
IV 6238

—, 2-Hydroxy-,
- 4-lacton 18 IV 6237
- 4-lacton-2-methylester 18
IV 6238
- 4-lacton-1,2,3-trimethylester 18
IV 6238

—, 3-Hydroxy-1-oxo-,
- 1-lacton-2,3,4-trimethylester
18 512 b, I 529 a
- 2,3,4-triäthylester-1-lacton
18 512 c, I 529 b

Butan-1-thion

—, 1-[4-Äthoxy-6-hydroxy-7-methoxy-
benzofuran-5-yl]-3-äthylimino- 18
IV 3108

—, 1-[4-Äthoxy-6-hydroxy-7-methoxy-
benzofuran-5-yl]-3-methylimino- 18
IV 3108

—, 1-[4-Äthoxy-6-hydroxy-7-methoxy-
benzofuran-5-yl]-3-propylimino- 18
IV 3108

—, 3-Äthylimino-1-[6-hydroxy-4,7-
dimethoxy-benzofuran-5-yl]- 18 IV 3108

—, 1-[6-Hydroxy-4,7-dimethoxy-
benzofuran-5-yl]-3-methylimino- 18
IV 3108

—, 1-[6-Hydroxy-4,7-dimethoxy-
benzofuran-5-yl]-3-propylimino- 18
IV 3108

Butan-1,1,2-tricarbonsäure

—, 4-Hydroxy-3,3-dimethyl-,
- 1-lacton 18 IV 6120
- 1-lacton-1,2-dimethylester 18
IV 6121

—, 3-Hydroxy-3-methyl-,
- 1-lacton 18 II 362 e

—, 3-Hydroxy-3-methyl-4-phenyl-,
- 1-lacton 18 370 f

Butan-1,1,4-tricarbonsäure

—, 2-Hydroxy-3,3-dimethyl-,
- 4-lacton 18 486 c, I 520 d

Butan-1,2,2-tricarbonsäure

—, 3-Hydroxy-,
- 1-lacton 18 IV 6118

—, 4-Hydroxy-,
- 1,2-diäthylester-2-lacton 18
IV 6118
- 2-lacton 18 IV 6118

Butan-1,2,3-tricarbonsäure

—, 2-Cyclohexyl-1-hydroxy-,
- 3-lacton 18 I 522 d, vgl. II 366 e

—, 1-Hydroxy-,
- 3-lacton 18 IV 6118

—, 3-Hydroxy-,
- 1-lacton 18 484 d

—, 4-Hydroxy-,
- 1-lacton 18 483 g

—, 1-Hydroxy-2,3-dimethyl-,
- 3-lacton 18 486 f, 487 a, 488 b

—, 1-Hydroxy-3-methyl-,
- 3-lacton 18 485 e

—, 3-Hydroxy-1-phenyl-,
- 2,3-diäthylester-1-lacton 18
IV 6166
- 1-lacton 18 IV 6166

Butan-1,2,3-tricarbonsäure (Fortsetzung)
—, 3-Methyl-,
　— anhydrid **18** 455 e, IV 5971
—, 4-Phenyl-,
　— anhydrid **18** IV 6057
Butan-1,2,4-tricarbonsäure
—, 3,3-Dimethyl-,
　— 1,2-anhydrid **18** 456 d
—, 1,4-Dioxo-,
　— triäthylester **18** IV 5249
—, 1-Hydroxy-,
　— 4-lacton **18** 483 e
—, 3-Hydroxy-,
　— 1-lacton **18** 484 c
—, 4-Hydroxy-,
　— 1-lacton **18** IV 6116
　— 2-lacton **18** IV 6117
—, 2-Hydroxy-3,3-dimethyl-,
　— 1,2-diäthylester-4-lacton **18**
　　II 363 b
　— 4-lacton **18** 486 c, I 520 d,
　　II 363 a
—, 2-Hydroxy-4-oxo-,
　— 4-lacton **18** IV 6200
—, 3-Phenyl-,
　— 1,2-anhydrid **18** 475 d
—, 4-Phenyl-,
　— anhydrid **18** 476 a
Butantriol
—, Methoxy- **17** IV 1039
5,4,10a-Butanylyliden-benz[*b*]oxocin
　s. 4a,8-Cyclo-dibenz[*b,e*]oxocin
But-1-en
—, 3-Acetoxy-1-[2]furyl- **17** IV 1327
—, 3-Äthyl-3,4-epoxy-4-phenyl- **17**
　IV 521
—, 2-Äthyl-1-[2]thienyl- **17** IV 378
—, 1-Brom-3,4-epoxy- **17** IV 147
—, 2-Brom-3,4-epoxy- **17** IV 147
—, 1-Chlor-3,4-epoxy- **17** IV 147
—, 2-Chlor-3,4-epoxy- **17** IV 146
—, 2,3-Di-*tert*-butyl-3,4-epoxy- **17**
　IV 220
—, 1,2-Dichlor-3,4-epoxy- **17** IV 147
—, 1,1-Dichlor-3-methyl-3-
　tetrahydropyran-2-yloxy- **17** IV 1041
—, 1,2-Dichlor-3-methyl-3-
　tetrahydropyran-2-yloxy- **17** IV 1041
—, 1,1-Dichlor-3-phenyl-3-
　tetrahydropyran-2-yloxy- **17**
　IV 1048
—, 1,1-Dichlor-3-tetrahydropyran-2-
　yloxy- **17** IV 1041
—, 3,3-Dimethyl-1-phenyl-2-[2]thienyl-
　17 IV 581
—, 3-[3,5-Dinitro-benzoyloxy]-4-
　[2]thienyl- **17** IV 1329
—, 4-[3,5-Dinitro-benzoyloxy]-4-
　[2]thienyl- **17** IV 1329

—, 1,2-Diphenyl-1-[2]thienyl- **17** IV 727
—, 3,4-Epithio- **17** IV 147
—, 3,4-Epoxy- **17** I 13 d,
　IV 145
—, 3,4-Epoxy-3-methyl- **17** IV 156
—, 3,4-Epoxy-3-methyl-4-phenyl- **17**
　IV 516
—, 3,4-Epoxy-3-methyl-1-[2,6,6-
　trimethyl-cyclohex-1-enyl]- **17** IV 389
—, 3,4-Epoxy-4-[4-nitro-phenyl]-1-
　phenyl- **17** II 79 b
—, 3,4-Epoxy-1-phenyl- **17** IV 507
—, 3,4-Epoxy-4-phenyl- **17** IV 507
—, 1-[2]Furyl- **17** IV 368
—, 4-[2]Furyl-3,4-bis-
　phenylcarbamoyloxy- **17** IV 2068
—, 1-[2]Furyl-3-isopropoxy- **17** IV 1327
—, 1-[2]Furyl-3-methyl- **17** I 21 f
—, 1-[2]Furyl-3-methyl-2-nitro- **17**
　II 48 c
—, 1-[2]Furyl-2-nitro- **17** II 47 f,
　IV 369
—, 4-[2]Furyl-1-nitro- **17** IV 369
—, 1-[2]Furyl-3-[4-nitro-benzoyloxy]-
　17 IV 1327
—, 3-[4-Nitro-benzoyloxy]-1-[2]thienyl-
　17 IV 1328
—, 2-Nitro-1-[2]thienyl- **17** IV 369
—, 1-[2]Thienyl- **17** IV 369
But-2-en
—, 1,1-Bis-[4,4-dimethyl-2,6-dioxo-
　cyclohexyl]- **17** IV 6735
—, 1,4-Bis-tetrahydrofurfuryloxy- **17**
　IV 1102
—, 1,4-Bis-tetrahydro[3]furyloxy- **17**
　IV 1024
—, 2-[5-Chlor-[2]thienyl]-4-
　dimethylamino-1-phenyl- **18** IV 7182
—, 1-Dimethylamino-2-methyl-4-phenyl-
　3-[2]thienyl- **18** IV 7183
—, 4-Dimethylamino-1-phenyl-2-
　[2]thienyl- **18** IV 7182
—, 1-[3,5-Dinitro-benzoyloxy]-4-
　[2]thienyl- **17** IV 1329
—, 1-[2]Furyl-3-triäthylsilyloxy- **17**
　IV 1328
—, 3-Methyl-1-[2]thienyl- **17** IV 373
—, 1-[2]Thienyl- **17** IV 369
—, 2-[2]Thienyl- **17** IV 369
But-3-enal
—, 4-[2]Furyl-1-nitro-2-oxo-,
　— [4-brom-phenylhydrazon] **18**
　　IV 5495
　— [2,4-dibrom-phenylhydrazon] **18**
　　IV 5495
　— phenylhydrazon **18** IV 5495
　— *p*-tolylhydrazon **18** IV 5495

Butendinitril
—, [4-Dimethylamino-phenyl]-[thiophen-
2-carbonyl]- **18** IV 8276
But-3-en-1,2-diol
—, 1-[2]Furyl- **17** IV 2068
But-2-en-1,4-dion
—, 1,2-Diphenyl-4-[2]thienyl- **17**
IV 6535
—, 2-[β-(Furan-2-carbonyloxy)-styryl]-
1,4-diphenyl- **18** IV 3926
—, 4-[2]Furyl-1,2-diphenyl- **17** IV 6535
Butendisäure
s. a. Maleinsäure und Fumarsäure
—, Methyl-[4-methyl-2,5-dioxo-
tetrahydro-[3]furylmethyl]- **18** IV 6210
But-3-enimidoylchlorid
—, N-Benzoyloxy-4-[2]furyl-2-oxo- **18**
IV 5495
But-3-enimidsäure
—, 4-Hydroxy-2-[4-methoxy-phenyl]-4-
phenyl-,
 — lacton **18** IV 730
But-1-en-3-in
—, 2-Methyl-4-tetrahydropyran-2-yl-
17 IV 377
But-3-enohydroxamsäure
—, 4-[2]Furyl-2-hydroxyimino- **18**
IV 5495
—, 2-Hydroxyimino-4-[2]thienyl- **18**
IV 5496
But-1-en-2-ol
—, 1-[4,5-Dihydro-[2]furyl]- **17** IV 4327
—, 1-[5-Methyl-4,5-dihydro-[2]furyl]-
17 IV 4338
—, 3-Methyl-1-[5-methyl-4,5-dihydro-
[2]furyl]- **17** IV 4350
But-2-en-1-ol
—, 1-[2]Furyl- **17** IV 1328
—, 1-[2]Thienyl- **17** IV 1328
—, 4-[2]Thienyl- **17** IV 1328
But-3-en-1-ol
—, 1-[2]Furyl- **17** I 57 b, IV 1329
—, 1-[2]Thienyl- **17** IV 1329
—, 1-[3]Thienyl- **17** IV 1329
But-3-en-2-ol
—, 4-[2]Furyl- **17** IV 1327
—, 4-[2]Furyl-2-methyl- **17** IV 1331
—, 1-[2]Thienyl- **17** IV 1329
—, 2-[2]Thienyl- **17** IV 1330
—, 4-[2]Thienyl- **17** IV 1328
But-2-en-4-olid **17** 249 f,
II 297 a, IV 4293; s. a. unter Furan-
2-on, 5H-
But-3-en-3-olid **17** IV 4297
But-3-en-4-olid **17** IV 4284
But-2-en-1-on
—, 1-[4-Äthoxy-6-hydroxy-7-methoxy-
benzofuran-5-yl]-3-äthylamino- **18**
IV 3107

—, 1-[4-Äthoxy-6-hydroxy-7-methoxy-
benzofuran-5-yl]-3-benzylamino- **18**
IV 3107
—, 1-[4-Äthoxy-6-hydroxy-7-methoxy-
benzofuran-5-yl]-3-propylamino- **18**
IV 3107
—, 3-[2-Äthoxy-4-methyl-phenyl]-1-
[3,6-dimethyl-2,3-dihydro-benzofuran-2-
yl]- **18** 65 f
—, 3-Äthylamino-1-[6-hydroxy-4,7-
dimethoxy-benzofuran-5-yl]- **18** IV 3105
—, 3-Benzylamino-1-[6-hydroxy-4,7-
dimethoxy-benzofuran-5-yl]- **18** IV 3106
—, 1-[4-Brom-phenyl]-3-[4-methoxy-
phenyl]- **18** IV 791
—, 1-[5-Brom-[2]thienyl]-4,4,4-trichlor-
17 IV 4721
—, 3-Butylamino-1-[6-hydroxy-4,7-
dimethoxy-benzofuran-5-yl]- **18**
IV 3106
—, 1-[5-tert-Butyl-[2]thienyl]- **17**
IV 4748
—, 3-Chlor-1-[6-hydroxy-2,3-dihydro-
benzofuran-5-yl]- **18** IV 412
—, 1-[5-Chlor-[2]thienyl]- **17** IV 4721
—, 3-Difluorboryloxy-1-[2]thienyl- **18**
IV 138
—, 1-[3,6-Dimethyl-2,3-dihydro-
benzofuran-2-yl]-3-[2-methoxy-4-methyl-
phenyl]- **18** 65 e
—, 1-[2,2-Dimethyl-3,6-dihydro-
2H-pyran-4-yl]- **17** IV 4630
—, 1-[3,3-Dimethyl-6,7,8,8a-tetrahydro-
isochroman-8-yl]-3-methyl- **17** IV 4768
—, 3-Glucopyranosyloxy-1-phenyl- **17**
IV 3016
—, 1-[6-Hydroxy-2,3-dihydro-
benzofuran-5-yl]- **18** IV 412
—, 1-[6-Hydroxy-4,7-dimethoxy-
benzofuran-5-yl]-3-isopropylamino- **18**
IV 3106
—, 1-[6-Hydroxy-4,7-dimethoxy-
benzofuran-5-yl]-3-methylamino- **18**
IV 3105
—, 1-[6-Hydroxy-4,7-dimethoxy-
benzofuran-5-yl]-3-propylamino- **18**
IV 3106
—, 3-Methyl-1-[3-methyl-[2]furyl]- **17**
IV 4738
 — [2,4-dinitro-phenylhydrazon] **17**
 IV 4738
—, 3-Methyl-1-oxiranyl- **17** IV 4316
—, 1-[3-Methyl-[2]thienyl]- **17** IV 4730
—, 1-[4-Methyl-[2]thienyl]- **17** IV 4730
—, 1-Phenyl-3-[tetra-O-acetyl-
glucopyranosyloxy]- **17** IV 3225
—, 1-[2,2,5,5-Tetramethyl-2,5-dihydro-
[3]furyl]- **17** IV 4645

But-2-en-1-on (Fortsetzung)
—, 1-[2]Thienyl- **17** IV 4720
 — [2,4-dinitro-phenylhydrazon] **17**
 IV 4720
—, 4,4,4-Trichlor-1-[5-chlor-[2]thienyl]-
 17 IV 4721
—, 4,4,4-Trichlor-1-[2]thienyl- **17** IV 4721
—, 1-[2,2,5-Trimethyl-2,5-dihydro-
 [3]furyl]- **17** IV 4638

But-3-en-1-on

—, 1-[2,2-Dimethyl-3,6-dihydro-
 2*H*-pyran-4-yl]- **17** IV 4630
—, 1-[2-Methyl-3,6-dihydro-2*H*-pyran-4-
 yl]- **17** IV 4605
—, 1-Selenophen-2-yl- **17** IV 4721
 — [2,4-dinitro-phenylhydrazon] **17**
 IV 4721
—, 1-[2]Thienyl- **17** IV 4721
 — [2,4-dinitro-phenylhydrazon] **17**
 IV 4721

But-3-en-2-on

—, 3-Äthyl-4-[2]furyl- **17** IV 4737
 — [2,4-dinitro-phenylhydrazon] **17**
 IV 4737
 — semicarbazon **17** IV 4737
—, 4-[5-Brom-[2]furyl]- **17** IV 4716
 — [2,4-dinitro-phenylhydrazon] **17**
 IV 4717
—, 4-[5-Brom-[2]furyl]-3-methyl- **17**
 IV 4457
—, 1-[4-Brom-phenylhydrazono]-4-
 [2]furyl-1-nitro- **18** IV 5495
—, 4-[5-Brom-[2]thienyl]- **17** IV 4719
 — oxim **17** IV 4719
—, 4-[5-(4-Chlor-phenyl)-[2]furyl]- **17**
 IV 5275
—, 4-[5-Chlor-[2]thienyl]- **17** IV 4719
—, 1-[2,4-Dibrom-phenylhydrazono]-4-
 [2]furyl-1-nitro- **18** IV 5495
—, 4-Difluorboryloxy-4-[2]thienyl- **18**
 IV 138
—, 1-[2-Dimethylamino-2-methyl-
 chroman-4-yl]-4-[2-hydroxy-phenyl]- **18**
 IV 8106
—, 1-[2,2-Dimethyl-tetrahydro-pyran-4-
 yliden]- **17** IV 4630
—, 3-[1-(2,4-Dinitro-phenylhydrazono)-
 äthyl]-4-[2]furyl- **17** IV 6071
—, 4-[3,5-Dinitro-[2]thienyl]- **17**
 IV 4720
 — oxim **17** IV 4720
—, 4-[1,2-Epoxy-2,6,6-trimethyl-
 cyclohexyl]- **17** IV 4655
—, 4-[2,3-Epoxy-2,6,6-trimethyl-
 cyclohexyl]- **17** IV 4655
 — [4-phenyl-semicarbazon] **17**
 IV 4655
—, 4-[2,3-Epoxy-2,6,6-trimethyl-
 cyclohexyl]-3-methyl- **17** IV 4662

—, 4-[2]Furyl- **17** 306 e, I 159 e,
 II 326 d, IV 4714
 — azin **17** IV 4716
 — [4-chlor-phenylhydrazon] **17**
 IV 4715
 — [2,4-dinitro-phenylhydrazon] **17**
 IV 4715
 — [4-isobutyl-thiosemicarbazon] **17**
 IV 4716
 — [2]naphthylhydrazon **17** IV 4715
 — [3-nitro-benzoylhydrazon] **17**
 IV 4716
 — oxim **17** IV 4714
 — phenylhydrazon **17** 307 a
 — semicarbazon **17** IV 4716
 — [4-thiocyanato-phenylhydrazon]
 17 IV 4715
 — thiosemicarbazon **17** IV 4716
 — *o*-tolylhydrazon **17** IV 4715
 — *p*-tolylhydrazon **17** IV 4715
 — [4-*o*-tolyl-semicarbazon] **17**
 IV 4716
—, 4-[2]Furyl-3-methyl- **17** IV 4728
 — [2,4-dinitro-phenylhydrazon] **17**
 IV 4729
 — semicarbazon **17** IV 4729
—, 4-[2]Furyl-1-nitro- **17** IV 4717
 — phenylhydrazon **17** IV 4717
—, 4-[2]Furyl-3-nitro- **17** IV 4717
—, 4-[2]Furyl-1-nitro-1-
 phenylhydrazono- **18** IV 5495
—, 4-[2]Furyl-1-nitro-1-*p*-tolylhydrazono-
 18 IV 5495
—, 4-[2]Furyl-1-phenyl- **17** IV 5272
 — [2,4-dinitro-phenylhydrazon] **17**
 IV 5272
 — semicarbazon **17** IV 5272
—, 4-[4-Glucopyranosyloxy-3-methoxy-
 phenyl]- **31** 229 c
—, 4-[2-Glucopyranosyloxy-phenyl]-
 31 227 d
 — oxim **31** 227 e
—, 4-Glucopyranosyloxy-4-phenyl- **17**
 IV 3016
—, 1-[2-Hydroxy-2*H*-chromen-2-yl]-4-
 phenyl- **8** III 3000 c
—, 4-[2-Hydroxy-phenyl]-3-methyl-
 17 126 f
—, 4-[5-(4-Methoxy-phenyl)-[2]furyl]-
 18 IV 577
—, 4-[5-Methyl-[2]furyl]- **17**
 IV 4731
—, 1-[2-Methyl-tetrahydro-pyran-4-
 yliden]- **17** IV 4605
—, 4-[5-Nitro-[2]furyl]- **17** IV 4717
 — semicarbazon **17** IV 4717
—, 4-[5-(4-Nitro-phenyl)-[2]furyl]- **17**
 IV 5275
 — semicarbazon **17** IV 5275

But-3-en-2-on (Fortsetzung)
—, 4-[5-Nitro-[2]thienyl]- **17** IV 4719
  — oxim **17** IV 4719
  — phenylhydrazon **17** IV 4719
  — semicarbazon **17** IV 4720
  — thiosemicarbazon **17** IV 4720
—, 4-[5-Phenyl-[2]furyl]- **17** IV 5275
—, 4-Phenyl-4-[tetra-*O*-acetyl-
  glucopyranosyloxy]- **17** IV 3225
—, 4-Selenophen-2-yl- **17** IV 4720
—, 4-[Tetra-*O*-acetyl-glucopyranosyloxy]-
  17 IV 3217
—, 4-[4-(Tetra-*O*-acetyl-
  glucopyranosyloxy)-phenyl]- **17** IV 3225
—, 4-Tetrahydro[2]furyl- **17** IV 4327
  — semicarbazon **17** IV 4327
—, 1-[2,2,5,5-Tetramethyl-dihydro-
  [3]furyliden]- **17** IV 4646
—, 4-[2]Thienyl- **17** I 159 f, IV 4718
  — [*O*-benzoyl-oxim] **17** IV 4718
  — [2,4-dinitro-phenylhydrazon] **17**
    IV 4718
  — [4-isobutyl-thiosemicarbazon] **17**
    IV 4719
  — oxim **17** IV 4718
  — semicarbazon **17** IV 4719
  — thiosemicarbazon **17** IV 4719
—, 4-[3]Thienyl- **17** IV 4722
  — [4-isobutyl-thiosemicarbazon] **17** IV 4722
  — thiosemicarbazon **17** IV 4722
—, 4-[5-*p*-Tolyl-[2]furyl]- **17** IV 5280
—, 1-[2,2,5-Trimethyl-dihydro-
  [3]furyliden]- **17** IV 4638
But-2-ensäure
  s. Crotonsäure
But-3-ensäure
—, 4-Acenaphthen-3-yl-2-benzyliden-4-
  hydroxy-,
  — lacton **17** IV 5609
—, 2-[2-Acetoxy-benzyliden]-4-hydroxy-
  4-[4-methoxy-phenyl]-,
  — lacton **18** IV 1893
—, 2-[3-Acetoxy-benzyliden]-4-hydroxy-
  4-[4-methoxy-phenyl]-,
  — lacton **18** IV 1893
—, 2-[3-Acetoxy-benzyliden]-4-hydroxy-
  4-phenyl-,
  — lacton **18** IV 794
—, 2-[4-Acetoxy-benzyliden]-4-hydroxy-
  4-phenyl-,
  — lacton **18** IV 794
—, 3-[11-Acetoxy-2-hydroxy-1,16-dioxo-
  picrasan-13-carbonyl]- **18** IV 6669
  — methylester **18** IV 6670
—, 2-Acetoxy-3-hydroxy-4,4-diphenyl-,
  — lacton **18** II 41 h
—, 2-Acetoxy-4-hydroxy-3-phenyl-,
  — lacton **18** IV 310

—, 3-[1-Acetoxy-10-hydroxy-3,8,11a,11c-
  tetramethyl-5,11-dioxo-hexadecahydro-
  dibenzo[*de,g*]chromen-3-carbonyl]- **18**
  IV 6669
  — methylester **18** IV 6670
—, 2-[4-Acetoxy-3-methoxy-benzyliden]-
  4-[2,4-dimethoxy-phenyl]-4-hydroxy-,
  — lacton **18** IV 3363
—, 2-[4-Acetoxy-3-methoxy-benzyliden]-
  4-[3,4-dimethoxy-phenyl]-4-hydroxy-,
  — lacton **18** IV 3364
—, 2-[4-Acetoxy-3-methoxy-benzyliden]-
  4-hydroxy-4-[4-methoxy-phenyl]-,
  — lacton **18** IV 2801
—, 2-[4-Acetoxy-3-methoxy-benzyliden]-
  4-hydroxy-4-phenyl-,
  — lacton **18** IV 1894
—, 4-[2-Acetoxy-4-methyl-phenyl]-4-
  hydroxy-,
  — lacton **18** IV 369
—, 4-[2-Acetoxy-5-methyl-phenyl]-4-
  hydroxy-,
  — lacton **18** IV 369
—, 4-[4-Acetoxy-3-methyl-phenyl]-4-
  hydroxy-,
  — lacton **18** IV 369
—, 4-[6-Acetoxy-[2]naphthyl]-4-hydroxy-,
  — lacton **18** IV 609
—, 4-[2-Acetoxy-phenyl]-4-hydroxy-,
  — lacton **18** IV 308
—, 4-[4-Acetoxy-phenyl]-4-hydroxy-,
  — lacton **18** IV 309
—, 2-Acetyl-4-[5-acetyl-3-
  äthoxycarbonyl-6-oxo-6*H*-pyran-2-yl]-,
  — äthylester **18** IV 6247
  — methylester **18** IV 6246
—, 2-Acetyl-4-[5-acetyl-3-
  methoxycarbonyl-6-oxo-6*H*-pyran-2-yl]-,
  — äthylester **18** IV 6247
  — methylester **18** IV 6246
—, 4-[5-Acetyl-3-äthoxycarbonyl-6-oxo-
  6*H*-pyran-2-yl]-2-[1-benzoyloxy-äthyliden]-,
  — äthylester **18** IV 6666
—, 4-[5-Acetyl-3-äthoxycarbonyl-6-oxo-
  6*H*-pyran-2-yl]-2-[1-hydroxy-äthyliden]-,
  — äthylester **18** IV 6247
  — methylester **18** IV 6246
—, 4-[4-Acetylamino-phenyl]-2-
  benzyliden-4-hydroxy-,
  — lacton **18** IV 8016
—, 3-Acetyl-4-[2,4-dihydroxy-phenyl]-,
  — 2-lacton **18** IV 1537
—, 3-Acetyl-4-[2]furyl- **18** 417 a
—, 2-Acetyl-4-hydroxy-4-[4-methoxy-
  phenyl]-,
  — lacton **18** IV 1537
—, 3-Acetyl-4-[2-hydroxy-[1]naphthyl]-,
  — lacton **17** IV 6446

But-3-ensäure　(Fortsetzung)
—, 2-Acetyl-4-hydroxy-4-phenyl-,
　 – lacton 17 513 f
—, 2-Acetyl-4-hydroxy-5-phenyl-,
　 – lacton 17 513 f
—, 3-Acetyl-4-[2-hydroxy-phenyl]-,
　 – lacton 17 IV 6294
—, 3-Acetyl-4-[5-isopropyl-[2]furyl]- 18
　 IV 5504
—, 4-[5-Acetyl-3-methoxycarbonyl-6-oxo-
　 6H-pyran-2-yl]-2-[1-hydroxy-äthyliden]-,
　 – äthylester 18 IV 6247
　 – methylester 18 IV 6246
—, 3-Äthoxy-4-carbamoyl-4-hydroxy-2-
　 methyl-,
　 – lacton 18 IV 6278
—, 4-Äthoxy-4-hydroxy-2,2-dimethyl-,
　 – lacton 18 IV 61
—, 2-Äthoxyimino-4-[2]furyl- 18
　 IV 5495
—, 2-[4-Äthoxy-3-methoxy-benzyliden]-4-
　 [3,4-dimethoxy-phenyl]-4-hydroxy-,
　 – lacton 18 IV 3364
—, 4-[4-Äthoxy-3-methoxy-phenyl]-4-
　 hydroxy-2-veratryliden-,
　 – lacton 18 IV 3364
—, 4-[4-Äthoxy-phenyl]-2-benzyliden-4-
　 hydroxy-,
　 – lacton 18 IV 793
—, 4-[4-Äthoxy-phenyl]-4-hydroxy-,
　 – lacton 18 IV 308
—, 4-[4-Äthoxy-phenyl]-4-hydroxy-2-
　 [4-hydroxy-benzyliden]-,
　 – lacton 18 IV 1894
—, 4-[4-Äthoxy-phenyl]-4-hydroxy-2-
　 salicyliden- 18 IV 1893
—, 4-[4-Äthoxy-phenyl]-4-hydroxy-2-
　 vanillyliden-,
　 – lacton 18 IV 2801
—, 4-Benzo[b]thiophen-2-yl-2-
　 hydroxyimino- 18 IV 5637
—, 4-Benzo[b]thiophen-2-yl-2-
　 methoxyimino- 18 IV 5637
—, 4-Benzo[b]thiophen-2-yl-2-oxo- 18
　 IV 5637
—, 2-[2-Benzoylamino-benzyl]-4-
　 [2-benzoylamino-phenyl]-3-
　 hydroxymethyl-,
　 – lacton 18 616 g
—, 3-Benzoylamino-4-hydroxy-4-phenyl-,
　 – lacton 17 IV 6166
—, 2-Benzoyl-4-hydroxy-3,4-diphenyl-,
　 – lacton 17 IV 6587
—, 3-Benzoyl-4-hydroxy-2-[α-phenoxy-
　 benzyliden]-4-phenyl-,
　 – lacton 18 IV 1985
—, 2-Benzoyl-4-hydroxy-4-phenyl-,
　 – lacton 17 535 a

—, 3-Benzoyl-4-hydroxy-4-phenyl-,
　 – lacton 17 I 273 a
—, 2-Benzoyl-4-hydroxy-2,3,4-triphenyl-,
　 – lacton 17 IV 6639
—, 2-[1-Benzoyloxy-äthyliden]-4-
　 hydroxy-4-phenyl-,
　 – lacton 18 44 a
—, 4-Benzoyloxy-2-benzoyloxyimino-4-
　 [2]furyl-,
　 – äthylester 18 IV 6308
—, 4-Benzoyloxy-4-[2]furyl-2-oxo-,
　 – äthylester 18 IV 6308
—, 2-Benzyl-4-hydroxy-4-phenyl-,
　 – lacton 17 383 f, II 402 g
—, 2-Benzyliden-4-biphenyl-4-yl-4-
　 hydroxy-,
　 – lacton 17 IV 5605
—, 2-Benzyliden-4-[4-brom-phenyl]-4-
　 hydroxy-,
　 – lacton 17 I 212 d, IV 5498
—, 2-Benzyliden-4-[4-butoxy-phenyl]-4-
　 hydroxy-,
　 – lacton 18 IV 793
—, 2-Benzyliden-4-[4-chlor-phenyl]-4-
　 hydroxy-,
　 – lacton 17 IV 5497
—, 2-Benzyliden-4-[2,5-dimethoxy-
　 phenyl]-4-hydroxy-,
　 – lacton 18 IV 1892
—, 2-Benzyliden-4-[3,4-dimethoxy-
　 phenyl]-4-hydroxy-,
　 – lacton 18 IV 1892
—, 2-Benzyliden-4-[3,4-dimethyl-phenyl]-
　 4-hydroxy-,
　 – lacton 17 IV 5516
—, 2-Benzyliden-4-fluoren-2-yl-4-
　 hydroxy-,
　 – lacton 17 IV 5618
—, 2-Benzyliden-4-hydroxy-3,4-diphenyl-,
　 – lacton 17 398 e
—, 2-Benzyliden-4-hydroxy-4-
　 [4-isopropyl-phenyl]-3-phenyl-,
　 – lacton 17 400 h
—, 2-Benzyliden-4-hydroxy-4-
　 [2-methoxy-5-methyl-phenyl]-,
　 – lacton 18 IV 801
—, 2-Benzyliden-4-hydroxy-4-
　 [4-methoxy-3-methyl-phenyl]-,
　 – lacton 18 IV 801
—, 2-Benzyliden-4-hydroxy-4-
　 [4-methoxy-phenyl]-,
　 – lacton 18 I 332 d, IV 793
—, 2-Benzyliden-4-hydroxy-4-
　 [4-methoxy-phenyl]-3-phenyl-,
　 – lacton 18 77 d
—, 2-Benzyliden-4-hydroxy-3-methyl-4-
　 phenyl-,
　 – lacton 17 388 e

But-3-ensäure (Fortsetzung)

—, 2-Benzyliden-4-hydroxy-4-
[2]naphthyl-,
— lacton **17** I 222 c

—, 2-Benzyliden-4-hydroxy-4-
[4-phenoxy-phenyl]-,
— lacton **18** IV 793

—, 2-Benzyliden-4-hydroxy-4-phenyl-,
— lacton **17** 387 d, 388 b,
I 212 b, II 411 c, IV 5497

—, 2-Benzyliden-4-hydroxy-4-[1,2,3,4-
tetrahydro-[2]naphthyl]-,
— lacton **17** IV 5547

—, 2-Benzyliden-4-hydroxy-4-*p*-tolyl-,
— lacton **17** I 213 c, IV 5507

—, 4-Biphenyl-4-yl-4-hydroxy-2,3-
dimethyl-,
— lacton **17** IV 5469

—, 2-[α-Brom-benzyliden]-4-hydroxy-4-
phenyl-,
— lacton **17** 388 a

—, 2-[2-Brom-4,5-dimethoxy-benzyliden]-
4-[3,4-dimethoxy-phenyl]-4-hydroxy-,
— lacton **18** IV 3364

—, 2-Brom-2,3-epoxy-4,4-diphenyl-,
— äthylester **18** IV 4388

—, 3-Brom-4-hydroxy-2,2,4-triphenyl-,
— lacton **17** 397 a

—, 2-[3-Brom-4-methoxy-benzyliden]-4-
hydroxy-4-phenyl-,
— lacton **18** I 333 a

—, 4-[4-Brom-phenyl]-4-hydroxy-,
— lacton **17** IV 5067

—, 4-[4-Butoxy-phenyl]-4-hydroxy-,
— lacton **18** IV 308

—, 2-*tert*-Butyl-4-hydroxy-3,4-diphenyl-,
— lacton **17** 386 c

—, 4-Carbamoyl-4-hydroxy-3-methoxy-2-
methyl-,
— lacton **18** IV 6277

—, 2-[2-Chlor-benzyliden]-4-hydroxy-4-
phenyl-,
— lacton **17** IV 5497

—, 2-[4-Chlor-benzyliden]-4-hydroxy-3-
phenyl-4-[2,3,5,6-tetramethyl-phenyl]-,
— lacton **17** IV 5615

—, 2-[3-Chlor-4,5-dimethoxy-benzyliden]-
4-hydroxy-4-phenyl-,
— lacton **18** IV 1895

—, 3-Chlormethyl-4-[3,4-dimethoxy-
phenyl]-4-hydroxy-2-veratryliden-,
— lacton **18** IV 3368

—, 4-[4-Chlor-phenyl]-4-hydroxy-,
— lacton **17** IV 5067

—, 4-[4-Chlor-phenyl]-4-hydroxy-2-
veratryliden-,
— lacton **18** IV 1895

—, 4-[2,4-Diacetoxy-phenyl]-4-hydroxy-,
— lacton **18** IV 1347

—, 4-[2,5-Diacetoxy-phenyl]-4-hydroxy-,
— lacton **18** IV 1348

—, 2-[3,4-Diäthoxy-benzyliden]-4-
hydroxy-4-phenyl-,
— lacton **18** IV 1894

—, 2,2-Diäthyl-4-hydroxy-4-[6-methoxy-
[2]naphthyl]-3-methyl-,
— lacton **18** IV 676

—, 2,3-Diäthyl-4-hydroxy-4-[4-methoxy-
phenyl]-,
— lacton **18** IV 432

—, 2-[2,6-Dichlor-benzyliden]-4-hydroxy-
4-phenyl-,
— lacton **17** IV 5498

—, 2,4-Dicyclohexyl-3-hydroxy-,
— lacton **17** IV 4769

—, 4-[2,4-Dihydroxy-phenyl]-2-oxo-,
— 2-lacton **18** IV 1519

—, 2-[2,4-Dimethoxy-benzyliden]-4-
[3,4-dimethoxy-phenyl]-4-hydroxy-,
— lacton **18** IV 3363

—, 2-[2,3-Dimethoxy-benzyliden]-4-
hydroxy-4-phenyl-,
— lacton **18** IV 1894

—, 2-[4,5-Dimethoxy-2-nitro-benzyliden]-
4-[3,4-dimethoxy-phenyl]-4-hydroxy-,
— lacton **18** IV 3364

—, 4-[2,4-Dimethoxy-phenyl]-4-hydroxy-,
— lacton **18** IV 1347

—, 4-[2,5-Dimethoxy-phenyl]-4-hydroxy-,
— lacton **18** IV 1347

—, 4-[3,4-Dimethoxy-phenyl]-4-hydroxy-,
— lacton **18** IV 1348

—, 4-[3,4-Dimethoxy-phenyl]-4-hydroxy-
2-[4-methoxy-benzyliden]-,
— lacton **18** IV 2800

—, 4-[3,4-Dimethoxy-phenyl]-4-hydroxy-
3-methoxymethyl-2-veratryliden-,
— lacton **18** IV 3533

—, 4-[3,4-Dimethoxy-phenyl]-4-hydroxy-
2-[3-methyl-benzyliden]-,
— lacton **18** IV 1907

—, 4-[3,4-Dimethoxy-phenyl]-4-hydroxy-
2-[4-methyl-benzyliden]-,
— lacton **18** IV 1908

—, 4-[3,4-Dimethoxy-phenyl]-4-hydroxy-
3-methyl-2-veratryliden-,
— lacton **18** IV 3368

—, 4-[3,4-Dimethoxy-phenyl]-4-hydroxy-
2-[2-nitro-benzyliden]-,
— lacton **18** IV 1893

—, 4-[3,4-Dimethoxy-phenyl]-4-hydroxy-
2-veratroyl-,
— lacton **18** IV 3532

—, 4-[3,4-Dimethoxy-phenyl]-4-hydroxy-
2-veratryliden-,
— lacton **18** IV 3364

But-3-ensäure (Fortsetzung)

—, 2-[4-Dimethylamino-benzyliden]-4-hydroxy-4-phenyl-,
  — lacton **18** IV 8016

—, 2-[3,4-Dimethyl-5-oxo-5*H*-[2]furyliden]-4-phenyl- **18** 437 e

—, 2,3-Epoxy-4,4-diphenyl-,
  — äthylester **18** IV 729, 4388
  — methylester **18** IV 729, 4388

—, 2-Furfuryliden-3-methyl- **18** IV 4206

—, 4-[10-[2]Furyl-[9]anthryl]-4-hydroxy- **18** IV 5706

—, 4-[2]Furyl-2-hydroxyimino- **18** IV 5494
  — hydroxyamid **18** IV 5495

—, 4-[2]Furyl-2-methoxyimino- **18** IV 5494

—, 4-[2]Furyl-2-oxo- **18** 416 c, IV 5494
  — äthylester **18** 416 d

—, 4-[2]Furyl-2-phenylhydrazono- **18** IV 5495

—, 4-[2]Furyl-3-[1-phenylhydrazono-äthyl]- **18** 417 b

—, 3-Hydroxy-,
  — lacton **17** IV 4297

—, 4-Hydroxy-,
  — lacton **17** IV 4284

—, 3-[α-Hydroxy-benzyl]-2-oxo-4-phenyl-,
  — lacton **17** 534 f

—, 3-Hydroxy-2,4-dimesityl-,
  — lacton **17** IV 5487

—, 4-Hydroxy-2,2-dimethyl-3,4-diphenyl-,
  — lacton **17** 385 c

—, 4-Hydroxy-2,3-dimethyl-2,4-diphenyl-,
  — lacton **17** IV 5470

—, 4-Hydroxy-2,3-dimethyl-4-[1]naphthyl-,
  — lacton **17** IV 5369

—, 4-Hydroxy-2,3-dimethyl-4-[2]naphthyl-,
  — lacton **17** IV 5370

—, 4-Hydroxy-2,3-dimethyl-4-[9]phenanthryl-,
  — lacton **17** IV 5544

—, 4-Hydroxy-2,2-dimethyl-3-phenyl-,
  — lacton **17** 343 e, IV 5113

—, 4-Hydroxy-2,2-dimethyl-4-phenyl-,
  — lacton **17** IV 5113

—, 4-Hydroxy-2,3-dimethyl-4-[2,3,4,5-tetramethyl-phenyl]-,
  — lacton **17** IV 5159

—, 4-Hydroxy-2,3-dimethyl-4-[2,3,5,6-tetramethyl-phenyl]-,
  — lacton **17** IV 5159

—, 4-Hydroxy-2,3-dimethyl-4-*p*-tolyl-,
  — lacton **17** IV 5128

—, 3-Hydroxy-2,4-diphenyl-,
  — lacton **17** IV 5439

—, 4-Hydroxy-2,4-diphenyl-,
  — lacton **17** IV 5438, **18** IV 8471

—, 4-Hydroxy-3,4-diphenyl-,
  — lacton **17** 378 b

—, 2-Hydroxyimino-4-[2]thienyl- **18** IV 5496
  — hydroxyamid **18** IV 5496

—, 4-Hydroxy-2-[4-isopropyl-benzyliden]-4-phenyl-,
  — lacton **17** IV 5522

—, 4-Hydroxy-4-[4-isopropyl-phenyl]-3-phenyl-,
  — lacton **17** 386 a

—, 4-Hydroxy-2-[4-methoxy-benzyliden]-4-[4-methoxy-phenyl]-,
  — lacton **18** IV 1893

—, 4-Hydroxy-2-[4-methoxy-benzyliden]-4-phenyl-,
  — lacton **18** I 332 e, IV 794

—, 4-Hydroxy-2-[4-methoxy-benzyliden]-4-*p*-tolyl-,
  — lacton **18** I 333 d

—, 4-Hydroxy-4-[2-methoxy-5-methyl-phenyl]-,
  — lacton **18** IV 369

—, 4-Hydroxy-4-[4-methoxy-2-methyl-phenyl]-,
  — lacton **18** IV 368

—, 4-Hydroxy-4-[4-methoxy-3-methyl-phenyl]-,
  — lacton **18** IV 369

—, 4-Hydroxy-3-methoxy-2-methyl-4-phenylcarbamoyl-,
  — lacton **18** IV 6278

—, 4-Hydroxy-4-[2-methoxy-[1]naphthyl]-,
  — lacton **18** IV 608

—, 4-Hydroxy-4-[6-methoxy-[2]naphthyl]-,
  — lacton **18** IV 609

—, 4-Hydroxy-4-[6-methoxy-[2]naphthyl]-2,2,3-trimethyl-,
  — lacton **18** IV 669

—, 4-Hydroxy-4-[4-methoxy-phenyl]-,
  — lacton **18** IV 308

—, 4-Hydroxy-4-[4-methoxy-phenyl]-3-phenyl-,
  — lacton **18** 62 c

—, 4-Hydroxy-4-[4-methoxy-phenyl]-2-vanillyliden-,
  — lacton **18** IV 2801

—, 4-Hydroxy-4-[4-methoxy-phenyl]-2-veratryliden-,
  — lacton **18** IV 2801

—, 4-Hydroxy-2-[4-methyl-benzyliden]-4-phenyl-,
  — lacton **17** IV 5507

—, 3-Hydroxymethyl-2,2-dimethyl-,
  — lacton **17** 256 c

But-3-ensäure (Fortsetzung)

—, 4-Hydroxy-2-[4-methyl-phenacyl]-4-
p-tolyl-,
— lacton **17** IV 6493

—, 4-Hydroxy-2-methyl-4-phenyl-,
— lacton **17** IV 5093

—, 4-Hydroxy-4-[2]naphthyl-,
— lacton **17** IV 5316

—, 4-Hydroxy-2-[2-nitro-benzyliden]-4-
phenyl-,
— lacton **17** IV 5498

—, 4-Hydroxy-2-[3-nitro-benzyliden]-4-
phenyl-,
— lacton **17** I 212 e, IV 5498

—, 4-Hydroxy-2-[4-nitro-benzyliden]-4-
phenyl-,
— lacton **17** IV 5498

—, 4-Hydroxy-2-phenacyl-4-phenyl-,
— lacton **17** 536 c

—, 4-Hydroxy-4-[4-phenoxy-phenyl]-,
— lacton **18** IV 309

—, 4-Hydroxy-4-phenyl-,
— lacton **17** 334 e, I 173 b,
IV 5067

—, 4-Hydroxy-4-[10-phenyl-[9]anthryl]-,
— lacton **17** IV 5617

—, 4-[2-Hydroxy-phenyl]-2-oxo-,
— lacton **17** IV 6281

—, 4-Hydroxy-4-phenyl-2-
phenylhydrazono-,
— lacton **17** I 262 c

—, 4-Hydroxy-4-phenyl-2-
[1-phenylhydrazono-äthyl]-,
— lacton **17** 514 a

—, 4-Hydroxy-4-phenyl-2-
[1-semicarbazono-äthyl]-,
— lacton **17** 514 b

—, 4-Hydroxy-2-phenyl-4-[2,3,5,6-
tetramethyl-phenyl]-,
— lacton **17** IV 5484

—, 4-Hydroxy-3-phenyl-4-[2,3,5,6-
tetramethyl-phenyl]-,
— lacton **17** IV 5483

—, 4-Hydroxy-4-phenyl-2-o-tolyl-,
— lacton **17** IV 5456

—, 4-Hydroxy-4-phenyl-2-veratryliden-,
— lacton **18** IV 1894

—, 4-Hydroxy-4-[4-propoxy-phenyl]-,
— lacton **18** IV 308

—, 4-Hydroxy-4-[5,6,7,8-tetrahydro-
[2]naphthyl]-,
— lacton **17** II 374 a

—, 4-Hydroxy-2,2,3,4-tetraphenyl-,
— lacton **17** 402 c, IV 5634

—, 2-[1-Hydroxy-1-[2]thienyl-äthyl]-,
— äthylester **18** IV 4876

—, 2-[Hydroxy-[2]thienyl-methyl]-,
— äthylester **18** IV 4875

—, 2-[Hydroxy-[3]thienyl-methyl]-,
— äthylester **18** IV 4875

—, 4-Hydroxy-4-p-tolyl-,
— lacton **17** IV 5091

—, 4-Hydroxy-4-p-tolyl-2-veratryliden-,
— lacton **18** IV 1908

—, 4-Hydroxy-4-[3,4,5-trimethoxy-
phenyl]-2-veratryliden-,
— lacton **18** IV 3531

—, 4-Hydroxy-2,2,3-trimethyl-,
— lacton **17** 256 b,
IV 4316

—, 4-Hydroxy-2,2,3-trimethyl-4-phenyl-,
— lacton **17** IV 5128

—, 4-Hydroxy-2,2,4-triphenyl-,
— lacton **17** 396 c, IV 5589

—, 4-Hydroxy-2,3,4-triphenyl-,
— lacton **17** IV 5589

—, 2-Methoxyimino-4-[2]thienyl- **18**
IV 5496

—, 4-[4-Nitro-phenyl]-2-
phenylhydrazono-3-[1,2,3-trihydroxy-
propyl]-,
— 1-lacton **18** IV 2518

—, 2-Oxo-4-[2]thienyl- **18** IV 5496

—, 4-Phenyl-2-phthalidyliden- **18**
I 506 b

—, 2,2,3-Triäthyl-4-hydroxy-4-
[6-methoxy-[2]naphthyl]-,
— lacton **18** IV 680

But-2-en-1-thion

—, 1-[4-Äthoxy-6-hydroxy-7-methoxy-
benzofuran-5-yl]-3-äthylamino- **18**
IV 3108

—, 1-[4-Äthoxy-6-hydroxy-7-methoxy-
benzofuran-5-yl]-3-methylamino- **18**
IV 3108

—, 1-[4-Äthoxy-6-hydroxy-7-methoxy-
benzofuran-5-yl]-3-propylamino- **18**
IV 3108

—, 3-Äthylamino-1-[6-hydroxy-4,7-
dimethoxy-benzofuran-5-yl]- **18**
IV 3108

—, 1-[6-Hydroxy-4,7-dimethoxy-
benzofuran-5-yl]-3-methylamino- **18**
IV 3108

—, 1-[6-Hydroxy-4,7-dimethoxy-
benzofuran-5-yl]-3-propylamino- **18**
IV 3108

But-3-enthiosäure

—, 2-Amino-4-[2]furyl-2-methyl-,
— amid **18** IV 8211

But-1-en-1,1,2-tricarbonsäure

—, 4-Hydroxy-3,3-dimethyl-,
— 1,2-diäthylester-1-lacton **18**
IV 6130

— 1-lacton **18** IV 6129

— 1-lacton-1,2-dimethylester **18**
IV 6129

But-1-en-1,1,4-tricarbonsäure
—, 2-Hydroxy-,
 — 1,1-diäthylester-4-lacton
 18 489 d, I 522 c, II 365 b,
 IV 6128
But-1-en-1,2,3-tricarbonsäure
—, 3-Methyl-,
 — 1,3-anhydrid **18** II 354 c
 — 2,3-anhydrid **18** II 354 c
But-1-en-1,2,4-tricarbonsäure
—, 3-Hydroxy-,
 — 1-lacton **18** IV 6128
—, 4-Hydroxy-3-oxo-,
 — 2,4-diäthylester-1-lacton **18**
 IV 6203
But-3-en-1,2,3-tricarbonsäure
—, 4-Hydroxy-1-oxo-,
 — 2,3-diäthylester-1-lacton **18**
 IV 6206
Butin 18 178 c, I 395 e, IV 2644
But-1-in
—, 3-Äthyl-3,4-epoxy-1-phenyl- **17**
 IV 555
—, 1-Chlor-3-methyl-3-tetrahydropyran-
 2-yloxy- **17** IV 1043
—, 1-Chlor-3-phenyl-3-tetrahydropyran-
 2-yloxy- **17** IV 1049
—, 1-Cyclohex-1-enyl-3,4-epoxy-3-
 methyl- **17** IV 443
—, 3,4-Epoxy- **17** II 38 f, IV 265
—, 3,4-Epoxy-3-methyl- **17** IV 284
—, 3,4-Epoxy-3-methyl-1-[2-methyl-
 cyclohex-1-enyl]- **17** IV 451
—, 3,4-Epoxy-3-methyl-1-phenyl- **17**
 IV 552
But-2-in
—, 1,4-Bis-[2,3-epoxy-propoxy]- **17**
 IV 998
—, 1,4-Bis-oxiranylmethoxy- **17**
 IV 998
—, 1,4-Bis-phthalidyloxy- **18** IV 159
—, 1-Brom-4-tetrahydropyran-2-yloxy-
 17 IV 1043
—, 1-Chlor-4-tetrahydropyran-2-yloxy-
 17 IV 1043
—, 1,1-Diäthoxy-4-tetrahydropyran-2-
 yloxy- **17** IV 1066
But-2-inal
—, 4-Tetrahydropyran-2-yloxy-,
 — diäthylacetal **17** IV 1066
But-3-inal
—, 4-Cyclohex-1-enyl-2-methyl-,
 — [2,4-dinitro-phenylhydrazon] **17**
 IV 443
—, 2-Methyl-4-[2-methyl-cyclohex-1-enyl]-,
 — [2,4-dinitro-phenylhydrazon] **17**
 IV 451

—, 2-Methyl-4-phenyl-,
 — [2,4-dinitro-phenylhydrazon] **17**
 IV 552
Butindisäure
 — bis-[5-nitro-furfurylidenhydrazid]
 17 IV 4466
But-2-indiyldiamin
—, N,N'-Bis-[2,3-epoxy-propyl]-
 N,N'-dimethyl- **18** IV 7020
—, N,N'-Dimethyl-N,N'-bis-
 oxiranylmethyl- **18** IV 7020
Butinidin 17 II 242 b
But-2-in-1-ol
—, 4-Tetrahydropyran-2-yloxy- **17**
 IV 1055
But-3-in-1-ol
—, 1-[2]Thieny- **17** IV 1342
But-3-in-2-ol
—, 2-[5-Chlor-[2]thienyl]- **17** IV 1342
—, 2-Methyl-4-tetrahydropyran-2-yl-
 17 IV 1302
—, 2-Methyl-1-tetrahydropyran-2-yloxy-
 17 IV 1056
—, 2-[2]Thienyl- **17** IV 1342
—, 2-[2,5,6-Trimethyl-3,4-dihydro-
 2H-pyran-2-yl]- **17** IV 1338
But-2-insäure
—, 4-[2,4-Dinitro-phenylhydrazono]-4-
 [2]thienyl-,
 — äthylester **18** IV 5517
—, 4-Hydroxy-4-[3-methyl-[2]thienyl]-,
 — äthylester **18** IV 4879
—, 4-Hydroxy-4-[2]thienyl- **18** IV 4878
 — äthylester **18** IV 4878
—, 4-Oxo-4-[2]thienyl-,
 — äthylester **18** IV 5517
Butrin 18 IV 2645
—, Di-O-äthyl- **18** IV 2646
—, Di-O-methyl- **18** IV 2645
Buttersäure
 — [6,6-dimethyl-7,8,9,10-tetrahydro-
 6H-benzo[c]chromen-3-ylester] **17**
 IV 1552
 — [2,3-epoxy-propylester] **17**
 IV 1004
 — furfurylester **17** II 115 g,
 IV 1247
 — [3-methyl-benzofuran-6-ylester]
 17 IV 1479
 — [1-methyl-3-tetrahydro[2]furyl-
 propylester] **17** IV 1158
 — [3-methyl-tetrahydro-pyran-4-
 ylester] **17** IV 1136
 — oxiranylmethylester **17** IV 1004
 — [3-tetrahydro[2]furyl-propylester]
 17 IV 1147
 — [2,2,2-trichlor-1-[2]furyl-äthylester]
 17 IV 1271

Buttersäure (Fortsetzung)
  — [6,6,9-trimethyl-7,8,9,10-
     tetrahydro-6*H*-benzo[*c*]chromen-3-
     ylester] **17** IV 1555
—, 3-Acenaphthen-5-yl-2-salicyloyl-,
  — lacton **17** IV 6557
—, 3-Acetoxy-3-[4-acetoxy-cyclohexyl]-4-
     hydroxy-,
  — lacton **18** IV 1137
—, 4-[4-Acetoxy-7-acetyl-6-hydroxy-3,5-
     dimethyl-benzofuran-2-yl]-2-acetyl-3-oxo-,
  — äthylester **18** IV 6672
—, 2-Acetoxy-3-acetylimino-4-hydroxy-,
  — lacton **18** IV 1121
—, 2-[2-Acetoxy-äthyl]-4-hydroxy-,
  — lacton **18** IV 21
—, 2-[2-Acetoxy-benzoyloxy]-4-hydroxy-
     3,3-dimethyl-,
  — lacton **18** IV 25
—, 2-[α-Acetoxy-benzyl]-2-acetylamino-4-
     hydroxy-,
  — lacton **18** IV 8084
—, 4-Acetoxy-3-brom-4-hydroxy-2,4-
     diphenyl-,
  — lacton **18** IV 651
—, 2-Acetoxy-3-brom-4-hydroxy-4-
     phenyl-,
  — lacton **18** 21 b
—, 3-[4-Acetoxy-cyclohexyl]-3,4-
     dihydroxy-,
  — 4-lacton **18** IV 1137
—, 3-Acetoxy-3-cyclohexyl-4-hydroxy-,
  — lacton **18** IV 71
—, 4-[2-Acetoxy-3,5-dimethyl-phenyl]-2-
     [2-methoxycarbonyl-6,8-dimethyl-4-oxo-
     chroman-3-yl]-4-oxo-,
  — methylester **18** IV 6678
—, 3-Acetoxy-4-hydroxy-,
  — lacton **18** IV 6
—, 2-Acetoxy-4-hydroxy-3,3-dimethyl-,
  — lacton **18** 3 e, IV 23
—, 3-[3-Acetoxy-12-hydroxy-10,13-
     dimethyl-hexadecahydro-cyclopenta[*a*]=
     phenanthren-17-yl]-,
  — lacton **18** IV 267
—, 2-Acetoxy-4-hydroxy-4,4-diphenyl-,
  — lacton **18** IV 651
—, 3-Acetoxy-4-hydroxy-2,4-diphenyl-,
  — lacton **18** IV 652
—, 2-Acetoxy-4-hydroxy-4-[4-methoxy-
     phenyl]-3-phenyl-,
  — lacton **18** 122 b
—, 2-Acetoxy-4-hydroxy-3-methyl-,
  — lacton **18** IV 16
—, 3-Acetoxy-4-hydroxy-3-methyl-,
  — lacton **18** IV 16
—, 2-Acetoxy-4-hydroxy-3-pentyl-,
  — lacton **18** IV 41

—, 4-Acetoxy-4-hydroxy-2-phenyl-,
  — lacton **18** IV 184
—, 4-Acetoxy-4-hydroxy-2,2,3-trimethyl-,
  — lacton **18** 4 g
—, 2-Acetoxyimino-4-hydroxy-,
  — lacton **17** IV 5815
—, 3-[4-Acetoxy-3-methoxy-benzoyl]-2-
     [4-acetoxy-3-methoxy-benzyl]-4-hydroxy-,
  — lacton **18** IV 3522
—, 2-[4-Acetoxy-3-methoxy-benzyl]-4-
     hydroxy-3-veratryl-,
  — lacton **18** II 210 c, IV 3239
—, 4-[2-Acetoxy-5-methyl-phenyl]-2-
     [2-methoxycarbonyl-6-methyl-4-oxo-
     chroman-3-yl]-4-oxo-,
  — methylester **18** IV 6678
—, 4-[3-Acetoxy-phenyl]-3-benzoylimino-
     4-hydroxy-,
  — lacton **18** IV 1349
—, 4-[4-Acetoxy-phenyl]-3-benzoylimino-
     4-hydroxy-,
  — lacton **18** IV 1350
—, 3-[4-Acetoxy-phenyl]-3-[2-hydroxy-
     phenyl]-,
  — lacton **18** IV 658
—, 4-[2-Acetoxy-4a,6a,7-trimethyl-
     octadecahydro-naphth[2′,1′;4,5]indeno=
     [2,1-*b*]furan-8-yl]-2-methyl- **18** IV 4900
—, 2-Acetyl-4-acetoxy-4-hydroxy-2,3-
     dimethyl-,
  — lacton **18** IV 1135
—, 2-Acetyl-3-[4-äthoxy-3-methoxy-
     benzyl]-4-hydroxy-,
  — lacton **18** IV 2413
—, 4-[3-Acetylamino-5-brom-[2]thienyl]-
     4-oxo- **18** IV 8265
—, 2-Acetylamino-4-hydroxy-3,3-
     dimethyl-,
  — lacton **18** IV 7849
—, 3-Acetylamino-4-hydroxy-4-[4-nitro-
     phenyl]-,
  — lacton **18** IV 7900
—, 4-[5-(Acetylamino-methyl)-[2]thienyl]-
     18 IV 8206
—, 3-[2-Acetylamino-phenyl]-4-hydroxy-
     2-imino-,
  — lacton **18** IV 8039
—, 3-[4-Acetylamino-phenylimino]-2-
     [2-hydroxy-äthyl]-,
  — lacton **17** IV 5843
—, 4-[3-Acetylamino-[2]thienyl]-4-oxo-
     18 IV 8264
—, 2-Acetyl-2-brom-4-hydroxy-,
  — lacton **17** IV 5844
—, 2-Acetyl-2-chlor-4-hydroxy-,
  — lacton **17** IV 5844
—, 2-Acetyl-4-[4,6-diacetoxy-7-acetyl-3,5-
     dimethyl-benzofuran-2-yl]-3-oxo-,
  — äthylester **18** IV 6672

Buttersäure (Fortsetzung)
—, 3-Acetyl-4-[2]furyl- **18** 414 d
—, 4-[5-(Acetylhydrazono-methyl)-
    [2]thienyl]-,
    — äthylester **18** IV 5434
—, 2-Acetyl-4-hydroxy-,
    — lacton **17** IV 5837
—, 3-Acetyl-4-hydroxy-,
    — lacton **17** IV 5845
—, 3-Acetyl-4-hydroxy-4-[4-isopropyl-
    phenyl]-2-oxo-3-phenyl-,
    — lacton **17** 574 g
—, 3-Acetyl-4-hydroxy-4-[4-methoxy-
    phenyl]-2-oxo-3-phenyl-,
    — lacton **18** 198 a
—, 2-Acetyl-4-hydroxy-2-methyl-,
    — lacton **17** IV 5858
—, 3-Acetyl-4-hydroxy-4-[3-nitro-phenyl]-
    2-oxo-,
    — lacton **17** 570 f
—, 3-Acetyl-4-hydroxy-4-[4-nitro-phenyl]-
    2-oxo-,
    — lacton **17** 570 i
—, 3-Acetyl-4-hydroxy-3-[2-nitro-phenyl]-
    2-oxo-4-phenyl-,
    — lacton **17** 574 c
—, 2-Acetyl-4-hydroxy-3-oxo-,
    — lacton **17** 556 a, I 281 c,
    IV 6681
—, 3-Acetyl-4-hydroxy-2-oxo-,
    — lacton **17** IV 6681
—, 2-Acetyl-4-hydroxy-3-oxo-4,4-
    diphenyl-,
    — lacton **17** IV 6793
—, 3-Acetyl-4-hydroxy-2-oxo-3,4-
    diphenyl-,
    — lacton **17** 574 b
—, 2-Acetyl-4-hydroxy-3-oxo-4-phenyl-,
    — lacton **17** IV 6744
—, 3-Acetyl-4-hydroxy-2-oxo-4-phenyl-,
    — lacton **17** 570 b, I 285 c,
    IV 6744
—, 2-Acetyl-4-hydroxy-4-phenyl-,
    — lacton **17** IV 6200
—, 2-Acetyl-4-hydroxy-3-veratryl-,
    — lacton **18** IV 2413
—, 2-Acetylimino-4-hydroxy-,
    — lacton **17** IV 5815
—, 2-Acetyl-4-[6-methoxy-3-methyl-
    benzofuran-2-yl]-3-oxo-,
    — äthylester **18** IV 6531
—, 2-Acetyl-3-[7-methoxy-4-methyl-2-
    oxo-2H-chromen-3-yl]-,
    — äthylester **18** IV 6531
—, 2-Acetyl-3-oxo-4-[3,4,6-trimethyl-
    benzofuran-2-yl]-,
    — äthylester **18** IV 5652
—, 3-[2-Acetyl-phenylimino]-4-hydroxy-,
    — lacton **17** IV 5818

—, 3-[4-Acetylsulfamoyl-phenylimino]-2-
    [2-hydroxy-äthyl]-,
    — lacton **17** IV 5843
—, 3-[(N-Acetyl-sulfanilyl)-hydrazono]-2-
    [2-hydroxy-äthyl]-,
    — lacton **17** IV 5844
—, 4-[5-Acetyl-[2]thienyl]-,
    — äthylester **18** IV 5448
—, 4-Äthoxy-2-äthyl-4-hydroxy-,
    — lacton **18** II 4 e
—, 2-[2-Äthoxy-benzyl]-4-hydroxy-,
    — lacton **18** IV 200
—, 4-[2-Äthoxy-5-benzyl-phenyl]-4-
    hydroxy-,
    — lacton **18** IV 664
—, 4-[4-Äthoxy-biphenyl-3-yl]-4-hydroxy-,
    — lacton **18** IV 650
—, 4-Äthoxy-2-brom-4-hydroxy-3-
    phenylimino-,
    — lacton **18** IV 1123
—, 2-[2-Äthoxycarbonyl-3,6-dimethyl-
    2,3-dihydro-benzofuran-3-yl]-,
    — äthylester **18** IV 4554
—, 3-[3-Äthoxycarbonylmethyl-2,2-
    dimethyl-cyclobutyl]-2,3-epoxy-,
    — äthylester **18** II 287 c
—, 4-[2-Äthoxycarbonyl-4-methyl-1-oxa-
    spiro[2.5]oct-4-yl]-,
    — äthylester **18** IV 4475
—, 3-[2-Äthoxycarbonyl-3-methyl-
    oxiranyl]-,
    — äthylester **18** IV 4443
—, 4-Äthoxy-2-chlor-3-[2,4-dimethyl-
    phenylimino]-4-hydroxy-,
    — lacton **18** IV 1122
—, 4-[2-Äthoxy-5-chlor-phenyl]-4-
    hydroxy-,
    — lacton **18** IV 180
—, 4-[4-Äthoxy-3-chlor-phenyl]-4-
    hydroxy-,
    — lacton **18** IV 182
—, 4-Äthoxy-2,4-dihydroxy-3-
    phenylacetylimino-,
    — 4-lacton **18** IV 2295
—, 4-[6-Äthoxy-4,7-dimethoxy-
    benzofuran-5-yl]-2,4-dioxo-,
    — äthylester **18** IV 6666
—, 4-[6-Äthoxy-4,7-dimethoxy-
    benzofuran-5-yl]-4-oxo-2-
    thiosemicarbazono-,
    — äthylester **18** IV 6666
—, 3-Äthoxy-4-hydroxy-,
    — lacton **18** IV 6
—, 4-Äthoxy-4-hydroxy-,
    — lacton **18** IV 7
—, 4-Äthoxy-4-hydroxy-2-methoxy-3-
    phenylacetylimino-,
    — lacton **18** IV 2296

Buttersäure (Fortsetzung)

—, 4-Äthoxy-4-hydroxy-2-methyl-,
  − lacton **18** I 297 c

—, 4-Äthoxy-4-hydroxy-3-methyl-,
  − lacton **18** IV 15

—, 3-[4-Äthoxy-2-hydroxy-phenyl]-,
  − lacton **18** IV 187

—, 4-Äthoxy-4-hydroxy-2,2,3-trimethyl-,
  − lacton **18** 4 f

—, 2-[4-Äthoxy-3-methoxy-benzyl]-4-hydroxy-3-veratryl-,
  − lacton **18** IV 3239

—, 4-[2-Äthoxy-5-methyl-phenyl]-4-hydroxy-,
  − lacton **18** IV 203

—, 4-[4-Äthoxy-2-methyl-phenyl]-4-hydroxy-,
  − lacton **18** IV 201

—, 4-[4-Äthoxy-3-methyl-phenyl]-4-hydroxy-,
  − lacton **18** IV 202

—, 4-[2-Äthoxy-[1]naphthyl]-4-hydroxy-,
  − lacton **18** IV 577

—, 4-[6-Äthoxy-[2]naphthyl]-4-hydroxy-,
  − lacton **18** IV 578

—, 4-[2-Äthoxy-phenyl]-2,4-dihydroxy-3,3-dimethyl-,
  − 4-lacton **18** IV 1256

—, 4-[4-Äthoxy-phenyl]-4-hydroxy-,
  − lacton **18** IV 181

—, 4-[2-Äthoxy-phenyl]-4-hydroxy-4-[2-methoxy-phenyl]-,
  − lacton **18** IV 1728

—, 3-[4-Äthoxy-phenylimino]-2-[2-hydroxy-äthyl]-,
  − lacton **17** IV 5842

—, 4-[3-Äthoxy-5,6,7,8-tetrahydro-[2]naphthyl]-4-hydroxy-,
  − lacton **18** IV 439

—, 4-[4-Äthoxy-5,6,7,8-tetrahydro-[1]naphthyl]-4-hydroxy-,
  − lacton **18** IV 439

—, 2-Äthyl-,
  − [1-methyl-3-tetrahydro[2]furyl-propylester] **17** IV 1158
  − [3-tetrahydro[2]furyl-propylester] **17** IV 1147

—, 2-[2-Äthylamino-äthyl]-4-hydroxy-2-phenyl-,
  − lacton **18** IV 7914

—, 2-Äthyl-2-brom-,
  − furfurylamid **18** IV 7081

—, 2-Äthyl-3-brommethyl-4-hydroxy-,
  − lacton **17** IV 4217

—, 2-Äthyl-4-[3-chlor-4-methoxy-phenyl]-4-hydroxy-,
  − lacton **18** IV 220

—, 2-Äthyl-4-[5-chlor-2-methoxy-phenyl]-4-hydroxy-,
  − lacton **18** IV 220

—, 2-Äthyl-3-chlormethyl-4-hydroxy-,
  − lacton **17** IV 4217

—, 2-Äthyl-2-[4-chlor-phenyl]-4-hydroxy-,
  − lacton **17** IV 5003

—, 2-Äthyl-3-cyanmethyl-4-hydroxy-,
  − lacton **18** IV 5302

—, 2-Äthyl-3-diäthylaminomethyl-4-hydroxy-,
  − lacton **18** IV 7851

—, 4-[5-Äthyl-2,3-dihydro-benzofuran-7-yl]- **18** IV 4241
  − amid **18** IV 4241

—, 4-[5-Äthyl-2,3-dihydro-benzofuran-7-yl]-4-oxo- **18** IV 5548
  − methylester **18** IV 5548

—, 3-Äthyl-2,4-dihydroxy-3-methyl-,
  − 4-lacton **18** IV 32

—, 2-Äthyl-2,4-dihydroxy-4-phenyl-,
  − 4-lacton **18** IV 219

—, 4-[5-Äthyl-2,4-dimethoxy-phenyl]-4-hydroxy-,
  − lacton **18** IV 1254

—, 2-Äthyl-4-[(2-dimethylamino-äthyl)-methyl-amino]-3-hydroxymethyl-,
  − lacton **18** IV 7851

—, 2-Äthyl-4-dimethylamino-2-[2-hydroxy-3-methoxy-phenyl]-,
  − lacton **18** IV 8085

—, 2-Äthyl-3-dimethylaminomethyl-4-hydroxy-,
  − lacton **18** IV 7851

—, 4-[4-Äthyl-2,5-dimethyl-[3]thienyl]-4-oxo- **18** IV 5469
  − [4-brom-phenacylester] **18** IV 5469

—, 2-Äthyl-2,4-epoxy- **18** 265 b

—, 2-Äthyl-2,3-epoxy-3-methyl-,
  − äthylester **18** IV 3851
  − ureid **18** IV 3851

—, 2-Äthyl-3-formyl-4-hydroxy-,
  − lacton **17** IV 5859

—, 2-Äthyl-2-[furan-2-carbonyl]-,
  − äthylester **18** IV 5459
  − amid **18** IV 5459

—, 2-Äthyl-3-hydroxy-,
  − lacton **17** II 291 a

—, 2-Äthyl-4-hydroxy-,
  − lacton **17** 238 c, IV 4195

—, 2-Äthyl-4-hydroxy-3-hydroxymethyl-,
  − lacton **18** IV 32

—, 2-Äthyl-4-hydroxy-3-jodmethyl-,
  − lacton **17** IV 4217

—, 2-Äthyl-4-hydroxy-4-[4-methoxy-3-methyl-phenyl]-,
  − lacton **18** IV 225

Buttersäure (Fortsetzung)

—, 2-Äthyl-4-hydroxy-4-[4-methoxy-
phenyl]-,
- lacton **18** IV 220

—, 3-Äthyl-4-hydroxy-3-methyl-2-oxo-,
- lacton **17** IV 5858

—, 2-Äthyl-4-hydroxy-2-phenyl-,
- lacton **17** IV 5003

—, 2-Äthyl-4-hydroxy-3-phenyl-,
- lacton **17** IV 5003

—, 2-Äthyl-4-hydroxy-4-phenyl-,
- lacton **17** 325 a, IV 5002

—, 3-Äthyl-4-hydroxy-4-phenyl-,
- lacton **17** 324 f

—, 2-Äthyl-4-hydroxy-3-
phenylhydrazono-,
- lacton **17** 416 b

—, 4-[5-Äthyl-2-methoxy-phenyl]-4-
hydroxy-,
- lacton **18** IV 218

—, 4-[5-Äthyl-4-methyl-[2]thienyl]- **18**
IV 4131

—, 4-[5-Äthyl-4-methyl-[2]thienyl]-4-oxo-
18 IV 5462

—, 4-[5-(5-Äthyl-octyl)-[2]thienyl]- **18**
IV 4141

—, 4-[5-(5-Äthyl-octyl)-[2]thienyl]-4-oxo-
18 IV 5490

—, 2-[4-Äthyl-5-oxo-tetrahydro-
[2]furyloxy]- **18** IV 20

—, 3-[4-Äthyl-phenyl]-2,3-epoxy-,
- äthylester **18** 307 c

—, 2-[Äthyl-(tetrahydro-pyran-4-
carbonyl)-amino]-,
- diäthylamid **18** IV 3837
- dimethylamid **18** IV 3837

—, 4-[5-Äthyl-[2]thienyl]- **18** IV 4125
- amid **18** IV 4126

—, 4-[5-Äthyl-[2]thienyl]-4-[2,4-dinitro-
phenylhydrazono]-,
- methylester **18** IV 5449

—, 4-[5-Äthyl-[2]thienyl]-4-oxo- **18**
IV 5448
- methylester **18** IV 5449

—, 4-[5-Äthyl-[2]thienyl]-4-
semicarbazono- **18** IV 5448

—, 2-[5-Äthyl-thiophen-2-carbonyl]-,
- äthylester **18** IV 5461

—, 2-[2-Amino-äthyl]-4-hydroxy-2-
phenyl-,
- lacton **18** IV 7914

—, 2-Amino-3-benzoyloxy-4-hydroxy-,
- lacton **18** IV 8070

—, 2-[3-Amino-benzyl]-4-hydroxy-,
- lacton **18** IV 7909

—, 2-[4-Amino-benzyl]-4-hydroxy-,
- lacton **18** IV 7909

—, 4-[5-(Amino-carboxy-methyl)-
[2]thienyl]- **18** IV 8230

—, 2-Amino-3,4-dihydroxy-,
- 4-lacton **18** IV 8070

—, 3-Amino-2,4-dihydroxy-,
- 4-lacton **18** IV 8070

—, 2-Amino-4-[2]furyl- **18** IV 8201

—, 4-Amino-3-[2]furyl- **18** IV 8202

—, 2-Amino-4-hydroxy-,
- lacton **18** 601 b, I 568 b,
  IV 7829

—, 3-Amino-4-hydroxy-,
- lacton **18** IV 7836

—, 4-Amino-2-[2-hydroxy-äthyl]-2-
phenyl-,
- lacton **18** IV 7914

—, 2-Amino-4-hydroxy-3,3-dimethyl-,
- lacton **18** IV 7849

—, 3-[4-Amino-2-hydroxy-3,5-dimethyl-
6-nitro-phenyl]-3-methyl-,
- lacton **18** IV 7917

—, 2-Amino-4-hydroxy-3-imino-,
- lacton **18** IV 8023

—, 2-Amino-4-hydroxy-4-phenyl-,
- lacton **18** IV 7900

—, 3-Amino-4-hydroxy-4-phenyl-,
- lacton **18** IV 7899

—, 3-[2-Amino-6-hydroxy-3,4,5-
trimethyl-phenyl]-3-methyl-,
- lacton **18** IV 7918

—, 4-[3-Amino-4-methyl-phenyl]-4-
hydroxy-,
- lacton **18** IV 7909

—, 4-[5-Aminomethyl-[2]thienyl]- **18**
IV 8206
- äthylester **18** IV 8206

—, 2-[4-Amino-phenyl]-4-hydroxy-,
- lacton **18** IV 7901

—, 3-[2-Amino-phenyl]-4-hydroxy-2-
imino-,
- lacton **18** IV 8038

—, 2-Amino-4-[2]thienyl- **18** IV 8202

—, 4-Amino-3-[2]thienyl- **18**
IV 8202

—, 4-Amino-4-[2]thienyl- **18**
IV 8201

—, 3-[3-Amino-2,7,7-trimethyl-
hexahydro-2,6-äthano-oxepin-4-yl]-,
- lactam **17** IV 4679

—, 2-[1-Anilino-äthyliden]-4-hydroxy-3-
oxo-4-phenyl-,
- lacton **17** IV 6745

—, 4-Anilino-2,4-dihydroxy-3-
phenylacetylimino-,
- 4-lacton **18** IV 8112

—, 3-Anilino-4-hydroxy-2-methyl-,
- lacton **18** 602 e

—, 2-Anilino-4-hydroxy-4-phenyl-,
- lacton **18** IV 7901

Buttersäure (Fortsetzung)

—, 2-*p*-Anisidino-4-hydroxy-4-
[4-methoxy-phenyl]-,
  — lacton **18** IV 8081

—, 2-*p*-Anisidino-4-hydroxy-4-phenyl-,
  — lacton **18** IV 7901

—, 2-Azido-4-hydroxy-,
  — lacton **17** IV 4164

—, 4-Benzofuran-2-yl- **18** IV 4279
  — methylester **18** IV 4279

—, 4-Benzofuran-2-yl-2,4-bis-
hydroxyimino-,
  — äthylester **18** IV 6076

—, 4-Benzofuran-2-yl-2,4-dioxo-,
  — äthylester **18** IV 6076

—, 4-Benzofuran-2-yl-3-[4-nitro-
phenylazo]-2,4-dioxo-,
  — äthylester **18** IV 6185

—, 4-Benzofuran-2-yl-3-[4-nitro-
phenylhydrazono]-2,4-dioxo-,
  — äthylester **18** IV 6185

—, 4-Benzofuran-2-yl-4-oxo- **18**
IV 5609

—, 2-Benzolsulfonylacetyl-4-hydroxy-2-
methyl-,
  — lacton **18** IV 1132

—, 2-Benzolsulfonyl-4-hydroxy-2-phenyl-,
  — lacton **18** IV 183

—, 4-Benzo[*b*]thiophen-3-yl- **18** IV 4280
  — amid **18** IV 4280
  — [3-dimethylamino-propylester] **18**
IV 4280

—, 4-Benzo[*b*]thiophen-3-yl-2,2-dimethyl-,
  — amid **18** IV 4285

—, 4-Benzo[*b*]thiophen-3-yl-3-methyl-
18 IV 4283
  — äthylester **18** IV 4283
  — amid **18** IV 4284

—, 4-Benzo[*b*]thiophen-2-yl-4-oxo- **18**
IV 5609
  — methylester **18** IV 5609

—, 4-Benzo[*b*]thiophen-3-yl-4-oxo- **18**
IV 5609
  — methylester **18** IV 5610

—, 4-Benzo[*b*]thiophen-2-yl-4-
semicarbazono- **18** IV 5609

—, 4-Benzo[*b*]thiophen-3-yl-4-
semicarbazono- **18** IV 5610

—, 2-Benzoylamino-3-benzoyloxy-4-
hydroxy-,
  — lacton **18** IV 8071

—, 2-Benzoylamino-3-chlor-4-hydroxy-,
  — lacton **18** IV 7835

—, 2-Benzoylamino-3,4-dihydroxy-,
  — 4-lacton **18** IV 8071

—, 2-Benzoylamino-4-[2]furyl- **18**
IV 8201

—, 2-Benzoylamino-4-hydroxy-,
  — lacton **18** 601 c, IV 7832

—, 4-[4-Benzoylamino-3-hydroxyimino-
dihydro-[2]thienyliden]-,
  — methylester **18** IV 8262

—, 3-Benzoylamino-4-hydroxy-4-phenyl-,
  — lacton **18** IV 7900

—, 4-[4-Benzoylamino-3-oxo-dihydro-
[2]thienyliden]-,
  — methylester **18** IV 8262

—, 2-[*N*-Benzoyl-*p*-anisidino]-4-hydroxy-
4-[4-methoxy-phenyl]-,
  — lacton **18** IV 8081

—, 3-Benzoyl-2-benzyl-4-hydroxy-,
  — lacton **17** IV 6459

—, 2-Benzoyl-2-chlor-4-hydroxy-,
  — lacton **17** IV 6188

—, 2-Benzoyl-4-hydroxy-,
  — lacton **17** IV 6188

—, 3-Benzoyl-4-hydroxy-,
  — lacton **17** IV 6189

—, 3-Benzoyl-4-hydroxy-4-[4-isopropyl-
phenyl]-2-oxo-3-phenyl-,
  — lacton **17** 578 c

—, 3-Benzoyl-4-hydroxy-4-[4-methoxy-
phenyl]-2-oxo-3-phenyl-,
  — lacton **18** 202 c

—, 3-Benzoyl-4-hydroxy-3-[2-nitro-
phenyl]-2-oxo-4-phenyl-,
  — lacton **17** 578 a

—, 3-Benzoyl-4-hydroxy-2-oxo-,
  — lacton **17** IV 6740

—, 3-Benzoyl-4-hydroxy-2-oxo-3,4-
diphenyl-,
  — lacton **17** 577 d

—, 3-Benzoyl-4-hydroxy-2-oxo-4-phenyl-,
  — lacton **17** 573 b, IV 6791

—, 3-Benzoyl-4-hydroxy-4-phenyl-,
  — lacton **17** I 270 c

—, 2-Benzoylimino-3-benzoyloxy-4-
hydroxy-,
  — lacton **18** 80 c

—, 3-Benzoylimino-4-hydroxy-4-
[4-methoxy-phenyl]-,
  — lacton **18** IV 1350

—, 3-Benzoylimino-4-hydroxy-4-phenyl-,
  — lacton **17** IV 6166

—, 3-Benzoyloxy-4-hydroxy-,
  — lacton **18** 1 b

—, 2-Benzoyloxy-4-hydroxy-3,3-
dimethyl-,
  — lacton **18** IV 24

—, 2-Benzoyloxy-4-hydroxy-3,4-
diphenyl-,
  — lacton **18** IV 651

—, 2-Benzoyloxy-4-hydroxy-3-methyl-,
  — lacton **18** IV 17

—, 3-[2-Benzoyl-phenylimino]-4-hydroxy-,
  — lacton **17** IV 5818

Buttersäure (Fortsetzung)
—, 2-Benzylamino-4-hydroxy-3,3-
dimethyl-,
  — lacton **18** IV 7849
—, 2-Benzylamino-4-hydroxy-4-phenyl-,
  — lacton **18** IV 7901
—, 4-[5-Benzyl-2-butoxy-phenyl]-4-
hydroxy-,
  — lacton **18** IV 664
—, 4-[Benzyl-butyl-amino]-2-[2-hydroxy-
phenyl]-2-phenyl-,
  — lacton **18** IV 7996
—, 3-Benzyl-3,4-dihydroxy-,
  — 4-lacton **18** IV 201
—, 2-Benzyl-3,4-dihydroxy-3-methyl-,
  — 4-lacton **18** IV 218
—, 3-Benzyl-2,4-dihydroxy-4-phenyl-,
  — 4-lacton **18** 56 d
—, 2-Benzyl-2,4-dihydroxy-4-*p*-tolyl-,
  — 4-lacton **18** IV 672
—, 3-Benzyl-2,4-dihydroxy-4-*p*-tolyl-,
  — 4-lacton **18** IV 671
—, 3-Benzyl-2,3-epoxy-4-phenyl- **18**
IV 4379
—, 4-[5-Benzyl-2-hexyloxy-phenyl]-4-
hydroxy-,
  — lacton **18** IV 664
—, 2-Benzyl-4-hydroxy-,
  — lacton **17** IV 4985
—, 3-Benzyl-4-hydroxy-,
  — lacton **17** IV 4986
—, 2-Benzyl-4-hydroxy-3,3-dimethyl-,
  — lacton **17** 326 c
—, 2-Benzyl-4-hydroxy-3-[α-hydroxy-
benzyl]-,
  — 4-lacton **18** IV 671
—, 3-Benzyl-4-hydroxy-4-[4-methoxy-
phenyl]-2-oxo-,
  — lacton **18** IV 1858
—, 2-Benzyl-3-hydroxymethyl-4-oxo-4-
phenyl-,
  — lacton **17** IV 6459
—, 3-Benzyl-4-hydroxy-2-oxo-4-phenyl-,
  — lacton **17** 529 d, IV 6451
—, 3-Benzyl-4-hydroxy-2-oxo-4-*p*-tolyl-,
  — lacton **17** IV 6459
—, 2-[1-Benzylidenhydrazono-äthyl]-4-
hydroxy-3-oxo-,
  — lacton **17** I 282 a
—, 2-Benzyliden-4-hydroxy-4-phenyl-,
  — lacton **17** 384 c
—, 2-Benzylmercapto-4-hydroxy-,
  — lacton **18** IV 5
—, 4-Benzylmercapto-4-hydroxy-,
  — lacton **18** IV 8
—, 4-[5-Benzyl-2-methoxy-phenyl]-4-
hydroxy-,
  — lacton **18** IV 664

—, 2-[2-(Benzyl-methyl-amino)-äthyl]-4-
hydroxy-2-phenyl-,
  — lacton **18** IV 7915
—, 2-Benzyloxycarbonylamino-4-
hydroxy-3,3-dimethyl-,
  — lacton **18** IV 7849
—, 2-Benzyloxycarbonyloxy-4-hydroxy-
3,3-dimethyl-,
  — lacton **18** IV 25
—, 4-Benzyloxy-2,4-dihydroxy-3-
phenylacetylimino-,
  — 4-lacton **18** IV 2296
—, 2-Benzyloxy-4-hydroxy-3,3-dimethyl-,
  — lacton **18** IV 23
—, 4-Benzyloxy-4-hydroxy-2-methoxy-3-
phenylacetylimino-,
  — lacton **18** IV 2296
—, 2-[4-Benzyloxy-3-methoxy-benzyl]-4-
hydroxy-,
  — lacton **18** IV 1249
—, 4-[5-Benzyl-2-pentyloxy-phenyl]-4-
hydroxy-,
  — lacton **18** IV 664
—, 2-Benzyl-3-phenylimino-,
  — lacton **17** I 260 f
—, 4-[5-Benzyl-2-propoxy-phenyl]-4-
hydroxy-,
  — lacton **18** IV 664
—, 4-[5-Benzyl-[2]thienyl]- **18** IV 4318
—, 4-[5-Benzyl-[2]thienyl]-4-oxo- **18**
IV 5644
—, 4-Biphenyl-4-yl-4-hydroxy-2,3-
dimethyl-,
  — lacton **17** IV 5393
—, 3-Biphenyl-4-yl-2-salicyloyl-,
  — lacton **17** IV 6555
—, 2,3-Bis-[4-acetoxy-3-methoxy-benzyl]-
4-hydroxy-,
  — lacton **18** II 210 d
—, 3,3-Bis-acetoxymethyl-4-hydroxy-,
  — lacton **18** IV 1116
—, 2,3-Bis-[4-äthoxy-3-methoxy-benzyl]-
4-hydroxy-,
  — lacton **18** IV 3239
—, 4,4-Bis-[2-äthoxy-phenyl]-4-hydroxy-,
  — lacton **18** IV 1728
—, 2,3-Bis-benzoyloxy-4-hydroxy-,
  — lacton **18** 79 a, IV 1101
—, 2,3-Bis-benzoyloxy-4-hydroxy-2,4-
diphenyl-,
  — lacton **18** IV 1730
—, 2,3-Bis-[4-benzoyloxy-3-methoxy-
benzyl]-4-hydroxy-,
  — lacton **18** II 210 e
—, 2,3-Bis-[4-benzyloxy-3-methoxy-
benzyl]-4-hydroxy-,
  — lacton **18** IV 3239

Buttersäure (Fortsetzung)

—, 2,3-Bis-[2-brom-4,5-dimethoxy-
benzyl]-4-hydroxy-,
- lacton **18** IV 3240

—, 2,3-Bis-[2-chlor-phenylhydrazono]-4-
hydroxy-,
- lacton **17** IV 6677

—, 4,4-Bis-[2-chlor-phenyl]-4-hydroxy-2-
phenyl-,
- lacton **17** IV 5573

—, 4,4-Bis-[4-chlor-phenyl]-4-hydroxy-2-
phenyl-,
- lacton **17** IV 5574

—, 2,3-Bis-[4,5-diäthoxy-2-nitro-benzyl]-
4-hydroxy-,
- lacton **18** IV 3242

—, 2,3-Bis-[4,5-dimethoxy-2-nitro-benzyl]-
4-hydroxy-,
- lacton **18** IV 3241

—, 4,4-Bis-[2,5-dimethoxy-phenyl]-4-
hydroxy-,
- lacton **18** IV 3230

—, 4,4-Bis-[3,4-dimethoxy-phenyl]-4-
hydroxy-2,3-dimethyl-,
- lacton **18** IV 3242

—, 4,4-Bis-[2,5-dimethoxy-phenyl]-4-
hydroxy-2-methyl-,
- lacton **18** IV 3234

—, 4,4-Bis-[2,5-dimethoxy-phenyl]-4-
hydroxy-3-methyl-,
- lacton **18** IV 3234

—, 4-[3,4-Bis-hexyloxy-phenyl]-4-
hydroxy-,
- lacton **18** IV 1238

—, 4-[2,4-Bis-isopentyloxy-phenyl]-4-
hydroxy-,
- lacton **18** IV 1236

—, 4-[3,4-Bis-pentyloxy-phenyl]-4-
hydroxy-,
- lacton **18** IV 1237

—, 3-Bromacetyl-4-hydroxy-2-oxo-,
- lacton **17** IV 6682

—, 2-[2-Brom-äthyl]-2-[4-chlor-phenyl]-4-
hydroxy-,
- lacton **17** IV 5003

—, 2-[2-Brom-äthyl]-4-hydroxy-,
- lacton **17** IV 4196

—, 2-[2-Brom-äthyl]-4-hydroxy-2-phenyl-,
- lacton **17** IV 5003

—, 3-[4-Brom-benzoyl]-4-hydroxy-4-
phenyl-,
- lacton **17** I 270 d

—, 4-Brom-4-[9-brom-fluoren-9-yl]-4-
hydroxy-,
- lacton **17** IV 5466

—, 3-Brom-4-[4-brom-phenyl]-4-hydroxy-
2-oxo-,
- lacton **17** IV 6171

—, 3-[x-Brom-cyclohexyl]-4-hydroxy-,
- lacton **17** IV 4353

—, 3-Brom-2,4-dihydroxy-3,4-diphenyl-,
- 4-lacton **18** 56 b

—, 3-Brom-2,4-dihydroxy-4-phenyl-,
- 4-lacton **18** 21 a

—, 3-[2-Brom-4,5-dimethoxy-benzyl]-2-
[2,3-dibrom-4,5-dimethoxy-benzyl]-4-
hydroxy-,
- lacton **18** IV 3241

—, 4-[9-Brom-4,6-dimethoxy-
dibenzofuran-3-yl]-4-oxo- **18** IV 6551

—, 2-Brom-4-hydroxy-,
- lacton **17** IV 4164

—, 3-Brom-4-hydroxy-2,2-dimethyl-,
- lacton **17** 240 a

—, 3-Brom-4-hydroxy-2,2-dimethyl-3-
phenyl-,
- lacton **17** 325 b

—, 3-Brom-4-hydroxy-4,4-diphenyl-,
- lacton **17** IV 5359

—, 2-Brom-4-hydroxy-3-hydroxyimino-2-
methyl-,
- lacton **17** 414 c

—, 3-Brom-4-hydroxy-2-[4-methoxy-
benzyl]-4-[4-methoxy-phenyl]-,
- lacton **18** 123 f

—, 3-Brom-4-hydroxy-4-[4-methoxy-
phenyl]-,
- lacton **18** 21 e

—, 2-Brom-4-hydroxy-4-methoxy-3-
phenylimino-,
- lacton **18** IV 1122

—, 3-Brom-4-hydroxy-2-oxo-,
- lacton **17** IV 5817

—, 3-Brom-4-hydroxy-2-oxo-4-phenyl-,
- lacton **17** IV 6171

—, 3-Brom-4-hydroxy-2-oxo-4-*p*-tolyl-,
- lacton **17** IV 6190

—, 2-Brom-4-hydroxy-4-phenyl-,
- lacton **17** IV 4970

—, 3-Brom-4-hydroxy-4-phenyl-,
- lacton **17** 320 a

—, 2-[5-Brom-2-hydroxy-phenyl]-4-
diäthylamino-2-phenyl-,
- lacton **18** IV 7996

—, 2-Brom-4-hydroxy-3-phenylimino-,
- lacton **17** IV 5819

—, 3-Brom-4-hydroxy-2-phenylimino-,
- lacton **17** IV 5819

—, 2-Brom-4-hydroxy-3-phenylimino-4-
propoxy-,
- lacton **18** IV 1123

—, 3-Brom-4-hydroxy-2,2,3-trimethyl-,
- lacton **17** 243 b

—, 3-Brom-4-hydroxy-2,4,4-triphenyl-,
- lacton **17** IV 5574

—, 4-[2-Brom-4-methoxy-dibenzofuran-1-
yl]-4-oxo- **18** IV 6418

Buttersäure (Fortsetzung)

—, 4-[5-Brom-4-nitro-[2]thienyl]-4-
[2,4-dinitro-phenylhydrazono]- **18**
IV 5423

—, 4-[5-Brom-4-nitro-[2]thienyl]-4-oxo-
18 IV 5423

—, 3-Brom-4-oxo-4-[2]thienyl- **18**
IV 5423

—, 2-[α-Brom-phenacyl]-4-hydroxy-4,4-
diphenyl-,
— lacton **17** IV 6559

—, 4-[4-Brom-phenyl]-2-cyan-2-
[3,6-dihydro-2H-pyran-4-yl]-4-oxo-,
— äthylester **18** IV 6180

—, 3-[4-Brom-phenyl]-2,3-epoxy-,
— äthylester **18** IV 4209

—, 2-[4-Brom-phenylhydrazono]-4-
hydroxy-,
— lacton **17** IV 5817

—, 4-[4-Brom-phenyl]-4-hydroxy-4-
methoxy-3-methyl-,
— lacton **18** IV 206

—, 3-[4-Brom-phenyl]-4-hydroxy-4-
[4-methoxy-phenyl]-2-oxo-,
— lacton **18** IV 1831

—, 3-[4-Brom-phenyl]-4-hydroxy-2-oxo-
4-phenyl-,
— lacton **17** IV 6439

—, 3-[4-Brom-phenylimino]-2-
[2-hydroxy-äthyl]-,
— lacton **17** IV 5839

—, 4-[5-Brom-[2]thienyl]-4-oxo- **18**
IV 5423

—, 4-[5-Brom-[2]thienyl]-4-
semicarbazono- **18** IV 5423

—, 4-[4-Butoxy-biphenyl-3-yl]-4-hydroxy-,
— lacton **18** IV 650

—, 4-[2-Butoxy-5-chlor-phenyl]-4-
hydroxy-,
— lacton **18** IV 181

—, 4-[4-Butoxy-3-chlor-phenyl]-4-
hydroxy-,
— lacton **18** IV 183

—, 4-tert-Butoxy-2,4-dihydroxy-3-
phenylacetylimino-,
— 4-lacton **18** IV 2296

—, 4-Butoxy-4-hydroxy-,
— lacton **18** IV 8

—, 4-[2-Butoxy-5-methyl-phenyl]-4-
hydroxy-,
— lacton **18** IV 204

—, 4-[4-Butoxy-2-methyl-phenyl]-4-
hydroxy-,
— lacton **18** IV 201

—, 4-[4-Butoxy-3-methyl-phenyl]-4-
hydroxy-,
— lacton **18** IV 202

—, 4-[6-Butoxy-[2]naphthyl]-4-hydroxy-,
— lacton **18** IV 578

—, 4-[4-Butoxy-phenyl]-4-hydroxy-,
— lacton **18** IV 181

—, 4-[4-Butoxy-5,6,7,8-tetrahydro-
[1]naphthyl]-4-hydroxy-,
— lacton **18** IV 439

—, 4-Butylamino-2-[2-hydroxy-phenyl]-2-
phenyl-,
— lacton **18** IV 7995

—, 2-Butyl-4-[3-chlor-4-methoxy-phenyl]-
4-hydroxy-,
— lacton **18** IV 230

—, 2-Butyl-4-[5-chlor-2-methoxy-phenyl]-
4-hydroxy-,
— lacton **18** IV 230

—, 4-[5-Butyl-2,4-dimethoxy-phenyl]-4-
hydroxy-,
— lacton **18** IV 1265

—, 2-Butyl-2,3-epoxy-3-methyl-,
— äthylester **18** IV 3862

—, 2-Butyl-4-hydroxy-,
— lacton **17** IV 4229

—, 3-tert-Butyl-4-hydroxy-,
— lacton **17** IV 4229

—, 2-tert-Butyl-4-hydroxy-3,4-diphenyl-,
— lacton **17** 372 e

—, 2-Butyl-4-hydroxy-3-methyl-,
— lacton **17** IV 4244

—, 2-Butyl-4-hydroxy-2-phenyl-,
— lacton **17** IV 5024

—, 2-Butyl-4-hydroxy-3-phenyl-,
— lacton **17** IV 5024

—, 2-Butyl-4-hydroxy-4-phenyl-,
— lacton **17** IV 5024

—, 3-[5-tert-Butyl-2-hydroxy-phenyl]-3-
methyl-,
— lacton **17** IV 5028

—, 4-[5-Butyl-2-methoxy-phenyl]-4-
hydroxy-,
— lacton **18** IV 229

—, 4-[4-tert-Butyl-[2]thienyl]- **18**
IV 4134

—, 4-[5-tert-Butyl-[2]thienyl]- **18**
IV 4135

—, 4-[4-tert-Butyl-[2]thienyl]-4-oxo- **18**
IV 5467

—, 4-[5-tert-Butyl-[2]thienyl]-4-oxo- **18**
IV 5467

—, 3-Butyryl-4-hydroxy-2-oxo-4-phenyl-,
— lacton **17** IV 6750

—, 3-Butyryloxy-4-hydroxy-,
— lacton **18** IV 7

—, 2-Carbamimidoylmercapto-4-
hydroxy-,
— lacton **18** IV 5

—, 4-[4-Carbamoyl-2-dimethylamino-3,6-
dihydroxy-5-oxo-cyclohex-3-enyl]-3-
[7-chlor-4-hydroxy-1-methyl-3-oxo-
phthalan-1-yl]- **18** IV 8284

Buttersäure (Fortsetzung)

—, 3-Carbamoylimino-2-[2-hydroxy-
   äthyl]-,
   — lacton **17** IV 5842
—, 4-[4-Carbamoyl-2,3,5-trihydroxy-
   phenyl]-3-[7-chlor-4-hydroxy-1-methyl-3-
   oxo-phthalan-1-yl]- **18** IV 6692
—, 4-[3-(2-Carboxy-äthyl)-2-hydroxy-6-
   oxo-3-phenyl-tetrahydro-pyran-2-yl]-4-
   phenyl- **10** III 4142 b
—, 2-[1-(1-Carboxy-äthyl)-4-methyl-3-
   oxo-cyclohexyl]-3-methyl-,
   — anhydrid **17** IV 6712
—, 2-[2-Carboxy-cyclopentyl]-4-phenyl-,
   — anhydrid **17** IV 6319
—, 2-[2-Carboxy-4,5-dimethoxy-phenyl]-,
   — anhydrid **18** IV 2405
—, 2-[2-Carboxy-3,4-dimethoxy-phenyl]-
   4-[3,4-dimethoxy-phenyl]-,
   — anhydrid **18** IV 3520
—, 2-[2-Carboxy-3,4-dimethoxy-phenyl]-
   4-[3,4-dimethoxy-phenyl]-4-oxo-,
   — anhydrid **18** IV 3608
—, 2-[2-Carboxy-3,4-dimethoxy-phenyl]-
   4-[4-methoxy-phenyl]-4-oxo-,
   — anhydrid **18** IV 3532
—, 2-[2-Carboxy-3,4-dimethoxy-phenyl]-
   4-oxo-4-phenyl-,
   — anhydrid **18** IV 3366
—, 2-[2-Carboxy-3,4-dimethoxy-phenyl]-
   4-oxo-4-*p*-tolyl-,
   — anhydrid **18** IV 3369
—, 3-[6-Carboxy-3,6-dimethyl-2-oxo-
   hexahydro-benzofuran-7-yliden]-2-oxo-
   vgl. **18** IV 6466 b
—, 4-[5-Carboxy-1,1-dimethyl-3-oxo-
   phthalan-4-yl]- **18** 370 g, IV 6169
—, 2-[2-Carboxy-3,3-dimethyl-5-oxo-
   tetrahydro-[2]furyl]- **18** 488 d
—, 3-[6-Carboxy-3,6-dimethyl-2-
   phenylhydrazono-hexahydro-benzofuran-
   7-yliden]-2-phenylhydrazono- **18** I 527 g,
   vgl. IV 6466 b
—, 3-[6-Carboxy-8-methoxy-6,9,9b-
   trimethyl-7-oxo-1,2,3a,4,5,6,6a,7,9a,9b-
   decahydro-benzo[*de*]chromen-5-yl]- **18**
   IV 6589
—, 4-[3-Carboxymethyl-7,8-dimethoxy-2-
   oxo-2*H*-chromen-4-yl]- **18** IV 6667
—, 3-[3-Carboxymethyl-2,2-dimethyl-
   cyclobutyl]-2,3-epoxy- **18** II 287 b
—, 4-[1-Carboxy-[2]naphthyl]-,
   — anhydrid **17** IV 6408
—, 2-[2-Carboxy-phenyl]-3,3-dimethyl-,
   — anhydrid **17** IV 6211
—, 2-[2-Carboxy-phenyl]-4-oxo-4-phenyl-,
   — anhydrid **17** IV 6792
—, 4-[5-Carboxy-[2]thienyl]- **18** IV 4514

—, 4-{5-[Carboxy-(toluol-4-
   sulfonylamino)-methyl]-[2]thienyl}- **18**
   IV 8230
—, 2-Chlor-,
   — [5-nitro-furfurylester] **17** IV 1255
—, 4-Chlor-,
   — furfurylamid **18** IV 7081
—, 2-Chloracetyl-4-hydroxy-2-methyl-,
   — lacton **17** IV 5859
—, 2-[2-Chlor-äthyl]-4-hydroxy-,
   — lacton **17** IV 4196
—, 2-[2-Chlor-äthyl]-4-hydroxy-2-phenyl-,
   — lacton **17** IV 5003
—, 2-[2-Chlor-benzyl]-4-hydroxy-,
   — lacton **17** IV 4986
—, 2-[4-Chlor-benzyl]-4-hydroxy-,
   — lacton **17** IV 4986
—, 2-Chlor-3-cyclohexyl-4-hydroxy-,
   — lacton **17** IV 4353
—, 3-[7-Chlor-3,6-dihydroxy-4-methoxy-
   benzofuran-2-yl]- **18** IV 5093
   — *p*-toluidid **18** IV 5094
—, 3-[7-Chlor-4,6-dimethoxy-3-oxo-2,3-
   dihydro-benzofuran-2-yl]- **18** IV 5094
   — methylester **18** IV 5094
—, 3-Chlor-4-[3,4-dimethoxy-phenyl]-4-
   hydroxy-2-methylimino-,
   — lacton **18** IV 2380
—, 4-[3-Chlor-4-hexyloxy-phenyl]-4-
   hydroxy-,
   — lacton **18** IV 183
—, 4-[5-Chlor-2-hexyloxy-phenyl]-4-
   hydroxy-,
   — lacton **18** IV 181
—, 2-Chlor-4-hydroxy-,
   — lacton **17** IV 4163
—, 3-Chlor-4-hydroxy-,
   — lacton **17** II 286 c
—, 4-Chlor-4-hydroxy-,
   — lacton **17** II 286 d
—, 3-[7-Chlor-3-hydroxy-4,6-dimethoxy-
   benzofuran-2-yl]- **18** IV 5094
   — methylester **18** IV 5094
—, 3-[7-Chlor-2-hydroxy-4,6-dimethoxy-
   3-oxo-2,3-dihydro-benzofuran-2-yl]- **10**
   III 4804 b
—, 2-Chlor-4-hydroxy-3,3-dimethyl-,
   — lacton **17** IV 4199
—, 3-[7-Chlor-6-hydroxy-4-methoxy-3-
   oxo-2,3-dihydro-benzofuran-2-yl]- **18**
   IV 5093
   — *p*-toluidid **18** IV 5094
—, 2-Chlor-4-hydroxy-4-methoxy-3-
   phenylimino-,
   — lacton **18** IV 1122
—, 2-Chlor-4-hydroxy-4-methoxy-3-
   p-tolylimino-,
   — lacton **18** IV 1122

Buttersäure   (Fortsetzung)
—, 3-Chlor-4-hydroxy-2-oxo-,
  — lacton 17 IV 5817
—, 3-Chlor-4-hydroxy-2-oxo-4-phenyl-,
  — lacton 17 IV 6171
—, 2-Chlor-4-[2-hydroxy-phenyl]-,
  — lacton 17 IV 4973
—, 3-Chlor-4-hydroxy-2-phenyl-,
  — lacton 17 II 340 g
—, 2-[5-Chlor-2-hydroxy-phenyl]-4-
  diäthylamino-2-phenyl-,
  — lacton 18 IV 7996
—, 2-Chlor-4-hydroxy-3-phenylimino-,
  — lacton 17 IV 5819
—, 3-Chlor-4-hydroxy-2-phenylimino-,
  — lacton 17 IV 5819
—, 3-[5-Chlor-2-hydroxy-phenylimino]-2-
  [2-hydroxy-äthyl]-,
  — lacton 17 IV 5841
—, 3-Chlor-4-hydroxy-4-phenyl-2-
  phenylhydrazono-,
  — lacton 17 IV 6171
—, 4-[5-Chlor-2-methoxy-4-methyl-
  phenyl]-4-hydroxy-,
  — lacton 18 IV 205
—, 4-[3-Chlor-4-methoxy-phenyl]-2-
  hexyl-4-hydroxy-,
  — lacton 18 IV 238
—, 4-[5-Chlor-2-methoxy-phenyl]-2-
  hexyl-4-hydroxy-,
  — lacton 18 IV 237
—, 4-[3-Chlor-4-methoxy-phenyl]-4-
  hydroxy-,
  — lacton 18 IV 182
—, 4-[5-Chlor-2-methoxy-phenyl]-4-
  hydroxy-,
  — lacton 18 IV 180
—, 4-[5-Chlor-2-methoxy-phenyl]-4-
  hydroxy-4-[2-methoxy-phenyl]-,
  — lacton 18 IV 1728
—, 4-[3-Chlor-4-methoxy-phenyl]-4-
  hydroxy-2-methyl-,
  — lacton 18 IV 207
—, 4-[5-Chlor-2-methoxy-phenyl]-4-
  hydroxy-2-methyl-,
  — lacton 18 IV 207
—, 4-[3-Chlor-4-methoxy-phenyl]-4-
  hydroxy-2-pentyl-,
  — lacton 18 IV 234
—, 4-[3-Chlor-4-methoxy-phenyl]-4-
  hydroxy-2-propyl-,
  — lacton 18 IV 226
—, 4-[5-Chlor-2-methoxy-phenyl]-4-
  hydroxy-2-propyl-,
  — lacton 18 IV 225
—, 2-Chlormethyl-4-hydroxy-,
  — lacton 17 IV 4183

—, 2-[4-Chlor-2-methyl-phenoxy]-4-
  hydroxy-,
  — lacton 18 IV 4
—, 2-[1-Chlor-[2]naphthylimino]-4-
  hydroxy-4-phenyl-,
  — lacton 17 IV 6168
—, 4-[3-Chlor-4-pentyloxy-phenyl]-4-
  hydroxy-,
  — lacton 18 IV 183
—, 4-[5-Chlor-2-pentyloxy-phenyl]-4-
  hydroxy-,
  — lacton 18 IV 181
—, 2-[2-Chlor-phenoxy]-4-hydroxy-,
  — lacton 18 IV 3
—, 2-[3-Chlor-phenoxy]-4-hydroxy-,
  — lacton 18 IV 4
—, 2-[4-Chlor-phenoxy]-4-hydroxy-,
  — lacton 18 IV 4
—, 4-[4-Chlor-phenoxy]-4-hydroxy-,
  — lacton 18 IV 8
—, 4-[2-Chlor-phenyl]-2,3-bis-
  [2,4-dinitro-phenylhydrazono]-4-hydroxy-,
  — lacton 17 IV 6738
—, 2-[4-Chlor-phenyl]-2-[2-diäthylamino-
  äthyl]-4-hydroxy-,
  — lacton 18 IV 7915
—, 2-[2-Chlor-phenylhydrazono]-4-
  hydroxy-,
  — lacton 17 IV 5816
—, 2-[2-Chlor-phenylhydrazono]-4-
  hydroxy-3-oxo-,
  — lacton 17 IV 6676
—, 2-[4-Chlor-phenylhydrazono]-4-
  hydroxy-3-oxo-,
  — lacton 17 IV 6676
—, 2-[4-Chlor-phenylhydrazono]-4-
  hydroxy-3-phenylhydrazono-,
  — lacton 17 IV 6677
—, 4-[4-Chlor-phenyl]-4-hydroxy-,
  — lacton 17 II 340 f, IV 4970
—, 4-[2-Chlor-phenyl]-4-hydroxy-2,3-
  dioxo-,
  — lacton 17 IV 6738
—, 2-[4-Chlor-phenyl]-4-hydroxy-2-
  [2-hydroxy-äthyl]-,
  — lacton 18 IV 221
—, 4-[3-Chlor-phenyl]-4-hydroxy-2-oxo-
  3-phenyl-,
  — lacton 17 IV 6439
—, 4-[3-Chlor-phenyl]-4-hydroxy-3-
  phenyl-2-phenylhydrazono-,
  — lacton 17 IV 6439
—, 2-[3-Chlor-phenylimino]-4-[4-fluor-
  phenyl]-4-hydroxy-,
  — lacton 17 IV 6170
—, 3-[3-Chlor-phenylimino]-2-
  [2-hydroxy-äthyl]-,
  — lacton 17 IV 5839

Buttersäure (Fortsetzung)
—, 3-[4-Chlor-phenylimino]-2-
[2-hydroxy-äthyl]-,
  — lacton **17** IV 5839
—, 2-[2-Chlor-phenylimino]-4-hydroxy-4-
phenyl-,
  — lacton **17** IV 6167
—, 4-[3-Chlor-4-propoxy-phenyl]-4-
hydroxy-,
  — lacton **18** IV 183
—, 4-[5-Chlor-2-propoxy-phenyl]-4-
hydroxy-,
  — lacton **18** IV 180
—, 2-Chlor-2-salicyloyl-,
  — lacton **17** IV 6191
—, 4-[5-Chlor-[2]thienyl]- **18** IV 4105
—, 4-[5-Chlor-[2]thienyl]-4-oxo- **18**
IV 5423
—, 4-Chroman-6-yl- **18** IV 4236
  — amid **18** IV 4236
—, 4-Chroman-6-yl-4-oxo- **18** IV 5545
  — methylester **18** IV 5545
—, 2-Cinnamoyloxy-4-hydroxy-3,3-
dimethyl-,
  — lacton **18** IV 25
—, 4-Cyan-2-[2-cyan-äthyl]-2-[furan-2-
carbonyl]-,
  — äthylester **18** IV 6241
—, 4-Cyan-2-[2-cyan-äthyl]-2-[thiophen-
2-carbonyl]-,
  — äthylester **18** IV 6241
—, 3-Cyan-2,3-epoxy-,
  — äthylester **18** IV 4426
—, 4-Cyan-2-[furan-2-carbonyl]-,
  — äthylester **18** IV 6144
—, 2-Cyan-4-hydroxy-,
  — lacton **18** IV 5262
—, 4-Cyan-2-[2-hydroxy-[1]naphthyl]-,
  — lacton **18** IV 5651
—, 3-Cyan-4-hydroxy-2-oxo-,
  — lacton **18** IV 5962
—, 2-Cyan-4-hydroxy-3-phenyl-,
  — lacton **18** IV 5532
—, 2-Cyan-4-hydroxy-4-phenyl-,
  — lacton **18** IV 5530
—, 2-Cyan-4-hydroxy-2-phenylazo-,
  — lacton **18** IV 8347
—, 2-Cyan-2-[7-methoxy-2-oxo-
2*H*-chromen-6-carbonyl]-3-methyl-,
  — äthylester **18** IV 6672
—, 4-Cyan-2-[thiophen-2-carbonyl]-,
  — äthylester **18** IV 6144
—, 3-Cyclohex-1-enyl-2,3-epoxy- **18**
I 440 a
  — äthylester **18** I 440 b
—, 4-Cyclohex-1-enyl-4-hydroxy-,
  — lacton **17** IV 4619

—, 2-Cyclohexylamino-4-hydroxy-4-
phenyl-,
  — lacton **18** IV 7900
—, 3-Cyclohexyl-2,4-dihydroxy-,
  — 4-lacton **18** IV 71
—, 3-Cyclohexyl-3,4-dihydroxy-,
  — 4-lacton **18** IV 71
—, 3-Cyclohexyl-2,3-epoxy-,
  — äthylester **18** IV 3907
—, 2-Cyclohexyl-4-hydroxy-,
  — lacton **17** IV 4352
—, 3-Cyclohexyl-4-hydroxy-,
  — lacton **17** IV 4353
—, 3-Cyclohexyl-4-hydroxy-2,2-dimethyl-,
  — lacton **17** IV 4383
—, 2-Cyclohexyl-4-hydroxy-3-oxo-,
  — lacton **17** IV 5949
—, 2-Cyclohexyliden-4-hydroxy-,
  — lacton **17** IV 4620
—, 3-[4-Cyclohexyl-phenyl]-2-salicyloyl-,
  — lacton **17** IV 6497
—, 4-[5-(3-Cyclohexyl-propyl)-[2]thienyl]-
18 IV 4195
—, 4-[5-(3-Cyclohexyl-propyl)-[2]thienyl]-
4-oxo- **18** IV 5511
—, 4-Cyclohexyl-2-[2]thienylmethyl- **18**
IV 4193
  — [2-diäthylamino-äthylester] **18**
IV 4193
—, 4-Cyclopent-1-enyl-4-hydroxy-,
  — lacton **17** IV 4599
—, 4-Cyclopent-2-enyl-4-hydroxy-3-
methyl-,
  — lacton **17** IV 4620
—, 4-Cyclopentyl-4-hydroxy-,
  — lacton **17** IV 4339
—, 4-Cyclopentyl-4-hydroxy-3-methyl-,
  — lacton **17** IV 4353
—, 4-[5-(3-Cyclopentyl-propyl)-[2]thienyl]-
18 IV 4194
—, 4-[5-(3-Cyclopentyl-propyl)-[2]thienyl]-
4-oxo- **18** IV 5509
—, 2-Cyclopropancarbonyl-4-hydroxy-,
  — lacton **17** IV 5928
—, 2-[Cyclopropyl-(2,4-dinitro-
phenylhydrazono)-methyl]-4-hydroxy-,
  — lacton **17** IV 5928
—, 2-Decyl-2,3-epoxy-3-methyl- **18**
IV 3868
  — äthylester **18** IV 3868
—, 2-Decyl-2,3-epoxy-3-phenyl-,
  — äthylester **18** IV 4243
—, 2-Decyl-4-hydroxy-,
  — lacton **17** IV 4272
—, 2-Decyl-4-hydroxy-2-methyl-4-
phenyl-,
  — lacton **17** IV 5040
—, 2,3-Diacetoxy-4-hydroxy-,
  — lacton **18** IV 1100

Buttersäure (Fortsetzung)
—, 2,3-Diacetoxy-4-hydroxy-2,4-
diphenyl-,
— lacton **18** IV 1730
—, 4-[2,5-Diacetoxy-phenyl]-4-hydroxy-,
— lacton **18** IV 1237
—, 2,2-Diacetyl-4-hydroxy-,
— lacton **17** IV 6684
—, 2-[3,4-Diäthoxy-benzyl]-4-hydroxy-,
— lacton **18** IV 1249
—, 4-[2,4-Diäthoxy-phenyl]-4-hydroxy-,
— lacton **18** IV 1236
—, 4-[2,5-Diäthoxy-phenyl]-4-hydroxy-,
— lacton **18** IV 1236
—, 4-[3,4-Diäthoxy-phenyl]-4-hydroxy-,
— lacton **18** IV 1237
—, 3-Diäthoxyphosphoryl-3-[2-hydroxy-
phenyl]-,
— lacton **18** IV 8362
—, 3,3-Diäthoxy-4-tetrahydropyran-2-
yloxy-,
— äthylester **17** IV 1076
—, 3-[4-(2-Diäthylamino-äthoxy)-
phenylimino]-2-[2-hydroxy-äthyl]-,
— lacton **17** IV 5842
—, 2-[2-Diäthylamino-äthyl]-4-hydroxy-
2-phenyl-,
— lacton **18** IV 7915
—, 2-[4-Diäthylamino-benzyl]-4-hydroxy-,
— lacton **18** IV 7909
—, 4-Diäthylamino-2-[2-hydroxy-5-
methyl-phenyl]-,
— lacton **18** IV 7911
—, 4-Diäthylamino-2-[2-hydroxy-3-
methyl-phenyl]-2-phenyl-,
— lacton **18** IV 8000
—, 4-Diäthylamino-2-[2-hydroxy-5-
methyl-phenyl]-2-phenyl-,
— lacton **18** IV 8000
—, 4-Diäthylamino-2-[2-hydroxy-
[1]naphthyl]-2-phenyl-,
— lacton **18** IV 8019
—, 4-Diäthylamino-2-[2-hydroxy-phenyl]-,
— lacton **18** IV 7907
—, 4-Diäthylamino-2-[2-hydroxy-phenyl]-
2-phenyl-,
— lacton **18** IV 7995
—, 4-Diäthylamino-2-[2-hydroxy-phenyl]-
2-*m*-tolyl-,
— lacton **18** IV 7999
—, 4-Diäthylamino-2-[2-hydroxy-5-
propyl-phenyl]-2-phenyl-,
— lacton **18** IV 8002
—, 2-Diäthylaminomethyl-4-hydroxy-3-
phenyl-,
— lacton **18** IV 7909
—, 4-Diäthylamino-2-phenyl-,
— tetrahydrofurfurylester **17**
IV 1122

—, 3-[4-Diäthylamino-phenylimino]-2-
[2-hydroxy-äthyl]-,
— lacton **17** IV 5843
—, 4-Diäthylamino-2-phenyl-2-[2]thienyl-,
— äthylester **18** IV 8220
—, 3,3-Diäthyl-2,4-dihydroxy-,
— 4-lacton **18** IV 39
—, 2,3-Diäthyl-4-hydroxy-4-[4-methoxy-
phenyl]-,
— lacton **18** IV 231
—, 3,3-Diäthyl-4-hydroxy-2-oxo-,
— lacton **17** IV 5864
—, 4-[Diäthyl-methyl-ammonio]-2-
[2-hydroxy-phenyl]-2-phenyl-,
— lacton **18** IV 7995
—, 2-[3,5-Diäthyl-6-oxo-4-propyl-
tetrahydro-pyran-2-yl]- **18** IV 5324
— [4-brom-phenacylester] **18**
IV 5324
— methylester **18** IV 5324
—, 4-[2,5-Diäthyl-[3]thienyl]- **18**
IV 4135
—, 4-[2,5-Diäthyl-[3]thienyl]-4-
[2,4-dinitro-phenylhydrazono]-,
— methylester **18** IV 5468
—, 4-[2,5-Diäthyl-[3]thienyl]-4-oxo- **18**
IV 5468
— methylester **18** IV 5468
—, 4-[2,5-Diäthyl-[3]thienyl]-4-
semicarbazono- **18** IV 5468
— methylester **18** IV 5468
—, 2-Diäthylthiocarbamoylmercapto-4-
hydroxy-,
— lacton **18** IV 5
—, 4,4-Diamino-4-hydroxy-,
— lacton **17** 410 a
—, 3-Diazoacetyl-4-hydroxy-2-isopropyl-,
— lacton **17** IV 6687
—, 2-Diazo-4-hydroxy-3-oxo-4-phenyl-,
— lacton **18** IV 8353
—, 4-Dibenzofuran-2-yl- **18** II 281 b,
IV 4377
— äthylester **18** II 281 c,
IV 4378
— amid **18** II 281 e
— hydrazid **18** II 281 f
—, 4-Dibenzofuran-3-yl- **18** IV 4379
—, 4-Dibenzofuran-4-yl- **18** IV 4379
—, 4-Dibenzofuran-2-yl-4-oxo- **18**
II 345 c, IV 5668
— äthylester **18** II 345 d
—, 4-Dibenzofuran-3-yl-4-oxo- **18**
IV 5669
—, 4-Dibenzoselenophen-2-yl- **18**
IV 4378
— biphenyl-4-ylamid **18** IV 4378
— [2]naphthylamid **18** IV 4378
—, 4-Dibenzoselenophen-2-yl-4-oxo- **18**
IV 5668

Buttersäure (Fortsetzung)

—, 4-Dibenzothiophen-2-yl- **18** IV 4378

— amid **18** IV 4378

—, 4-Dibenzothiophen-2-yl-4-oxo- **18** IV 5668

—, 2-[14*H*-Dibenzo[*a,j*]xanthen-14-yl]-3-methyl- **18** 318 c

—, 2,3-Dibenzyl-4-hydroxy-,

— lacton **17** IV 5392

—, 2,3-Dibrom-2-[α-brom-4-methoxy-benzyl]-4-hydroxy-4-[4-methoxy-phenyl]-,

— lacton **18** 124 a

—, 3,4-Dibrom-4-hydroxy-3,4-diphenyl-,

— lacton **17** 368 a

—, 2,3-Dibrom-3-[2-hydroxy-phenyl]-,

— lacton **17** 320 c

—, 3,4-Dibrom-4-hydroxy-2,2,3-trimethyl-,

— lacton **17** 243 c

—, 3-[3,5-Dibrom-4-methoxy-phenyl]-4-hydroxy-,

— lacton **18** IV 184

—, 3-[2,4-Dibrom-phenylimino]-2-[2-hydroxy-äthyl]-,

— lacton **17** IV 5839

—, 4-[2,4-Dibutoxy-phenyl]-4-hydroxy-,

— lacton **18** IV 1236

—, 4-[2,5-Dibutoxy-phenyl]-4-hydroxy-,

— lacton **18** IV 1237

—, 4-[3,4-Dibutoxy-phenyl]-4-hydroxy-,

— lacton **18** IV 1237

—, 3-Dibutoxyphosphoryl-3-[2-hydroxy-phenyl]-,

— lacton **18** IV 8362

—, 4-Dibutylamino-2-[2-hydroxy-phenyl]-2-phenyl-,

— lacton **18** IV 7995

—, 3,4-Dicarbamoyl-2-carbamoylmethyl-4-hydroxy-,

— lacton **18** IV 6238

—, 2,2-Dichlor-,

— phthalidylamid **18** IV 7886

—, 3-[Dichloracetyl-amino]-4-hydroxy-4-[4-nitro-phenyl]-,

— lacton **18** IV 7900

—, 2,2-Dichlor-4-hydroxy-,

— lacton **17** IV 4164

—, 2,3-Dichlor-4-hydroxy-4,4-diphenyl-,

— lacton **17** II 390 b

—, 3-[3,5-Dichlor-4-methoxy-phenyl]-4-hydroxy-,

— lacton **18** IV 184

—, 2-[2,4-Dichlor-phenoxy]-4-hydroxy-,

— lacton **18** IV 4

—, 2-[3,4-Dichlor-phenyl]-4-hydroxy-2-methansulfonyl-,

— lacton **18** IV 184

—, 3-[2,5-Dichlor-phenylimino]-2-[2-hydroxy-äthyl]-,

— lacton **17** IV 5839

—, 4-[2,3-Dihydro-benzofuran-2-yl]- **18** IV 4233

— amid **18** IV 4233

—, 4-[2,3-Dihydro-benzofuran-5-yl]- **18** IV 4233

— amid **18** IV 4233

—, 4-[2,3-Dihydro-benzofuran-5-yl]-4-[2,4-dinitro-phenylhydrazono]-,

— methylester **18** IV 5541

—, 4-[2,3-Dihydro-benzofuran-5-yl]-4-oxo- **18** IV 5541

— methylester **18** IV 5541

—, 2,4-Dihydroxy-,

— 4-lacton **18** I 296 a, II 3 a, IV 3

—, 3,4-Dihydroxy-,

— 4-lacton **18** 1 a, I 296 b, II 3 b, IV 6

—, 2-[2,5-Dihydroxy-benzyl]-,

— 2-lacton **18** IV 209

—, 2,4-Dihydroxy-3,3-bis-hydroxymethyl-,

— 4-lacton **18** 161 f, IV 2294

—, 2,4-Dihydroxy-3,3-dimethyl-,

— 4-lacton **18** 3 d, I 297 d, IV 22

—, 3,4-Dihydroxy-2,2-dimethyl-,

— 4-lacton **18** 3 c

—, 3-[3,17-Dihydroxy-10,13-dimethyl-hexadecahydro-cyclopenta[*a*]phenanthren-17-yl]-,

— 17-lacton **18** IV 266

—, 3,4-Dihydroxy-2,2-dimethyl-3-phenyl-,

— 4-lacton **18** 23 b

—, 2,4-Dihydroxy-3,3-diphenyl-,

— 4-lacton **18** IV 652

—, 2,4-Dihydroxy-3,4-diphenyl-,

— 4-lacton **18** 56 a, IV 651

—, 2,4-Dihydroxy-4,4-diphenyl-,

— 4-lacton **18** IV 650

—, 2,4-Dihydroxy-2,3-diveratryl-,

— 4-lacton **18** IV 3442

—, 2,4-Dihydroxy-4-isopropoxy-3-phenylacetylimino-,

— 4-lacton **18** IV 2296

—, 2,4-Dihydroxy-4-[4-isopropyl-phenyl]-3-phenyl-,

— 4-lacton **18** 58 b

—, 2,4-Dihydroxy-3-jod-4-[4-methoxy-phenyl]-,

— 4-lacton **18** 92 d

—, 2,4-Dihydroxy-3-jod-3-methyl-4-phenyl-,

— 4-lacton **18** IV 206

—, 2,4-Dihydroxy-3-jod-4-phenyl-,

— 4-lacton **18** 21 c, IV 180

—, 2,4-Dihydroxy-3-methoxy-,

— 4-lacton **18** IV 1100

—, 3,4-Dihydroxy-2-methoxy-,

— 4-lacton **18** IV 1099

Buttersäure (Fortsetzung)
—, 2,4-Dihydroxy-4-methoxy-3-
phenylacetylimino-,
— 4-lacton **18** IV 2295
—, 2,4-Dihydroxy-4-[4-methoxy-phenyl]-
3-phenyl-,
— lacton **18** 122 a
—, 2,4-Dihydroxy-2-methyl-,
— 4-lacton **18** IV 15
—, 2,4-Dihydroxy-3-methyl-,
— 4-lacton **18** IV 16
—, 3,4-Dihydroxy-2-methyl-,
— 4-lacton **18** IV 1142
—, 3,4-Dihydroxy-3-methyl-,
— 4-lacton **18** IV 16
—, 2,4-Dihydroxy-2-methyl-4-phenyl-,
— 4-lacton **18** IV 207
—, 2,4-Dihydroxy-3-methyl-4-phenyl-,
— 4-lacton **18** IV 206
—, 3,4-Dihydroxy-2-[naphthalin-2-
sulfonylamino]-,
— 4-lacton **18** IV 8071
—, 3,4-Dihydroxy-3-[4-oxo-cyclohexyl]-,
— 4-lacton **18** IV 1172
—, 4-[3,4-Dihydroxy-5-oxo-tetrahydro-
[2]furyl]-2,3,4-trihydroxy- **18** II 311 a
—, 2,4-Dihydroxy-3-pentyl-,
— 4-lacton **18** IV 41
—, 2,4-Dihydroxy-3-phenyl-,
— 4-lacton **18** I 303 f
—, 2,4-Dihydroxy-4-phenyl-,
— 4-lacton **18** 20 f
—, 3-[2,4-Dihydroxy-phenyl]-,
— 2-lacton **18** IV 187
—, 3-[2,6-Dihydroxy-phenyl]-,
— lacton **18** IV 187
—, 3,4-Dihydroxy-2-phenyl-,
— 4-lacton **18** II 12 g
—, 3,4-Dihydroxy-4-phenyl-,
— 4-lacton **18** 20 e
—, 3,4-Dihydroxy-2-[N′-phenyl-
hydrazinooxalyloxy]-,
— 4-lacton **18** IV 1101
—, 3-[2,4-Dihydroxy-phenyl]-3-methyl-,
— 2-lacton **18** IV 213
⇌, 4-[5,6-Dihydroxy-6,7,8,9-tetrahydro-
5H-benzocyclohepten-5-yl]-,
— 5-lacton **18** IV 447
—, 3,4-Dihydroxy-2-[N′-p-tolyl-
hydrazinooxalyloxy]-,
— 4-lacton **18** IV 1102
—, 3,4-Dihydroxy-2,2,3-trimethyl-,
— 4-lacton **18** 4 e
—, 2-[2,5-Dihydroxy-3,4,6-trimethyl-
benzyl]-3-hydroxyimino-,
— 2-lacton **18** IV 1426
—, 3-[2,5-Dihydroxy-3,4,6-trimethyl-
phenyl]-3-methyl-,
— 2-lacton **18** IV 232

—, 3-[2,6-Dihydroxy-3,4,5-trimethyl-
phenyl]-3-methyl-,
— lacton **18** IV 232
—, 3,4-Dihydroxy-2,3,4-triphenyl-,
— 4-lacton **18** IV 838
—, 4-[4,4′-Dimethoxy-biphenyl-3-yl]-4-
hydroxy-4-[2-methoxy-phenyl]-,
— lacton **18** IV 2831
—, 4-[4,6-Dimethoxy-dibenzofuran-1-yl]-
18 IV 5056
—, 4-[4,6-Dimethoxy-dibenzofuran-1-yl]-
4-oxo- **18** IV 6550
—, 4-[4,6-Dimethoxy-dibenzofuran-3-yl]-
4-oxo- **18** IV 6551
—, 4-[7,8-Dimethoxy-3-
methoxycarbonylmethyl-2-oxo-
2H-chromen-4-yl]-,
— methylester **18** IV 6667
—, 3-[4,6-Dimethoxy-2-
methoxycarbonyl-3-oxo-2,3-dihydro-
benzofuran-2-yl]- **18** IV 6656
—, 3-[3,5-Dimethoxy-2-methyl-phenyl]-
2,3-epoxy-,
— äthylester **18** IV 5012
—, 4-[2,4-Dimethoxy-6-methyl-phenyl]-3-
hydroxymethyl-2,4-dioxo-,
— lacton **18** IV 3104
—, 4-[7,8-Dimethoxy-2-oxo-2H-chromen-
4-yl]- **18** IV 6508
— methylester **18** IV 6508
—, 3-[4,6-Dimethoxy-3-oxo-2,3-dihydro-
benzofuran-2-yl]- **18** IV 5093
— äthylester **18** IV 5093
— methylester **18** IV 5093
—, 2-[3,4-Dimethoxy-phenäthyl]-2,4-
dihydroxy-4-phenyl-,
— 4-lacton **18** IV 2661
—, 4-[3,4-Dimethoxy-phenyl]-3,3-bis-
hydroxymethyl-4-oxo-,
— lacton **18** IV 3082
—, 4-[3,4-Dimethoxy-phenyl]-4-
[2,4-dinitro-phenylhydrazono]-3,3-bis-
hydroxymethyl-,
— lacton **18** IV 3082
—, 4-[3,4-Dimethoxy-phenyl]-4-
[2,4-dinitro-phenylhydrazono]-3-
hydroxymethyl-,
— lacton **18** IV 2402
—, 4-[2,4-Dimethoxy-phenyl]-4-hydroxy-,
— lacton **18** IV 1235
—, 4-[2,5-Dimethoxy-phenyl]-4-hydroxy-,
— lacton **18** IV 1236
—, 4-[3,4-Dimethoxy-phenyl]-4-hydroxy-,
— lacton **18** IV 1237
—, 4-[3,5-Dimethoxy-phenyl]-4-hydroxy-,
— lacton **18** IV 1238
—, 4-[3,4-Dimethoxy-phenyl]-4-hydroxy-
2,3-dimethyl-,
— lacton **18** IV 1256

Buttersäure (Fortsetzung)

—, 4-[3,4-Dimethoxy-phenyl]-4-hydroxy-3-methyl-,
  — lacton **18** IV 1249
—, 4-[3,4-Dimethoxy-phenyl]-3-hydroxymethyl-2-veratryl-,
  — lacton **18** IV 3238
—, 4-[3,4-Dimethoxy-phenyl]-4-hydroxy-2-veratryl-,
  — lacton **18** IV 3234
—, 4-[3,4-Dimethoxy-phenyl]-3-methyl-4-oxo-2-veratryliden- **18** IV 3368
—, 4-[2,4-Dimethoxy-5-propyl-phenyl]-4-hydroxy-,
  — lacton **18** IV 1261
—, 3,4-Dimethoxy-2-[tetra-O-methyl-galactopyranosyloxy]-,
  — methylester **17** IV 3379
—, 3,4-Dimethoxy-2-[tetra-O-methyl-glucopyranosyloxy]-,
  — methylester **17** IV 3379
—, 4-[3,4-Dimethoxy-[2]thienyl]-4-oxo-**18** IV 6462
—, 3,4-Dimethoxy-2-[3,4,5-trimethoxy-6-methoxymethyl-tetrahydro-pyran-2-yloxy]-,
  — methylester **17** IV 3379
—, 2-[2-Dimethylamino-äthyl]-4-hydroxy-2-phenyl-,
  — lacton **18** IV 7914
—, 2-[4-Dimethylamino-benzyl]-4-hydroxy-,
  — lacton **18** IV 7909
—, 4-Dimethylamino-2-[2-hydroxy-phenyl]-2-phenyl-,
  — lacton **18** IV 7995
—, 3-Dimethylaminomethyl-2,4-dihydroxy-,
  — 4-lacton **18** II 473 a
—, 3-Dimethylaminomethyl-4-hydroxy-2-oxo-,
  — lacton **18** II 469 a
—, 4-Dimethylamino-2-phenyl-2-[2]thienyl-,
  — äthylester **18** IV 8220
—, 4-[3,6-Dimethyl-13,15-dioxo-11,12,13,ᵃ15-tetrahydro-10H-9,10-furo[3,4]ätheno-anthracen-9-yl]- **18** IV 6107
—, 3-[3,6-Dimethyl-2-oxo-2,3,3a,4,5,7a-hexahydro-benzofuran-7-yl]-3-hydroxy-2-oxo- **18** IV 6466
—, 4-[1,5-Dimethyl-3-oxo-phthalan-4-yl]-**18** IV 5549
  — äthylester **18** IV 5549
  — methylester **18** IV 5549
—, 3-[1,1-Dimethyl-2-oxo-propoxy]-3-methyl- **17** IV 205
—, 3-[2,2-Dimethyl-5-oxo-tetrahydro-[3]furyl]- **18** I 481 h
  — äthylester **18** I 481 i

—, 4-[2,2-Dimethyl-5-oxo-tetrahydro-[3]furyl]-2-hydroxyimino- **18** 460 a
—, 4-[5,5-Dimethyl-2-oxo-tetrahydro-[3]furyl]-2-methyl- **18** IV 5319
—, 4-[2,2-Dimethyl-5-oxo-tetrahydro-[3]furyl]-2-oxo- **18** 459 g
—, 2-[2,4-Dimethyl-phenacyl]-4,4-bis-[2,4-dimethyl-phenyl]-4-hydroxy-,
  — lacton **17** IV 6564
—, 2-[2,4-Dimethyl-phenoxy]-4-hydroxy-,
  — lacton **18** IV 4
—, 4-[2,5-Dimethyl-[3]thienyl]- **18** IV 4127
  — amid **18** IV 4127
—, 4-[4,5-Dimethyl-[2]thienyl]- **18** IV 4126
—, 4-[2,5-Dimethyl-[3]thienyl]-4-oxo-**18** IV 5450
—, 4-[4,5-Dimethyl-[2]thienyl]-4-oxo-**18** IV 5449
—, 2-[3,5-Dinitro-benzoyloxy]-4-hydroxy-3,3-dimethyl-,
  — lacton **18** IV 25
—, 3-[3,5-Dinitro-benzoyloxymethyl]-4-hydroxy-,
  — lacton **18** IV 15
—, 3-[2,4-Dinitro-phenylhydrazono]-2-[2-hydroxy-äthyl]-,
  — lacton **17** IV 5844
—, 2-[2,4-Dinitro-phenylhydrazono]-4-hydroxy-3,3-bis-hydroxymethyl-,
  — lacton **18** IV 2314
—, 3-[2,4-Dinitro-phenylhydrazono]-2-[2-hydroxy-cyclohexyliden]-,
  — lacton **17** IV 6012
—, 3-[2,4-Dinitro-phenylhydrazono]-2-[2-hydroxy-4,5-dimethoxy-benzyl]-,
  — lacton **18** IV 2403
—, 2-[2,4-Dinitro-phenylhydrazono]-4-hydroxy-3,3-dimethyl-,
  — lacton **17** IV 5849
—, 3-[2,4-Dinitro-phenylhydrazono]-2-[2-hydroxy-5-methoxy-benzyl]-,
  — lacton **18** IV 1397
—, 3-[2,4-Dinitro-phenylhydrazono]-2-[2-hydroxy-4-methyl-benzyl]-,
  — lacton **17** IV 6204
—, 3-[2,4-Dinitro-phenylhydrazono]-2-[2-hydroxy-5-methyl-benzyl]-,
  — lacton **17** IV 6204
—, 4-[2,4-Dinitro-phenylhydrazono]-3-hydroxymethyl-4-phenyl-,
  — lacton **17** IV 6189
—, 3-[2,4-Dinitro-phenylhydrazono]-2-[2-hydroxy-phenyl]-,
  — lacton **17** IV 6179
—, 4-[2,4-Dinitro-phenylhydrazono]-4-[5-methyl-2,3-dihydro-benzofuran-7-yl]-,
  — methylester **18** IV 5547

Buttersäure   (Fortsetzung)

—, 4-[2,4-Dinitro-phenylhydrazono]-4-
[5-methyl-2,4-dioxo-tetrahydro-[3]furyl]-
18 IV 6130

—, 2-[2,4-Dinitro-
phenylhydrazonomethyl]-4-hydroxy-,
—   lacton **17** IV 5833

—, 2-[β-(2,4-Dinitro-phenylhydrazono)-4-
methyl-phenäthyl]-4-hydroxy-4,4-di-
p-tolyl-,
—   lacton **17** IV 6563

—, 3-[β-(2,4-Dinitro-phenylhydrazono)-4-
methyl-phenäthyl]-4-hydroxy-4,4-di-
p-tolyl-,
—   lacton **17** IV 6563

—, 4-[2,4-Dinitro-phenylhydrazono]-4-
[5-methyl-[2]thienyl]-,
—   methylester **18** IV 5435

—, 4-[2,4-Dinitro-phenylhydrazono]-4-
[5-oxo-tetrahydro-[3]furyl]-,
—   äthylester **18** IV 5972

—, 2-[β-(2,4-Dinitro-phenylhydrazono)-
phenäthyl]-4-hydroxy-4,4-diphenyl-,
—   lacton **17** IV 6559

—, 3-[2,4-Dinitro-phenylhydrazono]-2-
salicyl-,
—   lacton **17** IV 6191

—, 4-[2,4-Dinitro-phenylhydrazono]-4-
[2]thienyl-,
—   methylester **18** IV 5422

—, 4-[2,4-Dioxo-chroman-3-yl]- **18**
IV 6058

—, 2-[2,4-Dioxo-chroman-3-yl]-4-
[2-hydroxy-phenyl]-4-oxo- **18** IV 6647
—   äthylester **18** IV 6647
—   benzylester **18** IV 6648
—   butylester **18** IV 6648
—   isopropylester **18** IV 6648
—   methylester **18** IV 6647
—   propylester **18** IV 6648

—, 4-[2,4-Dioxo-chroman-3-yl]-4-oxo-
18 IV 6179
—   äthylester **18** IV 6179

—, 4-[2,5-Dioxo-tetrahydro-[3]furyl]- **18**
IV 5971

—, 3-[2,5-Dioxo-tetrahydro-[3]furyl]-3-
methyl- **18** 456 d

—, 4-[4,5-Dioxo-tetrahydro-[3]furyl]-4-
oxo-,
—   äthylester **18** IV 6128

—, 2,4-Dioxo-4-[2]thienyl- **18** 467 b
—   äthylester **18** 468 a

—, 2,4-Dioxo-4-[4,6,7-trimethoxy-
benzofuran-5-yl]-,
—   äthylester **18** IV 6665

—, 4-[9,10-Diphenyl-[2]anthryl]-4-
hydroxy-,
—   lacton **17** IV 5642

—, 4-[9,10-Diphenyl-[2]anthryl]-4-
hydroxy-4-phenyl-,
—   lacton **17** IV 5646

—, 4-[2,4-Dipropoxy-phenyl]-4-hydroxy-,
—   lacton **18** IV 1236

—, 4-[2,5-Dipropoxy-phenyl]-4-hydroxy-,
—   lacton **18** IV 1237

—, 4-[3,4-Dipropoxy-phenyl]-4-hydroxy-,
—   lacton **18** IV 1237

—, 4-[2,5-Dipropyl-[3]thienyl]- **18**
IV 4139

—, 4-[2,5-Dipropyl-[3]thienyl]-4-oxo- **18**
IV 5484

—, 2-Dodecyl-4-hydroxy-,
—   lacton **17** IV 4278

—, 4-[5-Dodecyl-[2]thienyl]- **18**
IV 4142

—, 4-[5-Dodecyl-[2]thienyl]-4-oxo- **18**
IV 5492

—, 2,3-Epithio-,
—   methylester **2** 411 a, **18** 263 a

—, 2,3-Epoxy- **18** 262 f, IV 3822
—   äthylester **18** 262 g, IV 3823
—   allylester **18** IV 3823
—   methylester **18** IV 3822

—, 3,4-Epoxy- **18** IV 3821
—   äthylester **18** 261 d,
IV 3821
—   methylester **18** IV 3821
—   propylester **18** IV 3822

—, 2,3-Epoxy-2,3-dimethyl-,
—   äthylester **18** 265 e, I 436 c,
IV 3843

—, 3,4-Epoxy-2,3-dimethyl-,
—   äthylester **18** IV 3840

—, 2,3-Epoxy-2-heptyl-3-methyl- **18**
IV 3866
—   äthylester **18** IV 3866

—, 2,3-Epoxy-2-hexyl-3-methyl- **18**
IV 3865
—   äthylester **18** IV 3865

—, 3,4-Epoxy-2-hydroxy-,
—   allylester **18** IV 4799

—, 3,4-Epoxy-2-hydroxy-3-methyl-,
—   äthylester **18** IV 4800

—, 2,3-Epoxy-2-isopropyl-,
—   methylester **18** IV 3850

—, 2,3-Epoxy-3-[4-isopropyl-phenyl]-,
—   äthylester **18** IV 4236

—, 2,3-Epoxy-4-[4-isopropyl-phenyl]-3-
methyl-,
—   äthylester **18** IV 4240

—, 2,3-Epoxy-3-[2-methoxycarbonyl-
cyclopentyl]-,
—   äthylester **18** IV 4473

—, 2,3-Epoxy-3-[6-methoxy-[2]naphthyl]-,
—   äthylester **18** IV 4958

—, 2,3-Epoxy-3-[3-methoxy-phenyl]-,
—   äthylester **18** IV 4880

Buttersäure (Fortsetzung)

—, 2,3-Epoxy-3-[4-methoxy-phenyl]-,
  — äthylester **18** IV 4880

—, 2,3-Epoxy-2-methyl- **18** 264 d
  — äthylester **18** 264 e

—, 2,3-Epoxy-3-methyl-2-nonyl-,
  — äthylester **18** IV 3867

—, 2,3-Epoxy-3-methyl-2-octyl-,
  — äthylester **18** IV 3866

—, 2,3-Epoxy-3-methyl-2-pentyl-,
  — äthylester **18** IV 3863

—, 2,3-Epoxy-3-methyl-4-phenoxy- **18**
  IV 4800
  — äthylester **18** IV 4801
  — amid **18** IV 4801

—, 2,3-Epoxy-2-methyl-3-phenyl-,
  — äthylester **18** 307 a
  — methylester **18** IV 4215

—, 2,3-Epoxy-3-methyl-4-phenyl-,
  — äthylester **18** IV 4213
  — amid **18** IV 4213

—, 3,4-Epoxy-2-methyl-4-phenyl- **18**
  IV 4213

—, 2,3-Epoxy-3-methyl-2-propyl-,
  — äthylester **18** IV 3857

—, 2,3-Epoxy-2-methyl-3-*p*-tolyl-,
  — äthylester **18** 307 e

—, 2,3-Epoxy-3-[1]naphthyl-,
  — äthylester **18** 313 c

—, 2,3-Epoxy-3-[2]naphthyl-,
  — äthylester **18** 313 d

—, 2,3-Epoxy-3-[3-nitro-phenyl]- **18**
  IV 4209
  — äthylester **18** IV 4209

—, 2,3-Epoxy-2-phenyl-,
  — äthylester **18** IV 4208
  — amid **18** IV 4208

—, 2,3-Epoxy-3-phenyl- **18** 305 i,
  I 441 g, II 275 g
  — äthylester **18** 306 b, I 442 b,
    II 275 h
  — amid **18** 306 c
  — dimethylamid **18** IV 4209
  — methylester **18** 306 a, I 442 a

—, 2,3-Epoxy-3-*p*-tolyl-,
  — äthylester **18** 306 e, IV 4214
  — isopropylester **18** IV 4214

—, 2,3-Epoxy-4,4,4-trifluor- **18**
  IV 3823
  — äthylester **18** IV 3823
  — amid **18** IV 3824

—, 4-Fluoren-9-yliden-4-hydroxy-,
  — lacton **17** IV 5503

—, 2-Formyl-4-hydroxy-,
  — lacton **17** IV 5833

—, 4-[5-Formyl-[2]thienyl]-,
  — äthylester **18** IV 5434

—, 2-[Furan-2-carbonyl]-,
  — äthylester **18** IV 5432

— amid **18** IV 5432
  — methylester **18** IV 5432

—, 3-[Furan-2-carbonylhydrazono]-,
  — äthylester **18** 280 f

—, 2-Furfuryl- **18** 299 f, II 273 f

—, 2-Furfuryl-3-methyl-,
  — ureid **18** IV 4125

—, 2-[2]Furyl- **18** IV 4105
  — amid **18** IV 4105

—, 4-[2]Furyl- **18** IV 4103
  — äthylester **18** IV 4103
  — amid **18** IV 4103
  — anilid **18** IV 4103

—, 4-[10-[2]Furyl-[9]anthryl]-4-oxo- **18**
  IV 5706
  — äthylester **18** IV 5706
  — benzylester **18** IV 5706
  — methylester **18** IV 5706

—, 3-[2]Furyl-2,4-dinitro-,
  — äthylester **18** IV 4105

—, 4-[2]Furyl-2,4-dioxo-,
  — äthylester **18** IV 6009

—, 3-[2]Furyl-2,4-diphenyl- **18** IV 4407
  — äthylester **18** IV 4408
  — amid **18** IV 4408

—, 4-[2]Furyl-4-hydrazono- **18** IV 5421

—, 3-[2]Furyl-3-hydroxy-,
  — äthylester **18** IV 4864

—, 4-[2]Furyl-2-hydroxyimino-4-oxo-,
  — äthylester **18** IV 6010

—, 2-[2]Furyl-3-hydroxy-3-phenyl- **18**
  IV 4953

—, 4-[2]Furyl-4-oxo- **18** IV 5421
  — äthylester **18** IV 5421

—, 4-[2]Furyl-4-oxo-2-semicarbazono-,
  — äthylester **18** IV 6010

—, 3-[2]Furyl-2-phenyl- **18** IV 4312
  — äthylester **18** IV 4312
  — amid **18** IV 4313

—, 4-[2]Furyl-4-semicarbazono- **18**
  IV 5421

—, 4-[2]Furyl-2-ureido-,
  — amid **18** IV 8202

—, 3-Glucopyranosyloxy-,
  — anilid **17** IV 3340

—, 2-Glykoloyl-3,3-dimethyl-,
  — lacton **17** IV 5863

—, 2-Glykoloyl-3-phenyl-,
  — lacton **17** IV 6198

—, 3-[Hepta-*O*-acetyl-cellobiosyloxy]-,
  — methylester **17** IV 3611

—, Heptafluor-,
  — dibenzofuran-2-ylamid **18**
    IV 7184

—, 3-Heptanoyl-4-hydroxy-2-oxo-4-
  phenyl-,
  — lacton **17** IV 6757

—, 2-Heptyl-4-hydroxy-,
  — lacton **17** IV 4261

Buttersäure (Fortsetzung)
—, 4-[5-Heptyl-2-methoxy-phenyl]-4-hydroxy-,
  — lacton **18** IV 238
—, 4-[4-Heptyloxy-3-methyl-phenyl]-4-hydroxy-,
  — lacton **18** IV 203
—, 4-[4-Heptyloxy-5,6,7,8-tetrahydro-[1]naphthyl]-4-hydroxy-,
  — lacton **18** IV 439
—, 4-[5-Heptyl-[2]thienyl]- **18** IV 4140
—, 4-[5-Heptyl-[2]thienyl]-4-oxo- **18** IV 5487
—, 2-Hexadecyl-4-hydroxy-4-[4-methoxy-phenyl]-,
  — lacton **18** IV 270
—, 4-[5-Hexadecyl-[2]thienyl]-4-hydroxy- **18** IV 4871
  — methylester **18** IV 4871
—, 4-[5-Hexadecyl-[2]thienyl]-4-oxo-,
  — methylester **18** IV 5493
—, Hexafluor-4-hydroxy-,
  — lacton **17** IV 4163
—, 4-[1,2,3,6,7,8-Hexahydro-pyren-4-yl]-4-hydroxy-,
  — lacton **17** IV 5486
—, 2-Hexanoyl-4-hydroxy-,
  — lacton **17** IV 5877
—, 3-Hexanoyl-4-hydroxy-2-oxo-,
  — lacton **17** IV 6688
—, 3-Hexanoyl-4-hydroxy-2-oxo-4-phenyl-,
  — lacton **17** IV 6756
—, 2-Hexanoyloxy-4-hydroxy-3,3-dimethyl-,
  — lacton **18** IV 24
—, 4-[5-Hexyl-2,4-dimethoxy-phenyl]-4-hydroxy-,
  — lacton **18** IV 1288
—, 2-Hexyl-4-hydroxy-,
  — lacton **17** IV 4252
—, 3-Hexyl-4-hydroxy-,
  — lacton **17** IV 4252
—, 2-Hexyl-4-hydroxy-4-[4-methoxy-phenyl]-,
  — lacton **18** IV 237
—, 4-[5-Hexyl-2-methoxy-phenyl]-4-hydroxy-,
  — lacton **18** IV 237
—, 4-[2-Hexyloxy-5-methyl-phenyl]-4-hydroxy-,
  — lacton **18** IV 204
—, 4-[4-Hexyloxy-2-methyl-phenyl]-4-hydroxy-,
  — lacton **18** IV 202
—, 4-[4-Hexyloxy-3-methyl-phenyl]-4-hydroxy-,
  — lacton **18** IV 203

—, 4-[4-Hexyloxy-phenyl]-4-hydroxy-,
  — lacton **18** IV 182
—, 4-[4-Hexyloxy-5,6,7,8-tetrahydro-[1]naphthyl]-4-hydroxy-,
  — lacton **18** IV 439
—, 2-[1-Hydrazono-äthyl]-4-hydroxy-3-oxo-,
  — lacton **17** I 281 g
—, 2-Hydrazono-4-hydroxy-3,3-dimethyl-,
  — lacton **17** IV 5848
—, 3-Hydroxy-,
  — lacton **17** I 130 d, II 286 e, IV 4167
—, 4-Hydroxy-, lacton s. a. Furan-2-on, Dihydro-
—, 2-[2-Hydroxy-äthyl]-3-[2-hydroxy-phenylimino]-,
  — lacton **17** IV 5841
—, 2-[2-Hydroxy-äthyl]-3-[3-hydroxy-phenylimino]-,
  — lacton **17** IV 5841
—, 2-[2-Hydroxy-äthyl]-3-[2-methoxy-phenylimino]-,
  — lacton **17** IV 5841
—, 2-[2-Hydroxy-äthyl]-3-[4-methoxy-phenylimino]-,
  — lacton **17** IV 5842
—, 2-[2-Hydroxy-äthyl]-4-[methyl-(4-nitro-benzoyl)-amino]-2-phenyl-,
  — lacton **18** IV 7915
—, 2-[2-Hydroxy-äthyl]-3-[1]naphthylimino-,
  — lacton **17** IV 5840
—, 2-[2-Hydroxy-äthyl]-3-[2]naphthylimino-,
  — lacton **17** IV 5841
—, 2-[2-Hydroxy-äthyl]-4-[4-nitro-benzoyloxy]-2-phenyl-,
  — lacton **18** IV 220
—, 2-[2-Hydroxy-äthyl]-3-[3-nitro-phenylimino]-,
  — lacton **17** IV 5840
—, 2-[2-Hydroxy-äthyl]-3-semicarbazono-,
  — lacton **17** IV 5844
—, 2-[2-Hydroxy-äthyl]-3-o-tolylimino-,
  — lacton **17** IV 5840
—, 2-[2-Hydroxy-äthyl]-3-p-tolylimino-,
  — lacton **17** IV 5840
—, 4-[5-Hydroxy-benzofuran-6-yl]-2,4-dioxo-,
  — äthylester **18** IV 6528
—, 4-[3-Hydroxy-benzo[b]thiophen-2-yl]-4-oxo- **18** IV 6381
—, 4-Hydroxy-2,3-bis-hydroxyimino-,
  — lacton **17** 552 c
—, 4-Hydroxy-3,3-bis-hydroxymethyl-,
  — lacton **18** IV 1116

Buttersäure (Fortsetzung)

—, 4-Hydroxy-4,4-bis-[2-methoxy-
   [1]naphthyl]-,
   — lacton 18 IV 1981
—, 4-Hydroxy-2,3-bis-[3-methoxy-4-(4-
   nitro-benzoyloxy)-benzyl]-,
   — lacton 18 IV 3240
—, 4-Hydroxy-2,4-bis-[4-methoxy-phenyl]-,
   — lacton 18 IV 1730
—, 4-Hydroxy-4,4-bis-[2-methoxy-phenyl]-,
   — lacton 18 IV 1728
—, 4-Hydroxy-4,4-bis-[4-methoxy-phenyl]-,
   — lacton 18 IV 1729
—, 4-Hydroxy-4,4-bis-[2-methoxy-phenyl]-
   2-methyl-,
   — lacton 18 IV 1744
—, 4-Hydroxy-4,4-bis-[2-methoxy-phenyl]-
   3-methyl-,
   — lacton 18 IV 1744
—, 4-Hydroxy-3,4-bis-[4-methoxy-phenyl]-
   2-oxo-,
   — lacton 18 IV 2751
—, 4-Hydroxy-4,4-bis-[2-methoxy-phenyl]-
   2-phenyl-,
   — lacton 18 IV 1953
—, 4-Hydroxy-4,4-bis-[4-methoxy-phenyl]-
   2-phenyl-,
   — lacton 18 IV 1953
—, 4-Hydroxy-4,4-bis-methylamino-,
   — lacton 17 I 228 g
—, 4-Hydroxy-3,4-bis-[3-nitro-phenyl]-,
   — 4-lacton 17 IV 6440
—, 4-Hydroxy-2,3-bis-[4-nitro-
   phenylhydrazono]-,
   — lacton 17 IV 6677
—, 4-Hydroxy-2,3-bis-phenylhydrazono-,
   — lacton 17 554 b, IV 6677
—, 4-Hydroxy-2,3-bis-o-tolylhydrazono-,
   — lacton 17 IV 6678
—, 4-[2-Hydroxy-caran-3-yl]-,
   — lacton 17 IV 4664
—, 3-[2-Hydroxy-cycloheptyl]-,
   — lacton 17 IV 4374
—, 3-[2-Hydroxy-cyclohex-1-enyl]-,
   — lacton 17 IV 4622
—, 3-[2-Hydroxy-cyclohex-2-enyl]-,
   — lacton 17 IV 4622
—, 2-[2-Hydroxy-cyclohexyl]-,
   — lacton 17 IV 4361
—, 3-[2-Hydroxy-cyclohexyl]-,
   — lacton 17 IV 4357
—, 2-[2-Hydroxy-cyclohexyl]-3-methyl-,
   — lacton 17 IV 4376
—, 2-[Hydroxy-cyclopentyl]-,
   — lacton 17 IV 4344
—, 3-[2-Hydroxy-cyclopentyl]-,
   — lacton 17 IV 4341
—, 3-[3-Hydroxy-cyclopentyl]-3-methyl-,
   — lacton 17 IV 4366

—, 3-[1-Hydroxy-decahydro-[2]naphthyl]-,
   — lacton 17 IV 4665
—, 4-[5-Hydroxy-2,3-dihydro-
   benzofuran-6-yl]-2,4-dioxo-,
   — äthylester 18 IV 6507
—, 4-[6-Hydroxy-2,3-dihydro-
   benzofuran-5-yl]-2,4-dioxo-,
   — äthylester 18 IV 6507
—, 3-[1-Hydroxy-3,4-dihydro-
   [2]naphthyl]-,
   — lacton 17 IV 5227
—, 3-Hydroxy-2,4-dimethoxy-,
   — lacton 18 89 c, I 345 b,
     II 54 e
—, 4-Hydroxy-2,3-dimethoxy-,
   — lacton 18 IV 1100
—, 3-[3-Hydroxy-4,6-dimethoxy-
   benzofuran-2-yl]- 18 IV 5093
   — äthylester 18 IV 5093
   — methylester 18 IV 5093
—, 4-[6-Hydroxy-4,7-dimethoxy-
   benzofuran-5-yl]-2,4-dioxo-,
   — äthylester 18 IV 6665
—, 4-Hydroxy-2,3-dimethoxy-2,4-
   diphenyl-,
   — lacton 18 IV 1729
—, 3-[2-Hydroxy-4,6-dimethoxy-3-oxo-
   2,3-dihydro-benzofuran-2-yl]-,
   — lacton 18 IV 3156
—, 3-[2-Hydroxy-4,5-dimethoxy-phenyl]-,
   — lacton 18 IV 1239
—, 4-[2-Hydroxy-4,6-dimethoxy-phenyl]-
   3-[4-methoxy-phenyl]-4-oxo-,
   — lacton 18 IV 3334
—, 3-Hydroxy-2,2-dimethyl-,
   — lacton 17 II 291 b
—, 4-Hydroxy-2,2-dimethyl-,
   — lacton 17 239 d, IV 4198
—, 4-Hydroxy-2,3-dimethyl-,
   — lacton 17 IV 4199
—, 4-Hydroxy-3,3-dimethyl-,
   — lacton 17 240 c, II 290 h,
     IV 4199
—, 3-[1-Hydroxy-2,2-dimethyl-
   cyclopentyl]-,
   — lacton 17 IV 4374
—, 3-[2-Hydroxy-3,5-dimethyl-4,6-
   dinitro-phenyl]-3-methyl-,
   — lacton 17 IV 5020
—, 4-Hydroxy-2,2-dimethyl-3,4-diphenyl-,
   — lacton 17 371 g
—, 4-Hydroxy-3,3-dimethyl-4,4-diphenyl-,
   — lacton 17 I 203 b
—, 4-Hydroxy-3,3-dimethyl-2-[4-nitro-
   benzoyloxy]-,
   — lacton 18 IV 24
—, 4-Hydroxy-3,3-dimethyl-2-[3-nitro-
   phenylhydrazono]-,
   — lacton 17 IV 5849

Buttersäure   (Fortsetzung)

—, 4-Hydroxy-3,3-dimethyl-2-[4-nitro-
    phenylhydrazono]-,
    – lacton **17** IV 5849
—, 4-Hydroxy-3,3-dimethyl-2-oxo-,
    – lacton **17** IV 5848
—, 4-Hydroxy-3,3-dimethyl-2-[2-oxo-
    bornan-10-sulfonyloxy]-,
    – lacton **18** IV 26
—, 4-[6-Hydroxy-1,5-dimethyl-3-oxo-
    phthalan-4-yl]- **18** IV 6332
    – äthylester **18** IV 6333
—, 4-Hydroxy-3,3-dimethyl-2-
    palmitoyloxy-,
    – lacton **18** IV 24
—, 4-Hydroxy-2,2-dimethyl-3-phenyl-,
    – lacton **17** IV 5004
—, 4-Hydroxy-2,2-dimethyl-4-phenyl-,
    – lacton **17** IV 5004
—, 4-Hydroxy-2,2-dimethyl-3-
    phenylhydrazono-,
    – lacton **17** 417 b
—, 4-Hydroxy-3,3-dimethyl-2-
    phenylhydrazono-,
    – lacton **17** IV 5848
—, 4-Hydroxy-2,2-dimethyl-3-
    phenylimino-,
    – lacton **17** 416 f
—, 4-[2-Hydroxy-3,5-dimethyl-phenyl]-2-
    [2-methoxycarbonyl-6,8-dimethyl-4-oxo-
    chroman-3-yl]-4-oxo-,
    – methylester **18** IV 6678
—, 3-[2-Hydroxy-3,5-dimethyl-phenyl]-3-
    methyl-,
    – lacton **17** IV 5020
—, 4-Hydroxy-3,3-dimethyl-2-
    propionyloxy-,
    – lacton **18** IV 24
—, 4-Hydroxy-3,3-dimethyl-2-
    salicyloyloxy-,
    – 4-lacton **18** IV 25
—, 4-Hydroxy-2,2-dimethyl-3-[5,6,7,8-
    tetrahydro-[2]naphthyl]-,
    – lacton **17** IV 5162
—, 4-Hydroxy-2,3-dimethyl-4-[2,3,4,5-
    tetramethyl-phenyl]-,
    – lacton **17** IV 5032
—, 3-Hydroxy-2,2-dimethyl-3-[2]thienyl-,
    – äthylester **18** IV 4869
—, 3-Hydroxy-2,2-dimethyl-3-[3]thienyl-,
    – äthylester **18** IV 4869
—, 4-Hydroxy-3,3-dimethyl-2-[toluol-4-
    sulfonyloxy]-,
    – lacton **18** IV 26
—, 4-Hydroxy-4,4-di-[1]naphthyl-2-
    phenyl-,
    – lacton **17** IV 5643
—, 4-Hydroxy-2,3-dioxo-,
    – lacton **17** IV 6676

—, 4-Hydroxy-2,3-dioxo-4-phenyl-,
    – lacton **17** IV 6738
—, 4-Hydroxy-2,2-diphenyl-,
    – lacton **17** IV 5359
—, 4-Hydroxy-2,4-diphenyl-,
    – lacton **17** 368 b, IV 5359
—, 4-Hydroxy-3,3-diphenyl-,
    – lacton **17** IV 5360
—, 4-Hydroxy-3,4-diphenyl-,
    – lacton **17** 367 i
—, 4-Hydroxy-4,4-diphenyl-,
    – lacton **17** 367 h, II 390 a,
    IV 5359
—, 4-Hydroxy-3,4-diphenyl-2-
    phenylhydrazono-,
    – lacton **17** 528 a
—, 4-Hydroxy-3,4-diphenyl-2-
    semicarbazono-,
    – lacton **17** I 269 b
—, 4-Hydroxy-2,3-diphenyl-4-*p*-tolyl-,
    – lacton **17** IV 5577
—, 4-Hydroxy-4,4-di-*m*-tolyl-,
    – lacton **17** IV 5393
—, 4-Hydroxy-4,4-di-*o*-tolyl-,
    – lacton **17** IV 5393
—, 4-Hydroxy-4,4-di-*p*-tolyl-,
    – lacton **17** 371 f
—, 4-Hydroxy-2,3-divanillyl-,
    – lacton **18** II 209 d
—, 4-Hydroxy-2,3-diveratryl-,
    – lacton **18** II 210 b, IV 3238
—, 4-Hydroxy-2-[2-hydroxy-äthyl]-,
    – lacton **18** IV 21
—, 4-Hydroxy-2-[2-hydroxy-äthyl]-2-
    phenyl-,
    – lacton **18** IV 220
—, 4-Hydroxy-2-hydroxyimino-,
    – lacton **17** I 226 e, IV 5815
—, 4-Hydroxy-3-hydroxyimino-,
    – lacton **17** 405 a
—, 4-Hydroxy-2-[1-hydroxyimino-äthyl]-
    3-oxo-,
    – lacton **17** I 281 f
—, 4-Hydroxy-2-[1-hydroxyimino-äthyl]-
    3-oxo-4-phenyl-,
    – lacton **17** IV 6745
—, 4-Hydroxy-2-hydroxyimino-3,3-
    dimethyl-,
    – lacton **17** IV 5848
—, 4-Hydroxy-3-hydroxyimino-2,2-
    dimethyl-,
    – lacton **17** 417 a
—, 4-Hydroxy-3-hydroxyimino-2-
    [*O*-methyl-*aci*-nitro]-,
    – lacton **17** 553 a
—, 4-Hydroxy-3-hydroxyimino-2-nitro-,
    – lacton **17** 406 e
—, 4-Hydroxy-2-hydroxyimino-3-oxo-,
    – lacton **17** 552 b, I 280 d

Buttersäure (Fortsetzung)

—, 4-Hydroxy-2-hydroxyimino-3-oxo-4-
phenyl-,
— lacton **17** 568 b

—, 4-Hydroxy-2-[β-hydroxyimino-
phenäthyl]-4,4-diphenyl-,
— lacton **17** IV 6559

—, 4-Hydroxy-3-hydroxyimino-2-
phenylhydrazono-,
— lacton **17** 554 a

—, 4-Hydroxy-2-[1-imino-äthyl]-3-oxo-,
— lacton **17** 556 b, I 281 d,
II 522 d

—, 3-Hydroxyimino-2-[2-hydroxy-5-
methoxy-3,4,6-trimethyl-benzyl]-,
— lacton **18** IV 1426

—, 3-Hydroxyimino-2-[2-hydroxy-phenyl]-,
— lacton **17** IV 6179

—, 4-Hydroxy-3-imino-2-methyl-,
— lacton **17** 413 a

—, 4-[5-(Hydroxyimino-methyl)-
[2]thienyl]- **18** IV 5434

—, 2-Hydroxyimino-4-oxo-4-[2]thienyl-
18 467 c

—, 4-[5-(1-Hydroxyimino-propyl)-
[2]thienyl]- **18** IV 5462

—, 3-Hydroxyimino-2-salicyl-,
— lacton **17** IV 6191

—, 4-Hydroxyimino-4-[2]thienyl- **18**
IV 5422

—, 4-[2-Hydroxyimino-4a,6a,7-trimethyl-
octadecahydro-naphth[2′,1′;4,5]indeno≠
[2,1-*b*]furan-8-yl]-2-methyl- **18** IV 5558

—, 3-Hydroxyimino-2-xanthen-9-yl-,
— anilid **18** IV 5671

—, 2-[1-Hydroxy-indan-2-yl]-4-phenyl-,
— lacton **17** IV 5482

—, 2-[2-Hydroxy-indan-1-yl]-4-phenyl-,
— lacton **17** IV 5482

—, 4-Hydroxy-4-[2-isobutoxy-5-methyl-
phenyl]-,
— lacton **18** IV 204

—, 4-Hydroxy-4-[4-isobutoxy-2-methyl-
phenyl]-,
— lacton **18** IV 201

—, 4-Hydroxy-4-[4-isobutoxy-3-methyl-
phenyl]-,
— lacton **18** IV 203

—, 4-Hydroxy-4-[4-isobutoxy-phenyl]-,
— lacton **18** IV 182

—, 4-Hydroxy-2-isobutyl-,
— lacton **17** IV 4229

—, 4-Hydroxy-2-isopentyl-,
— lacton **17** II 293 h, IV 4244

—, 4-Hydroxy-4-[2-isopentyloxy-5-
methyl-phenyl]-,
— lacton **18** IV 204

—, 4-Hydroxy-4-[4-isopentyloxy-2-
methyl-phenyl]-,
— lacton **18** IV 201

—, 4-Hydroxy-4-[4-isopentyloxy-3-
methyl-phenyl]-,
— lacton **18** IV 203

—, 4-Hydroxy-4-[4-isopentyloxy-phenyl]-,
— lacton **18** IV 182

—, 4-Hydroxy-2-isopentyl-4-phenyl-,
— lacton **17** 326 g

—, 4-Hydroxy-2-[4-isopropoxy-benzyl]-,
— lacton **18** IV 200

—, 4-Hydroxy-3-isopropyl-,
— lacton **17** IV 4215

—, 4-Hydroxy-2-[4-isopropyl-benzyl]-,
— lacton **17** IV 5023

—, 4-Hydroxy-4-[5-isopropyl-4-methoxy-
2-methyl-phenyl]-,
— lacton **18** IV 229

—, 4-Hydroxy-2-isopropyl-3-methyl-,
— lacton **17** IV 4231

—, 4-Hydroxy-3-isopropyl-2-methyl-,
— lacton **17** IV 4231

—, 3-[2-Hydroxy-6-isopropyl-3-methyl-
cycloheptyl]-,
— lacton **17** IV 4393

—, 3-[2-Hydroxy-3-isopropyl-6-methyl-
phenyl]-3-methyl-,
— lacton **17** IV 5029

—, 4-Hydroxy-4-[6-isopropyl-[2]naphthyl]-,
— lacton **17** IV 5286

—, 4-Hydroxy-3-[4-isopropyl-phenyl]-2-
oxo-4-phenyl-,
— lacton **17** 531 c

—, 4-Hydroxy-4-[4-isopropyl-phenyl]-2-
oxo-3-phenyl-,
— lacton **17** 531 d

—, 4-Hydroxy-3-isovaleryl-2-oxo-4-
phenyl-,
— lacton **17** IV 6753

—, 4-Hydroxy-2-jod-,
— lacton **17** IV 4164

—, 4-Hydroxy-2-[2-jod-äthyl]-,
— lacton **17** IV 4196

—, 4-Hydroxy-3-jod-2,2-dimethyl-,
— lacton **17** 240 b

—, 4-Hydroxy-3-jod-2-[4-methoxy-
benzyl]-4-[4-methoxy-phenyl]-,
— lacton **18** 124 b

—, 4-Hydroxy-3-jod-4-[4-methoxy-
phenyl]-,
— lacton **18** 22 a

—, 4-Hydroxy-3-jod-4-phenyl-,
— lacton **17** 320 b

—, 3-[2-Hydroxy-6-jod-3,4,5-trimethyl-
phenyl]-3-methyl-,
— lacton **17** IV 5025

—, 4-Hydroxy-3-lauroyl-2-oxo-4-phenyl-,
— lacton **17** IV 6763

Buttersäure (Fortsetzung)

—, 4-Hydroxy-2-linoleoyloxy-3,3-
dimethyl-,
 — lacton **18** IV 24

—, 4-Hydroxy-4-mesityl-4-methoxy-2-
phenyl-,
 — lacton **18** IV 676

—, 4-Hydroxy-3-methoxy-,
 — lacton **18** IV 6

—, 4-Hydroxy-4-methoxy-,
 — lacton **18** IV 7

—, 4-Hydroxy-2-[4-methoxy-benzyl]-,
 — lacton **18** IV 200

—, 4-Hydroxy-2-[4-methoxy-benzyl]-4-
[4-methoxy-phenyl]-,
 — lacton **18** 123 e

—, 4-Hydroxy-3-[4-methoxy-benzyl]-4-
[4-methoxy-phenyl]-2-oxo-,
 — lacton **18** IV 2774

—, 4-Hydroxy-3-[4-methoxy-benzyl]-2-
oxo-4-phenyl-,
 — lacton **18** IV 1858

—, 4-Hydroxy-3-[4-methoxy-benzyl]-2-
oxo-4-*p*-tolyl-,
 — lacton **18** IV 1868

—, 2-[2-Hydroxy-5-methoxy-benzyl]-3-
semicarbazono-,
 — lacton **18** IV 1398

—, 4-Hydroxy-4-[4-methoxy-biphenyl-3-
yl]-,
 — lacton **18** IV 650

—, 4-Hydroxy-4-[4-methoxy-biphenyl-3-
yl]-4-[2-methoxy-phenyl]-,
 — lacton **18** IV 1952

—, 4-Hydroxy-2-methoxy-3-methyl-,
 — lacton **18** IV 16

—, 4-Hydroxy-2-[2-methoxy-5-methyl-
phenyl]-,
 — lacton **18** IV 204

—, 4-Hydroxy-2-[4-methoxy-3-methyl-
phenyl]-,
 — lacton **18** IV 204

—, 4-Hydroxy-4-[2-methoxy-4-methyl-
phenyl]-,
 — lacton **18** IV 205

—, 4-Hydroxy-4-[2-methoxy-5-methyl-
phenyl]-,
 — lacton **18** IV 203

—, 4-Hydroxy-4-[4-methoxy-2-methyl-
phenyl]-,
 — lacton **18** IV 201

—, 4-Hydroxy-4-[4-methoxy-3-methyl-
phenyl]-,
 — lacton **18** IV 202

—, 4-Hydroxy-4-[2-methoxy-5-methyl-
phenyl]-4-[2-methoxy-phenyl]-,
 — lacton **18** IV 1744

—, 4-Hydroxy-4-[4-methoxy-3-methyl-
phenyl]-2-pentyl-,
 — lacton **18** IV 237

—, 4-Hydroxy-4-[4-methoxy-3-methyl-
phenyl]-2-propyl-,
 — lacton **18** IV 230

—, 4-Hydroxy-4-[2-methoxy-[1]naphthyl]-,
 — lacton **18** IV 577

—, 4-Hydroxy-4-[6-methoxy-[1]naphthyl]-,
 — lacton **18** IV 577

—, 4-Hydroxy-4-[6-methoxy-[2]naphthyl]-,
 — lacton **18** IV 578

—, 4-Hydroxy-3-[6-methoxy-[2]naphthyl]-
2,2-dimethyl-,
 — lacton **18** IV 580

—, 4-Hydroxy-4-[2-methoxy-5-pentyl-
phenyl]-,
 — lacton **18** IV 233

—, 4-Hydroxy-2-[2-methoxy-phenyl]-,
 — lacton **18** IV 184

—, 4-Hydroxy-2-[4-methoxy-phenyl]-,
 — lacton **18** IV 184

—, 4-[2-Hydroxy-5-methoxy-phenyl]-,
 — lacton **18** IV 185

—, 4-Hydroxy-4-[2-methoxy-phenyl]-,
 — lacton **18** IV 180

—, 4-Hydroxy-4-[4-methoxy-phenyl]-,
 — lacton **18** 21 d, I 303 e,
  IV 181

—, 4-Hydroxy-3-[4-methoxy-phenyl]-2,2-
dimethyl-,
 — lacton **18** IV 221

—, 4-Hydroxy-4-[4-methoxy-phenyl]-2,3-
dimethyl-,
 — lacton **18** IV 221

—, 4-Hydroxy-2-[4-methoxy-
phenylimino]-4-[4-nitro-phenyl]-,
 — lacton **17** IV 6173

—, 4-Hydroxy-2-[4-methoxy-
phenylimino]-4-phenyl-,
 — lacton **17** IV 6168

—, 4-Hydroxy-4-[4-methoxy-phenyl]-2-
[4-methoxy-phenylimino]-,
 — lacton **18** IV 1355

—, 4-Hydroxy-4-[4-methoxy-phenyl]-3-
methyl-,
 — lacton **18** IV 206

—, 4-Hydroxy-4-[4-methoxy-phenyl]-3-
[4-methyl-phenäthyl]-2-oxo-,
 — lacton **18** IV 1873

—, 4-Hydroxy-4-[4-methoxy-phenyl]-2-
[4-nitro-phenylimino]-,
 — lacton **18** IV 1355

—, 4-Hydroxy-4-[4-methoxy-phenyl]-3-
[4-nitro-phenyl]-2-oxo-,
 — lacton **18** IV 1831

—, 4-Hydroxy-3-[4-methoxy-phenyl]-2-
oxo-4-phenyl-,
 — lacton **18** 135 b,
  IV 1831

Buttersäure (Fortsetzung)

—, 4-Hydroxy-4-[4-methoxy-phenyl]-2-
oxo-3-phenyl-,
  — lacton **18** 135 a

—, 4-[5-Hydroxy-5-(4-methoxy-phenyl)-
2-oxo-tetrahydro-[3]furyl]- **10**
III 4745 b

—, 4-Hydroxy-4-[4-methoxy-phenyl]-2-
pentyl-,
  — lacton **18** IV 234

—, 4-Hydroxy-4-[2-methoxy-phenyl]-4-
phenyl-,
  — lacton **18** IV 651

—, 4-Hydroxy-4-[4-methoxy-phenyl]-2-
phenyl-,
  — lacton **18** IV 652

—, 4-Hydroxy-4-[4-methoxy-phenyl]-2-
phenylimino-,
  — lacton **18** IV 1354

—, 4-Hydroxy-4-[4-methoxy-phenyl]-2-
propyl-,
  — lacton **18** IV 225

—, 4-Hydroxy-4-[4-methoxy-phenyl]-2-
tetradecyl-,
  — lacton **18** IV 267

—, 4-Hydroxy-4-[2-methoxy-5-propyl-
phenyl]-,
  — lacton **18** IV 225

—, 4-Hydroxy-4-[4-methoxy-5,6,7,8-
tetrahydro-[1]naphthyl]-,
  — lacton **18** IV 438

—, 3-[2-Hydroxy-6-methoxy-3,4,5-
trimethyl-phenyl]-3-methyl-,
  — lacton **18** IV 233

—, 3-Hydroxy-2-methyl-,
  — lacton **17** II 289 h, IV 4185

—, 4-Hydroxy-2-methyl-,
  — lacton **17** 237 d, IV 4182

—, 4-Hydroxy-2-[1-methylamino-
äthyliden]-3-oxo-4-phenyl-,
  — lacton **17** IV 6745

—, 4-Hydroxy-2-[2-methylamino-äthyl]-
2-phenyl-,
  — lacton **18** IV 7914

—, 4-Hydroxy-2-[2-(*N*-methyl-anilino)-
äthyl]-2-phenyl-,
  — lacton **18** IV 7915

—, 4-Hydroxy-2-[4-methyl-benzyl]-,
  — lacton **17** IV 5001

—, 2-[2-Hydroxy-5-methyl-benzyl]-3-
semicarbazono-,
  — lacton **17** IV 6204

—, 4-Hydroxy-2-methyl-3,4-bis-
phenylcarbamoyl-,
  — lacton **18** IV 6118

—, 3-[2-Hydroxy-4-methyl-cyclohex-1-
enyl]-3-methyl-,
  — lacton **17** 304 a

—, 3-[2-Hydroxy-4-methyl-cyclohexyl]-,
  — lacton **17** IV 4375

—, 4-[1-Hydroxy-2-methyl-cyclohexyl]-,
  — lacton **17** IV 4373

—, 2-[2-Hydroxy-4-methyl-cyclohexyl]-3-
methyl-,
  — lacton **17** IV 4385

—, 3-[2-Hydroxy-4-methyl-cyclohexyl]-3-
methyl-,
  — lacton **17** 268 a

—, 4-Hydroxy-2-methyl-4,4-di-
[1]naphthyl-,
  — lacton **17** IV 5614

—, 3-Hydroxymethyl-2,4-dioxo-4-phenyl-,
  — lacton **17** IV 6740

—, 4-Hydroxy-2-methyl-4,4-diphenyl-,
  — lacton **17** IV 5381

—, 4-Hydroxy-2-methyl-4,4-di-*p*-tolyl-,
  — lacton **17** IV 5402

—, 4-Hydroxy-3-methyl-4,4-di-*p*-tolyl-,
  — lacton **17** IV 5402

—, 4-Hydroxy-2-[1-methylimino-äthyl]-3-
oxo-4-phenyl-,
  — lacton **17** IV 6745

—, 4-Hydroxy-2-methylmercapto-,
  — lacton **18** IV 5

—, 4-Hydroxy-4-methylmercapto-,
  — lacton **18** IV 8

—, 3-Hydroxymethyl-4-[4-methoxy-
phenyl]-2,4-dioxo-,
  — lacton **18** IV 2502

—, 2-Hydroxymethyl-3-methyl-2-phenyl-,
  — lacton **17** IV 5005

—, 3-Hydroxy-2-methyl-3-[3-methyl-
[2]thienyl]-,
  — äthylester **18** IV 4869

—, 4-Hydroxy-2-methyl-4-[2]naphthyl-,
  — lacton **17** IV 5281

—, 4-Hydroxy-2-methyl-2-[4-nitro-
benzoyloxy]-,
  — lacton **18** IV 15

—, 4-Hydroxy-2-[*O*-methyl-*aci*-nitro]-3-
oxo-,
  — lacton **17** 552 d

—, 4-Hydroxy-2-[4-methyl-3-nitro-
phenylimino]-4-phenyl-,
  — lacton **17** IV 6168

—, 3-Hydroxy-4-[4-methyl-oxetan-2-yl]-
18 II 294 f

—, 4-[7-Hydroxy-4-methyl-2-oxo-
2*H*-chromen-8-yl]-4-oxo- **18** IV 6530

—, 4-[4-Hydroxy-5-methyl-2-oxo-2,5-
dihydro-[3]furyl]- **18** IV 5976

—, 3-Hydroxymethyl-4-oxo-4-phenyl-,
  — lacton **17** IV 6189

—, 4-[6-Hydroxy-6-methyl-2-oxo-4-
phenyl-tetrahydro-pyran-3-yl]- **10**
III 3973 d

Buttersäure   (Fortsetzung)

—, 4-[4-Hydroxy-6-methyl-2-oxo-
2*H*-pyran-3-yl]-4-oxo- **18** IV 6144
  — äthylester **18** IV 6144
—, 4-Hydroxy-2-[4-methyl-phenacyl]-4,4-
di-*p*-tolyl-,
  — lacton **17** IV 6563
—, 4-Hydroxy-3-[4-methyl-phenacyl]-4,4-
di-*p*-tolyl-,
  — lacton **17** IV 6563
—, 2-Hydroxymethyl-2-phenyl-,
  — lacton **17** IV 4988
—, 3-[2-Hydroxy-4-methyl-phenyl]-,
  — lacton **17** IV 4993
—, 3-Hydroxymethyl-4-phenyl-,
  — lacton **17** IV 4986
—, 4-Hydroxy-2-methyl-3-phenyl-,
  — lacton **17** IV 4988
—, 4-Hydroxy-2-methyl-4-phenyl-,
  — lacton **17** II 346 k, IV 4988
—, 4-Hydroxy-3-methyl-4-phenyl-,
  — lacton **17** 323 b, IV 4987
—, 4-Hydroxy-2-methyl-3-
phenylhydrazono-,
  — lacton **17** 414 a
—, 4-Hydroxy-2-methyl-3-phenylimino-,
  — lacton **17** 413 b
—, 4-[2-Hydroxy-5-methyl-phenyl]-2-
[2-methoxycarbonyl-6-methyl-4-oxo-
chroman-3-yl]-4-oxo-,
  — methylester **18** IV 6678
—, 3-[2-Hydroxy-4-methyl-phenyl]-3-
[2-methoxy-4-methyl-phenyl]-,
  — lacton **18** IV 673
—, 3-[2-Hydroxy-4-methyl-phenyl]-3-
[2-methoxy-5-methyl-phenyl]-,
  — lacton **18** IV 672
—, 3-[2-Hydroxy-5-methyl-phenyl]-3-
[2-methoxy-4-methyl-phenyl]-,
  — lacton **18** IV 672
—, 3-[2-Hydroxy-5-methyl-phenyl]-3-
[2-methoxy-5-methyl-phenyl]-,
  — lacton **18** IV 672
—, 3-[2-Hydroxy-3-methyl-phenyl]-3-
methyl-,
  — lacton **17** IV 5009
—, 3-[2-Hydroxy-4-methyl-phenyl]-2-
methyl-,
  — lacton **17** IV 5009
—, 3-[2-Hydroxy-4-methyl-phenyl]-3-
methyl-,
  — lacton **17** IV 5009
—, 3-[2-Hydroxy-5-methyl-phenyl]-3-
methyl-,
  — lacton **17** IV 5009
—, 2-[2-Hydroxy-5-methyl-phenyl]-4-oxo-
2,4-diphenyl-,
  — lacton **17** II 515 a

—, 2-[2-Hydroxy-5-methyl-phenyl]-2-
phenyl-,
  — lacton **17** II 394 f
—, 3-Hydroxymethyl-4-phenyl-4-
phenylhydrazono-,
  — lacton **17** IV 6189
—, 3-Hydroxymethyl-4-phenyl-4-
semicarbazono-,
  — lacton **17** IV 6189
—, 4-Hydroxy-2-methyl-2-propionyl-,
  — lacton **17** IV 5863
—, 4-Hydroxy-4-[2-methyl-4-propoxy-
phenyl]-,
  — lacton **18** IV 201
—, 4-Hydroxy-4-[3-methyl-4-propoxy-
phenyl]-,
  — lacton **18** IV 202
—, 4-Hydroxy-4-[5-methyl-2-propoxy-
phenyl]-,
  — lacton **18** IV 203
—, 4-Hydroxy-2-methyl-2-
[1-semicarbazono-äthyl]-,
  — lacton **17** IV 5858
—, 2-Hydroxy-3-methyl-2-[2]thienyl- **18**
IV 4867
  — [2-diäthylamino-äthylester] **18**
IV 4867
—, 3-Hydroxy-2-methyl-3-[2]thienyl-,
  — äthylester **18** IV 4867
—, 3-Hydroxy-2-methyl-3-[3]thienyl-,
  — äthylester **18** IV 4867
—, 3-Hydroxy-3-[3-methyl-[2]thienyl]-,
  — äthylester **18** IV 4868
—, 4-Hydroxy-3-methyl-2-[toluol-4-
sulfonyloxy]-,
  — lacton **18** IV 17
—, 4-Hydroxy-3-methyl-2,4,4-triphenyl-,
  — lacton **17** I 221 b
—, 4-Hydroxy-4-[2]naphthyl-,
  — lacton **17** I 190 a
—, 4-Hydroxy-4-[1]naphthyl-2,4-
diphenyl-,
  — lacton **17** I 225 b
—, 4-Hydroxy-2-[1]naphthylhydrazono-3-
oxo-,
  — lacton **17** IV 6677
—, 4-Hydroxy-2-[2]naphthylhydrazono-3-
oxo-,
  — lacton **17** IV 6677
—, 4-Hydroxy-2-[2]naphthylimino-4-
phenyl-,
  — lacton **17** IV 6168
—, 3-[1-Hydroxy-[2]naphthyl]-3-methyl-,
  — lacton **17** IV 5282
—, 3-[2-Hydroxy-[1]naphthyl]-3-methyl-,
  — lacton **17** IV 5283
—, 4-Hydroxy-2-[1]naphthylmethyl-,
  — lacton **17** IV 5280

Buttersäure (Fortsetzung)

—, 4-Hydroxy-4-[1]naphthyl-3-[4-nitro-phenyl]-2-oxo-,
— lacton **17** IV 6535

—, 2-[2-Hydroxy-[1]naphthyl]-4-oxo-2,4-diphenyl-,
— lacton **17** II 519 b

—, 4-Hydroxy-2-[2]naphthyloxy-,
— lacton **18** IV 4

—, 2-[2-Hydroxy-[1]naphthyl]-2-phenyl-,
— lacton **17** II 414 d

—, 4-Hydroxy-2-[4-nitro-benzoyl]-,
— lacton **17** IV 6188

—, 4-Hydroxy-3-[4-nitro-phenyl]-,
— lacton **17** IV 4971

—, 4-Hydroxy-4-[4-nitro-phenyl]-,
— lacton **17** IV 4971 Anm.

—, 4-Hydroxy-4-[3-nitro-phenyl]-2,3-dioxo-,
— lacton **17** IV 6739

—, 4-Hydroxy-2-[2-nitro-phenylhydrazono]-,
— lacton **17** IV 5817

—, 4-Hydroxy-2-nitro-3-phenylhydrazono-,
— lacton **17** 407 a

—, 4-Hydroxy-2-[4-nitro-phenylhydrazono]-3-oxo-,
— lacton **17** IV 6676

—, 4-Hydroxy-3-[4-nitro-phenylhydrazono]-4-phenyl-2-phenylhydrazono-,
— lacton **17** IV 6170

—, 4-Hydroxy-2-[2-nitro-phenylimino]-4-phenyl-,
— lacton **17** IV 6167

—, 4-Hydroxy-2-[4-nitro-phenylimino]-4-phenyl-,
— lacton **17** IV 6167

—, 4-Hydroxy-3-[2-nitro-phenyl]-2-oxo-,
— lacton **17** IV 6175

—, 4-Hydroxy-4-[2-nitro-phenyl]-2-oxo-,
— lacton **17** IV 6172

—, 4-Hydroxy-3-[2-nitro-phenyl]-2-oxo-4-phenyl-,
— lacton **17** 528 b, II 499 g

—, 4-Hydroxy-3-[3-nitro-phenyl]-2-oxo-4-phenyl-,
— lacton **17** IV 6439

—, 4-Hydroxy-3-[4-nitro-phenyl]-2-oxo-4-phenyl-,
— lacton **17** IV 6440

—, 4-Hydroxy-4-[2-nitro-phenyl]-2-phenylhydrazono-,
— lacton **17** IV 6172

—, 4-Hydroxy-4-[4-nitro-phenyl]-2-phenylimino-,
— lacton **17** IV 6172

—, 4-Hydroxy-3-nonanoyl-2-oxo-4-phenyl-,
— lacton **17** IV 6760

—, 4-Hydroxy-2-nonyl-,
— lacton **17** IV 4271

—, 4-Hydroxy-2-octyl-,
— lacton **17** IV 4266

—, 4-Hydroxy-2-oxo-,
— lacton **17** I 226 d, IV 5815

—, 4-Hydroxy-3-oxo-,
— lacton **17** 403 e, I 227 b, II 429 b, IV 5817

—, 4-[4-Hydroxy-2-oxo-2*H*-chromen-3-yl]- **18** IV 6058

—, 2-[4-Hydroxy-2-oxo-2*H*-chromen-3-yl]-4-[2-hydroxy-phenyl]-4-oxo- **18** IV 6647
— äthylester **18** IV 6647
— benzylester **18** IV 6648
— butylester **18** IV 6648
— isopropylester **18** IV 6648
— methylester **18** IV 6647
— propylester **18** IV 6648

—, 2-[4-Hydroxy-2-oxo-2*H*-chromen-3-ylmercapto]- **18** IV 1338

—, 4-[4-Hydroxy-2-oxo-2*H*-chromen-3-yl]-4-oxo- **18** IV 6179
— äthylester **18** IV 6179

—, 4-Hydroxy-3-[x-oxo-cyclohexyl]-,
— lacton **17** IV 5949

—, 4-Hydroxy-4-[2-oxo-cyclohexyliden]-,
— lacton **17** IV 6010

—, 3-Hydroxy-4-oxo-2,4-diphenyl-,
— lacton **17** IV 6441

—, 4-Hydroxy-2-oxo-3,4-diphenyl-,
— lacton **17** 527 f, I 269 a, IV 6438

—, 4-Hydroxy-2-oxo-3-pentyl-,
— lacton **17** IV 5870

—, 4-Hydroxy-2-oxo-3-phenäthyl-4-phenyl-,
— lacton **17** IV 6458

—, 4-Hydroxy-2-oxo-3-phenäthyl-4-*p*-tolyl-,
— lacton **17** IV 6464

—, 4-Hydroxy-2-oxo-3-phenyl-,
— lacton **17** I 259 d, IV 6175

—, 4-Hydroxy-3-oxo-2-phenylhydrazono-,
— lacton **17** 553 b

—, 4-Hydroxy-2-oxo-4-phenyl-3-phenylacetyl-,
— lacton **17** IV 6792

—, 4-Hydroxy-3-oxo-4-phenyl-2-phenylhydrazono-,
— lacton **17** IV 6738

—, 4-Hydroxy-3-oxo-4-phenyl-2-[1-phenylhydrazono-äthyl]-,
— lacton **17** IV 6745

Buttersäure   (Fortsetzung)

—, 4-Hydroxy-3-oxo-4-phenyl-2-
[1-phenylimino-äthyl]-,
 — lacton **17** IV 6745

—, 4-Hydroxy-2-oxo-4-phenyl-3-
propionyl-,
 — lacton **17** I 285 d

—, 4-[4-(1-Hydroxy-3-oxo-phthalan-1-yl)-
phenyl]- **10** III 4015 f

—, 4-Hydroxy-2-oxo-3-propionyl-,
 — lacton **17** IV 6682

—, 4-Hydroxy-2-oxo-3-salicyloyl-,
 — 4-lacton **18** IV 2501

—, 4-Hydroxy-3-oxo-2-[1-semicarbazono-
äthyl]-,
 — lacton **17** I 282 b

—, 4-Hydroxy-4-[5-oxo-tetrahydro-
[2]furyl]-,
 — anilid **18** IV 6269
 — p-toluidid **18** IV 6269

—, 4-[5-(2-Hydroxy-5-oxo-tetrahydro-
[2]furyl)-6-methoxy-[1]naphthyl]- **10**
III 4776 b

—, 4-[2-Hydroxy-6-oxo-tetrahydro-
pyran-2-yl]- **3** 816 b, II 492 d,
III 1391 d

—, 4-Hydroxy-3-oxo-2-
m-tolylhydrazono-,
 — lacton **17** IV 6677

—, 4-Hydroxy-3-oxo-2-o-tolylhydrazono-,
 — lacton **17** IV 6676

—, 4-[1-Hydroxy-9-oxo-xanthen-2-yl]-2,4-
dioxo-,
 — äthylester **18** IV 6646

—, 4-Hydroxy-4-[4-pentyloxy-biphenyl-3-
yl]-,
 — lacton **18** IV 650

—, 4-Hydroxy-2-phenacyl-4,4-diphenyl-,
 — lacton **17** IV 6559

—, 4-Hydroxy-3-phenacyl-4,4-diphenyl-,
 — lacton **17** IV 6558

—, 4-Hydroxy-2-phenoxy-,
 — lacton **18** IV 3

—, 4-Hydroxy-4-phenoxy-,
 — lacton **18** IV 8

—, 4-Hydroxy-4-[4-phenoxy-phenyl]-,
 — lacton **18** IV 182

—, 3-[2-Hydroxy-phenyl]-,
 — lacton **17** IV 4977

—, 4-Hydroxy-2-phenyl-,
 — lacton **17** IV 4970

—, 4-[2-Hydroxy-phenyl]-,
 — lacton **17** IV 4973

—, 4-Hydroxy-3-phenyl-,
 — lacton **17** IV 4971

—, 4-Hydroxy-4-phenyl-,
 — lacton **17** 319 g, I 163 c,
II 340 e, IV 4970

—, 4-Hydroxy-2-[2-phenylcarbamoyloxy-
äthyl]-,
 — lacton **18** IV 21

—, 4-Hydroxy-2-phenyl-4,4-di-o-tolyl-,
 — lacton **17** IV 5578

—, 4-Hydroxy-2-phenyl-4,4-di-p-tolyl-,
 — lacton **17** IV 5578

—, 4-Hydroxy-2-phenylhydrazono-,
 — lacton **17** I 227 a, IV 5816

—, 4-Hydroxy-3-phenylhydrazono-,
 — lacton **17** 405 b

—, 3-[2-Hydroxy-phenyl]-3-[4-hydroxy-
phenyl]-,
 — 2-lacton **18** IV 658

—, 4-Hydroxy-2-phenylimino-,
 — lacton **17** IV 5818

—, 4-Hydroxy-3-phenylimino-,
 — lacton **17** 404 a, IV 5818

—, 4-Hydroxy-2-[1-phenylimino-äthyl]-,
 — lacton **17** IV 5838

—, 3-[2-Hydroxy-phenyl]-3-[4-methoxy-
phenyl]-,
 — lacton **18** IV 658

—, 3-[2-Hydroxy-phenyl]-3-methyl-,
 — lacton **17** IV 4993

—, 2-[2-Hydroxy-phenyl]-2-phenyl-,
 — lacton **17** II 391 g

—, 2-[2-Hydroxy-phenyl]-3-
phenylhydrazono-,
 — lacton **17** IV 6179

—, 4-Hydroxy-4-phenyl-2-
phenylhydrazono-,
 — lacton **17** IV 6170

—, 2-[2-Hydroxy-phenyl]-3-phenylimino-,
 — lacton **17** IV 6179

—, 4-Hydroxy-4-phenyl-2-phenylimino-,
 — lacton **17** IV 6166

—, 4-Hydroxy-2-[3-phenyl-propyl]-,
 — lacton **17** IV 5016

—, 4-Hydroxy-2-phenyl-2-
[2-propylamino-äthyl]-,
 — lacton **18** IV 7915

—, 4-Hydroxy-4-phenyl-2-
[1-semicarbazono-äthyl]-,
 — lacton **17** IV 6201

—, 3-Hydroxy-2-phenyl-3-[2]thienyl- **18**
IV 4953

—, 3-Hydroxy-3-phenyl-2-[2]thienyl- **18**
IV 4953

—, 4-Hydroxy-4-phenyl-2-p-tolylimino-,
 — lacton **17** IV 6167

—, 4-Hydroxy-2-propionyl-,
 — lacton **17** IV 5854

—, 4-Hydroxy-3-propoxy-,
 — lacton **18** IV 6

—, 4-Hydroxy-4-propoxy-,
 — lacton **18** IV 7

Buttersäure (Fortsetzung)

—, 4-Hydroxy-4-[4-propoxy-biphenyl-3-yl]-,
 — lacton **18** IV 650

—, 4-Hydroxy-4-[6-propoxy-[2]naphthyl]-,
 — lacton **18** IV 578

—, 4-Hydroxy-4-[4-propoxy-phenyl]-,
 — lacton **18** IV 181

—, 4-Hydroxy-4-[4-propoxy-5,6,7,8-tetrahydro-[1]naphthyl]-,
 — lacton **18** IV 439

—, 4-Hydroxy-2-propyl-,
 — lacton **17** IV 4214

—, 4-Hydroxy-3-propyl-,
 — lacton **17** IV 4215

—, 4-Hydroxy-4-pyren-1-yl-,
 — lacton **17** IV 5566

—, 4-Hydroxy-2-sulfooxy-3,3-dimethyl-,
 — lacton **18** IV 26

—, 2-[1-Hydroxy-1,2,3,4-tetrahydro-[2]naphthyl]-,
 — lacton **17** IV 5150

—, 3-[1-Hydroxy-1,2,3,4-tetrahydro-[2]naphthyl]-,
 — lacton **17** IV 5149

—, 3-[1-Hydroxy-5,6,7,8-tetrahydro-[2]naphthyl]-,
 — lacton **17** IV 5149

—, 3-[2-Hydroxy-5,6,7,8-tetrahydro-[1]naphthyl]-,
 — lacton **17** IV 5150

—, 3-[3-Hydroxy-5,6,7,8-tetrahydro-[2]naphthyl]-,
 — lacton **17** IV 5149

—, 4-[2-Hydroxy-5,6,7,8-tetrahydro-[1]naphthyl]-,
 — lacton **17** IV 5148

—, 4-[3-Hydroxy-5,6,7,8-tetrahydro-[2]naphthyl]-,
 — lacton **17** IV 5148

—, 4-Hydroxy-4-[5,6,7,8-tetrahydro-[2]naphthyl]-,
 — lacton **17** IV 5147

—, 2-[4-Hydroxy-tetrahydro-pyran-4-yl]-,
 — äthylester **18** IV 4812

—, 4-Hydroxy-2,2,4,4-tetraphenyl-,
 — lacton **17** IV 5627

—, 4-Hydroxy-2,3,4,4-tetraphenyl-,
 — lacton **17** 402 a

—, 3-Hydroxy-3-[2]thienyl-,
 — äthylester **18** IV 4864

—, 3-Hydroxy-3-[3]thienyl-,
 — äthylester **18** IV 4864

—, 2-[Hydroxy-[2]thienyl-methyl]-,
 — äthylester **18** IV 4866

—, 4-Hydroxy-2-thiocyanato-,
 — lacton **18** IV 5

—, 4-Hydroxy-4-p-tolyl-,
 — lacton **17** IV 4986

—, 4-Hydroxy-2-m-tolylhydrazono-,
 — lacton **17** IV 5817

—, 4-Hydroxy-2-o-tolylhydrazono-,
 — lacton **17** IV 5817

—, 4-Hydroxy-2-m-tolyloxy-,
 — lacton **18** IV 4

—, 4-Hydroxy-2-[2,4,5-trichlor-phenoxy]-,
 — lacton **18** IV 4

—, 4-Hydroxy-2-[3,4,5-trimethoxy-benzyl]-,
 — lacton **18** IV 2345

—, 4-Hydroxy-2,2,3-trimethyl-,
 — lacton **17** 243 a, IV 4219

—, 4-Hydroxy-2-trimethylammonio-,
 — lacton **18** IV 7831

—, 3-[2-Hydroxy-3,4,5-trimethyl-6-nitro-phenyl]-3-methyl-,
 — lacton **17** IV 5025

—, 4-[2-Hydroxy-4a,6a,7-trimethyl-octadecahydro-naphth[2′,1′;4,5]indeno≠[2,1-b]furan-8-yl]-2-methyl- **18** IV 4898

—, 4-Hydroxy-2,2,3-trimethyl-4-phenyl-,
 — lacton **17** IV 5018

—, 4-Hydroxy-2,2,3-trimethyl-4-phenylcarbamoyloxy-,
 — lacton **18** 5 a

—, 4-Hydroxy-2,2,4-triphenyl-,
 — lacton **17** 394 a

—, 4-Hydroxy-2,3,4-triphenyl-,
 — lacton **17** IV 5574

—, 4-Hydroxy-2,4,4-triphenyl-,
 — lacton **17** I 220 b, IV 5573

—, 4-Hydroxy-3,4,4-triphenyl-,
 — lacton **17** I 220 a, IV 5573

—, 4-Hydroxy-2-undecyl-,
 — lacton **17** IV 4275

—, 4-Hydroxy-2-vanillyl-3-veratryl-,
 — lacton **18** II 210 a

—, 4-Hydroxy-3-veratroyl-,
 — lacton **18** IV 2402

—, 4-Hydroxy-2-veratryl-,
 — lacton **18** IV 1249

—, 4-Hydroxy-3-veratryl-,
 — lacton **18** IV 1249

—, 3-Indan-5-yl-2-salicyloyl-,
 — lacton **17** IV 6495

—, 4-[5-Isopentyl-[2]thienyl]- **18** IV 4137

—, 4-[5-Isopentyl-[2]thienyl]-4-oxo- **18** IV 5477

—, 3-[5-Isopropyl-2-oxo-2,3-dihydro-[3]furyl]- **18** IV 5366

—, 3-Mannopyranosylimino-,
 — äthylester **18** IV 7523

—, 4-Mercapto-,
 — lacton **17** IV 4164

Buttersäure (Fortsetzung)
—, 4-[2-Methoxyacetoxy-3,5-dimethyl-
phenyl]-2-[2-methoxycarbonyl-6,8-
dimethyl-4-oxo-chroman-3-yl]-4-oxo-,
— methylester **18** IV 6678
—, 4-[6-Methoxy-benzofuran-3-yl]- **18**
IV 4933
—, 4-[2-Methoxy-dibenzofuran-3-yl]-
18 IV 4978
—, 4-[4-Methoxy-dibenzofuran-1-yl]-
18 IV 4978
—, 4-[2-Methoxy-dibenzofuran-3-yl]-4-
oxo- **18** IV 6418
—, 4-[4-Methoxy-dibenzofuran-1-yl]-4-
oxo- **18** IV 6418
—, 4-[6-Methoxy-1,5-dimethyl-3-oxo-
phthalan-4-yl]- **18** IV 6333
— methylester **18** IV 6333
—, 3-[8-Methoxy-6-methoxycarbonyl-
6,9,9b-trimethyl-7-oxo-1,2,3a,4,5,6,6a,7,⇄
9a,9b-decahydro-benzo[de]chromen-5-yl]-
18 IV 6589
— methylester **18** IV 6590
—, 4-[4-Methoxy-3-nitro-dibenzofuran-1-
yl]- **18** IV 4978
—, 4-[4-Methoxy-2-oxo-2H-chromen-3-
yl]-,
— methylester **18** IV 6383
—, 4-[5-(4-Methoxy-phenyl)-2-oxo-
tetrahydro-furan-3-yl]- **18** IV 6332
—, 3-Methyl- s. a. Isovaleriansäure
—, 4-[5-(2-Methyl-decyl)-[2]thienyl]- **18**
IV 4141
—, 4-[5-(2-Methyl-decyl)-[2]thienyl]-4-
oxo- **18** IV 5490
—; 4-[8-Methyl-dibenzofuran-2-yl]- **18**
IV 4380
—, 4-[2-Methyl-dibenzofuran-3-yl]-4-oxo-
18 IV 5673
—, 4-[8-Methyl-dibenzofuran-2-yl]-4-oxo-
18 IV 5673
—, 4-[5-Methyl-2,3-dihydro-benzofuran-
7-yl]- **18** IV 4238
— amid **18** IV 4238
—; 4-[5-Methyl-2,3-dihydro-benzofuran-
7-yl]-4-oxo- **18** IV 5546
— methylester **18** IV 5546
—, 4-[6-Methyl-2,4-dioxo-3,4-dihydro-
2H-pyran-3-yl]-4-oxo- **18** IV 6144
— äthylester **18** IV 6144
—, 4-[5-Methyl-2,4-dioxo-tetrahydro-
[3]furyl]- **18** IV 5976
—, 4-[5-Methyl-2,4-dioxo-tetrahydro-
[3]furyl]-4-oxo- **18** IV 6130
—, 4-[4-Methyl-2,6-dioxo-tetrahydro-
pyran-4-yl]- **18** II 352 d
—, 4-[5-Methyl-[2]furyl]- **18** IV 4116
—, 2-Methyl-4-[4-methyl-2,5-dioxo-
tetrahydro-[3]furyl]- **18** IV 5979

—, 2-Methyl-4-[6-methyl-2-oxo-
2H-chromen-3-yl]- **18** I 497 g
—, 2-Methyl-4-[2-oxo-2H-chromen-3-yl]-
18 I 497 d
—, 2-[2-Methyl-5-oxo-tetrahydro-
[2]furyl]-,
— äthylester **18** IV 5310
—, 2-Methyl-4-oxo-4-[2]thienyl- **18**
IV 5433
—, 2-Methyl-4-tetrahydro[2]furyl- **18**
IV 3860
— [1]naphthylamid **18** IV 3860
—, 2-Methyl-4-[2]thienyl- **18** IV 4115
—, 3-Methyl-2-[2]thienyl- **18** IV 4116
— [2-diäthylamino-äthylester] **18**
IV 4116
—, 3-Methyl-4-[2]thienyl- **18** IV 4115
— äthylester **18** IV 4115
— amid **18** IV 4115
—, 4-[5-Methyl-[2]thienyl]- **18** IV 4116
— amid **18** IV 4116
—, 4-[5-Methyl-[2]thienyl]-4-oxo- **18**
IV 5434
— methylester **18** IV 5434
—, 4-[5-Methyl-[2]thienyl]-4-
semicarbazono- **18** IV 5434
—, 2-Methyl-4-[2,3,6-trimethyl-6-(2-oxo-
2H-chromen-7-yloxymethyl)-cyclohex-2-
enyl]- **18** IV 300
—, 2-Methyl-4-[4a,6a,7-trimethyl-2-oxo-
octadecahydro-naphth[2′,1′;4,5]indeno⇄
[2,1-b]furan-8-yl]- **18** IV 5558
— methylester **18** IV 5559
—, 2-Methyl-4-[4a,6a,7-trimethyl-2-
semicarbazono-octadecahydro-naphth⇄
[2′,1′;4,5]indeno[2,1-b]furan-8-yl]- **18**
IV 5559
—, 3-Methyl-2-xanthen-9-yl- **18** 315 l
—, 2-[5-[2]Naphthyl-2-oxo-[3]furyliden]-
4-oxo-4-phenyl- **18** IV 6111
—, 4-[1]Naphthyl-3-oxo-2-salicyloyl-,
— lacton **17** IV 6810
—, 4-Oxiranyl-,
— allylester **18** IV 3840
—, 3-Oxo- s. Acetessigsäure
—, 3-[2-Oxo-2H-chromen-6-ylimino]-,
— äthylester **18** IV 7923
—, 3-[3-(2-Oxo-2H-chromen-3-yl)-
phenylimino]-,
— äthylester **18** IV 8006
—, 3-[4-(2-Oxo-2H-chromen-3-yl)-
phenylimino]-,
— äthylester **18** IV 8007
—, 4-Oxo-4-[3-oxo-2,3-dihydro-benzo[b]⇄
thiophen-2-yl]- **18** IV 6381
—, 4-Oxo-2-[2-oxo-5-phenyl-[3]furyliden]-
4-phenyl- **18** IV 6105
—, 4-Oxo-3-[5-oxo-2-phenyl-tetrahydro-
[2]furyl-4-phenyl- **18** 479 d

Buttersäure　(Fortsetzung)
—, 4-Oxo-4-[5-oxo-tetrahydro-[3]furyl]-,
　— äthylester **18** IV 5972
　— methylester **18** IV 5972
—, 4-Oxo-2-[2-oxo-5-*p*-tolyl-[3]furyliden]-
　4-*p*-tolyl- **18** IV 6106
—, 4-Oxo-4-[5-phenäthyl-[2]thienyl]- **18**
　IV 5645
—, 4-[5-Oxo-2-phenyl-tetrahydro-
　[3]furyl]-4-phenyl- **18** 443 e
—, 4-Oxo-4-[5-phenyl-[2]thienyl]- **18**
　IV 5641
—, 4-[2-Oxo-6-propyl-2*H*-pyran-3-yl]-
　18 IV 5464
—, 4-[2-Oxo-6-propyl-tetrahydro-pyran-
　3-yl]- **18** IV 5319
—, 4-Oxo-4-selenophen-2-yl- **18**
　IV 5423
—, 4-Oxo-4-[4,5,6,7-tetrahydro-benzo[*b*]⚊
　thiophen-2-yl]- **18** IV 5502
　— methylester **18** IV 5502
—, 4-Oxo-4-[5,6,7,8-tetrahydro-
　4*H*-cyclohepta[*b*]thiophen-2-yl]- **18**
　IV 5504
　— methylester **18** IV 5504
—, 4-Oxo-4-[6,7,8,9-tetrahydro-
　dibenzofuran-2-yl]- **18** II 340 c
　— äthylester **18** II 340 d
—, 4-[2-Oxo-tetrahydro-[3]furyl]- **18**
　IV 5294
　— äthylester **18** IV 5294
　— diphenylamid **18** IV 5295
　— methylester **18** IV 5294
—, 4-[5-Oxo-tetrahydro-[2]furyl]- **18**
　IV 5293
　— äthylester **18** IV 5294
　— anilid **18** IV 5294
　— [4-brom-phenacylester] **18**
　　IV 5294
　— methylester **18** IV 5293
　— *p*-toluidid **18** IV 5294
—, 4-[5-Oxo-tetrahydro-[3]furyl]-4-
　semicarbazono-,
　— äthylester **18** IV 5972
—, 4-[3-Oxo-tetrahydro-[2]thienyl]- **18**
　IV 5293
—, 4-Oxo-4-[2]thienyl- **18** IV 5421
　— methylester **18** IV 5422
—, 4-Oxo-4-thiochroman-6-yl- **18**
　IV 5545
—, 4-Oxo-4-thioxanthen-2-yl- **18**
　IV 5671
—, 4-Oxo-4-[5-*p*-tolyl-[2]thienyl]- **18**
　IV 5644
—, 4-Oxo-4-[5-undecyl-[2]thienyl]- **18**
　IV 5490
—, 4-Oxo-4-xanthen-2-yl- **18** IV 5670

—, 4,4′-Oxy-di-,
　— bis-tetrahydrofurfurylester **17**
　　IV 1118
—, 4-[5-Phenäthyl-[2]thienyl]- **18**
　IV 4319
—, 2-Phenyl-,
　— xanthen-9-ylamid **18** IV 7219
—, 3-Phenylhydrazono-2-xanthen-9-yl-,
　— anilid **18** IV 5672
　— *o*-toluidid **18** IV 5672
　— *p*-toluidid **18** IV 5672
—, 4-Phenyl-2-phthalidyl-,
　— äthylester **18** I 503 d
—, 3-Phenyl-2-salicyloyl-,
　— lacton **17** IV 6453
—, 4-Phenyl-2-salicyloyl-,
　— lacton **17** IV 6453
—, 4-[5-Phenyl-[2]thienyl]- **18** IV 4313
—, 4-Phenyl-2-[2]thienylmethyl- **18**
　IV 4315
　— [2-diäthylamino-äthylester] **18**
　　IV 4315
—, 4-[5-Propionyl-[2]thienyl]- **18**
　IV 5462
　— äthylester **18** IV 5462
—, 2-[Propyl-(tetrahydro-pyran-4-
　carbonyl)-amino]-,
　— dimethylamid **18** IV 3837
—, 2-Salicyloyl-,
　— lacton **17** IV 6191
—, 2-Salicyl-3-semicarbazono-,
　— lacton **17** IV 6192
—, 4-[5-Semicarbazonomethyl-[2]thienyl]-,
　— äthylester **18** IV 5434
—, 4-[5-(1-Semicarbazono-propyl)-
　[2]thienyl]- **18** IV 5462
　— äthylester **18** IV 5462
—, 4-Semicarbazono-4-[4,5,6,7-
　tetrahydro-benzo[*b*]thiophen-2-yl]- **18**
　IV 5502
—, 4-Semicarbazono-4-[5,6,7,8-
　tetrahydro-4*H*-cyclopenta[*b*]thiophen-2-yl]-
　18 IV 5504
—, 4-[3-Semicarbazono-tetrahydro-
　[2]thienyl]- **18** IV 5293
—, 4-Semicarbazono-4-[2]thienyl-,
　— methylester **18** IV 5422
—, 3-[Tetra-*O*-acetyl-glucopyranosyloxy]-,
　— äthylester **17** IV 3340
　— anilid **17** IV 3340
　— methylester **17** IV 3340
—, 4-[4,5,6,7-Tetrahydro-benzo[*b*]⚊
　thiophen-2-yl]- **18** IV 4192
—, 4-[6,7,8,9-Tetrahydro-dibenzofuran-2-
　yl]- **18** II 279 a
　— äthylester **18** II 279 b
　— hydrazid **18** II 279 c

Buttersäure   (Fortsetzung)
—, 2-Tetrahydrofurfuryl-,
   — [3-(4-äthyl-5-oxo-tetrahydro-
      [2]furyl)-propylester] **18** IV 3860
—, 3-Tetrahydro[2]furyl-,
   — äthylester **18** IV 3855
—, 4-Tetrahydro[2]furyl- **18** IV 3854
   — äthylester **18** IV 3854
   — amid **18** IV 3855
   — methylester **18** IV 3854
—, 2-Tetrahydropyran-4-yl- **18** IV 3858
   — äthylester **18** IV 3858
   — anilid **18** IV 3858
—, 3-Tetrahydropyran-4-yl- **18** IV 3858
   — äthylester **18** IV 3858
—, 2-Tetrahydropyran-4-yliden-,
   — äthylester **18** IV 3900
—, 4-Tetrahydro[2]thienyl-,
   — methylester **18** IV 3855
—, 3-[2]Thienyl-,
   — äthylester **18** IV 4105
—, 4-[2]Thienyl- **18** IV 4104
   — äthylester **18** IV 4104
   — amid **18** IV 4105
   — [4-brom-phenacylester] **18**
      IV 4104
—, 2-[3]Thienylmercapto- **18** IV 8462
   — äthylester **18** IV 8462
   — amid **18** IV 8462
—, 4-[2]Thienyl-4-thiosemicarbazono-
   18 IV 5422
—, 4-[2]Thienyl-4-[toluol-4-
   sulfonylamino]- **18** IV 8201
—, 4-Thiochroman-6-yl- **18** IV 4237
   — amid **18** IV 4237
—, 2-[Thiophen-2-carbonyl]-,
   — äthylester **18** IV 5432
—, 3-[Thiophen-2-carbonylhydrazono]-,
   — äthylester **18** 291 g
—, 4-[5-*p*-Tolyl-[2]thienyl]- **18** IV 4318
—, 3-[O^2,O^3,O^6-Triacetyl-O^4-(tetra-
   O-acetyl-glucopyranosyl)-
   glucopyranosyloxy]-,
   — methylester **17** IV 3611
—, 2,2,3-Tribrom-4-hydroxy-,
   — lacton **17** IV 4164
—, 2,3,3-Tribrom-4-hydroxy-,
   — lacton **17** 234 d
—, 4,4,4-Trichlor-2,3-epoxy-,
   — äthylester **18** IV 3824
—, 2,3,4-Trihydroxy-,
   — 4-lacton **18** 78 e, 79 b, I 341 b,
      II 54 d, IV 1099
—, 2,3,4-Trihydroxy-2,4-diphenyl-,
   — 4-lacton **18** IV 1729
—, 2,3,4-Trihydroxy-4-phenyl-,
   — 4-lacton **18** 92 b, I 346 g

—, 3-[2,3,4-Trihydroxy-phenyl]-,
   — 2-lacton **18** IV 1239
—, 3-[2,4,5-Trihydroxy-phenyl]-,
   — 2-lacton **18** IV 1239
—, 4-[1,1,5-Trimethyl-3-oxo-phthalan-4-
   yl]- **18** II 335 e
   — amid **18** II 336 a
—, 4-[5-Undecyl-[2]thienyl]- **18** IV 4141
—, 2-Xanthen-9-yl- **18** IV 4380
   — [2-diäthylamino-äthylester] **18**
      IV 4380
   — [2-(diäthyl-methyl-ammonio)-
      äthylester] **18** IV 4380
Butylamin
—, 1-[2]Furyl- **18** IV 7142
—, 4-[2]Furyl- **18** IV 7143
—, 1-[2]Furyl-3-methyl- **18** IV 7145
—, 4-Tetrahydro[2]furyl- **18** IV 7056
—, 2-Tetrahydropyran-4-yl- **18** IV 7058
α-**Butylenoxid** **17** II 17 e
α-**Butylensulfid** **17** II 17 f
Butyraldehyd
   — difurfuryldithioacetal **17** IV 1256
   — di-[3]thienyldithioacetal **17**
      IV 1237
—, 2-[α-Äthoxy-furfuryl]- **18** IV 119
—, 3,4-Dihydroxy-2-[3,4,5-trihydroxy-6-
   hydroxymethyl-tetrahydro-pyran-2-yloxy]-
   17 IV 3025
—, 2,3-Epoxy- **17** IV 4168
   — diäthylacetal **17** IV 4168
—, 2,3-Epoxy-4-hydroxy-2,4-diphenyl-
   19 55
—, *erythro*-2-Galactopyranosyloxy-3,4-
   dihydroxy- **17** IV 3025
—, 2-Glucopyranosyloxy-3,4-dihydroxy-
   17 IV 3025
—, 2-[3-Hydroxymethyl-2-oxo-
   tetrahydro-pyran-4-yl]- **18** IV 1136
—, 3-Methyl- s. a. Isovaleraldehyd
—, 3-[5-Methyl-[2]furyl]- **17** IV 4590
   — [2,4-dinitro-phenylhydrazon] **17**
      IV 4590
—, 3-[3]Thienylmercapto- **17** IV 1238
—, 2,3,4-Trihydroxy-,
   — [3,4-dihydroxy-tetrahydro-
      [2]furylimin] **18** IV 7399
Butyramid
—, 4-Benzo[*b*]thiophen-3-yl- **18** IV 4280
—, *N*-Butyl-*N*-tetrahydrofurfuryl- **18**
   IV 7040
—, 4-Chroman-6-yl- **18** IV 4236
—, *N*-Cyclohexyl-*N*-tetrahydrofurfuryl-
   18 IV 7040
—, 4-Dibenzothiophen-2-yl- **18** IV 4378
—, 2-[2]Furyl- **18** IV 4105
—, 4-[2]Furyl- **18** IV 4103
—, 4-[2]Thienyl- **18** IV 4105

Butyramid (Fortsetzung)

—, *N*-[2]Thienyl- **17** I 137 c

—, *N*-[3*H*-[2]Thienyliden]- **17** I 137 c

—, 4-Thiochroman-6-yl- **18** IV 4237

—, *N*-Xanthen-9-yl- **18** 588 c, IV 7216

Butyrat

—, Furfuryl- **17** IV 1247

Butyrimidsäure

—, 2-Benzolsulfonyl-4-hydroxy-2-phenyl-,
　　— lacton **18** IV 183

—, 2-Brom-4-hydroxy-3-oxo-,
　　— lacton **17** I 227 e

—, 2-[4-Chlor-phenyl]-4-hydroxy-2-
　　methansulfonyl-,
　　— lacton **18** IV 183

—, 2-[3,4-Dichlor-phenyl]-4-hydroxy-2-
　　methansulfonyl-,
　　— lacton **18** IV 184

—, 2,4-Dihydroxy-3,3-dimethyl-,
　　— 4-lacton **18** IV 28

—, 2,4-Dihydroxy-3,3-dimethyl-
　　N-phenyl-,
　　— 4-lacton **18** IV 28

—, 4-Hydroxy-,
　　— lacton **17** IV 4163

—, 4-Hydroxy-2,2-diphenyl-,
　　— lacton **17** IV 5359

—, 4-Hydroxy-2-[2-hydroxy-äthyl]-2-
　　phenyl-,
　　— lacton **18** IV 220

—, 4-Hydroxy-2-hydroxyimino-3-oxo-,
　　— lacton **17** I 280 e

—, 4-Hydroxy-2-nitro-3-oxo-,
　　— lacton **17** I 227 f

—, 4-Hydroxy-2-nitro-3-
　　phenylhydrazono-,
　　— lacton **17** I 228 a

—, 4-Hydroxy-3-oxo-,
　　— lacton **17** I 227 c

β-**Butyrolacton 17** I 130 d, II 286 e,
　　IV 4167

γ-**Butyrolacton 17** 234 b, I 130 c,
　　II 286 b, IV 4159; s. a. unter Furan-2-on,
　　Dihydro-

Butyronitril

—, 2-Äthyl-2,3-epoxy- **18** IV 3841

—, 4-Benzofuran-2-yl-4-oxo- **18**
　　IV 5609

—, 3-Benzyl-2,3-epoxy-4-phenyl- **18**
　　IV 4379

—, 2-Cyclohexyl-4-dimethylamino-2-
　　[2]thienyl- **18** IV 8211

—, 2-Cyclopent-1-enyl-4-dimethylamino-
　　2-[2]thienyl- **18** IV 8213

—, 4-Diäthylamino-3-
　　diäthylaminomethyl-2-furfuryl-2-phenyl-
　　18 IV 8220

—, 4-Diäthylamino-2-[2]thienyl- **18**
　　IV 8202

—, 4-[2,3-Dihydro-benzofuran-2-yl]- **18**
　　IV 4233

—, 4-Dimethylamino-2-[2]furyl-2-
　　hydroxy- **18** IV 8240

—, 4-Dimethylamino-2-[2]thienyl- **18**
　　IV 8202

—, 2-[2,6-Dioxo-tetrahydro-pyran-4-yl]-
　　3-methyl- **18** IV 5978

—, 2,3-Epoxy- **18** IV 3823

—, 3,4-Epoxy- **18** IV 3822

—, 2,3-Epoxy-2,3-dimethyl- **18** IV 3843

—, 2,3-Epoxy-2-isopropyl-3-methyl- **18** IV 3858

—, 2,3-Epoxy-2-methyl- **18** II 262 e,
　　IV 3832

—, 2,3-Epoxy-3-phenyl- **18** IV 4209

—, 3,4-Epoxy-2-phenyl- **18** IV 4207

—, 4-[2]Furyl- **18** IV 4104

—, 3-[2]Furyl-2,4-diphenyl- **18** IV 4408

—, 4-[2]Furyl-4-oxo- **18** IV 5421

—, 3-[2]Furyl-2-phenyl- **18** IV 4313

—, 2-Glucopyranosyloxy-2-methyl- **17**
　　IV 3341

—, 4-[5-Methyl-[2]furyl]- **18** IV 4116

—, 2-Methyl-4-[6-methyl-2-oxo-
　　2*H*-chromen-3-yl]- **18** I 497 h

—, 2-Methyl-4-[2-oxo-2*H*-chromen-3-yl]-
　　18 I 497 e

—, 2-Methyl-2-[tetra-*O*-acetyl-
　　glucopyranosyloxy]- **17** IV 3341

—, 4-[2-Oxo-3-phenyl-2,3-dihydro-
　　benzofuran-3-yl]- **18** IV 5676

—, 4-[5-Oxo-tetrahydro-[2]furyl]- **18**
　　IV 5294

—, 4-Oxo-4-[2]thienyl- **18** IV 5422

—, 4-Tetrahydro[2]furyl- **18** IV 3855

—, 4-[1,1,5-Trimethyl-3-oxo-phthalan-4-
　　yl]- **18** II 336 b

α-**Butyrothienon 17** II 318 e

Butyrylchlorid

—, 4-[5-Äthyl-4-methyl-[2]thienyl]- **18**
　　IV 4131

—, 4-[5-Chlor-[2]thienyl]- **18** IV 4105

—, 4-[2,5-Diäthyl-[3]thienyl]- **18**
　　IV 4135

—, 4-Dibenzofuran-2-yl- **18** II 281 d

—, 4-[2,5-Dimethyl-[3]thienyl]- **18**
　　IV 4127

—, 4-[4,5-Dimethyl-[2]thienyl]- **18**
　　IV 4127

—, 3-[2]Furyl-2,4-diphenyl- **18** IV 4408

—, 3-[2]Furyl-2-phenyl- **18** IV 4313

—, 2-Methyl-4-[4-methyl-2,5-dioxo-
　　tetrahydro-[3]furyl]- **18** IV 5979

—, 3-Methyl-4-[2]thienyl- **18** IV 4115

—, 4-[5-Methyl-[2]thienyl]- **18** IV 4116

—, 4-[2-Oxo-tetrahydro-[3]furyl]- **18** IV 5295

—, 4-[2]Thienyl- **18** IV 4104

C

Cabreuvin 18 IV 2735
Cadinan
  Bezifferung s. **18** IV 457 Anm.
Cadinan-4,5-diol
—, 1,10-Epoxy- **17** IV 2065 e
Cadinan-10-ol
—, 4,5-Epoxy- **17** IV 1319 d
Cadina-1,4,6-trien-3-on
—, 5,11-Epoxy-2-hydroxy- **18**
  IV 457
Cadin-4-en
—, 1,10-Epoxy- **17** IV 393 d
α-**Cadinolepoxid 17** IV 1319
Cäsiosid 18 IV 3268
Cafestadien
—, Epoxy- **17** IV 567
Cafestanolid
—, Dioxy- **18** IV 1295
Cafestenolid
—, Diacetoxy-hydroxy- **18**
  IV 2425
Cafesterol 17 IV 2151
Cafestol 17 IV 2151
—, O-Acetyl- **17** IV 2152
Cajeputol 17 24 b, I 15 b
Calactin 18 IV 3124
  — oxim **18** IV 3125
—, Methyl- **18** IV 3125
Calactinsäure 18 IV 4996
  — methylester **18** IV 4997
—, Di-O-acetyl- **18** IV 4997
—, Dihydro- **18** IV 4997
Callistephin 17 IV 3856, **31** 251 d
Callopisminsäure 18 481 b
Calophyllonsäure
—, Hexahydro- **18** IV 6553
  — äthylester **18** IV 6553
Calotoxin 18 IV 3126
Calotropagenin 18 IV 3123
—, α-Anhydrodihydro- **18** IV 2542
—, O²,O³-Diacetyl- **18** IV 3124
—, 19-Dihydro- **18** IV 3091
—, Tri-O-acetyl-α-anhydrodihydro- **18**
  IV 2542
Calotropageninsäure 18 IV 6608
Calotropin 18 IV 3125
  — oxim **18** IV 3125
—, Anhydro- **18** IV 3125
—, Methyl- **18** IV 3125
Calotropinsäure 18 IV 6608
Calycanthosid 18 IV 2373
Calycopteretin 18 IV 3574
—, Hexa-O-acetyl- **18** IV 3576
—, Hexa-O-methyl- **18** IV 3575
Calycopterin 18 IV 3574

—, Di-O-acetyl- **18** IV 3576
—, Di-O-äthyl- **18** IV 3575
—, Di-O-benzoyl- **18** IV 3576
—, Di-O-benzyl- **18** IV 3575
Calythron 7 III 4569 a
Campanulin 17 IV 542
Camphansäure 18 401 d, 403 d, I 487 d
  — äthylester **18** 402 a
  — amid **18** IV 5365
  — anilid **18** 402 d
  — methylamid **18** 402 c
  — [N'-phenyl-hydrazid] **18** 402 f
w-**Camphansäure 18** 401 d, 403 d, I 487 d
π-**Camphansäure 18** 400 a, 401 c,
  IV 5360
  — amid **18** 400 d, IV 5360
  — anhydrid **18** 400 c, 401 b,
    IV 5360
  — methylester **18** 401 a, IV 5360
ω-**Camphansäure 18** IV 5357
Camphenhydrat
—, O-Glucopyranosyl- **31** 204 b
—, O-[Tetra-O-acetyl-glucopyranosyl]-
  31 204 c
Camphenilol
—, O-Glucopyranosyl- **31** 201 c
—, O-[Tetra-O-acetyl-glucopyranosyl]-
  31 201 d
Campheniloldicarbonsäure
  — lacton **18** IV 5464
Camphenoxid 17 45 b, II 45 a, IV 329
Campher
—, 3-Glucopyranosyloxy- **17** IV 3010
—, 3-[Tetra-O-acetyl-glucopyranosyloxy]-
  17 IV 3218
—, 5-[Tetra-O-acetyl-glucopyranosyloxy]-
  17 IV 3218
Camphersäure
  — anhydrid **17** 455 a, 459 c,
    I 238 d, II 454 e, 455 d, IV 5957
  — bis-tetrahydrofurfurylester **17**
    IV 1108
  — α-isoimid **17** 456 d
  — β-isoimid **17** 456 a
—, π-Acetoxy-,
  — anhydrid **18** 86 b
Campholacton 17 259 h, I 141 a
Campholenolacton 17 301 f
β-**Campholenolacton**
—, Dihydro- **17** 262 d, I 142 c,
  II 302 e, IV 4365
—, Phenyl- **17** IV 5163
Campholenoloxid
—, Methyl- **17** II 112 h
β-**Campholeno-thiollacton**
—, Dihydro- **17** IV 4366
β-**Campholeno-thionlacton**
—, Dihydro- **17** IV 4366

Campholenoxidsäure **18** 272 a

β-Campholensäure

—, Dioxydihydro-,
  — lacton **18** 9 c

Campholenyloxid 17 22 e

Campholid

—, Diäthyl- **17** I 144 f

—, Dibrom- **17** IV 4369

—, Dimethyl- **17** 268 d I 144 d,
  IV 4387

—, Diphenyl- **17** I 210 f

—, Methyl- **17** IV 4377

α-Campholid 17 264 e, I 142 e, II 302 h,
  IV 4367

β-Campholid 17 265 a, I 142 f, IV 4367

—, Acetoxy- **18** I 298 b

—, β-Äthyl- **17** IV 4387

—, β-Butyl- **17** IV 4392

—, β-Carboxamid- **18** IV 5371

—, β-Carboxy- **18** IV 5370

—, β-Cyan- **18** IV 5371

—, β-Isopropyl- **17** IV 4390

—, β-Methyl- **17** IV 4377

—, β-Propyl- **17** IV 4389

Campholytolacton 17 260 e, I 141 d

Camphonolacton 17 460 e

Camphonololacton 17 261 a, I 141 e

Camphopyrsäure

  — anhydrid **17** 453 e, I 238 a

Camphoransäure 18 486 f, 487 a, 488 b

Camphosäure

  — anhydrid **18** 466 d

Camphotricarbonsäure

  — anhydrid **18** 467 a, II 354 e,
    IV 5993

Canarigenin

—, O^3-Acofriopyranosyl- **18** IV 1601

—, O^3-[Di-O-acetyl-acofriopyranosyl]-
  18 IV 1602

—, O^3-Rhamnopyranosyl- **18** IV 1601

Candidin 18 IV 7481

Cannabinol 17 II 151 f, IV 1652

—, O-Acetyl- **17** IV 152 a, IV 1653

—, O-[4-Amino-benzoyl]- **17** IV 1653

—, O-Benzolsulfonyl- **17** IV 1653

—, x,x-Dinitro- **17** IV 1653

—, O-[3,5-Dinitro-phenylcarbamoyl]-
  tetrahydro- **17** IV 1563

—, Hexahydro- **17** IV 1512

—, O-[4-Methoxycarbonyloxy-benzoyl]-
  17 IV 1653

—, O-Methyl- **17** IV 1652

—, O-[3-Nitro-benzolsulfonyl]- **17**
  IV 1653

—, O-[4-Nitro-benzoyl]- **17** IV 1653

—, Tetrahydro- **17** IV 1562

Cannabinolacton 17 324 a, IV 4997

Cannabinolactonsäure 18 424 f, I 492 b

Cannabiscetin 18 IV 3593

—, Hexa-O-methyl- **18** IV 3595

Cannabiscitrin 18 IV 3597

—, Nona-O-acetyl- **18** IV 3597

Cannogenin 18 IV 2547

—, O^3-Acetyl- **18** IV 2548

Cannogenol 18 IV 2484

—, O^3,O^{19}-Diacetyl- **18** IV 2485

—, O^3-Thevetopyranosyl- **18**
  IV 2486

Cantharidinsäure 18 326 b, I 448 c,
  IV 4475

Cantharolsäure 18 II 378 e, 379 a

Cantharsäure 18 414 e, I 490 a, II 329
  d, IV 5454

—, Dihydro- **18** IV 5362

  — methylester **18** IV 5362

Capillarin 17 IV 5267

γ-Caprinolacton

  s. Decansäure, 4-Hydroxy-, lacton

β-Caprolacton 17 IV 4199

γ-Caprolacton 17 IV 4194

δ-Caprolacton 17 IV 4190

ε-Caprolacton 17 IV 4186

Caprylolacton

  s. unter Octansäure, Hydroxy-, lacton

Capsanthin-5,6-epoxid 18 IV 1937

Capsochrom 18 IV 1937

Carajuretin 17 II 264 d

Carajuridin 17 IV 3859

Carajurin 17 II 265 c, **18** IV 2671

Carajuron 17 II 265 b, **18**
  IV 2670

Caran

—, 3,4-Epoxy- **17** II 45 b, IV 329

Carbacetessigsäure 18 409 i

Carbamidsäure

  — [2-amino-äthylester] **17** IV 9

  — furfurylester **17** 113 a

  — [4-prop-2-inyl-tetrahydro-
    thiopyran-4-ylester] **17** IV 1289

  — tetrahydro[3]furylester **17**
    IV 1025

—, N,N'-[2-(5-Acetoxy-pentyl)-furan-3,4-
  diyl]-bis-,

  — diäthylester **18** IV 7335

—, [O^1-Acetyl-O^3,O^4,O^6-trimethyl-
  glucopyranose-2-yl]-,

  — benzylester **18** IV 7616

—, [2-(Äthoxycarbonylamino-methyl)-
  tetrahydro-thiophen-3,4-diyl]-bis-,

  — diäthylester **18** IV 7303

—, [2-Äthoxy-4,5-dihydroxy-6-
  hydroxymethyl-tetrahydro-pyran-3-yl]-,

  — äthylester **18** IV 7616

—, [8-Äthoxy-4-methoxy-2-(4-methoxy-
  phenyl)-4H-chromen-3-yl]-,

  — äthylester **18** II 163 b

Carbamidsäure (Fortsetzung)
—, [4-Äthoxy-8-methoxy-2-phenyl-
chroman-3-yliden]-,
— äthylester **18** II 92 c
—, [5-Äthoxymethyl-furfuryl]-äthyl-,
— methylester **18** IV 7331
—, [5-Äthoxymethyl-furfuryl]-methyl-,
— methylester **18** IV 7330
—, Äthyl-,
— [2,3-epoxy-propylester] **17**
IV 1008
— oxiranylmethylester **17**
IV 1008
—, Äthyl-[5-butoxymethyl-furfuryl]-,
— methylester **18** IV 7331
—, [O^1-Äthyl-glucopyranose-2-yl]-,
— äthylester **18** IV 7616
— benzylester **18** IV 7616
—, [7-Äthyl-6-hydroxy-3,5-dimethyl-
benzofuran-2-yl]-,
— äthylester **18** IV 224
—, [7-Äthyl-6-hydroxy-3,5-dimethyl-
3H-benzofuran-2-yliden]-,
— äthylester **18** IV 224
—, Äthyl-[5-isobutoxymethyl-furfuryl]-,
— methylester **18** IV 7331
—, Äthyl-[5-isopropoxymethyl-furfuryl]-,
— methylester **18** IV 7331
—, Äthyl-[5-methoxymethyl-furfuryl]-,
— methylester **18** IV 7331
—, Äthyl-[5-propoxymethyl-furfuryl]-,
— methylester **18** IV 7331
—, [5-Äthyl-tetrahydro-[3]furyl]-,
— benzylester **18** IV 7048
—, [4-Amino-phenyl]-,
— furfurylester **17** IV 1250
—, Benzofuran-2-yl-,
— äthylester **17** 309 b
— methylester **17** IV 4947
—, [3H-Benzofuran-2-yliden]-,
— äthylester **17** 309 b
— methylester **17** IV 4947
—, [Benzo[b]thiophen-2-yl]-,
— äthylester **17** II 331 d
—, [3H-Benzo[b]thiophen-2-yliden]-,
— äthylester **17** II 331 d
—, [4-Benzoylamino-5-(3-benzyloxy-
propyl)-[3]thienyl]-,
— äthylester **18** IV 7333
—, [4-Benzoylamino-5-(3-phenoxy-
propyl)-[3]thienyl]-,
— äthylester **18** IV 7333
—, [O^1-Benzoyl-O^3,O^4,O^6-trimethyl-
glucopyranose-2-yl]-,
— benzylester **18** IV 7619
—, [O^1-Benzyl-glucopyranose-2-yl]-,
— benzylester **18** IV 7616

—, Biphenyl-4-yl-,
— [2,6-dimethyl-tetrahydro-pyran-3-
ylester] **17** IV 1144
— [2,6-dimethyl-tetrahydro-pyran-3-
ylmethylester] **17** IV 1155
— [1-[2]furyl-äthylester] **17** IV 1270
— tetrahydrofurfurylester **17**
IV 1111
—, [4,6-Bis-benzyloxy-3,7-dimethyl-
benzofuran-2-yl]-,
— äthylester **18** IV 1245
— benzylester **18** IV 1245
—, [4,6-Bis-benzyloxy-3,7-dimethyl-
3H-benzofuran-2-yliden]-,
— äthylester **18** IV 1245
— benzylester **18** IV 1245
—, [4-Brom-1-[2]furyl-3-oxo-butyl]-,
— äthylester **18** IV 7870
—, N,N'-[2-Brom-3-(5-nitro-[2]thienyl)-
allyliden]-bis-,
— diäthylester **17** IV 4711
—, [4-Brom-phenyl]-,
— furfurylester **17** IV 1250
—, [3-Brom-tetrahydro-pyran-2-yl]-,
— äthylester **18** IV 7031
—, [8-Butoxy-3,6-dioxa-octanoyl]-,
— tetrahydrofurfurylester **17**
IV 1112
—, [5-Butoxymethyl-furfuryl]-methyl-,
— methylester **18** IV 7330
—, [2-(5-Chlor-[2]thienyl)-äthyliden]-,
— methylester **17** IV 4519
—, [2-(5-Chlor-[2]thienyl)-vinyl]-,
— methylester **17** IV 4519
—, [2-Chlor-xanthen-9-yl]-,
— äthylester **18** IV 7227
—, [3-Chlor-xanthen-9-yl]-,
— äthylester **18** IV 7228
—, [4,5-Diacetoxy-6-acetoxymethyl-2-
methoxy-tetrahydro-pyran-3-yl]-,
— benzylester **18** IV 7617
—, [4-Diazo-1-[2]furyl-3-oxo-butyl]-,
— äthylester **18** IV 8034
—, [3-Dibenzofuran-2-yl-propyl]-,
— äthylester **18** II 425 c
—, Dibenzoselenophen-2-yl-,
— äthylester **18** IV 7191
—, Dibenzoselenophen-3-yl-,
— äthylester **18** IV 7210
— [2-fluor-äthylester] **18** IV 7210
—, Dibenzothiophen-2-yl-,
— äthylester **18** IV 7187
— propylester **18** IV 7187
—, Dibenzothiophen-3-yl-,
— äthylester **18** IV 7206
— propylester **18** IV 7206
—, [7,9-Dibrom-2,8-dioxo-1-oxa-spiro⸗
[4.5]deca-6,9-dien-3-yl]-,
— benzylester **18** IV 8034

Carbamidsäure　(Fortsetzung)
—, Dibutyl-,
　— tetrahydrofurfurylester **17**
　　IV 1111
—, Dicyclohexyl-,
　— tetrahydrofurfurylester **17**
　　IV 1111
—, [2,3-Dihydro-benzofuran-2-yl]-,
　— äthylester **18** 585 g
　— phenylester **18** 585 h
—, [2,3-Dihydro-benzofuran-3-yl]-,
　— äthylester **18** 586 a
—, [4,5-Dihydroxy-6-hydroxymethyl-2-
　methoxy-tetrahydro-pyran-3-yl]-,
　— benzylester **18** IV 7615
—, [2,5-Dimethoxy-2,5-dihydro-furfuryl]-,
　— methylester **18** IV 7426
—, [1-(2,5-Dimethoxy-2,5-dihydro-
　[2]furyl)-äthyl]-,
　— methylester **18** IV 7427
—, [4,6-Dimethoxy-3,7-dimethyl-
　benzofuran-2-yl]-,
　— äthylester **18** IV 1245
—, [4,6-Dimethoxy-3,7-dimethyl-
　3H-benzofuran-2-yliden]-,
　— äthylester **18** IV 1245
—, [4,8-Dimethoxy-2-phenyl-chroman-3-
　yliden]-,
　— äthylester **18** II 92 b
—, Dimethyl-,
　— tetrahydrofurfurylester **17**
　　IV 1111
—, [5-Dimethylaminomethyl-2-methyl-
　[3]furyl]-,
　— äthylester **18** IV 7271
　— benzylester **18** IV 7272
—, [2,4-Dimethyl-[3]furyl]-,
　— methylester **18** IV 7127
—, [2,5-Dimethyl-[3]furyl]-,
　— methylester **18** IV 7128
—, [O¹,O³-Dimethyl-glucopyranose-2-yl]-,
　— benzylester **18** IV 7615
—, [4,7-Dimethyl-2-oxo-2H-chromen-6-
　yl]-,
　— äthylester **18** IV 7934
—, [2,6-Dimethyl-tetrahydro-pyran-3-yl]-,
　— methylester **18** IV 7053
—, [2,5-Dimethyl-tetrahydro-thiopyran-
　4-yl]- **18** IV 7052
—, [2,4-Dinitro-phenyl]-,
　— [5-formyl-furfurylester] **18** IV 102
—, [3,5-Dinitro-phenyl]-,
　— [2-äthyl-2,5,7,8-tetramethyl-
　　chroman-6-ylester] **17** IV 1398
　— [2-isobutyl-2,5,7,8-tetramethyl-
　　chroman-6-ylester] **17** IV 1399
　— [2,2,5,7,8-pentamethyl-chroman-6-
　　ylester] **17** IV 1395

—　[6,6,9-trimethyl-3-pentyl-7,8,9,10-
　　tetrahydro-6H-benzo[c]chromen-1-
　　ylester] **17** IV 1562
—, [2,5-Dioxo-2,5-dihydro-[3]furyl]-,
　— äthylester **17** IV 6678
—, [2,5-Dioxo-dihydro-[3]furyliden]-,
　— äthylester **17** IV 6678
—, [2,5-Dioxo-tetrahydro-[3]furyl]-,
　— benzylester **18** IV 8025
　— methylester **18** IV 8025
　— [4-nitro-benzylester] **18** IV 8026
—, [2,6-Dioxo-tetrahydro-pyran-3-yl]-,
　— benzylester **18** IV 8027
　— [4-nitro-benzylester] **18** IV 8028
—, [1,1-Dioxo-tetrahydro-1λ⁶-[3]thienyl]-,
　— allylester **18** IV 7026
—, N,N'-[5,5-Dioxo-5λ⁶-thioxanthen-3,6-
　diyl]-bis-,
　— dimethylester **18** IV 7291
—, Diphenyl-,
　— furfurylester **17** 113 b
　— [5-methyl-furfurylester] **17**
　　IV 1280
　— tetrahydrofurfurylester **17**
　　II 107 g
—, N,N'-[2,6-Diphenyl-4-
　phenylhydrazono-tetrahydro-pyran-3,5-
　diyl]-bis-,
　— diäthylester **18** IV 7997
—, [3,4-Epoxy-5-hydroxy-pentyliden]-bis-,
　— dimethylester **18** IV 17
—, [4-(Furan-2-carbonylsulfamoyl)-
　phenyl]-,
　— äthylester **18** IV 3964
—, N,N'-Furan-3,4-diyl-bis-,
　— diäthylester **18** IV 7270
—, Furfuryl-,
　— äthylester **18** 585 c
　— sec-butylester **18** IV 7083
　— [4-chlor-but-2-inylester] **18**
　　IV 7083
　— isopropylester **18** IV 7083
　— methylester **18** IV 7083
—, N,N'-Furfuryliden-bis-,
　— bis-[2-chlor-äthylester] **17**
　　IV 4427
　— bis-[2-fluor-äthylester] **17**
　　IV 4427
　— diäthylester **17** 281 a
　— diallylester **17** IV 4427
　— dibenzylester **17** IV 4427
—, Furfuryl-phenyl-,
　— [2-diisopropylamino-äthylester]
　　18 IV 7085
　— [2-(diisopropyl-methyl-ammonio)-
　　äthylester] **18** IV 7085
—, [2]Furyl- **17** IV 4285
　— äthylester **17** 248 e
　— methylester **17** 248 d, IV 4285

Carbamidsäure (Fortsetzung)
—, [1-[2]Furyl-äthyl]-,
　— methylester **18** IV 7117
—, [2-[2]Furyl-äthyl]- **18** II 419 b
　— benzylester **18** IV 7121
　— methylester **18** II 419 c
—, [2-[2]Furyl-äthyliden]-,
　— methylester **17** II 314 j
—, [3*H*-[2]Furyliden]- **17** IV 4285
　— äthylester **17** 248 e
　— methylester **17** 248 d, IV 4285
—, [1-[2]Furyl-2-phenylcarbamoyl-äthyl]-,
　— äthylester **18** IV 8189
—, [2-[2]Furyl-vinyl]-,
　— methylester **17** II 314 j
—, *N,N'*-Hexandiyl-bis-,
　— bis-[2,3-epoxy-propylester] **17**
　　IV 1009
　— bis-tetrahydro[3]furylester **17**
　　IV 1025
—, Hexyl-,
　— [2,3-epoxy-propylester] **17**
　　IV 1008
　— oxiranylmethylester **17**
　　IV 1008
—, *N*-[5-(1-Hydroxy-äthyl)-tetrahydro-
　[3]furyl]-,
　— benzylester **18** IV 7308
—, *N,N'*-[2-(4-Hydroxy-butyl)-furan-3,4-
　diyl]-bis-,
　— diäthylester **18** IV 7334
—, [4-Hydroxy-2,6-dioxo-tetrahydro-
　pyran-3-yl]-,
　— benzylester **18** IV 8112
—, [5-(2-Hydroxy-6-oxo-tetrahydro-
　pyran-2-yl)-[3]thienyl]-,
　— äthylester **18** IV 8265
—, *N,N'*-[2-(5-Hydroxy-pentyl)-furan-3,4-
　diyl]-bis-,
　— diäthylester **18** IV 7335
—, *N,N'*-[2-(5-Hydroxy-pentyl)-
　tetrahydro-furan-3,4-diyl]-bis-,
　— diäthylester **18** IV 7315
—, *N,N'*-[2-(3-Hydroxy-propyl)-furan-
　3,4-diyl]-bis-,
　— diäthylester **18** IV 7333
—, [5-Isobutoxymethyl-furfuryl]-methyl-,
　— methylester **18** IV 7331
—, [5-Isopropoxymethyl-furfuryl]-
　methyl-,
　— methylester **18** IV 7330
—, Isopropyl-tetrahydrofurfuryl-,
　— butylester **18** IV 7041
—, *N,N'*-[2-(4-Methoxy-butyl)-
　tetrahydro-thiophen-3,4-diyl]-bis-,
　— diäthylester **18** IV 7314
—, [5-Methoxymethyl-furfuryl]-methyl-,
　— methylester **18** IV 7330

—, {2-[5-(4-Methoxy-phenyl)-
　[2]furyl]-äthyl}-,
　— methylester **18** IV 7348
—, [3-(2-Methoxy-phenyl)-6-methyl-2,3-
　dihydro-benzofuran-2-yl]-,
　— äthylester **18** I 564 b
—, {2-[5-(4-Methoxy-phenyl)-[2]thienyl]-
　äthyl}-,
　— methylester **18** IV 7349
—, Methyl-,
　— tetrahydrofurfurylester **17**
　　IV 1110
—, [5-Methyl-2,3-dihydro-benzofuran-3-
　yl]-,
　— äthylester **18** I 556 e
—, *N,N'*-[2-Methyl-furan-3,4-diyl]-bis-,
　— diäthylester **18** IV 7271
　— dibenzylester **18** IV 7271
　— diphenylester **18** IV 7271
—, [2-Methyl-[3]furyl]-,
　— methylester **18** IV 7067
—, [5-Methyl-[2]furyl]-,
　— methylester **17** IV 4301
—, [5-Methyl-3*H*-[2]furyliden]-,
　— methylester **17** IV 4301
—, [*O*^{1}-Methyl-glucofuranose-2-yl]-,
　— benzylester **18** IV 7640
—, [*O*^{1}-Methyl-glucopyranose-2-yl]-,
　— äthylester **18** IV 7614
　— benzylester **18** IV 7615
　— methylester **18** IV 7614
—, [4-(Methyl-phenyl-carbamoyl)-
　tetrahydro-[3]thienyl]-,
　— äthylester **18** IV 8155
—, Methyl-[5-propoxymethyl-furfuryl]-,
　— methylester **18** IV 7330
—, *N,N'*-[2-Methyl-tetrahydro-furan-3,4-
　diyl]-bis-,
　— diäthylester **18** IV 7265
—, *N,N'*-[2-Methyl-tetrahydro-thiophen-
　3,4-diyl]-bis-,
　— diäthylester **18** IV 7265
—, [*O*^{1}-Methyl-*O*^{6}-(toluol-4-sulfonyl)-
　glucopyranose-2-yl]-,
　— benzylester **18** IV 7620
—, [1]Naphthyl-,
　— benzo[*b*]thiophen-4-ylester **17** IV 1467
　— [5-diäthylaminomethyl-
　　furfurylester] **18** IV 7328
　— [2-(5-diäthylaminomethyl-
　　[2]thienyl)-äthylester] **18** IV 7334
　— [4,6-diallyl-benzo[*b*]thiophen-5-
　　ylester] **17** IV 1578
　— [2,3-epoxy-cyclohexylester] **17**
　　IV 1197
　— [3,4-epoxy-cyclohexylester] **17**
　　IV 1197

Carbamidsäure

—, [1]Naphthyl-, (Fortsetzung)
- [3,4-epoxy-cyclohexylmethylester] 17 IV 1201
- [2,3-epoxy-1-methyl-3-phenyl-propylester] 17 IV 1360
- [5,6-epoxy-[2]norbornylester] 17 IV 1288
- [2,3-epoxy-propylester] 17 IV 1009
- furfurylester 17 I 56 f, II 115 l
- [2-[2]furyl-äthylester] 17 IV 1275
- [2-[3]furyl-äthylester] 17 IV 1277
- [3-[2]furyl-allylester] 17 II 119 i
- [4-[2]furyl-butylester] 17 IV 1292
- [1-[3]furyl-heptylester] 17 IV 1309
- [7-[2]furyl-heptylester] 17 IV 1309
- [3]furylmethylester 17 IV 1266
- [5-[2]furyl-pentylester] 17 IV 1299
- [1-[3]furyl-propylester] 17 IV 1284
- [3-[2]furyl-propylester] 17 II 117 j, IV 1284
- [3-methyl-furfurylester] 17 IV 1277
- [3-methyl-selenophen-2-ylmethylester] 17 IV 1278
- [2-methyl-[3]thienylmethylester] 17 IV 1278
- [2-methyl-2-[2]thienyl-propylester] 17 IV 1293
- [3-oxa-bicyclo[3.3.1]non-9-ylester] 17 IV 1206
- oxepan-4-ylester 17 IV 1130
- oxiranylmethylester 17 IV 1009
- tetrahydrofurfurylester 17 IV 1111
- tetrahydropyran-4-ylester 17 IV 1088
- [4-tetrahydro[2]thienyl-butylester] 17 IV 1161
- [2]thienylmethylester 17 IV 1259
- [3]thienylmethylester 17 IV 1267

—, [1-Nitro-dibenzoselenophen-2-yl]-,
- äthylester 18 IV 7191

—, [1-Nitro-dibenzothiophen-2-yl]-,
- äthylester 18 IV 7189

—, [4-Nitro-dibenzothiophen-3-yl]-,
- propylester 18 IV 7209

—, N,N'-[2-(5-Nitro-furan-2-carbonylamino)-biphenyl-4,4'-diyl]-bis-,
- diäthylester 18 IV 3998

—, [2'-(5-Nitro-furan-2-carbonylamino)-biphenyl-4-yl]-,
- äthylester 18 IV 3998

—, [5-Nitro-[2]furyl]-,
- äthylester 17 IV 4286

—, [5-Nitro-3H-[2]furyliden]-,
- äthylester 17 IV 4286

—, [4-Nitro-phenyl]-,
- [5-formyl-furfurylester] 18 IV 102
- furfurylester 17 IV 1250

—, [5-(4-Nitro-phenylazo)-[2]furyl]-,
- äthylester 18 IV 8331

—, [5-(4-Nitro-phenylazo)-3H-[2]furyliden]-,
- äthylester 18 IV 8331

—, [2-Oxo-2H-chromen-6-yl]-,
- äthylester 18 IV 7920
- isobutylester 18 IV 7921
- methylester 18 IV 7920
- phenylester 18 IV 7921
- propylester 18 IV 7921

—, N,N'-[4-Oxo-2,6-diphenyl-tetrahydro-pyran-3,5-diyl]-bis-,
- diäthylester 18 IV 7997

—, [3-Oxo-isochroman-1-yl]-,
- äthylester 18 IV 7897

—, [2-Oxo-octahydro-benzofuran-3-yl]-,
- benzylester 18 IV 7861

—, [2-Oxo-3-phenyl-2H-chromen-7-yl]-,
- äthylester 18 IV 8003
- butylester 18 IV 8004
- isopropylester 18 IV 8004
- [2-methoxy-äthylester] 18 IV 8004
- methylester 18 IV 8003
- propylester 18 IV 8004

—, N,N'-[2-(3-Phenoxy-propyl)-tetrahydro-thiophen-3,4-diyl]-bis-,
- diäthylester 18 IV 7314

—, Phenyl-,
- [4-äthoxy-tetrahydro-[3]furylester] 17 IV 1997
- [2-äthyl-1-[2]thienyl-butylester] 17 IV 1305
- [2-äthyl-1-[2]thienyl-hexylester] 17 IV 1311
- [1-benzofuran-2-yl-äthylester] 17 IV 1487
- benzofuran-7-ylester 17 IV 1474
- benzofuran-2-ylmethylester 17 IV 1478
- [2-benzo[b]thiophen-3-yl-äthylester] 17 IV 1488
- [2-benzo[b]thiophen-3-yl-1-methyl-äthylester] 17 IV 1494
- [3-benzo[b]thiophen-3-yl-propylester] 17 IV 1494
- [3-benzyl-chroman-4-ylester] 17 IV 1630
- [4-brom-2,3-epoxy-cyclopentylester] 17 IV 1189

Carbamidsäure
—, Phenyl-, (Fortsetzung)
 — chroman-6-ylmethylester **17**
   IV 1364
 — dibenzofuran-3-ylester **17**
   IV 1597
 — [2,3-dihydro-benzofuran-2-
   ylmethylester] **17** IV 1356
 — [2,3-dihydro-benzofuran-5-
   ylmethylester] **17** IV 1357
 — [2,2-dimethyl-2,3-dihydro-
   benzofuran-5-ylmethylester] **17**
   IV 1378
 — [4a,8-dimethyl-1,2,3,4,4a,9b-
   hexahydro-dibenzofuran-2-ylester]
   17 IV 1505
 — [8,9b-dimethyl-1,2,3,4,4a,9b-
   hexahydro-dibenzofuran-3-ylester]
   17 IV 1505
 — [8,9b-dimethyl-3,4,4a,9b-
   tetrahydro-dibenzofuran-3-ylester]
   17 IV 1549
 — [2,6-dimethyl-tetrahydro-pyran-4-
   ylester] **17** IV 1145
 — [2,5-dimethyl-[3]thienylmethylester]
   17 IV 1287
 — [2,6-diphenyl-tetrahydro-pyran-4-
   ylester] **17** IV 1635
 — [2,3-epoxy-3-phenyl-propylester]
   17 IV 1350
 — [2,3-epoxy-propylester] **17** IV 1008
 — furfurylester **17** II 115 k,
   IV 1250
 — [2-furfuryl-4-methyl-phenylester]
   17 IV 1543
 — [2-furfuryl-6-methyl-phenylester]
   17 IV 1542
 — [4-furfuryl-2-methyl-phenylester]
   17 IV 1543
 — [2-furfuryl-phenylester] **17**
   IV 1534
 — [4-furfuryl-phenylester] **17**
   IV 1536
 — [2-[3]furyl-äthylester] **17** IV 1277
 — [1-[2]furyl-butylester] **17** IV 1289
 — [3]furylmethylester **17** IV 1266
 — [2-isopropyl-benzofuran-4-ylester]
   17 IV 1495
 — [2-isopropyl-2,3-dihydro-
   benzofuran-4-ylester] **17** IV 1377
 — [2-isopropyl-octahydro-
   benzofuran-4-ylester] **17** IV 1214
 — [4-methoxy-tetrahydro-
   [3]furylester] **17** IV 1997
 — [2-methyl-2,3-dihydro-benzofuran-
   5-ylmethylester] **17** IV 1366
 — [5-methyl-tetrahydro-[3]furylester]
   17 IV 1094

 — [1-methyl-2-[2]thienyl-äthylester]
   17 IV 1283
 — [3-oxa-bicyclo[3.3.1]non-9-ylester]
   17 IV 1206
 — oxepan-4-ylester **17** IV 1130
 — oxiranylmethylester **17** IV 1008
 — [phenyl-tetrahydro[2]furyl-
   methylester] **17** IV 1370
 — [2-phenyl-tetrahydro-pyran-4-
   ylester] **17** IV 1369
 — [4-phenyl-tetrahydro-thiopyran-4-
   ylester] **17** II 121 g
 — selenophen-2-ylmethylester **17**
   IV 1265
 — [2,3,4,5-tetrahydro-benz[b]oxepin-
   7-ylmethylester] **17** IV 1372
 — [1,2,3,4-tetrahydro-dibenzofuran-4-
   ylester] **17** IV 1545
 — tetrahydrofurfurylester **17**
   II 107 f, IV 1111
 — [1-tetrahydro[2]furyl-äthylester]
   17 IV 1139
 — [1-tetrahydro[2]furyl-butylester]
   17 IV 1157
 — tetrahydro[3]furylester **17** 107 h,
   IV 1025
 — [1-tetrahydro[2]furyl-propylester]
   17 IV 1146
 — [2-tetrahydropyran-4-yl-äthylester]
   17 IV 1144
 — tetrahydropyran-4-ylester **17**
   IV 1088
 — tetrahydropyran-2-ylmethylester
   17 IV 1134
 — tetrahydropyran-3-ylmethylester
   17 IV 1137
 — tetrahydropyran-4-ylmethylester
   17 IV 1138
 — [6-tetrahydropyran-2-yloxy-
   hexylester] **17** IV 1053
 — [1-tetrahydro[2]thienyl-äthylester]
   17 IV 1139
 — tetrahydrothiopyran-4-ylester **17**
   IV 1090
 — tetrahydrothiopyran-4-
   ylmethylester **17** IV 1138
 — [2,2,5,5-tetramethyl-tetrahydro-
   [3]furylester] **17** I 53 j
 — [1-[2]thienyl-äthylester] **17**
   IV 1273
 — [1-[3]thienyl-äthylester] **17**
   IV 1276
 — [2-[2]thienyl-äthylester] **17**
   IV 1276
 — [2-[3]thienyl-äthylester] **17**
   IV 1277
 — [1-[2]thienyl-butylester] **17**
   IV 1290
 — [3]thienylester **17** IV 1234

Carbamidsäure

—, Phenyl-, (Fortsetzung)
- [1-[2]thienyl-hexylester] **17** IV 1303
- [2]thienylmethylester **17** IV 1259
- [3]thienylmethylester **17** IV 1267
- [1-[2]thienyl-pentylester] **17** IV 1298
- [1-[2]thienyl-propylester] **17** IV 1283
- [1-[3]thienyl-propylester] **17** IV 1285
- [2,4,5-trimethyl-tetrahydro-[3]furylester] **17** IV 1151

—, [2-Phenylcarbamoyl-1-tetrahydro[2]furyl-äthyl]-,
- äthylester **18** IV 8158
- benzylester **18** IV 8158

—, [4-Phenylcarbamoyl-tetrahydro-[3]thienyl]-,
- äthylester **18** IV 8155

—, [2-(5-Phenyl-[2]furyl)-äthyl]-,
- methylester **18** IV 7176

—, [2-(5-Phenyl-[2]thienyl)-äthyl]-,
- methylester **18** IV 7176

—, Phenyl-[2]thienylmethyl-,
- [2-diäthylamino-äthylester] **18** IV 7106
- [2-(diäthyl-methyl-ammonio)-äthylester] **18** IV 7107

—, [4-(N'-Phenyl-ureido)-tetrahydro-[3]thienyl]-,
- äthylester **18** IV 7264

—, Phthalidyl-,
- äthylester **18** IV 7886

—, Propyl-,
- [2,3-epoxy-propylester] **17** IV 1008
- oxiranylmethylester **17** IV 1008

—, N,N'-[2-Propyl-tetrahydro-thiophen-3,4-diyl]-bis-,
- diäthylester **18** IV 7269

—, Selenoxanthen-9-yl-,
- äthylester **18** IV 7231

—, [Tetra-O-acetyl-glucopyranose-2-yl]-,
- äthylester **18** IV 7618
- benzylester **18** IV 7618
- methylester **18** IV 7617

—, [(Tetra-O-acetyl-glucopyranose-2-ylcarbamoyl)-methyl]-,
- benzylester **18** IV 7622

—, [3-(6,7,8,9-Tetrahydro-dibenzofuran-2-yl)-propyl]-,
- äthylester **18** II 421 h

—, Tetrahydrofurfuryloxyacetyl-,
- octylester **17** IV 1113

—, Tetrahydro[3]furyl-,
- benzylester **18** IV 7025

—, [2-Tetrahydro[2]furyl-äthyl]- **18** II 415 f

—, Tetrahydropyran-3-ylmethyl- **18** IV 7047

—, N,N'-[Tetrahydro-thiophen-2,5-diyl]-bis-,
- diäthylester **18** IV 7262

—, N,N'-[Tetrahydro-thiophen-3,4-diyl]-bis-,
- diäthylester **18** IV 7263

—, N,N'-[Tetrahydro-thiopyran-3,4-diyl]-bis-,
- diäthylester **18** IV 7264

—, [Tetra-O-methyl-glucopyranose-2-yl]-,
- benzylester **18** IV 7615

—, [2]Thienyl-,
- äthylester **17** 249 a, I 137 g

—, [2-[2]Thienyl-äthyliden]-,
- methylester **17** IV 4518

—, N,N'-[2-[2]Thienyl-äthyliden]-bis-,
- diäthylester **17** IV 4518

—, 3H-[2]Thienyliden-,
- äthylester **17** 249 a, I 137 g

—, [2]Thienylmethyl- **18** IV 7105
- äthylester **18** IV 7105
- [2-hydroxy-äthylester] **18** IV 7105

—, [2-[2]Thienyl-vinyl]-,
- methylester **17** IV 4518

—, N,N'-[2-(Thiophen-2-carbonylamino)-biphenyl-4,4'-diyl]-bis-,
- diäthylester **18** IV 4023

—, [Thiophen-2-sulfonyl]-,
- äthylester **18** IV 6707

—, Thioxanthen-9-yl-,
- äthylester **18** IV 7229
- allylester **18** IV 7230
- butylester **18** IV 7230
- [2-chlor-äthylester] **18** IV 7229
- [2-fluor-äthylester] **18** IV 7229
- hexylester **18** IV 7230
- isobutylester **18** IV 7230
- methylester **18** IV 7229
- pentylester **18** IV 7230
- propylester **18** IV 7230
- [2,2,2-trifluor-äthylester] **18** IV 7229

—, [2,4,5-Triacetoxy-6-acetoxymethyl-tetrahydro-pyran-3-yl]-,
- benzylester **18** IV 7618

—, [O³,O⁴,O⁶-Triacetyl-O¹-(4-amino-phenyl)-glucopyranose-2-yl]-,
- benzylester **18** IV 7620

—, [O³,O⁴,O⁶-Triacetyl-O¹-(2,4-diamino-phenyl)-glucopyranose-2-yl]-,
- benzylester **18** IV 7620

—, [O³,O⁴,O⁶-Triacetyl-O¹-(2,4-diguanidino-phenyl)-glucopyranose-2-yl]-,
- benzylester **18** IV 7620

—, [O³,O⁴,O⁶-Triacetyl-O¹-(2,4-dinitro-phenyl)-glucopyranose-2-yl]-,
- benzylester **18** IV 7617

Carbamidsäure (Fortsetzung)
—, $[O^3,O^4,O^6$-Triacetyl-O^1-methyl-glucopyranose-2-yl]-,
　— benzylester **18** IV 7617
—, $[O^3,O^4,O^6$-Triacetyl-$[O^1$-(4-nitro-phenyl)-glucopyranose-2-yl]-,
　— benzylester **18** IV 7617
—, [2,4,6-Trijod-phenyl]-,
　— tetrahydrofurfurylester **17** IV 1111
—, [3,5,5-Trimethyl-2-oxo-tetrahydro-[3]furyl]- **18** IV 7851
—, Xanthen-9-yl-,
　— äthylester **18** 588 f, IV 7219
　— allylester **18** IV 7220
　— butylester **18** IV 7220
　— [2-chlor-äthylester] **18** IV 7219
　— [2-fluor-äthylester] **18** IV 7219
　— hexylester **18** IV 7220
　— isoamylester **18** I 557 j
　— isobutylester **18** I 557 i, IV 7220
　— methylester **18** I 557 h, IV 7219
　— pentylester **18** IV 7220
　— propylester **18** IV 7220
　— [2,2,2-trifluor-äthylester] **18** IV 7219

Carbanilsäure
s. Carbamidsäure, Phenyl-

Carbazinsäure
—, [6-Chlor-7,9-dimethoxy-4-methyl-3,4-dihydro-1H-dibenzofuran-2-yliden]-,
　— menthylester **18** IV 1566
—, [1,1-Dioxo-1λ^6-thiochroman-4-yliden]-,
　— äthylester **17** IV 4961
—, Furfuryliden-,
　— äthylester **17** IV 4441
　— methylester **17** IV 4441
—, [5-Nitro-furfuryliden]- **17** IV 4467
　— äthylester **17** IV 4467
—, [3-(5-Nitro-[2]furyl)-allyliden]-,
　— äthylester **17** IV 4704
—, 3-Phthalidyl-,
　— benzylester **18** IV 8321
　— *tert*-butylester **18** IV 8321
　— [4-methoxy-benzylester] **18** IV 8322
—, Phthalidyliden-,
　— benzylester **17** IV 6141
　— *tert*-butylester **17** IV 6141
　— [4-methoxy-benzylester] **17** IV 6141

Carbazonitril
—, Furfuryliden-phenyl- **17** 284 b

Carbenium
s. Methylium

Carbobenzonsäure
—, Diäthyl- **17** I 202 g
—, Diisobutyl- **17** I 203 e

—, Dipropyl- **17** I 203 d

μ-**Carbonyl-μ-[3,4-dimethyl-5-oxo-5H-furan-2,2-diyl]-bis-[tricarbonyl-kobalt(Co-Co)] 18** IV 8450

μ-**Carbonyl-μ-[5-oxo-5H-furan-2,2-diyl]-bis-[tricarbonyl-kobalt(Co-Co)] 18** IV 8449

μ-**Carbonyl-μ-[4-propyl-5-oxo-5H-furan-2,2-diyl]-bis-[tricarbonyl-kobalt(Co-Co)] 18** IV 8450

Carbopyrotritarsäure 18 335 b, IV 4509

Carboxynorrosenonolacton 18 IV 6044

Carboxynorrosonolacton 18 IV 6045

Carbuvinsäure 18 335 b, IV 4509

Carda-1,20(22)-dienolid
—, 19-Acetoxy-5,14-dihydroxy-3,11-dioxo- **18** IV 3447
—, 5,14,19-Trihydroxy-3,11-dioxo- **18** IV 3447
—, 5,14,19-Trihydroxy-3-hydroxyimino-11-oxo- **18** IV 3448

Carda-2,20(22)-dienolid 17 IV 5251

Carda-4,20(22)-dienolid
—, 19-Acetoxy-14-hydroxy-3-oxo- **18** IV 2585
—, 3-Acofriopyranosyloxy-1,14-dihydroxy- **18** IV 2540
—, 3-Acofriopyranosyloxy-14-hydroxy- **18** IV 1601
—, 3-[Di-O-acetyl-acofriopyranosyloxy]-1,14-dihydroxy- **18** IV 2540
—, 3-[Di-O-acetyl-acofriopyranosyloxy]-14-hydroxy- **18** IV 1602
—, 3-[O^2,O^4-Diacetyl-O^3-methyl-rhamnopyranosyloxy]-1,14-dihydroxy- **18** IV 2540
—, 3-[O^2,O^4-Diacetyl-O^3-methyl-rhamnopyranosyloxy]-14-hydroxy- **18** IV 1602
—, 1,14-Dihydroxy-3-[O^3-methyl-rhamnopyranosyloxy]- **18** IV 2540
—, 14,19-Dihydroxy-3-oxo- **18** IV 2585
—, 14-Hydroxy-3,6-dioxo- **18** IV 2663
—, 14-Hydroxy-3,19-dioxo- **18** IV 2663
—, 3-Hydroxyimino- **17** IV 6380
—, 14-Hydroxy-3-[O^3-methyl-rhamnopyranosyloxy]- **18** IV 1601
—, 14-Hydroxy-3-oxo- **18** IV 1657
—, 14-Hydroxy-3-rhamnopyranosyloxy- **18** IV 1601
—, 3-Oxo- **17** IV 6380
—, 3-Semicarbazono- **17** IV 6380
—, 3,14,19-Trihydroxy- **18** IV 2541

Carda-5,14-dienolid
—, 19-Äthoxy-3,19-epoxy-21-hydroxy- **18** IV 6407
—, 3,21-Dihydroxy-19-oxo- **10** III 4663 d
—, 3,19-Epoxy-19-hydroxy- **18** IV 1656

Carda-5,14-dienolid (Fortsetzung)
—, 3-Hydroxy-19-hydroxyimino- **18**
    IV 1657
—, 3-Hydroxy-19-oxo- **18** IV 1656
Carda-5,20(22)-dienolid
—, 3-Acetoxy- **18** IV 550
—, 3-Acetoxy-14-hydroxy- **18** IV 1602
—, 3-Acetoxy-14-hydroxy-7-oxo- **18**
    IV 2585
—, 3-Acetoxy-14-hydroxy-19-oxo- **18**
    IV 2586
—, 3-Acetoxy-22-methyl- **18** IV 559
—, 3-Benzoyloxy- **18** IV 550
—, 3-Benzoyloxy-14-hydroxy-19-oxo-
    18 IV 2586
—, 3,19-Diacetoxy-14-hydroxy- **18**
    IV 2541
—, 3,14-Dihydroxy- **18** IV 1602
—, 3,14-Dihydroxy-19-hydroxyimino-
    18 IV 2586
—, 3,14-Dihydroxy-19-oxo- **18** IV 2585
—, 3,14-Dihydroxy-19-phenylhydrazono-
    18 IV 2586
—, 3-[O^4-Glucopyranosyl-
    glucopyranosyloxy]- **18** IV 551
—, 3-[O^4-Glucopyranosyl-
    glucopyranosyloxy]-14-hydroxy- **18**
    IV 1603
—, 3-Glucopyranosyloxy- **18** IV 551
—, 3-Glucopyranosyloxy-14-hydroxy-19-
    oxo- **18** IV 2586
—, 3-[Hepta-O-acetyl-maltosyl]- **18**
    IV 551
—, 3-Hydroxy- **18** IV 550
—, 3-Hydroxy-22-methyl- **18** IV 559
—, 14-Hydroxy-3-oxo- **18** IV 1657
—, 3-Maltosyl- **18** IV 551
—, 3-[4-Nitro-benzoyloxy]- **18** IV 551
—, 3-[Tetra-O-acetyl-glucopyranosyloxy]-
    18 IV 551
—, 3-[O^2,O^3,O^6-Triacetyl-O^4-(tetra-
    O-acetyl-glucopyranosyl)-
    glucopyranosyloxy]- **18** IV 551
—, 3,14,19-Trihydroxy- **18** IV 2541
—, 3-Trimethylammonioacetoxy- **18**
    IV 551
Carda-8(14),20(22)-dienolid
—, 3-Acetoxy- **18** IV 553
—, 3-Acetoxy-12-hydroxy- **18** IV 1604
—, 3,12-Diacetoxy- **18** IV 1604
—, 3,5-Dihydroxy- **18** IV 1603
—, 3,11-Dihydroxy- **18** IV 1604
—, 3,12-Dihydroxy- **18** IV 1604
—, 3,12-Dioxo- **17** IV 6785
—, 3-Formyloxy- **18** IV 1470
—, 3-Hydroxy- **18** IV 552
—, 3-Oxo- **17** IV 6380
—, 7-Oxo- **17** IV 6381

Carda-8,20(22)-dienolid
—, 3-Acetoxy- **18** IV 552
—, 3-Hydroxy- **18** IV 552
Carda-14,16-dienolid
—, 3-Hydroxy- **18** IV 558
Carda-14,20(22)-dienolid
—, 3-Acetoxy- **18** IV 555
—, 3-Acetoxy-5-hydroxy- **18** IV 1606
—, 11-Acetoxy-3-hydroxy- **18** IV 1606
—, 12-Acetoxy-3-hydroxy- **18** IV 1607
—, 16-Acetoxy-3-hydroxy- **18** IV 1607
—, 3-Acovenopyranosyloxy-1-hydroxy-
    18 IV 1605
—, 3-Benzoyloxy- **18** IV 555
—, 3-Benzoyloxy-5-hydroxy-19-oxo- **18**
    IV 2587
—, 1,3-Bis-benzoyloxy- **18** IV 1605
—, 1,3-Diacetoxy- **18** IV 1605
—, 3,11-Diacetoxy- **18** IV 1606
—, 3,12-Diacetoxy- **18** IV 1607
—, 3,16-Diacetoxy- **18** IV 1608
—, 3,19-Diacetoxy- **18** IV 1608
—, 3-[Di-O-acetyl-digitalopyranosyloxy]-
    18 IV 556
—, 3-[O^2,O^4-Diacetyl-O^3-methyl-6-
    desoxy-glucopyranosyloxy]- **18** IV 556
—, 3-[O^2,O^4-Diacetyl-O^3-methyl-
    fucopyranosyloxy]- **18** IV 556
—, 3-[Di-O-acetyl-thevetopyranosyloxy]-
    18 IV 556
—, 1,3-Dihydroxy- **18** IV 1605
—, 3,5-Dihydroxy- **18** IV 1604
—, 3,11-Dihydroxy- **18** IV 1606
—, 3,12-Dihydroxy- **18** IV 1607
—, 3,19-Dihydroxy- **18** IV 1608
—, 3,5-Dihydroxy-19-hydroxyimino- **18**
    IV 2588
—, 3,5-Dihydroxy-19-oxo- **18** IV 2587
—, 3,11-Dioxo- **17** IV 6785
—, 3,12-Dioxo- **17** IV 6785
—, 3-Formyloxy- **18** IV 1470
—, 3-Hydroxy- **18** IV 554, 1471
—, 3-Hydroxyimino- **17** IV 6381
—, 1-Hydroxy-3-[O^3-methyl-6-desoxy-
    talopyranosyloxy]- **18** IV 1605
—, 3-Hydroxy-1-oxo- **18** IV 1657
—, 3-[O^3-Methyl-6-desoxy-
    glucopyranosyloxy]- **18** IV 556
—, 3-Oxo- **17** IV 6381
—, 19-Oxo-3,5-sulfinyldioxy- **18**
    IV 2588
—, 3-Rhamnopyranosyloxy- **18** IV 556
—, 3-Semicarbazono- **17** IV 6381
—, 1,5,11,19-Tetraacetoxy-3-[tri-O-acetyl-
    rhamnopyranosyloxy]- **18** IV 3413
—, 3-Thevetopyranosyloxy- **18** IV 556
—, 2,3,19-Triacetoxy- **18** IV 2542
—, 3,12,19-Triacetoxy-5-hydroxy- **18**
    IV 3118

Carda-14,20(22)-dienolid (Fortsetzung)
—, 1,11,19-Triacetoxy-5-hydroxy-3-[tri-O-acetyl-rhamnopyranosyloxy]- **18** IV 3413
—, 3-[Tri-O-acetyl-rhamnopyranosyloxy]- **18** IV 557
—, 2,3,19-Trihydroxy- **18** IV 2541

Carda-16,20(22)-dienolid
—, 3-Acetoxy- **18** IV 557
—, 3-Acetoxy-14-hydroxy- **18** IV 1609
—, 3-[O-Acetyl-cymaropyranosyloxy]-14-hydroxy- **18** IV 1611
—, 3-[O^2-Acetyl-digitalopyranosyloxy]-14-hydroxy- **18** IV 1612
—, 3-[O^2-Acetyl-O^4-glucopyranosyl-digitalopyranosyloxy]-14-hydroxy- **18** IV 1613
—, 3-[O^2-Acetyl-O^4-glucopyranosyl-O^3-methyl-fucopyranosyloxy]-14-hydroxy- **18** IV 1613
—, 3-[O^4-Acetyl-O^3-methyl-*arabino*-2,6-didesoxy-hexopyranosyloxy]-14-hydroxy- **18** IV 1611
—, 3-[O^4-Acetyl-O^3-methyl-*ribo*-2,6-didesoxy-hexopyranosyloxy]-14-hydroxy- **18** IV 1611
—, 3-[O^4-Acetyl-O^3-methyl-*xylo*-2,6-didesoxy-hexopyranosyloxy]-14-hydroxy- **18** IV 1611
—, 3-[O^2-Acetyl-O^3-methyl-fucopyranosyloxy]-14-hydroxy- **18** IV 1612
—, 3-[O^2-Acetyl-O^3-methyl-O^4-(tetra-O-acetyl-glucopyranosyl)-fucopyranosyloxy]-14-hydroxy- **18** IV 1614
—, 3-[O-Acetyl-oleandropyranosyloxy]-14-hydroxy- **18** IV 1611
—, 3-[O-Acetyl-sarmentopyranosyloxy]-14-hydroxy- **18** IV 1611
—, 3-[O^2-Acetyl-O^4-(tetra-O-acetyl-glucopyranosyl)-digitalopyranosyloxy]-14-hydroxy- **18** IV 1614
—, 3-Acofriopyranosyloxy-14-hydroxy- **18** IV 1612
—, 3-Cymaropyranosyloxy-14-hydroxy- **18** IV 1609
—, 3,15-Diacetoxy- **18** IV 1614
—, 3-[Di-O-acetyl-digitalopyranosyloxy]-14-hydroxy- **18** IV 1613
—, 3-[O^2,O^4-Diacetyl-O^3-methyl-fucopyranosyloxy]-14-hydroxy- **18** IV 1613
—, 3-Diginopyranosyloxy-14-hydroxy- **18** IV 1610
—, 3-Digitalopyranosyloxy-14-hydroxy- **18** IV 1612
—, 3,14-Dihydroxy- **18** IV 1608
—, 3,15-Dihydroxy- **18** IV 1614

—, 3-[O^4-Glucopyranosyl-digitalopyranosyloxy]-14-hydroxy- **18** IV 1613
—, 3-[O^4-Glucopyranosyl-O^3-methyl-*xylo*-2,6-didesoxy-hexopyranosyloxy]-14-hydroxy- **18** IV 1611
—, 3-[O^4-Glucopyranosyl-O^3-methyl-fucopyranosyloxy]-14-hydroxy- **18** IV 1613
—, 3-Glucopyranosyloxy-15-hydroxy- **18** IV 1615
—, 3-[O-Glucopyranosyl-sarmentopyranosyloxy]-14-hydroxy- **18** IV 1611
—, 3-Hydroxy- **18** IV 557
—, 14-Hydroxy-3-[O^3-methyl-*arabino*-2,6-didesoxy-hexopyranosyloxy]- **18** IV 1609
—, 14-Hydroxy-3-[O^3-methyl-*lyxo*-2,6-didesoxy-hexopyranosyloxy]- **18** IV 1610
—, 14-Hydroxy-3-[O^3-methyl-*ribo*-2,6-didesoxy-hexopyranosyloxy]- **18** IV 1609
—, 14-Hydroxy-3-[O^3-methyl-*xylo*-2,6-didesoxy-hexopyranosyloxy]- **18** IV 1610
—, 14-Hydroxy-3-[O^3-methyl-fucopyranosyloxy]- **18** IV 1612
—, 14-Hydroxy-3-[O^3-methyl-rhamnopyranosyloxy]- **18** IV 1612
—, 14-Hydroxy-3-[O^3-methyl-O^4-(tetra-O-acetyl-glucopyranosyl)-*xylo*-2,6-didesoxy-hexopyranosyloxy]- **18** IV 1611
—, 14-Hydroxy-3-oleandropyranosyloxy- **18** IV 1609
—, 14-Hydroxy-3-sarmentopyranosyloxy- **18** IV 1610
—, 14-Hydroxy-3-[O-(tetra-O-acetyl-glucopyranosyl)-sarmentopyranosyloxy]- **18** IV 1611

Cardanolid 17 IV 5041
—, 3-Acetoxy- **18** IV 264
—, 3-Acetoxy-5,14-dihydroxy- **18** IV 2360
—, 3-Acetoxy-14,16-dihydroxy- **18** IV 2362
—, 3-Acetoxy-5,14-dihydroxy-19-oxo- **18** IV 3097
—, 3-Acetoxy-5-hydroxy- **18** IV 1304
—, 3-Acetoxy-14-hydroxy- **18** IV 1307
—, 3-Acetoxy-20-hydroxy- **18** IV 1310
—, 3-Acetoxy-14-hydroxy-19-oxo- **18** IV 2487
—, 3-[O^2-Acetyl-O^3-methyl-6-desoxy-glucopyranosyloxy]-14-hydroxy- **18** IV 1309

Cardanolid (Fortsetzung)

—, 3-[O^2-Acetyl-thevetopyranosyloxy]-14-hydroxy- **18** IV 1309

—, 3-Benzoyloxy-19-cyan-5,14,19-trihydroxy- **18** IV 6655

—, 3-Benzoyloxy-5,14-dihydroxy- **18** IV 2361

—, 3-Benzoyloxy-5,14-dihydroxy-19-oxo- **18** IV 3097

—, 3-Benzoyloxy-19-oxo- **18** IV 1499

—, 3,16-Bis-benzoyloxy-14-hydroxy- **18** IV 2363

—, 3-Cymaropyranosyloxy-5,14-dihydroxy-19-oxo- **18** IV 3098

—, 3,12-Diacetoxy- **18** IV 1305

—, 3,12-Diacetoxy-14-hydroxy- **18** IV 2362

—, 3,16-Diacetoxy-14-hydroxy- **18** IV 2362

—, 2,3-Diacetoxy-14-hydroxy-19-oxo- **18** IV 3096

—, 3,11-Diacetoxy-1,5,14,19-tetrahydroxy- **18** IV 3551

—, 3-[Di-O-acetyl-acovenopyranosyloxy]-1,14-dihydroxy- **18** IV 2360

—, 3-[O^2,O^4-Diacetyl-O^3-methyl-6-desoxy-glucopyranosyloxy]-14-hydroxy- **18** IV 1309

—, 3-[O^2,O^4-Diacetyl-O^3-methyl-6-desoxy-talopyranosyloxy]-1,14-dihydroxy- **18** IV 2360

—, 3-[Di-O-acetyl-thevetopyranosyloxy]-14-hydroxy- **18** IV 1309

—, 3-{O^4-[O^4-($ribo$-2,6-Didesoxy-hexopyranosyl)-$ribo$-2,6-didesoxy-hexopyranosyl]-$ribo$-2,6-didesoxy-hexopyranosyloxy}-14-hydroxy- **18** IV 1308

—, 3-Digitalopyranosyloxy-5,14-dihydroxy- **18** IV 2361

—, 3,5-Dihydroxy- **18** IV 1304

—, 3,11-Dihydroxy- **18** IV 1304

—, 3,12-Dihydroxy- **18** IV 1304

—, 3,14-Dihydroxy- **18** IV 1306

—, 3,19-Dihydroxy- **18** IV 1309

—, 2,14-Dihydroxy-3-[4-hydroxy-6-methyl-3-oxo-tetrahydro-pyran-2-yloxy]-19-oxo- **18** IV 3096

—, 5,14-Dihydroxy-3-[O^3-methyl-$ribo$-2,6-didesoxy-hexopyranosyloxy]-19-oxo- **18** IV 3098

—, 5,14-Dihydroxy-3-[O^3-methyl-fucopyranosyloxy]- **18** IV 2361

—, 3,5-Dihydroxy-19-oxo- **18** IV 2487

—, 12,14-Dihydroxy-3-oxo- **18** IV 2487

—, 3,11-Dioxo- **17** IV 6765
   — monooxim **17** IV 6765

—, 3,12-Dioxo- **17** IV 6765

—, 3,19-Epoxy- **18** IV 1499

—, 3,19-Epoxy-19-hydroxy- **18** IV 1498

—, 1,3,5,11,14,19-Hexahydroxy- **18** IV 3551

—, 3-Hydroxy- **18** IV 263, 1499

—, 11-Hydroxy- **18** IV 266

—, 14-Hydroxy-3,12-dioxo- **18** IV 2552

—, 14-Hydroxy-3,16-dioxo- **18** IV 2552

—, 3-Hydroxyimino- **17** IV 6271

—, 3-Hydroxy-19-oxo- **18** IV 1498

—, 5-Hydroxy-3-oxo- **18** IV 1498

—, 14-Hydroxy-3-oxo- **18** IV 1498

—, 14-Hydroxy-3[lin-tri[1→4]-$ribo$-2,6-didesoxy-hexopyranosyloxy]- **18** IV 1308

—, 14-Hydroxy-3-lin-tri[1→4]-digitoxopyranosyloxy- **18** IV 1308

—, 3-Oxo- **17** IV 6271

—, 11-Oxo- **17** IV 6272

—, 12-Oxo- **17** IV 6272

—, 1,5,11,14,19-Pentahydroxy-3-oxo- **18** IV 3558

—, 1,5,11,14,19-Pentahydroxy-3-rhamnopyranosyloxy- **18** IV 3552

—, 3-Propionyloxy- **18** IV 265

—, 1,3,11,19-Tetraacetoxy-5,14-dihydroxy- **18** IV 3552

—, 1,5,11,19-Tetraacetoxy-3-[tri-O-acetyl-rhamnopyranosyloxy]- **18** IV 3405

—, 2,3,14,19-Tetrahydroxy- **18** IV 3124

—, 3,5,14,19-Tetrahydroxy- **18** IV 3074

—, 3,5,14-Trihydroxy- **18** IV 2360

—, 3,11,14-Trihydroxy- **18** IV 2361

—, 3,12,14-Trihydroxy- **18** IV 2361

—, 3,14,15-Trihydroxy- **18** IV 2362

—, 3,14,16-Trihydroxy- **18** IV 2362

—, 3,14,21-Trihydroxy- **10** III 4735 a

—, 3,5,14-Trihydroxy-19-oxo- **18** IV 3096

Carda-3,5,14,20(22)-tetraenolid **17** IV 5409

Carda-3,5,20(22)-trienolid

—, 14-Hydroxy- **18** IV 591

Carda-5,14,20(22)-trienolid

—, 3-Acetoxy-19-hydroxyimino- **18** IV 1755

—, 3-Acetoxy-19-oxo- **18** IV 1754

—, 3-Benzoyloxy-19-hydroxyimino- **18** IV 1755

—, 3-Benzoyloxy-12-hydroxy-19-oxo- **18** IV 2663

—, 3-Benzoyloxy-19-oxo- **18** IV 1755

—, 3,12-Dihydroxy-19-oxo- **18** IV 2663

—, 3-Hydroxy- **18** IV 592

—, 3-Hydroxy-19-hydroxyimino- **18** IV 1755

—, 3-Hydroxy-19-oxo- **18** IV 1754

—, 3-Hydroxy-19-phenylhydrazono- **18** IV 1755

Carda-8,14,20(22)-trienolid
—, 3-Acetoxy- **18** IV 593
—, 3-Hydroxy- **18** IV 592
Carda-14,16,20(22)-trienolid
—, 3-Acetoxy- **18** IV 594
—, 3,12-Diacetoxy- **18** IV 1656
—, 3-Digitalopyranosyloxy- **18** IV 594
—, 3-Formyloxy- **18** IV 594
—, 3-[O^4-Glucopyranosyl-digitalopyranosyloxy]- **18** IV 594
—, 3-[O^4-Glucopyranosyl-O^3-methyl-fucopyranosyloxy]- **18** IV 594
—, 3-Hydroxy- **18** IV 593
—, 3-Hydroxy-19-hydroxyimino- **18** IV 1755
—, 3-Hydroxy-19-oxo- **18** IV 1755
—, 3-[O^3-Methyl-fucopyranosyloxy]- **18** IV 594
—, 3-Oxo- **17** IV 6421
Card-4-enolid
—, 3-Oxo- **17** IV 6331
Card-5-enolid
—, 3-Acetoxy- **18** IV 474
—, 3-Acetoxy-20-hydroxy- **18** IV 1466
—, 3,19-Epoxy-19-hydroxy- **18** IV 1603
—, 3-Hydroxy-19-oxo- **18** IV 1603
Card-8(14)-enolid
—, 3,12-Diacetoxy- **18** IV 1466
—, 3,16-Diacetoxy- **18** IV 1466
—, 3,5-Dihydroxy- **18** IV 1466
—, 3,12-Dihydroxy- **18** IV 1466
—, 3,12-Dioxo- **17** IV 6775
—, 3-Hydroxy- **18** IV 474
—, 21-Hydroxy-3-[O^3-methyl-6-desoxy-glucopyranosyloxy]- **17** IV 2558
—, 12-Oxo-3-semicarbazono- **17** IV 6776
Card-11-enolid 17 IV 5175
Card-14-enolid
—, 3-Benzoyloxy-5-hydroxy-19-oxo- **18** IV 2542
—, 3,12-Diacetoxy- **18** IV 1467
—, 3,5-Dihydroxy- **18** IV 1467
—, 3,5-Dihydroxy-19-oxo- **18** IV 2542
—, 3,12-Dioxo- **17** IV 6776
—, 3,16-Dioxo- **17** IV 6776
—, 3-Hydroxy- **18** IV 474
—, 3,5,19-Trihydroxy- **18** IV 2430
Card-20(22)-enolid 17 IV 5174
—, 3-Acetoxy- **18** IV 472
—, 2-Acetoxy-3-[4-acetoxy-6-methyl-3-oxo-tetrahydro-pyran-2-yloxy]-14-hydroxy- **18** IV 2434
—, 16-Acetoxy-3-{O^3-acetyl-O^4-[O^3-acetyl-O^4-(di-O-acetyl-*ribo*-2,6-didesoxy-hexopyranosyl)-*ribo*-2,6-didesoxy-hexopyranosyl]-*ribo*-2,6-

didesoxy-hexopyranosyloxy}-14-hydroxy- **18** IV 2470
—, 11-Acetoxy-3-[O^2-acetyl-O^4-glucopyranosyl-digitalopyranosyloxy]-14-hydroxy- **18** IV 2450
—, 16-Acetoxy-3-[O^2-acetyl-O^4-glucopyranosyl-digitalopyranosyloxy]-14-hydroxy- **18** IV 2480
—, 11-Acetoxy-3-[O^2-acetyl-O^4-glucopyranosyl-O^3-methyl-fucopyranosyloxy]-14-hydroxy- **18** IV 2450
—, 16-Acetoxy-3-[O^2-acetyl-O^4-glucopyranosyl-O^3-methyl-fucopyranosyloxy]-14-hydroxy- **18** IV 2480
—, 16-Acetoxy-3-[O^2-acetyl-O^4-(hepta-O-acetyl-cellobiosyl)-digitalopyranosyloxy]-14-hydroxy- **18** IV 2481
—, 16-Acetoxy-3-[O^2-acetyl-O^4-(hepta-O-acetyl-gentiobiosyl)-digitalopyranosyloxy]-14-hydroxy- **18** IV 2482
—, 11-Acetoxy-3-[O^4-acetyl-O^3-methyl-*xylo*-2,6-didesoxy-hexopyranosyloxy]-14-hydroxy- **18** IV 2447
—, 12-Acetoxy-3-[O^4-acetyl-O^3-methyl-*arabino*-2,6-didesoxy-hexopyranosyloxy]-14-hydroxy-11-oxo- **18** IV 3121
—, 11-Acetoxy-3-[O^2-acetyl-O^3-methyl-O^4-(tetra-O-acetyl-glucopyranosyl)-fucopyranosyloxy]-14-hydroxy- **18** IV 2450
—, 16-Acetoxy-3-[O^2-acetyl-O^3-methyl-O^4-(tetra-O-acetyl-glucopyranosyl)-fucopyranosyloxy]-14-hydroxy- **18** IV 2481
—, 16-Acetoxy-3-{O^2-acetyl-O^3-methyl-O^4-[O^2,O^3,O^4-triacetyl-O^6-(tetra-O-acetyl-glucopyranosyl)-glucopyranosyl]-fucopyranosyloxy}-14-hydroxy- **18** IV 2482
—, 16-Acetoxy-3-{O^2-acetyl-O^3-methyl-O^4-[O^2,O^3,O^6-triacetyl-O^4-(tetra-O-acetyl-glucopyranosyl)-glucopyranosyl]-fucopyranosyloxy}-14-hydroxy- **18** IV 2481
—, 12-Acetoxy-3-[O-acetyl-oleandropyranosyloxy]-14-hydroxy-11-oxo- **18** IV 3121
—, 11-Acetoxy-3-[O-acetyl-sarmentopyranosyloxy]-14-hydroxy- **18** IV 2447
—, 16-Acetoxy-3-[O^3-acetyl-O^4-(tetra-O-acetyl-glucopyranosyl)-*ribo*-2,6-didesoxy-hexopyranosyloxy]-14-hydroxy- **18** IV 2473

Card-20(22)-enolid   (Fortsetzung)

—, 11-Acetoxy-3-[O^2-acetyl-O^4-(tetra-O-acetyl-glucopyranosyl)-digitalopyranosyloxy]-14-hydroxy- **18** IV 2450

—, 16-Acetoxy-3-[O^2-acetyl-O^4-(tetra-O-acetyl-glucopyranosyl)-digitalopyranosyloxy]-14-hydroxy- **18** IV 2481

—, 16-Acetoxy-3-acofriopyranosyloxy-14-hydroxy- **18** IV 2479

—, 1-Acetoxy-3-acovenopyranosyloxy-14-hydroxy- **18** IV 2433

—, 11-Acetoxy-3-benzoyloxy-14-hydroxy- **18** IV 2445

—, 3-Acetoxy-16-[3-carboxy-propionyloxy]-14-hydroxy- **18** IV 2460

—, 16-Acetoxy-3-[3-carboxy-propionyloxy]-14-hydroxy- **18** IV 2459

—, 16-Acetoxy-3-cymaropyranosyloxy-14-hydroxy- **18** IV 2468

—, 11-Acetoxy-3-[6-desoxy-talopyranosyloxy]-5,14-dihydroxy-19-oxo- **18** IV 3416

—, 1-Acetoxy-3-[di-O-acetyl-acovenopyranosyloxy]-14-hydroxy- **18** IV 2433

—, 16-Acetoxy-3-[di-O-acetyl-*ribo*-2,6-didesoxy-hexopyranosyloxy]-14-hydroxy- **18** IV 2470

—, 11-Acetoxy-3-[di-O-acetyl-digitalopyranosyloxy]-5,14-dihydroxy- **18** IV 3088

—, 11-Acetoxy-3-[di-O-acetyl-digitalopyranosyloxy]-14-hydroxy- **18** IV 2449

—, 16-Acetoxy-3-[di-O-acetyl-digitalopyranosyloxy]-14-hydroxy- **18** IV 2479

—, 12-Acetoxy-3-[di-O-acetyl-digitalopyranosyloxy]-14-hydroxy-11-oxo- **18** IV 3121

—, 16-Acetoxy-3-[di-O-acetyl-digitoxopyranosyloxy]-14-hydroxy- **18** IV 2470

—, 1-Acetoxy-3-[O^2,O^4-diacetyl-O^3-methyl-6-desoxy-talopyranosyloxy]-14-hydroxy- **18** IV 2433

—, 11-Acetoxy-3-[O^2,O^4-diacetyl-O^3-methyl-3-fucopyranosyloxy]-5,14-dihydroxy- **18** IV 3088

—, 11-Acetoxy-3-[O^2,O^4-diacetyl-O^3-methyl-fucopyranosyloxy]-14-hydroxy- **18** IV 2449

—, 16-Acetoxy-3-[O^2,O^4-diacetyl-O^3-methyl-fucopyranosyloxy]-14-hydroxy- **18** IV 2479

—, 12-Acetoxy-3-[O^2,O^4-diacetyl-O^3-methyl-fucopyranosyloxy]-14-hydroxy-11-oxo- **18** IV 3121

—, 16-Acetoxy-3-[O^2,O^3-diacetyl-O^4-(tetra-O-acetyl-glucopyranosyl)-fucopyranosyloxy]-14-hydroxy- **18** IV 2482

—, 3-Acetoxy-14,15-dibrom-5-hydroxy- **18** IV 1468

—, 16-Acetoxy-3-diginopyranosyloxy-14-hydroxy- **18** IV 2470

—, 11-Acetoxy-3-digitalopyranosyloxy-14-hydroxy- **18** IV 2449

—, 16-Acetoxy-3-digitalopyranosyloxy-14-hydroxy- **18** IV 2479

—, 3-Acetoxy-5,6-dihydroxy- **18** IV 2435

—, 3-Acetoxy-5,14-dihydroxy- **18** IV 2436

—, 3-Acetoxy-11,14-dihydroxy- **18** IV 2444

—, 3-Acetoxy-14,16-dihydroxy- **18** IV 2458

—, 11-Acetoxy-3,14-dihydroxy- **18** IV 2444

—, 12-Acetoxy-3,14-dihydroxy- **18** IV 2451

—, 16-Acetoxy-3,14-dihydroxy- **18** IV 2458

—, 3-Acetoxy-5,14-dihydroxy-19-methansulfonyloxy- **18** IV 3095

—, 19-Acetoxy-5,14-dihydroxy-3-{O^3-methyl-O^4-[O^2,O^3,O^4-triacetyl-O^6-(tetra-O-acetyl-glucopyranosyl)-glucopyranosyl]-*ribo*-2,6-didesoxy-hexopyranosyloxy}- **18** IV 3094

—, 3-Acetoxy-5,14-dihydroxy-19-oxo- **18** IV 3129

—, 11-Acetoxy-5,14-dihydroxy-19-oxo-3-[tri-O-acetyl-6-desoxy-talopyranosyloxy]- **18** IV 3416

—, 11-Acetoxy-5,14-dihydroxy-19-oxo-3-[tri-O-acetyl-rhamnopyranosyloxy]- **18** IV 3416

—, 11-Acetoxy-5,14-dihydroxy-19-oxo-3-[tri-O-benzoyl-6-desoxy-talopyranosyloxy]- **18** IV 3417

—, 19-Acetoxy-5,14-dihydroxy-3-strophanthotriosyloxy- **18** IV 3094

—, 19-Acetoxy-5,14-dihydroxy-3-[tetra-O-acetyl-glucopyranosyloxy]- **18** IV 3095

—, 3-Acetoxy-5,14-dihydroxy-19-[toluol-4-sulfonyloxy]- **18** IV 3095

—, 11-Acetoxy-5,14-dihydroxy-3-[tri-O-acetyl-6-desoxy-talopyranosyloxy]- **18** IV 3088

Card-20(22)-enolid (Fortsetzung)

—, 11-Acetoxy-5,14-dihydroxy-3-[tri-O-acetyl-rhamnopyranosyloxy]- **18** IV 3088

—, 12-Acetoxy-5,14-dihydroxy-3-[tri-O-acetyl-rhamnopyranosyloxy]- **18** IV 3089

—, 16-Acetoxy-3-[O^4-glucopyranosyl-digitalopyranosyloxy]-14-hydroxy- **18** IV 2480

—, 16-Acetoxy-3-[O^4-(O^4-glucopyranosyl-glucopyranosyl)-acofriopyranosyloxy]-14-hydroxy- **18** IV 2480

—, 19-Acetoxy-3-[O^4-(O^6-glucopyranosyl-glucopyranosyl)-O^3-methyl-$ribo$-2,6-didesoxy-hexopyranosyloxy]-5,14-dihydroxy- **18** IV 3094

—, 16-Acetoxy-3-[O^4-(O^4-glucopyranosyl-glucopyranosyl)-O^3-methyl-rhamnopyranosyloxy]-14-hydroxy- **18** IV 2480

—, 16-Acetoxy-3-[O^4-glucopyranosyl-O^3-methyl-$arabino$-2,6-didesoxy-hexopyranosyloxy]-14-hydroxy- **18** IV 2471

—, x-Acetoxy-3-[O^4-glucopyranosyl-O^3-methyl-$ribo$-2,6-didesoxy-hexopyranosyloxy]-14-hydroxy- **18** IV 2484

—, 16-Acetoxy-3-[O^4-glucopyranosyl-O^3-methyl-$ribo$-2,6-didesoxy-hexopyranosyloxy]-14-hydroxy- **18** IV 2471

—, 16-Acetoxy-3-[O^4-glucopyranosyl-O^3-methyl-$xylo$-2,6-didesoxy-hexopyranosyloxy]-14-hydroxy- **18** IV 2472

—, 16-Acetoxy-3-[O^4-glucopyranosyl-O^3-methyl-fucopyranosyloxy]-14-hydroxy- **18** IV 2480

—, 16-Acetoxy-3-[O^4-glucopyranosyl-oleandropyranosyloxy]-14-hydroxy- **18** IV 2471

—, 16-Acetoxy-3-[O^4-glucopyranosyl-rhamnopyranosyloxy]-14-hydroxy- **18** IV 2479

—, 16-Acetoxy-3-[O^4-glucopyranosyl-sarmentopyranosyloxy]-14-hydroxy- **18** IV 2472

—, 19-Acetoxy-3-[hepta-O-acetyl-strophanthotriosyloxy]-5,14-dihydroxy- **18** IV 3094

—, 3-Acetoxy-5-hydroxy- **18** IV 1467

—, 3-Acetoxy-14-hydroxy- **18** IV 1472

—, 16-Acetoxy-14-hydroxy-19-hydroxyimino-3-[tri-O-acetyl-rhamnopyranosyloxy]- **18** IV 3149

—, 3-Acetoxy-14-hydroxy-21-[4-methoxy-benzyliden]- **18** IV 2811

—, 3-Acetoxy-14-hydroxy-16-[3-methoxycarbonyl-propionyloxy]- **18** IV 2460

—, 16-Acetoxy-14-hydroxy-3-[3-methoxycarbonyl-propionyloxy]- **18** IV 2460

—, 1-Acetoxy-14-hydroxy-3-[O^3-methyl-6-desoxy-talopyranosyloxy]- **18** IV 2433

—, 16-Acetoxy-14-hydroxy-3-[O^3-methyl-$arabino$-2,6-didesoxy-hexopyranosyloxy]- **18** IV 2469

—, 16-Acetoxy-14-hydroxy-3-[O^3-methyl-$lyxo$-2,6-didesoxy-hexopyranosyloxy]- **18** IV 2470

—, 16-Acetoxy-14-hydroxy-3-[O^3-methyl-$ribo$-2,6-didesoxy-hexopyranosyloxy]- **18** IV 2468

—, 16-Acetoxy-14-hydroxy-3-[O^3-methyl-$xylo$-2,6-didesoxy-hexopyranosyloxy]- **18** IV 2469

—, 11-Acetoxy-14-hydroxy-3-[O^3-methyl-fucopyranosyloxy]- **18** IV 2449

—, 16-Acetoxy-14-hydroxy-3-[O^3-methyl-fucopyranosyloxy]- **18** IV 2479

—, 16-Acetoxy-14-hydroxy-3-[O^3-methyl-rhamnopyranosyloxy]- **18** IV 2479

—, 16-Acetoxy-14-hydroxy-3-[O^3-methyl-O^4-(tetra-O-acetyl-glucopyranosyl)-$ribo$-2,6-didesoxy-hexopyranosyloxy]- **18** IV 2472

—, 16-Acetoxy-14-hydroxy-3-[O^3-methyl-O^4-(tetra-O-acetyl-glucopyranosyl)-$xylo$-2,6-didesoxy-hexopyranosyloxy]- **18** IV 2472

—, 16-Acetoxy-14-hydroxy-3-oleandropyranosyloxy- **18** IV 2469

—, 3-Acetoxy-14-hydroxy-11-oxo- **18** IV 2544

—, 3-Acetoxy-14-hydroxy-12-oxo- **18** IV 2546

—, 3-Acetoxy-14-hydroxy-19-oxo- **18** IV 2548

—, 11-Acetoxy-14-hydroxy-3-oxo- **18** IV 2543

—, 12-Acetoxy-14-hydroxy-3-oxo- **18** IV 2543

—, 16-Acetoxy-14-hydroxy-3-oxo- **18** IV 2544

—, 16-Acetoxy-14-hydroxy-19-oxo-3-[tri-O-acetyl-rhamnopyranosyloxy]- **18** IV 3149

—, 16-Acetoxy-14-hydroxy-3-[penta-O-acetyl-digilanidobiosyloxy]- **18** IV 2473

—, 16-Acetoxy-14-hydroxy-3-rhamnopyranosyloxy- **18** IV 2478

Card-20(22)-enolid (Fortsetzung)

—, 16-Acetoxy-14-hydroxy-3-sarmentopyranosyloxy- **18** IV 2469

—, 11-Acetoxy-14-hydroxy-3-semicarbazono- **18** IV 2543

—, x-Acetoxy-14-hydroxy-3-strophanthobiosyloxy- **18** IV 2484

—, 16-Acetoxy-14-hydroxy-3-strophanthobiosyloxy- **18** IV 2471

—, 16-Acetoxy-14-hydroxy-3-[tetra-O-acetyl-glucopyranosyloxy]- **18** IV 2473

—, 16-Acetoxy-14-hydroxy-3-[O^4-(tetra-O-acetyl-glucopyranosyl)-sarmentopyranosyloxy]- **18** IV 2472

—, 16-Acetoxy-14-hydroxy-3-[tetra-O-acetyl-strophanthobiosyloxy]- **18** IV 2472

—, 16-Acetoxy-14-hydroxy-3-[tetra-O-acetyl-*lin*-tri[1→4]-digitoxopyranosyloxy]- **18** IV 2470

—, 3-Acetoxy-14-hydroxy-16-[toluol-4-sulfonyloxy]- **18** IV 2484

—, 16-Acetoxy-14-hydroxy-3-[[1]O^3,[2]$\rightleftharpoons$$O^3$,[3]$O^3$-triacetyl-[3]$O^4$-(tetra-$O$-acetyl-glucopyranosyl)-*lin*-tri[1→4]-digitoxopyranosyloxy]- **18** IV 2471

—, 16-Acetoxy-14-hydroxy-3-[[1]O^3,[2]$\rightleftharpoons$$O^3$,[3]$O^3$-triacetyl-[3]$O^4$-(tetra-$O$-acetyl-glucopyranosyl)-*lin*-tri[1→4]-*ribo*-2,6-didesoxy-hexopyranosyloxy]- **18** IV 2471

—, 3-[Acetoxy-propionyloxy]-5,14-dihydroxy-19-oxo- **18** IV 3134

—, 3-Acetoxy-5,14,19-trihydroxy- **18** IV 3092

—, 19-Acetoxy-3,5,14-trihydroxy- **18** IV 3092

—, 3-[O^2-Acetyl-O^4-benzoyl-digitalopyranosyloxy]-16-benzoyloxy-14-hydroxy- **18** IV 2483

—, 3-[O^2-Acetyl-O^4-benzoyl-digitalopyranosyloxy]-14-hydroxy- **18** IV 1490

—, 3-[O^2-Acetyl-O^4-benzoyl-O^3-methyl-6-desoxy-glucopyranosyloxy]-14-hydroxy- **18** IV 1489

—, 3-[O^4-Acetyl-O^2-benzoyl-O^3-methyl-6-desoxy-glucopyranosyloxy]-14-hydroxy- **18** IV 1489

—, 3-[O^2-Acetyl-O^4-benzoyl-O^3-methyl-fucopyranosyloxy]-16-benzoyloxy-14-hydroxy- **18** IV 2483

—, 3-[O^2-Acetyl-O^4-benzoyl-O^3-methyl-fucopyranosyloxy]-14-hydroxy- **18** IV 1490

—, 3-[O^2-Acetyl-O^4-benzoyl-thevetopyranosyloxy]-14-hydroxy- **18** IV 1489

—, 3-[O^4-Acetyl-O^2-benzoyl-thevetopyranosyloxy]-14-hydroxy- **18** IV 1489

—, 3-[O^2-Acetyl-O^4-cellobiosyl-digitalopyranosyloxy]-14,16-dihydroxy- **18** IV 2477

—, 3-[O-Acetyl-cymaropyranosyloxy]-5,14-dihydroxy- **18** IV 2438

—, 3-[O-Acetyl-cymaropyranosyloxy]-5,14-dihydroxy-19-oxo- **18** IV 3137

—, 3-[O-Acetyl-cymaropyranosyloxy]-14-hydroxy- **18** IV 1477

—, 3-{O^4-[O^4-(O^3-Acetyl-*ribo*-2,6-didesoxy-hexopyranosyl)-*ribo*-2,6-didesoxy-hexopyranosyl]-*ribo*-2,6-didesoxy-hexopyranosyloxy}-12,14-dihydroxy- **18** IV 2454

—, 3-{O^4-[O^4-(O^3-Acetyl-*ribo*-2,6-didesoxy-hexopyranosyl)-*ribo*-2,6-didesoxy-hexopyranosyl]-*ribo*-2,6-didesoxy-hexopyranosyloxy}-14,16-dihydroxy- **18** IV 2463

—, 3-{O^4-[O^4-(O^4-Acetyl-*ribo*-2,6-didesoxy-hexopyranosyl)-*ribo*-2,6-didesoxy-hexopyranosyl]-*ribo*-2,6-didesoxy-hexopyranosyloxy}-12,14-dihydroxy- **18** IV 2453

—, 3-{O^4-[O^4-(O^4-Acetyl-*ribo*-2,6-didesoxy-hexopyranosyl)-*ribo*-2,6-didesoxy-hexopyranosyl]-*ribo*-2,6-didesoxy-hexopyranosyloxy}-14,16-dihydroxy- **18** IV 2463

—, 3-{O^4-[O^4-(O^3-Acetyl-*ribo*-2,6-didesoxy-hexopyranosyl)-*ribo*-2,6-didesoxy-hexopyranosyl]-*ribo*-2,6-didesoxy-hexopyranosyloxy}-16-formyloxy-14-hydroxy- **18** IV 2467

—, 3-[O-Acetyl-diginopyranosyloxy]-5,14-dihydroxy- **18** IV 2438

—, 3-[O-Acetyl-diginopyranosyloxy]-11,14-dihydroxy- **18** IV 2447

—, 3-[O-Acetyl-diginopyranosyloxy]-14-hydroxy- **18** IV 1477

—, 3-[O^2-Acetyl-digitalopyranosyloxy]-14,16-dihydroxy- **18** IV 2474

—, 3-[O^2-Acetyl-digitalopyranosyloxy]-14-hydroxy- **18** IV 1488

—, 3-[O^4-Acetyl-O^2,O^3-dimethyl-6-desoxy-glucopyranosyloxy]-5,14-dihydroxy-19-oxo- **18** IV 3144

—, 3-[O^2-Acetyl-O^4-gentiobiosyl-digitalopyranosyloxy]-14,16-dihydroxy- **18** IV 2477

Card-20(22)-enolid (Fortsetzung)

—, 3-[O^2-Acetyl-O^4-gentiobiosyl-digitalopyranosyloxy]-14-hydroxy- **18** IV 1495

—, 3-{O^4-[O^4-(O^3-Acetyl-O^4-glucopyranosyl-*ribo*-2,6-didesoxy-hexopyranosyl)-*ribo*-2,6-didesoxy-hexopyranosyl]-*ribo*-2,6-didesoxy-hexopyranosyloxy}-12,14-dihydroxy- **18** IV 2455

—, 3-{O^4-[O^4-(O^3-Acetyl-O^4-glucopyranosyl-*ribo*-2,6-didesoxy-hexopyranosyl)-*ribo*-2,6-didesoxy-hexopyranosyl]-*ribo*-2,6-didesoxy-hexopyranosyloxy}-14,16-dihydroxy- **18** IV 2465

—, 3-{O^4-[O^4-(O^3-Acetyl-O^4-glucopyranosyl-*ribo*-2,6-didesoxy-hexopyranosyl)-*ribo*-2,6-didesoxy-hexopyranosyl]-*ribo*-2,6-didesoxy-hexopyranosyloxy}-16-formyloxy-14-hydroxy- **18** IV 2468

—, 3-[O^2-Acetyl-O^4-glucopyranosyl-digitalopyranosyloxy]-14,16-dihydroxy- **18** IV 2476

—, 3-[O^2-Acetyl-O^4-glucopyranosyl-digitalopyranosyloxy]-14-hydroxy- **18** IV 1494

—, 3-[O^2-Acetyl-O^4-glucopyranosyl-digitalopyranosyloxy]-14-hydroxy-16-propionyloxy- **18** IV 2482

—, 3-[O^2-Acetyl-O^4-(O^4-glucopyranosyl-glucopyranosyl)-O^3-methyl-fucopyranosyloxy]-14,16-dihydroxy- **18** IV 2477

—, 3-[O^2-Acetyl-O^4-(O^6-glucopyranosyl-glucopyranosyl)-O^3-methyl-fucopyranosyloxy]-14,16-dihydroxy- **18** IV 2477

—, 3-[O^2-Acetyl-O^4-(O^6-glucopyranosyl-glucopyranosyl)-O^3-methyl-fucopyranosyloxy]-14-hydroxy- **18** IV 1495

—, 3-[O^2-Acetyl-O^4-glucopyranosyl-O^3-methyl-fucopyranosyloxy]-14,16-dihydroxy- **18** IV 2476

—, 3-[O^2-Acetyl-O^4-glucopyranosyl-O^3-methyl-fucopyranosyloxy]-14-hydroxy- **18** IV 1494

—, 3-[O^2-Acetyl-O^4-glucopyranosyl-O^3-methyl-fucopyranosyloxy]-14-hydroxy-16-propionyloxy- **18** IV 2482

—, 3-[[3]O^3-Acetyl-[3]O^4-glucopyranosyl-*lin*-tri[1→4]-*ribo*-2,6-didesoxy-hexopyranosyloxy]-14-hydroxy- **18** IV 1480

—, 3-[[3]O^3-Acetyl-[3]O^4-glucopyranosyl-*lin*-tri[1→4]-*ribo*-2,6-didesoxy-hexopyranosyloxy]-12,14,16-trihydroxy- **18** IV 3090

—, 3-[[3]O^3-Acetyl-[3]O^4-glucopyranosyl-*lin*-tri[1→4]-digitoxopyranosyloxy]-12,14-dihydroxy- **18** IV 2455

—, 3-[[3]O^3-Acetyl-[3]O^4-glucopyranosyl-*lin*-tri[1→4]-digitoxopyranosyloxy]-14,16-dihydroxy- **18** IV 2465

—, 3-[[3]O^3-Acetyl-[3]O^4-glucopyranosyl-*lin*-tri[1→4]-digitoxopyranosyloxy]-16-formyloxy-14-hydroxy- **18** IV 2468

—, 3-[[3]O^3-Acetyl-[3]O^4-glucopyranosyl-*lin*-tri[1→4]-digitoxopyranosyloxy]-14-hydroxy- **18** IV 1480

—, 3-[[3]O^3-Acetyl-[3]O^4-glucopyranosyl-*lin*-tri[1→4]-digitoxopyranosyloxy]-12,14,16-trihydroxy- **18** IV 3090

—, 3-[O^2-Acetyl-O^4-(hepta-O-acetyl-gentiobiosyl)-acovenopyranosyloxy]-1,14-dihydroxy- **18** IV 2433

—, 3-[O^4-Acetyl-O^2-(hepta-O-acetyl-gentiobiosyl)-acovenopyranosyloxy]-1,14-dihydroxy- **18** IV 2433

—, 3-[O^2-Acetyl-O^4-(hepta-O-acetyl-gentiobiosyl)-digitalopyranosyloxy]-14-hydroxy- **18** IV 1495

—, 3-[O^2-Acetyl-O^3-methyl-6-desoxy-glucopyranosyloxy]-14-hydroxy- **18** IV 1487

—, 3-[O^4-Acetyl-O^3-methyl-6-desoxy-glucopyranosyloxy]-14-hydroxy- **18** IV 1487

—, 3-[O^4-Acetyl-O^3-methyl-*lyxo*-2,6-didesoxy-hexopyranosyloxy]-5,14-dihydroxy- **18** IV 2438

—, 3-[O^4-Acetyl-O^3-methyl-*ribo*-2,6-didesoxy-hexopyranosyloxy]-5,14-dihydroxy- **18** IV 2438

—, 3-[O^4-Acetyl-O^3-methyl-*lyxo*-2,6-didesoxy-hexopyranosyloxy]-11,14-dihydroxy- **18** IV 2447

—, 3-[O^4-Acetyl-O^3-methyl-*ribo*-2,6-didesoxy-hexopyranosyloxy]-5,14-dihydroxy-19-oxo- **18** IV 3137

—, 3-[O^4-Acetyl-O^3-methyl-*lyxo*-2,6-didesoxy-hexopyranosyloxy]-14-hydroxy- **18** IV 1477

—, 3-[O^4-Acetyl-O^3-methyl-*ribo*-2,6-didesoxy-hexopyranosyloxy]-14-hydroxy- **18** IV 1477

—, 3-[O^4-Acetyl-O^3-methyl-*xylo*-2,6-didesoxy-hexopyranosyloxy]-14-hydroxy-11-oxo- **18** IV 2546

—, 3-[O^2-Acetyl-O^3-methyl-fucopyranosyloxy]-14,16-dihydroxy- **18** IV 2474

Card-20(22)-enolid   (Fortsetzung)

—, 3-[O^2-Acetyl-O^3-methyl-fucopyranosyloxy]-14-hydroxy- **18** IV 1488

—, 3-[O^2-Acetyl-O^3-methyl-O^4-(tetra-O-acetyl-glucopyranosyl)-6-desoxy-glucopyranosyloxy]-14-hydroxy- **18** IV 1494

—, 3-[O^2-Acetyl-O^3-methyl-O^4-(tetra-O-acetyl-glucopyranosyl)-fucopyranosyloxy]-5,14-dihydroxy- **18** IV 2442

—, 3-[O^2-Acetyl-O^3-methyl-O^4-(tetra-O-acetyl-glucopyranosyl)-fucopyranosyloxy]-14-hydroxy- **18** IV 1494

—, 3-[O^2-Acetyl-O^3-methyl-O^4-(tetra-O-propionyl-glucopyranosyl)-fucopyranosyloxy]-14-hydroxy-16-propionyloxy- **18** IV 2483

—, 3-{O^2-Acetyl-O^3-methyl-O^4-[$O^2,O^3,$⇌O^4-triacetyl-O^6-(tetra-O-acetyl-glucopyranosyl)-glucopyranosyl]-fucopyranosyloxy}-14-hydroxy- **18** IV 1495

—, 3-[O-Acetyl-sarmentopyranosyloxy]-14-hydroxy-11-oxo- **18** IV 2546

—, 3-[O^3-Acetyl-O^4-(tetra-O-acetyl-glucopyranosyl)-boivinopyranosyloxy]-5,14-dihydroxy-19-oxo- **18** IV 3141

—, 3-[O^3-Acetyl-O^4-(tetra-O-acetyl-glucopyranosyl)-$ribo$-2,6-didesoxy-hexopyranosyloxy]-5,14-dihydroxy-19-oxo- **18** IV 3141

—, 3-[O^3-Acetyl-O^4-(tetra-O-acetyl-glucopyranosyl)-$xylo$-2,6-didesoxy-hexopyranosyloxy]-5,14-dihydroxy-19-oxo- **18** IV 3141

—, 3-[O^2-Acetyl-O^4-(tetra-O-acetyl-glucopyranosyl)-digitalopyranosyloxy]-5,14-dihydroxy- **18** IV 2442

—, 3-[O^2-Acetyl-O^4-(tetra-O-acetyl-glucopyranosyl)-digitalopyranosyloxy]-14-hydroxy- **18** IV 1494

—, 3-[O^2-Acetyl-O^4-(tetra-O-acetyl-glucopyranosyl)-thevetopyranosyloxy]-14-hydroxy- **18** IV 1494

—, 3-[O^2-Acetyl-O^4-(tetra-O-propionyl-glucopyranosyl)-digitalopyranosyloxy]-14-hydroxy-16-propionyloxy- **18** IV 2483

—, 3-[O^2-Acetyl-thevetopyranosyloxy]-14-hydroxy- **18** IV 1487

—, 3-[O^4-Acetyl-thevetopyranosyloxy]-14-hydroxy- **18** IV 1487

—, 3-[[3]O^3-Acetyl-lin-tri[1→4]-$ribo$-2,6-didesoxy-hexopyranosyloxy]-14-hydroxy- **18** IV 1479

—, 3-[[3]O^4-Acetyl-lin-tri[1→4]-$ribo$-2,6-didesoxy-hexopyranosyloxy]-14-hydroxy- **18** IV 1479

—, 3-[[3]O^3-Acetyl-lin-tri[1→4]-$ribo$-2,6-didesoxy-hexopyranosyloxy]-12,14,16-trihydroxy- **18** IV 3090

—, 3-[[3]O^3-Acetyl-lin-tri[1→4]-digitoxopyranosyloxy]-12,14-dihydroxy- **18** IV 2454

—, 3-[[3]O^3-Acetyl-lin-tri[1→4]-digitoxopyranosyloxy]-14,16-dihydroxy- **18** IV 2463

—, 3-[[3]O^4-Acetyl-lin-tri[1→4]-digitoxopyranosyloxy]-12,14-dihydroxy- **18** IV 2453

—, 3-[[3]O^4-Acetyl-lin-tri[1→4]-digitoxopyranosyloxy]-14,16-dihydroxy- **18** IV 2463

—, 3-[[3]O^3-Acetyl-lin-tri[1→4]-digitoxopyranosyloxy-16-formyloxy-14-hydroxy- **18** IV 2467

—, 3-[[3]O^3-Acetyl-lin-tri[1→4]-digitoxopyranosyloxy]-14-hydroxy- **18** IV 1479

—, 3-[[3]O^4-Acetyl-lin-tri[1→4]-digitoxopyranosyloxy]-14-hydroxy- **18** IV 1479

—, 3-[[3]O^3-Acetyl-lin-tri[1→4]-digitoxopyranosyloxy]-12,14,16-trihydroxy- **18** IV 3090

—, 3-Acofriopyranosyloxy-14,16-dihydroxy- **18** IV 2473

—, 3-Acovenopyranosyloxy-1,14-dihydroxy- **18** IV 2431

—, 3-Äthoxyacetoxy-5,14-dihydroxy-19-oxo- **18** IV 3134

—, 3-Äthoxycarbonyloxy-11,14-dihydroxy- **18** IV 2445

—, 3-[2-Äthoxy-propionyloxy]-5,14-dihydroxy-19-oxo- **18** IV 3134

—, 3-[2-Äthyl-butyryloxy]-5,14-dihydroxy-19-oxo- **18** IV 3132

—, 3-Arabinopyranosyloxy-5,14-dihydroxy-19-oxo- **18** IV 3141

—, 3-[O-Benzoyl-diginopyranosyloxy]-11-benzoyloxy-14-hydroxy- **18** IV 2448

—, 3-[O-Benzoyl-diginopyranosyloxy]-5,14-dihydroxy- **18** IV 2439

—, 3-[O^4-Benzoyl-O^3-methyl-$lyxo$-2,6-didesoxy-hexopyranosyloxy]-11-benzoyloxy-14-hydroxy- **18** IV 2448

—, 3-[O^4-Benzoyl-O^3-methyl-$xylo$-2,6-didesoxy-hexopyranosyloxy]-11-benzoyloxy-14-hydroxy- **18** IV 2447

—, 3-[O^4-Benzoyl-O^3-methyl-$arabino$-2,6-didesoxy-hexopyranosyloxy]-11-benzoyloxy-14-hydroxy-12-oxo- **18** IV 3123

Card-20(22)-enolid (Fortsetzung)

—, 3-[O^4-Benzoyl-O^3-methyl-*arabino*-2,6-
didesoxy-hexopyranosyloxy]-12-
benzoyloxy-14-hydroxy-11-oxo- **18**
IV 3121

—, 3-[O^4-Benzoyl-O^3-methyl-*lyxo*-2,6-
didesoxy-hexopyranosyloxy]-5,14-
dihydroxy- **18** IV 2439

—, 3-[O^2-Benzoyl-O^3-methyl-O^4-(tetra-
O-benzoyl-glucopyranosyl)-
fucopyranosyloxy]-14-hydroxy- **18**
IV 1496

—, 3-[O-Benzoyl-oleandropyranosyloxy]-
11-benzoyloxy-14-hydroxy-12-oxo- **18**
IV 3123

—, 3-[O-Benzoyl-oleandropyranosyloxy]-
12-benzoyloxy-14-hydroxy-11-oxo- **18**
IV 3121

—, 11-Benzoyloxy-3-[O-benzoyl-
sarmentopyranosyloxy]-14-hydroxy- **18**
IV 2447

—, 1-Benzoyloxy-3-[di-O-benzoyl-
acovenopyranosyloxy]-14-hydroxy- **18**
IV 2434

—, 16-Benzoyloxy-3-[di-O-benzoyl-
digitalopyranosyloxy]-14-hydroxy- **18**
IV 2484

—, 1-Benzoyloxy-3-[O^2,O^4-dibenzoyl-
O^3-methyl-6-desoxy-talopyranosyloxy]-
14-hydroxy- **18** IV 2434

—, 16-Benzoyloxy-3-[O^2,O^4-dibenzoyl-
O^3-methyl-fucopyranosyloxy]-14-
hydroxy- **18** IV 2484

—, 3-Benzoyloxy-5,14-dihydroxy- **18**
IV 2437

—, 3-Benzoyloxy-5,14-dihydroxy-19-oxo-
18 IV 3133

—, 19-Benzoyloxy-5,14-dihydroxy-12-
oxo-3-[tri-O-benzoyi-6-desoxy-
gulopyranosyloxy]- **18** IV 3413

—, 3-Benzoyloxy-14-hydroxy- **18**
IV 1474

—, 3-Benzoyloxy-14-hydroxy-11-oxo-
18 IV 2545

—, 19-Benzoyloxy-14-hydroxy-3-[tri-
O-benzoyl-6-desoxy-allopyranosyloxy]-
18 IV 2486

—, 19-Benzoyloxy-5,12,14-trihydroxy-3-
[tri-O-benzoyl-6-desoxy-
gulopyranosyloxy]- **18** IV 3409

—, 3-[O^2-Benzoyl-O^4-(tetra-O-benzoyl-
glucopyranosyl)-digitalopyranosyloxy]-14-
hydroxy- **18** IV 1496

—, 3-Benzyloxycarbonyloxy-11,14-
dihydroxy- **18** IV 2445

—, 3-Benzyloxycarbonyloxy-14-hydroxy-
11-oxo- **18** IV 2545

—, 3,19-Bis-benzoyloxy-5,14-dihydroxy-
18 IV 3092

—, 3,11-Bis-benzoyloxy-5,14-dihydroxy-
19-oxo- **18** IV 3414

—, 3,12-Bis-benzoyloxy-5,14-dihydroxy-
19-oxo- **18** IV 3417

—, 12,19-Bis-benzoyloxy-5,14-dihydroxy-
3-[tri-O-benzoyl-rhamnopyranosyloxy]-
18 IV 3410

—, 3,11-Bis-benzoyloxy-14-hydroxy- **18**
IV 2445

—, 3,12-Bis-benzoyloxy-14-hydroxy- **18**
IV 2452

—, 3,16-Bis-benzoyloxy-14-hydroxy- **18**
IV 2459

—, 3,11-Bis-benzoyloxy-14-hydroxy-12-
oxo- **18** IV 3122

—, 3,12-Bis-benzoyloxy-14-hydroxy-11-
oxo- **18** IV 3119

—, 3,11-Bis-formyloxy-14-hydroxy- **18**
IV 2444

—, 3,16-Bis-formyloxy-14-hydroxy- **18**
IV 2458

—, 3-Boivinopyranosyloxy-5,14-
dihydroxy-19-oxo- **18** IV 3135

—, 3-Boivinopyranosyloxy-14-hydroxy-
19-oxo- **18** IV 2549

—, 3-Boivinopyranosyloxy-5,14,19-
trihydroxy- **18** IV 3092

—, 3-Bromacetoxy-5,14-dihydroxy-19-
oxo- **18** IV 3130

—, 3-[4-Brom-benzoyloxy]-5,14-
dihydroxy-19-oxo- **18** IV 3133

—, 3-[α-Brom-isovaleryloxy]-5,14-
dihydroxy-19-oxo- **18** IV 3131

—, 19-[4-Brom-phenylhydrazono]-3,5,14-
trihydroxy- **18** IV 3148

—, 3-[2-Brom-propionyloxy]-5,14-
dihydroxy-19-oxo- **18** IV 3131

—, 3-Butyryloxy-5,14-dihydroxy-19-oxo-
18 IV 3131

—, 3-[2-Carboxy-benzoyloxy]-14-
hydroxy- **18** IV 1475

—, 3-[3-Carboxy-3-hydroxy-5-methyl-
tetrahydro-[2]furyloxy]-2,14-dihydroxy-
19-oxo- **18** IV 4996

—, 3-[3-Carboxy-3-hydroxy-5-methyl-
tetrahydro-[2]furyloxy]-2,14,19-
trihydroxy- **18** IV 4996

—, 3-[3-Carboxy-propionyloxy]-5,14-
dihydroxy-19-oxo- **18** IV 3134

—, 3-[3-Carboxy-propionyloxy]-14-
hydroxy- **18** IV 1474

—, 3-[O^4-Cellobiosyl-
digitalopyranosyloxy]-14,16-dihydroxy-
18 IV 2475

—, 3-[O^4-Cellobiosyl-fucopyranosyloxy]-
14-hydroxy- **18** IV 1491

—, 3-[[3]O^4-Cellobiosyl-*lin*-
tri[1→4]-digitoxopyranosyloxy]-14,16-
dihydroxy- **18** IV 2464

Card-20(22)-enolid (Fortsetzung)

—, 3-Chloracetoxy-5,14-dihydroxy-19-oxo- **18** IV 3130

—, 14-Chlor-3,12-dihydroxy- **18** IV 1468

—, 14-Chlor-3,5-dihydroxy-19-oxo- **18** IV 2547

—, 3-[2-Chlor-propionyloxy]-5,14-dihydroxy-19-oxo- **18** IV 3131

—, 3-Cinnamoyloxy-5,14-dihydroxy-19-oxo- **18** IV 3134

—, 3-Cymaropyranosyloxy-5,14-dihydroxy- **18** IV 2437

—, 3-Cymaropyranosyloxy-14,16-dihydroxy- **18** IV 2461

—, 3-Cymaropyranosyloxy-5,14-dihydroxy-19-oxo- **18** IV 3136

—, 3-Cymaropyranosyloxy-14-hydroxy- **18** IV 1476

—, 3-Cymaropyranosyloxy-14-hydroxy-19-oxo- **18** IV 2549

—, 3-Cymaropyranosyloxy-5,14,19-trihydroxy- **18** IV 3093

—, 3-[6-Desoxy-allopyranosyloxy]-14,19-dihydroxy- **18** IV 2486

—, 3-[6-Desoxy-allopyranosyloxy]-14-hydroxy-19-oxo- **18** IV 2550

—, 3-[6-Desoxy-gulopyranosyloxy]-5,14-dihydroxy-19-oxo- **18** IV 3143

—, 3-[6-Desoxy-gulopyranosyloxy]-5,12,14,19-tetrahydroxy- **18** IV 3409

—, 3-[6-Desoxy-gulopyranosyloxy]-5,12,14-trihydroxy-19-hydroxyimino- **18** IV 3419

—, 3-[6-Desoxy-gulopyranosyloxy]-5,12,14-trihydroxy-19-oxo- **18** IV 3418

—, 3-[6-Desoxy-talopyranosyloxy]-11-formyloxy-5,14-dihydroxy-19-oxo- **18** IV 3415

—, 3-[6-Desoxy-talopyranosyloxy]-1,5,11,14,19-pentahydroxy- **18** IV 3557

—, 3-[6-Desoxy-talopyranosyloxy]-5,11,14,19-tetrahydroxy- **18** IV 3407

—, 3-[6-Desoxy-talopyranosyloxy]-5,11,14-trihydroxy- **18** IV 3087

—, 3-[6-Desoxy-talopyranosyloxy]-5,11,14-trihydroxy-19-oxo- **18** IV 3415

—, 2,3-Diacetoxy- **18** IV 1467

—, 3,12-Diacetoxy- **18** IV 1468

—, 3,6-Diacetoxy-5,14-dihydroxy- **18** IV 3086

—, 3,19-Diacetoxy-5,14-dihydroxy- **18** IV 3092

—, 3,11-Diacetoxy-5,14-dihydroxy-19-oxo- **18** IV 3414

—, 12,19-Diacetoxy-5,14-dihydroxy-3-rhamnopyranosyloxy- **18** IV 3409

—, 11,19-Diacetoxy-5,14-dihydroxy-3-[tri-*O*-acetyl-6-desoxy-talopyranosyloxy]- **18** IV 3408

—, 12,19-Diacetoxy-5,14-dihydroxy-3-[tri-*O*-acetyl-rhamnopyranosyloxy]- **18** IV 3409

—, 1,3-Diacetoxy-14-hydroxy- **18** IV 2431

—, 3,6-Diacetoxy-5-hydroxy- **18** IV 2435

—, 3,11-Diacetoxy-14-hydroxy- **18** IV 2445

—, 3,12-Diacetoxy-14-hydroxy- **18** IV 2452

—, 3,16-Diacetoxy-14-hydroxy- **18** IV 2459

—, 3,19-Diacetoxy-14-hydroxy- **18** IV 2485

—, 3,15-Diacetoxy-14-hydroxy-19-hydroxyimino- **18** IV 3148

—, 2,3-Diacetoxy-14-hydroxy-19-oxo- **18** IV 3124

—, 3,11-Diacetoxy-14-hydroxy-12-oxo- **18** IV 3122

—, 3,12-Diacetoxy-14-hydroxy-11-oxo- **18** IV 3119

—, 3,15-Diacetoxy-14-hydroxy-19-oxo- **18** IV 3148

—, 3,16-Diacetoxy-14-hydroxy-19-oxo- **18** IV 3149

—, 3,11-Diacetoxy-1,5,14,19-tetrahydroxy- **18** IV 3555

—, 3,19-Diacetoxy-1,5,11,14-tetrahydroxy- **18** IV 3555

—, 11,19-Diacetoxy-1,5,14-trihydroxy-3-[tri-*O*-acetyl-6-desoxy-talopyranosyloxy]- **18** IV 3557

—, 3-[Di-*O*-acetyl-acovenopyranosyloxy]-1,14-dihydroxy- **18** IV 2432

—, 3-[Di-*O*-acetyl-acovenopyranosyloxy]-14-hydroxy-1-oxo- **18** IV 2542

—, 3-[Di-*O*-acetyl-boivinopyranosyloxy]-5,14-dihydroxy-19-oxo- **18** IV 3138

—, 3-[Di-*O*-acetyl-boivinopyranosyloxy]-14-hydroxy-19-oxo- **18** IV 2550

—, 3-[Di-*O*-acetyl-*ribo*-2,6-didesoxy-hexopyranosyloxy]-5,14-dihydroxy-19-oxo- **18** IV 3138

—, 3-[Di-*O*-acetyl-*xylo*-2,6-didesoxy-hexopyranosyloxy]-5,14-dihydroxy-19-oxo- **18** IV 3138

—, 3-[Di-*O*-acetyl-*ribo*-2,6-didesoxy-hexopyranosyloxy]-14-hydroxy-19-oxo- **18** IV 2550

—, 3-[Di-*O*-acetyl-*xylo*-2,6-didesoxy-hexopyranosyloxy]-14-hydroxy-19-oxo- **18** IV 2550

—, 3-[Di-*O*-acetyl-digitalopyranosyloxy]-5,14-dihydroxy- **18** IV 2441

Card-20(22)-enolid   (Fortsetzung)

—, 3-[Di-O-acetyl-digitalopyranosyloxy]-11,14-dihydroxy- **18** IV 2449

—, 3-[Di-O-acetyl-digitalopyranosyloxy]-14-hydroxy- **18** IV 1489

—, 3-[Di-O-acetyl-digitalopyranosyloxy]-14-hydroxy-11-oxo- **18** IV 2546

—, 3-[Di-O-acetyl-digitoxopyranosyloxy]-5,14-dihydroxy-19-oxo- **18** IV 3138

—, 3-[Di-O-acetyl-digitoxopyranosyloxy]-14-hydroxy-19-oxo- **18** IV 2550

—, 3-[O^2,O^3-Diacetyl-O^4-(hepta-O-acetyl-gentiobiosyl)-rhamnopyranosyloxy]-14-hydroxy- **18** IV 1496

—, 3-[O^2,O^4-Diacetyl-O^3-methyl-6-desoxy-glucopyranosyloxy]-14-hydroxy- **18** IV 1488

—, 3-[O^2,O^4-Diacetyl-O^3-methyl-6-desoxy-talopyranosyloxy]-1,14-dihydroxy- **18** IV 2432

—, 3-[O^2,O^4-Diacetyl-O^3-methyl-6-desoxy-talopyranosyloxy]-14-hydroxy-1-oxo- **18** IV 2542

—, 3-[O^2,O^4-Diacetyl-O^3-methyl-fucopyranosyloxy]-5,14-dihydroxy- **18** IV 2441

—, 3-[O^2,O^4-Diacetyl-O^3-methyl-fucopyranosyloxy]-11,14-dihydroxy- **18** IV 2449

—, 3-[O^2,O^4-Diacetyl-O^3-methyl-fucopyranosyloxy]-14-hydroxy- **18** IV 1489

—, 3-[O^2,O^4-Diacetyl-O^3-methyl-fucopyranosyloxy]-14-hydroxy-11-oxo- **18** IV 2546

—, 3-[O^2,O^3-Diacetyl-O^4-(tetra-O-acetyl-glucopyranosyl)-6-desoxy-gulopyranosyloxy]-5,14-dihydroxy-19-hydroxyimino- **18** IV 3147

—, 3-[O^2,O^3-Diacetyl-O^4-(tetra-O-acetyl-glucopyranosyl)-6-desoxy-gulopyranosyloxy]-5,14-dihydroxy-19-oxo- **18** IV 3146

—, 3-[O^2,O^3-Diacetyl-O^4-(tetra-O-acetyl-glucopyranosyl)-fucopyranosyloxy]-14-hydroxy- **18** IV 1495

—, 3-[O^2,O^3-Diacetyl-O^4-(tetra-O-acetyl-glucopyranosyl)-rhamnopyranosyloxy]-5,14-dihydroxy-19-oxo- **18** IV 3145

—, 3-[Di-O-acetyl-thevetopyranosyloxy]-14-hydroxy- **18** IV 1488

—, 3-{O^2,O^3-Diacetyl-O^4-[O^2,O^3,O^4-triacetyl-O^6-(tetra-O-acetyl-glucopyranosyl)-glucopyranosyl]-rhamnopyranosyloxy}-14-hydroxy- **18** IV 1496

—, 3-[N,N-Diäthyl-glycyloxy]-5,14-dihydroxy-19-oxo- **18** IV 3135

—, 3-[N,N-Diäthyl-glycyloxy]-14-hydroxy- **18** IV 1475

—, 3-[Di-O-benzoyl-digitalopyranosyloxy]-11,14-dihydroxy- **18** IV 2449

—, 3-[Di-O-benzoyl-digitalopyranosyloxy]-14-hydroxy- **18** IV 1490

—, 3-[Di-O-benzoyl-digitalopyranosyloxy]-14-hydroxy-11-oxo- **18** IV 2546

—, 3-[O^2,O^4-Dibenzoyl-O^3-methyl-fucopyranosyloxy]-11,14-dihydroxy- **18** IV 2449

—, 3-[O^2,O^4-Dibenzoyl-O^3-methyl-fucopyranosyloxy]-14-hydroxy- **18** IV 1487, 1490

—, 3-[O^2,O^4-Dibenzoyl-O^3-methyl-fucopyranosyloxy]-14-hydroxy-11-oxo- **18** IV 2546

—, 3-Dichloracetoxy-5,14-dihydroxy-19-oxo- **18** IV 3130

—, 3-{O^3-[O^3-(*ribo*-2,6-Didesoxy-hexopyranosyl)-*ribo*-2,6-didesoxy-hexopyranosyl]-*ribo*-2,6-didesoxy-hexopyranosyloxy}-12,14-dihydroxy- **18** IV 2455

—, 3-{O^4-[O^4-(*ribo*-2,6-Didesoxy-hexopyranosyl)-*ribo*-2,6-didesoxy-hexopyranosyl]-*ribo*-2,6-didesoxy-hexopyranosyloxy}-12,14-dihydroxy- **18** IV 2453

—, 3-{O^4-[O^4-(*ribo*-2,6-Didesoxy-hexopyranosyl)-*ribo*-2,6-didesoxy-hexopyranosyl]-*ribo*-2,6-didesoxy-hexopyranosyloxy}-14,16-dihydroxy- **18** IV 2462

—, 3-{O^4-[O^4-(*ribo*-2,6-Didesoxy-hexopyranosyl)-*ribo*-2,6-didesoxy-hexopyranosyl]-*ribo*-2,6-didesoxy-hexopyranosyloxy}-16-formyloxy-14-hydroxy- **18** IV 2467

—, 3-{O^4-[O^4-(*ribo*-2,6-Didesoxy-hexopyranosyl)-*ribo*-2,6-didesoxy-hexopyranosyl]-*ribo*-2,6-didesoxy-hexopyranosyloxy}-14-hydroxy- **18** IV 1478

—, 3-{O^4-[O^4-(*ribo*-2,6-Didesoxy-hexopyranosyl)-*ribo*-2,6-didesoxy-hexopyranosyl]-*ribo*-2,6-didesoxy-hexopyranosyloxy}-12,14,16-trihydroxy- **18** IV 3089

—, 3-[O^4-(*ribo*-2,6-Didesoxy-hexopyranosyl)-*ribo*-2,6-didesoxy-hexopyranosyloxy]-12,14-dihydroxy- **18** IV 2452

Card-20(22)-enolid   (Fortsetzung)

—, 3-[O^4-(*ribo*-2,6-Didesoxy-hexopyranosyl)-*ribo*-2,6-didesoxy-hexopyranosyloxy]-14,16-dihydroxy- **18** IV 2462

—, 3-[O^4-(*ribo*-2,6-Didesoxy-hexopyranosyl)-*ribo*-2,6-didesoxy-hexopyranosyloxy]-16-formyloxy-14-hydroxy- **18** IV 2466

—, 3-[O^4-(*ribo*-2,6-Didesoxy-hexopyranosyl)-*ribo*-2,6-didesoxy-hexopyranosyloxy]-14-hydroxy- **18** IV 1478

—, 3-[*ribo*-2,6-Didesoxy-hexopyranosyloxy]-5,14-dihydroxy- **18** IV 2437

—, 3-[*ribo*-2,6-Didesoxy-hexopyranosyloxy]-12,14-dihydroxy- **18** IV 2452

—, 3-[*ribo*-2,6-Didesoxy-hexopyranosyloxy]-14,16-dihydroxy- **18** IV 2460

—, 3-[*ribo*-2,6-Didesoxy-hexopyranosyloxy]-5,14-dihydroxy-19-oxo- **18** IV 3135

—, 3-[*xylo*-2,6-Didesoxy-hexopyranosyloxy]-5,14-dihydroxy-19-oxo- **18** IV 3135

—, 3-[*ribo*-2,6-Didesoxy-hexopyranosyloxy]-16-formyloxy-14-hydroxy- **18** IV 2466

—, 3-[*ribo*-2,6-Didesoxy-hexopyranosyloxy]-14-hydroxy- **18** IV 1475

—, 3-[*ribo*-2,6-Didesoxy-hexopyranosyloxy]-14-hydroxy-19-oxo- **18** IV 2548

—, 3-[*xylo*-2,6-Didesoxy-hexopyranosyloxy]-14-hydroxy-19-oxo- **18** IV 2549

—, 3-[*xylo*-2,6-Didesoxy-hexopyranosyloxy]-5,14,19-trihydroxy- **18** IV 3092

—, 3-[4,6-Didesoxy-*threo*-[2]hexosul-1,5-osyloxy]-2,14-dihydroxy- **18** IV 2434

—, 3-Digilanidobiosyloxy-14,16-dihydroxy- **18** IV 2465

—, 3-Digilanidobiosyloxy-5,14-dihydroxy-19-oxo- **18** IV 3138

—, 3-Digilanidotriosyloxy-14,16-dihydroxy- **18** IV 2466

—, 3-Diginopyranosyloxy-5,14-dihydroxy- **18** IV 2437

—, 3-Diginopyranosyloxy-11,14-dihydroxy- **18** IV 2446

—, 3-Diginopyranosyloxy-14,16-dihydroxy- **18** IV 2462

—, 3-Diginopyranosyloxy-11,14-dihydroxy-12-oxo- **18** IV 3123

—, 3-Diginopyranosyloxy-12,14-dihydroxy-11-oxo- **18** IV 3120

—, 3-Diginopyranosyloxy-14-hydroxy- **18** IV 1476

—, 3-Digitalopyranosyloxy-5,14-dihydroxy- **18** IV 2440

—, 3-Digitalopyranosyloxy-11,14-dihydroxy- **18** IV 2448

—, 3-Digitalopyranosyloxy-14,16-dihydroxy- **18** IV 2473

—, 3-Digitalopyranosyloxy-12,14-dihydroxy-11-oxo- **18** IV 3121

—, 3-Digitalopyranosyloxy-16-formyloxy-14-hydroxy- **18** IV 2478

—, 3-Digitalopyranosyloxy-14-hydroxy- **18** IV 1486

—, 3-Digitalopyranosyloxy-14-hydroxy-11-oxo- **18** IV 2546

—, 3-Digitalopyranosyloxy-14-hydroxy-19-oxo- **18** IV 2551

—, 3-Digitalopyranosyloxy-5,11,14-trihydroxy- **18** IV 3087

—, 3-[O^4-(O^3-Digitoxopyranosyl-digitoxopyranosyl)-digitoxopyranosyloxy]-12,14-dihydroxy- **18** IV 2455

—, 3-[O^4-Digitoxopyranosyl-digitoxopyranosyloxy]-12,14-dihydroxy- **18** IV 2452

—, 3-[O^4-Digitoxopyranosyl-digitoxopyranosyloxy]-14,16-dihydroxy- **18** IV 2462

—, 3-[O^4-Digitoxopyranosyl-digitoxopyranosyloxy]-16-formyloxy-14-hydroxy- **18** IV 2466

—, 3-[O^4-Digitoxopyranosyl-digitoxopyranosyloxy]-14-hydroxy- **18** IV 1478

—, 3-Digitoxopyranosyloxy-5,14-dihydroxy- **18** IV 2437

—, 3-Digitoxopyranosyloxy-12,14-dihydroxy- **18** IV 2452

—, 3-Digitoxopyranosyloxy-14,16-dihydroxy- **18** IV 2460

—, 3-Digitoxopyranosyloxy-5,14-dihydroxy-19-oxo- **18** IV 3135

—, 3-Digitoxopyranosyloxy-16-formyloxy-14-hydroxy- **18** IV 2466

—, 3-Digitoxopyranosyloxy-14-hydroxy- **18** IV 1475

—, 3-Digitoxopyranosyloxy-14-hydroxy-19-oxo- **18** IV 2548

—, 2,3-Dihydroxy- **18** IV 1467

—, 3,5-Dihydroxy- **18** IV 1467

—, 3,12-Dihydroxy- **18** IV 1468

—, 3,14-Dihydroxy- **18** IV 1468

—, 3,14-Dihydroxy-11,12-dioxo- **18** IV 3176

—, 5,14-Dihydroxy-19-hydroxyimino-3-rhamnopyranosyloxy- **18** IV 3147

Card-20(22)-enolid (Fortsetzung)
—, 2,14-Dihydroxy-3-[3-hydroxy-3-methoxycarbonyl-5-methyl-tetrahydro-[2]furyloxy]-19-oxo- **18** IV 4997
—, 2,14-Dihydroxy-3-[4-hydroxy-6-methyl-3-oxo-tetrahydro-pyran-2-yloxy]- **18** IV 2434
—, 2,14-Dihydroxy-3-[4-hydroxy-6-methyl-3-oxo-tetrahydro-pyran-2-yloxy]-19-oxo- **18** IV 3124
—, 5,14-Dihydroxy-3-isobutyryloxy-19-oxo- **18** IV 3131
—, 5,14-Dihydroxy-3-isovaleryloxy-19-oxo- **18** IV 3131
—, 5,14-Dihydroxy-3-[2-isovaleryloxy-propionyloxy]-19-oxo- **18** IV 3134
—, 5,14-Dihydroxy-3-jodacetoxy-19-oxo- **18** IV 3130
—, 5,14-Dihydroxy-3-lauroyloxy-19-oxo- **18** IV 3132
—, 5,14-Dihydroxy-3-lyxopyranosyloxy-19-oxo- **18** IV 3141
—, 5,14-Dihydroxy-3-methoxyacetoxy-19-oxo- **18** IV 3134
—, 3,14-Dihydroxy-21-[4-methoxy-benzyliden]- **18** IV 2810
—, 11,14-Dihydroxy-3-methoxycarbonyloxy- **18** IV 2445
—, 5,14-Dihydroxy-3-methoxy-19-oxo- **18** IV 3129
—, 5,14-Dihydroxy-3-[2-methoxy-propionyloxy]-19-oxo- **18** IV 3134
—, 14,19-Dihydroxy-3-[O^3-methyl-6-desoxy-glucopyranosyloxy]- **18** IV 2486
—, 1,14-Dihydroxy-3-[O^3-methyl-6-desoxy-talopyranosyloxy]- **18** IV 2431
—, 5,14-Dihydroxy-3-[O^3-methyl-*lyxo*-2,6-didesoxy-hexopyranosyloxy]- **18** IV 2437
—, 5,14-Dihydroxy-3-[O^3-methyl-*ribo*-2,6-didesoxy-hexopyranosyloxy]- **18** IV 2437
—, 11,14-Dihydroxy-3-[O^3-methyl-*arabino*-2,6-didesoxy-hexopyranosyloxy]- **18** IV 2445
—, 11,14-Dihydroxy-3-[O^3-methyl-*lyxo*-2,6-didesoxy-hexopyranosyloxy]- **18** IV 2446
—, 11,14-Dihydroxy-3-[O^3-methyl-*xylo*-2,6-didesoxy-hexopyranosyloxy]- **18** IV 2446
—, 14,16-Dihydroxy-3-[O^3-methyl-*arabino*-2,6-didesoxy-hexopyranosyloxy]- **18** IV 2461
—, 14,16-Dihydroxy-3-[O^3-methyl-*lyxo*-2,6-didesoxy-hexopyranosyloxy]- **18** IV 2462

—, 14,16-Dihydroxy-3-[O^3-methyl-*ribo*-2,6-didesoxy-hexopyranosyloxy]- **18** IV 2461
—, 14,16-Dihydroxy-3-[O^3-methyl-*xylo*-2,6-didesoxy-hexopyranosyloxy]- **18** IV 2461
—, 5,14-Dihydroxy-3-[O^3-methyl-*ribo*-2,6-didesoxy-hexopyranosyloxy]-19-oxo- **18** IV 3136
—, 11,14-Dihydroxy-3-[O^3-methyl-*arabino*-2,6-didesoxy-hexopyranosyloxy]-12-oxo- **18** IV 3122
—, 11,14-Dihydroxy-3-[O^3-methyl-*lyxo*-2,6-didesoxy-hexopyranosyloxy]-12-oxo- **18** IV 3123
—, 12,14-Dihydroxy-3-[O^3-methyl-*arabino*-2,6-didesoxy-hexopyranosyloxy]-11-oxo- **18** IV 3120
—, 12,14-Dihydroxy-3-[O^3-methyl-*lyxo*-2,6-didesoxy-hexopyranosyloxy]-11-oxo- **18** IV 3120
—, 12,14-Dihydroxy-3-[O^3-methyl-*xylo*-2,6-didesoxy-hexopyranosyloxy]-11-oxo- **18** IV 3120
—, 2,14-Dihydroxy-3-[6-methyl-3,4-dioxo-tetrahydro-pyran-2-yloxy]-19-oxo- **18** IV 3125
—, 5,14-Dihydroxy-3-[O^3-methyl-fucopyranosyloxy]- **18** IV 2440
—, 11,14-Dihydroxy-3-[O^3-methyl-fucopyranosyloxy]- **18** IV 2448
—, 14,16-Dihydroxy-3-[O^3-methyl-fucopyranosyloxy]- **18** IV 2473
—, 12,14-Dihydroxy-3-[O^3-methyl-fucopyranosyloxy]-11-oxo- **18** IV 3121
—, 5,14-Dihydroxy-3-[5-methyl-hexanoyloxy]-19-oxo- **18** IV 3132
—, 3-[4,5-Dihydroxy-6-methyl-3-oxo-tetrahydro-pyran-2-yloxy]-2,14-dihydroxy-19-oxo- **18** IV 3126
—, 14,16-Dihydroxy-3-[O^3-methyl-rhamnopyranosyloxy]- **18** IV 2473
—, 5,14-Dihydroxy-3-[O^3-methyl-O^4-(tetra-*O*-acetyl-glucopyranosyl)-*ribo*-2,6-didesoxy-hexopyranosyloxy]- **18** IV 2439
—, 5,14-Dihydroxy-3-[O^3-methyl-O^4-(tetra-*O*-acetyl-glucopyranosyl)-*ribo*-2,6-didesoxy-hexopyranosyloxy]-19-oxo- **18** IV 3139
—, 12,14-Dihydroxy-3-[2-methyl-tetrahydro-pyran-2-yloxy]- **18** IV 2452
—, 5,14-Dihydroxy-3-{O^3-methyl-O^4-[O^2,O^3,O^4-triacetyl-O^6-(tetra-*O*-acetyl-glucopyranosyl)-glucopyranosyl]-*ribo*-2,6-didesoxy-hexopyranosyloxy}-19-oxo- **18** IV 3140

Card-20(22)-enolid (Fortsetzung)

—, 5,14-Dihydroxy-3-{O^3-methyl-O^4-[O^2,O^3,O^4-tripropionyl-O^6-(tetra-O-propionyl-glucopyranosyl)-glucopyranosyl]-*ribo*-2,6-didesoxy-hexopyranosyloxy}-19-oxo- **18** IV 3140

—, 5,14-Dihydroxy-3-[4-methyl-valeryloxy]-19-oxo- **18** IV 3132

—, 5,14-Dihydroxy-3-myristoyloxy-19-oxo- **18** IV 3133

—, 5,14-Dihydroxy-3-[3-nitro-benzoyloxy]-19-oxo- **18** IV 3133

—, 5,14-Dihydroxy-3-[4-nitro-benzoyloxy]-19-oxo- **18** IV 3133

—, 5,14-Dihydroxy-3-nonanoyloxy-19-oxo- **18** IV 3132

—, 11,14-Dihydroxy-3-oleandropyranosyloxy- **18** IV 2445

—, 14,16-Dihydroxy-3-oleandropyranosyloxy- **18** IV 2461

—, 11,14-Dihydroxy-3-oleandropyranosyloxy-12-oxo- **18** IV 3122

—, 12,14-Dihydroxy-3-oleandropyranosyloxy-11-oxo- **18** IV 3120

—, 3,14-Dihydroxy-11-oxo- **18** IV 2544

—, 3,14-Dihydroxy-19-oxo- **18** IV 2547

—, 5,14-Dihydroxy-3-oxo- **18** IV 2542

—, 11,14-Dihydroxy-3-oxo- **18** IV 2543

—, 12,14-Dihydroxy-3-oxo- **18** IV 2543

—, 14,16-Dihydroxy-3-oxo- **18** IV 2544

—, 5,14-Dihydroxy-19-oxo-3-palmitoyloxy- **18** IV 3133

—, 5,14-Dihydroxy-19-oxo-3-[penta-O-acetyl-digilanidobiosyloxy]- **18** IV 3141

—, 5,14-Dihydroxy-19-oxo-3-phenoxyacetoxy- **18** IV 3134

—, 5,14-Dihydroxy-19-oxo-3-phenylacetoxy- **18** IV 3133

—, 5,14-Dihydroxy-19-oxo-3-pivaloyloxy- **18** IV 3131

—, 5,14-Dihydroxy-19-oxo-3-propionyloxy- **18** IV 3130

—, 5,14-Dihydroxy-19-oxo-3-rhamnopyranosyloxy- **18** IV 3142

—, 14,16-Dihydroxy-19-oxo-3-rhamnopyranosyloxy- **18** IV 3149

—, 12,14-Dihydroxy-11-oxo-3-sarmentopyranosyloxy- **18** IV 3120

—, 5,14-Dihydroxy-19-oxo-3-scillabiosyloxy- **18** IV 3144

—, 5,14-Dihydroxy-19-oxo-3-stearoyloxy- **18** IV 3133

—, 5,14-Dihydroxy-19-oxo-3-strophanthobiosyloxy- **18** IV 3139

—, 5,14-Dihydroxy-19-oxo-3-strophanthotriosyloxy- **18** IV 3140

—, 5,14-Dihydroxy-19-oxo-3-[tetra-O-acetyl-galactopyranosyloxy]- **18** IV 3146

—, 5,14-Dihydroxy-19-oxo-3-[tetra-O-acetyl-glucopyranosyloxy]- **18** IV 3146

—, 5,14-Dihydroxy-19-oxo-3-[tetra-O-acetyl-strophanthobiosyloxy]- **18** IV 3139

—, 5,14-Dihydroxy-19-oxo-3-[tri-O-acetyl-arabinopyranosyloxy]- **18** IV 3142

—, 5,14-Dihydroxy-19-oxo-3-[tri-O-acetyl-6-desoxy-gulopyranosyloxy]- **18** IV 3144

—, 5,14-Dihydroxy-19-oxo-3-[tri-O-acetyl-lyxopyranosyloxy]- **18** IV 3142

—, 5,14-Dihydroxy-19-oxo-3-[tri-O-acetyl-rhamnopyranosyloxy]- **18** IV 3144

—, 5,14-Dihydroxy-19-oxo-3-[tri-O-acetyl-xylopyranosyloxy]- **18** IV 3142

—, 5,14-Dihydroxy-19-oxo-3-trichloracetoxy- **18** IV 3130

—, 5,14-Dihydroxy-19-oxo-3-[tri-O-formyl-rhamnopyranosyloxy]- **18** IV 3143

—, 5,14-Dihydroxy-19-oxo-3-trimethylammonioacetoxy- **18** IV 3135

—, 5,14-Dihydroxy-19-oxo-3-valeryloxy- **18** IV 3131

—, 5,14-Dihydroxy-19-oxo-3-xylopyranosyloxy- **18** IV 3141

—, 3,14-Dihydroxy-16-propionyloxy- **18** IV 2459

—, 11,14-Dihydroxy-3-rhamnopyranosyloxy- **18** IV 2448

—, 11,14-Dihydroxy-3-sarmentopyranosyloxy- **18** IV 2446

—, 14,16-Dihydroxy-3-sarmentopyranosyloxy- **18** IV 2461

—, 5,14-Dihydroxy-3-strophanthobiosyloxy- **18** IV 2439

—, 5,14-Dihydroxy-3-[tetra-O-acetyl-glucopyranosyloxy]- **18** IV 2443

—, 12,14-Dihydroxy-3-[tetra-O-acetyl-glucopyranosyloxy]- **18** IV 2456

—, 5,14-Dihydroxy-3-[tetra-O-acetyl-strophanthobiosyloxy]- **18** IV 2439

—, 14,19-Dihydroxy-3-thevetopyranosyloxy- **18** IV 2486

—, 12,14-Dihydroxy-3-[*lin*-tri[1→4]-*ribo*-2,6-didesoxy-hexopyranosyloxy]- **18** IV 2453

—, 14,16-Dihydroxy-3-[*lin*-tri[1→4]-*ribo*-2,6-didesoxy-hexopyranosyloxy]- **18** IV 2462

Card-20(22)-enolid   (Fortsetzung)

—, 12,14-Dihydroxy-3-*lin*-
tri[1→4]-digitoxopyranosyloxy- **18**
IV 2453

—, 14,16-Dihydroxy-3-*lin*-
tri[1→4]-digitoxopyranosyloxy- **18**
IV 2462

—, 3-[O^2,O^3-Dimethyl-6-desoxy-
glucopyranosyloxy]-5,14-dihydroxy-19-
hydroxyimino- **18** IV 3147

—, 3-[O^2,O^3-Dimethyl-6-desoxy-
glucopyranosyloxy]-5,14-dihydroxy-19-
oxo- **18** IV 3143

—, 11,19-Epoxy-1,5,14,19-tetrahydroxy-
3-rhamnopyranosyloxy- **18** IV 3559

—, 8,19-Epoxy-3,5,19-trihydroxy- **18**
IV 3127

—, 3-Formyloxy-14,16-dihydroxy- **18**
IV 2457

—, 16-Formyloxy-3,14-dihydroxy- **18**
IV 2457

—, 16-Formyloxy-3-{O^4-[O^4-
(O^4-glucopyranosyl-*ribo*-2,6-didesoxy-
hexopyranosyl)-*ribo*-2,6-didesoxy-
hexopyranosyl]-*ribo*-2,6-didesoxy-
hexopyranosyloxy}-14-hydroxy- **18**
IV 2468

—, 16-Formyloxy-3-[O^4-glucopyranosyl-
digitalopyranosyloxy]-14-hydroxy- **18**
IV 2478

—, 16-Formyloxy-3-[O^4-glucopyranosyl-
O^3-methyl-fucopyranosyloxy]-14-
hydroxy- **18** IV 2478

—, 16-Formyloxy-3-
[[3]O^4-glucopyranosyl-*lin*-
tri[1→4]-digitoxopyranosyloxy]-14-
hydroxy- **18** IV 2468

—, 3-Formyloxy-14-hydroxy- **18**
IV 1472

—, 16-Formyloxy-14-hydroxy-3-
[O^3-methyl-fucopyranosyloxy]- **18**
IV 2478

—, 16-Formyloxy-14-hydroxy-3-*lin*-tri≠
[1→4]-digitoxopyranosyloxy- **18**
IV 2467

—, 3-Fucopyranosyloxy-5,14-dihydroxy-
18 IV 2440

—, 3-Fucopyranosyloxy-14-hydroxy- **18**
IV 1485

—, 3-[O^2-Gentiobiosyl-
acovenopyranosyloxy]-1,14-dihydroxy-
18 IV 2433

—, 3-[O^4-Gentiobiosyl-
acovenopyranosyloxy]-1,14-dihydroxy-
18 IV 2433

—, 3-[O^4-Gentiobiosyl-
digitalopyranosyloxy]-14,16-dihydroxy-
18 IV 2476

—, 3-[O^4-Gentiobiosyl-
rhamnopyranosyloxy]-14-hydroxy- **18**
IV 1491

—, 3-[O^4-Gentiobiosyl-
thevetopyranosyloxy]-14-hydroxy- **18**
IV 1493

—, 3-[O^2-Gentiobiosyl-
thevetopyranosyloxy]-14-hydroxy-19-oxo-
18 IV 2551

—, 3-[O^4-Glucopyranosyl-
boivinopyranosyloxy]-5,14-dihydroxy-19-
oxo- **18** IV 3139

—, 3-[O^4-Glucopyranosyl-6-desoxy-
gulopyranosyloxy]-5,14-dihydroxy-19-
oxo- **18** IV 3145

—, 3-{O^4-[O^4-(O^4-Glucopyranosyl-
ribo-2,6-didesoxy-hexopyranosyl)-*ribo*-2,6-
didesoxy-hexopyranosyl]-*ribo*-2,6-
didesoxy-hexopyranosyl}-12,14-
dihydroxy- **18** IV 2455

—, 3-{O^4-[O^4-(O^4-Glucopyranosyl-
ribo-2,6-didesoxy-hexopyranosyl)-*ribo*-2,6-
didesoxy-hexopyranosyl]-*ribo*-2,6-
didesoxy-hexopyranosyloxy}-14,16-
dihydroxy- **18** IV 2464

—, 3-{O^4-[O^4-(O^4-Glucopyranosyl-
ribo-2,6-didesoxy-hexopyranosyl)-*ribo*-2,6-
didesoxy-hexopyranosyl]-*ribo*-2,6-
didesoxy-hexopyranosyloxy}-14-hydroxy-
18 IV 1480

—, 3-{O^4-[O^4-(O^4-Glucopyranosyl-
ribo-2,6-didesoxy-hexopyranosyl)-*ribo*-2,6-
didesoxy-hexopyranosyl]-*ribo*-2,6-
didesoxy-hexopyranosyloxy}-12,14,16-
trihydroxy- **18** IV 3090

—, 3-[O^4-Glucopyranosyl-*ribo*-2,6-
didesoxy-hexopyranosyloxy]-14,16-
dihydroxy- **18** IV 2465

—, 3-[O^4-Glucopyranosyl-*ribo*-2,6-
didesoxy-hexopyranosyloxy]-5,14-
dihydroxy-19-oxo- **18** IV 3138

—, 3-[O^4-Glucopyranosyl-*xylo*-2,6-
didesoxy-hexopyranosyloxy]-5,14-
dihydroxy-19-oxo- **18** IV 3139

—, 3-[O-Glucopyranosyl-
diginopyranosyloxy]-14-hydroxy- **18**
IV 1481

—, 3-[O^4-Glucopyranosyl-
digitalopyranosyloxy]-5,14-dihydroxy-
18 IV 2442

—, 3-[O^4-Glucopyranosyl-
digitalopyranosyloxy]-11,14-dihydroxy-
18 IV 2449

—, 3-[O^4-Glucopyranosyl-
digitalopyranosyloxy]-14,16-dihydroxy-
18 IV 2475

—, 3-[O^4-Glucopyranosyl-
digitalopyranosyloxy]-14-hydroxy- **18**
IV 1492

Card-20(22)-enolid   (Fortsetzung)

—, 3-[O^4-Glucopyranosyl-digitalopyranosyloxy]-14-hydroxy-16-propionyloxy- **18** IV 2482

—, 3-[O^4-Glucopyranosyl-fucopyranosyloxy]-14,16-dihydroxy- **18** IV 2475

—, 3-[O^4-Glucopyranosyl-fucopyranosyloxy]-14-hydroxy- **18** IV 1490

—, 3-[O^4-(O^4-Glucopyranosyl-glucopyranosyl)-*ribo*-2,6-didesoxy-hexopyranosyloxy]-14,16-dihydroxy- **18** IV 2466

—, 3-[O^4-(O^4-Glucopyranosyl-glucopyranosyl)-fucopyranosyloxy]-14-hydroxy- **18** IV 1491

—, 3-[O^4-(O^6-Glucopyranosyl-glucopyranosyl)-O^3-methyl-6-desoxy-glucopyranosyloxy]-14-hydroxy- **18** IV 1493

—, 3-[O^2-(O^6-Glucopyranosyl-glucopyranosyl)-O^3-methyl-6-desoxy-glucopyranosyloxy]-14-hydroxy-19-oxo- **18** IV 2551

—, 3-[O^2-(O^6-Glucopyranosyl-glucopyranosyl)-O^3-methyl-6-desoxy-talopyranosyloxy]-1,14-dihydroxy- **18** IV 2433

—, 3-[O^4-(O^6-Glucopyranosyl-glucopyranosyl)-O^3-methyl-6-desoxy-talopyranosyloxy]-1,14-dihydroxy- **18** IV 2433

—, 3-[O^4-(O^6-Glucopyranosyl-glucopyranosyl)-O^3-methyl-*lyxo*-2,6-didesoxy-hexopyranosyloxy]-14-hydroxy- **18** IV 1484

—, 3-[O^4-(O^6-Glucopyranosyl-glucopyranosyl)-O^3-methyl-*ribo*-2,6-didesoxy-hexopyranosyloxy]-5,14-dihydroxy-19-oxo- **18** IV 3140

—, 3-[O^4-(O^6-Glucopyranosyl-glucopyranosyl)-O^3-methyl-*ribo*-2,6-didesoxy-hexopyranosyloxy]-14-hydroxy- **18** IV 1483

—, 3-[O^4-(O^6-Glucopyranosyl-glucopyranosyl)-O^3-methyl-*ribo*-2,6-didesoxy-hexopyranosyloxy]-5,14,19-trihydroxy- **18** IV 3093

—, 3-[O^4-(O^4-Glucopyranosyl-glucopyranosyl)-O^3-methyl-fucopyranosyloxy]-14,16-dihydroxy- **18** IV 2475

—, 3-[O^4-(O^6-Glucopyranosyl-glucopyranosyl)-O^3-methyl-fucopyranosyloxy]-14,16-dihydroxy- **18** IV 2476

—, 3-[O^4-Glucopyranosyl-glucopyranosyloxy]-14-hydroxy- **18** IV 1497

—, 3-[O^4-(O^6-Glucopyranosyl-glucopyranosyl)-rhamnopyranosyloxy]-14-hydroxy- **18** IV 1491

—, 3-[[3]O^4-(O^4-Glucopyranosyl-glucopyranosyl)-*lin*-tri[1→4]-*ribo*-2,6-didesoxy-hexopyranosyloxy]-14,16-dihydroxy- **18** IV 2464

—, 3-[O^4-Glucopyranosyl-O^3-methyl-6-desoxy-glucopyranosyloxy]-14-hydroxy- **18** IV 1492

—, 3-[O^4-Glucopyranosyl-O^3-methyl-*ribo*-2,6-didesoxy-hexopyranosyloxy]-5,14-dihydroxy- **18** IV 2439

—, 3-[O^4-Glucopyranosyl-O^3-methyl-*ribo*-2,6-didesoxy-hexopyranosyloxy]-5,14-dihydroxy-19-oxo- **18** IV 3139

—, 3-[O^4-Glucopyranosyl-O^3-methyl-*lyxo*-2,6-didesoxy-hexopyranosyloxy]-14-hydroxy- **18** IV 1481

—, 3-[O^4-Glucopyranosyl-O^3-methyl-*ribo*-2,6-didesoxy-hexopyranosyloxy]-14-hydroxy- **18** IV 1481

—, 3-[O^4-Glucopyranosyl-O^3-methyl-fucopyranosyloxy]-5,14-dihydroxy- **18** IV 2442

—, 3-[O^4-Glucopyranosyl-O^3-methyl-fucopyranosyloxy]-11,14-dihydroxy- **18** IV 2449

—, 3-[O^4-Glucopyranosyl-O^3-methyl-fucopyranosyloxy]-14,16-dihydroxy- **18** IV 2475

—, 3-[O^4-Glucopyranosyl-O^3-methyl-fucopyranosyloxy]-14-hydroxy- **18** IV 1492

—, 3-[O^4-Glucopyranosyl-O^3-methyl-fucopyranosyloxy]-14-hydroxy-16-propionyloxy- **18** IV 2482

—, 3-[O^4-Glucopyranosyl-O^3-methyl-O^2-propionyl-fucopyranosyloxy]-14,16-dihydroxy- **18** IV 2477

—, 3-[O^4-Glucopyranosyl-O^3-methyl-O^2-propionyl-fucopyranosyloxy]-14-hydroxy-16-propionyloxy- **18** IV 2483

—, 3-Glucopyranosyloxy-5,14-dihydroxy- **18** IV 2442

—, 3-Glucopyranosyloxy-12,14-dihydroxy- **18** IV 2456

—, 3-Glucopyranosyloxy-14,16-dihydroxy- **18** IV 2465

—, 3-Glucopyranosyloxy-5,14-dihydroxy-19-oxo- **18** IV 3146

—, 3-Glucopyranosyloxy-14-hydroxy- **18** IV 1496

—, 3-Glucopyranosyloxy-5,14,19-trihydroxy- **18** IV 3095

Card-20(22)-enolid   (Fortsetzung)

—, 3-[O^4-Glucopyranosyl-O^2-propionyl-digitalopyranosyloxy]-14,16-dihydroxy-**18** IV 2477

—, 3-[O^4-Glucopyranosyl-O^2-propionyl-digitalopyranosyloxy]-14-hydroxy-16-propionyloxy- **18** IV 2483

—, 3-[O^4-Glucopyranosyl-rhamnopyranosyloxy]-5,14-dihydroxy-19-oxo- **18** IV 3144

—, 3-[O^4-Glucopyranosyl-rhamnopyranosyloxy]-14-hydroxy- **18** IV 1490

—, 3-[O^4-Glucopyranosyl-rhamnopyranosyloxy]-5,14,19-trihydroxy- **18** IV 3094

—, 3-[O^4-Glucopyranosyl-thevetopyranosyloxy]-14-hydroxy- **18** IV 1492

—, 3-[[3]O^4-Glucopyranosyl-*lin*-tri[1→4]-*ribo*-2,6-didesoxy-hexopyranosyloxy]-14-hydroxy- **18** IV 1480

—, 3-[[3]O^4-Glucopyranosyl-*lin*-tri[1→4]-*ribo*-2,6-didesoxy-hexopyranosyloxy]-12,14,16-trihydroxy- **18** IV 3090

—, 3-[[3]O^4-Glucopyranosyl-*lin*-tri[1→4]-digitoxopyranosyloxy]-12,14-dihydroxy- **18** IV 2455

—, 3-[[3]O^4-Glucopyranosyl-*lin*-tri[1→4]-digitoxopyranosyloxy]-14,16-dihydroxy- **18** IV 2464

—, 3-[[3]O^4-Glucopyranosyl-*lin*-tri[1→4]-digitoxopyranosyloxy]-14-hydroxy- **18** IV 1480

—, 3-[[3]O^4-Glucopyranosyl-*lin*-tri[1→4]-digitoxopyranosyloxy]-12,14,16-trihydroxy- **18** IV 3090

—, 3-[Hepta-O-acetyl-odorotriosyloxy]-14-hydroxy- **18** IV 1485

—, 3-[Hepta-O-acetyl-strophanthotriosyloxy]-5,14-dihydroxy-19-oxo- **18** IV 3140

—, 3-[Hepta-O-acetyl-strophanthotriosyloxy]-14-hydroxy- **18** IV 1484

—, 3-[Hepta-O-acetyl-strophanthotriosyloxy]-5,14,19-trihydroxy- **18** IV 3093

—, 3-[Hepta-O-propionyl-strophanthotrisyloxy]-5,14-dihydroxy-19-oxo- **18** IV 3140

—, 3-[Hexa-O-acetyl-scillabiosyloxy]-5,14-dihydroxy-19-oxo- **18** IV 3145

—, 1,3,5,11,14,19-Hexahydroxy- **18** IV 3554

—, 3-Hexanoyloxy-5,14-dihydroxy-19-oxo- **18** IV 3132

—, 3-Hydroxy- **18** IV 471

—, 14-Hydroxy-3,3-dimethoxy-16-oxo- **18** IV 2590

—, 14-Hydroxy-3,11-dioxo- **18** IV 2588

—, 14-Hydroxy-3,12-dioxo- **18** IV 2588

—, 14-Hydroxy-3,16-dioxo- **18** IV 2589

—, 14-Hydroxy-3-hydroxyimino-12-oxo- **18** IV 2589

—, 14-Hydroxy-3-[3-methoxycarbonyl-propionyloxy]- **18** IV 1474

—, 14-Hydroxy-3-[O^3-methyl-6-desoxy-glucopyranosyloxy]- **18** IV 1486

—, 14-Hydroxy-3-[O^3-methyl-6-desoxy-glucopyranosyloxy]-19-oxo- **18** IV 2551

—, 14-Hydroxy-3-[O^3-methyl-*lyxo*-2,6-didesoxy-hexopyranosyloxy]- **18** IV 1476

—, 14-Hydroxy-3-[O^3-methyl-*ribo*-2,6-didesoxy-hexopyranosyloxy]- **18** IV 1476

—, 14-Hydroxy-3-[O^3-methyl-*xylo*-2,6-didesoxy-hexopyranosyloxy]- **18** IV 1476

—, 14-Hydroxy-3-[O^3-methyl-*arabino*-2,6-didesoxy-hexopyranosyloxy]-11,12-dioxo- **18** IV 3176

—, 14-Hydroxy-3-[O^3-methyl-*arabino*-2,6-didesoxy-hexopyranosyloxy]-11-oxo- **18** IV 2545

—, 14-Hydroxy-3-[O^3-methyl-*xylo*-2,6-didesoxy-hexopyranosyloxy]-11-oxo- **18** IV 2545

—, 14-Hydroxy-3-[O^3-methyl-*arabino*-2,6-didesoxy-hexopyranosyloxy]-19-oxo- **18** IV 2549

—, 14-Hydroxy-3-[O^3-methyl-*ribo*-2,6-didesoxy-hexopyranosyloxy]-19-oxo- **18** IV 2549

—, 14-Hydroxy-3-[O^3-methyl-*xylo*-2,6-didesoxy-hexopyranosyloxy]-19-oxo- **18** IV 2550

—, 14-Hydroxy-3-[O^3-methyl-fucopyranosyloxy]- **18** IV 1486

—, 14-Hydroxy-3-[O^3-methyl-fucopyranosyloxy]-11-oxo- **18** IV 2546

—, 14-Hydroxy-3-[O^3-methyl-fucopyranosyloxy]-19-oxo- **18** IV 2551

—, 14-Hydroxy-3-[O^3-methyl-O^2-propionyl-O^4-(tetra-O-propionyl-glucopyranosyl)-fucopyranosyloxy]-16-propionyloxy- **18** IV 2483

—, 14-Hydroxy-3-[O^3-methyl-O^4-(tetra-O-acetyl-glucopyranosyl)-*lyxo*-2,6-didesoxy-hexopyranosyloxy]- **18** IV 1483

—, 14-Hydroxy-3-[O^3-methyl-O^4-(tetra-O-acetyl-glucopyranosyl)-*ribo*-2,6-didesoxy-hexopyranosyloxy]- **18** IV 1482

Card-20(22)-enolid (Fortsetzung)

—, 14-Hydroxy-3-[2-methyl-tetrahydro-pyran-2-yloxy]- **18** IV 1475

—, 14-Hydroxy-3-{O^3-methyl-O^4-[$O^2,O^3,$= O^4-triacetyl-O^6-(tetra-O-acetyl-glucopyranosyl)-glucopyranosyl]-*lyxo*-2,6-didesoxy-hexopyranosyloxy}- **18** IV 1485

—, 14-Hydroxy-3-{O^3-methyl-O^4-[$O^2,O^3,$= O^4-triacetyl-O^6-(tetra-O-acetyl-glucopyranosyl)-glucopyranosyl]-*ribo*-2,6-didesoxy-hexopyranosyloxy}- **18** IV 1484

—, 14-Hydroxy-3-odorotriosyloxy- **18** IV 1484

—, 14-Hydroxy-3-oleandropyranosyloxy-11,12-dioxo- **18** IV 3176

—, 14-Hydroxy-3-oleandropyranosyloxy-11-oxo- **18** IV 2545

—, 14-Hydroxy-3-oleandropyranosyloxy-19-oxo- **18** IV 2549

—, 3-Hydroxy-7-oxo- **18** IV 1616

—, 14-Hydroxy-3-oxo- **18** IV 1615

—, 14-Hydroxy-11-oxo-3-sarmentopyranosyloxy- **18** IV 2545

—, 14-Hydroxy-19-oxo-3-sarmentopyranosyloxy- **18** IV 2550

—, 14-Hydroxy-12-oxo-3-semicarbazono- **18** IV 2589

—, 14-Hydroxy-19-oxo-3-thevetopyranosyloxy- **18** IV 2551

—, 14-Hydroxy-16-propionyloxy-3-[O^2-propionyl-O^4-(tetra-O-propionyl-glucopyranosyl)-digitalopyranosyloxy]- **18** IV 2483

—, 14-Hydroxy-3-rhamnopyranosyloxy- **18** IV 1485

—, 14-Hydroxy-3-sarmentopyranosyloxy- **18** IV 1476

—, 14-Hydroxy-3-scillabiosyloxy- **18** IV 1490

—, 14-Hydroxy-3-strophanthobiosyloxy- **18** IV 1481

—, 14-Hydroxy-3-strophanthotriosyloxy- **18** IV 1483

—, 14-Hydroxy-3-[O-(tetra-O-acetyl-glucopyranosyl)-diginopyranosyloxy]- **18** IV 1483

—, 14-Hydroxy-3-[tetra-O-acetyl-glucopyranosyloxy]- **18** IV 1497

—, 14-Hydroxy-3-[tetra-O-acetyl-strophantobiosyloxy]- **18** IV 1482

—, 14-Hydroxy-3-[tetra-O-acetyl-*lin*-tri= [1→4]-*ribo*-2,6-didesoxy-hexopyranosyloxy]- **18** IV 1480

—, 14-Hydroxy-3-[tetra-O-acetyl-*lin*-tri= [1→4]-digitoxopyranosyloxy]- **18** IV 1480

—, 14-Hydroxy-3-[tetrahydropyran-2-yloxy]- **18** IV 1475

—, 14-Hydroxy-3-thevetopyranosyloxy- **18** IV 1486

—, 14-Hydroxy-3-[toluol-4-sulfonyloxy]- **18** IV 1497

—, 14-Hydroxy-3-[tri-O-acetyl-fucopyranosyloxy]- **18** IV 1489

—, 14-Hydroxy-3-[tri-O-acetyl-rhamnopyranosyloxy]- **18** IV 1489

—, 14-Hydroxy-3-[[1]O^3,[2]O^3,[3]O^3-triacetyl-[3]O^4-(tetra-O-acetyl-glucopyranosyl)-*lin*-tri[1→4]-digitoxopyranosyloxy]- **18** IV 1481

—, 14-Hydroxy-3-[[1]O^3,[2]O^3,[3]O^3-triacetyl-[3]O^4-(tetra-O-acetyl-glucopyranosyl)-*lin*-tri[1→4]-*ribo*-2,6-didesoxy-hexopyranosyloxy]- **18** IV 1481

—, 14-Hydroxy-3-[*lin*-tri[1→4]-*ribo*-2,6-didesoxy-hexopyranosyloxy]- **18** IV 1478

—, 14-Hydroxy-3-*lin*-tri[1→4]-digitoxopyranosyloxy- **18** IV 1478

—, 14-Hydroxy-3,11,12-trioxo- **18** IV 3246

—, 21-[4-Methoxy-benzyliden]-3,5,14-trihydroxy-19-oxo- **18** IV 3539

—, 3,5,11,14,19-Pentahydroxy- **18** IV 3406

—, 3,5,12,14,19-Pentahydroxy- **18** IV 3408

—, 1,5,11,14,19-Pentahydroxy-3-rhamnopyranosyloxy- **18** IV 3556

—, 1,3,11,19-Tetraacetoxy-5,14-dihydroxy- **18** IV 3555

—, 3-[Tetra-O-acetyl-glucopyranosyloxy]- **18** IV 474

—, 2,3,14,19-Tetrahydroxy- **18** IV 3091

—, 3,5,6,14-Tetrahydroxy- **18** IV 3086

—, 3,5,11,14-Tetrahydroxy- **18** IV 3087

—, 3,5,14,19-Tetrahydroxy- **18** IV 3091

—, 3,11,12,14-Tetrahydroxy- **18** IV 3089

—, 3,12,14,16-Tetrahydroxy- **18** IV 3089

—, 3,5,11,14-Tetrahydroxy-19-oxo- **18** IV 3414

—, 3,5,12,14-Tetrahydroxy-19-oxo- **18** IV 3417

—, 1,5,11,14-Tetrahydroxy-19-oxo-3-rhamnopyranosyloxy- **18** IV 3559

—, 5,11,14,19-Tetrahydroxy-3-rhamnopyranosyloxy- **18** IV 3407

—, 5,12,14,19-Tetrahydroxy-3-rhamnopyranosyloxy- **18** IV 3408

—, 3,7,12-Triacetoxy- **18** IV 2443

Card-20(22)-enolid (Fortsetzung)

—, 3,11,19-Triacetoxy-5,14-dihydroxy- **18** IV 3406

—, 3,12,19-Triacetoxy-5,14-dihydroxy- **18** IV 3408

—, 3,11,19-Triacetoxy-5,14-dihydroxy-1-methansulfonyloxy- **18** IV 3558

—, 3,11,19-Triacetoxy-5,14-dihydroxy-1-oxo- **18** IV 3559

—, 1,11,19-Triacetoxy-5,14-dihydroxy-3-[tri-O-acetyl-rhamnopyranosyloxy]- **18** IV 3558

—, 2,3,19-Triacetoxy-14-hydroxy- **18** IV 3091

—, 3,12,16-Triacetoxy-14-hydroxy- **18** IV 3089

—, 3,11,19-Triacetoxy-1,5,14-trihydroxy- **18** IV 3555

—, 1,3,14-Trihydroxy- **18** IV 2431

—, 2,3,14-Trihydroxy- **18** IV 2434

—, 3,5,6-Trihydroxy- **18** IV 2435

—, 3,5,14-Trihydroxy- **18** IV 2435

—, 3,7,12-Trihydroxy- **18** IV 2443

—, 3,11,14-Trihydroxy- **18** IV 2443

—, 3,12,14-Trihydroxy- **18** IV 2450

—, 3,14,16-Trihydroxy- **18** IV 2456

—, 3,14,19-Trihydroxy- **18** IV 2484

—, 3,5,14-Trihydroxy-19,19-bis-methylmercapto- **18** IV 3148

—, 3,5,14-Trihydroxy-19-hydroxyimino- **18** IV 3146

—, 5,12,14-Trihydroxy-3-[O^2,O^3-isopropyliden-rhamnopyranosyloxy]-19-oxo- **18** IV 3417

—, 5,14,19-Trihydroxy-3-[O^3-methyl-$ribo$-2,6-didesoxy-hexopyranosyloxy]- **18** IV 3093

—, 5,11,14-Trihydroxy-3-[O^3-methyl-fucopyranosyloxy]- **18** IV 3087

—, 5,14,19-Trihydroxy-3-{O^3-methyl-O^4-[O^2,O^3,O^4-triacetyl-O^6-(tetra-O-acetyl-glucopyranosyl)-glucopyranosyl]-$ribo$-2,6-didesoxy-hexopyranosyloxy}- **18** IV 3093

—, 2,3,14-Trihydroxy-19-oxo- **18** IV 3123

—, 3,5,8-Trihydroxy-19-oxo- **18** IV 3127

—, 3,5,14-Trihydroxy-19-oxo- **18** IV 3127

—, 3,11,14-Trihydroxy-12-oxo- **18** IV 3122

—, 3,12,14-Trihydroxy-11-oxo- **18** IV 3118

—, 3,14,15-Trihydroxy-19-oxo- **18** IV 3148

—, 3,14,16-Trihydroxy-19-oxo- **18** IV 3148

—, 5,11,14-Trihydroxy-19-oxo-3-rhamnopyranosyloxy- **18** IV 3414

—, 5,12,14-Trihydroxy-19-oxo-3-rhamnopyranosyloxy- **18** IV 3417

—, 5,12,14-Trihydroxy-19-oxo-3-[tri-O-benzoyl-6-desoxy-gulopyranosyloxy]- **18** IV 3418

—, 5,12,14-Trihydroxy-19-oxo-3-[tri-O-benzoyl-rhamnopyranosyloxy]- **18** IV 3418

—, 3,5,14-Trihydroxy-19-phenylhydrazono- **18** IV 3147

—, 5,11,14-Trihydroxy-3-rhamnopyranosyloxy- **18** IV 3087

—, 5,12,14-Trihydroxy-3-rhamnopyranosyloxy- **18** IV 3088

—, 5,14,19-Trihydroxy-3-rhamnopyranosyloxy- **18** IV 3094

—, 5,14,19-Trihydroxy-3-scillabiosyloxy- **18** IV 3094

—, 5,14,19-Trihydroxy-3-strophanthotriosyloxy- **18** IV 3093

—, 12,14,16-Trihydroxy-3-[lin-tri[1→4]-$ribo$-2,6-didesoxy-hexopyranosyloxy]- **18** IV 3089

—, 12,14,16-Trihydroxy-3-lin-tri[1→4]-digitoxopyranosyloxy]- **18** IV 3089

—, 3,12,19-Tris-benzoyloxy-5,14-dihydroxy- **18** IV 3408

—, 2,3,19-Tris-benzoyloxy-14-hydroxy- **18** IV 3091

Car-3-en

—, 1,2-Epoxy- **17** IV 382

Carenoxid 17 II 45 b

Carlinaoxid 17 72 f, IV 613

—, Dihydro- **17** 69 b

—, Tetrahydro- **17** 68 c

Carlossäure 18 IV 6131

Carminsäure

10 II 776 d, **18** IV 6697

— anhydrid **10** II 778

—, Desoxy- **10** II 776 b, **18** IV 6696

—, Dibrom- **10** II 778

—, Heptaacetyl-desoxy- **10** II 776 c, **18** IV 6696

—, Hexa-O-acetyl- **10** II 779 f

—, Hexa-O-benzoyl- **10** II 780 a

—, Hexa-O-methyl- **10** II 779 d

—, O-Methyl-,

— methylester **10** II 780 b

—, Octaacetyl- **10** II 779 g, **18** IV 6697

—, Penta-O-methyl- **10** II 779 c

—, Tetra-O-acetyl- **10** II 779 e

—, Tetra-O-methyl- **10** II 779 b

— methylester **18** IV 6697

Carnosol 18 IV 1591

—, Di-O-acetyl- **18** IV 1592

Carnosol (Fortsetzung)
—, Di-*O*-benzoyl- **18** IV 1592
—, Di-*O*-methyl- **18** IV 1592
Carolinsäure **18** IV 6130
Caronsäure
— anhydrid **17** 450 a, I 236 c
α-Carotin
s. *β,ε*-Carotin
β-Carotin
s. *β,β*-Carotin
β,β-Carotin
—, 5,6-Epoxy-5,6-dihydro- **17**
IV 745, **30** 88 b
—, 5,8-Epoxy-5,8-dihydro- **17** IV 744
β,ε-Carotin
—, 3,3′-Diacetoxy-5,6-epoxy-5,6-dihydro-
17 IV 2240
—, 3,3′-Diacetoxy-5,8-epoxy-5,8-dihydro-
17 IV 2238
—, 5,6-Epoxy-5,6-dihydro- **17** IV 745
—, 5,8-Epoxy-5,8-dihydro- **17** IV 743
γ-Carotin
s. *β,ψ*-Carotin
ε-Carotin
s. *ε,ε*-Carotin
ε,ε-Carotin
—, 2-[4-Glucopyranosyloxy-3-methyl-
but-2-enyl]-2′-[4-hydroxy-3-methyl-but-2-
enyl]- **17** IV 2993
ψ,ψ-Carotin
—, 5,6-Epoxy-5,6-dihydro- **1** IV 1167 a
ψ,ψ-Carotin-1,1′-diol
—, 2,2′-Bis-[6-desoxy-
mannopyranosyloxy]-3,4,3′,4′-
tetradehydro-1,2,1′,2′-tetrahydro- **17**
IV 2532
—, 2,2′-Bis-rhamnopyranosyloxy-
3,4,3′,4′-tetradehydro-1,2,1′,2′-tetrahydro-
17 IV 2532
β,β-Carotin-3,3′-diol
—, 5,6-Epoxy-7′,8′-didehydro-5,6-
dihydro- **17** IV 2250
—, 5,6-Epoxy-5,6-dihydro- **17**
IV 2240
—, 5,8-Epoxy-5,8-dihydro- **17** IV 2238
β,ε-Carotin-3,3′-diol
—, 5,6-Epoxy-5,6-dihydro- **17** IV 2239
—, 5,8-Epoxy-5,8-dihydro- **17** IV 2237
β-Carotin-monoepoxid 17
IV 745 b, **30** 88 b
β,β-Carotin-3-ol
—, 5′,6′-Epoxy-5′,6′-dihydro- **17**
IV 1722
—, 5′,8′-Epoxy-5′,8′-dihydro- **17**
IV 1722
β,φ-Carotin-3-ol
—, 5,6-Epoxy-5,6-dihydro- **17** IV 1721
—, 5,8-Epoxy-5,8-dihydro- **17** IV 1721

β,β-Carotin-4-on
—, 4′-Äthoxy-5′,6′-epoxy-5′,6′-dihydro-
18 IV 840
—, 4′-Äthoxy-5′,8′-epoxy-5′,8′-dihydro-
18 IV 840
β,κ-Carotin-6′-on
—, 5,6-Epoxy-3,3′-dihydroxy-5,6-
dihydro- **18** IV 1937
—, 5,8-Epoxy-3,3′-dihydroxy-5,8-
dihydro- **18** IV 1936
β,β-Carotin-8-on
—, 3′-Acetoxy-5,6-epoxy-3,5′-dihydroxy-
6′,7′-didehydro-5,6,7,8,5′,6′-hexahydro-
18 IV 2820
β-Carotinoxid 17 IV 745, **30** 88 b
β,ε-Carotin-3,3′,6′-triol
—, 5,6-Epoxy-5,6-dihydro- **17** IV 2407
—, 5,8-Epoxy-5,8-dihydro- **17** IV 2406
β,ψ-Carotin-3,4,1′-triol
—, 2′-[6-Desoxy-mannopyranosyloxy]-
3′,4′-didehydro-1′,2′-dihydro- **17**
IV 2533
—, 2′-Rhamnopyranosyloxy-3′,4′-
didehydro-1′,2′-dihydro- **17** IV 2533
β,β-Carotin-3,5,3′-triol
—, 5′,6′-Epoxy-6,7-didehydro-5,6,5′,6′-
tetrahydro- **17** IV 2408
—, 5′,8′-Epoxy-6,7-didehydro-5,6,5′,8′-
tetrahydro- **17** IV 2406
Carpesialacton 17 IV 6105
—, Dihydro- **17** IV 4671
Carpinsäure
—, Brom- **18** 384 b
Carpogenin 18 IV 2547
—, *O*³-Acetyl- **18** IV 2548
Carrabiit 17 IV 3499
—, Hepta-*O*-acetyl- **17** IV 3499
Carrabiose 18 IV 2282
— dimethylacetal **18** IV 2286
— phenylosazon **18** IV 2311
—, Hexa-*O*-acetyl-,
— dimethylacetal **18** IV 2287
—, Hexa-*O*-methyl-,
— dimethylacetal **18** IV 2286
Carthamidin 18 II 203 d, IV 3209
—, α-Acetyl- **18** II 204 a, vgl.
IV 3209 b
—, γ-Acetyl- **18** II 225 b
Carthamin 17 IV 3109, 3111
Carthamon 17 IV 3111
Carvacrol
—, *O*-Glucopyranosyl- **31** 209 c
Carvacrolphthalein 18 I 382 a,
IV 1955
Carvenolid 17 302 a, I 158 h
—, Dihydro- **17** 263 d, I 142 d,
II 302 f
Carvenoliddibromid 17 263 e
Carvenonoxid 17 IV 4364

Carveol
—, *O*-Glucopyranosyl-dihydro-
  31 202 d
—, *O*-[Tetra-*O*-acetyl-glucopyranosyl]-
  dihydro- **31** 202 e
Carvonepoxid 17 IV 4625
Carvonoxid
—, Dihydro- **17** 44 g, IV 4353
Caryophyllendioxid 17 IV 392
Caryophyllenoxid 17 IV 392
—, Dihydro- **17** IV 348
Caryophyllensäure
  — anhydrid **17** IV 5944
Cascarillin 18 IV 3072
Cassiaxanthon 18 IV 6639
  — dimethylester **18** IV 6639
Cassiollin 18 IV 6547
Casuarin 17 IV 3891
Catechin 17 209, 210, 213 f, I 125 c,
  II 254 b, 255 k, 256 g, IV 3841
—, Penta-*O*-acetyl- **17** 212 c, 213 h, II 255 c,
  256 d, 257 c, IV 3845
—, Penta-*O*-benzoyl- **17** 212 d, 213 i,
  II 255 e, 256 e, 257 d
—, Pentakis-*O*-methansulfonyl- **17**
  IV 3849
—, Pentakis-*O*-[toluol-4-sulfonyl]- **17**
  IV 3849
—, Pentakis-*O*-[toluol-α-sulfonyl]- **17**
  IV 3849
—, Pentakis-*O*-trimethylsilyl- **17**
  IV 3850
—, Penta-*O*-methyl- **17** 212 a, I 126 a,
  II 254 d, 256 b, 257 a, IV 3844
Catechusäure 17 209 a
Catenulin 18 IV 7535
Caucalol
—, *O*-Acetyl- **17** IV 2064
—, *O*-Acetyl-*O'*-benzoyl- **17** IV 2064
—, Di-*O*-acetyl- **17** IV 2064
Caudogenin 18 IV 3119
—, *O*^{12}-Acetyl-*O*^{3}-[*O*-acetyl-
  oleandropyranosyl]- **18** IV 3121
—, *O*^{12}-Benzoyl-*O*^{3}-[*O*-benzoyl-
  oleandropyranosyl]- **18** IV 3121
—, *O*^{3},*O*^{12}-Diacetyl- **18** IV 3119
—, *O*^{3},*O*^{12}-Dibenzoyl- **18** IV 3119
—, *O*^{3}-Oleandropyranosyl- **18** IV 3120
Caudosid 18 IV 3120
—, Di-*O*-acetyl- **18** IV 3121
—, Di-*O*-benzoyl- **18** IV 3121
Caulutogenin
—, Acetyl- **18** IV 3176
Cedran
  Bezifferung s. **18** IV 6310 Anm. 2.
Cedran-12,15-disäure
—, 10,13-Dihydroxy-,
  — 15→13-lacton **18** IV 6310
Cedrendicarbonsäure
  — anhydrid **17** IV 6043

Cellobial 17 IV 3451, **31** 382 a
—, 2-Acetoxy-hexa-*O*-acetyl- **17**
  IV 3500
—, Dihydro- **17** IV 3447, **31** 381 b
—, Hexa-*O*-acetyl- **17** IV 3452,
  31 382 b
—, Hexa-*O*-acetyl-dihydro- **31** 381 c
Cellobial-dibromid
—, Hexa-*O*-acetyl- **31** 381 d
Cellobial-dichlorid
—, 2-Acetoxy-hexa-*O*-acetyl- **18**
  IV 2267
Cellobiomethylose 17 IV 2535
—, Hexa-*O*-acetyl- **17** IV 2561
Cellobiomethylosid
—, Methyl- **17** IV 2560
Cellobionsäure 17 IV 3392, **31** 381 a
  — [*N'*-phenyl-hydrazid] **17**
    IV 3395
—, Octa-*O*-acetyl-,
  — amid **17** IV 3397
  — nitril **17** IV 3398
—, Octa-*O*-methyl-,
  — methylester **17** IV 3396
Cellobiose 17 IV 3061, **31** 380 b
  — acetylimin **17** IV 3082
  — äthylimin **17** IV 3079
  — [4-carboxy-3-hydroxy-phenylimin]
    17 IV 3084
  — cellobiosylimin **18** IV 7519
  — [2,5-dichlor-phenylosazon] **17**
    IV 3100
  — formylhydrazon **17** IV 3088
  — [4-hydroxy-phenylimin] **17**
    IV 3082
  — imin **17** IV 3079
  — [4-nitro-phenylhydrazon] **17**
    IV 3088
  — oxim **17** IV 3086
  — phenylhydrazon **31** 384 c
  — phenylimin **17** IV 3080
  — phenylosazon **17** IV 3098,
    31 455 b
  — semicarbazon **31** 384 d
  — [4-sulfamoyl-phenylimin] **17**
    IV 3085
  — thiosemicarbazon **17** IV 3089
  — [toluol-4-sulfonylhydrazon] **17**
    IV 3089
  — *p*-tolylimin **17** IV 3081
  — *o*-tolylosazon **17** IV 3102
—, Hepta-*O*-acetyl- **17** IV 3256
  — acetylimin **17** IV 3262
  — [4-acetyl-semicarbazon] **17**
    IV 3266
  — imin **17** IV 3259
  — [4-nitro-phenylhydrazon] **17**
    IV 3265
  — phenylimin **17** IV 3260
  — phenylosazon **17** IV 3271

Cellobiose

—, Hepta-*O*-acetyl-, (Fortsetzung)
  — semicarbazon **17** IV 3266
  — *p*-tolylimin **17** IV 3261
—, Hepta-*O*-acetyl-*aldehydo*- **31** 382 c
—, $O^2,O^3,O^6,O^{2'},O^{3'},O^{4'},O^{6'}$-
  Heptaacetyl-O^1-chloracetyl- **17** IV 3593
—, $O^2,O^3,O^6,O^{2'},O^{3'},O^{4'},O^{6'}$-
  Heptaacetyl-O^1-[2-chlor-benzoyl]- **17**
  IV 3606
—, $O^2,O^3,O^6,O^{2'},O^{3'},O^{4'},O^{6'}$-
  Heptaacetyl-O^1-nonanoyl- **17** IV 3603
—, $O^2,O^3,O^6,O^{2'},O^{3'},O^{4'},O^{6'}$-
  Heptaacetyl-O^1-stearoyl- **17** IV 3603
—, $O^2,O^3,O^6,O^{2'},O^{3'},O^{4'},O^{6'}$-
  Heptaacetyl-O^1-[2,4,6-trimethyl-benzoyl]-
  17 IV 3609
—, Hepta-*O*-methyl- **17** IV 3091
—, Nonaacetyl-,
  — oxim **18** IV 8295
—, Octa-*O*-acetyl- **17** IV 3589,
  31 382 d, 383 a
—, Octa-*O*-acetyl-*aldehydo*- **17** IV 3258
  — [*O*-acetyl-oxim] **17** IV 3087
  — oxim **17** IV 3265
—, Octakis-*O*-[4-phenylazo-benzoyl]-
  17 IV 3624
—, Octa-*O*-nitro- **17** IV 3710
—, Octa-*O*-propionyl- **17** IV 3602
—, O^1-[2,4,6-Trimethyl-benzoyl]- **17**
  IV 3609

Cellobiosecarbonsäure **17** IV 3399

Cellobiosid

—, [4-Acetoxy-phenyl]-[hepta-*O*-acetyl-
  17 IV 3569
—, [4-Acetyl-2-methoxy-phenyl]-[hepta-
  O-acetyl- **17** IV 3573
—, Äthyl- **17** IV 3518
—, Äthyl-[hepta-*O*-acetyl- **17** IV 3557
—, Äthyl-[hepta-*O*-äthyl- **17** IV 3519
—, [4-Amino-phenyl]- **17** IV 3620
—, [4-Benzoyloxy-phenyl]-[hepta-
  O-acetyl- **17** IV 3569
—, Benzyl- **17** IV 3524
—, Benzyl-[$O^{6'}$-benzoyl-$O^2,O^3,O^6,O^{2'},$⸗
  $O^{3'},O^{4'}$-hexamethyl- **17** IV 3606
—, Benzyl-[$O^{6'}$-benzoyl-$O^2,O^3,O^6,O^{2'},$⸗
  $O^{3'}$-pentamethyl- **17** IV 3605
—, Benzyl-[$O^{4'}$-benzoyl-$O^2,O^3,O^6,O^{2'},$⸗
  $O^{3'}$-pentamethyl-$O^{6'}$-trityl- **17** IV 3606
—, Benzyl-[$O^{4'},O^{6'}$-dibenzoyl-$O^2,O^3,O^6,$⸗
  $O^{2'},O^{3'}$-pentamethyl- **17** IV 3607
—, Benzyl-[hepta-*O*-acetyl- **17** IV 3566
—, Benzyl-[hepta-*O*-methyl- **17** IV 3525
—, Benzyl-
  [$O^2,O^3,O^6,O^{2'},O^{3'}$-pentamethyl- **17**
  IV 3524
—, Benzyl-
  [$O^2,O^3,O^6,O^{2'},O^{3'}$-pentamethyl-
  $O^{6'}$-trityl- **17** IV 3527
—, [2-Brom-äthyl]- **17** IV 3518
—, [2-Brom-äthyl]-[hepta-*O*-acetyl- **17**
  IV 3558
—, Butyl- **17** IV 3519
—, Butyl-[hepta-*O*-acetyl- **17** IV 3560
—, *sec*-Butyl-[hepta-*O*-acetyl- **17**
  IV 3560
—, [2-Chlor-äthyl]- **17** IV 3518
—, [2-Chlor-äthyl]-[hepta-*O*-acetyl- **17**
  IV 3558
—, Cholestan-3-yl- **17** IV 3526
—, Cholestan-3-yl-[hepta-*O*-acetyl- **17**
  IV 3567
—, Cyanmethyl- **31** 385 e
—, Cyanmethyl-[hepta-*O*-acetyl-
  31 385 f
—, Cyclohexyl-[hepta-*O*-acetyl- **17**
  IV 3562
—, Cyclohexylmethyl-[hepta-*O*-acetyl-
  17 IV 3562
—, Cyclohexylmethyl-[hepta-*O*-methyl-
  17 IV 3521
—, Decyl- **17** IV 3520
—, Decyl-[hepta-*O*-acetyl- **17** IV 3561
—, [8,9-Diacetoxy-[1]anthryl]-[hepta-
  O-acetyl- **17** IV 3570
—, [8,10-Diacetoxy-[1]anthryl]-[hepta-
  O-acetyl- **17** IV 3570
—, [3,5-Diacetoxy-phenyl]-[hepta-
  O-acetyl- **17** IV 3570
—, Dodecyl- **17** IV 3520
—, Dodecyl-[hepta-*O*-acetyl- **17**
  IV 3561
—, Hexadecyl- **17** IV 3520
—, Hexadecyl-[hepta-*O*-acetyl- **17**
  IV 3562
—, Hexyl- **17** IV 3519
—, Hexyl-[hepta-*O*-acetyl- **17** IV 3561
—, [4-Hydroxy-phenyl]- **17** IV 3527
—, Isobutyl-[hepta-*O*-acetyl- **17**
  IV 3560
—, Isopropyl-[hepta-*O*-acetyl- **17**
  IV 3559
—, [2-Jod-äthyl]- **17** IV 3519
—, [2-Jod-äthyl]-[hepta-*O*-acetyl- **17**
  IV 3559
—, [4-Lactoyl-3-methoxy-phenyl]- **17**
  IV 3536
—, [4-Lactoyl-2-methoxy-phenyl]-[hepta-
  O-acetyl- **17** IV 3575
—, Menthyl-[hepta-*O*-acetyl- **17**
  IV 3562
—, Methyl- **17** IV 3509
—, Methyl-[$O^6,O^{6'}$-ditrityl- **17** IV 3526
—, Methyl-[hepta-*O*-acetyl- **17** IV
  3555, **31** 384 e

Cellobiosid (Fortsetzung)
—, Methyl-[heptakis-O-(4-phenylazo-benzoyl)- **17** IV 3624
—, Methyl-[hepta-O-methyl- **17** IV 3512
—, Methyl-[hepta-O-nitro- **17** IV 3710
—, Methyl-[hexa-O-acetyl-O-methyl- **17** IV 3063
—, Methyl-[hexa-O-methyl- **17** IV 3511
—, Methyl-[$O^2,O^3,O^6,O^{2'},O^{3'},O^{6'}$-hexamethyl- **17** IV 3511
—, Methyl-[$O^2,O^3,O^{2'},O^{3'},O^{4'}$-pentaacetyl- **17** IV 3553
—, Methyl-[$O^2,O^3,O^{2'},O^{3'},O^{4'}$-pentaacetyl-$O^6,O^{6'}$-bis-methansulfonyl- **17** IV 3685
—, Methyl-[$O^2,O^3,O^{2'},O^{3'},O^{4'}$-pentaacetyl-$O^6,O^{6'}$-bis-(toluol-4-sulfonyl)- **17** IV 3685
—, Methyl-[$O^2,O^3,O^{2'},O^{3'},O^{4'}$-pentaacetyl-$O^6,O^{6'}$-ditrityl- **17** IV 3554
—, [4-Nitro-phenyl]- **17** IV 3523
—, [4-Nitro-phenyl]-[hepta-O-acetyl- **17** IV 3565
—, Octadec-9-enyl- **17** IV 3521
—, Octadec-9-enyl-[hepta-O-acetyl- **17** IV 3563
—, Octadecyl- **17** IV 3520
—, Octadecyl-[hepta-O-acetyl- **17** IV 3562
—, Octyl- **17** IV 3520
—, Octyl-[hepta-O-acetyl- **17** IV 3561
—, Pentyl- **17** IV 3519
—, Pentyl-[hepta-O-acetyl- **17** IV 3561
—, Phenäthyl-[hepta-O-acetyl- **17** IV 3566
—, Phenyl- **17** IV 3521
—, [4-Phenylazo-phenyl]-[hepta-O-acetyl- **17** IV 3623
—, Phenyl-[hepta-O-acetyl- **17** IV 3563
—, Propyl-[hepta-O-acetyl- **17** IV 3559
—, Tetradecyl- **17** IV 3520
—, Tetradecyl-[hepta-O-acetyl- **17** IV 3561
Cellobioson **31** 455 a
—, Hepta-O-acetyl- **18** IV 3017
Cellobioson-hydrat
—, Hepta-O-acetyl- **17** IV 3269
—, Nona-O-acetyl- **18** IV 3017
Cellobiosylamin **17** IV 3079
—, Hepta-O-acetyl- **17** IV 3259
—, Hepta-O-acetyl-di-N-äthyl- **18** IV 7512

—, Hepta-O-acetyl-di-N-methyl- **18** IV 7508
—, Hepta-O-acetyl-N-phenyl- **17** IV 3260
—, Hepta-O-acetyl-N-p-tolyl- **17** IV 3261
—, N-[4-Hydroxy-phenyl]- **17** IV 3082
Cellobiosylazid
—, Hepta-O-acetyl- **17** IV 3494
Cellobiosylbromid
—, Hepta-O-acetyl- **17** IV 3491, **31** 384 a
Cellobiosylchlorid
—, Hepta-O-acetyl- **31** 383 e
—, $O^3,O^6,O^{2'},O^{3'},O^{4'},O^{6'}$-Hexaacetyl-$O^2$-trichloracetyl- **17** IV 3491
Cellobiosylfluorid **17** IV 3486
—, Hepta-O-acetyl- **17** IV 3488
Cellobiosylidendiamin
—, N,N'-Diacetyl- **17** IV 3086
Cellobiosylisothiocyanat
—, Hepta-O-acetyl- **18** IV 7521
Cellobiosyljodid
—, Hepta-O-acetyl- **31** 384 b
Cellobit **17** IV 3006
—, Nona-O-methyl- **17** IV 3008
Cellobiulose **17** IV 3094
Cellobiuronsäure **18** IV 5133
Celloheptaose **17** IV 3636
—, Tricosa-O-acetyl- **17** IV 3648
Cellohexaose **17** IV 3634
—, Eicosa-O-acetyl- **17** IV 3647
Cellohexaose-acetat **17** IV 3647
Cellopentaose **17** IV 3634
—, Heptadeca-O-acetyl- **17** IV 3646
Cellotetraose **17** IV 3632
— phenylosazon **17** IV 3633
—, Tetradeca-O-acetyl- **17** IV 3646
Cellotetraosid
—, Methyl-[dodeca-O-methyl- **17** IV 3643
—, Methyl-[trideca-O-methyl- **17** IV 3644
Cellotetraosylbromid
—, Trideca-O-acetyl- **17** IV 3645
Cellotriose **17** IV 3541
— phenylosazon **17** IV 3551
—, Deca-O-acetyl-,
— acetylimin **17** IV 3580
—, Undeca-O-acetyl- **17** IV 3644
Cellotriosid
—, Methyl-[deca-O-methyl- **17** IV 3642
Cellotriosylbromid
—, Deca-O-acetyl- **17** IV 3630
Cellotropin **31** 212 b
Celtrobiose **17** IV 3061
—, Hepta-O-acetyl- **17** IV 3256
—, Octa-O-acetyl- **17** IV 3589

Celtrobiosylchlorid
—, Hepta-*O*-acetyl- **17** IV 3489
Centaureidin 18 IV 3577
Centaurein 18 IV 3583
Cephalosporin-P₁-lacton
—, Bis-desacetyl- **18** IV 2559
—, Bis-desacetyl-dihydro- **18**
  IV 2491
—, Bis-desacetyl-tetrahydro- **18**
  IV 2367
Cerasin
  s. Kerasin
Cerberigenin 18 IV 1469
—, *O*-Acetyl-anhydro- **18** IV 552
—, Anhydro- **18** IV 552
Cerberin 18 IV 1488
—, Dihydro- **18** IV 1309
Cerberopyranosid
—, Äthyl- **17** IV 2529
—, Methyl- **17** IV 2525
Cerberosid 18 IV 1493
Cerebron 17 IV 3419
Cerebronsulfat 17 IV 3696
Cernuin 18 IV 3325
—, Tetra-*O*-acetyl- **18** IV 3328
—, Tetra-*O*-äthyl- **18** IV 3328
—, Tetra-*O*-benzoyl- **18** IV 3328
—, Tetra-*O*-methyl- **18** IV 3327
Cernuosid 18 IV 3328
—, Hepta-*O*-acetyl- **18** IV 3329
Ceroxen
  s. Naphtho[3,2,1-*kl*]xanthen
Certhien
  s. Naphtho[3,2,1-*kl*]thioxanthen
Cesiosid
  s. Cäsiosid
Cetenoxid 17 20 c, II 27 f
Chaerophyllin 18 IV 3261
Chalkon
—, 2′-Acetoxy-4-methoxy-4′-[tetra-
  O-acetyl-glucopyranosyloxy]- **17**
  IV 3240
—, 4-Äthoxy-3,4′-bis-glucopyranosyloxy-
  2′-hydroxy- **17** IV 3046
—, 2′,5′-Bis-benzoyloxy- **18** IV 846
—, 2′,4′-Bis-glucopyranosyloxy-4,6′-
  dihydroxy- **17** IV 3048
—, 3,4′-Bis-glucopyranosyloxy-4,2′-
  dihydroxy- **17** IV 3046
—, 2′,4′-Bis-glucopyranosyloxy-3,6′-
  dihydroxy-4-methoxy- **17** IV 3109
—, 3,4′-Bis-glucopyranosyloxy-4,2′-
  dimethoxy- **17** IV 3046
—, 2′,4′-Bis-glucopyranosyloxy-6′-
  hydroxy-4-methoxy- **17**
  IV 3048
—, 3,4′-Bis-glucopyranosyloxy-2′-
  hydroxy-4-methoxy- **17** IV 3046

—, 4,2′-Bis-glucopyranosyloxy-6′-
  hydroxy-4′-methoxy- **17** IV 3047
—, 2′,4′-Bis-glucopyranosyloxy-3,4,6′-
  trihydroxy- **17** IV 3109
—, 4′-[*O*⁶-(6-Desoxy-mannopyranosyl)-
  *O*²,*O*³-dimethyl-glucopyranosyloxy]-
  3,4,2′,6′-tetramethoxy- **17** IV 3481
—, 4′-[*O*²-(6-Desoxy-mannopyranosyl)-
  glucopyranosyloxy]-2′,6′-dihydroxy-4-
  methoxy- **17** IV 3478
—, 4′-[*O*⁶-(6-Desoxy-mannopyranosyl)-
  glucopyranosyloxy]-2′-hydroxy-3,4,6′-
  trimethoxy- **17** IV 3481
—, 4′-[*O*²-(6-Desoxy-mannopyranosyl)-
  glucopyranosyloxy]-4,2′,6′-trihydroxy-
  17 IV 3478
—, 4′-[*O*⁶-(6-Desoxy-mannopyranosyl-
  glucopyranosyloxy]-3,2′,6′-trihydroxy-4-
  methoxy- **17** IV 3480
—, 4′-[*O*⁶-(6-Desoxy-mannopyranosyl)-
  *O*²-methyl-glucopyranosyloxy]-2′-
  hydroxy-3,4,6′-trimethoxy- **17**
  IV 3481
—, 4,2′-Diacetoxy-3,4′-bis-[tetra-
  O-acetyl-glucopyranosyloxy]- **17**
  IV 3252
—, 3,4-Diacetoxy-2′-hydroxy-4′-[tetra-
  O-acetyl-glucopyranosyloxy]- **17**
  IV 3251
—, 2,4-Diacetoxy-4′-methoxy- **17**
  IV 2388
—, 4,6-Diacetoxy-2-methoxy-3-methyl-
  17 IV 2392
—, 2,4-Dihydroxy- **17** 162 c
—, 2′,6′-Dihydroxy-4-methoxy-4′-
  [*O*²-rhamnopyranosyl-glucopyranosyloxy]-
  17 IV 3478
—, 2,*β*-Dihydroxy-4-[tetra-*O*-acetyl-
  glucopyranosyloxy]- **17** IV 3241
—, 2′,*β*-Dihydroxy-4′-[tetra-*O*-acetyl-
  glucopyranosyloxy]- **17** IV 3241
—, 2,*β*-Dihydroxy-4-tetrahydropyran-2-
  yloxy- **17** IV 1071
—, 2′,*β*-Dihydroxy-4′-tetrahydropyran-2-
  yloxy- **17** IV 1071
—, 2,*β*-Dihydroxy-2′,4′,6′-trimethyl-4-
  tetrahydropyran-2-yloxy- **17**
  IV 1072
—, 2′,*β*-Dihydroxy-2,4,6-trimethyl-4′-
  tetrahydropyran-2-yloxy- **17** IV 1072
—, 2′,5′-Dimethoxy- **18** IV 846
—, 4′-Glucopyranosyloxy- **17** IV 3017
—, *β*-Glucopyranosyloxy- **17** IV 3017
—, 4-Glucopyranosyloxy-2′,4′-dihydroxy-
  17 IV 3029
—, 4-Glucopyranosyloxy-3,2′-dihydroxy-
  17 IV 3029
—, 4-Glucopyranosyloxy-2,*β*-dihydroxy-
  17 IV 3031

Chalkon (Fortsetzung)
—, 4′-Glucopyranosyloxy-4,2′-dihydroxy-
17 IV 3030
—, 4′-Glucopyranosyloxy-
2′,β-dihydroxy- 17 IV 3031
—, 5′-Glucopyranosyloxy-4,2′-dihydroxy-
17 IV 3030
—, 4-Glucopyranosyloxy-2,β-dihydroxy-
3′,4′-dimethoxy- 17 IV 3110
—, 4′-Glucopyranosyloxy-
2′,β-dihydroxy-3,4-dimethoxy- 17
IV 3110
—, 2′-Glucopyranosyloxy-4,6′-dihydroxy-
4′-methoxy- 17 IV 3047
—, 4-Glucopyranosyloxy-2,β-dihydroxy-
4′-methoxy- 17 IV 3048
—, 4′-Glucopyranosyloxy-2′,6′-
dihydroxy-4-methoxy- 17 IV 3047
—, 4′-Glucopyranosyloxy-3,2′-dihydroxy-
4-methoxy- 17 IV 3045
—, 4′-Glucopyranosyloxy-4,2′-dihydroxy-
6′-methoxy- 17 IV 3048
—, 4′-Glucopyranosyloxy-
2′,β-dihydroxy-4-methoxy- 17 IV 3048
—, 4-Glucopyranosyloxy-2,β-dihydroxy-
3′,4′,5′-trimethoxy- 17 IV 3111
—, 4′-Glucopyranosyloxy-
2′,β-dihydroxy-3,4,5-trimethoxy- 17
IV 3111
—, 2-Glucopyranosyloxy-4′-hydroxy-
31 229 d
—, 4-Glucopyranosyloxy-2′-hydroxy-
17 IV 3023
—, 4′-Glucopyranosyloxy-2′-hydroxy-
17 IV 3024
—, 5′-Glucopyranosyloxy-2′-hydroxy-
17 IV 3024
—, 2-Glucopyranosyloxy-2′-hydroxy-
3′,4′-dimethoxy- 31 234 b
—, 4-Glucopyranosyloxy-2′-hydroxy-3,4′-
dimethoxy- 31 234 c
—, 4′-Glucopyranosyloxy-2′-hydroxy-3,4-
dimethoxy- 17 IV 3045
—, 2-Glucopyranosyloxy-2′-hydroxy-4′-
methoxy- 31 230 c
—, 2-Glucopyranosyloxy-2′-hydroxy-5′-
methoxy- 31 230 d
—, 3-Glucopyranosyloxy-2′-hydroxy-4-
methoxy- 17 IV 3029
—, 4-Glucopyranosyloxy-2′-hydroxy-4′-
methoxy- 17 IV 3029
—, 4′-Glucopyranosyloxy-2′-hydroxy-4-
methoxy- 17 IV 3030
—, 4′-Glucopyranosyloxy-4-hydroxy-3-
methoxy- 17 IV 3029
—, 5′-Glucopyranosyloxy-2′-hydroxy-4-
methoxy- 17 IV 3030
—, 3-Glucopyranosyloxy-2′-hydroxy-
4,4′,6′-trimethoxy- 17 IV 3108

—, 4-Glucopyranosyloxy-2′-hydroxy-
3,4′,6′-trimethoxy- 17 IV 3108
—, 4′-Glucopyranosyloxy-4-methoxy-
17 IV 3024
—, 2′-Glucopyranosyloxy-4,3′,4′,6′-
tetrahydroxy- 17 IV 3109
—, 3′-Glucopyranosyloxy-4,2′,4′,6′-
tetrahydroxy- 17 IV 3109
—, 4′-Glucopyranosyloxy-3,4,2′,3′-
tetrahydroxy- 17 IV 3108
—, 4′-Glucopyranosyloxy-3,4,2′,5′-
tetrahydroxy- 17 IV 3274
—, 4′-Glucopyranosyloxy-3,4,2′,6′-
tetrahydroxy- 17 IV 3109
—, 2′-Glucopyranosyloxy-4,4′,6′-
trihydroxy- 17 IV 3046
—, 4′-Glucopyranosyloxy-3,4,2′-
trihydroxy- 17 IV 3045
—, 4′-Glucopyranosyloxy-4,2′,6′-
trihydroxy- 17 IV 3048
—, 4-Glucopyranosyloxy-2′,4′,6′-
trihydroxy-3-methoxy- 17 IV 3108
—, 4′-Glucopyranosyloxy-3,2′,6′-
trihydroxy-4-methoxy- 17 IV 3109
—, 4′-Glucopyranosyloxy-3,4,2′-
trihydroxy-3′-methoxy- 17 IV 3274
—, 2-Hydroxy- 17 133 e, II 153 d,
IV 1664
—, 2′-Hydroxy-4′-methoxy-6′-methyl-
18 IV 755
—, 2′-Hydroxy-4-methoxy-4′-[tetra-
O-acetyl-glucopyranosyloxy]- 17
IV 3240
—, 2-Hydroxy-4,6,3′,4′,α-pentamethoxy-
17 II 281 b
—, 2′-Hydroxy-3,4,6-trimethoxy-4′-
[O²-methyl-O⁶-rhamnopyranosyl-
glucopyranosyloxy]- 17 IV 3481
—, 2′-Hydroxy-3,4,6-trimethoxy-4′-
[O⁶-rhamnopyranosyl-glucopyranosyloxy]-
17 IV 3481
—, 3,4,2′,3′,4′-Pentaacetoxy- 18
IV 3226
—, 3,4,2′,3′,4′-Pentahydroxy- 18
IV 3225
—, 3,4,2′,3′-Tetraacetoxy-4′-[tetra-
O-acetyl-glucopyranosyloxy]- 17
IV 3274
—, 3,4,2′,5′-Tetraacetoxy-4′-[tetra-
O-acetyl-glucopyranosyloxy]- 17
IV 3274
—, β-[Tetra-O-acetyl-glucopyranosyloxy]-
17 IV 3226
—, 3,4,2′,6′-Tetramethoxy-4′-
[O²,O³-dimethyl-O⁶-rhamnopyranosyl-
glucopyranosyloxy]- 17 IV 3481

Chalkon (Fortsetzung)
—, 3,4,2′,6′-Tetramethoxy-4′-
[O^2,O^3,O^4-trimethyl-O^6-(tri-O-methyl-6-
desoxy-mannopyranosyl)-
glucopyranosyloxy]- **17** IV 3482
—, 3,4,2′,6′-Tetramethoxy-4′-
[O^3,O^4,O^6-trimethyl-O^2-(tri-O-methyl-6-
desoxy-mannopyranosyl)-
glucopyranosyloxy]- **17** IV 3482
—, 3,4,2′,6′-Tetramethoxy-4′-
[O^2,O^3,O^4-trimethyl-O^6-(tri-O-methyl-
rhamnopyranosyl)-glucopyranosyloxy]-
17 IV 3482
—, 3,4,2′,6′-Tetramethoxy-4′-
[O^3,O^4,O^6-trimethyl-O^2-(tri-O-methyl-
rhamnopyranosyl)-glucopyranosyloxy]-
17 IV 3482
—, 3,4,2′-Triacetoxy-3′-methoxy-4′-[tetra-
O-acetyl-glucopyranosyloxy]- **17**
IV 3274
—, 3,4,2′-Triacetoxy-4′-[tetra-O-acetyl-
glucopyranosyloxy]- **17** IV 3251
—, 3,2′,6′-Trihydroxy-4-methoxy-4′-
[O^6-rhamnopyranosyl-glucopyranosyloxy]-
17 IV 3480
—, 4,2′,6′-Trihydroxy-4′-
[O^2-rhamnopyranosyl-glucopyranosyloxy]-
17 IV 3478
Chalkonoxid 17 I 196 f, II 386 h, IV 5336
Chebulsäure 18 II 404 b
— triäthylester **18** IV 6694
—, Tri-O-acetyl-,
— triäthylester **18** IV 6694
—, Tri-O-methyl- **18** IV 6693
— triamid **18** IV 6695
— trimethylester **18** IV 6694
Cheirosid-A 18 IV 1491
—, Desgluco- **18** IV 1485
—, Hexa-O-acetyl- **18** IV 1496
—, Tri-O-acetyl-desgluco- **18** IV 1489
Cheirosid-H 18 IV 1491
—, Hexa-O-acetyl- **18** IV 1496
Cheirotoxin 18 IV 3145
—, Desgluco- **18** IV 3143
—, Hexa-O-acetyl- **18** IV 3146
— oxim **18** IV 3147
—, Tri-O-acetyl-desgluco- **18** IV 3144
Cheirotoxinsäure
—, Hexa-O-acetyl- **18** IV 6610
— methylester **18** IV 6612
Chelidonsäure 18 490 d, I 523 a, II 367 d,
IV 6136
— bis-[2-chlor-äthylester] **18**
IV 6137
— diäthylester **18** IV 6137
— dianilid **18** IV 6137
— diisopropylester **18** IV 6137
— dimethylester **18** IV 6137
— monoäthylester **18** IV 6137

—, Dihydro-,
— dimethylester **18** IV 6127
—, Tetradeuterio- **18** IV 6136
Chenodesoxybiliobansäure 18 IV 6162
Chinasäure
— 3-lacton **18** 163 d, I 387 h,
II 144 b
Chinid 18 163 d, I 387 h, II 144 b,
IV 2315
—, Isotriacetyl- **18** IV 2315
Chinizarin
—, 2-Furfuryl- **18** IV 2826
Chinoval
s. Rhamnal
—, O^3-Methyl- s. Thevetal
Chinovalacton
—, Trichlor- **10** III 2307 b
— methylester **10** III 2307 b
Chinovasäure
—, O-Chinovopyranosyl- **17** IV 2557
—, O-Glucopyranosyl- **17** IV 3387
Chinovit 1 877 b, **31** 64 b
Chinovopyranose
—, Tetra-O-acetyl- **17** IV 2547
—, O^1,O^3,O^4-Triacetyl-O^2-[toluol-4-
sulfonyl]- **17** IV 2562
—, O^1,O^2,O^3-Triacetyl-O^4-[tri-O-acetyl-
chinovopyranosyl]- **17** IV 2561
Chinovopyranosid
—, Äthyl- **1** 877 b, **31** 64 b
—, Äthyl-[tri-O-acetyl- **2** 158 f, **17**
IV 2545, **31** 64 c
—, Äthyl-[tri-O-phenylcarbamoyl-
31 64 d
—, Benzyl-[6-amino- **18** IV 7504
—, Cholestan-3-yl- **17** IV 2531
—, Cholestan-3-yl-[tri-O-acetyl- **17**
IV 2546
—, Cholesteryl- **17** IV 2532
—, Cholesteryl-[tri-O-acetyl- **17**
IV 2546
—, Methyl- **17** IV 2522, **31** 63 c
—, Methyl-[O^4-acetyl-O^2,O^3-bis-(toluol-
4-sulfonyl)- **17** IV 2563
—, Methyl-[6-amino- **18** IV 7504
—, Methyl-[O^4-chinovopyranosyl- **17**
IV 2560
—, Methyl-[O^2,O^4-diacetyl-O^3-methyl-
17 IV 2538
—, Methyl-[O^3,O^4-diacetyl-O^2-(toluol-4-
sulfonyl)- **17** IV 2562
—, Methyl-[O^3,O^4-diacetyl-
O^2-trichloracetyl- **17** IV 2542
—, Methyl-[O^2,O^3-dimethyl-O^4-(tri-
O-acetyl-chinovopyranosyl)- **17** IV 2560
—, Methyl-[tri-O-acetyl- **17**
IV 2540, **31** 64 a
—, Methyl-[tri-O-benzoyl- **17** IV 2551
—, Phenyl- **17** IV 2530

Chinovopyranosid (Fortsetzung)
—, Phenyl-[6-amino- **18** IV 7504
—, Phenyl-[tri-*O*-acetyl- **17** IV 2545
Chinovopyranosylbromid
—, Tri-*O*-acetyl- **17** IV 2301
—, Tri-*O*-acetyl-6-[2,4-dibrom-anilino]-
18 IV 7471
—, Tri-*O*-acetyl-6-diphenylamino- **18**
IV 7472
Chinovopyranosylchlorid
—, *O*³,*O*⁴-Diacetyl- **17** IV 2299
—, *O*³,*O*⁴-Diacetyl-*O*²-trichloracetyl-
17 IV 2300
—, Tri-*O*-acetyl- **17** IV 2300
—, Tri-*O*-acetyl-6-[*N*-(toluol-4-sulfonyl)-
anilino]- **18** IV 7471
Chinovose
—, *O*⁴-Chinovopyranosyl- **17** IV 2535
—, *O*³,*O*⁴-Diacetyl-*O*¹-benzoyl- **17**
IV 2550
Chinovosid
—, Äthyl- **1** 877 b
Chitarsäure 18 359 b, I 467 a, II 308 b,
IV 5072
  — amid **18** IV 5073
  — dimethylamid **18** IV 5073
  — methylester **18** IV 5072
—, Tris-*O*-[toluol-4-sulfonyl]-,
  — dimethylamid **18** IV 5074
  — methylester **18** IV 5073
Chitobiit
—, *N*,*N*′-Diacetyl- **18** IV 7581
Chitobiose 18 IV 7535
—, *N*,*N*′-Diacetyl- **18** IV 7581
—, *N*,*O*-Octaacetyl- **18** IV 7589
Chitoheptaose
—, Hepta-*N*-acetyl- **18** IV 7591
Chitoheptonsäure 18 363 e
Chitohexaose
—, Hexa-*N*-acetyl- **18** IV 7591
Chitonsäure 18 359 b, I 467 b, II 308 c
  — äthylester **18** IV 5073
—, Tri-*O*-methyl- **18** IV 5072
  — amid **18** IV 5073
  — methylester **18** IV 5073
Chitopentaose
—, Penta-*N*-acetyl- **18** IV 7590
Chitose 18 161 b, I 387 b, IV 2291
  — [benzyl-phenyl-hydrazon] **18**
  IV 2293
  — diäthyldithioacetal **18** IV 2293
  — dimethylacetal **18** IV 2292
  — [2,4-dinitro-phenylhydrazon] **18**
  IV 2292
  — diphenylhydrazon **18** IV 2292
  — [4-nitro-phenylhydrazon] **18**
  IV 2292
  — oxim **18** 161 e
—, Tri-*O*-methyl- **18** IV 2292

  — diäthyldithioacetal **18** IV 2294
  — dimethylacetal **18** IV 2292
  — semicarbazon **18** IV 2293
Chitosid
—, Methyl- **18** IV 2292
Chitotetraose
—, Tetra-*N*-acetyl- **18**
IV 7590
Chitotriit
—, *N*,*N*′,*N*″-Triacetyl- **18**
IV 7589
Chitotriose
—, *N*,*N*′,*N*″-Triacetyl- **18**
IV 7590
—, *N*,*O*-Undecaacetyl- **18**
IV 7591
Chloramphenicol
—, Di-*O*-glucopyranosyl- **17** IV 3421
—, *O*-Glucopyranosyl- **17** IV 3421
Chlordenoxid 17 IV 437
Chlordesoxypatulinsäure 18 IV 5340
Chlorogenin
—, Dihydro- **17** IV 2348
—, Tris-*O*-[3,5-dinitro-benzoyl]-dihydro-
17 IV 2349
β-Chlorogenin
—, Dihydro- **17** IV 2348
Chlorogeninlacton 18 IV 1303
—, Di-*O*-acetyl- **18** IV 1303
—, Di-*O*-benzoyl- **18** IV 1303
Chlorogensäure
—, 3,6-Dehydroanhydrotetrahydro- **18**
IV 6071
Chlorophosphat
—, Bis-tetrahydrofurfuryl- **17** IV 1125
Chlorophosphorsäure
  — bis-tetrahydrofurfurylester **17**
  IV 1125
  — mono-[6-äthyl-4-methyl-2-oxo-
  2*H*-chromen-7-ylester] **18** IV 406
  — mono-[6-butyl-4-methyl-2-oxo-
  2*H*-chromen-7-ylester] **18** IV 435
  — mono-[6-chlor-4-methyl-2-oxo-
  2*H*-chromen-7-ylester] **18** IV 345
  — mono-[4-methyl-2-oxo-6-propyl-
  2*H*-chromen-7-ylester] **18** IV 421
  — mono-[2-oxo-2*H*-chromen-7-
  ylester] **18** IV 301
Chlorpseudosantonin 18 IV 1281
Chlorsulfalein 18 II 412 b
Chola-20,22-dien-19,24-disäure
—, 3-Acetoxy-5,14,21-trihydroxy-,
  — 24→21-lacton **18** IV 6628
  — 24→21-lacton-19-methylester **18**
  IV 6628
—, 14,21-Dihydroxy-3-[*O*³-methyl-6-
desoxy-glucopyranosyloxy]-,
  — 24→21-lacton-19-methylester **18**
  IV 6538

Chola-20,22-dien-19,24-disäure (Fortsetzung)
—, 14,21-Dihydroxy-3-
thevetopyranosyloxy-,
   — 24→21-lacton-19-methylester **18**
   IV 6538
—, 5,14,21-Trihydroxy-3-[tri-*O*-acetyl-
rhamnopyranosyloxy]-,
   — 24→21-lacton-19-methylester **18**
   IV 6628
Chola-20(22),23-dien-11-on
—, 21-Brom-3,9-epoxy-24,24-diphenyl-
   17 IV 5615
—, 3,9-Epoxy-24,24-diphenyl- **17**
   IV 5615
Chola-4,22-dien-24-säure
—, 3-[*O*⁴-Glucopyranosyl-6-desoxy-
mannopyranosyloxy]-14-hydroxy-21-oxo-,
   — methylester **17** IV 3475
—, 3-[*O*⁴-Glucopyranosyl-
rhamnopyranosyloxy]-14-hydroxy-21-oxo-,
   — methylester **17** IV 3475
Chola-5,22-dien-24-säure
—, 3-Acetoxy-20-hydroxy-,
   — lacton **18** IV 476
—, 20-Hydroxy-3,21-bis-
tetrahydropyran-2-yloxy-,
   — *tert*-butylester **17** IV 1076
Chola-20,22-dien-24-säure
—, 16-Acetoxy-14,21-epoxy-3-oxo- **18**
   IV 6408
—, 14,21-Epoxy-3,11-dihydroxy- **18**
   IV 5051
   — methylester **18** IV 5051
—, 14,21-Epoxy-3,5-dihydroxy-19-oxo-,
   — methylester **18** IV 6538
—, 14,21-Epoxy-3-[*O*⁴-glucopyranosyl-
rhamnopyranosyloxy]-5-hydroxy-19-oxo-,
   — methylester **18** IV 6538
—, 14,21-Epoxy-5-hydroxy-19-oxo-3-
scillabiosyloxy-,
   — methylester **18** IV 6538
—, 14,15-Epoxy-3,5,21-trihydroxy-19-
oxo-,
   — methylester **18** IV 6628
—, 21-Hydroxy-3,15-dioxo-,
   — lacton **17** IV 6785
Cholan
—, 3-Acetoxy-20,24-epoxy-24,24-
dimethyl- **17** IV 1408
—, 3-Acetoxy-20,24-epoxy-24,24-
diphenyl- **17** IV 1720
—, 3-Acetoxy-23,24-epoxy-24,24-
diphenyl- **17** IV 1720
—, 3-Acetoxy-16,22-epoxy-24-jod- **17**
   IV 1406
—, 3-Acetoxy-16,22-epoxy-24-[toluol-4-
sulfonyloxy]- **17** IV 2096
—, 3,24-Diacetoxy-9,11-epoxy- **17**
   IV 2096

—, 21,24-Epoxy-17*H*- **17** IV 469
Cholan-24-al
—, 3-Acetoxy-16,22-epoxy- **18** IV 269
   — semicarbazon **18** IV 269
Cholan-3,24-diol
—, 9,11-Epoxy- **17** IV 2096
Cholan-11,24-diol
—, 3,9-Epoxy- **17** IV 2096
Cholan-3-ol
—, 21,24-Epoxy- **17** IV 1406
—, 20,24-Epoxy-24,24-dimethyl- **17**
   IV 1408
—, 20,24-Epoxy-24,24-diphenyl- **17**
   IV 1720
Cholan-24-ol
—, 3-Acetoxy-16,22-epoxy- **17** IV 2095
Cholan-11-on
—, 3,9-Epoxy-24-hydroxy-24,24-
diphenyl- **18** IV 839
Cholan-24-säure
—, 11-Acetoxy-12-brom-3,9-epoxy-,
   — methylester **18** IV 4898
—, 3-Acetoxy-11-chlor-3,9-epoxy-,
   — methylester **18** IV 4897
—, 3-Acetoxy-11,12-dihydroxy-,
   — methylester **18** IV 4897
—, 3-Acetoxy-12,16-dihydroxy-,
   — 16-lacton **18** IV 1313
—, 3-Acetoxy-5,6-epoxy-,
   — methylester **18** IV 4892
—, 3-Acetoxy-6,7-epoxy-,
   — methylester **18** IV 4893
—, 3-Acetoxy-8,9-epoxy-,
   — methylester **18** IV 4893
—, 3-Acetoxy-9,11-epoxy-,
   — methylester **18** IV 4894
—, 3-Acetoxy-11,12-epoxy-,
   — methylester **18** IV 4895
—, 11-Acetoxy-3,9-epoxy- **18** IV 4897
   — methylester **18** IV 4898
—, 3-Acetoxy-8,14-epoxy-7,12-
dihydroxy-,
   — methylester **18** IV 5088
—, 3-Acetoxy-7,8-epoxy-12-hydroxy-,
   — methylester **18** IV 5027
—, 3-Acetoxy-14,15-epoxy-5-hydroxy-,
   — methylester **18** IV 5028
—, 11-Acetoxy-3,9-epoxy-3-methoxy-,
   — methylester **18** IV 5029
—, 3-Acetoxy-3,9-epoxy-11-oxo-,
   — methylester **18** IV 6338
—, 3-Acetoxy-9,11-epoxy-7-oxo-,
   — methylester **18** IV 6337
—, 3-Acetoxy-20-hydroxy-,
   — lacton **18** IV 269
—, 3-Acetoxy-12-hydroxy-11-oxo-,
   — lacton **10** III 4591 a
—, 3-Acetoxy-16-hydroxy-12-oxo-,
   — lacton **18** IV 1501

Cholan-24-säure (Fortsetzung)
—, 3-Äthoxy-3,9-epoxy-11-oxo-,
  — methylester **18** IV 6338
—, 3-Äthylmercapto-3a,9-epoxy-11-oxo-,
  — methylester **18** IV 6338
—, 3,12-Bis-benzoyloxy-16-hydroxy-,
  — lacton **18** IV 1313
—, 12-Brom-3,9-epoxy-11-hydroxy-,
  — methylester **18** IV 4898
—, 12-Brom-3,9-epoxy-11-oxo-,
  — methylester **18** IV 5556
—, 3-Chinovopyranosyloxy- **17** IV 2553
—, 11-Chlor-3,9-epoxy-3-methoxy-,
  — methylester **18** IV 4897
—, 3-[6-Desoxy-glucopyranosyloxy]- **17**
  IV 2553
—, 3-[6-Desoxy-mannopyranosyloxy]-14-
  hydroxy- **17** IV 2555
—, 3,11-Diacetoxy-3,9-epoxy-,
  — methylester **18** IV 5029
—, 3,12-Diacetoxy-8,14-epoxy-,
  — methylester **10** III 1891 a
—, 3,12-Diacetoxy-14,15-epoxy-,
  — methylester **18** IV 5028
—, 3,12-Diacetoxy-16-hydroxy-,
  — lacton **18** IV 1313
—, 11,12-Dibrom-3,9-epoxy-,
  — methylester **18** IV 4245
—, 3,12-Dihydroxy-,
  — furfurylidenhydrazid **17** IV 4448
—, 3,14-Dihydroxy- **18** IV 1311
—, 3,20-Dihydroxy-,
  — 20-lacton **18** IV 269
—, 3,21-Dihydroxy- **18** IV 268
—, 11,12-Dihydroxy-,
  — 12-lacton **18** IV 269
—, 3,4-Epoxy- **18** IV 4243
  — methylester **18** IV 4243
—, 3,8-Epoxy- **18** IV 4245
  — methylester **18** IV 4245
—, 8,14-Epoxy- **18** IV 4244
—, 9,11-Epoxy- **18** IV 4244
  — methylester **18** IV 4244
—, 11,12-Epoxy- **18** IV 4244
  — methylester **18** IV 4244
—, 3,9-Epoxy-11,12-dihydroxy- **18**
  IV 5029
  — methylester **18** IV 5030
—, 7,8-Epoxy-3,12-dihydroxy- **18**
  IV 5026
  — methylester **18** IV 5027
—, 8,14-Epoxy-3,12-dihydroxy- **18**
  IV 5027
  — methylester **18** IV 5027
—, 14,15-Epoxy-3,12-dihydroxy- **18**
  IV 5028
  — methylester **18** IV 5028
—, 3,9-Epoxy-11,12-dioxo- **18** IV 6071
  — methylester **18** IV 6071

—, 3,9-Epoxy-11-hydroxy- **18** IV 4897
  — methylester **18** IV 4898
—, 5,6-Epoxy-3-hydroxy- **18** IV 4891
  — methylester **18** IV 4892
—, 6,7-Epoxy-3-hydroxy- **18** IV 4892
—, 9,11-Epoxy-3-hydroxy- **18** IV 4893
  — methylester **18** IV 4893
—, 11,12-Epoxy-3-hydroxy- **18**
  IV 4894
  — methylester **18** IV 4895
—, 9,11-Epoxy-3-hydroxyimino-12-
  methoxy-,
  — methylester **18** IV 6337
—, 3,9-Epoxy-11-hydroxy-3-methoxy-
  18 IV 5029
  — methylester **18** IV 5029
—, 9,11-Epoxy-3-hydroxy-12-methoxy-,
  — methylester **18** IV 5027
—, 9,11-Epoxy-12-methoxy-,
  — methylester **18** IV 4894
—, 3,9-Epoxy-3-methoxy-11-oxo- **18**
  IV 6338
  — methylester **18** IV 6338
—, 9,11-Epoxy-12-methoxy-3-oxo-,
  — methylester **18** IV 6337
—, 3,9-Epoxy-11-oxo- **18** IV 5556
  — methylester **18** IV 5556
—, 9,11-Epoxy-3-oxo- **18** IV 5555
  — methylester **18** IV 5555
—, 11,12-Epoxy-3-oxo-,
  — methylester **18** IV 5555
—, 9,11-Epoxy-3-semicarbazono-,
  — methylester **18** IV 5555
—, 2-Furfuryliden-3,6-dioxo- **18**
  IV 6094
—, 4-Furfuryliden-3,6-dioxo- **18**
  IV 6094
—, 3-[O^4-Glucopyranosyl-6-desoxy-
  mannopyranosyloxy]-14-hydroxy- **17**
  IV 3474
—, 3-Glucopyranosyloxy-12-hydroxy-
  17 IV 3377
  — methylester **17** IV 3377
—, 3-[O^4-Glucopyranosyl-
  rhamnopyranosyloxy]-14-hydroxy- **17**
  IV 3474
—, 12-Hydroxy-,
  — lacton **17** IV 5043
—, 21-Hydroxy-, lacton s. Bufanolid
—, 16-Hydroxy-3,12-dioxo-,
  — lacton **17** IV 6766
—, 12-Hydroxy-3-oxo-,
  — lacton **17** IV 6274
—, 12-Hydroxy-7-oxo-,
  — lacton **17** IV 6274
—, 12-Hydroxy-11-oxo-,
  — lacton **17** IV 6274
—, 21-Hydroxy-3-oxo-,
  — lacton **17** IV 6273

Cholan-24-säure (Fortsetzung)
—, 14-Hydroxy-3-rhamnopyranosyloxy-
17 IV 2555
—, 3-[Tri-O-acetyl-chinovopyranosyloxy]-
17 IV 2553
—, 3-[Tri-O-acetyl-6-desoxy-
glucopyranosyloxy]- 17 IV 2553
—, 3,7,12-Trihydroxy-,
— furfurylidenhydrazid 17 IV 4449
—, 3,12,16-Trihydroxy-,
— 16-lacton 18 IV 1313
Cholan-3,7,12-triol
—, 22,23-Epoxy- 17 IV 2345
Cholan-3,7,12-trion
—, 22,23-Epoxy- 17 IV 2345
Chola-3,5,14,20,22-pentaen-24-säure
—, 21-Hydroxy-,
— lacton 17 IV 5489
—, 21-Hydroxy-19-oxo-,
— lacton 17 IV 6497
Chola-3,5,20,22-tetraen-24-säure
—, 14,21-Epoxy- 18 IV 4381
— äthylester 18 IV 4382
— methylester 18 IV 4382
Chola-14,16,20,22-tetraen-24-säure
—, 21-Hydroxy-3-oxo-,
— lacton 17 IV 6472
Chola-3,20,22-trien-19,24-disäure
—, 14,21-Dihydroxy-5-[tetra-O-acetyl-
glucopyranosyloxy]-,
— 24→21-lacton-19-methylester 18
IV 6544
Chola-4,20,22-trien-19,24-disäure
—, 3-Acetoxy-14,21-dihydroxy-,
— 24→21-lacton 18 IV 6544
— 24→21-lacton-19-methylester 18
IV 6544
Chola-4,20,22-trien-24-säure
—, 6-Acetoxy-14,21-epoxy-8-hydroxy-3-
[tetra-O-acetyl-glucopyranosyloxy]-,
— äthylester 18 IV 5102
— methylester 18 IV 5102
—, 3,6-Diacetoxy-14,21-epoxy-8-
hydroxy-,
— methylester 18 IV 5101
—, 14,21-Epoxy-3-glucopyranosyloxy-
6,8-dihydroxy-,
— methylester 18 IV 5101
—, 14,21-Epoxy-3-[O^4-glucopyranosyl-
rhamnopyranosyloxy]- 18 IV 4959
— methylester 18 IV 4959
—, 14,21-Epoxy-3-hydroxy-19-oxo-,
— methylester 18 IV 6413
—, 14,21-Epoxy-3-scillabiosyloxy- 18
IV 4959
— methylester 18 IV 4959
—, 3-[O^4-Glucopyranosyl-6-desoxy-
mannopyranosyloxy]-14,21-dihydroxy-,
— methylester 17 IV 3475

—, 3-[O^4-Glucopyranosyl-6-desoxy-
mannopyranosyloxy]-14-hydroxy-21-
methoxy- 17 IV 3474
— methylester 17 IV 3474
—, 3-[O^4-Glucopyranosyl-
rhamnopyranosyloxy]-14,21-dihydroxy-,
— methylester 17 IV 3475
—, 3-[O^4-Glucopyranosyl-
rhamnopyranosyloxy]-14-hydroxy-21-
methoxy- 17 IV 3474
— methylester 17 IV 3474
Cholegenin
—, O^3,O^{26}-Diacetyl-dihydro- 17
IV 2349
—, Dihydro- 17 IV 2349
Chol-5-en
—, 3-Acetoxy-20,24-epoxy-24,24-
diphenyl- 17 IV 1734
Chol-5-en-24-carbonsäure
—, 3-Tetrahydropyran-2-yloxy-,
— methylester 17 IV 1074
Chol-5-en-22-in-24-säure
—, 20-Hydroxy-3,21-bis-
tetrahydropyran-2-yloxy-,
— tert-butylester 17 IV 1076
Chol-5-en-3-ol
—, 20,24-Epoxy-24,24-diphenyl- 17
IV 1734
Chol-4-en-3-on
—, 20,24-Epoxy-24,24-diphenyl- 17
IV 5601
Chol-23-en-11-on
—, 3,9-Epoxy-24,24-diphenyl- 17
IV 5601
Chol-3-en-24-säure
—, 12-Hydroxy-,
— lacton 17 IV 5175
—, 21-Hydroxy-,
— lacton 17 IV 5175
Chol-4-en-24-säure
—, 11,12-Epoxy-3-oxo-,
— methylester 18 IV 5628
—, 20-Hydroxy-3-oxo-,
— lacton 17 IV 6332
Chol-5-en-24-säure
—, 3-Acetoxy-20-hydroxy-,
— lacton 18 IV 476
—, 3-Benzoyloxy-20-hydroxy-,
— lacton 18 IV 477
—, 3,20-Dihydroxy-,
— 20-lacton 18 IV 476
—, 3-Glucopyranosyloxy- 17 IV 3361
— diäthylamid 17 IV 3361
—, 3-[Tetra-O-acetyl-glucopyranosyloxy]-,
— methylester 17 IV 3361
—, 3-[Tri-O-acetyl-chinovopyranosyloxy]-,
— benzhydrylester 17 IV 2554

Chol-5-en-24-säure   (Fortsetzung)
—, 3-[Tri-*O*-acetyl-6-desoxy-
glucopyranosyloxy]-,
— benzhydrylester **17** IV 2554
Chol-7-en-24-säure
—, 3-Acetoxy-9,11-epoxy-,
— methylester **18** IV 4941
Chol-9(11)-en-24-säure
—, 3,8-Epoxy- **18** IV 4290
Chol-11-en-24-säure
—, 3,9-Epoxy- **18** IV 4290
— methylester **18** IV 4291
Chol-22-en-24-säure
—, 14,15-Epoxy-3,5-dihydroxy-19,21-
dioxo-,
— methylester **18** IV 6628
Cholesta-3,5-dien
—, 3-[Tri-*O*-acetyl-5-methoxycarbonyl-
xylopyranosyloxy]- **18** IV 5177
Cholesta-5,25-dien
—, 3-Tetrahydropyran-2-yloxy- **17**
IV 1049
Cholesta-3,5-dieno[3,2-*b*]furan-4′,5′-dion
—, 2*H*- **17** IV 6383 b
Cholesta-3,5-dieno[3,2-*b*]furan-5′-on
—, 4′-Hydroxy- **17** IV 6383
—, 4′-Methoxy- **18** IV 597
Cholestan
—, 3-Acetoxy-7-acetylamino-5,6-epoxy-
18 IV 7344
—, 3-Acetoxy-6-äthyl-5,6-epoxy- **17**
IV 1446
—, 3-Acetoxy-1,2-epoxy- **17** IV 1416
—, 3-Acetoxy-4,5-epoxy- **17** IV 1418
—, 3-Acetoxy-5,6-epoxy- **17** IV 1422
—, 3-Acetoxy-6,7-epoxy- **17** IV 1424
—, 3-Acetoxy-7,8-epoxy- **17** IV 1424
—, 3-Acetoxy-22,26-epoxy- **17** IV 1412
—, 3-Acetoxy-5,6-epoxy-6-isopropyl-
17 IV 1449
—, 3-Acetoxy-5,6-epoxy-6-methyl- **17**
IV 1432
—, 3-Acetoxy-5,6-epoxy-6-*p*-tolyl- **17**
IV 1658
—, 3-Benzoyloxy-5,6-epoxy- **17** IV 1423
—, 3-Benzoyloxy-14,15-epoxy- **17**
IV 1425
—, 3,7-Bis-benzoyloxy-5,6-epoxy- **17**
IV 2108
—, 3,16-Bis-[3,5-dinitro-benzoyloxy]-
22,26-epoxy- **17** IV 2099
—, 3-Chlor-1,2-epoxy- **17** IV 471
—, 3-Chlor-4,5-epoxy- **17** IV 473
—, 3-Chlor-5,6-epoxy- **17** IV 474
—, 3-Chlor-5,6-epoxy-6-methyl- **17**
IV 476
—, 3-[6-Desoxy-glucopyranosyloxy]- **17**
IV 2531
—, 4-Deuterio-4,5-epoxy- **17** IV 473

—, 4-Deuterio-5,6-epoxy- **17** IV 474
—, 3,4-Diacetoxy-5,6-epoxy- **17**
IV 2107
—, 3,6-Diacetoxy-4,5-epoxy- **17**
IV 2106
—, 3,7-Diacetoxy-5,6-epoxy- **17**
IV 2107
—, 3,7-Diacetoxy-8,9-epoxy- **17**
IV 2108
—, 3,7-Diacetoxy-8,14-epoxy- **17**
IV 2109
—, 3,16-Diacetoxy-22,26-epoxy- **17**
IV 2098
—, 1,2-Epoxy- **17** IV 471
—, 2,3-Epoxy- **17** IV 471
—, 3,4-Epoxy- **17** IV 472
—, 3,5-Epoxy- **17** IV 475
—, 4,5-Epoxy- **17** IV 472
—, 5,6-Epoxy- **17** IV 473
—, 6,7-Epoxy- **17** IV 475
—, 16,22-Epoxy- s. Furostan
—, 22,26-Epoxy- **17** IV 470
—, 1,2-Epoxy-3-methansulfonyloxy- **17**
IV 1417
—, 4,5-Epoxy-3-methoxy- **17** IV 1418
—, 2,3-Epoxy-3-methyl- **17** IV 476
—, 5,6-Epoxy-6-methyl- **17** IV 476
—, 4,5-Epoxy-3-[toluol-4-sulfonyloxy]-
17 IV 1419
—, 3-[*O*⁴-Glucopyranosyl-
glucopyranosyloxy]- **17** IV 3525
—, 3-Glucopyranosyloxy- **17** IV 2967
—, 3-[Hepta-*O*-acetyl-cellobiosyloxy]-
17 IV 3567
—, 3-[Hepta-*O*-acetyl-maltosyloxy]- **17**
IV 3567
—, 3,7,12,26-Tetraacetoxy-24,27-epoxy-
17 IV 2675
—, 3-[Tetra-*O*-acetyl-glucopyranosyloxy]-
17 IV 3176
—, 3-[Tri-*O*-acetyl-6-desoxy-
glucopyranosyloxy]- **17** IV 2546
—, 3-[*O*ˣ,*O*ˣ,*O*ˣ-Triacetyl-
glucopyranosyloxy]- **17** IV 3123
Cholestan-3-carbonsäure
—, 6-Acetoxy-4,5-epoxy-,
— methylester **18** IV 4901
—, 5,6-Epoxy-,
— methylester **18** IV 4246
Cholestan-3,4-diol
—, 5,6-Epoxy- **17** IV 2107
Cholestan-3,6-diol
—, 4,5-Epoxy- **17** IV 2106
Cholestan-3,7-diol
—, 5,6-Epoxy- **17** IV 2107
—, 8,14-Epoxy- **17** IV 2108
Cholestan-3,16-diol
—, 22,26-Epoxy- **17** IV 2098

Cholestan-5,6-diol
—, 3-Benzoyloxy- **17** IV 1423
—, 3-Glucopyranosyloxy- **17** IV 2998
Cholestan-3,6-dion
—, 2,5-Epoxy- **17** IV 6278
— bis-[2,4-dinitro-phenylhydrazon]
   17 IV 6278
Cholestan-3,7-dion
—, 8,9-Epoxy- **17** IV 6277
—, 8,14-Epoxy- **17** IV 6277
Cholestan-3,16-dion
—, 22,26-Epoxy- **17** IV 6275
— dioxim **17** IV 6275
— disemicarbazon **17** IV 6275
— 3-semicarbazon **17** IV 6276
Cholestan-7,11-dion
—, 3-Acetoxy-8,9-epoxy- **18** IV 1504
Cholestano[3,2-*b*]furan-4′,5′-dion
—, 2,3-Dihydro- **17** IV 6278 c
Cholestano[3,2-*b*]furan-5′-on
—, 4′-Acetoxy-3*H*- **18** IV 483
—, 4′-Hydroxy-3*H*- **17** IV 6278 c
—, 4′-Methoxy-3*H*- **18** IV 483
Cholestano[5,6-*b*]furan-5′-on
—, 6,4′-Dihydro- **17** IV 5049 a
Cholestan-3-ol
—, 7-Acetylamino-5,6-epoxy- **18**
   IV 7343
—, 1,2-Epoxy- **17** IV 1416
—, 4,5-Epoxy- **17** IV 1417
—, 5,6-Epoxy- **17** IV 1419
—, 6,7-Epoxy- **17** IV 1424
—, 22,26-Epoxy- **17** IV 1412
—, 5,6-Epoxy-6-methyl- **17** IV 1432
Cholestan-4-ol
—, 3-Acetoxy-5,6-epoxy- **17** IV 2107
Cholestan-5-ol
—, 6-Acetoxy-3-[tetra-*O*-acetyl-
   glucopyranosyloxy]- **17** IV 3208
—, 2,3-Epoxy- **17** IV 1417
Cholestan-7-ol
—, 3-Acetoxy-7-[3-acetoxy-7-hydroxy-
   cholest-5-en-7-yl]-5,6-epoxy- **17** IV 2713
—, 3-Acetoxy-8,9-epoxy- **17** IV 2108
—, 3-Acetoxy-8,14-epoxy- **17** IV 2109
—, 3-Benzoyloxy-5,6-epoxy- **17** IV 2108
Cholestan-2-on
—, 4,5-Epoxy- **17** IV 5045
— oxim **17** IV 5046
Cholestan-3-on
—, 6-Acetoxy-2,5-epoxy- **18** IV 277
—, 5-Chlor-6-hydroxy- **17** IV 5044
—, 1,2-Epoxy- **17** IV 5045
—, 4,5-Epoxy- **17** IV 5046
—, 5,6-Epoxy- **17** IV 5047
—, 2,5-Epoxy-6-hydroxy- **18** IV 277
—, 2-Furfuryliden-4,4-dimethyl- **17**
   IV 5291

Cholestan-4-on
—, 3-Acetoxy-5,6-epoxy- **18** IV 273
—, 3-Benzoyloxy-5,6-epoxy- **18** IV 273
Cholestan-6-on
—, 2,3-Epoxy- **17** IV 5045
Cholestan-7-on
—, 3-Acetoxy-5,6-epoxy- **18** IV 273
—, 3-Acetoxy-8,9-epoxy- **18** IV 274
—, 3-Acetoxy-8,14-epoxy- **18** IV 275
—, 3-Acetoxy-8,9-epoxy-11-hydroxy-
   18 IV 1313
—, 3-Acetoxy-9,11-epoxy-5-hydroxy-
   18 IV 1314
—, 3-Acetoxy-8,9-epoxy-4-methyl- **18**
   IV 278
—, 3-Acetoxy-8,14-epoxy-4-methyl- **18**
   IV 279
—, 3-Benzoyloxy-5,6-epoxy- **18** IV 273
—, 3-Benzoyloxy-9,11-epoxy- **18** IV 275
—, 5,6-Epoxy-3-hydroxy- **18** IV 273
—, 8,9-Epoxy-3-hydroxy- **18** IV 274
—, 8,14-Epoxy-3-hydroxy- **18** IV 275
Cholestan-11-on
—, 8,9-Epoxy-3,6-dihydroxy- **18**
   IV 1314
Cholestan-15-on
—, 3-Acetoxy-8,14-epoxy- **6** III 2676 a,
   18 IV 275
Cholestan-16-on
—, 3-Benzoyloxy-14,15-epoxy- **18**
   IV 276
—, 22,26-Epoxy-3,22-dihydroxy- **8**
   III 3558 b
Cholestan-26-säure
—, 24,27-Epoxy-3,7,12-trioxo- **18**
   IV 6184
—, 24,27-Epoxy-3,7,12-tris-
   hydroxyimino- **18** IV 6184
—, 22-Hydroxy-3,7,12-trioxo-,
   — lacton **17** IV 6829
—, 3,7,12,22-Tetrahydroxy-,
   — 22-lacton **18** IV 2365
—, 3,7,12-Tris-formyloxy-22-hydroxy-,
   — lacton **18** IV 2365
Cholestan-3,7,12,26-tetraol
—, 26-Äthyl-22,26-epoxy- **10** III 2426 e
—, 24,27-Epoxy- **17** IV 2675
Cholest-3-en
—, 3-Acetoxy-5,6-epoxy- **17** IV 1516
Cholest-5-en
—, 7-Benzoyloxy-3-tetrahydropyran-2-
   yloxy- **17** IV 1062
—, 3-[6-Desoxy-glucopyranosyloxy]- **17**
   IV 2532
—, 3-[*O*⁴-Galactopyranosyl-
   glucopyranosyloxy]- **17** IV 3526
—, 3-Glucopyranosyloxy- **17** IV 2969
—, 3-[2-Methyl-tetrahydro-[2]furyloxy]-
   17 IV 1091

Cholest-5-en   (Fortsetzung)
—, 3-[2-Methyl-tetrahydro-pyran-2-
    yloxy]- **17** IV 1131
—, 3-[Tetra-O-acetyl-glucopyranosyloxy]-
    17 IV 3178
—, 3-Tetrahydropyran-2-yloxy- **17**
    IV 1048
—, 3-[Tri-O-acetyl-6-desoxy-
    glucopyranosyloxy]- **17** IV 2546
—, 3-[Tri-O-acetyl-5-methoxycarbonyl-
    arabinopyranosyloxy]- **18** IV 5175
—, 3-[Tri-O-acetyl-5-methoxycarbonyl-
    xylopyranosyloxy]- **18** IV 5175
—, 3-[O^2,O^3,O^6-Triacetyl-O^4-(tetra-
    O-acetyl-galactopyranosyl)-
    glucopyranosyloxy]- **17** IV 3567
—, 3-Xanthen-9-yloxy- **17** IV 1604
Cholest-7-en
—, 3-Acetoxy-9,11-epoxy- **17** IV 1516
—, 3-Benzoyloxy-9,11-epoxy- **17**
    IV 1517
Cholest-5-en-12,16-dion
—, 22,26-Epoxy-3,22-dihydroxy- **8**
    III 4061 b
Cholest-2-eno[3,2-b]furan-4′,5′-dion
—, 2,3-Dihydro- **17** IV 6278
Cholest-3-eno[3,2-b]furan-4′,5′-dion
—, 2H- **17** IV 6334
Cholest-3-eno[3,2-b]furan-5′-on
—, 4′-Acetoxy- **18** IV 562
—, 4′-Hydroxy- **17** IV 6334
—, 4′-Methoxy- **18** IV 562
Cholest-5-en-3-ol
—, 7-Tetrahydropyran-2-yloxy- **17**
    IV 1062
Cholest-5-en-7-ol
—, 3-Tetrahydropyran-2-yloxy- **17**
    IV 1061
Cholest-4-en-3-on
—, 6,7-Epoxy- **17** IV 5177
Cholest-5-en-7-on
—, 3-Tetrahydropyran-2-yloxy- **17**
    IV 1068
Cholest-5-en-16-on
—, 22,26-Epoxy-3,22-dihydroxy- **8**
    III 3587 a
Cholest-5-en-24-on
—, 3-Tetrahydropyran-2-yloxy- **17**
    IV 1068
Cholestenonoxid 17 IV 1421
Cholest-22-en-26-säure
—, 22-Hydroxy-3,7,12-tris-hydroxyimino-,
    — lacton **10** III 4072 a
Cholest-5-en-3,16,22-triol
—, 22,26-Epoxy- **8** III 3556 c
Cholesterin
—, O-[6-Desoxy-glucopyranosyl]- **17**
    IV 2532
—, O-Glucopyranosyl- **17** IV 2969

—, O-[Hepta-O-acetyl-lactosyl]- **17**
    IV 3567
—, O-Lactosyl- **17** IV 3526
—, O-[2-Methyl-tetrahydro-[2]furyl]- **17**
    IV 1091
—, O-[2-Methyl-tetrahydro-pyran-2-yl]-
    17 IV 1131
—, O-[Tetra-O-acetyl-glucopyranosyl]-
    17 IV 3178
—, O-Tetrahydropyran-2-yl- **17**
    IV 1048
—, O-[Tri-O-acetyl-6-desoxy-
    glucopyranosyl]- **17** IV 2546
—, O-[Tri-O-acetyl-5-methoxycarbonyl-
    arabinopyranosyl]- **18** IV 5175
—, O-[Tri-O-acetyl-5-methoxycarbonyl-
    xylopyranosyl]- **18** IV 5175
—, O-Xanthen-9-yl- **17** IV 1604
Cholesterin-α-oxid 17 IV 1420
Cholesterin-β-oxid 17 IV 1419
Cholin
—, O-[5-Äthoxymethyl-benzofuran-2-
    carbonyl]- **18** IV 4919
—, O-[5-(Äthylmercapto-methyl)-furan-2-
    carbonyl]- **18** IV 4856
—, O-[5-Benzyl-furan-2-carbonyl]- **18**
    IV 4298
—, O-[5-Benzyloxymethyl-furan-2-
    carbonyl]- **18** IV 4843
—, O-[5-Brom-furan-2-carbonyl]- **18**
    IV 3982
—, O-[5-Butoxymethyl-benzofuran-2-
    carbonyl]- **18** IV 4921
—, O-[5-(Butylmercapto-methyl)-furan-2-
    carbonyl]- **18** IV 4858
—, O-Cellobiosyl-,
    — bromid **17** IV 3620
—, O-[(3,4-Dihydroxy-5-oxo-tetrahydro-
    [2]furyl)-hydroxy-acetyl]- **18** IV 6575
—, O-[2,4-Dimethyl-6-oxo-6H-pyran-3-
    carbonyl]- **18** IV 5415
—, O-[Furan-2-carbonyl]- **18** IV 3928
—, O-[3-[2]Furyl-acryloyl]- **18** IV 4149
—, O-[3-[2]Furyl-propionyl]- **18**
    IV 4091
—, O-Glucopyranosyl- **17** IV 3406
—, O-[Hepta-O-acetyl-cellobiosyl]- **17**
    IV 3620
—, O-[Hydroxy-phenyl-[2]thienyl-
    acetoxy]- **18** IV 4948
—, O-[5-Isobutoxymethyl-benzofuran-2-
    carbonyl]- **18** IV 4922
—, O-[5-(Isobutylmercapto-methyl)-
    furan-2-carbonyl]- **18** IV 4858
—, O-[5-Isopentyloxymethyl-benzofuran-
    2-carbonyl]- **18** IV 4922
—, O-[5-Isopropoxymethyl-benzofuran-2-
    carbonyl]- **18** IV 4920

Cholin   (Fortsetzung)
—, *O*-[5-(Isopropylmercapto-methyl)-
 furan-2-carbonyl]- **18** IV 4857
—, *O*-[5-Methoxymethyl-benzofuran-2-
 carbonyl]- **18** IV 4918
—, *O*-[5-Methyl-furan-2-carbonyl]-
 18 IV 4077
—, *O*-[5-Phenäthyloxymethyl-furan-2-
 carbonyl]- **18** IV 4843
—, *O*-[5-Phenoxymethyl-furan-2-
 carbonyl]- **18** IV 4842
—, *O*-[5-Propoxymethyl-benzofuran-2-
 carbonyl]- **18** IV 4920
—, *O*-[5-(Propylmercapto-methyl)-furan-
 2-carbonyl]- **18** IV 4857
—, *O*-[Tetra-*O*-acetyl-glucopyranosyl]-
 17 IV 3406
—, *O*-[Thiophen-2-carbonyl]- **18**
 IV 4015
—, *O*-[Xanthen-9-carbonyl]- **18** IV 4351
—, *O*-[Xanthen-9-yl-acetyl]- **18**
 IV 4367
Cholsäure
 — furfurylidenhydrazid **17** IV 4449
Chondronsäure 18 I 467 d, II 308 e
Chondrosamin
 s. unter 2-Desoxy-galactose, 2-Amino-
 und Galactopyranosamin
Chondrose 18 IV 2291
 — [benzyl-phenyl-hydrazon] **18**
  IV 2293
Chondrosin 18 IV 5145
 — äthylester **18** IV 5208
 — methylester **18** IV 5194
—, *N*-Acetyl- **18** IV 5146
 — äthylester **18** IV 5208
—, *N*-Acetyl-hexa-*O*-methyl-,
 — methylester **18** IV 7588
—, *N,O*-Heptaacetyl-,
 — methylester **18** IV 7588
—, *N,O*-Heptabenzoyl-,
 — methylester **18** IV 7612
Chondrosinsäure 18 I 473 d
Chondrosinsulfat
—, *N*-Acetyl- **18** IV 5146
Christyosid 18 IV 2551
Chroman 17 52 c, I 22 g, II 51 e, IV 413
—, 7-Acetoxy- **17** IV 1352
—, 4-Acetoxy-2-[4-acetoxy-3-methoxy-
 phenyl]- **17** IV 2375
—, 7-Acetoxy-2-[4-acetoxy-phenyl]- **17**
 IV 2186
—, 7-Acetoxy-3-[4-acetoxy-phenyl]- **17**
 IV 2188
—, 7-Acetoxy-2-[4-acetoxy-phenyl]-6,8-
 dichlor- **17** IV 2186
—, 7-Acetoxy-6-[3-(2-acetoxy-phenyl)-1-
 (4-methoxy-phenyl)-propyl]-2-phenyl-
 17 IV 2420

—, 4-Acetoxy-3-[acetylamino-methyl]-
 18 IV 7338
—, 7-Acetoxy-6-acetyl-5-methoxy-2,2-
 dimethyl- **18** IV 1262
—, 7-Acetoxy-2-äthoxy- **17** IV 2075
—, 7-Acetoxy-2-äthoxy-2-methyl-4-
 phenyl- **17** IV 2191
—, 2-[2-Acetoxy-4-äthyl-phenyl]-7-äthyl-
 2,4,4-trimethyl- **17** IV 1656
—, 6-Acetoxy-2-äthyl-5,7,8-trimethyl-2-
 [4,8,12-trimethyl-tridecyl]- **17** IV 1448
—, 3-Acetoxy-4-benzoyloxy-2-
 [4-methoxy-phenyl]-6-methyl- **17** IV 2379
—, 6-Acetoxy-5-benzyl-2,2,7,8-
 tetramethyl- **17** IV 1647
—, 3-Acetoxy-2-[3,4-bis-
 methansulfonyloxy-phenyl]-5,7-bis-
 methansulfonyloxy- **17** IV 3849
—, 4-Acetoxy-3-brom-2-[4-methoxy-
 phenyl]-6-methyl- **17** IV 2194
—, 2-[2-Acetoxy-5-brom-phenyl]-6-brom-
 2,4,4-trimethyl- **17** IV 1643
—, 2-[2-Acetoxy-5-chlor-phenyl]-6-chlor-
 2,4,4-trimethyl- **17** IV 1642
—, 7-Acetoxy-2-[3,4-diacetoxy-phenyl]-
 17 IV 2375
—, 4-Acetoxy-2,4-diäthyl-5,7-dimethoxy-
 3-[4-methoxy-phenyl]- **17** IV 2700
—, 3-Acetoxy-5,7-dimethoxy-2-
 [4-methoxy-phenyl]- **17** IV 2691
—, 4-Acetoxy-5,7-dimethoxy-2-
 [4-methoxy-phenyl]- **17** IV 2692
—, 4-Acetoxy-5,7-dimethoxy-3-
 [4-methoxy-phenyl]-2,4-diphenyl- **17**
 IV 2723
—, 4-Acetoxy-3,8-dimethoxy-2-methyl-
 17 IV 2340
—, 2-Acetoxy-3-[3,4-dimethoxy-phenyl]-
 5,7-dimethoxy- **17** II 260 f, IV 3852
—, 3-Acetoxy-2-[3,4-dimethoxy-phenyl]-
 5,7-dimethoxy- **17** 212 b, 213 g,
 II 255 b, 256 c, 257 b, 258 c,
 259 c, IV 3845
—, 3-Acetoxy-4-[3,4-dimethoxy-phenyl]-
 5,7-dimethoxy- **17** II 261 a
—, 4-Acetoxy-2-[3,4-dimethoxy-phenyl]-
 5,7-dimethoxy- **17** II 259 h
—, 4-Acetoxy-2-[3,4-dimethoxy-phenyl]-
 7,8-dimethoxy- **17** IV 3850
—, 3-Acetoxy-2-[3,4-dimethoxy-phenyl]-
 7-methoxy- **17** IV 2694
—, 4-Acetoxy-2-[3,4-dimethoxy-phenyl]-
 8-methoxy- **17** IV 2695
—, 4-Acetoxy-4-[3,5-dimethoxy-phenyl]-
 2-phenyl- **17** 186 d
—, 3-Acetoxy-5,7-dimethoxy-2-[3,4,5-
 trimethoxy-phenyl]- **17** IV 3891

Chroman (Fortsetzung)

—, 6-Acetoxy-2,7-dimethyl-5,8-bis-methylmercapto-2-[4,8,12-trimethyl-tridecyl]- **17** IV 2345

—, 6-Acetoxy-2,5-dimethyl-7-methylmercapto-2-[4,8,12-trimethyl-tridecyl]- **17** IV 2097

—, 6-Acetoxy-2,5-dimethyl-8-methylmercapto-2-[4,8,12-trimethyl-tridecyl]- **17** IV 2098

—, 6-Acetoxy-2,7-dimethyl-5-methylmercapto-2-[4,8,12-trimethyl-tridecyl]- **17** IV 2097

—, 6-Acetoxy-2,8-dimethyl-5-methylmercapto-2-[4,8,12-trimethyl-tridecyl]- **17** IV 2098

—, 7-Acetoxy-2,2-dimethyl-4-phenyl-**17** IV 1637

—, 2-[2-Acetoxy-4,5-dimethyl-phenyl]-2,4,4,6,7-pentamethyl- **17** IV 1657

—, 7-Acetoxy-2,4-diphenyl- **17** 144 b

—, 6-Acetoxy-2-dodecyl-2,5,7,8-tetramethyl- **17** IV 1407

—, 6-Acetoxy-2-heptadecyl-2,5,7,8-tetramethyl- **17** IV 1447

—, 6-Acetoxy-2-hexadecyl-2,5,7,8-tetramethyl- **17** IV 1436

—, 3-Acetoxy-4-isopropoxy-2-[4-methoxy-phenyl]-6-methyl- **17** IV 2379

—, 6-Acetoxy-5-methoxy-2,8-dimethyl-2-[4,8,12-trimethyl-tridecyl]- **17** IV 2098

—, 6-Acetoxy-8-methoxy-2,5-dimethyl-2-[4,8,12-trimethyl-tridecyl]- **17** IV 2098

—, 3-Acetoxy-4-methoxy-2-[4-methoxy-phenyl]-6-methyl- **17** IV 2378

—, 4-Acetoxy-3-methoxy-2-[4-methoxy-phenyl]-6-methyl- **17** IV 2378

—, 7-Acetoxy-2-methoxy-2-methyl-4-phenyl- **17** IV 2191

—, 6-Acetoxy-5-methoxy-2-methyl-2-[4,8,12-trimethyl-tridecyl]- **17** IV 2096

—, 6-Acetoxy-7-methoxy-2-methyl-2-[4,8,12-trimethyl-tridecyl]- **17** IV 2096

—, 6-Acetoxy-8-methoxy-2-methyl-2-[4,8,12-trimethyl-tridecyl]- **17** IV 2096

—, 3-Acetoxy-4-methoxy-4-phenyl- **17** II 193 f

—, 7-Acetoxy-2-[4-methoxy-phenyl]- **17** IV 2186

—, 3-[2-Acetoxy-4-methoxy-phenyl]-7-methoxy- **17** II 217 c

—, 3-Acetoxy-2-[4-methoxy-phenyl]-6-methyl- **17** IV 2192

—, 4-Acetoxy-2-[4-methoxy-phenyl]-6-methyl- **17** IV 2193

—, 3-Acetoxy-7-methoxy-2-[3,4,5-trimethoxy-phenyl]- **17** IV 3850

—, 6-Acetoxy-8-methoxy-2,5,7-trimethyl-2-[4,8,12-trimethyl-tridecyl]- **17** IV 2110

—, 2-[2-Acetoxy-5-methyl-3-nitro-phenyl]-2,4,4,6-tetramethyl- **17** IV 1648

—, 2-[2-Acetoxy-4-methyl-phenyl]-x-acetyl-2,4,4,7-tetramethyl- **17** IV 1648

—, 2-[2-Acetoxy-3-methyl-phenyl]-2,4,4,8-tetramethyl- **17** IV 1648

—, 2-[2-Acetoxy-4-methyl-phenyl]-2,4,4,7-tetramethyl- **17** IV 1650

—, 2-[2-Acetoxy-5-methyl-phenyl]-2,4,4,6-tetramethyl- **17** IV 1647

—, 4-[4-Acetoxy-3-methyl-phenyl]-2,2,4-trimethyl- **17** IV 1645

—, 6-Acetoxy-2,2,5,7,8-pentamethyl- **17** IV 1394

—, 2-[4-Acetoxy-phenyl]- **17** IV 1628

—, 3-Acetoxy-4-phenyl- **17** II 148 e

—, 4-Acetoxy-2-phenyl- **17** II 148 c, IV 1625

—, 4-Acetoxy-4-phenyl- **17** II 148 i

—, 7-Acetoxy-2-phenyl- **17** 131 d

—, 2-[4-Acetoxy-phenyl]-7-methoxy- **17** IV 2186

—, 2-[2-Acetoxy-phenyl]-2,4,4-trimethyl-**17** IV 1642

—, 6-Acetoxy-2,2,7,8-tetramethyl- **17** IV 1388

—, 6-Acetoxy-2,5,7,8-tetramethyl- **17** IV 1389

—, 6-Acetoxy-2,5,7,8-tetramethyl-2-pentadecyl- **17** IV 1431

—, 6-Acetoxy-2,5,7,8-tetramethyl-2-tridecyl- **17** IV 1408

—, 6-Acetoxy-2,5,7,8-tetramethyl-2-[4,8,12-trimethyl-tridecyl]- **17** IV 1439

—, 6-Acetoxy-5,7,8-trimethyl-2-propyl-2-[4,8,12-trimethyl-tridecyl]- **17** IV 1452

—, 6-Acetoxy-2,5,7-trimethyl-2-[4,8,12-trimethyl-tridecyl]- **17** IV 1426

—, 6-Acetyl- **17** IV 4990

—, 6-Acetylamino- **18** IV 7153

—, 3-Acetylamino-4-chlor-2-phenyl- **18** IV 7235

—, 6-Acetyl-8-amino-5,7-dimethoxy-2,2-dimethyl- **18** IV 8118

—, 4-Acetylamino-2-phenyl- **18** IV 7236

—, 6-Acetylamino-2-phenyl- **18** IV 7236

—, 2-Acetylamino-2,4,4,7-tetramethyl-**18** IV 7158

—, 6-Acetyl-5,7-dimethoxy-2,2-dimethyl-**18** IV 1262

—, 8-Acetyl-5,7-dimethoxy-2,2-dimethyl-**18** IV 1263

—, 6-Acetyl-5,7-dimethoxy-2,2-dimethyl-8-nitro- **18** IV 1263

—, 6-Acetyl-2,2-dimethyl- **17** IV 5019

Chroman (Fortsetzung)

—, 8-Acetyl-2,2-dimethyl- **17** IV 5020

—, 6-Acetyl-8-dimethylamino-5,7-dimethoxy-2,2-dimethyl- **18** IV 8119

—, x-Acetyl-2-[2-hydroxy-4-methyl-phenyl]-2,4,4,7-tetramethyl- **17** IV 1648

—, 6-Acetyl-5,7,8-trimethoxy-2,2-dimethyl- **18** IV 2348

—, 8-Acetyl-5,6,7-trimethoxy-2,2-dimethyl- **18** IV 2349

—, 8-[3-Acetyl-2,4,6-trimethoxy-5-methyl-benzyl]-6-cinnamoyl-5,7-dimethoxy-2,2-dimethyl- **18** IV 3616

—, 6-[3-Acetyl-2,4,6-trimethoxy-5-methyl-benzyl]-5,7-dimethoxy-2,2-dimethyl-8-[3-phenyl-propionyl]- **18** IV 3614

—, 8-[3-Acetyl-2,4,6-trimethoxy-5-methyl-benzyl]-5,7-dimethoxy-2,2-dimethyl-6-[3-phenyl-propionyl]- **18** IV 3613

—, 2-Äthoxy- **17** IV 1351

—, 4-Äthoxy- **17** IV 1351

—, 4-Äthoxy-3-brom- **17** IV 1351

—, 6-Äthoxycarbonyloxy-2,2,5,7,8-pentamethyl- **17** IV 1395

—, 2-Äthoxy-3-[3,4-dimethoxy-phenyl]-5,7-dimethoxy- **17** II 260 d, IV 3851

—, 2-Äthoxy-4-[3,4-dimethoxy-phenyl]-5,6,7,8-tetrahydro- **17** IV 2365

—, 2-Äthoxy-7-[3,5-dinitro-benzoyloxy]- **17** IV 2075

—, 2-Äthoxy-7-[3,5-dinitro-benzoyloxy]-4-methyl- **17** IV 2076

—, 3-[3-Äthoxy-4-methoxy-benzyl]-7-methoxy- **17** IV 2376

—, 2-Äthoxy-7-methoxy-2-methyl-4-phenyl- **17** IV 2191

—, 2-Äthoxy-2-methyl- **17** IV 1363

—, 2-[2-Äthoxy-4-methyl-phenyl]-2,4,4,7-tetramethyl- **17** IV 1650

—, 2-Äthoxy-4-phenyl-5,6,7,8-tetrahydro- **17** IV 1551

—, 2-Äthoxy-2,4,4,7-tetramethyl- **17** IV 1388

—, 2-Äthoxy-2,4,4-trimethyl- **17** IV 1381

—, 2-Äthyl- **17** IV 445

—, 4-Äthyl- **17** IV 445

—, 6-Äthyl- **17** IV 445

—, 7-Äthyl-2-[4-äthyl-2-methoxy-phenyl]-2,4,4-trimethyl- **17** IV 1656

—, 2-Äthyl-6-allophanoyloxy-5,7,8-trimethyl-2-[4,8,12-trimethyl-tridecyl]- **17** IV 1448

—, 8-Äthyl-6-allophanoyloxy-2,5,7-trimethyl-2-[4,8,12-trimethyl-tridecyl]- **17** IV 1447

—, 4-Äthylamino-8-phenyl- **18** IV 7237

—, 8-Äthyl-4-diäthylamino- **18** IV 7156

—, 2-Äthyl-4-[3,5-dinitro-benzoyloxy]- **17** IV 1372

—, 2-Äthyl-6-[3,5-dinitro-phenylcarbamoyloxy]-2,5,7,8-tetramethyl- **17** IV 1398

—, 5-Äthyl-6-[3,5-dinitro-phenylcarbamoyloxy]-2,7,8-trimethyl-2-[4,8,12-trimethyl-tridecyl]- **17** IV 1448

—, 7-Äthyl-6-[3,5-dinitro-phenylcarbamoyloxy]-2,7,8-trimethyl-2-[4,8,12-trimethyl-tridecyl]- **17** IV 1448

—, 8-Äthyl-6-[3,5-dinitro-phenylcarbamoyloxy]-2,5,7-trimethyl-2-[4,8,12-trimethyl-tridecyl]- **17** IV 1447

—, 2-Äthyl-hexahydro- **17** IV 218

—, 2-[2-Allophanoyloxy-äthyl]-2,5,5,8a-tetramethyl-hexahydro- **17** IV 1218

—, 6-Allophanoyloxy-7-allyl-2,5,8-trimethyl-2-[4,8,12-trimethyl-tridecyl]- **17** IV 1530

—, 6-Allophanoyloxy-7-but-2-enyl-2,5,8-trimethyl-2-[4,8,12-trimethyl-tridecyl]- **17** IV 1531

—, 6-Allophanoyloxy-2,2-didodecyl-5,7,8-trimethyl- **17** IV 1453

—, 6-Allophanoyloxy-2,2-dihexadecyl-5,7,8-trimethyl- **17** IV 1453

—, 6-Allophanoyloxy-2-[4,8-dimethyl-nonyl]-2,5,7,8-tetramethyl- **17** IV 1405

—, 6-Allophanoyloxy-2-dodecyl-2,5,7,8-tetramethyl- **17** IV 1407

—, 6-Allophanoyloxy-2-hexadecyl-2,5,7,8-tetramethyl- **17** IV 1436

—, 6-Allophanoyloxy-2-isohexyl-2,5,7,8-tetramethyl- **17** IV 1401

—, 6-Allophanoyloxy-5-methoxy-2,8-dimethyl-2-[4,8,12-trimethyl-tridecyl]- **17** IV 2098

—, 6-Allophanoyloxy-8-methoxy-2,5-dimethyl-2-[4,8,12-trimethyl-tridecyl]- **17** IV 2098

—, 6-Allophanoyloxy-5-methoxy-2-methyl-2-[4,8,12-trimethyl-tridecyl]- **17** IV 2096

—, 6-Allophanoyloxy-7-methoxy-2-methyl-2-[4,8,12-trimethyl-tridecyl]- **17** IV 2096

—, 6-Allophanoyloxy-8-methoxy-2-methyl-2-[4,8,12-trimethyl-tridecyl]- **17** IV 2096

—, 6-Allophanoyloxy-8-methoxy-2,5,7-trimethyl-2-[4,8,12-trimethyl-tridecyl]- **17** IV 2110

—, 6-Allophanoyloxy-2-methyl-2-[4,8,12-trimethyl-tridecyl]- **17** IV 1408

—, 6-Allophanoyloxy-2,2,5,7,8-pentamethyl- **17** IV 1395

Chroman (Fortsetzung)

—, 6-Allophanoyloxy-2,5,7,8-tetramethyl- **17** IV 1389

—, 6-Allophanoyloxy-2,5,7,8-tetramethyl-2-[4-methyl-pent-3-enyl]- **17** IV 1510

—, 6-Allophanoyloxy-2,5,7,8-tetramethyl-2-[3,7,11-trimethyl-dodecyl]- **17** IV 1432

—, 6-Allophanoyloxy-2,5,7,8-tetramethyl-2-[4,8,12-trimethyl-tridecyl]- **17** IV 1443

—, 6-Allophanoyloxy-2,2,4-trimethyl- **17** IV 1381

—, 6-Allophanoyloxy-5,7,8-trimethyl-2-propyl-2-[4,8,12-trimethyl-tridecyl]- **17** IV 1452

—, 6-Allophanoyloxy-2,5,7-trimethyl-2-[4,8,12-trimethyl-tridecyl]- **17** IV 1425

—, 6-Allophanoyloxy-2,5,8-trimethyl-2-[4,8,12-trimethyl-tridecyl]- **17** IV 1428

—, 6-Allophanoyloxy-2,7,8-trimethyl-2-[4,8,12-trimethyl-tridecyl]- **17** IV 1430

—, 6-Amino- **18** IV 7153

—, 7-Amino- **18** II 419 f

—, 3-Amino-2-methyl- **18** IV 7155

—, 6-Amino-2,2,5,7,8-pentamethyl- **18** IV 7158

—, 4-Amino-2-phenyl- **18** IV 7236

—, 4-Amino-8-phenyl- **18** IV 7237

—, 6-Amino-2-phenyl- **18** IV 7236

—, 2-Amino-2,4,4,7-tetramethyl- **18** IV 7158

—, 6-Amino-2,5,7,8-tetramethyl-2-tridecyl- **18** IV 7159

—, 6-Amino-2,5,7,8-tetramethyl-2-[4,8,12-trimethyl-tridecyl]- **18** IV 7160

—, 6-Amino-2,5,7-trimethyl-2-[4,8,12-trimethyl-tridecyl]- **18** IV 7159

—, 6-Benzoyl- **17** 368 c, IV 5365

—, 7-Benzoyloxy-3-[4-benzoyloxy-phenyl]- **17** IV 2188

—, 3-Benzoyloxy-2-[3,4-dimethoxy-phenyl]-5,7-dimethoxy- **17** IV 3846

—, 3-[2-Benzoyloxy-4-methoxy-phenyl]-7-methoxy- **17** II 217 d

—, 4-Benzoyloxy-2-methyl- **17** IV 1363

—, 6-Benzoyloxy-2-methyl-2-[4,8,12-trimethyl-tridecyl]- **17** IV 1408

—, 2-[4-Benzoyloxy-phenyl]-2,4,4-trimethyl- **17** IV 1641

—, 4-[4-Benzoyloxy-phenyl]-2,4,4-trimethyl- **17** IV 1641

—, 6-Benzoyloxy-2,5,7,8-tetramethyl-2-[4,8,12-trimethyl-tridecyl]- **17** IV 1442

—, 3-Benzyl- **17** IV 640

—, 3-Benzyloxy-2-[3,4-dimethoxy-phenyl]-5,7-dimethoxy- **17** IV 3844

—, 7-Benzyloxy-2,2-dimethyl- **17** IV 1373

—, 5-Benzyloxy-8-isopentyl-7-methoxy-2,2-dimethyl- **17** IV 2082

—, 5-Benzyloxy-8-isovaleryl-7-methoxy-2,2-dimethyl- **18** IV 1290

—, 7-Benzyloxy-5-methoxy-2-phenyl- **17** IV 2185

—, 3-Benzyl-4-phenylcarbamoyloxy- **17** IV 1630

—, 3,4-Bis-benzoyloxy-2-[3,4-dimethoxy-phenyl]-7-methoxy- **17** IV 3840

—, 3,4-Bis-benzoyloxy-7-methoxy-2-[4-methoxy-phenyl]- **17** IV 2691

—, 3,4-Bis-benzoyloxy-2-[4-methoxy-phenyl]-6-methyl- **17** IV 2380

—, 3,4-Bis-benzoyloxy-2-phenyl- **17** IV 2184

—, 2-[3,4-Bis-methansulfonyloxy-phenyl]-3,5,7-tris-methansulfonyloxy- **17** IV 3849

—, 3,4-Bis-[4-nitro-benzoyloxy]-2-phenyl- **17** IV 2184

—, 2-[3,4-Bis-(toluol-α-sulfonyloxy)-phenyl]-3,5,7-tris-[toluol-α-sulfonyloxy]- **17** IV 3849

—, 2-[3,4-Bis-(toluol-4-sulfonyloxy)-phenyl]-3,5,7-tris-[toluol-4-sulfonyloxy]- **17** IV 3849

—, 2-[3,4-Bis-trimethylsilyloxy-phenyl]-3,5,7-tris-trimethylsilyloxy- **17** IV 3850

—, 3-Brom- **17** IV 413

—, 4-Brom- **17** IV 414

—, 6-Brom- **17** II 51 f, IV 414

—, 6-[4-Brom-benzoyloxy]-2,2,5,7,8-pentamethyl- **17** IV 1394

—, 6-Brom-5-isopropyl-2,8-dimethyl- **17** IV 460

—, 6-[3-Brom-2-oxo-bornan-8-sulfonyloxy]-2,5,7,8-tetramethyl-2-[4,8,12-trimethyl-tridecyl]- **17** IV 1444

—, 6-Brom-2,2,5,7,8-pentamethyl- **17** IV 461

—, 4-Brom-2-phenyl- **17** IV 634

—, 8-Brom-2,2,6-trimethyl- **17** IV 453

—, 2-Butoxy-3-[3,4-dimethoxy-phenyl]-5,7-dimethoxy- **17** II 260 e

—, 4-Butyl- **17** IV 458

—, 6-tert-Butyl-4,4-dimethyl- **17** IV 465

—, 6-tert-Butyl-2,2,4,4-tetramethyl- **17** IV 467

—, 6-Butyryl- **17** IV 5019

—, 6-Butyryloxy-2,5,7,8-tetramethyl-2-[4,8,12-trimethyl-tridecyl]- **17** IV 1440

—, 6-[3-Carboxy-propionyloxy]-2,2,5,7,8-pentamethyl- **17** IV 1395

—, 6-[3-Carboxy-propionyloxy]-2,5,7,8-tetramethyl-2-[4,8,12-trimethyl-tridecyl]- **17** IV 1442

Chroman (Fortsetzung)

—, 6-[3-Carboxy-propionyloxy]-2,5,8-
trimethyl-2-[4,8,12-trimethyl-tridecyl]-
17 IV 1428

—, 6-[3-Carboxy-propionyloxy]-2,7,8-
trimethyl-2-[4,8,12-trimethyl-tridecyl]-
17 IV 1430

—, 6-Chlor- **17** IV 413

—, 3-Chloracetoxy-2-[3,4-dimethoxy-
phenyl]-5,7-dimethoxy- **17** IV 3845

—, 6-Chloracetoxy-2,2,5,7,8-
pentamethyl- **17** IV 1394

—, 2-Chlor-3-[3,4-dimethoxy-phenyl]-5,7-
dimethoxy- **17** II 237 d, IV 2695

—, 3-Chlor-4-methoxy-4-phenyl- **17**
II 148 j

—, 6-Chlormethyl- **17** IV 431

—, 4-Chlor-8-phenyl- **18** IV 7237

—, 6-Cinnamoyl-5,7-dimethoxy-2,2-
dimethyl- **18** IV 1877

—, 8-Cinnamoyl-5,7-dimethoxy-2,2-
dimethyl- **18** IV 1877

—, 6-Cinnamoyl-5,7,8-trimethoxy-2,2-
dimethyl- **18** IV 2785

—, 7-Crotonoyloxy-2-methyl- **17**
IV 1364

—, 2-Cyclohexyl-hexahydro- **17** IV 348

—, 5,7-Diacetoxy-2-[4-acetoxy-phenyl]-
6,8-dimethyl- **17** IV 2381

—, 5,7-Diacetoxy-3-benzoyloxy-2-
[3,4-diacetoxy-phenyl]- **17** IV 3846

—, 3,4-Diacetoxy-5,7-bis-benzyloxy-2-
[3,4-bis-benzyloxy-phenyl]- **17** IV 3887

—, 5,7-Diacetoxy-6-cinnamoyl-2,2-
dimethyl-8-[2,4,6-triacetoxy-3-acetyl-5-
methyl-benzyl]- **18** IV 3616

—, 3,7-Diacetoxy-2-[3,4-diacetoxy-
phenyl]- **17** IV 2694

—, 5,7-Diacetoxy-2-[3,4-diacetoxy-
phenyl]-3-[tetra-O-acetyl-
glucopyranosyloxy]- **17** IV 3847

—, 5,7-Diacetoxy-2-[3,4-diacetoxy-
phenyl]-3-[3,4,5-triacetoxy-benzoyloxy]-
17 IV 3847

—, 5,7-Diacetoxy-2-[3,4-diacetoxy-
phenyl]-3-[3,4,5-tris-benzyloxy-
benzoyloxy]- **17** IV 3846

—, 3,4-Diacetoxy-2-[3,4-dimethoxy-
phenyl]-5,7-dimethoxy- **17** IV 3887

—, 3,4-Diacetoxy-2-[3,4-dimethoxy-
phenyl]-7,8-dimethoxy- **17** IV 3889

—, 3,4-Diacetoxy-2-[3,4-dimethoxy-
phenyl]-7-methoxy- **17** IV 3839

—, 5,7-Diacetoxy-2,2-dimethyl- **17**
IV 2078

—, 7,8-Diacetoxy-2,3-dimethyl- **17**
IV 2079

—, 5,7-Diacetoxy-2,2-dimethyl-8-
[3-phenyl-propionyl]-6-[2,4,6-triacetoxy-3-
acetyl-5-methyl-benzyl]- **18** IV 3614

—, 3,4-Diacetoxy-7-methoxy-2-
[4-methoxy-phenyl]- **17** IV 2691

—, 5,7-Diacetoxy-2-[4-methoxy-phenyl]-
17 IV 2374

—, 5,7-Diacetoxy-2-[4-methoxy-phenyl]-
6,8-dimethyl- **17** IV 2381

—, 3-[2,5-Diacetoxy-4-methoxy-phenyl]-
7-methoxy- **17** IV 2696, **18** IV 8467

—, 3,4-Diacetoxy-2-[4-methoxy-phenyl]-
6-methyl- **17** IV 2379

—, 3,4-Diacetoxy-7-methoxy-2-[3,4,5-
trimethoxy-phenyl]- **17** IV 3890

—, 5,8-Diacetoxy-2,2,4,4,7-pentamethyl-
17 IV 2081

—, 5,6-Diacetoxy-2,2,7,8-tetramethyl-
17 IV 2081

—, 5,7-Diacetoxy-3-[3,4,5-triacetoxy-
benzoyloxy]-2-[3,4,5-triacetoxy-phenyl]-
17 IV 3892

—, 5,6-Diacetoxy-2,7,8-trimethyl- **17**
IV 2079

—, 2,2-Diäthyl- **17** IV 458

—, 5,7-Diäthyl-6-allophanoyloxy-2-
methyl-2-[4,8,11-trimethyl-tridecyl]- **17**
IV 1447

—, 4-Diäthylamino- **18** IV 7151

—, 4-Diäthylamino-8-phenyl- **18**
IV 7237

—, 3,4-Dibrom- **17** IV 414

—, 3,4-Dibrom-6-methyl- **17** IV 431

—, 2,3-Dibrom-2-methyl-4-phenyl- **17**
IV 640

—, 6,8-Dibrom-2,2,4,4,7-pentamethyl-
17 IV 461

—, 2,2-Dibutyl- **17** IV 467

—, 6,8-Dichlor- **17** IV 413

—, 5,8-Dihydro- **17** IV 413

—, 2-[3,4-Dihydroxy-phenyl]- **17**
IV 2186

—, 5,7-Dimethoxy-2,2-dimethyl- **17**
IV 2078

—, 6,7-Dimethoxy-2,2-dimethyl- **17**
IV 2078

—, 5,7-Dimethoxy-6-[methoxyacetyl-
amino]-2,2-dimethyl- **18**
IV 2349

—, 5,7-Dimethoxy-6-methoxyacetyl-2,2-
dimethyl- **18** IV 2349

—, 5,7-Dimethoxy-8-methoxyacetyl-2,2-
dimethyl- **18** IV 2349

—, 5,7-Dimethoxy-2-[4-methoxy-phenyl]-
17 IV 2374

—, 5,7-Dimethoxy-2-[4-methoxy-phenyl]-
3-phenylglyoxyloyloxy- **17**
IV 2692

Chroman   (Fortsetzung)

—, 5,7-Dimethoxy-2-[4-methoxy-phenyl]-
   3-[toluol-4-sulfonyloxy]- **17** IV 2692
—, 6,7-Dimethoxy-2-methyl- **17**
   IV 2076
—, 2-[3,4-Dimethoxy-phenyl]- **17**
   IV 2186
—, 5,7-Dimethoxy-2-phenyl- **17**
   IV 2184
—, 7,8-Dimethoxy-2-phenyl- **17** IV 2185
—, 2-[3,4-Dimethoxy-phenyl]-3,7-
   dimethoxy- **17** IV 2693
—, 2-[3,4-Dimethoxy-phenyl]-5,7-
   dimethoxy- **17** II 237 a
—, 3-[3,4-Dimethoxy-phenyl]-5,7-
   dimethoxy- **17** II 237 c, IV 2695
—, 2-[3,4-Dimethoxy-phenyl]-5,7-
   dimethoxy-3-phenylglyoxyloyloxy- **17**
   IV 3847
—, 2-[3,4-Dimethoxy-phenyl]-5,7-
   dimethoxy-3-propionyloxy- **17** IV 3846
—, 2-[3,4-Dimethoxy-phenyl]-5,7-
   dimethoxy-3-[tetra-*O*-methyl-
   glucopyranosyloxy]- **17** IV 3847
—, 2-[3,4-Dimethoxy-phenyl]-5,7-
   dimethoxy-3-[toluol-4-sulfonyloxy]- **17**
   II 255 f, 256 f, 257 e, IV 3848
—, 2-[3,4-Dimethoxy-phenyl]-5,7-
   dimethoxy-3-[3,4,5-trimethoxy-
   benzoyloxy]- **17** IV 3846
—, 2-[3,4-Dimethoxy-phenyl]-3-
   hydrazino-5,7-dimethoxy- **18** II 498 b
—, 2-[3,4-Dimethoxy-phenyl]-3-
   methansulfonyloxy-5,7-dimethoxy- **17**
   IV 3848
—, 2-[3,4-Dimethoxy-phenyl]-3-
   methansulfonyloxy-7-methoxy- **17**
   IV 2694
—, 3-[2,4-Dimethoxy-phenyl]-7-methoxy-
   17 II 217 b, IV 2375
—, 4-[3,4-Dimethoxy-phenyl]-7-methoxy-
   17 IV 2376
—, 2-[3,4-Dimethoxy-phenyl]-7-methoxy-
   3-[toluol-4-sulfonyloxy]- **17** IV 2694
—, 2-[2,4-Dimethoxy-phenyl]-3,5,7-
   trimethoxy- **17** IV 3840
—, 2-[3,4-Dimethoxy-phenyl]-3,5,7-
   trimethoxy- **17** 212 a, I 126 a,
   II 254 d, 256 b, 257 a, 258 b,
   259 b, IV 3844
—, 3-[3,4-Dimethoxy-phenyl]-2,5,7-
   trimethoxy- **17** II 260 c, IV 3851
—, 3,7-Dimethoxy-2-[3,4,5-trimethoxy-
   phenyl]- **17** IV 3850
—, 2,2-Dimethyl- **17** II 55 d, IV 445
—, 2,6-Dimethyl- **17** IV 446
—, 2,7-Dimethyl- **17** IV 446
—, 4,4-Dimethyl- **17** IV 446
—, 4,7-Dimethyl- **17** IV 446

—, 5,8-Dimethyl- **17** IV 446
—, 7,8-Dimethyl- **17** IV 446
—, 3-Dimethylamino- **18** IV 7151
—, 6-[4-Dimethylamino-benzoyloxy]-
   2,5,7,8-tetramethyl-2-[4,8,12-trimethyl-
   tridecyl]- **17** IV 1443
—, 4-Dimethylamino-8-phenyl- **18**
   IV 7237
—, 4-Dimethylamino-2,6,8-trimethyl-
   18 IV 7157
—, 2,3-Dimethyl-7,8-bis-[4-nitro-
   benzoyloxy]- **17** IV 2079
—, 4,7-Dimethyl-hexahydro- **17** IV 218
—, 2,2-Dimethyl-6-[3-methyl-but-3-enyl]-
   17 IV 537
—, 2,2-Dimethyl-3-[3-methyl-pent-3-enyl]-
   17 IV 538
—, 2,2-Dimethyl-7-[4-nitro-benzoyloxy]-
   17 IV 1374
—, 2,2-Dimethyl-8-[4-nitro-benzoyloxy]-
   17 IV 1374
—, 2,3-Dimethyl-6-[4-nitro-benzoyloxy]-
   17 IV 1374
—, 2,7-Dimethyl-6-[4-nitro-
   phenylcarbamoyloxy]-2-[4,8,12-trimethyl-
   tridecyl]- **17** IV 1410
—, 2-[2,4-Dimethyl-phenoxy]-6,8-
   dimethyl- **17** IV 1375
—, 2-[3,4-Dimethyl-phenoxy]-5,6-
   dimethyl- **17** IV 1375
—, 2-[3,4-Dimethyl-phenoxy]-6,7-
   dimethyl- **17** IV 1375
—, 2-[3,4-Dimethyl-phenoxy]-4,5,6-
   trimethyl- **17** IV 1382
—, 2-[3,4-Dimethyl-phenoxy]-4,6,7-
   trimethyl- **17** IV 1382
—, 6,8-Dimethyl-2-phenyl- **17** IV 648
—, 2,5-Dimethyl-6-[4-phenylazo-
   benzoyloxy]-2-[4,8,12-trimethyl-tridecyl]-
   17 IV 1410
—, 2,7-Dimethyl-6-[4-phenylazo-
   benzoyloxy]-2-[4,8,12-trimethyl-tridecyl]-
   17 IV 1410
—, 2,8-Dimethyl-6-[4-phenylazo-
   benzoyloxy]-2-[4,8,12-trimethyl-tridecyl]-
   17 IV 1412
—, 6,8-Dinitro- **17** IV 414
—, 6-[3,5-Dinitro-benzoyloxy]-2-
   hexadecyl-2,5,7,8-tetramethyl- **17**
   IV 1436
—, 5-[3,5-Dinitro-benzoyloxy]-8-
   isopentyl-7-methoxy-2,2-dimethyl- **17**
   IV 2082
—, 7-[3,5-Dinitro-benzoyloxy]-2-methyl-
   3-phenyl- **17** IV 1631
—, 6-[3,5-Dinitro-benzoyloxy]-2,5,7,8-
   tetramethyl-2-[4,8,12-trimethyl-tridecyl]-
   17 IV 1439, 1442

Chroman (Fortsetzung)

—, 6-[2,4-Dinitro-phenylazo]-2,2,5,8-tetramethyl- **18** IV 8326
—, 6-[3,5-Dinitro-phenylcarbamoyloxy]-2,7-dimethyl-2-[4,8,12-trimethyl-tridecyl]- **17** IV 1410
—, 6-[3,5-Dinitro-phenylcarbamoyloxy]-2-isobutyl-2,5,7,8-tetramethyl- **17** IV 1399
—, 6-[3,5-Dinitro-phenylcarbamoyloxy]-2-methyl-2-[4,8,12-trimethyl-tridecyl]- **17** IV 1408
—, 6-[3,5-Dinitro-phenylcarbamoyloxy]-2,2,5,7,8-pentamethyl- **17** IV 1395
—, 6-[3,5-Dinitro-phenylcarbamoyloxy]-2,5,7,8-tetramethyl-2-[4,8,12-trimethyl-tridecyl]- **17** IV 1442
—, 6-[3,5-Dinitro-phenylcarbamoyloxy]-2,5,7-trimethyl-2-[4,8,12-trimethyl-tridecyl]- **17** IV 1425
—, 6-[3,5-Dinitro-phenylcarbamoyloxy]-2,5,8-trimethyl-2-[4,8,12-trimethyl-tridecyl]- **17** IV 1428
—, 6-[3,5-Dinitro-phenylcarbamoyloxy]-2,7,8-trimethyl-2-[4,8,12-trimethyl-tridecyl]- **17** IV 1430
—, 6-[9,10-Dioxo-9,10-dihydro-anthracen-2-carbonyloxy]-2,5,8-trimethyl-2-[4,8,12-trimethyl-tridecyl]- **17** IV 1429
—, 4-[2,2-Diphenyl-vinyl]-2,2-diphenyl- **17** IV 834
—, 2,2-Dipropyl- **17** IV 465
—, 6-Docos-13-enoyloxy-2,5,7,8-tetramethyl-2-[4,8,12-trimethyl-tridecyl]- **17** IV 1441
—, 6-Elaidoyloxy-2,5,7,8-tetramethyl-2-[4,8,12-trimethyl-tridecyl]- **17** IV 1441
—, 6-Formylamino-2,2,5,7,8-pentamethyl- **18** IV 7159
—, 6-Formylamino-2,5,7,8-tetramethyl-2-tridecyl- **18** IV 7159
—, 6-Formyloxy-2,5,7-trimethyl-2-[4,8,12-trimethyl-tridecyl]- **17** IV 1426
—, 2-Hexadecyl-6-methoxyacetoxy-2,5,7,8-tetramethyl- **17** IV 1436
—, Hexahydro- **17** IV 199
—, 3-[2-Hydroxy-4-methoxy-phenyl]-7-methoxy- **17** II 216 d, IV 2375
—, 6-Hydroxymethyl- **17** IV 1364
—, 2-Hydroxymethyl-6,8-dimethyl- **17** IV 1382
—, 3-Hydroxymethyl-6,8-dimethyl- **17** IV 1382
—, 6-Hydroxymethyl-8-isopropyl-5-methyl-2-phenyl- **17** IV 1646
—, 2-Hydroxymethyl-2,4,4,7-tetramethyl- **17** IV 1393
—, 2-[4-Hydroxy-phenyl]-7-methoxy- **17** IV 2185

—, 2-Imino- **17** II 335 a
—, 6-Isopentyl-2,2-dimethyl- **17** IV 466
—, 5-Isopropyl-2,8-dimethyl- **17** IV 460
—, 8-Isopropyl-5-methyl-2-phenyl- **17** IV 653
—, 2-Isopropyl-4,4,6-trimethyl- **6** III 1347, **17** IV 465
—, 4-Isopropyl-2,2,6-trimethyl- **6** III 1347, **17** IV 465
—, 5-Isopropyl-2,3,8-trimethyl- **17** IV 465
—, 6-Lauroyloxy-2,5,7,8-tetramethyl-2-[4,8,12-trimethyl-tridecyl]- **17** IV 1440
—, 3-Methansulfonyloxy-7-methoxy-2-[3,4,5-trimethoxy-phenyl]- **17** IV 3851
—, 6-Methoxy- **17** IV 1351
—, 3-[4-Methoxy-benzyl]- **17** IV 1630
—, 3-[4-Methoxy-benzyl]-4-phenylcarbamoyloxy- **17** IV 2190
—, 5-Methoxy-2,2-dimethyl- **17** IV 1373
—, 6-Methoxy-2,2-dimethyl- **17** IV 1373
—, 7-Methoxy-2,6-dimethyl- **17** IV 1374
—, 7-Methoxy-2,8-dimethyl- **17** IV 1375
—, 8-Methoxy-2,2-dimethyl- **17** IV 1374
—, 7-Methoxy-2,2-dimethyl-5-[2-methyl-crotonoyloxy]- **17** IV 2078
—, 5-Methoxy-2,2-dimethyl-7-[4-nitro-benzoyloxy]- **17** IV 2078
—, 7-Methoxy-2,2-dimethyl-5-[4-nitro-benzoyloxy]- **17** IV 2078
—, 2-[2-Methoxy-3,5-dimethyl-phenyl]-4,6,8-trimethyl- **17** IV 1646
—, 7-Methoxy-2,2-dimethyl-5-tigloyloxy- **17** IV 2078
—, 2-Methoxy-2,4-diphenyl-5,6,7,8-tetrahydro- **17** IV 1692
—, 8a-Methoxy-hexahydro- **17** IV 1208
—, 7-Methoxy-2-[4-methoxy-phenyl]- **17** IV 2185
—, 7-Methoxy-3-[4-methoxy-phenyl]- **17** IV 2187
—, 2-Methoxy-2-methyl- **17** IV 1363
—, 6-Methoxy-2-methyl- **17** IV 1364
—, 7-Methoxy-2-methyl- **17** IV 1364
—, 8-Methoxy-2-methyl- **17** IV 1364
—, 2-[2-Methoxy-4-methyl-phenyl]-2,4,4,7-tetramethyl- **17** IV 1649
—, 6-Methoxy-2-methyl-2-[4,8,12-trimethyl-tridecyl]- **17** IV 1408
—, 2-[4-Methoxy-phenyl]- **17** IV 1627
—, 4-Methoxy-4-phenyl- **17** II 148 h
—, 5-Methoxy-2-phenyl- **17** IV 1627
—, 7-Methoxy-2-phenyl- **17** IV 1627
—, 7-Methoxy-4-phenyl- **17** IV 1628

Chroman (Fortsetzung)

—, 8-Methoxy-2-phenyl- **17** IV 1627

—, 7-Methoxy-3-phenylglyoxyloyloxy-2-
[3,4,5-trimethoxy-phenyl]- **17** IV 3851

—, 4-[4-Methoxy-phenyl]-4-methyl-2-
phenyl- **17** IV 1716

—, 2-[2-Methoxy-phenyl]-2,4,4-trimethyl-
17 IV 1642

—, 2-[4-Methoxy-phenyl]-2,4,4-trimethyl-
17 IV 1641

—, 4-[4-Methoxy-phenyl]-2,2,4-trimethyl-
17 IV 1641

—, 6-Methoxy-2,2,7,8-tetramethyl- **17**
IV 1388

—, 6-Methoxy-2,5,7,8-tetramethyl- **17**
IV 1389

—, 7-Methoxy-3-[toluol-4-sulfonyloxy]-2-
[3,4,5-trimethoxy-phenyl]- **17** IV 3851

—, 6-Methoxy-2-tridecyl- **17** IV 1404

—, 2-Methoxy-2,4,4-trimethyl- **17**
IV 1381

—, 6-Methoxy-2,2,3-trimethyl- **17** IV 1381

—, 6-Methoxy-2,5,8-trimethyl-2-[4,8,12-
trimethyl-tridecyl]- **17** IV 1428

—, 7-Methoxy-3-veratryl- **17** II 218 c

—, 2-Methyl- **17** 53 c, I 24 a,
II 53 g, IV 429

—, 3-Methyl- **17** IV 430

—, 6-Methyl- **17** I 24 b, IV 431

—, 7-Methyl- **17** IV 431

—, 8-Methyl- **17** II 54 a, IV 431

—, 2-Methyl-5,8-dihydro- **17** IV 429

—, 4-Methyl-2,4-diphenyl- **17** IV 740

—, 6-Methyl-hexahydro- **17** IV 208

—, 7-Methyl-hexahydro- **17** IV 209

—, 2-Methyl-6-[4-nitro-benzoyloxy]- **17**
IV 1364

—, 2-Methyl-6-[4-nitro-
phenylcarbamoyloxy]-2-[4,8,12-trimethyl-
tridecyl]- **17** IV 1408

—, 2-Methyl-6-[4-phenylazo-benzoyloxy]-
2-[4,8,12-trimethyl-tridecyl]- **17** IV 1408

—, 6-Nitro- **17** IV 414

—, 4-[4-Nitro-benzoyloxy]-2-phenyl- **17**
IV 1626

—, 6-Palmitoyl- **17** IV 5043

—, 2,3,5,6,8-Pentabrom-2,4,4,7-
tetramethyl- **17** IV 458

—, 3,3,4,6,8-Pentabrom-2,2,4-trimethyl-
17 IV 452

—, 2,2,3,6,8-Pentamethyl- **17** II 57 f

—, 2,2,4,4,6-Pentamethyl- **17** IV 461

—, 2,2,4,4,7-Pentamethyl- **17** IV 461

—, 2,2,5,7,8-Pentamethyl- **17** IV 461

—, 2,2,5,7,8-Pentamethyl-6-nitro- **17**
IV 461

—, 4-Phenacyl-2,2-diphenyl- **17** IV 5628

—, 2-Phenyl- **17** 76 b, I 32 e,
II 75 h, IV 634

—, 3-Phenyl- **17** II 75 i

—, 4-Phenyl- **17** II 76 a, IV 634

—, 6-Phenylacetyl- **17** IV 5384

—, 6-Propionyl- **17** IV 5006

—, 2-Propyl- **17** 54 c

—, 4-Propyl- **17** IV 452

—, 6-Propyl- **17** IV 452

—, 2,3,5,7-Tetraacetoxy-2-[4-acetoxy-
phenyl]- **17** IV 3837

—, 2,3,5,7-Tetraacetoxy-2-[3,4-diacetoxy-
phenyl]- **17** IV 3886

—, 3,4,5,7-Tetraacetoxy-2-[3,4,5-
triacetoxy-phenyl]- **17** IV 3910

—, 5,6,7,8-Tetrahydro- **17** IV 320

—, 2,2,3,6-Tetramethyl- **17** II 57 b

—, 2,2,4,4-Tetramethyl- **17** IV 458

—, 2,2,6,8-Tetramethyl- **17** II 57 c

—, 2,4,6,8-Tetramethyl- **17** II 57 d

—, 2,5,7,8-Tetramethyl- **17** IV 459

—, 2,5,5,8a-Tetramethyl-hexahydro- **17**
IV 222

—, 2,4,4,7-Tetramethyl-2-[4-methyl-2-
propoxy-phenyl]- **17** IV 1650

—, 2,5,7,8-Tetramethyl-6-[4-nitro-
benzoyloxy]-2-[4,8,12-trimethyl-tridecyl]-
17 IV 1442

—, 2,5,7,8-Tetramethyl-6-[4-nitro-
phenylcarbamoyloxy]-2-[4,8,12-trimethyl-
tridecyl]- **17** IV 1439, 1442

—, 2,5,7,8-Tetramethyl-6-octadeca-9,12-
dienoyloxy-2-[4,8,12-trimethyl-tridecyl]-
17 IV 1441

—, 2,5,7,8-Tetramethyl-6-octadeca-
9,12,15-trienoyloxy-2-[4,8,12-trimethyl-
tridecyl]- **17** IV 1441

—, 2,5,7,8-Tetramethyl-6-octadec-6-
enoyloxy-2-[4,8,12-trimethyl-tridecyl]-
17 IV 1441

—, 2,5,7,8-Tetramethyl-6-octadec-9-
enoyloxy-2-[4,8,12-trimethyl-tridecyl]-
17 IV 1441

—, 2,5,7,8-Tetramethyl-6-oleoyloxy-2-
[4,8,12-trimethyl-tridecyl]- **17** IV 1441

—, 2,5,7,8-Tetramethyl-6-palmitoyloxy-2-
[4,8,12-trimethyl-tridecyl]- **17** IV 1440

—, 2,5,7,8-Tetramethyl-6-phosphonooxy-
2-[4,8,12-trimethyl-tridecyl]- **17** IV 1444

—, 2,5,7,8-Tetramethyl-6-propionyloxy-
2-[4,8,12-trimethyl-tridecyl]- **17** IV 1440

—, 2,5,7,8-Tetramethyl-6-stearoyloxy-2-
[4,8,12-trimethyl-tridecyl]- **17** IV 1440

—, 2,5,7,8-Tetramethyl-2-[4,8,12-
trimethyl-tridecyl]- **17** IV 477

—, 3,5,7-Triacetoxy-6-[2-acetoxy-1-(3,4-
diacetoxy-phenyl)-3-(2,4,6-triacetoxy-
phenyl)-propyl]-2-[3,4-diacetoxy-phenyl]-
17 IV 3842

Chroman (Fortsetzung)

—, 3,5,7-Triacetoxy-8-[2-acetoxy-1-(3,4-diacetoxy-phenyl)-3-(2,4,6-triacetoxy-phenyl)-propyl]-2-[3,4-diacetoxy-phenyl]- **17** IV 3842

—, 3,5,7-Triacetoxy-2-[4-acetoxy-phenyl]- **17** IV 2692

—, 3,4,7-Triacetoxy-2-[3,4-diacetoxy-phenyl]- **17** IV 3840

—, 3,5,7-Triacetoxy-2-[3,4-diacetoxy-phenyl]- **17** 212 c, 213 h, II 255 c, 256 d, 257 c, 258 d, 259 d, IV 3845

—, 4,5,7-Triacetoxy-2-[3,4-diacetoxy-phenyl]- **17** II 260 a

—, 3,4,7-Triacetoxy-2-[3,4,5-triacetoxy-phenyl]- **17** IV 3890

—, 3,5,7-Triacetoxy-2-[3,4,5-triacetoxy-phenyl]- **17** IV 3892

—, 5,6,8-Trichlor- **17** IV 413

—, 6,7,8-Trichlor- **17** IV 413

—, 5,7,8-Trimethoxy-2,2-dimethyl- **17** IV 2342

—, 5,6,7-Trimethoxy-3-[4-methoxy-phenyl]- **17** IV 2695

—, 2,2,6-Trimethyl- **17** II 56 e

—, 2,4,4-Trimethyl- **17** IV 453

—, 2,5,7-Trimethyl- **17** IV 453

—, 2,6,7-Trimethyl- **17** IV 453

—, 2,6,8-Trimethyl- **17** IV 453

—, 4,4,6-Trimethyl- **17** IV 453

—, 5,7,8-Trimethyl- **17** IV 453

—, 5,5,8a-Trimethyl-hexahydro- **17** IV 221

—, 2,5,7-Trimethyl-6-[4-nitro-benzoylamino]-2-[4,8,12-trimethyl-tridecyl]- **18** IV 7160

—, 2,5,8-Trimethyl-6-[4-nitro-benzoylamino]-2-[4,8,12-trimethyl-tridecyl]- **18** IV 7160

—, 2,2,4-Trimethyl-7-[4-nitro-benzoyloxy]- **17** IV 1381

—, 2,5,8-Trimethyl-6-[4-nitro-benzoyloxy]-2-[4,8,12-trimethyl-tridecyl]- **17** IV 1428

—, 2,5,7-Trimethyl-6-[4-nitro-phenylcarbamoyloxy]-2-[4,8,12-trimethyl-tridecyl]- **17** IV 1425

—, 2,5,8-Trimethyl-6-[4-nitro-phenylcarbamoyloxy]-2-[4,8,12-trimethyl-tridecyl]- **17** IV 1428

—, 2,7,8-Trimethyl-6-[4-nitro-phenylcarbamoyloxy]-2-[4,8,12-trimethyl-tridecyl]- **17** IV 1430

—, 2,5,7-Trimethyl-6-nitro-2-[4,8,12-trimethyl-tridecyl]- **17** IV 475

—, 2,7,8-Trimethyl-6-palmitoyloxy-2-[4,8,12-trimethyl-tridecyl]- **17** IV 1430

—, 2,5,7-Trimethyl-6-[4-phenylazo-benzoyloxy]-2-[4,8,12-trimethyl-tridecyl]- **17** IV 1425

—, 2,5,8-Trimethyl-6-[4-phenylazo-benzoyloxy]-2-[4,8,12-trimethyl-tridecyl]- **17** IV 1429

—, 2,2,4-Triphenyl- **17** IV 793

—, 3,5,7-Tris-benzoyloxy-2-[3,4-bis-benzoyloxy-phenyl]- **17** 212 d, 213 i, II 255 e, 256 e, 257 d

—, 6-Veratroyl- **18** 122 c

Chromanamin

s. Chromanylamin

Chroman-3-carbaldehyd

—, 6,7-Dimethoxy-2,4-dioxo- **18** IV 3101

—, 2,4-Dioxo- **17** IV 6739

Chroman-6-carbaldehyd 17 IV 4977

— [2,4-dinitro-phenylhydrazon] **17** IV 4978

— semicarbazon **17** IV 4978

—, 7-Acetoxy-5-methoxy-2,2-dimethyl- **18** IV 1256

—, 5,7-Dimethoxy-2,2-dimethyl- **18** IV 1256

— [2,4-dinitro-phenylhydrazon] **18** IV 1257

— oxim **18** IV 1256

— semicarbazon **18** IV 1257

—, 5-Hydroxy-2,2-dimethyl- **18** IV 222

—, 7-Hydroxy-2,2-dimethyl- **18** IV 222

— [2,4-dinitro-phenylhydrazon] **18** IV 222

—, 7-Hydroxy-5-methoxy-2,2-dimethyl- **18** IV 1256

— [2,4-dinitro-phenylhydrazon] **18** IV 1256

—, 7-Hydroxy-5-methoxy-8-methyl-2-phenyl- **18** IV 1748

— [2,4-dinitro-phenylhydrazon] **18** IV 1748

—, 5-Hydroxy-7-methoxy-2-phenyl- **18** IV 1737

—, 7-Hydroxy-8-methyl-2-phenyl- **18** IV 669

— [2,4-dinitro-phenylhydrazon] **18** IV 669

Chroman-8-carbaldehyd

—, 7-Acetoxy-5-methoxy-2-phenyl- **18** IV 1741

—, 7-Acetoxy-2-phenyl- **18** IV 657

— [2,4-dinitro-phenylhydrazon] **18** IV 658

—, 7-Benzyloxy-5-methoxy-2-phenyl- **18** IV 1741

— [2,4-dinitro-phenylhydrazon] **18** IV 1741

—, 5,7-Dihydroxy-2,2-dimethyl- **18** IV 1257

Chroman-8-carbaldehyd (Fortsetzung)
—, 5,7-Dimethoxy-2,2-dimethyl- **18**
  IV 1257
  — [2,4-dinitro-phenylhydrazon] **18**
    IV 1258
  — semicarbazon **18** IV 1258
—, 7-Heptyl-6-hydroxy-2,2-dimethyl-
  18 IV 240
—, 7-Hydroxy-5-methoxy-2,2-dimethyl-
  18 IV 1257
—, 5-Hydroxy-7-methoxy-2-phenyl- **18**
  IV 1741
  — [2,4-dinitro-phenylhydrazon] **18**
    IV 1741
—, 7-Hydroxy-5-methoxy-2-phenyl- **18**
  IV 1740
  — [2,4-dinitro-phenylhydrazon] **18**
    IV 1741
—, 7-Hydroxy-5-methyl-2-phenyl- **18**
  IV 668
  — [2,4-dinitro-phenylhydrazon] **18**
    IV 668
—, 7-Hydroxy-6-methyl-2-phenyl- **18**
  IV 669
  — [2,4-dinitro-phenylhydrazon] **18**
    IV 669
—, 7-Hydroxy-2-phenyl- **18** IV 657
  — [2,4-dinitro-phenylhydrazon] **18**
    IV 658

Chroman-3-carbonitril
—, 4-Acetoxy- **18** IV 4880
—, 6,8-Dibrom-2,4-dioxo- **18** 470 g
—, 6,8-Dijod-2,4-dioxo- **18** 471 c
—, 2,4-Dioxo- **18** 470 a, IV 6050
—, 4-Hydroxy- **18** IV 4880
—, 6-Methyl-2,4-dioxo- **18** 473 d
—, 7-Methyl-2,4-dioxo- **18** 474 f

Chroman-6-carbonitril 18 IV 4210
—, 5,7-Dimethoxy-2,2-dimethyl- **18**
  IV 5013

Chroman-2-carbonsäure 18 IV 4209
—, 2-Äthoxyoxalyloxy-5,7-dimethoxy-4-
  oxo-3-phenyl-,
  — äthylester **18** IV 6636
—, 7-Äthyl-2,4,4-trimethyl- **18**
  IV 4242
—, 6-*tert*-Butyl-3,8-dimethyl- **18**
  IV 4242
—, 6-Cyclohexyl-3,8-dimethyl- **18**
  IV 4287
—, 6-Cyclohexyl-4-oxo- **18** IV 5623
—, 5,7-Dihydroxy-4-oxo- **18**
  IV 6473
—, 6,7-Dimethoxy-3-oxo-,
  — äthylester **18** IV 6473
—, 6,8-Dimethyl- **18** IV 4232
—, 5,7-Dimethyl-4-oxo- **18** IV 4936
—, 6,8-Dimethyl-4-oxo- **18** IV 5540
  — methylester **18** IV 5540

—, 3-Hydroxy-6,7-dimethoxy- **18**
  IV 5087
  — äthylester **18** IV 5087
—, 3-[3-(2-Hydroxy-3,5-dimethyl-phenyl)-
  1-methoxycarbonyl-3-oxo-propyl]-6,8-
  dimethyl-4-oxo-,
  — methylester **18** IV 6678
—, 3-[3-(2-Hydroxy-5-methyl-phenyl)-1-
  methoxycarbonyl-3-oxo-propyl]-6-methyl-
  4-oxo-,
  — methylester **18** IV 6678
—, 2-Hydroxy-4-oxo-,
  — äthylester **10** 1003 a, III 4603 a
—, 5-Hydroxy-4-oxo- **18** IV 6314
  — äthylester **18** IV 6314
  — methylester **18** IV 6314
—, 7-Hydroxy-4-oxo- **18** IV 5034
  — methylester **18** IV 5035
—, 7-Methoxy-4-oxo-,
  — methylester **18** IV 5035
—, 4-Oxo-,
  — äthylester **18** IV 5521
  — diäthylamid **18** IV 5521
—, 2,4,4,6-Tetramethyl- **18**
  IV 4240
—, 2,4,4,7-Tetramethyl- **18**
  IV 4241
  — amid **18** IV 4241
—, 2,4,4,8-Tetramethyl- **18** IV 4241
—, 2,5,5,8a-Tetramethyl-hexahydro- **18**
  IV 3911
—, 2,4,4-Trimethyl- **18** IV 4237
  — amid **18** IV 4237

Chroman-3-carbonsäure
—, 6-Acetoxy-8-äthyl-5,7-dimethyl-2-
  oxo-,
  — äthylester **18** IV 6332
—, 6-Acetoxy-7,8-dimethyl-2-oxo-,
  — methylester **18** IV 6324
—, 6-Acetoxy-2,5,7,8-tetramethyl- **18**
  IV 4885
  — äthylester **18** IV 4886
—, 6-Acetoxy-5,7,8-trimethyl-2-oxo-,
  — äthylester **18** IV 6328
—, 7-Acetylamino-2,4-dioxo-,
  — äthylester **18** IV 8274
—, 7-Amino-2,4-dioxo-,
  — äthylester **18** IV 8274
—, 5-Amino-8-methoxy-2-oxo-,
  — äthylester **18** IV 8278
—, 6-Amino-8-methoxy-2-oxo-,
  — äthylester **18** IV 8278
—, 6-Amino-2-oxo-,
  — äthylester **18** IV 8267
—, 5-Brom-6-hydroxy-7,8-dimethyl-2-
  oxo-,
  — methylester **18** IV 6325
—, 6-*tert*-Butyl-2,8-dimethyl- **18**
  IV 4242

Chroman-3-carbonsäure (Fortsetzung)
—, 3-Chlor-2,4-dioxo-,
  — äthylester **18** IV 6050
—, 6-Chlor-2,4-dioxo-,
  — äthylester **18** 470 d
—, 7-Chlor-2,4-dioxo-,
  — äthylester **18** IV 6050
—, 6-Cyclohexyl-2,8-dimethyl- **18**
  IV 4287
—, 6,8-Dibrom-2,4-dioxo-,
  — äthylester **18** 470 f
—, 6,8-Dichlor-2,4-dioxo-,
  — äthylester **18** 470 e
—, 6,8-Dijod-2,4-dioxo-,
  — äthylester **18** 471 a
  — amid **18** 471 b
  — [N'-phenyl-hydrazid] **18** 471 d
—, 6,7-Dimethoxy-2,4-dioxo-,
  — äthylester **18** IV 6595
—, 6,7-Dimethoxy-2-oxo-,
  — methylester **18** IV 6474
—, 6,8-Dimethyl-2-oxo- **18** IV 5540
—, 4-[2,4-Dinitro-phenylhydrazono]-2-
  methyl-hexahydro-,
  — äthylester **18** IV 5369
—, 2,4-Dioxo-,
  — äthylester **18** 469 a, IV 6050
  — amid **18** 469 d
  — anilid **18** 469 e
  — methylester **18** I 514 f
  — [N'-phenyl-hydrazid] **18** 470 b
—, 2,4-Dioxo-3-[1-phenyl-propyl]-,
  — äthylester **18** IV 6099
—, 6-Hydroxy-5,7-dimethyl-2-oxo-,
  — äthylester **18** IV 6324
—, 6-Hydroxy-7,8-dimethyl-2-oxo-,
  — äthylester **18** IV 6325
—, 8a-Hydroxy-4-[4-methoxy-phenyl]-2-
  oxo-hexahydro- **10** III 4754 b
—, 6-Hydroxy-8-methyl-2-oxo-,
  — äthylester **18** IV 6321
—, 8a-Hydroxy-2-oxo-4-phenyl-
  hexahydro- **10** II 613 e, III 3982 c
—, 6-Hydroxy-2,5,7,8-tetramethyl- **18**
  IV 4885
  — äthylester **18** IV 4885
—, 6-Hydroxy-5,7,8-trimethyl-2-oxo-,
  — äthylester **18** IV 6328
—, 6-Jod-2,4-dioxo- **18** IV 6051
  — äthylester **18** IV 6051
—, 7-Methoxy- **18** IV 4880
—, 6-Methyl-2,4-dioxo-,
  — äthylester **18** 473 c
  — methylester **18** I 515 a
—, 7-Methyl-2,4-dioxo-,
  — äthylamid **18** 474 b
  — äthylester **18** 473 e
  — anilid **18** 474 c
  — methylester **18** I 515 b

  — [N'-methyl-N'-phenyl-hydrazid]
  18 474 h
  — p-phenetidid **18** 474 d
  — [N'-phenyl-hydrazid] **18** 474 g
—, 8-Methyl-2,4-dioxo-,
  — methylester **18** I 515 c
—, 2-Methyl-4-oxo-hexahydro- **18**
  IV 5369
  — äthylester **18** IV 5369
—, 7-Methyl-2-oxo-4-phenylimino-,
  — äthylester **18** 474 a
  — anilid **18** 474 e
—, 6-Nitro-2,4-dioxo-,
  — äthylester **18** IV 6051
—, 7-Nitro-2,4-dioxo-,
  — äthylester **18** IV 6051
—, 2-Oxo- **18** IV 5522
  — diäthylamid **18** IV 5523
  — [2-diäthylamino-äthylester] **18**
  IV 5522
  — dimethylamid **18** IV 5522
  — [2-dimethylamino-äthylester] **18**
  IV 5522
  — methylester **18** IV 5522
—, 2-Oxo-4-phenylhydrazono-,
  — äthylester **18** 469 c
  — [N'-phenyl-hydrazid] **18** 470 c
—, 2-Oxo-4-phenylimino-,
  — äthylester **18** 469 b
  — anilid **18** 469 f
—, 4,4,7-Trimethyl-2-oxo-5,6,7,8-
  tetrahydro-,
  — äthylester **18** 416 a
  — methylester **18** 415 f
Chroman-4-carbonsäure
—, 3-Acetonyl-6-methyl-2-oxo-,
  — methylester **18** IV 6059
—, 3-Acetoxy-6,7-dimethoxy-,
  — äthylester **18** IV 5088
—, 3-Acetoxy-8-methoxy-,
  — äthylester **18** IV 5011
—, 6,7-Dimethoxy- **18** IV 5011
  — methylester **18** IV 5012
—, 6,7-Dimethoxy-3-oxo-,
  — äthylester **18** IV 6474
—, 3-Hydroxy-6,7-dimethoxy- **18**
  IV 5087
  — äthylester **18** IV 5088
  — methylester **18** IV 5088
—, 3-Hydroxy-7-methoxy-,
  — äthylester **18** IV 5011
—, 3-Hydroxy-8-methoxy- **18** IV 5011
  — äthylester **18** IV 5011
—, 8a-Hydroxy-2-oxo-hexahydro- **10**
  III 3901 a
—, 7-Methoxy- **18** IV 4881
—, 8-Methoxy- **18** IV 4881
—, 7-Methoxy-3-oxo-,
  — äthylester **18** IV 6314

Chroman-4-carbonsäure (Fortsetzung)
—, 8-Methoxy-3-oxo-,
— äthylester **18** IV 6314
—, 2-Oxo- **18** IV 5523
— diäthylamid **18** IV 5523
— methylester **18** IV 5523
—, 3-Oxo-,
— äthylester **18** IV 5523
—, 2,2,4-Trimethyl- **18** IV 4238
Chroman-5-carbonsäure
—, 3-Acetoacetyl-6,7-dimethoxy-2,4-
dioxo-,
— methylester **18** IV 6685
—, 3-Acetyl-6,7-dimethoxy-2,4-dioxo-
18 IV 6665
—, 7,8-Diacetoxy-2-oxo-4-phenyl- **18**
IV 6550
—, 7,8-Dihydroxy-2-oxo-4-phenyl- **18**
IV 6550
—, 6,7-Dimethoxy-2,4-dioxo- **18**
IV 6596
— methylester **18** IV 6596
—, 7,8-Dimethoxy-2-oxo-4-phenyl-,
— methylester **18** IV 6550
—, 5-Methyl-2-oxo-hexahydro-,
— methylester **18** IV 5369
—, 2-Oxo- **18** IV 5523
— methylester **18** IV 5524
Chroman-6-carbonsäure
—, 5-Acetoxy-2,2-dimethyl- **18** IV 4883
—, 7-Acetoxy-2,2-dimethyl-4-oxo-,
— methylester **18** IV 6324
—, 3-Acetoxy-7-methoxy-2,2-dimethyl-,
— methylester **18** IV 5012
—, 3-Acetyl-3,4,8-tribrom-5-hydroxy-4,7-
dimethyl-,
— äthylester **18** 546 a
—, 8-[2-Carboxy-äthyl]-2-oxo- **18**
IV 6167
—, 5-[1-Carboxy-1-methyl-äthoxy]-8-
[(3,4-dimethoxy-phenyl)-glyoxyloyl]-7-
methoxy-2,2-dimethyl- **18** IV 6687
—, 5,7-Diacetoxy-2,4-dioxo-,
— äthylester **18** I 546 b, vgl.
IV 6596 d
—, 3-[2,4-Dihydroxy-benzyliden]-5,7-
dihydroxy-2,4-dioxo-,
— äthylester **18** I 550 d
—, 3,7-Dihydroxy-2,2-dimethyl- **18**
IV 5012
—, 5,7-Dihydroxy-2,4-dioxo-,
— äthylester **18** IV 6596
—, 5,7-Dihydroxy-2,4-dioxo-3-
salicyliden-,
— äthylester **18** I 549 c
—, 5,7-Dihydroxy-2,4-dioxo-3-
vanillyliden-,
— äthylester **18** I 551 a

—, 5,7-Dihydroxy-3-[4-hydroxy-benzyl]-
2,4-dioxo-,
— äthylester **18** I 549 a
—, 5,7-Dihydroxy-3-[4-hydroxy-
benzyliden]-2,4-dioxo-,
— äthylester **18** I 549 d
—, 5,7-Dihydroxy-3-hydroxyimino-2,4-
dioxo-,
— äthylester **18** I 548 b
—, 5,7-Dihydroxy-3-[4-methoxy-benzyl]-
2,4-dioxo-,
— äthylester **18** I 549 b
—, 5,7-Dihydroxy-3-[4-methoxy-
benzyliden]-2,4-dioxo-,
— äthylester **18** I 550 a
—, 5,7-Dihydroxy-2-oxo-4-
phenylhydrazono-,
— äthylester **18** 555 a
—, 5,7-Dihydroxy-2-phenyl- **18** IV 5055
— methylester **18** IV 5055
—, 2-[3,4-Dihydroxy-phenyl]-3,4-dioxo-
18 IV 6641
—, 5,7-Dimethoxy-2,2-dimethyl- **18**
IV 5013
— [methoxymethyl-amid] **18**
IV 2349
—, 5,7-Dimethoxy-2-phenyl-,
— methylester **18** IV 5055
—, 8-[(3,4-Dimethoxy-phenyl)-glyoxyloyl]-
7-methoxy-5-[1-methoxycarbonyl-1-
methyl-äthoxy]-2,2-dimethyl-,
— methylester **18** IV 6687
—, 2,2-Dimethyl- **18** IV 4232
— [4-brom-phenacylester] **18** IV 4232
— [2,7-dihydroxy-8-methyl-4-oxo-
4H-chromen-3-ylamid] **18** IV 8126
— [4,7-dihydroxy-8-methyl-2-oxo-
2H-chromen-3-ylamid] **18** IV 8126
— methylester **18** IV 4232
—, 4-[2,4-Dinitro-phenylhydrazono]-5-
hydroxy-2,2-dimethyl-,
— methylester **18** IV 6324
—, 4-[2,4-Dinitro-phenylhydrazono]-7-
hydroxy-2,2-dimethyl-,
— methylester **18** IV 6324
—, 3,4-Dioxo-2-phenyl- **18** IV 6095
—, 5-Hydroxy-2,2-dimethyl- **18** IV 4883
—, 7-Hydroxy-2,2-dimethyl- **18** IV 4883
—, 5-Hydroxy-2,2-dimethyl-4-oxo- **18**
IV 6323
— methylester **18** IV 6323
—, 7-Hydroxy-2,2-dimethyl-4-oxo- **18**
IV 6324
— methylester **18** IV 6324
—, 7-Hydroxy-2-jod-4-oxo- **18** 525 f
—, 7-Hydroxy-3-jod-4-oxo- **18** 525 f
—, 3-Hydroxy-7-methoxy-2,2-dimethyl-
18 IV 5012
— methylester **18** IV 5012

Chroman-6-carbonsäure (Fortsetzung)

—, 3-Hydroxy-2-[4-methoxy-phenyl]-4-oxo- **18** IV 6550

—, 8a-Hydroxy-2-oxo-hexahydro- **10** III 3902 c

—, 2-[3-Hydroxy-phenyl]-3,4-dioxo- **18** IV 6557

—, 2-[4-Hydroxy-phenyl]-3,4-dioxo- **18** IV 6557

—, 8-Isopentyl-5,7-dimethoxy-2,2-dimethyl- **18** IV 5017

—, 3-Methansulfonyloxy-7-methoxy-2,2-dimethyl-,
  — methylester **18** IV 5012

—, 8-[2-Methoxycarbonyl-äthyl]-2-oxo-,
  — methylester **18** IV 6167

—, 5-Methoxy-2,2-dimethyl- **18** IV 4883

—, 2-[4-Methoxy-phenyl]-3,4-dioxo- **18** IV 6557

—, 2-[4-Methoxy-phenyl]-4-oxo- **18** IV 6417

—, 2-[1]Naphthyl-4-oxo- **18** IV 5700
  — äthylester **18** IV 5700

—, 4-Oxo-2-phenyl- **18** IV 5665
  — äthylester **18** IV 5665

Chroman-8-carbonsäure

—, 7-Acetoxy-2-phenyl- **18** IV 4976

—, 7-Benzoylamino-2-[4-benzoylamino-2-benzoyloxy-3-methoxycarbonyl-phenyl]-2,4,4-trimethyl-,
  — methylester **18** IV 8251

—, 7-Benzoylamino-2-[4-benzoylamino-3-carboxy-2-hydroxy-phenyl]-2,4,4-trimethyl- **18** IV 8250

—, 7-Benzoylamino-2-[4-benzoylamino-2-hydroxy-3-methoxycarbonyl-phenyl]-2,4,4-trimethyl-,
  — methylester **18** IV 8250

—, 2-[2-Benzoyloxy-3-methoxycarbonyl-phenyl]-2,4,4-trimethyl-,
  — methylester **18** IV 5108

—, 2-[3-Carboxy-2-hydroxy-phenyl]-2,4,4-trimethyl- **18** IV 5108

—, 5,7-Diacetoxy-2,4-dioxo-,
  — äthylester **18** I 546 b, vgl. IV 6596 d

—, 3-[2,4-Dihydroxy-benzyliden]-5,7-dihydroxy-2,4-dioxo-,
  — äthylester **18** I 550 d

—, 5,7-Dihydroxy-2,4-dioxo-,
  — äthylester **18** IV 6596

—, 5,7-Dihydroxy-2,4-dioxo-3-salicyliden-,
  — äthylester **18** I 549 c

—, 5,7-Dihydroxy-2,4-dioxo-3-vanillyliden-,
  — äthylester **18** I 551 a

—, 5,7-Dihydroxy-3-[4-hydroxy-benzyl]-2,4-dioxo-,
  — äthylester **18** I 549 a

—, 5,7-Dihydroxy-3-[4-hydroxy-benzyliden]-2,4-dioxo-,
  — äthylester **18** I 549 d

—, 5,7-Dihydroxy-3-hydroxyimino-2,4-dioxo-,
  — äthylester **18** I 548 b

—, 5,7-Dihydroxy-3-[4-methoxy-benzyl]-2,4-dioxo-,
  — äthylester **18** I 549 b

—, 5,7-Dihydroxy-3-[4-methoxy-benzyliden]-2,4-dioxo-,
  — äthylester **18** I 550 a

—, 5,7-Dihydroxy-2-oxo-4-phenylhydrazono-,
  — äthylester **18** 555 a

—, 5,7-Dimethoxy-2-phenyl-,
  — methylester **18** IV 5056

—, 2,2-Dimethyl- **18** IV 4232

—, 5-Hydroxy-2,2-dimethyl- **18** IV 4884

—, 2-[2-Hydroxy-3-methoxycarbonyl-phenyl]-2,4,4-trimethyl-,
  — methylester **18** IV 5108

—, 7-Hydroxy-5-methoxy-2-phenyl- **18** IV 5056
  — methylester **18** IV 5056

—, 7-Hydroxy-2-phenyl- **18** IV 4976
  — methylester **18** IV 4976

—, 7-Methoxy-2-phenyl-,
  — methylester **18** IV 4976

Chroman-6-carbonylchlorid

—, 2,2-Dimethyl- **18** IV 4232

Chroman-5,6-chinon

—, 2,7-Dimethyl-2-[4,8,12-trimethyl-tridecyl]-,
  — 5-oxim **17** IV 6124

—, 2,8-Dimethyl-2-[4,8,12-trimethyl-tridecyl]- **17** IV 6124
  — 5-oxim **17** IV 6125

—, 2-Methyl-2-[4,8,12-trimethyl-tridecyl]-,
  — 5-oxim **17** IV 6122

—, 2,2,7,8-Tetramethyl- **17** IV 6086

—, 2,7,8-Trimethyl- **17** IV 6079

—, 2,7,8-Trimethyl-2-[4,8,12-trimethyl-tridecyl]- **17** IV 6127
  — 5-oxim **17** IV 6128

Chroman-5,8-chinon

—, 2-[4,5-Dimethoxy-2-nitro-phenyl]-3-hydroxy-7-methoxy- **18** 239 b

—, 2-[3,4-Dimethoxy-phenyl]-3,7-dimethoxy- **18** 239 a

—, 2-[3,4-Dimethoxy-phenyl]-3-hydroxy-7-methoxy- **18** 238 d

—, 2,6-Dimethyl-2-[4,8,12-trimethyl-tridecyl]- **17** IV 6125

—, 7-Heptyl-6-hydroxy-2,2-dimethyl- **18** IV 1290

Chroman-5,8-chinon (Fortsetzung)
—, 6-Hydroxy-2,7-dimethyl- **18** IV 1252
—, 6-Hydroxy-2,2,7-trimethyl- **18**
 IV 1257
—, 2,2,4,4,7-Pentamethyl- **17** IV 6092
—, 2,2,6,7-Tetramethyl- **17** IV 6086
—, 2,6,7-Trimethyl- **17** IV 6079
—, 2,6,7-Trimethyl-2-[4,8,12-trimethyl-
 tridecyl]- **17** IV 6127
Chroman-6,7-chinon
—, 2,5-Dimethyl-2-[4,8,12-trimethyl-
 tridecyl]-,
 — 7-oxim **17** IV 6123
—, 2,8-Dimethyl-2-[4,8,12-trimethyl-
 tridecyl]-,
 — 7-oxim **17** IV 6124
—, 2-Methyl-2-[4,8,12-trimethyl-tridecyl]-,
 — 7-oxim **17** IV 6122
—, 2,5,8-Trimethyl-2-[4,8,12-trimethyl-
 tridreca-3,7,11-trienyl]-,
 — 7-oxim **17** IV 6382
—, 2,5,8-Trimethyl-2-[4,8,12-trimethyl-
 tridecyl]-,
 — 7-oxim **17** IV 6126
Chromandibromid 17 II 336 a
Chroman-2,3-dicarbonsäure
—, 6-*tert*-Butyl-8-methyl- **18** IV 4554
—, 6-Methyl- **18** IV 4549
Chroman-2,6-dicarbonsäure
—, 2,4,4-Trimethyl- **18** IV 4553
Chroman-2,7-dicarbonsäure
—, 2,4,4-Trimethyl- **18** IV 4553
Chroman-2,8-dicarbonsäure
—, 2,4,4-Trimethyl- **18** IV 4553
Chroman-6,8-dicarbonsäure
—, 5-[1-Carboxy-1-methyl-äthoxy]-7-
 methoxy-2,2-dimethyl-,
 — 6-methylester **18** IV 5239
Chroman-2,6-diol
—, 2,5,7,8-Tetramethyl- **8** III 2242 d
Chroman-3,4-diol
—, 3-Benzyl- **17** IV 2190
—, 5,7-Bis-benzyloxy-2-[3,4-bis-
 benzyloxy-phenyl]- **17** IV 3887
—, 5,7-Diacetoxy-3-[5,7-diacetoxy-2-(3,4-
 diacetoxy-phenyl)-chroman-3-yloxy]-2-
 [3,4-diacetoxy-phenyl]- **18** IV 3429
—, 6,7-Dimethoxy-2,2-dimethyl- **17**
 IV 2668
—, 5,7-Dimethoxy-2-[4-methoxy-phenyl]-
 17 IV 3838
—, 2-[3,4-Dimethoxy-phenyl]-5,7-
 dimethoxy- **17** IV 3887
—, 2-[3,4-Dimethoxy-phenyl]-7,8-
 dimethoxy- **17** IV 3888
—, 2-[3,4-Dimethoxy-phenyl]-3-[2-(3,4-
 dimethoxy-phenyl)-5,7-dimethoxy-
 chroman-3-yloxy]-5,7-dimethoxy- **18**
 IV 3429

—, 2-[3,4-Dimethoxy-phenyl]-7-methoxy-
 17 IV 3839
—, 5,7-Dimethoxy-2-[3,4,5-trimethoxy-
 phenyl]- **17** IV 3910
—, 7-Methoxy-2-[4-methoxy-phenyl]-
 17 IV 2690
—, 7-Methoxy-3-phenyl- **17** II 216 c
—, 2-[4-Methoxy-phenyl]-6-methyl- **17**
 IV 2376
—, 7-Methoxy-2-[3,4,5-trimethoxy-
 phenyl]- **17** IV 3890
—, 7-Methoxy-3-veratryl- **17** IV 3852
—, 2-Phenyl- **17** IV 2183
Chroman-3,5-diol
—, 7-Arabinopyranosyloxy-2-
 [3,4-dihydroxy-phenyl]- **17** IV 3847
Chroman-3,7-diol
—, 2-[3,4-Dihydroxy-phenyl]- **17**
 IV 2692
—, 2-[3,4,5-Trihydroxy-phenyl]- **17**
 IV 3850
Chroman-5,7-diol
—, 3-Acetoxy-2-[3,4-dihydroxy-phenyl]-
 17 II 255 a, IV 3844
—, 6-Acetyl-2,2-dimethyl- **18** IV 1261
—, 8-Acetyl-2,2-dimethyl- **18** IV 1263
—, 8-Acetyl-2,2-dimethyl-6-phenylazo-
 18 IV 8341
—, 8-[3-Acetyl-2,4,6-trihydroxy-5-methyl-
 benzyl]-6-cinnamoyl-2,2-dimethyl- **18**
 IV 3616
—, 6-[3-Acetyl-2,4,6-trihydroxy-5-methyl-
 benzyl]-2,2-dimethyl-8-[3-phenyl-
 propionyl]- **18** IV 3613
—, 8-[3-Acetyl-2,4,6-trihydroxy-5-methyl-
 benzyl]-2,2-dimethyl-6-[3-phenyl-
 propionyl]- **18** IV 3612
—, 8-Cinnamoyl-2,2-dimethyl- **18**
 IV 1877
—, 2-[3,4-Dihydroxy-phenyl]- **17**
 IV 2695
—, 2-[3,4-Dihydroxy-phenyl]-3-
 galloyloxy- **17** IV 3846
—, 2-[3,4-Dihydroxy-phenyl]-3-
 glucopyranosyloxy- **17** IV 3847
—, 2-[3,4-Dimethoxy-phenyl]- **17**
 IV 2695
—, 2,2-Dimethyl- **17** IV 2077
—, 2,2-Dimethyl-6,8-bis-phenylazo- **18**
 IV 8329
—, 3-Galloyloxy-2-[3,4,5-trihydroxy-
 phenyl]- **17** IV 3892
—, 6-Isovaleryl-2,2-dimethyl- **18**
 IV 1289
—, 8-Isovaleryl-2,2-dimethyl- **18**
 IV 1289
—, 2-[4-Methoxy-phenyl]- **17** IV 2374
—, 2-[4-Methoxy-phenyl]-6,8-dimethyl-
 17 IV 2381

Chroman-5,7-diol (Fortsetzung)
—, 2-Phenyl- **17** IV 2184
Chroman-6,8-diol
—, 7-Heptyl-2,2-dimethyl- **17** IV 2082
Chroman-7,8-diol
—, 2,3-Dimethyl- **17** IV 2079
—, 2-Methyl- **17** IV 2076
Chromandion
  s. a. Chromanchinon
Chroman-2,3-dion 17 487 a, I 256 d,
  IV 6152
    — 3-imin **17** IV 6152
    — 3-phenylhydrazon **17** 487 c
—, 4-Äthoxy- **18** IV 1336
—, 4-Benzyloxy- **18** IV 1337
—, 5,7-Dihydroxy-,
    — 3-imin **18** IV 2373
—, 7,8-Dihydroxy-,
    — 3-imin **18** IV 2375
—, 5,7-Dimethoxy- **18** IV 2373
—, 6,7-Dimethoxy- **18** IV 2374
    — 3-imin **18** IV 2375
—, 4-[3,4-Dimethoxy-phenyl]-5,7-
  dimethoxy- **18** II 240 f
—, 6-Hydroxy- **18** 101 f, IV 1333
—, 7-Hydroxy-,
    — 3-imin **18** IV 1334
—, 8-Hydroxy-,
    — 3-imin **18** IV 1335
—, 7-Hydroxy-6-methoxy- **18** IV 2374
    — 3-imin **18** IV 2375
—, 7-Hydroxy-8-methoxy-,
    — 3-imin **18** IV 2375
—, 4-Isobutoxy- **18** IV 1337
—, 4-Isopentyloxy- **18** IV 1337
—, 4-Isopropoxy- **18** IV 1337
—, 4-Methoxy- **18** IV 1336
—, 6-Methoxy- **18** IV 1333
—, 7-Methoxy- **18** IV 1333
—, 8-Methoxy- **18** IV 1335
—, 5-Nitro- **17** IV 6153
Chroman-2,4-dion 17 488 a, I 257 b,
  II 469 d, IV 6153
    — 4-phenylhydrazon **17** 489 a
—, 3-[1-Acenaphthen-5-yl-äthyl]- **17**
  IV 6557
—, 3-Acetoacetyl-6,7-dimethoxy- **18**
  IV 3419
—, 7-Acetoxy- **18** I 350 a, IV 1341
—, 5-Acetoxy-3-acetyl- **18** IV 2502
—, 7-Acetoxy-3-acetyl- **18** IV 2503
—, 7-Acetoxy-3-acetylamino- **18**
  IV 8119
—, 7-Acetoxy-3-acetylamino-8-methyl-
  18 IV 8123
—, 7-Acetoxy-3-acetyl-5-methyl- **18**
  IV 2514
—, 7-Acetoxy-3-butyryl- **18** IV 2518

—, 3-[4-Acetoxy-3-isopentyl-
  benzoylamino]-7-hydroxy-8-methyl- **18**
  IV 8124
—, 3-[2-Acetoxy-3-methoxy-benzyliden]-
  18 IV 2794
—, 3-[4-Acetoxy-3-(3-methyl-but-2-enyl)-
  benzoylamino]-7-hydroxy-8-methyl- **18**
  IV 8125
—, 3-[2-Acetoxy-[1]naphthylmethylen]-
  18 IV 1956
—, 3-Acetyl- **17** 569 c, IV 6740
—, 3-Acetyl-7-acetylamino- **18** IV 8066
—, 3-Acetyl-7-acetylamino-8-brom- **18**
  IV 8066
—, 3-Acetylamino- **18** IV 8037
—, 7-Acetylamino- **18** IV 8038
—, 7-Acetylamino-3-äthyl- **18** IV 8044
—, 3-[4-Acetylamino-cinnamoyl]- **18**
  IV 8069
—, 3-Acetylamino-7-hydroxy-8-methyl-
  18 IV 8123
—, 7-Acetylamino-3-methyl- **18**
  IV 8039
—, 3-[1-(4-Acetylamino-phenyl)-3-oxo-
  butyl]- **18** IV 8068
—, 6-Acetyl-3-benzyl- **17** IV 6794
—, 6-Acetyl-3-benzyl-5,7-dihydroxy- **18**
  IV 3368
—, 8-Acetyl-3-benzyl-5,7-dihydroxy- **18**
  IV 3368
—, 6-Acetyl-3-benzyl-7-hydroxy- **18**
  IV 2806
—, 3-Acetyl-6-brom- **17** IV 6743
—, 3-Acetyl-6-chlor- **17** IV 6743
    — monophenylhydrazon **17** IV 6743
—, 3-Acetyl-7-chlor- **17** IV 6743
—, 3-Acetyl-6-chlor-7-methyl- **17**
  IV 6747
—, 3-Acetyl-6-chlor-8-methyl- **17**
  IV 6747
—, 3-Acetyl-6,8-dibrom- **17** 569 d
—, 3-Acetyl-6,8-dichlor- **17** IV 6743
—, 3-Acetyl-6,8-dijod- **17** 569 e
—, 3-Acetyl-6,7-dimethoxy- **18** IV 3102
—, 3-Acetyl-5-hydroxy- **18** IV 2502
—, 3-Acetyl-7-hydroxy- **18** IV 2503
—, 3-Acetyl-7-hydroxy-5-methyl- **18**
  IV 2514
—, 3-Acetyl-6-methoxy- **18** IV 2503
—, 3-Acetyl-7-methoxy- **18** IV 2503
—, 3-Acetyl-6-methyl- **17** 570 j,
  IV 6746
—, 3-Acetyl-7-methyl- **17** 571 a
—, 3-Acetyl-7-nitro- **17** IV 6743
—, 3-Äthoxy- **18** IV 1336
—, 6-Äthoxy-3-äthylaminomethyl- **18**
  IV 8120
—, 6-Äthoxy-3-[allylamino-methyl]- **18**
  IV 8121

Chroman-2,4-dion (Fortsetzung)

—, 6-Äthoxy-3-benzylaminomethyl- **18** IV 8122

—, 6-Äthoxy-3-butylaminomethyl- **18** IV 8121

—, 6-Äthoxy-3-*sec*-butylaminomethyl- **18** IV 8121

—, 3-[(1-Äthoxycarbonyl-äthylamino)-methyl]-6-methyl- **18** IV 8046

—, 3-[(Äthoxycarbonylmethyl-amino)-methyl]-6-methyl- **18** IV 8046

—, 6-Äthoxy-3-cyclohexylaminomethyl- **18** IV 8122

—, 6-Äthoxy-3-dimethylaminomethyl- **18** IV 8120

—, 6-Äthoxy-3-[(2-hydroxy-propylamino)-methyl]- **18** IV 8122

—, 6-Äthoxy-3-isopropylaminomethyl- **18** IV 8120

—, 6-Äthoxy-3-phenäthylaminomethyl- **18** IV 8122

—, 6-Äthoxy-3-propylaminomethyl- **18** IV 8120

—, 3-Äthyl- **17** IV 6191

—, 3-[1-Äthylamino-äthyliden]- **17** IV 6741

—, 3-Äthylaminomethyl- **18** IV 8040

—, 3-Äthylaminomethyl-6-brom- **18** IV 8043

—, 3-Äthylaminomethyl-6-chlor- **18** IV 8041

—, 3-Äthylaminomethyl-6-methoxy- **18** IV 8120

—, 3-Äthylaminomethyl-6-methyl- **18** IV 8044

—, 3-Äthyl-6-butyl- **17** IV 6222

—, 6-Äthyl-3-butyl- **17** IV 6223

—, 3-Äthyl-3-chlor- **17** IV 6191

—, 3-Äthyl-6,7-dimethoxy- **18** IV 2403

—, 3-[2-Äthyl-heptanoyl]-6-chlor- **17** IV 6759

—, 3-[2-Äthyl-hexanoyl]- **17** IV 6758

—, 3-Äthyl-6-hexyl- **17** IV 6246

—, 6-Äthyl-3-hexyl- **17** IV 6247

—, 3-[1-Äthylimino-äthyl]- **17** IV 6741

—, 3-Äthyl-6-methoxy- **18** IV 1396

—, 3-Äthyl-7-methoxy- **18** IV 1396

—, 3-Äthyl-6-methyl- **17** IV 6203

—, 3-[2-Äthyl-1-phenylhydrazono-hexyl]- **17** IV 6758

—, 3-Allyl- **17** IV 6296

—, 3-Allylaminomethyl- **18** IV 8040

—, 3-Allylaminomethyl-6-chlor- **18** IV 8042

—, 3-Allylaminomethyl-6-methoxy- **18** IV 8121

—, 3-Allylaminomethyl-6-methyl- **18** IV 8046

—, 3-Amino- **18** IV 8037

—, 7-Amino- **18** IV 8038

—, 3-[1-Amino-äthyliden]- **17** IV 6741

—, 3-[2-Amino-anilinomethylen]- **17** IV 6739

—, 3-[4-Amino-cinnamoyl]- **18** IV 8068

—, 3-[1-Amino-decyliden]- **17** IV 6761

—, 3-Amino-6,8-dimethyl- **18** IV 8047

—, 3-Amino-7-hydroxy-8-methyl- **18** IV 8123

—, 7-Amino-3-methyl- **18** IV 8039

—, 3-[Amino-phenyl-acetyl]- **18** IV 8067

—, 3-[(2-Amino-phenylimino)-methyl]- **17** IV 6739

—, 3-[3-(2-Amino-phenyl)-propyl]- **18** IV 8056

—, 3-Anilinomethylen-6,7-dimethoxy- **18** IV 3101

—, 3-[3-[9]Anthryl-acryloyl]- **17** IV 6817

—, 3-Benzhydryl- **17** IV 6551

—, 3-Benzhydryl-7-chlor- **17** IV 6551

—, 3-Benzhydryl-7-methyl- **17** IV 6556

—, 3-Benzoyl- **17** II 529 d, IV 6791

—, 3-Benzoylamino- **18** IV 8037

—, 3-Benzoylamino-7-hydroxy-8-methyl- **18** IV 8123

—, 3-Benzoyl-6,7-dimethoxy- **18** IV 3360

—, 3-Benzoyl-7-hydroxy- **18** IV 2794

—, 3-Benzoyl-7-methoxy- **18** IV 2794

—, 3-Benzyl- **17** II 500 b, IV 6443

—, 3-Benzylaminomethyl- **18** IV 8040

—, 3-Benzylaminomethyl-6-methoxy- **18** IV 8122

—, 3-Benzylaminomethyl-6-methyl- **18** IV 8046

—, 3-Benzyl-5,7-dihydroxy- **18** IV 2753

—, 3-Benzyl-5-hydroxy- **18** IV 1835

—, 3-Benzyl-7-hydroxy- **18** IV 1836

—, 3-Benzyl-8-hydroxy- **18** IV 1836

—, 3-[1-Benzylidenhydrazono-äthyl]- **17** IV 6742

—, 3-[1-Benzylidenhydrazono-3-methyl-butyl]- **17** IV 6752

—, 3-Benzyl-8-isopropyl-5-methyl-5,6,7,8-tetrahydro- **17** IV 6376

—, 3-Benzyl-6-methoxy- **18** IV 1835

—, 7-Benzyloxy-3-phenyl- **18** IV 1811

—, 3-Benzyl-6-phenyl- **17** IV 6553

—, 3-Benzyl-5,6,7,8-tetrahydro- **17** IV 6367

—, 3-[1-Biphenyl-4-yl-äthyl]- **17** IV 6555

—, 3-[1,3-Bis-(4-chlor-phenyl)-3-oxo-propyl]- **17** IV 6814

—, 3-Brom- **17** IV 6157

—, 6-Brom- **17** IV 6157

Chroman-2,4-dion (Fortsetzung)

—, 6-Brom-3-butylaminomethyl- **18** IV 8043

—, 6-Brom-3-*sec*-butylaminomethyl- **18** IV 8043

—, 3-Brom-6,8-dimethyl- **17** IV 6194

—, 6-Brom-3-dimethylaminomethyl- **18** IV 8042

—, 6-Brom-3-hexylaminomethyl- **18** IV 8043

—, 3-Brom-7-hydroxy- **18** IV 1342

—, 6-Brom-3-[(hydroxy-*tert*-butylamino)-methyl]- **18** IV 8044

—, 6-Brom-3-[(2-hydroxy-propylamino)-methyl]- **18** IV 8043

—, 6-Brom-3-isopropylaminomethyl- **18** IV 8043

—, 6-Brom-3-phenyl- **17** IV 6434

—, 3-[1-(4-Brom-phenyl)-3-oxo-butyl]- **17** IV 6797

—, 6-Brom-3-propylaminomethyl- **18** IV 8043

—, 3-Butyl- **17** IV 6210

—, 3-Butylaminomethyl- **18** IV 8040

—, 3-*sec*-Butylaminomethyl-6-chlor- **18** IV 8042

—, 3-Butylaminomethyl-6-methoxy- **18** IV 8121

—, 3-Butylaminomethyl-6-methyl- **18** IV 8045

—, 3-*sec*-Butylaminomethyl-6-methyl- **18** IV 8045

—, 3-Butyl-5,7-dimethyl- **17** IV 6223

—, 3-Butyl-5,8-dimethyl- **17** IV 6223

—, 3-Butyl-6,7-dimethyl- **17** IV 6223

—, 3-Butyl-6,8-dimethyl- **17** IV 6223

—, 3-Butyl-7,8-dimethyl- **17** IV 6224

—, 3-Butyl-6-hexyl- **17** IV 6252

—, 3-Butyl-6-methyl- **17** IV 6214

—, 3-Butyl-6-methyl-8-pentyl- **17** IV 6252

—, 3-Butyl-6-octyl- **17** IV 6262

—, 3-Butyl-6-pentyl- **17** IV 6249

—, 3-Butyl-6-propyl- **17** IV 6244

—, 3-Butyryl- **17** IV 6748

—, 3-Butyryl-7-butyryloxy- **18** IV 2519

—, 3-Butyryl-6-chlor- **17** IV 6749

  — monophenylhydrazon **17** IV 6749

—, 3-Butyryl-6-chlor-7-methyl- **17** IV 6753

—, 3-Butyryl-7-hydroxy- **18** IV 2518

—, 3-Butyryl-6-methyl- **17** IV 6752

—, 3-Butyryl-7-nitro- **17** IV 6749

—, 7-Butyryloxy- **18** IV 1341

—, 3-Carbamimidoylmercapto- **18** IV 1338

—, 7-[O^3-Carbamoyl-5,O^4-dimethyl-*lyxo*-6-desoxy-hexopyranosyloxy]-3-[4-hydroxy-3-isopentyl-benzoylamino]-8-methyl- **18** IV 8124

—, 3-Chlor- **17** IV 6156

—, 6-Chlor- **17** IV 6156

—, 7-Chlor- **17** IV 6157

—, 3-[4-Chlor-benzhydryl]- **17** IV 6552

—, 3-[4-Chlor-benzhydryl]-7-methyl- **17** IV 6556

—, 3-[2-Chlor-benzyl]- **17** IV 6443

—, 7-Chlor-3-[4-chlor-benzhydryl]- **17** IV 6552

—, 7-Chlor-3-[1-(4-chlor-phenyl)-3-oxo-butyl]- **17** IV 6796

—, 6-Chlor-3-cyclohexylaminomethyl- **18** IV 8042

—, 6-Chlor-3-[4,4'-dichlor-benzhydryl]- **17** IV 6552

—, 7-Chlor-3-[4,4'-dichlor-benzhydryl]- **17** IV 6552

—, 6-Chlor-3-dimethylaminomethyl- **18** IV 8041

—, 6-Chlor-3-hexylaminomethyl- **18** IV 8042

—, 3-[3-Chlor-2-hydroxy-5-methyl-benzyl]- **18** IV 1861

—, 3-[5-Chlor-2-hydroxy-3-methyl-benzyl]- **18** IV 1861

—, 3-[1-(5-Chlor-2-hydroxy-3-methyl-phenyl)-äthyl]- **18** IV 1868

—, 3-[1-(5-Chlor-2-hydroxy-3-methyl-phenyl)-propyl]- **18** IV 1873

—, 6-Chlor-3-isobutyryl- **17** IV 6750

—, 6-Chlor-3-isobutyryl-7-methyl- **17** IV 6753

—, 6-Chlor-3-isopropylaminomethyl- **18** IV 8042

—, 6-Chlor-3-isovaleryl- **17** IV 6752

—, 6-Chlor-3-isovaleryl-7-methyl- **17** IV 6755

—, 3-[5-Chlor-2-methoxy-3-methyl-benzyl]- **18** IV 1861

—, 3-[1-(5-Chlor-2-methoxy-3-methyl-phenyl)-propyl]- **18** IV 1874

—, 6-Chlor-3-[1-(4-methoxy-phenyl)-3-oxo-butyl]- **18** IV 2808

—, 7-Chlor-3-[1-(4-methoxy-phenyl)-3-oxo-butyl]- **18** IV 2808

—, 3-Chlor-6-methyl- **17** IV 6177

—, 6-Chlor-7-methyl- **17** IV 6177

—, 6-Chlor-8-methyl- **17** IV 6178

—, 3-[1-(3-Chlor-4-methyl-phenyl)-3-oxo-butyl]- **17** IV 6798

—, 3-[1-(4-Chlor-4-methyl-phenyl)-3-oxo-butyl]- **17** IV 6798

—, 6-Chlor-7-methyl-3-propionyl- **17** IV 6750

Chroman-2,4-dion (Fortsetzung)

—, 6-Chlor-7-methyl-3-valeryl- **17**
  IV 6755

—, 3-[1-(4-Chlor-3-nitro-phenyl)-3-oxo-
  butyl]- **17** IV 6798

—, 6-Chlor-3-[3-oxo-1-phenyl-butyl]-
  17 IV 6795

—, 7-Chlor-3-[3-oxo-1-phenyl-butyl]-
  17 IV 6796

—, 7-Chlor-3-[3-oxo-1-*p*-tolyl-butyl]- **17**
  IV 6798

—, 3-Chlor-3-phenyl- **17** IV 6434

—, 3-[1-(4-Chlor-phenyl)-4,4-dimethyl-3-
  oxo-pentyl]- **17** IV 6800

—, 3-[1-(2-Chlor-phenyl)-3-oxo-butyl]-
  17 IV 6796

—, 3-[1-(3-Chlor-phenyl)-3-oxo-butyl]-
  17 IV 6796

—, 3-[1-(4-Chlor-phenyl)-3-oxo-butyl]-
  17 IV 6796

—, 3-[1-(4-Chlor-phenyl)-3-oxo-butyl]-7-
  methoxy- **18** IV 2808

—, 3-[1-(4-Chlor-phenyl)-3-oxo-butyl]-6-
  methyl- **17** IV 6799

—, 3-[1-(4-Chlor-phenyl)-3-oxo-butyl]-7-
  methyl- **17** IV 6799

—, 3-[1-(4-Chlor-phenyl)-3-oxo-pent-4-
  enyl]- **17** IV 6806

—, 3-[1-(4-Chlor-phenyl)-3-oxo-4-phenyl-
  butyl]- **17** IV 6814

—, 3-[1-(4-Chlor-phenyl)-3-oxo-3-phenyl-
  propyl]- **17** IV 6814

—, 3-[1-(4-Chlor-phenyl)-propenyl]- **17**
  IV 6487

—, 3-[1-(4-Chlor-phenyl)-propyl]- **17**
  IV 6461

—, 6-Chlor-3-propionyl- **17** IV 6746

—, 6-Chlor-3-propylaminomethyl- **18**
  IV 8042

—, 6-Chlor-3-valeryl- **17** IV 6751

—, 3-Cinnamoyl- **17** IV 6804

—, 3-Cinnamyl- **17** IV 6486

—, 3-[1-Cinnamylidenhydrazono-äthyl]-
  17 IV 6742

—, 3-Cyclohexylaminomethyl- **18**
  IV 8040

—, 3-Cyclohexylaminomethyl-6-methoxy-
  18 IV 8122

—, 3-Cyclohexylaminomethyl-6-methyl-
  18 IV 8046

—, 3-[1-Cyclohexylidenhydrazono-äthyl]-
  17 IV 6742

—, 3-[1-(4-Cyclohexyl-phenyl)-äthyl]-
  17 IV 6497

—, 3-Decanoyl- **17** IV 6760

—, 3-Decanoyl-7-decanoyloxy- **18**
  IV 2529

—, 3-Decanoyl-7-decanoyloxy-5-methyl-
  18 IV 2530

—, 3-Decanoyl-7-hydroxy- **18** IV 2529

—, 3-Decanoyl-7-hydroxy-5-methyl- **18**
  IV 2529

—, 3-Decanoyl-6-methyl- **17** IV 6762

—, 3-Decanoyl-7-nitro- **17** IV 6761

—, 7-Decanoyloxy- **18** IV 1341

—, 7-Decanoyloxy-5-methyl- **18**
  IV 1382

—, 3-Decyl- **17** IV 6251

—, 3,3-Diäthyl-6-hydroxy- **18** I 353 b

—, 3,3-Diäthyl-6-methoxy- **18** I 353 c

—, 3,3-Diäthyl-6-methyl- **17** IV 6215

—, 3-Diazo- **18** IV 8353

—, 3-Diazo-7-hydroxy-8-methyl- **18**
  IV 8354

—, 3,6-Dibenzyl- **17** IV 6556

—, 3,8-Dibenzyl-6-chlor- **17** IV 6556

—, 3,3-Dibrom- **17** IV 6154

—, 6,8-Dibrom- **17** 489 c

—, 3-[2,3-Dibrom-3-phenyl-propionyl]-
  17 IV 6794

—, 3,6-Dibutyl- **17** IV 6247

—, 3,3-Dichlor- **17** IV 6157

—, 6,7-Dichlor- **17** IV 6157

—, 6,8-Dichlor- **17** 489 b

—, 3-[4,4'-Dichlor-benzhydryl]- **17**
  IV 6552

—, 3-[4,4'-Dichlor-benzhydryl]-7-
  methoxy- **18** IV 1959

—, 3-[4,4'-Dichlor-benzhydryl]-6-methyl-
  17 IV 6555

—, 3-[4,4'-Dichlor-benzhydryl]-7-methyl-
  17 IV 6556

—, 3-[3,5-Dichlor-2-hydroxy-benzyl]-
  18 IV 1836

—, 3-[3,5-Dichlor-2-methoxy-benzyl]-
  18 IV 1836

—, 3-[1-(2,4-Dichlor-phenyl)-3-oxo-butyl]-
  17 IV 6797

—, 3-[1-(2,6-Dichlor-phenyl)-3-oxo-butyl]-
  17 IV 6797

—, 3-[1-(3,4-Dichlor-phenyl)-3-oxo-butyl]-
  17 IV 6797

—, 3-[1-(3,5-Dichlor-phenyl)-3-oxo-butyl]-
  17 IV 6797

—, 3,6-Dihexyl- **17** IV 6263

—, 5,7-Dihydroxy- **18** I 392 c
  — diimin **18** II 153 f

—, 6,7-Dihydroxy- **18** IV 2377

—, 7,8-Dihydroxy- **18** IV 2377

—, 3-[2,4-Dihydroxy-benzyliden]- **18**
  IV 2794

—, 5,7-Dihydroxy-3-[4-hydroxy-phenyl]-
  18 224 a, IV 3320

—, 3-[4,α-Dihydroxy-3-methoxy-benzyl]-
  18 IV 3336

—, 5,7-Dihydroxy-3-[4-methoxy-
  benzyliden]- **18** I 417 b

Chroman-2,4-dion   (Fortsetzung)

—, 5,7-Dihydroxy-3-[2-methoxy-phenyl]-
   18 IV 3319

—, 5,7-Dihydroxy-3-[3-methoxy-phenyl]-
   18 IV 3319

—, 5,7-Dihydroxy-3-[4-methoxy-phenyl]-
   18 IV 3320

—, 5,7-Dihydroxy-3-methyl- **18** IV 2386

—, 5,7-Dihydroxy-3-phenyl- **18** IV 2737

—, 5,6-Dimethoxy- **18** IV 2376

—, 5,7-Dimethoxy- **18** IV 2376

—, 6,7-Dimethoxy- **18** IV 2377
   — 4-imin **18** IV 2377

—, 7,8-Dimethoxy- **18** IV 2378

—, 5,7-Dimethoxy-3-[2-methoxy-phenyl]-
   18 IV 3319

—, 5,7-Dimethoxy-3-[3-methoxy-phenyl]-
   18 IV 3320

—, 5,7-Dimethoxy-3-[4-methoxy-phenyl]-
   18 IV 3321

—, 5,7-Dimethoxy-3-methyl- **18**
   IV 2386

—, 6,7-Dimethoxy-3-methyl- **18**
   IV 2386

—, 5,7-Dimethoxy-3-phenyl- **18**
   IV 2737

—, 3-[2,4-Dimethoxy-phenyl]-5,7-
   dihydroxy- **18** IV 3513

—, 3-[3,4-Dimethoxy-phenyl]-5,7-
   dihydroxy- **18** IV 3514

—, 3-[2,4-Dimethoxy-phenyl]-5,7-
   dimethoxy- **18** IV 3513

—, 3-[3,4-Dimethoxy-phenyl]-5,7-
   dimethoxy- **18** IV 3514

—, 3-[2,4-Dimethoxy-phenyl]-7-hydroxy-
   18 IV 3322

—, 3-[2,4-Dimethoxy-phenyl]-7-hydroxy-
   5-methoxy- **18** IV 3513

—, 3-[3,4-Dimethoxy-phenyl]-7-hydroxy-
   5-methoxy- **18** IV 3514

—, 6,7-Dimethoxy-3-[phenylimino-
   methyl]- **18** IV 3101

—, 3-[2,4-Dimethoxy-phenyl]-7-methoxy-
   18 IV 3322

—, 3-[3,4-Dimethoxy-phenyl]-7-methoxy-
   18 IV 3322

—, 5,7-Dimethoxy-3-[2,4,5-trimethoxy-
   phenyl]- **18** IV 3601

—, 3,3-Dimethyl- **17** IV 6192

—, 3,6-Dimethyl- **17** IV 6192

—, 3,7-Dimethyl- **17** IV 6193

—, 3,8-Dimethyl- **17** IV 6193

—, 5,8-Dimethyl- **17** IV 6193

—, 6,7-Dimethyl- **17** IV 6193

—, 6,8-Dimethyl- **17** IV 6193

—, 3-[1-(4-Dimethylamino-
   benzylidenhydrazono)-äthyl]- **17**
   IV 6743

—, 3-[4-Dimethylamino-cinnamoyl]- **18**
   IV 8068

—, 3-Dimethylaminomethyl- **18**
   IV 8040

—, 3-Dimethylaminomethyl-6-methoxy-
   18 IV 8120

—, 3-Dimethylaminomethyl-6-methyl-
   18 IV 8044

—, 3-[Dimethylamino-phenyl-acetyl]-
   18 IV 8068

—, 3-[3-(4-Dimethylamino-phenyl)-
   propionyl]- **18** IV 8068

—, 3-[1,3-Dimethyl-but-2-enyliden]- **17**
   IV 6358

—, 6,8-Dimethyl-3-nitro- **17** IV 6194

—, 5,8-Dimethyl-3-[4-nitro-
   phenylhydrazono]- **17** IV 6744

—, 3-[1,1-Dimethyl-3-oxo-butyl]- **17**
   IV 6754

—, 5,7-Dimethyl-3-phenyl- **17** IV 6454

—, 6,7-Dimethyl-3-phenyl- **17** IV 6455

—, 6,8-Dimethyl-3-phenyl- **17** IV 6455

—, 7,8-Dimethyl-3-phenyl- **17** IV 6455

—, 3-[3-(2,4-Dimethyl-phenyl)-propyl]-
   17 IV 6467

—, 3-[3-(2,5-Dimethyl-phenyl)-propyl]-
   17 IV 6467

—, 3,6-Dinitro- **17** IV 6158

—, 3-[1-(2,4-Dinitro-phenylhydrazono)-
   äthyl]- **17** IV 6742

—, 3-[1-(2,4-Dinitro-phenylhydrazono)-
   äthyl]-6-methoxy- **18** IV 2503

—, 3-[1-(2,4-Dinitro-phenylhydrazono)-
   äthyl]-7-methoxy- **18** IV 2504

—, 3-[1-(2,4-Dinitro-phenylhydrazono)-
   äthyl]-6-methyl- **17** IV 6747

—, 3-[(2,4-Dinitro-phenylhydrazono)-
   methyl]- **17** IV 6739

—, 3,6-Dipentyl- **17** IV 6252

—, 3-[1,3-Diphenyl-3-oxo-propyl]- **17**
   IV 6813

—, 3-[1-(4-Fluor-phenyl)-äthyl]- **17**
   IV 6454

—, 3-[1-(4-Fluor-phenyl)-3-oxo-butyl]-
   17 IV 6795

—, 3-[1-(4-Fluor-phenyl)-propyl]- **17**
   IV 6461

—, 3-Formyl- **17** IV 6739

—, 3-[1-Furfurylidenhydrazono-äthyl]-
   17 IV 6743

—, 3-Heptyl-6-methyl- **17** IV 6246

—, 3-Hexadecyl- **17** IV 6274

—, 3-Hexanoyl- **17** IV 6753

—, 3-Hexyl- **17** IV 6222

—, 3-Hexylaminomethyl-6-methoxy- **18**
   IV 8121

—, 3-Hexylaminomethyl-6-methyl- **18**
   IV 8045

—, 6-Hexyl-7-hydroxy- **18** IV 1431

Chroman-2,4-dion (Fortsetzung)
—, 3-Hexyl-6-methyl- **17** IV 6244
—, 3-Hexyl-6-methyl-8-pentyl- **17**
   IV 6263
—, 3-Hexyl-6-pentyl- **17** IV 6259
—, 6-Hexyl-3-pentyl- **17** IV 6259
—, 3-[1-Hydrazono-äthyl]- **17** IV 6741
—, 3-[1-Hydrazono-3-methyl-butyl]- **17**
   IV 6752
—, 3-[1-Hydrazono-octyl]- **17** IV 6758
—, 5-Hydroxy- **18** IV 1340
—, 6-Hydroxy- **18** IV 1340
—, 7-Hydroxy- **18** I 349 h, II 69 i,
   IV 1341
—, 3-[(2-Hydroxy-äthylamino)-methyl]-
   18 IV 8041
—, 3-[4-Hydroxy-benzoyl]- **18** IV 2795
—, 3-[1-(4-Hydroxy-
   benzylidenhydrazono)-3-methyl-butyl]-
   17 IV 6752
—, 3-[1-(4-Hydroxy-
   benzylidenhydrazono)-octyl]- **17**
   IV 6758
—, 3-[(Hydroxy-*tert*-butylamino)-methyl]-
   18 IV 8041
—, 3-[(Hydroxy-*tert*-butylamino)-methyl]-
   6-methyl- **18** IV 8046
—, 3-[α-Hydroxy-cinnamyl]- **18** IV 1908
—, 3-[2-Hydroxy-3,5-dimethyl-benzyl]-
   18 IV 1870
—, 7-Hydroxy-6,8-dinitro- **18** II 70 c
—, 7-Hydroxy-3-[4-hydroxy-benzoyl]-
   18 IV 3360
—, 7-Hydroxy-3-[4-hydroxy-3-isopentyl-
   benzoylamino]-8-methyl- **18** IV 8123
—, 7-Hydroxy-3-[4-hydroxy-phenyl]- **18**
   IV 2737
—, 5-Hydroxy-3-[4-hydroxy-phenyl]-7-
   methoxy- **18** IV 3320
—, 7-Hydroxy-3-[4-hydroxy-phenyl]-5-
   methoxy- **18** IV 3320
—, 3-Hydroxyimino- **17** 567 e,
   IV 6737
—, 3-[1-Hydroxyimino-äthyl]- **17**
   IV 6741
—, 3-[1-Hydroxyimino-butyl]- **17**
   IV 6749
—, 3-[1-Hydroxyimino-hexyl]- **17**
   IV 6754
—, 3-[1-Hydroxyimino-3-methyl-butyl]-
   17 IV 6751
—, 3-[1-Hydroxyimino-pentyl]- **17**
   IV 6751
—, 3-[1-Hydroxyimino-propyl]- **17**
   IV 6746
—, 7-Hydroxy-3-lauroyl- **18** IV 2532
—, 5-Hydroxy-6-methoxy- **18** IV 2376
—, 3-[2-Hydroxy-3-methoxy-benzyliden]-
   18 IV 2794

—, 3-[4-Hydroxy-3-methoxy-cinnamoyl]-
   18 IV 3382
—, 7-Hydroxy-5-methoxy-3-[2-methoxy-
   phenyl]- **18** IV 3319
—, 7-Hydroxy-5-methoxy-3-[4-methoxy-
   phenyl]- **18** IV 3321
—, 7-Hydroxy-5-methoxy-3-phenyl- **18**
   IV 2737
—, 3-[1-(4-Hydroxy-3-methoxy-phenyl)-
   3-oxo-butyl]- **18** IV 3371
—, 7-Hydroxy-3-methyl- **18** IV 1366
—, 7-Hydroxy-5-methyl- **18** IV 1382
—, 7-Hydroxy-8-methyl- **18** IV 1383
—, 3-[2-Hydroxy-[1]naphthylmethylen]-
   18 IV 1956
—, 3-[2-Hydroxy-phenyl]- **18** IV 1812
—, 3-[4-Hydroxy-phenyl]- **18** IV 1812
   — 2-imin **18** IV 1813
—, 7-Hydroxy-3-phenyl- **18** IV 1811
—, 3-[4-Hydroxy-phenyl]-5,7-dimethoxy-
   18 IV 3321
—, 3-[4-Hydroxy-phenyl]-7-methoxy-,
   — 2-imin **18** IV 2738
—, 3-[3-(2-Hydroxy-phenyl)-3-oxo-1-
   phenyl-propyl]- **18** IV 2840
—, 3-[3-(2-Hydroxy-phenyl)-3-oxo-
   propyl]- **18** IV 2806
—, 3-[(2-Hydroxy-propylamino)-methyl]-
   18 IV 8041
—, 3-[(2-Hydroxy-propylamino)-methyl]-
   6-methoxy- **18** IV 8122
—, 3-[(2-Hydroxy-propylamino)-methyl]-
   6-methyl- **18** IV 8046
—, 7-Hydroxy-3-[3,7,11-trimethyl-
   dodeca-2,6,10-trienyl]- **18** IV 1756
—, 3-[1-Imino-äthyl]- **17** IV 6741
—, 3-[1-Imino-decyl]- **17** IV 6761
—, 3-Indan-1-yl- **17** IV 6489
—, 3-[1-Indan-5-yl-äthyl]- **17** IV 6495
—, 3-Isobutylaminomethyl- **18** IV 8040
—, 3-Isobutylaminomethyl-6-methoxy-
   18 IV 8121
—, 3-Isobutylaminomethyl-6-methyl-
   18 IV 8045
—, 3-Isobutyl-6-methyl- **17** IV 6215
—, 3-Isobutyryl- **17** IV 6749
—, 3-Isobutyryl-6-methyl- **17** IV 6753
—, 3-Isopentyl- **17** IV 6214
—, 3-Isopentyl-6-methyl- **17** IV 6222
—, 3-Isopropyl- **17** IV 6203
—, 3-Isopropylaminomethyl- **18**
   IV 8040
—, 3-Isopropylaminomethyl-6-methoxy-
   18 IV 8120
—, 3-Isopropylaminomethyl-6-methyl-
   18 IV 8045
—, 3-[1-Isopropylidenhydrazono-äthyl]-
   17 IV 6742

Chroman-2,4-dion (Fortsetzung)

—, 3-[1-Isopropylidenhydrazono-3-methyl-butyl]- **17** IV 6752

—, 3-Isopropyl-6-methyl- **17** IV 6211

—, 3-[1-(4-Isopropyl-phenyl)-äthyl]- **17** IV 6468

—, 3-Isovaleryl- **17** IV 6751

—, 3-Isovaleryl-6-methyl- **17** IV 6755

—, 6-Jod- **17** IV 6157

—, 3-Lauroyl- **17** IV 6762

—, 3-Lauroyl-7-lauroyloxy- **18** IV 2532

—, 7-Lauroyloxy- **18** IV 1342

—, 3-Methoxy- **18** IV 1336

—, 5-Methoxy- **18** IV 1340

—, 6-Methoxy- **18** IV 1340

—, 7-Methoxy- **18** I 349 i, IV 1341

—, 3-[4-Methoxy-benzoyl]- **18** IV 2795

—, 3-[2-Methoxy-benzoylamino]- **18** IV 8037

—, 3-[3-Methoxy-benzoylamino]- **18** IV 8038

—, 3-[4-Methoxy-benzoylamino]- **18** IV 8038

—, 3-[4-Methoxy-benzyl]- **18** IV 1836

—, 3-[1-(4-Methoxy-benzylidenhydrazono)-äthyl]- **17** IV 6742

—, 7-Methoxy-3-[4-methoxy-benzoyl]- **18** IV 3360

—, 7-Methoxy-3-[4-methoxy-phenyl]- **18** IV 2738

— 2-imin **18** IV 2738

—, 6-Methoxy-3-methyl- **18** IV 1366

—, 7-Methoxy-3-methyl- **18** IV 1366

—, 6-Methoxy-3-methylaminomethyl- **18** IV 8119

—, 7-Methoxy-3-[3-oxo-1-phenyl-butyl]- **18** IV 2808

—, 6-Methoxy-3-phenäthylaminomethyl- **18** IV 8122

—, 3-[2-Methoxy-phenyl]- **18** IV 1812

—, 3-[4-Methoxy-phenyl]- **18** IV 1813

— 2-imin **18** IV 1813

—, 6-Methoxy-3-phenyl- **18** IV 1810

—, 7-Methoxy-3-phenyl- **18** IV 1811

— 2-imin **18** IV 1812

—, 8-Methoxy-3-phenyl- **18** IV 1812

—, 3-[1-(4-Methoxy-phenyl)-3-oxo-butyl]- **18** IV 2808

—, 3-[1-(4-Methoxy-phenyl)-3-oxo-butyl]-6-methyl- **18** IV 2809

—, 3-[1-(4-Methoxy-phenyl)-3-oxo-butyl]-7-methyl- **18** IV 2809

—, 7-Methoxy-3-propyl- **18** IV 1409

—, 6-Methoxy-3-propylaminomethyl- **18** IV 8120

—, 3-Methyl- **17** II 473 b, IV 6176

—, 5-Methyl- **17** IV 6176

—, 6-Methyl- **17** 493 a, IV 6176

— 4-oxim **17** IV 6177

—, 7-Methyl- **17** 493 b, IV 6177

— 4-oxim **17** IV 6177

—, 8-Methyl- **17** I 260 b, IV 6178

—, 3-[1-Methylamino-äthyliden]- **17** IV 6741

—, 3-Methylaminomethyl- **18** IV 8040

—, 3-[2-Methyl-benzyl]- **17** IV 6454

—, 6-Methyl-3,8-dipentyl- **17** IV 6259

—, 3-[6-Methyl-heptanoyl]- **17** IV 6758

—, 3-[5-Methyl-hexanoyl]- **17** IV 6756

—, 3-[1-Methylimino-äthyl]- **17** IV 6741

—, 6-Methyl-3-methylaminomethyl- **18** IV 8044

—, 6-Methyl-3-[1]naphthyl- **17** IV 6537

—, 3-[1-(4-Methyl-3-nitro-phenyl)-3-oxo-butyl]- **17** IV 6799

—, 6-Methyl-3-octanoyl- **17** IV 6759

—, 3-[1-Methyl-3-oxo-butyl]- **17** IV 6751

—, 6-Methyl-3-[3-oxo-1-phenyl-butyl]- **17** IV 6799

—, 6-Methyl-3-pentyl- **17** IV 6222

—, 6-Methyl-8-pentyl-3-propyl- **17** IV 6249

—, 6-Methyl-3-phenäthylaminomethyl- **18** IV 8046

—, 6-Methyl-3-phenyl- **17** IV 6444

—, 7-Methyl-3-phenyl- **17** IV 6444

—, 8-Methyl-3-phenyl- **17** IV 6444

—, 3-[3-Methyl-1-phenylhydrazono-butyl]- **17** IV 6752

—, 6-Methyl-3-propionyl- **17** IV 6750

—, 6-Methyl-3-propyl- **17** IV 6211

—, 6-Methyl-3-propylaminomethyl- **18** IV 8045

—, 3-[4-Methyl-valeryl]- **17** IV 6754

—, 6-Methyl-3-valeryl- **17** IV 6754

—, 3-Myristoyl- **17** IV 6764

—, 3-[1]Naphthyl- **17** IV 6534

—, 3-[1]Naphthylacetyl- **17** IV 6810

—, 3-[3-[1]Naphthyl-acryloyl]- **17** IV 6813

—, 3-[1-[1]Naphthyl-propyl]- **17** IV 6541

—, 3-Nitro- **17** IV 6157

—, 7-Nitro- **17** IV 6158

—, 3-[2-Nitro-cinnamyl]- **17** IV 6487

—, 3-[2-Nitro-1-phenyl-äthyl]- **17** IV 6454

—, 3-[4-Nitro-phenylhydrazono]- **17** IV 6737

—, 3-[1-(2-Nitro-phenyl)-3-oxo-butyl]- **17** IV 6797

—, 3-[1-(3-Nitro-phenyl)-3-oxo-butyl]- **17** IV 6798

—, 3-[1-(4-Nitro-phenyl)-3-oxo-butyl]- **17** IV 6798

—, 3-Octanoyl- **17** IV 6758

Chroman-2,4-dion (Fortsetzung)

—, 3-[2-Oxo-cyclohexylmethyl]- **17**
IV 6770

—, 3-[3-Oxo-1-(pentachlor-phenyl)-butyl]-
17 IV 6797

—, 3-[3-Oxo-1-phenyl-butyl]- **17**
IV 6794

—, 3-[3-Oxo-3-phenyl-propyl]- **17**
IV 6794

—, 3-[3-Oxo-1-*p*-tolyl-butyl]- **17**
IV 6798

—, 3-[3-Oxo-1-(3,4,5-trichlor-phenyl)-
butyl]- **17** IV 6797

—, 3-[3-Oxo-1-(3-trifluormethyl-phenyl)-
butyl]- **17** IV 6798

—, 3-Palmitoyl- **17** IV 6766

—, 3-Pentyl- **17** IV 6214

—, 3-Phenäthyl- **17** IV 6453

—, 3-Phenäthylaminomethyl- **18**
IV 8041

—, 3-[1-(4-Phenoxy-phenyl)-äthyl]- **18**
IV 1860

—, 3-Phenyl- **17** I 268 e, IV 6433
 — 2-imin **17** IV 6434
 — 4-phenylhydrazon **17** IV 6434

—, 6-Phenyl- **17** IV 6434

—, 3-Phenylacetyl- **17** IV 6791
 — monophenylhydrazon **17** IV 6791

—, 3-[1-Phenyl-äthyl]- **17** IV 6453

—, 3-[1-Phenyl-butyl]- **17** IV 6465

—, 3-[2-Phenyl-butyl]- **17** IV 6465

—, 3-[4-Phenyl-butyl]- **17** IV 6465

—, 3-[1-Phenyl-hexyl]- **17** IV 6470

—, 3-Phenylhydrazono- **17** IV 6737

—, 3-[1-Phenylhydrazono-äthyl]- **17**
IV 6742

—, 3-[1-Phenylhydrazono-butyl]- **17**
IV 6749

—, 3-[1-Phenylhydrazono-hexyl]- **17**
IV 6754

—, 3-[1-Phenylhydrazono-octyl]- **17**
IV 6758

—, 3-[1-Phenylhydrazono-pentyl]- **17**
IV 6751

—, 3-[1-Phenylhydrazono-propyl]- **17**
IV 6746

—, 3-[5-Phenyl-penta-2,4-dienoyl]- **17**
IV 6809

—, 3-[1-Phenyl-pent-1-enyl]- **17** IV 6494

—, 3-[1-Phenyl-pentyl]- **17** IV 6467

—, 3-[1-Phenyl-propenyl]- **17** IV 6487

—, 3-[3-Phenyl-propionyl]- **17** IV 6793

—, 3-[1-Phenyl-propyl]- **17** IV 6460

—, 3-[2-Phenyl-propyl]- **17** IV 6460

—, 3-[3-Phenyl-propyl]- **17** IV 6460

—, 3-[2-Phenyl-tetradecanoyl]- **17**
IV 6800

—, 3-Propionyl- **17** IV 6746

—, 3-Propyl- **17** IV 6202

—, 3-[1-(4-Propyl-phenyl)-äthyl]- **17**
IV 6467

—, 3-Salicyliden- **18** IV 1885
 — 4-semicarbazon **18** IV 1885

—, 3-[1-Semicarbazono-äthyl]- **17**
IV 6742

—, 3-[4-Sulfamoyl-phenylhydrazono]-
17 IV 6738

—, 5,6,7,8-Tetrahydro- **17** IV 6000

—, 3-[1,2,3,4-Tetrahydro-[1]naphthyl]-
17 IV 6493

—, 3-*p*-Tolylhydrazono- **17** IV 6737

—, 3-[1-*p*-Tolyl-propyl]- **17** IV 6466

—, 3-[2,2,2-Trichlor-1-hydroxy-äthyl]-
18 IV 1397

—, 3,5,7-Trimethoxy- **18** I 409 e

—, 5,6,8-Trimethyl- **17** IV 6204

—, 3-Valeryl- **17** IV 6751

Chroman-2,5-dion

—, 8a-Hydroxy-tetrahydro- **10** 794 b,
III 3519 a

—, 4a,7,7-Trimethyl-6,7-dihydro-4a*H*-
17 IV 6027

—, 7,7,8a-Trimethyl-tetrahydro- **17**
IV 5969

Chroman-2,6-dion

—, 8a-Hydroxy-5,7,8-trimethyl-8a*H*- **10**
III 3539 a

Chroman-2,7-dion

—, 6-Hydroxyimino-6*H*- **17** II 524 d

Chroman-3,4-dion 17 II 469 e
 — 3-oxim **17** II 469 g

—, 7-Acetylamino-2-[4-acetylamino-
phenyl]- **18** IV 8055

—, 7-Acetylamino-2-[4-dimethylamino-
phenyl]- **18** IV 8055

—, 6-Acetylamino-2-[3-hydroxy-phenyl]-
18 IV 8136

—, 6-Acetylamino-2-phenyl- **18** IV 8054

—, 7-Acetylamino-2-phenyl- **18** IV 8054

—, 7-Äthoxy-2-[3,4-diäthoxy-phenyl]-5-
hydroxy- **18** 247 d

—, 7-Äthoxy-2-[3,4-dimethoxy-phenyl]-
18 222 c
 — 3-oxim **18** 223 g

—, 2-[4-Äthoxy-3-methoxy-phenyl]- **18**
II 175 e

—, 6-Äthoxy-2-phenyl- **18** 129 c

—, 7-Amino-2-[4-amino-phenyl]- **18**
IV 8054

—, 2-[2-Amino-4,5-dihydroxy-phenyl]-
5,7-dihydroxy- **18** I 585 d

—, 7-Amino-2-[4-dimethylamino-phenyl]-
18 IV 8055

—, 6-Amino-2-phenyl- **18** IV 8054

—, 7-Amino-2-phenyl- **18** IV 8054

—, 2-[4-Arabinofuranosyloxy-phenyl]-
5,7-dihydroxy- **18** IV 3291

Chroman-3,4-dion (Fortsetzung)

—, 6-Benzoyl-8-chlor-2-phenyl- **17**
IV 6813

—, 6-Benzoyl-2-[4-methoxy-phenyl]- **18**
IV 2838

—, 6-Benzoyl-2-[4-methoxy-phenyl]-8-
methyl- **18** IV 2839

—, 7-Benzyloxy-2-[4-benzyloxy-3-
hydroxy-phenyl]-5-hydroxy- **18** IV 3483

—, 7-Benzyloxy-2-[3,4-dihydroxy-phenyl]-
5-hydroxy- **18** IV 3482

—, 2-[4-Benzyloxy-3,5-dimethoxy-phenyl]-
5,7-dihydroxy- **18** II 252 c

—, 7-Benzyloxy-2-[3,4-dimethoxy-phenyl]-
6-nitro- **18** IV 3307

—, 2-[4-Benzyloxy-3-methoxy-phenyl]-
18 IV 2716

—, 7-Benzyloxy-2-[4-methoxy-phenyl]-
18 IV 2713

—, 2-[4-Benzyloxy-3-methoxy-phenyl]-7-
methoxy- **18** IV 3306

—, 2-[4-Benzyloxy-3-methoxy-phenyl]-6-
methyl- **18** IV 2760

—, 2-[4-Benzyloxy-3-methoxy-phenyl]-7-
methyl- **18** IV 2761

—, 7-Benzyloxy-2-[2-methoxy-phenyl]-6-
nitro- **18** IV 2710

—, 7-Benzyloxy-2-[4-methoxy-phenyl]-6-
nitro- **18** IV 2714

—, 7-Benzyloxy-6-nitro-2-phenyl- **18**
IV 1795

—, 2-[4-Benzyloxy-phenyl]- **18** IV 1798

—, 2-[2-Benzyloxy-phenyl]-7-methoxy-
18 IV 2710

—, 2-[3-Benzyloxy-phenyl]-7-methoxy-
18 IV 2711

—, 2-[4-Benzyloxy-phenyl]-7-methoxy-
18 IV 2713

—, 5,7-Bis-benzoyloxy-2-[4-methoxy-
phenyl]- **18** 217 d

—, 2-[3,4-Bis-trimethylsilyloxy-phenyl]-
5,7-bis-trimethylsilyloxy- **18** IV 3503

—, 6-Brom-2-[4-methoxy-phenyl]- **18**
IV 1801

—, 7-Brom-2-[4-methoxy-phenyl]- **18**
IV 1801

—, 8-Brom-2-[4-methoxy-phenyl]-6-
methyl- **18** IV 1847

—, 2-[2-Brom-phenyl]- **17** IV 6432

—, 2-[3-Brom-phenyl]- **17** IV 6432

—, 2-[4-Brom-phenyl]- **17** IV 6432

—, 6-Brom-2-phenyl- **17** IV 6431

—, 7-Brom-2-phenyl- **17** IV 6431

—, 7-Butoxy-2-[2,5-dihydroxy-phenyl]-
18 IV 3304

—, 2-Chlor- **17** II 469 h

—, 6-Chlor-2-[3,4-dihydroxy-phenyl]-
18 IV 2717

—, 6-Chlor-2-[2-hydroxy-phenyl]- **18**
IV 1796

—, 6-Chlor-7-methoxy-2-phenyl- **18**
I 362 d

—, 7-Chlor-2-[4-methoxy-phenyl]- **18**
IV 1800

—, 2-Chlor-6-methyl- **17** II 473 e

—, 8-[3-Chlor-3-methyl-butyl]-5,7-
dihydroxy-2-[4-methoxy-phenyl]- **18**
IV 3356

—, 2-[2-Chlor-phenyl]- **17** II 499 d
   — 3-oxim **17** II 499 e

—, 2-[3-Chlor-phenyl]- **17** IV 6431

—, 2-[4-Chlor-phenyl]- **17** IV 6431

—, 6-Chlor-2-phenyl- **17** II 499 b,
IV 6430

—, 7-Chlor-2-phenyl- **17** IV 6431

—, 8-Chlor-2-phenyl- **17** II 499 c,
IV 6431

—, 5,7-Diacetoxy-2-[3,4-diacetoxy-
phenyl]- **18** IV 3488

—, 6,8-Dibrom-2-[3-brom-4-hydroxy-
phenyl]-5,7-dihydroxy- **18** 217 h

—, 6,8-Dibrom-2-[3,5-dibrom-2,4-
dihydroxy-phenyl]-5,7-dihydroxy-
18 241 g

—, 6,8-Dibrom-2-[2,6-dibrom-3,4,5-
trihydroxy-phenyl]-5,7-dihydroxy-
18 259 a

—, 6,8-Dibrom-5,7-dihydroxy-2-
[4-methoxy-phenyl]- **18** 217 g

—, 6,8-Dibrom-2-[3,4-dihydroxy-phenyl]-
5,7-dihydroxy- **18** 249 g

—, 6,8-Dibrom-2-[3,4-dimethoxy-phenyl]-
18 IV 2718

—, 6,8-Dibrom-5-hydroxy-2-[4-hydroxy-
3-methoxy-phenyl]-7-methoxy- **18** 250 a

—, 6,8-Dibrom-2-[2-hydroxy-phenyl]-
18 IV 1796

—, 6,8-Dibrom-2-[3-hydroxy-phenyl]-
18 IV 1797

—, 6,8-Dibrom-2-[4-methoxy-phenyl]-
18 IV 1801

—, 6,8-Dibrom-2-phenyl- **17** IV 6432

—, 6,8-Dichlor-2-[2-chlor-phenyl]- **17**
IV 6431

—, 6,8-Dichlor-2-[3,4-dimethoxy-phenyl]-
18 IV 2717

—, 6,8-Dichlor-2-[4-hydroxy-3-methoxy-
phenyl]- **18** IV 2717

—, 6,8-Dichlor-2-[2-hydroxy-phenyl]-
18 IV 1796

—, 6,8-Dichlor-2-[4-hydroxy-phenyl]-
18 IV 1800

—, 6,8-Dichlor-2-[2-methoxy-phenyl]-
18 IV 1796

—, 6,8-Dichlor-2-[4-methoxy-phenyl]-
18 IV 1800

—, 6,8-Dichlor-2-phenyl- **17** IV 6431

Chroman-3,4-dion (Fortsetzung)

—, 5,7-Dihydroxy-2-[4-hydroxy-3,5-dimethoxy-phenyl]- **18** II 251 a

—, 5,7-Dihydroxy-2-[3-hydroxy-4-methoxy-phenyl]- **18** IV 3475

—, 5,7-Dihydroxy-2-[4-hydroxy-3-methoxy-phenyl]- **18** 246 a, I 425 a, II 237 c, IV 3474

—, 5,7-Dihydroxy-2-[4-hydroxy-3-methoxy-phenyl]-8-methoxy- **18** IV 3584

—, 5,7-Dihydroxy-8-[3-hydroxy-3-methyl-butyl]-2-[4-methoxy-phenyl]- **18** IV 3528

—, 5,6-Dihydroxy-2-[4-hydroxy-phenyl]- **18** IV 3281

—, 5,7-Dihydroxy-2-[2-hydroxy-phenyl]- **18** 214 c, I 413 f, II 214 b, IV 3281

—, 5,7-Dihydroxy-2-[3-hydroxy-phenyl]- **18** IV 3282

—, 5,7-Dihydroxy-2-[4-hydroxy-phenyl]- **18** 214 g, I 414 a, II 214 h, IV 3283

—, 6,7-Dihydroxy-2-[4-hydroxy-phenyl]- **18** IV 3297

—, 7,8-Dihydroxy-2-[2-hydroxy-phenyl]- **18** 218 a, IV 3298

—, 7,8-Dihydroxy-2-[3-hydroxy-phenyl]- **18** 218 e

—, 7,8-Dihydroxy-2-[4-hydroxy-phenyl]- **18** 219 c, IV 3299

—, 5,6-Dihydroxy-2-[4-hydroxy-phenyl]-7,8-dimethoxy- **18** IV 3574

—, 5,7-Dihydroxy-2-[4-hydroxy-phenyl]-8-methoxy- **18** IV 3461

—, 6,7-Dihydroxy-2-[4-hydroxy-phenyl]-5-methoxy- **18** IV 3457

—, 5,7-Dihydroxy-2-[4-hydroxy-phenyl]-6-methyl- **18** IV 3337

—, 5,7-Dihydroxy-2-[4-hydroxy-phenyl]-8-methyl- **18** IV 3340

—, 5,7-Dihydroxy-2-[4-hydroxy-phenyl]-8-[3-methyl-but-2-enyl]- **18** IV 3371

—, 7,8-Dihydroxy-2-[4-isopropyl-phenyl]- **18** 196 d

—, 5,7-Dihydroxy-2-[2-methoxy-phenyl]- **18** IV 3281

—, 5,7-Dihydroxy-2-[4-methoxy-phenyl]- **18** 215 a, II 215 b, IV 3285

—, 5,7-Dihydroxy-2-[4-methoxy-phenyl]-8-[3-methyl-but-2-enyl]- **18** IV 3371

—, 5,7-Dihydroxy-2-methyl- **18** IV 2384

—, 6,7-Dihydroxy-2-methyl- **18** IV 2385

—, 5,7-Dihydroxy-6-methyl-2-phenyl- **18** IV 2758

—, 5,7-Dihydroxy-8-methyl-2-phenyl- **18** IV 2763

—, 5,7-Dihydroxy-6-methyl-2-[3,4,5-trihydroxy-phenyl]- **18** IV 3603

—, 2-[2,3-Dihydroxy-phenyl]- **18** IV 2715

—, 2-[2,5-Dihydroxy-phenyl]- **18** IV 2715

—, 2-[3,4-Dihydroxy-phenyl]- **18** 190 a, IV 2716

—, 5,6-Dihydroxy-2-phenyl- **18** IV 2700

—, 5,7-Dihydroxy-2-phenyl- **18** 184 j, II 174 f, IV 2701

—, 5,8-Dihydroxy-2-phenyl- **18** IV 2704

—, 6,7-Dihydroxy-2-phenyl- **18** IV 2705

—, 6,8-Dihydroxy-2-phenyl- **18** IV 2706

—, 7,8-Dihydroxy-2-phenyl- **18** 186 c, IV 2706

—, 2-[2,3-Dihydroxy-phenyl]-5,7-dihydroxy- **18** II 235 c, IV 3468

—, 2-[2,3-Dihydroxy-phenyl]-7,8-dihydroxy- **18** IV 3505

—, 2-[2,4-Dihydroxy-phenyl]-5,7-dihydroxy- **18** 239 c, I 423 e, II 235 e, IV 3468

—, 2-[2,5-Dihydroxy-phenyl]-5,7-dihydroxy- **18** II 236 d, IV 3470

—, 2-[3,4-Dihydroxy-phenyl]-5,6-dihydroxy- **18** IV 3467

—, 2-[3,4-Dihydroxy-phenyl]-5,7-dihydroxy- **18** 242 d, I 424 b, II 236 f, IV 3470

—, 2-[3,4-Dihydroxy-phenyl]-5,8-dihydroxy- **18** IV 3503

—, 2-[3,4-Dihydroxy-phenyl]-6,7-dihydroxy- **18** IV 3504

—, 2-[3,4-Dihydroxy-phenyl]-7,8-dihydroxy- **18** 250 f, IV 3506

—, 2-[3,4-Dihydroxy-phenyl]-x,x-dihydroxy- **18** IV 3507

—, 2-[3,5-Dihydroxy-phenyl]-5,7-dihydroxy- **18** II 239 c

—, 2-[3,4-Dihydroxy-phenyl]-5,7-dihydroxy-6-methoxy- **18** IV 3577

—, 2-[3,4-Dihydroxy-phenyl]-5,7-dihydroxy-6-methyl- **18** IV 3516

—, 2-[3,4-Dihydroxy-phenyl]-5,7-dihydroxy-8-methyl- **18** IV 3518

—, 2-[2,5-Dihydroxy-phenyl]-7,8-dimethoxy- **18** IV 3506

—, 2-[3,4-Dihydroxy-phenyl]-5,7-dimethoxy- **18** IV 3476

—, 2-[3,4-Dihydroxy-phenyl]-7-glucopyranosyloxy-5,6-dihydroxy- **18** IV 3582

—, 2-[3,4-Dihydroxy-phenyl]-7-glucopyranosyloxy-5,8-dihydroxy- **18** IV 3589

—, 2-[3,4-Dihydroxy-phenyl]-8-glucopyranosyloxy-5,7-dihydroxy- **18** IV 3589

—, 2-[3,4-Dihydroxy-phenyl]-7-glucopyranosyloxy-5-hydroxy- **18** IV 3496, **31** 257 b

Chroman-3,4-dion   (Fortsetzung)

—, 2-[3,4-Dihydroxy-phenyl]-7-
glucopyranosyloxy-5-hydroxy-6-methoxy-
18 IV 3582

—, 2-[2,3-Dihydroxy-phenyl]-6-hydroxy-
18 IV 3300

—, 2-[2,3-Dihydroxy-phenyl]-7-hydroxy-
18 IV 3302

—, 2-[2,4-Dihydroxy-phenyl]-6-hydroxy-
18 219 h

—, 2-[2,4-Dihydroxy-phenyl]-7-hydroxy-
18 221 c, IV 3303

—, 2-[2,5-Dihydroxy-phenyl]-7-hydroxy-
18 IV 3303

—, 2-[3,4-Dihydroxy-phenyl]-5-hydroxy-
18 IV 3299

—, 2-[3,4-Dihydroxy-phenyl]-6-hydroxy-
18 220 e

—, 2-[3,4-Dihydroxy-phenyl]-7-hydroxy-
18 221 h, I 414 g, II 216 b, IV 3304

—, 2-[3,4-Dihydroxy-phenyl]-5-hydroxy-
7-methoxy- **18** 245 a, II 237 b,
IV 3474

—, 2-[3,4-Dihydroxy-phenyl]-7-hydroxy-
5-methoxy- **18** II 237 a, IV 3474

—, 2-[2,5-Dihydroxy-phenyl]-7-methoxy-
18 IV 3303

—, 2-[3,4-Dihydroxy-phenyl]-6-methyl-
18 IV 2760

—, 2-[3,4-Dihydroxy-phenyl]-5,6,7,8-
tetrahydroxy- **18** IV 3623

—, 2-[2,3-Dihydroxy-phenyl]-6,7,8-
trihydroxy- **18** IV 3590

—, 2-[2,4-Dihydroxy-phenyl]-5,7,8-
trihydroxy- **18** IV 3583

—, 2-[3,4-Dihydroxy-phenyl]-5,6,7-
trihydroxy- **18** 256 e, I 430 b,
II 249 d, IV 3576

—, 2-[3,4-Dihydroxy-phenyl]-5,6,8-
trihydroxy- **18** IV 3583

—, 2-[3,4-Dihydroxy-phenyl]-5,7,8-
trihydroxy- **18** 257 b, I 431 f,
II 250 c, IV 3584

—, 2-[3,4-Dihydroxy-phenyl]-6,7,8-
trihydroxy- **18** IV 3591

—, 7-[2,3-Dihydroxy-propoxy]-2-
[4-methoxy-phenyl]- **18** IV 2713

—, 7-[2,3-Dihydroxy-propoxy]-2-phenyl-
18 IV 1793

—, 5,7-Dihydroxy-2-styryl- **18** II 181 b

—, 5,7-Dihydroxy-2-[2,3,4,5-
tetrahydroxy-phenyl]- **18** IV 3628

—, 5,7-Dihydroxy-2-[2,3,4-trihydroxy-
phenyl]- **18** IV 3591

—, 5,7-Dihydroxy-2-[3,4,5-trihydroxy-
phenyl]- **18** 257 d, I 432 c, II 250 f,
IV 3593

—, 5,8-Dihydroxy-2-[3,4,5-trihydroxy-
phenyl]- **18** IV 3598

—, 6,7-Dihydroxy-2-[3,4,5-trihydroxy-
phenyl]- **18** IV 3599

—, 5,7-Dihydroxy-2-[3,4,5-trimethoxy-
phenyl]- **18** II 251 b, IV 3594

—, 7,8-Dimethoxy- **18** II 153 g
  — 3-oxim **18** II 153 h

—, 7,8-Dimethoxy-2-[4-methoxy-3-
methoxymethyl-phenyl]- **18** IV 3507

—, 2-[3,5-Dimethoxy-4-methoxymethoxy-
phenyl]-7,8-dimethoxy- **18** IV 3600

—, 2-[3,5-Dimethoxy-4-methoxymethoxy-
phenyl]-6-methoxy- **18** IV 3509

—, 5,6-Dimethoxy-2-[4-methoxy-phenyl]-
18 IV 3281

—, 5,7-Dimethoxy-2-[2-methoxy-phenyl]-
18 I 413 g
  — 3-oxim **18** I 413 h

—, 5,7-Dimethoxy-2-[4-methoxy-phenyl]-
18 216 b, II 215 d, IV 3287
  — 3-oxim **18** 217 f

—, 6,7-Dimethoxy-2-[4-methoxy-phenyl]-
18 IV 3298

—, 7,8-Dimethoxy-2-[2-methoxy-phenyl]-
18 218 b, IV 3298
  — 3-oxim **18** 218 d

—, 7,8-Dimethoxy-2-[3-methoxy-phenyl]-
18 218 f
  — 3-oxim **18** 219 b

—, 7,8-Dimethoxy-2-[4-methoxy-phenyl]-
18 219 d, IV 3299
  — 3-oxim **18** 219 g

—, 6,7-Dimethoxy-2-methyl- **18**
IV 2385

—, 2-[2,3-Dimethoxy-phenyl]- **18**
IV 2715

—, 2-[3,4-Dimethoxy-phenyl]- **18** 190
b, I 397 b, II 175 c, IV 2716
  — 3-imin **18** IV 2717
  — 3-oxim **18** 190 e II 175 f,
    IV 2717

—, 5,6-Dimethoxy-2-phenyl- **18**
IV 2701

—, 5,7-Dimethoxy-2-phenyl- **18** 185 b,
IV 2702
  — 3-oxim **18** 185 f

—, 5,8-Dimethoxy-2-phenyl- **18**
IV 2705

—, 6,7-Dimethoxy-2-phenyl- **18**
IV 2705

—, 7,8-Dimethoxy-2-phenyl- **18** 186 d
  — 3-oxim **18** 186 g

—, 2-[2,3-Dimethoxy-phenyl]-7,8-
dimethoxy- **18** IV 3505

—, 2-[2,4-Dimethoxy-phenyl]-5,7-
dimethoxy-,
  — 3-oxim **18** 241 f

—, 2-[3,4-Dimethoxy-phenyl]-5,6-
dimethoxy- **18** IV 3467
  — 3-oxim **18** IV 3467

Chroman-3,4-dion   (Fortsetzung)

—, 2-[3,4-Dimethoxy-phenyl]-5,7-
dimethoxy- **18** 247 b, I 425 c,
II 238 c, IV 3479
  — 3-oxim **18** 249 f

—, 2-[3,4-Dimethoxy-phenyl]-5,8-
dimethoxy- **18** IV 3503

—, 2-[3,4-Dimethoxy-phenyl]-6,7-
dimethoxy- **18** IV 3504

—, 2-[3,4-Dimethoxy-phenyl]-7,8-
dimethoxy- **18** 250 g, IV 3506
  — 3-oxim **18** 251 a

—, 2-[2,3-Dimethoxy-phenyl]-7-hydroxy-
18 IV 3302

—, 2-[3,4-Dimethoxy-phenyl]-7-hydroxy-
18 IV 3305

—, 2-[2,4-Dimethoxy-phenyl]-5-hydroxy-
7-methoxy- **18** 240 b

—, 2-[3,4-Dimethoxy-phenyl]-5-hydroxy-
7-methoxy- **18** II 238 a, IV 3478

—, 2-[3,4-Dimethoxy-phenyl]-7-hydroxy-
5-methoxy- **18** IV 3478

—, 2-[2,3-Dimethoxy-phenyl]-6-methoxy-
18 IV 3300

—, 2-[2,3-Dimethoxy-phenyl]-7-methoxy-
18 IV 3302

—, 2-[2,4-Dimethoxy-phenyl]-6-methoxy-
18 220 a
  — 3-oxim **18** 220 d

—, 2-[2,4-Dimethoxy-phenyl]-7-methoxy-
18 221 d
  — 3-oxim **18** 221 g

—, 2-[3,4-Dimethoxy-phenyl]-5-methoxy-
18 IV 3300

—, 2-[3,4-Dimethoxy-phenyl]-6-methoxy-
18 220 f, I 414 f
  — 3-oxim **18** 221 b

—, 2-[3,4-Dimethoxy-phenyl]-7-methoxy-
18 222 a, I 415 a, IV 3305
  — 3-oxim **18** 223 f

—, 2-[2,3-Dimethoxy-phenyl]-7-
methoxymethoxy- **18**
IV 3302

—, 2-[3,4-Dimethoxy-phenyl]-7-
methoxymethoxy- **18** IV 3307

—, 2-[2,4-Dimethoxy-phenyl]-6-methyl-
18 IV 2759

—, 2-[3,4-Dimethoxy-phenyl]-6-methyl-
18 IV 2760

—, 2-[3,4-Dimethoxy-phenyl]-6-methyl-8-
nitro- **18** IV 2761

—, 2-[3,4-Dimethoxy-phenyl]-5,6,7,8-
tetramethoxy- **18** IV 3624

—, 2-[2,3-Dimethoxy-phenyl]-6,7,8-
trimethoxy- **18** IV 3590

—, 2-[3,4-Dimethoxy-phenyl]-5,6,7-
trimethoxy- **18** IV 3579

—, 2-[3,4-Dimethoxy-phenyl]-5,7,8-
trimethoxy- **18** IV 3585

—, 2-[3,4-Dimethoxy-phenyl]-6,7,8-
trimethoxy- **18** IV 3591

—, 6,7-Dimethoxy-2-styryl- **18** IV 2802

—, 7,8-Dimethoxy-2-styryl- **18** IV 2802

—, 5,7-Dimethoxy-2-[3,4,5-trimethoxy-
phenyl]- **18** II 251 d, IV 3594
  — 3-oxim **18** II 253 b

—, 2,6-Dimethyl- **17** II 476 g

—, 2-[4-Dimethylamino-phenyl]- **18**
IV 8054

—, 6-Fluor-2-[4-methoxy-phenyl]- **18**
IV 1800

—, 2-[2-Fluor-phenyl]- **17** IV 6430

—, 2-[3-Fluor-phenyl]- **17** IV 6430

—, 2-[4-Fluor-phenyl]- **17** IV 6430

—, 6-Fluor-2-phenyl- **17** IV 6430

—, 7-Glucopyranosyloxy-5,8-dihydroxy-
2-[4-hydroxy-phenyl]- **18** IV 3466

—, 2-[3-Glucopyranosyloxy-4,5-
dihydroxy-phenyl]-5,7-dihydroxy- **18**
IV 3597

—, 7-Glucopyranosyloxy-2-
[3-glucopyranosyloxy-4-methoxy-phenyl]-
18 IV 3307

—, 8-Glucopyranosyloxy-5-hydroxy-2-
[3-hydroxy-4-methoxy-phenyl]-7-methoxy-
18 IV 3589

—, 7-Glucopyranosyloxy-5-hydroxy-2-
[4-hydroxy-phenyl]- **18** IV 3295

—, 7-Glucopyranosyloxy-5-hydroxy-2-
[4-hydroxy-phenyl]-8-[3-methyl-but-2-
enyl]- **18** IV 3373

—, 7-Glucopyranosyloxy-2-[3-hydroxy-4-
methoxy-phenyl]- **18** IV 3307

—, 7-Glucopyranosyloxy-5-hydroxy-2-
[4-methoxy-phenyl]- **18** IV 3296

—, 7-Glucopyranosyloxy-5-hydroxy-2-
[4-methoxy-phenyl]-8-[3-methyl-but-2-
enyl]- **18** IV 3374

—, 2-[4-Glucopyranosyloxy-3-hydroxy-
phenyl]- **18** IV 2716

—, 7-Glucopyranosyloxy-5-hydroxy-2-
phenyl- **18** IV 2704

—, 2-[3-Glucopyranosyloxy-4-hydroxy-
phenyl]-5,7-dihydroxy- **18** IV 3497

—, 2-[4-Glucopyranosyloxy-3-hydroxy-
phenyl]-5,7-dihydroxy- **18** IV 3497

—, 7-Glucopyranosyloxy-5-methoxy-2-
[4-methoxy-phenyl]-8-[3-methyl-but-2-
enyl]- **18** IV 3374

—, 2-[3-Glucopyranosyloxy-4-methoxy-
phenyl]-5,7-dimethoxy- **18** IV 3498

—, 2-[4-Glucopyranosyloxy-3-methoxy-
phenyl]-5,7-dimethoxy- **18** IV 3498

—, 7-Glucopyranosyloxy-2-phenyl- **18**
IV 1794

—, 7-Hydroxy- **18** 102 a, II 70 f

—, 5-Hydroxy-7,8-dimethoxy-2-
[4-methoxy-phenyl]- **18** IV 3462

Chroman-3,4-dion   (Fortsetzung)

—, 2-[4-Hydroxy-3,5-dimethoxy-phenyl]-7,8-dimethoxy- **18** IV 3599

—, 2-[4-Hydroxy-3,5-dimethoxy-phenyl]-6-methoxy- **18** IV 3508

—, 7-Hydroxy-2-[3-hydroxy-4-methoxy-phenyl]- **18** IV 3305

—, 5-Hydroxy-2-[3-hydroxy-4-methoxy-phenyl]-7-methoxy- **18** IV 3477

—, 5-Hydroxy-2-[4-hydroxy-3-methoxy-phenyl]-7-methoxy- **18** 246 c, IV 3476

—, 5-Hydroxy-2-[4-hydroxy-phenyl]- **18** IV 2707

—, 6-Hydroxy-2-[2-hydroxy-phenyl]- **18** 186 h, IV 2707

—, 6-Hydroxy-2-[3-hydroxy-phenyl]- **18** 187 c, IV 2708

—, 6-Hydroxy-2-[4-hydroxy-phenyl]- **18** 187 g, IV 2708

—, 7-Hydroxy-2-[2-hydroxy-phenyl]- **18** 188 d, IV 2709

—, 7-Hydroxy-2-[3-hydroxy-phenyl]- **18** 188 h, IV 2710

—, 7-Hydroxy-2-[4-hydroxy-phenyl]- **18** 189 e, IV 2712

—, 5-Hydroxy-2-[2-hydroxy-phenyl]-7-methoxy- **18** IV 3281

—, 5-Hydroxy-2-[4-hydroxy-phenyl]-7-methoxy- **18** 216 a, I 414 b, II 215 a, IV 3284

—, 5-Hydroxy-2-[4-hydroxy-phenyl]-7-rhamnopyranosyloxy- **18** IV 3291

—, 7-Hydroxy-2-[4-isopropyl-phenyl]- **18** 136 h

—, 5-Hydroxy-7-methoxy-2-[4-methoxy-phenyl]- **18** IV 3286

—, 7-Hydroxy-5-methoxy-2-[4-methoxy-phenyl]- **18** IV 3285

—, 5-Hydroxy-7-methoxy-2-[4-methoxy-phenyl]-8-[3-methyl-but-2-enyl]- **18** IV 3371

—, 5-Hydroxy-7-methoxy-2-phenyl- **18** IV 2701

—, 6-Hydroxy-2-[4-methoxy-phenyl]- **18** IV 2708

—, 6-Hydroxy-8-methoxy-2-phenyl- **18** IV 2706

—, 7-Hydroxy-2-[4-methoxy-phenyl]- **18** II 175 a, IV 2712

—, 2-[2-Hydroxy-4-methoxy-phenyl]-5,7-dimethoxy- **18** IV 3469

—, 2-[3-Hydroxy-4-methoxy-phenyl]-5,7-dimethoxy- **18** IV 3478

—, 2-[3-Hydroxy-4-methoxy-phenyl]-7,8-dimethoxy- **18** IV 3506

—, 2-[4-Hydroxy-3-methoxy-phenyl]-5,7-dimethoxy- **18** IV 3478

—, 2-[3-Hydroxy-4-methoxy-phenyl]-6-methoxy- **18** IV 3301

—, 2-[4-Hydroxy-3-methoxy-phenyl]-6-methoxy- **18** IV 3301

—, 5-Hydroxy-2-[4-methoxy-phenyl]-7-rhamnopyranosyloxy- **18** IV 3291

—, 7-Hydroxy-2-methyl- **18** II 72 b, IV 1363

—, 8-Hydroxy-2-methyl- **18** IV 1364

—, 7-Hydroxy-2-phenäthyl- **18** II 105 g

—, 2-[2-Hydroxy-phenyl]- **18** IV 1795

—, 2-[3-Hydroxy-phenyl]- **18** 130 d, IV 1797

—, 2-[4-Hydroxy-phenyl]- **18** 130 i, IV 1797

—, 5-Hydroxy-2-phenyl- **18** IV 1791

—, 6-Hydroxy-2-phenyl- **18** 128 k, IV 1792

—, 7-Hydroxy-2-phenyl- **18** 129 h, II 99 i, IV 1792

—, 2-[2-Hydroxy-phenyl]-5,7-dimethoxy- **18** IV 3282

—, 2-[4-Hydroxy-phenyl]-5,7-dimethoxy- **18** IV 3285

—, 2-[2-Hydroxy-phenyl]-7-methoxy- **18** IV 2709

—, 2-[3-Hydroxy-phenyl]-7-methoxy- **18** IV 2710

—, 2-[4-Hydroxy-phenyl]-7-methoxy- **18** IV 2712

—, 2-[2-Hydroxy-phenyl]-6-methyl- **18** IV 1845

—, 7-Hydroxy-2-styryl- **18** II 108 g

—, 5-Hydroxy-2-[3,4,5-trihydroxy-phenyl]- **18** IV 3508

—, 7-Hydroxy-2-[2,3,4-trihydroxy-phenyl]- **18** IV 3509

—, 7-Hydroxy-2-[3,4,5-trihydroxy-phenyl]- **18** IV 3510

—, 7-Hydroxy-2-[3,4,5-trimethoxy-phenyl]- **18** IV 3510

—, 2-[4-Isopropyl-phenyl]-7,8-dimethoxy- **18** 196 e

   — 3-oxim **18** 197 c

—, 2-[4-Isopropyl-phenyl]-7-methoxy- **18** 136 i

—, 7-Jod-2-[4-methoxy-phenyl]- **18** IV 1801

—, 2-[2-Jod-phenyl]- **17** IV 6432

—, 2-[3-Jod-phenyl]- **17** IV 6432

—, 2-[4-Jod-phenyl]- **17** IV 6432

—, 7-Jod-2-phenyl- **17** IV 6432

—, 2-Methoxy- **18** IV 1336

—, 6-Methoxy- **18** II 70 d

   — 3-oxim **18** II 70 e

—, 7-Methoxy- **18** II 70 g

   — 3-oxim **18** I 350 g, II 70 h

—, 8-Methoxy- **18** II 71 a

   — 3-oxim **18** II 71 b

—, 6-Methoxy-2-[3-methoxy-4-methoxymethoxy-phenyl]- **18** IV 3301

Chroman-3,4-dion (Fortsetzung)

—, 6-Methoxy-2-[4-methoxy-3-methoxymethoxy-phenyl]- **18** IV 3301

—, 7-Methoxymethoxy-2-[4-methoxy-phenyl]- **18** IV 2713

—, 5-Methoxy-2-[4-methoxy-phenyl]- **18** IV 2707

—, 6-Methoxy-2-[2-methoxy-phenyl]- **18** 186 i, IV 2708
  — 3-oxim **18** 187 b

—, 6-Methoxy-2-[3-methoxy-phenyl]- **18** 187 d
  — 3-oxim **18** 187 f

—, 6-Methoxy-2-[4-methoxy-phenyl]- **18** 187 h, IV 2708
  — 3-oxim **18** 188 c

—, 7-Methoxymethoxy-2-phenyl- **18** IV 1793

—, 7-Methoxy-2-[2-methoxy-phenyl]- **18** 188 e, IV 2709
  — 3-oxim **18** 188 g

—, 7-Methoxy-2-[3-methoxy-phenyl]- **18** 189 a, IV 2711
  — 3-oxim **18** 189 d

—, 7-Methoxy-2-[4-methoxy-phenyl]- **18** 189 f, IV 2712
  — 3-oxim **18** 189 i

—, 7-Methoxy-2-[4-methoxy-phenyl]-5-methyl- **18** IV 2757

—, 7-Methoxymethoxy-2-[3,4,5-trimethoxy-phenyl]- **18** IV 3511

—, 7-Methoxy-2-methyl- **18** IV 1363

—, 8-Methoxy-2-methyl- **18** IV 1364

—, 7-Methoxy-5-methyl-2-phenyl- **18** IV 1843

—, 2-[2-Methoxy-[1]naphthyl]- **18** IV 1943

—, 2-[2-Methoxy-phenyl]- **18** IV 1795

—, 2-[3-Methoxy-phenyl]- **18** 130 e, IV 1797
  — 3-oxim **18** 130 h

—, 2-[4-Methoxy-phenyl]- **18** 130 j, II 100 c, IV 1798
  — 3-imin **18** IV 1799
  — 3-oxim **18** 131 c, IV 1800

—, 5-Methoxy-2-phenyl- **18** IV 1791

—, 6-Methoxy-2-phenyl- **18** 129 a, I 362 a, IV 1792
  — 3-oxim **18** 129 g

—, 7-Methoxy-2-phenyl- **18** 129 i, I 362 c, IV 1793
  — 3-oxim **18** 130 c

—, 2-[2-Methoxy-phenyl]-6-methyl- **18** IV 1845

—, 2-[4-Methoxy-phenyl]-6-methyl- **18** IV 1846

—, 2-[4-Methoxy-phenyl]-7-methyl- **18** IV 1848

—, 2-[4-Methoxy-phenyl]-8-methyl- **18** IV 1850

—, 2-[2-Methoxy-phenyl]-6-methyl-8-nitro- **18** IV 1846

—, 2-[4-Methoxy-phenyl]-6-methyl-8-nitro- **18** IV 1847

—, 2-[4-Methoxy-phenyl]-6-nitro- **18** IV 1801

—, 7-Methoxy-2-[3,4,5-trimethoxy-phenyl]- **18** IV 3511
  — 3-oxim **18** II 239 e

—, 2-Methyl- **17** IV 6175

—, 6-Methyl- **17** II 473 c
  — 3-oxim **17** II 473 d

—, 6-Methyl-8-nitro-2-phenyl- **17** IV 6444

—, 6-Methyl-2-phenyl- **17** 528 d, IV 6444
  — 3-oxim **17** 529 a

—, 7-Methyl-2-phenyl- **17** I 269 e

—, 8-Methyl-2-phenyl- **17** I 270 a

—, 2-[3-Nitro-phenyl]- **17** IV 6433
  — 3-oxim **17** IV 6433

—, 2-[4-Nitro-phenyl]- **17** IV 6433
  — 3-oxim **17** IV 6433

—, 6-Nitro-2-phenyl- **17** IV 6432
  — 3-oxim **17** IV 6433

—, 2-Phenyl- **17** 527 a, I 268 d, II 498 i, IV 6428
  — 3-imin **17** IV 6429
  — 3-oxim **17** 527 b, II 499 a, IV 6430

—, 5,6,7,8-Tetrahydroxy-2-[4-hydroxy-phenyl]- **18** IV 3574

—, 5,6,7,8-Tetrahydroxy-2-phenyl- **18** IV 3456

—, 5,6,7,8-Tetrahydroxy-2-[3,4,5-trihydroxy-phenyl]- **18** IV 3636

—, 5,6,7,8-Tetramethoxy-2-phenyl- **18** IV 3456

—, 5,6,7-Trihydroxy-2-[4-hydroxy-phenyl]- **18** IV 3457

—, 5,6,8-Trihydroxy-2-[4-hydroxy-phenyl]- **18** IV 3460

—, 5,7,8-Trihydroxy-2-[2-hydroxy-phenyl]- **18** IV 3461

—, 5,7,8-Trihydroxy-2-[4-hydroxy-phenyl]- **18** IV 3461

—, 6,7,8-Trihydroxy-2-[4-hydroxy-phenyl]- **18** IV 3466

—, 5,6,7-Trihydroxy-2-methyl- **18** IV 3078

—, 5,7,8-Trihydroxy-2-methyl- **18** IV 3078

—, 5,6,7-Trihydroxy-2-phenyl- **18** IV 3277

—, 5,6,8-Trihydroxy-2-phenyl- **18** IV 3278

Chroman-3,4-dion (Fortsetzung)
—, 5,7,8-Trihydroxy-2-phenyl- **18**
IV 3279
—, 6,7,8-Trihydroxy-2-phenyl- **18**
IV 3280
—, 5,6,7-Trihydroxy-2-[3,4,5-trihydroxy-
phenyl]- **18** IV 3624
—, 5,7,8-Trihydroxy-2-[3,4,5-trihydroxy-
phenyl]- **18** IV 3625
—, 6,7,8-Trihydroxy-2-[3,4,5-trihydroxy-
phenyl]- **18** IV 3628
—, 5,6,7-Trimethoxy-2-[4-methoxy-
phenyl]- **18** IV 3458
—, 5,7,8-Trimethoxy-2-[4-methoxy-
phenyl]- **18** IV 3463
—, 6,7,8-Trimethoxy-2-[4-methoxy-
phenyl]- **18** IV 3466
—, 5,6,7-Trimethoxy-2-phenyl- **18**
IV 3277
—, 5,7,8-Trimethoxy-2-phenyl- **18**
IV 3279
—, 6,7,8-Trimethoxy-2-phenyl- **18**
IV 3280
—, 5,7,8-Trimethoxy-2-[3,4,5-trimethoxy-
phenyl]- **18** IV 3626
—, 6,7,8-Trimethoxy-2-[3,4,5-trimethoxy-
phenyl]- **18** IV 3628

Chroman-3,6-diyldiquecksilber(2+)
—, 7-Hydroxy-4-methoxy-4,8-dimethyl-2-
oxo- **18** IV 8442
—, 4-Methoxy-4,7-dimethyl-2-oxo- **18**
IV 8440

Chroman-2-ol
—, 4-Acetyl-2-[3,4-dimethoxy-phenyl]-
6,7-dimethoxy-3-methyl- **10** III 1420 d
—, 6,8-Dibrom-4-phenacyl-2-phenyl-
8 III 3069 d
—, 2-[2,4-Dimethoxy-phenyl]- **8**
III 3667 a
—, 2-[3,4-Dimethoxy-phenyl]- **8**
III 3672 b
—, 2-[3,4-Dimethoxy-phenyl]-5,7-
dimethoxy- **8** II 576 b, III 4236 a
—, 3-[3,4-Dimethoxy-phenyl]-5,7-
dimethoxy- **8** III 4237 a, **17** II 260 b
—, 2-[2,4-Dimethoxy-phenyl]-7-methoxy-
8 III 4079 d
—, 2,4-Dimethyl- **8** III 484 g
—, 4-[2-Dimethylamino-2H-chromen-2-
ylmethyl]-2-methyl- **18** IV 8106
—, 4,6-Dimethyl-2,4-diphenyl- **17**
II 164 d
—, 4,7-Dimethyl-2,4-diphenyl- **17**
II 164 e
—, 5,7-Dimethyl-2,4-diphenyl- **17**
II 164 f
—, 2,4-Di-[1]naphthyl- **17** II 180 a
—, 2,4-Diphenyl- **8** III 1661 c,
17 143 e, II 163 b, 621 f

—, 2-[4-Hydroxy-3-methoxy-phenyl]-
8 III 3672 a
—, 8-Methoxy-4-[4-methoxy-phenacyl]-2-
[4-methoxy-phenyl]- **8** III 4320 b
—, 8-Methoxy-2-[4-methoxy-phenyl]-
8 III 3673 b
—, 8-Methoxy-4-[4-methyl-phenacyl]-2-
p-tolyl- **8** III 3900 c
—, 4-[4-Methoxy-phenacyl]-2-
[4-methoxy-phenyl]- **8** III 4184 a
—, 6-Methoxy-4-phenacyl-2-phenyl-
8 II 518 c, III 3895 b
—, 7-Methoxy-4-phenacyl-2-phenyl-
8 III 3895 a
—, 8-Methoxy-4-phenacyl-2-phenyl-
8 III 3894 c
—, 2-[4-Methoxy-phenyl]- **8** II 362 g,
III 2702 a
—, 7-Methoxy-2-phenyl- **8** III 2704 a
—, 2-Methyl- **8** 116 g, I 552 h,
II 116 j, III 452 b
—, 3-Methyl-2,4-diphenyl- **17** II 164 b
—, 6-Methyl-2,3,4-triphenyl-4-p-tolyl-
8 III 1754 c
—, 4-Phenacyl-2,3-diphenyl- **8**
III 3115 c
—, 4-Phenacyl-2-phenyl- **8** 369 g,
II 424 a, III 3068 b
—, 2-Phenyl- **8** 180 b, I 574 d,
II 203 f, III 1342 d
—, 2-Phenyl-4-p-tolyl- **17** II 163 g
—, 4-Phenyl-2-p-tolyl- **17** II 164 a
—, 3,4,6,8-Tetrabrom-2-phenyl- **8**
III 1344 b
—, 2,4,4,7-Tetramethyl- **17** II 125 e
—, 2,4,4,8-Tetramethyl- **17** II 126 b
—, 2,4,4-Trimethyl- **17** II 124 c
—, 2,4,4-Trimethyl-6-nitro- **17** II 124 d
—, 2,4,4-Trimethyl-7-nitro- **17** II 124 e
—, 2,3,4-Triphenyl- **8** III 1732 a, **17**
II 173 c

Chroman-3-ol
—, 4-Amino-2-[4-methoxy-phenyl]-6-
methyl- **18** IV 7445
—, 4-Amino-2-phenyl- **18** IV 7365
—, 2-[3,4-Bis-(2,4-dinitro-phenoxy)-
phenyl]-5,7-bis-[2,4-dinitro-phenoxy]- **17**
IV 3844
—, 2-[3,4-Bis-methansulfonyloxy-phenyl]-
5,7-bis-methansulfonyloxy- **17** IV 3849
—, 4-Brom-4-phenyl- **17** II 148 f
—, 2-[3,4-Dihydroxy-phenyl]-5,7-
dimethoxy- **17** IV 3842
—, 5,7-Dimethoxy-2-[4-methoxy-phenyl]-
17 IV 2691
—, 2-[3,4-Dimethoxy-phenyl]-5,7-
dimethoxy- **17** 211 a, 214 b, II 254 c,
256 a, 258 a, IV 3843

Chroman-3-ol   (Fortsetzung)

—, 4-[3,4-Dimethoxy-phenyl]-5,7-
  dimethoxy- **17** II 260 h
—, 2-[3,4-Dimethoxy-phenyl]-7-methoxy-
  17 IV 2693
—, 2-[3,4-Dimethoxy-phenyl]-4,7,8-
  trimethoxy- **17** IV 3888
—, 5,7-Dimethoxy-2-[3,4,5-trimethoxy-
  phenyl]- **17** IV 3891
—, 4-Isopropoxy-2-[4-methoxy-phenyl]-6-
  methyl- **17** IV 2378
—, 4-Methoxy-2-[4-methoxy-phenyl]-6-
  methyl- **17** IV 2378
—, 4-Methoxy-4-phenyl- **17** II 193 e
—, 2-[4-Methoxy-phenyl]-6-methyl- **17**
  IV 2191
—, 7-Methoxy-2-[3,4,5-trimethoxy-
  phenyl]- **17** IV 3850
—, 2-[3-Methoxy-4-trimethylsilyloxy-
  phenyl]-5,7-bis-trimethylsilyloxy- **17**
  IV 3849
—, 4-Phenyl- **17** II 148 d

Chroman-4-ol **17** IV 1351

—, 7-Acetoxy-3-[4-acetoxy-phenyl]-2-
  methyl- **17** IV 2376
—, 3-Acetoxy-2-[4-methoxy-phenyl]-6-
  methyl- **17** IV 2378
—, 7-Acetoxy-3-[4-methoxy-phenyl]-2-
  methyl- **17** IV 2376
—, 3-Acetylamino-3-benzyl- **18** IV 7992
—, 3-Acetylamino-3-benzyl-7-methoxy-
  14 III 572 b
—, 3-Acetylamino-2-phenyl- **18** IV 7366
—, 2-Äthyl- **17** IV 1372
—, 8-Äthyl- **18** IV 7156
—, 6-Allyl-2-[3,4-dimethoxy-phenyl]-8-
  methoxy- **17** IV 2712
—, 6-Allyl-8-methoxy-2-phenyl- **17**
  IV 2217
—, 3-Aminomethyl- **18** IV 7338
—, 3-Amino-2-methyl- **18** IV 7338
—, 3-Amino-2-phenyl- **18** IV 7366
—, 3-Benzyl- **17** IV 1630
—, 3-Brom-2-[4-methoxy-phenyl]-6-
  methyl- **17** IV 2193
—, 6-Chlor-2-phenyl- **17** IV 1626
—, 3,7-Diacetoxy-2-[3,4-diacetoxy-
  phenyl]- **17** IV 3840
—, 2,4-Diäthyl-5,7-dimethoxy-3-
  [4-methoxy-phenyl]- **17** IV 2700
—, 2,4-Diäthyl-7-methoxy-3-[4-methoxy-
  phenyl]- **17** IV 2383
—, 5,7-Dimethoxy-2,2-dimethyl- **17**
  IV 2341
—, 6,7-Dimethoxy-2,2-dimethyl- **17**
  IV 2341
—, 5,7-Dimethoxy-2-[4-methoxy-phenyl]-
  17 IV 2692

—, 5,7-Dimethoxy-3-[4-methoxy-phenyl]-
  2,4-diphenyl- **17** IV 2723
—, 5,7-Dimethoxy-3-[4-methoxy-phenyl]-
  2-methyl-4-phenyl- **17** IV 2721
—, 5,7-Dimethoxy-3-[4-methoxy-phenyl]-
  4-phenyl- **17** IV 2720
—, 3,8-Dimethoxy-2-methyl- **17**
  IV 2339
—, 2-[3,4-Dimethoxy-phenyl]-5,7-
  dimethoxy- **17** II 259 g
—, 2-[3,4-Dimethoxy-phenyl]-7,8-
  dimethoxy- **17** IV 3850
—, 2-[3,4-Dimethoxy-phenyl]-8-methoxy-
  17 IV 2694
—, 2-[3,4-Dimethoxy-phenyl]-3,7,8-
  trimethoxy- **17** IV 3888
—, 4,6-Dimethyl- **17** I 58 d
—, 4,7-Dimethyl- **17** IV 1375
—, 4,8-Dimethyl- **17** IV 1375
—, 2,4-Diphenyl- **17** II 163 c
—, 2-[4-Hydroxy-3-methoxy-phenyl]-
  17 IV 2374
—, 3-[3-Methoxy-benzyl]- **17** IV 2190
—, 3-[4-Methoxy-benzyl]- **17** IV 2190
—, 3-Methoxy-2-[4-methoxy-phenyl]-6-
  methyl- **17** IV 2377
—, 7-Methoxy-3-[4-methoxy-phenyl]-4-
  phenyl- **17** IV 2406
—, 6-Methoxy-4-methyl- **17** IV 2076
—, 7-Methoxy-4-methyl- **17** IV 2076
—, 2-[4-Methoxy-phenyl]- **17** IV 2185
—, 2-[4-Methoxy-phenyl]-6-methyl- **17**
  IV 2192
—, 2-Methyl- **17** IV 1363
—, 4-Methyl- **17** II 121 b
—, 2-Methyl-3-nitro- **17** IV 1363
—, 2-Phenyl- **17** IV 1625
—, 4-Phenyl- **17** II 148 g
—, 8-Phenyl- **18** IV 7237
—, 5,7,8-Trimethoxy-2,2-dimethyl- **17**
  IV 2668
—, 2,4,6-Trimethyl- **17** II 124 g
—, 2,6,8-Trimethyl- **17** IV 1382
—, 3,4,6-Trimethyl- **17** II 124 h

Chroman-5-ol

—, 6-Acetyl-2,2-dimethyl- **18** IV 226
—, 6-Acetyl-7-methoxy-2,2-dimethyl-
  18 IV 1262
—, 2,2-Dimethyl- **17** IV 1373
—, 8-Isopentyl-7-methoxy-2,2-dimethyl-
  17 IV 2081
—, 8-Isovaleryl-7-methoxy-2,2-dimethyl-
  18 IV 1289
—, 7-Methoxy-2,2-dimethyl- **17**
  IV 2078
—, 7-Methoxy-6-methoxyacetyl-2,2-
  dimethyl- **18** IV 2349
—, 7-Methoxy-2-phenyl- **17** IV 2184

Chroman-5-ol   (Fortsetzung)
—, 2-Phenyl- **17** IV 1626

Chroman-6-ol
—, 2-Äthyl-2,5,7,8-tetramethyl- **17**
    IV 1398
—, 2-Äthyl-5,7,8-trimethyl- **17** IV 1393
—, 2-Äthyl-5,7,8-trimethyl-2-[4,8,12-
    trimethyl-tridecyl]- **17** IV 1448
—, 5-Äthyl-2,7,8-trimethyl-2-[4,8,12-
    trimethyl-tridecyl]- **17** IV 1448
—, 7-Äthyl-2,5,8-trimethyl-2-[4,8,12-
    trimethyl-tridecyl]- **17** IV 1447
—, 8-Äthyl-2,5,7-trimethyl-2-[4,8,12-
    trimethyl-tridecyl]- **17** IV 1447
—, 7-Allyl-2,5,8-trimethyl-2-[4,8,12-
    trimethyl-tridecyl]- **17** IV 1530
—, 5-Benzoyloxymethyl-2,2,7,8-
    tetramethyl- **17** IV 2081
—, 5-Benzyl-2,2,7,8-tetramethyl- **17**
    IV 1646
—, 7-But-2-enyl-2,5,8-trimethyl-2-[4,8,12-
    trimethyl-tridecyl]- **17** IV 1531
—, 5,7-Diäthyl-2-methyl-2-[4,8,11-
    trimethyl-tridecyl]- **17** IV 1447
—, 2,2-Didodecyl-5,7,8-trimethyl- **17**
    IV 1453
—, 2,2-Dihexadecyl-5,7,8-trimethyl- **17**
    IV 1453
—, 2,3-Dimethyl- **17** IV 1374
—, 2,5-Dimethyl-8-methylmercapto-2-
    [4,8,12-trimethyl-tridecyl]- **17** IV 2098
—, 2,8-Dimethyl-5-methylmercapto-2-
    [4,8,12-trimethyl-tridecyl]- **17** IV 2098
—, 2-[4,8-Dimethyl-nonyl]-2,5,7,8-
    tetramethyl- **17** IV 1405
—, 5,7-Dimethyl-2-phenyl- **17** IV 1637
—, 2,5-Dimethyl-2-[4,8,12-trimethyl-
    tridecyl]- **17** IV 1409
—, 2,7-Dimethyl-2-[4,8,12-trimethyl-
    tridecyl]- **17** IV 1410
—, 2,8-Dimethyl-2-[4,8,12-trimethyl-
    tridecyl]- **17** IV 1411
—, 2-Dodecyl-2,5,7,8-tetramethyl- **17**
    IV 1406
—, 2-Heptadecyl-2,5,7,8-tetramethyl-
    17 IV 1447
—, 7-Heptyl-8-hydroxymethyl-2,2-
    dimethyl- **17** IV 2082
—, 7-Heptyl-2,2,8-trimethyl- **17**
    IV 1400
—, 2-Hexadecyl-2,5,7,8-tetramethyl- **17**
    IV 1435
—, 2-[4-Hydroxy-phenyl]-5,7-dimethyl-
    17 IV 2196
—, 2-Isobutyl-2,5,7,8-tetramethyl- **17**
    IV 1399
—, 2-Isohexyl-2,5,7,8-tetramethyl- **17**
    IV 1401

—, 5-Methoxy-2,8-dimethyl-2-[4,8,12-
    trimethyl-tridecyl]- **17** IV 2098
—, 8-Methoxy-2,5-dimethyl-2-[4,8,12-
    trimethyl-tridecyl]- **17** IV 2098
—, 5-Methoxy-2-methyl-2-[4,8,12-
    trimethyl-tridecyl]- **17** IV 2096
—, 7-Methoxy-2-methyl-2-[4,8,12-
    trimethyl-tridecyl]- **17** IV 2096
—, 8-Methoxy-2-methyl-2-[4,8,12-
    trimethyl-tridecyl]- **17** IV 2096
—, 7-Methoxy-2-phenyl- **17** IV 2185
—, 8-Methoxy-2,5,7-trimethyl-2-[4,8,12-
    trimethyl-tridecyl]- **17** IV 2110
—, 2-Methyl- **17** IV 1364
—, 4-Methyl-hexahydro- **17** IV 1212
—, 4-Methyl-2-nonyl- **17** IV 1400
—, 4-Methyl-2-pentadecyl- **17** IV 1406
—, 4-Methyl-2-tridecyl- **17** IV 1405
—, 2-Methyl-2-[4,8,12-trimethyl-trideca-
    3,7,11-trienyl]- **17** IV 1583
—, 2-Methyl-2-[4,8,12-trimethyl-tridecyl]-
    17 IV 1407
—, 2,2,5,7,8-Pentamethyl- **17** IV 1393
—, 2,3,5,7,8-Pentamethyl- **17** IV 1395
—, 2-Phenyl- **17** IV 1627
—, 2,2,7,8-Tetramethyl- **17** IV 1388
—, 2,5,7,8-Tetramethyl- **17** IV 1389
—, 2,5,7,8-Tetramethyl-2-[4-methyl-pent-
    3-enyl]- **17** IV 1510
—, 2,5,7,8-Tetramethyl-2-pentadecyl-
    17 IV 1431
—, 2,5,7,8-Tetramethyl-2-propyl- **17**
    IV 1399
—, 2,5,7,8-Tetramethyl-2-tridecyl- **17**
    IV 1408
—, 2,5,7,8-Tetramethyl-2-[3,7,11-
    trimethyl-dodecyl]- **17** IV 1432
—, 2,5,7,8-Tetramethyl-2-[4,8,12-
    trimethyl-trideca-3,7,11-trienyl]- **17**
    IV 1584
—, 2,5,7,8-Tetramethyl-2-[4,8,12-
    trimethyl-tridecyl]- **17** IV 1436
—, 2,2,4-Trimethyl- **17** IV 1381
—, 2,5,8-Trimethyl- **17** IV 1382
—, 2,7,8-Trimethyl-2-[4,8,12,16,20,24,28,⇌
    32,36-nonamethyl-heptatriacontyl]- **17**
    IV 1454
—, 2,7,8-Trimethyl-2-[4,8,12,16,20,24,28,⇌
    32-octamethyl-tritriacontyl]- **17** IV 1454
—, 5,7,8-Trimethyl-2-propyl-2-[4,8,12-
    trimethyl-tridecyl]- **17** IV 1452
—, 2,5,8-Trimethyl-2-[4,8,12-trimethyl-
    trideca-3,7,11-trienyl]- **17** IV 1583
—, 2,7,8-Trimethyl-2-[4,8,12-trimethyl-
    trideca-3,7,11-trienyl]- **17** IV 1583
—, 2,5,7-Trimethyl-2-[4,8,12-trimethyl-
    tridecyl]- **17** IV 1425
—, 2,5,8-Trimethyl-2-[4,8,12-trimethyl-
    tridecyl]- **17** IV 1426

Chroman-6-ol (Fortsetzung)
—, 2,7,8-Trimethyl-2-[4,8,12-trimethyl-
  tridecyl]- **17** IV 1429
Chroman-7-ol 17 IV 1351
—, 6-Acetyl- **18** IV 209
—, 6-Acetyl-5-methoxy-2,2-dimethyl-
  18 IV 1261
—, 8-Acetyl-5-methoxy-2,2-dimethyl-
  18 IV 1263
—, 6-Acetyl-5-methoxy-2,2-dimethyl-8-
  nitro- **18** IV 1263
—, 8-Acetyl-5-methoxy-2-phenyl- **18**
  IV 1746
—, 8-Acetyl-2-phenyl- **18** IV 666
—, 2-Äthoxy- **17** IV 2075
—, 2-Äthoxy-4-methyl- **17** IV 2076
—, 2-Äthoxy-2-methyl-4-phenyl- **17**
  IV 2191
—, 6-Äthyl- **17** IV 1372
—, 6-Äthyl-2-[3,4-dimethoxy-phenyl]-
  17 IV 2381
—, 6-Äthyl-2-phenyl- **17** IV 1636
—, 6-Benzyl-5-benzyloxy-8-isovaleryl-2,2-
  dimethyl- **18** IV 1754
—, 5-Benzyloxy-8-isovaleryl-2,2-
  dimethyl- **18** IV 1289
—, 6-Cinnamoyl-5-methoxy-2,2-
  dimethyl- **18** IV 1876
—, 8-Cinnamoyl-5-methoxy-2,2-
  dimethyl- **18** IV 1877
—, 8-Cinnamoyl-5-methoxy-2-phenyl-
  18 IV 1962
—, 2-[3,4-Dihydroxy-phenyl]- **17**
  IV 2375
—, 4-[3,5-Dimethoxy-phenyl]-2-phenyl-
  17 186 c
—, 2,2-Dimethyl- **17** IV 1373
—, 2,6-Dimethyl- **17** IV 1374
—, 2,8-Dimethyl- **17** IV 1375
—, 2,2-Dimethyl-4-phenyl- **17** IV 1636
—, 5,8-Dimethyl-2-phenyl- **17** IV 1637
—, 2,4-Diphenyl- **17** 144 a
—, 2-[4-Hydroxy-phenyl]- **17** IV 2185
—, 3-[4-Hydroxy-phenyl]- **17** IV 2186
—, 5-Methoxy-2,2-dimethyl- **17**
  IV 2077
—, 2-Methoxy-2-methyl-4-phenyl- **17**
  IV 2191
—, 5-Methoxy-8-methyl-2-phenyl- **17**
  IV 2194
—, 2-[4-Methoxy-phenyl]- **17** IV 2185
—, 3-[4-Methoxy-phenyl]- **17** IV 2187
—, 5-Methoxy-2-phenyl- **17** IV 2184
—, 2-Methyl- **17** IV 1364
—, 2-Methyl-3-phenyl- **17** IV 1631
—, 5-Methyl-2-phenyl- **17** IV 1631
—, 6-Methyl-2-phenyl- **17** IV 1631
—, 8-Methyl-2-phenyl- **17** IV 1631

—, 2-Methyl-2-phenyl-4-[1-phenyl-
  äthyliden]- **17** IV 1732
—, 2-Phenyl- **17** IV 1627
—, 2,2,4-Trimethyl- **17** IV 1381
—, 2,4,5-Trimethyl- **17** I 58 f
Chroman-8-ol
—, 2,2-Dimethyl- **17** IV 1374
Chroman-2-on 17 315 d, I 162 e,
  II 334 i, IV 4956
    — imin **17** II 335 a
    — oxim **17** 316 a
—, 6-Acetoacetyl- **17** IV 6749
—, 4-Acetonyl- **17** IV 6203
—, 6-Acetoxy- **18** II 9 i
—, 7-Acetoxy- **18** II 10 c, IV 168
—, 6-Acetoxy-3-acetylimino- **18**
  IV 1333
—, 7-Acetoxy-3-acetylimino- **18**
  IV 1334
—, 7-Acetoxy-4-acetylimino- **18**
  I 350 f
—, 7-Acetoxy-3-acetylimino-8-methoxy-
  18 IV 2376
—, 6-Acetoxy-3-acetyl-5,7,8-trimethyl-
  18 IV 1426
—, 3-[1-Acetoxy-äthyliden]- **18** IV 372
—, 3-[1-Acetoxy-äthyliden]-6-methyl-
  18 IV 404
—, 7-Acetoxy-3-benzoylimino- **18**
  IV 1334
—, 7-Acetoxy-3-benzoylimino-8-
  methoxy- **18** IV 2376
—, 7-Acetoxy-3,4-dibrom- **18** II 10 d
—, 7-Acetoxy-3-[3,4-dimethoxy-phenyl]-
  18 IV 2647
—, 6-Acetoxy-3-dodecyl- **18** IV 251
—, 7-[3-Acetoxy-driman-11-yloxy]- **18**
  IV 168
—, 3-Acetoxy-hexahydro- **18** IV 68
—, 6-Acetoxy-3-isopentyl- **18** IV 232
—, 7-Acetoxy-6-methoxy- **18** I 346 b
—, 7-Acetoxy-3-[3-methoxy-phenyl]- **18**
  IV 1720
—, 5-Acetoxy-7-methyl-4-phenyl- **18**
  IV 659
—, 6-Acetoxy-4-phenyl- **18** IV 641
—, 7-Acetoxy-4-phenyl- **18** IV 642
—, 4-[4-Acetoxy-phenyl]-4-methyl- **18**
  IV 658
—, 3-Acetoxy-4a,5,8,8a-tetrahydro- **18**
  IV 120
—, 7-[6-Acetoxy-2,5,5,8a-tetramethyl-
  decahydro-[1]naphthylmethoxy]- **18**
  IV 168
—, 4-Acetoxy-3-thioxo- **18** IV 1338
—, 6-Acetoxy-5,7,8-trimethyl- **18**
  IV 223
—, 3-Acetyl- **17** IV 6191
—, 4-Acetyl- **17** IV 6192

Chroman-2-on (Fortsetzung)

—, 6-Acetyl- **17** IV 6192
  — mono-[2,4-dinitro-phenylhydrazon]
    17 IV 6192
—, 4-Acetylamino-8-methyl- **18** I 569 g
—, 3-Acetyl-6,7-dimethoxy- **18** IV 2403
—, 3-Acetyl-6-hydroxy-5,7,8-trimethyl-
  18 IV 1425
—, 3-Acetylimino- **17** I 256 f,
  II 469 c, IV 6152
—, 3-Acetylimino-6-brom- **17** I 257 a
—, 3-Acetylimino-6-chlor-5,7-dimethyl-
  17 IV 6193
—, 4-Acetylimino-7-hydroxy- **18**
  I 350 c
—, 3-Acetylimino-4-methoxy- **18** IV 1337
—, 4-Acetylimino-7-methoxy- **18**
  I 350 e
—, 3-Acetylimino-6-methoxy-5,7,8-
  trimethyl- **18** IV 1414
—, 3-Acetyl-6-methoxy- **18** IV 1397
—, 3-Acetyl-7-methoxy- **18** IV 1398
—, 5-Acetyl-8-methoxy- **18** IV 1398
—, 3-Acetyl-6-methoxy-5,7,8-trimethyl-
  18 IV 1426
—, 3-Acetyl-6-methyl- **17** IV 6204
—, 3-Acetyl-7-methyl- **17** IV 6204
—, 3-Acetyl-4-phenacyl- **17** II 530 b
—, 4-[N-Acetyl-sulfanilyl]- **18** IV 166
—, 6-[(N-Acetyl-sulfanilyl)-amino]-3-
  [N-acetyl-sulfanilylimino]- **18** IV 8037
—, 3-[N-Acetyl-sulfanilylimino]- **17**
  IV 6153
—, 7-Äthoxy-4-methyl- **18** IV 187
—, 3-Äthyl-6-hydroxy- **18** IV 209
—, 8-Äthyl-8a-hydroxy-hexahydro- **10**
  III 2876 d
—, 3-Äthyl-4-hydroxy-7-methoxy-4,5-
  dimethyl- **18** IV 1264
—, 4-Äthylimino-7-methyl- **17** 493 c
—, 4-Äthyl-4-methyl- **17** IV 5007
—, 6-Amino-4-[carbamoyl-cyan-methyl]-
  18 II 489 e
—, 6-Amino-3-imino- **18** IV 8036
—, 5-Amino-4,4,6,7,8-pentamethyl- **18**
  IV 7918
—, 7-Amino-4,4,6,8-tetramethyl-5-nitro-
  18 IV 7917
—, 6-Benzoyl- **17** IV 6443
  — mono-[2,4-dinitro-phenylhydrazon]
    17 IV 6443
—, 6-Benzoylamino-4-[carbamoyl-cyan-
  methyl]- **18** II 489 f
—, 3-Benzoylamino-3,4-dibrom-
  17 487 d
—, 3-Benzoylimino- **17** 487 b, IV 6152
—, 3-Benzoylimino-5,7-dihydroxy- **18**
  IV 2374

—, 3-Benzoylimino-7,8-dihydroxy- **18**
  IV 2375
—, 3-Benzoylimino-5,7-dimethoxy- **18**
  IV 2374
—, 3-Benzoylimino-7-hydroxy- **18**
  IV 1334
—, 3-Benzoylimino-7-hydroxy-8-
  methoxy- **18** IV 2375
—, 3-Benzoylimino-6-methoxy- **18**
  IV 1333
—, 3-Benzoylimino-7-methoxy- **18**
  IV 1334
—, 3-Benzoylimino-8-methoxy- **18**
  IV 1335
—, 3-Benzoyloxy-3-[2-hydroxy-5-
  methoxy-phenoxymethyl]-6,7-dimethoxy-
  18 II 195 c
—, 7-Benzoyloxy-4-phenyl- **18** IV 642
—, 4-Benzylmercapto-6-methyl- **18**
  IV 188
—, 7-Benzyloxy- **18** IV 168
—, 3,6-Bis-acetoxomercurio-7-hydroxy-4-
  methoxy-4,8-dimethyl- **18** IV 8442
—, 3,6-Bis-acetoxomercurio-4-methoxy-
  4,7-dimethyl- **18** IV 8440
—, 7,8-Bis-benzyloxy-3,4-dibrom-4-
  methyl- **18** IV 1381
—, 7,8-Bis-benzyloxy-3,4-dibrom-4-
  methyl- **18** IV 1380
—, 4a,8-Bis-[2-carboxy-äthyl]-8-cyclohex-
  1-enyl-8a-hydroxy-hexahydro- **10**
  III 4116 b
—, 8,8-Bis-[2-carboxy-äthyl]-4a-cyclohex-
  1-enyl-8a-hydroxy-hexahydro- **10**
  III 4116 b
—, 6-Brom- **17** 316 b, I 163 a,
  IV 4957
—, 5-Brom-6-hydroxy-7,8-dimethyl- **18**
  IV 213
—, 6-Brom-3-imino- **17** I 256 g
—, 3-Brom-4-[2-methoxy-phenyl]-7-
  methyl- **18** I 321 b
—, 6-tert-Butyl-4,4-dimethyl- **17**
  IV 5028
—, 6-tert-Butyl-4-phenyl- **17** IV 5403
—, 4-Butyryl- **17** IV 6210
—, 6-Chlor- **17** II 335 b, IV 4957
—, 3-[Chloracetyl-amino]- **18** IV 7896
—, 4-Chlor-3-chloromercurio- **18**
  IV 8437
—, 4-Chlor-3-chloromercurio-7-methyl-
  18 IV 8437
—, 6-Chlor-4-[4-chlor-phenyl]-5-methyl-
  17 IV 5368
—, 6-Chlor-4-[4-hydroxy-3-methoxy-
  phenyl]-5-methyl- **18** IV 1741
—, 6-Chlor-4-[4-hydroxy-3-methoxy-
  phenyl]-7-methyl- **18** IV 1741
—, 6-Chlor-4-methyl- **17** II 341 f

Chroman-2-on (Fortsetzung)
—, 6-Chlor-5-methyl-4-phenyl- **17**
IV 5367
—, 4-[4-Chlor-phenyl]- **17** IV 5344
—, 4a-Cyclohex-1-enyl-8a-hydroxy-
hexahydro- **10** III 2965 a
—, 4-Cyclohexyl-5,7-dimethoxy- **18**
IV 1433
—, 4-Cyclohexyl-5-hydroxy-7-methoxy-
18 IV 1433
—, 5,7-Diacetoxy-3-acetylimino- **18**
IV 2374
—, 5,7-Diacetoxy-4-acetylimino- **18**
I 393 a
—, 7,8-Diacetoxy-3-acetylimino- **18**
IV 2376
—, 5,7-Diacetoxy-3-benzoylimino- **18**
IV 2374
—, 7,8-Diacetoxy-3-benzoylimino- **18**
IV 2376
—, 5,7-Diacetoxy-4-phenyl- **18** I 360 a
—, 7,8-Diacetoxy-4-phenyl- **18** IV 1722
—, 4-Diacetylamino- **18** 607 a
—, 4-Diacetylamino-6-methyl- **18**
I 569 f
—, 4-[3-Diäthylaminomethyl-4-hydroxy-
phenylimino]- **17** IV 6156
—, 3,4-Dibrom- **17** 316 c, I 163 b,
II 335 d
—, 3,4-Dibrom-7,8-dihydroxy-4-methyl-
18 IV 1380
—, 3,4-Dibrom-5,7-dimethoxy- **18** 91 a
—, 3,4-Dibrom-6,7-dimethoxy- **18**
II 63 b
—, 3,4-Dibrom-7,8-dimethoxy-4-methyl-
18 IV 1380
—, 3,4-Dibrom-7-dimethylamino-4-
methyl- **18** 607 c
—, 5,7-Dibrom-6-hydroxy- **18** IV 167
—, 6,8-Dibrom-7-hydroxy- **18** IV 168
—, 3,4-Dibrom-6-mercapto-4,7-dimethyl-
18 II 14 a
—, 3,4-Dibrom-8-methoxy- **18** I 302 e
—, 3,4-Dibrom-7-methoxy-4-methyl-
18 22 b
—, 3,4-Dibrom-4-methyl- **17** 320 c
—, 3,4-Dibrom-6-methyl- **17** II 341 i
—, 3,4-Dibrom-6-nitro- **17** 316 f,
IV 5060
—, 6,8-Dichlor- **17** II 335 c
—, 5,7-Dihydroxy- **18** II 62 h
—, 6,7-Dihydroxy- **18** 91 b, IV 1228
—, 7,8-Dihydroxy- **18** IV 1229
—, 5,7-Dihydroxy-4-[4-hydroxy-phenyl]-
18 I 395 g
—, 5,7-Dihydroxy-3-imino- **18** IV 2373
—, 5,7-Dihydroxy-4-imino- **18** I 392 e
—, 7,8-Dihydroxy-3-imino- **18** IV 2375
—, 6,7-Dihydroxy-4-methyl- **18** IV 1239

—, 7,8-Dihydroxy-4-methyl- **18** IV 1239
—, 5,7-Dihydroxy-4-phenyl- **18**
I 359 h, IV 1722
—, 7,8-Dihydroxy-4-phenyl- **18** IV 1722
—, 6,8-Dijod-3-phenyl- **17** IV 5344
—, 5,7-Dimethoxy- **18** IV 1228
—, 6,7-Dimethoxy- **18** II 63 a,
IV 1229
—, 6,7-Dimethoxy-4-methyl- **18**
IV 1239
—, 5,7-Dimethoxy-4-phenyl- **18** I 359 i,
IV 1722
—, 7,8-Dimethoxy-4-phenyl- **18**
IV 1722
—, 4-[3,4-Dimethoxy-phenyl]-7-methoxy-
18 IV 2648
—, 4,4-Dimethyl- **17** IV 4993
—, 4,7-Dimethyl- **17** 323 f, IV 4993
—, 4,7-Dimethyl-hexahydro- **17**
IV 4375
—, 5,8-Dimethyl-4-phenyl- **17** IV 5385
—, 6,7-Dimethyl-4-phenyl- **17** IV 5385
—, 4,7-Dimethyl-4-m-tolyloxy- **18** 22 f
—, 3-[1-(2,4-Dinitro-phenylhydrazono)-
äthyl]- **17** IV 6191
—, 4-[1-(2,4-Dinitro-phenylhydrazono)-
äthyl]- **17** IV 6192
—, 3-[1-(2,4-Dinitro-phenylhydrazono)-
äthyl]-6,7-dimethoxy- **18** IV 2403
—, 3-[1-(2,4-Dinitro-phenylhydrazono)-
äthyl]-6-methoxy- **18** IV 1397
—, 3-[1-(2,4-Dinitro-phenylhydrazono)-
äthyl]-6-methyl- **17** IV 6204
—, 3-[1-(2,4-Dinitro-phenylhydrazono)-
äthyl]-7-methyl- **17** IV 6204
—, 6-[α-(2,4-Dinitro-phenylhydrazono)-
phenäthyl]- **17** IV 6453
—, 3-Dodecyl-6-hydroxy- **18** IV 251
—, Hexahydro- **17** IV 4340
—, 6-Hexyl-7-hydroxy-4-imino- **18**
IV 1431
—, 5-Hydroxy- **18** IV 167
—, 6-Hydroxy- **18** 19 g, II 9 h,
IV 167
—, 7-Hydroxy- **18** II 10 a, IV 167
—, 3-[2-Hydroxy-äthyl]- **18** IV 209
—, 3-[1-Hydroxy-äthyliden]-6-methyl-
17 IV 6204
—, 3-[1-Hydroxy-äthyliden]-7-methyl-
17 IV 6204
—, 4-Hydroxyamino- **18** 639 a
—, 7-Hydroxy-4,4-dimethyl- **18** IV 213
—, 7-Hydroxy-3,4-diphenyl- **18** IV 836
—, 3-Hydroxy-hexahydro- **18** IV 68
—, 8a-Hydroxy-hexahydro- **10**
III 2833 f
—, 8a-Hydroxy-hexahydro-5,8-äthano-
10 III 2932 c

Chroman-2-on   (Fortsetzung)

—, 6-Hydroxy-3-[1-hydroxyimino-äthyl]-5,7,8-trimethyl- **18** IV 1426

—, 7-Hydroxy-3-imino- **18** IV 1334

—, 7-Hydroxy-4-imino- **18** I 350 b, II 70 a

—, 8-Hydroxy-3-imino- **18** IV 1335

—, 3-[1-Hydroxyimino-äthyl]- **17** IV 6191

—, 4-[1-Hydroxyimino-äthyl]- **17** IV 6192

—, 3-[1-Hydroxyimino-äthyl]-6-methoxy-5,7,8-trimethyl- **18** IV 1426

—, 4-[1-Hydroxyimino-butyl]- **17** IV 6211

—, 4-Hydroxyimino-3-imino- **17** I 284 b

—, 7-Hydroxy-3-imino-6-methoxy- **18** IV 2375

—, 7-Hydroxy-3-imino-8-methoxy- **18** IV 2375

—, 4-Hydroxyimino-6-methyl- **17** IV 6177

—, 4-Hydroxyimino-7-methyl- **17** IV 6177

—, 7-Hydroxy-4-imino-5-methyl- **18** IV 1382

—, 7-Hydroxy-4-imino-8-methyl- **18** IV 1384

—, 4-[1-Hydroxyimino-propyl]- **17** IV 6202

—, 4-[2-Hydroxyimino-propyl]- **17** IV 6203

—, 6-Hydroxy-3-isopentyl- **18** IV 231

—, 8a-Hydroxy-7-isopropenyl-4a-methyl-hexahydro- **10** III 2941 c

—, 8a-Hydroxy-7-isopropyl-4a-methyl-hexahydro- **10** III 2890 d

—, 7-Hydroxy-6-methoxy- **18** I 346 a

—, 4-Hydroxy-7-methoxy-4,5-dimethyl- **18** IV 1253

—, 6-Hydroxy-4-[4-methoxy-phenyl]- **18** IV 1723

—, 6-Hydroxy-7-methoxy-4-phenyl- **18** IV 1722

—, 7-Hydroxy-4-[4-methoxy-phenyl]- **18** IV 1723

—, 8a-Hydroxy-4-[4-methoxy-phenyl]-hexahydro- **10** III 4354 a

—, 4-Hydroxy-7-methoxy-3,4,5-trimethyl- **18** IV 1258

—, 5-Hydroxy-4-methyl- **18** IV 187

—, 6-Hydroxy-3-methyl- **18** IV 187

—, 6-Hydroxy-8-methyl- **18** IV 188

—, 7-Hydroxy-4-methyl- **18** IV 187

—, 7-Hydroxy-5-methyl- **18** II 12 h

—, 4-[Hydroxy-methyl-amino]- **18** 639 b

—, 8a-Hydroxy-8-methyl-hexahydro- **10** III 2855 d

—, 5-Hydroxy-7-methyl-4-phenyl- **18** IV 659

—, 7-Hydroxy-5-methyl-4-phenyl- **18** IV 658

—, 7-Hydroxy-8-[3-methyl-3-phenyl-butyl]- **18** IV 679

—, 7-Hydroxy-6-nitro- **17** II 524 d

—, 7-Hydroxy-6-nitroso- **17** II 524 d

—, 5-Hydroxy-4,4,6,7,8-pentamethyl- **18** IV 232

—, 6-Hydroxy-4,4,5,7,8-pentamethyl- **18** IV 232

—, 6-Hydroxy-4-phenyl- **18** 52 f, IV 641

—, 7-Hydroxy-4-phenyl- **18** 52 g, IV 642

—, 8-Hydroxy-4-phenyl- **18** 52 h

—, 8a-Hydroxy-4-phenyl-hexahydro- **10** II 509 c, III 3197 e

—, 7-Hydroxy-4-phenylimino- **18** II 70 b

—, 4-[4-Hydroxy-phenyl]-4-methyl- **18** IV 658

—, 4-[4-(2-Hydroxy-phenyl)-2-oxo-but-3-enyl]- **18** II 110 d

—, 3-[3-(2-Hydroxy-phenyl)-propionyl]- **18** IV 1868

—, 3-Hydroxy-4a,5,8,8a-tetrahydro- **18** IV 120

—, 6-Hydroxy-5,7,8-trimethyl- **18** IV 223

—, 3-Imino- **17** I 256 e, IV 6152

—, 3-Imino-6,7-dimethoxy- **18** IV 2375

—, 4-Imino-5,7-dimethoxy- **18** I 392 f

—, 4-Imino-6,7-dimethoxy- **18** IV 2377

—, 4-Imino-7-methoxy- **18** I 350 d

—, 3-Imino-6-methoxy-5,7,8-trimethyl- **18** IV 1413

—, 6-Isopentyl-7-methoxy- **18** IV 232

—, 8-Isopentyl-7-methoxy- **18** IV 232

—, 8-Isopropyl-5-methyl-4-phenyl- **17** IV 5403

—, 8-Isopropyl-4,4,5-trimethyl- **17** IV 5029

—, 6-Isovaleryl-7-methoxy- **18** IV 1424

—, 5-Jod-4,4,6,7,8-pentamethyl- **17** IV 5025

—, 5-Methoxy- **18** IV 167

—, 7-Methoxy- **18** II 10 b

—, 8-Methoxy- **18** IV 168

—, 4-Methoxyamino- **18** 639 b

—, 3-[2-Methoxy-benzoylimino]- **17** IV 6153

—, 3-[3-Methoxy-benzoylimino]- **17** IV 6153

—, 3-[4-Methoxy-benzoylimino]- **17** IV 6153

Chroman-2-on (Fortsetzung)
—, 7-Methoxy-3,4-diphenyl- **18** IV 836
—, 7-Methoxy-6-methyl- **18** IV 188
—, 7-Methoxy-8-[3-methyl-2-oxo-butyl]-
   18 IV 1424
—, 5-Methoxy-7-methyl-4-phenyl- **18**
   IV 659
—, 4-[2-Methoxy-4-methyl-phenyl]-4,6-
   dimethyl- **18** IV 672
—, 4-[2-Methoxy-4-methyl-phenyl]-4,7-
   dimethyl- **18** IV 673
—, 4-[2-Methoxy-5-methyl-phenyl]-4,6-
   dimethyl- **18** IV 672
—, 4-[2-Methoxy-5-methyl-phenyl]-4,7-
   dimethyl- **18** IV 672
—, 5-Methoxy-4,4,6,7,8-pentamethyl-
   18 IV 233
—, 4-[4-Methoxy-phenyl]- **18** IV 642
—, 6-Methoxy-4-phenyl- **18** IV 641
—, 7-Methoxy-4-phenyl- **18** IV 642
—, 4-[4-Methoxy-phenyl]-4-methyl- **18**
   IV 658
—, 4-[4-Methoxy-phenyl]-6-methyl- **18**
   IV 658
—, 4-[4-Methoxy-phenyl]-7-methyl- **18**
   IV 659
—, 4-[4-(2-Methoxy-phenyl)-2-oxo-but-3-
   enyl]- **18** II 110 e
—, 4-[4-Methoxy-phenyl]-5,6,7,8-
   tetrahydro- **18** IV 524
—, 6-Methoxy-3-[1-semicarbazono-äthyl]-
   18 IV 1398
—, 3-Methyl- **17** IV 4976
—, 4-Methyl- **17** IV 4977
—, 5-Methyl- **17** IV 4977
—, 6-Methyl- **17** IV 4977
—, 7-Methyl- **17** IV 4978
—, 8-Methyl- **17** IV 4979
—, 3-Methyl-hexahydro- **17** IV 4357
—, 4-Methyl-hexahydro- **17** IV 4357
—, 4a-Methyl-hexahydro- **17** IV 4358
—, 5-Methyl-hexahydro- **17** IV 4358
—, 6-Methyl-hexahydro- **17** IV 4358
—, 7-Methyl-hexahydro- **17** IV 4358
—, 8-Methyl-hexahydro- **17** IV 4358
—, 8a-Methyl-hexahydro- **17** IV 4358
—, 6-Methyl-4-phenyl- **17** IV 5368
—, 7-Methyl-4-phenyl- **17** IV 5368
—, 8-Methyl-4-phenyl- **17** IV 5368
—, 7-Methyl-4-phenylimino- **17** 494 a
—, 6-Methyl-4-phenylmercapto- **18**
   IV 187
—, 6-Methyl-3-[1-semicarbazono-äthyl]-
   17 IV 6204
—, 4-Methyl-4a,5,6,7-tetrahydro- **17**
   IV 4622
—, 4-Methyl-5,6,7,8-tetrahydro- **17**
   IV 4622

—, 4a-Methyl-4a,5,6,7-tetrahydro- **17**
   IV 4622
—, 7-Methyl-4-p-tolylimino- **17** 494 b
—, 6-Methyl-4-o-tolylmercapto- **18**
   IV 187
—, 6-Methyl-4-p-tolylmercapto- **18**
   IV 188
—, 6-Nitro- **17** IV 4957
—, 4-[2-(4-Nitro-phenylhydrazono)-
   propyl]- **17** IV 6203
—, 4,4,6,7,8-Pentamethyl-5-nitro- **17**
   IV 5025
—, 8a-Phenäthyl-hexahydro- **17**
   IV 5166
—, 3-Phenyl- **17** II 387 j, IV 5344
—, 4-Phenyl- **17** 364 d, I 198 e,
   II 388 a, IV 5344
—, 6-Phenylacetyl- **17** IV 6453
—, 8a-Phenyläthinyl-hexahydro- **17**
   IV 5286
—, 4-Phenylazo- **17** 489 a, IV 6155
—, 8a-Phenyl-hexahydro- **17** IV 5156
—, 3-Phenylhydrazono- **17** 487 c
—, 4-Phenylhydrazono- **17** 489 a
—, 4-Phenylimino- **17** 488 b, IV 6155
—, 4-Phenylmercapto- **18** IV 166
—, 3-Phenyl-4-phenylhydrazono- **17**
   IV 6434
—, 4-Phenyl-5,6,7,8-tetrahydro- **17**
   IV 5235
—, 4a-Phenyl-4a,5,6,7-tetrahydro- **17**
   IV 5235
—, 4-Propionyl- **17** IV 6202
—, 3-[1-Semicarbazono-äthyl]- **17**
   IV 6192
—, 4-[1-Semicarbazono-propyl]- **17**
   IV 6203
—, 4-[2-Semicarbazono-propyl]- **17**
   IV 6203
—, 6-Sulfanilylamino-3-sulfanilylimino-
   18 IV 8036
—, 3-Sulfanilylimino- **17** IV 6153
—, 3,4,6,8-Tetrabrom- **17** 316 e
—, 5,6,7,8-Tetrahydro- **17** IV 4599
—, 4,4,6,8-Tetramethyl- **17** IV 5020
—, 4,4,6,8-Tetramethyl-5,7-dinitro- **17**
   IV 5020
—, 4-o-Tolylimino- **17** 488 c
—, 4-o-Tolylmercapto- **18** IV 166
—, 4-p-Tolylmercapto- **18** IV 166
—, 3,4,6-Tribrom- **17** 316 d
—, 3,4,8-Tribrom-7-hydroxy-4-methyl-
   18 22 c
—, 3,4,7-Trimethyl- **17** IV 5009
—, 4,4,6-Trimethyl- **17** IV 5009
—, 4,4,7-Trimethyl- **17** IV 5009
—, 4,4,8-Trimethyl- **17** IV 5009
—, 5,6,8-Trimethyl- **17** IV 5009

Chroman-2-on   (Fortsetzung)
—, 4,4,7-Trimethyl-hexahydro-
   17 268 a
—, 5,5,8a-Trimethyl-hexahydro- **17**
   IV 4384
—, 4,4,7-Trimethyl-5,6,7,8-tetrahydro-
   17 304 a
—, 4a,7,7-Trimethyl-4a,5,6,7-tetrahydro-
   17 IV 4646
—, 3,6,8-Tris-acetoxomercurio-7-
   hydroxy-4-methoxy- **18** IV 8442
—, 3,6,8-Tris-acetoxomercurio-4-
   methoxy- **18** IV 8440
—, 3,6,8-Tris-acetoxomercurio-4-
   methoxy-7-methyl- **18** IV 8440
—, 4a,8,8-Tris-[2-carboxy-äthyl]-6-
   cyclohexyl-8a-hydroxy-hexahydro- **10**
   III 4165 b
—, 4a,8,8-Tris-[2-carboxy-äthyl]-8a-
   hydroxy-hexahydro- **10** III 4161 d
—, 4a,8,8-Tris-[2-carboxy-äthyl]-8a-
   hydroxy-6-methyl-hexahydro- **10**
   III 4162 a
—, 4a,8,8-Tris-[2-carboxy-äthyl]-8a-
   hydroxy-6-*tert*-pentyl-hexahydro- **10**
   III 4162 c
—, 4a,8,8-Tris-[2-carboxy-äthyl]-8a-
   hydroxy-6-[1,1,3,3-tetramethyl-butyl]-
   hexahydro- **10** III 4163 a
Chroman-3-on 17 IV 4957
   — [2,4-dinitro-phenylhydrazon] **17**
      IV 4957
   — semicarbazon **17** IV 4957
   — thiosemicarbazon **17** IV 4957
—, 4-Acetyl-8-methoxy- **18** IV 1398
—, 2-[4,5-Dihydroxy-2-hydroxymethyl-
   phenyl]-7-hydroxy- **18** IV 3231
—, 2-[2,4-Dihydroxy-phenyl]-5,7-
   dihydroxy- **18** IV 3202
—, 2-[3,4-Dihydroxy-phenyl]-2,5,7-
   trihydroxy- **18** I 420 d
—, 2,4-Dimethoxy-2-methyl- **18**
   IV 1240
—, 4-[3,4-Dimethoxy-phenyl]-5,7-
   dimethoxy- **18** II 206 d
   — [4-brom-phenylhydrazon] **18**
      II 206 f
   — phenylhydrazon **18** II 206 e
—, 6-Hydroxy-5,7-dimethyl-2-phenyl-
   18 IV 667
   — oxim **18** IV 667
—, 2-[2-Hydroxy-phenyl]-,
   — imin **18** IV 630
—, 7-Methoxy- **18** IV 169
   — [2,4-dinitro-phenylhydrazon] **18**
      IV 169
—, 8-Methoxy- **18** IV 169
   — [2,4-dinitro-phenylhydrazon] **18**
      IV 169

—, 4-Phenyl- **17** II 388 b
   — phenylhydrazon **17** II 388 c
—, 2-Phenyl-4-thioxo- **17** IV 6433
—, 2,5,7-Trihydroxy-2-[4-hydroxy-
   phenyl]- **18** I 410 c, II 200 d
—, 2,5,7-Trihydroxy-2-[3,4,5-trihydroxy-
   phenyl]- **18** I 429 b
Chroman-4-on 17 II 335 e, IV 4957
   — [methyl-phenyl-hydrazon] **17**
      IV 4958
   — oxim **17** II 335 f
   — phenylhydrazon **17** IV 4958
   — semicarbazon **17** II 335 g
—, 3-Acetoxy- **18** IV 170
—, 7-Acetoxy- **18** II 11 g
—, 7-Acetoxy-3-[4-acetoxy-3-methoxy-
   benzyliden]- **18** IV 2753
—, 7-Acetoxy-2-[4-acetoxy-3-methoxy-
   phenyl]- **18** IV 2644
—, 5-Acetoxy-2-[3-acetoxy-4-methoxy-
   phenyl]-3-brom-7-[hexa-*O*-acetyl-
   rutinosyloxy]- **18** IV 3223
—, 5-Acetoxy-2-[3-acetoxy-4-methoxy-
   phenyl]-3-brom-7-[O^2,O^3,O^4-triacetyl-
   O^6-(tri-*O*-acetyl-rhamnopyranosyl)-
   glucopyranosyloxy]- **18** IV 3223
—, 5-Acetoxy-2-[3-acetoxy-4-methoxy-
   phenyl]-7-[hexa-*O*-acetyl-rutinosyloxy]-
   18 IV 3221
—, 5-Acetoxy-2-[4-acetoxy-3-methoxy-
   phenyl]-7-methoxy- **18** IV 3217
—, 5-Acetoxy-2-[3-acetoxy-4-methoxy-
   phenyl]-7-[tetra-*O*-acetyl-
   glucopyranosyloxy]- **18** IV 3221
—, 5-Acetoxy-2-[3-acetoxy-4-methoxy-
   phenyl]-7-[O^2,O^3,O^4-triacetyl-O^6-(tri-
   O-acetyl-rhamnopyranosyl)-
   glucopyranosyloxy]- **18** IV 3221
—, 5-Acetoxy-2-[4-acetoxy-phenyl]- **18**
   IV 1710
—, 7-Acetoxy-2-[3-acetoxy-phenyl]- **18**
   I 359 e
—, 7-Acetoxy-2-[4-acetoxy-phenyl]- **18**
   I 359 g, IV 1715
—, 7-Acetoxy-3-[4-acetoxy-phenyl]- **18**
   IV 1721
—, 7-Acetoxy-2-[4-acetoxy-phenyl]-5-
   äthoxy- **18** IV 2635
—, 6-Acetoxy-2-[4-acetoxy-phenyl]-3-
   brom-5,7-dimethoxy- **18** IV 3210
—, 7-Acetoxy-2-[4-acetoxy-phenyl]-3-
   brom-5-[tetra-*O*-acetyl-
   glucopyranosyloxy]- **18** IV 2636
—, 7-Acetoxy-2-[4-acetoxy-phenyl]-3,5-
   dihydroxy- **18** IV 3206
—, 6-Acetoxy-2-[4-acetoxy-phenyl]-5,7-
   dimethoxy- **18** IV 3210
—, 7-Acetoxy-2-[4-acetoxy-phenyl]-5-
   hydroxy- **18** IV 2634

Chroman-4-on (Fortsetzung)

—, 5-Acetoxy-2-[4-acetoxy-phenyl]-7-methoxy- **18** II 165 d, IV 2634

—, 7-Acetoxy-2-[4-acetoxy-phenyl]-5-methoxy- **18** IV 2635

—, 7-Acetoxy-3-[4-acetoxy-phenyl]-2-methyl- **18** IV 1733

—, 5-Acetoxy-2-[4-acetoxy-phenyl]-7-[tetra-O-acetyl-glucopyranosyloxy]- **18** IV 2640

—, 7-Acetoxy-2-[4-acetoxy-phenyl]-5-[tetra-O-acetyl-glucopyranosyloxy]- **18** IV 2636

—, 2-Acetoxy-8-acetyl-6-chlor-2,3,3-trimethyl- **18** II 75 g

—, 7-Acetoxy-2-[4-äthoxy-phenyl]- **18** IV 1715

—, 7-Acetoxy-3-äthyl-2-phenyl- **18** IV 666

—, 7-Acetoxy-3-[4-benzoylamino-benzyliden]- **18** IV 8105

—, 3-Acetoxy-3-benzoyl-2-phenyl- **18** IV 1959

—, 3-[3-Acetoxy-benzyliden]- **18** IV 737

—, 3-Acetoxy-5,7-bis-benzyloxy-2-[3,4-bis-benzyloxy-phenyl]- **18** IV 3433

—, 3-Acetoxy-8-brom-2-[4-methoxy-phenyl]-6-methyl- **18** IV 1737

—, 7-Acetoxy-3-[3,4-diacetoxy-benzyl]- **18** IV 2652

—, 7-Acetoxy-3-[3,4-diacetoxy-benzyliden]- **18** IV 2753

—, 7-Acetoxy-2-[3,4-diacetoxy-phenyl]- **18** 178 f, I 395 f

—, 7-Acetoxy-2-[3,4-diacetoxy-phenyl]-8-methoxy- **18** IV 3226

—, 8-Acetoxy-2-[3,4-diacetoxy-phenyl]-7-[tetra-O-acetyl-glucopyranosyloxy]- **18** IV 3226

—, 3-Acetoxy-5,7-dihydroxy-2-[3-hydroxy-4-methoxy-phenyl]- **18** IV 3433

—, 3-Acetoxy-5,7-dihydroxy-2-[4-hydroxy-phenyl]- **18** IV 3206

—, 7-Acetoxy-3,5-dihydroxy-2-phenyl- **18** IV 2622

—, 3-Acetoxy-2-[3,4-dihydroxy-phenyl]-5,7-dihydroxy- **18** IV 3433

—, 3-Acetoxy-5,7-dimethoxy-2-[4-methoxy-phenyl]- **18** IV 3206

—, 6-Acetoxy-2-[3,4-dimethoxy-phenyl]- **18** IV 2643

—, 2-[4-Acetoxy-3,5-dimethoxy-phenyl]-7,8-dimethoxy- **18** IV 3440

—, 3-Acetoxy-2-[2,4-dimethoxy-phenyl]-5,7-dimethoxy- **18** IV 3430

—, 3-Acetoxy-2-[3,4-dimethoxy-phenyl]-5,7-dimethoxy- **18** IV 3433

—, 3-Acetoxy-2-[3,4-dimethoxy-phenyl]-7,8-dimethoxy- **18** IV 3437

—, 7-Acetoxy-3-[2,4-dimethoxy-phenyl]-5-hydroxy- **18** IV 3229

—, 2-[4-Acetoxy-3,5-dimethoxy-phenyl]-6-methoxy- **18** IV 3227

—, 3-Acetoxy-2-[3,4-dimethoxy-phenyl]-7-methoxy- **18** IV 3213

—, 5-Acetoxy-2-[3,4-dimethoxy-phenyl]-7-methoxy- **18** II 205 e

—, 5-Acetoxy-3-[2,4-dimethoxy-phenyl]-7-methoxy- **18** IV 3229

—, 5-Acetoxy-2-[3,4-dimethoxy-phenyl]-3,6,7-trimethoxy- **18** IV 3581

—, 3-Acetoxy-5,7-dimethoxy-2-[3,4,5-trimethoxy-phenyl]- **18** IV 3565

—, 7-Acetoxy-2,2-dimethyl- **18** IV 211

—, 7-Acetoxy-2,3-diphenyl- **18** IV 836

—, 5-Acetoxy-7-[hexa-O-acetyl-neohesperidosyloxy]-2-phenyl- **18** IV 1705

—, 7-Acetoxy-5-hydroxy-6,8-dimethyl-2-phenyl- **18** IV 1747

—, 3-Acetoxy-5-hydroxy-7-methoxy-2-phenyl- **18** IV 2622

—, 7-Acetoxy-5-hydroxy-2-[4-methoxy-phenyl]- **18** IV 2633

—, 7-Acetoxy-5-hydroxy-2-phenyl- **18** IV 1702

—, 3-Acetoxy-3-[4-methoxy-benzoyl]-2-phenyl- **18** IV 2833

—, 3-[4-Acetoxy-3-methoxy-benzyliden]- **18** IV 1835

—, 7-Acetoxy-3-[4-methoxy-benzyliden]- **18** II 103 a

—, 3-[3-Acetoxy-4-methoxy-benzyliden]-7-methoxy- **18** IV 2753

—, 3-[3-Acetoxy-4-methoxy-benzyl]-7-methoxy- **18** IV 2652
  — oxim **18** IV 2652

—, 3-Acetoxy-7-methoxy-2,2-dimethyl- **18** IV 1250

—, 5-Acetoxy-7-methoxy-2-[3-methoxy-4-(3-methyl-but-2-enyloxy)-phenyl]- **18** IV 3217

—, 3-Acetoxy-7-methoxy-2-[4-methoxy-phenyl]- **18** IV 2627

—, 5-Acetoxy-7-methoxy-2-[4-methoxy-phenyl]- **18** II 165 c, IV 2634

—, 5-Acetoxy-7-methoxy-2-[4-methoxy-phenyl]-8-methyl- **18** IV 2656

—, 3-Acetoxy-7-methoxy-2-methyl- **18** IV 1238

—, 5-Acetoxy-7-methoxy-6-methyl-2-phenyl- **18** IV 1740

—, 5-Acetoxy-7-methoxy-8-methyl-2-phenyl- **18** IV 1740

—, 3-Acetoxy-7-methoxy-2-phenyl- **18** IV 1698

Chroman-4-on (Fortsetzung)

—, 5-Acetoxy-7-methoxy-2-phenyl- **18** IV 1702

—, 6-Acetoxy-2-[2-methoxy-phenyl]- **18** IV 1711

—, 7-Acetoxy-2-[4-methoxy-phenyl]- **18** IV 1715

—, 2-[2-Acetoxy-3-methoxy-phenyl]-3-brom-6-methoxy- **18** II 166 f

—, 2-[3-Acetoxy-4-methoxy-phenyl]-7,8-dimethoxy- **18** IV 3226

—, 2-[4-Acetoxy-3-methoxy-phenyl]-5-hydroxy-7-methoxy- **18** IV 3217

—, 2-[2-Acetoxy-3-methoxy-phenyl]-6-methoxy- **18** II 166 e

—, 2-[3-Acetoxy-4-methoxy-phenyl]-6-methoxy- **18** II 166 h, IV 2643

—, 3-Acetoxy-2-[4-methoxy-phenyl]-6-methyl- **18** IV 1736

—, 7-Acetoxy-3-[4-methoxy-phenyl]-2-methyl- **18** IV 1733

—, 5-Acetoxy-2-[2-methoxy-phenyl]-7-[O^x-rhamnosyl-glucosyloxy]- **18** IV 2629

—, 5-Acetoxy-2-[4-methoxy-phenyl]-7-[tetra-O-acetyl-glucopyranosyloxy]- **18** IV 2639

—, 3-Acetoxy-7-methoxy-2-[3,4,5-trimethoxy-phenyl]- **18** IV 3439

—, 3-Acetoxy-2-methyl- **18** IV 185

—, 7-Acetoxy-2-methyl-2-phenyl- **18** IV 654

—, 7-Acetoxy-3-methyl-2-phenyl- **18** IV 654

—, 7-Acetoxy-3-[3-nitro-benzyliden]- **18** IV 736

—, 7-Acetoxy-3-[4-nitro-benzyliden]- **18** IV 737

—, 6-Acetoxy-2-[4-nitro-phenyl]- **18** IV 633

—, 2-[2-Acetoxy-phenyl]- **18** IV 637

—, 2-[4-Acetoxy-phenyl]- **18** IV 638

—, 3-Acetoxy-2-phenyl- **18** IV 631

—, 7-Acetoxy-2-phenyl- **18** II 34 g, IV 634

—, 2-[3-Acetoxy-phenyl]-5,7-dimethyl- **18** IV 667

—, 2-[4-Acetoxy-phenyl]-5,7-dimethyl- **18** IV 668

—, 2-[4-Acetoxy-phenyl]-5-hydroxy-7-methoxy- **18** IV 2634

—, 2-[4-Acetoxy-phenyl]-7-methoxy-5-[tetra-O-acetyl-glucopyranosyloxy]- **18** IV 2639

—, 5-Acetoxy-2-phenyl-7-[tetra-O-acetyl-glucopyranosyloxy]- **18** IV 1705

—, 7-Acetoxy-2-phenyl-5-[tetra-O-acetyl-glucopyranosyloxy]- **18** IV 1704

—, 5-Acetoxy-2-phenyl-7-[O^3,O^4,O^6-triacetyl-O^2-(tri-O-acetyl-rhamnopyranosyl)-glucopyranosyloxy]- **18** IV 1705

—, 2-[2-Acetoxy-phenyl]-5,7,8-trimethoxy- **18** IV 3210

—, 7-Acetoxy-3-veratryliden- **18** IV 2753

—, 6-Acetylamino- **18** IV 7896

—, 8-Acetylamino-2-[4-äthoxy-phenyl]- **18** IV 8099

—, 3-Acetylamino-3-benzyl- **18** IV 7991

—, 3-Acetylamino-3-benzyl-7-methoxy- **14** III 572 b

—, 6-Acetylamino-2-[4-benzyloxy-3-methoxy-phenyl]- **18** IV 8134

—, 6-Acetylamino-2-[3,4-dimethoxy-phenyl]- **18** IV 8134

—, 6-Acetylamino-2-[3,4-dimethoxy-phenyl]-7-methoxy- **18** IV 8149

—, 6-Acetylamino-3-dimethylaminomethyl- **18** IV 7906

—, 6-Acetylamino-2-[4-hydroxy-3-methoxy-phenyl]- **18** IV 8134

—, 6-Acetylamino-2-[4-hydroxy-phenyl]- **18** IV 8098

—, 7-Acetylamino-2-[4-hydroxy-phenyl]- **18** IV 8098

—, 6-Acetylamino-2-[4-hydroxy-phenyl]-3-methyl- **18** IV 8099

—, 7-Acetylamino-2-[4-hydroxy-phenyl]-3-methyl- **18** IV 8100

—, 6-Acetylamino-7-methoxy-2-[2-methoxy-phenyl]- **18** IV 8133

—, 8-Acetylamino-6-methoxy-2-[2-methoxy-phenyl]- **18** IV 8132

—, 8-Acetylamino-6-methoxy-2-[4-methoxy-phenyl]- **18** IV 8133

—, 6-Acetylamino-2-[4-methoxy-phenyl]- **18** IV 8098

—, 6-Acetylamino-7-methoxy-2-phenyl- **18** IV 8096

—, 7-Acetylamino-2-[4-methoxy-phenyl]- **18** IV 8098

—, 8-Acetylamino-2-[2-methoxy-phenyl]- **18** IV 8097

—, 8-Acetylamino-2-[4-methoxy-phenyl]- **18** IV 8099

—, 8-Acetylamino-6-methoxy-2-phenyl- **18** IV 8095

—, 8-Acetylamino-2-[2-methoxy-phenyl]-6-methyl- **18** IV 8100

—, 8-Acetylamino-2-[4-methoxy-phenyl]-6-methyl- **18** IV 8100

—, 8-Acetylamino-6-methyl-2-[3-nitro-phenyl]- **18** IV 7993

—, 8-Acetylamino-6-methyl-2-phenyl- **18** IV 7992

Chroman-4-on (Fortsetzung)

—, 8-Acetylamino-2-[3-nitro-phenyl]-
    18 IV 7985

—, 2-[3-Acetylamino-phenyl]- **18**
    IV 7985

—, 2-[4-Acetylamino-phenyl]- **18**
    IV 7986

—, 3-Acetylamino-2-phenyl- **18** IV 7983

—, 6-Acetylamino-2-phenyl- **18** IV 7983

—, 7-Acetylamino-2-phenyl- **18** IV 7984

—, 8-Acetylamino-2-phenyl- **18** IV 7984

—, 2-[4-Acetylamino-phenyl]-6-methyl-
    18 IV 7993

—, 2-[4-Acetylamino-phenyl]-7-methyl-
    18 IV 7994

—, 2-[4-Acetylamino-phenyl]-8-methyl-
    18 IV 7994

—, 6-Acetyl-3-brom-2-phenyl- **17**
    IV 6454

—, 3-Acetyl-6,7-dimethoxy- **18** IV 2403

—, 3-Acetylimino-2-methoxy- **18**
    IV 1337

—, 3-Acetylimino-2-phenyl- **17** IV 6429

—, 6-Acetyl-2-phenyl- **17** IV 6454

—, 6-Äthoxy- **18** IV 170

—, 6-Äthoxy-2-[4-äthoxy-3-methoxy-
    phenyl]- **18** 177 f

—, 6-Äthoxy-2-[4-äthoxy-3-methoxy-
    phenyl]-3-brom- **18** 178 a

—, 7-Äthoxy-3-[2-äthoxy-4-methoxy-
    phenyl]-5-hydroxy- **18** IV 3229

—, 6-Äthoxy-2-[2-äthoxy-phenyl]-
    18 119 g, IV 1711

—, 6-Äthoxy-2-[3-äthoxy-phenyl]-
    18 120 b

—, 6-Äthoxy-2-[2-äthoxy-phenyl]-3-
    brom- **18** 119 h

—, 6-Äthoxy-2-[3-äthoxy-phenyl]-3-
    brom- **18** 120 c

—, 6-Äthoxy-3-benzyliden-2-phenyl-
    18 76 e

—, 6-Äthoxy-3-brom-2-[4-methoxy-
    phenyl]- **18** 120 h

—, 6-Äthoxy-3-brom-2-phenyl- **18** 52 b

—, 2-[3-Äthoxycarbonyloxy-4-methoxy-
    phenyl]-5-hydroxy-7-
    [O^6-rhamnopyranosyl-glucopyranosyloxy]-
    18 IV 3222

—, 2-[3-Äthoxycarbonyloxy-4-methoxy-
    phenyl]-5-hydroxy-7-rutinosyloxy- **18**
    IV 3222

—, 7-Äthoxy-2-[3,4-dimethoxy-phenyl]-
    18 178 e

—, 7-Äthoxy-3-[2,4-dimethoxy-phenyl]-5-
    hydroxy- **18** IV 3228

—, 6-Äthoxy-3-dimethylaminomethyl-
    18 IV 8081

—, 2-[4-Äthoxy-3-glucopyranosyloxy-
    phenyl]-7-glucopyranosyloxy- **18**
    IV 2646

—, 7-Äthoxy-5-hydroxy-2-[4-methoxy-
    phenyl]- **18** II 165 b

—, 6-Äthoxy-2-[2-hydroxy-phenyl]- **18**
    IV 1711

—, 3-[3-Äthoxy-4-methoxy-benzyliden]-7-
    methoxy- **18** IV 2752

—, 6-Äthoxy-3-[4-methoxy-benzyliden]-2-
    phenyl- **18** 154 d

—, 3-[3-Äthoxy-4-methoxy-benzyl]-7-
    methoxy- **18** IV 2652

—, 5-Äthoxy-7-methoxy-2-[4-methoxy-
    phenyl]- **18** IV 2633

—, 2-[4-Äthoxy-3-methoxy-phenyl]- **18**
    II 93 h

—, 6-Äthoxy-2-[4-methoxy-phenyl]-
    18 120 e
    — [*O*-acetyl-oxim] **18** 120 g
    — oxim **18** 120 f

—, 2-[4-Äthoxy-3-methoxy-phenyl]-7-
    hydroxy- **18** IV 2644

—, 6-Äthoxy-2-phenyl- **18** 51 e,
    II 34 d, IV 633
    — oxim **18** 52 a

—, 2-[4-Äthoxy-phenyl]-8-amino- **18**
    IV 8098

—, 2-[4-Äthoxy-phenyl]-7-hydroxy- **18**
    IV 1715

—, 6-Äthoxy-2-phenyl-3-veratryliden-
    18 202 b

—, 2-Äthyl- **17** IV 4990
    — [2,4-dinitro-phenylhydrazon] **17**
       IV 4990

—, 3-Äthyl-3-brom-2,6-dimethyl- **17**
    II 355 c

—, 6-Äthyl-8-brom-7-hydroxy-2-
    [4-methoxy-phenyl]- **18** IV 1745

—, 3-Äthyl-2,3-dibrom-2,6-dimethyl-
    17 II 355 d

—, 6-Äthyl-3,8-dibrom-7-hydroxy-2-
    [4-methoxy-phenyl]- **18** IV 1745

—, 6-Äthyl-3,8-dibrom-7-hydroxy-2-
    phenyl- **18** IV 666

—, 3-Äthyl-5,7-dihydroxy-2-phenyl- **18**
    IV 1745

—, 3-Äthyl-2,6-dimethyl- **17** II 354 g
    — [4-nitro-phenylhydrazon] **17**
       II 355 a
    — semicarbazon **17** II 355 b

—, 2-Äthyl-2-hydroxy- **8** III 2363 a

—, 6-Äthyl-7-hydroxy- **18** IV 209
    — semicarbazon **18** IV 209

—, 2-Äthyl-2-hydroxy-7-methoxy-
    8 III 3516 a

—, 6-Äthyl-7-hydroxy-2-[4-methoxy-
    phenyl]- **18** IV 1745

Chroman-4-on (Fortsetzung)

—, 2-Äthyl-2-hydroxy-6-methyl- **8** III 2375 c

—, 3-Äthyl-7-hydroxy-2-phenyl- **18** IV 665

—, 6-Äthyl-7-hydroxy-2-phenyl- **18** IV 666

—, 8-Äthyl-7-hydroxy-2-phenyl- **18** IV 666

—, 3-Äthyl-7-methoxy-2-phenyl- **18** IV 666

—, 6-Allyl-2-[3,4-dimethoxy-phenyl]-8-methoxy- **18** IV 2781

—, 6-Allyl-8-methoxy-2-phenyl- **18** IV 778

—, 2-[2-Allyloxy-phenyl]-5,7,8-trimethoxy- **18** IV 3210

—, 6-Amino- **18** IV 7896

—, 3-[3-Amino-benzyliden]-7-hydroxy- **18** IV 8104

—, 3-[3-Amino-benzyliden]-7-methoxy- **18** IV 8104

—, 6-Amino-2-[4-benzyloxy-3-methoxy-phenyl]- **18** IV 8134

—, 3-Amino-2-[3,4-dimethoxy-phenyl]- **18** IV 8133

—, 6-Amino-2-[3,4-dimethoxy-phenyl]- **18** IV 8134

—, 6-Amino-2-[3,4-dimethoxy-phenyl]-7-methoxy- **18** IV 8148

—, 6-Amino-2-[4-hydroxy-3-methoxy-phenyl]- **18** IV 8133

—, 6-Amino-2-[2-hydroxy-phenyl]- **18** IV 8097

—, 6-Amino-2-[4-hydroxy-phenyl]- **18** IV 8097

—, 7-Amino-2-[4-hydroxy-phenyl]- **18** IV 8098

—, 6-Amino-2-[4-hydroxy-phenyl]-3-methyl- **18** IV 8099

—, 7-Amino-2-[4-hydroxy-phenyl]-3-methyl- **18** IV 8099

—, 6-Amino-7-methoxy-2-[2-methoxy-phenyl]- **18** IV 8133

—, 8-Amino-6-methoxy-2-[2-methoxy-phenyl]- **18** IV 8132

—, 8-Amino-6-methoxy-2-[4-methoxy-phenyl]- **18** IV 8133

—, 3-Amino-2-[4-methoxy-phenyl]- **18** IV 8097

—, 6-Amino-2-[4-methoxy-phenyl]- **18** IV 8097

—, 6-Amino-7-methoxy-2-phenyl- **18** IV 8095

—, 7-Amino-2-[4-methoxy-phenyl]- **18** IV 8098

—, 8-Amino-2-[2-methoxy-phenyl]- **18** IV 8097

—, 8-Amino-2-[4-methoxy-phenyl]- **18** IV 8098

—, 8-Amino-6-methoxy-2-phenyl- **18** IV 8095

—, 8-Amino-2-[2-methoxy-phenyl]-6-methyl- **18** IV 8100

—, 8-Amino-2-[4-methoxy-phenyl]-6-methyl- **18** IV 8100

—, 5-Amino-8-methyl- **18** IV 7906

—, 8-Amino-6-methyl-2-[3-nitro-phenyl]- **18** IV 7993

—, 8-Amino-6-methyl-2-phenyl- **18** IV 7992

—, 8-Amino-2-[3-nitro-phenyl]- **18** IV 7985

—, 2-[3-Amino-phenyl]- **18** IV 7985

—, 2-[4-Amino-phenyl]- **18** IV 7986

—, 3-Amino-2-phenyl- **18** IV 7982

—, 6-Amino-2-phenyl- **18** IV 7983

—, 7-Amino-2-phenyl- **18** IV 7983

—, 8-Amino-2-phenyl- **18** IV 7984

—, 2-[3-Amino-phenyl]-5,7-dimethyl- **18** IV 7998

—, 2-[4-Amino-phenyl]-6-methyl- **18** IV 7993

—, 2-[4-Amino-phenyl]-7-methyl- **18** IV 7993

—, 2-[4-Amino-phenyl]-8-methyl- **18** IV 7994

—, 2-[9]Anthryl-7-hydroxy- **18** IV 855

—, 3-Benzoyl- **17** IV 6443

—, 3-[4-Benzoylamino-benzyliden]-7-hydroxy- **18** IV 8105

—, 3-[3-Benzoylamino-benzyliden]-7-methoxy- **18** IV 8104

—, 3-[4-Benzoylamino-benzyliden]-7-methoxy- **18** IV 8105

—, 6-Benzoylamino-2-hydroxy-2-phenyl- **14** III 651 a

—, 2-[4-Benzoylamino-phenyl]- **18** IV 7986

—, 6-Benzoyl-3-brom-2-[4-methoxy-phenyl]- **18** IV 1960

—, 6-Benzoyl-3-brom-2-phenyl- **17** IV 6552

—, 6-Benzoyl-8-chlor-2-phenyl- **17** IV 6552

—, 6-Benzoyl-3,3-dibrom-2-[4-methoxy-phenyl]- **18** IV 1960

—, 6-Benzoyl-3-hydroxy-2-[4-methoxy-phenyl]- **18** IV 2834

—, 3-Benzoyl-3-hydroxy-2-phenyl- **18** IV 1959

—, 6-Benzoyl-2-[4-methoxy-phenyl]- **18** IV 1959

—, 6-Benzoyl-2-[4-methoxy-phenyl]-8-methyl- **18** IV 1962

—, 6-Benzoyloxy-2-[3-benzoyloxy-phenyl]- **18** IV 1711

Chroman-4-on   (Fortsetzung)

—, 6-Benzoyloxy-3-benzyliden-2-phenyl-
   18 IV 846

—, 7-Benzoyloxy-2-[3,4-bis-benzoyloxy-
   phenyl]- **18** 179 a

—, 5-Benzoyloxy-7-[hexa-O-benzoyl-
   neohesperidosyloxy]-2-phenyl- **18**
   IV 1705

—, 7-Benzoyloxy-5-hydroxy-2-
   [4-methoxy-phenyl]- **18** IV 2635

—, 3-Benzoyloxy-2-phenyl- **18** IV 631

—, 5-Benzoyloxy-2-phenyl-7-
   [O^3,O^4,O^6-tribenzoyl-O^2-(tri-O-benzoyl-
   rhamnopyranosyl)-glucopyranosyloxy]-
   18 IV 1705

—, 2-[4-Benzoyloxy-3-(tetra-O-benzoyl-
   glucopyranosyloxy)-phenyl]-7-[tetra-
   O-benzoyl-glucopyranosyloxy]- **18**
   IV 2646

—, 3-Benzyl- **17** IV 5365
   — oxim **17** IV 5365
   — semicarbazon **17** IV 5365

—, 2-Benzylamino-2,3-diphenyl-,
   — benzylimin **18** IV 8021

—, 3-Benzylaminomethyl-6-chlor- **18**
   IV 7901

—, 3-Benzylaminomethyl-7-chlor- **18**
   IV 7902

—, 3-Benzylaminomethyl-8-chlor- **18**
   IV 7902

—, 3-Benzylaminomethyl-6,8-dichlor-
   18 IV 7903

—, 3-Benzylaminomethyl-6-jod- **18**
   IV 7903

—, 3-Benzylaminomethyl-6-methoxy-
   18 IV 8082

—, 3-Benzylaminomethyl-7-methoxy-
   18 IV 8083

—, 3-Benzylaminomethyl-8-methoxy-
   18 IV 8083

—, 2-Benzylamino-3-phenyl-,
   — benzylimin **18** IV 7987

—, 3-Benzyl-3-hydroxy- **18** IV 653

—, 3-Benzyliden- **17** II 400 c, IV 5439

—, 3-Benzyliden-6-hydroxy-2-phenyl-
   18 IV 846

—, 3-Benzyliden-6-methoxy-2-phenyl-
   18 76 d, IV 846

—, 3-Benzyliden-6-methyl- **17** I 208 e

—, 3-Benzyliden-6-methyl-2-phenyl-
   17 397 d

—, 3-Benzyliden-2-phenyl- **17** IV 5590

—, 7-Benzyloxy- **18** IV 171

—, 7-Benzyloxy-2,2-dimethyl- **18**
   IV 211

—, 7-Benzyloxy-5-hydroxy-2,2-dimethyl-
   18 IV 1250
   — [2,4-dinitro-phenylhydrazon] **18**
   IV 1251

—, 7-Benzyloxy-5-hydroxy-8-methoxy-2-
   phenyl- **18** IV 2625

—, 5-Benzyloxy-7-hydroxy-2-[4-methoxy-
   phenyl]-8-methyl- **18** IV 2655

—, 7-Benzyloxy-5-hydroxy-2-[4-methoxy-
   phenyl]-8-methyl- **18** IV 2656

—, 6-Benzyloxy-2-hydroxy-2-phenyl-
   8 III 3737 c

—, 7-Benzyloxy-5-hydroxy-2-phenyl- **18**
   IV 1702

—, 7-Benzyloxy-5-methoxy-2,2-dimethyl-
   18 IV 1250
   — [2,4-dinitro-phenylhydrazon] **18**
   IV 1251

—, 7-Benzyloxy-5-methoxy-2-[4-methoxy-
   phenyl]-6-methyl- **18** IV 2654

—, 7-Benzyloxy-2-[4-methoxy-phenyl]-
   18 IV 1715

—, 7-Benzyloxy-5-methoxy-2-phenyl-
   18 IV 1702

—, 2-[4-Benzyloxy-3-methoxy-phenyl]-3-
   brom-6-methyl- **18** IV 1737

—, 2-[4-Benzyloxy-3-methoxy-phenyl]-3-
   hydroxy-7-methoxy- **18** IV 3212

—, 2-[4-Benzyloxy-3-methoxy-phenyl]-3-
   hydroxy-6-methyl- **18** IV 2654

—, 2-[4-Benzyloxy-3-methoxy-phenyl]-3-
   hydroxy-7-methyl- **18** IV 2654

—, 7-Benzyloxy-2-phenyl- **18** IV 634

—, 2-[4-Benzyloxy-phenyl]-7-methoxy-
   18 IV 1715

—, 3,3-Bis-[3-(2-acetoxy-phenyl)-3-oxo-
   propyl]- **18** IV 3392

—, 3,7-Bis-benzoyloxy-2-[3,4-bis-
   benzoyloxy-phenyl]-5-hydroxy- **18**
   IV 3434

—, 3,5-Bis-benzoyloxy-7-methoxy-2-
   phenyl- **18** IV 2622

—, 5,7-Bis-benzoyloxy-2-[4-methoxy-
   phenyl]- **18** II 165 g

—, 5,7-Bis-benzoyloxy-2-phenyl- **18**
   IV 1703

—, 7,8-Bis-benzoyloxy-3-veratryl- **18**
   IV 3231

—, 5,7-Bis-benzyloxy-2-[3,4-bis-
   benzyloxy-phenyl]-3-hydroxy- **18**
   IV 3432

—, 5,7-Bis-benzyloxy-2-[4-methoxy-
   phenyl]-8-methyl- **18** IV 2656

—, 5,7-Bis-benzyloxy-8-methyl-2-phenyl-
   18 IV 1739

—, 3,3-Bis-[2-carboxy-äthyl]- **18**
   IV 6169

—, 3,3-Bis-[2-cyan-äthyl]- **18** IV 6169

—, 5,7-Bis-glucopyranosyloxy-2-
   [3-hydroxy-4-methoxy-phenyl]- **18**
   IV 3222

—, 5,7-Bis-glucopyranosyloxy-2-
   [4-methoxy-phenyl]- **18** IV 2640

Chroman-4-on　(Fortsetzung)
—, 5,7-Bis-glucopyranosyloxy-2-phenyl-
　18 IV 1705
—, 3,3-Bis-[3-hydroxyimino-3-(2-
　hydroxy-phenyl)-propyl]- **18** IV 3392
—, 3,3-Bis-[3-(2-hydroxy-phenyl)-3-oxo-
　propyl]- **18** IV 3391
—, 3,3-Bis-[3-(2-hydroxy-phenyl)-3-
　phenylhydrazono-propyl]- **18** IV 3392
—, 5,7-Bis-menthyloxyacetoxy-6,8-
　dimethyl-2-phenyl- **18** IV 1747
—, 2,2-Bis-[4-methoxy-phenyl]- **18**
　IV 1950
—, 3,3-Bis-[3-(2-methoxy-phenyl)-3-oxo-
　propyl]- **18** IV 3392
—, 3,3-Bis-[3-oxo-3-phenyl-propyl]- **17**
　IV 6815
—, 3,3-Bis-[2-phenoxycarbonyl-äthyl]-
　18 IV 6169
—, 3-Brom- **17** II 335 h
—, 6-Brom- **17** IV 4959
—, 3-[2-Brom-benzyliden]-7-methoxy-
　18 II 42 b
—, 3-Brom-6-[α-brom-cinnamoyl]-2-
　phenyl- **17** IV 6591
—, 3-Brom-3-[α-brom-3,4-dimethoxy-
　benzyl]-7-methoxy- **18** II 170 d
—, 3-Brom-2-[3-brom-4-methoxy-phenyl]-
　3-chlor- **18** IV 706
—, 3-Brom-3-chlor-2-[4-methoxy-phenyl]-
　18 IV 705
—, 3-Brom-3-chlor-2-[4-methoxy-phenyl]-
　6-methyl- **18** IV 657
—, 3-Brom-5,8-dimethoxy- **18** IV 1230
—, 3-Brom-2-[3,4-dimethoxy-phenyl]-
　18 121 d
—, 3-Brom-7,8-dimethoxy-2-phenyl-
　18 119 e
—, 8-Brom-5,7-dimethoxy-2-phenyl- **18**
　IV 1706
—, 3-Brom-2,6-dimethyl- **17** II 348 b
—, 3-Brom-3,6-dimethyl- **17** II 349 a
—, 3-Brom-3,7-dimethyl- **17** II 349 d
—, 6-Brom-3-dimethylaminomethyl- **18**
　IV 7903
—, 8-Brom-3-hydroxy-2-[4-methoxy-
　phenyl]-6-methyl- **18** IV 1737
—, 3-Brom-5-hydroxy-2-[2-methoxy-
　phenyl]-6-nitro- **18** IV 1709
—, 3-Brom-5-hydroxy-2-[4-methoxy-
　phenyl]-6-nitro- **18** IV 1710
—, 3-Brom-5-hydroxy-6-nitro-2-phenyl-
　18 IV 632
—, 3-Brom-2-[4-isopropyl-phenyl]-6-
　methoxy- **18** 57 e
—, 3-Brom-6-methoxy- **18** IV 170
—, 3-Brom-7-methoxy- **18** IV 172
—, 3-Brom-5-methoxy-2-[4-methoxy-
　phenyl]- **18** IV 1710

—, 6-Brom-7-methoxy-2-[4-methoxy-
　phenyl]- **18** IV 1718
—, 8-Brom-5-methoxy-2-[4-methoxy-
　phenyl]- **18** IV 1710
—, 3-Brom-2-[4-methoxy-phenyl]- **18**
　IV 639
—, 3-Brom-7-methoxy-2-phenyl- **18**
　IV 635
—, 6-Brom-7-methoxy-2-phenyl- **18**
　IV 636
—, 7-Brom-2-[4-methoxy-phenyl]- **18**
　IV 640
—, 3-Brom-2-[4-methoxy-phenyl]-6-
　methyl- **18** II 37 b, IV 656
—, 3-Brom-3-methyl- **17** IV 4976
—, 3-Brom-6-methyl- **17** I 164 a,
　II 342 a
—, 3-Brom-7-methyl- **17** IV 4978
—, 3-Brom-8-methyl- **17** IV 4979
—, 3-Brom-6-methyl-2-phenyl- **17**
　II 390 d
—, 8-Brom-6-methyl-2-phenyl- **17**
　IV 5366
—, 2-[2-Brom-phenyl]- **17** IV 5341
—, 2-[4-Brom-phenyl]- **17** IV 5342
—, 3-Brom-2-phenyl- **17** IV 5341
—, 6-Brom-2-phenyl- **17** IV 5341
—, 7-Brom-2-phenyl- **17** IV 5341
—, 3-[4-Brom-phenylimino]-6-methyl-2-
　phenyl- **17** II 501 a
—, 3-Brom-2-phenyl-6-p-toluoyl- **17**
　IV 6556
—, 3-Brom-2,2,6-trimethyl- **17** II 352 c
—, 6-Chlor- **17** IV 4958
—, 7-Chlor- **17** IV 4958
—, 8-Chlor- **17** IV 4958
—, 3-[α-Chlor-benzyl]- **17** IV 5365
—, 3-[2-Chlor-benzyliden]- **17** IV 5439
—, 3-[2-Chlor-benzyliden]-7-methoxy-
　18 II 42 a
—, 3-[2-Chlor-benzyl]-7-methoxy- **18**
　II 36 i
　— oxim **18** II 36 j
—, 3-[α-Chlor-benzyl]-6-methoxy-2-
　phenyl- **18** 73 c
—, 3-[α-Chlor-benzyl]-2-phenyl- **17**
　IV 5574
—, 7-Chlor-3-diäthylaminomethyl- **18**
　IV 7902
—, 7-Chlor-3-dibutylaminomethyl- **18**
　IV 7902
—, 3-Chlor-2-[3,4-dimethoxy-phenyl]-7-
　methoxy- **18** IV 2646
—, 6-Chlor-5,7-dimethyl- **17** IV 4993
　— [2,4-dinitro-phenylhydrazon] **17**
　IV 4993
—, 6-Chlor-3-dimethylaminomethyl- **18**
　IV 7901

Chroman-4-on (Fortsetzung)

—, 7-Chlor-3-dimethylaminomethyl- **18** IV 7902

—, 8-Chlor-3-dimethylaminomethyl- **18** IV 7902

—, 6-Chlor-3-dimethylaminomethyl-8-jod- **18** IV 7903

—, 6-Chlor-3-dimethylaminomethyl-7-methyl- **18** IV 7911

—, 6-Chlor-2-[2-hydroxy-phenyl]- **18** IV 637

—, 6-Chlor-2-hydroxy-2,5,7-trimethyl- **8** III 2377 d

—, 6-Chlor-8-jod- **17** IV 4959
  — [2,4-dinitro-phenylhydrazon] **17** IV 4959

—, 6-Chlor-2-methyl- **17** IV 4976
  — oxim **17** IV 4976

—, 6-Chlor-7-methyl- **17** IV 4978
  — [2,4-dinitro-phenylhydrazon] **17** IV 4978

—, 3-Chlormethyl-2-phenyl- **17** IV 5366

—, 3-Chlor-6-nitro- **17** IV 4960

—, 2-[2-Chlor-phenyl]- **17** II 387 e

—, 2-[3-Chlor-phenyl]- **17** IV 5340

—, 6-Chlor-2-phenyl- **17** IV 5340

—, 7-Chlor-2-phenyl- **17** IV 5340

—, 8-Chlor-2-phenyl- **17** IV 5340

—, 2-[2-Chlor-phenyl]-3-hydroxyimino- **17** II 499 e

—, 6-Chlor-3-veratryliden- **18** IV 1835

—, 8-Chlor-3-veratryliden- **18** IV 1835

—, 6-Cinnamoyl-2-phenyl- **17** IV 6591

—, 3-Cyclohexylimino- **17** IV 6158

—, 5,7-Diacetoxy- **18** IV 1229

—, 7,8-Diacetoxy- **18** IV 1230

—, 7,8-Diacetoxy-3-[4-acetoxy-3-methoxy-benzyliden]- **18** IV 3335

—, 5,7-Diacetoxy-2-[3-acetoxy-4-methoxy-phenyl]- **18** II 205 f, IV 3218

—, 5,7-Diacetoxy-2-[4-acetoxy-3-methoxy-phenyl]- **18** II 205 g

—, 5,7-Diacetoxy-2-[3-acetoxy-4-methoxy-phenyl]-3-brom- **18** IV 3223

—, 3,5-Diacetoxy-2-[3-acetoxy-4-methoxy-phenyl]-7-[hexa-O-acetyl-rutinosyloxy]- **18** IV 3436

—, 3,5-Diacetoxy-2-[3-acetoxy-4-methoxy-phenyl]-7-[O^2,O^3,O^4-triacetyl-O^6-(tri-O-acetyl-rhamnopyranosyl)-glucopyranosyloxy]- **18** IV 3436

—, 3,7-Diacetoxy-2-[4-acetoxy-phenyl]- **18** IV 2627

—, 5,7-Diacetoxy-2-[4-acetoxy-phenyl]- **18** II 165 e, IV 2635

—, 5,7-Diacetoxy-3-[4-acetoxy-phenyl]- **18** IV 2647

—, 7,8-Diacetoxy-2-[2-acetoxy-phenyl]- **18** IV 2641

—, 7,8-Diacetoxy-2-[4-acetoxy-phenyl]- **18** IV 2641

—, 5,7-Diacetoxy-2-[4-acetoxy-phenyl]-6,8-dimethyl- **18** IV 2660

—, 3,7-Diacetoxy-2-[4-acetoxy-phenyl]-5-hydroxy- **18** IV 3207

—, 3,5-Diacetoxy-2-[4-acetoxy-phenyl]-7-methoxy- **18** IV 3207

—, 3,5-Diacetoxy-2-[4-acetoxy-phenyl]-8-[3-methyl-but-2-enyl]-7-[tetra-O-acetyl-glucopyranosyloxy]- **18** IV 3357

—, 3-[3,4-Diacetoxy-benzyliden]- **18** IV 1835

—, 7,8-Diacetoxy-3-[3,4-diacetoxy-benzyl]- **18** IV 3231

—, 7,8-Diacetoxy-3-[3,4-diacetoxy-benzyliden]- **18** IV 3336

—, 3,7-Diacetoxy-2-[3,4-diacetoxy-phenyl]- **18** IV 3213

—, 5,7-Diacetoxy-2-[3,4-diacetoxy-phenyl]- **18** II 205 h, IV 3218

—, 6,7-Diacetoxy-2-[3,4-diacetoxy-phenyl]- **18** IV 3224

—, 7,8-Diacetoxy-2-[3,4-diacetoxy-phenyl]- **18** IV 3226

—, 5,7-Diacetoxy-2-[3,4-diacetoxy-phenyl]-6,8-dimethyl- **18** IV 3235

—, 3,7-Diacetoxy-2-[3,4-diacetoxy-phenyl]-5-hydroxy- **18** IV 3433

—, 3,7-Diacetoxy-2-[3,4-diacetoxy-phenyl]-3-[3,4,5-triacetoxy-6-acetoxymethyl-tetrahydro-pyran-2-yloxy]- **18** IV 3500

—, 5,7-Diacetoxy-2-[3,4-diacetoxy-phenyl]-3-[tri-O-acetyl-rhamnopyranosyloxy]- **18** IV 3436

—, 5,7-Diacetoxy-2,3-dibrom-3-methoxy-2-phenyl- **18** 186 a

—, 5,7-Diacetoxy-3-[2,4-dimethoxy-phenyl]- **18** IV 3229

—, 7,8-Diacetoxy-2-[3,4-dimethoxy-phenyl]- **18** IV 3226

—, 5,7-Diacetoxy-2,3-dimethyl- **18** IV 1252

—, 7,8-Diacetoxy-3-[4-methoxy-benzyliden]- **18** IV 2752

—, 3,5-Diacetoxy-7-methoxy-2-[4-methoxy-phenyl]- **18** IV 3207

—, 3,5-Diacetoxy-7-methoxy-2-phenyl- **18** IV 2622

—, 5,7-Diacetoxy-2-[2-methoxy-phenyl]- **18** IV 2629

—, 5,7-Diacetoxy-2-[3-methoxy-phenyl]- **18** IV 2630

—, 5,7-Diacetoxy-2-[4-methoxy-phenyl]- **18** IV 2634

—, 5,7-Diacetoxy-2-[4-methoxy-phenyl]-6,8-dimethyl- **18** IV 2659

Chroman-4-on　(Fortsetzung)

—, 2-[3,4-Diacetoxy-phenyl]- **18**
　IV 1719
—, 5,7-Diacetoxy-2-phenyl- **18** II 93 c,
　IV 1703
—, 5,7-Diacetoxy-3-phenyl- **18** IV 1721
—, 7,8-Diacetoxy-3-veratryliden- **18**
　IV 3335
—, 3,3-Diäthoxy-2-methyl- **17** IV 6176
—, 3-Diäthylamino- **18** IV 7896
—, 5-[2-Diäthylamino-äthylamino]-8-
　methyl- **18** IV 7907
—, 3-Diäthylaminomethyl- **18** IV 7901
—, 3-Diäthylaminomethyl-6-methoxy-
　18 IV 8082
—, 3-Diäthylaminomethyl-7-methoxy-
　18 IV 8082
—, x,x-Dibenzoyl- **17** IV 6813
—, 2,3-Dibrom- **17** II 336 a
—, 3,3-Dibrom- **17** IV 4959
—, 3,3-Dibrom-2-[3-brom-4-methoxy-
　phenyl]- **18** IV 641
—, 2,3-Dibrom-2-[α,β-dibrom-3,4-
　dimethoxy-phenäthyl]-3-methyl- **18**
　II 110 a
—, 2,3-Dibrom-5,7-dihydroxy-2-
　[4-methoxy-phenyl]- **18** II 166 c
—, 6,8-Dibrom-2-[3,4-dimethoxy-phenyl]-
　18 IV 1720
—, 2,3-Dibrom-2,3-dimethyl- **17**
　I 165 d
　— oxim **17** I 165 e
—, 3,3-Dibrom-2,2-dimethyl- **17**
　II 347 e
—, 3,3-Dibrom-2,6-dimethyl- **17**
　II 348 c
—, 6,8-Dibrom-2-[2-hydroxy-phenyl]-
　18 IV 637
—, 6,8-Dibrom-2-[3-hydroxy-phenyl]-
　18 IV 637
—, 3,3-Dibrom-2-[4-methoxy-phenyl]-
　18 IV 640
—, 6,8-Dibrom-2-[4-methoxy-phenyl]-
　18 IV 640
—, 3,3-Dibrom-2-[4-methoxy-phenyl]-6-
　methyl- **18** IV 657
—, 2,3-Dibrom-6-methyl- **17** IV 4977
—, 2,3-Dibrom-7-methyl- **17** IV 4978
—, 3,3-Dibrom-6-methyl- **17** II 342 b
—, 3,3-Dibrom-8-methyl- **17** IV 4979
—, 3,3-Dibrom-6-methyl-2-phenyl- **17**
　IV 5366
—, 3,3-Dibrom-2-phenyl- **17** IV 5342
—, 3,6-Dibrom-2-phenyl- **17** IV 5339
—, 6,8-Dibrom-2-phenyl- **17** IV 5342
—, 2,3-Dibrom-2,3,5,7-tetramethyl- **17**
　I 169 a
—, 2,3-Dibrom-2,3,5-trimethyl- **17**
　I 167 d

—, 2,3-Dibrom-2,3,6-trimethyl- **17**
　I 167 e
—, 2,3-Dibrom-2,3,8-trimethyl- **17**
　I 167 f
—, 3,3-Dibrom-2,2,6-trimethyl- **17**
　II 352 d
—, 3-Dibutylaminomethyl-7-methoxy-
　18 IV 8082
—, 6,8-Dichlor- **17** IV 4958
　— [2,4-dinitro-phenylhydrazon] **17**
　　IV 4958
—, 6,8-Dichlor-2-[2-chlor-phenyl]- **17**
　IV 5341
—, 6,8-Dichlor-2-[3,4-dimethoxy-phenyl]-
　18 IV 1720
—, 6,8-Dichlor-3-dimethylaminomethyl-
　18 IV 7902
—, 6,8-Dichlor-2-[4-hydroxy-3-methoxy-
　phenyl]- **18** IV 1720
—, 6,8-Dichlor-2-[2-hydroxy-phenyl]-
　18 IV 637
—, 6,8-Dichlor-2-[4-hydroxy-phenyl]-
　18 IV 639
—, 6,8-Dichlor-2-[2-methoxy-phenyl]-
　18 IV 637
—, 6,8-Dichlor-2-[4-methoxy-phenyl]-
　18 IV 639
—, 6,8-Dichlor-2-phenyl- **17** IV 5341
—, 5,7-Dihydroxy- **18** IV 1229
—, 7,8-Dihydroxy- **18** IV 1230
　— semicarbazon **18** IV 1230
—, 3-[3,4-Dihydroxy-benzyl]-7,8-
　dihydroxy- **18** IV 3231
—, 3-[3,4-Dihydroxy-benzyl]-7-hydroxy-
　18 IV 2651
—, 3-[3,4-Dihydroxy-benzyliden]- **18**
　IV 1834
—, 3-[3,4-Dihydroxy-benzyliden]-7,8-
　dihydroxy- **18** IV 3335
—, 3-[3,4-Dihydroxy-benzyliden]-7-
　hydroxy- **18** IV 2752
—, 3-[3,4-Dihydroxy-benzyliden]-7-
　methoxy- **18** II 178 c
—, 3-[3,4-Dihydroxy-benzyl]-7-methoxy-
　18 II 170 a
—, 5,8-Dihydroxy-6,7-dimethoxy-2-
　phenyl- **18** IV 3203
—, 5,7-Dihydroxy-2,2-dimethyl- **18**
　IV 1250
　— [2,4-dinitro-phenylhydrazon] **18**
　　IV 1251
—, 5,7-Dihydroxy-2,3-dimethyl- **18**
　IV 1252
—, 7,8-Dihydroxy-2,2-dimethyl- **18** IV 1252
　— [2,4-dinitro-phenylhydrazon] **18**
　　IV 1252
—, 5,7-Dihydroxy-6,8-dimethyl-2-phenyl-
　18 IV 1746
　— oxim **18** IV 1747

Chroman-4-on   (Fortsetzung)

—, 5,7-Dihydroxy-2-[3-hydroxy-4-
methoxy-phenyl]- **18** II 204 e, IV 3215
  — oxim **18** II 206 a, IV 3223

—, 5,7-Dihydroxy-2-[4-hydroxy-3-
methoxy-phenyl]- **18** II 204 d, IV 3214
  — [2,4-dinitro-phenylhydrazon] **18**
    IV 3223
  — oxim **18** II 205 i

—, 5,7-Dihydroxy-3-[2-hydroxy-4-
methoxy-phenyl]- **18** IV 3228

—, 5,7-Dihydroxy-2-[4-hydroxy-3-
methoxy-phenyl]-6,8-dimethyl- **18**
IV 3235

—, 7-[4,5-Dihydroxy-6-hydroxymethyl-3-
(3,4,5-trihydroxy-6-methyl-tetrahydro-
pyran-2-yloxy)-tetrahydro-pyran-2-yloxy]-
5-hydroxy-2-[4-hydroxy-phenyl]- **18**
IV 2637

—, 3,7-Dihydroxy-2-[4-hydroxy-phenyl]-
18 IV 2627

—, 5,7-Dihydroxy-2-[2-hydroxy-phenyl]-
18 IV 2628

—, 5,7-Dihydroxy-2-[3-hydroxy-phenyl]-
18 IV 2629
  — oxim **18** IV 2630

—, 5,7-Dihydroxy-2-[4-hydroxy-phenyl]-
18 II 164 a, IV 2630
  — oxim **18** II 166 a

—, 5,7-Dihydroxy-3-[4-hydroxy-phenyl]-
18 IV 2647

—, 7,8-Dihydroxy-2-[2-hydroxy-phenyl]-
18 IV 2641

—, 7,8-Dihydroxy-2-[4-hydroxy-phenyl]-
18 IV 2641

—, 5,7-Dihydroxy-2-[4-hydroxy-phenyl]-
6,8-dimethyl- **18** IV 2658
  — oxim **18** IV 2658

—, 3,5-Dihydroxy-2-[4-hydroxy-phenyl]-
7-methoxy- **18** IV 3204

—, 5,7-Dihydroxy-2-[4-hydroxy-phenyl]-
3-rhamnopyranosyloxy- **18** IV 3208

—, 5,7-Dihydroxy-2-[4-hydroxy-phenyl]-
3-[3,4,5-trihydroxy-6-methyl-tetrahydro-
pyran-2-yloxy]- **18** IV 3208

—, 7,8-Dihydroxy-3-[4-methoxy-
benzyliden]- **18** IV 2752

—, 5,7-Dihydroxy-2-
[4-methoxycarbonyloxy-phenyl]- **18**
II 165 h

—, 3,5-Dihydroxy-7-methoxy-2-
[4-methoxy-phenyl]- **18** IV 3205

—, 5,6-Dihydroxy-7-methoxy-2-
[4-methoxy-phenyl]- **18** IV 3211

—, 5,8-Dihydroxy-7-methoxy-2-
[4-methoxy-phenyl]- **18** IV 3211

—, 3,5-Dihydroxy-7-methoxy-2-phenyl-
18 IV 2621
  — oxim **18** IV 2623

—, 5,6-Dihydroxy-7-methoxy-2-phenyl-
18 IV 2624

—, 5,7-Dihydroxy-2-[2-methoxy-phenyl]-
18 IV 2628
  — oxim **18** IV 2629

—, 5,7-Dihydroxy-2-[3-methoxy-phenyl]-
18 IV 2630
  — oxim **18** IV 2630

—, 5,7-Dihydroxy-2-[4-methoxy-phenyl]-
18 II 164 c, IV 2632
  — [2,4-dinitro-phenylhydrazon] **18**
    IV 2633

—, 5,7-Dihydroxy-6-methoxy-2-phenyl-
18 IV 2623

—, 5,7-Dihydroxy-8-methoxy-2-phenyl-
18 IV 2625
  — [2,4-dinitro-phenylhydrazon] **18**
    IV 2625

—, 5,8-Dihydroxy-7-methoxy-2-phenyl-
18 IV 2624

—, 5,7-Dihydroxy-2-[4-methoxy-phenyl]-
6,8-dimethyl- **18** II 171 a, IV 2659
  — oxim **18** IV 2659

—, 5,7-Dihydroxy-2-[4-methoxy-phenyl]-
6-methyl- **18** IV 2653

—, 5,7-Dihydroxy-2-[4-methoxy-phenyl]-
8-methyl- **18** IV 2655

—, 3,4a-Dihydroxy-2-methyl-hexahydro-
18 IV 1138

—, 5,7-Dihydroxy-2-methyl-2-phenyl-
18 IV 1732

—, 5,7-Dihydroxy-3-methyl-2-phenyl-
18 IV 1733

—, 5,7-Dihydroxy-6-methyl-2-phenyl-
18 IV 1734

—, 5,7-Dihydroxy-8-methyl-2-phenyl-
18 IV 1738

—, 2-[3,4-Dihydroxy-phenyl]- **18**
IV 1719

—, 2,7-Dihydroxy-2-phenyl- **8**
III 3736 c

—, 5,6-Dihydroxy-2-phenyl- **18** IV 1698

—, 5,7-Dihydroxy-2-phenyl- **18** II 92 d,
IV 1699
  — [2,4-dinitro-phenylhydrazon] **18**
    IV 1705
  — oxim **18** II 93 d

—, 5,7-Dihydroxy-3-phenyl- **18** IV 1720

—, 5,8-Dihydroxy-2-phenyl- **18** IV 1706

—, 7,8-Dihydroxy-2-phenyl- **18** II 93 e,
IV 1708

—, 2-[2,4-Dihydroxy-phenyl]-5,7-
dihydroxy- **18** IV 3213

—, 2-[3,4-Dihydroxy-phenyl]-3,7-
dihydroxy- **18** II 203 a, IV 3212

—, 2-[3,4-Dihydroxy-phenyl]-5,7-
dihydroxy- **8** 543 f, **18** II 204 b,
IV 3214

Chroman-4-on (Fortsetzung)

—, 2-[3,4-Dihydroxy-phenyl]-6,7-
dihydroxy- **18** IV 3224

—, 2-[3,4-Dihydroxy-phenyl]-7,8-
dihydroxy- **18** IV 3225

—, 2-[3,4-Dihydroxy-phenyl]-5,7-
dihydroxy-6,8-dimethyl- **18** IV 3234

—, 2-[3,4-Dihydroxy-phenyl]-3,5-
dihydroxy-7-methoxy- **18** IV 3432

—, 2-[3,4-Dihydroxy-phenyl]-5,7-
dihydroxy-3-rhamnopyranosyloxy- **18**
IV 3434

—, 2-[3,4-Dihydroxy-phenyl]-5,7-
dihydroxy-3-[3,4,5-trihydroxy-6-methyl-
tetrahydro-pyran-2-yloxy]- **18** IV 3434

—, 2-[3,4-Dihydroxy-phenyl]-7-
glucopyranosyloxy- **18** IV 2645

—, 2-[3,4-Dihydroxy-phenyl]-7-
glucopyranosyloxy-8-hydroxy- **18** IV 3226

—, 2-[3,4-Dihydroxy-phenyl]-6-hydroxy-
18 IV 2642

—, 2-[3,4-Dihydroxy-phenyl]-7-hydroxy-
18 178 c, I 395 e, IV 2644
— [2,4-dinitro-phenylhydrazon] **18**
IV 2646

—, 2-[3,4-Dihydroxy-phenyl]-5-hydroxy-
7-methoxy- **18** II 204 c, IV 3214

—, 2-[3,4-Dihydroxy-phenyl]-7-hydroxy-
8-methoxy- **18** IV 3225

—, 2-[3,4-Dihydroxy-phenyl]-8-hydroxy-
7-methoxy- **18** IV 3225

—, 2-[3,4-Dihydroxy-phenyl]-5-hydroxy-
7-rhamnopyranosyloxy- **18** IV 3218

—, 2-[2,4-Dihydroxy-phenyl]-3,5,7-
trihydroxy- **18** IV 3430

—, 2-[3,4-Dihydroxy-phenyl]-3,5,7-
trihydroxy- **18** IV 3430

—, 3,7-Dihydroxy-2-[3,4,5-trihydroxy-
phenyl]- **18** IV 3438

—, 5,7-Dihydroxy-2-[3,4,5-trihydroxy-
phenyl]- **18** IV 3439

—, 5,7-Dihydroxy-2-[3,4,5-trimethoxy-
phenyl]- **18** IV 3439
— oxim **18** IV 3439

—, 7,8-Dihydroxy-3-vanillyliden- **18**
IV 3335

—, 7,8-Dihydroxy-3-veratryl- **18**
IV 3231

—, 7,8-Dihydroxy-3-veratryliden- **18**
IV 3335

—, 5,7-Dimethoxy- **18** IV 1229
— oxim **18** IV 1229

—, 5,8-Dimethoxy- **18** IV 1229
— oxim **18** IV 1229

—, 6,7-Dimethoxy- **18** IV 1230
— [4-nitro-phenylhydrazon] **18**
IV 1230

—, 6,8-Dimethoxy- **18** IV 1230
— oxim **18** IV 1230

—, 7,8-Dimethoxy- **18** II 63 c
— oxim **18** II 63 d
— semicarbazon **18** II 63 e

—, 5,7-Dimethoxy-2,2-dimethyl- **18** IV 1250
— [2,4-dinitro-phenylhydrazon] **18**
IV 1251

—, 6,7-Dimethoxy-2,2-dimethyl- **18**
IV 1251
— [2,4-dinitro-phenylhydrazon] **18**
IV 1252

—, 7,8-Dimethoxy-2,2-dimethyl- **18**
IV 1252

—, 7,8-Dimethoxy-3-[4-methoxy-
benzyliden]-2-phenyl- **18** 202 a

—, 7,8-Dimethoxy-2-[4-methoxy-3-
methoxymethoxy-phenyl]- **18** IV 3225

—, 5,7-Dimethoxy-2-[2-methoxymethoxy-
phenyl]- **18** IV 2629

—, 7,8-Dimethoxy-2-[2-methoxymethoxy-
phenyl]- **18** IV 2641

—, 2-[3,5-Dimethoxy-4-methoxymethoxy-
phenyl]-7,8-dimethoxy- **18** IV 3440

—, 2-[3,5-Dimethoxy-4-methoxymethoxy-
phenyl]-6-methoxy- **18** IV 3227

—, 2-[3,5-Dimethoxy-4-methoxymethoxy-
phenyl]-5,7,8-trimethoxy- **18** IV 3566

—, 2,3-Dimethoxy-2-[4-methoxy-phenyl]-
18 IV 2627

—, 5,6-Dimethoxy-2-[4-methoxy-phenyl]-
18 IV 2627

—, 5,7-Dimethoxy-2-[2-methoxy-phenyl]-
18 I 395 d, IV 2629

—, 5,7-Dimethoxy-2-[4-methoxy-phenyl]-
18 176 e, IV 2633

—, 5,7-Dimethoxy-3-[4-methoxy-phenyl]-
18 IV 2647
— [2,4-dinitro-phenylhydrazon] **18**
IV 2648

—, 6,7-Dimethoxy-2-[4-methoxy-phenyl]-
18 IV 2640

—, 7,8-Dimethoxy-2-[2-methoxy-phenyl]-
18 177 a

—, 7,8-Dimethoxy-2-[3-methoxy-phenyl]-
18 177 b

—, 7,8-Dimethoxy-2-[4-methoxy-phenyl]-
18 177 c

—, 5,7-Dimethoxy-2-[4-methoxy-phenyl]-
6-methyl- **18** IV 2654

—, 5,7-Dimethoxy-2-[4-methoxy-phenyl]-
8-methyl- **18** IV 2655

—, 5,7-Dimethoxy-3-[4-methoxy-phenyl]-
2-methyl- **18** IV 2652

—, 5,7-Dimethoxy-2-[4-methoxy-phenyl]-
8-[3-methyl-but-2-enyl]- **18** IV 2785

—, 3,3-Dimethoxy-2-methyl- **17**
IV 6176

—, 6,7-Dimethoxy-2-methyl- **18**
IV 1238
— oxim **18** IV 1239

Chroman-4-on (Fortsetzung)

—, 5,7-Dimethoxy-2-methyl-2-phenyl-
18 IV 1732

—, 5,7-Dimethoxy-6-methyl-2-phenyl-
18 IV 1735

—, 5,7-Dimethoxy-8-methyl-2-phenyl-
18 IV 1739

—, 2-[2,3-Dimethoxy-phenyl]- 18
IV 1718

—, 2-[2,4-Dimethoxy-phenyl]- 18
IV 1718

—, 2,3-Dimethoxy-2-phenyl- 18
IV 1698

—, 2-[3,4-Dimethoxy-phenyl]- 18 121 c,
II 93 g, IV 1719

—, 3,3-Dimethoxy-2-phenyl- 17
IV 6428

    — oxim 17 IV 6429

—, 5,6-Dimethoxy-2-phenyl- 18
IV 1699

—, 5,7-Dimethoxy-2-phenyl- 18 119 b,
II 93 b, IV 1701

—, 5,7-Dimethoxy-3-phenyl- 18
IV 1720

    — [2,4-dinitro-phenylhydrazon] 18
    IV 1721

—, 5,8-Dimethoxy-2-phenyl- 18
IV 1707

—, 6,7-Dimethoxy-2-phenyl- 18
IV 1707

—, 7,8-Dimethoxy-2-phenyl- 18 119 d,
I 359 c, IV 1708

—, 2-[3,4-Dimethoxy-phenyl]-5,7-
dihydroxy- 18 II 205 b, IV 3216

    — oxim 18 II 206 b

—, 2-[3,4-Dimethoxy-phenyl]-7,8-
dihydroxy- 18 IV 3225

—, 3-[2,4-Dimethoxy-phenyl]-5,7-
dihydroxy- 18 IV 3228

—, 2-[3,4-Dimethoxy-phenyl]-3,5-
dihydroxy-7-methoxy- 18
IV 3432

—, 2-[2,3-Dimethoxy-phenyl]-7,8-
dimethoxy- 18 IV 3224

—, 2-[2,4-Dimethoxy-phenyl]-5,7-
dimethoxy- 18 209 d

—, 2-[3,4-Dimethoxy-phenyl]-5,6-
dimethoxy- 18 IV 3213

—, 2-[3,4-Dimethoxy-phenyl]-5,7-
dimethoxy- 18 210 a, II 205 d,
IV 3217

—, 2-[3,4-Dimethoxy-phenyl]-5,8-
dimethoxy- 18 IV 3224

—, 2-[3,4-Dimethoxy-phenyl]-6,7-
dimethoxy- 18 IV 3224

—, 2-[3,4-Dimethoxy-phenyl]-7,8-
dimethoxy- 18 210 c, IV 3225

—, 3-[2,4-Dimethoxy-phenyl]-5,7-
dimethoxy- 18 IV 3228

—, 3-[3,4-Dimethoxy-phenyl]-5,7-
dimethoxy- 18 IV 3229

—, 2-[3,4-Dimethoxy-phenyl]-5,7-
dimethoxy-3-rhamnopyranosyloxy- 18
IV 3435

—, 2-[3,4-Dimethoxy-phenyl]-5,7-
dimethoxy-3-[3,4,5-trihydroxy-6-
hydroxymethyl-tetrahydro-pyran-2-yloxy]-
18 IV 3499

—, 2-[3,4-Dimethoxy-phenyl]-7-
glucopyranosyloxy-2-hydroxy- 17
IV 3110

—, 2-[2,3-Dimethoxy-phenyl]-7-hydroxy-
18 IV 2643

—, 2-[3,4-Dimethoxy-phenyl]-3-hydroxy-
18 IV 2642

—, 2-[3,4-Dimethoxy-phenyl]-6-hydroxy-
18 IV 2643

—, 2-[3,4-Dimethoxy-phenyl]-7-hydroxy-
18 IV 2644

—, 2-[2,4-Dimethoxy-phenyl]-3-hydroxy-
5,7-dimethoxy- 18 IV 3430

—, 2-[3,4-Dimethoxy-phenyl]-3-hydroxy-
5,7-dimethoxy- 18 IV 3432

—, 2-[3,4-Dimethoxy-phenyl]-3-hydroxy-
7,8-dimethoxy- 18 IV 3436

—, 2-[3,4-Dimethoxy-phenyl]-5-hydroxy-
3-jod-7-methoxy- 18 IV 3223

—, 2-[3,4-Dimethoxy-phenyl]-2-hydroxy-
7-methoxy- 8 III 4270 c

—, 2-[3,4-Dimethoxy-phenyl]-3-hydroxy-
7-methoxy- 18 IV 3212

—, 2-[3,4-Dimethoxy-phenyl]-5-hydroxy-
7-methoxy- 18 II 205 c, IV 3216

—, 2-[3,4-Dimethoxy-phenyl]-7-hydroxy-
5-methoxy- 18 IV 3216

—, 3-[2,4-Dimethoxy-phenyl]-5-hydroxy-
7-methoxy- 18 IV 3228

—, 2-[3,4-Dimethoxy-phenyl]-5-hydroxy-
7-methoxy-6,8-dimethyl- 18 IV 3235

—, 2-[3,4-Dimethoxy-phenyl]-5-hydroxy-
7-[O^2-methyl-O^6-(O^2-methyl-
rhamnopyranosyl)-glucopyranosyloxy]-
18 IV 3220

—, 2-[3,4-Dimethoxy-phenyl]-5-hydroxy-
7-[O^2-methyl-O^6-(O^3-methyl-
rhamnopyranosyl)-glucopyranosyloxy]-
18 IV 3220

—, 2-[3,4-Dimethoxy-phenyl]-5-hydroxy-
7-[O^2-methyl-O^6-rhamnopyranosyl-
glucopyranosyloxy]- 18 IV 3220

—, 2-[3,4-Dimethoxy-phenyl]-5-hydroxy-
7-[O^6-rhamnopyranosyl-
glucopyranosyloxy]- 18 IV 3220

—, 2-[3,4-Dimethoxy-phenyl]-5-hydroxy-
7-rutinosyloxy- 18 IV 3220

—, 2-[3,4-Dimethoxy-phenyl]-2-hydroxy-
5,6,7,8-tetramethoxy- 8 III 4426 b

Chroman-4-on (Fortsetzung)

—, 2-[3,4-Dimethoxy-phenyl]-2-hydroxy-7-veratroyloxy- **10** III 1421 d

—, 2-[3,4-Dimethoxy-phenyl]-3-imino-**18** IV 2717

—, 2-[2,3-Dimethoxy-phenyl]-6-methoxy-**18** IV 2642

—, 2-[2,3-Dimethoxy-phenyl]-7-methoxy-**18** IV 2643

—, 2-[2,4-Dimethoxy-phenyl]-6-methoxy-**18** 177 d

—, 2-[2,4-Dimethoxy-phenyl]-7-methoxy-**18** 178 b

—, 2-[3,4-Dimethoxy-phenyl]-5-methoxy-**18** IV 2642

—, 2-[3,4-Dimethoxy-phenyl]-6-methoxy-**18** 177 e

—, 2-[3,4-Dimethoxy-phenyl]-7-methoxy-**18** 178 d, IV 2644

—, 2-[3,4-Dimethoxy-phenyl]-8-methoxy-**18** IV 2647

—, 3-[2,4-Dimethoxy-phenyl]-7-methoxy-**18** IV 2648

  — [2,4-dinitro-phenylhydrazon] **18** IV 2648

  — oxim **18** IV 2648

—, 2-[3,4-Dimethoxy-phenyl]-5-methoxy-7-[O^6-rhamnopyranosyl-glucopyranosyloxy]- **18** IV 3221

—, 2-[3,4-Dimethoxy-phenyl]-5-methoxy-7-rutinosyloxy- **18** IV 3221

—, 2-[3,4-Dimethoxy-phenyl]-5,6,7,8-tetramethoxy- **18** IV 3564

—, 2-[2,3-Dimethoxy-phenyl]-5,7,8-trimethoxy- **18** IV 3437

—, 2-[2,3-Dimethoxy-phenyl]-6,7,8-trimethoxy- **18** IV 3438

—, 2-[3,4-Dimethoxy-phenyl]-5,6,7-trimethoxy- **18** IV 3437

—, 2-[3,4-Dimethoxy-phenyl]-5,7,8-trimethoxy- **18** I 421 b, IV 3437

—, 2-[3,4-Dimethoxy-phenyl]-6,7,8-trimethoxy- **18** IV 3438

—, 7,8-Dimethoxy-2-phenyl-3-veratryliden- **18** 233 d

—, 5,7-Dimethoxy-2-[3,4,5-trimethoxy-phenyl]- **18** II 233 d, IV 3439

—, 7,8-Dimethoxy-3-veratryl- **18** II 208 b

  — oxim **18** II 208 c

—, 6,7-Dimethoxy-3-veratryliden- **18** IV 3335

—, 7,8-Dimethoxy-3-veratryliden- **18** II 220 c

—, 2,2-Dimethyl- **17** II 347 b, IV 4991

  — [2,4-dinitro-phenylhydrazon] **17** IV 4991

  — [4-nitro-phenylhydrazon] **17** II 347 d

  — phenylhydrazon **17** II 347 c

—, 2,6-Dimethyl- **17** I 165 g, II 347 f, IV 4991

  — [4-nitro-phenylhydrazon] **17** II 347 i

  — oxim **17** II 347 g

  — phenylhydrazon **17** II 347 h

  — semicarbazon **17** II 348 a

—, 2,7-Dimethyl- **17** IV 4992

  — oxim **17** IV 4992

—, 3,6-Dimethyl- **17** I 166 a, II 348 i, IV 4992

  — [4-nitro-phenylhydrazon] **17** II 348 k

  — oxim **17** I 166 b, II 348 j

  — semicarbazon **17** I 166 c

—, 3,7-Dimethyl- **17** II 349 b, IV 4992

  — oxim **17** IV 4992

  — semicarbazon **17** II 349 c

—, 3,8-Dimethyl- **17** II 349 e, IV 4992

  — oxim **17** IV 4992

  — semicarbazon **17** II 349 f

—, 5,7-Dimethyl- **17** IV 4993

—, 5,8-Dimethyl- **17** IV 4993

  — oxim **17** IV 4994

—, 7,8-Dimethyl- **17** IV 4994

  — oxim **17** IV 4994

—, 6-Dimethylamino- **18** IV 7896

—, 3-[(2-Dimethylamino-äthylamino)-methyl-6-methoxy- **18** IV 8082

—, 3-[4-Dimethylamino-anilino]- **18** II 462 e

—, 3-[4-Dimethylamino-benzyliden]- **18** IV 8010

—, 6-Dimethylamino-3-dimethylaminomethyl- **18** IV 7906

—, 3-Dimethylaminomethyl- **18** IV 7901

—, 3-Dimethylaminomethyl-5,8-dimethoxy- **18** IV 8117

—, 3-Dimethylaminomethyl-6,7-dimethoxy- **18** IV 8117

—, 3-Dimethylaminomethyl-6-hydroxy-**18** IV 8081

—, 3-Dimethylaminomethyl-6-jod- **18** IV 7903

—, 3-Dimethylaminomethyl-6-methoxy-**18** IV 8081

—, 3-Dimethylaminomethyl-7-methoxy-**18** IV 8082

—, 3-Dimethylaminomethyl-8-methoxy-**18** IV 8083

—, 3-Dimethylaminomethyl-6-methoxy-2-methyl- **18** IV 8085

—, 3-Dimethylaminomethyl-6-methyl-**18** IV 7910

Chroman-4-on (Fortsetzung)

—, 3-Dimethylaminomethyl-6-nitro- **18**
IV 7903

—, 2-[4-Dimethylamino-phenyl]- **18**
IV 7986

—, 2-[4-Dimethylamino-phenyl]-5,7-
dimethyl- **18** IV 7999

—, 2-[4-Dimethylamino-phenyl]-7-
hydroxy- **18** IV 8096

—, 3-[4-Dimethylamino-phenylimino]-
17 II 469 f

—, 3-[4-Dimethylamino-phenylimino]-2-
phenyl- **17** IV 6429

—, 2-[4-Dimethylamino-phenyl]-7-
methyl- **18** IV 7994

—, 2,2-Dimethyl-hexahydro- **17**
IV 4374

   — semicarbazon **17** IV 4374

—, 2,2-Dimethyl-7-[4-nitro-benzoyloxy]-
18 IV 211

—, 5,7-Dimethyl-2-[3-nitro-phenyl]- **17**
IV 5384

—, 5,7-Dimethyl-2-[4-nitro-phenyl]- **17**
IV 5384

—, 5,7-Dimethyl-2-phenyl- **17** IV 5384

—, 6,7-Dimethyl-2-phenyl- **17** II 394 d

—, 6,8-Dimethyl-2-phenyl- **17** II 394 e

—, 3-[2,4-Dimethyl-phenylimino]-6-
methoxy-2-phenyl- **18** II 99 g

—, 2-[3,5-Dinitro-phenyl]-2-hydroxy-
8 III 2840 a

—, 2,2-Diphenyl- **17** IV 5568

   — [2,4-dinitro-phenylhydrazon] **17**
IV 5568

—, 6-Fluor-2-[3-hydroxy-phenyl]- **18**
IV 637

—, 6-Fluor-2-[4-methoxy-phenyl]- **18**
IV 639

—, 6-Fluor-2-phenyl- **17** IV 5340

—, 3-[5-Formyl-2-isopropenyl-2,3-
dihydro-benzofuran-4-yloxy]-6,7-
dimethoxy- **18** IV 2339

—, 2-[2]Furyl-2-hydroxy- **18** IV 1637

   — benzylimin **18** IV 1637

—, 7-Glucopyranosyloxy-3,5-dihydroxy-
2-[4-hydroxy-phenyl]-8-[3-methyl-but-2-
enyl]- **18** IV 3357

—, 7-Glucopyranosyloxy-2-
[3-glucopyranosyloxy-4-hydroxy-phenyl]-
18 IV 2645

   — oxim **18** IV 2645

—, 7-Glucopyranosyloxy-2-
[3-glucopyranosyloxy-4-methoxy-phenyl]-
18 IV 2645

—, 7-Glucopyranosyloxy-2-
[4-glucopyranosyloxy-3-methoxy-phenyl]-
18 IV 2646

—, 5-Glucopyranosyloxy-2-
[4-glucopyranosyloxy-phenyl]-7-methoxy-
18 IV 2640

—, 7-Glucopyranosyloxy-5-hydroxy-2-
[3-hydroxy-4-methoxy-phenyl]- **18**
IV 3218

—, 5-Glucopyranosyloxy-7-hydroxy-2-
[4-hydroxy-phenyl]- **18** IV 2636

—, 7-Glucopyranosyloxy-5-hydroxy-2-
[4-hydroxy-phenyl]- **18** IV 2636

—, 7-Glucopyranosyloxy-3-hydroxy-5-
methoxy-2-[4-methoxy-phenyl]-8-
[3-methyl-but-2-enyl]- **18** IV 3357

—, 7-Glucopyranosyloxy-2-hydroxy-2-
[4-methoxy-phenyl]- **17** IV 3048

—, 7-Glucopyranosyloxy-2-[3-hydroxy-4-
methoxy-phenyl]- **18** IV 2645

—, 7-Glucopyranosyloxy-5-hydroxy-2-
[4-methoxy-phenyl]- **18** IV 2638

—, 2-[4-Glucopyranosyloxy-2-hydroxy-
phenyl]- **18** IV 1719

—, 2-[4-Glucopyranosyloxy-3-hydroxy-
phenyl]- **18** IV 1719

—, 5-Glucopyranosyloxy-7-hydroxy-2-
phenyl- **18** IV 1703

—, 6-Glucopyranosyloxy-2-[4-hydroxy-
phenyl]- **18** IV 1712

—, 7-Glucopyranosyloxy-2-hydroxy-2-
phenyl- **17** IV 3031

—, 7-Glucopyranosyloxy-5-hydroxy-2-
phenyl- **18** IV 1703

—, 5-Glucopyranosyloxy-2-[4-hydroxy-
phenyl]-7-methoxy- **18** IV 2638

   — oxim **18** IV 2638

—, 7-Glucopyranosyloxy-2-[4-hydroxy-
phenyl]-7-methoxy- **31** 250 a

—, 2-[3-Glucopyranosyloxy-4-hydroxy-
phenyl]-3,5,7-trihydroxy- **18** IV 3436

—, 7-Glucopyranosyloxy-2-hydroxy-2-
[3,4,5-trimethoxy-phenyl]- **17** IV 3111

—, 7-Glucopyranosyloxy-5-methoxy-2-
[4-methoxy-phenyl]- **18** IV 2639

—, 2-[4-Glucopyranosyloxy-3-methoxy-
phenyl]- **18** IV 1720

—, 5-Glucopyranosyloxy-7-methoxy-2-
phenyl- **18** IV 1704

—, 6-Glucopyranosyloxy-2-[4-methoxy-
phenyl]- **18** IV 1712

—, 7-Glucopyranosyloxy-2-[4-methoxy-
phenyl]- **18** IV 1716

—, 7-Glucopyranosyloxy-5-methoxy-2-
phenyl- **18** IV 1704

—, 2-[4-Glucopyranosyloxy-phenyl]- **18**
IV 638

—, 6-Glucopyranosyloxy-2-phenyl- **18**
IV 633

—, 7-Glucopyranosyloxy-2-phenyl- **18**
IV 635

Chroman-4-on (Fortsetzung)

—, 2-[4-Glucopyranosyloxy-phenyl]-7-hydroxy- **18** IV 1716

—, 2-[4-Glucopyranosyloxy-phenyl]-5-hydroxy-7-methoxy- **18** IV 2639

—, 2-[4-Glucopyranosyloxy-phenyl]-7-methoxy- **18** IV 1717

—, 7-Heptyl-6-hydroxy-2,2-dimethyl- **18** IV 239

  — [2,4-dinitro-phenylhydrazon] **18** IV 239

—, 7-Heptyl-6-hydroxy-2,2,8-trimethyl- **18** IV 240

  — [2,4-dinitro-phenylhydrazon] **18** IV 240

  — oxim **18** IV 240

  — semicarbazon **18** IV 240

—, 7-Heptyl-6-methoxy-2,2-dimethyl- **18** IV 239

—, 6-Hydroxy- **18** IV 170

—, 7-Hydroxy- **18** II 11 e, IV 171

  — oxim **18** II 11 h

  — semicarbazon **18** IV 172

—, 7-[2-Hydroxy-äthoxy]-2-phenyl- **18** IV 634

—, 3-[α-Hydroxyamino-3,4-dimethoxy-benzyl]-7-methoxy-,

  — oxim **18** II 493 b

—, 3-Hydroxyamino-7-methoxy-3-veratryl-,

  — oxim **18** II 493 b

—, 2-Hydroxyamino-6-methyl-,

  — oxim **18** II 492 a

—, 3-Hydroxyamino-6-methyl-,

  — oxim **18** II 492 a

—, 3-[3-Hydroxy-benzyliden]- **18** IV 737

—, 2-Hydroxy-6,7-dimethoxy- **8** III 4013 d

—, 3-Hydroxy-6,7-dimethoxy-2,2-dimethyl- **18** IV 2346

—, 6-Hydroxy-2,3-dimethoxy-5,7-dimethyl-2-phenyl- **18** IV 2658

—, 2-Hydroxy-5,6-dimethoxy-2-[4-methoxy-phenyl]- **8** III 4269 c

—, 2-Hydroxy-5,8-dimethoxy-2-[4-methoxy-phenyl]- **8** III 4270 a

—, 3-Hydroxy-5,7-dimethoxy-2-[4-methoxy-phenyl]- **8** III 4272 b, **18** IV 3206

—, 5-Hydroxy-6,7-dimethoxy-2-[4-methoxy-phenyl]- **18** IV 3209

—, 5-Hydroxy-7,8-dimethoxy-2-[4-methoxy-phenyl]- **18** IV 3211

—, 2-Hydroxy-6,7-dimethoxy-2-methyl- **8** III 4016 d

—, 3-Hydroxy-5,7-dimethoxy-2-methyl-2-phenyl- **18** IV 2652

—, 2-Hydroxy-5,7-dimethoxy-2-[4-nitro-phenyl]- **8** III 4121 a

—, 2-Hydroxy-5,6-dimethoxy-2-phenyl- **8** III 4119 b

—, 2-Hydroxy-5,8-dimethoxy-2-phenyl- **8** III 4120 a

—, 2-Hydroxy-7,8-dimethoxy-2-phenyl- **8** III 4118 c

—, 3-Hydroxy-5,7-dimethoxy-2-phenyl- **18** IV 2621

—, 5-Hydroxy-6,7-dimethoxy-2-phenyl- **18** IV 2623

—, 5-Hydroxy-7,8-dimethoxy-2-phenyl- **18** IV 2625

—, 7-Hydroxy-5,8-dimethoxy-2-phenyl- **18** IV 2625

—, 2-[4-Hydroxy-3,5-dimethoxy-phenyl]-7,8-dimethoxy- **18** IV 3440

—, 2-[4-Hydroxy-3,5-dimethoxy-phenyl]-6-methoxy- **18** IV 3227

—, 3-Hydroxy-5,7-dimethoxy-2-[3,4,5-trimethoxy-phenyl]- **18** IV 3565

—, 2-Hydroxy-2,6-dimethyl- **8** II 332 b, III 2366 c

—, 5-Hydroxy-2,2-dimethyl- **18** IV 210

—, 6-Hydroxy-2,2-dimethyl- **18** IV 210

  — [2,4-dinitro-phenylhydrazon] **18** IV 210

  — [4-nitro-phenylhydrazon] **18** IV 210

  — oxim **18** IV 210

  — semicarbazon **18** IV 211

—, 7-Hydroxy-2,2-dimethyl- **18** IV 211

  — [2,4-dinitro-phenylhydrazon] **18** IV 211

—, 7-Hydroxy-2,6-dimethyl- **18** IV 212

  — oxim **18** IV 212

—, 7-Hydroxy-2,8-dimethyl- **18** IV 212

  — oxim **18** IV 213

—, 6-Hydroxy-2,3-diphenyl- **18** IV 835

—, 7-Hydroxy-2,3-diphenyl- **18** IV 836

—, 7-Hydroxy-2-[4-hydroxy-3,5-dimethoxy-phenyl]- **18** IV 3227

  — [2,4-dinitro-phenylhydrazon] **18** IV 3227

—, 6-Hydroxy-2-[4-hydroxy-3-methoxy-phenyl]- **18** IV 2642

—, 7-Hydroxy-2-[3-hydroxy-4-methoxy-phenyl]- **18** IV 2644

—, 7-Hydroxy-2-[4-hydroxy-3-methoxy-phenyl]- **18** IV 2644

  — [2,4-dinitro-phenylhydrazon] **18** IV 2646

—, 5-Hydroxy-2-[3-hydroxy-4-methoxy-phenyl]-7-methoxy- **18** IV 3216

—, 5-Hydroxy-2-[4-hydroxy-3-methoxy-phenyl]-7-methoxy- **18** II 205 a, IV 3215

Chroman-4-on   (Fortsetzung)

—, 6-Hydroxy-2-[4-hydroxy-3-methoxy-
phenyl]-5-methoxy- **18** IV 3213

—, 5-Hydroxy-2-[3-hydroxy-4-methoxy-
phenyl]-7-neohesperidosyloxy- **18**
IV 3219

—, 5-Hydroxy-2-[3-hydroxy-4-methoxy-
phenyl]-7-[O^2-rhamnopyranosyl-
glucopyranosyloxy]- **18** IV 3219

—, 5-Hydroxy-2-[3-hydroxy-4-methoxy-
phenyl]-7-[O^6-rhamnopyranosyl-
glucopyranosyloxy]- **18** IV 3219

—, 5-Hydroxy-2-[3-hydroxy-4-methoxy-
phenyl]-7-rutinosyloxy- **18** IV 3219

—, 7-Hydroxy-2-[4-hydroxy-3-methoxy-
5-propenyl-phenyl]- **18** IV 2780

—, 5-Hydroxy-2-[2-hydroxy-phenyl]- **18**
IV 1708

—, 5-Hydroxy-2-[4-hydroxy-phenyl]- **18**
IV 1709

—, 6-Hydroxy-2-[2-hydroxy-phenyl]- **18**
IV 1710

—, 6-Hydroxy-2-[3-hydroxy-phenyl]- **18**
IV 1711

—, 6-Hydroxy-2-[4-hydroxy-phenyl]- **18**
IV 1711

—, 7-Hydroxy-2-[2-hydroxy-phenyl]- **18**
IV 1712

—, 7-Hydroxy-2-[3-hydroxy-phenyl]- **18**
I 359 d, IV 1713

—, 7-Hydroxy-2-[4-hydroxy-phenyl]- **18**
I 359 f, IV 1713

   — [2,4-dinitro-phenylhydrazon] **18**
   IV 1718

   — oxim **18** IV 1718

—, 3-Hydroxy-2-[4-hydroxy-phenyl]-5,7-
dimethoxy- **18** IV 3205

—, 6-Hydroxy-2-[4-hydroxy-phenyl]-5,7-
dimethoxy- **18** IV 3209

—, 5-Hydroxy-2-[2-hydroxy-phenyl]-7,7-
dimethyl-7,8-dihydro- **18** IV 1649

—, 7-Hydroxy-2-[4-hydroxy-phenyl]-8-
isopentyl-5-methoxy- **18** IV 2661

—, 7-Hydroxy-2-[4-hydroxy-phenyl]-7-
methoxy- **18** II 164 b, IV 2631

   — oxim **18** II 166 b

—, 7-Hydroxy-2-[4-hydroxy-phenyl]-5-
methoxy- **18** IV 2631

—, 7-Hydroxy-2-[4-hydroxy-phenyl]-5-
methoxy-8-[3-methyl-but-2-enyl]- **18**
IV 2784

   — [4-nitro-phenylhydrazon] **18**
   IV 2785

   — oxim **18** IV 2785

—, 7-Hydroxy-2-[4-hydroxy-phenyl]-5-
methyl- **18** IV 1733

—, 7-Hydroxy-3-[4-hydroxy-phenyl]-2-
methyl- **18** IV 1732

—, 5-Hydroxy-2-[4-hydroxy-phenyl]-7-
neohesperidosyloxy- **18** IV 2637

—, 5-Hydroxy-2-[4-hydroxy-phenyl]-7-
[O^2-rhamnopyranosyl-glucopyranosyloxy]-
18 IV 2637

   — [2,4-dinitro-phenylhydrazon] **18**
   IV 2637

—, 7-Hydroxy-2-[4-hydroxy-phenyl]-5-
[3,4,5-trihydroxy-6-hydroxymethyl-
tetrahydro-pyran-2-yloxy]- **18**
IV 2635

—, 3-Hydroxyimino- **17** II 469 g

—, 3-Hydroxyimino-6-methoxy- **18**
II 70 e

—, 3-Hydroxyimino-8-methoxy- **18**
II 71 b

—, 3-Hydroxyimino-6-methyl- **17**
II 473 d

—, 3-Hydroxyimino-6-methyl-2-phenyl-
17 529 a

—, 3-Hydroxyimino-2-phenyl-
17 527 b, II 499 a, IV 6430

—, 7-Hydroxy-2-[4-isopropoxy-3-
methoxy-phenyl]- **18** IV 2644

—, 7-Hydroxy-3-jod-2,3-diphenyl- **18**
IV 836

—, 5-Hydroxy-3-jod-7-methoxy-2-
[4-methoxy-phenyl]- **18** IV 2640

—, 5-Hydroxy-7-menthyloxyacetoxy-6,8-
dimethyl-2-phenyl- **18** IV 1747

—, 7-Hydroxy-5-menthyloxyacetoxy-6,8-
dimethyl-2-phenyl- **18** IV 1747

—, 5-Hydroxy-7-menthyloxyacetoxy-2-
[4-methoxy-phenyl]- **18** IV 2635

—, 2-Hydroxy-2-mesityl-7-
tetrahydropyran-2-yloxy- **17** IV 1072

—, 5-Hydroxy-7-methoxy- **18** IV 1229

—, 2-Hydroxy-7-[4-methoxy-benzoyloxy]-
2-[4-methoxy-phenyl]- **10**
III 323 a

—, 3-Hydroxy-3-[4-methoxy-benzoyl]-2-
phenyl- **18** IV 2833

—, 7-Hydroxy-3-[4-methoxy-benzyliden]-
18 II 102 h, IV 1834

—, 3-[3-Hydroxy-4-methoxy-benzyliden]-
7-methoxy- **18** IV 2752

—, 3-[3-Hydroxy-4-methoxy-benzyl]-7-
methoxy- **18** IV 2652

—, 2-Hydroxy-7-methoxy-2,8-dimethyl-
8 III 3517 b

—, 3-Hydroxy-7-methoxy-2,2-dimethyl-
18 IV 1249

—, 5-Hydroxy-7-methoxy-2,2-dimethyl-
18 IV 1250

   — [2,4-dinitro-phenylhydrazon] **18**
   IV 1251

—, 5-Hydroxy-7-methoxy-2,3-dimethyl-
18 IV 1252

Chroman-4-on (Fortsetzung)

—, 7-Hydroxy-5-methoxy-2,2-dimethyl-
18 IV 1250
 — [2,4-dinitro-phenylhydrazon] **18**
 IV 1251
—, 5-Hydroxy-7-methoxy-6,8-dimethyl-2-
phenyl- **18** IV 1746
—, 5-Hydroxy-2-[4-methoxy-3-
methoxycarbonyloxy-phenyl]-7-
[O^6-rhamnopyranosyl-glucopyranosyloxy]-
18 IV 3222
—, 5-Hydroxy-2-[4-methoxy-3-
methoxycarbonyloxy-phenyl]-7-
rutinosyloxy- **18** IV 3222
—, 5-Hydroxy-7-methoxy-2-[3-methoxy-
4-(3-methyl-but-2-enyloxy)-phenyl]- **18**
IV 3217
—, 3-Hydroxy-7-methoxy-2-[4-methoxy-
phenyl]- **18** IV 2627
—, 5-Hydroxy-7-methoxy-2-[2-methoxy-
phenyl]- **18** IV 2628
—, 5-Hydroxy-7-methoxy-2-[3-methoxy-
phenyl]- **18** IV 2630
—, 5-Hydroxy-7-methoxy-2-[4-methoxy-
phenyl]- **18** II 165 a, IV 2633
—, 7-Hydroxy-5-methoxy-2-[4-methoxy-
phenyl]- **18** IV 2633
—, 5-Hydroxy-7-methoxy-2-[4-methoxy-
phenyl]-6,8-dimethyl- **18** IV 2659
—, 5-Hydroxy-7-methoxy-2-[4-methoxy-
phenyl]-6-methyl- **18** IV 2653
—, 5-Hydroxy-7-methoxy-2-[4-methoxy-
phenyl]-8-methyl- **18** IV 2655
—, 7-Hydroxy-5-methoxy-2-[4-methoxy-
phenyl]-6-methyl- **18** IV 2653
—, 7-Hydroxy-5-methoxy-2-[4-methoxy-
phenyl]-8-methyl- **18** IV 2655
—, 7-Hydroxy-5-methoxy-3-[4-methoxy-
phenyl]-8-methyl- **18** IV 2656
—, 2-Hydroxy-7-methoxy-2-methyl-
8 404 b, III 3507 d
—, 2-Hydroxy-7-methoxy-3-methyl- **18** IV 323
—, 3-Hydroxy-7-methoxy-2-methyl- **18** IV 1238
—, 5-Hydroxy-7-methoxy-2-methyl-2-
phenyl- **18** IV 1732
—, 5-Hydroxy-7-methoxy-6-methyl-2-
phenyl- **18** IV 1735
—, 5-Hydroxy-7-methoxy-8-methyl-2-
phenyl- **18** IV 1739
—, 7-Hydroxy-5-methoxy-8-methyl-2-
phenyl- **18** IV 1739
—, 2-Hydroxy-7-methoxy-2-methyl-8-
propyl- **8** III 3526 a
—, 2-Hydroxy-6-methoxy-2-[4-nitro-
phenyl]- **8** III 3738 a
—, 2-Hydroxy-2-[2-methoxy-phenyl]-
8 III 3738 b
—, 2-[4-Hydroxy-3-methoxy-phenyl]-
18 IV 1719

—, 2-Hydroxy-6-methoxy-2-phenyl-
8 III 3737 b
—, 2-Hydroxy-7-methoxy-2-phenyl-
8 III 3737 a
—, 3-Hydroxy-2-[4-methoxy-phenyl]-
18 IV 1708
—, 3-Hydroxy-7-methoxy-2-phenyl- **18**
IV 1698
—, 3-Hydroxy-7-methoxy-3-phenyl- **18**
II 94 a
—, 5-Hydroxy-2-[2-methoxy-phenyl]-
18 IV 1709
—, 5-Hydroxy-6-methoxy-2-phenyl- **18**
IV 1699
—, 5-Hydroxy-7-methoxy-2-phenyl- **18**
II 93 a, IV 1701
 — [2,4-dinitro-phenylhydrazon] **18**
 IV 1706
—, 5-Hydroxy-8-methoxy-2-phenyl- **18**
IV 1707
—, 6-Hydroxy-2-[2-methoxy-phenyl]-
18 IV 1710
—, 6-Hydroxy-2-[4-methoxy-phenyl]-
18 IV 1712
—, 6-Hydroxy-7-methoxy-2-phenyl- **18**
IV 1707
—, 7-Hydroxy-2-[4-methoxy-phenyl]-
18 IV 1714
—, 7-Hydroxy-5-methoxy-2-phenyl- **18**
II 93 a, IV 1700
—, 8-Hydroxy-7-methoxy-2-phenyl- **18**
IV 1708
—, 2-[2-Hydroxy-4-methoxy-phenyl]-5,7-
dimethoxy- **18** IV 3213
—, 2-[3-Hydroxy-4-methoxy-phenyl]-7,8-
dimethoxy- **18** IV 3225
—, 5-Hydroxy-2-[2-methoxy-phenyl]-7,7-
dimethyl-7,8-dihydro- **18** IV 1649
—, 5-Hydroxy-2-[4-methoxy-phenyl]-7,7-
dimethyl-7,8-dihydro- **18** IV 1649
—, 2-[2-Hydroxy-3-methoxy-phenyl]-6-
methoxy- **18** II 166 d
—, 2-[3-Hydroxy-4-methoxy-phenyl]-6-
methoxy- **18** II 166 g, IV 2642
—, 2-Hydroxy-2-[2-methoxy-phenyl]-6-
methyl- **8** III 3749 b
—, 3-Hydroxy-2-[4-methoxy-phenyl]-6-
methyl- **18** IV 1736
 — oxim **18** IV 1736
—, 3-Hydroxy-2-[4-methoxy-phenyl]-7-
methyl- **18** IV 1738
—, 3-Hydroxy-2-[4-methoxy-phenyl]-8-
methyl- **18** IV 1740
—, 7-Hydroxy-2-[4-methoxy-phenyl]-2-
methyl- **18** IV 1732
—, 7-Hydroxy-2-[4-methoxy-phenyl]-5-
methyl- **18** IV 1734
—, 7-Hydroxy-2-[4-methoxy-phenyl]-6-
methyl- **18** IV 1737

Chroman-4-on (Fortsetzung)

—, 5-Hydroxy-2-[4-methoxy-phenyl]-7-
neohesperidosyloxy- **18** IV 2639

—, 5-Hydroxy-2-[2-methoxy-phenyl]-6-
nitro- **18** IV 1709

—, 5-Hydroxy-2-[3-methoxy-phenyl]-6-
nitro- **18** IV 1709

—, 5-Hydroxy-2-[4-methoxy-phenyl]-6-
nitro- **18** IV 1710

—, 7-Hydroxy-2-[2-methoxy-phenyl]-8-
nitro- **18** IV 1713

—, 7-Hydroxy-2-[3-methoxy-phenyl]-8-
nitro- **18** IV 1713

—, 7-Hydroxy-2-[4-methoxy-phenyl]-6-
nitro- **18** IV 1718

—, 7-Hydroxy-2-[4-methoxy-phenyl]-8-
nitro- **18** IV 1718

—, 5-Hydroxy-2-[4-methoxy-phenyl]-7-
[O^2-rhamnopyranosyl-glucopyranosyloxy]-
18 IV 2639

—, 5-Hydroxy-2-[2-methoxy-phenyl]-7-
[O^x-rhamnosyl-glucosyloxy]- **18** IV 2629

—, 5-Hydroxy-2-[4-methoxy-3-
propoxycarbonyloxy-phenyl]-7-
[O^6-rhamnopyranosyl-glucopyranosyloxy]-
18 IV 3222

—, 5-Hydroxy-2-[4-methoxy-3-
propoxycarbonyloxy-phenyl]-7-
rutinosyloxy- **18** IV 3222

—, 2-Hydroxy-7-methoxy-2-propyl-
8 III 3520 b

—, 2-Hydroxy-6-methoxy-2-styryl-
8 III 3825 a

—, 2-Hydroxy-7-methoxy-2-styryl-
8 III 3824 c

—, 3-Hydroxy-7-methoxy-2-[3,4,5-
trimethoxy-phenyl]- **18** IV 3438

—, 3-Hydroxy-7-methoxy-3-veratryl- **18**
IV 3231

—, 2-Hydroxy-2-methyl- **8** II 327 k,
III 2348 c

—, 2-Hydroxy-3-methyl- **17** IV 5072

—, 3-Hydroxy-2-methyl- **18** IV 185

—, 6-Hydroxy-2-methyl- **18** IV 186

—, 7-Hydroxy-2-methyl- **18** IV 186
— [2,4-dinitro-phenylhydrazon] **18**
IV 186

—, 2-Hydroxy-2-methyl-6-phenyl- **8**
III 2865 d

—, 7-Hydroxy-2-methyl-2-phenyl- **18**
IV 654

—, 7-Hydroxy-3-methyl-2-phenyl- **18**
IV 654

—, 7-Hydroxy-5-methyl-2-phenyl- **18**
IV 655

—, 7-Hydroxy-6-methyl-2-phenyl- **18**
IV 655

—, 7-Hydroxy-8-methyl-2-phenyl- **18**
IV 657

—, 2-Hydroxy-2-[1]naphthyl- **8**
III 3028 b

—, 2-Hydroxy-2-[2]naphthyl- **8**
III 3031 b

—, 5-Hydroxy-7-neohesperidosyloxy-2-
phenyl- **18** IV 1704

—, 7-Hydroxy-3-[3-nitro-benzyliden]-
18 IV 736

—, 7-Hydroxy-3-[4-nitro-benzyliden]-
18 IV 736

—, 2-Hydroxy-2-[2-nitro-phenyl]- **8**
III 2839 a

—, 2-Hydroxy-2-[3-nitro-phenyl]- **8**
III 2839 b

—, 2-Hydroxy-2-[4-nitro-phenyl]- **8**
III 2839 c

—, 2-[4-Hydroxy-3-nitro-phenyl]- **18**
IV 641

—, 5-Hydroxy-6-nitro-2-phenyl- **18**
IV 632

—, 6-Hydroxy-2-[3-nitro-phenyl]- **18**
IV 633

—, 6-Hydroxy-2-[4-nitro-phenyl]- **18**
IV 633

—, 7-Hydroxy-2-[3-nitro-phenyl]- **18**
IV 636

—, 7-Hydroxy-6-nitro-2-phenyl- **18**
IV 636

—, 7-Hydroxy-8-nitro-2-phenyl- **18** IV 636

—, 2-Hydroxy-2-[3-nitro-styryl]- **8**
III 2953 c

—, 6-Hydroxy-2,2,5,7,8-pentamethyl-
18 IV 232

—, 2-Hydroxy-2-phenyl- **8** I 649 a,
III 2837 b

—, 2-[2-Hydroxy-phenyl]- **18** IV 636

—, 2-[4-Hydroxy-phenyl]- **18** IV 637
— oxim **18** IV 639

—, 3-Hydroxy-2-phenyl- **18** IV 630
— oxim **18** IV 631
— phenylhydrazon **18** IV 631
— semicarbazon **18** IV 631

—, 5-Hydroxy-2-phenyl- **18** IV 632

—, 6-Hydroxy-2-phenyl- **18** IV 632

—, 7-Hydroxy-2-phenyl- **18** II 34 e,
IV 633
— [2,4-dinitro-phenylhydrazon] **18**
IV 635

—, 2-[2-Hydroxy-phenyl]-5,7-dimethoxy-
18 IV 2628

—, 2-[2-Hydroxy-phenyl]-7,8-dimethoxy-
18 IV 2641

—, 2-[2-Hydroxy-phenyl]-5,7-dimethyl-
18 IV 667

—, 2-[3-Hydroxy-phenyl]-5,7-dimethyl-
18 IV 667

—, 2-[4-Hydroxy-phenyl]-5,7-dimethyl-
18 IV 668
— semicarbazon **18** IV 668

Chroman-4-on (Fortsetzung)

—, 3-[4-Hydroxy-phenyl]-2-imino- **18** IV 1813

—, 3-[4-Hydroxy-phenyl]-2-imino-7-methoxy- **18** IV 2738

—, 2-[2-Hydroxy-phenyl]-5-methoxy- **18** IV 1708

—, 2-[2-Hydroxy-phenyl]-7-methoxy- **18** IV 1713

—, 2-[4-Hydroxy-phenyl]-7-methoxy- **18** IV 1714

—, 2-[4-Hydroxy-phenyl]-7-methoxy-5-methyl- **18** IV 1734

—, 2-[4-Hydroxy-phenyl]-7-methoxy-5-[3,4,5-trihydroxy-6-hydroxymethyl-tetrahydro-pyran-2-yloxy]- **18** IV 2638

—, 5-Hydroxy-2-phenyl-7-[O^2-rhamnopyranosyl-glucopyranosyloxy]- **18** IV 1704

—, 2-Hydroxy-2-phenyl-7-[tetra-O-acetyl-glucopyranosyloxy]- **17** IV 3241

—, 5-Hydroxy-2-phenyl-7-[tetra-O-acetyl-glucopyranosyloxy]- **18** IV 1704

—, 2-Hydroxy-2-phenyl-7-tetrahydropyran-2-yloxy- **17** IV 1071

—, 2-[2-Hydroxy-phenyl]-5,7,8-trimethoxy- **18** IV 3210

—, 7-Hydroxy-2-[4-(O^x-rhamnopyranosyl-glucopyranosyloxy)-phenyl]- **18** IV 1716

—, 2-Hydroxy-2-styryl- **8** III 2953 b

—, 6-Hydroxy-2,2,7,8-tetramethyl- **18** IV 226
— [2,4-dinitro-phenylhydrazon] **18** IV 226
— oxim **18** IV 226
— semicarbazon **18** IV 227

—, 6-Hydroxy-2,5,7,8-tetramethyl- **18** IV 227
— oxim **18** IV 227

—, 6-Hydroxy-2-*p*-tolyl- **18** IV 654

—, 7-Hydroxy-2-*m*-tolyl- **18** IV 654

—, 7-Hydroxy-2-*o*-tolyl- **18** IV 653

—, 7-Hydroxy-2-*p*-tolyl- **18** IV 654

—, 7-Hydroxy-2-[3,4,5-trihydroxy-phenyl]- **18** IV 3227

—, 2-Hydroxy-5,6,7-trimethoxy-2-[4-methoxy-phenyl]- **8** III 4372 b

—, 2-Hydroxy-5,7,8-trimethoxy-2-[4-methoxy-phenyl]- **8** III 4373 a

—, 2-Hydroxy-6,7,8-trimethoxy-2-[4-methoxy-phenyl]- **8** III 4372 a

—, 6-Hydroxy-5,7,8-trimethoxy-2-[4-methoxy-phenyl]- **18** IV 3429

—, 2-Hydroxy-5,6,7-trimethoxy-2-phenyl- **8** III 4268 c

—, 2-Hydroxy-5,7,8-trimethoxy-2-phenyl- **8** III 4269 a

—, 5-Hydroxy-6,7,8-trimethoxy-2-phenyl- **18** IV 3203

—, 6-Hydroxy-5,7,8-trimethoxy-2-phenyl- **18** IV 3203

—, 2-Hydroxy-2,6,8-trimethyl- **8** III 2377 e

—, 6-Hydroxy-2,2,7-trimethyl- **18** IV 223
— [2,4-dinitro-phenylhydrazon] **18** IV 223
— semicarbazon **18** IV 223

—, 7-Hydroxy-3-vanillyliden- **18** IV 2752

—, 7-Hydroxy-3-veratryliden- **18** IV 2752

—, 2-Imino-7-methoxy-3-[4-methoxy-phenyl]- **18** IV 2738

—, 2-Imino-3-[4-methoxy-phenyl]- **18** IV 1813

—, 2-Imino-7-methoxy-3-phenyl- **18** IV 1812

—, 3-Imino-2-[4-methoxy-phenyl]- **18** IV 1799

—, 2-Imino-3-phenyl- **17** IV 6434

—, 3-Imino-2-phenyl- **17** IV 6429

—, 2-[4-Isopropyl-phenyl]-7,8-dimethoxy- **18** 124 e

—, 2-[4-Isopropyl-phenyl]-6-methoxy- **18** 57 d

—, 2-[4-Isopropyl-phenyl]-7-methoxy- **18** 58 a

—, 6-Jod- **17** IV 4959
— [2,4-dinitro-phenylhydrazon] **17** IV 4959

—, 8-Jod- **17** IV 4959
— [2,4-dinitro-phenylhydrazon] **17** IV 4959

—, 3-Jod-5,7-dimethoxy-2-phenyl- **18** IV 1706

—, 7-Jod-2-[4-methoxy-phenyl]- **18** IV 641

—, 2-[2-Jod-phenyl]- **17** IV 5342

—, 2-[3-Jod-phenyl]- **17** IV 5342

—, 2-[4-Jod-phenyl]- **17** IV 5342

—, 7-Jod-2-phenyl- **17** IV 5342

—, 2-{4-[Menthyloxy-acetoxy]-phenyl}- **18** IV 638

—, 7-[Menthyloxy-acetoxy]-2-phenyl- **18** IV 635

—, 6-Methoxy- **18** II 10 f, IV 170
— oxim **18** II 10 g, IV 170
— semicarbazon **18** II 11 a

—, 7-Methoxy- **18** I 302 f, II 11 f, IV 171
— [2,4-dinitro-phenylhydrazon] **18** IV 172
— oxim **18** I 302 g, II 11 i
— semicarbazon **18** I 302 h, IV 172

Chroman-4-on (Fortsetzung)
—, 8-Methoxy- **18** II 11 j, IV 172
  — oxim **18** II 12 a, IV 172
  — semicarbazon **18** II 12 b
—, 3-[4-Methoxy-benzoyloxy]-2-phenyl-
  18 IV 631
—, 3-[3-Methoxy-benzyl]- **18** IV 653
—, 3-[4-Methoxy-benzyl]- **18** IV 653
  — oxim **18** IV 653
—, 3-[3-Methoxy-benzyliden]- **18**
  IV 737
—, 3-[4-Methoxy-benzyliden]- **18**
  IV 737
—, 3-[4-Methoxy-benzyliden]-2-phenyl-
  18 IV 846
—, 6-Methoxy-2,2-dimethyl- **18** IV 210
  — [2,4-dinitro-phenylhydrazon] **18**
  IV 211
—, 7-Methoxy-2,2-dimethyl- **18** IV 211
  — [2,4-dinitro-phenylhydrazon] **18**
  IV 212
  — semicarbazon **18** IV 212
—, 7-Methoxy-2,6-dimethyl- **18** IV 212
—, 7-Methoxy-2,8-dimethyl- **18** IV 212
—, 7-Methoxy-2,2-dimethyl-3-
  veratryliden- **18** IV 2781
—, 7-Methoxy-2,3-diphenyl- **18** IV 836
—, 7-Methoxy-3-[4-methoxy-benzyl]-
  18 I 360 c
—, 7-Methoxy-3-[4-methoxy-benzyliden]-
  18 I 367 a
—, 7-Methoxy-6-[4-methoxy-cinnamoyl]-
  2-[4-methoxy-phenyl]- **18** IV 3391
—, 6-Methoxy-2-[3-methoxy-2-
  methoxymethoxy-phenyl]- **18** IV 2642
—, 6-Methoxy-2-[3-methoxy-4-
  methoxymethoxy-phenyl]- **18**
  IV 2643
—, 6-Methoxy-2-[4-methoxy-3-
  methoxymethoxy-phenyl]- **18** IV 2643
—, 7-Methoxy-2-[2-methoxymethoxy-
  phenyl]- **18** IV 1713
—, 5-Methoxy-2-[4-methoxy-phenyl]-
  18 IV 1709
—, 6-Methoxy-2-[2-methoxy-phenyl]-
  18 119 f, IV 1711
—, 6-Methoxy-2-[3-methoxy-phenyl]-
  18 120 a
—, 6-Methoxy-2-[4-methoxy-phenyl]-
  18 120 d, IV 1712
—, 7-Methoxy-2-[2-methoxy-phenyl]-
  18 120 i, IV 1713
—, 7-Methoxy-2-[3-methoxy-phenyl]-
  18 121 a
—, 7-Methoxy-2-[4-methoxy-phenyl]-
  18 121 b, IV 1715
—, 7-Methoxy-3-[4-methoxy-phenyl]-
  18 IV 1721

—, 6-Methoxy-3-[4-methoxy-
  phenylimino]-2-phenyl- **18** II 99 h
—, 5-Methoxy-2-[4-methoxy-phenyl]-8-
  methyl- **18** IV 1740
—, 7-Methoxy-2-[4-methoxy-phenyl]-5-
  methyl- **18** IV 1734
—, 7-Methoxy-2-[4-methoxy-phenyl]-6-
  methyl- **18** IV 1737
—, 7-Methoxy-2-[4-methoxy-phenyl]-8-
  methyl- **18** IV 1740
—, 7-Methoxy-3-[4-methoxy-phenyl]-2-
  methyl- **18** IV 1732
—, 5-Methoxy-3-[4-methoxy-phenyl]-8-
  methyl-7-[toluol-4-sulfonyloxy]- **18**
  IV 2656
—, 7-Methoxy-2-[4-methoxy-phenyl]-6-
  nitro- **18** IV 1718
—, 6-Methoxy-2-methyl- **18** IV 186
—, 7-Methoxy-2-methyl- **18** IV 186
  — [2,4-dinitro-phenylhydrazon] **18**
  IV 186
  — oxim **18** IV 186
  — semicarbazon **18** IV 187
  — thiosemicarbazon **18** IV 187
—, 5-Methoxy-8-[3-methyl-but-2-enyl]-7-
  [4-nitro-benzoyloxy]-2-[4-(4-nitro-
  benzoyloxy)-phenyl]- **18** IV 2785
—, 7-Methoxy-5-methyl-2-phenyl- **18**
  IV 655
—, 8-Methoxy-6-methyl-2-phenyl- **18**
  IV 655
—, 7-Methoxy-3-[3-nitro-benzyliden]-
  18 IV 736
—, 7-Methoxy-3-[4-nitro-benzyliden]-
  18 IV 736
—, 2-[4-Methoxy-3-nitro-phenyl]- **18**
  IV 641
—, 7-Methoxy-2-[3-nitro-phenyl]- **18**
  IV 636
—, 7-Methoxy-2-[4-nitro-phenyl]- **18**
  IV 636
—, 2-[3-Methoxy-phenyl]- **18** 52 d
—, 2-[4-Methoxy-phenyl]- **18** 52 e,
  II 34 h, IV 638
—, 5-Methoxy-2-phenyl- **18** IV 632
—, 6-Methoxy-2-phenyl- **18** 51 d,
  II 34 c, IV 632
—, 7-Methoxy-2-phenyl- **18** 52 c,
  II 34 f, IV 634
—, 2-[4-Methoxy-phenyl]-5,7-dimethyl-
  18 IV 668
—, 2-[4-Methoxy-phenyl]-3-[4-methoxy-
  phenylimino]-6-methyl- **18** II 103 h
—, 2-[4-Methoxy-phenyl]-6-methyl- **18**
  II 37 a, IV 656
—, 2-[4-Methoxy-phenyl]-6-methyl-3-
  phenylimino- **18** II 103 g
—, 2-[4-Methoxy-phenyl]-6-nitro- **18**
  IV 641

Chroman-4-on (Fortsetzung)

—, 2-[4-Methoxy-phenyl]-3-[2-nitro-
benzyliden]- **18** IV 846

—, 3-[1-(4-Methoxy-phenyl)-3-oxo-3-
phenyl-propyl]-2-phenyl- **18** IV 1994

—, 3-[1-(4-Methoxy-phenyl)-3-oxo-3-
p-tolyl-propyl]-2-phenyl- **18** IV 1994

—, 6-Methoxy-2-phenyl-3-phenylimino-
18 II 99 e

—, 2-[4-Methoxy-phenyl]-7-[tetra-
O-acetyl-glucopyranosyloxy]- **18**
IV 1716

—, 5-Methoxy-2-phenyl-7-[tetra-O-acetyl-
glucopyranosyloxy]- **18** IV 1704

—, 6-Methoxy-2-phenyl-3-o-tolylimino-
18 II 99 f

—, 7-Methoxy-2-[4-sulfooxy-phenyl]-
18 IV 1717

—, 7-Methoxy-2-[4-(tetra-O-acetyl-
glucopyranosyloxy)-phenyl]- **18** IV 1717

—, 6-Methoxy-2,5,7,8-tetramethyl- **18**
IV 227

—, 7-Methoxy-2-[4-(3,4,5-triacetoxy-6-
acetoxymethyl-tetrahydro-pyran-2-yloxy)-
phenyl]- **18** IV 1717

—, 7-Methoxy-2-[4-(3,4,5-trihydroxy-6-
hydroxymethyl-tetrahydro-pyran-2-yloxy)-
phenyl]- **18** IV 1717

—, 7-Methoxy-2-[3,4,5-trimethoxy-
phenyl]- **18** II 206 c

—, 7-Methoxy-3-veratryl- **18** II 170 b
— oxim **18** II 170 c

—, 7-Methoxy-3-veratryliden- **18**
I 401 a, II 178 d

—, 2-Methyl- **17** IV 4975
— [2,4-dinitro-phenylhydrazon] **17**
IV 4975
— [4-nitro-phenylhydrazon] **17**
IV 4975

—, 3-Methyl- **17** IV 4976
— oxim **17** IV 4976
— semicarbazon **17** IV 4976

—, 6-Methyl- **17** I 163 e, II 341 j,
IV 4977
— [4-nitro-phenylhydrazon] **17**
I 163 g
— oxim **17** I 163 f
— semicarbazon **17** I 163 h

—, 7-Methyl- **17** II 344 b, IV 4978
— oxim **17** II 344 c

—, 8-Methyl- **17** IV 4979
— oxim **17** IV 4979
— semicarbazon **17** IV 4979

—, 2-Methyl-hexahydro- **17** IV 4355
— [2,4-dinitro-phenylhydrazon] **17**
IV 4355

—, 8-Methyl-5-nitro- **18** IV 7906

—, 6-Methyl-2-[3-nitro-phenyl]- **17**
IV 5366

—, 6-Methyl-2-[4-nitro-phenyl]- **17**
IV 5366

—, 6-Methyl-8-nitro-2-phenyl- **17**
IV 5366

—, 8-Methyl-2-[3-nitro-phenyl]- **17**
IV 5367

—, 8-Methyl-2-[4-nitro-phenyl]- **17**
IV 5367

—, 3-Methyl-2-phenyl- **17** IV 5366

—, 6-Methyl-2-phenyl- **17** 368 d,
II 390 c, IV 5366

—, 7-Methyl-2-phenyl- **17** IV 5367

—, 8-Methyl-2-phenyl- **17** IV 5367

—, 6-Methyl-2-phenyl-3-phenylimino-
17 II 500 c

—, 6-Methyl-2-phenyl-3-m-tolylimino-
17 II 501 c

—, 6-Methyl-2-phenyl-3-o-tolylimino-
17 II 501 b

—, 6-Methyl-2-phenyl-3-p-tolylimino-
17 II 501 d

—, 7-Methyl-2-p-tolyl- **17** IV 5384

—, 6-Methyl-3-veratryliden- **18** IV 1862

—, 6-Nitro- **17** IV 4959
— [2,4-dinitro-phenylhydrazon] **17**
IV 4960

—, 8-Nitro- **17** IV 4960

—, 3-[3-Nitro-benzyliden]- **17** IV 5440

—, 3-[2-Nitro-benzyliden]-2-phenyl- **17**
IV 5590

—, 6-Nitro-2-[2-nitro-phenyl]- **17**
IV 5343

—, 6-Nitro-2-[3-nitro-phenyl]- **17**
IV 5344

—, 6-Nitro-2-[4-nitro-phenyl]- **17**
IV 5344

—, 2-[2-Nitro-phenyl]- **17** IV 5343

—, 2-[3-Nitro-phenyl]- **17** IV 5343

—, 2-[4-Nitro-phenyl]- **17** IV 5343

—, 6-Nitro-2-phenyl- **17** IV 5342

—, 7-Nitro-2-phenyl- **17** IV 5343

—, 8-Nitro-2-phenyl- **17** IV 5343

—, 6-Nitro-3-veratryliden- **18**
IV 1835

—, 8-Nitro-3-veratryliden- **18**
IV 1835

—, 3-[3-Oxo-1,3-diphenyl-propyl]-2-
phenyl- **17** IV 6627
— mono-[2,4-dinitro-phenylhydrazon]
17 IV 6628

—, 3-[3-Oxo-1,3-di-p-tolyl-propyl]-2-
phenyl- **17** IV 6629
— mono-[2,4-dinitro-phenylhydrazon]
17 IV 6629

—, 3-[3-Oxo-1-phenyl-3-p-tolyl-propyl]-2-
phenyl- **17** IV 6628
— mono-[2,4-dinitro-phenylhydrazon]
17 IV 6628

Chroman-4-on (Fortsetzung)

—, 3-[3-Oxo-3-phenyl-1-*p*-tolyl-propyl]-2-phenyl- **17** IV 6628
  — mono-[2,4-dinitro-phenylhydrazon] **17** IV 6628

—, 2-Phenyl- **17** 364 c, II 387 d, IV 5338
  — [2,4-dinitro-phenylhydrazon] **17** IV 5340
  — oxim **17** IV 5339
  — phenylhydrazon **17** IV 5340
  — [*O*-(toluol-4-sulfonyl)-oxim] **17** IV 5340

—, 6-Phenyl- **17** IV 5344

—, 8-Phenyl- **17** IV 5344
  — oxim **17** IV 5345

—, 2-Phenyl-3-phenylimino- **17** II 498 j

—, 2-Phenyl-7-sulfooxy- **18** IV 635

—, 2-Phenyl-7-[tetra-*O*-acetyl-glucopyranosyloxy]- **18** IV 635

—, 2-Phenyl-3-[toluol-4-sulfonylimino]- **17** IV 6429

—, 3-Salicyliden- **18** IV 737

—, 2-[4-Sulfooxy-phenyl]- **18** IV 639

—, 2-[4-(Tetra-*O*-acetyl-glucopyranosyloxy)-phenyl]- **18** IV 639

—, 5,6,7,8-Tetrahydroxy-2-phenyl- **18** IV 3202
  — phenylhydrazon **18** IV 3204

—, 5,6,7,8-Tetramethoxy-2-[4-methoxy-phenyl]- **18** IV 3429

—, 5,6,7,8-Tetramethoxy-2-phenyl- **18** IV 3203

—, 2,2,5,7-Tetramethyl- **17** II 355 e
  — [4-nitro-phenylhydrazon] **17** II 355 f
  — semicarbazon **17** II 355 g

—, 2,5,7,8-Tetramethyl- **17** IV 5020
  — oxim **17** IV 5020

—, 3,5,7-Triacetoxy-2-[3-acetoxy-4-methoxy-phenyl]- **18** IV 3434

—, 3,5,7-Triacetoxy-2-[4-acetoxy-phenyl]- **18** IV 3207

—, 5,6,7-Triacetoxy-2-[4-acetoxy-phenyl]- **18** II 203 c

—, 3,5,7-Triacetoxy-2-[2,4-diacetoxy-phenyl]- **18** IV 3430

—, 3,5,7-Triacetoxy-2-[3,4-diacetoxy-phenyl]- **18** IV 3434

—, 5,6,7-Triacetoxy-2-phenyl- **18** IV 2624

—, 3,5,7-Triacetoxy-2-[3,4,5-triacetoxy-phenyl]- **18** IV 3566

—, 3,6,8-Tribrom-5,7-dimethoxy-2-[4-methoxy-phenyl]- **18** 176 f

—, 3,6,8-Tribrom-5,7-dimethoxy-2-phenyl- **18** 119 c

—, 3,6,8-Tribrom-2-[3,4-dimethoxy-phenyl]-5,7-dimethoxy- **18** 210 b

—, 3,3,6-Tribrom-2-phenyl- **17** IV 5342

—, 3,5,7-Trihydroxy-2-[3-hydroxy-4-methoxy-phenyl]- **18** IV 3432

—, 3,5,7-Trihydroxy-2-[4-hydroxy-phenyl]- **18** IV 3204

—, 5,6,7-Trihydroxy-2-[4-hydroxy-phenyl]- **18** II 203 b, IV 3209

—, 5,7,8-Trihydroxy-2-[4-hydroxy-phenyl]- **18** IV 3210

—, 5,6,8-Trihydroxy-7-methoxy-2-phenyl- **18** IV 3202

—, 3,5,7-Trihydroxy-6-methyl-2-phenyl- **18** IV 2653

—, 3,5,7-Trihydroxy-2-phenyl- **18** IV 2620

—, 5,6,7-Trihydroxy-2-phenyl- **18** IV 2623

—, 5,7,8-Trihydroxy-2-phenyl- **18** IV 2624

—, 3,5,7-Trihydroxy-2-[3,4,5-trihydroxy-phenyl]- **18** IV 3564

—, 5,7,8-Trimethoxy-2,2-dimethyl- **18** IV 2346
  — [2,4-dinitro-phenylhydrazon] **18** IV 2346

—, 5,7,8-Trimethoxy-2-[3-methoxy-2-methoxymethoxy-phenyl]- **18** IV 3437

—, 5,7,8-Trimethoxy-2-[3-methoxy-4-methoxymethoxy-phenyl]- **18** IV 3438

—, 3,5,7-Trimethoxy-2-[4-methoxy-phenyl]- **18** IV 3206

—, 5,6,7-Trimethoxy-2-[4-methoxy-phenyl]- **18** IV 3210

—, 5,6,7-Trimethoxy-3-[4-methoxy-phenyl]- **18** IV 3228
  — [2,4-dinitro-phenylhydrazon] **18** IV 3228
  — oxim **18** IV 3228

—, 5,7,8-Trimethoxy-2-[4-methoxy-phenyl]- **18** IV 3211

—, 6,7,8-Trimethoxy-2-[4-methoxy-phenyl]- **18** IV 3212

—, 3,5,7-Trimethoxy-2-phenyl- **18** IV 2622

—, 5,6,7-Trimethoxy-2-phenyl- **18** IV 2623

—, 5,7,8-Trimethoxy-2-phenyl- **18** IV 2626

—, 6,7,8-Trimethoxy-2-phenyl- **18** IV 2626

—, 3,5,7-Trimethoxy-2-[3,4,5-trimethoxy-phenyl]- **18** IV 3565

—, 6,7,8-Trimethoxy-2-[3,4,5-trimethoxy-phenyl]- **18** IV 3566

—, 2,2,5-Trimethyl- **17** IV 5007

—, 2,2,6-Trimethyl- **17** I 167 e, II 351 f, IV 5007
  — [4-nitro-phenylhydrazon] **17** II 352 a
  — oxim **17** II 351 g
  — semicarbazon **17** II 352 b

Chroman-4-on   (Fortsetzung)

—, 2,2,7-Trimethyl- **17** IV 5007
  — semicarbazon **17** IV 5007
—, 2,2,8-Trimethyl- **17** IV 5007
  — semicarbazon **17** IV 5008
—, 2,5,7-Trimethyl- **17** II 352 e,
  IV 5008
  — [4-nitro-phenylhydrazon] **17** ·
    II 352 f
  — oxim **17** IV 5008
  — semicarbazon **17** II 352 g
—, 2,6,7-Trimethyl- **17** IV 5008
  — oxim **17** IV 5008
—, 2,6,8-Trimethyl- **17** IV 5008
  — oxim **17** IV 5008
—, 3,6,8-Trimethyl- **17** II 352 h
  — semicarbazon **17** II 352 i
—, 5,7,8-Trimethyl- **17** IV 5010
  — oxim **17** IV 5010
—, 2,5,7-Trimethyl-2-phenyl- **17**
  IV 5395
—, 3,5,7-Tris-benzoyloxy-2-
  [4-benzoyloxy-phenyl]- **18**
  IV 3208
—, 3,5,7-Tris-benzoyloxy-2-[3,4-bis-
  benzoyloxy-phenyl]- **18** IV 3434
—, 3,5,7-Tris-benzoyloxy-2-phenyl- **18**
  IV 2622
—, 3,5,7-Tris-benzoyloxy-2-[3,4,5-tris-
  benzoyloxy-phenyl]- **18** IV 3566
—, 3-Vanillyliden- **18** IV 1834
—, 3-Veratryl- **18** IV 1731
—, 3-Veratryliden- **18** IV 1834

Chroman-5-on

—, 2-[2,2-Bis-(4,4-dimethyl-2,6-dioxo-
  cyclohexyl)-1-methoxy-äthyl]-4-
  [4,4-dimethyl-2,6-dioxo-cyclohexyl]-3-
  methoxy-7,7-dimethyl-7,8-dihydro-6H-
  18 IV 3637
—, 2,2-Dimethyl-7,8-dihydro-6H- **17**
  IV 4639
  — [2,4-dinitro-phenylhydrazon] **17**
    IV 4639
  — semicarbazon **17** IV 4639

Chroman-6-on

—, 8a-Äthoxy-2,8-dimethyl-2-[4,8,12-
  trimethyl-tridecyl]-8aH- **17** IV 1411
—, 8a-Äthoxy-2,5,7,8-tetramethyl-2-
  [4,8,12-trimethyl-tridecyl]-8aH- **18**
  IV 154
—, 8a-Äthoxy-2,5,8-trimethyl-2-[4,8,12-
  trimethyl-tridecyl]-8aH- **17** IV 1428
—, 8a-Äthoxy-2,7,8-trimethyl-2-[4,8,12-
  trimethyl-tridecyl]-8aH- **17** IV 1429
—, 5-Benzyl-8a-hydroxy-2,2,7,8-
  tetramethyl-8aH- **8** III 2770 a
—, 8a-Hydroxy-5,7-dimethyl-2-phenyl-
  8aH- **8** III 2742 c

—, 5-Hydroxyimino-2,7-dimethyl-2-
  [4,8,12-trimethyl-tridecyl]-5H- **17**
  IV 6124
—, 5-Hydroxyimino-2,8-dimethyl-2-
  [4,8,12-trimethyl-tridecyl]-5H- **17**
  IV 6125
—, 7-Hydroxyimino-2,5-dimethyl-2-
  [4,8,12-trimethyl-tridecyl]-7H- **17**
  IV 6123
—, 7-Hydroxyimino-2,8-dimethyl-2-
  [4,8,12-trimethyl-tridecyl]-7H- **17**
  IV 6124
—, 5-Hydroxyimino-2-methyl-2-[4,8,12-
  trimethyl-tridecyl]-5H- **17** IV 6122
—, 7-Hydroxyimino-2-methyl-2-[4,8,12-
  trimethyl-tridecyl]-7H- **17** IV 6122
—, 5-Hydroxyimino-2,7,8-trimethyl-2-
  [4,8,12-trimethyl-tridecyl]-5H- **17**
  IV 6128
—, 7-Hydroxyimino-2,5,8-trimethyl-2-
  [4,8,12-trimethyl-tridecyl]-7H- **17**
  IV 6126
—, 8a-Hydroxy-2,2,5,7,8-pentamethyl-
  8aH- **8** III 2250 c
—, 8a-Hydroxy-2,5,7,8-tetramethyl-
  8aH- **8** III 2244 a
—, 8a-Hydroxy-2,5,7,8-tetramethyl-2-
  [4,8,12-trimethyl-tridecyl]-8aH- **8**
  III 2322 a, 2323 a
—, 8a-Hydroxy-2,5,8-trimethyl-2-[4,8,12-
  trimethyl-tridecyl]-8aH- **8** III 2321 b

Chromanrot-141 17 IV 6079

Chroman-3-sulfonsäure

—, 6,7-Dihydroxy-2-oxo- **18** 577 d
—, 5,7-Dimethoxy-2-oxo- **18** I 553 b
—, 2,4-Dioxo- **18** IV 6746
—, 2-Oxo- **18** I 552 d, IV 6739

Chroman-4-sulfonsäure

—, 2-Äthyl-2-hydroxy- **11** III 642 e
—, 6,7-Dihydroxy-2-oxo- **18** 577 d
—, 5,7-Dimethoxy-2-oxo- **18** I 553 b
—, 2-Hydroxy-8-methoxy-2-methyl- **11**
  III 650 a
—, 2-Oxo- vgl. **18** IV 6739 c

Chroman-6-sulfonsäure

—, 3-Acetylimino-2-oxo-,
  — amid **18** IV 6746
—, 3-[N-Acetyl-sulfanilylimino]-2-oxo-,
  — amid **18** IV 6746
—, 3-Imino-2-oxo-,
  — amid **18** IV 6745
—, 2-Oxo-3-sulfanilylimino-,
  — amid **18** IV 6746

Chroman-6-sulfonylchlorid

—, 3-Acetylimino-2-oxo- **18** IV 6746

Chroman-3,4,5,7-tetraol

—, 2-[3,4-Dihydroxy-phenyl]- **17**
  IV 3887

Chroman-3,4,5,7-tetraol   (Fortsetzung)
—, 2-[3,4-Dihydroxy-phenyl]-3-[2-(3,4-
dihydroxy-phenyl)-5,7-dihydroxy-
chroman-3-yloxy]- **18** IV 3429
—, 2-[4-Hydroxy-phenyl]- **17** IV 3837
—, 2-[3,4,5-Trihydroxy-phenyl]- **17**
IV 3910
Chroman-3,4,7,8-tetraol
—, 2-[3,4-Dihydroxy-phenyl]- **17**
IV 3888
Chroman-3,4,5,8-tetraon
—, 7-Hydroxy-2-[3,4,5-trihydroxy-
phenyl]- **18** IV 3633
Chroman-2-thion **17** IV 4957
Chroman-3,6,8-tricarbonsäure
—, 5,7-Dihydroxy-2,4-dioxo-,
— triäthylester **18** I 551 d
Chroman-3,4,7-triol
—, 2-[3,4-Dihydroxy-phenyl]- **17**
IV 3838
—, 2-[3,4,5-Trihydroxy-phenyl]- **17**
IV 3889
Chroman-3,5,7-triol
—, 2-[3,4-Dihydroxy-phenyl]- **17**
209 a, 210 a, 213 f, 214 a, I 125 c,
II 254 b, 255 k, 256 g, 257 h,
258 f, IV 3841
—, 4-[3,4-Dihydroxy-phenyl]- **17**
II 260 g
—, 2-[4-Hydroxy-phenyl]- **17** IV 2691
—, 2-[3,4,5-Trihydroxy-phenyl]- **17**
IV 3890
Chroman-4,5,7-triol
—, 2-[3,4-Dihydroxy-phenyl]- **17**
II 259 f
Chroman-2,3,4-trion
— 3-imin-4-oxim **17** I 284 b
— 3-[4-nitro-phenylhydrazon] **17**
IV 6737
— 3-oxim **17** 567 e, IV 6737
— 3-phenylhydrazon **17** IV 6737
— 3-[4-sulfamoyl-phenylhydrazon]
17 IV 6738
— 3-p-tolylhydrazon **17** IV 6737
—, 7-Hydroxy-,
— 3-oxim **18** IV 2495
Chroman-2,6,7-trion
— 6-oxim **17** II 524 d
Chroman-4,5,8-trion
—, 6,7-Dimethoxy-2-phenyl- **18** IV 3308
—, 6-Hydroxy-7-methoxy-2-phenyl- **18**
IV 3308
—, 7-Methoxy-2-phenyl- **18** IV 2718
Chroman-3,6,8-triyltriquecksilber(3+)
—, 7-Hydroxy-4-methoxy-2-oxo- **18**
IV 8442
—, 4-Methoxy-7-methyl-2-oxo- **18**
IV 8440
—, 4-Methoxy-2-oxo- **18** IV 8440

Chroman-2-ylamin
—, 2,4,4,7-Tetramethyl- **18** IV 7158
Chroman-3-ylamin
—, 2-Methyl- **18** IV 7155
Chroman-4-ylamin
—, 2-Phenyl- **18** IV 7236
—, 8-Phenyl- **18** IV 7237
Chroman-6-ylamin **18** IV 7153
—, 2,2,5,7,8-Pentamethyl- **18** IV 7158
—, 2-Phenyl- **18** IV 7236
—, 2,5,7,8-Tetramethyl-2-tridecyl- **18**
IV 7159
—, 2,5,7,8-Tetramethyl-2-[4,8,12-
trimethyl-tridecyl]- **18** IV 7160
—, 2,5,7-Trimethyl-2-[4,8,12-trimethyl-
tridecyl]- **18** IV 7159
Chroman-7-ylamin **18** II 419 g
Chroman-8-yllithium
—, 2,2-Dimethyl- **18** IV 8403
Chroman-3-ylquecksilber(1+)
—, 4-Chlor-7-methyl-2-oxo- **18** IV 8437
—, 4-Chlor-2-oxo- **18** IV 8437
Chromen
—, 2H- **17** IV 496
—, 4H- **17** IV 496
—, 7-Acetoxy-6-acetyl-5-methoxy-2,2-
dimethyl-2H- **18** IV 1418
—, 7-Acetoxy-8-acetyl-5-methoxy-2,2-
dimethyl-2H- **18** IV 1419
—, 7-Acetoxy-2-äthoxy-2,4-diphenyl-
2H- **17** IV 2244
—, 7-Acetoxy-4-äthoxy-2,4-diphenyl-
4H- **17** IV 2244
—, 7-Acetoxy-4-benzyl-2-phenyl-4H-
17 145 a
—, 7-Acetoxy-2-[2,4-diäthoxy-phenyl]-4-
methyl-4H- **17** 182 c
—, 3-Acetoxy-6,7-dimethoxy-2H- **17**
IV 2357
—, 7-Acetoxy-2,2-dimethyl-4-phenyl-
2H- **17** IV 1675
—, 7-Acetoxy-2-imino-3,4-diphenyl-2H-
18 I 339 g
—, 7-Acetoxy-2-imino-4-methyl-3-
phenyl-2H- **18** I 327 h
—, 7-Acetoxy-2-imino-3-phenyl-2H- **18**
I 325 a
—, 3-Acetoxy-7-methoxy-2H- **17**
IV 2121
—, 2-Acetoxy-7-methoxy-2,4-diphenyl-
2H- **17** IV 2244
—, 4-Acetoxy-7-methoxy-2,4-diphenyl-
4H- **17** IV 2244
—, 2-Acetoxy-3-methoxy-2-phenyl-2H-
17 IV 2203
—, 4-Acetoxy-7-methoxy-3-phenyl-2H-
17 IV 2207
—, 4-Acetoxy-2-[4-methoxy-phenyl]-6-
methyl-2H- **17** IV 2211

Chromen (Fortsetzung)

—, 7-Acetoxy-4-methyl-2-phenyl-4*H*-
17 134 c

—, 7-Acetoxy-4-methyl-2-[2,3,4-
trimethoxy-phenyl]-4*H*- **17** 194 a

—, 6-Acetoxy-2,7,8-trimethyl-2-
[4,8,12,16,20,24,28,32-octamethyl-
tritriaconta-3,7,11,15,19,23,27,31-
octaenyl]-2*H*- **17** IV 1734

—, 6-Acetyl-5,7-dimethoxy-2,2-dimethyl-
2*H*- **18** IV 1418

—, 8-Acetyl-5,7-dimethoxy-2,2-dimethyl-
2*H*- **18** IV 1419

—, 8-Acetyl-5,7-dimethoxy-2,2-dimethyl-
3,6-dinitro-2*H*- **18** IV 1420

—, 4-[1-Acetyl-2-oxo-propyl]-2-
[4-dimethylamino-phenyl]-4*H*- **18**
IV 8057

—, 6-Acetyl-5,7,8-trimethoxy-2,2-
dimethyl-2*H*- **18** IV 2414

—, 8-Acetyl-5,6,7-trimethoxy-2,2-
dimethyl-2*H*- **18** IV 2414

—, 6-[3-Acetyl-2,4,6-trimethoxy-5-
methyl-benzyl]-8-cinnamoyl-5,7-
dimethoxy-2,2-dimethyl-2*H*- **18**
II 259 b, IV 3618

—, 8-[3-Acetyl-2,4,6-trimethoxy-5-
methyl-benzyl]-6-cinnamoyl-5,7-
dimethoxy-2,2-dimethyl-2*H*- **18** IV 3617

—, 2-Äthoxy-7-benzoyloxy-2,4-diphenyl-
2*H*- **17** IV 2245

—, 4-Äthoxy-7-benzoyloxy-2,4-diphenyl-
4*H*- **17** IV 2245

—, 2-Äthoxy-7-benzoyloxy-5-methoxy-6-
methyl-2-phenyl-2*H*- **17** IV 2393

—, 4-Äthoxy-7-benzoyloxy-5-methoxy-6-
methyl-2-phenyl-4*H*- **17** IV 2393

—, 2-Äthoxy-2-[4-brom-phenyl]-3-
phenyl-2*H*- **17** IV 1725

—, 2-Äthoxy-3,7-dimethoxy-2-
[4-methoxy-phenyl]-2*H*- **17** IV 2703

—, 2-Äthoxy-4-[3,4-dimethoxy-phenyl]-
3,4,5,6,7,8-hexahydro-2*H*- **17** IV 2365 a

—, 2-Äthoxy-2,3-diphenyl-2*H*- **17**
II 165 e, IV 1725

—, 2-Äthoxy-7-methoxy-2,4-diphenyl-
2*H*- **17** IV 2244

—, 4-Äthoxy-7-methoxy-2,4-diphenyl-
4*H*- **17** IV 2244

—, 2-Äthoxy-3-methoxy-2-[4-methoxy-
phenyl]-2*H*- **17** IV 2387

—, 2-Äthoxy-2-[4-methoxy-phenyl]-2*H*-
17 IV 2206

—, 2-Äthoxy-3-methoxy-2-phenyl-2*H*-
17 IV 2203

—, 4-Äthoxy-2-[4-methoxy-phenyl]-4*H*-
17 IV 2206

—, 2-Äthoxy-3-methyl-2-phenyl-2*H*- **17**
IV 1672

—, 2-Äthoxy-6-nitro-2,3-diphenyl-2*H*-
17 IV 1726

—, 4-Äthoxy-6-nitro-2,3-diphenyl-4*H*-
17 IV 1726

—, 2-Äthoxy-2-phenyl-2*H*- **17** IV 1664

—, 4-Äthoxy-2-phenyl-4*H*- **17** IV 1664

—, 2-Äthoxy-4-phenyl-3,4,5,6,7,8-
hexahydro-2*H*- **17** IV 1551

—, 2-Äthoxy-2,3,4-triphenyl-2*H*- **17**
II 174 c

—, 4-Äthyl-2*H*- **17** IV 516

—, 4-Äthyl-5,7-dimethoxy-3-[4-methoxy-
phenyl]-2*H*- **17** IV 2396

—, 4-Äthyl-7-methoxy-3-[4-methoxy-
phenyl]-2*H*- **17** IV 2215

—, 4-Äthyl-7-methoxy-3-[4-methoxy-
phenyl]-2-methyl-2*H*- **17** IV 2218

—, 6-Allophanoyloxy-2,5,7,8-
tetramethyl-2-[4,8,12-trimethyl-tridecyl]-
2*H*- **17** IV 1520

—, 7-Benzoyloxy-2-benzyliden-3-phenyl-
2*H*- **17** IV 1738

—, 7-Benzoyloxy-2-imino-4-methyl-3-
phenyl-2*H*- **18** I 327 i

—, 7-Benzoyloxy-2-imino-3-phenyl-2*H*-
18 I 325 b

—, 7-Benzoyloxy-2-methoxy-2,4-
diphenyl-2*H*- **17** IV 2245

—, 7-Benzoyloxy-4-methoxy-2,4-
diphenyl-4*H*- **17** IV 2245

—, 4-Benzyl-2,3-diphenyl-4*H*- **17**
II 97 d

—, 4-Benzyliden-2,3-diphenyl-4*H*- **17**
II 99 f

—, 2-Benzyliden-6-nitro-3-phenyl-2*H*-
17 IV 768

—, 2-Benzyliden-8-nitro-3-phenyl-2*H*-
17 IV 768

—, 2-Benzyliden-3-phenyl-2*H*- **17**
II 92 d, IV 768

—, 4-Benzylimino-2-[4-methoxy-phenyl]-
4*H*- **18** IV 704

—, 7-Benzyloxy-2,2,4-trimethyl-2*H*- **17**
IV 1499

—, 2,7-Bis-benzoyloxy-2,4-diphenyl-2*H*-
17 IV 2245

—, 4-[Bis-(tolyl-4-sulfonyl)-methyl]-2-
phenyl-4*H*- **17** IV 5442

—, 3-Brom-2*H*- **17** IV 496

—, 3-Brom-4*H*- **17** IV 496

—, 6-Brom-2*H*- **17** IV 496

—, 2-Brom-2,3-dimethyl-4-nitroso-2*H*-
17 I 29 c

—, 3-Brommethyl-2,2-dimethyl-2*H*- **17**
IV 522

—, 3-Brom-4-methyl-2,4-diphenyl-4*H*-
17 IV 755

—, 3-Brom-2-methyl-4-phenyl-4*H*- **17**
IV 668

Chromen (Fortsetzung)

—, 2,4-Di-[1]naphthyl-4*H*- **17** II 100 e

—, 2,4-Di-[1]naphthyl-3-phenyl-4*H*- **17** II 101 f

—, 6-[3,5-Dinitro-benzoyloxy]-2,7,8-trimethyl-2-[4,8,12,16,20,24,28,32-octamethyl-tritriaconta-3,7,11,15,19,23,27,⁼31-octaenyl]-2*H*- **17** IV 1735

—, 2,2-Dipentyl-2*H*- **17** IV 538

—, 2,2-Diphenyl-2*H*- **17** IV 752

—, 2,3-Diphenyl-2*H*- **17** IV 752

—, 2,4-Diphenyl-2*H*- **17** II 88 e

—, 2,4-Diphenyl-4*H*- **17** II 88 d, IV 752

—, 2,3-Diphenyl-2-propoxy-2*H*- **17** II 165 f

—, 2,2-Dipropyl-2*H*- **17** IV 535

—, 3,4,5,6,7,8-Hexahydro-2*H*- **17** IV 320

—, 7-Hydroxy-2-imino-3,4-diphenyl-2*H*- **18** I 339 f

—, 7-Hydroxy-2-imino-4-methyl-3-phenyl-2*H*- **18** I 327 g

—, 7-Hydroxy-2-imino-5-methyl-3-phenyl-2*H*- **18** I 328 b

—, 7-Hydroxy-2-imino-3-phenyl-2*H*- **18** I 324 j

—, 7-Hydroxy-2-imino-4-phenyl-2*H*- **18** I 325 e

—, 7-Hydroxy-4-imino-2-phenyl-4*H*- **18** I 323 c

—, 2-[2-Hydroxy-styryl]-2-methoxy-3-methyl-2*H*- **17** II 200 d

—, 2-Imino-2*H*- **17** II 359 a

—, 2-Imino-4,7-dimethyl-3-phenyl-2*H*- **17** I 209 c

—, 2-Imino-3-phenyl-2*H*- **17** II 397 a, IV 5422

—, 4-Inden-1-yliden-2-phenyl-4*H*- **17** IV 788

—, 2-Isobutoxy-2,3-diphenyl-2*H*- **17** II 165 g

—, 3-Isopropyl-2-methoxy-6-methyl-2,4-diphenyl-2*H*- **17** II 167 f

—, 3-[3-Methoxy-benzyl]-2*H*- **17** IV 1671

—, 3-[4-Methoxy-benzyl]-2*H*- **17** IV 1671

—, 4-Methoxy-2,2-bis-[4-methoxy-phenyl]-2*H*- **17** IV 2410

—, 7-Methoxy-3,4-bis-[4-methoxy-phenyl]-2*H*- **17** IV 2413

—, 7-Methoxy-2,2-bis-[4-methoxy-phenyl]-4-methyl-2*H*- **17** IV 2413

—, 6-Methoxy-2,2-dimethyl-2*H*- **17** IV 1493

—, 7-Methoxy-2,2-dimethyl-2*H*- **17** IV 1493

—, 2-Methoxy-3,6-dimethyl-2,4-diphenyl-2*H*- **17** II 167 c

—, 7-Methoxy-3,4-dimethyl-2,2-diphenyl-2*H*- **17** IV 1732

—, 7-Methoxy-2,2-dimethyl-6-[3-methyl-but-2-enyl]-2*H*- **17** IV 1554

—, 2-Methoxy-2,3-diphenyl-2*H*- **17** II 165 d

—, 3-Methoxy-2,4-diphenyl-4*H*- **17** IV 1727

—, 4-Methoxy-2,2-diphenyl-2*H*- **17** IV 1725

—, 2-Methoxy-2,4-diphenyl-3,4,5,6,7,8-hexahydro-2*H*- **17** IV 1692 e

—, 8-Methoxy-4-[4-methoxy-phenacyliden]-2-[4-methoxy-phenyl]-4*H*- **18** IV 2839

—, 3-Methoxy-2-[4-methoxy-phenyl]-2*H*- **17** IV 2202

—, 3-Methoxy-2-[4-methoxy-phenyl]-4*H*- **17** IV 2202

—, 7-Methoxy-3-[4-methoxy-phenyl]-2*H*- **17** IV 2207

—, 3-Methoxy-2-[4-methoxy-phenyl]-6-methyl-4*H*- **17** IV 2211

—, 7-Methoxy-3-[4-methoxy-phenyl]-2-methyl-2*H*- **17** IV 2210

—, 7-Methoxy-3-[4-methoxy-phenyl]-4-methyl-2*H*- **17** IV 2211

—, 7-Methoxy-3-[4-methoxy-phenyl]-4-phenyl-2*H*- **17** IV 2246

—, 6-Methoxy-4-methyl-2*H*- **17** IV 1487

—, 7-Methoxy-4-methyl-2*H*- **17** IV 1487

—, 7-Methoxy-4-methyl-2,2-di-[1]naphthyl-2*H*- **17** IV 1777

—, 7-Methoxy-4-methyl-2,2-diphenyl-2*H*- **17** IV 1730

—, 2-Methoxy-6-methyl-2,3-diphenyl-4-*p*-tolyl-2*H*- **17** IV 1761

—, 8-Methoxy-4-[4-methyl-phenacyliden]-2-*p*-tolyl-4*H*- **18** IV 856

—, 2-Methoxy-6-nitro-2,3-diphenyl-2*H*- **17** IV 1726

—, 4-Methoxy-6-nitro-2,3-diphenyl-4*H*- **17** IV 1726

—, 2-Methoxy-2-[3-nitro-phenyl]-3-[4-nitro-phenyl]-2*H*- **17** IV 1727

—, 4-[4-Methoxy-phenacyliden]-2-[4-methoxy-phenyl]- **18** IV 1979

—, 6-Methoxy-4-phenacyliden-2-phenyl-4*H*- **18** IV 854

—, 7-Methoxy-4-phenacyliden-2-phenyl-4*H*- **18** IV 855

—, 8-Methoxy-4-phenacyliden-2-phenyl-4*H*- **18** IV 855

—, 4-[4-Methoxy-phenacyl]-2-[4-methoxy-phenyl]-4*H*- **18** IV 1962

Chromen (Fortsetzung)

—, 6-Methoxy-4-phenacyl-2-phenyl-4*H*-
  18 IV 850
—, 7-Methoxy-4-phenacyl-2-phenyl-4*H*-
  18 IV 851
—, 8-Methoxy-4-phenacyl-2-phenyl-4*H*-
  18 IV 851
—, 2-[4-Methoxy-phenyl]-4*H*- **17**
  IV 1667
—, 2-[4-Methoxy-phenyl]-6-methyl-4*H*-
  17 IV 1673
—, 7-Methoxy-2,2,4-trimethyl-2*H*- **17**
  IV 1499
—, 2-Methoxy-2,3,4-triphenyl-2*H*- **17**
  II 174 b
—, 2-Methyl-4*H*- **17** IV 508
—, 4-Methyl-2*H*- **17** IV 508
—, 6-Methyl-2*H*- **17** IV 508
—, 2-Methyl-2,4-diphenyl-2*H*- **17**
  IV 754
—, 3-Methyl-2,4-diphenyl-4*H*- **17**
  II 89 g
—, 4-Methyl-2,2-diphenyl-2*H*- **17**
  II 89 f
—, 4-Methyl-2,4-diphenyl-4*H*- **17**
  IV 755
—, 2-Methyl-3-nitro-2*H*- **17** IV 508
—, 2-Methyl-4-phenyl-4*H*- **17** IV 668
—, 4-Methyl-2-phenyl-2*H*- **17** II 79 c
—, 4-Methyl-2-phenyl-4*H*- **17**
  IV 668
—, 2-Methyl-3,4,5,8-tetrahydro-2*H*- **17**
  IV 429
—, 6-Methyl-2,3,4-triphenyl-4-*p*-tolyl-
  4*H*- **17** IV 835
—, 4-[1]Naphthyl-2,3-diphenyl-4*H*- **17**
  II 101 a
—, Octahydro- s. Chroman,
  Hexahydro-
—, 4-[α′-Oxo-bibenzyl-α-yliden]-2-phenyl-
  4*H*- **17** IV 5641
—, 4-[α′-Oxo-bibenzyl-α-yl]-2-phenyl-
  4*H*- **17** IV 5635
—, 2,5,5,6,8a-Pentamethyl-4a,5,6,7,8,8a-
  hexahydro-4*H*- **17** IV 346
—, 4-Phenacyl-2-phenyl-4*H*- **17**
  IV 5595
—, 2-Phenyl-2*H*- **18** IV 8461
—, 2-Phenyl-4*H*- **18** IV 8461
—, 4-Phenyl-2*H*- **17** IV 663
—, 2-Phenyl-4-*p*-tolyl-4*H*- **17** II 89 d
—, 4-Phenyl-2-*p*-tolyl-4*H*- **17** II 89 e
—, 2,3,5,7-Tetraacetoxy-2-[4-acetoxy-
  phenyl]-2*H*- **17** IV 3855
—, 2,5,6,7-Tetraacetoxy-2-[4-acetoxy-
  phenyl]-2*H*- **17** II 266 e
—, 2,3,5,7-Tetraacetoxy-2-[3,4-diacetoxy-
  phenyl]-2*H*- **17** IV 3895

—, 3,x,x,x-Tetrabrom-2,4,4-trimethyl-
  4*H*- **17** IV 522
—, 3,4,5,8-Tetrahydro-2*H*- **17** IV 413
—, 2,4,4,7-Tetramethyl-4*H*- **17** IV 529
—, 2,4,4,8-Tetramethyl-4*H*- **17** IV 529
—, 2,5,5,8a-Tetramethyl-4a,5,6,7,8,8a-
  hexahydro-4*H*- **17** IV 342
—, 2,5,5,8a-Tetramethyl-6,7,8,8a-
  tetrahydro-5*H*- **17** IV 388
—, 2,2,3,4-Tetraphenyl-2*H*- **17** II 101 d
—, 2,3,7-Triacetoxy-2-[4-acetoxy-phenyl]-
  2*H*- **17** IV 2703
—, 3,5,7-Triacetoxy-2-[2,4-diacetoxy-
  phenyl]-4*H*- **17** IV 3864
—, 2,5,7-Triacetoxy-2,4-diphenyl-2*H*-
  17 187 a, IV 2410
—, 2,7,8-Triacetoxy-2,4-diphenyl-2*H*-
  17 IV 2411
—, 4,5,7-Triacetoxy-2,4-diphenyl-4*H*-
  17 IV 2410
—, 2,6,7-Triacetoxy-5-methoxy-2-
  [4-methoxy-phenyl]-2*H*- **17** II 266 d
—, 3,5,7-Triacetoxy-2-[3,4,5-triacetoxy-
  phenyl]-2*H*- **17** IV 3903
—, 5,7,8-Trimethoxy-2,2-dimethyl-2*H*-
  17 IV 2359
—, 2,6,7-Trimethoxy-2,4-diphenyl-2*H*-
  17 IV 2411
—, 2,3,7-Trimethoxy-2-[4-methoxy-
  phenyl]-2*H*- **17** IV 2703
—, 3,5,7-Trimethoxy-2-[4-methoxy-
  phenyl]-4*H*- **17** IV 2702
—, 3,5,7-Trimethoxy-2-phenyl-2*H*- **17**
  IV 2385
—, 3,5,7-Trimethoxy-2-phenyl-4*H*- **17**
  IV 2385
—, 2,2,3-Trimethyl-2*H*- **17** IV 522
—, 2,2,4-Trimethyl-2*H*- **17**
  IV 522, 1640
—, 2,4,4-Trimethyl-4*H*- **17** I 29 h,
  IV 522, 1640
—, 2,4,6-Trimethyl-2*H*- **17** II 62 b
—, 3,4,6-Trimethyl-2*H*- **17** II 62 c
—, 2,2,4-Triphenyl-2*H*- **17** IV 799
—, 2,3,4-Triphenyl-4*H*- **17** II 96 b
—, 3,5,7-Tris-benzoyloxy-2-[2,4-bis-
  benzoyloxy-phenyl]-4*H*- **17**
  IV 3864
—, 2,5,7-Tris-benzoyloxy-2,4-diphenyl-
  2*H*- **17** IV 2410
—, 4,5,7-Tris-benzoyloxy-2,4-diphenyl-
  4*H*- **17** IV 2410

Chromen-2-carbaldehyd

—, 3-Methyl-4-oxo-4*H*- **17** IV 6291
  — oxim **17** IV 6291
—, 6-Methyl-4-oxo-4*H*- **17** IV 6291
—, 4-Oxo-4*H*- **17** IV 6281
  — dibutylacetal **17** IV 6281

Chromen-2-carbaldehyd
—, 4-Oxo-4*H*- (Fortsetzung)
  — [*N*-(4-dimethylamino-phenyl)-
    oxim] **17** IV 6282
  — oxim **17** IV 6282
  — phenylhydrazon **17** IV 6282
—, 4-Thioxo-4*H*-,
  — [*N*-(4-dimethylamino-phenyl)-
    oxim] **17** IV 6282

Chromen-3-carbaldehyd
—, 4-Acetoxy-2-oxo-2*H*-,
  — [2-acetylamino-phenylimin] **18**
    IV 1519
—, 7-Acetoxy-2-oxo-2*H*- **18** IV 1520
  — [4-nitro-phenylhydrazon] **18**
    IV 1520
—, 7-Äthoxycarbonyloxy-2-oxo-2*H*- **18**
    IV 1520
  — [4-nitro-phenylhydrazon] **18**
    IV 1520
—, 4-Hydroxy-6,7-dimethoxy-2-oxo-2*H*-
    18 IV 3101
  — [2,4-dinitro-phenylhydrazon] **18**
    IV 3101
—, 4-Hydroxy-2-oxo-2*H*- **17** IV 6739
—, 7-Hydroxy-2-oxo-2*H*- **18** IV 1519
  — [4-nitro-phenylhydrazon] **18**
    IV 1520
  — oxim **18** IV 1520
—, 4-Methyl-2-oxo-2*H*- **17** IV 6291
  — [2,4-dinitro-phenylhydrazon] **17**
    IV 6292
—, 2-Oxo-2*H*- **17** IV 6282
  — [4-nitro-phenylhydrazon] **17** IV 6283
  — oxim **17** IV 6282
  — semicarbazon **17** IV 6283

Chromen-4-carbaldehyd
—, 5,7-Dimethoxy-2-oxo-2*H*- **18**
    IV 2496
  — phenylhydrazon **18** IV 2496
—, 6,7-Dimethoxy-2-oxo-2*H*- **18**
    IV 2496
  — phenylhydrazon **18** IV 2496
—, 7,8-Dimethoxy-2-oxo-2*H*- **18**
    IV 2496
  — phenylhydrazon **18** IV 2497
—, 7-Methoxy-2-oxo-2*H*- **18** IV 1520
  — phenylhydrazon **18** IV 1521

Chromen-5-carbaldehyd
—, 2-[3,4-Dimethoxy-phenyl]-6-hydroxy-
    3,7-dimethoxy-4-oxo-4*H*- **18** IV 3608
—, 6-Hydroxy-3,7-dimethoxy-2-
    [4-methoxy-phenyl]-4-oxo-4*H*- **18**
    IV 3531
—, 6-Hydroxy-7,8-dimethoxy-4-methyl-2-
    oxo-2*H*- **18** IV 3103
—, 6-Hydroxy-3,7-dimethoxy-4-oxo-2-
    phenyl-4*H*- **18** IV 3361

—, 6-Hydroxy-2-[3-hydroxy-4-methoxy-
    phenyl]-3,7-dimethoxy-4-oxo-4*H*- **18**
    IV 3607
—, 6-Hydroxy-7-methoxy-4-methyl-2-
    oxo-2*H*- **18** IV 2508
—, 6-Hydroxy-7-methoxy-2-methyl-4-
    oxo-3-phenyl-4*H*- **18** IV 2804
  — [2,4-dinitro-phenylhydrazon] **18**
    IV 2804
—, 6-Hydroxy-7-methoxy-4-oxo-3-
    phenyl-4*H*- **18** IV 2797
—, 6-Hydroxy-4-methyl-2-oxo-2*H*- **18**
    IV 1532
  — [2,4-dinitro-phenylhydrazon] **18**
    IV 1532
—, 6-Hydroxy-2-methyl-4-oxo-3-phenyl-
    4*H*- **18** IV 1904
  — [2,4-dinitro-phenylhydrazon] **18**
    IV 1904
—, 6-Hydroxy-2-oxo-2*H*- **18** IV 1521
  — [2,4-dinitro-phenylhydrazon] **18**
    IV 1521
—, 6-Hydroxy-4-oxo-2-phenyl-4*H*- **18**
    IV 1887
  — [2,4-dinitro-phenylhydrazon] **18**
    IV 1887
—, 6-Hydroxy-4-oxo-3-phenyl-4*H*- **18**
    IV 1887
  — [2,4-dinitro-phenylhydrazon] **18**
    IV 1887

Chromen-6-carbaldehyd
—, 2*H*- **17** IV 5077
  — [2,4-dinitro-phenylhydrazon] **17**
    IV 5077
—, 5-Äthoxy-7-hydroxy-2-methyl-4-oxo-
    4*H*- **18** IV 2506
—, 7-Benzyloxy-8-methoxy-4-methyl-2-
    oxo-2*H*- **18** IV 2508
—, 8-Brom-7-hydroxy-5-methoxy-2-
    methyl-4-oxo-4*H*- **18** IV 2506
—, 2-Chlormethyl-7-hydroxy-5-methoxy-
    4-oxo-4*H*- **18** IV 2506
—, 5,7-Dihydroxy-2,8-dimethyl-4-oxo-
    4*H*- **18** IV 2517
—, 5,7-Dihydroxy-8-methoxy-2-methyl-4-
    oxo-4*H*- **18** IV 3103
—, 5,7-Dihydroxy-8-methoxy-4-oxo-2-
    phenyl-4*H*- **18** IV 3361
—, 5,7-Dihydroxy-2-methyl-8-nitro-4-
    oxo-4*H*- **18** IV 2507
—, 5,7-Dihydroxy-2-methyl-4-oxo-4*H*-
    18 IV 2505
—, 7,8-Dihydroxy-4-methyl-2-oxo-2*H*-
    18 IV 2508
—, 5,7-Dihydroxy-8-methyl-4-oxo-2-
    phenyl-4*H*- **18** IV 2804
  — [2,4-dinitro-phenylhydrazon] **18**
    IV 2804

Chromen-6-carbaldehyd   (Fortsetzung)

—, 5,7-Dimethoxy-2-methyl-4-oxo-4*H*-
18 IV 2505

—, 5,7-Dimethoxy-4-methyl-2-oxo-2*H*-
18 IV 2508

—, 5,7-Dimethoxy-2-oxo-2*H*- 18
IV 2497

—, 2-[3,4-Dimethoxy-phenyl]-5,8-
dihydroxy-3,7-dimethoxy-4-oxo-4*H*- 18
IV 3633

—, 2-[3,4-Dimethoxy-phenyl]-5,8-
dihydroxy-7-methoxy-4-oxo-4*H*- 18
IV 3608

—, 2-[3,4-Dimethoxy-phenyl]-5-hydroxy-
3,7,8-trimethoxy-4-oxo-4*H*- 18 IV 3634

—, 2,3-Dimethyl-4-oxo-4*H*- 17 IV 6297
— mono-[2,4-dinitro-phenylhydrazon]
17 IV 6297

—, 5-Hydroxy-3,8-dimethoxy-4-oxo-2-
phenyl-4*H*- 18 IV 3361

—, 5-Hydroxy-3,8-dimethoxy-4-oxo-2-
[3,4,5-trimethoxy-phenyl]-4*H*- 18
IV 3634

—, 5-Hydroxy-4,7-dimethyl-2-oxo-2*H*-
18 IV 1549

—, 7-Hydroxy-2-hydroxymethyl-5-
methoxy-4-oxo-4*H*- 18 IV 3103

—, 7-Hydroxy-5-methoxy-2-methyl-8-
nitro-4-oxo-4*H*- 18 IV 2507

—, 7-Hydroxy-5-methoxy-2-methyl-4-
oxo-4*H*- 18 IV 2505
— oxim 18 IV 2506
— phenylhydrazon 18 IV 2506
— phenylimin 18 IV 2506

—, 7-Hydroxy-8-methoxy-3-methyl-2-
oxo-2*H*- 18 IV 2507
— phenylhydrazon 18 IV 2508

—, 7-Hydroxy-8-methoxy-4-methyl-2-
oxo-2*H*- 18 IV 2508
— phenylhydrazon 18 IV 2509

—, 7-Hydroxy-5-methoxy-2-oxo-2*H*- 18
IV 2497
— phenylhydrazon 18 IV 2498

—, 7-Hydroxy-5-methoxy-4-oxo-4*H*- 18
IV 2497

—, 7-Hydroxy-8-methoxy-2-oxo-2*H*- 18
IV 2498
— phenylhydrazon 18 IV 2498

—, 5-Hydroxy-8-methoxy-4-oxo-2-
phenyl-4*H*- 18 IV 2795
— [2,4-dinitro-phenylhydrazon] 18
IV 2795

—, 7-Hydroxy-5-methoxy-4-oxo-2-
phenyl-4*H*- 18 IV 2795
— oxim 18 IV 2795

—, 5-Hydroxy-4-methyl-2-oxo-2*H*- 18
IV 1532

—, 7-Hydroxy-2-oxo-2*H*- 18 IV 1521

—, 7-Hydroxy-3,4,5-trimethoxy-2-oxo-
2*H*- 18 IV 3411

—, 7-Hydroxy-3,4,8-trimethoxy-2-oxo-
2*H*- 18 IV 3411

—, 7-Methoxy-2-oxo-2*H*- 18 IV 1521
— oxim 18 IV 1521
— phenylhydrazon 18 IV 1522

—, 3-Methyl-4-oxo-2-phenyl-4*H*- 17
IV 6483
— [2,4-dinitro-phenylhydrazon] 17
IV 6483
— phenylimin 17 IV 6483

—, 2-Oxo-2*H*- 17 510 b, II 481 f,
IV 6283

—, 3,4,5,7-Tetramethoxy-2-oxo-2*H*- 18
IV 3411

—, 5,7,8-Trihydroxy-2-methyl-4-oxo-
4*H*- 18 IV 3102

—, 5,7,8-Trihydroxy-4-oxo-2-phenyl-
4*H*- 18 IV 3361

Chromen-8-carbaldehyd

—, 7-Acetoxy-2-methyl-4-oxo-4*H*- 18
IV 1532

—, 5,6-Dihydroxy-4,7-dimethyl-2-oxo-
2*H*- 18 IV 2517
— [2,4-dinitro-phenylhydrazon] 18
IV 2517

—, 5,7-Dihydroxy-2-[4-hydroxy-phenyl]-
4-oxo-4*H*- 18 IV 3362

—, 5,6-Dihydroxy-4-methyl-2-oxo-2*H*-
18 IV 2509
— [2,4-dinitro-phenylhydrazon] 18
IV 2509

—, 5,7-Dihydroxy-4-methyl-2-oxo-2*H*-
18 IV 2509

—, 5,7-Dihydroxy-4-oxo-2-phenyl-4*H*-
18 IV 2796
— [2,4-dinitro-phenylhydrazon] 18
IV 2796

—, 5,7-Dimethoxy-2-[4-methoxy-phenyl]-
4-oxo-4*H*- 18 IV 3362

—, 5,7-Dimethoxy-4-methyl-2-oxo-2*H*-
18 IV 2510

—, 2-[3,4-Dimethoxy-phenyl]-5,7-
dihydroxy-3-methoxy-4-oxo-4*H*- 18
IV 3608

—, 6-Hydroxy-5,7-dimethoxy-4-methyl-2-
oxo-2*H*- 18 IV 3103

—, 5-Hydroxy-4,7-dimethyl-2-oxo-2*H*-
18 IV 1549

—, 4-Hydroxyimino-5,7-dimethoxy-2-
[4-methoxy-phenyl]-4*H*-,
— oxim 18 IV 3362

—, 7-Hydroxy-3-methoxy-2-[2-methoxy-
phenyl]-4-oxo-4*H*- 18 IV 3362

—, 7-Hydroxy-3-methoxy-2-methyl-4-
oxo-4*H*- 18 IV 2507

—, 7-Hydroxy-5-methoxy-4-methyl-2-
oxo-2*H*- 18 IV 2509

Chromen-8-carbaldehyd   (Fortsetzung)
—, 7-Hydroxy-5-methoxy-2-oxo-2H- **18**
    IV 2498
    — phenylhydrazon **18** IV 2499
—, 7-Hydroxy-6-methoxy-2-oxo-2H- **18**
    IV 2499
—, 5-Hydroxy-7-methoxy-4-oxo-2-
    phenyl-4H- **18** IV 2796
    — [2,4-dinitro-phenylhydrazon] **18**
       IV 2796
—, 7-Hydroxy-3-methoxy-4-oxo-2-
    phenyl-4H- **18** IV 2797
    — [2,4-dinitro-phenylhydrazon] **18**
       IV 2797
    — phenylhydrazon **18** IV 2797
—, 7-Hydroxy-5-methoxy-4-oxo-2-
    phenyl-4H- **18** IV 2796
    — [2,4-dinitro-phenylhydrazon] **18**
       IV 2796
—, 7-Hydroxy-3-[4-methoxy-phenyl]-4-
    oxo-4H- **18** IV 2797
—, 7-Hydroxy-2-methyl-4-oxo-4H- **18**
    IV 1531
—, 7-Hydroxy-4-methyl-2-oxo-2H- **18**
    IV 1533
    — oxim **18** IV 1533
    — phenylhydrazon **18** IV 1533
—, 7-Hydroxy-2-methyl-4-oxo-3-phenyl-
    4H- **18** IV 1904
—, 7-Hydroxy-2-oxo-2H- **18** IV 1522
    — oxim **18** IV 1523
    — phenylhydrazon **18** IV 1523
—, 7-Hydroxy-4-oxo-2-phenyl-4H- **18**
    IV 1887
—, 7-Hydroxy-4-oxo-3-phenyl-4H- **18**
    IV 1888
—, 5-Methoxy-4,7-dimethyl-2-oxo-2H-
    18 IV 1549
—, 7-Methoxy-4-methyl-2-oxo-2H- **18**
    IV 1533
—, 2-Oxo-7-[oxo-*tert*-butoxy]-2H- **18**
    IV 1522
—, 5,6,7-Trimethoxy-4-methyl-2-oxo-
    2H- **18** IV 3104
    — [2,4-dinitro-phenylhydrazon] **18**
       IV 3104
Chromen-6-carbamidin
—, 4-Methyl-2-oxo-N,N′-diphenyl-2H-
    18 IV 5596
—, 2-Oxo-2H- **18** II 337 i
Chromen-6-carbimidsäure
—, 2-Oxo-2H-,
    — äthylester **18** II 337 g
Chromen-3-carbohydroxamsäure
—, 6-Methoxy-5,7,8-trimethyl-2-oxo-
    2H- **18** IV 6389
Chromen-2-carbonitril
—, 4-Oxo-4H- **18** IV 5567

Chromen-3-carbonitril
—, 2H- **18** IV 4262
—, 6-Acetoxy-5,7,8-trimethyl-2-oxo-2H-
    18 IV 6389
—, 4-Äthoxy-6,8-dijod-2-oxo-2H-
    18 528 b
—, 4-Äthoxy-7-methyl-2-oxo-2H-
    18 532 c
—, 4-Äthyl-2-oxo-2H- **18** IV 5602
—, 6-Brom-2-oxo-2H- **18** IV 5578
—, 4-Butyl-2-oxo-2H- **18** IV 5618
—, 6,8-Dibrom-4-hydroxy-2-oxo-2H-
    18 470 g
—, 4-Heptyl-2-oxo-2H- **18** IV 5625
—, 4-Hexyl-2-oxo-2H- **18** IV 5623
—, 4-Hydroxy-6,8-dijod-2-oxo-2H-
    18 471 c
—, 4-Hydroxy-6-methyl-2-oxo-2H-
    18 473 d
—, 4-Hydroxy-7-methyl-2-oxo-2H-
    18 474 f
—, 4-Hydroxy-2-oxo-2H- **18** 470 a,
    IV 6050
—, 7-Hydroxy-2-oxo-2H- **18** IV 6343
—, 6-Hydroxy-5,7,8-trimethyl-2-oxo-
    2H- **18** IV 6389
—, 2-Imino-2H- **18** IV 5575
—, 4-Methoxy-7-methyl-2-oxo-2H- **18** 532 b
—, 7-Methoxy-2-oxo-2H- **18** IV 6343
—, 8-Methoxy-2-oxo-2H- **18** IV 6345
—, 4-Methyl-2-oxo-2H- **18** IV 5595
—, 7-Methyl-2-oxo-4-propoxy-2H- **18** 532 d
—, 4-Octyl-2-oxo-2H- **18** IV 5626
—, 2-Oxo-2H- **18** 430 b, IV 5574
—, 2-Oxo-4-pentyl-2H- **18** IV 5620
—, 2-Oxo-4-propyl-2H- **18** IV 5612
—, 4,4,7-Trimethyl-2-oxo-3,4,5,6,7,8-
    hexahydro-2H- **18** 416 b, II 330 a
Chromen-5-carbonitril
—, 8-Methoxy-2-oxo-2H- **18** IV 6348
Chromen-6-carbonitril
—, 2,3-Dimethyl-4-oxo-4H- **18** IV 5608
—, 4,7-Dimethyl-2-oxo-2H- **18** II 338 i
—, 7-Methoxy-2-oxo-2H- **18** IV 6350
—, 2-Oxo-2H- **18** II 337 h
Chromen-8-carbonitril
—, 2,3-Dimethyl-4-oxo-4H- **18** IV 5608
—, 2-Oxo-2H- **18** IV 5586
Chromen-2-carbonsäure
—, 2H- **18** IV 4261
—, 7-Acetoxy-3-[4-acetoxy-phenyl]-4-
    oxo-4H-,
    — äthylester **18** IV 6556
—, 7-Acetoxy-3-[4-methoxy-phenyl]-4-
    oxo-4H-,
    — äthylester **18** IV 6556
—, 7-Acetoxy-3-[4-nitro-phenyl]-4-oxo-
    4H-,
    — äthylester **18** IV 6427

Chromen-2-carbonsäure (Fortsetzung)
—, 7-Acetoxy-4-oxo-3-phenyl-4*H*-,
  — äthylester **18** IV 6427
—, 3-Acetyl-6,7-dimethoxy-4-oxo-4*H*-
  18 IV 6620
  — äthylester **18** IV 6620
—, 6-Äthoxy-4-oxo-4*H*- **18** 527 a
—, 7-Äthoxy-4-oxo-4*H*- **18** 527 c
  — äthylester **18** I 532 e
—, 6-Äthyl-7-benzyloxy-4-oxo-4*H*- **18**
  IV 6373
  — äthylester **18** IV 6373
—, 6-Äthyl-7-hydroxy-4-oxo-4*H*- **18**
  IV 6373
  — butylester **18** IV 6373
—, 4-Amino-4-hydroxy-4*H*- **18** 429 a
—, 3-[4-Benzoyloxy-phenyl]-5,7-
  dihydroxy-4-oxo-4*H*-,
  — äthylester **18** IV 6641
—, 3-[4-Benzoyloxy-phenyl]-5-hydroxy-7-
  methoxy-4-oxo-4*H*-,
  — äthylester **18** IV 6641
—, 7-Benzyloxy-4-oxo-4*H*- **18** IV 6339
  — äthylester **18** IV 6340
—, 6-Chlor-4-oxo-4*H*- **18** II 336 c
—, 8-Chlor-4-oxo-4*H*- **18** II 336 d
—, 5,7-Diacetoxy-3-[4-acetoxy-phenyl]-4-
  oxo-4*H*-,
  — äthylester **18** IV 6641
—, 5,7-Diacetoxy-3-[4-benzoyloxy-
  phenyl]-4-oxo-4*H*-,
  — äthylester **18** IV 6641
—, 5,7-Diacetoxy-3-[2-methoxy-phenyl]-
  4-oxo-4*H*-,
  — äthylester **18** IV 6639
—, 5,7-Diacetoxy-3-[4-methoxy-phenyl]-
  4-oxo-4*H*-,
  — äthylester **18** IV 6641
—, 5,7-Diacetoxy-3-[4-nitro-phenyl]-4-
  oxo-4*H*-,
  — äthylester **18** IV 6555
—, 5,7-Diacetoxy-4-oxo-3-phenyl-4*H*-,
  — äthylester **18** IV 6555
—, 5,7-Dihydroxy-3-[4-hydroxy-phenyl]-
  8-methoxy-4-oxo-4*H*- **18** IV 6675
  — äthylester **18** IV 6675
—, 5,7-Dihydroxy-3-[4-hydroxy-phenyl]-
  4-oxo-4*H*- **18** IV 6640
  — äthylester **18** IV 6640
—, 5,7-Dihydroxy-3-[4-methoxy-phenyl]-
  6-methyl-4-oxo-4*H*-,
  — äthylester **18** IV 6644
—, 5,7-Dihydroxy-3-[4-methoxy-phenyl]-
  8-methyl-4-oxo-4*H*-,
  — äthylester **18** IV 6645
—, 5,7-Dihydroxy-3-[2-methoxy-phenyl]-
  4-oxo-4*H*-,
  — äthylester **18** IV 6639

—, 5,7-Dihydroxy-3-[4-methoxy-phenyl]-
  4-oxo-4*H*- **18** IV 6640
  — äthylester **18** IV 6640
—, 5,7-Dihydroxy-3-[4-nitro-phenyl]-4-
  oxo-4*H*-,
  — äthylester **18** IV 6555
—, 5,7-Dihydroxy-4-oxo-3-phenyl-4*H*-
  18 IV 6554
  — äthylester **18** IV 6555
  — methylester **18** IV 6555
—, 5,7-Dimethoxy-3-[2-methoxy-phenyl]-
  4-oxo-4*H*-,
  — äthylester **18** IV 6639
—, 5,7-Dimethoxy-3-[4-methoxy-phenyl]-
  4-oxo-4*H*- **18** II 400 c
  — äthylester **18** IV 6641
—, 5,7-Dimethoxy-4-oxo-4*H*- **18** 544 a
—, 5,8-Dimethoxy-4-oxo-4*H*- **18** IV 6489
  — äthylester **18** IV 6489
  — butylester **18** IV 6489
—, 6,7-Dimethoxy-4-oxo-4*H*- **18**
  IV 6489
  — äthylester **18** IV 6490
  — butylester **18** IV 6490
—, 7,8-Dimethoxy-4-oxo-4*H*- **18** 544 b
—, 5,7-Dimethoxy-4-oxo-3-phenyl-4*H*-
  18 IV 6554
  — äthylester **18** IV 6555
—, 3-[2,4-Dimethoxy-phenyl]-5,7-
  dihydroxy-4-oxo-4*H*- **18** IV 6675
  — äthylester **18** IV 6675
—, 3,6-Dimethyl-4-oxo-4*H*- **18**
  II 338 h, IV 5607
—, 3,7-Dimethyl-4-oxo-4*H*- **18** IV 5608
—, 6,8-Dimethyl-4-oxo-4*H*- **18** 434 e,
  I 496 a
—, 6,8-Dimethyl-3-phenyl-4*H*- **18**
  IV 4393
—, 2-Hydroxy-2*H*- **10** III 4329 e
—, 3-Hydroxy-6,7-dimethoxy-4*H*-,
  — äthylester **18** IV 6473
—, 5-Hydroxy-3-[4-hydroxy-phenyl]-7-
  methoxy-4-oxo-4*H*- **18** IV 6640
—, 7-Hydroxy-3-[4-hydroxy-phenyl]-5-
  methoxy-4-oxo-4*H*- **18** IV 6640
  — äthylester **18** IV 6640
—, 7-Hydroxy-3-[4-hydroxy-phenyl]-4-
  oxo-4*H*- **18** IV 6555
  — äthylester **18** IV 6556
—, 7-Hydroxy-3-[4-methoxy-phenyl]-4-
  oxo-4*H*- **18** IV 6556
  — äthylester **18** IV 6556
—, 6-Hydroxy-3-methyl-4-oxo-4*H*- **18**
  IV 6358
—, 7-Hydroxy-3-methyl-4-oxo-4*H*- **18**
  IV 6358
—, 7-Hydroxy-3-[4-nitro-phenyl]-4-oxo-
  4*H*- **18** IV 6427
  — äthylester **18** IV 6427

Chromen-2-carbonsäure   (Fortsetzung)

—, 5-Hydroxy-4-oxo-4*H*- **18** IV 6339
 — äthylester **18** IV 6339
—, 7-Hydroxy-4-oxo-4*H*- **18**
 IV 6339
 — butylester **18** IV 6340
—, 7-Hydroxy-4-oxo-3-phenyl-4*H*- **18**
 IV 6426
 — äthylester **18** IV 6427
 — methylester **18** IV 6426
—, 8-Isopropyl-5,6-dimethyl-2-oxo-2*H*-,
 — äthylester **18** IV 5620
—, 3-Isopropyl-5-methyl-4-oxo-4*H*-
 18 435 c, I 497 f
—, 5-Isopropyl-8-methyl-4-oxo-4*H*-
 18 435 d
—, 7-Methoxy-3-[2-methoxy-phenyl]-4-
 oxo-4*H*-,
 — äthylester **18** IV 6555
—, 7-Methoxy-3-[4-methoxy-phenyl]-4-
 oxo-4*H*- **18** IV 6556
—, 6-Methoxy-4-oxo-4*H*- **18** IV 6339
 — äthylester **18** IV 6339
—, 7-Methoxy-4-oxo-4*H*- **18** 527 b,
 IV 6339
 — äthylester **18** IV 6340
—, 7-Methoxy-4-oxo-3-phenyl-4*H*- **18**
 II 386 g, IV 6426
 — äthylester **18** IV 6427
—, 3-Methyl-4-oxo-4*H*- **18** IV 5594
 — äthylester **18** IV 5594
 — amid **18** IV 5594
 — butylester **18** IV 5594
—, 5-Methyl-4-oxo-4*H*- **18** 432 d,
 I 494 b
—, 6-Methyl-4-oxo-4*H*- **18** 432 c,
 I 494 a, II 338 f
—, 7-Methyl-4-oxo-4*H*- **18** 432 d,
 I 494 b
—, 8-Methyl-4-oxo-4*H*- **18** 433 a,
 I 494 c
—, 4-Oxo-4*H*- **18** 428 e, I 493 a,
 IV 5560
 — [2-acetoxy-äthylester] **18** IV 5563
 — äthylamid **18** IV 5564
 — äthylester **18** 429 b, IV 5561
 — allylester **18** IV 5562
 — amid **18** 429 c
 — [2-amino-äthylamid] **18** IV 5566
 — anilid **18** IV 5565
 — *p*-anisidid **18** IV 5566
 — benzylamid **18** IV 5565
 — benzylester **18** IV 5562
 — butylester **18** IV 5561
 — cyclohexylester **18** IV 5562
 — diäthylamid **18** IV 5565
 — [2-diäthylamino-äthylester] **18**
 IV 5564

 — [4-diäthylamino-anilid] **18**
 IV 5567
 — dibutylamid **18** IV 5565
 — [3,5-dimethoxy-phenylester] **18**
 IV 5564
 — [2-dimethylamino-äthylester] **18**
 IV 5564
 — [4-dimethylamino-anilid] **18**
 IV 5566
 — [2-formyl-phenylester] **18**
 IV 5564
 — furfurylamid **18** IV 7094
 — heptylester **18** IV 5562
 — hexylester **18** IV 5562
 — [2-hydroxy-äthylamid] **18**
 IV 5565
 — [2-hydroxy-äthylester] **18** IV 5563
 — [4-hydroxy-anilid] **18** IV 5566
 — isobutylester **18** IV 5561
 — isopentylester **18** IV 5562
 — isopropylamid **18** IV 5565
 — isopropylester **18** IV 5561
 — [2-methoxy-phenylester] **18**
 IV 5563
 — [3-methoxy-phenylester] **18**
 IV 5563
 — [4-methoxy-phenylester] **18**
 IV 5563
 — methylamid **18** IV 5564
 — [1-methyl-butylester] **18** IV 5562
 — methylester **18** IV 5561
 — [2-methylmercapto-äthylester] **18**
 IV 5563
 — [1]naphthylester **18** IV 5562
 — [2]naphthylester **18** IV 5563
 — [4-nitro-anilid] **18** IV 5565
 — [4-nitro-phenylester] **18** IV 5562
 — pentylamid **18** IV 5565
 — pentylester **18** IV 5561
 — phenylester **18** IV 5562
 — propylester **18** IV 5561
 — tetrahydrofurfurylester **18**
 IV 5564
 — *p*-toluidid **18** IV 5565
 — *p*-tolylester **18** IV 5562
—, 4-Oxo-3-phenyl-4*H*- **18** IV 5679
 — äthylester **18** IV 5679
—, 4-Propylimino-4*H*-,
 — propylamid **18** IV 5567
—, 4-Thioxo-4*H*- **18** IV 5567
 — [2-acetoxy-äthylester] **18** IV 5568
 — äthylester **18** IV 5567
 — allylester **18** IV 5568
 — butylester **18** IV 5568
 — hexylester **18** IV 5568
 — isobutylester **18** IV 5568
 — isopropylester **18** IV 5567
 — methylamid **18** IV 5568
 — [1-methyl-butylester] **18** IV 5568

Chromen-2-carbonsäure
—, 4-Thioxo-4*H*- (Fortsetzung)
  — methylester **18** IV 5567
  — pentylester **18** IV 5568
  — tetrahydrofurfurylester **18** IV 5568
—, 3,6,8-Trimethyl-4*H*- **18** IV 4283
  — äthylester **18** IV 4283

Chromen-3-carbonsäure
—, 2*H*- **18** IV 4261
  — methylester **18** IV 4262
—, 6-Acetoxy-7-acetylamino-5,8-
dimethyl-2-oxo-2*H*-,
  — äthylester **18** IV 8280
—, 6-Acetoxy-5-brom-7,8-dimethyl-2-
oxo-2*H*- **18** IV 6379
  — äthylester **18** IV 6380
  — methylester **18** IV 6380
—, 6-Acetoxy-7-brom-5,8-dimethyl-2-
oxo-2*H*- **18** IV 6378
  — äthylester **18** IV 6379
—, 6-Acetoxy-5,7-dibrom-8-methyl-2-
oxo-2*H*- **18** IV 6362
  — äthylester **18** IV 6362
—, 6-Acetoxymethyl-5-hydroxyamino-8-
methoxy-2-oxo-2*H*-,
  — äthylester **18** IV 8296
—, 6-Acetoxymethyl-7-hydroxyamino-8-
methoxy-2-oxo-2*H*-,
  — äthylester **18** IV 8296
—, 6-Acetoxymethyl-8-methoxy-2-oxo-
2*H*-,
  — äthylester **18** IV 6501
—, 4-Acetoxy-7-methyl-2-oxo-2*H*-,
  — äthylester **18** 532 a
—, 7-Acetoxy-4-methyl-2-oxo-2*H*-,
  — äthylester **18** IV 6360
—, 7-Acetoxy-2-oxo-2*H*- **18** IV 6341
  — äthylester **18** IV 6342
—, 6-Acetoxy-2,5,7,8-tetramethyl-4*H*-
18 IV 4938
  — äthylester **18** IV 4938
—, 6-Acetoxy-5,7,8-trimethyl-2-oxo-2*H*-
18 II 384 a
  — acetylamid **18** IV 6389
  — äthylester **18** II 384 i
  — butylester **18** II 385 d
  — methylester **18** II 384 d
  — propylester **18** II 385 a
—, 6-Acetyl-5-äthoxycarbonylmethoxy-2-
oxo-2*H*-,
  — äthylester **18** IV 6527
—, 6-Acetyl-8-äthyl-5-hydroxy-2-oxo-
2*H*- **18** IV 6531
  — äthylester **18** II 393 d
—, 8-Acetyl-6-äthyl-5-hydroxy-2-oxo-
2*H*-,
  — äthylester **18** II 393 d

—, 7-Acetylamino-6-hydroxy-5,8-
dimethyl-2-oxo-2*H*-,
  — äthylester **18** IV 8280
—, 7-Acetylamino-4-hydroxy-2-oxo-2*H*-,
  — äthylester **18** IV 8274
—, 6-Acetylamino-2-oxo-2*H*- **18**
IV 8269
  — äthylester **18** IV 8269
—, 7-Acetylamino-2-oxo-2*H*- **18**
IV 8270
  — äthylester **18** IV 8270
—, 6-Acetyl-5-carboxymethoxy-2-oxo-
2*H*- **18** IV 6527
—, 6-Acetyl-5-hydroxy-7-methyl-2-oxo-
2*H*- **18** IV 6529
—, 6-Acetyl-5-hydroxy-2-oxo-2*H*- **18**
IV 6527
  — äthylester **18** IV 6527
—, 8-Acetyl-7-hydroxy-2-oxo-2*H*- **18**
IV 6527
  — äthylester **18** IV 6528
—, 6-[(*N*-Acetyl-sulfanilyl)-amino]-2-oxo-
2*H*- **18** IV 8269
—, 2-[Äthoxycarbonyl-cyan-methyl]-2-
amino-2*H*-,
  — äthylester **18** IV 8233
—, 5-Äthoxycarbonylmethoxy-2-oxo-6-
propionyl-2*H*-,
  — äthylester **18** IV 6529
—, 7-Äthoxycarbonyloxy-2-oxo-2*H*- **18**
IV 6341
—, 4-Äthoxy-6,8-dibrom-2-oxo-2*H*-,
  — äthylester **18** 527 g
—, 4-Äthoxy-6,8-dichlor-2-oxo-2*H*-,
  — äthylester **18** 527 f
—, 4-Äthoxy-6,8-dijod-2-oxo-2*H*-,
  — äthylester **18** 528 a
—, 7-Äthoxy-5-methoxy-8-methyl-2-oxo-
2*H*- **18** IV 6501
—, 4-Äthoxy-6-methyl-2-oxo-2*H*-,
  — äthylester **18** 531 b
—, 4-Äthoxy-7-methyl-2-oxo-2*H*-,
  — äthylester **18** 531 d
—, 4-Äthoxy-2-oxo-2*H*- **18** 527 d
  — äthylester **18** 527 e
—, 6-[4-Äthyl-benzyl]-2-oxo-2*H*- **18**
IV 5689
  — äthylester **18** IV 5689
—, 5-Äthyl-6-hydroxy-7,8-dimethyl-2-
oxo-2*H*- **18** IV 6394
  — äthylester **18** IV 6394
—, 7-Äthyl-6-hydroxy-5,8-dimethyl-2-
oxo-2*H*- **18** IV 6394
  — äthylester **18** IV 6394
—, 8-Äthyl-6-hydroxy-5,7-dimethyl-2-
oxo-2*H*- **18** IV 6394
  — äthylester **18** IV 6394

Chromen-3-carbonsäure (Fortsetzung)
—, 6-Äthyl-7-hydroxy-5-methyl-2-oxo-
  2*H*-,
  — äthylester **18** IV 6387
—, 6-Äthyl-7-hydroxy-2-oxo-2*H*-,
  — äthylester **18** IV 6376
  — butylester **18** IV 6376
—, 4-Äthyl-2-oxo-2*H*- **18** IV 5602
  — äthylester **18** IV 5602
  — amid **18** IV 5602
—, 8-Allyl-2-oxo-2*H*- **18** IV 5639
  — äthylester **18** IV 5639
  — diäthylamid **18** IV 5640
  — [2-diäthylamino-äthylester] **18**
    IV 5640
  — [3-diäthylamino-propylester] **18**
    IV 5640
  — [2-dibenzylamino-äthylester] **18**
    IV 5640
—, 7-Amino-6-hydroxy-5,8-dimethyl-2-
  oxo-2*H*-,
  — äthylester **18** IV 8280
—, 7-Amino-4-hydroxy-2-oxo-2*H*-,
  — äthylester **18** IV 8274
—, 6-Amino-2-oxo-2*H*- **18** IV 8268
  — äthylester **18** IV 8268
  — diäthylamid **18** IV 8269
  — [2-diäthylamino-äthylester] **18**
    IV 8268
—, 7-Amino-2-oxo-2*H*- **18** IV 8269
  — äthylester **18** IV 8269
—, 4-Anilino-7-methyl-2-oxo-2*H*-,
  — äthylester **18** 474 a
  — anilid **18** 474 e
—, 4-Anilino-2-oxo-2*H*-,
  — äthylester **18** 469 b
  — anilid **18** 469 f
—, 6-Benzoyl-5-hydroxy-2-oxo-2*H*- **18**
  IV 6563
—, 7-Benzoyloxy-4-[4-methoxy-phenyl]-2-
  oxo-2*H*-,
  — äthylester **18** IV 6559
—, 6-Benzoyloxymethyl-8-methoxy-2-
  oxo-2*H*-,
  — äthylester **18** IV 6501
—, 7-Benzoyloxy-4-[4-nitro-phenyl]-2-
  oxo-2*H*-,
  — äthylester **18** IV 6429
—, 7-Benzoyloxy-2-oxo-4-phenyl-2*H*-,
  — äthylester **18** IV 6428
—, 6-Benzyl-8-methoxy-2-oxo-2*H*- **18**
  IV 6433
  — äthylester **18** IV 6433
—, 6-Benzyl-2-oxo-2*H*- **18** IV 5683
  — äthylester **18** IV 5684
  — amid **18** IV 5684
—, 7,8-Bis-benzoyloxy-2-oxo-4-phenyl-
  2*H*-,
  — äthylester **18** IV 6558

—, 5-Brom-2,6-dimethoxy-7,8-dimethyl-
  4*H*-,
  — methylester **18** IV 5041
—, 5-Brom-6-hydroxy-7,8-dimethyl-2-
  oxo-2*H*- **18** IV 6379
  — äthylester **18** IV 6380
  — methylester **18** IV 6379
—, 7-Brom-6-hydroxy-5,8-dimethyl-2-
  oxo-2*H*- **18** IV 6378
  — äthylester **18** IV 6378
—, 8-Brom-6-hydroxy-5,7-dimethyl-2-
  oxo-2*H*-,
  — äthylester **18** IV 6378
  — methylester **18** IV 6378
—, 6-Brom-7-hydroxy-2-oxo-2*H*-,
  — äthylester **18** IV 6343
—, 8-Brom-7-hydroxy-2-oxo-2*H*-,
  — äthylester **18** IV 6343
—, 5-Brom-6-methoxy-7,8-dimethyl-2-
  oxo-2*H*- **18** IV 6379
  — methylester **18** IV 6380
—, 8-Brom-6-nitro-2-oxo-2*H*- **18**
  IV 5584
  — äthylester **18** IV 5584
—, 6-Brom-2-oxo-2*H*- **18** IV 5576
  — [2-äthylamino-äthylester] **18**
    IV 5576
  — äthylester **18** IV 5576
  — allylamid **18** IV 5577
  — amid **18** IV 5577
  — [2-butylamino-äthylester] **18**
    IV 5577
  — diäthylamid **18** IV 5577
  — [2-diäthylamino-äthylester] **18**
    IV 5576
  — [2-(2-diäthylamino-äthylmercapto)-
    äthylester] **18** IV 5576
  — [4-diäthylamino-1-methyl-
    butylamid] **18** IV 5578
  — [3-diäthylamino-propylester] **18**
    IV 5577
  — dibenzylamid **18** IV 5578
  — [2-dibenzylamino-äthylester] **18**
    IV 5577
  — dibutylamid **18** IV 5577
  — [3-dibutylamino-propylester] **18**
    IV 5577
  — [2,4-dimethyl-anilid] **18** IV 5578
  — *p*-phenetidid **18** IV 5578
—, 7-Brom-2-oxo-2*H*-,
  — äthylester **18** IV 5578
—, 4-Butyl-2-oxo-2*H*- **18** IV 5617
  — äthylester **18** IV 5617
  — amid **18** IV 5617
—, 6-Butyryl-5-hydroxy-2-oxo-2*H*- **18**
  IV 6530
—, 5-Carboxymethoxy-2-oxo-6-
  propionyl-2*H*- **18** IV 6529

Chromen-3-carbonsäure (Fortsetzung)
—, 6-[4-Chlor-benzyl]-2-oxo-2*H*- **18**
   IV 5684
   — äthylester **18** IV 5684
   — amid **18** IV 5684
—, 6-Chlor-4,8-dimethyl-2-oxo-2*H*-,
   — [2,4-dichlor-phenylester] **18**
   IV 5609
—, 7-Chlor-6-hydroxy-5,8-dimethyl-2-
   oxo-2*H*-,
   — äthylester **18** IV 6378
—, 6-Chlor-4-hydroxy-2-oxo-2*H*-,
   — äthylester **18** 470 d
—, 6-Chlor-7-hydroxy-2-oxo-2*H*- **18**
   IV 6343
—, 7-Chlor-4-hydroxy-2-oxo-2*H*-,
   — äthylester **18** IV 6050
—, 6-Chlor-8-isopropyl-5-methyl-2-oxo-
   2*H*-,
   — äthylester **18** IV 5618
—, 4-Chlormethyl-7-methoxy-2-oxo-2*H*-,
   — äthylester **18** IV 6360
—, 4-Chlor-7-methyl-2-oxo-2*H*-,
   — äthylester **18** 433 h
—, 6-Chlor-4-methyl-2-oxo-2*H*-,
   — [2,4-dichlor-phenylester] **18**
   IV 5595
—, 4-Chlor-2-oxo-2*H*-,
   — äthylester **18** 430 c
—, 6-Chlor-2-oxo-2*H*- **18** IV 5575
   — äthylester **18** IV 5575
   — amid **18** IV 5575
   — [2,4-dimethyl-anilid] **18** IV 5575
—, 7-Chlor-2-oxo-2*H*- **18** IV 5575
—, 4-[4-(2-Chlor-phenyl)-2-oxo-but-3-
   enyl]-2-phenyl-4*H*-,
   — äthylester **18** II 350 c
—, 2,6-Diacetoxy-5-brom-7,8-dimethyl-
   4*H*-,
   — methylester **18** IV 5041
—, 6-Diacetoxymethyl-8-methoxy-5-
   nitro-2-oxo-2*H*-,
   — äthylester **18** IV 6525
—, 6-Diacetoxymethyl-8-methoxy-7-
   nitro-2-oxo-2*H*-,
   — äthylester **18** IV 6525
—, 6-Diacetoxymethyl-8-methoxy-2-oxo-
   2*H*-,
   — äthylester **18** IV 6524
—, 7,8-Diacetoxy-2-oxo-2*H*- **18**
   IV 6491
   — äthylester **18** IV 6491
—, 7-Diäthylamino-2-imino-2*H*-,
   — äthylester **18** IV 8270
—, 6-Diäthylaminomethyl-8-methoxy-2-
   oxo-2*H*- **18** IV 8279
   — methylester **18** IV 8279

—, 6,8-Diäthyl-5-hydroxy-7-methyl-2-
   oxo-2*H*-,
   — äthylester **18** IV 6397
—, 6,8-Diäthyl-5-hydroxy-2-oxo-2*H*- **18**
   II 385 h
   — äthylester **18** II 385 i, IV 6393
—, 5,7-Dibrom-6-hydroxy-8-methyl-2-
   oxo-2*H*- **18** IV 6361
   — äthylester **18** IV 6362
—, 6,8-Dibrom-4-hydroxy-2-oxo-2*H*-,
   — äthylester **18** 470 f
—, 6,8-Dibrom-7-hydroxy-2-oxo-2*H*-
   18 IV 6344
   — äthylester **18** IV 6344
—, 5,7-Dibrom-6-methoxy-8-methyl-2-
   oxo-2*H*- **18** IV 6362
   — methylester **18** IV 6362
—, 6,8-Dibrom-2-oxo-2*H*- **18** IV 5578
   — äthylester **18** IV 5579
   — amid **18** IV 5579
   — diäthylamid **18** IV 5579
   — [2-diäthylamino-äthylester] **18**
   IV 5579
   — [4-diäthylamino-1-methyl-
   butylester] **18** IV 5579
   — [3-diäthylamino-propylester] **18**
   IV 5579
   — dibenzylamid **18** IV 5580
   — [2-dibenzylamino-äthylester] **18**
   IV 5579
   — dibutylamid **18** IV 5580
   — [2-dimethylamino-äthylester] **18**
   IV 5579
   — [2,4-dimethyl-anilid] **18** IV 5580
—, 6-[3,4-Dichlor-benzyl]-2-oxo-2*H*- **18**
   IV 5684
   — äthylester **18** IV 5684
—, 6,8-Dichlor-4-hydroxy-2-oxo-2*H*-,
   — äthylester **18** 470 e
—, 6,8-Dichlor-4-methyl-2-oxo-2*H*-,
   — [2,4-dichlor-phenylester] **18**
   IV 5595
—, 6,8-Dichlor-2-oxo-2*H*- **18** IV 5576
   — äthylester **18** IV 5576
   — amid **18** IV 5576
   — [2,4-dimethyl-anilid] **18** IV 5576
—, 6,7-Dihydroxy-4-[4-nitro-phenyl]-2-
   oxo-2*H*-,
   — äthylester **18** IV 6558
—, 7,8-Dihydroxy-4-[4-nitro-phenyl]-2-
   oxo-2*H*-,
   — äthylester **18** IV 6558
—, 5,7-Dihydroxy-2-oxo-2*H*-,
   — äthylester **18** IV 6490
—, 6,7-Dihydroxy-2-oxo-2*H*- **18** 544 c
   — äthylester **18** 544 d
—, 7,8-Dihydroxy-2-oxo-2*H*- **18**
   IV 6491
   — äthylester **18** IV 6491

Chromen-3-carbonsäure (Fortsetzung)
—, 6,7-Dihydroxy-2-oxo-4-phenyl-2*H*-,
    — äthylester **18** IV 6557
—, 7,8-Dihydroxy-2-oxo-4-phenyl-2*H*-,
    — äthylester **18** IV 6558
—, 8-[2-(2,3-Dihydroxy-propoxy)-3-
    hydroxomercurio-propyl]-2-oxo-2*H*- **18**
    IV 8446
—, 6,8-Dijod-2-oxo-2*H*- **18** IV 5580
    — äthylester **18** IV 5580
    — amid **18** IV 5580
—, 5,7-Dimethoxy-6-methyl-2-oxo-2*H*-
    18 IV 6500
—, 5,7-Dimethoxy-8-methyl-2-oxo-2*H*-
    18 IV 6501
—, 6,7-Dimethoxy-2-methyl-4-oxo-4*H*-
    18 IV 6500
—, 5,7-Dimethoxy-2-oxo-2*H*- **18**
    IV 6490
—, 6,7-Dimethoxy-2-oxo-2*H*- **18**
    IV 6490
    — äthylester **18** IV 6491
    — methylester **18** IV 6490
—, 6,8-Dimethyl-2-phenyl-4*H*- **18**
    IV 4393
—, 4-[2,4-Dinitro-phenylhydrazono]-2-
    methyl-4a,5,6,7,8,8a-hexahydro-4*H*-,
    — äthylester **18** IV 5463
—, 6-Formyl-8-methoxy-5-nitro-2-oxo-
    2*H*- **18** IV 6525
    — äthylester **18** IV 6525
—, 6-Formyl-8-methoxy-7-nitro-2-oxo-
    2*H*- **18** IV 6525
    — äthylester **18** IV 6525
—, 6-Formyl-8-methoxy-2-oxo-2*H*- **18**
    IV 6524
    — äthylester **18** IV 6524
—, 4-Heptyl-2-oxo-2*H*- **18** IV 5624
    — äthylester **18** IV 5624
    — amid **18** IV 5625
—, 4-Hexyl-2-oxo-2*H*- **18** IV 5622
    — äthylester **18** IV 5623
    — amid **18** IV 5623
—, 8-[3-Hydroxomercurio-2-(2-hydroxy-
    äthoxy)-propyl]-2-oxo-2*H*- **18** IV 8445
—, 8-[3-Hydroxomercurio-2-(3-hydroxy-
    1,3-dimethyl-butoxy)-propyl]-2-oxo-2*H*-
    18 IV 8446
—, 8-{3-Hydroxomercurio-2-
    [*β*-(2-hydroxy-propoxy)-isopropoxy]-
    propyl}-2-oxo-2*H*- **18** IV 8445
—, 8-[3-Hydroxomercurio-2-(2-hydroxy-
    propoxy)-propyl]-2-oxo-2*H*- **18** IV 8445
—, 8-[3-Hydroxomercurio-2-methoxy-
    propyl]-2-oxo-2*H*- **18** IV 8445
—, 4-Hydroxy-6,8-dijod-2-oxo-2*H*-,
    — äthylester **18** 471 a
    — amid **18** 471 b
    — [*N'*-phenyl-hydrazid] **18** 471 d

—, 4-Hydroxy-6,7-dimethoxy-2-oxo-2*H*-,
    — äthylester **18** IV 6595
—, 6-Hydroxy-5,7-dimethoxy-2-oxo-2*H*-
    18 IV 6594
    — äthylester **18** IV 6595
—, 7-Hydroxy-5,8-dimethoxy-2-oxo-2*H*-,
    — äthylester **18** IV 6595
—, 6-Hydroxy-5,7-dimethyl-2-oxo-2*H*-
    18 IV 6378
    — äthylester **18** IV 6378
—, 7-Hydroxy-2-imino-2*H*- **18** IV 6342
—, 7-Hydroxy-2-imino-5-methoxy-6-
    methyl-2*H*- **18** IV 6500
—, 4-Hydroxy-6-jod-2-oxo-2*H*- **18**
    IV 6051
    — äthylester **18** IV 6051
—, 7-Hydroxy-5-methoxy-6-methyl-2-
    oxo-2*H*- **18** IV 6500
—, 7-Hydroxy-5-methoxy-2-oxo-2*H*- **18**
    IV 6490
—, 7-Hydroxy-6-methoxy-2-oxo-2*H*- **18**
    IV 6490
—, 7-Hydroxy-8-methoxy-2-oxo-2*H*- **18**
    IV 6491
—, 7-Hydroxy-4-[4-methoxy-phenyl]-2-
    oxo-2*H*- **18** IV 6559
    — äthylester **18** IV 6559
—, 4-Hydroxy-2-methyl-4a,5,6,7,8,8a-
    hexahydro-2*H*- **18** IV 5369
    — äthylester **18** IV 5369
—, 6-Hydroxymethyl-8-methoxy-2-oxo-
    2*H*-,
    — äthylester **18** IV 6501
—, 7-Hydroxy-5-methyl-4-[4-nitro-
    phenyl]-2-oxo-2*H*-,
    — äthylester **18** IV 6434
—, 7-Hydroxy-6-methyl-4-[4-nitro-
    phenyl]-2-oxo-2*H*-,
    — äthylester **18** IV 6434
—, 4-Hydroxy-6-methyl-2-oxo-2*H*-,
    — äthylester **18** 473 c
    — methylester **18** I 515 a
—, 4-Hydroxy-7-methyl-2-oxo-2*H*-,
    — äthylamid **18** 474 b
    — äthylester **18** 473 e
    — anilid **18** 474 c
    — methylester **18** I 515 b
    — [*N'*-methyl-*N'*-phenyl-hydrazid]
      18 474 h
    — phenetidid **18** 474 d
    — [*N'*-phenylhydrazid] **18** 474 g
—, 4-Hydroxy-8-methyl-2-oxo-2*H*-,
    — methylester **18** I 515 c
—, 5-Hydroxy-7-methyl-2-oxo-2*H*- **18**
    IV 6361
—, 6-Hydroxymethyl-2-oxo-2*H*- **18**
    IV 6361
    — äthylester **18** IV 6361

Chromen-3-carbonsäure (Fortsetzung)
—, 7-Hydroxy-4-methyl-2-oxo-2*H*- **18** IV 6359
    — methylester **18** IV 6359
—, 7-Hydroxy-5-methyl-2-oxo-2*H*- **18** IV 6361
    — äthylester **18** IV 6361
—, 7-Hydroxy-8-methyl-2-oxo-2*H*- **18** IV 6362
    — äthylester **18** IV 6363
—, 4-Hydroxy-6-nitro-2-oxo-2*H*-,
    — äthylester **18** IV 6051
—, 4-Hydroxy-7-nitro-2-oxo-2*H*-,
    — äthylester **18** IV 6051
—, 5-Hydroxy-6-nitro-2-oxo-2*H*-,
    — äthylester **18** IV 6340
—, 7-Hydroxy-8-nitro-2-oxo-2*H*-,
    — äthylester **18** IV 6344
—, 7-Hydroxy-4-[4-nitro-phenyl]-2-oxo-2*H*- **18** IV 6429
    — äthylester **18** IV 6429
—, 4-Hydroxy-2-oxo-2*H*-,
    — äthylester **18** 469 a, IV 6050
    — amid **18** 469 d
    — anilid **18** 469 e
    — methylester **18** I 514 f
    — [*N'*-phenyl-hydrazid] **18** 470 b
—, 5-Hydroxy-2-oxo-2*H*- **18** IV 6340
    — äthylester **18** IV 6340
—, 6-Hydroxy-2-oxo-2*H*- **18** IV 6341
    — äthylester **18** IV 6341
—, 7-Hydroxy-2-oxo-2*H*- **18** 528 c, I 533 a, II 382 c, IV 6341
    — äthylester **18** 528 d, II 382 d, IV 6342
—, 7-Hydroxy-2-oxo-4-phenyl-2*H*- **18** IV 6428
    — äthylester **18** IV 6428
—, 5-Hydroxy-2-oxo-6-phenylacetyl-2*H*- **18** IV 6566
    — äthylester **18** IV 6566
—, 5-Hydroxy-2-oxo-6-propionyl-2*H*- **18** IV 6528
    — äthylester **18** IV 6529
—, 6-Hydroxy-2,5,7,8-tetramethyl-4*H*- **18** IV 4937
    — äthylester **18** IV 4938
—, 6-Hydroxy-5,7,8-trimethyl-2-oxo-2*H*- **18** II 383 e, IV 6388
    — äthylester **18** II 384 e, IV 6388
    — amid **18** IV 6388
    — anilid **18** II 385 g
    — [2-brom-äthylester] **18** II 384 g
    — butylester **18** II 385 c
    — [2-chlor-äthylester] **18** II 384 f
    — [2,3-dihydroxy-propylester] **18** II 385 f
    — isopentylester **18** II 385 e
    — isopropylester **18** II 385 b

    — methylester **18** II 384 b
    — propylester **18** II 384 j
—, 2-Imino-5,7-dimethoxy-6-methyl-2*H*- **18** IV 6501
—, 2-Imino-5,7-dimethoxy-8-methyl-2*H*- **18** IV 6501
—, 2-Imino-7-methoxy-2*H*- **10** III 2468 d
—, 2-Imino-8-methoxy-2*H*- **10** III 2468 a
    — äthylester **18** I 533 d
—, 6-[4-Isopropyl-benzyl]-2-oxo-2*H*- **18** IV 5690
    — amid **18** IV 5690
—, 8-Isopropyl-5-methyl-2-oxo-2*H*- **18** IV 5618
—, 6-Jod-8-methoxy-2-oxo-2*H*- **18** IV 6345
    — äthylester **18** IV 6346
—, 7-Jod-2-oxo-2*H*- **18** IV 5580
    — äthylester **18** IV 5580
—, 7-Methoxy-2*H*- **18** IV 4909
—, 7-Methoxycarbonyloxy-2-oxo-2*H*- **18** IV 6341
—, 6-Methoxy-5,8-dimethyl-2-oxo-2*H*- **18** IV 6378
—, 4-Methoxy-7-methyl-2-oxo-2*H*-,
    — äthylester **18** 531 c
—, 7-Methoxy-4-methyl-2-oxo-2*H*- **18** IV 6359
    — äthylester **18** IV 6360
    — benzylidenhydrazid **18** IV 6360
    — hydrazid **18** IV 6360
    — isopropylidenhydrazid **18** IV 6360
    — methylester **18** IV 6359
—, 7-Methoxy-8-methyl-2-oxo-2*H*- **18** IV 6362
    — äthylester **18** IV 6363
—, 8-Methoxy-5-nitro-2-oxo-2*H*- **18** IV 6346
    — äthylester **18** IV 6346
—, 8-Methoxy-6-nitro-2-oxo-2*H*- **18** IV 6346
    — äthylester **18** IV 6346
    — diäthylamid **18** IV 6346
    — [2-diäthylamino-äthylester] **18** IV 6346
—, 8-Methoxy-7-nitro-2-oxo-2*H*- **18** IV 6346
    — äthylester **18** IV 6347
—, 7-Methoxy-4-[4-nitro-phenyl]-2-oxo-2*H*- **18** IV 6429
    — äthylester **18** IV 6429
—, 4-Methoxy-2-oxo-2*H*-,
    — äthylester **18** IV 6340
—, 7-Methoxy-2-oxo-2*H*- **18** IV 6341
    — äthylester **18** IV 6342
    — anilid **18** IV 6343
    — methylester **18** IV 6342

Chromen-3-carbonsäure (Fortsetzung)
—, 8-Methoxy-2-oxo-2H- **18** I 533 b,
    IV 6344
    — äthylester **18** I 533 c, IV 6344
    — amid **18** IV 6345
    — diäthylamid **18** IV 6345
    — [2-diäthylamino-äthylester] **18**
      IV 6345
    — [3-diäthylamino-propylester] **18**
      IV 6345
    — [2-dibenzylamino-äthylester] **18**
      IV 6345
—, 7-Methoxy-2-oxo-4-phenyl-2H- **18**
    IV 6428
    — äthylester **18** IV 6428
—, 8-Methoxy-2-oxo-6-
    [phenylhydrazono-methyl]-2H- **18**
    IV 6524
    — äthylester **18** IV 6524
—, 6-Methoxy-5,7,8-trimethyl-2-oxo-
    2H- **18** II 383 f
    — äthylester **18** II 384 h
    — hydrazid **18** IV 6389
    — hydroxyamid **18** IV 6389
    — methylamid **18** IV 6389
    — methylester **18** II 384 c
—, 4-Methyl-2-oxo-2H- **18** IV 5594
    — äthylester **18** IV 5595
    — amid **18** IV 5595
    — anhydrid **18** IV 5595
    — [2-oxo-2H-chromen-4-ylester] **18**
      IV 5595
—, 5-Methyl-2-oxo-2H- **18** 433 b
    — äthylester **18** 433 c
—, 6-Methyl-2-oxo-2H- **18** 433 d,
    I 494 d, IV 5596
    — äthylester **18** 433 e, IV 5596
—, 7-Methyl-2-oxo-2H- **18** 433 f
    — äthylester **18** 433 g
—, 8-Methyl-2-oxo-2H- **18** 433 i,
    I 494 e
    — äthylester **18** 434 a
—, 2-Methyl-4-oxo-4a,5,6,7,8,8a-
    hexahydro-4H-,
    — äthylester **18** IV 5463
—, 7-Methyl-2-oxo-4-propoxy-2H-,
    — äthylester **18** 531 e
—, 5-Nitro-2-oxo-2H- **18** IV 5580
    — äthylester **18** IV 5581
—, 6-Nitro-2-oxo-2H- **18** IV 5581
    — äthylester **18** IV 5581
    — anilid **18** IV 5582
    — p-anisidid **18** IV 5583
    — butylester **18** IV 5582
    — diäthylamid **18** IV 5582
    — [2-diäthylamino-äthylester] **18**
      IV 5582
    — [2,4-dimethyl-anilid] **18**
      IV 5582

    — isobutylester **18** IV 5582
    — isopentylester **18** IV 5582
    — isopropylester **18** IV 5581
    — methylester **18** IV 5581
    — p-phenetidid **18** IV 5583
    — propylester **18** IV 5581
    — ureid **18** IV 5583
—, 7-Nitro-2-oxo-2H- **18** IV 5583
    — äthylester **18** IV 5583
—, 8-Nitro-2-oxo-2H- **18** IV 5583
    — äthylester **18** IV 5583
    — [2,4-dimethyl-anilid] **18** IV 5584
—, 4-Octyl-2-oxo-2H- **18** IV 5626
    — äthylester **18** IV 5626
    — amid **18** IV 5626
—, 2-Oxo-2H- **18** 429 d, I 493 b,
    II 336 e, IV 5569
    — [4-äthoxy-phenylester] **18**
      IV 5571
    — äthylester **18** 429 e, II 336 f,
      IV 5570
    — [äthyl-methyl-amid] **18** IV 5572
    — amid **18** 429 f, IV 5572
    — anilid **18** 429 h, II 336 g
    — p-anisidid **18** IV 5573
    — benzylamid **18** IV 5573
    — butylester **18** IV 5570
    — [2-chlor-anilid] **18** IV 5573
    — [3-chlor-anilid] **18** IV 5573
    — [4-chlor-anilid] **18** IV 5573
    — diäthylamid **18** IV 5572
    — [2-diäthylamino-äthylester] **18**
      IV 5571
    — [4-diäthylamino-1-methyl-
      butylamid] **18** IV 5574
    — [4-diäthylamino-1-methyl-
      butylester] **18** IV 5572
    — [3,4-dimethoxy-phenäthylamid]
      18 IV 5574
    — dimethylamid **18** IV 5572
    — [2-dimethylamino-äthylester] **18**
      IV 5571
    — isobutylester **18** IV 5570
    — isopentylester **18** IV 5570
    — isopropylester **18** IV 5570
    — [3-methoxy-phenylester] **18**
      IV 5571
    — [4-methoxy-phenylester] **18**
      IV 5571
    — methylamid **18** 429 g
    — [N-methyl-anilid] **18** 430 a
    — methylester **18** I 493 c, IV 5570
    — [methyl-propyl-amid] **18** IV 5573
    — [4-nitro-phenylester] **18** IV 5571
    — p-phenetidid **18** IV 5574
    — phenylester **18** IV 5571
    — propylester **18** IV 5570
    — salicylidenhydrazid **18** IV 5575
    — m-toluidid **18** IV 5573

Chromen-3-carbonsäure
—, 2-Oxo-2*H*- (Fortsetzung)
  — *o*-toluidid **18** IV 5573
  — *p*-toluidid **18** II 337 a, IV 5573
  — *m*-tolylester **18** IV 5571
  — *o*-tolylester **18** IV 5571
  — *p*-tolylester **18** IV 5571
  — ureid **18** IV 5574
—, 4-Oxo-4*H*-,
  — [2-diäthylamino-äthylester] **18**
    IV 5569
  — [3-diäthylamino-propylester] **18**
    IV 5569
—, 2-Oxo-4-pentyl-2*H*- **18** IV 5619
  — äthylester **18** IV 5619
  — amid **18** IV 5620
—, 2-Oxo-6-phenyl-2*H*- **18** IV 5679
  — äthylester **18** IV 5679
—, 2-Oxo-4-phenyl-3,4,5,6,7,8-
    hexahydro-2*H*-,
  — äthylester **18** IV 5646
—, 2-Oxo-7-propoxy-2*H*- **18** IV 6341
—, 2-Oxo-4-propyl-2*H*- **18** IV 5611
  — äthylester **18** IV 5612
  — amid **18** IV 5612
—, 2-Oxo-6-sulfanilylamino-2*H*- **18**
    IV 8269
—, 4-Phenacyl-2-phenyl-4*H*- **18** II 350 b
—, 4,6,8-Tribrom-7-hydroxy-2-oxo-2*H*-
    18 IV 6344
  — äthylester **18** IV 6344
—, 6,7,8-Trihydroxy-2-oxo-2*H*- **18**
    IV 6595
—, 4,6,7-Trimethoxy-2-oxo-2*H*-,
  — äthylester **18** IV 6595
—, 2,6,8-Trimethyl-4*H*- **18** IV 4283
  — äthylester **18** IV 4283

Chromen-4-carbonsäure
—, 2*H*- **18** IV 4262
—, 3-Acetoxy-6,7-dimethoxy-2*H*-,
  — äthylester **18** IV 5091
—, 3-Acetoxy-7-methoxy-2*H*-,
  — äthylester **18** IV 5034
—, 3-Acetoxy-8-methoxy-2*H*-,
  — äthylester **18** IV 5034
—, 7-Acetoxy-2-oxo-2*H*- **18** 529 c
  — äthylester **18** 529 i
—, 7-Benzolsulfonyloxy-2-oxo-2*H*-,
  — methylester **18** 529 g
—, 7-Benzoyloxy-2-oxo-2*H*-,
  — äthylester **18** 530 a
—, 7-[4-Brom-benzoyloxy]-2-oxo-2*H*-,
  — methylester **18** 529 f
—, 8-Brom-7-hydroxy-2-oxo-2*H*-
    18 530 b
  — äthylester **18** 530 c
—, 3-Brom-2-oxo-2*H*-,
  — äthylester **18** IV 5585

—, 3-Chlor-5,7-dihydroxy-2-oxo-2*H*-,
  — äthylester **18** IV 6492
  — methylester **18** IV 6492
—, 3-Chlor-7,8-dihydroxy-2-oxo-2*H*-,
  — äthylester **18** IV 6493
—, 3-Chlor-5,7-dimethoxy-2-oxo-2*H*-
    18 IV 6491
  — äthylester **18** IV 6492
  — methylester **18** IV 6492
—, 3-Chlor-6,7-dimethoxy-2-oxo-2*H*-,
  — äthylester **18** IV 6492
—, 3-Chlor-7,8-dimethoxy-2-oxo-2*H*-,
  — äthylester **18** IV 6493
—, 3-Chlor-6,7-dimethyl-2-oxo-2*H*- **18**
    I 496 b
—, 3-Chlor-7-hydroxy-6-methoxy-2-oxo-
    2*H*-,
  — äthylester **18** IV 6492
—, 3-Chlor-7-hydroxy-2-oxo-2*H*-,
    äthylester **18** IV 6348
  — methylester **18** IV 6347
—, 3-Chlor-7-methoxy-2-oxo-2*H*- **18**
    IV 6347
  — äthylester **18** IV 6348
  — anilid **18** IV 6348
  — methylester **18** IV 6348
—, 3-Chlor-6-methyl-2-oxo-2*H*- **18**
    IV 5596
  — äthylester **18** IV 5596
—, 3-Chlor-7-methyl-2-oxo-2*H*- **18**
    IV 5596
  — äthylester **18** I 494 j, IV 5597
—, 6-Chlor-7-methyl-2-oxo-2*H*- **18** I 494 k
  — äthylester **18** I 494 l
—, 3-Chlor-2-oxo-2*H*-,
  — äthylester **18** IV 5585
—, 6-Chlor-2-oxo-2*H*- **18** I 493 d
  — äthylester **18** I 493 e
—, 6,7-Dihydroxy-2-oxo-2*H*- **18** 544 e,
    IV 6492
  — äthylester **18** 544 g
—, 5,7-Dihydroxy-2-oxo-3-phenyl-2*H*-
    18 IV 6559
  — äthylester **18** II 394 f
—, 7,8-Dihydroxy-2-oxo-3-phenyl-2*H*-
    18 IV 6559
  — äthylester **18** IV 6560
—, 2,7-Dihydroxy-2-phenyl-2*H*-
    18 357 b
—, 6,7-Dimethoxy-2*H*- **18** IV 5034
—, 3,7-Dimethoxy-2-oxo-2*H*- **18**
    IV 6493
  — äthylester **18** IV 6493
  — anilid **18** IV 6493
—, 6,7-Dimethoxy-2-oxo-2*H*- **18** 544 f,
    IV 6492
—, 5,7-Dimethoxy-2-oxo-3-phenyl-2*H*-
    18 IV 6559
  — äthylester **18** IV 6559

Chromen-4-carbonsäure (Fortsetzung)
—, 7,8-Dimethoxy-2-oxo-3-phenyl-2*H*-
  18 IV 6560
  — äthylester **18** IV 6560
—, 3-Hydroxy-2*H*-,
  — äthylester **18** IV 5523
—, 3-Hydroxy-6,7-dimethoxy-2*H*-,
  — äthylester **18** IV 6474
—, 6-Hydroxy-5,7-dimethoxy-2-oxo-2*H*-
  18 554 a
  — äthylester **18** 554 d
—, 3-Hydroxy-7-methoxy-2*H*-,
  — äthylester **18** IV 6314
—, 3-Hydroxy-8-methoxy-2*H*-,
  — äthylester **18** IV 6314
—, 7-Hydroxy-3-methoxy-2-oxo-2*H*-,
  — äthylester **18** IV 6493
—, 7-Hydroxy-3-methyl-2-oxo-2*H*-,
  — äthylester **18** IV 6361
—, 5-Hydroxy-7-methyl-2-oxo-3-phenyl-
  2*H*-,
  — äthylester **18** II 387 e
—, 7-Hydroxy-3-[4-nitro-phenyl]-2-oxo-
  2*H*-,
  — äthylester **18** IV 6430
—, 6-Hydroxy-2-oxo-2*H*- **18** 528 e
  — äthylester **18** 528 h
—, 7-Hydroxy-2-oxo-2*H*- **18** 529 a,
  IV 6347
  — äthylester **18** 529 h,
    IV 6347
  — [2-diäthylamino-äthylester] **18**
    IV 6347
  — methylester **18** 529 d
—, 7-Hydroxy-2-oxo-3-phenyl-2*H*- **18**
  II 387 a, IV 6429
  — äthylester **18** II 387 c
—, 7-Methoxy-2*H*- **18** IV 4910
—, 8-Methoxy-2*H*- **18** IV 4910
  — äthylester **18** IV 4910
—, 6-Methoxy-2-oxo-2*H*- **18** 528 f
  — methylester **18** 528 g
—, 7-Methoxy-2-oxo-2*H*- **18** 529 b,
  IV 6347
  — äthylester **18** IV 6347
  — anilid **18** IV 6347
  — methylester **18** 529 e
—, 7-Methoxy-2-oxo-3-phenyl-2*H*- **18**
  II 387 b, IV 6430
  — äthylester **18** II 387 d
  — anilid **18** IV 6430
—, 6-Methyl-2-oxo-2*H*- **18** I 494 f
  — äthylester **18** I 494 g
—, 7-Methyl-2-oxo-2*H*- **18** I 494 h
  — äthylester **18** I 494 i
—, 3-[4-Nitro-benzoyloxy]-2*H*-,
  — äthylester **18** IV 4910
—, 2-Oxo-2*H*- **18** 430 d
  — äthylester **18** 430 e, IV 5584

  — diäthylamid **18** IV 5585
—, 3,5,7-Trimethoxy-2-oxo-2*H*-,
  — äthylester **18** IV 6595
—, 5,6,7-Trimethoxy-2-oxo-2*H*-
  18 554 b
  — methylester **18** 554 c
Chromen-5-carbonsäure
—, 3-Acetoacetyl-4-hydroxy-6,7-
  dimethoxy-2-oxo-2*H*-,
  — methylester **18** IV 6685
—, 2-Acetonyl-6,7-diäthoxy-3-
  hydroxymethyl-4-oxo-4*H*-,
  — äthylester **18** IV 6667
—, 2-Acetonyl-6,7-dihydroxy-3-
  hydroxymethyl-4-oxo-4*H*- **18** IV 6666
—, 2-Acetonyl-3-hydroxymethyl-6,7-
  dimethoxy-4-oxo-4*H*-,
  — methylester **18** IV 6667
—, 7-Acetoxy-2-methyl-4-oxo-4*H*-,
  — methylester **18** IV 6359
—, 7-Acetoxy-2-oxo-2*H*- **18** IV 6348
  — methylester **18** IV 6348
—, 3-Acetyl-6,7-dimethoxy-2,4-dioxo-,
  — methylester **18** IV 6665
—, 3-Acetyl-4-hydroxy-6,7-dimethoxy-2-
  oxo-2*H*- **18** IV 6665
—, 3-Acetyl-7-hydroxy-2-oxo-2*H*-,
  — methylester **18** IV 6526
—, 7-Benzoyloxy-2-methyl-4-oxo-4*H*-,
  — methylester **18** IV 6359
—, 6,7-Dimethoxy-2-methyl-4-oxo-4*H*-
  18 IV 6500
—, 4-Hydroxy-6,7-dimethoxy-2-oxo-2*H*-
  18 IV 6596
  — methylester **18** IV 6596
—, 4-Hydroxy-6,7-dimethoxy-2-oxo-3-
  [3-phenylimino-butyryl]-2*H*-,
  — methylester **18** IV 6685
—, 7-Hydroxy-8-methoxy-2-oxo-2*H*-,
  — methylester **18** IV 6493
—, 7-Hydroxy-2-methyl-4-oxo-4*H*- **18**
  IV 6358
  — methylester **18** IV 6359
—, 7-Hydroxy-2-oxo-2*H*- **18** IV 6348
  — methylester **18** IV 6348
Chromen-6-carbonsäure
—, 7-Acetoxy-4-äthoxycarbonylmethyl-2-
  oxo-2*H*-,
  — methylester **18** IV 6621
—, 5-Acetoxy-8-äthyl-4-methyl-2-oxo-
  2*H*-,
  — methylester **18** IV 6388
—, 7-Acetoxy-3-äthyl-4-methyl-2-oxo-
  2*H*-,
  — methylester **18** IV 6386
—, 7-Acetoxy-3-benzyl-4-methyl-2-oxo-
  2*H*-,
  — methylester **18** IV 6437

Chromen-6-carbonsäure (Fortsetzung)

—, 7-Acetoxy-3-butyl-4-methyl-2-oxo-
2H-,
— methylester **18** IV 6396
—, 7-Acetoxy-3-chlor-4-methyl-2-oxo-
2H-,
— methylester **18** IV 6367
—, 3-Acetoxy-2-[3,4-diacetoxy-phenyl]-4-
oxo-4H- **18** IV 6641
—, 7-Acetoxy-2,2-dimethyl-2H- **18**
IV 4933
—, 7-Acetoxy-3,4-dimethyl-2-oxo-2H-,
— methylester **18** IV 6377
—, 7-Acetoxy-8-isopentyl-2-oxo-2H- **18**
IV 6395
—, 3-Acetoxy-2-[4-methoxy-phenyl]-4-
oxo-4H- **18** IV 6557
—, 7-Acetoxy-4-methyl-3,8-dinitro-2-oxo-
2H-,
— methylester **18** IV 6369
—, 7-Acetoxy-4-methyl-8-nitro-2-oxo-
2H-,
— methylester **18** IV 6369
—, 5-Acetoxy-4-methyl-2-oxo-2H-,
— methylester **18** IV 6363
—, 7-Acetoxy-4-methyl-2-oxo-2H-,
— methylester **18** IV 6366
—, 7-Acetoxy-4-methyl-2-oxo-3-propyl-
2H-,
— methylester **18** IV 6391
—, 3-Acetoxy-4-oxo-2-phenyl-4H- **18**
IV 6427
—, 7-Acetoxy-2-oxo-4-phenyl-2H-,
— methylester **18** IV 6431
—, 3-Acetyl-8-äthyl-5-hydroxy-2-oxo-
2H-,
— methylester **18** IV 6531
—, 3-Acetyl-8-brom-7-hydroxy-2-methyl-
4-oxo-4H-,
— methylester **18** IV 6529
—, 3-Acetyl-7,8-dihydroxy-2-oxo-2H-,
— methylester **18** IV 6621
—, 3-Acetyl-5-hydroxy-4,7-dimethyl-2-
oxo-2H-,
— äthylester **18** 546 b, II 394 a
—, 3-Acetyl-7-hydroxy-2-oxo-2H- **18**
IV 6527
—, 4-Äthoxycarbonylmethyl-7-hydroxy-
2-oxo-2H-,
— methylester **18** IV 6621
—, 4-Äthoxy-5,7-dihydroxy-2-oxo-2H-,
— äthylester **18** I 546 a, vgl.
IV 6596 d
—, 8-Äthyl-5-benzoyloxy-4-methyl-2-
oxo-2H-,
— methylester **18** IV 6388
—, 3-Äthyl-7,8-dihydroxy-4-methyl-2-
oxo-2H-,
— äthylester **18** IV 6510

—, 3-Äthyl-7-hydroxy-4-methyl-2-oxo-
2H- **18** IV 6385
— methylester **18** IV 6386
—, 8-Äthyl-5-hydroxy-4-methyl-2-oxo-
2H- **18** IV 6387
— methylester **18** IV 6387
— phenylester **18** IV 6388
—, 8-Äthyl-7-hydroxy-4-methyl-2-oxo-
2H- **18** IV 6388
—, 8-Äthyl-5-methoxy-4-methyl-2-oxo-2H-,
— methylester **18** IV 6387
—, 7-Benzoyloxy-3,4-dimethyl-2-oxo-
2H-,
— methylester **18** IV 6377
—, 5-Benzoyloxy-4-methyl-2-oxo-2H-,
— methylester **18** IV 6363
—, 7-Benzoyloxy-4-methyl-2-oxo-2H-,
— methylester **18** IV 6366
—, 3-Benzyl-7-hydroxy-4-methyl-2-oxo-
2H- **18** IV 6437
— methylester **18** IV 6437
—, 3-Benzyl-7-methoxy-4-methyl-2-oxo-
2H-,
— methylester **18** IV 6437
—, 3-Brom-5,7-dihydroxy-4,8-dimethyl-2-
oxo-2H-,
— methylester **18** IV 6506
—, 3-Brom-5,7-dimethoxy-4,8-dimethyl-
2-oxo-2H-,
— methylester **18** IV 6506
—, 3-Brom-7-hydroxy-4-methyl-2-oxo-
2H- **18** IV 6367
— methylester **18** IV 6368
—, 8-Brom-5-hydroxy-4-methyl-2-oxo-
2H- **18** IV 6364
— methylester **18** IV 6365
—, 8-Brom-7-hydroxy-2-methyl-4-oxo-
4H- **18** IV 6359
—, 3-Brom-7-methoxy-4-methyl-2-oxo-
2H- **18** IV 6368
— methylester **18** IV 6368
—, 8-Brom-5-methoxy-4-methyl-2-oxo-
2H- **18** IV 6364
— methylester **18** IV 6365
—, 3-Butyl-7-hydroxy-4-methyl-2-oxo-
2H- **18** IV 6395
— methylester **18** IV 6396
—, 3-Butyl-7-methoxy-4-methyl-2-oxo-
2H-,
— methylester **18** IV 6396
—, 3-Chlor-5,7-dihydroxy-4,8-dimethyl-
2-oxo-2H-,
— methylester **18** IV 6506
—, 3-Chlor-5,7-dimethoxy-4,8-dimethyl-
2-oxo-2H-,
— methylester **18** IV 6506
—, 3-Chlor-7-hydroxy-4-methyl-2-oxo-
2H- **18** IV 6367
— methylester **18** IV 6367

Chromen-6-carbonsäure (Fortsetzung)

—, 3-Chlor-7-methoxy-4-methyl-2-oxo-2*H*-,
  — methylester **18** IV 6367
—, 8-Chlorsulfonyl-5-hydroxy-4-methyl-2-oxo-2*H*- **18** IV 6770
  — methylester **18** IV 6770
—, 5,7-Diacetoxy-3-brom-4,8-dimethyl-2-oxo-2*H*-,
  — methylester **18** IV 6507
—, 5,7-Diacetoxy-4-brommethyl-8-methyl-2-oxo-2*H*-,
  — methylester **18** IV 6507
—, 5,7-Diacetoxy-4-hydroxy-2-oxo-2*H*-,
  — äthylester **18** I 546 b
—, 5,7-Diacetoxy-4-methyl-2-oxo-2*H*- **18** I 543 e
  — methylester **18** IV 6502
—, 3,8-Dibrom-7-hydroxy-4-methyl-2-oxo-2*H*- **18** IV 6368
  — methylester **18** IV 6368
—, 3,8-Dibrom-7-methoxy-4-methyl-2-oxo-2*H*- **18** IV 6368
  — methylester **18** IV 6368
—, 3,4-Dichlor-2-oxo-2*H*- **18** IV 5585
—, 5,7-Dihydroxy-4,8-dimethyl-2-oxo-2*H*-,
  — methylester **18** IV 6506
—, 7,8-Dihydroxy-3,4-dimethyl-2-oxo-2*H*-,
  — äthylester **18** IV 6506
—, 5,7-Dihydroxy-4-methyl-2-oxo-2*H*- **18** I 543 d
  — methylester **18** IV 6502
—, 5,8-Dihydroxy-4-methyl-2-oxo-2*H*- **18** IV 6502
—, 7,8-Dihydroxy-4-methyl-2-oxo-2*H*-,
  — äthylester **18** IV 6502
  — methylester **18** IV 6502
—, 7,8-Dihydroxy-4-methyl-2-oxo-3-propyl-2*H*-,
  — äthylester **18** IV 6510
—, 7,8-Dihydroxy-2-oxo-4-phenyl-2*H*-,
  — äthylester **18** IV 6560
—, 2-[3,4-Dihydroxy-phenyl]-3-hydroxy-4-oxo-4*H*- **18** IV 6641
—, 5,7-Dimethoxy-4,8-dimethyl-2-oxo-2*H*- **18** IV 6506
  — methylester **18** IV 6506
—, 5,7-Dimethoxy-4-methyl-2-oxo-2*H*-,
  — methylester **18** IV 6502
—, 2,3-Dimethyl-4-oxo-4*H*- **18** IV 5607
  — äthylester **18** IV 5608
—, 5-[(2,4-Dinitro-phenylhydrazono)-methyl]-7-methoxy-8-methyl-2-oxo-2*H*- **18** IV 6528
—, 5-Formyl-7-methoxy-8-methyl-2-oxo-2*H*- **18** IV 6528

—, 5-Hydroxy-2,2-dimethyl-2*H*- **18** IV 4932
  — methylester **18** IV 4932
—, 7-Hydroxy-2,2-dimethyl-2*H*- **18** IV 4933
  — methylester **18** IV 4933
—, 5-Hydroxy-4,7-dimethyl-2-oxo-2*H*- **18** IV 6380
  — äthylester **18** IV 6381
  — methylester **18** IV 6380
—, 7-Hydroxy-3,4-dimethyl-2-oxo-2*H*- **18** IV 6377
  — methylester **18** IV 6377
—, 3-Hydroxy-2-[3-hydroxy-phenyl]-4-oxo-4*H*- **18** IV 6557
—, 3-Hydroxy-2-[4-hydroxy-phenyl]-4-oxo-4*H*- **18** IV 6557
—, 7-Hydroxy-8-isopentyl-2-oxo-2*H*- **18** IV 6395
—, 3-Hydroxy-2-[4-methoxy-phenyl]-4-oxo-4*H*- **18** IV 6557
—, 7-Hydroxy-4-methyl-3,8-dinitro-2-oxo-2*H*- **18** IV 6369
  — methylester **18** IV 6369
—, 5-Hydroxy-4-methyl-8-nitro-2-oxo-2*H*- **18** IV 6365
  — methylester **18** IV 6365
—, 7-Hydroxy-4-methyl-8-nitro-2-oxo-2*H*- **18** IV 6369
  — methylester **18** IV 6369
—, 5-Hydroxy-4-methyl-2-oxo-2*H*- **18** IV 6363
  — amid **18** IV 6364
  — anilid **18** IV 6364
  — *p*-anisidid **18** IV 6364
  — methylester **18** IV 6363
  — [1]naphthylamid **18** IV 6364
  — [2]naphthylamid **18** IV 6364
  — *p*-toluidid **18** IV 6364
—, 7-Hydroxy-2-methyl-4-oxo-4*H*- **18** 531 a
—, 7-Hydroxy-4-methyl-2-oxo-2*H*- **18** IV 6365
  — amid **18** IV 6366
  — anilid **18** IV 6367
  — *p*-anisidid **18** IV 6367
  — methylester **18** IV 6366
  — [1]naphthylamid **18** IV 6367
  — *p*-toluidid **18** IV 6367
—, 5-Hydroxy-4-methyl-2-oxo-3,8-disulfo-2*H*- **18** IV 6771
—, 7-Hydroxy-4-methyl-2-oxo-3,8-disulfo-2*H*- **18** IV 6771
—, 5-Hydroxy-4-methyl-2-oxo-8-phenylsulfamoyl-2*H*- **18** IV 6770
  — methylester **18** IV 6771
—, 7-Hydroxy-4-methyl-2-oxo-3-propyl-2*H*- **18** IV 6391
  — methylester **18** IV 6391

Chromen-6-carbonsäure (Fortsetzung)
—, 5-Hydroxy-4-methyl-2-oxo-8-sulfo-
2*H*- **18** IV 6770
— methylester **18** IV 6770
—, 7-Hydroxy-4-methyl-2-oxo-8-sulfo-
2*H*- **18** IV 6771
—, 7-Hydroxy-2-oxo-2*H*- **18** II 382 e,
IV 6349
— methylester **18** IV 6349
—, 7-Hydroxy-4-oxo-4*H*- **18** 530 d
—, 3-Hydroxy-4-oxo-2-phenyl-4*H*- **18**
IV 6095
—, 7-Hydroxy-2-oxo-4-phenyl-2*H*- **18**
IV 6430
— methylester **18** IV 6431
—, 2-[3-Hydroxy-phenyl]-4-oxo-4*H*- **18**
IV 6427
—, 5-Methoxy-2,2-dimethyl-2*H*- **18**
IV 4932
—, 7-Methoxy-2,2-dimethyl-2*H*- **18**
IV 4933
—, 7-Methoxy-3,4-dimethyl-2-oxo-2*H*-,
— methylester **18** IV 6377
—, 7-Methoxy-4-methyl-3,8-dinitro-2-
oxo-2*H*-,
— methylester **18** IV 6369
—, 7-Methoxy-4-methyl-8-nitro-2-oxo-
2*H*-,
— methylester **18** IV 6369
—, 5-Methoxy-4-methyl-2-oxo-2*H*- **18**
IV 6363
— methylester **18** IV 6363
—, 7-Methoxy-4-methyl-2-oxo-2*H*- **18**
IV 6366
— methylester **18** IV 6366
—, 7-Methoxy-4-methyl-2-oxo-3-propyl-
2*H*-,
— methylester **18** IV 6391
—, 7-Methoxy-2-oxo-2*H*- **18** IV 6349
— äthylester **18** IV 6349
— amid **18** IV 6350
— isobutylester **18** IV 6349
— methylester **18** II 382 f,
IV 6349
—, 2-[4-Methoxy-phenyl]-4-oxo-4*H*- **18**
IV 6428
—, 3-Methyl-4-oxo-2-phenyl-4*H*- **18**
IV 5684
— äthylester **18** IV 5684
—, 2-Oxo-2*H*- **18** 430 f, II 337 b,
IV 5585
— äthylester **18** II 337 c, IV 5585
— amid **18** II 337 e, IV 5585
— anilid **18** II 337 f
— methylester **18** 430 g, IV 5585
—, 4-Oxo-2-phenyl-4*H*- **18** IV 5679
— methylester **18** IV 5679

—, 4,5,7-Triacetoxy-2-oxo-2*H*-,
— äthylester **18** I 546 c, vgl.
IV 6596 d
—, 4,5,7-Trihydroxy-3-[4-hydroxy-benzyl]-
2-oxo-2*H*-,
— äthylester **18** I 549 a
—, 4,5,7-Trihydroxy-3-[4-methoxy-
benzyl]-2-oxo-2*H*-,
— äthylester **18** I 549 b
—, 4,5,7-Trihydroxy-2-oxo-2*H*-,
— äthylester **18** IV 6596
—, 4,5,7-Trimethoxy-2-oxo-2*H*-,
— methylester **18** IV 6596
—, 4,5,7-Trimethyl-2-oxo-2*H*-,
— äthylester **18** I 496 i
Chromen-7-carbonsäure
—, 5-Acetoxy-4-methyl-2-oxo-2*H*-,
— methylester **18** IV 6370
—, 5-Hydroxy-4-methyl-2-oxo-2*H*- **18**
IV 6370
— methylester **18** IV 6370
Chromen-8-carbonsäure
—, 3-Acetyl-7-hydroxy-2-oxo-2*H*-,
— methylester **18** IV 6528
—, 4-Äthoxycarbonylmethyl-7-hydroxy-
5-methyl-2-oxo-2*H*- **18** IV 6623
—, 4-Äthoxy-5,7-dihydroxy-2-oxo-2*H*-,
— äthylester **18** I 546 a, vgl.
IV 6596 d
—, 7-Äthoxy-5-methoxy-2-oxo-2*H*- **18**
IV 6494
— methylester **18** IV 6494
—, 5,7-Diacetoxy-4-hydroxy-2-oxo-2*H*-,
— äthylester **18** I 546 b
—, 5,7-Diacetoxy-4-methyl-2-oxo-2*H*-
18 I 543 e
— methylester **18** IV 6502
—, 5,7-Dihydroxy-4-methyl-2-oxo-2*H*-
18 I 543 d
— methylester **18** IV 6502
—, 5,7-Dihydroxy-2-oxo-2*H*-,
— methylester **18** IV 6494
—, 5,7-Dimethoxy-4-methyl-2-oxo-2*H*-,
— methylester **18** IV 6502
—, 5,7-Dimethoxy-2-oxo-2*H*- **18**
IV 6494
— methylester **18** IV 6494
—, 2,3-Dimethyl-4-oxo-4*H*- **18** IV 5608
— äthylester **18** IV 5608
—, 7-Hydroxy-2,5-dimethyl-4-oxo-4*H*-
18 IV 6377
—, 7-Hydroxy-4,5-dimethyl-2-oxo-2*H*-
18 IV 6377
—, 7-Hydroxy-5-methoxy-4-methyl-2-
oxo-2*H*-,
— methylester **18** IV 6503
—, 7-Hydroxy-5-methoxy-2-oxo-2*H*-,
— methylester **18** IV 6494

Chromen-8-carbonsäure (Fortsetzung)

—, 5-Hydroxy-7-methyl-2-oxo-2*H*- **18**
IV 6361

—, 7-Hydroxy-4-methyl-2-oxo-2*H*- **18**
IV 6370
　— anilid **18** IV 6371
　— *p*-anisidid **18** IV 6371
　— [1]naphthylamid **18** IV 6371
　— [2]naphthylamid **18** IV 6371
　— *p*-toluidid **18** IV 6371

—, 7-Hydroxy-2-oxo-2*H*- **18** IV 6350

—, 7-Methoxy-4-methyl-2-oxo-2*H*- **18**
IV 6370
　— äthylester **18** IV 6370
　— methylester **18** IV 6370

—, 7-Methoxy-2-oxo-2*H*-,
　— methylester **18** IV 6350

—, 4,5,7-Triacetoxy-2-oxo-2*H*-,
　— äthylester **18** I 546 c, vgl.
　　IV 6596 d

—, 4,5,7-Trihydroxy-3-[4-hydroxy-benzyl]-
　2-oxo-2*H*-,
　— äthylester **18** I 549 a

—, 4,5,7-Trihydroxy-3-[4-methoxy-
　benzyl]-2-oxo-2*H*-,
　— äthylester **18** I 549 b

—, 4,5,7-Trimethoxy-2-oxo-2*H*-,
　— methylester **18** IV 6596

—, 4,5,7-Trimethyl-6-nitro-2-oxo-2*H*-,
　— äthylester **18** I 497 c

—, 4,5,7-Trimethyl-2-oxo-2*H*- **18**
　I 497 a
　— äthylester **18** I 497 b

Chromen-2-carbonylchlorid

—, 4-Oxo-4*H*- **18** IV 5564

Chromen-3-carbonylchlorid

—, 7-Acetoxy-2-oxo-2*H*- **18** IV 6343

—, 7-Äthoxycarbonyloxy-2-oxo-2*H*- **18**
IV 6343

—, 4-Äthyl-2-oxo-2*H*- **18** IV 5602

—, 6-Brom-2-oxo-2*H*- **18** IV 5577

—, 4-Butyl-2-oxo-2*H*- **18** IV 5617

—, 4-Chlormethyl-7-methoxy-2-oxo-2*H*-
18 IV 6361

—, 4-Heptyl-2-oxo-2*H*- **18** IV 5624

—, 4-Hexyl-2-oxo-2*H*- **18** IV 5623

—, 7-Methoxy-4-methyl-2-oxo-2*H*- **18**
IV 6360

—, 8-Methoxy-6-nitro-2-oxo-2*H*- **18**
IV 6346

—, 7-Methoxy-2-oxo-2*H*- **18** IV 6342

—, 8-Methoxy-2-oxo-2*H*- **18** IV 6345

—, 4-Methyl-2-oxo-2*H*- **18** IV 5595

—, 6-Nitro-2-oxo-2*H*- **18** IV 5582

—, 4-Octyl-2-oxo-2*H*- **18** IV 5626

—, 2-Oxo-2*H*- **18** IV 5572

—, 2-Oxo-4-pentyl-2*H*- **18** IV 5620

—, 2-Oxo-4-propyl-2*H*- **18**
IV 5612

Chromen-4-carbonylchlorid

—, 7-Methoxy-2-oxo-3-phenyl-2*H*- **18**
IV 6430

Chromen-6-carbonylchlorid

—, 7-Methoxy-2-oxo-2*H*- **18** IV 6350

—, 2-Oxo-2*H*- **18** II 337 d

Chromen-3-diazonium

—, 4,7-Dihydroxy-8-methyl-2-oxo-2*H*-,
　— betain **18** IV 8354

—, 4-Hydroxy-2-oxo-2*H*-,
　— betain **18** IV 8353

Chromen-5-diazonium

—, 6-Hydroxy-4-oxo-2-phenyl-4*H*-,
　— betain **18** IV 8354

Chromen-6-diazonium

—, 7-Hydroxy-4-methyl-2-oxo-2*H*-
18 652 a

—, 2-Oxo-2*H*- **18** 651 c

Chromen-8-diazonium

—, 7-Hydroxy-3,4-dimethyl-2-oxo-2*H*-,
　— betain **18** IV 8353

Chromen-6,8-dicarbaldehyd

—, 5-Hydroxy-4,7-dimethyl-2-oxo-2*H*-
18 IV 2568

—, 5-Hydroxy-4-methyl-2-oxo-2*H*- **18**
IV 2564

Chromen-2,5-dicarbonsäure

—, 3-Acetoxymethyl-6,7-dimethoxy-4-
oxo-4*H*-,
　— dimethylester **18** IV 6682
　— 5-methylester **18** IV 6682

Chromen-3,5-dicarbonsäure

—, 7-Hydroxy-2-oxo-2*H*-,
　— 3-äthylester-5-methylester **18**
　　IV 6618

Chromen-3,6-dicarbonsäure

—, 8-Äthyl-5-hydroxy-2-oxo-2*H*-,
　— 3-äthylester-6-methylester **18**
　　IV 6622

—, 7,8-Dihydroxy-2-oxo-2*H*-,
　— 3-äthylester-6-methylester **18**
　　IV 6664

—, 5-Hydroxy-7-methyl-2-oxo-2*H*-,
　— diäthylester **18** IV 6622

—, 5-Hydroxy-2-oxo-2*H*- **18** IV 6618
　— 3-äthylester-6-methylester **18**
　　IV 6618

—, 7-Hydroxy-2-oxo-2*H*-,
　— 3-äthylester **18** IV 6618

Chromen-3,8-dicarbonsäure

—, 5-Hydroxy-7-methyl-2-oxo-2*H*-,
　— diäthylester **18** IV 6622

—, 7-Hydroxy-2-oxo-2*H*-,
　— 3-äthylester-8-methylester **18**
　　IV 6619

—, 5-Methoxy-2-oxo-2*H*- **18**
　IV 6618
　— 3-äthylester-8-methylester **18**
　　IV 6618

Chromen-6,8-dicarbonsäure

—, 3-Acetyl-4,5,7-trimethyl-2-oxo-2*H*-,
  — 6-äthylester **18** I 527 h
  — diäthylester **18** I 527 i
—, 3-Brom-4,5,7-trimethyl-2-oxo-2*H*-,
  — diäthylester **18** I 525 a
—, 5,7-Diacetoxy-4-
  äthoxycarbonylmethyl-2-oxo-2*H*-,
  — diäthylester **18** I 551 c
—, 5,7-Diacetoxy-4-carboxymethyl-2-
  oxo-2*H*-,
  — diäthylester **18** I 551 b
—, 4,5,7-Trimethyl-2-oxo-2*H*-,
  — diäthylester **18** I 524 e

Chromen-2,7-diol

—, 2-[2-Hydroxy-phenyl]-2*H*- **8**
  III 3710 a
—, 8-Nitroso-2,4-diphenyl-2*H*- **17** 171 a
—, 2-Phenyl-2*H*- **17** 162 c

Chromen-5,7-diol

—, 6-[3-Acetyl-2,4,6-trihydroxy-5-methyl-
  benzyl]-8-cinnamoyl-2,2-dimethyl-2*H*-
  18 II 258 c, IV 3618
—, 8-[3-Acetyl-2,4,6-trihydroxy-5-methyl-
  benzyl]-6-cinnamoyl-2,2-dimethyl-2*H*-
  18 IV 3617

Chromen-2,4-dion

—, 3-Benzyl-8-isopropyl-5-methyl-
  5,6,7,8-tetrahydro- **17** IV 6376
—, 3-Benzyl-5,6,7,8-tetrahydro- **17**
  IV 6367

Chromen-2,5-dion

—, 6-Brom-3-chlor-7,8-dihydro-6*H*- **17**
  IV 6066
—, 3-Chlor-7,8-dihydro-6*H*- **17** IV 6066
  — 5-[2-amino-phenylimin] **17**
    IV 6066
  — dioxim **17** IV 6066
  — 5-[4-nitro-phenylhydrazon] **17**
    IV 6066
—, 3-Chlor-7,7-dimethyl-7,8-dihydro-
  6*H*- **17** IV 6076
—, 7,7,8a-Trimethyl-hexahydro- **17**
  IV 5969
—, 4a,7,7-Trimethyl-4,4a,6,7-tetrahydro-
  3*H*- **17** IV 6027 b

Chromen-2,6-dion

—, 3,5,5,7,7,8-Hexachlor-4-methyl-7,8-
  dihydro-5*H*- **17** I 245 a
—, 3,5,5,7,8-Pentachlor-4-methyl-5*H*-
  17 I 260 a

Chromen-2,7-dion

—, 8-Diazo-3,4-dimethyl-8*H*- **18**
  IV 8353
—, 8-Diazo-4-methyl-8*H*- **18** 652 b
—, 3,5,6,6,8,8-Hexachlor-4-methyl-5,6-
  dihydro-8*H*- **17** I 245 b
—, 4-Methyl-8-sulfohydrazono-8*H*-
  17 568 c

Chromen-3,4-dion

—, 6-Acetylamino-2-[4-methoxy-phenyl]-
  18 IV 8136
—, 7-Methoxy-2-styryl- **18** IV 1897

Chromen-4,6-dion

—, 5-Diazo-2-phenyl-5*H*- **18** IV 8354

Chromen-3,6-disulfonsäure

—, 8-Acetyl-7-hydroxy-4-methyl-2-oxo-
  2*H*- **18** IV 6762
—, 7-Methoxy-4-methyl-2-oxo-2*H*- **18**
  IV 6754
  — dianilid **18** IV 6755
—, 4-Methyl-2-oxo-2*H*- **18** II 409 d
—, 2-Oxo-2*H*- **18** 574 c, II 408 h,
  IV 6741
  — diamid **18** II 408 j, IV 6741
  — dianilid **18** II 408 k, IV 6741

Chromen-3,8-disulfonsäure

—, 6-Äthyl-7-hydroxy-4-methyl-2-oxo-
  2*H*- **18** IV 6758
—, 4,6-Dimethyl-2-oxo-2*H*- **18** II 410 c

Chromen-6,8-disulfonsäure

—, 7-Hydroxy-3,4-dimethyl-2-oxo-2*H*-
  18 IV 6756
—, 5-Hydroxy-2-methyl-4-oxo-4*H*- **18**
  IV 6751
—, 5-Hydroxy-4-methyl-2-oxo-2*H*- **18**
  IV 6752
—, 7-Hydroxy-2-methyl-4-oxo-4*H*- **18**
  IV 6751
—, 7-Hydroxy-4-methyl-2-oxo-2*H*- **18**
  IV 6755
—, 7-Hydroxy-2-methyl-4-oxo-3-phenyl-
  4*H*- **18** IV 6760
  — dianilid **18** IV 6761
—, 7-Hydroxy-4-oxo-2,3-diphenyl-4*H*-
  18 IV 6762
  — anilid **18** IV 6762
—, 5-Hydroxy-4-oxo-2-phenyl-4*H*- **18**
  IV 6759
  — dianilid **18** IV 6759
—, 7-Hydroxy-4-oxo-2-phenyl-4*H*- **18**
  IV 6760
—, 5-Hydroxy-4-oxo-2-[2-sulfo-phenyl]-
  4*H*- **18** IV 6759
—, 7-Hydroxy-4-oxo-2-[2-sulfo-phenyl]-
  4*H*- **18** IV 6760

Chromen-3,6-disulfonylchlorid

—, 7-Methoxy-4-methyl-2-oxo-2*H*- **18**
  IV 6755
—, 2-Oxo-2*H*- **18** II 408 i, IV 6741

Chromen-6,8-disulfonylchlorid

—, 7-Hydroxy-2-methyl-4-oxo-3-phenyl-
  4*H*- **18** IV 6761
—, 7-Hydroxy-4-oxo-2,3-diphenyl-4*H*-
  18 IV 6762
—, 5-Hydroxy-4-oxo-2-phenyl-4*H*- **18**
  IV 6759

Chromen-6,8-diyldiquecksilber(2+)
—, 2-Oxo-2*H*- **18** IV 8437
Chromeno[2,3-*b*]chromen-11-on
—, 5a,8-Dihydroxy-5a*H*- **18** IV 2794
Chromeno[4,3-*b*]chromen-7-on
—, 12a-Hydroxy-6-phenyl-12a*H*- **18**
IV 1974
Chromen-2-ol
—, 2-[4-Acetylamino-phenyl]-6-brom-
2*H*- **14** III 598 e
—, 3-Acetyl-2-phenyl-2*H*- **18** I 331 b
—, 2-Äthyl-3-methyl-2*H*- **17** 127 b
—, 3-Äthyl-2-propyl-2*H*- **17** 127 c
—, 2-[4-Amino-phenyl]-6-brom-2*H*- **14**
III 598 d
—, 2-[4-Amino-phenyl]-6,8-dibrom-2*H*-
14 III 599 a
—, 6-Brom-2-[3-brom-4-hydroxy-
[1]naphthyl]-2*H*- **8** III 3029 a
—, 6-Brom-2-[4-brom-1-hydroxy-
[2]naphthyl]-2*H*- **8** III 3033 c
—, 6-Brom-2-[5-brom-2-hydroxy-phenyl]-
2*H*- **8** III 2812 b
—, 2-[4-Brom-1-hydroxy-[2]naphthyl]-
2*H*- **8** III 3032 e
—, 6-Brom-2-[1-hydroxy-[2]naphthyl]-
2*H*- **8** III 3033 b
—, 6-Brom-2-[2-hydroxy-[1]naphthyl]-
2*H*- **8** III 3027 d
—, 6-Brom-2-[4-hydroxy-3-nitro-phenyl]-
2*H*- **8** III 2816 b
—, 2-[5-Brom-2-hydroxy-phenyl]-2*H*-
8 III 2812 a
—, 6-Brom-2-[2-hydroxy-phenyl]-2*H*-
8 III 2811 c
—, 6-Brom-2-[4-hydroxy-phenyl]-2*H*-
8 III 2814 b
—, 6-Brom-2-[4-mercapto-phenyl]-2*H*-
8 III 2816 c
—, 6-Brom-2-[4-methoxy-phenyl]-2*H*-
8 III 2814 c
—, 6-Brom-2-[4-methylmercapto-phenyl]-
2*H*- **8** III 2816 d
—, 6-Brom-2-[4-thiocyanato-phenyl]-
2*H*- **8** III 2817 a
—, 6-Brom-2-[2,3,4-trihydroxy-phenyl]-
2*H*- **8** III 4101 c
—, 6-Chlor-2-[2-hydroxy-phenyl]-2*H*-
8 III 2811 a
—, 5,7-Diäthoxy-4-äthyl-2-[3,4-diäthoxy-
phenyl]-2*H*- **17** I 126 e
—, 6,8-Dibrom-2-[5-brom-2-hydroxy-
phenyl]-2*H*- **8** III 2813 b
—, 6,8-Dibrom-2-[2-hydroxy-phenyl]-
2*H*- **8** III 2812 d
—, 6,8-Dibrom-2-[4-hydroxy-phenyl]-
2*H*- **8** III 2815 b
—, 6,8-Dibrom-2-[4-methoxy-phenyl]-
2*H*- **8** III 2815 c

—, 6,8-Dichlor-2-[2-hydroxy-phenyl]-
2*H*- **8** III 2811 b
—, 2-[2,4-Dihydroxy-phenyl]-2*H*- **8**
I 706 c, III 3711 b
—, 2-[2,5-Dihydroxy-phenyl]-2*H*- **8**
III 3716 d
—, 2-[2,4-Dihydroxy-phenyl]-8-methoxy-
2*H*- **8** III 4098 a
—, 2-[4-(2,3-Dihydroxy-propyloxy)-2-
hydroxy-phenyl]-2*H*- **8** III 3713 a
—, 3-[3,4-Dimethoxy-phenyl]-5,7-
dimethoxy-2*H*- **17** II 270 c
—, 2-[2,4-Dimethoxy-phenyl]-5-methoxy-
2*H*- **8** III 4101 a
—, 2-[2,4-Dimethoxy-phenyl]-7-methoxy-
2*H*- **8** III 4100 a
—, 2-[2,4-Dimethoxy-phenyl]-8-methoxy-
2*H*- **8** III 4098 b
—, 2-[3,4-Dimethoxy-phenyl]-6-methoxy-
2*H*- **8** III 4100 b
—, 2-[3,4-Dimethoxy-phenyl]-3,5,7-
trimethoxy-2*H*- **17** II 281 b
—, 2,3-Dimethyl-2*H*- **17** 126 f
—, 2-[2-Dimethylamino-2-methyl-
chroman-4-ylmethyl]-2*H*- **18** IV 8106
—, 2-[4-Dimethylamino-styryl]-2*H*- **18**
II 436 a
—, 2,3-Diphenyl-2*H*- **8** III 1689 d,
17 144 g, II 165 c
—, 2,4-Diphenyl-2*H*- **14** III 2331, **17**
IV 1727
—, 2-[2-Hydroxy-3,4-dimethoxy-phenyl]-
8-methoxy-2*H*- **8** III 4253 b
—, 2-[2-Hydroxy-4-(2-hydroxy-äthoxy)-
phenyl]-2*H*- **8** III 3712 c
, 2-[4-Hydroxy-3-methoxy-phenyl]-
2*H*- **8** III 3717 c
—, 2-[2-Hydroxy-5-methoxy-phenyl]-8-
methoxy-2*H*- **8** III 4099 a
—, 2-[1-Hydroxy-[2]naphthyl]-2*H*-
8 III 3032 a
—, 2-[2-Hydroxy-phenyl]-2*H*- **8**
III 2810 a
—, 2-[2-Hydroxy-phenyl]-6-nitro-2*H*-
8 III 2813 d
—, 2-[2-Hydroxy-styryl]-2*H*- **8** 352 b,
I 666 d, II 404 g, III 2954 a
—, 2-[5-Isopropyl-4-methoxy-2-methyl-
phenyl]-2*H*- **8** III 2884 a
—, 7-Methoxy-2,4-diphenyl-2*H*- **8**
III 3065 a, **17** I 108 g
—, 8-Methoxy-2-[4-methoxy-phenyl]-
2*H*- **8** II 480 a, III 3709 c
—, 7-Methoxy-2-methyl-2*H*- **8**
III 2344 b
—, 2-[4-Methoxy-phenyl]-2*H*- **8**
III 2814 a
—, 3-Methoxy-2-phenyl-2*H*- **8**
II 379 d, III 2842 b

Chromen-2-ol (Fortsetzung)
—, 8-Methoxy-2-*p*-tolyl-2*H*- **8**
III 2861 c
—, 2-Methyl-2*H*- **8** 130 i, II 153 e,
III 810 e
—, 6-Methyl-2,2-diphenyl-4-*p*-tolyl-2*H*-
18 IV 8453
—, 6-Methyl-2,3-diphenyl-4-*p*-tolyl-2*H*-
8 III 1740 c, **18** IV 8453
—, 6-Methyl-2,3,4-triphenyl-2*H*- **17**
II 175 f
—, 6-Nitro-2,3-diphenyl-2*H*- **17**
IV 1725
—, 2-Phenäthyl-2*H*- **8** III 1502 a
—, 2-Phenyl-2*H*- **8** 191 b, I 579 b,
II 217 e, III 1456 a, **17** 133 e
—, 2-[3-Phenyl-propyl]-2*H*- **8**
III 1510 c
—, 2-Styryl-2*H*- **8** 200 i, III 1570 a
—, 2-*p*-Tolyl-2*H*- **8** 196 a, II 227 b,
III 1489 b
—, 3,5,7-Triäthoxy-4-äthyl-2-
[3,4-diäthoxy-phenyl]-2*H*- **17** I 128 e
—, 2-[2,3,4-Trihydroxy-phenyl]-2*H*-
8 II 546 g, III 4101 b
—, 2,3,4-Triphenyl-2*H*- **17** II 173 g
Chromen-4-ol
—, 4-Chlor-2-[3,4-dimethoxy-phenyl]-
3,5,7-trimethoxy-4*H*- **18** I 426 f
—, 5,7-Diäthoxy-4-äthyl-2-[3,4-diäthoxy-
phenyl]-4*H*- **17** I 126 e
—, 3,8-Dimethoxy-2-methyl-4*H*- **17**
IV 2339
—, 3-[3,4-Dimethoxy-phenyl]-5,7-
dimethoxy-4*H*- **17** II 270 c
—, 4-[4-Dimethylamino-phenyl]-2-
phenyl-4*H*- **18** IV 7386
—, 2-[4-Methoxy-phenyl]-3-nitroso-2*H*-
18 IV 1800
—, 6-Methyl-2,3-diphenyl-4-*p*-tolyl-4*H*-
17 IV 1760
—, 6-Methyl-2,3,4-triphenyl-4*H*- **17**
II 175 f
—, 6-Nitro-2,3-diphenyl-4*H*- **17**
IV 1726
—, 3-Nitroso-2-phenyl-2*H*- **17** 527 b,
II 499 a, IV 6430
—, 3,5,7-Triäthoxy-4-äthyl-2-
[3,4-diäthoxy-phenyl]-4*H*- **17** I 128 e
Chromen-5-ol
—, 6-Acetyl-2,2-dimethyl-2*H*- **18**
IV 423
—, 3-Butyl-2,2,4,7-tetramethyl-2*H*- **17**
IV 1509
—, 3-Butyl-2,2,4-trimethyl-7-pentyl-2*H*-
17 IV 1512
—, 6-Cinnamoyl-2,2-dimethyl-2*H*- **18**
IV 807

—, 2-Methoxy-7-methyl-2,4-diphenyl-
2*H*- **17** IV 2248
—, 4-Methoxy-7-methyl-2,4-diphenyl-
4*H*- **17** IV 2248
—, 2,2,4,7-Tetramethyl-2*H*- **17** IV 1502
—, 2,2,4-Trimethyl-7-pentyl-2*H*- **17**
IV 1508
Chromen-6-ol
—, 2-Äthoxy-3-methoxy-5,7-dimethyl-2-
phenyl-2*H*- **17** IV 2397
—, 7,8-Dimethoxy-2,5-dimethyl-2-
[4,8,12,16,20,24,28,32,36-nonamethyl-
heptatriaconta-3,7,11,15,19,23,27,31,35-
nonaenyl]-2*H*- **17** IV 2418
—, 2,3-Dimethoxy-5,7-dimethyl-2-
phenyl-2*H*- **17** IV 2397
—, 2,2,4,7,8-Pentamethyl-2*H*- **17**
IV 1504
—, 2,5,7,8-Tetramethyl-2-[4,8,12-
trimethyl-tridecyl]-2*H*- **17** IV 1520
—, 2,2,4-Trimethyl-2*H*- **17** IV 1498
—, 2,7,8-Trimethyl-2-[4,8,12,16,20,24,28,⁼
32-octamethyl-tritriaconta-3,7,11,15,19,⁼
23,27,31-octaenyl]-2*H*- **17** IV 1734
Chromen-7-ol
—, 6-Acetyl-5-methoxy-2,2-dimethyl-
2*H*- **18** IV 1418
—, 8-Acetyl-5-methoxy-2,2-dimethyl-
2*H*- **18** IV 1419
—, 6-Acetyl-5-methoxy-2,2-dimethyl-3,8-
dinitro-2*H*- **18** IV 1419
—, 8-Acetyl-5-methoxy-2,2-dimethyl-3,6-
dinitro-2*H*- **18** IV 1420
—, 2-Benzyliden-3-phenyl-2*H*- **17**
IV 1738
—, 2-[2,4-Bis-benzoyloxy-phenyl]-3-
methoxy-4*H*- **17** IV 2702
—, 6-Cinnamoyl-5-methoxy-2,2-
dimethyl-2*H*- **18** IV 1922
—, 8-Cinnamoyl-5-methoxy-2,2-
dimethyl-2*H*- **18** IV 1922
—, 2-[2,4-Diäthoxy-phenyl]-4-methyl-
4*H*- **17** 182 b
—, 2,2-Dimethyl-4-phenyl-2*H*- **17**
IV 1675
—, 2-Methyl-4-phenyl-4*H*- **17**
IV 1672
—, 4-Methyl-2-phenyl-2*H*- **17**
IV 1672
—, 4-Methyl-2-phenyl-4*H*- **17** 134 b
—, 2,2,4-Trimethyl-2*H*- **17** IV 1498
Chromen-8-ol
—, 2,5,5,8a-Tetramethyl-4a,5,6,7,8,8a-
hexahydro-4*H*- **17** IV 1315
Chromen-2-on 17 328 a, I 170 b, II 357 j,
IV 5055; s. a. Cumarin
—, 7-Acetoxy-3,4-diphenyl-,
— imin **18** I 339 g

Chromen-2-on (Fortsetzung)

—, 3-Acetoxy-3,4,4a,5,8,8a-hexahydro-
18 IV 120 f

—, 7-Acetoxy-4-methyl-3-phenyl-,
— imin 18 I 327 h

—, 7-Acetoxy-3-phenyl-,
— imin 18 I 325 a

—, 5-[2-Amino-phenylimino]-3-chlor-
5,6,7,8-tetrahydro- 17 IV 6066

—, 7-Benzoyloxy-4-methyl-3-phenyl-,
— imin 18 I 327 i

—, 7-Benzoyloxy-3-phenyl-,
— imin 18 I 325 b

—, 3-Benzyl-4-hydroxy-8-isopropyl-5-
methyl-5,6,7,8-tetrahydro- 17 IV 6376

—, 3-Benzyl-4-hydroxy-5,6,7,8-
tetrahydro- 17 IV 6367

—, 3-Brom-5,6,7,8-tetrahydro- 17
IV 4732

—, 3-Chlor-5-[4-nitro-phenylhydrazono]-
5,6,7,8-tetrahydro- 17 IV 6066

—, 3-Chlor-5,6,7,8-tetrahydro- 17
IV 4732

—, 7,8-Diacetoxy-4-methyl-3-phenyl-,
— imin 18 I 367 i

—, 7,8-Diacetoxy-3-phenyl-,
— imin 18 I 362 h

—, 7,8-Dihydroxy-3,4-diphenyl-,
— imin 18 I 382 c

—, 5,7-Dihydroxy-4-[4-methoxy-phenyl]-,
— imin 18 I 398 g

—, 7,8-Dihydroxy-4-methyl-3-phenyl-,
— imin 18 I 367 h

—, 7,8-Dihydroxy-3-phenyl-,
— imin 18 I 362 g

—, 7,8-Dihydroxy-4-phenyl-,
— imin 18 I 363 g

—, 3,4,5,6,7,8-Hexahydro- 17
IV 4599 f

—, 7-Hydroxy-3,4-diphenyl-,
— imin 18 I 339 f

—, 3-Hydroxy-3,4,4a,5,8,8a-hexahydro-
18 IV 120 e

—, 8a-Hydroxy-5-methyl-3,4,6,7,8,8a-
hexahydro- 10 III 2904 f

—, 7-Hydroxy-4-methyl-3-phenyl-,
— imin 18 I 327 g

—, 7-Hydroxy-5-methyl-3-phenyl-,
— imin 18 I 328 b

—, 7-Hydroxy-3-phenyl-,
— imin 18 I 324 j

—, 7-Hydroxy-4-phenyl-,
— imin 18 I 325 e

—, 4-Hydroxy-5,6,7,8-tetrahydro- 17
IV 6000

—, 4-[4-Methoxy-phenyl]-3,4,5,6,7,8-
hexahydro- 18 IV 524 d

—, 4-Methyl-3,4,4a,5,6,7-hexahydro- 17
IV 4622 b

—, 4-Methyl-3,4,5,6,7,8-hexahydro- 17
IV 4622 b

—, 4a-Methyl-3,4,4a,5,6,7-hexahydro-
17 IV 4622 c

—, 3-Phenyl-,
— imin 17 IV 5422

—, 4-Phenyl-3,4,5,6,7,8-hexahydro- 17
IV 5235 d

—, 4a-Phenyl-3,4,4a,5,6,7-hexahydro-
17 IV 5235 e

—, 5,6,7,8-Tetrahydro- 17 IV 4732

—, 4a,7,7-Trimethyl-3,4,4a,5,6,7-
hexahydro- 17 IV 4646 e

Chromen-3-on

—, 1-[4-Hydroxy-4-methyl-pentyl]-1,6-
dimethyl-1,4,4a,7,8,8a-hexahydro- 18
IV 137 e

Chromen-4-on 17 327 c, I 170 a, II 356 f,
IV 5052

— hydrazon 17 IV 5052

— oxim 17 IV 5052

—, 2-Acetonyl-6,7-dimethoxy- 18
IV 2513

—, 2-Acetonyl-7-methoxy-5-methyl- 18
IV 1553

—, 6-Acetoxy- 18 25 b

—, 7-Acetoxy- 18 II 16 d, IV 284

—, 7-Acetoxy-3-[4-acetoxy-benzyl]-5-
hydroxy-2-methyl- 18 IV 2775

—, 5-Acetoxy-2-[3-acetoxy-4-benzyloxy-
phenyl]-3,7-bis-benzyloxy- 18 IV 3487

—, 3-Acetoxy-2-[4-acetoxy-3,5-
dimethoxy-phenyl]-7,8-dimethoxy- 18
IV 3600

—, 7-Acetoxy-2-[4-acetoxy-3,5-
dimethoxy-phenyl]-5-hydroxy- 18
IV 3455

—, 7-Acetoxy-3-[3-acetoxy-4,5-
dimethoxy-phenyl]-5-hydroxy-6-methoxy-
18 259 d

—, 3-Acetoxy-2-[4-acetoxy-3,5-
dimethoxy-phenyl]-6-methoxy- 18
IV 3509

—, 5-Acetoxy-6-[4-(5-acetoxy-7-methoxy-
4-oxo-4*H*-chromen-2-yl)-phenoxy]-7-
methoxy-2-[4-methoxy-phenyl]- 18
IV 3256

—, 3-Acetoxy-2-[4-acetoxy-3-methoxy-
phenyl]-6,8-dichlor- 18 IV 2718

—, 3-Acetoxy-2-[3-acetoxy-4-methoxy-
phenyl]-5,7-dimethoxy- 18 IV 3486

—, 3-Acetoxy-2-[3-acetoxy-4-methoxy-
phenyl]-7,8-dimethoxy- 18 IV 3507

—, 3-Acetoxy-2-[4-acetoxy-3-methoxy-
phenyl]-5,7-dimethoxy- 18 IV 3486

—, 5-Acetoxy-2-[3-acetoxy-4-methoxy-
phenyl]-3,7-dimethoxy- 18 IV 3486

—, 5-Acetoxy-2-[4-acetoxy-3-methoxy-
phenyl]-3,7-dimethoxy- 18 IV 3486

Chromen-4-on (Fortsetzung)

—, 7-Acetoxy-2-[4-acetoxy-3-methoxy-phenyl]-3,5-dimethoxy- **18** IV 3486

—, 5-Acetoxy-2-[3-acetoxy-4-methoxy-phenyl]-7-[hexa-*O*-acetyl-rutinosyloxy]- **18** IV 3271

—, 5-Acetoxy-2-[3-acetoxy-4-methoxy-phenyl]-3-[hexa-*O*-acetyl-rutinosyloxy]-7-methoxy- **18** IV 3499

—, 3-Acetoxy-2-[3-acetoxy-4-methoxy-phenyl]-6-methoxy- **18** IV 3301

—, 3-Acetoxy-2-[4-acetoxy-3-methoxy-phenyl]-6-methoxy- **18** IV 3301

—, 5-Acetoxy-2-[3-acetoxy-4-methoxy-phenyl]-7-methoxy- **18** IV 3266

—, 5-Acetoxy-2-[4-acetoxy-3-methoxy-phenyl]-7-methoxy- **18** IV 3267

—, 5-Acetoxy-3-[3-acetoxy-4-methoxy-phenyl]-7-methoxy- **18** IV 3317

—, 5-Acetoxy-2-[3-acetoxy-4-methoxy-phenyl]-7-methoxy-3-[O^2,O^3,O^4-triacetyl-O^6-(tri-*O*-acetyl-rhamnopyranosyl)-glucopyranosyloxy]- **18** IV 3499

—, 5-Acetoxy-2-[4-acetoxy-3-methoxy-phenyl]-7-[O^3,O^4,O^6-triacetyl-O^2-(tri-*O*-acetyl-apiofuranosyl)-glucopyranosyloxy]- **18** IV 3271

—, 5-Acetoxy-2-[3-acetoxy-4-methoxy-phenyl]-7-[O^2,O^3,O^4-triacetyl-O^6-(tri-*O*-acetyl-rhamnopyranosyl)-glucopyranosyloxy]- **18** IV 3271

—, 5-Acetoxy-2-[4-acetoxy-3-methoxy-phenyl]-3,7,8-trimethoxy- **18** IV 3588

—, 6-Acetoxy-2-[4-acetoxy-[1]naphthyl]- **18** II 115 g

—, 3-Acetoxy-2-[2-acetoxy-phenyl]- **18** IV 1796

—, 3-Acetoxy-2-[3-acetoxy-phenyl]- **18** 130 g

—, 3-Acetoxy-2-[4-acetoxy-phenyl]- **18** 131 b

—, 5-Acetoxy-2-[3-acetoxy-phenyl]- **18** IV 1777

—, 5-Acetoxy-2-[4-acetoxy-phenyl]- **18** IV 1778

—, 6-Acetoxy-2-[2-acetoxy-phenyl]- **18** 126 j, IV 1780

—, 6-Acetoxy-2-[3-acetoxy-phenyl]- **18** 127 b

—, 6-Acetoxy-2-[4-acetoxy-phenyl]- **18** 127 f, IV 1781

—, 7-Acetoxy-2-[2-acetoxy-phenyl]- **18** 127 i

—, 7-Acetoxy-2-[3-acetoxy-phenyl]- **18** 128 d

—, 7-Acetoxy-2-[4-acetoxy-phenyl]- **18** 128 g, IV 1785

—, 7-Acetoxy-3-[2-acetoxy-phenyl]- **18** IV 1805

—, 7-Acetoxy-3-[4-acetoxy-phenyl]- **18** IV 1807

—, 3-Acetoxy-2-[2-acetoxy-phenyl]-6,8-dibrom- **18** IV 1797

—, 3-Acetoxy-2-[3-acetoxy-phenyl]-6,8-dibrom- **18** IV 1797

—, 3-Acetoxy-2-[2-acetoxy-phenyl]-6,8-dichlor- **18** IV 1796

—, 3-Acetoxy-2-[4-acetoxy-phenyl]-6,8-dichlor- **18** IV 1800

—, 3-Acetoxy-2-[2-acetoxy-phenyl]-5,7-dimethoxy- **18** IV 3282

—, 3-Acetoxy-2-[4-acetoxy-phenyl]-5,7-dimethoxy- **18** IV 3290

—, 6-Acetoxy-2-[4-acetoxy-phenyl]-5,7-dimethoxy- **18** IV 3253

—, 6-Acetoxy-3-[4-acetoxy-phenyl]-5,7-dimethoxy- **18** IV 3311

—, 7-Acetoxy-2-[4-acetoxy-phenyl]-5-hydroxy- **18** IV 2686

—, 6-Acetoxy-3-[4-acetoxy-phenyl]-5-hydroxy-7-methoxy- **18** IV 3311

—, 7-Acetoxy-3-[4-acetoxy-phenyl]-5-hydroxy-2-methyl- **18** II 179 c

—, 3-Acetoxy-2-[2-acetoxy-phenyl]-7-methoxy- **18** IV 2710

—, 3-Acetoxy-2-[3-acetoxy-phenyl]-7-methoxy- **18** IV 2711

—, 3-Acetoxy-2-[4-acetoxy-phenyl]-7-methoxy- **18** IV 2714

—, 5-Acetoxy-2-[3-acetoxy-phenyl]-7-methoxy- **18** IV 2682

—, 5-Acetoxy-2-[4-acetoxy-phenyl]-7-methoxy- **18** IV 2686

—, 5-Acetoxy-3-[2-acetoxy-phenyl]-7-methoxy- **18** IV 2724

—, 5-Acetoxy-3-[4-acetoxy-phenyl]-7-methoxy- **18** I 398 b, IV 2730

—, 7-Acetoxy-2-[4-acetoxy-phenyl]-5-methoxy- **18** IV 2686

—, 7-Acetoxy-3-[4-acetoxy-phenyl]-5-methoxy- **18** IV 2731

—, 5-Acetoxy-3-[4-acetoxy-phenyl]-7-methoxy-8-methyl- **18** IV 2768

—, 5-Acetoxy-3-[4-acetoxy-phenyl]-6-methoxy-7-[tetra-*O*-acetyl-glucopyranosyloxy]- **18** IV 3313

—, 3-Acetoxy-2-[2-acetoxy-phenyl]-6-methyl- **18** IV 1846

—, 5-Acetoxy-2-[2-acetoxy-phenyl]-7-methyl- **18** 135 f

—, 5-Acetoxy-2-[3-acetoxy-phenyl]-7-methyl- **18** 136 c

—, 5-Acetoxy-2-[4-acetoxy-phenyl]-7-methyl- **18** 136 f

—, 5-Acetoxy-3-[4-acetoxy-phenyl]-8-methyl- **18** IV 1852

—, 7-Acetoxy-3-[2-acetoxy-phenyl]-2-methyl- **18** IV 1841

Chromen-4-on (Fortsetzung)

—, 7-Acetoxy-3-[4-acetoxy-phenyl]-2-methyl- **18** IV 1842

—, 7-Acetoxy-3-[4-acetoxy-phenyl]-6-methyl- **18** IV 1852

—, 7-Acetoxy-3-[4-acetoxy-phenyl]-8-methyl- **18** IV 1853

—, 5-Acetoxy-2-[4-acetoxy-phenyl]-8-[3-methyl-but-2-enyl]-7-[tetra-*O*-acetyl-glucopyranosyloxy]-3-[tri-*O*-acetyl-rhamnopyranosyloxy]- **18** IV 3376

—, 5-Acetoxy-3-[4-acetoxy-phenyl]-7-[4-nitro-benzyloxy]- **18** IV 2731

—, 5-Acetoxy-2-[4-acetoxy-phenyl]-7-[tetra-*O*-acetyl-glucopyranosyloxy]- **18** IV 2691

—, 5-Acetoxy-3-[4-acetoxy-phenyl]-7-[tetra-*O*-acetyl-glucopyranosyloxy]- **18** IV 2733

—, 5-Acetoxy-2-[4-acetoxy-phenyl]-3,6,7,8-tetramethoxy- **18** IV 3576

—, 5-Acetoxy-2-[4-acetoxy-phenyl]-7-[O^3,= O^4,O^6-triacetyl-O^2-(tri-*O*-acetyl-apiofuranosyl)-glucopyranosyloxy]- **18** IV 2692

—, 5-Acetoxy-2-[4-acetoxy-phenyl]-3,6,7-trimethoxy- **18** IV 3460

—, 5-Acetoxy-2-[4-acetoxy-phenyl]-6,7,8-trimethoxy- **18** IV 3450

—, 7-Acetoxy-2-[4-acetoxy-styryl]- **18** IV 1896

—, 7-Acetoxy-3-acetyl-6-äthyl-2-methyl- **18** IV 1572

—, 3-Acetoxy-7-acetylamino-2-[4-acetylamino-phenyl]- **18** IV 8101

—, 3-Acetoxy-7-acetylamino-2-[4-dimethylamino-phenyl]- **18** IV 8101

—, 3-Acetoxy-7-acetylamino-2-phenyl- **18** IV 8101

—, 7-Acetoxy-3-acetyl-6-butyl-2-methyl- **18** IV 1587

—, 7-Acetoxy-6-acetyl-2-[3,4-dimethoxy-phenyl]- **18** IV 3365

—, 5-Acetoxy-3-acetyl-2,7-dimethyl- **18** IV 1560

—, 7-Acetoxy-3-acetyl-2,5-dimethyl- **18** IV 1560

—, 7-Acetoxy-3-acetyl-5-hydroxy-2,6,8-trimethyl- **18** IV 2522

—, 5-Acetoxy-6-acetyl-7-methoxy-2-[4-methoxy-phenyl]- **18** IV 3366

—, 5-Acetoxy-8-acetyl-7-methoxy-2-[4-methoxy-phenyl]- **18** IV 3366

—, 7-Acetoxy-6-acetyl-5-methoxy-2-[4-methoxy-phenyl]- **18** IV 3366

—, 7-Acetoxy-8-acetyl-5-methoxy-2-[4-methoxy-phenyl]- **18** IV 3366

—, 6-Acetoxy-3-acetyl-7-methoxy-2-methyl- **18** IV 2513

—, 5-Acetoxy-3-acetyl-2-methyl- **18** IV 1538

—, 6-Acetoxy-3-acetyl-2-methyl- **18** II 79 g, IV 1539

—, 7-Acetoxy-3-acetyl-2-methyl- **18** 108 c

—, 7-Acetoxy-3-acetyl-2-methyl-6-propyl- **18** IV 1582

—, 7-Acetoxy-6-acetyl-2-[3,4,5-trimethoxy-phenyl]- **18** IV 3532

—, 5-Acetoxy-7-äthoxy-2-[2-äthoxy-phenyl]- **18** 181 e

—, 5-Acetoxy-7-äthoxy-2-[4-äthoxy-phenyl]- **18** 183 c

—, 5-Acetoxy-7-äthoxy-3-[4-äthoxy-phenyl]- **18** 191 c, IV 2730

—, 5-Acetoxy-7-äthoxy-2-[3,4-diäthoxy-phenyl]- **18** 212 g

—, 3-Acetoxy-7-äthoxy-2-[3,4-dimethoxy-phenyl]- **18** 223 c

—, 7-[2-Acetoxy-äthoxy]-2-[4-methoxy-phenyl]- **18** IV 1785

—, 3-Acetoxy-6-äthoxy-2-phenyl- **18** 129 e

—, 7-[2-Acetoxy-äthoxy]-2-phenyl- **18** IV 694

—, 5-Acetoxy-2-[4-äthoxy-phenyl]-3,6,7-trimethoxy- **18** IV 3459

—, 6-Acetoxy-2-äthyl- **18** 36 b

—, 6-Acetoxy-3-äthyl- **18** IV 371

—, 7-Acetoxy-2-äthyl- **18** 36 e

—, 7-Acetoxy-2-äthyl-3,5-dimethyl- **18** IV 423

—, 7-Acetoxy-6-äthyl-3-methoxy-2-phenyl- **18** IV 1864

—, 5-Acetoxy-3-äthyl-2-methyl- **18** IV 399

—, 7-Acetoxy-6-äthyl-2-methyl- **18** IV 401

—, 5-Acetoxy-6-allyl-7-benzyloxy-2-methyl- **18** IV 1554

—, 6-Acetoxy-5-allyl-7-methoxy-2-methyl- **18** IV 1553

—, 7-Acetoxy-3-benzoyl-2-methyl- **18** IV 1897

—, 7-Acetoxy-3-benzoyl-5-methyl-2-phenyl- **18** IV 1979

—, 5-Acetoxy-3-benzoyl-2-phenyl- **18** IV 1972

—, 7-Acetoxy-3-benzoyl-2-phenyl- **18** IV 1973

—, 5-Acetoxy-3-benzoyl-2-phenyl-8-phenylazo- **18** IV 8345

—, 6-Acetoxy-3-benzyl- **18** IV 735

—, 7-Acetoxy-2-benzyl- **18** 63 e

—, 7-Acetoxy-3-benzyl-2,5-dimethyl- **18** II 45 a

—, 3-[4-Acetoxy-benzyl]-5-hydroxy-7-methoxy-2-methyl- **18** IV 2775

Chromen-4-on (Fortsetzung)

—, 3-[4-Acetoxy-benzyl]-7-methoxy-2-
methyl-5-[tetra-*O*-acetyl-
glucopyranosyloxy]- **18** IV 2776
—, 7-Acetoxy-3-benzyl-2-methyl- **18**
I 330 c, IV 764
—, 5-Acetoxy-7-benzyloxy-3-
[4-benzoyloxy-phenyl]- **18** IV 2730
—, 5-Acetoxy-7-benzyloxy-3-methoxy-2-
methyl- **18** IV 2385
—, 3-Acetoxy-7-benzyloxy-2-[4-methoxy-
phenyl]- **18** IV 2713
—, 5-Acetoxy-7-benzyloxy-3-methoxy-2-
phenyl- **18** IV 2703
—, 5-Acetoxy-7-benzyloxy-3-[4-methoxy-
phenyl]- **18** IV 2730
—, 3-Acetoxy-2-[4-benzyloxy-phenyl]-
18 IV 1799
—, 3-Acetoxy-2-[2-benzyloxy-phenyl]-7-
methoxy- **18** IV 2710
—, 3-Acetoxy-2-[3-benzyloxy-phenyl]-7-
methoxy- **18** IV 2711
—, 3-Acetoxy-2-[4-benzyloxy-phenyl]-7-
methoxy- **18** IV 2714
—, 5-Acetoxy-2-[4-benzyloxy-phenyl]-7-
methoxy- **18** IV 2686
—, 2-[3-Acetoxy-4-benzyloxy-phenyl]-
3,5,7-tris-benzyloxy- **18** IV 3485
—, 7-Acetoxy-3-benzyl-2-phenyl- **18**
II 52 b
—, 7-Acetoxy-6-benzyl-2-phenyl- **18**
IV 847
—, 5-Acetoxy-3,7-bis-benzyloxy-2-
[4-benzyloxy-3-hydroxy-phenyl]- **18**
IV 3485
—, 5-Acetoxy-3,7-bis-benzyloxy-2-
[4-benzyloxy-3-methoxy-phenyl]- **18**
IV 3485
—, 5-Acetoxy-2-[3,4-bis-benzyloxy-
phenyl]-3,7-dimethoxy- **18** IV 3485
—, 3-Acetoxy-8-brom-2-[4-methoxy-
phenyl]-6-methyl- **18** IV 1847
—, 7-Acetoxy-2-brommethyl- **18** IV 319
—, 7-Acetoxy-2-brommethyl-3-
[2,4-diacetoxy-phenyl]- **18** IV 2757
—, 7-Acetoxy-2-brommethyl-3-phenyl-
18 IV 741
—, 3-Acetoxy-7-butoxy-2-[2,5-diacetoxy-
phenyl]- **18** IV 3304
—, 3-Acetoxy-7-butoxy-2-[3,4-diacetoxy-
phenyl]- **18** IV 3307
—, 3-Acetoxy-6-chlor-2-[3,4-diacetoxy-
phenyl]- **18** IV 2717
—, 6-Acetoxy-3-chlor-2-methyl- **18**
IV 316
—, 3-Acetoxy-2-[2-chlor-phenyl]- **18**
II 38 b
—, 3-Acetoxy-6-chlor-2-phenyl- **18**
II 37 g

—, 3-Acetoxy-8-chlor-2-phenyl- **18**
II 38 a
—, 7-Acetoxy-2-[2-chlor-phenyl]- **18**
II 39 b
—, 7-Acetoxy-3-[4-chlor-phenyl]- **18**
IV 709
—, 7-Acetoxy-6-cyclohexyl-2-methyl-3-
phenyl- **18** IV 809
—, 5-Acetoxy-2-[2,5-diacetoxy-4-
methoxy-phenyl]-3,7-dimethoxy- **18**
IV 3593
—, 3-Acetoxy-2-[2,3-diacetoxy-phenyl]-
18 IV 2715
—, 3-Acetoxy-2-[2,5-diacetoxy-phenyl]-
18 IV 2715
—, 3-Acetoxy-2-[3,4-diacetoxy-phenyl]-
18 190 d
—, 5-Acetoxy-2-[3,4-diacetoxy-phenyl]-
18 IV 2695
—, 6-Acetoxy-2-[2,3-diacetoxy-phenyl]-
18 IV 2695
—, 6-Acetoxy-2-[2,4-diacetoxy-phenyl]-
18 184 d
—, 6-Acetoxy-2-[3,4-diacetoxy-phenyl]-
18 II 176 e
—, 7-Acetoxy-2-[2,3-diacetoxy-phenyl]-
18 IV 2696
—, 7-Acetoxy-2-[2,5-diacetoxy-phenyl]-
18 IV 2697
—, 7-Acetoxy-2-[3,4-diacetoxy-phenyl]-
18 184 f
—, 7-Acetoxy-2-[3,5-diacetoxy-phenyl]-
18 184 i
—, 7-Acetoxy-3-[3,4-diacetoxy-phenyl]-
18 IV 2735
—, 8-Acetoxy-2-[3,4-diacetoxy-phenyl]-
18 IV 2699
—, 3-Acetoxy-2-[2,5-diacetoxy-phenyl]-
7,8-dimethoxy- **18** IV 3506
—, 3-Acetoxy-2-[3,4-diacetoxy-phenyl]-
5,7-dimethoxy- **18** IV 3487
—, 5-Acetoxy-2-[3,4-diacetoxy-phenyl]-
3,7-dimethoxy- **18** IV 3487
—, 7-Acetoxy-2-[3,4-diacetoxy-phenyl]-3-
glucopyranosyloxy-5-hydroxy- **18**
IV 3499
—, 3-Acetoxy-2-[3,4-diacetoxy-phenyl]-5-
hydroxy-7-methoxy- **18** IV 3487
—, 3-Acetoxy-2-[2,5-diacetoxy-phenyl]-7-
methoxy- **18** IV 3304
—, 5-Acetoxy-3-[3,4-diacetoxy-phenyl]-7-
methoxy- **18** IV 3317
—, 5-Acetoxy-2-[2,4-diacetoxy-phenyl]-7-
methoxy-6-[3-methyl-but-1-enyl]-3-
[3-methyl-but-2-enyl]- **18** IV 3386
—, 3-Acetoxy-2-[3,4-diacetoxy-phenyl]-6-
methyl- **18** IV 2760
—, 5-Acetoxy-2-[3,4-diacetoxy-phenyl]-7-
methyl- **18** 193 e

Chromen-4-on (Fortsetzung)

—, 7-Acetoxy-2-[3,4-diacetoxy-phenyl]-5-methyl- **18** 193 b

—, 7-Acetoxy-3-[2,4-diacetoxy-phenyl]-2-methyl- **18** IV 2756

—, 5-Acetoxy-2-[3,4-diacetoxy-phenyl]-7-[tetra-O-acetyl-glucopyranosyloxy]- **18** IV 3271

—, 5-Acetoxy-2-[3,4-diacetoxy-phenyl]-7-[O^3,O^4,O^6-triacetyl-O^2-(tri-O-acetyl-apiofuranosyl)-glucopyranosyloxy]- **18** IV 3271

—, 5-Acetoxy-3,7-diäthoxy-2-[2,4-diäthoxy-phenyl]- **18** 241 d

—, 5-Acetoxy-3,7-diäthoxy-2-[3,4-diäthoxy-phenyl]- **18** 248 b

—, 5-Acetoxy-3,7-diäthoxy-6,8-dibrom-2-[3,4-diäthoxy-phenyl]- **18** 250 c

—, 3-Acetoxy-6,8-dibrom-2-[3,4-dimethoxy-phenyl]- **18** IV 2718

—, 3-Acetoxy-6,8-dibrom-2-[4-methoxy-phenyl]- **18** IV 1801

—, 7-Acetoxy-6,8-dibrom-5-methoxy-2-phenyl- **18** IV 1771

—, 3-Acetoxy-6,8-dibrom-2-phenyl- **18** IV 688

—, 3-Acetoxy-6,8-dichlor-2-[2-chlor-phenyl]- **18** IV 687

—, 3-Acetoxy-6,8-dichlor-2-[3,4-dimethoxy-phenyl]- **18** IV 2718

—, 3-Acetoxy-6,8-dichlor-2-[2-methoxy-phenyl]- **18** IV 1796

—, 3-Acetoxy-6,8-dichlor-2-[4-methoxy-phenyl]- **18** IV 1800

—, 3-Acetoxy-6,8-dichlor-2-phenyl- **18** IV 687

—, 8-[1-(2-Acetoxy-4,6-dimethoxy-benzoyl)-2-(4-methoxy-phenyl)-vinyl]-2-[3,4-dimethoxy-phenyl]-5,7-dimethoxy- **18** IV 3641

—, 5-Acetoxy-7-[2,4-dimethoxy-benzoyloxy]-2-[2,4-dimethoxy-phenyl]-3-methoxy- **18** II 236 c

—, 7-Acetoxy-5-[2,4-dimethoxy-benzoyloxy]-2-[2,4-dimethoxy-phenyl]-3-methoxy- **18** II 236 c

—, 3-Acetoxy-5,7-dimethoxy-2-[4-methoxy-phenyl]- **18** 216 d, IV 3289

—, 3-Acetoxy-7,8-dimethoxy-2-[2-methoxy-phenyl]- **18** 218 c

—, 3-Acetoxy-7,8-dimethoxy-2-[3-methoxy-phenyl]- **18** 218 g

—, 3-Acetoxy-7,8-dimethoxy-2-[4-methoxy-phenyl]- **18** 219 e

—, 5-Acetoxy-3,7-dimethoxy-2-[3-methoxy-phenyl]- **18** IV 3283

—, 5-Acetoxy-3,7-dimethoxy-2-[4-methoxy-phenyl]- **18** IV 3289

—, 5-Acetoxy-6,7-dimethoxy-2-[4-methoxy-phenyl]- **18** I 411 d

—, 5-Acetoxy-6,7-dimethoxy-3-[4-methoxy-phenyl]- **18** IV 3311

—, 6-Acetoxy-5,7-dimethoxy-3-[4-methoxy-phenyl]- **18** IV 3311

—, 7-Acetoxy-3,5-dimethoxy-2-[4-methoxy-phenyl]- **18** IV 3289

—, 7-Acetoxy-5,8-dimethoxy-2-[4-methoxy-phenyl]- **18** IV 3258

—, 5-Acetoxy-3,7-dimethoxy-2-[4-methoxy-phenyl]-6-methyl- **18** IV 3338

—, 5-Acetoxy-3,7-dimethoxy-2-[4-methoxy-phenyl]-8-methyl- **18** IV 3340

—, 3-Acetoxy-6,7-dimethoxy-2-methyl- **18** IV 2385

—, 5-Acetoxy-3,7-dimethoxy-6-methyl-2-phenyl- **18** IV 2759

—, 5-Acetoxy-3,7-dimethoxy-8-methyl-2-phenyl- **18** IV 2764

—, 5-Acetoxy-6,7-dimethoxy-2-methyl-3-phenyl- **18** IV 2754

—, 5-Acetoxy-7,8-dimethoxy-2-methyl-3-phenyl- **18** IV 2755

—, 5-Acetoxy-6,7-dimethoxy-2-methyl-3-[3,4,5-trimethoxy-phenyl]- **18** II 255 a

—, 3-Acetoxy-2-[3,4-dimethoxy-phenyl]- **18** 190 c, IV 2716

—, 3-Acetoxy-5,7-dimethoxy-2-phenyl- **18** 185 c

—, 3-Acetoxy-7,8-dimethoxy-2-phenyl- **18** 186 e

—, 5-Acetoxy-3,7-dimethoxy-2-phenyl- **18** IV 2703

—, 5-Acetoxy-6,7-dimethoxy-2-phenyl- **18** IV 2673

—, 5-Acetoxy-6,7-dimethoxy-3-phenyl- **18** IV 2720

—, 5-Acetoxy-7,8-dimethoxy-3-phenyl- **18** IV 2722

—, 6-Acetoxy-5,7-dimethoxy-2-phenyl- **18** IV 2673

—, 6-Acetoxy-5,7-dimethoxy-3-phenyl- **18** IV 2720

—, 7-Acetoxy-2-[3,4-dimethoxy-phenyl]- **18** IV 2698

—, 7-Acetoxy-3-[3,4-dimethoxy-phenyl]- **18** IV 2735

—, 7-Acetoxy-3,5-dimethoxy-2-phenyl- **18** IV 2703

—, 7-Acetoxy-5,8-dimethoxy-3-phenyl- **18** IV 2722

—, 8-Acetoxy-2-[3,4-dimethoxy-phenyl]- **18** IV 2699

—, 2-[4-Acetoxy-3,5-dimethoxy-phenyl]-7,8-dimethoxy- **18** IV 3456

Chromen-4-on (Fortsetzung)

—, 3-Acetoxy-2-[3,4-dimethoxy-phenyl]-5,7-dimethoxy- **18** I 426 a

—, 3-Acetoxy-2-[3,4-dimethoxy-phenyl]-5,8-dimethoxy- **18** IV 3504

—, 3-Acetoxy-2-[3,4-dimethoxy-phenyl]-7,8-dimethoxy- **18** 250 h, IV 3507

—, 5-Acetoxy-2-[2,4-dimethoxy-phenyl]-3,7-dimethoxy- **18** 241 c, IV 3469

—, 5-Acetoxy-2-[3,4-dimethoxy-phenyl]-3,7-dimethoxy- **18** 248 a

—, 7-Acetoxy-2-[3,4-dimethoxy-phenyl]-3,5-dimethoxy- **18** II 238 e

—, 5-Acetoxy-2-[3,4-dimethoxy-phenyl]-3,7-dimethoxy-6-methyl- **18** IV 3518

—, 5-Acetoxy-2-[3,4-dimethoxy-phenyl]-3,7-dimethoxy-8-methyl- vgl. **18** IV 3518 a

—, 3-Acetoxy-2-[2,4-dimethoxy-phenyl]-6-methoxy- **18** 220 b

—, 3-Acetoxy-2-[2,4-dimethoxy-phenyl]-7-methoxy- **18** 221 e

—, 3-Acetoxy-2-[3,4-dimethoxy-phenyl]-6-methoxy- **18** 220 g

—, 3-Acetoxy-2-[3,4-dimethoxy-phenyl]-7-methoxy- **18** 223 b, I 415 b

—, 5-Acetoxy-2-[2,6-dimethoxy-phenyl]-6-methoxy- **18** IV 3260

—, 5-Acetoxy-2-[3,4-dimethoxy-phenyl]-3-methoxy- **18** IV 3300

—, 5-Acetoxy-2-[3,4-dimethoxy-phenyl]-7-methoxy- **18** 212 f

—, 5-Acetoxy-3-[2,4-dimethoxy-phenyl]-7-methoxy- **18** IV 3314

—, 5-Acetoxy-3-[3,4-dimethoxy-phenyl]-7-methoxy- **18** IV 3317

—, 7-Acetoxy-2-[2,3-dimethoxy-phenyl]-3-methoxy- **18** IV 3303

—, 7-Acetoxy-2-[2,4-dimethoxy-phenyl]-3-methoxy- **18** IV 3303

—, 7-Acetoxy-2-[3,4-dimethoxy-phenyl]-3-methoxy- **18** II 216 e

—, 7-Acetoxy-2-[3,4-dimethoxy-phenyl]-5-methoxy- **18** IV 3266

—, 5-Acetoxy-2-[3,4-dimethoxy-phenyl]-7-methoxy-6-methyl- **18** 225 c, vgl. IV 3337 a

—, 5-Acetoxy-2-[3,4-dimethoxy-phenyl]-7-methoxy-8-methyl- **18** IV 3339

—, 5-Acetoxy-2-[2,4-dimethoxy-phenyl]-7-methoxy-6-[3-methyl-but-1-enyl]-3-[3-methyl-but-2-enyl]- **18** IV 3386

—, 3-Acetoxy-2-[2,4-dimethoxy-phenyl]-6-methyl- **18** IV 2760

—, 3-Acetoxy-2-[3,4-dimethoxy-phenyl]-6-methyl- **18** IV 2760

—, 7-Acetoxy-2-[3,4-dimethoxy-phenyl]-5-methyl- **18** IV 2757

—, 7-Acetoxy-3-[2,4-dimethoxy-phenyl]-2-methyl- **18** IV 2756

—, 2-[4-Acetoxy-3,5-dimethoxy-phenyl]-5,7,8-trimethoxy- **18** IV 3573

—, 3-Acetoxy-2-[3,4-dimethoxy-phenyl]-5,7,8-trimethoxy- **18** IV 3587

—, 5-Acetoxy-2-[3,4-dimethoxy-phenyl]-3,6,7-trimethoxy- **18** I 431 d

—, 7-Acetoxy-2-[3,4-dimethoxy-phenyl]-3,5,8-trimethoxy- **18** IV 3586

—, 8-Acetoxy-2-[3,4-dimethoxy-phenyl]-3,5,7-trimethoxy- **18** IV 3588

—, 5-Acetoxy-3,7-dimethoxy-2-[3,4,5-trimethoxy-phenyl]- **18** 258 c, IV 3595

—, 5-Acetoxy-3,8-dimethoxy-2-[3,4,5-trimethoxy-phenyl]- **18** IV 3598

—, 5-Acetoxy-6,7-dimethoxy-3-[3,4,5-trimethoxy-phenyl]- **18** II 254 b

—, 3-Acetoxy-2,6-dimethyl- **18** II 22 g

—, 5-Acetoxy-2,3-dimethyl- **18** IV 373

—, 6-Acetoxy-2,3-dimethyl- **18** IV 373

—, 7-Acetoxy-2,3-dimethyl- **18** 37 a, IV 374

—, 7-Acetoxy-2,5-dimethyl- **18** IV 376

—, 7-Acetoxy-2,6-dimethyl-3-phenyl- **18** IV 768

—, 7-Acetoxy-3,5-dimethyl-2-propyl- **18** IV 436

—, 5-Acetoxy-6,8-dinitro-2-phenyl- **18** IV 690

—, 7-Acetoxy-3-[1-(2,4-dinitro-phenylhydrazono)-äthyl]-2-methyl- **18** IV 1540

—, 7-Acetoxy-3-[α-(2,4-dinitro-phenylhydrazono)-benzyl]-2-methyl- **18** IV 1897

—, 7-Acetoxy-2,3-diphenyl- **18** II 51 d

—, 3-Acetoxy-7-fluor-2-phenyl- **18** IV 687

—, 5-Acetoxy-7-[hepta-O-acetyl-cellobiosyloxy]-6-methoxy-2-[4-methoxy-phenyl]- **18** IV 3255

—, 5-Acetoxy-7-[hepta-O-acetyl-cellobiosyloxy]-2-[4-methoxy-phenyl]- **18** IV 2691

—, 5-Acetoxy-7-[hexa-O-acetyl-rutinosyloxy]-6-methoxy-2-[4-methoxy-phenyl]- **18** IV 3255

—, 5-Acetoxy-7-[hexa-O-acetyl-rutinosyloxy]-2-[4-methoxy-phenyl]- **18** IV 2691

—, 7-Acetoxy-3-hexadecyl-2-methyl- **18** IV 477

—, 7-Acetoxy-6-hexyl-2-methyl-3-phenyl- **18** IV 787

—, 7-Acetoxy-6-hexyl-2-phenyl- **18** IV 785

—, 3-Acetoxy-5-hydroxy-7-methoxy-2-[4-methoxy-phenyl]- **18** IV 3289

Chromen-4-on (Fortsetzung)

—, 6-Acetoxy-5-hydroxy-7-methoxy-3-
   phenyl- **18** IV 2720

—, 7-Acetoxy-5-hydroxy-2-[4-methoxy-
   phenyl]- **18** IV 2685

—, 7-Acetoxy-5-hydroxy-3-[4-methoxy-
   phenyl]- **18** IV 2729

—, 7-Acetoxy-5-hydroxy-8-methoxy-2-
   phenyl- **18** IV 2677

—, 7-Acetoxy-5-hydroxy-2-phenyl- **18**
   IV 1767

—, 7-Acetoxy-5-hydroxy-2-[3,4,5-
   triacetoxy-phenyl]- **18** IV 3455

—, 3-[1-Acetoxyimino-äthyl]-2,6-
   dimethyl-,
   — [O-acetyl-oxim] **17** II 486 b

—, 6-Acetoxy-3-isopropyl- **18** IV 398

—, 3-Acetoxy-2-[4-isopropyl-phenyl]-7,8-
   dimethoxy- **18** 197 a

—, 3-Acetoxy-2-[4-isopropyl-phenyl]-7-
   methoxy- **18** 137 a

—, 5-Acetoxy-7-methoxy- **18** 97 a

—, 8-Acetoxy-7-methoxy- **18** IV 1321

—, 5-Acetoxy-3-[2-methoxy-benzoyl]-2-
   [2-methoxy-phenyl]- **18** IV 3390

—, 5-Acetoxy-3-[4-methoxy-benzoyl]-2-
   [4-methoxy-phenyl]- **18** IV 3390

—, 7-Acetoxy-3-[2-methoxy-benzyl]-2-
   methyl- **18** IV 1862

—, 5-Acetoxy-7-methoxy-2,6-dimethyl-
   18 IV 1400

—, 5-Acetoxy-7-methoxy-2,8-dimethyl-
   18 IV 1401

—, 5-Acetoxy-7-methoxy-2,6-dimethyl-3-
   phenyl- **18** IV 1865

—, 5-Acetoxy-7-methoxy-2,8-dimethyl-3-
   phenyl- **18** IV 1865

—, 5-Acetoxy-7-methoxy-8-[4-methoxy-
   phenacyl]-2-[4-methoxy-phenyl]- **18**
   IV 3544

—, 3-Acetoxy-6-methoxy-2-[2-methoxy-
   phenyl]- **18** 187 a

—, 3-Acetoxy-6-methoxy-2-[4-methoxy-
   phenyl]- **18** 188 a

—, 3-Acetoxy-7-methoxy-2-[2-methoxy-
   phenyl]- **18** 188 f

—, 3-Acetoxy-7-methoxy-2-[3-methoxy-
   phenyl]- **18** 189 b

•—, 3-Acetoxy-7-methoxy-2-[4-methoxy-
   phenyl]- **18** 189 g

—, 5-Acetoxy-6-methoxy-2-[4-methoxy-
   phenyl]- **18** IV 2680

—, 5-Acetoxy-7-methoxy-2-[2-methoxy-
   phenyl]- **18** 181 d

—, 5-Acetoxy-7-methoxy-2-[3-methoxy-
   phenyl]- **18** IV 2682

—, 5-Acetoxy-7-methoxy-2-[4-methoxy-
   phenyl]- **18** 183 a, IV 2685

—, 5-Acetoxy-7-methoxy-3-[4-methoxy-
   phenyl]- **18** 191 b, I 398 a, IV 2729

—, 5-Acetoxy-8-methoxy-2-[4-methoxy-
   phenyl]- **18** IV 2693

—, 6-Acetoxy-5-methoxy-2-[4-methoxy-
   phenyl]- **18** IV 2680

—, 7-Acetoxy-3-methoxy-2-[3-methoxy-
   phenyl]- **18** IV 2711

—, 7-Acetoxy-3-methoxy-2-[4-methoxy-
   phenyl]- **18** IV 2713

—, 7-Acetoxy-5-methoxy-2-[4-methoxy-
   phenyl]- **18** IV 2686

—, 7-Acetoxy-5-methoxy-3-[4-methoxy-
   phenyl]- **18** IV 2730

—, 8-Acetoxy-5-methoxy-2-[4-methoxy-
   phenyl]- **18** IV 2693

—, 5-Acetoxy-7-methoxy-3-[4-methoxy-
   phenyl]-2-methyl- **18** IV 2755

—, 5-Acetoxy-7-methoxy-3-[4-methoxy-
   phenyl]-6-methyl- **18** 194 a

—, 5-Acetoxy-7-methoxy-3-[4-methoxy-
   phenyl]-8-methyl- **18** IV 2768

—, 5-Acetoxy-7-methoxy-3-[4-methoxy-
   phenyl]-6-methyl-2-styryl- **18** II 189 g

—, 5-Acetoxy-7-methoxy-3-[4-methoxy-
   phenyl]-2-styryl- **18** II 188 d

—, 5-Acetoxy-6-methoxy-2-[4-methoxy-
   phenyl]-7-[tetra-O-acetyl-
   glucopyranosyloxy]- **18** IV 3255

—, 5-Acetoxy-6-methoxy-2-[4-methoxy-
   phenyl]-7-[O^2,O^3,O^4-triacetyl-
   glucopyranosyloxy]- **18** IV 3255

—, 5-Acetoxy-3-methoxy-2-[4-methoxy-
   phenyl]-7-[tri-O-acetyl-
   rhamnopyranosyloxy]- **18** IV 3292

—, 5-Acetoxy-6-methoxy-2-[4-methoxy-
   phenyl]-7-[O^2,O^3,O^6-triacetyl-O^4-(tetra-
   O-acetyl-glucopyranosyl)-
   glucopyranosyloxy]- **18** IV 3255

—, 5-Acetoxy-6-methoxy-2-[4-methoxy-
   phenyl]-7-[O^2,O^3,O^4-triacetyl-O^6-(tri-
   O-acetyl-rhamnopyranosyl)-
   glucopyranosyloxy]- **18** IV 3255

—, 3-Acetoxy-8-methoxy-2-methyl- **18**
   IV 1364

—, 5-Acetoxy-7-methoxy-2-methyl- **18**
   IV 1360

—, 5-Acetoxy-8-methoxy-2-methyl- **18**
   IV 1361

—, 6-Acetoxy-7-methoxy-2-methyl- **18**
   IV 1362

—, 7-Acetoxy-3-methoxy-2-methyl- **18**
   II 72 e

—, 5-Acetoxy-7-methoxy-2-methyl-6-
   [3-methyl-but-2-enyl]- **18** IV 1580

—, 5-Acetoxy-7-methoxy-2-methyl-3-
   phenyl- **18** IV 1838

—, 5-Acetoxy-7-methoxy-6-methyl-2-
   phenyl- **18** IV 1844

Chromen-4-on   (Fortsetzung)

—, 5-Acetoxy-7-methoxy-8-methyl-2-
phenyl- **18** IV 1849

—, 6-Acetoxy-7-methoxy-2-methyl-3-
phenyl- **18** IV 1839

—, 7-Acetoxy-3-methoxy-2-methyl-8-
propyl- **18** IV 1417

—, 3-Acetoxy-2-[2-methoxy-[1]naphthyl]-
18 IV 1943

—, 3-Acetoxy-2-[2-methoxy-phenyl]- **18**
IV 1795

—, 3-Acetoxy-2-[3-methoxy-phenyl]-
18 130 f

—, 3-Acetoxy-2-[4-methoxy-phenyl]-
18 131 a, IV 1799

—, 3-Acetoxy-6-methoxy-2-phenyl-
18 129 d, I 362 b

—, 3-Acetoxy-7-methoxy-2-phenyl-
18 130 a

—, 5-Acetoxy-2-[2-methoxy-phenyl]- **18**
IV 3390

—, 5-Acetoxy-2-[3-methoxy-phenyl]- **18**
IV 1776

—, 5-Acetoxy-2-[4-methoxy-phenyl]- **18**
IV 1778

—, 5-Acetoxy-6-methoxy-2-phenyl- **18**
IV 1765

—, 5-Acetoxy-7-methoxy-2-phenyl-
18 125 d, IV 1768

—, 5-Acetoxy-8-methoxy-2-phenyl- **18**
IV 1773

—, 6-Acetoxy-2-[2-methoxy-phenyl]- **18**
IV 1779

—, 6-Acetoxy-2-[4-methoxy-phenyl]- **18**
IV 1780

—, 6-Acetoxy-5-methoxy-2-phenyl- **18**
IV 1765

—, 7-Acetoxy-2-[3-methoxy-phenyl]- **18**
IV 1783

—, 7-Acetoxy-2-[4-methoxy-phenyl]- **18**
II 99 b, IV 1785

—, 7-Acetoxy-3-[2-methoxy-phenyl]- **18**
IV 1805

—, 7-Acetoxy-3-[4-methoxy-phenyl]- **18**
II 101 a, IV 1807

—, 8-Acetoxy-2-[4-methoxy-phenyl]- **18**
IV 1787

—, 8-Acetoxy-7-methoxy-3-phenyl- **18**
IV 1804

—, 2-[2-Acetoxy-3-methoxy-phenyl]-7,8-
dimethoxy- **18** II 213 e

—, 2-[3-Acetoxy-4-methoxy-phenyl]-7,8-
dimethoxy- **18** II 213 i, IV 3273

—, 7-Acetoxy-3-[4-methoxy-phenyl]-2,6-
dimethyl- **18** IV 1865

—, 2-[2-Acetoxy-3-methoxy-phenyl]-6-
methoxy- **18** II 176 a

—, 2-[3-Acetoxy-4-methoxy-phenyl]-6-
methoxy- **18** II 176 d, IV 2696

—, 2-[4-Acetoxy-3-methoxy-phenyl]-6-
methoxy- **18** IV 2696

—, 3-Acetoxy-2-[2-methoxy-phenyl]-6-
methyl- **18** IV 1845

—, 3-Acetoxy-2-[4-methoxy-phenyl]-6-
methyl- **18** IV 1846

—, 3-Acetoxy-2-[4-methoxy-phenyl]-7-
methyl- **18** IV 1848

—, 3-Acetoxy-2-[4-methoxy-phenyl]-8-
methyl- **18** IV 1850

—, 5-Acetoxy-2-[4-methoxy-phenyl]-7-
methyl- **18** IV 1848

—, 7-Acetoxy-2-[4-methoxy-phenyl]-5-
methyl- **18** IV 1843

—, 7-Acetoxy-3-[2-methoxy-phenyl]-2-
methyl- **18** IV 1841

—, 7-Acetoxy-3-[4-methoxy-phenyl]-2-
methyl- **18** IV 1842

—, 5-Acetoxy-2-[4-methoxy-phenyl]-8-
[3-methyl-but-2-enyl]-7-[tetra-O-acetyl-
glucopyranosyloxy]-3-[tri-O-acetyl-
rhamnopyranosyloxy]- **18** IV 3376

—, 5-Acetoxy-2-[4-methoxy-phenyl]-8-
nitro- **18** IV 1779

—, 7-Acetoxy-3-methoxy-2-phenyl-8-
propyl- **18** IV 1870

—, 5-Acetoxy-3-[4-methoxy-phenyl]-7-
[toluol-4-sulfonyloxy]- **18** IV 2734

—, 5-Acetoxy-2-[4-methoxy-phenyl]-7-
[O^2,O^3,O^6-triacetyl-O^4-(tetra-O-acetyl-
glucopyranosyl)-glucopyranosyloxy]- **18**
IV 2691

—, 5-Acetoxy-2-[4-methoxy-phenyl]-7-
[O^2,O^3,O^4-triacetyl-O^6-(tri-O-acetyl-
rhamnopyranosyl)-glucopyranosyloxy]-
18 IV 2691

—, 2-[3-Acetoxy-4-methoxy-phenyl]-
3,5,7-trimethoxy- **18** IV 3485

—, 2-[4-Acetoxy-3-methoxy-phenyl]-
3,5,7-trimethoxy- **18** IV 3485

—, 2-[4-Acetoxy-3-methoxy-phenyl]-
5,7,8-trimethoxy- **18** IV 3452

—, 7-Acetoxy-2-[4-methoxy-styryl]-3-
methyl- **18** IV 1909

—, 5-Acetoxy-3-methoxy-2-[3,4,5-
trimethoxy-phenyl]- **18** IV 3508

—, 7-Acetoxy-3-methoxy-2-[2,3,4-
trimethoxy-phenyl]- **18** IV 3509

—, 7-Acetoxy-3-methoxy-2-[3,4,5-
trimethoxy-phenyl]- **18** IV 3511

—, 2-Acetoxymethyl- **18** IV 322

—, 3-Acetoxy-2-methyl- **18** IV 312

—, 5-Acetoxy-2-methyl- **18** IV 313

—, 6-Acetoxy-2-methyl- **18** 30 c

—, 7-Acetoxy-2-methyl- **18** 31 a,
II 18 h

—, 7-Acetoxy-3-methyl- **18** IV 323

—, 6-Acetoxymethyl-2,3-dimethyl- **18**
IV 408

Chromen-4-on   (Fortsetzung)
—, 5-Acetoxy-2-methyl-6,8-dinitro- **18**
   IV 316
—, 8-Acetoxymethyl-7-methoxy-2,3-
   dimethyl- **18** IV 1413
—, 8-Acetoxymethyl-7-methoxy-3-
   methyl-2-phenyl- **18** IV 1866
—, 5-Acetoxy-2-methyl-8-nitro- **18**
   IV 315
—, 7-Acetoxy-2-methyl-8-nitro- **18**
   IV 321
—, 7-Acetoxy-2-methyl-3-[4-nitro-phenyl]-
   18 IV 741
—, 3-Acetoxy-7-methyl-2-phenyl- **18**
   I 326 g
—, 3-Acetoxy-8-methyl-2-phenyl- **18**
   I 327 a
—, 5-Acetoxy-7-methyl-2-phenyl-
   18 64 e, IV 745
—, 7-Acetoxy-2-methyl-3-phenyl- **18**
   II 42 f, IV 740
—, 7-Acetoxy-3-methyl-2-phenyl- **18**
   IV 741
—, 7-Acetoxy-5-methyl-2-phenyl-
   18 64 b, IV 743
—, 5-Acetoxy-2-methyl-3-propyl- **18**
   IV 418
—, 7-Acetoxy-2-methyl-3-propyl- **18**
   IV 418
—, 7-Acetoxy-3-methyl-2-styryl- **18**
   IV 801
—, 7-Acetoxy-2-methyl-3-tetradecyl- **18**
   IV 475
—, 5-Acetoxy-7-methyl-2-[3,4,5-
   trimethoxy-phenyl]- **18** IV 3338
—, 7-Acetoxy-5-methyl-2-[3,4,5-
   trimethoxy-phenyl]- **18** IV 3336
—, 7-Acetoxy-2-methyl-3-veratryl- **18**
   II 180 e
—, 7-Acetoxy-2-[1]naphthyl- **18** IV 828
—, 7-Acetoxy-2-[2]naphthyl- **18** IV 828
—, 5-Acetoxy-7-[4-nitro-benzyloxy]-3-[4-
   (tetra-*O*-acetyl-glucopyranosyloxy)-
   phenyl]- **18** IV 2733
—, 3-Acetoxy-2-[3-nitro-phenyl]- **18**
   IV 688
—, 3-Acetoxy-2-[4-nitro-phenyl]- **18**
   IV 688
—, 3-Acetoxy-6-nitro-2-phenyl- **18**
   IV 688
—, 5-Acetoxy-8-nitro-2-phenyl- **18**
   IV 690
—, 7-Acetoxy-3-[4-nitro-phenyl]- **18**
   IV 710
—, 6-Acetoxy-3-pentyl- **18** IV 432
—, 2-[2-Acetoxy-phenyl]- **18** I 324 b
—, 2-[3-Acetoxy-phenyl]- **18** 59 f,
   I 324 d

—, 2-[4-Acetoxy-phenyl]- **18** 59 i,
   I 324 f, IV 704
—, 3-Acetoxy-2-phenyl- **18** 58 c,
   IV 686
—, 5-Acetoxy-2-phenyl- **18** IV 689
—, 5-Acetoxy-3-phenyl- **18** IV 707
—, 6-Acetoxy-2-phenyl- **18** 58 f,
   IV 691
—, 6-Acetoxy-3-phenyl- **18** IV 707
—, 7-Acetoxy-2-phenyl- **18** 59 c,
   IV 694
—, 7-Acetoxy-3-phenyl- **18** IV 708
—, 8-Acetoxy-2-phenyl- **18** IV 701
—, 2-[3-Acetoxy-phenyl]-7-äthoxy-
   18 128 c
—, 2-[3-Acetoxy-phenyl]-6-
   diacetylamino- **18** IV 8103
—, 2-[3-Acetoxy-phenyl]-5,7-dimethoxy-
   18 IV 2682
—, 2-[4-Acetoxy-phenyl]-5,7-dimethoxy-
   18 IV 2686
—, 3-[4-Acetoxy-phenyl]-5,7-dimethoxy-
   18 IV 2730
—, 2-[4-Acetoxy-phenyl]-5,7-dimethyl-
   18 IV 770
—, 3-[4-Acetoxy-phenyl]-5-hydroxy-7-
   methoxy- **18** IV 2729
—, 3-[4-Acetoxy-phenyl]-5-hydroxy-7-
   [4-nitro-benzyloxy]- **18** IV 2730
—, 2-[4-Acetoxy-phenyl]-5-hydroxy-
   3,6,7,8-tetramethoxy- **18** IV 3575
—, 2-[3-Acetoxy-phenyl]-5-methoxy- **18**
   IV 1777
—, 2-[3-Acetoxy-phenyl]-7-methoxy- **18**
   IV 1783
—, 2-[4-Acetoxy-phenyl]-3-methoxy- **18**
   IV 1799
—, 2-[4-Acetoxy-phenyl]-5-methoxy- **18**
   IV 1778
—, 2-[4-Acetoxy-phenyl]-7-methoxy- **18**
   IV 1785
—, 3-[2-Acetoxy-phenyl]-7-methoxy- **18**
   IV 1805
—, 3-[4-Acetoxy-phenyl]-7-methoxy- **18**
   IV 1807
—, 3-[2-Acetoxy-phenyl]-7-methoxy-2-
   methyl- **18** IV 1841
—, 3-[4-Acetoxy-phenyl]-7-methoxy-2-
   methyl- **18** IV 1842
—, 2-[2-Acetoxy-phenyl]-6-methyl- **18**
   IV 743
—, 5-Acetoxy-2-phenyl-6-phenylazo- **18**
   IV 8339
—, 5-Acetoxy-2-phenyl-8-phenylazo- **18**
   IV 8340
—, 3-[4-Acetoxy-phenyl]-7-[tetra-
   O-acetyl-glucopyranosyloxy]- **18**
   IV 1808

Chromen-4-on (Fortsetzung)

—, 5-Acetoxy-2-phenyl-7-[tetra-*O*-acetyl-glucopyranosyloxy]- **18** IV 1770

—, 7-Acetoxy-2-phenyl-5-[tetra-*O*-acetyl-glucopyranosyloxy]- **18** IV 1770

—, 2-[4-Acetoxy-phenyl]-3,5,6,7-tetramethoxy- **18** IV 3459

—, 2-[4-Acetoxy-phenyl]-3,5,7-trimethoxy- **18** IV 3289

—, 7-Acetoxy-2-propyl- **18** 38 e

—, 5-Acetoxy-3,6,7,8-tetramethoxy-2-[4-methoxy-phenyl]- **18** IV 3576

—, 3-Acetoxy-5,6,7,8-tetramethoxy-2-phenyl- **18** IV 3457

—, 6-Acetoxy-2,5,7,8-tetramethyl- **18** IV 427

—, 5-Acetoxy-2-[3,4,5-triacetoxy-phenyl]- **18** IV 3274

—, 6-Acetoxy-2-[3,4,5-triacetoxy-phenyl]- **18** IV 3275

—, 7-Acetoxy-2-[2,4,6-triacetoxy-phenyl]- **18** IV 3276

—, 7-Acetoxy-2-[3,4,5-triacetoxy-phenyl]- **18** 214 b

—, 7-Acetoxy-3-[3,4,5-triacetoxy-phenyl]- **18** IV 3318

—, 8-Acetoxy-2-[3,4,5-triacetoxy-phenyl]- **18** IV 3277

—, 8-Acetoxy-3,5,7-triäthoxy-2-[3,4-diäthoxy-phenyl]- **18** IV 3588

—, 5-Acetoxy-3,7,8-trimethoxy-2-[4-methoxy-phenyl]- **18** IV 3465

—, 5-Acetoxy-2-[3,4,5-trimethoxy-phenyl]- **18** IV 3274

—, 6-Acetoxy-2-[3,4,5-trimethoxy-phenyl]- **18** IV 3275

—, 7-Acetoxy-2-[2,3,4-trimethoxy-phenyl]- **18** IV 3275

—, 7-Acetoxy-3,5,8-trimethoxy-2-phenyl- **18** IV 3280

—, 8-Acetoxy-2-[3,4,5-trimethoxy-phenyl]- **18** IV 3277

—, 5-Acetoxy-3,6,8-trimethoxy-2-[3,4,5-trimethoxy-phenyl]- **18** IV 3623

—, 5-Acetoxy-6,7,8-trimethoxy-2-[3,4,5-trimethoxy-phenyl]- **18** IV 3623

—, 5-Acetoxy-2,3,7-trimethyl- **18** IV 409

—, 7-Acetoxy-2,3,5-trimethyl- **18** IV 408

—, 2-Acetyl- **17** IV 6288
　— monooxim **17** IV 6288

—, 3-Acetyl-7-äthoxy-2-methyl- **18** 108 b

—, 3-Acetyl-6-äthyl-7-hydroxy-2-methyl- **18** IV 1572

—, 3-Acetyl-6-äthyl-7-methoxy-2-methyl- **18** IV 1572

—, 7-Acetylamino-2-[4-acetylamino-phenyl]-3-hydroxy- **18** IV 8055

—, 2-[1-Acetylamino-äthyl]- **18** IV 7932

—, 2-[2-Acetylamino-äthyl]- **18** IV 7933

—, 6-Acetylamino-2-äthyl- **18** IV 7932

—, 6-Acetylamino-2-äthyl-3-methyl- **18** IV 7936

—, 3-Acetylamino-2,7-dihydroxy-8-methyl- **18** IV 8123

—, 2-[2-Acetylamino-4,5-dimethoxy-phenyl]-3,5,7-trimethoxy- **18** I 586 b

—, 6-Acetylamino-2,3-dimethyl- **18** IV 7933

—, 8-Acetylamino-2,3-dimethyl- **18** IV 7933

—, 7-Acetylamino-2-[4-dimethylamino-phenyl]-3-hydroxy- **18** IV 8055

—, 6-Acetylamino-3-hydroxy-2-[3-hydroxy-phenyl]- **18** IV 8136

—, 6-Acetylamino-3-hydroxy-2-[4-methoxy-phenyl]- **18** IV 8136

—, 6-Acetylamino-2-[3-hydroxy-phenyl]- **18** IV 8103

—, 6-Acetylamino-3-hydroxy-2-phenyl- **18** IV 8054

—, 6-Acetylamino-5-hydroxy-2-phenyl- **18** IV 8102

—, 7-Acetylamino-3-hydroxy-2-phenyl- **18** IV 8054

—, 3-Acetylamino-2-methoxy- **18** IV 1337

—, 6-Acetylamino-2-[4-methoxy-phenyl]- **18** IV 8103

—, 8-Acetylamino-6-methoxy-2-phenyl- **18** IV 8102

—, 2-[Acetylamino-methyl]- **18** IV 7926

—, 6-Acetylamino-2-methyl- **18** IV 7926

—, 8-Acetylamino-3-methyl-2-phenyl- **18** IV 8010

—, 3-Acetylamino-2-phenyl- **17** IV 6429

—, 6-Acetylamino-2-phenyl- **18** IV 8002

—, 7-Acetylamino-2-phenyl- **18** IV 8003

—, 3-[*N*-Acetyl-anilino]-6-methyl-2-phenyl- **18** II 467 d

—, 3-Acetyl-7-benzoyloxy-2-methyl- **18** IV 1539

—, 6-Acetyl-7-benzoyloxy-2-phenyl- **18** IV 1902

—, 3-Acetyl-7-benzyloxy-5,8-dimethoxy-2-methyl- **18** IV 3104

—, 3-Acetyl-6-benzyloxy-7-methoxy-2-methyl- **18** IV 2513

—, 3-Acetyl-5-brom-7-methoxy-2-methyl- **18** IV 1540

—, 3-Acetyl-6-brom-7-methoxy-2-methyl- **18** IV 1540

—, 3-Acetyl-6-butyl-7-hydroxy-2-methyl- **18** IV 1587

Chromen-4-on (Fortsetzung)

—, 3-Acetyl-6-chlor-2,8-dimethyl- **17** IV 6304

—, 3-Acetyl-8-chlor-2,6-dimethyl- **17** IV 6304

—, 3-Acetyl-6-chlor-2-methyl- **17** II 483 g

—, 6-Acetyl-5,7-dihydroxy-2,3-dimethyl- **18** IV 2519

—, 8-Acetyl-5,7-dihydroxy-2,3-dimethyl- **18** IV 2519

—, 3-Acetyl-5,7-dihydroxy-2-[4-methoxy-phenyl]- **18** IV 2683

—, 6-Acetyl-5,7-dihydroxy-2-[4-methoxy-phenyl]- **18** IV 3365

—, 8-Acetyl-5,7-dihydroxy-2-[4-methoxy-phenyl]- **18** IV 3365

—, 3-Acetyl-5,7-dihydroxy-2-methyl- **18** II 155 f, IV 2513

—, 3-Acetyl-7,8-dihydroxy-2-methyl- **18** II 156 a

—, 3-Acetyl-6,7-dimethoxy- **18** IV 2502

—, 6-Acetyl-5,7-dimethoxy-2-[4-methoxy-phenyl]- **18** IV 3365

—, 8-Acetyl-5,7-dimethoxy-2-[4-methoxy-phenyl]- **18** IV 3365

—, 3-Acetyl-5,7-dimethoxy-2-methyl- **18** IV 2513

—, 3-Acetyl-6,7-dimethoxy-2-methyl- **18** IV 2513

—, 3-Acetyl-7,8-dimethoxy-2-methyl- **18** IV 2514

—, 6-Acetyl-2-[3,4-dimethoxy-phenyl]-7-hydroxy- **18** IV 3365

—, 3-Acetyl-2,6-dimethyl-, — oxim **17** IV 6304

—, 3-Acetyl-2,7-dimethyl- **17** II 486 e

—, 3-Acetyl-2,8-dimethyl- **17** II 486 f

—, 3-Acetyl-2,6-dimethyl-8-nitro- **17** II 486 d

—, 3-Acetyl-2,8-dimethyl-6-nitro- **17** IV 6305

—, 3-Acetyl-7-hydroxy-5,8-dimethoxy-2-methyl- **18** IV 3104

—, 3-Acetyl-5-hydroxy-2,7-dimethyl- **18** IV 1560

—, 3-Acetyl-7-hydroxy-2,5-dimethyl- **18** IV 1559

—, 8-Acetyl-7-hydroxy-2,3-dimethyl- **18** IV 1560

—, 6-Acetyl-5-hydroxy-7-methoxy-2-[4-methoxy-phenyl]- **18** IV 3365

—, 6-Acetyl-7-hydroxy-5-methoxy-2-[4-methoxy-phenyl]- **18** IV 3365

—, 8-Acetyl-5-hydroxy-7-methoxy-2-[4-methoxy-phenyl]- **18** IV 3365

—, 8-Acetyl-7-hydroxy-5-methoxy-2-[4-methoxy-phenyl]- **18** IV 3365

—, 3-Acetyl-6-hydroxy-7-methoxy-2-methyl- **18** IV 2513

—, 6-Acetyl-7-hydroxy-2-[4-methoxy-phenyl]- **18** IV 2803

—, 3-Acetyl-5-hydroxy-7-methoxy-2,6,8-trimethyl- **18** IV 2522

—, 3-Acetyl-5-hydroxy-2-methyl- **18** IV 1538

—, 3-Acetyl-6-hydroxy-2-methyl- **18** II 79 f, IV 1539

—, 3-Acetyl-7-hydroxy-2-methyl- **18** 107 c, IV 1539

—, 6-Acetyl-7-hydroxy-2-methyl- **18** IV 1540

—, 8-Acetyl-7-hydroxy-2-methyl- **18** II 79 h, IV 1540

—, 3-Acetyl-5-hydroxy-2-methyl-6-nitro- **18** IV 1538

—, 3-Acetyl-7-hydroxy-2-methyl-6-nitro- **18** IV 1540

—, 3-Acetyl-7-hydroxy-2-methyl-8-nitro- **18** IV 1540

—, 8-Acetyl-7-hydroxy-2-methyl-3-phenyl- **18** IV 1914

—, 3-Acetyl-7-hydroxy-2-methyl-6-propyl- **18** IV 1582

—, 6-Acetyl-5-hydroxy-2-methyl-3-propyl- **18** IV 418

—, 8-Acetyl-5-hydroxy-2-methyl-3-propyl- **18** IV 418

—, 6-Acetyl-5-hydroxy-2-phenyl- **18** IV 1902

—, 6-Acetyl-7-hydroxy-2-phenyl- **18** IV 1902

—, 8-Acetyl-7-hydroxy-2-phenyl- **18** IV 1902

—, 8-[5-Acetyl-2-hydroxy-phenyl]-5-hydroxy-2-[4-hydroxy-phenyl]-7-methoxy- **18** IV 3544

—, 6-Acetyl-7-hydroxy-2-[3,4,5-trimethoxy-phenyl]- **18** IV 3532

—, 3-Acetyl-7-methoxy-2,5-dimethyl- **18** IV 1559

—, 8-Acetyl-7-methoxy-2,3-dimethyl- **18** IV 1560

—, 3-Acetyl-5-methoxy-2-methyl- **18** IV 1538

—, 3-Acetyl-7-methoxy-2-methyl- **18** 108 a, IV 1539 — phenylhydrazon vgl. **18** IV 1539 f

—, 8-[5-Acetyl-2-methoxy-phenyl]-5,7-dihydroxy-2-[4-hydroxy-phenyl]- **18** IV 3544

—, 8-[5-Acetyl-2-methoxy-phenyl]-5,7-dihydroxy-2-[4-methoxy-phenyl]- **18** IV 3545

—, 8-[5-Acetyl-2-methoxy-phenyl]-5,7-dimethoxy-2-[4-methoxy-phenyl]- **18** IV 3545

Chromen-4-on (Fortsetzung)

—, 8-[5-Acetyl-2-methoxy-phenyl]-5-
hydroxy-7-methoxy-2-[4-methoxy-phenyl]-
18 IV 3545

—, 3-Acetyl-2-methyl- **17** II 483 f,
IV 6296

—, 3-Acetyl-2-methyl-6-nitro- **17**
IV 6296

—, 3-Acetyl-2-methyl-6-phenyl- **17**
IV 6487

—, 3-Acetyl-6-methyl-2-phenyl- **17**
II 506 i

—, 6-[4-Acetyl-phenoxy]-5,7-dihydroxy-2-
[4-hydroxy-phenyl]- **18** IV 3253

—, 6-Acetyl-2-phenyl- **17** IV 6482

—, 3-Acetyl-2,5,7-trimethyl- **17**
II 487 a

—, 3-Acetyl-2,6,8-trimethyl- **17** IV 6309
— monooxim **17** IV 6309

—, 6-Äthoxy- **18** 25 a

—, 7-Äthoxy- **18** 25 e

—, 6-Äthoxy-2-[4-äthoxy-2-methoxy-
phenyl]- **18** 184 c

—, 3-Äthoxy-2-[3-äthoxy-4-methoxy-
phenyl]-5,7-dihydroxy- **18** IV 3481

—, 6-Äthoxy-2-[3-äthoxy-4-methoxy-
phenyl]-5-hydroxy-3,7-dimethoxy- **18**
IV 3579

—, 5-Äthoxy-2-[4-äthoxy-3-methoxy-
phenyl]-3,7,8-trimethoxy- **18** IV 3587

—, 6-Äthoxy-2-[3-äthoxy-4-methoxy-
phenyl]-3,5,7-trimethoxy- **18** IV 3580

—, 6-Äthoxy-2-[2-äthoxy-phenyl]-
18 126 i

—, 6-Äthoxy-2-[3-äthoxy-phenyl]-
18 127 a

—, 6-Äthoxy-2-[4-äthoxy-phenyl]-
18 127 e

—, 7-Äthoxy-2-[2-äthoxy-phenyl]-
18 127 h

—, 7-Äthoxy-2-[3-äthoxy-phenyl]-
18 128 b, I 361 h

—, 6-Äthoxy-3-[4-äthoxy-phenyl]-5,7-
dimethoxy- **18** IV 3310

—, 7-Äthoxy-2-[2-äthoxy-phenyl]-5-
hydroxy- **18** 181 c

—, 7-Äthoxy-2-[4-äthoxy-phenyl]-5-
hydroxy- **18** 182 e

—, 7-Äthoxy-3-[4-äthoxy-phenyl]-5-
hydroxy- **18** 191 a, IV 2728

—, 5-Äthoxy-3-[4-äthoxy-phenyl]-7-
methoxy- **18** IV 2728

—, 7-Äthoxy-2-[4-äthoxy-phenyl]-5-
methoxy- **18** IV 2685

—, 7-Äthoxy-3-[4-äthoxy-phenyl]-5-
methoxy- **18** IV 2728

—, 5-Äthoxy-2-[4-äthoxy-phenyl]-3,6,7,8-
tetramethoxy- **18** IV 3575

—, 6-Äthoxy-2-äthyl- **18** 36 a

—, 7-Äthoxy-2-äthyl- **18** 36 d

—, 5-Äthoxy-3-äthyl-7-methoxy-2,8-
dimethyl- **18** IV 1420

—, 7-Äthoxy-2-benzyl- **18** 63 d,
IV 735

—, 6-[4-Äthoxycarbonyl-3-methyl-
crotonoyloxymethyl]-5-hydroxy-7-
methoxy-2-methyl- **18** IV 2404

—, 3-Äthoxycarbonyloxy-2-
[3,4-dimethoxy-phenyl]-7,8-dimethoxy-
18 IV 3507

—, 5-Äthoxy-2-[2,5-diäthoxy-4-methoxy-
phenyl]-3,7-dimethoxy- **18** IV 3593

—, 7-Äthoxy-2-[3,4-diäthoxy-phenyl]-3,5-
dihydroxy- **18** 247 d

—, 5-Äthoxy-2-[3,4-diäthoxy-phenyl]-3,7-
dimethoxy- **18** IV 3481

—, 3-Äthoxy-2-[3,4-diäthoxy-phenyl]-7-
hydroxy- **18** IV 3306

—, 7-Äthoxy-2-[3,4-diäthoxy-phenyl]-5-
hydroxy- **18** 212 d

—, 3-Äthoxy-2-[3,4-diäthoxy-phenyl]-7-
methoxy- **18** IV 3306

—, 5-Äthoxy-2-[3,4-diäthoxy-phenyl]-7-
methoxy- **18** IV 3265

—, 5-Äthoxy-3-[3,4-diäthoxy-phenyl]-7-
methoxy- **18** IV 3316

—, 7-Äthoxy-3-[3,4-diäthoxy-phenyl]-5-
methoxy- **18** IV 3317

—, 3-Äthoxy-6,8-dibrom-2-[3,5-dibrom-
2,4-dihydroxy-phenyl]-5,7-dihydroxy-
18 242 a

—, 3-Äthoxy-6,8-dibrom-2-[2,6-dibrom-
3,4,5-trihydroxy-phenyl]-5,7-dihydroxy-
18 259 b

—, 7-Äthoxy-5,8-dihydroxy-3-methoxy-2-
[4-methoxy-phenyl]- **18** IV 3463

—, 3-Äthoxy-5,7-dihydroxy-2-
[4-methoxy-phenyl]- **18** IV 3287

—, 3-Äthoxy-5,8-dihydroxy-7-methoxy-2-
[3,4,5-trimethoxy-phenyl]- **18** IV 3627

—, 3-Äthoxy-5,7-dihydroxy-2-[3,4,5-
trimethoxy-phenyl]- **18** IV 3595

—, 3-Äthoxy-5,7-dimethoxy-2-
[4-methoxy-phenyl]- **18** IV 3288

—, 7-Äthoxy-3,5-dimethoxy-2-
[4-methoxy-phenyl]- **18** IV 3288

—, 7-Äthoxy-5,6-dimethoxy-3-
[4-methoxy-phenyl]- **18** IV 3310

—, 5-Äthoxy-7,8-dimethoxy-2-phenyl-
18 IV 2677

—, 7-Äthoxy-3,5-dimethoxy-2-phenyl-
18 IV 2703

—, 3-Äthoxy-2-[3,4-dimethoxy-phenyl]-
5,7-dihydroxy- **18** IV 3480

—, 2-[3-Äthoxy-4,5-dimethoxy-phenyl]-
5,7-dihydroxy-3-methoxy- **18** IV 3595

—, 3-Äthoxy-2-[3,4-dimethoxy-phenyl]-
5,7-dimethoxy- **18** IV 3480

Chromen-4-on   (Fortsetzung)

—, 7-Äthoxy-2-[3,4-dimethoxy-phenyl]-3,5-dimethoxy- **18** IV 3480

—, 3-Äthoxy-2-[3,4-dimethoxy-phenyl]-7-hydroxy- **18** IV 3305

—, 7-Äthoxy-2-[3,4-dimethoxy-phenyl]-3-hydroxy- **18** 222 c

—, 8-Äthoxy-2-[3,4-dimethoxy-phenyl]-5-hydroxy-3,7-dimethoxy- **18** IV 3586

—, 7-Äthoxy-2-[3,4-dimethoxy-phenyl]-5-hydroxy-3-methoxy- **18** IV 3480

—, 3-Äthoxy-2-[3,4-dimethoxy-phenyl]-7-methoxy- **18** IV 3306

—, 2-[3-Äthoxy-4,5-dimethoxy-phenyl]-3,5,7-trimethoxy- **18** IV 3595

—, 7-Äthoxy-2-[3,4-dimethoxy-phenyl]-3,5,6-trimethoxy- **18** IV 3579

—, 7-Äthoxy-2-[3,4-dimethoxy-phenyl]-3,5,8-trimethoxy- **18** IV 3586

—, 8-Äthoxy-2-[3,4-dimethoxy-phenyl]-3,5,7-trimethoxy- **18** IV 3586

—, 7-Äthoxy-5,6-dimethoxy-3-[3,4,5-trimethoxy-phenyl]- **18** IV 3600

—, 6-Äthoxy-2,3-dimethyl- **18** II 22 a

—, 7-Äthoxy-2,3-dimethyl- **18** 36 i, IV 374

—, 7-Äthoxy-2-[4-dimethylamino-phenyl]- **18** II 474 f

—, 3-Äthoxy-2-hydroxy- **18** IV 1336

—, 7-Äthoxy-5-hydroxy-3,8-dimethoxy-2-[4-methoxy-phenyl]- **18** IV 3464

—, 8-Äthoxy-5-hydroxy-3,7-dimethoxy-2-[3,4,5-trimethoxy-phenyl]- **18** IV 3627

—, 7-Äthoxy-5-hydroxy-3-[3-hydroxy-4,5-dimethoxy-phenyl]-6-methoxy- **18** IV 3600

—, 7-Äthoxy-5-hydroxy-3-[4-hydroxy-phenyl]-6-methoxy- **18** IV 3310

—, 7-Äthoxy-5-hydroxy-3-methoxy-2-[4-methoxy-phenyl]- **18** IV 3287

—, 7-Äthoxy-5-hydroxy-3-methoxy-2-phenyl- **18** IV 2703

—, 3-Äthoxy-5-hydroxy-7-methoxy-2-[3,4,5-trimethoxy-phenyl]- **18** IV 3595

—, 6-Äthoxy-3-hydroxy-2-phenyl- **18** 129 c

—, 7-Äthoxy-2-[3-hydroxy-phenyl]- **18** 128 a

—, 7-Äthoxy-5-hydroxy-2-phenyl- **18** 125 b

—, 2-[4-Äthoxy-3-methoxy-phenyl]- **18** II 99 d

—, 6-Äthoxy-2-[4-methoxy-phenyl]- **18** 127 d

—, 7-Äthoxy-2-[4-methoxy-phenyl]- **18** 128 f, II 99 a

—, 7-Äthoxy-3-[4-methoxy-phenyl]- **18** IV 1807

—, 2-[4-Äthoxy-3-methoxy-phenyl]-5,7-dimethoxy- **18** 212 c

—, 3-[3-Äthoxy-4-methoxy-phenyl]-5,7-dimethoxy- **18** IV 3316

—, 3-[4-Äthoxy-3-methoxy-phenyl]-5,7-dimethoxy- **18** IV 3316

—, 2-[4-Äthoxy-3-methoxy-phenyl]-3-hydroxy- **18** 175 e

—, 3-[3-Äthoxy-4-methoxy-phenyl]-5-hydroxy-7-methoxy- **18** IV 3316

—, 6-Äthoxy-2-[4-methoxy-styryl]-3-methyl- **18** II 109 c

—, 7-Äthoxy-2-methyl- **18** 30 f, IV 317

—, 2-Äthoxymethyl-5,7-dihydroxy-3-phenyl- **18** IV 2755

—, 6-Äthoxymethyl-2,3-dimethyl- **18** IV 408

—, 2-Äthoxymethyl-7-hydroxy-3-[2-methoxy-phenyl]- **18** IV 2756

—, 2-Äthoxymethyl-7-hydroxy-3-phenyl- **18** IV 1840

—, 2-Äthoxymethyl-7-methoxy- **18** IV 1363

—, 5-Äthoxy-2-methyl-3-phenyl- **18** IV 739

—, 7-Äthoxy-2-methyl-3-phenyl- **18** IV 740

—, 6-Äthoxy-3-methyl-2-styryl- **18** II 45 e

—, 2-[4-Äthoxy-[1]naphthyl]-6-methoxy- **18** II 115 f

—, 2-[2-Äthoxy-phenyl]- **18** II 39 d

—, 2-[3-Äthoxy-phenyl]- **18** 59 e

—, 2-[4-Äthoxy-phenyl]- **18** 59 h

—, 6-Äthoxy-2-phenyl- **18** 58 e

—, 7-Äthoxy-2-phenyl- **18** 59 b

—, 3-[4-Äthoxy-phenyl]-5,7-dihydroxy- **18** IV 2727

—, 2-[2-Äthoxy-phenyl]-5,7-dimethoxy- **18** 181 b

—, 2-[3-Äthoxy-phenyl]-5,7-dimethoxy- **18** 181 h

—, 3-[2-Äthoxy-phenyl]-5,7-dimethoxy- **18** IV 2724

—, 3-[4-Äthoxy-phenyl]-5-hydroxy-7-methoxy- **18** IV 2728

—, 2-[4-Äthoxy-phenyl]-5-hydroxy-3,6,7-trimethoxy- **18** IV 3459

—, 3-[2-Äthoxy-phenyl]-7-methoxy- **18** IV 1804

—, 3-[4-Äthoxy-phenyl]-7-methoxy- **18** IV 1807

—, 2-[2-Äthoxy-styryl]-6-methyl- **18** IV 802

—, 3-Äthoxy-5,7,8-trimethoxy-2-[4-methoxy-phenyl]- **18** IV 3464

—, 7-Äthoxy-3,5,8-trimethoxy-2-[4-methoxy-phenyl]- **18** IV 3464

Chromen-4-on (Fortsetzung)

—, 3-Äthoxy-5,7,8-trimethoxy-2-[3,4,5-trimethoxy-phenyl]- **18** IV 3627

—, 8-Äthoxy-3,5,7-trimethoxy-2-[3,4,5-trimethoxy-phenyl]- **18** IV 3627

—, 2-Äthyl- **17** IV 5093
  — [2,4-dinitro-phenylhydrazon] **17** IV 5093

—, 3-Äthyl- **17** IV 5094

—, 2-Äthyl-6-amino- **18** IV 7932

—, 2-Äthyl-6-amino-3-methyl- **18** IV 7936

—, 3-Äthyl-5-benzoyloxy-2-methyl- **18** IV 399

—, 6-Äthyl-7-benzyloxy- **18** IV 372

—, 8-Äthyl-6-brom-2,5-dimethyl- **17** IV 5132

—, 6-Äthyl-8-brom-7-hydroxy-2-[4-methoxy-phenyl]- **18** IV 1863

—, 3-Äthyl-8-brom-7-hydroxy-2-methyl- **18** IV 399

—, 6-Äthyl-8-brom-7-hydroxy-2-methyl- **18** IV 401

—, 6-Äthyl-8-brom-7-hydroxy-2-phenyl- **18** IV 767

—, 2-Äthyl-6-brom-3-methyl- **17** IV 5115

—, 3-Äthyl-5-brom-2-methyl- **17** I 182 h

—, 3-Äthyl-6-brom-2-methyl- **17** IV 5114

—, 3-Äthyl-7-brom-2-methyl- **17** I 182 h

—, 3-Äthyl-8-brom-2-methyl- **17** I 182 i

—, 2-Äthyl-6-chlor- **17** II 364 j

—, 2-Äthyl-6-chlor-3,8-dimethyl- **17** IV 5132

—, 2-Äthyl-8-chlor-3,6-dimethyl- **17** IV 5131

—, 3-Äthyl-6-chlor-2,5-dimethyl- **17** IV 5131

—, 3-Äthyl-6-chlor-2,7-dimethyl- **17** IV 5131

—, 3-Äthyl-6-chlor-2,8-dimethyl- **17** IV 5132

—, 3-Äthyl-8-chlor-2,6-dimethyl- **17** IV 5131

—, 2-Äthyl-6-chlor-3-methyl- **17** II 369 d, IV 5115

—, 3-Äthyl-5-chlor-2-methyl- **17** I 182 d

—, 3-Äthyl-6-chlor-2-methyl- **17** I 182 b, II 369 c
  — oxim **17** I 182 c

—, 3-Äthyl-7-chlor-2-methyl- **17** I 182 d

—, 3-Äthyl-8-chlor-2-methyl- **17** I 182 e

—, 3-Äthyl-6-chlor-5-methyl-2-styryl- **17** IV 5524

—, 3-Äthyl-6-chlor-7-methyl-2-styryl- **17** IV 5524

—, 3-Äthyl-6-chlor-8-methyl-2-styryl- **17** IV 5525

—, 3-Äthyl-8-chlor-6-methyl-2-styryl- **17** IV 5524

—, 3-Äthyl-8-chlor-2-styryl- **17** IV 5518

—, 3-Äthyl-6,8-dibrom-7-hydroxy-2-methyl- **18** IV 399

—, 3-Äthyl-6,8-dichlor-2-methyl- **17** I 182 f

—, 3-Äthyl-6,8-dichlor-2-styryl- **17** IV 5518

—, 2-Äthyl-5,7-dihydroxy-3-[4-hydroxy-phenyl]- **18** IV 2776

—, 2-Äthyl-5,7-dihydroxy-3-[4-methoxy-phenyl]- **18** IV 2776

—, 3-Äthyl-5,7-dihydroxy-2-methyl- **18** IV 1410

—, 3-Äthyl-5,7-dihydroxy-2-phenyl- **18** IV 1863

—, 3-Äthyl-2-[3,4-dihydroxy-phenyl]-5,7-dihydroxy- **18** 228 b, II 221 e

—, 3-Äthyl-5,7-dimethoxy-2,8-dimethyl- **18** IV 1420

—, 3-Äthyl-5,7-dimethoxy-2-methyl- **18** IV 1410

—, 6-Äthyl-3,7-dimethoxy-2-phenyl- **18** IV 1863

—, 3-Äthyl-2-[3,4-dimethoxy-phenyl]-5,7-dihydroxy- **18** II 221 f

—, 2-Äthyl-6,8-dimethyl- **17** IV 5132

—, 3-Äthyl-2,5-dimethyl- **17** IV 5131

—, 3-Äthyl-2,6-dimethyl- **17** II 370 d

—, 3-Äthyl-2,7-dimethyl- **17** IV 5131

—, 3-Äthyl-2,8-dimethyl- **17** IV 5132

—, 8-Äthyl-2,5-dimethyl- **17** IV 5132

—, 3-Äthyl-2,7-dimethyl-8-nitro- **17** IV 5131

—, 3-Äthyl-2,8-dimethyl-6-nitro- **17** IV 5132

—, 2-Äthyl-6,8-dimethyl-3-propionyl- **17** IV 6318
  — monooxim **17** IV 6318

—, 2-Äthyl-3,5-dimethyl-7-propionyloxy- **18** IV 423

—, 2-Äthyl-6-hydroxy- **18** 35 e

—, 2-Äthyl-7-hydroxy- **18** 36 c

—, 3-Äthyl-6-hydroxy- **18** IV 371

—, 6-Äthyl-7-hydroxy- **18** IV 372

—, 2-Äthyl-7-hydroxy-3,5-dimethyl- **18** IV 423

—, 3-Äthyl-5-hydroxy-2,7-dimethyl- **18** IV 423

—, 2-Äthyl-7-hydroxy-3-[4-hydroxy-phenyl]- **18** IV 1862

Chromen-4-on (Fortsetzung)

—, 8-Äthyl-7-hydroxy-6-isopropenyl-2-methyl- **18** IV 524

—, 6-Äthyl-7-hydroxy-2-[4-methoxy-phenyl]- **18** IV 1863

—, 6-Äthyl-7-hydroxy-3-methoxy-2-phenyl- **18** IV 1863

—, 2-Äthyl-7-hydroxy-3-methyl- **18** IV 399

—, 2-Äthyl-7-hydroxy-5-methyl- **18** IV 400

—, 3-Äthyl-5-hydroxy-2-methyl- **18** IV 398

—, 3-Äthyl-7-hydroxy-2-methyl- **18** IV 399

—, 6-Äthyl-7-hydroxy-2-methyl- **18** IV 401

—, 3-Äthyl-7-hydroxy-2-methyl-8-nitro- **18** IV 399

—, 2-Äthyl-5-hydroxy-7-methyl-3-propionyl- **18** IV 1582

—, 2-Äthyl-6-hydroxy-3-propionyl- **18** IV 1572

—, 8-Äthyl-6-isopropenyl-7-methoxy-2-methyl- **18** IV 524

—, 2-Äthyl-6-methoxy- **18** 35 f

—, 2-Äthyl-7-methoxy- **18** IV 370

—, 3-Äthyl-2-methoxy- **18** IV 371

—, 3-Äthyl-6-methoxy- **18** IV 371

—, 2-Äthyl-7-methoxy-3,5-dimethyl- **18** IV 423

—, 3-Äthyl-7-methoxy-2,8-dimethyl- **18** IV 423

—, 2-Äthyl-7-methoxy-3-methyl- **18** IV 399

—, 2-Äthyl-7-methoxy-5-methyl- **18** IV 401

—, 6-Äthyl-7-methoxy-2-methyl- **18** IV 401

—, 2-Äthyl-7-methoxy-3-phenyl- **18** IV 767

—, 2-Äthyl-3-[4-methoxy-phenyl]-5,7-bis-propionyloxy- **18** IV 2776

—, 2-Äthyl-3-[4-methoxy-phenyl]-7-propionyloxy- **18** IV 1863

—, 3-Äthyl-2-[4-methoxy-styryl]-7-methyl- **18** IV 808

—, 2-Äthyl-3-methyl- **17** IV 5115

—, 2-Äthyl-6-methyl- **17** IV 5115

—, 3-Äthyl-2-methyl- **17** IV 5114

—, 3-Äthyl-6-methyl- **17** IV 5115

—, 2-Äthyl-3-methyl-6-nitro- **17** IV 5115

—, 3-Äthyl-2-methyl-5-nitro- **17** IV 5114

—, 3-Äthyl-2-methyl-6-nitro- **17** IV 5114

—, 3-Äthyl-2-methyl-7-nitro- **17** IV 5114

—, 3-Äthyl-8-methyl-6-nitro-2-styryl- **17** IV 5525

—, 3-Äthyl-6-methyl-2-phenyl- **17** II 405 c

—, 3-Äthyl-8-methyl-2-styryl- **17** IV 5524

—, 2-Äthyl-3-methyl-7-[tetra-O-acetyl-glucopyranosyloxy]- **18** IV 400

—, 2-Äthyl-6-nitro- **17** IV 5094

—, 3-Äthyl-8-nitro- **17** IV 5094

—, 3-Äthyl-6-nitro-2-styryl- **17** IV 5518

—, 3-Äthyl-2-phenyl- **17** IV 5458

—, 3-Äthyl-2,5,7-trimethyl- **17** II 371 a

—, 3-Äthyl-2,5,8-trimethyl- **17** IV 5145

—, 3-Äthyl-2,6,8-trimethyl- **17** IV 5145

—, 8-Äthyl-2,3,5-trimethyl- **17** IV 5145

—, 8-Allyl-7-allyloxy-3-methoxy-2-methyl- **18** IV 1555

—, 8-Allyl-7-allyloxy-2-phenyl- **18** IV 804

—, 6-Allyl-7-benzyloxy-5-hydroxy-2-methyl- **18** IV 1554

—, 6-Allyl-7-benzyloxy-5-methoxy-2-methyl- **18** IV 1554

—, 8-Allyl-5,7-dihydroxy-3-methoxy-2-methyl- **18** IV 2519

—, 6-Allyl-5,7-dihydroxy-2-methyl- **18** IV 1554

—, 8-Allyl-5,7-dihydroxy-2-methyl- **18** IV 1555

—, 8-Allyl-5,7-dihydroxy-2-methyl-3-phenyl- **18** IV 1920

—, 5-Allyl-6,7-dimethoxy-2-methyl- **18** IV 1553

—, 8-Allyl-2-[3,4-dimethoxy-phenyl]-7-hydroxy-3-methoxy- **18** IV 3369

—, 8-Allyl-2-[3,4-dimethoxy-phenyl]-7-hydroxy-3,5,6-trimethoxy- **18** IV 3609

—, 8-Allyl-7-hydroxy-3,5-dimethoxy-2-methyl- **18** IV 2519

—, 8-Allyl-7-hydroxy-3-methoxy-2-[4-methoxy-phenyl]- **18** IV 2807

—, 5-Allyl-6-hydroxy-7-methoxy-2-methyl- **18** IV 1553

—, 6-Allyl-7-hydroxy-5-methoxy-2-methyl- **18** IV 1554

—, 8-Allyl-7-hydroxy-3-methoxy-2-methyl- **18** IV 1555

—, 8-Allyl-7-hydroxy-3-methoxy-2-phenyl- **18** IV 1913

—, 8-Allyl-7-hydroxy-3-[2-methoxy-phenyl]-2-methyl- **18** IV 1920

—, 8-Allyl-7-hydroxy-3-[4-methoxy-phenyl]-2-methyl- **18** IV 1920

—, 8-Allyl-7-hydroxy-2-methyl- **18** IV 510

—, 8-Allyl-7-hydroxy-2-methyl-3-phenyl- **18** IV 806

Chromen-4-on (Fortsetzung)

—, 6-Allyl-5-hydroxy-2-methyl-7-[toluol-4-sulfonyloxy]- **18** IV 1554

—, 8-Allyl-7-hydroxy-2-phenyl- **18** IV 804

—, 8-Allyl-7-methoxy-2-methyl- **18** IV 510

—, 8-Allyl-7-methoxy-2-methyl-3-phenyl- **18** IV 807

—, 6-Allyl-5-methoxy-2-methyl-7-[toluol-4-sulfonyloxy]- **18** IV 1555

—, 8-Allyl-7-methoxy-2-phenyl- **18** IV 804

—, 5-Allyloxy-7-benzyloxy-2-methyl- **18** IV 1360

—, 7-Allyloxy-3,5-dimethoxy-2-methyl- **18** IV 2384

—, 7-Allyloxy-2-[3,4-dimethoxy-phenyl]-3-methoxy- **18** IV 3306

—, 7-Allyloxy-2-[3,4-dimethoxy-phenyl]-3,5,6-trimethoxy- **18** IV 3580

—, 7-Allyloxy-5-hydroxy-3-methoxy-2-methyl- **18** IV 2384

—, 5-Allyloxy-7-hydroxy-2-methyl- **18** IV 1359

—, 7-Allyloxy-5-hydroxy-2-methyl- **18** IV 1359

—, 7-Allyloxy-5-hydroxy-2-methyl-3-phenyl- **18** IV 1838

—, 7-Allyloxy-3-methoxy-2-[4-methoxy-phenyl]- **18** IV 2713

—, 6-Allyloxy-7-methoxy-2-methyl- **18** IV 1362

—, 7-Allyloxy-3-methoxy-2-methyl- **18** IV 1364

—, 7-Allyloxy-3-methoxy-2-phenyl- **18** IV 1793

—, 7-Allyloxy-3-[2-methoxy-phenyl]-2-methyl- **18** IV 1841

—, 7-Allyloxy-3-[4-methoxy-phenyl]-2-methyl- **18** IV 1842

—, 7-Allyloxy-2-methyl- **18** IV 318

—, 7-Allyloxy-2-methyl-3-phenyl- **18** IV 740

—, 5-Allyloxy-2-methyl-7-[toluol-4-sulfonyloxy]- **18** IV 1361

—, 7-Allyloxy-2-phenyl- **18** IV 693

—, 2-[2-Amino-äthyl]- **18** IV 7932

—, 7-Amino-2-[4-amino-phenyl]-3-hydroxy- **18** IV 8054

—, 6-Amino-5-chlor-2,3-dimethyl- **18** I 570 f

—, 2-Amino-5,7-dihydroxy-,
   — imin **18** II 153 f

—, 2-[2-Amino-4,5-dihydroxy-phenyl]-3,5,7-trihydroxy- **18** I 585 d

—, 3-Amino-2-[3,4-dimethoxy-phenyl]- **18** IV 2717

—, 2-[2-Amino-4,5-dimethoxy-phenyl]-7-methoxy-3-phenyl- **18** IV 8150

—, 2-[2-Amino-4,5-dimethoxy-phenyl]-3,5,7-trimethoxy- **18** I 586 a

—, 6-Amino-2,3-dimethyl- **18** IV 7933

—, 8-Amino-2,3-dimethyl- **18** IV 7933

—, 7-Amino-2-[4-dimethylamino-phenyl]-3-hydroxy- **18** IV 8055

—, 8-Amino-5-hydroxy-6-methoxy-2-phenyl- **18** IV 8136

—, 8-Amino-5-hydroxy-7-methoxy-2-phenyl- **18** IV 8136

—, 2-Amino-3-[4-hydroxy-phenyl]- **18** IV 1813

—, 5-Amino-6-hydroxy-2-phenyl- **18** IV 8102

—, 6-Amino-2-[3-hydroxy-phenyl]- **18** IV 8103

—, 6-Amino-3-hydroxy-2-phenyl- **18** IV 8054

—, 6-Amino-5-hydroxy-2-phenyl- **18** IV 8101

—, 7-Amino-3-hydroxy-2-phenyl- **18** IV 8054

—, 8-Amino-5-hydroxy-2-phenyl- **18** IV 8102

—, 2-Amino-3-[4-hydroxy-phenyl]-7-methoxy- **18** IV 2738

—, 2-Amino-7-methoxy-3-[4-methoxy-phenyl]- **18** IV 2738

—, 2-Amino-3-[4-methoxy-phenyl]- **18** IV 1813

—, 2-Amino-7-methoxy-3-phenyl- **18** IV 1812

—, 3-Amino-2-[4-methoxy-phenyl]- **18** IV 1799

—, 6-Amino-2-[4-methoxy-phenyl]- **18** IV 8103

—, 8-Amino-6-methoxy-2-phenyl- **18** IV 8102

—, 6-Amino-2-methyl- **18** IV 7926

—, 8-Amino-3-methyl- **18** IV 7926

—, 8-Amino-3-methyl-2-phenyl- **18** IV 8010

—, 2-[2-Amino-phenyl]- **18** I 576 a

—, 2-Amino-3-phenyl- **17** IV 6434

—, 2-[3-Amino-phenyl]- **18** I 576 c, IV 8003

—, 2-[4-Amino-phenyl]- **18** I 576 e

—, 3-Amino-2-phenyl- **17** IV 6429

—, 6-Amino-2-phenyl- **18** IV 8002

—, 7-Amino-2-phenyl- **18** IV 8003

—, 3-[4-Amino-phenyl]-5,7-dihydroxy-6-methoxy- **18** IV 8149

—, 2-[4-Amino-phenyl]-5,7-dimethoxy- **18** IV 8136

—, 3-[4-Amino-phenyl]-5,7-dimethoxy- **18** IV 8137

Chromen-4-on (Fortsetzung)

—, 2-[4-Amino-phenyl]-7-hydroxy- **18** IV 8102

—, 3-[4-Amino-phenyl]-7-hydroxy- **18** IV 8103

—, 2-[4-Amino-phenyl]-7-methoxy- **18** IV 8102

—, 3-[4-Amino-phenyl]-7-methoxy- **18** IV 8103

—, 2-[2-Amino-phenyl]-7-methoxy-3-phenyl- **18** IV 8109

—, 3-Anilino-6-methoxy-2-phenyl- **18** II 99 e

—, 3-Anilino-2-[4-methoxy-phenyl]-6-methyl- **18** II 103 g

—, 3-Anilino-2-phenyl- **17** II 498 j

—, 3-p-Anisidino-6-methoxy-2-phenyl- **18** II 99 h

—, 3-p-Anisidino-2-[4-methoxy-phenyl]-6-methyl- **18** II 103 h

—, 7-[O^2-Apiofuranosyl-glucopyranosyloxy]-2-[3,4-dihydroxy-phenyl]-5-hydroxy- **18** IV 3269

—, 7-[O^2-Apiofuranosyl-glucopyranosyloxy]-5-hydroxy-2-[4-hydroxy-3-methoxy-phenyl]- **18** IV 3270

—, 7-[O^2-Apiofuranosyl-glucopyranosyloxy]-5-hydroxy-2-[4-hydroxy-phenyl]- **18** IV 2688

—, 3-Arabinofuranosyloxy-5,7-dihydroxy-2-[4-hydroxy-phenyl]- **18** IV 3290

—, 3-Arabinofuranosyloxy-2-[3,4-dihydroxy-phenyl]-5,7-dihydroxy- **18** IV 3490

—, 3-Arabinofuranosyloxy-2-[3,4-dimethoxy-phenyl]-5,7-dimethoxy- **18** IV 3491

—, 2-[4-Arabinofuranosyloxy-phenyl]-5,7-dihydroxy-3-rhamnofuranosyloxy- **18** IV 3293

—, 2-[4-Arabinofuranosyloxy-phenyl]-3,5,7-trihydroxy- **18** IV 3291

—, 3-Arabinopyranosyloxy-2-[3,4-dihydroxy-phenyl]-5,7-dihydroxy- **18** IV 3490

—, 3-Arabinopyranosyloxy-2-[3,4-dimethoxy-phenyl]-5,7-dimethoxy- **18** IV 3490

—, 7-Benzolsulfonyloxy-2-[3,4-bis-benzolsulfonyloxy-phenyl]-5-hydroxy- **18** 213 f

—, 2-Benzoyl- **17** IV 6475

—, 6-Benzoylamino-2-phenyl- **18** IV 8002

—, 3-[N-Benzoyl-anilino]-6-methyl-2-phenyl- **18** II 467 e

—, 3-Benzoyl-7-benzoyloxy-5-hydroxy-2-phenyl- **18** IV 2837

—, 3-Benzoyl-7-benzoyloxy-5-methyl-2-phenyl- **18** IV 1980

—, 3-Benzoyl-5-benzoyloxy-2-phenyl- **18** IV 1973

—, 3-Benzoyl-7-benzoyloxy-2-phenyl- **18** IV 1973

—, 3-Benzoyl-5,7-bis-benzoyloxy-2-phenyl- **18** IV 2837

—, 6-Benzoyl-3-brom-2-[4-methoxy-phenyl]- **18** IV 1974

—, 6-Benzoyl-3-brom-2-phenyl- **17** IV 6582

—, 6-Benzoyl-8-chlor-3-hydroxy-2-phenyl- **17** IV 6813

—, 3-Benzoyl-6-chlor-2-phenyl- **17** II 516 e

—, 6-Benzoyl-8-chlor-2-phenyl- **17** IV 6582

—, 3-Benzoyl-5,7-dihydroxy-2-phenyl- **18** IV 2837

—, 3-Benzoyl-6,7-dihydroxy-2-phenyl- **18** IV 2837

—, 3-Benzoyl-2-[3,4-dimethoxy-phenyl]- **18** IV 2838

—, 3-Benzoyl-5,7-dimethoxy-2-phenyl- **18** IV 2837

—, 3-Benzoyl-2,6-dimethyl- **17** II 506 h

—, 3-Benzoyl-6,8-dimethyl-2-phenyl- **17** IV 6591

—, 8-Benzoyl-7-hydroxy-2,3-dimethyl- **18** IV 1913

—, 6-Benzoyl-3-hydroxy-2-[4-methoxy-phenyl]- **18** IV 2838

—, 6-Benzoyl-3-hydroxy-2-[4-methoxy-phenyl]-8-methyl- **18** IV 2839

—, 3-Benzoyl-7-hydroxy-2-methyl- **18** IV 1897

—, 6-Benzoyl-7-hydroxy-2-methyl- **18** IV 1898

—, 8-Benzoyl-7-hydroxy-2-methyl- **18** IV 1898

—, 3-Benzoyl-5-hydroxy-7-methyl-2-phenyl- **18** IV 1980

—, 3-Benzoyl-7-hydroxy-5-methyl-2-phenyl- **18** IV 1979

—, 3-Benzoyl-5-hydroxy-6-nitro-2-phenyl- **18** IV 1973

—, 3-Benzoyl-7-hydroxy-6-nitro-2-phenyl- **18** IV 1973

—, 3-Benzoyl-5-hydroxy-2-phenyl- **18** IV 1972

—, 3-Benzoyl-7-hydroxy-2-phenyl- **18** IV 1973

—, 3-Benzoyl-8-hydroxy-2-phenyl- **18** IV 1973

—, 3-Benzoyl-5-hydroxy-2-phenyl-8-phenylazo- **18** IV 8344

Chromen-4-on   (Fortsetzung)
—, 2-Benzoyl-7-methoxy- **18** IV 1881
—, 3-Benzoyl-7-methoxy-5-methyl-2-
    phenyl- **18** IV 1979
—, 3-Benzoyl-2-[2-methoxy-phenyl]- **18**
    IV 1973
—, 3-Benzoyl-2-[4-methoxy-phenyl]- **18**
    IV 1974
—, 3-Benzoyl-5-methoxy-2-phenyl- **18**
    IV 1972
—, 6-Benzoyl-2-[4-methoxy-phenyl]- **18**
    IV 1974
—, 6-Benzoyl-2-[4-methoxy-phenyl]-8-
    methyl- **18** IV 1980
—, 3-Benzoyl-2-methyl- **17** IV 6482
—, 3-Benzoyl-6-methyl-8-nitro-2-phenyl-
    17 IV 6587
    — mono-[2,4-dinitro-phenylhydrazon]
      17 IV 6587
—, 3-Benzoyl-8-methyl-6-nitro-2-phenyl-
    17 IV 6587
—, 3-Benzoyl-6-methyl-2-phenyl- **17**
    IV 6587
—, 3-Benzoyl-6-nitro-2-phenyl- **17**
    IV 6582
—, 3-Benzoyloxy- **18** II 15 e
—, 7-Benzoyloxy-3-[3-benzoyloxy-4,5-
    dimethoxy-phenyl]-5-hydroxy-6-methoxy-
    18 259 f
—, 6-Benzoyloxy-3-[4-benzoyloxy-phenyl]-
    5,7-dimethoxy- **18** IV 3312
—, 6-Benzoyloxy-3-[4-benzoyloxy-phenyl]-
    5-hydroxy-7-methoxy- **18** IV 3312
—, 5-Benzoyloxy-2-[4-benzoyloxy-phenyl]-
    7-methoxy- **18** IV 2687
—, 5-Benzoyloxy-3-[4-benzoyloxy-phenyl]-
    7-methoxy- **18** I 398 d
—, 5-Benzoyloxy-3-[4-benzoyloxy-phenyl]-
    7-[tetra-*O*-benzoyl-glucopyranosyloxy]-
    18 IV 2734
—, 5-Benzoyloxy-2-[4-benzoyloxy-phenyl]-
    3,6,7,8-tetramethoxy- **18** IV 3576
—, 7-Benzoyloxy-3-benzyl-2-phenyl- **18**
    II 52 c
—, 7-Benzoyloxy-2-[3,4-bis-benzoyloxy-
    phenyl]-5-hydroxy- **18** 213 c
—, 3-Benzoyloxy-2-[3,4-bis-benzoyloxy-
    phenyl]-5-hydroxy-7-methoxy- **18** 249 b
—, 5-Benzoyloxy-2-[2,4-bis-benzoyloxy-
    phenyl]-7-methoxy-6-[3-methyl-but-1-enyl]-
    3-[3-methyl-but-2-enyl]- **18** IV 3387
—, 5-Benzoyloxy-6,7-dimethoxy-2-
    phenyl- **18** IV 2673
—, 5-Benzoyloxy-2,3-dimethyl- **18**
    IV 373
—, 7-Benzoyloxy-2,3-dimethyl- **18**
    IV 374
—, 7-Benzoyloxy-2,5-dimethyl- **18**
    IV 376

—, 7-Benzoyloxy-2,3-diphenyl- **18**
    IV 841
—, 7-Benzoyloxy-5-hydroxy-3-
    [4-methoxy-phenyl]- **18** IV 2731
—, 7-Benzoyloxy-5-hydroxy-6-methoxy-
    2-phenyl- **18** IV 2673
—, 7-Benzoyloxy-5-hydroxy-2-methyl-
    18 IV 1360
—, 7-[4-Benzoyloxy-3-methoxy-
    benzoyloxy]-2-[4-hydroxy-3-methoxy-
    phenyl]-3,5-dimethoxy- **18** IV 3489
—, 2-[4-(4-Benzoyloxy-3-methoxy-
    benzoyloxy)-3-methoxy-phenyl]-7-
    hydroxy-3,5-dimethoxy- **18** IV 3489
—, 3-Benzoyloxy-2-[4-methoxy-phenyl]-
    18 IV 1799
—, 7-Benzoyloxy-3-methoxy-2-phenyl-
    18 IV 1794
—, 7-Benzoyloxy-3-[4-methoxy-phenyl]-
    18 IV 1808
—, 8-Benzoyloxy-5-methoxy-2-phenyl-
    18 IV 1773
—, 3-Benzoyloxy-2-[4-methoxy-phenyl]-6-
    methyl- **18** IV 1846
—, 7-Benzoyloxy-3-[4-methoxy-phenyl]-2-
    phenyl- **18** II 132 c
—, 3-Benzoyloxy-2-methyl- **18** IV 313
—, 5-Benzoyloxy-2-methyl- **18** IV 313
—, 7-Benzoyloxy-2-methyl- **18** IV 318
—, 6-Benzoyloxymethyl-3-methyl-2-
    phenyl- **18** IV 769
—, 3-Benzoyloxy-6-methyl-2-phenyl-
    18 64 c
—, 7-Benzoyloxy-3-methyl-2-phenyl- **18**
    IV 742
—, 7-Benzoyloxy-2-[1]naphthyl- **18**
    IV 828
—, 7-Benzoyloxy-2-[2]naphthyl- **18**
    IV 828
—, 3-Benzoyloxy-2-phenyl- **18** IV 687
—, 7-Benzoyloxy-2-phenyl- **18** IV 694
—, 3-[4-Benzoyloxy-phenyl]-7-[tetra-
    O-benzoyl-glucopyranosyloxy]- **18**
    IV 1808
—, 7-Benzoyloxy-3,5,8-trimethoxy-2-
    phenyl- **18** IV 3280
—, 7-Benzoyloxy-3-[3,4,5-tris-
    benzoyloxy-phenyl]- **18** IV 3318
—, 3-Benzoyl-2-phenyl- **17** IV 6582
—, 3-Benzoyl-2-[3,4,5-trimethoxy-phenyl]-
    18 IV 3391
—, 2-Benzyl- **17** IV 5439
—, 6-Benzyl-7-benzyloxy-5-hydroxy-2-
    phenyl- **18** IV 1959
—, 6-Benzyl-7-benzyloxy-2-phenyl- **18**
    IV 846
—, 3-Benzyl-5,7-dihydroxy-2-methyl-
    18 II 105 i

Chromen-4-on (Fortsetzung)

—, 3-Benzyl-7,8-dihydroxy-2-methyl-
18 II 105 k

—, 3-Benzyl-5,7-dihydroxy-2-phenyl-
18 II 133 b

—, 3-Benzyl-7,8-dihydroxy-2-phenyl-
18 II 133 d

—, 3-Benzyl-5,7-dimethoxy-2-methyl-
18 IV 1861

—, 3-Benzyl-5,7-dimethoxy-2-styryl- **18**
IV 1980

—, 3-Benzyl-2,7-dimethyl- **17** IV 5471

—, 8-Benzyl-2,5-dimethyl- **17** IV 5471

—, 2-Benzyl-3,5-dimethyl-7-
phenylacetoxy- **18** IV 778

—, 2-Benzyl-7-hydroxy- **18** 63 c

—, 3-Benzyl-6-hydroxy- **18** IV 735

—, 2-Benzyl-7-hydroxy-3,5-dimethyl-
18 IV 778

—, 3-Benzyl-7-hydroxy-2,5-dimethyl-
18 II 44 g

—, 3-Benzyl-7-hydroxy-2-methyl- **18**
I 330 a, IV 764

—, 3-Benzyl-7-hydroxy-2-phenyl- **18**
II 52 a

—, 6-Benzyl-7-hydroxy-2-phenyl- **18**
IV 846

—, 2-Benzyl-7-methoxy- **18** IV 735

—, 3-Benzyl-6-methoxy- **18** IV 735

—, 2-Benzyl-7-methoxy-3,5-dimethyl-
18 IV 778

—, 3-Benzyl-7-methoxy-2,5-dimethyl-
18 II 44 h

—, 2-Benzyl-7-methoxy-3-methyl- **18**
IV 764

—, 2-Benzyl-7-methoxy-5-methyl- **18**
IV 764

—, 3-Benzyl-7-methoxy-2-methyl- **18**
I 330 b, IV 764

—, 3-Benzyl-7-methoxy-2-styryl- **18**
IV 856

—, 3-Benzyl-2-[4-methoxy-styryl]-7-
methyl- **18** IV 856

—, 3-Benzyl-6-methyl-2-phenyl- **17**
IV 5595

—, 7-Benzyloxy-2-[4-benzyloxy-3-
hydroxy-phenyl]-3,5-dihydroxy- **18**
IV 3483

—, 6-Benzyloxy-3-[4-benzyloxy-phenyl]-
5,7-dimethoxy- **18** IV 3311

—, 7-Benzyloxy-3-[4-benzyloxy-phenyl]-
5-hydroxy- **18** IV 2729

—, 6-Benzyloxy-3-[4-benzyloxy-phenyl]-
5-hydroxy-7-methoxy- **18** IV 3311

—, 8-Benzyloxy-3-[4-benzyloxy-phenyl]-
5-hydroxy-7-methoxy- **18** IV 3314

—, 7-Benzyloxy-3-[4-benzyloxy-phenyl]-
5-methoxy- **18** IV 2729

—, 5-Benzyloxy-2-[4-benzyloxy-phenyl]-
3,6,7,8-tetramethoxy- **18** IV 3575

—, 7-Benzyloxy-2-[4-benzyloxy-styryl]-
18 IV 1896

—, 7-Benzyloxy-6-brom-2-[4-methoxy-
phenyl]- **18** IV 1786

—, 7-Benzyloxy-3-brom-2-[4-methoxy-
phenyl]-6-nitro- **18** IV 1787

—, 7-Benzyloxy-5,8-dihydroxy-3-
methoxy-2-[4-methoxy-phenyl]- **18**
IV 3465

—, 7-Benzyloxy-5,6-dihydroxy-3-phenyl-
18 IV 2719

—, 7-Benzyloxy-5,8-dihydroxy-2-phenyl-
18 IV 2677

—, 7-Benzyloxy-2-[3,4-dihydroxy-phenyl]-
3,5-dihydroxy- **18** IV 3482

—, 7-Benzyloxy-6-[2,3-dihydroxy-propyl]-
5-hydroxy-2-methyl- **18** IV 3083

—, 7-Benzyloxy-3,5-dimethoxy-2-
[4-methoxy-phenyl]- **18** IV 3288

—, 7-Benzyloxy-5,6-dimethoxy-2-
[4-methoxy-phenyl]- **18** IV 3252

—, 7-Benzyloxy-3,5-dimethoxy-2-methyl-
18 IV 2385

—, 7-Benzyloxy-5,8-dimethoxy-2-methyl-
18 IV 2383

—, 6-Benzyloxy-5,7-dimethoxy-3-phenyl-
18 IV 2720

—, 7-Benzyloxy-3,5-dimethoxy-2-phenyl-
18 IV 2703

—, 7-Benzyloxy-5,6-dimethoxy-2-phenyl-
18 IV 2673

—, 7-Benzyloxy-5,8-dimethoxy-2-phenyl-
18 IV 2677

—, 2-[4-Benzyloxy-3,5-dimethoxy-phenyl]-
5,7-dihydroxy- **18** IV 3455

—, 7-Benzyloxy-2-[3,4-dimethoxy-phenyl]-
3,5-dimethoxy- **18** IV 3483

—, 7-Benzyloxy-2-[3,4-dimethoxy-phenyl]-
5-hydroxy- **18** IV 3266

—, 8-Benzyloxy-2-[3,4-dimethoxy-phenyl]-
5-hydroxy-3,7-dimethoxy- **18** IV 3587

—, 7-Benzyloxy-2-[3,4-dimethoxy-phenyl]-
5-hydroxy-3-methoxy- **18** IV 3482

—, 7-Benzyloxy-2-[3,4-dimethoxy-phenyl]-
3-hydroxy-6-nitro- **18** IV 3307

—, 7-Benzyloxy-2-[3,4-dimethoxy-phenyl]-
5-methoxy- **18** IV 3266

—, 7-Benzyloxy-2-[3,4-dimethoxy-phenyl]-
6-nitro- **18** IV 2698

—, 2-[4-Benzyloxy-3,5-dimethoxy-phenyl]-
3,5,7-trihydroxy- **18** II 252 c

—, 8-Benzyloxy-2-[3,4-dimethoxy-phenyl]-
3,5,7-trimethoxy- **18** IV 3587

—, 7-Benzyloxy-6-hexyl-2-phenyl- **18**
IV 785

Chromen-4-on   (Fortsetzung)

—, 7-Benzyloxy-5-hydroxy-3,8-dimethoxy-2-[4-methoxy-phenyl]- **18** IV 3465

—, 7-Benzyloxy-5-hydroxy-3-methoxy-2-[4-methoxy-phenyl]- **18** IV 3288

—, 7-Benzyloxy-5-hydroxy-3-methoxy-2-methyl- **18** IV 2385

—, 6-Benzyloxy-5-hydroxy-7-methoxy-3-phenyl- **18** IV 2719

—, 7-Benzyloxy-3-hydroxy-2-[4-methoxy-phenyl]- **18** IV 2713

—, 7-Benzyloxy-5-hydroxy-3-methoxy-2-phenyl- **18** IV 2703

—, 7-Benzyloxy-5-hydroxy-3-[4-methoxy-phenyl]- **18** IV 2728

—, 7-Benzyloxy-5-hydroxy-6-methoxy-3-phenyl- **18** IV 2719

—, 7-Benzyloxy-5-hydroxy-8-methoxy-2-phenyl- **18** IV 2677

—, 8-Benzyloxy-5-hydroxy-7-methoxy-3-phenyl- **18** IV 2722

—, 7-Benzyloxy-3-hydroxy-2-[2-methoxy-phenyl]-6-nitro- **18** IV 2710

—, 7-Benzyloxy-3-hydroxy-2-[4-methoxy-phenyl]-6-nitro- **18** IV 2714

—, 7-Benzyloxy-5-hydroxy-2-methyl- **18** IV 1360

—, 7-Benzyloxy-3-hydroxy-6-nitro-2-phenyl- **18** IV 1795

—, 7-Benzyloxy-5-hydroxy-2-phenyl- **18** IV 1767

—, 2-[4-Benzyloxy-3-hydroxy-phenyl]-3,5,7-trimethoxy- **18** IV 3483

—, 7-Benzyloxy-5-methoxy-3-[4-methoxy-phenyl]- **18** IV 2728

—, 7-Benzyloxy-5-methoxy-3-[4-methoxy-phenyl]-8-methyl- **18** IV 2767

—, 6-Benzyloxy-7-methoxy-2-methyl- **18** IV 1362

—, 7-Benzyloxy-5-methoxy-2-methyl- **18** IV 1360

—, 7-Benzyloxy-2-[3-methoxy-phenyl]- **18** IV 1783

—, 7-Benzyloxy-2-[4-methoxy-phenyl]- **18** IV 1785

—, 7-Benzyloxy-3-[4-methoxy-phenyl]- **18** IV 1807

—, 7-Benzyloxy-5-methoxy-2-phenyl- **18** IV 1767

—, 2-[3-Benzyloxy-4-methoxy-phenyl]-5,7-dihydroxy- **18** IV 3265

—, 2-[4-Benzyloxy-3-methoxy-phenyl]-5,7-dihydroxy- **18** IV 3265

—, 2-[3-Benzyloxy-4-methoxy-phenyl]-5,7-dihydroxy-3-methoxy- **18** IV 3482

—, 2-[4-Benzyloxy-3-methoxy-phenyl]-5,7-dihydroxy-3-methoxy- **18** IV 3482

—, 2-[3-Benzyloxy-4-methoxy-phenyl]-5,7-dimethoxy- **18** IV 3266

—, 2-[4-Benzyloxy-3-methoxy-phenyl]-5,7-dimethoxy- **18** IV 3266

—, 2-[4-Benzyloxy-3-methoxy-phenyl]-3-hydroxy- **18** IV 2716

—, 2-[3-Benzyloxy-4-methoxy-phenyl]-5-hydroxy-3,7-dimethoxy- **18** IV 3483

—, 2-[3-Benzyloxy-4-methoxy-phenyl]-6-hydroxy-3,7-dimethoxy- **18** IV 3505

—, 2-[4-Benzyloxy-3-methoxy-phenyl]-5-hydroxy-3,7-dimethoxy- **18** IV 3483

—, 2-[4-Benzyloxy-3-methoxy-phenyl]-3-hydroxy-7-methoxy- **18** IV 3306

—, 2-[4-Benzyloxy-3-methoxy-phenyl]-3-hydroxy-6-methyl- **18** IV 2760

—, 2-[4-Benzyloxy-3-methoxy-phenyl]-3-hydroxy-7-methyl- **18** IV 2761

—, 2-[3-Benzyloxy-4-methoxy-phenyl]-6-hydroxy-3,5,7-trimethoxy- **18** IV 3580

—, 2-[4-Benzyloxy-3-methoxy-phenyl]-5-hydroxy-3,7,8-trimethoxy- **18** IV 3587

—, 2-[4-Benzyloxy-3-methoxy-phenyl]-7-methoxy- **18** IV 2698

—, 2-[4-Benzyloxy-3-methoxy-phenyl]-6-methyl- **18** IV 1845

—, 2-[4-Benzyloxy-3-methoxy-phenyl]-7-methyl- **18** IV 1848

—, 7-Benzyloxy-2-[2-methoxy-phenyl]-6-nitro- **18** IV 1781

—, 7-Benzyloxy-2-[4-methoxy-phenyl]-6-nitro- **18** IV 1787

—, 2-[4-Benzyloxy-3-methoxy-phenyl]-5,7,8-trihydroxy-3-methoxy- **18** IV 3587

—, 2-[3-Benzyloxy-4-methoxy-phenyl]-3,5,7-trimethoxy- **18** IV 3483

—, 2-[4-Benzyloxy-3-methoxy-phenyl]-3,5,7-trimethoxy- **18** IV 3483

—, 2-Benzyloxymethyl- **18** IV 322

—, 7-Benzyloxy-2-methyl- **18** IV 318

—, 7-Benzyloxy-6-nitro-2-phenyl- **18** IV 699

—, 2-[4-Benzyloxy-phenyl]- **18** IV 704

—, 6-Benzyloxy-2-phenyl- **18** IV 691

—, 7-Benzyloxy-2-phenyl- **18** IV 694

—, 7-Benzyloxy-3-phenyl- **18** IV 708

—, 2-[4-Benzyloxy-phenyl]-5,7-dihydroxy- **18** IV 2685

—, 2-[4-Benzyloxy-phenyl]-5,7-dihydroxy-3-methoxy- **18** IV 3288

—, 2-[2-Benzyloxy-phenyl]-3,7-dimethoxy- **18** IV 2710

—, 2-[3-Benzyloxy-phenyl]-5,7-dimethoxy- **18** IV 2681

—, 2-[4-Benzyloxy-phenyl]-5,7-dimethoxy- **18** IV 2685

—, 3-[2-Benzyloxy-phenyl]-5,7-dimethoxy- **18** IV 2724

Chromen-4-on (Fortsetzung)

—, 2-[4-Benzyloxy-phenyl]-3-hydroxy-
18 IV 1798

—, 2-[2-Benzyloxy-phenyl]-3-hydroxy-7-
methoxy- 18 IV 2710

—, 2-[2-Benzyloxy-phenyl]-7-hydroxy-3-
methoxy- 18 IV 2710

—, 2-[3-Benzyloxy-phenyl]-3-hydroxy-7-
methoxy- 18 IV 2711

—, 2-[4-Benzyloxy-phenyl]-3-hydroxy-7-
methoxy- 18 IV 2713

—, 2-[4-Benzyloxy-phenyl]-5-hydroxy-7-
methoxy- 18 IV 2685

—, 3-[2-Benzyloxy-phenyl]-5-hydroxy-7-
methoxy- 18 IV 2724

—, 2-[4-Benzyloxy-phenyl]-5-hydroxy-
3,6,7-trimethoxy- 18 IV 3459

—, 2-[3-Benzyloxy-phenyl]-5-methoxy-
18 IV 1776

—, 2-[3-Benzyloxy-phenyl]-7-methoxy-
18 IV 1783

—, 2-[4-Benzyloxy-phenyl]-3-methoxy-
18 IV 1799

—, 2-[4-Benzyloxy-phenyl]-5-methoxy-
18 IV 1777

—, 2-[4-Benzyloxy-phenyl]-7-methoxy-
18 IV 1785

—, 3-[2-Benzyloxy-phenyl]-7-methoxy-
18 IV 1804

—, 2-[4-Benzyloxy-phenyl]-3,5,7-
trimethoxy- 18 IV 3288

—, 7-Benzyloxy-2-styryl- 18 IV 795

—, 3-Benzyl-2,5,8-trimethyl- 17 IV 5479

—, 5,7-Bis-allyloxy-2-methyl-3-phenyl-
18 IV 1838

—, 3,7-Bis-benzoyloxy- 18 96 f

—, 5,7-Bis-benzoyloxy-2-[3-benzoyloxy-4-
methoxy-phenyl]- 18 213 d

—, 5,7-Bis-benzoyloxy-2-[4-benzoyloxy-3-
methoxy-phenyl]- 18 IV 3267

—, 3,5-Bis-benzoyloxy-2-[4-benzoyloxy-3-
methoxy-phenyl]-7-methoxy- 18 249 c

—, 5,7-Bis-benzoyloxy-2-[4-benzoyloxy-
phenyl]- 18 183 g, IV 2687

—, 5,7-Bis-benzoyloxy-3-[4-benzoyloxy-
phenyl]- 18 IV 2732

—, 5,7-Bis-benzoyloxy-3-[4-benzoyloxy-
phenyl]-6-methoxy- 18 II 217 b

—, 3,5-Bis-benzoyloxy-7-benzyloxy-2-
[3,4-bis-benzoyloxy-phenyl]- 18 IV 3489

—, 3,7-Bis-benzoyloxy-2-[3,4-bis-
benzoyloxy-phenyl]- 18 223 e

—, 5,7-Bis-benzoyloxy-2-[3,4-bis-
benzoyloxy-phenyl]- 18 213 e

—, 5,7-Bis-benzoyloxy-3-hydroxy-2-
[4-methoxy-phenyl]- 18 217 d

—, 3,5-Bis-benzoyloxy-7-methoxy-2-
phenyl- 18 IV 2703

—, 5,7-Bis-benzoyloxy-2-[4-methoxy-
phenyl]- 18 II 173 g

—, 5,7-Bis-benzoyloxy-8-methoxy-2-
phenyl- 18 IV 2678

—, 3,5-Bis-benzoyloxy-2-[4-methoxy-
phenyl]-8-[3-methyl-but-2-enyl]-7-[tetra-
O-benzoyl-glucopyranosyloxy]- 18
IV 3375

—, 5,7-Bis-benzoyloxy-2-[4-methoxy-
phenyl]-8-[3-methyl-but-2-enyl]-3-[tri-
O-benzoyl-rhamnopyranosyloxy]- 18
IV 3373

—, 3,8-Bis-benzoyloxy-2-methyl- 18
IV 1365

—, 5,6-Bis-benzoyloxy-2-phenyl- 18
IV 1766

—, 5,7-Bis-benzoyloxy-2-phenyl- 18
IV 1768

—, 5,8-Bis-benzoyloxy-2-phenyl- 18
IV 1773

—, 2-[3,4-Bis-benzoyloxy-phenyl]-3,x,x-
trimethoxy- 18 IV 3508

—, 3,7-Bis-benzyloxy-2-[4-benzyloxy-3-
hydroxy-phenyl]-5-hydroxy- 18 IV 3484

—, 3,7-Bis-benzyloxy-2-[4-benzyloxy-
phenyl]-5,8-dihydroxy- 18 IV 3465

—, 3,7-Bis-benzyloxy-2-[4-benzyloxy-
phenyl]-5-hydroxy- 18 IV 3288

—, 3,7-Bis-benzyloxy-2-[4-benzyloxy-
phenyl]-5-hydroxy-8-methoxy- 18
IV 3465

—, 2-[3,4-Bis-benzyloxy-phenyl]-5,7-
dihydroxy-3-methoxy- 18 IV 3484

—, 2-[3,4-Bis-benzyloxy-phenyl]-5-
hydroxy-3,7-dimethoxy- 18 IV 3484

—, 2-[3,4-Bis-chloracetoxy-phenyl]-3,5,7-
tris-chloracetoxy- 18 I 426 d

—, 5,7-Bis-cinnamoyloxy-2-styryl- 18
IV 1895

—, 3,7-Bis-glucopyranosyloxy-2-
[4-glucopyranosyloxy-3-methoxy-phenyl]-
5-hydroxy- 18 IV 3500

—, 3,7-Bis-glucopyranosyloxy-2-
[4-glucopyranosyloxy-phenyl]- 18
IV 2714

—, 3,7-Bis-glucopyranosyloxy-2-
[4-methoxy-phenyl]- 18 IV 2714

—, 3,5-Bis-glucopyranosyloxy-2-phenyl-
18 IV 1791

—, 3,7-Bis-glucopyranosyloxy-2-phenyl-
18 IV 1794

—, 2-[3,4-Bis-methansulfonyloxy-phenyl]-
3,5-bis-methansulfonyloxy-7-methoxy-
18 IV 3501

—, 2-[3,4-Bis-methansulfonyloxy-phenyl]-
5,7-bis-methansulfonyloxy-3-methoxy-
18 IV 3502

Chromen-4-on (Fortsetzung)

—, 2-[3,4-Bis-methansulfonyloxy-phenyl]-3-hydroxy-5,7-bis-methansulfonyloxy- **18** IV 3501

—, 2-[2,4-Bis-methansulfonyloxy-phenyl]-3,5,7-tris-methansulfonyloxy- **18** IV 3470

—, 2-[3,4-Bis-methansulfonyloxy-phenyl]-3,5,7-tris-methansulfonyloxy- **18** IV 3502

—, 2-[3,4-Bis-methoxyacetoxy-phenyl]-3,5,7-tris-methoxyacetoxy- **18** IV 3489

—, 5,7-Bis-[4-methoxy-cinnamoyloxy]-2-[4-methoxy-styryl]- **18** IV 2802

—, 2-[3,4-Bis-propionyloxy-phenyl]-7-methoxy-3,5-bis-propionyloxy- **18** 249 a

—, 5,7-Bis-propionyloxy-3-[4-propionyloxy-phenyl]- **18** IV 2731

—, 2-[2,4-Bis-(toluol-4-sulfonyloxy)-phenyl]-7-methoxy-6-[3-methyl-but-1-enyl]-3-[3-methyl-but-2-enyl]-5-[toluol-4-sulfonyloxy]- **18** IV 3387

—, 2-[3,4-Bis-trimethylsilyloxy-phenyl]-3-hydroxy-5,7-bis-trimethylsilyloxy- **18** IV 3503

—, 3-Brom- **17** IV 5053

—, 6-Brom-7-[2-brom-äthoxy]-2-phenyl- **18** IV 698

—, 3-Brom-2-[3-brom-4-methoxy-phenyl]- **18** IV 706

—, 6-Brom-2-[5-brom-2-methoxy-phenyl]- **18** IV 702

—, 6-Brom-2-[5-brom-2-methoxy-phenyl]-7-methoxy- **18** IV 1781

—, 3-Brom-2-[3-brom-4-methoxy-phenyl]-6-methyl-8-nitro- **18** IV 745

—, 3-Brom-2-[5-brom-2-methoxy-phenyl]-6-methyl-8-nitro- **18** IV 744

—, 6-[α-Brom-cinnamoyl]-2-phenyl- **17** IV 6607

—, 6-Brom-7-[2,3-dihydroxy-propoxy]-2-[4-methoxy-phenyl]- **18** IV 1786

—, 6-Brom-7-[2,3-dihydroxy-propoxy]-2-phenyl- **18** IV 698

—, 6-Brom-5,7-dimethoxy-2-[4-methoxy-phenyl]- **18** IV 2692

—, 6-Brom-5,7-dimethoxy-2-methyl- **18** IV 1770

—, 2-[5-Brom-2,4-dimethoxy-phenyl]- **18** IV 1789

—, 8-Brom-5,7-dimethoxy-2-phenyl- **18** IV 1770

—, 6-Brom-2-[3,4-dimethoxy-phenyl]-5,7-dimethoxy- **18** IV 3271

—, 5-Brom-2,3-dimethyl- **17** I 177 g

—, 6-Brom-2,3-dimethyl- **17** I 177 h, IV 5095

—, 7-Brom-2,3-dimethyl- **17** I 177 i

—, 8-Brom-2,3-dimethyl- **17** I 177 j

—, 6-Brom-7-[2-hydroxy-äthoxy]-2-phenyl- **18** IV 698

—, 8-Brom-7-hydroxy-2,3-dimethyl- **18** IV 375

—, 8-Brom-5-hydroxy-7-methoxy-2-[4-methoxy-phenyl]- **18** IV 2692

—, x-Brom-5-hydroxy-7-methoxy-2-methyl- **18** IV 1359

—, 6-Brom-3-hydroxy-2-[4-methoxy-phenyl]- **18** IV 1801

—, 7-Brom-3-hydroxy-2-[4-methoxy-phenyl]- **18** IV 1801

—, 8-Brom-5-hydroxy-7-methoxy-2-phenyl- **18** IV 1770

—, 2-[3-Brom-4-hydroxy-5-methoxy-phenyl]-7-methoxy-6-nitro- **18** IV 2699

—, 8-Brom-3-hydroxy-2-[4-methoxy-phenyl]-6-methyl- **18** IV 1847

—, 8-Brom-5-hydroxy-2-methyl- **18** IV 313

—, 8-Brom-6-hydroxy-2-methyl- **18** IV 316

—, 8-Brom-7-hydroxy-2-methyl- **18** IV 319

—, 6-Brom-5-hydroxy-2-methyl-8-nitro- **18** IV 315

—, 8-Brom-5-hydroxy-2-methyl-6-nitro- **18** IV 315

—, 8-Brom-7-hydroxy-2-methyl-6-nitro- **18** IV 321

—, 8-Brom-7-hydroxy-2-methyl-6-propyl- **18** IV 419

—, 6-Brom-3-hydroxy-2-phenyl- **17** IV 6431

—, 7-Brom-3-hydroxy-2-phenyl- **17** IV 6431

—, 6-Brom-8-isopropyl-2,5-dimethyl- **17** IV 5145

—, 3-Brom-2-methoxy- **18** IV 282

—, 3-Brom-7-methoxy-2-methyl- **18** IV 319

—, 8-Brom-7-methoxy-2-methyl- **18** IV 319

—, 2-[3-Brom-4-methoxy-phenyl]- **18** IV 706

—, 2-[5-Brom-2-methoxy-phenyl]- **18** IV 702

—, 3-Brom-2-[4-methoxy-phenyl]- **18** IV 705

—, 6-Brom-7-methoxy-3-phenyl- **18** IV 709

—, 7-Brom-2-[4-methoxy-phenyl]- **18** IV 706

—, 8-Brom-5-methoxy-2-phenyl- **18** IV 689

—, 2-[3-Brom-4-methoxy-phenyl]-3-chlor- **18** IV 706

—, 2-[3-Brom-4-methoxy-phenyl]-7-methoxy-6-nitro- **18** IV 1787

Chromen-4-on　(Fortsetzung)

—, 2-[5-Brom-2-methoxy-phenyl]-7-
methoxy-6-nitro- **18** IV 1782

—, 3-Brom-2-[4-methoxy-phenyl]-6-
methyl- **18** IV 744

—, 8-Brom-2-[4-methoxy-phenyl]-6-
methyl- **18** IV 745

—, 2-[3-Brom-4-methoxy-phenyl]-6-
methyl-8-nitro- **18** IV 745

—, 2-[5-Brom-2-methoxy-phenyl]-6-
methyl-8-nitro- **18** IV 743

—, 2-[5-Brom-2-methoxy-phenyl]-8-
methyl-6-nitro- **18** IV 746

—, 2-[5-Brom-2-methoxy-phenyl]-6-nitro-
18 IV 702

—, 2-Brommethyl- **17** IV 5071

—, 3-Brom-2-methyl- **17** IV 5071

—, 3-Brom-6-methyl- **17** IV 5076

—, 3-Brom-7-methyl- **17** IV 5077

—, 3-Brom-8-methyl- **17** IV 5078

—, 2-Brommethyl-5,7-dihydroxy-3-
phenyl- **18** IV 1838

—, 2-Brommethyl-7-hydroxy- **18**
IV 319

—, 2-Brommethyl-7-hydroxy-3-
[2-hydroxy-phenyl]- **18** IV 1841

—, 2-Brommethyl-7-hydroxy-3-phenyl-
18 IV 740

—, 2-Brommethyl-6-methoxy- **18**
IV 316

—, 2-Brommethyl-7-methoxy- **18**
IV 319

—, 2-Brommethyl-3-methyl- **17** I 177 k

—, 3-Brommethyl-2-methyl- **17** I 177 k

—, 3-Brom-6-methyl-8-nitro-2-phenyl-
17 IV 5443

—, 3-Brom-8-methyl-6-nitro-2-phenyl-
17 IV 5443

—, 3-Brom-6-methyl-2-phenyl- **17**
IV 5442

—, 6-Brom-2-methyl-3-propyl- **17**
IV 5129

—, 6-Brom-3-methyl-2-propyl- **17**
IV 5130

—, 8-Brom-2-methyl-3-propyl- **17**
IV 5129

—, 6-Brom-3-methyl-2-styryl- **17**
IV 5510

—, 8-Brom-3-methyl-2-styryl- **17**
IV 5510

—, 3-Brom-6-nitro-2-phenyl- **17**
IV 5419

—, 2-[2-Brom-phenyl]- **17** IV 5418

—, 2-[4-Brom-phenyl]- **17** IV 5418

—, 3-Brom-2-phenyl- **17** IV 5417

—, 6-Brom-2-phenyl- **17** 373 c,
IV 5417

—, 7-Brom-2-phenyl- **17** IV 5418

—, 2-[3-Brom-phenyl]-5,7-dimethoxy-
18 IV 1771

—, 2-[4-Brom-phenyl]-5,7-dimethoxy-
18 IV 1771

—, 2-[2-Brom-phenyl]-3-hydroxy- **17**
IV 6432

—, 2-[3-Brom-phenyl]-3-hydroxy- **17**
IV 6432

—, 2-[4-Brom-phenyl]-3-hydroxy- **17**
IV 6432

—, 8-[2-Brom-propyl]-5,7-dihydroxy-2-
methyl- **18** IV 1417

—, 8-[2-Brom-propyl]-2-[3,4-dimethoxy-
phenyl]-7-hydroxy-3-methoxy- **18**
IV 3344

—, 8-[2-Brom-propyl]-7-hydroxy-3,5-
dimethoxy-2-methyl- **18** IV 2413

—, 8-[2-Brom-propyl]-7-hydroxy-3-
methoxy-2-[4-methoxy-phenyl]- **18**
IV 2781

—, 8-[2-Brom-propyl]-7-hydroxy-3-
methoxy-2-methyl- **18** IV 1417

—, 8-[2-Brom-propyl]-7-hydroxy-3-
methoxy-2-phenyl- **18** IV 1870

—, 8-[2-Brom-propyl]-7-hydroxy-3-
[2-methoxy-phenyl]-2-methyl- **18**
IV 1874

—, 8-[2-Brom-propyl]-7-hydroxy-3-
[4-methoxy-phenyl]-2-methyl- **18**
IV 1874

—, 8-[2-Brom-propyl]-7-hydroxy-2-
methyl-3-phenyl- **18** IV 782

—, 6-Brom-3-propyl-2-styryl- **17**
IV 5523

—, 6-Brom-2-p-tolyl- **17** IV 5440

—, 7-Butoxy-2-[2,5-dihydroxy-phenyl]-3-
hydroxy- **18** IV 3304

—, 7-Butoxy-5,8-dimethoxy-2-methyl-
18 IV 2383

—, 7-Butoxy-2-methyl- **18** IV 318

—, 2-Butyl- **17** IV 5128

—, 3-Butyl-7,8-dihydroxy-2-methyl- **18**
IV 1424

—, 3-Butyl-2-hydroxy- **17** IV 6210

—, 3-Butyl-6-hydroxy- **18** IV 417

—, 6-Butyl-7-hydroxy-2-methyl- **18**
IV 434

—, 3-Butyl-2-methoxy- **18** IV 417

—, 3-Butyl-6-methoxy- **18** IV 417

—, 3-Butyl-7-methyl-2-[4-nitro-styryl]-
17 IV 5528

—, 2-Butyryl- **17** IV 6303
　　— monooxim **17** IV 6303

—, 3-Butyryl-6-chlor-2-propyl- **17**
II 487 c

—, 3-Butyryl-5-hydroxy-7-methyl-2-
propyl- **18** IV 1589

—, 3-Butyryl-6-hydroxy-2-propyl- **18**
IV 1586

Chromen-4-on   (Fortsetzung)

—, 3-Carbamimidoylmercapto-2-
hydroxy- **18** IV 1338

—, 6-[4-Carboxy-3-methyl-
crotonoyloxymethyl]-5-hydroxy-7-
methoxy-2-methyl- **18** IV 2404

—, 6-[3-Carboxy-propionyloxymethyl]-
2,3-dimethyl- **18** IV 408

—, 6-[3-Carboxy-propionyloxymethyl]-3-
methyl-2-phenyl- **18** IV 769

—, 7-Cellobiosyloxy-5-hydroxy-6-
methoxy-2-[4-methoxy-phenyl]- **18**
IV 3254

—, 7-Cellobiosyloxy-5-hydroxy-2-
[4-methoxy-phenyl]- **18** IV 2690

—, 6-Chlor- **17** II 357 a, IV 5052

—, 8-Chlor- **17** II 357 b

—, 7-Chloracetoxy-3-methoxy-2-phenyl-
18 IV 1794

—, 3-Chloracetoxy-2-phenyl- **18** IV 686

—, 7-Chloracetoxy-2-phenyl- **18** IV 694

—, 6-Chlor-2-chlormethyl-3-methyl- **17**
I 365 d

—, 8-Chlor-5,7-dihydroxy-2,6-dimethyl-
18 IV 1401

—, 8-Chlor-5,7-dihydroxy-2-[4-methoxy-
phenyl]- **18** IV 2692

—, 2-[5-Chlor-2,4-dihydroxy-phenyl]-
18 IV 1788

—, 6-Chlor-2-[3,4-dihydroxy-phenyl]-3-
hydroxy- **18** IV 2717

—, 8-Chlor-5,7-dimethoxy-2-[4-methoxy-
phenyl]- **18** IV 2692

—, 2-[5-Chlor-2,4-dimethoxy-phenyl]-
18 IV 1789

—, 6-Chlor-2-[3,4-dimethoxy-phenyl]-
18 IV 1790

—, 8-Chlor-2-[3,4-dimethoxy-phenyl]-
18 IV 1790

—, 3-Chlor-2,6-dimethyl- **17** II 366 b

—, 6-Chlor-2,3-dimethyl- **17** I 177 b,
II 365 c, IV 5095
   — oxim **17** I 177 c

—, 6-Chlor-2,7-dimethyl- **17** II 366 f

—, 6-Chlor-2,8-dimethyl- **17** IV 5097

—, 7-Chlor-2,3-dimethyl- **17** I 177 d

—, 8-Chlor-2,3-dimethyl- **17** I 177 e

—, 6-Chlor-3-dimethylaminomethyl- **18**
IV 7927

—, 6-Chlor-2,5-dimethyl-3-propyl- **17**
IV 5144

—, 6-Chlor-2,7-dimethyl-3-propyl- **17**
IV 5144

—, 6-Chlor-2,8-dimethyl-3-propyl- **17**
IV 5144

—, 6-Chlor-3,8-dimethyl-2-propyl- **17**
IV 5145

—, 8-Chlor-3,6-dimethyl-2-propyl- **17**
IV 5144

—, 6-Chlor-3,7-dimethyl-2-styryl- **17**
IV 5519

—, 6-Chlor-3,8-dimethyl-2-styryl- **17**
IV 5519

—, 6-Chlor-5,7-dimethyl-2-styryl- **17**
IV 5519

—, 8-Chlor-3,6-dimethyl-2-styryl- **17**
IV 5519

—, 6-Chlor-2,3-diphenyl- **17** II 420 c
   — oxim **17** II 420 d

—, 2-Chlor-3-hydroxy- **17** II 469 h

—, 6-Chlor-3-hydroxy-2-[2-hydroxy-
phenyl]- **18** IV 1796

—, 6-Chlor-3-hydroxy-7-methoxy-2-
phenyl- **18** I 362 d

—, 7-Chlor-3-hydroxy-2-[4-methoxy-
phenyl]- **18** IV 1800

—, 2-Chlor-3-hydroxy-6-methyl- **17**
II 473 e

—, 6-Chlor-2-[2-hydroxy-phenyl]- **18**
IV 701

—, 6-Chlor-3-hydroxy-2-phenyl- **17**
II 499 b, IV 6430

—, 7-Chlor-3-hydroxy-2-phenyl- **17**
IV 6431

—, 8-Chlor-3-hydroxy-2-phenyl- **17**
II 499 c, IV 6431

—, 3-[3-Chlor-2-hydroxy-propyl]-5,7-
dihydroxy-2-methyl- **18** IV 2414

—, 6-Chlor-3-isopropyl-2-methyl- **17**
IV 5130

—, 8-Chlor-3-isopropyl-2-methyl- **17**
IV 5130

—, 6-Chlor-3-isopropyl-2-styryl- **17**
IV 5524

—, 8-Chlor-3-isopropyl-2-styryl- **17**
IV 5524

—, 3-Chlor-2-methoxy- **18** IV 282

—, 3-Chlor-2-[4-methoxy-phenyl]- **18**
IV 705

—, 7-Chlor-2-[4-methoxy-phenyl]- **18**
IV 705

—, 3-Chlor-2-[4-methoxy-phenyl]-6-
methyl- **18** IV 744

—, 2-Chlormethyl- **17** IV 5071

—, 3-Chlor-2-methyl- **17** IV 5071

—, 6-Chlor-2-methyl- **17** II 362 b

—, 8-[3-Chlor-3-methyl-butyl]-3,5,7-
trihydroxy-2-[4-methoxy-phenyl]- **18**
IV 3356

—, 8-[3-Chlor-3-methyl-butyl]-3,5,7-
trimethoxy-2-[4-methoxy-phenyl]- **18**
IV 3356

—, 6-Chlormethyl-2,3-dimethyl- **17**
IV 5116

—, 6-Chlormethyl-5-hydroxy-7-methoxy-
2-[4-methoxy-phenyl]- **18** IV 2758

—, 8-Chlormethyl-5-hydroxy-7-methoxy-
2-[4-methoxy-phenyl]- **18** IV 2763

Chromen-4-on (Fortsetzung)

—, x-Chlormethyl-5-hydroxy-7-methoxy-
2-[4-methoxy-phenyl]- **18** IV 2685

—, 8-Chlormethyl-7-methoxy-2,3-
dimethyl- **18** IV 409

—, 8-Chlormethyl-7-methoxy-3-methyl-2-
phenyl- **18** IV 769

—, 6-Chlormethyl-3-methyl-2-phenyl-
17 IV 5458

—, 6-Chlor-2-methyl-3-phenyl- **17**
II 401 f

—, 6-Chlor-5-methyl-2-phenyl- **17**
II 401 e

—, 6-Chlor-7-methyl-2-phenyl- **17**
II 401 e

—, 6-Chlor-2-methyl-3-propyl- **17**
IV 5129

—, 6-Chlor-3-methyl-2-propyl- **17**
IV 5129

—, 8-Chlor-2-methyl-3-propyl- **17**
IV 5129

—, 6-Chlor-8-methyl-3-propyl-2-styryl-
17 IV 5527

—, 6-Chlor-3-methyl-2-styryl- **17**
IV 5510

—, 6-Chlor-8-methyl-2-styryl- **17**
IV 5511

—, 6-Chlor-5-nitro- **17** IV 5053

—, 2-[2-Chlor-phenyl]- **17** II 396 b,
IV 5416

—, 2-[4-Chlor-phenyl]- **17** IV 5416
— benzylimin **17** IV 5416

—, 6-Chlor-2-phenyl- **17** II 395 g,
IV 5416

—, 7-Chlor-2-phenyl- **17** IV 5416
— hydrazon **17** IV 5416

—, 8-Chlor-2-phenyl- **17** II 396 a,
IV 5416

—, 2-[3-Chlor-phenyl]-5,7-dimethoxy-
18 IV 1770

—, 2-[4-Chlor-phenyl]-5,7-dimethoxy-
18 IV 1770

—, 2-[2-Chlor-phenyl]-3-hydroxy- **17**
II 499 d

—, 2-[2-Chlor-phenyl]-7-hydroxy- **18**
II 38 i

—, 2-[3-Chlor-phenyl]-3-hydroxy- **17**
IV 6431

—, 2-[4-Chlor-phenyl]-3-hydroxy- **17**
IV 6431

—, 2-[4-Chlor-phenyl]-7-hydroxy- **18**
IV 698

—, 3-[4-Chlor-phenyl]-7-hydroxy- **18**
IV 709

—, 2-[2-Chlor-phenyl]-7-methoxy- **18**
II 39 a

—, 2-[4-Chlor-phenyl]-6-methoxy- **18**
IV 691

—, 3-[4-Chlor-phenyl]-7-methoxy- **18**
IV 709

—, 6-Chlor-3-propyl-2-styryl- **17**
IV 5523

—, 8-Chlor-3-propyl-2-styryl- **17**
IV 5523

—, 6-Chlor-2,3,7-trimethyl- **17** IV 5117

—, 6-Chlor-2,3,8-trimethyl- **17** IV 5117

—, 6-Chlor-2,5,7-trimethyl- **17** IV 5117

—, 8-Chlor-2,3,6-trimethyl- **17** IV 5116

—, 7-Cinnamoyloxy-5-hydroxy-3-
[4-methoxy-phenyl]-2-styryl- **18** II 188 f

—, 7-Cinnamoyloxy-5-hydroxy-3-phenyl-
2-styryl- **18** II 134 c

—, 7-Cinnamoyloxy-3-[4-methoxy-
phenyl]-2-styryl- **18** II 134 e

—, 7-Cinnamoyloxy-3-phenyl-2-styryl-
18 II 53 c

—, 7-Cinnamoyloxy-2-styryl- **18** IV 795

—, 3-Cyclohexylamino- **17** IV 6158

—, 3-Decyl-6-hydroxy- **18** IV 460

—, 3,7-Diacetoxy- **18** 96 e

—, 7,8-Diacetoxy- **18** 97 d

—, 5,7-Diacetoxy-3-[4-acetoxy-benzyl]-2-
methyl- **18** II 180 b, IV 2775

—, 3,5-Diacetoxy-2-[3-acetoxy-4-
benzyloxy-phenyl]-7-benzyloxy- **18**
IV 3487

—, 5,7-Diacetoxy-2-[4-acetoxy-3,5-
dimethoxy-phenyl]- **18** IV 3455

—, 5,7-Diacetoxy-3-[3-acetoxy-4,5-
dimethoxy-phenyl]-6-methoxy- **18** 259 e

—, 3,7-Diacetoxy-2-[3-acetoxy-4-
methoxy-phenyl]- **18** IV 3307

—, 5,7-Diacetoxy-2-[3-acetoxy-4-
methoxy-phenyl]- **18** 213 a, I 412 f,
II 213 a, IV 3267

—, 5,7-Diacetoxy-2-[4-acetoxy-3-
methoxy-phenyl]- **18** I 412 g, IV 3267

—, 5,6-Diacetoxy-2-[3-acetoxy-4-
methoxy-phenyl]-3,7-dimethoxy- **18**
IV 3581

—, 3,5-Diacetoxy-2-[3-acetoxy-4-
methoxy-phenyl]-7-methoxy- **18** IV 3487

—, 3,5-Diacetoxy-2-[4-acetoxy-3-
methoxy-phenyl]-7-methoxy- **18** 248 c

—, 5,7-Diacetoxy-2-[4-acetoxy-3-
methoxy-phenyl]-3-methyl- **18** IV 3487

—, 3,5-Diacetoxy-2-[4-acetoxy-phenyl]-
18 IV 2707

—, 3,6-Diacetoxy-2-[3-acetoxy-phenyl]-
18 187 e

—, 3,6-Diacetoxy-2-[4-acetoxy-phenyl]-
18 188 b

—, 3,7-Diacetoxy-2-[3-acetoxy-phenyl]-
18 189 c

—, 3,7-Diacetoxy-2-[4-acetoxy-phenyl]-
18 189 h, IV 2714

Chromen-4-on   (Fortsetzung)
—, 5,6-Diacetoxy-2-[2-acetoxy-phenyl]-
  18 IV 2679
—, 5,6-Diacetoxy-2-[4-acetoxy-phenyl]-
  18 IV 2680
—, 5,7-Diacetoxy-2-[2-acetoxy-phenyl]-
  18 181 f
—, 5,7-Diacetoxy-2-[3-acetoxy-phenyl]-
  18 181 i
—, 5,7-Diacetoxy-2-[4-acetoxy-phenyl]-
  18 183 f, II 173 f, IV 2687
—, 5,7-Diacetoxy-3-[2-acetoxy-phenyl]-
  18 IV 2724
—, 5,7-Diacetoxy-3-[4-acetoxy-phenyl]-
  18 191 d, I 398 c, IV 2731
—, 5,8-Diacetoxy-2-[2-acetoxy-phenyl]-
  18 IV 2692
—, 6,7-Diacetoxy-2-[4-acetoxy-phenyl]-
  18 II 174 e
—, 6,8-Diacetoxy-2-[4-acetoxy-phenyl]-
  18 IV 2694
—, 7,8-Diacetoxy-2-[4-acetoxy-phenyl]-
  18 IV 2694
—, 5,7-Diacetoxy-2-[4-acetoxy-phenyl]-6-
  [4-(5,7-diacetoxy-4-oxo-4H-chromen-2-yl)-
  phenoxy]- **18** IV 3256
—, 3,7-Diacetoxy-2-[4-acetoxy-phenyl]-5-
  hydroxy- **18** IV 3290
—, 3,5-Diacetoxy-2-[4-acetoxy-phenyl]-7-
  methoxy- **18** 217 b, I 414 c,
  II 216 a, IV 3290
—, 5,7-Diacetoxy-2-[4-acetoxy-phenyl]-3-
  methoxy- **18** IV 3290
—, 5,7-Diacetoxy-3-[4-acetoxy-phenyl]-6-
  methoxy- **18** II 217 a, IV 3311
—, 5,7-Diacetoxy-3-[4-acetoxy-phenyl]-8-
  methoxy- **18** IV 3314
—, 5,7-Diacetoxy-3-[2-acetoxy-phenyl]-8-
  methyl- **18** IV 2766
—, 5,7-Diacetoxy-3-[4-acetoxy-phenyl]-2-
  methyl- **18** II 179 e
—, 5,7-Diacetoxy-3-[4-acetoxy-phenyl]-8-
  methyl- **18** IV 2768
—, 3,5-Diacetoxy-2-[4-acetoxy-phenyl]-8-
  [3-methyl-but-2-enyl]-7-[tetra-O-acetyl-
  glucopyranosyloxy]- **18** IV 3375
—, 5,7-Diacetoxy-2-[4-acetoxy-phenyl]-8-
  [3-methyl-but-2-enyl]-3-[tri-O-acetyl-
  rhamnopyranosyloxy]- **18** IV 3373
—, 5,7-Diacetoxy-2-[4-acetoxy-phenyl]-3-
  [tetra-O-acetyl-glucopyranosyloxy]- **18**
  IV 3296
—, 5,7-Diacetoxy-2-[4-acetoxy-phenyl]-3-
  [tri-O-acetyl-rhamnofuranosyloxy]- **18**
  IV 3293
—, 3,5-Diacetoxy-2-[4-acetoxy-phenyl]-7-
  [tri-O-acetyl-rhamnopyranosyloxy]- **18**
  IV 3292

—, 5,7-Diacetoxy-3-acetyl-2,6-dimethyl-
  18 IV 2519
—, 5,7-Diacetoxy-6-acetyl-2-[4-methoxy-
  phenyl]- **18** IV 3366
—, 5,7-Diacetoxy-8-acetyl-2-[4-methoxy-
  phenyl]- **18** IV 3366
—, 5,7-Diacetoxy-8-[5-acetyl-2-methoxy-
  phenyl]-2-[4-methoxy-phenyl]- **18**
  IV 3545
—, 5,7-Diacetoxy-3-acetyl-2-methyl- **18**
  IV 2513
—, 7,8-Diacetoxy-3-acetyl-2-methyl- **18**
  II 156 b
—, 5,7-Diacetoxy-3-acetyl-2,6,8-
  trimethyl- **18** IV 2522
—, 5,7-Diacetoxy-3-äthoxy-6,8-dibrom-2-
  [2,4-diacetoxy-3,5-dibrom-phenyl]-
  18 242 b
—, 5,7-Diacetoxy-2-[3-äthoxy-4,5-
  dimethoxy-phenyl]-3-methoxy- **18**
  IV 3595
—, 5,7-Diacetoxy-3-äthyl-2-
  [3,4-diacetoxy-phenyl]- **18** 228 c,
  II 222 a
—, 5,7-Diacetoxy-3-äthyl-2-
  [3,4-dimethoxy-phenyl]- **18** II 221 g
—, 5,7-Diacetoxy-3-äthyl-2-methyl- **18**
  IV 1410
—, 5,7-Diacetoxy-6-allyl-2-methyl- **18**
  IV 1554
—, 5,7-Diacetoxy-3-benzyl-2-methyl- **18**
  II 105 j
—, 7,8-Diacetoxy-3-benzyl-2-methyl- **18**
  II 106 a
—, 3,5-Diacetoxy-7-benzyloxy-2-
  [3,4-diacetoxy-phenyl]- **18** IV 3489
—, 5,7-Diacetoxy-2-[4-benzyloxy-3-
  methoxy-phenyl]- **18** IV 3267
—, 5,7-Diacetoxy-2-[4-benzyloxy-phenyl]-
  18 IV 2687
—, 5,7-Diacetoxy-3-benzyl-2-phenyl- **18**
  II 133 c
—, 7,8-Diacetoxy-3-benzyl-2-phenyl- **18**
  II 133 e
—, 5,7-Diacetoxy-2-brommethyl-3-
  phenyl- **18** IV 1838
—, 7,8-Diacetoxy-3-butyl-2-methyl- **18**
  IV 1424
—, 2-[2,4-Diacetoxy-5-chlor-phenyl]- **18**
  IV 1789
—, 5,7-Diacetoxy-6-diacetoxymethyl-8-
  methyl-2-phenyl- **18** IV 2804
—, 3,5-Diacetoxy-2-[3,4-diacetoxy-
  phenyl]- **18** IV 3300
—, 3,6-Diacetoxy-2-[2,3-diacetoxy-
  phenyl]- **18** IV 3301
—, 3,6-Diacetoxy-2-[2,4-diacetoxy-
  phenyl]- **18** 220 c

Chromen-4-on (Fortsetzung)

—, 3,6-Diacetoxy-2-[3,4-diacetoxy-phenyl]- **18** 221 a

—, 3,7-Diacetoxy-2-[2,3-diacetoxy-phenyl]- **18** IV 3303

—, 3,7-Diacetoxy-2-[2,4-diacetoxy-phenyl]- **18** 221 f

—, 3,7-Diacetoxy-2-[3,4-diacetoxy-phenyl]- **18** 223 d, II 216 f, IV 3307

—, 5,7-Diacetoxy-2-[2,4-diacetoxy-phenyl]- **18** IV 3261

—, 5,7-Diacetoxy-2-[3,4-diacetoxy-phenyl]- **18** 213 b, I 413 a, IV 3267

—, 5,7-Diacetoxy-2-[3,5-diacetoxy-phenyl]- **18** IV 3272

—, 5,7-Diacetoxy-3-[3,4-diacetoxy-phenyl]- **18** IV 3317

—, 7,8-Diacetoxy-2-[2,3-diacetoxy-phenyl]- **18** IV 3273

—, 7,8-Diacetoxy-2-[3,4-diacetoxy-phenyl]- **18** II 213 j, IV 3273

—, 3,7-Diacetoxy-2-[2,4-diacetoxy-phenyl]-5-hydroxy- **18** 241 e

—, 3,7-Diacetoxy-2-[3,4-diacetoxy-phenyl]-5-hydroxy- **18** 248 d

—, 5,7-Diacetoxy-2-[3,4-diacetoxy-phenyl]-3-hydroxy- **18** IV 3488

—, 3,5-Diacetoxy-2-[3,4-diacetoxy-phenyl]-7-methoxy- **18** 248 f, II 238 h, IV 3488

—, 3,7-Diacetoxy-2-[3,4-diacetoxy-phenyl]-5-methoxy- **18** II 238 i, IV 3488

—, 5,7-Diacetoxy-2-[3,4-diacetoxy-phenyl]-3-methoxy- **18** IV 3489

—, 5,7-Diacetoxy-2-[3,4-diacetoxy-phenyl]-3-methyl- **18** II 220 g

—, 5,7-Diacetoxy-2-[3,4-diacetoxy-phenyl]-6-methyl- **18** IV 3337

—, 5,7-Diacetoxy-2-[3,4-diacetoxy-phenyl]-8-methyl- **18** IV 3339

—, 5,7-Diacetoxy-2-[3,4-diacetoxy-phenyl]-3-[tetra-O-acetyl-galactopyranosyloxy]- **18** IV 3500

—, 3,7-Diacetoxy-2-[3,4-diacetoxy-phenyl]-7-[tetra-O-acetyl-glucopyranosyloxy]- **31** 257 c

—, 5,7-Diacetoxy-2-[3,4-diacetoxy-phenyl]-3-[tetra-O-acetyl-glucopyranosyloxy]- **18** IV 3500

—, 5,7-Diacetoxy-2-[3,4-diacetoxy-phenyl]-3-[3,4,5-triacetoxy-6-acetoxymethyl-tetrahydro-pyran-2-yloxy]- **18** IV 3500

—, 5,7-Diacetoxy-2-[3,4-diacetoxy-phenyl]-3-[tri-O-acetyl-arabinofuranosyloxy]- **18** IV 3491

—, 5,7-Diacetoxy-2-[3,4-diacetoxy-phenyl]-3-[tri-O-acetyl-arabinopyranosyloxy]- **18** IV 3490

—, 5,7-Diacetoxy-2-[3,4-diacetoxy-phenyl]-3-[tri-O-acetyl-rhamnopyranosyloxy]- **18** IV 3493

—, 3,5-Diacetoxy-7,8-dimethoxy-2-[4-methoxy-phenyl]- **18** IV 3465

—, 5,6-Diacetoxy-3,7-dimethoxy-2-[4-methoxy-phenyl]- **18** IV 3459

—, 5,7-Diacetoxy-3,8-dimethoxy-2-[4-methoxy-phenyl]- **18** IV 3465

—, 5,6-Diacetoxy-3,7-dimethoxy-2-methyl- **18** IV 3078

—, 3,7-Diacetoxy-2-[2,3-dimethoxy-phenyl]- **18** IV 3303

—, 3,7-Diacetoxy-2-[3,4-dimethoxy-phenyl]- **18** IV 3307

—, 5,7-Diacetoxy-2-[3,4-dimethoxy-phenyl]- **18** IV 3266

—, 5,7-Diacetoxy-3-[2,4-dimethoxy-phenyl]- **18** IV 3315

—, 5,8-Diacetoxy-3,7-dimethoxy-2-phenyl- **18** IV 3280

—, 5,8-Diacetoxy-6,7-dimethoxy-2-phenyl- **18** IV 3251

—, 5,6-Diacetoxy-2-[3,4-dimethoxy-phenyl]-3,7-dimethoxy- **18** IV 3581

—, 5,7-Diacetoxy-2-[3,4-dimethoxy-phenyl]-3,8-dimethoxy- **18** IV 3588

—, 5,8-Diacetoxy-2-[3,4-dimethoxy-phenyl]-3,7-dimethoxy- **18** IV 3588

—, 3,5-Diacetoxy-2-[3,4-dimethoxy-phenyl]-7-methoxy- **18** IV 3485

—, 3,7-Diacetoxy-2-[3,4-dimethoxy-phenyl]-5-methoxy- **18** IV 3486

—, 5,7-Diacetoxy-2-[2,3-dimethoxy-phenyl]-3-methoxy- **18** IV 3468

—, 5,7-Diacetoxy-2-[2,4-dimethoxy-phenyl]-3-methoxy- **18** IV 3470

—, 5,7-Diacetoxy-2-[3,4-dimethoxy-phenyl]-3-methoxy- **18** II 238 f

—, 5,8-Diacetoxy-2-[3,4-dimethoxy-phenyl]-3-methoxy- **18** IV 3504

—, 5,8-Diacetoxy-2-[3,4-dimethoxy-phenyl]-7-methoxy- **18** IV 3453

—, 5,7-Diacetoxy-2-[3,4-dimethoxy-phenyl]-3-methyl- **18** II 220 f

—, 5,7-Diacetoxy-3-[2,4-dimethoxy-phenyl]-2-methyl- **18** IV 3336

—, 5,7-Diacetoxy-2-[3,4-dimethoxy-phenyl]-3,6,8-trimethoxy- **18** IV 3581

—, 5,8-Diacetoxy-3,6-dimethoxy-2-[3,4,5-trimethoxy-phenyl]- **18** IV 3622

—, 5,8-Diacetoxy-6,7-dimethoxy-2-[3,4,5-trimethoxy-phenyl]- **18** IV 3622

—, 5,7-Diacetoxy-2,3-dimethyl- **18** IV 1399

Chromen-4-on (Fortsetzung)

—, 5,7-Diacetoxy-2,6-dimethyl- **18** IV 1400

—, 5,7-Diacetoxy-2,8-dimethyl- **18** IV 1401

—, 7,8-Diacetoxy-2,3-dimethyl- **18** IV 1400

—, 5,7-Diacetoxy-2,8-dimethyl-3-phenyl- **18** IV 1865

—, 5,7-Diacetoxy-6,8-dinitro-2-phenyl- **18** 126 d

—, 7,8-Diacetoxy-2,3-diphenyl- **18** II 131 h

—, 5,7-Diacetoxy-3-[4-(hexa-*O*-acetyl-neohesperidosyloxy)-phenyl]- **18** IV 2734

—, 7,8-Diacetoxy-3-hexadecyl-2-methyl- **18** IV 1501

—, 7,8-Diacetoxy-5-hydroxy-2-phenyl- **18** IV 2677

—, 3,7-Diacetoxy-5-hydroxy-2-[3,4,5-triacetoxy-phenyl]- **18** IV 3596

—, 5,7-Diacetoxy-6-isopentyl-2-methyl- **18** IV 1432

—, 3,4-Diacetoxy-2-[4-isopropyl-phenyl]- **18** 137 b

—, 5,7-Diacetoxy-3-[4-methoxy-benzoyl]-2-[4-methoxy-phenyl]- **18** IV 3542

—, 3,5-Diacetoxy-7-methoxy-2-[4-methoxy-phenyl]- **18** IV 3289

—, 3,7-Diacetoxy-5-methoxy-2-[4-methoxy-phenyl]- **18** IV 3289

—, 5,7-Diacetoxy-3-methoxy-2-[2-methoxy-phenyl]- **18** II 214 e

—, 5,7-Diacetoxy-3-methoxy-2-[3-methoxy-phenyl]- **18** IV 3283

—, 5,7-Diacetoxy-3-methoxy-2-[4-methoxy-phenyl]- **18** IV 3290

—, 5,7-Diacetoxy-6-methoxy-2-[4-methoxy-phenyl]- **18** IV 3253

—, 6,7-Diacetoxy-3-methoxy-2-methyl- **18** IV 2386

—, 5,7-Diacetoxy-3-methoxy-6-methyl-2-phenyl- **18** IV 2759

—, 5,7-Diacetoxy-3-methoxy-8-methyl-2-phenyl- **18** IV 2764

—, 3,5-Diacetoxy-7-methoxy-2-phenyl- **18** IV 2703

—, 3,6-Diacetoxy-8-methoxy-2-phenyl- **18** IV 2706

—, 3,7-Diacetoxy-2-[4-methoxy-phenyl]- **18** II 175 b

—, 5,6-Diacetoxy-2-[4-methoxy-phenyl]- **18** IV 2680

—, 5,6-Diacetoxy-7-methoxy-2-phenyl- **18** IV 2673

—, 5,7-Diacetoxy-2-[4-methoxy-phenyl]- **18** 183 e, II 173 e, IV 2686

—, 5,7-Diacetoxy-3-methoxy-2-phenyl- **18** 185 d, IV 2703

—, 5,7-Diacetoxy-3-[2-methoxy-phenyl]- **18** IV 2724

—, 5,7-Diacetoxy-3-[4-methoxy-phenyl]- **18** IV 2730

—, 5,7-Diacetoxy-6-methoxy-2-phenyl- **18** IV 2673

—, 5,7-Diacetoxy-6-methoxy-3-phenyl- **18** IV 2720

—, 5,7-Diacetoxy-8-methoxy-2-phenyl- **18** IV 2678

—, 5,8-Diacetoxy-2-[4-methoxy-phenyl]- **18** IV 2693

—, 5,8-Diacetoxy-6-methoxy-2-phenyl- **18** IV 2674

—, 5,8-Diacetoxy-7-methoxy-2-phenyl- **18** IV 2678

—, 7,8-Diacetoxy-3-methoxy-2-phenyl- **18** IV 2707

—, 7,8-Diacetoxy-5-methoxy-2-phenyl- **18** IV 2678

—, 5,7-Diacetoxy-3-[4-methoxy-phenyl]-2,6-dimethyl- **18** IV 2777

—, 5,7-Diacetoxy-3-[4-methoxy-phenyl]-2,8-dimethyl- **18** IV 2778

—, 5,7-Diacetoxy-3-[4-methoxy-phenyl]-2-methyl- **18** II 179 d

—, 3,5-Diacetoxy-2-[4-methoxy-phenyl]-8-[3-methyl-but-2-enyl]-7-[tetra-*O*-acetyl-glucopyranosyloxy]- **18** IV 3374

—, 5,7-Diacetoxy-2-[4-methoxy-phenyl]-8-[3-methyl-but-2-enyl]-3-[tri-*O*-acetyl-rhamnopyranosyloxy]- **18** IV 3373

—, 5,7-Diacetoxy-3-[4-methoxy-phenyl]-2-styryl- **18** II 188 e

—, 5,7-Diacetoxy-3-methoxy-2-[2,3,4-trimethoxy-phenyl]- **18** IV 3592

—, 5,7-Diacetoxy-3-methoxy-2-[3,4,5-trimethoxy-phenyl]- **18** II 252 d

—, 5,8-Diacetoxy-3-methoxy-2-[3,4,5-trimethoxy-phenyl]- **18** IV 3598

—, 3,8-Diacetoxy-2-methyl- **18** IV 1364

—, 5,7-Diacetoxy-2-methyl- **18** 103 f, IV 1360

—, 7,8-Diacetoxy-2-methyl- **18** 103 i, IV 1363

—, 5,7-Diacetoxy-2-methyl-3-[4-nitro-phenyl]- **18** IV 1839

—, 5,6-Diacetoxy-2-methyl-3-phenyl- **18** IV 1837

—, 5,7-Diacetoxy-2-methyl-3-phenyl- **18** II 103 d, IV 1838

—, 5,7-Diacetoxy-3-methyl-2-phenyl- **18** IV 1843

—, 5,7-Diacetoxy-6-methyl-2-phenyl- **18** IV 1844

—, 5,7-Diacetoxy-8-methyl-2-phenyl- **18** IV 1849

Chromen-4-on   (Fortsetzung)

—, 5,8-Diacetoxy-7-methyl-2-phenyl-
18 IV 1847

—, 6,7-Diacetoxy-2-methyl-3-phenyl-
18 IV 1839

—, 7,8-Diacetoxy-2-methyl-3-phenyl-
18 II 103 f, IV 1840

—, 7,8-Diacetoxy-2-methyl-3-tetradecyl-
18 IV 1500

—, 5,7-Diacetoxy-3-[4-nitro-phenyl]- **18**
IV 1803

—, 2-[2,3-Diacetoxy-phenyl]- **18**
IV 1788

—, 2-[2,4-Diacetoxy-phenyl]- **18**
IV 1788

—, 2-[2,5-Diacetoxy-phenyl]- **18**
IV 1789

—, 2-[2,6-Diacetoxy-phenyl]- **18**
IV 1789

—, 2-[3,4-Diacetoxy-phenyl]- **18** 128 j

—, 3,5-Diacetoxy-2-phenyl- **18** IV 1791

—, 3,6-Diacetoxy-2-phenyl- **18** 129 f

—, 3,7-Diacetoxy-2-phenyl- **18** 130 b,
II 100 b

—, 5,6-Diacetoxy-2-phenyl- **18** IV 1765

—, 5,7-Diacetoxy-2-phenyl- **18** 125 e,
II 98 c, IV 1768

—, 5,7-Diacetoxy-3-phenyl- **18** IV 1802

—, 5,8-Diacetoxy-2-phenyl- **18** IV 1773

—, 6,7-Diacetoxy-2-phenyl- **18** I 361 d,
IV 1774

—, 6,7-Diacetoxy-3-phenyl- **18** IV 1803

—, 6,8-Diacetoxy-2-phenyl- **18** IV 1774

—, 7,8-Diacetoxy-2-phenyl- **18** 126 g,
II 98 e, IV 1775

—, 7,8-Diacetoxy-3-phenyl- **18** IV 1804

—, 2-[2,5-Diacetoxy-phenyl]-3-methoxy-
18 IV 2715

—, 2-[2,5-Diacetoxy-phenyl]-7-methoxy-
18 IV 2697

—, 3-[3,4-Diacetoxy-phenyl]-7-methoxy-
18 IV 2735

—, 5,7-Diacetoxy-2-phenyl-6-[tetra-
O-acetyl-glucopyranosyloxy]- **18**
IV 2674

—, 2-[3,4-Diacetoxy-phenyl]-3,x,x-
trimethoxy- **18** IV 3508

—, 5,7-Diacetoxy-3-[4-(tetra-O-acetyl-
glucopyranosyloxy)-phenyl]- **18** IV 2733

—, 3,5-Diacetoxy-2-[3,4,5-triacetoxy-
phenyl]- **18** IV 3508

—, 3,7-Diacetoxy-2-[2,3,4-triacetoxy-
phenyl]- **18** IV 3510

—, 3,7-Diacetoxy-2-[3,4,5-triacetoxy-
phenyl]- **18** IV 3512

—, 5,7-Diacetoxy-2-[3,4,5-triacetoxy-
phenyl]- **18** I 423 d, IV 3455

—, 7,8-Diacetoxy-2-[3,4,5-triacetoxy-
phenyl]- **18** IV 3456

—, 5,7-Diacetoxy-3-{4-
[O^3,O^4,O^6-triacetyl-O^2-(tri-O-acetyl-
rhamnopyranosyl)-glucopyranosyloxy]-
phenyl}- **18** IV 2734

—, 5,7-Diacetoxy-3-[3,4,5-trimethoxy-
benzoyl]-2-[3,4,5-trimethoxy-phenyl]- **18**
IV 3640

—, 3,7-Diacetoxy-2-[3,4,5-trimethoxy-
phenyl]- **18** IV 3511

—, 5,7-Diacetoxy-2-[3,4,5-trimethoxy-
phenyl]- **18** IV 3455

—, 5,7-Diacetoxy-2,6,8-trimethyl- **18**
IV 1413

—, 2-[2-Diacetylamino-4,5-dimethoxy-
phenyl]-3,5,7-trimethoxy- **18** I 586 c

—, 6-Diacetylamino-2-[4-methoxy-
phenyl]- **18** IV 8103

—, 6-Diacetylamino-2-methyl- **18**
IV 7926

—, 2-[2-Diacetylamino-phenyl]- **18**
I 576 b

—, 2-[3-Diacetylamino-phenyl]- **18**
I 576 d

—, 2-[4-Diacetylamino-phenyl]- **18**
I 576 f

—, 6-Diacetylamino-2-phenyl- **18**
IV 8002

—, 3,7-Diäthoxy- **18** 96 d

—, 5,7-Diäthoxy-2-[4-äthoxy-3-methoxy-
phenyl]- **18** IV 3265

—, 5,7-Diäthoxy-3-[3-äthoxy-4-methoxy-
phenyl]- **18** IV 3316

—, 5,7-Diäthoxy-3-[4-äthoxy-3-methoxy-
phenyl]- **18** IV 3316

—, 5,6-Diäthoxy-2-[3-äthoxy-4-methoxy-
phenyl]-3,7-dimethoxy- **18** IV 3580

—, 3,5-Diäthoxy-2-[3-äthoxy-4-methoxy-
phenyl]-7-methoxy- **18** IV 3481

—, 5,7-Diäthoxy-2-[4-äthoxy-phenyl]-
18 II 173 d

—, 5,7-Diäthoxy-2-[4-äthoxy-phenyl]-6-
[4-(5,7-diäthoxy-4-oxo-4H-chromen-2-yl)-
phenoxy]- **18** IV 3256

—, 3,7-Diäthoxy-2-[4-äthoxy-phenyl]-5,8-
dihydroxy- **18** IV 3464

—, 3,7-Diäthoxy-2-[4-äthoxy-phenyl]-5-
hydroxy- **18** IV 3288

—, 3,7-Diäthoxy-2-[4-äthoxy-phenyl]-5-
hydroxy-8-methoxy- **18** IV 3464

—, 5,7-Diäthoxy-3-[4-äthoxy-phenyl]-6-
methoxy- **18** IV 3311

—, 5,7-Diäthoxy-3-äthyl-2,8-dimethyl-
18 IV 1420

—, 3,7-Diäthoxy-6-äthyl-5-hydroxy-2-
[4-methoxy-phenyl]- **18** 228 d

—, 3,7-Diäthoxy-8-äthyl-5-hydroxy-2-
[4-methoxy-phenyl]- **18** 228 d

—, 3,7-Diäthoxy-2-[3,4-diäthoxy-phenyl]-
18 223 a, IV 3306

Chromen-4-on   (Fortsetzung)
—, 5,7-Diäthoxy-2-[3,4-diäthoxy-phenyl]-
   18 212 e, I 412 e, II 212 h
—, 3,5-Diäthoxy-2-[3,4-diäthoxy-phenyl]-
   7-hydroxy- **18** IV 3482
—, 3,7-Diäthoxy-2-[2,4-diäthoxy-phenyl]-
   5-hydroxy- **18** 241 b
—, 3,7-Diäthoxy-2-[3,4-diäthoxy-phenyl]-
   5-hydroxy- **18** 247 e
—, 3,5-Diäthoxy-2-[3,4-diäthoxy-phenyl]-
   7-methoxy- **18** IV 3482
—, 3,7-Diäthoxy-6,8-dibrom-2-
   [3,4-diäthoxy-phenyl]-5-hydroxy-
   18 250 b
—, 5,7-Diäthoxy-3,8-dimethoxy-2-
   [4-methoxy-phenyl]- **18** IV 3464
—, 5,8-Diäthoxy-2-[3,4-dimethoxy-
   phenyl]-3,7-dimethoxy- **18** IV 3586
—, 3,7-Diäthoxy-5-hydroxy-2-
   [4-methoxy-phenyl]- **18** 216 c
—, 5,7-Diäthoxy-3-[4-methoxy-phenyl]-
   18 IV 2728
—, 5,7-Diäthoxy-6-methoxy-2-phenyl-
   18 IV 2672
—, 2-Diäthoxymethyl-6-methyl- **17**
   IV 6291
—, 2-[3,4-Diäthoxy-phenyl]-5,7-
   dihydroxy- **18** IV 3265
—, 2-[3,4-Diäthoxy-phenyl]-5,7-
   dihydroxy-3-methoxy- **18** IV 3481
—, 2-[3,4-Diäthoxy-phenyl]-5-hydroxy-
   3,7-dimethoxy- **18** IV 3481
—, 2-[3,4-Diäthoxy-phenyl]-5-hydroxy-7-
   methoxy- **18** IV 3265
—, 2-[2,4-Diäthoxy-phenyl]-5-hydroxy-7-
   methoxy-6-[3-methyl-but-1-enyl]-3-
   [3-methyl-but-2-enyl]- **18** IV 3386
—, 7-Diäthoxyphosphoryloxy-2-phenyl-
   18 IV 698
—, 2-[2,5-Diäthoxy-styryl]-3-methyl- **18**
   II 109 f
—, 2,3-Diäthyl- **17** IV 5130
—, 2,3-Diäthyl-6-amino- **18** IV 7937
—, 7-[2-Diäthylamino-äthoxy]-2-phenyl-
   18 IV 697
—, 2-[2-Diäthylamino-äthyl]- **18**
   IV 7932
—, 2-Diäthylaminomethyl- **18** IV 7926
—, 3-Diäthylaminomethyl- **18** IV 7927
—, 2,3-Diäthyl-6-nitro- **17** IV 5130
—, 6,8-Diallyl-5,7-dihydroxy-2-methyl-3-
   phenyl- **18** IV 1935
—, 6,8-Diallyl-7-hydroxy-3-methoxy-2-
   methyl- **18** IV 1647
—, 6,8-Diallyl-7-hydroxy-2-phenyl- **18**
   IV 818
—, 2-[3,5-Diamino-phenyl]- **18** IV 8003
—, 6,8-Dibrom-2-[3-brom-4-hydroxy-
   phenyl]-3,5,7-trihydroxy- **18** 217 h

—, 3,8-Dibrom-2-[5-brom-2-methoxy-
   phenyl]-7-hydroxy-6-nitro- **18** IV 1782
—, 6,8-Dibrom-2-[3,5-dibrom-2,4-
   dihydroxy-phenyl]-3,5,7-trihydroxy-
   18 241 g
—, 6,8-Dibrom-2-[2,6-dibrom-3,4,5-
   trihydroxy-phenyl]-3,5,7-trihydroxy-
   18 259 a
—, 6,8-Dibrom-3,5-dihydroxy-2-
   [4-hydroxy-3-methoxy-phenyl]-7-methoxy-
   18 250 a
—, 6,8-Dibrom-5,7-dihydroxy-2-phenyl-
   18 125 f
—, 6,8-Dibrom-2-[3,4-dihydroxy-phenyl]-
   3,5,7-trihydroxy- **18** 249 g
—, 6,8-Dibrom-5,7-dimethoxy-2-
   [4-methoxy-phenyl]- **18** 183 h
—, 6,8-Dibrom-2-[3,4-dimethoxy-phenyl]-
   18 IV 1790
—, 6,8-Dibrom-5,7-dimethoxy-2-phenyl-
   18 126 h, IV 1771
—, 6,8-Dibrom-2-[3,4-dimethoxy-phenyl]-
   5,7-dimethoxy- **18** 213 g
—, 6,8-Dibrom-2-[3,4-dimethoxy-phenyl]-
   3-hydroxy- **18** IV 2718
—, 6,8-Dibrom-2,3-dimethyl- **17** I 177 l
—, 6,8-Dibrom-7-hydroxy-2,3-dimethyl-
   18 IV 375
—, 6,8-Dibrom-3-hydroxy-2-[2-hydroxy-
   phenyl]- **18** IV 1796
—, 6,8-Dibrom-3-hydroxy-2-[3-hydroxy-
   phenyl]- **18** IV 1797
—, 6,8-Dibrom-5-hydroxy-7-isoamyloxy-
   2-phenyl- **18** 126 a
—, 6,8-Dibrom-3-hydroxy-2-[4-methoxy-
   phenyl]- **18** IV 1801
—, 6,8-Dibrom-5-hydroxy-7-methoxy-2-
   phenyl- **18** 125 g
—, 6,8-Dibrom-7-hydroxy-2-[4-methoxy-
   phenyl]- **18** IV 1786
—, 6,8-Dibrom-7-hydroxy-5-methoxy-2-
   phenyl- **18** IV 1771
—, 5,8-Dibrom-6-hydroxy-2-methyl- **18**
   IV 316
—, 6,8-Dibrom-5-hydroxy-2-methyl- **18**
   IV 314
—, 6,8-Dibrom-7-hydroxy-2-methyl- **18**
   IV 320
—, 6,8-Dibrom-2-[2-hydroxy-phenyl]-
   18 IV 702
—, 6,8-Dibrom-2-[3-hydroxy-phenyl]-
   18 IV 703
—, 6,8-Dibrom-3-hydroxy-2-phenyl- **17**
   IV 6432
—, 2-[3,5-Dibrom-2-hydroxy-phenyl]-7-
   methoxy-6-nitro- **18** IV 1782
—, 6,8-Dibrom-2-[4-methoxy-phenyl]-
   18 IV 706

Chromen-4-on　(Fortsetzung)

—, 8-[2,3-Dibrom-3-methyl-butyl]-3,5,7-trimethoxy-2-[4-methoxy-phenyl]- **18** IV 3357

—, 2-Dibrommethyl-6-methoxy- **18** IV 317

—, 3,6-Dibrom-2-phenyl- **17** IV 5418

—, 6,8-Dibrom-2-phenyl- **17** IV 5418

—, 6,8-Dibrom-3,5,7-trihydroxy-2-[4-methoxy-phenyl]- **18** 217 g

—, 2-Dibutoxymethyl- **17** IV 6281

—, 2-Dibutylaminomethyl- **18** IV 7926

—, 7-Dichloracetoxy-5-hydroxy-2-phenyl- **18** IV 1768

—, 7-Dichloracetoxy-2-phenyl- **18** IV 694

—, 6,8-Dichlor-2-[2-chlor-phenyl]- **17** IV 5417

—, 6,8-Dichlor-2-[2-chlor-phenyl]-3-hydroxy- **17** IV 6431

—, 6,8-Dichlor-2-[3,4-dimethoxy-phenyl]- **18** IV 1790

—, 6,8-Dichlor-2-[3,4-dimethoxy-phenyl]-3-hydroxy- **18** IV 2717

—, 6,8-Dichlor-2,3-dimethyl- **17** I 177 f

—, 6,8-Dichlor-3-hydroxy-2-[4-hydroxy-3-methoxy-phenyl]- **18** IV 2717

—, 6,8-Dichlor-3-hydroxy-2-[2-hydroxy-phenyl]- **18** IV 1796

—, 6,8-Dichlor-3-hydroxy-2-[4-hydroxy-phenyl]- **18** IV 1800

—, 6,8-Dichlor-2-[4-hydroxy-3-methoxy-phenyl]- **18** IV 1790

—, 6,8-Dichlor-3-hydroxy-2-[2-methoxy-phenyl]- **18** IV 1796

—, 6,8-Dichlor-3-hydroxy-2-[4-methoxy-phenyl]- **18** IV 1800

—, 6,8-Dichlor-2-[2-hydroxy-phenyl]- **18** IV 701

—, 6,8-Dichlor-2-[4-hydroxy-phenyl]- **18** IV 705

—, 6,8-Dichlor-3-hydroxy-2-phenyl- **17** IV 6431

—, 6,8-Dichlor-2-[2-methoxy-phenyl]- **18** IV 701

—, 6,8-Dichlor-2-[4-methoxy-phenyl]- **18** IV 705

—, 3,6-Dichlor-2-methyl- **17** II 362 c, IV 5071

—, 6,8-Dichlor-2-phenyl- **17** IV 5417

—, 2,3-Dihydroxy- **18** IV 1335

—, 3,7-Dihydroxy- **18** 102 a, II 70 f

—, 5,7-Dihydroxy- **18** 96 g, IV 1320

—, 7,8-Dihydroxy- **18** 97 b, IV 1320

—, 5,7-Dihydroxy-6,8-dijod-2-phenyl- **18** 126 b

—, 3,5-Dihydroxy-7,8-dimethoxy-2-[4-methoxy-phenyl]- **18** IV 3462

—, 5,6-Dihydroxy-3,7-dimethoxy-2-[4-methoxy-phenyl]- **18** IV 3458

—, 5,7-Dihydroxy-3,8-dimethoxy-2-[4-methoxy-phenyl]- **18** IV 3462

—, 5,8-Dihydroxy-3,7-dimethoxy-2-[4-methoxy-phenyl]- **18** IV 3462

—, 5,8-Dihydroxy-6,7-dimethoxy-2-[4-methoxy-phenyl]- **18** IV 3449

—, 5,6-Dihydroxy-3,7-dimethoxy-2-methyl- **18** IV 3078

—, 5,8-Dihydroxy-3,7-dimethoxy-2-methyl- **18** IV 3079

—, 5,6-Dihydroxy-3,7-dimethoxy-2-phenyl- **18** IV 3277

—, 5,6-Dihydroxy-3,8-dimethoxy-2-phenyl- **18** IV 3278

—, 5,8-Dihydroxy-3,6-dimethoxy-2-phenyl- **18** IV 3278

—, 5,8-Dihydroxy-3,7-dimethoxy-2-phenyl- **18** IV 3279

—, 5,8-Dihydroxy-6,7-dimethoxy-2-phenyl- **18** IV 3251

—, 2-[2,5-Dihydroxy-3,4-dimethoxy-phenyl]-3,5,7-trimethoxy- **18** IV 3628

—, 5,6-Dihydroxy-3,8-dimethoxy-2-[3,4,5-trimethoxy-phenyl]- **18** IV 3625

—, 5,8-Dihydroxy-3,6-dimethoxy-2-[3,4,5-trimethoxy-phenyl]- **18** IV 3622

—, 5,8-Dihydroxy-3,7-dimethoxy-2-[3,4,5-trimethoxy-phenyl]- **18** IV 3626

—, 5,8-Dihydroxy-6,7-dimethoxy-2-[3,4,5-trimethoxy-phenyl]- **18** IV 3622

—, 5,7-Dihydroxy-2,3-dimethyl- **18** IV 1399

—, 5,7-Dihydroxy-2,6-dimethyl- **18** IV 1400

—, 5,7-Dihydroxy-2,8-dimethyl- **18** IV 1401

—, 7,8-Dihydroxy-2,3-dimethyl- **18** IV 1400

—, 5,7-Dihydroxy-2,6-dimethyl-3-phenyl- **18** IV 1864

—, 5,7-Dihydroxy-2,8-dimethyl-3-phenyl- **18** IV 1865

—, 5,7-Dihydroxy-6,8-dinitro-2-phenyl- **18** 126 c

—, 5,7-Dihydroxy-2,3-diphenyl- **18** II 131 e, IV 1957

—, 7,8-Dihydroxy-2,3-diphenyl- **18** II 131 g

—, 5,7-Dihydroxy-3-[4-hydroxy-benzyl]-2-methyl- **18** II 179 j, IV 2774

—, 5,7-Dihydroxy-2-[4-hydroxy-3,5-dimethoxy-phenyl]- **18** IV 3454

—, 5,7-Dihydroxy-3-[3-hydroxy-4,5-dimethoxy-phenyl]-6-methoxy- **18** 259 c, II 253 d

Chromen-4-on (Fortsetzung)

—, 5,7-Dihydroxy-8-[5-(1-hydroxyimino-äthyl)-2-methoxy-phenyl]-2-[4-methoxy-phenyl]- **18** IV 3545

—, 2,7-Dihydroxy-3-[4-hydroxy-3-isopentyl-benzoylamino]-8-methyl- **18** IV 8123

—, 3,7-Dihydroxy-2-[3-hydroxy-4-methoxy-phenyl]- **18** IV 3305

—, 5,7-Dihydroxy-2-[3-hydroxy-4-methoxy-phenyl]- **18** 211 c, I 412 d, II 212 e, IV 3263

—, 5,7-Dihydroxy-2-[4-hydroxy-3-methoxy-phenyl]- **18** I 412 c, IV 3262

—, 3,5-Dihydroxy-2-[4-hydroxy-3-methoxy-phenyl]-6,7-dimethoxy- **18** IV 3577

—, 5,6-Dihydroxy-2-[3-hydroxy-4-methoxy-phenyl]-3,7-dimethoxy- **18** IV 3577

—, 5,7-Dihydroxy-2-[3-hydroxy-4-methoxy-phenyl]-3,6-dimethoxy- **18** IV 3577

—, 3,5-Dihydroxy-2-[3-hydroxy-4-methoxy-phenyl]-7-methoxy- **18** IV 3477

—, 3,5-Dihydroxy-2-[4-hydroxy-3-methoxy-phenyl]-7-methoxy- **18** 246 c, IV 3476

—, 5,7-Dihydroxy-2-[3-hydroxy-4-methoxy-phenyl]-3-methoxy- **18** IV 3476

—, 5,7-Dihydroxy-2-[4-hydroxy-3-methoxy-phenyl]-3-methoxy- **18** IV 3475

—, 5,7-Dihydroxy-3-[2-hydroxy-5-methoxy-phenyl]-6-methoxy- **18** IV 3512

—, 5,7-Dihydroxy-2-[4-hydroxy-3-methoxy-phenyl]-3-[O^6-rhamnopyranosyl-glucopyranosyloxy]- **18** IV 3498

—, 5,7-Dihydroxy-2-[4-hydroxy-3-methoxy-phenyl]-3-rutinosyloxy- **18** IV 3498

—, 5,7-Dihydroxy-2-[3-hydroxy-4-methoxy-phenyl]-3-sulfooxy- **18** IV 3502

—, 5,7-Dihydroxy-2-[4-hydroxy-3-methoxy-phenyl]-3-sulfooxy- **18** IV 3502

—, 2,7-Dihydroxy-3-[4-hydroxy-3-(3-methyl-but-2-enyl)-benzoylamino]-8-methyl- **18** IV 8124

—, 5,7-Dihydroxy-2-hydroxymethyl-3-phenyl- **18** IV 2755

—, 3-[3,4-Dihydroxy-5-hydroxymethyl-tetrahydro-furan-2-yloxy]-2-[3,4-dihydroxy-phenyl]-5,7-dihydroxy- **18** IV 3490

—, 3,5-Dihydroxy-2-[4-hydroxy-phenyl]- **18** IV 2707

—, 3,6-Dihydroxy-2-[2-hydroxy-phenyl]- **18** 186 h, IV 2707

—, 3,6-Dihydroxy-2-[3-hydroxy-phenyl]- **18** 187 c, IV 2708

—, 3,6-Dihydroxy-2-[4-hydroxy-phenyl]- **18** 187 g, IV 2708

—, 3,7-Dihydroxy-2-[2-hydroxy-phenyl]- **18** 188 d, IV 2709

—, 3,7-Dihydroxy-2-[3-hydroxy-phenyl]- **18** 188 h, IV 2710

—, 3,7-Dihydroxy-2-[4-hydroxy-phenyl]- **18** 189 e, IV 2712

—, 5,6-Dihydroxy-2-[2-hydroxy-phenyl]- **18** IV 2679

—, 5,6-Dihydroxy-2-[4-hydroxy-phenyl]- **18** IV 2679

—, 5,7-Dihydroxy-2-[2-hydroxy-phenyl]- **18** 180 f, IV 2680

—, 5,7-Dihydroxy-2-[3-hydroxy-phenyl]- **18** 181 g, IV 2681

—, 5,7-Dihydroxy-2-[4-hydroxy-phenyl]- **18** 181 j, I 396 g, II 172 f, IV 2682

—, 5,7-Dihydroxy-3-[2-hydroxy-phenyl]- **18** IV 2723

—, 5,7-Dihydroxy-3-[4-hydroxy-phenyl]- **18** 190 f, I 397 c, II 176 f, IV 2724

—, 5,8-Dihydroxy-2-[2-hydroxy-phenyl]- **18** IV 2692

—, 6,7-Dihydroxy-2-[4-hydroxy-phenyl]- **18** II 174 a

—, 6,8-Dihydroxy-2-[4-hydroxy-phenyl]- **18** IV 2694

—, 7,8-Dihydroxy-2-[4-hydroxy-phenyl]- **18** IV 2694

—, 3,5-Dihydroxy-2-[2-hydroxy-phenyl]-7-methoxy- **18** IV 3281

—, 3,5-Dihydroxy-2-[4-hydroxy-phenyl]-7-methoxy- **18** 216 a, I 414 b, II 215 a, IV 3284

—, 5,6-Dihydroxy-3-[4-hydroxy-phenyl]-7-methoxy- **18** IV 3309

—, 5,7-Dihydroxy-2-[4-hydroxy-phenyl]-3-methoxy- **18** IV 3284

—, 5,7-Dihydroxy-3-[4-hydroxy-phenyl]-6-methoxy- **18** II 216 g, IV 3309

—, 5,7-Dihydroxy-3-[4-hydroxy-phenyl]-8-methoxy- **18** IV 3313

—, 5,8-Dihydroxy-3-[4-hydroxy-phenyl]-7-methoxy- **18** IV 3313

—, 5,7-Dihydroxy-3-[2-hydroxy-phenyl]-8-methyl- **18** IV 2765

—, 5,7-Dihydroxy-3-[4-hydroxy-phenyl]-2-methyl- **18** II 178 e, IV 2755

—, 5,7-Dihydroxy-3-[4-hydroxy-phenyl]-6-methyl- **18** IV 2765

—, 5,7-Dihydroxy-3-[4-hydroxy-phenyl]-8-methyl- **18** IV 2766

—, 5,7-Dihydroxy-2-[4-hydroxy-phenyl]-3-rhamnofuranosyloxy- **18** IV 3293

—, 5,7-Dihydroxy-2-[4-hydroxy-phenyl]-3-[O^6-rhamnopyranosyl-glucopyranosyloxy]- **18** IV 3295

Chromen-4-on   (Fortsetzung)

–, 3,5-Dihydroxy-2-[4-hydroxy-phenyl]-7-rhamnopyranosyloxy- **18** IV 3291

–, 5,7-Dihydroxy-2-[4-hydroxy-phenyl]-3-rutinosyloxy- **18** IV 3295

–, 5,7-Dihydroxy-2-[4-hydroxy-phenyl]-3-sophorosyloxy- **18** IV 3294

–, 5,7-Dihydroxy-2-[4-hydroxy-phenyl]-3-[3,4,5-trihydroxy-6-hydroxymethyl-tetrahydro-pyran-2-yloxy]- **18** IV 3294

–, 5,7-Dihydroxy-6-isopentyl-2-methyl- **18** IV 1432

–, 5,7-Dihydroxy-8-isopentyl-2-methyl- **18** IV 1432

–, 3,7-Dihydroxy-2-[4-isopropyl-phenyl]- **18** 136 h

–, 5,7-Dihydroxy-3-[2-methoxy-benzoyl]-2-[2-methoxy-phenyl]- **18** IV 3542

–, 5,7-Dihydroxy-3-[4-methoxy-benzoyl]-2-[4-methoxy-phenyl]- **18** IV 3542

–, 5,8-Dihydroxy-3-[4-methoxy-benzoyl]-2-[4-methoxy-phenyl]- **18** IV 3542

–, 5,8-Dihydroxy-7-methoxy-2,6-dimethyl- **18** IV 2404

–, 3,5-Dihydroxy-7-methoxy-2-[4-methoxy-phenyl]- **18** IV 3286

–, 3,7-Dihydroxy-5-methoxy-2-[4-methoxy-phenyl]- **18** IV 3285

–, 5,6-Dihydroxy-7-methoxy-2-[4-methoxy-phenyl]- **18** IV 3252

–, 5,7-Dihydroxy-3-methoxy-2-[2-methoxy-phenyl]- **18** II 214 c

–, 5,7-Dihydroxy-3-methoxy-2-[3-methoxy-phenyl]- **18** IV 3282

–, 5,7-Dihydroxy-3-methoxy-2-[4-methoxy-phenyl]- **18** II 215 c, IV 3285

–, 5,7-Dihydroxy-6-methoxy-2-[4-methoxy-phenyl]- **18** IV 3252

–, 5,7-Dihydroxy-6-methoxy-3-[4-methoxy-phenyl]- **18** IV 3309

–, 5,8-Dihydroxy-7-methoxy-2-[2-methoxy-phenyl]- **18** IV 3257

–, 5,8-Dihydroxy-7-methoxy-2-[4-methoxy-phenyl]- **18** IV 3258

–, 7,8-Dihydroxy-3-methoxy-2-[2-methoxy-phenyl]- **18** IV 3298

–, 7,8-Dihydroxy-3-methoxy-2-[4-methoxy-phenyl]- **18** IV 3299

–, 5,7-Dihydroxy-3-methoxy-2-[4-methoxy-phenyl]-6-methyl- **18** IV 3337

–, 5,7-Dihydroxy-3-methoxy-2-[4-methoxy-phenyl]-8-methyl- **18** IV 3340

–, 3,5-Dihydroxy-7-methoxy-2-[4-methoxy-phenyl]-8-[3-methyl-but-2-enyl]- **18** IV 3371

–, 5,7-Dihydroxy-3-methoxy-2-[4-methoxy-styryl]- **18** II 224 f

–, 5,6-Dihydroxy-7-methoxy-2-methyl- **18** IV 2382

–, 5,7-Dihydroxy-3-methoxy-2-methyl- **18** II 154 d, IV 2384

–, 5,7-Dihydroxy-8-methoxy-2-methyl- **18** IV 2383

–, 5,8-Dihydroxy-7-methoxy-2-methyl- **18** IV 2382

–, 6,7-Dihydroxy-3-methoxy-2-methyl- **18** IV 2385

–, 6,7-Dihydroxy-5-methoxy-2-methyl- **18** IV 2382

–, 7,8-Dihydroxy-3-methoxy-2-methyl- **18** IV 2386

–, 5,6-Dihydroxy-7-methoxy-2-methyl-3-phenyl- **18** IV 2753

–, 5,7-Dihydroxy-3-methoxy-6-methyl-2-phenyl- **18** IV 2759

–, 5,7-Dihydroxy-3-methoxy-8-methyl-2-phenyl- **18** IV 2763

–, 5,7-Dihydroxy-3-methoxy-6-methyl-2-[3,4,5-trimethoxy-phenyl]- **18** IV 3604

–, 5,7-Dihydroxy-6-methoxy-3-[4-nitro-phenyl]- **18** IV 2720

–, 3,5-Dihydroxy-7-methoxy-2-phenyl- **18** IV 2701

–, 3,6-Dihydroxy-2-[4-methoxy-phenyl]- **18** IV 2708

–, 3,6-Dihydroxy-8-methoxy-2-phenyl- **18** IV 2706

–, 3,7-Dihydroxy-2-[4-methoxy-phenyl]- **18** II 175 a, IV 2712

–, 5,6-Dihydroxy-2-[4-methoxy-phenyl]- **18** IV 2679

–, 5,6-Dihydroxy-7-methoxy-2-phenyl- **18** IV 2671

–, 5,6-Dihydroxy-7-methoxy-3-phenyl- **18** IV 2719

–, 5,6-Dihydroxy-8-methoxy-2-phenyl- **18** IV 2674

–, 5,7-Dihydroxy-2-[2-methoxy-phenyl]- **18** IV 2680

–, 5,7-Dihydroxy-2-[4-methoxy-phenyl]- **18** 182 a, II 173 a, IV 2683

–, 5,7-Dihydroxy-3-methoxy-2-phenyl- **18** 185 a, II 174 g, IV 2701

–, 5,7-Dihydroxy-3-[2-methoxy-phenyl]- **18** IV 2723

–, 5,7-Dihydroxy-3-[4-methoxy-phenyl]- **18** IV 2726

–, 5,7-Dihydroxy-6-methoxy-2-phenyl- **18** IV 2671

–, 5,7-Dihydroxy-6-methoxy-3-phenyl- **18** IV 2718

–, 5,7-Dihydroxy-8-methoxy-2-phenyl- **18** IV 2676

Chromen-4-on (Fortsetzung)

—, 5,7-Dihydroxy-8-methoxy-3-phenyl-
18 IV 2721

—, 5,8-Dihydroxy-2-[4-methoxy-phenyl]-
18 IV 2692

—, 5,8-Dihydroxy-3-methoxy-2-phenyl-
18 IV 2704

—, 5,8-Dihydroxy-6-methoxy-2-phenyl-
18 IV 2674

—, 5,8-Dihydroxy-7-methoxy-2-phenyl-
18 IV 2675

—, 5,8-Dihydroxy-7-methoxy-3-phenyl-
18 IV 2721

—, 6,7-Dihydroxy-3-methoxy-2-phenyl-
18 IV 2705

—, 6,7-Dihydroxy-5-methoxy-2-phenyl-
18 IV 2671

—, 7,8-Dihydroxy-3-methoxy-2-phenyl-
18 IV 2706

—, 7,8-Dihydroxy-5-methoxy-2-phenyl-
18 IV 2675

—, 2-[3,4-Dihydroxy-5-methoxy-phenyl]-
3,7-dimethoxy- **18** IV 3510

—, 5,7-Dihydroxy-3-[4-methoxy-phenyl]-
2,6-dimethyl- **18** IV 2777

—, 5,7-Dihydroxy-3-[4-methoxy-phenyl]-
2,8-dimethyl- **18** IV 2777

—, 2-[2,5-Dihydroxy-4-methoxy-phenyl]-
5-hydroxy-3,7-dimethoxy- **18** IV 3592

—, 5,7-Dihydroxy-8-[2-methoxy-phenyl]-
2-[4-methoxy-phenyl]- **18** IV 3389

—, 5,7-Dihydroxy-2-[4-methoxy-phenyl]-
6-methyl- **18** IV 2758

—, 5,7-Dihydroxy-2-[4-methoxy-phenyl]-
8-methyl- **18** IV 2762

—, 5,7-Dihydroxy-3-[4-methoxy-phenyl]-
2-methyl- **18** II 178 f

—, 5,7-Dihydroxy-3-[4-methoxy-phenyl]-
6-methyl- **18** IV 2765

—, 5,7-Dihydroxy-2-[4-methoxy-phenyl]-
8-[3-methyl-but-2-enyl]-3-
rhamnopyranosyloxy- **18** IV 3373

—, 5,7-Dihydroxy-3-[4-methoxy-phenyl]-
2-phenyl- **18** II 185 f

—, 3,5-Dihydroxy-2-[4-methoxy-phenyl]-
7-rhamnopyranosyloxy- **18** IV 3291

—, 5,7-Dihydroxy-3-[4-methoxy-phenyl]-
2-styryl- **18** II 188 a

—, 2-[3,4-Dihydroxy-5-methoxy-phenyl]-
3,5,7-trimethoxy- **18** IV 3594

—, 5,7-Dihydroxy-3-methoxy-2-styryl-
18 II 181 c

—, 5,7-Dihydroxy-8-methoxy-2-[3,4,5-
trihydroxy-phenyl]- **18** IV 3572

—, 5,6-Dihydroxy-7-methoxy-2-[3,4,5-
trimethoxy-phenyl]- **18** IV 3571

—, 5,7-Dihydroxy-3-methoxy-2-[2,3,4-
trimethoxy-phenyl]- **18** IV 3591

—, 5,7-Dihydroxy-3-methoxy-2-[2,4,5-
trimethoxy-phenyl]- **18** IV 3592

—, 5,7-Dihydroxy-3-methoxy-2-[3,4,5-
trimethoxy-phenyl]- **18** II 251 c

—, 5,8-Dihydroxy-3-methoxy-2-[3,4,5-
trimethoxy-phenyl]- **18** IV 3598

—, 5,8-Dihydroxy-7-methoxy-2-[3,4,5-
trimethoxy-phenyl]- **18** IV 3572

—, 7,8-Dihydroxy-3-methoxy-2-[3,4,5-
trimethoxy-phenyl]- **18** IV 3599

—, 2,7-Dihydroxy-8-methyl- **18** IV 1383

—, 3,7-Dihydroxy-2-methyl- **18**
II 72 b, IV 1363

—, 3,8-Dihydroxy-2-methyl- **18** IV 1364

—, 5,6-Dihydroxy-2-methyl- **18** IV 1358

—, 5,7-Dihydroxy-2-methyl- **18** 103 e,
IV 1358

—, 5,8-Dihydroxy-2-methyl- **18** IV 1361

—, 7,8-Dihydroxy-2-methyl- **18** 103 g,
IV 1362

—, 8-[2,3-Dihydroxy-3-methyl-butyl]-
3,5,7-trimethoxy-2-[4-methoxy-phenyl]-
18 IV 3606

—, 5,7-Dihydroxy-2-methyl-6-[3-methyl-
but-2-enyl]- **18** IV 1579

—, 5,7-Dihydroxy-2-methyl-3-[4-nitro-
phenyl]- **18** IV 1839

—, 5,6-Dihydroxy-2-methyl-3-phenyl-
18 IV 1837

—, 5,7-Dihydroxy-2-methyl-3-phenyl-
18 II 103 b, IV 1837

—, 5,7-Dihydroxy-3-methyl-2-phenyl-
18 IV 1842

—, 5,7-Dihydroxy-6-methyl-2-phenyl-
18 IV 1843

—, 5,7-Dihydroxy-8-methyl-2-phenyl-
18 IV 1848

—, 5,8-Dihydroxy-7-methyl-2-phenyl-
18 IV 1847

—, 7,8-Dihydroxy-2-methyl-3-phenyl-
18 II 103 e, IV 1839

—, 5,7-Dihydroxy-2-methyl-6-propyl-
18 IV 1417

—, 5,8-Dihydroxy-7-methyl-2-[3,4,5-
trimethoxy-phenyl]- **18** IV 3518

—, 5,7-Dihydroxy-2-[1]naphthyl- **18**
IV 1943

—, 5,7-Dihydroxy-3-
[4-neohesperidosyloxy-phenyl]- **18**
IV 2732

—, 5,7-Dihydroxy-3-[4-nitro-benzoyl]-2-
[4-nitro-phenyl]- **18** IV 2837

—, 5,7-Dihydroxy-3-[4-nitro-phenyl]-
18 IV 1803

—, 6-[4-(5,7-Dihydroxy-4-oxo-
4H-chromen-2-yl)-phenoxy]-5,7-
dihydroxy-2-[4-hydroxy-phenyl]- **18**
IV 3255

Chromen-4-on   (Fortsetzung)

—, 8-[4-(5,7-Dihydroxy-4-oxo-
4*H*-chromen-2-yl)-phenoxy]-5,7-
dihydroxy-2-[4-hydroxy-phenyl]- **18**
IV 3255

—, 3,7-Dihydroxy-2-phenäthyl- **18**
II 105 g

—, 2-[2,3-Dihydroxy-phenyl]- **18**
IV 1788

—, 2-[2,4-Dihydroxy-phenyl]- **18**
IV 1788

—, 2-[2,5-Dihydroxy-phenyl]- **18**
IV 1789

—, 2-[2,6-Dihydroxy-phenyl]- **18**
IV 1789

—, 2-[3,4-Dihydroxy-phenyl]- **18** 128 h,
IV 1790

—, 3,5-Dihydroxy-2-phenyl- **18** IV 1791

—, 3,6-Dihydroxy-2-phenyl- **18** 128 k,
IV 1792

—, 3,7-Dihydroxy-2-phenyl- **18** 129 h,
II 99 i, IV 1792

—, 5,6-Dihydroxy-2-phenyl- **18** IV 1764

—, 5,6-Dihydroxy-3-phenyl- **18** IV 1801

—, 5,7-Dihydroxy-2-phenyl- **18** 124 f,
I 361 a, II 97 d, IV 1766

—, 5,7-Dihydroxy-3-phenyl- **18** IV 1802

—, 5,8-Dihydroxy-2-phenyl- **18** IV 1772

—, 6,7-Dihydroxy-2-phenyl- **18**
I 361 b, IV 1774

—, 6,7-Dihydroxy-3-phenyl- **18**
IV 1803

—, 6,8-Dihydroxy-2-phenyl- **18**
IV 1774

—, 7,8-Dihydroxy-2-phenyl- **18** 126 e,
II 98 d, IV 1774

—, 7,8-Dihydroxy-3-phenyl- **18** IV 1803

—, 5,7-Dihydroxy-2-phenyl-6,8-bis-
phenylazo- **18** 649 h

—, 2-[2,3-Dihydroxy-phenyl]-3,6-
dihydroxy- **18** IV 3300

—, 2-[2,3-Dihydroxy-phenyl]-3,7-
dihydroxy- **18** IV 3302

—, 2-[2,3-Dihydroxy-phenyl]-7,8-
dihydroxy- **18** II 213 b, IV 3272

—, 2-[2,4-Dihydroxy-phenyl]-3,6-
dihydroxy- **18** 219 h

—, 2-[2,4-Dihydroxy-phenyl]-3,7-
dihydroxy- **18** 221 c, IV 3303

—, 2-[2,4-Dihydroxy-phenyl]-5,7-
dihydroxy- **18** II 211 d, IV 3260

—, 2-[2,5-Dihydroxy-phenyl]-3,7-
dihydroxy- **18** IV 3303

—, 2-[2,6-Dihydroxy-phenyl]-5,6-
dihydroxy- **18** IV 3259

—, 2-[3,4-Dihydroxy-phenyl]-3,5-
dihydroxy- **18** IV 3299

—, 2-[3,4-Dihydroxy-phenyl]-3,6-
dihydroxy- **18** 220 e

—, 2-[3,4-Dihydroxy-phenyl]-3,7-
dihydroxy- **18** 221 h, I 414 g,
II 216 b, IV 3304

—, 2-[3,4-Dihydroxy-phenyl]-5,6-
dihydroxy- **18** IV 3260

—, 2-[3,4-Dihydroxy-phenyl]-5,7-
dihydroxy- **18** 211 a, I 412 b,
II 212 d, IV 3261

—, 2-[3,4-Dihydroxy-phenyl]-7,8-
dihydroxy- **18** II 213 f, IV 3273

—, 2-[3,5-Dihydroxy-phenyl]-5,7-
dihydroxy- **18** IV 3271

—, 3-[2,4-Dihydroxy-phenyl]-5,7-
dihydroxy- **18** IV 3314

—, 3-[3,4-Dihydroxy-phenyl]-5,7-
dihydroxy- **18** II 217 c, IV 3315

—, 3-[3,4-Dihydroxy-phenyl]-6,7-
dihydroxy- **18** IV 3317

—, 2-[3,4-Dihydroxy-phenyl]-3,5-
dihydroxy-7-methoxy- **18** 245 a,
II 237 b, IV 3474

—, 2-[3,4-Dihydroxy-phenyl]-3,7-
dihydroxy-5-methoxy- **18** II 237 a,
IV 3474

—, 2-[3,4-Dihydroxy-phenyl]-5,7-
dihydroxy-3-methoxy- **18** IV 3473

—, 2-[3,4-Dihydroxy-phenyl]-5,7-
dihydroxy-3-methyl- **18** II 220 d

—, 2-[3,4-Dihydroxy-phenyl]-5,7-
dihydroxy-6-methyl- **18** IV 3336

—, 2-[3,4-Dihydroxy-phenyl]-5,7-
dihydroxy-8-methyl- **18** IV 3336

—, 2-[3,4-Dihydroxy-phenyl]-5,7-
dihydroxy-3-[O^6-rhamnopyranosyl-
glucopyranosyloxy]- **18** IV 3494,
31 376 c

—, 2-[3,4-Dihydroxy-phenyl]-5,7-
dihydroxy-3-rhamnopyranosyloxy- **18**
IV 3491, **31** 75 b

—, 2-[3,4-Dihydroxy-phenyl]-5.7-
dihydroxy-3-rutinosyloxy- **18** IV 3494,
31 376 c

—, 2-[3,4-Dihydroxy-phenyl]-5,7-
dihydroxy-3-[3,4,5-trihydroxy-6-
hydroxymethyl-tetrahydro-pyran-2-yloxy]-
18 IV 3493

—, 2-[3,4-Dihydroxy-phenyl]-5,7-
dihydroxy-3-xylosyloxy- **18**
IV 3491

—, 2-[2,5-Dihydroxy-phenyl]-3,7-
dimethoxy- **18** IV 3304

—, 2-[3,4-Dihydroxy-phenyl]-3-
galactopyranosyloxy-5,7-dihydroxy- **18**
IV 3494

—, 2-[3,4-Dihydroxy-phenyl]-3-
glucopyranosyloxy-5,7-dihydroxy- **18**
IV 3493, **31** 256 b

Chromen-4-on (Fortsetzung)

—, 2-[3,4-Dihydroxy-phenyl]-7-glucopyranosyloxy-3,5-dihydroxy- **18** IV 3496, **31** 257 b

—, 2-[3,4-Dihydroxy-phenyl]-7-glucopyranosyloxy-3,5-dihydroxy-6-methoxy- **18** IV 3582

—, 2-[3,4-Dihydroxy-phenyl]-5-glucopyranosyloxy-7-hydroxy- **18** IV 3267

—, 2-[3,4-Dihydroxy-phenyl]-7-glucopyranosyloxy-5-hydroxy- **18** IV 3268

—, 3-[3,4-Dihydroxy-phenyl]-7-glucopyranosyloxy-5-hydroxy- **18** IV 3317

—, 2-[3,4-Dihydroxy-phenyl]-3-glucopyranosyloxy-5,6,7-trihydroxy- **18** IV 3581

—, 2-[3,4-Dihydroxy-phenyl]-7-glucopyranosyloxy-3,5,6-trihydroxy- **18** IV 3582

—, 2-[3,4-Dihydroxy-phenyl]-7-glucopyranosyloxy-3,5,8-trihydroxy- **18** IV 3589

—, 2-[3,4-Dihydroxy-phenyl]-8-glucopyranosyloxy-3,5,7-trihydroxy- **18** IV 3589

—, 2-[3,4-Dihydroxy-phenyl]-3-[O^x-glucosyl-glucosyloxy]-5,7-dihydroxy- **18** IV 3496

—, 2-[2,3-Dihydroxy-phenyl]-3-hydroxy- **18** IV 2715

—, 2-[2,3-Dihydroxy-phenyl]-6-hydroxy- **18** IV 2695

—, 2-[2,3-Dihydroxy-phenyl]-7-hydroxy- **18** IV 2696

—, 2-[2,5-Dihydroxy-phenyl]-3-hydroxy- **18** IV 2715

—, 2-[2,5-Dihydroxy-phenyl]-7-hydroxy- **18** IV 2697

—, 2-[3,4-Dihydroxy-phenyl]-3-hydroxy- **18** 190 a, IV 2716

—, 2-[3,4-Dihydroxy-phenyl]-5-hydroxy- **18** IV 2695

—, 2-[3,4-Dihydroxy-phenyl]-6-hydroxy- **18** 184 b, II 176 b

—, 2-[3,4-Dihydroxy-phenyl]-7-hydroxy- **18** 184 e

—, 2-[3,4-Dihydroxy-phenyl]-8-hydroxy- **18** IV 2699

—, 2-[3,5-Dihydroxy-phenyl]-7-hydroxy- **18** 184 g

—, 3-[3,4-Dihydroxy-phenyl]-7-hydroxy- **18** IV 2735

—, 2-[2,4-Dihydroxy-phenyl]-5-hydroxy-3,6-diisopentyl-7-methoxy- **18** IV 3358

—, 2-[2,5-Dihydroxy-phenyl]-3-hydroxy-7,8-dimethoxy- **18** IV 3506

—, 2-[3,4-Dihydroxy-phenyl]-3-hydroxy-5,7-dimethoxy- **18** IV 3476

—, 2-[3,4-Dihydroxy-phenyl]-5-hydroxy-3,7-dimethoxy- **18** IV 3475

—, 2-[2,4-Dihydroxy-phenyl]-5-hydroxy-6-isopentyl-7-methoxy-3-[3-methyl-but-2-enyl]- **18** IV 3380

—, 2-[2,5-Dihydroxy-phenyl]-3-hydroxy-7-methoxy- **18** IV 3303

—, 2-[3,4-Dihydroxy-phenyl]-5-hydroxy-7-methoxy- **18** 211 b, IV 3262

—, 3-[3,4-Dihydroxy-phenyl]-5-hydroxy-7-methoxy- **18** II 217 d, IV 3315

—, 2-[2,4-Dihydroxy-phenyl]-5-hydroxy-7-methoxy-6-[3-methyl-but-1-enyl]-3-[3-methyl-but-2-enyl]- **18** IV 3386

—, 2-[3,4-Dihydroxy-phenyl]-5-hydroxy-7-methoxy-3-rhamninosyloxy- **31** 459 c

—, 2-[3,4-Dihydroxy-phenyl]-7-hydroxy-5-methoxy-3-rhamnopyranosyloxy- **18** IV 3492

—, 2-[3,4-Dihydroxy-phenyl]-5-hydroxy-7-methoxy-3-[O^6-(O^4-rhamnopyranosyl-rhamnopyranosyl)-galactopyranosyloxy]- **18** IV 3497

—, 2-[3,4-Dihydroxy-phenyl]-3-hydroxy-6-methyl- **18** IV 2760

—, 2-[3,4-Dihydroxy-phenyl]-5-hydroxy-7-methyl- **18** 193 c

—, 2-[3,4-Dihydroxy-phenyl]-7-hydroxy-5-methyl- **18** 193 a

—, 3-[2,4-Dihydroxy-phenyl]-7-hydroxy-2-methyl- **18** IV 2756

—, 2-[3,4-Dihydroxy-phenyl]-5-hydroxy-7-primverosyloxy- **18** IV 3268

—, 2-[3,4-Dihydroxy-phenyl]-5-hydroxy-7-[O^6-rhamnopyranosyl-glucopyranosyloxy]- **18** IV 3269

—, 2-[3,4-Dihydroxy-phenyl]-5-hydroxy-7-rutinosyloxy- **18** IV 3269

—, 2-[3,4-Dihydroxy-phenyl]-5-hydroxy-3,6,7-trimethoxy- **18** IV 3577

—, 2-[3,4-Dihydroxy-phenyl]-5-hydroxy-7-[O^6-xylopyranosyl-glucopyranosyloxy]- **18** IV 3268

—, 2-[2,5-Dihydroxy-phenyl]-3-methoxy- **18** IV 2715

—, 2-[2,5-Dihydroxy-phenyl]-7-methoxy- **18** IV 2697

—, 3-[3,4-Dihydroxy-phenyl]-7-methoxy- **18** IV 2735

—, 2-[3,4-Dihydroxy-phenyl]-3,5,6,7,8-pentahydroxy- **18** IV 3623

—, 5,7-Dihydroxy-3-phenyl-2-styryl- **18** II 134 b

—, 2-[2,3-Dihydroxy-phenyl]-3,6,7,8-tetrahydroxy- **18** IV 3590

—, 2-[2,4-Dihydroxy-phenyl]-3,5,7,8-tetrahydroxy- **18** IV 3583

Chromen-4-on   (Fortsetzung)
—, 2-[3,4-Dihydroxy-phenyl]-3,5,6,7-
    tetrahydroxy- **18** 256 e, I 430 b,
    II 249 d, IV 3576
—, 2-[3,4-Dihydroxy-phenyl]-3,5,6,8-
    tetrahydroxy- **18** IV 3583
—, 2-[3,4-Dihydroxy-phenyl]-3,5,7,8-
    tetrahydroxy- **18** 257 b, I 431 f,
    II 250 c, IV 3584
—, 2-[3,4-Dihydroxy-phenyl]-3,6,7,8-
    tetrahydroxy- **18** IV 3591
—, 2-[3,4-Dihydroxy-phenyl]-5,6,7,8-
    tetrahydroxy- **18** IV 3569
—, 2-[2,3-Dihydroxy-phenyl]-3,5,7-
    trihydroxy- **18** II 235 c, IV 3468
—, 2-[2,3-Dihydroxy-phenyl]-3,7,8-
    trihydroxy- **18** IV 3505
—, 2-[2,3-Dihydroxy-phenyl]-5,7,8-
    trihydroxy- **18** IV 3451
—, 2-[2,3-Dihydroxy-phenyl]-6,7,8-
    trihydroxy- **18** IV 3453
—, 2-[2,4-Dihydroxy-phenyl]-3,5,7-
    trihydroxy- **18** 239 c, I 423 e,
    II 235 e, IV 3468
—, 2-[2,5-Dihydroxy-phenyl]-3,5,7-
    trihydroxy- **18** II 236 d, IV 3470
—, 2-[3,4-Dihydroxy-phenyl]-3,5,6-
    trihydroxy- **18** IV 3467
—, 2-[3,4-Dihydroxy-phenyl]-3,5,7-
    trihydroxy- **18** 242 d, I 424 b,
    II 236 f, IV 3470
—, 2-[3,4-Dihydroxy-phenyl]-3,5,8-
    trihydroxy- **18** IV 3503
—, 2-[3,4-Dihydroxy-phenyl]-3,6,7-
    trihydroxy- **18** IV 3504
—, 2-[3,4-Dihydroxy-phenyl]-3,7,8-
    trihydroxy- **18** 250 f, IV 3506
—, 2-[3,4-Dihydroxy-phenyl]-3,x,x-
    trihydroxy- **18** IV 3507
—, 2-[3,4-Dihydroxy-phenyl]-5,6,7-
    trihydroxy- **18** IV 3450
—, 2-[3,4-Dihydroxy-phenyl]-5,7,8-
    trihydroxy- **18** IV 3452
—, 2-[3,4-Dihydroxy-phenyl]-6,7,8-
    trihydroxy- **18** IV 3453
—, 2-[3,5-Dihydroxy-phenyl]-3,5,7-
    trihydroxy- **18** II 239 c
—, 2-[3,4-Dihydroxy-phenyl]-3,5,7-
    trihydroxy-6-methoxy- **18** IV 3577
—, 2-[3,4-Dihydroxy-phenyl]-3,5,7-
    trihydroxy-6-methyl- **18** IV 3516
—, 2-[3,4-Dihydroxy-phenyl]-3,5,7-
    trihydroxy-8-methyl- **18** IV 3518
—, 2-[3,4-Dihydroxy-phenyl]-3,5,7-
    trimethoxy- **18** IV 3477
—, 2-[3,4-Dihydroxy-phenyl]-3,x,x-
    trimethoxy- **18** IV 3508

—, 7-[2,3-Dihydroxy-propoxy]-3-
    hydroxy-2-[4-methoxy-phenyl]- **18**
    IV 2713
—, 7-[2,3-Dihydroxy-propoxy]-3-
    hydroxy-2-phenyl- **18** IV 1793
—, 7-[2,3-Dihydroxy-propoxy]-2-
    [4-methoxy-phenyl]- **18** IV 1785
—, 7-[2,3-Dihydroxy-propoxy]-2-phenyl-
    18 IV 694
—, 6-[2,3-Dihydroxy-propyl]-5,7-
    dihydroxy-2-methyl- **18** IV 3082
—, 8-[2,3-Dihydroxy-propyl]-7-hydroxy-
    3-methoxy-2-phenyl- **18** IV 3344
—, 5,7-Dihydroxy-3-[4-
    (O^2-rhamnopyranosyl-glucopyranosyloxy)-
    phenyl]- **18** IV 2732
—, 5,7-Dihydroxy-3-
    rhamnopyranosyloxy-2-[3,4,5-trihydroxy-
    phenyl]- **18** IV 3596, **31** 76 a
—, 3,7-Dihydroxy-2-styryl- **18** II 108 g
—, 3,5-Dihydroxy-2-[3,4,5-trihydroxy-
    phenyl]- **18** IV 3508
—, 3,7-Dihydroxy-2-[2,3,4-trihydroxy-
    phenyl]- **18** IV 3509
—, 3,7-Dihydroxy-2-[3,4,5-trihydroxy-
    phenyl]- **18** IV 3510
—, 5,7-Dihydroxy-2-[3,4,5-trihydroxy-
    phenyl]- **18** I 423 c, IV 3454
—, 7,8-Dihydroxy-2-[3,4,5-trihydroxy-
    phenyl]- **18** IV 3456
—, 5,7-Dihydroxy-3-[3,4,5-trimethoxy-
    benzoyl]-2-[3,4,5-trimethoxy-phenyl]- **18**
    IV 3640
—, 5,8-Dihydroxy-3,6,7-trimethoxy-2-
    [4-methoxy-phenyl]- **18** IV 3574
—, 3,7-Dihydroxy-2-[3,4,5-trimethoxy-
    phenyl]- **18** IV 3510
—, 5,7-Dihydroxy-2-[3,4,5-trimethoxy-
    phenyl]- **18** IV 3454
—, 5,8-Dihydroxy-2-[3,4,5-trimethoxy-
    phenyl]- **18** IV 3456
—, 5,7-Dihydroxy-2,6,8-trimethyl- **18**
    IV 1413
—, 6,8-Dijod-5-methoxy-2-methyl- **18**
    IV 314
—, 6,8-Dijod-7-methoxy-2-methyl- **18**
    IV 320
—, 2,3-Dimethoxy- **18** IV 1336
—, 3,7-Dimethoxy- **18** 96 c, II 66 f
—, 5,7-Dimethoxy- **18** 96 i, IV 1320
—, 6,7-Dimethoxy- **18** IV 1320
—, 7,8-Dimethoxy- **18** 97 c, II 66 g,
    IV 1321
—, 5,7-Dimethoxy-2,3-dimethyl- **18**
    IV 1399
—, 5,7-Dimethoxy-2,6-dimethyl- **18**
    IV 1400
—, 5,7-Dimethoxy-2,8-dimethyl- **18**
    IV 1401

Chromen-4-on (Fortsetzung)
—, 5,7-Dimethoxy-2,8-dimethyl-3-phenyl- **18** IV 1865
—, 5,7-Dimethoxy-2,3-diphenyl- **18** IV 1957
—, 5,7-Dimethoxy-3-[4-methoxy-benzoyl]-2-[4-methoxy-phenyl]- **18** IV 3542
—, 5,7-Dimethoxy-3-[4-methoxy-benzyl]-2-methyl- **18** II 180 a, IV 2775
— oxim **18** IV 2776
—, 5,7-Dimethoxy-3-[4-methoxy-benzyl]-2-styryl- **18** IV 2840
—, 7,8-Dimethoxy-2-[4-methoxy-3-methoxymethoxy-phenyl]- **18** IV 3273
—, 2-[3,5-Dimethoxy-4-methoxymethoxy-phenyl]-3-hydroxy-7,8-dimethoxy- **18** IV 3600
—, 2-[3,5-Dimethoxy-4-methoxymethoxy-phenyl]-3-hydroxy-6-methoxy- **18** IV 3509
—, 2-[3,5-Dimethoxy-4-methoxymethoxy-phenyl]-6-methoxy- **18** IV 3275
—, 2-[3,5-Dimethoxy-4-methoxymethoxy-phenyl]-5,7,8-trimethoxy- **18** IV 3573
—, 5,7-Dimethoxy-6-[4-methoxy-phenacyl]-2-[4-methoxy-phenyl]- **18** IV 3543
—, 5,7-Dimethoxy-8-[4-methoxy-phenacyl]-2-[4-methoxy-phenyl]- **18** IV 3543
—, 3,5-Dimethoxy-2-[4-methoxy-phenyl]- **18** IV 2707
—, 3,6-Dimethoxy-2-[4-methoxy-phenyl]- **18** IV 2708
—, 3,7-Dimethoxy-2-[2-methoxy-phenyl]- **18** IV 2709
—, 3,7-Dimethoxy-2-[3-methoxy-phenyl]- **18** IV 2711
—, 3,7-Dimethoxy-2-[4-methoxy-phenyl]- **18** IV 2712
—, 5,6-Dimethoxy-2-[2-methoxy-phenyl]- **18** IV 2679
—, 5,6-Dimethoxy-2-[4-methoxy-phenyl]- **18** IV 2679
—, 5,7-Dimethoxy-2-[2-methoxy-phenyl]- **18** IV 2681
—, 5,7-Dimethoxy-2-[3-methoxy-phenyl]- **18** IV 2681
—, 5,7-Dimethoxy-2-[4-methoxy-phenyl]- **18** 182 d, II 173 c, IV 2685
—, 5,7-Dimethoxy-3-[2-methoxy-phenyl]- **18** IV 2723
—, 5,7-Dimethoxy-3-[4-methoxy-phenyl]- **18** II 176 g, IV 2727
—, 5,8-Dimethoxy-2-[2-methoxy-phenyl]- **18** IV 2692
—, 5,8-Dimethoxy-2-[4-methoxy-phenyl]- **18** IV 2693

—, 6,7-Dimethoxy-2-[4-methoxy-phenyl]- **18** II 174 c, IV 2694
—, 6,8-Dimethoxy-2-[4-methoxy-phenyl]- **18** IV 2694
—, 7,8-Dimethoxy-2-[4-methoxy-phenyl]- **18** IV 2694
—, 5,7-Dimethoxy-3-[4-methoxy-phenyl]-2,8-dimethyl- **18** IV 2777
—, 5,7-Dimethoxy-2-[4-methoxy-phenyl]-8-[(4-methoxy-phenyl)-acetyl]- **18** IV 3545
—, 5,7-Dimethoxy-2-[4-methoxy-phenyl]-8-[3-(4-methoxy-phenyl)-3-oxo-propyl]- **18** IV 3546
—, 5,7-Dimethoxy-2-[4-methoxy-phenyl]-6-methyl- **18** IV 2758
—, 5,7-Dimethoxy-2-[4-methoxy-phenyl]-8-methyl- **18** IV 2763
—, 5,7-Dimethoxy-3-[2-methoxy-phenyl]-6-methyl- **18** IV 2764
—, 5,7-Dimethoxy-3-[2-methoxy-phenyl]-8-methyl- **18** IV 2766
—, 5,7-Dimethoxy-3-[4-methoxy-phenyl]-2-methyl- **18** II 179 b, IV 2755
—, 5,7-Dimethoxy-3-[4-methoxy-phenyl]-6-methyl- **18** IV 2765
—, 5,7-Dimethoxy-3-[4-methoxy-phenyl]-8-methyl- **18** IV 2767
—, 5,7-Dimethoxy-3-[4-methoxy-phenyl]-6-methyl-2-styryl- **18** II 189 f
—, 3,5-Dimethoxy-2-[4-methoxy-phenyl]-7-rhamnopyranosyloxy- **18** IV 3292
—, 5,7-Dimethoxy-3-[4-methoxy-phenyl]-2-styryl- **18** II 188 c
—, 3,5-Dimethoxy-2-[4-methoxy-phenyl]-7-[tri-*O*-acetyl-rhamnopyranosyloxy]- **18** IV 3292
—, 7,8-Dimethoxy-2-[4-methoxy-styryl]- **18** IV 2802
—, 3,7-Dimethoxy-2-methyl- **18** II 72 d
—, 3,8-Dimethoxy-2-methyl- **18** IV 1364
—, 5,7-Dimethoxy-2-methyl- **18** IV 1359
—, 5,8-Dimethoxy-2-methyl- **18** IV 1361
— oxim **18** IV 1361
—, 6,7-Dimethoxy-2-methyl- **18** IV 1362
— oxim **18** IV 1362
—, 7,8-Dimethoxy-2-methyl- **18** 103 h, IV 1362
—, 3,7-Dimethoxy-8-methyl-2-phenyl- **18** IV 1850
—, 5,7-Dimethoxy-2-methyl-3-phenyl- **18** IV 1838
—, 5,7-Dimethoxy-3-methyl-2-phenyl- **18** IV 1843

Chromen-4-on (Fortsetzung)

—, 5,7-Dimethoxy-6-methyl-2-phenyl-
18 IV 1844

—, 5,7-Dimethoxy-8-methyl-2-phenyl-
18 IV 1849

—, 7,8-Dimethoxy-2-methyl-3-phenyl-
18 IV 1839

—, 5,8-Dimethoxy-2-methyl-7-propoxy-
18 IV 2383

—, 5,7-Dimethoxy-3-
[4-neohesperidosyloxy-phenyl]- **18**
IV 2733

—, 5,7-Dimethoxy-2-[4-nitro-phenyl]-
18 IV 1771

—, 5,7-Dimethoxy-3-[4-nitro-phenyl]-
18 IV 1803

—, 2-[4,5-Dimethoxy-2-nitro-phenyl]-7-
methoxy-3-phenyl- **18** IV 2833

—, 2-[4,5-Dimethoxy-2-nitro-phenyl]-
3,5,7-trimethoxy- **18** I 427 a

—, 6-[4-(5,7-Dimethoxy-4-oxo-
4*H*-chromen-2-yl)-phenoxy]-5,7-
dimethoxy-2-[4-methoxy-phenyl]- **18**
IV 3256

—, 2-[2,3-Dimethoxy-phenyl]- **18**
IV 1788

—, 2-[2,4-Dimethoxy-phenyl]- **18**
IV 1788

—, 2-[2,5-Dimethoxy-phenyl]- **18**
IV 1789

—, 2-[2,6-Dimethoxy-phenyl]- **18**
IV 1789

—, 2-[3,4-Dimethoxy-phenyl]- **18** 128 e,
II 99 c, IV 1790

—, 3,5-Dimethoxy-2-phenyl- **18**
IV 1791

—, 3,6-Dimethoxy-2-phenyl- **18** 129 b

—, 3,7-Dimethoxy-2-phenyl- **18**
IV 1793

—, 3,8-Dimethoxy-2-phenyl- **18**
IV 1795

—, 5,6-Dimethoxy-2-phenyl- **18**
IV 1765

—, 5,7-Dimethoxy-2-phenyl- **18**
II 98 b, IV 1767

—, 5,7-Dimethoxy-3-phenyl- **18**
IV 1802

—, 5,8-Dimethoxy-2-phenyl- **18**
IV 1773

—, 6,7-Dimethoxy-2-phenyl- **18**
I 361 c, IV 1774

—, 6,7-Dimethoxy-3-phenyl- **18**
IV 1803

—, 6,8-Dimethoxy-2-phenyl- **18**
IV 1774

—, 7,8-Dimethoxy-2-phenyl- **18** 126 f,
IV 1775

—, 7,8-Dimethoxy-3-phenyl- **18**
IV 1803

—, 2-[2,3-Dimethoxy-phenyl]-3,7-
dihydroxy- **18** IV 3302

—, 2-[2,4-Dimethoxy-phenyl]-5,7-
dihydroxy- **18** II 212 a, IV 3261

—, 2-[3,4-Dimethoxy-phenyl]-3,7-
dihydroxy- **18** IV 3305

—, 2-[3,4-Dimethoxy-phenyl]-5,7-
dihydroxy- **18** IV 3263

—, 2-[3,4-Dimethoxy-phenyl]-5,8-
dihydroxy- **18** IV 3272

—, 3-[2,4-Dimethoxy-phenyl]-5,7-
dihydroxy- **18** IV 3314

—, 2-[3,4-Dimethoxy-phenyl]-5,6-
dihydroxy-3,7-dimethoxy- **18** IV 3578

—, 2-[3,4-Dimethoxy-phenyl]-5,7-
dihydroxy-3,8-dimethoxy- **18** IV 3585

—, 2-[3,4-Dimethoxy-phenyl]-5,8-
dihydroxy-3,7-dimethoxy- **18** IV 3584

—, 2-[3,4-Dimethoxy-phenyl]-5,8-
dihydroxy-6,7-dimethoxy- **18** IV 3570

—, 2-[2,3-Dimethoxy-phenyl]-5,7-
dihydroxy-3-methoxy- **18** II 235 d

—, 2-[2,4-Dimethoxy-phenyl]-3,5-
dihydroxy-7-methoxy- **18** 240 b

—, 2-[2,4-Dimethoxy-phenyl]-5,7-
dihydroxy-3-methoxy- **18** II 236 a,
IV 3469

—, 2-[2,4-Dimethoxy-phenyl]-5,8-
dihydroxy-7-methoxy- **18** IV 3451

—, 2-[2,5-Dimethoxy-phenyl]-5,7-
dihydroxy-3-methoxy- **18** II 236 e,
IV 3470

—, 2-[3,4-Dimethoxy-phenyl]-3,5-
dihydroxy-7-methoxy- **18** II 238 a,
IV 3478

—, 2-[3,4-Dimethoxy-phenyl]-3,7-
dihydroxy-5-methoxy- **18** IV 3478

—, 2-[3,4-Dimethoxy-phenyl]-5,7-
dihydroxy-3-methoxy- **18** II 237 d,
IV 3478

—, 2-[3,4-Dimethoxy-phenyl]-5,8-
dihydroxy-3-methoxy- **18** IV 3503

—, 2-[3,4-Dimethoxy-phenyl]-5,8-
dihydroxy-7-methoxy- **18** IV 3452

—, 2-[3,4-Dimethoxy-phenyl]-7,8-
dihydroxy-3-methoxy- **18** IV 3506

—, 2-[3,5-Dimethoxy-phenyl]-5,7-
dihydroxy-3-methoxy- **18** II 239 d

—, 2-[3,4-Dimethoxy-phenyl]-5,7-
dihydroxy-3-methoxy-6-methyl- **18**
IV 3517

—, 2-[3,4-Dimethoxy-phenyl]-5,7-
dihydroxy-3-methoxy-8-methyl- **18**
IV 3518

—, 2-[3,4-Dimethoxy-phenyl]-5,7-
dihydroxy-3-methyl- **18** II 220 e

—, 3-[2,4-Dimethoxy-phenyl]-5,7-
dihydroxy-2-methyl- **18** IV 3336

Chromen-4-on (Fortsetzung)

—, 2-[3,4-Dimethoxy-phenyl]-5,6-dihydroxy-3,7,8-trimethoxy- **18** IV 3623

—, 2-[3,4-Dimethoxy-phenyl]-5,7-dihydroxy-3,6,8-trimethoxy- **18** IV 3578

—, 2-[3,4-Dimethoxy-phenyl]-5,8-dihydroxy-3,6,7-trimethoxy- **18** IV 3623

—, 2-[2,4-Dimethoxy-phenyl]-3,6-diisopentyl-7-methoxy-5-[toluol-4-sulfonyloxy]- **18** IV 3359

—, 2-[2,3-Dimethoxy-phenyl]-3,6-dimethoxy- **18** IV 3300

—, 2-[2,3-Dimethoxy-phenyl]-3,7-dimethoxy- **18** IV 3302

—, 2-[2,3-Dimethoxy-phenyl]-7,8-dimethoxy- **18** II 213 d, IV 3272

—, 2-[2,4-Dimethoxy-phenyl]-3,7-dimethoxy- **18** IV 3303

—, 2-[2,4-Dimethoxy-phenyl]-5,7-dimethoxy- **18** II 212 b, IV 3261

—, 2-[2,5-Dimethoxy-phenyl]-3,7-dimethoxy- **18** IV 3304

—, 2-[2,5-Dimethoxy-phenyl]-5,7-dimethoxy- **18** IV 3261

—, 2-[2,6-Dimethoxy-phenyl]-5,6-dimethoxy- **18** IV 3260
  — oxim **18** IV 3260

—, 2-[3,4-Dimethoxy-phenyl]-3,5-dimethoxy- **18** IV 3300

—, 2-[3,4-Dimethoxy-phenyl]-3,7-dimethoxy- **18** 222 b, II 216 d

—, 2-[3,4-Dimethoxy-phenyl]-5,6-dimethoxy- **18** IV 3260

—, 2-[3,4-Dimethoxy-phenyl]-5,7-dimethoxy- **18** II 212 g, IV 3264

—, 2-[3,4-Dimethoxy-phenyl]-5,8-dimethoxy- **18** IV 3272

—, 2-[3,4-Dimethoxy-phenyl]-6,7-dimethoxy- **18** IV 3272

—, 2-[3,4-Dimethoxy-phenyl]-7,8-dimethoxy- **18** II 213 h, IV 3273

—, 2-[3,5-Dimethoxy-phenyl]-5,7-dimethoxy- **18** IV 3272

—, 3-[2,3-Dimethoxy-phenyl]-5,7-dimethoxy- **18** IV 3314

—, 3-[2,4-Dimethoxy-phenyl]-5,7-dimethoxy- **18** IV 3314

—, 3-[3,4-Dimethoxy-phenyl]-5,7-dimethoxy- **18** IV 3316

—, 3-[3,4-Dimethoxy-phenyl]-6,7-dimethoxy- **18** IV 3318

—, 2-[3,4-Dimethoxy-phenyl]-5,7-dimethoxy-8-[2-(4-methoxy-phenyl)-1-(2,4,6-trimethoxy-benzoyl)-vinyl]- **18** IV 3640

—, 2-[3,4-Dimethoxy-phenyl]-5,7-dimethoxy-8-methyl- **18** IV 3339

—, 3-[2,3-Dimethoxy-phenyl]-5,7-dimethoxy-8-methyl- **18** IV 3340

—, 3-[3,4-Dimethoxy-phenyl]-5,7-dimethoxy-2-methyl- **18** IV 3336

—, 2-[3,4-Dimethoxy-phenyl]-5,7-dimethoxy-3-sulfooxy- **18** IV 3503

—, 2-[3,4-Dimethoxy-phenyl]-3,7-dimethoxy-5-[toluol-4-sulfonyloxy]- **18** IV 3501

—, 2-[3,4-Dimethoxy-phenyl]-5,7-dimethoxy-3-[tri-O-acetyl-arabinopyranosyloxy]- **18** IV 3490

—, 2-[3,4-Dimethoxy-phenyl]-5,7-dimethoxy-3-[O^2,O^3,O^4-trimethyl-O^6-(tri-O-methyl-rhamnopyranosyl)-glucopyranosyloxy]- **18** IV 3499

—, 2-[3,4-Dimethoxy-phenyl]-3-galactopyranosyloxy-5,7-dimethoxy- **18** IV 3499

—, 2-[3,4-Dimethoxy-phenyl]-7-glucopyranosyloxy- **18** IV 2698

—, 2-[3,4-Dimethoxy-phenyl]-3-glucopyranosyloxy-5,7-dimethoxy- **18** IV 3499

—, 2-[3,4-Dimethoxy-phenyl]-7-glucopyranosyloxy-3,5,8-trimethoxy- **18** IV 3590

—, 2-[3,4-Dimethoxy-phenyl]-3-[hexa-O-methyl-rutinosyloxy]-5,7-dimethoxy- **18** IV 3499

—, 2-[2,3-Dimethoxy-phenyl]-3-hydroxy- **18** IV 2715

—, 2-[3,4-Dimethoxy-phenyl]-3-hydroxy- **18** 190 b, I 397 b, II 175 c, IV 2716

—, 2-[3,4-Dimethoxy-phenyl]-5-hydroxy- **18** IV 2695

—, 2-[3,4-Dimethoxy-phenyl]-7-hydroxy- **18** IV 2697

—, 2-[3,4-Dimethoxy-phenyl]-8-hydroxy- **18** IV 2699

—, 3-[3,4-Dimethoxy-phenyl]-7-hydroxy- **18** IV 2735

—, 2-[2,4-Dimethoxy-phenyl]-5-hydroxy-3,6-diisopentyl-7-methoxy- **18** IV 3358

—, 2-[2,3-Dimethoxy-phenyl]-3-hydroxy-7,8-dimethoxy- **18** IV 3505

—, 2-[2,4-Dimethoxy-phenyl]-5-hydroxy-3,7-dimethoxy- **18** 240 c, IV 3469

—, 2-[3,4-Dimethoxy-phenyl]-3-hydroxy-5,6-dimethoxy- **18** IV 3467

—, 2-[3,4-Dimethoxy-phenyl]-3-hydroxy-5,7-dimethoxy- **18** 247 b, I 425 c, II 238 c, IV 3479

—, 2-[3,4-Dimethoxy-phenyl]-3-hydroxy-5,8-dimethoxy- **18** IV 3503

—, 2-[3,4-Dimethoxy-phenyl]-3-hydroxy-6,7-dimethoxy- **18** IV 3504

—, 2-[3,4-Dimethoxy-phenyl]-3-hydroxy-7,8-dimethoxy- **18** 250 g, IV 3506

Chromen-4-on   (Fortsetzung)

—, 2-[3,4-Dimethoxy-phenyl]-5-hydroxy-3,7-dimethoxy- **18** 247 a, I 425 b, IV 3479

—, 2-[3,4-Dimethoxy-phenyl]-5-hydroxy-6,7-dimethoxy- **18** IV 3450

—, 2-[3,4-Dimethoxy-phenyl]-6-hydroxy-3,7-dimethoxy- **18** IV 3504

—, 2-[3,4-Dimethoxy-phenyl]-7-hydroxy-3,5-dimethoxy- **18** II 238 b, IV 3479

—, 2-[3,4-Dimethoxy-phenyl]-7-hydroxy-5,8-dimethoxy- **18** II 250 d

—, 3-[2,5-Dimethoxy-phenyl]-5-hydroxy-6,7-dimethoxy- **18** IV 3512

—, 2-[3,4-Dimethoxy-phenyl]-8-[1-(2-hydroxy-4,6-dimethoxy-benzoyl)-2-(4-methoxy-phenyl)-vinyl]-5,7-dimethoxy- **18** IV 3640

—, 2-[3,4-Dimethoxy-phenyl]-5-hydroxy-3,7-dimethoxy-6-methyl- **18** IV 3517

—, 2-[3,4-Dimethoxy-phenyl]-5-hydroxy-3,7-dimethoxy-8-methyl- **18** IV 3519

—, 2-[2,4-Dimethoxy-phenyl]-5-hydroxy-6-isopentyl-7-methoxy-3-[3-methyl-but-2-enyl]- **18** IV 3380

—, 2-[2,3-Dimethoxy-phenyl]-3-hydroxy-6-methoxy- **18** IV 3300

—, 2-[2,3-Dimethoxy-phenyl]-3-hydroxy-7-methoxy- **18** IV 3302

—, 2-[2,3-Dimethoxy-phenyl]-7-hydroxy-3-methoxy- **18** IV 3302

—, 2-[2,4-Dimethoxy-phenyl]-3-hydroxy-6-methoxy- **18** 220 a

—, 2-[2,4-Dimethoxy-phenyl]-3-hydroxy-7-methoxy- **18** 221 d

—, 2-[2,4-Dimethoxy-phenyl]-5-hydroxy-7-methoxy- **18** IV 3261

—, 2-[2,4-Dimethoxy-phenyl]-7-hydroxy-3-methoxy- **18** IV 3303

—, 2-[2,5-Dimethoxy-phenyl]-7-hydroxy-3-methoxy- **18** IV 3304

—, 2-[2,6-Dimethoxy-phenyl]-5-hydroxy-6-methoxy- **18** IV 3259

—, 2-[3,4-Dimethoxy-phenyl]-3-hydroxy-5-methoxy- **18** IV 3300

—, 2-[3,4-Dimethoxy-phenyl]-3-hydroxy-6-methoxy- **18** 220 f, I 414 f

—, 2-[3,4-Dimethoxy-phenyl]-3-hydroxy-7-methoxy- **18** 222 a, I 415 a, IV 3305

—, 2-[3,4-Dimethoxy-phenyl]-5-hydroxy-3-methoxy- **18** IV 3299

—, 2-[3,4-Dimethoxy-phenyl]-5-hydroxy-7-methoxy- **18** 212 b, IV 3264

—, 2-[3,4-Dimethoxy-phenyl]-7-hydroxy-3-methoxy- **18** II 216 c

—, 2-[3,4-Dimethoxy-phenyl]-7-hydroxy-5-methoxy- **18** II 212 f, IV 3264

—, 3-[2,4-Dimethoxy-phenyl]-5-hydroxy-7-methoxy- **18** IV 3314

—, 3-[3,4-Dimethoxy-phenyl]-5-hydroxy-7-methoxy- **18** IV 3315

—, 2-[2,3-Dimethoxy-phenyl]-3-hydroxy-7-methoxymethoxy- **18** IV 3302

—, 2-[3,4-Dimethoxy-phenyl]-3-hydroxy-7-methoxymethoxy- **18** IV 3307

—, 2-[3,4-Dimethoxy-phenyl]-5-hydroxy-7-methoxy-6-methyl- **18** IV 3337

—, 2-[3,4-Dimethoxy-phenyl]-5-hydroxy-7-methoxy-8-methyl- **18** IV 3339

—, 2-[2,4-Dimethoxy-phenyl]-5-hydroxy-7-methoxy-6-[3-methyl-but-1-enyl]-3-[3-methyl-but-2-enyl]- **18** IV 3386

—, 2-[3,4-Dimethoxy-phenyl]-5-hydroxy-3-methoxy-6-methyl-7-veratroyloxy- **18** IV 3518

—, 2-[3,4-Dimethoxy-phenyl]-5-hydroxy-3-methoxy-7-[toluol-4-sulfonyloxy]- **18** IV 3501

—, 2-[2,4-Dimethoxy-phenyl]-3-hydroxy-6-methyl- **18** IV 2759

—, 2-[3,4-Dimethoxy-phenyl]-3-hydroxy-6-methyl- **18** IV 2760

—, 2-[3,4-Dimethoxy-phenyl]-5-hydroxy-7-methyl- **18** 193 d, IV 2761

—, 2-[3,4-Dimethoxy-phenyl]-7-hydroxy-5-methyl- **18** IV 2757

—, 3-[2,4-Dimethoxy-phenyl]-7-hydroxy-2-methyl- **18** IV 2756

—, 2-[3,4-Dimethoxy-phenyl]-3-hydroxy-6-methyl-8-nitro- **18** IV 2761

—, 2-[3,4-Dimethoxy-phenyl]-7-hydroxy-3-phenyl- **18** II 185 g

—, 2-[3,4-Dimethoxy-phenyl]-3-hydroxy-5,6,7,8-tetramethoxy- **18** IV 3624

—, 2-[3,4-Dimethoxy-phenyl]-5-hydroxy-3,6,7,8-tetramethoxy- **18** IV 3579, 3623

—, 2-[2,3-Dimethoxy-phenyl]-3-hydroxy-6,7,8-trimethoxy- **18** IV 3590

—, 2-[3,4-Dimethoxy-phenyl]-3-hydroxy-5,6,7-trimethoxy- **18** IV 3579

—, 2-[3,4-Dimethoxy-phenyl]-3-hydroxy-5,7,8-trimethoxy- **18** IV 3585

—, 2-[3,4-Dimethoxy-phenyl]-3-hydroxy-6,7,8-trimethoxy- **18** IV 3591

—, 2-[3,4-Dimethoxy-phenyl]-5-hydroxy-3,6,7-trimethoxy- **18** I 431 a, II 250 a, IV 3578

—, 2-[3,4-Dimethoxy-phenyl]-5-hydroxy-3,7,8-trimethoxy- **18** IV 3585

—, 2-[3,4-Dimethoxy-phenyl]-5-hydroxy-6,7,8-trimethoxy- **18** IV 3570

—, 2-[3,4-Dimethoxy-phenyl]-6-hydroxy-3,5,7-trimethoxy- **18** IV 3578

Chromen-4-on   (Fortsetzung)

—, 2-[3,4-Dimethoxy-phenyl]-7-hydroxy-
3,5,6-trimethoxy- **18** IV 3578

—, 2-[3,4-Dimethoxy-phenyl]-7-hydroxy-
3,5,8-trimethoxy- **18** IV 3585

—, 2-[3,4-Dimethoxy-phenyl]-8-hydroxy-
3,5,7-trimethoxy- **18** IV 3585

—, 2-[3,4-Dimethoxy-phenyl]-5-hydroxy-
3-veratroyl- **18** IV 3615

—, 2-[3,4-Dimethoxy-phenyl]-8-hydroxy-
3-veratroyl- **18** IV 3616

—, 2-[2,4-Dimethoxy-phenyl]-6-isopentyl-
7-methoxy-3-[3-methyl-but-2-enyl]-5-
[toluol-4-sulfonyloxy]- **18** IV 3380

—, 2-[2,3-Dimethoxy-phenyl]-3-methoxy-
18 IV 2715

—, 2-[2,3-Dimethoxy-phenyl]-6-methoxy-
18 IV 2695

—, 2-[2,3-Dimethoxy-phenyl]-7-methoxy-
18 IV 2696

—, 2-[2,4-Dimethoxy-phenyl]-7-methoxy-
18 IV 2696

   — oxim **18** IV 2696

—, 2-[3,4-Dimethoxy-phenyl]-3-methoxy-
18 II 175 d

—, 2-[3,4-Dimethoxy-phenyl]-5-methoxy-
18 IV 2695

—, 2-[3,4-Dimethoxy-phenyl]-7-methoxy-
18 IV 2697

—, 2-[3,4-Dimethoxy-phenyl]-8-methoxy-
18 IV 2699

—, 2-[3,5-Dimethoxy-phenyl]-7-methoxy-
18 184 h

—, 3-[2,4-Dimethoxy-phenyl]-7-methoxy-
18 IV 2734

—, 3-[3,4-Dimethoxy-phenyl]-7-methoxy-
18 IV 2735

—, 3-[2,4-Dimethoxy-phenyl]-7-methoxy-
2-methyl- **18** IV 2756

—, 2-[2,4-Dimethoxy-phenyl]-7-methoxy-
6-[3-methyl-but-1-enyl]-3-[3-methyl-but-2-
enyl]-5-[toluol-4-sulfonyloxy]- **18**
IV 3387

—, 2-[3,4-Dimethoxy-phenyl]-7-methoxy-
6-nitro- **18** IV 2698

—, 2-[3,4-Dimethoxy-phenyl]-7-methoxy-
3-phenyl- **18** II 185 h

—, 2-[3,4-Dimethoxy-phenyl]-6-methyl-
18 IV 1844

—, 2-[3,4-Dimethoxy-phenyl]-6-methyl-8-
nitro- **18** IV 1845

—, 2-[3,4-Dimethoxy-phenyl]-3,5,6,7,8-
pentamethoxy- **18** IV 3624

—, 5,7-Dimethoxy-2-phenyl-8-phenylazo-
18 IV 8343

—, 2-[2,3-Dimethoxy-phenyl]-3,6,7,8-
tetramethoxy- **18** IV 3590

—, 2-[2,4-Dimethoxy-phenyl]-3,5,7,8-
tetramethoxy- **18** IV 3583

—, 2-[3,4-Dimethoxy-phenyl]-3,5,6,7-
tetramethoxy- **18** I 431 b, II 250 b,
IV 3579

—, 2-[3,4-Dimethoxy-phenyl]-3,5,6,8-
tetramethoxy- **18** IV 3583

—, 2-[3,4-Dimethoxy-phenyl]-3,5,7,8-
tetramethoxy- **18** I 431 g, II 250 e,
IV 3586

—, 2-[3,4-Dimethoxy-phenyl]-3,6,7,8-
tetramethoxy- **18** IV 3591

—, 2-[3,4-Dimethoxy-phenyl]-5,6,7,8-
tetramethoxy- **18** IV 3570

—, 3,5-Dimethoxy-2-phenyl-7-[toluol-4-
sulfonyloxy]- **18** IV 2704

—, 3,7-Dimethoxy-2-phenyl-5-[toluol-4-
sulfonyloxy]- **18** IV 2704

—, 6,8-Dimethoxy-2-phenyl-5-[toluol-4-
sulfonyloxy]- **18** IV 2675

—, 2-[3,4-Dimethoxy-phenyl]-5,6,8-
trihydroxy-3,7-dimethoxy- **18** IV 3623

—, 2-[2,4-Dimethoxy-phenyl]-5,7,8-
trihydroxy-3-methoxy- **18** IV 3583

—, 2-[3,4-Dimethoxy-phenyl]-5,6,8-
trihydroxy-7-methoxy- **18** IV 3570

—, 2-[3,4-Dimethoxy-phenyl]-5,7,8-
trihydroxy-3-methoxy- **18** IV 3584

—, 2-[2,3-Dimethoxy-phenyl]-3,5,7-
trimethoxy- **18** IV 3468

—, 2-[2,3-Dimethoxy-phenyl]-3,7,8-
trimethoxy- **18** IV 3505

—, 2-[2,3-Dimethoxy-phenyl]-5,7,8-
trimethoxy- **18** IV 3451

—, 2-[2,3-Dimethoxy-phenyl]-6,7,8-
trimethoxy- **18** IV 3453

—, 2-[2,4-Dimethoxy-phenyl]-3,5,7-
trimethoxy- **18** 241 a, I 423 f,
II 236 b, IV 3469

—, 2-[2,4-Dimethoxy-phenyl]-5,7,8-
trimethoxy- **18** IV 3452

—, 2-[2,5-Dimethoxy-phenyl]-3,5,7-
trimethoxy- **18** IV 3470

—, 2-[3,4-Dimethoxy-phenyl]-3,5,6-
trimethoxy- **18** IV 3467

—, 2-[3,4-Dimethoxy-phenyl]-3,5,7-
trimethoxy- **18** 247 c, I 425 d,
II 238 d, IV 3480

—, 2-[3,4-Dimethoxy-phenyl]-3,5,8-
trimethoxy- **18** IV 3503

—, 2-[3,4-Dimethoxy-phenyl]-3,6,7-
trimethoxy- **18** IV 3505

—, 2-[3,4-Dimethoxy-phenyl]-3,7,8-
trimethoxy- **18** IV 3507

—, 2-[3,4-Dimethoxy-phenyl]-5,6,7-
trimethoxy- **18** IV 3450

—, 2-[3,4-Dimethoxy-phenyl]-5,7,8-
trimethoxy- **18** IV 3452

—, 2-[3,4-Dimethoxy-phenyl]-6,7,8-
trimethoxy- **18** IV 3453

Chromen-4-on   (Fortsetzung)

—, 3-[2,5-Dimethoxy-phenyl]-5,6,7-trimethoxy- **18** IV 3512

—, 2-[3,4-Dimethoxy-phenyl]-3,5,7-trimethoxy-6-methyl- **18** IV 3517, vgl. 3519 b

—, 2-[3,4-Dimethoxy-phenyl]-3,5,7-trimethoxy-8-methyl- **18** IV 3519

—, 2-[3,4-Dimethoxy-phenyl]-7-veratroyloxy- **18** IV 2698

—, 5,7-Dimethoxy-3-[4-(O^2-rhamnopyranosyl-glucopyranosyloxy)-phenyl]- **18** IV 2733

—, 2-[3,4-Dimethoxy-styryl]- **18** IV 1897

—, 3,7-Dimethoxy-2-styryl- **18** IV 1897

—, 6,7-Dimethoxy-2-styryl- **18** IV 1896

—, 7,8-Dimethoxy-2-styryl- **18** IV 1896

—, 2-[3,4-Dimethoxy-styryl]-5,7-dihydroxy-3-methoxy- **18** II 245 f

—, 2-[3,4-Dimethoxy-styryl]-5-hydroxy-3,7-dimethoxy- **18** II 246 a

—, 2-[2,4-Dimethoxy-styryl]-3-methyl- **18** II 109 e

—, 2-[3,4-Dimethoxy-styryl]-3-methyl- **18** II 110 a

—, 5,7-Dimethoxy-6-[toluol-4-sulfonyloxy]-3-[4-(toluol-4-sulfonyloxy)-phenyl]- **18** IV 3313

—, 5,7-Dimethoxy-3-{4-[O^3,O^4,O^6-triacetyl-O^2-(tri-O-acetyl-rhamnopyranosyl)-glucopyranosyloxy]-phenyl}- **18** IV 2733

—, 3,5-Dimethoxy-2-[3,4,5-trimethoxy-phenyl]- **18** IV 3508

—, 3,7-Dimethoxy-2-[2,3,4-trimethoxy-phenyl]- **18** IV 3509

—, 3,7-Dimethoxy-2-[3,4,5-trimethoxy-phenyl]- **18** IV 3511

—, 5,7-Dimethoxy-2-[3,4,5-trimethoxy-phenyl]- **18** IV 3455

—, 2,3-Dimethyl- **17** I 176 a, II 365 a, IV 5094
   − oxim **17** I 176 b, II 365 b
   − phenylhydrazon **17** IV 5095

—, 2,6-Dimethyl- **17** II 365 h, IV 5096
   − oxim **17** IV 5096

—, 2,7-Dimethyl- **17** II 366 e, IV 5096

—, 2,8-Dimethyl- **17** I 179 d, II 366 g, IV 5096
   − oxim **17** IV 5096

—, 3,6-Dimethyl- **17** II 367 c, IV 5097
   − oxim **17** II 367 d

—, 3,7-Dimethyl- **17** II 367 e, IV 5098

—, 3,8-Dimethyl- **17** IV 5099

—, 6,8-Dimethyl- **17** 342 g

—, 7-[2-Dimethylamino-äthoxy]-2-phenyl- **18** IV 696

—, 2-[2-Dimethylamino-äthyl]- **18** IV 7932

—, 3-[4-Dimethylamino-anilino]-2-phenyl- **17** IV 6429

—, 2-Dimethylaminomethyl- **18** IV 7926

—, 3-Dimethylaminomethyl- **18** IV 7927

—, 2-Dimethylaminomethyl-6-methoxy- **18** IV 8086

—, 3-Dimethylaminomethyl-6-methoxy- **18** IV 8086

—, 3-Dimethylaminomethyl-7-methoxy- **18** IV 8087

—, 3-Dimethylaminomethyl-6-methyl- **18** IV 7934

—, 2-[4′-Dimethylamino-2-nitro-stilben-4-yl]- **18** IV 8023

—, 2-[4-Dimethylamino-phenyl]-3-hydroxy- **18** IV 8054

—, 2-[α-(4-Dimethylamino-phenylimino)-benzyl]- **17** IV 6475

—, 2-{4-[(4-Dimethylamino-phenylimino)-methyl]-3-nitro-phenyl}- **17** IV 6478

—, 2-[4-Dimethylamino-phenyl]-7-methoxy- **18** II 474 e

—, 2-{α-[(4-Dimethylamino-phenyl)-oxyimino]-benzyl}-7-methoxy- **18** IV 1882

—, 2-{α-[(4-Dimethylamino-phenyl)-oxyimino]-4-methoxy-benzyl}- **18** IV 1882

—, 2-[2-Dimethylamino-propyl]- **18** IV 7936

—, 2-[4-Dimethylamino-styryl]-3-methyl- **18** II 467 f

—, 3-[2,4-Dimethyl-anilino]-6-methoxy-2-phenyl- **18** II 99 g

—, 2,3-Dimethyl-5-nitro- **17** IV 5095

—, 2,3-Dimethyl-6-nitro- **17** I 178 f, IV 5095

—, 2,3-Dimethyl-7-nitro- **17** IV 5095

—, 2,3-Dimethyl-8-nitro- **17** IV 5095

—, 2,6-Dimethyl-8-nitro- **17** IV 5096

—, 2,7-Dimethyl-8-nitro- **17** IV 5096

—, 2,8-Dimethyl-6-nitro- **17** IV 5097

—, 2,8-Dimethyl-6-nitro-3-propyl- **17** IV 5144

—, 3,8-Dimethyl-2-[3-nitro-styryl]- **17** IV 5519

—, 3,8-Dimethyl-6-nitro-2-styryl- **17** IV 5519

—, 2,6-Dimethyl-3-phenyl- **17** II 403 c

—, 3,6-Dimethyl-2-phenyl- **17** II 403 d, IV 5458

—, 5,7-Dimethyl-2-phenyl- **17** IV 5459

—, 5,8-Dimethyl-2-phenyl- **17** IV 5459

—, 2,6-Dimethyl-3-propionyl- **17** II 486 h, IV 6309
   − mono-[2,4-dinitro-phenylhydrazon] **17** IV 6309

Chromen-4-on (Fortsetzung)

—, 2,3-Dimethyl-7-propionyloxy- **18**
II 22 c

—, 2,7-Dimethyl-3-propyl- **17** IV 5144

—, 3,6-Dimethyl-2-styryl- **17** IV 5518

—, 3,8-Dimethyl-2-styryl- **17** IV 5519

—, 2,3-Dimethyl-7-[tetra-*O*-acetyl-
glucopyranosyloxy]- **18** IV 375

—, 5,7-Dimethyl-2-trifluormethyl- **17**
IV 5117

—, 7-[3,5-Dinitro-benzoyloxy]-5-hydroxy-
3-[4-methoxy-phenyl]- **18** IV 2731

—, 2-[3,5-Dinitro-phenyl]- **17** IV 5420

—, 8-[2-(2,4-Dinitro-phenylhydrazono)-
äthyl]-7-hydroxy-3-methoxy-2-phenyl-
18 IV 2803

—, 3-[1-(2,4-Dinitro-phenylhydrazono)-
äthyl]-7-methoxy-2-methyl- **18** IV 1539

—, 6-[(2,4-Dinitro-phenylhydrazono)-
methyl]-5,7-dihydroxy-8-methyl-2-phenyl-
18 IV 2804

—, 6-[(2,4-Dinitro-phenylhydrazono)-
methyl]-6-hydroxy-7-methoxy-2-methyl-3-
phenyl- **18** IV 2804

—, 6-[(2,4-Dinitro-phenylhydrazono)-
methyl]-3-methyl-2-phenyl- **17** IV 6483

—, 2-[3,5-Dinitro-phenyl]-6-methoxy-
18 IV 692

—, 2,3-Diphenyl- **17** IV 5583

—, 6-Fluor-3-hydroxy-2-[4-methoxy-
phenyl]- **18** IV 1800

—, 6-Fluor-3-hydroxy-2-phenyl- **17**
IV 6430

—, 7-Fluor-2-[4-methoxy-phenyl]- **18**
IV 705

—, 7-Fluor-2-phenyl- **17** IV 5415

—, 2-[2-Fluor-phenyl]-3-hydroxy- **17**
IV 6430

—, 2-[3-Fluor-phenyl]-3-hydroxy- **17**
IV 6430

—, 2-[4-Fluor-phenyl]-3-hydroxy- **17**
IV 6430

—, 3-Galactopyranosyloxy-5,7-
dihydroxy-2-[4-hydroxy-phenyl]- **18**
IV 3294

—, 3-[*O*ˣ-Galactosyl-galactosyloxy]-5,7-
dihydroxy-2-[3,4,5-trihydroxy-phenyl]-
18 IV 3597

—, 3-[*O*²-Glucopyranosyl-
glucopyranosyloxy]-5,7-dihydroxy-2-
[4-hydroxy-phenyl]- **18** IV 3294

—, 7-[*O*⁴-Glucopyranosyl-
glucopyranosyloxy]-5-hydroxy-6-
methoxy-2-[4-methoxy-phenyl]- **18**
IV 3254

—, 7-[*O*⁴-Glucopyranosyl-
glucopyranosyloxy]-5-hydroxy-2-
[4-methoxy-phenyl]- **18** IV 2690

—, 3-Glucopyranosyloxy-5,7-dihydroxy-
2-[3-hydroxy-4-methoxy-phenyl]- **18**
IV 3502

—, 8-Glucopyranosyloxy-3,5-dihydroxy-
2-[3-hydroxy-4-methoxy-phenyl]-7-
methoxy- **18** IV 3589

—, 3-Glucopyranosyloxy-5,7-dihydroxy-
2-[4-hydroxy-phenyl]- **18** IV 3294

—, 7-Glucopyranosyloxy-3,5-dihydroxy-
2-[4-hydroxy-phenyl]- **18** IV 3295

—, 7-Glucopyranosyloxy-3,5-dihydroxy-
2-[4-hydroxy-phenyl]-8-[3-methyl-but-2-
enyl]- **18** IV 3373

—, 7-Glucopyranosyloxy-3,5-dihydroxy-
2-[4-methoxy-phenyl]- **18** IV 3296

—, 7-Glucopyranosyloxy-3,5-dihydroxy-
2-[4-methoxy-phenyl]-8-[3-methyl-but-2-
enyl]- **18** IV 3374

—, 6-Glucopyranosyloxy-5,7-dihydroxy-
2-phenyl- **18** IV 2673

—, 7-Glucopyranosyloxy-3,5-dihydroxy-
2-phenyl- **18** IV 2704

—, 2-[3-Glucopyranosyloxy-4,5-
dihydroxy-phenyl]-3,5,7-trihydroxy- **18**
IV 3597

—, 3-Glucopyranosyloxy-5,7-dihydroxy-
2-[3,4,5-trihydroxy-phenyl]- **18** IV 3596

—, 5-Glucopyranosyloxy-6,7-dihydroxy-
3-[3,4,5-trihydroxy-phenyl]- **18** IV 3600

—, 7-Glucopyranosyloxy-3,5-dimethoxy-
2-[4-methoxy-phenyl]- **18** IV 3296

—, 7-Glucopyranosyloxy-3,5-dimethoxy-
2-[4-methoxy-phenyl]-8-[3-methyl-but-2-
enyl]- **18** IV 3374

—, 2-[3-Glucopyranosyloxy-4,5-
dimethoxy-phenyl]-3,5,7-trimethoxy- **18**
IV 3597

—, 7-Glucopyranosyloxy-2,3-dimethyl-
18 IV 375

—, 3-Glucopyranosyloxy-2-
[4-glucopyranosyloxy-3-methoxy-phenyl]-
5,7-dihydroxy- **18** IV 3500

—, 7-Glucopyranosyloxy-2-
[3-glucopyranosyloxy-4-methoxy-phenyl]-
3-hydroxy- **18** IV 3307

—, 5-Glucopyranosyloxy-3-[4-hydroxy-
benzyl]-7-methoxy-2-methyl- **18** IV 2776

—, 7-Glucopyranosyloxy-5-hydroxy-3-
[3-hydroxy-4,5-dimethoxy-phenyl]-6-
methoxy- **18** IV 3601, **31** 258 a

—, 7-Glucopyranosyloxy-3-hydroxy-2-
[3-hydroxy-4-methoxy-phenyl]- **18**
IV 3307

—, 7-Glucopyranosyloxy-5-hydroxy-2-
[4-hydroxy-3-methoxy-phenyl]- **18**
IV 3270

—, 7-Glucopyranosyloxy-5-hydroxy-2-
[3-hydroxy-4-methoxy-phenyl]-3,6-
dimethoxy- **18** IV 3583

Chromen-4-on   (Fortsetzung)

—, 5-Glucopyranosyloxy-7-hydroxy-2-
[4-hydroxy-phenyl]- **18** IV 2687

—, 7-Glucopyranosyloxy-5-hydroxy-2-
[4-hydroxy-phenyl]- **18** IV 2687,
31 250 b

—, 7-Glucopyranosyloxy-5-hydroxy-3-
[4-hydroxy-phenyl]- **18** IV 2732

—, 7-Glucopyranosyloxy-5-hydroxy-3-
[4-hydroxy-phenyl]-6-methoxy- **18**
IV 3312

—, 7-Glucopyranosyloxy-5-hydroxy-2-
[4-hydroxy-phenyl]-8-[3-methyl-but-2-
enyl]-3-rhamnopyranosyloxy- **18**
IV 3375

—, 3-Glucopyranosyloxy-5-hydroxy-2-
[4-hydroxy-phenyl]-7-
rhamnopyranosyloxy- **18** IV 3296

—, 7-Glucopyranosyloxy-5-hydroxy-6-
methoxy-2-[4-methoxy-phenyl]- **18**
IV 3253

—, 7-Glucopyranosyloxy-5-hydroxy-6-
methoxy-3-[4-methoxy-phenyl]- **18**
IV 3312

—, 7-Glucopyranosyloxy-3-hydroxy-5-
methoxy-2-[4-methoxy-phenyl]-8-
[3-methyl-but-2-enyl]- **18** IV 3374

—, 7-Glucopyranosyloxy-5-hydroxy-2-
[4-methoxy-phenyl]- **18** IV 2689

—, 7-Glucopyranosyloxy-5-hydroxy-2-
[4-methoxy-phenyl]-8-[3-methyl-but-2-
enyl]-3-rhamnopyranosyloxy- **18**
IV 3375

—, 5-Glucopyranosyloxy-7-hydroxy-2-
phenyl- **18** IV 1768

—, 7-Glucopyranosyloxy-3-hydroxy-2-
phenyl- **18** IV 1794

—, 7-Glucopyranosyloxy-3-[4-hydroxy-
phenyl]- **18** IV 1808

—, 7-Glucopyranosyloxy-5-hydroxy-2-
phenyl- **18** IV 1768

—, 2-[4-Glucopyranosyloxy-3-hydroxy-
phenyl]-5,7-dihydroxy- **18** IV 3269

—, 2-[4-Glucopyranosyloxy-3-hydroxy-
phenyl]-3-hydroxy- **18** IV 2716

—, 2-[4-Glucopyranosyloxy-3-hydroxy-
phenyl]-5-hydroxy-3,6,7-trimethoxy- **18**
IV 3582

—, 5-Glucopyranosyloxy-2-[4-hydroxy-
phenyl]-7-methoxy- **18** IV 2689

—, 2-[3-Glucopyranosyloxy-4-hydroxy-
phenyl]-3,5,7-trihydroxy- **18** IV 3497

—, 2-[4-Glucopyranosyloxy-3-hydroxy-
phenyl]-3,5,7-trihydroxy- **18** IV 3497

—, 7-Glucopyranosyloxy-5-methoxy-2-
[4-methoxy-phenyl]- **31** 251 b

—, 3-Glucopyranosyloxy-2-[3-methoxy-
phenyl]- **18** IV 1797

—, 3-Glucopyranosyloxy-2-[4-methoxy-
phenyl]- **18** IV 1799

—, 5-Glucopyranosyloxy-7-methoxy-2-
phenyl- **18** IV 1769

—, 7-Glucopyranosyloxy-2-[4-methoxy-
phenyl]- **18** IV 1786

—, 7-Glucopyranosyloxy-3-[4-methoxy-
phenyl]- **18** IV 1808, **31** 249 a

—, 7-Glucopyranosyloxy-5-methoxy-2-
phenyl- **18** IV 1769

—, 2-[3-Glucopyranosyloxy-4-methoxy-
phenyl]-3-hydroxy-5,7-dimethoxy- **18**
IV 3498

—, 2-[4-Glucopyranosyloxy-3-methoxy-
phenyl]-3-hydroxy-5,7-dimethoxy- **18**
IV 3498

—, 2-[4-Glucopyranosyloxy-3-methoxy-
phenyl]-5-hydroxy-3,6,7-trimethoxy- **18**
IV 3582

—, 2-[3-Glucopyranosyloxy-4-methoxy-
phenyl]-3,5,7-trimethoxy- **18** IV 3499

—, 7-Glucopyranosyloxy-3-methyl- **18**
IV 323

—, 7-Glucopyranosyloxy-2-methyl-3-
phenyl- **18** IV 740

—, 7-Glucopyranosyloxy-3-methyl-2-
phenyl- **18** IV 742

—, 2-[4-Glucopyranosyloxy-phenyl]- **18**
IV 704

—, 3-Glucopyranosyloxy-2-phenyl- **18**
IV 687

—, 5-Glucopyranosyloxy-2-phenyl- **18**
IV 689

—, 7-Glucopyranosyloxy-2-phenyl- **18**
IV 697

—, 7-Glucopyranosyloxy-3-phenyl- **18**
IV 708

—, 3-[4-Glucopyranosyloxy-phenyl]-5,7-
dihydroxy- **18** IV 2732

—, 2-[4-Glucopyranosyloxy-phenyl]-5-
hydroxy- **18** IV 1778

—, 3-[4-Glucopyranosyloxy-phenyl]-5-
hydroxy-7-methoxy- **18** IV 2733

—, 2-[4-Glucopyranosyloxy-phenyl]-5-
hydroxy-3,6,7-trimethoxy- **18** IV 3460

—, 2-[4-Glucopyranosyloxy-phenyl]-
3,5,6,7-tetramethoxy- **18** IV 3460

—, 7-Glucopyranosyloxy-3,5,8-
trihydroxy-2-[4-hydroxy-phenyl]- **18**
IV 3466

—, 7-Glucopyranosyloxy-2-[3,4,5-
trimethoxy-phenyl]- **18** IV 3276

—, 3-[O^x-Glucosyl-glucosyloxy]-5,7-
dihydroxy-2-[4-hydroxy-phenyl]- **18**
IV 3295

—, 7-[O^x-Glucosyl-glucosyloxy]-3,5-
dihydroxy-2-[4-hydroxy-phenyl]- **18**
IV 3296

Chromen-4-on (Fortsetzung)

—, 3-Glucosyloxy-5,7,8-trihydroxy-2-[3,4,5-trihydroxy-phenyl]- **18** IV 3628

—, 7-[Hepta-*O*-acetyl-cellobiosyloxy]-5-hydroxy-6-methoxy-2-[4-methoxy-phenyl]- **18** IV 3254

—, 7-[Hepta-*O*-acetyl-cellobiosyloxy]-5-hydroxy-2-[4-methoxy-phenyl]- **18** IV 2690

—, 3-[4-(Hexa-*O*-acetyl-neohesperidosyloxy)-phenyl]-5,7-dimethoxy- **18** IV 2733

—, 7-[Hexa-*O*-methyl-rutinosyloxy]-5-methoxy-2-[4-methoxy-phenyl]- **18** IV 2691

—, 7-Hexanoyloxy-2-phenyl- **18** II 38 h

—, 6-Hexyl-7-hydroxy-2-phenyl- **18** IV 785

—, 3-Hexyl-2-methoxy- **18** IV 443

—, 2-Hydroxy- **17** IV 6153

—, 3-Hydroxy- **17** II 469 e

—, 6-Hydroxy- **18** 24 f, IV 283

—, 7-Hydroxy- **18** 25 c, II 16 b, IV 284

—, 7-[2-Hydroxy-äthoxy]-2-[4-methoxy-phenyl]- **18** IV 1785

—, 7-[2-Hydroxy-äthoxy]-2-phenyl- **18** IV 694

—, 7-Hydroxy-2,3-bis-[4-methoxy-phenyl]- **18** II 185 i

—, 5-Hydroxy-6,8-dijod-2-methyl- **18** IV 314

—, 7-Hydroxy-6,8-dijod-2-methyl- **18** IV 320

—, 3-Hydroxy-7,8-dimethoxy- **18** II 153 g

—, 5-Hydroxy-6,7-dimethoxy-2,8-dimethyl- **18** IV 2405

—, 6-Hydroxy-5,7-dimethoxy-3-[4-methoxy-benzoyl]-2-[4-methoxy-phenyl]- **18** IV 3615

—, 3-Hydroxy-7,8-dimethoxy-2-[4-methoxy-3-methoxymethoxy-phenyl]- **18** IV 3507

—, 3-Hydroxy-5,6-dimethoxy-2-[4-methoxy-phenyl]- **18** IV 3281

—, 3-Hydroxy-5,7-dimethoxy-2-[2-methoxy-phenyl]- **18** I 413 g

—, 3-Hydroxy-5,7-dimethoxy-2-[4-methoxy-phenyl]- **18** 216 b, II 215 d, IV 3287

—, 3-Hydroxy-6,7-dimethoxy-2-[4-methoxy-phenyl]- **18** IV 3298

—, 3-Hydroxy-7,8-dimethoxy-2-[2-methoxy-phenyl]- **18** 218 b, IV 3298

—, 3-Hydroxy-7,8-dimethoxy-2-[3-methoxy-phenyl]- **18** 218 f

—, 3-Hydroxy-7,8-dimethoxy-2-[4-methoxy-phenyl]- **18** 219 d, IV 3299

—, 5-Hydroxy-3,7-dimethoxy-2-[2-methoxy-phenyl]- **18** II 214 d

—, 5-Hydroxy-3,7-dimethoxy-2-[3-methoxy-phenyl]- **18** IV 3283

—, 5-Hydroxy-3,7-dimethoxy-2-[4-methoxy-phenyl]- **18** IV 3286

—, 5-Hydroxy-6,7-dimethoxy-2-[4-methoxy-phenyl]- **18** I 411 b, IV 3252

—, 5-Hydroxy-6,7-dimethoxy-3-[4-methoxy-phenyl]- **18** IV 3310

—, 6-Hydroxy-3,7-dimethoxy-2-[4-methoxy-phenyl]- **18** IV 3297

—, 6-Hydroxy-5,7-dimethoxy-3-[4-methoxy-phenyl]- **18** IV 3309

—, 7-Hydroxy-3,5-dimethoxy-2-[4-methoxy-phenyl]- **18** IV 3286

—, 7-Hydroxy-5,6-dimethoxy-3-[4-methoxy-phenyl]- **18** IV 3309

—, 7-Hydroxy-5,8-dimethoxy-2-[4-methoxy-phenyl]- **18** IV 3258

—, 5-Hydroxy-3,7-dimethoxy-2-[4-methoxy-phenyl]-6-methyl- **18** IV 3338

—, 5-Hydroxy-3,7-dimethoxy-2-[4-methoxy-phenyl]-8-methyl- **18** IV 3338, 3340

—, 5-Hydroxy-3,7-dimethoxy-2-[4-methoxy-phenyl]-8-[3-methyl-but-2-enyl]- **18** IV 3372

—, 5-Hydroxy-3,7-dimethoxy-2-[4-methoxy-styryl]- **18** II 225 a

—, 3-Hydroxy-6,7-dimethoxy-2-methyl- **18** IV 2385

—, 5-Hydroxy-3,7-dimethoxy-2-methyl- **18** IV 2384

—, 6-Hydroxy-5,7-dimethoxy-2-methyl- **18** IV 2382

—, 7-Hydroxy-3,5-dimethoxy-2-methyl- **18** IV 2384

—, 7-Hydroxy-5,8-dimethoxy-2-methyl- **18** IV 2383

—, 5-Hydroxy-3,7-dimethoxy-6-methyl-2-phenyl- **18** IV 2759

—, 5-Hydroxy-3,7-dimethoxy-8-methyl-2-phenyl- **18** IV 2763

—, 5-Hydroxy-6,7-dimethoxy-2-methyl-3-phenyl- **18** IV 2754

—, 5-Hydroxy-6,7-dimethoxy-8-methyl-2-phenyl- **18** IV 2762

—, 5-Hydroxy-7,8-dimethoxy-2-methyl-3-phenyl- **18** IV 2754

—, 5-Hydroxy-7,8-dimethoxy-6-methyl-2-phenyl- **18** IV 2757

—, 6-Hydroxy-5,7-dimethoxy-8-methyl-2-phenyl- **18** IV 2762

—, 5-Hydroxy-6,7-dimethoxy-2-methyl-3-[3,4,5-trimethoxy-phenyl]- **18** II 254 f

Chromen-4-on (Fortsetzung)
—, 7-Hydroxy-5,8-dimethoxy-3-[4-nitro-phenyl]- **18** IV 2722
—, 3-Hydroxy-5,6-dimethoxy-2-phenyl- **18** IV 2701
—, 3-Hydroxy-5,7-dimethoxy-2-phenyl- **18** 185 b, IV 2702
—, 3-Hydroxy-5,8-dimethoxy-2-phenyl- **18** IV 2705
—, 3-Hydroxy-6,7-dimethoxy-2-phenyl- **18** IV 2705
—, 3-Hydroxy-7,8-dimethoxy-2-phenyl- **18** 186 d
—, 5-Hydroxy-3,6-dimethoxy-2-phenyl- **18** IV 2700
—, 5-Hydroxy-3,7-dimethoxy-2-phenyl- **18** IV 2702
—, 5-Hydroxy-3,8-dimethoxy-2-phenyl- **18** IV 2705
—, 5-Hydroxy-6,7-dimethoxy-2-phenyl- **18** I 396 c, II 172 c, IV 2672
—, 5-Hydroxy-6,7-dimethoxy-3-phenyl- **18** IV 2719
—, 5-Hydroxy-6,8-dimethoxy-2-phenyl- **18** IV 2674
—, 5-Hydroxy-7,8-dimethoxy-2-phenyl- **18** IV 2676
—, 5-Hydroxy-7,8-dimethoxy-3-phenyl- **18** IV 2721
—, 6-Hydroxy-3,7-dimethoxy-2-phenyl- **18** IV 2705
—, 6-Hydroxy-5,7-dimethoxy-2-phenyl- **18** IV 2671
—, 6-Hydroxy-5,7-dimethoxy-3-phenyl- **18** IV 2719
—, 7-Hydroxy-3,5-dimethoxy-2-phenyl- **18** IV 2702
—, 7-Hydroxy-5,8-dimethoxy-2-phenyl- **18** IV 2676
—, 7-Hydroxy-5,8-dimethoxy-3-phenyl- **18** IV 2721
—, 2-[4-Hydroxy-3,5-dimethoxy-phenyl]-7,8-dimethoxy- **18** IV 3456
—, 2-[4-Hydroxy-3,5-dimethoxy-phenyl]-6-methoxy- **18** IV 3274
—, 2-[3-Hydroxy-4,5-dimethoxy-phenyl]-3,5,7-trimethoxy- **18** IV 3594
—, 2-[4-Hydroxy-3,5-dimethoxy-phenyl]-5,7,8-trimethoxy- **18** IV 3572
—, 3-Hydroxy-6,7-dimethoxy-2-styryl- **18** IV 2802
—, 3-Hydroxy-7,8-dimethoxy-2-styryl- **18** IV 2802
—, 5-Hydroxy-6,7-dimethoxy-2-styryl-3-[3,4,5-trimethoxy-phenyl]- **18** II 257 d
—, 3-Hydroxy-5,7-dimethoxy-2-[3,4,5-trimethoxy-phenyl]- **18** II 251 d, IV 3594

—, 5-Hydroxy-3,7-dimethoxy-2-[2,4,5-trimethoxy-phenyl]- **18** IV 3592
—, 5-Hydroxy-3,7-dimethoxy-2-[3,4,5-trimethoxy-phenyl]- **18** 258 a, IV 3594
—, 5-Hydroxy-3,8-dimethoxy-2-[3,4,5-trimethoxy-phenyl]- **18** IV 3598
—, 5-Hydroxy-6,7-dimethoxy-2-[3,4,5-trimethoxy-phenyl]- **18** IV 3571
—, 5-Hydroxy-6,7-dimethoxy-3-[3,4,5-trimethoxy-phenyl]- **18** II 253 f
—, 5-Hydroxy-7,8-dimethoxy-2-[3,4,5-trimethoxy-phenyl]- **18** IV 3572
—, 6-Hydroxy-3,7-dimethoxy-2-[3,4,5-trimethoxy-phenyl]- **18** IV 3599
—, 7-Hydroxy-5,6-dimethoxy-3-[3,4,5-trimethoxy-phenyl]- **18** II 253 e, IV 3600
—, 3-Hydroxy-2,6-dimethyl- **17** II 476 g
—, 5-Hydroxy-2,3-dimethyl- **18** IV 373
—, 6-Hydroxy-2,3-dimethyl- **18** I 310 d, IV 373
—, 7-Hydroxy-2,3-dimethyl- **18** 36 g, II 22 b, IV 374
—, 7-Hydroxy-2,5-dimethyl- **18** IV 375
—, 7-Hydroxy-2,6-dimethyl- **18** IV 376
—, 7-Hydroxy-2,8-dimethyl- **18** IV 376
— oxim **18** IV 377
—, 8-Hydroxy-2,3-dimethyl- **18** II 22 d
—, 7-Hydroxy-2,3-dimethyl-8-nitro- **18** IV 375
—, 7-Hydroxy-2,6-dimethyl-3-phenyl- **18** IV 768
—, 7-Hydroxy-3,8-dimethyl-2-phenyl- **18** IV 769
—, 7-Hydroxy-2,3-dimethyl-8-propionyl- **18** II 80 i, IV 1572
—, 5-Hydroxy-3,5-dimethyl-2-propyl- **18** IV 436
—, 7-Hydroxy-6,8-dinitro-2-[4-nitro-phenyl]- **18** IV 700
—, 5-Hydroxy-6,8-dinitro-2-phenyl- **18** IV 690
—, 7-Hydroxy-6,8-dinitro-2-phenyl- **18** IV 700
—, 6-Hydroxy-2,3-diphenyl- **18** II 51 b
—, 7-Hydroxy-2,3-diphenyl- **18** II 51 c, IV 841
—, 5-Hydroxy-3-[4-hydroxy-benzyl]-7-methoxy-2-methyl- **18** IV 2774
—, 3-Hydroxy-2-[4-hydroxy-3,5-dimethoxy-phenyl]-7,8-dimethoxy- **18** IV 3599
—, 3-Hydroxy-2-[4-hydroxy-3,5-dimethoxy-phenyl]-6-methoxy- **18** IV 3508
—, 5-Hydroxy-8-[5-(1-hydroxyimino-äthyl)-2-methoxy-phenyl]-7-methoxy-2-[4-methoxy-phenyl]- **18** IV 3545

Chromen-4-on   (Fortsetzung)

—, 5-Hydroxy-6-[1-hydroxyimino-äthyl]-
2-phenyl- **18** IV 1902

—, 5-Hydroxy-8-[β-hydroxyimino-4-
methoxy-phenäthyl]-7-methoxy-2-
[4-methoxy-phenyl]- **18** IV 3544

—, 7-Hydroxy-6-[hydroxyimino-methyl]-
5-methoxy-2-methyl- **18** IV 2506

—, 5-Hydroxy-6-[4-(5-hydroxy-7-
methoxy-4-oxo-4*H*-chromen-2-yl)-
phenoxy]-7-methoxy-2-[4-methoxy-
phenyl]- **18** IV 3256

—, 3-Hydroxy-2-[2-hydroxy-4-methoxy-
phenyl]-5,7-dimethoxy- **18** IV 3469

—, 3-Hydroxy-2-[3-hydroxy-4-methoxy-
phenyl]-5,7-dimethoxy- **18** IV 3478

—, 3-Hydroxy-2-[3-hydroxy-4-methoxy-
phenyl]-7,8-dimethoxy- **18** IV 3506

—, 3-Hydroxy-2-[4-hydroxy-3-methoxy-
phenyl]-5,7-dimethoxy- **18** IV 3478

—, 5-Hydroxy-2-[3-hydroxy-4-methoxy-
phenyl]-3,7-dimethoxy- **18** IV 3477

—, 5-Hydroxy-2-[4-hydroxy-3-methoxy-
phenyl]-3,7-dimethoxy- **18** IV 3477

—, 5-Hydroxy-3-[2-hydroxy-5-methoxy-
phenyl]-6,7-dimethoxy- **18** IV 3512

—, 7-Hydroxy-2-[4-hydroxy-3-methoxy-
phenyl]-3,5-dimethoxy- **18** IV 3477

—, 3-Hydroxy-2-[3-hydroxy-4-methoxy-
phenyl]-6-methoxy- **18** IV 3301

—, 3-Hydroxy-2-[4-hydroxy-3-methoxy-
phenyl]-6-methoxy- **18** IV 3301

—, 5-Hydroxy-2-[3-hydroxy-4-methoxy-
phenyl]-7-methoxy- **18** 212 a, IV 3263

—, 5-Hydroxy-2-[4-hydroxy-3-methoxy-
phenyl]-7-methoxy- **18** IV 3263

—, 5-Hydroxy-3-[3-hydroxy-4-methoxy-
phenyl]-7-methoxy- **18** IV 3315

—, 5-Hydroxy-2-[3-hydroxy-4-methoxy-
phenyl]-7-methoxy-3-
[*O*⁶-rhamnopyranosyl-glucopyranosyloxy]-
18 IV 3498

—, 5-Hydroxy-2-[3-hydroxy-4-methoxy-
phenyl]-7-methoxy-3-rutinosyloxy- **18**
IV 3498

—, 5-Hydroxy-2-[4-hydroxy-3-methoxy-
phenyl]-7-methoxy-3-sulfooxy- **18**
IV 3502

—, 5-Hydroxy-2-[3-hydroxy-4-methoxy-
phenyl]-7-[*O*⁶-rhamnopyranosyl-
glucopyranosyloxy]- **18** IV 3270

—, 5-Hydroxy-2-[3-hydroxy-4-methoxy-
phenyl]-7-rutinosyloxy- **18** IV 3270

—, 5-Hydroxy-2-[4-hydroxy-3-methoxy-
phenyl]-3,6,7-trimethoxy- **18** IV 3577

—, 5-Hydroxy-2-[4-hydroxy-3-methoxy-
phenyl]-3,7,8-trimethoxy- **18** IV 3584

—, 6-Hydroxy-2-[3-hydroxy-4-methoxy-
phenyl]-3,5,7-trimethoxy- **18** IV 3577

—, 7-Hydroxy-2-hydroxymethyl- **18**
IV 1363

—, 5-Hydroxy-8-[3-hydroxy-3-methyl-
butyl]-3,7-dimethoxy-2-[4-methoxy-
phenyl]- **18** IV 3528

—, 7-Hydroxy-2-hydroxymethyl-3-
[2-hydroxy-phenyl]- **18** IV 2756

—, 7-Hydroxy-2-hydroxymethyl-3-
phenyl- **18** IV 1840

—, 6-Hydroxy-2-[4-hydroxy-[1]naphthyl]-
18 II 115 e

—, 5-Hydroxy-8-[2-hydroxy-
[1]naphthylazo]-2-phenyl- **18** IV 8340

—, 5-Hydroxy-8-[4-hydroxy-phenacyl]-2-
[4-hydroxy-phenyl]-7-methoxy- **18**
IV 3544

—, 3-Hydroxy-2-[2-hydroxy-phenyl]- **18**
IV 1795

—, 3-Hydroxy-2-[3-hydroxy-phenyl]-
18 130 d, IV 1797

—, 3-Hydroxy-2-[4-hydroxy-phenyl]-
18 130 i, IV 1797

—, 5-Hydroxy-2-[2-hydroxy-phenyl]- **18**
IV 1775

—, 5-Hydroxy-2-[3-hydroxy-phenyl]- **18**
IV 1776

—, 5-Hydroxy-2-[4-hydroxy-phenyl]- **18**
IV 1777

—, 6-Hydroxy-2-[2-hydroxy-phenyl]-
18 126 h, IV 1779

—, 6-Hydroxy-2-[3-hydroxy-phenyl]-
18 126 k, IV 1780

—, 6-Hydroxy-2-[4-hydroxy-phenyl]-
18 127 c, I 361 f, IV 1780

—, 7-Hydroxy-2-[2-hydroxy-phenyl]-
18 127 g, IV 1781

—, 7-Hydroxy-2-[3-hydroxy-phenyl]-
18 127 j, I 361 g, IV 1782

—, 7-Hydroxy-2-[4-hydroxy-phenyl]-
18 128 e, I 361 e, II 98 f, IV 1784

—, 7-Hydroxy-3-[2-hydroxy-phenyl]- **18**
IV 1804

—, 7-Hydroxy-3-[4-hydroxy-phenyl]- **18**
II 100 d, IV 1805

—, 5-Hydroxy-8-[(4-hydroxy-phenyl)-
acetyl]-7-methoxy-2-[4-methoxy-phenyl]-
18 IV 3545

—, 5-Hydroxy-2-[4-hydroxy-phenyl]-3,7-
bis-rhamnopyranosyloxy- **18** IV 3292

—, 3-Hydroxy-2-[2-hydroxy-phenyl]-5,7-
dimethoxy- **18** IV 3282

—, 3-Hydroxy-2-[4-hydroxy-phenyl]-5,7-
dimethoxy- **18** IV 3285

—, 6-Hydroxy-2-[4-hydroxy-phenyl]-5,7-
dimethoxy- **18** IV 3251

—, 6-Hydroxy-3-[4-hydroxy-phenyl]-5,7-
dimethoxy- **18** IV 3309

—, 7-Hydroxy-3-[4-hydroxy-phenyl]-5,8-
dimethoxy- **18** IV 3313

Chromen-4-on   (Fortsetzung)

—, 5-Hydroxy-2-[2-hydroxy-phenyl]-7,7-dimethyl-2,3,7,8-tetrahydro- **18** IV 1649 c

—, 3-Hydroxy-2-[2-hydroxy-phenyl]-7-methoxy- **18** IV 2709

—, 3-Hydroxy-2-[3-hydroxy-phenyl]-7-methoxy- **18** IV 2710

—, 3-Hydroxy-2-[4-hydroxy-phenyl]-7-methoxy- **18** IV 2712

—, 5-Hydroxy-2-[3-hydroxy-phenyl]-7-methoxy- **18** IV 2681

—, 5-Hydroxy-2-[4-hydroxy-phenyl]-7-methoxy- **18** IV 2682

—, 5-Hydroxy-3-[2-hydroxy-phenyl]-7-methoxy- **18** IV 2723

—, 5-Hydroxy-3-[4-hydroxy-phenyl]-7-methoxy- **18** I 397 d, IV 2725

—, 7-Hydroxy-2-[4-hydroxy-phenyl]-5-methoxy- **18** IV 2682

—, 7-Hydroxy-3-[4-hydroxy-phenyl]-5-methoxy- **18** IV 2725

—, 5-Hydroxy-3-[4-hydroxy-phenyl]-7-methoxy-8-methyl- **18** IV 2766

—, 7-Hydroxy-3-[4-hydroxy-phenyl]-5-methoxy-8-methyl- **18** IV 2766

—, 3-Hydroxy-2-[2-hydroxy-phenyl]-6-methyl- **18** IV 1845

—, 5-Hydroxy-2-[2-hydroxy-phenyl]-7-methyl- **18** 135 d

—, 5-Hydroxy-2-[3-hydroxy-phenyl]-7-methyl- **18** 136 a

—, 5-Hydroxy-2-[4-hydroxy-phenyl]-7-methyl- **18** 136 d, IV 1847

—, 5-Hydroxy-3-[4-hydroxy-phenyl]-8-methyl- **18** IV 1852

—, 7-Hydroxy-2-[3-hydroxy-phenyl]-5-methyl- **18** 135 c

—, 7-Hydroxy-3-[2-hydroxy-phenyl]-2-methyl- **18** IV 1840

—, 7-Hydroxy-3-[4-hydroxy-phenyl]-2-methyl- **18** IV 1841

—, 7-Hydroxy-3-[4-hydroxy-phenyl]-6-methyl- **18** IV 1852

—, 7-Hydroxy-3-[4-hydroxy-phenyl]-8-methyl- **18** IV 1853

—, 5-Hydroxy-2-[4-hydroxy-phenyl]-7-neohesperidosyloxy- **18** IV 2688

—, 5-Hydroxy-3-[4-hydroxy-phenyl]-7-[4-nitro-benzyloxy]- **18** IV 2728

—, 5-Hydroxy-2-[4-hydroxy-phenyl]-3-[O^6-rhamnopyranosyl-galactopyranosyloxy]-7-rhamnopyranosyloxy- **18** IV 3297

—, 5-Hydroxy-2-[4-hydroxy-phenyl]-7-[O^2-rhamnopyranosyl-glucopyranosyloxy]- **18** IV 2688

—, 5-Hydroxy-2-[4-hydroxy-phenyl]-7-rhamnopyranosyloxy-3-robinobiosyloxy- **18** IV 3297

—, 5-Hydroxy-2-[2-hydroxy-phenyl]-3-salicyloyl- **18** IV 3389

—, 5-Hydroxy-2-[4-hydroxy-phenyl]-3,6,7,8-tetramethoxy- **18** IV 3574

—, 5-Hydroxy-2-[4-hydroxy-phenyl]-3,6,7-trimethoxy- **18** IV 3457

—, 5-Hydroxy-2-[4-hydroxy-phenyl]-6,7,8-trimethoxy- **18** IV 3449

—, 7-Hydroxy-2-[4-hydroxy-styryl]- **18** IV 1896

—, 3-[1-Hydroxyimino-äthyl]-2,6-dimethyl- **17** II 485 a
  — oxim **17** IV 6304

—, 8-[5-(1-Hydroxyimino-äthyl)-2-methoxy-phenyl]-5,7-dimethoxy-2-[4-methoxy-phenyl]-,
  — oxim **18** IV 3546

—, 2-[α-Hydroxyimino-benzyl]- **17** IV 6475

—, 2-[α-Hydroxyimino-benzyl]-7-methoxy- **18** IV 1882

—, 6-[4-(4-Hydroxyimino-5,7-dimethoxy-4*H*-chromen-2-yl)-phenoxy]-5,7-dimethoxy-2-[4-methoxy-phenyl]-,
  — oxim **18** IV 3256

—, 3-Hydroxyimino-7-methoxy- **18** I 350 g, II 70 h

—, 2-[α-Hydroxyimino-4-methoxy-benzyl]- **18** IV 1883

—, 8-[α-Hydroxyimino-4-methoxy-phenäthyl]-5,7-dimethoxy-2-[4-methoxy-phenyl]-,
  — oxim **18** IV 3546

—, 2-[Hydroxyimino-methyl]- **17** IV 6282

—, 2-[Hydroxyimino-methyl]-3-methyl- **17** IV 6291

—, 5-Hydroxy-7-isoamyloxy-2-phenyl- **18** 125 c

—, 5-Hydroxy-6-isopentyl-7-methoxy-2-methyl- **18** IV 1432

—, 6-Hydroxy-3-isopropyl- **18** IV 398

—, 6-Hydroxy-2-[4-isopropyl-phenyl]- **18** 65 c

—, 3-Hydroxy-2-[4-isopropyl-phenyl]-7,8-dimethoxy- **18** 196 e

—, 3-Hydroxy-2-[4-isopropyl-phenyl]-7-methoxy- **18** 136 i

—, 3-Hydroxy-7-jod-2-[4-methoxy-phenyl]- **18** IV 1801

—, 5-Hydroxy-6-jod-2-methyl- **18** IV 314

—, 5-Hydroxy-8-jod-2-methyl- **18** IV 314

—, 7-Hydroxy-6-jod-2-methyl- **18** IV 320

Chromen-4-on (Fortsetzung)

—, 7-Hydroxy-8-jod-2-methyl- **18** IV 320

—, 5-Hydroxy-6-jod-2-methyl-8-nitro- **18** IV 315

—, 5-Hydroxy-8-jod-2-methyl-6-nitro- **18** IV 315

—, 3-Hydroxy-2-[2-jod-phenyl]- **17** IV 6432

—, 3-Hydroxy-2-[3-jod-phenyl]- **17** IV 6432

—, 3-Hydroxy-2-[4-jod-phenyl]- **17** IV 6432

—, 3-Hydroxy-7-jod-2-phenyl- **17** IV 6432

—, 7-Hydroxy-2-mesityl- **18** IV 776

—, 2-Hydroxy-3-methoxy- **18** IV 1336

—, 3-Hydroxy-2-methoxy- **18** IV 1336

—, 3-Hydroxy-6-methoxy- **18** II 70 d

—, 3-Hydroxy-7-methoxy- **18** II 70 g

—, 3-Hydroxy-8-methoxy- **18** II 71 a

—, 5-Hydroxy-7-methoxy- **18** 96 h, IV 1320

—, 8-Hydroxy-7-methoxy- **18** IV 1321

—, 5-Hydroxy-3-[2-methoxy-benzoyl]-2-[2-methoxy-phenyl]- **18** IV 3390

—, 5-Hydroxy-3-[4-methoxy-benzoyl]-2-[4-methoxy-phenyl]- **18** IV 3390

—, 5-Hydroxy-7-methoxy-2,6-dimethyl- **18** IV 1400

—, 5-Hydroxy-7-methoxy-2,8-dimethyl- **18** IV 1401

—, 5-Hydroxy-7-methoxy-2,6-dimethyl-3-phenyl- **18** IV 1864

—, 5-Hydroxy-7-methoxy-2,8-dimethyl-3-phenyl- **18** IV 1865

—, 6-Hydroxy-3-methoxy-5,7-dimethyl-2-phenyl- **18** IV 1866

—, 5-Hydroxy-7-methoxy-2,3-diphenyl- **18** II 131 f, IV 1957

—, 5-Hydroxy-7-methoxy-6-[4-methoxycarbonyl-3-methyl-crotonoyloxymethyl]-2-methyl- **18** IV 2404

—, 3-Hydroxy-6-methoxy-2-[3-methoxy-4-methoxymethoxy-phenyl]- **18** IV 3301

—, 3-Hydroxy-6-methoxy-2-[4-methoxy-3-methoxymethoxy-phenyl]- **18** IV 3301

—, 3-Hydroxy-7-methoxymethoxy-2-[4-methoxy-phenyl]- **18** IV 2713

—, 5-Hydroxy-7-methoxy-6-[4-methoxy-phenacyl]-2-[4-methoxy-phenyl]- **18** IV 3543

—, 5-Hydroxy-7-methoxy-8-[4-methoxy-phenacyl]-2-[4-methoxy-phenyl]- **18** IV 3543

—, 3-Hydroxy-5-methoxy-2-[4-methoxy-phenyl]- **18** IV 2707

—, 3-Hydroxy-6-methoxy-2-[2-methoxy-phenyl]- **18** 186 i, IV 2708

—, 3-Hydroxy-6-methoxy-2-[3-methoxy-phenyl]- **18** 187 d

—, 3-Hydroxy-6-methoxy-2-[4-methoxy-phenyl]- **18** 187 h, IV 2708

—, 3-Hydroxy-7-methoxymethoxy-2-phenyl- **18** IV 1793

—, 3-Hydroxy-7-methoxy-2-[2-methoxy-phenyl]- **18** 188 e, IV 2709

—, 3-Hydroxy-7-methoxy-2-[3-methoxy-phenyl]- **18** 189 a, IV 2711

—, 3-Hydroxy-7-methoxy-2-[4-methoxy-phenyl]- **18** 189 f, IV 2712

—, 5-Hydroxy-6-methoxy-2-[4-methoxy-phenyl]- **18** IV 2679

—, 5-Hydroxy-7-methoxy-2-[2-methoxy-phenyl]- **18** 181 a, IV 2680

—, 5-Hydroxy-7-methoxy-2-[3-methoxy-phenyl]- **18** IV 2681

—, 5-Hydroxy-7-methoxy-2-[4-methoxy-phenyl]- **18** 182 c, I 397 a, II 173 b, IV 2684

—, 5-Hydroxy-7-methoxy-3-[2-methoxy-phenyl]- **18** IV 2723

—, 5-Hydroxy-7-methoxy-3-[4-methoxy-phenyl]- **18** 190 g, I 397 e, IV 2727

—, 5-Hydroxy-8-methoxy-2-[4-methoxy-phenyl]- **18** IV 2693

—, 6-Hydroxy-5-methoxy-2-[4-methoxy-phenyl]- **18** IV 2679

—, 7-Hydroxy-3-methoxy-2-[2-methoxy-phenyl]- **18** IV 2709

—, 7-Hydroxy-3-methoxy-2-[3-methoxy-phenyl]- **18** IV 2711

—, 7-Hydroxy-3-methoxy-2-[4-methoxy-phenyl]- **18** IV 2712

—, 7-Hydroxy-5-methoxy-2-[4-methoxy-phenyl]- **18** IV 2684

—, 7-Hydroxy-5-methoxy-3-[4-methoxy-phenyl]- **18** IV 2727

—, 8-Hydroxy-5-methoxy-2-[4-methoxy-phenyl]- **18** IV 2693

—, 5-Hydroxy-7-methoxy-3-[4-methoxy-phenyl]-2,6-dimethyl- **18** IV 2777

—, 5-Hydroxy-7-methoxy-3-[4-methoxy-phenyl]-2,8-dimethyl- **18** IV 2777

—, 5-Hydroxy-7-methoxy-2-[4-methoxy-phenyl]-8-[3-(4-methoxy-phenyl)-3-oxo-propyl]- **18** IV 3546

—, 3-Hydroxy-7-methoxy-2-[4-methoxy-phenyl]-5-methyl- **18** IV 2757

—, 5-Hydroxy-7-methoxy-2-[4-methoxy-phenyl]-6-methyl- **18** IV 2758

—, 5-Hydroxy-7-methoxy-2-[4-methoxy-phenyl]-8-methyl- **18** IV 2762

—, 5-Hydroxy-7-methoxy-3-[2-methoxy-phenyl]-6-methyl- **18** IV 2764

Chromen-4-on　(Fortsetzung)

—, 5-Hydroxy-7-methoxy-3-[2-methoxy-phenyl]-8-methyl- **18** IV 2765

—, 5-Hydroxy-7-methoxy-3-[4-methoxy-phenyl]-2-methyl- **18** IV 2755

—, 5-Hydroxy-7-methoxy-3-[4-methoxy-phenyl]-6-methyl- **18** 193 f, II 179 f

—, 5-Hydroxy-7-methoxy-3-[4-methoxy-phenyl]-8-methyl- **18** IV 2767

—, 7-Hydroxy-5-methoxy-3-[2-methoxy-phenyl]-8-methyl- **18** IV 2765

—, 7-Hydroxy-5-methoxy-3-[4-methoxy-phenyl]-8-methyl- **18** IV 2767

—, 5-Hydroxy-7-methoxy-3-[4-methoxy-phenyl]-6-methyl-2-styryl- **18** II 189 e

—, 5-Hydroxy-6-methoxy-2-[4-methoxy-phenyl]-7-[O^6-rhamnopyranosyl-glucopyranosyloxy]- **18** IV 3254

—, 5-Hydroxy-3-methoxy-2-[4-methoxy-phenyl]-7-rhamnopyranosyloxy- **18** IV 3291

—, 5-Hydroxy-6-methoxy-2-[4-methoxy-phenyl]-7-rutinosyloxy- **18** IV 3254

—, 5-Hydroxy-7-methoxy-3-[4-methoxy-phenyl]-2-styryl- **18** II 188 b

—, 5-Hydroxy-6-methoxy-2-[4-methoxy-phenyl]-7-[tetra-O-acetyl-glucopyranosyloxy]- **18** IV 3254

—, 5-Hydroxy-6-methoxy-2-[4-methoxy-phenyl]-7-[O^2,O^3,O^6-triacetyl-O^4-(tetra-O-acetyl-glucopyranosyl)-glucopyranosyloxy]- **18** IV 3254

—, 3-Hydroxy-7-methoxymethoxy-2-[3,4,5-trimethoxy-phenyl]- **18** IV 3511

—, 3-Hydroxy-7-methoxy-2-methyl- **18** IV 1363

—, 3-Hydroxy-8-methoxy-2-methyl- **18** IV 1364

—, 5-Hydroxy-7-methoxy-2-methyl- **18** IV 1359

—, 5-Hydroxy-8-methoxy-2-methyl- **18** IV 1361

—, 6-Hydroxy-7-methoxy-2-methyl- **18** IV 1361

—, 7-Hydroxy-3-methoxy-2-methyl- **18** II 72 c, IV 1363

—, 5-Hydroxy-7-methoxy-2-methyl-6-[3-methyl-but-2-enyl]- **18** IV 1580

—, 5-Hydroxy-7-methoxy-2-methyl-8-[3-methyl-but-2-enyl]- **18** IV 1580

—, 5-Hydroxy-7-methoxy-2-methyl-6-[3-methyl-4-propoxycarbonyl-crotonoyloxymethyl]- **18** IV 2404

—, 3-Hydroxy-7-methoxy-5-methyl-2-phenyl- **18** IV 1843

—, 3-Hydroxy-7-methoxy-2-methyl-3-phenyl- **18** II 103 c, IV 1838

—, 5-Hydroxy-7-methoxy-6-methyl-2-phenyl- **18** IV 1844

—, 5-Hydroxy-7-methoxy-8-methyl-2-phenyl- **18** IV 1849

—, 6-Hydroxy-7-methoxy-2-methyl-3-phenyl- **18** IV 1839

—, 7-Hydroxy-3-methoxy-8-methyl-2-phenyl- **18** IV 1850

—, 7-Hydroxy-5-methoxy-2-methyl-6-[phenylhydrazono-methyl]- **18** IV 2506

—, 7-Hydroxy-5-methoxy-2-methyl-6-[phenylimino-methyl]- **18** IV 2506

—, 7-Hydroxy-3-methoxy-2-methyl-8-propyl- **18** IV 1417

—, 5-Hydroxy-3-methoxy-6-methyl-7-[3,4,5-trimethoxy-benzoyloxy]-2-[3,4,5-trimethoxy-phenyl]- **18** IV 3604

—, 3-Hydroxy-2-[2-methoxy-[1]naphthyl]- **18** IV 1943

—, 7-Hydroxy-3-methoxy-2-phenäthyl- **18** II 105 h

—, 2-[4-Hydroxy-3-methoxy-phenyl]- **18** IV 1790

—, 3-Hydroxy-2-[2-methoxy-phenyl]- **18** IV 1795

—, 3-Hydroxy-2-[3-methoxy-phenyl]- **18** 130 e, IV 1797

—, 3-Hydroxy-2-[4-methoxy-phenyl]- **18** 130 j, II 100 c, IV 1798

—, 3-Hydroxy-5-methoxy-2-phenyl- **18** IV 1791

—, 3-Hydroxy-6-methoxy-2-phenyl- **18** 129 a, I 362 a, IV 1792

—, 3-Hydroxy-7-methoxy-2-phenyl- **18** 129 i, I 362 c, IV 1793

—, 5-Hydroxy-2-[2-methoxy-phenyl]- **18** IV 1775

—, 5-Hydroxy-2-[3-methoxy-phenyl]- **18** IV 1776

—, 5-Hydroxy-2-[4-methoxy-phenyl]- **18** IV 1777

—, 5-Hydroxy-3-methoxy-2-phenyl- **18** IV 1791

—, 5-Hydroxy-6-methoxy-2-phenyl- **18** IV 1765

—, 5-Hydroxy-7-methoxy-2-phenyl- **18** 125 a, II 98 a, IV 1767

—, 5-Hydroxy-7-methoxy-3-phenyl- **18** IV 1802

—, 5-Hydroxy-8-methoxy-2-phenyl- **18** IV 1772

—, 6-Hydroxy-2-[2-methoxy-phenyl]- **18** IV 1779

—, 6-Hydroxy-2-[4-methoxy-phenyl]- **18** IV 1780

—, 6-Hydroxy-5-methoxy-2-phenyl- **18** IV 1764

—, 6-Hydroxy-7-methoxy-3-phenyl- **18** IV 1803

—, 7-Hydroxy-2-[3-methoxy-phenyl]- **18** IV 1783

Chromen-4-on (Fortsetzung)

—, 7-Hydroxy-2-[4-methoxy-phenyl]- **18** IV 1784

—, 7-Hydroxy-3-methoxy-2-phenyl- **18** II 100 a, IV 1792

—, 7-Hydroxy-3-[2-methoxy-phenyl]- **18** IV 1804

—, 7-Hydroxy-3-[4-methoxy-phenyl]- **18** II 100 e, IV 1806

—, 7-Hydroxy-5-methoxy-2-phenyl- **18** IV 1766

—, 8-Hydroxy-2-[4-methoxy-phenyl]- **18** IV 1787

—, 8-Hydroxy-5-methoxy-2-phenyl- **18** IV 1772

—, 8-Hydroxy-7-methoxy-2-phenyl- **18** IV 1775

—, 8-Hydroxy-7-methoxy-3-phenyl- **18** IV 1803

—, 5-Hydroxy-2-[4-methoxy-phenyl]-3,7-bis-rhamnopyranosyloxy- **18** IV 3293

—, 2-[2-Hydroxy-3-methoxy-phenyl]-7,8-dimethoxy- **18** II 213 c

—, 2-[3-Hydroxy-4-methoxy-phenyl]-5,7-dimethoxy- **18** IV 3264

—, 2-[3-Hydroxy-4-methoxy-phenyl]-7,8-dimethoxy- **18** II 213 g, IV 3273

—, 2-[4-Hydroxy-3-methoxy-phenyl]-3,7-dimethoxy- **18** IV 3305

—, 2-[4-Hydroxy-3-methoxy-phenyl]-5,7-dimethoxy- **18** IV 3263

—, 7-Hydroxy-3-[4-methoxy-phenyl]-2,6-dimethyl- **18** IV 1865

—, 5-Hydroxy-2-[2-methoxy-phenyl]-7,7-dimethyl-2,3,7,8-tetrahydro- **18** IV 1649 d

—, 5-Hydroxy-2-[4-methoxy-phenyl]-7,7-dimethyl-2,3,7,8-tetrahydro- **18** IV 1649 e

—, 2-[2-Hydroxy-3-methoxy-phenyl]-6-methoxy- **18** II 175 g

—, 2-[3-Hydroxy-4-methoxy-phenyl]-6-methoxy- **18** II 176 c, IV 2696

—, 2-[4-Hydroxy-3-methoxy-phenyl]-6-methoxy- **18** IV 2695

—, 2-[4-Hydroxy-3-methoxy-phenyl]-7-methoxy-6-nitro- **18** IV 2698

—, 3-Hydroxy-2-[2-methoxy-phenyl]-6-methyl- **18** IV 1845

—, 3-Hydroxy-2-[4-methoxy-phenyl]-6-methyl- **18** IV 1846

—, 3-Hydroxy-2-[4-methoxy-phenyl]-7-methyl- **18** IV 1848

—, 3-Hydroxy-2-[4-methoxy-phenyl]-8-methyl- **18** IV 1850

—, 5-Hydroxy-2-[2-methoxy-phenyl]-7-methyl- **18** 135 e

—, 5-Hydroxy-2-[3-methoxy-phenyl]-7-methyl- **18** 136 b

—, 5-Hydroxy-2-[4-methoxy-phenyl]-7-methyl- **18** 136 e, II 104 a, IV 1848

—, 7-Hydroxy-2-[4-methoxy-phenyl]-5-methyl- **18** IV 1843

—, 7-Hydroxy-3-[2-methoxy-phenyl]-2-methyl- **18** IV 1840

—, 7-Hydroxy-3-[4-methoxy-phenyl]-2-methyl- **18** IV 1841

—, 7-Hydroxy-3-[4-methoxy-phenyl]-6-methyl- **18** IV 1852

—, 7-Hydroxy-3-[4-methoxy-phenyl]-8-methyl- **18** IV 1853

—, 3-Hydroxy-2-[2-methoxy-phenyl]-6-methyl-8-nitro- **18** IV 1846

—, 3-Hydroxy-2-[4-methoxy-phenyl]-6-methyl-8-nitro- **18** IV 1847

—, 5-Hydroxy-2-[4-methoxy-phenyl]-7-neohesperidosyloxy- **18** IV 2689

—, 3-Hydroxy-2-[4-methoxy-phenyl]-6-nitro- **18** IV 1801

—, 5-Hydroxy-2-[2-methoxy-phenyl]-6-nitro- **18** IV 1776

—, 5-Hydroxy-2-[3-methoxy-phenyl]-6-nitro- **18** IV 1777

—, 5-Hydroxy-2-[4-methoxy-phenyl]-6-nitro- **18** IV 1779

—, 5-Hydroxy-2-[4-methoxy-phenyl]-8-nitro- **18** IV 1779

—, 7-Hydroxy-2-[2-methoxy-phenyl]-8-nitro- **18** IV 1782

—, 7-Hydroxy-2-[3-methoxy-phenyl]-8-nitro- **18** IV 1783

—, 7-Hydroxy-2-[4-methoxy-phenyl]-8-nitro- **18** IV 1787

—, 7-Hydroxy-2-[4-methoxy-phenyl]-3-phenyl- **18** II 132 a

—, 7-Hydroxy-3-[4-methoxy-phenyl]-2-phenyl- **18** II 132 b

—, 5-Hydroxy-6-methoxy-2-phenyl-8-phenylazo- **18** IV 8343

—, 5-Hydroxy-7-methoxy-2-phenyl-8-phenylazo- **18** IV 8343

—, 7-Hydroxy-3-methoxy-2-phenyl-8-propyl- **18** IV 1870

—, 5-Hydroxy-2-[4-methoxy-phenyl]-7-[O^2-rhamnopyranosyl-glucopyranosyloxy]- **18** IV 2689

—, 5-Hydroxy-2-[4-methoxy-phenyl]-7-[O^6-rhamnopyranosyl-glucopyranosyloxy]- **18** IV 2689

—, 5-Hydroxy-2-[4-methoxy-phenyl]-7-[O^x-rhamnosyl-O^x-glucosyl-xylosyloxy]- **18** IV 2690

—, 5-Hydroxy-2-[4-methoxy-phenyl]-7-[O^x-rhamnosyl-O^x-xylosyl-glucosyloxy]- **18** IV 2690

—, 5-Hydroxy-2-[4-methoxy-phenyl]-7-rutinosyloxy- **18** IV 2689

Chromen-4-on (Fortsetzung)

—, 7-Hydroxy-3-[4-methoxy-phenyl]-2-styryl- **18** II 134 d

—, 5-Hydroxy-3-methoxy-2-phenyl-7-[toluol-4-sulfonyloxy]- **18** IV 2704

—, 5-Hydroxy-3-[4-methoxy-phenyl]-7-[toluol-4-sulfonyloxy]- **18** IV 2734

—, 5-Hydroxy-2-[4-methoxy-phenyl]-7-[O^2,O^3,O^6-triacetyl-O^4-(tetra-O-acetyl-glucopyranosyl)-glucopyranosyloxy]- **18** IV 2690

—, 2-[2-Hydroxy-3-methoxy-phenyl]-5,7,8-trimethoxy- **18** IV 3451

—, 2-[3-Hydroxy-4-methoxy-phenyl]-3,5,7-trimethoxy- **18** IV 3479

—, 2-[4-Hydroxy-3-methoxy-phenyl]-3,5,7-trimethoxy- **18** IV 3479

—, 2-[4-Hydroxy-3-methoxy-phenyl]-5,7,8-trimethoxy- **18** IV 3452

—, 3-Hydroxy-7-methoxy-2-styryl- **18** IV 1897

—, 7-Hydroxy-3-methoxy-2-styryl- **18** II 109 a

—, 7-Hydroxy-2-[4-methoxy-styryl]-3-methyl- **18** IV 1909

—, 5-Hydroxy-7-methoxy-6-[toluol-4-sulfonyloxy]-3-[4-(toluol-4-sulfonyloxy)-phenyl]- **18** IV 3313

—, 5-Hydroxy-3-methoxy-7-[toluol-4-sulfonyloxy]-2-[3,4,5-trimethoxy-phenyl]- **18** IV 3597

—, 3-Hydroxy-7-methoxy-2-[3,4,5-trimethoxy-phenyl]- **18** IV 3511

—, 5-Hydroxy-3-methoxy-2-[3,4,5-trimethoxy-phenyl]- **18** IV 3508

—, 5-Hydroxy-7-methoxy-2-[3,4,5-trimethoxy-phenyl]- **18** IV 3454

—, 7-Hydroxy-3-methoxy-2-[2,3,4-trimethoxy-phenyl]- **18** IV 3509

—, 7-Hydroxy-3-methoxy-2-[3,4,5-trimethoxy-phenyl]- **18** IV 3510

—, 5-Hydroxy-7-methoxy-2,6,8-trimethyl- **18** IV 1413

—, 2-Hydroxymethyl- **18** IV 322

—, 3-Hydroxy-2-methyl- **17** IV 6175

—, 3-Hydroxy-6-methyl- **17** II 473 c

—, 5-Hydroxy-2-methyl- **18** IV 313

—, 6-Hydroxy-2-methyl- **18** 30 b, II 18 g, IV 316

—, 6-Hydroxy-3-methyl- **18** IV 322

—, 7-Hydroxy-2-methyl- **18** 30 d, IV 317
  — [2,4-dinitro-phenylhydrazon] **18** IV 318

—, 7-Hydroxy-3-methyl- **18** IV 323

—, 8-[3-Hydroxy-3-methyl-but-1-enyl]-7-methoxy-2-phenyl- **18** IV 1921

—, 8-[3-Hydroxy-3-methyl-butyl]-3,5,7-trimethoxy-2-[4-methoxy-phenyl]- **18** IV 3528

—, 6-Hydroxymethyl-2,3-dimethyl- **18** IV 408

—, 5-Hydroxy-2-methyl-6,8-dinitro- **18** IV 315

—, 6-Hydroxy-2-methyl-5,8-dinitro- **18** IV 317

—, 7-Hydroxy-2-methyl-6,8-dinitro- **18** IV 321

—, 8-Hydroxymethyl-7-methoxy-2,3-dimethyl- **18** IV 1413

—, 8-Hydroxymethyl-7-methoxy-3-methyl-2-phenyl- **18** IV 1866

—, 2-Hydroxymethyl-3-methyl- **18** I 310 e

—, 3-Hydroxymethyl-2-methyl- **18** I 310 e

—, 5-Hydroxy-2-methyl-7-[3-methyl-but-2-enyloxy]- **18** IV 1359

—, 6-Hydroxymethyl-3-methyl-2-phenyl- **18** IV 769

—, 5-Hydroxy-2-methyl-6-nitro- **18** IV 314

—, 5-Hydroxy-2-methyl-8-nitro- **18** IV 315

—, 6-Hydroxy-2-methyl-8-nitro- **18** IV 317

—, 7-Hydroxy-2-methyl-6-nitro- **18** IV 320

—, 7-Hydroxy-2-methyl-8-nitro- **18** IV 321

—, 3-Hydroxy-6-methyl-8-nitro-2-phenyl- **17** IV 6444

—, 7-Hydroxy-2-methyl-3-[4-nitro-phenyl]- **18** IV 741

—, 3-Hydroxy-6-methyl-2-phenyl- **17** 528 d, IV 6444

—, 3-Hydroxy-7-methyl-2-phenyl- **17** I 269 e

—, 3-Hydroxy-8-methyl-2-phenyl- **17** I 270 a

—, 5-Hydroxy-7-methyl-2-phenyl- **18** 64 d, II 42 h, IV 745

—, 6-Hydroxy-2-methyl-3-phenyl- **18** IV 739

—, 7-Hydroxy-2-methyl-3-phenyl- **18** II 42 d, IV 740

—, 7-Hydroxy-3-methyl-2-phenyl- **18** IV 741

—, 7-Hydroxy-5-methyl-2-phenyl- **18** 63 f, IV 742

—, 7-Hydroxy-8-methyl-2-phenyl- **18** IV 746

—, 5-Hydroxy-2-methyl-3-propyl- **18** IV 418

—, 7-Hydroxy-2-methyl-3-propyl- **18** IV 418

—, 7-Hydroxy-2-methyl-6-propyl- **18** IV 419

Chromen-4-on (Fortsetzung)

—, 7-Hydroxy-3-methyl-2-propyl- **18** IV 419

—, 7-Hydroxy-5-methyl-2-propyl- **18** IV 419

—, 7-Hydroxy-3-methyl-2-styryl- **18** IV 801

—, 5-Hydroxy-2-methyl-7-[toluol-4-sulfonyloxy]- **18** IV 1360

—, 5-Hydroxy-7-methyl-2-[3,4,5-trimethoxy-phenyl]- **18** IV 3338

—, 7-Hydroxy-5-methyl-2-[3,4,5-trimethoxy-phenyl]- **18** IV 3336

—, 7-Hydroxy-2-methyl-3-veratryl- **18** II 180 c

—, 5-Hydroxy-2-[1]naphthyl- **18** IV 827

—, 7-Hydroxy-2-[1]naphthyl- **18** IV 828

—, 7-Hydroxy-2-[2]naphthyl- **18** IV 828

—, 2-[2-(2-Hydroxy-[1]naphthylazo)-4,5-dimethoxy-phenyl]-3,5,7-trimethoxy- **18** I 601 c

—, 2-[2-(2-Hydroxy-[1]naphthylazo)-phenyl]- **18** I 599 e

—, 2-[3-(2-Hydroxy-[1]naphthylazo)-phenyl]- **18** I 600 a

—, 2-[4-(2-Hydroxy-[1]naphthylazo)-phenyl]- **18** I 600 b

—, 6-Hydroxy-5-nitro- **18** IV 283

—, 7-Hydroxy-8-nitro- **18** IV 284

—, 5-Hydroxy-7-[4-nitro-benzyloxy]-3-[4-(4-nitro-benzyloxy)-phenyl]- **18** IV 2729

—, 3-Hydroxy-2-[3-nitro-phenyl]- **17** IV 6433

—, 3-Hydroxy-2-[4-nitro-phenyl]- **17** IV 6433

—, 3-Hydroxy-6-nitro-2-phenyl- **17** IV 6432

—, 5-Hydroxy-6-nitro-2-phenyl- **18** IV 690

—, 5-Hydroxy-8-nitro-2-phenyl- **18** IV 690

—, 7-Hydroxy-2-[4-nitro-phenyl]- **18** IV 699

—, 7-Hydroxy-3-[4-nitro-phenyl]- **18** IV 709

—, 7-Hydroxy-6-nitro-2-phenyl- **18** IV 699

—, 7-Hydroxy-8-nitro-2-phenyl- **18** IV 699

—, 6-Hydroxy-5-[4-nitro-phenylazo]-2-phenyl- **18** IV 8340

—, 7-Hydroxy-2-[2-nitro-phenyl]-3-phenyl- **18** IV 841

—, 7-Hydroxy-3-[2-nitro-phenyl]-2-phenyl- **18** IV 842

—, 7-Hydroxy-3-[4-nitro-phenyl]-2-phenyl- **18** IV 842

—, 7-Hydroxy-8-nitro-2-*p*-tolyl- **18** IV 738

—, 6-Hydroxy-2,3,5,7,8-pentamethyl- **18** IV 438

—, 6-Hydroxy-3-pentyl- **18** IV 432

—, 2-[2-Hydroxy-phenyl]- **18** I 323 h, II 39 c, IV 701

—, 2-[3-Hydroxy-phenyl]- **18** 59 d, I 324 c, II 39 e, IV 702

—, 2-[4-Hydroxy-phenyl]- **18** 59 g, I 324 e, II 39 f, IV 703

—, 3-Hydroxy-2-phenyl- **17** 527 a, I 268 d, II 498 i, IV 6428

—, 5-Hydroxy-2-phenyl- **18** IV 688

—, 5-Hydroxy-3-phenyl- **18** IV 707

—, 6-Hydroxy-2-phenyl- **18** 58 d, II 38 d, IV 691

—, 6-Hydroxy-3-phenyl- **18** IV 707

—, 7-Hydroxy-2-phenyl- **18** 58 g, II 38 f, IV 692

— imin **18** I 323 c

—, 7-Hydroxy-3-phenyl- **18** IV 707

—, 8-Hydroxy-2-phenyl- **18** I 323 d, IV 700

—, 2-[2-Hydroxy-phenyl]-3,7-dimethoxy- **18** IV 2709

—, 2-[3-Hydroxy-phenyl]-5,7-dimethoxy- **18** IV 2681

—, 2-[4-Hydroxy-phenyl]-5,7-dimethoxy- **18** IV 2683

—, 3-[2-Hydroxy-phenyl]-5,7-dimethoxy- **18** IV 2723

—, 3-[4-Hydroxy-phenyl]-5,7-dimethoxy- **18** IV 2726

—, 2-[3-Hydroxy-phenyl]-5,7-dimethyl- **18** IV 770

—, 2-[3-Hydroxy-phenyl]-5-methoxy- **18** IV 1776

—, 2-[3-Hydroxy-phenyl]-7-methoxy- **18** IV 1782

—, 2-[4-Hydroxy-phenyl]-3-methoxy- **18** IV 1797

—, 2-[4-Hydroxy-phenyl]-5-methoxy- **18** IV 1777

—, 2-[4-Hydroxy-phenyl]-7-methoxy- **18** IV 1784

—, 3-[2-Hydroxy-phenyl]-7-methoxy- **18** IV 1804

—, 3-[4-Hydroxy-phenyl]-7-methoxy- **18** IV 1805

—, 3-[2-Hydroxy-phenyl]-7-methoxy-2-methyl- **18** IV 1840

—, 3-[4-Hydroxy-phenyl]-7-methoxy-2-methyl- **18** IV 1841

—, 2-[2-Hydroxy-phenyl]-7-methoxy-6-nitro- **18** IV 1781

—, 2-[2-Hydroxy-phenyl]-6-methyl- **18** IV 743

Chromen-4-on   (Fortsetzung)

—, 2-[4-Hydroxy-phenyl]-3,5,6,7,8-
pentamethoxy- **18** IV 3574

—, 5-Hydroxy-2-phenyl-6-phenylazo-
18 IV 8339

—, 5-Hydroxy-2-phenyl-8-phenylazo-
18 IV 8339

—, 6-Hydroxy-2-phenyl-5-phenylazo-
18 IV 8340

—, 7-Hydroxy-3-phenyl-2-styryl- **18**
II 53 a

—, 7-Hydroxy-2-phenyl-8-sulfooxy- **18**
IV 1775

—, 5-Hydroxy-2-phenyl-7-[tetra-*O*-acetyl-
glucopyranosyloxy]- **18** IV 1769

—, 2-[4-Hydroxy-phenyl]-3,5,6,7-
tetramethoxy- **18** IV 3458

—, 5-Hydroxy-2-phenyl-7-[toluol-4-
sulfonyloxy]- **18** IV 1770

—, 2-[4-Hydroxy-phenyl]-3,5,7-
trimethoxy- **18** IV 3286

—, 2-Hydroxy-3-propyl- **17** IV 6202

—, 6-Hydroxy-3-propyl- **18** IV 397

—, 7-Hydroxy-3-propyl- **18** 38 d

—, 7-Hydroxy-2-styryl- **18** IV 794

—, 5-Hydroxy-2-[4-(tetra-*O*-acetyl-
glucopyranosyloxy)-phenyl]- **18** IV 1778

—, 5-Hydroxy-3,6,7,8-tetramethoxy-2-
[4-methoxy-phenyl]- **18** IV 3575

—, 6-Hydroxy-3,5,7,8-tetramethoxy-2-
[4-methoxy-phenyl]- **18** IV 3575

—, 3-Hydroxy-5,6,7,8-tetramethoxy-2-
phenyl- **18** IV 3456

—, 5-Hydroxy-3,6,7,8-tetramethoxy-2-
[3,4,5-trimethoxy-phenyl]- **18** IV 3636

—, 6-Hydroxy-2,5,7,8-tetramethyl- **18**
IV 427

—, 5-Hydroxy-2-*p*-tolyl- **18** IV 738

—, 7-Hydroxy-2-*p*-tolyl- **18** IV 738

—, 5-Hydroxy-2-[3,4,5-trihydroxy-
phenyl]- **18** IV 3274

—, 6-Hydroxy-2-[3,4,5-trihydroxy-
phenyl]- **18** IV 3274

—, 7-Hydroxy-2-[2,4,6-trihydroxy-
phenyl]- **18** IV 3275

—, 7-Hydroxy-2-[3,4,5-trihydroxy-
phenyl]- **18** 213 j

—, 7-Hydroxy-3-[3,4,5-trihydroxy-
phenyl]- **18** IV 3318

—, 8-Hydroxy-2-[3,4,5-trihydroxy-
phenyl]- **18** IV 3276

—, 5-Hydroxy-3-[3,4,5-trimethoxy-
benzoyl]-2-[3,4,5-trimethoxy-phenyl]- **18**
IV 3637

—, 3-Hydroxy-5,6,7-trimethoxy-2-
[4-methoxy-phenyl]- **18** IV 3458

—, 3-Hydroxy-5,7,8-trimethoxy-2-
[4-methoxy-phenyl]- **18** IV 3463

—, 3-Hydroxy-6,7,8-trimethoxy-2-
[4-methoxy-phenyl]- **18** IV 3466

—, 5-Hydroxy-3,6,7-trimethoxy-2-
[4-methoxy-phenyl]- **18** IV 3458

—, 5-Hydroxy-3,7,8-trimethoxy-2-
[4-methoxy-phenyl]- **18** IV 3463

—, 6-Hydroxy-3,5,7-trimethoxy-2-
[4-methoxy-phenyl]- **18** IV 3458

—, 6-Hydroxy-5,7,8-trimethoxy-2-
[4-methoxy-phenyl]- **18** IV 3449

—, 7-Hydroxy-3,5,8-trimethoxy-2-
[4-methoxy-phenyl]- **18** IV 3462

—, 3-Hydroxy-5,6,7-trimethoxy-2-phenyl-
18 IV 3277

—, 3-Hydroxy-5,7,8-trimethoxy-2-phenyl-
18 IV 3279

—, 3-Hydroxy-6,7,8-trimethoxy-2-phenyl-
18 IV 3280

—, 5-Hydroxy-2-[3,4,5-trimethoxy-
phenyl]- **18** IV 3274

—, 6-Hydroxy-2-[3,4,5-trimethoxy-
phenyl]- **18** IV 3275

—, 6-Hydroxy-3,5,7-trimethoxy-2-phenyl-
18 IV 3277

—, 6-Hydroxy-5,7,8-trimethoxy-2-phenyl-
18 IV 3251

—, 7-Hydroxy-2-[2,3,4-trimethoxy-
phenyl]- **18** IV 3275

—, 7-Hydroxy-2-[3,4,5-trimethoxy-
phenyl]- **18** IV 3276

—, 7-Hydroxy-3,5,8-trimethoxy-2-phenyl-
18 IV 3279

—, 8-Hydroxy-2-[3,4,5-trimethoxy-
phenyl]- **18** IV 3276

—, 3-Hydroxy-5,7,8-trimethoxy-2-[3,4,5-
trimethoxy-phenyl]- **18** IV 3626

—, 3-Hydroxy-6,7,8-trimethoxy-2-[3,4,5-
trimethoxy-phenyl]- **18** IV 3628

—, 5-Hydroxy-3,6,8-trimethoxy-2-[3,4,5-
trimethoxy-phenyl]- **18** IV 3625

—, 5-Hydroxy-3,7,8-trimethoxy-2-[3,4,5-
trimethoxy-phenyl]- **18** IV 3626

—, 5-Hydroxy-6,7,8-trimethoxy-2-[3,4,5-
trimethoxy-phenyl]- **18** IV 3622

—, 6-Hydroxy-3,5,7-trimethoxy-2-[3,4,5-
trimethoxy-phenyl]- **18** IV 3625

—, 7-Hydroxy-3,5,8-trimethoxy-2-[3,4,5-
trimethoxy-phenyl]- **18** IV 3626

—, 5-Hydroxy-2,3,7-trimethyl- **18**
IV 409

—, 6-Hydroxy-2,5,8-trimethyl- **18**
IV 409

—, 7-Hydroxy-2,3,5-trimethyl- **18**
IV 408

—, 7-Hydroxy-2,3,8-trimethyl- **18**
IV 409

—, 2-Isobutyl- **17** IV 5128

—, 3-Isobutyl-2-methyl-5-nitro- **17**
IV 5143

Chromen-4-on (Fortsetzung)
—, 3-Isobutyl-2-methyl-6-nitro- **17**
    IV 5143
—, 3-Isobutyl-2-methyl-7-nitro- **17**
    IV 5143
—, 3-Isobutyl-5-nitro-2-[3-nitro-styryl]-
    17 IV 5527
—, 3-Isobutyl-7-nitro-2-[3-nitro-styryl]-
    17 IV 5527
—, 2-Isobutyryl- **17** IV 6303
    — monooxim **17** IV 6303
—, 8-Isopentyl-3,5,7-trimethoxy-2-
    [4-methoxy-phenyl]- **18** IV 3356
—, 7-Isopropoxy-2-methyl- **18** IV 318
—, 5-Isopropyl-2,8-dimethyl- **17**
    IV 5145
—, 8-Isopropyl-2,5-dimethyl- **17**
    IV 5145
—, 5-Isopropyl-8-methyl- **17** 345 d
—, 3-Isopropyl-2-methyl-5-nitro- **17**
    IV 5130
—, 3-Isopropyl-2-methyl-7-nitro- **17**
    IV 5130
—, 3-Isopropyl-6-methyl-2-phenyl- **17**
    II 405 i
—, 5-Isopropyl-8-methyl-2-phenyl- **17**
    I 210 d
—, 8-Isopropyl-5-methyl-2-phenyl- **17**
    I 210 c
—, 3-Isopropyl-5-nitro-2-[3-nitro-styryl]-
    17 IV 5524
—, 3-Isopropyl-7-nitro-2-[3-nitro-styryl]-
    17 IV 5524
—, 2-[4-Isopropyl-phenyl]-6-methoxy-
    18 65 d
—, 5-Isopropyl-2,3,8-trimethyl- **17**
    IV 5155
—, 8-Isopropyl-2,3,5-trimethyl- **17**
    IV 5154
—, 6-Jod-2,3-dimethyl- **17** IV 5095
—, 6-Jod-5-methoxy-2-methyl- **18**
    IV 314
—, 6-Jod-7-methoxy-2-methyl- **18**
    IV 320
—, 8-Jod-7-methoxy-2-methyl- **18**
    IV 320
—, 7-Jod-2-[4-methoxy-phenyl]- **18**
    IV 706
 , 2-Jodmethyl- **17** IV 5071
—, 2-[3-Jod-phenyl]- **17** IV 5418
—, 2-[4-Jod-phenyl]- **17** IV 5419
—, 7-Jod-2-phenyl- **17** IV 5418
—, 2-[3-Jod-phenyl]-5,7-dimethoxy- **18**
    IV 1771
—, 2-[4-Jod-phenyl]-5,7-dimethoxy- **18**
    IV 1771
—, 2-Mesityl- **17** IV 5471
—, 2-Mesityl-7-methoxy- **18** IV 776
—, 2-Mesityl-3-methyl- **17** IV 5479

—, 3-Methansulfonyloxy-2-phenyl- **18**
    IV 687
—, 2-Methoxy- **18** IV 282
—, 5-Methoxy- **18** IV 283
—, 6-Methoxy- **18** IV 283
—, 7-Methoxy- **18** 25 d, I 306 b,
    II 16 c
    — semicarbazon **18** I 306 c
—, 2-[4-Methoxy-benzoyl]- **18** IV 1882
—, 3-[4-Methoxy-benzoyl]-8-[4-methoxy-
    benzoyloxy]-2-[4-methoxy-phenyl]- **18**
    IV 3390
—, 6-[2-Methoxy-benzoyloxy]-2-
    [2-methoxy-phenyl]- **18** IV 1780
—, 8-[4-Methoxy-benzoyloxy]-2-
    [4-methoxy-phenyl]- **18** IV 1787
—, 3-[2-Methoxy-benzoyl]-2-phenyl- **18**
    IV 1974
—, 3-[4-Methoxy-benzoyl]-2-phenyl- **18**
    IV 1974
—, 2-[4-Methoxy-benzyl]- **18** IV 735
—, 7-Methoxy-2,3-dimethyl- **18** 36 h,
    IV 374
—, 7-Methoxy-2,5-dimethyl- **18** IV 376
—, 7-Methoxy-2,6-dimethyl- **18** IV 376
    — oxim **18** IV 376
—, 7-Methoxy-2,8-dimethyl- **18** IV 377
—, 8-Methoxy-2,3-dimethyl- **18** II 22 e
—, 2-[4-Methoxy-2,6-dimethyl-phenyl]-
    18 IV 763
—, 7-Methoxy-2,5-dimethyl-3-phenyl-
    18 II 44 f
—, 7-Methoxy-2,8-dimethyl-3-phenyl-
    18 IV 769
—, 7-Methoxy-3,8-dimethyl-2-phenyl-
    18 IV 769
—, 7-Methoxy-3,5-dimethyl-2-propyl-
    18 IV 436
—, 7-Methoxy-6,8-dinitro-2-phenyl- **18**
    IV 700
—, 5-Methoxy-3-[4-methoxy-benzoyl]-8-
    [4-methoxy-benzoyloxy]-2-[4-methoxy-
    phenyl]- **18** IV 3543
—, 5-Methoxy-8-[4-methoxy-benzoyloxy]-
    2-[4-methoxy-phenyl]- **18** IV 2694
—, 3-Methoxy-2-[4-methoxy-phenyl]-
    18 IV 1798
—, 5-Methoxy-2-[2-methoxy-phenyl]-
    18 IV 1776
—, 5-Methoxy-2-[4-methoxy-phenyl]-
    18 IV 1777
—, 5-Methoxy-3-[2-methoxy-phenyl]-
    18 IV 3390
—, 6-Methoxy-2-[2-methoxy-phenyl]-
    18 IV 1779
—, 6-Methoxy-2-[4-methoxy-phenyl]-
    18 IV 1780
—, 7-Methoxy-2-[2-methoxy-phenyl]-
    18 IV 1781

Chromen-4-on (Fortsetzung)

—, 7-Methoxy-2-[3-methoxy-phenyl]- **18** IV 1783

—, 7-Methoxy-2-[4-methoxy-phenyl]- **18** I 361 j, IV 1784

—, 7-Methoxy-3-[2-methoxy-phenyl]- **18** IV 1804

—, 7-Methoxy-3-[4-methoxy-phenyl]- **18** II 100 f, IV 1806

—, 5-Methoxy-2-[4-methoxy-phenyl]-3,7-bis-rhamnopyranosyloxy- **18** IV 3293

—, 3-Methoxy-2-[2-methoxy-phenyl]-6-methyl- **18** IV 1845

—, 3-Methoxy-2-[4-methoxy-phenyl]-6-methyl- **18** IV 1846

—, 5-Methoxy-3-[4-methoxy-phenyl]-8-methyl- **18** IV 1852

—, 7-Methoxy-3-[2-methoxy-phenyl]-2-methyl- **18** IV 1840

—, 7-Methoxy-3-[4-methoxy-phenyl]-2-methyl- **18** IV 1842

—, 7-Methoxy-3-[4-methoxy-phenyl]-8-methyl- **18** IV 1853

—, 5-Methoxy-3-[4-methoxy-phenyl]-7-[O^x-methyl-glucopyranosyloxy]- **18** IV 2732

—, 5-Methoxy-3-[4-methoxy-phenyl]-8-methyl-7-[toluol-4-sulfonyloxy]- **18** IV 2768

—, 7-Methoxy-2-[2-methoxy-phenyl]-6-nitro- **18** IV 1781

—, 7-Methoxy-2-[4-methoxy-phenyl]-6-nitro- **18** IV 1786

—, 5-Methoxy-3-[4-methoxy-phenyl]-7-[4-nitro-benzyloxy]- **18** IV 2729

—, 7-Methoxy-3-[4-methoxy-phenyl]-2-styryl- **18** IV 1978

—, 5-Methoxy-2-[4-methoxy-phenyl]-7-[tetra-O-methyl-glucopyranosyloxy]- **18** IV 2690

—, 5-Methoxy-3-[4-methoxy-phenyl]-7-[toluol-4-sulfonyloxy]- **18** IV 2734

—, 7-Methoxy-2-[4-methoxy-phenyl]-5-[toluol-4-sulfonyloxy]- **18** IV 2692

—, 5-Methoxy-2-[4-methoxy-phenyl]-7-[O^2,O^3,O^4-trimethyl-O^6-(tri-O-methyl-rhamnopyranosyl)-glucopyranosyloxy]- **18** IV 2691

—, 7-Methoxy-2-[4-methoxy-styryl]- **18** IV 1896

—, 8-Methoxy-2-[4-methoxy-styryl]-3-methyl- **18** II 109 d

—, 2-Methoxymethyl- **18** IV 322

—, 2-Methoxy-3-methyl- **18** IV 322

—, 3-Methoxy-2-methyl- **18** IV 312

—, 5-Methoxy-2-methyl- **18** IV 313

—, 6-Methoxy-2-methyl- **18** IV 316

—, 6-Methoxy-3-methyl- **18** IV 323

—, 7-Methoxy-2-methyl- **18** 30 e, IV 317

  — [2,4-dinitro-phenylhydrazon] **18** IV 319

—, 7-Methoxy-3-methyl- **18** IV 323

—, 7-Methoxy-2-methyl-6,8-dinitro- **18** IV 321

—, 5-Methoxy-2-methyl-8-nitro- **18** IV 315

—, 7-Methoxy-2-methyl-8-nitro- **18** IV 321

—, 5-Methoxy-7-methyl-2-phenyl- **18** II 43 a

—, 6-Methoxy-2-methyl-3-phenyl- **18** IV 739

—, 7-Methoxy-2-methyl-3-phenyl- **18** II 42 e, IV 740

—, 7-Methoxy-3-methyl-2-phenyl- **18** IV 741

—, 7-Methoxy-5-methyl-2-phenyl- **18** 64 a, IV 743

—, 7-Methoxy-2-methyl-3-[1-phenylhydrazono-äthyl]- **18** IV 1539

—, 5-Methoxy-2-methyl-3-propyl- **18** IV 418

—, 7-Methoxy-2-methyl-6-propyl- **18** IV 419

—, 7-Methoxy-2-methyl-8-propyl- **18** IV 420

—, 7-Methoxy-3-methyl-2-propyl- **18** IV 419

—, 7-Methoxy-5-methyl-2-propyl- **18** IV 419

—, 7-Methoxy-3-methyl-2-styryl- **18** IV 801

—, 7-Methoxy-2-methyl-3-veratryl- **18** II 180 d

—, 2-[2-Methoxy-[1]naphthyl]- **18** IV 828

—, 2-[4-Methoxy-[1]naphthyl]- **18** II 50 f

—, 5-Methoxy-8-nitro- **18** IV 283

—, 6-Methoxy-5-nitro- **18** IV 284

—, 7-Methoxy-8-nitro- **18** IV 284

—, 5-Methoxy-8-nitro-2-[4-nitro-phenyl]- **18** IV 691

—, 6-Methoxy-2-[4-nitro-phenyl]- **18** IV 692

—, 6-Methoxy-8-nitro-2-phenyl- **18** IV 692

—, 7-Methoxy-2-[3-nitro-phenyl]- **18** IV 699

—, 7-Methoxy-2-[4-nitro-phenyl]- **18** IV 700

—, 7-Methoxy-3-[4-nitro-phenyl]- **18** IV 709

—, 7-Methoxy-6-nitro-2-phenyl- **18** IV 699

Chromen-4-on (Fortsetzung)

—, 7-Methoxy-8-nitro-2-phenyl- **18**
IV 699

—, 7-Methoxy-2-[2-nitro-phenyl]-3-
phenyl- **18** IV 842

—, 7-Methoxy-3-[2-nitro-phenyl]-2-
phenyl- **18** IV 842

—, 2-Methoxy-3-[3-oxo-1-phenyl-butyl]-
18 IV 1918

—, 2-[2-Methoxy-phenyl]- **18** I 324 a,
IV 701

—, 2-[3-Methoxy-phenyl]- **18** IV 703

—, 2-Methoxy-3-phenyl- **18** IV 707

—, 2-[4-Methoxy-phenyl]- **18** II 39 g,
IV 703
   — benzylimin **18** IV 704
   — hydrazon **18** IV 705

—, 3-Methoxy-2-phenyl- **18** II 37 f,
IV 686

—, 3-[2-Methoxy-phenyl]- **18** IV 710

—, 5-Methoxy-2-phenyl- **18** II 38 c,
IV 688

—, 6-Methoxy-2-phenyl- **18** II 38 e,
IV 691

—, 6-Methoxy-3-phenyl- **18** IV 707

—, 7-Methoxy-2-phenyl- **18** 59 a,
I 323 b, IV 693
   — acetylhydrazon **18** IV 698
   — hydrazon **18** IV 698

—, 7-Methoxy-3-phenyl- **18** II 39 h,
IV 708

—, 8-Methoxy-2-phenyl- **18** I 323 e,
IV 701

—, 2-Methoxy-3-[1-phenyl-äthyl]- **18**
IV 763

—, 2-[4-Methoxy-phenyl]-3,7-bis-[tetra-
O-acetyl-glucopyranosyloxy]- **18**
IV 2714

—, 2-[4-Methoxy-phenyl]-5,7-dimethyl-
18 IV 770

—, 2-[4-Methoxy-α-phenylhydrazono-
benzyl]- **18** IV 1882

—, 7-Methoxy-2-[α-phenylhydrazono-
benzyl]- **18** IV 1882

—, 2-[4-Methoxy-β-phenylmercapto-
phenäthyl]- **18** IV 1860

—, 2-[2-Methoxy-phenyl]-6-methyl- **18**
IV 743

—, 2-[4-Methoxy-phenyl]-6-methyl- **18**
II 42 g, IV 744

—, 2-[4-Methoxy-phenyl]-7-methyl- **18**
IV 745

—, 2-[4-Methoxy-phenyl]-8-methyl- **18**
IV 746

—, 2-[2-Methoxy-phenyl]-8-methyl-6-
nitro- **18** IV 746

—, 2-[2-Methoxy-phenyl]-6-nitro- **18**
IV 702

—, 2-[4-Methoxy-phenyl]-6-nitro- **18**
IV 706

—, 5-Methoxy-2-phenyl-8-phenylazo-
18 IV 8340

—, 7-Methoxy-2-phenyl-6-[3-phenyl-3-
oxo-propionyl]- **18** II 189 h

—, 3-[4-Methoxy-phenyl]-7-
propionyloxy- **18** IV 1807

—, 7-Methoxy-3-phenyl-2-styryl- **18**
II 53 b, IV 854

—, 7-Methoxy-2-phenyl-3-sulfooxy- **18**
IV 1794

—, 2-[3-Methoxy-phenyl]-3-[tetra-
O-acetyl-glucopyranosyloxy]- **18**
IV 1797

—, 2-[4-Methoxy-phenyl]-7-[tetra-
O-acetyl-glucopyranosyloxy]- **18**
IV 1786

—, 3-[4-Methoxy-phenyl]-7-[tetra-
O-acetyl-glucopyranosyloxy]- **18**
IV 1808

—, 5-Methoxy-2-phenyl-7-[tetra-O-acetyl-
glucopyranosyloxy]- **18** IV 1769

—, 7-Methoxy-2-phenyl-5-[tetra-O-acetyl-
glucopyranosyloxy]- **18** IV 1769

—, 6-Methoxy-2-phenyl-3-o-toluidino-
18 II 99 f

—, 3-Methoxy-2-phenyl-7-[toluol-4-
sulfonyloxy]- **18** IV 1794

—, 3-[4-Methoxy-phenyl]-7-[toluol-4-
sulfonyloxy]- **18** IV 1808

—, 6-Methoxy-2-phenyl-5-[toluol-4-
sulfonyloxy]- **18** IV 1766

—, 7-Methoxy-2-phenyl-5-[toluol-4-
sulfonyloxy]- **18** IV 1770

—, 6-Methoxy-2-phenyl-8-[2,4,6-trinitro-
anilino]- **18** IV 8102

—, 2-[4-Methoxy-phenyl]-3-veratroyl-
18 IV 3391

—, 2-Methoxy-3-propyl- **18** IV 397

—, 6-Methoxy-3-propyl- **18** IV 397

—, 7-Methoxy-2-propyl- **18** IV 397

—, 2-[4-Methoxy-styryl]- **18** IV 795

—, 6-Methoxy-2-styryl- **18** IV 794

—, 7-Methoxy-2-styryl- **18** IV 795

—, 2-[4-Methoxy-styryl]-3,7-dimethyl-
18 IV 806

—, 2-[4-Methoxy-styryl]-5,8-dimethyl-
18 IV 806

—, 2-[2-Methoxy-styryl]-3-methyl- **18**
II 46 a

—, 2-[4-Methoxy-styryl]-3-methyl- **18**
II 46 b

—, 2-[4-Methoxy-styryl]-6-methyl- **18**
IV 802

—, 2-[4-Methoxy-styryl]-7-methyl- **18**
IV 802

—, 2-[4-Methoxy-β-m-tolylmercapto-
phenäthyl]- **18** IV 1860

Chromen-4-on   (Fortsetzung)

—, 2-[4-Methoxy-β-*o*-tolylmercapto-phenäthyl]- **18** IV 1860

—, 2-[4-Methoxy-β-*p*-tolylmercapto-phenäthyl]- **18** IV 1860

—, 7-Methoxy-2-trifluormethyl- **18** IV 319

—, 5-Methoxy-2-[3,4,5-trimethoxy-phenyl]- **18** IV 3274

—, 7-Methoxy-2-[2,4,6-trimethoxy-phenyl]- **18** IV 3276

—, 7-Methoxy-2-[3,4,5-trimethoxy-phenyl]- **18** 214 a

—, 7-Methoxy-3-[2,4,6-trimethoxy-phenyl]- **18** IV 3318

—, 8-Methoxy-2-[3,4,5-trimethoxy-phenyl]- **18** IV 3276

—, 7-Methoxy-2,3,5-trimethyl- **18** IV 408

—, 7-Methoxy-2,3,8-trimethyl- **18** IV 409

—, 2-Methyl- **17** 335 b, I 173 d, II 362 a, IV 5070

—, 3-Methyl- **17** IV 5072

—, 5-Methyl- **17** IV 5077 f

—, 6-Methyl- **17** 337 c, I 173 h, IV 5075

    — oxim **17** IV 5075

—, 7-Methyl- **17** 338 c, IV 5077

    — oxim **17** IV 5077

—, 8-Methyl- **17** 338 d, IV 5078

    — oxim **17** IV 5078

—, 2-Methyl-5,7-bis-[toluol-4-sulfonyloxy]- **18** IV 1361

—, 6-Methyl-2,3-diphenyl- **17** II 422 c, IV 5591

—, 2-Methyl-3-nitro- **17** IV 5072

—, 2-Methyl-6-nitro- **17** IV 5072

—, 3-Methyl-8-nitro- **17** IV 5072

—, 2-Methyl-3-[4-nitro-benzoyl]- **17** IV 6482

—, 2-[4-Methyl-3-nitro-phenyl]- **17** IV 5441

—, 3-Methyl-8-nitro-2-phenyl- **17** IV 5441

—, 6-Methyl-8-nitro-2-phenyl- **17** IV 5442

—, 8-Methyl-6-nitro-2-phenyl- **17** IV 5443

—, 2-Methyl-5-nitro-3-propyl- **17** IV 5129

—, 2-Methyl-6-nitro-3-propyl- **17** IV 5129

—, 2-Methyl-7-nitro-3-propyl- **17** IV 5129

—, 3-Methyl-2-[2-nitro-styryl]- **17** II 412 d

—, 3-Methyl-2-[3-nitro-styryl]- **17** II 412 e

—, 3-Methyl-2-[4-nitro-styryl]- **17** II 412 f

—, 3-Methyl-5-nitro-2-styryl- **17** IV 5510

—, 3-Methyl-6-nitro-2-styryl- **17** IV 5510

—, 3-Methyl-7-nitro-2-styryl- **17** IV 5510

—, 7-Methyl-2-[4-nitro-styryl]-3-pentyl- **17** IV 5529

—, 7-Methyl-2-[4-nitro-styryl]-3-propyl- **17** IV 5527

—, 2-Methyl-3-phenyl- **17** IV 5441

—, 2-Methyl-6-phenyl- **17** IV 5442

—, 3-Methyl-2-phenyl- **17** IV 5441

—, 5-Methyl-2-phenyl- **17** I 206 c, IV 5442

—, 6-Methyl-2-phenyl- **17** I 206 d, II 400 e, IV 5442

—, 7-Methyl-2-phenyl- **17** IV 5443

—, 8-Methyl-2-phenyl- **17** I 206 f

—, 3-Methyl-2-[4-phenyl-buta-1,3-dienyl]- **17** II 414 c

—, 2-Methyl-3-[1-phenylhydrazono-äthyl]- **17** IV 6296

—, 3-Methyl-2-phenyl-6-[phenylimino-methyl]- **17** IV 6483

—, 6-Methyl-2-phenyl-3-propyl- **17** II 405 h

—, 6-Methyl-3-phenyl-2-styryl- **17** II 426 c

—, 3-Methyl-2-phenyl-7-[tetra-*O*-acetyl-glucopyranosyloxy]- **18** IV 742

—, 2-Methyl-3-phenyl-5-vinyloxy- **18** IV 739

—, 2-Methyl-7-propoxy- **18** IV 318

—, 3-Methyl-2-styryl- **17** II 412 c

—, 3-Methyl-7-[tetra-*O*-acetyl-glucopyranosyloxy]- **18** IV 323

—, 2-Methyl-3-[toluol-4-sulfonyloxy]- **18** IV 313

—, 5-Methyl-2-*p*-tolyl- **17** IV 5457

—, 6-Methyl-2-*p*-tolyl- **17** IV 5458

—, 7-Methyl-2-*p*-tolyl- **17** IV 5458

—, 8-Methyl-2-*p*-tolyl- **17** IV 5458

—, 6-Methyl-2-trifluormethyl- **17** IV 5096

—, 2-[1]Naphthyl- **17** IV 5558

—, 2-[2]Naphthyl- **17** IV 5559

—, 6-Nitro- **17** IV 5053

—, 8-Nitro- **17** IV 5053

—, 7-[4-Nitro-benzoyloxy]-2-[4-nitro-phenyl]- **18** IV 700

—, 6-Nitro-2-[3-nitro-phenyl]- **17** IV 5419

—, 5-Nitro-2-[3-nitro-styryl]-3-propyl- **17** IV 5523

Chromen-4-on   (Fortsetzung)
—, 7-Nitro-2-[3-nitro-styryl]-3-propyl-
    17 IV 5523
—, 2-[2-Nitro-phenyl]- **17** IV 5419
—, 2-[3-Nitro-phenyl]- **17** IV 5419
—, 2-[4-Nitro-phenyl]- **17** IV 5419
—, 6-Nitro-2-phenyl- **17** IV 5419
—, 7-Nitro-2-phenyl- **17** IV 5419
—, 2-[3-Nitro-4-(phenylhydrazono-
    methyl)-phenyl]- **17** IV 6478
—, 2-[2-Nitro-stilben-4-yl]- **17** IV 5608
—, 2-[3-Nitro-styryl]- **17** IV 5501
—, 2-[2-Oxo-cyclohexyl]- **17** IV 6359
—, 3,5,6,7,8-Pentaacetoxy-2-[4-acetoxy-
    phenyl]- **18** IV 3576
—, 3,5,6,7,8-Pentaacetoxy-2-
    [3,4-diacetoxy-phenyl]- **18** IV 3624
—, 3,5,6,7,8-Pentaacetoxy-2-phenyl- **18**
    IV 3457
—, 3,5,6,7,8-Pentaacetoxy-2-[3,4,5-
    triacetoxy-phenyl]- **18** IV 3636
—, 3,5,6,7,8-Pentahydroxy-2-[4-hydroxy-
    phenyl]- **18** IV 3574
—, 3,5,6,7,8-Pentahydroxy-2-phenyl- **18**
    IV 3456
—, 3,5,6,7,8-Pentahydroxy-2-[3,4,5-
    trihydroxy-phenyl]- **18** IV 3636
—, 3,5,6,7,8-Pentamethoxy-2-[4-methoxy-
    phenyl]- **18** IV 3575
—, 3,5,6,7,8-Pentamethoxy-2-phenyl-
    18 IV 3457
—, 3,5,6,7,8-Pentamethoxy-2-[3,4,5-
    trimethoxy-phenyl]- **18** IV 3636
—, 2-Phenoxymethyl- **18** IV 322
—, 2-Phenyl- **17** 372 b, I 204 d,
    II 395 f, IV 5413
    — acetylhydrazon **17** IV 5415
    — azin **17** IV 5415
    — benzoylhydrazon **17** IV 5415
    — benzylidenhydrazon **17** IV 5415
    — benzylimin **17** IV 5414
    — butylimin **17** IV 5414
    — [2,4-dinitro-phenylhydrazon] **17**
      IV 5415
    — hydrazon **17** IV 5415
    — octylimin **17** IV 5414
    — oxim **17** IV 5414
    — phenylhydrazon **17** IV 5415
    — phenylimin **17** IV 5414
    — semicarbazon **17** IV 5415
    — thiosemicarbazon **17** IV 5415
—, 3-Phenyl- **17** IV 5420
—, 8-Phenyl- **17** I 205 c
—, 2-Phenyl-3,7-bis-[tetra-*O*-acetyl-
    glucopyranosyloxy]- **18** IV 1794
—, 2-[α-Phenylhydrazono-benzyl]- **17**
    IV 6475
—, 2-[Phenylhydrazono-methyl]- **17**
    IV 6282

—, 2-[β-Phenylmercapto-phenäthyl]- **18**
    IV 762
—, 2-Phenyl-6-phenylazo- **18** II 501 f
—, 2-Phenyl-7-propionyloxy- **18**
    II 38 g
—, 2-Phenyl-3-salicyloyl- **18** IV 1974
—, 6-Phenyl-2-styryl- **17** IV 5609
—, 2-Phenyl-3-sulfooxy- **18** IV 687
—, 2-Phenyl-3-[tetra-*O*-acetyl-
    glucopyranosyloxy]- **18** IV 687
—, 2-Phenyl-7-[tetra-*O*-acetyl-
    glucopyranosyloxy]- **18** IV 697
—, 3-Phenyl-7-[tetra-*O*-acetyl-
    glucopyranosyloxy]- **18** IV 708
—, 2-Phenyl-3-[toluol-4-sulfonylamino]-
    17 IV 6429
—, 2-Phenyl-5-[toluol-4-sulfonyloxy]-
    18 IV 689
—, 2-Phenyl-7-[toluol-4-sulfonyloxy]-
    18 IV 697
—, 3-Phenyl-7-[toluol-4-sulfonyloxy]-
    18 IV 709
—, 2-Phenyl-3-[3,4,5-trimethoxy-benzoyl]-
    18 IV 3391
—, 2-Phenyl-3-veratroyl- **18** IV 2838
—, 2-Propionyl- **17** IV 6295
    — monooxim **17** IV 6295
—, 2-Propyl- **17** IV 5113
—, 2-Styryl- **17** IV 5501
—, 3,5,6,7-Tetraacetoxy-2-[4-acetoxy-
    phenyl]- **18** IV 3460
—, 3,5,7,8-Tetraacetoxy-2-[4-acetoxy-
    phenyl]- **18** IV 3466
—, 3,6,7,8-Tetraacetoxy-2-[4-acetoxy-
    phenyl]- **18** IV 3467
—, 3,5,6,7-Tetraacetoxy-2-[3,4-diacetoxy-
    phenyl]- **18** 257 a, I 431 e, IV 3581
—, 3,5,7,8-Tetraacetoxy-2-[3,4-diacetoxy-
    phenyl]- **18** 257 c, I 432 b, IV 3589
—, 3,6,7,8-Tetraacetoxy-2-[2,3-diacetoxy-
    phenyl]- **18** IV 3591
—, 3,6,7,8-Tetraacetoxy-2-[3,4-diacetoxy-
    phenyl]- **18** IV 3591
—, 5,6,7,8-Tetraacetoxy-2-[3,4-diacetoxy-
    phenyl]- **18** IV 3571
—, 3,5,6,7-Tetraacetoxy-2-methyl- **18**
    IV 3078
—, 3,5,7,8-Tetraacetoxy-2-methyl- **18**
    IV 3079
—, 3,5,6,7-Tetraacetoxy-2-phenyl- **18**
    IV 3278
—, 3,5,7,8-Tetraacetoxy-2-phenyl- **18**
    IV 3280
—, 3,6,7,8-Tetraacetoxy-2-phenyl- **18**
    IV 3280
—, 5,6,7,8-Tetraacetoxy-2-phenyl- **18**
    IV 3251
—, 3,5,6,7-Tetraacetoxy-2-[3,4,5-
    triacetoxy-phenyl]- **18** IV 3625

Chromen-4-on (Fortsetzung)

—, 3,5,7,8-Tetraacetoxy-2-[3,4,5-triacetoxy-phenyl]- **18** IV 3627

—, 3,6,7,8-Tetraacetoxy-2-[3,4,5-triacetoxy-phenyl]- **18** IV 3628

—, 2-[4-(Tetra-*O*-acetyl-glucopyranosyloxy)-phenyl]- **18** IV 704

—, 3,5,6,7-Tetraäthoxy-2-[3,4-diäthoxy-phenyl]- **18** I 431 c

—, 3,5,7,8-Tetraäthoxy-2-[3,4-diäthoxy-phenyl]- **18** I 432 a

—, 3,5,6,7-Tetrahydroxy-2-[4-hydroxy-phenyl]- **18** IV 3457

—, 3,5,6,8-Tetrahydroxy-2-[4-hydroxy-phenyl]- **18** IV 3460

—, 3,5,7,8-Tetrahydroxy-2-[2-hydroxy-phenyl]- **18** IV 3461

—, 3,5,7,8-Tetrahydroxy-2-[4-hydroxy-phenyl]- **18** IV 3461

—, 3,6,7,8-Tetrahydroxy-2-[4-hydroxy-phenyl]- **18** IV 3466

—, 5,6,7,8-Tetrahydroxy-2-[4-hydroxy-phenyl]- **18** IV 3449

—, 3,5,6,7-Tetrahydroxy-2-methyl- **18** IV 3078

—, 3,5,7,8-Tetrahydroxy-2-methyl- **18** IV 3078

—, 3,5,6,7-Tetrahydroxy-2-phenyl- **18** IV 3277

—, 3,5,6,8-Tetrahydroxy-2-phenyl- **18** IV 3278

—, 3,5,7,8-Tetrahydroxy-2-phenyl- **18** IV 3279

—, 3,6,7,8-Tetrahydroxy-2-phenyl- **18** IV 3280

—, 5,6,7,8-Tetrahydroxy-2-phenyl- **18** IV 3250

—, 3,5,6,7-Tetrahydroxy-2-[3,4,5-trihydroxy-phenyl]- **18** IV 3624

—, 3,5,7,8-Tetrahydroxy-2-[3,4,5-trihydroxy-phenyl]- **18** IV 3625

—, 3,6,7,8-Tetrahydroxy-2-[3,4,5-trihydroxy-phenyl]- **18** IV 3628

—, 5,6,7,8-Tetrahydroxy-2-[3,4,5-trihydroxy-phenyl]- **18** IV 3622

—, 5,6,7,8-Tetrakis-benzoyloxy-2-[3,4-bis-benzoyloxy-phenyl]- **18** IV 3571

—, 3,5,6,7-Tetramethoxy-2-[4-methoxy-phenyl]- **18** IV 3459

—, 3,5,6,8-Tetramethoxy-2-[4-methoxy-phenyl]- **18** IV 3460

—, 3,5,7,8-Tetramethoxy-2-[2-methoxy-phenyl]- **18** IV 3461

—, 3,5,7,8-Tetramethoxy-2-[4-methoxy-phenyl]- **18** IV 3463

—, 3,6,7,8-Tetramethoxy-2-[4-methoxy-phenyl]- **18** IV 3467

—, 5,6,7,8-Tetramethoxy-2-[4-methoxy-phenyl]- **18** IV 3450

—, 3,5,7,8-Tetramethoxy-2-methyl- **18** IV 3079

—, 3,5,6,7-Tetramethoxy-2-phenyl- **18** IV 3277

—, 3,5,6,8-Tetramethoxy-2-phenyl- **18** IV 3278

—, 3,5,7,8-Tetramethoxy-2-phenyl- **18** IV 3279

—, 3,6,7,8-Tetramethoxy-2-phenyl- **18** IV 3280

—, 5,6,7,8-Tetramethoxy-2-phenyl- **18** IV 3251

—, 3,5,6,7-Tetramethoxy-2-[3,4,5-trimethoxy-phenyl]- **18** IV 3625

—, 3,5,7,8-Tetramethoxy-2-[3,4,5-trimethoxy-phenyl]- **18** IV 3627

—, 3,6,7,8-Tetramethoxy-2-[3,4,5-trimethoxy-phenyl]- **18** IV 3628

—, 5,6,7,8-Tetramethoxy-2-[3,4,5-trimethoxy-phenyl]- **18** IV 3623

—, 2,3,5,7-Tetramethyl- **17** I 185 l

— oxim **17** I 186 a

—, 2,3,5,8-Tetramethyl- **17** I 186 d, IV 5134

—, 2,3,6,8-Tetramethyl- **17** IV 5134

—, 2,5,7,8-Tetramethyl- **17** IV 5134

—, 2,3,5,7-Tetramethyl-6-nitro- **17** I 186 b

—, 2-*m*-Tolyl- **17** IV 5440

—, 2-*o*-Tolyl- **17** IV 5440

—, 2-*p*-Tolyl- **17** IV 5440

—, 2-[β-*m*-Tolylmercapto-phenäthyl]- **18** IV 763

—, 2-[β-*o*-Tolylmercapto-phenäthyl]- **18** IV 762

—, 2-[β-*p*-Tolylmercapto-phenäthyl]- **18** IV 763

—, 3,5,7-Triacetoxy-2-[4-acetoxy-3,5-dimethoxy-phenyl]- **18** II 252 g

—, 3,5,7-Triacetoxy-2-[3-acetoxy-4-methoxy-phenyl]- **18** IV 3488

—, 3,5,7-Triacetoxy-2-[4-acetoxy-3-methoxy-phenyl]- **18** 248 e, I 426 b, II 238 g, IV 3488

—, 3,5,7-Triacetoxy-2-[4-acetoxy-3-methoxy-phenyl]-8-methoxy- **18** IV 3589

—, 3,5,7-Triacetoxy-8-[3-acetoxy-3-methyl-butyl]-2-[4-methoxy-phenyl]- **18** IV 3529

—, 3,5,7-Triacetoxy-2-[2-acetoxy-phenyl]- **18** 214 d, II 214 f, IV 3282

—, 3,5,7-Triacetoxy-2-[3-acetoxy-phenyl]- **18** IV 3283

—, 3,5,7-Triacetoxy-2-[4-acetoxy-phenyl]- **18** 217 c, I 414 d, IV 3290

—, 3,6,7-Triacetoxy-2-[4-acetoxy-phenyl]- **18** IV 3298

—, 3,7,8-Triacetoxy-2-[3-acetoxy-phenyl]- **18** 219 a

Chromen-4-on (Fortsetzung)

—, 3,7,8-Triacetoxy-2-[4-acetoxy-phenyl]-
  18 219 f

—, 5,6,7-Triacetoxy-2-[4-acetoxy-phenyl]-
  18 I 412 a, IV 3253

—, 5,6,7-Triacetoxy-3-[4-acetoxy-phenyl]-
  18 IV 3312

—, 5,7,8-Triacetoxy-2-[4-acetoxy-phenyl]-
  18 IV 3258

—, 6,7,8-Triacetoxy-2-[4-acetoxy-phenyl]-
  18 IV 3259

—, 3,6,7-Triacetoxy-2-[4-acetoxy-phenyl]-
  5-methoxy- **18** IV 3460

—, 3,5,7-Triacetoxy-2-[4-acetoxy-phenyl]-
  8-[3-methyl-but-2-enyl]- **18** IV 3372

—, 3,5,8-Triacetoxy-2-[4-acetoxy-phenyl]-
  7-[tetra-*O*-acetyl-glucopyranosyloxy]- **18**
  IV 3466

—, 3,5,7-Triacetoxy-2-[4-benzyloxy-3,5-
  dimethoxy-phenyl]- **18** II 252 f

—, 3,5,7-Triacetoxy-2-[4,5-diacetoxy-2-
  diacetylamino-phenyl]- **18** I 586 d

—, 3,5,6-Triacetoxy-2-[3,4-diacetoxy-
  phenyl]- **18** IV 3467

—, 3,5,7-Triacetoxy-2-[2,4-diacetoxy-
  phenyl]- **18** IV 3470

—, 3,5,7-Triacetoxy-2-[3,4-diacetoxy-
  phenyl]- **18** 248 g, I 426 c, II 239 a,
  IV 3489

—, 3,5,8-Triacetoxy-2-[3,4-diacetoxy-
  phenyl]- **18** IV 3504

—, 3,6,7-Triacetoxy-2-[3,4-diacetoxy-
  phenyl]- **18** IV 3505

—, 3,7,8-Triacetoxy-2-[2,3-diacetoxy-
  phenyl]- **18** IV 3506

—, 3,7,8-Triacetoxy-2-[2,5-diacetoxy-
  phenyl]- **18** IV 3506

—, 3,7,8-Triacetoxy-2-[3,4-diacetoxy-
  phenyl]- **18** 250 i

—, 5,6,7-Triacetoxy-2-[3,4-diacetoxy-
  phenyl]- **18** IV 3451

—, 5,7,8-Triacetoxy-2-[2,3-diacetoxy-
  phenyl]- **18** IV 3451

—, 5,7,8-Triacetoxy-2-[3,4-diacetoxy-
  phenyl]- **18** IV 3453

—, 6,7,8-Triacetoxy-2-[2,3-diacetoxy-
  phenyl]- **18** IV 3453

—, 6,7,8-Triacetoxy-2-[3,4-diacetoxy-
  phenyl]- **18** IV 3453

—, 3,5,7-Triacetoxy-2-[3,4-diacetoxy-
  phenyl]-6-methoxy- **18** IV 3581

—, 3,5,7-Triacetoxy-2-[3,4-diacetoxy-
  phenyl]-6-methyl- **18** IV 3518

—, 3,5,7-Triacetoxy-2-[3,4-diacetoxy-
  phenyl]-8-methyl- **18** IV 3519

—, 3,5,6-Triacetoxy-2-[3,4-diacetoxy-
  phenyl]-7-[tetra-*O*-acetyl-
  glucopyranosyloxy]- **18** IV 3583

—, 3,5,7-Triacetoxy-2-[3,4-diacetoxy-
  phenyl]-8-[tetra-*O*-acetyl-
  glucopyranosyloxy]- **18** IV 3590

—, 3,5,8-Triacetoxy-2-[3,4-diacetoxy-
  phenyl]-7-[tetra-*O*-acetyl-
  glucopyranosyloxy]- **18** IV 3590

—, 3,5,7-Triacetoxy-2-[3,4-diacetoxy-5-
  (tetra-*O*-acetyl-glucopyranosyloxy)-
  phenyl]- **18** IV 3597

—, 3,5,7-Triacetoxy-6,8-dibrom-2-
  [2,4-diacetoxy-3,5-dibrom-phenyl]-
  18 242 c

—, 3,5,7-Triacetoxy-8-[3-hydroxy-3-
  methyl-butyl]-2-[4-methoxy-phenyl]- **18**
  IV 3529

—, 3,7,8-Triacetoxy-2-[4-isopropyl-
  phenyl]- **18** 197 b

—, 5,6,8-Triacetoxy-3-[4-methoxy-
  benzoyl]-2-[4-methoxy-phenyl]- **18**
  IV 3615

—, 3,5,7-Triacetoxy-2-[4-methoxy-phenyl]-
  18 217 a, II 215 f, IV 3290

—, 5,6,8-Triacetoxy-2-[4-methoxy-phenyl]-
  18 IV 3257

—, 5,7,8-Triacetoxy-3-methoxy-2-phenyl-
  18 IV 3280

—, 3,5,7-Triacetoxy-2-[4-methoxy-phenyl]-
  8-[3-methyl-but-2-enyl]- **18** IV 3372

—, 3,5,7-Triacetoxy-6-methyl-2-phenyl-
  18 IV 2759

—, 3,5,7-Triacetoxy-8-methyl-2-phenyl-
  18 IV 2764

—, 5,6,7-Triacetoxy-2-methyl-3-phenyl-
  18 IV 2754

—, 5,6,7-Triacetoxy-8-methyl-2-phenyl-
  18 IV 2762

—, 5,7,8-Triacetoxy-2-methyl-3-phenyl-
  18 IV 2755

—, 3,5,7-Triacetoxy-6-methyl-2-[3,4,5-
  triacetoxy-phenyl]- **18** IV 3604

—, 2-[2,4,6-Triacetoxy-phenyl]- **18**
  IV 2700

—, 2-[3,4,5-Triacetoxy-phenyl]- **18**
  IV 2700

—, 3,5,7-Triacetoxy-2-phenyl- **18** 185 e,
  II 174 i

—, 3,6,7-Triacetoxy-2-phenyl- **18**
  IV 2706

—, 3,6,8-Triacetoxy-2-phenyl- **18**
  IV 2706

—, 3,7,8-Triacetoxy-2-phenyl- **18** 186 f

—, 5,6,7-Triacetoxy-2-phenyl- **18**
  I 396 f, II 172 d, IV 2673

—, 5,6,7-Triacetoxy-3-phenyl- **18**
  IV 2720

—, 5,6,8-Triacetoxy-2-phenyl- **18**
  IV 2675

—, 5,7,8-Triacetoxy-2-phenyl- **18**
  IV 2678

Chromen-4-on　(Fortsetzung)
—, 5,7,8-Triacetoxy-3-phenyl- **18**
IV 2722
—, 6,7,8-Triacetoxy-2-phenyl- **18**
IV 2678
—, 3,5,7-Triacetoxy-2-styryl- **18**
II 181 d
—, 2-[2′,4′,6′-Triacetoxy-*m*-terphenyl-5′-
yl]- **18** IV 2843
—, 3,5,7-Triacetoxy-2-[3,4,5-triacetoxy-
phenyl]- **18** 258 d, II 253 a, IV 3596
—, 3,5,8-Triacetoxy-2-[3,4,5-triacetoxy-
phenyl]- **18** IV 3598
—, 3,6,7-Triacetoxy-2-[3,4,5-triacetoxy-
phenyl]- **18** IV 3599
—, 5,6,7-Triacetoxy-2-[3,4,5-triacetoxy-
phenyl]- **18** IV 3571
—, 5,6,7-Triacetoxy-3-[3,4,5-triacetoxy-
phenyl]- **18** II 254 c, IV 3600
—, 5,7,8-Triacetoxy-2-[3,4,5-triacetoxy-
phenyl]- **18** IV 3573
—, 6,7,8-Triacetoxy-2-[3,4,5-triacetoxy-
phenyl]- **18** IV 3573
—, 3,5,7-Triacetoxy-2-[3,4,5-trimethoxy-
phenyl]- **18** II 252 e
—, 3,5,7-Triäthoxy-2-[3-äthoxy-4-
methoxy-phenyl]- **18** IV 3482
—, 3,5,7-Triäthoxy-2-[4-äthoxy-3-
methoxy-phenyl]-8-methoxy- **18** IV 3587
—, 3,5,7-Triäthoxy-2-[4-äthoxy-phenyl]-
8-methoxy- **18** IV 3464
—, 3,6,7-Triäthoxy-2-[4-äthoxy-phenyl]-
5-methoxy- **18** IV 3459
—, 3,5,7-Triäthoxy-2-[2,4-diäthoxy-
phenyl]- **18** I 423 g
—, 3,5,7-Triäthoxy-2-[3,4-diäthoxy-
phenyl]- **18** I 425 e
—, 3,5,6-Triäthoxy-2-[3,4-diäthoxy-
phenyl]-7-hydroxy- **18** IV 3580
—, 3,5,7-Triäthoxy-2-[3,4-diäthoxy-
phenyl]-8-hydroxy- **18** IV 3587
—, 3,5,6-Triäthoxy-2-[3,4-diäthoxy-
phenyl]-7-methoxy- **18** IV 3580
—, 3,5,7-Triäthoxy-2-[3,4-diäthoxy-
phenyl]-6-methoxy- **18** IV 3580
—, 3,5,7-Triäthoxy-2-[3,4-diäthoxy-
phenyl]-8-methoxy- **18** IV 3587
—, 3,5,7-Triäthoxy-2-[3,4,5-triäthoxy-
phenyl]- **18** 258 b, I 432 e, II 252 b
—, 3,6,8-Tribrom-5-hydroxy-2-methyl-
18 IV 314
—, 3,6,8-Tribrom-7-hydroxy-2-methyl-
18 IV 320
—, 5,6,7-Trihydroxy-2,3-dimethyl- **18**
IV 2403
—, 5,6,7-Trihydroxy-2,8-dimethyl- **18**
IV 2405
—, 5,7,8-Trihydroxy-2,3-dimethyl- **18**
IV 2403

—, 5,7,8-Trihydroxy-2,6-dimethyl- **18**
IV 2404
—, 3,5,7-Trihydroxy-2-[4-hydroxy-3,5-
dimethoxy-phenyl]- **18** II 251 a
—, 3,5,7-Trihydroxy-2-[3-hydroxy-4-
methoxy-phenyl]- **18** IV 3475
—, 3,5,7-Trihydroxy-2-[4-hydroxy-3-
methoxy-phenyl]- **18** 246 a, I 425 a,
II 237 c, IV 3474
—, 3,5,7-Trihydroxy-2-[4-hydroxy-3-
methoxy-phenyl]-8-methoxy- **18** IV 3584
—, 3,5,7-Trihydroxy-8-[3-hydroxy-3-
methyl-butyl]-2-[4-methoxy-phenyl]- **18**
IV 3528
—, 3,5,6-Trihydroxy-2-[4-hydroxy-
phenyl]- **18** IV 3281
—, 3,5,7-Trihydroxy-2-[2-hydroxy-
phenyl]- **18** 214 c, I 413 f, II 214 b,
IV 3281
—, 3,5,7-Trihydroxy-2-[3-hydroxy-
phenyl]- **18** IV 3282
—, 3,5,7-Trihydroxy-2-[4-hydroxy-
phenyl]- **18** 214 g, I 414 a, II 214 h,
IV 3283
—, 3,6,7-Trihydroxy-2-[4-hydroxy-
phenyl]- **18** IV 3297
—, 3,7,8-Trihydroxy-2-[2-hydroxy-
phenyl]- **18** 218 a, IV 3298
—, 3,7,8-Trihydroxy-2-[3-hydroxy-
phenyl]- **18** 218 e
—, 3,7,8-Trihydroxy-2-[4-hydroxy-
phenyl]- **18** 219 c, IV 3299
—, 5,6,7-Trihydroxy-2-[4-hydroxy-
phenyl]- **18** 210 e, I 411 a, II 211 c,
IV 3251
—, 5,6,7-Trihydroxy-3-[2-hydroxy-
phenyl]- **18** IV 3308
—, 5,6,7-Trihydroxy-3-[4-hydroxy-
phenyl]- **18** IV 3308
—, 5,7,8-Trihydroxy-2-[4-hydroxy-
phenyl]- **18** IV 3257
—, 6,7,8-Trihydroxy-2-[4-hydroxy-
phenyl]- **18** IV 3259
—, 3,5,6-Trihydroxy-2-[4-hydroxy-
phenyl]-7,8-dimethoxy- **18** IV 3574
—, 3,5,7-Trihydroxy-2-[4-hydroxy-
phenyl]-8-methoxy- **18** IV 3461
—, 3,6,7-Trihydroxy-2-[4-hydroxy-
phenyl]-5-methoxy- **18** IV 3457
—, 3,5,7-Trihydroxy-2-[4-hydroxy-
phenyl]-6-methyl- **18** IV 3337
—, 3,5,7-Trihydroxy-2-[4-hydroxy-
phenyl]-8-methyl- **18** IV 3340
—, 3,5,7-Trihydroxy-2-[4-hydroxy-
phenyl]-8-[3-methyl-but-2-enyl]- **18**
IV 3371
—, 3,7,8-Trihydroxy-2-[4-isopropyl-
phenyl]- **18** 196 d

Chromen-4-on (Fortsetzung)

—, 5,7,8-Trihydroxy-3-methoxy-2-
[2-methoxy-phenyl]- **18** IV 3461

—, 5,7,8-Trihydroxy-3-methoxy-2-
methyl- **18** IV 3079

—, 3,5,7-Trihydroxy-2-[2-methoxy-
phenyl]- **18** IV 3281

—, 3,5,7-Trihydroxy-2-[4-methoxy-
phenyl]- **18** 215 a, II 215 b, IV 3285

—, 5,7,8-Trihydroxy-2-[4-methoxy-
phenyl]- **18** IV 3258

—, 5,7,8-Trihydroxy-3-methoxy-2-
phenyl- **18** IV 3279

—, 3,5,7-Trihydroxy-2-[4-methoxy-
phenyl]-8-[3-methyl-but-2-enyl]- **18**
IV 3371

—, 5,7,8-Trihydroxy-3-methoxy-2-[3,4,5-
trimethoxy-phenyl]- **18** IV 3626

—, 3,5,7-Trihydroxy-2-methyl- **18**
IV 2384

—, 3,6,7-Trihydroxy-2-methyl- **18**
IV 2385

—, 5,6,7-Trihydroxy-2-methyl- **18**
IV 2382

—, 5,7,8-Trihydroxy-2-methyl- **18**
IV 2382

—, 3,5,7-Trihydroxy-6-methyl-2-phenyl-
18 IV 2758

—, 3,5,7-Trihydroxy-8-methyl-2-phenyl-
18 IV 2763

—, 5,6,7-Trihydroxy-2-methyl-3-phenyl-
18 IV 2753

—, 5,6,7-Trihydroxy-8-methyl-2-phenyl-
18 IV 2761

—, 5,7,8-Trihydroxy-2-methyl-3-phenyl-
18 IV 2754

—, 5,7,8-Trihydroxy-6-methyl-2-phenyl-
18 IV 2757

—, 3,5,7-Trihydroxy-6-methyl-2-[3,4,5-
trihydroxy-phenyl]- **18** IV 3603

—, 5,6,7-Trihydroxy-2-methyl-3-[3,4,5-
trihydroxy-phenyl]- **18** II 254 e

—, 2-[2,3,6-Trihydroxy-phenyl]- **18**
IV 2699

—, 2-[2,4,6-Trihydroxy-phenyl]- **18**
IV 2700

—, 2-[3,4,5-Trihydroxy-phenyl]- **18**
IV 2700

—, 3,5,6-Trihydroxy-2-phenyl- **18**
IV 2700

—, 3,5,7-Trihydroxy-2-phenyl- **18** 184 j,
II 174 f, IV 2701

—, 3,5,8-Trihydroxy-2-phenyl- **18**
IV 2704

—, 3,6,7-Trihydroxy-2-phenyl- **18**
IV 2705

—, 3,6,8-Trihydroxy-2-phenyl- **18**
IV 2706

—, 3,7,8-Trihydroxy-2-phenyl-
18 186 c, IV 2706

—, 5,6,7-Trihydroxy-2-phenyl- **18**
II 172 b, IV 2671

—, 5,6,7-Trihydroxy-3-phenyl- **18**
IV 2718

—, 5,6,8-Trihydroxy-2-phenyl- **18**
IV 2674

—, 5,7,8-Trihydroxy-2-phenyl- **18**
IV 2675

—, 5,7,8-Trihydroxy-3-phenyl- **18**
IV 2720

—, 6,7,8-Trihydroxy-2-phenyl- **18**
IV 2678

—, 3,5,7-Trihydroxy-2-styryl- **18**
II 181 b

—, 2-[2′,4′,6′-Trihydroxy-*m*-terphenyl-5′-
yl]- **18** IV 2843

—, 3,5,7-Trihydroxy-2-[2,3,4,5-
tetrahydroxy-phenyl]- **18** IV 3628

—, 3,5,7-Trihydroxy-2-[2,3,4-trihydroxy-
phenyl]- **18** IV 3591

—, 3,5,7-Trihydroxy-2-[3,4,5-trihydroxy-
phenyl]- **18** 257 d, I 432 c, II 250 f,
IV 3593

—, 3,5,8-Trihydroxy-2-[3,4,5-trihydroxy-
phenyl]- **18** IV 3598

—, 3,6,7-Trihydroxy-2-[3,4,5-trihydroxy-
phenyl]- **18** IV 3599

—, 5,6,7-Trihydroxy-2-[3,4,5-trihydroxy-
phenyl]- **18** IV 3571

—, 5,6,7-Trihydroxy-3-[3,4,5-trihydroxy-
phenyl]- **18** II 253 c

—, 5,7,8-Trihydroxy-2-[3,4,5-trihydroxy-
phenyl]- **18** IV 3572

—, 6,7,8-Trihydroxy-2-[3,4,5-trihydroxy-
phenyl]- **18** IV 3573

—, 3,5,7-Trihydroxy-2-[3,4,5-trimethoxy-
phenyl]- **18** II 251 b, IV 3594

—, 5,6,7-Trimethoxy-2,3-dimethyl- **18**
IV 2403

—, 5,7,8-Trimethoxy-2,3-dimethyl- **18**
IV 2403

—, 5,7,8-Trimethoxy-2-[3-methoxy-4-
methoxymethoxy-phenyl]- **18** IV 3452

—, 3,5,6-Trimethoxy-2-[4-methoxy-
phenyl]- **18** IV 3281

—, 3,5,7-Trimethoxy-2-[4-methoxy-
phenyl]- **18** II 215 e, IV 3287

—, 3,6,7-Trimethoxy-2-[4-methoxy-
phenyl]- **18** IV 3298

—, 3,7,8-Trimethoxy-2-[2-methoxy-
phenyl]- **18** IV 3299

—, 3,7,8-Trimethoxy-2-[4-methoxy-
phenyl]- **18** IV 3299

—, 5,6,7-Trimethoxy-2-[4-methoxy-
phenyl]- **18** I 411 c, IV 3252

—, 5,6,7-Trimethoxy-3-[2-methoxy-
phenyl]- **18** IV 3308

Chromen-4-on (Fortsetzung)

—, 5,6,7-Trimethoxy-3-[4-methoxy-phenyl]- **18** IV 3310

—, 5,7,8-Trimethoxy-2-[2-methoxy-phenyl]- **18** IV 3257

—, 5,7,8-Trimethoxy-2-[4-methoxy-phenyl]- **18** IV 3258

—, 5,7,8-Trimethoxy-3-[4-methoxy-phenyl]- **18** IV 3313

—, 6,7,8-Trimethoxy-2-[4-methoxy-phenyl]- **18** IV 3259

—, 3,5,7-Trimethoxy-2-[4-methoxy-phenyl]-6-methyl- **18** IV 3338

—, 3,5,7-Trimethoxy-2-[4-methoxy-phenyl]-8-methyl- **18** IV 3340

—, 3,5,7-Trimethoxy-2-[4-methoxy-phenyl]-8-[3-methyl-but-2-enyl]- **18** IV 3372

—, 3,5,7-Trimethoxy-2-[4-methoxy-phenyl]-8-[3-methyl-3-phenylcarbamoyloxy-butyl]- **18** IV 3529

—, 3,5,7-Trimethoxy-2-[4-methoxy-3-(toluol-4-sulfonyloxy)-phenyl]- **18** IV 3501

—, 3,6,7-Trimethoxy-2-methyl- **18** IV 2385

—, 3,7,8-Trimethoxy-2-methyl- **18** IV 2386

—, 5,6,7-Trimethoxy-2-methyl- **18** IV 2382

—, 5,7,8-Trimethoxy-2-methyl- **18** IV 2383

—, 3,5,7-Trimethoxy-6-methyl-2-phenyl- **18** IV 2759

—, 3,5,7-Trimethoxy-8-methyl-2-phenyl- **18** IV 2763

—, 5,6,7-Trimethoxy-2-methyl-3-phenyl- **18** IV 2754

—, 5,6,7-Trimethoxy-8-methyl-2-phenyl- **18** IV 2762

—, 5,7,8-Trimethoxy-2-methyl-3-phenyl- **18** IV 2754

—, 3,5,7-Trimethoxy-6-methyl-2-[3,4,5-trimethoxy-phenyl]- **18** IV 3604

—, 5,6,7-Trimethoxy-2-methyl-3-[3,4,5-trimethoxy-phenyl]- **18** II 254 g

—, 5,6,7-Trimethoxy-3-[4-nitro-phenyl]- **18** IV 2720

—, 5,7,8-Trimethoxy-3-[4-nitro-phenyl]- **18** IV 2722

—, 2-[2,3,6-Trimethoxy-phenyl]- **18** IV 2699

—, 2-[2,4,6-Trimethoxy-phenyl]- **18** IV 2700

—, 2-[3,4,5-Trimethoxy-phenyl]- **18** IV 2700

—, 3,5,6-Trimethoxy-2-phenyl- **18** IV 2701

—, 3,5,7-Trimethoxy-2-phenyl- **18** II 174 h, IV 2702

—, 3,5,8-Trimethoxy-2-phenyl- **18** IV 2705

—, 3,6,7-Trimethoxy-2-phenyl- **18** IV 2706

—, 3,7,8-Trimethoxy-2-phenyl- **18** IV 2706

—, 5,6,7-Trimethoxy-2-phenyl- **18** IV 2672

—, 5,6,7-Trimethoxy-3-phenyl- **18** IV 2719

—, 5,6,8-Trimethoxy-2-phenyl- **18** IV 2674

—, 5,7,8-Trimethoxy-2-phenyl- **18** IV 2676

—, 5,7,8-Trimethoxy-3-phenyl- **18** IV 2722

—, 6,7,8-Trimethoxy-2-phenyl- **18** IV 2678

—, 5,6,7-Trimethoxy-2-styryl-3-[3,4,5-trimethoxy-phenyl]- **18** II 258 a

—, 3,5,7-Trimethoxy-2-[2,3,4,5-tetramethoxy-phenyl]- **18** IV 3629

—, 3,5,7-Trimethoxy-2-[4-(toluol-4-sulfonyloxy)-phenyl]- **18** IV 3297

—, 3,5,7-Trimethoxy-2-[2,3,4-trimethoxy-phenyl]- **18** IV 3592

—, 3,5,7-Trimethoxy-2-[2,4,5-trimethoxy-phenyl]- **18** IV 3592

—, 3,5,7-Trimethoxy-2-[3,4,5-trimethoxy-phenyl]- **18** I 432 d, II 252 a, IV 3594

—, 3,5,8-Trimethoxy-2-[3,4,5-trimethoxy-phenyl]- **18** IV 3598

—, 3,6,7-Trimethoxy-2-[3,4,5-trimethoxy-phenyl]- **18** IV 3599

—, 3,7,8-Trimethoxy-2-[3,4,5-trimethoxy-phenyl]- **18** IV 3599

—, 5,6,7-Trimethoxy-2-[3,4,5-trimethoxy-phenyl]- **18** IV 3571

—, 5,6,7-Trimethoxy-3-[3,4,5-trimethoxy-phenyl]- **18** II 254 a

—, 5,7,8-Trimethoxy-2-[3,4,5-trimethoxy-phenyl]- **18** IV 3572

—, 6,7,8-Trimethoxy-2-[3,4,5-trimethoxy-phenyl]- **18** IV 3573

—, 2,3,5-Trimethyl- **17** I 182 j, II 369 f, IV 5116
  — oxim **17** I 182 k
  — phenylhydrazon **17** IV 5116

—, 2,3,6-Trimethyl- **17** I 183 a, IV 5116
  — oxim **17** I 183 b

—, 2,3,7-Trimethyl- **17** IV 5117

—, 2,3,8-Trimethyl- **17** I 183 d
  — oxim **17** I 183 e
  — phenylhydrazon **17** IV 5117

—, 2,5,7-Trimethyl- **17** II 369 g

Chromen-4-on (Fortsetzung)
—, 2,5,8-Trimethyl- **17** IV 5117
—, 2,6,8-Trimethyl- **17** IV 5118
—, 2,3,8-Trimethyl-6-nitro- **17** IV 5117
—, 5,7,8-Trimethyl-2-styryl- **17** IV 5525
—, 3,5,7-Tris-benzolsulfonyloxy-2-
    [2-benzolsulfonyloxy-phenyl]- **18** 214 f,
    IV 3282
—, 3,5,7-Tris-benzoyloxy-8-
    [3-benzoyloxy-3-methyl-butyl]-2-
    [4-methoxy-phenyl]- **18** IV 3529
—, 3,5,7-Tris-benzoyloxy-2-
    [2-benzoyloxy-phenyl]- **18** 214 e,
    II 214 g, IV 3282
—, 3,5,7-Tris-benzoyloxy-2-
    [4-benzoyloxy-phenyl]- **18** I 414 e
—, 3,5,7-Tris-benzoyloxy-2-[3,4-bis-
    benzoyloxy-phenyl]- **18** 249 d, II 239 b
—, 3,5,7-Tris-benzoyloxy-2-[4-methoxy-
    phenyl]- **18** 217 e
—, 3,5,7-Tris-benzoyloxy-2-[4-methoxy-
    phenyl]-8-[3-methyl-but-2-enyl]- **18**
    IV 3372
—, 3,5,7-Tris-benzoyloxy-2-phenyl- **18**
    IV 2704
—, 5,6,7-Tris-benzoyloxy-2-phenyl- **18**
    II 172 e
—, 3,5,7-Tris-benzoyloxy-2-[3,4,5-tris-
    benzoyloxy-phenyl]- **18** 258 e, IV 3596
—, 3,5,7-Tris-benzyloxy-2-[4-benzyloxy-
    3-hydroxy-phenyl]- **18** IV 3484
—, 3,5,7-Tris-benzyloxy-2-[4-benzyloxy-
    3-methoxy-phenyl]- **18** IV 3484
Chromen-5-on
—, 2-[2,2-Bis-(4,4-dimethyl-2,6-dioxo-
    cyclohexyl)-1-methoxy-äthyl]-4-
    [4,4-dimethyl-2,6-dioxo-cyclohexyl]-3-
    methoxy-7,7-dimethyl-2,3,4,6,7,8-
    hexahydro- **18** IV 3637 a
—, 2-[2,6-Dihydroxy-4-methyl-phenyl]-
    4,7-dimethyl- **17** 200 a
—, 2,2-Dimethyl-2,3,4,6,7,8-hexahydro-
    17 IV 4639
    — [2,4-dinitro-phenylhydrazon] **17**
       IV 4639 c
    — semicarbazon **17** IV 4639 d
—, 2,4a-Dimethyl-4,4a,6,7-tetrahydro-
    17 IV 4746
—, 7-Methoxy-2,4-diphenyl- **18** IV 842
—, 7-Methoxy-6-methyl-2,4-diphenyl-
    18 IV 847
—, 7-Methoxy-6-methyl-2-phenyl- **17**
    IV 2394
—, 2,4,7-Trimethyl- **17** I 96 a
Chromen-6-on
—, 8a-Äthoxy-2,8-dimethyl-2-[4,8,12-
    trimethyl-tridecyl]-3,4-dihydro-2*H*,8a*H*-
    17 IV 1411

—, 8a-Äthoxy-2,5,7,8-tetramethyl-2-
    [4,8,12-trimethyl-tridecyl]-3,4-dihydro-
    2*H*,8a*H*- **18** IV 154 c
—, 8a-Äthoxy-2,5,8-trimethyl-2-[4,8,12-
    trimethyl-tridecyl]-3,4-dihydro-2*H*,8a*H*-
    17 IV 1428
—, 8a-Äthoxy-2,7,8-trimethyl-2-[4,8,12-
    trimethyl-tridecyl]-3,4-dihydro-2*H*,8a*H*-
    17 IV 1429
—, 5-Benzyl-8a-hydroxy-2,2,7,8-
    tetramethyl-3,4-dihydro-2*H*,8a*H*- **8**
    III 2770 a
—, 8a-Hydroxy-5,7-dimethyl-2-phenyl-
    3,4-dihydro-2*H*,8a*H*- **8** III 2742 c
—, 8a-Hydroxy-2,2,5,7,8-pentamethyl-
    3,4-dihydro-2*H*,8a*H*- **8** III 2250 c
—, 8a-Hydroxy-2,5,7,8-tetramethyl-3,4-
    dihydro-2*H*,8a*H*- **8** III 2244 a
—, 8a-Hydroxy-2,5,7,8-tetramethyl-2-
    [4,8,12-trimethyl-tridecyl]-3,4-dihydro-
    2*H*,8a*H*- **8** III 2322 a, 2323 a
—, 8a-Hydroxy-2,5,8-trimethyl-2-[4,8,12-
    trimethyl-tridecyl]-3,4-dihydro-2*H*,8a*H*-
    8 III 2321 b
Chromen-7-on
—, 6-Äthyl-2,4-diphenyl- **17** IV 5595
—, 8-Äthyl-2,4-diphenyl- **17** IV 5595
—, 4-Benzyl-6-hydroxy-2-phenyl-
    17 189 a
—, 4-Benzyl-8-nitroso-2-phenyl-
    17 172 a
—, 4-Benzyl-2-phenyl- **17** 171 f
—, 2-Biphenyl-4-yl-3-[3,4-dimethoxy-
    phenyl]-6-methoxy- **18** IV 2843
—, 2-Biphenyl-4-yl-6-methoxy-3-phenyl-
    18 IV 864
—, 2-Biphenyl-4-yl-3-phenyl- **17**
    IV 5630
—, 3,5-Bis-glucopyranosyloxy-2-
    [4-hydroxy-phenyl]- **31** 253 a
—, 2,4-Bis-[4-methoxy-phenyl]- **18**
    IV 1957
—, x-Brom-5-methoxy-6-methyl-2-
    phenyl- **18** IV 743
—, 2-[2,4-Diäthoxy-phenyl]-5-hydroxy-4-
    methyl- **17** 215 c
—, 2-[2,4-Diäthoxy-phenyl]-6-hydroxy-4-
    methyl- **17** 216 a
—, 2-[2,4-Diäthoxy-phenyl]-8-hydroxy-4-
    methyl- **17** 216 b
—, 2-[2,4-Diäthoxy-phenyl]-4-methyl-
    17 193 a
—, 2-[2,4-Diäthoxy-phenyl]-4-methyl-8-
    nitroso- **17** 194 a
—, 5,6-Dihydroxy-2-[4-hydroxy-phenyl]-
    17 II 264 d
—, 5,8-Dihydroxy-2-[4-hydroxy-phenyl]-
    18 IV 2671

Chromen-7-on   (Fortsetzung)
—, 5,6-Dihydroxy-2-[4-methoxy-phenyl]-
  17 II 265 b, **18** IV 2670
—, 2-[2,4-Dihydroxy-phenyl]-4-methyl-
  17 193 a
—, 2-[2,4-Dimethoxy-phenyl]-3-
  [3,4-dimethoxy-phenyl]-6-methoxy- **18**
  IV 3541
—, 4-[3,5-Dimethoxy-phenyl]-8-hydroxy-
  2-phenyl- **17** 228 a
—, 3-[3,4-Dimethoxy-phenyl]-6-methoxy-
  2-[2,4,6-trimethoxy-phenyl]- **18** IV 3612
—, 2,4-Dimethyl- **17** 158 a, II 191 b
—, 5,6-Dimethyl-2-phenyl- **17** IV 5459
—, 2,4-Diphenyl- **17** 170 a, II 203 a,
  IV 5584
—, 5-Hydroxy-2,4-dimethyl- **17** 177 d
—, 8-Hydroxy-2,4-dimethyl- **17** 178 a
—, 5-Hydroxy-4,6-dimethyl-2-phenyl-
  18 IV 769
—, 5-Hydroxy-4,8-dimethyl-2-phenyl-
  18 IV 769
—, 5-Hydroxy-2,4-diphenyl- **17** 187 a
—, 6-Hydroxy-2,4-diphenyl- **17** 187 b
—, 8-Hydroxy-2,4-diphenyl- **17** 187 c,
  18 IV 842
—, 6-Hydroxy-5-methoxy-2-[4-methoxy-
  phenyl]- **17** II 265 c, **18** IV 2671
—, 5-Hydroxy-4-methyl-2-phenyl-
  17 181 c, **18** IV 742
—, 6-Hydroxy-4-methyl-2-phenyl- **17**
  II 223 b
—, 8-Hydroxy-4-methyl-2-phenyl-
  17 182 a
—, 5-Hydroxy-4-methyl-2-[2,3,4-
  trihydroxy-phenyl]- **17** 229 b
—, 8-Hydroxy-4-methyl-2-[2,3,4-
  trihydroxy-phenyl]- **17** 230 b
—, 5-Hydroxy-4-methyl-2-[2,3,4-
  trimethoxy-phenyl]- **17** 230 a
  — oxim **17** 230 a
—, 8-Hydroxy-4-methyl-2-[2,3,4-
  trimethoxy-phenyl]- **17** 231 a
—, 6-Hydroxy-2-phenyl- **18** IV 686
—, 8-Hydroxy-2-phenyl- **17** 181 a
—, 5-Hydroxy-2,3,4-trimethyl- **17** 178 b
—, 8-Hydroxy-2,3,4-trimethyl- **17** 179 c
—, 5-Methoxy-4,8-dimethyl-2-phenyl-
  18 IV 770
—, 5-Methoxy-6,8-dimethyl-2-phenyl-
  18 IV 770
—, 5-Methoxy-2,4-diphenyl- **18** IV 842
—, 6-Methoxy-2,4-diphenyl- **18** IV 842
—, 5-Methoxy-8-methyl-2,4-diphenyl-
  18 IV 847
—, 5-Methoxy-6-methyl-2-phenyl- **18**
  IV 743
—, 5-Methoxy-8-methyl-2-phenyl- **18**
  IV 746

—, 2-[4-Methoxy-phenyl]- **18** IV 686
—, 5-Methoxy-2-phenyl- **18** IV 685
—, 5-Methyl-2,4-diphenyl- **17** IV 5591
—, 4-Methyl-2-phenyl- **17** 164 a,
  IV 5442
—, 5-Methyl-2-phenyl- **17** II 197 b
—, 8-Methyl-2-phenyl- **17** IV 5443
—, 4-Methyl-2-[2,3,4-trihydroxy-phenyl]-
  17 217 a
—, 4-Methyl-2-[2,3,4-trimethoxy-phenyl]-
  17 217 a
—, 2-Phenyl- **17** IV 5413
—, 2,3,4-Trimethyl- **17** 159 a
—, 2,4,5-Trimethyl- **17** I 95 d
Chromeno[2,3,4-kl]xanthen-1-on
—, 8a,11-Dihydroxy-3,3,7,7-tetramethyl-
  2,3,4,6,7,8,8a,13b-octahydro- **18**
  IV 2786
—, 8a-Hydroxy-2,3,4,6,7,8,8a,13b-
  octahydro- **18** IV 1875
—, 8a-Hydroxy-3,3,7,7-tetramethyl-
  2,3,4,6,7,8,8a,13b-octahydro- **18**
  IV 1878
  — phenylhydrazon **18** IV 1879
Chromen-5-sulfinsäure
—, 6-Hydroxy-2-oxo-2H- **18** IV 6701
Chromen-6-sulfinsäure
—, 8-Äthyl-7-hydroxy-4-methyl-2-oxo-
  2H- **18** IV 6702
—, 5-Hydroxy-4,7-dimethyl-2-oxo-2H-
  18 IV 6702
—, 5-Hydroxy-4-methyl-2-oxo-2H- **18**
  IV 6702
Chromen-8-sulfinsäure
—, 6-Äthyl-7-hydroxy-4-methyl-2-oxo-
  2H- **18** IV 6702
—, 7-Hydroxy-3,4-dimethyl-2-oxo-2H-
  18 IV 6702
—, 7-Hydroxy-4-methyl-2-oxo-2H- **18**
  IV 6702
—, 7-Hydroxy-4-methyl-2-oxo-6-propyl-
  2H- **18** IV 6703
Chromen-3-sulfonsäure
—, 6-Äthyl-7-methoxy-4-methyl-2-oxo-
  2H- **18** IV 6757
  — anilid **18** IV 6757
—, 4-Hydroxy-2-oxo-2H- **18** IV 6746
—, 6-Nitro-2-oxo-2H- **18** II 407 e,
  IV 6739
  — amid **18** II 408 b, IV 6740
  — anilid **18** II 408 c, IV 6740
Chromen-5-sulfonsäure
—, 6-Hydroxy-2-oxo-2H- **18** IV 6751
Chromen-6-sulfonsäure
—, 3-Acetylamino-2-oxo-2H-,
  — amid **18** IV 6746
—, 8-Acetyl-7-hydroxy-4-methyl-2-oxo-
  2H- **18** IV 6762

Chromen-6-sulfonsäure (Fortsetzung)

—, 3-[(N-Acetyl-sulfanilyl)-amino]-2-oxo-
2H-,
   — amid **18** IV 6746
—, 8-Äthyl-7-hydroxy-4-methyl-2-oxo-
2H- **18** IV 6758
—, 3-Amino-2-oxo-2H-,
   — amid **18** IV 6745
—, 3-Brom-7-methoxy-4-methyl-2-oxo-
2H- **18** IV 6753
   — anilid **18** IV 6754
—, 8,8'-Diacetyl-7,7'-dihydroxy-4,4'-
dimethyl-2,2'-dioxo-2H,2'H-bis-,
   — 6→7';6'→7-dilacton **18** IV 6762
—, 3,8-Dibrom-7-hydroxy-4-methyl-2-
oxo-2H- **18** IV 6754
   — anilid **18** IV 6754
—, 2,3-Dimethyl-4-oxo-4H- **18**
II 409 e, IV 6742
   — anilid **18** IV 6742
—, 4,7-Dimethyl-2-oxo-2H- **18** II 410 d
   — äthylester **18** II 410 e
—, 5-Hydroxy-4,7-dimethyl-2-oxo-2H-
18 IV 6756
   — anilid **18** IV 6757
—, 7-Hydroxy-3,4-dimethyl-2-oxo-2H-
18 IV 6755
   — anilid **18** IV 6756
—, 4-Hydroxyimino-2,3-dimethyl-4H-
18 II 409 f
—, 5-Hydroxy-4-methyl-2-oxo-2H- **18**
IV 6752
—, 7-Hydroxy-4-methyl-2-oxo-2H- **18**
IV 6752
   — amid **18** IV 6753
   — anilid **18** IV 6753
—, 7-Methoxy-3,4-dimethyl-2-oxo-2H-
18 IV 6755
   — anilid **18** IV 6756
—, 7-Methoxy-4-methyl-2-oxo-2H- **18**
II 411 h, IV 6752
   — äthylester **18** II 411 i
   — amid **18** IV 6753
   — anilid **18** IV 6753
—, 3-Methyl-2-oxo-2H- **18** 574 d
—, 4-Methyl-2-oxo-2H- **18** II 409 a
   — äthylester **18** II 409 b
—, 2-Oxo-2H- **18** 574 b, II 408 d,
IV 6740
   — amid **18** II 408 f, IV 6740
   — [4-amino-anilid] **18** IV 6741
   — anilid **18** II 408 g
   — [2-oxo-2H-chromen-6-ylamid] **18**
IV 7924
—, 2-Oxo-3-sulfanilylamino-2H-,
   — amid **18** IV 6746
—, 3,4,7-Trimethyl-2-oxo-2H- **18**
II 410 g

Chromen-8-sulfonsäure

—, 6-Äthyl-7-hydroxy-3,4-dimethyl-2-
oxo-2H- **18** IV 6758
   — anilid **18** IV 6759
—, 6-Äthyl-7-hydroxy-4-methyl-2-oxo-
2H- **18** IV 6757
—, 6-Brom-7-hydroxy-3,4-dimethyl-2-
oxo-2H- **18** IV 6756
—, 3,6-Dibrom-7-hydroxy-4-methyl-2-
oxo-2H- **18** IV 6754
—, 4,6-Dimethyl-2-oxo-2H- **18** II 409 g
   — äthylester **18** II 410 a
—, 7-Hydroxy-3,4-dimethyl-2-oxo-2H-
18 IV 6756
—, 5-Hydroxy-6-methoxycarbonyl-4-
methyl-2-oxo-2H- **18** IV 6770
—, 5-Hydroxy-2-methyl-4-oxo-4H- **18**
IV 6751
—, 7-Hydroxy-2-methyl-4-oxo-4H- **18**
IV 6751
—, 7-Hydroxy-4-methyl-2-oxo-2H- **18**
IV 6754
—, 7-Hydroxy-2-methyl-4-oxo-3-phenyl-
4H- **18** IV 6760
—, 7-Hydroxy-4-methyl-2-oxo-6-propyl-
2H- **18** IV 6758
—, 7-Hydroxy-4-oxo-2,3-diphenyl-4H-
18 IV 6761
—, 5-Hydroxy-4-oxo-2-phenyl-4H- **18**
IV 6759
—, 7-Hydroxy-4-oxo-2-phenyl-4H- **18**
IV 6759
—, 5-Methoxy-2-methyl-4-oxo-4H- **18**
IV 6751
—, 7-Methoxy-2-methyl-4-oxo-4H- **18**
IV 6751

Chromen-x-sulfonsäure

—, 5-Methoxy-4-methyl-2-oxo-2H- **18**
IV 6752

Chromen-3-sulfonylchlorid

—, 6-Äthyl-7-methoxy-4-methyl-2-oxo-
2H- **18** IV 6757
—, 6-Nitro-2-oxo-2H- **18** II 408 a,
IV 6740

Chromen-6-sulfonylchlorid

—, 3-Acetylamino-2-oxo-2H- **18**
IV 6746
—, 8-Brom-7-hydroxy-3,4-dimethyl-2-
oxo-2H- **18** IV 6756
—, 3-Brom-7-methoxy-4-methyl-2-oxo-
2H- **18** IV 6753
—, 3,8-Dibrom-7-hydroxy-4-methyl-2-
oxo-2H- **18** IV 6754
—, 2,3-Dimethyl-4-oxo-4H- **18** IV 6742
—, 4,7-Dimethyl-2-oxo-2H- **18** II 410 f
—, 5-Hydroxy-4,7-dimethyl-2-oxo-2H-
18 IV 6757
—, 7-Hydroxy-3,4-dimethyl-2-oxo-2H-
18 IV 6756

Chromen-6-sulfonylchlorid (Fortsetzung)

—, 7-Hydroxy-4-methyl-2-oxo-2*H*- **18**
   IV 6753

—, 7-Methoxy-3,4-dimethyl-2-oxo-2*H*-
   18 IV 6756

—, 7-Methoxy-4-methyl-2-oxo-2*H*- **18**
   II 412 a, IV 6753

—, 4-Methyl-2-oxo-2*H*- **18** II 409 c

—, 2-Oxo-2*H*- **18** II 408 e, IV 6740

—, 3,4,7-Trimethyl-2-oxo-2*H*- **18**
   II 410 h

Chromen-8-sulfonylchlorid

—, 6-Äthyl-7-hydroxy-3,4-dimethyl-2-
   oxo-2*H*- **18** IV 6758

—, 4,6-Dimethyl-2-oxo-2*H*- **18** II 410 b

Chromen-2,3,5,7-tetraol

—, 2-[3,4-Dihydroxy-phenyl]-2*H*- **18**
   I 420 d

—, 2-[4-Hydroxy-phenyl]-2*H*- **18**
   I 410 c, II 200 d

—, 2-[3,4,5-Trihydroxy-phenyl]-2*H*- **18**
   I 429 b

Chromen-3,4,5,8-tetraon

—, 2-[3,4-Dihydroxy-phenyl]-7-hydroxy-
   18 I 432 f

—, 7-Hydroxy-2-[3,4,5-trihydroxy-
   phenyl]- **18** IV 3633 c

Chromen-3-thiocarbonsäure

—, 6-Brom-2-oxo-2*H*-,
   — *S*-[2-diäthylamino-äthylester] **18**
      IV 5584
   — *S*-[4-diäthylamino-butylester] **18**
      IV 5584
   — *S*-[4-diäthylamino-1-methyl-
      butylester] **18** IV 5584

—, 2-Oxo-2*H*-,
   — *S*-[2-diäthylamino-äthylester] **18**
      IV 5584

Chromen-2-thion **17** 333 d, I 172 a,
   IV 5061

—, 3-Äthyl- **17** 341 c, IV 5094

—, 3-Benzyl-7-mercapto-4-methyl- **18**
   I 331 a

—, 6-Chlor- **17** IV 5061

—, 7-Diäthoxythiophosphoryloxy- **18**
   IV 303

—, 7-Diäthoxythiophosphoryloxy-4-
   methyl- **18** IV 352

—, 7-Diisopropoxythiophosphoryloxy-4-
   methyl- **18** IV 352

—, 7-Dimethoxythiophosphoryloxy-4-
   methyl- **18** IV 352

—, 3,6-Dimethyl- **17** IV 5098

—, 3,7-Dimethyl- **17** IV 5099

—, 3,8-Dimethyl- **17** IV 5099

—, 4,7-Dimethyl- **17** 342 d, IV 5102

—, 6,7-Dimethyl- **17** I 181 g

—, 6,7-Dimethyl-5-nitro- **17** I 181 h

—, 3-Isopropyl- **17** 344 d

—, 7-Methoxy- **18** 29 e

—, 6-Methoxy-3-methyl- **18** IV 324

—, 3-Methyl- **17** 336 e

—, 4-Methyl- **17** IV 5075

—, 5-Methyl- **17** IV 5075

—, 6-Methyl- **17** II 363 e, IV 5077

—, 7-Methyl- **17** 338 b

—, 8-Methyl- **17** IV 5079

—, 7-Methyl-6-nitro- **17** I 174 f

—, 6-Nitro- **17** I 172 b

—, 8-Nitro- **17** I 172 c

—, 3,4,7-Trimethyl- **17** 344 h

—, 4,6,7-Trimethyl- **17** I 184 k

—, 4,6,8-Trimethyl- **17** I 185 f

—, 4,6,8-Trimethyl-5-nitro- **17** I 185 g

—, 4,6,7-Trinitro-5-nitro- **17** I 185 a

Chromen-4-thion **17** IV 5053

—, 6-Chlor-2,3-dimethyl- **17** I 178 h

—, 5,7-Dimethoxy-2-phenyl- **18**
   IV 1772

—, 2,3-Dimethyl- **17** I 178 g,
   II 365 e, IV 5095

—, 2,8-Dimethyl- **17** I 179 e

—, 3,6-Dimethyl- **17** IV 5097

—, 3,7-Dimethyl- **17** IV 5099

—, 3,8-Dimethyl- **17** IV 5099

—, 2-[4-Dimethylamino-styryl]- **18**
   IV 8016

—, 2,3-Diphenyl- **17** IV 5584

—, 3-Hydroxy-2-phenyl- **17** IV 6433

—, 6-Methoxy-3-methyl- **18** IV 323

—, 7-Methoxy-2-methyl- **18** IV 321

—, 7-Methoxy-3-methyl- **18** IV 323

—, 2-[4-Methoxy-phenyl]- **18** IV 706

—, 7-Methoxy-2-phenyl- **18** IV 700

—, 2-[4-Methoxy-styryl]- **18** IV 795

—, 2-[4-Methoxy-styryl]-3-methyl- **18**
   IV 802

—, 2-Methyl- **17** IV 5072

—, 3-Methyl- **17** IV 5072

—, 2-Methyl-3-phenyl- **17** IV 5441

—, 3-Methyl-2-phenyl- **17** IV 5441

—, 3-Methyl-2-styryl- **17** IV 5511

—, 2-Phenyl- **17** IV 5420

—, 3-Phenyl- **17** IV 5421

—, 2-[4-Phenyl-buta-1,3-dienyl]- **17**
   IV 5538

—, 2-Styryl- **17** IV 5501

—, 2,3,5,7-Tetramethyl- **17** I 186 c

—, 2,3,5-Trimethyl- **17** I 182 m

—, 2,3,6-Trimethyl- **17** I 183 c

—, 2,3,8-Trimethyl- **17** I 183 g

Chromen-2,5,7-triol

—, 8-Nitroso-2,4-diphenyl-2*H*- **17** 187 a

Chromen-2,5,6-trion

—, 3,7,8-Trichlor-4-methyl- **17** I 284 e

Chromen-2,5,7-trion

—, 4,6,6,8,8-Pentamethyl-8*H*- **17**
   IV 6731

Chromen-2,5,7-trion (Fortsetzung)
—, 4,6,6,8-Tetramethyl-8*H*- **17** IV 6730
—, 6,6,8,8-Tetramethyl-8*H*- **17** 567 c
—, 4,6,6-Trimethyl-8*H*- **17** IV 6729

Chromen-2,6,7-trion
—, 3,5,8-Trichlor-4-methyl- **17** I 285 a

Chromen-2,7,8-trion
—, 4-Methyl- **17** I 285 b, IV 6740
  — 8-sulfohydrazon **17** 568 c

Chromen-4,5,7-trion
—, 2-[4-Methoxy-phenyl]-6,8,8-trimethyl-
  8*H*- **18** 197 d

Chromen-4,5,8-trion
—, 3,7-Dihydroxy-2-[3,4,5-trihydroxy-
  phenyl]- **18** IV 3633
—, 3,7-Dimethoxy-2-[4-methoxy-phenyl]-
  18 IV 3530
—, 3,7-Dimethoxy-2-phenyl- **18**
  IV 3359
—, 6,7-Dimethoxy-2-phenyl-2,3-dihydro-
  18 IV 3308 b
—, 2-[3,4-Dimethoxy-phenyl]-3,7-
  dimethoxy- **18** IV 3607
—, 3,6-Dimethoxy-2-[3,4,5-trimethoxy-
  phenyl]- **18** IV 3633
—, 6,7-Dimethoxy-2-[3,4,5-trimethoxy-
  phenyl]- **18** IV 3633
—, 6-Hydroxy-7-methoxy-2-phenyl-2,3-
  dihydro- **18** IV 3308 a
—, 7-Methoxy-2-phenyl- **18** IV 2792
—, 7-Methoxy-2-phenyl-2,3-dihydro-
  18 IV 2718 e
—, 3,6,7-Trimethoxy-2-[4-methoxy-
  phenyl]- **18** IV 3607

Chromen-3,6,8-trisulfonsäure
—, 5-Hydroxy-4-methyl-2-oxo-2*H*- **18**
  IV 6752
—, 7-Hydroxy-4-methyl-2-oxo-2*H*- **18**
  IV 6755

Chromenylium **17** 122 c, IV 1475
—, 2-[4-(2-Acetoxy-äthoxy)-2-hydroxy-
  phenyl]- **17** IV 2390
—, 7-Acetoxy-2-[2,4-diacetoxy-styryl]-3-
  methyl- **17** II 247 b
—, 5-[3-Acetoxy-4,5-dihydroxy-
  benzoyloxy]-2-[3,4-dihydroxy-phenyl]-3,7-
  dihydroxy- **18** IV 3427
—, 5-[4-Acetoxy-3,5-dihydroxy-
  benzoyloxy]-2-[3,4-dihydroxy-phenyl]-3,7-
  dihydroxy- **18** IV 3427
—, 2-[4-Acetoxy-3,5-dimethoxy-phenyl]-
  5-benzoyloxy-3,7-dihydroxy- **18** IV 3561
—, 2-[4-Acetoxy-3,5-dimethoxy-phenyl]-
  5-benzoyloxy-7-hydroxy-3-[tetra-*O*-acetyl-
  glucopyranosyloxy]- **17** IV 3913
—, 2-[4-Acetoxy-3,5-dimethoxy-phenyl]-
  5-benzoyloxy-7-hydroxy-3-[tri-*O*-acetyl-
  xylopyranosyloxy]- **17** IV 3911
—, 7-Acetoxy-2,4-diphenyl- **17** IV 2246

—, 2-[4-Acetoxy-phenyl]-5-benzoyloxy-7-
  hydroxy-3-[tetra-*O*-acetyl-
  galactopyranosyloxy]- **17** IV 3856
—, 2-[4-Acetoxy-phenyl]-5-benzoyloxy-7-
  hydroxy-3-[tetra-*O*-acetyl-
  glucopyranosyloxy]- **17** IV 3856
—, 2-[4-Acetoxy-phenyl]-7-hydroxy-3-
  [tetra-*O*-acetyl-galactopyranosyloxy]- **17**
  IV 3504
—, 2-[4-Acetoxy-phenyl]-7-hydroxy-3-
  [tetra-*O*-acetyl-glucopyranosyloxy]- **17**
  IV 3504
—, 2-[4-Acetoxy-phenyl]-7-hydroxy-3-
  [3,4,5-triacetoxy-6-acetoxymethyl-
  tetrahydro-pyran-2-yloxy]- **17**
  IV 3504
—, 2-[2-Acetoxy-styryl]-3-methyl- **17**
  II 200 e
—, 3-Acetyl-2-[2-hydroxy-styryl]- **18**
  IV 1919
—, 3-Acetyl-2-methyl- **18** IV 399
—, 3-Acetyl-2-phenyl- **18** IV 767
—, 2-Äthoxy- **17** IV 2121
—, 8-Äthoxy-3-äthoxycarbonylamino-2-
  [4-methoxy-phenyl]- **18** II 163 b
—, 8-Äthoxy-3-benzoylamino-2-
  [4-methoxy-phenyl]- **18** II 163 a
—, 8-Äthoxy-3-benzoylamino-2-phenyl-
  18 II 92 a
—, 4-Äthoxycarbonyl-7-hydroxy-2-
  phenyl- **18** 357 b, IV 5060
—, 5-[Äthoxycarbonylmethyl-amino]-3,7-
  dihydroxy-2,4-diphenyl- **18** IV 8141
—, 7-[Äthoxycarbonylmethyl-amino]-3,5-
  dihydroxy-2,4-diphenyl- **18** IV 8141
—, 5-[Äthoxycarbonylmethyl-amino]-3,7-
  dihydroxy-2-phenyl- **18** IV 8131
—, 7-[Äthoxycarbonylmethyl-amino]-3,5-
  dihydroxy-2-phenyl- **18** IV 8131
—, 2-[4-(Äthoxycarbonylmethyl-amino)-
  phenyl]-5-benzoyloxy-3,7-dihydroxy- **18**
  IV 8148
—, 2-[4-(Äthoxycarbonylmethyl-amino)-
  phenyl]-3,7-dihydroxy- **18** IV 8132
—, 8-Äthoxy-3-chlor-2-[4-methoxy-
  phenyl]- **17** II 222 a
—, 8-Äthoxy-3-chlor-2-phenyl- **17**
  II 196 a
—, 8-Äthoxy-3-hydroxy-2-[4-methoxy-
  phenyl]- **18** II 162 c
—, 3-Äthoxy-7-hydroxy-2-phenyl- **17**
  II 219 b
—, 8-Äthoxy-3-methoxy-2-[4-methoxy-
  phenyl]- **17** II 240 a
—, 7-Äthoxy-5-methoxy-2-[4-methoxy-
  phenyl]-8-methyl- **17** IV 2710
—, 8-Äthoxy-3-methoxy-2-[1]naphthyl-
  17 II 229 a

Chromenylium (Fortsetzung)

—, 6-Äthoxy-7-methoxy-2-*p*-tolyl- **17**
IV 2392

—, 8-Äthoxy-2-phenyl- **17** II 195 g

—, 2-Äthyl- **17** 126 e, IV 1492

—, 4-Äthyl-5,7-dihydroxy-2-[4-hydroxy-
phenyl]- **17** I 123 e

—, 4-Äthyl-2-[3,4-dihydroxy-phenyl]-5,7-
dihydroxy- **17** I 126 d

—, 4-Äthyl-2-[3,4-dihydroxy-phenyl]-
3,5,7-trihydroxy- **18** I 422 b

—, 3-Äthyl-7-hydroxy-2,4-dimethyl-
17 159 b

—, 6-Äthyl-7-hydroxy-2,4-diphenyl- **17**
IV 2249

—, 8-Äthyl-7-hydroxy-2,4-diphenyl- **17**
IV 2250

—, 2-Äthyl-7-methoxy-3-methyl-4-
phenyl- **17** IV 2218

—, 5-Äthyl-7-methoxy-2-phenyl- **17**
IV 2215

—, 2-Äthyl-3-methyl- **17** 127 b

—, 3-Äthyl-6-methyl-2,4-diphenyl- **17**
II 167 d

—, 2-Äthyl-4-phenyl- **18** IV 8463

—, 3-Äthyl-2-propyl- **17** 127 c

—, 2-[3-Amino-4-methoxy-phenyl]-3-
hydroxy-5,7-dimethoxy- **18**
IV 8151

—, 2-[3-Amino-4-methoxy-phenyl]-3-
hydroxy-7-methoxy- **18** IV 8148

—, 2-[4-Amino-phenyl]- **18** IV 7374

—, 2-[4-Amino-phenyl]-5-benzoyloxy-3,7-
dihydroxy- **18** IV 8148

—, 2-[4-Amino-phenyl]-3,7-dihydroxy-
18 IV 8132

—, 2-[4-Amino-phenyl]-5,7-dimethoxy-
18 IV 7500

—, 2-[4-Amino-phenyl]-6-hydroxy- **18**
IV 7454

—, 2-[4-Amino-phenyl]-7-hydroxy- **18**
IV 7454

—, 2-[4-Amino-phenyl]-3-hydroxy-5,7-
dimethoxy- **18** IV 8148

—, 2-[4-Amino-phenyl]-3-hydroxy-7-
methoxy- **18** IV 8132

—, 2-[4-Amino-phenyl]-7-methoxy- **18**
IV 7454

—, 2-[4-Amino-phenyl]-8-methoxy- **18**
IV 7455

—, 4-[4-Amino-phenyl]-2-phenyl- **18**
IV 7386

—, 2-[4-Amino-phenyl]-3,5,7-trihydroxy-
18 IV 8147

—, 4-Amino-5,6,7-trimethoxy-2-
[4-methoxy-phenyl]- **18** IV 3429

—, 3-Arabinopyranosyloxy-2-
[3,4-dihydroxy-phenyl]-5,7-dihydroxy-
17 IV 3896

—, 3-Benzoyl-2-[2-hydroxy-styryl]- **18**
IV 1980

—, 3-Benzoyl-2-methyl- **18** IV 764

—, 4-[1-Benzoyl-2-oxo-2-phenyl-äthyl]-2-
phenyl- **18** IV 1998

—, 5-Benzoyloxy-2-[2,4-bis-benzoyloxy-
phenyl]-7-hydroxy-3-methoxy- **17**
IV 3895

—, 5-Benzoyloxy-3,7-dihydroxy-2-
[4-hydroxy-3,5-dimethoxy-phenyl]- **18**
II 249 b, IV 3562

—, 5-Benzoyloxy-3,7-dihydroxy-2-
[4-hydroxy-3-methoxy-phenyl]- **18**
II 233 c, IV 3426

—, 5-Benzoyloxy-3,7-dihydroxy-2-
[3-hydroxy-phenyl]- **18** IV 3198

—, 5-Benzoyloxy-3,7-dihydroxy-2-
[4-hydroxy-phenyl]- **18** II 201 c,
IV 3199

—, 5-Benzoyloxy-3,7-dihydroxy-2-
[4-methoxy-3-nitro-phenyl]- **18**
IV 3201

—, 5-Benzoyloxy-3,7-dihydroxy-2-
[4-methoxy-phenyl]- **18** IV 3199

—, 5-Benzoyloxy-2-[3,4-dihydroxy-5-
methoxy-phenyl]-3,7-dihydroxy- **18**
IV 3562

—, 5-Benzoyloxy-3,7-dihydroxy-2-
phenyl- **18** IV 2619

—, 5-Benzoyloxy-2-[2,4-dihydroxy-
phenyl]-3,7-dihydroxy- **18** IV 3424

—, 5-Benzoyloxy-2-[3,4-dihydroxy-
phenyl]-3,7-dihydroxy- **18** II 233 b,
IV 3426

—, 5-Benzoyloxy-2-[3,4-dihydroxy-
phenyl]-7-hydroxy- **17** IV 3863

—, 5-Benzoyloxy-3,7-dihydroxy-2-[4-
(tetra-*O*-acetyl-glucopyranosyloxy)-
phenyl]- **18** IV 3201

—, 5-Benzoyloxy-3,7-dihydroxy-2-[3,4,5-
trihydroxy-phenyl]- **18** IV 3562

—, 5-Benzoyloxy-3,7-dihydroxy-2-[3,4,5-
trimethoxy-phenyl]- **18** II 249 c,
IV 3562

—, 5-Benzoyloxy-2-[2,6-dimethoxy-4-
methyl-phenyl]-7-hydroxy- **17** IV 3866

—, 5-Benzoyloxy-2-[3,4-dimethoxy-
phenyl]-3,7-dihydroxy- **18** IV 3426

—, 5-Benzoyloxy-2-[2,4-dimethoxy-
phenyl]-7-hydroxy- **17** IV 3861

—, 5-Benzoyloxy-2-[2,5-dimethoxy-
phenyl]-7-hydroxy- **17** IV 3862

—, 5-Benzoyloxy-2-[3,5-dimethoxy-
phenyl]-7-hydroxy-3-methoxy- **17**
II 282 a

—, 7-Benzoyloxy-2,4-diphenyl- **17**
IV 2246

Chromenylium (Fortsetzung)

—, 5-Benzoyloxy-3-hydroxy-2-
[4-hydroxy-3,5-dimethoxy-phenyl]-7-
methoxy- **18** IV 3562

—, 5-Benzoyloxy-7-hydroxy-2-
[4-hydroxy-3,5-dimethoxy-phenyl]-3-
methoxy- **17** II 285 c

—, 5-Benzoyloxy-7-hydroxy-2-
[4-hydroxy-3-methoxy-phenyl]- **17**
IV 3863

—, 5-Benzoyloxy-7-hydroxy-2-
[2-hydroxy-phenyl]- **17** IV 2704

—, 5-Benzoyloxy-7-hydroxy-2-
[3-hydroxy-phenyl]- **17** IV 2704

—, 5-Benzoyloxy-7-hydroxy-2-
[4-hydroxy-phenyl]- **17** IV 2705

—, 5-Benzoyloxy-3-hydroxy-2-
[4-hydroxy-phenyl]-7-[tetra-*O*-acetyl-
glucopyranosyloxy]- **18** IV 3201

—, 5-Benzoyloxy-7-hydroxy-2-
[2-methoxy-phenyl]- **17** IV 2704

—, 5-Benzoyloxy-7-hydroxy-2-
[4-methoxy-phenyl]- **17** II 241 b,
IV 2705

—, 5-Benzoyloxy-7-hydroxy-2-phenyl-
17 IV 2386

—, 5-Benzoyloxy-7-hydroxy-2-[2,3,4,6-
tetramethoxy-phenyl]- **17** IV 3917

—, 5-Benzoyloxy-7-hydroxy-2-[2,3,4-
trimethoxy-phenyl]- **17** IV 3904

—, 5-Benzoyloxy-7-hydroxy-2-[2,4,5-
trimethoxy-phenyl]- **17** IV 3904

—, 5-Benzoyloxy-7-hydroxy-2-[2,4,6-
trimethoxy-phenyl]- **17** IV 3905

—, 5-Benzoyloxy-7-hydroxy-2-[3,4,5-
trimethoxy-phenyl]- **17** IV 3905

—, 4-Benzyl-5,7-dihydroxy-2-phenyl-
17 188 b

—, 4-Benzyl-6,7-dihydroxy-2-phenyl-
17 189 a

—, 4-Benzyl-7,8-dihydroxy-2-phenyl-
17 189 b

—, 4-Benzyl-2,3-diphenyl- **17** II 175 e

—, 4-Benzyl-7-hydroxy-5-methyl-2-
phenyl- **17** 172 b

—, 4-Benzyl-7-hydroxy-2-phenyl-
17 172 a

—, 3-Benzyl-2-[2-hydroxy-styryl]- **17**
II 208 e

—, 4-[Benzyl-methyl-amino]-2-phenyl-
18 IV 7374

—, 3-Benzyl-6-methyl-2,4-diphenyl- **17**
IV 1760

—, 7-Benzyloxy-3-hydroxy-2-[4-hydroxy-
phenyl]-5-methoxy- **18** IV 3199

—, 2-Benzyl-3-phenyl- **17** IV 1730

—, 2-Biphenyl-4-yl-3-[3,4-dimethoxy-
phenyl]-7-hydroxy-6-methoxy- **17**
IV 3873

—, 2-Biphenyl-4-yl-7-hydroxy-6-
methoxy-3-phenyl- **17** IV 2420

—, 2-Biphenyl-4-yl-7-hydroxy-3-phenyl-
17 IV 2259

—, 2-Biphenyl-4-yl-7-methoxy-3-phenyl-
17 IV 2260

—, 2-[2,4-Bis-benzoyloxy-phenyl]-7-
hydroxy-3-methoxy- **17** IV 3860

—, 5,7-Bis-benzyloxy-6-hydroxy-2-
[4-methoxy-phenyl]- **17** IV 3859

—, 4-[2,2-Bis-(4-dimethylamino-phenyl)-
vinyl]-2-phenyl- **18** IV 7396

—, 3,5-Bis-glucopyranosyloxy-2-
[4-hydroxy-3,5-dimethoxy-phenyl]-7-
methoxy- **17** IV 3916

—, 3,5-Bis-glucopyranosyloxy-7-hydroxy-
2-[4-hydroxy-3,5-dimethoxy-phenyl]- **17**
IV 3916, **31** 256 a

—, 3,5-Bis-glucopyranosyloxy-7-hydroxy-
2-[4-hydroxy-3-methoxy-phenyl]- **17**
IV 3903, **31** 254 a

—, 3,5-Bis-glucopyranosyloxy-7-hydroxy-
2-[4-hydroxy-phenyl]- **17** IV 3857,
31 252 b

—, 3,5-Bis-glucopyranosyloxy-7-hydroxy-
2-[3,4,5-trihydroxy-phenyl]- **17** IV 3914

—, 4-[2,2-Bis-(4-methoxy-phenyl)-vinyl]-
2-phenyl- **17** IV 2422

—, 6-Brom-2-[4-methoxy-phenyl]- **17**
IV 2207

—, 7-Brom-3-methoxy-2-phenyl- **17**
IV 2203

—, 2-[4-Brom-3-nitro-phenyl]- **17**
IV 1667

—, 6-Brom-2-[3-nitro-phenyl]- **17**
IV 1667

—, 2-[4-Brom-phenyl]- **17** IV 1666

—, 6-Brom-2-phenyl- **17** IV 1666

—, 2-[4-Brom-phenyl]-6-hydroxy- **17**
IV 2204

—, 2-[4-Brom-phenyl]-7-hydroxy- **17**
IV 2205

—, 2-[4-Brom-phenyl]-3-methoxy- **17**
IV 2203

—, 2-[4-Brom-phenyl]-6-methyl- **17**
IV 1673

—, 2-[4-Brom-phenyl]-3-phenyl- **17**
IV 1725

—, 3-[2-Carboxy-benzoyl]-7,8-dihydroxy-
2,4-dimethyl- **18** 556 c

—, 4-Carboxy-6-hydroxy-5,7-dimethoxy-
2-[4-methoxy-phenyl]- **18** IV 5254
— betain **18** IV 5254

—, 4-Carboxy-7-hydroxy-2-phenyl-
18 357 b, IV 5059
— betain **18** IV 5059

—, 3-Carboxymethyl-2-[2,4-dihydroxy-
styryl]-7-hydroxy- **18** IV 5247

Chromenylium (Fortsetzung)
—, 3-Carboxymethyl-2-[2-hydroxy-styryl]-
18 IV 5062
—, 4-Carboxy-5,6,7-trimethoxy-2-
[4-methoxy-phenyl]- 18 IV 5254
− betain 18 IV 5254
—, 6-Chlor-2-[5-chlor-2-hydroxy-styryl]-
17 IV 2225
—, 6-Chlor-2,3-diphenyl- 17 IV 1725
—, 3-Chlor-2-[2-hydroxy-4-methoxy-
phenyl]-7-methoxy- 17 IV 2707
—, 6-Chlor-2-[4-hydroxy-phenyl]- 17
IV 2206
—, 6-Chlor-3-hydroxy-2-phenyl- 18
IV 630
—, 2-[4-Chlor-3-nitro-phenyl]- 17
IV 1667
—, 6-Chlor-2-[3-nitro-phenyl]- 17
IV 1667
—, 6-Chlor-2-[4-nitro-phenyl]- 17
IV 1667
—, 2-[4-Chlor-phenyl]- 17 IV 1665
—, 6-Chlor-2-phenyl- 17 IV 1665
—, 3-[O^6-(6-Desoxy-mannopyranosyl)-
glucopyranosyloxy]-5,7-dihydroxy-2-
[4-hydroxy-phenyl]- 17 IV 3857
—, 5,7-Diacetoxy-2-[4-acetoxy-phenyl]-
17 IV 2705
—, 2-[3,4-Diacetoxy-5-methoxy-phenyl]-
7-hydroxy-3,5-bis-[tetra-O-acetyl-
glucopyranosyloxy]- 17 IV 3915
—, 2-[3,4-Diacetoxy-phenyl]-7-hydroxy-
3,5-bis-[tetra-O-acetyl-glucopyranosyloxy]-
17 IV 3902
—, 5,7-Diäthoxy-2-[4-äthoxy-phenyl]-4-
äthyl- 17 I 123 f
—, 5,7-Diäthoxy-4-äthyl-2-[3,4-diäthoxy-
phenyl]- 17 I 126 e
—, 2-[2,4-Diäthoxy-phenyl]- 17 IV 2390
—, 2-[2,4-Diäthoxy-phenyl]-5,7-
dihydroxy-4-methyl- 17 215 c
—, 2-[2,4-Diäthoxy-phenyl]-6,7-
dihydroxy-4-methyl- 17 216 a
—, 2-[2,4-Diäthoxy-phenyl]-7,8-
dihydroxy-4-methyl- 17 216 b
—, 2-[2,4-Diäthoxy-phenyl]-7-hydroxy-4-
methyl- 17 193 a
—, 6,8-Dibrom-2,3-diphenyl- 17
IV 1725
—, 6,8-Dibrom-2-phenyl- 17 IV 1666
—, 6,8-Dichlor-7-hydroxy-2-[4-hydroxy-
phenyl]- 17 IV 2389
—, 6,8-Dichlor-2-phenyl- 17 IV 1666
—, 3-[O^6-(3,4-Dihydroxy-cinnamoyl)-
glucopyranosyloxy]-5-glucopyranosyloxy-
7-hydroxy-2-[4-hydroxy-phenyl]- 17
IV 3858
—, 4,5-Dihydroxy-6,7-dimethoxy-2-
phenyl- 18 IV 2672

—, 5,7-Dihydroxy-2,4-dimethyl-
17 177 d
—, 7,8-Dihydroxy-2,4-dimethyl-
17 178 a
—, 5,7-Dihydroxy-4,6-dimethyl-2-phenyl-
17 IV 2396
—, 5,7-Dihydroxy-4,8-dimethyl-2-phenyl-
17 IV 2396
—, 6,7-Dihydroxy-2,4-diphenyl-
17 187 b, IV 2411
—, 7,8-Dihydroxy-2,4-diphenyl-
17 188 a, II 230 c
—, 3,7-Dihydroxy-2-[4-hydroxy-3,5-
dimethoxy-phenyl]- 18 IV 3429
—, 5,7-Dihydroxy-2-[4-hydroxy-3,5-
dimethoxy-phenyl]- 17 II 282 c
—, 3,5-Dihydroxy-2-[4-hydroxy-3,5-
dimethoxy-phenyl]-7-methoxy- 18
II 248 a, IV 3561
—, 3,7-Dihydroxy-2-[4-hydroxy-3,5-
dimethoxy-phenyl]-5-methoxy- 18
IV 3561
—, 5,7-Dihydroxy-2-[4-hydroxy-3,5-
dimethoxy-phenyl]-3-methoxy- 17
II 284 c
—, 5,7-Dihydroxy-2-[4-hydroxy-3,5-
dimethoxy-phenyl]-3-[3,4,5-trihydroxy-6-
hydroxymethyl-tetrahydro-pyran-2-yloxy]-
17 IV 3913
—, 5,7-Dihydroxy-2-[4-hydroxy-3,5-
dimethoxy-phenyl]-3-xylopyranosyloxy-
17 IV 3911
—, 5,7-Dihydroxy-2-[3-hydroxy-4-
methoxy-phenyl]- 17 II 269 a
—, 5,7-Dihydroxy-2-[4-hydroxy-3-
methoxy-phenyl]- 17 II 268 e, IV 3862
—, 3,5-Dihydroxy-2-[4-hydroxy-3-
methoxy-phenyl]-7-methoxy- 18
IV 3425
—, 5,7-Dihydroxy-2-[4-hydroxy-3-
methoxy-phenyl]-3-[3,4,5-trihydroxy-6-
hydroxymethyl-tetrahydro-pyran-2-yloxy]-
17 IV 3901
—, 3-[3,4-Dihydroxy-6-hydroxymethyl-5-
(3,4,5-trihydroxy-6-hydroxymethyl-
tetrahydro-pyran-2-yloxy)-tetrahydro-
pyran-2-yloxy]-2-[3,4-dihydroxy-phenyl]-
5,7-dihydroxy- 17 IV 3899
—, 7,8-Dihydroxy-2-[2-hydroxy-
[1]naphthyl]-4-methyl- 17 IV 2720
—, 7,8-Dihydroxy-2-[4-hydroxy-
[1]naphthyl]-4-methyl- 17 IV 2720
—, 3,5-Dihydroxy-2-[4-hydroxy-phenyl]-
18 IV 2620
—, 3,7-Dihydroxy-2-[4-hydroxy-phenyl]-
18 II 162 b, IV 2620
—, 5,7-Dihydroxy-2-[3-hydroxy-phenyl]-
17 IV 2704

Chromenylium (Fortsetzung)

—, 5,7-Dihydroxy-2-[4-hydroxy-phenyl]-
17 II 240 b, IV 2704

—, 6,7-Dihydroxy-2-[4-hydroxy-phenyl]-
17 IV 2706

—, 7,8-Dihydroxy-2-[4-hydroxy-phenyl]-
17 IV 2706

—, 3,5-Dihydroxy-2-[4-hydroxy-phenyl]-
6,8-dimethyl- **18** II 170 f

—, 5,7-Dihydroxy-2-[4-hydroxy-phenyl]-
6,8-dimethyl- **17** IV 2711

—, 3,5-Dihydroxy-2-[4-hydroxy-phenyl]-
7-methoxy- **18** IV 3199

—, 3,7-Dihydroxy-2-[4-hydroxy-phenyl]-
5-methoxy- **18** IV 3199

—, 5,7-Dihydroxy-2-[4-hydroxy-phenyl]-
3-methoxy- **17** II 263 c

—, 3,5-Dihydroxy-2-[4-hydroxy-phenyl]-
7-methyl- **18** IV 2654

—, 3,7-Dihydroxy-2-[4-hydroxy-phenyl]-
5-methyl- **18** IV 2653

—, 5,7-Dihydroxy-2-[4-hydroxy-phenyl]-
3-[O^6-rhamnopyranosyl-
glucopyranosyloxy]- **17** IV 3857

—, 3,7-Dihydroxy-2-[4-hydroxy-phenyl]-
5-[tetra-O-acetyl-glucopyranosyloxy]- **18**
IV 3200

—, 5,7-Dihydroxy-2-[4-hydroxy-phenyl]-
3-[3,4,5-trihydroxy-6-hydroxymethyl-
tetrahydro-pyran-2-yloxy]- **17** IV 3856

—, 5,7-Dihydroxy-4-[4-hydroxy-styryl]-2-
phenyl- **17** II 251 c

—, 5,7-Dihydroxy-3-methoxy-2-
[2-methoxy-phenyl]- **17** II 263 a

—, 5,7-Dihydroxy-3-methoxy-2-
[3-methoxy-phenyl]- **17** II 263 b

—, 5,7-Dihydroxy-3-methoxy-2-
[4-methoxy-phenyl]- **17** II 263 d

—, 5,7-Dihydroxy-6-methoxy-2-
[4-methoxy-phenyl]- **17** II 266 b

—, 6,7-Dihydroxy-5-methoxy-2-
[4-methoxy-phenyl]- **17** II 266 a,
IV 3859

—, 5,7-Dihydroxy-6-methoxy-2-
[4-methoxy-phenyl]-4-methyl- **17**
II 271 c

—, 7,8-Dihydroxy-2-[2-methoxy-
[1]naphthyl]-4-methyl- **17** IV 2720

—, 7,8-Dihydroxy-2-[4-methoxy-
[1]naphthyl]-4-methyl- **17** IV 2720

—, 3,7-Dihydroxy-2-[4-methoxy-phenyl]-
18 IV 2620

—, 5,7-Dihydroxy-2-[2-methoxy-phenyl]-
17 IV 2704

—, 5,7-Dihydroxy-2-[4-methoxy-phenyl]-
17 II 240 d, IV 2705

—, 5,7-Dihydroxy-3-methoxy-2-phenyl-
17 II 238 b

—, 6,7-Dihydroxy-2-[4-methoxy-phenyl]-
17 IV 2706

—, 7,8-Dihydroxy-2-[4-methoxy-phenyl]-
17 IV 2707

—, 2-[3,4-Dihydroxy-5-methoxy-phenyl]-
3,5-bis-glucopyranosyloxy-7-hydroxy-
17 IV 3915, **31** 255 a

—, 5,7-Dihydroxy-2-[4-methoxy-phenyl]-
6,8-dimethyl- **17** IV 2711

—, 2-[3,4-Dihydroxy-5-methoxy-phenyl]-
3-glucopyranosyloxy-5,7-dihydroxy- **17**
IV 3912

—, 2-[3,4-Dihydroxy-5-methoxy-phenyl]-
5-glucopyranosyloxy-7-hydroxy-3-{O^6-
[O^4-(4-hydroxy-cinnamoyl)-
rhamnopyranosyl]-glucopyranosyloxy}-
17 IV 3915

—, 2-[3,4-Dihydroxy-5-methoxy-phenyl]-
5-glucopyranosyloxy-7-hydroxy-3-
[$O^{4'}$-(4-hydroxy-cinnamoyl)-rutinosyloxy]-
17 IV 3915

—, 6,7-Dihydroxy-2-[4-methoxy-phenyl]-
5-methyl- **17** IV 2710

—, 2-[3,4-Dihydroxy-5-methoxy-phenyl]-
3,5,7-trihydroxy- **18** I 429 c, II 247 b,
IV 3560

—, 5,7-Dihydroxy-4-[4-methoxy-styryl]-2-
phenyl- **17** II 251 d

—, 5,7-Dihydroxy-3-methoxy-2-[3,4,5-
trihydroxy-phenyl]- **17** II 284 b

—, 5,7-Dihydroxy-3-methoxy-2-[3,4,5-
trimethoxy-phenyl]- **17** II 285 a

—, 5,7-Dihydroxy-4-methyl-2-phenyl-
17 181 c, II 222 f

—, 6,7-Dihydroxy-4-methyl-2-phenyl-
17 II 223 c

—, 7,8-Dihydroxy-4-methyl-2-phenyl-
17 182 a

—, 5,7-Dihydroxy-4-methyl-2-[2,3,4-
trihydroxy-phenyl]- **17** 230 a

—, 7,8-Dihydroxy-4-methyl-2-[2,3,4-
trihydroxy-phenyl]- **17** 231 a

—, 5,7-Dihydroxy-4-methyl-2-[2,3,4-
trimethoxy-phenyl]- **17** 230 a

—, 7,8-Dihydroxy-4-methyl-2-[2,3,4-
trimethoxy-phenyl]- **17** 231 a

—, 2-[2,4-Dihydroxy-phenyl]- **17**
IV 2389

—, 2-[2,5-Dihydroxy-phenyl]- **17**
IV 2390

—, 2-[3,4-Dihydroxy-phenyl]- **17**
II 222 b

—, 3,7-Dihydroxy-2-phenyl- **18** II 91 g

—, 5,7-Dihydroxy-2-phenyl- **17** 180 c,
II 219 d, IV 2385

—, 6,7-Dihydroxy-2-phenyl- **17** IV 2386

—, 7,8-Dihydroxy-2-phenyl- **17** IV 2386

Chromenylium   (Fortsetzung)

—, 2-[3,4-Dihydroxy-phenyl]-3,5-bis-glucopyranosyloxy-7-hydroxy- **17** IV 3901, **31** 253 c

—, 2-[3,4-Dihydroxy-phenyl]-3,7-bis-glucopyranosyloxy-5-hydroxy- **17** IV 3902

—, 2-[3,4-Dihydroxy-phenyl]-5,7-bis-glucopyranosyloxy-3-hydroxy- **17** IV 3903

—, 2-[2,4-Dihydroxy-phenyl]-3,7-dihydroxy- **18** II 202 b

—, 2-[2,4-Dihydroxy-phenyl]-5,7-dihydroxy- **17** II 268 b

—, 2-[2,5-Dihydroxy-phenyl]-5,7-dihydroxy- **17** IV 3861

—, 2-[3,4-Dihydroxy-phenyl]-3,5-dihydroxy- **18** IV 3201

—, 2-[3,4-Dihydroxy-phenyl]-3,6-dihydroxy- **18** II 202 a

—, 2-[3,4-Dihydroxy-phenyl]-3,7-dihydroxy- **18** II 202 c, IV 3202

—, 2-[3,4-Dihydroxy-phenyl]-3,8-dihydroxy- **18** II 202 d

—, 2-[3,4-Dihydroxy-phenyl]-5,7-dihydroxy- **17** II 268 d, IV 3862

—, 2-[3,4-Dihydroxy-phenyl]-3,5-dihydroxy-6,8-dimethyl- **18** II 209 c

—, 2-[2,4-Dihydroxy-phenyl]-5,7-dihydroxy-3-methoxy- **17** II 280 a

—, 2-[3,4-Dihydroxy-phenyl]-3,5-dihydroxy-7-methoxy- **18** II 232 a

—, 2-[3,4-Dihydroxy-phenyl]-5,7-dihydroxy-3-methoxy- **17** IV 3895

—, 2-[3,4-Dihydroxy-phenyl]-3,7-dihydroxy-5-methyl- **18** II 208 d

—, 2-[2,4-Dihydroxy-phenyl]-4-[3,4-dihydroxy-phenyl]-7-hydroxy- **17** IV 3908

—, 2-[3,4-Dihydroxy-phenyl]-5,7-dihydroxy-3-[O^6-rhamnopyranosyl-glucopyranosyloxy]- **17** IV 3898

—, 2-[3,4-Dihydroxy-phenyl]-3,7-dihydroxy-5-[3,4,5-triacetoxy-benzoyloxy]- **18** IV 3427

—, 2-[3,4-Dihydroxy-phenyl]-5,7-dihydroxy-3-[3,4,5-trihydroxy-6-hydroxymethyl-tetrahydro-pyran-2-yloxy]- **17** IV 3896

—, 2-[3,4-Dihydroxy-phenyl]-5,7-dihydroxy-3-[3,4,5-trihydroxy-tetrahydro-pyran-2-yloxy]- **17** IV 3896

—, 2-[3,4-Dihydroxy-phenyl]-5,7-dihydroxy-3-[O^2-xylopyranosyl-glucopyranosyloxy]- **17** IV 3897

—, 2-[3,4-Dihydroxy-phenyl]-5,7-dihydroxy-3-[O^4-xylopyranosyl-glucopyranosyloxy]- **17** IV 3897

—, 2-[3,4-Dihydroxy-phenyl]-5,7-dihydroxy-3-[O^6-xylopyranosyl-glucopyranosyloxy]- **17** IV 3898

—, 2-[3,4-Dihydroxy-phenyl]-5,7-dihydroxy-3-xylopyranosyloxy- **17** IV 3896

—, 2-[2,4-Dihydroxy-phenyl]-4-[4-dimethylamino-styryl]-7-hydroxy- **18** IV 7643

—, 2-[3,4-Dihydroxy-phenyl]-3-[O^4-galactopyranosyl-glucopyranosyloxy]-5,7-dihydroxy- **17** IV 3899

—, 2-[3,4-Dihydroxy-phenyl]-3-galactopyranosyloxy-5,7-dihydroxy- **17** IV 3897, **31** 318 g

—, 2-[3,4-Dihydroxy-phenyl]-3-[O^2-glucopyranosyl-glucopyranosyloxy]-5,7-dihydroxy- **17** IV 3900

—, 2-[3,4-Dihydroxy-phenyl]-3-[O^4-glucopyranosyl-glucopyranosyloxy]-5,7-dihydroxy- **17** IV 3899

—, 2-[3,4-Dihydroxy-phenyl]-3-[O^6-glucopyranosyl-glucopyranosyloxy]-5,7-dihydroxy- **17** IV 3900

—, 2-[3,4-Dihydroxy-phenyl]-3-[O^2-glucopyranosyl-glucopyranosyloxy]-5-glucopyranosyloxy-7-hydroxy- **17** IV 3902

—, 2-[3,4-Dihydroxy-phenyl]-3-glucopyranosyloxy-5,7-dihydroxy- **17** IV 3896

—, 2-[3,4-Dihydroxy-phenyl]-5-glucopyranosyloxy-3,7-dihydroxy- **18** IV 3427

—, 2-[3,4-Dihydroxy-phenyl]-3-glucopyranosyloxy-7-hydroxy- **17** IV 3860

—, 2-[3,4-Dihydroxy-phenyl]-7-glucopyranosyloxy-5-hydroxy-3-xylopyranosyloxy- **17** IV 3901

—, 2-[2,4-Dihydroxy-phenyl]-7-hydroxy- **17** IV 2707

—, 2-[2,5-Dihydroxy-phenyl]-7-hydroxy- **17** IV 2707

—, 2-[3,4-Dihydroxy-phenyl]-3-hydroxy- **18** II 163 c, IV 2620

—, 2-[3,4-Dihydroxy-phenyl]-6-hydroxy- **17** II 241 d

—, 2-[3,4-Dihydroxy-phenyl]-7-hydroxy- **17** II 242 b

—, 2-[3,4-Dihydroxy-phenyl]-3-hydroxy-5,7-bis-[4-hydroxy-benzoyloxy]- **18** IV 3426

—, 2-[3,4-Dihydroxy-phenyl]-3-hydroxy-5,7-dimethoxy- **18** IV 3425

—, 2-[2,4-Dihydroxy-phenyl]-7-hydroxy-3-methoxy- **17** IV 3860

—, 2-[3,4-Dihydroxy-phenyl]-3-hydroxy-7-methoxy- **18** IV 3202

Chromenylium (Fortsetzung)

—, 2-[3,4-Dihydroxy-phenyl]-3-hydroxy-
8-methoxy- **18** IV 3202

—, 2-[2,4-Dihydroxy-phenyl]-7-hydroxy-
4-methyl- **17** 193 a, IV 2709

—, 2-[2,5-Dihydroxy-phenyl]-7-hydroxy-
5-methyl- **17** IV 2710

—, 2-[3,4-Dihydroxy-phenyl]-3-hydroxy-
5,6,7-trimethoxy- **18** IV 3560

—, 2-[3,4-Dihydroxy-phenyl]-3,5,6,7-
tetrahydroxy- **18** IV 3560

—, 2-[2,4-Dihydroxy-phenyl]-3,5,7-
trihydroxy- **18** II 231 a, IV 3424

—, 2-[3,4-Dihydroxy-phenyl]-3,5,7-
trihydroxy- **18** I 420 d, II 231 b,
IV 3424

—, 2-[3,4-Dihydroxy-phenyl]-3,6,7-
trihydroxy- **18** IV 3427

—, 2-[3,4-Dihydroxy-phenyl]-3,7,8-
trihydroxy- **18** IV 3427

—, 2-[2,4-Dihydroxy-phenyl]-3,5,7-
trihydroxy-4-methyl- **18** I 422 a

—, 2-[2,4-Dihydroxy-phenyl]-3,5,7-
trimethoxy- **17** IV 3895

—, 5,7-Dihydroxy-3-
[O^6-rhamnopyranosyl-glucopyranosyloxy]-
2-[3,4,5-trihydroxy-phenyl]- **17** IV 3912

—, 2-[2,4-Dihydroxy-styryl]- **17**
II 226 a

—, 2-[2,5-Dihydroxy-styryl]- **17**
II 226 b

—, 2-[3,4-Dihydroxy-styryl]- **17**
II 227 a

—, 2-[2,4-Dihydroxy-styryl]-7-hydroxy-
17 II 246 c

—, 2-[3,4-Dihydroxy-styryl]-7-hydroxy-4-
[4-methoxy-styryl]- **17** II 277 c

—, 4-[3,4-Dihydroxy-styryl]-7-hydroxy-2-
[4-methoxy-styryl]- **17** II 277 b

—, 2-[2,4-Dihydroxy-styryl]-7-hydroxy-3-
methyl- **17** II 247 a

—, 2-[2,4-Dihydroxy-styryl]-7-hydroxy-4-
methyl- **17** I 124 c

—, 2-[3,4-Dihydroxy-styryl]-7-hydroxy-4-
methyl- **17** II 247 d

—, 5,7-Dihydroxy-2-[2,3,4,6-
tetramethoxy-phenyl]- **17** IV 3917

—, 5,7-Dihydroxy-3-[3,4,5-trihydroxy-6-
hydroxymethyl-tetrahydro-pyran-2-yloxy]-
2-[3,4,5-trihydroxy-phenyl]- **17** IV 3911

—, 3,5-Dihydroxy-2-[3,4,5-trihydroxy-
phenyl]- **18** IV 3428

—, 3,7-Dihydroxy-2-[3,4,5-trihydroxy-
phenyl]- **18** IV 3428

—, 5,7-Dihydroxy-2-[2,3,4-trimethoxy-
phenyl]- **17** IV 3904

—, 5,7-Dihydroxy-2-[2,4,5-trimethoxy-
phenyl]- **17** IV 3904

—, 5,7-Dihydroxy-2-[2,4,6-trimethoxy-
phenyl]- **17** IV 3905

—, 5,7-Dihydroxy-2-[3,4,5-trimethoxy-
phenyl]- **17** IV 3905

—, 5,7-Dihydroxy-2,3,4-trimethyl-
17 179 a

—, 6,7-Dihydroxy-2,3,4-trimethyl-
17 179 b

—, 7,8-Dihydroxy-2,3,4-trimethyl-
17 179 c

—, 5,7-Dimethoxy-2,4-dimethyl- **17**
II 216 a, IV 2360

—, 5,7-Dimethoxy-2,4-diphenyl- **17**
II 230 b, IV 2411

—, 7,8-Dimethoxy-2,4-diphenyl- **17**
II 230 d, IV 2412

—, 3,7-Dimethoxy-2-[4-methoxy-phenyl]-
17 IV 2703

—, 5,7-Dimethoxy-2-[4-methoxy-phenyl]-
17 II 241 a, IV 2705

—, 6,7-Dimethoxy-2-[4-methoxy-phenyl]-
17 IV 2706

—, 3,7-Dimethoxy-4-[4-methoxy-phenyl]-
2-methyl- **17** II 243 c

—, 5,7-Dimethoxy-2-[4-methoxy-phenyl]-
8-methyl- **17** IV 2710

—, 5,7-Dimethoxy-4-methylmercapto-2-
phenyl- **18** IV 1772

—, 3,7-Dimethoxy-2-methyl-4-phenyl-
17 II 222 e

—, 5,7-Dimethoxy-4-methyl-2-phenyl-
17 II 223 a

—, 6,7-Dimethoxy-4-methyl-2-phenyl-
17 II 223 d

—, 7,8-Dimethoxy-4-methyl-2-phenyl-
17 II 223 e

—, 2-[2,6-Dimethoxy-4-methyl-phenyl]-
5,7-dihydroxy- **17** IV 3866

—, 2-[2,4-Dimethoxy-phenyl]- **17** 181 b,
IV 2390

—, 2-[3,4-Dimethoxy-phenyl]- **17**
I 114 e, II 222 c, IV 2390

—, 5,7-Dimethoxy-2-phenyl- **17**
II 220 a

—, 6,7-Dimethoxy-2-phenyl- **17**
IV 2386

—, 2-[2,4-Dimethoxy-phenyl]-5,7-
dihydroxy- **17** IV 3861

—, 2-[2,5-Dimethoxy-phenyl]-5,7-
dihydroxy- **17** IV 3862

—, 2-[3,4-Dimethoxy-phenyl]-5,7-
dihydroxy- **17** II 269 b

—, 2-[2,4-Dimethoxy-phenyl]-5,7-
dihydroxy-3-methoxy- **17** II 280 b

—, 2-[3,4-Dimethoxy-phenyl]-5,7-
dihydroxy-3-methoxy- **17** II 281 a

—, 2-[3,5-Dimethoxy-phenyl]-5,7-
dihydroxy-3-methoxy- **17** II 281 c

Chromenylium (Fortsetzung)

—, 2-[2,4-Dimethoxy-phenyl]-7,8-dihydroxy-4-methyl- **17** IV 3866

—, 4-[3,5-Dimethoxy-phenyl]-5,7-dihydroxy-2-phenyl- **17** 227 c

—, 4-[3,5-Dimethoxy-phenyl]-7,8-dihydroxy-2-phenyl- **17** 228 a

—, 2-[2,4-Dimethoxy-phenyl]-5,7-dimethoxy- **17** II 268 c

—, 2-[3,4-Dimethoxy-phenyl]-3,6-dimethoxy- **17** II 267 a

—, 2-[3,4-Dimethoxy-phenyl]-3,7-dimethoxy- **17** IV 3860

—, 2-[3,4-Dimethoxy-phenyl]-3,8-dimethoxy- **17** II 268 a

—, 2-[3,4-Dimethoxy-phenyl]-5,7-dimethoxy- **17** II 269 c, IV 3863

—, 3-[3,4-Dimethoxy-phenyl]-5,7-dimethoxy- **17** II 270 c, IV 3864

—, 2-[3,4-Dimethoxy-phenyl]-3,5-dimethoxy-6,8-dimethyl- **17** IV 3869

—, 2-[3,4-Dimethoxy-phenyl]-3,7-dimethoxy-5,8-dimethyl- **17** IV 3869

—, 2-[2,4-Dimethoxy-phenyl]-3-[3,4-dimethoxy-phenyl]-6,7-dimethoxy- **17** IV 3918

—, 2-[2,4-Dimethoxy-phenyl]-3-[3,4-dimethoxy-phenyl]-7-hydroxy- **17** IV 3908

—, 2-[2,4-Dimethoxy-phenyl]-3-[3,4-dimethoxy-phenyl]-7-hydroxy-6-methoxy- **17** IV 3918

—, 2-[2,4-Dimethoxy-phenyl]-4,7-dimethyl- **17** IV 2396

—, 2-[3,4-Dimethoxy-phenyl]-4,7-dimethyl- **17** IV 2396

—, 2-[2,4-Dimethoxy-phenyl]-7-dimethylamino-4-[4-dimethylamino-styryl]- **18** IV 7502

—, 2-[2,4-Dimethoxy-phenyl]-7-dimethylamino-4-methyl- **18** IV 7501

—, 2-[2,4-Dimethoxy-phenyl]-4-[4-dimethylamino-styryl]-7,8-dihydroxy- **18** IV 7645

—, 2-[2,4-Dimethoxy-phenyl]-4-[4-dimethylamino-styryl]-7-hydroxy- **18** IV 7643

—, 2-[3,4-Dimethoxy-phenyl]-7-glucopyranosyloxy-3-methoxy- **17** IV 3861

—, 2-[2,4-Dimethoxy-phenyl]-7-hydroxy- **17** IV 2707

—, 2-[3,4-Dimethoxy-phenyl]-7-hydroxy- **17** II 242 c

—, 2-[2,6-Dimethoxy-phenyl]-4-hydroxy-5,6-dimethoxy- **18** IV 3260

—, 2-[3,4-Dimethoxy-phenyl]-3-hydroxy-5,7-dimethoxy- **18** II 233 a, IV 3426

—, 2-[2,4-Dimethoxy-phenyl]-7-hydroxy-3-methoxy- **17** II 267 b

—, 2-[3,4-Dimethoxy-phenyl]-7-hydroxy-3-methoxy- **17** II 267 c

—, 2-[3,4-Dimethoxy-phenyl]-5-hydroxy-3-methoxy-6,8-dimethyl- **17** II 273 c

—, 2-[3,4-Dimethoxy-phenyl]-7-hydroxy-3-methoxy-5-methyl- **17** II 272 b

—, 2-[2,4-Dimethoxy-phenyl]-7-hydroxy-3-[4-methoxy-phenyl]- **17** IV 3873

—, 3-[3,4-Dimethoxy-phenyl]-7-hydroxy-6-methoxy-2-[2,4,6-trimethoxy-phenyl]- **17** IV 3919

—, 2-[2,4-Dimethoxy-phenyl]-7-hydroxy-4-methyl- **17** IV 2710

—, 4-[3,5-Dimethoxy-phenyl]-7-hydroxy-2-phenyl- **17** 207 a

—, 2-[3,4-Dimethoxy-phenyl]-8-isopentyl-3,7-dimethoxy- **17** IV 3871

—, 2-[3,4-Dimethoxy-phenyl]-3-methoxy- **17** II 241 c

—, 2-[3,4-Dimethoxy-phenyl]-6-methoxy- **17** II 242 a

—, 2-[3,4-Dimethoxy-phenyl]-8-methoxy- **17** II 242 d

—, 2-[3,4-Dimethoxy-phenyl]-3,5,7-trihydroxy- **18** IV 3426

—, 2-[2,4-Dimethoxy-phenyl]-3,5,7-trimethoxy- **17** II 280 c

—, 2-[3,4-Dimethoxy-phenyl]-3,5,7-trimethoxy- **17** II 281 b

—, 2-[2,4-Dimethoxy-phenyl]-3,5,7-trimethoxy-4-methyl- **17** I 128 a

—, 2-[3,4-Dimethoxy-styryl]- **17** II 227 c

—, 6,7-Dimethoxy-2-*p*-tolyl- **17** IV 2392

—, 5,7-Dimethoxy-2-[3,4,5-trimethoxy-phenyl]- **17** II 282 d

—, 2,3-Dimethyl- **17** 126 g

—, 2,6-Dimethyl- **17** IV 1493

—, 2-[4-Dimethylamino-phenyl]- **18** IV 7374

—, 4-[4-Dimethylamino-phenyl]-6,7-dimethoxy-2-phenyl- **18** IV 7501

—, 2-[4-Dimethylamino-phenyl]-6-hydroxy- **18** IV 7454

—, 2-[4-Dimethylamino-phenyl]-7-hydroxy- **18** IV 7454

—, 4-[4-Dimethylamino-phenyl]-7-hydroxy-2-[4-hydroxy-phenyl]- **18** IV 7501

—, 4-[4-Dimethylamino-phenyl]-2-[4-hydroxy-phenyl]- **18** IV 7457

—, 4-[4-Dimethylamino-phenyl]-7-hydroxy-2-phenyl- **18** IV 7456

—, 2-[4-Dimethylamino-phenyl]-7-methoxy- **18** IV 7454

—, 2-[4-Dimethylamino-phenyl]-7-methoxy-3,4-dimethyl- **18** II 456 e

Chromenylium (Fortsetzung)

—, 4-[4-Dimethylamino-phenyl]-2-[4-methoxy-phenyl]- **18** IV 7457

—, 4-[4-Dimethylamino-phenyl]-7-methoxy-2-phenyl- **18** IV 7456

—, 2-[4-Dimethylamino-phenyl]-4-methyl- **18** IV 7375

—, 4-[4-Dimethylamino-phenyl]-2-phenyl- **18** IV 7386

—, 4-[2-(4-Dimethylamino-phenyl)-2-phenyl-vinyl]-2-phenyl- **18** IV 7396

—, 2-[4-Dimethylamino-styryl]- **18** II 436 a

—, 4-[4-Dimethylamino-styryl]-7,8-dihydroxy-2-[4-hydroxy-[1]naphthyl]- **18** IV 7643

—, 4-[4-Dimethylamino-styryl]-5,7-dihydroxy-2-phenyl- **18** II 459 a

—, 4-[4-Dimethylamino-styryl]-5,7-dimethoxy-2-phenyl- **18** II 459 b

—, 4-[4-Dimethylamino-styryl]-7-hydroxy-2-[4-hydroxy-[1]naphthyl]- **18** IV 7503

—, 4-[4-Dimethylamino-styryl]-7-hydroxy-2-[4-methoxy-styryl]- **18** II 459 d

—, 2-[4-Dimethylamino-styryl]-7-hydroxy-4-methyl- **18** II 457 a

—, 2-[4-Dimethylamino-styryl]-7-methoxy-4-[4-methoxy-phenyl]-3-methyl- **18** II 459 c

—, 2-[4-Dimethylamino-styryl]-7-methoxy-3-methyl-4-phenyl- **18** II 457 e

—, 4-[4-Dimethylamino-styryl]-2-phenyl- **18** IV 7392

—, 3,6-Dimethyl-2,4-diphenyl- **17** II 167 b

—, 3,4-Dimethyl-2-phenyl- **17** IV 1675

—, 5,7-Dimethyl-2-phenyl- **17** IV 1676

—, 2,4-Di-[1]naphthyl-3-phenyl- **17** II 181 b

—, 2,3-Diphenyl- **17** 144 g, I 85 a, II 165 c, IV 1725

—, 2,4-Diphenyl- **17** II 165 h, IV 1727

—, 2,4-Diphenyl-5,6,7,8-tetrahydro- **17** IV 1703

—, 5-[O^4-Galactopyranosyl-glucopyranosyloxy]-3-hydroxy-2-[4-hydroxy-3,5-dimethoxy-phenyl]-7-methoxy- **18** IV 3563

—, 3-Galactopyranosyloxy-5,7-dihydroxy-2-[4-hydroxy-3,5-dimethoxy-phenyl]- **17** IV 3913

—, 3-Galactopyranosyloxy-5,7-dihydroxy-2-[4-hydroxy-3-methoxy-phenyl]- **17** IV 3901

—, 3-Galactopyranosyloxy-5,7-dihydroxy-2-[4-hydroxy-phenyl]- **17** IV 3856

—, 3-Galactopyranosyloxy-5,7-dihydroxy-2-[3,4,5-trihydroxy-phenyl]- **17** IV 3912

—, 3-Galactopyranosyloxy-7-hydroxy-2-[4-hydroxy-phenyl]- **17** IV 3503

—, 3-Glucopyranosyloxy-5,7-dihydroxy-2-[4-hydroxy-3,5-dimethoxy-phenyl]- **17** IV 3913, **31** 255 b

—, 5-Glucopyranosyloxy-3,7-dihydroxy-2-[4-hydroxy-3,5-dimethoxy-phenyl]- **18** IV 3563

—, 7-Glucopyranosyloxy-3,5-dihydroxy-2-[4-hydroxy-3,5-dimethoxy-phenyl]- **18** IV 3563

—, 5-Glucopyranosyloxy-3,7-dihydroxy-2-[4-hydroxy-3-methoxy-phenyl]- **18** IV 3427

—, 3-Glucopyranosyloxy-5,7-dihydroxy-2-[4-hydroxy-phenyl]- **17** IV 3856, **31** 251 d

—, 5-Glucopyranosyloxy-3,7-dihydroxy-2-[4-hydroxy-phenyl]- **18** IV 3200, **31** 252 a

—, 7-Glucopyranosyloxy-3,5-dihydroxy-2-[4-hydroxy-phenyl]- **18** IV 3200

—, 3-Glucopyranosyloxy-5,7-dihydroxy-2-[3,4,5-trihydroxy-phenyl]- **17** IV 3911

—, 5-Glucopyranosyloxy-7-hydroxy-3-[O^6-(4-hydroxy-cinnamoyl)-glucopyranosyloxy]-2-[4-hydroxy-phenyl]- **17** IV 3858

—, 5-Glucopyranosyloxy-7-hydroxy-3-{O^6-[O^4-(4-hydroxy-cinnamoyl)-rhamnopyranosyl]-glucopyranosyloxy}-2-[4-hydroxy-3,5-dimethoxy-phenyl]- **17** IV 3916

—, 5-Glucopyranosyloxy-7-hydroxy-3-{O^6-[O^4-(4-hydroxy-cinnamoyl)-rhamnopyranosyl]-glucopyranosyloxy}-2-[3,4,5-trihydroxy-phenyl]- **17** IV 3915

—, 5-Glucopyranosyloxy-7-hydroxy-3-[$O^{4'}$-(4-hydroxy-cinnamoyl)-rutinosyloxy]-2-[4-hydroxy-3,5-dimethoxy-phenyl]- **17** IV 3916

—, 5-Glucopyranosyloxy-7-hydroxy-3-[$O^{4'}$-(4-hydroxy-cinnamoyl)-rutinosyloxy]-2-[3,4,5-trihydroxy-phenyl]- **17** IV 3915

—, 3-Glucopyranosyloxy-7-hydroxy-2-[4-hydroxy-3,5-dimethoxy-phenyl]- **17** IV 3903

—, 3-Glucopyranosyloxy-5-hydroxy-2-[4-hydroxy-3,5-dimethoxy-phenyl]-7-methoxy- **17** IV 3914

—, 5-Glucopyranosyloxy-3-hydroxy-2-[4-hydroxy-3,5-dimethoxy-phenyl]-7-methoxy- **18** IV 3563

Chromenylium (Fortsetzung)

—, 3-Glucopyranosyloxy-7-hydroxy-2-[4-hydroxy-3-methoxy-phenyl]- **17** IV 3860

—, 5-Glucopyranosyloxy-7-hydroxy-2-[4-hydroxy-3-methoxy-phenyl]- **17** IV 3863

—, 3-Glucopyranosyloxy-7-hydroxy-2-[4-hydroxy-phenyl]- **17** IV 3503

—, 5-Glucopyranosyloxy-7-hydroxy-2-[4-hydroxy-phenyl]- **17** IV 3504

—, 3-Glucopyranosyloxy-7-hydroxy-2-phenyl- **17** IV 3457

—, 2-[4-Glucopyranosyloxy-phenyl]-5,7-dihydroxy-3-methoxy- **17** IV 3857

—, 2-[4-Glucopyranosyloxy-phenyl]-7-hydroxy-3-methoxy- **17** IV 3504

—, 2-[4-Glucopyranosyloxy-phenyl]-7-hydroxy-3-methoxy-5-methyl- **17** IV 3505

—, 2-[4-Glucopyranosyloxy-phenyl]-3,5,7-trihydroxy- **18** IV 3200

—, 7-Hydroxy-2,4-bis-[4-hydroxy-styryl]- **17** II 252 c

—, 7-Hydroxy-2,4-bis-[4-methoxy-phenyl]- **17** IV 2722

—, 7-Hydroxy-2,4-bis-[4-methoxy-styryl]- **17** II 252 f

—, 6-Hydroxy-5,7-dimethoxy-2,4-diphenyl- **17** IV 2721

—, 3-Hydroxy-5,7-dimethoxy-2-[4-methoxy-phenyl]- **18** II 201 b, IV 3199

—, 5-Hydroxy-3,7-dimethoxy-2-[4-methoxy-phenyl]- **17** II 264 b

—, 6-Hydroxy-5,7-dimethoxy-2-[4-methoxy-phenyl]- **17** IV 3859

—, 7-Hydroxy-3,5-dimethoxy-2-[4-methoxy-phenyl]- **17** II 264 a

—, 7-Hydroxy-5,8-dimethoxy-2-[4-methoxy-phenyl]- **17** IV 3860

—, 6-Hydroxy-5,7-dimethoxy-2-[4-methoxy-phenyl]-4-methyl- **17** II 271 d

—, 3-Hydroxy-5,7-dimethoxy-2-phenyl- **18** II 162 a

—, 2-[2-Hydroxy-3,4-dimethoxy-phenyl]-8-methoxy- **17** II 270 a

—, 3-Hydroxy-5,7-dimethoxy-2-[3,4,5-trimethoxy-phenyl]- **18** II 249 a, IV 3562

—, 7-Hydroxy-2,4-dimethyl- **17** 158 a, I 95 c, II 191 b

—, 5-Hydroxy-4,7-dimethyl-2-phenyl- **17** IV 2216

—, 6-Hydroxy-5,7-dimethyl-2-phenyl- **17** IV 2216

—, 7-Hydroxy-5,6-dimethyl-2-phenyl- **17** IV 2216

—, 7-Hydroxy-5,6-dimethyl-2-*p*-tolyl- **17** IV 2218

—, 7-Hydroxy-2,4-diphenyl- **17** 170 a, II 203 a, IV 2245

—, 3-Hydroxy-2-[4-hydroxy-3,5-dimethoxy-phenyl]-5,7-dimethoxy- **18** IV 3561

—, 3-Hydroxy-2-[4-hydroxy-3,5-dimethoxy-phenyl]-5-lactosyloxy-7-methoxy- **18** IV 3563

—, 3-Hydroxy-2-[4-hydroxy-3-methoxy-phenyl]- **18** II 163 d

—, 7-Hydroxy-4-[4-hydroxy-3-methoxy-styryl]-2-methyl- **17** II 247 c

—, 7-Hydroxy-2-[2-hydroxy-[1]naphthyl]- **17** IV 2404

—, 7-Hydroxy-2-[4-hydroxy-[1]naphthyl]- **17** IV 2405

—, 7-Hydroxy-2-[2-hydroxy-[1]naphthyl]-4-methyl- **17** IV 2406

—, 7-Hydroxy-2-[4-hydroxy-[1]naphthyl]-4-methyl- **17** IV 2406

—, 3-Hydroxy-2-[4-hydroxy-phenyl]- **18** II 93 f

—, 6-Hydroxy-2-[4-hydroxy-phenyl]- **17** II 220 c, IV 2387

—, 7-Hydroxy-2-[2-hydroxy-phenyl]- **17** IV 2388

—, 7-Hydroxy-2-[4-hydroxy-phenyl]- **17** II 221 a, IV 2388

—, 6-Hydroxy-2-[4-hydroxy-phenyl]-5,7-dimethoxy- **17** IV 3859

—, 6-Hydroxy-2-[4-hydroxy-phenyl]-5,7-dimethyl- **17** IV 2397

—, 3-Hydroxy-2-[4-hydroxy-phenyl]-5-methoxy- **18** IV 2620

—, 3-Hydroxy-2-[4-hydroxy-phenyl]-7-methoxy- **18** IV 2620

—, 5-Hydroxy-2-[4-hydroxy-phenyl]-7-methoxy- **17** II 240 c

—, 6-Hydroxy-2-[4-hydroxy-phenyl]-8-methoxy- **17** IV 2706

—, 7-Hydroxy-2-[4-hydroxy-phenyl]-3-methoxy- **17** II 239 b

—, 7-Hydroxy-2-[4-hydroxy-phenyl]-3-methoxy-5-methyl- **17** II 244 a

—, 7-Hydroxy-2-[4-hydroxy-phenyl]-4-phenyl- **17** IV 2412

—, 7-Hydroxy-4-[4-hydroxy-phenyl]-2-phenyl- **17** IV 2412

—, 7-Hydroxy-2-[4-hydroxy-phenyl]-5-[tetra-*O*-acetyl-glucopyranosyloxy]- **17** IV 3504

—, 7-Hydroxy-2-[4-hydroxy-phenyl]-3-[3,4,5-trihydroxy-6-hydroxymethyl-tetrahydro-pyran-2-yloxy]- **17** IV 3503

—, 3-Hydroxy-2-[4-hydroxy-phenyl]-5,6,7-trimethoxy- **18** IV 3424

Chromenylium   (Fortsetzung)

—, 7-Hydroxy-2-[4-hydroxy-styryl]-4-[4-methoxy-styryl]- **17** II 252 d

—, 7-Hydroxy-4-[4-hydroxy-styryl]-2-[4-methoxy-styryl]- **17** II 252 e

—, 7-Hydroxy-2-[2-hydroxy-styryl]-4-methyl- **17** I 116 a

—, 7-Hydroxy-2-[4-hydroxy-styryl]-4-methyl- **17** II 228 a

—, 7-Hydroxy-4-[4-hydroxy-styryl]-2-phenyl- **17** II 232 d

—, 2-Hydroxy-4-methoxy- **18** IV 286

—, 7-Hydroxy-5-methoxycarbonyl-2-phenyl- **18** IV 5060

—, 2-[4-Hydroxy-3-methoxy-cinnamoyl]-3-[4-hydroxy-3-methoxy-styryl]- **18** IV 3546

—, 7-Hydroxy-5-methoxy-2,4-dimethyl- **17** IV 2359

—, 5-Hydroxy-7-methoxy-4,6-dimethyl-2-phenyl- **17** IV 2396

—, 6-Hydroxy-3-methoxy-5,7-dimethyl-2-phenyl- **17** IV 2397

—, 7-Hydroxy-5-methoxy-4,8-dimethyl-2-phenyl- **17** IV 2396

—, 7-Hydroxy-5-methoxy-6,8-dimethyl-2-phenyl- **17** IV 2397

—, 5-Hydroxy-7-methoxy-2,4-diphenyl- **17** IV 2411

—, 7-Hydroxy-5-methoxy-2,4-diphenyl- **17** IV 2411

—, 7-Hydroxy-8-methoxy-2,4-diphenyl- **17** IV 2412

—, 7-Hydroxy-3-methoxy-2-[4-methoxy-phenyl]- **17** II 239 c, IV 2703

—, 5-Hydroxy-3-methoxy-2-[4-methoxy-phenyl]-6,8-dimethyl- **17** II 245 a

—, 5-Hydroxy-7-methoxy-6-methyl-2,4-diphenyl- **17** IV 2413

—, 7-Hydroxy-5-methoxy-8-methyl-2,4-diphenyl- **17** IV 2414

—, 5-Hydroxy-7-methoxy-6-methyl-2-phenyl- **17** IV 2394

—, 5-Hydroxy-7-methoxy-8-methyl-2-phenyl- **17** IV 2394

—, 7-Hydroxy-5-methoxy-6-methyl-2-phenyl- **17** IV 2393

—, 7-Hydroxy-5-methoxy-8-methyl-2-phenyl- **17** IV 2394

—, 7-Hydroxy-3-methoxy-5-methyl-2-[4-(tetra-*O*-acetyl-glucopyranosyloxy)-phenyl]- **17** IV 3505

—, 7-Hydroxy-2-[2-methoxy-[1]naphthyl]- **17** IV 2405

—, 7-Hydroxy-2-[2-methoxy-[1]naphthyl]-4-methyl- **17** IV 2406

—, 4-Hydroxy-2-methoxy-3-[3-oxo-1-phenyl-butyl]- **18** IV 1918

—, 3-Hydroxy-2-[4-methoxy-phenyl]- **18** IV 1698

—, 4-Hydroxy-2-[4-methoxy-phenyl]- **18** IV 704

—, 5-Hydroxy-7-methoxy-2-phenyl- **17** IV 2386

—, 6-Hydroxy-2-[4-methoxy-phenyl]- **17** IV 2387

—, 7-Hydroxy-2-[4-methoxy-phenyl]- **17** II 221 b, IV 2388

—, 7-Hydroxy-3-methoxy-2-phenyl- **17** II 219 a, IV 2385

—, 7-Hydroxy-5-methoxy-2-phenyl- **17** IV 2386

—, 5-Hydroxy-2-[4-methoxy-phenyl]-6,8-dimethyl- **17** II 225 a

—, 7-Hydroxy-2-[4-methoxy-phenyl]-5-methyl- **17** II 223 f, IV 2392

—, 7-Hydroxy-2-[4-methoxy-phenyl]-4-phenyl- **17** IV 2412

—, 7-Hydroxy-4-[4-methoxy-phenyl]-2-phenyl- **17** IV 2413

—, 2-[4-Hydroxy-3-methoxy-styryl]- **17** II 227 b

—, 4-[4-Hydroxy-3-methoxy-styryl]-5,7-dimethoxy-2-phenyl- **17** II 277 a

—, 2-[4-Hydroxy-3-methoxy-styryl]-7-methoxy-3-methyl-4-phenyl- **17** II 251 f

—, 7-Hydroxy-4-[4-methoxy-styryl]-2-methyl- **17** II 228 c

—, 7-Hydroxy-4-[4-methoxy-styryl]-2-phenyl- **17** II 233 a

—, 7-Hydroxy-3-methoxy-2-[4-(tetra-*O*-acetyl-glucopyranosyloxy)-phenyl]- **17** IV 3504

—, 3-Hydroxy-7-methoxy-2-[3,4,5-trihydroxy-phenyl]- **18** IV 3428

—, 5-Hydroxy-7-methoxy-2-[3,4,5-trihydroxy-phenyl]- **17** II 282 b

—, 7-Hydroxy-5-methoxy-2-[3,4,5-trihydroxy-phenyl]- **17** II 282 b

—, 6-Hydroxy-2-methyl- **17** IV 2123

—, 7-Hydroxy-2-methyl- **17** IV 2124

—, 5-Hydroxy-7-methyl-2,4-diphenyl- **17** IV 2248

—, 7-Hydroxy-5-methyl-2,4-diphenyl- **17** IV 2247

—, 7-Hydroxy-2-methyl-4-phenäthyl- **17** IV 2217

—, 7-Hydroxy-4-methyl-2-phenäthyl- **17** IV 2217

—, 7-Hydroxy-4-methyl-2-phenyl- **17** 164 a, II 196 e

—, 7-Hydroxy-5-methyl-2-phenyl- **17** II 197 b, IV 2210

—, 7-Hydroxy-6-methyl-2-phenyl- **17** IV 2210

—, 7-Hydroxy-8-methyl-2-phenyl- **17** IV 2211

—, 7-Hydroxy-2-[4-methyl-styryl]-4-methyl- **17** II 228 b

Chromenylium (Fortsetzung)

—, 7-Hydroxy-5-methyl-2-*p*-tolyl- **17** IV 2215

—, 7-Hydroxy-4-methyl-2-[2,3,4-trihydroxy-phenyl]- **17** 217 a

—, 7-Hydroxy-4-methyl-2-[2,3,4-trimethoxy-phenyl]- **17** 217 a

—, 2-[2-Hydroxy-[1]naphthyl]- **17** IV 2233

—, 2-[4-Hydroxy-[1]naphthyl]- **17** IV 2234

—, 4-[2-(2-Hydroxy-[1]naphthyl)-vinyl]-7-methoxy-2,3-diphenyl- **17** IV 2423

—, 7-Hydroxy-3-phenoxy-2-phenyl- **17** II 219 c

—, 2-[2-Hydroxy-phenyl]- **17** II 196 b

—, 2-[4-Hydroxy-phenyl]- **17** II 196 c, IV 2206

—, 3-Hydroxy-2-phenyl- **18** IV 630

—, 6-Hydroxy-2-phenyl- **17** II 195 d, IV 2204

—, 7-Hydroxy-2-phenyl- **17** 162 c, IV 2204

—, 2-[2-Hydroxy-phenyl]-8-methoxy- **17** II 221 c

—, 2-[4-Hydroxy-phenyl]-7-methoxy- **17** IV 2388

—, 2-[4-Hydroxy-phenyl]-8-methoxy- **17** II 221 d, IV 2389

—, 2-[2-Hydroxy-styryl]- **17** 167 f, II 199 c

—, 2-[3-Hydroxy-styryl]- **17** II 199 d

—, 2-[4-Hydroxy-styryl]- **17** II 200 a

—, 4-Hydroxy-2-styryl- **17** IV 5501

—, 4-[2-Hydroxy-styryl]-5,7-dimethoxy-2-phenyl- **17** II 251 b

—, 4-[4-Hydroxy-styryl]-5,7-dimethoxy-2-phenyl- **17** II 251 e

—, 2-[2-Hydroxy-styryl]-3-methoxycarbonylmethyl- **18** IV 5062

—, 2-[4-Hydroxy-styryl]-7-methoxy-4-[4-methoxy-phenyl]-3-methyl- **17** II 252 a

—, 4-[4-Hydroxy-styryl]-7-methoxy-3-methyl-2-phenyl- **17** II 234 c

—, 2-[2-Hydroxy-styryl]-3-methyl- **17** II 200 c

—, 7-Hydroxy-2,3,4,5-tetramethyl- **17** 159 c

—, 7-Hydroxy-2-*p*-tolyl- **17** IV 2210

—, 3-Hydroxy-5,6,7-trimethoxy-2-phenyl- **18** IV 3198

—, 3-Hydroxy-5,6,7-trimethoxy-2-[3,4,5-trihydroxy-phenyl]- **18** IV 3622

—, 5-Hydroxy-2,4,7-trimethyl- **17** I 96 a

—, 7-Hydroxy-2,3,4-trimethyl- **17** 159 a

—, 7-Hydroxy-2,4,5-trimethyl- **17** I 95 d, IV 2132

—, 7-Hydroxy-5,6,8-trimethyl-2-phenyl- **17** IV 2218

—, 4-Inden-3-yl-2-phenyl- **17** IV 788

—, 3-Isopropyl- **17** 127 a

—, 6-Isopropyl-2-[4-methoxy-phenyl]- **17** IV 2217

—, 4-Methoxy- **17** IV 2121

—, 7-Methoxy-2,4-dimethyl- **17** II 191 c

—, 6-Methoxy-3,4-dimethyl-2-phenyl- **17** IV 2215

—, 7-Methoxy-3,4-dimethyl-2-phenyl- **17** II 199 a, IV 2215

—, 7-Methoxy-5,6-dimethyl-2-phenyl- **17** IV 2216

—, 7-Methoxy-2,4-diphenyl- **17** I 109 a, II 203 b, IV 2245

—, 8-Methoxy-4-[4-methoxy-phenacyl]-2-[4-methoxy-phenyl]- **18** IV 3389

—, 3-Methoxy-2-[4-methoxy-phenyl]- **17** II 220 b, IV 2387

—, 6-Methoxy-2-[4-methoxy-phenyl]- **17** II 220 d, IV 2388

—, 7-Methoxy-2-[4-methoxy-phenyl]- **17** IV 2389

—, 8-Methoxy-2-[4-methoxy-phenyl]- **17** II 221 e, IV 2389

—, 7-Methoxy-4-[4-methoxy-phenyl]-2,3-dimethyl- **17** II 225 b

—, 7-Methoxy-4-[4-methoxy-phenyl]-2-[4-methoxy-styryl]-3-methyl- **17** II 252 b

—, 7-Methoxy-2-[4-methoxy-phenyl]-5-methyl- **17** II 224 a

—, 7-Methoxy-2-[4-methoxy-phenyl]-8-methyl- **17** IV 2394

—, 7-Methoxy-4-[4-methoxy-styryl]-3-methyl-2-phenyl- **17** II 234 d

—, 4-Methoxy-2-methyl- **17** IV 2123

—, 7-Methoxy-4-methylmercapto-2-phenyl- **18** IV 700

—, 3-Methoxy-6-methyl-2-[1]naphthyl- **17** II 202 f

—, 8-Methoxy-4-[4-methyl-phenacyl]-2-*p*-tolyl- **18** IV 1963

—, 7-Methoxy-4-methyl-2-phenyl- **17** II 197 a

—, 7-Methoxy-5-methyl-2-phenyl- **17** II 197 c

—, 7-Methoxy-6-methyl-2-phenyl- **17** IV 2210

—, 8-Methoxy-3-methyl-2-*p*-tolyl- **17** II 198 e

—, 2-[2-Methoxy-[1]naphthyl]- **17** IV 2234

—, 2-[4-Methoxy-[1]naphthyl]- **17** IV 2234

—, 8-Methoxy-2-[1]naphthyl- **17** II 201 a

Chromenylium (Fortsetzung)

—, 4-[4-Methoxy-phenacyl]-2-
[4-methoxy-phenyl]- **18** IV 2834

—, 6-Methoxy-4-phenacyl-2-phenyl- **18**
II 133 f, IV 1961

—, 7-Methoxy-4-phenacyl-2-phenyl- **18**
IV 1961

—, 8-Methoxy-4-phenacyl-2-phenyl- **18**
IV 1962

—, 2-[4-Methoxy-phenyl]- **17** 163 b,
II 196 d, IV 2206

—, 3-Methoxy-2-phenyl- **17** IV 2203

—, 4-Methoxy-2-phenyl- **17** IV 2204

—, 6-Methoxy-2-phenyl- **17** II 195 e,
IV 2204

—, 7-Methoxy-2-phenyl- **17** 163 a,
I 98 a, IV 2205

—, 8-Methoxy-2-phenyl- **17** II 195 f,
IV 2206

—, 2-[4-Methoxy-phenyl]-6-methyl- **17**
II 198 a

—, 2-[4-Methoxy-phenyl]-4-
methylmercapto- **18** IV 706

—, 2-[2-Methoxy-phenyl]-3-phenyl- **17**
IV 2243

—, 2-[3-Methoxy-phenyl]-3-phenyl- **17**
IV 2243

—, 2-[4-Methoxy-phenyl]-3-phenyl- **17**
IV 2243

—, 4-[2-(4-Methoxy-phenyl)-2-phenyl-
vinyl]-2-phenyl- **17** IV 2263

—, 2-[3-Methoxy-styryl]- **17** II 199 e

—, 2-[4-Methoxy-styryl]- **17** II 200 b

—, 6-Methoxy-2-p-tolyl- **17** IV 2210

—, 8-Methoxy-2-p-tolyl- **17** IV 2210

—, 8-Methoxy-2-[2,3,4-trimethoxy-
phenyl]- **17** II 270 b

—, 7-Methoxy-2,3,4-trimethyl- **17** II 192 b

—, 7-Methoxy-2,3,4-triphenyl- **17**
IV 2260

—, 2-Methyl- **17** 125 d, IV 1486

—, 2-[4-(N-Methyl-anilino)-phenyl]- **18**
IV 7374

—, 4-[4-(N-Methyl-anilino)-phenyl]-2-
phenyl- **18** IV 7387

—, 6-Methyl-2,4-diphenyl- **17** II 167 a

—, 6-Methyl-2,4-diphenyl-3-propyl- **17**
II 167 e

—, 7-Methyl-2,4-diphenyl-5,6,7,8-
tetrahydro- **17** IV 1703

—, 6-Methyl-2,3-diphenyl-4-p-tolyl- **17**
IV 1760

—, 4-Methylmercapto- **17** IV 2121

—, 4-Methylmercapto-2-phenyl- **17**
IV 2204

—, 2-[4-Methyl-3-nitro-phenyl]- **17**
IV 1672

—, 3-Methyl-2-[3-nitro-phenyl]- **17**
IV 1672

—, 2-Methyl-3-phenyl- **17** IV 1672

—, 3-Methyl-2-phenyl- **17** II 154 d,
IV 1672

—, 4-Methyl-2-phenyl- **17** IV 1672

—, 6-Methyl-2-phenyl- **17** IV 1673

—, 3-Methyl-2-p-tolyl- **17** II 155 a

—, 6-Methyl-2-p-tolyl- **17** IV 1675

—, 6-Methyl-2,3,4-triphenyl- **17**
II 176 a

—, 4-[1]Naphthyl-2,3-diphenyl- **17**
II 180 c

—, 6-Nitro-2,3-diphenyl- **17** IV 1726

—, 2-[3-Nitro-phenyl]- **17** II 153 e,
IV 1667

—, 2-[4-Nitro-phenyl]- **17** II 153 f

—, 6-Nitro-2-phenyl- **17** IV 1666

—, 2-[3-Nitro-phenyl]-3-[4-nitro-phenyl]-
17 IV 1726

—, 3-[4-Nitro-phenyl]-2-phenyl- **17**
IV 1726

—, 4-[α'-Oxo-bibenzyl-α-yl]-2-phenyl-
18 IV 869

—, 4-Phenacyl-2-phenyl- **18** IV 851

—, 2-Phenyl- **17** 134 a, II 153 d,
IV 1664

—, 3-Phenyl-2-m-tolyl- **17** IV 1730

—, 3-Phenyl-2-o-tolyl- **17** IV 1730

—, 3-Phenyl-2-p-tolyl- **17** IV 1730

—, 2-Propyl- **17** IV 1498

—, 3,5,6,7-Tetrahydroxy-2-[4-hydroxy-
phenyl]- **18** IV 3424

—, 3,5,6,7-Tetrahydroxy-2-phenyl- **18**
IV 3197

—, 3,5,6,7-Tetrahydroxy-2-[3,4,5-
trihydroxy-phenyl]- **18** IV 3622

—, 2-p-Tolyl- **17** IV 1671

—, 3,5,7-Triäthoxy-2-[3,4-diäthoxy-
phenyl]-4-[2-methoxy-phenyl]- **17**
I 129 a

—, 3,5,7-Trihydroxy-2-[4-hydroxy-3,5-
dimethoxy-phenyl]- **18** I 430 a,
II 247 c, IV 3561

—, 3,6,7-Trihydroxy-2-[4-hydroxy-3,5-
dimethoxy-phenyl]- **18** IV 3564

—, 3,5,7-Trihydroxy-2-[4-hydroxy-3-
methoxy-phenyl]- **18** I 421 a,
II 232 b, IV 3425

—, 3,5,7-Trihydroxy-2-[2-hydroxy-
phenyl]- **18** II 200 b

—, 3,5,7-Trihydroxy-2-[3-hydroxy-
phenyl]- **18** II 200 c, IV 3198

—, 3,5,7-Trihydroxy-2-[4-hydroxy-
phenyl]- **18** I 410 c, II 200 d,
IV 3198

—, 3,6,7-Trihydroxy-2-[4-hydroxy-
phenyl]- **18** IV 3201

—, 5,6,7-Trihydroxy-2-[4-hydroxy-
phenyl]- **17** II 265 a, IV 3858

Chromenylium (Fortsetzung)

—, 5,7,8-Trihydroxy-2-[4-hydroxy-
    phenyl]- **17** IV 3859
—, 5,6,7-Trihydroxy-2-[4-hydroxy-
    phenyl]-4-methyl- **17** II 271 b
—, 3,5,7-Trihydroxy-2-[4-methoxy-3-
    nitro-phenyl]- **18** IV 3201
—, 3,5,7-Trihydroxy-2-[4-methoxy-
    phenyl]- **18** II 201 a, IV 3199
—, 5,6,7-Trihydroxy-2-[4-methoxy-
    phenyl]- **17** IV 3858
—, 5,7,8-Trihydroxy-2-[4-methoxy-
    phenyl]- **17** IV 3859
—, 2-[2,3,4-Trihydroxy-phenyl]- **17**
    II 242 e
—, 3,5,7-Trihydroxy-2-phenyl- **18**
    II 161 g, IV 2619
—, 5,6,7-Trihydroxy-2-phenyl- **17**
    II 238 d
—, 3,4,7-Trihydroxy-2-[3,4,5-trihydroxy-
    phenyl]- **18** IV 3510
—, 3,5,7-Trihydroxy-2-[3,4,5-trihydroxy-
    phenyl]- **18** I 429 b, II 247 a,
    IV 3560
—, 3,6,7-Trihydroxy-2-[3,4,5-trihydroxy-
    phenyl]- **18** IV 3564
—, 3,5,7-Trihydroxy-2-[3,4,5-trimethoxy-
    phenyl]- **18** II 248 b, IV 3561
—, 3,5,7-Trimethoxy-2-[4-methoxy-
    phenyl]- **17** I 126 b, II 264 c,
    IV 3855
—, 5,6,7-Trimethoxy-2-[4-methoxy-
    phenyl]- **17** II 266 c
—, 5,6,7-Trimethoxy-2-[4-methoxy-
    phenyl]-4-methyl- **17** II 272 a
—, 2-[2,4,6-Trimethoxy-phenyl]- **17**
    II 242 f
—, 3,5,7-Trimethoxy-2-phenyl- **17**
    II 238 c
—, 5,6,7-Trimethoxy-2-phenyl- **17**
    II 239 a
—, 3,5,7-Trimethoxy-2-[3,4,5-trimethoxy-
    phenyl]- **17** II 285 b
—, 2,3,4-Triphenyl- **17** II 174 a

Chromen-2-ylquecksilber(1+)

—, 4*H*- **17** IV 496

Chromen-6-ylquecksilber(1+)

—, 2-Oxo-2*H*- **18** IV 8437

Chromen-8-ylquecksilber(1+)

—, 6-Äthyl-7-hydroxy-4-methyl-2-oxo-
    2*H*- **18** IV 8441
—, 7-Hydroxy-3,4-dimethyl-2-oxo-2*H*-
    18 IV 8441
—, 7-Hydroxy-4-methyl-2-oxo-2*H*- **18**
    IV 8440

Chromogen-III-C **18** IV 7319

Chromon **17** 327 c, I 170 a, II 356 f,
    IV 5052

Chromonol **17** II 469 e

Chromosantonin **17** 508 a, I 262 a,
    II 480 a
    — [*O*-acetyl-oxim] **17** 508 c
    — oxim **17** 508 b
    — phenylhydrazon **17** 508 d

Chrysanthemaxanthin **17** IV 2237

Chrysanthemin
    17 IV 3896, **31** 253 b

Chrysanthemo-δ-lacton

—, Dihydro- **17** IV 4364

Chrysanthemumsäure

    s. Cyclopropancarbonsäure,
    2,2-Dimethyl-3-[2-methyl-propenyl]-

Chrysatropasäure **18** 99, I 348,
    II 68 f

Chrysazin
    — mono-[tri-*O*-acetyl-
      arabinopyranosid] **17** IV 2458

Chrysen

—, 1-Acetoxy-2-furfuryliden-8-methoxy-
    1,2,3,4,4a,4b,5,6,10b,11,12,12a-
    dodecahydro- **17** IV 2228
—, 5,6-Dibenzyl-5,6-epoxy-5,6-dihydro-
    17 IV 829
—, x,x-Dihydro- **17** IV 6522
—, 1,7-Dimethoxy-5,6,11,12-tetrahydro-
    17 IV 2219
—, 4a,6a-Dimethyl-octadecahydro- s.
    D-Homo-androstan, 17a-Methyl-
—, 5,6-Epoxy-5,6-dimethyl-5,6-dihydro-
    17 IV 738
—, 5,6-Epoxy-5,6-diphenyl-5,6-dihydro-
    17 IV 826
—, 1-Furfuryliden-8-methoxy-1,2,3,4,4a,⚬
    11,12,12a-octahydro- **17** IV 1718
—, 5,6-Methylendioxy- **17** IV 5567

Chrysen-1-carbonsäure

—, 2,3-Dihydroxy-2,4b,6a,9,9,10b,12a-
    heptamethyl-octadecahydro-,
    — 3-lacton **18** IV 271

Chrysen-5-carbonsäure

—, 6-Hydroxymethyl-,
    — lacton **17** IV 5582

Chrysen-6a-carbonsäure

—, 2-Acetyl-1-[2-carboxy-äthyl]-10b-
    hydroxy-1,4a,4b,9,9-pentamethyl-11-oxo-
    hexadecahydro-,
    — 6a-lacton **18** II 371 a
—, 2-Acetyl-10b-hydroxy-1-
    [2-methoxycarbonyl-äthyl]-1,4a,4b,9,9-
    pentamethyl-11-oxo-hexadecahydro-,
    — lacton **18** II 371 c
—, 1-[2-Carboxy-äthyl]-10b-hydroxy-11-
    hydroxyimino-2-[1-hydroxyimino-äthyl]-
    1,4a,4b,9,9-pentamethyl-hexadecahydro-,
    — 6a-lacton **18** II 371 b

Chrysen-6a-carbonsäure (Fortsetzung)
—, 10b-Hydroxy-11-hydroxyimino-2-
[1-hydroxyimino-äthyl]-1-
[2-methoxycarbonyl-äthyl]-1,4a,4b,9,9-
pentamethyl-hexadecahydro-,
— lacton **18** II 371 d
Chrysen-4a,12a-dicarbonsäure
—, 2,3-Dimethyl-1,4,11,12-tetrahydro-,
— anhydrid **17** IV 6525
—, 6-Methoxy-2,3-dimethyl-1,4,11,12-
tetrahydro-,
— anhydrid **18** IV 1935
—, 1,4,11,12-Tetrahydro-,
— anhydrid **17** IV 6521
Chrysen-5,6-dicarbonsäure
— anhydrid **17** IV 6572
—, 5,6-Dihydro-,
— anhydrid **17** IV 6549
—, 4b,5,6,6a,7,8,9,10-Octahydro-,
— anhydrid **17** IV 6496
Chrysen-1,7-diol
—, 5,6,11,12-Tetrahydro- **17** IV 2219
Chrysen-1,11-dion
—, 8-Acetoxy-2,3-epoxy-2,10a,12a-
trimethyl-hexadecahydro- **18**
IV 1455
Chryseno[5,6-*d*][1,3]dioxol 17 IV 5567
Chryseno[5,6-*c*]furan-1,3-dion 17 IV 6572
—, 3a,13-Dihydro- **17** IV 6549
—, 3a,3b,4,5,6,7,13b,13c-Octahydro- **17**
IV 6496
Chryseno[5,6-*c*]furan-1-on
—, 3*H*- **17** IV 5582
Chryseno[5,6-*e*]isobenzofuran
s. Benzo[11,12]triphenyleno[1,2-*c*]furan
Chrysen-1-ol
—, 2-Furfuryliden-8-methoxy-1,2,3,4,4a,⇌
4b,5,6,10b,11,12,12a-dodecahydro- **17**
IV 2228
Chrysen-1-on
—, 8-Acetoxy-2-furfuryliden-10a,12a-
dimethyl-hexadecahydro- **18** IV 596
—, 8,11-Diacetoxy-2-furfuryliden-
10a,12a-dimethyl-hexadecahydro- **18**
IV 1666
—, 2-Furfuryliden-8,11-dihydroxy-10a-
methyl-hexadecahydro- **18** IV 1664
—, 2-Furfuryliden-3,4,4a,11,12,12a-
hexahydro-2*H*- **17** IV 5577
—, 2-Furfuryliden-8-hydroxy-10a,12a-
dimethyl-hexadecahydro- **18** IV 596
—, 2-Furfuryliden-8-methoxy-3,4,4a,4b,5,⇌
6,10b,11,12,12a-decahydro-2*H*- **18**
IV 810
—, 2-Furfuryliden-8-methoxy-12a-
methyl-3,4,4a,4b,5,6,10b,11,12,12a-
decahydro-2*H*- **18** IV 811

—, 2-Furfuryliden-8-methoxy-12a-
methyl-3,4,4a,4b,5,6,12,12a-octahydro-
2*H*- **18** IV 820
—, 2-Furfuryliden-8-methoxy-3,4,4a,4b,5,⇌
6,12,12a-octahydro-2*H*- **18** IV 819
Chrysen-3-on
—, 1-[2]Furyl-8-methoxy-12a-methyl-
1,4b,5,6,10b,11,12,12a-octahydro-2*H*-
18 IV 810
Chryseno[5,6]oxiren
s. Chrysen, 5,6-Epoxy-
Chrysin 18 124, I 361, II 97 d, IV 1766
—, Di-*O*-acetyl- **18** 125, II 98, IV 1768
—, Di-*O*-benzoyl- **18** IV 1768
—, Dihydro- **18** IV 1699
—, Di-*O*-methyl- **18** IV 1767
Chrysin-glucuronid 18 IV 5153
Chrysinidin 17 180 c, II 219 d
Chrysocetrarsäure 18 II 395 b
Chrysodiphensäure
— anhydrid **17** 542 a
Chrysoeriol 18 IV 3262
—, Tri-*O*-acetyl- **18** IV 3267
—, Tri-*O*-äthyl- **18** IV 3265
—, Tri-*O*-benzoyl- **18** IV 3267
Chrysophanein 17 IV 3034, **31** 234 d
Chrysosplenin 18 IV 3582
Chrysosplenitin 18 IV 3577
Cichorigenin 18 II 68 e
Cichoriin 18 IV 1327, **31** 247 d
—, Penta-*O*-acetyl- **18** IV 1329
Cicutoxin 17 IV 6251 d
Cincholsäure
—, *O*-Chinovopyranosyl- **17** IV 2557
Cinchonsäure 18 483 g
Cinen 17 16 a, I 11 f, II 25 d
α-**Cinensäure 18** 266 g, II 263 h, IV 3859
— äthylester **18** IV 3859
— methylester **18** IV 3859
Cineol
—, Amino- **18** I 554 f
—, 2-Brom- **17** IV 215
—, 2-Chlor- **17** IV 215
—, 3-Chlor- **17** IV 215
—, 2,3-Dichlor- **17** IV 215
—, 2,6-Dichlor- **17** IV 215
—, Diketo- **17** II 455 f, IV 5960
—, Hydroximino- **17** 266 a, I 143 b
—, 2-Jod- **17** IV 215
—, 2-Mercurio(1+)- **18** 655 b
—, Trichlor- **17** IV 215
1,4-Cineol 17 24 a, I 15 a, II 32 g,
IV 213
1,8-Cineol 17 24 b, I 15 b, II 32 h, IV 213
m-**Cineol 17** 23 b, IV 213
Cineolsäure 18 322 c, I 447 a, II 285 c
1,4-Cineolsäure 18 I 447 b, II 285 f
Cinerubin-A 18 IV 7402

Cinnamamid
—, N-[α-Acetylamino-furfuryl]- **17**
    IV 4427
Cinnamoylchlorid
—, 3-Methoxy-4-[tetra-O-acetyl-
    glucopyranosyloxy]- **17** IV 3378
—, 4-[Tetra-O-acetyl-glucopyranosyloxy]-
    17 IV 3360
Cinobufagin
—, Octahydroanhydrodesacetyl- **18**
    IV 1311
Cirantin 18 IV 3219
Citraconsäure
    — anhydrid **17** 440 d, I 234 c,
    II 448 g, IV 5912
Citracumalsäure 18 511 c
Citralmonoxid 17 262 c, I 142 b
Citrifoliol 18 IV 2632
Citrinin 18 IV 6329
—, Bis-O-[4-nitro-benzoyl]-
    decarboxydihydro- **17** IV 2080
—, Decarboxy- **18** IV 223
—, Decarboxydihydro- **17** IV 2080
—, Di-O-acetyl-dihydro- **18** IV 5014
—, Dihydro- **18** IV 5014
    — amid **18** IV 5015
    — methylester **18** IV 5015
—, Di-O-methyl-dihydro- **18** IV 5014
Citrinon
—, Di-O-acetyl-dihydro- **18** IV 6479
—, Di-O-methyl-dihydro- **18** IV 6479
    — methylester **18** IV 6479
Citromycetinol
—, Methyl-O-dimethyl- **18** IV 6671
Citromycinol
—, Di-O-methyl- **18** IV 3153
Citronellaloxid 17 247 e, I 135 h
Citronelloloxid 17 II 111 d
Citronensäure
    — tris-furfurylidenhydrazid **17**
    IV 4449
    — tris-[5-hydroxymethyl-
    furfurylidenhydrazid] **18** IV 110
    — tris-[5-methyl-
    furfurylidenhydrazid] **17** IV 4528
—, O-Acetyl-,
    — anhydrid **18** IV 6457
—, Allohydroxy-,
    — lacton **18** IV 6576
—, Hydroxy-,
    — lacton **18** IV 6576
Citronetin 18 IV 2628
Citronin 18 IV 2629
—, O-Acetyl- **18** IV 2629
Citropten 18 97 f, I 348 d, IV 1322
Citroptendibromid 18 91 a
Citroxanthin 17 IV 744

Cladinonsäure
—, O⁵-[3,5-Dinitro-benzoyl]-,
    — lacton **18** IV 1117
Cladinopyranose
—, Bis-O-[3,5-dinitro-benzoyl]- **17**
    IV 2323
—, Di-O-acetyl- **17** IV 2322
Cladinopyranosid
—, Äthyl- **17** IV 2322
—, Äthyl-[O-(3,5-dinitro-benzoyl)- **17**
    IV 2322
—, Methyl- **17** IV 2322
—, Methyl-[O-(3,5-dinitro-benzoyl)- **17**
    IV 2322
α-Clausenan 17 IV 424
α-Clausenylalkohol
    s. Pent-4-en-1-ol, 5-[3]Furyl-2-methyl-
Clavacin 18 IV 1184
Clavatin 18 IV 1184
—, Dihydro- **18** IV 1166
—, Tetrahydro- **18** IV 8475
Claviformin 18 IV 1184
Clovenlacton 17 IV 350
Clovensäure
    — anhydrid **17** IV 6058
Cluytianol 17 IV 2970
Cnicin 18 IV 1267
Cnidilid 17 IV 4648
Cnidiumlacton 17 II 324 f, IV 4648
—, Dihydro- **17** 268 b, II 303 e,
    IV 4385
β-Coccinsäure
    — anhydrid **18** 102 e, IV 1346
γ-Coccinsäure
    — anhydrid **18** II 71 f
Cochalsäure
—, Di-O-acetyl-,
    — bromlacton **18** IV 1511
Cochenillesäure
    — anhydrid **18** IV 6497
—, O-Acetyl-anhydro- **18** IV 6497
    — methylester **18** IV 6497
—, Anhydro- **18** IV 6497
—, O-Benzoyl-anhydro- **18** IV 6497
—, O-Methyl-anhydro-,
    — methylester **18** IV 6497
Cochliobolin 18 IV 1619
Codeimethin 18 II 444 b, 449 e
    s. a. Methylmorphimethin
—, O-Acetyl-α-tetrahydro- **18** IV 7439
—, α-Desoxy- **18** IV 7370
—, β-Desoxy- **18** IV 7371
—, Dihydro- **18** IV 7442
—, 10-Hydroxy-dihydro- **18** IV 8128
—, 10-Hydroxyimino-tetrahydrodesoxy-
    18 IV 8091
—, 10-Oxo-tetrahydrodesoxy- **18**
    IV 8090
—, α-Tetrahydro- **18** IV 7438

Codeimethin (Fortsetzung)
—, Tetrahydro-desoxy- **18** IV 7350
α-Codeimethin 18 IV 7447
—, 1-Acetyl- **18** IV 8135
—, 6-Methyl- **18** IV 7453
β-Codeimethin 18 IV 7449
—, 1-Acetyl- **18** IV 8135
—, 1-Brom- **18** IV 7451
—, 6-Methyl- **18** IV 7453
—, O-Methyl- **18** IV 7450
γ-Codeimethin 18 IV 7446
δ-Codeimethin 18 IV 7449
ε-Codeimethin 18 IV 7448
—, Dihydro- **18** IV 7441
Codeimethin-methojodid
—, Dihydro- **18** IV 7442
α-Codeimethin-methojodid
—, 6-Methyl- **18** IV 7453
β-Codeimethin-methojodid 18 IV 7451
—, 1-Acetyl- **18** IV 8135
—, 6-Methyl- **18** IV 7453
γ-Codeimethin-methojodid 18 IV 7447
δ-Codeimethin-methojodid 18 IV 7450
α-Codeimethin-methomethylsulfat 18 IV 7448
β-Codeimethin-methomethylsulfat 18
    IV 7451
ζ-Codeimethin 18 IV 7448
—, Dihydro- **18** IV 7441
Codein-B-dihydromethin
—, 14-Hydroxy-dihydro- **18** IV 7500
Codein-B-methin
—, 14-Hydroxy-dihydro- **18** IV 7500
Codeindihydromethin 18 IV 7440
Codeindihydromethin-methojodid 18 IV 7440
Codeinon
—, Des-N-methyl-1-brom-dihydro- **18**
    IV 8092
—, Des-N-methyl-dihydro- **18** IV 8091
—, Dihydro-des-N-methyl-dihydro- **18**
    IV 8090
Codeinonmethin
—, Dihydro- **18** IV 8091
—, 14-Hydroxy-dihydro- **18** IV 8129
Codeinonmethin-methojodid
—, Dihydro- **18** IV 8092
Codinan-4,5-diol
—, 1,10-Epoxy- **17** IV 2065 e
Codinan-10-ol
—, 4,5-Epoxy- **17** IV 1319 d
Codin-4-en
—, 1,10-Epoxy- **17** IV 393 d
Codizal
—, Des-N-methyl-7,8-dihydro-,
    — 3-methylester **18** IV 8280
Codizonal
—, Des-N-methyl-7,8-dihydro-,
    — 3-methylester **18** IV 8274

Cöroxan
    s. Naphtho[3,2,1-kl]xanthen, 9,13b-
    Dihydro-
Cöroxen 17 89 i;
    s. a. Naphtho[3,2,1-kl]xanthen
Cöroxenol 17 395 f
Cöroxon 17 395 f
Cöroxonol 18 74 b
Cörthian
    Bezifferung s. **17** 87 d
Cörthien 17 IV 765;
    s. a. Naphtho[3,2,1-kl]thioxanthen
Cörthienol 17 396 a
Cörthion 17 396 a, IV 5582
Cörthionol 18 IV 841
Cörulein 18 234 c, I 419 a, II 228 e
Cörulin 18 233 c
—, Penta-O-acetyl- **17** 228 b
Coffeol 17 IV 2151
Colchiceinepoxid
—, Hexahydro- **18** IV 7644
Colchicin
—, Hexahydrooxy- **18** IV 7645
—, Oxy- **14** I 525, **18** IV 8152
Colchicinepoxid
—, Hexahydro- **18** IV 7644
—, Hexahydrodesmethoxydesoxy- **18**
    IV 7500
Colchicosamid 17 IV 3422
—, N-Äthyl- **17** IV 3422
—, N-Benzhydryl- **17** IV 3424
—, N-Benzyl- **17** IV 3424
—, N,N-Bis-[2-hydroxy-äthyl]- **17**
    IV 3424
—, N-Butyl- **17** IV 3423
—, N,N-Diäthyl- **17** IV 3423
—, N,N-Dimethyl- **17** IV 3422
—, N-Hexyl- **17** IV 3423
—, N-[2-Hydroxy-äthyl]- **17** IV 3424
—, N-Methyl- **17** IV 3422
—, N-[1-Methyl-2-phenyl-äthyl]- **17**
    IV 3424
—, N-Pentyl- **17** IV 3423
—, N-Propyl- **17** IV 3423
Colchicosid 17 IV 3428
    — hydrazid **17** IV 3433
    — phenylhydrazid **17** IV 3433
—, Tetra-O-acetyl- **17** IV 3428
Colchicum-Alkaloid-M 17 IV 3429
Colchid 18 I 583 d, IV 8147
—, N-Acetyl- **18** I 584 a, IV 8147
—, N-Benzoyl- **18** I 584 b, IV 8147
—, Desamino- **18** IV 8147
Colchinsäure
—, N-Acetyl-,
    — anhydrid **18** I 584 c, IV 8151
—, N-Benzolsulfonyl-,
    — anhydrid **18** I 584 e, IV 8151

Colchinsäure (Fortsetzung)
—, N-Benzoyl-,
— anhydrid 18 I 584 d, IV 8151
Collatolon 18 IV 2416
— monooxim 18 IV 2416
—, Di-O-acetyl- 18 IV 2417
β-Collatolsäure 18 IV 1428
— methylester 18 IV 1429
—, Di-O-methyl-,
— methylester 18 IV 1429
Collinin 18 IV 1332
Collinol 18 IV 1331
Colocynthin 17 IV 3111
Columbinsäure
—, Monobrom-
decarboxydehydrooctahydro- 18
IV 5512
—, Octahydro-decarboxy- 18 IV 5491
Condurangobiose 17 IV 3039
—, Hexa-O-acetyl- 17 IV 3484
Condurit-A-epoxid 17 IV 2662
Condurit-B-epoxid 17 IV 2662
Condurit-E-epoxid 17 IV 2662
Confertifolin 17 IV 4767
α-Conidendrin 18 II 222 b,
IV 3346
—, Bis-O-[2,4-dinitro-phenyl]- 18
IV 3348
—, Bis-O-[toluol-4-sulfonyl]- 18
IV 3350
—, Di-O-acetyl- 18 IV 3349
—, Di-O-äthyl- 18 IV 3348
—, Di-O-benzoyl- 18 IV 3349
—, Di-O-methyl- 18 IV 3347
β-Conidendrin 18 II 222 b, IV 3346
—, Bis-O-[toluol-4-sulfonyl]- 18
IV 3350
—, Di-O-acetyl- 18 IV 3349
—, Di-O-methyl- 18 IV 3347
α-Conidendrol 18 IV 3345
—, Tetra-O-acetyl- 18 IV 3349
—, Tetra-O-benzoyl- 18 IV 3349
β-Conidendrol 18 IV 3345
—, Tetra-O-acetyl- 18 IV 3349
—, Tetrakis-O-[2,4-dinitro-phenyl]- 18
IV 3349
Coniferin
17 IV 2999, 31 221 d
—, Penta-O-acetyl- 17 IV 3208
—, Penta-O-cinnamoyl- 31 222 a
—, Triacetyl- 17 IV 3126
Coniferinoxid
—, Penta-O-acetyl- 17 IV 3457
Coniferosid 17 IV 2999
Coniferylaldehyd
—, O-Glucopyranosyl- 17 IV 3022
—, O-[Tetra-O-acetyl-glucopyranosyl]-
17 IV 3233

Convallatoxigenin 18 IV 3127
Convallatoxin 18 IV 3142
— oxim 18 IV 3147
—, Tri-O-acetyl- 18 IV 3144
—, Tri-O-formyl- 18 IV 3143
Convallatoxol 18 IV 3094
Convallatoxolosid 18 IV 3094
Convallosid 18 IV 3144
—, Hexa-O-acetyl- 18 IV 3145
Corchorgenin 18 IV 3127
Corchorin 18 IV 3127
Corchorosid-A 18 IV 3135
—, $O^{3'},O^{4'}$-Diacetyl- 18 IV 3138
Corchorosid-B 18 IV 1601
Corchortoxin 18 IV 3128
Corchsularin 18 IV 3127
Cordyceponsäure
— 4-lacton 18 IV 1105
Coreopsin 17 IV 3045
—, Hepta-O-acetyl- 17 IV 3251
—, Hexa-O-acetyl- 17 IV 3251
Coriamyrtin
—, Hexahydro- 18 IV 2323
—, Isohydro- 18 IV 2353
—, Tetrahydro- 18 IV 2323
Coriarialacton 17 IV 5159
Coriarinsäure 18 IV 6170
Cori-Ester 17 IV 3711
Cornicularlacton 17 388 c, IV 5499
—, Carboxy- 18 447 d
Cornicularsäure
—, Dihydro- 10 768 d, III 3340 a
Coroglaucigenin 18 IV 2485
—, β-Anhydro- 18 IV 1608
—, O^{19}-Benzoyl-O^3-[tri-O-benzoyl-6-
desoxy-allopyranosyl]- 18 IV 2486
—, O^3-[6-Desoxy-allopyranosyl]- 18
IV 2486
—, O^3,O^{19}-Diacetyl- 18 IV 2485
—, Di-O-acetyl-β-anhydro- 18 IV 1608
Coronen-1,2-dicarbonsäure
— anhydrid 18 IV 6647
Coroneno[1,2-c]furan-3,5-dion 17
IV 6647
Corotoxigenin 18 IV 2547
—, O^3-Acetyl- 18 IV 2548
—, O^3-Acetyl-dihydro- 18 IV 2487
Corotoxigeninsäure 18 IV 6521
Corticosteron
—, O-[Furan-2-carbonyl]-desoxy- 18
IV 3926
—, O-[Tri-O-acetyl-5-methoxycarbonyl-
xylopyranosyl]-desoxy- 18 IV 5185
Cortison
—, O^{21}-Glucopyranosyl- 17 IV 3042
—, O^{21}-[Tri-O-acetyl-5-
methoxycarbonyl-xylopyranosyl]- 18
IV 5186

Corymbiferin 18 IV 3421
—, Penta-*O*-methyl- **18** IV 3421
Corynexanthin 17 IV 2993
Cosmosiin 18 IV 2687
—, Hexa-*O*-acetyl- **18** IV 2691
Costunolid 17 IV 5028
—, Dihydro- **17** IV 4759
—, Hexahydro- **17** IV 4393
Costuslacton 17 IV 5030
—, Dihydro- **17** IV 4763
—, Dihydrodehydro- **17** IV 5030
—, Hexahydrodehydro- **17** IV 4671
—, Tetrahydro- **17** IV 4671
α-Couepinsäure 3 III 1322 f
β-Couepinsäure 3 III 1323 c
Crocetin
    — bis-[hepta-*O*-acetyl-
       gentiobiosylester] **17** IV 3610
    — bis-[tetra-*O*-acetyl-
       glucopyranosylester] **17** IV 3325
    — digentiobiosylester **17** IV 3610,
       31 398 c
Crocin 17 IV 3610, **31** 398 c
—, Tetradeca-*O*-acetyl- **17** IV 3610
Cromycin 18 IV 2356
—, Dihydro- **18** IV 2332
—, Tetrahydro- **18** IV 2324
Cromycinol
—, Dihydro- **18** IV 2318
Crotonaldehyd Dimerer **17** IV 4324
Crotonimidsäure
—, 3-[4-Acetoxy-2-hydroxy-phenyl]-2-
    phenyl-,
    — lacton **18** I 327 h
—, 4-[3-Amino-phenyl]-2,3,4-trihydroxy-,
    — 4-lacton **18** IV 8119
—, 3-[4-Benzoyloxy-2-hydroxy-phenyl]-2-
    phenyl-,
    — lacton **18** I 327 i
—, 4-Biphenyl-4-yl-2,3,4-trihydroxy-,
    — 4-lacton **18** IV 1830
—, 4-[2-Chlor-phenyl]-2,3,4-trihydroxy-,
    — 4-lacton **18** IV 1351
—, 4-[3-Chlor-phenyl]-2,3,4-trihydroxy-,
    — 4-lacton **18** IV 1352
—, 4-[4-Chlor-phenyl]-2,3,4-trihydroxy-,
    — 4-lacton **18** IV 1352
—, 3-[3,4-Diacetoxy-2-hydroxy-phenyl]-2-
    phenyl-,
    — lacton **18** I 367 i
—, 4-[2,5-Dichlor-phenyl]-2,3,4-
    trihydroxy-,
    — 4-lacton **18** IV 1352
—, 4-[3,4-Dichlor-phenyl]-2,3,4-
    trihydroxy-,
    — 4-lacton **18** IV 1352
—, 3-[2,4-Dihydroxy-phenyl]-2-phenyl-,
    — 2-lacton **18** I 327 g

—, 4-[3,4-Dimethoxy-phenyl]-2,3,4-
    trihydroxy-,
    — 4-lacton **18** IV 3078
—, 3-[1-Hydroxy-[2]naphthyl]-2-phenyl-,
    — lacton **17** I 219 a
—, 3-[3-Hydroxy-1-oxo-inden-2-yl]-2-
    phenyl-,
    — lacton **17** I 276 a
—, 2-Phenyl-3-[2,3,4-trihydroxy-phenyl]-,
    — 2-lacton **18** I 367 h
—, 2,3,4-Trihydroxy-4-[4-methoxy-
    phenyl]-,
    — 4-lacton **18** IV 2380
—, 2,3,4-Trihydroxy-4-[1]naphthyl-,
    — 4-lacton **18** IV 1687
—, 2,3,4-Trihydroxy-4-[3-nitro-phenyl]-,
    — 4-lacton **18** IV 1353
—, 2,3,4-Trihydroxy-4-phenyl-,
    — 4-lacton **18** IV 1351
—, 2,3,4-Trihydroxy-4-*p*-tolyl-,
    — 4-lacton **18** IV 1396
γ-Crotonolacton 17 249 f, II 297 a,
    IV 4293
Crotononitril
—, 2-Glucopyranosyloxy-3-methyl- **17**
    IV 3343
—, 3-Methyl-2-[tetra-*O*-acetyl-
    glucopyranosyloxy]- **17** IV 3344
—, 2-[4-Nitro-phenyl]-4-xanthen-9-
    yliden- **18** IV 4421
Crotonsäure
    — [2,3-epoxy-butylester] **17** IV 1038
    — [2,3-epoxy-cyclopentylester] **17**
       IV 1189
    — [*β*,*γ*-epoxy-isobutylester] **17**
       IV 1036
    — [4,5-epoxy-2-methyl-
       cyclohexylmethylester] **17** IV 1205
    — [2,3-epoxy-propylester] **17**
       IV 1006
    — [2-methyl-chroman-7-ylester] **17**
       IV 1364
    — [4-methyl-2-oxo-2*H*-chromen-6-
       ylester] **18** IV 330
    — oxiranylmethylester **17** IV 1006
—, 2-Acetoxy-3-[1-acetoxy-
    äthylidenamino]-4-hydroxy-,
    — lacton **18** IV 8075
—, 3-Acetoxy-4-[2-acetoxy-4-methoxy-
    phenyl]-2-[2-hydroxy-4-methoxy-phenyl]-,
    — lacton **18** IV 3341
—, 3-Acetoxy-4-[2-acetoxy-phenyl]-2-
    [2-hydroxy-phenyl]-,
    — lacton **18** IV 1854 c
—, 2-Acetoxy-3-acetylamino-4-hydroxy-,
    — lacton **18** IV 1121
—, 2-Acetoxy-3-acetyl-4-hydroxy-,
    — lacton **18** IV 1164

Crotonsäure (Fortsetzung)
—, 2-Acetoxy-4-[4-äthoxy-phenyl]-3-
　brom-4-hydroxy-,
　— lacton **18** IV 1357
—, 4-Acetoxy-3-benzyl-4-[4-chlor-phenyl]-
　4-hydroxy-2-phenyl-,
　— lacton **18** IV 850
—, 3-Acetoxy-2-benzyl-4-hydroxy-,
　— lacton **18** IV 366
—, 4-Acetoxy-3-benzyl-4-hydroxy-2,4-
　diphenyl-,
　— lacton **18** IV 849
—, 2-Acetoxy-3-brom-4-[4-brom-phenyl]-
　4-hydroxy-,
　— lacton **18** IV 310
—, 4-Acetoxy-3-brom-4-hydroxy-2,4-
　diphenyl-,
　— lacton **18** IV 731
—, 2-Acetoxy-3-brom-4-hydroxy-4-
　phenyl-,
　— lacton **18** IV 309
—, 4-Acetoxy-4-[4-chlor-phenyl]-4-
　hydroxy-2-phenyl-,
　— lacton **18** IV 730
—, 3-[4-Acetoxy-cyclohexyl]-4-hydroxy-,
　— lacton **18** IV 121
—, 3-[4'-Acetoxy-α,α'-diäthyl-bibenzyl-4-
　yl]-4-hydroxy-,
　— lacton **18** IV 786
—, 4-Acetoxy-2,3-dichlor-4-hydroxy-,
　— lacton **18** IV 52
—, 4-Acetoxy-4-hydroxy-,
　— lacton **18** IV 51
—, 3-Acetoxy-4-hydroxy-2,4-diphenyl-,
　— lacton **18** IV 731
—, 3-Acetoxy-4-hydroxy-4,4-diphenyl-,
　— lacton **18** IV 729
—, 4-Acetoxy-4-hydroxy-2,4-diphenyl-,
　— lacton **18** IV 730
—, 4-Acetoxy-4-hydroxy-3,4-diphenyl-,
　— lacton **18** 63 a
—, 2-Acetoxy-4-hydroxy-3-isohexyl-,
　— lacton **18** IV 70
—, 2-Acetoxy-4-hydroxy-3-methyl-,
　— lacton **18** IV 58
—, 3-Acetoxy-4-hydroxy-2-methyl-,
　— lacton **18** 8 d
—, 3-Acetoxy-2-[2-hydroxy-5-methyl-
　benzyl]-,
　— lacton **18** IV 404
—, 3-[4-Acetoxy-1-hydroxy-[2]naphthyl]-,
　— lacton **18** IV 621
—, 3-[5-Acetoxy-1-hydroxy-[2]naphthyl]-,
　— lacton **18** IV 622
—, 3-[6-Acetoxy-2-hydroxy-[1]naphthyl]-,
　— lacton **18** IV 624
—, 3-[7-Acetoxy-1-hydroxy-[2]naphthyl]-,
　— lacton **18** IV 622

—, 3-[7-Acetoxy-2-hydroxy-[1]naphthyl]-,
　— lacton **18** IV 624
—, 3-[8-Acetoxy-1-hydroxy-[2]naphthyl]-,
　— lacton **18** IV 623
—, 2-Acetoxy-4-hydroxy-3-pentyl-,
　— lacton **18** IV 67
—, 2-Acetoxy-4-hydroxy-3-phenyl-,
　— lacton **18** I 308 c
—, 3-Acetoxy-2-[2-hydroxy-phenyl]-,
　— lacton **18** IV 363
—, 3-Acetoxy-4-hydroxy-4-phenyl-,
　— lacton **18** IV 309
—, 3-Acetoxy-4-hydroxy-4-phenyl-2-
　[1-phenylhydrazono-äthyl]-,
　— lacton **18** IV 1537
—, 2-Acetoxy-4-hydroxy-3-propionyl-,
　— lacton **18** IV 1166
—, 4-[3-Acetoxy-phenyl]-3-
　benzoylamino-4-hydroxy-,
　— lacton **18** IV 1349
—, 4-[4-Acetoxy-phenyl]-3-
　benzoylamino-4-hydroxy-,
　— lacton **18** IV 1350
—, 4-[4-Acetoxy-phenyl]-2,3-dichlor-4-
　hydroxy-,
　— lacton **18** IV 310
—, 3-[4-Acetoxy-phenyl]-4-hydroxy-,
　— lacton **18** IV 312
—, 3-Acetoxy-2-salicyl-,
　— lacton **18** IV 372
—, 2-[1-Acetoxy-2,2,2-trichlor-äthyl]-3-
　[1-hydroxy-[2]naphthyl]-,
　— lacton **18** IV 662
—, 3-Acetyl-2-äthoxy-4-hydroxy-,
　— lacton **18** IV 1163
—, 3-[4-Acetylamino-anilino]-2-
　[2-hydroxy-äthyl]-,
　— lacton **17** IV 5843
—, 2-Acetylamino-4-hydroxy-,
　— lacton **17** IV 5815
—, 3-[4-Acetylamino-1-hydroxy-
　[2]naphthyl]-2-brom-,
　— lacton **18** II 467 b
—, 3-[4-Acetylamino-1-methyl-
　[2]naphthyl]-,
　— lacton **18** I 575 b
—, 3-[4-Acetylamino-phenyl]-4-hydroxy-,
　— lacton **18** IV 7925
—, 3-[2-Acetyl-anilino]-4-hydroxy-,
　— lacton **17** IV 5818
—, 2-Acetyl-3,4-dihydroxy-4-phenyl-,
　— 4-lacton **17** IV 6744
—, 2-Acetyl-4-hydroxy-3,4-diphenyl-,
　— lacton **17** IV 6486
—, 3-Acetyl-4-hydroxy-2-methoxy-,
　— lacton **18** IV 1163
—, 2-Acetyl-4-hydroxy-3-phenyl-,
　— lacton **17** IV 6294

Crotonsäure (Fortsetzung)
—, 3-[4-Acetylsulfamoyl-anilino]-2-
[2-hydroxy-äthyl]-,
  — lacton **17** IV 5843
—, 2-Äthoxy-4-[4-äthoxy-phenyl]-3-
brom-4-hydroxy-,
  — lacton **18** IV. 1356
—, 3-Äthoxy-2-äthyl-4-hydroxy-,
  — lacton **18** 8 f
—, 4-Äthoxy-3-anilino-2-brom-4-
hydroxy-,
  — lacton **18** IV 1123
—, 3-Äthoxy-2-brom-4-hydroxy-,
  — lacton **18** IV 50
—, 4-Äthoxy-4-[4-brom-phenyl]-4-
hydroxy-3-methyl-,
  — lacton **18** IV 370
—, 4-Äthoxy-2-chlor-3-[2,4-dimethyl-
anilino]-4-hydroxy-,
  — lacton **18** IV 1122
—, 4-Äthoxy-2,3-dibrom-4-hydroxy-,
  — lacton **18** 7 e, IV 53
—, 4-Äthoxy-2,3-dichlor-4-hydroxy-,
  — lacton **18** 7 a, IV 51
—, 4-Äthoxy-2,4-dihydroxy-3-
[phenylacetyl-amino]-,
  — 4-lacton **18** IV 2295
—, 3-Äthoxy-4-hydroxy-,
  — lacton **18** IV 49
—, 4-Äthoxy-4-hydroxy-,
  — lacton **18** IV 51
—, 4-Äthoxy-4-hydroxy-2-methoxy-3-
[phenylacetyl-amino]-,
  — lacton **18** IV 2296
—, 3-Äthoxy-4-hydroxy-2-methyl-,
  — lacton **18** 8 c
—, 4-[4-Äthoxy-phenyl]-3-brom-2,4-
dihydroxy-,
  — 4-lacton **18** IV 1356
—, 4-[4-Äthoxy-phenyl]-3-brom-4-
hydroxy-2-methoxy-,
  — lacton **18** IV 1356
—, 2-Äthyl-3-[4-chlor-1-hydroxy-
[2]naphthyl]-,
  — lacton **17** IV 5376
—, 2-Äthyl-3,4-dihydroxy-,
  — 4-lacton **17** 416 a, I 229 h,
    IV 5836
—, 3-[8-Äthyl-3,5-dihydroxy-2-(4-
methoxy-phenyl)-4-oxo-4*H*-chromen-6-yl]-
  18 IV 6648
—, 3-[8-Äthyl-3,5-dihydroxy-4-oxo-2-
phenyl-4*H*-chromen-6-yl]- **18** IV 6568
—, 2-Äthyl-3-dimethylcarbamoyloxy-4-
hydroxy-,
  — lacton **18** IV 60
—, 3-[8-Äthyl-5-hydroxy-3,4-dioxo-2-
phenyl-chroman-6-yl]- **18** IV 6568

—, 2-Äthyl-4-hydroxy-3-methoxy-,
  — lacton **17** IV 5837
—, 3-[8-Äthyl-5-hydroxy-2-(4-methoxy-
phenyl)-3,4-dioxo-chroman-6-yl]- **18**
  IV 6648
—, 3-[8-Äthyl-7-hydroxy-2-methyl-4-oxo-
4*H*-chromen-6-yl]- **18** IV 6405
—, 3-[8-Äthyl-7-hydroxy-4-methyl-2-oxo-
2*H*-chromen-6-yl]- **18** IV 6405
—, 2-Äthyl-3-[1-hydroxy-[2]naphthyl]-,
  — lacton **17** 369 h
—, 2-Äthyl-3-[2-hydroxy-[1]naphthyl]-,
  — lacton **17** IV 5377
—, 3-[4-Allyl-3-glucopyranosyloxy-
phenyl]-4-hydroxy-,
  — lacton **18** IV 509
—, 2-Allyl-3-[1-hydroxy-[2]naphthyl]-,
  — lacton **17** II 403 f
—, 4-Allyloxy-2,3-dibrom-4-hydroxy-,
  — lacton **18** 7 g
—, 4-Allyloxy-2,3-dichlor-4-hydroxy-,
  — lacton **18** 7 c, IV 52
—, 3-[4-Allyl-3-(tetra-*O*-acetyl-
glucopyranosyloxy)-phenyl]-4-hydroxy-,
  — lacton **18** IV 509
—, 2-Amino-3-[2-amino-phenyl]-4-
hydroxy-,
  — lacton **18** IV 8038
—, 2-Amino-3,4-dihydroxy-,
  — 4-lacton **18** 623 a
—, 3-Amino-2-[α-hydroxy-isobutyryl]-,
  — lacton **17** IV 6685
—, 3-[4-Amino-1-hydroxy-[2]naphthyl]-,
  — lacton **18** I 575 a
—, 3-[4-Amino-1-hydroxy-[2]naphthyl]-2-
brom-,
  — lacton **18** II 467 a
—, 3-Amino-2-lactoyl-,
  — lacton **17** IV 6683
—, 3-[4-Amino-phenyl]-4-hydroxy-,
  — lacton **18** IV 7925
—, 3-Anilino-2-benzoylamino-4-hydroxy-,
  — lacton **18** 604 b
—, 3-Anilino-2-benzyl-4-hydroxy-,
  — lacton **17** I 260 f
—, 2-Anilino-3-brom-4-hydroxy-,
  — lacton **17** IV 5819
—, 3-Anilino-2-brom-4-hydroxy-,
  — lacton **17** IV 5819
—, 3-Anilino-2-brom-4-hydroxy-4-
methoxy-,
  — lacton **18** IV 1122
—, 3-Anilino-2-brom-4-hydroxy-4-
propoxy-,
  — lacton **18** IV 1123
—, 4-Anilino-4-[4-brom-phenyl]-3-
chlormethyl-4-hydroxy-,
  — lacton **18** IV 7932

Crotonsäure (Fortsetzung)
—, 4-Anilino-4-[4-brom-phenyl]-4-hydroxy-3-methyl-,
— lacton **18** IV 7931
—, 2-Anilino-3-chlor-4-hydroxy-,
— lacton **17** IV 5819
—, 3-Anilino-2-chlor-4-hydroxy-,
— lacton **17** IV 5819
—, 3-Anilino-2-chlor-4-hydroxy-4-methoxy-,
— lacton **18** IV 1122
—, 4-Anilino-2,4-dihydroxy-3-[phenylacetyl-amino]-,
— 4-lacton **18** IV 8112
—, 3-Anilino-2-glykoloyl-,
— lacton **17** 556 c, I 281 e, IV 6681
—, 2-Anilino-4-hydroxy-,
— lacton **17** IV 5818
—, 3-Anilino-4-hydroxy-,
— lacton **17** 404 a, IV 5818
—, 3-Anilino-2-[2-hydroxy-äthyl]-,
— lacton **17** IV 5838
—, 2-Anilino-4-hydroxy-4-[4-methoxy-phenyl]-,
— lacton **18** IV 1354
—, 3-Anilino-4-hydroxy-2-methyl-,
— lacton **17** 413 b
—, 2-Anilino-4-hydroxy-4-[4-nitro-phenyl]-,
— lacton **17** IV 6172
—, 2-Anilino-4-hydroxy-4-phenyl-,
— lacton **17** IV 6166
—, 3-Anilino-2-[2-hydroxy-phenyl]-,
— lacton **17** IV 6179
—, 3-o-Anisidino-2-[2-hydroxy-äthyl]-,
— lacton **17** IV 5841
—, 3-p-Anisidino-2-[2-hydroxy-äthyl]-,
— lacton **17** IV 5842
—, 2-p-Anisidino-4-hydroxy-4-[4-nitro-phenyl]-,
— lacton **17** IV 6173
—, 2-p-Anisidino-4-hydroxy-4-phenyl-,
— lacton **17** IV 6168
—, 2-Benzhydryl-3,4-dihydroxy-,
— 4-lacton **17** IV 6451
—, 2-Benziloyl-3-methylamino-,
— lacton **17** IV 6793
—, 3-Benzofuran-6-yloxy- **17** IV 1473
— methylester **17** IV 1473
—, 3-Benzo[b]thiophen-3-yl- **18** IV 4304
— äthylester **18** IV 4304
—, 3-Benzo[b]thiophen-3-yl-2-methyl- **18** IV 4311
—, 2-Benzoylamino-3-benzoyloxy-4-hydroxy-,
— lacton **18** 80 c
—, 2-Benzoylamino-3,4-dihydroxy-,
— 4-lacton **18** 623 b

—, 3-Benzoylamino-4-hydroxy-4-[4-methoxy-phenyl]-,
— lacton **18** IV 1350
—, 3-Benzoylamino-4-hydroxy-4-phenyl-,
— lacton **17** IV 6166
—, 3-[4-Benzoylamino-1-methyl-[2]naphthyl]-,
— lacton **18** I 575 c
—, 3-[2-Benzoyl-anilino]-4-hydroxy-,
— lacton **17** IV 5818
—, 3-Benzoyl-4-[2]furyl-2-[4-methoxy-phenyl]- **18** IV 6446
—, 2-Benzoyl-4-hydroxy-3,4-diphenyl-,
— lacton **17** IV 6587
—, 3-Benzoyloxy-2-benzyl-4-hydroxy-,
— lacton **18** 35 c, IV 366
—, 2-Benzoyloxy-3-cyan-4-hydroxy-,
— lacton **18** IV 6276
—, 4-Benzoyloxy-2,3-dichlor-4-hydroxy-,
— lacton **18** IV 53
—, 3-Benzoyloxy-2-[1,1-dimethyl-3-oxo-butyl]-4-hydroxy-,
— lacton **18** 86 b
—, 3-Benzoyloxy-4-hydroxy-,
— lacton **18** 6 d
—, 3-Benzoyloxy-4-hydroxy-4,4-diphenyl-,
— lacton **18** IV 729
—, 2-Benzoyloxy-4-hydroxy-3-methyl-,
— lacton **18** IV 58
—, 3-Benzoyloxy-4-hydroxy-2-methyl-,
— lacton **18** 8 e
—, 2-Benzoyloxy-4-hydroxy-3-[2-nitro-phenyl]-,
— lacton **18** IV 311
—, 2-Benzoyloxy-4-hydroxy-3-phenyl-,
— lacton **18** I 308 d
—, 3-Benzoyloxy-4-hydroxy-4-phenyl-,
— lacton **18** IV 309
—, 3-Benzyl-4-biphenyl-4-yl-4-chlor-4-hydroxy-2-phenyl-,
— lacton **17** IV 5634
—, 2-Benzyl-3-[4-brom-1-hydroxy-[2]naphthyl]-,
— lacton **17** IV 5571
—, 3-Benzyl-4-[4-brom-phenyl]-4-chlor-4-hydroxy-2-phenyl-,
— lacton **17** IV 5594
—, 3-Benzyl-4-[4-brom-phenyl]-4-hydroxy-4-methoxy-2-phenyl-,
— lacton **18** IV 850
—, 3-Benzyl-4-chlor-4-[4-chlor-phenyl]-4-hydroxy-2-phenyl-,
— lacton **17** IV 5594
—, 2-Benzyl-3-chlor-4-hydroxy-,
— lacton **17** IV 5090
—, 3-Benzyl-4-chlor-4-hydroxy-2,4-diphenyl-,
— lacton **17** IV 5594

Crotonsäure (Fortsetzung)

—, 2-Benzyl-3-[4-chlor-1-hydroxy-
[2]naphthyl]-,
  — lacton **17** IV 5571

—, 3-Benzyl-4-[4-chlor-phenyl]-4-
hydroxy-4-methoxy-2-phenyl-,
  — lacton **18** IV 850

—, 2-Benzyl-3,4-dihydroxy-,
  — 4-lacton **17** 495 e, I 260 e,
  IV 6187

—, 3-Benzyl-2,4-dihydroxy-4-phenyl-,
  — 4-lacton **17** IV 6451

—, 3-Benzyl-2,4-dihydroxy-4-p-tolyl-,
  — 4-lacton **17** IV 6459

—, 2-Benzyl-3-[N-(2-dimethylamino-
äthyl)-anilino]-4-hydroxy-,
  — lacton **18** IV 7929

—, 2-Benzyl-3-[2,4-dinitro-benzoyloxy]-4-
hydroxy-,
  — lacton **18** IV 366

—, 3-Benzyl-4-hydroxy-,
  — lacton **17** IV 5090

—, 2-Benzyl-4-hydroxy-3-methoxy-,
  — lacton **18** IV 366

—, 2-Benzyl-4-hydroxy-3-methyl-,
  — lacton **17** IV 5112

—, 2-Benzyl-3-[1-hydroxy-[2]naphthyl]-,
  — lacton **17** I 219 f, IV 5570

—, 2-Benzyl-4-hydroxy-3-[4-nitro-
benzoyloxy]-,
  — lacton **18** IV 366

—, 2-Benzyl-4-hydroxy-4-phenyl-,
  — lacton **17** 384 a

—, 2-Benzyl-4-hydroxy-3-phenylacetoxy-,
  — lacton **18** IV 366

—, 2-Benzylidenamino-3-hydroxy-,
  — lacton **18** II 461 g

—, 4-Benzyloxy-2,3-dibrom-4-hydroxy-,
  — lacton **18** IV 54

—, 4-Benzyloxy-2,3-dichlor-4-hydroxy-,
  — lacton **18** IV 52

—, 4-Benzyloxy-2,4-dihydroxy-3-
[phenylacetyl-amino]-,
  — 4-lacton **18** IV 2296

—, 4-Benzyloxy-4-hydroxy-2-methoxy-3-
[phenylacetyl-amino]-,
  — lacton **18** IV 2296

—, 2-Benzyloxy-4-hydroxy-3-phenyl-,
  — lacton **18** I 308 b

—, 4-Biphenyl-4-yl-4-brom-4-hydroxy-
2,3-dimethyl-,
  — lacton **17** IV 5470

—, 4-Biphenyl-4-yl-4-chlor-4-hydroxy-
2,3-dimethyl-,
  — lacton **17** IV 5470

—, 4-Biphenyl-4-yl-4-hydroxy-2,3-
dimethyl-,
  — lacton **17** IV 5470

—, 4-Biphenyl-4-yl-4-hydroxy-4-
methoxy-2,3-dimethyl-,
  — lacton **18** IV 776

—, 4,4-Bis-[4-acetoxy-phenyl]-4-hydroxy-
2-methyl-,
  — lacton **18** II 105 c

—, 4,4-Bis-[4-acetoxy-phenyl]-4-hydroxy-
3-methyl-,
  — lacton **18** II 105 c

—, 4,4-Bis-[4-äthoxy-phenyl]-4-hydroxy-
2-methyl-,
  — lacton **18** II 105 b

—, 4,4-Bis-[4-äthoxy-phenyl]-4-hydroxy-
3-methyl-,
  — lacton **18** II 105 b

—, 4,4-Bis-[4-benzoyloxy-phenyl]-4-
hydroxy-2-methyl-,
  — lacton **18** II 105 d

—, 4,4-Bis-[4-benzoyloxy-phenyl]-4-
hydroxy-3-methyl-,
  — lacton **18** II 105 d

—, 4,4-Bis-biphenyl-4-yl-4-hydroxy-2,3-
dimethyl-,
  — lacton **17** IV 5636

—, 3-Bromacetyl-4-hydroxy-2-methoxy-,
  — lacton **18** IV 1164

—, 3-[4-Brom-anilino]-2-[2-hydroxy-
äthyl]-,
  — lacton **17** IV 5839

—, 2-[α-Brom-benzyl]-4-hydroxy-4-
phenyl-,
  — lacton **17** 384 b

—, 3-Brom-4-[2-brom-4,5-dimethoxy-
phenyl]-2,4-dihydroxy-,
  — 4-lacton **18** IV 2381

—, 3-Brom-4-[2-brom-4,5-dimethoxy-
phenyl]-4-hydroxy-2-methoxy-,
  — lacton **18** IV 2381

—, 3-Brom-4-[2-brom-5-methoxy-phenyl]-
2,4-dihydroxy-,
  — 4-lacton **18** IV 1354

—, 3-Brom-4-[5-brom-2-methoxy-phenyl]-
2,4-dihydroxy-,
  — 4-lacton **18** IV 1353

—, 3-Brom-4-[2-brom-5-methoxy-phenyl]-
4-hydroxy-2-methoxy-,
  — lacton **18** IV 1354

—, 3-Brom-4-[5-brom-2-methoxy-phenyl]-
4-hydroxy-2-methoxy-,
  — lacton **18** IV 1354

—, 3-Brom-4-[4-brom-phenyl]-2,4-
dihydroxy-,
  — 4-lacton **17** IV 6171

—, 3-Brom-4-[4-brom-phenyl]-4-hydroxy-
2-methoxy-,
  — lacton **18** IV 310

—, 3-Brom-2-chlor-4-hydroxy-4-
methoxy-,
  — lacton **18** IV 53

Crotonsäure (Fortsetzung)

—, 2-Brom-3,4-dihydroxy-,
   — 4-lacton **17** 405 d, I 227 d,
    IV 5819

—, 3-Brom-2,4-dihydroxy-,
   — 4-lacton **17** IV 5817

—, 3-Brom-2,4-dihydroxy-4-[2-methoxy-
phenyl]-,
   — 4-lacton **18** IV 1353

—, 3-Brom-2,4-dihydroxy-4-[3-methoxy-
phenyl]-,
   — 4-lacton **18** IV 1354

—, 3-Brom-2,4-dihydroxy-4-[4-methoxy-
phenyl]-,
   — 4-lacton **18** IV 1355

—, 3-Brom-2,4-dihydroxy-4-phenyl-,
   — 4-lacton **17** IV 6171

—, 3-Brom-2,4-dihydroxy-4-*p*-tolyl-,
   — 4-lacton **17** IV 6190

—, 3-Brom-4-[3,4-dimethoxy-phenyl]-2,4-
dihydroxy-,
   — 4-lacton **18** IV 2380

—, 3-Brom-4-[3,4-dimethoxy-phenyl]-4-
hydroxy-2-methoxy-,
   — lacton **18** IV 2381

—, 2-Brom-4-hydroxy-,
   — lacton **17** IV 4296

—, 3-Brom-4-hydroxy-,
   — lacton **17** IV 4296

—, 4-Brom-4-hydroxy-,
   — lacton **17** IV 4297

—, 2-Brom-4-hydroxy-3,4-diphenyl-,
   — lacton **17** 379 b

—, 3-Brom-4-hydroxy-2,4-diphenyl-,
   — lacton **17** IV 5438

—, 4-Brom-4-hydroxy-3,4-diphenyl-,
   — lacton **17** 379 a

—, 2-Brom-4-hydroxy-3-jod-,
   — lacton **17** IV 4297

—, 3-Brom-4-hydroxy-2-jod-,
   — lacton **17** IV 4297

—, 2-Brom-4-hydroxy-3-methoxy-,
   — lacton **18** IV 50

—, 3-Brom-4-hydroxy-2-methoxy-4-
[2-methoxy-phenyl]-,
   — lacton **18** IV 1353

—, 3-Brom-4-hydroxy-2-methoxy-4-
[3-methoxy-phenyl]-,
   — lacton **18** IV 1354

—, 3-Brom-4-hydroxy-2-methoxy-4-
phenyl-,
   — lacton **18** IV 309

—, 4-Brom-4-hydroxy-3-methoxy-4-
phenyl-,
   — lacton **18** IV 309

—, 3-Brom-4-hydroxy-2-methoxy-4-
p-tolyl-,
   — lacton **18** IV 369

—, 2-Brom-4-hydroxy-3-methyl-,
   — lacton **17** IV 4303

—, 2-Brom-3-[2-hydroxy-[1]naphthyl]-,
   — lacton **17** I 196 c, IV 5327

—, 3-[4-Brom-1-hydroxy-[2]naphthyl]-,
   — lacton **17** II 385 j, IV 5326

—, 4-Brom-3-[1-hydroxy-[2]naphthyl]-,
   — lacton **17** IV 5326

—, 4-Brom-3-[2-hydroxy-[1]naphthyl]-,
   — lacton **17** IV 5327

—, 3-[4-Brom-1-hydroxy-[2]naphthyl]-2-
methyl-,
   — lacton **17** IV 5355

—, 2-Brom-4-hydroxy-3-[4-nitro-
benzyloxy]-,
   — lacton **18** IV 50

—, 2-Brom-3-[1-hydroxy-4-nitro-
[2]naphthyl]-,
   — lacton **17** II 386 b

—, 2-Brom-4-hydroxy-3-phenoxy-,
   — lacton **18** IV 50

—, 3-Brom-4-hydroxy-2-phenoxy-,
   — lacton **18** IV 50

—, 2-Brom-4-hydroxy-3-[4-sulfamoyl-
anilino]-,
   — lacton **17** IV 5819

—, 4-[4-Brom-phenyl]-4-chlor-4-hydroxy-
3-methyl-,
   — lacton **17** IV 5092

—, 3-[4-Brom-phenyl]-2,4-dihydroxy-4-
phenyl-,
   — 4-lacton **17** IV 6439

—, 4-[4-Brom-phenyl]-4-hydroxy-4-
methoxy-2,3-dimethyl-,
   — lacton **18** IV 396

—, 4-[4-Brom-phenyl]-4-hydroxy-4-
methoxy-2-methyl-,
   — lacton **18** IV 370

—, 4-[4-Brom-phenyl]-4-hydroxy-4-
methoxy-3-methyl-,
   — lacton **18** IV 370

—, 4-[4-Brom-phenyl]-4-hydroxy-3-
methyl-,
   — lacton **17** IV 5092

—, 4-[4-Brom-phenyl]-4-hydroxy-3-
methyl-4-[*N*-methyl-anilino]-,
   — lacton **18** IV 7931

—, 4-[4-Brom-phenyl]-3-methyl-4-
phenylimino- **18** IV 7931

—, 4-Butoxy-2,3-dichlor-4-hydroxy-,
   — lacton **18** IV 52

—, 4-*tert*-Butoxy-2,4-dihydroxy-3-
[phenylacetyl-amino]-,
   — 4-lacton **18** IV 2296

—, 4-Butoxy-4-hydroxy-,
   — lacton **18** IV 51

—, 2-Butyl-3-dimethylcarbamoyloxy-4-
hydroxy-,
   — lacton **18** IV 64

Crotonsäure (Fortsetzung)
—, 3-Butyl-4-hydroxy-,
 — lacton **17** IV 4327
—, 2-*tert*-Butyl-4-hydroxy-3,4-diphenyl-,
 — lacton **17** 386 d
—, 4-Carbamoyl-4-hydroxy-2,3-dimethyl-,
 — lacton **18** IV 5344
—, 2-[2-Carboxy-phenyl]-3-methyl-,
 — anhydrid **17** IV 6297
—, 3-Cellobiosyloxy-,
 — methylester **17** IV 3613
—, 2-[3-Chlor-anilino]-4-[4-fluor-phenyl]-4-hydroxy-,
 — lacton **17** IV 6170
—, 3-[3-Chlor-anilino]-2-[2-hydroxy-äthyl]-,
 — lacton **17** IV 5839
—, 3-[4-Chlor-anilino]-2-[2-hydroxy-äthyl]-,
 — lacton **17** IV 5839
—, 4-[4-Chlor-anilino]-4-hydroxy-4-[5-oxo-2,5-dihydro-[2]furyl]-,
 — [4-chlor-anilid] **18** IV 6012
—, 2-[2-Chlor-anilino]-4-hydroxy-4-phenyl-,
 — lacton **17** IV 6167
—, 2-Chlor-3-[4-chlor-1-hydroxy-[2]naphthyl]-,
 — lacton **17** II 385 i, IV 5326
—, 2-Chlor-3,4-dihydroxy-,
 — 4-lacton **17** IV 5819
—, 3-Chlor-2,4-dihydroxy-,
 — 4-lacton **17** IV 5817
—, 3-Chlor-2,4-dihydroxy-4-phenyl-,
 — 4-lacton **17** IV 6171
—, 2-Chlor-4-hydroxy-,
 — lacton **17** IV 4294
—, 3-Chlor-4-hydroxy-,
 — lacton **17** IV 4294
—, 4-Chlor-4-hydroxy-,
 — lacton **17** IV 4295
—, 3-[5-Chlor-2-hydroxy-anilino]-2-[2-hydroxy-äthyl]-,
 — lacton **17** IV 5841
—, 4-Chlor-4-hydroxy-2,3-dimethyl-4-phenyl-,
 — lacton **17** IV 5113
—, 4-Chlor-4-hydroxy-3,4-diphenyl-,
 — lacton **17** IV 5437
—, 2-Chlor-4-hydroxy-3-jod-,
 — lacton **17** IV 4297
—, 3-Chlor-4-hydroxy-2-jod-,
 — lacton **17** IV 4297
—, 2-Chlor-4-hydroxy-3-methoxy-,
 — lacton **18** IV 50
—, 2-Chlor-4-hydroxy-4-methoxy-3-*p*-toluidino-,
 — lacton **18** IV 1122

—, 3-Chlor-4-hydroxy-2-methyl-,
 — lacton **17** 253 d
—, 2-Chlor-3-[1-hydroxy-[2]naphthyl]-,
 — lacton **17** I 195 c, II 385 g, IV 5326
—, 2-Chlor-3-[2-hydroxy-[1]naphthyl]-,
 — lacton **17** I 196 b, IV 5327
—, 3-[4-Chlor-1-hydroxy-[2]naphthyl]-,
 — lacton **17** II 385 h, IV 5326
—, 3-[4-Chlor-1-hydroxy-[2]naphthyl]-2-isobutyl-,
 — lacton **17** IV 5398
—, 3-[4-Chlor-1-hydroxy-[2]naphthyl]-2-methyl-,
 — lacton **17** IV 5355
—, 3-[4-Chlor-1-hydroxy-[2]naphthyl]-2-propyl-,
 — lacton **17** IV 5388
—, 2-Chlor-4-hydroxy-3-phenoxy-,
 — lacton **18** IV 50
—, 3-Chlor-4-hydroxy-2-phenoxy-,
 — lacton **18** IV 50
—, 4-Chlor-3-methoxy-,
 — äthylester **18** IV 3831
—, 2-[1-Chlor-[2]naphthylamino]-4-hydroxy-4-phenyl-,
 — lacton **17** IV 6168
—, 4-[3-Chlor-phenyl]-2,4-dihydroxy-3-phenyl-,
 — 4-lacton **17** IV 6439
—, 4-[4-Chlor-phenyl]-4-hydroxy-4-methoxy-2-phenyl-,
 — lacton **18** IV 730
—, 4-[2-Chlor-phenyl]-2,3,4-trihydroxy-,
 — 4-lacton **18** IV 1351
—, 2-[2-Chlor-propyl]-3-[1-hydroxy-[2]naphthyl]-,
 — lacton **17** IV 5388
—, 4-[5-Chlor-[2]thienyl]-4-oxo- **18** IV 5496
—, 2-Cinnamyliden-4-hydroxy-4-phenyl-,
 — lacton **17** I 214 d
—, 2-Cinnamyliden-4-hydroxy-4-*p*-tolyl-,
 — lacton **17** I 215 a
—, 2-Cyan-4-hydroxy-3,4-diphenyl-,
 — lacton **18** IV 5683
—, 3-Cyan-4-hydroxy-2-methoxy-,
 — lacton **18** IV 6276
—, 2-Cyan-3-[2]thienyl-,
 — methylester **18** IV 4539
—, 2-Cyan-4-xanthen-9-yliden-,
 — äthylester **18** IV 4584
—, 3-Cyclohex-3-enyl-4-hydroxy-,
 — lacton **17** IV 4738
—, 2-Cyclohexyl-4-hydroxy-,
 — lacton **17** IV 4619
—, 3-Cyclohexyl-4-hydroxy-,
 — lacton **17** IV 4619

Crotonsäure (Fortsetzung)
—, 4-Cyclohexyl-3-hydroxymethyl-,
  — lacton **17** IV 4639
—, 3-Cyclohexylmethyl-4-hydroxy-,
  — lacton **17** IV 4639
—, 3-Cyclopentyl-4-hydroxy-,
  — lacton **17** IV 4599
—, 3-Decahydro[2]naphthyl-4-hydroxy-,
  — lacton **17** IV 4757
—, 3-[3,4-Diacetoxy-6-acetoxymethyl-5-
(3,4,5-triacetoxy-6-acetoxymethyl-
tetrahydro-pyran-2-yloxy)-tetrahydro-
pyran-2-yloxy]-,
  — methylester **17** IV 3614
—, 3-[3,4-Diacetoxy-cyclohexyl]-4-
hydroxy-,
  — lacton **18** IV 1172
—, 3-[4-(2-Diäthylamino-äthoxy)-anilino]-
2-[2-hydroxy-äthyl]-,
  — lacton **17** IV 5842
—, 3-[4-Diäthylamino-anilino]-2-
[2-hydroxy-äthyl]-,
  — lacton **17** IV 5843
—, 3-Diäthylamino-4-hydroxy-4-phenyl-,
  — lacton **18** IV 7925
—, 4-{Diäthyl-[2-(cyclopent-2-enyl-
[2]thienyl-acetoxy)-äthyl]-ammonio}-,
  — butylester **18** IV 4218
—, 3-[α,α'-Diäthyl-4'-methoxy-bibenzyl-
4-yl]-4-hydroxy-,
  — lacton **18** IV 786
—, 3-[α,α'-Diäthyl-4'-methoxy-stilben-4-
yl]-4-hydroxy-,
  — lacton **18** IV 808
—, 2,3-Diamino-4-hydroxy-,
  — lacton **18** IV 8023
—, 3-[2,4-Dibrom-anilino]-2-[2-hydroxy-
äthyl]-,
  — lacton **17** IV 5839
—, 2,3-Dibrom-4-butoxy-4-hydroxy-,
  — lacton **18** IV 54
—, 2,3-Dibrom-4-chlor-4-hydroxy-4-
mesityl-,
  — lacton **17** IV 5127
—, 2,3-Dibrom-4-chlor-4-hydroxy-4-
phenyl-,
  — lacton **17** IV 5068
—, 2,3-Dibrom-4,4-dichlor-4-hydroxy-,
  — lacton **17** I 138 f, II 297 b
—, 2,3-Dibrom-4-hydroxy-,
  — lacton **17** 251 b, IV 4297
—, 2,3-Dibrom-4-hydroxy-4-isopropoxy-,
  — lacton **18** IV 54
—, 2,3-Dibrom-4-hydroxy-4-methoxy-,
  — lacton **18** 7 d, IV 53
—, 2,3-Dibrom-4-hydroxy-4-phenyl-,
  — lacton **17** IV 5068
—, 2,3-Dibrom-4-hydroxy-4-propoxy-,
  — lacton **18** 7 f

—, 2,3-Dibrom-4-hydroxy-4-
tetrahydrofurfuryloxy-,
  — lacton **18** IV 54
—, 2-[2,2-Dichlor-äthyl]-3-[1-hydroxy-
[2]naphthyl]-,
  — lacton **17** IV 5376
—, 3-[2,5-Dichlor-anilino]-2-[2-hydroxy-
äthyl]-,
  — lacton **17** IV 5839
—, 2,3-Dichlor-4-[4-chlor-phenyl]-4-
hydroxy-,
  — lacton **17** IV 5068
—, 2,3-Dichlor-4-[3,4-dimethoxy-phenyl]-
4-hydroxy-,
  — lacton **18** IV 1348
—, 2,3-Dichlor-4-dodecyloxy-4-hydroxy-,
  — lacton **18** IV 52
—, 2,3-Dichlor-4-hydroxy-,
  — lacton **17** 250 c, IV 4295
—, 4,4-Dichlor-4-hydroxy-,
  — lacton **17** I 138 c, IV 4295
—, 2,3-Dichlor-4-hydroxy-4-isopropoxy-,
  — lacton **18** IV 51
—, 2,3-Dichlor-4-hydroxy-4-methoxy-,
  — lacton **18** 6 e, IV 51
—, 2,3-Dichlor-4-hydroxy-4-[4-methoxy-
phenyl]-,
  — lacton **18** IV 310
—, 2,3-Dichlor-4-hydroxy-4-[N-methyl-
anilino]-,
  — lacton **18** 604 a
—, 2,3-Dichlor-4-hydroxy-4-
myristoyloxy-,
  — lacton **18** IV 52
—, 2,3-Dichlor-4-hydroxy-4-[3-nitro-
phenyl]-,
  — lacton **17** IV 5068
—, 2,3-Dichlor-4-hydroxy-4-[4-nitro-
phenyl]-,
  — lacton **17** IV 5068
—, 2,3-Dichlor-4-hydroxy-4-
palmitoyloxy-,
  — lacton **18** IV 52
—, 2,3-Dichlor-4-hydroxy-4-phenyl-,
  — lacton **17** IV 5068
—, 2,3-Dichlor-4-hydroxy-4-
phenylcarbamoyloxy-,
  — lacton **18** IV 53
—, 2,3-Dichlor-4-hydroxy-4-propoxy-,
  — lacton **18** 7 b
—, 2,3-Dichlor-4-hydroxy-4-
tetrahydrofurfuryloxy-,
  — lacton **18** IV 53
—, 2,3-Dichlor-4-hydroxy-4-[2,3,4-
trimethoxy-phenyl]-,
  — lacton **18** IV 2380
—, 2,3-Dichlor-4-hydroxy-4-vinyloxy-,
  — lacton **18** IV 52

Crotonsäure (Fortsetzung)

—, 2,3-Dichlor-4,4,4-trifluor-,
- tetrahydrofurfurylester **17** IV 1104

—, 3-[2,3-Dihydro-benzofuran-6-yloxy]- **17** IV 1347
- methylester **17** IV 1347

—, 2,4-Dihydroxy-,
- 4-lacton **17** I 226 d, IV 5815

—, 3,4-Dihydroxy-,
- 4-lacton **17** 403 e, I 227 b, II 429 b, IV 5817

—, 4,4-Dihydroxy-,
- lacton **3** III 1309 e

—, 2,4-Dihydroxy-3,4-bis-[3-nitro-phenyl]-,
- 4-lacton **18** IV 8473 e

—, 2,4-Dihydroxy-4,5-bis-[3-nitro-phenyl]-,
- 4-lacton **17** IV 6440, **18** IV 8473

—, 3-[1,7-Dihydroxy-4,8-dimethyl-[2]naphthyl]-,
- 1-lacton **18** IV 662

—, 2,4-Dihydroxy-3,4-diphenyl-,
- 4-lacton **17** IV 6438

—, 3,4-Dihydroxy-2,4-diphenyl-,
- 4-lacton **17** II 499 h, IV 6440

—, 3,4-Dihydroxy-4,4-diphenyl-,
- 4-lacton **17** IV 6438

—, 3-[3,4-Dihydroxy-6-hydroxymethyl-5-(3,4,5-trihydroxy-6-hydroxymethyl-tetrahydro-pyran-2-yloxy)-tetrahydro-pyran-2-yloxy]-,
- methylester **17** IV 3613

—, 3,4-Dihydroxy-2-isobutyl-,
- 4-lacton **17** 424 a

—, 2,4-Dihydroxy-4-isopropoxy-3-[phenylacetyl-amino]-,
- 4-lacton **18** IV 2296

—, 3,4-Dihydroxy-2-isopropyl-,
- 4-lacton **17** 420 c

—, 3,4-Dihydroxy-2-jod-,
- 4-lacton **17** 406 c, IV 5820

—, 2,4-Dihydroxy-3-methoxy-,
- 4-lacton **18** IV 1121

—, 3,4-Dihydroxy-2-methoxy-,
- 4-lacton **18** IV 1120

—, 2,4-Dihydroxy-4-methoxy-3-[phenylacetyl-amino]-,
- 4-lacton **18** IV 2295

—, 2,4-Dihydroxy-3-methyl-,
- 4-lacton **17** IV 5831

—, 3,4-Dihydroxy-2-methyl-,
- 4-lacton **17** 412 d, I 229 e, IV 5830

—, 3-[1,6-Dihydroxy-4-methyl-[2]naphthyl]-,
- 1-lacton **18** IV 648

—, 3-[1,7-Dihydroxy-4-methyl-[2]naphthyl]-,
- 1-lacton **18** IV 648

—, 3-[1,3-Dihydroxy-[2]naphthyl]-,
- 1-lacton **18** IV 621

—, 3-[1,4-Dihydroxy-[2]naphthyl]-,
- 1-lacton **18** IV 621

—, 3-[1,5-Dihydroxy-[2]naphthyl]-,
- 1-lacton **18** IV 621

—, 3-[1,6-Dihydroxy-[2]naphthyl]-,
- 1-lacton **18** IV 622

—, 3-[1,7-Dihydroxy-[2]naphthyl]-,
- 1-lacton **18** IV 622

—, 3-[1,8-Dihydroxy-[2]naphthyl]-,
- 1-lacton **18** IV 623

—, 3-[2,6-Dihydroxy-[1]naphthyl]-,
- 2-lacton **18** IV 623

—, 3-[2,7-Dihydroxy-[1]naphthyl]-,
- 2-lacton **18** IV 624

—, 2,4-Dihydroxy-4-[1]naphthyl-3-[4-nitro-phenyl]-,
- 4-lacton **17** IV 6535

—, 3,4-Dihydroxy-2-nitro-,
- 4-lacton **17** 406 d, IV 5820

—, 3,4-Dihydroxy-2-[4-nitro-benzyl]-,
- 4-lacton **17** IV 6187

—, 2,4-Dihydroxy-3-[2-nitro-phenyl]-,
- 4-lacton **17** IV 6175

—, 2,4-Dihydroxy-4-[2-nitro-phenyl]-,
- 4-lacton **17** IV 6172

—, 2,4-Dihydroxy-3-[3-nitro-phenyl]-4-phenyl-,
- 4-lacton **17** IV 6439

—, 2,4-Dihydroxy-3-[4-nitro-phenyl]-4-phenyl-,
- 4-lacton **17** IV 6440

—, 2,4-Dihydroxy-3-phenyl-,
- 4-lacton **17** I 259 d, IV 6175

—, 3,4-Dihydroxy-2-phenyl-,
- 4-lacton **17** 492 g, IV 6173

—, 3,4-Dihydroxy-4-phenyl-,
- 4-lacton **17** 492 f, IV 6165

—, 3,4-Dihydroxy-2-[1-phenyl-äthyl]-,
- 4-lacton **17** IV 6198

—, 3,4-Dihydroxy-2-[3-phenyl-propionyl]-,
- 4-lacton **17** IV 6747

—, 3,4-Dihydroxy-2-[3-phenyl-propyl]-,
- 4-lacton **17** IV 6209

—, 3,4-Dihydroxy-2-propyl-,
- 4-lacton **17** 420 a

—, 3-[4,7-Dimethoxy-benzofuran-6-yloxy]- **17** IV 2357

—, 3-[4,7-Dimethoxy-2,3-dihydro-benzofuran-6-yloxy]- **17** IV 2339
- methylester **17** IV 2339

—, 2-[3,4-Dimethoxy-phenyl]-3,4-dihydroxy-,
- 4-lacton **18** IV 2381

Crotonsäure (Fortsetzung)
—, 3-[3,4-Dimethoxy-phenyl]-4-hydroxy-,
   — lacton 18 IV 1357
—, 3-Dimethylcarbamoyloxy-4-hydroxy-
   2-isopentyl-,
   — lacton 18 IV 67
—, 3-Dimethylcarbamoyloxy-4-hydroxy-
   2-isopropyl-,
   — lacton 18 IV 63
—, 3-Dimethylcarbamoyloxy-4-hydroxy-
   2-propyl-,
   — lacton 18 IV 62
—, 3-[2,4-Dinitro-phenoxy]-4-hydroxy-2-
   methyl-,
   — lacton 18 IV 58
—, 3-[4-(2,4-Dinitro-phenylhydrazono)-
   cyclohexyl]-4-hydroxy-,
   — lacton 17 IV 6011
—, 4,4'-Dioxo-4,4'-dibenzofuran-2,8-diyl-di-
   18 IV 6235
—, 3-[4-Formyl-1-hydroxy-[2]naphthyl]-,
   — lacton 17 IV 6437
—, 3-Furfuryl-2-[4-methoxy-phenyl]-4-
   oxo-4-phenyl- 18 IV 6446
—, 3-[2]Furyl-,
   — äthylester 18 IV 4172
—, 2-[1-[2]Furyl-butyl]-3-hydroxy-,
   — äthylester 18 IV 5465
—, 2-[1-[2]Furyl-propyl]-3-hydroxy-,
   — äthylester 18 IV 5459
—, 3-Galactopyranosyloxy-,
   — methylester 17 IV 3342
—, 3-[O^4-Glucopyranosyl-
   glucopyranosyloxy]-,
   — methylester 17 IV 3613
—, 3-Glucopyranosyloxy-,
   — anilid 17 IV 3342
   — methylester 17 IV 3341
—, 3-[4-Glucopyranosyloxy-phenyl]-4-
   hydroxy-,
   — lacton 18 IV 312
—, 3-[Hepta-O-acetyl-cellobiosyloxy]-,
   — methylester 17 IV 3614
—, 3-[Hexahydro-indan-1-yl]-4-hydroxy-,
   — lacton 17 IV 4756
—, 3-Hexyl-4-hydroxy-,
   — lacton 17 IV 4349
—, 3-Hydroxy- s. Acetessigsäure
—, 4-Hydroxy-,
   — lacton 17 249 f, II 297 a,
   IV 4293
—, 2-[2-Hydroxy-äthyl]-3-[2-hydroxy-
   anilino]-,
   — lacton 17 IV 5841
—, 2-[2-Hydroxy-äthyl]-3-[3-hydroxy-
   anilino]-,
   — lacton 17 IV 5841

—, 2-[2-Hydroxy-äthyl]-3-
   [1]naphthylamino-,
   — lacton 17 IV 5840
—, 2-[2-Hydroxy-äthyl]-3-
   [2]naphthylamino-,
   — lacton 17 IV 5841
—, 2-[2-Hydroxy-äthyl]-3-[3-nitro-
   anilino]-,
   — lacton 17 IV 5840
—, 2-[2-Hydroxy-äthyl]-3-p-phenetidino-,
   — lacton 17 IV 5842
—, 2-[2-Hydroxy-äthyl]-3-o-toluidino-,
   — lacton 17 IV 5840
—, 2-[2-Hydroxy-äthyl]-3-p-toluidino-,
   — lacton 17 IV 5840
—, 2-[2-Hydroxy-äthyl]-3-ureido-,
   — lacton 17 IV 5842
—, 3-[1-Hydroxy-[2]anthryl]-,
   — lacton 17 IV 5536
—, 2-[5-(4-Hydroxy-benzofuran-3-yl)-
   penta-2,4-dienylidenamino]-4-[2-oxo-
   benzofuran-3-yliden]- 18 IV 8271
—, 4-Hydroxy-4,4-bis-[1-hydroxy-
   [x]naphthyl]-,
   — lacton 18 156 d
—, 4-Hydroxy-2,4-bis-[4-methoxy-phenyl]-,
   — lacton 18 IV 1832
—, 4-Hydroxy-4,4-bis-[4-methoxy-phenyl]-
   2-methyl-,
   — lacton 18 II 105 a
—, 4-Hydroxy-4,4-bis-[4-methoxy-phenyl]-
   3-methyl-,
   — lacton 18 II 105 a
—, 2-[3-Hydroxy-butyl]-,
   — lacton 17 IV 4320
—, 4-[1-Hydroxy-cyclohexyl]-3-methoxy-,
   — lacton 18 IV 122
—, 3-[2-Hydroxy-5,6-dihydro-
   [1]naphthyl]-,
   — lacton 17 IV 5277
—, 4-Hydroxy-2,3-dimethoxy-,
   — lacton 18 IV 1121
—, 4-[1-Hydroxy-6,7-dimethoxy-2-(4-
   methoxy-phenyl)-1,2,3,4-tetrahydro-
   [1]naphthyl]-3-methoxy-,
   — lacton 18 IV 3376
—, 4-Hydroxy-2,3-dimethyl-,
   — lacton 17 IV 4309
—, 3-[2-Hydroxy-5,5-dimethyl-4,6-dioxo-
   cyclohex-1-enyl]-,
   — lacton 17 IV 6729
—, 4-Hydroxy-2,3-dimethyl-4,4-diphenyl-,
   — lacton 17 IV 5470
—, 4-Hydroxy-2,3-dimethyl-4-phenyl-,
   — lacton 17 IV 5112
—, 4-Hydroxy-2,3-dimethyl-4-
   phenylcarbamoyl-,
   — lacton 18 IV 5344

Crotonsäure   (Fortsetzung)

—, 3-[2-Hydroxy-3,4-dioxo-cyclohexa-
1,5-dienyl]-,
  — lacton **17** IV 6740

—, 4-Hydroxy-2,4-diphenyl-,
  — lacton **17** IV 5438

—, 4-Hydroxy-3,4-diphenyl-,
  — lacton **17** 378 c, I 206 a,
    IV 5437

—, 4-Hydroxy-4,4-diphenyl-,
  — lacton **17** 378 a, IV 5437

—, 4-Hydroxy-2,4-di-*p*-tolyl-,
  — lacton **17** IV 5469

—, 3-[1-Hydroxy-4-(hydroxyimino-
methyl)-[2]naphthyl]-,
  — lacton **17** IV 6437

—, 4-Hydroxy-2-hydroxymethyl-,
  — [6,10-dimethyl-3-methylen-2-oxo-
    2a,3,3,4,5,8,9,11a-octahydro-
    cyclodeca[*b*]furan-4-ylester] **18**
    IV 234

—, 4-Hydroxy-2-[4-hydroxy-phenyl]-4-
phenyl-,
  — lacton **18** IV 731

—, 4-Hydroxy-4-isopropoxy-,
  — lacton **18** IV 51

—, 4-Hydroxy-4-[4-isopropyl-phenyl]-3-
phenyl-,
  — lacton **17** 386 b

—, 4-Hydroxy-2-jod-3-methoxy-,
  — lacton **18** IV 50

—, 3-[1-Hydroxy-4-jod-[2]naphthyl]-,
  — lacton **17** II 386 a

—, 4-Hydroxy-2-methoxy-,
  — lacton **18** IV 49

—, 4-Hydroxy-3-methoxy-,
  — lacton **18** IV 49

—, 4-Hydroxy-4-methoxy-,
  — lacton **18** IV 50

—, 4-Hydroxy-2-[4-methoxy-anilino]-4-
[4-methoxy-phenyl]-,
  — lacton **18** IV 1355

—, 4-Hydroxy-3-[2-methoxy-benzyl]-,
  — lacton **18** IV 367

—, 4-Hydroxy-3-[4-methoxy-benzyl]-,
  — lacton **18** IV 367

—, 4-Hydroxy-4-methoxy-2,3-dimethyl-4-
phenyl-,
  — lacton **18** IV 396

—, 4-Hydroxy-4-methoxy-3,4-diphenyl-,
  — lacton **18** 62 d, IV 729

—, 4-Hydroxy-2-methoxy-3-methyl-,
  — lacton **18** IV 58

—, 4-Hydroxy-3-methoxy-2-methyl-,
  — lacton **18** 8 b, IV 58

—, 3-Hydroxy-2-[1-(7-methoxy-4-methyl-
2-oxo-2*H*-chromen-3-yl)-äthyl]-,
  — äthylester **18** IV 6531

—, 3-[1-Hydroxy-5-methoxy-[2]naphthyl]-,
  — lacton **18** IV 622

—, 3-[1-Hydroxy-8-methoxy-[2]naphthyl]-,
  — lacton **18** IV 623

—, 4-Hydroxy-3-[6-methoxy-[2]naphthyl]-,
  — lacton **18** IV 609

—, 4-Hydroxy-2-methoxy-3-[2-nitro-
phenyl]-,
  — lacton **18** IV 311

—, 4-Hydroxy-2-methoxy-3-[4-nitro-
phenyl]-4-phenyl-,
  — lacton **18** IV 730

—, 4-Hydroxy-2-methoxy-3-pentyl-,
  — lacton **18** IV 67

—, 4-Hydroxy-2-methoxy-3-phenyl-,
  — lacton **18** I 308 a

—, 4-Hydroxy-2-[4-methoxy-phenyl]-,
  — lacton **18** IV 311

—, 4-Hydroxy-3-[2-methoxy-phenyl]-,
  — lacton **18** IV 311

—, 4-Hydroxy-3-[3-methoxy-phenyl]-,
  — lacton **18** IV 311

—, 4-Hydroxy-3-methoxy-4-phenyl-,
  — lacton **18** IV 309

—, 4-Hydroxy-3-[4-methoxy-phenyl]-,
  — lacton **18** IV 312

—, 4-Hydroxy-4-[4-methoxy-phenyl]-2-
[4-nitro-anilino]-,
  — lacton **18** IV 1355

—, 4-Hydroxy-2-[4-methoxy-phenyl]-4-
phenyl-,
  — lacton **18** IV 731

—, 4-Hydroxy-4-[4-methoxy-phenyl]-2-
phenyl-,
  — lacton **18** IV 731

—, 4-Hydroxy-4-[4-methoxy-phenyl]-3-
phenyl-,
  — lacton **18** 63 b

—, 4-Hydroxy-3-methoxy-4-[tetra-
O-acetyl-glucopyranosyloxy]-,
  — lacton **18** IV 1122

—, 4-Hydroxy-2-methyl-,
  — lacton **17** IV 4303

—, 4-Hydroxy-3-methyl-,
  — lacton **17** IV 4303

—, 4-Hydroxy-2-methyl-3,4-diphenyl-,
  — lacton **17** 385 b

—, 3-[2-Hydroxy-6-methyl-[1]naphthyl]-,
  — lacton **17** IV 5356

—, 4-Hydroxy-2-methyl-4-[2]naphthyl-,
  — lacton **17** IV 5346

—, 4-Hydroxy-2-[4-methyl-3-nitro-
anilino]-4-phenyl-,
  — lacton **17** IV 6168

—, 4-Hydroxy-2-methyl-3-[*N*-nitroso-
anilino]-,
  — lacton **18** 604 c

Crotonsäure (Fortsetzung)

—, 4-Hydroxy-2-[4-methyl-phenacyl]-4-
p-tolyl-,
 — lacton **17** IV 6493

—, 3-Hydroxymethyl-4-phenyl-,
 — lacton **17** IV 5090

—, 4-Hydroxy-2-methyl-4-phenyl-,
 — lacton **17** IV 5093

—, 4-Hydroxy-2-methyl-3-[tetra-O-acetyl-
glucopyranosyloxy]-,
 — lacton **18** IV 58

—, 3-[1-Hydroxy-[2]naphthyl]-,
 — lacton **17** 362 f, I 195 a,
 II 385 f, IV 5325

—, 3-[2-Hydroxy-[1]naphthyl]-,
 — lacton **17** 362 h, I 195 f,
 IV 5327

—, 3-[3-Hydroxy-[2]naphthyl]-,
 — lacton **17** IV 5321

—, 4-Hydroxy-3-[2]naphthyl-,
 — lacton **17** IV 5316

—, 4-Hydroxy-2-[2]naphthylamino-4-
phenyl-,
 — lacton **17** IV 6168

—, 4-Hydroxy-4-[1]naphthyl-2,4-
diphenyl-,
 — lacton **17** IV 5624

—, 3-[1-Hydroxy-[2]naphthyl]-2-
isopropyl-,
 — lacton **17** IV 5389

—, 3-[1-Hydroxy-[2]naphthyl]-2-methyl-,
 — lacton **17** IV 5355

—, 3-[2-Hydroxy-[1]naphthyl]-2-methyl-,
 — lacton **17** IV 5356

—, 3-[1-Hydroxy-[2]naphthyl]-2-phenyl-,
 — lacton **17** I 218 e, II 417 i,
 IV 5563

—, 3-[1-Hydroxy-[2]naphthyl]-4-phenyl-,
 — lacton **17** IV 5563

—, 3-[1-Hydroxy-[2]naphthyl]-2-propyl-,
 — lacton **17** IV 5388

—, 4-Hydroxy-2-[2-nitro-anilino]-4-
phenyl-,
 — lacton **17** IV 6167

—, 4-Hydroxy-2-[4-nitro-anilino]-4-
phenyl-,
 — lacton **17** IV 6167

—, 4-Hydroxy-3-[4-nitro-benzoyloxy]-,
 — lacton **18** IV 49

—, 3-[1-Hydroxy-5-(4-nitro-benzoyloxy)-
[2]naphthyl]-,
 — lacton **18** IV 622

—, 3-[1-Hydroxy-4-nitro-[2]naphthyl]-,
 — lacton **17** I 195 d

—, 4-Hydroxy-3-[4-nitro-phenyl]-,
 — lacton **17** IV 5069

—, 3-[1-Hydroxy-4-(2-nitro-phenylazo)-
[2]naphthyl]-,
 — lacton **18** 647 b

—, 3-[1-Hydroxy-4-(3-nitro-phenylazo)-
[2]naphthyl]-,
 — lacton **18** 647 c

—, 3-[1-Hydroxy-4-(4-nitro-phenylazo)-
[2]naphthyl]-,
 — lacton **18** 647 d

—, 4-Hydroxy-2-[N-nitroso-anilino]-4-
phenyl-,
 — lacton **18** IV 7925

—, 4-Hydroxy-3-[4-oxo-cyclohexyl]-,
 — lacton **17** IV 6010

—, 4-Hydroxy-4-[5-oxo-5H-[2]furyliden]-
 18 IV 6010
 — amid **18** IV 6010
 — butylamid **18** IV 6011
 — dimethylamid **18** IV 6011
 — isobutylamid **18** IV 6011
 — methylester **18** IV 6010
 — octadecylamid **18** IV 6011
 — p-toluidid **18** IV 6011

—, 3-[3-Hydroxy-1-oxo-inden-2-yl]-2-
phenyl-,
 — lacton **17** I 275 g

—, 4-Hydroxy-4-[5-oxo-4-phenyl-5H-
[2]furyliden]-2-phenyl- **18** IV 6105
 — methylester **18** IV 6106

—, 4-Hydroxy-3-[2]phenanthryl-,
 — lacton **17** IV 5533

—, 4-Hydroxy-3-[3]phenanthryl-,
 — lacton **17** IV 5533

—, 3-[2-Hydroxy-phenyl]-,
 — lacton **17** 336 f, I 173 f,
 II 362 e, IV 5074

—, 4-Hydroxy-2-phenyl-,
 — lacton **17** IV 5068

—, 4-Hydroxy-3-phenyl-,
 — lacton **17** IV 5069

—, 4-Hydroxy-4-phenyl-,
 — lacton **17** 335 a, I 173 c

—, 3-[1-Hydroxy-4-phenylazo-
[2]naphthyl]-,
 — lacton **18** 647 a

—, 4-Hydroxy-3-[4-phenylcarbamoyloxy-
cyclohexyl]-,
 — lacton **18** IV 122

—, 3-[1-Hydroxy-4-(phenylhydrazono-
methyl)-[2]naphthyl]-,
 — lacton **17** IV 6438

—, 2-[2-Hydroxy-phenyl]-3-methoxy-,
 — lacton **18** IV 362

—, 2-[2-Hydroxy-phenyl]-3-methyl-,
 — lacton **17** IV 5105

—, 4-Hydroxy-4-phenyl-2-p-toluidino-,
 — lacton **17** IV 6167

—, 4-Hydroxy-4-propoxy-,
 — lacton **18** IV 51

—, 4-Hydroxy-2-propyl-,
 — lacton **17** IV 4314

Crotonsäure (Fortsetzung)
−, 2-[2-Hydroxy-propyl]-3-phenyl-,
 − lacton **17** I 185 j
−, 4-Hydroxy-3-[4-propyl-phenyl]-,
 − lacton **17** IV 5127
−, 3-[1-Hydroxy-4-
 semicarbazonomethyl-[2]naphthyl]-,
 − lacton **17** IV 6438
−, 4-Hydroxy-3-[4-(tetra-*O*-acetyl-
 glucopyranosyloxy)-phenyl]-,
 − lacton **18** IV 312
−, 3-[1-Hydroxy-5,6,7,8-tetrahydro-
 [2]naphthyl]-,
 − lacton **17** IV 5227
−, 3-[3-Hydroxy-5,6,7,8-tetrahydro-
 [2]naphthyl]-,
 − lacton **17** IV 5227
−, 3-[2-Hydroxy-3,3,5,5-tetramethyl-4,6-
 dioxo-cyclohex-1-enyl]-,
 − lacton **17** IV 6731
−, 4-Hydroxy-3-[4-(toluol-4-sulfonyloxy)-
 cyclohexyl]-,
 − lacton **18** IV 122
−, 4-Hydroxy-3-*p*-tolyl-,
 − lacton **17** IV 5092
−, 3-[2-Hydroxy-3,5,5-trimethyl-4,6-
 dioxo-cyclohex-1-enyl]-,
 − lacton **17** IV 6730
−, 4-Hydroxy-2,4,4-triphenyl-,
 − lacton **17** IV 5589
−, 2-Isopropyl-3-[2]thienyl- **18** IV 4187
 − äthylester **18** IV 4187
−, 2-Lactoyl-3-methylamino-,
 − lacton **17** IV 6683
−, 3-Mannopyranosylamino-,
 − äthylester **18** IV 7523
−, 3-Methoxy-4-hydroxy-2,4-diphenyl-,
 − lacton **18** IV 731
−, 3-[6-Methoxy-3-methyl-benzofuran-7-
 yl]- **18** IV 4953
−, 2-Methyl-3-[2]thienyl-,
 − äthylester **18** IV 4182
−, 2-Methyl-3-[3]thienyl-,
 − äthylester **18** IV 4182
−, 4-Oxo- s. Maleinaldehydsäure
−, 4-Oxo-, pseudoalkylester s. unter
 Furan-2-on, 5-Alkoxy-5*H*-
−, 4-[2-Oxo-benzofuran-3-yliden]- **18** IV 5637
−, 3-[2-Oxo-2*H*-chromen-6-ylamino]-,
 − äthylester **18** IV 7923
−, 3-[3-(2-Oxo-2*H*-chromen-3-yl)-
 anilino]-,
 − äthylester **18** IV 8006
−, 3-[4-(2-Oxo-2*H*-chromen-3-yl)-
 anilino]-,
 − äthylester **18** IV 8007
−, 4-Oxo-4-[5-oxo-2,5-dihydro-[2]furyl]-
 18 IV 6010
 − amid **18** IV 6010

 − butylamid **18** IV 6011
 − dimethylamid **18** IV 6011
 − isobutylamid **18** IV 6011
 − methylester **18** IV 6010
 − octadecylamid **18** IV 6011
 − *p*-toluidid **18** IV 6011
−, 4-Oxo-4-[5-oxo-4-phenyl-2,5-dihydro-
 [2]furyl]-2-phenyl- **18** IV 6105
 − methylester **18** IV 6106
−, 4-Oxo-4-[2]thienyl- **18** IV 5496
 − äthylester **18** IV 5496
−, 3-[Tetra-*O*-acetyl-
 galactopyranosyloxy]-,
 − methylester **17** IV 3343
−, 3-[Tetra-*O*-acetyl-glucopyranosyloxy]-,
 − äthylester **17** IV 3343
 − anilid **17** IV 3343
 − methylester **17** IV 3342
−, 2,3,4,4-Tetrabrom-4-hydroxy-,
 − lacton **17** I 139 a
−, 2,3,4,4-Tetrachlor-4-hydroxy-,
 − lacton **2** 754 d, **17** I 138 e, IV 4295;
 vgl. **2** IV 2223
−, 3-Tetrahydropyran-4-yl-,
 − äthylester **18** IV 3900
−, 3-[2]Thienyl- **18** IV 4172
 − äthylester **18** IV 4172
−, 3-[3]Thienyl-,
 − äthylester **18** IV 4172
−, 3-[3,4,5-Triacetoxy-6-acetoxymethyl-
 tetrahydro-pyran-2-yloxy]-,
 − äthylester **17** IV 3343
 − anilid **17** IV 3343
 − methylester **17** IV 3342
−, 3-[O^2,O^3,O^6-Triacetyl-O^4-(tetra-
 O-acetyl-glucopyranosyl)-
 glucopyranosyloxy]-,
 − methylester **17** IV 3614
−, 3-[Tri-*O*-acetyl-xylopyranosyloxy]-,
 − methylester **17** IV 2470
−, 2,3,4-Trichlor-4-hydroxy-,
 − lacton **17** IV 4295
−, 3,4,4-Trichlor-4-hydroxy-,
 − lacton **17** I 138 d
−, 2,3,4-Trihydroxy-,
 − 4-lacton **18** IV 1120
−, 3-[3,4,5-Trihydroxy-6-hydroxymethyl-
 tetrahydro-pyran-2-yloxy]-,
 − methylester **17** IV 3341
−, 2,3,4-Trihydroxy-4-phenyl-,
 − 4-lacton **18** IV 1350
−, 3-Xylopyranosyloxy-,
 − methylester **17** IV 2469
Cryptograndosid-A 18 IV 2469
−, Desacetyl- **18** IV 2461
−, Desacetyl-16-anhydro- **18** IV 1610
Cryptograndosid-B 18 IV 2472
−; Desacetyl-16-anhydro- **18** IV 1611
−, Tetra-*O*-acetyl- **18** IV 2473

Cryptostrobin
—, Mono-O-methyl- **18** IV 1739
Cryptotanshinon 17 IV 6417
Cucurbita-1,5,23-trien-3,11,22-trion
—, 25-Acetoxy-2-glucopyranosyloxy-
16,20-dihydroxy- **17** IV 3111
Cucurbit-5-en-11-on
—, 24-Acetoxy-3-[O^3,O^4-diacetyl-O^2-
(tetra-O-acetyl-glucopyranosyl)-
rhamnopyranosyloxy]-25-hydroxy- **17**
IV 3484
—, 3-Acetoxy-20,24-epoxy-25-hydroxy-
18 IV 1508
—, 3,25-Diacetoxy-20,24-epoxy- **18**
IV 1508
—, 20,24-Epoxy-3,25-dihydroxy- **18**
IV 1507
—, 3-[O^2-Gentiobiosyl-
rhamnopyranosyloxy]-24,25-dihydroxy-
17 IV 3627
—, 3-[O^2-Glucopyranosyl-
rhamnopyranosyloxy]-24,25-dihydroxy-
17 IV 3475
Cumalin 17 271 a, II 305 a, IV 4399
Cumalinsäure 18 405 e, II 326 b, IV 5382
—, Tetrahydro- **18** IV 5268
Cumaralchrysoidin 17 II 482 j
Cumaran
s. Benzofuran, 2,3-Dihydro-
Cumaranon
s. Benzofuran-3-on und Benzofuran-3-
ol
Cumarilsäure 18 307 f, II 276 g, IV 4247
Cumarin 17 328 a, I 170 b, II 357 j,
IV 5055
— [O-äthyl-oxim] **17** 331 a
— dibromid **17** 316 c, I 163 b,
II 335 d
— oxim **17** 330 a, II 359 b
— phenylhydrazon **17** 331 b,
II 359 c
— semicarbazon **17** II 359 d
—, 3-[1-Acenaphthen-5-yl-äthyl]-4-
hydroxy- **17** IV 6557
—, 3-Acetoacetyl- **17** IV 6769
—, 3-Acetoacetyl-4-hydroxy-6,7-
dimethoxy- **18** IV 3419
—, 3-Acetoacetyl-7-methoxycarbonyloxy-
18 IV 2568
—, 3-Acetonyl- **17** IV 6295
—, 4-Acetonyl-7-acetoxy-5-methyl- **18**
IV 1555
—, 3-Acetonyl-7-hydroxy- **18** IV 1537
—, 4-Acetonyl-7-hydroxy-5-methyl- **18**
IV 1555
—, 4-Acetonyl-7-methoxy-5-methyl- **18**
IV 1555
—, 4-Acetonyl-7-methyl- **17** IV 6304
—, 7-Acetonyloxy- **18** IV 299

—, 8-Acetonyloxy-7-hydroxy- **18**
IV 1332
—, 7-Acetonyloxy-8-methoxy- **18**
IV 1332
—, 8-Acetonyloxy-7-methoxy- **18**
IV 1332
—, 7-Acetonyloxy-8-methoxy-3-methyl-
18 IV 1366
—, 7-Acetonyloxy-8-methoxy-4-methyl-
18 IV 1378
—, 7-Acetonyloxy-4-methyl- **18** IV 335
—, 8-Acetoxomercurio-7-hydroxy-4-
methyl- **18** IV 8440
—, 6-Acetoxomercuriooxy-4-methyl- **18**
IV 329
—, 4-Acetoxy- **18** 26 c, IV 287
—, 5-Acetoxy- **18** IV 292
—, 6-Acetoxy- **18** 26 h, IV 293
—, 7-Acetoxy- **18** 28 b, II 17 b,
IV 299
—, 8-Acetoxy- **18** IV 304
—, 4-Acetoxy-3-[2-acetoxy-3-chlor-5-
methyl-benzyl]- **18** IV 1861
—, 4-Acetoxy-3-[2-acetoxy-3,5-dichlor-
benzyl]- **18** IV 1836
—, 4-Acetoxy-3-[2-acetoxy-3,5-dimethyl-
benzyl]- **18** IV 1870
—, 7-Acetoxy-4-acetoxymethyl- **18**
IV 1381
—, 7-Acetoxy-4-[4-acetoxy-phenäthyl]-5-
hydroxy- **18** IV 2775
—, 7-Acetoxy-3-[3-acetoxy-phenyl]- **18**
IV 1810
—, 7-Acetoxy-3-[4-acetoxy-phenyl]- **18**
IV 1810
—, 7-Acetoxy-4-[4-acetoxy-phenyl]- **18**
I 364 c
—, 4-Acetoxy-3-[4-acetoxy-phenyl]-5,7-
dimethoxy- **18** IV 3321
—, 4-Acetoxy-3-[3-(2-acetoxy-phenyl)-3-
oxo-propyl]- **18** IV 2806
—, 5-Acetoxy-6-[α-acetoxy-styryl]-4-
methyl- **18** IV 1909
—, 4-Acetoxy-3-[1-acetoxy-2,2,2-trichlor-
äthyl]- **18** IV 1397
—, 7-Acetoxy-3-[1-acetoxy-2,2,2-trichlor-
äthyl]-6-äthyl-4-methyl- **18** IV 1425
—, 7-Acetoxy-3-[1-acetoxy-2,2,2-trichlor-
äthyl]-4-methyl- **18** IV 1411
—, 7-Acetoxy-3-[1-acetoxy-2,2,2-trichlor-
äthyl]-4-methyl-6-propyl- **18** IV 1432
—, 7-Acetoxy-3-acetyl- **18** IV 1528
—, 7-Acetoxy-6-acetyl- **18** IV 1529
—, 7-Acetoxy-8-acetyl-6-äthyl- **18**
IV 1559
—, 7-Acetoxy-8-acetyl-6-äthyl-3-butyl-4-
methyl- **18** IV 1589
—, 5-Acetoxy-6-acetyl-3-äthyl-4-methyl-
18 IV 1572

Cumarin (Fortsetzung)

—, 5-Acetoxy-6-acetyl-8-äthyl-4-methyl-
18 IV 1573

—, 7-Acetoxy-6-acetyl-8-äthyl-4-methyl-
18 IV 1573

—, 7-Acetoxy-8-acetyl-6-äthyl-4-methyl-
18 IV 1574

—, 7-Acetoxy-8-acetyl-6-äthyl-4-methyl-
3-propyl- 18 IV 1589

—, 6-Acetoxy-3-acetylamino- 18
IV 1333

—, 7-Acetoxy-3-acetylamino- 18
IV 1334

—, 7-Acetoxy-4-acetylamino- 18
I 350 f

—, 7-Acetoxy-3-acetylamino-4-hydroxy-
18 IV 8119

—, 7-Acetoxy-3-acetylamino-4-hydroxy-
8-methyl- 18 IV 8123

—, 7-Acetoxy-3-acetylamino-8-methoxy-
18 IV 2376

—, 4-Acetoxy-3-[(2-acetylamino-
phenylimino)-methyl- 18 IV 1519

—, 4-Acetoxy-6-acetyl-3-benzyl- 18
IV 1913

—, 5-Acetoxy-6-acetyl-3-benzyl-4-methyl-
18 IV 1919

—, 7-Acetoxy-8-acetyl-6-brom- 18
IV 1531

—, 5-Acetoxy-6-acetyl-8-brom-4-methyl-
18 IV 1543

—, 7-Acetoxy-6-acetyl-3-brom-4-methyl-
18 IV 1545

—, 7-Acetoxy-8-acetyl-3-brom-4-methyl-
18 IV 1547

—, 7-Acetoxy-8-acetyl-6-brom-4-methyl-
18 IV 1548

—, 7-Acetoxy-8-acetyl-6-chlor- 18
IV 1530

—, 7-Acetoxy-8-acetyl-3-chlor-4-methyl-
18 IV 1546

—, 7-Acetoxy-8-acetyl-6-chlor-4-methyl-
18 IV 1547

—, 7-Acetoxy-8-acetyl-3,6-diäthyl-4-
methyl- 18 IV 1587

—, 7-Acetoxy-8-acetyl-3,6-dichlor-4-
methyl- 18 IV 1547

—, 5-Acetoxy-6-acetyl-3,4-dimethyl- 18
IV 1561

—, 5-Acetoxy-6-acetyl-4,7-dimethyl- 18
IV 1561

—, 5-Acetoxy-3-acetyl-4-hydroxy- 18
IV 2502

—, 7-Acetoxy-3-acetyl-4-hydroxy- 18
IV 2503

—, 7-Acetoxy-3-acetyl-4-hydroxy-5-
methyl- 18 IV 2514

—, 5-Acetoxy-6-acetyl-4-methyl- 18
IV 1542

—, 5-Acetoxy-8-acetyl-4-methyl- 18
IV 1545

—, 7-Acetoxy-6-acetyl-4-methyl- 18
IV 1544

—, 7-Acetoxy-6-acetyl-4-methyl-3-
phenyl- 18 IV 1914

—, 6-Acetoxy-3-acetyl-5,7,8-trimethyl-
18 IV 1575

—, 6-Acetoxy-7-äthoxy-4-phenyl- 18
IV 1816

—, 4-Acetoxy-3-äthyl- 18 IV 371

—, 7-Acetoxy-6-äthyl- 18 IV 372

—, 7-Acetoxy-6-äthyl-3-allyl-4-methyl-
18 IV 524

—, 7-Acetoxy-6-äthyl-8-benzoyl-3-butyl-
4-methyl- 18 IV 1924

—, 7-Acetoxy-6-äthyl-8-benzoyl-3,4-
dimethyl- 18 IV 1922

—, 7-Acetoxy-6-äthyl-8-benzoyl-4-
methyl- 18 IV 1920

—, 7-Acetoxy-6-äthyl-8-benzoyl-4-
methyl-3-propyl- 18 IV 1924

—, 7-Acetoxy-3-äthyl-6-brom-4-methyl-
18 IV 403

—, 6-Acetoxy-7-äthyl-3-butyl-4-methyl-
18 IV 458

—, 7-Acetoxy-6-äthyl-3-butyl-4-methyl-
18 IV 458

—, 7-Acetoxy-6-äthyl-8-butyryl-4-methyl-
18 IV 1587

—, 5-Acetoxy-3-äthyl-6-chlor-4,7-
dimethyl- 18 IV 426

—, 5-Acetoxy-3-äthyl-8-chlor-4,7-
dimethyl- 18 IV 426

—, 5-Acetoxy-6-äthyl-8-chlor-4-methyl-
18 IV 404

—, 5-Acetoxy-8-äthyl-6-chlor-4-methyl-
18 IV 404

—, 7-Acetoxy-3-äthyl-6-chlor-4-methyl-
18 IV 402

—, 7-Acetoxy-6-äthyl-3-[2-chlor-vinyl]-4-
methyl- 18 IV 519

—, 7-Acetoxy-6-äthyl-3-[2,2-dichlor-
äthyl]-4-methyl- 18 IV 437

—, 6-Acetoxy-3-äthyl-4,7-dimethyl- 18
IV 426

—, 6-Acetoxy-7-äthyl-3,4-dimethyl- 18
IV 425

—, 7-Acetoxy-6-äthyl-3,4-dimethyl- 18
IV 424

—, 7-Acetoxy-8-äthyl-4,5-dimethyl- 18
IV 426

—, 4-Acetoxy-3-äthyl-6-methoxy- 18
IV 1396

—, 4-Acetoxy-3-äthyl-7-methoxy- 18
IV 1397

—, 5-Acetoxy-8-äthyl-4-methyl- 18
IV 407

Cumarin (Fortsetzung)

—, 6-Acetoxy-7-äthyl-4-methyl- **18**
IV 406

—, 7-Acetoxy-3-äthyl-4-methyl- **18**
IV 402

—, 7-Acetoxy-6-äthyl-4-methyl- **18**
IV 405

—, 7-Acetoxy-8-äthyl-4-methyl- **18**
IV 407

—, 7-Acetoxy-3-äthyl-5-methyl-4-[2-oxo-
pentyl]- **18** IV 1588

—, 7-Acetoxy-6-äthyl-4-methyl-8-
propionyl- **18** IV 1583

—, 7-Acetoxy-6-äthyl-4-methyl-3-propyl-
18 IV 446

—, 6-Acetoxy-7-äthyl-4-phenyl- **18**
IV 768

—, 7-Acetoxy-4-äthyl-3-phenyl- **18**
IV 768

—, 7-Acetoxy-6-äthyl-4-phenyl- **18**
IV 768

—, 4-Acetoxy-3-allyl- **18** IV 503

—, 7-Acetoxy-3-allyl-4-methyl- **18**
II 26 d

—, 7-Acetoxy-3-benzolsulfonyl- **18**
II 67 e

—, 7-Acetoxy-3-benzoyl- **18** II 108 f

—, 7-Acetoxy-8-benzoyl- **18** IV 1886

—, 7-Acetoxy-3-benzoylamino- **18**
IV 1334

—, 7-Acetoxy-3-benzoylamino-8-
methoxy- **18** IV 2376

—, 7-Acetoxy-8-benzoyl-3-brom- **18**
IV 1886

—, 7-Acetoxy-8-benzoyl-3-brom-4-
methyl- **18** IV 1901

—, 7-Acetoxy-8-benzoyl-6-brom-4-
methyl- **18** IV 1901

—, 7-Acetoxy-8-benzoyl-3-chlor-4-
methyl- **18** IV 1900

—, 7-Acetoxy-8-benzoyl-6-chlor-4-
methyl- **18** IV 1900

—, 7-Acetoxy-8-benzoyl-3,6-dichlor-4-
methyl- **18** IV 1901

—, 5-Acetoxy-6-benzoyl-4-methyl- **18**
IV 1898

—, 4-[2-Acetoxy-benzoyloxy]- **18**
IV 289

—, 4-[3-Acetoxy-benzoyloxy]- **18**
IV 289

—, 4-[4-Acetoxy-benzoyloxy]- **18**
IV 289

—, 4-[2-Acetoxy-benzoyloxy]-3-phenyl-
18 IV 710

—, 3-[2-Acetoxy-benzyl]- **18** IV 736

—, 4-Acetoxy-3-benzyl- **18** IV 735

—, 7-Acetoxy-4-benzyl- **18** IV 738

—, 6-Acetoxy-5-benzyl-7-benzyloxy-4-
methyl- **18** IV 1371

—, 7-Acetoxy-8-benzyl-6-benzyloxy-4-
methyl- **18** IV 1371

—, 7-Acetoxy-8-benzyl-3-brom-4-methyl-
18 IV 765

—, 7-Acetoxy-8-benzyl-3,6-dibrom-4-
methyl- **18** IV 766

—, 5-Acetoxy-3-benzyl-4,7-dimethyl- **18**
IV 779

—, 5-Acetoxy-4-benzyl-7-methyl- **18**
IV 765

—, 7-Acetoxy-3-benzyl-4-methyl- **18**
I 330 h

—, 6-Acetoxy-7-benzyloxy-4-methyl- **18**
IV 1373

—, 4-Acetoxy-7-benzyloxy-3-phenyl- **18**
IV 1812

—, 6-Acetoxy-7-benzyloxy-4-phenyl- **18**
IV 1816

—, 7-Acetoxy-3-benzyl-4-phenyl- **18**
I 340 a

—, 7-Acetoxy-6-brom- **18** IV 303

—, 7-Acetoxy-6-brom-8-butyryl-4-
methyl- **18** IV 1571

—, 5-Acetoxy-6-brom-4,7-dimethyl- **18**
IV 384

—, 7-Acetoxy-6-brom-3,4-dimethyl- **18**
IV 379

—, 7-Acetoxy-3-brom-4-methyl- **18**
IV 347

—, 7-Acetoxy-4-brommethyl- **18** IV 349

—, 7-Acetoxy-6-brom-4-methyl- **18**
IV 348

—, 7-Acetoxy-6-brom-4-methyl-3-phenyl-
18 IV 748

—, 7-Acetoxy-6-brom-4-methyl-8-
propionyl- **18** IV 1558

—, 7-Acetoxy-4-[4-brom-phenyl]- **18**
IV 717

—, 7-Acetoxy-6-brom-3-phenyl- **18**
IV 713

—, 7-Acetoxy-8-brom-3-phenyl- **18**
IV 713

—, 7-Acetoxy-3-[4-brom-phenyl]-4-
methyl- **18** IV 748

—, 5-Acetoxy-6-brom-3,4,7-trimethyl-
18 IV 410

—, 5-Acetoxy-8-brom-3,4,7-trimethyl-
18 IV 410

—, 7-Acetoxy-6-butyl- **18** IV 418

—, 7-Acetoxy-6-butyl-3-[2-chlor-vinyl]-4-
methyl- **18** IV 531

—, 7-Acetoxy-6-butyl-3-[2,2-dichlor-
äthyl]-4-methyl- **18** IV 458

—, 4-Acetoxy-3-butyl-6,8-dimethyl- **18**
IV 445

—, 5-Acetoxy-3-butyl-4,7-dimethyl- **18**
IV 445

—, 7-Acetoxy-6-butyl-4-methyl-3-[2,2,2-
trichlor-1-hydroxy-äthyl]- **18** IV 1446

Cumarin (Fortsetzung)

—, 7-Acetoxy-8-butyryl- **18** IV 1553

—, 7-Acetoxy-8-butyryl-6-chlor-4-methyl-
18 IV 1571

—, 7-Acetoxy-3-butyryl-4-hydroxy- **18**
IV 2518

—, 5-Acetoxy-6-butyryl-4-methyl- **18**
IV 1569

—, 7-Acetoxy-6-butyryl-4-methyl- **18**
IV 1570

—, 7-Acetoxy-8-butyryl-4-methyl- **18**
IV 1570

—, 4-Acetoxy-3-chlor- **18** IV 290

—, 4-Acetoxy-6-chlor- **18** IV 291

—, 5-Acetoxy-3-chlor- **18** IV 292

—, 7-Acetoxy-6-chlor- **18** IV 302

—, 7-Acetoxy-3-[4-chlor-benzolsulfonyl]-
18 II 67 f

—, 7-Acetoxy-3-chlorcarbonyl- **18**
IV 6343

—, 5-Acetoxy-3-chlor-4,7-dimethyl- **18**
IV 381

—, 7-Acetoxy-3-chlor-4,5-dimethyl- **18**
IV 381

—, 7-Acetoxy-6-chlor-3,4-dimethyl- **18**
IV 379

—, 6-Acetoxy-7-chlor-4-methyl- **18**
IV 331

—, 7-Acetoxy-3-chlor-4-methyl-
18 33 a, IV 344

—, 7-Acetoxy-6-chlor-4-methyl- **18**
IV 344

—, 7-Acetoxy-8-chlor-4-methyl- **18**
IV 346

—, 7-Acetoxy-6-chlor-4-methyl-8-
propionyl- **18** IV 1558

—, 7-Acetoxy-6-chlor-4-methyl-3-propyl-
18 IV 420

—, 7-Acetoxy-3-[4-chlor-phenyl]-4-
methyl- **18** IV 747

—, 7-Acetoxy-3-[2-chlor-propyl]-4-
methyl- **18** II 24 h

—, 5-Acetoxy-6-chlor-3,4,7-trimethyl-
18 IV 410

—, 5-Acetoxy-8-chlor-3,4,7-trimethyl-
18 IV 410

—, 5-Acetoxy-3-[2-chlor-vinyl]-4,7-
dimethyl- **18** IV 511

—, 7-Acetoxy-3-[2-chlor-vinyl]-4-methyl-
18 IV 504

—, 6-Acetoxy-3-cyan-5,7,8-trimethyl-
18 IV 6389

—, 7-Acetoxy-6-diacetoxymethyl-5-
methoxy- **18** IV 2497

—, 7-Acetoxy-3-[3,5-diacetoxy-phenyl]-
18 IV 2737

—, 7-Acetoxy-3,8-diacetyl- **18** IV 2568

—, 7-Acetoxy-8-diacetylamino-4-methyl-
18 625 d

—, 7-Acetoxy-3,6-diäthyl-8-benzoyl-4-
methyl- **18** IV 1923

—, 6-Acetoxy-3,7-diäthyl-4-methyl- **18**
IV 437

—, 7-Acetoxy-3,6-diäthyl-4-methyl- **18**
IV 437

—, 7-Acetoxy-5,8-dibrom-6-methoxy-
18 I 349 e

—, 7-Acetoxy-6,8-dibrom-4-methyl-3-
phenyl- **18** IV 749

—, 7-Acetoxy-6,8-dibrom-3-phenyl- **18**
IV 713

—, 7-Acetoxy-6,8-dibrom-4-phenyl- **18**
IV 718

—, 4-Acetoxy-6,7-dichlor- **18** IV 291

—, 5-Acetoxy-3-[2,2-dichlor-äthyl]-4,7-
dimethyl- **18** IV 426

—, 7-Acetoxy-3-[2,2-dichlor-äthyl]-4-
methyl- **18** IV 403

—, 7-Acetoxy-3,6-dichlor-4-methyl- **18**
IV 346

—, 4-Acetoxy-5,7-dimethoxy- **18**
IV 2377

—, 4-Acetoxy-6,7-dimethoxy- **18**
IV 2377

—, 6-Acetoxy-5,7-dimethoxy- **18**
IV 2370

—, 7-Acetoxy-5,8-dimethoxy- **18**
IV 2370

—, 8-Acetoxy-6,7-dimethoxy- **18**
IV 2373

—, 4-Acetoxy-5,7-dimethoxy-3-
[2-methoxy-phenyl]- **18** IV 3319

—, 4-Acetoxy-5,7-dimethoxy-3-
[3-methoxy-phenyl]- **18** IV 3320

—, 4-Acetoxy-5,7-dimethoxy-3-
[4-methoxy-phenyl]- **18** IV 3321

—, 4-Acetoxy-5,7-dimethoxy-3-methyl-
18 IV 2386

—, 6-Acetoxy-5,7-dimethoxy-4-methyl-
18 IV 2388

—, 6-Acetoxy-7,8-dimethoxy-4-methyl-
18 IV 2390

—, 8-Acetoxy-6,7-dimethoxy-4-methyl-
18 IV 2390

—, 4-Acetoxy-5,7-dimethoxy-3-phenyl-
18 IV 2737

—, 6-Acetoxy-5,7-dimethoxy-4-phenyl-
18 IV 2739

—, 6-Acetoxy-7,8-dimethoxy-4-phenyl-
18 IV 2739

—, 7-Acetoxy-3-[3,4-dimethoxy-phenyl]-
18 IV 2736

—, 4-Acetoxy-3-[2,4-dimethoxy-phenyl]-
5,7-dimethoxy- **18** IV 3513

—, 4-Acetoxy-3-[3,4-dimethoxy-phenyl]-
5,7-dimethoxy- **18** IV 3514

—, 4-Acetoxy-3-[2,4-dimethoxy-phenyl]-
7-methoxy- **18** IV 3322

Cumarin (Fortsetzung)

—, 4-Acetoxy-3-[3,4-dimethoxy-phenyl]-
7-methoxy- **18** IV 3322

—, 4-Acetoxy-5,7-dimethoxy-3-[2,4,5-
trimethoxy-phenyl]- **18** IV 3602

—, 4-Acetoxy-3,7-dimethyl- **18** IV 380

—, 4-Acetoxy-3,8-dimethyl- **18** IV 380

—, 4-Acetoxy-5,8-dimethyl- **18** IV 386

—, 4-Acetoxy-6,8-dimethyl- **18** IV 386

—, 5-Acetoxy-4,7-dimethyl- **18** 37 f,
IV 383

—, 6-Acetoxy-3,4-dimethyl- **18** IV 377

—, 6-Acetoxy-4,7-dimethyl- **18** IV 385

—, 7-Acetoxy-3,4-dimethyl- **18** IV 378

—, 7-Acetoxy-4,6-dimethyl- **18** IV 381

—, 7-Acetoxy-4,8-dimethyl- **18** IV 385

—, 7-Acetoxy-5,8-dimethyl- **18** IV 386

—, 7-Acetoxy-3,4-dimethyl-6,8-dinitro-
18 IV 380

—, 7-[5-(3-Acetoxy-2,2-dimethyl-6-
methylen-cyclohexyl)-3-methyl-pent-2-
enyloxy]- **18** IV 297

—, 7-Acetoxy-3,4-dimethyl-8-nitro- **18**
IV 380

—, 7-Acetoxy-6-[3,7-dimethyl-octa-2,6-
dienyl]- **18** IV 589

—, 7-Acetoxy-3,5-dimethyl-4-[2-oxo-
butyl]- **18** IV 1582

—, 4-Acetoxy-5,7-dimethyl-3-phenyl-
18 IV 771

—, 4-Acetoxy-7,8-dimethyl-3-phenyl-
18 IV 771

—, 6-Acetoxy-4,7-dimethyl-3-propyl-
18 IV 436

—, 7-Acetoxy-3,4-diphenyl- **18** I 339 e,
II 51 f

— imin **18** I 339 g

—, 7-Acetoxy-6-dodecyl-4-methyl- **18**
IV 469

—, 7-[3-Acetoxy-drim-8(12)-en-11-yloxy]-
18 IV 298

—, 7-Acetoxy-3-formyl- **18** IV 1520

—, 7-Acetoxy-6-hexadecyl-4-methyl- **18**
IV 478

—, 7-Acetoxy-6-hexyl- **18** IV 444

—, 7-Acetoxy-3-hexyl-4-methyl- **18**
IV 457

—, 7-Acetoxy-4-hydroxy- **18** I 350 a,
IV 1341

—, 8-Acetoxy-7-hydroxy- **18** IV 1332

—, 7-Acetoxy-3-[1-hydroxy-3-oxo-
phthalan-1-yl]-4-methyl- **18** 548 a

—, 4-Acetoxy-7-hydroxy-3-[3,7,11-
trimethyl-dodeca-2,6,10-trienyl]- **18**
IV 1756

—, 7-Acetoxy-4-hydroxy-3-[3,7,11-
trimethyl-dodeca-2,6,10-trienyl]- **18**
IV 1756

—, 4-Acetoxy-3-[2-hydroxy-vinyl]- **18**
IV 1529

—, 7-Acetoxy-3-isobutyl-4-methyl- **18**
IV 435

—, 7-Acetoxy-6-isopentyl- **18** IV 433

—, 3-[4-Acetoxy-3-isopentyl-
benzoylamino]-4,7-dihydroxy-8-methyl-
18 IV 8124

—, 7-Acetoxy-3-isopentyl-4-methyl- **18**
IV 445

—, 7-Acetoxy-6-isopentyl-4-methyl- **18**
IV 445

—, 7-Acetoxy-3-isopropyl-4-methyl- **18**
IV 422

—, 7-Acetoxy-8-isovaleryl- **18** IV 1568

—, 5-Acetoxy-6-isovaleryl-4-methyl- **18**
IV 1580

—, 5-Acetoxy-6-lauroyl-4-methyl- **18**
IV 1599

—, 7-Acetoxy-6-lauroyl-4-methyl- **18**
IV 1600

—, 4-Acetoxy-3-mercapto- **18** IV 1338

—, 3-Acetoxy-8-methoxy- **18** IV 1335

—, 4-Acetoxy-7-methoxy- **18** IV 1341

—, 6-Acetoxy-7-methoxy- **18** I 349 c,
IV 1325

—, 7-Acetoxy-5-methoxy- **18** II 68 d

—, 7-Acetoxy-6-methoxy- **18** 100 b,
II 69 a, IV 1325

—, 6-Acetoxy-5-methoxy-4,7-dimethyl-
18 IV 1403

—, 4-Acetoxy-7-methoxy-3-[4-methoxy-
phenyl]- **18** IV 2738

—, 4-Acetoxy-7-methoxy-3-methyl- **18**
IV 1366

—, 5-Acetoxy-7-methoxy-4-methyl- **18**
IV 1369

—, 6-Acetoxy-7-methoxy-3-methyl- **18**
IV 1365

—, 6-Acetoxy-7-methoxy-4-methyl- **18**
IV 1373

—, 7-Acetoxy-5-methoxy-4-methyl- **18**
IV 1369

—, 7-Acetoxy-6-methoxy-4-methyl- **18**
IV 1373

—, 7-Acetoxy-4-methoxymethyl-3-
phenyl- **18** IV 1851

—, 4-Acetoxy-3-[2-methoxy-phenyl]- **18**
IV 1812

—, 4-Acetoxy-6-methoxy-3-phenyl- **18**
IV 1811

—, 4-Acetoxy-7-methoxy-3-phenyl- **18**
IV 1811

—, 5-Acetoxy-7-methoxy-4-phenyl-
18 131 g, IV 1814

—, 6-Acetoxy-3-[3-methoxy-phenyl]- **18**
IV 1809

—, 6-Acetoxy-5-methoxy-4-phenyl- **18**
IV 1813

Cumarin (Fortsetzung)

—, 6-Acetoxy-7-methoxy-4-phenyl- **18** IV 1816

—, 7-Acetoxy-3-[3-methoxy-phenyl]- **18** IV 1809

—, 7-Acetoxy-3-[4-methoxy-phenyl]- **18** IV 1810

—, 7-Acetoxy-4-[4-methoxy-phenyl]- **18** I 364 b, IV 1817

—, 7-Acetoxy-6-methoxy-4-phenyl- **18** IV 1816

—, 7-Acetoxy-3-[4-methoxy-phenyl]-4-methyl- **18** IV 1852

—, 7-Acetoxy-4-[4-methoxy-phenyl]-3-phenyl- **18** II 132 i

—, 4-[4-Acetoxy-3-methoxy-styryl]-7-methyl- **18** IV 1910

—, 4-Acetoxy-3-methyl- **18** IV 324

—, 4-Acetoxy-6-methyl- **18** IV 353

—, 4-Acetoxy-7-methyl- **18** 34 h

—, 5-Acetoxy-4-methyl- **18** IV 326

—, 6-Acetoxymethyl- **18** 34 d

—, 6-Acetoxy-4-methyl- **18** 31 d, IV 330

—, 6-Acetoxy-7-methyl- **18** IV 354

—, 7-Acetoxy-4-methyl- **18** 32 b, IV 335

—, 7-Acetoxy-5-methyl- **18** 34 a, IV 353

—, 7-Acetoxy-6-methyl- **18** IV 354

—, 8-Acetoxy-3-methyl- **18** IV 325

—, 7-Acetoxy-6-[3-methyl-but-2-enyl]- **18** IV 517

—, 3-[4-Acetoxy-3-(3-methyl-but-2-enyl)-benzoylamino]-4,7-dihydroxy-8-methyl- **18** IV 8125

—, 6-Acetoxy-4-methyl-5,7-dinitro- **18** IV 332

—, 4-Acetoxymethyl-7-methoxy- **18** IV 1381

—, 6-Acetoxy-4-methyl-5-nitro- **18** IV 332

—, 7-Acetoxy-4-methyl-6-nitro- **18** IV 351

—, 7-Acetoxy-4-methyl-8-nitro- **18** 33 f, IV 351

—, 7-Acetoxy-4-methyl-3-[4-nitro-phenyl]- **18** IV 749

—, 7-Acetoxy-4-methyl-6-octadecyl- **18** IV 479

—, 5-Acetoxy-4-methyl-6-palmitoyl- **18** IV 1619

—, 7-Acetoxy-4-methyl-6-palmitoyl- **18** IV 1620

—, 7-Acetoxy-4-methyl-5-pentadecyl- **18** IV 477

—, 5-Acetoxy-4-methyl-7-pentyl- **18** IV 444

—, 7-Acetoxy-4-methyl-3-pentyl- **18** IV 444

—, 4-Acetoxy-6-methyl-3-phenyl- **18** IV 750

—, 4-Acetoxy-7-methyl-3-phenyl- **18** IV 750

—, 4-Acetoxy-8-methyl-3-phenyl- **18** IV 750

—, 5-Acetoxy-4-methyl-3-phenyl- **18** IV 747

—, 6-Acetoxy-4-methyl-3-phenyl- **18** II 43 d

—, 6-Acetoxy-7-methyl-4-phenyl- **18** IV 751

—, 7-Acetoxy-4-methyl-3-phenyl- **18** I 327 e, II 43 g, IV 747
  — imin **18** I 327 h

—, 7-Acetoxy-5-methyl-3-phenyl- **18** IV 749

—, 5-Acetoxy-4-methyl-6-propionyl- **18** IV 1556

—, 7-Acetoxy-4-methyl-6-propionyl- **18** IV 1556

—, 7-Acetoxy-4-methyl-8-propionyl- **18** IV 1557

—, 5-Acetoxy-7-methyl-4-propyl- **18** IV 422

—, 7-Acetoxy-4-methyl-3-propyl- **18** IV 420

—, 7-Acetoxy-4-methyl-6-propyl- **18** IV 421

—, 5-Acetoxy-4-methyl-6-stearoyl- **18** IV 1621

—, 7-Acetoxy-4-methyl-6-stearoyl- **18** IV 1621

—, 7-Acetoxy-4-methyl-6-[tetra-O-acetyl-glucopyranosyloxy]- **18** IV 1375

—, 5-Acetoxy-4-methyl-6-p-toluoyl- **18** IV 1912

—, 7-Acetoxy-4-methyl-8-m-toluoyl- **18** IV 1911

—, 7-Acetoxy-4-methyl-8-p-toluoyl- **18** IV 1912

—, 7-Acetoxy-4-methyl-6-valeryl- **18** IV 1579

—, 7-Acetoxy-4-[1]naphthyl- **18** IV 829

—, 7-Acetoxy-6-nitro- **18** IV 303

—, 7-Acetoxy-8-nitro- **18** IV 303

—, 4-Acetoxy-3-[2-(4-nitro-phenylhydrazono)-äthyl]- **18** IV 1529

—, 7-Acetoxy-3-[(4-nitro-phenylhydrazono)-methyl]- **18** IV 1520

—, 4-Acetoxy-3-[2-oxo-äthyl]- **18** IV 1529

—, 4-Acetoxy-3-[3-oxo-1-phenyl-butyl]- **18** IV 1918

—, 7-Acetoxy-3-[3-oxo-5-phenyl-pent-4-enoyl]- **18** IV 2828

—, 7-Acetoxy-6-pentyl- **18** IV 433

Cumarin (Fortsetzung)

—, 3-[2-Acetoxy-phenyl]- **18** IV 715

—, 3-[4-Acetoxy-phenyl]- **18** IV 715

—, 4-Acetoxy-3-phenyl- **18** IV 710

—, 5-Acetoxy-4-phenyl- **18** IV 715

—, 6-Acetoxy-4-phenyl- **18** IV 716

—, 7-Acetoxy-3-phenyl- **18** I 324 i,
II 40 b, IV 712

  — imin **18** I 325 a

—, 7-Acetoxy-4-phenyl- **18** 60 b,
IV 716

—, 8-Acetoxy-3-phenyl- **18** IV 714

—, 4-Acetoxy-3-[1-phenyl-äthyl]- **18**
IV 763

—, 7-Acetoxy-8-propionyl- **18** IV 1538

—, 4-Acetoxy-3-propyl- **18** IV 398

—, 7-Acetoxy-4-propyl- **18** IV 398

—, 7-Acetoxy-5-propyl- **18** IV 398

—, 3-[2-Acetoxy-styryl]- **18** IV 796

—, 3-[3-Acetoxy-styryl]- **18** IV 796

—, 3-[4-Acetoxy-styryl]- **18** IV 796

—, 7-Acetoxy-4-styryl- **18** IV 797

—, 4-[3-Acetoxy-styryl]-7-methyl- **18**
IV 804

—, 4-[4-Acetoxy-styryl]-7-methyl- **18**
IV 804

—, 6-Acetoxy-7-[tetra-*O*-acetyl-
glucopyranosyloxy]- **18** IV 1329

—, 7-Acetoxy-6-[tetra-*O*-acetyl-
glucopyranosyloxy]- **18** IV 1329,
31 247 a

—, 6-Acetoxy-3-[toluol-4-sulfonyl]- **18**
II 67 a

—, 7-Acetoxy-3-[toluol-4-sulfonyl]- **18**
II 67 g

—, 7-Acetoxy-4-*m*-tolyl- **18** IV 738

—, 7-Acetoxy-4-*p*-tolyl- **18** IV 739

—, 7-Acetoxy-4-[3,4,5-triacetoxy-phenyl]-
18 II 218 e

—, 7-Acetoxy-3-[3,4,5-trimethoxy-phenyl]-
18 IV 3319

—, 7-Acetoxy-4-[3,4,5-trimethoxy-phenyl]-
18 II 218 d

—, 5-Acetoxy-3,4,7-trimethyl- **18**
IV 410

—, 6-Acetoxy-3,4,7-trimethyl- **18**
IV 410

—, 6-Acetoxy-5,7,8-trimethyl- **18**
IV 411

—, 7-[6-Acetoxy-5,5,8a-trimethyl-2-
methylen-decahydro-[1]naphthylmethoxy]-
18 IV 298

—, 3-Acetyl- **17** 511 e, I 263 d,
II 483 c, IV 6289

—, 3-Acetyl-7-acetylamino-8-brom-4-
hydroxy- **18** IV 8066

—, 3-Acetyl-7-acetylamino-4-hydroxy-
18 IV 8066

—, 6-Acetyl-7-äthoxycarbonyloxy-4-
methyl- **18** IV 1544

—, 3-Acetyl-4-äthoxy-6,8-dijod-
18 107 b

—, 3-Acetyl-4-äthoxy-7-methyl-
18 109 b

—, 8-Acetyl-6-äthyl-3-allyl-7-hydroxy-4-
methyl- **18** IV 1649

—, 8-Acetyl-6-äthyl-7-benzoyloxy-4-
methyl- **18** IV 1574

—, 6-Acetyl-8-äthyl-3-brom-5-hydroxy-4-
methyl- **18** IV 1573

—, 8-Acetyl-6-äthyl-3-brom-7-hydroxy-4-
methyl- **18** IV 1574

—, 8-Acetyl-6-äthyl-3-butyl-7-hydroxy-4-
methyl- **18** IV 1589

—, 6-Acetyl-8-äthyl-5-hydroxy- **18**
II 80 g

—, 8-Acetyl-6-äthyl-5-hydroxy- **18**
II 80 g

—, 8-Acetyl-6-äthyl-7-hydroxy- **18**
IV 1559

—, 6-Acetyl-8-äthyl-7-hydroxy-4,5-
dimethyl- **18** IV 1583

—, 8-Acetyl-6-äthyl-7-hydroxy-3,4-
dimethyl- **18** IV 1583

—, 8-Acetyl-4-äthyl-7-hydroxy-3-
[4-hydroxy-phenyl]- **18** IV 2808

—, 8-Acetyl-4-äthyl-7-hydroxy-3-
[4-methoxy-phenyl]- **18** IV 2809

—, 6-Acetyl-3-äthyl-5-hydroxy-4-methyl-
18 IV 1572

—, 6-Acetyl-3-äthyl-7-hydroxy-4-methyl-
18 IV 1573

—, 6-Acetyl-8-äthyl-5-hydroxy-4-methyl-
18 IV 1573

—, 6-Acetyl-8-äthyl-7-hydroxy-4-methyl-
18 IV 1573

—, 8-Acetyl-6-äthyl-7-hydroxy-4-methyl-
18 IV 1573

—, 8-Acetyl-6-äthyl-7-hydroxy-4-methyl-
3-propyl- **18** IV 1589

—, 8-Acetyl-6-äthyl-7-hydroxy-4-phenyl-
18 IV 1921

—, 6-Acetyl-8-äthyl-5-methoxy-4-methyl-
18 IV 1573

—, 8-Acetyl-6-äthyl-7-methoxy-4-methyl-
18 IV 1574

—, 3-Acetylamino- **17** I 256 f,
II 469 c, IV 6152

—, 6-Acetylamino- **18** 609 g, IV 7920

—, 7-Acetylamino-3-äthyl-4-hydroxy-
18 IV 8044

—, 3-Acetylamino-6-brom- **17** I 257 a

—, 6-Acetylamino-8-brom- **18** II 465 e

—, 3-Acetylamino-6-chlor-5,7-dimethyl-
17 IV 6193

—, 3-Acetylamino-6-chlorsulfonyl- **18**
IV 6746

Cumarin (Fortsetzung)

—, 3-[4-Acetylamino-cinnamoyl]-4-hydroxy- **18** IV 8069

—, 3-Acetylamino-4,7-dihydroxy-8-methyl- **18** IV 8123

—, 3-Acetylamino-4-hydroxy- **18** IV 8037

—, 4-Acetylamino-7-hydroxy- **18** I 350 c

—, 7-Acetylamino-4-hydroxy- **18** IV 8038

—, 8-Acetylamino-7-hydroxy- **18** IV 8085

—, 7-Acetylamino-4-hydroxy-3-methyl- **18** IV 8039

—, 8-Acetylamino-7-hydroxy-4-methyl- **18** 625 b

—, 6-Acetylamino-8-jod- **18** II 465 i

—, 3-Acetylamino-4-methoxy- **18** IV 1337

—, 4-Acetylamino-7-methoxy- **18** I 350 e

—, 5-Acetylamino-8-methoxy- **18** IV 8086

—, 6-Acetylamino-8-methoxy- **18** IV 8086

—, 3-Acetylamino-6-methoxy-5,7,8-trimethyl- **18** IV 1414

—, 6-Acetylamino-4-methyl- **18** IV 7927

—, 7-Acetylamino-4-methyl- **18** 611 c, IV 7928

—, 7-Acetylamino-4-methyl-3-phenyl- **18** IV 8012

—, 3-[4-Acetylamino-phenyl]- **18** IV 8006

—, 7-Acetylamino-3-phenyl- **18** IV 8003

—, 3-[1-(4-Acetylamino-phenyl)-3-oxo-butyl]-4-hydroxy- **18** IV 8068

—, 6-[4-Acetylamino-phenylsulfamoyl]- **18** IV 6741

—, 3-Acetylamino-6-sulfamoyl- **18** IV 6746

—, 3-[N-Acetyl-anilino]- **18** 608 b

—, 3-Acetyl-6-benzoyl-7-hydroxy- **18** II 182 b

—, 6-Acetyl-3-benzoyl-7-hydroxy- **18** II 182 a

—, 8-Acetyl-7-benzoyloxy- **18** IV 1530

—, 8-Acetyl-7-benzoyloxy-6-brom-4-methyl- **18** IV 1548

—, 8-Acetyl-7-benzoyloxy-6-chlor-4-methyl- **18** IV 1547

—, 6-Acetyl-5-benzoyloxy-4-methyl- **18** IV 1542

—, 6-Acetyl-7-benzoyloxy-4-methyl- **18** IV 1544

—, 8-Acetyl-7-benzoyloxy-4-phenyl- **18** IV 1903

—, 3-Acetyl-6-benzoyloxy-5,7,8-trimethyl- **18** IV 1575

—, 3-Acetyl-6-benzyl- **17** IV 6487

—, 6-Acetyl-3-benzyl-4,7-dihydroxy- **18** IV 2806

—, 6-Acetyl-3-benzyl-4-hydroxy- **17** IV 6794

—, 6-Acetyl-3-benzyl-5-hydroxy-4-methyl- **18** IV 1919

—, 6-Acetyl-3-benzyl-7-hydroxy-4-methyl- **18** IV 1920

—, 6-Acetyl-3-benzyl-4,5,7-trihydroxy- **18** IV 3368

—, 8-Acetyl-3-benzyl-4,5,7-trihydroxy- **18** IV 3368

—, 3-Acetyl-4-brom- **17** IV 6290 c

—, 3-Acetyl-6-brom- **17** I 263 g

—, 3-Acetyl-7-[4-brom-benzoyloxy]- **18** II 79 b

—, 6-Acetyl-3-brom-5,7-dihydroxy-4,8-dimethyl- **18** IV 2520

—, 3-Acetyl-6-brom-4-hydroxy- **17** IV 6743

—, 8-Acetyl-6-brom-7-hydroxy- **18** IV 1531

—, 6-Acetyl-3-brom-5-hydroxy-4-methyl- **18** IV 1543

—, 6-Acetyl-3-brom-7-hydroxy-4-methyl- **18** IV 1545

—, 6-Acetyl-8-brom-5-hydroxy-4-methyl- **18** IV 1543

—, 8-Acetyl-3-brom-7-hydroxy-4-methyl- **18** IV 1547

—, 8-Acetyl-6-brom-7-hydroxy-4-methyl- **18** IV 1548

—, 8-Acetyl-3-brom-7-methoxy-4-methyl- **18** IV 1547

—, 8-Acetyl-4-[4-brom-phenyl]-7-hydroxy- **18** IV 1904

—, 3-Acetyl-6-chlor- **17** IV 6289

—, 3-Acetyl-6-[4-chlor-benzyl]- **17** IV 6487

—, 6-Acetyl-3-chlor-5,7-dihydroxy-4,8-dimethyl- **18** IV 2520

—, 8-Acetyl-3-chlor-5,7-dihydroxy-4-methyl- **18** IV 2516

—, 6-Acetyl-3-chlor-5,7-dimethoxy-4-methyl- **18** IV 2515

—, 8-Acetyl-3-chlor-5,7-dimethoxy-4-methyl- **18** IV 2516

—, 3-Acetyl-6-chlor-4-hydroxy- **17** IV 6743

—, 3-Acetyl-6-chlor-7-hydroxy- **18** II 79 c

—, 3-Acetyl-7-chlor-4-hydroxy- **17** IV 6743

—, 8-Acetyl-6-chlor-7-hydroxy- **18** IV 1530

—, 3-Acetyl-6-chlor-4-hydroxy-7-methyl- **17** IV 6747

Cumarin (Fortsetzung)

—, 3-Acetyl-6-chlor-4-hydroxy-8-methyl-
17 IV 6747

—, 8-Acetyl-3-chlor-7-hydroxy-4-methyl-
18 IV 1546

—, 8-Acetyl-6-chlor-7-hydroxy-4-methyl-
18 IV 1547

—, 3-Acetyl-6-chlor-8-isopropyl-5-
methyl- 17 IV 6314

—, 3-Acetyl-6-chlor-7-[toluol-4-
sulfonyloxy]- 18 II 79 d

—, 8-Acetyl-7-
diäthoxythiophosphoryloxy-4-methyl-
18 IV 1546

—, 3-Acetyl-6,8-diäthyl-5-hydroxy- 18
II 81 c

—, 8-Acetyl-3,6-diäthyl-7-hydroxy-4-
methyl- 18 IV 1587

—, 3-Acetyl-6,8-diäthyl-5-[toluol-4-
sulfonyloxy]- 18 II 81 d

—, 3-Acetyl-6,8-dibrom- 17 IV 6290

—, 3-Acetyl-6,8-dibrom-4-hydroxy-
17 569 d

—, 6-Acetyl-3,8-dibrom-5-hydroxy-4-
methyl- 18 IV 1543

—, 3-Acetyl-6,8-dichlor- 17 IV 6290

—, 3-Acetyl-6,8-dichlor-4-hydroxy- 17
IV 6743

—, 3-Acetyl-6,8-dichlor-5-hydroxy- 18
II 78 f

—, 8-Acetyl-3,6-dichlor-7-hydroxy-4-
methyl- 18 IV 1547

—, 3-Acetyl-6,8-dichlor-5-[toluol-4-
sulfonyloxy]- 18 II 78 g

—, 3-Acetyl-4,5-dihydroxy- 18 IV 2502

—, 3-Acetyl-4,7-dihydroxy- 18 IV 2503

—, 3-Acetyl-7,8-dihydroxy- 18 II 155 e

—, 6-Acetyl-5,7-dihydroxy-4,8-dimethyl-
18 IV 2519

—, 3-Acetyl-4,7-dihydroxy-5-methyl- 18
IV 2514

—, 6-Acetyl-5,7-dihydroxy-4-methyl- 18
IV 2514

—, 6-Acetyl-5,8-dihydroxy-4-methyl- 18
IV 2515

—, 6-Acetyl-7,8-dihydroxy-4-methyl- 18
IV 2515

—, 8-Acetyl-5,7-dihydroxy-4-methyl- 18
IV 2516

—, 8-Acetyl-6,7-dihydroxy-4-methyl- 18
IV 2516

—, 3-Acetyl-6,8-dijod- 17 IV 6290

—, 3-Acetyl-6,7-dimethoxy- 18 IV 2502

—, 8-Acetyl-5,7-dimethoxy- 18 IV 2505

—, 8-Acetyl-6,7-dimethoxy- 18 IV 2505

—, 6-Acetyl-5,7-dimethoxy-4,8-dimethyl-
18 IV 2520

—, 6-Acetyl-5,7-dimethoxy-4-methyl-
18 IV 2515

—, 6-Acetyl-5,8-dimethoxy-4-methyl-
18 IV 2515

—, 8-Acetyl-5,7-dimethoxy-4-methyl-
18 IV 2516

—, 8-Acetyl-6,7-dimethoxy-4-methyl-
18 IV 2517

—, 8-Acetyl-7-
dimethoxythiophosphoryloxy-4-methyl-
18 IV 1546

—, 7-Acetyl-6-[3,7-dimethyl-octa-2,6-
dienyl]- 18 II 28 d

—, 6-[N′-Acetyl-hydrazino]- 18 642 d

—, 3-Acetyl-4-hydroxy- 17 569 c,
IV 6740

—, 3-Acetyl-7-hydroxy- 18 II 79 a,
IV 1527

—, 6-Acetyl-7-hydroxy- 18 IV 1529

—, 8-Acetyl-7-hydroxy- 18 IV 1529

—, 3-Acetyl-4-hydroxy-6,8-dijod-
17 569 e

—, 3-Acetyl-4-hydroxy-6,7-dimethoxy-
18 IV 3102

—, 6-Acetyl-5-hydroxy-3,4-dimethyl- 18
IV 1560

—, 6-Acetyl-5-hydroxy-4,7-dimethyl- 18
IV 1561

—, 6-Acetyl-7-hydroxy-3,4-dimethyl- 18
IV 1561

—, 6-Acetyl-7-hydroxy-4,8-dimethyl- 18
IV 1561

—, 8-Acetyl-7-hydroxy-3-[4-hydroxy-
phenyl]-4-methyl- 18 IV 2807

—, 6-Acetyl-7-hydroxy-3-isopropyl-4-
methyl- 18 IV 1583

—, 3-Acetyl-4-hydroxy-6-methoxy- 18
IV 2503

—, 3-Acetyl-4-hydroxy-7-methoxy- 18
IV 2503

—, 8-Acetyl-6-hydroxy-7-methoxy- 18
IV 2505

—, 8-Acetyl-7-hydroxy-6-methoxy- 18
IV 2505

—, 8-Acetyl-6-hydroxy-7-methoxy-4-
methyl- 18 IV 2516

—, 8-Acetyl-7-hydroxy-6-methoxy-4-
methyl- 18 IV 2516

—, 8-Acetyl-7-hydroxy-3-[4-methoxy-
phenyl]-4-methyl- 18 IV 2807

—, 3-Acetyl-4-hydroxy-6-methyl-
17 570 j, IV 6746

—, 3-Acetyl-4-hydroxy-7-methyl-
17 571 a

—, 3-Acetyl-7-hydroxy-5-methyl- 18
IV 1541

—, 3-Acetyl-7-hydroxy-8-methyl- 18
IV 1541

—, 5-Acetyl-6-hydroxy-7-methyl- 18
IV 1549

Cumarin (Fortsetzung)

—, 6-Acetyl-5-hydroxy-4-methyl- **18** IV 1542

—, 6-Acetyl-7-hydroxy-4-methyl- **18** IV 1543

—, 8-Acetyl-5-hydroxy-4-methyl- **18** IV 1545

—, 8-Acetyl-7-hydroxy-4-methyl- **18** IV 1545

—, 8-Acetyl-7-hydroxy-4-methyl-3-nitro- **18** IV 1548

—, 8-Acetyl-7-hydroxy-4-methyl-6-nitro- **18** IV 1548

—, 3-Acetyl-4-hydroxy-7-nitro- **17** IV 6743

—, 3-Acetyl-5-hydroxy-6-nitro- **18** IV 1527

—, 3-Acetyl-7-hydroxy-8-nitro- **18** II 79 e, IV 1528

—, 8-Acetyl-7-hydroxy-4-phenyl- **18** IV 1903

—, 3-Acetyl-5-hydroxy-6-phenylacetyl- **18** IV 2817

—, 3-Acetyl-5-hydroxy-6-propionyl- **18** IV 2571

—, 8-Acetyl-7-hydroxy-4-*m*-tolyl- **18** IV 1913

—, 8-Acetyl-7-hydroxy-4-*p*-tolyl- **18** IV 1913

—, 3-Acetyl-6-hydroxy-5,7,8-trimethyl- **18** IV 1574

—, 6-Acetyl-5-hydroxy-3,4,7-trimethyl- **18** IV 1574

—, 3-Acetyl-8-isopropyl-5,6-dimethyl- **17** IV 6319

—, 3-Acetyl-6-jod- **17** IV 6290

—, 3-Acetyl-6-jod-8-methoxy- **18** IV 1528

—, 3-Acetyl-6-methoxy- **18** IV 1527

—, 3-Acetyl-7-methoxy- **18** IV 1527

—, 3-Acetyl-8-methoxy- **18** IV 1528

—, 6-Acetyl-8-methoxy- **18** IV 1529

—, 8-Acetyl-7-methoxy- **18** IV 1529

—, 3-Acetyl-4-methoxy-7-methyl- **18** 109 a

—, 3-Acetyl-7-methoxy-4-methyl- **18** IV 1541

—, 3-Acetyl-7-methoxy-8-methyl- **18** IV 1541

—, 6-Acetyl-5-methoxy-4-methyl- **18** IV 1542

—, 6-Acetyl-7-methoxy-4-methyl- **18** IV 1544

—, 8-Acetyl-5-methoxy-4-methyl- **18** IV 1545

—, 8-Acetyl-7-methoxy-4-methyl- **18** IV 1545

—, 8-Acetyl-7-methoxy-4-methyl-3-nitro- **18** IV 1548

—, 8-Acetyl-7-methoxy-4-methyl-6-nitro- **18** IV 1549

—, 8-Acetyl-7-methoxy-4-phenyl- **18** IV 1903

—, 3-Acetyl-6-methoxy-5,7,8-trimethyl- **18** IV 1574

—, 3-Acetyl-4-methyl- **17** IV 6296

—, 3-Acetyl-5-methyl- **17** 514 c

—, 3-Acetyl-6-methyl- **17** 514 e, IV 6297

—, 3-Acetyl-7-methyl- **17** 515 c, IV 6297

—, 3-Acetyl-8-methyl- **17** 515 e

—, 6-Acetyl-4-methyl-5-[4-nitro-benzoyloxy]- **18** IV 1542

—, 3-Acetyl-7-methyl-4-propoxy- **18** 109 c

—, 6-Acetyl-4-methyl-5-*o*-toluoyloxy- **18** IV 1542

—, 3-Acetyl-6-nitro- **17** IV 6291

—, 3-Acetyl-8-nitro- **17** IV 6291

—, 3-[*N*-Acetyl-*N*-phenyl-glycyl]- **18** IV 8047

—, 3-[*N*-Acetyl-sulfanilyl]- **18** IV 286

—, 3-[(*N*-Acetyl-sulfanilyl)-amino]- **17** IV 6153

—, 6-[(*N*-Acetyl-sulfanilyl)-amino]- **18** IV 7924

—, 3-[(*N*-Acetyl-sulfanilyl)-amino]-6-sulfamoyl- **18** IV 6746

—, 3-Acetyl-5,7,8-trimethyl- **17** IV 6309

—, 3-Äthansulfonyl- **18** IV 285

—, 6-Äthansulfonyl-8-äthyl-7-hydroxy-4-methyl- **18** IV 1413

—, 8-Äthansulfonyl-6-äthyl-7-hydroxy-4-methyl- **18** IV 1412

—, 6-Äthansulfonyl-5-hydroxy-4,7-dimethyl- **18** IV 1404

—, 8-Äthansulfonyl-7-hydroxy-3,4-dimethyl- **18** IV 1402

—, 8-Äthansulfonyl-7-hydroxy-4-methyl- **18** IV 1381

—, 8-Äthansulfonyl-7-hydroxy-4-methyl-6-propyl- **18** IV 1418

—, 7-Äthansulfonyloxy-4-methyl- **18** IV 340

—, 4-Äthoxy- **18** 26 b, IV 286

—, 6-Äthoxy- **18** IV 293

—, 7-Äthoxy- **18** 28 a, IV 295

—, 6-Äthoxy-3-äthylaminomethyl-4-hydroxy- **18** IV 8120

—, 6-Äthoxy-3-allylaminomethyl-4-hydroxy- **18** IV 8121

—, 6-Äthoxy-3-benzylaminomethyl-4-hydroxy- **18** IV 8122

—, 7-Äthoxy-3-benzyl-4-methyl- **18** I 330 g

—, 7-Äthoxy-3-brom- **18** 28 f

Cumarin (Fortsetzung)

—, 6-Äthoxy-3-butylaminomethyl-4-
hydroxy- **18** IV 8121

—, 6-Äthoxy-3-*sec*-butylaminomethyl-4-
hydroxy- **18** IV 8121

—, 7-Äthoxy-8-butyryl- **18** IV 1553

—, 3-[(1-Äthoxycarbonyl-äthylamino)-
methyl]-4-hydroxy-6-methyl- **18** IV 8046

—, 6-Äthoxycarbonylamino- **18**
IV 7920

—, 6-Äthoxycarbonylamino-4,7-
dimethyl- **18** IV 7934

—, 7-Äthoxycarbonylamino-3-phenyl-
18 IV 8003

—, 3-[(Äthoxycarbonylmethyl-amino)-
methyl]-4-hydroxy-6-methyl- **18** IV 8046

—, 7-Äthoxycarbonyloxy- **18** II 17 c

—, 7-Äthoxycarbonyloxy-6-äthyl-4-
methyl- **18** IV 405

—, 7-Äthoxycarbonyloxy-3-brom- **18**
II 17 e

—, 7-Äthoxycarbonyloxy-3-brom-4-
methyl- **18** II 20 f

—, 7-Äthoxycarbonyloxy-3-
chlorcarbonyl- **18** IV 6343

—, 7-Äthoxycarbonyloxy-3-formyl- **18**
IV 1520

—, 6-Äthoxycarbonyloxy-4-methyl- **18**
II 19 b

—, 7-Äthoxycarbonyloxy-4-methyl- **18**
II 20 c

—, 7-Äthoxycarbonyloxy-4-methyl-6-
propionyl- **18** IV 1556

—, 7-Äthoxycarbonyloxy-3-[(4-nitro-
phenylhydrazono)-methyl]- **18** IV 1520

—, 6-Äthoxy-3-cyclohexylaminomethyl-
4-hydroxy- **18** IV 8122

—, 4-Äthoxy-6,8-dibrom- **18** 26 e

—, 4-Äthoxy-6,8-dichlor- **18** 26 d

—, 7-Äthoxy-6,8-dimethoxy- **18**
II 153 b

—, 8-Äthoxy-6,7-dimethoxy- **18**
II 153 c

—, 7-Äthoxy-3,4-dimethyl- **18** II 22 j,
IV 378

—, 6-Äthoxy-3-dimethylaminomethyl-4-
hydroxy- **18** IV 8120

—, 3-Äthoxy-4-hydroxy- **18** IV 1336

—, 4-Äthoxy-3-hydroxy- **18** IV 1336

—, 7-Äthoxy-8-hydroxy- **18** II 69 e,
IV 1331

—, 8-Äthoxy-7-hydroxy- **18** 101 a,
IV 1332

—, 6-Äthoxy-4-hydroxy-3-[(2-hydroxy-
propylamino)-methyl]- **18** IV 8122

—, 6-Äthoxy-4-hydroxy-3-
isopropylaminomethyl- **18** IV 8120

—, 7-Äthoxy-8-hydroxy-6-methoxy- **18**
II 152 k

—, 8-Äthoxy-6-hydroxy-7-methoxy- **18**
II 153 a

—, 5-Äthoxy-6-hydroxy-7-methoxy-4-
methyl- **18** IV 2388

—, 6-Äthoxy-4-hydroxy-3-
phenäthylaminomethyl- **18** IV 8122

—, 7-Äthoxy-6-hydroxy-4-phenyl- **18**
IV 1815

—, 6-Äthoxy-4-hydroxy-3-
propylaminomethyl- **18** IV 8120

—, 6-Äthoxy-7-methoxy- **18** IV 1324

—, 7-Äthoxy-5-methoxy- **18** IV 1322

—, 7-Äthoxy-8-methoxy- **18** II 69 f

—, 8-Äthoxy-7-methoxy- **18** II 69 g

—, 5-Äthoxy-7-methoxy-4-methyl- **18**
IV 1369

—, 7-Äthoxy-5-methoxy-6-methyl- **18**
IV 1383

—, 7-Äthoxy-5-methoxy-8-methyl- **18**
IV 1383

—, 6-Äthoxy-7-methoxy-4-phenyl- **18**
IV 1815

—, 7-Äthoxy-6-methoxy-4-phenyl- **18**
IV 1816

—, 4-Äthoxy-6-methyl- **18** 34 b

—, 4-Äthoxy-7-methyl- **18** 34 f

—, 6-Äthoxy-4-methyl- **18** IV 330

—, 7-Äthoxy-4-methyl- **18** IV 334

—, 7-Äthoxy-4-methyl-3-phenyl- **18**
I 327 d

—, 7-[Äthoxy-methyl-
thiophosphinoyloxy]-4-methyl- **18**
IV 342

—, 7-Äthoxy-4-phenyl- **18** IV 716

—, 3-[4-Äthoxy-phenylcarbamoyl]- **18**
IV 5574

—, 3-[4-Äthoxy-phenylcarbamoyl]-6-
brom- **18** IV 5578

—, 3-[4-Äthoxy-phenylcarbamoyl]-6-
nitro- **18** IV 5583

—, 7-Äthoxy-8-propionyl- **18** IV 1538

—, 6-Äthoxythiocarbonylamino- **18**
IV 7922

—, 3-Äthyl- **17** 340 e, I 175 h,
IV 5094

    — [*O*-acetyl-oxim] **17** 341 a

    — oxim **17** 340 f

    — phenylhydrazon **17** 341 b

—, 4-Äthyl- **17** IV 5094

—, 6-Äthyl-3-allyl-7-hydroxy-4-methyl-
18 IV 523

—, 6-Äthylamino- **18** 609 d

—, 4-Äthylamino-7-methyl- **17** 493 c

—, 3-Äthylaminomethyl-6-brom-4-
hydroxy- **18** IV 8043

—, 3-Äthylaminomethyl-6-chlor-4-
hydroxy- **18** IV 8041

—, 3-Äthylaminomethyl-4-hydroxy- **18**
IV 8040

Cumarin (Fortsetzung)
—, 3-Äthylaminomethyl-4-hydroxy-6-
methoxy- **18** IV 8120
—, 3-Äthylaminomethyl-4-hydroxy-6-
methyl- **18** IV 8044
—, 6-[Äthyl-benzolsulfonyl-amino]-
18 610 b
—, 6-Äthyl-8-benzoyl-3-butyl-7-hydroxy-
4-methyl- **18** IV 1924
—, 6-Äthyl-8-benzoyl-7-hydroxy- **18**
IV 1913
—, 6-Äthyl-8-benzoyl-7-hydroxy-3,4-
dimethyl- **18** IV 1922
—, 6-Äthyl-8-benzoyl-7-hydroxy-4-
methyl- **18** IV 1920
—, 6-Äthyl-8-benzoyl-7-hydroxy-4-
methyl-3-propyl- **18** IV 1924
—, 6-Äthyl-7-benzoyloxy- **18** IV 373
—, 6-Äthyl-7-benzoyloxy-3-
[1-benzoyloxy-2,2,2-trichlor-äthyl]-4-
methyl- **18** IV 1425
—, 6-Äthyl-7-benzoyloxy-3-butyl-4-
methyl- **18** IV 458
—, 6-Äthyl-7-benzoyloxy-3,4-dimethyl-
18 IV 424
—, 7-Äthyl-6-benzoyloxy-3,4-dimethyl-
18 IV 425
—, 5-Äthyl-7-benzoyloxy-4-methyl- **18**
IV 404
—, 6-Äthyl-7-benzoyloxy-4-methyl- **18**
IV 405
—, 7-Äthyl-6-benzoyloxy-4-methyl- **18**
IV 406
—, 8-Äthyl-5-benzoyloxy-4-methyl- **18**
IV 407
—, 8-Äthyl-7-benzoyloxy-4-methyl- **18**
IV 408
—, 6-Äthyl-7-benzoyloxy-4-methyl-8-
propionyl- **18** IV 1583
—, 6-Äthyl-7-benzoyloxy-4-methyl-3-
propyl- **18** IV 446
—, 7-[Äthyl-benzyl-amino]-3,4-dimethyl-
18 612 d
—, 7-[Äthyl-benzyl-amino]-4-methyl-
18 611 b
—, 6-Äthyl-7,8-bis-benzoyloxy-3-
[1-benzoyloxy-2,2,2-trichlor-äthyl]-4-
methyl- **18** IV 2416
—, 6-Äthyl-8-brom-7-hydroxy-3,4-
dimethyl- **18** IV 424
—, 8-Äthyl-3-brom-7-hydroxy-4,6-
dimethyl- **18** IV 427
—, 3-Äthyl-6-brom-7-hydroxy-4-methyl-
18 IV 403
—, 3-Äthyl-6-brom-7-methoxy-4-methyl-
18 IV 403
—, 6-Äthyl-3-brom-7-methoxy-4-methyl-
18 IV 406
—, 4-Äthyl-6-*tert*-butyl- **17** IV 5154

—, 3-Äthyl-6-butyl-4-hydroxy- **17**
IV 6222
—, 6-Äthyl-3-butyl-4-hydroxy- **17**
IV 6223
—, 6-Äthyl-3-butyl-7-hydroxy-4-methyl-
18 IV 458
—, 7-Äthyl-3-butyl-6-hydroxy-4-methyl-
18 IV 458
—, 3-Äthyl-6-*tert*-butyl-4-methyl- **17**
IV 5160
—, 4-Äthyl-6-*tert*-butyl-3-methyl- **17**
IV 5160
—, 3-Äthyl-6-*tert*-butyl-4-propyl- **17**
IV 5167
—, 6-Äthyl-8-butyryl-7-hydroxy-4-
methyl- **18** IV 1587
—, 6-Äthyl-7-butyryloxy-4-methyl- **18**
IV 405
—, 4-Äthyl-3-carbamoyl- **18** IV 5602
—, 4-Äthyl-3-chlorcarbonyl- **18**
IV 5602
—, 8-Äthyl-3-chlor-5,7-dihydroxy-4-
methyl- **18** IV 1412
—, 8-Äthyl-3-chlor-5,7-dimethoxy-4-
methyl- **18** IV 1412
—, 3-Äthyl-6-chlor-4,5-dimethyl- **17**
IV 5133
—, 3-Äthyl-6-chlor-4,7-dimethyl- **17**
IV 5133
—, 3-Äthyl-8-chlor-4,6-dimethyl- **17**
IV 5133
—, 4-Äthyl-6-chlor-3,7-dimethyl- **17**
IV 5133
—, 4-Äthyl-6-chlor-3,8-dimethyl- **17**
IV 5134
—, 4-Äthyl-8-chlor-3,6-dimethyl- **17**
IV 5133
—, 3-Äthyl-6-chlor-5-hydroxy-4,7-
dimethyl- **18** IV 426
—, 3-Äthyl-8-chlor-5-hydroxy-4,7-
dimethyl- **18** IV 426
—, 6-Äthyl-8-chlor-5-hydroxy-3,4-
dimethyl- **18** IV 424
—, 8-Äthyl-6-chlor-5-hydroxy-3,4-
dimethyl- **18** IV 424
—, 3-Äthyl-6-chlor-7-hydroxy-4-methyl-
18 IV 402
—, 6-Äthyl-8-chlor-5-hydroxy-4-methyl-
18 IV 404
—, 8-Äthyl-6-chlor-5-hydroxy-4-methyl-
18 IV 404
—, 6-Äthyl-7-[chlor-hydroxy-
phosphoryloxy]-4-methyl- **18** IV 406
—, 3-Äthyl-6-chlor-4-methyl- **17**
II 369 e
—, 4-Äthyl-6-chlor-3-methyl- **17**
IV 5115
—, 6-Äthyl-8-chloromercurio-7-hydroxy-
4-methyl- **18** IV 8441

Cumarin (Fortsetzung)

—, 6-Äthyl-8-chlorsulfonyl-7-hydroxy-3,4-dimethyl- **18** IV 6758

—, 6-Äthyl-3-chlorsulfonyl-7-methoxy-4-methyl- **18** IV 6757

—, 6-Äthyl-3-[2-chlor-vinyl]-7-hydroxy-4-methyl- **18** IV 519

—, 6-Äthyl-8-cinnamoyl-7-hydroxy-4-methyl- **18** IV 1934

—, 4-Äthyl-3-cyan- **18** IV 5602

—, 6-Äthyl-7-diäthoxythiophosphoryloxy-4-methyl- **18** IV 406

—, 7-Äthyl-4-[(4-diäthylamino-butylcarbamoyl)-methyl]- **18** IV 5613

—, 7-Äthyl-4-[(3-diäthylamino-2-hydroxy-propylcarbamoyl)-methyl]- **18** IV 5614

—, 7-Äthyl-4-[(4-diäthylamino-1-methyl-butylcarbamoyl)-methyl]- **18** IV 5613

—, 6-Äthyl-3,8-dibrom-7-hydroxy-4-methyl- **18** IV 406

—, 6-Äthyl-3-[2,2-dichlor-äthyl]-7-hydroxy-4-methyl- **18** IV 437

—, 4-Äthyl-5,7-dihydroxy- **18** IV 1398

—, 6-Äthyl-7,8-dihydroxy- **18** IV 1399

—, 6-Äthyl-7,8-dihydroxy-3,4-dimethyl- **18** IV 1420

—, 3-Äthyl-5,7-dihydroxy-4-methyl- **18** IV 1410

—, 3-Äthyl-7,8-dihydroxy-4-methyl- **18** IV 1410

—, 6-Äthyl-5,7-dihydroxy-4-methyl- **18** IV 1411

—, 6-Äthyl-7,8-dihydroxy-4-methyl- **18** IV 1411

—, 8-Äthyl-5,7-dihydroxy-4-methyl- **18** IV 1412

—, 6-Äthyl-7,8-dihydroxy-4-methyl-3-propyl- **18** IV 1432

—, 6-Äthyl-7,8-dihydroxy-4-methyl-3-[2,2,2-trichlor-1-hydroxy-äthyl]- **18** IV 2415

—, 6-Äthyl-7,8-dihydroxy-4-phenyl- **18** IV 1864

—, 3-Äthyl-4,7-dimethoxy- **18** IV 1396

—, 3-Äthyl-6,7-dimethoxy- **18** IV 1396

—, 4-Äthyl-5,7-dimethoxy- **18** IV 1398

—, 8-Äthyl-5,7-dimethoxy- **18** IV 1399

—, 3-Äthyl-5,7-dimethoxy-4-methyl- **18** IV 1410

—, 6-Äthyl-5,7-dimethoxy-4-methyl- **18** IV 1411

—, 6-Äthyl-7,8-dimethoxy-4-methyl- **18** IV 1412

—, 8-Äthyl-5,7-dimethoxy-4-methyl- **18** IV 1412

—, 6-Äthyl-7,8-dimethoxy-4-methyl-3-[2,2,2-trichlor-1-methoxy-äthyl]- **18** IV 2415

—, 3-Äthyl-4,6-dimethyl- **17** IV 5133

—, 3-Äthyl-4,7-dimethyl- **17** 345 e, I 185 k, IV 5134

—, 3-Äthyl-7-dimethylamino-4-methyl- **18** 612 e

—, 3-Äthyl-4-[2-(2,4-dinitro-phenylhydrazono)-pentyl]-7-hydroxy-5-methyl- **18** IV 1588

—, 7-Äthylensulfonyloxy-4-methyl- **18** IV 341

—, 3-Äthyl-7-glucopyranosyloxy-4-methyl- **18** IV 402

—, 3-[2-Äthyl-heptanoyl]-6-chlor-4-hydroxy- **17** IV 6759

—, 3-[2-Äthyl-hexanoyl]-4-hydroxy- **17** IV 6758

—, 3-Äthyl-6-hexyl-4-hydroxy- **17** IV 6246

—, 6-Äthyl-3-hexyl-4-hydroxy- **17** IV 6247

—, 3-Äthyl-4-hydroxy- **17** IV 6191

—, 3-Äthyl-7-hydroxy- **18** 36 f, IV 371

—, 4-Äthyl-7-hydroxy- **18** IV 372

—, 6-Äthyl-7-hydroxy- **18** IV 372

—, 6-Äthyl-7-[2-hydroxy-äthoxy]-4-methyl- **18** IV 405

—, 3-Äthyl-4-hydroxy-6,7-dimethoxy- **18** IV 2403

—, 6-Äthyl-7-hydroxy-5,8-dimethoxy-4-methyl- **18** IV 2408

—, 3-Äthyl-5-hydroxy-4,7-dimethyl- **18** IV 425

—, 3-Äthyl-6-hydroxy-4,7-dimethyl- **18** IV 426

—, 3-Äthyl-7-hydroxy-4,5-dimethyl- **18** IV 423

—, 6-Äthyl-5-hydroxy-4,7-dimethyl- **18** IV 427

—, 6-Äthyl-7-hydroxy-3,4-dimethyl- **18** IV 424

—, 6-Äthyl-7-hydroxy-4,8-dimethyl- **18** IV 427

—, 7-Äthyl-6-hydroxy-3,4-dimethyl- **18** IV 425

—, 8-Äthyl-7-hydroxy-4,5-dimethyl- **18** IV 426

—, 8-Äthyl-7-hydroxy-4,6-dimethyl- **18** IV 427

—, 6-Äthyl-7-hydroxy-3,4-dimethyl-8-phenylsulfamoyl- **18** IV 6759

—, 3-Äthyl-7-hydroxy-4,5-dimethyl-8-propyl- **18** IV 459

—, 8-Äthyl-7-hydroxy-4,5-dimethyl-3-propyl- **18** IV 459

—, 6-Äthyl-7-hydroxy-8-[1-hydroxyimino-butyl]-4-methyl- **18** IV 1587

—, 3-Äthyl-4-hydroxy-6-methoxy- **18** IV 1396

Cumarin   (Fortsetzung)

—, 3-Äthyl-4-hydroxy-7-methoxy- **18**
IV 1396

—, 6-Äthyl-7-hydroxy-8-[4-methoxy-
cinnamoyl]-4-methyl- **18** IV 6648

—, 4-Äthyl-7-hydroxy-3-[4-methoxy-
phenyl]- **18** IV 1864

—, 3-Äthyl-4-hydroxy-6-methyl- **17**
IV 6203

—, 3-Äthyl-6-hydroxy-4-methyl- **18**
IV 401

—, 3-Äthyl-7-hydroxy-4-methyl- **18**
IV 401

—, 5-Äthyl-7-hydroxy-4-methyl- **18**
IV 404

—, 6-Äthyl-5-hydroxy-4-methyl- **18**
IV 404

—, 6-Äthyl-7-hydroxy-4-methyl- **18**
IV 404

—, 6-Äthyl-7-hydroxy-5-methyl- **18**
IV 408

—, 7-Äthyl-6-hydroxy-4-methyl- **18**
IV 406

—, 8-Äthyl-5-hydroxy-4-methyl- **18**
IV 407

—, 8-Äthyl-7-hydroxy-4-methyl- **18**
IV 407

—, 3-Äthyl-7-hydroxy-5-methyl-4-[2-oxo-
pentyl]- **18** IV 1588

—, 6-Äthyl-7-hydroxy-4-methyl-3-
[phenylcarbamoyl-methyl]- **18** IV 6393

—, 6-Äthyl-7-hydroxy-4-methyl-8-
propionyl- **18** IV 1582

—, 6-Äthyl-7-hydroxy-4-methyl-3-propyl-
18 IV 446

—, 7-Äthyl-6-hydroxy-4-methyl-3-propyl-
18 IV 446

—, 6-Äthyl-7-hydroxy-4-methyl-8-
[1-semicarbazono-propyl]- **18** IV 1583

—, 6-Äthyl-7-hydroxy-4-methyl-3-[2,2,2-
trichlor-1-hydroxy-äthyl]- **18** IV 1425

—, 6-Äthyl-7-hydroxy-4-methyl-3-[2,2,2-
trichlor-1-methoxy-äthyl]- **18** IV 1425

—, 4-Äthyl-7-hydroxy-3-phenyl- **18**
IV 767

—, 6-Äthyl-7-hydroxy-4-phenyl- **18**
IV 768

—, 7-Äthyl-6-hydroxy-4-phenyl- **18**
IV 768

—, 6-Äthyl-7-hydroxy-4-
[phenylcarbamoyl-methyl]- **18** IV 6385

—, 6-Äthyl-7-hydroxy-8-
[1-semicarbazono-äthyl]- **18** IV 1559

—, 6-Äthyl-7-hydroxy-8-
[α-semicarbazono-benzyl]- **18** IV 1913

—, 8-Äthyl-7-hydroxy-3,4,5-trimethyl-
18 IV 438

—, 3-[1-Äthylimino-äthyl]-4-hydroxy-
17 IV 6741

—, 3-Äthyl-4-methoxy- **18** IV 371

—, 3-Äthyl-7-methoxy- **18** IV 372

—, 3-Äthyl-7-methoxy-4,5-dimethyl- **18**
IV 424

—, 6-Äthyl-7-methoxy-3,4-dimethyl- **18**
IV 424

—, 7-Äthyl-6-methoxy-3,4-dimethyl- **18**
IV 425

—, 4-Äthyl-7-methoxy-3-[4-methoxy-
phenyl]- **18** IV 1864

—, 3-Äthyl-7-methoxy-4-methyl- **18**
IV 402

—, 4-Äthyl-7-methoxy-3-methyl- **18**
IV 401

—, 6-Äthyl-7-methoxy-4-methyl- **18**
IV 405

—, 7-Äthyl-6-methoxy-4-methyl- **18**
IV 406

—, 8-Äthyl-5-methoxy-4-methyl- **18**
IV 407

—, 8-Äthyl-7-methoxy-4-methyl- **18**
IV 407

—, 3-Äthyl-7-methoxy-5-methyl-4-[2-oxo-
pentyl]- **18** IV 1588

—, 6-Äthyl-7-methoxy-4-methyl-3-
phenylsulfamoyl- **18** IV 6757

—, 6-Äthyl-7-methoxy-4-methyl-3-
propyl- **18** IV 446

—, 6-Äthyl-7-methoxy-4-methyl-3-[2,2,2-
trichlor-1-hydroxy-äthyl]- **18** IV 1425

—, 6-Äthyl-7-methoxy-4-methyl-3-[2,2,2-
trichlor-1-methoxy-äthyl]- **18** IV 1425

—, 4-Äthyl-7-methoxy-3-phenyl- **18**
IV 767

—, 3-Äthyl-7-methyl- **17** IV 5115

—, 6-Äthyl-4-methyl- **17** IV 5116

—, 3-[Äthyl-methyl-carbamoyl]- **18**
IV 5572

—, 3-Äthyl-4-methyl-6-*tert*-pentyl- **17**
IV 5165

—, 4-Äthyl-3-methyl-6-*tert*-pentyl- **17**
IV 5164

—, 6-Äthyl-4-methyl-7-propionyloxy-
18 IV 405

—, 3-Äthyl-4-methyl-7-[tetra-*O*-acetyl-
glucopyranosyloxy]- **18** IV 402

—, 6-[Äthyl-nitroso-amino]- **18** 610 d

—, 4-Äthyl-6-*tert*-pentyl- **17** IV 5160

—, 3-Äthyl-6-*tert*-pentyl-4-propyl- **17**
IV 5168

—, 3-[2-Äthyl-1-phenylhydrazono-hexyl]-
4-hydroxy- **17** IV 6758

—, 6-Äthyl-5,7,8-trimethoxy-4-methyl-
18 IV 2409

—, 3-Äthyl-4,6,8-trimethyl- **17** IV 5145

—, 7-[*N'*-Äthyl-ureido]-3-phenyl- **18**
IV 8005

—, 3-Allophanoyl- **18** IV 5574

—, 3-Allophanoyl-6-nitro- **18** IV 5583

Cumarin (Fortsetzung)

—, 3-Allylaminomethyl-6-chlor-4-
    hydroxy- **18** IV 8042
—, 3-Allylaminomethyl-4-hydroxy- **18**
    IV 8040
—, 3-Allylaminomethyl-4-hydroxy-6-
    methoxy- **18** IV 8121
—, 3-Allylaminomethyl-4-hydroxy-6-
    methyl- **18** IV 8046
—, 3-Allylcarbamoyl-6-brom- **18**
    IV 5577
—, 8-Allyl-7-diäthoxythiophosphoryloxy-
    4-methyl- **18** IV 511
—, 8-Allyl-3-diäthylcarbamoyl- **18**
    IV 5640
—, 3-Allyl-5,7-dihydroxy-4-methyl- **18**
    II 80 c, IV 1555
—, 3-Allyl-7,8-dihydroxy-4-methyl- **18**
    II 80 e, IV 1555
—, 3-Allyl-4,7-dimethyl- **17** II 373 e
—, 3-Allyl-4-hydroxy- **17** IV 6296
—, 8-Allyl-7-hydroxy- **18** IV 503
—, 6-Allyl-5-hydroxy-4,7-dimethyl- **18**
    IV 518
—, 6-Allyl-7-hydroxy-4,8-dimethyl- **18**
    IV 519
—, 8-Allyl-5-hydroxy-4,7-dimethyl- **18**
    IV 519
—, 3-Allyl-7-hydroxy-4-methyl- **18**
    II 26 c, IV 510
—, 8-Allyl-7-hydroxy-4-methyl- **18**
    IV 510
—, 8-Allyl-7-hydroxy-5-methyl- **18**
    IV 511
—, 4-Allyloxy- **18** IV 287
—, 7-Allyloxy- **18** IV 296
—, 5-Allyloxy-4,7-dimethyl- **18** IV 382
—, 7-Allyloxy-4,8-dimethyl- **18** IV 385
—, 7-Allyloxy-4-methyl- **18** IV 335
—, 7-Allyloxy-5-methyl- **18** IV 352
—, 3-Amino- **17** I 256 e, IV 6152
—, 6-Amino- **18** 608 c, II 465 b,
    IV 7920
—, 7-Amino- **18** IV 7924
—, 8-Amino- **18** I 570 c, IV 7925
—, 6-[(4'-Amino-biphenyl-4-ylimino)-
    methyl]- **17** II 482 g
—, 3-Amino-6-brom- **17** I 256 g
—, 6-Amino-3-brom- **18** II 465 c
—, 6-Amino-8-brom- **18** II 465 d
—, 6-[1-Amino-4-brom-[2]naphthylazo]-
    18 646 f
—, 7-Amino-3-[4-chlor-phenyl]- **18**
    IV 8005
—, 3-[4-Amino-cinnamoyl]-4-hydroxy-
    18 IV 8068
—, 6-Amino-3-diäthylcarbamoyl- **18**
    IV 8269
—, 6-Amino-3,8-dibrom- **18** II 465 g

—, 3-Amino-5,7-dihydroxy- **18** IV 2373
—, 3-Amino-7,8-dihydroxy- **18** IV 2375
—, 4-Amino-5,7-dihydroxy- **18** I 392 e
    — imin **18** II 153 f
—, 3-Amino-4,7-dihydroxy-8-methyl-
    18 IV 8123
—, 3-Amino-6,7-dimethoxy- **18** IV 2375
—, 4-Amino-5,7-dimethoxy- **18** I 392 f
—, 4-Amino-6,7-dimethoxy- **18** IV 2377
—, 5-Amino-6,7-dimethyl- **18** I 571 a
—, 6-Amino-4,7-dimethyl- **18** I 570 g
—, 8-Amino-5,7-dinitro- **18** IV 7925
—, 4-Amino-6-hexyl-7-hydroxy- **18**
    IV 1431
—, 3-Amino-4-hydroxy- **18** IV 8037
—, 3-Amino-7-hydroxy- **18** IV 1334
—, 3-Amino-8-hydroxy- **18** IV 1335
—, 4-Amino-7-hydroxy- **18** I 350 b,
    II 70 a
—, 7-Amino-4-hydroxy- **18** IV 8038
—, 8-Amino-7-hydroxy- **18** IV 8085
—, 3-Amino-4-hydroxy-6,8-dimethyl-
    18 IV 8047
—, 7-Amino-6-hydroxy-5,8-dimethyl-
    18 IV 8087
—, 8-Amino-7-hydroxy-3,4-dimethyl-
    18 IV 8087
—, 3-Amino-7-hydroxy-6-methoxy- **18**
    IV 2375
—, 3-Amino-7-hydroxy-8-methoxy- **18**
    IV 2375
—, 4-Amino-7-hydroxy-5-methyl- **18**
    IV 1382
—, 4-Amino-7-hydroxy-8-methyl- **18**
    IV 1384
—, 7-Amino-4-hydroxy-3-methyl- **18**
    IV 8039
—, 8-Amino-7-hydroxy-4-methyl-
    18 624 g, I 580 b
—, 6-Amino-8-jod- **18** II 465 h
—, 4-Amino-7-methoxy- **18** I 350 d
—, 5-Amino-8-methoxy- **18** IV 8086
—, 6-Amino-8-methoxy- **18** IV 8086
—, 6-Amino-7-methoxy-4-methyl-
    18 624 f
—, 8-Amino-7-methoxy-4-methyl-
    18 625 a
—, 3-Amino-6-methoxy-5,7,8-trimethyl-
    18 IV 1413
—, 6-Amino-4-methyl- **18** IV 7927
—, 6-Amino-7-methyl- **18** I 570 e
—, 7-Amino-4-methyl- **18** 610 e,
    IV 7927
—, 7-Amino-4-methyl-3-phenyl- **18**
    IV 8012
—, 6-Amino-3-nitro- **18** IV 7924
—, 3-[3-Amino-phenyl]- **18** IV 8006
—, 3-[4-Amino-phenyl]- **18** IV 8006
—, 7-Amino-3-phenyl- **18** IV 8003

Cumarin (Fortsetzung)

—, 3-[Amino-phenyl-acetyl]-4-hydroxy-
18 IV 8067

—, 6-[(3-Amino-4-phenylazo-
phenylimino)-methyl]- **17** II 482 j

—, 6-[(5-Amino-2-phenylazo-
phenylimino)-methyl]- **17** II 482 j

—, 3-[3-(2-Amino-phenyl)-propyl]-4-
hydroxy- **18** IV 8056

—, 6-[4-Amino-phenylsulfamoyl]- **18**
IV 6741

—, 3-Amino-6-sulfamoyl- **18** IV 6745

—, 6-Amino-3,4,5,7-tetramethyl- **18**
IV 7938

—, 7-Amino-3-*p*-tolyl- **18** IV 8010

—, 5-Amino-4,6,7-trimethyl- **18** I 571 d

—, 5-Amino-4,6,8-trimethyl- **18** I 571 e

—, 6-Amino-3,4,7-trimethyl- **18** I 571 c

—, 6-Amino-4,5,7-trimethyl- **18**
IV 7937

—, 7-Amino-5,6,8-trimethyl- **18** I 571 g

—, 4-Anilino- **17** 488 b, IV 6155

—, 4-Anilino-7-hydroxy- **18** II 70 b

—, 4-Anilino-7-methyl- **17** 494 a

—, 3-[3-[9]Anthryl-acryloyl]-4-hydroxy-
17 IV 6817

—, 3-Benzhydryl-7-chlor-4-hydroxy- **17**
IV 6551

—, 3-Benzhydryl-4-hydroxy- **17**
IV 6551

—, 3-Benzhydryl-4-hydroxy-7-methyl-
17 IV 6556

—, 3-Benzolsulfonyl- **18** 25 i, II 16 e

—, 6-Benzolsulfonylamino- **18** 609 k

—, 3-Benzolsulfonyl-5,7-dihydroxy- **18**
II 150 f

—, 3-Benzolsulfonyl-6,7-dihydroxy- **18**
II 151 e

—, 3-Benzolsulfonyl-7,8-dihydroxy- **18**
II 152 a

—, 3-Benzolsulfonyl-7-hydroxy- **18**
II 67 b

—, 6-Benzolsulfonyl-7-hydroxy-4-methyl-
18 IV 1376

—, 8-Benzolsulfonyl-7-hydroxy-4-methyl-
18 IV 1381

—, 6-[Benzolsulfonyl-methyl-amino]-
18 610 a

—, 7-Benzolsulfonyloxy-4-methyl- **18**
IV 341

—, 4-[β-Benzolsulfonyl-phenäthyl]-7-
methyl- **18** IV 777

—, 3-Benzoyl- **17** 534 b, I 272 c,
II 504 f, IV 6475

—, 3-Benzoylamino- **17** 487 b,
IV 6152

—, 6-Benzoylamino- **18** 609 i

—, 6-Benzoylamino-8-brom- **18**
II 465 f

—, 3-Benzoylamino-5,7-dihydroxy- **18**
IV 2374

—, 3-Benzoylamino-7,8-dihydroxy- **18**
IV 2375

—, 3-Benzoylamino-4,7-dihydroxy-8-
methyl- **18** IV 8123

—, 3-Benzoylamino-5,7-dimethoxy- **18**
IV 2374

—, 3-Benzoylamino-4-hydroxy- **18**
IV 8037

—, 3-Benzoylamino-7-hydroxy- **18**
IV 1334

—, 3-Benzoylamino-7-hydroxy-8-
methoxy- **18** IV 2375

—, 3-Benzoylamino-6-methoxy- **18**
IV 1333

—, 3-Benzoylamino-7-methoxy- **18**
IV 1334

—, 3-Benzoylamino-8-methoxy- **18**
IV 1335

—, 6-Benzoylamino-4-methyl- **18**
IV 7927

—, 7-Benzoylamino-4-methyl- **18** 611 d

—, 8-Benzoyl-7-benzoyloxy- **18** IV 1886

—, 8-Benzoyl-7-benzoyloxy-3-brom- **18**
IV 1887

—, 8-Benzoyl-7-benzoyloxy-3-brom-4-
methyl- **18** IV 1901

—, 8-Benzoyl-7-benzoyloxy-6-brom-4-
methyl- **18** IV 1902

—, 8-Benzoyl-7-benzoyloxy-3-chlor-4-
methyl- **18** IV 1900

—, 8-Benzoyl-7-benzoyloxy-6-chlor-4-
methyl- **18** IV 1900

—, 8-Benzoyl-7-benzoyloxy-3,6-dichlor-4-
methyl- **18** IV 1901

—, 6-Benzoyl-5-benzoyloxy-4-methyl-
18 IV 1898

—, 6-Benzoyl-7-benzoyloxy-4-phenyl-
18 IV 1975

—, 7-Benzoyl-6-benzoyloxy-4-phenyl-
18 IV 1975

—, 8-Benzoyl-7-benzoyloxy-4-phenyl-
18 IV 1975

—, 3-Benzoyl-6-benzyl- **17** IV 6587

—, 3-Benzoyl-6-benzyl-8-brom- **17**
IV 6587

—, 3-Benzoyl-6-brom- **17** IV 6476

—, 8-Benzoyl-3-brom-7-hydroxy- **18**
IV 1886

—, 8-Benzoyl-6-brom-7-hydroxy- **18**
IV 1887

—, 8-Benzoyl-3-brom-7-hydroxy-4-
methyl- **18** IV 1901

—, 8-Benzoyl-6-brom-7-hydroxy-4-
methyl- **18** IV 1901

—, 3-Benzoyl-6-brom-8-methoxy- **18**
IV 1884

Cumarin (Fortsetzung)

—, 8-Benzoyl-3-brom-7-methoxy-4-methyl- **18** IV 1901

—, 3-Benzoyl-6-chlor- **17** IV 6475

—, 8-Benzoyl-6-chlor-7-hydroxy- **18** IV 1886

—, 8-Benzoyl-3-chlor-7-hydroxy-4-methyl- **18** IV 1899

—, 8-Benzoyl-6-chlor-7-hydroxy-4-methyl- **18** IV 1900

—, 8-Benzoyl-3-chlor-7-methoxy-4-methyl- **18** IV 1900

—, 3-Benzoyl-6,8-dibrom- **17** IV 6476

—, 3-Benzoyl-6,8-dichlor- **17** IV 6475

—, 8-Benzoyl-3,6-dichlor-7-hydroxy-4-methyl- **18** IV 1901

—, 8-Benzoyl-3,6-dichlor-7-methoxy-4-methyl- **18** IV 1901

—, 3-Benzoyl-4,7-dihydroxy- **18** IV 2794

—, 6-Benzoyl-5,7-dihydroxy-4-methyl- **18** IV 2803

—, 8-Benzoyl-5,7-dihydroxy-4-methyl- **18** IV 2803

—, 3-Benzoyl-6,8-dijod- **17** IV 6476

—, 3-Benzoyl-6,7-dimethoxy- **18** IV 2793

—, 3-Benzoyl-4-hydroxy- **17** II 529 d, IV 6791

—, 3-Benzoyl-7-hydroxy- **18** II 108 e, IV 1883

—, 8-Benzoyl-7-hydroxy- **18** IV 1885

—, 3-Benzoyl-4-hydroxy-6,7-dimethoxy- **18** IV 3360

—, 3-Benzoyl-4-hydroxy-7-methoxy- **18** IV 2794

—, 3-Benzoyl-7-hydroxy-5-methyl- **18** IV 1898

—, 6-Benzoyl-5-hydroxy-4-methyl- **18** IV 1898

—, 6-Benzoyl-7-hydroxy-4-methyl- **18** IV 1899

—, 8-Benzoyl-7-hydroxy-4-methyl- **18** IV 1899

—, 6-Benzoyl-7-hydroxy-4-phenyl- **18** IV 1975

—, 8-Benzoyl-7-hydroxy-4-phenyl- **18** IV 1975

—, 3-Benzoyl-6-jod- **17** IV 6476

—, 3-Benzoyl-6-jod-8-methoxy- **18** IV 1884

—, 3-Benzoyl-7-methoxy- **18** IV 1883

—, 3-Benzoyl-8-methoxy- **18** IV 1883

—, 8-Benzoyl-7-methoxy- **18** IV 1886

—, 7-Benzoyl-6-methoxy-4-phenyl- **18** IV 1975

—, 8-Benzoyl-7-methoxy-4-phenyl- **18** IV 1975

—, 3-Benzoyl-6-methyl- **17** II 505 e

—, 3-Benzoyl-7-methyl- **17** II 505 f

—, 3-Benzoyl-8-methyl- **17** II 506 b

—, 3-Benzoyl-6-nitro- **17** II 505 b, IV 6477

—, 3-Benzoyl-8-nitro- **17** IV 6477

—, 4-Benzoyloxy- **18** IV 288

—, 7-Benzoyloxy- **18** IV 300

—, 4-Benzoyloxy-3-[1-benzoyloxy-2,2,2-trichlor-äthyl]- **18** IV 1397

—, 7-Benzoyloxy-4-benzyl- **18** IV 738

—, 7-Benzoyloxy-8-benzyl-3-brom-4-methyl- **18** IV 766

—, 7-Benzoyloxy-8-benzyl-3,6-dibrom-4-methyl- **18** IV 766

—, 5-Benzoyloxy-3-benzyl-4,7-dimethyl- **18** IV 779

—, 7-Benzoyloxy-3-benzyl-4-methyl- **18** I 330 i, IV 765

—, 7-Benzoyloxy-6-brom- **18** IV 303

—, 7-Benzoyloxy-6-brom-8-butyryl-4-methyl- **18** IV 1572

—, 7-Benzoyloxy-6-brom-4-methyl- **18** IV 348

—, 7-Benzoyloxy-6-brom-4-methyl-8-propionyl- **18** IV 1559

—, 7-Benzoyloxy-8-butyryl-6-chlor-4-methyl- **18** IV 1571

—, 7-Benzoyloxy-6-butyryl-4-methyl- **18** IV 1570

—, 7-Benzoyloxy-8-butyryl-4-methyl- **18** IV 1570

—, 7-Benzoyloxy-6-chlor- **18** IV 302

—, 5-Benzoyloxy-3-chlor-4,7-dimethyl- **18** 38 a

—, 7-Benzoyloxy-3-chlor-4-methyl- **18** 33 b

—, 7-Benzoyloxy-6-chlor-4-methyl- **18** IV 345

—, 7-Benzoyloxy-6-chlor-4-methyl-8-propionyl- **18** IV 1558

—, 7-Benzoyloxy-3-[2-chlor-propyl]-4-methyl- **18** II 25 a

—, 7-Benzoyloxy-6-[3,7-dimethyl-octa-2,6-dienyl]- **18** II 28 g

—, 4-Benzoyloxy-7-hydroxy- **18** IV 1342

—, 6-Benzoyloxy-7-hydroxy- **18** IV 1325

—, 4-Benzoyloxy-7-methoxy- **18** IV 1342

—, 6-Benzoyloxy-7-methoxy- **18** IV 1325

—, 6-Benzoyloxy-7-methoxy-4-phenyl- **18** IV 1816

—, 5-Benzoyloxy-4-methyl- **18** IV 327

—, 6-Benzoyloxy-4-methyl- **18** IV 330

—, 7-Benzoyloxy-4-methyl- **18** 32 c, II 19 f, IV 336

Cumarin (Fortsetzung)

—, 7-Benzoyloxy-6-[3-methyl-but-2-enyl]-
   18 IV 517

—, 6-Benzoyloxy-4-methyl-5,7-dinitro-
   18 IV 332

—, 6-Benzoyloxy-4-methyl-5-nitro-
   18 31 g, IV 332

—, 7-Benzoyloxy-4-methyl-6-nitro- **18**
   IV 351

—, 7-Benzoyloxy-4-methyl-8-nitro- **18**
   IV 351

—, 7-Benzoyloxy-4-methyl-3-phenyl- **18**
   I 327 f, II 43 h
   — imin **18** I 327 i

—, 7-Benzoyloxy-4-methyl-6-propionyl-
   18 IV 1556

—, 7-Benzoyloxy-4-methyl-8-propionyl-
   18 IV 1557

—, 7-Benzoyloxy-4-methyl-8-*m*-toluoyl-
   18 IV 1911

—, 7-Benzoyloxy-4-methyl-8-*o*-toluoyl-
   18 IV 1910

—, 7-Benzoyloxy-4-methyl-8-*p*-toluoyl-
   18 IV 1912

—, 7-Benzoyloxy-4-methyl-8-valeryl- **18**
   IV 1579

—, 4-Benzoyloxy-3-[3-oxo-1-phenyl-
   butyl]- **18** IV 1919

—, 4-Benzoyloxy-3-phenyl- **18** IV 710

—, 7-Benzoyloxy-3-phenyl-,
   — imin **18** I 325 b

—, 7-Benzoyloxy-4-phenyl- **18** 60 c,
   IV 716

—, 6-Benzoyloxy-7-[tetra-*O*-acetyl-
   glucopyranosyloxy]- **18** IV 1330

—, 7-Benzoyloxy-6-[tetra-*O*-benzoyl-
   glucopyranosyloxy]- **31** 247 b

—, 7-Benzoyloxy-4-*p*-tolyl- **18** IV 739

—, 6-Benzyl- **17** IV 5440

—, 3-Benzylaminomethyl-4-hydroxy-
   18 IV 8040

—, 3-Benzylaminomethyl-4-hydroxy-6-
   methoxy- **18** IV 8122

—, 3-Benzylaminomethyl-4-hydroxy-6-
   methyl- **18** IV 8046

—, 5-Benzyl-7-benzyloxy-6-hydroxy-4-
   methyl- **18** IV 1371

—, 8-Benzyl-6-benzyloxy-7-hydroxy-4-
   methyl- **18** IV 1371

—, 8-Benzyl-3-brom-7-hydroxy-4-methyl-
   18 IV 765

—, 6-Benzyl-3-[4-brom-phenyl]- **17**
   IV 5590

—, 6-Benzyl-3-butyryl- **17** IV 6494

—, 3-Benzylcarbamoyl- **18** IV 5573

—, 6-Benzyl-3-carbamoyl- **18** IV 5684

—, 4-Benzyl-6-chlor- **17** IV 5440

—, 4-Benzyl-8-chlor-3,6-dimethyl- **17**
   IV 5471

—, 3-Benzyl-6-chlor-7-hydroxy-4-methyl-
   18 IV 765

—, 6-Benzyl-8-chlor-3-[4-methoxy-
   benzoyl]- **18** IV 1979

—, 4-Benzyl-6-chlor-3-methyl- **17**
   IV 5457

—, 4-Benzyl-8-chlor-6-methyl- **17**
   IV 5457

—, 8-Benzyl-3,6-dibrom-7-hydroxy-4-
   methyl- **18** IV 766

—, 8-Benzyl-3,6-dibrom-7-methoxy-4-
   methyl- **18** IV 766

—, 3-Benzyl-4,5-dihydroxy- **18** IV 1835

—, 3-Benzyl-4,7-dihydroxy- **18** IV 1836

—, 3-Benzyl-4,8-dihydroxy- **18** IV 1836

—, 4-Benzyl-5,7-dihydroxy- **18** IV 1837

—, 4-Benzyl-7,8-dihydroxy- **18** IV 1837

—, 3-Benzyl-5,7-dihydroxy-4-methyl-
   18 I 368 d, IV 1862

—, 3-Benzyl-7,8-dihydroxy-4-methyl-
   18 I 368 f, IV 1862

—, 3-Benzyl-5,7-dihydroxy-4-phenyl-
   18 I 382 d

—, 3-Benzyl-7,8-dihydroxy-4-phenyl-
   18 I 382 f

—, 4-Benzyl-5,7-dimethoxy- **18** IV 1837

—, 4-Benzyl-7,8-dimethoxy- **18** IV 1837

—, 3-Benzyl-5,7-dimethoxy-4-methyl-
   18 IV 1862

—, 3-Benzyl-4,7-dimethyl- **17** 385 d,
   I 210 a

—, 4-Benzyl-3,6-dimethyl- **17** IV 5471

—, 3-Benzyl-4-hydroxy- **17** II 500 b,
   IV 6443

—, 4-Benzyl-7-hydroxy- **18** II 42 c,
   IV 737

—, 3-Benzyl-5-hydroxy-4,7-dimethyl-
   18 IV 779

—, 3-Benzyl-7-hydroxy-4,5-dimethyl-
   18 IV 778

—, 3-Benzyl-5-hydroxy-6-
   [1-hydroxyimino-äthyl]-4-methyl- **18**
   IV 1919

—, 3-Benzyl-4-hydroxy-6-methoxy- **18**
   IV 1835

—, 3-Benzyl-7-hydroxy-4-methyl- **18**
   I 330 e, IV 764

—, 4-Benzyl-5-hydroxy-7-methyl- **18**
   IV 765

—, 8-Benzyl-7-hydroxy-4-methyl- **18**
   IV 765

—, 3-Benzyl-7-hydroxy-5-methyl-4-
   phenyl- **18** I 340 c

—, 3-Benzyl-4-hydroxy-6-phenyl- **17**
   IV 6553

—, 3-Benzyl-7-hydroxy-4-phenyl- **18**
   I 339 h

—, 4-Benzyl-7-hydroxy-3-phenyl- **18**
   II 52 c

Cumarin (Fortsetzung)
—, 6-Benzylidenamino- **18** 609 e
—, 6-Benzylidenhydrazino- **18** 642 c
—, 3-[1-Benzylidenhydrazono-äthyl]-4-hydroxy- **17** IV 6742
—, 3-[1-Benzylidenhydrazono-3-methyl-butyl]-4-hydroxy- **17** IV 6752
—, 3-Benzylmercapto- **18** I 306 d
—, 4-Benzylmercapto-3-chlor- **18** IV 291
—, 4-Benzylmercapto-3-chlor-6-methyl- **18** IV 353
—, 4-Benzyl-7-methoxy- **18** IV 738
—, 3-Benzyl-5-methoxy-4,7-dimethyl- **18** IV 779
—, 3-Benzyl-7-methoxy-4-methyl- **18** I 330 f
—, 4-Benzyl-5-methoxy-7-methyl- **18** IV 765
—, 4-Benzyl-7-methoxy-3-phenyl- **18** II 52 e
—, 4-Benzyl-6-methyl- **17** IV 5457
—, 6-Benzyl-4-methyl- **17** IV 5457
—, 7-Benzyloxy- **18** IV 297
—, 4-[2-Benzyloxy-benzoyloxy]-3-phenyl- **18** IV 710
—, 5-Benzyloxy-4,7-dimethyl- **18** IV 383
—, 7-Benzyloxy-6-formyl-8-methoxy-4-methyl- **18** IV 2508
—, 7-Benzyloxy-6-galactopyranosyloxy- **18** IV 1329
—, 7-Benzyloxy-6-galactopyranosyloxy-4-methyl- **18** IV 1375
—, 7-Benzyloxy-6-glucopyranosyloxy- **18** IV 1329
—, 7-Benzyloxy-6-glucopyranosyloxy-4-methyl- **18** IV 1375
—, 4-Benzyloxy-3-hydroxy- **18** IV 1337
—, 7-Benzyloxy-6-hydroxy- **18** IV 1324
—, 7-Benzyloxy-6-hydroxy-4-methyl- **18** IV 1373
—, 7-Benzyloxy-4-hydroxy-3-phenyl- **18** IV 1811
—, 7-Benzyloxy-6-hydroxy-4-phenyl- **18** IV 1816
—, 7-Benzyloxy-6-methoxy- **18** IV 1324
—, 7-Benzyloxy-6-methoxy-4-methyl- **18** IV 1373
—, 7-Benzyloxy-6-methoxy-4-phenyl- **18** IV 1816
—, 7-Benzyloxy-4-methyl- **18** IV 335
—, 7-Benzyloxy-4-methyl-6-[tetra-*O*-acetyl-galactopyranosyloxy]- **18** IV 1375
—, 7-Benzyloxy-4-methyl-6-[tetra-*O*-acetyl-glucopyranosyloxy]- **18** IV 1375
—, 7-Benzyloxy-4-methyl-6-[3,4,5-triacetoxy-6-acetoxymethyl-tetrahydro-pyran-2-yloxy]- **18** IV 1375
—, 7-Benzyloxy-4-methyl-6-[3,4,5-trihydroxy-6-hydroxymethyl-tetrahydro-pyran-2-yloxy]- **18** IV 1375
—, 7-Benzyloxy-4-phenyl- **18** IV 716
—, 7-Benzyloxy-6-[tetra-*O*-acetyl-galactopyranosyloxy]- **18** IV 1329
—, 7-Benzyloxy-6-[tetra-*O*-acetyl-glucopyranosyloxy]- **18** IV 1329
—, 7-Benzyloxy-6-[3,4,5-triacetoxy-6-acetoxymethyl-tetrahydro-pyran-2-yloxy]- **18** IV 1329
—, 7-Benzyloxy-6-[3,4,5-trihydroxy-6-hydroxymethyl-tetrahydro-pyran-2-yloxy]- **18** IV 1329
—, 6-Benzyl-3-phenyl- **17** IV 5590
—, 3-Benzyl-4,5,7-trihydroxy- **18** IV 2753
—, 3-Benzyl-4,6,8-trimethyl- **17** IV 5480
—, 6-Bibenzyl-α-yl-5-brom-7,8-dihydroxy- **18** IV 1961
—, 6-Bibenzyl-α-yl-5-brom-7,8-dimethoxy- **18** IV 1961
—, 6-Bibenzyl-α-yl-7,8-dihydroxy- **18** IV 1961
—, 6-Bibenzyl-α-yl-7-hydroxy- **18** IV 850
—, 8-Bibenzyl-α-yl-7-hydroxy- **18** IV 850
—, 6-Bibenzyl-α-yl-7-methoxy- **18** IV 850
—, 3-[1-Biphenyl-4-yl-äthyl]-4-hydroxy- **17** IV 6555
—, 7,8-Bis-acetonyloxy-4-methyl- **18** IV 1378
—, 6,8-Bis-acetoxomercurio- **18** IV 8437
—, 3,6-Bis-[(*N*-acetyl-sulfanilyl)-amino]- **18** IV 8037
—, 6,7-Bis-benzoyloxy- **18** IV 1325
—, 7,8-Bis-benzoyloxy- **18** 101 d
—, 5,7-Bis-benzoyloxy-3-benzyl-4-methyl- **18** IV 1862
—, 7,8-Bis-benzoyloxy-3-benzyl-4-methyl- **18** I 369 b
—, 7,8-Bis-benzoyloxy-3-benzyl-4-phenyl- **18** I 383 a
—, 7,8-Bis-benzoyloxy-3-brom-4-methyl- **18** IV 1380
—, 5,7-Bis-benzoyloxy-3-chlor-4-methyl- **18** I 351 g
—, 6,7-Bis-benzoyloxy-3-chlor-4-methyl- **18** I 352 e
—, 7,8-Bis-benzoyloxy-3-chlor-4-methyl- **18** 105 c
—, 7,8-Bis-benzoyloxy-3,6-dibrom-4-methyl- **18** IV 1380

Cumarin   (Fortsetzung)
—, 5,7-Bis-benzoyloxy-4-methyl- **18**
   IV 1370
—, 6,7-Bis-benzoyloxy-4-methyl- **18**
   I 352 b
—, 7,8-Bis-benzoyloxy-4-methyl- **18**
   IV 1378
—, 7,8-Bis-benzoyloxy-4-methyl-3-
   phenyl- **18** I 367 g
—, 6,7-Bis-benzoyloxy-4-phenyl- **18**
   I 363 d
—, 4,7-Bis-benzoyloxy-3-[3,7,11-
   trimethyl-dodeca-2,6,10-trienyl]- **18**
   IV 1756
—, 6,7-Bis-benzyloxy- **18** IV 1325
—, 7,8-Bis-benzyloxy-3-brom-4-methyl-
   18 IV 1379
—, 5,7-Bis-benzyloxy-3-chlor-4,8-
   dimethyl- **18** IV 1405
—, 7,8-Bis-benzyloxy-3,6-dibrom-4-
   methyl- **18** IV 1380
—, 6,7-Bis-benzyloxy-4-methyl- **18**
   IV 1373
—, 7,8-Bis-benzyloxy-4-methyl- **18**
   IV 1378
—, 4,7-Bis-[4-chlor-benzoyloxy]-3-[3,7,11-
   trimethyl-dodeca-2,6,10-trienyl]- **18**
   IV 1756
—, 6,8-Bis-chloromercurio- **18** IV 8437
—, 3-[1,3-Bis-(4-chlor-phenyl)-3-oxo-
   propyl]-4-hydroxy- **17** IV 6814
—, 3,6-Bis-chlorsulfonyl- **18** II 408 i,
   IV 6741
—, 3,6-Bis-chlorsulfonyl-7-methoxy-4-
   methyl- **18** IV 6755
—, 6,7-Bis-[2-diäthylamino-äthoxy]-4-
   methyl- **18** IV 1374
—, 6,7-Bis-[2-diäthylamino-äthoxy]-4-
   methyl-3-phenyl- **18** IV 1851
—, 6,7-Bis-[2-(diäthyl-methyl-ammonio)-
   äthoxy]-4-methyl- **18** IV 1374
—, 6-[4,4′-Bis-dimethylamino-
   benzhydryl]- **18** II 468 e
—, 6-[4,4′-Bis-dimethylamino-α-hydroxy-
   benzhydryl]- **18** II 475 b
—, 7-[Bis-(2-hydroxy-äthyl)-amino]-4-
   methyl- **18** IV 7928
—, 3,4-Bis-[4-hydroxy-phenyl]- **18**
   IV 1958
—, 5,7-Bis-methansulfonyloxy-6-
   methoxy-4-methyl- **18** IV 2388
—, 7,8-Bis-methansulfonyloxy-6-
   methoxy-4-methyl- **18** IV 2391
—, 5,7-Bis-methansulfonyloxy-4-methyl-
   18 IV 1370
—, 7,8-Bis-methansulfonyloxy-4-methyl-
   18 IV 1379
—, 6,7-Bis-[4-nitro-benzoyloxy]- **18**
   IV 1325

—, 3,6-Bis-phenylsulfamoyl- **18**
   II 408 k, IV 6741
—, 3,6-Bis-sulfamoyl- **18** II 408 j
—, 3,6-Bis-sulfanilylamino- **18**
   IV 8036
—, 3-Brom- **17** 331 h, I 171 a,
   II 360 a
—, 4-Brom- **17** 332 a, IV 5059
—, 6-Brom- **17** 332 b, I 171 b,
   II 360 b, IV 5059
—, 3-Bromacetyl- **17** IV 6290
—, 4-[2-Brom-äthoxy]- **18** IV 287
—, 3-[1-Brom-äthyl]-7-methoxy-4-methyl-
   18 IV 403
—, 7-[2-Brom-allyloxy]-4-methyl- **18**
   IV 335
—, 3-[4-Brom-benzolsulfonyl]- **18** 25 k
—, 6-Brom-3-[4-brom-phenyl]- **17**
   IV 5423
—, 6-Brom-3-butylaminomethyl-4-
   hydroxy- **18** IV 8043
—, 6-Brom-3-*sec*-butylaminomethyl-4-
   hydroxy- **18** IV 8043
—, 6-Brom-3-butyryl- **17** IV 6303
—, 3-Brom-8-butyryl-7-hydroxy-4-
   methyl- **18** IV 1571
—, 6-Brom-8-butyryl-7-hydroxy-4-
   methyl- **18** IV 1571
—, 3-Brom-7-butyryloxy-4-methyl- **18**
   IV 347
—, 6-Brom-7-butyryloxy-4-methyl- **18**
   IV 348
—, 6-Brom-3-carbamoyl- **18** IV 5577
—, 6-Brom-3-chlorcarbonyl- **18**
   IV 5577
—, 4-Brom-6-chlor-5,7-dimethyl- **17**
   IV 5103
—, 6-Brom-3-[4-chlor-phenyl]- **17**
   IV 5423
—, 8-Brom-6-chlorsulfonyl-7-hydroxy-
   3,4-dimethyl- **18** IV 6756
—, 3-Brom-6-chlorsulfonyl-7-methoxy-4-
   methyl- **18** IV 6753
—, 6-Brom-3-cyan- **18** IV 5578
—, 3-Brom-7-diäthoxythiophosphoryloxy-
   4-methyl- **18** IV 347
—, 6-Brom-3-[4-diäthylamino-1-methyl-
   butylcarbamoyl]- **18** IV 5578
—, 6-Brom-3-diäthylcarbamoyl- **18**
   IV 5577
—, 6-Brom-3-dibenzylcarbamoyl- **18**
   IV 5578
—, 3-Brom-6-[2,3-dibrom-3-methyl-butyl]-
   7-hydroxy- **18** IV 517
—, 6-Brom-3-dibutylcarbamoyl- **18**
   IV 5577
—, 6-Brom-3,4-dichlor- **17** IV 5059
—, 3-Brom-4,7-dihydroxy- **18** IV 1342

Cumarin (Fortsetzung)

—, 3-Brom-7,8-dihydroxy-4-methyl- **18** IV 1379

—, 6-Brom-7,8-dihydroxy-4-methyl- **18** IV 1380

—, 3-Brom-4,7-dimethoxy- **18** IV 1342

—, 3-Brom-6,7-dimethoxy- **18** IV 1330

—, 3-Brom-5,7-dimethoxy-4,6-dimethyl- **18** IV 1403

—, 3-Brom-5,7-dimethoxy-4,8-dimethyl- **18** IV 1405

—, 3-Brom-7,8-dimethoxy-4-methyl- **18** IV 1379

—, 4-Brom-5,7-dimethoxy-3-methyl- **18** IV 1365

—, x-Brom-5,7-dimethoxy-8-methyl- **18** IV 1383

—, 3-Brom-6,7-dimethoxy-4-phenyl- **18** IV 1816

—, 3-Brom-7,8-dimethoxy-4-phenyl- **18** IV 1817

—, 3-Brom-4,6-dimethyl- **17** 341 f

—, 3-Brom-4,7-dimethyl- **17** 342 c

—, 6-Brom-3,4-dimethyl- **17** IV 5097

—, 3-Brom-7-dimethylamino-4-methyl- **18** 611 f

—, 6-Brom-3-dimethylaminomethyl-4-hydroxy- **18** IV 8042

—, 6-Brom-3-[2,4-dimethyl-phenylcarbamoyl]- **18** IV 5578

—, 3-Brom-6,8-dinitro- **17** II 361 f

—, 6-Brom-8-[1-(2,4-dinitro-phenylhydrazono)-äthyl]-7-hydroxy-4-methyl- **18** IV 1548

—, 6-Brom-3-[4-fluor-phenyl]- **17** IV 5423

—, 6-Brom-3-hexylaminomethyl-4-hydroxy- **18** IV 8043

—, 3-Brom-4-hydroxy- **17** IV 6157

—, 3-Brom-7-hydroxy- **18** II 17 d, IV 302

—, 6-Brom-4-hydroxy- **17** IV 6157

—, 6-Brom-7-hydroxy- **18** IV 302

—, 3-Brom-4-hydroxy-6,8-dimethyl- **17** IV 6194

—, 3-Brom-5-hydroxy-4,7-dimethyl- **18** IV 383

—, 6-Brom-5-hydroxy-4,7-dimethyl- **18** IV 383

—, 6-Brom-7-hydroxy-3,4-dimethyl- **18** IV 379

—, 8-Brom-5-hydroxy-4,7-dimethyl- **18** IV 384

—, 6-Brom-4-hydroxy-3-[(hydroxy-*tert*-butylamino)-methyl]- **18** IV 8044

—, 6-Brom-7-hydroxy-8-[1-hydroxyimino-äthyl]- **18** IV 1531

—, 6-Brom-7-hydroxy-8-[1-hydroxyimino-äthyl]-4-methyl- **18** IV 1548

—, 6-Brom-7-hydroxy-8-[1-hydroxyimino-propyl]-4-methyl- **18** IV 1559

—, 6-Brom-4-hydroxy-3-[(2-hydroxy-propylamino)-methyl]- **18** IV 8043

—, 6-Brom-3-[1-hydroxyimino-äthyl]- **17** I 263 h

—, 6-Brom-3-[α-hydroxyimino-benzyl]- **17** IV 6476

—, 6-Brom-4-hydroxy-3-isopropylaminomethyl- **18** IV 8043

—, 8-Brom-6-hydroxy-5-methoxy-4,7-dimethyl- **18** IV 1404

—, 8-Brom-6-hydroxy-5-methoxy-4-methyl- **18** IV 1367

—, 3-Brom-6-hydroxy-4-methyl- **18** IV 331

—, 3-Brom-7-hydroxy-4-methyl- **18** II 20 e, IV 347

—, 6-Brom-7-hydroxy-4-methyl- **18** I 309 g, IV 347

—, 8-Brom-5-hydroxy-4-methyl- **18** IV 327

—, 8-Brom-7-hydroxy-4-methyl- **18** IV 348

—, 8-Brom-7-hydroxy-4-methyl-3,6-dinitro- **18** I 310 b

—, 8-Brom-7-hydroxy-4-methyl-5,6-dinitro- **18** I 310 b

—, 6-Brom-7-hydroxy-4-methyl-3-phenyl- **18** IV 747

—, 8-Brom-7-hydroxy-4-methyl-3-phenyl- **18** IV 748

—, 3-Brom-7-hydroxy-4-methyl-6-propionyl- **18** IV 1557

—, 6-Brom-7-hydroxy-4-methyl-8-propionyl- **18** IV 1558

—, 6-Brom-7-hydroxy-4-methyl-3-propyl- **18** IV 420

—, 6-Brom-7-hydroxy-4-methyl-8-[1-semicarbazono-butyl]- **18** IV 1572

—, 3-Brom-7-hydroxy-4-phenyl- **18** IV 717

—, 6-Brom-3-[4-hydroxy-phenyl]- **18** IV 715

—, 6-Brom-4-hydroxy-3-phenyl- **17** IV 6434

—, 6-Brom-7-hydroxy-3-phenyl- **18** IV 712

—, 8-Brom-7-hydroxy-3-phenyl- **18** IV 713

—, 6-Brom-4-hydroxy-3-propylaminomethyl- **18** IV 8043

—, 6-Brom-7-hydroxy-8-[α-semicarbazono-benzyl]- **18** IV 1887

Cumarin (Fortsetzung)

—, 6-Brom-5-hydroxy-3,4,7-trimethyl-
18 IV 410

—, 8-Brom-5-hydroxy-3,4,7-trimethyl-
18 IV 410

—, 6-Brom-3-[4-jod-phenyl]- **17**
IV 5423

—, 3-Brom-4-methoxy- **18** IV 291

—, 3-Brom-7-methoxy- **18** 28 e,
IV 302

—, 5-Brom-8-methoxy- **18** IV 305

—, 6-Brom-8-methoxy- **18** IV 305

—, 8-Brom-5-methoxy-4,7-dimethyl- **18**
IV 384

—, 3-Brom-6-methoxy-4-methyl- **18**
IV 331

—, 3-Brom-7-methoxy-4-methyl- **18**
IV 347

—, 6-Brom-7-methoxy-4-methyl- **18**
IV 348

—, 8-Brom-5-methoxy-4-methyl- **18**
IV 327

—, 6-Brom-7-methoxy-4-methyl-3-
phenyl- **18** IV 748

—, 8-Brom-7-methoxy-4-methyl-3-
phenyl- **18** IV 748

—, 3-Brom-7-methoxy-4-methyl-6-
phenylsulfamoyl- **18** IV 6754

—, 6-Brom-7-methoxy-4-methyl-3-
propyl- **18** IV 420

—, 3-Brom-7-methoxy-4-phenyl- **18**
IV 717

—, 6-Brom-7-methoxy-3-phenyl- **18**
IV 713

—, 8-Brom-7-methoxy-3-phenyl- **18**
IV 713

—, 3-Brommethyl- **17** IV 5073

—, 3-Brom-4-methyl- **17** 336 i,
IV 5074

—, 4-Brommethyl- **17** IV 5075

—, 4-Brom-3-methyl- **17** IV 5073

—, 4-Brom-7-methyl- **17** 338 a

—, 6-Brommethyl- **17** IV 5077

—, 6-Brom-3-methyl- **17** 336 c

—, 6-Brom-4-methyl- **17** 336 j,
IV 5074

—, 7-Brom-4-methyl- **17** IV 5075

—, 4-Brommethyl-5,7-dihydroxy- **18**
IV 1370

—, 4-Brommethyl-7-hydroxy- **18**
IV 348

—, 4-Brommethyl-7-methoxy- **18**
IV 348

—, 4-Brommethyl-6-methyl- **17** IV 5101

—, 4-Brommethyl-7-methyl- **17** IV 5102

—, 6-Brommethyl-4-methyl- **17** IV 5101

—, 7-Brommethyl-4-methyl- **17** IV 5102

—, 7-Brom-4-methyl-3-phenyl- **17**
IV 5444

—, 6-Brom-4-methyl-7-propionyloxy-
18 IV 348

—, 6-Brom-3-[2]naphthyl- **17** IV 5559

—, 3-Brom-6-nitro- **17** II 360 g,
IV 5060

—, 6-Brom-8-nitro- **17** IV 5060

—, 8-Brom-6-nitro- **17** II 360 h

—, 6-Brom-8-nitro-3-phenyl- **17**
II 398 i

—, 3-[4-Brom-phenyl]- **17** IV 5422

—, 6-Brom-3-phenyl- **17** II 398 b,
IV 5422

—, 3-[4-Brom-phenyl]-6-[4-chlor-benzyl]-
17 IV 5590

—, 3-[4-Brom-phenyl]-7-hydroxy-4-
methyl- **18** IV 748

—, 3-[4-Brom-phenyl]-7-methoxy-4-
methyl- **18** IV 748

—, 3-[1-(4-Brom-phenyl)-3-oxo-butyl]-4-
hydroxy- **17** IV 6797

—, 3-[1-Brom-propyl]-7-methoxy-4-
methyl- **18** IV 420

—, 3-Brom-5,6,7,8-tetrahydro- **17**
IV 4732

—, 6-[N′-(4-Brom-5,6,7,8-tetrahydro-
[1]naphthyl)-triazeno]- **18** 652 d

—, 6-Brom-3-p-tolyl- **17** IV 5441

—, 3-Brom-6,7,8-trimethoxy-4-phenyl-
18 IV 2739

—, 3-Brom-4,5,7-trimethyl- **17** I 184 a

—, 3-[Butan-1-sulfonyl]- **18** IV 285

—, 7-[Butan-1-sulfonyloxy]-4-methyl-
18 IV 340

—, 7-Butoxy- **18** IV 295

—, 7-Butoxycarbonylamino-3-phenyl-
18 IV 8004

—, 7-Butoxy-4-methyl- **18** IV 334

—, 3-Butyl- **17** IV 5128

—, 3-sec-Butylaminomethyl-6-chlor-4-
hydroxy- **18** IV 8042

—, 3-Butylaminomethyl-4-hydroxy- **18**
IV 8040

—, 3-Butylaminomethyl-4-hydroxy-6-
methoxy- **18** IV 8121

—, 3-Butylaminomethyl-4-hydroxy-6-
methyl- **18** IV 8045

—, 3-sec-Butylaminomethyl-4-hydroxy-6-
methyl- **18** IV 8045

—, 4-Butyl-3-carbamoyl- **18** IV 5617

—, 4-Butyl-3-chlorcarbonyl- **18** IV 5617

—, 6-Butyl-7-[chlor-hydroxy-
phosphoryloxy]-4-methyl- **18** IV 435

—, 6-Butyl-3-[2-chlor-vinyl]-7-hydroxy-4-
methyl- **18** IV 531

—, 4-Butyl-3-cyan- **18** IV 5618

—, 6-Butyl-7-diäthoxythiophosphoryloxy-
4-methyl- **18** IV 435

—, 6-Butyl-3-[2,2-dichlor-äthyl]-7-
hydroxy-4-methyl- **18** IV 458

Cumarin (Fortsetzung)

—, 6-Butyl-7,8-dihydroxy-4-methyl- **18**
IV 1424

—, 6-*tert*-Butyl-3,4-dimethyl- **17**
IV 5154

—, 3-Butyl-6-hexyl-4-hydroxy- **17**
IV 6252

—, 3-Butyl-4-hydroxy- **17** IV 6210

—, 4-Butyl-7-hydroxy- **18** IV 417

—, 6-Butyl-7-hydroxy- **18** IV 418

—, 6-Butyl-7-[2-hydroxy-äthoxy]-4-
methyl- **18** IV 435

—, 3-Butyl-4-hydroxy-5,7-dimethyl- **17**
IV 6223

—, 3-Butyl-4-hydroxy-5,8-dimethyl- **17**
IV 6223

—, 3-Butyl-4-hydroxy-6,7-dimethyl- **17**
IV 6223

—, 3-Butyl-4-hydroxy-6,8-dimethyl- **17**
IV 6223

—, 3-Butyl-4-hydroxy-7,8-dimethyl- **17**
IV 6224

—, 3-Butyl-5-hydroxy-4,7-dimethyl- **18**
IV 445

—, 3-Butyl-4-hydroxy-6-methyl- **17**
IV 6214

—, 3-Butyl-7-hydroxy-4-methyl- **18**
IV 434

—, 6-Butyl-5-hydroxy-4-methyl- **18**
IV 434

—, 6-Butyl-7-hydroxy-4-methyl- **18**
IV 434

—, 3-Butyl-4-hydroxy-6-methyl-8-pentyl-
17 IV 6252

—, 3-Butyl-5-hydroxy-4-methyl-7-pentyl-
18 IV 461

—, 6-Butyl-7-hydroxy-4-methyl-3-[2,2,2-
trichlor-1-hydroxy-äthyl]- **18** IV 1446

—, 3-Butyl-4-hydroxy-6-octyl- **17**
IV 6262

—, 3-Butyl-4-hydroxy-6-pentyl- **17**
IV 6249

—, 3-Butyl-4-hydroxy-6-propyl- **17**
IV 6244

—, 3-Butyl-4-methoxy- **18** IV 417

—, 6-Butyl-7-methoxy-4-methyl- **18**
IV 434

—, 3-Butyl-7-methyl- **17** IV 5143

—, 6-Butyl-4-methyl- **17** IV 5143

—, 6-*tert*-Butyl-4-methyl- **17** IV 5144

—, 8-*tert*-Butyl-5-methyl-6-nitro- **17**
IV 5144

—, 6-*tert*-Butyl-3-methyl-4-propyl- **17**
IV 5165

—, 6-*tert*-Butyl-8-nitro- **17** IV 5129

—, 6-*tert*-Butyl-4-propyl- **17** IV 5160

—, 3-Butyryl-7-butyryloxy-4-hydroxy-
18 IV 2519

—, 3-Butyryl-6-chlor- **17** IV 6303

—, 3-Butyryl-6-chlor-4-hydroxy- **17**
IV 6749

—, 3-Butyryl-6-chlor-4-hydroxy-7-
methyl- **17** IV 6753

—, 8-Butyryl-6-chlor-7-hydroxy-4-
methyl- **18** IV 1571

—, 3-Butyryl-6,8-dichlor- **17** IV 6303

—, 3-Butyryl-4,7-dihydroxy- **18** IV 2518

—, 8-Butyryl-5,7-dihydroxy-6-[3-methyl-
but-2-enyl]-4-propyl- **18** IV 2576

—, 3-Butyryl-6,8-dijod- **17** IV 6303

—, 3-Butyryl-4-hydroxy- **17** IV 6748

—, 8-Butyryl-7-hydroxy- **18** IV 1553

—, 3-Butyryl-4-hydroxy-6-methyl- **17**
IV 6752

—, 6-Butyryl-5-hydroxy-4-methyl- **18**
IV 1569

—, 6-Butyryl-7-hydroxy-4-methyl- **18**
IV 1569

—, 8-Butyryl-7-hydroxy-4-methyl- **18**
IV 1570

—, 3-Butyryl-4-hydroxy-7-nitro- **17**
IV 6749

—, 3-Butyryl-8-methoxy- **18** IV 1552

—, 6-Butyryl-5-methoxy-4-methyl- **18**
IV 1569

—, 6-Butyryl-7-methoxy-4-methyl- **18**
IV 1569

—, 8-Butyryl-7-methoxy-4-methyl- **18**
IV 1570

—, 4-Butyryloxy- **18** IV 287

—, 7-Butyryloxy- **18** IV 300

—, 7-Butyryloxy-6-chlor-4-methyl- **18**
IV 345

—, 7-Butyryloxy-4-hydroxy- **18** IV 1341

—, 5-Butyryloxy-4-methyl- **18** IV 326

—, 7-Butyryloxy-4-methyl- **18** IV 336

—, 3-Carbamimidoylmercapto-4-
hydroxy- **18** IV 1338

—, 3-Carbamoyl- **18** IV 5572

—, 6-Carbamoyl- **18** IV 5585

—, 3-Carbamoyl-6-chlor- **18** IV 5575

—, 3-Carbamoyl-6-[4-chlor-benzyl]- **18**
IV 5684

—, 3-[2-Carbamoyl-2-cyan-vinyl]- **18**
IV 6186

—, 3-Carbamoyl-6,8-dichlor- **18**
IV 5576

—, 3-[2-Carbamoyl-4,6-dichlor-
phenoxymethyl]- **18** IV 326

—, 3-Carbamoyl-6,8-dijod- **18** IV 5580

—, 7-[O^3-Carbamoyl-5,O^4-dimethyl-
lyxo-6-desoxy-hexopyranosyloxy]-4-
hydroxy-3-[4-hydroxy-3-isopentyl-
benzoylamino]-8-methyl- **18** IV 8124

Cumarin (Fortsetzung)

—, 7-[O^2-Carbamoyl-5,O^4-dimethyl-
  lyxo-6-desoxy-hexopyranosyloxy]-4-
  hydroxy-3-[4-hydroxy-3-(3-methyl-but-2-
  enyl)-benzoylamino]-8-methyl- **18**
  IV 8126

—, 7-[O^3-Carbamoyl-5,O^4-dimethyl-
  lyxo-6-desoxy-hexopyranosyloxy]-4-
  hydroxy-3-[4-hydroxy-3-(3-methyl-but-2-
  enyl)-benzoylamino]-8-methyl- **18**
  IV 8125

—, 3-Carbamoyl-4-heptyl- **18** IV 5625

—, 3-Carbamoyl-4-hexyl- **18** IV 5623

—, 6-Carbamoyl-5-hydroxy-4-methyl-
  18 IV 6364

—, 6-Carbamoyl-7-hydroxy-4-methyl-
  18 IV 6366

—, 3-Carbamoyl-6-hydroxy-5,7,8-
  trimethyl- **18** IV 6388

—, 3-Carbamoyl-6-[4-isopropyl-benzyl]-
  18 IV 5690

—, 3-Carbamoyl-8-methoxy- **18**
  IV 6345

—, 6-Carbamoyl-7-methoxy- **18**
  IV 6350

—, 3-Carbamoyl-4-methyl- **18** IV 5595

—, 3-Carbamoylmethyl-7-hydroxy-4-
  methyl- **18** IV 6375

—, 3-Carbamoyl-4-octyl- **18** IV 5626

—, 3-Carbamoyl-4-pentyl- **18** IV 5620

—, 3-Carbamoyl-4-propyl- **18** IV 5612

—, 3-Carbazoyl-7-methoxy-4-methyl-
  18 IV 6360

—, 3-Carbazoyl-6-methoxy-5,7,8-
  trimethyl- **18** IV 6389

—, 7-Cellobiosyloxy-4-methyl- **18**
  IV 340

—, 3-Chlor- **17** 331 c, II 359 e,
  IV 5058

—, 4-Chlor- **17** 331 d, IV 5058

—, 6-Chlor- **17** 331 e, II 359 f,
  IV 5058

—, 7-Chlor- **17** 331 f, IV 5058

—, 4-Chloracetoxy- **18** IV 287

—, 7-Chloracetoxy- **18** IV 299

—, 7-Chloracetoxy-4-methyl- **18** IV 336

—, 6-Chloracetyl-7,8-dihydroxy- **18**
  IV 2504

—, 6-Chloracetyl-7-hydroxy-4-methyl-
  18 IV 1545

—, 3-[4-Chlor-benzhydryl]-4-hydroxy-
  17 IV 6552

—, 3-[4-Chlor-benzhydryl]-4-hydroxy-7-
  methyl- **17** IV 6556

—, 3-[4-Chlor-benzolsulfonyl]- **18** 25 j,
  II 16 f

—, 3-[4-Chlor-benzolsulfonyl]-5,7-
  dihydroxy- **18** II 150 g

—, 3-[4-Chlor-benzolsulfonyl]-6,7-
  dihydroxy- **18** II 151 f

—, 3-[4-Chlor-benzolsulfonyl]-7,8-
  dihydroxy- **18** II 152 b

—, 3-[4-Chlor-benzolsulfonyl]-7-hydroxy-
  18 II 67 c

—, 3-[2-Chlor-benzoyl]-6,8-dijod- **17**
  IV 6477

—, 8-[1-(2-Chlor-benzoylhydrazono)-3-
  methyl-butyl]-7-hydroxy-4-methyl- **18**
  IV 1581

—, 3-[2-Chlor-benzoyl]-7-hydroxy- **18**
  IV 1883

—, 3-[2-Chlor-benzoyl]-8-methoxy- **18**
  IV 1883

—, 7-[2-Chlor-benzoyloxy]-4-methyl- **18**
  II 19 g

—, 7-[4-Chlor-benzoyloxy]-4-methyl- **18**
  IV 336

—, 6-[4-Chlor-benzyl]- **17** IV 5440

—, 6-[4-Chlor-benzyl]-3-[4-chlor-phenyl]-
  17 IV 5590

—, 3-[2-Chlor-benzyl]-4-hydroxy- **17**
  IV 6443

—, 6-[4-Chlor-benzyl]-3-phenyl- **17**
  IV 5590

—, 7-[4-Chlor-butan-1-sulfonyloxy]-4-
  methyl- **18** IV 340

—, 7-[3-Chlor-but-2-en-1-sulfonyloxy]-4-
  methyl- **18** IV 341

—, 3-Chlorcarbonyl- **18** IV 5572

—, 3-Chlorcarbonyl-4-chlormethyl-7-
  methoxy- **18** IV 6361

—, 3-Chlorcarbonyl-4-heptyl- **18**
  IV 5624

—, 3-Chlorcarbonyl-4-hexyl- **18**
  IV 5623

—, 3-Chlorcarbonyl-7-methoxy- **18**
  IV 6342

—, 3-Chlorcarbonyl-8-methoxy- **18**
  IV 6345

—, 6-Chlorcarbonyl-7-methoxy- **18**
  IV 6350

—, 3-Chlorcarbonyl-7-methoxy-4-methyl-
  18 IV 6360

—, 3-Chlorcarbonyl-8-methoxy-6-nitro-
  18 IV 6346

—, 4-Chlorcarbonyl-7-methoxy-3-phenyl-
  18 IV 6430

—, 3-Chlorcarbonylmethyl- **18** IV 5593

—, 3-Chlorcarbonyl-4-methyl- **18**
  IV 5595

—, 3-Chlorcarbonyl-6-nitro- **18** IV 5582

—, 3-Chlorcarbonyl-4-octyl- **18** IV 5626

—, 3-Chlorcarbonyl-4-pentyl- **18**
  IV 5620

—, 3-Chlorcarbonyl-4-propyl- **18**
  IV 5612

Cumarin (Fortsetzung)

—, 3-[2-Chlorcarbonyl-vinyl]- **18** IV 5636

—, 7-Chlor-3-[4-chlor-benzhydryl]-4-hydroxy- **17** IV 6552

—, 6-Chlor-3-[2-chlor-benzoyl]- **17** IV 6476

—, 6-Chlor-7-[chlor-hydroxy-phosphoryloxy]-4-methyl- **18** IV 345

—, 6-[2-Chlor-3-chloromercurio-propyl]-5-hydroxy-4,7-dimethyl- **18** IV 8441

—, 6-[2-Chlor-3-chloromercurio-propyl]-7-hydroxy-4,8-dimethyl- **18** IV 8441

—, 7-Chlor-3-[1-(4-chlor-phenyl)-3-oxo-butyl]-4-hydroxy- **17** IV 6796

—, 6-Chlor-3-cyclohexylaminomethyl-4-hydroxy- **18** IV 8042

—, 6-Chlor-7-diäthoxyphosphoryloxy-4-methyl- **18** IV 345

—, 3-Chlor-7-diäthoxythiophosphoryloxy-4-methyl- **18** IV 344

—, 6-Chlor-7-diäthoxythiophosphoryloxy-4-methyl- **18** IV 345

—, 6-Chlor-3-[4,4'-dichlor-benzhydryl]-4-hydroxy- **17** IV 6552

—, 7-Chlor-3-[4,4'-dichlor-benzhydryl]-4-hydroxy- **17** IV 6552

—, 3-Chlor-5,7-dihydroxy-4,8-dimethyl- **18** IV 1405

—, 3-Chlor-5,7-dihydroxy-4-methyl- **18** I 351 d, IV 1370

—, 3-Chlor-6,7-dihydroxy-4-methyl- **18** I 352 c

—, 3-Chlor-7,8-dihydroxy-4-methyl- **18** 104 h, IV 1379

—, 6-Chlor-5,7-dimethoxy- **18** 97 h

—, 8-Chlor-5,7-dimethoxy- **18** 97 h

—, 3-Chlor-5,7-dimethoxy-4,8-dimethyl- **18** IV 1405

—, 3-Chlor-5,7-dimethoxy-4-methyl- **18** I 351 e

—, 3-Chlor-7,8-dimethoxy-4-methyl- **18** 105 a

—, 3-Chlor-7-dimethoxythiophosphoryloxy-4-methyl- **18** IV 344

—, 6-Chlor-7-dimethoxythiophosphoryloxy-4-methyl- **18** IV 345

—, 3-Chlor-4,6-dimethyl- **17** I 180 a, IV 5100

—, 3-Chlor-4,7-dimethyl- **17** I 180 c, II 368 b

—, 4-Chlor-6,8-dimethyl- **17** IV 5103

—, 6-Chlor-3,4-dimethyl- **17** II 367 b

—, 6-Chlor-4,7-dimethyl- **17** I 180 d, II 368 c, IV 5101

—, 6-Chlor-4,8-dimethyl- **17** IV 5102

—, 8-Chlor-4,6-dimethyl- **17** IV 5100

—, 6-Chlor-3-dimethylaminomethyl-4-hydroxy- **18** IV 8041

—, 6-Chlor-5,7-dimethyl-8-nitro- **17** IV 5103

—, 8-Chlor-3,6-dimethyl-4-phenyl- **17** IV 5459

—, 6-Chlor-3-[2,4-dimethyl-phenylcarbamoyl]- **18** IV 5575

—, 6-Chlor-3,4-diphenyl- **17** II 420 e

—, 6-Chlor-3-hexylaminomethyl-4-hydroxy- **18** IV 8042

—, 3-Chlor-4-hydroxy- **17** IV 6156

—, 3-Chlor-5-hydroxy- **18** IV 292

—, 6-Chlor-4-hydroxy- **17** IV 6156

—, 6-Chlor-7-hydroxy- **18** IV 302

—, 7-Chlor-4-hydroxy- **17** IV 6157

—, 8-Chlor-7-hydroxy- **18** IV 302

—, 6-Chlor-7-[2-hydroxy-äthoxy]-4-methyl- **18** IV 344

—, 6-Chlor-3-[4-hydroxy-benzoyl]- **18** IV 1884

—, 3-Chlor-5-hydroxy-4,7-dimethyl- **18** IV 381

—, 3-Chlor-7-hydroxy-4,5-dimethyl- **18** IV 381

—, 6-Chlor-5-hydroxy-4,7-dimethyl- **18** IV 383

—, 6-Chlor-7-hydroxy-3,4-dimethyl- **18** IV 379

—, 8-Chlor-7-hydroxy-3,4-dimethyl- **18** IV 379

—, 6-Chlor-7-hydroxy-8-[1-hydroxyimino-äthyl]-4-methyl- **18** IV 1547

—, 6-Chlor-7-hydroxy-8-[α-hydroxyimino-benzyl]-4-methyl- **18** IV 1900

—, 6-Chlor-7-hydroxy-8-[1-hydroxyimino-butyl]-4-methyl- **18** IV 1571

—, 6-Chlor-3-[1-hydroxyimino-äthyl]- **17** IV 6289

—, 6-Chlor-3-[α-hydroxyimino-benzyl]- **17** IV 6475

—, 6-Chlor-7-hydroxy-3-isobutyl-4-methyl- **18** IV 435

—, 6-Chlor-4-hydroxy-3-isobutyryl- **17** IV 6750

—, 6-Chlor-4-hydroxy-3-isobutyryl-7-methyl- **17** IV 6753

—, 6-Chlor-4-hydroxy-3-isopropylaminomethyl- **18** IV 8042

—, 6-Chlor-4-hydroxy-3-isovaleryl- **17** IV 6752

—, 6-Chlor-4-hydroxy-3-isovaleryl-7-methyl- **17** IV 6755

—, 6-Chlor-4-hydroxy-3-[1-(4-methoxy-phenyl)-3-oxo-butyl]- **18** IV 2808

Cumarin (Fortsetzung)

—, 7-Chlor-4-hydroxy-3-[1-(4-methoxy-
phenyl)-3-oxo-butyl]- **18** IV 2808

—, 3-Chlor-4-hydroxy-6-methyl- **17**
IV 6177

—, 3-Chlor-7-hydroxy-4-methyl-
18 32 d, IV 343

—, 5-Chlor-6-hydroxy-4-methyl- **18**
I 308 f

—, 6-Chlor-4-hydroxy-7-methyl- **17**
IV 6177

—, 6-Chlor-4-hydroxy-8-methyl- **17**
IV 6178

—, 6-Chlor-7-hydroxy-4-methyl- **18**
IV 344

—, 7-Chlor-6-hydroxy-4-methyl- **18**
IV 331

—, 8-Chlor-7-hydroxy-4-methyl- **18**
IV 345

—, 3-[3-Chlor-2-hydroxy-5-methyl-
benzyl]-4-hydroxy- **18** IV 1861

—, 3-[5-Chlor-2-hydroxy-3-methyl-
benzyl]-4-hydroxy- **18** IV 1861

—, 5-Chlor-6-hydroxy-4-methyl-7-nitro-
18 I 309 a

—, 8-Chlor-7-hydroxy-4-methyl-6-nitro-
18 I 310 a

—, 3-[1-(5-Chlor-2-hydroxy-3-methyl-
phenyl)-äthyl]-4-hydroxy- **18** IV 1868

—, 3-[1-(5-Chlor-2-hydroxy-3-methyl-
phenyl)-propyl]-4-hydroxy- **18** IV 1873

—, 3-Chlor-7-hydroxy-4-methyl-8-
propionyl- **18** IV 1558

—, 6-Chlor-4-hydroxy-7-methyl-3-
propionyl- **17** IV 6750

—, 6-Chlor-7-hydroxy-4-methyl-8-
propionyl- **18** IV 1558

—, 6-Chlor-5-hydroxy-4-methyl-8-propyl-
18 IV 421

—, 6-Chlor-7-hydroxy-4-methyl-3-propyl-
18 IV 420

—, 8-Chlor-5-hydroxy-4-methyl-6-propyl-
18 IV 421

—, 6-Chlor-7-hydroxy-4-methyl-8-
[1-semicarbazono-propyl]- **18** IV 1558

—, 6-Chlor-4-hydroxy-7-methyl-3-
valeryl- **17** IV 6755

—, 6-Chlor-4-hydroxy-3-[3-oxo-1-phenyl-
butyl]- **17** IV 6795

—, 7-Chlor-4-hydroxy-3-[3-oxo-1-phenyl-
butyl]- **17** IV 6796

—, 7-Chlor-4-hydroxy-3-[3-oxo-1-*p*-tolyl-
butyl]- **17** IV 6798

—, 6-Chlor-7-hydroxy-4-phenyl- **18**
IV 717

—, 7-[Chlor-hydroxy-phosphoryloxy]-
18 IV 301

—, 7-[Chlor-hydroxy-phosphoryloxy]-4-
methyl-6-propyl- **18** IV 421

—, 6-Chlor-4-hydroxy-3-propionyl- **17**
IV 6746

—, 6-Chlor-4-hydroxy-3-
propylaminomethyl- **18** IV 8042

—, 3-[3-Chlor-2-hydroxy-propyl]-5,7-
dihydroxy-4-methyl- **18** IV 2413

—, 6-Chlor-7-hydroxy-8-
[1-semicarbazono-äthyl]- **18** IV 1531

—, 6-Chlor-7-hydroxy-8-
[α-semicarbazono-benzyl]- **18** IV 1886

—, 6-Chlor-5-hydroxy-3,4,7-trimethyl-
18 IV 410

—, 8-Chlor-5-hydroxy-3,4,7-trimethyl-
18 IV 410

—, 6-Chlor-4-hydroxy-3-valeryl- **17**
IV 6751

—, 7-[α-Chlor-isovaleryloxy]- **18** IV 300

—, 6-Chlor-4-jod-5,7-dimethyl- **17**
IV 5103

—, 7-Chlormethansulfonyloxy-4-methyl-
18 IV 342

—, 3-Chlor-4-methoxy- **18** IV 290

—, 3-Chlor-5-methoxy- **18** IV 292

—, 5-Chlor-8-methoxy- **18** IV 304

—, 6-Chlor-8-methoxy- **18** IV 304

—, 6-Chlor-3-[4-methoxy-benzoyl]- **18**
IV 1884

—, 3-Chlor-4-methoxy-6-methyl- **18**
IV 353

—, 3-Chlor-7-methoxy-4-methyl- **18**
IV 343

—, 6-Chlor-7-methoxy-4-methyl- **18**
IV 344

—, 8-Chlor-7-methoxy-4-methyl- **18**
IV 346

—, 3-[5-Chlor-2-methoxy-3-methyl-
benzyl]-4-hydroxy- **18** IV 1861

—, 3-[1-(5-Chlor-2-methoxy-3-methyl-
phenyl)-propyl]-4-hydroxy- **18** IV 1874

—, 3-Chlor-7-methoxy-4-phenyl- **18**
IV 717

—, 3-Chlor-7-methoxy-4-
phenylcarbamoyl- **18** IV 6348

—, 4-Chlor-3-methyl- **17** IV 5073

—, 6-Chlormethyl- **17** 337 e

—, 6-Chlor-4-methyl- **17** 336 g,
I 173 g, II 362 f, IV 5074

—, 7-Chlor-4-methyl- **17** 336 h,
IV 5074

—, 6-[3-Chlor-3-methyl-butyl]-5,7-
dihydroxy-8-isovaleryl-4-propyl- **18**
IV 2539

—, 8-[3-Chlor-3-methyl-butyl]-7-
methoxy- **18** II 25 b

—, 4-Chlormethyl-6-methyl- **17** IV 5101

—, 4-Chlormethyl-7-methyl- **17** IV 5102

—, 6-Chlor-3-methyl-4-phenyl- **17**
IV 5444

Cumarin (Fortsetzung)

—, 6-Chlor-4-methyl-3-phenyl- **17** II 402 a

—, 7-Chlor-4-methyl-3-phenyl- **17** IV 5444

—, 8-Chlor-6-methyl-4-phenyl- **17** IV 5444

—, 3-[1-(3-Chlor-4-methyl-phenyl)-3-oxo-butyl]-4-hydroxy- **17** IV 6798

—, 3-[1-(4-Chlor-3-methyl-phenyl)-3-oxo-butyl]-4-hydroxy- **17** IV 6798

—, 3-Chlor-4-methyl-7-propionyloxy- **18** IV 344

—, 6-Chlor-4-methyl-7-propionyloxy- **18** IV 345

—, 6-Chlor-8-nitro- **17** IV 5060

—, 6-Chlor-8-nitro-3-phenyl- **17** II 398 h

—, 3-[1-(4-Chlor-3-nitro-phenyl)-3-oxo-butyl]-4-hydroxy- **17** IV 6798

—, 6-Chloromercurio- **18** IV 8437

—, 8-Chloromercurio-7-hydroxy-3,4-dimethyl- **18** IV 8441

—, 8-Chloromercurio-7-hydroxy-4-methyl- **18** IV 8440

—, 3-Chlor-4-phenoxy- **18** IV 290

—, 3-[4-Chlor-phenyl]- **17** 374 a, IV 5422

—, 6-Chlor-3-phenyl- **17** II 397 g, IV 5422

—, 6-Chlor-4-phenyl- **17** II 398 k, IV 5424

—, x-[4-Chlor-phenylazo]-7-hydroxy- **18** IV 8339

—, 3-[2-Chlor-phenylcarbamoyl]- **18** IV 5573

—, 3-[3-Chlor-phenylcarbamoyl]- **18** IV 5573

—, 3-[4-Chlor-phenylcarbamoyl]- **18** IV 5573

—, 3-[4-Chlor-phenyl]-7-diäthylamino-4-methyl- **18** IV 8012

—, 3-[1-(4-Chlor-phenyl)-4,4-dimethyl-3-oxo-pentyl]-4-hydroxy- **17** IV 6800

—, 3-[4-Chlor-phenyl]-7-hydroxy- **18** IV 712

—, 3-[4-Chlor-phenyl]-8-hydroxy- **18** IV 714

—, 3-[4-Chlor-phenyl]-7-[N′-(2-hydroxy-äthyl)-ureido]- **18** IV 8005

—, 3-[4-Chlor-phenyl]-7-hydroxy-4-methyl- **18** IV 747

—, 3-[4-Chlor-phenyl]-7-isocyanato- **18** IV 8006

—, 3-[4-Chlor-phenyl]-7-methoxy-4-methyl- **18** IV 747

—, 3-[1-(2-Chlor-phenyl)-3-oxo-butyl]-4-hydroxy- **17** IV 6796

—, 3-[1-(3-Chlor-phenyl)-3-oxo-butyl]-4-hydroxy- **17** IV 6796

—, 3-[1-(4-Chlor-phenyl)-3-oxo-butyl]-4-hydroxy- **17** IV 6796

—, 3-[1-(4-Chlor-phenyl)-3-oxo-butyl]-4-hydroxy-7-methoxy- **18** IV 2808

—, 3-[1-(4-Chlor-phenyl)-3-oxo-butyl]-4-hydroxy-6-methyl- **17** IV 6799

—, 3-[1-(4-Chlor-phenyl)-3-oxo-butyl]-4-hydroxy-7-methyl- **17** IV 6799

—, 3-[1-(4-Chlor-phenyl)-3-oxo-pent-4-enyl]-4-hydroxy- **17** IV 6806

—, 3-[1-(4-Chlor-phenyl)-3-oxo-4-phenyl-butyl]-4-hydroxy- **17** IV 6814

—, 3-[1-(4-Chlor-phenyl)-3-oxo-3-phenyl-propyl]-4-hydroxy- **17** IV 6814

—, 3-[1-(4-Chlor-phenyl)-propenyl]-4-hydroxy- **17** IV 6487

—, 3-[1-(4-Chlor-phenyl)-propyl]-4-hydroxy- **17** IV 6461

—, 6-Chlor-4-propionyloxy- **18** IV 291

—, 3-[2-Chlor-propyl]-5,7-dihydroxy-4-methyl- **18** IV 1417

—, 3-[2-Chlor-propyl]-7,8-dihydroxy-4-methyl- **18** IV 1418

—, 3-[2-Chlor-propyl]-5-hydroxy-4,7-dimethyl- **18** IV 436

—, 3-[2-Chlor-propyl]-7-hydroxy-4-methyl- **18** II 24 g

—, 4-[2-Chlor-styryl]-6-methyl- **17** IV 5511

—, 4-[2-Chlor-styryl]-7-methyl- **17** IV 5511

—, 6-Chlorsulfonyl- **18** II 408 e, IV 6740

—, 6-Chlorsulfonyl-4,7-dimethyl- **18** II 410 f

—, 8-Chlorsulfonyl-4,6-dimethyl- **18** II 410 b

—, 6-Chlorsulfonyl-5-hydroxy-4,7-dimethyl- **18** IV 6757

—, 6-Chlorsulfonyl-7-hydroxy-3,4-dimethyl- **18** IV 6756

—, 6-Chlorsulfonyl-7-hydroxy-4-methyl- **18** IV 6753

—, 6-Chlorsulfonyl-7-methoxy-3,4-dimethyl- **18** IV 6756

—, 6-Chlorsulfonyl-7-methoxy-4-methyl- **18** II 412 a, IV 6753

—, 6-Chlorsulfonyl-4-methyl- **18** II 409 c

—, 3-Chlorsulfonyl-6-nitro- **18** II 408 a, IV 6740

—, 6-Chlorsulfonyl-3,4,7-trimethyl- **18** II 410 h

—, 3-Chlor-5,6,7,8-tetrahydro- **17** IV 4732

—, 6-Chlor-3,4,5,7-tetramethyl- **17** IV 5134

Cumarin (Fortsetzung)

—, 3-Chlor-4,6,7-trimethyl- **17** I 184 h
—, 6-Chlor-3,4,7-trimethyl- **17** II 369 i, IV 5118
—, 6-Chlor-3,4,8-trimethyl- **17** IV 5118
—, 6-Chlor-4,5,7-trimethyl- **17** IV 5119
—, 8-Chlor-3,4,6-trimethyl- **17** IV 5118
—, 3-[2-Chlor-vinyl]-7,8-dihydroxy-4-methyl- **18** IV 1541
—, 3-[2-Chlor-vinyl]-5-hydroxy-4,7-dimethyl- **18** IV 511
—, 3-[2-Chlor-vinyl]-7-hydroxy-4-methyl- **18** IV 503
—, 3-[2-Chlor-vinyl]-7-methoxy-4-methyl- **18** IV 504
—, 3-Cinnamoyl-4-hydroxy- **17** IV 6804
—, 6-Cinnamoyl-5-hydroxy-4-methyl- **18** IV 1932
—, 6-Cinnamoyl-7-hydroxy-4-methyl- **18** IV 1932
—, 3-Cinnamoyl-6-methoxy-5,7,8-trimethyl- **18** IV 1935
—, 4-Cinnamoyloxy- **18** IV 288
—, 7-Cinnamoyloxy-4-methyl- **18** II 20 a, IV 337
—, 3-Cinnamyl-4-hydroxy- **17** IV 6486
—, 3-[1-Cinnamylidenhydrazono-äthyl]-4-hydroxy- **17** IV 6742
—, 6-Crotonoyloxy-4-methyl- **18** IV 330
—, 3-Cyan- **18** 430 b, IV 5574
—, 6-Cyan- **18** II 337 h
—, 8-Cyan- **18** IV 5586
—, 6-Cyan-4,7-dimethyl- **18** II 338 i
—, 3-Cyan-4-heptyl- **18** IV 5625
—, 3-Cyan-4-hexyl- **18** IV 5623
—, 3-Cyan-7-hydroxy- **18** IV 6343
—, 3-Cyan-6-hydroxy-5,7,8-trimethyl- **18** IV 6389
—, 3-Cyan-7-methoxy- **18** IV 6343
—, 3-Cyan-8-methoxy- **18** IV 6345
—, 5-Cyan-8-methoxy- **18** IV 6348
—, 6-Cyan-7-methoxy- **18** IV 6350
—, 3-Cyan-4-methyl- **18** IV 5595
—, 3-Cyan-4-octyl- **18** IV 5626
—, 3-Cyan-4-pentyl- **18** IV 5620
—, 3-Cyan-4-propyl- **18** IV 5612
—, 3-Cyclohexylaminomethyl-4-hydroxy- **18** IV 8040
—, 3-Cyclohexylaminomethyl-4-hydroxy-6-methoxy- **18** IV 8122
—, 3-Cyclohexylaminomethyl-4-hydroxy-6-methyl- **18** IV 8046
—, 3-[1-Cyclohexylidenhydrazono-äthyl]-4-hydroxy- **17** IV 6742
—, 3-[1-(4-Cyclohexyl-phenyl)-äthyl]-4-hydroxy- **17** IV 6497
—, 3-Decanoyl-7-decanoyloxy-4-hydroxy- **18** IV 2529

—, 3-Decanoyl-7-decanoyloxy-4-hydroxy-5-methyl- **18** IV 2530
—, 3-Decanoyl-4,7-dihydroxy- **18** IV 2529
—, 3-Decanoyl-4,7-dihydroxy-5-methyl- **18** IV 2529
—, 3-Decanoyl-4-hydroxy- **17** IV 6760
—, 3-Decanoyl-4-hydroxy-6-methyl- **17** IV 6762
—, 3-Decanoyl-4-hydroxy-7-nitro- **17** IV 6761
—, 7-Decanoyloxy-4-hydroxy- **18** IV 1341
—, 7-Decanoyloxy-4-hydroxy-5-methyl- **18** IV 1382
—, 3-Decyl-4-hydroxy- **17** IV 6251
—, 3,4-Diacetoxy- **18** IV 1337
—, 4,6-Diacetoxy- **18** IV 1341
—, 4,7-Diacetoxy- **18** I 348 c, II 68 b, IV 1341
—, 5,7-Diacetoxy- **18** 97 g, IV 1322
—, 6,7-Diacetoxy- **18** 100 c, II 69 b, IV 1325
—, 7,8-Diacetoxy- **18** 101 c, IV 1332
—, 5,7-Diacetoxy-4-acetoxymethyl- **18** IV 2391
—, 7-[3,4-Diacetoxy-6-acetoxymethyl-5-(3,4,5-triacetoxy-6-acetoxymethyl-tetrahydro-pyran-2-yloxy)-tetrahydro-pyran-2-yloxy]-4-methyl- **18** IV 340
—, 5,7-Diacetoxy-4-[4-acetoxy-phenäthyl]- **18** II 180 b
—, 5,7-Diacetoxy-3-[4-acetoxy-phenyl]- **18** II 176 j
—, 5,7-Diacetoxy-4-[4-acetoxy-phenyl]- **18** II 177 c
—, 4,5-Diacetoxy-3-[4-acetoxy-phenyl]-7-methoxy- **18** IV 3321
—, 4,7-Diacetoxy-3-[4-acetoxy-phenyl]-5-methoxy- **18** IV 3322
—, 7,8-Diacetoxy-3-[1-acetoxy-2,2,2-trichlor-äthyl]-6-äthyl-4-methyl- **18** IV 2416
—, 5,7-Diacetoxy-3-[1-acetoxy-2,2,2-trichlor-äthyl]-4-methyl- **18** IV 2408
—, 7,8-Diacetoxy-3-[1-acetoxy-2,2,2-trichlor-äthyl]-4-methyl- **18** IV 2408
—, 5,7-Diacetoxy-3-acetylamino- **18** IV 2374
—, 5,7-Diacetoxy-4-acetylamino- **18** I 393 a
—, 7,8-Diacetoxy-3-acetylamino- **18** IV 2376
—, 5,7-Diacetoxy-6-acetyl-3-brom-4,8-dimethyl- **18** IV 2520
—, 5,8-Diacetoxy-6-acetyl-4-methyl- **18** IV 2515
—, 7,8-Diacetoxy-6-äthyl- **18** IV 1399

Cumarin (Fortsetzung)

—, 7,8-Diacetoxy-6-äthyl-3,4-dimethyl-
18 IV 1420

—, 5,7-Diacetoxy-3-äthyl-4-methyl- **18**
IV 1410

—, 7,8-Diacetoxy-6-äthyl-4-methyl- **18**
IV 1412

—, 7,8-Diacetoxy-6-äthyl-4-methyl-3-
propyl- **18** IV 1433

—, 7,8-Diacetoxy-6-äthyl-4-phenyl- **18**
IV 1864

—, 5,7-Diacetoxy-3-allyl-4-methyl- **18**
II 80 d

—, 7,8-Diacetoxy-3-allyl-4-methyl- **18**
II 80 f

—, 5,7-Diacetoxy-3-benzolsulfonyl- **18**
II 151 b

—, 6,7-Diacetoxy-3-benzolsulfonyl- **18**
II 151 h

—, 7,8-Diacetoxy-3-benzolsulfonyl- **18**
II 152 d

—, 5,7-Diacetoxy-3-benzoylamino- **18**
IV 2374

—, 7,8-Diacetoxy-3-benzoylamino- **18**
IV 2376

—, 4-[2,4-Diacetoxy-benzoyl]-3,7-
dimethoxy- **18** IV 3531

—, 4-[2,4-Diacetoxy-benzoyl]-7-methoxy-
18 IV 3361

—, 4-[3,4-Diacetoxy-benzoyloxy]- **18**
IV 289

—, 4,7-Diacetoxy-3-benzyl- **18** IV 1836

—, 5,7-Diacetoxy-4-benzyl- **18** IV 1837

—, 7,8-Diacetoxy-4-benzyl- **18** IV 1837

—, 5,7-Diacetoxy-3-benzyl-4-methyl- **18**
I 368 e, IV 1862

—, 7,8-Diacetoxy-3-benzyl-4-methyl- **18**
I 369 a

—, 5,7-Diacetoxy-3-benzyl-4-phenyl- **18**
I 382 e

—, 7,8-Diacetoxy-3-benzyl-4-phenyl- **18**
I 382 g

—, 7,8-Diacetoxy-6-bibenzyl-α-yl- **18**
IV 1961

—, 5,7-Diacetoxy-4-brommethyl- **18**
IV 1370

—, 5,7-Diacetoxy-3-[4-chlor-
benzolsulfonyl]- **18** II 151 c

—, 6,7-Diacetoxy-3-[4-chlor-
benzolsulfonyl]- **18** II 151 i

—, 7,8-Diacetoxy-3-[4-chlor-
benzolsulfonyl]- **18** II 152 e

—, 5,7-Diacetoxy-3-chlor-4,8-dimethyl-
18 IV 1405

—, 5,7-Diacetoxy-3-chlor-4-methyl- **18**
I 351 f

—, 6,7-Diacetoxy-3-chlor-4-methyl- **18**
I 352 d

—, 7,8-Diacetoxy-3-chlor-4-methyl-
18 105 b

—, 5,7-Diacetoxy-4-[3,4-diacetoxy-
phenyl]- **18** 224 b

—, 7,8-Diacetoxy-3,6-diäthyl-4-methyl-
18 IV 1425

—, 5,7-Diacetoxy-3,6-dibrom-4,8-
dimethyl- **18** IV 1406

—, 5,7-Diacetoxy-3-[2,2-dichlor-äthyl]-4-
methyl- **18** IV 1410

—, 7,8-Diacetoxy-3-[2,2-dichlor-äthyl]-4-
methyl- **18** IV 1411

—, 5,7-Diacetoxy-6,8-diisopentyl-4-
propyl- **18** IV 1464

—, 5,7-Diacetoxy-3-[3,4-dimethoxy-
phenyl]- **18** II 217 h

—, 4,7-Diacetoxy-3-[2,4-dimethoxy-
phenyl]-5-methoxy- **18** IV 3513

—, 4,7-Diacetoxy-3-[3,4-dimethoxy-
phenyl]-5-methoxy- **18** IV 3514

—, 5,7-Diacetoxy-3,4-dimethyl- **18**
IV 1402

—, 5,7-Diacetoxy-4,8-dimethyl- **18**
IV 1405

—, 5,7-Diacetoxy-6,8-dimethyl- **18**
IV 1406

—, 6,7-Diacetoxy-5,8-dimethyl- **18**
IV 1406

—, 7,8-Diacetoxy-3,4-dimethyl- **18**
IV 1402

—, 6,7-Diacetoxy-5,8-dimethyl-3-vinyl-
18 IV 1561

—, 5,7-Diacetoxy-3,4-diphenyl- **18**
II 132 e

—, 7,8-Diacetoxy-3,4-diphenyl- **18**
II 132 g

—, 5,7-Diacetoxy-6-isopentyl-8-
isovaleryl-4-propyl- **18** IV 2538

—, 5,7-Diacetoxy-6-isovaleryl-8-
[3-methyl-but-3-enyl]-4-phenyl- **18**
IV 2820

—, 5,7-Diacetoxy-6-isovaleryl-8-
[3-methyl-but-2-enyl]-4-propyl- **18**
IV 2583

—, 5,7-Diacetoxy-8-isovaleryl-6-
[3-methyl-but-2-enyl]-4-propyl- **18**
IV 2582

—, 7,8-Diacetoxy-6-methoxy- **18**
IV 2373

—, 4,7-Diacetoxy-5-methoxy-3-
[2-methoxy-phenyl]- **18** IV 3319

—, 4,7-Diacetoxy-5-methoxy-3-
[4-methoxy-phenyl]- **18** IV 3321

—, 7,8-Diacetoxy-6-methoxy-4-methyl-
18 IV 2390

—, 4,7-Diacetoxy-5-methoxy-3-phenyl-
18 IV 2737

—, 5,7-Diacetoxy-3-[3-methoxy-phenyl]-
18 IV 2736

Cumarin (Fortsetzung)

—, 5,7-Diacetoxy-3-[4-methoxy-phenyl]-
18 IV 2736

—, 5,7-Diacetoxy-4-[4-methoxy-phenyl]-
18 I 398 f

—, 5,7-Diacetoxy-3-[3-methoxy-phenyl]-
4-methyl- 18 IV 2764

—, 4,7-Diacetoxy-3-methyl- 18 IV 1366

—, 5,6-Diacetoxy-4-methyl- 18 IV 1367

—, 5,7-Diacetoxy-4-methyl- 18 104 d,
IV 1369

—, 6,7-Diacetoxy-4-methyl- 18 I 352 a,
IV 1373

—, 7,8-Diacetoxy-4-methyl- 18 104 g,
IV 1378

—, 6-[2,3-Diacetoxy-3-methyl-butyl]-5,7-
dimethoxy- 18 IV 3083

—, 5,7-Diacetoxy-4-methyl-3-phenyl-
18 I 367 c, IV 1850

—, 7,8-Diacetoxy-4-methyl-3-phenyl-
18 I 367 f, II 104 d

  — imin 18 I 367 i

—, 4,7-Diacetoxy-3-[2-(4-nitro-
phenylhydrazono)-äthyl]- 18 IV 2504

—, 4,7-Diacetoxy-3-[2-oxo-äthyl]- 18
IV 2504

—, 5,7-Diacetoxy-3-phenyl- 18 I 362 e,
II 101 d

—, 5,7-Diacetoxy-4-phenyl- 18 131 h,
IV 1814

—, 6,7-Diacetoxy-3-phenyl- 18 IV 1809

—, 6,7-Diacetoxy-4-phenyl- 18 I 363 c

—, 7,8-Diacetoxy-3-phenyl- 18 I 362 f,
II 101 g

  — imin 18 I 362 h

—, 7,8-Diacetoxy-4-phenyl- 18 131 j,
I 363 f

  — imin 18 I 363 g

—, 5,7-Diacetoxy-4-propyl- 18 IV 1409

—, 7,8-Diacetoxy-4-propyl- 18 IV 1409

—, 5,7-Diacetoxy-3-[toluol-4-sulfonyl]-
18 II 151 d

—, 6,7-Diacetoxy-3-[toluol-4-sulfonyl]-
18 II 151 j

—, 7,8-Diacetoxy-3-[toluol-4-sulfonyl]-
18 II 152 f

—, 5,7-Diacetoxy-4-[3,4,5-triacetoxy-
phenyl]- 18 II 240 c

—, 5,7-Diacetoxy-3,6,8-tribrom-
18 98 d

—, 5,7-Diacetoxy-3-[3,4,5-trimethoxy-
phenyl]- 18 IV 3513

—, 5,7-Diacetoxy-4-[3,4,5-trimethoxy-
phenyl]- 18 II 240 b

—, 7,8-Diacetoxy-4-[3,4,5-trimethoxy-
phenyl]- 18 II 240 e

—, 4,7-Diacetoxy-3-[3,7,11-trimethyl-
dodeca-2,6,10-trienyl]- 18 IV 1756

—, 4,7-Diacetoxy-3-[3,7,11-trimethyl-
dodecyl]- 18 IV 1500

—, 6,7-Diacetoxy-3-vinyl- 18 IV 1527

—, 3,6-Diacetyl-8-äthyl-5-hydroxy- 18
IV 2574

—, 8-Diacetylamino-7-hydroxy-4-methyl-
18 625 c

—, 6,8-Diacetyl-5,7-dihydroxy-4-methyl-
18 IV 3155

—, 6,8-Diacetyl-5,7-dimethoxy-4-methyl-
18 IV 3155

—, 3,6-Diacetyl-5-hydroxy- 18 IV 2568

—, 3,6-Diacetyl-7-hydroxy- 18 II 157 d

—, 3,8-Diacetyl-7-hydroxy- 18 IV 2568

—, 3,6-Diacetyl-7-hydroxy-5-methyl- 18
II 157 e

—, 6,7-Diäthoxy- 18 100 a

—, 7,8-Diäthoxy- 18 101 b, II 69 h

—, 5,7-Diäthoxy-3-benzolsulfonyl- 18
II 150 h

—, 6,7-Diäthoxy-3-brom- 18 100 d

—, 7,8-Diäthoxy-3-brom- 18 101 e

—, 5,7-Diäthoxy-3-[4-chlor-
benzolsulfonyl]- 18 II 150 i

—, 7,8-Diäthoxy-6-hydroxy- 18
II 153 d

—, 7,8-Diäthoxy-6-methoxy- 18
II 153 e, IV 2372

—, 5,6-Diäthoxy-7-methoxy-4-methyl-
18 IV 2388

—, 7,8-Diäthoxy-4-methyl-3-phenyl- 18
I 367 e

—, 4-Diäthoxyphosphoryloxy- 18
IV 290

—, 4-Diäthoxythiophosphoryloxy- 18
IV 290

—, 7-Diäthoxythiophosphoryloxy- 18
IV 302

—, 6-Diäthoxythiophosphoryloxy-4-
methyl- 18 IV 331

—, 7-Diäthoxythiophosphoryloxy-4-
methyl- 18 IV 343

—, 7-Diäthoxythiophosphoryloxy-4-
methyl-8-nitro- 18 IV 351

—, 7-Diäthoxythiophosphoryloxy-4-
methyl-6-propyl- 18 IV 422

—, 5,7-Diäthoxy-3-[toluol-4-sulfonyl]-
18 II 151 a

—, 6-[2-Diäthylamino-äthoxy]-7-
hydroxy-4-methyl- 18 IV 1374

—, 7-[2-Diäthylamino-äthoxy]-6-
hydroxy-4-methyl- 18 IV 1374

—, 4-[2-Diäthylamino-äthoxy]-3-[3-(2-
hydroxy-phenyl)-3-oxo-propyl]- 18
IV 2806

—, 7-[2-Diäthylamino-äthoxy]-4-methyl-
18 IV 338

—, 7-Diäthylamino-3-[4-methoxy-phenyl]-
4-methyl- 18 IV 8105

Cumarin (Fortsetzung)

—, 7-Diäthylamino-4-methyl- **18**
IV 7928

—, 3-[4-Diäthylamino-1-methyl-
butylcarbamoyl]- **18** IV 5574

—, 4-[3-Diäthylaminomethyl-4-hydroxy-
anilino]- **17** IV 6156

—, 7-Diäthylamino-4-methyl-3-[4-nitro-
phenyl]- **18** IV 8012

—, 7-Diäthylamino-4-methyl-3-phenyl-
18 IV 8012

—, 3,6-Diäthyl-8-benzoyl-7-hydroxy-4-
methyl- **18** IV 1923

—, 3,6-Diäthyl-7-benzoyloxy-4-methyl-
18 IV 437

—, 3,4-Diäthyl-6-*tert*-butyl- **17** IV 5165

—, 3-Diäthylcarbamoyl- **18** IV 5572

—, 4-Diäthylcarbamoyl- **18** IV 5585

—, 3-Diäthylcarbamoyl-8-methoxy- **18**
IV 6345

—, 3-Diäthylcarbamoyl-8-methoxy-6-
nitro- **18** IV 6346

—, 3-[Diäthylcarbamoyl-methyl]- **18**
IV 5593

—, 3-Diäthylcarbamoyl-6-nitro- **18**
IV 5582

—, 3,6-Diäthyl-7,8-dihydroxy-4-methyl-
18 IV 1425

—, 6,8-Diäthyl-5-hydroxy- **18** IV 422

—, 3,8-Diäthyl-7-hydroxy-4,5-dimethyl-
18 IV 446

—, 6,8-Diäthyl-5-hydroxy-4,7-dimethyl-
18 IV 447

—, 6,8-Diäthyl-7-hydroxy-4,5-dimethyl-
18 IV 447

—, 3,6-Diäthyl-7-hydroxy-4-methyl- **18**
IV 437

—, 3,7-Diäthyl-6-hydroxy-4-methyl- **18**
IV 437

—, 6,8-Diäthyl-5-hydroxy-4-methyl- **18**
IV 438

—, 6,8-Diäthyl-5-hydroxy-7-methyl- **18**
IV 438

—, 6,8-Diäthyl-7-hydroxy-4-methyl- **18**
IV 438

—, 3,4-Diäthyl-7-methoxy- **18** IV 422

—, 3,6-Diäthyl-7-methoxy-4-methyl- **18**
IV 437

—, 3,4-Diäthyl-6-*tert*-pentyl- **17**
IV 5167

—, 3,6-Diamino- **18** IV 8036

—, 5,8-Diamino-6,7-dimethyl- **18**
I 571 b

—, 5,7-Diamino-4,6,8-trimethyl- **18**
I 571 f

—, 6-Diazoacetyl-7-methoxy- **18**
IV 2564

—, 6-Diazoacetyl-7-propionyloxy- **18**
IV 2564

—, 1,8-Dibenzoyl-5,7-dihydroxy-4-
methyl- **18** IV 3392

—, 3,8-Dibenzyl-6-chlor-4-hydroxy- **17**
IV 6556

—, 3,6-Dibenzyl-4-hydroxy- **17** IV 6556

—, 3,6-Dibrom- **17** 332 c

—, 6,8-Dibrom- **17** 332 d, II 360 c,
IV 5060

—, 6,8-Dibrom-3-[4-brom-phenyl]-7-
hydroxy- **18** IV 714

—, 6,8-Dibrom-3-[4-brom-phenyl]-7-
methoxy- **18** IV 714

—, 6,8-Dibrom-3-butyryl- **17** IV 6303

—, 6,8-Dibrom-3-carbamoyl- **18**
IV 5579

—, 6,8-Dibrom-3-[2-chlor-benzoyl]- **17**
IV 6476

—, 3,8-Dibrom-6-chlorsulfonyl-7-
hydroxy-4-methyl- **18** IV 6754

—, 6,8-Dibrom-3-diäthylcarbamoyl- **18**
IV 5579

—, 6,8-Dibrom-3-dibenzylcarbamoyl-
18 IV 5580

—, 6,8-Dibrom-3-dibutylcarbamoyl- **18**
IV 5580

—, 3,6-Dibrom-5,7-dihydroxy-4,8-
dimethyl- **18** IV 1405

—, 3,6-Dibrom-7,8-dihydroxy-4-methyl-
18 IV 1380

—, 3,6-Dibrom-5,7-dimethoxy- **18** 98 c

—, 3,8-Dibrom-5,7-dimethoxy- **18** 98 c

—, 3,6-Dibrom-5,7-dimethoxy-4,8-
dimethyl- **18** IV 1405

—, 3,6-Dibrom-7,8-dimethoxy-4-methyl-
18 IV 1380

—, 3,8-Dibrom-5,7-dimethoxy-4-methyl-
18 IV 1371

—, 3,6-Dibrom-4,7-dimethyl- **17**
IV 5102

—, 3,6-Dibrom-7-dimethylamino-4-
methyl- **18** 611 g

—, 3,8-Dibrom-7-dimethylamino-4-
methyl- **18** 611 g

—, 3,8-Dibrom-4,7-dimethyl-6-nitro- **17**
II 368 e

—, 6,8-Dibrom-3-[2,4-dimethyl-
phenylcarbamoyl]- **18** IV 5580

—, 3,x-Dibrom-4-hydroxy- **17** IV 6154

—, 6,8-Dibrom-4-hydroxy- **17** 489 c

—, 3-[3,5-Dibrom-4-hydroxy-benzoyl]-
18 IV 1885

—, 3,8-Dibrom-6-hydroxy-5,7-
dimethoxy-4-methyl- **18** IV 2388

—, 3,6-Dibrom-7-hydroxy-4,8-dimethyl-
18 IV 386

—, 6,8-Dibrom-5-hydroxy-4,7-dimethyl-
18 IV 384

—, 6,8-Dibrom-7-hydroxy-3,4-dimethyl-
18 IV 379

Cumarin   (Fortsetzung)

—, 6,8-Dibrom-3-[1-hydroxyimino-äthyl]-
   17 IV 6290

—, 6,8-Dibrom-3-[α-hydroxyimino-
   benzyl]- 17 IV 6476

—, 5,8-Dibrom-7-hydroxy-6-methoxy-
   18 I 349 d

—, 3,5-Dibrom-6-hydroxy-4-methyl- 18
   IV 331

—, 3,6-Dibrom-7-hydroxy-4-methyl- 18
   IV 349

—, 3,7-Dibrom-6-hydroxy-4-methyl- 18
   IV 331

—, 3,8-Dibrom-7-hydroxy-4-methyl- 18
   IV 349

—, 5,7-Dibrom-6-hydroxy-4-methyl- 18
   IV 331

—, 6,8-Dibrom-5-hydroxy-4-methyl- 18
   IV 327

—, 6,8-Dibrom-7-hydroxy-4-methyl-3-
   phenyl- 18 IV 748

—, 3,8-Dibrom-7-hydroxy-4-methyl-6-
   phenylsulfamoyl- 18 IV 6754

—, 3,6-Dibrom-7-hydroxy-4-phenyl- 18
   IV 717

—, 3,8-Dibrom-7-hydroxy-4-phenyl- 18
   IV 717

—, 6,8-Dibrom-7-hydroxy-3-phenyl- 18
   IV 713

—, 6,8-Dibrom-7-hydroxy-4-phenyl- 18
   IV 718

—, 6,8-Dibrom-3-[4-methoxy-benzoyl]-
   18 IV 1885

—, 3,8-Dibrom-5-methoxy-4,7-dimethyl-
   18 IV 384

—, 6,8-Dibrom-5-methoxy-4,7-dimethyl-
   18 IV 384

—, 3,5-Dibrom-6-methoxy-4-methyl- 18
   IV 331

—, 3,6-Dibrom-7-methoxy-4-methyl- 18
   IV 349

—, 3,7-Dibrom-6-methoxy-4-methyl- 18
   IV 332

—, 3,8-Dibrom-5-methoxy-4-methyl- 18
   IV 327

—, 3,8-Dibrom-7-methoxy-4-methyl- 18
   IV 349

—, 6,8-Dibrom-5-methoxy-4-methyl- 18
   IV 327

—, 6,8-Dibrom-7-methoxy-4-methyl-3-
   phenyl- 18 IV 749

—, 3,6-Dibrom-7-methoxy-4-phenyl- 18
   IV 717

—, 3,8-Dibrom-7-methoxy-4-phenyl- 18
   IV 718

—, 6,8-Dibrom-7-methoxy-3-phenyl- 18
   IV 713

—, 6,8-Dibrom-7-methoxy-4-phenyl- 18
   IV 718

—, 3,6-Dibrom-4-methyl- 17 336 k

—, 6-[2,3-Dibrom-3-methyl-butyl]-7-
   hydroxy- 18 IV 433

—, 6-[2,3-Dibrom-3-methyl-butyl]-7-
   methoxy- 18 IV 433

—, 8-[2,3-Dibrom-3-methyl-butyl]-7-
   methoxy- 18 II 25 c, IV 434

—, 3,8-Dibrom-6-nitro- 17 II 360 i

—, 4-[α,β-Dibrom-phenäthyl]-3-phenyl-
   17 IV 5595

—, 6,8-Dibrom-3-phenyl- 17 II 398 c

—, 3-[2,3-Dibrom-3-phenyl-propionyl]-4-
   hydroxy- 17 IV 6794

—, 3,6-Dibutyl-4-hydroxy- 17 IV 6247

—, 3,4-Dichlor- 17 IV 5059

—, 6,8-Dichlor- 17 II 359 g

—, 3-[2,2-Dichlor-äthyl]-5,7-dihydroxy-4-
   methyl- 18 IV 1410

—, 3-[2,2-Dichlor-äthyl]-7,8-dihydroxy-4-
   methyl- 18 IV 1410

—, 3-[2,2-Dichlor-äthyl]-4,6-dimethyl-
   17 IV 5133

—, 3-[2,2-Dichlor-äthyl]-5-hydroxy-4,7-
   dimethyl- 18 IV 426

—, 3-[2,2-Dichlor-äthyl]-7-hydroxy-4-
   methyl- 18 IV 403

—, 3-[2,2-Dichlor-äthyl]-7-methoxy-4-
   methyl- 18 IV 403

—, 3-[4,4'-Dichlor-benzhydryl]-4-
   hydroxy- 17 IV 6552

—, 3-[4,4'-Dichlor-benzhydryl]-4-
   hydroxy-7-methoxy- 18 IV 1959

—, 3-[4,4'-Dichlor-benzhydryl]-4-
   hydroxy-6-methyl- 17 IV 6555

—, 3-[4,4'-Dichlor-benzhydryl]-4-
   hydroxy-7-methyl- 17 IV 6556

—, 7-[2,4-Dichlor-benzoyloxy]-4-methyl-
   18 IV 337

—, 6-[3,4-Dichlor-benzyl]-3-[4-methoxy-
   benzoyl]- 18 IV 1979

—, 3,6-Dichlor-5,7-dimethoxy- 18 98 a

—, 3,8-Dichlor-5,7-dimethoxy- 18 98 a

—, 3,6-Dichlor-4,7-dimethyl- 17
   I 180 e, II 368 d

—, 3,8-Dichlor-4,6-dimethyl- 17
   IV 5101

—, 6,8-Dichlor-3-[2,4-dimethyl-
   phenylcarbamoyl]- 18 IV 5576

—, 6,7-Dichlor-4-hydroxy- 17 IV 6157

—, 6,8-Dichlor-4-hydroxy- 17 489 b

—, 3-[3,5-Dichlor-2-hydroxy-benzyl]-4-
   hydroxy- 18 IV 1836

—, 6,8-Dichlor-3-[1-hydroxyimino-äthyl]-
   17 IV 6290

—, 6,8-Dichlor-3-[α-hydroxyimino-
   benzyl]- 17 IV 6475

—, 3,6-Dichlor-7-hydroxy-4-methyl- 18
   IV 346

Cumarin (Fortsetzung)

—, 3,8-Dichlor-7-hydroxy-4-methyl- **18** IV 346

—, 5,7-Dichlor-6-hydroxy-4-methyl- **18** I 308 g

—, 6,8-Dichlor-7-hydroxy-4-methyl- **18** I 309 e, IV 346

—, 3,4-Dichlor-6-methoxy- **18** IV 293

—, 6,8-Dichlor-3-[4-methoxy-benzoyl]- **18** IV 1884

—, 3-[3,5-Dichlor-2-methoxy-benzyl]-4-hydroxy- **18** IV 1836

—, 3,6-Dichlor-7-methoxy-4-methyl- **18** IV 346

—, 3,8-Dichlor-7-methoxy-4-methyl- **18** IV 346

—, 6,8-Dichlor-7-methoxy-4-methyl- **18** IV 346

—, 3,4-Dichlor-6-methyl- **17** IV 5076

—, 6,8-Dichlor-3-phenyl- **17** II 398 a

—, 3-[1-(2,4-Dichlor-phenyl)-3-oxo-butyl]-4-hydroxy- **17** IV 6797

—, 3-[1-(2,6-Dichlor-phenyl)-3-oxo-butyl]-4-hydroxy- **17** IV 6797

—, 3-[1-(3,4-Dichlor-phenyl)-3-oxo-butyl]-4-hydroxy- **17** IV 6797

—, 3-[1-(3,5-Dichlor-phenyl)-3-oxo-butyl]-4-hydroxy- **17** IV 6797

—, 3-[2,2-Dicyan-vinyl]- **18** IV 6186

—, 6,8-Diformyl-5-hydroxy-4,7-dimethyl- **18** IV 2568

—, 6,8-Diformyl-5-hydroxy-4-methyl- **18** IV 2564

—, 3,6-Dihexyl-4-hydroxy- **17** IV 6263

—, 3,4-Dihydro- s. Chroman-2-on

—, 3,4-Dihydroxy- **18** IV 1335

—, 3,6-Dihydroxy- **18** 101 f, IV 1333

—, 4,5-Dihydroxy- **18** IV 1340

—, 4,6-Dihydroxy- **18** IV 1340

—, 4,7-Dihydroxy- **18** I 349 h, II 69 i, IV 1341

—, 5,6-Dihydroxy- **18** IV 1321

—, 5,7-Dihydroxy- **18** 97 e, IV 1321

—, 6,7-Dihydroxy- **18** 98 e, I 348 e, II 68 e, IV 1322

—, 7,8-Dihydroxy- **18** 100 i, I 349 f, II 69 c, IV 1330

—, 3-[2,4-Dihydroxy-benzoyl]- **18** IV 2794

—, 4-[2,4-Dihydroxy-benzoyl]-3,7-dimethoxy- **18** IV 3530

—, 4-[2,4-Dihydroxy-benzoyl]-7-methoxy- **18** IV 3360

—, 6-[2,4-Dihydroxy-cinnamoyl]-5-hydroxy-4-methyl- **18** IV 3384

—, 6-[3,4-Dihydroxy-cinnamoyl]-5-hydroxy-4-methyl- **18** IV 3385

—, 5,7-Dihydroxy-6,8-diisopentyl-4-propyl- **18** IV 1464

—, 5,6-Dihydroxy-7,8-dimethoxy-4-methyl- **18** IV 3079

—, 5,6-Dihydroxy-4,7-dimethyl- **18** IV 1403

—, 5,7-Dihydroxy-3,4-dimethyl- **18** IV 1402

—, 5,7-Dihydroxy-4,8-dimethyl- **18** IV 1404

—, 5,7-Dihydroxy-6,8-dimethyl- **18** IV 1406

—, 6,7-Dihydroxy-3,4-dimethyl- **18** IV 1402

—, 6,7-Dihydroxy-5,8-dimethyl- **18** IV 1406

—, 7,8-Dihydroxy-3,4-dimethyl- **18** IV 1402

—, 7-[6,7-Dihydroxy-3,7-dimethyl-oct-2-enyloxy]- **18** IV 298

—, 4,7-Dihydroxy-6,8-dinitro- **18** II 70 c

—, 5,7-Dihydroxy-3,4-diphenyl- **18** II 132 d

—, 7,8-Dihydroxy-3,4-diphenyl- **18** I 382 b, II 132 f

   — imin **18** I 382 c

—, 4,7-Dihydroxy-3-[4-hydroxy-benzoyl]- **18** IV 3360

—, 4,7-Dihydroxy-3-[4-hydroxy-3-isopentyl-benzoylamino]-8-methyl- **18** IV 8123

—, 5,7-Dihydroxy-4-hydroxymethyl- **18** IV 2391

—, 4,7-Dihydroxy-3-[4-hydroxy-3-(3-methyl-but-2-enyl)-benzoylamino]-8-methyl- **18** IV 8124

—, 7-[3,4-Dihydroxy-6-hydroxymethyl-5-(3,4,5-trihydroxy-6-hydroxymethyl-tetrahydro-pyran-2-yloxy)-tetrahydro-pyran-2-yloxy]-4-methyl- **18** IV 339

—, 5,7-Dihydroxy-3-[1-hydroxy-3-oxo-phthalan-1-yl]-4-methyl- **18** 557 a

—, 7,8-Dihydroxy-3-[1-hydroxy-3-oxo-phthalan-1-yl]-4-methyl- **18** 557 b

—, 5,7-Dihydroxy-4-[4-hydroxy-phenäthyl]- **18** II 179 i

—, 4,7-Dihydroxy-3-[4-hydroxy-phenyl]- **18** IV 2737

—, 5,7-Dihydroxy-3-[4-hydroxy-phenyl]- **18** II 176 h

—, 5,7-Dihydroxy-4-[4-hydroxy-phenyl]- **18** II 177 a

—, 4,5-Dihydroxy-3-[4-hydroxy-phenyl]-7-methoxy- **18** IV 3320

—, 4,7-Dihydroxy-3-[4-hydroxy-phenyl]-5-methoxy- **18** IV 3320

—, 5,7-Dihydroxy-6-isobutyryl-8-[3-methyl-but-2-enyl]-4-phenyl- **18** IV 2819

Cumarin (Fortsetzung)

—, 5,7-Dihydroxy-8-isopentyl-6-isovaleryl-4-phenyl- **18** IV 2810

—, 5,7-Dihydroxy-6-isopentyl-8-isovaleryl-4-propyl- **18** IV 2538

—, 5,7-Dihydroxy-8-isopentyl-6-isovaleryl-4-propyl- **18** IV 2538

—, 5,7-Dihydroxy-8-isopentyl-4-phenyl- **18** IV 1876

—, 5,7-Dihydroxy-6-isopentyl-4-propyl- **18** IV 1446

—, 5,7-Dihydroxy-8-isopentyl-4-propyl- **18** IV 1447

—, 6,7-Dihydroxy-3-isopropyl-4-methyl- **18** IV 1418

—, 5,7-Dihydroxy-8-isovaleryl-6-[3-methyl-but-2-enyl]-4-pentyl- **18** IV 2590

—, 5,7-Dihydroxy-6-isovaleryl-8-[3-methyl-but-2-enyl]-4-phenyl- **18** IV 2820

—, 5,7-Dihydroxy-6-isovaleryl-8-[3-methyl-but-2-enyl]-4-propyl- **18** IV 2582

—, 5,7-Dihydroxy-8-isovaleryl-6-[3-methyl-but-2-enyl]-4-propyl- **18** IV 2581

—, 5,7-Dihydroxy-6-isovaleryl-8-[2-oxo-äthyl]-4-propyl- **18** IV 3169

—, 5,7-Dihydroxy-8-isovaleryl-6-[2-oxo-äthyl]-4-propyl- **18** IV 3169

—, 5,7-Dihydroxy-6-isovaleryl-4-propyl- **18** IV 2528

—, 4,7-Dihydroxy-3-lauroyl- **18** IV 2532

—, 3,7-Dihydroxy-6-methoxy- **18** IV 2374

—, 4,5-Dihydroxy-6-methoxy- **18** IV 2376

—, 5,7-Dihydroxy-3-methoxy- **18** I 391 g

—, 6,7-Dihydroxy-5-methoxy- **18** IV 2370

—, 6,7-Dihydroxy-8-methoxy- **18** IV 2371

—, 6,8-Dihydroxy-7-methoxy- **18** IV 2371

—, 7,8-Dihydroxy-6-methoxy- **18** 169 f, II 152 g, IV 2371

—, 3-[4,α-Dihydroxy-3-methoxy-benzyl]-4-hydroxy- **18** IV 3336

—, 4,7-Dihydroxy-5-methoxy-3-[2-methoxy-phenyl]- **18** IV 3319

—, 4,7-Dihydroxy-5-methoxy-3-[4-methoxy-phenyl]- **18** IV 3321

—, 5,6-Dihydroxy-7-methoxy-4-methyl- **18** IV 2387

—, 5,7-Dihydroxy-6-methoxy-4-methyl- **18** IV 2387

—, 7,8-Dihydroxy-5-methoxy-4-methyl- **18** IV 2389

—, 7,8-Dihydroxy-6-methoxy-4-methyl- **18** IV 2389

—, 4,7-Dihydroxy-5-methoxy-3-phenyl- **18** IV 2737

—, 5,7-Dihydroxy-3-[4-methoxy-phenyl]- **18** IV 2736

—, 5,7-Dihydroxy-4-[4-methoxy-phenyl]- **18** I 398 e

— imin **18** I 398 g

—, 7,8-Dihydroxy-4-[4-methoxy-phenyl]- **18** IV 2740

—, 4,7-Dihydroxy-3-methyl- **18** IV 1366

—, 4,7-Dihydroxy-5-methyl- **18** IV 1382

—, 4,7-Dihydroxy-8-methyl- **18** IV 1383

—, 5,6-Dihydroxy-4-methyl- **18** IV 1366

—, 5,7-Dihydroxy-4-methyl- **18** 104 c, I 351 c, IV 1367

—, 6,7-Dihydroxy-4-methyl- **18** 104 e, I 351 h, IV 1371

—, 7,8-Dihydroxy-4-methyl- **18** 104 f, I 352 g, IV 1377

—, 5,7-Dihydroxy-6-[3-methyl-but-2-enyl]-8-[2-methyl-butyryl]-4-propyl- **18** IV 2581

—, 6-[2,3-Dihydroxy-3-methyl-butyl]-5,7-dimethoxy- **18** IV 3083

—, 6-[2,3-Dihydroxy-3-methyl-butyl]-7-methoxy- **18** IV 2415

—, 8-[2,3-Dihydroxy-3-methyl-butyl]-7-methoxy- **18** IV 2415

—, 7,8-Dihydroxy-4-methyl-6-[4-nitro-phenylazo]- **18** IV 8341

—, 4,7-Dihydroxy-8-methyl-3-nitroso- **18** IV 1384

—, 5,7-Dihydroxy-4-methyl-3-phenyl- **18** I 367 b, IV 1850

—, 6,7-Dihydroxy-4-methyl-3-phenyl- **18** IV 1851

—, 7,8-Dihydroxy-4-methyl-3-phenyl- **18** I 367 d, II 104 b, IV 1851

— imin **18** I 367 h

—, 5,7-Dihydroxy-4-methyl-3-[2,2,2-trichlor-1-hydroxy-äthyl]- **18** IV 2408

—, 7,8-Dihydroxy-4-methyl-3-[2,2,2-trichlor-1-hydroxy-äthyl]- **18** IV 2408

—, 5,7-Dihydroxy-4-[4-nitro-phenyl]- **18** IV 1814

—, 6,7-Dihydroxy-4-[4-nitro-phenyl]- **18** IV 1817

—, 7,8-Dihydroxy-4-[4-nitro-phenyl]- **18** IV 1817

—, 6,7-Dihydroxy-3-[3-oxo-5-phenyl-pent-4-enoyl]- **18** IV 3388

—, 7,8-Dihydroxy-3-[3-oxo-5-phenyl-pent-4-enoyl]- **18** IV 3388

—, 4,7-Dihydroxy-3-phenyl- **18** IV 1811

Cumarin (Fortsetzung)

—, 5,7-Dihydroxy-3-phenyl- **18**
II 101 b, IV 1809

—, 5,7-Dihydroxy-4-phenyl- **18** 131 d,
I 363 a, IV 1813

—, 6,7-Dihydroxy-3-phenyl- **18** IV 1809

—, 6,7-Dihydroxy-4-phenyl- **18**
I 363 b, IV 1814

—, 7,8-Dihydroxy-3-phenyl- **18** I 362 e,
II 101 e, IV 1809

— imin **18** I 362 g

—, 7,8-Dihydroxy-4-phenyl- **18** 131 i,
I 363 e, IV 1817

—, 6-[2,4-Dihydroxy-phenylazo]- **18**
IV 8334

—, 3-[3,4-Dihydroxy-phenyl]-5,7-
dihydroxy- **18** II 217 e

—, 4-[3,4-Dihydroxy-phenyl]-5,7-
dihydroxy- **18** I 415 d

—, 5,7-Dihydroxy-4-propyl- **18** IV 1409

—, 7,8-Dihydroxy-4-propyl- **18** IV 1409

—, 5,7-Dihydroxy-3-[toluol-4-sulfonyl]-
18 II 150 j

—, 6,7-Dihydroxy-3-[toluol-4-sulfonyl]-
18 II 151 g

—, 7,8-Dihydroxy-3-[toluol-4-sulfonyl]-
18 II 152 c

—, 5,7-Dihydroxy-4-[3,4,5-trimethoxy-
phenyl]- **18** II 239 f

—, 7,8-Dihydroxy-4-[3,4,5-trimethoxy-
phenyl]- **18** II 240 d

—, 4,7-Dihydroxy-3-[3,7,11-trimethyl-
dodeca-2,6,10-trienyl]- **18** IV 1756

—, 7-Diisopropoxythiophosphoryloxy-4-
methyl- **18** IV 343

—, 6,8-Dijod- **17** 333 a, IV 5060

—, 6,8-Dijod-3-[4-methoxy-benzoyl]- **18**
IV 1885

—, 3,6-Dijod-7-methoxy-4-methyl- **18**
IV 350

—, 3,8-Dijod-7-methoxy-4-methyl- **18**
IV 350

—, 6,8-Dijod-5-methoxy-4-methyl- **18**
IV 328

—, 6,8-Dijod-7-methoxy-4-methyl- **18**
IV 350

—, 3,4-Dimethoxy- **18** IV 1336

—, 4,5-Dimethoxy- **18** IV 1340

—, 4,6-Dimethoxy- **18** IV 1341

—, 4,7-Dimethoxy- **18** I 348 b,
II 68 a

—, 5,6-Dimethoxy- **18** IV 1321

—, 5,7-Dimethoxy- **18** 97 f, I 348 d,
IV 1322

—, 6,7-Dimethoxy- **18** 99 c, I 349 b,
II 68 g, IV 1324

—, 7,8-Dimethoxy- **18** I 349 g,
IV 1331

—, 5,7-Dimethoxy-2-[3,4-dimethoxy-
phenyl]- **8** II 579 a, III 4254 c

—, 5,6-Dimethoxy-4,7-dimethyl- **18**
IV 1403

—, 5,7-Dimethoxy-3,4-dimethyl- **18**
IV 1402

—, 5,7-Dimethoxy-4,6-dimethyl- **18**
IV 1402

—, 5,7-Dimethoxy-4,8-dimethyl- **18**
IV 1405

—, 5,7-Dimethoxy-3-[4-methoxy-benzyl]-
4-methyl- **18** IV 2776

—, 4,7-Dimethoxy-3-[4-methoxy-phenyl]-
18 IV 2738

—, 5,7-Dimethoxy-3-[4-methoxy-phenyl]-
18 II 176 i, IV 2736

—, 5,7-Dimethoxy-4-[4-methoxy-phenyl]-
18 II 177 b

—, 6,8-Dimethoxy-3-[4-methoxy-phenyl]-
18 IV 2736

—, 7,8-Dimethoxy-4-[4-methoxy-styryl]-
3-phenyl- **18** IV 2839

—, 3,4-Dimethoxy-6-methyl- **18**
IV 1383

—, 5,6-Dimethoxy-4-methyl- **18**
IV 1367

—, 5,7-Dimethoxy-3-methyl- **18**
IV 1365

—, 5,7-Dimethoxy-4-methyl- **18**
IV 1369

—, 5,7-Dimethoxy-6-methyl- **18**
IV 1382

—, 5,7-Dimethoxy-8-methyl- **18**
IV 1383

—, 5,8-Dimethoxy-4-methyl- **18**
IV 1371

—, 6,7-Dimethoxy-3-methyl- **18**
IV 1365

—, 6,7-Dimethoxy-4-methyl- **18**
I 351 j, IV 1372

—, 6,8-Dimethoxy-3-methyl- **18**
IV 1365

—, 7,8-Dimethoxy-4-methyl- **18**
IV 1378

—, 5,7-Dimethoxy-6-[3-methyl-crotonoyl]-
18 IV 2571

—, 5,7-Dimethoxy-8-[3-methyl-crotonoyl]-
18 IV 2570

—, 7,8-Dimethoxy-4-methyl-5-nitro- **18**
IV 1381

—, 7,8-Dimethoxy-4-methyl-6-nitro- **18**
IV 1381

—, 5,7-Dimethoxy-6-[3-methyl-2-oxo-
butyl]- **18** IV 2522

—, 7,8-Dimethoxy-4-methyl-3-phenyl-
18 II 104 c

—, 5,7-Dimethoxy-6-[3-methyl-2-
phenylhydrazono-butyl]- **18** IV 2522

Cumarin   (Fortsetzung)

—, 5,7-Dimethoxy-8-[3-methyl-1-
semicarbazono-but-2-enyl]- **18** IV 2571

—, 5,7-Dimethoxy-6-[3-methyl-2-
semicarbazono-butyl]- **18** IV 2522

—, 7,8-Dimethoxy-4-methyl-3-[2,2,2-
trichlor-1-methoxy-äthyl]- **18** IV 2408

—, 6,7-Dimethoxy-3-nitro- **18** IV 1330

—, 5,7-Dimethoxy-6-[2-(4-nitro-
phenylhydrazono)-äthyl]- **18** IV 2504

—, 5,7-Dimethoxy-6-[2-oxo-äthyl]- **18**
IV 2504

—, 3-[3,4-Dimethoxy-
phenäthylcarbamoyl]- **18** IV 5574

—, 3-[(3,4-Dimethoxy-
phenäthylcarbamoyl)-methyl]- **18**
IV 5593

—, 4,7-Dimethoxy-3-phenyl- **18**
IV 1811

—, 5,6-Dimethoxy-4-phenyl- **18**
IV 1813

—, 5,7-Dimethoxy-3-phenyl- **18**
II 101 c, IV 1809

—, 5,7-Dimethoxy-4-phenyl- **18** 131 f,
IV 1814

—, 6,7-Dimethoxy-4-phenyl- **18**
IV 1815

—, 7,8-Dimethoxy-3-phenyl- **18**
II 101 f

—, 7,8-Dimethoxy-4-phenyl- **18**
IV 1817

—, 3,7-Dimethoxy-4-phenylcarbamoyl-
18 IV 6493

—, 3-[2,4-Dimethoxy-phenyl]-4,7-
dihydroxy- **18** IV 3322

—, 3-[3,4-Dimethoxy-phenyl]-5,7-
dihydroxy- **18** II 217 f

—, 4-[2,4-Dimethoxy-phenyl]-5,7-
dihydroxy- **18** I 415 c

—, 3-[2,4-Dimethoxy-phenyl]-4,7-
dihydroxy-5-methoxy- **18** IV 3513

—, 3-[3,4-Dimethoxy-phenyl]-4,7-
dihydroxy-5-methoxy- **18** IV 3514

—, 3-[2,4-Dimethoxy-phenyl]-4,7-
dimethoxy- **18** IV 3322

—, 3-[3,4-Dimethoxy-phenyl]-4,7-
dimethoxy- **18** IV 3322

—, 3-[3,4-Dimethoxy-phenyl]-5,7-
dimethoxy- **18** II 217 g

—, 5,7-Dimethoxy-4-[phenylhydrazono-
methyl]- **18** IV 2496

—, 6,7-Dimethoxy-4-[phenylhydrazono-
methyl]- **18** IV 2496

—, 7,8-Dimethoxy-4-[phenylhydrazono-
methyl]- **18** IV 2497

—, 3-[3,4-Dimethoxy-phenyl]-7-hydroxy-
18 IV 2736

—, 4-[3,4-Dimethoxy-phenyl]-7-hydroxy-
18 IV 2740

—, 3-[2,4-Dimethoxy-phenyl]-4-hydroxy-
5,7-dimethoxy- **18** IV 3513

—, 3-[3,4-Dimethoxy-phenyl]-4-hydroxy-
5,7-dimethoxy- **18** IV 3514

—, 4-[3,4-Dimethoxy-phenyl]-3-hydroxy-
5,7-dimethoxy- **18** II 240 f

—, 3-[2,4-Dimethoxy-phenyl]-4-hydroxy-
7-methoxy- **18** IV 3322

—, 3-[3,4-Dimethoxy-phenyl]-4-hydroxy-
7-methoxy- **18** IV 3322

—, 4-[3,4-Dimethoxy-phenyl]-7-methoxy-
18 IV 2740

—, 3-[2,4-Dimethoxy-phenyl]-4,5,7-
trihydroxy- **18** IV 3513

—, 3-[3,4-Dimethoxy-phenyl]-4,5,7-
trihydroxy- **18** IV 3514

—, 5,7-Dimethoxy-4-propyl- **18**
IV 1409

—, 7,8-Dimethoxy-4-propyl- **18**
IV 1409

—, 5,7-Dimethoxy-8-[1-semicarbazono-
äthyl]- **18** IV 2505

—, 4-[3,4-Dimethoxy-styryl]-7-methyl-
18 IV 1910

—, 4-Dimethoxythiophosphoryloxy- **18**
IV 290

—, 6-Dimethoxythiophosphoryloxy-4-
methyl- **18** IV 330

—, 7-Dimethoxythiophosphoryloxy-4-
methyl- **18** IV 342

—, 5,7-Dimethoxy-4-[3,4,5-trimethoxy-
phenyl]- **18** II 240 a

—, 3,4-Dimethyl- **17** 341 d, IV 5097

—, 3,7-Dimethyl- **17** IV 5099

—, 4,6-Dimethyl- **17** 341 e, I 179 g,
II 367 f, IV 5100

—, 4,7-Dimethyl- **17** 341 g, I 180 b,
II 368 a, IV 5101

— oxim **17** 342 a

— phenylhydrazon **17** 342 b

—, 4,8-Dimethyl- **17** I 180 h, II 368 f,
IV 5102

—, 5,8-Dimethyl- **17** 342 e, IV 5103

—, 6,7-Dimethyl- **17** 342 f, I 180 j

— oxim **17** I 181 a

— phenylhydrazon **17** I 181 b

—, 6,8-Dimethyl- **17** 342 h, IV 5103

—, 4-Dimethylamino- **18** IV 7920

—, 6-Dimethylamino- **18** 609 b

—, 7-[N'-(2-Dimethylamino-äthyl)-
ureido]-3-phenyl- **18** IV 8005

—, 3-[1-(4-Dimethylamino-
benzylidenhydrazono)-äthyl]-4-hydroxy-
17 IV 6743

—, 3-[4-Dimethylamino-cinnamoyl]-4-
hydroxy- **18** IV 8068

—, 8-[3-Dimethylamino-2-hydroxy-3-
methyl-butyl]-7-methoxy- **18** IV 8127

Cumarin (Fortsetzung)

—, 7-Dimethylamino-4-methyl-
18 610 g, I 570 d

—, 3-Dimethylaminomethyl-4-hydroxy-
18 IV 8040

—, 3-Dimethylaminomethyl-4-hydroxy-6-
methoxy- 18 IV 8120

—, 3-Dimethylaminomethyl-4-hydroxy-6-
methyl- 18 IV 8044

—, 3-[Dimethylamino-phenyl-acetyl]-4-
hydroxy- 18 IV 8068

—, 6-[4-Dimethylamino-phenylazo]- 18
IV 8335

—, 3-[3-(4-Dimethylamino-phenyl)-
propionyl]-4-hydroxy- 18 IV 8068

—, 7-[N'-(3-Dimethylamino-propyl)-
ureido]-3-phenyl- 18 IV 8005

—, 4-[4-Dimethylamino-styryl]-7-methyl-
18 II 467 g

—, 3-Dimethylcarbamoyl- 18 IV 5572

—, 3-[Dimethylcarbamoyl-methyl]- 18
IV 5593

—, 4-Dimethylcarbamoyloxy- 18
IV 288

—, 7-Dimethylcarbamoyloxy-4-methyl-
18 IV 338

—, 3-[2,2-Dimethyl-chroman-6-
carbonylamino]-4,7-dihydroxy-8-methyl-
18 IV 8126

—, 4,7-Dimethyl-3,6-dinitro- 17 I 180 g

—, 6,7-Dimethyl-5,8-dinitro- 17 I 181 e

—, 5,7-Dimethyl-3,4-diphenyl- 17
IV 5596

—, 3,4-Dimethyl-6-nitro- 17 I 179 f

—, 4,7-Dimethyl-6-nitro- 17 I 180 f

—, 5,6-Dimethyl-8-nitro- 17 I 180 i

—, 6,7-Dimethyl-5-nitro- 17 I 181 c

—, 6,7-Dimethyl-8-nitro- 17 I 181 d,
IV 5103

—, 4,6-Dimethyl-8-[2-nitro-phenylazo]-
18 646 h

—, 4,6-Dimethyl-8-[3-nitro-phenylazo]-
18 646 i

—, 4,6-Dimethyl-8-[4-nitro-phenylazo]-
18 646 j

—, 6-[3,7-Dimethyl-octa-2,6-dienyl]-7-
hydroxy- 18 II 28 c, IV 588

—, 6-[3,7-Dimethyl-octa-2,6-dienyl]-7-
isobutyryloxy- 18 II 28 f

—, 6-[3,7-Dimethyl-octa-2,6-dienyl]-7-
methoxy- 18 IV 588

—, 6-[3,7-Dimethyl-octa-2,6-dienyl]-7-
methoxycarbonyloxy- 18 II 28 h

—, 7-[3,7-Dimethyl-octa-2,6-dienyloxy]-
18 IV 296

—, 5-[3,7-Dimethyl-octa-2,6-dienyloxy]-7-
methoxy- 18 IV 1322

—, 7-[3,7-Dimethyl-octa-2,6-dienyloxy]-8-
methoxy- 18 IV 1332

—, 6-[3,7-Dimethyl-octa-2,6-dienyl]-7-
propionyloxy- 18 II 28 e

—, 7-[3,7-Dimethyl-octyloxy]- 18
IV 296

—, 3-[1,1-Dimethyl-3-oxo-butyl]-4-
hydroxy- 17 IV 6754

—, 3,4-Dimethyl-*tert*-pentyl- 17
IV 5160

—, 4,7-Dimethyl-3-phenyl- 17 I 209 b

—, 6,8-Dimethyl-4-phenyl- 17 IV 5459

—, 4,6-Dimethyl-8-phenylazo- 18 646 g

—, 3-[2,4-Dimethyl-phenylcarbamoyl]-6-
nitro- 18 IV 5582

—, 3-[2,4-Dimethyl-phenylcarbamoyl]-8-
nitro- 18 IV 5584

—, 4,5-Dimethyl-3-phenyl-7-
phenylacetoxy- 18 IV 770

—, 3-[3-(2,4-Dimethyl-phenyl)-propyl]-4-
hydroxy- 17 IV 6467

—, 3-[3-(2,5-Dimethyl-phenyl)-propyl]-4-
hydroxy- 17 IV 6467

—, 4,7-Dimethyl-6-[N'-phenyl-thioureido]-
18 IV 7935

—, 4,7-Dimethyl-6-[N'-phenyl-ureido]-
18 IV 7934

—, 3,4-Dimethyl-7-[tetra-O-acetyl-
glucopyranosyloxy]- 18 IV 379

—, 4,7-Dimethyl-6-thioureido- 18
IV 7935

—, 4,7-Dimethyl-5-[toluol-4-sulfonyloxy]-
18 IV 383

—, 4,6-Dimethyl-3-[2,2,2-trichlor-1-
hydroxy-äthyl]- 18 IV 425

—, 4,6-Dimethyl-3-[2,2,2-trichlor-1-
methoxy-äthyl]- 18 IV 425

—, 5,7-Dimethyl-4-trifluormethyl- 17
IV 5119

—, 6,7-Dimethyl-3,5,8-trinitro- 17
I 181 f

—, 4,7-Dimethyl-6-ureido- 18 IV 7934

—, 7-[N',N'-Dimethyl-ureido]-3-phenyl-
18 IV 8004

—, 3,6-Dinitro- 17 I 171 g, II 361 d

—, 6,8-Dinitro- 17 I 171 h, II 361 e,
IV 5060

—, 3-[2,4-Dinitro-phenyl]- 17 374 d,
IV 5424

—, 3-[2,6-Dinitro-phenyl]- 17 I 205 b

—, 6,8-Dinitro-3-phenyl- 17 II 398 j

—, 3-[1-(2,4-Dinitro-phenylhydrazono)-
äthyl]- 17 IV 6289

—, 3-[1-(2,4-Dinitro-phenylhydrazono)-
äthyl]-6,7-dimethoxy- 18 IV 2502

—, 3-[1-(2,4-Dinitro-phenylhydrazono)-
äthyl]-4-hydroxy- 17 IV 6742

—, 3-[1-(2,4-Dinitro-phenylhydrazono)-
äthyl]-7-hydroxy- 18 IV 1528

—, 8-[2-(2,4-Dinitro-phenylhydrazono)-
äthyl]-7-hydroxy- 18 IV 1531

Cumarin   (Fortsetzung)

—, 3-[1-(2,4-Dinitro-phenylhydrazono)-äthyl]-4-hydroxy-6-methoxy- **18** IV 2503

—, 3-[1-(2,4-Dinitro-phenylhydrazono)-äthyl]-4-hydroxy-7-methoxy- **18** IV 2504

—, 3-[1-(2,4-Dinitro-phenylhydrazono)-äthyl]-4-hydroxy-6-methyl- **17** IV 6747

—, 3-[1-(2,4-Dinitro-phenylhydrazono)-äthyl]-6-methoxy- **18** IV 1527

—, 3-[1-(2,4-Dinitro-phenylhydrazono)-äthyl]-7-methoxy- **18** IV 1528

—, 3-[1-(2,4-Dinitro-phenylhydrazono)-äthyl]-4-methyl- **17** IV 6297

—, 3-[1-(2,4-Dinitro-phenylhydrazono)-äthyl]-6-methyl- **17** IV 6297

—, 3-[1-(2,4-Dinitro-phenylhydrazono)-äthyl]-7-methyl- **17** IV 6297

—, 3-[α-(2,4-Dinitro-phenylhydrazono)-benzyl]-6,7-dimethoxy- **18** IV 2793

—, 8-[1-(2,4-Dinitro-phenylhydrazono)-butyl]-7-hydroxy- **18** IV 1553

—, 4-[2-(2,4-Dinitro-phenylhydrazono)-butyl]-7-hydroxy-3,5-dimethyl- **18** IV 1582

—, 6-[1-(2,4-Dinitro-phenylhydrazono)-3-methyl-butyl]-7-methoxy- **18** IV 1567

—, 8-[1-(2,4-Dinitro-phenylhydrazono)-3-methyl-butyl]-7-methoxy- **18** IV 1568

—, 8-[(2,4-Dinitro-phenylhydrazono)-methyl]-5,6-dihydroxy-4,7-dimethyl- **18** IV 2517

—, 8-[(2,4-Dinitro-phenylhydrazono)-methyl]-5,6-dihydroxy-4-methyl- **18** IV 2509

—, 5-[(2,4-Dinitro-phenylhydrazono)-methyl]-6-hydroxy- **18** IV 1521

—, 3-[(2,4-Dinitro-phenylhydrazono)-methyl]-4-hydroxy-6,7-dimethoxy- **18** IV 3101

—, 5-[(2,4-Dinitro-phenylhydrazono)-methyl]-6-hydroxy-4-methyl- **18** IV 1532

—, 3-[(2,4-Dinitro-phenylhydrazono)-methyl]-4-methyl- **17** IV 6292

—, 8-[(2,4-Dinitro-phenylhydrazono)-methyl]-5,6,7-trimethoxy-4-methyl- **18** IV 3104

—, 3-[2-(2,4-Dinitro-phenylhydrazono)-propyl]- **17** IV 6295

—, 3-[2-(2,4-Dinitro-phenylhydrazono)-propyl]-7-hydroxy- **18** IV 1537

—, 8-[1-(2,4-Dinitro-phenylhydrazono)-propyl]-7-hydroxy- **18** IV 1538

—, 4-[2-(2,4-Dinitro-phenylhydrazono)-propyl]-7-methyl- **17** IV 6304

—, 3,4-Diphenyl- **17** IV 5584

—, 6-[N,N'-Diphenyl-carbamimidoyl]-4-methyl- **18** IV 5596

—, 3,6-Disulfamoyl- **18** IV 6741

—, 6-Dodecyl-5-hydroxy-4-methyl- **18** IV 469

—, 6-Dodecyl-7-hydroxy-4-methyl- **18** IV 469

—, 7-[8,12-Epoxy-3-hydroxy-driman-11-yloxy]- **18** IV 301

—, 7-Farnesyloxy- **18** IV 297

—, 3-[4-Fluor-phenyl]- **17** IV 5422

—, 3-[1-(4-Fluor-phenyl)-äthyl]-4-hydroxy- **17** IV 6454

—, 3-[1-(4-Fluor-phenyl)-3-oxo-butyl]-4-hydroxy- **17** IV 6795

—, 3-[1-(4-Fluor-phenyl)-propyl]-4-hydroxy- **17** IV 6461

—, 3-Formyl- **17** IV 6282

—, 6-Formyl- **17** 510 b, II 481 f, IV 6283

—, 6-Formylamino- **18** 609 f

—, 8-Formyl-5,6-dihydroxy-4,7-dimethyl- **18** IV 2517

—, 6-Formyl-7,8-dihydroxy-4-methyl- **18** IV 2508

—, 8-Formyl-5,6-dihydroxy-4-methyl- **18** IV 2509

—, 8-Formyl-5,7-dihydroxy-4-methyl- **18** IV 2509

—, 4-Formyl-5,7-dimethoxy- **18** IV 2496

—, 4-Formyl-6,7-dimethoxy- **18** IV 2496

—, 4-Formyl-7,8-dimethoxy- **18** IV 2496

—, 6-Formyl-5,7-dimethoxy- **18** IV 2497

—, 6-Formyl-5,7-dimethoxy-4-methyl- **18** IV 2508

—, 8-Formyl-5,7-dimethoxy-4-methyl- **18** IV 2510

—, 3-Formyl-7-hydroxy- **18** IV 1519

—, 5-Formyl-6-hydroxy- **18** IV 1521

—, 6-Formyl-7-hydroxy- **18** IV 1521

—, 8-Formyl-7-hydroxy- **18** IV 1522

—, 3-Formyl-4-hydroxy-6,7-dimethoxy- **18** IV 3101

—, 5-Formyl-6-hydroxy-7,8-dimethoxy-4-methyl- **8** IV 3103

—, 8-Formyl-6-hydroxy-5,7-dimethoxy-4-methyl- **18** IV 3103

—, 6-Formyl-5-hydroxy-4,7-dimethyl- **18** IV 1549

—, 8-Formyl-5-hydroxy-4,7-dimethyl- **18** IV 1549

—, 6-Formyl-7-hydroxy-5-methoxy- **18** IV 2497

—, 6-Formyl-7-hydroxy-8-methoxy- **18** IV 2498

—, 8-Formyl-7-hydroxy-5-methoxy- **18** IV 2498

Cumarin (Fortsetzung)

—, 8-Formyl-7-hydroxy-6-methoxy- **18** IV 2499

—, 5-Formyl-6-hydroxy-7-methoxy-4-methyl- **18** IV 2508

—, 6-Formyl-7-hydroxy-8-methoxy-3-methyl- **18** IV 2507

—, 6-Formyl-7-hydroxy-8-methoxy-4-methyl- **18** IV 2508

—, 8-Formyl-7-hydroxy-5-methoxy-4-methyl- **18** IV 2509

—, 5-Formyl-6-hydroxy-4-methyl- **18** IV 1532

—, 6-Formyl-5-hydroxy-4-methyl- **18** IV 1532

—, 8-Formyl-7-hydroxy-4-methyl- **18** IV 1533

—, 6-Formyl-7-hydroxy-3,4,5-trimethoxy- **18** IV 3411

—, 6-Formyl-7-hydroxy-3,4,8-trimethoxy- **18** IV 3411

—, 4-Formyl-7-methoxy- **18** IV 1520

—, 6-Formyl-7-methoxy- **18** IV 1521

—, 8-Formyl-5-methoxy-4,7-dimethyl-**18** IV 1549

—, 8-Formyl-7-methoxy-4-methyl- **18** IV 1533

—, 3-Formyl-4-methyl- **17** IV 6291

—, 8-Formyl-7-[oxo-*tert*-butoxy]- **18** IV 1522

—, 6-Formyl-3,4,5,7-tetramethoxy- **18** IV 3411

—, 8-Formyl-5,6,7-trimethoxy-4-methyl-**18** IV 3104

—, 3-[1-Furfurylidenhydrazono-äthyl]-4-hydroxy- **17** IV 6743

—, 6-Galactopyranosyloxy-7-hydroxy-**18** IV 1326

—, 6-Galactopyranosyloxy-7-hydroxy-4-methyl- **18** IV 1374

—, 7-Galactopyranosyloxy-4-methyl-**18** IV 338

—, 7-Gentiobiosyloxy-6-methoxy- **18** IV 1328

—, 6-Geranyl-7-hydroxy- **18** II 28 c

—, 5-Geranyloxy-7-methoxy- **18** IV 1322

—, 7-[O^6-Glucopyranosyl-glucopyranosyloxy]-6-methoxy- **18** IV 1328

—, 7-[O^4-Glucopyranosyl-glucopyranosyloxy]-4-methyl- **18** IV 339

—, 4-Glucopyranosyloxy- **18** IV 290

—, 7-Glucopyranosyloxy- **18** IV 301, **31** 243 g

—, 7-Glucopyranosyloxy-6,8-dimethoxy-**18** IV 2373

—, 7-Glucopyranosyloxy-3,4-dimethyl-**18** IV 378

—, 6-Glucopyranosyloxy-7-hydroxy- **18** IV 1326, **31** 246 b

—, 7-Glucopyranosyloxy-6-hydroxy- **18** IV 1327, **31** 247 d

—, 7-Glucopyranosyloxy-8-hydroxy- **18** IV 1332, **31** 248 c

—, 8-Glucopyranosyloxy-7-hydroxy- **18** IV 1333

—, 8-Glucopyranosyloxy-7-hydroxy-6-methoxy- **18** IV 2373, **31** 249 b

—, 6-Glucopyranosyloxy-7-hydroxy-4-methyl- **18** IV 1374

—, 6-Glucopyranosyloxy-7-methoxy-**18** IV 1327

—, 7-Glucopyranosyloxy-6-methoxy-**18** IV 1327, **31** 247 e

—, 4-Glucopyranosyloxy-6-methyl- **18** IV 353

—, 7-Glucopyranosyloxy-4-methyl- **18** IV 338

—, 7-Glucopyranosyloxy-8-[3-methyl-but-2-enyl]- **18** IV 518

—, 7-[Hepta-*O*-acetyl-cellobiosyloxy]-4-methyl- **18** IV 340

—, 7-[Hepta-*O*-acetyl-gentiobiosyloxy]-6-methoxy- **18** IV 1329

—, 7-[Hepta-*O*-acetyl-maltosyloxy]-4-methyl- **18** IV 340

—, 6-Heptyl-7-hydroxy- **18** IV 457

—, 3-Heptyl-4-hydroxy-6-methyl- **17** IV 6246

—, 7-Heptyloxy- **18** IV 296

—, 7-[Hexa-*O*-acetyl-primverosyloxy]-6-methoxy- **18** IV 1328

—, 3-Hexadecyl-4-hydroxy- **17** IV 6274

—, 3-Hexadecyl-7-hydroxy- **18** IV 477

—, 6-Hexadecyl-5-hydroxy-4-methyl-**18** IV 477

—, 6-Hexadecyl-7-hydroxy-4-methyl-**18** IV 477

—, 3-Hexanoyl-4-hydroxy- **17** IV 6753

—, 8-Hexanoyl-7-hydroxy-4-methyl- **18** IV 1586

—, 4-Hexanoyloxy- **18** IV 287

—, 7-Hexanoyloxy-4-methyl- **18** IV 336

—, 3-Hexyl- **17** IV 5154

—, 7-Hexyl- **17** IV 5154

—, 3-Hexylaminomethyl-4-hydroxy-6-methoxy- **18** IV 8121

—, 3-Hexylaminomethyl-4-hydroxy-6-methyl- **18** IV 8045

—, 6-Hexyl-4,7-dihydroxy- **18** IV 1431

—, 6-Hexyl-7,8-dihydroxy-4-methyl- **18** IV 1446

—, 6-Hexyl-7,8-dimethoxy-4-methyl- **18** IV 1446

—, 3-Hexyl-4-hydroxy- **17** IV 6222

—, 6-Hexyl-7-hydroxy- **18** IV 444

Cumarin (Fortsetzung)

—, 3-Hexyl-4-hydroxy-6-methyl- **17**
IV 6244

—, 3-Hexyl-7-hydroxy-4-methyl- **18**
IV 457

—, 6-Hexyl-7-hydroxy-4-methyl- **18**
II 25 e

—, 3-Hexyl-4-hydroxy-6-methyl-8-pentyl-
17 IV 6263

—, 3-Hexyl-4-hydroxy-6-pentyl- **17**
IV 6259

—, 6-Hexyl-4-hydroxy-3-pentyl- **17**
IV 6259

—, 3-Hexyl-4-methoxy- **18** IV 443

—, 6-Hexyl-7-methoxy-4-methyl- **18**
IV 458

—, 3-Hexyl-7-methyl- **17** IV 5160

—, 7-Hexyloxy-4-methyl- **18** IV 335

—, 6-Hydrazino- **18** 642 b

—, 3-[1-Hydrazino-äthyl]-5-methyl- **17** 514 d

—, 3-[1-Hydrazono-äthyl]-4-hydroxy-
17 IV 6741

—, 3-[1-Hydrazono-3-methyl-butyl]-4-
hydroxy- **17** IV 6752

—, 3-[1-Hydrazono-octyl]-4-hydroxy-
17 IV 6758

—, 6-Hydroxomercuriooxy-4-methyl-
18 IV 329

—, 3-Hydroxy- **17** 487 a, I 256 d,
IV 6152

—, 4-Hydroxy- **17** 488 a, I 257 b,
II 469 d, IV 6153

—, 5-Hydroxy- **18** IV 291

—, 6-Hydroxy- **18** 26 f, I 306 f,
IV 293

—, 7-Hydroxy- **18** 27 b, I 306 h,
II 16 i, IV 294

—, 8-Hydroxy- **18** IV 304

—, 6-Hydroxy-7-äthoxy- **18** 99 d

—, 7-[2-Hydroxy-äthoxy]- **18** IV 297

—, 7-Hydroxy-6-äthoxy- **18** 99 d

—, 7-[2-Hydroxy-äthoxy]-4-methyl-6-
propyl- **18** IV 421

—, 3-[1-Hydroxy-äthyl]-7-methyl- **18**
IV 404

—, 7-[N′-(2-Hydroxy-äthyl)-ureido]-3-
phenyl- **18** IV 8005

—, 7-[N′-(2-Hydroxy-äthyl)-ureido]-3-
p-tolyl- **18** IV 8010

—, 6-[4-Hydroxy-benzolsulfonylamino]-
18 IV 7923

—, 3-[4-Hydroxy-benzoyl]- **18** IV 1884

—, 6-Hydroxy-5,7-bis-
methansulfonyloxy-4-methyl- **18**
IV 2388

—, 6-Hydroxy-7,8-bis-
methansulfonyloxy-4-methyl- **18**
IV 2391

—, 3-Hydroxycarbamoyl-6-methoxy-5,7,8-
trimethyl- **18** IV 6389

—, 5-Hydroxy-6,8-dijod-4-methyl- **18**
IV 328

—, 7-Hydroxy-3,6-dijod-4-methyl- **18**
IV 350

—, 7-Hydroxy-3,8-dijod-4-methyl- **18**
IV 350

—, 7-Hydroxy-6,8-dijod-4-methyl- **18**
IV 350

—, 3-Hydroxy-5,7-dimethoxy- **18**
IV 2373

—, 3-Hydroxy-6,7-dimethoxy- **18**
IV 2374

—, 4-Hydroxy-5,6-dimethoxy- **18**
IV 2376

—, 4-Hydroxy-5,7-dimethoxy- **18**
IV 2376

—, 4-Hydroxy-6,7-dimethoxy- **18**
IV 2377

—, 4-Hydroxy-7,8-dimethoxy- **18**
IV 2378

—, 6-Hydroxy-5,7-dimethoxy- **18**
IV 2370

—, 6-Hydroxy-7,8-dimethoxy-
18 I 392 b, II 152 i, IV 2372

—, 7-Hydroxy-6,8-dimethoxy- **18**
IV 2372

—, 8-Hydroxy-6,7-dimethoxy- **18**
II 152 h, IV 2372

—, 4-Hydroxy-5,7-dimethoxy-3-
[2-methoxy-phenyl]- **18** IV 3319

—, 4-Hydroxy-5,7-dimethoxy-3-
[3-methoxy-phenyl]- **18** IV 3320

—, 4-Hydroxy-5,7-dimethoxy-3-
[4-methoxy-phenyl]- **18** IV 3321

—, 4-Hydroxy-5,7-dimethoxy-3-methyl-
18 IV 2386

—, 4-Hydroxy-6,7-dimethoxy-3-methyl-
18 IV 2386

—, 6-Hydroxy-5,7-dimethoxy-4-methyl-
18 170 d, IV 2387

—, 6-Hydroxy-7,8-dimethoxy-4-methyl-
18 IV 2390

—, 7-Hydroxy-5,8-dimethoxy-4-methyl-
18 IV 2389

—, 8-Hydroxy-5,7-dimethoxy-4-methyl-
18 IV 2389

—, 8-Hydroxy-6,7-dimethoxy-4-methyl-
18 IV 2390

—, x-Hydroxy-5,7-dimethoxy-8-methyl-
18 IV 2386

—, 4-Hydroxy-5,7-dimethoxy-3-phenyl-
18 IV 2737

—, 6-Hydroxy-5,7-dimethoxy-4-phenyl-
18 IV 2738

—, 6-Hydroxy-7,8-dimethoxy-4-phenyl-
18 IV 2739

Cumarin (Fortsetzung)

—, 4-Hydroxy-6,7-dimethoxy-3-
[phenylimino-methyl]- **18** IV 3101
—, 4-Hydroxy-5,7-dimethoxy-3-[2,4,5-
trimethoxy-phenyl]- **18** IV 3601
—, 4-Hydroxy-3,6-dimethyl- **17** IV 6192
—, 4-Hydroxy-3,7-dimethyl- **17** IV 6193
—, 4-Hydroxy-3,8-dimethyl- **17** IV 6193
—, 4-Hydroxy-5,8-dimethyl- **17** IV 6193
—, 4-Hydroxy-6,7-dimethyl- **17** IV 6193
—, 4-Hydroxy-6,8-dimethyl- **17** IV 6193
—, 5-Hydroxy-4,7-dimethyl- **18** 37 d,
II 23 b, IV 382
—, 6-Hydroxy-3,4-dimethyl- **18** 37 b,
IV 377
—, 6-Hydroxy-4,7-dimethyl- **18** IV 385
—, 7-Hydroxy-3,4-dimethyl- **18** 37 c,
I 310 f, II 22 h, IV 377
—, 7-Hydroxy-4,5-dimethyl- **18** IV 381
—, 7-Hydroxy-4,6-dimethyl- **18** IV 381
—, 7-Hydroxy-4,8-dimethyl- **18** IV 385
—, 7-Hydroxy-5,8-dimethyl- **18** IV 386
—, 8-Hydroxy-4,6-dimethyl- **18** IV 382
—, 7-Hydroxy-3,4-dimethyl-6,8-dinitro-
18 IV 380
—, 7-Hydroxy-4,5-dimethyl-3,8-dipropyl-
18 IV 459
—, 7-[5-(3-Hydroxy-2,2-dimethyl-6-
methylen-cyclohexyl)-3-methyl-pent-2-
enyloxy]- **18** IV 297
—, 4-Hydroxy-6,8-dimethyl-3-nitro- **17**
IV 6194
—, 6-Hydroxy-3,4-dimethyl-5-nitro- **18**
IV 377
—, 7-Hydroxy-3,4-dimethyl-8-nitro- **18**
IV 379
—, 4-Hydroxy-5,8-dimethyl-3-[4-nitro-
phenylazo]- **17** IV 6744
—, 7-Hydroxy-3,5-dimethyl-4-[2-oxo-
butyl]- **18** IV 1581
—, 4-Hydroxy-5,7-dimethyl-3-phenyl-
17 IV 6454
—, 4-Hydroxy-6,7-dimethyl-3-phenyl-
17 IV 6455
—, 4-Hydroxy-6,8-dimethyl-3-phenyl-
17 IV 6455
—, 4-Hydroxy-7,8-dimethyl-3-phenyl-
17 IV 6455
—, 7-Hydroxy-4,5-dimethyl-3-phenyl-
18 IV 770
—, 5-Hydroxy-4,7-dimethyl-6-
phenylsulfamoyl- **18** IV 6757
—, 7-Hydroxy-3,4-dimethyl-6-
phenylsulfamoyl- **18** IV 6756
—, 6-Hydroxy-4,7-dimethyl-3-propyl-
18 IV 436
—, 7-Hydroxy-4,5-dimethyl-8-propyl-
18 IV 436

—, 7-Hydroxy-4,8-dimethyl-6-propyl-
18 IV 436
—, 5-Hydroxy-4,7-dimethyl-6-[toluol-4-
sulfonyl]- **18** IV 1404
—, 6-Hydroxy-4,7-dimethyl-5-[toluol-4-
sulfonyloxy]- **18** IV 1403
—, 5-Hydroxy-4,7-dimethyl-3-[2,2,2-
trichlor-1-hydroxy-äthyl]- **18** IV 1421
—, 5-Hydroxy-4,7-dimethyl-3,6,8-
trinitro- **18** IV 384
—, 4-Hydroxy-3,6-dinitro- **17** IV 6158
—, 7-Hydroxy-6,8-dinitro- **18** I 307 c
—, 8-Hydroxy-5,7-dinitro- **18** IV 305
—, 4-Hydroxy-3,6-dipentyl- **17** IV 6252
—, 7-Hydroxy-3,4-diphenyl- **18**
I 339 d, II 51 e, IV 843
  — imin **18** I 339 f
—, 7-[3-Hydroxy-drim-8(12)-en-11-yloxy]-
18 IV 298
—, 4-Hydroxy-3-[(2-hydroxy-äthylamino)-
methyl]- **18** IV 8041
—, 4-Hydroxy-3-[4-hydroxy-benzoyl]-
18 IV 2795
—, 4-Hydroxy-3-[1-(4-hydroxy-
benzylidenhydrazono)-3-methyl-butyl]-
17 IV 6752
—, 4-Hydroxy-3-[1-(4-hydroxy-
benzylidenhydrazono)-octyl]- **17**
IV 6758
—, 4-Hydroxy-3-[(hydroxy-
tert-butylamino)-methyl]- **18** IV 8041
—, 4-Hydroxy-3-[(hydroxy-
tert-butylamino)-methyl]-6-methyl- **18**
IV 8046
—, 5-Hydroxy-6-[2-hydroxy-cinnamoyl]-
4-methyl- **18** IV 2816
—, 4-Hydroxy-3-[α-hydroxy-cinnamyl]-
18 IV 1908
—, 4-Hydroxy-3-[3-hydroxy-crotonoyl]-
6,7-dimethoxy- **18** IV 3419
—, 4-Hydroxy-3-[2-hydroxy-3,5-
dimethyl-benzyl]- **18** IV 1870
—, 4-Hydroxy-3-[1-hydroxyimino-äthyl]-
17 IV 6741
—, 7-Hydroxy-3-[1-hydroxyimino-äthyl]-
18 IV 1528
—, 7-Hydroxy-8-[1-hydroxyimino-äthyl]-
18 IV 1530
—, 5-Hydroxy-6-[1-hydroxyimino-äthyl]-
4-methyl- **18** IV 1543
—, 6-Hydroxy-3-[1-hydroxyimino-äthyl]-
5,7,8-trimethyl- **18** IV 1575
—, 7-Hydroxy-3-[α-hydroxyimino-benzyl]-
18 IV 1883
—, 7-Hydroxy-8-[α-hydroxyimino-benzyl]-
18 IV 1885
—, 4-Hydroxy-3-[1-hydroxyimino-butyl]-
17 IV 6749

Cumarin (Fortsetzung)

—, 5-Hydroxy-6-[1-hydroxyimino-butyl]-4-methyl- **18** IV 1569

—, 7-Hydroxy-6-[1-hydroxyimino-hexadecyl]-4-methyl- **18** IV 1620

—, 4-Hydroxy-3-[1-hydroxyimino-hexyl]-**17** IV 6754

—, 7-Hydroxy-3-[hydroxyimino-methyl]-**18** IV 1520

—, 7-Hydroxy-8-[hydroxyimino-methyl]-**18** IV 1523

—, 4-Hydroxy-3-[1-hydroxyimino-3-methyl-butyl]- **17** IV 6751

—, 7-Hydroxy-8-[1-hydroxyimino-3-methyl-butyl]- **18** IV 1568

—, 5-Hydroxy-6-[1-hydroxyimino-3-methyl-butyl]-4-methyl- **18** IV 1581

—, 7-Hydroxy-8-[hydroxyimino-methyl]-4-methyl- **18** IV 1533

—, 7-Hydroxy-6-[1-hydroxyimino-octadecyl]-4-methyl- **18** IV 1621

—, 4-Hydroxy-3-[1-hydroxyimino-pentyl]-**17** IV 6751

—, 5-Hydroxy-6-[α-hydroxyimino-phenäthyl]-4-methyl- **18** IV 1910

—, 4-Hydroxy-3-[1-hydroxyimino-propyl]-**17** IV 6746

—, 5-Hydroxy-6-[1-hydroxyimino-propyl]-4-methyl- **18** IV 1556

—, 4-Hydroxy-3-[4-hydroxy-3-methoxy-cinnamoyl]- **18** IV 3382

—, 5-Hydroxy-6-[4-hydroxy-3-methoxy-cinnamoyl]-4-methyl- **18** IV 3385

—, 4-Hydroxy-3-[1-(4-hydroxy-3-methoxy-phenyl)-3-oxo-butyl]- **18** IV 3371

—, 7-Hydroxy-4-[4-hydroxy-3-methoxy-styryl]- **18** IV 2802

—, 7-Hydroxy-4-hydroxymethyl- **18** IV 1381

—, 7-Hydroxy-3-[1-hydroxy-3-oxo-phthalan-1-yl]-4-methyl- **18** 547 e

—, 7-Hydroxy-8-[2-hydroxy-5-oxo-tetrahydro-[2]furyl]-4-methyl- **18** IV 6530

—, 4-Hydroxy-3-[2-hydroxy-phenyl]- **18** IV 1812

—, 4-Hydroxy-3-[4-hydroxy-phenyl]- **18** IV 1812

—, 7-Hydroxy-3-[4-hydroxy-phenyl]- **18** IV 1810

—, 7-Hydroxy-4-[4-hydroxy-phenyl]- **18** I 363 h

—, 4-Hydroxy-3-[4-hydroxy-phenyl]-5,7-dimethoxy- **18** IV 3321

—, 4-Hydroxy-3-[3-(2-hydroxy-phenyl)-3-oxo-1-phenyl-propyl]- **18** IV 2840

—, 4-Hydroxy-3-[3-(2-hydroxy-phenyl)-3-oxo-propyl]- **18** IV 2806

—, 7-Hydroxy-3-[4-hydroxy-phenyl]-4-propyl- **18** IV 1870

—, 4-Hydroxy-3-[(2-hydroxy-propylamino)-methyl]- **18** IV 8041

—, 4-Hydroxy-3-[(2-hydroxy-propylamino)-methyl]-6-methoxy- **18** IV 8122

—, 4-Hydroxy-3-[(2-hydroxy-propylamino)-methyl]-6-methyl- **18** IV 8046

—, 3-[1-Hydroxyimino-äthyl]- **17** 512 a, I 263 e

—, 4-Hydroxy-3-[1-imino-äthyl]- **17** IV 6741

—, 3-[1-Hydroxyimino-äthyl]-6,7-dimethoxy- **18** IV 2502

—, 3-[1-Hydroxyimino-äthyl]-7-methoxy- **18** IV 1528

—, 3-[1-Hydroxyimino-äthyl]-6-methoxy-5,7,8-trimethyl- **18** IV 1575

—, 3-[1-Hydroxyimino-äthyl]-6-methyl- **17** 514 f

—, 3-[1-Hydroxyimino-äthyl]-7-methyl- **17** 515 d

—, 3-[1-Hydroxyimino-äthyl]-8-methyl- **17** 515 f

—, 3-[α-Hydroxyimino-benzyl]- **17** 534 c

—, 3-[α-Hydroxyimino-benzyl]-6,8-dijod- **17** IV 6477

—, 3-[α-Hydroxyimino-benzyl]-6-jod- **17** IV 6476

—, 3-[α-Hydroxyimino-benzyl]-6-nitro- **17** IV 6477

—, 3-[α-Hydroxyimino-benzyl]-8-nitro- **17** IV 6477

—, 3-[Hydroxyimino-methyl]- **17** IV 6282

—, 6-[Hydroxyimino-methyl]- **17** 510 c

—, 6-[2-Hydroxyimino-3-methyl-butyl]-7-methoxy- **18** IV 1567

—, 8-[2-Hydroxyimino-3-methyl-butyl]-7-methoxy- **18** IV 1568

—, 6-[Hydroxyimino-methyl]-7-methoxy- **18** IV 1521

—, 4-Hydroxy-3-indan-1-yl- **17** IV 6489

—, 4-Hydroxy-3-[1-indan-5-yl-äthyl]-**17** IV 6495

—, 3-Hydroxy-4-isobutoxy- **18** IV 1337

—, 7-Hydroxy-4-isobutyl- **18** I 312 f

—, 4-Hydroxy-3-isobutylaminomethyl-**18** IV 8040

—, 4-Hydroxy-3-isobutylaminomethyl-6-methoxy- **18** IV 8121

—, 4-Hydroxy-3-isobutylaminomethyl-6-methyl- **18** IV 8045

—, 7-Hydroxy-4-isobutyl-3-[4-methoxy-phenyl]- **18** IV 1874

Cumarin　(Fortsetzung)

—, 4-Hydroxy-3-isobutyl-6-methyl- **17** IV 6215

—, 7-Hydroxy-3-isobutyl-4-methyl- **18** IV 435

—, 7-Hydroxy-6-isobutyl-4-methyl- **18** IV 435

—, 4-Hydroxy-3-isobutyryl- **17** IV 6749

—, 4-Hydroxy-3-isobutyryl-6-methyl- **17** IV 6753

—, 4-Hydroxy-3-isopentyl- **17** IV 6214

—, 7-Hydroxy-6-isopentyl- **18** IV 433

—, 7-Hydroxy-8-isopentyl- **18** IV 434

—, 4-Hydroxy-3-isopentyl-6-methyl- **17** IV 6222

—, 5-Hydroxy-6-isopentyl-4-methyl- **18** IV 445

—, 7-Hydroxy-3-isopentyl-4-methyl- **18** IV 444

—, 7-Hydroxy-6-isopentyl-4-methyl- **18** IV 445

—, 7-Hydroxy-8-isopentyl-4-methyl- **18** IV 445

—, 3-Hydroxy-4-isopentyloxy- **18** IV 1337

—, 3-Hydroxy-4-isopropoxy- **18** IV 1337

—, 4-Hydroxy-3-isopropyl- **17** IV 6203

—, 4-Hydroxy-3-isopropylaminomethyl- **18** IV 8040

—, 4-Hydroxy-3-isopropylaminomethyl-6-methoxy- **18** IV 8120

—, 4-Hydroxy-3-isopropylaminomethyl-6-methyl- **18** IV 8045

—, 4-Hydroxy-3-[1-isopropylidenhydrazono-äthyl]- **17** IV 6742

—, 4-Hydroxy-3-[1-isopropylidenhydrazono-3-methyl-butyl]- **17** IV 6752

—, 4-Hydroxy-3-isopropyl-6-methyl- **17** IV 6211

—, 7-Hydroxy-3-isopropyl-4-methyl- **18** IV 422

—, 4-Hydroxy-3-[1-(4-isopropyl-phenyl)-äthyl]- **17** IV 6468

—, 4-Hydroxy-3-isovaleryl- **17** IV 6751

—, 7-Hydroxy-6-isovaleryl- **18** IV 1567

—, 7-Hydroxy-8-isovaleryl- **18** IV 1568

—, 8-[β-Hydroxy-isovaleryl]-5,7-dimethoxy- **18** IV 3110

—, 4-Hydroxy-3-isovaleryl-6-methyl- **17** IV 6755

—, 5-Hydroxy-6-isovaleryl-4-methyl- **18** IV 1580

—, 7-Hydroxy-8-isovaleryl-4-methyl- **18** IV 1581

—, 4-Hydroxy-6-jod- **17** IV 6157

—, 6-Hydroxy-8-jod-5-methoxy-4-methyl- **18** IV 1367

—, 6-Hydroxy-8-jod-7-methoxy-4-methyl- **18** IV 1376

—, 5-Hydroxy-6-jod-4-methyl- **18** IV 327

—, 5-Hydroxy-8-jod-4-methyl- **18** IV 328

—, 7-Hydroxy-8-jod-4-methyl- **18** IV 349

—, 4-Hydroxy-3-lauroyl- **17** IV 6762

—, 4-Hydroxy-3-lauroyl-7-lauroyloxy- **18** IV 2532

—, 5-Hydroxy-6-lauroyl-4-methyl- **18** IV 1599

—, 7-Hydroxy-6-lauroyl-4-methyl- **18** IV 1600

—, 4-Hydroxy-7-lauroyloxy- **18** IV 1342

—, 4-Hydroxy-3-mercapto- **18** IV 1338

—, 6-Hydroxy-5-methansulfonyloxy-4,7-dimethyl- **18** IV 1403

—, 6-Hydroxy-7-methansulfonyloxy-4-methyl- **18** IV 1375

—, 3-Hydroxy-4-methoxy- **18** IV 1336

—, 3-Hydroxy-6-methoxy- **18** IV 1333

—, 3-Hydroxy-7-methoxy- **18** IV 1333

—, 3-Hydroxy-8-methoxy- **18** IV 1335

—, 4-Hydroxy-3-methoxy- **18** IV 1336

—, 4-Hydroxy-5-methoxy- **18** IV 1340

—, 4-Hydroxy-6-methoxy- **18** IV 1340

—, 4-Hydroxy-7-methoxy- **18** I 349 i, IV 1341

—, 5-Hydroxy-7-methoxy- **18** IV 1322

—, 6-Hydroxy-7-methoxy- **18** 99 b, I 349 a, IV 1323

—, 6-Hydroxy-8-methoxy- **18** IV 1330

—, 7-Hydroxy-5-methoxy- **18** IV 1321

—, 7-Hydroxy-6-methoxy- **18** 99 a, I 348 f, II 68 f, IV 1323

—, 7-Hydroxy-8-methoxy- **18** IV 1331

—, 8-Hydroxy-7-methoxy- **18** II 69 d, IV 1331

—, 4-Hydroxy-3-[4-methoxy-benzoyl]- **18** IV 2795

—, 4-Hydroxy-3-[2-methoxy-benzoylamino]- **18** IV 8037

—, 4-Hydroxy-3-[3-methoxy-benzoylamino]- **18** IV 8038

—, 4-Hydroxy-3-[4-methoxy-benzoylamino]- **18** IV 8038

—, 7-Hydroxy-4-[4-methoxy-benzoyloxy]- **18** IV 1342

—, 4-Hydroxy-3-[4-methoxy-benzyl]- **18** IV 1836

—, 4-Hydroxy-3-[1-(4-methoxy-benzylidenhydrazono)-äthyl]- **17** IV 6742

Cumarin   (Fortsetzung)
—, 5-Hydroxy-6-[4-methoxy-cinnamoyl]-
4-methyl- **18** IV 2816
—, 5-Hydroxy-6-methoxy-4,7-dimethyl-
18 IV 1403
—, 5-Hydroxy-7-methoxy-4,8-dimethyl-
18 IV 1404
—, 6-Hydroxy-5-methoxy-4,7-dimethyl-
18 IV 1403
—, 4-Hydroxy-7-methoxy-3-[4-methoxy-
benzoyl]- **18** IV 3360
—, 4-Hydroxy-7-methoxy-3-[4-methoxy-
phenyl]- **18** IV 2738
—, 4-Hydroxy-6-methoxy-3-methyl- **18**
IV 1366
—, 4-Hydroxy-7-methoxy-3-methyl- **18**
IV 1366
—, 5-Hydroxy-7-methoxy-4-methyl- **18**
IV 1368
—, 6-Hydroxy-5-methoxy-4-methyl- **18**
IV 1367
—, 6-Hydroxy-7-methoxy-3-methyl- **18**
IV 1365
—, 6-Hydroxy-7-methoxy-4-methyl- **18**
IV 1372
—, 6-Hydroxy-8-methoxy-3-methyl- **18**
IV 1365
—, 7-Hydroxy-5-methoxy-4-methyl- **18**
IV 1368
—, 7-Hydroxy-5-methoxy-6-methyl- **18**
IV 1382
—, 7-Hydroxy-6-methoxy-4-methyl- **18**
IV 1372
—, 7-Hydroxy-8-methoxy-3-methyl- **18**
IV 1365
—, 7-Hydroxy-8-methoxy-4-methyl- **18**
IV 1378
—, 8-Hydroxy-7-methoxy-4-methyl- **18**
IV 1377
—, 4-Hydroxy-6-methoxy-3-
methylaminomethyl- **18** IV 8119
—, 7-Hydroxy-6-methoxy-8-[3-methyl-
but-2-enyl]- **18** IV 1567
—, 6-Hydroxy-5-methoxy-4-methyl-8-
nitro- **18** IV 1367
—, 7-Hydroxy-4-methoxymethyl-3-
phenyl- **18** IV 1851
—, 7-Hydroxy-8-methoxy-3-methyl-6-
[phenylhydrazono-methyl]- **18** IV 2508
—, 7-Hydroxy-8-methoxy-4-methyl-6-
[phenylhydrazono-methyl]- **18** IV 2509
—, 4-Hydroxy-7-methoxy-3-[3-oxo-1-
phenyl-butyl]- **18** IV 2808
—, 4-Hydroxy-6-methoxy-3-
phenäthylaminomethyl- **18** IV 8122
—, 4-Hydroxy-3-[2-methoxy-phenyl]-
18 IV 1812
—, 4-Hydroxy-3-[4-methoxy-phenyl]-
18 IV 1813

—, 4-Hydroxy-6-methoxy-3-phenyl- **18**
IV 1810
—, 4-Hydroxy-7-methoxy-3-phenyl- **18**
IV 1811
—, 4-Hydroxy-8-methoxy-3-phenyl- **18**
IV 1812
—, 5-Hydroxy-7-methoxy-4-phenyl-
18 131 e, IV 1814
—, 6-Hydroxy-5-methoxy-4-phenyl- **18**
IV 1813
—, 6-Hydroxy-7-methoxy-4-phenyl- **18**
IV 1815
—, 7-Hydroxy-3-[3-methoxy-phenyl]-
18 IV 1809
—, 7-Hydroxy-3-[4-methoxy-phenyl]-
18 IV 1810
—, 7-Hydroxy-4-[4-methoxy-phenyl]-
18 I 363 i, IV 1817
—, 7-Hydroxy-6-methoxy-4-phenyl- **18**
IV 1815
—, 5-Hydroxy-6-[4-methoxy-
phenylcarbamoyl]-4-methyl- **18** IV 6364
—, 7-Hydroxy-6-[4-methoxy-
phenylcarbamoyl]-4-methyl- **18** IV 6367
—, 7-Hydroxy-8-[4-methoxy-
phenylcarbamoyl]-4-methyl- **18** IV 6371
—, 7-Hydroxy-5-methoxy-6-
[phenylhydrazono-methyl]- **18** IV 2498
—, 7-Hydroxy-5-methoxy-8-
[phenylhydrazono-methyl]- **18** IV 2499
—, 7-Hydroxy-8-methoxy-6-
[phenylhydrazono-methyl]- **18** IV 2498
—, 4-[4-Hydroxy-3-methoxy-
β-phenylmercapto-phenäthyl]-7-methyl-
18 IV 2780
—, 7-Hydroxy-3-[4-methoxy-phenyl]-4-
methyl- **18** IV 1851
—, 4-Hydroxy-3-[1-(4-methoxy-phenyl)-
3-oxo-butyl]- **18** IV 2808
—, 4-Hydroxy-3-[1-(4-methoxy-phenyl)-
3-oxo-butyl]-6-methyl- **18** IV 2809
—, 4-Hydroxy-3-[1-(4-methoxy-phenyl)-
3-oxo-butyl]-7-methyl- **18** IV 2809
—, 7-Hydroxy-3-[4-methoxy-phenyl]-4-
pentyl- **18** IV 1876
—, 7-Hydroxy-4-[4-methoxy-phenyl]-3-
phenyl- **18** II 132 h
—, 7-Hydroxy-3-[4-methoxy-phenyl]-4-
propyl- **18** IV 1870
—, 4-Hydroxy-7-methoxy-3-propyl- **18**
IV 1409
—, 4-Hydroxy-6-methoxy-3-
propylaminomethyl- **18** IV 8120
—, 4-[4-Hydroxy-3-methoxy-styryl]-6-
methyl- **18** IV 1910
—, 4-[4-Hydroxy-3-methoxy-styryl]-7-
methyl- **18** II 110 b, IV 1910
—, 3-Hydroxymethyl- **18** IV 325

Cumarin (Fortsetzung)

—, 4-Hydroxy-3-methyl- **17** II 473 b, IV 6176

—, 4-Hydroxy-5-methyl- **17** IV 6176

—, 4-Hydroxy-6-methyl- **17** 493 a, IV 6176

—, 4-Hydroxy-7-methyl- **17** 493 b, IV 6177

—, 4-Hydroxy-8-methyl- **17** I 260 b, IV 6178

—, 5-Hydroxy-4-methyl- **18** IV 326

—, 5-Hydroxy-7-methyl- **18** IV 354

—, 6-Hydroxymethyl- **18** 34 c

—, 6-Hydroxy-3-methyl- **18** IV 324

—, 6-Hydroxy-4-methyl- **18** 31 c, I 308 e, IV 329

—, 6-Hydroxy-7-methyl- **18** IV 354

—, 7-Hydroxy-3-methyl- **18** 31 b, IV 324

—, 7-Hydroxy-4-methyl- **18** 31 i, I 309 b, II 19 d, IV 332

—, 7-Hydroxy-5-methyl- **18** 33 h, IV 352

—, 7-Hydroxy-6-methyl- **18** IV 353

—, 7-Hydroxy-8-methyl- **18** IV 354

—, 8-Hydroxy-3-methyl- **18** IV 325

—, 4-Hydroxy-3-methylaminomethyl- **18** IV 8040

—, 4-Hydroxy-3-[2-methyl-benzyl]- **17** IV 6454

—, 7-Hydroxy-6-[3-methyl-but-2-enyl]- **18** IV 517

—, 7-Hydroxy-8-[3-methyl-but-2-enyl]- **18** IV 518

—, 5-Hydroxy-4-methyl-6,8-dinitro- **18** IV 329

—, 6-Hydroxy-4-methyl-5,7-dinitro- **18** 31 h, IV 332

—, 7-Hydroxy-4-methyl-6,8-dinitro- **18** 33 g, IV 352

—, 4-Hydroxy-6-methyl-3,8-dipentyl- **17** IV 6259

—, 4-Hydroxy-3-[6-methyl-heptanoyl]- **17** IV 6758

—, 4-Hydroxy-3-[5-methyl-hexanoyl]- **17** IV 6756

—, 4-Hydroxy-3-[1-methylimino-äthyl]- **17** IV 6741

—, 4-Hydroxymethyl-7-methoxy- **18** IV 1381

—, 6-Hydroxymethyl-4-methyl- **18** IV 382

—, 7-Hydroxymethyl-4-methyl- **18** IV 385

—, 4-Hydroxy-6-methyl-3-methylaminomethyl- **18** IV 8044

—, 5-Hydroxy-4-methyl-6-[3-methyl-1-semicarbazono-butyl]- **18** IV 1581

—, 4-Hydroxy-6-methyl-3-[1]naphthyl- **17** IV 6537

—, 5-Hydroxy-4-methyl-6-[1]naphthylcarbamoyl- **18** IV 6364

—, 5-Hydroxy-4-methyl-6-[2]naphthylcarbamoyl- **18** IV 6364

—, 7-Hydroxy-4-methyl-6-[1]naphthylcarbamoyl- **18** IV 6367

—, 7-Hydroxy-4-methyl-8-[1]naphthylcarbamoyl- **18** IV 6371

—, 7-Hydroxy-4-methyl-8-[2]naphthylcarbamoyl- **18** IV 6371

—, 5-Hydroxy-4-methyl-6-nitro- **18** IV 328

—, 5-Hydroxy-4-methyl-8-nitro- **18** IV 328

—, 6-Hydroxy-4-methyl-5-nitro- **18** 31 f, IV 332

—, 7-Hydroxy-4-methyl-6-nitro- **18** IV 350

—, 7-Hydroxy-4-methyl-8-nitro- **18** 33 d, IV 351

—, 7-Hydroxy-4-methyl-3-[4-nitro-phenyl]- **18** IV 749

—, 7-Hydroxy-5-methyl-4-[4-nitro-phenyl]- **18** IV 750

—, 6-Hydroxy-7-methyl-5-[1-(4-nitro-phenylhydrazono)-äthyl]- **18** IV 1549

—, 7-Hydroxy-4-methyl-3-nitro-8-[1-phenylhydrazono-äthyl]- **18** IV 1548

—, 7-Hydroxy-4-methyl-6-nitro-8-[1-phenylhydrazono-äthyl]- **18** IV 1549

—, 4-Hydroxy-3-[1-(4-methyl-3-nitro-phenyl)-3-oxo-butyl]- **17** IV 6799

—, 5-Hydroxy-4-methyl-6-[3-(4-nitro-phenyl)-3-oxo-propionyl]- **18** IV 2817

—, 7-Hydroxy-4-methyl-6-octadecyl- **18** IV 479

—, 4-Hydroxy-6-methyl-3-octanoyl- **17** IV 6759

—, 4-Hydroxy-3-[1-methyl-3-oxo-butyl]- **17** IV 6751

—, 4-Hydroxy-6-methyl-3-[3-oxo-1-phenyl-butyl]- **17** IV 6799

—, 5-Hydroxy-4-methyl-6-[3-oxo-3-phenyl-propionyl]- **18** IV 2817

—, 5-Hydroxy-4-methyl-6-[3-oxo-3-o-tolyl-propionyl]- **18** IV 2817

—, 5-Hydroxy-4-methyl-6-palmitoyl- **18** IV 1619

—, 7-Hydroxy-4-methyl-6-palmitoyl- **18** IV 1620

—, 7-Hydroxy-4-methyl-5-pentadecyl- **18** IV 477

—, 4-Hydroxy-6-methyl-3-pentyl- **17** IV 6222

—, 5-Hydroxy-4-methyl-7-pentyl- **18** IV 444

Cumarin (Fortsetzung)

—, 7-Hydroxy-4-methyl-3-pentyl- **18**
IV 444

—, 4-Hydroxy-6-methyl-8-pentyl-3-
propyl- **17** IV 6249

—, 4-Hydroxy-6-methyl-3-
phenäthylaminomethyl- **18** IV 8046

—, 4-Hydroxy-6-methyl-3-phenyl- **17**
IV 6444

—, 4-Hydroxy-7-methyl-3-phenyl- **17**
IV 6444

—, 4-Hydroxy-8-methyl-3-phenyl- **17**
IV 6444

—, 5-Hydroxy-4-methyl-3-phenyl- **18**
IV 746

—, 6-Hydroxy-4-methyl-3-phenyl- **18**
II 43 b

—, 6-Hydroxy-7-methyl-4-phenyl- **18**
IV 750

—, 7-Hydroxy-4-methyl-3-phenyl- **18**
I 327 b, II 43 e, IV 747
— imin **18** I 327 g

—, 7-Hydroxy-5-methyl-3-phenyl- **18**
I 328 a, IV 749
— imin **18** I 328 b

—, 7-Hydroxy-5-methyl-4-phenyl- **18**
IV 750

—, 7-Hydroxy-6-methyl-4-phenyl- **18**
IV 750

—, 7-Hydroxy-8-methyl-4-phenyl- **18**
IV 751

—, 5-Hydroxy-4-methyl-6-phenylacetyl-
18 IV 1909

—, 6-Hydroxy-4-methyl-5-phenylazo-
18 IV 8339

—, 7-Hydroxy-8-[3-methyl-3-phenyl-
butyl]- **18** IV 783

—, 5-Hydroxy-4-methyl-6-
phenylcarbamoyl- **18** IV 6364

—, 7-Hydroxy-4-methyl-6-
phenylcarbamoyl- **18** IV 6367

—, 7-Hydroxy-4-methyl-8-
phenylcarbamoyl- **18** IV 6371

—, 7-Hydroxy-4-methyl-3-
[phenylcarbamoyl-methyl]- **18** IV 6375

—, 5-Hydroxy-4-methyl-6-
[1-phenylhydrazono-äthyl]- **18** IV 1543

—, 4-Hydroxy-3-[3-methyl-1-
phenylhydrazono-butyl]- **17** IV 6752

—, 7-Hydroxy-4-methyl-8-
[1-phenylhydrazono-butyl]- **18** IV 1571

—, 7-Hydroxy-4-methyl-8-
[phenylhydrazono-methyl]- **18** IV 1533

—, 7-Hydroxy-4-methyl-6-
phenylsulfamoyl- **18** IV 6753

—, 4-Hydroxy-6-methyl-3-propionyl-
17 IV 6750

—, 5-Hydroxy-4-methyl-6-propionyl-
18 IV 1556

—, 7-Hydroxy-4-methyl-6-propionyl-
18 IV 1556

—, 7-Hydroxy-4-methyl-8-propionyl-
18 IV 1557

—, 4-Hydroxy-6-methyl-3-propyl- **17**
IV 6211

—, 5-Hydroxy-4-methyl-6-propyl- **18**
IV 421

—, 5-Hydroxy-7-methyl-4-propyl- **18**
IV 422

—, 7-Hydroxy-4-methyl-3-propyl- **18**
IV 420

—, 7-Hydroxy-4-methyl-6-propyl- **18**
IV 421

—, 4-Hydroxy-6-methyl-3-
propylaminomethyl- **18** IV 8045

—, 7-Hydroxy-4-methyl-6-propyl-3-
[2,2,2-trichlor-1-hydroxy-äthyl]- **18**
IV 1432

—, 5-Hydroxy-4-methyl-6-
[1-semicarbazono-äthyl]- **18** IV 1543

—, 7-Hydroxy-4-methyl-6-
[1-semicarbazono-äthyl]- **18** IV 1544

—, 7-Hydroxy-4-methyl-6-
[α-semicarbazono-benzyl]- **18** IV 1899

—, 7-Hydroxy-4-methyl-6-
[1-semicarbazono-dodecyl]- **18** IV 1600

—, 7-Hydroxy-4-methyl-6-
[1-semicarbazono-hexadecyl]- **18**
IV 1620

—, 7-Hydroxy-4-methyl-6-
[1-semicarbazono-octadecyl]- **18**
IV 1622

—, 5-Hydroxy-4-methyl-6-stearoyl- **18**
IV 1621

—, 7-Hydroxy-4-methyl-6-stearoyl- **18**
IV 1621

—, 7-Hydroxy-4-methyl-6-sulfamoyl-
18 IV 6753

—, 7-Hydroxy-4-methyl-6-[tetra-O-acetyl-
glucopyranosyloxy]- **18** IV 1375

—, 7-Hydroxy-4-methyl-6-[toluol-4-
sulfonyl]- **18** IV 1377

—, 7-Hydroxy-4-methyl-8-[toluol-4-
sulfonyl]- **18** IV 1381

—, 5-Hydroxy-4-methyl-7-[toluol-4-
sulfonyloxy]- **18** IV 1370

—, 6-Hydroxy-4-methyl-7-[toluol-4-
sulfonyloxy]- **18** IV 1375

—, 8-Hydroxy-4-methyl-7-[toluol-4-
sulfonyloxy]- **18** IV 1379

—, 5-Hydroxy-4-methyl-6-p-toluoyl- **18**
IV 1912

—, 7-Hydroxy-4-methyl-8-m-toluoyl-
18 IV 1911

—, 7-Hydroxy-4-methyl-8-o-toluoyl- **18**
IV 1910

—, 7-Hydroxy-4-methyl-8-p-toluoyl- **18**
IV 1912

Cumarin (Fortsetzung)

—, 5-Hydroxy-4-methyl-6-
p-tolylcarbamoyl- **18** IV 6364

—, 7-Hydroxy-4-methyl-6-
p-tolylcarbamoyl- **18** IV 6367

—, 7-Hydroxy-4-methyl-8-
p-tolylcarbamoyl- **18** IV 6371

—, 7-Hydroxy-4-methyl-3-[2,2,2-trichlor-
1-hydroxy-äthyl]- **18** IV 1411

—, 5-Hydroxy-4-methyl-7-trifluormethyl-
18 IV 383

—, 7-Hydroxy-4-methyl-5-trifluormethyl-
18 IV 381

—, 7-Hydroxy-4-methyl-6-[3,4,5-
trihydroxy-6-hydroxymethyl-tetrahydro-
pyran-2-yloxy]- **18** IV 1374

—, 5-Hydroxy-4-methyl-3,6,8-trinitro-
18 IV 329

—, 7-Hydroxy-4-methyl-3,6,8-trinitro-
18 IV 352

—, 4-Hydroxy-3-[4-methyl-valeryl]- **17**
IV 6754

—, 4-Hydroxy-6-methyl-3-valeryl- **17**
IV 6754

—, 7-Hydroxy-4-methyl-6-valeryl- **18**
IV 1579

—, 7-Hydroxy-4-methyl-8-valeryl- **18**
IV 1579

—, 4-Hydroxy-3-myristoyl- **17** IV 6764

—, 4-Hydroxy-3-[1]naphthyl- **17**
IV 6534

—, 7-Hydroxy-4-[1]naphthyl- **18** IV 829

—, 4-Hydroxy-3-[1]naphthylacetyl- **17**
IV 6810

—, 4-Hydroxy-3-[3-[1]naphthyl-acryloyl]-
17 IV 6813

—, 6-[2-Hydroxy-[1]naphthylazo]-
18 646 d

—, 4-Hydroxy-3-[1-[1]naphthyl-propyl]-
17 IV 6541

—, 3-Hydroxy-5-nitro- **17** IV 6153

—, 4-Hydroxy-3-nitro- **17** IV 6157

—, 4-Hydroxy-7-nitro- **17** IV 6158

—, 7-Hydroxy-6-nitro- **18** IV 303

—, 7-Hydroxy-8-nitro- **18** I 307 b,
II 17 f

—, 8-Hydroxy-7-nitro- **18** IV 305

—, 4-Hydroxy-3-[2-nitro-cinnamyl]- **17**
IV 6487

—, 7-Hydroxy-4-[4-nitro-phenyl]- **18**
IV 718

—, 4-Hydroxy-3-[2-nitro-1-phenyl-äthyl]-
17 IV 6454

—, 4-Hydroxy-3-[4-nitro-phenylazo]- **17**
IV 6737

—, 7-Hydroxy-3-[(4-nitro-
phenylhydrazono)-methyl]- **18** IV 1520

—, 4-Hydroxy-3-[1-(2-nitro-phenyl)-3-
oxo-butyl]- **17** IV 6797

—, 4-Hydroxy-3-[1-(3-nitro-phenyl)-3-
oxo-butyl]- **17** IV 6798

—, 4-Hydroxy-3-[1-(4-nitro-phenyl)-3-
oxo-butyl]- **17** IV 6798

—, 4-Hydroxy-3-nitroso- **17** IV 6737

—, 4-Hydroxy-3-octanoyl- **17** IV 6758

—, 7-Hydroxy-8-[2-oxo-äthyl]- **18**
IV 1531

—, 4-Hydroxy-3-[2-oxo-
cyclohexylmethyl]- **17** IV 6770

—, 4-Hydroxy-3-[3-oxo-1,3-diphenyl-
propyl]- **17** IV 6813

—, 4-Hydroxy-3-[3-oxo-1-(pentachlor-
phenyl)-butyl]- **17** IV 6797

—, 4-Hydroxy-3-[3-oxo-1-phenyl-butyl]-
17 IV 6794

—, 6-Hydroxy-3-[3-oxo-5-phenyl-pent-4-
enoyl]- **18** IV 2827

—, 7-Hydroxy-3-[3-oxo-5-phenyl-pent-4-
enoyl]- **18** IV 2828

—, 8-Hydroxy-3-[3-oxo-5-phenyl-pent-4-
enoyl]- **18** IV 2828

—, 4-Hydroxy-3-[3-oxo-3-phenyl-propyl]-
17 IV 6794

—, 4-Hydroxy-3-[3-oxo-1-p-tolyl-butyl]-
17 IV 6798

—, 4-Hydroxy-3-[3-oxo-1-(3,4,5-trichlor-
phenyl)-butyl]- **17** IV 6797

—, 4-Hydroxy-3-[3-oxo-1-(3-
trifluormethyl-phenyl)-butyl]- **17**
IV 6798

—, 4-Hydroxy-3-palmitoyl- **17** IV 6766

—, 7-Hydroxy-5-pentadecyl-4-phenyl-
18 IV 788

—, 7-Hydroxy-5-pentadecyl-4-propyl-
18 IV 478

—, 4-Hydroxy-3-pentyl- **17** IV 6214

—, 7-Hydroxy-4-pentyl- **18** IV 432

—, 7-Hydroxy-6-pentyl- **18** IV 433

—, 4-Hydroxy-3-phenäthyl- **17** IV 6453

—, 7-Hydroxy-4-phenäthyl- **18** IV 763

—, 4-Hydroxy-3-phenäthylaminomethyl-
18 IV 8041

—, 7-Hydroxy-4-phenäthyl-3-phenyl-
18 II 52 f

—, 4-Hydroxy-3-[1-(4-phenoxy-phenyl)-
äthyl]- **18** IV 1860

—, 7-Hydroxy-3-phenoxy-4-propyl- **18**
IV 1409

—, 3-[2-Hydroxy-phenyl]- **18** IV 714

—, 3-[4-Hydroxy-phenyl]- **18** IV 715

—, 4-Hydroxy-3-phenyl- **17** I 268 e,
IV 6433

—, 4-Hydroxy-6-phenyl- **17** IV 6434

—, 5-Hydroxy-4-phenyl- **18** IV 715

—, 6-Hydroxy-4-phenyl- **18** IV 715

—, 7-Hydroxy-3-phenyl- **18** I 324 g,
II 39 i, IV 712

— imin **18** I 324 j

Cumarin (Fortsetzung)

—, 7-Hydroxy-4-phenyl- **18** 60 a,
  I 325 c, IV 716

  — imin **18** I 325 e

—, 8-Hydroxy-3-phenyl- **18** IV 714

—, 4-Hydroxy-3-phenylacetyl- **17**
  IV 6791

—, 4-Hydroxy-3-[1-phenyl-äthyl]- **17**
  IV 6453

—, 4-Hydroxy-3-phenylazo- **17** IV 6737

—, 4-Hydroxy-3-[1-phenyl-butyl]- **17**
  IV 6465

—, 4-Hydroxy-3-[2-phenyl-butyl]- **17**
  IV 6465

—, 4-Hydroxy-3-[4-phenyl-butyl]- **17**
  IV 6465

—, 4-Hydroxy-3-[1-phenyl-hexyl]- **17**
  IV 6470

—, 4-Hydroxy-3-[1-phenylhydrazono-
  äthyl]- **17** IV 6742

—, 4-Hydroxy-3-[1-phenylhydrazono-
  butyl]- **17** IV 6749

—, 4-Hydroxy-3-[1-phenylhydrazono-
  hexyl]- **17** IV 6754

—, 7-Hydroxy-6-[phenylhydrazono-
  methyl]- **18** IV 1522

—, 7-Hydroxy-8-[phenylhydrazono-
  methyl]- **18** IV 1523

—, 4-Hydroxy-3-[1-phenylhydrazono-
  octyl]- **17** IV 6758

—, 4-Hydroxy-3-[1-phenylhydrazono-
  pentyl]- **17** IV 6751

—, 4-Hydroxy-3-[1-phenylhydrazono-
  propyl]- **17** IV 6746

—, 3-[4-Hydroxy-phenyl]-6-methyl-4-
  phenyl- **18** IV 847

—, 4-Hydroxy-3-[5-phenyl-penta-2,4-
  dienoyl]- **17** IV 6809

—, 4-Hydroxy-3-[1-phenyl-pent-1-enyl]-
  17 IV 6494

—, 4-Hydroxy-3-[1-phenyl-pentyl]- **17**
  IV 6467

—, 4-[4-Hydroxy-phenyl]-3-phenyl- **18**
  IV 843

—, 4-Hydroxy-3-[1-phenyl-propenyl]-
  17 IV 6487

—, 4-Hydroxy-3-[3-phenyl-propionyl]-
  17 IV 6793

—, 4-Hydroxy-3-[1-phenyl-propyl]- **17**
  IV 6460

—, 4-Hydroxy-3-[2-phenyl-propyl]- **17**
  IV 6460

—, 4-Hydroxy-3-[3-phenyl-propyl]- **17**
  IV 6460

—, 7-Hydroxy-4-phenyl-8-
  [1-semicarbazono-äthyl]- **18** IV 1903

—, 4-Hydroxy-3-[2-phenyl-tetradecanoyl]-
  17 IV 6800

—, 4-Hydroxy-3-propionyl- **17** IV 6746

—, 7-Hydroxy-8-propionyl- **18** IV 1537

—, 4-Hydroxy-3-propyl- **17** IV 6202

—, 7-Hydroxy-4-propyl- **18** IV 398

—, 7-Hydroxy-5-propyl- **18** IV 398

—, 4-Hydroxy-3-[1-(4-propyl-phenyl)-
  äthyl]- **17** IV 6467

—, 4-Hydroxy-3-[1-semicarbazono-äthyl]-
  17 IV 6742

—, 7-Hydroxy-8-[1-semicarbazono-äthyl]-
  18 IV 1530

—, 7-Hydroxy-8-[1-semicarbazono-äthyl]-
  4-*p*-tolyl- **18** IV 1913

—, 7-Hydroxy-8-[α-semicarbazono-
  benzyl]- **18** IV 1886

—, 7-Hydroxy-8-[1-semicarbazono-butyl]-
  18 IV 1553

—, 7-Hydroxy-3-[2-semicarbazono-
  propyl]- **18** IV 1537

—, 7-Hydroxy-8-[1-semicarbazono-
  propyl]- **18** IV 1538

—, 3-[2-Hydroxy-styryl]- **18** IV 795

—, 3-[3-Hydroxy-styryl]- **18** IV 796

—, 3-[4-Hydroxy-styryl]- **18** IV 796

—, 7-Hydroxy-4-styryl- **18** IV 796

—, 4-[3-Hydroxy-styryl]-7-methyl- **18**
  IV 803

—, 4-[4-Hydroxy-styryl]-7-methyl- **18**
  IV 804

—, 4-Hydroxy-3-[4-sulfamoyl-phenylazo]-
  17 IV 6738

—, 6-Hydroxy-7-[tetra-*O*-acetyl-
  glucopyranosyloxy]- **18** IV 1327

—, 7-Hydroxy-8-[tetra-*O*-acetyl-
  glucopyranosyloxy]- **18** IV 1333

—, 4-Hydroxy-3-[1,2,3,4-tetrahydro-
  [1]naphthyl]- **17** IV 6493

—, 7-Hydroxy-6-[tetrakis-
  O-phenylcarbamoyl-glucopyranosyloxy]-
  18 IV 1327

—, 6-Hydroxy-3-[toluol-4-sulfonyl]- **18**
  II 66 h

—, 7-Hydroxy-3-[toluol-4-sulfonyl]- **18**
  II 67 d

—, 7-Hydroxy-3-*p*-tolyl- **18** IV 739

—, 7-Hydroxy-4-*m*-tolyl- **18** IV 738

—, 7-Hydroxy-4-*p*-tolyl- **18** IV 739

—, 8-Hydroxy-3-*p*-tolyl- **18** IV 739

—, 4-Hydroxy-3-*p*-tolylazo- **17** IV 6737

—, 4-Hydroxy-3-[1-*p*-tolyl-propyl]- **17**
  IV 6466

—, 4-Hydroxy-3-[2,2,2-trichlor-1-
  hydroxy-äthyl]- **18** IV 1397

—, 7-Hydroxy-4-trifluormethyl- **18**
  IV 343

—, 7-Hydroxy-6-[3,4,5-trihydroxy-6-
  hydroxymethyl-tetrahydro-pyran-2-yloxy]-
  18 IV 1326

—, 7-Hydroxy-4-[3,4,5-trihydroxy-
  phenyl]- **18** II 218 a

Cumarin (Fortsetzung)

—, 7-Hydroxy-3,6,8-trijod-4-methyl- **18**
IV 350

—, 4-Hydroxy-3,5,7-trimethoxy- **18**
I 409 e

—, 6-Hydroxy-5,7,8-trimethoxy-4-
methyl- **18** IV 3079

—, 7-Hydroxy-4-[3,4,5-trimethoxy-
phenyl]- **18** I 415 e, II 218 b

—, 4-Hydroxy-5,6,8-trimethyl- **17**
IV 6204

—, 5-Hydroxy-3,4,7-trimethyl- **18**
IV 409

—, 5-Hydroxy-4,6,8-trimethyl- **18**
I 312 e

—, 6-Hydroxy-3,4,7-trimethyl- **18**
IV 410

—, 6-Hydroxy-4,7,8-trimethyl- **18**
IV 411

—, 6-Hydroxy-5,7,8-trimethyl- **18**
IV 411

—, 7-Hydroxy-3,4,5-trimethyl- **18**
IV 409

—, 7-Hydroxy-4,6,8-trimethyl- **18**
IV 410

—, 7-[6-Hydroxy-5,5,8a-trimethyl-2-
methylen-decahydro-[1]naphthylmethoxy]-
18 IV 298

—, 7-[6-Hydroxy-5,5,8a-trimethyl-
octahydro-spiro[naphthalin-2,2'-oxiran]-1-
ylmethoxy]- **18** IV 301

—, 7-Hydroxy-3,4,5-trimethyl-8-propyl-
18 IV 446

—, 7-Hydroxy-3,6,8-trinitro- **18** 29 d,
IV 303

—, 4-Hydroxy-3-valeryl- **17** IV 6751

—, 7-Isobutoxy- **18** IV 296

—, 6-Isobutoxycarbonylamino- **18**
IV 7921

—, 7-Isobutoxy-4-methyl- **18** IV 334

—, 6-Isobutyryl-5,7-dimethoxy-8-
[3-methyl-but-2-enyl]-4-phenyl- **18**
IV 2819

—, 6-Isocyanato- **18** IV 7922

—, 6-Isocyanato-4,7-dimethyl- **18**
IV 7935

—, 7-Isocyanato-3-phenyl- **18** IV 8005

—, 8-Isopentyl-5,7-dimethoxy-4-phenyl-
18 IV 1876

—, 6-Isopentyl-5,7-dimethoxy-4-propyl-
18 IV 1447

—, 8-Isopentyl-5,7-dimethoxy-4-propyl-
18 IV 1447

—, 6-Isopentyl-8-isovaleryl-5,7-
dimethoxy-4-propyl- **18** IV 2538

—, 8-Isopentyl-6-isovaleryl-5,7-
dimethoxy-4-propyl- **18** IV 2538

—, 6-Isopentyl-7-methoxy- **18** IV 433

—, 8-Isopentyl-7-methoxy- **18** IV 434

—, 8-Isopentyl-7-methoxy-4-methyl- **18**
IV 445

—, 7-Isopentyloxy- **18** IV 296

—, 7-Isopentyloxy-4-methyl- **18** IV 334

—, 7-Isopropoxy- **18** IV 295

—, 7-Isopropoxycarbonylamino-3-
phenyl- **18** IV 8004

—, 7-Isopropoxy-4-methyl- **18** IV 334

—, 3-Isopropyl- **17** 343 f, IV 5114

   — [*O*-acetyl-oxim] **17** 344 b

   — oxim **17** 344 a

   — phenylhydrazon **17** 344 c

—, 6-[4-Isopropyl-benzyl]-3-[4-methoxy-
benzoyl]- **18** IV 1981

—, 6-[Isopropylidenaminooxycarbonyl-
amino]- **18** IV 7921

—, 3-Isopropyl-7-methyl- **17** IV 5130

—, 8-Isopropyl-5-methyl- **17** 345 c

—, 8-Isopropyl-6-nitro- **17** IV 5114

—, 6-Isothiocyanato- **18** IV 7922

—, 6-Isothiocyanato-4,7-dimethyl- **18**
IV 7935

—, 8-Isovaleryl-5,7-dimethoxy- **18**
IV 2522

—, 6-Isovaleryl-5,7-dimethoxy-8-
[3-methyl-but-2-enyl]-4-phenyl- **18**
IV 2820

—, 6-Isovaleryl-5,7-dimethoxy-8-
[3-methyl-but-2-enyl]-4-propyl- **18**
IV 2582

—, 8-Isovaleryl-5,7-dimethoxy-6-
[3-methyl-but-2-enyl]-4-propyl- **18**
IV 2582

—, 6-Isovaleryl-7-methoxy- **18** IV 1567

—, 8-Isovaleryl-7-methoxy- **18** IV 1568

—, 7-Isovaleryloxy- **18** IV 300

—, 7-Isovaleryloxy-4-methyl- **18** IV 336

—, 6-Jod- **17** 332 f, II 360 d

—, 3-[4-Jod-benzolsulfonyl]- **18** 26 a

—, 8-Jod-6,7-dimethoxy-4-methyl- **18**
IV 1376

—, 3-Jod-7-methoxy-4-methyl- **18**
IV 349

—, 6-Jod-5-methoxy-4-methyl- **18**
IV 327

—, 8-Jod-5-methoxy-4-methyl- **18**
IV 328

—, 8-Jod-7-methoxy-4-methyl- **18**
IV 349

—, 7-Jod-4-methyl- **17** IV 5075

—, 7-Jod-4-methyl-3-phenyl- **17**
IV 5444

—, 8-Jod-6-nitro- **17** II 361 c

—, 3-[4-Jod-phenyl]- **17** IV 5423

—, 6-Lactoylamino- **18** 609 j

—, 7-Maltosyloxy-4-methyl- **18** IV 339

—, 6-Mercapto-4,7-dimethyl- **18**
II 23 c

Cumarin   (Fortsetzung)
—, 8-Mercapto-4,6-dimethyl- **18**
    II 23 a
—, 6-Mercapto-7-methoxy-4-methyl- **18**
    II 72 f
—, 6-Mercapto-4-methyl- **18** II 19 c
—, 3-Methansulfonyl- **18** IV 285
—, 5-Methansulfonyloxy-4,7-dimethyl-
    18 IV 383
—, 5-Methansulfonyloxy-6-methoxy-4,7-
    dimethyl- **18** IV 1404
—, 7-Methansulfonyloxy-6-methoxy-4-
    methyl- **18** IV 1376
—, 7-Methansulfonyloxy-4-methyl- **18**
    IV 340
—, 3-Methoxy- **18** IV 284
—, 4-Methoxy- **18** II 16 h, IV 286
—, 5-Methoxy- **18** IV 292
—, 6-Methoxy- **18** 26 g, I 306 g,
    IV 293
—, 7-Methoxy- **18** 27 c, I 307 a,
    II 17 a, IV 295
    — oxim **18** 28 c
    — phenylhydrazon **18** 28 d
—, 8-Methoxy- **18** I 307 d, IV 304
—, 7-[2-Methoxy-äthoxycarbonylamino]-
    3-phenyl- **18** IV 8004
—, 3-[4-Methoxy-benzoyl]- **18** IV 1884
—, 3-[2-Methoxy-benzoylamino]- **17**
    IV 6153
—, 3-[3-Methoxy-benzoylamino]- **17**
    IV 6153
—, 3-[4-Methoxy-benzoylamino]- **17**
    IV 6153
—, 3-[4-(3-Methoxy-benzoylamino)-
    phenyl]- **18** IV 8006
—, 3-[4-(4-Methoxy-benzoylamino)-
    phenyl]- **18** IV 8007
—, 4-[2-Methoxy-benzoyloxy]- **18**
    IV 288
—, 4-[4-Methoxy-benzoyloxy]- **18**
    IV 289
—, 3-[2-Methoxy-benzyl]- **18** IV 736
—, 3-Methoxy-5,7-bis-methoxyacetoxy-
    18 I 392 a
—, 6-Methoxycarbonylamino- **18**
    IV 7920
—, 7-Methoxycarbonylamino-3-phenyl-
    18 IV 8003
—, 6-Methoxycarbonyloxy-4-methyl-
    18 IV 330
—, 5-Methoxy-4,7-dimethyl- **18** 37 e,
    I 310 g, IV 382
—, 6-Methoxy-3,4-dimethyl- **18** IV 377
—, 7-Methoxy-3,4-dimethyl- **18** II 22 i,
    IV 378
—, 7-Methoxy-4,8-dimethyl- **18** IV 385
—, 7-Methoxy-5,8-dimethyl- **18** II 23 d

—, 7-Methoxy-3,4-dimethyl-6,8-dinitro-
    18 IV 380
—, 7-Methoxy-3,4-dimethyl-6-nitro- **18**
    IV 379
—, 7-Methoxy-3,4-dimethyl-8-nitro- **18**
    IV 380
—, 7-Methoxy-3,5-dimethyl-4-[2-oxo-
    butyl]- **18** IV 1581
—, 7-Methoxy-4,5-dimethyl-3-phenyl-
    18 IV 770
—, 7-Methoxy-3,4-dimethyl-6-
    phenylsulfamoyl- **18** IV 6756
—, 5-Methoxy-4,7-dimethyl-6-[toluol-4-
    sulfonyl]- **18** IV 1404
—, 6-Methoxy-4,7-dimethyl-5-[toluol-4-
    sulfonyloxy]- **18** IV 1404
—, 4-Methoxy-3,6-dinitro- **18** IV 291
—, 8-Methoxy-5,7-dinitro- **18** IV 305
—, 6-Methoxy-3,4-diphenyl- **18** IV 843
—, 7-Methoxy-3,4-diphenyl- **18** IV 843
—, 8-Methoxy-3-[4-methoxy-benzoyl]-
    18 IV 2794
—, 7-Methoxy-4-[4-methoxy-benzoyloxy]-
    18 IV 1342
—, 7-Methoxy-3-[4-methoxy-phenyl]-
    18 IV 1810
—, 7-Methoxy-4-[4-methoxy-phenyl]-
    18 I 364 a
—, 7-Methoxy-3-[4-methoxy-phenyl]-4-
    methyl- **18** IV 1851
—, 7-Methoxy-3-[4-methoxy-phenyl]-4-
    propyl- **18** IV 1871
—, 4-Methoxy-3-methyl- **18** IV 324
—, 4-Methoxy-7-methyl- **18** 34 e
—, 5-Methoxy-4-methyl- **18** IV 326
—, 6-Methoxy-3-methyl- **18** IV 324
—, 6-Methoxy-4-methyl- **18** IV 329
—, 7-Methoxy-3-methyl- **18** IV 325
—, 7-Methoxy-4-methyl- **18** 32 a,
    I 309 c, II 19 e, IV 333
—, 7-Methoxy-5-methyl- **18** I 310 c
—, 7-Methoxy-6-methyl- **18** IV 354
—, 7-Methoxy-8-methyl- **18** IV 355
—, 8-Methoxy-3-methyl- **18** IV 325
—, 7-Methoxy-4-methyl-3,6-bis-
    phenylsulfamoyl- **18** IV 6755
—, 7-Methoxy-6-[3-methyl-but-2-enyl]-
    18 IV 517
—, 7-Methoxy-8-[3-methyl-but-2-enyl]-
    18 II 27 c, IV 518
—, 6-Methoxy-8-[3-methyl-but-2-enyl]-7-
    [3-methyl-but-2-enyloxy]- **18** IV 1567
—, 7-Methoxy-5-[3-methyl-but-2-enyloxy]-
    18 IV 1322
—, 7-Methoxy-5-[3-methyl-crotonoyloxy]-
    4-phenyl- **18** IV 1814
—, 6-Methoxy-4-methyl-5,7-dinitro- **18**
    IV 332

Cumarin (Fortsetzung)

—, 5-Methoxy-4-methyl-6-nitro- **18**
IV 328

—, 5-Methoxy-4-methyl-8-nitro- **18**
IV 329

—, 6-Methoxy-4-methyl-5-nitro- **18**
IV 332

—, 7-Methoxy-4-methyl-6-nitro-
18 33 c, IV 351

—, 7-Methoxy-4-methyl-8-nitro-
18 33 e, IV 351

—, 7-Methoxy-4-methyl-3-[4-nitro-
phenyl]- **18** IV 749

—, 7-Methoxy-6-[3-methyl-2-oxo-butyl]-
18 IV 1567

—, 7-Methoxy-8-[3-methyl-2-oxo-butyl]-
18 IV 1568

—, 5-Methoxy-4-methyl-3-phenyl- **18**
IV 746

—, 6-Methoxy-4-methyl-3-phenyl- **18**
II 43 c

—, 7-Methoxy-4-methyl-3-phenyl- **18**
I 327 c, II 43 f, IV 747

—, 7-Methoxy-5-methyl-3-phenyl- **18**
IV 749

—, 7-Methoxy-8-methyl-4-phenyl- **18**
IV 751

—, 5-Methoxy-4-methyl-6-phenylacetyl-
18 IV 1909

—, 7-Methoxy-8-[3-methyl-3-phenyl-
butyl]- **18** IV 784

—, 7-Methoxy-4-methyl-3-
[phenylcarbamoyl-methyl]- **18** IV 6375

—, 4-[2-Methoxy-4-methyl-phenyl]-6-
methyl- **18** IV 767

—, 4-[2-Methoxy-4-methyl-phenyl]-7-
methyl- **18** IV 767

—, 4-[2-Methoxy-5-methyl-phenyl]-6-
methyl- **18** IV 766

—, 4-[2-Methoxy-5-methyl-phenyl]-7-
methyl- **18** IV 767

—, 7-Methoxy-4-methyl-6-
phenylsulfamoyl- **18** IV 6753

—, 7-Methoxy-4-methyl-6-propionyl-
18 IV 1556

—, 7-Methoxy-4-methyl-8-propionyl-
18 IV 1557

—, 5-Methoxy-7-methyl-4-propyl- **18**
IV 422

—, 7-Methoxy-4-methyl-6-propyl- **18**
IV 421

—, 7-Methoxy-4-methyl-8-
[1-semicarbazono-äthyl]- **18** IV 1546

—, 7-Methoxy-4-methyl-6-sulfamoyl-
18 IV 6753

—, 7-Methoxy-4-methyl-6-[toluol-4-
sulfonyl]- **18** IV 1377

—, 7-Methoxy-4-methyl-8-[toluol-4-
sulfonyl]- **18** IV 1381

—, 5-Methoxy-4-methyl-7-[toluol-4-
sulfonyloxy]- **18** IV 1370

—, 6-Methoxy-4-methyl-7-[toluol-4-
sulfonyloxy]- **18** IV 1376

—, 8-Methoxy-4-methyl-7-[toluol-4-
sulfonyloxy]- **18** IV 1379

—, 7-Methoxy-4-methyl-8-*m*-toluoyl-
18 IV 1911

—, 7-Methoxy-4-methyl-8-*o*-toluoyl- **18**
IV 1910

—, 7-Methoxy-4-methyl-8-*p*-toluoyl- **18**
IV 1912

—, 7-Methoxy-4-methyl-3-[2,2,2-trichlor-
1-methoxy-äthyl]- **18** IV 1411

—, 5-Methoxy-4-methyl-7-trifluormethyl-
18 IV 383

—, 7-Methoxy-4-methyl-5-trifluormethyl-
18 IV 381

—, 7-Methoxy-4-methyl-3,6,8-trinitro-
18 IV 352

—, 6-Methoxy-8-nitro- **18** IV 293

—, 8-Methoxy-5-nitro- **18** IV 305

—, 8-Methoxy-6-nitro- **18** IV 305

—, 8-Methoxy-7-nitro- **18** IV 305

—, 7-Methoxy-8-[2-oxo-äthyl]- **18**
IV 1531

—, 4-Methoxy-3-[3-oxo-1,3-diphenyl-
propyl]- **18** IV 1980

—, 4-Methoxy-3-[3-oxo-1-phenyl-butyl]-
18 IV 1918

—, 7-Methoxy-4-phenäthyl-3-phenyl-
18 II 52 g

—, 3-[2-Methoxy-phenyl]- **18** IV 714

—, 3-[4-Methoxy-phenyl]- **18** II 40 c,
IV 715

—, 4-Methoxy-3-phenyl- **18** IV 710

—, 5-Methoxy-4-phenyl- **18** IV 715

—, 7-Methoxy-3-phenyl- **18** I 324 h,
II 40 a, IV 712

—, 7-Methoxy-4-phenyl- **18** I 325 d,
IV 716

—, 8-Methoxy-3-phenyl- **18** IV 714

—, 4-Methoxy-3-[1-phenyl-äthyl]- **18**
IV 763

—, 4-Methoxy-3-[1-phenyl-butyl]- **18**
IV 781

—, 4-Methoxy-3-[2-phenyl-butyl]- **18**
IV 781

—, 3-[4-Methoxy-phenylcarbamoyl]- **18**
IV 5573

—, 7-Methoxy-3-phenylcarbamoyl- **18**
IV 6343

—, 7-Methoxy-4-phenylcarbamoyl- **18**
IV 6347

—, 3-[4-Methoxy-phenylcarbamoyl]-6-
nitro- **18** IV 5583

—, 7-Methoxy-4-[phenylhydrazono-
methyl]- **18** IV 1521

Cumarin (Fortsetzung)

—, 7-Methoxy-6-[phenylhydrazono-
methyl]- **18** IV 1522

—, 4-[4-Methoxy-β-phenylmercapto-
phenäthyl]-6-methyl- **18** IV 1868

—, 4-[4-Methoxy-β-phenylmercapto-
phenäthyl]-7-methyl- **18** IV 1869

—, 4-[2-Methoxy-phenyl]-7-methyl- **18**
I 328 c

—, 4-[4-Methoxy-phenyl]-6-methyl- **18**
IV 750

—, 4-[4-Methoxy-phenyl]-7-methyl- **18**
IV 751

—, 7-Methoxy-3-phenyl-4-
phenylcarbamoyl- **18** IV 6430

—, 4-Methoxy-3-[2-phenyl-propyl]- **18**
IV 776

—, 6-Methoxy-7-primverosyloxy- **18**
IV 1328

—, 4-Methoxy-3-propyl- **18** IV 397

—, 7-Methoxy-4-propyl- **18** IV 398

—, 7-Methoxy-4-styryl- **18** IV 797

—, 4-[2-Methoxy-styryl]-6-methyl- **18**
IV 803

—, 4-[2-Methoxy-styryl]-7-methyl- **18**
IV 803

—, 4-[3-Methoxy-styryl]-7-methyl- **18**
IV 803

—, 4-[4-Methoxy-styryl]-6-methyl- **18**
IV 803

—, 4-[4-Methoxy-styryl]-7-methyl- **18**
II 46 c, IV 804

—, 4-[4-Methoxy-styryl]-3-phenyl- **18**
IV 855

—, 6-Methoxy-7-[tetra-O-acetyl-
glucopyranosyloxy]- **18** IV 1328

—, 7-Methoxy-6-[tetra-O-acetyl-
glucopyranosyloxy]- **18** IV 1327

—, 7-Methoxy-4-p-tolyl- **18** IV 739

—, 4-[4-Methoxy-β-m-tolylmercapto-
phenäthyl]-6-methyl- **18** IV 1868

—, 4-[4-Methoxy-β-m-tolylmercapto-
phenäthyl]-7-methyl- **18** IV 1869

—, 4-[4-Methoxy-β-o-tolylmercapto-
phenäthyl]-6-methyl- **18** IV 1868

—, 4-[4-Methoxy-β-o-tolylmercapto-
phenäthyl]-7-methyl- **18** IV 1869

—, 4-[4-Methoxy-β-p-tolylmercapto-
phenäthyl]-6-methyl- **18** IV 1869

—, 4-[4-Methoxy-β-p-tolylmercapto-
phenäthyl]-7-methyl- **18** IV 1869

—, 6-Methoxy-7-[O^2,O^3,O^4-triacetyl-O^6-
(tetra-O-acetyl-glucopyranosyl)-
glucopyranosyloxy]- **18** IV 1329

—, 6-Methoxy-7-[O^2,O^3,O^4-triacetyl-O^6-
(tri-O-acetyl-xylopyranosyl)-
glucopyranosyloxy]- **18** IV 1328

—, 4-Methoxy-3-[2,2,2-trichlor-1-
hydroxy-äthyl]- **18** IV 1397

—, 7-Methoxy-4-trifluormethyl- **18**
IV 343

—, 7-Methoxy-4-[3,4,5-trimethoxy-
phenyl]- **18** II 218 c

—, 7-Methoxy-3,4,5-trimethyl- **18**
IV 409

—, 6-Methoxy-5,7,8-trimethyl-3-
methylcarbamoyl- **18** IV 6389

—, 7-Methoxy-3-vinyl- **18** IV 498

—, 6-Methoxy-7-[O^6-xylopyranosyl-
glucopyranosyloxy]- **18** IV 1328

—, 3-Methyl- **17** 335 c, I 173 e,
II 362 d, IV 5073

   — [O-acetyl-oxim] **17** 336 a

   — oxim **17** 335 d

   — phenylhydrazon **17** 336 b

—, 4-Methyl- **17** 336 f, I 173 f,
II 362 e, IV 5074

—, 5-Methyl- **17** 337 b, IV 5075

—, 6-Methyl- **17** 337 d, I 174 a,
II 363 d, IV 5076

—, 7-Methyl- **17** 337 f, I 174 b,
II 363 f, IV 5077

   — oxim **17** 337 g

   — phenylhydrazon **17** 337 h

—, 8-Methyl- **17** 338 e, I 174 g,
IV 5079

—, 6-Methylamino- **18** 609 a

—, 4-Methyl-6,7-bis-propionyloxy- **18**
IV 1373

—, 4-Methyl-6,7-bis-[2-sulfo-benzoyloxy]-
18 IV 1374

—, 4-Methyl-6,7-bis-sulfooxy- **18**
IV 1376

—, 4-Methyl-5,7-bis-[toluol-4-
sulfonyloxy]- **18** IV 1370

—, 4-Methyl-6,7-bis-[toluol-4-
sulfonyloxy]- **18** IV 1376

—, 4-Methyl-7,8-bis-[toluol-4-
sulfonyloxy]- **18** IV 1379

—, 7-[3-Methyl-but-2-enyloxy]- **18**
IV 296

—, 8-[3-Methyl-but-2-enyl]-7-[tetra-
O-acetyl-glucopyranosyloxy]- **18** IV 518

—, 7-Methyl-3,6-dinitro- **17** I 174 e

—, 3-[5-Methyl-2,4-dinitro-phenyl]- **17**
I 206 b

—, 6-Methyl-3,4-diphenyl- **17** II 422 d,
IV 5591

—, 7-Methyl-3,4-diphenyl- **17** IV 5591

—, 4-Methyl-7-methylamino- **18** 610 f

—, 4-Methyl-7-[3-methyl-but-2-enyloxy]-
18 IV 335

—, 4-Methyl-7-[3-methyl-crotonoyloxy]-
18 IV 336

—, 4-Methyl-7-[methyl-nitroso-amino]-
18 611 e

—, 4-Methyl-7-[2-methyl-propan-1-
sulfonyloxy]- **18** IV 341

Cumarin (Fortsetzung)

—, 7-Methyl-4-[4-methyl-styryl]- **17**
IV 5518

—, 4-Methyl-7-[2]naphthoyloxy- **18**
II 20 b

—, 4-Methyl-6-nitro- **17** IV 5075

—, 6-Methyl-8-nitro- **17** IV 5077

—, 7-Methyl-6-nitro- **17** I 174 c

—, 7-Methyl-8-nitro- **17** I 174 d

—, 8-Methyl-6-nitro- **17** IV 5079

—, 4-Methyl-7-[3-nitro-benzoyloxy]- **18**
II 19 h

—, 4-Methyl-7-[4-nitro-benzoyloxy]- **18**
II 19 i

—, 6-Methyl-8-nitro-3-phenyl- **17**
II 402 c

—, 6-[Methyl-nitroso-amino]- **18** 610 c

—, 4-Methyl-7-[octan-1-sulfonyloxy]-
18 IV 341

—, 7-Methyl-3-octyl- **17** IV 5167

—, 4-Methyl-6-*tert*-pentyl- **17** IV 5154

—, 3-Methyl-6-*tert*-pentyl-4-propyl- **17**
IV 5167

—, 4-Methyl-7-phenacyloxy- **18** IV 335

—, 3-Methyl-4-phenyl- **17** 380 a

—, 4-Methyl-3-phenyl- **17** IV 5444

—, 6-Methyl-3-phenyl- **17** I 207 a,
II 402 b

—, 6-Methyl-4-phenyl- **17** IV 5444

—, 7-Methyl-4-phenyl- **17** IV 5445

—, 8-Methyl-3-phenyl- **17** I 207 b

—, 4-Methyl-7-phenylacetoxy- **18**
II 19 j

—, 4-Methyl-3-phenyl-6,7-bis-sulfooxy-
18 IV 1851

—, 4-Methyl-7-phenylcarbamoyloxy-
18 II 20 d

—, 6-Methyl-3-[1-phenylhydrazono-äthyl]-
17 515 a

—, 8-Methyl-3-[1-phenylhydrazono-äthyl]-
17 515 g

—, 7-Methyl-3-[α-phenylhydrazono-
benzyl]- **17** II 506 a

—, 8-Methyl-3-[α-phenylhydrazono-
benzyl]- **17** II 506 c

—, 6-Methyl-4-[β-phenylmercapto-
phenäthyl]- **18** IV 776

—, 7-Methyl-4-[β-phenylmercapto-
phenäthyl]- **18** IV 777

—, 6-Methyl-3-phenyl-4-*p*-tolyl- **17**
IV 5595

—, 4-Methyl-7-[propan-1-sulfonyloxy]-
18 IV 340

—, 4-Methyl-7-[propan-2-sulfonyloxy]-
18 IV 340

—, 4-Methyl-7-[prop-1-en-1-sulfonyloxy]-
18 IV 341

—, 4-Methyl-7-[prop-2-en-1-sulfonyloxy]-
18 IV 341

—, 4-Methyl-5-propionyloxy- **18** IV 326

—, 4-Methyl-7-propionyloxy- **18** IV 336

—, 6-Methyl-4-propionyloxy- **18** IV 353

—, 4-Methyl-7-propoxy- **18** IV 334

—, 7-Methyl-4-propoxy- **18** 34 g

—, 3-[Methyl-propyl-carbamoyl]- **18**
IV 5573

—, 6-Methyl-3-[1-semicarbazono-äthyl]-
17 515 b

—, 8-Methyl-3-[1-semicarbazono-äthyl]-
17 515 h

—, 7-Methyl-4-[2-semicarbazono-propyl]-
17 IV 6304

—, 6-Methyl-4-styryl- **17** IV 5511

—, 7-Methyl-4-styryl- **17** IV 5511

—, 4-Methyl-7-sulfooxy- **18** IV 342

—, 4-Methyl-7-[tetra-*O*-acetyl-
galactopyranosyloxy]- **18** IV 339

—, 4-Methyl-7-[tetra-*O*-acetyl-
glucopyranosyloxy]- **18** IV 339

—, 6-Methyl-4-[tetra-*O*-acetyl-
glucopyranosyloxy]- **18** IV 353

—, 4-Methyl-7-[4-thiocyanato-butan-1-
sulfonyloxy]- **18** IV 342

—, 4-Methyl-7-[2-thioxo-2λ^5-benzo[1,3,2]⇌
dioxaphosphol-2-yl]- **18** IV 343

—, 7-Methyl-4-*p*-toluidino- **17** 494 b

—, 4-Methyl-6-[toluol-4-sulfonyloxy]-
18 IV 330

—, 4-Methyl-7-[toluol-4-sulfonyloxy]-
18 IV 342

—, 4-Methyl-7-[toluol-α-sulfonyloxy]-
18 IV 342

—, 7-Methyl-4-[β-(toluol-4-sulfonyl)-
phenäthyl]- **18** IV 778

—, 4-Methyl-7-*m*-toluoyloxy- **18** IV 337

—, 4-Methyl-7-*o*-toluoyloxy- **18** IV 337

—, 4-Methyl-7-*p*-toluoyloxy- **18** IV 337

—, 6-Methyl-4-[β-*m*-tolylmercapto-
phenäthyl]- **18** IV 777

—, 6-Methyl-4-[β-*p*-tolylmercapto-
phenäthyl]- **18** IV 777

—, 7-Methyl-4-[β-*m*-tolylmercapto-
phenäthyl]- **18** IV 777

—, 7-Methyl-4-[β-*o*-tolylmercapto-
phenäthyl]- **18** IV 777

—, 7-Methyl-4-[β-*p*-tolylmercapto-
phenäthyl]- **18** IV 778

—, 4-Methyl-7-[3,4,5-triacetoxy-6-
acetoxymethyl-tetrahydro-pyran-2-yloxy]-
18 IV 339

—, 4-Methyl-7-[*O*^{2},*O*^{3},*O*^{6}-triacetyl-*O*^{4}-
(tetra-*O*-acetyl-glucopyranosyl)-
glucopyranosyloxy]- **18** IV 340

—, 4-Methyl-7-[tri-*O*-acetyl-
xylopyranosyloxy]- **18** IV 338

—, 6-Methyl-4-trifluormethyl- **17**
IV 5100

Cumarin (Fortsetzung)

—, 4-Methyl-7-[3,4,5-trihydroxy-6-hydroxymethyl-tetrahydro-pyran-2-yloxy]- **18** IV 338

—, 4-Methyl-7-trimethylammonio- **18** 611 a

—, 7-[3-Methyl-5-(1,3,3-trimethyl-7-oxa-[2]norbornyl)-pent-2-enyloxy]- **18** IV 300

—, 7-[N'-Methyl-ureido]-3-phenyl- **18** IV 8004

—, 4-Methyl-7-valeryloxy- **18** IV 336

—, 4-Methyl-7-xylopyranosyloxy- **18** IV 338

—, 3-[1]Naphthyl- **17** IV 5559

—, 3-[2]Naphthyl- **17** IV 5559

—, 6-[1]Naphthylazo- **18** IV 8334

—, 6-[2]Naphthylazo- **18** IV 8334

—, 6-[[2]Naphthylimino-methyl]- **17** II 482 c

—, 6-Nitro- **17** 333 b, I 171 c, II 360 e, IV 5060
  — oxim **17** I 171 d
  — phenylhydrazon **17** I 171 e

—, 7-Nitro- **17** IV 5060

—, 8-Nitro- **17** 333 c, I 171 f, II 360 f, IV 5060

—, 4-[4-Nitro-benzoyloxy]-3-{3-[2-(4-nitro-benzoyloxy)-phenyl]-3-oxo-propyl}- **18** IV 2806

—, 4-[4-Nitro-benzoyloxy]-3-[3-oxo-1-phenyl-butyl]- **18** IV 1919

—, 6-Nitro-3-[3-oxo-5-phenyl-pent-4-enoyl]- **17** IV 6809

—, 3-[2-Nitro-phenyl]- **17** 374 b, IV 5423

—, 3-[3-Nitro-phenyl]- **17** II 398 f, IV 5423

—, 3-[4-Nitro-phenyl]- **17** 374 c, II 398 g, IV 5424

—, 6-Nitro-3-phenyl- **17** II 398 d, IV 5423

—, 6-Nitro-8-phenyl- **17** IV 5425

—, 8-Nitro-3-phenyl- **17** II 398 e, IV 5423

—, 8-Nitro-6-phenyl- **17** IV 5424

—, 6-[2-Nitro-phenylazo]- **18** 646 a

—, 6-[3-Nitro-phenylazo]- **18** 646 b

—, 6-[4-Nitro-phenylazo]- **18** 646 c

—, 6-Nitro-3-phenylcarbamoyl- **18** IV 5582

—, 3-[(4-Nitro-phenylhydrazono)-methyl]- **17** IV 6283

—, 6-[(4-Nitro-phenylimino)-methyl]- **17** II 482 a

—, 6-Nitro-3-phenylsulfamoyl- **18** II 408 c, IV 6740

—, 6-[N'-(4-Nitro-phenyl)-triazeno]- **18** 652 c

—, 6-Nitro-3-pivaloyl- **17** IV 6308

—, 6-Nitro-3-sulfamoyl- **18** II 408 b, IV 6740

—, 3-[2-Nitro-vinyl]- **17** IV 5196

—, Octahydro- s. Chroman-2-on, Hexahydro-

—, 3-Octyl- **17** IV 5164

—, 7-[3-Oxo-drim-8(12)-en-11-yloxy]- **18** IV 299

—, 3-[3-Oxo-1-phenyl-butyl]-4-propionyloxy- **18** IV 1918

—, 3-[3-Oxo-1-phenyl-butyl]-4-[toluol-4-sulfonyloxy]- **18** IV 1919

—, 3-[3-Oxo-5-phenyl-pent-4-enoyl]- **17** IV 6809

—, 6-[3-Oxo-3-phenyl-propenyl]- **17** II 511 d

—, 3-[3-Oxo-propenyl]- **17** IV 6344

—, 3,4,5,6,8-Pentamethyl- **17** 346 a

—, 6-tert-Pentyl-4-propyl- **17** IV 5164

—, 7-[N'-Pentyl-ureido]-3-phenyl- **18** IV 8005

—, 7-Phenacyloxy- **18** IV 299

—, 3-[9]Phenanthryl- **17** IV 5616

—, 6-Phenoxycarbonylamino- **18** IV 7921

—, 3-Phenyl- **17** 373 e, I 205 a, II 396 h, IV 5421
  — hydrazon **17** II 397 d
  — oxim **17** II 397 c
  — phenylhydrazon **17** II 397 e
  — semicarbazon **17** II 397 f

—, 4-Phenyl- **17** 374 e, IV 5424

—, 6-Phenyl- **17** IV 5424

—, 4-Phenylacetoxy- **18** IV 288

—, 6-Phenylazo- **18** 645 e, IV 8333

—, 6-[(4-Phenylazo-phenylimino)-methyl]- **17** II 482 i

—, 3-[Phenylcarbamoyl-methyl]- **18** IV 5593

—, 6-[3-Phenyl-carbazoylamino]- **18** IV 7922

—, 3-[N-Phenyl-glycyl]- **18** IV 8047

—, [N'-Phenyl-hydrazino]- **17** 488 d

—, 3-[1-Phenylhydrazono-äthyl]- **17** 512 b

—, 3-[α-Phenylhydrazono-benzyl]- **17** II 505 a

—, 6-[Phenylhydrazono-methyl]- **17** II 483 a

—, 3-Phenylmercapto- **18** IV 285

—, 3-Phenyl-6-phenylazo- **18** 647 e

—, 4-[3-Phenyl-propionyloxy]- **18** IV 288

—, 3-Phenyl-7-propoxycarbonylamino- **18** IV 8004

—, 3-Phenyl-7-[N'-propyl-ureido]- **18** IV 8005

—, 3-Phenyl-4-salicyloyloxy- **18** IV 710

Cumarin (Fortsetzung)

—, 3-Phenyl-4-styryl- **17** IV 5609

—, 6-Phenylsulfamoyl- **18** II 408 g

—, 3-Phenyl-4-[tetra-*O*-acetyl-galactopyranosyloxy]- **18** IV 711

—, 3-Phenyl-4-[tetra-*O*-acetyl-glucopyranosyloxy]- **18** IV 711

—, 3-Phenyl-4-[tetra-*O*-acetyl-mannopyranosyloxy]- **18** IV 711

—, 6-[3-Phenyl-thiocarbazoylamino]- **18** IV 7922

—, 6-[*N'*-Phenyl-thioureido]- **18** IV 7922

—, 3-Phenyl-4-[3,4,5-triacetoxy-6-acetoxymethyl-tetrahydro-pyran-2-yloxy]- **18** IV 711

—, 3-Phenyl-4-[3,4,5-triacetoxy-tetrahydro-pyran-2-yloxy]- **18** IV 711

—, 3-Phenyl-4-[tri-*O*-acetyl-arabinopyranosyloxy]- **18** IV 711

—, 3-Phenyl-4-[tri-*O*-acetyl-xylopyranosyloxy]- **18** IV 711

—, 3-Phenyl-7-ureido- **18** IV 8004

—, 6-[*N'*-Phenyl-ureido]- **18** IV 7921

—, 3-Pivaloyl- **17** IV 6308

—, 3-[Propan-1-sulfonyl]- **18** IV 285

—, 3-Propionyl- **17** I 264 d

—, 6-Propionylamino- **18** 609 h

—, 4-Propionyloxy- **18** IV 287

—, 7-Propionyloxy- **18** IV 299

—, 7-Propoxy- **18** IV 295

—, 6-Propoxycarbonylamino- **18** IV 7921

—, 3-Propyl- **17** IV 5113

—, 3-Salicyl- **18** IV 736

—, 3-Salicylidencarbazoyl- **18** IV 5575

—, 3-[1-Semicarbazono-äthyl]- **17** I 263 f

—, 3-[Semicarbazono-methyl]- **17** IV 6283

—, 6-Semicarbazonomethyl- **17** 510 d

—, 3-[2-Semicarbazono-propyl]- **17** IV 6296

—, 4-Styryl- **17** IV 5501

—, 6-Sulfamoyl- **18** II 408 f, IV 6740

—, 6-[4-Sulfamoyl-phenylsulfamoyl]- **18** IV 6741

—, 6-Sulfamoyl-3-sulfanilylamino- **18** IV 6746

—, 3-Sulfanilyl- **18** IV 286

—, 3-Sulfanilylamino- **17** IV 6153

—, 6-Sulfanilylamino- **18** IV 7924

—, 3-Sulfooxy- **18** IV 285

—, 5-Sulfooxy- **18** IV 292

—, 6-Sulfooxy- **18** IV 293

—, 7-Sulfooxy- **18** IV 301

—, 8-Sulfooxy- **18** IV 304

—, 4-[Tetra-*O*-acetyl-glucopyranosyloxy]- **18** IV 290

—, 7-[Tetra-*O*-acetyl-glucopyranosyloxy]- **18** IV 301, **31** 246 a

—, 3,8,x,x-Tetrabrom-6-nitro- **17** II 361 b

—, 3,4,6,7-Tetrachlor- **17** IV 5059

—, 3,4,6,8-Tetrachlor- **17** IV 5059

—, 3,5,7,8-Tetrachlor-6-hydroxy-4-methyl- **18** I 308 i

—, 5,6,7,8-Tetrahydro- **17** IV 4732

—, 5,6,7,8-Tetrahydroxy-4-methyl- **18** IV 3079

—, 5,6,7,8-Tetramethoxy-4-methyl- **18** IV 3080

—, 3,4,5,7-Tetramethyl- **17** 345 f, IV 5134

—, 3,4,6,7-Tetramethyl- **17** 345 g

—, 3,4,6,8-Tetramethyl- **17** 345 h

—, 4,5,6,8-Tetramethyl- **17** 345 i

—, 3,4,5,7-Tetramethyl-6-nitro- **17** IV 5134

—, 6-Thio-*p*-toluoylamino- **18** IV 7920

—, 6-Thioureido- **18** IV 7922

—, 4-*o*-Toluidino- **17** 488 c

—, 3-[Toluol-4-sulfonyl]- **18** II 16 g

—, 3-[Toluol-α-sulfonyl]- **18** IV 285

—, 3-*m*-Tolylcarbamoyl- **18** IV 5573

—, 3-*o*-Tolylcarbamoyl- **18** IV 5573

—, 3-*p*-Tolylcarbamoyl- **18** IV 5573

—, 6-[*p*-Tolylimino-methyl]- **17** II 482 b

—, 3-*p*-Tolylmercapto- **18** IV 285

—, 3-*m*-Tolyloxy- **18** 25 g

—, 3-*o*-Tolyloxy- **18** 25 f

—, 3-*p*-Tolyloxy- **18** 25 h

—, 3-*p*-Tolyl-7-ureido- **18** IV 8010

—, 4,5,7-Triacetoxy- **18** I 392 d

—, 6,7,8-Triacetoxy- **18** IV 2373

—, 4,5,7-Triacetoxy-3-[4-acetoxy-phenyl]- **18** IV 3322

—, 5,7,8-Triacetoxy-4-[4-acetoxy-styryl]- **18** IV 3209

—, 4,5,7-Triacetoxy-6-acetyl-3-benzyl- **18** IV 3369

—, 4,5,7-Triacetoxy-8-acetyl-3-benzyl- **18** IV 3369

—, 4-[3,4,5-Triacetoxy-benzoyloxy]- **18** IV 289

—, 4,5,7-Triacetoxy-3-[2,4-dimethoxy-phenyl]- **18** IV 3513

—, 4,5,7-Triacetoxy-3-[3,4-dimethoxy-phenyl]- **18** IV 3514

—, 4,5,7-Triacetoxy-3-[2-methoxy-phenyl]- **18** IV 3319

—, 4,5,7-Triacetoxy-3-[3-methoxy-phenyl]- **18** IV 3320

—, 4,5,7-Triacetoxy-3-[4-methoxy-phenyl]- **18** IV 3321

—, 4,5,7-Triacetoxy-3-methyl- **18** IV 2386

Cumarin (Fortsetzung)
—, 5,6,7-Triacetoxy-4-methyl- **18**
IV 2388
—, 5,7,8-Triacetoxy-4-methyl- **18**
IV 2389
—, 6,7,8-Triacetoxy-4-methyl- **18**
IV 2390
—, 4,5,7-Triacetoxy-3-phenyl- **18**
IV 2737
—, 5,6,7-Triacetoxy-4-phenyl- **18**
IV 2739
—, 6,7,8-Triacetoxy-4-phenyl- **18**
IV 2739
—, 3,6,8-Tribrom- **17** 332 e, IV 5060
—, 3,6,8-Tribrom-7-diäthylamino-4-
methyl- **18** 612 a
—, 3,6,8-Tribrom-5,7-dihydroxy-4-
methyl- **18** IV 1371
—, 3,6,8-Tribrom-4-hydroxy- **17**
IV 6154
—, 3,6,8-Tribrom-5-hydroxy-4,7-
dimethyl- **18** IV 384
—, 3,5,7-Tribrom-6-hydroxy-4-methyl-
18 IV 332
—, 3,6,8-Tribrom-5-hydroxy-4-methyl-
18 IV 327
—, 3,6,8-Tribrom-7-hydroxy-4-methyl-
18 IV 349
—, 3,6,8-Tribrom-7-hydroxy-4-phenyl-
18 IV 718
—, 3,6,8-Tribrom-5-methoxy-4,7-
dimethyl- **18** IV 384
—, 3,5,7-Tribrom-6-methoxy-4-methyl-
18 IV 332
—, 3,6,8-Tribrom-5-methoxy-4-methyl-
18 IV 327
—, 3,6,8-Tribrom-7-methoxy-4-methyl-
18 IV 349
—, 3,6,8-Tribrom-7-methoxy-4-phenyl-
18 IV 718
—, 3,6,8-Tribrom-4-methyl- **17** 337 a
—, 3,6,8-Tribrom-7-methyl- **17** IV 5078
—, 3,8,x-Tribrom-6-nitro- **17** II 361 a
—, 3,4,6-Trichlor- **17** IV 5059
—, 3,4,7-Trichlor- **17** IV 5059
—, 3,4,8-Trichlor- **17** IV 5059
—, 3,5,6-Trichlor-7,8-dihydroxy-4-
methyl- **18** I 352 h
—, 3,5,8-Trichlor-6,7-dihydroxy-4-
methyl- **18** I 352 f
—, 3,7,8-Trichlor-5,6-dihydroxy-4-
methyl- **18** I 351 b
—, 3,6,8-Trichlor-5,7-dimethoxy-
18 98 b
—, 3,5,7-Trichlor-6-hydroxy-4-methyl-
18 I 308 h
—, 3,6,8-Trichlor-7-hydroxy-4-methyl-
18 I 309 f, IV 347

—, 3,6,8-Trichlor-7-methoxy-4-methyl-
18 IV 347
—, 3,4,6-Trichlor-7-methyl- **17** IV 5078
—, 4,5,7-Trihydroxy- **18** I 392 c
—, 4,6,7-Trihydroxy- **18** IV 2377
—, 4,7,8-Trihydroxy- **18** IV 2377
—, 6,7,8-Trihydroxy- **18** IV 2371
—, 4,5,7-Trihydroxy-3-[4-hydroxy-
phenyl]- **18** 224 a, IV 3320
—, 4,5,7-Trihydroxy-3-[2-methoxy-
phenyl]- **18** IV 3319
—, 4,5,7-Trihydroxy-3-[3-methoxy-
phenyl]- **18** IV 3319
—, 4,5,7-Trihydroxy-3-[4-methoxy-
phenyl]- **18** IV 3320
—, 4,5,7-Trihydroxy-3-methyl- **18**
IV 2386
—, 5,6,7-Trihydroxy-4-methyl-
18 170 c, IV 2387
—, 5,7,8-Trihydroxy-4-methyl- **18**
IV 2388
—, 6,7,8-Trihydroxy-4-methyl- **18**
IV 2389
—, 4,5,7-Trihydroxy-3-phenyl- **18**
IV 2737
—, 5,6,7-Trihydroxy-4-phenyl- **18**
IV 2738
—, 6,7,8-Trihydroxy-4-phenyl- **18**
IV 2739
—, 3,6,8-Trijod-7-methoxy-4-methyl-
18 IV 350
—, 3,5,7-Trimethoxy- **18** I 391 h
—, 3,6,7-Trimethoxy- **18** IV 2375
—, 4,6,7-Trimethoxy- **18** IV 2377
—, 4,7,8-Trimethoxy- **18** IV 2378
—, 5,6,7-Trimethoxy- **18** 169 e,
IV 2370
—, 6,7,8-Trimethoxy- **18** 169 g,
II 152 j, IV 2372
—, 4,6,7-Trimethoxy-3-methyl- **18**
IV 2386
—, 5,6,7-Trimethoxy-4-methyl-
18 170 e, IV 2387
—, 5,7,8-Trimethoxy-4-methyl- **18**
IV 2389
—, 6,7,8-Trimethoxy-4-methyl- **18**
IV 2390
—, 5,6,7-Trimethoxy-4-phenyl- **18**
IV 2738
—, 6,7,8-Trimethoxy-4-phenyl- **18** IV 2739
—, 4,5,7-Trimethoxy-3-[2,4,5-trimethoxy-
phenyl]- **18** IV 3601
—, 5,6,7-Trimethoxy-3-[3,4,5-trimethoxy-
phenyl]- **18** IV 3601
—, 3,4,6-Trimethyl- **17** IV 5118
—, 3,4,7-Trimethyl- **17** 334 e, I 183 h,
II 369 h, IV 5118
— oxim **17** 344 f
— phenylhydrazon **17** 344 g

Cumarin (Fortsetzung)
—, 4,5,7-Trimethyl- **17** 344 i, I 183 j,
 IV 5119
—, 4,6,7-Trimethyl- **17** 344 j, I 184 e,
 IV 5119
 — oxim **17** I 184 f
 — phenylhydrazon **17** I 184 g
—, 4,6,8-Trimethyl- **17** 344 k, I 185 b,
 IV 5119
—, 4,7,8-Trimethyl- **17** IV 5119
—, 5,6,8-Trimethyl- **17** 345 a, I 185 h
—, 5,7,8-Trimethyl- **17** IV 5120
—, 6-Trimethylammonio- **18** 609 c
—, 4,5,7-Trimethyl-6,8-dinitro- **17**
 I 184 c
—, 4,6,8-Trimethyl-5,7-dinitro- **17**
 I 185 d
—, 7-[3,7,11-Trimethyl-dodeca-2,6,10-
 trienyloxy]- **18** IV 297
—, 7-[5,5,8a-Trimethyl-2-methylen-6-oxo-
 decahydro-[1]naphthylmethoxy]- **18**
 IV 299
—, 3,4,7-Trimethyl-6-nitro- **17** I 183 i
—, 4,5,7-Trimethyl-6-nitro- **17** I 184 b,
 IV 5119
—, 4,6,7-Trimethyl-5-nitro- **17** I 184 i
—, 4,6,8-Trimethyl-5-nitro- **17** I 185 c
—, 5,6,8-Trimethyl-7-nitro- **17** I 185 i
—, 5,6,7-Trimethyl-3-phenyl- **17**
 IV 5471
—, 4,5,7-Trimethyl-3,6,8-trinitro- **17**
 I 184 d
—, 4,6,7-Trimethyl-3,5,8-trinitro- **17**
 I 184 j
—, 4,6,8-Trimethyl-3,5,7-trinitro- **17**
 I 185 e
—, 3,6,8-Trinitro- **17** IV 5061
—, 6-Ureido- **18** IV 7921
—, 3-Vinyl- **17** IV 5196
Cumarin-carbonsäure
 s. Chromen-carbonsäure, 2-Oxo-2H-
Cumarin-sulfonsäure
 s. Chromen-sulfonsäure, 2-Oxo-2H-
Cumotocopherol 17 IV 1426
Curaloin 18 IV 3630
Curvularin 18 IV 2420
 — oxim **18** IV 2421
—, Bis-O-[4-chlor-benzoyl]- **18** IV 2421
—, Bis-phenylazo- **18** IV 8345
—, $\alpha\beta$-Dehydro- **18** IV 2528
—, Desoxydihydro- **18** IV 1289
—, Di-O-acetyl- **18** IV 2420
—, Di-O-benzoyl- **18** IV 2421
—, Di-O-methyl- **18** IV 2420
Cyanessigsäure
 s. Essigsäure, Cyan-
Cyanidin 18 I 420 d, II 231 b, IV 3424
—, O^3-Arabinopyranosyl- **17** IV 3896
—, O^3-Cellobiosyl- **17** IV 3899

—, O^3,O^5-Diglucopyranosyl- **17**
 IV 3901
—, O^3,O^7-Diglucopyranosyl- **17**
 IV 3902
—, O^5,O^7-Diglucopyranosyl- **17**
 IV 3903
—, O^3-Galactopyranosyl- **17** IV 3897
—, O^3-[O^4-Galactopyranosyl-
 glucopyranosyl]- **17** IV 3899
—, O^3-Gentiobiosyl- **17** IV 3900
—, O^3-Glucopyranosyl- **17** IV 3896
—, O^3-[O^2-Glucopyranosyl-
 glucopyranosyl]- **17** IV 3900
—, O^3-[O^4-Glucopyranosyl-
 glucopyranosyl]- **17** IV 3899
—, O^3-[O^6-Glucopyranosyl-
 glucopyranosyl]- **17** IV 3900
—, O^5-Glucopyranosyl-O^3-
 [O^2-glucopyranosyl-glucopyranosyl]- **17**
 IV 3902
—, O^5-Glucopyranosyl-O^3-sophorosyl-
 17 IV 3902
—, O^7-Glucopyranosyl-
 O^3-xylopyranosyl- **17** IV 3901
—, O^3-Lactosyl- **17** IV 3899
—, O^3-Maltosyl- **17** IV 3899
—, O^3-Primverosyl- **17** IV 3898
—, O^3-[O^6-Rhamnopyranosyl-
 glucopyranosyl]- **17** IV 3898
—, O^3-Rutinosyl- **17** IV 3898
—, O^3-Sambubiosyl- **17** IV 3897
—, O^3-Sophorosyl- **17** IV 3900
—, O^3-Xylopyranosyl- **17** IV 3896
—, O^3-[O^2-Xylopyranosyl-
 glucopyranosyl]- **17** IV 3897
—, O^3-[O^4-Xylopyranosyl-
 glucopyranosyl]- **17** IV 3897
—, O^3-[O^6-Xylopyranosyl-
 glucopyranosyl]- **17** IV 3898
Cyanin 17 IV 3901, **31** 253 c
Cyanomaclurin 18 IV 3202 d
—, Penta-O-acetyl- **17** IV 3864
—, Penta-O-benzoyl- **17** IV 3864
Cyanpyronin-G 18 I 588 a, 589 a,
 II 485 c
Cycasin 17 IV 3009
—, Tetra-O-acetyl- **17** IV 3215
Cyclamin 17 IV 3913, **18** IV 1515
3a,5-Cyclo-4,7-äthano-isobenzofuran-6-ol
—, Hexahydro- **17** IV 1335
**3a,5-Cyclo-4,7-äthano-isobenzofuran-
 -1,3,6-trion**
—, Tetrahydro- **17** IV 6728
Cycloandrographolid
—, Tri-O-acetyl- **18** IV 2358
Cycloarctigenin 18 IV 3347
—, O-Äthyl- **18** IV 3348
—, O-Methyl- **18** IV 3347

Cycloartan

—, 3-Acetoxy-24,25-epoxy- **17** IV 1524
—, 3-Acetoxy-25,26-epoxy-24-methyl-
  17 IV 1531

3a,6-Cyclo-azuleno[5,6-*b*]furan-2,8-dion

—, 9-Hydroxy-9a-methoxy-3,5a,9-
  trimethyl-octahydro- **18** IV 2354
—, 3,5a,9-Trimethyl-4,5,5a,6,7,8a-
  hexahydro- **17** IV 6241

4,8-Cyclo-azuleno[4,3a-*b*]furan-2,6-dion

—, 3a-Acetoxy-1,5,8-trimethyl-
  hexahydro- **18** IV 1286

6,9a-Cyclo-azuleno[4,5-*b*]furan-2,7-dion

—, 8,9-Dihydroxy-3,6,6a-trimethyl-
  octahydro- **18** IV 2354
—, 8-Hydroxy-3,6,6a-trimethyl-3a,4,5,6,⚹
  6a,9b-hexahydro-3*H*- **17** IV 6733
—, 3,6,6a-Trimethyl-3a,4,5,6,6a,9b-
  hexahydro-3*H*- **17** IV 6240
  — 7-oxim **17** IV 6241 a
—, 3,6,6a-Trimethyl-octahydro- **17** IV 6115
  — mono-[2,4-dinitro-phenylhydrazon]
    17 IV 6116
  — monooxim **17** IV 6116
  — monosemicarbazon **17** IV 6116

4,8-Cyclo-azuleno[4,3a-*b*]furan-2-on

—, 3a,6-Diacetoxy-1,5,8-trimethyl-
  4,7,7a,8,9,10-hexahydro-3a*H*- **18**
  IV 1286
—, 6-Hydroxy-1,5,8-trimethyl-octahydro-
  18 IV 146

6,9a-Cyclo-azuleno[4,5-*b*]furan-2-on

—, 7-Hydroxy-3,6,6a-trimethyl-
  octahydro- **18** IV 145

6,9a-Cyclo-azuleno[4,5-*b*]furan-2,7,8-trion

—, 3,6,6a-Trimethyl-hexahydro- **17**
  IV 6733

**5,8-Cyclo-benz[*c*]indeno[1,2-*e*]oxepin-8-
carbonsäure**

—, 7a-Methyl-7-oxo-5,7,7a,12b-
  tetrahydro- **18** IV 5697
  — methylester **18** IV 5698
—, 7-Oxo-5,7,7a,12b-tetrahydro- **18**
  IV 5696
  — methylester **18** IV 5696

5,8-Cyclo-benz[*c*]indeno[1,2-*e*]oxepin-7-on

—, 5,7a,8,12b-Tetrahydro- **17**
  IV 5505 b

**3,10-Cyclo-benzo[*c*]chromen-1,2,7-
tricarbonsäure**

—, 4a-Hydroxy-8-methyl-6-oxo-2,3,4,4a,⚹
  6,6a,7,8,10a,10b-decahydro-1*H*- **10**
  III 4167 a

3,6-Cyclo-benzo[1,2-*b*;6,5-*b'*]difuran-2,7-dion

—, 8a,8b-Dihydroxy-3,6-dimethyl-
  octahydro- **10** III 4057 a

3,6-Cyclo-benzofuran

—, 3a-Methyl-octahydro- **17** IV 321 g

3,6-Cyclo-benzofuran-7a-carbonsäure

—, 7,7-Dimethyl-2-oxo-hexahydro- **18**
  IV 5464

3,6-Cyclo-benzofuran-2-on

—, 3,3a-Dimethyl-hexahydro- **17**
  IV 4628
—, Hexahydro- **17** IV 4576
—, 3a-Methyl-hexahydro- **17** IV 4604
—, 7,7,7a-Trimethyl-hexahydro- **17**
  IV 4641

3,6-Cyclo-benz[*c*]oxepin-1,8-dion

—, 3-Acetyl-5a,9-dimethyl-octahydro-
  17 IV 6724
  — dioxim **17** IV 6724

Cyclobutabenzen

—, 1,2-Epoxy-1,2,2a,6a-tetrahydro- **17**
  IV 403 c

Cyclobutabenzen-4,5-dicarbonsäure

—, 1,2,3,4,5,6-Hexahydro-,
  — anhydrid **17** IV 6073

**Cyclobuta[2,3]cyclopenta[1,2-*c*]furan-1,3-
dion**

—, 3a,6,6-Trimethyl-hexahydro- **17**
  IV 6032

Cyclobuta[3,4]cyclopent[1,2]oxiren-3-on

—, 2,2-Diphenyl-hexahydro- **17**
  IV 5521

Cyclobuta[*b*]furan

—, Hexahydro- s. 2-Oxa-bicyclo[3.2.0]⚹
  heptan

Cyclobuta[*c*]furan

—, Hexahydro- s. 3-Oxa-bicyclo[3.2.0]⚹
  heptan

Cyclobutan

—, 1,2-Diacetoxy-3,4-epoxy-1,2,3,4-
  tetramethyl- **17** IV 2042
—, 1,2-Epoxy-1,2,3,4-tetramethyl- **17**
  IV 195
—, 1,1,2,2-Tetrafluor-3-[2]furyl- **17**
  IV 371
—, 1,1,2,2-Tetrafluor-3-oxiranyl- **17**
  IV 164

Cyclobutancarbonsäure

—, 3-Brom-3-[α-hydroxy-isopropyl]-2,4-
  diphenyl-,
  — lacton **17** IV 5486
—, 3-[α-Brom-isopropyl]-3-hydroxy-2,4-
  diphenyl-,
  — lacton **17** IV 5486
—, 2-[2-Hydroxy-äthyl]-3,3-dimethyl-,
  — lacton **17** IV 4343
—, 3-[2-Hydroxy-äthyl]-2,2-dimethyl-,
  — lacton **17** IV 4344
—, 2-[α-Hydroxy-benzhydryl]-,
  — lacton **17** IV 5474
—, 2-[α-Hydroxy-benzhydryl]-3,4-
  diphenyl-,
  — lacton **17** IV 5637

Cyclobutancarbonsäure (Fortsetzung)
—, 3-[α-Hydroxy-benzyl]-2,4-diphenyl-,
    — lacton **17** IV 5599
—, 2-[α-Hydroxy-isopropyl]-3,4-diphenyl-,
    — lacton **17** IV 5485
—, 3-[α-Hydroxy-isopropyl]-2,4-diphenyl-,
    — lacton **17** IV 5485
—, 3-Hydroxymethyl-2,2-dimethyl-,
    — lacton **17** IV 4336
—, 3-[α-Jod-isopropyl]-2,4-diphenyl- **17**
    IV 5486
Cyclobutan-1,1-dicarbonsäure
—, 3-Hydroxy-,
    — äthylester-lacton **18** IV 5272
    — lacton **18** IV 5272
Cyclobutan-1,2-dicarbonsäure
    — anhydrid **17** 446 b, II 451 a,
    IV 5920
—, 3-Äthyliden-4-methyl-,
    — anhydrid **17** IV 6004
—, 1-Benzylmercapto-,
    — anhydrid **18** IV 1164
—, 1-Chlor-3-methylen-,
    — anhydrid **17** IV 5986
—, 1-Chlor-4-methylen-,
    — anhydrid **17** IV 5986
—, 1-Cyclohexyl-2-hydroxy-4-methyl-3-
    oxo-,
    — anhydrid **18** I 390 b
—, 1-Cyclohexyl-2-hydroxy-3-oxo-,
    — anhydrid **18** I 390 a
—, 1,2-Dibrom-,
    — anhydrid **17** 446 c
—, 1,2-Dimethyl-,
    — anhydrid **17** IV 5932
—, 3,3-Dimethyl-,
    — anhydrid **17** IV 5932
—, 3,4-Dimethyl-,
    — anhydrid **17** II 452 f
—, 3,4-Diphenyl-,
    — anhydrid **17** 536 d, II 507 a
—, 3-Isopropyliden-,
    — anhydrid **17** IV 6004
—, 3-Methyl-,
    — anhydrid **17** IV 5923
—, 3-Methylen-,
    — anhydrid **17** IV 5986
—, 3-Phenyl-,
    — anhydrid **17** IV 6298
Cyclobutan-1,3-dicarbonsäure
    — anhydrid **17** IV 5921
—, 2,4-Bis-[4-methoxy-phenyl]-,
    — anhydrid **18** II 181 e
—, 2,4-Bis-[4-nitro-phenyl]-,
    — anhydrid **17** IV 6488
—, 2,2-Dimethyl-,
    — anhydrid **17** 453 a, IV 5934

—, 2,4-Diphenyl-,
    — anhydrid **17** 536 e, II 507 d,
    IV 6488
—, 2-[2-Nitro-phenyl]-4-[4-nitro-phenyl]-,
    — anhydrid **9** III 4631 d
Cyclobutan-1,2-diol
—, 3,4-Epoxy-1,2,3,4-tetramethyl- **17**
    IV 2042
Cyclobutan-1,2,3-tricarbonsäure
—, 4,4-Dimethyl-,
    — 1,2-anhydrid **18** 466 c
Cyclobuta[b]pyran
—, Hexahydro- s. 2-Oxa-bicyclo[4.2.0]⁼
    octan
Cyclobuta[c]pyran
—, Hexahydro s. 3-Oxa-bicyclo[4.2.0]⁼
    octan
Cyclobuta[b]pyran-5-carbonsäure
—, 6a-Hydroxy-2-oxo-6,6-diphenyl-
    hexahydro- **10** III 4025 b
Cyclobut-1-en-1,2-dicarbonsäure
    — anhydrid **17** 461 c
Cyclobut[f]isobenzofuran-1,3-dion
—, 3a,4,5,6,7,7a-Hexahydro- **17**
    IV 6073
—, Octahydro- **17** IV 6016
Cyclobutoxiren
—, Tetrahydro- s. Cyclobutan, Epoxy-
**16,24-Cyclo-chola-5,17(20)-dien-23,24-
    dicarbonsäure**
—, 3-Acetoxy-,
    — anhydrid **18** IV 1757
16,23-Cyclo-cholestan
    s. Fesan
3,7-Cyclo-chroman-2-on
—, 8-Jod-hexahydro- **17** IV 4604
3,7-Cyclo-chromen-2-on
—, 8-Jod-octahydro- **17** IV 4604 e
**1,4-Cyclo-cyclobuta[3,4]cyclobuta[1,2-a]⁼
    benzen-5,6-dicarbonsäure**
—, 2-Brom-3-hydroxy-decahydro-,
    — 5-lacton **18** IV 5543
    — 5-lacton-6-methylester **18**
    IV 5543
—, 2-Chlor-3-hydroxy-decahydro-,
    — 5-lacton **18** IV 5542
    — 5-lacton-6-methylester **18**
    IV 5542
—, 2,3-Dibrom-decahydro-,
    — anhydrid **9** III 4401 b
**6,9-Cyclo-cyclobuta[1,2]pentaleno[1,6a-b]furan-
    2-on**
—, 7a-Acetoxy-3,6,8-trimethyl-
    octahydro- **18** IV 236
—, 7a-Benzoyloxy-3,6,8-trimethyl-
    octahydro- **18** IV 236
—, 7a-Hydroxy-3,6,8-trimethyl-
    octahydro- **18** IV 236

3,4-Cyclo-cyclopenta[b]furan-3-carbonsäure
—, 2-Oxo-tetrahydro- **18** IV 5429
  — methylester **18** IV 5429
3,7-Cyclo-cyclopenta[c]pyran
s. a. 3,6-Cyclo-benzofuran
4,6-Cyclo-cyclopenta[c]pyran-1,3-dion
—, 4,4a-Dimethyl-hexahydro- **17**
IV 6018
1,6-Cyclo-cyclopenta[c]pyran-3-on
—, 1,7a-Dimethyl-hexahydro- **17**
IV 4627
4,8-Cyclo-cyclopent[c]oxepin s. 4,7-Cyclo-
isochromen
3,7-Cyclo-cyclopent[b]oxocin-2,5-ion
—, 9a-[1-Hydroxy-äthyl]-4,7-dimethyl-
octahydro- **18** IV 1196
**3,5-Cyclo-cyclopropa[4,5]cyclopenta[1,2-b]⸗
furan-5-carbonsäure**
—, 3-Brom-2-oxo-octahydro- **18** IV 5499
  — methylester **18** IV 5500
—, 3-Methyl-2-oxo-octahydro- **18** IV 5501
  — methylester **18** IV 5501
—, 2-Oxo-octahydro- **18** IV 5499
  — methylester **18** IV 5499
**3,5-Cyclo-cyclopropa[4,5]cyclopenta[1,2-b]⸗
furan-5-carbonylchlorid**
—, 2-Oxo-octahydro- **18** IV 5499
Cyclodeca-1,7-diencarbonsäure
—, 3-Hydroxy-4-isopropenyl-7-methyl-,
  — lacton **17** IV 5029
—, 3-Hydroxy-4-isopropyl-7-methyl-,
  — lacton **17** IV 4760
Cyclodeca[b]furan-10-carbonsäure
—, 3,6-Dimethyl-2,4-dioxo-dodecahydro-
18 IV 5998
Cyclodeca[b]furan-2,4-dion
—, 3,6-Dimethyl-10-methylen-decahydro-
17 IV 6045
—, 10-Hydroxymethyl-3,6-dimethyl-
decahydro- **18** IV 1176
—, 3,6,10-Trimethyl-decahydro- **17**
IV 5971
  — monosemicarbazon **17** IV 5972
Cyclodeca[b]furan-2,9-dion
—, 3,6,10-Trimethyl-3a,5,8,10,11,11a-
hexahydro-3H,4H- **17** IV 6045
  — monosemicarbazon **17** IV 6045
—, 3,6,10-Trimethyl-octahydro- **17**
IV 5972
Cyclodeca[b]furan-2-on
—, 4-[2-(1,2-Dihydroxy-äthyl)-
acryloyloxy]-10-hydroxymethyl-6-methyl-
3-methylen-3a,4,5,8,9,11a-hexahydro-
3H- **18** IV 1267, 8476
—, 4-[3,4-Dihydroxy-2-methyl-
butyryloxy]-10-hydroxymethyl-3,6-
dimethyl-decahydro- **18** IV 1141
—, 6,10-Dimethyl-3-methylen-3a,4,5,8,9,⸗
11a-hexahydro- **17** IV 5028

—, 9-Hydroxy-6,10-dimethyl-4-[2-methyl-
crotonoyloxy]-3-methylen-3a,4,5,8,9,11a-
hexahydro-3H- **18** IV 1266
—, 4-Hydroxy-3,6-dimethyl-10-methylen-
decahydro- **18** IV 127
—, 4-[4-Hydroxy-2-hydroxymethyl-
crotonoyloxy]-6,10-dimethyl-3-methylen-
3a,4,5,8,9,11a-hexahydro-3H- **18** IV 234
—, 4-Hydroxy-10-hydroxymethyl-3,6-
dimethyl-decahydro- **18** IV 1140
—, 4-[β-Hydroxy-isobutyryloxy]-10-
hydroxymethyl-3,6-dimethyl-decahydro-
18 IV 1141
—, 4-[β-Hydroxy-isobutyryloxy]-10-
hydroxymethyl-3-[isopropylamino-methyl]-
6-methyl-3a,4,5,8,9,11a-hexahydro-3H-
18 IV 8114
—, 4-[β-Hydroxy-isobutyryloxy]-10-
hydroxymethyl-6-methyl-3-methylen-
3a,4,5,8,9,11a-hexahydro-3H- **18**
IV 1266, 8476
—, 4-[β-Hydroxy-isobutyryloxy]-3,6,10-
trimethyl-dodecahydro- **18** IV 79
—, 10-Hydroxymethyl-4-
[2-hydroxymethyl-acryloyloxy]-6-methyl-
3-methylen-3a,4,5,8,9,11a-hexahydro-
3H- **18** IV 1267, 8476
—, 4-Hydroxy-3,6,10-trimethyl-
decahydro- **18** IV 79
—, 9-Hydroxy-3,6,10-trimethyl-
decahydro- **18** IV 80
—, 11-Hydroxy-3,6,10-trimethyl-decahydro-
19 IV 1731
—, 9-Hydroxy-3,6,10-trimethyl-3a,4,5,8,⸗
9,10,11,11a-octahydro-3H- **18** IV 127
—, 3,6,10-Trimethyl-decahydro- **17**
IV 4393
—, 3,6,10-Trimethyl-3a,4,5,8,9,11a-
hexahydro-3H- **17** IV 4759
Cyclodecan
—, 1,2-Epoxy- **17** IV 208
—, 1,6-Epoxy- s. 11-Oxa-bicyclo[4.4.1]⸗
undecan
Cyclodecancarbonsäure
—, 3-Hydroxy-4-isopropyl-7-methyl-,
  — lacton **17** IV 4394
Cyclodeca[b]pyran-2,4-dion
—, 3-Benzyl-5,6,7,8,9,10,11,12-
octahydro- **17** IV 6376
Cyclodeca[b]pyran-2-on
—, 3-Benzyl-4-hydroxy-5,6,7,8,9,10,11,⸗
12-octahydro- **17** IV 6376
Cyclodec-4-encarbonsäure
—, 9-Hydroxy-8-isopropenyl-5-methyl-,
  — lacton **17** IV 4761
—, 1,9,10-Trihydroxy-8-isopropenyl-5-
methyl-,
  — 9-lacton **18** IV 1198

Cyclodecoxiren
—, Decahydro- 17 IV 208
4a,8-Cyclo-dibenz[be]oxocin-6-on
—, 7a-Hydroxy-12-methyl-dodecahydro-
18 IV 146
Cyclodihydrocostunolid 17 IV 4765
Cyclododecan
—, 1,2-Epoxy- 17 IV 221
Cyclododecoxiren
—, Dodecahydro- s. Cyclododecan,
Epoxy-
1,3-Cyclo-6,8a-epoxido-anthracen-7,8-
dicarbonsäure
—, 10-Hydroxy-5,9a-dimethyl-4-
methylen-2,3,4,4a,6,7,8,9,9a,10-
decahydro-1H- 18 IV 5101
3,5-Cyclo-ergostan
—, 8,14-Epoxy- 17 IV 540
3,5-Cyclo-ergost-22-en
—, 8,14-Epoxy- 17 IV 568
1,3-Cyclo-eudesma-7,11-dien-6-ol
—, 8,12-Epoxy- 17 IV 1507 d
1,3-Cyclo-eudesma-4(15),7,11-trien
—, 8,12-Epoxy-6-phenylcarbamoyloxy-
17 IV 1552 f
1,3-Cyclo-eudesma-4(15),7,11-trien-6-ol
—, 8,12-Epoxy- 17 IV 1552 e
6,9a-Cyclo-furo[3,2-h]isochromen-2,7-dion
—, 9-Hydroxy-3,5a,6-trimethyl-
hexahydro- 17 IV 6241, 18
IV 6026
—, 3,5a,6-Trimethyl-hexahydro- 18
IV 6026
Cyclogeraniolansäure
—, δ-Oxy-,
— lacton 17 267 b
β-Cyclogeraniumsäure
—, Dioxydihydro-,
— lacton 18 10 a
Cyclohepta[c]chromen-7-carbonsäure
—, 3,4-Dimethoxy-6,8-dioxo-6,7,8,9,10,=
11-hexahydro-,
— methylester 18 IV 6630
—, 8-Hydroxy-3,4-dimethoxy-6-oxo-
6,9,10,11-tetrahydro-,
— methylester 18 IV 6630
Cyclohepta[c]chromen-6,8-dion
—, 3,4-Dimethoxy-7,9,10,11-tetrahydro-
18 IV 2573
Cyclohepta[c]chromen-1-ol
—, 6,6-Dimethyl-3-pentyl-6,7,8,9,10,11-
hexahydro- 17 IV 1560
Cyclohepta[c]chromen-6-on
—, 8,8-Bis-äthylmercapto-3,4-dimethoxy-
8,9,10,11-tetrahydro-7H- 18 IV 2573
—, 3,4-Dihydroxy-8,9,10,11-tetrahydro-
7H- 18 IV 1576
—, 3,4-Dimethoxy-8,9,10,11-tetrahydro-
7H- 18 IV 1576

—, 1-Hydroxy-3-pentyl-8,9,10,11-
tetrahydro-7H- 18 IV 539
Cycloheptadecanon
—, 9,10-Epoxy- 17 IV 4396
Cyclohepta[1,2-b;4,5-c']difuran-2,5-dion
—, 4-Acetoxy-7-hydroxy-3,4a,8-
trimethyl-octahydro- 18 IV 6463
Cyclohepta[b]furan
—, 4-Methyl-7,8-dihydro-6H- 17
IV 429
—, 2-Methyl-5,6,7,8-tetrahydro-4H- 17
IV 380
Cyclohepta[c]furan-1-carbonitril
—, 3-Imino-1-methyl-octahydro-1H- 18
IV 5368
Cyclohepta[b]furan-3-carbonsäure
—, 5-Isopropyl-2-oxo-2H-,
— äthylester 18 IV 5611
— methylester 18 IV 5611
—, 6-Isopropyl-2-oxo-2H-,
— äthylester 18 IV 5611
— methylester 18 IV 5611
—, 7-Isopropyl-2-oxo-2H-,
— äthylester 18 IV 5611
—, 4-Methyl-2-oxo-2H-,
— methylester 18 IV 5591
—, 5-Methyl-2-oxo-2H-,
— methylester 18 IV 5591
—, 6-Methyl-2-oxo-2H-,
— methylester 18 IV 5592
—, 7-Methyl-2-oxo-2H-,
— methylester 18 IV 5592
—, 2-Methyl-5,6,7,8-tetrahydro-4H- 18
IV 4189
— äthylester 18 IV 4189
—, 2-Oxo-2H-,
— äthylester 18 IV 5560
— amid 18 IV 5560
— methylester 18 IV 5560
Cyclohepta[b]furan-5-carbonsäure
—, 4-Acetoxy-6-formyl-3,5,7-trimethyl-2-
oxo-octahydro- 18 IV 6463
Cyclohepta[b]furan-3a,5-dicarbonsäure
—, 3-Äthoxymethyl-2,4-dioxo-2,3,4,5,6,7-
hexahydro-,
— 3a-äthylester-5-methylester 18
IV 6653
Cyclohepta[c]furan-4,8-dicarbonsäure
—, 1,3-Dioxo-octahydro- 18 IV 6210
— dimethylester 18 IV 6210
Cyclohepta[b]furan-2,8-dion
—, 7-[2-Acetoxy-3-oxo-butyl]-6-hydroxy-
3,6-dimethyl-hexahydro- 18
IV 3069
—, 7-[2,3-Dioxo-butyl]-6-hydroxy-3,6-
dimethyl-hexahydro- 18 IV 3072
—, 6-Hydroxy-7-[2-hydroxy-3-oxo-butyl]-
3,6-dimethyl-hexahydro- 18
IV 3068

Cyclohepta[*b*]furan-4,5-dion
—, 7,8-Dihydro-6*H*- **17** IV 6065
  — mono-[2,4-dinitro-phenylhydrazon]
    17 IV 6066
Cyclohepta[*c*]furan-1,3-dion
—, Hexahydro- **17** IV 5940
—, 7-Phenyl-4,5,8,8a-tetrahydro-3a*H*-
    17 IV 6359
Cyclohepta[*b*]furan-2-on **17** IV 5051
—, 6-[3-Acetoxy-1-hydroxy-butyl]-7-
    methyl-3-methylen-3,3a,4,7,8,8a-
    hexahydro- **18** IV 1197
—, 6-[1-Acetoxy-3-oxo-butyl]-3,7-
    dimethyl-3,3a,4,7,8,8a-hexahydro- **18**
    IV 1198
—, 6-[1-Acetoxy-3-oxo-butyl]-7-methyl-3-
    methylen-3,3a,4,7,8,8a-hexahydro- **18**
    IV 1267
  — [4-brom-phenylhydrazon] **18** IV 1268
  — [2,4-dinitro-phenylhydrazon] **18**
    IV 1268
—, 3-Acetyl- **17** IV 6288
  — monooxim **17** IV 6288
  — monophenylhydrazon **17** IV 6288
  — monosemicarbazon **17** IV 6288
—, 3-Acetyl-5-isopropyl- **17** IV 6308
—, 3-Acetyl-6-isopropyl- **17** IV 6308
  — monooxim **17** IV 6308
—, 3-Acetyl-7-isopropyl- **17** IV 6308
  — mono-[2,4-dinitro-phenylhydrazon]
    17 IV 6308
—, 3-Acetyl-5-methyl- **17** IV 6294
—, 3-Acetyl-6-methyl- **17** IV 6294
—, 3-Acetyl-7-methyl- **17** IV 6295
—, 3-Acetyl-8-methyl- **17** IV 6295
—, 6-Butyl-3,7-dimethyl-octahydro- **17**
    IV 4393
—, 3,7-Dimethyl-6-[3-oxo-but-1-enyl]-
    3,3a,4,7,8,8a-hexahydro- **17** IV 6103
  — mono-[2,4-dinitro-phenylhydrazon]
    17 IV 6103
—, 3,7-Dimethyl-6-[3-oxo-butyl]-
    octahydro- **17** IV 5973
—, 4,5,6,7,8,8a-Hexahydro- **17** IV 4599
—, 8a-Hydroxy-octahydro- **10**
    III 2833 c
—, 4-Methyl- **17** IV 5069
—, 5-Methyl- **17** IV 5070
—, 6-Methyl- **17** IV 5070
—, 7-Methyl- **17** IV 5070
—, 3-Methyl-3,3a,4,5,6,7-hexahydro- **17**
    IV 4621
—, 3-Methyl-3,4,5,6,7,8-hexahydro- **17**
    IV 4621
—, 7-Methyl-3-methylen-6-[3-oxo-but-1-
    enyl]-3,3a,4,7,8,8a-hexahydro- **17**
    IV 6221
  — mono-[2,4-dinitro-phenylhydrazon]
    17 IV 6222

Cyclohepta[*b*]furan-4-on
—, 5,8-Dihydroxy- **18** IV 1320
—, 5,8-Dimethoxy- **18** IV 1320
—, 5-Hydroxy- **18** IV 282
—, 5-Methoxy- **18** IV 282
—, 5,6,7,8-Tetrahydro- **17** IV 4731
  — semicarbazon **17** IV 4731
Cyclohepta[*c*]furan-1-on
—, 3-Benzyliden-octahydro- **17** IV 5242
Cyclohepta[*c*]furan-1,3,4-trion
—, 6-Brom-5-hydroxy- **18** IV 2495
—, 5,7-Dihydroxy- **18** IV 3100
—, 5,8-Dihydroxy- **18** IV 3100
—, 5-Hydroxy- **18** IV 2494
Cyclohepta[*c*]furan-1,3,5-trion
—, 4,6-Dihydroxy- **18** IV 3100
—, 4,7-Dihydroxy- **18** IV 3100
—, 4,8-Dihydroxy- **18** IV 3100
—, 6,8-Dihydroxy- **18** IV 3100
—, 4,6,7-Trihydroxy- **18** IV 3410
Cyclohepta[*c*]furan-1,3,6-trion
—, 4,7-Dihydroxy- **18** IV 3100
Cycloheptan
—, 1,4-Epithio- s. 8-Thia-bicyclo[3.2.1]≠
    octan
—, 1,2-Epoxy- **17** II 30 a, IV 174
Cyclohepta[*b*]naphtho[2,1-*d*]thiophen-8,10-
    dicarbonsäure
—, 9-Oxo-9*H*-,
  — diäthylester **18** IV 6195
Cycloheptancarbonsäure
—, 3-Hydroxy-,
  — lacton **17** 257 f
—, 3-Hydroxy-4,6-dimethyl-,
  — lacton **17** 265 b
—, 2-[α-Hydroxy-styryl]-,
  — lacton **17** IV 5242
Cycloheptan-1,2-dicarbonsäure
  — anhydrid **17** IV 5940
Cycloheptanol
—, 2,3-Epoxy- **17** IV 1198
Cycloheptanon
—, 2-Furfuryliden- **17** IV 4997
  — [2,4-dinitro-phenylhydrazon] **17**
    IV 4998
—, 7-Furfuryliden-2,2-diphenyl- **17**
    IV 5578
—, 2-Furfuryliden-7-methyl- **17**
    IV 5013
Cycloheptan-1,2,3,4-tetracarbonsäure
  — 2,3-anhydrid **18** IV 6210
  — 2,3-anhydrid-1,4-dimethylester
    18 IV 6210
Cyclohepta[*b*]pyran-x-carbonsäure
—, 2,3,4,x-Tetrahydro- **18** IV 4221
Cyclohepta[*c*]pyran-6-carbonsäure
—, 3-Acetoxy-8-hydroxy-1,9-dioxo-1,9-
    dihydro- **18** IV 6618

Cyclohepta[c]pyran-6-carbonsäure (Fortsetzung)
—, 8-Hydroxy-1,3,9-trioxo-1,3,4,9-
tetrahydro- **18** IV 6618
Cyclohepta[b]pyran-2,4-dion
—, 3-Benzyl-6,7,8,9-tetrahydro-5H- **17**
IV 6371
—, 6,7,8,9-Tetrahydro-5H- **17** IV 6011
Cyclohepta[b]pyran-2,9-dion
—, 3-Acetylamino-7-isopropyl- **17**
IV 6748
—, 3-Acetylimino-7-isopropyl-3,4-
dihydro- **17** IV 6748
—, 3-Benzoylamino- **17** IV 6739
—, 3-Benzoylamino-7-isopropyl- **17**
IV 6748
—, 3-Benzoylimino-3,4-dihydro- **17**
IV 6739
—, 3-Benzoylimino-7-isopropyl-3,4-
dihydro- **17** IV 6748
Cyclohepta[b]pyran-4,5-dion
—, 2,8-Dimethyl-6,7-dihydro- **17**
IV 6202
Cyclohepta[c]pyran-1,8-dion
—, 3-Acetoxy-9-hydroxy- **18** IV 2496
—, 3-Benzyl-9-hydroxy-3,4-dihydro- **18**
IV 1859
Cyclohepta[c]pyran-1,9-dion
—, 8-Acetoxy-3-benzyl-3,4-dihydro- **18**
IV 1859
—, 3-Acetoxy-8-hydroxy- **18** IV 2496
—, 8-Anilino-3-benzyl-3,4-dihydro- **18**
IV 8055
—, 3-Benzyl-8-[4-brom-benzoyloxy]-3,4-
dihydro- **18** IV 1860
—, 3-Benzyl-8-hydroxy-3,4-dihydro- **18**
IV 1859
—, 3-Benzyl-8-[4-nitro-benzoyloxy]-3,4-
dihydro- **18** IV 1860
Cyclohepta[b]pyran-2-on
—, 3-Amino-9-hydrazono-7-isopropyl-
9H- **17** IV 6748
—, 3-Benzoylamino-9-hydrazono-7-
isopropyl-9H- **17** IV 6748
—, 3-Benzoylimino-9-hydrazono-7-
isopropyl-4,9-dihydro-3H- **17** IV 6748
—, 3-Benzyl-4-hydroxy-6,7,8,9-
tetrahydro-5H- **17** IV 6371
—, 9-Hydrazono-3-imino-7-isopropyl-
4,9-dihydro-3H- **17** IV 6748
—, 9a-Hydroxy-octahydro- **10**
III 2851 f
—, 4-Hydroxy-6,7,8,9-tetrahydro-5H-
17 IV 6011
—, 6-Isopropyl-4,9-dimethyl-octahydro-
17 IV 4393
—, 4-Methyl-octahydro- **17** IV 4374
Cyclohepta[b]pyran-4-on
—, 5-Hydroxy-2,8-dimethyl-6,7-dihydro-
5H- **17** IV 6202

Cyclohepta[c]pyran-3-on
—, 4,4-Dimethyl-4,5,6,7,8,9-hexahydro-
1H- **17** IV 4646
—, 4,4-Dimethyl-octahydro- **17**
IV 4383
Cyclohepta[c]pyran-1,3,8-trion
—, 9-Hydroxy-4H- **18** IV 2495
Cyclohepta[c]pyran-1,3,9-trion
—, 8-Hydroxy-4H- **18** IV 2495
Cyclohepta[b]thiophen
—, 3-Acetyl-2-äthyl-5,6,7,8-tetrahydro-
4H- **17** IV 4754
—, 2-Acetyl-5,6,7,8-tetrahydro-4H- **17**
IV 4745
—, 2-Äthyl-5,6,7,8-tetrahydro-4H- **17**
IV 384
—, 2-tert-Butyl-5,6,7,8-tetrahydro-4H-
17 IV 388
—, x-Chloromercurio-5,6,7,8-tetrahydro-
4H- **17** IV 374
—, 2-Decyl-5,6,7,8-tetrahydro-4H- **17**
IV 394
—, 2,3-Diäthyl-5,6,7,8-tetrahydro-4H-
17 IV 388
—, 2-Heptyl-5,6,7,8-tetrahydro-4H- **17**
IV 393
—, 2-Methyl-5,6,7,8-tetrahydro-4H- **17**
IV 380
—, 2-Propyl-5,6,7,8-tetrahydro-4H- **17**
IV 385
—, 5,6,7,8-Tetrahydro-4H- **17** IV 374
—, 2-Undecyl-5,6,7,8-tetrahydro-4H-
17 IV 395
1λ⁶-Cyclohepta[b]thiophen
—, 3,3a-Dibrom-1,1-dioxo-octahydro-
17 IV 199
—, 1,1-Dioxo-3,4,5,6,7,8-hexahydro-2H-
17 IV 320
—, 1,1-Dioxo-4,5,6,7,8,8a-hexahydro-
2H- **17** IV 320
Cyclohepta[c]thiophen
—, 1,3-Diäthyl-5,6,7,8-tetrahydro-4H-
17 IV 388
Cyclohepta[b]thiophen-4,5-dion
—, 7,8-Dihydro-6H- **18** IV 1320
Cyclohepta[b]thiophen-1,1-dioxid
—, 3,3a-Dibrom-octahydro- **17**
IV 199
—, 3,4,5,6,7,8-Hexahydro-2H- **17**
IV 320
—, 4,5,6,7,8,8a-Hexahydro-2H- **17**
IV 320
Cyclohepta[b]thiophen-4-on
—, 2-Äthyl-5,6,7,8-tetrahydro- **17**
IV 4745
— [2,4-dinitro-phenylhydrazon] **17**
IV 4745
— semicarbazon **17** IV 4745

Cyclohepta[*b*]thiophen-4-on   (Fortsetzung)
—, 2-*tert*-Butyl-5,6,7,8-tetrahydro- **17**
IV 4754
  — [2,4-dinitro-phenylhydrazon] **17**
  IV 4754
  — oxim **17** IV 4754
  — semicarbazon **17** IV 4754
—, 2-Decyl-5,6,7,8-tetrahydro- **17**
IV 4771
  — [2,4-dinitro-phenylhydrazon] **17**
  IV 4772
  — semicarbazon **17** IV 4772
—, 5,8-Dihydroxy- **18** IV 1320
—, 2-Heptyl-5,6,7,8-tetrahydro- **17**
IV 4768
  — [2,4-dinitro-phenylhydrazon] **17**
  IV 4768
  — semicarbazon **17** IV 4768
—, 2-Methyl-5,6,7,8-tetrahydro- **17**
IV 4739
  — [2,4-dinitro-phenylhydrazon] **17**
  IV 4739
  — semicarbazon **17** IV 4740
—, 2-Propyl-5,6,7,8-tetrahydro- **17**
IV 4750
  — [2,4-dinitro-phenylhydrazon] **17**
  IV 4750
  — semicarbazon **17** IV 4750
—, 5,6,7,8-Tetrahydro- **17** IV 4731
  — [2,4-dinitro-phenylhydrazon] **17**
  IV 4732
  — oxim **17** IV 4732
  — semicarbazon **17** IV 4732
—, 2-Undecyl-5,6,7,8-tetrahydro- **17** IV 4773
  — azin **17** IV 4774
  — [2,4-dinitro-phenylhydrazon] **17** IV 4773
  — semicarbazon **17** IV 4774
Cyclohepta[*c*]thiophen-4-on
—, 1,3-Diäthyl-5,6,7,8-tetrahydro- **17**
IV 4755
  — [2,4-dinitro-phenylhydrazon] **17**
  IV 4755
Cyclohepta[*b*]thiophen-3-ylquecksilber(1+)
—, 2-Methyl-5,6,7,8-tetrahydro-4*H*- **18**
IV 8423
Cyclohepta[*b*]thiophen-x-ylquecksilber(1+)
—, 5,6,7,8-Tetrahydro-4*H*- **17** IV 374 f
Cyclohepta-1,3,5-triencarbonsäure
—, 6-Acetoxy-2-[2-hydroxy-3-phenyl-
propyl]-7-oxo-,
  — lacton **18** IV 1859
—, 6-Anilino-2-[2-hydroxy-3-phenyl-
propyl]-7-oxo-,
  — lacton **18** IV 8055
—, 6-[4-Brom-benzoyloxy]-2-[2-hydroxy-
3-phenyl-propyl]-7-oxo-,
  — lacton **18** IV 1860

—, 2-[2-Hydroxy-3-phenyl-propyl]-6-
[4-nitro-benzoyloxy]-7-oxo-,
  — lacton **18** IV 1860
Cyclohepta-2,4,6-triencarbonsäure
—, 2-Hydroxy-6-phenyl-,
  — lacton **17** IV 5358
Cyclohepta-1,3,5-trien-1,2-dicarbonsäure
—, 5-Brom-6-hydroxy-7-oxo-,
  — anhydrid **18** IV 2495
—, 3,6-Dihydroxy-7-oxo-,
  — anhydrid **18** IV 3100
—, 4,6-Dihydroxy-7-oxo-,
  — anhydrid **18** IV 3100
—, 6-Hydroxy-7-oxo-,
  — anhydrid **18** IV 2494
Cyclohepta-1,3,6-trien-1,2-dicarbonsäure
—, 3,6-Dihydroxy-5-oxo-,
  — anhydrid **18** IV 3100
Cyclohepta-2,4,7-trien-1,2-dicarbonsäure
—, 5-Brom-7-hydroxy-6-oxo-
  — anhydrid **18** IV 2495
—, 3,5-Dihydroxy-6-oxo-,
  — anhydrid **18** IV 3100
—, 3,7-Dihydroxy-6-oxo-,
  — anhydrid **18** IV 3100
—, 4,7-Dihydroxy-6-oxo-,
  — anhydrid **18** IV 3100
—, 5,7-Dihydroxy-6-oxo-,
  — anhydrid **18** IV 3100
—, 7-Hydroxy-6-oxo-,
  — anhydrid **18** IV 2494
—, 4,5,7-Trihydroxy-6-oxo-,
  — anhydrid **18** IV 3410
Cyclohepten
—, 1-[2]Thienyl- **17** IV 439
Cyclohept-1-encarbonsäure
—, 6,6-Bis-äthylmercapto-2-[2-hydroxy-
3,4-dimethoxy-phenyl]-,
  — lacton **18** IV 2573
—, 2-[2,6-Dihydroxy-4-pentyl-phenyl]-,
  — lacton **18** IV 539
—, 2-[2-Hydroxy-3,4-dimethoxy-phenyl]-,
  — lacton **18** IV 1576
—, 2-[2-Hydroxy-3,4-dimethoxy-phenyl]-
6-oxo-,
  — lacton **18** IV 2573
—, 2-[2,3,4-Trihydroxy-phenyl]-,
  — 2-lacton **18** IV 1576
Cyclohept-2-en-1,2-dicarbonsäure
—, 3-[2-Hydroxy-3,4-dimethoxy-phenyl]-
7-oxo-,
  — 2-lacton-1-methylester **18**
  IV 6630
Cyclohept-4-en-1,2-dicarbonsäure
—, 4-Phenyl-,
  — anhydrid **17** IV 6359
Cyclohept-4-enon
—, 2,3-Epoxy-2,6,6-trimethyl- **17**
IV 4621

Cycloheptenoxid 17 II 30 a
Cyclohept[e]isobenzofuran-1,3-dion
—, 4,6,7,8,9,10,10a,10b-Octahydro-3a*H*-
17 IV 6087
Cycloheptoxiren
—, Hexahydro- s. Cycloheptan, Epoxy-
Cyclohexadecan
—, 1,2-Epoxy- **17** IV 224
Cyclohexadecoxiren
—, Hexadecahydro- s. Cyclohexadecan,
Epoxy-
Cyclohexa-1,3-diencarbonsäure
—, 4-[2]Furyl-2-hydroxy-6-[2-methoxy-
phenyl]-,
— äthylester **18** IV 6419
—, 4-[2]Furyl-2-hydroxy-6-[4-methoxy-
phenyl]-,
— äthylester **18** IV 6419
—, 6-[2]Furyl-2-hydroxy-4-[4-methoxy-
phenyl]-,
— äthylester **18** IV 6418
—, 4-[2]Furyl-2-hydroxy-6-phenyl-,
— äthylester **18** IV 5669
—, 6-[2]Furyl-2-hydroxy-4-phenyl-,
— äthylester **18** IV 5669
—, 6-[2]Furyl-2-hydroxy-4-*p*-tolyl-,
— äthylester **18** IV 5674
—, 2-Hydroxy-4-[4-methoxy-phenyl]-6-
[2]thienyl-,
— äthylester **18** IV 6418
—, 2-Hydroxy-6-[2-methoxy-phenyl]-4-
[2]thienyl-,
— äthylester **18** IV 6419
—, 2-Hydroxy-6-[4-methoxy-phenyl]-4-
[2]thienyl-,
— äthylester **18** IV 6419
—, 2-Hydroxy-4-phenyl-6-[2]thienyl-,
— äthylester **18** IV 5669
—, 2-Hydroxy-6-phenyl-4-[2]thienyl-,
— äthylester **18** IV 5669
—, 2-Hydroxy-6-[2]thienyl-4-*p*-tolyl-,
— äthylester **18** IV 5674
Cyclohexa-1,4-diencarbonsäure
—, 6-[1-Benzyl-1-hydroxy-2-phenyl-äthyl]-,
— lacton **17** IV 5547
—, 2-[1-Hydroxy-cyclohexyl]-,
— lacton **17** IV 5021
—, 2-[1-Hydroxy-cyclohexyl]-4,5-
dimethyl-,
— lacton **17** IV 5030
Cyclohexa-1,5-diencarbonsäure
—, 6-[1-Benzyl-1-hydroxy-2-phenyl-äthyl]-,
— lacton **17** IV 5547
—, 6-[Dichlor-hydroxy-methyl]-,
— lacton **17** II 327 a
—, 6-[1-Hydroxy-äthyl]-,
— lacton **17** II 327 i
—, 6-[α-Hydroxy-benzyl]-,
— lacton **17** II 377 h

—, 6-[1-Hydroxy-butyl]-,
— lacton **17** II 329 b
—, 6-Hydroxymethyl-,
— lacton **17** II 326 i
—, 6-[1-Hydroxy-3-methyl-butyl]-,
— lacton **17** II 329 i
—, 6-[1-Hydroxy-propyl]-,
— lacton **17** II 328 i
Cyclohexa-1,3-dien-1,2-dicarbonsäure
— anhydrid **17** 464 b
Cyclohexa-1,4-dien-1,2-dicarbonsäure
— anhydrid **17** 464 c, IV 6065
—, 4-Chlor-5-methyl-,
— anhydrid **17** IV 6068
—, 3,4-Dimethyl-,
— anhydrid **17** IV 6072
—, 3,5-Dimethyl-,
— anhydrid **17** IV 6073
—, 4,5-Dimethyl-,
— anhydrid **17** IV 6073
—, 3,6-Dioxo-,
— anhydrid **17** 579 b
—, 3-Methyl-,
— anhydrid **17** IV 6067
—, 4-Methyl-,
— anhydrid **17** IV 6068
Cyclohexa-2,4-dien-1,2-dicarbonsäure
— anhydrid **17** 464 d, IV 6064
—, 3-Äthoxy-5-methyl-,
— anhydrid **18** IV 1235
—, 3,5-Diäthoxy-,
— anhydrid **18** IV 2339
—, 4,6-Diäthyl-,
— anhydrid **17** IV 6080
—, 4,6-Dimethyl-,
— anhydrid **17** IV 6073
—, 5,6-Dimethyl-,
— anhydrid **17** IV 6073
—, 1-Methyl-,
— anhydrid **17** IV 6067
—, 5-Methyl-,
— anhydrid **17** IV 6068
—, 6-Methyl-,
— anhydrid **17** IV 6067
Cyclohexa-2,5-dien-1,2-dicarbonsäure
— anhydrid **17** 464 e, IV 6064
—, 6-Methyl-,
— anhydrid **17** IV 6067
Cyclohexa-2,6-dien-1,2-dicarbonsäure
— anhydrid **17** IV 6064
—, 3,6-Dimethyl-,
— anhydrid **17** II 461 d
Cyclohexa-3,5-dien-1,2-dicarbonsäure
— anhydrid **17** 465 a
—, 4,5-Bis-[4-methoxy-phenyl]-3,6-
diphenyl-,
— anhydrid **18** IV 2844
—, 1,2-Dimethyl-,
— anhydrid **17** IV 6072

Cyclohexa-3,5-dien-1,2-dicarbonsäure (Fortsetzung)
—, 3,6-Dimethyl-,
— anhydrid **17** II 461 d
—, 3,6-Dimethyl-4,5-diphenyl-,
— anhydrid **17** IV 6540
—, 3,4,5,6-Tetraphenyl-,
— anhydrid **17** IV 6652
Cyclohexa-2,4-dienon
—, 6-[4,6-Bis-(4-methoxy-phenyl)-pyran-2-yliden]-3-methoxy- **17** II 276 d
—, 6-[6-(2-Hydroxy-4-methoxy-phenyl)-4-(4-methoxy-phenyl)-pyran-2-yliden]-3-methoxy- **17** II 284 a
—, 6-[6-(2-Hydroxy-4-methyl-phenyl)-4-phenyl-pyran-2-yliden]- **17** II 233 b
—, 3-Methoxy-6-[6-(4-methoxy-phenyl)-4-phenyl-pyran-2-yliden]- **17** II 250 c
Cyclohexa-2,5-dienon
—, 4-Äthoxy-4-hexadecyloxy-2,3,5,6-tetramethyl- **18** IV 123
—, 3-Benzoyloxy-4-[3,6-bis-dimethylamino-xanthen-9-yliden]- **18** I 568 a
—, 4-[3,6-Bis-dimethylamino-xanthen-9-yliden]- **18** I 567 d
—, 4-[3,6-Bis-dimethylamino-xanthen-9-yliden]-3-hydroxy- **18** I 568 a
—, 4-[4,α-Dihydroxy-cinnamyliden]-2-glucopyranosyloxy-3,5-dihydroxy- **17** IV 3111
—, 4-[2,6-Diphenyl-pyran-4-yliden]- **17** II 206 d
—, 4-[2-(4-Hydroxy-phenyl)-6-phenyl-pyran-4-yliden]- **17** II 232 a
—, 4-[4-Methyl-chromen-2-yliden]- **17** 165 a
—, 4-Xanthen-9-yliden- **17** I 215 d
Cyclohexa-1,4-diensulfonsäure
—, 3-[3,6-Bis-dimethylamino-xanthen-9-yliden]-5-hydroxy-6-oxo- **18** 636 c
Cyclohexan
—, 2-[3-Acetoxy-butyl]-3,4-epoxy-1,1,3-trimethyl- **17** IV 1217
—, 1-Acetoxy-1,2-epoxy- **17** IV 1195
—, 1-Acetoxy-2,3-epoxy- **17** IV 1196
—, 1-Acetoxy-1,2-epoxy-5-methyl- **17** IV 1199
—, 4-Acetoxy-1,2-epoxy-1-methyl- **17** IV 1199
—, 4-Acetoxymethyl-1,2-epoxy- **17** IV 1200
—, 1-Acetoxy-1-oxiranyl- **17** IV 1204
—, 1-Acetyl-1,2-epoxy- **17** IV 4334
—, 4-Acryloyloxymethyl-1,2-epoxy- **17** IV 1201
—, 1-Acryloyloxymethyl-4,5-epoxy-2-methyl- **17** IV 1205

—, 1-Äthinyl-1-tetrahydropyran-2-yloxy- **17** IV 1046
—, 1-Äthoxy-1,2-epoxy- **17** IV 1194
—, 1-Äthoxy-2,3-epoxy- **17** I 54 e, IV 1196
—, 1-Äthyl-1,2-epoxy- **17** IV 194
—, 1-Äthyl-1,2-epoxy-4-methyl- **17** II 31 g
—, 1-Äthyl-1,2-epoxy-5-methyl- **17** IV 203
—, 4-Allyloxymethyl-1,2-epoxy- **17** IV 1200
—, 1-Benzoylamino-2,3-epoxy- **18** IV 7061
—, 1-Benzyl-1,2-epoxy- **17** II 63 d, IV 530
—, 1-Benzyl-1,2-epoxy-4-methyl- **17** IV 533
—, 1-Butoxy-1,2-epoxy- **17** IV 1195
—, 1-Butyl-1,2-epoxy- **17** IV 209
—, 1-Chloräthinyl-1-tetrahydropyran-2-yloxy- **17** IV 1046
—, 1-Chlor-1,2-epoxy- **17** IV 165
—, 1-Chlor-2,3-epoxy- **17** IV 166
—, 1-Chlor-1,2-epoxy-5-methyl- **17** IV 175
—, 1-[N-(5-Chlor-[2]thienylmethyl)-anilino]-2-dimethylamino- **18** IV 7114
—, 1-Crotonoyloxymethyl-4,5-epoxy-2-methyl- **17** IV 1205
—, 1-Cyclohexyloxy-1,2-epoxy- **17** IV 1195
—, 1,2-Diacetoxy-4,5-epoxy- **17** IV 2040
—, 1-Diäthylamino-2-[furan-2-carbonyloxy]- **18** IV 3936
—, 1,2-Diäthyl-1,2-epoxy- **17** IV 211
—, 1,2-Dibenzoyl-4,5-epoxy-3,6-dimethyl- **17** IV 6496
—, 1,2-Dibrom-4,5-epoxy- **17** IV 166
—, 1-Dimethylamino-1,2-epoxy- **18** IV 7061
—, 1-[3,5-Dinitro-benzoyloxy]-2,3-epoxy- **17** IV 1196
—, 2-[1,1-Dioxo-tetrahydro-1λ⁶-[3]thienyloxymethyl]-1,3,5-trimethyl- **17** IV 1027
—, 1,3-Epithio- s. 6-Thia-norpinan
—, 1,4-Epithio- s. 7-Thia-norbornan
—, 1,2-Epithio-4-methyl- **17** IV 175
—, 1,2-Epoxy- **17** 21 e, II 29 a, IV 164
—, 1,4-Epoxy- s. 7-Oxa-norbornan
—, 1,2-Epoxy-1,2-dimethyl- **17** I 14 e, II 31 c, IV 195
—, 1,2-Epoxy-1,3-dimethyl- **17** IV 194
—, 1,2-Epoxy-1,4-dimethyl- **17** II 31 d, IV 194

Cyclohexan (Fortsetzung)

—, 1,2-Epoxy-1,5-dimethyl- **17** IV 194
—, 1,2-Epoxy-1-fluoren-9-yl- **17** IV 701
—, 1,2-Epoxy-4-hydroxymethyl- **17**
 IV 1200
—, 1,2-Epoxy-4-hydroxymethyl-5-methyl-
 17 IV 1205
—, 1,2-Epoxy-1-isopropyl- **17** IV 202
—, 1,2-Epoxy-1-methoxy- **17** IV 1194
—, 1,2-Epoxy-3-methoxy- **17** IV 1196
—, 1,2-Epoxy-1-methoxy-4-methyl- **17**
 IV 1200
—, 1,2-Epoxy-1-methoxy-5-methyl- **17**
 IV 1199
—, 1,2-Epoxy-2-methoxy-1,3,3-trimethyl-
 17 IV 1208
—, 1,2-Epoxy-1-methyl- **17** II 30 b,
 IV 175
—, 1,2-Epoxy-3-methyl- **17** II 30 c,
 IV 175
—, 1,2-Epoxy-4-methyl- **17** 22 c,
 I 14 c, II 30 d
—, 1,2-Epoxy-4-methyl-1-phenyl- **17**
 II 63 e
—, 1,2-Epoxy-5-methyl-1-propyl- **17**
 IV 209
—, 1,2-Epoxy-1-methyl-4-
 tetrahydropyran-2-yloxy- **17** IV 1199
—, 1,2-Epoxy-3-
 [1]naphthylcarbamoyloxy- **17** IV 1197
—, 1,2-Epoxy-4-
 [1]naphthylcarbamoyloxy- **17** IV 1197
—, 1,2-Epoxy-4-[[1]≠
 naphthylcarbamoyloxy-methyl]- **17**
 IV 1201
—, 1,2-Epoxy-1-octyloxy- **17** IV 1195
—, 1,2-Epoxy-1-phenäthyl- **17** IV 533
—, 1,2-Epoxy-1-phenyl- **17** II 62 f,
 IV 523
—, 1,2-Epoxy-4-phenyl- **17** IV 523
—, 1,2-Epoxy-1-phenyläthinyl- **17**
 IV 579
—, 1,2-Epoxy-1-propoxy- **17** IV 1195
—, 1,2-Epoxy-1-propyl- **17** IV 202
—, 1,2-Epoxy-4-propyl- **17** IV 202
—, 1,2-Epoxy-1,5,5-trimethyl- **17**
 IV 203
—, 1,2-Epoxy-4-vinyl- **17** IV 314
—, 1-Methylen-4-tetrahydropyran-2-
 yloxy- **17** IV 1044
—, 1-Methyl-3-oxiranyl- **17** II 31 e
—, Oxiranyl- **17** II 31 a, IV 188
—, 1,2,3,4-Tetraacetoxy-5,6-epoxy- **17**
 IV 2663
—, 1,2,3,4-Tetrachlor-5,6-epoxy- **17**
 IV 166
—, Tetrahydrofurfuryl- **17** IV 218
—, 1,2,3-Triacetoxy-4,5-epoxy-6-
 methoxy- **17** IV 2663

Cyclohexancarbaldehyd

— bis-[3-tetrahydro[2]furyl-
 propylacetal] **17** IV 1147
—, 2-Oxo-5-tetrahydropyran-2-yloxy-
 17 IV 1069
—, 2,3,4-Trimethyl-6-[5,6,7-trimethyl-
 octahydro-isobenzofuran-1-yloxymethyl]-
 18 IV 8462

Cyclohexancarbamid

—, N-[2-Diäthylamino-äthyl]-N-
 [1,1-dioxo-2,3-dihydro-1λ⁶-benzo[b]≠
 thiophen-3-yl]- **18** IV 7149

Cyclohexancarbonitril

—, 1,2-Epoxy- **18** IV 3891
—, 2,3-Epoxy- **18** IV 3891
—, 3,4-Epoxy- **18** IV 3892
—, 1-Tetrahydropyran-2-yloxy- **17**
 IV 1074
—, 1-[2]Thienyl- **18** IV 4188

Cyclohexancarbonsäure

— [2-isopropyl-2,3-dihydro-
 benzofuran-4-ylester] **17** IV 1377
—, 2-[α-Acetoxy-4-brom-α-hydroxy-
 benzyl]-,
 — lacton **18** IV 440
—, 2-[α-Acetoxy-4-brom-α-hydroxy-
 benzyl]-2-brom-,
 — lacton **18** IV 440
—, 2-[7-Acetoxy-1-hydroxy-2,4b-
 dimethyl-2,3,4,4a,4b,5,6,7,8,10-
 decahydro-[2]phenanthryl]-3-methyl-6-
 oxo-,
 — lacton **18** IV 1665
—, 1-Acetoxy-5-hydroxy-2,3-diphenyl-,
 — lacton **18** IV 783
—, 4-Acetoxy-4-hydroxy-1-phenyl-,
 — lacton **18** IV 429
—, 2-[α-Äthoxy-4-brom-α-hydroxy-
 benzyl]-2-brom-,
 — lacton **18** IV 440
—, 3-Äthoxy-6-[α-hydroxy-isopropyl]-3-
 methyl-2-oxo-,
 — lacton **18** IV 1175
—, 1-Äthyl-3-hydroxy-,
 — lacton **18** IV 4345
—, 1-Äthyl-4-hydroxy-,
 — lacton **17** IV 4345
—, 2-Äthyl-3-hydroxy-3-[3-methoxy-4-
 methyl-phenäthyl]-1-methyl-,
 — lacton **18** IV 461
—, 2-Äthyl-3-hydroxy-3-[3-methoxy-4-
 methyl-phenyläthinyl]-1-methyl-,
 — lacton **18** IV 589
—, 2-Äthyl-3-hydroxy-3-[3-methoxy-
 phenäthyl]-1-methyl-,
 — lacton **18** IV 460
—, 3-Äthyl-4-hydroxy-4-[4-methoxy-
 phenyl]-2-methyl-,
 — lacton **18** IV 459

Cyclohexancarbonsäure (Fortsetzung)

—, 2-Äthyl-3-hydroxy-1-methyl-3-
phenäthyl-,
　— lacton **17** IV 5168

—, 2-Äthyl-3-hydroxy-1-methyl-3-
phenyläthinyl-,
　— lacton **17** IV 5288

—, 3-Äthyl-3-hydroxy-1,5,5-trimethyl-,
　— lacton **17** IV 4387

—, 1-Benzoyloxy-3,4,5-trihydroxy-,
　— 3-lacton **18** II 144 d

—, 2-[4-Brom-benzoyl]-2-hydroxy-,
　— lacton **17** IV 6310

—, 2-Brom-2-[4-brom-α-hydroxy-
α-methoxy-benzyl]-,
　— lacton **18** IV 440

—, 1-Brom-3-brommethyl-3-hydroxy-2,2-
dimethyl-4-oxo-,
　— lacton **17** IV 5960

—, 2-Brom-2-[4,α-dibrom-α-hydroxy-
benzyl]-,
　— lacton **17** IV 5148

—, 1-Brom-2,3-epoxy-4,5-dihydroxy-
18 IV 5001
　— amid **18** IV 5002

—, 2-Brom-3-hydroxy-,
　— lacton **17** 256 e

—, 4-Brom-3-hydroxy-,
　— lacton **17** IV 4319

—, 2-[4-Brom-α-hydroxy-benzyliden]-,
　— lacton **17** IV 5226

—, 3-Brom-6-[α-hydroxy-isopropyl]-3-
methyl-2-oxo-,
　— lacton **17** IV 5965

—, 3-Brom-4-hydroxy-1,2,2-trimethyl-,
　— lacton **17** 266 d

—, 4-Brom-4-hydroxy-1,2,2-trimethyl-,
　— lacton **17** 266 c

—, 1-[2-Brom-5-methoxy-phenäthyl]-3-
hydroxy-2-methyl-,
　— lacton **18** IV 459

—, 3-Brommethyl-3-hydroxy-2,2-
dimethyl-4-oxo-,
　— lacton **17** IV 5960

—, 2-Brom-1,3,4,5-tetrahydroxy-,
　— 5-lacton **18** IV 2316

—, 2-[2-Carboxy-phenyl]-,
　— anhydrid **17** IV 6311

—, 2-Chlor-4-[α-hydroxy-isopropyl]-1-
methyl-,
　— lacton **17** II 303 c

—, 3-Chlor-6-[α-hydroxy-isopropyl]-3-
methyl-2-oxo-,
　— lacton **17** IV 5965

—, 1-Cinnamoyloxy-3,4,5-trihydroxy-,
　— 3-lacton **18** II 144 e

—, 2-Cyan-3-hydroxy-1,3-dimethyl-,
　— lacton **18** IV 5362

—, 1-Cyan-4-hydroxy-2,6-diphenyl-,
　— lacton **18** IV 5690

—, 4,5-Diacetoxy-1-brom-2,3-epoxy-,
　— amid **18** IV 5002

—, 3,4-Diacetoxy-1-brom-5-hydroxy-,
　— lacton **18** IV 1133

—, 3,4-Diacetoxy-1,2-dibrom-5-hydroxy-,
　— lacton **18** IV 1133

—, 3,5-Diacetoxy-1,2-dibrom-4-hydroxy-,
　— lacton **18** IV 1133

—, 1,4-Diacetoxy-3-hydroxy-,
　— lacton **18** IV 1132

—, 3,4-Diacetoxy-5-hydroxy-,
　— lacton **18** IV 1132

—, 3,5-Diacetoxy-4-hydroxy-,
　— lacton **18** IV 1133

—, 1,5-Dibrom-3-brommethyl-3-
hydroxy-2,2-dimethyl-4-oxo-,
　— lacton **17** IV 5960

—, 3,4-Dibrom-3-hydroxy-1,2,2-
trimethyl-,
　— lacton **17** IV 4369

—, 3,4-Dibrom-4-hydroxy-1,2,2-
trimethyl-,
　— lacton **17** 266 e, IV 4369

—, 1,2-Dibrom-3,4,5-trihydroxy-,
　— 4-lacton **18** IV 1133

—, 3,4-Dihydroxy-,
　— 3-lacton **18** IV 63
　— 4-lacton **18** IV 64

—, 1-[3,4-Dihydroxy-cinnamoyloxy]-
3,4,5-trihydroxy-,
　— 3-lacton **18** IV 2315

—, 3-[3,4-Dihydroxy-cinnamoyloxy]-
1,4,5-trihydroxy-,
　— 5-lacton **18** IV 2316

—, 3,4-Dihydroxy-2,3-dimethyl-,
　— 3-lacton **18** IV 69

—, 1,5-Dihydroxy-2,3-diphenyl-,
　— 5-lacton **18** IV 783

—, 3,4-Dihydroxy-3-methoxymethyl-2,2-
dimethyl-,
　— 3-lacton **18** IV 1139

—, 1,5-Dihydroxy-3-[4-methoxy-phenyl]-
2-phenyl-,
　— 5-lacton **18** IV 1875

—, 1,2-Dihydroxy-2,6,6-trimethyl-,
　— 2-lacton **18** IV 73

—, 2-[2,4-Dinitro-phenylhydrazono]-3-
hydroxy-1-methyl-,
　— lacton **17** IV 5934

—, 1,2-Epoxy-,
　— butylester **18** IV 3890

—, 3,4-Epoxy-,
　— äthylester **18** IV 3891
　— allylester **18** IV 3892
　— *tert*-butylester **18** IV 3891
　— methylester **18** IV 3891
　— vinylester **18** IV 3891

Cyclohexancarbonsäure (Fortsetzung)

—, 3,4-Epoxy-2,3-dimethyl- **18** IV 3905

—, 4,5-Epoxy-2-methyl-,
  — allylester **18** IV 3899
  — [4,5-epoxy-2-methyl-
    cyclohexylmethylester] **18** IV 3899
  — vinylester **18** IV 3899

—, 2,3-Epoxy-2,6,6-trimethyl-,
  — äthylester **18** IV 3908

—, 2-[2]Furyl-4,6-dioxo-,
  — äthylester **18** 468 b

—, 2-[2]Furyl-2-hydroxy-4-oxo-,
  — äthylester **18** IV 6309

—, 3-Hydroxy-,
  — lacton **17** 256 d, II 298 d,
    IV 4319

—, 4-Hydroxy-,
  — lacton **17** IV 4320

—, 2-[α-Hydroxy-benzyl]-,
  — lacton **17** IV 5147

—, 2-[α-Hydroxy-4,4′-dimethoxy-
benzhydryl]-,
  — lacton **18** IV 1878

—, 3-Hydroxy-2,2-dimethoxy-1-methyl-,
  — lacton **17** IV 5934

—, 3-Hydroxy-1,3-dimethyl-,
  — lacton **17** 259 f, IV 4345

—, 3-Hydroxy-2,3-dimethyl-,
  — lacton **17** IV 4346

—, 3-Hydroxy-3,4-dimethyl-,
  — lacton **17** IV 4345

—, 3-Hydroxy-4,4-dimethyl-,
  — lacton **17** 259 g

—, 4-Hydroxy-1,4-dimethyl-,
  — lacton **17** IV 4346

—, 4-Hydroxy-2,4-dimethyl-,
  — lacton **17** 261 b

—, 3-Hydroxy-1,3-dimethyl-2-
phenylacetyl-,
  — lacton **17** IV 6321

—, 4-Hydroxy-2,6-diphenyl-,
  — lacton **17** IV 5481

—, 2-Hydroxy-4-[α-hydroxy-isopropyl]-1-
methyl-,
  — α-lacton **18** II 5 c

—, 3-Hydroxy-4-isohexyl-,
  — lacton **17** IV 4390

—, 2-[α-Hydroxy-isopropyl]-,
  — lacton **17** II 302 c

—, 3-[α-Hydroxy-isopropyl]-,
  — lacton **17** IV 4366

—, 6-[α-Hydroxy-isopropyl]-3-methoxy-3-
methyl-2-oxo-,
  — lacton **18** IV 1174

—, 6-[α-Hydroxy-isopropyl]-3-methyl-2-
oxo-,
  — lacton **17** IV 5965

—, 3-Hydroxy-2-[(3-isopropyl-phenyl)-
acetyl]-1,3-dimethyl-,
  — lacton **17** IV 6325

—, 3-Hydroxy-3-isopropyl-1,5,5-
trimethyl-,
  — lacton **17** IV 4390

—, 3-Hydroxy-4-jod-,
  — lacton **17** IV 4319

—, 3-Hydroxy-3-methoxymethyl-2,2-
dimethyl-4-oxo-,
  — lacton **18** IV 1174

—, 1-[2-Hydroxy-2-(6-methoxy-
[2]naphthyl)-1-methyl-vinyl]-,
  — lacton **18** IV 785

—, 4-Hydroxy-4-methoxy-1-phenyl-,
  — lacton **18** IV 429

—, 4-Hydroxy-4-[4-methoxy-phenyl]-1-
methyl-,
  — lacton **18** IV 441

—, 2-[α-Hydroxy-4-methoxy-styryl]-,
  — lacton **18** IV 525

—, 2-Hydroxymethyl-,
  — lacton **17** 257 e, I 140 g,
    II 299 c, IV 4333

—, 3-Hydroxymethyl-,
  — lacton **17** IV 4335

—, 3-Hydroxy-2-methyl-,
  — lacton **17** 258 d

—, 3-Hydroxy-3-methyl-,
  — lacton **17** 257 g, IV 4336

—, 3-Hydroxy-4-methyl-,
  — lacton **17** 258 a, IV 4336

—, 3-Hydroxy-5-methyl-,
  — lacton **17** 258 b

—, 4-Hydroxy-3-methyl-,
  — lacton **17** 258 f

—, 4-Hydroxy-4-methyl-,
  — lacton **17** 258 e, IV 4337

—, 5-Hydroxy-2-methyl-,
  — lacton **17** 258 c

—, 2-Hydroxymethyl-1-methyl-,
  — lacton **17** IV 4343

—, 2-Hydroxymethyl-2-methyl-,
  — lacton **17** IV 4343

—, 2-[1-Hydroxy-pentyl]-,
  — lacton **17** 268 b, II 303 e,
    IV 4385

—, 2-[α-Hydroxy-phenäthyl]-,
  — lacton **17** IV 5157

—, 1-[β-Hydroxy-phenäthyl]-4-methyl-,
  — lacton **17** IV 5161

—, 3-Hydroxy-5-phenyl-,
  — lacton **17** IV 5138

—, 2-[1-Hydroxy-propyl]-,
  — lacton **17** II 302 b

—, 1-[β-Hydroxy-styryl]-4-methyl-,
  — lacton **17** IV 5242

—, 3-Hydroxy-4,5-sulfinyldioxy-,
  — lacton **18** IV 1132

Cyclohexancarbonsäure (Fortsetzung)

—, 3-Hydroxy-1,3,5,5-tetramethyl-,
  — lacton **17** IV 4378
—, 3-Hydroxy-4-[toluol-4-sulfonyloxy]-,
  — lacton **18** IV 63
—, 4-Hydroxy-3-[toluol-4-sulfonyloxy]-,
  — lacton **18** IV 64
—, 3-Hydroxy-1,4,5-trimethoxy-,
  — lacton **18** IV 2315
—, 4-Hydroxy-1,2,2-trimethyl-,
  — lacton **17** 266 b
—, 4-Hydroxy-2,2,6-trimethyl-,
  — lacton **17** 267 b
—, 5-Hydroxy-1,3,3-trimethyl-,
  — lacton **17** IV 4367
—, 3-Hydroxy-1,2,2-trimethyl-4-oxo-,
  — lacton **17** 460 e
—, 3-Hydroxy-1,5,5-trimethyl-3-phenyl-,
  — lacton **17** IV 5163
—, 2-Mercaptomethyl-,
  — lacton **17** IV 4334
—, 2-[2-Oxo-2*H*-chromen-6-ylimino]-,
  — äthylester **18** IV 7923
—, 1,2,3,4,6-Pentaacetoxy-5-hydroxy-,
  — lacton **18** IV 3403
—, 1,2,3,5,6-Pentaacetoxy-4-hydroxy-,
  — lacton **18** IV 3403
—, 1,3,4,5-Tetrahydroxy-,
  — 3-lacton **18** 163 d, I 387 h,
    II 144 b, IV 2315
—, 1-[2]Thienyl- **18** IV 4188
  — äthylester **18** IV 4188
  — [2-diäthylamino-äthylester] **18**
    IV 4188
  — [2-dimethylamino-äthylester] **18**
    IV 4188
—, 1-[Thiophen-2-carbonyl]-,
  — [2-diäthylamino-äthylester] **18**
    IV 5502
—, 1,3,4-Triacetoxy-2-brom-5-hydroxy-,
  — lacton **18** IV 2316
—, 1,3,4-Triacetoxy-2-chlor-5-hydroxy-,
  — lacton **18** IV 2316
—, 1,3,4-Triacetoxy-5-hydroxy-,
  — lacton **18** 163 e, II 144 c,
    IV 2315
—, 3,4,5-Trihydroxy-,
  — 3-lacton **18** IV 1132
  — 4-lacton **18** IV 1133
—, 3,4,5-Trihydroxy-1-[4-methoxy-
benzoyloxy]-,
  — 3-lacton **18** II 144 f
—, 3,4,5-Trihydroxy-1-
methoxycarbonyloxy-,
  — 3-lacton **18**
    IV 2315
—, 1,3,4-Tris-benzoyloxy-5-hydroxy-,
  — lacton **18** 163 f

Cyclohexan-1,1-dicarbonsäure
—, 3-Hydroxy-5-methyl-,
  — lacton **18** IV 5353
Cyclohexan-1,2-dicarbonsäure
  — anhydrid **17** 452 b, II 452 e,
    IV 5931
—, 1-Acetoxy-,
  — anhydrid **18** IV 1169
—, 3-Acetoxy-,
  — anhydrid **18** IV 1169
—, 5-Acetoxy-4-hydroxy-3,4-dimethyl-,
  — 2-lacton-1-methylester **18**
    IV 6287
—, 1-Acetoxy-2-methyl-,
  — anhydrid **18** IV 1171
—, 3-Acetoxy-1-methyl-,
  — anhydrid **18** IV 1171
—, 3-[7-Äthoxycarbonyl-heptyl]-6-hexyl-,
  — anhydrid **18** IV 6000
—, 3-Äthyl-,
  — anhydrid **17** IV 5953
—, 2-Brom-3-bromcarbonyl-1,3-
dimethyl-,
  — anhydrid **18** IV 5996
—, 3-Brom-6-hydroxy-1,2-dimethyl-,
  — 2-lacton **18** I 486 b, IV 5363
  — 2-lacton-1-methylester **18**
    IV 5363
—, 4-Brom-5-hydroxy-1,2-dimethyl-,
  — 1-lacton **18** IV 5362
—, 3-Butyl-6-[9-carboxy-nonyl]-,
  — anhydrid **18** IV 5999
—, 3-Butyl-6-[9-carboxy-7-oxo-nonyl]-,
  — anhydrid **18** IV 6154
—, 3-Butyl-6-[6-(2-hydroxy-5-oxo-
tetrahydro-[2]furyl)-hexyl]-,
  — anhydrid **18** IV 6154
—, 3-[7-Carboxy-heptyl]-6-hexyl-,
  — anhydrid **18** IV 5999
—, 1-[2-(8b-Carboxy-6-isopropyl-3a,5a-
dimethyl-2-oxo-decahydro-indeno[4,5-*b*]≠
furan-3-yl)-äthyl]-3,4-dimethyl-,
  — 1-methylester **18** IV 6245
—, 3-[7-Carboxy-5-oxo-heptyl]-6-hexyl-,
  — anhydrid **18** IV 6154
—, 4-Chlor-5-hydroxy-,
  — anhydrid **18** IV 1170
—, 3-Chlor-6-hydroxy-1,2-dimethyl-,
  — 2-lacton **18** II 323 c
—, 5-Chlor-4-hydroxy-3,4-dimethyl-,
  — 2-lacton **18** IV 5365
  — 2-lacton-1-methylester **18**
    IV 5365
—, 1,2-Diacetoxy-,
  — anhydrid **18** IV 2321
—, 3,6-Dibrom-,
  — anhydrid **17** 452 d
—, 4,5-Dibrom-,
  — anhydrid **17** IV 5931

Cyclohexan-1,2-dicarbonsäure　(Fortsetzung)
—, 4,5-Dibrom-3-[7-carboxy-heptyl]-6-
hexyl-,
　— anhydrid **18** IV 6000
—, 3,6-Dibrom-1,2-dimethyl-,
　— anhydrid **17** I 239 c
—, 4,5-Dibrom-1,2-dimethyl-,
　— anhydrid **17** IV 5954
—, 3,6-Dihydroxy-1,2-dimethyl-,
　— 1→3-lacton **18** II 378 e, 379 a
—, 4,5-Dihydroxy-3,4-dimethyl-,
　— 2→4-lacton **18** IV 6287
　— 2→4-lacton-1-methylester **18**
　　IV 6287
—, 3,6-Dijod-1,2-dimethyl-,
　— anhydrid **17** 454 d, I 239 d
—, 1,2-Dimethyl-,
　— anhydrid **17** I 239 b, IV 5954
—, 3,4-Dimethyl-,
　— anhydrid **17** IV 5954
—, 3,6-Dimethyl-,
　— anhydrid **17** IV 5956
—, 1,2-Dimethyl-4-oxo- **17** IV 5954
　— anhydrid **17** IV 5954
—, 3,6-Dimethyl-4-oxo-,
　— anhydrid **17** IV 6706
—, 3,6-Diphenyl-,
　— anhydrid **17** IV 6494
—, 1,2-Epoxy- **18** IV 4456
—, 4,5-Epoxy- **18** IV 4456
　— bis-[2-äthyl-hexylester] **18**
　　IV 4457
　— diäthylester **18** IV 4457
　— diallylester **18** IV 4457
　— dibutylester **18** IV 4457
　— dimethylester **18** IV 4457
—, 4,5-Epoxy-1-methyl-,
　— dibutylester **18** IV 4466
—, 4,5-Epoxy-4-methyl-,
　— dibutylester **18** IV 4466
—, 3-Heptyl-6-methoxycarbonylmethyl-,
　— anhydrid **18** IV 5998
—, 3-Hexyl-6-[4-(2-hydroxy-5-oxo-
tetrahydro-[2]furyl)-butyl]-,
　— anhydrid **18** IV 6154
—, 3-Hexyl-6-[7-methoxycarbonyl-heptyl]-,
　— anhydrid **18** IV 5999
—, 3-Hydroxy-,
　— 1-lacton **18** IV 5349
　— 1-lacton-2-methylester **18**
　　IV 5349
—, 3-Hydroxy-1,2-dimethyl-,
　— 1-lacton **18** I 486 a, IV 5362
　— 1-lacton-2-methylester **18**
　　IV 5362
—, 3-Hydroxy-1,3-dimethyl-,
　— 1-lacton **18** IV 5362
—, 3-Hydroxy-3,6-dimethyl-,
　— 1-lacton **18** IV 5365

—, 4-Hydroxy-1,2-dimethyl-,
　— 2-lacton **18** IV 5362
—, 4-Hydroxy-3,4-dimethyl-,
　— 1-lacton **18** IV 5366
　— 2-lacton **18** IV 5363
　— 1-lacton-2-methylester **18**
　　IV 5366
　— 2-lacton-1-methylester **18**
　　IV 5364
—, 4-Hydroxy-3,6-dimethyl-,
　— 2-lacton **18** IV 5363
—, 4-Hydroxy-4,5-dimethyl-,
　— 2-lacton **18** IV 5363
—, 4-Hydroxy-3,4-dimethyl-5-oxo-,
　— 2-lacton **18** IV 5994
　— 2-lacton-1-methylester **18**
　　IV 5994
—, 3-Hydroxy-6-jod-1,2-dimethyl-,
　— 1-lacton **18** I 486 c
—, 3-Hydroxy-1-methyl-,
　— 1-lacton **18** IV 5353
　— 1-lacton-2-methylester **18**
　　IV 5353
—, 6-Hydroxy-1-methyl-,
　— 2-lacton **18** IV 5354
　— 2-lacton-1-methylester **18**
　　IV 5354
—, 6-Isobutyl-3,4-dimethyl-,
　— anhydrid **17** IV 5970
—, 1-[2-(6-Isopropyl-8b-
methoxycarbonyl-3a,5a-dimethyl-2-oxo-
decahydro-indeno[4,5-*b*]furan-3-yl)-äthyl]-
3,4-dimethyl-,
　— dimethylester **18** IV 6245
—, 3-Isopropyl-5-methyl-,
　— anhydrid **17** IV 5969
—, 6-[1-Methoxycarbonyl-1-methyl-äthyl]-
3-[1-methoxycarbonyl-2,7,7-trimethyl-
octahydro-1,4a-oxaäthano-naphthalin-2-
yl]-1,3-dimethyl-,
　— dimethylester **18** IV 6260
—, 1-Methyl-,
　— anhydrid **17** IV 5942
—, 3-Methyl-,
　— anhydrid **17** IV 5942
—, 4-Methyl-,
　— anhydrid **17** IV 5943
—, 1-Methyl-4-oxo-,
　— anhydrid **17** IV 6704
—, 1-Methyl-6-phenyl-,
　— anhydrid **17** IV 6314
—, 3-Methyl-6-phenyl-,
　— anhydrid **17** IV 6314
—, 4-Neopentyl-,
　— anhydrid **17** IV 5969
—, 4-Oxo-,
　— anhydrid **17** IV 6702
—, 4-Phenylsilyl-,
　— anhydrid **18** IV 8385

Cyclohexan-1,3-dicarbonsäure
- anhydrid **17** 452 g, IV 5933
-, 2-[5-Äthyl-[2]thienyl]-4-hydroxy-4-
  methyl-6-oxo-,
  - diäthylester **18** IV 6587
-, 2-[5-Benzyl-[2]thienyl]-4-hydroxy-4-
  methyl-6-oxo-,
  - diäthylester **18** IV 6638
-, 2-Brom-2-bromcarbonyl-1,3-
  dimethyl-,
  - anhydrid **18** IV 5996
-, 2-Bromcarbonyl-1,3-dimethyl-,
  - anhydrid **18** IV 5996
-, 2-[5-Brom-[2]furyl]-4-hydroxy-4-
  methyl-6-oxo-,
  - diäthylester **18** IV 6586
-, 2-Carboxymethyl-1,3-dimethyl-,
  - anhydrid **9** III 4766 c, **18**
    IV 5996
-, 2-[5-Chlor-[2]furyl]-4-hydroxy-4-
  methyl-6-oxo-,
  - diäthylester **18** IV 6586
-, 2-[5-Chlor-[2]thienyl]-4-hydroxy-4-
  methyl-6-oxo-,
  - diäthylester **18** IV 6587
-, 1,3-Dihydroxy-,
  - anhydrid **18** 164 c
-, 2-[2,5-Dimethyl-[3]thienyl]-4-hydroxy-
  4-methyl-6-oxo-,
  - diäthylester **18** IV 6588
-, 2-[2]Furyl-4-hydroxy-4-methyl-6-oxo-,
  - diäthylester **18** 553 b, IV 6586
-, 4-Hydroxy-2-[5-isobutyl-[2]thienyl]-4-
  methyl-6-oxo-,
  - diäthylester **18** IV 6588
-, 4-Hydroxy-4-methyl-2-[5-methyl-
  [2]furyl]-6-oxo-,
  - diäthylester **18** IV 6587
-, 4-Hydroxy-4-methyl-2-[5-methyl-
  [2]thienyl]-6-oxo-,
  - diäthylester **18** IV 6587
-, 4-Hydroxy-4-methyl-6-oxo-2-
  [5-propyl-[2]thienyl]-,
  - diäthylester **18** IV 6588
-, 4-Hydroxy-4-methyl-6-oxo-2-
  [2]thienyl-,
  - diäthylester **18** IV 6586
-, 1-Hydroxy-3,5,5-trimethyl-,
  - 3-lacton **18** IV 5372
-, 4-Phenyl-,
  - anhydrid **17** IV 6310
-, 1,5,5-Trimethyl-,
  - anhydrid **17** IV 5966
-, 2,2,4-Trimethyl-,
  - anhydrid **17** IV 5966
Cyclohexan-1,4-dicarbonsäure
- anhydrid **17** IV 5935

-, 2,5-Dihydroxy-,
  - 1→5-lacton-4-methylester **18**
    IV 6281
-, 2-Hydroxy-3-[2-methoxycarbonyl-
  äthyl]-2-methoxycarbonylmethyl-3-
  methyl-,
  - 4-lacton-1-methylester **18**
    IV 6240
-, 2-Hydroxymethyl-,
  - 4-äthylester-1-lacton **18** IV 5352
-, 4-Hydroxy-1,2,2-trimethyl-,
  - 1-lacton **18** 404 a
-, 1,2,4-Tribrom-5-hydroxy-,
  - 1-lacton-4-methylester **18** 399 b
Cyclohexan-1,2-diol
-, 4,5-Epoxy-1,2,4,5-tetramethyl- **1**
  III 3123 a
-, 1-Methyl-4-tetrahydropyran-2-yloxy-
  17 IV 1064
Cyclohexan-1,4-diol
-, 2-[1,2-Epoxy-1,5-dimethyl-hex-4-enyl]-
  3-methoxy-1-methyl- **19** IV 1012
-, 2-[1,2-Epoxy-1,5-dimethyl-hexyl]-3-
  methoxy-1-methyl- **19** IV 1012
-, 2,3-Epoxy-1-isopropyl-4-methyl- **17**
  IV 2043
Cyclohexan-1,3-dion
-, 2-[6,6-Dimethyl-4-oxo-2,3,4,5,6,7-
  hexahydro-benzofuran-3-yl]-5,5-dimethyl-
  17 II 525 c, IV 6734
-, 2-[7,7-Dimethyl-5-oxo-5,6,7,8-
  tetrahydro-chroman-4-yl]-5,5-dimethyl-
  17 IV 6735
-, 5,5-Dimethyl-2-[2,7,7-trimethyl-5-
  oxo-5,6,7,8-tetrahydro-chroman-4-yl]-
  17 IV 6735
-, 5,5-Dimethyl-2-xanthen-9-yl- **17**
  IV 6496
-, 5-[2]Furyl- **17** 465 b
  - dioxim **17** 465 d
  - mono-phenylimin **17** 465 c
-, 2-[3-[2]Furyl-acryloyl]-5,5-dimethyl-
  17 IV 6753
-, 5-[2]Furyl-2-phenylazo- **17** 567 b
-, 5-[2]Furyl-2-phenylhydrazono-
  17 567 b
-, 2-[2-Hydroxymethyl-6,6-dimethyl-4-
  oxo-2,3,4,5,6,7-hexahydro-benzofuran-3-
  yl]-5,5-dimethyl- **18** II 155 c, IV 2423
-, 5-Isopropyl-2-[6-isopropyl-4-oxo-
  2,3,4,5,6,7-hexahydro-benzofuran-3-yl]-
  17 IV 6735
-, 5-Methyl-,
  - mono-{[(7-methoxy-2-oxo-
    2H-chromen-4-yl)-acetyl]-hydrazon}
    18 IV 6356
Cyclohexan-1,3-dion-dioxim
-, 5-[2]Furyl- **17** 465 d

Cyclohexan-1,2-diyldiamin
—, N-[5-Chlor-[2]thienylmethyl]-
    N',N'-dimethyl-N-phenyl- **18** IV 7114
Cyclohexanol
—, 2-Äthinyl-1-methyl-4-
    tetrahydropyran-2-yloxy- **17** IV 1057
—, 2-Äthoxy-2-chlor- **17** IV 1195
—, 4,6-Bis-acetylamino-3-[3-acetylamino-
    6-(acetylamino-methyl)-4,5-dihydroxy-
    tetrahydro-pyran-2-yloxy]-2-{-4-
    [3-acetylamino-6-(acetylamino-methyl)-
    4,5-dihydroxy-tetrahydro-pyran-2-yloxy]-
    3-hydroxy-5-hydroxymethyl-tetrahydro-
    [2]furyloxy}- **18** IV 7478
—, 4,6-Bis-acetylamino-3-[2-acetylamino-
    2-desoxy-glucopyranosyloxy]-2-[O^3-(2,6-
    bis-acetylamino-2,6-didesoxy-
    idopyranosyl)-ribofuranosyloxy]- **18**
    IV 7580
—, 4,6-Bis-acetylamino-3-[2,6-bis-
    acetylamino-2,6-didesoxy-
    glucopyranosyloxy]-2-[O^3-(2,6-bis-
    acetylamino-2,6-didesoxy-glucopyranosyl)-
    ribofuranosyloxy]- **18** IV 7478
—, 4,6-Bis-acetylamino-3-[2,6-bis-
    acetylamino-2,6-didesoxy-
    glucopyranosyloxy]-2-[O^3-(2,6-bis-
    acetylamino-2,6-didesoxy-idopyranosyl)-
    ribofuranosyloxy]- **18** IV 7478
—, 4,6-Bis-benzoylamino-3-
    [2-benzoylamino-2-desoxy-
    glucopyranosyloxy]-2-[O^3-(2,6-bis-
    benzoylamino-2,6-didesoxy-idopyranosyl)-
    ribofuranosyloxy]- **18** IV 7612
—, 3-[2,6-Bis-(sulfinomethyl-amino)-2,6-
    didesoxy-glucopyranosyloxy]-2-{O^3-
    [2,6-bis-(sulfinomethyl-amino)-2,6-
    didesoxy-idopyranosyl]-
    ribofuranosyloxy}-4,6-bis-[sulfinomethyl-
    amino]- **18** IV 7477
—, 3-[2,6-Bis-(sulfomethyl-amino)-2,6-
    didesoxy-glucopyranosyloxy]-2-{O^3-
    [2,6-bis-(sulfomethyl-amino)-2,6-didesoxy-
    idopyranosyl]-ribofuranosyloxy}-4,6-bis-
    [sulfomethyl-amino]- **18** IV 7477
—, 2-Butoxy-2-chlor- **17** IV 1195
—, 2-Chlor-2-cyclohexyloxy- **17**
    IV 1195
—, 2-Chlor-2-methoxy- **17** IV 1194
—, 2-Chlor-2-propoxy- **17** IV 1195
—, 2-Cyclohexyl- s. Bicyclohexyl-2-ol
—, 4,6-Diamino-3-[3-amino-6-
    aminomethyl-4,5-dihydroxy-tetrahydro-
    pyran-2-yloxy]-2-[4-(3-amino-6-
    aminomethyl-4,5-dihydroxy-tetrahydro-
    pyran-2-yloxy)-3-hydroxy-5-
    hydroxymethyl-tetrahydro-[2]furyloxy]-
    18 IV 7476

—, 3,5-Diamino-2-[2-amino-2-desoxy-
    glucopyranosyloxy]-6-[3-amino-3-desoxy-
    glucopyranosyloxy]- **18** IV 7632
—, 3,5-Diamino-2-[3-amino-3-desoxy-
    glucopyranosyloxy]-6-[6-amino-6-desoxy-
    glucopyranosyloxy]- **18** IV 7631
—, 3,5-Diamino-2-[3-amino-3-desoxy-
    glucopyranosyloxy]-6-[2,6-diamino-2,6-
    didesoxy-glucopyranosyloxy]- **18**
    IV 7631
—, 4,6-Diamino-3-[2-amino-2-desoxy-
    glucopyranosyloxy]-2-[O^3-(2,6-diamino-
    2,6-didesoxy-idopyranosyl)-
    ribofuranosyloxy]- **18** IV 7534
—, 4,6-Diamino-3-[2,6-diamino-2,6-
    didesoxy-glucopyranosyloxy]-2-[O^3-(2,6-
    diamino-2,6-didesoxy-glucopyranosyl)-
    ribofuranosyloxy]- **18** IV 7476
—, 4,6-Diamino-3-[2,6-diamino-2,6-
    didesoxy-glucopyranosyloxy]-2-[O^3-(2,6-
    diamino-2,6-didesoxy-idopyranosyl)-
    ribofuranosyloxy]- **18** IV 7476
—, 2,2-Dimethoxy- **17** IV 1194
—, 2,3-Epoxy- **17** IV 1196
—, 3,4-Epoxy- **17** IV 1197
—, 3,4-Epoxy-4-[3,7,12,16,20,24-
    hexamethyl-pentacosa-1,3,5,7,9,11,13,15,�
    17,19,23-undecaenyl]-3,5,5-trimethyl- **17**
    IV 1721
—, 3,4-Epoxy-1-methyl- **17** IV 1200
—, 3,4-Epoxy-4-methyl- **17** IV 1199
—, 1-[3,4-Epoxy-3-methyl-but-1-inyl]-
    17 IV 1338
—, 1-[3,4-Epoxy-3-methyl-but-1-inyl]-
    2,2,6-trimethyl- **17** IV 1339
—, 2-Furfuryl-6-methyl- **17** IV 1338
—, 2-Methyl-1-oxiranyl- **17** IV 1206
—, 1-[2-Methyl-oxiranyläthinyl]- **17**
    IV 1338
—, 1-[4-Methyl-[2]thienyl]- **17** IV 1337
—, 1-Oxiranyl- **17** IV 1203
—, 1-[2-Phenyl-1-oxa-spiro[2.5]oct-2-yl]-
    17 IV 1558
—, 2-[5-Tetrahydropyran-2-yloxy-hex-3-
    en-1-inyl]- **17** IV 1059
—, 2,2,6-Trimethyl-1-[2-methyl-
    oxiranyläthinyl]- **17** IV 1339
Cyclohexanon
    — [thiophen-2-carbonylhydrazon]
    18 IV 4025
—, 3-Äthyl-2,3-epoxy-5-isopropenyl-2-
    methyl- **17** IV 4648
—, 3-Äthyl-6-furfuryliden-5-isopropenyl-
    2-methyl- **17** IV 5233
—, 2-Benzo[b]thiophen-2-ylmercapto-
    17 IV 1455
    — [2,4-dinitro-phenylhydrazon] **17**
    IV 1455

Cyclohexanon (Fortsetzung)

—, 2-Benzo[b]thiophen-3-ylmercapto-
17 IV 1465
  — [2,4-dinitro-phenylhydrazon] 17
  IV 1465

—, 3-Benzyl-6-furfuryliden-5-
isopropenyl-2-methyl- 17 IV 5487

—, 2-Cyclohex-1-enyl-6-furfuryliden-
17 II 375 d

—, 6-[1,1-Dimethyl-butyl]-2-furfuryliden-
3-methyl- 17 IV 5034

—, 6-[1,1-Dimethyl-2-phenyl-äthyl]-2-
furfuryliden-3-methyl- 17 IV 5408

—, 2,3-Epoxy- 17 IV 4310
  — semicarbazon 17 IV 4310

—, 2,3-Epoxy-3,5-dimethyl- 17 IV 4335

—, 2,3-Epoxy-6-[1-hydroxy-5-
isopropenyl-2-methyl-cyclohex-2-enyl]-5-
isopropenyl-2-methyl- 18 IV 463

—, 2,3-Epoxy-2-methyl- 17 IV 4317
  — semicarbazon 17 IV 4317

—, 2,3-Epoxy-3-methyl- 17 IV 4317

—, 2,3-Epoxy-3-phenyl- 17 IV 5122

—, 2-[2,3-Epoxy-propyl]-2-methyl- 17
II 301 d

—, 2,3-Epoxy-3,5,5-trimethyl- 17
IV 4343

—, 2-Furfuryl- 17 II 329 a

—, 2-Furfuryliden- 17 II 346 f,
IV 4985
  — [2,4-dinitro-phenylhydrazon] 17
  IV 4985
  — [4-phenyl-semicarbazon] 17
  IV 4985
  — semicarbazon 17 IV 4985
  — thiosemicarbazon 17 IV 4985

—, 6-Furfuryliden-2,2-diphenyl- 17
IV 5577

—, 2-Furfuryliden-5-isobutyl-3-
isopropenyl-6-methyl- 17 IV 5233

—, 2-Furfuryliden-3-isopropenyl-6-
methyl-5-phenyl- 17 IV 5486

—, 2-Furfuryliden-3-isopropenyl-6-
methyl-5-propyl- 17 IV 5233

—, 2-Furfuryliden-6-isopropyliden-3-
methyl- 17 IV 5152

—, 2-Furfuryliden-6-isopropyl-3-methyl-
17 II 356 a

—, 2-Furfuryliden-3-methyl- 17
IV 4999
  — phenylhydrazon 17 IV 4999
  — [4-phenyl-semicarbazon] 17
  IV 5000
  — semicarbazon 17 IV 4999
  — thiosemicarbazon 17 IV 5000

—, 2-Furfuryliden-4-methyl- 17
II 351 b, IV 5000
  — [4-phenyl-semicarbazon] 17
  IV 5001

  — semicarbazon 17 IV 5001
  — thiosemicarbazon 17 IV 5001

—, 2-Furfuryliden-5-methyl- 17
II 351 c, IV 4999
  — phenylhydrazon 17 IV 4999
  — [4-phenyl-semicarbazon] 17
  IV 5000
  — semicarbazon 17 IV 4999
  — thiosemicarbazon 17 IV 5000

—, 2-Furfuryliden-6-methyl- 17
II 351 a, IV 5000
  — phenylhydrazon 17 IV 5000
  — [4-phenyl-semicarbazon] 17
  IV 5000
  — semicarbazon 17 IV 5000
  — thiosemicarbazon 17 IV 5000

—, 2-Furfuryliden-3-methyl-6-[1-methyl-
1-phenyl-äthyl]- 17 IV 5406

—, 2-Furfuryliden-3-methyl-6-tert-pentyl-
17 IV 5033

—, 2-Furfuryliden-3-methyl-6-[1,1,4-
trimethyl-butyl]- 17 IV 5035

—, 2-Furfuryl-4-methyl- 17 II 329 g

—, 2-Furfuryl-5-methyl- 17 II 329 h

—, 2-Furfuryl-6-methyl- 17 II 329 f

—, 2-[1-[2]Furyl-äthyl]-6-isopropyl-3-
methyl- 17 II 330 c

—, 2-[1-[2]Furyl-butyl]-6-isopropyl-3-
methyl- 17 II 330 e

—, 3-[2]Furyl-5-methyl- 17 IV 4745
  — semicarbazon 17 IV 4745

—, 2-[1-[2]Furyl-3-methyl-butyl]-6-
isopropyl-3-methyl- 17 II 330 i

—, 2-[1-[2]Furyl-4-methyl-pentyl]-6-
isopropyl-3-methyl- 17 II 330 j

—, 2-[1-[2]Furyl-2-methyl-propyl]-6-
isopropyl-3-methyl- 17 II 330 f

—, 5-[2]Furyl-3-methyl-3-semicarbazido-,
  — semicarbazon 18 II 499 a

—, 2-[1-[2]Furyl-pentyl]-6-isopropyl-3-
methyl- 17 II 330 h

—, 2-[1-[2]Furyl-2-phenyl-äthyl]-6-
methyl- 17 II 378 c

—, 3-[2]Furyl-5-phenylimino- 17 465 g

—, 2-[[2]Furyl-phenyl-methyl]-6-
isopropyl-3-methyl- 17 II 378 e

—, 2-[[2]Furyl-phenyl-methyl]-6-methyl-
17 II 378 b

—, 2-[1-[2]Furyl-propyl]-6-isopropyl-3-
methyl- 17 II 330 d

—, 2-[[2]Furyl-p-tolyl-methyl]-6-methyl-
17 II 378 d

—, 2-[(3-Hydroxy-benzofuran-2-yl)-(2-
methoxy-[1]naphthyl)-methyl]- 18
IV 1963

—, 2-[(3-Hydroxy-6-methoxy-
benzofuran-2-yl)-(4-methoxy-phenyl)-
methyl]- 18 IV 2810

Cyclohexanon (Fortsetzung)

—, 2-Hydroxymethylen-4-
tetrahydropyran-2-yloxy- **17** IV 1069

—, 2-[2-Hydroxy-2-phenyl-chroman-4-yl]-
8 III 2971 d

—, 2-Isopropoxymethylen-4-
tetrahydropyran-2-yloxy- **17** IV 1070

—, 6-Isopropyl-3-methyl-2-
tetrahydrofurfuryl- **17** IV 4392

—, 2-Methoxy-2,6,6-trimethyl- **17**
IV 1208

—, 5-Methyl-2-salicyliden- **17** I 71 a

—, 2-Methyl-5-[1-(tetra-*O*-acetyl-
glucopyranosyloxy)-äthyliden]- **17**
IV 3444

—, 2-Methyl-6-[2]thienylmethylen- **17**
IV 5000

—, 2-Tetrahydrofurfuryl- **17** IV 4372

—, 4-Tetrahydropyran-2-yloxy- **17**
IV 1066

—, 2-[2]Thienylmercapto- **17** IV 1228
    — [2,4-dinitro-phenylhydrazon] **17**
    IV 1228

—, 2-[3]Thienylmercapto- **17** IV 1238
    — [2,4-dinitro-phenylhydrazon] **17**
    IV 1238

Cyclohexan-1,2,3,4-tetracarbonsäure

— 1,2-anhydrid **18** IV 6209

— 2,3-anhydrid-1,4-dimethylester
18 IV 6209

—, 2,3-Dimethyl-,
    — 1,2-anhydrid-3,4-dimethylester
    18 IV 6211

Cyclohexan-1,2,3,4-tetraol

—, 5,6-Epoxy- **17** IV 2661

Cyclohexan-1,2,3-tricarbonsäure

—, 2-Brom-1,3-dimethyl-,
    — 1,2-anhydrid **18** IV 5996
    — 1,3-anhydrid **18** IV 5996

—, 1,3-Dimethyl-,
    — 1,2-anhydrid **18** IV 5994
    — 1,3-anhydrid **18** IV 5995
    — 1,2-anhydrid-3-methylester **18**
    IV 5994
    — 1,3-anhydrid-2-methylester **18**
    IV 5995
    — 2,3-anhydrid-1-methylester **18**
    IV 5994

—, 6-Hydroxy-1,2-dimethyl-,
    — 2-lacton **18** IV 6133
    — 3-lacton **18** IV 6133
    — 2-lacton-1-methylester **18**
    IV 6133

Cyclohexan-1,3,5-tricarbonsäure

—, 2-Methoxycarbonylmethyl-4-[2]furyl-
2-hydroxy-6-oxo-,
    — trimethylester **18** 566 a

Cyclohexan-1,2,3-trion

—, 5-[2]Furyl-,
    — 2-phenylhydrazon **17** 567 b

Cyclohexan-1,2,4-trion

—, 5,6-Epoxy-3-methyl- **17** IV 6698

Cyclohexan-1,3,5-trion

—, 4-Butyryl-6-[2,4-dioxo-6-propyl-3,4-
dihydro-2*H*-pyran-3-ylmethyl]-2,2-
dimethyl- **17** IV 6844

—, 2-[4,5-Dimethoxy-3-oxo-7-nitro-
phthalan-1-yl]-2,4,6-trimethyl- **18**
IV 3441

—, 2-[4,5-Dimethoxy-3-oxo-phthalan-1-
yl]-2,4,6-trimethyl- **18** IV 3441

Cyclohexen

—, 1-Acetyl-4,5-epoxy- **17** IV 4575

—, 1-Acetyl-4,5-epoxy-2-methyl- **17**
IV 4601

—, 1-Äthinyl-6-methyl-3-
tetrahydropyran-2-yloxy- **17** IV 1048

—, 4-Benzoylamino-1,2-dimethyl-5-
[2]thienyl- **18** IV 7156

—, 3-Brom-4,5-epoxy- **17** IV 295

—, 1,2-Dimethyl-4-nitro-5-[2]thienyl-
17 IV 450

—, 3,4-Epoxy- **17** IV 295

—, 3,6-Epoxy- s. 7-Oxa-norborn-2-en

—, 4,5-Epoxy- **17** IV 295

—, 4,5-Epoxy-4,5-dimethyl- **17** IV 314

—, 4,5-Epoxy-4-isopropyl- **17** IV 320

—, 4,5-Epoxy-4-methyl- **17** IV 303

—, 4-[2]Furyl-3,6-dimethyl-5-nitro- **17**
IV 450

—, 4-[2]Furyl-5-nitro- **17** IV 425

—, 1-Methyl-4-tetrahydropyran-2-yloxy-
17 IV 1044

—, 1-Methyl-4-tetrahydropyran-2-yloxy-
2-vinyl- **17** IV 1046

—, 1-Methyl-2-[2]thienyl- **17** IV 441

—, 4-Methyl-1-[2]thienyl- **17** IV 441

—, 5-Methyl-1-[2]thienyl- **17** IV 441

—, 4-Nitro-5-[2]thienyl- **17** IV 425

—, 1-[2]Thienyl- **17** IV 425

Cyclohex-1-encarbaldehyd

—, 4-Glucopyranosyloxy-2,6,6-trimethyl-
17 IV 3009,**31** 223 b

—, 2,6,6-Trimethyl-4-[tetra-*O*-acetyl-
glucopyranosyloxy]- **17** IV 3217
    — semicarbazon **17** IV 3218

Cyclohex-1-encarbonitril

—, 4-[5-Benzolsulfonyloxy-4-hydroxy-9-
methyl-3-oxo-1,3-dihydro-naphtho[2,3-*c*≠
furan-1-yl]-3-dimethylamino-2,5-
dihydroxy-6-oxo- **18** IV 8283

Cyclohex-1-encarbonsäure

—, 2-Acetoxy-6-[7-acetoxy-1-hydroxy-
2,4b-dimethyl-2,3,4,4a,4b,5,6,7,8,10-
decahydro-[2]phenanthryl]-5-methyl-,
    — lacton **18** IV 1665

Cyclohex-1-encarbonsäure (Fortsetzung)

—, 2-[2-Acetoxy-3-acetyl-6-hydroxy-
phenyl]-,
  — lacton **18** IV 1644

—, 2-[4-Acetoxy-3-acetyl-2-hydroxy-
phenyl]-,
  — lacton **18** IV 1644

—, 2-[4-Acetoxy-5-acetyl-2-hydroxy-
phenyl]-,
  — lacton **18** IV 1644

—, 2-[4-Acetoxy-5-äthyl-2-hydroxy-
phenyl]-3-methyl-,
  — lacton **18** IV 532

—, 2-[4-Acetoxy-5-äthyl-2-hydroxy-
phenyl]-4-methyl-,
  — lacton **18** IV 532

—, 2-[4-Acetoxy-5-äthyl-2-hydroxy-
phenyl]-5-methyl-,
  — lacton **18** IV 531

—, 2-[2-Acetoxy-6-hydroxy-4-isopentyl-
phenyl]-4-methyl-,
  — lacton **18** IV 542

—, 2-[2-Acetoxy-6-hydroxy-4-methyl-
phenyl]-,
  — lacton **18** IV 520

—, 2-[2-Acetoxy-6-hydroxy-4-methyl-
phenyl]-3-methyl-,
  — lacton **18** IV 527

—, 2-[2-Acetoxy-6-hydroxy-4-methyl-
phenyl]-4-methyl-,
  — lacton **18** IV 527

—, 2-[2-Acetoxy-6-hydroxy-4-methyl-
phenyl]-5-methyl-,
  — lacton **18** IV 526

—, 2-[4-Acetoxy-2-hydroxy-6-pentadecyl-
phenyl]-,
  — lacton **18** IV 561

—, 2-[2-Acetoxy-6-hydroxy-4-pentyl-
phenyl]-,
  — lacton **18** IV 537

—, 2-[5-Acetoxy-2-hydroxy-4-pentyl-
phenyl]-4-methyl-,
  — lacton **18** IV 541

—, 2-[4-Acetoxy-2-hydroxy-phenyl]-,
  — lacton **18** II 27 a, IV 513

—, 2-[5-Acetoxy-2-hydroxy-phenyl]-,
  — lacton **18** IV 513

—, 2-[2-Acetoxy-6-hydroxy-phenyl]-4-
methyl-,
  — lacton **18** IV 540

—, 2-[4-Acetoxy-2-hydroxy-phenyl]-3-
methyl-,
  — lacton **18** IV 521

—, 2-[4-Acetoxy-2-hydroxy-phenyl]-4-
methyl-,
  — lacton **18** IV 521

—, 2-[4-Acetoxy-2-hydroxy-phenyl]-5-
methyl-,
  — lacton **18** IV 520

—, 2-[3-Acetyl-2,4-dihydroxy-phenyl]-,
  — 2-lacton **18** IV 1644

—, 2-[3-Acetyl-2,6-dihydroxy-phenyl]-,
  — 6-lacton **18** IV 1644

—, 2-[5-Acetyl-2,4-dihydroxy-phenyl]-,
  — 2-lacton **18** IV 1644

—, 2-[3-Acetyl-2,4-dihydroxy-phenyl]-4-
methyl-,
  — 2-lacton **18** IV 1648

—, 2-[3-Acetyl-2,4-dihydroxy-phenyl]-5-
methyl-,
  — 2-lacton **18** IV 1648

—, 2-[5-Acetyl-2,4-dihydroxy-phenyl]-4-
methyl-,
  — 2-lacton **18** IV 1647

—, 2-[5-Acetyl-2,4-dihydroxy-phenyl]-5-
methyl-,
  — 2-lacton **18** IV 1647

—, 2-[4-(1-Äthyl-butyl)-2,6-dihydroxy-
phenyl]-4-methyl-,
  — lacton **18** IV 543

—, 4-Äthyl-2-[2,6-dihydroxy-4-pentyl-
phenyl]-,
  — lacton **18** IV 544

—, 2-[5-Äthyl-2,4-dihydroxy-phenyl]-,
  — 2-lacton **18** IV 526

—, 2-[4-Äthyl-2,6-dihydroxy-phenyl]-4-
methyl-,
  — lacton **18** IV 532

—, 2-[5-Äthyl-2,4-dihydroxy-phenyl]-3-
methyl-,
  — 2-lacton **18** IV 532

—, 2-[5-Äthyl-2,4-dihydroxy-phenyl]-4-
methyl-,
  — 2-lacton **18** IV 532

—, 2-[5-Äthyl-2,4-dihydroxy-phenyl]-5-
methyl-,
  — 2-lacton **18** IV 531

—, 2-[5-Äthyl-2-hydroxy-4-methoxy-
phenyl]-3-methyl-,
  — lacton **18** IV 532

—, 2-[5-Äthyl-2-hydroxy-4-methoxy-
phenyl]-4-methyl-,
  — lacton **18** IV 532

—, 2-[5-Äthyl-2-hydroxy-4-methoxy-
phenyl]-5-methyl-,
  — lacton **18** IV 531

—, 2-[4-(1-Äthyl-2-methyl-propyl)-2,6-
dihydroxy-phenyl]-4-methyl-,
  — lacton **18** IV 544

—, 2-[6-Allyl-2,3-dihydroxy-4-methoxy-
phenyl]-,
  — 2-lacton **18** IV 1647

—, 2-[6-Allyl-2-hydroxy-3,4-dimethoxy-
phenyl]-,
  — lacton **18** IV 1647

—, 2-[3-Allyloxy-2-hydroxy-4-methoxy-
phenyl]-,
  — lacton **18** IV 1563

Cyclohex-1-encarbonsäure (Fortsetzung)

—, 2-[4-Benzoyloxy-2-hydroxy-phenyl]-,
  — lacton **18** II 27 b

—, 6-[1-Benzyl-1-hydroxy-2-phenyl-äthyl]-,
  — lacton **17** IV 5528

—, 2-[4-Butoxy-2-hydroxy-phenyl]-,
  — lacton **18** IV 513

—, 2-[4-Butyl-2,6-dihydroxy-phenyl]-4-
methyl-,
  — lacton **18** IV 537

—, 2-[5-Chlor-4-diäthoxyphosphoryloxy-
2-hydroxy-phenyl]-,
  — lacton **18** IV 514

—, 2-[5-Chlor-4-
diäthoxythiophosphoryloxy-2-hydroxy-
phenyl]-,
  — lacton **18** IV 514

—, 2-[5-Chlor-2,4-dihydroxy-phenyl]-,
  — 2-lacton **18** IV 514

—, 2-[5-Chlor-4-
dimethoxythiophosphoryloxy-2-hydroxy-
phenyl]-,
  — lacton **18** IV 514

—, 5-Cyclohexyl-2-[1,5-dihydroxy-
[2]naphthyl]-,
  — 1-lacton **18** IV 809

—, 5-Cyclohexyl-2-[1,6-dihydroxy-
[2]naphthyl]-,
  — 1-lacton **18** IV 809

—, 5-Cyclohexyl-2-[1,7-dihydroxy-
[2]naphthyl]-,
  — 1-lacton **18** IV 810

—, 5-Cyclohexyl-2-[2,4-dihydroxy-
phenyl]-,
  — 2-lacton **18** IV 589

—, 2-[5-Cyclohexyl-2,4-dihydroxy-
phenyl]-4-methyl-,
  — 2-lacton **18** IV 590

—, 5-Cyclohexyl-2-[1-hydroxy-
[2]naphthyl]-,
  — lacton **17** IV 5529

—, 2-[2,4-Diacetoxy-6-hydroxy-phenyl]-3-
methyl-,
  — lacton **18** IV 1578

—, 2-[2,4-Diacetoxy-6-hydroxy-phenyl]-4-
methyl-,
  — lacton **18** IV 1577

—, 2-[2,4-Diacetoxy-6-hydroxy-phenyl]-5-
methyl-,
  — lacton **18** IV 1576

—, 2-[3,4-Diacetoxy-2-hydroxy-phenyl]-3-
methyl-,
  — lacton **18** IV 1578

—, 2-[3,4-Diacetoxy-2-hydroxy-phenyl]-4-
methyl-,
  — lacton **18** IV 1577

—, 2-[3,4-Diacetoxy-2-hydroxy-phenyl]-5-
methyl-,
  — lacton **18** IV 1577

—, 2-[4-Diäthoxyphosphoryloxy-2-
hydroxy-phenyl]-,
  — lacton **18** IV 513

—, 2-[4-Diäthoxythiophosphoryloxy-2-
hydroxy-3-nitro-phenyl]-,
  — lacton **18** IV 515

—, 2-[4-Diäthoxythiophosphoryloxy-2-
hydroxy-phenyl]-,
  — lacton **18** IV 514

—, 2-[4-Diäthoxythiophosphoryloxy-2-
hydroxy-phenyl]-4,4,6-trimethyl-,
  — lacton **18** IV 533

—, 2-[4-Diäthylamino-2-hydroxy-phenyl]-,
  — lacton **18** IV 7945

—, 2-[2,6-Dihydroxy-4-isohexyl-phenyl]-
4-methyl-,
  — lacton **18** IV 543

—, 2-[2,6-Dihydroxy-4-isopentyl-phenyl]-
4-methyl-,
  — lacton **18** IV 542

—, 2-[2,3-Dihydroxy-4-methoxy-phenyl]-,
  — 2-lacton **18** IV 1563

—, 2-[2,6-Dihydroxy-4-(1-methyl-butyl)-
phenyl]-4-methyl-,
  — lacton **18** IV 541

—, 2-[2,4-Dihydroxy-5-(1-methyl-heptyl)-
phenyl]-4-methyl-,
  — 2-lacton **18** IV 547

—, 2-[2,6-Dihydroxy-4-(1-methyl-heptyl)-
phenyl]-4-methyl-,
  — lacton **18** IV 547

—, 2-[2,6-Dihydroxy-4-(1-methyl-hexyl)-
phenyl]-4-methyl-,
  — lacton **18** IV 546

—, 2-[2,6-Dihydroxy-4-(1-methyl-nonyl)-
phenyl]-4-methyl-,
  — lacton **18** IV 558

—, 2-[2,6-Dihydroxy-4-(1-methyl-octyl)-
phenyl]-4-methyl-,
  — lacton **18** IV 549

—, 4-[4,5-Dihydroxy-9-methyl-3-oxo-1,3-
dihydro-naphtho[2,3-*c*]furan-1-yl]-2,5-
dihydroxy-6-oxo-,
  — amid **18** IV 6688

—, 4-[4,5-Dihydroxy-9-methyl-3-oxo-1,3-
dihydro-naphtho[2,3-*c*]furan-1-yl]-3-
dimethylamino-2,5-dihydroxy-6-oxo-,
  — amid **18** IV 8283

—, 2-[2,6-Dihydroxy-4-(1-methyl-pentyl)-
phenyl]-4-methyl-,
  — lacton **18** IV 543

—, 2-[2,6-Dihydroxy-4-(2-methyl-pentyl)-
phenyl]-4-methyl-,
  — lacton **18** IV 543

—, 2-[2,6-Dihydroxy-4-(3-methyl-pentyl)-
phenyl]-4-methyl-,
  — lacton **18** IV 543

—, 2-[2,6-Dihydroxy-4-methyl-phenyl]-,
  — lacton **18** IV 519

Cyclohex-1-encarbonsäure (Fortsetzung)
—, 2-[2,4-Dihydroxy-6-methyl-phenyl]-4-
   methyl-,
   — 2-lacton **18** IV 526
—, 2-[2,6-Dihydroxy-4-methyl-phenyl]-3-
   methyl-,
   — lacton **18** IV 527
—, 2-[2,6-Dihydroxy-4-methyl-phenyl]-4-
   methyl-,
   — lacton **18** IV 526
—, 2-[2,6-Dihydroxy-4-methyl-phenyl]-5-
   methyl-,
   — lacton **18** IV 526
—, 2-[1,4-Dihydroxy-[2]naphthyl]-,
   — 1-lacton **18** IV 776
—, 2-[1,5-Dihydroxy-[2]naphthyl]-,
   — 1-lacton **18** IV 774
—, 2-[1,6-Dihydroxy-[2]naphthyl]-,
   — 1-lacton **18** IV 775
—, 2-[1,7-Dihydroxy-[2]naphthyl]-,
   — 1-lacton **18** IV 775
—, 2-[1,8-Dihydroxy-[2]naphthyl]-,
   — 1-lacton **18** IV 775
—, 2-[2,4-Dihydroxy-3-nitro-phenyl]-,
   — 2-lacton **18** IV 514
—, 2-[2,4-Dihydroxy-5-octyl-phenyl]-4-
   methyl-,
   — 2-lacton **18** IV 547
—, 2-[2,6-Dihydroxy-4-octyl-phenyl]-4-
   methyl-,
   — lacton **18** IV 547
—, 2-[2,4-Dihydroxy-6-pentadecyl-
   phenyl]-,
   — 2-lacton **18** IV 560
—, 2-[2,6-Dihydroxy-4-pentyl-phenyl]-,
   — lacton **18** IV 537
—, 2-[2,6-Dihydroxy-4-pentyl-phenyl]-
   4,4-dimethyl-,
   — lacton **18** IV 545
—, 2-[2,6-Dihydroxy-4-pentyl-phenyl]-
   4,5-dimethyl-,
   — lacton **18** IV 545
—, 2-[2,6-Dihydroxy-4-pentyl-phenyl]-
   4,6-dimethyl-,
   — lacton **18** IV 544
—, 2-[2,5-Dihydroxy-4-pentyl-phenyl]-4-
   methyl-,
   — 2-lacton **18** IV 541
—, 2-[2,6-Dihydroxy-4-pentyl-phenyl]-3-
   methyl-,
   — lacton **18** IV 541
—, 2-[2,6-Dihydroxy-4-pentyl-phenyl]-4-
   methyl-,
   — lacton **18** IV 540
—, 2-[2,6-Dihydroxy-4-pentyl-phenyl]-5-
   methyl-,
   — lacton **18** IV 540

—, 2-[2,4-Dihydroxy-phenyl]-,
   — 2-lacton **18** 44 b, II 26 e,
   IV 513
—, 2-[2,5-Dihydroxy-phenyl]-,
   — 2-lacton **18** IV 513
—, 2-[2,4-Dihydroxy-phenyl]-3-methyl-,
   — 2-lacton **18** IV 521
—, 2-[2,4-Dihydroxy-phenyl]-4-methyl-,
   — 2-lacton **18** IV 520
—, 2-[2,4-Dihydroxy-phenyl]-5-methyl-,
   — 2-lacton **18** IV 520
—, 2-[2,5-Dihydroxy-phenyl]-4-methyl-,
   — 2-lacton **18** IV 520
—, 2-[2,4-Dihydroxy-phenyl]-4,4,6-
   trimethyl-,
   — 2-lacton **18** IV 532
—, 2-[2,6-Dihydroxy-4-(1-propyl-pentyl)-
   phenyl]-4-methyl-,
   — lacton **18** IV 548
—, 2-[2,6-Dihydroxy-4-propyl-phenyl]-4-
   methyl-,
   — lacton **18** IV 535
—, 2-[2,4-Dihydroxy-3-(1-semicarbazono-
   äthyl)-phenyl]-4-methyl-,
   — 2-lacton **18** IV 1648
—, 2-[2,4-Dihydroxy-3-(1-semicarbazono-
   äthyl)-phenyl]-5-methyl-,
   — 2-lacton **18** IV 1648
—, 2-[2,6-Dihydroxy-4-(1,2,4-trimethyl-
   hexyl)-phenyl]-4-methyl-,
   — lacton **18** IV 549
—, 2-[4-Diisopropoxythiophosphoryloxy-
   2-hydroxy-phenyl]-,
   — lacton **18** IV 514
—, 2-[4-Diisopropoxythiophosphoryloxy-
   2-hydroxy-phenyl]-4,4,6-trimethyl-,
   — lacton **18** IV 533
—, 2-[4-Dimethoxythiophosphoryloxy-2-
   hydroxy-phenyl]-,
   — lacton **18** IV 513
—, 2-[4-Dimethoxythiophosphoryloxy-2-
   hydroxy-phenyl]-4,4,6-trimethyl-,
   — lacton **18** IV 533
—, 2-[4-(1,1-Dimethyl-butyl)-2,6-
   dihydroxy-phenyl]-4-methyl-,
   — lacton **18** IV 544
—, 2-[4-(1,2-Dimethyl-butyl)-2,6-
   dihydroxy-phenyl]-4-methyl-,
   — lacton **18** IV 544
—, 2-[4-(1,1-Dimethyl-heptyl)-2,6-
   dihydroxy-phenyl]-4-methyl-,
   — lacton **18** IV 549
—, 2-[4-(1,2-Dimethyl-heptyl)-2,6-
   dihydroxy-phenyl]-4-methyl-,
   — lacton **18** IV 549
—, 2-[4-(1,2-Dimethyl-hexyl)-2,6-
   dihydroxy-phenyl]-4-methyl-,
   — lacton **18** IV 548

Cyclohex-1-encarbonsäure (Fortsetzung)

—, 2-[4-(1,2-Dimethyl-octyl)-2,6-
dihydroxy-phenyl]-4-methyl-,
— lacton **18** IV 558

—, 2-[2-[2]Furyl-vinyl]-6-hydroxy-6-
phenyl-4-styryl- **18** I 463 b

—, 2-[4-Heptyl-2,6-dihydroxy-phenyl]-4-
methyl-,
— lacton **18** IV 546

—, 2-[5-Heptyl-2,4-dihydroxy-phenyl]-4-
methyl-,
— 2-lacton **18** IV 546

—, 2-[4-Hexyl-2,6-dihydroxy-phenyl]-4-
methyl-,
— lacton **18** IV 542

—, 2-[5-Hexyl-2,4-dihydroxy-phenyl]-4-
methyl-,
— 2-lacton **18** IV 542

—, 6-[1-Hydroxy-äthyl]-,
— lacton **17** II 322 c

—, 6-[2-Hydroxy-äthyl]-6-phenyl-,
— lacton **17** IV 5236

—, 6-[α-Hydroxy-benzyl]-,
— lacton **17** II 374 b

—, 6-[1-Hydroxy-butyl]-,
— lacton **17** II 324 a

—, 2-[1-Hydroxy-cyclohexyl]-,
— lacton **17** IV 4756

—, 6-[1-Hydroxy-cyclohexyl]-,
— lacton **17** IV 4756

—, 2-[2-Hydroxy-3,4-dimethoxy-phenyl]-,
— lacton **18** IV 1563

—, 2-[2-Hydroxy-4,5-dimethoxy-phenyl]-,
— lacton **18** IV 1563

—, 2-[2-Hydroxy-3,4-dimethoxy-phenyl]-
4-methyl-,
— lacton **18** IV 1577

—, 2-[2-Hydroxy-3,4-dimethoxy-phenyl]-
5-methyl-,
— lacton **18** IV 1577

—, 2-[2-Hydroxy-4,6-dimethoxy-phenyl]-
5-methyl-,
— lacton **18** IV 1576

—, 2-[2-Hydroxy-6-methoxy-4-methyl-
phenyl]-4-methyl-,
— lacton **18** IV 527

—, 2-[2-Hydroxy-6-methoxy-4-methyl-
phenyl]-5-methyl-,
— lacton **18** IV 526

—, 2-[1-Hydroxy-5-methoxy-[2]naphthyl]-,
— lacton **18** IV 775

—, 2-[1-Hydroxy-8-methoxy-[2]naphthyl]-,
— lacton **18** IV 775

—, 2-[2-Hydroxy-4-methoxy-phenyl]-,
— lacton **18** II 26 f

—, 2-[2-Hydroxy-4-methoxy-phenyl]-3-
methyl-,
— lacton **18** IV 521

—, 2-[2-Hydroxy-4-methoxy-phenyl]-4-
methyl-,
— lacton **18** IV 521

—, 2-[2-Hydroxy-4-methoxy-phenyl]-5-
methyl-,
— lacton **18** IV 520

—, 2-[2-Hydroxy-4-methoxy-3-
propionyloxy-phenyl]-,
— lacton **18** IV 1563

—, 2-Hydroxymethyl-,
— lacton **17** II 319 g

—, 6-Hydroxymethyl-,
— lacton **17** II 319 f

—, 6-[1-Hydroxy-3-methyl-butyl]-,
— lacton **17** II 325 a

—, 2-[2-Hydroxy-4-methyl-phenyl]-,
— lacton **17** II 374 d

—, 2-[2-Hydroxy-4-methyl-phenyl]-4-
methyl-,
— lacton **17** IV 5238

—, 2-[1-Hydroxy-[2]naphthyl]-,
— lacton **17** II 404 b

—, 2-[1-Hydroxy-[2]naphthyl]-3-methyl-,
— lacton **17** IV 5478

—, 2-[1-Hydroxy-[2]naphthyl]-4-methyl-,
— lacton **17** IV 5478

—, 2-[1-Hydroxy-[2]naphthyl]-5-methyl-,
— lacton **17** IV 5478

—, 6-[1-Hydroxy-pent-1-enyl]-,
— lacton **17** IV 4751

—, 6-[1-Hydroxy-pentyl]-,
— lacton **17** II 324 e, IV 4647

—, 2-[2-Hydroxy-4-pentyl-phenyl]-,
— lacton **17** IV 5247

—, 2-[2-Hydroxy-4-pentyl-phenyl]-4-
methyl-,
— lacton **17** IV 5249

—, 6-[1-Hydroxy-propyl]-,
— lacton **17** II 323 d

—, 2-[α-Hydroxy-styryl]-,
— lacton **17** IV 5281

—, 3-Methyl-2-[2,3,4-trihydroxy-phenyl]-,
— 2-lacton **18** IV 1578

—, 3-Methyl-2-[2,4,6-trihydroxy-phenyl]-,
— 2-lacton **18** IV 1578

—, 4-Methyl-2-[2,3,4-trihydroxy-phenyl]-,
— 2-lacton **18** II 81 b,
IV 1577

—, 4-Methyl-2-[2,4,6-trihydroxy-phenyl]-,
— 2-lacton **18** II 81 a,
IV 1577

—, 5-Methyl-2-[2,3,4-trihydroxy-phenyl]-,
— 2-lacton **18** IV 1576

—, 5-Methyl-2-[2,4,6-trihydroxy-phenyl]-,
— 2-lacton **18** IV 1576

—, 2-[2-Oxo-2H-chromen-6-ylamino]-,
— äthylester **18** IV 7923

—, 2-[2,3,4-Trihydroxy-phenyl]-,
— 2-lacton **18** IV 1563

Cyclohex-1-encarbonsäure (Fortsetzung)
—, 2-[2,4,6-Trihydroxy-phenyl]-,
  — 2-lacton **18** IV 1563
Cyclohex-2-encarbonsäure
—, 4-[2,4-Dinitro-phenylhydrazono]-2-
  [2]furyl-,
  — äthylester **18** IV 5527
—, 4-[2,4-Dinitro-phenylhydrazono]-2-
  [2]furyl-3-methyl-,
  — äthylester **18** IV 5538
—, 6-[2]Furyl-4-hydroxyimino-2-methyl-,
  — äthylester **18** 425 f, IV 5537
—, 2-[2]Furyl-3-methyl-4-oxo-,
  — äthylester **18** IV 5538
—, 6-[2]Furyl-2-methyl-4-oxo-,
  — äthylester **18** 425 e, IV 5537
—, 2-[2]Furyl-3-methyl-4-oxo-1-[3-oxo-
  butyl]- **18** IV 6063
—, 2-[2]Furyl-3-methyl-4-semicarbazono-,
  — äthylester **18** IV 5538
—, 2-[2]Furyl-4-oxo-,
  — äthylester **18** IV 5527
—, 2-[2]Furyl-4-semicarbazono-,
  — äthylester **18** IV 5527
—, 5-Hydroxy-2-methyl-,
  — lacton **17** 299 c
—, 2-[1-Hydroxy-pent-1-enyl]-,
  — lacton **17** IV 4751
—, 2-[1-Hydroxy-pentyl]-,
  — lacton **17** II 324 f
—, 6-[1-Hydroxy-pentyl]-,
  — lacton **17** IV 4648
—, 2-[α-Hydroxy-styryl]-1,3-dimethyl-,
  — lacton **17** IV 5287
Cyclohex-3-encarbonsäure
—, 6-[Äthoxy-hydroxy-methyl]-,
  — lacton **18** IV 118
—, 6-[Äthoxy-hydroxy-methyl]-3,4-
  dimethyl-,
  — lacton **18** IV 122
—, 6-[2-Carboxy-4-methyl-phenyl]-1,3,4-
  trimethyl-,
  — anhydrid **17** IV 6373
—, 6-[2,2-Dibrom-1-hydroxy-vinyl]-,
  — lacton **17** IV 4735
—, 4-[2]Furyl-6-[2-methoxy-phenyl]-2-
  oxo-,
  — äthylester **18** IV 6419
—, 4-[2]Furyl-6-[4-methoxy-phenyl]-2-
  oxo-,
  — äthylester **18** IV 6419
—, 6-[2]Furyl-4-[4-methoxy-phenyl]-2-
  oxo-,
  — äthylester **18** IV 6418
—, 4-[2]Furyl-2-oxo-6-phenyl-,
  — äthylester **18** IV 5669
—, 6-[2]Furyl-2-oxo-4-phenyl-,
  — äthylester **18** IV 5669

—, 6-[2]Furyl-2-oxo-4-p-tolyl-,
  — äthylester **18** IV 5674
—, 2-[1-Hydroxy-äthyl]-6-
  p-tolylcarbamoyl-,
  — lacton **18** IV 5452
—, 6-[α-Hydroxy-benzhydryl]-2-phenyl-,
  — lacton **17** IV 5614
—, 6-[α-Hydroxy-isopropyl]-,
  — lacton **17** IV 4623
—, 6-Hydroxymethyl-,
  — lacton **17** IV 4575
—, 6-Hydroxymethyl-3,4-dimethyl-,
  — lacton **17** IV 4624
—, 6-Hydroxymethyl-2,3-dimethyl-5-
  [2-methyl-propenyl]-,
  — lacton **17** IV 4757
—, 6-Hydroxymethyl-4,5-dimethyl-2-
  [2-methyl-propenyl]-,
  — lacton **17** IV 4757
—, 6-[1-Hydroxy-1-[1]naphthyl-äthyl]-,
  — lacton **17** IV 5483
—, 2-[α-Hydroxy-phenäthyliden]-1,3-
  dimethyl-,
  — lacton **17** IV 5287
—, 6-[1-Hydroxy-1-phenyl-äthyl]-,
  — lacton **17** IV 5237
—, 6-[2-Hydroxy-phenyl]-3,4-dimethyl-,
  — lacton **17** IV 5238
—, 6-[2-Hydroxy-phenyl]-4-methyl-,
  — lacton **17** IV 5228
—, 4-[4-Methoxy-phenyl]-2-oxo-6-
  [2]thienyl-,
  — äthylester **18** IV 6418
—, 6-[2-Methoxy-phenyl]-2-oxo-4-
  [2]thienyl-,
  — äthylester **18** IV 6419
—, 6-[4-Methoxy-phenyl]-2-oxo-4-
  [2]thienyl-,
  — äthylester **18** IV 6419
—, 6-Methyl-,
  — tetrahydrofurfurylester **17**
  IV 1105
—, 2-Oxo-4-phenyl-6-[2]thienyl-,
  — äthylester **18** IV 5669
—, 2-Oxo-6-phenyl-4-[2]thienyl-,
  — äthylester **18** IV 5669
—, 2-Oxo-6-[2]thienyl-4-p-tolyl-,
  — äthylester **18** IV 5674
Cyclohex-1-en-1,2-dicarbonsäure
  — anhydrid **17** 461 e, II 457 a,
  IV 5995
—, 4,5-Dibrom-,
  — anhydrid **17** IV 5995
—, 3,3-Dimethyl-,
  — anhydrid **17** IV 6014
—, 3-Methyl-,
  — anhydrid **17** IV 6003
—, 4-Methyl-,
  — anhydrid **17** IV 6003

Cyclohex-1-en-1,3-dicarbonsäure
 — anhydrid **17** II 458 a
Cyclohex-2-en-1,2-dicarbonsäure
 — anhydrid **17** 462 a, II 457 b,
   IV 5994
—, 3-Acetoxymethyl-6-chlor-,
 — anhydrid **18** IV 1190, 8475
—, 6-Acetoxymethyl-6-chlor-,
 — anhydrid **18** IV 1190, 8475
—, 6-Chlor-3-diacetoxymethyl-,
 — anhydrid **17** IV 6720
—, 6-Chlor-6-diacetoxymethyl-,
 — anhydrid **17** IV 6720
—, 4,5-Dibrom-,
 — anhydrid **17** IV 5995
—, 1-Methyl-,
 — anhydrid **17** IV 6001
—, 5-Methyl-6-propenyl-,
 — anhydrid **17** IV 6080
Cyclohex-2-en-1,4-dicarbonsäure
—, 5-Hydroxymethyl-,
 — 1-äthylester-4-lacton **18** IV 5437
Cyclohex-3-en-1,2-dicarbonsäure
 — anhydrid **17** 462 b, II 457 c,
   IV 5995
—, 6-Acetoxy-1,2-dimethyl-,
 — anhydrid **18** 87 a, I 344 f,
   II 60 a
—, 6-Brom-1,2-dimethyl-,
 — anhydrid **17** I 242 a
—, 6-Brom-6-[β-hydroxy-isobutyl]-3,4-
   dimethyl-,
 — 1-lacton **18** IV 5484
—, 5,6-Dibrom-1,2-dimethyl-,
 — anhydrid **17** IV 6013
—, 5-Hydroxy-1,2-dimethyl-,
 — 1-lacton **18** IV 5453
—, 6-Hydroxy-1,2-dimethyl-,
 — 1-äthylester-2-lacton **18** 415 c
 — 2-lacton **18** 414 e, I 490 a,
   II 329 d, IV 5454
 — 2-lacton-1-methylester **18** 415 b
—, 6-Hydroxy-3,6-dimethyl-,
 — 2-lacton **18** IV 5453
Cyclohex-3-en-1,3-dicarbonsäure
—, 2-[5-Äthyl-[2]thienyl]-4,6-dihydroxy-6-
   methyl-,
 — diäthylester **18** IV 6587
—, 2-[5-Benzyl-[2]thienyl]-4,6-dihydroxy-
   6-methyl-,
 — diäthylester **18** IV 6638
—, 2-[5-Brom-[2]furyl]-4,6-dihydroxy-6-
   methyl-,
 — diäthylester **18** IV 6586
—, 2-[5-Chlor-[2]furyl]-4,6-dihydroxy-6-
   methyl-,
 — diäthylester **18** IV 6586

—, 2-[5-Chlor-[2]thienyl]-4,6-dihydroxy-
   6-methyl-,
 — diäthylester **18** IV 6587
—, 4,6-Dihydroxy-2-[5-isobutyl-
   [2]thienyl]-6-methyl-,
 — diäthylester **18** IV 6588
—, 4,6-Dihydroxy-6-methyl-2-[5-methyl-
   [2]furyl]-,
 — diäthylester **18** IV 6587
—, 4,6-Dihydroxy-6-methyl-2-[5-methyl-
   [2]thienyl]-,
 — diäthylester **18** IV 6587
—, 4,6-Dihydroxy-6-methyl-2-[5-propyl-
   [2]thienyl]-,
 — diäthylester **18** IV 6588
—, 4,6-Dihydroxy-6-methyl-2-[2]thienyl-,
 — diäthylester **18** IV 6586
—, 2-[2,5-Dimethyl-[3]thienyl]-4,6-
   dihydroxy-6-methyl-,
 — diäthylester **18** IV 6588
—, 2-[2]Furyl-4,6-dihydroxy-6-methyl-,
 — diäthylester **18** IV 6586
Cyclohex-4-en-1,2-dicarbonsäure
 — anhydrid **17** 462 c, II 457 d,
   IV 5996
—, 3-Acetoxy-,
 — anhydrid **18** IV 1187
—, 3-[1-Acetoxy-äthyl]-,
 — anhydrid **18** IV 1192
—, 3-Acetoxy-4-chlor-,
 — anhydrid **18** IV 1188
—, 3-Acetoxy-4,6-diäthyl-,
 — anhydrid **18** IV 1194
—, 3-Acetoxy-1,2-dimethyl-,
 — anhydrid **18** IV 1193
—, 3-Acetoxy-3,5-dimethyl-,
 — anhydrid **18** IV 1193
—, 3-Acetoxy-1-methyl-,
 — anhydrid **18** IV 1190
—, 6-Acetoxy-1-methyl-,
 — anhydrid **18** IV 1189
—, 3-Acetoxymethyl-4-methyl-6-
   [2-methyl-4-(2,6,6-trimethyl-cyclohex-1-
   enyl)-buta-1,3-dienyl]-,
 — anhydrid **18** IV 1658
—, 3-[9-Acetoxy-non-7-en-1,3,5-triinyl]-,
 — anhydrid **18** IV 1889
—, 3-Acetylmercapto-6-äthyl-,
 — anhydrid **18** IV 1192
—, 4-Äthinyl-3-hydroxymethyl-3,6-
   dimethyl-,
 — anhydrid **18** IV 1423
—, 3-Äthoxy-,
 — anhydrid **18** IV 1187
—, 3-[1-Äthoxy-äthyl]-,
 — anhydrid **18** IV 1192
—, 3-[7-Äthoxycarbonyl-heptyl]-6-hexyl-,
 — anhydrid **18** IV 6032

Cyclohex-4-en-1,2-dicarbonsäure   (Fortsetzung)
—, 3-Äthoxycarbonylmethyl-,
  – anhydrid **18** IV 6020
—, 3-Äthoxy-1,2-dimethyl-,
  – anhydrid **18** IV 1192
—, 3-Äthyl-,
  – anhydrid **17** IV 6012
—, 4-Äthyl-,
  – anhydrid **17** IV 6012
—, 3-[1-Äthyl-1-hydroxy-propyl]-,
  – anhydrid **18** IV 1195
—, 3-Äthyliden-,
  – anhydrid **17** IV 6072
—, 1-Äthyl-2-methyl-,
  – anhydrid **17** IV 6020
—, 3-Äthyl-6-methyl-,
  – anhydrid **17** IV 6021
—, 4-Äthyl-3-methyl-,
  – anhydrid **17** IV 6021
—, 4-Äthyl-5-methyl-,
  – anhydrid **17** IV 6021
—, 3-Äthyl-6-[2]naphthyl-,
  – anhydrid **17** IV 6495
—, 3-Äthyl-6-phenyl-,
  – anhydrid **17** IV 6368
—, 4-Äthyl-3-phenyl-,
  – anhydrid **17** IV 6367
—, 4-Äthyl-6-phenyl-3-propyl-,
  – anhydrid **17** IV 6375
—, 1-Äthyl-2,4,5-trimethyl-,
  – anhydrid **17** IV 6035
—, 3-Allyl-3-phenyl-,
  – anhydrid **17** IV 6414
—, 3-Biphenyl-4-yl-6-phenyl-,
  – anhydrid **17** IV 6610
—, 4,5-Bis-acetoxymethyl-,
  – anhydrid **18** IV 2328
—, 3,6-Bis-brommethyl-,
  – anhydrid **17** II 459 b
—, 3,6-Bis-[4,4-diphenyl-buta-1,3-dienyl]-,
  – anhydrid **17** IV 6666
—, 3,6-Bis-[2,2-diphenyl-vinyl]-,
  – anhydrid **17** IV 6660
—, 4,5-Bis-[4-hydroxy-phenyl]-,
  – anhydrid **18** IV 2818
—, 4,5-Bis-[4-hydroxy-phenyl]-3,6-
  dimethyl-,
  – anhydrid **18** IV 2819
—, x-Brom-3,3-dimethoxy-1,2-dimethyl-,
  – anhydrid **17** IV 6722
—, 3-Brom-1,2-dimethyl-,
  – anhydrid **17** IV 6013
—, 4-Brom-1,2-dimethyl-,
  – anhydrid **17** IV 6013
—, x-Brom-1,2-dimethyl-3-oxo-,
  – anhydrid **17** IV 6721
—, 4-Brom-3-hydroxy-1,2-dimethyl-,
  – 1-lacton-2-methylester **18**
    IV 5454

—, 5-Brom-3-hydroxy-1,2-dimethyl-,
  – 1-lacton-2-methylester **18**
    IV 5454
—, 3-[4-Brom-phenyl]-,
  – anhydrid **17** IV 6353
—, 3-[4-Brom-phenyl]-6-phenyl-,
  – anhydrid **17** IV 6519
—, 3-*tert*-Butyl-,
  – anhydrid **17** IV 6027
—, 4-*tert*-Butyl-,
  – anhydrid **17** IV 6028
—, 3-Butyl-6-[9-carboxy-non-1-enyl]-,
  – anhydrid **18** IV 6045
—, 3-Butyl-6-[9-carboxy-7-oxo-non-1-
  enyl]-,
  – anhydrid **18** IV 6170
—, 3-Butyl-6-[6-(2-hydroxy-5-oxo-
  tetrahydro-[2]furyl)-hex-1-enyl]-,
  – anhydrid **18** IV 6170
—, 4-*tert*-Butylmercapto-5-methyl-,
  – anhydrid **18** IV 1191
—, 5-*tert*-Butyl-3-phenyl-,
  – anhydrid **17** IV 6372
—, 3-[7-Carboxy-heptyl]-6-hex-1-enyl-,
  – anhydrid **18** IV 6046
—, 3-[7-Carboxy-heptyl]-6-hexyl-,
  – anhydrid **18** IV 6032
—, 3-[6-Carboxy-hexyl]-6-hept-1-enyl-,
  – anhydrid **18** IV 6046
—, 3-[6-Carboxy-hexyl]-6-heptyl-,
  – anhydrid **18** IV 6032
—, 3-Carboxymethyl-,
  – anhydrid **18** IV 6020
—, 3-[8-Carboxy-octyl]-6-pentyl-,
  – anhydrid **18** IV 6031
—, 3-[7-Carboxy-5-oxo-heptyl]-6-hex-1-
  enyl-,
  – anhydrid **18** II 459 b
—, 3-[11-Carboxy-undecyl]-6-hexyl-,
  – anhydrid **18** IV 6033
—, 1-Chlor-,
  – anhydrid **17** IV 5996
—, 4-Chlor-,
  – anhydrid **17** IV 5997
—, 4-Chlor-3-hydroxymethyl-6-methyl-,
  – anhydrid **18** IV 1193
—, 1-Chlor-4-methyl-,
  – anhydrid **17** IV 6004
—, 1-Chlor-5-methyl-,
  – anhydrid **17** IV 6004
—, 4-Chlor-5-methyl-,
  – anhydrid **17** IV 6004
—, 3-[4-Chlor-phenyl]-,
  – anhydrid **17** IV 6352
—, 4-[4-Chlor-phenyl]-,
  – anhydrid **17** IV 6353
—, 3-[2-Chlor-phenyl]-6-phenyl-,
  – anhydrid **17** IV 6519

Cyclohex-4-en-1,2-dicarbonsäure (Fortsetzung)
—, 3-[3-Chlor-phenyl]-6-phenyl-,
 — anhydrid 17 IV 6519
—, 3-[4-Chlor-phenyl]-6-phenyl-,
 — anhydrid 17 IV 6519
—, 3-Cyan-,
 — anhydrid 18 IV 6019
—, 4-[2-Cyan-äthyl]-5-methyl-,
 — anhydrid 18 IV 6023
—, 3-Cyan-4,5-dimethyl-,
 — anhydrid 18 IV 6022
—, 3-[2-Cyan-vinyl]-,
 — anhydrid 18 IV 6034
—, 3-Cyan-6-vinyl-,
 — anhydrid 18 IV 6034
—, 3-Cyclohexyl-,
 — anhydrid 17 IV 6094
—, 4-Cyclopropyl-,
 — anhydrid 17 IV 6077
—, 3,6-Diacetoxy-,
 — anhydrid 18 IV 2327
—, 3,6-Diäthoxy-,
 — anhydrid 18 IV 2327
—, 3,3-Diäthyl-,
 — anhydrid 17 IV 6028
—, 3,6-Diäthyl-,
 — anhydrid 17 IV 6028
—, 4,5-Diäthyl-3,6-dimethyl-,
 — anhydrid 17 IV 6038
—, 4,6-Diäthyl-3-phenyl-,
 — anhydrid 17 IV 6373
—, 4,5-Diäthyl-1,2,3,6-tetramethyl-,
 — anhydrid 17 IV 6060
—, 4,5-Diäthyl-1,3,6-trimethyl-,
 — anhydrid 17 IV 6046
—, 3,6-Dibrom-1,2-dimethyl-,
 — anhydrid 17 IV 6013
—, 3,x-Dibrom-3-methoxy-1,2-dimethyl-,
 — anhydrid 17 IV 6722
—, 3,5-Di-*tert*-butyl-,
 — anhydrid 17 IV 6060
—, 3,6-Dichlor-,
 — anhydrid 17 IV 5997
—, 4,5-Diisobutyl-,
 — anhydrid 17 IV 6060
—, 4,5-Diisopropyl-,
 — anhydrid 17 IV 6037
—, 4,5-Dijod-,
 — anhydrid 17 IV 5997
—, 3-[3,4-Dimethoxy-phenyl]-,
 — anhydrid 18 IV 2571
—, 1,2-Dimethyl-,
 — anhydrid 17 IV 6013
—, 1,6-Dimethyl-,
 — anhydrid 17 IV 6012
—, 3,4-Dimethyl-,
 — anhydrid 17 IV 6014
—, 3,5-Dimethyl-,
 — anhydrid 17 II 458 h, IV 6015

—, 3,6-Dimethyl-,
 — anhydrid 17 II 459 a, IV 6015
—, 4,5-Dimethyl-,
 — anhydrid 17 II 459 c, IV 6015
—, 3-[1,1-Dimethyl-allyl]-4-methyl-,
 — anhydrid 17 IV 6092
—, 3,4-Dimethyl-6-[2-methyl-propenyl]-,
 — anhydrid 17 IV 6093
—, 3,3-Dimethyl-5-phenyl-,
 — anhydrid 17 IV 6368
—, 5-[2,4-Dimethyl-phenyl]-3-methyl-,
 — anhydrid 17 IV 6372
—, 3,6-Di-[1]naphthyl-,
 — anhydrid 17 IV 6627
—, 3,6-Di-[2]naphthyl-,
 — anhydrid 17 IV 6627
—, 3,4-Diphenyl-,
 — anhydrid 17 IV 6518
—, 3,5-Diphenyl-,
 — anhydrid 17 IV 6518
—, 3,6-Diphenyl-,
 — anhydrid 17 II 512 c, IV 6518
—, 4,5-Diphenyl-,
 — anhydrid 17 IV 6520
—, 3-[4,4-Diphenyl-buta-1,3-dienyl]-6-
 [2,2-diphenyl-vinyl]-,
 — anhydrid 17 IV 6664
—, 3-Fluoren-9-ylidenmethyl-6-phenyl-,
 — anhydrid 17 IV 6626
—, 3-[4-Fluor-phenyl]-,
 — anhydrid 17 IV 6352
—, 3-Formyl-,
 — anhydrid 17 IV 6721
—, 3-[2]Furyl-5-methyl- 18 IV 4550
—, 3-[2]Furyl-6-methyl-,
 — anhydrid 17 IV 409
—, 3-Hepta-1,3,5-triinyl-6-hex-5-enyl-,
 — anhydrid 17 IV 6496
—, 3-Hepta-1,3,5-triinyl-6-
 methoxycarbonylmethyl-,
 — anhydrid 18 IV 6096
—, 3-Hepta-1,3,5-triinyl-6-methyl-,
 — anhydrid 17 IV 6438
—, 3-Hept-5-en-1,3-diinyl-6-hex-5-enyl-,
 — anhydrid 17 IV 6470
—, 3-Heptyl-6-[6-methoxycarbonyl-hexyl]-,
 — anhydrid 18 IV 6032
—, 3-Heptyl-6-methoxycarbonylmethyl-,
 — anhydrid 18 IV 6028
—, 3-Hex-1-enyl-6-[4-(2-hydroxy-5-oxo-
 tetrahydro-[2]furyl)-butyl]-,
 — anhydrid 18 IV 6171
—, 3-Hex-1-enyl-6-[7-methoxycarbonyl-
 heptyl]-,
 — anhydrid 18 IV 6046
—, 3-Hexyl-6-[7-methoxycarbonyl-heptyl]-,
 — anhydrid 18 IV 6032

Cyclohex-4-en-1,2-dicarbonsäure   (Fortsetzung)
—, 2-[1-Hydroxy-äthyl]-,
   — 2-lacton-1-methylester **18**
     IV 5452
—, 3-[1-Hydroxy-äthyl]-,
   — 2-lacton **18** IV 5452
—, 3-[1-Hydroxy-äthyl]-4-methyl-,
   — 2-lacton **18** IV 5463
—, 3-[1-Hydroxy-äthyl]-6-methyl-,
   — 2-lacton **18** IV 5463
—, 3-[1-Hydroxy-cyclopentyl]-,
   — anhydrid **18** IV 1264
—, 3-Hydroxy-1,2-dimethyl-,
   — 1-lacton **18** IV 5454
—, 3-[1-Hydroxy-1,3-dimethyl-but-2-enyl]-
   6-methyl-,
   — 2-lacton **18** IV 5508
—, 3-[6-Hydroxy-hexyl]-6-octyl-,
   — anhydrid **18** IV 1222
—, 6-[β-Hydroxy-isobutyl]-3,4-dimethyl-,
   — 1-lacton **18** IV 5484
—, 3-[α-Hydroxy-isopropyl]-,
   — 2-lacton **18** IV 5463
—, 3-[α-Hydroxy-isopropyl]-5-methyl-,
   — 2-lacton **18** IV 5469
   — 2-lacton-1-methylester **18**
     IV 5469
—, 3-[α-Hydroxy-isopropyl]-6-methyl-,
   — 2-lacton **18** IV 5469
—, 3-Hydroxymethyl-,
   — anhydrid **18** IV 1190
   — 2-lacton **18** IV 5437
—, 3-Hydroxy-1-methyl-,
   — 1-lacton **18** IV 5437
   — 1-lacton-2-methylester **18**
     IV 5437
—, 3-[1-Hydroxy-1-methyl-allyl]-6-
   methyl-,
   — 2-lacton **18** IV 5505
—, 3-Hydroxymethyl-4-methyl-,
   — 2-lacton **18** IV 5453
—, 3-Hydroxymethyl-5-methyl-,
   — 2-lacton **18** IV 5453
—, 3-[1-Hydroxy-1-methyl-prop-2-inyl]-6-
   methyl-,
   — 2-lacton **18** IV 5547
—, 3-[1-Hydroxy-1-methyl-propyl]-,
   — anhydrid **18** IV 1194
—, 3-[1-Hydroxy-1-propyl-butyl]-,
   — anhydrid **18** IV 1198
—, 3-[1-Hydroxy-propyl]-6-methyl-,
   — 2-lacton **18** IV 5469
—, 3-[4-Isobutylcarbamoyl-but-3-enyl]-6-
   methyl-,
   — anhydrid **18** IV 6037
—, 3-[6-Isobutylcarbamoyl-hexa-1,5-
   dienyl]-6-methyl-,
   — anhydrid **18** IV 6063

—, 6-Isobutyl-3,4-dimethyl-,
   — anhydrid **17** IV 6038
—, 4-Isohexyl-,
   — anhydrid **17** II 459 g
—, 3-Isopropenyl-5-methyl-,
   — anhydrid **17** IV 6080
—, 3-Isopropyl-,
   — anhydrid **17** IV 6020
—, 4-Isopropyl-,
   — anhydrid **17** IV 6020
—, 4-Isopropyl-5-methyl-,
   — anhydrid **17** IV 6028
—, 3-Isopropyl-6-[2]naphthyl-,
   — anhydrid **17** IV 6496
—, 3-Methoxy-,
   — anhydrid **18** IV 1187
—, 4-Methoxy-,
   — anhydrid **18** IV 1188
—, 3-[1-Methoxy-äthyl]-,
   — anhydrid **18** IV 1192
—, 3-Methoxycarbonylmethyl-6-propyl-,
   — anhydrid **18** IV 6024
—, 3-[2-Methoxycarbonyl-vinyl]-,
   — anhydrid **18** IV 6034
—, 3-Methoxy-1,2-dimethyl-,
   — anhydrid **18** IV 1192
—, 3-[7-Methoxy-hept-5-en-1,3-diinyl]-6-
   [3-methoxy-hexyl]-,
   — anhydrid **18** IV 2662
—, 4-Methoxy-1-methyl-,
   — anhydrid **18** IV 1190
—, 5-Methoxy-1-methyl-,
   — anhydrid **18** IV 1190
—, 3-[4-Methoxy-phenyl]-,
   — anhydrid **18** IV 1640
—, 4-[4-Methoxy-phenyl]-,
   — anhydrid **18** IV 1640
—, 3-[4-Methoxy-phenyl]-6-phenyl-,
   — anhydrid **18** IV 1934
—, 1-Methyl-,
   — anhydrid **17** IV 6001
—, 3-Methyl- **17** IV 6002
   — anhydrid **17** II 458 c, IV 6001
—, 4-Methyl-,
   — anhydrid **17** II 458 d, IV 6003
—, 3-[N-Methyl-anilino]-,
   — anhydrid **18** IV 8034
—, 6-Methyl-3,4-diphenyl-,
   — anhydrid **17** IV 6523
—, 4-Methyl-3-[3-methyl-but-2-enyl]-,
   — anhydrid **17** IV 6092
—, 4-Methyl-5-methylmercapto-,
   — anhydrid **18** IV 1191
—, 4-Methyl-5-[2-methyl-propan-2-
   sulfonyl]-,
   — anhydrid **18** IV 1191
—, 5-Methyl-3-[2-nitro-phenyl]-,
   — anhydrid **17** IV 6361

Cyclohex-4-en-1,2-dicarbonsäure (Fortsetzung)

—, 3-[2-Methyl-6-oxo-cyclohex-1-
   enylmethyl]-,
   — anhydrid **17** IV 6757
—, 3-Methyl-6-penta-1,3-diinyl-,
   — anhydrid **17** IV 6351
—, 4-[4-Methyl-pent-3-enyl]-,
   — anhydrid **17** II 462 b, IV 6092
—, 4-Methyl-3-*tert*-pentyl-,
   — anhydrid **17** IV 6037
—, 1-Methyl-6-phenyl-,
   — anhydrid **17** IV 6360
—, 3-Methyl-4-phenyl-,
   — anhydrid **17** IV 6360
—, 3-Methyl-5-phenyl-,
   — anhydrid **17** IV 6360
—, 3-Methyl-6-phenyl-,
   — anhydrid **17** II 489 b, IV 6361
—, 4-Methyl-3-phenyl-,
   — anhydrid **17** IV 6360
—, 4-Methyl-5-phenyl-,
   — anhydrid **17** IV 6361
—, 5-Methyl-3-phenyl-,
   — anhydrid **17** IV 6361
—, 3-Methyl-6-[phenyl-hexatriinyl]-,
   — anhydrid **17** IV 6549
—, 3-Methyl-6-propenyl-,
   — anhydrid **17** IV 6080
—, 3-Methyl-6-[2,3,5,6-tetramethyl-
   benzoyl]-,
   — anhydrid **17** IV 6783
—, 5-Methyl-3-trifluormethyl-,
   — anhydrid **17** IV 6015
—, 3-Methyl-6-[2,4,6-trimethyl-benzoyl]-,
   — anhydrid **17** IV 6783
—, 3-[1]Naphthyl-,
   — anhydrid **17** IV 6489
—, 3-[1]Naphthyl-6-[2]naphthyl-,
   — anhydrid **17** IV 6627
—, 3-[2]Naphthyl-6-phenyl-,
   — anhydrid **17** IV 6592
—, 4-Neopentyl-,
   — anhydrid **17** IV 6034
—, 3-[2-Nitro-phenyl]-,
   — anhydrid **17** IV 6353
—, 3-[4-Nitro-phenyl]-,
   — anhydrid **17** IV 6353
—, 3-[2-Nitro-phenyl]-6-phenyl-,
   — anhydrid **17** IV 6519
—, 3-[3-Nitro-phenyl]-6-phenyl-,
   — anhydrid **17** IV 6519
—, 3-[4-Nitro-phenyl]-6-phenyl-,
   — anhydrid **17** IV 6520
—, 3-Nona-1,7-dien-3,5-diinyl-,
   — anhydrid **17** IV 6450
—, 3-Non-7-en-1,3,5-triinyl-,
   — anhydrid **17** IV 6481
—, 4-Octyl-,
   — anhydrid **17** IV 6060

—, 3-[3-Oxo-butyl]-,
   — anhydrid **17** IV 6723
—, 4-Pentyl-,
   — anhydrid **17** IV 6034
—, 3-Phenäthyl-,
   — anhydrid **17** IV 6367
—, 3-Phenyl-,
   — anhydrid **17** II 488 b, IV 6352
—, 4-Phenyl-,
   — anhydrid **17** IV 6353
—, 3-Phenyl-6-styryl-,
   — anhydrid **17** II 513 b, IV 6540
—, 3-Propyl-,
   — anhydrid **17** IV 6020
—, 1,2,3,5-Tetramethyl-,
   — anhydrid **17** IV 6028
—, 1,2,4,5-Tetramethyl-,
   — anhydrid **17** IV 6029
—, 3,4,5,6-Tetramethyl-,
   — anhydrid **17** IV 6029
—, 3,4,5,6-Tetraphenyl-,
   — anhydrid **17** IV 6646
—, 3-*m*-Tolyl-,
   — anhydrid **17** IV 6359
—, 3-*o*-Tolyl-,
   — anhydrid **17** IV 6359
—, 3-*p*-Tolyl-,
   — anhydrid **17** IV 6360
—, 3-Triäthylsilyl-,
   — anhydrid **18** IV 8386
—, 3-Trifluormethyl-,
   — anhydrid **17** IV 6002
—, 4-Trifluormethyl-,
   — anhydrid **17** IV 6004
—, 1,4,5-Trimethyl-,
   — anhydrid **17** IV 6021
—, 3,3,4-Trimethyl- **17** IV 6022
   — anhydrid **17** IV 6022
—, 3,3,5-Trimethyl-,
   — anhydrid **17** II 459 d
—, 3,4,5-Trimethyl-,
   — anhydrid **17** IV 6022
—, 3,4,6-Trimethyl-,
   — anhydrid **17** IV 6022
—, 3-Trimethylsilyl-,
   — anhydrid **18** IV 8386
—, 4-[4,8,12-Trimethyl-tridecyl]-,
   — anhydrid **17** IV 6064
—, 3,4,6-Triphenyl-,
   — anhydrid **17** IV 6610
—, 3-Vinyl-,
   — anhydrid **17** IV 6072

Cyclohex-4-en-1,3-dicarbonsäure
   — anhydrid **17** II 458 b
—, 2-[2]Furyl-6-hydroxyimino-4-methyl-,
   — diäthylester **18** 497 f
—, 6-Phenyl-,
   — anhydrid **17** IV 6353

Cyclohex-6-en-1,2-dicarbonsäure
—, 3-Methyl-,
　— anhydrid **17** IV 6003
Cyclohex-2-en-1,4-dion
—, 5,6-Epoxy-2-methoxy-3-methyl- **18**
　IV 1186
—, 5,6-Epoxy-2-phenyl- **17** IV 6344
Cyclohex-2-enon
—, 3-Anilino-5-[2]furyl- **17** 465 c
—, 5,5-Dimethyl-3-[tetra-*O*-acetyl-
　glucopyranosyloxy]- **17** IV 3217
—, 4,5-Epoxy-4-hexadecyloxy-2,3,5,6-
　tetramethyl- **18** IV 122
—, 6-Furfuryliden-5-isopropenyl-2-
　methyl- **17** IV 5233
—, 5-[2]Furyl-3-methyl- **17** 322 g,
　II 346 g, IV 4986
　— oxim **17** 322 h
　— semicarbazon **17** II 346 h
　— thiosemicarbazon **17** II 346 i
—, 3-[2-[2]Furyl-vinyl]-6-isopropyl- **17**
　IV 5152
—, 3-Hydroxy-5,5-dimethyl-2-xanthen-9-yl-
　17 IV 6496
—, 5-[5-Isobutyl-[3]furyl]-2-methyl- **17**
　IV 5028
　— oxim **17** IV 5028
　— semicarbazon **17** IV 5028
Cyclohexenoxid 17 21 e, II 29 a
Cyclohex-1-en-1,2,4,5-tetracarbonsäure
　— 4,5-anhydrid-1,2-dimethylester
　18 IV 6215
Cyclohex-5-en-1,2,3,4-tetracarbonsäure
　— 2,3-anhydrid-1,4-dimethylester
　18 IV 6215
　— 1,4-diäthylester-2,3-anhydrid **18**
　II 373 b
—, 5-Methyl-,
　— 2,3-anhydrid-1,4-dimethylester
　18 IV 6216
Cyclohex-4-en-1,2,3-tricarbonsäure
　— 1,2-anhydrid-3-methylester **18**
　IV 6019
—, 4-Äthoxy-,
　— 3-äthylester-1,2-anhydrid **18**
　IV 6465
—, 6-Brommethyl-,
　— 3-äthylester-1,2-anhydrid **18**
　IV 6022
—, 6-*sec*-Butyl-5-methyl-,
　— 1,2-anhydrid **18** IV 6025
　— 2,3-anhydrid **18** IV 6025
—, 3,6-Dimethyl-4,5-diphenyl-,
　— 1,2-anhydrid **18** IV 6107
—, 4,5-Diphenyl-,
　— 1,2-anhydrid-3-methylester **18**
　IV 6106

—, 6-Methyl-,
　— 3-äthylester-1,2-anhydrid **18**
　II 355 e, IV 6021
　— 1,2-anhydrid **18** II 355 d,
　IV 6020
　— 2,3-anhydrid **18** IV 6020
　— 1,2-anhydrid-3-[2-chlor-äthylester]
　18 IV 6021
　— 1,2-anhydrid-3-menthylester **18**
　IV 6021
　— 1,2-anhydrid-3-methylester **18**
　IV 6021
—, 6-Methyl-5-phenoxy-,
　— 3-äthylester-1,2-anhydrid **18**
　IV 6465
—, 6-Phenyl-,
　— 1,2-anhydrid-3-methylester **18**
　IV 6088
—, 6-Undecyl-,
　— 3-äthylester-1,2-anhydrid **18**
　IV 6031
—, 6-Vinyl-,
　— 1,2-anhydrid-3-methylester **18**
　IV 6034
2,5-Cyclo-indeno[7,1-*bc*]oxepin-4,7-dion
—, 5-Acetoxy-4a,8,9b-trimethyl-2,3,4a,5,=
　6,6a,9a,9b-octahydro- **18** IV 1445
—, 5-Hydroxy-4a,8,9b-trimethyl-
　decahydro- **18** IV 1288
—, 5-Hydroxy-4a,8,9b-trimethyl-2,3,4a,5,=
　6,6a,9a,9b-octahydro- **18** IV 1445
2,5-Cyclo-indeno[7,1-*bc*]oxepin-7-on
—, 4-Acetoxy-5-hydroxy-4a,8,9b-
　trimethyl-decahydro- **18** IV 1220
—, 4-Acetoxy-5-hydroxy-4a,8,9b-
　trimethyl-3,4,4a,5,6,6a,9a,9b-octahydro-
　2*H*- **18** IV 1287
—, 4,5-Diacetoxy-4a,8,9b-trimethyl-
　decahydro- **18** IV 1220
—, 4,5-Diacetoxy-4a,8,9b-trimethyl-
　3,4,4a,5,6,6a,9a,9b-octahydro-2*H*- **18**
　IV 1287
　— [2,4-dinitro-phenylhydrazon] **18**
　IV 1288
—, 4,5-Dihydroxy-4a,8,9b-trimethyl-
　decahydro- **18** IV 1219
—, 4,5-Dihydroxy-4a,8,9b-trimethyl-
　3,4,4a,5,6,6a,9a,9b-octahydro-2*H*- **18**
　IV 1287
　— [2,4-dinitro-phenylhydrazon] **18**
　IV 1288
—, 5-Hydroxy-4a,8,9b-trimethyl-4-
　[4-nitro-benzoyloxy]-3,4,4a,5,6,6a,9a,9b-
　octahydro-2*H*- **18** IV 1287
2,5-Cyclo-indeno[7,1-*bc*]oxepin-4,5,7-triol
—, 4a,8,9b-Trimethyl-decahydro- **17**
　IV 2337

4,7-Cyclo-isochromen-8-carbonsäure
—, 4-Brom-3,3-dimethyl-1-oxo-
  octahydro- **18** IV 5473
  — äthylester **18** IV 5474
  — methylester **18** IV 5474
—, 4-Brom-1-oxo-3,3-diphenyl-3,4,4a,7,8,≈
  8a-hexahydro-1*H*-,
  — methylester **18** IV 5701
—, 4-Brom-1-oxo-3,3-diphenyl-
  octahydro-,
  — methylester **18** IV 5698
—, 3,3-Dimethyl-1-oxo-3,4,4a,7,8,8a-
  hexahydro-1*H*- **18** IV 5503
  — methylester **18** IV 5503
—, 3,3-Dimethyl-1-oxo-octahydro- **18**
  IV 5473
  — äthylester **18** IV 5473
—, 4-Hydroxy-3,3-dimethyl-1-oxo-
  octahydro- **18** IV 6301
  — äthylester **18** IV 6302
  — methylester **18** IV 6302
—, 4-Hydroxy-3-hydroxymethyl-3-
  methyl-1-oxo-octahydro- **18** IV 6463
  — methylester **18** IV 6463
9,19-Cyclo-lanostan
—, 3-Acetoxy-24,25-epoxy- **17** IV 1524
—, 3-Acetoxy-25,26-epoxy-24-methyl-
  17 IV 1531
Cyclolaudenoloxid
—, *O*-Acetyl- **17** IV 1531
6,9a-Cyclo-naphtho[1,2-*b*]furan s. 6,9a-Cyclo-
azuleno[4,5-*b*]furan
Cyclonona-1,5-dien-1,2,4,5-tetracarbonsäure
—, 7,8-Diäthyl-4-methyl-,
  — 1,2-anhydrid-4,5-dimethylester
  18 IV 6219
  — 4,5-anhydrid-1,2-dimethylester
  18 IV 6219
Cyclonona[*c*]furan-5,6-dicarbonsäure
—, 8,9-Diäthyl-3a-methyl-1,3-dioxo-
  3,3a,4,7,8,9-hexahydro-1*H*-,
  — dimethylester **18** IV 6219
—, 8,9-Diäthyl-5-methyl-1,3-dioxo-
  3,4,5,8,9,10-hexahydro-1*H*-,
  — dimethylester **18** IV 6219
—, 8,9-Diäthyl-3a-methyl-1,3-dioxo-
  3,3a,4,5,6,7,8,9-octahydro-1*H*- **18**
  IV 6218
Cyclononan
—, 1,5-Epoxy- s. 10-Oxa-bicyclo[4.3.1]≈
decan
Cyclononancarbonsäure
—, 4-Hydroxy-,
  — lacton **17** IV 4368
Cyclonona[*b*]pyran-2,4-dion
—, 3-Benzyl-6,7,8,9,10,11-hexahydro-
  5*H*- **17** IV 6374
—, 6,7,8,9,10,11-Hexahydro-5*H*- **17**
  IV 6027

Cyclonona[*b*]pyran-2-on
—, 3-Benzyl-4-hydroxy-6,7,8,9,10,11-
  hexahydro-5*H*- **17** IV 6374
—, 4-Hydroxy-6,7,8,9,10,11-hexahydro-
  5*H*- **17** IV 6027
Cyclonon-5-en-1,2,4,5-tetracarbonsäure
—, 7,8-Diäthyl-9-hydroxy-4-methyl-,
  — 2-lacton-1,4,5-trimethylester **18**
  IV 6243
—, 7,8-Diäthyl-4-methyl-,
  — 4,5-anhydrid **18** IV 6218
  — 4,5-anhydrid-1,2-dimethylester
  18 IV 6218
2,6-Cyclo-norbornan-3-carbonsäure
—, 2-Brommethyl-5-hydroxy-,
  — lacton **17** IV 4735
—, 2-Chlorcarbonyl-5-hydroxy-,
  — lacton **18** IV 5499
—, 5-Hydroxy-2-methyl-,
  — lacton **17** IV 4735
—, 5-Hydroxy-2-phenyl-,
  — lacton **17** IV 5279
**2,6-Cyclo-norbornan-2,3-dicarbon≈
säure**
—, 5-Acetoxy-5-hydroxy-,
  — 3-lacton **18** IV 6308
  — 3-lacton-2-methylester **18**
  IV 6308
—, 3-Brom-5-hydroxy-,
  — 3-lacton **18** IV 5499
  — 3-lacton-2-methylester **18**
  IV 5500
—, 5-Hydroxy-,
  — 3-lacton **18** IV 5499
  — 3-lacton-2-methylester **18**
  IV 5499
—, 5-Hydroxy-3-methyl-,
  — 3-lacton **18** IV 5501
  — 3-lacton-2-methylester **18**
  IV 5501
**16,24-Cyclo-21-nor-chola-5,17(20)-dien-23,24-
dicarbonsäure**
—, 3,20-Diacetoxy-,
  — anhydrid **18** IV 2667
12,23-Cyclo-24-nor-cholan
—, 12,23-Epoxy- **17** IV 540
**16,24-Cyclo-19-nor-chola-1,3,5(10),17(20)-
tetraen-23,24-dicarbonsäure**
—, 3-Acetoxy-,
  — anhydrid **18** IV 1925
**16,24-Cyclo-21-nor-chola-3,5,17(20)-trien-
23,24-dicarbonsäure**
—, 3,20-Diacetoxy-,
  — anhydrid **18** IV 2789
**16,24-Cyclo-21-nor-chol-4-en-23,24-
dicarbonsäure**
—, 3-Oxo-,
  — anhydrid **17** IV 6790

6,10-Cyclo-19-nor-ergostan
—, 2-Acetoxy-7,8-epoxy-5-methyl- **17**
IV 1520
6,10-Cyclo-19-nor-ergostan-2-on
—, 7,8-Epoxy-5-methyl- **17** IV 5178
Cyclonovobiocinsäure 18 IV 8126
Cycloocta[*b*]furan
—, 2-Methyl-4,5,6,7,8,9-hexahydro- **17**
IV 384
Cycloocta[*c*]furan
—, 1,3-Diäthyl-1,3-dimethyl-1,3,3a,9a-
tetrahydro- **17** IV 466
—, 1,1,3,3-Tetramethyl-1,3,3a,9a-
tetrahydro- **17** IV 460
Cycloocta[*b*]furan-3-carbonsäure
—, 2-Äthyl-4,5,6,7,8,9-hexahydro- **18**
IV 4192
    — äthylester **18** IV 4192
—, 2-Methyl-4,5,6,7,8,9-hexahydro- **18**
IV 4191
    — äthylester **18** IV 4191
—, 2-Pentyl-4,5,6,7,8,9-hexahydro- **18**
IV 4195
    — äthylester **18** IV 4195
Cyclooctan
—, 1,5-Epithio- s. 9-Thia-bicyclo[3.3.1]≈
nonan
—, 1,2-Epoxy- **17** IV 190
—, 1,4-Epoxy- s. 9-Oxa-bicyclo[4.2.1]≈
nonan
—, 1,5-Epoxy- s. 9-Oxa-bicyclo[3.3.1]≈
nonan
—, 1-[2,3-Epoxy-propoxy]-2-methoxy-
17 IV 998
—, 1-Methoxy-2-oxiranylmethoxy- **17**
IV 998
Cycloocta[*b*]naphthalin
—, 5,12-Epoxy- s. 5,12-Epoxido-
cycloocta[*b*]naphthalin
Cycloocta[*a*]naphthalin-5,6-dicarbonsäure
—, 7,8,9,10,11,12-Hexahydro-,
    — anhydrid **17** IV 6463
Cycloocta[3,4]naphtho[1,2-*c*]furan-1,3-dion
—, 8,9,10,11,12,13-Hexahydro- **17**
IV 6463
Cyclooctan-1,5-dicarbonsäure
    — anhydrid **17** IV 5961
Cyclooctanol
—, 2,3-Epoxy- **17** IV 1204
—, 2-[2,3-Epoxy-propoxy]- **17**
IV 997
—, 2-Oxiranylmethoxy- **17** IV 997
Cyclooctanon
—, 2,3-Epoxy- **17** IV 4331
Cycloocta[*b*]pyran-2,4-dion
—, 3-Benzyl-5,6,7,8,9,10-hexahydro- **17**
IV 6372

—, 5,6,7,8,9,10-Hexahydro- **17** IV 6020
Cycloocta[*b*]pyran-2-on
—, 3-Benzyl-4-hydroxy-5,6,7,8,9,10-
hexahydro- **17** IV 6372
—, 4-Hydroxy-5,6,7,8,9,10-hexahydro-
17 IV 6020
Cyclooctatetraenoxid
s. 9-Oxa-bicyclo[6.1.0]nona-2,4,6-trien
1λ⁶-Cycloocta[*b*]thiophen
—, 3,3a-Dibrom-1,1-dioxo-decahydro-
17 IV 208
—, 1,1-Dioxo-2,4,5,6,7,8,9,9a-octahydro-
17 IV 325
Cycloocta[*b*]thiophen-1,1-dioxid
—, 3,3a-Dibrom-decahydro- **17** IV 208
—, 2,4,5,6,7,8,9,9a-Octahydro- **17**
IV 325
Cycloocta[*b*]thiophen-4-on
—, 2-Äthyl-6,7,8,9-tetrahydro-5*H*- **17**
IV 4749
    — [2,4-dinitro-phenylhydrazon] **17**
    IV 4749
Cycloocta-1,3,5-trien
—, 7,8-Epoxy- **17** IV 403
Cycloocten
—, 3,4-Epoxy- **17** IV 312
—, 1-[2]Thienyl- **17** IV 449
Cyclooct[*e*]isobenzofuran-1,3-dion
—, 3a,4,6,7,8,9,10,11,11a,11b-Decahydro-
17 IV 6094
Cyclooctoxiren
—, Octahydro- s. Cyclooctan, Epoxy-
Cyclopenta[*b*]benzofuran
—, 5-Brom-2,3,3a,8b-tetrahydro-1*H*- **17**
IV 520
—, 7-Brom-2,3,3a,8b-tetrahydro-1*H*- **17**
IV 520
—, 2,3,3a,8b-Tetrahydro-1*H*- **17** IV 520
—, 3a,6,8a,8b-Tetramethyl-decahydro
s. a. Apothrichothecan
Cyclopenta[*b*]benzofuran-3a-carbonsäure
—, 3-Brom-1-butyryloxy-6,8a,8b-
trimethyl-7-oxo-decahydro- **18**
IV 6305
—, 1-Butyryloxy-3-chlor-7-[2,4-dinitro-
phenylhydrazono]-6,8a,8b-trimethyl-
decahydro- **18** IV 6305
—, 1-Butyryloxy-3-chlor-6,8a,8b-
trimethyl-7-oxo-decahydro- **18**
IV 6305
    — amid **18** IV 6305
—, 3-Chlor-1-crotonoyloxy-6,8a,8b-
trimethyl-7-oxo-1,2,3,4,7,8,8a,8b-
octahydro- **18** IV 6310
—, 3-Chlor-1-hydroxy-6,8a,8b-trimethyl-
7-oxo-decahydro- **18** IV 6305
—, 6,8a,8b-Trimethyl-1,7-dioxo-
decahydro- **18** IV 6027
    — methylester **18** IV 6027

Cyclopenta[*b*]benzofuran-
3a-carbonsäure (Fortsetzung)
—, 6,8a,8b-Trimethyl-3,7-dioxo-
decahydro- **18** IV 6027
—, 6,8a,8b-Trimethyl-1,7-dioxo-1,4a,7,8,⇌
8a,8b-hexahydro- **18** IV 6062
—, 6,8a,8b-Trimethyl-3,7-dioxo-3,4a,7,8,⇌
8a,8b-hexahydro- **18** IV 6061
—, 6,8a,8b-Trimethyl-1,7-dioxo-1,4a,5,6,⇌
7,8,8a,8b-octahydro- **18** IV 6038
—, 6,8a,8b-Trimethyl-3,7-dioxo-3,4a,5,6,⇌
7,8,8a,8b-octahydro- **18** IV 6038
Cyclopenta[*b*]benzofuran-1,7-dion
—, 3-Chlor-3a-hydroxymethyl-6,8a,8b-
trimethyl-2,3,3a,8,8a,8b-hexahydro-4a*H*-
18 IV 1285
— 7-[2,4-dinitro-phenylhydrazon]
18 IV 1285
—, 3-Chlor-3a-hydroxymethyl-6,8a,8b-
trimethyl-octahydro- **18** IV 1219
—, 3a-Hydroxymethyl-6,8a,8b-trimethyl-
3a,5,6,8,8a,8b-hexahydro-4a*H*- **18**
IV 1285
—, 3a-Hydroxymethyl-6,8a,8b-trimethyl-
octahydro- **18** IV 1219
—, 3a-Hydroxymethyl-6,8a,8b-trimethyl-
3a,8,8a,8b-tetrahydro-4a*H*- **18** IV 1445
Cyclopenta[*b*]benzofuran-3,7-dion
—, 3a-Acetoxymethyl-6,8a,8b-trimethyl-
3a,8,8a,8b-tetrahydro-4a*H*- **18** IV 1444
—, 3a-Hydroxymethyl-6,8a,8b-trimethyl-
3a,5,6,8,8a,8b-hexahydro-4a*H*- **18**
IV 1285
—, 3a-Hydroxymethyl-6,8a,8b-trimethyl-
octahydro- **18** IV 1219
—, 3a-Hydroxymethyl-6,8a,8b-trimethyl-
3a,8,8a,8b-tetrahydro-4a*H*- **18** IV 1444
—, 6,8a,8b-Trimethyl-3a,5,6,8,8a,8b-
hexahydro-4a*H*- **17** IV 6099
—, 6,8a,8b-Trimethyl-octahydro- **17**
IV 6043
— bis-[2,4-dinitro-phenylhydrazon]
17 IV 6043
— disemicarbazon **17** IV 6043
—, 6,8a,8b-Trimethyl-3a,8,8a,8b-
tetrahydro-4a*H*- **17** IV 6218
— mono-[2,4-dinitro-phenylhydrazon]
17 IV 6219
Cyclopenta[*b*]benzofuran-7-ol
—, 3-Chlor-1-crotonoyloxy-3a-
hydroxymethyl-6,8a,8b-trimethyl-
2,3,3a,4a,7,8,8a,8b-octahydro-1*H*- **17**
IV 2337
Cyclopenta[*b*]benzofuran-7-on
—, 3-Brom-1-crotonoyloxy-3a-
hydroxymethyl-6,8a,8b-trimethyl-2,3,3a,8,⇌
8a,8b-hexahydro-1*H*,4a*H*- **18** IV 1218

—, 3-Brom-1-hydroxy-3a-hydroxymethyl-
6,8a,8b-trimethyl-2,3,3a,8,8a,8b-
hexahydro-1*H*,4a*H*- **18** IV 1218
— [4-chlor-2-nitro-phenylhydrazon]
18 IV 1218
— semicarbazon **18** IV 1218
—, 3-Chlor-1-crotonoyloxy-3a-
hydroxymethyl-6,8a,8b-trimethyl-2,3,3a,8,⇌
8a,8b-hexahydro-1*H*,4a*H*- **18** IV 1217
— [4-chlor-2-nitro-phenylhydrazon]
18 IV 1218
— [2,4-dinitro-phenylhydrazon] **18**
IV 1218
—, 3-Chlor-1-hydroxy-3a-
hydroxymethyl-6,8a,8b-trimethyl-2,3,3a,8,⇌
8a,8b-hexahydro-1*H*,4a*H*- **18** IV 1216
— [4-brom-2-nitro-phenylhydrazon]
18 IV 1217
— [4-chlor-2-nitro-phenylhydrazon]
18 IV 1217
— [2,4-dinitro-phenylhydrazon] **18**
IV 1217
— semicarbazon **18** IV 1217
—, 1-Crotonoyloxy-3-hydroxy-3a-
hydroxymethyl-6,8a,8b-trimethyl-2,3,3a,8,⇌
8a,8b-hexahydro-1*H*,4a*H*- **18** IV 2331
—, 1,3-Dihydroxy-3a-hydroxymethyl-
6,8a,8b-trimethyl-2,3,3a,8,8a,8b-
hexahydro-1*H*,4a*H*- **18** IV 2331
—, 1,3-Dihydroxy-3a-hydroxymethyl-
6,8a,8b-trimethyl-octahydro- **18** IV 2322
Cyclopenta[*b*][1]benzopyran
s. Cyclopenta[*b*]chromen
Cyclopenta[*b*][1]benzothiophen
s. Benzo[*b*]cyclopenta[*d*]thiophen
Cyclopenta[*b*]chromen
—, 1,2-Diphenyl- **17** IV 786
—, 2-Phenyl- **17** IV 732
Cyclopenta[*h*]chromen
—, 6-Acetoxy-2-methyl-2-[4,8,12-
trimethyl-tridecyl]-2,3,4,7,8,9-hexahydro-
17 IV 1521
—, 6-Allophanoyloxy-2-methyl-2-[4,8,12-
trimethyl-tridecyl]-2,3,4,7,8,9-hexahydro-
17 IV 1521
Cyclopenta[*c*]chromen-8-carbonsäure
—, 7-Acetoxy-2-methyl-4-oxo-1,2,3,4-
tetrahydro-,
— methylester **18** IV 6404
—, 7-Acetoxy-4-oxo-1,2,3,4-tetrahydro-,
— methylester **18** IV 6403
—, 7-Hydroxy-2-methyl-4-oxo-1,2,3,4-
tetrahydro- **18** IV 6404
— methylester **18** IV 6404
—, 7-Hydroxy-4-oxo-1,2,3,4-tetrahydro-
18 IV 6403
— methylester **18** IV 6403
— phenylester **18** IV 6403

Cyclopenta[*b*]chromen-3a-ol
—, 9-Phenacyl-1,2,9,9a-tetrahydro-3*H*-
   8 III 2970 b
Cyclopenta[*c*]chromen-7-ol
—, 4-Imino-1,2,3,4-tetrahydro- **18**
   IV 505
Cyclopenta[*c*]chromen-9-ol
—, 4,4-Dimethyl-7-pentyl-1,2,3,4-
   tetrahydro- **17** IV 1558
—, 4,4,7-Trimethyl-1,2,3,4-tetrahydro-
   17 IV 1552
Cyclopenta[*h*]chromen-6-ol
—, 2-Methyl-2-[4,8,12-trimethyl-tridecyl]-
   2,3,4,7,8,9-hexahydro- **17** IV 1520
Cyclopenta[*b*]chromen-9-on
—, 6-Acetoxy-2,3-dihydro-1*H*- **18**
   IV 504
—, 7-Amino-2,3-dihydro-1*H*- **18**
   IV 7943
—, 3-Benzyliden-2,3-dihydro-1*H*- **17**
   IV 5540
—, 7-Chlor-2,3-dihydro-1*H*- **17** IV 5206
—, 2,3-Dihydro-1*H*- **17** IV 5206
—, 6-Hydroxy-2,3-dihydro-1*H*- **18**
   IV 504
—, 8-Hydroxy-2,3-dihydro-1*H*- **18**
   IV 504
—, 6-Methyl-2,3-dihydro-1*H*- **17**
   IV 5218
—, 7-Methyl-2,3-dihydro-1*H*- **17**
   IV 5219
—, 7-Nitro-2,3-dihydro-1*H*- **17** IV 5206
Cyclopenta[*c*]chromen-4-on
—, 7-Acetoxy-6-acetyl-2,3-dihydro-1*H*-
   18 IV 1641
—, 7-Acetoxy-8-acetyl-2,3-dihydro-1*H*-
   18 IV 1641
—, 9-Acetoxy-8-acetyl-2,3-dihydro-1*H*- **18**
   IV 1642
—, 7-Acetoxy-6-acetyl-2-methyl-2,3-
   dihydro-1*H*- **18** IV 1645
—, 7-Acetoxy-8-äthyl-2,3-dihydro-1*H*-
   18 IV 521
—, 7-Acetoxy-8-äthyl-2-methyl-2,3-
   dihydro-1*H*- **18** IV 528
—, 7-Acetoxy-2,3-dihydro-1*H*- **18**
   IV 505
—, 9-Acetoxy-2,7-dimethyl-2,3-dihydro-
   1*H*- **18** IV 522
—, 7-Acetoxy-2-methyl-2,3-dihydro-1*H*-
   18 44 d, IV 515
—, 9-Acetoxy-7-methyl-2,3-dihydro-1*H*-
   18 IV 516
—, 7-Acetoxy-9-pentadecyl-2,3-dihydro-
   1*H*- **18** IV 559
—, 9-Acetoxy-7-pentyl-2,3-dihydro-1*H*-
   18 IV 535
—, 6-Acetyl-7-hydroxy-2,3-dihydro-1*H*-
   18 IV 1641

—, 8-Acetyl-7-hydroxy-2,3-dihydro-1*H*-
   18 IV 1641
—, 8-Acetyl-9-hydroxy-2,3-dihydro-1*H*-
   18 IV 1641
—, 6-Acetyl-7-hydroxy-2-methyl-2,3-
   dihydro-1*H*- **18** IV 1645
—, 6-Acetyl-9-hydroxy-2-methyl-2,3-
   dihydro-1*H*- **18** IV 1645
—, 8-Acetyl-9-hydroxy-2-methyl-2,3-
   dihydro-1*H*- **18** IV 1645
—, 8-Äthyl-7-hydroxy-2,3-dihydro-1*H*-
   18 IV 521
—, 8-Äthyl-7-hydroxy-2-methyl-2,3-
   dihydro-1*H*- **18** IV 527
—, 7-Benzoyloxy-2,3-dihydro-1*H*- **18**
   IV 505
—, 8-Chlor-7-diäthoxythiophosphoryloxy-
   2,3-dihydro-1*H*- **18** IV 505
—, 8-Chlor-7-hydroxy-2,3-dihydro-1*H*-
   18 IV 505
—, 6,7-Diacetoxy-2,3-dihydro-1*H*- **18**
   IV 1550
—, 7,9-Diacetoxy-2,3-dihydro-1*H*- **18**
   IV 1551
—, 6,7-Diacetoxy-2-methyl-2,3-dihydro-
   1*H*- **18** IV 1564
—, 7,9-Diacetoxy-2-methyl-2,3-dihydro-
   1*H*- **18** IV 1564
—, 7-Diäthoxythiophosphoryloxy-2,3-
   dihydro-1*H*- **18** IV 505
—, 7-Diäthylamino-2,3-dihydro-1*H*- **18**
   IV 7944
—, 6,8-Diäthyl-9-hydroxy-2,3-dihydro-
   1*H*- **18** IV 533
—, 6,8-Diäthyl-9-hydroxy-2-methyl-2,3-
   dihydro-1*H*- **18** IV 536
—, 2,3-Dihydro-1*H*- **17** IV 5207
—, 6,7-Dihydroxy-2,3-dihydro-1*H*- **18**
   IV 1550
—, 7,9-Dihydroxy-2,3-dihydro-1*H*- **18**
   IV 1551
   — imin **18** IV 1551
—, 6,7-Dihydroxy-2-methyl-2,3-dihydro-
   1*H*- **18** 109 d, IV 1564
—, 7,9-Dihydroxy-2-methyl-2,3-dihydro-
   1*H*- **18** IV 1564
—, 7-Dimethoxythiophosphoryloxy-2,3-
   dihydro-1*H*- **18** IV 505
—, 7-Hydroxy-2,3-dihydro-1*H*- **18**
   IV 504
   — imin **18** IV 505
—, 9-Hydroxy-2,7-dimethyl-2,3-dihydro-
   1*H*- **18** IV 522
—, 5a-Hydroxy-3a-methyl-decahydro-
   10 III 2943 c
—, 7-Hydroxy-2-methyl-2,3-dihydro-
   1*H*- **18** 44 c, IV 515
—, 9-Hydroxy-7-methyl-2,3-dihydro-
   1*H*- **18** IV 515

Cyclopenta[c]chromen-4-on (Fortsetzung)
—, 7-Hydroxy-9-pentadecyl-2,3-dihydro-
1*H*- **18** IV 559
—, 9-Hydroxy-7-pentyl-2,3-dihydro-1*H*-
18 IV 535
—, 7-Methyl-2,3-dihydro-1*H*- **17**
IV 5219
—, 8-Methyl-2,3-dihydro-1*H*- **17**
IV 5219
Cyclopenta[f]chromen-1-on
—, 3-[4-Methoxy-phenyl]-8,9-dihydro-
7*H*- **18** IV 806
Cyclopenta[g]chromen-2-on
—, 4-Phenyl-4,6,7,8-tetrahydro-3*H*- **17**
IV 5475
Cyclopenta[g]chromen-4-on
—, 2-[4-Methoxy-phenyl]-7,8-dihydro-
6*H*- **18** IV 805
—, 2-[4-Nitro-phenyl]-7,8-dihydro-6*H*-
17 IV 5512
—, 2-Phenyl-7,8-dihydro-6*H*- **17**
IV 5512
Cyclopenta[g]chromen-8-on
—, 5,9-Dimethoxy-2,2-dimethyl-3,4,6,7-
tetrahydro-2*H*-,
— [2,4-dinitro-phenylhydrazon] **18**
IV 1431
Cyclopenta[a]chromenylium
—, 1-Methyl-3-salicyliden-2,3-dihydro-
1*H*- **17** I 99 d
—, 2-Methyl-3-salicyliden-2,3-dihydro-
1*H*- **17** I 99 d
Cyclopenta[b]chromenylium
—, 2-Phenyl-1*H*- **17** IV 1701
—, 3-Salicyliden-2,3-dihydro-1*H*- **17**
I 99 b
Cyclopenta[a]chrysen
—, 1-Isopropyl-3a,5a,5b,8,8,11a-
hexamethyl-eicosahydro- s. Lupan
Cyclopenta[a]chrysen-7a-carbonsäure
—, 13,13a-Epoxy-3-isopropyl-3a,5a,10,⁼
11-tetramethyl-Δ⁵ᵇ⁽¹¹ᵇ⁾-octadecahydro-,
— methylester **18** IV 4321
Cyclopenta[hi]chrysen-6b,10a-dicarbonsäure
—, 8,9-Dimethyl-4,5,7,10,11,12-
hexahydro-,
— anhydrid **17** IV 6543
—, 4,5,7,10,11,12-Hexahydro-,
— anhydrid **17** IV 6542
Cyclopenta[2,3]cyclopropa[1,2-g]benzofuran
s. 6,9a-Cyclo-azuleno[4,5-b]furan
Cyclopentadecan
—, 1,2-Epoxy-3-methyl- **17** IV 225
Cyclopentadeca[b]pyran-2,4-dion
—, 3-Benzyl-6,7,8,9,10,11,12,13,14,15,16,⁼
17-dodecahydro-5*H*- **17** IV 6382

Cyclopentadeca[b]pyran-2-on
—, 3-Benzyl-4-hydroxy-6,7,8,9,10,11,12,⁼
13,14,15,16,17-dodecahydro-5*H*- **17**
IV 6382
—, 17a-Hydroxy-hexadecahydro- **10**
III 2896 e
Cyclopentadecoxiren
—, Tetradecahydro- s.
Cyclopentadecan, Epoxy-
Cyclopentadien
—, Furfuryliden- **17** IV 547
—, Tetrachlor-furfuryliden- **17** IV 547
Cyclopenta-1,3-dien
—, 2-Furfuryl- **17** IV 506
—, 5-Furfuryl- **17** IV 507
—, 5-Furfuryliden-1,2,3,4-tetraphenyl-
17 IV 836
Cyclopenta-1,4-dien-1,2,3-triol
—, 5-Methyl- **17** IV 5833
Cyclopenta[k]fluoranthen-7a,10a-
dicarbonsäure
—, 7-Äthyl-11-methyl-9,10-dihydro-8*H*-,
— anhydrid **17** IV 6561
—, 7,11-Diäthyl-9,10-dihydro-8*H*-,
— anhydrid **17** IV 6562
—, 7,11-Dimethyl-9,10-dihydro-8*H*-,
— anhydrid **17** IV 6558
—, 7,11-Diphenyl-9,10-dihydro-8*H*-,
— anhydrid **17** IV 6659
—, 7,11-Di-p-tolyl-9,10-dihydro-8*H*-,
— anhydrid **17** IV 6660
Cyclopenta[b]furan
—, Hexahydro- **17** IV 176
—, 2-Imino-6,6,6a-trimethyl-hexahydro-
17 IV 4365
—, 2-Methyl-5,6-dihydro-4*H*- **17**
IV 372
—, 3-[4-Nitro-benzoyloxy]-hexahydro-
17 IV 1201
—, 6,6,6a-Trimethyl-hexahydro- **17** 22 e
Cyclopenta[c]furan
—, 3,6-Dimethyl-1,1-diphenyl-
hexahydro- **17** IV 679
—, Hexahydro- **17** IV 177
—, 5-Isopropyliden-1,1,3,3-tetramethyl-
3,5-dihydro-1*H*- **17** IV 464
Cyclopenta[c]furan-4-carbaldehyd
—, 5-Methyl-3,3a,6,6a-tetrahydro-1*H*-
17 IV 4601
— [2,4-dinitro-phenylhydrazon] **17**
IV 4602
— semicarbazon **17** IV 4602
—, 3,3a,6,6a-Tetrahydro-1*H*- **17**
IV 4576
— [2,4-dinitro-phenylhydrazon] **17**
IV 4576
Cyclopenta[c]furan-4-carbonitril
—, 4-Hydroxy-3a-methyl-1-oxo-
hexahydro- **18** IV 6282

Cyclopenta[c]furan-4-carbonitril (Fortsetzung)
—, 3a-Methyl-1-oxo-3,3a,6,6a-
tetrahydro-1H- **18** IV 5437
Cyclopenta[b]furan-4-carbonsäure
—, 3-[2-Äthoxycarbonyl-äthyl]-4-methyl-
2-oxo-hexahydro-,
— äthylester **18** IV 6134
—, 3-Äthoxycarbonylmethyl-4-methyl-2-
oxo-hexahydro-,
— äthylester **18** IV 6133
—, 3a-Methyl-2-oxo-hexahydro- **18**
IV 5352
Cyclopenta[b]furan-5-carbonsäure
—, 4-Hydroxy-hexahydro-,
— äthylester **18** IV 4823
Cyclopenta[b]furan-6a-carbonsäure
—, 3,3,6-Trimethyl-2-oxo-hexahydro-
18 IV 5370
Cyclopenta[c]furan-4-carbonsäure
—, 5-Acetoxy-6-brom-1-methoxy-3-oxo-
hexahydro-,
— methylester **18** IV 6459
—, 4-Acetoxy-3a,6a-dimethyl-1-oxo-
hexahydro- **18** 523 c
—, 6a-Acetoxy-3a,4-dimethyl-1-oxo-
hexahydro- **18** 523 c
—, 6-Brom-1,5-dihydroxy-3-oxo-
hexahydro- **10** III 4711 a
—, 6-Brom-5-hydroxy-1-methoxy-3-oxo-
hexahydro-,
— methylester **18** IV 6459
—, 6-Chlor-5-hydroxy-1-methoxy-3-oxo-
hexahydro-,
— methylester **18** IV 6458
—, 3a,4-Dimethyl-1,3-dioxo-hexahydro-
18 IV 5993
—, 3a,6a-Dimethyl-1,3-dioxo-hexahydro-
18 IV 5993
—, 3a,4-Dimethyl-1-oxo-hexahydro-
18 400 a, 401 c, IV 5360
— amid **18** 400 d, IV 5360
— anhydrid **18** 400 c, 401 b,
IV 5360
— methylester **18** 401 a, IV 5360
—, 3a,6a-Dimethyl-1-oxo-hexahydro-
18 400 a, 401 c, IV 5360
— amid **18** 400 d, IV 5360
— anhydrid **18** 400 c, 401 b,
IV 5360
— methylester **18** 401 a, IV 5360
—, 4-Hydroxy-3a,6a-dimethyl-1-oxo-
hexahydro- **18** 523 b
—, 6a-Hydroxy-3a,4-dimethyl-1-oxo-
hexahydro- **18** 523 b
—, 3a-Methyl-1,3-dioxo-hexahydro- **18**
IV 5991
—, 3a-Methyl-1,3-dioxo-3,3a,4,5-
tetrahydro-1H- **18** IV 6019

—, 3a-Methyl-1-oxo-hexahydro- **18** IV 5353
—, 3a-Methyl-1-oxo-3,3a,6,6a-
tetrahydro-1H- **18** IV 5437
—, 5-Methyl-3,3a,6,6a-tetrahydro-1H-
18 IV 4122
Cyclopenta[c]furan-5-carbonsäure
—, 4,4-Dimethyl-1,3-dioxo-hexahydro- **18**
IV 5993
—, 2,4-Dioxo-hexahydro- **18** 466 b
—, 4-Hydroxy-3a-methyl-1-oxo-
3,3a,6,6a-tetrahydro-1H-,
— äthylester **18** IV 5991
—, 3a-Methyl-1,4-dioxo-hexahydro-,
— äthylester **18** IV 5991
Cyclopenta[c]furan-4,5-dicarbonsäure
—, 1,3-Dioxo-hexahydro- **18** IV 6207
— dimethylester **18** IV 6207
Cyclopenta[c]furan-4,6-dicarbonsäure
—, 1,3-Dioxo-hexahydro- **18** IV 6208
— dimethylester **18** IV 6208
Cyclopenta[b]furan-2,3-dion
—, 5,6-Dihydro-4H-,
— 3-[acetyl-methyl-hydrazon] **17**
IV 5986
—, 6a-Hydroxy-6,6-dimethyl-tetrahydro-
10 III 3519 d
—, 6a-Hydroxy-tetrahydro-,
— 3-methylhydrazon **10** III 3516 a
Cyclopenta[b]furan-2,4-dion
—, 6,6a-Diphenyl-3a,6a-dihydro-3H-
17 540 a
—, 6a-Hydroxy-3,5-dimethyl-tetrahydro-
10 III 3519 c
—, 6a-Hydroxy-3,6-dimethyl-tetrahydro-
10 III 3519 c
—, 6a-Hydroxy-3,3,5,5-tetramethyl-
tetrahydro- **10** II 560 b, III 3523 b
—, 6a-Hydroxy-3,3,6,6-tetramethyl-
tetrahydro- **10** II 560 b, III 3523 b
—, 6,6,6a-Trimethyl-tetrahydro- **17**
IV 5956
— monosemicarbazon **17** IV 5956
Cyclopenta[b]furan-2,5-dion
—, 3a-Hydroxy-6,6,6a-trimethyl-
tetrahydro- **18** IV 1173
—, 6,6,6a-Trimethyl-tetrahydro- **17**
IV 5956
— monosemicarbazon **17** IV 5956
Cyclopenta[c]furan-1,3-dion
—, 5,6-Dihydro-4H- **17** IV 5986
—, 3a,6a-Dimethyl-tetrahydro- **17**
IV 5944
—, 3a-Methyl-4,5-dihydro-3aH- **17**
IV 5997
—, 4-Methyl-5,6-dihydro-4H- **17**
IV 5997
—, 3a-Methyl-tetrahydro- **17** IV 5931
—, 4-Methyl-tetrahydro- **17** IV 5932

Cyclopenta[c]furan-1,3-dion (Fortsetzung)
—, 4-[4-Phenoxy-butyl]-tetrahydro- **18**
   IV 1175
—, Tetrahydro- **17** IV 5923
Cyclopenta[c]furan-1,4-dion
—, 3a-Methyl-tetrahydro- **17** IV 5932
   — mono-[2,4-dinitro-phenylhydrazon]
     17 IV 5932
   — monosemicarbazon **17** IV 5932
Cyclopenta[c]furan-1,6-dion
—, 3-[2-Äthoxy-phenyl]-4-phenyl-3a,6a-
   dihydro-3H- **18** I 371 a
Cyclopenta[b]furan-3-ol
—, Hexahydro- **17** IV 1201
Cyclopenta[b]furan-2-on
—, 6a-[2-Acetoxy-äthoxy]-4-[4-methoxy-
   phenyl]-hexahydro- **18** IV 1423
—, 5-Acetoxy-3a-hydroxy-6,6,6a-
   trimethyl-hexahydro- **18** IV 1139
—, 6a-Acetoxy-4-[2]naphthyl-hexahydro-
   18 IV 670
—, 3-[Acetyl-methyl-hydrazono]-3,4,5,6-
   tetrahydro- **17** IV 5986
—, 3-Äthyl-hexahydro- **17** IV 4344
—, 4-[4-Äthyl-phenyl]-6a-hydroxy-
   3,5,6,6a-tetrahydro- **10** III 3237 c
—, 3-Allyl-hexahydro- **17** IV 4625
—, 3a-Amino-6,6,6a-trimethyl-
   hexahydro- **18** 605 a
—, 6a-Benzyl-hexahydro- **17** IV 5148
—, 4-Biphenyl-4-yl-6a-hydroxy-3,5,6,6a-
   tetrahydro- **10** III 3414 e
—, 3a-Brom-6,6,6a-trimethyl-hexahydro-
   17 262 e
—, 3-Butyl-hexahydro- **17** IV 4376
—, 4-[5-Chlor-6-methoxy-[2]naphthyl]-5-
   hydroxy-3,5,6,6a-tetrahydro- **10**
   III 4467 b
—, 4-[4-Cyclohexyl-phenyl]-6a-hydroxy-
   3,5,6,6a-tetrahydro- **10** III 3286 b
—, 3a-Cyclopent-2-enyl-hexahydro- **17**
   IV 4752
—, 3a,5-Diacetoxy-6,6,6a-trimethyl-
   hexahydro- **18** IV 1139
—, 3,3a-Dibrom-6,6,6a-trimethyl-
   hexahydro- **17** 263 a
—, 5,6a-Dihydroxy-4,5-diphenyl-3,5,6,6a-
   tetrahydro- **10** 977 e, III 4478 b
—, 3,3a-Dihydroxy-6,6,6a-trimethyl-
   hexahydro- **18** 83 d
—, 3a,5-Dihydroxy-6,6,6a-trimethyl-
   hexahydro- **18** IV 1138
—, 5,6a-Dimethyl-hexahydro- **17** 259 c
—, 6,6-Dimethyl-hexahydro- **17** 259 d
—, Hexahydro- **17** II 298 c, IV 4317
—, 6a-[2-Hydroxy-äthoxy]-4-[4-methoxy-
   phenyl]-hexahydro- **18** IV 1423
—, 6a-Hydroxy-3,6-dimethyl-hexahydro-
   10 III 2845 b

—, 6a-Hydroxy-3,5-dimethyl-4-[3-methyl-
   but-2-enyl]-4,5,6,6a-tetrahydro- **10**
   III 2963 a
—, 6a-Hydroxy-hexahydro- **10** 603 f,
   III 2817 a
—, 3-Hydroxy-3,4,4,5,5,6a-hexamethyl-
   hexahydro- **18** IV 78
   — imin **18** IV 78
   — oxim **18** IV 79
—, 6a-Hydroxy-5-isopropyl-3-methyl-
   hexahydro- **10** III 2880 a
—, 6a-Hydroxy-4-[4-isopropyl-phenyl]-
   3,5,6,6a-tetrahydro- **10** III 3240 d
—, 6a-Hydroxy-4-[6-methoxy-
   [2]naphthyl]-hexahydro- **10** III 4456 b
—, 6a-Hydroxy-4-[4-methoxy-
   [1]naphthyl]-3,5,6,6a-tetrahydro- **10**
   III 4466 a
—, 6a-Hydroxy-4-[6-methoxy-
   [2]naphthyl]-3a,5,6,6a-tetrahydro- **10**
   III 4466 c
—, 6a-Hydroxy-4-[6-methoxy-
   [2]naphthyl]-3a,6,6-trimethyl-hexahydro-
   10 III 4463 b
—, 6a-Hydroxy-4-[3-methoxy-phenyl]-
   3,5,6,6a-tetrahydro- **10** III 4377 d
—, 6a-Hydroxy-4-[4-methoxy-phenyl]-
   3a,5,6,6a-tetrahydro- **10** III 4378 a
—, 6a-Hydroxy-4-[4-(1-methyl-butyl)-
   phenyl]-3,5,6,6a-tetrahydro- **10**
   III 3244 b
—, 6a-Hydroxy-3-methyl-hexahydro-
   10 III 2828 e
—, 6a-Hydroxy-3a-methyl-hexahydro-
   10 III 2829 d
—, 6a-Hydroxy-5-methyl-hexahydro-
   10 610 j, III 2831 a
—, 6a-Hydroxy-6-methyl-hexahydro-
   10 III 2830 f
—, 6a-Hydroxy-4-[6-methyl-[2]naphthyl]-
   3,5,6,6a-tetrahydro- **10** III 3397 c
—, 6a-Hydroxy-4-methyl-3,5,6,6a-
   tetrahydro- **10** III 2900 b
—, 6a-Hydroxy-4-[3-methyl-5,6,7,8-
   tetrahydro-[2]naphthyl]-3,5,6,6a-
   tetrahydro- **10** III 3284 g
—, 6a-Hydroxy-4-[2]naphthyl-hexahydro-
   10 III 3348 a
—, 6a-Hydroxy-4-[2]naphthyl-3,5,6,6a-
   tetrahydro- **10** III 3390 a
—, 6a-Hydroxy-4-phenyl-hexahydro-
   10 III 3182 h
—, 6a-Hydroxy-4-phenyl-3,5,6,6a-
   tetrahydro- **10** III 3233 e
—, 6a-Hydroxy-4-p-tolyl-3,5,6,6a-
   tetrahydro- **10** III 3235 b
—, 3a-Hydroxy-6,6,6a-trimethyl- **18**
   IV 73

Cyclopenta[b]furan-2-on (Fortsetzung)
—, 3a-Hydroxy-6,6,6a-trimethyl-
   hexahydro- **18** 9 c
—, 6a-Hydroxy-4,4,5-trimethyl-
   hexahydro- **10** III 2867 b
—, 6a-Hydroxy-4,4,5-trimethyl-3,3a,4,6a-
   tetrahydro- **10** II 438 j, III 2909 e
—, 3-Isobutyl-hexahydro- **17** IV 4376
—, 3-Isopentyl-hexahydro- **17** IV 4386
—, 4-[4-Methoxy-phenyl]-hexahydro-
   18 IV 429
—, 4-[4-Methoxy-phenyl]-3,4,5,6-
   tetrahydro- **18** IV 512
—, 3-Methyl-hexahydro- **17** IV 4335
—, 6a-Methyl-hexahydro- **17** IV 4335
—, 4-Methyl-6a-[2]naphthyl-hexahydro-
   17 IV 5399
—, 3a-Methyl-4-[3-oxo-cyclopent-1-enyl]-
   hexahydro- **17** IV 6086
—, 6a-[2]Naphthyl-hexahydro- **17**
   IV 5391
—, 3-Phenyl-hexahydro- **17** IV 5138
—, 4-Phenyl-hexahydro- **17** IV 5138
—, 6a-Phenyl-hexahydro- **17** IV 5138
—, 3-Propyl-hexahydro- **17** IV 4365
—, 3,3a,4,6a-Tetrahydro- **17** IV 4554
—, 6,6,6a-Trimethyl-6,6a-dihydro- **17**
   IV 4742
—, 6,6,6a-Trimethyl-hexahydro-
   17 262 d, I 142 c, II 302 e, IV 4365
   — imin **17** IV 4365
—, 6,6,6a-Trimethyl-3a-nitro-hexahydro-
   17 263 c
—, 6,6,6a-Trimethyl-3a-nitroso-
   hexahydro- **17** 263 b
—, 6,6,6a-Trimethyl-3a-phenyl-
   hexahydro- **17** IV 5163
—, 6,6,6a-Trimethyl-4,5,6,6a-tetrahydro-
   17 301 f
Cyclopenta[c]furan-1-on
—, 3a-Benzyl-hexahydro- **17** IV 5148
—, 3,4-Diacetoxy-3-methyl-3a-phenyl-
   3,3a,6,6a-tetrahydro- **18** IV 1575
—, 5,6-Dibrom-3,3,6-trimethyl-
   hexahydro- **17** 263 e
—, 3,6-Dimethyl-hexahydro- **17**
   IV 4344
—, 3,3-Diphenyl-3,3a,6,6a-tetrahydro-
   17 IV 5520
—, 3-Hydroxy-3,6-dimethyl-hexahydro-
   10 III 2846 d
—, 3-Hydroxy-3-[1]naphthyl-hexahydro-
   10 III 3347 c
—, 3a-Hydroxy-3,3,6-trimethyl-
   hexahydro- **18** 9 d, I 298 a
—, 4-Methyl-3,3-diphenyl-hexahydro-
   17 IV 5484
—, 6-Methyl-3-methylen-hexahydro- **17**
   IV 4601

—, 3,3,6-Trimethyl-hexahydro-
   17 263 d, I 142 d, II 302 f
—, 3,3,6-Trimethyl-3,3a,4,6a-tetrahydro-
   17 302 a, I 158 h
—, 3,3,6-Trimethyl-3,4,5,6-tetrahydro-
   17 302 b, I 158 i
—, 3,3,6-Trimethyl-3,5,6,6a-tetrahydro-
   17 302 b, I 158 i
Cyclopenta[b]furan-2-thion
—, 6,6,6a-Trimethyl-hexahydro- **17**
   IV 4366
Cyclopentan
—, 1-Acetyl-1,2-epoxy-4-isopropenyl-
   17 IV 4626
—, 1-Acetyl-2-[3-isopropyl-[2]furyl]-3-
   methyl- **17** IV 4759
—, 1-Acryloyloxy-2,3-epoxy- **17**
   IV 1188
—, 1-Äthoxy-1,2-epoxy- **17** IV 1188
—, 1-Äthyl-1,2-epoxy- **17** IV 179
—, 1-Allyloxy-2,3-epoxy- **17** IV 1188
—, 1-Benzoyl-3-brom-1,2-epoxy-2-
   phenyl- **17** IV 5475
—, 1-Benzoyl-3-chlor-1,2-epoxy-2-
   phenyl- **17** IV 5474
—, 2-Benzoyl-1,5-epoxy-1-phenyl- **17**
   IV 5474
—, 1,2-Bis-glucopyranosyloxy- **17**
   IV 2981
—, 1,2-Bis-[tetra-O-acetyl-
   glucopyranosyloxy]- **17** IV 3189
—, 1,2-Bis-[3,4,5-triacetoxy-6-
   acetoxymethyl-tetrahydro-pyran-2-yloxy]-
   17 IV 3189
—, 1,2-Bis-[3,4,5-trihydroxy-6-
   hydroxymethyl-tetrahydro-pyran-2-yloxy]-
   17 IV 2981
—, 1-Brom-3,4-epoxy-2-[4-nitro-
   benzoyloxy]- **17** IV 1189
—, 1-Brom-2,3-epoxy-4-
   phenylcarbamoyloxy- **17** IV 1189
—, 1-Chlor-1,2-epoxy- **17** IV 157
—, 1-Chlor-2,3-epoxy- **17** IV 157
—, 1-Crotonoyloxy-2,3-epoxy- **17**
   IV 1189
—, 1,2-Diäthyl-1,2-epoxy- **17** IV 203
—, 3,5-Dibenzoyl-1,2-epoxy-1,2,4-
   triphenyl- **17** IV 6664
—, 1,2-Epithio- **17** IV 158
—, 1,2-Epoxy- **17** 21 c, I 13 e,
   II 28 e, IV 157
—, 1,2-Epoxy-1,2-dimethyl- **17** IV 179
—, 1,2-Epoxy-1-isopropyl- **17** IV 195
—, 1,2-Epoxy-1-methyl- **17** II 29 b,
   IV 167
—, 1,2-Epoxy-3-methyl- **17** IV 167
—, 1,2-Epoxy-4-methyl- **17** IV 167
—, 1,2-Epoxy-1-phenyl- **17** IV 519
—, 1,2-Epoxy-3-phenyl- **17** IV 519

Cyclopentan (Fortsetzung)
—, 1,2-Epoxy-1-propyl- **17** IV 195
—, 1,5-Epoxy-1,2,2-trimethyl-3-phenacyl-
   17 IV 5163
—, Furfuryl- **17** IV 379
—, Furfuryliden- **17** IV 427
—, 1-Furfurylidenamino-2-
   furfurylidenaminomethyl- **17** IV 4424
—, 1-Glucopyranosyloxy-2-
   [O^6-methansulfonyl-glucopyranosyloxy]-
   17 IV 3664
—, 4-[1-Hydroxy-äthyl]-3-
   hydroxymethyl-1,2,2-trimethyl- **17**
   IV 4377
—, Oxiranyl- **17** II 29 d
—, 1-[Tetra-O-acetyl-glucopyranosyloxy]-
   2-[O^2,O^3,O^4-triacetyl-O^6-methansulfonyl-
   glucopyranosyloxy]- **17** IV 3673
—, Tetrahydrofurfuryl- **17** IV 207
—, 1-[3,4,5-Triacetoxy-6-acetoxymethyl-
   tetrahydro-pyran-2-yloxy]-2-[3,4,5-
   triacetoxy-6-methansulfonyloxymethyl-
   tetrahydro-pyran-2-yloxy]- **17** IV 3673
—, 2,3,4-Tribenzoyl-1,2-epoxy-1-phenyl-
   17 IV 6819
—, 1-[3,4,5-Trihydroxy-6-hydroxymethyl-
   tetrahydro-pyran-2-yloxy]-2-[3,4,5-
   trihydroxy-6-methansulfonyloxymethyl-
   tetrahydro-pyran-2-yloxy]- **17** IV 3664
—, 1,2,2-Trimethyl-1,3-bis-[1,8,8-
   trimethyl-2-oxo-3-oxa-bicyclo[3.2.1]oct-4-
   ylidenaminooxycarbonyl]- **21** 420 b
Cyclopenta[a]naphthalin
—, 6,7-Bis-carboxymethyl-3a,6-dimethyl-
   3-[5-oxo-tetrahydro-
   [3]furyl]-dodecahydro- **18** IV 6160
—, 6,7-Bis-methoxycarbonylmethyl-3a,6-
   dimethyl-3-[5-oxo-tetrahydro-
   [3]furyl]-dodecahydro- **18** IV 6160
Cyclopenta[a]naphthalin-6-carbonsäure
—, 3-[1,5-Dimethyl-hexyl]-9a-hydroxy-
   3a,6-dimethyl-9-oxo-dodecahydro-,
   — lacton **10** III 2969 b
Cyclopenta[a]naphthalin-7-carbonsäure
—, 6-[2-Carboxy-äthyl]-3a,6-dimethyl-3-
   [5-oxo-tetrahydro-[3]furyl]-dodecahydro-
   18 IV 6159
—, 6-[2-Methoxycarbonyl-äthyl]-3a,6-
   dimethyl-3-[5-oxo-tetrahydro-
   [3]furyl]-dodecahydro-,
   — methylester **18** IV 6159
Cyclopenta[a]naphthalin-6,7-dicarbonsäure
—, 8-[5-Acetoxy-2-methyl-cyclohex-1-
   enyl]-3a,6-dimethyl-3-[1,4,5-trimethyl-hex-
   2-enyl]-2,3,3a,4,5,5a,6,7,8,9b-decahydro-
   1H-,
   — anhydrid **18** IV 1761

—, 8-[5-Acetoxy-2-methyl-cyclohex-1-
   enyl]-3a,7-dimethyl-3-[1,4,5-trimethyl-hex-
   2-enyl]-2,3,3a,4,5,5a,6,7,8,9b-decahydro-
   1H-,
   — anhydrid **18** IV 1761
—, 8-[5-Acetoxy-2-methyl-cyclohexyl]-
   3a,6-dimethyl-3-[1,4,5-trimethyl-hexyl]-
   2,3,3a,4,5,5a,6,7,8,9b-decahydro-1H-,
   — anhydrid **18** IV 1631
—, 8-[5-Acetoxy-2-methyl-cyclohexyl]-
   3a,7-dimethyl-3-[1,4,5-trimethyl-hexyl]-
   2,3,3a,4,5,5a,6,7,8,9b-decahydro-1H-,
   — anhydrid **18** IV 1631
Cyclopenta[de]naphtho[2,1-g]chromen-4-on
—, 9-Acetoxy-3,6b,12c-trimethyl-
   octadecahydro- **18** IV 262
—, 9-Hydroxy-3,6b,12c-trimethyl-
   octadecahydro- **18** IV 262
Cyclopenta[5,6]naphtho[1,2-c]furan-1,3-dion
—, 10-[5-Acetoxy-2-methyl-cyclohex-1-
   enyl]-3a,5a-dimethyl-6-[1,4,5-trimethyl-
   hex-2-enyl]-Δ^{8b}-decahydro- **18** IV 1761
—, 10-[5-Acetoxy-2-methyl-cyclohex-1-
   enyl]-5a,10a-dimethyl-6-[1,4,5-trimethyl-
   hex-2-enyl]-Δ^{8b}-decahydro- **18** IV 1761
Cyclopenta[b]naphtho[2,1-d]furan-9-on
—, 9a-Methyl-8,9a-dihydro- **17** IV 5454
Cyclopenta[7,8]naphtho[1,8-bc]pyran
   s. Indeno[3a,4,5-de]chromen
Cyclopenta[d]naphtho[1,2-b]pyran
   s. Benzo[h]cyclopenta[c]chromen
**Cyclopenta[8,9]naphtho[2′,1′,8′;3,4,5]pyreno⹀
   [1,2-c]furan-6,8-dion**
—, 10,11-Diphenyl- **17** IV 6674
Cyclopenta[5,6]naphth[2,1-c]oxepin-1,3-dion
—, 8-[1,5-Dimethyl-hexyl]-5a,7a-
   dimethyl-tetradecahydro- **17** IV 6125
Cyclopenta[5,6]naphth[1,2-d]oxepin-2-on
—, 8-[1,5-Dimethyl-hexyl]-5a,7a-
   dimethyl-hexadecahydro- **17** IV 4784
Cyclopenta[5,6]naphth[2,1-c]oxepin-3-on
—, 8-Cyclohexancarbonyloxy-5a,7a-
   dimethyl-hexadecahydro- **18** IV 148
—, 5a,7a-Dimethyl-hexadecahydro- **17**
   IV 4772
—, 8-[1,5-Dimethyl-hexyl]-5a,7a-
   dimethyl-hexadecahydro- **17** IV 4783
—, 5a,7a-Dimethyl-Δ^8-tetradecahydro-
   17 IV 5035
Cyclopentancarbimidsäure
—, N-Äthyl-3-carboxy-2,2,3-trimethyl-,
   — anhydrid **17** 457 b
—, N-Benzyl-3-carboxy-2,2,3-trimethyl-,
   — anhydrid **17** 457 d
—, 3-Carboxy-1,2,2,N-tetramethyl-,
   — anhydrid **17** 456 b
—, 3-Carboxy-2,2,3,N-tetramethyl-,
   — anhydrid **17** 457 a

Cyclopentancarbimidsäure   (Fortsetzung)
—, 3-Carboxy-1,2,2-trimethyl-,
   — anhydrid 17 456 a
—, 3-Carboxy-2,2,3-trimethyl-,
   — anhydrid 17 456 d
—, 3-Carboxy-1,2,2-trimethyl-*N*-*p*-tolyl-,
   — anhydrid 17 456 c
—, 3-Carboxy-2,2,3-trimethyl-*N*-*p*-tolyl-,
   — anhydrid 17 457 c, II 455 a

Cyclopentancarbonitril
—, 1,2-Epoxy- 18 IV 3884
—, 2,3-Epoxy- 18 IV 3884
—, 1-Tetrahydropyran-2-yloxy- 17
   IV 1074
—, 1-[2]Thienyl- 18 IV 4186

Cyclopentancarbonsäure
—, 2-[*β*-Acetoxy-*β*-hydroxy-isopropyl]-5-
   methyl-,
   — lacton 18 IV 71
—, 3-[Acetoxy-hydroxy-methyl]-2,2,3-
   trimethyl-,
   — lacton 18 I 298 b
—, 3-[1-Äthyl-1-hydroxy-propyl]-2,2-
   dimethyl-,
   — lacton 17 I 144 e
—, 3-[1-Äthyl-1-hydroxy-propyl]-1,2,2-
   trimethyl-,
   — lacton 17 I 144 f
—, 2-Amino-3-hydroxy-1,2,3-trimethyl-,
   — lacton 18 604 d, I 569 c
—, 2-Benzyl-2-hydroxymethyl-,
   — lacton 17 IV 5148
—, 3-[4,4′-Bis-benzoyloxy-*α*-hydroxy-
   benzhydryl]-1,2,2-trimethyl-,
   — lacton 18 II 107 e
—, 3-Brom-1,2-epoxy-2-phenyl-,
   — anilid 18 IV 4282
—, 3-Brom-3-[*α*-hydroxy-isopropyl]-1-
   methyl-,
   — lacton 17 264 d
—, 3-[*β*-Brom-*α*-hydroxy-phenäthyl]-
   1,2,2-trimethyl-,
   — lacton 17 I 186 f, II 371 e
—, 2-Brom-3-hydroxy-1,2,3-trimethyl-,
   — lacton 17 260 b, I 141 b,
     II 301 a
—, 5-Brom-4-hydroxy-1,2,2-trimethyl-,
   — lacton 17 II 301 b
—, 3-[*β*-Brom-phenäthyl]-3-hydroxy-
   1,2,2-trimethyl-,
   — lacton 17 II 371 f
—, 3-[Carbamoyl-hydroxy-methyl]-2,2,3-
   trimethyl-,
   — lacton 18 IV 5371
—, 3-Carbamoyl-3-hydroxy-1,2,2-
   trimethyl-,

   — lacton 18 IV 5365
—, 2-[7-Cyan-8,16-dihydroxy-9,11,13,15-
   tetramethyl-18-oxo-oxacyclooctadeca-4,6-
   dien-2-yl]- 18 IV 6655
—, 3-[Cyan-hydroxy-methyl]-2,2,3-
   trimethyl-,
   — lacton 18 IV 5371
—, 3-[4,4′-Diacetoxy-*α*-hydroxy-
   benzhydryl]-1,2,2-trimethyl-,
   — lacton 18 II 107 d
—, 3-[4,4′-Diacetoxy-*α*-hydroxy-3,3′-
   dimethyl-benzhydryl]-1,2,2-trimethyl-,
   — lacton 18 II 108 a
—, 3-[4,4′-Diäthoxy-*α*-hydroxy-
   benzhydryl]-1,2,2-trimethyl-,
   — lacton 18 II 107 c
—, 2,3-Dibrom-5-[*α*-hydroxy-isopropyl]-
   2-methyl-,
   — lacton 17 263 e
—, 3,4-Dihydroxy-3,4-diphenyl-,
   — lacton 18 IV 780
—, 2,3-Dihydroxy-3-isopropyl-1-methyl-,
   — 3-lacton 18 IV 74
—, 3-[*α*,*β*-Dihydroxy-phenäthyl]-1,2,2-
   trimethyl-,
   — *α*-lacton 18 II 25 f
—, 2,3-Dihydroxy-1,2,3-trimethyl-,
   — 3-lacton 18 II 5 b
—, 4,5-Dihydroxy-1,2,2-trimethyl-,
   — 4-lacton 18 II 5 a
—, 3-Hydroxy-,
   — lacton 17 IV 4311
—, 1-[2-Hydroxy-äthyl]-,
   — lacton 17 IV 4331
—, 2-[1-Hydroxy-äthyl]-5-methyl-,
   — lacton 17 IV 4344
—, 3-[1-Hydroxy-äthyl]-1,2,2-trimethyl-,
   — lacton 17 IV 4377
—, 3-[1-Hydroxy-äthyl]-2,2,3-trimethyl-,
   — lacton 17 IV 4377
—, 2-[*α*-Hydroxy-benzhydryl]-3-methyl-,
   — lacton 17 IV 5484
—, 3-[*α*-Hydroxy-benzhydryl]-1,2,2-
   trimethyl-,
   — lacton 17 I 210 f
—, 3-[*α*-Hydroxy-benzyl]-2,2,3-trimethyl-,
   — lacton 17 IV 5163
—, 3-[1-Hydroxy-butyl]-2,2,3-trimethyl-,
   — lacton 17 IV 4389
—, 1-[2-Hydroxy-cyclohexyl]-2-oxo-,
   — lacton 17 IV 6030
—, 2-[1-Hydroxy-3,4-dihydro-
   [2]naphthyl]-,
   — lacton 17 IV 5285
—, 3-[*α*-Hydroxy-4,4′-dimethoxy-
   benzhydryl]-1,2,2-trimethyl-,
   — lacton 18 II 107 b

Cyclopentancarbonsäure (Fortsetzung)

—, 3-Hydroxy-2,2-dimethyl-4,5-diphenyl-,
— lacton **17** IV 5486

—, 3-Hydroxy-2-hydroxyamino-1,2,3-trimethyl-,
— lacton **18** 638 f, I 592 a

—, 3-[α-Hydroxy-isobutyl]-2,2,3-trimethyl-,
— lacton **17** IV 4390

—, 3-[α-Hydroxy-isopropyl]-,
— lacton **17** 259 e, I 140 h,
IV 4345

—, 3-[α-Hydroxy-isopropyl]-2,2-dimethyl-,
— lacton **17** IV 4378

—, 3-[α-Hydroxy-isopropyl]-2,3-dimethyl-,
— lacton **17** IV 4377

—, 2-[α-Hydroxy-isopropyl]-5-methyl-,
— lacton **17** 263 d, I 142 d,
II 302 f

—, 3-Hydroxy-1-isopropyl-3-methyl-,
— lacton **17** IV 4368

—, 3-[α-Hydroxy-isopropyl]-1-methyl-,
— lacton **17** 264 c

—, 3-Hydroxy-3-isopropyl-1-methyl-,
— lacton **17** 265 f, IV 4368

—, 3-[α-Hydroxy-isopropyl]-3-methyl-,
— lacton **17** IV 4367

—, 4-Hydroxy-1-isopropyl-2-methyl-,
— lacton **17** 265 g

—, 3-[α-Hydroxy-isopropyl]-1,2,2-trimethyl-,
— lacton **17** IV 4387

—, 3-Hydroxy-3-[6-methoxy-[2]naphthyl]-,
— lacton **18** IV 663

—, 3-Hydroxymethyl-,
— lacton **17** IV 4318

—, 3-Hydroxy-2-methyl-,
— lacton **17** IV 4320

—, 3-Hydroxymethyl-1,2-dimethyl-,
— lacton **17** IV 4344

—, 3-Hydroxymethyl-2,2-dimethyl-,
— lacton **17** I 140 i

—, 4-Hydroxymethyl-3,3-dimethyl-,
— lacton **17** IV 4344

—, 2-Hydroxymethyl-2-methyl-3-oxo-,
— lacton **17** IV 5932

—, 3-Hydroxymethyl-1,2,2,3-tetramethyl-,
— lacton **17** IV 4377

—, 3-Hydroxymethyl-1,2,2-trimethyl-,
— lacton **17** 264 e, I 142 e,
II 302 h, IV 4367

—, 3-Hydroxymethyl-2,2,3-trimethyl-,
— lacton **17** 265 a, I 142 f,
IV 4367

—, 2-[2-Hydroxy-1-methyl-vinyl]-,
— lacton **17** IV 4600

—, 2-[2-Hydroxy-1-methyl-vinyl]-5-methyl-,
— lacton **17** IV 4622

—, 3-[Hydroxy-[1]naphthyl-methyl]-1,2,2-trimethyl-,
— lacton **17** IV 5405

—, 3-[Hydroxy-[1]naphthyl-methyl]-2,2,3-trimethyl-,
— lacton **17** IV 5405

—, 2-[2-Hydroxy-5-oxo-tetrahydro-[2]furyl]-2-methyl- **10** III 3918 e

—, 3-[1-Hydroxy-pentyl]-2,2,3-trimethyl-,
— lacton **17** IV 4392

—, 3-[α-Hydroxy-phenäthyl]-2,2,3-trimethyl-,
— lacton **17** IV 5166

—, 3-[1-Hydroxy-1-propyl-butyl]-1,2,2-trimethyl-,
— lacton **17** II 304 c

—, 3-[1-Hydroxy-propyl]-2,2,3-trimethyl-,
— lacton **17** IV 4387

—, 1-[β-Hydroxy-styryl]-,
— lacton **17** IV 5226

—, 3-Hydroxy-2,2,4,5-tetraphenyl-,
— lacton **17** IV 5637

—, 3-Hydroxy-1,2,2-trimethyl-,
— lacton **17** 261 a, I 141 e

—, 3-Hydroxy-1,2,3-trimethyl-,
— lacton **17** 259 h, I 141 a

—, 3-Hydroxy-2,2,3-trimethyl-,
— lacton **17** 260 e, I 141 d

—, 3-Hydroxy-1,2,3-trimethyl-2-nitro-,
— lacton **17** 260 d, I 141 c

—, 3-Hydroxy-1,2,3-trimethyl-2-nitroso-,
— lacton **17** 260 c

—, 3-[4-Hydroxy-8,9,9-trimethyl-2-oxo-5,6,7,8-tetrahydro-2*H*-5,8-methano-chromen-3-yl]-1,2,2-trimethyl- **18** IV 6069

—, 2-[1-Hydroxy-vinyl]-5-methyl-,
— lacton **17** IV 4601

—, 3-[1-Hydroxy-vinyl]-1,2,2-trimethyl-,
— lacton **17** IV 4640

—, 2-[2-Oxo-2*H*-chromen-6-ylimino]-,
— äthylester **18** IV 7923

—, 1,3,4,5-Tetrahydroxy-2,2,3-trimethyl-,
— 4-lacton **18** II 144 g

—, 1-[2]Thienyl- **18** IV 4185
— äthylester **18** IV 4185
— [2-diäthylamino-äthylester] **18** IV 4185

—, 1,2,2-Trimethyl-3-[2-oxo-tetrahydro-[3]furyl]-,
— äthylester **18** IV 5374

—, 1,2,2-Trimethyl-3-[8,9,9-trimethyl-2,4-dioxo-5,6,7,8-tetrahydro-2*H*-5,8-methano-chroman-3-yl]- **18** IV 6069

Cyclopentan-1,1-dicarbonsäure

—, 3,4-Dihydroxy-3,4-diphenyl-,
— monolacton **18** IV 6438

Cyclopentan-1,2-dicarbonsäure
- anhydrid **17** 449 e, IV 5923
—, 3-Acetoxy-4-brom-5-[hydroxy-methoxy-methyl]-,
  - 1-lacton-2-methylester **18** IV 6459
—, 5-[3-Carboxy-1-methyl-propyl]-1-methyl-,
  - anhydrid **18** IV 5997
—, 1,2-Dimethyl-,
  - anhydrid **17** IV 5944
—, 1-Methyl-,
  - anhydrid **17** IV 5931
—, 3-Methyl-,
  - anhydrid **17** IV 5932
—, 3-[4-Phenoxy-butyl]-,
  - anhydrid **18** IV 1175
—, 1,3,3-Trimethyl-,
  - anhydrid **17** 454 e
—, 1,2,2-Trimethyl-5-phenyl-,
  - anhydrid **17** I 265 b
Cyclopentan-1,3-dicarbonsäure
- anhydrid **17** 450 b, II 452 a, IV 5924
—, 1-Acetoxy-2-hydroxymethyl-2,3-dimethyl-,
  - monolacton **18** 523 c
—, 1-Acetoxymethyl-2,2-dimethyl-,
  - anhydrid **18** IV 1174
—, 2-Acetoxymethyl-1,2-dimethyl-,
  - anhydrid **18** 86 b
—, 5-Acetoxy-1,2,2-trimethyl-,
  - anhydrid **18** IV 1173
—, 5-Acetoxy-1,4,4-trimethyl-,
  - anhydrid **18** IV 1173
—, 1-Äthyl-2,2-dimethyl-,
  - anhydrid **17** I 239 g
—, 1-Brom-2-brommethyl-2,3-dimethyl-,
  - anhydrid **17** 459 b
—, 5-Brom-2-brommethyl-1,2-dimethyl-,
  - anhydrid **17** IV 5959
—, 5-Brom-2-chlormethyl-1,2-dimethyl-,
  - anhydrid **17** IV 5959
—, 1-Brom-2,2-dimethyl-,
  - anhydrid **17** 453 g
—, 1-Brom-2,3-dimethyl-,
  - anhydrid **17** IV 5945
—, 2-Brommethyl-1-chlor-2,3-dimethyl-,
  - anhydrid **17** 459 a
—, 2-Brommethyl-5-chlor-1,2-dimethyl-,
  - anhydrid **17** IV 5959
—, 1-Brommethyl-2,2-dimethyl-,
  - anhydrid **17** 458 d, II 455 c
—, 2-Bromsulfonylmethyl-1,2-dimethyl-,
  - anhydrid **18** 576 a
—, 1-Brom-2,2,3-trimethyl-,
  - anhydrid **17** IV 5958
—, 3-Brom-1,4,4-trimethyl-,
  - anhydrid **17** I 239 a

—, 5-Brom-1,2,2-trimethyl-,
  - anhydrid **17** IV 5959
—, 5-Chlor-2-chlormethyl-1,2-dimethyl-,
  - anhydrid **17** IV 5958
—, 2-Chlormethyl-1,2-dimethyl-,
  - anhydrid **17** 457 g, 460 b
—, 2-Chlorsulfonylmethyl-1,2-dimethyl-,
  - anhydrid **18** 575 g
—, x-Chlor-1,2,2,3-tetramethyl-,
  - anhydrid **9** III 3919 a
—, 1-Chlor-2,2,3-trimethyl-,
  - anhydrid
    17 457 f, 459 d, 460 a, IV 5958
—, 5-Chlor-1,2,2-trimethyl-,
  - anhydrid **17** IV 5958
—, 2-Cyan-1,2-dimethyl-,
  - anhydrid **18** IV 5994
—, 1,2-Dibrom-2-brommethyl-,
  - anhydrid **17** 458 b, 460 d
—, 1,2-Dimethyl-,
  - anhydrid **17** 453 d, IV 5945
—, 2,2-Dimethyl-,
  - anhydrid **17** 453 e, I 238 a, IV 5946
—, 4,4-Dimethyl-,
  - anhydrid **17** I 238 b
—, 4,5-Dimethyl-,
  - anhydrid **17** IV 5946
—, 2,2-Dimethyl-1-phenyl-,
  - anhydrid **17** II 487 b
—, 1,2-Dimethyl-2-sulfomethyl-,
  - anhydrid **18** 575 f
—, 1-Hydroxy-2,3-dimethyl-,
  - 3-lacton **18** I 485 a, IV 5354
—, 1-Hydroxy-2-hydroxymethyl-2,3-dimethyl-,
  - monolacton **18** 523 b
—, 4-Hydroxy-4-methyl-,
  - 1-lacton **18** IV 5349
—, 1-Hydroxymethyl-2,2-dimethyl-,
  - 1-lacton **18** IV 5357
—, 2-Hydroxymethyl-1,2-dimethyl-,
  - 1-lacton **18** IV 5360
  - 3-lacton **18** IV 5360
—, 2-Hydroxymethyl-2-methyl-,
  - lacton **18** IV 5353
—, 4-Hydroxymethyl-4-methyl-5-oxo-,
  - 1-äthylester-3-lacton **18** IV 5991
—, 1-Hydroxy-2,2,3-trimethyl-,
  - 1-äthylester-3-lacton **18** 402 a
  - 3-lacton **18** 401 d, 403 d, I 487 d
  - 3-lacton-1-methylester **18** IV 5365
—, 3-Hydroxy-1,4,4-trimethyl-,
  - 1-lacton **18** I 486 d
—, 4-Hydroxy-1,2,2-trimethyl-,
  - 1-lacton **18** I 487 e

Cyclopentan-1,3-dicarbonsäure　(Fortsetzung)
—, 5-Hydroxy-1,2,2-trimethyl-,
　— anhydrid **18** IV 1173
　— 1-lacton **18** IV 5360
　— 1-lacton-3-methylester **18**
　　IV 5361
　— 3-lacton-1-methylester **18**
　　IV 5366
—, 5-Hydroxy-1,4,4-trimethyl-,
　— 1-lacton-3-methylester **18**
　　IV 5361
—, 1-Methyl-,
　— anhydrid **17** IV 5933
—, 2-Methyl-,
　— anhydrid **17** IV 5934
—, 1,2,2,3-Tetramethyl-,
　— anhydrid **17** I 240 a, II 456 f,
　　IV 5967
—, 1,2,3,4-Tetramethyl-,
　— anhydrid **17** IV 5966
—, 1,3,4,4-Tetramethyl-,
　— anhydrid **17** IV 5966
—, 1,2,2-Trimethyl-,
　— anhydrid **17** 455 a, 459 c,
　　I 238 d, II 454 e, 455 d, IV 5957
—, 1,2,3-Trimethyl-,
　— anhydrid **17** IV 5957
—, 1,4,4-Trimethyl-,
　— anhydrid **17** I 238 f
—, 4,4,5-Trimethyl-,
　— anhydrid **17** IV 5959
—, 1,4,4-Trimethyl-5-phenyl-,
　— anhydrid **17** IV 6319
—, 2,2,5-Trimethyl-1-phenyl-,
　— anhydrid **17** IV 6319
—, 1,2,2-Trimethyl-3-propyl-,
　— anhydrid **17** IV 5969
Cyclopentan-1,2-diol
—, 1-[3]Furyl-5-isovaleryl-4-methyl- **18**
　IV 1197
Cyclopentan-1,3-dion
—, 4,4-Dimethyl-2-[2,4,4-trimethyl-5-
　oxo-tetrahydro-[2]furyl]- **17** IV 6712
　— mono-[2,4-dinitro-phenylhydrazon]
　　17 IV 6712
—, 4-[1-(8-Hydroxy-8-methyl-2-oxo-
　hexahydro-3a,7-äthano-benzofuran-4-yl)-
　äthyl]-2,2-dimethyl- **18** IV 2424
**9,10-Cyclopentano-anthracen-11,12-
dicarbonsäure**
—, 9,10-Dihydro-,
　— anhydrid **17** IV 6540
Cyclopentanol
—, 4-Brom-2,3-epoxy- **17** IV 1189
—, 5-Brom-2,3-epoxy- **17** IV 1189
—, 2-Diäthylaminomethyl-1-[2]thienyl-
　18 IV 7335
—, 1-[3,4-Epoxy-3-methyl-but-1-inyl]-
　17 IV 1334

—, 1-[2-Methyl-oxiranyläthinyl]- **17**
　IV 1334
—, 1-[4-Methyl-[2]thienyl]- **17** IV 1334
—, 2-[Tetra-*O*-acetyl-glucopyranosyloxy]-
　17 IV 3673
Cyclopentanon
—, 3-Anilino-2-furfuryliden-5-
　phenylimino- **18** IV 8039
—, 2-Benzyliden-5-furfuryliden- **17**
　IV 5457
—, 2,3-Epoxy-2,4-dimethyl- **17** IV 4318
—, 2,3-Epoxy-3,5-dimethyl- **17** IV 4318
　— semicarbazon **17** IV 4318
—, 3,4-Epoxy-5-hydroxy-2,2-dimethyl-
　3,4-diphenyl- **18** IV 783
　— semicarbazon **18** IV 783
—, 2,3-Epoxy-2-methoxy-3-[2-methoxy-3-
　oxo-cyclopent-1-enyloxy]- **18** IV 1127
—, 2,3-Epoxy-2-methyl- **17** IV 4310
—, 2,3-Epoxy-3-methyl- **17** IV 4311
—, 2,3-Epoxy-3-phenyl- **17** IV 5108
—, 2-Furfuryliden- **17** IV 4972
　— [2,4-dinitro-phenylhydrazon] **17**
　　IV 4973
　— oxim **17** IV 4972
　— phenylhydrazon **17** IV 4972
　— semicarbazon **17** IV 4973
　— thiosemicarbazon **17** IV 4973
—, 2-Furfuryliden-5-hexyl- **17** IV 5032
—, 2-Furfuryliden-5-[4-methoxy-
　benzyliden]- **18** IV 762
—, 2-Furfuryliden-3-*p*-toluidino-5-
　p-tolylimino- **18** IV 8039
—, 2-Furfuryliden-5-veratryliden- **18**
　IV 1859
—, 2-[2-Hydroxy-2-phenyl-chroman-4-yl]-
　8 III 2970 b
Cyclopentan-1,2,3,4-tetracarbonsäure
　— 1,2-anhydrid **18** IV 6207
　— 2,3-anhydrid **18** IV 6208
　— 1,2-anhydrid-3,4-dimethylester
　　18 IV 6207
　— 2,3-anhydrid-1,4-dimethylester
　　18 IV 6208
—, 1-Benzyl-,
　— dianhydrid **9** III 4884 a
　— monoanhydrid **9** III 4884 a
Cyclopent[*a*]anthracen-4,5-dicarbonsäure
—, 3-Oxo-2,3,3a,4,5,5a-hexahydro-1*H*-,
　— anhydrid **17** IV 6805
Cyclopent[3,4]anthra[1,2-*c*]furan-1,3-trion
—, 3a,3b,5,6,12a,12b-Hexahydro- **17**
　IV 6805
Cyclopentan-1,1,3-tricarbonsäure
—, 5-Acetoxy-4,4-dimethyl-,
　— 1,3-anhydrid-1-methylester **18**
　　IV 6463
—, 2,2-Dimethyl-,
　— 1,3-anhydrid **18** 466 d

Cyclopentan-1,1,3-tricarbonsäure (Fortsetzung)
—, 5-Hydroxy-4,4-dimethyl-,
　— 1-lacton-1,3-dimethylester **18**
　　IV 6132
Cyclopentan-1,2,3-tricarbonsäure
—, 1,2-Dimethyl-,
　— 1,2-anhydrid **18** IV 5993
　— 1,3-anhydrid **18** IV 5993
　— 2,3-anhydrid **18** IV 5993
—, 1-Hydroxy-2,3-dimethyl-,
　— 2-lacton **18** 490 c
　— 3-lacton **18** 490 c
—, 2-Methyl-,
　— 1,2-anhydrid **18** IV 5991
Cyclopentan-1,2,4-tricarbonsäure
　— 1,2-anhydrid **18** 466 b
—, 3,3-Dimethyl-,
　— 1,2-anhydrid **18** IV 5993
Cyclopentan-1,2,4-trion
—, 3-Furfuryliden-5-methyl-
　17 569 b
Cyclopenta[*a*]pentalen-2-carbonsäure
—, 6,6a-Epoxy-5-hydroxy-2,3b-dimethyl-
　4-methylen-decahydro- **18**
　IV 4886
　— methylester **18** IV 4886
Cyclopenta[3,4]perylo[1,12-*efg*]isobenzofuran
　s. Cyclopenta[8,9]naphtho�501
　[2′,1′,8′;3,4,5]pyreno[1,2-*c*]furan
Cyclopenta[*a*]phenanthren
—, 17-Äthyl-10,13-dimethyl-
　hexadecahydro- s. Pregnan
—, 17-[4-Äthyl-1,5-dimethyl-hexyl]-10,13-
　dimethyl-hexadecahydro- s. Stigmastan
—, 10,13-Dimethyl-hexadecahydro- s.
　Androstan
—, 17-[1,5-Dimethyl-hexyl]-10,13-
　dimethyl-hexadecahydro- s. Cholestan
—, 17-[1,5-Dimethyl-hexyl]-10-methyl-
　hexadecahydro- s. 18-Nor-cholestan
—, 17-[1,5-Dimethyl-hexyl]-4,4,8,10,14-
　pentamethyl-hexadecahydro- s.
　Dammaran
—, 17-[1,5-Dimethyl-hexyl]-4,4,9,13,14-
　pentamethyl-hexadecahydro- s.
　Cucurbitan
—, 17-[1,5-Dimethyl-hexyl]-4,4,10,13,14-
　pentamethyl-hexadecahydro- s.
　Lanostan, Euphan und Tirucallan
—, 10,13-Dimethyl-17-[1-methyl-butyl]-
　hexadecahydro- s. Cholan
—, 10,13-Dimethyl-17-[1-(5-methyl-
　tetrahydro-pyran-2-yl)-äthyl]-
　hexadecahydro- s. Cholestan, 22,26-
　Epoxy-
—, 10,13-Dimethyl-17-[5-oxo-tetrahydro-
　[3]furyl]-hexadecahydro- s. Cardanolid
—, 10,13-Dimethyl-17-[6-oxo-tetrahydro-
　pyran-3-yl]-hexadecahydro- s. Bufanolid

—, 10,13-Dimethyl-17-[1,4,5-trimethyl-
　hexyl]-hexadecahydro- s. Ergostan
Cyclopenta[*a*]phenanthren-10-carbaldehyd
—, 13-Methyl-17-[5-oxo-2,5-dihydro-
　[3]furyl]-hexadecahydro- s. Card-20(22)-
　enolid, 19-Oxo-
—, 13-Methyl-17-[6-oxo-tetrahydro-
　pyran-3-yl]-hexadecahydro- s. Bufanolid,
　19-Oxo-
Cyclopenta[*a*]phenanthren-10-carbonsäure
—, 13-Methyl-17-[5-oxo-2,5-dihydro-
　[3]furyl]-hexadecahydro- s. 24-Nor-chol-
　20(22)-en-19,23-disäure, 21-Hydroxy-,
　23→21-lacton
**Cyclopenta[*a*]phenanthren-11,12-
dicarbonsäure**
—, 4-Brom-3-methoxy-13-methyl-17-oxo-
　12,13,14,15,16,17-hexahydro-11*H*-,
　— anhydrid **18** IV 2818
—, 13-Methyl-17-oxo-11,12,13,15,16,17-
　hexahydro-9*H*-,
　— anhydrid **17** IV 6807
—, 17-Oxo-11,12,13,15,16,17-hexahydro-
　9*H*-,
　— anhydrid **17** IV 6805
—, 17-Oxo-12,13,14,15,16,17-hexahydro-
　11*H*-,
　— anhydrid **17** IV 6805
**Cyclopenta[*a*]phenanthren-13,14-
dicarbonsäure**
—, 8,12,16,17-Tetrahydro-15*H*-,
　— anhydrid **17** IV 6493
—, 11,12,16,17-Tetrahydro-15*H*-,
　— anhydrid **17** IV 6493
Cyclopenta[*c*]phenanthren-4,5-dicarbonsäure
—, 2,3-Dihydro-1*H*-,
　— anhydrid **17** IV 6535
**Cyclopenta[*l*]phenanthren-3a,11b-
dicarbonsäure**
—, *Δ*⁷ᵃ-Dodecahydro-,
　— anhydrid **17** IV 6325
Cyclopenta[*a*]phenanthren-15,17-dion
—, 16,16-Dibrom-3-methoxy-6,7,8,12,13,≠
　14-hexahydro- **18** IV 671
**Cyclopenta[*a*]phenanthren-6,7,11,12-
tetracarbonsäure**
—, *Δ*⁸⁽¹⁴⁾,⁹-Dodecahydro-,
　— 12-äthylester-6,7-anhydrid **18**
　　IV 6232
**Cyclopenta[1,2]phenanthro[9,10-*c*]furan-8,9-
dicarbonsäure**
—, 1,3-Dioxo-*Δ*⁷ᵃ,¹²ᵃ-tetradecahydro-,
　— 9-äthylester **18** IV 6232
**Cyclopenta[3,4]phenanthro[1,2-*c*]furan-4,6-
dion**
—, 2,3-Dihydro-1*H*- **17** IV 6535

Cyclopenta[1,2]phenanthro[3,4-c]furan-1,3,4-
trion
—, 9-Brom-10-methoxy-3b-methyl-
3a,3b,5,6,6a,12c-hexahydro- **18** IV 2818
—, 3a,3b,5,6,12b,12c-Hexahydro- **17**
IV 6805
—, 3b-Methyl-3a,3b,5,6,12b,12c-
hexahydro- **17** IV 6807
Cyclopenta[7,8]phenanthro[10,1-bc]furan-3,6,9-
trion
—, 1-Hydroxy-2-methoxy-11b-methyl-
1,7,8,11b-tetrahydro-2H- **18** IV 3385
Cyclopenta[b]pyran
—, 2-Äthoxy-4-phenyl-2,3,4,5,6,7-
hexahydro- **17** IV 1549
—, 2-tert-Butyl-4,6-diphenyl- **17** IV 759
—, 2,4,6-Triphenyl- **17** IV 796
Cyclopenta[c]pyran
—, 5-Acetoxy-7-acetoxymethyl-4-brom-3-
methoxy-1-[tetra-O-acetyl-
glucopyranosyloxy]-1,3,4,4a,5,7a-
hexahydro- **17** IV 3501
—, 5-Acetoxy-7-acetoxymethyl-3,4-
dibrom-1-[tetra-O-acetyl-
glucopyranosyloxy]-1,3,4,4a,5,7a-
hexahydro- **17** IV 3454
—, 5-Acetoxy-7-acetoxymethyl-1-[tetra-
O-acetyl-glucopyranosyloxy]-octahydro-
17 IV 3453
—, 5-Acetoxy-7-acetoxymethyl-1-[tetra-
O-acetyl-glucopyranosyloxy]-1,4a,5,7a-
tetrahydro- **17** IV 3456
—, 5-Acetoxy-7-acetoxymethyl-1-[3,4,5-
triacetoxy-6-acetoxymethyl-tetrahydro-
pyran-2-yloxy]-octahydro- **17** IV 3453
—, 5-Acetoxy-7-methyl-1-[tetra-O-acetyl-
glucopyranosyloxy]-octahydro- **17**
IV 3456
—, 7-Acetoxymethyl-1-[tetra-O-acetyl-
glucopyranosyloxy]-octahydro- **17**
IV 3456
—, 1-Äthoxy-7-methyl-octahydro- **17**
IV 3455
—, 1-Hydroxy-7-methyl-octahydro- **17**
IV 3455
—, 3-Methoxy-3,4,4a,5,6,7-hexahydro-
17 IV 1295
—, 3-Methoxy-octahydro- **17** IV 1204
—, 7-Methyl-1-[tetra-O-acetyl-
glucopyranosyloxy]-1,4a,5,6,7,7a-
hexahydro- **17** IV 3444
—, 3,4,5-Triacetoxy-7-acetoxymethyl-1-
[tetra-O-acetyl-glucopyranosyloxy]-
1,3,4,4a,5,7a-hexahydro- **17** IV 3832
Cyclopenta[b]pyran-4-carbonsäure
—, 7a-Hydroxy-2-oxo-octahydro- **10**
III 3896 b

Cyclopenta[b]pyran-5-carbonsäure
—, 7a-Hydroxy-2-oxo-octahydro- **10**
III 3897 a
Cyclopenta[b]pyran-6-carbonsäure
—, 7a-Hydroxy-6-methyl-2-oxo-
octahydro- **10** III 3910 a
—, 7a-Hydroxy-2-oxo-octahydro- **10**
III 3897 d
Cyclopenta[c]pyran-3-carbonsäure
—, 3-Hydroxy-4,4,7-trimethyl-1-oxo-
octahydro- **10** III 3922 a
Cyclopenta[c]pyran-4-carbonsäure
—, 5-Acetoxyimino-7-methyl-1-[tetra-
O-acetyl-glucopyranosyloxy]-1,4a,5,6,7,⇗
7a-hexahydro-,
    — methylester **18** IV 6297
—, 6-Acetoxy-7-methyl-1-[tetra-O-acetyl-
glucopyranosyloxy]-1,4a,5,6,7,7a-
hexahydro- **18** IV 5004
    — methylester **18** IV 5006
—, 6-Acetoxy-7-methyl-1-
[O²,O³,O⁴-triacetyl-O⁶-trityl-
glucopyranosyloxy]-1,4a,5,6,7,7a-
hexahydro-,
    — methylester **18** IV 5006
—, 6-Benzoyloxy-7-methyl-1-[tetra-
O-benzoyl-glucopyranosyloxy]-1,4a,5,6,7,⇗
7a-hexahydro-,
    — methylester **18** IV 5006
—, 5-[4-Brom-phenylhydrazono]-7-
methyl-1-[tetra-O-acetyl-
glucopyranosyloxy]-1,4a,5,6,7,7a-
hexahydro-,
    — methylester **18** IV 6297
—, 7-But-2-enyliden-1-oxo-1,7-dihydro-,
    — methylester **18** IV 5640
—, 7-Butyl-1-oxo-1,5-dihydro-,
    — methylester **18** IV 5546
—, 7-Butyl-1-oxo-1,3,4,5,6,7-hexahydro-
18 IV 5478
—, 7-Butyl-1-oxo-1,3,5,6,7,7a-hexahydro-
18 IV 5478
—, 7-Butyl-1-oxo-octahydro- **18**
IV 5375
    — methylester **18** IV 5375
—, 7-Butyl-1-oxo-1,3,5,6-tetrahydro-,
    — methylester **18** IV 5504
—, 7-Butyl-1-oxo-1,5,6,7-tetrahydro-,
    — methylester **18** IV 5504
—, 1,6-Dihydroxy-7-methyl-1,4a,5,6,7,7a-
hexahydro-,
    — methylester **18** IV 5005
—, 1,5-Dihydroxy-7-methyl-octahydro-,
    — methylester **10** III 4503 c, **18**
IV 5003
—, 1-Glucopyranosyloxy-7-hydroxy-7-
hydroxymethyl-1,4a,7,7a-tetrahydro- **18**
IV 5085

Cyclopenta[c]pyran-4-carbonsäure   (Fortsetzung)
—, 1-Glucopyranosyloxy-5-
    hydroxyimino-7-methyl-1,4a,5,6,7,7a-
    hexahydro-,
    — methylester **18** IV 6297
—, 1-Glucopyranosyloxy-6-hydroxy-7-
    methyl-1,4a,5,6,7,7a-hexahydro-,
    — methylester **18** IV 5005
—, 1-Glucopyranosyloxy-5-hydroxy-7-
    methyl-octahydro-,
    — methylester **18** IV 5003
—, 1-Glucopyranosyloxy-7-methyl-5-oxo-
    1,4a,5,6,7,7a-hexahydro- **18** IV 6296
    — methylester **18** IV 6296
—, 5-Hydroxyimino-7-methyl-1-[tetra-
    O-acetyl-glucopyranosyloxy]-1,4a,5,6,7,=
    7a-hexahydro-,
    — methylester **18** IV 6297
—, 1-Hydroxy-7-methyl-5-oxo-1,4a,5,6=
    7,7a-hexahydro-,
    — methylester **10** III 3929 b
—, 1-Methoxy-7-methyl-5-oxo-1,4a,5,6,7,=
    7a-hexahydro-,
    — methylester **10** III 3929 b
—, 7-Methyl-1,6-bis-[4-nitro-benzoyloxy]-
    1,4a,5,6,7,7a-hexahydro-,
    — methylester **18** IV 5005
—, 7-Methyl-1,6-bis-trityloxy-1,4a,5,6,7,=
    7a-hexahydro-,
    — methylester **18** IV 5005
—, 7-Methyl-6-[4-nitro-benzoyloxy]-1-
    [tetrakis-O-(4-nitro-benzoyl)-
    glucopyranosyloxy]-1,4a,5,6,7,7a-
    hexahydro-,
    — methylester **18** IV 5006
—, 7-Methyl-5-oxo-1-[tetra-O-acetyl-
    glucopyranosyloxy]-1,4a,5,6,7,7a-
    hexahydro-,
    — methylester **18** IV 6297
—, 7-Methyl-5-phenylhydrazono-1-[tetra-
    O-acetyl-glucopyranosyloxy]-1,4a,5,6,7,=
    7a-hexahydro-,
    — methylester **18** IV 6297
—, 7-Methyl-1-[tetra-O-acetyl-
    glucopyranosyloxy]-1,4a,5,6,7,7a-
    hexahydro- **18** IV 4869
    — methylester **18** IV 4869
Cyclopenta[c]pyran-7-carbonsäure
—, 6,7-Dihydroxy-4-jod-3-pent-1-enyl-
    octahydro- **18** IV 5006
Cyclopenta[b]pyran-2,4-dion
—, 3-Benzyl-6,7-dihydro-5H- **17**
    IV 6359
—, 6,7-Dihydro-5H- **17** IV 5994
Cyclopenta[b]pyran-4,7-dion
—, 4a,5-Dihydroxy-2-isopropyl-6-
    isovaleryl-7a-[3-methyl-but-2-enyl]-
    2,3,4a,7a-tetrahydro- **18** IV 3085

Cyclopenta[c]pyran-1,3-dion
—, 4-Acetyl-7-butyl-4,5,6,7-tetrahydro-
    17 IV 6723
—, 4-Acetyl-4,5,6,7-tetrahydro- **17**
    IV 6721
—, 7a-Brom-4,4,7-trimethyl-hexahydro-
    17 IV 5965
—, 4,7-Dimethyl-hexahydro- **17**
    IV 5952
—, Hexahydro- **17** IV 5929
—, 4a-Methyl-hexahydro- **17** IV 5940
—, 4-Phenäthyl-hexahydro- **17** IV 6319
—, 4,4,7-Trimethyl-hexahydro- **17**
    IV 5964
—, 4,4,7-Trimethyl-4,4a,5,6-tetrahydro-
    17 IV 6020
Cyclopenta[c]pyran-3,6-dion
—, 7,7a-Dimethyl-tetrahydro- **17**
    IV 5953
Cyclopenta[c]pyran-5-ol
—, 1-Glucopyranosyloxy-7-[4-hydroxy-
    benzoyloxymethyl]-1,4a,5,7a-tetrahydro-
    17 IV 3456
—, 1-Glucopyranosyloxy-7-
    hydroxymethyl-1,4a,5,7a-tetrahydro- **17**
    IV 3455
Cyclopenta[b]pyran-2-on
—, 3-Benzyl-4-hydroxy-6,7-dihydro-5H-
    17 IV 6359
—, 3-Brom-6,7-dihydro-5H- **17** IV 4726
—, 6,7-Dihydro-5H- **17** IV 4726
—, Hexahydro- **17** IV 4331
—, 4-Hydroxy-6,7-dihydro-5H- **17**
    IV 5994
—, 4-Hydroxy-3,6-dimethyl-hexahydro-
    18 IV 72
—, 7a-Hydroxy-4,7-dimethyl-hexahydro-
    10 III 2861 c
—, 7a-Hydroxy-hexahydro- **10**
    III 2827 c
—, 7a-Hydroxy-4-methyl-hexahydro-
    10 III 2843 e
—, 7a-Hydroxy-4a,6,6-trimethyl-
    hexahydro- **10** III 2881 b
—, 4-Methyl-hexahydro- **17** IV 4341
—, 4,5,6,7-Tetrahydro-3H- **17** IV 4574
—, 3a,7,7-Tris-[2-carboxy-äthyl]-7a-
    hydroxy-hexahydro- **10** III 4161 b
Cyclopenta[b]pyran-4-on
—, 2-Methyl-hexahydro- **17** IV 4341
    — semicarbazon **17** IV 4341
—, 2,6,7a-Trimethyl-hexahydro- **17**
    IV 4375
    — semicarbazon **17** IV 4375
Cyclopenta[c]pyran-1-on
—, 3-Acetoxy-4,7-dimethyl-hexahydro-
    18 IV 71
—, 4-Acetyl-7-butyl-3-hydroxy-6,7-
    dihydro-5H- **17** IV 6723

Cyclopenta[c]pyran-1-on　(Fortsetzung)

—, 4-Acetyl-3-hydroxy-6,7-dihydro-5H-
　17 IV 6721

—, 4,7-Dimethyl-5,6,7,7a-tetrahydro-
　4aH- **17** IV 4622

—, 3-Hydroxy-4,7-dimethyl-hexahydro-
　10 III 2862 b

—, 4-Methyl-5,6,7,7a-tetrahydro-4aH-
　17 IV 4600

Cyclopenta[c]pyran-3-on

—, 5-Benzoyloxy-4-benzoyloxymethyl-7-
　methyl-hexahydro- **18** IV 1138

—, 4,4-Dimethyl-hexahydro- **17**
　IV 4359

—, 4,7-Dimethyl-hexahydro- **17**
　IV 4359

—, 4,4-Dimethyl-4,5,6,7-tetrahydro-1H-
　17 IV 4622

—, 4,7-Dimethyl-5-[toluol-4-sulfonyloxy]-
　hexahydro- **18** IV 72

—, Hexahydro- **17** IV 4331

—, 1-Hydroxy-1,5-dimethyl-hexahydro-
　10 III 2863 f

—, 5-Hydroxy-4,7-dimethyl-hexahydro-
　18 IV 72

—, 5-Hydroxy-4-hydroxymethyl-7-
　methyl-hexahydro- **18** IV 1138

—, 4-Methyl-hexahydro- **17** IV 4341

—, 7-Methyl-5-[4-nitro-benzoyloxy]-4-
　[4-nitro-benzoyloxymethyl]-hexahydro-
　18 IV 1138

—, 4-Methyl-5,6,7,7a-tetrahydro-1H-
　17 IV 4600

—, 1-Phenyl-hexahydro- **17** IV 5147

Cyclopenta[c]pyran-5-on

—, 3,3,7-Trimethyl-hexahydro- **17**
　IV 4376

—, 3,3,7-Trimethyl-3,4,6,7-tetrahydro-
　1H- **17** IV 4640

　— semicarbazon **17** IV 4640

Cyclopenta[c]pyran-1,3,5-trion

—, 4a-Methyl-tetrahydro- **17** IV 6703

—, 7a-Methyl-tetrahydro- **17** IV 6704

Cyclopenta[b]pyranylium

—, 2-tert-Butyl-4,6-diphenyl-7H- **17**
　IV 1718

—, 2,4-Diphenyl-6,7-dihydro-5H- **17**
　IV 1702

—, 2,4,6-Triphenyl-5H- **17** IV 1755

Cyclopenta[b]thiepin

—, 3,4,5,6,7,8-Hexahydro-2H- **17**
　IV 320

Cyclopentathiiren

—, Tetrahydro- s. Cyclopentan,
　1,2-Epithio-

Cyclopenta[g]thiochromen

—, 2,3,4,6,7,8-Hexahydro- **17** IV 524

Cyclopenta[b]thiochromen-9-on

—, 8-Amino-5-methyl-2,3-dihydro-1H-
　18 IV 7945

—, 2,3-Dihydro-1H- **17** IV 5206

Cyclopenta[g]thiochromen-4-on

—, 2,3,7,8-Tetrahydro-6H- **17** IV 5123

　— semicarbazon **17** IV 5123

Cyclopenta[b]thiophen

—, 4-Dimethylamino-6-phenyl-5,6-
　dihydro-4H- **18** IV 7182

—, Hexahydro- **17** IV 176

—, 3-Methyl-hexahydro-2H- **17** IV 195

—, 3,4,5,6-Tetrahydro-2H- **17** IV 303

1λ⁶-Cyclopenta[b]thiophen

—, 3,3a-Dibrom-1,1-dioxo-hexahydro-
　17 IV 177

—, 1,1-Dioxo-hexahydro- **17** IV 176

—, 1,1-Dioxo-3,4,5,6-tetrahydro-2H- **17**
　IV 304

—, 1,1-Dioxo-4,5,6,6a-tetrahydro-2H-
　17 IV 303

Cyclopenta[c]thiophen

—, Hexahydro- **17** IV 177

2λ⁴-Cyclopenta[c]thiophen

—, 2-Oxo-hexahydro- **17** IV 178

2λ⁶-Cyclopenta[c]thiophen

—, 2,2-Dioxo-hexahydro- **17** IV 178

—, 2,2-Dioxo-3,4,5,6-tetrahydro-1H- **17**
　IV 304

Cyclopenta[b]thiophen-2-carbonsäure

—, 3-Hydroxy-5,6-dihydro-4H-,
　— äthylester **18** IV 4874

—, 3-Oxo-3,4,5,6-tetrahydro-2H-,
　— äthylester **18** IV 4874

Cyclopenta[b]thiophen-6-carbonsäure

—, 3-Oxo-3,3a,4,5-tetrahydro-2H-,
　— äthylester **18** IV 4874

Cyclopenta[b]thiophen-1,1-dioxid

—, 3,3a-Dibrom-hexahydro- **17** IV 177

—, Hexahydro- **17** IV 176

—, 3,4,5,6-Tetrahydro-2H- **17** IV 304

—, 4,5,6,6a-Tetrahydro-2H- **17** IV 303

Cyclopenta[c]thiophen-2,2-dioxid

—, Hexahydro- **17** IV 178

—, 3,4,5,6-Tetrahydro-1H- **17** IV 304

Cyclopenta[b]thiophenium

—, 1-Methyl-hexahydro- **17** IV 177

Cyclopenta[c]thiophenium

—, 2-Methyl-hexahydro- **17** IV 178

Cyclopenta[b]thiophen-4-ol

—, 6-Phenyl-5,6-dihydro-4H- **17** IV 1577

Cyclopenta[b]thiophen-2-on

—, 6,6,6a-Trimethyl-hexahydro- **17**
　IV 4366

Cyclopenta[b]thiophen-4-on

—, 6-Phenyl-5,6-dihydro- **17** IV 5267

　— [2,4-dinitro-phenylhydrazon] **17**
　IV 5268

　— oxim **17** IV 5268

Cyclopenta[*b*]thiophen-6-on
—, 5-Methyl-4,5-dihydro- **17**
    IV 4727
    — [2,4-dinitro-phenylhydrazon] **17**
    IV 4727
Cyclopenta[*c*]thiophen-2-oxid
—, Hexahydro- **17** IV 178
Cyclopenta[*b*]thiopyran
—, 2,3,4,5,6,7-Hexahydro- **17**
    IV 313
Cyclopenta[*c*]thiopyran **17** IV 478
—, Octahydro- **17** IV 190
Cyclopenta[*a*]triphenylen-9,10-dicarbonsäure
—, 12,13-Dihydro-11*H*-,
    — anhydrid **17** IV 6606
—, 9,10,10a,11,12,13-Hexahydro-8b*H*-,
    — anhydrid **17** IV 6557
Cyclopenta[3,4]triphenyleno[1,2-*c*]furan-1,3-
dion
—, 5,6-Dihydro-4*H*- **17** IV 6606
—, 3b,4,5,6,14b,14c-Hexahydro-3a*H*- **17**
    IV 6557
Cyclopent-1-encarbimidsäure
—, 2-[2,4-Dihydroxy-phenyl]-,
    — 2-lacton **18** IV 505
—, 2-[2,4,6-Trihydroxy-phenyl]-,
    — 2-lacton **18** IV 1551
Cyclopent-2-encarbonitril
—, 4,5-Diacetoxy-1-[tetra-*O*-acetyl-
    glucopyranosyloxy]- **17** IV 3380
—, 1-Glucopyranosyloxy-4,5-dihydroxy-
    17 IV 3380
Cyclopent-1-encarbonsäure
—, 2-[2-Acetoxy-3-acetyl-6-hydroxy-
    phenyl]-,
    — lacton **18** IV 1642
—, 2-[4-Acetoxy-3-acetyl-2-hydroxy-
    phenyl]-,
    — lacton **18** IV 1641
—, 2-[4-Acetoxy-5-acetyl-2-hydroxy-
    phenyl]-,
    — lacton **18** IV 1641
—, 2-[4-Acetoxy-3-acetyl-2-hydroxy-
    phenyl]-4-methyl-,
    — lacton **18** IV 1645
—, 2-[4-Acetoxy-5-äthyl-2-hydroxy-
    phenyl]-,
    — lacton **18** IV 521
—, 2-[4-Acetoxy-5-äthyl-2-hydroxy-
    phenyl]-4-methyl-,
    — lacton **18** IV 528
—, 2-[2-Acetoxy-6-hydroxy-4-methyl-
    phenyl]-,
    — lacton **18** IV 516
—, 2-[2-Acetoxy-6-hydroxy-4-methyl-
    phenyl]-4-methyl-,
    — lacton **18** IV 522

—, 2-[4-Acetoxy-2-hydroxy-6-pentadecyl-
    phenyl]-,
    — lacton **18** IV 559
—, 2-[2-Acetoxy-6-hydroxy-4-pentyl-
    phenyl]-,
    — lacton **18** IV 535
—, 2-[4-Acetoxy-2-hydroxy-phenyl]-,
    — lacton **18** IV 505
—, 2-[4-Acetoxy-2-hydroxy-phenyl]-4-
    methyl-,
    — lacton **18** 44 d, IV 515
—, 2-[3-Acetyl-2,4-dihydroxy-phenyl]-,
    — 2-lacton **18** IV 1641
—, 2-[3-Acetyl-2,6-dihydroxy-phenyl]-,
    — 6-lacton **18** IV 1641
—, 2-[5-Acetyl-2,4-dihydroxy-phenyl]-,
    — 2-lacton **18** IV 1641
—, 2-[3-Acetyl-2,4-dihydroxy-phenyl]-4-
    methyl-,
    — 2-lacton **18** IV 1645
—, 2-[3-Acetyl-2,6-dihydroxy-phenyl]-4-
    methyl-,
    — 6-lacton **18** IV 1645
—, 2-[5-Äthyl-2,4-dihydroxy-phenyl]-,
    — 2-lacton **18** IV 521
—, 2-[5-Äthyl-2,4-dihydroxy-phenyl]-4-
    methyl-,
    — 2-lacton **18** IV 527
—, 2-[4-Benzoyloxy-2-hydroxy-phenyl]-,
    — lacton **18** IV 505
—, 2-[5-Chlor-4-
    diäthoxythiophosphoryloxy-2-hydroxy-
    phenyl]-,
    — lacton **18** IV 505
—, 2-[5-Chlor-2,4-dihydroxy-phenyl]-,
    — 2-lacton **18** IV 505
—, 2-[2,4-Diacetoxy-6-hydroxy-phenyl]-,
    — lacton **18** IV 1551
—, 2-[3,4-Diacetoxy-2-hydroxy-phenyl]-,
    — lacton **18** IV 1550
—, 2-[2,4-Diacetoxy-6-hydroxy-phenyl]-4-
    methyl-,
    — lacton **18** IV 1564
—, 2-[3,4-Diacetoxy-2-hydroxy-phenyl]-4-
    methyl-,
    — lacton **18** IV 1564
—, 2-[4-Diäthoxythiophosphoryloxy-2-
    hydroxy-phenyl]-,
    — lacton **18** IV 505
—, 2-[4-Diäthylamino-2-hydroxy-phenyl]-,
    — lacton **18** IV 7944
—, 2-[3,5-Diäthyl-2,6-dihydroxy-phenyl]-,
    — lacton **18** IV 533
—, 2-[3,5-Diäthyl-2,6-dihydroxy-phenyl]-
    4-methyl-,
    — lacton **18** IV 536
—, 2-[2,6-Dihydroxy-4-methyl-phenyl]-,
    — lacton **18** IV 515

Cyclopent-1-encarbonsäure (Fortsetzung)
—, 2-[2,6-Dihydroxy-4-methyl-phenyl]-4-
methyl-,
— lacton **18** IV 522
—, 2-[1,4-Dihydroxy-[2]naphthyl]-,
— 1-lacton **18** IV 760
—, 2-[1,5-Dihydroxy-[2]naphthyl]-,
— 1-lacton **18** IV 759
—, 2-[1,6-Dihydroxy-[2]naphthyl]-,
— 1-lacton **18** IV 759
—, 2-[1,7-Dihydroxy-[2]naphthyl]-,
— 1-lacton **18** IV 760
—, 2-[1,8-Dihydroxy-[2]naphthyl]-,
— 1-lacton **18** IV 760
—, 2-[2,4-Dihydroxy-6-pentadecyl-
phenyl]-,
— 2-lacton **18** IV 559
—, 2-[2,6-Dihydroxy-4-pentyl-phenyl]-,
— lacton **18** IV 535
—, 2-[2,4-Dihydroxy-phenyl]-,
— 2-lacton **18** IV 504
—, 2-[2,4-Dihydroxy-phenyl]-4-methyl-,
— 2-lacton **18** 44 c, IV 515
—, 2-[4-Dimethoxythiophosphoryloxy-2-
hydroxy-phenyl]-,
— lacton **18** IV 505
—, 2-[α-Hydroxy-isopropyl]-5-methyl-,
— lacton **17** 302 b, I 158 i
—, 2-[1-Hydroxy-5-methoxy-[2]naphthyl]-,
— lacton **18** IV 759
—, 2-[1-Hydroxy-8-methoxy-[2]naphthyl]-,
— lacton **18** IV 760
—, 2-[2-Hydroxy-4-methyl-phenyl]-,
— lacton **17** IV 5219
—, 2-[2-Hydroxy-5-methyl-phenyl]-,
— lacton **17** IV 5219
—, 2-[1-Hydroxy-[2]naphthyl]-,
— lacton **17** IV 5452
—, 2-[1-Hydroxy-[2]naphthyl]-4-methyl-,
— lacton **17** IV 5467
—, 2-[2-Hydroxy-phenyl]-,
— lacton **17** IV 5207
—, 4-Methyl-2-[2,3,4-trihydroxy-phenyl]-,
— 2-lacton **18** 109 d,
IV 1564
—, 4-Methyl-2-[2,4,6-trihydroxy-phenyl]-,
— 2-lacton **18** IV 1564
—, 2-[2-Oxo-2*H*-chromen-6-ylamino]-,
— äthylester **18** IV 7923
—, 2-[2,3,4-Trihydroxy-phenyl]-,
— 2-lacton **18** IV 1550
—, 2-[2,4,6-Trihydroxy-phenyl]-,
— 2-lacton **18** IV 1551
Cyclopent-2-encarbonsäure
—, 1,2,3,4,5,5-Hexachlor-4-
hydroxymethyl-,
— lacton **17** IV 4555
—, 2-[α-Hydroxy-isopropyl]-5-methyl-,
— lacton **17** 302 b, I 158 i

—, 5-[α-Hydroxy-isopropyl]-2-methyl-,
— lacton **17** 302 a, I 158 h
Cyclopent-3-encarbonsäure
—, 3-Acetoxy-2-[1-acetoxy-1-hydroxy-
äthyl]-2-phenyl-,
— lacton **18** IV 1575
—, 2-[2-Äthoxy-α-hydroxy-benzyl]-5-oxo-
3-phenyl-,
— lacton **18** I 371 a
—, 3-Cyan-2-hydroxymethyl-2-methyl-,
— lacton **18** IV 5437
—, 2-[α-Hydroxy-benzhydryl]-,
— lacton **17** IV 5520
Cyclopent-1-en-1,2-dicarbonsäure
— anhydrid **17** 461 d, IV 5986
—, 3-Methyl-,
— anhydrid **17** IV 5997
Cyclopent-2-en-1,2-dicarbonsäure
—, 1-Methyl-,
— anhydrid **17** IV 5997
Cyclopent-3-en-1,3-dicarbonsäure
—, 2-Hydroxymethyl-2-methyl-,
— 1-lacton **18** IV 5437
Cyclopent-4-en-1,3-dicarbonsäure
—, 2,2-Dimethyl-,
— anhydrid **17** 463 a
—, 1,2,2-Trimethyl-,
— anhydrid **17** 463 e, I 242 b
Cyclopenten-1,3-dion
—, 4-[1-(8-Hydroxy-8-methyl-2-oxo-
hexahydro-3a,7-äthano-benzofuran-4-yl)-
äthyl]-2,2-dimethyl- **18** IV 2530
Cyclopent-2-enon
—, 2,4-Dianilino-5-furfuryliden- **18**
IV 8039
—, 4-[2,2-Dimethyl-3-(2-methyl-
propenyl)-cyclopropancarbonyloxy]-2-
furfuryl-3-methyl- **18** IV 208
—, 4-[3,5-Dinitro-benzoyloxy]-2-furfuryl-
3-methyl- **18** IV 209
—, 4,5-Epoxy-2,3,4,5-tetraphenyl- **17**
IV 5642
—, 2-Furfuryl-4-hydroxy-3-methyl- **18**
IV 208
— semicarbazon **18** IV 209
—, 5-Furfuryliden-2,4-di-*p*-toluidino-
18 IV 8039
—, 2-Furfuryl-3-methyl-4-[4-nitro-
benzoyloxy]- **18** IV 208
—, 3-[3]Furyl-,
— semicarbazon **17** IV 5999
Cyclopentenoxid 17 21 c, I 13 e, II 28 e
Cyclopent-3-en-1,2,3-tricarbonsäure
—, 2-Methyl-,
— 2,3-anhydrid **18** IV 6019
Cyclopent[*h*]isochromen
—, 7-[3,5-Dinitro-benzoyloxy]-3,3,6a,9-
tetramethyl-dodecahydro- **17** IV 1322

Cyclopent[c]isochromen-1-carbonsäure
—, 3-[2,4-Dinitro-phenylhydrazono]-
7,8,9-trimethoxy-5-oxo-1,2,3,5-tetrahydro-,
— methylester **18** IV 6670
—, 7,8,9-Trihydroxy-3,5-dioxo-1,2,3,5-
tetrahydro- **18** IV 6670
—, 7,8,9-Trimethoxy-3,5-dioxo-1,2,3,5-
tetrahydro- **18** IV 6670
— methylester **18** IV 6670
Cyclopent[c]isochromen-2-carbonsäure
—, 3-[2,4-Dinitro-phenylhydrazono]-
7,8,9-trimethoxy-5-oxo-1,2,3,5-tetra≈
hydro-,
— methylester **18** IV 6671
—, 3-Hydroxy-7,8,9-trimethoxy-5-oxo-
1,5-dihydro-,
— äthylester **18** IV 6671
— methylester **18** IV 6670
—, 7,8,9-Trimethoxy-3,5-dioxo-1,2,3,5-
tetrahydro-,
— äthylester **18** IV 6671
— methylester **18** IV 6670
Cyclopent[c]isochromen-3,5-dion
—, 2-Benzyliden-7,8,9-trihydroxy-1,2-
dihydro- **18** IV 3387
—, 7,8,9-Triacetoxy-1,2-dihydro- **18**
IV 3152
—, 7,8,9-Trihydroxy-1,2-dihydro- **18**
IV 3152
—, 7,8,9-Trimethoxy-1,2-dihydro- **18**
IV 3152
— 3-[2,4-dinitro-phenylhydrazon]
18 IV 3153
— 3-[4-nitro-phenylhydrazon] **18**
IV 3153
—, 7,8,9-Tris-benzyloxy-1,2-dihydro-
18 IV 3152
Cyclopent[h]isochromen-1,3-dion
—, 7-[1,5-Dimethyl-hexyl]-4,6a-dimethyl-
decahydro- **17** IV 6063
Cyclopent[h]isochromen-7,8-dion
—, 3,3,6a,9-Tetramethyl-decahydro- **17**
IV 6061
—, 3,3,6a,9-Tetramethyl-1,3,4,6,6a,9,9a,≈
9b-octahydro- **17** IV 6116
Cyclopent[h]isochromen-7-ol
—, 3,3,6a,9-Tetramethyl-dodecahydro-
17 IV 1322
Cyclopent[h]isochromen-7-on
—, 3,3,6a,9-Tetramethyl-decahydro- **17**
IV 4682
— semicarbazon **17** IV 4682
—, 3,3,6a,9-Tetramethyl-3,4,6,6a,8,9,9a,≈
9b-octahydro-1H- **17** IV 4769
— semicarbazon **17** IV 4770
Cyclopent[h]isochromen-9-on
—, 3,3,7,9a-Tetramethyl-decahydro- **17**
IV 4682

—, 3,3,7,9a-Tetramethyl-3,4,6,6a,7,8,9a,9b-
octahydro-1H- **17** IV 4769
— semicarbazon **17** IV 4770
Cyclopent[f]oxacyclotridecin-4-on
—, 1,13-Dihydroxy-6-methyl-1,6,7,8,9,≈
11a,12,13,14,14a-decahydro- **18** IV 1220
Cyclopent[d]oxecin-2,9-dion
—, 1,4,5,8,8a,10,11,11a-Octahydro- **17**
IV 6026
— 9-[2,4-dinitro-phenylhydrazon]
17 IV 6026
— 9-semicarbazon **17** IV 6026
Cyclopent[d]oxecin-2-on
—, 9-[2,4-Dinitro-phenylhydrazono]-
4,5,8,8a,9,10,11,11a-octahydro-1H- **17**
IV 6026
—, 9-Semicarbazono-4,5,8,8a,9,10,11,≈
11a-octahydro-1H- **17** IV 6026
Cyclopent[d]oxepin-2,4-dion
—, Hexahydro- **17** IV 5939
Cyclopentoxiren
—, Tetrahydro- s. Cyclopentan,
1,2-Epoxy-
Cyclopolid 18 IV 2401
—, Triacetyl- **18** IV 3071
3,5-Cyclo-pregnan-6-ol
—, 21-Dimethylamino-18,20-epoxy- **18**
IV 7346
3,5-Cyclo-pregnan-6-on
—, 21-Dimethylamino-18,20-epoxy- **18**
IV 7940
—, 18,20-Epoxy-21-hydroxy- **18** IV 469
—, 18,20-Epoxy-21-[toluol-4-sulfonyloxy]-
18 IV 469
Cyclopropa[b]benzofuran
—, 1-Acetyl-1a,6b-dihydro-1H- **17**
IV 5108 c
Cyclopropa[b]benzofuran-1-carbonsäure
—, 1a,6b-Dihydro-1H- **18** IV 4270
— äthylester **18** IV 4270
— amid **18** IV 4270
Cyclopropa[g]benzofuran-6-carbonsäure
—, 6a-Formyl-3,5a,6-trimethyl-2-oxo-
octahydro- **18** IV 6026
Cyclopropa[b]benzothiophen
s. Benzo[b]cyclopropa[d]thiophen
Cyclopropa[5,6]benz[1,2-b]oxepin-2-on
—, 5a,8,8-Trimethyl-decahydro- **17**
IV 4664
Cyclopropa[c]chromen-1a-carbonitril
—, 1-Benzoyl-2-oxo-1,7b-dihydro-2H-
18 I 518 c
Cyclopropa[c]chromen-1a-carbonsäure
—, 1-Benzoyl-2-oxo-1,7b-dihydro-2H-,
— äthylester **18** I 518 b
— methylester **18** I 518 a

Cyclopropa[c]chromen-
1a-carbonsäure (Fortsetzung)
—, 1-[4-Methoxy-benzoyl]-2-oxo-1,7b-
    dihydro-,
    — äthylester **18** I 543 f
—, 1-[3-Nitro-benzoyl]-2-oxo-1,7b-
    dihydro-2*H*-,
    — äthylester **18** I 518 d
Cyclopropa[c]chromen-2-on
—, 1a-Acetyl-1-benzoyl-1a,7b-dihydro-
    1*H*- **17** I 288 c
—, 1a-Acetyl-1-[2-methoxy-benzoyl]-
    1a,7b-dihydro-1*H*- **18** I 404 a
—, 1a-Acetyl-1-[4-methoxy-benzoyl]-
    1a,7b-dihydro-1*H*- **18** I 404 b
—, 1a-Acetyl-1-[1]naphthoyl-1a,7b-
    dihydro-1*H*- **17** I 290 c
—, 1a-Benzoyl-1-[4-methoxy-benzoyl]-
    1a,7b-dihydro-1*H*- **18** I 405 d
—, 1-Benzoyl-1a-propionyl-1a,7b-
    dihydro-1*H*- **17** I 289 b
—, 1,1a-Dibenzoyl-1a,7b-dihydro-1*H*-
    17 I 292 a
Cyclopropa[4,5]cyclopenta[1,2-*b*]furan-2-on
—, 5a,5b-Dimethyl-tetrahydro- **17**
    IV 4626
Cyclopropa[*b*]furan
    s. unter 2-Oxa-bicyclo[3.1.0]hexan
Cyclopropa[*c*]furan
    s. unter 3-Oxa-bicyclo[3.1.0]hexan
Cyclopropa[*c*]furan-2,4-dion
—, Dihydro- s. Cyclopropan-1,2-
    dicarbonsäure-anhydrid
Cyclopropa[*d*]isochroman-2,4-dion
—, Tetrahydro- s. Spiro[2.5]octan-1,4-
    dicarbonsäure-anhydrid
Cyclopropan
—, 1-[2]Furyl-2-methyl- **17** II 48 a,
    IV 371
Cyclopropa[5,6]naphtho[1,2-*c*]furan-3-on
—, 5b,8a-Dimethyl-decahydro- **18**
    IV 1181
—, 5b,8a-Dimethyl-4,5,5a,5b,6,6a,8a,8b-
    octahydro-1*H*,3a*H*- **18** IV 1181
Cyclopropancarbonsäure
—, 1-Acetyl-2-benzoyl-3-[2-hydroxy-
    phenyl]-,
    — lacton **17** I 288 c
—, 1-Acetyl-2-[2-hydroxy-phenyl]-3-
    [2-methoxy-benzoyl]-,
    — lacton **18** I 404 a
—, 1-Acetyl-2-[2-hydroxy-phenyl]-3-
    [4-methoxy-benzoyl]-,
    — lacton **18** I 404 b
—, 1-Acetyl-2-[2-hydroxy-phenyl]-3-
    [1]naphthoyl-,
    — lacton **17** I 290 c

—, 1-Benzoyl-2-[2-hydroxy-phenyl]-3-
    [4-methoxy-benzoyl]-,
    — lacton **18** I 405 d
—, 2-Benzoyl-3-[2-hydroxy-phenyl]-1-
    propionyl-,
    — lacton **17** I 289 b
—, 1-[1-Benzoyloxy-1-[2]furyl-propyl]-,
    — äthylester **18** IV 4876
—, 1,2-Dibenzoyl-3-[2-hydroxy-phenyl]-,
    — lacton **17** I 292 a
—, 2,2-Dimethyl-3-[2-methyl-propenyl]-,
    — furfurylester **17** IV 1248
    — [3-furfuryl-2-methyl-4-oxo-
      cyclopent-2-enylester] **18**
      IV 208
    — xanthen-9-ylamid **18**
      IV 7218
—, 1-[Furan-2-carbonyl]-,
    — äthylester **18** IV 5498
    — amid **18** IV 5498
—, 1-[[2]Furyl-hydroxy-phenyl-methyl]-,
    — äthylester **18** IV 4958
—, 2-[α-Hydroxy-benzyl]-3-[4-nitro-
    phenyl]-,
    — lacton **17** IV 5464
—, 2-[α-Hydroxy-benzyl]-3-phenyl-,
    — lacton **17** II 403 g, IV 5464
—, 2-Hydroxy-2,3-diphenyl-,
    — lacton **17** IV 5437
—, 3-[β-Hydroxy-isobutyl]-2,2-dimethyl-,
    — lacton **17** IV 4364
—, 2-Hydroxymethyl-,
    — lacton **17** IV 4304
—, 2-[α-Hydroxy-x-nitro-benzyl]-3-
    [4-nitro-phenyl]-,
    — lacton **17** IV 5465
—, 2-[1-Hydroxy-vinyl]-1-isopropyl-,
    — lacton **17** 300 e
—, 2-[2]Thienyl- **18** IV 4180
    — äthylester **18** IV 4180
    — amid **18** IV 4181
    — anilid **18** IV 4181
    — [2-diäthylamino-äthylester] **18**
      IV 4181
—, 1-[Thiophen-2-carbonyl]- **18**
    IV 5498
    — äthylester **18** IV 5498
    — [2-diäthylamino-äthylester] **18**
      IV 5498
Cyclopropancarbonylchlorid
—, 2-[2]Thienyl- **18** IV 4181
Cyclopropan-1,1-dicarbonsäure
—, 2-[3,3-Bis-äthoxycarbonyl-oxiranyl]-3-
    methyl-,
    — diäthylester **18** IV 4600
Cyclopropan-1,2-dicarbonsäure
    — anhydrid **17** 442 b, I 235 a,
      II 449 b, IV 5913

Cyclopropan-1,2-dicarbonsäure
(Fortsetzung)
—, 1-Äthoxy-3,3-dimethyl-,
  — anhydrid **18** 85 g
—, 1-Äthyl-,
  — anhydrid **17** IV 5924
—, 3-Äthyl-1-methoxy-3-methyl-,
  — anhydrid **18** II 59 c
—, 3-Benzyl-3-methyl-,
  — anhydrid **17** II 486 g
—, 3-Brom-3-hydroxymethyl-,
  — 1-lacton **18** IV 5340
—, 3-Chlorcarbonyl-,
  — anhydrid **18** IV 5989
—, 3,3-Diäthyl-,
  — anhydrid **17** II 453 d
—, 1,2-Dimethyl-,
  — anhydrid **17** IV 5924
—, 3,3-Dimethyl-,
  — anhydrid **17** 450 a, I 236 c
—, 3,3-Diphenyl-,
  — anhydrid **17** IV 6483
—, 3-Hexyl-3-methyl-,
  — anhydrid **17** II 456 g
—, 3-Hydroxymethyl-,
  — lacton **18** IV 5339
—, 1-Hydroxy-2,3,3-trimethyl-,
  — 2-lacton **18** II 321 e
—, 1-Isopropyl-,
  — anhydrid **17** 452 h, IV 5933
—, 1-Methoxy-3,3-dimethyl-,
  — anhydrid **18** 85 f
—, 3-Methoxy-3-methyl-,
  — anhydrid **18** IV 1164
—, 1-Methyl-,
  — anhydrid **17** II 451 b, IV 5920
—, 3-Methyl-,
  — anhydrid **17** IV 5921
—, 1-Methyl-3,3-diphenyl-,
  — anhydrid **17** IV 6488
—, 3-Methylen-,
  — anhydrid **17** IV 5983
—, 1-Phenyl-,
  — anhydrid **17** 512 e
—, 3-Phenyl-,
  — anhydrid **17** 512 f
4,8a-Cyclopropano-indeno[4,5-c]furan-11-carbonsäure
—, 5,9-Dimethyl-1,3-dioxo-1,3,3a,4,6,7,8,⁼
  8b-octahydro-,
  — methylester **18** IV 6080
—, 1,3-Dioxo-1,3,3a,4,6,7,8,8b-octahydro-,
  — methylester **18** IV 6079
4,8-Cyclopropano-indeno[5,6-c]furan-11-carbonsäure
—, 4,8-Dimethyl-1,3-dioxo-3,3a,4,5,6,7,8,⁼
  8a-octahydro-1H-,

— methylester **18** IV 6080
—, 1,3-Dioxo-3,3a,4,5,6,7,8,8a-
  octahydro-1H-,
  — methylester **18** IV 6078
4,9-Cyclopropano-naphtho[2,3-c]furan-12-carbonsäure
—, 1,3-Dioxo-1,3,3a,4,5,6,7,8,9,9a-
  decahydro-,
  — methylester **18** IV 6079
4,9a-Cyclopropano-naphtho[1,2-c]furan-12-carbonsäure
—, 1,3-Dioxo-1,3a,4,6,7,8,9,9b-
  octahydro-3H-,
  — methylester **18** IV 6079
Cyclopropan-1,1,2,2-tetracarbonitril
—, 3-[2]Furyl- **18** IV 4602
Cyclopropan-1,1,2-tricarbonsäure
—, 2-Hydroxymethyl-,
  — 1-lacton **18** II 365 c
Cyclopropan-1,2,3-tricarbonsäure
  — anhydrid **18** 463 e
Cyclopropa[b]pyran
—, Hexahydro- s. 2-Oxa-norcaran
Cyclopropa[c]pyran-3-carbonsäure
—, 3,5,5-Trimethyl-1-oxo-hexahydro-
  18 II 322 h
1λ⁶-Cyclopropa[b]thiophen
—, 1,1-Dioxo-3,3a-diphenyl-4,4a-
  dihydro-3aH- **17** IV 695
—, 1,1-Dioxo-3,3a-di-p-tolyl-4,4a-
  dihydro-3aH- **17** IV 701
Cyclopropa[b]thiophen-1,1-dioxid
—, 3,3a-Diphenyl-4,4a-dihydro-3aH-
  17 IV 695
—, 3,3a-Di-p-tolyl-4,4a-dihydro-3aH-
  17 IV 701
—, 3a-Methoxy-3-methyl-4,4a-dihydro-
  3aH- **17** IV 1281
Cycloprop[2,3]azuleno[4,5-b]furan-2,7-dion
—, 3,6-Dimethyl-3a,7a,8,8a,8b,8c-
  hexahydro-3H- **17** IV 6317
—, 3,6-Dimethyl-4-[toluol-4-sulfonyloxy]-
  decahydro- **18** IV 1286
Cycloprop[2,3]indeno[5,6-b]furan
—, 3,6b-Dimethyl-5-methylen-4-
  phenylcarbamoyloxy-4,4a,5,5a,6,6a,6b,7-
  octahydro- **17** IV 1552
Cycloprop[2,3]indeno[5,6-b]furan-4-ol
—, 3,6b-Dimethyl-5-methylen-4,4a,5,5a,⁼
  6,6a,6b,7-octahydro- **17** IV 1552
—, 3,5,6b-Trimethyl-4,4a,5,5a,6,6a,6b,7-
  octahydro- **17** IV 1507
Cycloprop[d]isochroman-2,4-dion
—, 4a,8,8-Trimethyl-tetrahydro- **17**
  IV 6037
Cyclopyrethrosin
—, O-Acetyl-tetrahydro- **18**
  IV 1178
—, Dihydro- **18** IV 1208

α-**Cyclopyrethrosin**
—, *O*-Acetyl- **18** IV 1278
—, Dihydro- **18** IV 1208
β-**Cyclopyrethrosin**
—, *O*-Acetyl- **18** IV 1278
—, *O*-Acetyl-dihydro- **18** IV 1208
—, Desacetyldihydro- **18** IV 1208
—, Dihydro- **18** IV 1208
16,24-Cyclo-14,15-seco-chola-5,8(14)-dien-15-säure
—, 3-Acetoxy-14-hydroxy-24-oxo-,
— lacton **18** IV 1665
16,24-Cyclo-14,15-seco-chola-5,8(14),16(24)-trien-15-säure
—, 3,24-Diacetoxy-14-hydroxy-,
— lacton **18** IV 1665
5,7-Cyclo-5,6-seco-cholestan-6-säure
s. *B*-Nor-cholestan-6-carbonsäure
5,8-Cyclo-6,7-seco-23,24-dinor-cholan-6,7,22-trisäure
—, 3-Acetoxy-,
— 6,7-anhydrid **18** IV 6520
5,8-Cyclo-2,3-seco-ergostan-3-säure
—, 2-Hydroxy-,
— lacton **17** IV 5048
5,8-Cyclo-6,7-seco-pregnan-6,7,21-trisäure
—, 3-Acetoxy-20-methyl-,
— 6,7-anhydrid **18** IV 6520
2,4'-Cyclo-spiro[cyclopentan-1,6'-isochromen]-5-carbonsäure
—, 7'-Hydroxy-4'-methyl-1'-oxo-octahydro- **18** IV 6310
7,13-Cyclo-trichothecan-4,8-dion
—, 12-Hydroxy- **18** IV 1288
7,13-Cyclo-trichothecan-8-on
—, 4-Acetoxy-12-hydroxy- **18** IV 1220
—, 4,12-Diacetoxy- **18** IV 1220
—, 4,12-Dihydroxy- **18** IV 1219
7,13-Cyclo-trichothecan-4,8,12-triol 17
IV 2337
7,13-Cyclo-trichothec-9-en-4,8-dion
—, 12-Acetoxy- **18** IV 1445
—, 12-Hydroxy- **18** IV 1445
7,13-Cyclo-trichothec-9-en-8-on
—, 4-Acetoxy-12-hydroxy- **18** IV 1287
—, 4,12-Chlorphosphoryldioxy- **18**
IV 1287
—, 4,12-Diacetoxy- **18** IV 1287
— [2,4-dinitro-phenylhydrazon] **18**
IV 1288
—, 4,12-Dihydroxy- **18** IV 1287
— [2,4-dinitro-phenylhydrazon] **18**
IV 1288
—, 12-Hydroxy-4-[4-nitro-benzoyloxy]-
18 IV 1287
Cyclotridecan
—, 1,2-Epoxy- **17** IV 222

Cyclotridecoxiren
—, Dodecahydro- s. Cyclotridecan,
1,2-Epoxy-
Cycloundeca-1,5-dien
—, 8,9-Epoxy-1,4,4,8-tetramethyl- **17**
IV 391
Cycloundecan
—, 1,2-Epoxy-1,5,8,8-tetramethyl- **17**
IV 224
Cycloundecen
—, 5-Acetoxy-3-benzoyloxy-8,9-epoxy-
1,4,4,8-tetramethyl- **17** IV 2064
—, 3,5-Diacetoxy-8,9-epoxy-1,4,4,8-
tetramethyl- **17** IV 2064
—, 8,9-Epoxy-1,4,4,8-tetramethyl- **17**
IV 347
Cycloundec-2-enol
—, 10-Acetoxy-6,7-epoxy-3,7,11,11-
tetramethyl- **17** IV 2064
Cycloundecoxiren
—, Decahydro- s. Cycloundecan,
Epoxy-
Cymarigenin 18 IV 3127
Cymarin 18 IV 3136
—, $O^{4'}$-Acetyl- **18** IV 3137
—, Dihydro- **18** IV 3098
Cymarol 18 IV 3093
Cymaronsäure
— 4-lacton **18** IV 1112
Cymaropyranosid
—, Methyl- **17** IV 2305
—, Methyl-[*O*-(toluol-4-sulfonyl)- **17**
IV 2308
Cymarylsäure 18 IV 6609
— methylester **18** IV 6611
p-**Cymol**
—, 2-[2,3-Epoxy-propoxy]- **17** I 51 g
—, 3-[2,3-Epoxy-propoxy]- **17** 105 g,
I 51 h
—, 3-[Furan-2-carbonyloxy]- **18**
IV 3922
—, 3-Tetrahydrofurfuryloxy- **17**
IV 1099
Cynarosid 18 IV 3268
Cynocannosid 18 IV 2549
α-**Cyperonoxid 17** IV 4761
Cyrtomin 18 IV 3235
Cyrtominetin 18 IV 3234
—, Tetra-*O*-acetyl- **18** IV 3235
Cyrtopterinetin 18 IV 2658
Cystein
—, *N*-[*S*-Benzyl-*N*-benzyloxycarbonyl-
cysteinyl]-*S*-tetrahydropyran-2-yl-,
— amid **17** IV 1085
— hydrazid **17** IV 1085
—, *S*-[4-Carboxy-2-oxo-5-tridecyl-
tetrahydro-[3]furylmethyl]- **18** IV 6274

Cystein (Fortsetzung)

—, S-[5-Hydroxy-5-(2-hydroxy-5-methyl-phenyl)-2-oxo-tetrahydro-[3]furyl]- **10** III 4557 e

—, S-[5-Hydroxy-5-(2-hydroxy-phenyl)-2-oxo-tetrahydro-[3]furyl]- **10** III 4548 e

—, S-[5-Hydroxy-2-oxo-5-phenyl-tetrahydro-[3]furyl]- **10** III 4237 d

—, S,S'-[5-Methyl-furfuryliden]-bis- **17** IV 4529

—, N-[4-Oxo-4H-chromen-2-carbonyl]- **18** IV 5566

—, S-[2-Oxo-4-phenyl-tetrahydro-[3]furylmethyl]- **18** IV 208

—, S-[2-Oxo-5-phenyl-tetrahydro-[3]furylmethyl]- **18** IV 207

—, S-Tetrahydropyran-2-yl- **17** IV 1085

—, S-Xanthen-9-yl- **17** IV 1610

Cystin

—, N,N'-Bis-benzyloxycarbonyl-,
— bis-[tetra-O-acetyl-glucopyranose-2-ylamid] **18** IV 7624

D

Dactylin 18 IV 3500

Daidzein 18 II 100 d, IV 1805

Daidzin 18 IV 1808

—, Penta-O-acetyl- **18** IV 1808

—, Penta-O-benzoyl- **18** IV 1808

Dalbergin 18 IV 1815

—, Dihydro- **18** IV 1722

—, O-Methyl- **18** IV 1815

Dammaran

—, 3-Acetoxy-13,17-epoxy- **17** IV 1451

—, 3-Acetoxy-13,17-epoxy-24-methyl- **17** IV 1453

—, 3-Acetoxy-20,24-epoxy-24-methyl- **17** IV 1453

Dammaran-3-ol

—, 20,24-Epoxy-24-methyl- **17** IV 1452

Dammaran-3-on

—, 20,24-Epoxy-24-methyl- **17** IV 5050
— [2,4-dinitro-phenylhydrazon] **17** IV 5051
— semicarbazon **17** IV 5051

Dammaran-12-on

—, 3-Acetoxy-13,17-epoxy- **18** IV 281

Dammarolsäure

— [O^6-(O^4-rhamnopyranosyl-glucopyranosyl)-glucopyranosylester] **17** IV 3627

—, Tri-O-methyl-,
— {O^2,O^3,O^4-trimethyl-O^6-[O^2,O^3,�≠ O^6-trimethyl-O^4-(tri-O-methyl-rhamnopyranosyl)-glucopyranosyl]-glucopyranosylester} **17** IV 3628

Damsin 17 IV 6107

Daniellsäure 18 IV 4288

Daphnetin 18 100 i, I 349 f, II 69 c, IV 1330

Daphnin 18 IV 1332

Darutosid 17 IV 2998

—, Hexa-O-acetyl- **17** IV 3208

Darutosid-epoxid

—, Hexa-O-acetyl- **17** IV 3457

Datiscetin 18 214 c, I 413 f, II 214 b, IV 3281

—, O^x-[O^6-Rhamnopyranosyl-glucopyranosyl]- **31** 376 b

—, O^x-Rutinosyl- **31** 376 b

—, Tetra-O-acetyl- **18** IV 3282

—, Tetra-O-benzoyl- **18** IV 3282

—, Tetrakis-O-benzolsulfonyl- **18** IV 3282

Datiscetinidin 18 II 200 b

Datiscin 31 376 b

Daucol 17 IV 1320

Daucon 17 IV 4677

Daucosterin 17 IV 2969

Deca-2,8-dien-4,6-diin

—, 1,10-Bis-tetrahydropyran-2-yloxy- **17** IV 1062

Deca-2,4-dien-6,8-diin-4-olid 17 IV 5181

Deca-2,4-dien-6,8-diinsäure

—, 4-Hydroxy-,
— lacton **17** IV 5181

Deca-2,4-dien-6-in-4-olid 17 IV 4968

Deca-2,4-dien-6-insäure

—, 4-Hydroxy-,
— lacton **17** IV 4968

Deca-2,4-dien-4-olid 17 IV 4609

Deca-2,4-diensäure

—, 3,5-Dihydroxy-,
— 5-lacton **17** IV 5946

—, 3,5-Dihydroxy-6-methyl-,
— 5-lacton **17** IV 5962

—, 3,5-Dihydroxy-7-methyl-,
— 5-lacton **17** IV 5962

—, 4-Hydroxy-,
— lacton **17** IV 4609

—, 5-Hydroxy-3-methyl-,
— lacton **17** IV 4629

Deca-4,8-diensäure

—, 2,3-Epoxy-5,9-dimethyl-,
— amid **18** IV 4135

—, 2,3-Epoxy-2,5,9-trimethyl-,
— äthylester **18** IV 4138

—, 2-[2-Hydroxy-äthyl]-5,9-dimethyl-,
— lacton **17** IV 4659

Deca-1,5-diin

—, 4-Tetrahydropyran-2-yloxy- **17**
　　IV 1048

lin-[1→5]**Decagalactofuranose 17** IV 3775

Decahydroanhydroscillaridin-A 17 IV 5043

Decahydrofulvoplumierin 18 IV 5375

Decahydrofungichromin 18 IV 3642

Decahydrolagosin 18 IV 3643

Decan

—, 1,10-Bis-[diäthyl-[2]thienylmethyl-
　　ammonio]- **18** IV 7110

—, 1,10-Bis-[2,4-dimethyl-6-oxo-
　　6*H*-pyran-3-carbonyloxy]- **18** IV 5414

—, 1,10-Bis-[dimethyl-[2]thienylmethyl-
　　ammonio]- **18** IV 7110

—, 1,10-Bis-[6-oxo-6*H*-pyran-2-
　　carbonyloxy]- **18** IV 5380

—, 2,5-Diacetoxy-3,4-epoxy-2,4-
　　dimethyl- **17** IV 2031

—, 4-[3,5-Dinitro-benzoyloxy]-1-
　　tetrahydro[2]furyl- **17** IV 1179

—, 1,2-Epoxy- **17** IV 130

—, 3,4-Epoxy- **17** IV 131

—, 2-Methyl-1-[2]thienyl- **17** IV 347

Decandiamid

　s. Sebacinamid

Decandisäure

　— anhydrid **17** 426 d

Decanoat

—, Furfuryl- **17** IV 1247

Decan-4-ol

—, 2,3-Epoxy-2,4-dimethyl- **17** IV 1178

—, 1-Tetrahydro[2]furyl- **17** IV 1179

Decan-5-ol

—, 2-Acetoxy-3,4-epoxy-2,4-dimethyl-
　　17 IV 2030

Decan-4-olid 17 246 e, II 294 c, IV 4251

Decan-5-olid 17 IV 4248

Decan-6-olid 17 IV 4247

Decan-10-olid 17 IV 4247

Decan-1-on

—, 1-Benzo[*b*]thiophen-3-yl- **17** IV 5167

　— semicarbazon **17** IV 5167

—, 1-[2,5-Diäthyl-[3]thienyl]- **17**
　　IV 4689

　— [2,4-dinitro-phenylhydrazon] **17**
　　　IV 4689

—, 1-Dibenzothiophen-2-yl- **17** IV 5409

—, 1-[2]Furyl- **17** IV 4657

　— [2,4-dinitro-phenylhydrazon] **17**
　　　IV 4658

—, 2-Methyl-1-[2]thienyl- **17** IV 4667

　— semicarbazon **17** IV 4667

—, 1-[2]Thienyl- **17** IV 4658

　— azin **17** IV 4658

　— [2,4-dinitro-phenylhydrazon] **17**
　　　IV 4658

　— semicarbazon **17** IV 4658

Decan-4-on

—, 1-Tetrahydro[2]furyl- **17** IV 4272

Decanoylchlorid

—, 10-[2]Thienyl- **18** IV 4138

Decansäure

　— furfurylester **17** IV 1247

　— [6-isobutoxy-tetrahydro-pyran-2-
　　ylester] **17** IV 2003

　— [1-methyl-3-tetrahydro[2]furyl-
　　propylester] **17** IV 1159

　— [3-tetrahydro[2]furyl-propylester]
　　17 IV 1148

—, 2-Äthyl-2-hydroxy-,

　— lacton **17** IV 4268

—, 10-Amino-10-[2,4-dioxo-chroman-3-
　　yliden]-,

　— äthylester **18** IV 6181

　— amid **18** IV 6181

—, 10-Amino-10-[2]thienyl- **18** IV 8211

—, 10-Benzo[*b*]thiophen-3-yl-10-oxo-,

　— äthylester **18** IV 5626

—, 3-Benzoyl-4-hydroxy-2-oxo-,

　— lacton **17** II 528 a

—, 3-Benzoyl-4-hydroxy-2-phenylimino-,

　— lacton **17** II 528 b

—, 2-Brom-4-hydroxy-4-methyl-,

　— lacton **17** IV 4262

—, 10-[7-Butyl-1,3-dioxo-1,3,3a,4,7,7a-
　　hexahydro-isobenzofuran-4-yl]-9-hydroxy-
　　10-oxo- **18** IV 6046

—, 10-[7-Butyl-1,3-dioxo-octahydro-
　　isobenzofuran-4-yl]- **18** IV 5999

—, 10-[7-Butyl-1,3-dioxo-octahydro-
　　isobenzofuran-4-yl]-4-oxo- **18** IV 6154

—, 10-[5-Butyl-[2]thienyl]-10-oxo- **18**
　　IV 5490

—, 3-{3-[*O²*-(6-Desoxy-mannopyranosyl)-
　　6-desoxy-mannopyranosyloxy]-
　　decanoyloxy}- **17** IV 2561

—, 2-Diazo-4-hydroxy-3-oxo-,

　— lacton **18** IV 8352

—, 2,4-Dihydroxy-,

　— 4-lacton **18** IV 43

—, 2-[2,3-Dihydroxy-propyl]-,

　— 2-lacton **18** IV 47

—, 2-[2,4-Dinitro-phenylhydrazono]-4-
　　hydroxy-,

　— lacton **17** IV 5876

—, 10-[2,4-Dinitro-phenylhydrazono]-10-
　　[2]thienyl-,

　— äthylester **18** IV 5483

—, 10-[2,4-Dioxo-chroman-3-yl]-10-
　　imino-,

　— äthylester **18** IV 6181

　— amid **18** IV 6181

—, 10-[2,4-Dioxo-chroman-3-yl]-10-oxo-
　　18 IV 6181

　— äthylester **18** IV 6181

　— amid **18** IV 6181

Decansäure (Fortsetzung)
—, 10-[5-Dodecyl-[2]thienyl]-10-hydroxy-
   18 IV 4871
—, 10-[5-Dodecyl-[2]thienyl]-10-oxo-,
   — äthylester **18** IV 5494
—, 2,3-Epoxy- **18** IV 3863
   — äthylester **18** IV 3863
—, 2,3-Epoxy-2,3-dimethyl-,
   — äthylester **18** 268 b
—, 10-[2,3-Epoxy-1,4-dioxo-1,2,3,4-
   tetrahydro-[2]naphthyl]- **18** IV 6081
   — äthylester **18** IV 6081
—, 2,3-Epoxy-3-methyl-,
   — äthylester **18** 267 g
—, 2-Glykoloyl-,
   — lacton **17** IV 5886
—, 10-[3-Hexyl-oxiranyl]- **18** IV 3870
—, 4-Hydroxy-,
   — lacton **17** 246 e, II 294 c,
      IV 4251
—, 5-Hydroxy-,
   — lacton **17** IV 4248
—, 6-Hydroxy-,
   — lacton **17** IV 4247
—, 10-Hydroxy-,
   — lacton **17** IV 4247
—, 2-[2-Hydroxy-äthyl]-,
   — lacton **17** IV 4266
—, 4-[1-Hydroxy-äthyl]-,
   — lacton **17** IV 4265
—, 3-[α-Hydroxy-benzyl]-2,4-dioxo-,
   — lacton **17** IV 6757
—, 4-Hydroxy-2,2-dimethyl-,
   — lacton **17** IV 4268
—, 4-Hydroxy-4,9-dimethyl-,
   — lacton **17** IV 4268
—, 4-Hydroxy-5,9-dimethyl-,
   — lacton **17** IV 4267
—, 5-Hydroxy-5,9-dimethyl-,
   — lacton **17** IV 4265
—, 10-Hydroxyimino-10-[2]thienyl- **18**
   IV 5483
—, 4-Hydroxy-2-isopropyl-,
   — lacton **17** IV 4271
—, 4-Hydroxy-2-methoxy-4-methyl-,
   — lacton **18** IV 44
—, 4-Hydroxy-4-[4-methoxy-phenyl]-,
   — lacton **18** IV 237
—, 4-Hydroxy-2-methyl-,
   — lacton **17** IV 4262
—, 4-Hydroxy-4-methyl-,
   — lacton **17** IV 4261
—, 4-Hydroxy-9-methyl-,
   — lacton **17** IV 4261
—, 5-Hydroxy-4-methyl-,
   — lacton **17** II 294 d, IV 4258 b
—, 10-[4-Hydroxy-6-methyl-2-oxo-
   2H-pyran-3-yl]-10-oxo- **18** IV 6152
   — äthylester **18** IV 6152

—, 10-Hydroxy-10-[5-octadecyl-
   [2]thienyl]- **18** IV 4871
   — äthylester **18** IV 4872
—, 4-Hydroxy-2-oxo-,
   — lacton **17** IV 5876
—, 4-Hydroxy-3-oxo-,
   — lacton **17** IV 5876
—, 2-[2-Hydroxy-3-oxo-butyl]-,
   — lacton **17** IV 5889
—, 10-[4-Hydroxy-2-oxo-2H-chromen-3-
   yl]-10-oxo- **18** IV 6181
   — äthylester **18** IV 6181
   — amid **18** IV 6181
—, 4-Hydroxy-3-oxo-2-phenylhydrazono-,
   — lacton **17** IV 6687
—, 4-Hydroxy-2-oxo-3-propionyl-,
   — lacton **17** IV 6689
—, 2-[2-Hydroxy-propyl]-,
   — lacton **17** IV 4271
—, 2-[2-Hydroxy-propyl]-5,9-dimethyl-,
   — lacton **17** IV 4276
—, 10-[6-Methyl-2,4-dioxo-3,4-dihydro-
   2H-pyran-3-yl]-10-oxo- **18** IV 6152
   — äthylester **18** IV 6152
—, 2,3,4,5,6,7,8,9,10-Nonahydroxy-,
   — 4-lacton **18** I 434 a
—, 10-[5-Octadecyl-[2]thienyl]-10-oxo-,
   — äthylester **18** IV 5494
—, 10-[3-Octyl-oxiranyl]- **18** IV 3875
—, 3-Oxo-2-salicyloyl-,
   — lacton **17** IV 6758
—, 10-Oxo-10-selenophen-2-yl- **18**
   IV 5483
—, 10-Oxo-10-[2]thienyl- **18** IV 5482
   — äthylester **18** IV 5483
—, 3-[3-(O²-Rhamnopyranosyl-
   rhamnopyranosyloxy)-decanoyloxy]- **17**
   IV 2561
—, 10-Semicarbazono-10-[2]thienyl- **18**
   IV 5483
—, 10-[2]Thienyl- **18** IV 4138
   — amid **18** IV 4139
Decarbousnein 18 II 197 b
Decarbousnin 18 II 197 b
Decarbousninsäure 18 II 197,
   IV 3169
—, Desacetyl- **18** II 156 d,
   IV 2525
—, Di-O-acetyl- **18** II 198 b, IV 3169
Decarbousnol 18 II 171 b, IV 2661
—, Di-O-acetyl- **18** IV 2661
—, Dihydro- **18** IV 2575
—, Tetrahydro- **18** IV 2529
Decarboxamidoterrinolid 18 IV 3537
Decarboxamidoterrinolidsäure
—, Penta-O-methyl- **18** IV 6689
Decarboxycitrinin 18 IV 223
Decarboxycolumbinsäure
—, Octahydro- **18** IV 5491

Decarboxydehydrooctahydrocolumbinsäure
—, Monobrom- **18** IV 5512
Decarboxydihydrocitrinin 17 IV 2080
—, Bis-*O*-[4-nitro-benzoyl]- **17** IV 2080
Decarboxygriseofulvinsäure 18 IV 1565
Deca-2,4,6,8-tetraen-1,8,9-tricarbonsäure
—, 2-Methyl-,
— 8,9-anhydrid **18** IV 6059
Deca-2,4,8-trien-6-insäure
—, 4-Hydroxy-,
— lacton **17** IV 5066
Deca-2,4,8-trien-1-on
—, 1-[5-Benzyl-[2]thienyl]-5,9-dimethyl-
17 IV 5488
—, 1-[5-*tert*-Butyl-[2]thienyl]-5,9-
dimethyl- **17** IV 5169
—, 5,9-Dimethyl-1-[2]thienyl- **17**
IV 5159
Deca-5,7,9-trien-4-on
—, 10-[2]Furyl-2-methyl- **17** IV 5152
— [2,4-dinitro-phenylhydrazon] **17**
IV 5152
Dec-2-en
—, 4,5-Epoxy- **17** IV 206
Dec-5-en
—, 5,6-Epoxy- **17** IV 206
Dec-2-en-4,6-diin
—, 8,9-Epoxy- **17** IV 504
Dec-1-en-4-in
—, 1,1-Dichlor-3-methyl-3-
tetrahydropyran-2-yloxy- **17** IV 1047
Dec-5-en-1-in
—, 4-Tetrahydropyran-2-yloxy- **17**
IV 1046
Dec-2-en-5-olid 17 IV 4346
Dec-4-en-5-olid 17 IV 4346
Dec-7-en-4-olid 17 IV 4349
Dec-2-ensäure
—, 6-Äthyl-5-hydroxy-3-methyl-,
— lacton **17** IV 4387
—, 2-Anilino-3-benzoyl-4-hydroxy-,
— lacton **17** II 528 b
—, 2,4-Dihydroxy-,
— 4-lacton **17** IV 5876
—, 3,4-Dihydroxy-,
— 4-lacton **17** IV 5876
—, 5-Hydroxy-,
— lacton **17** IV 4346
—, 5-Hydroxy-3-methyl-,
— lacton **17** IV 4370
—, 4-Hydroxy-2-[4-nitro-benzoyloxy]-,
— lacton **18** IV 70
Dec-3-ensäure
—, 2-Hexyl-3-hydroxy-,
— lacton **17** IV 4395
Dec-4-ensäure
—, 6-Äthyl-2-[2-äthyl-hexanoyl]-5-
hydroxy-3-oxo-,
— lacton **17** IV 6716

—, 7-Äthyl-2-[3-äthyl-hexanoyl]-5-
hydroxy-3-oxo-,
— lacton **17** IV 6716
—, 6-Butyl-2-[2-butyl-hexanoyl]-5-
hydroxy-3-oxo-,
— lacton **17** IV 6718
—, 2-[2,5-Dimethyl-hexanoyl]-5-hydroxy-
6,9-dimethyl-3-oxo-,
— lacton **17** IV 6716
—, 2-[3,5-Dimethyl-hexanoyl]-5-hydroxy-
7,9-dimethyl-3-oxo-,
— lacton **17** IV 6717
—, 2-Hexanoyl-5-hydroxy-3-oxo-,
— lacton **17** IV 6713
—, 5-Hydroxy-,
— lacton **17** IV 4346
—, 4-Hydroxy-3,3-dimethyl-,
— lacton **17** IV 4380
—, 5-Hydroxy-6-methyl-2-[2-methyl-
hexanoyl]-3-oxo-,
— lacton **17** IV 6714
—, 5-Hydroxy-7-methyl-2-[3-methyl-
hexanoyl]-3-oxo-,
— lacton **17** IV 6714
—, 5-Hydroxy-9-methyl-2-[5-methyl-
hexanoyl]-3-oxo-,
— lacton **17** IV 6715
—, 5-Hydroxy-6-methyl-3-oxo-,
— lacton **17** IV 5962
—, 5-Hydroxy-7-methyl-3-oxo-,
— lacton **17** IV 5962
—, 5-Hydroxy-3-oxo-,
— lacton **17** IV 5946
—, 5-Hydroxy-3-oxo-7-propyl-2-
[3-propyl-hexanoyl]-,
— lacton **17** IV 6718
Dec-7-ensäure
—, 4-Hydroxy-,
— lacton **17** IV 4349
—, 4-Hydroxy-4-methyl-,
— lacton **17** IV 4371
Dec-8-ensäure
—, 3,5-Dihydroxy-5,9-dimethyl-,
— 3-lacton **18** IV 77
—, 2,3-Epoxy-5,9-dimethyl-,
— äthylester **18** IV 3909
—, 2,3-Epoxy-2,5,9-trimethyl-,
— äthylester **18** IV 3910
—, 2-[2-Hydroxy-äthyl]-5,9-dimethyl-,
— lacton **17** IV 4391
—, 5-Hydroxy-5,9-dimethyl-,
— lacton **17** IV 4378
Dec-9-ensäure
—, 10-[7-Butyl-1,3-dioxo-1,3,3a,4,7,7a-
hexahydro-isobenzofuran-4-yl]- **18**
IV 6045
—, 10-[7-Butyl-1,3-dioxo-1,3,3a,4,7,7a-
hexahydro-isobenzofuran-4-yl]-4-oxo-
18 IV 6170

Dec-9-ensäure (Fortsetzung)
—, 4-Hydroxy-5,9-dimethyl-,
  — lacton **17** 267 e
Dec-8-en-1,8,9-tricarbonsäure
—, 2-Methyl-,
  — 8,9-anhydrid **18** IV 5997
Decevinsäure 18 IV 6168
  — methylester **18** IV 6168
—, O-Methyl- **18** IV 6512
  — methylester **18** IV 6512
Dechlorgriseofulvin 18 IV 3156
Dec-1-in
—, 4-Tetrahydropyran-2-yloxy- **17** IV 1045
Dec-5-in-3,4-diol
—, 7,8-Epoxy-4,7-dipropyl- **17** IV 2067
Dec-5-in-3-ol
—, 4-Acetoxy-7,8-epoxy-4,7-dimethyl-
  17 IV 2062
—, 4-Acetoxy-7,8-epoxy-4,7-dipropyl-
  17 IV 2067
Decogenin 18 IV 3176
—, O^3-Oleandropyranosyl- **18** IV 3176
Decosid 18 IV 3176
Decumbin 18 IV 1220
Decussatin 18 IV 3185
—, O-Acetyl- **18** IV 3185
Deguelinsäure 18 IV 3350
  — methylester **18** IV 3351
  — oxim **18** IV 3351
—, O-Acetyl- **18** IV 3351
—, Dihydro- **18** IV 3242
Dehydracetsäure 17 559 c, I 283 e,
  II 524 b, IV 6699
  — azin **17** 565 e
—, Brom- **17** IV 6702
Dehydroacovenosid-A
—, Di-O-acetyl- **18** IV 2542
Dehydroallogeigerinsäure 18 IV 6027
  — methylester **18** IV 6028
Dehydroaltenusin 18 IV 3196
—, Tri-O-acetyl- **18** IV 3195
Dehydroandrosteron
—, Glucopyranosyloxy- **17** IV 3016
—, O-[Tetra-O-acetyl-glucopyranosyl]-
  17 IV 3225
Dehydroanhydroisolariciresinol
—, Di-O-methyl- **17** IV 2718
3,6-Dehydroanhydrotetrahydrochlorogensäure
  18 IV 6071
Dehydroascorbinsäure 18 IV 3062
Dehydrobenzoylessigsäure 17 575 b, I 287 e
Dehydrocostuslacton
—, Hexahydro- **17** IV 4671
αβ-Dehydrocurvularin 18 IV 2528
Dehydrodesacetyldihydroalloisotenulin 17
  IV 6726
Dehydrodesacetyldihydroisotenulin 17
  IV 6725
Dehydrodesacetylisotenulin 17 IV 6732

Dehydrodiconiferylalkohol 17 IV 3871
—, Dihydro- **17** IV 3854
3-Dehydrodigoxigenin 18 IV 2543
Dehydrodihydrogeigerin 17 IV 6726
Dehydrodihydroisohelenalin 17 IV 6731
Dehydrodihydromexicanin-C 17 IV 6724
Dehydrodihydrotenulin 17 IV 6826
Dehydrodihydroxy-β-dihydrorotenonsäure 18
  IV 3242
Dehydrodihydroxyparasantonsäure 18
  IV 6039
Dehydrodiisoeugenol 6 1177 g, **17** II 225 c,
  IV 2398
—, O-[4-Benzoyloxy-3-methoxy-
  phenacyl]-dihydro- **17** IV 2383a
—, Dihydro- **17** IV 2381
—, O-[3,4-Dimethoxy-phenacyl]-dihydro-
  17 IV 2382
—, O-[4-(3,4-Dimethoxy-phenacyloxy)-3-
  methoxy-phenacyl]-dihydro- **17** IV 2382
—, O-[4-Hydroxy-3-methoxy-phenacyl]-
  dihydro- **17** IV 2382
—, O-Methyl- **17** IV 2399
—, O-Methyl-dihydro- **17** IV 2382
Dehydroepiallogeigerin 17 IV 6732
Dehydrogalactosazon 18 IV 3035
Dehydrogeigerin 17 IV 6732
2-Dehydrogibberellinsäure
  — methylester **18** IV 6542
Dehydroglucoascorbinsäure 18 IV 3404
Dehydroglucosazon 18 IV 3035
Dehydrogriseofulvin 18 IV 3194
Dehydrohederageninlacton 18 IV 1626
—, Di-O-acetyl- **18** IV 1626
—, Monobrom- **18** IV 1627
Dehydrohexoncarbonsäure
—, Phenyl- **18** 310 j
Dehydroirenoxylacton 18 IV 227
Dehydroiresin
—, O-Trityl- **18** IV 1284
Dehydroisoascorbinsäure 18 IV 3062
Dehydroisodihydroiresin
—, O-Trityl- **18** IV 1216
Dehydroiso-β-lapachon 17 IV 6409
Dehydroketomibulacton 17 IV 6229
Dehydrolactosazon 18 IV 3036
Dehydrolapachon 17 524 e, IV 6409 d
Dehydro-α-lapachon 17 II 496 f, IV 6408
Dehydroleptospermon 18 IV 1268
—, O-Acetyl- **18** IV 1268
Dehydroleucomycin-A₃ 18 IV 7486
Dehydromaltosazon 18 IV 3036
Dehydromethynolid 18 IV 2332
Dehydromexicanin-C 17 IV 6732
Dehydromibulacton
—, O-Acetyl- **18** IV 236
Dehydronorcholenoxid
  s. 12,23-Cyclo-24-nor-cholan, 12,23-
  Epoxy-

Dehydronorjatamansinsäure
— anhydrid 18 IV 5376
Dehydrooleanolsäure
— lacton 18 IV 566
Dehydroouabain 18 IV 3559
Dehydrooxoperezinon 18 IV 1646
Dehydrophyllodulcinsäure
—, Di-O-methyl- 10 III 4766 b
Dehydroquassin 18 IV 3243
Dehydroschleimsäure 18 328 c, I 448 d,
    II 288 e, IV 4481
— anhydrid 18 330 d
Dehydroscillirosid
—, Tetra-O-acetyl- 18 IV 3248
Dehydrosecovitexin 18 IV 3610
—, Di-O-acetyl-tri-O-methyl- 18
    IV 3610
—, Penta-O-acetyl- 18 IV 3610
—, Pentakis-O-[4-nitro-benzoyl]- 18 IV 3610
—, Tri-O-methyl- 18 IV 3610
—, Tri-O-methyl-bis-O-[4-nitro-benzoyl]-
    18 IV 3610
Dehydro-g-strophanthin 18 IV 3559
α-Dehydro-g-strophanthin 18 IV 3559
β-Dehydro-g-strophanthin 18 IV 3559
Dehydrotenulin 17 IV 6828
Dehydrotetrahydrohelenalin 17 IV 6724
Dehydrothebenan 17 II 141 a, IV 1580
Dehydrothebenon 18 IV 582
—, 1-Brom- 18 IV 583
—, 7-Methoxy- 18 IV 1649
Dehydroursolsäure
— lacton 18 IV 566
Δ^4-Dehydrouzarigenon 18 IV 1657
Delphin 17 IV 3914
Delphinidin 18 I 429 b, II 247 a, IV 3560
—, O^3,O^5-Diglucopyranosyl- 17
    IV 3914
—, O^3-Galactopyranosyl- 17 IV 3912
—, O^3-Glucopyranosyl- 17 IV 3911
—, O^3-Rutinosyl- 17 IV 3912
Dendrolasin 17 IV 464
—, Tetrahydro- 17 IV 347
Dendropanoxid 17 IV 542
Dephanthansäure
— anhydrid 18 IV 6045
Dermosin 18 IV 5146
Derridsäure 18 IV 3342
Derrissäure 18 II 224 b, IV 3353
— äthylester 18 IV 3353
—, Dihydro- 18 II 211 b, IV 3243
— äthylester 18 IV 3243
Derritol 18 II 223 d, IV 3352
— oxim 18 II 224 a
—, Dihydro- 18 II 211 a
Desacetylacoschimperosid-P 18 IV 2473
Desacetylanhydroacoschimperosid-P 18
    IV 1612

Desacetyl-16-anhydrocryptograndosid-A 18
    IV 1610
Desacetyl-16-anhydrocryptograndosid-B 18
    IV 1611
Desacetyl-16-anhydrohonghelosid-A 18
    IV 1609
Desacetyl-16-anhydronerigosid 18 IV 1610
Desacetyl-16-anhydrooleandrin 18 IV 1609
Desacetylbufotalin 18 IV 2556
Desacetylcryptograndosid-A 18 IV 2461
Desacetyldecarbousninsäure 18 II 156 d,
    IV 2525
Desacetyldehydroneotenulin 17 IV 6732
Desacetyldesoxyscillirosid
—, Tetrahydro- 18 IV 2488
Desacetyldigilanid-A 18 IV 1480
Desacetyldigilanid-B 18 IV 2464
Desacetyldigilanid-C 18 IV 2455
Desacetyldihydroalloisotenulin 18 IV 1206
Desacetyldihydro-β-cyclopyrethrosin 18
    IV 1208
Desacetyldihydroisotenulin 18 IV 1200
— [2,4-dinitro-phenylhydrazon] 18
    IV 1203
— oxim 18 IV 1202
Desacetylhonghelosid-A 18 IV 2461
Desacetylisoscillirosidsäure
— methylester 18 IV 5101
Desacetylisotenulin 18 IV 1269
Desacetyllanatosid-A 18 IV 1480
Desacetyllanatosid-B 18 IV 2464
Desacetyllanatosid-C 18 IV 2455
Desacetyllanatosid-D 18 IV 3090
Desacetylneotenulin 18 IV 1274
Desacetylnerigosid 18 IV 2462
Desacetyloleandrin 18 IV 2461
Desacetylscillirosidin 18 IV 3177
Desacetylscillirosidsäure
— methylester 18 IV 5102
Desacetyltetrahydrobalduilin-A 18 IV 1199
Desacetyltetrahydrobalduilin-B 18 IV 1207
Desacetyltetrahydromatricin 18 IV 1177
Desacyljegosaponin 18 IV 5150
Desaminocolchid 18 IV 8147
Desarogenin 18 IV 2544
—, O^3-Acetyl- 18 IV 2544
—, O^3-Benzoyl- 18 IV 2545
—, O^3-Benzyloxycarbonyl- 18 IV 2545
Desarosid 18 IV 2546
—, Di-O-acetyl- 18 IV 2546
—, Di-O-benzoyl- 18 IV 2546
Desazahexahydro-α-erythroidinol 17 IV 1397
Desazatetrahydro-α-erythroidinol 17 IV 1506
Desdimethylamino-apoterramycin 18
    IV 6688
Desdimethylaminoaureomycinsäure 18
    IV 6692
Des-N-dimethyl-desoxysamandarin 18
    IV 7159

Des-*N*-dimethyl-samandarin **18** IV 7340
Des-*N*-dimethyl-samandarin-methojodid **18**
  IV 7340
Des-*N*-dimethyl-samandaron **18** IV 7919
Des-*N*-dimethyl-samandaron-methojodid **18**
  IV 7919
Des-*A*-friedelan-10-carbonsäure
—, 5,6-Dihydroxy-5*H*-
  — 6-lacton **18** IV 271
Desglucocheirosid-A **18** IV 1485
—, Tri-*O*-acetyl- **18** IV 1489
Desglucocheirotoxin **18** IV 3143
—, Tri-*O*-acetyl- **18** IV 3144
Desgluco-digitalinum-verum **18** IV 2473
Desglucoerysimosid **18** IV 3135
Desglucohellebrin **18** IV 3181
Desglucohellebrol **18** IV 3150
Desglucoolitorisid **18** IV 3136
Desglucotransvaalin **18** IV 1659
Desmethoxydesoxycolchicin-epoxid
—, Hexahydro- **18** IV 7500
Desmethoxymatteucinol **18** IV 1746
Desmethylagrimonolid **18** IV 2660
Des-*O*-methyl-anhydroicaritin **18** IV 3371
Des-*N*-methyl-chlordihydrocodid **18** II 433 f
Des-*N*-methyl-desmethoxydihydrosinomenein
  18 IV 8091
Des-*N*-methyl-desmethoxydihydrosinomenein-
  methojodid
—, 1-Brom- **18** IV 8092
Des-*N*-methyl-dihydrocodein **18** II 442 a
—, Dihydro- **18** II 439 b, 440 j
Des-*N*-methyl-dihydrocodeinon **18** II 474 a,
  IV 8091
—, 1-Brom- **18** IV 8092
—, Dihydro- **18** II 473 c
Des-*N*-methyl-dihydrodesoxythebaizonsäure
  18 II 485 a
Des-*N*-methyl-dihydroisocodein **18** II 442 e
Des-*N*-methyl-dihydroisocodein-methojodid
  18 II 442 f
Des-*N*-methyl-dihydrooxycodeinon **18**
  II 478 g
—, Dihydro- **18** II 477 c
Des-*N*-methyl-dihydrothebain **18** II 453 a,
  IV 7449
—, Dihydro- **18** II 441 g
Des-*N*-methyl-dihydrothebain-
  methojodid **18** II 453 b, IV 7449
Des-*N*-methyl-erythromycin **18** IV 7402
—, *N,O''*-Bis-äthoxycarbonyl- **18** IV 7424
—, *N*-[3-Phenyl-propyl]- **18** IV 7423
Des-*O*-methyl-icarisid-I **18** IV 3374
3-Desmethyl-*γ*-lumicolchicin
—, 3-Glucopyranosyl-*N*-methyl- **17** IV 3429
Desmethylscopolin
—, Dihydro- **18** I 562 a, II 428 h, 429 a
Desmethylscopolin-chlorid
—, Dihydro- **18** II 416 e

Desmethylscopolinon **18** II 461 h
Des-*N*-methyl-thebaizonsäure **18** II 490 a
Des-*N*-methyl-thebaizonsäure-methojodid **18**
  II 490 b
Desmotropoartemisin **18** II 76 d, IV 1443
—, Di-*O*-acetyl- **18** IV 1443
Desmotropoartemisindiacetat **18** IV 1443
Desmotropoartemisinmonoacetat **18** IV 1443
Desmotropochromosantonin **18** 42 e
—, *O*-Acetyl- **18** 43 a
Desmotropo-*α*-hydroxysantonin **18** IV 1442
—, Di-*O*-acetyl- **18** IV 1442
α-Desmotropopseudosantonin **18** IV 449
—, *O*-Acetyl- **18** IV 450
—, *O*-Methyl- **18** IV 450
β-Desmotropopseudosantonin **18** IV 449
—, *O*-Acetyl- **18** IV 450
—, *O*-Benzoyl- **18** IV 450
—, *O*-Methyl- **18** IV 450
—, *O*-Phenylcarbamoyl- **18** IV 450
Desmotroposantonin **18** 39 a, 42 b, II 25 d
—, *O*-Acetyl- **18** 40 b, 42 d
—, *O*-Acetyl-nitro- **18** 40 d
—, *O*-Äthyl- **18** 39 c, 42 c
—, Amino- **18** IV 8088
—, *O*-Benzyl- **18** 40 a
—, *O*-Methyl- **18** 39 b
—, Nitro- **18** 40 c
α-Desmotroposantonin **18** IV 452
—, *O*-Acetyl- **18** IV 454
β-Desmotroposantonin **18** IV 453
—, *O*-Acetyl- **18** IV 454
Desosamin
—, Di-*O*-acetyl- **18** IV 7403
Desosaminid
—, Äthyl- **18** IV 7403
—, Butyl- **18** IV 7403
—, Methyl- **18** IV 7403
Desoxoallotetrahydrohelenalin **18** IV 129
Desoxobufotalan **17** IV 469
Desoxodehydracetsäure **17** IV 5925
Desoxo-desacetyl-dihydroalloisotenulin **18**
  IV 128
Desoxo-desacetyl-tetrahydrobalduilin **18**
  IV 128
Desoxodihydroalloisotenulin **18** IV 129
Desoxodihydromexicanin-C **18** IV 128
Desoxodihydronorquassin **18** IV 2531
Desoxonorquassin **18** IV 2531
—, *O*-Acetyl- **18** IV 2532
Desoxonorquassinsäure **18** IV 6483
  — methylester **18** IV 6483
Desoxoquassin **18** IV 2531
9-Desoxo-rosenonolacton **17** IV 5039
Desoxosamandeson **18** IV 7882
Desoxotetrahydrobalduilin **18** IV 128
Desoxotetrahydrohelenalin **18** IV 129
3-Desoxy-allobetulin **17** IV 542

6-Desoxy-allofuranose

—, O^1-Acetyl-O^2,O^3,O^5-tribenzoyl- **17**
IV 2639

6-Desoxy-allofuranosid

—, Methyl- **17** IV 2637
—, Methyl-[tri-O-methyl- **17** IV 2638

2-Desoxy-allonsäure

—, 2-Amino-,
— 4-lacton **18** II 481 a

3-Desoxy-allonsäure

s. *ribo*-3-Desoxy-hexonsäure

6-Desoxy-allonsäure

— 4-lacton **18** IV 2272

6-Desoxy-allopyranose

—, O^1-Benzoyl- **17** IV 2549
—, O^1,O^2-Diacetyl-O^3-methyl-O^4-[tetra-O-acetyl-glucopyranosyl]- **17** IV 3484
—, O^1,O^4-Diacetyl-O^3-methyl-O^2-[tetra-O-acetyl-glucopyranosyl]- **17** IV 3484
—, Tetra-O-acetyl- **17** IV 2547

2-Desoxy-allopyranosid

s. a. *ribo*-2-Desoxy-hexopyranosid
—, Methyl-[2-acetylamino- **18** IV 7554
—, Methyl-[2-acetylamino-O^3,O^6-dimethyl- **18** IV 7558
—, Methyl-[2-acetylamino-O^3-methyl- **18** IV 7556
—, Methyl-[2-acetylamino-tri-O-methyl- **18** IV 7558
—, Methyl-[O^3,O^6-diacetyl-2-acetylamino-O^4-methyl- **18** IV 7569
—, Methyl-[O^4,O^6-diacetyl-2-acetylamino-O^3-methyl- **18** IV 7568
—, Methyl-[tri-O-acetyl-2-acetylamino- **18** IV 7570

3-Desoxy-allopyranosid

—, Methyl-[3-amino- **18** IV 7629
—, Methyl-[tri-O-acetyl-3-acetylamino- **18** IV 7635

6-Desoxy-allopyranosid

—, Methyl- **17** IV 2521
—, Methyl-[tri-O-methyl- **17** IV 2527

6-Desoxy-allose

—, O^2-Glucopyranosyl-O^3-methyl- **17** IV 3039
—, O^4-Glucopyranosyl-O^3-methyl- **17** IV 3039

3-Desoxy-allosid

—, Methyl-[3-amino- **18** IV 7629

2-Desoxy-altronsäure

—, 2-Amino-,
— 4-lacton **18** II 481 b

3-Desoxy-altronsäure

s. *arabino*-3-Desoxy-hexonsäure

6-Desoxy-altropyranose

—, O^1,O^2,O^4-Triacetyl-O^3-methyl- **17** IV 2542

2-Desoxy-altropyranosid

—, Methyl-[O^4-acetyl-2-acetylamino-O^3-methyl-O^6-trityl- **18** IV 7567
—, Methyl-[2-acetylamino- **18** IV 7554
—, Methyl-[2-acetylamino-O^3-methyl- **18** IV 7556
—, Methyl-[2-acetylamino-O^3-methyl-O^6-trityl- **18** IV 7564
—, Methyl-[O^3-acetyl-2-jod-O^4,O^6-dimethyl- **17** IV 2629
—, Methyl-[2-amino- **18** IV 7525
—, Methyl-[2-brom- **17** IV 2627
—, Methyl-[2-chlor- **17** IV 2626
—, Methyl-[tri-O-acetyl-2-acetylamino- **18** IV 7570
—, Methyl-[2,O^4,O^6-trimethyl- **17** IV 2654

3-Desoxy-altropyranosid

—, Methyl-[O^2-acetyl-3-acetylamino- **18** IV 7635
—, Methyl-[3-acetylamino- **18** IV 7634
—, Methyl-[3-acetylamino-O^4,O^6-dimethyl- **18** IV 7634
—, Methyl-[3-acetylamino-tri-O-methyl- **18** IV 7635
—, Methyl-[3-amino- **18** IV 7629
—, Methyl-[3-chlor- **17** IV 2632
—, Methyl-[O^4,O^6-diacetyl-3-acetylamino-O^2-methansulfonyl- **18** IV 7638
—, Methyl-[O^2,O^4-diacetyl-3-acetylamino-O^6-(toluol-4-sulfonyl)- **18** IV 7638
—, Methyl-[3-dimethylamino- **18** IV 7633
—, Methyl-[tri-O-acetyl-3-acetylamino- **18** IV 7636
—, Methyl-[tri-O-acetyl-3-äthyl- **17** IV 2656
—, Methyl-[tri-O-acetyl-3-chlor- **17** IV 2633

6-Desoxy-altropyranosid

—, Methyl- **17** IV 2521
—, Methyl-[O^3,O^4-diacetyl-6-jod-O^2-methyl- **17** IV 2572
—, Methyl-[O^2,O^4-diacetyl-O^3-methyl- **17** IV 2538
—, Methyl-[6-jod- **17** IV 2571
—, Methyl-[O^2-methyl- **17** IV 2526
—, Methyl-[O^3-methyl- **17** IV 2524
—, Methyl-[O^3-methyl-O^2,O^4-bis-(toluol-4-sulfonyl)- **17** IV 2563
—, Methyl-[tri-O-acetyl- **17** IV 2540
—, Methyl-[tri-O-benzoyl- **17** IV 2550
—, Methyl-[tri-O-benzoyl-6-brom- **17** IV 2570
—, Methyl-[tri-O-benzoyl-6-jod- **17** IV 2574

Desoxyandrographolid 18 IV 1294
—, Di-*O*-acetyl- **18** IV 1294
—, Di-*O*-acetyl-tetrahydro- **18** IV 1183
Desoxyanhydrographoliddibromid
—, Diacetyl- **18** IV 1222
Desoxyapoxanthoxyletin 18 IV 1382
3-Desoxy-arabinofuranose
—, O^1-Acetyl-3-acetylamino-
   O^2,O^5-dibenzoyl- **18** IV 7470
2-Desoxy-arabinofuranosid
—, Methyl-[2-amino- **18** IV 7465
3-Desoxy-arabinofuranosid
—, Methyl-[3-acetylamino- **18** IV 7467
—, Methyl-[3-acetylamino-O^5-benzoyl-
   18 IV 7469
—, Methyl-[3-acetylamino-bis-
   O-methansulfonyl- **18** IV 7470
—, Methyl-[3-acetylamino-di-*O*-benzoyl-
   18 IV 7470
—, Methyl-[3-acetylamino-di-*O*-methyl-
   18 IV 7469
—, Methyl-[3-acetylamino-O^2-methyl-
   18 IV 7468
—, Methyl-[3-acetylamino-O^5-methyl-
   18 IV 7468
—, Methyl-[3-isopropylidenamino- **18**
   IV 7467
—, Methyl-[3-isopropylidenamino-
   O^5-methyl- **18** IV 7467
5-Desoxy-arabinofuranosid
—, Methyl- **17** IV 2286
—, Methyl-[bis-*O*-(toluol-4-sulfonyl)-
   17 IV 2287
—, Methyl-[O^2,O^3-dimethyl- **17** IV 2286
—, Methyl-[5-jod-bis-*O*-(toluol-4-
   sulfonyl)- **17** IV 2288
5-Desoxy-arabinonsäure
   — 4-lacton **18** 79 c, I 341 e
2-Desoxy-arabinopyranosid
—, Methyl-[2-brom- **17** IV 2274
—, Methyl-[2-chlor- **17** IV 2274
3-Desoxy-arabinopyranosid
—, Methyl-[O^4-acetyl-3-acetylamino-
   O^2-methansulfonyl- **18** IV 7463
1-Desoxy-arabit
—, O^4-[2-(Acetyl-methyl-amino)-2-
   desoxy-glucopyranosyl]-3-hydroxymethyl-
   18 IV 7595
6-Desoxy-araboascorbinsäure 18 IV 2301
2-Desoxy-arabonsäure
   s. *erythro*-2-Desoxy-pentonsäure
3-Desoxy-arabonsäure
   s. *threo*-3-Desoxy-pentonsäure
5-Desoxy-arabonsäure
   — 4-lacton **18** IV 1103
2-Desoxy-ascorbinsäure 18 IV 2301
—, 2-Amino- **18** IV 8145
6-Desoxy-ascorbinsäure 18 IV 2301

Desoxyaucubin
—, Pentaacetyl-tetrahydro- **17** IV 3456
Desoxybarbaloin 18 IV 3606
—, Di-*O*-methyl- **18** IV 3607
Desoxybenzoin
—, 2-Acetoxy-4-[tetra-*O*-acetyl-
   glucopyranosyloxy]- **17** IV 3234
—, 2-[Furan-2-carbonyloxy]-4,6-
   dimethoxy- **18** IV 3927
—, 4-Glucopyranosyloxy-2-hydroxy- **17**
   IV 3023
—, 4-Glucopyranosyloxy-2-hydroxy-4'-
   methoxy- **31** 230 b
—, 2-Hydroxy-4-[tetra-*O*-acetyl-
   glucopyranosyloxy]- **17** IV 3234
Desoxybiliobansäure 18 IV 6162
Desoxybrasilin
—, Tri-*O*-methyl- **17** II 224 d,
   IV 2395
Desoxycantharidin 17 I 239 b, IV 5954
Desoxycantharidinsäure
   — anhydrid **17** I 239 b
Desoxycarminsäure 10 II 776 b,
   18 IV 6696
—, Heptaacetyl- **10** II 776 c,
   18 IV 6696
2-Desoxy-cellobionsäure
   — 5-lacton **18** IV 2269
2-Desoxy-cellobiose 17 IV 3040
—, Hepta-*O*-acetyl- **17** IV 3498
—, Hexa-*O*-acetyl- **17** IV 3247
2-Desoxy-cellobiosid
—, Methyl- **17** IV 3497
3-Desoxy-chitarsäure
   — dimethylamid **18** IV 4998
   — methylester **18** IV 4998
—, Bis-*O*-[toluol-4-sulfonyl]-,
   — dimethylamid **18** IV 4999
—, Di-*O*-acetyl-,
   — methylester **18** IV 4998
—, O^6-[Toluol-4-sulfonyl]-,
   — dimethylamid **18** IV 4998
6-Desoxy-chitarsäure
—, Bis-*O*-[toluol-4-sulfonyl]-,
   — dimethylamid **18** IV 4997
   — methylester **18** IV 4997
Desoxycholsäure
   — furfurylidenhydrazid **17** IV 4448
—, O^3-Glucopyranosyl- **17** IV 3377
   — methylester **17** IV 3377
Desoxycodeimethin
—, 10-Hydroxyimino-tetrahydro- **18**
   IV 8091
—, 10-Oxo-tetrahydro- **18** IV 8090
—, Tetrahydro- **18** IV 7350
α-**Desoxy-codeimethin 18** IV 7370
β-**Desoxy-codeimethin 18** IV 7371
Desoxycorticosteron
—, *O*-[Furan-2-carbonyl]- **18** IV 3926

Desoxycorticosteron (Fortsetzung)
—, *O*-Galactopyranosyl- **17** IV 3023
—, *O*-Glucopyranosyl- **17** IV 3022
—, *O*-[Hepta-*O*-acetyl-lactosyl]- **17**
    IV 3574
—, *O*-[Hepta-*O*-acetyl-maltosyl]- **17**
    IV 3574
—, *O*-Lactosyl- **17** IV 3534
—, *O*-Maltosyl- **17** IV 3534
—, *O*-[Tetra-*O*-acetyl-glucopyranosyl]-
    17 IV 3233
—, *O*-Tetrahydropyran-2-yl- **17**
    IV 1071
—, *O*-[Tri-*O*-acetyl-5-methoxycarbonyl-
    xylopyranosyl]- **18** IV 5185
Desoxy-desoxo-diginigenin
—, Dihydro- **17** IV 5040
Desoxydihydrocarpesialacton 17 IV 4671
Desoxydihydrocodomethin 18 II 433 d
Desoxydihydrocurvularin 18 IV 1289
Desoxyepicatechin
—, Tetra-*O*-methyl- **17** II 237 a
12-Desoxy-erythromycin 18 IV 7409
1-Desoxy-fructofuranose
—, Tetra-*O*-acetyl-1-diacetylamino- **18**
    IV 7642
1-Desoxy-fructopyranose
—, Tetra-*O*-acetyl-1-[1,3-di-*p*-tolyl-triaz-
    2-eno]- **18** IV 8354
2-Desoxy-fructopyranose s. 1,5-Anhydro-
    mannit
1-Desoxy-fructose
—, 1-[Benzyl-phenyl-hydrazono]-
    *O*⁴-galactopyranosyl-,
    — azin **17** IV 3104
—, 1-[(4-Brom-phenyl)-methyl-
    hydrazono]-*O*⁴-galactopyranosyl-,
    — azin **17** IV 3104
—, 1-[3-(2,5-Dichlor-phenyl)-1-*p*-tolyl-
    triaz-2-eno]-*O*⁴-galactopyranosyl- **17**
    IV 3443
—, 1-[1,3-Di-*p*-tolyl-triaz-2-eno]-
    *O*⁴-galactopyranosyl- **17** IV 3443
—, *O*⁴-Galactopyranosyl-1-*p*-toluidino-
    17 IV 3428
Desoxyfusarubin 18 IV 3168
1-Desoxy-galactit
—, *O*⁵-[6-Desoxy-galactopyranosyl]- **17**
    IV 2533
—, 1-Furfurylidenamino- **17** IV 4422
—, *O*²,*O*³,*O*⁴,*O*⁶-Tetraacetyl-*O*⁵-[tri-
    O-acetyl-6-desoxy-galactopyranosyl]- **17**
    IV 2546
2-Desoxy-galactofuranosid
    s. *lyxo*-2-Desoxy-hexofuranosid
3-Desoxy-galactofuranosid
    s. *xylo*-3-Desoxy-hexofuranosid
6-Desoxy-galactofuranosid
    s. Fucofuranosid

6-Desoxy-galactofuranosylbromid
    s. a. Fucofuranosylbromid
—, Tri-*O*-acetyl-6-brom- **17** IV 2320
2-Desoxy-galactonimidsäure
—, 2-Anilino-,
    — 4-lacton **18** IV 8143
—, 2-Benzylamino-,
    — 4-lacton **18** IV 8143
2-Desoxy-galactonsäure
    s. a. *lyxo*-2-Desoxy-hexonsäure
—, 2-Acetylamino-,
    — 4-lacton **18** IV 8144
3-Desoxy-galactonsäure
    s. *xylo*-3-Desoxy-hexonsäure
6-Desoxy-galactonsäure
    s. a. Fuconsäure
—, 6,6-Bis-äthylmercapto-,
    — 4-lacton **18** IV 3060
—, 6,6-Bis-methylmercapto-,
    — 4-lacton **18** IV 3059
—, 6,6-Bis-propylmercapto-,
    — 4-lacton **18** IV 3060
—, *O*²,*O*³,*O*⁵-Triacetyl-6,6-bis-
    isopropylmercapto-,
    — lacton **18** IV 3061
—, *O*²,*O*³,*O*⁵-Triacetyl-6,6-bis-
    methylmercapto-,
    — lacton **18** IV 3059
—, *O*²,*O*³,*O*⁵-Triacetyl-6,6-bis-
    propylmercapto-,
    — lacton **18** IV 3061
—, *O*²,*O*³,*O*⁵-Triacetyl-6-phenylazo-6-
    phenylhydrazono-,
    — lacton **18** IV 6575
2-Desoxy-galactopyranose
—, Tetra-*O*-acetyl-2-acetylamino- **18**
    IV 7576
—, Tetra-*O*-acetyl-2-amino- **18** IV 7531
—, Tetra-*O*-benzoyl-2-benzoylamino-
    18 IV 7611
—, *O*¹,*O*³,*O*⁴-Triacetyl-2-acetylamino-
    *O*⁶-methyl- **18** IV 7570
4-Desoxy-galactopyranose
—, Tetra-*O*-acetyl-4-jod- **17** IV 2636
6-Desoxy-galactopyranose
    s. Fucopyranose
2-Desoxy-galactopyranosid
    s. a. *lyxo*-2-Desoxy-hexopyranosid
—, Äthyl-[2-acetylamino- **18** IV 7560
—, Äthyl-[tri-*O*-acetyl-2-acetylamino-
    18 IV 7572
—, Methyl-[*O*⁶-acetyl-2-acetylamino-*O*³,⁼
    *O*⁴-dibenzoyl- **18** IV 7579
—, Methyl-[*O*³-acetyl-2-acetylamino-*O*⁴,⁼
    *O*⁶-dimethyl- **18** IV 7567
—, Methyl-[*O*⁶-acetyl-2-acetylamino-*O*³,⁼
    *O*⁴-dimethyl- **18** IV 7567
—, Methyl-[*O*⁴-acetyl-2-acetylamino-
    *O*³-methyl-*O*⁶-trityl- **18** IV 7567

2-Desoxy-galactopyranosid (Fortsetzung)
—, Methyl-[2-acetylamino- **18** IV 7555
—, Methyl-[2-acetylamino-O^4-benzoyl-O^3-methyl-O^6-trityl- **18** IV 7578
—, Methyl-[2-acetylamino-O^3,O^4-dibenzoyl- **18** IV 7579
—, Methyl-[2-acetylamino-O^3,O^4-dibenzoyl-O^6-methyl- **18** IV 7579
—, Methyl-[2-acetylamino-O^3,O^4-dibenzoyl-O^6-trityl- **18** IV 7579
—, Methyl-[2-acetylamino-O^3,O^4-dimethyl- **18** IV 7557
—, Methyl-[2-acetylamino-O^4,O^6-dimethyl- **18** IV 7558
—, Methyl-[2-acetylamino-O^4,O^6-dimethyl-O^3-(toluol-4-sulfonyl)- **18** IV 7592
—, Methyl-[2-acetylamino-O^3,O^4-dimethyl-O^6-trityl- **18** IV 7564
—, Methyl-[2-acetylamino-O^3-methansulfonyl- **18** IV 7591
—, Methyl-[2-acetylamino-O^3-methyl- **18** IV 7557
—, Methyl-[2-acetylamino-O^4-methyl- **18** IV 7556
—, Methyl-[2-acetylamino-O^6-methyl- **18** IV 7557
—, Methyl-[2-acetylamino-O^3-methyl-O^6-trityl- **18** IV 7564
—, Methyl-[2-acetylamino-O^3-(toluol-4-sulfonyl)- **18** IV 7592
—, Methyl-[2-acetylamino-tri-O-methyl- **18** IV 7559
—, Methyl-[2-acetylamino-O^6-trityl- **18** IV 7563
—, Methyl-[O^4,O^6-diacetyl-2-acetylamino-O^3-methansulfonyl- **18** IV 7593
—, Methyl-[O^3,O^4-diacetyl-2-acetylamino-O^6-methyl- **18** IV 7568
—, Methyl-[O^3,O^6-diacetyl-2-acetylamino-O^4-methyl- **18** IV 7569
—, Methyl-[O^4,O^6-diacetyl-2-acetylamino-O^3-methyl- **18** IV 7569
—, Methyl-[O^4,O^6-diacetyl-2-acetylamino-O^3-(toluol-4-sulfonyl)- **18** IV 7593
—, Methyl-[tri-O-acetyl-2-acetylamino- **18** IV 7571
—, [4-Nitro-phenyl]-[2-acetylamino- **18** IV 7562
—, [4-Nitro-phenyl]-[tri-O-acetyl-2-acetylamino- **18** IV 7573
—, Phenyl-[2-acetylamino- **18** IV 7561
—, Phenyl-[tri-O-acetyl-2-acetylamino- **18** IV 7573
4-Desoxy-galactopyranosid
—, Methyl-[4-chlor-O^3-sulfo- **17** IV 2636

—, Methyl-[4-chlor-tri-O-methyl- **17** IV 2635
—, Methyl-[4-chlor-tris-(toluol-4-sulfonyl)- **17** IV 2635
6-Desoxy-galactopyranosid
s. a. Fucopyranosid
—, Methyl-[6-brom- **17** IV 2567
—, Methyl-[O^2,O^3-diacetyl-6-jod-O^4-(toluol-4-sulfonyl)- **17** IV 2576
—, Methyl-[6-fluor- **17** IV 2563
—, Methyl-[6-fluor-tris-O-methansulfonyl- **17** IV 2564
—, Methyl-[tri-O-acetyl-6-brom- **17** IV 2568
—, Methyl-[tri-O-benzoyl-6-jod- **17** IV 2574
2-Desoxy-galactopyranosylamin
—, 2-Acetylamino-O^4-galactopyranosyl-N-[2-hydroxy-1-hydroxymethyl-heptadec-3-enyl]- **17** IV 3426
—, 2-Acetylamino-O^4-galactopyranosyl-N-[2-hydroxy-1-hydroxymethyl-heptadecyl]- **17** IV 3426
2-Desoxy-galactopyranosylbromid
—, Tri-O-acetyl-2-acetylamino- **18** IV 7492
—, Tri-O-acetyl-2-brom- **17** IV 2316
6-Desoxy-galactopyranosylbromid
s. Fucopyranosylbromid
2-Desoxy-galactopyranosylchlorid
—, 2-Chlor-tri-O-methyl- **17** IV 2314
—, Tri-O-acetyl-2-acetylamino- **18** IV 7490
—, Tri-O-acetyl-2-chlor- **17** IV 2316
1-Desoxy-galactopyranuronsäure
—, Tri-O-acetyl-1-brom-,
— methylester **18** IV 5066
2-Desoxy-galactopyranuronsäure
s. lyxo-2-Desoxy-hexopyranuronsäure
2-Desoxy-galactose
—, 2-Acetylamino-O^4-galactopyranosyl- **17** IV 3425
— [2-hydroxy-1-hydroxymethyl-heptadec-3-enylimin] **17** IV 3426
— [2-hydroxy-1-hydroxymethyl-heptadecylimin] **17** IV 3426
4-Desoxy-galactose
—, 4-Chlor-O^2,O^3,O^6-trimethyl- **17** IV 2635
6-Desoxy-galactose
s. Fucose
Desoxygeigerin 17 IV 6105
Desoxygladiolsäure 18 IV 1392
6-Desoxy-glucal
s. Rhamnal
1-Desoxy-glucit
—, 1,1-Bis-acetylamino-O^4-glucopyranosyl- **17** IV 3086

1-Desoxy-glucit   (Fortsetzung)
—, 1,1-Diacetoxy-
O^2,O^3,O^5,O^6-tetraacetyl-O^4-[tetra-
O-acetyl-glucopyranosyl]- **17** IV 3259
—, 1-Dodecylamino-O^4-glucopyranosyl-
17 IV 3421
—, O^4-Glucopyranosyl-1-
hexadecylamino- **17** IV 3422
—, O^2,O^3,O^5,O^6-Tetraacetyl-1,1-bis-
acetylamino-O^4-[tetra-O-acetyl-
glucopyranosyl]- **17** IV 3264
2-Desoxy-glucit
—, 2-Acetylamino-O^4-[2-acetylamino-
O^4-(2-acetylamino-2-desoxy-
glucopyranosyl)-2-desoxy-glucopyranosyl]-
18 IV 7589
—, 2-Acetylamino-O^4-[2-acetylamino-2-
desoxy-glucopyranosyl]- **18** IV 7581
—, 2-Acetylamino-O^6-[2-acetylamino-2-
desoxy-glucopyranosyl]- **18** IV 7581
—, 2-Acetylamino-
O^1,O^3,O^5,O^6-tetramethyl-O^4-[tetra-
O-methyl-galactopyranosyl]- **17** IV 3422
6-Desoxy-glucofuranose
—, O^1,O^2-Diacetyl-O^3,O^5-dibenzoyl-
17 IV 2639
—, Tetra-O-acetyl-6-sulfo- **18** IV 6735
—, Tetra-O-acetyl-6-[N-(toluol-4-
sulfonyl)-anilino]- **18** IV 7638
2-Desoxy-glucofuranosid
s. a. *arabino*-2-Desoxy-hexofuranosid
—, Methyl-[2-acetylamino- **18** IV 7640
—, Methyl-[2-benzoylamino- **18**
IV 7640
—, Methyl-[2-benzyloxycarbonylamino-
18 IV 7640
—, Methyl-[2-(2,4-dinitro-anilino)- **18**
IV 7639
6-Desoxy-glucofuranosid
—, Methyl-[tri-O-acetyl-6-brom- **17**
IV 2568
—, Methyl-[tri-O-acetyl-6-chlor- **17**
IV 2565
2-Desoxy-gluconsäure
s. a. *arabino*-2-Desoxy-hexonsäure
—, 2-Acetylamino-,
— 4-lacton **18** IV 8144
—, 2-Amino-O^3-glucopyranosyl- **17**
IV 3433
—, 2-Amino-O^3-[5-methoxycarbonyl-
xylopyranosyl]- **18** IV 5196
—, 2-Benzoylamino-,
— 5-lacton **18** IV 8142
—, 2-Benzoylamino-O^3,O^5-dimethyl-,
— 4-lacton **18** IV 8144
—, 2-[2,4-Dinitro-anilino]-,
— 4-lacton **18** IV 8142
—, 2-Methylamino-,
— 5-lacton **18** IV 8142

—, 2-[Toluol-4-sulfonylamino]-,
— 4-lacton **18** IV 8144
3-Desoxy-gluconsäure
s. *ribo*-3-Desoxy-hexonsäure
6-Desoxy-gluconsäure
— 4-lacton **18** 159 a, I 385 d,
II 142 c
1-Desoxy-glucopyranosamin
—, N-Acetyl-1-fluor- **18** IV 7488
—, 1-Azido- **18** IV 7493
—, 1-Fluor-N-[toluol-4-sulfonyl]- **18**
IV 7488
1-Desoxy-glucopyranose s. 1,5-Anhydro-
glucit
2-Desoxy-glucopyranose
s. a. *arabino*-2-Desoxy-hexopyranose
—, 2-[2-Acetoxy-benzylidenamino]-tetra-
O-acetyl- **18** IV 7553
—, O^1-Acetyl-2-[acetyl-methyl-amino]-
O^3,O^4,O^6-trimethyl- **18** IV 7596
—, 2-Acetylamino-O^3-galactopyranosyl-
17 IV 3424
—, 2-Acetylamino-O^4-galactopyranosyl-
17 IV 3425
—, 2-Acetylamino-O^1-phosphono- **18**
IV 7594
—, 2-Acetylamino-tetra-O-decanoyl- **18**
IV 7577
—, 2-Acetylamino-tetra-O-lauroyl- **18**
IV 7577
—, 2-Acetylamino-tetra-O-palmitoyl-
18 IV 7577
—, O^1-Acetyl-2-amino-
O^3,O^4,O^6-trimethyl- **18** IV 7527
—, O^1-Acetyl-2-
benzyloxycarbonylamino-
O^3,O^4,O^6-trimethyl- **18** IV 7616
—, 2-Amino-O^1-benzoyl-
O^3,O^4,O^6-trimethyl- **18** IV 7531
—, 2-Amino-O^1-phosphono- **18**
IV 7535
—, 2-Amino-tetra-O-benzoyl- **18**
IV 7533
—, O^1-Benzoyl-2-
benzyloxycarbonylamino-
O^3,O^4,O^6-trimethyl- **18** IV 7619
—, O^1,O^3-Diacetyl-2-acetylamino- **18**
IV 7568
—, O^1,O^4-Diacetyl-2-[acetyl-methyl-
amino]-O^3,O^6-dimethyl- **18** IV 7596
—, Tetra-O-acetyl-2-acetylamino- **18**
IV 7575
—, Tetra-O-acetyl-2-[2-acetylmercapto-
acetylamino]- **18** IV 7621
—, Tetra-O-acetyl-2-[2-acetylmercapto-
propionylamino]- **18** IV 7621
—, Tetra-O-acetyl-2-[3-acetylmercapto-
propionylamino]- **18** IV 7621

2-Desoxy-glucopyranose (Fortsetzung)

—, Tetra-*O*-acetyl-2-[acetyl-methyl-amino]- **18** IV 7597

—, Tetra-*O*-acetyl-2-äthoxycarbonylamino- **18** IV 7618

—, Tetra-*O*-acetyl-2-alanylamino- **18** IV 7622

—, Tetra-*O*-acetyl-2-amino- **18** IV 7530

—, Tetra-*O*-acetyl-2-[3-amino-benzoylamino]- **18** IV 7623

—, Tetra-*O*-acetyl-2-[4-amino-benzoylamino]- **18** IV 7623

—, Tetra-*O*-acetyl-2-[α-amino-isovalerylamino]- **18** IV 7622

—, Tetra-*O*-acetyl-2-[azidoacetyl-amino]- **18** IV 7577

—, Tetra-*O*-acetyl-2-[α-azido-isovalerylamino]- **18** IV 7606

—, Tetra-*O*-acetyl-2-[2-azido-4-methyl-valerylamino]- **18** IV 7606

—, Tetra-*O*-acetyl-2-{[*N*-(2-azido-propionyl)-alanyl]-amino}- **18** IV 7622

—, Tetra-*O*-acetyl-2-[2-azido-propionylamino]- **18** IV 7605

—, Tetra-*O*-acetyl-2-benzoylamino- **18** IV 7609

—·, Tetra-*O*-acetyl-2-[*N'*-(benzoylamino-methyl)-ureido]- **18** IV 7619

—, Tetra-*O*-acetyl-2-[(*N*-benzyloxycarbonyl-alanyl)-amino]- **18** IV 7622

—, Tetra-*O*-acetyl-2-benzyloxycarbonylamino- **18** IV 7618

—, Tetra-*O*-acetyl-2-[*N'*-(1-benzyloxycarbonylamino-3-methylmercapto-propyl)-ureido]- **18** IV 7619

—, Tetra-*O*-acetyl-2-[(*N*-benzyloxycarbonyl-glutamyl)-amino]- **18** IV 7623

—, Tetra-*O*-acetyl-2-[(*N*-benzyloxycarbonyl-glycyl)-amino]- **18** IV 7622

—, Tetra-*O*-acetyl-2-[(*N*-benzyloxycarbonyl-methionyl)-amino]- **18** IV 7624

—, Tetra-*O*-acetyl-2-[*N'*-(1,5-bis-benzyloxycarbonylamino-pentyl)-ureido]- **18** IV 7619

—, Tetra-*O*-acetyl-2-[(*N*^α,*N*^ε-bis-benzyloxycarbonyl-lysyl)-amino]- **18** IV 7623

—, Tetra-*O*-acetyl-2-[bis-(2-chlor-äthyl)-amino]- **18** IV 7550

—, Tetra-*O*-acetyl-2-[bis-(2-hydroxy-äthyl)-amino]- **18** IV 7552

—, Tetra-*O*-acetyl-2-[bis-(2-methansulfonyloxy-äthyl)-amino]- **18** IV 7552

—, Tetra-*O*-acetyl-2-[bromacetyl-amino]- **18** IV 7577

—, Tetra-*O*-acetyl-2-{[*N*-(2-brom-4-methyl-valeryl)-alanyl]-amino}- **18** IV 7622

—, Tetra-*O*-acetyl-2-{[*N*-(2-brom-4-methyl-valeryl)-glycyl]-amino}- **18** IV 7622

—, Tetra-*O*-acetyl-2-{[*N*-(2-brom-propionyl)-alanyl]-amino}- **18** IV 7622

—, Tetra-*O*-acetyl-2-[2-brom-propionylamino]- **18** IV 7605

—, Tetra-*O*-acetyl-2-[3-brom-propionylamino]- **18** IV 7605

—, Tetra-*O*-acetyl-2-{[*N*-(2-brom-propionyl)-glycyl]-amino}- **18** IV 7621

—, Tetra-*O*-acetyl-2-[2-carboxy-benzoylamino]- **18** IV 7614

—, Tetra-*O*-acetyl-2-chlor- **17** IV 2627

—, Tetra-*O*-acetyl-2-[chloracetyl-amino]- **18** IV 7577

—, Tetra-*O*-acetyl-2-[3,5-diamino-benzoylamino]- **18** IV 7623

—, Tetra-*O*-acetyl-2-[2,3-dibrom-propionylamino]- **18** IV 7605

—, Tetra-*O*-acetyl-2-[2,4-dinitro-anilino]- **18** IV 7551

—, Tetra-*O*-acetyl-2-[3,5-dinitro-benzoylamino]- **18** IV 7610

—, Tetra-*O*-acetyl-2-glycylamino- **18** IV 7621

—, Tetra-*O*-acetyl-2-hippuroylamino- **18** IV 7622

—, Tetra-*O*-acetyl-2-leucylamino- **18** IV 7623

—, Tetra-*O*-acetyl-2-[4-methoxy-benzylidenamino]- **18** IV 7553

—, Tetra-*O*-acetyl-2-methoxycarbonylamino- **18** IV 7617

—, Tetra-*O*-acetyl-2-[methyl-(toluol-4-sulfonyl)-amino]- **18** IV 7626

—, Tetra-*O*-acetyl-2-[3-nitro-benzoylamino]- **18** IV 7610

—, Tetra-*O*-acetyl-2-[4-nitro-benzoylamino]- **18** IV 7610

—, Tetra-*O*-acetyl-2-[*N'*-phenyl-ureido]- **18** IV 7619

—, Tetra-*O*-acetyl-2-sulfoamino- **18** IV 7626

—, Tetra-*O*-acetyl-2-[toluol-4-sulfonylamino]- **18** IV 7626

—, Tetra-*O*-acetyl-2-ureido- **18** IV 7618

—, Tetra-*O*-benzoyl-2-benzoylamino- **18** IV 7611

—, Tetra-*O*-benzoyl-2-[2-brom-4-methyl-valerylamino]- **18** IV 7606

—, Tetra-*O*-benzoyl-2-[2-brom-propionylamino]- **18** IV 7606

2-Desoxy-glucopyranose (Fortsetzung)

—, Tetra-O-benzoyl-2-lactoylamino- **18** IV 7621

—, O^1,O^3,O^4-Triacetyl-2-acetylamino- **18** IV 7570

—, O^1,O^3,O^6-Triacetyl-2-acetylamino- **18** IV 7584

—, O^1,O^3,O^6-Triacetyl-2-acetylamino-O^4-[O^3,O^6-diacetyl-2-acetylamino-O^4-(tri-O-acetyl-2-acetylamino-2-desoxy-glucopyranosyl)-2-desoxy-glucopyranosyl]- **18** IV 7591

—, O^3,O^4,O^6-Triacetyl-2-acetylamino-O^1-[3,5-dinitro-benzoyl]- **18** IV 7579

—, O^1,O^3,O^4-Triacetyl-2-acetylamino-O^6-diphenoxyphosphoryl- **18** IV 7595

—, O^1,O^3,O^4-Triacetyl-2-acetylamino-O^6-phosphono- **18** IV 7595

—, O^1,O^3,O^6-Triacetyl-2-acetylamino-O^4-[tetra-O-acetyl-galactopyranosyl]- **18** IV 7583

—, O^1,O^3,O^4-Triacetyl-2-acetylamino-O^6-[toluol-4-sulfonyl]- **18** IV 7593

—, O^1,O^3,O^4-Triacetyl-2-acetylamino-O^6-trityl- **18** IV 7574

—, O^1,O^3,O^6-Triacetyl-2-[acetyl-methyl-amino]-O^4-[tetra-O-acetyl-mannopyranosyl]- **18** IV 7601

—, O^3,O^4,O^6-Triacetyl-2-amino-O^1-benzoyl- **18** IV 7531

—, O^1,O^3,O^4-Triacetyl-2-amino-O^6-diphenoxyphosphoryl- **18** IV 7536

—, O^3,O^4,O^6-Triacetyl-2-amino-O^1-diphenoxyphosphoryl- **18** IV 7536

—, O^1,O^3,O^4-Triacetyl-2-amino-O^6-phosphono- **18** IV 7536

—, O^3,O^4,O^6-Triacetyl-O^1-benzoyl-2-brom- **17** IV 2628

—, O^3,O^4,O^6-Triacetyl-O^1-benzoyl-2-jod- **17** IV 2629

—, O^1,O^3,O^4-Triacetyl-O^6-diphenoxyphosphoryl-2-[4-methoxy-benzylidenamino]- **18** IV 7554

—, O^1,O^3,O^4-Triacetyl-2-[4-methoxy-benzylidenamino]-O^6-[toluol-4-sulfonyl]- **18** IV 7553

3-Desoxy-glucopyranose

—, Tetra-O-acetyl-3-acetylamino- **18** IV 7637

4-Desoxy-glucopyranose

—, Tetra-O-acetyl-4-chlor- **17** IV 2633

—, Tetra-O-acetyl-4-jod- **17** IV 2636

6-Desoxy-glucopyranose 1 IV 4260

—, O^1-[4-Acetoxy-3-methoxy-benzoyl]-O^2,O^3,O^4-triacetyl-6-jod- **17** IV 2575

—, O^4-Acetyl-O^1,O^2-dibenzoyl-O^3-methyl- **17** IV 2544

—, O^3,O^4-Diacetyl-O^1-benzoyl- **17** IV 2550

—, O^1,O^4-Diacetyl-6-jod-O^2,O^3-bis-[toluol-4-sulfonyl]- **17** IV 2577

—, 6,6'-Disulfandiyl-bis-[tetra-O-acetyl- **17** IV 3758

—, 6-Jod-O^1-vanilloyl- **17** IV 2575

—, $O^1,O^2,O^3,O^4,O^{1'},O^{2'},O^{3'},O^{4'}$-Octaacetyl-6,6'-sulfinyl-bis- **17** IV 2616

—, $O^1,O^2,O^3,O^4,O^{1'},O^{2'},O^{3'},O^{4'}$-Octaacetyl-6,6'-sulfonyl-bis- **17** IV 2616

—, 6,6'-Sulfandiyl-bis-[tetra-O-acetyl- **17** IV 3758

—, 6-Sulfo- **4** IV 102

—, Tetra-O-acetyl- **17** IV 2547

—, Tetra-O-acetyl-6-[N-acetyl-2,4-dibrom-anilino]- **18** IV 7506

—, Tetra-O-acetyl-6-brom- **17** IV 2569

—, Tetra-O-acetyl-6-[4-brom-N-(toluol-4-sulfonyl)-anilino]- **18** IV 7507

—, Tetra-O-acetyl-6-chlor- **17** IV 2566

—, Tetra-O-acetyl-6-diäthoxyphosphoryl- **18** IV 8360

—, Tetra-O-acetyl-6-[2,4-dibrom-anilino]- **18** IV 7505

—, Tetra-O-acetyl-6-diphenoxyphosphoryl- **18** IV 8361

—, Tetra-O-acetyl-6-diphenylamino- **18** IV 7505

—, Tetra-O-acetyl-6-fluor- **17** IV 2564

—, Tetra-O-acetyl-6-jod- **17** IV 2573

—, Tetra-O-acetyl-6-phenyl- **17** IV 2668

—, Tetra-O-acetyl-6-phosphono- **18** IV 8360

—, Tetra-O-acetyl-6-thiocyanato- **17** IV 3757

—, Tetra-O-acetyl-6-[N-(toluol-4-sulfonyl)-anilino]- **18** IV 7507

—, O^1,O^2,O^3-Triacetyl-6-jod-O^4-[tetra-O-acetyl-glucopyranosyl]- **17** IV 3485

—, O^1,O^3,O^4-Triacetyl-6-jod-O^2-[toluol-4-sulfonyl]- **17** IV 2576

—, O^1,O^2,O^4-Triacetyl-O^3-methyl- **17** IV 2543

—, O^1,O^3,O^4-Triacetyl-6-thiocyanato-O^2-[toluol-4-sulfonyl]- **17** IV 3759

—, O^1,O^3,O^4-Triacetyl-O^2-[toluol-4-sulfonyl]- **17** IV 2562

—, O^1,O^2,O^3-Triacetyl-O^4-[tri-O-acetyl-6-desoxy-glucopyranosyl]- **17** IV 2561

2-Desoxy-glucopyranosid

s. a. *arabino*-2-Desoxy-hexopyranosid

—, [4-Acetoxymethyl-4-hydroxy-5-methyl-tetrahydro-[3]furyl]-[tri-O-acetyl-2-(acetyl-methyl-amino)- **18** IV 7599

—, [4-Acetyl-phenyl]-[2-acetylamino- **18** IV 7565

—, [4-Acetyl-phenyl]-[tri-O-acetyl-2-acetylamino- **18** IV 7575

—, Äthyl-[2-acetylamino- **18** IV 7560

—, Äthyl-[2-acetylamino-O^6-(toluol-4-sulfonyl)- **18** IV 7592

2-Desoxy-glucopyranosid (Fortsetzung)

—, Äthyl-[2-acetylamino-tri-O-methyl-
18 IV 7560

—, Äthyl-[2-äthoxycarbonylamino- 18
IV 7616

—, Äthyl-[2-amino- 18 IV 7527, 31
188 d

—, Äthyl-[2-amino-tri-O-benzoyl- 18
IV 7532

—, Äthyl-[2-benzyloxycarbonylamino-
18 IV 7616

—, Äthyl-[O^4,O^6-diacetyl-2-acetylamino-
18 IV 7569

—, Äthyl-[O^4,O^6-diacetyl-2-acetylamino-
O^3-phenylcarbamoyl- 18 IV 7580

—, Äthyl-[O^3,O^4-diacetyl-2-acetylamino-
O^6-(toluol-4-sulfonyl)- 18 IV 7593

—, Äthyl-[O^4,O^6-diacetyl-2-amino- 18
IV 7528

—, Äthyl-[tri-O-acetyl-2-acetylamino-
18 IV 7572

—, Äthyl-[tri-O-acetyl-2-amino- 18
IV 7529, 31 189 a

—, Äthyl-[tri-O-acetyl-2-benzoylamino-
18 IV 7608

—, Äthyl-[tri-O-acetyl-2-(4-methoxy-
benzylidenamino)- 18 IV 7553

—, Äthyl-[tri-O-acetyl-2-(N'-phenyl-
ureido)- 18 IV 7617

—, Äthyl-[tri-O-acetyl-2-
salicylidenamino- 18 IV 7552

—, Äthyl-[tri-O-benzoyl-2-benzoylamino-
18 IV 7610

—, [4-Amino-phenyl]-[2-acetylamino-
18 IV 7580

—, [4-Amino-phenyl]-[tri-O-acetyl-2-
acetylamino- 18 IV 7580

—, [4-Amino-phenyl]-[tri-O-acetyl-2-
benzyloxycarbonylamino- 18 IV 7620

—, Benzhydryl-[tri-O-acetyl-2-
benzoylamino- 18 IV 7609

—, Benzyl-[2-acetylamino- 18 IV 7562

—, Benzyl-[2-acetylamino-O^3-benzoyl-
18 IV 7578

—, Benzyl-[2-acetylamino-O^3-benzoyl-
O^4,O^6-dimethyl- 18 IV 7578

—, Benzyl-[2-acetylamino-tri-O-methyl-
18 IV 7562

—, Benzyl-[2-amino- 21 208 f

—, Benzyl-[2-amino-tri-O-benzoyl- 18
IV 7532

—, Benzyl-[2-benzoylamino-tri-O-methyl-
18 IV 7607

—, Benzyl-[2-benzyloxycarbonylamino-
18 IV 7616

—, Benzyl-[O^4,O^6-diacetyl-2-
acetylamino- 18 IV 7569

—, Benzyl-[O^4,O^6-diacetyl-2-amino- 18
IV 7528

—, Benzyl-[tri-O-acetyl-2-acetylamino-
18 IV 7573

—, Benzyl-[tri-O-acetyl-2-amino- 18
IV 7529, 31 209 a

—, Benzyl-[tri-O-acetyl-2-benzoylamino-
18 IV 7609

—, [4,6-Bis-acetylamino-2,3-dihydroxy-
cyclohexyl]-[2-acetylamino- 18 IV 7580

—, Butyl-[2-acetylamino- 18 IV 7561

—, Butyl-[2-amino-tri-O-benzoyl- 18
IV 7532

—, Butyl-[tri-O-acetyl-2-acetylamino-
18 IV 7572

—, *tert*-Butyl-[tri-O-acetyl-2-
benzoylamino- 18 IV 7609

—, Cyclohexyl-[tri-O-benzoyl-2-
benzoylamino- 18 IV 7611

—, [4,6-Diamino-2,3-dihydroxy-
cyclohexyl]-[2-amino- 18 IV 7534

—, [2,4-Diamino-phenyl]-[2-amino- 18
IV 7533

—, [2,4-Diamino-phenyl]-[tri-O-acetyl-2-
amino- 18 IV 7533

—, [2,4-Diamino-phenyl]-[tri-O-acetyl-2-
benzyloxycarbonylamino]- 18 IV 7620

—, [2,4-Diguanidino-phenyl]-[2-amino-
18 IV 7534

—, [2,4-Diguanidino-phenyl]-[tri-
O-acetyl-2-amino- 18 IV 7534

—, [2,4-Diguanidino-phenyl]-[tri-
O-acetyl-2-benzyloxycarbonylamino- 18
IV 7620

—, [2,4-Dinitro-phenyl]-[tri-O-acetyl-2-
amino- 18 IV 7529

—, [2,4-Dinitro-phenyl]-[tri-O-acetyl-2-
benzyloxycarbonylamino- 18 IV 7617

—, Glucopyranosyl-[2-amino- 18
IV 7535

—, Glucopyranosyl-[2-salicylidenamino-
18 IV 7553

—, [4-Guanidino-phenyl]-[2-amino- 18
IV 7533

—, [4-Guanidino-phenyl]-[tri-O-acetyl-2-
amino- 18 IV 7533

—, [4-Hydroxy-4,5-dimethyl-tetrahydro-
[3]furyl]-[2-(acetyl-methyl-amino)- 18
IV 7598

—, [4-Hydroxy-4,5-dimethyl-tetrahydro-
[3]furyl]-[tri-O-acetyl-2-(acetyl-methyl-
amino)- 18 IV 7598

—, [2-Hydroxymethyl-phenyl]-[2-amino-
31 217 a

—, Isopentyl-[2-amino- 31 190 e

—, Isopentyl-[tri-O-acetyl-2-amino-
31 190 f

—, Isopropyl-[2-amino-tri-O-benzoyl-
18 IV 7532

—, Isopropyl-[tri-O-acetyl-2-
benzoylamino- 18 IV 7609

2-Desoxy-glucopyranosid (Fortsetzung)

—, [2-Methoxy-benzyl]-[2-acetylamino- **18** IV 7565

—, [2-Methoxy-benzyl]-[tri-O-acetyl-2-acetylamino- **18** IV 7575

—, [2-Methoxy-phenyl]-[2-acetylamino- **18** IV 7565

—, [2-Methoxy-phenyl]-[tri-O-acetyl-2-acetylamino- **18** IV 7574

—, Methyl-[O^4-acetyl-2-acetylamino-O^3,O^6-bis-(toluol-4-sulfonyl)- **18** IV 7594

—, Methyl-[O^3-acetyl-2-acetylamino-O^4,O^6-dimethyl- **18** IV 7566

—, Methyl-[O^4-acetyl-2-acetylamino-O^3,O^6-dimethyl- **18** IV 7566

—, Methyl-[O^6-acetyl-2-acetylamino-O^3,O^4-dimethyl- **18** IV 7567

—, Methyl-[O^3-acetyl-2-acetylamino-O^4-methyl-O^6-trityl- **18** IV 7568

—, Methyl-[O^4-acetyl-2-acetylamino-O^3-methyl-O^6-trityl- **18** IV 7567

—, Methyl-[O^4-acetyl-2-acetylamino-O^3-(toluol-4-sulfonyl)-O^6-trityl- **18** IV 7593

—, Methyl-[2-acetylamino- **18** IV 7555

—, Methyl-[O^x-acetyl-2-amino- **18** IV 7617

—, Methyl-[2-acetylamino-O^3-benzoyl- **18** IV 7577

—, Methyl-[2-acetylamino-O^3-benzoyl-O^4,O^6-dimethyl- **18** IV 7578

—, Methyl-[2-acetylamino-O^4-benzoyl-O^3,O^6-dimethyl- **18** IV 7578

—, Methyl-[2-acetylamino-O^4-benzoyl-O^3-methyl- **18** IV 7578

—, Methyl-[2-acetylamino-O^4-benzoyl-O^3-methyl-O^6-trityl- **18** IV 7578

—, Methyl-[2-acetylamino-O^4-benzyl-O^3-methyl- **18** IV 7562

—, Methyl-[2-acetylamino-O^4-benzyl-O^3-methyl-O^6-trityl- **18** IV 7565

—, Methyl-[2-acetylamino-O^3,O^6-bis-methansulfonyl-O^4-methyl- **18** IV 7594

—, Methyl-[2-acetylamino-O^3,O^6-bis-(toluol-4-sulfonyl)- **18** IV 7594

—, Methyl-[2-acetylamino-O^4,O^6-dibenzoyl-O^3-methyl- **18** IV 7579

—, Methyl-[2-acetylamino-O^3,O^4-dibenzyl- **18** IV 7563

—, Methyl-[2-acetylamino-O^3,O^4-dibenzyl-O^6-methyl- **18** IV 7563

—, Methyl-[2-acetylamino-O^3,O^4-dimethyl- **18** IV 7557

—, Methyl-[2-acetylamino-O^3,O^6-dimethyl- **18** IV 7558

—, Methyl-[2-acetylamino-O^4,O^6-dimethyl- **18** IV 7558

—, Methyl-[2-acetylamino-O^4,O^6-dimethyl-O^3-(toluol-4-sulfonyl)- **18** IV 7592

—, Methyl-[2-acetylamino-O^3,O^4-dimethyl-O^6-trityl- **18** IV 7564

—, Methyl-[2-acetylamino-O^4-galactopyranosyl- **18** IV 7583

—, Methyl-[2-acetylamino-O^3-methyl- **18** IV 7556

—, Methyl-[2-acetylamino-O^4-methyl- **18** IV 7556

—, Methyl-[2-acetylamino-O^6-methyl- **18** IV 7557

—, Methyl-[2-acetylamino-O^4-methyl-O^3,O^6-bis-(toluol-4-sulfonyl)- **18** IV 7594

—, Methyl-[2-acetylamino-O^3-methyl-O^6-trityl- **18** IV 7564

—, Methyl-[2-acetylamino-O^4-methyl-O^6-trityl- **18** IV 7564

—, Methyl-[2-acetylamino-O^3-(toluol-4-sulfonyl)- **18** IV 7592

—, Methyl-[2-acetylamino-O^3-(toluol-4-sulfonyl)-O^6-trityl- **18** IV 7592

—, Methyl-[2-acetylamino-tri-O-methyl- **18** IV 7559

—, Methyl-[2-acetylamino-O^6-trityl- **18** IV 7563

—, Methyl-[2-(acetyl-benzyl-amino)-O^4-benzyl-O^3-methyl- **18** IV 7604

—, Methyl-[2-(acetyl-benzyl-amino)-O^4-benzyl-O^3-methyl-O^6-trityl- **18** IV 7605

—, Methyl-[2-(acetyl-methyl-amino)-tri-O-methyl- **18** IV 7595

—, Methyl-[2-äthoxycarbonylamino- **18** IV 7614

—, Methyl-[2-amino- **18** IV 7525, **31** 186 b

—, Methyl-[2-amino-tri-O-benzoyl- **18** IV 7532

—, Methyl-[2-amino-tri-O-methyl- **18** IV 7526

—, Methyl-[2-benzoylamino- **18** IV 7606

—, Methyl-[2-benzoylamino-tri-O-methyl- **18** IV 7607

—, Methyl-[2-benzyloxycarbonylamino- **18** IV 7615

—, Methyl-[2-benzyloxycarbonylamino-O^3-methyl- **18** IV 7615

—, Methyl-[2-benzyloxycarbonylamino-O^6-(toluol-4-sulfonyl)- **18** IV 7620

—, Methyl-[2-benzyloxycarbonylamino-tri-O-methyl- **18** IV 7615

—, Methyl-[2-brom- **17** IV 2627

—, Methyl-[2-chlor- **17** IV 2626

—, Methyl-[O^4,O^6-diacetyl-2-acetylamino-O^3-benzoyl- **18** IV 7578

—, Methyl-[O^3,O^4-diacetyl-2-acetylamino-O^6-methyl- **18** IV 7568

—, Methyl-[O^3,O^6-diacetyl-2-acetylamino-O^4-methyl- **18** IV 7569

2-Desoxy-glucopyranosid (Fortsetzung)
—, Methyl-[O^4,O^6-diacetyl-2-acetylamino-O^3-methyl- **18** IV 7568
—, Methyl-[O^3,O^4-diacetyl-2-acetylamino-O^6-(toluol-4-sulfonyl)- **18** IV 7593
—, Methyl-[O^4,O^6-diacetyl-2-acetylamino-O^3-(toluol-4-sulfonyl)- **18** IV 7593
—, Methyl-[O^3,O^4-diacetyl-2-acetylamino-O^6-trityl- **18** IV 7570
—, Methyl-[O^3,O^4-diacetyl-2-benzoylamino- **18** IV 7608
—, Methyl-[O^3,O^4-diacetyl-2-benzoylamino-O^6-trityl- **18** IV 7608
—, Methyl-[O^3,O^4-dibenzoyl-2-benzoylamino-O^6-trityl- **18** IV 7610
—, Methyl-[2-dimethylamino- **31** 187 c
—, Methyl-[2-dimethylamino-tri-O-methyl- **18** IV 7550
—, Methyl-[2-(2,4-dinitro-anilino)- **18** IV 7550
—, Methyl-[2-formylamino- **18** IV 7554
—, Methyl-[2-methoxycarbonylamino- **18** IV 7614
—, Methyl-[2-methylamino- **31** 187 b
—, Methyl-[2-phenyl- **17** IV 2669
—, Methyl-[2-salicylidenamino- **18** IV 7552
—, Methyl-[2-sulfoamino- **18** IV 7626
—, Methyl-[2-(toluol-4-sulfonylamino)- **18** IV 7625
—, Methyl-[tri-O-acetyl-2-acetylamino- **18** IV 7570, **31** 186 d
—, Methyl-[tri-O-acetyl-2-(acetyl-methyl-amino)- **18** IV 7596
—, Methyl-[tri-O-acetyl-2-amino- **18** IV 7528, **31** 186 c
—, Methyl-[tri-O-acetyl-2-benzoylamino- **18** IV 7608
—, Methyl-[tri-O-acetyl-2-benzyloxycarbonylamino- **18** IV 7617
—, Methyl-[tri-O-acetyl-2-brom- **17** IV 2628
—, Methyl-[tri-O-acetyl-2-chlor- **17** IV 2627
—, Methyl-[tri-O-acetyl-2-(2,4-dinitro-anilino)- **18** IV 7551
—, Methyl-[tri-O-acetyl-2-formylamino- **18** IV 7554
—, Methyl-[tri-O-acetyl-2-(N-phenyl-ureido)- **18** IV 7617
—, Methyl-[tri-O-acetyl-2-salicylidenamino- **18** IV 7552
—, Methyl-[tri-O-acetyl-2-sulfoamino- **18** IV 7626
—, Methyl-[tri-O-acetyl-2-(toluol-4-sulfonylamino)- **18** IV 7625

—, Methyl-[tri-O-benzoyl-2-benzoylamino- **18** IV 7610
—, Methyl-[tri-O-methyl-2-sulfoamino- **18** IV 7626
—, Methyl-[tri-O-methyl-2-trimethylammonio- **18** IV 7550
—, [1]Naphthyl-[2-acetylamino- **18** IV 7563
—, [2]Naphthyl-[2-acetylamino- **18** IV 7563
—, [1]Naphthyl-[tri-O-acetyl-2-acetylamino- **18** IV 7574
—, [2]Naphthyl-[tri-O-acetyl-2-acetylamino- **18** IV 7574
—, [2-Nitro-phenyl]-[2-acetylamino- **18** IV 7561
—, [4-Nitro-phenyl]-[2-acetylamino- **18** IV 7561
—, [2-Nitro-phenyl]-[tri-O-acetyl-2-acetylamino- **18** IV 7573
—, [4-Nitro-phenyl]-[tri-O-acetyl-2-acetylamino- **18** IV 7573
—, [4-Nitro-phenyl]-[tri-O-acetyl-2-amino- **18** IV 7529
—, [4-Nitro-phenyl]-[tri-O-acetyl-2-benzyloxycarbonylamino- **18** IV 7617
—, Phenyl-[2-acetylamino- **18** IV 7561
—, Phenyl-[2-amino- **18** IV 7527
—, Phenyl-[2-brom- **17** IV 2627
—, Phenyl-[2-propionylamino- **18** IV 7605
—, Phenyl-[2-(toluol-4-sulfonylamino)- **18** IV 7625
—, Phenyl-[tri-O-acetyl-2-acetylamino- **18** IV 7572
—, Phenyl-[tri-O-acetyl-2-amino- **18** IV 7529
—, Phenyl-[tri-O-acetyl-2-brom- **17** IV 2628
—, Phenyl-[tri-O-acetyl-2-butyrylamino- **18** IV 7606
—, Phenyl-[tri-O-acetyl-2-propionylamino- **18** IV 7605
—, Phenyl-[tri-O-acetyl-2-(toluol-4-sulfonylamino)- **18** IV 7625
—, Propyl-[2-acetylamino- **18** IV 7560
—, Propyl-[2-amino-tri-O-benzoyl- **18** IV 7532
—, Propyl-[tri-O-acetyl-2-acetylamino- **18** IV 7572
—, [Tetra-O-acetyl-glucopyranosyl]-[tri-O-acetyl-2-acetylamino- **18** IV 7584
—, o-Tolyl-[2-acetylamino- **18** IV 7562
—, o-Tolyl-[tri-O-acetyl-2-acetylamino- **18** IV 7573
—, Trityl-[O^3,O^4-diacetyl-2-acetylamino-O^6-trityl- **18** IV 7570

3-Desoxy-glucopyranosid
s. a. *ribo*-3-Desoxy-hexopyranosid
—, [4,6-Bis-acetylamino-2,3-dihydroxy-cyclohexyl]-[3-acetylamino- **18** IV 7637
—, [4,6-Diamino-2,3-dihydroxy-cyclohexyl]-[3-amino- **18** IV 7631
—, Methyl-[O^4-acetyl-3-acetylamino-O^2,O^6-dimethyl- **18** IV 7635
—, Methyl-[3-acetylamino- **18** IV 7634
—, Methyl-[3-acetylamino-tri-O-methyl- **18** IV 7635
—, Methyl-[O^2-acetyl-3-jod- **17** IV 2634
—, Methyl-[O^2-acetyl-3-jod-O^4,O^6-dimethyl- **17** IV 2635
—, Methyl-[3-amino- **18** IV 7630
—, Methyl-[3-brom- **17** IV 2634
—, Methyl-[3-chlor- **17** IV 2633
—, Methyl-[3-chlor-O^4,O^6-dimethyl- **17** IV 2633
—, Methyl-[3-jod- **17** IV 2634
—, Methyl-[3-jod-O^4,O^6-dimethyl- **17** IV 2634
—, Methyl-[tri-O-acetyl-3-acetylamino- **18** IV 7636
—, Methyl-[3,O^4,O^6-trimethyl- **17** IV 2654

4-Desoxy-glucopyranosid
—, Methyl-[4-chlor- **17** IV 2635
—, Methyl-[4-chlor-tri-O-methyl- **17** IV 2635

6-Desoxy-glucopyranosid
—, Äthyl- **1** 877 b, **31** 64 b
—, Äthyl-[O^3-methyl- **17** IV 2529
—, Äthyl-[tri-O-acetyl- **31** 64 c
—, Äthyl-[tri-O-acetyl-6-brom- **17** IV 2569
—, Äthyl-[tri-O-phenylcarbamoyl- **31** 64 d
—, Benzyl-[6-amino- **18** IV 7504
—, Benzyl-[O^2,O^3-diacetyl-6-jod-O^4-(toluol-4-sulfonyl)- **17** IV 2576
—, Benzyl-[tri-O-acetyl-6-brom- **31** 208 d
—, Benzyl-[tri-O-acetyl-6-diäthoxyphosphoryl- **18** IV 8360
—, Benzyl-[tri-O-acetyl-6-diphenoxyphosphoryl- **18** IV 8360
—, Cholestan-3-yl- **17** IV 2531
—, Cholestan-3-yl-[tri-O-acetyl- **17** IV 2546
—, Cholesteryl- **17** IV 2532
—, Cholesteryl-[tri-O-acetyl- **17** IV 2546
—, [6-Desoxy-fructofuranosyl]- **17** IV 2648
—, [O^3,O^4-Diacetyl-6-jod-O^1-(toluol-4-sulfonyl)-6-desoxy-fructofuranosyl]-[tri-O-acetyl-6-jod- **17** IV 2648
—, 6,6′-Diselandiyl-bis-[methyl- **17** IV 3761

—, 6,6′-Diselandiyl-bis-[methyl-(tri-O-acetyl- **17** IV 3761
—, 6,6′-Disulfandiyl-bis-[methyl-(tri-O-acetyl- **17** IV 3758
—, [6-Jod-O^1-methansulfonyl-6-desoxy-fructofuranosyl]-[6-jod- **17** IV 2648
—, Menthyl-[tri-O-acetyl-6-brom- **31** 200 e
—, Methyl- **17** IV 2522, **31** 63 c
—, Methyl-[6-acetylamino- **18** IV 7506
—, Methyl-[O^4-acetyl-O^2,O^3-bis-(toluol-4-sulfonyl)- **17** IV 2563
—, Methyl-[O^4-acetyl-6-chlor-O^2,O^3-bis-(toluol-4-sulfonyl)- **17** IV 2566
—, Methyl-[O^4-acetyl-6-jod-O^2,O^3-bis-(toluol-4-sulfonyl)- **17** IV 2577
—, Methyl-[O^3-acetyl-6-jod-O^2-methyl- **17** IV 2572
—, Methyl-[6-amino- **18** IV 7504, **31** 184 e
—, Methyl-[O^4-benzolsulfonyl-6-jod-O^2,O^3-dimethyl- **17** IV 2575
—, Methyl-[6-brom- **17** IV 2566, **31** 184 b
—, Methyl-[6-brom-tri-O-methyl- **17** IV 2567
—, Methyl-[6-chlor- **17** IV 2565
—, Methyl-[O^4-(6-desoxy-glucopyranosyl)- **17** IV 2560
—, Methyl-[O^2,O^4-diacetyl-6-brom-O^3-(tri-O-acetyl-6-brom-6-desoxy-glucopyranosyl)- **17** IV 2570
—, Methyl-[O^3,O^4-diacetyl-6-brom-O^2-(tri-O-acetyl-6-brom-6-desoxy-glucopyranosyl)- **17** IV 2570
—, Methyl-[O^2,O^4-diacetyl-6-jod-O^3-methyl- **17** IV 2573
—, Methyl-[O^2,O^3-diacetyl-6-jod-O^4-(toluol-4-sulfonyl)- **17** IV 2576
—, Methyl-[O^3,O^4-diacetyl-6-jod-O^2-(toluol-4-sulfonyl)- **17** IV 2576
—, Methyl-[O^2,O^3-diacetyl-6-jod-O^4-(tri-O-acetyl-6-jod-6-desoxy-glucopyranosyl)- **17** IV 2575
—, Methyl-[O^2,O^4-diacetyl-6-jod-O^3-(tri-O-acetyl-6-jod-6-desoxy-glucopyranosyl)- **17** IV 2571
—, Methyl-[O^3,O^4-diacetyl-6-jod-O^2-(tri-O-acetyl-6-jod-6-desoxy-glucopyranosyl)- **17** IV 2570
—, Methyl-[O^2,O^4-diacetyl-O^3-methyl- **17** IV 2538
—, Methyl-[O^3,O^4-diacetyl-O^2-(toluol-4-sulfonyl)- **17** IV 2562
—, Methyl-[O^2,O^3-diacetyl-O^4-(tri-O-acetyl-6-desoxy-glucopyranosyl)- **17** IV 2560

6-Desoxy-glucopyranosid (Fortsetzung)
—, Methyl-[O^3,O^4-diacetyl-
O^2-trichloracetyl- **17** IV 2542
—, Methyl-[O^2,O^3-dibenzoyl-6-jod-O^4-
(toluol-4-sulfonyl)- **17** IV 2577
—, Methyl-[6-(2,4-dibrom-anilino)- **18**
IV 7505
—, Methyl-[6-diphenylamino- **18**
IV 7505
—, Methyl-[6-fluor- **17** IV 2563
—, Methyl-[6-fluor-tris-
O-methansulfonyl- **17** IV 2564
—, Methyl-[6-jod- **17** IV 2571
—, Methyl-[6-jod-O^2,O^3-dimethyl- **17**
IV 2572
—, Methyl-[6-jod-O^2-methyl-O^3,O^4-bis-
(toluol-4-sulfonyl)- **17** IV 2577
—, Methyl-[6-jod-tri-O-methyl- **17**
IV 2572
—, Methyl-[6-jod-tris-O-methansulfonyl-
17 IV 2577
—, Methyl-[6-jod-tris-O-(toluol-4-
sulfonyl)- **17** IV 2578
—, Methyl-[O^3-methyl- **17** IV 2525
—, Methyl-{6-[N-(toluol-4-sulfonyl)-
anilino]- **18** IV 7506
—, Methyl-[tri-O-acetyl- **31** 64 a
—, Methyl-[tri-O-acetyl-6-(N-acetyl-2,4-
dibrom-anilino)- **18** IV 7506
—, Methyl-[tri-O-acetyl-6-amino- **18**
IV 7504
—, Methyl-[tri-O-acetyl-6-azido- **17**
IV 2578
—, Methyl-[tri-O-acetyl-6-brom- **17**
IV 2568, **31** 184 c
—, Methyl-[tri-O-acetyl-6-chlor- **17**
IV 2565
—, Methyl-[tri-O-acetyl-6-(2,4-dibrom-
anilino)- **18** IV 7505
—, Methyl-[tri-O-acetyl-6-
diphenylamino- **18** IV 7505
—, Methyl-[tri-O-acetyl-6-jod- **17**
IV 2573
—, Methyl-[tri-O-acetyl-6-thiocyanato-
17 IV 3756
—, Methyl-{tri-O-acetyl-6-[N-(toluol-4-
sulfonyl)-anilino]- **18** IV 7506
—, Methyl-[tri-O-benzoyl- **17** IV 2551
—, Methyl-[tri-O-benzoyl-6-brom- **17**
IV 2570
—, Methyl-[tri-O-benzoyl-6-jod- **17**
IV 2574
—, Methyl-[6-trimethylammonio- **18**
IV 7505
—, Methyl-[tri-O-methyl-6-nitro- **17**
IV 2578
—, Phenyl- **17** IV 2530
—, Phenyl-[6-acetylamino- **18** IV 7506
—, Phenyl-[6-amino- **18** IV 7504

—, Phenyl-[6-brom- **17** IV 2567, **31**
205 d
—, Phenyl-[6-fluor- **17** IV 2563
—, Phenyl-[tri-O-acetyl- **17** IV 2545
—, Phenyl-[tri-O-acetyl-6-acetylamino-
18 IV 7506
—, Phenyl-[tri-O-acetyl-6-brom- **17**
IV 2569
—, Phenyl-[tri-O-acetyl-6-fluor- **17**
IV 2564
—, 6,6′-Selandiyl-bis-[methyl- **17**
IV 3760
—, 6,6′-Selandiyl-bis-[methyl-(tri-
O-acetyl- **17** IV 3761
—, 6,6′-Seleninyl-bis-[methyl-(tri-
O-acetyl- **17** IV 3761
—, 6,6′-Sulfandiyl-bis-[methyl- **17**
IV 3757
—, 6,6′-Sulfandiyl-bis-[methyl-(tri-
O-acetyl- **17** IV 3758
—, 6,6′-Sulfonyl-bis-[methyl-(tri-
O-acetyl- **17** IV 3758
2-Desoxy-glucopyranosylamin
—, O^3,O^4-Diacetyl-2-acetylamino-
N-biphenyl-4-yl-O^6-[tetra-O-acetyl-
galactopyranosyl]- **17** IV 3427
2-Desoxy-glucopyranosylazid
—, 2-Acetylamino- **18** IV 7493
—, 2-Amino- **18** IV 7493
—, 2-Isopropylidenamino- **18** IV 7493
—, Tri-O-acetyl-2-acetylamino- **18** IV 7494
—, Tri-O-acetyl-2-amino- **18** IV 7493
—, Tri-O-acetyl-2-[4-methoxy-
benzylidenamino]- **18** IV 7493
—, Tri-O-acetyl-2-[4-nitro-
benzylidenamino]- **18** IV 7493
—, Tri-O-acetyl-2-salicylidenamino- **18**
IV 7493
—, Tri-O-acetyl-2-[toluol-4-
sulfonylamino]- **18** IV 7494
6-Desoxy-glucopyranosylazid
—, Tri-O-acetyl-6-brom- **17** IV 2304
2-Desoxy-glucopyranosylbromid
s. a. *arabino*-2-Desoxy-
hexopyranosylbromid
—, 2-Amino-tri-O-benzoyl- **18** IV 7491
—, O^3,O^6-Diacetyl-2-brom-O^4-[tetra-
O-acetyl-galactopyranosyl]- **31** 416 e
—, O^3,O^6-Diacetyl-2-brom-O^4-[tetra-
O-acetyl-glucopyranosyl]- **31** 381 d
—, Tri-O-acetyl-2-acetylamino- **18**
IV 7491
—, Tri-O-acetyl-2-amino- **18** IV
7490, **31** 170 a
—, Tri-O-acetyl-2-brom- **17** IV 2316
—, Tri-O-acetyl-2-[2,4-dinitro-anilino]-
18 IV 7491
—, Tri-O-acetyl-2-[N'-phenyl-ureido]-
18 IV 7492

2-Desoxy-glucopyranosylbromid (Fortsetzung)
—, Tri-O-acetyl-2-salicylidenamino- **18** IV 7491
—, Tri-O-acetyl-2-[toluol-4-sulfonylamino]- **18** IV 7492
—, Tri-O-benzoyl-2-benzoylamino- **18** IV 7492

6-Desoxy-glucopyranosylbromid
—, O^4-Acetyl-6-jod-O^2,O^3-bis-[toluol-4-sulfonyl]- **17** IV 2304
—, O^3,O^4-Diacetyl-6-jod-O^2-[toluol-4-sulfonyl]- **17** IV 2304
—, $O^2,O^3,O^4,O^{2'},O^{3'},O^{4'}$-Hexaacetyl-6,6'-disulfandiyl-bis- **17** IV 2616
—, $O^2,O^3,O^4,O^{2'},O^{3'},O^{4'}$-Hexaacetyl-6,6'-sulfandiyl-bis- **17** IV 2615
—, $O^2,O^3,O^4,O^{2'},O^{3'},O^{4'}$-Hexaacetyl-6,6'-sulfinyl-bis- **17** IV 2615
—, $O^2,O^3,O^4,O^{2'},O^{3'},O^{4'}$-Hexaacetyl-6,6'-sulfonyl-bis- **17** IV 2616
—, Tri-O-acetyl- **17** IV 2301
—, Tri-O-acetyl-6-brom- **2** 163 b, **17** IV 2303
—, Tri-O-acetyl-6-chlor- **17** IV 2302
—, Tri-O-acetyl-6-[2,4-dibrom-anilino]- **18** IV 7471
—, Tri-O-acetyl-6-diphenylamino- **18** IV 7472
—, Tri-O-acetyl-6-fluor- **17** IV 2302
—, Tri-O-acetyl-6-jod- **17** IV 2304
—, Tri-O-acetyl-6-thiocyanato- **17** IV 2615

2-Desoxy-glucopyranosylchlorid
—, 2-Chlor-tri-O-methyl- **17** IV 2314
—, Tri-O-acetyl-2-acetylamino- **18** IV 7489
—, Tri-O-acetyl-2-chlor- **17** IV 2314

6-Desoxy-glucopyranosylchlorid
—, O^3,O^4-Diacetyl- **17** IV 2299
—, O^3,O^4-Diacetyl-O^2-trichloracetyl- **17** IV 2300
—, Tri-O-acetyl- **17** IV 2300
—, Tri-O-acetyl-6-brom- **17** IV 2303
—, Tri-O-acetyl-6-chlor- **17** IV 2300
—, Tri-O-acetyl-6-[N-(toluol-4-sulfonyl)-anilino]- **18** IV 7471

2-Desoxy-glucopyranosylfluorid
—, 2-Acetylamino- **18** IV 7488
—, 2-[Methyl-(toluol-4-sulfonyl)-amino]- **18** IV 7489
—, 2-[Toluol-4-sulfonylamino]- **18** IV 7488
—, Tri-O-acetyl-2-acetylamino- **18** IV 7488
—, Tri-O-acetyl-2-[methyl-(toluol-4-sulfonyl)-amino]- **18** IV 7489
—, Tri-O-acetyl-2-[toluol-4-sulfonylamino]- **18** IV 7488

6-Desoxy-glucopyranosylfluorid
—, 6-Brom- **17** IV 2302
—, 6-Chlor- **17** IV 2300
—, Tri-O-acetyl-6-brom- **17** IV 2302
—, Tri-O-acetyl-6-chlor- **17** IV 2300

2-Desoxy-glucopyranosylisothiocyanat
—, Tri-O-acetyl-2-acetylamino- **18** IV 7495

6-Desoxy-glucopyranosylisothiocyanat
—, Tri-O-acetyl-6-brom- **18** IV 7471

6-Desoxy-glucopyranosyljodid
—, Tri-O-acetyl-6-jod- **17** IV 2304

1-Desoxy-glucopyranuronsäure
—, 1-Äthylamino- **4** IV 412
—, 1-Butylamino- **4** IV 603
—, Di-O-acetyl-1-brom-,
  — 3-lacton **31** 265 a
—, 1-Isobutylamino- **4** IV 654
—, 1-Isopropylamino- **4** IV 535
—, Tri-O-acetyl-1-[N-äthyl-anilino]-,
  — methylester **18** IV 8249
—, Tri-O-acetyl-1-brom- **18** IV 5065
  — methylester **18** IV 5066
—, Tri-O-acetyl-1-chlor-,
  — methylester **18** IV 5065
—, Tri-O-acetyl-1-isothiocyanato-,
  — methylester **18** IV 8249
—, Tri-O-acetyl-1-[N-methyl-anilino]-,
  — methylester **18** IV 8249
—, Tri-O-acetyl-1-[N-methyl-4-phenylazo-anilino]-,
  — methylester **18** IV 8249

2-Desoxy-glucopyranuronsäure
s. a. *arabino*-2-Desoxy-hexopyranuronsäure
—, 2-Acetylamino-O^1-phenyl- **18** IV 8249
—, 2-Amino-O^1-methyl- **18** IV 8249
—, O^1-Benzyl-2-benzyloxycarbonylamino- **18** IV 8250
—, 2-Benzyloxycarbonylamino-O^1-methyl- **18** IV 8250
—, O^1-Methyl-,
  — amid **18** IV 5066

3-Desoxy-glucosamin
s. *ribo*-2,3-Didesoxy-hexose, 2-Amino-

2-Desoxy-glucose
—, 2-Acetylamino-O^4-[2-acetylamino-O^4-(2-acetylamino-2-desoxy-glucopyranosyl)-2-desoxy-glucopyranosyl]- **18** IV 7590
—, 2-Acetylamino-O^4-[O^4-(2-acetylamino-2-desoxy-galactopyranosyl)-galactopyranosyl]- **18** IV 7582
—, 2-Acetylamino-O^4-[2-acetylamino-2-desoxy-glucopyranosyl]- **18** IV 7581
—, 2-Acetylamino-O^6-[2-acetylamino-2-desoxy-glucopyranosyl]- **18** IV 7582

2-Desoxy-glucose (Fortsetzung)

—, 2-Acetylamino-O^3-galactopyranosyl- 17 IV 3424

—, 2-Acetylamino-O^4-galactopyranosyl- 17 IV 3425

—, 2-Acetylamino-O^6-galactopyranosyl- 17 IV 3427

—, 2-Acetylamino-O^4-[[1,2,3,4,5,6]⇄ hexakis-2-acetylamino-*lin*-hexakis[1→4]-2-desoxy-glucopyranosyl]- 18 IV 7591

—, 2-Acetylamino-O^4-[[1,2,3,4,5]⇄ pentakis-2-acetylamino-*lin*-pentakis[1→4]-2-desoxy-glucopyranosyl]- 18 IV 7591

—, 2-Acetylamino-O^4-[[1,2,3,4]tetrakis-2-acetylamino-*lin*-tetrakis[1→4]-2-desoxy-glucopyranosyl]- 18 IV 7590

—, 2-Acetylamino-O^4-[[1,2,3]tris-2-acetylamino-*lin*-tris[1→4]-2-desoxy-glucopyranosyl]- 18 IV 7590

—, 2-Amino-O^4-[2-amino-2-desoxy-glucopyranosyl]- 18 IV 7535

—, 2-Amino-O^3,O^5,O^6-trimethyl- 18 IV 7640

—, 2-Benzyloxycarbonylamino-O^3,O^4,⇄ O^6-trimethyl- 18 IV 7616

—, O^3,O^4-Diacetyl-2-acetylamino-O^6-[tetra-O-acetyl-galactopyranosyl]-, — biphenyl-4-ylimin 17 IV 3427

—, O^3-Glucopyranosyl- 17 IV 3039

—, O^4-Glucopyranosyl- 17 IV 3040

6-Desoxy-glucose

—, O^4-Acetyl-O^3-methyl- 17 IV 2543

—, O^4-[6-Desoxy-glucopyranosyl]- 17 IV 2535

Desoxyglycyrrhetin 18 IV 5156

Desoxygriseofulvin

—, Tetrahydro- 18 IV 2419

2-Desoxy-gulonsäure

s. a. *lyxo*-2-Desoxy-hexonsäure

—, 2-Benzylidenamino-, — 4-lacton 18 IV 8144

3-Desoxy-gulonsäure

s. *xylo*-3-Desoxy-hexonsäure

6-Desoxy-gulonsäure

— 4-lacton 18 II 142 d, IV 2273

—, 6,6-Bis-äthylmercapto-, — 4-lacton 18 IV 3060

—, 6,6-Bis-benzylmercapto-, — 4-lacton 18 IV 3061

—, 6,6-Bis-butylmercapto-, — 4-lacton 18 IV 3061

—, 6,6-Diacetoxy-O^2,O^3,O^5-triacetyl-, — lacton 18 IV 3058

—, O^2,O^3,O^5-Triacetyl-6,6-bis-äthylmercapto-, — lacton 18 IV 3060

—, O^2,O^3,O^5-Triacetyl-6,6-bis-isopropylmercapto-, — lacton 18 IV 3061

—, O^2,O^3,O^5-Triacetyl-6,6-bis-methylmercapto-, — lacton 18 IV 3059

—, O^2,O^3,O^5-Triacetyl-6,6-bis-propylmercapto-, — lacton 18 IV 3061

—, O^2,O^3,O^5-Trimethyl-, — lacton 18 IV 2273

2-Desoxy-gulopyranose

—, Tetra-O-acetyl-2-acetylamino- 18 IV 7576

3-Desoxy-gulopyranose

—, Tetra-O-acetyl-3-chlor- 17 IV 2633

2-Desoxy-gulopyranosid

s. a. *xylo*-2-Desoxy-hexopyranosid

—, Methyl-[2-acetylamino- 18 IV 7555

—, Methyl-[tri-O-acetyl-2-acetylamino- 18 IV 7571

3-Desoxy-gulopyranosid

s. a. *xylo*-3-Desoxy-hexopyranosid

—, Methyl-[3-chlor- 17 IV 2633

Desoxyhämatoxylin

—, Tetra-O-methyl- 17 II 244 g, IV 2711

glycero-galacto-**7-Desoxy-heptofuranosid**

—, Methyl- 17 IV 3830

—, Methyl-[tetra-O-acetyl- 17 IV 3830

gluco-**2-Desoxy-heptonsäure**

— 5-lacton 18 IV 3032

—, O^3,O^4,O^6,O^7-Tetraacetyl-, — lacton 18 IV 3032

glycero-galacto-**7-Desoxy-heptonsäure**

— 4-lacton 18 206 a, IV 3033

—, Tetra-O-acetyl-, — 4-lacton 18 II 195 b

—, O^2,O^3,O^5,O^6-Tetraacetyl-, — lacton 18 IV 3033

glycero-gluco-**7-Desoxy-heptonsäure**

— 4-lacton 18 I 408 d, IV 3033

glycero-manno-**7-Desoxy-heptonsäure**

— 4-lacton 18 I 408 e, IV 3033

glycero-galacto-**7-Desoxy-heptopyranose**

—, Penta-O-acetyl- 17 IV 3828

glycero-galacto-**7-Desoxy-heptopyranosid**

—, Methyl- 17 IV 3827

—, Methyl-[tetra-O-acetyl- 17 IV 3827

glycero-galacto-**7-Desoxy-heptopyranosylbromid**

—, Tetra-O-acetyl- 17 IV 2652

glycero-galacto-**7-Desoxy-heptopyranosylchlorid**

—, Tetra-O-acetyl- 17 IV 2652

Desoxyherqueinon 18 IV 3354

arabino-**3-Desoxy-hexarsäure**
—, O^2,O^5-Dimethyl-,
　— 1-lacton-6-methylester **18**
　IV 6452
ribo-**3-Desoxy-hexarsäure**
—, O^2,O^5-Dimethyl-,
　— 1-lacton-6-methylester **18**
　IV 6452
xylo-**3-Desoxy-hexarsäure**
—, O^2,O^5-Dimethyl-,
　— 1-lacton **18** IV 6451
　— 1-lacton-6-methylester **18**
　IV 6452
arabino-**4-Desoxy-hexarsäure**
—, O^2,O^5-Dimethyl-,
　— 6-lacton **18** IV 6451
　— 6-lacton-1-methylester **18**
　IV 6452
arabino-**5-Desoxy-hexarsäure**
　— 1→4-lacton **18** IV 6451
3-Desoxy-hex-2-enarsäure
　s. Hex-2-endisäure, 2,4,5-Trihydroxy-
2-Desoxy-hex-2-enonsäure
　— 4-lacton **18** IV 2301
6-Desoxy-hex-2-enonsäure
　— 4-lacton **18** IV 2301
1-Desoxy-hex-1-enopyranose s. 1,5-Anhydro-
　hex-1-enit
xylo-**6-Desoxy-hex-5-enopyranose**
—, Tetra-O-acetyl- **17** IV 2660
6-Desoxy-hex-5-enopyranosid
—, [6-Desoxy-hex-5-enopyranosyl]- s.
　Äther, Bis-[6-desoxy-hex-5-enopyranosyl]-
arabino-**6-Desoxy-hex-5-enopyranosid**
—, Methyl-[tri-O-benzoyl- **17** IV 2660
xylo-**6-Desoxy-hex-5-enopyranosid**
—, Methyl- **17** IV 2659
—, Methyl-[O^4-acetyl-O^2,O^3-bis-(toluol-
　4-sulfonyl)- **17** IV 2661
—, Methyl-[O^2,O^4-diacetyl-O^3-methyl-
　17 IV 2659
—, Methyl-[O^2,O^3-diacetyl-O^4-(tri-
　O-acetyl-*xylo*-6-desoxy-hex-5-
　enopyranosyl)- **17** IV 2661
—, Methyl-[tri-O-acetyl- **17** IV 2660
lyxo-**2-Desoxy-hexofuranose** **1** IV 4284
ribo-**2-Desoxy-hexofuranose** **1** IV 4282
ribo-**3-Desoxy-hexofuranose** **1** IV 4280
xylo-**3-Desoxy-hexofuranose** **1** IV 4281
arabino-**2-Desoxy-hexofuranosid**
—, Methyl- **17** IV 2646
—, Methyl-[tris-O-(4-nitro-benzoyl)- **17**
　IV 2646
lyxo-**2-Desoxy-hexofuranosid**
—, Äthyl- **17** IV 2647
—, Methyl- **17** IV 2647
—, Methyl-[O^3,O^5-dimethyl- **17**
　IV 2647
—, Methyl-[tri-O-methyl- **17** IV 2647

xylo-**3-Desoxy-hexofuranosid**
—, Methyl- **17** IV 2647
lyxo-**6-Desoxy-hexofuranosid**
—, Methyl-[5-methyl- **17** IV 2655
lyxo-**5-Desoxy-hexofuranuronsäure**
　— 3-lacton **18** IV 2305
arabino-**2-Desoxy-hexonsäure**
　— 4-lacton **18** IV 2276
—, O^4-Galactopyranosyl- **17** IV 3390
　— [N'-phenyl-hydrazid] **17** IV 3390
—, O^3-Glucopyranosyl- **17** IV 3389
—, O^4-Glucopyranosyl- **17** IV 3389
　— 5-lacton **18** IV 2269
　— [N'-phenyl-hydrazid] **17** IV 3390
—, 2-Imino-O^3,O^4,O^6-trimethyl-,
　— lacton **18** IV 3035
—, O^3,O^4,O^6-Trimethyl-,
　— lacton **18** IV 2269
—, O^3,O^5,O^6-Trimethyl-,
　— lacton **18** IV 2276
—, O^3,O^5,O^6-Trimethyl-O^4-[tetra-
　O-methyl-galactopyranosyl]-,
　— methylester **17** IV 3390
—, O^3,O^5,O^6-Trimethyl-O^4-[tetra-
　O-methyl-glucopyranosyl]-,
　— methylester **17** IV 3389,3390
—, O^4,O^5,O^6-Trimethyl-O^3-[tetra-
　O-methyl-glucopyranosyl]-,
　— methylester **17** IV 3389
lyxo-**2-Desoxy-hexonsäure**
　— 4-lacton **18** IV 2276
—, O^3,O^5,O^6-Tribenzoyl-,
　— lacton **18** IV 2277
—, O^3,O^4,O^6-Trimethyl-,
　— lacton **18** IV 2269
—, O^3,O^5,O^6-Trimethyl-,
　— lacton **18** IV 2276
arabino-**3-Desoxy-hexonsäure**
　— 4-lacton **18** I 386 c, IV 2277
lyxo-**3-Desoxy-hexonsäure**
　— 4-lacton **18** IV 2277
ribo-**3-Desoxy-hexonsäure**
　— 4-lacton **18** I 386 b, IV 2277
xylo-**3-Desoxy-hexonsäure**
　— 4-lacton **18** 159 e, I 386 d,
　II 143 a, IV 2277
lyxo-**6-Desoxy-hexonsäure**
—, 5,O^4-Dimethyl-,
　— 5-lacton **18** IV 2294
—, 5-Methyl-,
　— 4-lacton **18** IV 2294
ribo-**6-Desoxy-hexonsäure**
—, 5-Methyl-,
　— 4-lacton **18** IV 2294
arabino-**2-Desoxy-hexopyranose** **1** IV 4282
—, 2,2-Diacetoxy-O^1,O^3,O^6-triacetyl-
　O^4-[tetra-O-acetyl-glucopyranosyl]- **18**
　IV 3017
—, Tetra-O-acetyl- **17** IV 2622

arabino-2-Desoxy-hexopyranose (Fortsetzung)
—, Tetra-*O*-benzoyl- **17** IV 2623
—, O^1,O^3,O^6-Triacetyl-O^4-[tetra-*O*-acetyl-glucopyranosyl]- **17** IV 3498
—, O^1,O^4,O^6-Triacetyl-O^3-[tetra-*O*-acetyl-glucopyranosyl]- **17** IV 3498
lyxo-2-Desoxy-hexopyranose **1** IV 4283
—, Tetra-*O*-acetyl- **17** IV 2622, **18** IV 8467
ribo-2-Desoxy-hexopyranose **1** IV 4282
—, Tetra-*O*-acetyl- **17** IV 2622
—, Tetra-*O*-benzoyl- **17** IV 2623
ribo-3-Desoxy-hexopyranose **1** IV 4280
—, Tetra-*O*-acetyl- **17** IV 2632
xylo-3-Desoxy-hexopyranose **1** IV 4281
arabino-2-Desoxy-hexopyranosid
—, Äthyl- **17** IV 2619
—, Äthyl-[tris-*O*-(4-nitro-benzoyl)- **17** IV 2624
—, Äthyl-[tris-*O*-(toluol-4-sulfonyl)- **17** IV 2625
—, [4-Amino-phenyl]- **17** IV 2624
—, [2-Chlor-phenyl]- **17** IV 2620
—, [4-Chlor-phenyl]- **17** IV 2620
—, [2-Chlor-phenyl]-[tri-*O*-acetyl- **17** IV 2621
—, [4-Chlor-phenyl]-[tri-*O*-acetyl- **17** IV 2621
—, [3-Hydroxy-phenyl]-[tri-*O*-acetyl- **17** IV 2622
—, [4-Hydroxy-phenyl]-[tri-*O*-acetyl- **17** IV 2622
—, Methyl- **17** IV 2616
—, Methyl-[O^4-glucopyranosyl- **17** IV 3497
—, Methyl-[tri-*O*-acetyl- **17** IV 2620
—, Methyl-[tri-*O*-benzoyl- **17** IV 2623
—, Methyl-[tri-*O*-methyl- **17** IV 2619
—, [1]Naphthyl- **17** IV 2620
—, [1]Naphthyl-[tri-*O*-acetyl- **17** IV 2622
—, [4-Nitro-phenyl]- **17** IV 2620
—, [4-Nitro-phenyl]-[tri-*O*-acetyl- **17** IV 2621
—, Phenyl- **17** IV 2619
—, Phenyl-[tri-*O*-acetyl- **17** IV 2621
—, *p*-Tolyl- **17** IV 2620
—, *p*-Tolyl-[tri-*O*-acetyl- **17** IV 2621
lyxo-2-Desoxy-hexopyranosid
—, Äthyl- **17** IV 2619
—, Methyl- **17** IV 2617
—, Methyl-[O^3-methyl- **17** IV 2618
—, Methyl-[O^6-(toluol-4-sulfonyl)- **17** IV 2624
—, Methyl-[tri-*O*-acetyl- **17** IV 2620
—, Methyl-[tri-*O*-methyl- **17** IV 2619
—, Methyl-[tris-*O*-(toluol-4-sulfonyl)- **17** IV 2625

ribo-2-Desoxy-hexopyranosid
—, Methyl- **17** IV 2616
—, Methyl-[O^4,O^6-bis-(toluol-4-sulfonyl)- **17** IV 2624
—, Methyl-[O^4,O^6-dimethyl- **17** IV 2618
—, Methyl-[O^6-(3,5-dinitro-benzoyl)-O^3-methyl- **17** IV 2624
—, Methyl-[O^3-methyl- **17** IV 2618
—, Methyl-[tri-*O*-methyl- **17** IV 2619
xylo-2-Desoxy-hexopyranosid
—, Methyl- **17** IV 2617
—, Methyl-[O^3-methyl- **17** IV 2618
—, Methyl-[O^3-methyl-O^4,O^6-bis-(toluol-4-sulfonyl)- **17** IV 2625
—, Methyl-[tris-*O*-(toluol-4-sulfonyl)- **17** IV 2625
arabino-3-Desoxy-hexopyranosid
—, Methyl- **17** IV 2630
—, Methyl-[O^2-methyl- **17** IV 2631
—, Methyl-[tri-*O*-acetyl- **17** IV 2632
lyxo-3-Desoxy-hexopyranosid
—, Methyl- **17** IV 2631
—, Methyl-[O^2-methyl- **17** IV 2631
ribo-3-Desoxy-hexopyranosid
—, Methyl- **17** IV 2630
—, Methyl-[tri-*O*-acetyl- **17** IV 2632
—, Phenyl- **17** IV 2631
xylo-3-Desoxy-hexopyranosid
—, Methyl- **17** IV 2631
6-Desoxy-hexopyranosid
—, Äthyl-[O^3-carbamoyl-5,O^4-dimethyl- **17** IV 2654
—, Methyl-[O^2-acetyl-O^3-carbamoyl-5,O^4-dimethyl- **17** IV 2654
—, Methyl-[O^2-carbamoyl-5,O^4-dimethyl- **17** IV 2653
—, Methyl-[O^3-carbamoyl-5,O^4-dimethyl- **17** IV 2653
—, Methyl-[O^3-carbamoyl-O^2-methansulfonyl-5,O^4-dimethyl- **17** IV 2654
—, Methyl-[O^2,O^3-diacetyl-5,O^4-dimethyl- **17** IV 2653
—, Methyl-[5,O^4-dimethyl- **17** IV 2652
xylo-6-Desoxy-hexopyranosid
—, Methyl-[tri-*O*-acetyl-5,6-dichlor- **17** IV 2660
arabino-2-Desoxy-hexopyranosylbromid
—, O^3,O^6-Diacetyl-2-brom-O^4-[tetra-*O*-acetyl-glucopyranosyl]- **17** IV 3448
—, O^4,O^6-Diacetyl-2-brom-O^3-[tetra-*O*-acetyl-glucopyranosyl]- **17** IV 3449
—, Tri-*O*-benzoyl- **17** IV 2316
arabino-2-Desoxy-hexopyranosylchlorid
—, O^3,O^6-Diacetyl-2-chlor-O^4-[tetra-*O*-acetyl-galactopyranosyl]- **17** IV 3448
—, O^3,O^6-Diacetyl-2-chlor-O^4-[tetra-*O*-acetyl-glucopyranosyl]- **17** IV 3448

arabino-**2-Desoxy-**
hexopyranosylchlorid (Fortsetzung)
—, O^4,O^6-Diacetyl-2-chlor-O^3-[tetra-
O-acetyl-glucopyranosyl]- **17** IV 3449
arabino-**2-Desoxy-hexopyranuronsäure**
—, O^1-Methyl-,
— amid **18** IV 5066
lyxo-**2-Desoxy-hexopyranuronsäure**
—, O^1-Methyl-,
— amid **18** IV 5066
— methylester **18** IV 5066
arabino-**2-Desoxy-hexose**
—, O^3,O^6-Diacetyl-2-brom-O^4-[tetra-
O-acetyl-glucopyranosyl]- **17** IV 3248
—, O^3,O^6-Diacetyl-2-chlor-O^4-[tetra-
O-acetyl-galactopyranosyl]- **17** IV 3248
—, O^3,O^6-Diacetyl-2-chlor-O^4-[tetra-
O-acetyl-glucopyranosyl]- **17** IV 3247
—, O^4,O^6-Diacetyl-2-chlor-O^3-[tetra-
O-acetyl-glucopyranosyl]- **17** IV 3247
—, O^3,O^6-Diacetyl-O^4-[tetra-O-acetyl-
glucopyranosyl]- **17** IV 3247
—, O^3-Glucopyranosyl- **17** IV 3039
— phenylhydrazon **17** IV 3039
—, O^4-Glucopyranosyl- **17** IV 3040
— phenylhydrazon **17** IV 3040
arabino-**6-Desoxy-[2]hexosulose**
—, O^4-Glucopyranosyl-,
— bis-phenylhydrazon **17** IV 3041
erythro-**1-Desoxy-[2]hexulopyranosid**
—, Methyl-[O^3,O^4-diacetyl-5-methoxy-
O^5-methyl- **18** IV 2266
—, Methyl-[O^3,O^4-dibenzoyl-5-methoxy-
O^5-methyl- **18** IV 2266
—, Methyl-[5-methoxy-O^5-methyl- **18** IV 2265
—, Methyl-[5-methoxy-tri-O-methyl- **18**
IV 2266
erythro-**3-Desoxy-[2]hexulosonsäure**
— 4-lacton-2-phenylhydrazon **18**
IV 2303
threo-**3-Desoxy-[2]hexulosonsäure**
— 4-lacton-bis-phenylhydrazon **18**
IV 2303
— 4-lacton-2-phenylhydrazon **18**
IV 2303
lyxo-**6-Desoxy-[5]hexulosonsäure**
— 4-lacton **18** IV 2303
— 4-lacton-5-[4-brom-
phenylhydrazon] **18** IV 2304
— 4-lacton-5-[2-nitro-
phenylhydrazon] **18** IV 2304
— 4-lacton-5-[3-nitro-
phenylhydrazon] **18** IV 2304
— 4-lacton-5-[4-nitro-
phenylhydrazon] **18** IV 2305
— 4-lacton-5-oxim **18** IV 2304
— 4-lacton-5-phenylhydrazon **18**
IV 2304

lyxo-**5-Desoxy-hexuronsäure**
— 3-lacton **18** IV 2305
— 3-lacton-1-[benzyl-phenyl-
hydrazon] **18** IV 2305
— 3-lacton-1-phenylhydrazon **18**
IV 2305
Desoxyhydrotubanol
—, Chlor- **17** II 55 g
Desoxyhydrotubasäure 18 II 276 d
2-Desoxy-idonimidsäure
—, 2-Anilino-,
— 4-lacton **18** IV 8143
2-Desoxy-idonsäure
—, 2-Benzylidenamino-,
— 4-lacton **18** II 481 d
3-Desoxy-idonsäure
s. *lyxo*-3-Desoxy-hexonsäure
6-Desoxy-idonsäure
—, O^3-Methyl-,
— 4-lacton **18** IV 2274
2-Desoxy-idopyranose
—, Tetra-O-acetyl-2-acetylamino- **18**
IV 7576
2-Desoxy-idopyranosid
—, Methyl-[2-chlor- **17** IV 2626
3-Desoxy-idopyranosid
s. a. *lyxo*-3-Desoxy-hexopyranosid
—, Methyl-[3-acetylamino- **18** IV 7634
—, Methyl-[3-amino- **18** IV 7631
—, Methyl-[tri-O-acetyl-3-acetylamino-
18 IV 7637
6-Desoxy-idopyranosid
—, Methyl-[O^2,O^4-bis-(3,5-dinitro-
benzoyl)-O^3-methyl- **17** IV 2550
—, Methyl-[O^2,O^4-diacetyl-O^3-methyl-
17 IV 2539
—, Methyl-[O^3-methyl- **17** IV 2525
—, Methyl-[O^3-methyl-O^2,O^4-bis-(toluol-
4-sulfonyl)- **17** IV 2563
Desoxyisocatechin
—, Tetra-O-methyl- **17** II 237 c
Desoxyisoperiplogonsäure 18 IV 6070
— methylester **18** IV 6070
γ-**Desoxyisoperiplogonsäure 18** IV 6070
Desoxy-α-isostrophanthonsäure 18 IV 6226
— dimethylester **18** IV 6227
Desoxykessylen 17 IV 1321
—, Tetrahydro- **17** IV 1321
5-Desoxy-lyxofuranose 1 IV 4178
—, 3-Acetoxymethyl-O^1-acetyl-O^2-[O^3,⤣
O^6-diacetyl-2-(acetyl-methyl-amino)-O^4-
(tetra-O-acetyl-mannopyranosyl)-2-
desoxy-glucopyranosyl]- **18** IV 7602
—, 3-Acetoxymethyl-O^1-acetyl-O^2-[tri-
O-acetyl-2-(acetyl-methyl-amino)-2-
desoxy-glucopyranosyl]- **18** IV 7600
—, O^1-Acetyl-3-diacetoxymethyl-O^2-[tri-
O-acetyl-2-(acetyl-methyl-amino)-2-
desoxy-glucopyranosyl]- **18** IV 7603

5-Desoxy-lyxofuranose (Fortsetzung)
—, O^1-Acetyl-3-methyl-O^2-[tri-O-acetyl-2-(acetyl-methyl-amino)-2-desoxy-glucopyranosyl]- **18** IV 7599
2-Desoxy-lyxofuranosid
—, Methyl-[2-amino- **18** IV 7465
5-Desoxy-lyxofuranosid
—, [2,4-Diguanidino-3,5,6-trihydroxy-cyclohexyl]-{3-[(4-amino-benzoylhydrazono)-methyl]-O^2-[2-methylamino-2-desoxy-glucopyranosyl]- **18** IV 7545
—, [2,4-Diguanidino-3,5,6-trihydroxy-cyclohexyl]-[3-aminomethyl-O^2-(2-methylamino-2-desoxy-glucopyranosyl)- **18** IV 7548
—, [2,4-Diguanidino-3,5,6-trihydroxy-cyclohexyl]-[3-(benzoylhydrazono-methyl)-O^2-(2-methylamino-2-desoxy-glucopyranosyl)- **18** IV 7544
—, [2,4-Diguanidino-3,5,6-trihydroxy-cyclohexyl]-[3-carboxy-O^2-(2-methylamino-2-desoxy-glucopyranosyl)- **18** IV 7547
—, [2,4-Diguanidino-3,5,6-trihydroxy-cyclohexyl]-[3-(decylamino-methyl)-O^2-(2-methylamino-2-desoxy-glucopyranosyl)- **18** IV 7548
—, [2,4-Diguanidino-3,5,6-trihydroxy-cyclohexyl]-[3-(dodecylamino-methyl)-O^2-(2-methylamino-2-desoxy-glucopyranosyl)- **18** IV 7548
—, [2,4-Diguanidino-3,5,6-trihydroxy-cyclohexyl]-[3-formyl-O^2-(O^4-mannopyranosyl-2-methylamino-2-desoxy-glucopyranosyl)- **18** IV 7546
—, [2,4-Diguanidino-3,5,6-trihydroxy-cyclohexyl]-[3-formyl-O^2-(2-methylamino-2-desoxy-glucopyranosyl)- **18** IV 7540
—, [2,4-Diguanidino-3,5,6-trihydroxy-cyclohexyl]-[3-(hexadecylamino-methyl)-O^2-(2-methylamino-2-desoxy-glucopyranosyl)- **18** IV 7549
—, [2,4-Diguanidino-3,5,6-trihydroxy-cyclohexyl]-[3-hydrazonomethyl-O^2-(2-methylamino-2-desoxy-glucopyranosyl)- **18** IV 7544
—, [2,4-Diguanidino-3,5,6-trihydroxy-cyclohexyl]-{3-[(4-hydroxy-benzoylhydrazono)-methyl]-O^2-[2-methylamino-2-desoxy-glucopyranosyl]- **18** IV 7545
—, [2,4-Diguanidino-3,5,6-trihydroxy-cyclohexyl]-[3-(hydroxyimino-methyl)-O^2-(2-methylamino-2-desoxy-glucopyranosyl)- **18** IV 7544
—, [2,4-Diguanidino-3,5,6-trihydroxy-cyclohexyl]-[3-hydroxymethyl-O^2-(O^4-mannopyranosyl-2-methylamino-2-desoxy-glucopyranosyl)- **18** IV 7540

—, [2,4-Diguanidino-3,5,6-trihydroxy-cyclohexyl]-[3-hydroxymethyl-O^2-(2-methylamino-2-desoxy-glucopyranosyl)- **18** IV 7538
—, [2,4-Diguanidino-3,5,6-trihydroxy-cyclohexyl]-{O^2-[2-methylamino-2-desoxy-glucopyranosyl]-3-[(3-nitro-benzoylhydrazono)-methyl]- **18** IV 7545
—, [2,4-Diguanidino-3,5,6-trihydroxy-cyclohexyl]-[O^2-(2-methylamino-2-desoxy-glucopyranosyl)-3-(octylamino-methyl)- **18** IV 7548
—, [2,4-Diguanidino-3,5,6-trihydroxy-cyclohexyl]-[O^2-(2-methylamino-2-desoxy-glucopyranosyl)-3-semicarbazonomethyl- **18** IV 7545
—, [2,4-Diguanidino-3,5,6-trihydroxy-cyclohexyl]-[O^2-(2-methylamino-2-desoxy-glucopyranosyl)-3-(tetradecylamino-methyl)- **18** IV 7548
—, [2,4-Diguanidino-3,5,6-trihydroxy-cyclohexyl]-{O^2-[2-methylamino-2-desoxy-glucopyranosyl]-3-[(thiophen-2-carbonylhydrazono)-methyl]- **18** IV 7545
—, [2,4-Diguanidino-3,5,6-trihydroxy-cyclohexyl]-[O^2-(2-methylamino-2-desoxy-glucopyranosyl)-3-thiosemicarbazonomethyl- **18** IV 7545
—, Methyl-{3-acetoxymethyl-O^2-[tri-O-acetyl-2-(acetyl-methyl-amino)-2-desoxy-glucopyranosyl]- **18** IV 7600
—, Methyl-{O^2-[2-(acetyl-methyl-amino)-2-desoxy-glucopyranosyl]-3-[hydroxyimino-methyl]- **18** IV 7602
—, Methyl-{3-benzoyloxymethyl-O^2-[tri-O-benzoyl-2-(benzoyl-methyl-amino)-2-desoxy-glucopyranosyl]- **18** IV 7613
—, Methyl-{3-carbamoyl-O^2-[tri-O-acetyl-2-(acetyl-methyl-amino)-2-desoxy-glucopyranosyl]- **18** IV 7604
—, Methyl-[3-dimethoxymethyl-O^2-(2-methylamino-2-desoxy-glucopyranosyl)- **18** IV 7543
—, Methyl-{3-dimethoxymethyl-O^2-[tri-O-acetyl-2-(acetyl-methyl-amino)-2-desoxy-glucopyranosyl]- **18** IV 7603
—, Methyl-[3-hydroxymethyl-O^2-(2-methylamino-2-desoxy-glucopyranosyl)- **18** IV 7537
—, Methyl-[3-methoxycarbonyl-O^2-(2-methylamino-2-desoxy-glucopyranosyl)- **18** IV 7548
—, Methyl-{3-methoxycarbonyl-O^2-[tri-O-acetyl-2-(acetyl-methyl-amino)-2-desoxy-glucopyranosyl]- **18** IV 7604
—, Methyl-{3-methyl-O^2-[tri-O-acetyl-2-(acetyl-methyl-amino)-2-desoxy-glucopyranosyl]- **18** IV 7598

5-Desoxy-lyxofuranosid (Fortsetzung)
—, [2,3,5-Triacetoxy-4,6-bis-acetylamino-cyclohexyl]-{3-acetoxymethyl-O^2-[tri-O-acetyl-2-(acetyl-methyl-amino)-2-desoxy-glucopyranosyl]- **18** IV 7601
—, [2,3,5-Triacetoxy-4,6-bis-(N',N''-diacetyl-guanidino)-cyclohexyl]-{3-acetoxymethyl-O^2-[tri-O-acetyl-2-(acetyl-methyl-amino)-2-desoxy-glucopyranosyl]- **18** IV 7601
—, [2,3,5-Tris-benzoyloxy-4,6-bis-(N',N''-dibenzoyl-guanidino)-cyclohexyl]-{3-benzoyloxymethyl-O^2-[tri-O-benzoyl-2-(benzoyl-methyl-amino)-2-desoxy-glucopyranosyl]- **18** IV 7613
—, [2,3,5-Tris-benzoyloxy-4,6-bis-(N',N''-dibenzoyl-guanidino)-cyclohexyl]-{O^2-[O^3,O^6-dibenzoyl-2-(benzoyl-methyl-amino)-O^4-(tetra-O-benzoyl-mannopyranosyl)-2-desoxy-glucopyranosyl]-3-formyl- **18** IV 7613
—, [2,3,5-Tris-benzoyloxy-4,6-bis-(N',N''-dibenzoyl-guanidino)-cyclohexyl]-{3-formyl-O^2-[tri-O-benzoyl-2-(benzoyl-methyl-amino)-2-desoxy-glucopyranosyl]- **18** IV 7613
2-Desoxy-lyxonsäure
  — 4-lacton **18** IV 1105
3-Desoxy-lyxonsäure
  — 4-lacton **18** IV 1105
5-Desoxy-lyxonsäure
  — 4-lacton **18** II 55 a, IV 1104
—, O^3-Acetyl-3-carboxy-O^2-[tri-O-acetyl-2-(acetyl-methyl-amino)-2-desoxy-glucopyranosyl]-,
  — lacton **18** IV 7604
—, 3-Carboxy-,
  — 1→4-lacton **18** IV 6453
—, O^2,O^3-Diacetyl-3-carboxy-,
  — 1-lacton **18** IV 6453
—, 3-Hydroxymethyl-,
  — 4-lacton **18** IV 2290
3-Desoxy-lyxopyranosid
—, Methyl-[O^2-acetyl-3-acetylamino-O^4-methansulfonyl- **18** IV 7463
4-Desoxy-lyxopyranosid
—, Methyl-[4-brom- **17** IV 2273
5-Desoxy-lyxose
—, 3-Acetoxymethyl-O^2-[tri-O-acetyl-2-(acetyl-methyl-amino)-2-desoxy-glucopyranosyl]- **18** IV 7597
—, O^2-[2-(Acetyl-methyl-amino)-2-desoxy-glucopyranosyl]-3-methyl- **18** IV 7595
—, 3-Formyl-O^2-[2-methylamino-2-desoxy-glucopyranosyl]- **18** IV 7537
—, 3-Formyl-O^2-[tri-O-acetyl-2-(acetyl-methyl-amino)-2-desoxy-glucopyranosyl]- **18** IV 7597

—, 3-Hydroxymethyl-O^2-[2-methylamino-2-desoxy-glucopyranosyl]- **18** IV 7536
—, 3-Hydroxymethyl-O^2-[tri-O-acetyl-2-(acetyl-methyl-amino)-2-desoxy-glucopyranosyl]- **18** IV 7597
—, 3-Methyl-O^2-[tri-O-acetyl-2-(acetyl-methyl-amino)-2-desoxy-glucopyranosyl]- **18** IV 7597
2-Desoxy-maltose 17 IV 3040
—, Hepta-O-acetyl- **17** IV 3498
6-Desoxy-maltose
—, Hepta-O-acetyl-6-jod- **17** IV 3485
6'-Desoxy-maltosid
—, Benzyl- **17** IV 3476
—, Benzyl-[hexa-O-acetyl- **17** IV 3483
—, Benzyl-[hexa-O-acetyl-6'-jod- **17** IV 3483
6-Desoxy-mannofuranose
  s. Rhamnofuranose
6-Desoxy-mannofuranosid
  s. Rhamnofuranosid
6-Desoxy-mannofuranosylbromid
  s. Rhamnofuranosylbromid
2-Desoxy-mannonsäure
  s. a. *arabino*-2-Desoxy-hexonsäure
—, 2-Amino-,
  — 4-lacton **18** I 583 c, II 481 c
3-Desoxy-mannonsäure
  s. *arabino*-3-Desoxy-hexonsäure
6-Desoxy-mannonsäure
  s. a. Rhamnonsäure
—, 6,6-Bis-benzylmercapto-,
  — 4-lacton **18** IV 3062
—, O^2,O^3,O^5-Triacetyl-6,6-bis-äthylmercapto-,
  — lacton **18** IV 3060
2-Desoxy-mannopyranose
—, Tetra-O-acetyl-2-acetylamino- **18** IV 7576
—, O^3,O^4,O^6-Triacetyl-O^1-benzoyl-2-brom- **17** IV 2629
—, O^3,O^4,O^6-Triacetyl-O^1-benzoyl-2-jod- **17** IV 2630
6-Desoxy-mannopyranose
  s. Rhamnopyranose
2-Desoxy-mannopyranosid
—, Methyl-[2-brom- **17** IV 2627
—, Methyl-[tri-O-acetyl-2-brom- **17** IV 2628
3-Desoxy-mannopyranosid
  s. *arabino*-3-Desoxy-hexopyranosid
6-Desoxy-mannopyranosid
  s. Rhamnopyranosid
—, Methyl-[6-brom- **17** IV 2567
—, Methyl-[6-jod-O^4-methyl- **17** IV 2572
—, Methyl-[tri-O-acetyl-6-brom- **17** IV 2568

6-Desoxy-mannopyranosid (Fortsetzung)
—, Methyl-[tri-*O*-benzoyl-6-jod- **17**
IV 2574
6-Desoxy-mannopyranosylbromid
s. Rhamnopyranosylbromid
2-Desoxy-mannopyranosylchlorid
—, Tri-*O*-acetyl-2-chlor- **17** IV 2315
6-Desoxy-mannopyranosylchlorid
s. Rhamnopyranosylchlorid
6-Desoxy-mannopyranosyljodid
s. Rhamnopyranosyljodid
1-Desoxy-mannopyranuronsäure
—, 1-Äthylamino-,
— äthylamid **4** IV 413
6-Desoxy-mannose s. Rhamnose
Desoxy-α-methylmorphimethin 18 IV 7370
Desoxy-β-methylmorphimethin 18 IV 7331
Desoxy-β-methylmorphimethin-methojodid 18
IV 7371
Desoxymuscarin 18 IV 7050
9-Desoxy-nononsäure
— 4-lacton **18** 255 e
Desoxynorherqu016inon 18 IV 3354
8-Desoxy-octonsäure
— 4-lacton **18** 236 f
Desoxyoleanolsäure
— isolacton **10** III 1050
Desoxypatulinsäure 18 IV 5340
— methylester **18** IV 5340
—, Chlor- **18** IV 5340
erythro-**2-Desoxy-pentarsäure**
— 1→4-lacton **18** 515 d, IV 6263
—, *O*³-Methyl-,
— 1-lacton **18** IV 6263
threo-**2-Desoxy-pentarsäure**
—, *O*³-Methyl-,
— 5-[4-brom-phenacylester]-1-lacton
18 IV 6263
1-Desoxy-pent-1-enopyranose s. 1,5-Anhydro-
pent-1-enit
5-Desoxy-pentofuranose
s. 5-Desoxy-arabinofuranose, 5-Desoxy-
lyxofuranose, 5-Desoxy-ribofuranose
und 5-Desoxy-xylofuranose
erythro-**2-Desoxy-pentofuranose 1** IV 4181
—, *O*¹-Phosphono- **17** IV 2298
—, Tri-*O*-benzoyl- **17** IV 2297
—, Tris-*O*-[4-nitro-benzoyl]- **17** IV 2297
5-Desoxy-pentofuranosid
s. 5-Desoxy-arabinofuranosid,
5-Desoxy-lyxofuranosid, 5-Desoxy-
ribofuranosid und 5-Desoxy-
xylofuranosid
erythro-**2-Desoxy-pentofuranosid**
—, Äthyl- **17** IV 2296
—, Äthyl-[*O*³-acetyl-*O*⁵-benzoyl- **17**
IV 2296
—, Äthyl-[*O*⁵-benzoyl- **17** IV 2296
—, Methyl- **17** IV 2296

—, Methyl-[bis-*O*-(toluol-4-sulfonyl)-
17 IV 2297
—, Methyl-[di-*O*-acetyl- **17** IV 2296
—, Methyl-[*O*³,*O*⁵-dimethyl- **17** IV 2296
—, Methyl-[di-*O*-phosphono- **17** IV 2298
—, Methyl-[di-*O*-*p*-toluoyl- **17** IV 2297
—, Methyl-[*O*⁵-phosphono- **17** IV 2298
erythro-**3-Desoxy-pentofuranosid**
—, Methyl-[di-*O*-acetyl- **17** IV 2298
erythro-**2-Desoxy-pentofuranosylchlorid**
—, Bis-*O*-[4-chlor-benzoyl]- **17** IV 2008
—, Di-*O*-*p*-toluoyl- **17** IV 2009
erythro-**2-Desoxy-pentonsäure**
— 4-lacton **18** IV 1104
—, *O*³,*O*⁴-Dimethyl-,
— lacton **18** IV 1103
—, *O*³,*O*⁵-Dimethyl-,
— lacton **18** IV 1105
threo-**2-Desoxy-pentonsäure**
— 4-lacton **18** IV 1105
erythro-**3-Desoxy-pentonsäure**
— 4-lacton **18** IV 1105
—, 2-Hydroxymethyl-,
— 4-lacton **18** IV 2290
threo-**3-Desoxy-pentonsäure**
— 4-lacton **18** IV 1105
—, 2-Hydroxymethyl-,
— 4-lacton **18** IV 2291
erythro-**2-Desoxy-pentopyranose 1** IV 4181
—, Tri-*O*-acetyl- **17** IV 2276
—, Tri-*O*-benzoyl- **17** IV 2276
erythro-**3-Desoxy-pentopyranose**
—, 2-Acetoxymethyl-*O*¹,*O*⁴-diacetyl- **17**
IV 2637
erythro-**2-Desoxy-pentopyranosid**
—, Methyl- **17** IV 2275
—, Methyl-[bis-*O*-(toluol-4-sulfonyl)-
17 IV 2277
—, Methyl-[*O*³,*O*⁴-dimethyl- **17**
IV 2276
erythro-**3-Desoxy-pentopyranosid**
—, Methyl- **17** IV 2273
—, Methyl-[bis-*O*-(3,5-dinitro-benzoyl)-
17 IV 2273
—, Methyl-[bis-*O*-(toluol-4-sulfonyl)-
17 IV 2273
erythro-**4-Desoxy-pentopyranosid**
—, Methyl- **17** IV 2272
Desoxypicrotoxinid
—, Tetrahydro- **18** IV 127
Desoxypopulin 17 IV 3297
—, Tri-*O*-acetyl- **17** IV 3301
Desoxyproscillatidin-A-säure
—, Hexahydro- **17** IV 2555
Desoxyquillajasäure
— lacton **18** IV 1510
—, Di-*O*-acetyl-,
— lacton **18** IV 1510

2-Desoxy-ribofuranose
s. *erythro*-2-Desoxy-pentofuranose
—, Tri-*O*-acetyl-2-acetylamino- **18**
IV 7465
3-Desoxy-ribofuranose
—, O^1-Acetyl-3-acetylamino-
O^2,O^5-dibenzoyl- **18** IV 7470
5-Desoxy-ribofuranose
—, Tri-*O*-acetyl- **17** IV 2287
—, Tri-*O*-acetyl-5-diäthoxyphosphoryl-
18 IV 8360
—, Tri-*O*-acetyl-5-fluor- **17** IV 2287
—, Tri-*O*-acetyl-5-jod- **17** IV 2288
2-Desoxy-ribofuranosid
s. *erythro*-2-Desoxy-pentofuranosid
3-Desoxy-ribofuranosid
s. a. *erythro*-3-Desoxy-pentofuranosid
—, Methyl-[3-acetylamino-di-*O*-benzoyl-
18 IV 7469
—, Methyl-[3-amino- **18** IV 7466
—, Methyl-[di-*O*-acetyl-3-acetylamino-
18 IV 7469
5-Desoxy-ribofuranosid
—, Äthyl-{5-[bis-(2-chlor-äthyl)-amino]-
18 IV 7465
—, Benzyl-[di-*O*-acetyl-5-jod- **17**
IV 2288
—, Benzyl-[5-jod-bis-*O*-(toluol-4-
sulfonyl)- **17** IV 2289
—, Methyl- **17** IV 2285
—, Methyl-[di-*O*-acetyl-5-jod- **17**
IV 2288
—, Methyl-[5-jod-bis-*O*-(toluol-4-
sulfonyl)- **17** IV 2288
5-Desoxy-ribofuranosylchlorid
—, Di-*O*-acetyl- **17** IV 2006
—, Di-*O*-acetyl-5-fluor- **17** IV 2007
—, Di-*O*-acetyl-5-jod- **17** IV 2007
2-Desoxy-ribonsäure
— 4-lacton **18** IV 1104
3-Desoxy-ribonsäure
— 4-lacton **18** IV 1105
5-Desoxy-ribonsäure
— 4-lacton **18** IV 1103
2-Desoxy-ribopyranose
s. *erythro*-2-Desoxy-pentopyranose
2-Desoxy-ribopyranosid
s. a. *erythro*-2-Desoxy-pentopyranosid
—, Methyl-[2-amino- **18** IV 7463
—, Methyl-[2-benzylidenamino- **18**
IV 7463
3-Desoxy-ribopyranosid
s. a. *erythro*-3-Desoxy-pentopyranosid
—, Methyl-[3-amino- **18** IV 7459
—, Methyl-[di-*O*-acetyl-3-acetylamino-
18 IV 7461
—, Methyl-[3-nitro- **17** IV 2274
4-Desoxy-ribopyranosid
s. *erythro*-4-Desoxy-pentopyranosid

9-Desoxy-rosenonolacton **17** IV 5039
Desoxysarsasapogenin
—, Dihydro- **17** IV 1415
Desoxysarsasapogeninlacton **17** IV 5040
Desoxysarsasapogensäure **10** III 3586 b
Desoxyschellolsäure **18** IV 4554
— dimethylester **18** IV 4554
Desoxyscillaren-A-säure
—, Hexahydro- **17** IV 3474
2-Desoxy-streptamin
—, O^4-[2-Amino-2-desoxy-
glucopyranosyl]- **18** IV 7534
—, O^4-[3-Amino-3-desoxy-
glucopyranosyl]- **18** IV 7631
—, O^4-[2-Amino-2-desoxy-
glucopyranosyl]-O^6-[3-amino-3-desoxy-
glucopyranosyl]- **18** IV 7632
—, O^4-[3-Amino-3-desoxy-
glucopyranosyl]-O^6-[6-amino-6-desoxy-
glucopyranosyl]- **18** IV 7631
—, O^4-[3-Amino-3-desoxy-
glucopyranosyl]-O^6-[2,6-diamino-2,6-
didesoxy-glucopyranosyl]- **18** IV 7631
—, O^4-[2-Amino-2-desoxy-
glucopyranosyl]-O^5-[O^3-(2,6-diamino-2,6-
didesoxy-idopyranosyl)-ribofuranosyl]-
18 IV 7534
—, N,N'-Bis-[4-chlor-benzyliden]-O^4-[3-
(4-chlor-benzylidenamino)-3-desoxy-
glucopyranosyl]-O^6-[6-(4-chlor-
benzylidenamino)-6-desoxy-
glucopyranosyl]- **18** IV 7633
—, N,N'-Bis-[4-dimethylamino-
benzyliden]-O^4-[3-(4-dimethylamino-
benzylidenamino)-3-desoxy-
glucopyranosyl]-O^6-[6-(4-dimethylamino-
benzylidenamino)-6-desoxy-
glucopyranosyl]- **18** IV 7638
—, N,N'-Bis-[4-methoxy-benzyliden]-O^4-
[3-(4-methoxy-benzylidenamino)-3-
desoxy-glucopyranosyl]-O^6-[6-(4-
methoxy-benzylidenamino)-6-desoxy-
glucopyranosyl]- **18** IV 7634
—, O^4-[2,6-Bis-(sulfinomethyl-amino)-
2,6-didesoxy-glucopyranosyl]-O^5-{O^3-
[2,6-bis-(sulfinomethyl-amino)-2,6-
didesoxy-idopyranosyl]-ribofuranosyl}-
N,N'-bis-sulfinomethyl- **18** IV 7477
—, N,N'-Bis-sulfinomethyl-O^4-[3-
(sulfinomethyl-amino)-3-desoxy-
glucopyranosyl]-O^6-[6-(sulfinomethyl-
amino)-6-desoxy-glucopyranosyl]- **18**
IV 7633
—, O^4-[2,6-Bis-(sulfomethyl-amino)-2,6-
didesoxy-glucopyranosyl]-O^5-{O^3-[2,6-bis-
(sulfomethyl-amino)-2,6-didesoxy-
idopyranosyl]-ribofuranosyl}-N,N'-bis-
sulfomethyl- **18** IV 7477

2-Desoxy-streptamin (Fortsetzung)

—, N,N'-Bis-sulfomethyl-O^4-[3-
(sulfomethyl-amino)-3-desoxy-
glucopyranosyl]-O^6-[6-(sulfomethyl-
amino)-6-desoxy-glucopyranosyl]- **18**
IV 7633

—, N,N'-Diacetyl-O^4-[2-acetylamino-2-
desoxy-glucopyranosyl]- **18** IV 7580

—, N,N'-Diacetyl-O^4-[3-acetylamino-3-
desoxy-glucopyranosyl]- **18** IV 7637

—, N,N'-Diacetyl-O^4-[3-acetylamino-3-
desoxy-glucopyranosyl]-O^6-
[6-acetylamino-6-desoxy-glucopyranosyl]-
18 IV 7637

—, N,N'-Diacetyl-O^4-[2-acetylamino-2-
desoxy-glucopyranosyl]-O^5-[O^3-(2,6-bis-
acetylamino-2,6-didesoxy-idopyranosyl)-
ribofuranosyl]- **18** IV 7580

—, N,N'-Diacetyl-O^4-[3-acetylamino-3-
desoxy-glucopyranosyl]-O^6-[2,6-bis-
acetylamino-2,6-didesoxy-glucopyranosyl]-
18 IV 7637

—, N,N'-Diacetyl-O^4-[2,6-bis-
acetylamino-2,6-didesoxy-glucopyranosyl]-
18 IV 7478

—, N,N'-Diacetyl-O^4-[2,6-bis-
acetylamino-2,6-didesoxy-glucopyranosyl]-
O^5-[O^3-(2,6-bis-acetylamino-2,6-didesoxy-
glucopyranosyl)-ribofuranosyl]- **18**
IV 7478

—, N,N'-Diacetyl-O^4-[2,6-bis-
acetylamino-2,6-didesoxy-glucopyranosyl]-
O^5-[O^3-(2,6-bis-acetylamino-2,6-didesoxy-
idopyranosyl)-ribofuranosyl]- **18**
IV 7478

—, O^4-[2,6-Diamino-2,6-didesoxy-
glucopyranosyl]- **18** IV 7474

—, O^4-[2,6-Diamino-2,6-didesoxy-
glucopyranosyl]-O^5-[O^3-(2,6-diamino-2,6-
didesoxy-glucopyranosyl)-ribofuranosyl]-
18 IV 7476

—, O^4-[2,6-Diamino-2,6-didesoxy-
glucopyranosyl]-O^5-[O^3-(2,6-diamino-2,6-
didesoxy-idopyranosyl)-ribofuranosyl]-
18 IV 7476

—, N,N'-Dibenzoyl-O^4-[3-benzoylamino-
3-desoxy-glucopyranosyl]-O^6-
[6-benzoylamino-6-desoxy-
glucopyranosyl]- **18** IV 7638

—, N,N'-Dibenzoyl-O^4-[2-benzoylamino-
2-desoxy-glucopyranosyl]-O^5-[O^3-(2,6-bis-
benzoylamino-2,6-didesoxy-idopyranosyl)-
ribofuranosyl]- **18** IV 7612

—, N,N'-Disalicyliden-O^4-
[3-salicylidenamino-3-desoxy-
glucopyranosyl]-O^6-[6-salicylidenamino-6-
desoxy-glucopyranosyl]- **18** IV 7634

—, N,N'-Diveratryliden-O^4-
[3-veratrylidenamino-3-desoxy-
glucopyranosyl]-O^6-[6-veratrylidenamino-
6-desoxy-glucopyranosyl]- **18** IV 7634

—, N,N',O^5-Triacetyl-O^4-[tri-O-acetyl-3-
acetylamino-3-desoxy-glucopyranosyl]-
O^6-[tri-O-acetyl-6-acetylamino-6-desoxy-
glucopyranosyl]- **18** IV 7638

Desoxystreptobiosamin

—, N-Acetyl- **18** IV 7595

Desoxystreptomycin

—, Dihydro- **18** IV 7537

Desoxystreptosonsäure

—, Dihydro-,

  — monolacton **18** IV 1115

14-Desoxy-strophanthidin

—, 14-Chlor- **18** IV 2547

Desoxystrophanthidonsäure

  — methylester **18** IV 6537

6-Desoxy-talofuranose

—, O^1-Acetyl-O^2,O^3,O^5-tribenzoyl- **17**
IV 2640

3-Desoxy-talonsäure

  s. *lyxo*-3-Desoxy-hexonsäure

6-Desoxy-talonsäure

  — 4-lacton **18** I 385 g, 386 a,
  IV 2273

—, O^3-Methyl-,

  — 4-lacton **18** IV 2275

2-Desoxy-talopyranosid

—, Methyl-[2-acetylamino-
  O^3,O^4,O^6-trimethyl- **17** IV 3661

γ-Desoxytetrahydroartemisin **18**
IV 132

Desoxy-tetrahydro-α-methylmorphimethin-II
18 II 432 c, IV 7350

Desoxy-α-tetrahydrosantonin **17** IV 4674

Desoxy-β-tetrahydrosantonin **17** IV 4675

Desoxy-γ-tetrahydrosantonin **17** IV 4675

Desoxytetrahydro-β-santonin-d **17** IV 4676

Desoxytetrahydrotemisin **17** IV 4393

Desoxytetramethylhämatoxylon **17** 203 b,
II 246 b

Desoxytiglophorbol

—, Tetrahydro- **18** IV 3112

Desoxytigogenin

—, Dihydro- **17** IV 1415

Desoxytigogeninlacton **17** IV 5041

Desoxytrimethylbrasilon **17** 183 c, II 225 f,
IV 2401

Desoxyverbanol **18** IV 72

—, O-[Toluol-4-sulfonyl]- **18** IV 72

5-Desoxy-xylofuranose

—, Tri-O-acetyl- **17** IV 2287

3-Desoxy-xylofuranosid

—, Methyl-[3-acetylamino- **18** IV 7468

—, Methyl-[3-amino- **18** IV 7466

—, Methyl-[bis-O-(4-nitro-benzoyl)-3-(4-
nitro-benzoylamino)- **18** IV 7470

5-Desoxy-xylofuranosid
—, Methyl-[O^2,O^3-dimethyl- **17**
   IV 2286
—, Methyl-[5-jod-bis-O-(toluol-4-
   sulfonyl)- **17** IV 2289
—, Methyl-[O^3-methyl- **17** IV 2286
2-Desoxy-xylonsäure
   — 4-lacton **18** IV 1105
3-Desoxy-xylonsäure
   — 4-lacton **18** IV 1105
1-Desoxy-xylopyranose s. 1,5-Anhydro-xylit
2-Desoxy-xylopyranose
—, Tri-O-acetyl-2-acetylamino- **18**
   IV 7463
3-Desoxy-xylopyranose
—, Tri-O-acetyl-3-acetylamino- **18**
   IV 7462
3-Desoxy-xylopyranosid
—, Methyl-[3-acetylamino- **18** IV 7461
—, Methyl-[3-acetylamino-bis-
   O-methansulfonyl- **18** IV 7462
—, Methyl-[3-amino- **18** IV 7460
—, Methyl-[3-benzylidenamino- **18**
   IV 7460
—, Methyl-[3-brom- **17** IV 2274
—, Methyl-[3-chlor- **17** IV 2274
—, Methyl-[di-O-acetyl-3-acetylamino-
   18 IV 7462
—, Methyl-[3-methylmercapto- **17**
   IV 2273
—, Methyl-[3-nitro- **17** IV 2274
4-Desoxy-xylopyranosid
—, Methyl-[4-chlor- **17** IV 2272
—, Methyl-[4-chlor-O^2,O^3-sulfonyl- **17**
   IV 2272
Despedicellin 18 IV 3202
Dextrantriose 17 IV 3548
α-Dextrometasaccharin 18 I 386 b, IV 2277
β-Dextrometasaccharin 18 I 386 c, IV 2277
Dextrometasaccharonsäure
   — 4-lacton **18** I 540 b
Dextromycin 18 IV 7477
Dextroribohexosaminsäure
   — 4-lacton **18** II 481 a
Dhurrin 17 IV 3376, **31** 242 d
**Diacenaphth[1,2-e;1′,2′-g]isobenzofuran-4,6-
dion 17** IV 6653
Diacenaphtho[1,2-b;1′,2′-d]thiophen 17 97 d,
   II 98 c, IV 803
—, 3,11-Dibenzyl- **17** 103 b
Diacetamid
—, N-[5-(1-Acetoxy-3-oxo-phthalan-1-yl)-
   2-methyl-phenyl]- **18** IV 8099
—, N-[2-(3-Acetoxy-phenyl)-4-oxo-
   4H-chromen-6-yl]- **18** IV 8103
—, N-[8-Chlor-dibenzofuran-3-yl]- **18**
   IV 7201
—, N-Dibenzofuran-2-yl- **18** II 423 c

—, N-Dibenzofuran-3-yl- **18** 587 g,
   II 422 c
—, N-[5,6-Dimethoxy-3-oxo-phthalan-4-
   yl]- **18** IV 8115
—, N-[2-(4-Methoxy-phenyl)-4-oxo-
   4H-chromen-6-yl]- **18** IV 8103
—, N-[2-Methyl-4-oxo-4H-chromen-6-yl]-
   18 IV 7926
—, N-[3-Methyl-1-oxo-phthalan-4-yl]-
   18 IV 7898
—, N-[4-Oxo-2-phenyl-4H-chromen-6-yl]-
   18 IV 8002
—, N-[2]Thienylmethyl- **18** IV 7104
Diacetoxy-hydroxy-cafestenolid 18 IV 2425
Diacetylanhydroandrographolid 18 IV 1452
Diacetylneriifolin
—, Dihydro- **18** IV 1309
Diadinoxanthin 17 IV 2250
5,14;7,12-Diätheno-dibenz[c,h]oxecin
—, 13H- **17** IV 765
Diäthylenglykol
—, O-Äthyl-O'-[furan-2-carbonyl]- **18**
   IV 3923
—, O-Äthyl-O'-[tetrahydro-furan-2-
   carbonyl]- **18** IV 3826
—, O,O'-Bis-[5,6-dihydro-4H-pyran-3-
   carbonyl]- **18** IV 3880
—, O,O'-Bis-[2,4-dimethyl-6-oxo-
   6H-pyran-3-carbonyl]- **18** IV 5413
—, O,O'-Bis-[furan-2-carbonyl]- **18**
   IV 3923
—, O,O'-Bis-[6-oxo-6H-pyran-2-
   carbonyl]- **18** IV 5379
—, O,O'-Bis-[tetra-O-acetyl-
   glucopyranosyl]- **17** IV 3187
—, O,O'-Bis-[tetrahydro-furan-2-
   carbonyl]- **18** IV 3826
—, O,O'-Bis-tetrahydrofurfuryl- **17**
   IV 1101
—, O,O'-Bis-tetrahydrofurfuryloxyacetyl-
   17 IV 1112
—, O,O'-Bis-
   tetrahydrofurfuryloxycarbonyl- **17**
   IV 1110
—, O,O'-Bis-
   [1-tetrahydrofurfuryloxycarbonyl-
   äthoxycarbonyl]- **17** IV 1117
—, O,O'-Bis-[4-[2]thienyl-butyryl]- **18**
   IV 4104
—, O-Butyl-O'-[3,4-epoxy-
   cyclohexylmethyl]- **17** IV 1200
—, O-Butyl-O'-[furan-2-carbonyl]- **18**
   IV 3923
—, O-Butyl-O'-[tetrahydro-furan-2-
   carbonyl]- **18** IV 3826
—, O-Butyryl-O'-tetrahydrofurfuryl- **17**
   IV 1100
—, O-[2,3-Epoxy-propoxy]-O'-methyl-
   17 IV 997

Diäthylenglykol (Fortsetzung)
—, *O*-Glucopyranosyl- **17** IV 2979
—, *O*-[Tetra-*O*-acetyl-glucopyranosyl]-
17 IV 3186
—, *O*-Tetrahydrofurfuryl- **17** IV 1100
Diäthylentriamin
—, 1,1,7,7-Tetraäthyl-4-dibenzofuran-3-yl-
18 IV 7197
Diäthylstilböstrol
—, *O,O'*-Bis-tetrahydropyran-2-yl- **17**
IV 1064
Dialdan 1 825 b, III 3198 b,
18 IV 37
Dialdanalkohol 1 825 c, III 3198 b, **17**
IV 2025
Dialdansäure 1 826 a, **18** II 294 f,
IV 4810
Dianhydroadonitoxigenin 18 IV 1755
Dianhydroadonitoxigenin
— oxim **18** IV 1755
Dianhydroallostrophanthidin 18 IV 1754
1,4;2,5-Dianhydro-altrit 17
IV 2649
—, Di-*O*-acetyl- **17** IV 2650
Dianhydroantiarigenin 18 IV 2663
—, *O*³-Benzoyl- **18** IV 2663
14,16-Dianhydro-digitalinum-verum 18
IV 594
Dianhydrodihydrogitoxigenin 18 IV 558
—, Tetrahydro- **18** IV 264
Dianhydrodihydrostrophanthidin 18
IV 1656
—, Dihydro- **18** IV 1603
1,4;2,5-Dianhydro-galactit
—, *O*³-[Toluol-4-sulfonyl]- **17**
IV 2651
Dianhydrogitoxigenin 18 IV 593
—, Hexahydro- **18** IV 264
Dianhydrogitoxigenon
—, Tetrahydro- **17** IV 6271
Dianhydroperiplogenon
—, Tetrahydro- **17** IV 6331
*Δ*³,⁵,¹⁴-**3,14-Dianhydro-scilliglaucosidin-19-ol**
18 IV 787
Dianhydrostrophanthidin 18 IV 1754
— oxim **18** IV 1755
— phenylhydrazon **18** IV 1755
—, *O*-Acetyl- **18** IV 1754
— oxim **18** IV 1755
—, *O*-Benzoyl- **18** IV 1755
— oxim **18** IV 1755
—, Hexahydro- **18** IV 1498
—, α-Hexahydro- **18** IV 1499
—, β-Hexahydro- **18** IV 1499
—, Octahydro- **18** IV 1309
Dianhydrostrophanthidinsäure 10 III 4663 d

*Δ*³,⁵-**Dianhydrostrophanthidinsäure**
— methylester **18** IV 6413
Dianhydrostrophanthidonsäure
— methylester **18** IV 6094
Dianthra[1,2-*b*;2′,1′-*d*]furan-5,10,15,17-
dichinon 17 I 293 e
—, 6,9-Dihydroxy- **18** IV 3547
—, 6,7,9-Trihydroxy- **18** IV 3619
Dianthra[1,2-*b*;2′,3′-*d*]furan-5,8,15,17-
dichinon
—, 6,9,14-Trihydroxy- **18** IV 3618
Dianthra[1,2-*b*;2′,3′-*d*]furan-5,9,14,17-
dichinon
—, 6,8,15-Trihydroxy- **18** I 433 b, IV 3618
Dianthra[2,1-*b*;1′,2′-*d*]furan-5,11,16,17-
dichinon 17 II 539 d
Dianthra[2,3-*b*;2′,3′-*d*]furan-5,9,14,17-
dichinon
—, 6,8-Dihydroxy- **18** I 428 c
Dianthra[2,1-*c*;1′,2′-*e*]oxepin 17 IV 827
Dianthra[9,1-*bc*;1′,9′-*ef*]oxepin-7,17-diol
—, 7,11b,12a,17-Tetraphenyl-7,11b,12a,-
17-tetrahydro- **17** IV 2268
Dianthra[1,2-*c*;2′,1′-*e*]oxepin-5,10,15,16,18,19-
hexaon 17 IV 6845
8,8′-Diapo-carotin-8,8′-disäure
— bis-[hepta-*O*-acetyl-
gentiobiosylester] **17** IV 3610
— bis-[tetra-*O*-acetyl-
glucopyranosylester] **17** IV 3325
— digentiobiosylester **17** IV 3610, **31** 398 c
Diaporthin 18 IV 2409
Diarbutin 31 211
Diarsan
—, Tetra-[2]furyl- **18** IV 8376
Diarsathian
—, Tetra-[2]furyl- **18** IV 8366
Diarsoxan
—, Tetrakis-[5-nitro-[2]thienyl]- **18**
IV 8366
—, Tetra-[2]thienyl- **18** IV 8366
Diarsoxan-dioxid
—, Tetra-[2]thienyl- **18** IV 8370
Diazen
—, [3-Acetoxy-benzofuran-2-carbonyl]-
phenyl- **18** I 458 d
—, [3-Acetoxy-benzofuran-2-carbonyl]-
p-tolyl- **18** I 458 e
—, [3-Hydroxy-benzofuran-2-carbonyl]-
phenyl- **18** I 457 g
—, [3-Hydroxy-benzofuran-2-carbonyl]-
m-tolyl- **18** I 458 b
—, [3-Hydroxy-benzofuran-2-carbonyl]-
o-tolyl- **18** I 458 a
—, [3-Hydroxy-benzofuran-2-carbonyl]-
p-tolyl- **18** I 458 c
—, [3-Oxo-2,3-dihydro-benzofuran-2-
carbonyl]-phenyl- **18** I 457 g

Diazen (Fortsetzung)
—, [3-Oxo-2,3-dihydro-benzofuran-2-
carbonyl]-*m*-tolyl- **18** I 458 b
—, [3-Oxo-2,3-dihydro-benzofuran-2-
carbonyl]-*o*-tolyl- **18** I 458 a
—, [3-Oxo-2,3-dihydro-benzofuran-2-
carbonyl]-*p*-tolyl- **18** I 458 c
—, Phenyl-[3-(*N'*-phenyl-hydrazino)-
benzofuran-2-carbonyl]- **18** I 595 c
—, *o*-Tolyl-[3-(*N'*-*o*-tolyl-hydrazino)-
benzofuran-2-carbonyl]- **18** I 595 d
—, *p*-Tolyl-[3-(*N'*-*p*-tolyl-hydrazino)-
benzofuran-2-carbonyl]- **18** I 596 a
Diazen-x-oxid
—, Furfuryl-phenyl- **18** IV 8325
—, Phenyl-[2]thienylmethyl- **18** IV 8325
Diazensulfonsäure
—, Dibenzofuran-3-yl- **18** 643 b
—, [7-Hydroxy-4-methyl-2-oxo-
2*H*-chromen-8-yl]- **18** 648 a
Dibenzamid
—, *N*-[1-Oxo-phthalan-4-yl]- **18**
IV 7892
**3a,8;9,13b-Di-*o*-benzeno-dibenzo[3,4;7,8]-
cycloocta[1,2-*c*]furan-1,3-dion**
—, 8,9-Dihydro- **17** IV 6651
**5,12;6,11-Di-*o*-benzeno-dibenzo[*a*,*e*]cycloocten-
5,6-dicarbonsäure**
—, 11,12-Dihydro-,
— anhydrid **17** IV 6651
**5,12;6,11-Di-*o*-benzeno-5a,11a-
methanoxymethano-naphthacen** s. 5,12;6,11-
Di-*o*-benzeno-5a,11a-[2]oxapropano-
naphthacen
**5,12;6,11-Di-*o*-benzeno-naphthacen-5a,11a-
dicarbonsäure**
—, 5,6,11,12-Tetrahydro-,
— anhydrid **17** IV 6658
**5,12;6,11-Di-*o*-benzeno-5a,11a-[2]oxapropano-
naphthacen-19,21-dion**
—, 5,6,11,12-Tetrahydro- **17** IV 6658
Dibenz[*c*,*h*]indeno[1,2-*f*]chromen-5,11-dion 17
IV 6621
Dibenz[*c*,*h*]indeno[1,2-*f*]chromen-5-on
—, 8,9,10,11-Tetrahydro-7*H*- **17**
IV 5612
Dibenz[*de*,*h*]isochromen-8-carbonsäure
—, 1,3-Dioxo-1*H*,3*H*- **18** IV 6104
Dibenz[*f*,*h*]isochromen-1-carbonsäure
—, 3-Oxo-3,4-dihydro-1*H*- **18** IV 5695
— äthylester **18** IV 5696
— methylester **18** IV 5695
—, 3-Oxo-3,12b-dihydro-1*H*- **18**
IV 5695
— äthylester vgl. **18** IV 5695 c
Dibenz[*de*,*g*]isochromen-4,6-dion 17 537 d,
IV 6503
Dibenz[*de*,*h*]isochromen-1,3-dion 17 I 274 b,
IV 6503

Dibenz[*f*,*h*]isochromen-1,3-dion
—, 4,12b-Dimethyl-Δ⁸ᵃ-dodecahydro-
17 IV 6255
Dibenz[*f*,*h*]isochromen-3,4-dion
—, 1*H*- **17** I 274 d
— 4-oxim **17** I 275 a
— 4-phenylhydrazon **17** I 275 b
—, 4a,12b-Dihydro-1*H*- **17** I 273 d
— 4-phenylhydrazon **17** I 273 f
Dibenz[*f*,*h*]isochromen-3-on
—, 4-[2-Amino-phenylimino]-1,4-
dihydro- **17** I 274 f
—, 4-[2-Amino-phenylimino]-1,4,4a,12b-
tetrahydro- **17** I 273 e
—, 1,4-Diphenyl- **17** IV 5644
—, 4-Phenylimino-1,4-dihydro- **17**
I 274 e
Dibenzo[*c*,*h*]chromen
—, 2,3,7,8-Tetramethoxy-6*H*- **17**
IV 2718
—, 2,3,7,8-Tetramethoxy-11,12-dihydro-
6*H*- **17** IV 2715
Dibenzo[*f*,*h*]chromen-4-carbonsäure
—, 3-[10-Acetoxy-[9]phenanthryl]-2-oxo-
2*H*-,
— anilid **18** IV 6450
—, 3-[10-Hydroxy-[9]phenanthryl]-2-oxo-
2*H*-,
— anilid **18** IV 6449
— [*N*-methyl-anilid] **18** IV 6449
Dibenzo[*c*,*h*]chromen-7,8-dicarbonsäure
—, 9-[4-Methoxy-phenyl]-6-oxo-6a,7,8,9-
tetrahydro-6*H*- **18** IV 6650
Dibenzo[*de*,*g*]chromen-1,5-dion
—, 2,4-Dihydroxy-11c-hydroxymethyl-
3,8,11-trimethyl-2,3,3a,4,6a,7,11b,11c-
octahydro- **18** IV 3170
—, 2,4,10,11-Tetraacetoxy-11c-
acetoxymethyl-3,8,11a-trimethyl-
Δ⁸-dodecahydro- **18** IV 3553
—, 2,4,10,11-Tetrahydroxy-11c-
hydroxymethyl-3,8,11a-trimethyl-
Δ⁸-dodecahydro- **18** IV 3552
—, 2,10,11-Triacetoxy-11c-
acetoxymethyl-4-[2-acetoxy-2-methyl-
butyryloxy]-3,8,11a-trimethyl-
Δ⁸-dodecahydro- **18** IV 3553
—, 2,10,11-Triacetoxy-11c-
acetoxymethyl-4-[2-hydroxy-2-methyl-
butyryloxy]-3,8,11a-trimethyl-
Δ⁸-dodecahydro- **18** IV 3553
—, 2,10,11-Trihydroxy-11c-
hydroxymethyl-4-[2-hydroxy-2-methyl-
butyryloxy]-3,8,11a-trimethyl-
Δ⁸-dodecahydro- **18** IV 3553
Dibenzo[*de*,*g*]chromen-1,11-dion
—, 5-Acetoxy-2,10-dimethoxy-3,8,11a,-
11c-tetramethyl-3a,4,5,6a,7,7a,8,11a,11b,-
11c-decahydro- **18** IV 3113

Dibenzo[*de,g*]chromen-1,11-dion (Fortsetzung)
—, 10-Acetoxy-2-methoxy-3,8,11a,11c-
tetramethyl-3a,4,5,6a,7,7a,8,11a,11b,11c-
decahydro- **18** IV 2532
—, 5-Äthoxy-2,10-dimethoxy-3,8,11a,11c-
tetramethyl-3a,4,5,6a,7,7a,8,11a,11b,11c-
decahydro- **18** IV 3113
—, 5-Äthylmercapto-2,10-dimethoxy-
3,8,11a,11c-tetramethyl-3a,4,5,6a,7,7a,8,⇄
11a,11b,11c-decahydro- **18** IV 3114
—, 2,10-Dimethoxy-3,8,11a,11c-
tetramethyl-3a,4,5,6a,7,7a,8,11a,11b,11c-
decahydro- **18** IV 2531
—, 2,10-Dimethoxy-3,8,11a,11c-
tetramethyl-5-[4-nitro-
phenylcarbamoyloxy]-3a,4,5,6a,7,7a,8,⇄
11a,11b,11c-decahydro- **18** IV 3113
—, 2,10-Dimethoxy-3,8,11a,11c-
tetramethyl-3a,6a,7,7a,8,11a,11b,11c-
octahydro- **18** IV 2576
—, 10-Hydroxy-2-methoxy-3,8,11a,11c-
tetramethyl-3a,4,5,6a,7,7a,8,11a,11b,11c-
decahydro- **18** IV 2531
—, 3,8,11a,11c-Tetramethyl-
hexadecahydro- s. Picrasan
—, 2,5,10-Trimethoxy-3,8,11a,11c-
tetramethyl-3a,4,5,6a,7,7a,8,11a,11b,11c-
decahydro- **18** IV 3112
Dibenzo[*c,f*]chromen-5-on 17 IV 5533
Dibenzo[*c,h*]chromen-5-on
—, 1,2,3,4-Tetrahydro- **17** II 404 b
Dibenzo[*c,h*]chromen-6-on
—, 10,12-Bis-methansulfonyloxy-7-
methyl-1,2,3,4-tetrahydro- **18** IV 1873
—, 8-Cyclohexyl-1-hydroxy-7,8,9,10-
tetrahydro- **18** IV 809
—, 8-Cyclohexyl-2-hydroxy-7,8,9,10-
tetrahydro- **18** IV 809
—, 8-Cyclohexyl-3-hydroxy-7,8,9,10-
tetrahydro- **18** IV 810
—, 8-Cyclohexyl-7,8,9,10-tetrahydro-
17 IV 5529
—, 10,12-Diacetoxy-7-methyl-1,2,3,4-
tetrahydro- **18** IV 1873
—, 10,12-Dihydroxy-7-methyl-1,2,3,4-
tetrahydro- **18** IV 1872
—, 1-Hydroxy-7,8,9,10-tetrahydro- **18**
IV 774
—, 2-Hydroxy-7,8,9,10-tetrahydro- **18**
IV 775
—, 3-Hydroxy-7,8,9,10-tetrahydro- **18**
IV 775
—, 4-Hydroxy-7,8,9,10-tetrahydro- **18**
IV 775
—, 12-Hydroxy-7,8,9,10-tetrahydro- **18**
IV 776
—, 1-Methoxy-7,8,9,10-tetrahydro- **18**
IV 775

—, 4-Methoxy-7,8,9,10-tetrahydro- **18**
IV 775
—, 8-Methyl-7,8,9,10-tetrahydro- **17**
IV 5478
—, 9-Methyl-7,8,9,10-tetrahydro- **17**
IV 5478
—, 10-Methyl-7,8,9,10-tetrahydro- **17**
IV 5478
—, 2,3,7,8-Tetramethoxy- **18**
IV 3382
—, 2,3,7,8-Tetramethoxy-11,12-dihydro-
18 IV 3367
—, 4,10,12-Triacetoxy-7-methyl- **18**
IV 2815
—, 4,10,12-Trihydroxy-7-methyl- **18**
IV 2815
—, 4,10,12-Tris-methansulfonyloxy-7-
methyl- **18** IV 2816
Dibenzo[*de,g*]chromen-5-on
—, 1,2,4-Triacetoxy-11c-acetoxymethyl-
3,8,11-trimethyl-2,3,3a,6a,7,11c-
hexahydro-4*H*- **18** IV 3170
Dibenzo[*c,g*]chromen-5,7,12-trion 17
IV 6807
Dibenzo[*de,g*]chromen-1,5,10-trion
—, 2,11-Dihydroxy-11c-hydroxymethyl-
4-[2-hydroxy-2-methyl-butyryloxy]-
3,8,11a-trimethyl-2,3,3a,4,7,7a,11,11a,11b,⇄
11c-decahydro-6a*H*- **18** IV 3558
Dibenzo[*de,g*]chromen-1,5,11-trion
—, 10-Acetoxy-2-methoxy-3,8,11a,11c-
tetramethyl-3a,6a,7,7a,8,11a,11b,11c-
octahydro-4*H*- **18** IV 3174
—, 2,10-Dimethoxy-3,8,11a,11c-
tetramethyl-6a,7a,8,11a,11b,11c-
hexahydro-7*H*- **18** IV 3243
—, 2,10-Dimethoxy-3,8,11a,11c-
tetramethyl-3a,6a,7,7a,8,11a,11b,11c-
octahydro-4*H*- **18** IV 3173
—, 10-Hydroxy-2-methoxy-3,8,11a,11c-
tetramethyl-3a,6a,7,7a,8,11a,11b,11c-
octahydro-4*H*- **18** IV 3172
Dibenzo[*de,g*]chromen-5,10,11-trion
—, 2-Acetoxy-1-hydroxy-3,8,11a,11c-
tetramethyl-6a,7,7a,8,9,11a,11b,11c-
octahydro-1*H*- **18** IV 3171
   — 10-[2,4-dinitro-phenylhydrazon]
   18 IV 3172
—, 1,2-Dihydroxy-3,8,11a,11c-
tetramethyl-6a,7,7a,8,9,11a,11b,11c-
octahydro-1*H*- **18** IV 3170
   — 10-phenylhydrazon **18** IV 3171
   — 10-[2,4-dinitro-phenylhydrazon]
   18 IV 3172
Dibenzo[*def,mno*]chrysen-6,12-chinon
—, 4-[6-Oxo-6*H*-anthra[1,9-*bc*]thiophen-
3-carbonylamino]- **18** IV 5692
Dibenzo[*a,j*]coronen-1,2-dicarbonsäure
   — anhydrid **17** IV 6671

Dibenzo[*bc,ef*]coronen-1,2-dicarbonsäure
 — anhydrid **17** IV 6669
—, 5,12-Dioxo-5,12-dihydro-,
 — anhydrid **17** IV 6839
**Dibenzo[3,4;9,10]coroneno[1,2-*c*]furan-1,3-
-dion 17** IV 6671
**Dibenzo[6,7;8,9]coroneno[1,2-*c*]furan-10,12-
-dion 17** IV 6669
**Dibenzo[6,7;8,9]coroneno[1,2-*c*]furan-7,10,12,⁼
15-tetraon 17** IV 6839
Dibenzo[*a,d*]cyclohepten
—, 11,5,10-[1]Oxapropanylyliden- s.
 5,8-Cyclo-benz[*c*]indeno[1,2-*e*]oxepin
**Dibenzo[4,5;6,7]cycloocta[1,2-*c*]furan-1,3-
dion**
—, 3a,4,13,13a-Tetrahydro- **17** IV 6490
Dibenzo[*a,c*]cycloocten-6,7-dicarbonsäure
—, 5,6,7,8-Tetrahydro-,
 — anhydrid **17** IV 6490
Dibenzo[*b,f*]cyclopenta[*d*]oxepin-2-on
—, 1,3-Dihydro- **17** 388 d
Dibenzofuran 17 70 g, I 30 a, II 67 h,
 IV 585
—, 3-Acetoacetylamino-2-methoxy- **18**
 IV 7353
—, 1-Acetoxy- **17** IV 1589
—, 2-Acetoxy- **17** IV 1590
—, 3-Acetoxy- **17** II 145 g
—, 4-Acetoxy- **17** IV 1599
—, 2-Acetoxy-3-acetylamino- **18**
 IV 7352
—, 2-Acetoxy-6-acetylamino- **18**
 IV 7354
—, 2-Acetoxy-7-acetylamino- **18**
 IV 7355
—, 2-Acetoxy-8-acetylamino- **18** IV 7355
—, 4-Acetoxy-3-acetylamino- **18** IV 7358
—, 2-Acetoxy-1-amino- **18** IV 7351
—, 2-Acetoxy-3-amino- **18** IV 7352
—, 2-Acetoxy-1-brom- **17** IV 1592
—, 2-Acetoxy-6-chlor- **17** IV 1591
—, 2-Acetoxy-7-chlor- **17** IV 1591
—, 8-Acetoxy-2,3-dichlor- **17** IV 1592
—, 2-Acetoxy-8-methoxy- **17** IV 2174
—, 2-Acetoxy-1-methyl- **17** IV 1616
—, 2-Acetoxy-7-methyl- **17** IV 1617
—, 2-Acetoxy-8-methyl- **17** IV 1616
—, 2-Acetoxy-1-nitro- **17** IV 1593
—, 2-Acetoxy-3-nitro- **17** IV 1593
—, 4-Acetoxy-1,2,3,4-tetrahydro- **17**
 IV 1545
—, 1-Acetoxy-3,7,9-trimethoxy-2,8-
 dimethyl- **17** IV 2689
—, 2-Acetyl- **17** 363 g, II 386 e,
 IV 5329
—, 3-Acetyl- **17** IV 5331
—, 2-Acetyl-7-acetylamino- **18** IV 7980
—, 8-Acetyl-3-acetylamino-2-amino- **18**
 IV 7980

—, 8-Acetyl-3-acetylamino-2-nitro- **18**
 IV 7980
—, 2-Acetyl-8-äthyl- **17** IV 5378
—, 1-Acetylamino- **18** IV 7183
—, 2-Acetylamino- **18** IV 7184
—, 2-Acetyl-7-amino- **18** IV 7980
—, 3-Acetylamino- **18** II 422 b,
 IV 7193
—, 4-Acetylamino- **18** IV 7211
—, 1-Acetylamino-4-äthoxy- **18**
 IV 7357
—, 4-Acetylamino-1-amino- **18** IV 7283
—, 4-Acetylamino-3-amino- **18** IV 7287
—, 2-Acetylamino-3-brom- **18** IV 7185
—, 3-Acetylamino-2-brom- **18** IV 7202
—, 4-Acetylamino-1-brom- **18** IV 7212
—, 7-Acetylamino-2-brom- **18** IV 7202
—, 3-Acetylamino-1-brom-4-methoxy-
 18 IV 7359
—, 3-Acetylamino-2-chlor- **18** IV 7201
—, 7-Acetylamino-2-chlor- **18** IV 7201
—, 3-Acetylamino-2,8-dibrom- **18**
 IV 7203
—, 1-Acetylamino-3,4-dimethoxy- **18**
 IV 7444
—, 1-Acetylamino-4,6-dimethoxy- **18**
 IV 7444
—, 4-Acetylamino-1,7-dinitro- **18**
 IV 7213
—, 6-Acetylamino-2,7-dinitro- **18**
 IV 7213
—, 3-Acetylamino-6-jod- **18** IV 7203
—, 1-Acetylamino-2-methoxy- **18**
 IV 7351
—, 1-Acetylamino-4-methoxy- **18**
 IV 7357
—, 2-Acetylamino-8-methoxy- **18**
 IV 7355
—, 3-Acetylamino-2-methoxy- **18**
 IV 7352
—, 3-Acetylamino-4-methoxy- **18**
 IV 7358
—, 6-Acetylamino-2-methoxy- **18**
 IV 7354
—, 7-Acetylamino-2-methoxy- **18**
 IV 7355
—, 1-Acetylamino-4-methoxy-2-nitro-
 18 IV 7357
—, 2-Acetylamino-8-nitro- **18** IV 7186
—, 3-Acetylamino-2-nitro- **18** II 422 g,
 IV 7203
—, 4-Acetylamino-1-nitro- **18** IV 7213
—, 4-Acetylamino-3-nitro- **18** IV 7213
—, 4-Acetylamino-6-nitro- **18** IV 7213
—, 2-Acetyl-8-brom- **17** IV 5330
—, 3-Acetyl-2,8-dibrom- **17** IV 5332
—, 1-Acetyl-3,4-dimethoxy- **18** IV 1695
—, 1-Acetyl-4,6-dimethoxy- **18** IV 1695
—, 2-Acetyl-8-heptyl- **17** IV 5408

Dibenzofuran (Fortsetzung)

—, 2-Acetyl-5a,6,7,8,9,9a-hexahydro-
    17 II 371 c
—, 2-Acetylmercapto- **17** IV 1594
—, 1-Acetyl-2-methoxy- **18** IV 626
—, 1-Acetyl-4-methoxy- **18** IV 627
—, 3-Acetyl-2-methoxy- **18** IV 627
—, 3-Acetyl-4-methoxy- **18** IV 628
—, 2-Acetyl-7-nitro- **17** IV 5330
—, 2-Acetyl-8-octyl- **17** IV 5409
—, 2-Acetyl-8-pentyl- **17** IV 5404
—, 2-Acetyl-8-propyl- **17** IV 5391
—, 3-Acetyl-6,7,8,9-tetrahydro- **17**
    II 374 e
—, 7-Acetyl-1,2,3,4-tetrahydro- **17**
    IV 5228
—, 2-Äthoxy- **17** IV 1590
—, 4-Äthoxy- **17** IV 1598
—, 2-Äthoxy-3-amino- **18** IV 7352
—, 4-Äthoxy-1-amino- **18** IV 7357
—, 2-[1-Äthoxy-2-chlor-äthyl]- **17**
    IV 1623
—, 2-Äthoxy-3-nitro- **17** IV 1593
—, 4-Äthoxy-1-nitro- **17** IV 1600
—, 2-Äthyl- **17** II 74 d, IV 630
—, 2-Äthyl-3-amino- **18** IV 7234
—, 3-Äthylamino- **18** IV 7192
—, 1-Äthyl-7-brom-2,8-dimethoxy- **17**
    IV 2181
—, 1-Äthyl-2,8-dimethoxy- **17** IV 2181
—, 7-Äthyl-2,8-dimethoxy-1-methyl- **17**
    IV 2190
—, 3-Äthyl-2-methoxy- **17** IV 1623
—, 7-Äthyl-4a-methyl-1,2,3,4,4a,9b-
    hexahydro- **17** IV 536
—, 2-Äthyl-3-nitro- **17** IV 630
—, 2-Äthyl-8-pentyl- **17** IV 653
—, 2-Äthyl-8-propionyl- **17** IV 5391
—, 1-Allyl-2-methoxy- **17** IV 1671
—, 3-Allyl-2-methoxy- **17** IV 1671
—, 2-Allyloxy- **17** IV 1590
—, 1-Amino- **18** IV 7183
—, 2-Amino- **18** II 423 b, IV 7184
—, 3-Amino- **18** 587 f, I 557 c,
    IV 7191
—, 4-Amino- **18** IV 7211
—, 2-Amino-3-benzolsulfonylamino- **18**
    IV 7283
—, 2-Amino-1-brom- **18** IV 7185
—, 2-Amino-3-brom- **18** IV 7185
—, 3-Amino-2-brom- **18** IV 7201
—, 4-Amino-1-brom- **18** IV 7212
—, 7-Amino-2-brom- **18** IV 7202
—, 3-Amino-1-brom-4-methoxy- **18**
    IV 7359
—, 2-Amino-7-chlor- **18** IV 7185
—, 3-Amino-2-chlor- **18** IV 7201
—, 7-Amino-2-chlor- **18** IV 7201

—, 3-Amino-7-chlor-2-methoxy- **18**
    IV 7353
—, 2-Amino-1,3-dibrom- **18** IV 7185
—, 3-Amino-2,8-dibrom- **18** IV 7202
—, 1-Amino-3,4-dimethoxy- **18** IV 7444
—, 1-Amino-4,6-dimethoxy- **18** IV 7444
—, 3-Amino-6-jod- **18** IV 7203
—, 1-Amino-2-methoxy- **18** IV 7351
—, 1-Amino-4-methoxy- **18** IV 7356
—, 2-Amino-4-methoxy- **18** IV 7358
—, 2-Amino-7-methoxy- **18** IV 7356
—, 2-Amino-8-methoxy- **18** IV 7355
—, 3-Amino-2-methoxy- **18** IV 7352
—, 3-Amino-4-methoxy- **18** IV 7358
—, 4-Amino-6-methoxy- **18** IV 7359
—, 6-Amino-2-methoxy- **18** IV 7354
—, 7-Amino-2-methoxy- **18** IV 7354
—, 3-Amino-2-methoxy-7-methyl- **18**
    IV 7362
—, 3-Amino-2-methoxy-8-methyl- **18**
    IV 7362
—, 1-Amino-4-methoxy-2-nitro- **18**
    IV 7357
—, 2-Amino-7-methyl- **18** IV 7232
—, 2-Amino-7-nitro- **18** IV 7186
—, 2-Amino-8-nitro- **18** IV 7186
—, 3-Amino-2-nitro- **18** II 422 f,
    IV 7203
—, 3-Amino-7-nitro- **18** IV 7204
—, 4-Amino-1-nitro- **18** IV 7212
—, 4-Amino-3-nitro- **18** IV 7213
—, 4-Amino-6-nitro- **18** IV 7213
—, 7-Amino-2-nitro- **18** IV 7204
—, 1-Amino-1,2,3,4-tetrahydro- **18**
    IV 7177
—, 6-Amino-1,2,3,4-tetrahydro- **18**
    IV 7177
—, 7-Amino-1,2,3,4-tetrahydro- **18**
    II 421 c
—, 3-Amino-2-thiocyanato- **18** IV 7354
—, 3-Anilino- **18** II 422 a
—, 3-*p*-Anisidino-2-nitro- **18** IV 7203
—, 2-Arsenoso- **18** IV 8368
—, 3-Arsenoso- **18** IV 8368
—, 7-Arsenoso-2-nitro- **18** IV 8368
—, 2-Benzolsulfonyl- **17** IV 1594
—, 3-Benzolsulfonylamino- **18** IV 7200
—, 3-Benzolsulfonylamino-2-nitro- **18**
    IV 7204
—, 8-Benzolsulfonylamino-1,2,3,4-
    tetrahydro- **18** IV 7176
—, 2-Benzoyl- **17** II 416 d, IV 5558
—, 2-Benzoylamino- **18** II 423 d,
    IV 7184
—, 1-Benzoyl-2-hydroxy- **18** IV 827
—, 2-Benzoylmercapto- **17** IV 1594
—, 3-Benzoyl-2-methoxy- **18** IV 827
—, 4-Benzoyloxy- **17** IV 1599

Dibenzofuran (Fortsetzung)

—, 2-Benzoyloxy-4a,8-dimethyl-4a,9b-dihydro- **17** IV 5230

—, 2-Benzylaminomethyl- **18** IV 7231

—, 1,4-Bis-acetylamino- **18** IV 7283

—, 2,3-Bis-acetylamino- **18** IV 7283

—, 2,6-Bis-acetylamino- **18** IV 7283

—, 2,7-Bis-acetylamino- **18** IV 7284

—, 2,8-Bis-acetylamino- **18** II 427 d, IV 7285

—, 3,4-Bis-acetylamino- **18** IV 7287

—, 3,7-Bis-acetylamino- **18** IV 7288

—, 4,6-Bis-acetylamino- **18** IV 7290

—, 2,8-Bis-acetylamino-3-brom- **18** IV 7285

—, 4,6-Bis-acetylamino-2,8-dibrom- **18** IV 7290

—, 2,7-Bis-acetylamino-3,8-dinitro- **18** IV 7284

—, 2,7-Bis-acetylamino-3-nitro- **18** IV 7284

—, 2,8-Bis-acetylamino-3-nitro- **18** IV 7286

—, 3,7-Bis-acetylamino-2-nitro- **18** IV 7288

—, 2,8-Bis-allyloxy-3,7-dimethoxy- **17** IV 2685

—, 2,8-Bis-benzoylamino- **18** IV 7285

—, 2,8-Bis-[2-(benzoyl-methyl-amino)-äthyl]- **18** IV 7293

—, 2,8-Bis-[2-brom-äthyl]- **17** IV 644

—, 3,7-Bis-[*N*′-carbamimidoyl-*N*-(2-diäthylamino-äthyl)-guanidino]- **18** IV 7288

—, 2,7-Bis-[*N*′-carbamimidoyl-guanidino]- **18** IV 7284

—, 3,7-Bis-[*N*′-carbamimidoyl-guanidino]- **18** IV 7288

—, 3,7-Bis-[*N*′-carbamimidoyl-guanidino]-2,8-dimethyl- **18** IV 7293

—, 2,8-Bis-carbamoylmethyl- **18** IV 4576

—, 2,8-Bis-[3-carboxy-acryloyl]- **18** IV 6235

—, 2,8-Bis-carboxymethyl- **18** IV 4575

—, 2,8-Bis-chloracetyl- **17** IV 6448

—, 4,6-Bis-chloromercurio-dodecahydro- **18** IV 8431

—, 3,7-Bis-[2-diäthylamino-äthylamino]- **18** IV 7288

—, 2,7-Bis-[3-diäthylamino-propylamino]- **18** IV 7284

—, 2,8-Bis-[3-diäthylamino-propylamino]- **18** IV 7285

—, 2,8-Bis-[2-hydroxy-äthyl]- **17** IV 2194

—, 2,8-Bis-[1-hydroxyimino-äthyl]- **17** II 502 d

—, 2,8-Bis-[α-hydroxyimino-benzyl]- **17** IV 6624

—, 3,7-Bis-[3-hydroxy-5,6,7,8-tetrahydro-[2]naphthoylamino]- **18** IV 7288

—, 2,8-Bis-methoxycarbonylmethyl- **18** IV 4576

—, 2,8-Bis-[7-oxo-7*H*-benz[*de*]anthracen-3-carbonyl- **17** IV 6839

—, 2,8-Bis-[7-oxo-7*H*-benz[*de*]anthracen-4-carbonyl]- **17** IV 6840

—, 1-Brom- **17** IV 588

—, 2-Brom- **17** II 68 a, IV 588

—, 3-Brom- **17** IV 588

—, 4-Brom- **17** IV 589

—, 2-Bromacetyl- **17** IV 5330

—, 3-Bromacetyl- **17** IV 5332

—, 3-Bromacetyl-2-methoxy- **18** IV 627

—, 7-Bromacetyl-1,2,3,4-tetrahydro- **17** IV 5228

—, 2-[2-Brom-äthyl]- **17** IV 630

—, 4-[2-Brom-äthyl]- **17** IV 630

—, 1-[2-Brom-äthyl]-4-methoxy- **17** IV 1622

—, 1-Brom-3,4-dimethoxy- **17** IV 2175

—, 1-Brom-4,6-dimethoxy- **17** IV 2176

—, 3-Brom-2,8-dimethoxy- **17** IV 2174

—, 3-Brom-4,6-dimethoxy- **17** IV 2177

—, 7-Brom-2,8-dimethoxy-1-methyl- **17** IV 2178

—, 2-Brom-3,7-dinitro- **17** IV 596

—, 2-Brom-3,8-dinitro- **17** IV 596

—, 2-Brom-4,8-dinitro- **17** IV 595

—, 3-Brom-2,7-dinitro- **17** IV 595

—, 3-Brom-2,8-dinitro- **17** IV 596

—, 4-Brom-2,8-dinitro- **17** IV 596

—, 8-Brom-1,7-dinitro- **17** IV 595

—, 1-Brom-2-methoxy- **17** IV 1592

—, 1-Brom-4-methoxy- **17** IV 1600

—, 2-Brom-8-methoxy- **17** IV 1593

—, 3-Brom-2-methoxy- **17** IV 1592

—, 4-Brom-6-methoxy- **17** IV 1600

—, 1-Brom-4-methoxy-3-nitro- **17** IV 1601

—, 2-Brom-4-methyl- **17** IV 620

—, 2-Brom-3-nitro- **17** IV 592

—, 2-Brom-6-nitro- **17** IV 593

—, 2-Brom-7-nitro- **17** IV 593

—, 2-Brom-8-nitro- **17** IV 592

—, 3-Brom-2-nitro- **17** IV 592

—, 3-Brom-7-nitro- **17** IV 593

—, 6-Brom-3-nitro- **17** IV 593

—, 8-Brom-1-nitro- **17** IV 592

—, 2-Brom-8-phenylacetyl- **17** IV 5565

—, 2-Brom-1,3,6,8-tetranitro- **17** IV 601

—, 2-Brom-1,3,7,8-tetranitro- **17** IV 601

—, 2-Brom-1,3,7,9-tetranitro- **17** IV 601

—, 2-Brom-3,6,8-trinitro- **17** IV 599

—, 2-Brom-3,7,8-trinitro- **17** IV 598

—, 2-Brom-4,6,8-trinitro- **17** IV 599

Dibenzofuran (Fortsetzung)

—, 3-Brom-2,7,8-trinitro- **17** IV 599
—, 4-Brom-2,6,8-trinitro- **17** IV 599
—, 2-Butyryl- **17** IV 5378
—, 3-Butyryl-2-methoxy- **18** IV 662
—, 2-Chlor- **17** IV 587
—, 3-Chlor- **17** IV 587
—, 2-Chloracetyl- **17** IV 5330
—, 2-Chloracetyl-8-[2-chlor-1-hydroxy-
  äthyl]- **18** IV 663
—, 1-Chloracetyl-4-methoxy- **18** IV 627
—, 4-[2-Chlor-äthoxy]- **17** IV 1599
—, 1-[4-Chlor-benzoyloxy]-3,7,9-
  trimethoxy-2,8-dimethyl- **17** IV 2689
—, 2-Chlor-7-diacetylamino- **18**
  IV 7201
—, 4-Chlor-1,3-dimethoxy-6-methyl-8-
  [toluol-4-sulfonyloxy]- **17** IV 2373
—, 2-Chlor-8-methoxy- **17** IV 1592
—, 6-Chlor-2-methoxy- **17** IV 1591
—, 7-Chlor-2-methoxy- **17** IV 1591
—, 7-Chlor-2-methoxy-3-nitro- **17**
  IV 1593
—, 2-Chlormethyl- **17** IV 619
—, 2-Chlor-7-nitro- **17** IV 592
—, 3-Chlor-7-nitro- **17** IV 592
—, 7-Chlor-2-nitro- **17** IV 592
—, 4-Chlor-1,3,8-trimethoxy-6-methyl-
  17 IV 2373
—, 2-Cyclohexylaminomethyl- **18**
  IV 7231
—, 1,7-Diacetoxy- **17** IV 2172
—, 1,8-Diacetoxy- **17** IV 2172
—, 2,7-Diacetoxy- **17** IV 2173
—, 2,8-Diacetoxy- **17** IV 2174
—, 3,4-Diacetoxy- **17** IV 2175
—, 3,7-Diacetoxy- **17** II 193 c,
  IV 2176
—, 4,6-Diacetoxy- **17** IV 2176
—, 2,8-Diacetoxy-1-chlor-3,7-dimethoxy-
  17 IV 2686
—, 2,8-Diacetoxy-1,9-diallyl-3,7-
  dimethoxy- **17** IV 2716
—, 2,8-Diacetoxy-1,3-dibrom- **17**
  IV 2174
—, 2,8-Diacetoxy-1,7-dibrom- **17**
  IV 2174
—, 2,8-Diacetoxy-1,9-dichlor-3,7-
  dimethoxy- **17** IV 2686
—, 2,8-Diacetoxy-3,7-dimethoxy- **17**
  IV 2686
—, x,x-Diacetoxy-x,x-dimethoxy-2,8-
  dimethyl- **17** IV 2689
—, 2,8-Diacetoxy-3,7-dimethoxy-1,9-
  dipropyl- **17** IV 2700
—, 1,7-Diacetoxy-3,9-dimethyl- **17**
  IV 2182
—, 1,9-Diacetoxy-3,7-dimethyl- **17**
  IV 2183

—, 3,7-Diacetoxy-1,9-dimethyl- **17**
  IV 2182
—, 1,7-Diacetoxy-3-methyl- **17** IV 2179
—, 3,7-Diacetoxy-1-pentyl-9-propyl- **17**
  IV 2199
—, 3,7-Diacetoxy-1,4,6,9-tetramethyl-
  17 IV 2194
—, 2,8-Diacetyl- **17** II 502 c, IV 6448
—, 2,8-Diäthyl- **17** II 77 b
—, 3-Diäthylamino- **18** IV 7192
—, 4-Diäthylamino- **18** IV 7211
—, 1-[2-Diäthylamino-äthyl]-4-methoxy-
  18 IV 7364
—, 1,4-Diamino- **18** IV 7282
—, 2,3-Diamino- **18** II 427 a, IV 7283
—, 2,6-Diamino- **18** IV 7283
—, 2,7-Diamino- **18** I 559 f, IV 7284
—, 2,8-Diamino- **18** II 427 c, IV 7285
—, 3,6-Diamino- **18** IV 7287
—, 3,7-Diamino- **18** 591 a, IV 7288
—, 4,6-Diamino- **18** IV 7290
—, 4,6-Diamino-2,8-dibrom- **18**
  IV 7290
—, 3,7-Diamino-1,9-dimethyl- **18**
  IV 7292
—, 3,7-Diamino-2,8-dimethyl- **18** 592 d
—, 2,7-Diamino-3,8-dinitro- **18** IV 7284
—, 1,3-Diamino-2-methoxy- **18** IV 7356
—, 2,7-Diamino-3-nitro- **18** IV 7284
—, 2,8-Diamino-3-nitro- **18** IV 7285
—, 3,7-Diamino-2-nitro- **18** IV 7288
—, 2-Diazoacetyl- **17** IV 6427
—, 4-Diazoacetyl- **17** IV 6427
—, 1-Diazoacetyl-4,6-dimethoxy- **18**
  IV 2670
—, 1-Diazoacetyl-4-methoxy- **18**
  IV 1763
—, 2,8-Dibenzoyl- **17** IV 6624
—, 2,3-Dibrom- **17** IV 589
—, 2,7-Dibrom- **17** IV 589
—, 2,8-Dibrom- **17** 72 a, II 69 a,
  IV 589
—, 3,7-Dibrom- **17** IV 589
—, 1,3-Dibrom-2,8-dimethoxy- **17**
  IV 2174
—, 1,3-Dibrom-4,6-dimethoxy- **17**
  IV 2177
—, 1,7-Dibrom-2,8-dimethoxy- **17**
  IV 2174
—, 1,9-Dibrom-4,6-dimethoxy- **17**
  IV 2177
—, 3,7-Dibrom-2,8-dimethoxy- **17**
  IV 2174
—, 2,6-Dibrom-4,8-dinitro- **17** IV 596
—, 2,7-Dibrom-3,8-dinitro- **17** IV 596
—, 2,8-Dibrom-1,7-dinitro- **17** IV 596
—, 2,8-Dibrom-3,7-dinitro- **17** IV 597
—, 2,8-Dibrom-4,6-dinitro- **17** IV 597
—, 4,6-Dibrom-2,8-dinitro- **17** IV 597

Dibenzofuran　(Fortsetzung)

—, 1,3-Dibrom-4-methoxy- **17** IV 1600
—, 2,7-Dibrom-3-nitro- **17** IV 594
—, 2,8-Dibrom-1-nitro- **17** IV 593
—, 2,8-Dibrom-3-nitro- **17** IV 594
—, 3,8-Dibrom-2-nitro- **17** IV 593
—, 2,8-Dibrom-1,3,7,9-tetranitro- **17** IV 601
—, 2,7-Dibrom-1,3,8-trinitro- **17** IV 599
—, 2,8-Dibrom-1,3,7-trinitro- **17** IV 599
—, 2,8-Dibrom-3,4,6-trinitro- **17** IV 600
—, 4,6-Dibrom-2,3,8-trinitro- **17** IV 599
—, 2,8-Dibutyryl- **17** IV 6468
—, 2,6-Dichlor- **17** IV 587
—, 2,7-Dichlor- **17** IV 587
—, 2,8-Dichlor- **17** IV 588
—, x-[3,4-Dichlor-phenyl]- **17** IV 732
—, 1,4-Dihydro- **17** IV 574
—, 3,4-Dihydro- **17** IV 574
—, 2,8-Dijod- **17** IV 591
—, 4,6-Dijod- **17** IV 591
—, 1,2-Dimethoxy- **17** IV 2171
—, 1,4-Dimethoxy- **17** IV 2171
—, 1,7-Dimethoxy- **17** IV 2171
—, 1,8-Dimethoxy- **17** IV 2172
—, 2,7-Dimethoxy- **17** IV 2173
—, 2,8-Dimethoxy- **17** IV 2173
—, 3,4-Dimethoxy- **17** IV 2175
—, 3,7-Dimethoxy- **17** II 193 b
—, 4,6-Dimethoxy- **17** IV 2176
—, 1,7-Dimethoxy-3,9-dimethyl- **17** IV 2181
—, 2,8-Dimethoxy-1,3-dimethyl- **17** IV 2181
—, 2,8-Dimethoxy-1,7-dimethyl- **17** IV 2181
—, 2,8-Dimethoxy-1,x-dimethyl- **17** IV 2182
—, 2,8-Dimethoxy-3,7-dimethyl- **17** IV 2183
—, 3,7-Dimethoxy-1,9-dimethyl- **17** IV 2182
—, 3,7-Dimethoxy-1,9-dipentyl- **17** IV 2199
—, 2,8-Dimethoxy-1-methyl- **17** IV 2178
—, 2,7-Dimethoxy-3-nitro- **17** IV 2173
—, 3,4-Dimethoxy-1-nitro- **17** IV 2175
—, 3,7-Dimethoxy-1-pentyl-9-propyl- **17** IV 2199
—, 4,6-Dimethoxy-1-phenylazo- **18** IV 8330
—, 3,7-Dimethoxy-1,4,8-tris-[4-nitro-benzoyloxy]- **17** IV 3836
—, 4,6-Dimethoxy-1,3,9-tris-phenylazo- **18** IV 8330
—, 1,2-Dimethyl- **17** IV 631
—, 1,3-Dimethyl- **17** IV 631
—, 1,4-Dimethyl- **17** IV 631

—, 1,9-Dimethyl- **17** IV 631
—, 2,3-Dimethyl- **17** IV 631
—, 2,4-Dimethyl- **17** IV 631
—, 2,8-Dimethyl- **17** 75 e, I 32 e, II 74 g, IV 631
—, 3,4-Dimethyl- **17** IV 632
—, 3,7-Dimethyl- **17** 75 d, IV 632
—, 4,6-Dimethyl- **17** I 32 b, IV 632
—, x,x-Dimethyl- **17** IV 633
—, 3-Dimethylamino- **18** IV 7192
—, 4-Dimethylamino- **18** IV 7211
—, 1-Dimethylaminomethyl-1,2,3,4-tetrahydro- **18** IV 7178
—, 1-Dimethylamino-1,2,3,4-tetrahydro- **18** IV 7177
—, 4a,7-Dimethyl-1,2,3,4,4a,9b-hexahydro- **17** IV 535
—, 4a,8-Dimethyl-2-phenylcarbamoyloxy-1,2,3,4,4a,9b-hexahydro- **17** IV 1505
—, 8,9b-Dimethyl-3-phenylcarbamoyloxy-1,2,3,4,4a,9b-hexahydro- **17** IV 1505
—, 8,9b-Dimethyl-3-phenylcarbamoyloxy-3,4,4a,9b-tetrahydro- **17** IV 1549
—, 6,7-Dimethyl-1,2,3,4-tetrahydro- **17** IV 563
—, 6,8-Dimethyl-1,2,3,4-tetrahydro- **17** IV 563
—, 6,9-Dimethyl-1,2,3,4-tetrahydro- **17** IV 562
—, 7,8-Dimethyl-1,2,3,4-tetrahydro- **17** IV 563
—, 7,9-Dimethyl-1,2,3,4-tetrahydro- **17** IV 562
—, 1,8-Dinitro- **17** IV 594
—, 2,6-Dinitro- **17** IV 594
—, 2,7-Dinitro- **17** I 30 b, II 69 d, IV 594
—, 2,8-Dinitro- **17** IV 595
—, 3,7-Dinitro- **17** IV 595
—, 4,6-Dinitro- **17** IV 595
—, 4a-[2,4-Dinitro-benzoyloxymethyl]-1,4,4a,5a,6,9,9a,9b-octahydro- **17** IV 1391
—, 1,9-Diphenyl- **17** IV 788
—, 2,8-Dipropionyl- **17** IV 6462
—, Dodecahydro- **17** IV 340
—, 2-Fluor- **17** IV 587
—, 3-Fluor- **17** IV 587
—, 2-Glycyl- **18** IV 7981
—, 2-Heptanoyl- **17** IV 5403
—, 2-Heptyl- **17** IV 653
—, 1,2,4,6,8,9-Hexaacetoxy-3,7-dimethyl- **17** IV 3886
—, 1,2,3,4,4a,9b-Hexahydro- **17** II 62 g, IV 524

Dibenzofuran   (Fortsetzung)
—, 1,2,3,6,7,9-Hexamethoxy- **17**
  IV 3886
—, 1,2,4,6,8,9-Hexamethoxy-3,7-
  dimethyl- **17** IV 3886
—, 2-Hexanoyl- **17** IV 5398
—, 3-Hydrazino- **18** 640 e, IV 8306
—, 2-Hydroxymethyl- **17** IV 1616
—, 4a-Hydroxymethyl-dodecahydro- **17**
  IV 1315
—, 4a-Hydroxymethyl-1,4,4a,5a,6,9,9a,⁼
  9b-octahydro- **17** IV 1391
—, 2-Isobutyl- **17** IV 644
—, 2-Isobutyryl- **17** IV 5378
—, 2-Jod- **17** IV 590
—, 3-Jod- **17** 72 b, IV 590
—, 4-Jod- **17** IV 590
—, 3-Jod-2-nitro- **17** IV 594
—, 6-Jod-3-nitro- **17** IV 594
—, 2-Lauroyl- **17** IV 5410
—, 2-Methoxy- **17** IV 1590
—, 3-Methoxy- **17** II 145 f, IV 1597
—, 4-Methoxy- **17** IV 1598
—, 2-Methoxy-1,3-dinitro- **17** IV 1594
—, 6-Methoxy-2,7-dinitro- **17** IV 1601
—, 2-Methoxy-1-methyl- **17** IV 1615
—, 2-Methoxy-6-methyl- **17** IV 1617
—, 2-Methoxy-7-methyl- **17** IV 1617
—, 2-Methoxy-8-methyl- **17** IV 1616
—, 2-Methoxy-7-methyl-3-nitro- **17**
  IV 1617
—, 2-Methoxy-8-methyl-3-nitro- **17**
  IV 1616
—, 2-Methoxy-1-nitro- **17** IV 1593
—, 2-Methoxy-3-nitro- **17** IV 1593
—, 4-Methoxy-1-nitro- **17** IV 1600
—, 4-Methoxy-2-nitro- **17** IV 1600
—, 4-Methoxy-3-nitro- **17** IV 1600
—, 2-Methoxy-3-propionyl- **18** IV 649
—, 2-Methoxy-3-propyl- **17** IV 1630
—, 6-Methoxy-1,2,3,4-tetrahydro- **17**
  II 139 e
—, 1-Methyl- **17** IV 618
—, 2-Methyl- **17** II 72 c, IV 619
—, 3-Methyl- **17** IV 619
—, 4-Methyl- **17** IV 620
—, 3-Methylamino- **18** IV 7192
—, 3-Methyl-1,2,3,4-tetrahydro- **17**
  IV 560
—, 6-Methyl-1,2,3,4-tetrahydro- **17**
  IV 560
—, 8-Methyl-1,2,3,4-tetrahydro- **17**
  IV 560
—, 1-Nitro- **17** IV 591
—, 2-Nitro- **17** II 69 c, IV 591
—, 3-Nitro- **17** 72 c, II 69 b, IV 591
—, 4-Nitro- **17** IV 591
—, 7-Nitro-1,2,3,4-tetrahydro- **17**
  II 66 b

—, 2-Nitro-3-xanthen-9-ylamino- **18**
  IV 7224
—, 1,2,3,4,6,7,8,9-Octahydro- **17** IV 455
—, 2-Octanoyl- **17** IV 5405
—, 2-Octyl- **17** IV 655
—, 3-Palmitoylamino- **18** IV 7194
—, 1,2,4,6,9-Pentaacetoxy-3,7-dimethyl-
  17 IV 3837
—, 1,2,4,8,9-Pentaacetoxy-3,7-dimethyl-
  17 IV 3837
—, 1,3,4,7,8-Pentamethoxy- **17** IV 3836
—, 2-Pentyl- **17** IV 649
—, 2-Phenylacetyl- **17** IV 5564
—, 3-Phenylcarbamoyloxy- **17** IV 1597
—, 4-Phenylcarbamoyloxy-1,2,3,4-
  tetrahydro- **17** IV 1545
—, 2-Propionyl- **17** IV 5357
—, 2-Propionyl-8-propyl- **17** IV 5398
—, 2-Propyl- **17** IV 638
—, 3-Propylamino- **18** IV 7193
—, 2-Stearoyl- **17** IV 5412
—, 3-Stearoylamino- **18** IV 7194
—, 2-Stilben-α-yl- **17** IV 798
—, 3-Sulfanilylamino- **18** IV 7200
—, 4-Sulfanilylamino- **18** IV 7212
—, 1,3,7,9-Tetraacetoxy- **17** IV 2685
—, 2,3,7,8-Tetraacetoxy- **17** IV 2686
—, 3,4,6,7-Tetraacetoxy- **17** I 123 b
—, 1,3,7,9-Tetraacetoxy-2,6-diisopentyl-
  4,8-dimethyl- **17** IV 2700
—, 1,3,7,9-Tetraacetoxy-2,8-diisopentyl-
  4,6-dimethyl- **17** IV 2700
—, 1,3,7,9-Tetraacetoxy-4,6-diisovaleryl-
  2,8-dimethyl- **18** IV 3530
—, 1,2,6,9-Tetraacetoxy-3,7-dimethoxy-
  17 IV 3886
—, 1,3,7,9-Tetraacetoxy-2,8-dimethyl-
  17 IV 2690
—, 2,3,6,8-Tetrabrom- **17** IV 590
—, 2,3,7,8-Tetrabrom- **17** IV 590
—, 2,4,6,8-Tetrabrom- **17** IV 590
—, 2,3,6,8-Tetrabrom-1,7-dinitro- **17**
  IV 597
—, 2,3,6,8-Tetrabrom-4,7-dinitro- **17**
  IV 598
—, 2,3,7,8-Tetrabrom-1,9-dinitro- **17**
  IV 597
—, 2,4,6,8-Tetrabrom-1,3,7,9-
  tetramethoxy- **17** IV 2685
—, 1,2,3,4-Tetrahydro- **17** 68 b,
  II 66 a, IV 556
—, 1,3,7,9-Tetramethoxy- **17** IV 2685
—, 1,3,7,9-Tetramethoxy-2,8-dimethyl-
  17 IV 2689
—, 2,4,6,8-Tetramethyl- **17** 77 h
—, 1,3,7,8-Tetranitro- **17** IV 600
—, 2,3,6,8-Tetranitro- **17** IV 600
—, 2,3,7,8-Tetranitro- **17** II 70 a,
  IV 600

Dibenzofuran (Fortsetzung)
—, 2,4,6,8-Tetranitro- **17** I 30 d,
  IV 600
—, 2-*o*-Toluoyl- **17** IV 5565
—, 1,4,8-Triacetoxy-3,7-dimethoxy- **17**
  IV 3836
—, 1,4,8-Triacetoxy-3,7-dimethyl- **17**
  IV 2374
—, 2,3,8-Tribrom- **17** IV 589
—, 2,3,8-Tribrom-1,7-dinitro- **17**
  IV 597
—, 3,4,6-Trimethoxy- **17** IV 2371
—, 3,4,7-Trimethoxy- **17** IV 2371
—, 1,3,8-Trimethoxy-6-methyl- **17**
  IV 2372
—, 1,3,8-Trinitro- **17** IV 598
—, 2,3,7-Trinitro- **17** IV 598
—, 2,3,8-Trinitro- **17** II 69 e, IV 598
—, 2,4,6-Trinitro- **17** IV 598
—, 2,4,8-Trinitro- **17** IV 598
—, 2-Valeryl- **17** IV 5390
—, 2-Vinyl- **17** IV 662
Dibenzo[*b,d*]furan
  s. Dibenzofuran
Dibenzofuranamin
  s. Dibenzofuranylamin
Dibenzofuran-1-carbaldehyd
—, 4-Methoxy- **18** IV 608
Dibenzofuran-2-carbaldehyd 17 IV 5314
  — [2,4-dinitro-phenylhydrazon] **17**
    IV 5315
  — oxim **17** IV 5314
  — phenylhydrazon **17** IV 5314
  — phenylimin **17** IV 5314
  — semicarbazon **17** IV 5315
  — thiosemicarbazon **17** IV 5315
Dibenzofuran-3-carbaldehyd
—, 2,8-Dimethoxy- **18** IV 1687
—, 2-Methoxy- **18** IV 608
  — oxim **18** IV 608
—, 7-Methoxy-4-oxo-1,2,3,4-tetrahydro-
  18 IV 1639
Dibenzofuran-4-carbaldehyd 17 IV 5315
  — [2,4-dinitro-phenylhydrazon] **17**
    IV 5315
Dibenzofuran-4a-carbaldehyd
—, Decahydro- **17** IV 4656
  — [2,4-dinitro-phenylhydrazon] **17**
    IV 4656
—, 1,5a,6,9,9a,9b-Hexahydro-4*H*- **17**
  IV 5023
  — [2,4-dinitro-phenylhydrazon] **17**
    IV 5023
  — oxim **17** IV 5023
Dibenzofuran-2-carbamid 18 IV 4342
—, *N,N*-Diäthyl- **18** IV 4343
—, *N*-Dodecyl- **18** IV 4343
—, *N*-Octadecyl- **18** IV 4343
Dibenzofuran-4-carbamid 18 IV 4347

—, *N*-[3,4-Dimethoxy-phenacyl]- **18**
  IV 4347
—, *N,N*-Dimethyl- **18** IV 4347
Dibenzofuran-3-carbamidin 18 IV 4345
Dibenzofuran-2-carbanilid 18 IV 4343
—, *N*-Methyl- **18** IV 4343
Dibenzofuran-3-carbonitril 18 313 g,
  IV 4345
—, 8-Chlor- **18** IV 4346
—, 2-Methoxy- **18** IV 4965
—, 7-Methoxy-3-methyl-4-oxo-1,2,3,4-
  tetrahydro- **18** IV 6404
Dibenzofuran-1-carbonsäure 18 IV 4340
  — methylester **18** IV 4341
—, 2-Acetoxy- **18** IV 4961
—, 4,6-Diamino- **18** IV 8221
—, 4,6-Dihydroxy- **18** IV 5053
—, 3,9-Dihydroxy-7-methyl- **18** IV 5054
  — methylester **18** IV 5055
—, 3,4-Dimethoxy- **18** IV 5052
  — methylester **18** IV 5053
—, 4,6-Dimethoxy- **18** IV 5053
  — methylester **18** IV 5053
—, 3,7-Dimethoxy-9-methyl- **18**
  IV 5055
—, 2-Hydroxy- **18** IV 4961
—, 8-Hydroxy- **18** IV 4962
—, 2-Methoxy- **18** IV 4961
  — methylester **18** IV 4961
—, 4-Methoxy- **18** IV 4961
  — methylester **18** IV 4961
—, 3-Nitro- **18** IV 4341
  — methylester **18** IV 4341
—, 7-Nitro- **18** IV 4341
  — methylester **18** IV 4341
Dibenzofuran-2-carbonsäure 18 314 a,
  II 279 d, IV 4341
  — äthylester **18** IV 4342
  — amid **18** IV 4342
  — anilid **18** II 279 e, IV 4343
  — chlorid **18** IV 4342
  — [3-chlor-propylester] **18** IV 4342
  — diäthylamid **18** IV 4343
  — [2-diäthylamino-äthylester] **18**
    IV 4342
  — [3-diäthylamino-propylester] **18**
    IV 4342
  — dodecylamid **18** IV 4343
  — [2-isobutylamino-äthylester] **18**
    IV 4342
  — [*N*-methyl-anilid] **18** IV 4343
  — methylester **18** IV 4341
  — octadecylamid **18** IV 4343
  — [2-pentylamino-äthylester] **18**
    IV 4342
—, 3-Acetoxy-7-methoxy-1-pentyl-9-
  propyl- **18** IV 5057

Dibenzofuran-2-carbonsäure (Fortsetzung)
—, 6-Acetyl-7,9-dihydroxy-1,8,9b-
  trimethyl-3-oxo-3,9b-dihydro-,
  — äthylester 18 II 399 f, vgl. IV 6637 b
  — methylester 18 II 399 e, vgl. IV 6637 b
—, 7-Amino- 18 IV 8221
  — äthylester 18 IV 8221
  — [2-diäthylamino-äthylester] 18
    IV 8221
  — hydrazid 18 IV 8222
—, 8-Brom- 18 IV 4343
  — äthylester 18 IV 4343
—, 1,2-Dihydro- 18 IV 4331
—, 3,7-Dihydroxy-9-methyl- 18 IV 5055
—, 3,7-Dimethoxy-1-pentyl-9-propyl-,
  — methylester 18 IV 5058
—, 8-Formyl- 18 IV 5659
  — [2-hydroxy-anilid] 18 IV 5659
—, 3-Hydroxy- 18 IV 4962
  — [4-chlor-2-methoxy-anilid] 18
    IV 4962
—, 3-Hydroxy-7-methoxy-1-phenyl-9-
  propyl- 18 IV 5057
—, 8-Isocyanato-,
  — methylester 18 IV 8222
—, 7-Methoxy-1,9b-dimethyl-3-oxo-3,9b-
  dihydro- 18 IV 6409
  — äthylester 18 IV 6409
  — methylester 18 IV 6409
—, 7-Methoxy-1,6,9b-trimethyl-3-oxo-
  3,9b-dihydro- 18 IV 6411
  — äthylester 18 IV 6411
—, 8-Methyl- 18 IV 4360
  — methylester 18 IV 4360
—, 3-Nitro- 18 IV 4343
—, 7-Nitro- 18 IV 4343
  — äthylester 18 IV 4344
  — [2-diäthylamino-äthylester] 18
    IV 4344
  — methylester 18 IV 4343
—, 8-Nitro-,
  — methylester 18 IV 4344
Dibenzofuran-3-carbonsäure 18 313 f,
  IV 4344
  — [amid-imin] 18 IV 4345
  — [2-diäthylamino-äthylester] 18
    IV 4345
  — methylester 18 IV 4345
—, 7-Benzyloxy-8-brom-2-hydroxy-4-
  [4-methoxy-phenyl]-4,4a-dihydro-,
  — äthylester 18 IV 6568
—, 7-Benzyloxy-8-brom-4-[4-methoxy-
  phenyl]-2-oxo-2,3,4,4a-tetrahydro-,
  — äthylester 18 IV 6568
—, 8-Chlor- 18 IV 4345
  — äthylester 18 IV 4345
  — amid 18 IV 4345
  — hydrazid 18 IV 4346
—, 2,8-Dimethoxy- 18 IV 5054

—, 2-[2,4-Dinitro-phenylhydrazono]-7-
  methoxy-4-[4-methoxy-phenyl]-2,3,4,4a-
  tetrahydro-,
  — äthylester 18 IV 6567
—, 2-[2,4-Dinitro-phenylhydrazono]-4-
  [4-methoxy-phenyl]-2,3,4,4a-tetrahydro-,
  — äthylester 18 IV 6445
—, 2-Hydroxy- 18 IV 4962
  — anilid 18 IV 4963
  — o-anisidid 18 IV 4964
  — p-anisidid 18 IV 4964
  — [2-chlor-anilid] 18 IV 4963
  — [4-chlor-anilid] 18 IV 4963
  — [4-chlor-2-diäthylsulfamoyl-anilid]
    18 IV 4965
  — [4-chlor-2,5-dimethoxy-anilid] 18
    IV 4965
  — [5-chlor-2,4-dimethoxy-anilid] 18
    IV 4965
  — [4-chlor-2-methoxy-anilid] 18
    IV 4964
  — [5-chlor-2-methoxy-anilid] 18
    IV 4964
  — [4-chlor-2-methyl-anilid] 18
    IV 4963
  — [5-chlor-2-methyl-anilid] 18
    IV 4963
  — [2,4-dimethoxy-anilid] 18
    IV 4965
  — [2,5-dimethoxy-anilid] 18
    IV 4965
  — [2,5-dimethyl-anilid] 18 IV 4963
  — [3,5-dimethyl-anilid] 18 IV 4963
  — [4-methoxy-2-methyl-anilid] 18
    IV 4964
  — [4-methoxy-3-methyl-anilid] 18
    IV 4965
  — [1]naphthylamid 18 IV 4964
  — [3-nitro-anilid] 18 IV 4963
  — o-phenetidid 18 IV 4964
  — o-toluidid 18 IV 4963
—, 2-Hydroxyimino-7-methoxy-4-
  [4-methoxy-phenyl]-2,3,4,4a-tetrahydro-,
  — äthylester 18 IV 6567
—, 2-Hydroxyimino-4-[2-methoxy-
  [1]naphthyl]-2,3,4,4a-tetrahydro-,
  — äthylester 18 IV 6449
—, 2-Hydroxyimino-4-[4-methoxy-
  phenyl]-2,3,4,4a-tetrahydro-,
  — äthylester 18 IV 6444
—, 2-Hydroxy-7-methoxy- 18 IV 5053
  — o-anisidid 18 IV 5053
  — [4-chlor-2,5-dimethoxy-anilid] 18
    IV 5054
  — [2-chlor-4-methoxy-anilid] 18
    IV 5054
  — [4-chlor-2-methoxy-anilid] 18
    IV 5053

Dibenzofuran-3-carbonsäure
−, 2-Hydroxy-7-methoxy- (Fortsetzung)
  − [2,5-dimethoxy-anilid] **18** IV 5054
  − [4-methoxy-2-methyl-anilid] **18**
    IV 5054
  − *o*-toluidid **18** IV 5053
−, 2-Hydroxy-7-methoxy-4-[4-methoxy-
  phenyl]-4,4a-dihydro-,
  − äthylester **18** IV 6567
−, 2-Hydroxy-4-[2-methoxy-[1]naphthyl]-
  4,4a-dihydro-,
  − äthylester **18** IV 6448
−, 2-Hydroxy-4-[4-methoxy-phenyl]-
  4,4a-dihydro-,
  − äthylester **18** IV 6444
−, 2-Hydroxy-7-methyl- **18** IV 4972
  − *o*-anisidid **18** IV 4973
  − [2-chlor-4-methoxy-anilid] **18**
    IV 4973
  − [2-chlor-5-methoxy-anilid] **18**
    IV 4973
  − [2,5-dimethoxy-anilid] **18**
    IV 4973
  − [4-methoxy-2-methyl-anilid] **18**
    IV 4973
  − *o*-toluidid **18** IV 4973
−, 2-Hydroxy-8-methyl- **18** IV 4973
  − *o*-anisidid **18** IV 4973
  − [4-chlor-2,5-dimethoxy-anilid] **18**
    IV 4974
  − [2-chlor-4-methoxy-anilid] **18**
    IV 4974
  − [2-chlor-5-methoxy-anilid] **18**
    IV 4974
  − [4-chlor-2-methoxy-anilid] **18**
    IV 4974
  − [2,5-dimethoxy-anilid] **18**
    IV 4974
  − [4-methoxy-2-methyl-anilid] **18**
    IV 4974
−, 2-Methoxy- **18** IV 4962
  − methylester **18** IV 4962
−, 4-Methoxy- **18** IV 4969
−, 7-Methoxy-4-[4-methoxy-phenyl]-2-
  oxo-2,3,4,4a-tetrahydro-,
  − äthylester **18** IV 6567
−, 7-Methoxy-4-[4-methoxy-phenyl]-2-
  semicarbazono-2,3,4,4a-tetrahydro-,
  − äthylester **18** IV 6567
−, 4-[2-Methoxy-[1]naphthyl]-2-oxo-
  2,3,4,4a-tetrahydro-,
  − äthylester **18** IV 6448
−, 4-[4-Methoxy-phenyl]-2-oxo-2,3,4,4a-
  tetrahydro-,
  − äthylester **18** IV 6444
−, 4-[4-Methoxy-phenyl]-2-
  semicarbazono-2,3,4,4a-tetrahydro-,
  − äthylester **18** IV 6445
−, 7-Methyl- **18** IV 4361

  − methylester **18** IV 4361
−, 2-Nitro- **18** IV 4346
−, 7-Nitro-,
  − methylester **18** IV 4346
−, 8-Nitro- **18** IV 4346
  − methylester **18** IV 4346
−, 6,7,8,9-Tetrahydro- **18** II 278 i,
    IV 4311
  − methylester **18** IV 4311
Dibenzofuran-4-carbonsäure 18 IV 4346
  − amid **18** IV 4347
  − chlorid **18** IV 4347
  − [2-diäthylamino-äthylester] **18**
    IV 4347
  − [3,4-dimethoxy-phenacylamid] **18**
    IV 4347
  − dimethylamid **18** IV 4347
  − methylester **18** IV 4347
−, 8-Acetyl- **18** IV 5664
  − methylester **18** IV 5665
−, 7-Acetylamino-,
  − methylester **18** IV 8222
−, 7-Acetylamino-8-brom-,
  − methylester **18** IV 8222
−, 7-Amino-,
  − methylester **18** IV 8222
−, 2-Brom- **18** IV 4348
  − methylester **18** IV 4348
−, 8-Brom- **18** IV 4348
  − methylester **18** IV 4348
−, 8-Brom-x,x-dinitro-,
  − methylester **18** IV 4348
−, 8-Brom-7-nitro- **18** IV 4349
  − methylester **18** IV 4349
−, 2-Chlor- **18** IV 4348
−, 8-Chlor- **18** IV 4348
−, x,x-Dinitro-,
  − methylester **18** IV 4347
−, 6-Hydroxy- **18** IV 4970
−, 6-Methoxy- **18** IV 4970
  − methylester **18** IV 4970
−, 9-Methoxy- **18** IV 4970
−, 6-Methyl- **18** IV 4361
  − methylester **18** IV 4361
−, 7-Nitro- **18** IV 4349
  − methylester **18** IV 4349
−, 8-Nitro- **18** IV 4349
  − methylester **18** IV 4349
−, x-Nitro-,
  − methylester **18** IV 4347
−, 1,2,3,4-Tetrahydro- **18** IV 4311
−, 6,7,8,9-Tetrahydro- **18** IV 4311
−, x,x,x-Trinitro-,
  − methylester **18** IV 4347
Dibenzofuran-4a-carbonsäure
−, 1,5a,6,9,9a,9b-Hexahydro-4*H*- **18**
    IV 4239

Dibenzofuran-9a-carbonsäure
—, 2-Benzolsulfonylamino-7,8-dihydro-
9*H*-,
   — äthylester **18** IV 8220
Dibenzofuran-x-carbonsäure
—, 2-Benzoyl- **18** IV 5704
   — methylester **18** IV 5704
Dibenzofuran-1-carbonylchlorid
—, 4,6-Dimethoxy- **18** IV 5053
—, 4-Methoxy- **18** IV 4962
Dibenzofuran-2-carbonylchlorid 18 IV 4342
—, 7-Nitro- **18** IV 4344
Dibenzofuran-4-carbonylchlorid 18 IV 4347
Dibenzofuran-1,4-chinon 17 IV 6392
—, 8-Acetoxy-3,7-dimethoxy- **18**
   IV 3184
—, 9-Acetoxy-3,7-dimethyl- **18** IV 1696
—, 8-Hydroxy-3,7-dimethoxy- **18**
   IV 3184
—, 8-Hydroxy-3,7-dimethyl- **18** IV 1696
—, 9-Hydroxy-3,7-dimethyl- **18** IV 1696
—, 2,6,8,9-Tetraacetoxy-3,7-dimethyl-
   18 IV 3423
Dibenzofurandiamin
   s. Dibenzofurandiyldiamin
Dibenzofuran-2,8-dicarbaldehyd 17 IV 6427
   — bis-[2,4-dinitro-phenylhydrazon]
   17 IV 6427
Dibenzofuran-2,8-dicarbamid 18 IV 4572
Dibenzofuran-2,8-dicarbamidin 18 IV 4572
Dibenzofuran-2,3-dicarbonitril 18 IV 4571
Dibenzofuran-2,8-dicarbonitril 18 IV 4572
Dibenzofuran-1,2-dicarbonsäure
—, 3,7-Dimethoxy-9-propyl- **18**
   IV 5246
   — dimethylester **18** IV 5246
   — 2-methylester **18** IV 5246
—, 4-Methoxy-,
   — dimethylester **18** IV 5104
Dibenzofuran-1,3-dicarbonsäure
—, 2,8-Dimethoxy- **18** IV 5243
   — dimethylester **18** IV 5243
Dibenzofuran-1,7-dicarbonsäure
—, 3,9-Dihydroxy- **18** IV 5243
—, 2,8-Dimethoxy- **18** IV 5243
   — dimethylester **18** IV 5243
—, 3,9-Dimethoxy-,
   — dimethylester **18** IV 5243
Dibenzofuran-1,9-dicarbonsäure
—, 2,8-Dimethoxy- **18** IV 5243
   — dimethylester **18** IV 5243
—, 3,7-Dimethoxy- **18** IV 5244
   — dimethylester **18** IV 5244
—, 3,4,6,7-Tetraacetoxy- **18** I 477 b
—, 3,4,6,7-Tetrahydroxy- **18** I 476 b
—, 3,4,6,7-Tetrakis-benzoyloxy- **18**
   I 477 c
—, 3,4,6,7-Tetramethoxy- **18** I 477 a

Dibenzofuran-2,6-dicarbonsäure
—, 3,9-Diacetoxy-1,7-dimethyl- **18**
   IV 5245
   — dimethylester **18** IV 5245
—, 3,9-Dihydroxy-1,7-dimethyl- **18**
   IV 5244
   — dimethylester **18** IV 5245
—, 3,9-Dimethoxy-1,7-dimethyl- **18**
   IV 5245
   — dimethylester **18** IV 5245
Dibenzofuran-2,8-dicarbonsäure 18 IV 4571
   — bis-[2-diäthylamino-äthylester]
   18 IV 4572
   — bis-[*N*-methyl-anilid] **18** IV 4572
   — diamid **18** IV 4572
   — dimethylester **18** IV 4572
Dibenzofuran-3,7-dicarbonsäure 18 IV 4572
   — dimethylester **18** IV 4573
—, 2,8-Dimethoxy- **18** IV 5244
   — dimethylester **18** IV 5244
Dibenzofuran-4,6-dicarbonsäure 18 IV 4573
   — dimethylester **18** IV 4573
Dibenzofuran-1,2,6,9-dichinon
—, 8-Hydroxy-3,7-dimethyl- **18** IV 3250
Dibenzofuran-1,4,6,9-dichinon
—, 2,8-Dihydroxy-3,7-dimethyl- **18**
   IV 3449
—, 2-Hydroxy-3,7-dimethyl- **18** IV 3250
Dibenzofuran-1,4-diol 17 IV 2171
Dibenzofuran-1,7-diol 17 IV 2171
—, 3,9-Dimethyl- **17** IV 2181
—, 3-Methyl- **17** IV 2178
Dibenzofuran-1,8-diol 17 IV 2172
Dibenzofuran-1,9-diol 17 IV 2172
—, 3,7-Dimethyl- **17** IV 2182
Dibenzofuran-2,6-diol 17 IV 2172
Dibenzofuran-2,7-diol 17 IV 2172
Dibenzofuran-2,8-diol 17 IV 2173
—, 1-Äthyl- **17** IV 2180
—, 1,9-Bis-phenylazo- **18** IV 8329
—, 1-Chlor-3,7-dimethoxy- **17** IV 2686
—, 1,3-Dibrom- **17** IV 2174
—, 1,7-Dibrom- **17** IV 2174
—, 1,9-Dichlor-3,7-dimethoxy- **17**
   IV 2686
—, 3,7-Dimethoxy- **17** IV 2685
—, 3,7-Dimethoxy-1,9-dipropyl- **17**
   IV 2699
—, 1,3-Dimethyl- **17** IV 2181
—, 1,7-Dimethyl- **17** IV 2181
—, 3,7-Dimethyl- **17** IV 2183
—, 4,6-Dimethyl- **17** IV 2183
—, 1-Methyl- **17** IV 2178
—, 1-[3-Trifluormethyl-phenylazo]- **18**
   IV 8329
Dibenzofuran-3,4-diol 17 IV 2175
Dibenzofuran-3,7-diol 17 II 193 a, IV 2175
—, 1,9-Dimethyl- **17** IV 2182
—, 1,9-Dipentyl- **17** IV 2199

Dibenzofuran-3,7-diol (Fortsetzung)
—, 1-Methyl- **17** IV 2178
—, 1-Pentyl-9-propyl- **17** IV 2199
—, 1,4,6,9-Tetramethyl- **17** IV 2194
Dibenzofuran-4,6-diol 17 IV 2176
—, 1,9-Dibrom- **17** IV 2177
Dibenzofuran-1,3-dion
—, 9-Acetoxy-2,6-diacetyl-7-hydroxy-
8,9b-dimethyl-9b*H*- **18** IV 3523
—, 9-Acetoxy-2,6-diacetyl-7-hydroxy-
8,9b-dimethyl-4a,9b-dihydro-4*H*- **18**
IV 3444
—, 2-[1-Acetoxyimino-äthyl]-6-acetyl-7,9-
dihydroxy-8,9b-dimethyl-9b*H*- **18**
II 245 c
—, 6-Acetyl-2-[1-amino-äthyliden]-7,9-
dihydroxy-8,9b-dimethyl- **18** II 244 c,
IV 3524
—, 6-Acetyl-2-[1-amino-äthyliden]-7,9-
dihydroxy-8,9b-dimethyl-4a,9b-dihydro-
4*H*- **18** IV 3445
—, 6-Acetyl-2-[1-(4-amino-
benzoylhydrazono)-äthyl]-7,9-dihydroxy-
8,9b-dimethyl-9b*H*- **18** IV 3525
—, 6-Acetyl-2-[1-anilino-äthyliden]-7,9-
dihydroxy-8,9b-dimethyl-9b*H*- **18**
II 244 d, IV 3524
—, 6-Acetyl-2-[1-benzoylhydrazono-
äthyl]-7,9-dihydroxy-8,9b-dimethyl-9b*H*-
18 IV 3524
—, 6-Acetyl-2-[1-(benzyl-phenyl-
hydrazono)-äthyl]-7,9-dihydroxy-8,9b-
dimethyl-9b*H*- **18** II 245 d
—, 6-Acetyl-2-[1-(cyanacetyl-hydrazono)-
äthyl]-7,9-dihydroxy-8,9b-dimethyl-9b*H*-
18 IV 3524
—, 6-Acetyl-7,9-dihydroxy-8,9b-
dimethyl-2-[1-methylamino-äthyliden]-
9b*H*- **18** IV 3524
—, 6-Acetyl-7,9-dihydroxy-8,9b-
dimethyl-2-[1-salicyloylhydrazono-äthyl]-
9b*H*- **18** IV 3525
—, 6-Acetyl-7,9-dihydroxy-8,9b-
dimethyl-2-[1-semicarbazono-äthyl]-
9b*H*- **18** II 245 e
—, 6-Acetyl-7,9-dihydroxy-2-[1-(4-
hydroxy-benzoylhydrazono)-äthyl]-8,9b-
dimethyl-9b*H*- **18** IV 3525
—, 6-Acetyl-7,9-dihydroxy-2-
[1-hydroxyimino-äthyl]-8,9b-dimethyl-
9b*H*- **18** II 245 b
—, 2-[1-(2-Amino-4-methyl-anilino)-
äthyliden]-6-acetyl-7,9-dihydroxy-8,9b-
dimethyl-9b*H*- **18** II 245 a
—, 2-[1-(2-Amino-5-methyl-anilino)-
äthyliden]-6-acetyl-7,9-dihydroxy-8,9b-
dimethyl-9b*H*- **18** II 245 a
—, 7,9-Diacetoxy-2,6-diacetyl-8,9b-
dimethyl-9b*H*- **18** II 244 b, IV 3523

—, 7,9-Diacetoxy-2,6-diacetyl-8,9b-
dimethyl-4a,9b-dihydro-4*H*- **18** IV 3444
—, 2,6-Diacetyl-7,9-dihydroxy-8,9b-
dimethyl-9b*H*- **18** II 241 a, IV 3522
—, 2,6-Diacetyl-7,9-dihydroxy-8,9b-
dimethyl-4a,9b-dihydro-4*H*- **18** IV 3443
—, 2,8-Diacetyl-7,9-dihydroxy-6,9b-
dimethyl-4a,9b-dihydro-4*H*- **18** IV 3445
Dibenzofuran-1,4-dion
s. Dibenzofuran-1,4-chinon
Dibenzofuran-2,8-disulfinsäure 18 IV 6700
Dibenzofuran-4,6-disulfinsäure 18 IV 6700
Dibenzofuran-2,6-disulfonsäure
—, 3,8-Dinitro- **18** IV 6731
Dibenzofuran-2,7-disulfonsäure
—, 3,8-Dinitro- **18** IV 6731
Dibenzofuran-2,8-disulfonsäure 18 IV 6731
— dichlorid **18** IV 6731
—, 3,7-Dinitro- **18** IV 6731
—, 4,6-Dinitro- **18** IV 6731
Dibenzofuran-4,6-disulfonsäure 18 IV 6732
Dibenzofuran-2,8-disulfonylchlorid 18
IV 6731
Dibenzofuran-1,3-diyldiamin
—, 2-Methoxy- **18** IV 7356
Dibenzofuran-1,4-diyldiamin 18 IV 7282
Dibenzofuran-2,3-diyldiamin 18 II 427 a,
IV 7283
Dibenzofuran-2,6-diyldiamin 18 IV 7283
Dibenzofuran-2,7-diyldiamin 18 I 559 f,
IV 7284
—, *N,N'*-Bis-[3-diäthylamino-propyl]-
18 IV 7284
—, 3,8-Dinitro- **18** IV 7284
—, 3-Nitro- **18** IV 7284
Dibenzofuran-2,8-diyldiamin 18 II 427 c,
IV 7285
—, *N,N'*-Bis-[3-diäthylamino-propyl]-
18 IV 7285
—, 3-Nitro- **18** IV 7285
Dibenzofuran-3,6-diyldiamin 18 IV 7287
Dibenzofuran-3,7-diyldiamin 18 591 a,
IV 7288
—, *N,N'*-Bis-[2-diäthylamino-äthyl]- **18**
IV 7288
—, 1,9-Dimethyl- **18** IV 7292
—, 2-Nitro- **18** IV 7288
Dibenzofuran-4,6-diyldiamin 18 IV 7290
—, 2,8-Dibrom- **18** IV 7290
Dibenzofuran-4,6-diyldiquecksilber(2+)
—, Dodecahydro- **18** IV 8431
Dibenzofuran-1,2,4,6,8,9-hexaol
—, 3,7-Dimethyl- **17** IV 3886
Dibenzofuranium
—, 5-Phenyl- **17** IV 586
Dibenzofuran-1-ol 17 II 146 a, IV 1589
—, x-Brom- **17** IV 1589
—, 2-Methoxy- **17** IV 2171
—, 4-Methoxy- **17** IV 2171

Dibenzofuran-1-ol (Fortsetzung)
—, 1,2,3,4,6,7,8,9-Octahydro- **17**
IV 1384
—, 1,2,3,4-Tetrahydro- **17** IV 1545
—, 3,7,9-Trimethoxy-2,8-dimethyl- **17**
IV 2689
Dibenzofuran-2-ol 17 IV 1589
—, 1-Acetyl- **18** IV 626
—, 3-Acetyl- **18** IV 627
—, 6-Acetylamino- **18** IV 7354
—, 7-Acetylamino- **18** IV 7355
—, 8-Acetylamino- **18** IV 7355
—, 3-Äthyl- **17** IV 1623
—, 1-Allyl- **17** IV 1671
—, 1-Amino- **18** IV 7351
—, 3-Amino- **18** IV 7351
—, 6-Amino- **18** IV 7354
—, 7-Amino- **18** IV 7354
—, 8-Amino- **18** IV 7355
—, 8-Amino-1-methyl- **18** IV 7361
—, 1-Brom- **17** IV 1592
—, 3-Brom- **17** IV 1592
—, 3-Butyl- **17** IV 1634
—, 6-Chlor- **17** IV 1591
—, 7-Chlor- **17** IV 1591
—, 8-Chlor- **17** IV 1591
—, 9-Chlor- **17** IV 1592
—, 6-Chlor-7,9-dimethoxy-4-methyl- **17**
IV 2373
—, 7,8-Dichlor- **17** IV 1592
—, 7,9-Dimethoxy-4-methyl- **17**
IV 2372
—, 6,7-Dimethyl- **17** IV 1624
—, 7,8-Dimethyl- **17** IV 1624
—, 7,9-Dimethyl- **17** IV 1624
—, 1-Dimethylaminomethyl- **18**
IV 7361
—, 4a,8-Dimethyl-1,2,3,4,4a,9b-
hexahydro- **17** IV 1505
—, 1,3-Dinitro- **17** IV 1594
—, 7-Methoxy- **17** IV 2173
—, 8-Methoxy- **17** IV 2173
—, 9-Methoxy- **17** IV 2172
—, 1-Methyl- **17** IV 1615
—, 4-Methyl- **17** IV 1617
—, 6-Methyl- **17** IV 1617
—, 7-Methyl- **17** IV 1617
—, 8-Methyl- **17** IV 1616
—, 9-Methyl- **17** IV 1616
—, 1-Nitro- **17** IV 1593
—, 3-Nitro- **17** IV 1593
—, 1-Phenylazo- **18** IV 8328
—, 1-Propenyl- **17** IV 1670
—, 3-Propyl- **17** IV 1629
—, 1-[3-Trifluormethyl-phenylazo]- **18**
IV 8328
Dibenzofuran-3-ol 17 II 145 e, IV 1597
—, 2-Brom- **17** IV 1597
—, 1-Brom-4-methoxy- **17** IV 2175

—, 8-Chlor- **17** IV 1597
—, 4,6-Dimethoxy- **17** IV 2371
—, 8,9b-Dimethyl-1,2,3,4,4a,9b-
hexahydro- **17** IV 1505
—, 8,9b-Dimethyl-3,4,4a,9b-tetrahydro-
17 IV 1549
—, 4-Methoxy- **17** IV 2175
—, 7-Methoxy-1-pentyl-9-propyl- **17**
IV 2199
—, 2-Nitro- **17** IV 1598
—, 2-Phenylazo- **18** IV 8329
Dibenzofuran-4-ol 17 IV 1598
—, 3-Acetyl- **18** IV 628
—, 3-Amino- **18** IV 7358
—, 6-Amino- **18** IV 7359
—, 1-Brom- **17** IV 1599
—, 6-Brom- **17** IV 1600
—, 1-Chlor- **17** IV 1599
—, 2-Chlor- **17** IV 1599
—, 3-Chlor- **17** IV 1599
—, 1,3-Dibrom-6-methoxy- **17** IV 2177
—, 1,3-Dichlor- **17** IV 1599
—, 3,8-Dinitro- **17** IV 1601
—, 6-Methoxy- **17** IV 2176
—, 6-Methoxy-1-phenylazo- **18** IV 8330
—, 3-Nitro- **17** IV 1600
—, 1-Phenylazo- **18** IV 8329
—, 1,2,3,4-Tetrahydro- **17** IV 1545
Dibenzofuran-x-ol
—, x,x,x-Trimethoxy-2,8-dimethyl- **17**
IV 2689
Dibenzofuran-1-on
—, 9-Acetoxy-2,6-diacetyl-3,7-dihydroxy-
8,9b-dimethyl-9b*H*- **18** IV 3523
—, 9-Acetoxy-2,6-diacetyl-3,7-dihydroxy-
8,9b-dimethyl-4a,9b-dihydro-4*H*- **18**
IV 3444
—, 9-Acetoxy-2,6-diacetyl-3,7-dihydroxy-
4a-methoxy-8,9b-dimethyl-4a,9b-dihydro-
4*H*- **18** IV 3568
—, 2-[1-Acetoxyimino-äthyl]-6-acetyl-
3,7,9-trihydroxy-8,9b-dimethyl-9b*H*- **18**
II 245 c
—, 6-Acetyl-2-[1-(4-amino-
benzoylhydrazono)-äthyl]-3,7,9-
trihydroxy-8,9b-dimethyl-9b*H*- **18**
IV 3525
—, 6-Acetyl-2-[1-benzoylhydrazono-
äthyl]-3,7,9-trihydroxy-8,9b-dimethyl-
9b*H*- **18** IV 3524
—, 6-Acetyl-2-[1-(benzyl-phenyl-
hydrazono)-äthyl]-3,7,9-trihydroxy-8,9b-
dimethyl-9b*H*- **18** II 245 d
—, 6-Acetyl-2-[1-(cyanacetyl-hydrazono)-
äthyl]-3,7,9-trihydroxy-8,9b-dimethyl-
9b*H*- **18** IV 3524
—, 6-Acetyl-3,7,9-trihydroxy-8,9b-
dimethyl-2-[1-methylimino-äthyl]-9b*H*-
18 IV 3524

Dibenzofuran-1-on (Fortsetzung)

—, 6-Acetyl-3,7,9-trihydroxy-8,9b-
   dimethyl-2-[1-phenylimino-äthyl]-9b*H*-
   18 II 244 d, IV 3524

—, 6-Acetyl-3,7,9-trihydroxy-8,9b-
   dimethyl-2-[1-salicyloylhydrazono-äthyl]-
   9b*H*- **18** IV 3525

—, 6-Acetyl-3,7,9-trihydroxy-8,9b-
   dimethyl-2-[1-semicarbazono-äthyl]-
   9b*H*- **18** II 245 e

—, 6-Acetyl-3,7,9-trihydroxy-2-[1-(4-
   hydroxy-benzoylhydrazono)-äthyl]-8,9b-
   dimethyl-9b*H*- **18** IV 3525

—, 6-Acetyl-3,7,9-trihydroxy-2-
   [1-hydroxyimino-äthyl]-8,9b-dimethyl-
   9b*H*- **18** II 245 b

—, 6-Acetyl-3,7,9-trihydroxy-2-[1-imino-
   äthyl]-8,9b-dimethyl-9b*H*- **18** II 244 c,
   IV 3524

—, 6-Acetyl-3,7,9-trihydroxy-2-[1-imino-
   äthyl]-8,9b-dimethyl-4a,9b-dihydro-4*H*-
   18 IV 3445

—, 2-[1-(2-Amino-4-methyl-phenylimino)-
   äthyl]-6-acetyl-3,7,9-trihydroxy-8,9b-
   dimethyl-9b*H*- **18** II 245 a

—, 2-[1-(2-Amino-5-methyl-phenylimino)-
   äthyl]-6-acetyl-3,7,9-trihydroxy-8,9b-
   dimethyl-9b*H*- **18** II 245 a

—, 7,9-Diacetoxy-2,6-diacetyl-3-hydroxy-
   8,9b-dimethyl-9b*H*- **18** IV 3523

—, 7,9-Diacetoxy-2,6-diacetyl-3-hydroxy-
   9,9b-dimethyl-9b*H*- **18** II 244 b

—, 7,9-Diacetoxy-2,6-diacetyl-3-hydroxy-
   8,9b-dimethyl-4a,9b-dihydro-4*H*- **18**
   IV 3444

—, 2,6-Diacetyl-7,9-bis-
   äthoxycarbonyloxy-3-hydroxy-4a-
   methoxy-8,9b-dimethyl-4a,9b-dihydro-
   4*H*- **18** IV 3568

—, 2,6-Diacetyl-3,7,9-trihydroxy-8,9b-
   dimethyl-9b*H*- **18** II 241 a,
   IV 3522

—, 2,6-Diacetyl-3,7,9-trihydroxy-8,9b-
   dimethyl-4a,9b-dihydro-4*H*- **18**
   IV 3443

—, 2,8-Diacetyl-3,7,9-trihydroxy-6,9b-
   dimethyl-4a,9b-dihydro-4*H*- **18**
   IV 3445

—, 2,6-Diacetyl-3,7,9-trihydroxy-4a-
   methoxy-8,9b-dimethyl-4a,9b-dihydro-
   4*H*- **18** IV 3567

—, 3,4-Dihydro-2*H*- **17** IV 5207
   — [2,4-dinitro-phenylhydrazon] **17**
      IV 5208
   — oxim **17** IV 5207

—, 3,3-Dimethyl-3,4,6,7,8,9-hexahydro-
   2*H*- **17** IV 5026
   — [2,4-dinitro-phenylhydrazon] **17**
      IV 5026

—, 3,4,6,7,8,9-Hexahydro-2*H*- **17**
   IV 5013
   — [2,4-dinitro-phenylhydrazon] **17**
      IV 5013

—, 6-Hydroxy-3,4,4a,9b-tetrahydro-2*H*-
   10 III 4747 b

Dibenzofuran-2-on

—, 6-Chlor-7,9-dimethoxy-4-methyl-3,4-
   dihydro-1*H*- **18** IV 1565
   — [2,4-dinitro-phenylhydrazon] **18**
      IV 1565
   — menthyloxycarbonylhydrazon **18**
      IV 1566

—, 6-Chlor-7,9-dimethoxy-4-methyl-4,4a-
   dihydro-3*H*- **18** IV 1566
   — [2,4-dinitro-phenylhydrazon] **18**
      IV 1566

—, 5a,8-Diacetoxy-3,6-dichlor-3,7-
   dimethoxy-5a,6-dihydro-3*H*- **18** IV 3153

—, 3,6-Dichlor-3,5a,7,8-tetramethoxy-
   5a,6-dihydro-3*H*- **18** IV 3153

—, 3,4-Dihydro-1*H*- **17** IV 5208

—, 7,9-Dimethoxy-3,4-dihydro-1*H*- **18**
   IV 1551
   — [2,4-dinitro-phenylhydrazon] **18**
      IV 1551

—, 7,9-Dimethoxy-4-methyl-3,4-dihydro-
   1*H*- **18** IV 1564
   — [2,4-dinitro-phenylhydrazon] **18**
      IV 1564

—, 4a,8-Dimethyl-4,4a-dihydro-3*H*- **17**
   IV 5229
   — [2,4-dinitro-phenylhydrazon] **17**
      IV 5229

—, 4a,8-Dimethyl-4a,9b-dihydro-1*H*-
   17 IV 5230
   — oxim **17** II 375 a
   — phenylhydrazon **17** II 375 b
   — semicarbazon **17** II 375 c

—, 4a,8-Dimethyl-3,4,4a,9b-tetrahydro-
   1*H*- **17** IV 5151
   — [2,4-dinitro-phenylhydrazon] **17**
      IV 5151
   — semicarbazon **17** IV 5151

—, 4a-Hydroxy-4a*H*- **8** III 2635 a

—, 9b-Hydroxy-3,4,4a,9b-tetrahydro-
   1*H*- **18** IV 411

—, 7-Methoxy-4-[4-methoxy-phenyl]-
   4,4a-dihydro-3*H*- **18** IV 1916

—, 4-[4-Methoxy-phenyl]-4,4a-dihydro-
   3*H*- **18** IV 806

—, 4-Methyl-3,4-dihydro-1*H*- **17**
   IV 5220

—, 3,4a,7-Trihydroxy-1,4,6,9-
   tetramethyl-4a*H*- **8** III 4088 b

Dibenzofuran-3-on

—, 2,8-Diacetyl-1,7,9-trihydroxy-4a-
   methoxy-6,9b-dimethyl-4a,9b-dihydro-
   4*H*- **18** IV 3568

Dibenzofuran-3-on (Fortsetzung)
—, 8,9b-Diäthyl-4a,9b-dihydro-4*H*- **17**
   IV 5242
   – [2,4-dinitro-phenylhydrazon] **17**
     IV 5243
   – semicarbazon **17** IV 5243
—, 8,9b-Dimethyl-1,9b-dihydro-2*H*- **17** IV 5229
   – [2,4-dinitro-phenylhydrazon] **17** IV 5229
—, 8,9b-Dimethyl-4a,9b-dihydro-4*H*-
   17 IV 5230
   – [2,4-dinitro-phenylhydrazon] **17**
     IV 5230
   – oxim **17** IV 5230
   – phenylhydrazon **17** IV 5230
   – semicarbazon **17** IV 5230
—, 8,9b-Dimethyl-1,4,4a,9b-tetrahydro-
   1*H*-,
   – [2,4-dinitro-phenylhydrazon] **17**
     IV 5151
   – semicarbazon **17** IV 5151
—, 8,9b-Dimethyl-1,4,4a,9b-tetrahydro-
   2*H*- **17** IV 5151
—, 8,9-Dipropyl-4a,9b-dihydro-4*H*-,
   – [2,4-dinitro-phenylhydrazon] **17**
     IV 5248
—, 8,9b-Dipropyl-4a,9b-dihydro-4*H*-
   17 IV 5248
   – semicarbazon **17** IV 5248
—, 1,7,8,9b-Tetramethyl-4a,9b-dihydro-
   4*H*- **17** IV 5243
   – [2,4-dinitro-phenylhydrazon] **17**
     IV 5243
   – semicarbazon **17** IV 5243
—, 1,8,9,9b-Tetramethyl-4a,9b-dihydro-
   4*H*- **17** IV 5243
   – [2,4-dinitro-phenylhydrazon] **17**
     IV 5243
   – semicarbazon **17** IV 5243
—, 2,6,8,9b-Tetramethyl-4a,9b-dihydro-
   4*H*- **17** IV 5243
   – [2,4-dinitro-phenylhydrazon] **17**
     IV 5243
   – semicarbazon **17** IV 5243
—, 4,6,8,9b-Tetramethyl-4a,9b-dihydro-
   4*H*- **17** IV 5243
   – [2,4-dinitro-phenylhydrazon] **17**
     IV 5243
   – semicarbazon **17** IV 5243
Dibenzofuran-4-on
—, 2,3-Dihydro-1*H*- **17** IV 5208
   – [2,4-dinitro-phenylhydrazon] **17**
     IV 5208
   – oxim **17** IV 5208
—, 3-Hydroxymethylen-7-methoxy-2,3-
   dihydro-1*H*- **18** IV 1639
—, 7-Methoxy-2,3-dihydro-1*H*- **18**
   IV 506
   – semicarbazon **18** IV 506
Dibenzofuran-2-sulfinsäure **18** IV 6700

Dibenzofuran-2-sulfonamid **18** IV 6722
—, *N*-Äthyl- **18** IV 6722
—, *N*-Methyl- **18** IV 6722
Dibenzofuran-3-sulfonamid **18** IV 6724
—, 6,7,8,9-Tetrahydro- **18** IV 6719
Dibenzofuran-2-sulfonanilid **18** IV 6722
Dibenzofuran-2-sulfonsäure **18** IV 6719
   – äthylamid **18** IV 6722
   – amid **18** IV 6722
   – anilid **18** IV 6722
   – chlorid **18** IV 6722
   – methylamid **18** IV 6722
—, 7-Amino- **18** II 490 c, IV 8285
—, 7-Amino-8-nitro- **18** IV 8286
—, 7-Arsono- **18** IV 8374
—, 3,7-Dinitro- **18** IV 6723
—, 3,8-Dinitro- **18** IV 6723
—, 4,6-Dinitro- **18** IV 6723
—, 7-Nitro- **18** II 405 c, IV 6722
   – amid **18** II 405 e
—, 8-Nitro- **18** IV 6723
Dibenzofuran-3-sulfonsäure **18** IV 6724
   – amid **18** IV 6724
   – chlorid **18** IV 6724
—, 6,7,8,9-Tetrahydro- **18** IV 6719
   – amid **18** IV 6719
Dibenzofuran-2-sulfonylchlorid **18** IV 6722
—, 7-Nitro- **18** II 405 d
Dibenzofuran-3-sulfonylchlorid **18** IV 6724
Dibenzofuran-1,2,6,7-tetracarbonsäure
—, 3,9-Dimethoxy- **18** IV 5258
   – tetramethylester **18** IV 5258
Dibenzofuran-1,2,6,8-tetraol
—, 3,7-Dimethyl- **17** IV 2690
Dibenzofuran-1,3,7,9-tetraol **17** IV 2685
—, 4,6-Diacetyl-2,8-dimethyl- **18**
   IV 3522
—, 2,6-Diisovaleryl-4,8-dimethyl- **18**
   IV 3529
—, 2,8-Diisovaleryl-4,6-dimethyl- **18**
   IV 3529
—, 4,6-Diisovaleryl-2,8-dimethyl- **18**
   IV 3530
—, 2,8-Dimethyl- **17** IV 2689
Dibenzofuran-1,4,6,8-tetraol
—, 3,7-Dimethyl- **17** IV 2690
Dibenzofuran-3,4,6,7-tetraol **17** I 123 a
Dibenzofuran-1,3,7,9-tetraon
—, 4,8-Diacetyl-2,2,9a-trimethyl-4,9a-
   dihydro- **17** IV 6844
Dibenzofuran-1,4,6,9-tetraon
   s. Dibenzofuran-1,4,6,9-dichinon
Dibenzofuran-2,3,7,8-tetrol **17** 192 b
Dibenzofuran-2-thiol **17** IV 1594
Dibenzofuran-1,4,8-triol
—, 3,7-Dimethoxy- **17** IV 3835

Dibenzofuran-1,3,9-trion
—, 2,6-Diacetyl-6,7-dihydroxy-8,9b-
dimethyl-6,9b-dihydro- **18** II 256 a,
IV 3605
—, 2,6-Diacetyl-7,8-dihydroxy-8,9b-
dimethyl-8,9b-dihydro- **18** II 256 a,
IV 3605
Dibenzofuran-1-ylamin 18 IV 7183
—, 4-Äthoxy- **18** IV 7357
—, 3,4-Dimethoxy- **18** IV 7444
—, 4,6-Dimethoxy- **18** IV 7444
—, 2-Methoxy- **18** IV 7351
—, 4-Methoxy- **18** IV 7356
—, 4-Methoxy-2-nitro- **18** IV 7357
—, 2-Methoxy-4-[4-nitro-phenylazo]-
18 IV 8349
—, 1,2,3,4-Tetrahydro- **18** IV 7177
Dibenzofuran-2-ylamin 18 II 423 b,
IV 7184
—, 1-Brom- **18** IV 7185
—, 3-Brom- **18** IV 7185
—, 7-Chlor- **18** IV 7185
—, 1,3-Dibrom- **18** IV 7185
—, 4-Methoxy- **18** IV 7358
—, 7-Methoxy- **18** IV 7356
—, 8-Methoxy- **18** IV 7355
—, 7-Methyl- **18** IV 7232
—, 3-Nitro- **18** II 423 e
—, 7-Nitro- **18** IV 7186
—, 8-Nitro- **18** IV 7186
Dibenzofuran-3-ylamin 18 587 f, I 557 c,
IV 7191
—, 2-Äthoxy- **18** IV 7352
—, 2-Äthyl- **18** IV 7234
—, 2-Brom- **18** IV 7201
—, 8-Brom- **18** IV 7202
—, 1-Brom-4-methoxy- **18** IV 7359
—, 2-Chlor- **18** IV 7201
—, 8-Chlor- **18** IV 7201
—, 7-Chlor-2-methoxy- **18** IV 7353
—, 2,8-Dibrom- **18** IV 7202
—, 6-Jod- **18** IV 7203
—, 2-Methoxy- **18** IV 7352
—, 4-Methoxy- **18** IV 7358
—, 8-Methoxy- **18** IV 7354
—, 2-Methoxy-7-methyl- **18** IV 7362
—, 2-Methoxy-8-methyl- **18** IV 7362
—, 2-Nitro- **18** II 422 f, IV 7203
—, 7-Nitro- **18** IV 7204
—, 8-Nitro- **18** IV 7204
—, 6,7,8,9-Tetrahydro- **18** II 421 c
—, 2-Thiocyanato- **18** IV 7354
Dibenzofuran-4-ylamin 18 IV 7211
—, 1-Brom- **18** IV 7212
—, 6-Methoxy- **18** IV 7359
—, 8-Methoxy- **18** IV 7354
—, 1-Nitro- **18** IV 7212
—, 3-Nitro- **18** IV 7213
—, 6-Nitro- **18** IV 7213

—, 6,7,8,9-Tetrahydro- **18** IV 7177
Dibenzofuran-2-ylarsenoxid 18 IV 8368
Dibenzofuran-3-ylarsenoxid 18 IV 8368
—, 8-Nitro- **18** IV 8368
Dibenzofuran-4-yllithium 18 IV 8403
—, 2-Chlor- **18** IV 8403
Dibenzofuran-2-ylquecksilber(1 +) 18
IV 8426
Dibenzofuran-4-ylquecksilber(1 +) 18
IV 8426
Dibenzofuran-2-ylthallium(2 +) 18 IV 8400
Dibenzohomopyran
s. Dibenz[b,d]oxepin, 6,7-Dihydro-
Dibenzo[c,h]naphtho[2,1,8,7-klmn]xanthen 17
IV 820
Dibenzo[h,kl]naphtho[2,3-a]xanthen
—, 14-Acetoxy- **17** IV 1777
Dibenzo[h,kl]naphtho[2,3-a]xanthen-14-ol 17
IV 1777
**Dibenzo[c,mn]naphtho[2,3-g]xanthen-1,6,13,18-
tetraon**
—, 7-Hydroxy-2,3,3a,3b,4,5-hexahydro-
18 IV 3393
**Dibenzo[c,mn]naphtho[2,3-g]xanthen-6,13,18-
trion**
—, 1,7-Dihydroxy-2,3,3a,3b,4,5-
hexahydro- **18** IV 3393
—, 1,3,4,7,8,17-Hexahydroxy-10,15-
dimethyl-2,3,3a,3b,4,5-hexahydro- **18**
IV 3638
Dibenzo[b,f]oxepin-10-carbonsäure
—, 2-Amino-10,11-dihydro- **18** IV 8222
Dibenzo[b,e]oxepin-6,11-dion
—, 3-Acetoxy- **18** II 97 b
—, 3-Acetoxy-2,4-dibrom- **18** II 97 c
Dibenzo[b,e]oxonin
—, 13-Acetoxy-3,10,11-trimethoxy-8,13-
dihydro- **19** II 118 f
**Dibenzo[5,6;7,8]pentapheno[13,14-bcd]furan-
5,10-chinon 17** IV 6653
—, 14b,15a-Dihydro- **17** IV 6653
Dibenzopenthiophen 17 74 d, I 30 h
Dibenzo[2,3;10,11]perylo[1,12-bcd]furan
s. Dibenzo[5,6;7,8]pentapheno=
[13,14-bcd]furan
Dibenzo[4,5;8,9]perylo[1,12-bcd]furan 17
IV 831
Dibenzo[2,3;8,9]perylo[1,12-efg]isobenzofuran
s. Benz[4′,10′]anthra[9′,1′,2′,3′;3,=
4,5]chryseno[1,2-c]furan
**Dibenzo[2,3;10,11]perylo[1,12-efg]=
isobenzofuran**
s. Phenanthro[1′,10′,9′,8′;5,6,7,8]=
piceno[13,14-c]furan
Dibenzo[5,6;7,8]perylo[1,12-efg]isobenzofuran
s. Anthra[9′,1′,2′;11,12,1]benzo=
[4,5]chryseno[2,3-c]furan
**Dibenzo[2,3;10,11]perylo[1,12-bcd]thiophen
17** IV 831

Dibenzo[c,g]phenanthren-3,4-dicarbonsäure
— anhydrid **17** IV 6621
—, 9,12-Dibrom-,
— anhydrid **17** IV 6621
—, 9,12-Dibrom-1,2,2a,3,4,4a,5,6-
octahydro-,
— anhydrid **17** IV 6561
—, 9,12-Dibrom-1,2,5,6-tetrahydro-,
— anhydrid **17** IV 6608
—, 9,12-Dimethyl-,
— anhydrid **17** IV 6625
—, 9,12-Dimethyl-1,2,2a,3,4,4a,5,6-
octahydro-,
— anhydrid **17** IV 6563
—, 9,12-Dimethyl-1,2,5,6-tetrahydro-,
— anhydrid **17** IV 6611
—, 1,2,2a,3,4,4a,5,6-Octahydro-,
— anhydrid **17** IV 6561
—, 1,2,5,6-Tetrahydro-,
— anhydrid **17** IV 6608
—, 7,9,12,14-Tetramethyl-,
— anhydrid **17** IV 6627
—, 7,9,12,14-Tetramethyl-1,2,2a,3,4,4a,5,6-
octahydro-,
— anhydrid **17** IV 6564
—, 7,9,12,14-Tetramethyl-1,2,5,6-
tetrahydro-,
— anhydrid **17** IV 6611
Dibenzo[3,4;5,6]phenanthro[9,10-c]furan
—, 3,5-Diphenyl-1,2,2a,5b,6,7-
hexahydro- **17** IV 837
Dibenzo[3,4;5,6]phenanthro[9,10-c]furan-3,5-
-dion 17 IV 6621
—, 10,13-Dibrom- **17** IV 6621
—, 10,13-Dibrom-1,2,2a,2b,5a,5b,6,7-
octahydro- **17** IV 6561
—, 10,13-Dibrom-1,2,6,7-tetrahydro-
17 IV 6608
—, 10,13-Dimethyl- **17** IV 6625
—, 10,13-Dimethyl-1,2,2a,2b,5a,5b,6,7-
octahydro- **17** IV 6563
—, 10,13-Dimethyl-1,2,6,7-tetrahydro-
17 IV 6611
—, 1,2,2a,2b,5a,5b,6,7-Octahydro- **17**
IV 6561
—, 1,2,6,7-Tetrahydro- **17** IV 6608
—, 8,10,13,15-Tetramethyl- **17** IV 6627
—, 8,10,13,15-Tetramethyl-1,2,2a,2b,5a,⤦
5b,6,7-octahydro- **17** IV 6564
—, 8,10,13,15-Tetramethyl-1,2,6,7-
tetrahydro- **17** IV 6611
Dibenzo[de,kl]phenanthro[2,1,10,9,8,7-pqrstuv]⤦
pentaphen-15,16-dicarbonsäure
— anhydrid **17** IV 6674
Dibenzo[4,5;8,9]phenanthro[2′,1′,10′,9′,8′,⤦
7′;12,13,14,1]pentapheno[6,7-c]furan-15,17-
-dion 17 IV 6674
Dibenzo[b,d]pyran
s. Benzo[c]chromen

Dibenzo[1,10;8,9]pyreno[4,5-c]furan-1,3-dion
17 IV 6629
—, 5,11-Dibenzoyl- **17** IV 6839
—, 5,11-Dichlor- **17** IV 6630
—, 8,9-Dimethyl-4,5,12,13-tetrahydro-
17 IV 6616
Dibenzo[c,e]selenepin
—, 5,7-Dihydro- **17** IV 626
Dibenzo[c,e]selenepindiium
—, 6,6-Dimethyl-5,7-dihydro- **17** IV 627
Dibenzo[c,e]selenepinium
—, 6-Methyl-5,7-dihydro- **17** IV 627
Dibenzo[c,e]selenepinium(2+)
—, 6,6-Dimethyl-5,7-dihydro- **17** IV 627
Dibenzoselenophen 17 IV 609
—, 2-Acetyl- **17** IV 5331
—, 4-Acetyl- **17** IV 5332
—, 2-Acetylamino- **18** IV 7191
—, 3-Acetylamino- **18** IV 7210
—, 3-Acetylamino-4-nitro- **18** IV 7210
—, 2-Amino- **18** IV 7191
—, 2-Amino-1-nitro- **18** IV 7191
—, 2-Amino-3-nitro- **18** IV 7191
—, 3-Amino-4-nitro- **18** IV 7210
—, 2-Azido- **17** IV 612
—, 3-Azido- **17** IV 612
—, 2,6-Bis-acetylamino- **18** IV 7283
—, 2,7-Bis-acetylamino- **18** IV 7285
—, 2,8-Bis-acetylamino- **18** IV 7287
—, 3,7-Bis-acetylamino- **18** IV 7290
—, 2,6-Bis-[1-hydroxyimino-äthyl]- **17** IV 6448
—, 2-Brom- **17** IV 610
—, 2,6-Diacetyl- **17** IV 6448
—, 2,8-Diacetyl- **17** IV 6448
—, 1,2-Diamino- **18** IV 7282
—, 2,7-Diamino- **18** IV 7285
—, 2,8-Diamino- **18** IV 7287
—, 3,4-Diamino- **18** IV 7287
—, 3,7-Diamino- **18** IV 7290
—, 2,7-Dinitro- **17** IV 611
—, 2,8-Dinitro- **17** IV 612
—, 3,7-Dinitro- **17** IV 612
—, x,x-Dipropionyl- **17** IV 5358
—, 4-Jod- **17** IV 611
—, 4-Methyl- **17** IV 621
—, 2-Nitro- **17** IV 611
—, 3-Nitro- **17** IV 611
—, 4-Nitro- **17** IV 611
—, x-Propionyl- **17** IV 5358
— oxim **17** IV 5358
—, x-Propionylamino- **18** IV 7214
—, 1,3,6-Trimethyl- **17** IV 638
—, 1,3,8-Trimethyl- **17** IV 638
—, 4-Valeryl- **17** IV 5391
Dibenzo[b,d]selenophen
s. Dibenzoselenophen
5λ⁴-Dibenzoselenophen
—, 5,5-Dibrom- **17** IV 610
—, 5,5-Dichlor- **17** IV 609

$5\lambda^4$-**Dibenzoselenophen** (Fortsetzung)
—, 3-Nitro-5-oxo- **17** IV 611
—, 5-Oxo- **17** IV 609
$5\lambda^6$-**Dibenzoselenophen**
—, 5,5-Dioxo- **17** IV 610
Dibenzoselenophen-4-carbonsäure 18 IV 4350
$5\lambda^4$-**Dibenzoselenophen-4-carbonsäure**
—, 5-Oxo- **18** IV 4350
Dibenzoselenophen-5,5-dibromid 17 IV 610
—, 2-Chlor- **17** IV 609
Dibenzoselenophen-5,5-dichlorid 17 IV 609
Dibenzoselenophen-5,5-dioxid 17 IV 610
Dibenzoselenophen-1,2-diyldiamin 18 IV 7282
Dibenzoselenophen-2,7-diyldiamin 18 IV 7285
Dibenzoselenophen-2,8-diyldiamin 18 IV 7287
Dibenzoselenophen-3,4-diyldiamin 18 IV 7287
Dibenzoselenophen-3,7-diyldiamin 18 IV 7290
Dibenzoselenophenium
—, 5-Biphenyl-4-yl- **17** IV 610
—, 5-[4-Brom-phenyl]- **17** IV 610
—, 5-[4-Chlor-phenyl]- **17** IV 610
—, 5-Phenyl- **17** IV 610
—, 5-*m*-Tolyl- **17** IV 610
—, 5-*p*-Tolyl- **17** IV 610
Dibenzoselenophen-5-oxid 17 IV 609
—, 3-Nitro- **17** IV 611
Dibenzoselenophen-2-ylamin 18 IV 7191
—, 1-Nitro- **18** IV 7191
—, 3-Nitro- **18** IV 7191
Dibenzoselenophen-3-ylamin 18 IV 7209
—, 4-Nitro- **18** IV 7210
Dibenzotellurophen 17 IV 612
—, 2-Nitro- **17** IV 613
Dibenzo[*b,d*]tellurophen
s. Dibenzotellurophen
$5\lambda^4$-**Dibenzotellurophen**
—, 5,5-Dibrom- **17** IV 613
—, 5,5-Dichlor- **17** IV 612
—, 5-Oxo- **17** IV 612
Dibenzotellurophen-5,5-dibromid 17 IV 613
Dibenzotellurophen-5,5-dichlorid 17 IV 612
Dibenzotellurophen-5-oxid 17 IV 612
**Dibenzo[*d,d'*]thieno[2,3-*b*;4,5-*b'*]dithiophen
17** IV 484
Dibenzo[*b,f*]thiepin
—, 2-Methyl-8-nitro- **17** IV 666
—, 2-Nitro- **17** IV 661
Dibenzo[*c,e*]thiepin
—, 3,9-Dibrom-5,7-dihydro- **17** IV 626
—, 5,7-Dihydro- **17** IV 626
$6\lambda^6$-**Dibenzo[*c,e*]thiepin**
—, 3,9-Dibrom-6,6-dioxo-5,7-dihydro-
17 IV 626
—, 3,9-Dinitro-6,6-dioxo-5,7-dihydro-
17 IV 626
—, 6,6-Dioxo-5,7-dihydro- **17** IV 626
—, 3-Nitro-6,6-dioxo-5,7-dihydro- **17**
IV 626

Dibenzo[*b,f*]thiepin-10-carbonsäure
—, 8-Methyl-2-nitro- **18** IV 4391
— methylester **18** IV 4391
—, 2-Nitro- **18** IV 4386
— methylester **18** IV 4386
$6\lambda^6$-**Dibenzo[*c,e*]thiepin-3,9-dicarbonitril**
—, 6,6-Dioxo-5,7-dihydro- **18** IV 4574
$6\lambda^6$-**Dibenzo[*c,e*]thiepin-3,9-dicarbonsäure**
—, 6,6-Dioxo-5,7-dihydro- **18** IV 4574
— diäthylester **18** IV 4574
Dibenzo[*c,e*]thiepin-6,6-dioxid
—, 3-Amino-5,7-dihydro- **18** IV 7233
—, 3,9-Dibrom-5,7-dihydro- **17** IV 626
—, 5,7-Dihydro- **17** IV 626
—, 3,9-Dinitro-5,7-dihydro- **17** IV 626
—, 3-Nitro-5,7-dihydro- **17** IV 626
Dibenzo[*c,e*]thiepinium
—, 6-Methyl-5,7-dihydro- **17** IV 626
Dibenzo[*b,f*]thiepin-10-on
—, 8-Methyl-2-nitro-11*H*- **17** IV 5349
— oxim **17** IV 5348
$6\lambda^6$-**Dibenzo[*c,e*]thiepin-3-ylamin**
—, 6,6-Dioxo-5,7-dihydro- **18** IV 7233
Dibenzo[*de,h*]thiochromen-3-ol 17 II 408 e
Dibenzo[*de,h*]thiochromen-3-on 17 II 408 e
Dibenzothiophen 17 72 d, II 70 c, IV 601
—, 2-Acetyl- **17** IV 5330
—, 4-Acetyl- **17** IV 5332
—, 1-Acetylamino- **18** IV 7183
—, 2-Acetylamino- **18** II 423 i,
IV 7187
—, 3-Acetylamino- **18** IV 7205
—, 4-Acetylamino- **18** IV 7214
—, 2-Acetylamino-8-äthoxy- **18**
IV 7355
—, 2-Acetylamino-8-äthoxy-4-jod- **18**
IV 7356
—, 2-Acetylamino-3-brom- **18** IV 7189
—, 3-Acetylamino-2-brom- **18** IV 7208
—, 4-Acetylamino-1-brom- **18** IV 7214
—, 2-Acetylamino-1-chlor- **18** IV 7188
—, 3-Acetylamino-2-chlor- **18** IV 7207
—, 3-Acetylamino-4-chlor- **18** IV 7208
—, 2-Acetylamino-1-nitro- **18** IV 7189
—, 2-Acetylamino-3-nitro- **18** IV 7190
—, 2-Acetylamino-8-nitro- **18** IV 7190
—, 3-Acetylamino-4-nitro- **18** IV 7209
—, 2-Acetylmercapto- **17** IV 1596
—, 7-Acetyl-1,2,3,4-tetrahydro- **17**
IV 5228
—, 2-Äthoxy-8-amino- **18** IV 7355
—, 8-Äthoxy-2-amino-4-jod- **18**
IV 7356
—, 8-Äthoxy-4-jod-2-nitro- **17** IV 1596
—, 2-Äthoxy-8-nitro- **17** IV 1595
—, 2-Äthylmercapto- **17** IV 1596
—, 7-Äthyl-1,2,3,4-tetrahydro- **17**
IV 5229

Dibenzothiophen (Fortsetzung)

—, 8-Äthyl-1,2,3,4-tetrahydro- **17** IV 562, IV 5229

—, 1-Amino- **18** IV 7183

—, 2-Amino- **18** II 423 h, IV 7186

—, 3-Amino- **18** II 423 a, IV 7204

—, 4-Amino- **18** IV 7214

—, 2-Amino-3-brom- **18** IV 7189

—, 2-Amino-8-brom- **18** II 423 j, IV 7189

—, 3-Amino-2-brom- **18** IV 7208

—, 4-Amino-1-brom- **18** IV 7214

—, 2-Amino-1-chlor- **18** IV 7188

—, 3-Amino-2-chlor- **18** IV 7207

—, 1-Amino-2-chlor-4-methoxy- **18** IV 7358

—, 1-Amino-3-chlor-4-methoxy- **18** IV 7358

—, 1-Amino-4-methoxy- **18** IV 7357

—, 2-Amino-1-nitro- **18** IV 7189

—, 2-Amino-3-nitro- **18** IV 7190

—, 2-Amino-8-nitro- **18** IV 7190

—, 3-Amino-4-nitro- **18** IV 7209

—, 3-Amino-7-nitro- **18** IV 7209

—, 2-Azido- **17** IV 608

—, 3-Azido- **17** IV 609

—, 2-Benzolsulfonylamino- **18** IV 7188

—, 3-Benzolsulfonylamino- **18** IV 7207

—, 2-Benzolsulfonylamino-3-nitro- **18** IV 7190

—, 2-Benzoylamino- **18** IV 7187

—, 3-Benzoylamino- **18** IV 7205

—, 2-Benzoylamino-3-brom- **18** IV 7189

—, 3-Benzoylamino-2-brom- **18** IV 7208

—, 2-Benzoylamino-3-chlor- **18** IV 7189

—, 3-Benzoylamino-2-chlor- **18** IV 7208

—, 3-Benzoylamino-4-chlor- **18** IV 7208

—, 2-Benzoylamino-3-nitro- **18** IV 7190

—, 3-Benzoylamino-4-nitro- **18** IV 7209

—, 2-Benzoylmercapto- **17** IV 1596

—, 2,8-Bis-acetylamino- **18** II 427 f, IV 7286

—, 2,8-Bis-[1-hydroxyimino-äthyl]- **17** IV 6448

—, 2,8-Bis-[7-oxo-7*H*-benz[*de*]anthracen-3-carbonyl]- **17** IV 6839

—, 1-Brom- **17** IV 604

—, 2-Brom- **17** II 70 h, IV 605

—, 3-Brom- **17** IV 605

—, 4-Brom- **17** IV 605

—, 2-Bromacetyl- **17** IV 5331

—, 4-Bromacetyl- **17** IV 5332

—, 2-Brom-8-nitro- **17** II 71 f, IV 607

—, 1-Chlor- **17** IV 603

—, 2-Chlor- **17** II 70 f

—, 3-Chlor- **17** IV 604

—, 4-Chlor- **17** IV 604

—, 6-Chlor-1,2,3,4-tetrahydro- **17** IV 557

—, 8-Chlor-1,2,3,4-tetrahydro- **17** IV 557

—, 2-Cinnamoyl- **17** IV 5587

—, 2-Decanoyl- **17** IV 5409

—, 2-Decyl- **17** IV 655

—, 1,4-Diacetoxy- **17** II 192 e

—, 2,8-Diacetyl- **17** IV 6448

—, 1,2-Diamino- **18** IV 7282

—, 2,8-Diamino- **18** II 427 e, IV 7286

—, 3,4-Diamino- **18** IV 7287

—, 3,7-Diamino- **18** II 427 b, IV 7289

—, 3,7-Diamino-1,9-dimethyl- **18** IV 7292

—, 4-Diazoacetyl- **17** IV 6427

—, 2,8-Dibrom- **17** II 71 b, IV 605

—, 2,8-Dichlor- **17** II 70 g, IV 604

—, 1,4-Dihydro- **17** IV 574

—, 2,8-Dijod- **17** II 71 d

—, 2,8-Dimethyl- **17** II 75 a, IV 632

—, 3,7-Dimethyl- **17** IV 632

—, 4,6-Dimethyl- **17** IV 633

—, 2,7-Dinitro- **17** IV 608

—, 2,8-Dinitro- **17** II 71 g, IV 608

—, 3,7-Dinitro- **17** IV 608

—, 2-Heptanoyl- **17** IV 5403

—, 2-Heptyl- **17** IV 653

—, 1,2,3,4,4a,9b-Hexahydro- **17** IV 524

—, 1-Jod- **17** IV 606

—, 2-Jod- **17** II 71 c

—, 3-Jod- **17** IV 606

—, 4-Jod- **17** IV 606

—, 4-Methoxy- **17** IV 1601

—, 4-Methoxy-1-nitro- **17** IV 1602

—, 6-Methoxy-1,2,3,4-tetrahydro- **17** IV 1545

—, 8-Methoxy-1,2,3,4-tetrahydro- **17** IV 1545

—, 1-Methyl- **17** IV 618

—, 2-Methyl- **17** IV 619

—, 3-Methyl- **17** IV 620

—, 4-Methyl- **17** IV 621

—, 6-Methyl-1,2,3,4-tetrahydro- **17** IV 561

—, 7-Methyl-1,2,3,4-tetrahydro- **17** IV 560

—, 8-Methyl-1,2,3,4-tetrahydro- **17** IV 560

—, 2-Myristoyl- **17** IV 5411

—, 1-Nitro- **17** IV 606

—, 2-Nitro- **17** II 71 e, IV 606

—, 3-Nitro- **17** IV 607

—, 4-Nitro- **17** IV 607

—, 1,2,3,4,6,7,8,9-Octahydro- **17** IV 455

—, 2-Octanoyl- **17** IV 5405

—, 2-Octyl- **17** IV 655

—, 2-Phenylacetyl- **17** IV 5565

—, 2-Propionyl- **17** IV 5357

Dibenzothiophen (Fortsetzung)
—, 2-Stearoyl- **17** IV 5412
—, 2-Stilben-α-yl- **17** IV 798
—, 2-Sulfanilylamino- **18** IV 7188
—, 3-Sulfanilylamino- **18** IV 7207
—, 2-Tetradecyl- **17** IV 656
—, 1,2,3,4-Tetrahydro- **17** IV 556
—, 1,2,6,7-Tetramethyl- **17** IV 644
—, 1,3,7,9-Tetramethyl- **17** IV 644
—, 2,3,6,7-Tetramethyl- **17** IV 645
—, 2,3,6,8-Tetramethyl- **17** IV 645
—, 2,3,7,8-Tetramethyl- **17** IV 645
—, 2,4,6,8-Tetramethyl- **17** IV 646
—, 3,4,6,7-Tetramethyl- **18** IV 8461
—, 4-Valeryl- **17** IV 5390
—, 2-Vinyl- **17** IV 662

5λ⁴-Dibenzothiophen
—, 2,8-Dibrom-3,7-dinitro-5-oxo- **17** IV 608
—, 3,7-Dinitro-5-oxo- **17** IV 608
—, 3-Nitro-5-oxo- **17** IV 607
—, 5-Oxo- **17** IV 602

5λ⁶-Dibenzothiophen
—, 8-Äthoxy-4-jod-2-nitro-5,5-dioxo- **17** IV 1596
—, 3,7-Bis-[6-amino-1-hydroxy-3-sulfo-[2]naphthylazo]-5,5-dioxo- **18** IV 8328
—, 2,8-Bis-benzoyloxy-5,5-dioxo- **17** IV 2174
—, 3,7-Bis-[2-hydroxy-3,6-disulfo-[1]naphthylazo]-5,5-dioxo- **18** IV 8327
—, 1-Brom-5,5-dioxo- **17** IV 604
—, 2-Brom-5,5-dioxo- **17** IV 605
—, 3-Brom-5,5-dioxo- **17** IV 605
—, 2-Brom-7-nitro-5,5-dioxo- **17** IV 607
—, 1-Chlor-5,5-dioxo- **17** IV 603
—, 2-Chlor-5,5-dioxo- **17** IV 603
—, 2,8-Dibrom-5,5-dioxo- **17** IV 606
—, 3,7-Dibrom-5,5-dioxo- **17** IV 606
—, 1,9b-Dibrom-5,5-dioxo-1,2,3,4,4a,6,7,= 8,9,9b-decahydro- **17** IV 386
—, 2,8-Dichlor-5,5-dioxo- **17** IV 604
—, 3,7-Dichlor-5,5-dioxo- **17** IV 604
—, 2,8-Dimethyl-5,5-dioxo- **17** IV 632
—, 4,6-Dimethyl-5,5-dioxo- **17** IV 633
—, 2,8-Dinitro-5,5-dioxo- **17** IV 608
—, 3,7-Dinitro-5,5-dioxo- **17** IV 608
—, 5,5-Dioxo- **17** IV 603
—, 5,5-Dioxo-1,2,3,4,4a,5a,6,7,8,9-decahydro- **17** IV 387
—, 5,5-Dioxo-dodecahydro- **17** IV 340
—, 5,5-Dioxo-1,2,3,4,4a,9b-hexahydro- **17** IV 524
—, 5,5-Dioxo-1,2,3,4,5a,6,7,8-octahydro- **17** IV 456
—, 5,5-Dioxo-1,2,3,4-tetrahydro- **17** IV 557

—, 5,5-Dioxo-1,4,4a,9b-tetrahydro- **17** IV 557
—, 4-Methoxy-5,5-dioxo- **17** IV 1601
—, 1-Methyl-5,5-dioxo- **17** IV 619
—, 2-Methyl-5,5-dioxo- **17** IV 619
—, 3-Methyl-5,5-dioxo- **17** IV 620
—, 4-Methyl-5,5-dioxo- **17** IV 621
—, 2-Nitro-5,5-dioxo- **17** IV 607
—, 3-Nitro-5,5-dioxo- **17** IV 607
—, 1,3,7,9-Tetramethyl-5,5-dioxo- **17** IV 644
—, 2,3,6,7-Tetramethyl-5,5-dioxo- **17** IV 645
—, 2,3,6,8-Tetramethyl-5,5-dioxo- **17** IV 645
—, 2,3,7,8-Tetramethyl-5,5-dioxo- **17** IV 646

Dibenzo[b,d]thiophen
  s. Dibenzothiophen

Dibenzothiophen-3-carbaldehyd
—, 4-Oxo-1,2,3,4-tetrahydro- **17** IV 6350

Dibenzothiophen-4-carbamid 18 IV 4350
Dibenzothiophen-2-carbonitril 18 IV 4344
Dibenzothiophen-3-carbonitril
—, 4-Hydroxy-1,2-dihydro- **18** IV 5640
—, 3-Methyl-4-oxo-1,2,3,4-tetrahydro- **18** IV 5642
—, 4-Oxo-1,2,3,4-tetrahydro- **18** IV 5640

Dibenzothiophen-1-carbonsäure 18 IV 4341
  — methylester **18** IV 4341
Dibenzothiophen-2-carbonsäure 18 II 279 f, IV 4344
  — [2-diäthylamino-äthylester] **18** IV 4344
  — methylester **18** IV 4344
Dibenzothiophen-3-carbonsäure 18 IV 4346
  — methylester **18** IV 4346
—, 2-Hydroxy- **18** IV 4966
  — anilid **18** IV 4966
  — o-anisidid **18** IV 4967
  — p-anisidid **18** IV 4968
  — [4-chlor-anilid] **18** IV 4966
  — [4-chlor-2,5-dimethoxy-anilid] **18** IV 4969
  — [5-chlor-2,4-dimethoxy-anilid] **18** IV 4969
  — [4-chlor-2-methoxy-anilid] **18** IV 4968
  — [5-chlor-2-methoxy-anilid] **18** IV 4968
  — [4-chlor-2-methyl-anilid] **18** IV 4967
  — [5-chlor-2-methyl-anilid] **18** IV 4967
  — [3,4-dichlor-anilid] **18** IV 4966
  — [2,4-dimethoxy-anilid] **18** IV 4969

Dibenzothiophen-3-carbonsäure
—, 2-Hydroxy- (Fortsetzung)
  — [2,5-dimethoxy-anilid] **18** IV 4969
  — [2,5-dimethyl-anilid] **18** IV 4967
  — [4-methoxy-2-methyl-anilid] **18**
    IV 4968
  — [4-methoxy-3-methyl-anilid] **18**
    IV 4968
  — [1]naphthylamid **18** IV 4967
  — [2-nitro-anilid] **18** IV 4966
  — [3-nitro-anilid] **18** IV 4966
  — o-phenetidid **18** IV 4967
  — p-phenetidid **18** IV 4968
  — o-toluidid **18** IV 4967
  — p-toluidid **18** IV 4967
5λ⁴-Dibenzothiophen-3-carbonsäure
—, 2-Hydroxy-5-oxo- **18** IV 4966
5λ⁶-Dibenzothiophen-3-carbonsäure
—, 2-Hydroxy-5,5-dioxo- **18** IV 4966
  — [4-chlor-2-methoxy-anilid] **18**
    IV 4968
Dibenzothiophen-4-carbonsäure 18 IV 4349
  — amid **18** IV 4350
  — chlorid **18** IV 4350
  — [2-diäthylamino-äthylester] **18**
    IV 4350
  — methylester **18** IV 4350
5λ⁶-Dibenzothiophen-4-carbonsäure
—, 5,5-Dioxo- **18** IV 4349
  — amid **18** IV 4350
Dibenzothiophen-4-carbonylchlorid 18
  IV 4350
Dibenzothiophen-2,8-dicarbonsäure 18
  II 292 a
5λ⁶-Dibenzothiophen-2,8-dicarbonsäure
—, 5,5-Dioxo- **18** IV 4572
Dibenzothiophen-3,4-dicarbonsäure
—, 1,2,3,4-Tetrahydro- **18** IV 4567
5λ⁶-Dibenzothiophen-4,6-dicarbonsäure
—, 5,5-Dioxo- **18** IV 4573
Dibenzothiophen-2,8-diol 17 IV 2174
5λ⁶-Dibenzothiophen-2,8-diol
—, 5,5-Dioxo- **17** IV 2174
Dibenzothiophen-5,5-dioxid 17 72 e, II 70 e,
  IV 603
—, 2-Acetoxy- **17** IV 1595
—, 2-Acetylamino- **18** IV 7187
—, 3-Acetylamino- **18** IV 7205
—, 2-Acetylamino-8-äthoxy- **18**
  IV 7355
—, 2-Acetylamino-8-äthoxy-4-jod- **18**
  IV 7356
—, 2-Acetylamino-8-nitro- **18** IV 7190
—, 8-Äthoxy-4-jod-2-nitro- **17** IV 1596
—, 2-Amino- **18** IV 7186
—, 3-Amino- **18** IV 7205
—, 3-Amino-7-benzylidenamino- **18**
  I 560 a
—, 7-Amino-2-brom- **18** IV 7208

—, 2-Amino-8-nitro- **18** IV 7190
—, 3-Amino-7-nitro- **18** IV 7209
—, 2-Benzoyloxy- **17** IV 1595
—, 2,8-Bis-acetylamino- **18** II 427 g,
  IV 7286
—, 3,7-Bis-acetylamino- **18** IV 7289
—, 3,7-Bis-[(N-acetyl-sulfanilyl)-amino]-
  18 IV 7290
—, 3,7-Bis-[6-amino-1-hydroxy-3-sulfo-
  [2]naphthylazo]- **18** IV 8328
—, 3,7-Bis-benzoylamino- **18** IV 7289
—, 3,7-Bis-[4-benzoylamino-9,10-dioxo-
  9,10-dihydro-[1]anthrylamino]- **18**
  I 560 f
—, 2,8-Bis-benzoyloxy- **17** IV 2174
—, 3,7-Bis-[4-dimethylamino-
  benzylidenamino]- **18** I 560 e
—, 3,7-Bis-[9,10-dioxo-9,10-dihydro-
  [1]anthrylamino]- **18** I 560 d
—, 3,7-Bis-[3-[2]furyl-3-hydroxy-
  acryloylamino]-2,8-dimethyl- **18** IV 7293
—, 3,7-Bis-[3-[2]furyl-3-oxo-
  propionylamino]-2,8-dimethyl- **18**
  IV 7293
—, 3,7-Bis-[2-hydroxy-3,6-disulfo-
  [1]naphthylazo]- **18** IV 8327
—, 3,7-Bis-[2-hydroxy-3-methoxy-
  benzylidenamino]- **18** I 560 c
—, 3,7-Bis-[4-nitro-benzylidenamino]-
  18 I 560 b
—, 3,7-Bis-sulfanilylamino- **18** IV 7289
—, 2,8-Bis-[sulfinomethyl-amino]- **18**
  IV 7286
—, 1-Brom- **17** IV 604
—, 2-Brom- **17** IV 605
—, 3-Brom- **17** IV 605
—, 2-Brom-7-nitro- **17** IV 607
—, 1-Chlor- **17** IV 603
—, 2-Chlor- **17** IV 603
—, 1,2,3,4,4a,5a,6,7,8,9-Decahydro- **17**
  IV 387
—, 2,8-Diamino- **18** IV 7286
—, 3,7-Diamino- **18** 591 b, IV 7289
—, 3,6-Diamino-4,6-dimethyl- **18** 592 e
—, 3,7-Diamino-2,8-dimethyl- **18** 592 e
—, 3,7-Dianilino- **18** 591 c
—, 2,8-Dibrom- **17** IV 606
—, 3,7-Dibrom- **17** IV 606
—, 1,9b-Dibrom-1,2,3,4,4a,6,7,8,9,9b-
  decahydro- **17** IV 386
—, 9a,9b-Dibrom-dodecahydro- **17**
  IV 456
—, 2,8-Dichlor- **17** IV 604
—, 3,7-Dichlor- **17** I 30 f, IV 604
—, 3,7-Diisocyanato- **18** IV 7289
—, 2,8-Dimethyl- **17** IV 632
—, 3,7-Dimethyl- **17** II 74 f
—, 4,6-Dimethyl- **17** IV 633
—, 2,8-Dinitro- **17** IV 608

Dibenzothiophen-5,5-dioxid (Fortsetzung)
—, 3,7-Dinitro- **17** IV 608
—, Dodecahydro- **17** IV 340
—, 1,2,3,4,4a,9b-Hexahydro- **17** IV 524
—, 4-Methoxy- **17** IV 1601
—, 3-[4-Methoxy-3-sulfo-benzoylamino]-
7-[4-(4-methoxy-3-sulfo-benzoylamino)-
phenyl]- **18** IV 7299
—, 1-Methyl- **17** IV 619
—, 2-Methyl- **17** IV 619
—, 3-Methyl- **17** IV 620
—, 4-Methyl- **17** IV 621
—, 2-Nitro- **17** IV 607
—, 3-Nitro- **17** IV 607
—, 1,2,3,4,5a,6,7,8-Octahydro- **17**
IV 456
—, 2,4,6,8-Tetraacetoxy- **17** 192 a
—, 1,2,3,4-Tetrahydro- **17** IV 557
—, 1,4,4a,9b-Tetrahydro- **17** IV 557
—, 2,3,7,8-Tetramethoxy-1,9-dinitro-
17 II 236 f
—, 1,3,7,9-Tetramethyl- **17** IV 644
—, 2,3,6,7-Tetramethyl- **17** IV 645
—, 2,3,6,8-Tetramethyl- **17** IV 645
—, 2,3,7,8-Tetramethyl- **17** IV 646
5λ^6-Dibenzothiophen-2,8-disulfonsäure
—, 3,7-Bis-[6-amino-1-hydroxy-3-sulfo-
[2]naphthylazo]-5,5-dioxo- **18** IV 8348
—, 3,7-Bis-[2-hydroxy-3,6-disulfo-
[1]naphthylazo]-5,5-dioxo- **18** IV 8348
—, 3,7-Bis-[2-hydroxy-3-methoxy-
benzylidenamino]-5,5-dioxo- **18** I 591 a
—, 3,7-Diamino-5,5-dioxo- **18** 636 a,
I 590 d, II 490 d, IV 8286
—, 3,7-Dibrom-5,5-dioxo- **18** IV 6732
—, 5,5-Dioxo- **18** IV 6732
5λ^6-Dibenzothiophen-3,7-disulfonsäure
—, 5,5-Dioxo-,
— dianilid **18** IV 6732
5λ^6-Dibenzothiophen-2,8-disulfonylchlorid
—, 5,5-Dioxo- **18** IV 6732
5λ^6-Dibenzothiophen-3,7-disulfonylchlorid
—, 5,5-Dioxo- **18** IV 6732
Dibenzothiophen-1,2-diyldiamin 18 IV 7282
Dibenzothiophen-2,8-diyldiamin 18 II 427 e,
IV 7286
5λ^6-Dibenzothiophen-2,8-diyldiamin
—, 5,5-Dioxo- **18** IV 7286
Dibenzothiophen-3,4-diyldiamin 18 IV 7287
Dibenzothiophen-3,7-diyldiamin 18 IV 7289
—, 1,9-Dimethyl- **18** IV 7292
5λ^6-Dibenzothiophen-3,7-diyldiamin
—, 5,5-Dioxo- **18** IV 7289
5λ^6-Dibenzothiophen-3,7-diyldiisocyanat
—, 5,5-Dioxo- **18** IV 7289
Dibenzothiophen-2-ol 17 IV 1595
5λ^4-Dibenzothiophen-2-ol
—, 5-Oxo- **17** IV 1595

5λ^6-Dibenzothiophen-2-ol
—, 5,5-Dioxo- **17** IV 1595
Dibenzothiophen-4-ol 17 IV 1601
—, 1-Chlor- **17** IV 1601
—, x,x-Dinitro- **17** IV 1601
Dibenzothiophen-1-on
—, 3,4,6,7,8,9-Hexahydro-2H- **17**
IV 5013
— [2,4-dinitro-phenylhydrazon] **17**
IV 5013
— oxim **17** IV 5013
— semicarbazon **17** IV 5013
Dibenzothiophen-4-on
—, 2,3-Dihydro-1H- **17** IV 5208
— [2,4-dinitro-phenylhydrazon] **17**
IV 5208
— oxim **17** IV 5208
— semicarbazon **17** IV 5209
—, 3-Hydroxymethylen-2,3-dihydro-1H-
17 IV 6350
—, 2-Methyl-2,3-dihydro-1H- **17**
IV 5219
— [2,4-dinitro-phenylhydrazon] **17**
IV 5219
— oxim **17** IV 5219
— semicarbazon **17** IV 5219
—, 3-[1]Naphthylmethylen-2,3-dihydro-
1H- **17** IV 5611
5λ^6-Dibenzothiophen-4-on
—, 5,5-Dioxo-2,3-dihydro-1H- **17**
IV 5208
Dibenzothiophen-5-oxid 17 II 70 d, IV 602
—, 3-Acetylamino- **18** IV 7205
—, 3-Amino- **18** IV 7204
—, 2-Brom- **17** II 71 a
—, 1,4-Diacetoxy- **17** II 192 f
—, 2,8-Dibrom-3,7-dinitro- **17** IV 608
—, 3,7-Dinitro- **17** IV 608
—, 3-Nitro- **17** IV 607
Dibenzothiophen-2-sulfinsäure 18 IV 6700
Dibenzothiophen-2-sulfonamid 18 IV 6724
Dibenzothiophen-2-sulfonsäure 18 IV 6723
— amid **18** IV 6724
— chlorid **18** IV 6724
5λ^6-Dibenzothiophen-2-sulfonsäure
—, 3,7-Diamino-5,5-dioxo- **18** 635 c
—, 5,5-Dioxo- **18** IV 6723
5λ^6-Dibenzothiophen-3-sulfonsäure
—, 5,5-Dioxo-7-[4'-sulfo-biphenyl-4-yl]-
18 IV 6733
—, 5,5-Dioxo-7-[4-sulfo-phenyl]- **18**
IV 6732
Dibenzothiophen-2-sulfonylchlorid 18
IV 6724
5λ^6-Dibenzothiophen-2-sulfonylchlorid
—, 5,5-Dioxo- **18** IV 6724
5λ^6-Dibenzothiophen-2,4,6,8-tetraol
—, 5,5-Dioxo- **17** 191 h
Dibenzothiophen-2-thiol 17 IV 1596

Dibenzothiophen-1-ylamin **18** IV 7183
—, 2-Chlor-4-methoxy- **18** IV 7358
—, 3-Chlor-4-methoxy- **18** IV 7358
—, 4-Methoxy- **18** IV 7357
Dibenzothiophen-2-ylamin 18 II 423 h,
   IV 7186
—, 8-Äthoxy- **18** IV 7355
—, 8-Äthoxy-4-jod- **18** IV 7356
—, 3-Brom- **18** IV 7189
—, 8-Brom- **18** II 423 j, IV 7189
—, 1-Chlor- **18** IV 7188
—, 1-Nitro- **18** IV 7189
—, 3-Nitro- **18** IV 7190
—, 8-Nitro- **18** IV 7190
5λ⁶-Dibenzothiophen-2-ylamin
—, 5,5-Dioxo- **18** IV 7186
—, 8-Nitro-5,5-dioxo- **18** IV 7190
Dibenzothiophen-3-ylamin 18 II 423 a,
   IV 7204
—, 2-Brom- **18** IV 7208
—, 2-Chlor- **18** IV 7207
—, 4-Methoxy- **18** IV 7358
—, 4-Nitro- **18** IV 7209
—, 7-Nitro- **18** IV 7209
5λ⁴-Dibenzothiophen-3-ylamin
—, 5-Oxo- **18** IV 7204
5λ⁶-Dibenzothiophen-3-ylamin
—, 8-Brom-5,5-dioxo- **18** IV 7208
—, 5,5-Dioxo- **18** IV 7205
—, 7-Nitro-5,5-dioxo- **18** IV 7209
Dibenzothiophen-4-ylamin 18 IV 7214
—, 1-Brom- **18** IV 7214
Dibenzothiophen-1-yllithium 18 IV 8403
Dibenzo[a,j]thioxanthen
—, 14-Phenyl-14H- **17** IV 808
Dibenzo[a,j]thioxanthen-14-ol
—, 14-[3-Nitro-phenyl]-14H- **17** IV 1767
—, 14-[4-Nitro-phenyl]-14H- **17**
   IV 1767
—, 14-Phenyl-14H- **17** IV 1767
Dibenzo[a,j]thioxanthenylium
—, 14-[4-Nitro-phenyl]- **17** IV 1767
—, 14-Phenyl- **17** IV 1767
Dibenz[c,i]oxacycloundecin-5,7,12,15-tetraon
   17 IV 6835
Dibenzo[a,i]xanthen
—, 14-[1]Naphthyl-14H- **17** II 101 c
—, 14-Phenyl-14H- **17** IV 805
Dibenzo[a,j]xanthen
—, 14H- **17** 90 a, II 91 g, IV 766
—, 14-Acetoxy-14H- **17** IV 1736
—, 5-Acetoxy-14-[4-methoxy-phenyl]-
   14H- **17** IV 2262
—, 14-[2-Acetoxy-5-methyl-phenyl]-
   14H- **17** 152 f
—, 14-[4-Acetoxy-3-methyl-phenyl]-
   14H- **17** 152 c
—, 14-[2-Acetoxy-[1]naphthyl]-14H-
   17 153 d

—, 5-Acetoxy-14-phenyl-14H- **17**
   IV 1762
—, 14-[4-Acetoxy-phenyl]-14H- **17** 151 f
—, 5-Acetylamino-14-[4-methoxy-phenyl]-
   14H- **18** IV 7396
—, 5-Acetylamino-14-phenyl-14H- **18**
   IV 7259
—, 14-[3-Acetylamino-phenyl]-14H- **18**
   II 426 c
—, 14-[4-Acetylamino-phenyl]-14H- **18**
   II 426 e
—, 14-Äthoxy-14H- **17** 148 b
—, 14-Äthoxy-14-[2-chlor-phenyl]-14H-
   17 IV 1764
—, 14-Äthoxy-14-[3-chlor-phenyl]-14H-
   17 IV 1764
—, 14-Äthoxy-14-[4-chlor-phenyl]-14H-
   17 IV 1765
—, 14-[2-Äthoxy-5-methyl-phenyl]-14H-
   17 152 e
—, 14-[2-Äthoxy-[1]naphthyl]-14H-
   17 153 c
—, 14-Äthoxy-14-[2-nitro-phenyl]-14H-
   17 II 177 b
—, 14-Äthoxy-14-[3-nitro-phenyl]-14H-
   17 II 178 a
—, 14-Äthoxy-14-[4-nitro-phenyl]-14H-
   17 II 178 d
—, 14-Äthoxy-14-phenyl-14H- **17** 151 b
—, 14-[4-Äthyl-benzyliden]-14H- **17**
   IV 824
—, 14-[4-Äthyl-α-brom-benzyliden]-
   14H- **17** IV 825
—, 14-Aminomethyl-14H- **18** IV 7256
—, 14-[3-Amino-phenyl]-3,11-dibrom-
   14H- **18** IV 7259
—, 14-Anilino-14H- **18** 588 k, IV 7255
—, 14-[2-Anilino-äthyl]-14H- **18**
   IV 7257
—, 14-Anilino-3,11-dimethyl-14H- **18**
   IV 7258
—, 14-Anilino-4,10-dimethyl-14H- **18**
   IV 7258
—, 14-[4-Benzoyloxy-phenyl]-14H-
   17 151 g, IV 1768
—, 14-Benzyl-14H- **17** IV 813
—, 14-[2-Benzylamino-äthyl]-14H- **18**
   IV 7257
—, 14-Benzylaminomethyl-14H- **18**
   IV 7256
—, 14-Benzyliden-14H- **17** IV 822
—, 14-Biphenyl-4-yl-14H- **17** IV 835
—, 14-Biphenyl-4-yl-14-hydroperoxy-
   14H- **17** IV 1781
—, 3,11-Bis-[1-äthyl-cyclohexyl]-14-
   [4-chlor-phenyl]-14H- **17** IV 831
—, 3,11-Bis-[1-äthyl-cyclohexyl]-14-
   [4-methoxy-phenyl]-14H- **17** IV 1779

Dibenzo[a,j]xanthen (Fortsetzung)
—, 3,11-Bis-[1-äthyl-1-methyl-propyl]-14-
[4-chlor-phenyl]-14*H*- **17** IV 820
—, 3,11-Bis-[1-methyl-cyclohexyl]-14-
[3-nitro-phenyl]-14*H*- **17** IV 831
—, 3,11-Bis-[1-methyl-cyclohexyl]-14-
phenyl-14*H*- **17** IV 830
—, 3,11-Bis-[1-methyl-cyclohexyl]-14-
pyren-1-yl-14*H*- **17** IV 841
—, 3,11-Bis-[1-methyl-cyclohexyl]-14-
p-tolyl-14*H*- **17** IV 831
—, 14-[α-Brom-benzyliden]-14*H*- **17**
IV 822
—, 14-[α-Brom-4-chlor-benzyliden]-
14*H*- **17** IV 822
—, 14-[5-Brom-2-methoxy-phenyl]-14*H*-
17 IV 1767
—, 14-Brommethyl-14*H*- **17** IV 770
—, 14-[α-Brom-4-methyl-benzyliden]-
14*H*- **17** IV 824
—, 14-Brommethylen-14*H*- **17** IV 779
—, 14-[α-Brom-phenäthyliden]-14*H*- **17**
IV 823
—, 3-Brom-14-phenyl-14*H*- **17** IV 806
—, 14-Chlor-14*H*- **17** I 86 a
—, 14-[2-Chlor-äthyl]-14*H*- **17** IV 772
—, 14-[4-Chlor-benzyliden]-14*H*- **17**
IV 822
—, 14-[2-Chlor-6-hydroxy-3-nitro-phenyl]-
14*H*- **17** IV 1768
—, 14-[2-Chlor-6-hydroxy-5-nitro-phenyl]-
14*H*- **17** IV 1768
—, 14-Chlor-14-[4-methoxy-phenyl]-
14*H*- **17** 173 a
—, 14-Chlormethyl-14*H*- **17** 92 a
—, 14-[2-Chlor-5-nitro-phenyl]-14*H*- **17**
IV 808
—, 14-[2-Chlor-phenyl]-14*H*- **17** IV 805
—, 14-[3-Chlor-phenyl]-14*H*- **17** IV 806
—, 14-[4-Chlor-phenyl]-14*H*- **17** IV 806
—, 14-Chlor-14-phenyl-14*H*- **17** 150 c
—, 14-[4-Chlor-phenyl]-3,11-bis-
[1-methyl-cyclohexyl]-14*H*- **17** IV 831
—, 14-[2-Chlor-phenyl]-3,11-dimethyl-
14*H*- **17** IV 816
—, 14-[4-Chlor-phenyl]-3,11-dimethyl-
14*H*- **17** IV 816
—, 14-[4-Chlor-phenyl]-3,11-di-
tert-pentyl-14*H*- **17** IV 819
—, 14-[2-Chlor-phenyl]-14-hydroperoxy-
14*H*- **17** IV 1764
—, 14-[2-Chlor-phenyl]-14-methoxy-
14*H*- **17** IV 1763
—, 14-[3-Chlor-phenyl]-14-methoxy-
14*H*- **17** IV 1764
—, 14-[4-Chlor-phenyl]-14-methoxy-
14*H*- **17** IV 1765
—, 14-[2,4-Diacetoxy-phenyl]-14*H*-
17 174 b

—, 14-[2-Diäthylamino-äthyl]-14*H*- **18**
IV 7257
—, 14-Diäthylaminomethyl-14*H*- **18**
IV 7256
—, 3,11-Diäthyl-14-[4-chlor-phenyl]-
14*H*- **17** IV 818
—, 3,11-Diäthyl-14-[3,4-dichlor-phenyl]-
14*H*- **17** IV 818
—, 3,11-Dibrom-14-[5-brom-2-hydroxy-
phenyl]-14*H*- **17** IV 1767
—, 3,11-Dibrom-14-[5-brom-2-methoxy-
phenyl]-14*H*- **17** IV 1767
—, 3,11-Dibrom-14-[4-brom-phenyl]-
14*H*- **17** IV 808
—, 3,11-Dibrom-14-[2-chlor-phenyl]-
14*H*- **17** IV 807
—, 3,11-Dibrom-14-[4-chlor-phenyl]-
14*H*- **17** IV 807
—, 3,11-Dibrom-14-[2,4-dichlor-phenyl]-
14*H*- **17** IV 807
—, 3,11-Dibrom-14-[3,4-dichlor-phenyl]-
14*H*- **17** IV 807
—, 3,11-Dibrom-14-[4-dimethylamino-
phenyl]-14*H*- **18** IV 7260
—, 3,11-Dibrom-14-[4-hydroxy-phenyl]-
14*H*- **17** IV 1768
—, 3,11-Dibrom-14-[4-methoxy-phenyl]-
14*H*- **17** IV 1769
—, 3,11-Dibrom-14-methyl-14*H*- **17**
IV 770
—, 3,11-Dibrom-14-[3-nitro-phenyl]-
14*H*- **17** IV 808
—, 3,11-Dibrom-14-phenyl-14*H*- **17**
IV 807
—, 3,11-Dibrom-14-propyl-14*H*- **17**
IV 774
—, 3,11-Dibrom-14-*p*-tolyl-14*H*- **17**
IV 813
—, 1,13-Dichlor-14-phenyl-14*H*- **17**
IV 806
—, 14-[2,4-Dichlor-phenyl]-14*H*- **17**
IV 806
—, 14-[2,6-Dichlor-phenyl]-14*H*- **17**
IV 806
—, 14-[3,4-Dichlor-phenyl]-14*H*- **17**
IV 806
—, 14-[3,4-Dichlor-phenyl]-3,11-bis-
[1-phenyl-äthyl]-14*H*- **17** IV 840
—, 14-[2,4-Dichlor-phenyl]-3,11-
dimethyl-14*H*- **17** IV 816
—, 14-[3,4-Dichlor-phenyl]-3,11-
dimethyl-14*H*- **17** IV 816
—, 14-[3,4-Dichlor-phenyl]-3,11-di-
tert-pentyl-14*H*- **17** IV 819
—, 3,11-Dicyclohexyl-14-phenyl-14*H*-
17 IV 830
—, 1,13-Dimethyl-14*H*- **17** IV 773
—, 3,11-Dimethyl-14*H*- **17** IV 773
—, 4,10-Dimethyl-14*H*- **17** IV 773

Dibenzo[a,j]xanthen (Fortsetzung)

—, 14-[2-Dimethylamino-äthyl]-14*H*-
18 IV 7257

—, 14-Dimethylaminomethyl-14*H*- 18
IV 7256

—, 3,11-Dimethyl-14-[3-nitro-phenyl]-
14*H*- 17 IV 816

—, 3,11-Dimethyl-14-phenyl-14*H*- 17
IV 816

—, 14-Hexyl-14*H*- 17 IV 776

—, 14-Hydroperoxy-14-[4-methoxy-
phenyl]-14*H*- 17 IV 2262

—, 14-Hydroperoxy-14-[3-nitro-phenyl]-
14*H*- 17 IV 1766

—, 14-Hydroperoxy-14-[4-nitro-phenyl]-
14*H*- 17 IV 1766

—, 14-Hydroperoxy-14-phenyl-14*H*- 17
IV 1763

—, 14-Isobutyl-14*H*- 17 IV 775

—, 14-[4-Isopropyl-phenyl]-14*H*-
17 102 a

—, 14-Methoxy-14*H*- 17 148 a

—, 14-[4-Methoxy-benzyl]-14*H*- 17
IV 1770

—, 14-[2-Methoxy-[1]naphthyl]-14*H*-
17 153 b

—, 14-Methoxy-14-[2-nitro-phenyl]-
14*H*- 17 II 177 a

—, 14-Methoxy-14-[3-nitro-phenyl]-
14*H*- 17 II 177 d

—, 14-Methoxy-14-[4-nitro-phenyl]-
14*H*- 17 II 178 c

—, 14-[3-Methoxy-phenyl]-14*H*- 17
IV 1768

—, 14-[4-Methoxy-phenyl]-14*H*-
17 151 e, IV 1768

—, 14-[4-Methoxy-phenyl]-3,11-bis-
[1-methyl-cyclohexyl]-14*H*- 17 IV 1779

—, 14-[4-Methoxy-phenyl]-3,11-dimethyl-
14*H*- 17 IV 1773

—, 14-Methyl-14*H*- 17 91 d, II 92 f,
IV 770

—, 14-Methylaminomethyl-14*H*- 18
IV 7256

—, 14-[4-Methyl-benzyliden]-14*H*- 17
IV 824

—, 14-Methylen-14*H*- 17 IV 778

—, 14-Methyl-1,3,4,10,11,12,13,14-
octahydro-2*H*- 17 IV 706

—, 14-[1]Naphthyl-14*H*- 17 IV 832

—, 5-[4-Nitro-benzoyloxy]-14-phenyl-
14*H*- 17 IV 1762

—, 14-[4-Nitro-benzyl]-14*H*- 17 IV 813

—, 14-[2-Nitro-phenyl]-14*H*- 17 99 b,
II 98 h

—, 14-[3-Nitro-phenyl]-14*H*- 17 99 c,
II 99 a

—, 14-[4-Nitro-phenyl]-14*H*- 17 99 d,
II 99 b

—, 14-[3-Nitro-phenyl]-3,11-di-
tert-pentyl-14*H*- 17 IV 819

—, 14-[3-Nitro-phenyl]-3,11-dipropyl-
14*H*- 17 IV 819

—, 14-Phenäthyl-14*H*- 17 IV 815

—, 14-Phenäthyliden-14*H*- 17 IV 823

—, 14-Phenyl-14*H*- 17 98 e, II 98 g,
IV 805

—, 14-[1-Phenyl-äthyl]-14*H*- 17 IV 815

—, 14-Phenyl-14,14a-dihydro-6a*H*- 17
IV 800

—, 14-Propyl-14*H*- 17 IV 774

—, 14-Styryl-14*H*- 17 IV 823

—, 14-*o*-Toluidino-14*H*- 18 589 a

—, 14-*p*-Toluidino-14*H*- 18 589 b

—, 14-*p*-Tolyl-14*H*- 17 IV 813

—, 14-Trichlormethyl-14*H*- 17 92 b

—, 14-[2,4,6-Trinitro-benzyliden]-14*H*-
17 IV 822

Dibenzo[a,kl]xanthen

—, 13-Acetoxy- 17 II 168 c

—, 13-Benzoyloxy- 17 I 85 d

—, 13-Methoxy- 17 I 85 c

—, 13-Trityloxy- 17 II 168 b

Dibenzo[b,i]xanthen

—, 13-Benzyliden-13*H*- 17 IV 822

Dibenzo[c,h]xanthen

—, 7*H*- 17 IV 765

—, 7-Äthyl-5,9-bis-benzoyloxy-7-methyl-
7*H*- 17 II 209 c

—, 7-Äthyl-5,9-dimethoxy-7-methyl-7*H*-
17 II 209 a

—, 7-Äthyl-7-methyl-7*H*- 17 I 42 h

—, 5,9-Bis-benzoyloxy-7,7-dimethyl-7*H*-
17 II 208 a

—, 5,9-Bis-benzoyloxy-7-methyl-7-
propyl-7*H*- 17 II 209 e

—, 5,6-Diacetoxy-7-äthyl-7-methyl-7*H*-
17 II 208 f

—, 5,9-Diacetoxy-7-äthyl-7-methyl-7*H*-
17 II 209 b

—, 5,6-Diacetoxy-7,7-dimethyl-7*H*- 17
II 207 b

—, 5,9-Diacetoxy-6,8-dimethyl-7*H*- 17
IV 2252

—, 5,9-Diacetoxy-7,7-dimethyl-7*H*- 17
II 207 e

—, 5,9-Diacetoxy-7-phenyl-7*H*- 17
IV 2263

—, 5,9-Diacetoxy-7-propyl-7*H*- 17
IV 2252

—, 7,7-Diäthyl-7*H*- 17 I 43 e

—, 5,9-Dimethoxy-7,7-dimethyl-7*H*- 17
II 207 d

—, 7,7-Dimethyl-7*H*- 17 92 g, I 42 c,
II 93 c

—, 7,7-Diphenyl-7*H*- 17 102 d, I 48 e

—, 7-Hexyl-7-methyl-7*H*- 17 I 43 i

—, 7-Methyl-7-phenyl-7*H*- 17 I 47 c

Dibenzo[c,h]xanthen (Fortsetzung)
—, 7-Methyl-7-propyl-7H- **17** I 43 a
—, 7-Phenyl-7H- **17** IV 808
—, 7-Trichlormethyl-7H- **17** 91 c
Dibenzo[c,kl]xanthen 17 IV 765
Dibenzo[a,c]xanthen-1-carbonsäure
—, 14-Oxo-14H- **18** IV 5708
— methylester **18** IV 5708
Dibenzo[c,h]xanthen-5,6-chinon
—, 7-Äthyl-7-methyl-7H- **17** II 518 b
—, 7,7-Diäthyl-7H- **17** II 518 e
—, 7,7-Dimethyl-7H- **17** II 517 b
—, 7-Methyl-7-propyl-7H- **17** II 518 d
Dibenzo[a,j]xanthen-6,8-dicarbonsäure
—, 14-Phenyl-14H- **18** IV 4587
— diäthylester **18** IV 4588
— dianilid **18** IV 4588
—, 14-Trichlormethyl-14H- **18** IV 4587
— diäthylester **18** IV 4587
Dibenzo[b,h]xanthen-5,6,8,13-dichinon
—, 7-Isobutyl- **17** 581 b
—, 7-Methyl- **17** 581 a
—, 7-Phenyl- **17** 581 d
Dibenzo[c,h]xanthen-5,6,8,9-dichinon
—, 7-Isobutyl- **17** 581 b
—, 7-Methyl- **17** 581 a
—, 7-Phenyl- **17** 581 d
Dibenzo[c,h]xanthen-5,9-diol
—, 7-Äthyl-7-methyl-7H- **17** II 208 g
—, 7,7-Diäthyl-7H- **17** II 209 f
—, 7,7-Dimethyl-7H- **17** II 207 c
—, 7-Methyl-7-propyl-7H- **17** II 209 d
Dibenzo[b,h]xanthen-8,13-dion
—, 5-Hydroxy-6,7a,13a-trimethyl-7a,13a-
    dihydro-7H- **18** IV 1962
Dibenzo[a,i]xanthen-14-ol
—, 14-Phenyl-14H- **17** IV 1761
Dibenzo[a,j]xanthen-5-ol
—, 14-Phenyl-14H- **17** IV 1762
Dibenzo[a,j]xanthen-14-ol
—, 14H- **17** 145 d, I 86 a, IV 1736
—, 14-[4-Acetylamino-phenyl]-14H- **18**
    II 438 c
—, 14-[4-Äthyl-benzyl]-14H- **17**
    IV 1773
—, 14-[4-Benzoyloxy-phenyl]-14H- **17**
    IV 2262
—, 14-Benzyl-14H- **17** IV 1769
—, 14-Biphenyl-4-yl-14H- **17** IV 1781
—, 14-[4-Chlor-benzyl]-14H- **17**
    IV 1770
—, 14-[2-Chlor-phenyl]-14H- **17**
    IV 1763
—, 14-[3-Chlor-phenyl]-14H- **17**
    IV 1764
—, 14-[4-Chlor-phenyl]-14H- **17**
    IV 1765
—, 14-[2-Chlor-phenyl]-x,x-dinitro-14H-
    17 IV 1766

—, 14-[β-Chlor-styryl]-14H- **17** IV 1776
—, 3,11-Dimethyl-14H- **17** IV 1742
—, 4,10-Dimethyl-14H- **17** IV 1742
—, 14-[3-Methoxy-phenyl]-14H- **17**
    IV 2262
—, 14-[4-Methoxy-phenyl]-14H-
    17 173 a, IV 2262
—, 14-[4-Methyl-benzyl]-14H- **17**
    IV 1773
—, 14-[1]Naphthyl-14H- **17** IV 1780
—, 14-[2-Nitro-phenyl]-14H- **17**
    II 176 d
—, 14-[3-Nitro-phenyl]-14H- **17**
    II 177 c
—, 14-[4-Nitro-phenyl]-14H- **17**
    II 178 b, IV 1766
—, 14-Phenyl-14H- **17** 150 c, II 176 c,
    IV 1762
—, 14-o-Tolyl-14H- **17** IV 1770
—, 14-p-Tolyl-14H- **17** IV 1770
Dibenzo[a,kl]xanthen-13-ol 17 I 85 b,
    II 168 a
Dibenzo[b,i]xanthen-13-ol
—, 13-Benzyl-13H- **17** IV 1769
Dibenzo[c,h]xanthen-7-ol
—, 7H- **17** IV 1736
—, 5,9-Diacetoxy-7-phenyl-7H- **17**
    IV 2421
—, 5,9-Diacetoxy-7-propyl-7H- **17**
    IV 2417
—, 7-Phenyl-7H- **17** II 176 b, IV 1762
Dibenzo[a,c]xanthen-14-on 17 IV 5604
—, 11-Acetoxy- **18** IV 852
—, 11-Hydroxy- **18** IV 852
—, 11-Methoxy- **18** IV 852
—, 6,7,11-Trihydroxy- **18** IV 2836
—, 6,7,11-Trimethoxy- **18** IV 2836
Dibenzo[a,i]xanthen-14-on 17 IV 5602
Dibenzo[a,j]xanthen-5-on
—, 9-Hydroxy- **18** 77 c
—, 14-Phenyl- **17** IV 5639
Dibenzo[a,j]xanthen-14-on 17 398 d,
    IV 5602
— [4-chlor-phenylimin] **17** IV 5603
— [2-methyl-4,6-dinitro-phenylimin]
    17 IV 5603
— phenylimin **17** IV 5603
— o-tolylimin **17** IV 5603
— p-tolylimin **17** IV 5603
—, 3,11-Dimethyl- **17** IV 5611
— phenylimin **17** IV 5611
—, 4,10-Dimethyl- **17** IV 5611
— phenylimin **17** IV 5611
Dibenzo[a,kl]xanthen-1-on
—, 13c-Hydroxy-13cH- **18** II 51 a
Dibenzo[b,i]xanthen-13-on 17 IV 5602
Dibenzo[c,h]xanthen-7-on 17 398 c, I 223 e,
    IV 5604
Dibenzo[a,kl]xanthen-1-oxyl 17 IV 1735

Dibenzo[a,j]xanthen-14-thion 17 IV 5603
Dibenzo[b,h]xanthen-5,8,13-trion
—, 14a-Hydroxy-6,7a,13a-trimethyl-
7a,13a-dihydro-7H,14aH- 8 III 4186 c
Dibenzo[a,j]xanthen-14-ylhydroperoxid
—, 14-Biphenyl-4-yl-14H- 17 IV 1781
—, 14-[2-Chlor-phenyl]-14H- 17
IV 1764
—, 14-[4-Methoxy-phenyl]-14H- 17
IV 2262
—, 14-[3-Nitro-phenyl]-14H- 17
IV 1766
—, 14-[4-Nitro-phenyl]-14H- 17
IV 1766
—, 14-Phenyl-14H- 17 IV 1763
Dibenzo[a,i]xanthenylium
—, 14-Phenyl- 17 IV 1761
Dibenzo[a,j]xanthenylium 17 146 a, I 86 a,
II 169 a, IV 1736
—, 5-Acetylamino-14-phenyl- 18
IV 7396
—, 14-[4-Acetylamino-phenyl]- 18
II 438 c
—, 14-Anilino- 18 IV 7255
—, 14-[4-Benzoyloxy-phenyl]- 17
IV 2263
—, 14-Benzyl- 17 IV 1770
—, 14-Biphenyl-4-yl- 17 IV 1781
—, 14-Brommethyl- 17 IV 1738
—, 14-[2-Chlor-5-nitro-phenyl]- 17
IV 1766
—, 14-[2-Chlor-phenyl]- 17 IV 1763
—, 14-[3-Chlor-phenyl]- 17 IV 1764
—, 14-[4-Chlor-phenyl]- 17 IV 1765
—, 14-[β-Chlor-styryl]- 17 IV 1776
—, 14-[2,6-Dichlor-phenyl]- 17 IV 1765
—, 14-[2,6-Dichlor-phenyl]-x,x-dinitro-
17 IV 1766
—, 14-[2,6-Dichlor-phenyl]-x,x,x-trinitro-
17 IV 1766
—, 3,11-Dimethyl- 17 IV 1742
—, 4,10-Dimethyl- 17 IV 1742
—, 14-[9,10-Dioxo-9,10-dihydro-
[2]anthryl]- 18 IV 2001
—, 5-Hydroxy-14-phenyl- 17 IV 2262
—, 14-[4-Hydroxy-phenyl]- 17 IV 2263
—, 14-[3-Methoxy-phenyl]- 17 IV 2262
—, 14-[4-Methoxy-phenyl]- 17 173 a
—, 14-Methyl- 17 IV 1738
—, 14-[1]Naphthyl- 17 IV 1780
—, 14-[2-Nitro-phenyl]- 17 II 176 d,
IV 1766
—, 14-[3-Nitro-phenyl]- 17 II 177 c
—, 14-[4-Nitro-phenyl]- 17 II 178 b
—, 14-Phenäthyl- 17 IV 1772
—, 14-Phenyl- 17 151 a, IV 1763
—, 14-Styryl- 17 IV 1775
—, 14-o-Tolyl- 17 IV 1770
—, 14-p-Tolyl- 17 IV 1771

Dibenzo[a,kl]xanthenylium
—, 1-Oxo-1H- 18 II 51 a
Dibenzo[b,i]xanthenylium
—, 13-Styryl- 17 IV 1775
Dibenzo[c,h]xanthenylium 17 IV 1736
—, 7-Äthyl-5,9-dihydroxy- 17 IV 2416
—, 5,9-Dihydroxy-7-isobutyl- 17
IV 2417
—, 5,9-Dihydroxy-6-methyl- 17 IV 2415
—, 5,9-Dihydroxy-7-phenyl- 17 IV 2421
—, 5,9-Dihydroxy-7-propenyl- 17
IV 2418
—, 5,9-Dihydroxy-7-propyl- 17 IV 2417
—, 5,9-Dihydroxy-7-m-tolyl- 17
IV 2421
—, 5,9-Dihydroxy-2,6,11-trimethyl- 17
IV 2417
—, 7-Hexyl-5,9-dihydroxy- 17 IV 2418
—, 7-Phenyl- 17 IV 1762
Dibenz[b,d]oxepin
—, 6,7-Dihydro- 17 II 74 c
Dibenz[b,f]oxepin 17 IV 661
—, 10-Acetylamino-10,11-dihydro- 18
IV 7233
—, 1-Äthyl-4,7,8-trimethoxy-10,11-
dihydro- 17 IV 2380
—, 10-Amino-10,11-dihydro- 18
IV 7232
—, 10,11-Diacetoxy- 17 IV 2202
—, 10-Dimethylamino-10,11-dihydro-
18 IV 7232
—, 1,3-Dinitro- 17 IV 661
—, 10-Formylamino-10,11-dihydro- 18
IV 7233
—, 10-Methyl- 17 IV 667
—, 10-Methylamino-10,11-dihydro- 18
IV 7232
—, 2-Nitro- 17 IV 661
—, 4,7,8-Trimethoxy-1-vinyl- 17
IV 2401
Dibenz[c,e]oxepin
—, 2,10-Bis-[2-carboxy-
benzoyloxymethyl]-5,7-dihydro- 17
IV 2194
—, 2,10-Bis-hydroxymethyl-5,7-dihydro-
17 IV 2194
—, 5,7-Dihydro- 17 IV 625
—, 1,11-Dimethoxy-5,7-dihydro- 17
IV 2180
—, 2,10-Dimethoxy-5,7-dihydro- 17
IV 2180
—, 1,11-Dimethoxy-5,5,7,7-tetraphenyl-
5,7-dihydro- 17 IV 2268
—, 1,11-Dimethyl-5,7-dihydro- 17
IV 642
—, 5,7-Dimethyl-5,7-dihydro- 17
IV 642
—, 5-[4-Methoxy-phenyl]-5,7-dihydro-
17 IV 1710

Dibenz[*c,e*]oxepin (Fortsetzung)
—, 1,3,9,11-Tetrachlor-5,7-dihydro- **17**
    IV 625
—, 2,3,8,10-Tetramethoxy-5,7-dihydro-
    17 IV 2688
—, 2,3,9,10-Tetramethoxy-5,7-dihydro-
    17 IV 2688
—, 5,5,7,7-Tetramethyl-5,7-dihydro- **17**
    IV 651
—, 5,5,7,7-Tetraphenyl-5,7-dihydro- **17**
    I 49 f, II 102 c, IV 838
Dibenz[*b,f*]oxepin-10-carbonsäure
—, 10,11-Dihydro- **18** IV 4367
—, 6-Methoxy-2-nitro- **18** IV 4984
—, 2-Nitro- **18** IV 4386
—, 3,4,7-Trimethoxy- **18** I 468 d
    — methylester **18** I 468 e, IV 5106
Dibenz[*c,e*]oxepin-2-carbonsäure
—, 9-Isopropyl-4-methyl-5,7-dioxo-5,7-
    dihydro- **18** IV 6099
Dibenz[*c,e*]oxepin-2,8-dicarbonsäure
—, 5,7-Dioxo-5,7-dihydro- **18** IV 6233
Dibenz[*b,f*]oxepin-3,7-diol
—, 10,11-Dihydro- **17** IV 2188
Dibenz[*b,f*]oxepin-10,11-diol
—, 2-Nitro-10,11-dihydro- **17** IV 2180
Dibenz[*b,e*]oxepin-6,11-dion 17 IV 6425
—, 2-Methyl- **17** IV 6437
Dibenz[*b,f*]oxepin-10,11-dion 17 IV 6425
    — mono-[2,4-dinitro-phenylhydrazon]
    17 IV 6425
    — monooxim **18** IV 7363
Dibenz[*c,e*]oxepin-5,7-dion 17 526 f,
    II 497 d, IV 6425
—, 2-Acetyl-9-isopropyl-4-methyl- **17**
    IV 6799
—, 3-Acetyl-9-isopropyl-4-methyl- **17**
    IV 6800
—, 2-Äthyl-9-isopropyl-4-methyl- **17**
    IV 6468
—, 3,9-Diacetoxy- **18** IV 2670
—, 2,10-Dibrom- **17** IV 6426
—, 3,9-Dichlor- **17** IV 6426
—, 4,8-Dichlor- **17** IV 6426
—, Dodecahydro- **17** IV 6040
—, 1,2,3,4,4a,11b-Hexahydro- **17**
    IV 6311
—, 3-Isopropyl-8-methyl- **17** IV 6461
—, 1,2,10,11-Tetramethoxy- **18** IV 3448
—, 3,4,8,9-Tetramethoxy- **18** IV 3449
—, 2,3,4a,9-Tetramethyl-1,4,4a,11b-
    tetrahydro- **17** IV 6373
Dibenz[*b,f*]oxepin-10-ol
—, 11-Amino-10,11-dihydro- **18**
    IV 7363
—, 11-Dimethylamino-10,11-dihydro-
    18 IV 7363
Dibenz[*b,e*]oxepin-6-on
—, 11*H*- **17** IV 5320

—, 3-Acetoxy-11-phenyl-11*H*- **18**
    IV 833
—, 3-Acetoxy-11-[1-phenyl-äthyliden]-
    11*H*- **18** IV 848
—, 3-Acetoxy-11-[1-phenyl-propyliden]-
    11*H*- **18** IV 851
—, 3-Hydroxy-11-phenyl-11*H*- **18**
    IV 833
—, 3-Hydroxy-11-[1-phenyl-äthyliden]-
    11*H*- **18** IV 847
—, 3-Methoxy-11-phenyl-11*H*- **18**
    IV 833
—, 2-Methyl-11*H*- **17** IV 5350
Dibenz[*b,f*]oxepin-10-on
—, 11*H*- **17** IV 5320
    — oxim **17** IV 5320
—, 2,3-Dimethoxy-11*H*- **18** IV 1690
—, 11-Dimethylamino-11*H*- **18** IV 7967
—, 11-[2,4-Dinitro-phenylhydrazono]-
    11*H*- **17** IV 6425
—, 6-Methoxy-11*H*- **18** IV 613
    — oxim **18** IV 613
—, 6-Methoxy-2-nitro-11*H*- **18** IV 613
    — oxim **18** IV 613
—, 2-Nitro-11*H*- **17** IV 5320
    — oxim **17** IV 5320
—, 2,3,6-Trimethoxy-11*H*- **18** IV 2608
—, 2,3,7-Trimethoxy-11*H*- **18** IV 2608
—, 2,3,8-Trimethoxy-11*H*- **18** IV 2609
—, 2,3,6-Trimethoxy-9-methyl-11*H*- **18**
    IV 2651
Dibenz[*c,e*]oxepin-5-on
—, 7*H*- **17** I 193 g, IV 5320
—, 7-Acetoxy-7*H*- **18** IV 613
—, 7-Äthyl-7-[3,4-dimethyl-phenyl]-7*H*-
    17 IV 5579
—, 7-Äthyl-7-[1-jod-äthyl]-7*H*- **17**
    IV 5397
—, 7,7-Bis-[4-acetoxy-phenyl]-7*H*- **17**
    II 498 a
—, 7,7-Bis-[4-benzoyloxy-phenyl]-7*H*-
    17 II 498 a
—, 7,7-Bis-[4-hydroxy-phenyl]-7*H*- **17**
    II 497 d
—, 7-Butyl-7-[3,4-dimethyl-phenyl]-7*H*-
    17 IV 5580
—, 7,7-Diäthyl-7*H*- **17** IV 5397
—, 7,7-Dibenzyl-7*H*- **17** IV 5628
—, 7,7-Dimethyl-7*H*- **17** IV 5372
—, 7,7-Diphenyl-7*H*- **17** II 427 d,
    IV 5624
—, 7,7-Dipropyl-7*H*- **17** IV 5405
Dibenz[*b,f*]oxepin-10-ylamin
—, 10,11-Dihydro- **18** IV 7232
Dibenz[*b,f*]oxocin-6-on
—, 11,12-Dihydro- **17** IV 5349
Dibenz[*c,f*]oxocin-5,7,12-trion 17 IV 6790

Dibenz[b,e]oxonin
—, 13-Acetoxy-3,10,11-trimethoxy-8,13-
   dihydro- **19** II 118 f
Dibenz[c,g]oxonin
—, 5,7,12,13-Tetrahydro- **17** IV 642
Dibenz[b,e]oxonin-7,13-dion
—, 2-Brom-3,4,10,11-tetramethoxy-8H-
   18 IV 3520
—, 2-Brom-3,10,11-trimethoxy-8H- **18**
   IV 3343
—, 3,4,10,11-Tetraacetoxy-8H- **18** IV 3519
—, 3,4,10,11-Tetramethoxy-8H-
   18 251 d, II 240 i
—, 3,10,11-Triacetoxy-8H- **18** II 221 b
—, 3,10,11-Trimethoxy-8H- **18** 225 e,
   II 221 a, IV 3343
   — monooxim **18** IV 3343
—, 3,10,11-Tris-benzoyloxy-8H- **18** II 221 c
Dibenz[b,g]oxonin-6,13-dion
—, 11-Hydroxy-1,3,7,8-tetramethoxy-
   11,12-dihydro- **18** II 255 f
Dibenz[b,e]oxonin-7-on
—, 13-Acetoxy-3,4,10,11-tetramethoxy-
   8,13-dihydro- **18** II 234 f
—, 13-Acetoxy-3,10,11-trimethoxy-8,13-
   dihydro- **18** II 209 a
—, 2-Brom-13-hydroxy-3,4,10,11-
   tetramethoxy-8,13-dihydro- **18** IV 3441
—, 2-Brom-13-hydroxy-3,10,11-
   trimethoxy-8,13-dihydro- **18** IV 3234
—, 2,x-Dibrom-13-hydroxy-3,10,11-
   trimethoxy-8,13-dihydro- **18** IV 3234
—, 13-Hydroxy-3,4,10,11-tetramethoxy-
   8,13-dihydro- **18** II 234 e, IV 3440
   — oxim **18** IV 3441
—, 13-Hydroxy-3,10,11-trimethoxy-8,13-
   dihydro- **18** II 208 e, IV 3233
   — oxim **18** IV 3233
—, 3,4,10,11-Tetramethoxy-13-[4-nitro-
   benzoyloxy]-8,13-dihydro- **18** II 234 g
—, 3,10,11-Trimethoxy-13-[4-nitro-
   benzoyloxy]-8,13-dihydro- **18** II 209 b
Dibenz[c,g]oxonin-5,7,12-trion
—, 13H- **17** IV 6791
α-**Dicamphandisäure**
   — anhydrid **17** 466 c
β-**Dicamphandisäure**
   — anhydrid **17** 466 d
Dicarvacrylenoxid 17 I 33 d
Dichrin-A 18 IV 294
**3,13c;7b,12-Dicyclo-dibenzo[c,kl]xanthen-2,13-
dion**
—, 6,9-Bis-[1-carboxy-äthyl]-8-hydroxy-
   3,3a,11a,12-tetramethyl-hexadecahydro-
   18 IV 6674
3,13c;7b,12-Dicyclo-dibenzo[c,kl]xanthen-13-on
—, 6,9-Bis-[1-carboxy-äthyl]-2,8-
   dihydroxy-3,3a,11a,12-tetramethyl-
   hexadecahydro- **18** IV 6673

Dicyclohepta[b,d]furan-3,9-dion
—, 2,10-Dihydroxy-5,7-dimethyl- **18**
   IV 2769
Dicyclohepta[b,d]furan-5,7-dion
—, 3,9-Diisopropyl- **17** IV 6468
Dicyclohepta[b,d]thiophen-5,7-dion
—, 3,9-Diisopropyl- **17** IV 6468
Dicyclohept[e,g]isobenzofuran-1,3-dion
—, 4,5,6,7,8,9,10,11,12,13-Decahydro-
   17 IV 6374
—, $\Delta^{3a(13b),8a}$-Dodecahydro- **17** IV 6322
—, Δ^{8a}-Tetradecahydro- **17** IV 6250
**4,8;5,7-Dicyclo-naphtho[1,8-bc]furan-3-
carbonsäure**
—, 6-Brom-2-oxo-decahydro- **18**
   IV 5543
   — methylester **18** IV 5543
—, 6-Chlor-2-oxo-decahydro- **18**
   IV 5542
   — methylester **18** IV 5542
Dicyclooct[e,g]isobenzofuran-1,3-dion
—, 4,5,6,7,8,9,10,11,12,13,14,15-
   Dodecahydro- **17** IV 6376
—, Δ^{9a}-Hexadecahydro- **17** IV 6260
α-**Dicyclopentadienoxid 17** II 54 c
β-**Dicyclopentadienoxid 17** II 54 d
Dicyclopenta[b,d]furan
—, 3,5-Bis-chloromercurio-decahydro-
   18 IV 8430
—, Decahydro- **17** IV 330
—, 1,2,3,3a,4a,7,7a,7b-Octahydro- **17**
   IV 330
Dicyclopenta[b,d]furan-3,5-diyldiquecksilber(2+)
—, Decahydro- **18** IV 8430
1,3;6,8-Dicyclo-xanthen-4-on
—, 3,6-Diisopropyl-8a-methyl-1,2,3,4a,5,⸗
   6,7,8,8a,10a-decahydro- **17** IV 5172
Didesisovalerylrhodomyrtoxin 17 IV 2689
3,6-Didesoxy-altropyranosid
—, Methyl-[3-amino- **18** IV 7479
—, Methyl-[di-O-acetyl-3-acetylamino-
   18 IV 7487
3,5-Didesoxy-arabonsäure
—, 3-Hydroxymethyl-,
   — 4-lacton **18** IV 1115
2,3-Didesoxy-ascorbinsäure
—, 2,3-Diamino- **18** IV 8145
6,6'-Didesoxy-cellobiosid
—, Methyl-[penta-O-acetyl-6,6'-dijod-
   17 IV 2575
3,14-Didesoxy-digitoxigenin 17 IV 5174
Didesoxy-dihydro-streptose 17 IV 2018
2,3-Didesoxy-galactonsäure
—, 2-Amino-,
   — 4-lacton **18** IV 8111
4,6-Didesoxy-galactopyranosid
—, Methyl-[4-chlor-6-jod-bis-O-(toluol-4-
   sulfonyl)- **17** IV 2312

4,6-Didesoxy-galactopyranosid (Fortsetzung)
—, Methyl-[di-O-acetyl-4,6-dichlor- **17**
  IV 2311
—, Methyl-[di-O-benzoyl-4,6-dichlor-
  17 IV 2311
—, Methyl-[4,6-dichlor- **17** IV 2310
—, Methyl-[4,6-dichlor-bis-O-(toluol-4-
  sulfonyl)- **17** IV 2311
—, Methyl-[4,6-dichlor-O^2,O^3-sulfonyl-
  17 IV 2311
2,3-Didesoxy-gluconsäure
—, 2-Amino-,
  — 4-lacton **18** IV 8110
1,2-Didesoxy-glucopyranose
—, 2-Amino-1-trimethylammonio- **18** IV 7494
—, Tri-O-acetyl-1,2-bis-[4-methoxy-
  benzylidenamino]- **18** IV 7494
—, Tri-O-acetyl-1,2-bis-[4-nitro-
  benzylidenamino]- **18** IV 7494
2,6-Didesoxy-glucopyranose
—, Tri-O-acetyl-2-acetylamino- **18** IV 7472
—, Tri-O-acetyl-2-acetylamino-6-jod-
  18 IV 7473
—, Tri-O-acetyl-2-amino-6-jod- **18**
  IV 7473
—, Tri-O-acetyl-6-jod-2-[4-methoxy-
  benzylidenamino]- **18** IV 7473
3,6-Didesoxy-glucopyranose
—, Tri-O-acetyl-3-dimethylamino- **18**
  IV 7482
2,6-Didesoxy-glucopyranosid
—, Äthyl-[2-acetylamino- **18** IV 7472
—, Äthyl-[di-O-acetyl-2-acetylamino-
  18 IV 7472
—, Äthyl-[di-O-acetyl-2-acetylamino-6-
  jod- **18** IV 7473
—, [4,6-Bis-acetylamino-2,3-dihydroxy-
  cyclohexyl]-[2,6-bis-acetylamino- **18**
  IV 7478
—, [4,6-Diamino-2,3-dihydroxy-
  cyclohexyl]-[2,6-diamino- **18** IV 7474
—, Methyl-[2-benzyloxycarbonylamino-
  6-jod- **18** IV 7474
—, Methyl-[di-O-acetyl-2-acetylamino-6-
  jod- **18** IV 7473
3,6-Didesoxy-glucopyranosid
—, Methyl-[3-dimethylamino- **18**
  IV 7482
—, Methyl-[3-trimethylammonio- **18**
  IV 7482
3,7-Didesoxy-heptonsäure
  — 4-lacton **18** 161 h
arabino-**5,6-Didesoxy-hex-5-enofuranosid**
—, Methyl- **17** IV 2335
—, Methyl-[bis-O-(toluol-4-sulfonyl)-
  17 IV 2335
1,2-Didesoxy-hex-1-enopyranose s.
  1,5-Anhydro-2-desoxy-hex-1-enit bzw.
  2,6-Anhydro-5-desoxy-hex-5-enit

1,6-Didesoxy-hex-1-enopyranose s.
  1,5-Anhydro-6-desoxy-hex-1-enit
erythro-**2,3-Didesoxy-hex-2-enopyranose**
—, O^1,O^6-Diacetyl-O^4-[tetra-O-acetyl-
  galactopyranosyl]- **17** IV 3450
—, O^1,O^6-Diacetyl-O^4-[tetra-O-acetyl-
  glucopyranosyl]- **17** IV 3450
—, Tri-O-acetyl- **17** IV 2331
erythro-**2,3-Didesoxy-hex-2-enopyranosid**
—, Äthyl- **17** IV 2330
—, Äthyl-[bis-O-methansulfonyl- **17**
  IV 2331
—, Äthyl-[bis-O-(4-nitro-benzoyl)- **17**
  IV 2331
—, Äthyl-[bis-O-(toluol-4-sulfonyl)- **17**
  IV 2331
—, Äthyl-[di-O-acetyl- **17** IV 2330
—, Methyl- **17** IV 2330
—, Methyl-[O^6-acetyl-O^4-(tetra-O-acetyl-
  glucopyranosyl)- **17** IV 3450
—, Methyl-[di-O-acetyl- **17** IV 2330
—, Methyl-[O^4-glucopyranosyl- **17**
  IV 3449
threo-**2,3-Didesoxy-hex-2-enopyranosid**
—, Äthyl-[di-O-acetyl- **17** IV 2330
erythro-**2,3-Didesoxy-hex-2-enose**
—, O^6-Acetyl-O^4-[tetra-O-acetyl-
  galactopyranosyl]- **17** IV 3236
—, O^6-Acetyl-O^4-[tetra-O-acetyl-
  glucopyranosyl]- **17** IV 3235
arabino-**5,6-Didesoxy-hexofuranosid**
—, Methyl- **17** IV 2319
—, Methyl-[bis-O-(toluol-4-sulfonyl)-
  17 IV 2319
arabino-**2,3-Didesoxy-hexonsäure**
—, 2-Amino-,
  — 4-lacton **18** IV 8111
lyxo-**2,3-Didesoxy-hexonsäure**
—, 2-Amino-,
  — 4-lacton **18** IV 8111
—, 2-Anilino-,
  — 4-lacton **18** IV 8111
ribo-**2,3-Didesoxy-hexonsäure**
—, 2-Amino-,
  — 4-lacton **18** IV 8110
—, 2-Anilino-,
  — 4-lacton **18** IV 8111
xylo-**2,3-Didesoxy-hexonsäure**
—, 2-Amino-,
  — 4-lacton **18** IV 8111
—, 2-Anilino-,
  — 4-lacton **18** IV 8111
arabino-**2,6-Didesoxy-hexonsäure**
—, O^3-Methyl-,
  — 4-lacton **18** IV 1112
—, O^3-Methyl-O^4-[O^3-methyl-6-desoxy-
  allopyranosyl]-,
  — lacton **18** IV 1112

lyxo-**2,6-Didesoxy-hexonsäure**
—, O^3-Methyl-,
— 4-lacton **18** IV 1112
ribo-**2,6-Didesoxy-hexonsäure**
— 4-lacton **18** 79 e, II 55 b
—, O^3,O^4-Dimethyl-,
— lacton **18** IV 1111
—, O^3,O^5-Dimethyl-,
— lacton **18** IV 1112
—, O^5-[3,5-Dinitro-benzoyl]-
3,O^3-dimethyl-,
— lacton **18** IV 1117
—, 3-Methyl-,
— 5-lacton **18** IV 1116
—, O^3-Methyl-,
— 4-lacton **18** IV 1112
1,2-Didesoxy-hexopyranose s. 1,5-Anhydro-2-
desoxy-hexit
2,3-Didesoxy-hexopyranose
—, O^4,O^6-Diacetyl-3-brom- **2** IV 321
arabino-**2,3-Didesoxy-hexopyranose**
—, Tri-O-acetyl-3-brom- **17** IV 2318
erythro-**2,3-Didesoxy-hexopyranose**
—, Tri-O-acetyl- **17** IV 2317
ribo-**2,6-Didesoxy-hexopyranose**
—, O^1-Acetyl-O^3-methyl-O^4-[tetra-
O-acetyl-glucopyranosyl]- **17**
IV 3447
—, O^1-Acetyl-O^3-methyl-O^4-
[O^2,O^3,O^4-triacetyl-O^6-(tetra-O-acetyl-
glucopyranosyl)-glucopyranosyl]- **17**
IV 3626
—, O^1,O^4-Bis-[3,5-dinitro-benzoyl]-
3,O^3-dimethyl- **17** IV 2323
—, O^1,O^4-Diacetyl-3,O^3-dimethyl- **17**
IV 2322
—, O^1,O^3-Diacetyl-O^4-[tetra-O-acetyl-
glucopyranosyl]- **17** IV 3447
—, 3-Methyl- **1** IV 4196
—, Tri-O-acetyl- **17** IV 2307
—, Tri-O-benzoyl- **17** IV 2307
—, Tris-O-[4-nitro-benzoyl]- **17** IV 2307
erythro-**2,3-Didesoxy-hexopyranosid**
—, Äthyl- **17** IV 2316
—, Äthyl-[bis-O-methansulfonyl]- **17**
IV 2318
—, Äthyl-[bis-O-(4-nitro-benzoyl)- **17**
IV 2317
—, Äthyl-[bis-O-(toluol-4-sulfonyl)- **17**
IV 2318
—, Äthyl-[di-O-acetyl- **17** IV 2317
—, Methyl-[O^4-glucopyranosyl- **17**
IV 3449
threo-**2,3-Didesoxy-hexopyranosid**
—, Äthyl-[di-O-acetyl- **17** IV 2317
arabino-**2,6-Didesoxy-hexopyranosid**
—, Methyl-[O^3-methyl- **17** IV 2306

lyxo-**2,6-Didesoxy-hexopyranosid**
—, Methyl-[O^4-cellobiosyl-O^3-methyl-
17 IV 3626
—, Methyl-[O^4-(O^4-glucopyranosyl-
glucopyranosyl)-O^3-methyl- **17** IV 3626
—, Methyl-[O^3-methyl- **17** IV 2306
ribo-**2,6-Didesoxy-hexopyranosid**
—, Äthyl-[3,O^3-dimethyl- **17** IV 2322
—, Methyl- **17** IV 2305
—, Methyl-[bis-O-(4-nitro-benzoyl)- **17**
IV 2307
—, Methyl-[di-O-acetyl- **17** IV 2306
—, Methyl-[3,O^3-dimethyl- **17** IV 2322
—, Methyl-[di-O-methyl- **17** IV 2305
—, Methyl-[O^4-(O^6-glucopyranosyl-
glucopyranosyl)-O^3-methyl- **17** IV 3625
—, Methyl-[O^4-isovaleryl-3-methyl- **17**
IV 2323
—, Methyl-[6-jod-O^3-methyl- **17**
IV 2309
—, Methyl-[6-jod-O^3-methyl-O^4-(toluol-
4-sulfonyl)- **17** IV 2309
—, Methyl-[3-methyl- **17** IV 2321
—, Methyl-[O^3-methyl- **17** IV 2305
—, Methyl-[O^3-methyl-O^4-(toluol-4-
sulfonyl)- **17** IV 2308
—, Methyl-[O^4-(toluol-4-sulfonyl)- **17**
IV 2307
xylo-**2,6-Didesoxy-hexopyranosid**
—, Methyl- **17** IV 2305
—, Methyl-[bis-O-(toluol-4-sulfonyl)-
17 IV 2308
—, Methyl-[6-jod-O^3-methyl-O^4-(toluol-
4-sulfonyl)- **17** IV 2309
—, Methyl-[O^3-methyl- **17** IV 2306
—, Methyl-[O^3-methyl-O^4-(toluol-4-
sulfonyl)- **17** IV 2308
arabino-**3,6-Didesoxy-hexopyranosid**
—, [31-Hydroxy-1-methyl-dotriacontyl]-
17 IV 2309
—, [5-Hydroxy-1-methyl-triacontyl]- **17**
IV 2309
—, [29-Hydroxy-1-methyl-triacontyl]-
17 IV 2309
ribo-**3,6-Didesoxy-hexopyranosid**
—, Methyl-[di-O-acetyl-6-jod- **17**
IV 2310
ribo-**2,6-Didesoxy-hexopyranosylbromid**
—, O^3-Acetyl- **17** IV 2012
—, O^4-Acetyl- **17** IV 2012
—, Bis-O-[4-nitro-benzoyl]- **17** IV 2012
ribo-**2,6-Didesoxy-hexopyranosylchlorid**
—, Bis-O-[4-nitro-benzoyl]- **17** IV 2012
erythro-**2,3-Didesoxy-hexose**
— [*erythro*-2,3-didesoxy-
hexopyranosylimin] **18** IV 7425
—, O^6-Acetyl-O^4-[tetra-O-acetyl-
glucopyranosyl]- **17** IV 3235

lyxo-2,6-Didesoxy-hexose
–, O^4-Cellobiosyl-O^3-methyl- 17
IV 3535
–, O^4-[O^4-Glucopyranosyl-
glucopyranosyl]-O^3-methyl- 17 IV 3535
–, O^4-[O^6-Glucopyranosyl-
glucopyranosyl]-O^3-methyl- 17 IV 3536
ribo-2,6-Didesoxy-hexose
–, O^3-Acetyl-O^4-glucopyranosyl- 17
IV 3026
–, O^4-Glucopyranosyl- 17 IV 3025
–, O^4-[O^4-Glucopyranosyl-
glucopyranosyl]- 17 IV 3535
–, O^4-[O^6-Glucopyranosyl-
glucopyranosyl]-O^3-methyl- 17
IV 3535
–, O^4-Glucopyranosyl-O^3-methyl- 17
IV 3026
x,x-Didesoxy-lactose
–, x,x-Bis-benzylmercapto-,
– dibenzyldithioacetal 17 IV 3070
–, x,x-Bis-hexylmercapto-,
– dihexyldithioacetal 17 IV 3070
–, x,x-Bis-phenäthylmercapto-,
– diphenäthyldithioacetal 17
IV 3070
x,x-Didesoxy-maltose
–, x,x-Bis-benzylmercapto-,
– dibenzyldithioacetal 17 IV 3060
–, x,x-Bis-hexylmercapto-,
– dihexyldithioacetal 17 IV 3060
–, x,x-Bis-phenäthylmercapto-,
– diphenäthyldithioacetal 17
IV 3060
2,3-Didesoxy-mannonsäure
–, 2-Amino-,
– 4-lacton 18 IV 8111
3,6-Didesoxy-mannopyranose
–, Tri-O-acetyl-3-acetylamino- 18
IV 7487
3,6-Didesoxy-mannopyranosid
–, Methyl-[3-acetylamino- 18 IV 7486
–, Methyl-[3-äthylamino- 18 IV 7486
glycero-galacto-3,5-Didesoxy-
[2]nonulopyranosonsäure
–, 5-Acetylamino-O^2-[O^1-glucose-4-yl-
galactopyranose-3-yl]- 18 IV 8252
–, 5-Amino-O^2-methyl- 18 IV 8251
–, O^2-Methyl-5-[trifluoracetyl-amino]-
18 IV 8252
1,2-Didesoxy-pent-1-enopyranose s.
1,5-Anhydro-2-desoxy-pent-1-enit
erythro-2,5-Didesoxy-pentofuranose
–, Di-O-acetyl- 17 IV 2008
erythro-2,5-Didesoxy-pentofuranosid
–, Methyl- 17 IV 2008

arabino-3,5-Didesoxy-pentofuranosid
–, [2,4-Diguanidino-3,5,6-trihydroxy-
cyclohexyl]-[3-hydroxymethyl-
O^2-(2-methylamino-2-desoxy-
glucopyranosyl)- 18 IV 7537
–, [2,3,5-Triacetoxy-4,6-bis-
(N',N''-diacetyl-guanidino)-cyclohexyl]-
{3-acetoxymethyl-O^2-[tri-O-acetyl-2-
(acetyl-methyl-amino)-2-desoxy-
glucopyranosyl]- 18 IV 7599
arabino-3,5-Didesoxy-pentonsäure
–, 3-Acetoxymethyl-O^2-[tri-O-acetyl-2-
(acetyl-methyl-amino)-2-desoxy-
glucopyranosyl]-,
– lacton 18 IV 7602
2,3-Didesoxy-talonsäure
–, 2-Amino-,
– 4-lacton 18 IV 8111
3,14-Didesoxy-thevetigenin 17 IV 5174
6,6'-Didesoxy-trehalose
–, Hexa-O-acetyl- 17 IV 2561
–, Hexa-O-acetyl-6,6'-dibrom- 17
IV 2571
–, Hexa-O-acetyl-6,6'-dijod- 17
IV 2575
Didurochinon 18 IV 1653
Didymsäure 18 IV 5057
–, O-Acetyl- 18 IV 5057
–, O-Methyl-,
– methylester 18 IV 5058
Dieldrin 17 IV 526
Dienöstrol
–, Bis-O-[furan-2-carbonyl]- 18
IV 3925
–, O-[5-Carboxy-xylopyranosyl]- 18
IV 5126
5,12;6,11-Diepoxido-dibenzo[*a,e*]cycloocten
–, 5,6,11,12-Tetraphenyl-5,6,11,12-
tetrahydro- 17 IV 748
Diffugenin 18 IV 2587
–, O^3-Benzoyl- 18 IV 2587
Difluoreno[1,2-*c*;2',1'-*e*]oxepin-13,14,16,17-
tetraon 17 IV 6838
Digalacturonsäure 18 IV 5141
Digifolein 18 IV 2537
–, Dihydro- 18 IV 2429
–, Tetrahydro- 17 IV 2680
Digifolein-A
–, Tetrahydro- 17 IV 2680
Digifolein-B
–, Tetrahydro- 17 IV 2680
Digifologenin 18 IV 2537
–, O^3-Diginopyranosyl- 18 IV 2537
–, Dihydro- 18 IV 2428
–, O^3-Oleandropyranosyl- 18
IV 2537
Digifucocellobiosid 18 IV 1491

Digifucosid
—, Gluco- **18** IV 1490
—, Hexa-*O*-acetyl-gluco- **18** IV 1495
Digilanid-A 18 IV 1480
—, Desacetyl- **18** IV 1480
Digilanid-B 18 IV 2465
—, Desacetyl- **18** IV 2464
Digilanid-C 18 IV 2455
—, Desacetyl- **18** IV 2455
Digilanidobiose 17 IV 3025
—, O^3-Acetyl- **17** IV 3026
—, Hexa-*O*-acetyl- **17** IV 3447
Digilanidotriose 17 IV 3535
Diginan-3,11-diol
—, 12,20-Epoxy- **17** IV 2095
Diginan-11,15-diol
—, 3-Acetoxy-12,20-epoxy- **17** IV 2344
Diginan-3,11-dion
—, 12,20-Epoxy- **17** IV 6268
Diginan-11,15-dion
—, 3-Acetoxy-12,20-epoxy- **18** IV 1463
Diginan-11-ol
—, 3-Acetoxy-12,20-epoxy- **17** IV 2095
Diginan-11-on
—, 3-Acetoxy-12,20-epoxy-15-hydroxy-
18 IV 1301
—, 3,15-Diacetoxy-12,20-epoxy- **18**
IV 1302
—, 12,20-Epoxy-3,15-dihydroxy- **18**
IV 1301
Diginan-3,11,15-triol
—, 12,20-Epoxy- **17** IV 2344
Diginatigenin 18 IV 3089
—, O^3-[[3]O^3-Acetyl-
[3]O^4-glucopyranosyl-*lin*-
tri[1→4]-digitoxopyranosyl]- **18** IV 3090
—, O^3-[[3]O^3-Acetyl-*lin*-
tri[1→4]-digitoxopyranosyl]- **18** IV 3090
—, O^3-[[3]O^4-Glucopyranosyl-*lin*-tri≠
[1→4]-digitoxopyranosyl]- **18** IV 3090
—, O^3,O^{12},O^{16}-Triacetyl- **18** IV 3089
—, O^3-*lin*-Tri[1→4]-digitoxopyranosyl-
18 IV 3089
Diginatin 18 IV 3089
Diginatin-α
—, Acetyl- **18** IV 3090
Diginen
s. Pregnen
Diginigenin 18 IV 1598
—, *O*-Acetyl- **18** IV 1598
—, Di-*O*-acetyl-tetrahydro- **18** IV 1302
—, Dihydro- **18** IV 1463
—, Hexahydro- **17** IV 2344
—, Mono-*O*-acetyl-tetrahydro- **18**
IV 1301
—, Tetrahydro- **18** IV 1301
Diginin 18 IV 1599
Diginonsäure
— 4-lacton **18** IV 1112

Diginopyranosid
—, Methyl- **17** IV 2306
Diginose
—, O^4-Cellobiosyl- **17** IV 3535
—, O^4-Gentiobiosyl- **17** IV 3536
Digiprolacton 18 IV 123
Digipronin 17 IV 2535
Digiprosid 18 IV 1485
—, Tri-*O*-acetyl- **18** IV 1489
Digistrosid 18 IV 1476
Digitaligenin 18 IV 593
—, *O*-Acetyl- **18** IV 594
—, *O*-Digitalopyranosyl- **18** IV 594
—, *O*-Formyl- **18** IV 594
—, *O*-[O^4-Glucopyranosyl-
digitalopyranosyl]- **18** IV 594
—, Hexahydro- **18** IV 264
Digitaligenon 17 IV 6421
—, Hexahydro- **17** IV 6271
Digitalinum-verum 18 IV 2475
—, O^{16}-Acetyl- **18** IV 2480
—, Hexa-*O*-acetyl- **18** IV 2481
—, Hexa-*O*-propionyl- **18** IV 2483
—, Mono-*O*-acetyl- **18** IV 2476
—, Mono-*O*-acetyl-penta-*O*-propionyl-
18 IV 2483
—, Mono-*O*-propionyl- **18** IV 2477
—, O^{16}-Propionyl- **18** IV 2482
Digitalonin 18 IV 1599
Digitalonsäure
— lacton **18** 159 d
— 4-lacton **18** IV 2274
Digitalopyranosid
—, Methyl- **17** IV 2525
Digitoflavon 18 211 a, I 412 b, II 212 d
Digitoflavonosid 18 IV 3268
—, Hepta-*O*-acetyl- **18** IV 3271
Digitogenin
—, Dihydro- **17** IV 2676
Digitoninlacton 18 IV 2360
γ-Digitoxenolidsäure
—, *O*-Acetyl-,
— anhydrid **18** IV 1617
Digitoxigenin 18 IV 1468
—, O^3-Acetyl- **18** IV 1472
—, O^3-[O^2-Acetyl-O^4-benzoyl-
digitalopyranosyl]- **18** IV 1490
—, O^3-[O^2-Acetyl-O^4-benzoyl-
thevetopyranosyl]- **18** IV 1489
—, O^3-[O^4-Acetyl-O^2-benzoyl-
thevetopyranosyl]- **18** IV 1489
—, O^3-[*O*-Acetyl-cymaropyranosyl]- **18**
IV 1477
—, O^3-[*O*-Acetyl-diginopyranosyl]- **18**
IV 1477
—, O^3-[O^2-Acetyl-digitalopyranosyl]-
18 IV 1488
—, O^3-[O^2-Acetyl-O^4-gentiobiosyl-
digitalopyranosyl]- **18** IV 1495

Digitoxigenin (Fortsetzung)

—, O^3-[O^2-Acetyl-O^4-glucopyranosyl-digitalopyranosyl]- **18** IV 1494

—, O^3-[[3]O^3-Acetyl-[3]O^4-glucopyranosyl-*lin*-tri[1→4]-digitoxopyranosyl]- **18** IV 1480

—, O^3-[O^2-Acetyl-O^4-(hepta-O-acetyl-gentiobiosyl)-digitalopyranosyl]- **18** IV 1495

—, O^3-[O^2-Acetyl-O^4-(tetra-O-acetyl-glucopyranosyl)-digitalopyranosyl]- **18** IV 1494

—, O^3-[O^2-Acetyl-O^4-(tetra-O-acetyl-glucopyranosyl)-thevetopyranosyl]- **18** IV 1494

—, O^3-[O^2-Acetyl-thevetopyranosyl]- **18** IV 1487

—, O^3-[O^4-Acetyl-thevetopyranosyl]- **18** IV 1487

—, O^3-[[3]O^3-Acetyl-*lin*-tri[1→4]-digitoxopyranosyl]- **18** IV 1479

—, O^3-[[3]O^4-Acetyl-*lin*-tri[1→4]-digitoxopyranosyl]- **18** IV 1479

—, O^3-[O^2-Benzoyl-O^4-(tetra-O-benzoyl-glucopyranosyl)-digitalopyranosyl]- **18** IV 1496

—, O^3-[2-Carboxy-benzoyl]- **18** IV 1475

—, O^3-[3-Carboxy-propionyl]- **18** IV 1474

—, O^3-[O^4-Cellobiosyl-fucopyranosyl]- **18** IV 1491

—, O^3-Cymaropyranosyl- **18** IV 1476

—, O^3-[Di-O-acetyl-digitalopyranosyl]- **18** IV 1489

—, O-[Di-O-acetyl-digitalopyranosyl]-β-anhydro- **18** IV 556

—, O^3-[O^2,O^3-Diacetyl-O^4-(hepta-O-acetyl-gentiobiosyl)-rhamnopyranosyl]- **18** IV 1496

—, O^3-[O^2,O^3-Diacetyl-O^4-(tetra-O-acetyl-glucopyranosyl)-fucopyranosyl]- **18** IV 1495

—, O^3-[Di-O-acetyl-thevetopyranosyl]- **18** IV 1488

—, O^3-[N,N-Diäthyl-glycyl]- **18** IV 1475

—, O^3-[Di-O-benzoyl-digitalopyranosyl]- **18** IV 1490

—, O^3-Diginopyranosyl- **18** IV 1476

—, O^3-Digitalopyranosyl- **18** IV 1486

—, O^3-Digitoxopyranosyl- **18** IV 1475

—, O^3-[O^4-Digitoxopyranosyl-digitoxopyranosyl]- **18** IV 1478

—, Dihydro- **18** IV 1306

—, O^3-Formyl- **18** IV 1472

—, O^3-Fucopyranosyl- **18** IV 1485

—, O^3-[O^4-Gentiobiosyl-rhamnopyranosyl]- **18** IV 1491

—, O^3-[O^4-Gentiobiosyl-thevetopyranosyl]- **18** IV 1493

—, O^3-Glucopyranosyl- **18** IV 1496

—, O^3-[O-Glucopyranosyl-diginopyranosyl]- **18** IV 1481

—, O^3-[O^4-Glucopyranosyl-digitalopyranosyl]- **18** IV 1492

—, O^3-[O^4-Glucopyranosyl-fucopyranosyl]- **18** IV 1490

—, O^3-[O^4-Glucopyranosyl-thevetopyranosyl]- **18** IV 1492

—, O^3-[[3]O^4-Glucopyranosyl-*lin*-tri[1→4]-digitoxopyranosyl]- **18** IV 1480

—, O^3-[Hepta-O-acetyl-strophanthotriosyl]- **18** IV 1484

—, Hydroxydihydro- **18** IV 2362

—, O^3-[3-Methoxycarbonyl-propionyl]- **18** IV 1474

—, O^3-Rhamnopyranosyl- **18** IV 1485

—, O^3-Sarmentopyranosyl- **18** IV 1476

—, O^3-Scillabiosyl- **18** IV 1490

—, O^3-Strophanthobiosyl- **18** IV 1481

—, O^3-Strophanthotriosyl- **18** IV 1483

—, O^3-[Tetra-O-acetyl-glucopyranosyl]- **18** IV 1497

—, O^3-[O-(Tetra-O-acetyl-glucopyranosyl)-diginopyranosyl]- **18** IV 1483

—, O^3-[Tetra-O-acetyl-strophantobiosyl]- **18** IV 1482

—, O^3-[Tetra-O-acetyl-*lin*-tri[1→4]-digitoxopyranosyl]- **18** IV 1480

—, O^3-Thevetopyranosyl- **18** IV 1486

—, O^3-[Tri-O-acetyl-fucopyranosyl]- **18** IV 1489

—, O^3-[Tri-O-acetyl-rhamnopyranosyl]- **18** IV 1489

—, O^3-[[1]O^3,[2]O^3,[3]O^3-Triacetyl-[3]O^4-(tetra-O-acetyl-glucopyranosyl)-*lin*-tri[1→4]-digitoxopyranosyl]- **18** IV 1481

—, O^3-*lin*-Tri[1→4]-digitoxopyranosyl- **18** IV 1478

Digitoxigenon 18 IV 1615

—, Dihydro- **18** IV 1498

Digitoxin 18 IV 1478

—, Dihydro- **18** IV 1308

—, Tetra-O-acetyl- **18** IV 1480

Digitoxin-α

—, O-Acetyl- **18** IV 1479

Digitoxin-β

—, O-Acetyl- **18** IV 1479

Digitoxonsäure

— lacton **18** 79 e, II 55 b

—, O^3,O^4-Dimethyl-,

— lacton **18** IV 1111

—, O^3,O^5-Dimethyl-,

— lacton **18** IV 1112

Digitoxopyranose

—, Tri-O-acetyl- **17** IV 2307

—, Tri-O-benzoyl- **17** IV 2307

Digitoxopyranose (Fortsetzung)
—, Tris-O-[4-nitro-benzoyl]- **17** IV 2307
Digitoxopyranosid
—, Methyl- **17** IV 2305
—, Methyl-[bis-O-(4-nitro-benzoyl)- **17**
 IV 2307
—, Methyl-[di-O-acetyl- **17** IV 2306
—, Methyl-[O^4-(toluol-4-sulfonyl)- **17**
 IV 2307
Digitoxose
—, O^1-Acetyl-O^4-[hepta-O-acetyl-
 gentiobiosyl]-O^3-methyl- **17** IV 3626
—, O^4-Cellobiosyl- **17** IV 3535
—, O^4-Gentiobiosyl-O^3-methyl- **17**
 IV 3535
Digitoxosecarbonsäure
 — lacton **18** 161 h
Digitoxoseen-(1.2) 17 II 186 a, IV 2037
Digitoxosid
—, Methyl-[O^4-gentiobiosyl-O^3-methyl-
 17 IV 3625
Digitoxygenin
—, Tetrahydro-β-anhydro- **18** IV 263
Diglucoacoschimperosid-P 18 IV 2480
Diglycin
—, [2-Amino-3-[2]thienyl-propionyl]-
 18 IV 8192
—, [2-Benzyloxycarbonylamino-3-
 [2]thienyl-propionyl]- **18** IV 8194
Digorid-A 18 IV 2453
Digorid-B 18 IV 2454
Digoxigenin 18 IV 2450
—, O^{12}-Acetyl- **18** IV 2451
—, O^{12}-Acetyl-3-dehydro- **18** IV 2543
—, O^3-[[3]O^3-Acetyl-
 [3]O^4-glucopyranosyl-lin-
 tri[1→4]-digitoxopyranosyl]- **18** IV 2455
—, O^3-[[3]O^3-Acetyl-lin-
 tri[1→4]-digitoxopyranosyl]- **18** IV 2454
—, O^3-[[3]O^4-Acetyl-lin-
 tri[1→4]-digitoxopyranosyl]- **18** IV 2453
—, 3-Dehydro- **18** IV 2543
—, 3-Dehydro-dihydro- **18** IV 2487
—, O^3,O^{12}-Diacetyl- **18** IV 2452
—, O^3,O^{12}-Dibenzoyl- **18** IV 2452
—, O^3-Digitoxopyranosyl- **18** IV 2452
—, O^3-[O^4-Digitoxopyranosyl-
 digitoxopyranosyl]- **18** IV 2452
—, O^3-[O^4-(O^3-Digitoxopyranosyl-
 digitoxopyranosyl)-digitoxopyranosyl]-
 18 IV 2455
—, Dihydro- **18** IV 2361
—, O^3-Glucopyranosyl- **18** IV 2456
—, O^3-[[3]O^4-Glucopyranosyl-lin-tri≈
 [1→4]-digitoxopyranosyl]- **18** IV 2455
—, O^3-[2-Methyl-tetrahydro-pyran-2-yl]-
 18 IV 2452
—, O^3-[Tetra-O-acetyl-glucopyranosyl]-
 18 IV 2456

—, O^3-lin-Tri[1→4]-digitoxopyranosyl-
 18 IV 2453
Digoxigenon 18 IV 2588
 — oxim **18** IV 2589
 — semicarbazon **18** IV 2589
—, Dihydro- **18** IV 2552
Digoxin 18 IV 2453
Digoxin-α
—, O-Acetyl- **18** IV 2454
Digoxin-β
—, O-Acetyl- **18** IV 2453
Dihydroabieslacton 18 IV 485
Dihydroabietinsäure
 — δ-lacton **17** IV 4778
Dihydro-O-acetyl-mibulacton 18 IV 1179
Dihydroactidionsäure 18 IV 6287
 — methylester **18** IV 6288
Dihydroagavogenin 17 IV 2676
Dihydroalantolacton 17 IV 4763
Dihydroallodunnion 17 IV 6316
Dihydroalloeleutherin
—, O-Acetyl- **17** IV 2369
—, Di-O-methyl- **17** IV 2369
—, O-Methyl- **17** IV 2369
Dihydroalloevodion 18 IV 2349
Dihydroalloisotenulin 18 IV 1207
Dihydroalloprotolichesterinsäure 18 IV 5328
Dihydroallorottlerin 18 IV 3616
—, Penta-O-acetyl- **18** IV 3616
—, Penta-O-methyl- **18** IV 3616
Dihydroallostrophanthidin 18 IV 3097
Dihydroallostrophanthidol 18 IV 3074
Dihydroaltral 17 IV 2312
Dihydroambrettolid 17 II 296 a
Dihydroambrosin 17 IV 6106
Dihydroambrosinsäure 17 IV 6106
 — anhydrid **17** IV 6106
 — dimethylester **17** IV 6106
Dihydro-α-anhydrodigitoxigenin 18 IV 474
Dihydro-α-anhydrodigoxigenin 18 IV 1466
Dihydro-α-anhydrodigoxigenon 17 IV 6775
Dihydroanhydrodihydrostrophanthidin 18
 IV 2487
Dihydroanhydroicaritin
—, Tri-O-methyl- **18** IV 3356
Dihydroanisoxid 17 IV 462
al-**Dihydroantiarigenin 18** IV 3408
—, O^{19}-Benzoyl-O^3-[tri-O-benzoyl-6-
 desoxy-gulopyranosyl]- **18** IV 3409
—, O^3-[6-Desoxy-gulopyranosyl]- **18**
 IV 3409
—, O^{12},O^{19}-Diacetyl-
 O^3-rhamnopyranosyl- **18** IV 3409
—, O^{12},O^{19}-Diacetyl-O^3-[tri-O-acetyl-
 rhamnopyranosyl]- **18** IV 3409
—, O^{12},O^{19}-Dibenzoyl-O^3-[tri-
 O-benzoyl-rhamnopyranosyl]- **18**
 IV 3410
—, O^3-Rhamnopyranosyl- **18** IV 3408

al-Dihydroantiarigenin (Fortsetzung)
—, O^3,O^{12},O^{19}-Triacetyl- **18** IV 3408
—, O^3,O^{12},O^{19}-Triacetyl-monoanhydro-
  18 IV 3118
—, O^3,O^{12},O^{19}-Tribenzoyl- **18** IV 3408
al-**Dihydro-α-antiarin 18** IV 3409
—, Tetra-*O*-benzoyl- **18** IV 3409
al-**Dihydro-β-antiarin 18** IV 3408
—, Di-*O*-acetyl- **18** IV 3409
—, Penta-*O*-acetyl- **18** IV 3409
—, Penta-*O*-benzoyl- **18** IV 3410
Dihydroarabinal 17 IV 2003
Dihydroaristolacton 17 IV 4760
Dihydroaritason 17 IV 5039
Dihydroartabsin 18 IV 144
Dihydroartocarpin 18 IV 3380
—, Di-*O*-methyl- **18** IV 3380
Dihydroauraptensäure 18 IV 5016
—, *O*-Acetyl- **18** IV 5016
Dihydrobiflorin
—, Di-*O*-acetyl- **17** IV 2219
Dihydrobiglandulinsäure 18 IV 6120
  — methylester **18** IV 6121
Dihydrobovocryptosid 18 IV 3421
Dihydrobrasileinol
—, Isotrimethyl- **17** II 272 c
—, Tetramethyl- **17** 218 b
—, Trimethyl- **17** 218 a
Dihydrobrasilinsäure
  — lacton **18** 209 a, IV 3193
Dihydrocalactinsäure 18 IV 4997
19-Dihydrocalotropagenin 18 IV 3091
Dihydro-β-campholenolacton 17 IV 4365
Dihydro-β-campholeno-thiollacton 17 IV 4366
Dihydro-β-campholeno-thionlacton 17
  IV 4366
Dihydrocantharsäure 18 IV 5362
  — methylester **18** IV 5362
Dihydrocarpesialacton 17 IV 4671
Dihydrocarvenolid 17 263 d, I 142 d,
  II 302 f
Dihydrocarveol
—, *O*-Glucopyranosyl- **31** 202 d
—, *O*-[Tetra-*O*-acetyl-glucopyranosyl]-
  31 202 e
Dihydrocarvonoxid 17 IV 4353
Dihydrocaryophyllenoxid 17 IV 348
Dihydrocellobial 17 IV 3447, **31** 381 b
—, Hexa-*O*-acetyl- **31** 381 c
Dihydrocephalosporin-P¹-lacton
—, Bis-desacetyl- **18** IV 2491
Dihydrocerberin 18 IV 1309
Dihydrochelidonsäure
  — dimethylester **18** IV 6127
Dihydrochlorogenin 17 IV 2348
—, Tris-*O*-[3,5-dinitro-benzoyl]- **17**
  IV 2349
Dihydro-β-chlorogenin 17 IV 2348
Dihydrocholegenin 17 IV 2349

—, O^3,O^{26}-Diacetyl- **17** IV 2349
Dihydrochrysanthemo-δ-lacton 17 IV 4364
Dihydrochrysin 18 IV 1699
Dihydrocitrinin 18 IV 5014
  — amid **18** IV 5015
  — methylester **18** IV 5015
—, Di-*O*-acetyl- **18** IV 5014
—, Di-*O*-methyl- **18** IV 5014
Dihydrocitrinon
—, Di-*O*-acetyl- **18** IV 6479
—, Di-*O*-methyl- **18** IV 6479
  — methylester **18** IV 6479
Dihydroclavatin 18 IV 1166
Dihydrocnidiumlacton 17 IV 4385
Dihydrocodeimethin 18 IV 7442
—, 10-Hydroxy- **18** IV 8128
Dihydro-ε-codeimethin 18 IV 7441
Dihydro-ζ-codeimethin 18 IV 7441
Dihydrocodeimethin-methojodid 18 IV 7442
Dihydrocodein-B-dihydromethin
—, 14-Hydroxy- **18** IV 7500
Dihydrocodein-B-methin
—, 14-Hydroxy- **18** IV 7500
Dihydrocodeinon
—, 1-Brom-des-*N*-methyl- **18** IV 8092
Dihydrocodeinonmethin 18 IV 8091
—, 14-Hydroxy- **18** IV 8129
Dihydrocodeinonmethin-methojodid 18
  IV 8092
Dihydrocornicularsäure 10 768 d,
  III 3340 a
Dihydrocorotoxigenin
—, O^3-Acetyl- **18** IV 2487
Dihydrocostunolid 17 IV 4759
Dihydrocostuslacton 17 IV 4763
Dihydrocromycin 18 IV 2332
Dihydrocurvularin
—, Desoxy- **18** IV 1289
Dihydrocyclopyrethrosin 18 IV 1208
Dihydro-α-cyclopyrethrosin 18 IV 1208
Dihydro-β-cyclopyrethrosin 18 IV 1208
—, *O*-Acetyl- **18** IV 1208
Dihydrocymarin 18 IV 3098
Dihydrodalbergin 18 IV 1722
Dihydrodecarbousnol 18 IV 2575
Dihydrodeguelinsäure 18 IV 3242
Dihydrodehydrocostuslacton 17 IV 5030
Dihydrodehydrodiisoeugenol 17 IV 2381
—, *O*-[4-Benzoyloxy-3-methoxy-
  phenacyl]- **17** IV 2383
—, *O*-[3,4-Dimethoxy-phenacyl]- **17**
  IV 2382
—, *O*-[4-(3,4-Dimethoxy-phenacyloxy)-3-
  methoxy-phenacyl]- **17** IV 2382
—, *O*-[4-Hydroxy-3-methoxy-phenacyl]-
  17 IV 2382
—, *O*-Methyl- **17** IV 2382
Dihydroderrissäure 18 IV 3243
  — äthylester **18** IV 3243

Dihydro-des-*N*-dimethyl-samandarin 18
IV 7336
—, *O*-Acetyl- 18 IV 7336
Dihydro-des-*N*-dimethyl-samandaron 18
IV 7882
Dihydro-des-*N*-methyl-
desmethoxydihydrosinomenein 18 IV 8090
Dihydro-des-*N*-methyl-dihydrocodein 18
II 439 b, 440 j
Dihydro-des-*N*-methyl-dihydrocodeinon 18
II 473 c, IV 8090
Dihydro-des-*N*-methyl-dihydrooxycodeinon
18 II 477 c
Dihydro-des-*N*-methyl-dihydrothebain 18
II 441 g
Dihydro-des-methylscopolin 18 I 562 a,
II 428 h, 429 a
Dihydro-des-methylscopolin-chlorid 18
II 416 e
Dihydro-desoxy-desoxo-diginigenin 17
IV 5040
Dihydrodesoxypatulinsäure 18 IV 5276
— methylester 18 IV 5277
Dihydrodesoxysarsasapogenin 17 IV 1415
Dihydrodesoxystreptomycin 18 IV 7537
—, Dodecaacetyl- 18 IV 7599
Dihydrodesoxystreptosonsäure
— monolacton 18 IV 1115
Dihydrodesoxytigogenin 17 IV 1415
Dihydro-diacetylneriifolin 18 IV 1309
Dihydro-dianhydrodihydrostrophanthidin 18
IV 1603
α-Dihydrodicyclopentadienoxid 17 II 48 f
β-Dihydrodicyclopentadienoxid 17 II 48 g
Dihydrodigifolein 18 IV 2429
Dihydrodigifologenin 18 IV 2428
Dihydrodiginigenin 18 IV 1463
Dihydrodigitogenin 17 IV 2676
Dihydrodigitoxigenin 18 IV 1306
—, Hydroxy- 18 IV 2362
Dihydrodigitoxigenon 18 IV 1498
Dihydrodigitoxin 18 IV 1308
Dihydrodigoxigenin 18 IV 2361
—, 3-Dehydro- 18 IV 2487
—, Di-*O*-acetyl-β-anhydro- 18 IV 1467
β-Dihydrodigoxigenin
—, Di-*O*-acetyl- 18 IV 1467
Dihydrodigoxigenon 18 IV 2552
Dihydrodiosgenin 17 IV 2139
—, Di-*O*-acetyl- 17 IV 2139
Dihydro-dioxy-aucubin-octaacetat 17 IV 3832
Dihydrodrimenin 17 IV 4676
Dihydrodunnion
—, Di-*O*-acetyl- 17 IV 2164
Dihydro-α-dunnion
—, Di-*O*-acetyl- 17 IV 2163
Dihydroeleutherin
—, *O*-Acetyl- 17 IV 2369
—, *O*-Acetyl-*O*'-methyl- 17 IV 2370

—, *O*-Äthyl- 17 IV 2369
—, Di-*O*-methyl- 17 IV 2369
—, *O*-Methyl- 17 IV 2368
Dihydroelliptol 18 IV 3232
Dihydroelliptsäure 18 IV 3232
— äthylester 18 IV 3232
— methylester 18 IV 3232
Dihydroemicymarin 18 IV 2361
Dihydroenmein 18 IV 3085
Dihydroepimanoyloxid 17 IV 356
Dihydroepisarsasapogenin 17 IV 2101
—, *O*³-Acetyl- 17 IV 2103
Dihydroepismilagenin 17 IV 2101
Dihydroerdin 10 III 4818 e
Dihydroeremophilonoxid 17 IV 4677
Dihydroerythromycin 18 IV 7410
Dihydroerythronolid
—, *O*⁵-Desosaminyl- 18 IV 7409
Dihydroerythronolid-A 18 IV 3550
Dihydroerythronolid-B 18 IV 3400
—, *O*⁵-Desosaminyl- 18 IV 7408
Dihydroerythronolid-*N*-oxid
—, *O*⁵-Desosaminyl- 18 IV 7422
Dihydroerythronolid-B-*N*-oxid
—, *O*⁵-Desosaminyl- 18 IV 7421
Dihydroeupholoxid 17 IV 1449
—, *O*-Acetyl- 17 IV 1450
Dihydroevodion 18 IV 2348
— [2,4-dinitro-phenylhydrazon] 18
IV 2348
— semicarbazon 18 IV 2348
Dihydroevodionol 18 IV 1261
— oxim 18 IV 1262
Dihydrofisetin 18 II 203 a, IV 3212
Dihydrogalactal 17 IV 2313
Dihydrogeigerin 18 IV 1204
Dihydrogeigerinin 18 IV 1177
Dihydrogeijerin 18 IV 1424
Dihydrogentiobial 17 IV 3447
—, Hexa-*O*-acetyl- 17 IV 3449
Dihydrogibberellin-A₁ 18 IV 6481
— methylester 18 IV 6482
—, *O*²,*O*⁷-Diacetyl-,
— methylester 18 IV 6482
Dihydrogibberellin-A₄
— methylester 18 IV 6334
α-Dihydrogibberellinsäure 18 IV 6516
— methylester 18 IV 6517
Dihydrogitogenin 17 IV 2346
—, Tri-*O*-acetyl- 17 IV 2346
—, Tris-*O*-[4-nitro-benzoyl]- 17 IV 2346
α-Dihydrogitoxigenin 18 IV 2362
—, *O*³-Acetyl- 18 IV 2362
—, *O*³,*O*¹⁶-Diacetyl- 18 IV 2363
—, *O*³,*O*¹⁶-Dibenzoyl- 18 IV 2363
β-Dihydrogitoxigenin 18 IV 2363
—, *O*³-Acetyl- 18 IV 2363
—, *O*³,*O*²¹-Diacetyl- 18 IV 2363
—, Di-*O*-acetyl-anhydro- 18 IV 1499
—, *O*³,*O*²¹-Dibenzoyl- 18 IV 2364

Dihydrogitoxigenon 18 IV 2552
Dihydrogladiolid 18 IV 1392
Dihydroglaucandicarbonsäure 18 IV 6218
Dihydroglauconinsäure 18 IV 6210
Dihydroglucal 17 I 110 e,
    IV 2312, 31 115 d
Dihydrogriseofulvin 18 IV 3111
    – [2,4-dinitro-phenylhydrazon] 18
    IV 3112
    – oxim 18 IV 3111
Dihydrohämatinsäure
    – anhydrid 18 IV 5973
Dihydrohautriwasäure 18 IV 4888
Dihydrohelenalin 18 IV 1269
–, O-Acetyl- 18 IV 1270
–, Dibrom- 18 IV 1204
Dihydroherqueinon 18 IV 3447
Dihydroheteropeucenin 18 IV 1432
Dihydrohomopterocarpin 17 II 216 d,
    II 217 a, IV 2375
–, O-Methyl- 17 IV 2375
Dihydrohomopterocarpon 18 IV 2648
Dihydrohumulenmonoxid 17 IV 347
Dihydrohyptolid 18 IV 2295
Dihydroiresin 18 IV 1179
–, Di-O-acetyl- 18 IV 1180
Dihydroireson 18 IV 1216
    – semicarbazon 18 IV 1216
–, O-Acetyl- 18 IV 1216
Dihydroisoalantolacton 17 IV 4764
Dihydroisoalantolactoncarbonsäure 18
    IV 5510
Dihydroisoambrosin 17 IV 6106
Dihydroisoambrosinol 18 IV 144
Dihydroisoaurapten 18 IV 1424, IV 8476
Dihydroisocantharsäure 18 IV 5365
Dihydroisocaryophyllenoxid- 17 IV 349
Dihydroisodunniol
–, Hydroxy- 8 III 3617 b
Dihydro-α-isodunnion
–, Di-O-acetyl- 17 IV 2163
Dihydro-β-isodunnion
–, Di-O-acetyl- 17 IV 2164
Dihydroisoeleutherin
–, O-Acetyl- 17 IV 2369
–, O-Acetyl-O′-methyl- 17 IV 2370
–, Di-O-methyl- 17 IV 2369
–, O-Methyl- 17 IV 2368
Dihydroisohelenalin 18 IV 1269
Dihydroisolomatiol 8 III 3616 a
Dihydroisomammein 18 IV 2538
–, Di-O-methyl- 18 IV 2538
Dihydroisomeranzin 18 IV 8476
Dihydroisoneoaristolacton 17 IV 4761
Dihydroisoparthenin 18 IV 1277
Dihydroisophotosantoninlacton 18 IV 1206
Dihydroisopimarsäure
    – γ-lacton 17 IV 4777
Dihydroisorosenololacton 18 IV 152
Dihydroisotenulin 18 IV 1201

    – oxim 18 IV 1202
    – phenylhydrazon 18 IV 1203
–, Desacetyl- 18 IV 1200
Dihydroisotrichothecodion 18 IV 1288
Dihydroisotrichothecolon 18 IV 1220
–, Di-O-acetyl- 18 IV 1220
–, Mono-O-acetyl- 18 IV 1220
Dihydroisovisnaginon 18 IV 1243
    – [2,4-dinitro-phenylhydrazon] 18
    IV 1244
Dihydroisoxanthohumol 18 IV 2661
Dihydrokawain 18 IV 416
Dihydrokerasin 17 IV 3417
Dihydroketomibulacton 18 IV 1214
Dihydrokhellinon 18 IV 2344
–, O-Acetyl- 18 IV 2344
–, O-Benzoyl- 18 IV 2344
Dihydrokomansäure 18 IV 5336
Dihydrokromycin 18 IV 2332
Dihydrokromycinol 18 IV 2318
Dihydrolactal 31 416 c
–, Hexa-O-acetyl- 31 416 d
Dihydrolactucin 18 IV 2419
Dihydrolanafolein 18 IV 2429
Dihydrolapachol
–, Hydroxy- 8 415 b, II 465 e,
    III 3616 b
Dihydro-α-lapachon
–, Di-O-acetyl- 17 I 97 c, IV 2162 e
Dihydro-β-lapachon
–, Di-O-acetyl- 17 160 g, I 97 d,
    IV 2163 a
Dihydrolinderen 17 IV 1507
Dihydrolippion 17 IV 4363
Dihydrolumisantonin 17 IV 6115
Dihydrolumisantonindiol 18 IV 2354
Dihydrolyxal 17 IV 2004
Dihydromammein 18 IV 2538
–, Di-O-acetyl- 18 IV 2538
–, Di-O-methyl- 18 IV 2538
Dihydromannosidostreptomycin 18 IV 7540
Dihydromanoyloxid 17 IV 357
Dihydromatricin 18 IV 1204
Dihydromenabegenin 18 IV 1306
Dihydrometasantonin 17 466 a, IV 6107
    – oxim 17 466 b, IV 6107
Dihydromethylmorphimethin
–, 6-Methyl- 18 IV 7443
Dihydro-α-methylmorphimethin 18 II 442 a,
    IV 7442
–, 1-Brom- 18 II 442 c
Dihydro-ε-methylmorphimethin-A
–, O-Methyl- 18 IV 7441
Dihydro-β-methylmorphimethin 18 II 443 a,
    IV 7442
–, 1-Brom- 18 II 443 e, IV 7442
–, O-Methyl- 18 II 443 b, IV 7442
Dihydro-γ-methylmorphimethin 18 II 442 e,
    IV 7441
Dihydro-ε-methylmorphimethin 18 IV 7441

Dihydro-ζ-methylmorphimethin 18 IV 7441
Dihydro-α-methylmorphimethinium
—, 1-Brom-N-methyl- 18 II 442 d
—, N-Methyl- 18 II 442 b, IV 7442 a
Dihydro-β-methylmorphimethinium
—, O-Acetyl-N-methyl- 18 II 443 d, IV
    7442 d, 7443 b
—, 1-Brom-N-methyl- 18 II 444 a, IV 7442 d
—, N-Methyl- 18 II 443 c, IV 7443
Dihydro-γ-methylmorphimethinium
—, N-Methyl- 18 II 442 f
Dihydromethylmorphimethin-methojodid
—, 6-Methyl- 18 IV 7443
Dihydro-α-methylmorphimethin-methojodid
    18 II 442 b, IV 7442
—, 1-Brom- 18 II 442 d
Dihydro-β-methylmorphimethin-methojodid
    18 IV 7442
—, O-Acetyl- 18 II 443 d, IV 7443
—, 1-Brom- 18 II 444 a, IV 7442
Dihydro-γ-methylmorphimethin-methojodid
    18 II 442 f
Dihydromethymycin 18 IV 7404
Dihydromethymycin-N-oxid 18 IV 7420
Dihydromethynolid 18 IV 2317
Dihydromexicanin-C 18 IV 1199
—, O-Acetyl- 18 IV 1201
Dihydromibulacton 18 IV 1179
Dihydromonoanhydrostrophanthidonsäure
    — methylester 18 IV 6537
Dihydromorin 18 IV 3430
—, Penta-O-acetyl- 18 IV 3430
Dihydromycophenolsäure 18 IV 6480
Dihydronarbomycin 18 IV 7406
Dihydroneoaristolacton 17 IV 4761
Dihydroneomethymycin 18 IV 7404
Dihydroneomethynolid 18 IV 2317
Dihydroneotigogenin 17 IV 2102
—, O³-Acetyl- 17 IV 2103
—, Di-O-benzoyl- 17 IV 2105
Dihydronologenin 17 IV 2676
Dihydronorquassin
—, Desoxo- 18 IV 2531
Dihydronovobiocin 18 IV 8124
Dihydronovobiocinsäure 18 IV 8123
Dihydrooreoselonsäure 18 IV 5045
    — methylester 18 IV 5045
Dihydroouabagenin 18 IV 3551
Dihydroouabain 18 IV 3552
Dihydroparomobiosamin
—, N,N'-Diacetyl- 18 IV 7478
Dihydropatulin 18 IV 1166
    — phenylhydrazon 18 IV 1167
Dihydropedicinin 18 IV 3203
Dihydropenicillsäure 3 III 1465 d
Dihydropentanorsclerotioron 18 IV 2523
Dihydroperiplogenin 18 IV 2360
—, Monoanhydro- 18 IV 1466
—, 14-Monoanhydro- 18 IV 1467

Dihydropeucenin 18 IV 1432
Dihydrophotosantoninsäure 18 IV 6673
Dihydrophrenosen
—, Hexa-O-acetyl- 17 IV 3417
Dihydrophrenosin 17 IV 3417
Dihydropicromycin 18 IV 7407
Dihydropicrotoxinid 18 IV 1196
—, Dibenzyliden- 18 IV 1963
Dihydropicrotoxinindicarbonsäure
    — dimethylester 18 IV 5250
Dihydropicrotoxolinsäure
    — methylester 18 IV 6579
Dihydropimarsäure
    — γ-lacton 17 IV 4777
Dihydropinol 17 IV 211
Dihydroprotolichesterinsäure 18 IV 5329
    — methylester 18 IV 5330
Dihydropseudocantharsäure 18 IV 5362
Dihydropseudochlorogenin 17 IV 2348
—, Tri-O-acetyl- 17 IV 2349
Dihydropseudocodein
—, Dihydro-des-N-methyl- 18 IV 7437
Dihydropseudocodeinon-enolacetat
—, Des-N-acetyl- 18 IV 7446
Dihydropseudodesoxysarsasapogenin 17
    IV 1415
Dihydropseudoepisarsasapogenin 17 IV 2100
—, Bis-O-[4-nitro-benzoyl]- 17 IV 2106
Dihydropseudoepitigogenin 17 IV 2101
—, Di-O-acetyl- 17 IV 2104
Dihydropseudogibberellin-A₁ 18 IV 6481
    — methylester 18 IV 6481
Dihydropseudogitogenin
—, Tri-O-acetyl- 17 IV 2346
Dihydropseudorockogenin 17 IV 2347
—, Tri-O-acetyl- 18 IV 8466
Dihydroresorcin
—, 2-[6,6-Dimethyl-4-oxo-2,3,4,5,6,7-
    hexahydro-benzofuran-3-yl]-5,5-dimethyl-
    17 II 525 c, IV 6734
Dihydrorobinetin 18 IV 3438
Dihydrorockogenin 17 IV 2347
Dihydrorosenonolacton 17 IV 6121
Dihydrorosololacton 18 IV 151
—, O-Acetyl- 18 IV 152
Dihydrorosonolacton 17 IV 6121
Dihydrorotenolsäure 18 IV 3244
β-Dihydrorotenonsäure
—, Dehydrodihydroxy- 18 IV 3242
Dihydrorotensäure 18 IV 4884
Dihydrorottlerin
—, Penta-O-methyl- 18 IV 3618
Dihydrorotundifolon 17 IV 4363
Dihydrosamogenin 17 IV 2345
Dihydrosantonen 17 IV 6228
Dihydrosantonin 17 I 245 c, IV 6110
    — oxim 17 I 245 d
    — semicarbazon 17 I 245 e
—, Dichlor- 17 465 e, IV 6111 d

Dihydrosantonin-A 17 IV 6109
Dihydrosantonin-B 17 IV 6109
Dihydrosantonin-C 17 IV 6109
Dihydrosantonin-D 17 IV 6110
Dihydro-α-santonin 17 IV 6110
Dihydro-β-santonin 17 IV 6111
4,5-Dihydro-β-santonin-d 17 IV 6108
Dihydrosantoninchlorhydrin 18 IV 2114
Dihydrosantoninisochlorhydrin 18 IV 1214
Dihydrosarmentogenin 18 IV 2361
Dihydrosarsasapogenin 17 IV 2100
—, O^3-Acetyl- 17 IV 2103
—, Bis-O-[3,5-dinitro-benzoyl]- 17
    IV 2106
—, Di-O-acetyl- 17 IV 2104
—, Di-O-benzoyl- 17 IV 2105
—, 23-Hydroxy- 17 IV 2349
—, O^{26}-[Toluol-4-sulfonyl]- 17 IV 2106
Dihydroschellolsäure
    — δ-lacton 18 IV 6310
Dihydrosclerotiorin 18 IV 1590
Dihydroscoparon 18 IV 2351
Dihydrosedanolid 17 268 b, II 303 e,
    IV 4385
Dihydrosedanonsäure 10 III 2886 f
Dihydrosenecinsäure
    — lacton 18 IV 5316
Dihydroshikimisäure
—, Diacetyl-,
    — 3-lacton 18 IV 1132
Dihydrosinomelan 17 IV 1553
Dihydrosmilagenin 17 IV 2101
—, Di-O-acetyl- 17 IV 2104
—, Di-O-benzoyl- 17 IV 2105
—, O^{26}-[Toluol-4-sulfonyl]- 17 IV 2106
Dihydrosphingosin
—, N-[2-Acetylamino-
    O^4-galactopyranosyl-2-desoxy-galactosyl]-
    17 IV 3426
Dihydrosteviolbiosid 17 IV 3617
Dihydrostreptobiosamin 18 IV 7536
—, N,O-Hexaacetyl- 18 IV 7600
Dihydrostreptobiosaminid
—, Methyl- 18 IV 7537
—, Methyl-[pentabenzoyl- 18 IV 7613
Dihydrostreptomycin 18 IV 7538
—, Dodecaacetyl- 18 IV 7601
—, Dodecabenzoyl- 18 IV 7613
Dihydrostreptomycin-B 18 IV 7540
Dihydrostreptonivicin 18 IV 8124
Dihydrostrophanthidin 18 IV 3096
—, O^3-Acetyl- 18 IV 3097
—, O^3-Benzoyl- 18 IV 3097
Dihydro-g-strophanthidin 18 IV 3551
Dihydrostrophanthidinsäure 18 IV 6591
Dihydrostrophanthidol 18 IV 3074
Dihydro-g-strophanthin 18 IV 3552
Dihydrosumatrolsäure 18 IV 3446
Dihydrotectochrysin 18 IV 1701

Dihydrotenulin 18 IV 2355
Dihydroteresantalsäure
—, Oxy-,
    — lacton 17 303 a, vgl. IV 4628 b
Dihydrothebain
—, Des-N-methyl- 18 IV 7449
Dihydrothebainmethin 18 II 453 a
Dihydrothebain-methojodid
—, Des-N-methyl- 18 IV 7449
Dihydrothebenol
—, O-Methyl- 17 II 198 b
Dihydrothurberogenin 18 IV 485
—, O-Acetyl- 18 IV 486
Dihydrothurberogenon 17 IV 6340
—, Dibrom- 17 IV 6340
Dihydrotigogenin 17 IV 2102
—, O^3-Acetyl- 17 IV 2103
—, Di-O-acetyl- 17 IV 2104
—, Di-O-benzoyl- 17 IV 2105
Dihydrotirucalloloxid
—, O-Acetyl- 17 IV 1449
Dihydrotokorogenin
—, Tri-O-acetyl- 17 IV 2675
Dihydrotomatidin
—, N-Acetyl- 18 IV 7342
Dihydrotoxicarolsäure 18 IV 3445
    — methylester 18 IV 3446
—, Di-O-acetyl-,
    — methylester 18 IV 3446
Dihydrotrianhydrostrophanthidin 18 IV 1657
Dihydrotrichothecodionchlorhydrin 18
    IV 1219
Dihydrotrichothecolonglykol 18 IV 2322
Dihydrotubanol 17 IV 1377
Dihydro-β-tubanol 17 IV 1373
Dihydrotubasäure 18 IV 4884
—, O-Methyl-,
    — methylester 18 IV 4884
Dihydro-β-tubasäure 18 IV 4883
Dihydrousnetinsäure 18 IV 6480
    — methylester 18 IV 6480
Dihydrousninsäure 18 IV 3443
    — amid 18 IV 3445
—, O^9-Acetyl- 18 IV 3444
—, O^7,O^9-Diacetyl- 18 IV 3444
Dihydrouzarigenin 18 IV 1306
—, O^3-Acetyl- 18 IV 1308
Dihydroveneniferin 18 IV 1309
Dihydrovisnaginon 18 IV 1241
    — [2,4-dinitro-phenylhydrazon] 18
    IV 1241
Dihydrovulpinsäure 18 IV 6098
Dihydrowogonin 18 IV 2625
Dihydroxanthatin 17 IV 6103
Dihydroxanthatinsäure 18 IV 5506
Dihydroxanthinin 18 IV 1198
Dihydroxanthyletinsäure
—, O-Methyl- 18 IV 4937
Dihydroxybufotalanon 18 IV 2488
Dihydroxybufotalatrien 18 IV 1662

Dihydroxylal 17 IV 2004
Dihydroxypseudosantonin 18 IV 3069
Dihydroyangonalacton 18 IV 1551
—, *O*-Acetyl- **18** IV 1551
Dihydroyangonin 18 IV 1552
Dihydroyuccagenin 17 IV 2363
Diindeno[2,1-*e*;1′,2′-*g*]isobenzofuran-6,8-dion
—, 5,5a,5b,8a,8b,9-Hexahydro- **17**
   IV 6554
Diindeno[1,2-*b*;2′,1′-*c*]oxet
—, 4b,5a-Dibenzyl-4b,5a,10,11-
   tetrahydro- **17** IV 817 a
—, 4b,5a-Diphenyl-4b,5a,10,11-
   tetrahydro- **17** IV 817 a
Diindeno[1,2-*b*;2′,1′-*e*]pyran-10,12-dion
—, 11*H*- **17** II 513 d, IV 6545
—, 11,11-Dimethyl-11*H*- **17** IV 6551
—, 11-[2-Nitro-phenyl]-11*H*- **17** IV 6621
—, 11-[3-Nitro-phenyl]-11*H*- **17**
   IV 6622
—, 11-[4-Nitro-phenyl]-11*H*- **17**
   IV 6622
—, 11-Phenyl-11*H*- **17** IV 6621
—, 3,4,6,7-Tetramethoxy-11-[4-nitro-
   phenyl]-11*H*- **18** IV 3547
Diindeno[1,2-*b*;2′,1′-*d*]thiophen-10,11-diol
—, 10,11-Dihydro- **17** II 200 f
Diisocrotyloxid 17 16 c, II 25 g
Diketen 17 IV 4297
Diketocineol 17 II 455 f, IV 5960
**1,4;9,10-Dimethano-anthracen-2,3-
   dicarbonsäure**
—, 5,8-Diphenyl-*Δ*⁶-dodecahydro-,
   — anhydrid **17** IV 6612
**4,11;5,10-Dimethano-anthra[2,3-*c*]furan-1,3-
   dion**
—, 6,9-Diphenyl-*Δ*⁷-dodecahydro- **17**
   IV 6612
**5,10;6,9-Dimethano-benz[*g*]isochromen-1,3-
   dion**
—, 10a-Acetoxy-decahydro- **18** IV 1446
—, Decahydro- **17** IV 6243
1,4;7,10-Dimethano-benzo[*c*]chromen
—, 4a-Benzoyl-6-phenyl-4,4a,7,10,10a,⸗
   10b-hexahydro-1*H*- **17** IV 5622
1,5;6,9-Dimethano-benz[*d*]oxepin-2,4-dion
—, Octahydro- **17** IV 6085
1,4;6,9-Dimethano-dibenzofuran
—, 1,2,3,4,6,7,8,9,10,10,11,11-
   Dodecachlor-1,4,4a,5a,6,9,9a,9b-
   octahydro- **17** IV 563
—, 1,2,3,4,6,7,8,9-Octachlor-10,10,11,11-
   tetramethoxy-1,4,4a,5a,6,9,9a,9b-
   octahydro- **17** IV 6357
—, 10,10,11,11-Tetraäthoxy-1,2,3,4,6,7,8,9-
   octachlor-1,4,4a,5a,6,9,9a,9b-octahydro-
   17 IV 6357

1,4;6,9-Dimethano-dibenzofuran-10,11-dion
—, 1,2,3,4,6,7,8,9-Octachlor-1,4,4a,5a,6,⸗
   9,9a,9b-octahydro-,
   — bis-diäthylacetal **17** IV 6357
   — bis-dimethylacetal **17** IV 6357
1,4;6,9-Dimethano-dibenzothiophen
—, 1,2,3,4,6,7,8,9-Octachlor-10,10,11,11-
   tetramethoxy-1,4,4a,5a,6,9,9a,9b-
   octahydro- **17** IV 6357
—, 10,10,11,11-Tetraäthoxy-1,2,3,4,6,7,8,9-
   octachlor-1,4,4a,5a,6,9,9a,9b-octahydro-
   17 IV 6357
**1,4;6,9-Dimethano-dibenzothiophen-10,11-
   dion**
—, 1,2,3,4,6,7,8,9-Octachlor-1,4,4a,5a,6,⸗
   9,9a,9b-octahydro-,
   — bis-diäthylacetal **17** IV 6357
   — bis-dimethylacetal **17** IV 6357
1,4;5,8-Dimethano-naphthalin
—, 2-Äthoxy-5,6,7,8,9,9-hexachlor-2,3-
   epoxy-1,2,3,4,4a,5,8,8a-octahydro- **17**
   IV 1502
—, 2-Brom-5,6,7,8,9,9-hexachlor-2,3-
   epoxy-1,2,3,4,4a,5,8,8a-octahydro- **17**
   IV 526
—, 5,6-Dichlor-2,3-epoxy-7,8,9,9-
   tetrafluor-1,2,3,4,4a,5,8,8a-octahydro-
   17 IV 525
—, 2,3-Epoxy-6-nitro-7-trichlormethyl-
   decahydro- **17** IV 460
—, 2,5,6,7,8,9,9-Heptachlor-2,3-epoxy-
   1,2,3,4,4a,5,8,8a-octahydro- **17** IV 526
—, 5,6,7,8,9,9-Hexachlor-2,3-episulfinyl-
   1,2,3,4,4a,5,8,8a-octahydro- **17** IV 527
—, 5,6,7,8,9,9-Hexachlor-2,3-epithio-
   1,2,3,4,4a,5,8,8a-octahydro- **17** IV 527
—, 5,6,7,8,9,9-Hexachlor-2,3-epoxy-
   1,2,3,4,4a,5,8,8a-octahydro- **17** IV 525
—, 5,6,7,8,9,9-Hexachlor-2-oxiranyl-
   1,2,3,4,4a,5,8,8a-octahydro- **17** IV 535
—, 5,6,7,8,9-Pentachlor-2,3-epoxy-
   1,2,3,4,4a,5,8,8a-octahydro- **17** IV 525
—, 5,6,7,8-Tetrachlor-2,3-epoxy-9,9-
   difluor-1,2,3,4,4a,5,8,8a-octahydro- **17**
   IV 525
—, 5,6,7,8-Tetrachlor-2,3-epoxy-1,2,3,4,⸗
   4a,5,8,8a-octahydro- **17** IV 525
1,4;5,8-Dimethano-naphthalin-2,3- dicarbonsäure
—, Decahydro-,
   — anhydrid **17** IV 6220
—, 1,2,3,4,5,8-Hexahydro-,
   — anhydrid **17** IV 6357
—, 1,2,3,4,4a,5,8,8a-Octahydro-,
   — anhydrid **17** IV 6313
—, 1,2,3,4,5,6,7,8-Octahydro-,
   — anhydrid **17** IV 6313
—, 1,4,4a,5,6,7,8,8a-Octahydro-,
   — anhydrid **9** III 4346 d

4,9;5,8-Dimethano-naphtho[2,3-*b*]furan-9a-carbonsäure
—, 2-Oxo-decahydro- **18** IV 5549
— methylester **18** IV 5550
4,9;5,8-Dimethano-naphtho[2,3-*c*]furan-1,3-dion
—, Decahydro- **17** IV 6220
—, 3a,4,5,8,9,9a-Hexahydro- **17** IV 6357
—, 3a,4,4a,5,8,8a,9,9a-Octahydro- **17** IV 6313
—, 3a,4,5,6,7,8,9,9a-Octahydro- **17** IV 6313
4,9;5,8-Dimethano-1λ^6-naphtho[2,3-*b*]thiophen
—, 1,1-Dioxo-2,3,3a,4,4a,5,8,8a,9,9a-decahydro- **17** IV 535
4,9;5,8-Dimethano-naphtho[2,3-*b*]thiophen-1,1-dioxid
—, 2,3,3a,4,4a,5,8,8a,9,9a-Decahydro- **17** IV 535
2,7;3,6-Dimethano-oxireno[*b*]naphthalin s.
1,4;5,8-Dimethano-naphthalin, 2,3-Epoxy-
1,4;5,8-Dimethano-xanthen-9-on
—, 4,5,11,11,12,12-Hexamethyl-1,2,3,4,5,6,7,8-octahydro- **17** IV 5251
α-Dimethylmorphimethin 18 II 445 b
—, Tetrahydro- **18** II 439 d, IV 7439
β-Dimethylmorphimethin 18 II 454 a
—, Dihydro- **18** II 443 b
γ-Dimethylmorphimethin 18 II 450 a
—, Tetrahydro- **18** IV 7438
ε-Dimethylmorphimethin 18 II 451 a
α-Dimethylmorphimethin-methojodid
—, Tetrahydro- **18** II 440 c, IV 7440
γ-Dimethylmorphimethin-methojodid
—, Tetrahydro- **18** IV 7440
α-Dinaphthochinonoxid 17 II 516 b
Dinaphtho[1,2-*b*;1′,2′-*d*]furan 17 IV 764
Dinaphtho[1,2-*b*;2′,1′-*d*]furan 17 88 a, I 41 d, II 91 b, IV 763
—, 5,8-Bis-phenylazo- **18** 643 c
—, 4,9-Dimethyl- **17** IV 771
—, 1,2,4,9,11,12-Hexamethyl- **17** IV 775
—, 1,2,3,4,9,10,11,12-Octahydro- **17** 83 f
—, 2,4,9,11-Tetramethyl- **17** IV 774
Dinaphtho[1,2-*b*;2′,3′-*d*]furan
—, 5,7,12-Triacetoxy- **17** IV 2415
Dinaphtho[2,1-*b*;1′,2′-*d*]furan 17 88 f, I 41 e, II 91 c, IV 764
—, x-Amino- **18** IV 7255
—, 5,6-Diacetoxy- **17** IV 2251
—, x,x-Dibenzoyl- **17** IV 6665
—, 3,11-Dimethyl- **17** IV 771
—, 5,6,8,9-Tetrahydro- **17** 86 c
Dinaphtho[2,1-*b*;2′,3′-*d*]furan 17 89 h, I 41 f, II 90 f, IV 763

—, 8,13-Diacetoxy- **17** II 204 d
Dinaphtho[2,3-*b*;2′,3′-*d*]furan 17 IV 762
—, 5,7-Dimethyl-2,10-dipropyl- **17** IV 776
—, 1,1,4,4,8,8,11,11-Octamethyl-1,2,3,4,8,9,10,11-octahydro- **17** IV 586
Dinaphtho[1,2-*b*;2′,3′-*d*]furan-5-carbonsäure
—, 7,12-Dioxo-7,12-dihydro-,
— anilid **18** IV 6108
Dinaphtho[2,1-*b*;2′,3′-*d*]furan-3-carbonsäure
—, 8,13-Dioxo-8,13-dihydro-,
— anilid **18** IV 6108
Dinaphtho[2,1-*b*;2′,3′-*d*]furan-6-carbonsäure
—, 3-Brom-8,13-dioxo-8,13-dihydro-,
— anilid **18** IV 6110
—, 8,13-Dioxo-8,13-dihydro-,
— anilid **18** IV 6108
— *o*-anisidid **18** IV 6109
— *p*-anisidid **18** IV 6110
— [4-brom-anilid] **18** IV 6108
— [4-chlor-anilid] **18** IV 6108
— [4-chlor-2-methyl-anilid] **18** IV 6109
— [2,5-dimethoxy-anilid] **18** IV 6110
— [2-methoxy-dibenzofuran-3-ylamid] **18** IV 7353
— [1]naphthylamid **18** IV 6109
— [2]naphthylamid **18** IV 6109
— [3-nitro-anilid] **18** IV 6109
— *o*-toluidid **18** IV 6109
Dinaphtho[1,2-*b*;1′,2′-*d*]furan-12,13-chinon 17 II 516 b
Dinaphtho[1,2-*b*;2′,3′-*d*]furan-7,12-chinon 17 IV 6573
—, 8-Amino- **18** IV 8060
—, 11-Amino- **18** IV 8060
—, 5-Benzoyl- **17** IV 6818
—, 8-Benzoylamino- **18** IV 8060
—, 11-Benzoylamino- **18** IV 8060
—, 5-Benzyl- **17** IV 6638
—, 5-Brom- **17** IV 6574
—, 5-*tert*-Butyl- **17** IV 6594
—, 5-[2-Chlor-benzoyloxy]- **18** IV 1969
—, 2,5-Dimethyl- **17** IV 6585
—, 2,6-Dimethyl- **17** IV 6585
—, 3-Hydroxy- **18** IV 1970
—, 4-Hydroxy- **18** IV 1968
—, 5-Hydroxy- **18** IV 1969
—, 4-Methoxy- **18** IV 1969
—, 5-Methyl- **17** IV 6581
—, 5-[4-Methyl-benzyl]- **17** IV 6639
—, 8-Nitro- **17** IV 6574
—, 11-Nitro- **17** IV 6574
—, 5-Trityl- **17** IV 6672
Dinaphtho[2,1-*b*;1′,2′-*d*]furan-5,6-chinon 17 IV 6575

Dinaphtho[2,1-*b*;2′,3′-*d*]furan-8,13-chinon 17
II 516 a, IV 6574
—, 3-[1-Äthyl-1-methyl-propyl]- 17
IV 6596
—, 9-Amino- 18 IV 8060
—, 12-Amino- 18 IV 8061
—, 9-Benzoylamino- 18 IV 8060
—, 12-Benzoylamino- 18 IV 8061
—, 3-Brom- 17 IV 6574
—, 9-Brom- 17 IV 6574
—, 2-*tert*-Butyl- 17 IV 6595
—, 3-Butyl- 17 IV 6594
—, 3-*tert*-Butyl- 17 IV 6595
—, 2-[3-Chlor-1,4-dioxo-1,4-dihydro-
[2]naphthylamino]- 18 IV 8060
—, 2,3-Dimethyl- 17 IV 6585
—, 2,6-Dimethyl- 17 IV 6585
—, 3,6-Dimethyl- 17 IV 6586
—, 2-Hydroxy- 18 IV 1969
—, 3-Hydroxy- 18 IV 1969
—, 4-Hydroxy- 18 IV 1969
—, 6-Hydroxy- 18 IV 1970
—, 3-Hydroxy-4-methyl- 18 IV 1972
—, 4-Hydroxy-1-methyl- 18 IV 1972
—, 2-Methoxy- 18 IV 1969
—, 3-Methoxy- 18 IV 1969
—, 4-Methoxy- 18 IV 1970
—, 6-Methoxy- 18 IV 1970
—, 3-Methyl- 17 IV 6582
—, 3-[1-Methyl-cyclohexyl]- 17 IV 6611
—, 3-[1-Methyl-cyclopentyl]- 17
IV 6611
—, 9-Nitro- 17 IV 6575
—, 12-Nitro- 17 IV 6575
—, 3-[1-Phenyl-äthyl]- 17 IV 6639
—, 3-Propyl- 17 IV 6588
—, 9-[Toluol-4-sulfonylamino]- 18
IV 8060
—, 12-[Toluol-4-sulfonylamino]- 18
IV 8061
—, 3-Trityl- 17 IV 6671
Dinaphtho[1,2-*b*;2′,1′-*d*]furan-5,6,7,8-dichinon
17 IV 6836
Dinaphtho[1,2-*b*;2′,3′-*d*]furan-5,6,7,12-
dichinon 17 IV 6836
Dinaphtho[2,3-*b*;2′,3′-*d*]furan-5,7,12,13-
dichinon 17 IV 6836
Dinaphtho[2,1-*b*;1′,2′-*d*]furan-x-ylamin 18
IV 7255
Dinaphtho[2,1-*e*;2′,1′-*e*′]phenanthro[10,1-*bc*;9,8-
b′*c*′]bis-oxepin-19,22-dion
—, 20a-Hydroxy-20a,20b-dihydro- 18
IV 6450
Dinaphtho[1,2-*b*;2′,1′-*d*]selenophen 17 IV 764
Dinaphtho[1,2-*b*;1′,2′-*d*]thiophen 17 IV 764
—, 5,6-Dihydro- 17 IV 752
Dinaphtho[1,2-*b*;2′,1′-*d*]thiophen 17 IV 763
Dinaphtho[1,2-*b*;2′,3′-*d*]thiophen 17 IV 763

—, 7a,8,9,10,11,11a,12,12a-Octahydro-
17 IV 703
Dinaphtho[2,1-*b*;1′,2′-*d*]thiophen 17 II 91 f,
IV 765
—, 5,6-Dihydro- 17 IV 752
Dinaphtho[2,1-*b*;2′,3′-*d*]thiophen 17 IV 763
—, 8,8a,9,10,11,12,12a,13-Octahydro-
17 IV 703
Dinaphtho[2,3-*b*;2′,3′-*d*]thiophen 17 IV 762
—, 5,7,12,13-Tetraacetoxy- 17 II 249 f
—, 5,7,12,13-Tetrakis-benzoyloxy- 17
II 250 a
Dinaphtho[2,1-*b*;2′,3′-*d*]thiophen-8,13-chinon
17 IV 6575
Dinaphtho[2,3-*b*;2′,3′-*d*]thiophen-5,13-chinon
—, 7-Acetoxy-12-hydroxy- 18 II 187 d
—, 12-Acetoxy-7-hydroxy- 18 II 187 d
—, 7,12-Diacetoxy- 18 II 187 e
—, 7,12-Dihydroxy- 18 II 187 c
Dinaphtho[2,3-*b*;2′,3′-*d*]thiophen-5,7,12,13-
dichinon 17 II 539 a
Dinaphtho[2,3-*b*;2′,3′-*d*]thiophen-5,13-diol
—, 7,12-Diacetoxy- 17 II 249 e
Dinaphtho[2,3-*b*;2′,3′-*d*]thiophen-5,7,12,13-
tetraol 17 II 249 d
Dinaphtho[2,3-*a*;2′,3′-*h*]thioxanthen-5,9,14,15,≠
18-pentaon 17 I 294 d
Dinaphtho[2,3-*a*;2′,3′-*i*]thioxanthen-5,10,15,17,≠
18-pentaon 17 I 294 c
Dinaphtho[2,3-*b*;2′,3′-*h*]thioxanthen-5,8,10,15,≠
18-pentaon 17 I 294 b
Dinaphtho[2,3-*a*;2′,3′-*h*]thioxanthen-5,15,18-
-trion 17 II 534 a
Dinaphtho[2,3-*a*;2′,3′-*j*]xanthen
—, 17-[3-Nitro-phenyl]-17*H*- 17 IV 838
—, 17-[4-Nitro-phenyl]-17*H*- 17 IV 838
Dinaphtho[2,3-*c*;2′,3′-*h*]xanthen
—, 8*H*- 17 I 48 A
—, 8-Methyl-8*H*- 17 I 48 b
—, 8-Phenyl-8*H*- 17 I 49 e
Dinaphtho[2,3-*a*;2′,3′-*j*]xanthen-5,11,16,18-
dichinon
—, 17*H*- 17 I 293 f
—, 17-Phenyl-17*H*- 17 I 294 a
Dinaphtho[1,8-*bc*;1′,8′-*hi*]xanthen-7,9-dion
—, 3,13-Dinitro-8-phenyl-8*H*- 17
I 280 c
—, 8-Phenyl-8*H*- 17 I 280 b
Dinaphtho[2,3-*a*;2′,3′-*j*]xanthen-5,11,16,17,18-
pentaon 17 I 295 b
Dinaphth[2,3-*c*;2′,3′-*e*]oxepin 17 IV 769
Dinaphth[2,1-*b*;1′,2′-*e*]oxepin-8,15-dion 17
IV 6603
α-Dinaphthylenoxid 17 88 a, I 41 d,
II 91 b
β-Dinaphthylenoxid 17 88 f, I 41 e,
II 91 c
β-Dinaphthylensulfid 17 II 91 f
Dininsäure 18 IV 5295

17,18-Dinor-atisan-4,15,16-tricarbonsäure

—, 13,14-Dihydroxy-13-[α-hydroxy-
isopropyl]-,
 — 15→14-lacton **18** IV 6663
 — 15→14-lacton-4,16-dimethylester
    18 IV 6663
—, 13-Hydroxy-13-isopropyl-,
 — 15-lacton **18** IV 6172
 — 16-lacton **18** IV 6173
 — 15-lacton-4,16-dimethylester **18**
    IV 6173
 — 16-lacton-4,15-dimethylester **18**
    IV 6173
—, 14-Hydroxy-13-isopropyliden-,
 — 15-lacton **18** IV 6183
 — 15-lacton-4,16-dimethylester **18**
    IV 6183
 — 15-lacton-4-methylester **18**
    IV 6183

17,18-Dinor-atis-13-en-4,15,16-
tricarbonsäure

—, 13-Isopropyl-,
 — 4-äthylester-15,16-anhydrid **18**
    IV 6085
 — 15,16-anhydrid **18** IV 6084
 — 15,16-anhydrid-4-butylester **18**
    IV 6086
 — 15,16-anhydrid-4-methylester **18**
    IV 6085
 — 15,16-anhydrid-4-propylester **18**
    IV 6085

23,24-Dinor-chola-5,20-dien

—, 21,21-Diphenyl-3-tetrahydropyran-2-
yloxy- **17** IV 1051

23,24-Dinor-chola-7,20-dien

—, 3,5,21-Triacetoxy-9,11-epoxy- **17**
    IV 2366

21,24-Dinor-chola-4,22-dien-3,20-dion

—, 23-[2]Furyl- **17** IV 6473

23,24-Dinor-chola-1,4-dien-3,11-dion

—, 21-Acetoxy-20,22-epoxy-17-hydroxy-
    18 IV 2583
—, 20,21-Epoxy-17,22-dihydroxy- **18**
    IV 2583

23,24-Dinor-chola-4,6-dien-3,11-dion

—, 20,21-Epoxy-17,22-dihydroxy- **18**
    IV 2584

21,24-Dinor-chola-4,20-dien-23-imidsäure

—, 17,20,21-Trihydroxy-3,11-dioxo-,
 — 17-lacton **18** IV 3245

21,24-Dinor-chola-5,22-dien-20-on

—, 3-Acetoxy-23-[2]furyl- **18** IV 684
—, 23-[2]Furyl-3-hydroxy- **18** IV 684
—, 3-Hydroxy-23-[2]thienyl- **18** IV 684

23,24-Dinor-chola-1,4-dien-3-on

—, 20,21-Epoxy-11,17,22-trihydroxy-
    18 IV 2539

21,24-Dinor-chola-1,4-dien-23-säure

—, 17-Hydroxy-3-oxo-,
 — lacton **17** IV 6379

21,24-Dinor-chola-4,6-dien-23-säure

—, 17-Hydroxy-3-oxo-,
 — lacton **17** IV 6379

21,24-Dinor-chola-4,20-dien-23-säure

—, 17,20,22-Trihydroxy-3,11-dioxo-,
 — 17-lacton **18** IV 3245

21,24-Dinor-chola-4,20(22)-dien-23-säure

—, 17-Hydroxy-3-oxo-,
 — lacton **17** IV 6379

21,24-Dinor-chola-5,20-dien-23-säure

—, 3,17-Dihydroxy-,
 — 17-lacton **18** IV 548

21,24-Dinor-chola-4,22-dien-3,11,20-trion

—, 23-Amino-17,23-epoxy-22-hydroxy-
    18 IV 3245

21,24-Dinor-cholan

—, 3-Acetoxy-17,23-epoxy- **17** IV 1405

23,24-Dinor-cholan

—, 3-Acetoxy-12,22-epoxy-22,22-
diphenyl- **17** IV 1719
—, 3-Acetoxy-20,21-epoxy-21,21-
diphenyl- **17** IV 1719

23,24-Dinor-cholan-21-nitril

—, 20,22-Epoxy-3,17-dihydroxy-11-oxo-
    18 IV 6485

23,24-Dinor-cholan-3-on

—, 12,22-Epoxy-22,22-diphenyl- **17**
    IV 5580

23,24-Dinor-cholan-11-on

—, 3,9-Epoxy-22-hydroxy-22,22-
diphenyl- **18** IV 839

A,18-Dinor-cholan-24-säure

—, 20-Hydroxy-8,14-dimethyl-3-oxo-,
 — lacton **17** IV 6274
—, 20-Hydroxy-3-isopropyliden-8,14-
dimethyl-,
 — lacton **17** IV 5177
—, 20-Hydroxy-3,3,8,14-tetramethyl-1,2-
dioxo-,
 — lacton **17** IV 6766
—, 20-Hydroxy-3,3,8,14-tetramethyl-2-
oxo-,
 — lacton **17** IV 6275

A,24-Dinor-cholan-23-säure

—, 21-Hydroxy-3,11-dioxo-,
 — lacton **17** IV 6764
—, 21-Hydroxy-3,12-dioxo-,
 — lacton **17** IV 6764
—, 21-Hydroxy-2-oxo-,
 — lacton **17** IV 6268
—, 21-Hydroxy-3-oxo-,
 — lacton **17** IV 6268

21,24-Dinor-cholan-23-säure

—, 3-Acetoxy-17-hydroxy-,
 — lacton **18** IV 258

21,24-Dinor-cholan-23-säure (Fortsetzung)
—, 3,17-Dihydroxy-,
  — 17-lacton **18** IV 258
—, 17-Hydroxy-3-oxo-,
  — lacton **17** IV 6269
23,24-Dinor-cholan-21-säure
—, 12-Hydroxy-3-oxo-,
  — lacton **17** IV 6270
23,24-Dinor-cholan-22-säure
—, 3-Acetoxy-12-hydroxy-,
  — lacton **18** IV 262
—, 3-Acetoxy-16-hydroxy-,
  — lacton **18** IV 259
—, 3-Acetoxy-16-hydroxy-6-oxo-,
  — lacton **18** IV 1465
—, 3-Acetoxy-16-hydroxy-11-oxo-,
  — lacton **18** IV 1465
—, 3-Benzoyloxy-16-hydroxy-,
  — lacton **18** IV 261
—, 2,3-Bis-benzoyloxy-16-hydroxy-,
  — lacton **18** IV 1303
—, 3,6-Bis-benzoyloxy-16-hydroxy-,
  — lacton **18** IV 1303
—, 4-Brom-16-hydroxy-3-oxo-,
  — lacton **17** IV 6270
—, 2,3-Diacetoxy-16-hydroxy-,
  — lacton **18** IV 1302
—, 3,6-Diacetoxy-16-hydroxy-,
  — lacton **18** IV 1303
—, 3,12-Dihydroxy-,
  — 12-lacton **18** IV 262
—, 3,16-Dihydroxy-,
  — 16-lacton **18** IV 258
—, 3,9-Epoxy-11-oxo- **18** IV 5554
  — methylester **18** IV 5554
—, 16-Hydroxy-,
  — lacton **17** IV 5040
—, 16-Hydroxy-3,6-dioxo-,
  — lacton **17** IV 6764
—, 16-Hydroxy-3-oxo-,
  — lacton **17** IV 6269
—, 16-Hydroxy-3-propionyloxy-,
  — lacton **18** IV 261
—, 16-Hydroxy-3-[toluol-4-sulfonyloxy]-,
  — lacton **18** IV 261
—, 2,3,15,16-Tetrahydroxy-,
  — 16-lacton **18** IV 2360
—, 2,3,15-Triacetoxy-16-hydroxy-,
  — lacton **18** IV 2360
—, 2,3,16-Trihydroxy-,
  — 16-lacton **18** IV 1302
—, 3,6,16-Trihydroxy-,
  — 16-lacton **18** IV 1303
19,24-Dinor-chola-1,3,5(10)-trien-21,23-disäure
—, 14-Hydroxy-11-oxo-,
  — 21-lacton-23-methylester **18** IV 6093

19,21-Dinor-chola-1,3,5(10)-trien-24-säure
—, 17-Hydroxy-3-methoxy-,
  — lacton **18** IV 591
19,24-Dinor-chola-1,3,5(10)-trien-23-säure
—, 14,21-Epoxy-11,21-dihydroxy-,
  — methylester **18** IV 6093
—, 17-Hydroxy-3-methoxy-,
  — lacton **18** IV 591
21,24-Dinor-chola-1,4,6-trien-23-säure
—, 17-Hydroxy-3-oxo-,
  — lacton **17** IV 6421
21,24-Dinor-chol-20-en
—, 3-Acetoxy-17,23-epoxy- **17** IV 1513
23,24-Dinor-chol-7-en-22-al
—, 3,5-Diacetoxy-9,11-epoxy- **18**
  IV 1466
23,24-Dinor-chol-5-en-17,21-diol
—, 3-Acetoxy-20,22-epoxy- **17** IV 2361
21,24-Dinor-chol-22-en-11,20-dion
—, 3,9-Epoxy-23-phenyl- **17** IV 6498
23,24-Dinor-chol-4-en-3,11-dion
—, 20,21-Epoxy-17,22-dihydroxy- **18**
  IV 2539
21,24-Dinor-chol-5-en-20-in
—, 6-Methyl-3,17-bis-tetrahydropyran-2-yloxy- **17** IV 1063
21,24-Dinor-chol-5-en-17-ol
—, 3-Tetrahydropyran-2-yloxy- **17**
  IV 1061
21,24-Dinor-chol-20-en-3-ol
—, 17,23-Epoxy- **17** IV 1513
23,24-Dinor-chol-5-en-17-ol
—, 3,21-Diacetoxy-20,22-epoxy- **17**
  IV 2361
23,24-Dinor-chol-5-en-20-ol
—, 3-Acetoxy-16,17-epoxy- **17** IV 2138
23,24-Dinor-chol-4-en-3-on
—, 21-Acetoxy-20,22-epoxy-17-hydroxy-
  18 IV 1465
—, 20,21-Epoxy-17,22-dihydroxy- **18**
  IV 1464
—, 20,22-Epoxy-21-hydroxy- **18** IV 469
23,24-Dinor-chol-20-en-11-on
—, 3,9-Epoxy-21,21-diphenyl- **17**
  IV 5600
A,18-Dinor-chol-3-en-24-säure
—, 20-Hydroxy-3-isopropyl-8,14-dimethyl-,
  — lacton **17** IV 5176
19,21-Dinor-chol-4-en-24-säure
—, 17-Hydroxy-3-oxo-,
  — lacton **17** IV 6330
21,24-Dinor-chol-4-en-23-säure
—, 1-Acetylmercapto-17-hydroxy-3-oxo-,
  — lacton **18** IV 1600
—, 7-Acetylmercapto-17-hydroxy-3-oxo-,
  — lacton **18** IV 1601
—, 17,22-Dihydroxy-3,11,20-trioxo-,
  — 17-lacton **18** IV 3245

21,24-Dinor-chol-4-en-23-säure (Fortsetzung)
—, 17-Hydroxy-3-oxo-,
— lacton **17** IV 6330
—, 17-Hydroxy-3-oxo-1-
propionylmercapto-,
— lacton **18** IV 1601
—, 17-Hydroxy-3-oxo-7-
propionylmercapto-,
— lacton **18** IV 1601
21,24-Dinor-chol-5-en-23-säure
—, 3,17-Dihydroxy-,
— 17-lacton **18** IV 470
21,24-Dinor-chol-20-en-23-säure
—, 3-Acetoxy-17-hydroxy-,
— lacton **18** IV 470
23,24-Dinor-chol-4-en-22-säure
—, 16-Hydroxy-3-oxo-,
— lacton **17** IV 6331
23,24-Dinor-chol-5-en-21-säure
—, 3-Acetoxy-17,20-epoxy-,
— äthylester **18** IV 4941
— methylester **18** IV 4941
—, 17,20-Epoxy-3-hydroxy- **18**
IV 4940
23,24-Dinor-chol-5-en-22-säure
—, 3-Acetoxy-16-hydroxy-6-nitro-,
— lacton **18** IV 471
—, 17,20-Epoxy-3-hydroxy-,
— methylester **18** IV 4940
—, 3-Tetrahydropyran-2-yloxy-,
— methylester **17** IV 1074
23,24-Dinor-chol-7-en-22-säure
—, 3-Acetoxy-9,11-epoxy-,
— methylester **18** IV 4941
—, 3-Acetoxy-9,11-epoxy-5-hydroxy-,
— methylester **18** IV 5046
23,24-Dinor-chol-17(20)-en-21-säure
—, 3-Acetoxy-16-hydroxy-,
— lacton **18** IV 470
26,27-Dinor-cholest-5-en-25-säure
—, 3-Tetrahydropyran-2-yloxy-,
— methylester **17** IV 1074
21,24-Dinor-chol-20-in-3,17-diol
—, 5,6-Epoxy- **17** IV 2153
21,24-Dinor-chol-20-in-17-ol
—, 3-Acetoxy-5,6-epoxy- **17**
IV 2154
—, 5,6-Epoxy-3-propionyloxy- **17**
IV 2154
15,16-Dinor-labdan
—, 8,13-Epoxy- **17** IV 354
15,16-Dinor-labdan-12-carbonsäure
—, 8-Hydroxy-13-oxo-,
— lacton **17** IV 6063
17,19-Dinor-labda-3,13(16),14-trien-18-säure
—, 5-Acetoxymethyl-15,16-epoxy-9-
methyl- **18** IV 4938
—, 15,16-Epoxy-5-hydroxymethyl-9-
methyl- **18** IV 4938

—, 15,16-Epoxy-9-methyl-5-[4-nitro-
benzoyloxymethyl]- **18** IV 4939
15,16-Dinor-labd-12-en
—, 8,13-Epoxy- **17** IV 394
15,16-Dinor-labd-12-en-12-carbonsäure
—, 8,13-Dihydroxy-,
— 8-lacton **17** IV 6063
18,30-Dinor-lanosta-17(20),24-dien-21-säure
—, 3,6,7,16-Tetrahydroxy-8-methyl-,
— 16-lacton **18** IV 2559
18,30-Dinor-lanostan-21-säure
—, 3,6,7,16-Tetrahydroxy-8-methyl-,
— 16-lacton **18** IV 2367
18,30-Dinor-lanost-17(20)-en-21-säure
—, 3,6,7,16-Tetrahydroxy-8-methyl-,
— 16-lacton **18** IV 2491
29,30-Dinor-lupan-20,28-disäure
—, 3-Acetoxy-,
— anhydrid **18** IV 1623
—, 3-Acetoxy-21-hydroxy-,
— 28-lacton-20-methylester **18**
IV 6399
***A*,28-Dinor-oleanan-1,17-dicarbonsäure**
—, 13-Hydroxy-2,12-dioxo-,
— 17-lacton-1-methylester **18**
IV 6187
—, 13-Hydroxy-2-hydroxyimino-12-oxo-,
— 17-lacton-1-methylester **18**
IV 6187
***A*,24-Dinor-oleanan-28-säure**
—, 2,13-Dihydroxy-,
— 13-lacton **18** IV 483
—, 13-Hydroxy-2-oxo-,
— lacton **17** IV 6334
—, 13-Hydroxy-2-tribromacetoxy-,
— lacton **18** IV 483
***A*,28-Dinor-olean-1-en-1,17-dicarbonsäure**
—, 2,13-Dihydroxy-12-oxo-,
— 17→13-lacton-1-methylester **18**
IV 6187
***A*,27-Dinor-urs-14-en-28-säure**
—, 13-Hydroxy-2-oxo-,
— lacton **17** IV 6383
Dioschinon 18 IV 3543
Diosgenin
—, Di-*O*-acetyl-dihydro- **17**
IV 2139
—, Dihydro- **17** IV 2139
Diosmetin 18 211 c, I 412 d, II 212 e,
IV 3263
—, Tri-*O*-acetyl- **18** IV 3267
Diosmin 18 IV 3270
—, Octa-*O*-acetyl- **18** IV 3271
1,6-Dioxa-benz[*mno*]aceanthrylen-2,7-dion
—, 10-Acetoxy-1a-hydroxy-1aa,4,5aa,9-
tetramethyl-1a,1aa,3,4,4a,5,5a,5aa,10a,₅
10aa-decahydro- **18** IV 3171 a
— 2-[2,4-dinitro-phenylhydrazon]
18 IV 3172 b

1,6-Dioxa-benz[*mno*]aceanthrylen-2,7-dion
(Fortsetzung)
—, 1a,10-Dihydroxy-1aa,4,5aa,9-
tetramethyl-1a,1aa,3,4,4a,5,5a,5aa,10a,≠
10aa-decahydro- **18** IV 3170 c
  — 2-[2,4-dinitro-phenylhydrazon]
    18 IV 3172 a
  — 2-phenylhydrazon **18** IV 3171 b
14,39-Dioxa-bicyclo[33.3.1]nonatriaconta-
19,21,23,25,27,29,31-heptaen-36-
carbonsäure
—, 33-[3-Amino-3,6-didesoxy-
mannopyranosyloxy]-1,3,5,6,9,11,17,37-
octahydroxy-15,16,18-trimethyl-13-oxo-
18 IV 7481
14,39-Dioxa-bicyclo[33.3.1]nonatriaconta-
19,21,25,27,29,31-hexaen-36-carbonsäure
—, 33-[3-Amino-3,6-didesoxy-
mannopyranosyloxy]-1,3,4,7,9,11,17,37-
octahydroxy-15,16,18-trimethyl-13-oxo-
18 IV 7480
2,6-Dioxa-bicyclo[3.2.1]octan
—, 3-Anilino-4,8-dimethoxy- **18**
    IV 2287
1,18-Dioxa-cyclotetratriacontan-2,7,19,24-
tetraon 17 IV 5891
1,4-Dioxa-dicyclopent[*cd,f*]azulen-2,8-dion
—, 3-Hydroxy-2a,3,6,9-tetramethyl-
2a,3,5,6,9,9a,9b,9c-octahydro-4a*H*- **18**
    IV 2422
1,4-Dioxa-dicyclopent[*cd,f*]azulen-3,9-dion
—, 8-Brom-2-hydroxy-2,2a,6,9a-
tetramethyl-2a,4a,5,6,6a,9a,9b,9c-
octahydro-2*H*- **18** IV 2423
—, 7,8-Dibrom-2-hydroxy-2,2a,6,9a-
tetramethyl-decahydro- **18**
    IV 2356
—, 2-Hydroxy-2,2a,6,9a-tetramethyl-
decahydro- **18** IV 2355
—, 2-Hydroxy-2,2a,6,9a-tetramethyl-
2a,4a,5,6,6a,9a,9b,9c-octahydro-2*H*- **18**
    IV 2422
3,8-Dioxa-2,4-disila-undecan
—, 10,11-Epoxy-2,2,4,4-tetramethyl- **17**
    IV 1011
7,15-Dioxa-dispiro[5.1.5.3]hexadecan-14,16-
-diol 17 IV 2064
1,6-Dioxa-indeno[1,2,6,7-*defg*]anthracen
  s. Furo[2′,3′,4′,5′;4,5]phenanthro[10,1-
bc]pyran
Dioxanol 1 IV 3956
1,10-Dioxa-pentaleno[2,1,6-*mna*]anthracen-2-on
—, 5,10a-Dihydroxy-10a*H*- **18**
    IV 6438
2λ⁶-[1,3,2]Dioxathiolo[4,5-*c*]pyran
—, 7-Chlor-6-chlormethyl-4-methoxy-2,2-
dioxo-tetrahydro- **17** IV 2311
—, 7-Chlor-4-methoxy-2,2-dioxo-
tetrahydro- **17** IV 2272

[1,4]Dioxino[2,3-*c*]pyrano[2,3-*f*]chromen-9-on
—, 3,5,8-Trihydroxy-2-hydroxymethyl-
11-[4-hydroxy-phenyl]-2,3,4a,12c-
tetrahydro-5*H*- **18** IV 3610
[1,3]Dioxolan
—, 2-Methyl-2,4-diphenyl- **17** IV 399
Dioxycafestanolid 18 IV 1295
Diphenaleno[1,2-*b*;2′,1′-*d*]furan-7,8-dion 17
    I 280 a
Diphenanthro[2,1-*b*;1′,2′-*d*]furan 17 IV 825
Diphenanthro[9,10-*b*;9′,10′-*d*]furan 17 102 b,
    II 100 g, IV 826
Diphenanthro[2,1-*e*;1′,2′-*g*]isobenzofuran
  s. Phenanthro[2′,1′;3,4]chryseno≠
  [1,2-*c*]furan
Diphenanthro[9,10-*b*;9′,10′-*f*]oxepin-18,19-
-dion 17 IV 6655
Diphenanthro[9,10-*b*;9′,10′-*g*]oxocin-18,20-
dion
—, 19-Acetoxy-19-anilino- **18** IV 6450
—, 19-Anilino-19-hydroxy- **17** IV 6821
—, 19-Hydroxy-19-[*N*-methyl-anilino]-
    17 IV 6821
Diphenanthro[9,10-*b*;9′,10′-*g*]oxocin-18,19,20-
-trion 17 IV 6820
Diphenanthro[9,10-*b*;9′,10′-*d*]thiophen 17
    IV 826
Diphensäure
  — anhydrid **17** 526 f, II 497 d,
    IV 6425
—, 4-Acetyl-4′-isopropyl-3-methyl-,
  — anhydrid **17** IV 6800
—, 5-Acetyl-4′-isopropyl-3-methyl-,
  — anhydrid **17** IV 6799
—, 5-Äthyl-4′-isopropyl-3-methyl-,
  — anhydrid **17** IV 6468
—, 4,4′-Bis-acetylamino-,
  — anhydrid **18** II 470 b
—, 6,6′-Bis-acetylamino-,
  — anhydrid **18** II 470 e
—, 5,5′-Bis-benzoylamino-,
  — anhydrid **18** II 470 c
—, 4,4′-Bis-benzyloxy-6-hydroxy-5,5′,6′-
trimethoxy-,
  — 2′-lacton-2-methylester **18**
    IV 6686
—, 5,5′-Bis-[3-nitro-benzoylamino]-,
  — anhydrid **18** II 470 d
—, 4,4′-Diacetoxy-,
  — anhydrid **18** IV 2670
—, 5,5′-Diacetoxy-6-hydroxy-,
  — lacton **18** 547 a
—, 4,4′-Dibrom-,
  — anhydrid **17** II 498 d
—, 5,5′-Dibrom-,
  — anhydrid **17** IV 6426
—, 3,3′-Dichlor-,
  — anhydrid **17** IV 6426

Diphensäure (Fortsetzung)
—, 4,4'-Dichlor-,
  — anhydrid **17** IV 6426
—, 5,5'-Dichlor-,
  — anhydrid **17** II 498 c
—, 6,6'-Dihydroxy-4,5,4',5'-
  tetramethoxy-,
  — 2→6'-lacton **18** IV 6686
—, 4,5-Dimethyl-,
  — anhydrid **9** III 4839 c
—, 4,4'-Dinitro-,
  — anhydrid **17** II 498 g
—, 5,5'-Dinitro-,
  — anhydrid **17** II 498 h
—, Dodecahydro-,
  — anhydrid **17** IV 6040
—, 4,5,6,4',5',6'-Hexahydroxy-,
  — monolacton **18** 564 f,
  I 550 b
—, 6-Hydroxy-4,5,4',5',6'-pentamethoxy-,
  — 2'-lacton-2-methylester **18** 565 a,
  I 550 c
—, 4-Isopropyl-3'-methyl-,
  — anhydrid **17** II 503 b,
  IV 6461
—, 4-Nitro-,
  — anhydrid **17** II 498 e
—, 5-Nitro-,
  — anhydrid **17** II 498 f
—, 3,4,3',4'-Tetramethoxy-,
  — anhydrid **18** IV 3449
—, 5,6,5',6'-Tetramethoxy-,
  — anhydrid **18** IV 3448
—, 5,6,5'-Trihydroxy-,
  — lacton **18** 546 d
Diphenylenoxid
  s. Dibenzofuran
Diphenylensulfid
  s. Dibenzothiophen
Diphenylensulfon
  s. Dibenzothiophen-5,5-dioxid
Diphenylensulfoxyd
  s. Dibenzothiophen-5-oxid
Diphthalyllactonsäure 18 478 f, I 517 a,
  II 358 c
Dipterocarpon 17 IV 6276
Disalicinamin 17 IV 3412
3,4;11,12-Diseco-cholan-3,4,11,12,24-
pentasäure
—, 7-Hydroxy-,
  — 4-lacton **18** IV 6258
  — 4-lacton-3,11,12,24-
  tetramethylester **18** IV 6258
—, 9-Hydroxy-,
  — 4-lacton **18** IV 6258
  — 4-lacton-3,24-dimethylester **18**
  IV 6259
  — 4-lacton-3,11,12,24-
  tetramethylester **18** IV 6259

5,10;9,10-Diseco-23,24-dinor-cholan-22-
säure
—, 3-Acetoxy-7,8-epoxy-5,10-dioxo-,
  — methylester **18** IV 6469
—, 3-Allophanoyloxy-7,8-epoxy-5,10-
  dioxo- **18** IV 6468
—, 7,8-Epoxy-3-hydroxy-5,10-dioxo- **18**
  IV 6468
  — methylester **18** IV 6468
3,5;5,6-Diseco-A,B-dinor-cholan-3,5,6,24-
tetrasäure
—, 11-Hydroxy-12-oxo-,
  — 3-lacton **18** IV 6251
  — 5-lacton **18** IV 6251
  — 3-lacton-5,6,24-trimethylester **18**
  IV 6251
11,13;13,18-Diseco-A,C,23,24,25,27,28-
heptanor-ursan-11,13-disäure
—, 9-Hydroxy-3-isopropyl-5-methyl-18-
  oxo-,
  — 13-lacton-11-methylester **18**
  IV 6048
11,12;13,14-Diseco-A,12,13,23,24,25,28-
heptanor-urs-18-en-11,27-disäure
—, 9-Hydroxy-3-isopropyl-5-methyl-,
  — 27-lacton-11-methylester **18**
  IV 5557
11,12;13,14-Diseco-A,12,13,23,24,25,28-
heptanor-urs-19-en-11,27-disäure
—, 9-Hydroxy-3-isopropyl-5-methyl-,
  — 27-lacton-11-methylester **18**
  IV 5557
11,13;13,14-Diseco-A,C,23,24,25,28-hexanor-
ursan-11,13,27-trisäure
—, 9-Hydroxy-3-isopropyl-5-methyl-,
  — 27-lacton-11,13-dimethylester **18**
  IV 6163
  — 27-lacton-11-methylester **18**
  IV 6163
11,13;13,18-Diseco-A,C,23,24,25,27-hexanor-
ursan-11,13,28-trisäure
—, 9-Hydroxy-3-isopropyl-5-methyl-18-
  oxo-,
  — 13-lacton-11,28-dimethylester **18**
  IV 6225
  — 13-lacton-11-methylester **18**
  IV 6224
2,3;9,17-Diseco-morphinan-3-säure
—, 6-Acetoxy-4,5-epoxy-17,17-dimethyl-
  2-oxo-9,10-didehydro-,
  — methylester **18** IV 8281
—, 4,5-Epoxy-17,17-dimethyl-2,6-dioxo-
  9,10-didehydro-,
  — methylester **18** IV 8274
—, 4,5-Epoxy-6-hydroxy-17,17-dimethyl-
  2-oxo-9,10-didehydro-,
  — methylester **18** IV 8280

2,3;9,17-Diseco-morphinan-3-säure (Fortsetzung)
—, 4,5-Epoxy-6-hydroxy-2-
hydroxyimino-17,17-dimethyl-9,10-
didehydro-,
— methylester **18** IV 8281
6,7;9,17-Diseco-morphinan-6-säure
—, 4,5-Epoxy-3-methoxy-17,17-dimethyl-
7-oxo-8,9,10,14-tetradehydro- **18**
II 490 a
3,5;6,7-Diseco-A-nor-cholan-3,6,7,24
tetrasäure
—, 5-Hydroxy-12-oxo-,
— 3-lacton **10** III 4805 c
— 7-lacton **18** IV 6252
— 7-lacton-3,6,24-trimethylester **18**
IV 6252
1,2;11,12-Diseco-A-nor-oleanan-1,2,11,12,28-
pentasäure
—, 13-Hydroxy-,
— 28-lacton-1,2,11,12-
tetramethylester **18** IV 6260
11,13;13,14-Diseco-A,C,23,24,25-pentanor-
ursan-11,13,27,28-tetrasäure
—, 9-Hydroxy-3-isopropyl-5-methyl-,
— 27-lacton-28-methylester **18**
IV 6245
— 27-lacton-11,13,28-trimethylester
18 IV 6245
3,5;5,6-Diseco-A,B,23,24-tetranor-lupan-3,5,6-
trisäure
— 5,6-anhydrid **18** IV 6047
2,5;5,6-Diseco-A,A,23,24-tetranor-oleanan-
2,5,6,28-tetrasäure
—, 13-Hydroxy-,
— 28-lacton-2,5,6-trimethylester **18**
IV 6244
3,5;5,6-Diseco-A,B,23,24-tetranor-oleanan-
3,5,6,28-tetrasäure
—, 13-Hydroxy-,
— 28-lacton **18** IV 6244
— 28-lacton-3,5,6-trimethylester **18**
IV 6244
3,5;5,6-Diseco-A,B,23,24-tetranor-urs-12-en-
3,5,6-trisäure
—, 11-Oxo-,
— 5,6-anhydrid **18** IV 6184
3,5;5,6-Diseco-A,23,24-trinor-oleanan-3,5,6,28-
tetrasäure
—, 13-Hydroxy-,
— 28-lacton-3,5,6-trimethylester **18**
IV 6244
Diselenid
—, Bis-[O^1-methyl-glucopyranose-6-yl]-
17 IV 3761
—, Bis-[tetra-O-acetyl-glucopyranosyl]-
31 482 f
—, Bis-[O^2,O^3,O^4-triacetyl-O^1-methyl-
glucopyranose-6-yl]- **17** IV 3761

—, Diglucopyranosyl- **31** 482 e
Disiloxan
—, 1,3-Bis-[3,4-epoxy-butyl]-1,1,3,3-
tetramethyl- **18** IV 8388
—, 1,3-Bis-[2-(3,4-epoxy-cyclohexyl)-
äthyl]-1,1,3,3-tetramethyl- **18**
IV 8388
—, 1,3-Bis-[3-(2,3-epoxy-propoxy)-
propyl]-1,3-dimethyl-1,3-diphenyl- **17**
IV 1013
—, 1,3-Bis-[3-(2,3-epoxy-propoxy)-
propyl]-1,1,3,3-tetramethyl- **17** IV 1011
—, 1,3-Dimethyl-1,3-bis-
[3-oxiranylmethoxy-propyl]-1,3-diphenyl-
17 IV 1013
—, 1,3-Dimethyl-1,1,3,3-tetra-[2]thienyl-
18 IV 8389
—, [3,4-Epoxy-butyl]-pentamethyl- **18**
IV 8388
—, [2-(3,4-Epoxy-cyclohexyl)-äthyl]-
pentamethyl- **18** IV 8388
—, [β,γ-Epoxy-isobutyl]-pentamethyl-
18 IV 8388
—, [2,3-Epoxy-1-methyl-propyl]-
pentamethyl- **18** IV 8387
—, [3-(2,3-Epoxy-propoxy)-propyl]-
pentamethyl- **17** IV 1011
—, Hexa-[2]thienyl- **18** IV 8389
—, Pentamethyl-[2-methyl-
oxiranylmethyl]- **18** IV 8388
—, Pentamethyl-oxiranyl- **18** IV 8387
—, Pentamethyl-[1-oxiranyl-äthyl]- **18**
IV 8387
—, Pentamethyl-[2-oxiranyl-äthyl]- **18**
IV 8388
—, Pentamethyl-[3-(2-oxiranylmethoxy-
phenyl)-propyl]- **17** IV 1013
—, Pentamethyl-[3-oxiranylmethoxy-
propyl]- **17** IV 1011
—, 1,1,3,3-Tetramethyl-1,3-bis-oxiranyl-
18 IV 8387
—, 1,1,3,3-Tetramethyl-1,3-bis-
[2-oxiranyl-äthyl]- **18** IV 8388
—, 1,1,3,3-Tetramethyl-1,3-bis-[3-(2-
oxiranylmethoxy-phenyl)-propyl]- **17**
IV 1013
—, 1,1,3,3-Tetramethyl-1,3-bis-
[3-oxiranylmethoxy-propyl]- **17** IV 1011
—, 1,1,3,3-Tetramethyl-1,3-di-[2]thienyl-
18 IV 8389
Dispiro[anthracen-9,2'-oxiran-3',9''-anthracen]
—, 10H,10''H- **17** II 100 a, IV 814
—, 10,10,10'',10''-Tetrabenzyl-
10H,10''H- **17** II 103 c
Dispiro[anthracen-9,2'-oxiran-3',9''-fluoren]-
10-on 17 II 428 d
Dispiro[chromen-4,4'-[1,3]dithiolan-5',4''-
chromen] 17 IV 5053

Dispiro[cyclohexan-1,3'-chromeno[2,3,4-*kl*]⇄ xanthen-7',1''-cyclohexan]-1'-on
—, 8'a-Hydroxy-6',8',8'a,13'b-tetrahydro-4'*H*- **18** IV 1936
Dispiro[cyclohexan-1,2'-(3-oxa-bicyclo[3.3.1]⇄ nonan)-4',1''-cyclohexan]-9'-on 17 IV 4771
Dispiro[cyclohexan-1,1'-phthalan-3',1''-cyclohexan]
—, 4'-Äthyl- **17** IV 566
—, 4'-Vinyl- **17** IV 582
Dispiro[cyclohexan-1,3'-xanthen-6',1''-cyclohexan]-1',8'-dion
—, 9'-[2-Acetoxy-phenyl]-5',9'-dihydro-4'*H*- **18** IV 1936
—, 5',9'-Dihydro-4'*H*- **17** IV 6382
—, 9'-[2-Hydroxy-phenyl]-5',9'-dihydro-4'*H*- **18** IV 1936
—, 9'-Phenyl-5',9'-dihydro-4'*H*- **17** IV 6527
Dispiro[cyclopentan-1,3'-chromeno[2,3,4-*kl*]⇄ xanthen-7',1''-cyclopentan]-1'-on
—, 8'a-Hydroxy-6',8',8'a,13'b-tetrahydro-4'*H*- **18** IV 1936
Dispiro[cyclopentan-1,3'-xanthen-6',1''-cyclopentan]-1',8'-dion
—, 9'-[2-Acetoxy-phenyl]-5',9'-dihydro-4'*H*- **18** IV 1936
—, 9'-[2-Benzoyloxy-phenyl]-5',9'-dihydro-4'*H*- **18** IV 1936
—, 5',9'-Dihydro-4'*H*- **17** IV 6377
—, 9'-[2-Hydroxy-phenyl]-5',9'-dihydro-4'*H*- **18** IV 1936
—, 9'-Phenyl-5',9'-dihydro-4'*H*- **17** IV 6526
Dispiro[fluoren-9,2'-oxiran-3',9''-fluoren] 17 II 98 d, IV 805
Dispiro[indan-2,2'-oxiran-3',2''-indan]-1,3,1'',⇄ 3''-tetraon 17 580 e
Dispiro[indan-1,2'-pyran-6',1''-indan]-4'-on 17 IV 5528
Dispiro[phenanthren-9,2'-pyran-6',9''-phenanthren]-3'-carbonsäure
—, 2,2''-Diisopropyl-8,8''-dimethyl-10,4',10''-trioxo-4',5'-dihydro-10*H*,10''*H*-, — äthylester **18** I 526 a
—, 7,7''-Diisopropyl-1,1''-dimethyl-10,4',10''-trioxo-4',5'-dihydro-10*H*,10''*H*-, — äthylester **18** I 526 a
Distylin 18 IV 3431
Disulfan
—, Bis-[äthyl-(1,1-dioxo-tetrahydro-1λ^6-[3]thienyl)-thiocarbamoyl]- **18** IV 7027
—, Bis-[butyl-tetrahydrofurfuryl-amino]- **18** IV 8288
—, Bis-[cyclohexyl-tetrahydrofurfuryl-amino]- **18** IV 8288
—, Bis-[(1,1-dioxo-tetrahydro-1λ^6-[3]thienyl)-methyl-thiocarbamoyl]- **18** IV 7027

—, Bis-[furan-2-carbonyl]- **18** IV 4003
—, Bis-[furan-2-thiocarbonyl]- **18** II 269 c, IV 4011
—, Bis-[O^1-phenyl-glucopyranose-6-yloxythiocarbonyl]- **17** IV 3328 a
—, Bis-[*N*-[2]thienyl-acetimidoyl]- **18** IV 7063
—, Bis-[thiophen-2-carbonyl]- **18** IV 4048
Disulfan-*S,S'*-dioxid
—, Di-[2]thienyl- **18** IV 6699
Disulfan-monooxid
—, Bis-[tetra-*O*-acetyl-glucopyranosyl]- **18** IV 6700
—, Bis-[2]thienylmethyl- **18** IV 6699
—, Difurfuryl- **18** IV 6699
Disulfid
s. a. Disulfan
—, Bis-[5-(acetylamino-methyl)-[2]thienyl]- **18** IV 7318
—, Bis-[5-acetylamino-[2]thienyl]- **18** IV 48
—, Bis-[5-acetylimino-4,5-dihydro-[2]thienyl]- **18** IV 48
—, Bis-[3,5-äthoxycarbonyl-4-oxo-6-thioxo-5,6-dihydro-4*H*-thiopyran-2-yl]- **18** 510 a
—, Bis-[äthylmercapto-furfurylidenhydrazono-methyl]- **17** IV 4446
—, Bis-[amino-furfurylidenhydrazono-methyl]- **17** IV 4445
—, Bis-benzofuran-3-yl- **17** IV 1457
—, Bis-benzo[*b*]thiophen-2-yl- **17** IV 1456
—, Bis-benzo[*b*]thiophen-3-yl- **17** IV 1466
—, Bis-benzo[*b*]thiophen-5-yl- **17** IV 1472
—, Bis-[3,5-bis-äthoxycarbonyl-6-mercapto-4-oxo-4*H*-thiopyran-2-yl]- **18** 510 a
—, Bis-[1-carboxy-2-[2]furyl-vinyl]- **18** I 455 c, IV 4872
—, Bis-[1-carboxy-2-[3]thienyl-vinyl]- **18** IV 4873
—, {4-[Bis-(2-chlor-äthyl)-amino]-phenyl}-[tetra-*O*-acetyl-glucopyranosyl]- **17** IV 3754
—, Bis-dibenzofuran-2-yl- **17** IV 1594
—, Bis-dibenzothiophen-2-yl- **17** IV 1596
—, Bis-[1,3-dioxo-1*H*,3*H*-benz[*de*]⇄ isochromen-6-yl]- **18** IV 1678
—, Bis-[2-(furan-2-carbonylamino)-phenyl]- **18** II 268 b
—, Bis-[2-fururylidenamino-phenyl]- **17** IV 4419

Disulfid (Fortsetzung)
—, Bis-[O^4-glucopyranosyl-
glucopyranosyl]- **17** IV 3756
—, Bis-[2-glucopyranosyloxy-benzyl]-
17 IV 2987
—, Bis-[hepta-O-acetyl-cellobiosyl]- **17**
IV 3756
—, Bis-[5-hydroxymethyl-furfuryl]- **17**
II 187 c
—, Bis-[4-hydroxy-2-oxo-2H-chromen-3-
yl]- **18** IV 1339
—, Bis-[5-methoxymethyl-furfuryl]- **17**
II 187 d
—, Bis-[4-methoxy-2-oxo-2H-chromen-3-
yl]- **18** IV 1339
—, Bis-[5-methyl-furfuryl]- **17** II 117 d
—, Bis-[2-oxo-tetrahydro-[3]furyl]- **18**
IV 6
—, Bis-[O^1-phenyl-glucopyranose-6-
yloxythiocarbonyl]- **17** IV 3328
—, Bis-[3,4,5,6-tetraacetoxy-tetrahydro-
pyran-2-ylmethyl]- **17** IV 3758
—, Bis-[tetra-O-acetyl-glucopyranose-6-
yl]- **17** IV 3758
—, Bis-[tetra-O-acetyl-glucopyranosyl]-
17 IV 3755,**31** 482 d
—, Bis-[2-(tetra-O-acetyl-
glucopyranosyloxy)-benzyl]- **17** IV 3199
—, Bis-tetrahydrofurfuryl- **17** IV 1126
—, Bis-[1-[2]thienylimino-äthyl]- **18**
IV 7063
—, Bis-[2]thienylmethyl- **17** IV 1265
—, Bis-[2-([2]thienylmethyl-amino)-äthyl]-
18 IV 7102
—, Bis-[2-(thiophen-2-carbonylamino)-
phenyl]- **18** II 270 a
—, Bis-[3,4,5-triacetoxy-6-brom-
tetrahydro-pyran-2-ylmethyl]- **17**
IV 2616
—, Bis-[3,4,5-triacetoxy-tetrahydro-
pyran-2-yl]- **17** IV 2490
—, Bis-[tri-O-acetyl-arabinopyranosyl]-
17 IV 2490
—, Bis-[tri-O-acetyl-1-brom-1,5-anhydro-
glucit-6-yl]- **17** IV 2616
—, Bis-[O^2,O^3,O^4-triacetyl-O^1-methyl-
glucopyranose-6-yl]- **17** IV 3758
—, Bis-[O^2,O^3,O^6-triacetyl-O^4-(tetra-
O-acetyl-glucopyranosyl)-glucopyranosyl]-
17 IV 3756
—, Bis-[tri-O-acetyl-xylopyranosyl]- **17**
IV 2490
—, Bis-[3,4,5-trihydroxy-6-
hydroxymethyl-tetrahydro-pyran-2-yl]-
17 IV 3755
—, Bis-[3,4,5-trihydroxy-tetrahydro-
pyran-2-yl]- **17** IV 2490
—, Bis-[trimethyl-[2]thienyl]- **17**
IV 1287

—, Diarabinopyranosyl- **17** IV 2490
—, Dicellobiosyl- **17** IV 3756
—, Difurfuryl- **17** II 116 f, IV 1258
—, Diglucopyranosyl- **17** IV 3755
—, Di-[2]thienyl- **17** 111 f, IV 1230
—, Dixylopyranosyl- **17** IV 2490
—, Phenyl-[tetra-O-acetyl-
glucopyranosyl]- **17** IV 3754
—, Phenyl-[2]thienyl- **17** IV 1230
μ-Disulfido-dicarbamidrazon
—, Difurfuryliden- **17** IV 4445 e
μ-Disulfido-1,2-dithio-dikohlensäure
— bis-[äthyl-(1,1-dioxo-tetrahydro-
1λ^6-[3]thienyl)-amid] **18** IV 7027
— bis-[(1,1-dioxo-tetrahydro-1λ^6-
[3]thienyl)-methyl-amid] **18** IV 7027
— O,O'-bis-[O^1-phenyl-
glucopyranose-6-ylester] **17** IV 3328
Disulfoxid
—, Di-[2]thienyl- **18** IV 6699
Dithenhydroxamsäure 18 II 270 i
3,4-Dithia-adipinsäure
—, 2,5-Bis-[3]thienylmethylen- **18**
IV 4873
—, 2,5-Difurfuryliden- **18** I 455 c
**17,18-Dithia-3,4,11,12-tetraaza-tricyclo≠
[12.2.1.1^{6,9}]octadeca-1(16),2,4,6,8,10,12,14-
octaen**
—, 7,8,15,16-Tetrabrom- **17** IV 5982
1,4-Dithio-bernsteinsäure
—, 2,3-Epoxy-,
— S,S'-diphenylester **18** IV 4425
Dithiobiuret
—, 1-Phthalidyl- **18** IV 7887
—, 1-[1-[2]Thienyl-äthyliden]- **17**
IV 4509
Dithiobrenzschleimsäure 18 II 269 b
Dithiocarbamidsäure
—, Bis-tetrahydrofurfuryl- **18** IV 7043
—, Butyl-[1,1-dioxo-tetrahydro-1λ^6-
[3]thienyl]- **18** IV 7027
—, Difurfuryl- **18** IV 7093
Dithiocarbazinsäure
—, Furfuryliden-,
— äthylester **17** IV 4445
— benzylester **17** IV 4446
— methylester **17** IV 4445
—, [O^4-Galactopyranosyl-glucit-1-yliden]-,
— methylester **17** IV 3089
Dithiocumarin 17 I 172 f, IV 5061
erythro-**2,5-Dithio-1-desoxy-
[2]hexulopyranosid**
—, Äthyl-[S^5-äthyl-5-äthylmercapto- **18**
IV 2266
Dithioflavon 17 II 396 g
Dithioglycid 17 IV 1019
Dithiokohlensäure
— O-äthylester-S-[5-chlor-
[2]thienylmethylester] **17** IV 1265

Dithiokohlensäure (Fortsetzung)

- *O*-äthylester-
 S-glucopyranosylester **17** IV 3741
- *O*-äthylester-*S*-[tetra-*O*-acetyl-
 glucopyranosylester] **17** IV 3742
- *S*-[diäthylcarbamoyl-methylester]-
 O-[*O*¹-phenyl-glucopyranose-6-ylester]
 17 IV 3327
- *O*-furfurylester **17** IV 1251
- *O*-tetrahydrofurfurylester **17**
 IV 1112

x,x-Dithio-lactose

-, *S*,*S*′-Dibenzyl-,
- dibenzyldithioacetal **17** IV 3070
-, *S*,*S*′-Dihexyl-,
- dihexyldithioacetal **17** IV 3070
-, *S*,*S*′-Diphenäthyl-,
- diphenäthyldithioacetal **17**
 IV 3070

x,x-Dithio-maltose

-, *S*,*S*′-Dibenzyl-,
- dibenzyldithioacetal **17** IV 3060
-, *S*,*S*′-Dihexyl-,
- dihexyldithioacetal **17** IV 3060
-, *S*,*S*′-Diphenäthyl-,
- diphenäthyldithioacetal **17**
 IV 3060

Dithiooxaldiimidsäure

- di-[3]thienylester **17** IV 1238

Dithiophosphorsäure

- *S*-[5-äthoxy-4-oxo-4*H*-pyran-2-
 ylmethylester]-*O*,*O*′-diäthylester **18**
 IV 1161
- *S*-[5-äthoxy-4-oxo-4*H*-pyran-2-
 ylmethylester]-*O*,*O*′-dimethylester **18**
 IV 1161
- *O*,*O*′-diäthylester-*S*-[3-brom-
 tetrahydro-pyran-2-ylester] **17**
 IV 1085
- *O*,*O*′-diäthylester-*S*-[6-chlor-5-
 hydroxy-4-oxo-4*H*-pyran-2-
 ylmethylester] **18** IV 1161
- *O*,*O*′-diäthylester-*S*-[2,5-dioxo-
 tetrahydro-[3]furylester] **18** IV 1124
- *O*,*O*′-diäthylester-*S*-[5-hydroxy-4-
 oxo-4*H*-pyran-2-ylmethylester] **18**
 IV 1160
- *O*,*O*′-diäthylester-*S*-[5-methoxy-4-
 oxo-4*H*-pyran-2-ylmethylester] **18**
 IV 1161
- *O*,*O*′-diisopropylester-*S*-
 [5-methoxy-4-oxo-4*H*-pyran-2-
 ylmethylester] **18** IV 1161
- *S*-[2,5-dioxo-tetrahydro-
 [3]furylester]-*O*,*O*′-dimethylester **18**
 IV 1124
- *S*-[5-methoxy-4-oxo-4*H*-pyran-2-
 ylmethylester]-*O*,*O*′-dimethylester **18**
 IV 1160

Dithiophthalid 17 314 c,
 s. a. Benzo[*c*]thiophen-1-thion, 3*H*-
Dithioxanthon 17 359 d, II 383 c, IV 5309
Divaricosid 18 IV 2445
-, 11-Dehydro- **18** IV 2545
Divostrosid 18 IV 2447
-, Di-*O*-benzoyl- **18** IV 2448
Dixgeninsäure 10 III 4581 d
Docosa-4,8-diensäure
-, 5-Hydroxy-9,13,17,21-tetramethyl-3-
 oxo-2-[5,9,13,17-tetramethyl-octadec-4-
 enoyl]-,
- lacton **17** IV 6737
Docosanamid
-, *N*-[1-Glucopyranosyloxymethyl-2-
 hydroxy-heptadec-3-enyl]- **17** IV 3418
Docosan-4-olid 17 248 b
Docosan-1-on
-, 1-[2]Thienyl- **17** IV 4695
Docosansäure
-, 13-Brom-13,14-epoxy- **18** 269 a
-, 14-Brom-13,14-epoxy- **18** 269 a
-, 13,14-Epithio- **18** IV 3876
-, 2,3-Epoxy- **18** IV 3875
-, 13,14-Epoxy- **18** 268 f, IV 3875
- äthylester **18** IV 3876
- amid **18** IV 3876
- methylester **18** IV 3876
-, 4-Hydroxy-,
- lacton **17** 248 b
Docos-13-en-1-on
-, 1-[2]Thienyl- **17** IV 4782
Docos-13-insäure
- [2,3-epoxy-propylester] **17** 106 c
Dodeca-5,6-dien-8,10-diin-4-olid 17 IV 5198
Dodeca-5,6-dien-8,10-diinsäure
-, 4-Hydroxy-,
- lacton **17** IV 5198
Dodeca-2,4-diensäure
-, 3,5-Dihydroxy-,
- 5-lacton **17** IV 5967
-, 5-Hydroxy-3,7,11-trimethyl-,
- lacton **17** IV 4666
Dodeca-2,6-diensäure
-, 8,10,11-Triacetoxy-5-hydroxy-,
- lacton **18** IV 2322
Dodeca-2,10-diensäure
-, 5-Hydroxy-3,7,11-trimethyl-,
- lacton **17** IV 4666
Dodecan
-, 1,4-Dibrom-6-methyl- **17** IV 138
-, 1,2-Epoxy- **17** IV 136
-, 1,2-Epoxy-1,1-diphenyl- **17** IV 656
Dodecandisäure
-, 4-Hydroxy-,
- 1-lacton **18** IV 5320
-, 2-[3-Hydroxy-crotonoyl]-3-oxo-,
- 12-äthylester-1-lacton **18** IV 6152
- 1-lacton **18** IV 6152

Dodecan-1-ol
—, 1-[2]Furyl-3-methyl- **17** IV 1323
Dodecan-4-olid 17 II 294 f,
  IV 4266
Dodecan-12-olid 17 IV 4263
Dodecan-1-on
—, 1-[5-Äthyl-[2]thienyl]- **17** IV 4689
  — [2,4-dinitro-phenylhydrazon] **17**
    IV 4689
  — semicarbazon **17** IV 4689
—, 1-Benzo[*b*]thiophen-3-yl- **17** IV 5169
  — semicarbazon **17** IV 5170
—, 1-Dibenzofuran-2-yl- **17** IV 5410
—, 1-[2]Furyl- **17** IV 4679
—, 1-[3-Hydroxy-naphtho[1,2-*b*]furan-5-
  yl]- **18** IV 681
—, 1-[2]Thienyl- **17** IV 4679
  — azin **17** IV 4680
  — [2,4-dinitro-phenylhydrazon] **17**
    IV 4680
Dodecansäure
—, 2-[2-Carboxy-5-oxo-tetrahydro-
  [2]furyl]- **18** IV 6126
—, 2-[3-Carboxy-5-oxo-tetrahydro-
  [2]furyl]- **18** IV 6126
—, 2,3-Epoxy-2,3-dimethyl-,
  — äthylester **18** 268 d
—, 2,3-Epoxy-3-methyl-,
  — äthylester **18** 268 c, IV 3866
—, 2,3-Epoxy-3,7,11-trimethyl-,
  — äthylester **18** II 264 b, IV
    3868
—, 12-[2]Furyl- **18** IV 4140
  — amid **18** IV 4140
—, 12-[7-Hexyl-1,3-dioxo-1,3,3a,4,7,7a-
  hexahydro-isobenzofuran-4-yl]- **18**
  IV 6033
—, 4-Hydroxy-,
  — lacton **17** II 294 f, IV 4266
—, 12-Hydroxy-,
  — lacton **17** IV 4263
—, 2-[2-Hydroxy-äthyl]-,
  — lacton **17** IV 4272
—, 3-[α-Hydroxy-benzyl]-2,4-dioxo-,
  — lacton **17** IV 6760
—, 4-Hydroxy-7,11-dimethyl-,
  — lacton **17** IV 4273
—, 4-Hydroxy-4-methyl-,
  — lacton **17** IV 4271
—, 3-Hydroxymethyl-7,11-dimethyl-,
  — lacton **17** IV 4275
—, 2-[β-Hydroxy-phenäthyl]-2-methyl-,
  — lacton **17** IV 5040
—, 2-[2-Hydroxy-propyl]-,
  — lacton **17** IV 4276
—, 4-Hydroxy-3,7,11-trimethyl-,
  — lacton **17** IV 4276
—, 3-Imino-2-salicyloyl-,
  — lacton **17** IV 6761

—, 2-[2-Methyl-5-oxo-tetrahydro-
  [2]furyl]-,
  — äthylester **18** IV 5325
—, 12-[3-Octyl-oxiranyl]- **18** IV 3875
  — äthylester **18** IV 3876
  — amid **18** IV 3876
  — methylester **18** IV 3876
—, 12-[3-Octyl-thiiranyl]- **18** IV 3876
—, 3-Oxo-2-salicyloyl-,
  — lacton **17** IV 6760
—, 2-Salicyloyl-,
  — lacton **17** IV 6251
—, 12-Tetrahydro[2]thienyl- **18** IV 3868
  — methylester **18** IV 3868
Dodecan-1,2,2-tricarbonsäure
—, 12-Cyclohexyloxy-,
  — triäthylester **18** IV 1140
Dodeca-6,8,10-triin-4-olid 17 IV 5197
Dodeca-6,8,10-triinsäure
—, 4-Hydroxy-,
  — lacton **17** IV 5197
Dodec-3-ensäure
—, 3-Hydroxy-2-octyl-,
  — lacton **17** IV 4397
Dodec-4-ensäure
—, 2-[3,7-Dimethyl-octanoyl]-5-hydroxy-
  7,11-dimethyl-3-oxo-,
  — lacton **17** IV 6718
—, 5-Hydroxy-6-methyl-2-[2-methyl-
  octanoyl]-3-oxo-,
  — lacton **17** IV 6717
—, 5-Hydroxy-2-octanoyl-3-oxo-,
  — lacton **17** IV 6716
—, 5-Hydroxy-3-oxo-,
  — lacton **17** IV 5967
Dophnin 31 248 c
Dotriacontan-32-olid 17 IV 4284
Dotriacontansäure
—, 32-Hydroxy-,
  — lacton **17** IV 4284
Dracorhodin 18 IV 743
Dracorhodinium 17 IV 2393
Dracosäure 18 IV 5056
Driman
  s. a. Naphthalin, 1,1,4a,5,6-
  Pentamethyl-decahydro-
Driman-11-ol
—, 7,8-Epoxy- **17** IV 1320
Driman-11-säure
—, 12-Hydroxy-,
  — lacton **17** IV 4676
Driman-12-säure
—, 14-Acetoxy-11-hydroxy-3-oxo-,
  — lacton **18** IV 1216
—, 3-[4-Brom-benzolsulfonyloxy]-11-
  hydroxy-14-trityloxy-,
  — lacton **18** IV 1180
—, 3,14-Diacetoxy-11-hydroxy-,
  — lacton **18** IV 1180

Driman-12-säure (Fortsetzung)
—, 11,14-Dihydroxy-,
  — 11-lacton **18** IV 136
—, 11,14-Dihydroxy-3-oxo-,
  — 11-lacton **18** IV 1216
—, 11,14-Dihydroxy-3-semicarbazono-,
  — 11-lacton **18** IV 1216
—, 3,11-Dihydroxy-14-trityloxy-,
  — 11-lacton **18** IV 1180
—, 11-Hydroxy-,
  — lacton **17** IV 4677
—, 11-Hydroxy-3,14-bis-methansulfonyloxy-,
  — lacton **18** IV 1181
—, 11-Hydroxy-3,14-dioxo-,
  — lacton **17** IV 6727
—, 11-Hydroxy-14-methansulfonyloxy-,
  — lacton **18** IV 137
—, 11-Hydroxy-14-oxo-,
  — lacton **17** IV 6058
—, 11-Hydroxy-3-oxo-14-trityloxy-,
  — lacton **18** IV 1216
—, 11-Hydroxy-3-[toluol-4-sulfonyloxy]-
  14-trityloxy-,
  — lacton **18** IV 1181
—, 11-Hydroxy-14-trityloxy-,
  — lacton **18** IV 136
—, 3,11,14-Trihydroxy-,
  — 11-lacton **18** IV 1179
Driman-14-säure
—, 6,9-Dihydroxy-11-hydroxycarbamoyl-,
  — 6-lacton **18** IV 6306
Drim-9(11)-en-8,11-dicarbonsäure
—, 3-Acetoxy-,
  — anhydrid **18** IV 1290
—, 3-Hydroxy-,
  — anhydrid **18** IV 1290
Drimenin 17 IV 4766
—, Dihydro- **17** IV 4676
Drimenol-α-oxid 17 IV 1320
Drim-8(12)-en-3-on
—, 11-[2-Oxo-2H-chromen-7-yloxy]- **18**
  IV 299
Drim-2-en-12-säure
—, 14-Acetoxy-11-hydroxy-,
  — lacton **18** IV 145
—, 11,14-Dihydroxy-,
  — 11-lacton **18** IV 145
—, 11-Hydroxy-14-oxo-,
  — lacton **17** IV 6114
—, 11-Hydroxy-14-trityloxy-,
  — lacton **18** IV 145
Drim-7-en-11-säure
—, 12-Hydroxy-,
  — lacton **17** IV 4766
Drim-7-en-12-säure
—, 3-Benzoyloxy-11-hydroxy-14-oxo-,
  — lacton **18** IV 1284
—, 3,14-Bis-benzoyloxy-11-hydroxy-,
  — lacton **18** IV 1215

—, 3,14-Bis-[4-brom-benzoyloxy]-11-
  hydroxy-,
  — lacton **18** IV 1215
—, 3,14-Diacetoxy-11-hydroxy-,
  — lacton **18** IV 1215
—, 3,11-Dihydroxy-14-oxo-,
  — 11-lacton **18** IV 1284
—, 3,11-Dihydroxy-14-trityloxy-,
  — 11-lacton **18** IV 1215
—, 14-[2,4-Dinitro-phenylhydrazono]-
  3,11-dihydroxy-,
  — 11-lacton **18** IV 1284
—, 11-Hydroxy-3-oxo-14-trityloxy-,
  — lacton **18** IV 1284
—, 3,11,14-Trihydroxy-,
  — 11-lacton **18** IV 1214
Drim-8-en-11-säure
—, 12-Hydroxy-,
  — lacton **17** IV 4766
—, 12-Hydroxy-7-oxo-,
  — lacton **17** IV 6114
Drim-8-en-12-säure
—, 3,14-Diacetoxy-11-hydroxy-,
  — lacton **18** IV 1215
—, 11-Hydroxy-,
  — lacton **17** IV 4767
—, 3,11,14-Trihydroxy-,
  — 11-lacton **18** IV 1215
Drim-9(11)-en-14-säure
—, 6-Hydroxy-,
  — lacton **17** IV 4767 c
Dumortierigenin 18 IV 1624
—, O^3-Acetyl- **18** IV 1624
—, Di-O-acetyl- **18** IV 1625
—, Di-O-benzoyl- **18** IV 1625
Dunnion 17 IV 6365
—, Di-O-acetyl-dihydro- **17** IV 2164
α-Dunnion 17 IV 6364
—, Di-O-acetyl-dihydro- **17** IV 2163
Duodephanthondisäure 18 IV 6220
  — dimethylester **18** IV 6220
  — dimethylester-azin **18** IV 6220
  — dimethylester-oxim **18** IV 6220
Dypnonoxid 17 IV 5360

E

Eburica-7,9(11)-dien-21-säure
—, 3-Acetoxy-16-hydroxy-,
  — lacton **18** IV 569
—, 16-Hydroxy-,
  — lacton **17** IV 5256
—, 16-Hydroxy-3-oxo-,
  — lacton **17** IV 6386
Eburica-8,24(28)-dien-21-säure
—, 3-Acetoxy-23-hydroxy-,
  — lacton **18** IV 568

Eburica-8,24(28)-dien-21-säure (Fortsetzung)
—, 3,23-Dihydroxy-,
— 23-lacton **18** IV 568
Echinacosid 17 IV 3629
Echinocystsäure
—, O-Acetyl-,
— bromlacton **18** IV 1511
—, Di-O-acetyl-keto-,
— lacton **18** IV 2561
Echubiosid 18 IV 1481
—, Tetra-O-acetyl- **18** IV 1482
Echujin 18 IV 1483
—, Hepta-O-acetyl- **18** IV 1484
Eicosansäure
—, 2-[2,5-Dihydroxy-3,4,6-trimethyl-
phenyl]-3-oxo-,
— 2-lacton **18** IV 1506
—, 11,12-Epoxy- **18** IV 3875
Eicos-3-ensäure
—, 2-Hexadecyl-3-hydroxy-,
— lacton **17** IV 4398
Eisen
—, Bis-[(5-oxo-tetrahydro-[2]furyl)-
cyclopentadienyl]- **18** IV 8449
Elaidinsäure
— α-tocopherylester **17** IV 1441
Elaterinsäure 18 IV 6538
— methylester **18** IV 6539
Elenolid 18 IV 6019
Elenolsäure 18 IV 6131
Eleutherin 18 IV 1642
—, O-Acetyl-dihydro- **17** IV 2369
—, O-Acetyl-O'-methyl-dihydro- **17**
IV 2370
—, O-Äthyl-dihydro- **17** IV 2369
—, Di-O-methyl-dihydro- **17** IV 2369
—, O-Methyl-dihydro- **17** IV 2368
Eleutherinol 18 IV 1727
—, Di-O-acetyl- **18** IV 1727
—, Di-O-methyl- **18** IV 1727
Eleutherol 18 IV 1638
—, O-Acetyl- **18** IV 1638
—, Amino- **18** IV 8129
—, O-Methyl- **18** IV 1638
Eleutherosid-B 17 IV 3002
Elliptol 18 IV 3341
—, Dihydro- **18** IV 3232
—, Tetrahydro- **8** III 4238 b
Elliptsäure 18 IV 3342
— äthylester **18** IV 3342
— methylester **18** IV 3342
—, O-Acetyl-,
— äthylester **18** IV 3342
—, Dihydro- **18** IV 3232
— äthylester **18** IV 3232
— methylester **18** IV 3232
Eloxanthin 17 IV 2239
Elsholtziaketon 17 I 158 e, II 322 e,
IV 4611

— oxim **17** IV 4611
— semicarbazon **17** IV 4611
Elsholtziasäure 18 I 439 c, II 271 d, IV 4067
Embelin
—, Bis-[4-methyl-benzyliden]- **18**
IV 3542
—, Dibenzyliden- **18** IV 3541
—, Divanillyliden- **18** IV 3635
Emicin 18 IV 2442
—, Penta-O-acetyl- **18** IV 2442
Emicymarin 18 IV 2440
—, Di-O-acetyl- **18** IV 2441
—, Dihydro- **18** IV 2361
Emodinglucosid-A 17 IV 3050
Empetrin 17 IV 3912
Endecaphyllin-B 17 IV 3288
Endecaphyllin-X 17 IV 3288
Endrin 17 IV 525
Engelitin 18 IV 3208
Enin s. Önin
Enmein 18 IV 3114
—, Dihydro- **18** IV 3085
—, Tetrahydro- **18** IV 3073
—, Tri-O-acetyl-tetrahydro- **18** IV 3073
Ensatin 17 IV 3916
Eosin
— äthylester **18** IV 6448
— methylester **18** IV 6448
Epanorin 18 II 360 c, IV 6102
Epiäthylin 17 105 a
Epiafzelechin 17 IV 2691
Epiallogeigerin 18 IV 1275
—, Dehydro- **17** IV 6732
Epiallomuscarin 18 IV 7311
Epiallonormuscarin 18 IV 7309
8-Epi-ambreinolid 17 IV 4686
9-Epi-ambreinolid 17 IV 4686
Epiampelopsin
—, Penta-O-methyl- **8** III 4393 a
3-Epi-16-anhydrogitoxigenin 18 IV 1608
Epibromhydrin 17 9 c, I 5 a, II 14 b,
IV 22
α-Epibromhydrin 17 9 c, I 5 a, II 14 b
3-Epi-bufalin 18 IV 1617
α-Epicampholenolacton
—, Dihydro- **17** II 302 g
Epicatechin 17 209 a, 213 f,
II 257 h, 258 f, IV 3841
—, Penta-O-acetyl- **17** IV 3845
—, Penta-O-methyl- **17** IV 3844
Epicellobionsäure 17 IV 3396
—, Octa-O-methyl-,
— methylester **17** IV 3396
Epicellobiose 17 IV 3063
—, Hepta-O-acetyl- **17** IV 3257
—, Octa-O-acetyl- **17** IV 3591
Epicellobiosid
—, Methyl-[hepta-O-acetyl- **17** IV 3555

Epicellobiosylbromid
—, Hepta-*O*-acetyl- **17** IV 3493
Epicellobiosylchlorid
—, Hepta-*O*-acetyl- **17** IV 3490
Epicellobiosylfluorid
—, Hepta-*O*-acetyl- **17** IV 3488
—, $O^3,O^6,O^{2'},O^{3'},O^{4'},O^{6'}$-Hexaacetyl-
17 IV 3488
Epicellobiosyljodid
—, Hepta-*O*-acetyl- **17** IV 3493
Epichitosaminsäure
— 4-lacton **18** I 583 c, II 481 c
Epichitose **18** IV 2291
Epichlorhydrin **17** 6 e, I 4 b, II 13 a,
IV 20
α-Epichlorhydrin **17** 6 e, I 4 b, II 13 a
Epicholesterin-α-oxid **17** IV 1421
Epicholesterin-β-oxid **17** IV 1419
Epichondronsäure **18** I 467 c, II 308 d
Epichondrosinsäure **18** I 473 e, II 309 f
Epicyanhydrin **18** IV 3822 b
Epidehydrothebenon **18** IV 582
3-Epi-digitoxigenin **18** IV 1470
—, O^3-Acetyl- **18** IV 1473
—, O^3-Benzoyl- **18** IV 1474
—, O^3-Formyl- **18** IV 1472
3-Epi-digoxigenin **18** IV 2451
Epidihydroshikimisäure
— 4-lacton **18** IV 1133
—, Diacetyl-,
— 4-lacton **18** IV 1133
9,13b-Epidioxido-naphtho[3,2,1-*kl*]=
thioxanthen
—, 9-Phenyl-9*H*- **17** IV 804
9,13b-Epidioxido-naphtho[3,2,1-*kl*]thioxanthen-
5,5-dioxid
—, 9-Phenyl-9*H*- **17** IV 804
9,13b-Epidioxido-naphtho[3,2,1-*kl*]xanthen
—, 9-Phenyl-9*H*- **17** IV 803
1,3-Epidioxido-phthalan
—, 1,3-Diphenyl- **17** IV 748
Epifluorhydrin **17** IV 20
Epifuconsäure
— 4-lacton **18** I 385 g, IV 2273
Epigallocatechin **17** IV 3890
—, Hexa-*O*-acetyl- **17** IV 3892
Epigeigerin **18** IV 1273
Epigentiobiose **17** IV 3073
—, Octa-*O*-acetyl- **17** IV 3600
3-Epi-gitoxigenin **18** IV 2456
—, O^{16}-Acetyl- **18** IV 2458
Epigriseofulvin **18** IV 3160
Epihydrinalkohol **17** 104 b, I 50 a,
II 104 a
Epihydrinamin **18** 583 c
Epihydrincarbonsäure **18** IV 3821 c
4-Epi-isotetracyclin
—, 7-Chlor- **18** IV 8282

12-Epi-20-iso-tetrahydroanhydrodigoxigenin
18 IV 1305
Epiisozuckersäure **18** I 473 a, II 309 b
Epijodhydrin **17** 10 a, II 15 a, IV 23
α-Epijodhydrin **17** 10 a, II 15 a
Epilactose **17** IV 3071
—, Octa-*O*-acetyl- **17** IV 3593
Epilactosid
—, Methyl-[hepta-*O*-acetyl- **17** IV 3556
Epimaltose **17** IV 3060
—, Octa-*O*-acetyl- **17** IV 3061
Epimanoyloxid **17** IV 395
—, Dihydro- **17** IV 356
Epimelibiit **17** IV 3005
—, Nona-*O*-acetyl- **17** IV 3213
Epimelibiose **17** IV 3076
— phenylosazon **17** IV 3106
3-Epi-menabegenin **18** IV 1470
—, O^3-Acetyl- **18** IV 1473
—, O^3-Formyl- **18** IV 1472
Epimethylin **17** 104 c, II 104 b
Epimuscarin **18** IV 7310
8-Epi-norambreinolid **17** IV 4682
Epinormuscarin **18** IV 7308
3-Epi-oleandrigenin **18** IV 2458
Epirhamnopyranose
s. 6-Desoxy-glucopyranose
Epirhodeonsäure
— 4-lacton **18** I 386 a, IV 2273
11-Epi-sarmentogenin **18** IV 2443
—, O^3-Acetyl- **18** IV 2444
—, O^3-[Di-*O*-acetyl-digitalopyranosyl]-
18 IV 2449
—, O^3-[Di-*O*-benzoyl-digitalopyranosyl]-
18 IV 2449
—, O^3-Digitalopyranosyl- **18** IV 2448
11-Epi-sarnovid **18** IV 2448
—, Di-*O*-acetyl- **18** IV 2449
—, Di-*O*-benzoyl- **18** IV 2449
Episarsasapogenin
—, O^3-Acetyl-dihydro- **17** IV 2103
—, Dihydro- **17** IV 2101
Episarsasapogeninlacton **18** IV 258
3-Epi-scilliglaucosidin **18** IV 2666
Epismilagenin
—, Dihydro- **17** IV 2101
9,10-Episulfido-anthracen
—, 1-Chlor-9-phenyl-9,10-dihydro- **17**
II 87 i
—, 1-Chlor-10-phenyl-9,10-dihydro- **17**
II 88 a
—, 2-Chlor-9-phenyl-9,10-dihydro- **17**
II 87 h
—, 2-Chlor-9-phenyl-9,10-dihydro- **17**
II 87 i
—, 9,10-Diphenyl-9,10-dihydro- **17**
IV 798
—, 2-Methyl-9-phenyl-9,10-dihydro- **17**
II 89 c

9,10-Episulfido-anthracen (Fortsetzung)
—, 1-Nitro-9-phenyl-9,10-dihydro- **17**
II 88 b
—, 2-Nitro-10-phenyl-9,10-dihydro- **17**
II 88 b
—, 9-Phenyl-9,10-dihydro- **17** IV 751
7,12-Episulfido-pleiaden
—, 1,6-Dimethyl-7,12-dihydro- **17**
IV 738
12-Epi-tetrahydroanhydrodigoxigenin 18
IV 1305
Epithebedinitril 18 IV 5100
Epithebedisäure
— monoamid **18** IV 5099
Epithebenon 18 IV 534
3-Epi-uzarigenin 18 IV 1471
—, O^3-Acetyl- **18** IV 1473
9,10-Epoxido-anthracen
—, 9,10-Diphenyl-9,10-dihydro- **17**
IV 798
1,10-Epoxido-anthracen-5,9-diol
—, 1,4,4a,9,9a,10-Hexahydro- **17**
IV 2162
2,9-Epoxido-anthracen-3,10-diol
—, 9-Methyl-1,2,3,4,4a,9,9a,10-
octahydro- **17** IV 2149
9,10-Epoxido-anthracen-1,4-diol
—, 9,10-Diphenyl-9,10-dihydro- **17**
IV 2259
2,9-Epoxido-anthracen-3,10-dion
—, 9-Methyl-1,2,4,4a,9,9a-hexahydro-
17 IV 6366
2,10-Epoxido-anthracen-3,9-dion
—, 10-Methyl-1,4a,9a,10-tetrahydro-
$2H,4H$- **17** IV 6366
9,10-Epoxido-anthracen-1,4-dion
—, 9,10-Diphenyl-4a,9,9a,10-tetrahydro-
17 IV 2259
1,10-Epoxido-anthracen-9-on
—, 5-Hydroxy-1,4a,9a,10-tetrahydro-
$4H$- **18** IV 579
2,9-Epoxido-anthracen-10-on
—, 3-Hydroxy-9-methyl-2,3,4,4a,9,9a-
hexahydro-$1H$- **18** IV 530
4,7-Epoxido-azulen-2-carbaldehyd
—, 7-Isopropyl-1,4-dimethyl-3-oxo-
decahydro- **17** IV 6061
— monosemicarbazon **17** IV 6061
3a,6-Epoxido-azulen-7-ol
—, 3-Isopropyl-6,8a-dimethyl-decahydro-
18 IV 8462
—, 3-Isopropyl-6,8a-dimethyl-octahydro-
18 IV 8462
4,7-Epoxido-azulen-3-ol
—, 7-Isopropyl-1,4-dimethyl-decahydro-
17 IV 1320
3a,6-Epoxido-azulen-7-on
—, 3-Isopropyl-6,8a-dimethyl-hexahydro-
17 IV 4677

4,7-Epoxido-azulen-3-on
—, 2-Hydroxymethylen-7-isopropyl-1,4-
dimethyl-octahydro- **17** IV 6061
— semicarbazon **17** IV 6061
—, 7-Isopropyl-1,4-dimethyl-octahydro-
17 IV 4677
— semicarbazon **17** IV 4678
7,12-Epoxido-benz[a]anthracen
—, 7,12-Dimethyl-7,12-dihydro- **17**
IV 738
8,13-Epoxido-benzo[5,6]cycloocta[1,2,3-de]=
naphthalin
—, 8-Acetoxy-6-methoxy-8,13-dihydro-
$7H$- **17** IV 2234
8,13-Epoxido-benzo[5,6]cycloocta[1,2,3-de]=
naphthalin-8-ol
—, 6-Methoxy-$7H,13H$- **8** III 3036 b
1,4-Epoxido-benzo[d][1,2]dioxepin-5-on
—, 1-Äthyl-4-phenyl-$1H$- **18** IV 193
7,12-Epoxido-benzo[k]fluoranthen
—, 7,12-Diphenyl-6b,7,12,12a-
tetrahydro- **17** IV 834
10,12a-Epoxido-benzo[a]heptalen-9-ol
—, 7-Acetylamino-1,2,3,10-tetramethoxy-
5,6,7,7a,8,9,10,11-octahydro-$12H$- **18**
IV 7645
10,12a-Epoxido-benzo[a]heptalen-9-on
—, 7-Acetylamino-1,2,3,10-tetramethoxy-
6,7-dihydro-$5H,10H$- **18** IV 8152
8,13-Epoxido-benzo[a]naphthacen-7,14-diol
—, 8,13-Diphenyl-8,13-dihydro- **18**
IV 8465
8,13-Epoxido-benzo[a]naphthacen-7,14-dion
—, 8,13-Diphenyl-7a,8,13,13a-tetrahydro-
18 IV 8465
1,4-Epoxido-biphenylen
—, 1,4,4a,8b-Tetrahydro- **17** IV 575
5,12-Epoxido-cycloocta[b]naphthalin
—, 5,12-Diphenyl-5,5a,6,7,8,9,10,11,11a,=
12-decahydro- **17** IV 777
1,4-Epoxido-cyclopent[a]inden-3,7-dion
—, 8a-Acetoxy-3a,3b,6-trimethyl-
1,2,3a,3b,4,7a,8,8a-octahydro- **18**
IV 1445
—, 8a-Hydroxy-3a,3b,6-trimethyl-
decahydro- **18** IV 1288
—, 8a-Hydroxy-3a,3b,6-trimethyl-
1,2,3a,3b,4,7a,8,8a-octahydro- **18**
IV 1445
1,4-Epoxido-cyclopent[a]inden-7-on
—, 3-Acetoxy-8a-hydroxy-3a,3b,6-
trimethyl-decahydro- **18** IV 1220
—, 3-Acetoxy-8a-hydroxy-3a,3b,6-
trimethyl-2,3,3a,3b,4,7a,8,8a-octahydro-
$1H$- **18** IV 1287
—, 3,8a-Diacetoxy-3a,3b,6-trimethyl-
decahydro- **18** IV 1220

1,4-Epoxido-cyclopent[a]inden-7-on   (Fortsetzung)
—, 3,8a-Diacetoxy-3a,3b,6-trimethyl-
   2,3,3a,3b,4,7a,8,8a-octahydro-1H- **18**
   IV 1287
—, 3,8a-Dihydroxy-3a,3b,6-trimethyl-
   decahydro- **18** IV 1219
—, 3,8a-Dihydroxy-3a,3b,6-trimethyl-
   2,3,3a,3b,4,7a,8,8a-octahydro-1H- **18**
   IV 1287
—, 8a-Hydroxy-3a,3b,6-trimethyl-3-
   [4-nitro-benzoyloxy]-2,3,3a,3b,4,7a,8,8a-
   octahydro-1H- **18** IV 1287
1,4-Epoxido-cyclopent[a]inden-3,7,8a-triol
—, 3a,3b,6-Trimethyl-decahydro- **17**
   IV 2337
**2a,5-Epoxido-cyclopropa[3,4]cyclopenta[1,2-b]≠
naphthalin-3,4-dicarbonsäure**
—, 7-Hydroxy-1b,6-dimethyl-8-methylen-
   1,1b,2,3,4,5,7,7a,8,8a-decahydro-1aH-
   18 IV 5101
   — dimethylester **18** IV 5101
7,14-Epoxido-dibenz[a,h]anthracen
—, 7,14-Dimethyl-7,14-dihydro- **17**
   IV 783
7,14-Epoxido-dibenz[a,j]anthracen
—, 7,14-Dimethyl-7,14-dihydro- **17**
   IV 783
5,10-Epoxido-dibenzo[a,d]cyclohepten-11-on
—, 10-Acetoxy-5,10-dihydro- **18** IV 729
—, 10-Methoxy-5,10-dihydro- **18**
   IV 728
5,11-Epoxido-dibenzo[a,e]cycloocten
—, 5,11-Dimethoxy-5,6,11,12-tetrahydro-
   17 IV 2213
5,11-Epoxido-dibenzo[a,e]cycloocten-5-ol
—, 11-Methyl-11,12-dihydro-6H- **8**
   III 1507 f
4,7-Epoxido-indan-2-ol
—, 1-Benzyliden-3a,7a-dimethyl-
   hexahydro- **17** IV 1582
4,7-Epoxido-inden
—, 1-Benzyliden-3a,7a-dimethyl-3a,4,5,6,≠
   7,7a-hexahydro- **17** IV 651
—, 1,1,2,3,3a,7a-Hexachlor-4-methyl-
   3a,4,7,7a-tetrahydro- **17** IV 267
4,7-Epoxido-inden-3-carbaldehyd
—, 3a,7a-Dimethyl-3a,4,5,6,7,7a-
   hexahydro- **17** IV 4752
   — phenylhydrazon **17** IV 4753
2,5-Epoxido-inden-7-carbonsäure
—, 4-Acetoxy-7a-hydroxy-6-isopropenyl-
   3a-methyl-3-oxo-octahydro-,
   — methylester **18** IV 6467
—, 4-Acetoxy-7a-hydroxy-6-isopropyl-3a-
   methyl-3-oxo-octahydro-,
   — methylester **18** IV 6465
—, 4,7a-Dihydroxy-6-isopropenyl-3a-
   methyl-3-oxo-octahydro-,
   — methylester **18** IV 6466

—, 4,7a-Dihydroxy-6-isopropyl-3a-
   methyl-3-oxo-octahydro-,
   — methylester **18** IV 6464
—, 3-[2,4-Dinitro-phenylhydrazono]-4,7a-
   dihydroxy-6-isopropenyl-3a-methyl-
   octahydro-,
   — methylester **18** IV 6466
—, 3-[2,4-Dinitro-phenylhydrazono]-4,7a-
   dihydroxy-6-isopropyl-3a-methyl-
   octahydro-,
   — methylester **18** IV 6464
—, 4-Formyloxy-7a-hydroxy-6-
   isopropenyl-3a-methyl-3-oxo-octahydro-,
   — methylester **18** IV 6466
—, 4-Formyloxy-7a-hydroxy-6-isopropyl-
   3a-methyl-3-oxo-octahydro-,
   — methylester **18** IV 6464
—, 3-Formyl-3,4,7a-trihydroxy-6-
   isopropenyl-3a-methyl-octahydro-,
   — methylester **18** IV 6582
—, 3-Formyl-3,4,7a-trihydroxy-6-
   isopropyl-3a-methyl-octahydro-,
   — methylester **18** IV 6579
**3,7-Epoxido-indeno[7,1-bc]furan-5-
carbonsäure**
—, 2,2a,4a-Trihydroxy-6-isopropenyl-7b-
   methyl-decahydro-,
   — methylester **18** IV 6582
—, 2,2a,4a-Trihydroxy-6-isopropyl-7b-
   methyl-decahydro-,
   — methylester **18** IV 6579
4,7-Epoxido-inden-2-ol
—, 1-Benzyliden-3a,7a-dimethyl-
   octahydro- **17** IV 1582 a
3a,6-Epoxido-isobenzofuran-7-carbonsäure
—, 3-Hydroxy-1-oxo-1,4,5,6,7,7a-
   hexahydro- **18** IV 6130
1,4-Epoxido-5,8-methano-naphthalin
—, 1-Acetoxymethyl-5,6,7,8,9,9-
   hexachlor-1,4,4a,5,8,8a-hexahydro- **17**
   IV 1501
—, 5,6,7,8,9,9-Hexachlor-1-
   diacetoxymethyl-1,4,4a,5,8,8a-hexahydro-
   17 IV 5126
—, 5,6,7,8,9,9-Hexachlor-1,4,4a,5,8,8a-
   hexahydro- **17** IV 520
—, 5,6,7,8,9,9-Hexachlor-1-
   hydroxymethyl-1,4,4a,5,8,8a-hexahydro-
   17 IV 1501
—, 5,6,7,8,9,9-Hexachlor-1-
   methoxymethyl-1,4,4a,5,8,8a-hexahydro-
   17 IV 1501
**1,4-Epoxido-5,8-methano-naphthalin-2,3-
dicarbonsäure**
—, 5,6,7,8,9,9-Hexachlor-1,2,3,4,4a,5,8,≠
   8a-octahydro-,
   — dimethylester **18** IV 4552
   — monomethylester **18** IV 4552

5,12-Epoxido-naphthacen
—, 5,11-Bis-[4-brom-phenyl]-6,12-
diphenyl-5,12-dihydro- **17** IV 840
—, 5,11-Bis-[4-brom-phenyl]-12-phenoxy-
6-phenyl-5,12-dihydro- **19** IV 504
—, 5-[4-Brom-phenoxy]-11-[4-brom-
phenyl]-6,12-diphenyl-5,12-dihydro- **19**
IV 504
—, 2,8-Dimethoxy-5-[4-methoxy-
phenoxy]-11-[4-methoxy-phenyl]-6,12-
diphenyl-5,12-dihydro- **17** IV 2726
—, 5,11-Diphenyl-6,12-di-*p*-tolyl-5,12-
dihydro- **17** IV 841
—, 5,11-Diphenyl-6-*p*-tolyl-12-*p*-tolyloxy-
5,12-dihydro- **19** IV 505
—, 5-Phenoxy-11-phenyl-6,12-di-*p*-tolyl-
5,12-dihydro- **19** IV 505
—, 5-Phenoxy-6,11,12-triphenyl-5,12-
dihydro- **17** IV 1783
—, 5,6,11,12-Tetraphenyl-5,12-dihydro-
17 II 103 b, IV 840
—, 5,6,11-Tri-*p*-tolyl-12-*p*-tolyloxy-5,12-
dihydro- **17** IV 1784
5,12-Epoxido-naphthacen-6,11-diol
—, 5,12-Diphenyl-5,12-dihydro- **17**
IV 2266
5,12-Epoxido-naphthacen-6,11-dion
—, 5,12-Diphenyl-5,5a,11a,12-tetrahydro-
17 IV 2266
1,4-Epoxido-naphthalin
—, 2-Acetyl-1,4-diphenyl-1,2,3,4-
tetrahydro- **17** IV 5599
—, 4a,8a-Bis-[äthylmercapto-methyl]-
1,2,3,4,4a,5,8,8a-octahydro- **17** IV 2070
—, 4a,8a-Bis-hydroxymethyl-6,7-
dimethyl-1,2,3,4,4a,5,8,8a-octahydro- **17**
IV 2070
—, 4a,8a-Bis-hydroxymethyl-6,7-
diphenyl-1,2,3,4,4a,5,8,8a-octahydro- **17**
IV 2232
—, 4a,8a-Bis-hydroxymethyl-1,2,3,4,4a,5,⇌
8,8a-octahydro- **17** IV 2069
—, 4a,8a-Bis-methansulfonyloxymethyl-
6,7-dimethyl-1,2,3,4,4a,5,8,8a-octahydro-
17 IV 2070
—, 4a,8a-Bis-methansulfonyloxymethyl-
6,7-diphenyl-1,2,3,4,4a,5,8,8a-octahydro-
17 IV 2232
—, 4a,8a-Bis-methansulfonyloxymethyl-
1,2,3,4,4a,5,8,8a-octahydro- **17** IV 2070
—, 6-Brom-7-fluor-5,8-dimethyl-1,4-
dihydro- **17** IV 558
—, 2,3-Dibenzoyl-6,7-dimethyl-1,4-
diphenyl-1,2,3,4-tetrahydro- **17** IV 6664
—, 5,8-Difluor-1,4-dihydro- **17** IV 548
—, 5,8-Difluor-1,2,3,4-tetrahydro- **17**
IV 514
—, 1,4-Dihydro- **17** IV 548

—, 2-Dimethoxymethyl-3-methyl-1,4-
diphenyl-1,2,3,4-tetrahydro- **17** IV 5600
—, 6,7-Dimethyl-2-nitro-1,3,4-triphenyl-
1,2,3,4-tetrahydro- **17** IV 801
—, 6,7-Dimethyl-1,2,4-triphenyl-1,2,3,4-
tetrahydro- **17** IV 801
—, 2-Methyl-3-nitro-1,4-diphenyl-1,2,3,4-
tetrahydro- **17** IV 759
—, 2-Nitro-1,4-diphenyl-1,2,3,4-
tetrahydro- **17** IV 758
—, 2-Nitro-1,3,4-triphenyl-1,2,3,4-
tetrahydro- **17** IV 801
—, 1,2,3,4-Tetrahydro- **17** IV 514
—, 1,2,3,4-Tetraphenyl-1,4-dihydro- **17**
IV 836
—, 5,6,8-Trimethyl-1,4-dihydro- **17**
IV 561
—, 5,6,8-Trimethyl-1,2,3,4-tetrahydro-
17 IV 531
—, 1,2,4-Triphenyl-1,2,3,4-tetrahydro-
17 IV 801
1,6-Epoxido-naphthalin
—, 4,6-Diacetoxy-5-methyl-decahydro-
17 IV 2062
1,7-Epoxido-naphthalin
—, 4,7-Diacetoxy-8-methyl-decahydro-
17 IV 2061
1,4-Epoxido-naphthalin-2-carbaldehyd
—, 1,4-Diphenyl-1,2,3,4-tetrahydro- **17**
IV 5597
—, 3-Methyl-1,4-diphenyl-1,2,3,4-
tetrahydro- **17** IV 5599
— dimethylacetal **17** IV 5600
2,4a-Epoxido-naphthalin-3-carbaldehyd
—, 1,4,6-Trimethyl-3,4,5,6,7,8-
hexahydro-2*H*- **17** IV 4758
2,4a-Epoxido-naphthalin-4-carbaldehyd
—, 1,6-Dimethyl-3,4,5,6,7,8-hexahydro-
2*H*- **17** IV 4756
— [2,4-dinitro-phenylhydrazon] **17**
IV 4756
1,4-Epoxido-naphthalin-2-carbonitril
—, 1,4-Di-[1]naphthyl-1,2,3,4-tetrahydro-
18 IV 4423
—, 1,4-Diphenyl-1,2,3,4-tetrahydro- **18**
IV 4419
1,4-Epoxido-naphthalin-2-carbonsäure
—, 1,4-Di-[1]naphthyl-1,2,3,4-tetrahydro-
18 IV 4423
— äthylester **18** IV 4423
—, 1,4-Diphenyl-1,2,3,4-tetrahydro- **18**
IV 4419
—, 3-Methyl-1,4-diphenyl-1,2,3,4-
tetrahydro- **18** IV 4419
— äthylester **18** IV 4420
1,7-Epoxido-naphthalin-5-carbonsäure
—, 4-Acetoxy-1,4,4a,7,8,8a-hexahydro-,
— methylester **18** IV 4882

1,7-Epoxido-naphthalin-5-carbonsäure
(Fortsetzung)
—, 4-Hydroxy-1,4,4a,7,8,8a-hexahydro-
   18 IV 4882
1,7-Epoxido-naphthalin-8-carbonsäure
—, 4,6-Dihydroxy-1,4,4a,5,6,7,8,8a-
   octahydro-,
   — isopropylester **18** IV 5007
1,4-Epoxido-naphthalin-2,3-dicarbonsäure
—, 1-[3,4-Dimethoxy-phenyl]-6,7-
   dimethoxy-1,2,3,4-tetrahydro- **18**
   IV 5256
—, 1,4-Diphenyl-1,4-dihydro- **18**
   IV 4586
   — diäthylester **18** IV 4587
—, 1,4-Diphenyl-1,2,3,4-tetrahydro- **18**
   IV 4586
   — diäthylester **18** IV 4586
1,4-Epoxido-naphthalin-4a,8a-dicarbonsäure
—, 6,7-Dimethyl-1,2,3,4,5,8-hexahydro-,
   — dimethylester **18** IV 4543
—, 6,7-Diphenyl-1,2,3,4,5,8-hexahydro-,
   — dimethylester **18** IV 4586
—, 6,7-Diphenyl-octahydro-,
   — dimethylester **18** IV 4585
—, 1,2,3,4,5,8-Hexahydro-,
   — dimethylester **18** IV 4543
1,4-Epoxido-naphthalin-6,7-diol
—, 4a,8a-Dimethyl-decahydro- **17** IV 2063
1,6-Epoxido-naphthalin-4-ol
—, 6-Methoxy-5-methyl-decahydro- **17**
   IV 2062
—, 5-Methyl-6-methylmercapto-
   decahydro- **17** IV 2061
1,7-Epoxido-naphthalin-4-ol
—, 7-Äthoxy-8-methyl-decahydro- **17**
   IV 2061
—, 8-Methyl-7-methylmercapto-
   decahydro- **17** IV 2061
1,4a-Epoxido-naphthalin-6-on
—, 4-Isopropyl-1-methyl-hexahydro- **17**
   IV 4665
1,6-Epoxido-naphthalin-4-on
—, 6-Methoxy-5-methyl-octahydro- **18**
   IV 124
2,6-Epoxido-norbornan-3-ol 17 IV 1288
5,14-Epoxido-pentacen-6,13-diol
—, 5,7,12,14-Tetraphenyl-5,14-dihydro-
   18 IV 8466
5,14-Epoxido-pentacen-6,13-dion
—, 5,7,12,14-Tetraphenyl-5,5a,13a,14-
   tetrahydro- **18** IV 8466
1,4-Epoxido-phenanthren
—, 1,4-Dihydro- **17** IV 662
4,5-Epoxido-phenanthren
   s. Phenanthro[4,5-*bcd*]furan
4a,9-Epoxido-phenanthren-5,8-chinon
—, 3,10-Dimethyl-1,2,3,4,8a,9-
   hexahydro-4b*H*- **17** IV 381

3,5-Epoxido-picen
—, 2,2,4a,6a,6b,9,12a-Heptamethyl-
   Δ^{14}-eicosahydro- s. 24-Nor-olean-12-en,
   16,21-Epoxy-
10,12a-Epoxido-picen
—, 2,2,4a,6a,9,9,12b,14a-Octamethyl-
   docosahydro- s. *D*:*B*-Friedo-oleanan,
   3,10-Epoxy-
Epoxyäthano
   s. [1]Oxapropano- z. B. 10a,4a-
   Epoxyäthano-phenanthren s. 10a,4a-
   [1]Oxapropano-phenanthren
Epoxyapocholsäure 18 IV 5027
Epoxycafestadien 17 IV 567
Epoxycafestadienon
—, α-Hydroxymethylen- **17** IV 6377
Epoxyglutinan 17 IV 542
Epoxyisoeuphanol
—, *O*-Acetyl- **17** IV 1451
Epoxyisoeuphorbanol
—, *O*-Acetyl- **17** IV 1453
Epoxyisotirucallanol
—, *O*-Acetyl- **17** IV 1452
8,13-Epoxy-labda-9(11),14-dien 17
   IV 469
Epoxylathyrol 18 IV 2358
Epoxymethano
   s. Oxaäthano- z.B. 1,5-Epoxymethano-
   naphthalin s. 1,5-Oxaäthano-naphthalin
Epoxynorcafestadien 17 IV 566
Epoxynorcafestadienol 17 IV 1558
—, *O*-Acetyl- **17** IV 1559
Epoxynorcafestadienon 17 IV 5249
Epoxynorcafestan 17 IV 468
Epoxynorcafestanon 17 IV 5036
   — oxim **17** IV 5037
   — semicarbazon **17** IV 5037
Equinoctin
   s. Aequinoctin
Equisetrin 18 IV 3296
Equisporol 18 IV 3584
Equisporosid 18 IV 3589
Equol 17 IV 2186
—, Di-*O*-acetyl- **17** IV 2188
—, Di-*O*-benzoyl- **17** IV 2188
—, Di-*O*-methyl- **17** IV 2187
Erdin 18 IV 6634
—, Dihydro- **10** III 4818 e
Eremophila-7,11-dien-9-on
—, 3-Acetoxy-8,12-epoxy- **18** IV 235
—, 8,12-Epoxy-3-hydroxy- **18** IV 235
   — [2,4-dinitro-phenylhydrazon] **18**
   IV 236
Eremophilan
   Bezifferung s. **18** IV 235 Anm.
Eremophilan-9-on
—, 1,10-Epoxy- **17** IV 4677 b
Eremophil-11-en-9-on
—, 1,10-Epoxy- **17** IV 4767 b

Eremophilonoxid 17 IV 4767
—, Dihydro- **17** IV 4677
Ergosta-5,24(28)-dien
—, 3-Tetrahydropyran-2-yloxy- **17**
IV 1049
Ergosta-7,22-dien
—, 3-Acetoxy-5,6-epoxy- **17** IV 1573
—, 3-Acetoxy-9,11-epoxy- **17** IV 1574
—, 3,5-Diacetoxy-9,11-epoxy- **17**
IV 2160
—, 3-[Tetra-*O*-acetyl-glucopyranosyloxy]-
17 IV 3180
Ergosta-8,22-dien
—, 3,7-Diacetoxy-5,6-epoxy- **17**
IV 2159
Ergosta-9(11),22-dien
—, 3-Acetoxy-5,8-epoxy- **17** IV 1575
Ergosta-7,22-dien-3,5-diol
—, 9,11-Epoxy- **17** IV 2159
Ergosta-8,22-dien-3,7-diol
—, 5,6-Epoxy- **17** IV 2159
Ergosta-7,9(11)-dien-5-ol
—, 3-Acetoxy-22,23-epoxy- **17** IV 2158
Ergosta-7,22-dien-3-ol
—, 5-Acetoxy-9,11-epoxy- **17** IV 2160
—, 5,6-Epoxy- **17** IV 1573
—, 9,11-Epoxy- **17** IV 1574
Ergosta-7,22-dien-5-ol
—, 3-Acetoxy-9,11-epoxy- **17** IV 2160
Ergosta-8,22-dien-7-ol
—, 3-Acetoxy-5,6-epoxy- **17** IV 2159
Ergosta-9(11),22-dien-3-ol
—, 5,8-Epoxy- **17** IV 1575
Ergosta-7,22-dien-6-on
—, 3-Acetoxy-14,15-epoxy-5-hydroxy-
18 IV 1622
Ergosta-8,22-dien-7-on
—, 3-Acetoxy-5,6-epoxy- **18** IV 561
—, 5,6-Epoxy-3-hydroxy- **18** IV 561
Ergosta-9(11),22-dien-3-on
—, 5,8-Epoxy- **17** IV 5252
Ergosta-5,24-dien-26-säure
—, 3-Acetoxy-28-hydroxy-,
— lacton **18** IV 561
—, 3,28-Dihydroxy-,
— 28-lacton **18** IV 561
Ergostan
—, 3-Acetoxy-5,8-epoxy- **17** IV 1435
—, 3-Acetoxy-8,9-epoxy- **17** IV 1433
—, 3-Acetoxy-8,14-epoxy- **17** IV 1433
—, 3-Acetoxy-9,11-epoxy- **17** IV 1434
—, 3-Acetoxy-11,12-epoxy- **17** IV 1434
—, 3-Acetoxy-9,11-epoxy-4,14-dimethyl-
17 IV 1451
—, 3-Acetoxy-5,8-epoxy-9,11-
sulfinyldioxy- **17** IV 2352
—, 3-Benzyloxy-7,8-epoxy- **17** IV 1432
—, 3,11-Diacetoxy-9,11-epoxy- **17**
IV 2111

—, 3,11-Diacetoxy-7,8-epoxy-9-methyl-
17 IV 2112
—, 8,14-Epoxy- **17** IV 477
—, 14,15-Epoxy- **17** IV 477
—, 3-[Tetra-*O*-acetyl-glucopyranosyloxy]-
17 IV 3177
—, 3,7,11-Triacetoxy-22,23-dibrom-8,9-
epoxy- **17** IV 2351
—, 3,7,11-Triacetoxy-22,23-dichlor-8,9-
epoxy- **17** IV 2350
Ergostan-5,7-dicarbonsäure
, 3-Acetoxy-8-dihydroxymethyl-6-
formyloxycarbonyl-,
— dilacton **18** IV 597
Ergostan-3,11-diol
—, 7,8-Epoxy-9-methyl- **17** IV 2112
Ergostan-7,11-diol
—, 3-Acetoxy-22,23-dibrom-8,9-epoxy-
17 IV 2351
—, 3-Acetoxy-22,23-dichlor-8,9-epoxy-
17 IV 2350
Ergostan-9,11-diol
—, 3-Acetoxy-5,8-epoxy- **17** IV 2351
Ergostan-3,11-dion
—, 7,8-Epoxy-9-methyl- **17** IV 6279
Ergostan-7,11-dion
—, 3-Acetoxy-22,23-dibrom-8,9-epoxy-
18 IV 1505
—, 3-Acetoxy-22,23-dichlor-8,9-epoxy-
18 IV 1505
—, 3-Acetoxy-8,14-epoxy-9-methyl- **18**
IV 1506
Ergostan-3-ol
—, 8,14-Epoxy- **6** III 2686 a, **17**
IV 1433
—, 14,15-Epoxy- **6** III 2690 a, **17**
IV 1434
Ergostan-5-ol
—, 3-Acetoxy-14,15-epoxy- **17** IV 2111
Ergostan-9-ol
—, 3,11-Diacetoxy-5,8-epoxy- **17**
IV 2351
Ergostan-3-on
—, 9,11-Epoxy- **17** IV 5048
Ergostan-7-on
—, 3-Acetoxy-22,23-dibrom-9,11-epoxy-
18 IV 280
— [2,4-dinitro-phenylhydrazon] **18**
IV 280
— semicarbazon **18** IV 280
—, 3-Acetoxy-5,6-epoxy- **18** IV 277
—, 3-Acetoxy-8,9-epoxy- **18** IV 278
—, 3-Acetoxy-8,14-epoxy- **18** IV 279
—, 3-Acetoxy-9,11-epoxy-5-hydroxy-
18 IV 1315
—, 3,5-Diacetoxy-22,23-epoxy-9,11-
dihydroxy- **18** IV 3075
—, 5,6-Epoxy-3-hydroxy- **18** IV 277

Ergostan-11-on
—, 3-Acetoxy-22,23-dibrom-7,8-epoxy- **18** IV 278
—, 3-Acetoxy-5,8-epoxy-9-hydroxy- **18** IV 1315
—, 3-Acetoxy-7,8-epoxy-9-methyl- **18** IV 280
—, 7,8-Epoxy-9-methyl- **17** IV 5049
Ergostan-15-on
—, 3-Acetoxy-8,14-epoxy- **18** IV 279
Ergostan-26-säure
—, 22-Brom-3,7,12,23-tetrahydroxy-,
  — 23-lacton **18** IV 2366
—, 23-Brom-3,7,12,22-tetrahydroxy-,
  — 22-lacton **18** IV 2366
Ergostan-28-säure
—, 23-Brom-3,7,12,22-tetrahydroxy-,
  — 22-lacton **18** IV 2366
Ergostan-3,7,11-triol
—, 22,23-Dibrom-8,9-epoxy- **17** IV 2351
—, 22,23-Dichlor-8,9-epoxy- **17** IV 2350
Ergosta-5,7,9(11),22-tetraen
—, 3-[Tetra-*O*-acetyl-glucopyranosyloxy]- **17** IV 3183
Ergosta-5,7,22-trien
—, 3-Glucopyranosyloxy- **17** IV 2972
—, 3-[Tetra-*O*-acetyl-glucopyranosyloxy]- **17** IV 3182
—, 3-[Tri-*O*-acetyl-5-methoxycarbonyl-arabinopyranosyloxy]- **18** IV 5178
Ergost-7-en
—, 3-Acetoxy-22,23-dibrom-9,11-epoxy- **17** IV 1519
—, 3-Acetoxy-22,23-dichlor-9,11-epoxy- **17** IV 1518
—, 3,5-Diacetoxy-9,11-epoxy- **17** IV 2143
Ergost-8-en
—, 3-Acetoxy-24,28-epoxy-4,4,14-trimethyl- **17** IV 1531
Ergost-9(11)-en
—, 3-Acetoxy-5,8-epoxy- **17** IV 1519
—, 3,11-Diacetoxy-5,8-epoxy- **17** IV 2143
Ergost-22-en
—, 3-Acetoxy-5,8-epoxy- **17** IV 1520
—, 3-Acetoxy-7,8-epoxy- **17** IV 1517
—, 3,7,11-Triacetoxy-8,9-epoxy- **17** IV 2364
Ergost-7-en-3,5-diol
—, 9,11-Epoxy- **17** IV 2143
Ergost-22-en-5,8-diol
—, 3-Acetoxy-9,11-epoxy- **17** IV 2364
Ergost-22-en-7,11-diol
—, 3-Acetoxy-8,9-epoxy- **17** IV 2363
Ergost-22-en-7,11-dion
—, 3-Acetoxy-8,9-epoxy- **18** IV 1622

Ergost-7-en-3-ol
—, 22,23-Dibrom-9,11-epoxy- **17** IV 1519
—, 22,23-Dichlor-9,11-epoxy- **17** IV 1518
Ergost-7-en-5-ol
—, 3-Acetoxy-9,11-epoxy- **17** IV 2143
Ergost-9(11)-en-3-ol
—, 5,8-Epoxy- **17** IV 1519
Ergost-22-en-3-ol
—, 8,14-Epoxy- **17** IV 1518
Ergost-22-en-11-ol
—, 3-Acetoxy-7,8-epoxy- **17** IV 2143
Ergost-9(11)-en-3-on
—, 5,8-Epoxy- **17** IV 5178
Ergost-22-en-3-on
—, 9,11-Epoxy-5,8-dihydroxy- **18** IV 1506
Ergost-22-en-7-on
—, 3-Acetoxy-5,6-epoxy- **18** IV 480
—, 3-Acetoxy-8,9-epoxy- **18** IV 481
  — [2,4-dinitro-phenylhydrazon] **18** IV 482
—, 3-Acetoxy-8,14-epoxy- **18** IV 482
  — [2,4-dinitro-phenylhydrazon] **18** IV 482
—, 3-Acetoxy-9,11-epoxy- **18** IV 482
—, 3-Acetoxy-8,9-epoxy-11-hydroxy- **18** IV 1505
—, 5,6-Epoxy-3-hydroxy- **18** IV 480
—, 9,11-Epoxy-3-hydroxy- **18** IV 482
Ergost-22-en-11-on
—, 3-Acetoxy-7,8-epoxy- **18** IV 480
Ergost-22-en-15-on
—, 3-Acetoxy-7,8-epoxy- **18** IV 481
α-Ergostenoxid 17 IV 477
β-Ergostenoxid 17 IV 477
Ergost-22-en-3,5,8-triol
—, 9,11-Epoxy- **17** IV 2364
Ergost-22-en-3,7,11-triol
—, 8,9-Epoxy- **17** IV 2363
α-Ergostenyloxid 17 IV 1433
β-Ergostenyloxid 17 IV 1434
Ergosterin
—, *O*-Glucopyranosyl- **17** IV 2972
—, *O*-[Tetra-*O*-acetyl-glucopyranosyl]- **17** IV 3182
—, *O*-[Tri-*O*-acetyl-5-methoxycarbonyl-arabinopyranosyl]- **18** IV 5178
Erianthin 18 IV 3578
—, Di-*O*-acetyl- **18** IV 3581
—, *O*-Methyl- **18** IV 3579
Ericolin 17 IV 2983
Eriodictin 18 IV 3218
Eriodictyol 8 543 f, **18** II 204 b, **18** IV 3214
—, Tetra-*O*-acetyl- **18** IV 3218
Erlose 17 IV 3800

Erucasäure
— α-tocopherylester **17** IV 1441
Erysimidin 18 IV 3127
Erysimin 18 IV 3135
Erysimosid 18 IV 3138
—, Desgluco- **18** IV 3135
—, Penta-O-acetyl- **18** IV 3141
Erysimotoxin 18 IV 3135
Erythran 17 153 e, IV 1994
Erythrarsäure
s. Mesoweinsäure
Erythrit
—, O^2-Arabinopyranosyl- **17** IV 2441
—, O^1-Galactopyranosyl- **17** IV 3001
—, O^2-Galactopyranosyl- **17** IV 3002
—, O^2-Glucopyranosyl- **17** IV 3001
—, O^1-Mannopyranosyl- **17** IV 3001
—, O^2-Mannopyranosyl- **17** IV 3002
—, O^1,O^2,O^4-Triacetyl-O^3-[tetra-O-acetyl-glucopyranosyl]- **17** IV 3211
—, O^1,O^2,O^4-Tribenzoyl-O^3-[tri-O-benzoyl-arabinopyranosyl]- **17** IV 2466
—, O^1,O^2,O^4-Tribenzoyl-O^3-[tri-O-benzoyl-xylopyranosyl]- **17** IV 2466
—, O^1,O^2,O^4-Tris-[4-nitro-benzoyl]-O^3-[tetrakis-O-(4-nitro-benzoyl)-mannopyranosyl]- **17** IV 3321
—, O^2-Xylopyranosyl- **17** IV 2441
Erythritan 17 IV 1994
Erythrocentaurin 17 IV 6178
Erythrofuranose
—, O^1,O^3-Diacetyl-O^2-[tetra-O-acetyl-galactopyranosyl]- **17** IV 3447
—, O^1,O^3-Diacetyl-O^2-[tetra-O-acetyl-glucopyranosyl]- **17** IV 3446
Erythrofuranosid
—, Methyl- **17** IV 2269
—, Methyl-[bis-O-(4-nitro-benzoyl)- **17** IV 2270
Erythromycin 18 IV 7410
— hydrazon **18** IV 7412
—, O''-[2-Acetoxy-benzoyl]- **18** IV 7420
—, O''-Acetyl- **18** IV 7412
—, N-Acetyl-des-N-methyl- **18** IV 7424
—, O''-Acryloyl- **18** IV 7414
—, O''-[2-Äthoxy-benzoyl]- **18** IV 7420
—, O''-Äthoxycarbonyl- **18** IV 7419
—, O''-[3-Äthoxycarbonyl-acryloyl]- **18** IV 7418
—, O''-[2-Äthoxycarbonyl-benzoyl]- **18** IV 7418
—, O''-[4-Äthoxycarbonyl-butyryl]- **18** IV 7417
—, O''-[6-Äthoxycarbonyl-hexanoyl]- **18** IV 7417
—, O''-[8-Äthoxycarbonyl-octanoyl]- **18** IV 7417

—, O''-[3-Äthoxycarbonyl-propionyl]- **18** IV 7416
—, O''-[5-Äthoxycarbonyl-valeryl]- **18** IV 7417
—, N-Äthyl-des-N-methyl- **18** IV 7422
—, O''-Allyloxycarbonyl- **18** IV 7419
—, O''-Benzoyl- **18** IV 7415
—, O''-Benzyloxycarbonyl- **18** IV 7419
—, N,O''-Bis-benzyloxycarbonyl-des-N-methyl- **18** IV 7424
—, N-Butyl-des-N-methyl- **18** IV 7423
—, O''-Butyryl- **18** IV 7413
—, O''-[3-Carboxy-acryloyl]- **18** IV 7417
—, O''-[2-Carboxy-benzoyl]- **18** IV 7418
—, O''-[4-Carboxy-butyryl]- **18** IV 7416
—, O''-[4-Carboxy-3-methyl-butyryl]- **18** IV 7417
—, O''-[3-Carboxy-propionyl]- **18** IV 7417
—, O''-[4-Chlor-benzoyl]- **18** IV 7415
—, O''-[2-Chlor-propionyl]- **18** IV 7412
—, O''-Cinnamoyl- **18** IV 7415
—, O''-Crotonoyl- **18** IV 7414
—, O''-Cyclohexancarbonyl- **18** IV 7415
—, O''-[3-Cyclopentyl-propionyl]- **18** IV 7415
—, Des-N-methyl- **18** IV 7402
—, 12-Desoxy- **18** IV 7409
—, Dihydro- **18** IV 7410
—, O''-[3-Dodecyloxycarbonyl-propionyl]- **18** IV 7416
—, O''-[Furan-2-carbonyl]- **18** IV 7420
—, O''-Hexanoyl- **18** IV 7413
—, N-Isobutyl-des-N-methyl- **18** IV 7423
—, O''-Isobutyryl- **18** IV 7413
—, O''-Isovaleryl- **18** IV 7413
—, O''-Lauroyl- **18** IV 7413
—, O''-Methoxyacetyl- **18** IV 7419
—, O''-[4-Methoxy-benzoyl]- **18** IV 7420
—, O''-Methoxycarbonyl- **18** IV 7418
—, O''-[3-Methoxycarbonyl-propionyl]- **18** IV 7416
—, O''-Octanoyl- **18** IV 7413
—, O''-Palmitoyl- **18** IV 7414
—, O''-Prop-2-inyloxycarbonyl- **18** IV 7419
—, O''-Propionyl- **18** IV 7412
—, O''-[3-Propoxycarbonyl-propionyl]- **18** IV 7416
—, N-Propyl-des-N-methyl- **18** IV 7422
—, O''-Stearoyl- **18** IV 7414
—, O''-[3,4,5-Trimethoxy-benzoyl]- **18** IV 7420
—, O''-Valeryl- **18** IV 7413

Erythromycin-A 18 IV 7410
Erythromycin-B 18 IV 7409
—, O''-Äthoxycarbonyl- 18 IV 7409
Erythromycin-C 18 IV 7410
Erythromycin-N-oxid 18 IV 7422
Erythromycin-B-N-oxid 18 IV 7421
Erythronolid
—, O^5-Desosaminyl-dihydro- 18
   IV 7409
Erythronolid-A
—, Dihydro- 18 IV 3550
Erythronolid-B
—, O^5-Desosaminyl- 18 IV 7408
—, O^5-Desosaminyl-dihydro- 18
   IV 7408
—, Dihydro- 18 IV 3400
Erythronolid-N-oxid
—, O^5-Desosaminyl-dihydro- 18
   IV 7422
Erythronolid-B-N-oxid
—, O^5-Desosaminyl- 18 IV 7421
—, O^5-Desosaminyl-dihydro- 18
   IV 7421
Erythronsäure
  — 4-lacton 18 78 e, I 341 b,
    II 54 d, IV 1099
—, O^2,O^3-Diacetyl-,
  — lacton 18 IV 1100
—, O^2,O^3-Dibenzoyl-,
  — lacton 18 IV 1101
—, O^3,O^4-Dimethyl-O^2-[tetra-O-methyl-
   galactopyranosyl]-,
  — methylester 17 IV 3379
—, O^3,O^4-Dimethyl-O^2-[tetra-O-methyl-
   glucopyranosyl]-,
  — methylester 17 IV 3379
—, O^3-Methyl-,
  — 4-lacton 18 IV 1100
—, O^2-[N'-Phenyl-hydrazinooxalyl]-,
  — 4-lacton 18 IV 1101
—, O^2-[N'-p-Tolyl-hydrazinooxalyl]-,
  — 4-lacton 18 IV 1102
Erythrose
  — erythrofuranosylimin 18 IV 7399
—, O^2-Galactopyranosyl- 17 IV 3025
—, O^2-Glucopyranosyl- 17 IV 3025
Escigenin
  s. Äscigenin
Escorcein
  s. Äscorcein
Esculetin
  s. Äsculetin
Esculin
  s. Äsculin
Esculosid 18 IV 1326
Esdragoloxid 17 115 a

Essigsäure
  — [(5-äthoxymethyl-furfuryliden)-
   (2,4-dinitro-phenyl)-hydrazid] 18
   IV 112
  — [2-äthyl-benzo[b]thiophen-3-
   ylester] 17 IV 1487
  — [5-äthyl-2,3-dihydro-benzofuran-6-
   ylester] 17 IV 1366
  — [5-äthyl-3,5-dimethyl-tetrahydro-
   [2]furylester] 17 IV 1163
  — [6-äthyl-5,6-epoxy-cholestan-3-
   ylester] 17 IV 1446
  — [1-äthyl-3-[2]furyl-allylester] 17
   IV 1330
  — [2-äthyl-5-methyl-3,3-diphenyl-
   tetrahydro-[2]furylester] 17 IV 1644
  — [5-äthyl-5-methyl-tetrahydro-
   [3]furylester] 17 IV 1150
  — [5-äthyl-tetrahydro-[2]furylester]
   17 IV 1138
  — amid s. a. Acetamid
  — [1-amino-dibenzofuran-2-ylester]
   18 IV 7351
  — [3-amino-dibenzofuran-2-ylester]
   18 IV 7352
  — [5-amino-furfurylidenhydrazid]
   17 IV 5910
  — [3H-benzo[f]chromen-2-ylester]
   17 IV 1614
  — benzofuran-6-ylester 17 IV 1473
  — benzofuran-2-ylmethylester 17
   IV 1477
  — benzo[b]naphtho[2,3-d]furan-6-
   ylester 17 IV 1697
  — benzo[b]naphtho[2,3-d]furan-7-
   ylester 17 IV 1697
  — benzo[b]thiophen-3-ylester 17
   IV 1459
  — benzo[b]thiophen-5-ylester 17
   IV 1468
  — benzo[kl]xanthen-10-ylester 17
   IV 1698
  — [1-benzyl-2,3-epoxy-1,3-dimethyl-
   butylester] 17 IV 1387
  — [5-benzyl-furfurylester] 17
   IV 1544
  — [5-benzyl-2,2,7,8-tetramethyl-
   chroman-6-ylester] 17 IV 1647
  — [3-brom-benzo[b]thiophen-5-
   ylester] 17 IV 1469
  — [1-brom-dibenzofuran-2-ylester]
   17 IV 1592
  — [4-brom-3,4-dimethyl-1,1-dioxo-
   tetrahydro-$1\lambda^6$-[3]thienylester] 17
   IV 1142
  — [4-brom-1,1-dioxo-tetrahydro-$1\lambda^6$-
   [3]thienylester] 17 IV 1031
  — [5-brom-furfurylester] 17 IV 1254

Essigsäure (Fortsetzung)

- [4-(5-brom-furfurylsulfamoyl)-
  anilid] **18** IV 7096
- [5-brommethyl-tetrahydro-
  furfurylester] **17** IV 1142
- [3-brommethyl-tetrahydro-pyran-
  4-ylester] **17** IV 1136
- [3-brom-tetrahydro-pyran-1-
  ylester] **17** IV 1083
- [1-butyl-3-[2]furyl-allylester] **17**
  IV 1336
- [5-chlor-benzo[b]thiophen-3-
  ylester] **17** IV 1460
- [6-chlor-dibenzofuran-2-ylester]
  17 IV 1591
- [7-chlor-dibenzofuran-2-ylester]
  17 IV 1591
- [4-chlor-3,4-dimethyl-1,1-dioxo-
  tetrahydro-1λ^6-[3]thienylester] **17**
  IV 1142
- [5-chlor-1,1-dioxo-1λ^6-benzo[b]-
  thiophen-3-ylester] **17** IV 1461
- [4-chlor-1,1-dioxo-tetrahydro-1λ^6-
  [3]thienylester] **17** IV 1030
- [4-chlor-2,5-diphenyl-[3]furylester]
  17 IV 1683
- [5-chlor-furfurylester] **17** IV 1253
- [3-chlormethyl-oxetan-3-ylester]
  17 IV 1128
- [3-chlor-2-methyl-tetrahydro-
  [2]furylester] **17** IV 1093
- [5-chlor-naphtho[2,3-b]thiophen-4-
  ylester] **17** IV 1585
- [6-chlor-naphtho[2,3-b]thiophen-4-
  ylester] **17** IV 1585
- [7-chlor-naphtho[2,3-b]thiophen-4-
  ylester] **17** IV 1586
- [8-chlor-naphtho[2,3-b]thiophen-4-
  ylester] **17** IV 1586
- [3-chlor-tetrahydro-[2]furylester]
  17 IV 1022
- [4-chlor-tetrahydro-[3]furylester]
  17 IV 1025
- [3-chlor-tetrahydro-pyran-2-
  ylester] **17** IV 1081
- [5-chlor-[2]thienylmethylester] **17**
  IV 1260
- chroman-7-ylester **17** IV 1352
- [4-chroman-2-yl-phenylester] **17**
  IV 1628
- {[2-(3,4-diacetoxy-tetrahydro-
  [2]furyl)-2-phenylhydrazono-äthyliden]-
  phenyl-hydrazid} **18** IV 2310
- [2-diäthylamino-1-
  dibenzothiophen-2-yl-äthylester] **18**
  IV 7365
- [3-diäthylamino-2,2-dimethyl-
  2H-pyran-4-ylester] **18** IV 7332

- [2,5-diäthyl-2,5-dimethyl-2,5-
  dihydro-[3]furylester] **17** IV 1211
- [3,3-diäthyl-4-oxa-östr-5-en-17-
  ylester] **17** IV 1403
- dibenzofuran-1-ylester **17**
  IV 1589
- dibenzofuran-2-ylester **17**
  IV 1590
- dibenzofuran-4-ylester **17**
  IV 1599
- [4-dibenzofuran-3-ylsulfamoyl-
  anilid] **18** IV 7200
- [4-dibenzofuran-4-ylsulfamoyl-
  anilid] **18** IV 7212
- dibenzo[h,kl]naphtho[2,3-a]-
  xanthen-14-ylester **17** IV 1777
- [1-dibenzothiophen-2-yl-äthylester]
  17 IV 1623
- [1-dibenzothiophen-2-yl-2-
  dimethylamino-äthylester] **18**
  IV 7365
- [1-dibenzothiophen-2-yl-3-
  dimethylamino-propylester] **18**
  IV 7368
- [5-(3-dibenzothiophen-3-yl-3-oxo-
  1-phenyl-propan-1-sulfonyl)-2-
  methoxy-anilid] **18** IV 838
- [4-dibenzothiophen-2-ylsulfamoyl-
  anilid] **18** IV 7188
- [4-dibenzothiophen-3-ylsulfamoyl-
  anilid] **18** IV 7207
- [3-(14H-dibenzo[a,j]xanthen-14-yl)-
  anilid] **18** II 426 c
- [4-(14H-dibenzo[a,j]xanthen-14-yl)-
  anilid] **18** II 426 e
- [14H-dibenzo[a,j]xanthen-14-
  ylester] **17** IV 1736
- [4,6-dibrom-benzo[b]thiophen-5-
  ylester] **17** IV 1470
- [5,6-dibrom-17,23-epoxy-23,23-
  diphenyl-24-nor-cholan-3-ylester] **17**
  IV 1719
- [22,23-dibrom-9,11-epoxy-ergost-7-
  en-3-ylester] **17** IV 1519
- [24,25-dibrom-8,9-epoxy-lanostan-
  3-ylester] **17** IV 1450
- [2,7-dibrom-xanthen-9-ylester] **17**
  IV 1608
- [5,7-dichlor-benzofuran-3-ylester]
  17 IV 1456
- [7,8-dichlor-dibenzofuran-2-ylester]
  17 IV 1592
- [3,6-dichlor-10,10-dioxo-
  10λ^6-thioxanthen-9-ylester] **17**
  IV 1612
- [22,23-dichlor-9,11-epoxy-ergost-7-
  en-3-ylester] **17** IV 1518
- [5,8-dichlor-2-methyl-naphtho-
  [2,3-b]thiophen-4-ylester] **17** IV 1615

Essigsäure (Fortsetzung)

- [3,3-dichlor-tetrahydro-pyran-2-ylester] **17** IV 1082
- [2,3-dihydro-benzofuran-6-ylester] **17** IV 1347
- [2,3-dihydro-benzofuran-2-ylmethylester] **17** IV 1355
- [3,4-dihydro-2H-pyran-2-ylester] **17** IV 1184
- [3,4-dihydro-2H-pyran-2-ylmethylester] **17** IV 1190
- [3,6-dihydro-2H-pyran-3-ylmethylester] **17** IV 1191
- [5,6-dihydro-2H-pyran-3-ylmethylester] **17** IV 1191
- [2,7-dijod-xanthen-9-ylester] **17** IV 1609
- [2,5-dimesityl-[3]furylester] **17** IV 1693
- [2,5-dimesityl-4-methyl-[3]furylester] **17** IV 1694
- [6,6-dimethyl-6H-benzo[c]≠chromen-3-ylester] **17** IV 1629
- [2,5-dimethyl-2,3-dihydro-benzofuran-3-ylester] **17** IV 1366
- [2,2-dimethyl-4-phenyl-chroman-7-ylester] **17** IV 1637
- [2,2-dimethyl-4-phenyl-2H-chromen-7-ylester] **17** IV 1675
- [6,6-dimethyl-7,8,9,10-tetrahydro-6H-benzo[c]chromen-3-ylester] **17** IV 1552
- [5,5-dimethyl-tetrahydro-[3]furylester] **17** IV 1140
- [2,5-dimethyl-[3]thienylmethylester] **17** IV 1287
- [4-(2,5-dimethyl-[3]thienylsulfamoyl)-anilid] **18** IV 7129
- [(2,4-dinitro-phenyl)-furfuryliden-hydrazid] **17** IV 4437
- [2,7-dinitro-xanthen-9-ylester] **17** IV 1609
- [5,5-dioxo-5λ⁶-dibenzothiophen-2-ylester] **17** IV 1595
- [1,1-dioxo-2,3-dihydro-1λ⁶-benzo≠[b]thiophen-3-ylester] **17** IV 1345
- [1,1-dioxo-2,3-dihydro-1λ⁶-[3]thienylester] **17** IV 1181
- [1,1-dioxo-4-phenyl-2,3-dihydro-1λ⁶-[3]thienylester] **17** IV 1486
- [1,1-dioxo-tetrahydro-1λ⁶-[3]thienylester] **17** IV 1029
- [1,1-dioxo-tetrahydro-1λ⁶-thiopyran-3-ylester] **17** IV 1086
- [1,1-dioxo-tetrahydro-1λ⁶-thiopyran-4-ylester] **17** IV 1089
- [1,1-dioxo-1λ⁶-thiepan-4-ylester] **17** IV 1131

- [10,10-dioxo-10λ⁶-thioxanthen-9-ylester] **17** IV 1612
- [2,3-diphenyl-benzofuran-5-ylester] **17** IV 1723
- [2,3-diphenyl-benzofuran-6-ylester] **17** IV 1724
- [2,5-diphenyl-[3]furylester] **17** IV 1683
- [2,5-diphenyl-4-p-tolyl-[3]furylester] **17** IV 1742
- [2-dodecyl-2,5,7,8-tetramethyl-chroman-6-ylester] **17** IV 1407
- [12,19-epithio-oleana-9(11),12,18-trien-3-ylester] **17** IV 1658
- [2,3-epoxy-androstan-17-ylester] **17** IV 1401
- [3,4-epoxy-androstan-17-ylester] **17** IV 1402
- [16,17-epoxy-androstan-3-ylester] **17** IV 1402
- [16,17-epoxy-androst-5-en-3-ylester] **17** IV 1510
- [1,2-epoxy-cholestan-3-ylester] **17** IV 1416
- [4,5-epoxy-cholestan-3-ylester] **17** IV 1418
- [5,6-epoxy-cholestan-3-ylester] **17** IV 1422
- [6,7-epoxy-cholestan-3-ylester] **17** IV 1424
- [7,8-epoxy-cholestan-3-ylester] **17** IV 1424
- [5,6-epoxy-cholest-3-en-3-ylester] **17** IV 1516
- [9,11-epoxy-cholest-7-en-3-ylester] **17** IV 1516
- [24,25-epoxy-cycloartan-3-ylester] **17** IV 1524
- [4-(1,2-epoxy-cyclohexyl)-anilid] **18** IV 7171
- [1,2-epoxy-cyclohexylester] **17** IV 1195
- [2,3-epoxy-cyclohexylester] **17** IV 1196
- [3,4-epoxy-cyclohexylmethylester] **17** IV 1200
- [13,17-epoxy-dammaran-3-ylester] **17** IV 1451
- [20,24-epoxy-24,24-dimethyl-cholan-3-ylester] **17** IV 1408
- [17,23-epoxy-21,24-dinor-cholan-3-ylester] **17** IV 1405
- [17,23-epoxy-21,24-dinor-chol-20-en-3-ylester] **17** IV 1513
- [20,24-epoxy-24,24-diphenyl-cholan-3-ylester] **17** IV 1720
- [23,24-epoxy-24,24-diphenyl-cholan-3-ylester] **17** IV 1720

Essigsäure (Fortsetzung)
- [20,24-epoxy-24,24-diphenyl-chol-5-en-3-ylester] **17** IV 1734
- [12,22-epoxy-22,22-diphenyl-23,24-dinor-cholan-3-ylester] **17** IV 1719
- [20,21-epoxy-21,21-diphenyl-23,24-dinor-cholan-3-ylester] **17** IV 1719
- [17,23-epoxy-23,23-diphenyl-24-nor-chol-5-en-3-ylester] **17** IV 1733
- [20,24-epoxy-24,24-diphenyl-25,26,27-trinor-dammaran-3-ylester] **17** IV 1721
- [5,6-epoxy-ergosta-7,22-dien-3-ylester] **17** IV 1573
- [5,8-epoxy-ergosta-9(11),22-dien-3-ylester] **17** IV 1575
- [9,11-epoxy-ergosta-7,22-dien-3-ylester] **17** IV 1574
- [5,8-epoxy-ergostan-3-ylester] **17** IV 1435
- [8,9-epoxy-ergostan-3-ylester] **17** IV 1433
- [8,14-epoxy-ergostan-3-ylester] **17** IV 1403
- [9,11-epoxy-ergostan-3-ylester] **17** IV 1434
- [11,12-epoxy-ergostan-3-ylester] **17** IV 1434
- [5,8-epoxy-ergost-9(11)-en-3-ylester] **17** IV 1519
- [5,8-epoxy-ergost-22-en-3-ylester] **17** IV 1520
- [7,8-epoxy-ergost-22-en-3-ylester] **17** IV 1517
- [7,8-epoxy-euphan-3-ylester] **17** IV 1449
- [8,9-epoxy-euphan-3-ylester] **17** IV 1450
- [24,25-epoxy-euph-8-en-3-ylester] **17** IV 1523
- [8,9-epoxy-euphorban-3-ylester] **17** IV 1453
- [24,28-epoxy-euphorb-8-en-3-ylester] **17** IV 1531
- [22,26-epoxy-fesan-3-ylester] **17** IV 1517
- [17,21-epoxy-hopan-6-ylester] **17** IV 1528
- [α,β-epoxy-isobutylester] **17** IV 1035
- [5,6-epoxy-6-isopropyl-cholestan-3-ylester] **17** IV 1449
- [2,3-epoxy-1-isopropyl-1,3-dimethyl-butylester] **17** IV 1168
- [16,22-epoxy-24-jod-cholan-3-ylester] **17** IV 1406
- [9,11-epoxy-lanostan-3-ylester] **17** IV 1450
- [8,9-epoxy-lanost-24-en-3-ylester] **17** IV 1524
- [9,11-epoxy-lanost-7-en-3-ylester] **17** IV 1523
- [24,25-epoxy-lanost-8-en-3-ylester] **17** IV 1522
- [20,29-epoxy-lupan-3-ylester] **17** IV 1524
- [5,6-epoxy-6-methyl-cholestan-3-ylester] **17** IV 1432
- [25,26-epoxy-24-methyl-cycloartan-3-ylester] **17** IV 1531
- [1,2-epoxy-5-methyl-cyclohexylester] **17** IV 1199
- [3,4-epoxy-4-methyl-cyclohexylester] **17** IV 1199
- [7,8-epoxy-5-methyl-6,10-cyclo-19-nor-ergostan-2-ylester] **17** IV 1520
- [13,17-epoxy-24-methyl-dammaran-3-ylester] **17** IV 1453
- [20,24-epoxy-24-methyl-dammaran-3-ylester] **17** IV 1453
- [17,17a-epoxy-17a-methyl-*D*-homo-androstan-3-ylester] **17** IV 1404
- [17,17a-epoxy-17a-methyl-*D*-homo-androst-5-en-3-ylester] **17** IV 1513
- [13,14-epoxy-18a-methyl-*D*(18a)-homo-27,*C*-dinor-oleanan-3-ylester] **17** IV 1530
- [3,4-epoxy-1-methyl-1-phenyl-butylester] **17** IV 1371
- [5,6-epoxy-[2]norbornylester] **17** IV 1288
- [5,6-epoxy-[2]norbornylmethylester] **17** IV 1295
- [5,6-epoxy-*B*-nor-cholestan-3-ylester] **17** IV 1409
- [16,21-epoxy-24-nor-olean-12-en-22-ylester] **17** IV 1575
- [2,3-epoxy-octadecylester] **17** IV 1180
- [16,17-epoxy-östra-1,3,5(10)-trien-3-ylester] **17** IV 1582
- [13,18-epoxy-oleanan-3-ylester] **17** IV 1527
- [18,19-epoxy-oleanan-3-ylester] **17** IV 1527
- [19,28-epoxy-oleanan-3-ylester] **17** IV 1529
- [16,21-epoxy-olean-12-en-22-ylester] **17** IV 1576
- [2-(2,3-epoxy-1-phenylhydrazono-propyl)-anilid] **18** IV 7896
- [2,3-epoxy-3-phenyl-propylester] **17** IV 1350
- [2,3-epoxy-pinan-10-ylester] **17** IV 1307

Essigsäure (Fortsetzung)

- [18,20-epoxy-pregnan-3-ylester]
  17 IV 1403
- [2-(2,3-epoxy-propionyl)-anilid]
  18 IV 7895
- [2-(2,3-epoxy-propoxy)-anilid] **17**
  IV 1010
- [4-(2,3-epoxy-propoxy)-anilid] **17**
  IV 1010
- [2,3-epoxy-propylester] **17** 106 a,
  II 105 f, IV 1004
- [1,2-epoxy-3-propyl-heptylester]
  17 IV 1173
- [5,6-epoxy-stigmastan-3-ylester]
  17 IV 1446
- [5,6-epoxy-stigmast-22-en-3-ylester]
  17 IV 1521
- [7,8-epoxy-stigmast-22-en-3-ylester]
  17 IV 1522
- [20,21-epoxy-taraxastan-3-ylester]
  17 IV 1525
- [20,28-epoxy-taraxastan-3-ylester]
  17 IV 1530
- [20,30-epoxy-taraxastan-3-ylester]
  17 IV 1525
- [14,15-epoxy-taraxeran-3-ylester]
  17 IV 1526
- [8,9-epoxy-tirucallan-3-ylester] **17**
  IV 1449
- [12,13-epoxy-ursan-3-ylester] **17**
  IV 1527
- [4-(5-formyl-furan-2-sulfonyl)-
  anilid] **18** IV 82
- [4-(5-formyl-[2]furyl)-anilid] **18**
  IV 7942
- furfurylester **17** 112 f, I 56 e,
  II 115 e, IV 1246
- furfurylidenhydrazid **17** IV 4436
- [4-furfurylidensulfamoyl-anilid]
  17 IV 4425
- [3-furfurylidensulfamoyl-4-methyl-
  anilid] **17** IV 4426
- [5-furfurylidensulfamoyl-2-methyl-
  anilid] **17** IV 4426
- [4-furfurylsulfamoyl-anilid] **18**
  IV 7094
- furostan-3-ylester **17** IV 1413
- furost-5-en-3-ylester **17** IV 1515
- furost-25-en-3-ylester **17** IV 1516
- [1-[2]furyl-äthylester] **17** IV 1269
- [3-[2]furyl-allylester] **17** IV 1326
- [2]furylester **17** IV 1220
- [3-[2]furyl-1-methyl-allylester] **17**
  IV 1327
- [1-[2]furyl-3-methyl-butylester]
  17 IV 1300
- [1-[2]furyl-2-methyl-propylester]
  17 IV 1292

- [1-[2]furyl-propylester] **17**
  IV 1281
- [4-(2-[2]furyl-vinyl)-anilid] **18**
  IV 7181
- [2-(2-[2]furyl-vinyl)-5-nitro-anilid]
  18 IV 7180
- [4-(2-[2]furyl-vinyl)-3-nitro-anilid]
  18 IV 7180
- [4-glucopyranosyl-anilid] **18**
  IV 7642
- [2-glucopyranosyloxy-3-methyl-5-
  nitro-anilid] **17** IV 3411
- [2-heptadecyl-2,5,7,8-tetramethyl-
  chroman-6-ylester] **17** IV 1447
- 4,5,6,7,8,8-hexachlor-1,3,3a,4,7,7a-
  hexahydro-4,7-methano-
  isobenzofuran-1-ylester] **17** IV 1333
- [2-hexadecyl-2,5,7,8-tetramethyl-
  chroman-6-ylester] **17** IV 1436
- [hexahydro-3,5-methano-
  cyclopenta[*b*]furan-6-ylester] **17**
  IV 1295
- [1,2,3,4,9,9a-hexahydro-xanthen-
  4a-ylester] **17** IV 1503
- [4-(3-hydroxy-benzo[*b*]thiophen-2-
  ylazo)-anilid] **17** IV 6133
- [4-(3-hydroxy-1,1-dioxo-1λ^6-benzo≈
  [*b*]thiophen-2-yl)-anilid] **18** IV 7373
- [2-hydroxy-5-methyl-3-(2,4,4,6-
  tetramethyl-chroman-2-yl)-anilid] **18**
  IV 7372
- [5-imino-4,5-dihydro-
  furfurylidenhydrazid] **17** IV 5910
- isochroman-1-ylester **17** IV 1352
- [2-isopropyl-2,3-dihydro-
  benzofuran-6-ylester] **17** IV 1377
- [7-isopropyl-4-methyl-benzofuran-
  3-ylester] **17** IV 1499
- [2-isopropyl-4,6,7-trimethyl-
  benzofuran-5-ylester] **17** IV 1505
- [2-isopropyl-4,6,7-trimethyl-2,3-
  dihydro-benzofuran-5-ylester] **17**
  IV 1396
- [26-jod-furostan-3-ylester] **17**
  IV 1415
- [25-jod-27-nor-furostan-3-ylester]
  17 IV 1409
- [4-mesityl-2,5-diphenyl-
  [3]furylester] **17** IV 1745
- [7-methoxy-2-phenyl-chromen-4-
  ylidenhydrazid] **18** IV 698
- [3-methyl-benzofuran-6-ylester]
  17 IV 1479
- [2-methyl-benzo[*b*]thiophen-3-
  ylester] **17** IV 1476
- [1-methyl-dibenzofuran-2-ylester]
  17 IV 1616
- [7-methyl-dibenzofuran-2-ylester]
  17 IV 1617

Essigsäure (Fortsetzung)
- [8-methyl-dibenzofuran-2-ylester]
  17 IV 1616
- [2-methyl-2,3-dihydro-naphtho≠
  [2,3-*b*]furan-4-ylester] **17** IV 1577
- [2-methyl-3,4-dihydro-2*H*-pyran-2-
  ylmethylester] **17** IV 1198
- [5-methyl-1,1-dioxo-1λ^6-benzo[*b*]≠
  thiophen-3-ylester] **17** IV 1481
- [5-methyl-1,1-dioxo-tetrahydro-
  1λ^6-[3]thienylester] **17** IV 1094
- [4-methyl-2,5-diphenyl-
  [3]furylester] **17** IV 1687
- [4-methylen-1,1-dioxo-tetrahydro-
  1λ^6-[3]thienylmethylester] **17**
  IV 1194
- [24-methyl-9,11-epoxy-31-nor-
  lanostan-3-ylester] **17** IV 1451
- [5-methyl-furfurylester] **17**
  IV 1280
- [3-methyl-4-methylen-1,1-dioxo-
  tetrahydro-1λ^6-[3]thienylester] **17**
  IV 1194
- [3-methyl-5-nitro-2-(tetra-*O*-acetyl-
  glucopyranosyloxy)-anilid] **17**
  IV 3411
- [5-methyl-4-nitro-tetrahydro-
  [3]thienylester] **17** IV 1094
- [4-methyl-7-oxa-norborn-5-en-2-
  ylmethylester] **17** IV 1295
- [4-methyl-1-oxa-spiro[2.5]oct-2-
  ylmethylester] **17** IV 1208
- [2-methyl-oxepan-2-ylester] **17**
  IV 1143
- [4-(6-methyl-4-oxo-chroman-2-yl)-
  anilid] **18** IV 7993
- [4-(7-methyl-4-oxo-chroman-2-yl)-
  anilid] **18** IV 7994
- [4-(8-methyl-4-oxo-chroman-2-yl)-
  anilid] **18** IV 7994
- [4-(5-methyl-2-oxo-
  [3]furylidenmethyl)-anilid] **18**
  IV 7943
- [7-methyl-phenanthro[2,3-*b*]≠
  thiophen-11-ylester] **17** IV 1699
- [4-methyl-5-phenyl-tetrahydro-
  [2]furylester] **17** IV 1371
- [4-methyl-5-propenyl-tetrahydro-
  [2]furylester] **17** IV 1202
- [4-methyl-5-propyl-tetrahydro-
  [2]furylester] **17** IV 1162
- [5-methyl-tetrahydro-furfurylester]
  17 IV 1141
- [1-methyl-5-tetrahydro[2]furyl-
  pentylester] **17** IV 1171
- [1-methyl-3-tetrahydro[2]furyl-
  propylester] **17** IV 1158
- [3-methyl-tetrahydro-pyran-4-
  ylester] **17** IV 1135

- [2-methyl-3-[2]thienyl-inden-1-
  ylester] **17** IV 1619
- [1-methyl-1-xanthen-9-yl-
  äthylester] **17** IV 1632
- naphtho[1,2-*b*]furan-3-ylester **17**
  IV 1586
- naphtho[2,1-*b*]furan-1-ylester **17**
  IV 1588
- naphtho[2,3-*b*]furan-3-ylester **17**
  IV 1585
- [1-naphtho[2,1-*b*]furan-1-yl-
  [2]naphthylester] **17** IV 1746
- naphtho[2,3-*b*]thiophen-4-ylester
  17 IV 1585
- [5-[1]naphthylmethylen-2,5-
  dihydro-[2]furylester] **17** IV 1669
- nitril s. Acetonitril
- [5-nitro-benzo[*b*]thiophen-3-ylester]
  17 IV 1463
- [6-nitro-benzo[*b*]thiophen-3-ylester]
  17 IV 1464
- [7-nitro-benzo[*b*]thiophen-3-ylester]
  17 IV 1464
- [1-nitro-dibenzofuran-2-ylester]
  17 IV 1593
- [3-nitro-dibenzofuran-2-ylester]
  17 IV 1593
- [5-nitro-2,5-dihydro-[2]furylester]
  17 IV 1182
- [4-(5-nitro-furan-2-sulfonyl)-anilid]
  17 IV 1222
- [5-nitro-furfurylester] **17** IV 1254
- [5-nitro-furfurylidenhydrazid] **17**
  IV 4464
- [4-(5-nitro-furfurylsulfamoyl)-
  anilid] **18** IV 7096
- [4-(5-nitro-[2]furylmercapto)-
  anilid] **17** IV 1221
- [4-(5-nitro-[2]thienylmercapto)-
  anilid] **17** IV 1231
- [2-nitro-[3]thienylmethylester] **17**
  IV 1267
- [3-nitro-[2]thienylmethylester] **17**
  IV 1261
- [5-nitro-[3]thienylmethylester] **17**
  IV 1267
- [4-(5-nitro-thiophen-2-sulfonyl)-
  anilid] **17** IV 1232
- [3-oxa-bicyclo[3.3.1]non-9-ylester]
  17 IV 1205
- [11-oxa-bicyclo[4.4.1]undec-1-
  ylester] **17** IV 1212
- [7-oxa-dispiro[5.1.5.2]pentadec-14-
  en-14-ylester] **17** IV 1340
- [6-oxa-dispiro[4.1.4.2]tridec-12-en-
  12-ylester] **17** IV 1339
- [1-oxa-spiro[4.5]dec-3-ylester] **17**
  IV 1208

Essigsäure (Fortsetzung)
- [1-oxa-spiro[2.5]oct-2-
  ylmethylester] **17** IV 1204
- oxepan-2-ylester **17** IV 1130
- oxepan-4-ylester **17** IV 1130
- [2-oxirancarbonyl-anilid] **18**
  IV 7895
- [1-oxiranyl-cyclohexylester] **17**
  IV 1204
- [2-oxiranylmethoxy-anilid] **17**
  IV 1010
- [4-oxiranylmethoxy-anilid] **17**
  IV 1010
- oxiranylmethylester **17** IV 1004
- [2-oxiranylmethyl-phenylester] **17**
  IV 1348
- [2-(oxiranyl-phenylhydrazono-
  methyl)-anilid] **18** IV 7896
- [4-(3-oxo-3*H*-benzo[*b*]thiophen-2-
  ylidenhydrazino)-anilid] **17** IV 6133
- [3-(4-oxo-chroman-2-yl)-anilid]
  18 IV 7985
- [4-(4-oxo-chroman-2-yl)-anilid]
  18 IV 7986
- [4-(2-oxo-2*H*-chromen-3-yl)-anilid]
  18 IV 8006
- [3-(2-oxo-dihydro-
  [3]furylidenmethyl)-anilid] **18**
  IV 7929
- [4-(2-oxo-dihydro-
  [3]furylidenmethyl)-anilid] **18**
  IV 7931
- [5-oxo-5*H*-[2]furylidenhydrazid]
  17 434 d, vgl. IV 5904 b
- [2-oxo-naphtho[2,1-*b*]furan-3-
  ylidenhydrazid] **17** II 493 d
- [2,2,5,7,8-pentamethyl-chroman-6-
  ylester] **17** IV 1394
- [2,3,4,6,7-pentamethyl-2,3-dihydro-
  benzofuran-5-ylester] **17** IV 1391
- phenanthro[2,3-*b*]thiophen-11-
  ylester **17** IV 1696
- phenanthro[3,2-*b*]thiophen-7-
  ylester **17** IV 1696
- [8-phenyl-acenaphtho[1,2-*b*]furan-
  9-ylester] **17** IV 1735
- [2-phenyl-chroman-4-ylester] **17**
  IV 1626
- [2-phenyl-chromen-4-
  ylidenhydrazid] **17** IV 5415
- [14-phenyl-14*H*-dibenzo[*a,j*]≠
  xanthen-5-ylester] **17** IV 1762
- [phenyl-tetrahydro[2]furyl-
  methylester] **17** IV 1370
- [5-phenyl-[2]thienylester] **17**
  IV 1533
- [5-phenyl-[3]thienylester] **17**
  IV 1532

- [1-phenyl-1-xanthen-9-yl-
  äthylester] **17** IV 1714
- phthalidylester **18** IV 160
- [2,3,4,5-tetrahydro-benz[*b*]oxepin-
  2-ylester] **17** IV 1362
- [1,2,3,4-tetrahydro-dibenzofuran-4-
  ylester] **17** IV 1545
- tetrahydrofurfurylester **17**
  IV 1103
- [2-tetrahydrofurfuryloxy-
  äthylester] **17** IV 1101
- [1-tetrahydro[2]furyl-äthylester]
  17 IV 1139
- tetrahydro[2]furylester **17**
  IV 1020
- tetrahydro[3]furylester **17**
  IV 1024
- [1-tetrahydro[2]furyl-propylester]
  17 IV 1146
- [2,3,4,5-tetrahydro-oxepin-2-
  ylester] **17** IV 1189
- tetrahydropyran-2-ylester **17**
  IV 1072
- tetrahydropyran-4-ylester **17**
  IV 1087
- tetrahydropyran-2-ylmethylester
  17 IV 1133
- [4-(tetrahydropyran-2-ylmethyl-
  sulfamoyl)-anilid] **18** IV 7047
- tetrahydro[2]thienylester **17**
  IV 1023
- tetrahydro[3]thienylester **17**
  IV 1029
- tetrahydrothiopyran-4-ylester **17**
  IV 1088
- [2,4,6,7-tetramethyl-benzofuran-5-
  ylester] **17** IV 1500
- [2,2,7,8-tetramethyl-chroman-6-
  ylester] **17** IV 1388
- [2,5,7,8-tetramethyl-chroman-6-
  ylester] **17** IV 1389
- [2,2,3,5-tetramethyl-3,4-dihydro-
  2*H*-benzo[*h*]chromen-6-ylester] **17**
  IV 1581
- [2,4,6,7-tetramethyl-2,3-dihydro-
  benzofuran-5-ylester] **17** IV 1383
- [2,2,5,5-tetramethyl-2,5-dihydro-
  [3]furylester] **17** IV 1203
- [2,2,6,6-tetramethyl-1,1-dioxo-
  tetrahydro-1λ^6-thiopyran-4-ylester]
  17 IV 1166
- [2,5,7,8-tetramethyl-2-pentadecyl-
  chroman-6-ylester] **17** IV 1431
- [1,1,3,3-tetramethyl-7-phenyl-
  phthalan-5-ylester] **17** IV 1643
- [3,6,6,9-tetramethyl-7,8,9,10-
  tetrahydro-6*H*-benzo[*c*]chromen-1-
  ylester] **17** IV 1556

Essigsäure (Fortsetzung)
- [2,2,5,5-tetramethyl-tetrahydro-
[3]furylester] **17** IV 1164
- [2,5,7,8-tetramethyl-2-tridecyl-
chroman-6-ylester] **17** IV 1408
- [1-[2]thienyl-äthylester] **17**
IV 1273
- [2-[2]thienyl-äthylester] **17**
IV 1276
- [2]thienylester **17** IV 1222
- [2]thienylmethylester **17** IV 1259
- [3]thienylmethylester **17** IV 1267
- [1-[2]thienyl-propylester] **17**
IV 1283
- [4-[3]thienylsulfamoyl-anilid] **18**
IV 7065
- [4-(2-[2]thienyl-vinyl)-anilid] **18**
IV 7181
- thiepan-4-ylester **17** IV 1131
- [4-(thiophen-2-sulfonyl)-anilid]
17 IV 1230
- [3,4,5-trichlor-furfurylester] **17**
IV 1253
- [2,2,2-trichlor-1-[2]furyl-äthylester]
17 IV 1271
- [2,2,2-trichlor-1-[2]thienyl-
äthylester] **17** IV 1274
- [2,2,3-trichlor-1-[2]thienyl-
butylester] **17** IV 1291
- [trimesityl-[3]furylester] **17**
IV 1745
- [1,6,6-trimethyl-6H-benzo[c]≠
chromen-3-ylester] **17** IV 1634
- [6,6,9-trimethyl-6H-benzo[c]≠
chromen-2-ylester] **17** IV 1634
- [4,6,7-trimethyl-benzofuran-3-
ylester] **17** IV 1497
- 2,6,6-trimethyl-[9-methylen-3-oxa-
bicyclo[3.3.1]nonan-2-ylmethylester]
17 IV 1315
- [6,6,9-trimethyl-1-pentyl-
6H-benzo[c]chromen-3-ylester] **17**
IV 1651
- [6,6,9-trimethyl-2-pentyl-
6H-benzo[c]chromen-3-ylester] **17**
IV 1652
- [6,6,9-trimethyl-3-pentyl-
6H-benzo[c]chromen-1-ylester] **17**
IV 1653
- [6,6,9-trimethyl-4-pentyl-
6H-benzo[c]chromen-1-ylester] **17**
IV 1655
- [6,6,9-trimethyl-3-pentyl-7,8,9,10-
tetrahydro-6H-benzo[c]chromen-1-
ylester] **17** IV 1562
- [3,6,6-trimethyl-7,8,9,10-
tetrahydro-6H-benzo[c]chromen-1-
ylester] **17** IV 1554

- [6,6,9-trimethyl-7,8,9,10-
tetrahydro-6H-benzo[c]chromen-3-
ylester] **17** IV 1555
- [3,5,5-trimethyl-tetrahydro-
[2]furylester] **17** IV 1150
- [triphenyl-[3]furylester] **17**
IV 1737
- [4-(triphenyl-[2]thienyl)-anilid] **18**
IV 7261
- [5-vinyl-tetrahydro-[2]furylester]
17 IV 1193
- [4-xanthen-9-yl-anilid] **18**
IV 7252
- xanthen-9-ylmethylester **17**
IV 1621
-, Acetamino-[2-hydroxy-5-methyl-
phenyl]-phenyl-,
- lacton **18** 615 f
-, [4-Acetonyl-5-oxo-2-phenyl-
tetrahydro-[2]furyl]- **18** IV 6061
-, [4-Acetonyl-5-oxo-2-(1,2,3,4-
tetrahydro-[2]naphthyl)-tetrahydro-
[2]furyl]- **18** IV 6080
-, [3-Acetoxy-8-acetoxymethyl-3,8-
dihydroxy-11b-methyl-dodecahydro-6a,9-
methano-cyclohepta[a]naphthalin-4-
yliden]-,
- 3-lacton **18** IV 2425
-, Acetoxy-[2-acetoxy-phenyl]-
[2-hydroxy-phenyl]-,
- lacton **18** IV 1688
-, Acetoxy-[4-acetoxy-phenyl]-
[2-hydroxy-phenyl]-,
- lacton **18** II 90 f
-, [3-Acetoxy-4-(4-acetoxy-phenyl)-5-
oxo-5H-[2]furyliden]-phenyl-,
- methylester **18** IV 6564
-, [4-Acetoxy-5-acetylamino-2-hydroxy-
phenyl]-diphenyl-,
- lacton **18** I 581 c
-, [6-Acetoxy-7-acetyl-4-methoxy-3,5-
dimethyl-benzofuran-2-yl]- **18** IV 6511
-, [7-Acetoxy-8-acetyl-4-methyl-2-oxo-
2H-chromen-3-yl]-,
- äthylester **18** IV 6530
-, [6-Acetoxy-7-äthyl-4-methyl-2-oxo-
2H-chromen-3-yl]- **18** IV 6393
- äthylester **18** IV 6393
-, [7-Acetoxy-6-äthyl-4-methyl-2-oxo-
2H-chromen-3-yl]- **18** IV 6392
- äthylester **18** IV 6392
-, [6-Acetoxy-7-äthyl-2-oxo-
2H-chromen-4-yl]- **18** IV 6385
-, [7-Acetoxy-6-äthyl-2-oxo-
2H-chromen-4-yl]- **18** IV 6384
- äthylester **18** IV 6385
-, {2-[2-(4-Acetoxy-benzofuran-5-yl)-2-
oxo-äthyl]-4,5-dimethoxy-phenoxy}-,
- äthylester **18** IV 3342

Essigsäure (Fortsetzung)

—, [7-Acetoxy-8-benzoyl-4-methyl-2-oxo-
2H-chromen-3-yl]-,
— äthylester **18** IV 6567

—, [3-Acetoxy-2-brom-6-hydroxy-4,5-
dimethyl-phenyl]-,
— lacton **18** IV 193

—, [3-Acetoxy-4-brom-6-hydroxy-2,5-
dimethyl-phenyl]-,
— lacton **18** IV 193

—, [7-Acetoxy-6-brom-2-oxo-
2H-chromen-4-yl]- **18** IV 6357
— äthylester **18** IV 6358

—, [2-Acetoxy-6-brom-4-oxo-4H-
[1]naphthyliden]-[6-brom-2-hydroxy-
[1]naphthyl]-,
— lacton **18** IV 1984

—, [2-Acetoxy-6-brom-4-oxo-4H-
[1]naphthyliden]-[4,6-dibrom-2-hydroxy-
[1]naphthyl]-,
— lacton **18** IV 1985

—, [7-Acetoxy-6-butyl-4-methyl-2-oxo-
2H-chromen-3-yl]-,
— äthylester **18** IV 6397

—, [4-Acetoxy-1-carboxy-cyclohexyl]-,
— anhydrid **18** IV 1170

—, [3-Acetoxy-3-carboxy-decahydro-
1,4;5,8-dimethano-naphthalin-2-yl]-,
— anhydrid **18** IV 1446

—, [6-Acetoxy-2-carboxy-8a-methyl-
decahydro-[1]naphthyl]-,
— anhydrid **18** IV 1195

—, [6-Acetoxy-2-carboxy-2,5,5,8a-
tetramethyl-octahydro-[1]naphthyliden]-,
— anhydrid **18** IV 1290

—, [7-Acetoxy-6-chlor-4-methyl-2-oxo-
2H-chromen-3-yl]-,
— äthylester **18** IV 6375

—, [7-Acetoxy-6-chlor-2-oxo-
2H-chromen-4-yl]- **18** IV 6357
— äthylester **18** IV 6357

—, Acetoxy-[3,4-diacetoxy-5-oxo-
tetrahydro-[2]furyl]-,
— äthylester **18** 551 b

—, [4-Acetoxy-1,2-dihydroxy-2,3,3-
trimethyl-cyclopentyl]-,
— 2-lacton **18** IV 1139

—, [3-Acetoxy-4-(3,4-dimethoxy-phenyl)-
5-oxo-5H-[2]furyliden]-[3,4-dimethoxy-
phenyl]-,
— methylester **18** II 403 c

—, {2-[2-(5-Acetoxy-2,2-dimethyl-
2H-chromen-6-yl)-2-oxo-äthyl]-4,5-
dimethoxy-phenoxy}- **18** IV 3351

—, [5-Acetoxy-4,7-dimethyl-2-oxo-
2H-chromen-3-yl]- **18** IV 6386
— äthylester **18** IV 6387

—, [7-Acetoxy-4,6-dimethyl-2-oxo-
2H-chromen-3-yl]-,
— äthylester **18** IV 6386

—, Acetoxy-[4-(2,4-dinitro-
phenylhydrazono)-5,6-dihydro-4H-pyran-
3-yl]-,
— äthylester **18** IV 6278

—, [7a-Acetoxy-2,5-dioxo-octahydro-
benzofuran-6-yl]- **18** IV 6463

—, [3-Acetoxy-2,5-dioxo-tetrahydro-
[3]furyl]- **18** IV 6457
— methylester **18** 539 c, IV 6457

—, Acetoxy-[2]furyl- **18** IV 4831
— p-phenetidid **18** IV 4832

—, Acetoxy-[3-hydroxy-cholestan-2-
yliden]-,
— lacton **18** IV 483

—, Acetoxy-[3-hydroxy-cholest-3-en-2-
yliden]-,
— lacton **18** IV 562

—, Acetoxy-[2-hydroxy-cyclohex-2-
enyliden]-,
— lacton **18** IV 139

—, Acetoxy-[2-hydroxy-cyclohexyl]-,
— lacton **18** IV 65

—, Acetoxy-[2-hydroxy-cyclohexyliden]-,
— lacton **18** IV 118

—, Acetoxy-[5-hydroxy-8,9-dihydro-
7H-benzocyclohepten-6-yl]-,
— lacton **18** IV 512

—, [4-Acetoxy-3-hydroxy-1,3-dimethyl-2-
(4-methyl-3,5-dioxo-tetrahydro-[2]furyl)-
cyclohexyl]- **18** IV 6579

—, [3-Acetoxy-13-hydroxy-8,14-dimethyl-
podocarp-12-en-14-yl]-,
— lacton **18** IV 251

—, [7-Acetoxy-1-hydroxy-5,8-dimethyl-
1,2,3,4-tetrahydro-[2]naphthyl]-,
— lacton **18** IV 443

—, [4-Acetoxy-3-hydroxy-2-(3-hydroxy-4-
methyl-5-oxo-2,5-dihydro-[2]furyl)-1,3-
dimethyl-cyclohexyl]- **18** IV 6579

—, [4-Acetoxy-2-hydroxy-5-methoxy-
phenyl]-[4-acetoxy-3-methoxy-phenyl]-,
— lacton **18** IV 3192

—, Acetoxy-[2-hydroxy-3-(4-methoxy-
phenyl)-cyclohex-2-enyliden]-,
— lacton **18** IV 1640

—, Acetoxy-[2-hydroxy-3-methyl-
cyclohex-2-enyliden]-,
— lacton **18** I 301 c, IV 140

—, [3-Acetoxy-3-hydroxy-11b-methyl-
dodecahydro-6a,9-methano-cyclohepta[a]≠
naphthalin-4-yliden]-,
— lacton **18** IV 462

—, [3-Acetoxy-3-hydroxy-11b-methyl-8-
oxo-dodecahydro-6a,9-methano-
cyclohepta[a]naphthalin-4-yliden]-,
— lacton **18** IV 1591

Essigsäure (Fortsetzung)

—, [3-Acetoxy-3-hydroxy-2-methyl-4-
oxo-1,2,3,4-tetrahydro-[2]naphthyl]-,
  — lacton **18** II 80 h

—, [4-Acetoxy-2-hydroxy-6-methyl-
phenyl]-[2,4-diacetoxy-6-methyl-phenyl]-,
  — lacton **18** 180 b

—, [2-Acetoxy-2-hydroxy-5-[2]naphthyl-
cyclopentyl]-,
  — lacton **18** IV 670

—, [7-Acetoxy-2-hydroxy-[1]naphthyl]-
diphenyl-,
  — lacton **18** IV 860

—, [4-Acetoxy-2-hydroxy-3-nitro-phenyl]-
diphenyl-,
  — lacton **18** I 337 g

—, [4-Acetoxy-2-hydroxy-5-nitro-phenyl]-
diphenyl-,
  — lacton **18** I 337 e

—, [3-Acetoxy-1-hydroxy-10-oxo-10H-
[9]anthryliden]-,
  — lacton **18** 140 d, II 111 d

—, [4-Acetoxy-1-hydroxy-10-oxo-10H-
[9]anthryliden]-,
  — lacton **18** II 111 f

—, [2-Acetoxy-2-hydroxy-5-oxo-
cyclohexan-1,4-diyl]-di-,
  — 1-lacton **18** IV 6463

—, [4a-Acetoxy-1-hydroxy-7-oxo-1,2,3,4,≠
4a,7-hexahydro-[2]naphthyl]-,
  — lacton **18** IV 1417

—, [7-Acetoxy-2-hydroxy-1,4b,8,8,10a-
pentamethyl-1,4,4a,4b,5,6,7,8,8a,9,10,10a-
dodecahydro-[1]phenanthryl]-,
  — lacton **18** IV 251

—, [3-Acetoxy-9-hydroxy-phenalenyliden]-,
  — lacton **18** I 331 h

—, [3-Acetoxy-2-hydroxy-phenyl]-,
  — lacton **18** I 302 a

—, Acetoxy-[2-hydroxy-3-phenyl-
cyclohex-2-enyliden]-,
  — lacton **18** IV 579

—, [4-Acetoxy-2-hydroxy-phenyl]-
[2,4-diacetoxy-phenyl]-,
  — lacton **18** 175 b

—, [4-Acetoxy-2-hydroxy-phenyl]-
[2,4-diacetoxy-phenyl]-phenyl-,
  — lacton **18** II 184 b

—, [4-Acetoxy-2-hydroxy-phenyl]-
diphenyl-,
  — lacton **18** 71 c

—, Acetoxy-[2-hydroxy-phenyl]-phenyl-,
  — lacton **18** II 31 e

—, Acetoxy-[1-hydroxy-1,2,3,4-
tetrahydro-[2]naphthyl]-,
  — lacton **18** IV 414

—, [5-Acetoxy-1-hydroxy-1,2,3,4-
tetrahydro-[2]naphthyl]-,

  — lacton **18** IV 415

—, [7-Acetoxy-1-hydroxy-1,2,3,4-
tetrahydro-[2]naphthyl]-,
  — lacton **18** IV 415

—, [3-Acetoxy-2-hydroxy-2,6,6-trimethyl-
cyclohexyl]-,
  — lacton **18** IV 76

—, Acetoxy-[2-hydroxy-3,4,6-trimethyl-
phenyl]-,
  — lacton **18** IV 214

—, [3-Acetoxy-6-hydroxy-2,4,5-trimethyl-
phenyl]-,
  — lacton **18** IV 214

—, [3-Acetoxy-6-hydroxy-2,4,5-trimethyl-
phenyl]-phenyl-,
  — lacton **18** IV 670

—, Acetoxyimino-[2]thienyl- **18** 407 c

—, {2-[2-(4-Acetoxy-2-isopropenyl-2,3-
dihydro-benzofuran-5-yl)-2-oxo-äthyl]-
4,5-dimethoxy-phenoxy}- **18** II 224 c

—, {2-[2-(4-Acetoxy-2-isopropyl-
benzofuran-5-yl)-2-oxo-äthyl]-4,5-
dimethoxy-phenoxy}- **18** IV 3352

—, [7-Acetoxy-6-methoxycarbonyl-2-oxo-
2H-chromen-4-yl]- **18** IV 6621
  — äthylester **18** IV 6621

—, [7-Acetoxy-4-(4-methoxy-phenyl)-2-
oxo-chroman-4-yl]- **18** IV 6551

—, [3-Acetoxy-4-(2-methoxy-phenyl)-5-
oxo-5H-[2]furyliden]-[2-methoxy-phenyl]-,
  — methylester **18** II 401 c

—, [3-Acetoxy-4-(4-methoxy-phenyl)-5-
oxo-5H-[2]furyliden]-phenyl-,
  — methylester **18** II 395 e,
  IV 6564

—, [8-Acetoxymethyl-3,8-dihydroxy-11b-
methyl-tetradecahydro-6a,9-methano-
cyclohepta[a]naphthalin-4-yl]-,
  — 3-lacton **18** IV 1296

—, [5-Acetoxy-7-methyl-2-oxo-
2H-chromen-4-yl]-,
  — äthylester **18** I 535 d, vgl.
  IV 6376 f

—, [7-Acetoxy-4-methyl-2-oxo-
2H-chromen-3-yl]- **18** IV 6374
  — äthylester **18** IV 6375

—, [7-Acetoxy-4-methyl-2-oxo-6-propyl-
2H-chromen-3-yl]- **18** IV 6396
  — äthylester **18** IV 6397

—, [6-Acetoxymethyl-4-oxo-4H-pyran-3-
yloxy]- **18** IV 1157

—, [2-Acetoxy-[1]naphthyl]-[2-hydroxy-
[1]naphthyl]-,
  — lacton **18** IV 853

—, [6-Acetoxy-2-oxo-2H-chromen-4-yl]-
18 IV 6352

—, [7-Acetoxy-2-oxo-2H-chromen-4-yl]-,
  — äthylester **18** I 534 f

Essigsäure (Fortsetzung)

—, Acetoxy-[4-oxo-5,6-dihydro-
4*H*-pyran-3-yl]- **18** IV 6278

—, [2-Acetoxy-4-oxo-4*H*-[1]naphthyliden]-
[4-brom-2-hydroxy-[1]naphthyl]-,
— lacton **18** IV 1984

—, [2-Acetoxy-4-oxo-4*H*-[1]naphthyliden]-
[2-hydroxy-[1]naphthyl]-,
— lacton **18** IV 1984

—, [3-Acetoxy-5-oxo-4-phenyl-5*H*-
[2]furyliden]-[4-methoxy-phenyl]-,
— methylester **18** IV 6566

—, [3-Acetoxy-5-oxo-4-phenyl-5*H*-
[2]furyliden]-phenyl-,
— äthylester **18** 535 f, IV 6440
— methylester **18** 535 d, II 388 b,
IV 6439

—, [7-Acetoxy-2-oxo-6-propyl-
2*H*-chromen-4-yl]- **18** IV 6390
— äthylester **18** IV 6391

—, [4-Acetoxy-phenyl]-[2-hydroxy-
phenyl]-,
— lacton **18** IV 609

—, [4-Acetoxy-tetrahydro-pyran-4-yl]-,
— äthylester **18** IV 4807

—, [4-Acetyl-5-äthyl-2-methyl-3-oxo-2,3-
dihydro-[2]furyl]- **18** IV 5994

—, [8-Acetyl-6-äthyl-2-oxo-2*H*-chromen-
7-yloxy]- **18** IV 1559

—, Acetylamino-[2-hydroxy-phenyl]-
phenyl-,
— lacton **18** 615 b

—, [3-Acetylamino-7-methoxy-4-oxo-
chroman-3-yl]- **18** IV 8279

—, [7-Acetylamino-2,3,4-trimethoxy-5'-
oxo-8,9-dihydro-7*H*,5'*H*-spiro≠
[benzocyclohepten-5,2'-furan]-6-yliden]-
18 IV 8281
— methylester **18** IV 8281

—, [8-Acetyl-6-chlor-2-oxo-2*H*-chromen-
7-yloxy]- **18** IV 1530
— äthylester **18** IV 1530

—, [7-Acetyl-4,6-dihydroxy-3,5-dimethyl-
benzofuran-2-yl]- **18** II 392 i,
IV 6511
— äthylester **18** IV 6512
— methylester **18** II 393 a,
IV 6512

—, [7-Acetyl-4,6-dihydroxy-3,5-dimethyl-
2,3-dihydro-benzofuran-2-yl]- **18**
IV 6480
— methylester **18** IV 6480

—, [7-Acetyl-5,6-dihydroxy-3,5-dimethyl-
4-oxo-4,5-dihydro-benzofuran-2-yl]- **18**
IV 3606

—, [7-Acetyl-6,7-dihydroxy-3,5-dimethyl-
4-oxo-4,7-dihydro-benzofuran-2-yl]- **18**
IV 3606

—, [5-Acetyl-4,7-dimethoxy-benzofuran-

6-yloxy]- **18** IV 2396
— äthylester **18** IV 2396
— amid **18** IV 2396
— anilid **18** IV 2396
— methylester **18** IV 2396

—, [6-Acetyl-7,8-dimethoxy-2,2-dimethyl-
chroman-5-yl]- **18** IV 6480

—, [8-Acetyl-2,3-dimethyl-4-oxo-
4*H*-chromen-7-yloxy]- **18** IV 1560
— äthylester **18** IV 1560

—, [2-Acetyl-4,6-dimethyl-3-oxo-2,3-
dihydro-benzofuran-2-yl]-,
— äthylester **18** IV 6060

—, [4-Acetyl-2,5-dimethyl-3-oxo-2,3-
dihydro-[2]furyl]- **18** IV 5992
— methylester **18** IV 5992

—, [5-Acetyl-4,6-dioxo-5,6-dihydro-
4*H*-pyran-2-yl]- **17** IV 6841, **18**
IV 6140

—, Acetylhydrazono-[2-hydroxy-
[1]naphthyl]-,
— lacton **17** II 493 d

—, [2-Acetyl-2-hydroxy-cyclohexyl]-,
— lacton **17** IV 5953

—, [5-Acetyl-6-hydroxy-7-methoxy-
benzofuran-4-yloxy]- **18** IV 2396

—, [7-Acetyl-6-hydroxy-4-methoxy-3,5-
dimethyl-benzofuran-2-yl]- **18**
IV 6511
— methylester **18** II 393 b,
IV 6512

—, [2-Acetyl-5-hydroxy-5-methyl-
cyclohexyl]-,
— lacton **17** IV 5966

—, [8-Acetyl-7-hydroxy-4-methyl-2-oxo-
2*H*-chromen-3-yl]- **18** IV 6530
— äthylester **18** IV 6530

—, [6-Acetyl-7-hydroxy-7-methyl-1,3,5-
trioxo-1,3,5,6,7,7a-hexahydro-
isobenzofuran-4-yl]- **18** IV 6657

—, [8-Acetyl-7-hydroxy-2-oxo-
2*H*-chromen-4-yl]- **18** IV 6529

—, [7-Acetyl-3-methyl-benzofuran-6-
yloxy]- **18** IV 394
— äthylester **18** IV 394

—, [Acetyl-methyl-hydrazono]-
[2-hydroxy-cyclopent-1-enyl]-,
— lacton **17** IV 5986

—, [6-Acetyl-4-methyl-2-oxo-
2*H*-chromen-5-yloxy]- **18** IV 1542
— äthylester **18** IV 1542

—, [6-Acetyl-4-methyl-2-oxo-
2*H*-chromen-7-yloxy]- **18** IV 1544
— äthylester **18** IV 1544

—, [8-Acetyl-2-methyl-4-oxo-
4*H*-chromen-7-yloxy]- **18** IV 1541

—, [8-Acetyl-4-methyl-2-oxo-
2*H*-chromen-7-yloxy]- **18** IV 1546
— äthylester **18** IV 1546

Essigsäure (Fortsetzung)
—, [8-Acetyl-2-methyl-4-oxo-3-phenyl-
    4H-chromen-7-yloxy]- **18** IV 1914
    — äthylester **18** IV 1914
—, [3-Acetyl-2-oxo-chroman-4-yl]-cyan-,
    — amid **18** IV 6225
—, [8-Acetyl-2-oxo-2H-chromen-7-yloxy]-
    18 IV 1530
    — äthylester **18** IV 1530
—, [8-Acetyl-2-oxo-4-phenyl-
    2H-chromen-7-yloxy]- **18** IV 1903
    — äthylester **18** IV 1903
—, [3-Acetyl-2-oxo-tetrahydro-[3]furyl]-,
    — methylester **17** IV 5838
—, [1-Acetyl-9-oxo-xanthen-2-yloxy]-
    18 IV 1828
    — äthylester **18** IV 1828
—, [5-Acetyl-[2]thienyl]- **18** IV 5427
    — amid **18** IV 5428
    — methylester **18** IV 5427
—, [2-Äthinyl-2-hydroxy-cyclohexyl]-
    dimethylamino-,
    — lacton **18** IV 7880
—, [2-Äthoxy-3-carbamoyl-5-hydroxy-
    benzofuran-6-yl]-cyan-,
    — äthylester **18** IV 6682
—, [3-Äthoxycarbonyl-4-äthyl-[2]furyl]-,
    — äthylester **18** IV 4515
—, [3-Äthoxycarbonyl-2-amino-
    2H-chromen-2-yl]-cyan-,
    — äthylester **18** IV 8233
—, [3-Äthoxycarbonyl-2-amino-5-
    hydroxy-benzofuran-6-yl]-cyan-,
    — äthylester **18** IV 6682
—, [3-Äthoxycarbonyl-5-chlormethyl-4,5-
    dihydro-[2]furyl]-,
    — äthylester **18** 325 d
—, [2-Äthoxycarbonyl-2,3-dihydro-
    benzofuran-3-yl]-,
    — äthylester **18** IV 4548
—, [3-Äthoxycarbonyl-5,6-dihydro-
    4H-pyran-2-yl]- **18** IV 4454
    — äthylester **18** 325 c, IV 4454
—, [2-Äthoxycarbonyl-3,6-dimethyl-2,3-
    dihydro-benzofuran-3-yl]-,
    — äthylester **18** IV 4551
—, [3-Äthoxycarbonyl-4,5-dimethyl-
    [2]furyl]-,
    — äthylester **18** IV 4515
—, [2-Äthoxycarbonyl-3,3-dimethyl-5-
    oxo-tetrahydro-[2]furyl]-,
    — äthylester **18** II 363 b
—, {3-Äthoxycarbonyl-5-[(3,5-dinitro-
    phenylhydrazono)-methyl]-[2]furyl}-,
    — äthylester **18** IV 6140
—, [3-Äthoxycarbonyl-4,5-dioxo-
    tetrahydro-[3]furyl]-,
    — äthylester **18** IV 6200

—, [3-Äthoxycarbonyl-5-formyl-[2]furyl]-,
    — äthylester **18** IV 6140
—, [3-Äthoxycarbonyl-[2]furyl]-,
    — äthylester **18** IV 4500
—, [3-Äthoxycarbonyl-5-hydroxy-2-
    imino-2,3-dihydro-benzofuran-6-yl]-cyan-,
    — äthylester **18** IV 6682
—, [6-Äthoxycarbonyl-7-hydroxy-7-
    methyl-1,3,5-trioxo-1,3,5,6,7,7a-
    hexahydro-isobenzofuran-4-yl]- **18**
    IV 6681
—, [2-Äthoxycarbonyl-7-methoxy-2,3-
    dihydro-benzofuran-3-yl]-,
    — äthylester **18** IV 5092
—, [2-Äthoxycarbonyl-5-methyl-
    benzofuran-3-yliden]-,
    — äthylester **18** IV 4560
—, [2-Äthoxycarbonyl-6-methyl-
    benzofuran-3-yliden]-,
    — äthylester **18** IV 4560
—, [3-Äthoxycarbonyl-4-methyl-
    [2]furyl]- **18** 333 a
    — äthylester **18** 333 b
—, [4-Äthoxycarbonyl-5-methyl-
    [2]furyl]- **18** IV 4507
    — äthylester **18** 334 d, II 288 i,
    IV 4507
—, [3-Äthoxycarbonyl-4-methyl-
    [2]furyl]-hydroxyimino-,
    — äthylester **18** IV 6139
—, [5-Äthoxycarbonyl-6-methyl-2-oxo-
    dihydro-pyran-3-yliden]-hydroxy-,
    — äthylester **18** IV 6201
—, [4-Äthoxycarbonyl-4-methyl-2-oxo-
    hexahydro-cyclopenta[b]furan-3-yl]-,
    — äthylester **18** IV 6133
—, [4-Äthoxycarbonyl-5-methyl-2-oxo-
    tetrahydro-[3]furyl]-,
    — äthylester **18** I 520 a
—, [6-Äthoxycarbonylmethyl-tetrahydro-
    pyran-2-yliden]-,
    — äthylester **18** IV 4464
—, [2-Äthoxycarbonyl-naphtho[2,1-b]≤
    furan-1-yl]-,
    — äthylester **18** IV 4574
—, [3-Äthoxycarbonyl-5-(2-nitro-vinyl)-
    [2]furyl]-,
    — äthylester **18** IV 4539
—, [3-Äthoxycarbonyl-2-oxo-chroman-4-
    yl]-,
    — äthylester **18** IV 6165
—, [3-Äthoxycarbonyl-2-oxo-tetrahydro-
    [3]furyl]-,
    — äthylester **18** IV 6118
—, Äthoxycarbonyloxy-,
    — furfurylamid **18** IV 7087
—, [4-Äthoxycarbonyl-5-phenyl-
    [2]furyl]- **18** 341 b
    — äthylester **18** 341 c

Essigsäure (Fortsetzung)
—, [3-Äthoxycarbonyl-5-
(phenylhydrazono-methyl)-[2]furyl]-,
 — äthylester **18** IV 6140
—, [3-Äthoxycarbonyl-5-
semicarbazonomethyl-[2]furyl]-,
 — äthylester **18** IV 6140
—, [3-Äthoxycarbonyl-5-(1,2,3,4-
tetraacetoxy-butyl)-[2]furyl]-,
 — äthylester **18** IV 5256
—, [3-Äthoxycarbonyl-5-(1,2,3,4-
tetrahydroxy-butyl)-[2]furyl]-,
 — äthylester **18** IV 5256
—, [2-Äthoxycarbonyl-3,3,4-trimethyl-5-
oxo-tetrahydro-[2]furyl]- **18** II 364 c
 — äthylester **18** II 364 d
—, [4-Äthoxy-2-carboxy-phenyl]-,
 — anhydrid **18** IV 1343
—, [3-Äthoxy-4-(4-chlor-phenyl)-5-oxo-
5*H*-[2]furyliden]-[4-chlor-phenyl]-,
 — methylester **18** II 388 g
—, Äthoxy-[4-(2,4-dinitro-
phenylhydrazono)-5,6-dihydro-4*H*-pyran-
3-yl]-,
 — äthylester **18** IV 6278
—, [3-Äthoxy-2-hydroxy-cyclohexyl]-,
 — lacton **18** IV 66
—, Äthoxy-[2-hydroxy-4-methyl-phenyl]-
phenyl-,
 — lacton **18** 53 d
—, Äthoxy-[2-hydroxy-5-methyl-phenyl]-
phenyl-,
 — lacton **18** 53 c
—, Äthoxy-[2-hydroxy-[1]naphthyl]-
[4-methoxy-phenyl]-,
 — lacton **18** II 112 c
—, Äthoxy-[2-hydroxy-[1]naphthyl]-
phenyl-,
 — lacton **18** 67 d
—, [5-Äthoxy-2-hydroxy-phenyl]-,
 — lacton **18** IV 155
—, Äthoxy-[2-hydroxy-3-phenyl-
cyclohex-2-enyliden]-,
 — lacton **18** IV 578
—, [4-Äthoxy-2-hydroxy-phenyl]-
diphenyl-,
 — lacton **18** 71 b
—, Äthoxy-[2-hydroxy-phenyl]-phenyl-,
 — lacton **18** 47 i
—, [7-Äthoxy-6-methoxy-1-oxo-phthalan-
4-yl]- **18** IV 6474
—, [3-Äthoxy-4-(4-methoxy-phenyl)-5-
oxo-5*H*-[2]furyliden]-phenyl-,
 — äthylester **18** II 396 c
 — methylester **18** II 395 d
—, [4-(2-Äthoxy-5-methyl-phenyl)-6-
methyl-2-oxo-chroman-4-yl]- **18** IV 6424
 — äthylester **18** IV 6425

—, Äthoxy-[5-oxo-2,5-dihydro-[2]furyl]-
18 IV 6276
—, [3-Äthoxy-5-oxo-4-phenyl-5*H*-
[2]furyliden]-phenyl-,
 — methylester **18** 535 b
—, 5-[Äthoxy-3-oxo-phthalan-1-yliden]-
18 530 e
—, 6-[Äthoxy-3-oxo-phthalan-1-yliden]-
18 530 e
—, Äthoxy-[5-oxo-tetrahydro-[2]furyl]-
18 IV 6265
—, [3-Äthoxy-5-oxo-4-*p*-tolyl-5*H*-
[2]furyliden]-*p*-tolyl-,
 — methylester **18** II 388 j
—, [2-Äthoxy-tetrahydro-[3]furyl]- **18** IV 4803
 — äthylester **18** IV 4803
—, [2-Äthoxy-tetrahydro-pyran-3-yl]-
18 IV 4806
 — äthylester **18** IV 4806
—, [4-Äthoxy-[2]thienyl]-,
 — äthylester **18** IV 4831
—, [6-Äthyl-7-benzoyloxy-4-methyl-2-
oxo-2*H*-chromen-3-yl]- **18** IV 6392
 — äthylester **18** IV 6392
—, [7-Äthyl-6-benzoyloxy-4-methyl-2-
oxo-2*H*-chromen-3-yl]-,
 — äthylester **18** IV 6393
—, [6-Äthyl-7,8-bis-benzoyloxy-4-methyl-
2-oxo-2*H*-chromen-3-yl]-,
 — äthylester **18** IV 6511
—, [6-Äthyl-7,8-bis-benzoyloxy-2-oxo-
2*H*-chromen-4-yl]- **18** IV 6509
—, [2-Äthyl-1-carboxy-cyclopentyl]-,
 — anhydrid **17** IV 5952
—, [4-Äthyl-3-carboxy-[2]furyl]- **18**
IV 4515
—, [2-Äthyl-2-carboxy-9-methoxy-3,4-
dihydro-2*H*-[1]phenanthryliden]-,
 — anhydrid **18** IV 1921
—, [4-Äthyl-1-carboxy-3-oxo-2-oxa-spiro≠
[4.5]non-1-yl]- **18** II 367 a
—, [6-Äthyl-chroman-7-yloxy]- **17**
IV 1373
—, [6-Äthyl-7,8-dihydroxy-4-methyl-2-
oxo-2*H*-chromen-3-yl]- **18** IV 6510
 — äthylester **18** IV 6511
—, [6-Äthyl-7,8-dihydroxy-2-oxo-
2*H*-chromen-4-yl]- **18** IV 6509
 — äthylester **18** IV 6510
—, [6-Äthyl-7,8-dimethoxy-2-oxo-
2*H*-chromen-4-yl]- **18** IV 6509
 — äthylester **18** IV 6510
—, [3-Äthyl-4,6-dimethyl-benzofuran-2-
yl]- **18** IV 4286
 — amid **18** IV 4286
—, [5-(4-Äthyl-1,4-dimethyl-2-oxo-
cyclohexyl)-1-methyl-7-oxo-6-oxa-bicyclo≠
[3.2.1]oct-8-yl]- **18** IV 6031
 — methylester **18** IV 6031

Essigsäure (Fortsetzung)
—, [4-Äthyl-2,5-dimethyl-[3]thienyl]-,
 — amid **18** IV 4128
—, [3-Äthyl-3-hydroxy-7-methoxy-1-oxo-
 2,3-dihydro-1*H*-cyclopenta[*a*]naphthalin-
 2-yl]-,
 — lacton **18** IV 1867
—, [6-Äthyl-7-hydroxy-4-methyl-2-oxo-
 2*H*-chromen-3-yl]- **18** IV 6392
 — äthylester **18** IV 6392
 — anilid **18** IV 6393
—, [7-Äthyl-6-hydroxy-4-methyl-2-oxo-
 2*H*-chromen-3-yl]- **18** IV 6393
 — äthylester **18** IV 6393
—, [1-Äthyl-3-hydroxy-[2]naphthyl]-,
 — lacton **17** IV 5278
—, [4-Äthyl-1-hydroxy-[2]naphthyl]-,
 — lacton **17** IV 5278
—, [6-Äthyl-7-hydroxy-2-oxo-
 2*H*-chromen-4-yl]- **18**
 IV 6384
 — äthylester **18** IV 6385
 — anilid **18** IV 6385
 — methylester **18** IV 6384
—, [7-Äthyl-6-hydroxy-2-oxo-
 2*H*-chromen-4-yl]- **18** IV 6385
 — äthylester **18** IV 6385
 — methylester **18** IV 6385
—, [3-Äthyl-2-hydroxy-phenyl]-phenyl-,
 — lacton **17** IV 5370
—, [3-Äthyliden-2-glucopyranosyloxy-5-
 methoxycarbonyl-3,4-dihydro-2*H*-pyran-
 4-yl]-,
 — [2,4-dihydroxy-phenäthylester]
 18 IV 5084
—, Äthylmercapto-,
 — tetrahydrofurfurylamid **18**
 IV 7042
—, [6-Äthyl-7-methoxy-4-methyl-2-oxo-
 2*H*-chromen-3-yl]-,
 — äthylester **18** IV 6392
—, [7-Äthyl-6-methoxy-4-methyl-2-oxo-
 2*H*-chromen-3-yl]-,
 — äthylester **18** IV 6393
—, [2-Äthyl-3-methyl-4-oxo-
 4*H*-chromen-7-yloxy]- **18** IV 400
 — äthylester **18** IV 400
 — [2-diäthylamino-äthylester] **18**
 IV 400
 — [2-dimethylamino-äthylester] **18**
 IV 400
—, [3-Äthyl-2-methyl-5-oxo-tetrahydro-
 [2]furyl]-,
 — äthylester **18** IV 5312
—, [5-Äthyl-3-methyl-[2]thienyl]-,
 — amid **18** IV 4121
 — [4-brom-phenacylester] **18**
 IV 4121

—, {[2-Äthyl-3-(5-nitro-[2]furyl)-allyliden]-
 carbamoyl-hydrazino}-,
 — äthylester **17** IV 4730
—, [6-Äthyl-2-oxo-2*H*-chromen-4-yl]-
 18 IV 5612
 — methylester **18** IV 5612
—, [7-Äthyl-2-oxo-2*H*-chromen-4-yl]-
 18 IV 5613
 — äthylester **18** IV 5613
 — [2-brom-äthylester] **18** IV 5613
 — [4-chlor-butylester] **18** IV 5613
 — [3-chlor-propylester] **18** IV 5613
 — [2-(2-diäthylamino-äthylmercapto)-
 äthylamid] **18** IV 5613
 — [4-diäthylamino-butylamid] **18**
 IV 5613
 — [3-diäthylamino-2-hydroxy-
 propylamid] **18** IV 5614
 — [4-diäthylamino-1-methyl-
 butylamid] **18** IV 5613
—, [2-Äthyl-5-oxo-tetrahydro-[3]furyl]-
 18 IV 5299
 — äthylester **18** IV 5299
—, [4-Äthyl-5-oxo-tetrahydro-[3]furyl]-
 18 383 e, II 315 h, IV 5299
 — äthylester **18** 384 a, IV 5300
 — methylamid **18** II 315 i,
 IV 5301
 — *p*-toluidid **18** IV 5301
—, [5-Äthyl-2-oxo-tetrahydro-pyran-4-yl]-
 18 IV 5307
 — methylester **18** IV 5308
—, [5-Äthyl-[2]thienyl]- **18** IV 4109
 — äthylester **18** IV 4109
 — amid **18** IV 4109
—, [5-Äthyl-[2]thienyl]-amino- **18**
 IV 8203
—, [5-Äthyl-[2]thienyl]-[toluol-4-
 sulfonylamino]- **18** IV 8203
—, [2-Allyl-4-hydroxy-4b-methyl-1,7-
 dioxo-1,2,3,4,4a,4b,5,6,7,9,10,10a-
 dodecahydro[2]phenanthryl]-,
 — lacton **17** IV 6771 b
—, [3-Amino-5-brom-2,4-dihydroxy-
 phenyl]-diphenyl-,
 — 2-lacton **18** I 581 f
—, Amino-[5-*tert*-butyl-[2]thienyl]- **18**
 IV 8208
—, [3-Amino-5-chlor-2,4-dihydroxy-
 phenyl]-diphenyl-,
 — 2-lacton **18** I 581 e
—, [3-Amino-2,4-dihydroxy-phenyl]-
 diphenyl-,
 — 2-lacton **18** I 581 d
—, [5-Amino-2,4-dihydroxy-phenyl]-
 diphenyl-,
 — 2-lacton **18** I 581 b
—, Amino-[2,5-dimethyl-[3]thienyl]- **18**
 IV 8204

Essigsäure (Fortsetzung)

—, Amino-[2]furyl- **18** IV 8170

—, Amino-[O^4-galactopyranosyl-
glucopyranosyl]- **18** IV 8251

—, Amino-glucopyranosyl- **18** IV 8251

—, Amino-[2-hydroxy-cyclohexyl]-,
— lacton **18** IV 7860

—, [5-Amino-1-hydroxy-10-oxo-10*H*-
[9]anthryliden]-,
— lacton **18** II 470 g

—, [6-Amino-1-hydroxy-10-oxo-10*H*-
[9]anthryliden]-,
— lacton **18** II 471 a

—, Amino-[2-hydroxy-phenyl]-phenyl-,
— lacton **18** IV 7967

—, [5-Amino-1-hydroxy-1,2,3,4-
tetrahydro-[2]naphthyl]-,
— lacton **18** IV 7937

—, [7-Amino-1-hydroxy-1,2,3,4-
tetrahydro-[2]naphthyl]-,
— lacton **18** IV 7937

—, [1-Amino-2-hydroxy-2,3,3-trimethyl-
cyclopentyl]-,
— lacton **18** 605 a

—, [3-Amino-7-methoxy-4-oxo-chroman-
3-yl]- **18** IV 8279

—, [2-Aminomethyl-2-hydroxy-
bicyclohexyl-1-yl]-,
— lacton **18** IV 7873

—, Amino-[5-methyl-[2]thienyl]- **18**
IV 8200

—, [6-Amino-2-oxo-chroman-4-yl]-cyan-,
— amid **18** II 489 e

—, [2-Amino-phenylimino]-[3-hydroxy-
benzo[*b*]thiophen-2-yl]- **18** II 383 b

—, [2-Amino-phenylimino]-[10-
hydroxymethyl-9,10-dihydro-
[9]phenanthryl]-,
— lacton **17** I 273 e

—, [2-Amino-phenylimino]-[10-
hydroxymethyl-[9]phenanthryl]-,
— lacton **17** I 274 f

—, Amino-tetrahydropyran-4-yl- **18**
IV 8157

—, Amino-[2]thienyl- **18** 631 b,
IV 8171

—, Amino-[3]thienyl- **18** IV 8171

—, [4-Anilino-1-hydroxy-10-oxo-10*H*-
[9]anthryliden]-,
— lacton **18** II 470 f

—, [2-Anilino-tetrahydro-pyran-3-yl]-,
— anilid **18** IV 8157

—, [4-Benzhydryl-2-hydroxy-phenyl]-
phenyl-,
— lacton **17** IV 5625

—, [4-Benzhydryliden-2-hydroxy-
cyclohexa-2,5-dienyliden]-phenyl-,
— lacton **17** IV 5630

—, [Benzofuran-3-sulfinyl]- **17** IV 1457

—, [Benzofuran-3-sulfonyl]- **17** IV 1457

—, Benzofuran-2-yl- **18** IV 4262
— äthylester **18** IV 4262
— amid **18** IV 4262

—, Benzofuran-3-yl- **18** IV 4265
— äthylester **18** IV 4263
— amid **18** IV 4263

—, Benzofuran-2-yl-hydroxyimino-,
— amid **18** IV 5588

—, Benzofuran-3-yliden- **18** IV 4265

—, Benzofuran-3-ylmercapto- **17**
IV 1457

—, [2-Benzofuran-2-yl-2-oxo-
äthylmercapto]- **18** IV 361

—, Benzofuran-7-yloxy- **17** IV 1474

—, [2-Benzofuran-2-yl-phenoxy]- **17**
IV 1662

—, Benzofuran-3-yl-phenylhydrazono-
18 IV 5588

—, [5-Benzolsulfonylamino-2-methyl-
benzofuran-3-yl]- **18** IV 8219

—, [3-Benzolsulfonyloxy-2-hydroxy-2,6,6-
trimethyl-cyclohexyl]-,
— lacton **18** IV 77

—, Benzo[*b*]selenophen-3-yl-diphenyl-
18 IV 4418

—, Benzo[*b*]thiophen-2-yl- **18** IV 4262
— äthylester **18** IV 4263
— methylester **18** IV 4263

—, Benzo[*b*]thiophen-3-yl- **18** IV 4264
— amid **18** IV 4264
— [3-diäthylamino-propylester] **18**
IV 4264
— [3-(diäthyl-methyl-ammonio)-
propylester] **18** IV 4264

—, Benzo[*b*]thiophen-4-yl- **18** IV 4265

—, Benzo[*b*]thiophen-5-yl- **18** IV 4265

—, Benzo[*b*]thiophen-6-yl- **18** IV 4266

—, Benzo[*b*]thiophen-7-yl- **18** IV 4266

—, Benzo[*b*]thiophen-3-yl-bis-
[4-methoxy-phenyl]- **18** IV 5063
— methylester **18** IV 5063

—, Benzo[*b*]thiophen-2-yl-diphenyl- **18**
IV 4418

—, Benzo[*b*]thiophen-3-yl-diphenyl- **18**
IV 4418
— methylester **18** IV 4418

—, Benzo[*b*]thiophen-3-yl-hydroxy-
phenyl- **18** IV 4984
— [2-diäthylamino-äthylester] **18**
IV 4985

—, Benzo[*b*]thiophen-2-ylmercapto- **17**
IV 1455

—, Benzo[*b*]thiophen-5-ylmercapto- **17**
IV 1472

—, Benzo[*b*]thiophen-3-yloxy- **17**
IV 1459
— methylester **17** IV 1459

Essigsäure (Fortsetzung)

—, Benzo[b]thiophen-4-yloxy- **17**
IV 1467

—, Benzo[b]thiophen-6-yloxy- **17**
IV 1474

—, [6-Benzoylamino-2-oxo-chroman-4-yl]-
cyan-,
— amid **18** II 489 f

—, Benzoylamino-[3]thienyl- **18**
IV 8171

—, [8-Benzoyl-2,3-dimethyl-4-oxo-
4H-chromen-7-yloxy]- **18** IV 1913

—, [8-Benzoyl-7-hydroxy-4-methyl-2-oxo-
2H-chromen-3-yl]- **18** IV 6566
— äthylester **18** IV 6567

—, [6-Benzoyl-2-methyl-4-oxo-
4H-chromen-7-yloxy]- **18** IV 1898

—, [6-Benzoyl-4-methyl-2-oxo-
2H-chromen-5-yloxy]- **18** IV 1898
— äthylester **18** IV 1899

—, [8-Benzoyl-2-methyl-4-oxo-
4H-chromen-7-yloxy]- **18** IV 1898

—, [8-Benzoyl-4-methyl-2-oxo-
2H-chromen-7-yloxy]- **18** IV 1899
— äthylester **18** IV 1899

—, [3-Benzoyl-2-oxo-chroman-4-yl]-cyan-,
— amid **18** IV 6233

—, [8-Benzoyl-2-oxo-2H-chromen-7-
yloxy]- **18** IV 1886
— äthylester **18** IV 1886

—, [8-Benzoyl-2-oxo-4-phenyl-
2H-chromen-7-yloxy]- **18** IV 1976
— äthylester **18** IV 1976

—, Benzoyloxy-[5-brom-[2]furyl]-,
— methylester **18** IV 4833

—, [7-Benzoyloxy-6-butyl-4-methyl-2-
oxo-2H-chromen-3-yl]-,
— äthylester **18** IV 6398

—, [3-Benzoyloxy-4-(3,4-dimethoxy-
phenyl)-5-oxo-5H-[2]furyliden]-
[3,4-dimethoxy-phenyl]-,
— methylester **18** II 403 d

—, Benzoyloxy-[2]furyl- **18** IV 4831
— äthylester **18** IV 4832
— amid **18** IV 4832
— anilid **18** IV 4832
— isopropylester **18** IV 4832
— methylester **18** IV 4831
— p-phenetidid **18** IV 4833

—, [4-Benzoyloxy-2-hydroxy-6-methyl-
phenyl]-[2,4-bis-benzoyloxy-6-methyl-
phenyl]-,
— lacton **18** 180 c

—, [7-Benzoyloxy-2-hydroxy-[1]naphthyl]-
diphenyl-,
— lacton **18** IV 860

—, [3-Benzoyloxy-9-hydroxy-
phenalenyliden]-,
— lacton **18** I 332 a

—, [4-Benzoyloxy-2-hydroxy-phenyl]-
[2,4-bis-benzoyloxy-phenyl]-,
— lacton **18** 175 c

—, [4-Benzoyloxy-2-hydroxy-phenyl]-
[2,4-bis-benzoyloxy-phenyl]-phenyl-,
— lacton **18** II 184 c

—, [4-Benzoyloxy-2-hydroxy-phenyl]-
diphenyl-,
— lacton **18** 71 d

—, [3-Benzoyloxy-4-(2-methoxy-phenyl)-
5-oxo-5H-[2]furyliden]-[2-methoxy-
phenyl]-,
— methylester **18** II 401 d

—, [3-Benzoyloxy-4-(4-methoxy-phenyl)-
5-oxo-5H-[2]furyliden]-phenyl-,
— methylester **18** II 396 a,
IV 6564

—, [5-Benzoyloxy-7-methyl-2-oxo-
2H-chromen-4-yl]-,
— äthylester **18** I 535 e, vgl.
IV 6376 f

—, [7-Benzoyloxy-4-methyl-2-oxo-
2H-chromen-3-yl]- **18** IV 6374
— äthylester **18** IV 6375

—, [7-Benzoyloxy-4-methyl-2-oxo-6-
propyl-2H-chromen-3-yl]-,
— äthylester **18** IV 6397

—, Benzoyloxy-[5-nitro-[2]furyl]-,
— methylester **18** IV 4834

—, [6-Benzoyloxy-2-oxo-2H-chromen-4-
yl]- **18** IV 6352

—, [7-Benzoyloxy-2-oxo-2H-chromen-4-
yl]-,
— äthylester **18** I 534 g

—, [2-Benzoyloxy-4-oxo-4H-
[1]naphthyliden]-[2-hydroxy-[1]naphthyl]-,
— lacton **18** IV 1984

—, [3-Benzoyloxy-5-oxo-4-phenyl-2,5-
dihydro-[2]furyl]-phenyl-,
— methylester **18** IV 6436

—, [3-Benzoyloxy-5-oxo-4-phenyl-5H-
[2]furyliden]-phenyl-,
— methylester **18** II 388 c

—, [Benzoyl-phenyl-hydrazono]-
[2-hydroxy-5-methyl-phenyl]-,
— lacton **17** I 258 a

—, [4-Benzyl-4-brom-2-oxo-5-phenyl-
tetrahydro-[2]furyl]- **18** 442 f

—, [4-Benzyl-2,5-dioxo-tetrahydro-
[3]furyl]- **18** IV 6056

—, [2-Benzyl-2-hydroxy-cyclopentyl]-,
— lacton **17** IV 5148

—, [6-Benzyl-2-oxo-2H-chromen-4-yl]-
18 IV 5688
— methylester **18** IV 5688

—, [3-Benzyl-2-oxo-hexahydro-
benzofuran-7a-yl]- **18** IV 5625
— äthylester **18** IV 5625

Essigsäure (Fortsetzung)

—, [4-Benzyl-2-oxo-5-phenyl-2,5-dihydro-
[3]furyl]- **18** 446 f

—, [7-Benzyloxy-2-carboxy-2-methyl-
1,2,3,4-tetrahydro-[1]phenanthryl]-,
 — anhydrid **18** IV 1872

—, [5-Benzyloxy-2-hydroxy-cyclohexyl]-,
 — lacton **18** IV 65

—, [4-Benzyloxy-2-hydroxy-5-methoxy-
phenyl]-[4-benzyloxy-3-methoxy-phenyl]-,
 — lacton **18** IV 3192

—, [5-Benzyloxy-2-hydroxy-2-methyl-
cyclohexyl]-,
 — lacton **18** IV 69

—, Benzyloxy-[2-hydroxy-[1]naphthyl]-
phenyl-,
 — lacton **18** 67 f

—, [Benzyl-phenyl-hydrazono]-
[2-hydroxy-4,6-dimethyl-phenyl]-,
 — lacton **17** II 475 f

—, Biphenyl-4-yl-hydroxy-[2]thienyl- **18**
IV 4991
 — [2-diäthylamino-äthylester] **18**
IV 4991

—, Biphenyl-4-yl-[2]thienyl- **18** IV 4403
 — [2-diäthylamino-äthylester] **18**
IV 4403

—, Bis-[3-acetyl-2,4,6-trihydroxy-5-
methyl-phenyl]-,
 — 2-lacton **18** IV 3634

—, [7,8-Bis-benzoyloxy-2-oxo-
2H-chromen-4-yl]-,
 — methylester **18** I 543 a

—, Bis-[2,4-dihydroxy-6-methyl-phenyl]-,
 — 2-lacton **18** 180 a

—, Bis-[2,4-dihydroxy-phenyl]-,
 — 2-lacton **18** 175 a, IV 2608

—, Bis-[2,4-dihydroxy-phenyl]-phenyl-,
 — 2-lacton **18** II 184 a, IV 2828

—, [5,5-Bis-hydroxymethyl-4-oxo-
tetrahydro-pyran-3-yl]- **18** IV 6453

—, [5,5-Bis-(4-hydroxy-2-methyl-phenyl)-
2-oxo-tetrahydro-[3]furyl- **18**
IV 6552

—, [5,5-Bis-(4-hydroxy-3-methyl-phenyl)-
2-oxo-tetrahydro-[3]furyl- **18**
IV 6552

—, Bis-[2-hydroxy-[1]naphthyl]-,
 — lacton **18** IV 853

—, [5,5-Bis-(4-hydroxy-phenyl)-2-oxo-
2,5-dihydro-[3]furyl]- **18** IV 6562

—, [5,5-Bis-(4-hydroxy-phenyl)-2-oxo-
tetrahydro-[3]furyl]- **18** IV 6552

—, [2,3-Bis-(4-methoxy-phenyl)-5-oxo-
tetrahydro-[2]furyl]- **18** IV 6551

—, N-[3,18-Bis-tetrahydropyran-2-yloxy-
pregnan-20-yl]-,
 — amid **17** IV 1077

—, Bis-tetrahydrothiophenio-,
 — äthylester **17** IV 38

—, Bis-[N'-xanthen-9-yl-ureido]- **18**
II 424 g, IV 7222
 — [N'-xanthen-9-yl-hydrazid] **18**
II 497 a

—, Brom-,
 — [5-nitro-furfurylester] **17** IV 1254

—, [2-Brom-benzofuran-3-yl]- **18**
IV 4263

—, [x-Brom-benzofuran-3-ylmercapto]-
17 IV 1457

—, [2-Brom-benzo[b]thiophen-3-yl]-
diphenyl- **18** IV 4418

—, Brom-[7-brom-5-carboxy-3-oxo-
phthalan-1-yl]- **18** 497 b

—, Brom-[3-brom-4,5-dioxo-dihydro-
[2]furyliden]- **18** IV 5988

—, Brom-[3-brom-4-hydroxy-5-oxo-5H-
[2]furyliden]- **18** IV 5988

—, Brom-[1-brom-2-hydroxy-2,3,3-
trimethyl-cyclopentyl]-,
 — lacton **17** 263 a

—, Brom-[7-brom-5-methoxycarbonyl-3-
oxo-phthalan-1-yl]-,
 — methylester **18** 497 c

—, Brom-[3-brom-4-methoxy-5-oxo-5H-
[2]furyliden]-,
 — methylester **18** IV 6291

—, [6-Brom-2-carboxy-3,4-dimethoxy-
phenyl]-,
 — anhydrid **18** II 154 b

—, Brom-[2-carboxy-4-isopropyl-1,2-
dimethyl-cyclohexyl]-,
 — anhydrid **17** IV 5970

—, Brom-[1-carboxy-4-methyl-
cyclohexyl]-,
 — anhydrid **17** IV 5951

—, [7-Brom-5-carboxy-3-oxo-phthalan-1-
yl]- **18** 496 e

—, Brom-chlor-phthalidyl- **18** 420 a

—, Brom-[3,4-dibrom-5-oxo-5H-
[2]furyliden]- **18** IV 5387
 — methylester **18** IV 5388

—, [2-Brom-3,6-dihydroxy-4,5-dimethyl-
phenyl]-,
 — 6-lacton **18** IV 193

—, [4-Brom-2,5-dihydroxy-3,6-dimethyl-
phenyl]-,
 — 2-lacton **18** IV 192

—, [5-Brom-2,4-dihydroxy-3-nitro-
phenyl]-diphenyl-,
 — 2-lacton **18** I 337 i

—, [3-Brom-2,5-dihydroxy-phenyl]-,
 — 2-lacton **18** IV 155

—, [5-Brom-2,4-dihydroxy-phenyl]-
diphenyl-,
 — 2-lacton **18** 71 f, I 337 b

Essigsäure (Fortsetzung)

—, [8-Brom-5,6-dimethoxy-3-oxo-
isochroman-4-yl]- **18** IV 6476
—, [4-Brom-4,5-dimethyl-2-oxo-
tetrahydro-[3]furyl]- **18** 388 b
—, [2-Brom-4,5-dioxo-4,5-dihydro-benzo≈
[b]thiophen-7-yl]-cyan-,
— äthylester **18** IV 6619
—, [3-Brom-4,5-dioxo-4,5-dihydro-benzo≈
[b]thiophen-7-yl]-cyan-,
— äthylester **18** IV 6619
—, [6-Brom-4,5-dioxo-4,5-dihydro-benzo≈
[b]thiophen-7-yl]-cyan-,
— äthylester **18** IV 6620
—, [4-Brom-3,5-dioxo-tetrahydro-
[2]furyl]- **18** IV 5962
—, [1-Brom-2-hydroxy-cyclohexyl]-,
— lacton **17** 257 d
—, [5-Brom-2-hydroxy-7,8-dimethoxy-
3,4-dihydro-2H-[1]naphthyliden]-,
— lacton **18** IV 1550
—, [6-Brom-1-hydroxy-4a,8-dimethyl-7-
oxo-1,2,3,4,4a,5,6,7-octahydro-
[2]naphthyl]-,
— lacton **17** IV 6097
—, [6-Brom-1-hydroxy-4a,8-dimethyl-7-
oxo-1,2,3,4,4a,7,8,8a-octahydro-
[2]naphthyl]-,
— lacton **17** IV 6096
—, [3-Brom-2-hydroxy-4,5-dimethyl-
phenyl]-diphenyl-,
— lacton **17** 394 c
—, 2-Brom-2'-hydroxy-2,2'-[hexahydro-
indan-2,2-diyl]-di-,
— lacton **18** IV 5479
—, [2-Brom-6-hydroxy-3-methoxy-4,5-
dimethyl-phenyl]-,
— lacton **18** IV 193
—, [4-Brom-2-hydroxy-5-methoxy-3,6-
dimethyl-phenyl]-,
— lacton **18** IV 193
—, Brom-[3-hydroxy-4-methoxy-5-oxo-
5H-[2]furyliden]-,·
— methylester **18** IV 6461
—, [1-Brom-2-hydroxy-4-methyl-
cyclohexyl]-,
— lacton **17** 259 b
—, Brom-[1-hydroxy-4-methyl-
[2]naphthyl]-,
— lacton **17** IV 5271
—, Brom-[3-hydroxy-1-methyl-
[2]naphthyl]-,
— lacton **17** IV 5271
—, [6-Brom-1-hydroxy-4a-methyl-7-oxo-
1,2,3,4,4a,5,6,7-octahydro-[2]naphthyl]-,
— lacton **17** IV 6088
—, [3-Brom-2-hydroxy-5-methyl-phenyl]-
diphenyl-,
— lacton **17** 392 e

—, [5-Brom-2-hydroxy-4-methyl-phenyl]-
diphenyl-,
— lacton **17** 393 a
—, Brom-[2-hydroxy-5-methyl-phenyl]-
[4-methoxy-phenyl]-,
— lacton **18** II 35 d
—, Brom-[2-hydroxy-4-methyl-phenyl]-
phenyl-,
— lacton **17** 365 g
—, Brom-[2-hydroxy-5-methyl-phenyl]-
phenyl-,
— lacton **17** 365 e, II 389 a
—, [6-Brom-2-hydroxy-[1]naphthyl]-,
— lacton **17** 353 a
—, [7-Brom-2-hydroxy-[1]naphthyl]-,
— lacton **17** 353 a
—, Brom-[2-hydroxy-[1]naphthyl]-
[4-methoxy-phenyl]-,
— lacton **18** II 46 e
—, Brom-[2-hydroxy-[1]naphthyl]-phenyl-,
— lacton **17** 389 c, II 413 d
—, [2-Brom-5-hydroxy-4-oxo-4H-benzo≈
[b]thiophen-7-yliden]-cyan-,
— äthylester **18** IV 6619
—, [3-Brom-5-hydroxy-4-oxo-4H-benzo≈
[b]thiophen-7-yliden]-cyan-,
— äthylester **18** IV 6619
—, [6-Brom-5-hydroxy-4-oxo-4H-benzo≈
[b]thiophen-7-yliden]-cyan-,
— äthylester **18** IV 6620
—, [6-Brom-7-hydroxy-2-oxo-
2H-chromen-4-yl]- **18** IV 6357
— äthylester **18** IV 6357
—, [4-Brom-3-hydroxy-5-oxo-2,5-
dihydro-[2]furyl]- **18** IV 5962
—, [5-Brom-2-hydroxy-phenyl]-diphenyl-,
— lacton **17** 391 e
—, Brom-[2-hydroxy-phenyl]-phenyl-,
— lacton **17** 361 a, II 384 c
—, [5-Brom-2-hydroxy-phenyl]-phenyl-,
— lacton **17** I 193 e
—, [2-Brom-1-hydroxy-1,2,3,4-
tetrahydro-[2]naphthyl]-,
— lacton **17** IV 5124
—, [1-Brom-2-hydroxy-2,3,3-trimethyl-
cyclopentyl]-,
— lacton **17** 262 e
—, [4-Brom-5-isopropyl-2-oxo-
tetrahydro-[3]furyl]- **18** 391 e
—, [7-Brom-5-methoxycarbonyl-3-oxo-
phthalan-1-yl]-,
— methylester **18** 497 a
—, [3-Brom-7-methoxy-2-oxo-
2H-chromen-4-yl]- **18** IV 6357
—, Brom-[7-methoxy-2-oxo-2H-chromen-
4-yl]- **18** IV 6358
—, [3-Brom-4-methoxy-5-oxo-5H-
[2]furyliden]-hydroxy-,
— methylester **18** IV 6461

Essigsäure (Fortsetzung)

—, [6-Brommethyl-8,8-dimethyl-2-oxo-
dodecahydro-6,10a-methano-cyclobuta≠
[6,7]cyclonona[1,2-*b*]furan-3-yl]- **18**
IV 5513
— methylester **18** IV 5513
—, Brom-[6-methyl-2-oxo-2*H*-chromen-
4-yl]- **18** IV 5603
— äthylester **18** IV 5604
— methylester **18** IV 5603
—, Brom-[7-methyl-2-oxo-2*H*-chromen-
4-yl]- **18** IV 5607
— äthylester **18** IV 5607
— methylester **18** IV 5607
—, [4-Brom-4-methyl-2-oxo-tetrahydro-
[3]furyl]- **18** 377 a
—, {[2-Brom-3-(5-nitro-[2]furyl)-allyliden]-
carbamoyl-hydrazino}-,
— äthylester **17** IV 4707
—, {4-[2-(5-Brom-2-oxo-acenaphthen-1-
yliden)-3-oxo-2,3-dihydro-benzo[*b*]≠
thiophen-5-yl]-phenylmercapto}- **18**
IV 1995
—, {4-[2-(6-Brom-2-oxo-acenaphthen-1-
yliden)-3-oxo-2,3-dihydro-benzo[*b*]≠
thiophen-5-yl]-phenylmercapto}- **18**
IV 1995
—, Brom-[2-oxo-2*H*-benzo[*h*]chromen-4-
yl]- **18** IV 5662
—, [2-Brom-3-oxo-3*H*-benzo[*f*]chromen-
1-yl]- **18** IV 5663
— äthylester **18** IV 5663
— methylester **18** IV 5663
—, Brom-[2-oxo-2*H*-chromen-3-yl]- **18**
IV 5593
— methylester **18** IV 5593
—, Brom-[2-oxo-2*H*-chromen-4-yl]- **18**
IV 5594
—, [3-Brom-5-oxo-2,5-dihydro-[2]furyl]-
18 IV 5337
— methylester **18** IV 5337
—, Brom-[5-oxo-2,5-dihydro-[2]furyl]-
18 396 d
—, [3-Brom-5-oxo-2,5-dihydro-
[2]furyl]-hydroxy- **18** IV 6276
—, [4-Brom-5-oxo-2,5-dihydro-
[2]furyl]-hydroxy- **18** II 377 b
—, Brom-[4-oxo-5,6-dihydro-4*H*-pyran-3-
yl]-,
— äthylester **18** IV 5342
—, [5-Brom-4-oxo-5,6-dihydro-4*H*-pyran-
3-yl]- **18** IV 5341
—, [4-Brom-5-oxo-2,3-diphenyl-2,5-
dihydro-[2]furyl]- **18** I 505 d
— äthylester **18** I 505 e
—, [3-Brom-5-oxo-2,3-diphenyl-
tetrahydro-[2]furyl]- **18** I 503 c
—, [4-Brom-2-oxo-4,5-diphenyl-
tetrahydro-[3]furyl]- **18** 442 a

—, [4-Brom-5-oxo-5*H*-[2]furyliden]- **18**
IV 5387
—, [7-Brom-2-oxo-octahydro-
benzofuran-3-yl]- **18** IV 5358
— methylester **18** IV 5358
—, [4-Brom-2-oxo-5-pentyl-tetrahydro-
[3]furyl]- **18** 394 b
—, [3-Brom-2-oxo-2*H*-phenanthro[9,10-*b*]≠
furan-11b-yl]- **18** I 507 b
—, [4-Brom-2-oxo-4-phenyl-tetrahydro-
[3]furyl]- **18** 426 a
—, [3-Brom-5-oxo-tetrahydro-
[2]furyl]-hydroxy- **18** IV 6265
—, [4-(4-Brom-phenacyl)-2-(4-brom-
phenyl)-2-hydroxy-5-oxo-2,5-dihydro-
[3]furyl]- **10** III 4090 a
—, [4-(4-Brom-phenacyl)-2-(4-brom-
phenyl)-2-methoxy-5-oxo-2,5-dihydro-
[3]furyl]-,
— methylester **10** III 4090 a
—, [3-(4-Brom-phenacyloxycarbonyl)-3-
hydroxy-6,7-dimethoxy-2,2-dimethyl-2,3-
dihydro-benzofuran-4-yl]-,
— [4-brom-phenacylester] **18** IV 5252
—, Brom-phenyl-,
— tetrahydrofurfurylester **17**
IV 1106
— tetrahydropyran-2-ylmethylester
17 IV 1134
—, Brom-phthalidyl- **18** 419 g
—, Brom-phthalidyliden- **18** 432 b
—, [3-(3-Brom-propyl)-2-oxo-tetrahydro-
pyran-3-yl]-,
— äthylester **18** IV 5314
—, [5-Brom-[2]thienyl]-,
— amid **18** IV 4066
—, Brom-xanthen-9-yl- **18** IV 4371
—, [x-Brom-xanthen-9-yl]- **18** IV 4367
—, [2-(2-Butoxy-äthoxy)-äthoxy]-,
— tetrahydrofurfuryloxycarbonyl≠
amid **17** IV 1112
—, [7-Butoxy-2-oxo-2*H*-chromen-4-yl]-
18 IV 6353
— [2-chlor-äthylester] **18** IV 6354
—, [2-Butyl-1-carboxy-cyclopentyl]-,
— anhydrid **17** IV 5969
—, [4-Butyl-3,5-dioxo-tetrahydro-
[2]furyl]- **18** IV 5980
—, [6-Butyl-7-hydroxy-4-methyl-2-oxo-
2*H*-chromen-3-yl]- **18** IV 6397
— äthylester **18** IV 6397
—, [4-Butyl-3-hydroxy-5-oxo-2,5-
dihydro-[2]furyl]- **18** IV 5980
—, [5-*tert*-Butyl-2-hydroxy-phenyl]-
phenyl-,
— lacton **17** IV 5396
—, [6-Butyl-7-methoxy-4-methyl-2-oxo-
2*H*-chromen-3-yl]- **18** IV 6397
— äthylester **18** IV 6397

Essigsäure   (Fortsetzung)

—, [6-Butyl-2-oxo-2*H*-chromen-4-yl]-
  18 IV 5620
  — methylester **18** IV 5620
—, [5-*tert*-Butyl-[2]thienyl]-,
  — amid **18** IV 4126
  — methylester **18** IV 4126
—, [5-*tert*-Butyl-[2]thienyl]-[toluol-4-
  sulfonylamino]- **18** IV 8208
—, [4-Butyryl-3,5-dioxo-tetrahydro-
  [2]furyl]- **18** IV 6131
—, [4-Butyryl-3-hydroxy-5-oxo-2,5-
  dihydro-[2]furyl]- **18** IV 6131
—, [6-Butyryl-4-methyl-2-oxo-
  2*H*-chromen-5-yloxy]- **18**
  IV 1569
  — äthylester **18** IV 1569
—, [6-Butyryl-4-methyl-2-oxo-
  2*H*-chromen-7-yloxy]- **18** IV 1570
  — äthylester **18** IV 1570
—, [8-Butyryl-4-methyl-2-oxo-
  2*H*-chromen-7-yloxy]- **18** IV 1570
  — äthylester **18** IV 1570
—, [7-Carbamoylazo-1-hydroxy-1,2,3,4-
  tetrahydro-[2]naphthyl]-,
  — lacton **18** IV 8336
—, [Carbamoyl-furfuryliden-hydrazino]-,
  — äthylester **17** IV 4446
—, [Carbamoyl-(3-[2]furyl-allyliden)-
  hydrazino]-,
  — äthylester **17** IV 4699
—, [3a-Carbamoyl-9-methoxy-2,3,3a,4,5,6-
  hexahydro-benzo[*de*]chromen-4-yl]- **18**
  IV 5099
—, {Carbamoyl-[2-methyl-3-(5-nitro-
  [2]furyl)-allyliden]-hydrazino}-,
  — äthylester **17** IV 4723
—, [Carbamoyl-(5-nitro-furfuryliden)-
  hydrazino]- **17** IV 4472
  — äthylester **17** IV 4473
  — butylester **17** IV 4473
  — isobutylester **17** IV 4473
  — methylester **17** IV 4472
  — propylester **17** IV 4473
—, {Carbamoyl-[3-(5-nitro-[2]furyl)-
  allyliden]-hydrazino}-,
  — äthylester **17** IV 4706
—, [2-Carbamoyl-phenoxy]-,
  — furfurylidenhydrazid **17** IV 4446
—, [5-Carboxy-4-(2-carboxy-äthyl)-4-
  methyl-2-oxo-tetrahydro-[3]furyl]-
  [2-carboxy-3-(3-carboxy-1-methyl-propyl)-
  2-methyl-cyclopentyl]- **18** IV 6261
—, [1-Carboxy-cycloheptyl]-,
  — anhydrid **17** II 454 b
—, [2-Carboxy-cyclohex-1-enyl]-,
  — anhydrid **17** IV 6000
—, [6-Carboxy-cyclohex-3-enyl]-,
  — anhydrid **17** IV 6001

—, [1-Carboxy-cyclohexyl]-,
  — anhydrid **17** II 453 b
—, [2-Carboxy-cyclohexyl]-,
  — anhydrid **17** II 453 e, IV 5940
—, [1-Carboxy-cyclohexyl]-hydroxy-,
  — anhydrid **18** IV 1170
—, [1-Carboxy-cyclopentyl]-,
  — anhydrid **17** II 452 d, IV 5929
—, [2-Carboxy-cyclopentyl]-,
  — anhydrid **17** IV 5929
—, [1-Carboxy-cyclopentyl]-hydroxy-,
  — anhydrid **18** IV 1169
—, [3-Carboxy-decahydro-
  1,4;5,8-dimethano-[2]naphthyl]-,
  — anhydrid **17** IV 6243
—, [2-Carboxy-decahydro-[2]naphthyl]-,
  — anhydrid **17** II 459 e
—, [2-Carboxy-5,7-dichlor-6-hydroxy-
  benzofuran-3-yl]- **18** I 468 b
—, [2-Carboxy-2,3-dihydro-benzofuran-
  3-yl]- **18** IV 4548
—, [2-Carboxy-2,3-dihydro-benzofuran-
  3-yl]-phenyl- **18** IV 4577
—, [2-Carboxy-2,3-dihydro-benzo[*b*]≠
  thiophen-3-yl]- **18** IV 4548
—, [3-Carboxy-2,3-dihydro-
  1*H*-cyclopenta[*a*]naphthalin-2-yl]-,
  — anhydrid **17** IV 6449
—, [3-Carboxy-5,6-dihydro-4*H*-pyran-2-
  yl]- **18** IV 4454
—, [2-Carboxy-3,4-dimethoxy-phenyl]-,
  — anhydrid **18** II 154 a
—, [2-Carboxy-4,5-dimethoxy-phenyl]-,
  — anhydrid **18** IV 2378
—, [6-Carboxy-2-(2,4-dimethoxy-phenyl)-
  5-hydroxy-7-methoxy-4-oxo-4*H*-chromen-
  3-yl]- **18** IV 3386
—, [2-Carboxy-3,3-dimethyl-cyclobutyl]-,
  — anhydrid **17** IV 5944
—, [4-Carboxy-2,2-dimethyl-cyclobutyl]-,
  — anhydrid **17** IV 5944
—, [1-Carboxy-3,4-dimethyl-cyclohex-3-
  enyl]-,
  — anhydrid **17** IV 6019
—, [1-Carboxy-3,3-dimethyl-cyclohexyl]-,
  — anhydrid **17** IV 5963
—, [1-Carboxy-4,4-dimethyl-cyclohexyl]-,
  — anhydrid **17** IV 5963
—, [2-Carboxy-1,3-dimethyl-cyclohexyl]-,
  — anhydrid **17** IV 5963
—, [2-Carboxy-2,6-dimethyl-cyclohexyl]-,
  — anhydrid **17** IV 5964
—, [3-Carboxy-2,2-dimethyl-cyclopropyl]-,
  — anhydrid **17** IV 5924
—, [2-Carboxy-2,5-dimethyl-2,3-dihydro-
  benzofuran-3-yl]- **18** IV 4551
—, [2-Carboxy-3,6-dimethyl-2,3-dihydro-
  benzofuran-3-yl]- **18** IV 4551

Essigsäure (Fortsetzung)

—, [3-Carboxy-3,5-dimethyl-2,3-dihydro-benzofuran-2-yl]- **18** IV 4551

—, [3-Carboxy-4,5-dimethyl-[2]furyl]- **18** IV 4515

—, [2-Carboxy-3,3-dimethyl-4-oxo-cyclobutyl]-,
  — anhydrid **17** IV 6704

—, [2-Carboxy-3,3-dimethyl-5-oxo-tetrahydro-[2]furyl]- **18** 486 c, I 520 d, II 363 a

—, [2-Carboxy-4,4-dimethyl-5-oxo-tetrahydro-[3]furyl]- **18** I 520 e

—, [2-Carboxy-4,5-dioxo-tetrahydro-[2]furyl]- **18** IV 6200

—, [9-Carboxy-1,2,3,4,5,6,7,8,8a,9,10,⁎ 10a-dodecahydro-[9]phenanthryl]-,
  — anhydrid **17** IV 6247

—, [9-Carboxy-fluoren-9-yl]-,
  — anhydrid **17** I 272 e

—, [9-Carboxy-fluoren-9-yl]-diphenyl-,
  — anhydrid **17** 551 a

—, [3-Carboxy-[2]furyl]- **18** II 288 f, IV 4500

—, [5-Carboxy-[2]furyl]- **18** IV 4500

—, [5-Carboxy-[2]furyl]-hydroxy- **18** IV 5083

—, [2-Carboxy-hexahydro-indan-2-yl]-,
  — anhydrid **17** IV 6030

—, [3-Carboxy-3-hydroxy-6,7-dimethoxy-2,2-dimethyl-2,3-dihydro-benzofuran-4-yl]- **18** IV 5252

—, [2-Carboxy-4-hydroxy-3-oxo-cyclohepta-1,4,6-trienyl]-,
  — anhydrid **18** IV 2495

—, [2-Carboxy-4-hydroxy-5-oxo-2,5-dihydro-[2]furyl]- **18** IV 6200

—, [2-Carboxy-6-hydroxy-2,5,5,8a-tetramethyl-octahydro-[1]naphthyliden]-,
  — anhydrid **18** IV 1290

—, [1-Carboxy-indan-2-yl]-,
  — anhydrid **17** IV 6299

—, [1-Carboxy-3-isohexyl-3-methyl-cyclohexyl]-,
  — anhydrid **17** IV 5974

—, [1-Carboxy-2-isopropyl-cyclopentyl]-,
  — anhydrid **17** IV 5963

—, [2-Carboxy-1-isopropyl-cyclopropyl]-,
  — anhydrid **17** 453 c, I 237 g, II 453 c

—, [2-Carboxy-4-isopropyl-1,2-dimethyl-cyclohexyl]-,
  — anhydrid **17** IV 5970

—, [2-Carboxy-4-isopropyl-phenyl]-,
  — anhydrid **17** IV 6205

—, [2-Carboxy-6-methoxy-2,5-dimethyl-3,4-dihydro-2*H*-[1]naphthyliden]-,
  — anhydrid **18** IV 1643

—, [2-Carboxy-6-methoxy-2,5-dimethyl-1,2,3,4-tetrahydro-[1]naphthyl]-,
  — anhydrid **18** IV 1584

—, [2-Carboxy-7-methoxy-2-methyl-3,4-dihydro-2*H*-[1]phenanthryliden]-,
  — anhydrid **18** IV 1916

—, [2-Carboxy-9-methoxy-2-methyl-3,4-dihydro-2*H*-[1]phenanthryliden]-,
  — anhydrid **18** IV 1916

—, [1-Carboxy-7-methoxy-1-methyl-1,2,3,4,9,10-hexahydro-[2]phenanthryl]-,
  — anhydrid **18** IV 1750

—, [2-Carboxy-7-methoxy-2-methyl-1,2,3,4,9,10-hexahydro-[1]phenanthryl]-,
  — anhydrid **18** IV 1750

—, [2-Carboxy-9-methoxy-2-methyl-3,4,5,6,7,8-hexahydro-2*H*-[1]phenanthryliden]-,
  — anhydrid **18** IV 1750

—, [2-Carboxy-4-methoxy-6-methyl-phenyl]-,
  — anhydrid **18** IV 1384

—, [2-Carboxy-6-methoxy-4-methyl-phenyl]-,
  — anhydrid **18** IV 1385

—, [2-Carboxy-7-methoxy-2-methyl-1,2,3,4-tetrahydro-[1]phenanthryl]-,
  — anhydrid **18** IV 1872

—, [2-Carboxy-4-methoxy-phenyl]-,
  — anhydrid **18** IV 1343

—, [2-Carboxy-5-methoxy-phenyl]-,
  — anhydrid **18** IV 1343

—, [2-Carboxy-6-methoxy-phenyl]-,
  — anhydrid **18** IV 1343

—, [2-Carboxy-5-methyl-benzofuran-3-yl]- vgl. **18** IV 4560 a

—, [2-Carboxy-5-methyl-benzofuran-3-yliden]- **18** IV 4560

—, [2-Carboxy-6-methyl-benzofuran-3-yliden]- **18** IV 4560

—, [1-Carboxy-2-methyl-cyclohexyl]-,
  — anhydrid **17** IV 5950

—, [1-Carboxy-3-methyl-cyclohexyl]-,
  — anhydrid **17** IV 5950

—, [1-Carboxy-4-methyl-cyclohexyl]-,
  — anhydrid **17** IV 5951

—, [2-Carboxy-1-methyl-cyclohexyl]-,
  — anhydrid **17** IV 5952

—, [1-Carboxy-2-methyl-cyclopentyl]-,
  — anhydrid **17** IV 5939

—, [1-Carboxy-3-methyl-cyclopentyl]-,
  — anhydrid **17** IV 5939

—, [2-Carboxy-1-methyl-cyclopentyl]-,
  — anhydrid **17** IV 5940

—, [2-Carboxy-2-methyl-3,4-dihydro-2*H*-[1]naphthyliden]-,
  — anhydrid **17** IV 6355

Essigsäure (Fortsetzung)

—, [2-Carboxy-2-methyl-3,4-dihydro-
2H-[1]phenanthryliden]-,
— anhydrid **17** IV 6490

—, [3-Carboxy-4-methyl-[2]furyl]-
18 332 l

—, [4-Carboxy-5-methyl-[2]furyl]-
18 333 d, II 288 h, IV 4506

—, [3-Carboxy-4-methyl-
[2]furyl]-hydroxyimino- **18** IV 6139

—, [1-Carboxy-4a-methyl-1,2,3,4,4a,9,10,⇄
10a-octahydro-[1]phenanthryl]-,
— anhydrid **17** IV 6373

—, [2-Carboxy-2-methyl-1,2,3,4,4a,9,10,⇄
10a-octahydro-[1]phenanthryliden]-,
— anhydrid **17** IV 6416

—, [2-Carboxy-2-methyl-6-oxo-
cyclohexyl]-,
— anhydrid **17** IV 6706

—, [2-Carboxy-1-methyl-5-oxo-
cyclopentyl]-,
— anhydrid **17** IV 6703

—, [2-Carboxy-2-methyl-5-oxo-
cyclopentyl]-,
— anhydrid **17** IV 6704

—, [9-Carboxy-1-methyl-7-oxo-4b,5,6,7,8,9-
hexahydro-fluoren-8a-yl]-,
— anhydrid **17** IV 6782

—, [2-Carboxy-2-methyl-9-oxo-3,4,4a,9,⇄
10,10a-hexahydro-2H-[1]phenanthryliden]-,
— anhydrid **17** IV 6789

—, [1-Carboxy-4-methyl-3-oxo-2-oxa-
spiro[4.5]non-1-yl]- **18** II 366 e

—, [2-Carboxy-4-methyl-5-oxo-
tetrahydro-[2]furyl]- **18** IV 6120

—, [3-Carboxy-5-methyl-2-oxo-
tetrahydro-[3]furyl]- **18** 485 c

—, [4-Carboxy-5-methyl-2-oxo-
tetrahydro-[3]furyl]- **18** I 519 g

—, [5-Carboxy-5-methyl-2-oxo-
tetrahydro-[3]furyl]- **18** IV 6120

—, [2-Carboxy-6-methyl-3-phenyl-2,3-
dihydro-benzofuran-3-yl]- **18** IV 4577

—, [5-Carboxy-2-methyl-tetrahydro-
[2]furyl]- **18** IV 4443

—, [2-Carboxy-2-methyl-1,2,3,4-
tetrahydro-[1]naphthyl]-,
— anhydrid **17** IV 6311

—, [2-Carboxy-naphtho[2,1-b]furan-1-yl]-
18 IV 4573

—, [2-Carboxy-4-nitro-phenyl]-,
— anhydrid **17** IV 6159

—, [2-Carboxy-norborn-5-en-2-yl]-,
— anhydrid **17** II 461 e, IV 6074

—, [2-Carboxy-[2]norbornyl]-,
— anhydrid **17** IV 6016

—, [3-Carboxy-5-oxo-2,5-dihydro-
[2]furyl]- **18** IV 6128

—, [3-Carboxy-2-oxo-tetrahydro-
[3]furyl]- **18** IV 6118

—, [3-Carboxy-5-oxo-tetrahydro-
[2]furyl]- **18** 484 c

—, [5-Carboxy-2-oxo-tetrahydro-
[3]furyl]- **18** IV 6117

—, [2-Carboxy-phenyl]-,
— anhydrid **17** 489 d, I 257 c,
IV 6159

—, [1-Carboxy-2-phenyl-cyclohex-3-enyl]-,
— anhydrid **17** IV 6358

—, [2-Carboxy-phenyl]-
[4-dimethylamino-phenylimino]-,
— anhydrid **17** IV 6738

—, [2-Carboxy-phenyl]-[1,3-dioxo-
isochroman-4-yl]- **17** IV 6159

—, [2-Carboxy-phenyl]-diphenyl-,
— anhydrid **17** IV 6550

—, [4-Carboxy-5-phenyl-[2]furyl]-
18 341 a

—, [2-(2-Carboxy-phenyl)-5-oxo-
tetrahydro-[3]furyl]- **18** 497 g

—, [2-Carboxy-phenyl]-phenylhydrazono-,
— anhydrid **17** 568 a

—, [1-Carboxy-2-propyl-cyclopentyl]-,
— anhydrid **17** IV 5963

—, [5-Carboxy-tetrahydro[2]furyl]- **18**
IV 4439

—, [1-Carboxy-1,2,3,4-tetrahydro-
[1]phenanthryl]-,
— anhydrid **17** IV 6456

—, [3-Carboxy-5-(1,2,3,4-tetrahydroxy-
butyl)-[2]furyl]- **18** IV 5256

—, [3-Carboxy-3,6,7-trihydroxy-2,2-
dimethyl-2,3-dihydro-benzofuran-4-yl]-
18 IV 5252

—, [6-Carboxy-2,3,4-trimethoxy-phenyl]-,
— anhydrid **18** II 196 e

—, [1-Carboxy-2,2,3-trimethyl-
cyclopentyl]-,
— anhydrid **17** II 456 e

—, [2-Carboxy-1,1,4-trimethyl-
hexahydro-pentalen-3a-yl]-,
— anhydrid **17** IV 6043

—, [2-Carboxy-3,3,4-trimethyl-5-oxo-
tetrahydro-[2]furyl]- **18** II 364 b
— äthylester **18** II 364 c

—, [5-Carboxy-4,4,5-trimethyl-2-oxo-
tetrahydro-[3]furyl]- **18** IV 6124

—, [1-Carboxy-4,8,8-trimethyl-spiro[2.5]⇄
oct-4-yl]-,
— anhydrid **17** IV 6041

—, Cellobiosyloxy- **31** 385 a
— amid **31** 385 c
— hydrazid **17** IV 3611

—, Chlor-,
— chroman-6-ylamid **18** IV 7153
— dibenzofuran-3-ylamid **18**
IV 7194

Essigsäure
—, Chlor-, (Fortsetzung)
 — furfurylamid **18** IV 7080
 — furfurylester **17** IV 1247
 — [3-methyl-tetrahydro-pyran-4-
 ylester] **17** IV 1136
 — [5-nitro-furfurylester] **17** IV 1254
 — [2,2,5,7,8-pentamethyl-chroman-6-
 ylester] **17** IV 1394
 — [tetra-O-acetyl-
 glucopyranosylamid] **2** IV 491
 — tetrahydrofurfurylamid **18**
 IV 7039
 — tetrahydrofurfurylester **17** IV 1104
 — [3-tetrahydro[2]furyl-propylester]
 17 IV 1147
 — [tetrahydropyran-2-ylmethyl-amid]
 18 IV 7046
 — [tetrahydropyran-3-ylmethyl-amid]
 18 IV 7047
 — tetrahydropyran-2-ylmethylester
 17 IV 1133
 — tetrahydropyran-3-ylmethylester
 17 IV 1136
 — [[2]thienylmethyl-amid] **18**
 IV 7104
 — xanthen-9-ylamid **18** IV 7216
—, [3-Chloracetoxy-3-hydroxy-11b-
 methyl-dodecahydro-6a,9-methano-
 cyclohepta[a]naphthalin-4-yliden]-,
 — lacton **18** IV 462
—, Chlor-[3-chlor-4,5-dioxo-dihydro-
 [2]furyliden]- **18** IV 5988
 — methylester **18** IV 5988
—, Chlor-[3-chlor-4-hydroxy-5-oxo-5H-
 [2]furyliden]- **18** IV 5988
 — methylester **18** IV 5988
—, Chlor-[3-chlor-4-methoxy-5-oxo-5H-
 [2]furyliden]-,
 — methylester **18** IV 6291
—, Chlor-[6-chlor-7-methyl-2-oxo-
 2H-chromen-4-yl]- **18** IV 5607
—, Chlor-[3,4-dichlor-5-oxo-5H-
 [2]furyliden]- **18** IV 5387
 — methylester **18** IV 5387
—, [2-Chlor-3,6-dihydroxy-5-methyl-
 phenyl]-,
 — 6-lacton **18** IV 174
—, [5-Chlor-2,4-dihydroxy-3-nitro-
 phenyl]-diphenyl-,
 — 2-lacton **18** I 337 h
—, [5-Chlor-2,4-dihydroxy-phenyl]-
 diphenyl-,
 — 2-lacton **18** I 336 e
—, [3-Chlor-6,7-dimethyl-2-oxo-
 2H-chromen-4-yl]- **18** IV 5615
—, [6-Chlor-4,7-dimethyl-2-oxo-
 2H-chromen-3-yl]-,
 — äthylester **18** IV 5614

—, Chlor-[6,7-dimethyl-2-oxo-
 2H-chromen-4-yl]- **18** IV 5615
—, [5-Chlor-4-(2,4-dinitro-
 phenylhydrazono)-5,6-dihydro-4H-pyran-
 3-yl]-,
 — äthylester **18** IV 5341
 — methylester **18** IV 5341
—, [1-Chlor-8-hydroxy-p-menthan-3-yl]-,
 — lacton **17** IV 4385
—, [8-Chlor-1-hydroxy-p-menthan-3-yl]-,
 — lacton **17** IV 4386
—, Chlor-[3-hydroxy-4-methoxy-5-oxo-
 5H-[2]furyliden]-,
 — methylester **18** IV 6461
—, [6-Chlor-5-hydroxy-7-methyl-2-oxo-
 2H-chromen-4-yl]- **18** IV 6376
—, [6-Chlor-7-hydroxy-4-methyl-2-oxo-
 2H-chromen-3-yl]- **18** IV 6375
 — äthylester **18** IV 6375
—, [8-Chlor-1-hydroxy-neomenthyl]-,
 — lacton **17** IV 4386
—, [4-Chlor-1-hydroxy-10-oxo-10H-
 [9]anthryliden]-,
 — lacton **17** II 510 b
—, [5-Chlor-1-hydroxy-10-oxo-10H-
 [9]anthryliden]-,
 — lacton **17** II 510 c
—, [6-Chlor-7-hydroxy-2-oxo-
 2H-chromen-4-yl]- **18** IV 6356
 — äthylester **18** IV 6357
—, [3-Chlor-1-hydroxy-4-oxo-cyclohexa-
 2,5-dienyl]-diphenyl-,
 — lacton **17** I 276 d
—, [5-Chlor-2-hydroxy-phenyl]-phenyl-,
 — lacton **17** I 193 d, IV 5317
—, [7-Chlor-4-methoxy-1-methyl-3-oxo-
 phthalan-1-yl]- **18** IV 6322
 — methylester **18** IV 6322
—, [3-Chlor-4-methoxy-5-oxo-5H-
 [2]furyliden]-hydroxy-,
 — methylester **18** IV 6461
—, [6-Chlor-4-methyl-2-oxo-2H-benzo[h]⨪
 chromen-3-yl]- **18** IV 5667
 — äthylester **18** IV 5667
 — anilid **18** IV 5667
—, [4-Chlor-7-methyl-2-oxo-chroman-4-
 yl]-,
 — diäthylamid **18** IV 5540
 — [2-diäthylamino-äthylester] **18**
 IV 5539
—, [3-Chlor-6-methyl-2-oxo-
 2H-chromen-4-yl]- **18** IV 5603
—, Chlor-[6-methyl-2-oxo-2H-chromen-
 4-yl]- **18** IV 5603
 — äthylester **18** IV 5603
 — methylester **18** IV 5603
—, [6-Chlor-7-methyl-2-oxo-
 2H-chromen-4-yl]- **18** I 495 h, IV 5606
 — äthylester **18** I 495 i

Essigsäure (Fortsetzung)
—, Chlor-[7-methyl-2-oxo-2*H*-chromen-
4-yl]- **18** IV 5606
 — äthylester **18** IV 5606
 — methylester **18** IV 5606
—, [2-Chlor-3-oxo-3*H*-benzo[*f*]chromen-
1-yl]- **18** IV 5663
 — äthylester **18** IV 5663
—, [6-Chlor-2-oxo-2*H*-benzo[*h*]chromen-
4-yl]- **18** IV 5662
—, [6-Chlor-2-oxo-2*H*-chromen-4-yl]-
18 I 493 g
 — äthylester **18** I 493 h
—, [3-Chlor-5-oxo-2,5-dihydro-[2]furyl]-
18 IV 5337
 — methylester **18** IV 5337
—, [3-Chlor-5-oxo-2,5-dihydro-
[2]furyl]-hydroxy- **18** IV 6276
—, Chlor-[4-oxo-5,6-dihydro-4*H*-pyran-
3-yl]- **18** IV 5341
 — äthylester **18** IV 5342
—, [5-Chlor-4-oxo-5,6-dihydro-
4*H*-pyran-3-yl]- **18** IV 5340
 — methylester **18** IV 5341
—, [4-Chlor-phenyl]-,
 — furfurylamid **18** IV 7082
—, [4-Chlor-phenyl]-bis-[2,4-dihydroxy-
phenyl]-,
 — 2-lacton **18** II 184 d
—, [4-Chlor-phenyl]-[4-(4-chlor-phenyl)-
3,5-dioxo-dihydro-[2]furyliden]- **18**
II 361 b
 — äthylester **18** II 361 d
 — amid **18** II 361 e
 — methylester **18** II 361 c,
IV 6102
—, [4-Chlor-phenyl]-[4-(4-chlor-phenyl)-
3-hydroxy-5-oxo-5*H*-[2]furyliden]-,
 — methylester **18** IV 6102
—, [4-Chlor-phenyl]-[4-(4-chlor-phenyl)-
3-methoxy-5-oxo-5*H*-[2]furyliden]-,
 — äthylester **18** II 388 h
 — methylester **18** II 388 f
—, [4-Chlor-phenyl]-[2-hydroxy-
[1]naphthyl]-,
 — lacton **17** IV 5534
—, [2-Chlor-phenyl]-[tetra-*O*-acetyl-
glucopyranosyloxy]- **17**
IV 3356
—, Chlor-phthalidyliden- **18** 432 a
—, [3-Chlor-tetrahydro-[2]furyl]-,
 — methylester **18** IV 3839
—, [4-Chlor-[2]thienyl]-,
 — äthylester **18** IV 4065
—, [5-Chlor-[2]thienyl]- **18** IV 4065
 — amid **18** IV 4065
 — hydrazid **18** IV 4065
 — methylester **18** IV 4065
—, [3-Chlor-xanthen-9-yl]- **18** IV 4371

—, Cyan-,
 — [1-benzofuran-2-yl-
äthylidenhydrazid] **17**
IV 5082
 — [5-brom-furfurylidenhydrazid] **17**
IV 4458
 — furfurylidenhydrazid **17** IV 4441
 — [1-[2]furyl-äthylidenhydrazid] **17**
IV 4503
 — [1-[2]furyl-butylidenhydrazid] **17**
IV 4556
 — [1-[2]furyl-hexylidenhydrazid] **17**
IV 4606
 — [1-[2]furyl-pentylidenhydrazid] **17**
IV 4581
 — [1-[2]furyl-propylidenhydrazid]
17 IV 4539
 — [2-hydroxy-1-(5-nitro-[2]furyl)-
äthylidenhydrazid] **18** IV 97
 — [5-nitro-furfurylidenhydrazid] **17**
IV 4466
 — [3-(5-nitro-[2]furyl)-
allylidenhydrazid] **17** IV 4703
 — tetrahydrofurfurylester **17**
IV 1107
 — xanthen-9-ylamid **18** IV 7219
—, Cyan-[3-cyan-2-oxo-chroman-4-yl]-,
 — amid **18** IV 6245
—, Cyan-[2-cyan-3-oxo-2,3-dihydro-
1*H*-benzo[*f*]chromen-1-yl]-,
 — äthylester **18** 512 a
—, Cyan-[3-cyan-2-oxo-3,4-dihydro-
2*H*-benzo[*g*]chromen-4-yl]-,
 — äthylester **18** IV 6250
—, Cyan-cyclohex-2-enyl-[2]thienyl-,
 — äthylester **18** IV 4550
—, Cyan-[14*H*-dibenzo[*a*,*j*]xanthen-14-yl]-,
 — äthylester **18** 343 e
—, Cyan-[3,4-dichlor-5-oxo-2,5-dihydro-
[2]furyl]-,
 — amid **18** IV 6128
—, Cyan-[2-(4-dimethylamino-phenyl)-
4*H*-chromen-4-yl]-,
 — äthylester **18** IV 8233
—, Cyan-[2,6-dimethyl-pyran-4-yliden]-,
 — äthylester **18** IV 4540
 — amid **18** IV 4540
—, Cyan-[2,5-dimethyl-tetrahydro-
thiopyran-4-yliden]- **18** IV 4473
 — äthylester **18** IV 4473
—, Cyan-[4,5-dioxo-4,5-dihydro-benzo[*b*]=
thiophen-7-yl]-,
 — äthylester **18** IV 6619
—, Cyan-[10,10-dioxo-10λ⁶-thioxanthen-
9-yl]- **18** IV 4575
—, Cyan-[2,6-diphenyl-4*H*-pyran-4-yl]-,
 — äthylester **18** IV 4584
—, [2-Cyan-3-[2]furyl-acrylsäure]-,
 — anhydrid **18** 338 e

Essigsäure (Fortsetzung)
—, Cyan-[1-hydroxy-bicyclohexyl-2-
   yliden]-,
   — lacton **18** IV 5509
—, Cyan-[1'-hydroxy-bicyclohexyl-2-
   yliden]-,
   — lacton **18** IV 5509
—, Cyan-[1-(2-hydroxy-cyclohex-1-enyl)-
   cyclohexyl]-,
   — lacton **18** II 330 b
—, Cyan-[2-hydroxy-cyclohexyl]-,
   — lacton **18** IV 5351
—, [3-Cyan-2-hydroxy-6-(4-methoxy-
   phenyl)-3-methyl-cyclohexa-1,5-dienyl]-,
   — lacton **18** IV 6410
—, [3-Cyan-2-hydroxy-6-(4-methoxy-
   phenyl)-3-methyl-cyclohex-1-enyl]-,
   — lacton **18** IV 6406
—, Cyan-[5-hydroxy-4-oxo-4*H*-benzo[*b*]≠
   thiophen-7-yliden]-,
   — äthylester **18** IV 6619
—, Cyan-[7-hydroxy-2-oxo-chroman-4-yl]-,
   — amid **18** IV 6600
—, [2-Cyan-2-hydroxy-1-phenyl-
   cyclohexyl]-,
   — lacton **18** IV 5621
—, Cyan-[6-methoxy-benzofuran-3-yl]-,
   — äthylester **18** IV 5098
—, [3-Cyan-4-methoxycarbonyl-2,5-
   dihydro-[2]thienyl]-,
   — methylester **18** IV 4591
—, Cyan-[7-methoxy-2-oxo-chroman-4-
   yl]- **18** IV 6600
   — amid **18** IV 6600
—, Cyan-[7-methyl-2-oxo-chroman-4-yl]-
   18 II 370 b
   — amid **18** 370 c
—, Cyan-[2-methyl-5-oxo-tetrahydro-
   [3]furyl]-,
   — äthylester **18** I 519 f
—, [3-Cyan-6-nitro-2-oxo-chroman-4-yl]-,
   — amid **18** IV 6165
—, Cyan-[6-nitro-2-oxo-chroman-4-yl]-,
   — amid **18** IV 6165
—, Cyan-[2-oxo-chroman-4-yl]- **18**
   IV 6165
   — amid **18** IV 6165
—, [3-Cyan-2-oxo-chroman-4-yl]- **18**
   IV 6165
   — amid **18** IV 6165
—, Cyan-[5-oxo-dihydro-[2]furyliden]-,
   — äthylester **18** 490 a
—, Cyan-[2-phenyl-4*H*-chromen-4-yl]-,
   — äthylester **18** IV 4579
—, Cyan-[2-phenyl-chromen-4-yliden]-,
   — äthylester **18** IV 4583
—, Cyan-phthalidyliden-,
   — äthylester **18** 498 b, I 524 d,
   IV 6178

—, Cyan-tetrahydropyran-4-yliden- **18**
   IV 4454
   — äthylester **18** IV 4454
—, Cyan-[2,2,5,5-tetramethyl-dihydro-
   [3]furyliden]-,
   — äthylester **18** IV 4475
—, Cyan-[2]thienyl-,
   — äthylester **18** IV 4500
—, Cyan-thioxanthen-9-yl- **18** IV 4575
   — [2-diäthylamino-äthylester] **18**
   IV 4575
—, Cyan-xanthen-9-yl- **18** 341 g
   — äthylester **18** 342 a
   — [2-diäthylamino-äthylester] **18**
   IV 4575
—, Cycloheptan-1,1-diyl-di-,
   — anhydrid **17** II 456 c
—, Cyclohexan-1,1-diyl-di-,
   — anhydrid **17** I 238 c, II 453 f
—, Cyclohex-2-enyl-[2]thienyl- **18**
   IV 4226
   — äthylester **18** IV 4226
   — amid **18** IV 4229
   — [β,β'-bis-diäthylamino-
   isopropylester] **18** IV 4229
   — [5-brom-pentylester] **18** IV 4226
   — [2-diäthylamino-äthylamid] **18**
   IV 4229
   — [2-diäthylamino-äthylester] **18**
   IV 4227
   — [3-diäthylamino-2,2-dimethyl-
   propylester] **18** IV 4229
   — [β-diäthylamino-isopropylester]
   18 IV 4228
   — [5-diäthylamino-pentylester] **18**
   IV 4229
   — [3-diäthylamino-propylester] **18**
   IV 4228
   — [2-(diäthyl-benzyl-ammonio)-
   äthylester] **18** IV 4228
   — [2-(diäthyl-methyl-ammonio)-
   äthylester] **18** IV 4227
   — [2-dibutylamino-äthylester] **18**
   IV 4227
   — [2-diisopropylamino-äthylester]
   18 IV 4227
   — [2-(diisopropyl-methyl-ammonio)-
   äthylester] **18** IV 4227
   — [3-dipropylamino-propylester] **18**
   IV 4228
   — methylester **18** IV 4226
   — [2-triäthylammonio-äthylester]
   18 IV 4227
—, Cyclohexyl-[2-hydroxy-[1]naphthyl]-,
   — lacton **17** IV 5398
—, Cyclohexyl-hydroxy-[2]thienyl- **18**
   IV 4877
   — [2-(äthyl-dimethyl-ammonio)-
   äthylester] **18** IV 4877

Essigsäure

—, Cyclohexyl-hydroxy-[2]thienyl-, (Fortsetzung)
  - [2-diäthylamino-äthylester] **18** IV 4877
  - [3-diäthylamino-propylester] **18**
    IV 4877
  - [2-(diäthyl-methyl-ammonio)-
    äthylester] **18** IV 4877
  - [2-dimethylamino-äthylester] **18**
    IV 4877
—, Cyclohexyl-phenyl-,
  - tetrahydrothiopyran-4-ylester **17**
    IV 1089
—, Cyclohexyl-[2]thienyl- **18** IV 4190
  - [2-diäthylamino-äthylester] **18**
    IV 4190
—, Cyclopentan-1,1-diyl-di-,
  - anhydrid **17** I 237 f, II 453 a
—, Cyclopentan-1,2-diyl-di-,
  - anhydrid **17** IV 5939
—, [1-Cyclopent-2-enyl-2-hydroxy-
    cyclopentyl]-,
  - lacton **17** IV 4752
—, Cyclopent-2-enyl-[2]thienyl- **18**
    IV 4215
  - äthylester **18** IV 4215
  - [2-(äthyl-methyl-amino)-äthylester]
    18 IV 4216
  - [β,β′-bis-diäthylamino-
    isopropylester] **18** IV 4219
  - [β,β′-bis-dipropylamino-
    isopropylester] **18** IV 4219
  - [2-brom-äthylester] **18** IV 4215
  - [5-brom-pentylester] **18** IV 4215
  - [2-diäthylamino-äthylamid] **18**
    IV 4220
  - [2-diäthylamino-äthylester] **18**
    IV 4216
  - [2-diäthylamino-cyclohexylester]
    18 IV 4219
  - [3-diäthylamino-2,2-dimethyl-
    propylester] **18** IV 4219
  - [β-diäthylamino-isopropylester]
    18 IV 4218
  - [5-diäthylamino-pentylester] **18**
    IV 4219
  - [3-diäthylamino-propylester] **18**
    IV 4218
  - [2-(diäthyl-benzyl-ammonio)-
    äthylester] **18** IV 4217
  - [2-(diäthyl-methyl-ammonio)-
    äthylester] **18** IV 4216
  - [2-dibenzylamino-äthylester] **18**
    IV 4218
  - [2-diisopropylamino-äthylester]
    18 IV 4217
  - [2-(diisopropyl-methyl-ammonio)-
    äthylester] **18** IV 4217
  - [2-dimethylamino-äthylester] **18**
    IV 4216

  - [2-dipropylamino-äthylester] **18**
    IV 4217
  - [2-isopropylamino-äthylester] **18**
    IV 4217
  - methylester **18** IV 4215
  - [2-triäthylammonio-äthylester]
    18 IV 4217
—, Cyclopentyl-hydroxy-[2]thienyl- **18**
    IV 4876
  - [2-diäthylamino-äthylester] **18**
    IV 4876
—, Cyclopentyl-[2]thienyl- **18** IV 4188
  - [2-diäthylamino-äthylester] **18**
    IV 4188
—, [4-Cyclopropyl-1-hydroxy-
    [2]naphthyl]-,
  - lacton **17** IV 5358
—, [4,6-Diacetoxy-7-acetyl-3,5-dimethyl-
    benzofuran-2-yl]- **18** IV 6512
—, [2,4-Diacetoxy-5-acetyl-6-hydroxy-3-
    methyl-phenyl]-[2,4,6-triacetoxy-3-acetyl-
    5-methyl-phenyl]-,
  - lacton **18** IV 3634
—, [5,7-Diacetoxy-6-äthoxycarbonyl-2-
    oxo-2H-chromen-4-yl]-,
  - äthylester **18** I 548 c
—, [5,7-Diacetoxy-8-äthoxycarbonyl-2-
    oxo-2H-chromen-4-yl]-,
  - äthylester **18** I 548 c
—, [7,8-Diacetoxy-6-äthyl-4-methyl-2-
    oxo-2H-chromen-3-yl]- **18** IV 6511
  - äthylester **18** IV 6511
—, [7,8-Diacetoxy-6-äthyl-2-oxo-
    2H-chromen-4-yl]- **18** IV 6509
  - äthylester **18** IV 6510
—, Diacetoxy-[2-carboxy-phenyl]-,
  - anhydrid **17** II 526 a
—, [3,4-Diacetoxy-5,6-dichlor-2-hydroxy-
    phenyl]-diphenyl-,
  - lacton **18** I 372 d
—, [4,6-Diacetoxy-3,5-dimethyl-
    benzofuran-2-yl]- **18** II 307 b
—, [7,8-Diacetoxy-2,2-dimethyl-chroman-
    5-yl]- **18** IV 5014
—, {2-[2-(5,7-Diacetoxy-2,2-dimethyl-
    chroman-6-yl)-2-oxo-äthyl]-4,5-
    dimethoxy-phenoxy}-,
  - methylester **18** IV 3446
—, {2-[2-(5,7-Diacetoxy-2,2-dimethyl-
    chroman-8-yl)-2-oxo-äthyl]-4,5-
    dimethoxy-phenoxy}- **18** IV 3446
—, [4,5-Diacetoxy-2-hydroxy-3,4-
    dihydro-[1]naphthyl]-,
  - lacton **18** IV 1550
—, [2,3-Diacetoxy-1-hydroxy-10-oxo-
    10H-[9]anthryliden]-,
  - lacton **18** 198 c, II 181 g

Essigsäure (Fortsetzung)
—, [5,7-Diacetoxy-1-hydroxy-1,2,3,4-
tetrahydro-[2]naphthyl]-,
— lacton **18** IV 1416
—, [5,8-Diacetoxy-1-hydroxy-1,2,3,4-
tetrahydro-[2]naphthyl]-,
— lacton **18** IV 1416
—, [1,4-Diacetoxy-2-hydroxy-2,3,3-
trimethyl-cyclopentyl]-,
— lacton **18** IV 1139
—, [5,7-Diacetoxy-4-methyl-2-oxo-
2H-chromen-3-yl]- **18** IV 6504
— äthylester **18** IV 6505
—, [7,8-Diacetoxy-4-methyl-2-oxo-
2H-chromen-3-yl]- **18** IV 6505
— äthylester **18** IV 6505
—, [2,4-Diacetoxy-[1]naphthyl]-
[2-hydroxy-[1]naphthyl]-,
— lacton **18** IV 1977
—, [4,7-Diacetoxy-2-oxo-2H-chromen-3-
yl]- **18** IV 6499
—, Diäthoxythiophosphoryloxy-,
— furfurylester **17** IV 1251
—, [3-Diäthylcarbamoyl-4-methyl-
[2]furyl]-,
— diäthylamid **18** IV 4506
—, [4-Diäthylcarbamoyl-5-methyl-
[2]furyl]-,
— äthylester **18** IV 4507
— diäthylamid **18** IV 4507
—, {Diäthyl-[2-(cyclohex-2-enyl-
[2]thienyl-acetoxy)-äthyl]-ammonio}-,
— äthylester **18** IV 4228
—, {Diäthyl-[2-(cyclopent-2-enyl-
[2]thienyl-acetoxy)-äthyl]-ammonio}-,
— äthylester **18** IV 4218
—, [2,5-Diäthyl-[3]thienyl]- **18** IV 4128
— äthylester **18** IV 4128
— amid **18** IV 4128
—, [4-Diallylcarbamoyl-5-methyl-
[2]furyl]-,
— diallylamid **18** IV 4508
—, Dibenzofuran-2,8-diyl-di- **18**
IV 4575
— diamid **18** IV 4576
— dimethylester **18** IV 4576
—, Dibenzofuran-2-yl- **18** IV 4359
— amid **18** IV 4359
—, Dibenzofuran-4-yl- **18** IV 4360
— amid **18** IV 4360
— [3,4-dimethoxy-phenacylamid] **18**
IV 4360
—, Dibenzofuran-2-yl-[2,4-dinitro-
phenylhydrazono]- **18** IV 5659
—, Dibenzofuran-2-yl-hydroxy- **18**
IV 4972
—, Dibenzofuran-2-ylmercapto- **17**
IV 1594
—, Dibenzothiophen-4-yl- **18** IV 4360

— amid **18** IV 4360
—, [14H-Dibenzo[a,j]xanthen-14-yl]-
18 317 g
—, Dibrom-[4-carboxy-5-dibrommethyl-
[2]furyl]- **18** 334 e
— äthylester **18** 335 a
—, [3,5-Dibrom-2,4-dihydroxy-phenyl]-
diphenyl-,
— 2-lacton **18** I 337 c
—, [3,5-Dibrom-1-hydroxy-4-oxo-
cyclohexa-2,5-dienyl]-diphenyl-,
— lacton **17** I 277 b
—, [3,4-Dibrom-5-oxo-5H-[2]furyliden]-
hydroxy-,
— methylester **18** IV 5988
—, [3,4-Dibrom-5-oxo-5H-[2]furyliden]-
methoxy-,
— methylester **18** IV 6291
—, [3,5-Dibrom-[2]thienyl]-diphenyl- **18**
IV 4403
—, [x,x-Dibrom-xanthen-9-yl]- **18**
IV 4367
—, Dichlor-,
— [2-acetoxy-1-acetoxymethyl-2-
[2]furyl-äthylamid] **18** IV 7429
— [2-acetoxy-1-acetoxymethyl-2-(2-
methyl-5-phenyl-[3]thienyl)-äthylamid]
18 IV 7437
— [2-acetoxy-1-acetoxymethyl-2-(5-
methyl-2-phenyl-[3]thienyl)-äthylamid]
18 IV 7437
— [2-acetoxy-1-acetoxymethyl-2-(5-
methyl-[2]thienyl)-äthylamid] **18**
IV 7434
— [2-acetoxy-1-acetoxymethyl-2-(5-
nitro-[2]furyl)-äthylamid] **18** IV 7429
— [2-acetoxy-1-acetoxymethyl-2-(5-
nitro-[2]thienyl)-äthylamid] **18**
IV 7433
— [2-acetoxy-1-acetoxymethyl-2-
[2]thienyl-äthylamid] **18** IV 7431
— [1-acetoxymethyl-2-[2]furyl-2-
methoxy-äthylamid] **18** IV 7429
— [1-acetoxymethyl-2-hydroxy-2-
[2]thienyl-äthylamid] **18** IV 7431
— [1-acetoxymethyl-2-oxo-2-
[2]thienyl-äthylamid] **18** IV 8077
— [1,1-bis-hydroxymethyl-2-(5-nitro-
[2]thienyl)-2-oxo-äthylamid] **18**
IV 8114
— [1,1-bis-hydroxymethyl-2-oxo-2-(5-
phenyl-[2]thienyl)-äthylamid] **18**
IV 8128
— [2-(5-brom-[2]thienyl)-1-
hydroxymethyl-2-oxo-äthylamid] **18**
IV 8078
— [2-(5-brom-[2]thienyl)-2-oxo-
äthylamid] **18** IV 7866

Essigsäure

—, Dichlor-, (Fortsetzung)
- [4-chlor-1,1-dioxo-tetrahydro-$1\lambda^6$-[3]thienylamid] **18** IV 7028
- [(2-cyan-äthyl)-furfuryl-amid] **18** IV 7087
- [1-(3,5-dinitro-[2]thienyl)-äthylamid] **18** IV 7118
- [2-[2]furyl-2-hydroxy-1-hydroxymethyl-äthylamid] **18** IV 7429
- [2-[2]furyl-1-hydroxymethyl-2-methoxy-äthylamid] **18** IV 7429
- [2-[2]furyl-2-methoxy-äthylamid] **18** IV 7319
- [2-[2]furyl-2-oxo-äthylamid] **18** IV 7863
- [2-glucopyranosyloxy-1-glucopyranosyloxymethyl-2-(4-nitro-phenyl)-äthylamid] **17** IV 3421
- [1-glucopyranosyloxymethyl-2-hydroxy-2-(4-nitro-phenyl)-äthylamid] **17** IV 3421
- [2-hydroxy-1-hydroxymethyl-2-(2-methyl-5-phenyl-[3]furyl)-äthylamid] **18** IV 7436
- [2-hydroxy-1-hydroxymethyl-2-(5-methyl-2-phenyl-[3]furyl)-äthylamid] **18** IV 7436
- [2-hydroxy-1-hydroxymethyl-2-(2-methyl-5-phenyl-[3]thienyl)-äthylamid] **18** IV 7437
- [2-hydroxy-1-hydroxymethyl-2-(5-methyl-2-phenyl-[3]thienyl)-äthylamid] **18** IV 7437
- [2-hydroxy-1-hydroxymethyl-2-(5-methyl-[2]thienyl)-äthylamid] **18** IV 7434
- [2-hydroxy-1-hydroxymethyl-2-(5-nitro-[2]thienyl)-äthylamid] **18** IV 7432
- [2-hydroxy-1-hydroxymethyl-2-(5-phenyl-[2]thienyl)-äthylamid] **18** IV 7436
- [2-hydroxy-1-hydroxymethyl-2-[2]thienyl-äthylamid] **18** IV 7430
- [1-hydroxymethyl-2-(2-methyl-5-phenyl-[3]furyl)-2-oxo-äthylamid] **18** IV 8089
- [1-hydroxymethyl-2-(5-methyl-2-phenyl-[3]furyl)-2-oxo-äthylamid] **18** IV 8089
- [1-hydroxymethyl-2-(2-methyl-5-phenyl-[3]thienyl)-2-oxo-äthylamid] **18** IV 8089
- [1-hydroxymethyl-2-(5-methyl-2-phenyl-[3]thienyl)-2-oxo-äthylamid] **18** IV 8089

- [1-hydroxymethyl-2-(5-methyl-[2]thienyl)-2-oxo-äthylamid] **18** IV 8079
- [1-hydroxymethyl-2-(5-nitro-[2]thienyl)-2-oxo-äthylamid] **18** IV 8078
- [1-hydroxymethyl-2-oxo-2-(5-phenyl-[2]thienyl)-äthylamid] **18** IV 8089
- [1-hydroxymethyl-2-oxo-2-[2]thienyl-äthylamid] **18** IV 8077
- [2-hydroxy-1-(5-nitro-[2]furyl)-äthylidenhydrazid] **18** IV 97
- [2-(2-methyl-5-phenyl-[3]furyl)-2-oxo-äthylamid] **18** IV 7944
- [2-(5-methyl-2-phenyl-[3]furyl)-2-oxo-äthylamid] **18** IV 7944
- [2-(2-methyl-5-phenyl-[3]thienyl)-2-oxo-äthylamid] **18** IV 7944
- [2-(5-methyl-2-phenyl-[3]thienyl)-2-oxo-äthylamid] **18** IV 7944
- [2-(5-methyl-[2]thienyl)-2-oxo-äthylamid] **18** IV 7870
- [5-nitro-furfurylidenhydrazid] **17** IV 4465
- [3-(5-nitro-[2]furyl)-allylidenhydrazid] **17** IV 4702
- [2-(4-nitro-phenyl)-5-oxo-tetrahydro-[3]furylamid] **18** IV 7900
- [2-(5-nitro-[2]thienyl)-2-oxo-äthylamid] **18** IV 7866
- [2-oxo-2-(5-phenyl-[2]thienyl)-äthylamid] **18** IV 7943
- [2-oxo-2-[2]thienyl-äthylamid] **18** IV 7865
- tetrahydrofurfurylester **17** IV 1104
- [tetrahydro-$1\lambda^4$-[1]thienylidenamid] **17** IV 37 a

—, [3,5-Dichlor-2,4-dihydroxy-phenyl]-diphenyl-,
- 2-lacton **18** I 337 a

—, [2,5-Dichlor-6-hydroxy-3,4-dioxo-cyclohexa-1,5-dienyl]-diphenyl-,
- lacton **17** I 289 d

—, [5,6-Dichlor-2-hydroxy-3,4-dioxo-cyclohexa-1,5-dienyl]-diphenyl-,
- lacton **17** I 289 e

—, [2,5-Dichlor-1-hydroxy-4-oxo-cyclohexa-2,5-dienyl]-diphenyl-,
- lacton **17** I 276 e

—, [3,5-Dichlor-1-hydroxy-4-oxo-cyclohexa-2,5-dienyl]-diphenyl-,
- lacton **17** I 276 f

—, [3,6-Dichlor-7-methyl-2-oxo-2H-chromen-4-yl]- **18** IV 5607

—, [2,4-Dichlor-phenoxy]-,
- furfurylidenhydrazid **17** IV 4446
- tetrahydrofurfurylester **17** IV 1113

Essigsäure (Fortsetzung)
—, [6,7-Dichlor-2-phenyl-benzofuran-5-yloxy]- **17** IV 1660
—, Dichlor-phthalidyl- **18** 419 e
— methylester **18** 419 f
—, [2,3-Dichlor-4,5,6-trihydroxy-phenyl]-diphenyl-,
— 6-lacton **18** I 372 c
—, [2,5-Dichlor-3,4,6-trihydroxy-phenyl]-diphenyl-,
— 6-lacton **18** I 372 b
—, 2,2′-Dicyan-2,2′-phthalidyliden-di-,
— diäthylester **18** 515 a, I 529 d
—, Difluor-,
— dibenzofuran-2-ylamid **18** IV 7184
—, [6,7-Dihydro-benzo[b]thiophen-4-yl]-**18** IV 4210
—, [6,7-Dihydro-5H-benzo[b]thiophen-4-yliden]- **18** IV 4210
—, [3,4-Dihydro-2H-[1]naphthyliden]-di-,
— anhydrid **17** IV 6311
—, [5,6-Dihydro-2H-pyran-3-yl]- **18** IV 3885
— methylester **18** IV 3885
—, [5,6-Dihydro-4H-pyran-3-yl]- **18** IV 3884
— äthylester **18** IV 3885
—, [3,6-Dihydroxy-benzofuran-2-yl]- **18** IV 5034
— methylester **18** IV 5035
—, 2,2′-Dihydroxy-2,2′-cycloheptan-1,1-diyl-di-,
— monolacton **18** II 379 f
—, 2,2′-Dihydroxy-2,2′-cyclohexan-1,1-diyl-di-,
— monolacton **18** I 530 e, 531 b
—, [2,3-Dihydroxy-cyclohexyl]-,
— 2-lacton **18** IV 65
—, [2,5-Dihydroxy-cyclohexyl]-,
— 2-lacton **17** IV 5930
—, 2,2′-Dihydroxy-2,2′-cyclopentan-1,1-diyl-di-,
— monolacton **18** II 378 c
—, [4,6-Dihydroxy-3,5-dimethyl-benzofuran-2-yl]- **18** II 307 a, IV 5042
— methylester **18** IV 5042
—, [7,8-Dihydroxy-2,2-dimethyl-chroman-5-yl]- **18** IV 5013
—, {2-[2-(5,7-Dihydroxy-2,2-dimethyl-chroman-6-yl)-2-oxo-äthyl]-4,5-dimethoxy-phenoxy}- **18** IV 3445
— methylester **18** IV 3446
—, {2-[2-(5,7-Dihydroxy-2,2-dimethyl-chroman-8-yl)-2-oxo-äthyl]-4,5-dimethoxy-phenoxy}- **18** IV 3446

—, [1,2-Dihydroxy-5,5-dimethyl-cyclohexyl]-,
— 2-lacton **18** IV 73
—, [6-(1,5-Dihydroxy-1,5-dimethyl-hexyl)-3-methyl-cyclohex-2-enyl]-,
— 1-lacton **18** IV 137
—, [2-(1,5-Dihydroxy-1,5-dimethyl-hexyl)-5-methyl-cyclohexyl]-,
— 1-lacton **18** IV 81
—, [2,10a-Dihydroxy-4a,6a-dimethyl-8-oxo-octadecahydro-naphth[2′,1′;4,5]≈indeno[2,1-b]furan-7-yl]- **18** IV 6485
—, [2,5-Dihydroxy-3,6-dimethyl-phenyl]-,
— 2-lacton **18** IV 192
—, [3,6-Dihydroxy-2,4-dimethyl-phenyl]-,
— 6-lacton **18** IV 192
—, [1,7-Dihydroxy-5,8-dimethyl-1,2,3,4-tetrahydro-[2]naphthyl]-,
— 1-lacton **18** IV 442
—, 2,2′-Dihydroxy-2,2′-diphenyl-2,2′-o-phenylen-di-,
— monolacton **18** II 389 f
—, [4a,11-Dihydroxy-dodecahydro-5,9-methano-benzocycloocten-11-yl]-,
— 4a-lacton **18** IV 146
—, [6a,8-Dihydroxy-10a-hydroxymethyl-12a-methyl-3-oxo-hexadecahydro-1,4a-äthano-naphtho[1,2-h]chromen-2-yl]-,
— methylester **18** IV 6592
—, [3,8-Dihydroxy-8-hydroxymethyl-11b-methyl-tetradecahydro-6a,9-methano-cyclohepta[a]naphthalin-4-yl]-,
— 3-lacton **18** IV 1295
—, {2-[2-(4,6-Dihydroxy-2-isopropenyl-2,3-dihydro-benzofuran-5-yl)-2-oxo-äthyl]-4,5-dimethoxy-phenoxy}- **18** IV 3526
—, {2-[2-(4,6-Dihydroxy-2-isopropyl-2,3-dihydro-benzofuran-5-yl)-2-oxo-äthyl]-4,5-dimethoxy-phenoxy}- **18** IV 3446
—, [1,4-Dihydroxy-p-menthan-3-yl]-,
— 1-lacton **18** IV 77
— 4-lacton **18** IV 78
—, [7,8-Dihydroxy-6-methoxycarbonyl-2-oxo-2H-chromen-4-yl]- **18** IV 6665
—, [3,4-Dihydroxy-2-methoxy-tetrahydro-[2]furyl]-methoxy-,
— amid **18** IV 5222
—, [1,2-Dihydroxy-4-methyl-cyclohexyl]-,
— 2-lacton **18** 9 a
—, [4a,11-Dihydroxy-10-methyl-dodecahydro-5,9-methano-benzocycloocten-11-yl]-,
— 4a-lacton **18** IV 146
—, [5,7-Dihydroxy-4-methyl-2-oxo-2H-chromen-3-yl]- **18** IV 6504
— äthylester **18** IV 6504
—, [7,8-Dihydroxy-4-methyl-2-oxo-2H-chromen-3-yl]- **18** IV 6505
— äthylester **18** IV 6505

Essigsäure (Fortsetzung)

—, [5,8-Dihydroxy-2-methyl-4-oxo-
4H-chromen-7-yloxy]- **18** IV 2383

—, [2,5-Dihydroxy-4-methyl-phenyl]-,
— 2-lacton **18** IV 174

—, [3,6-Dihydroxy-2-methyl-phenyl]-,
— 6-lacton **18** IV 173

—, [2,4-Dihydroxy-6-methyl-phenyl]-
diphenyl-,
— 2-lacton **18** 73a

—, [2,4-Dihydroxy-6-methyl-phenyl]-
phenyl-,
— 2-lacton **18** 53 e

—, [2,6-Dihydroxy-4-methyl-phenyl]-
phenyl-,
— lacton **18** 53 h

—, [2,5-Dihydroxy-8-methyl-1,2,3,4-
tetrahydro-[1]naphthyl]-,
— 2-lacton **18** IV 432

—, [1,3-Dihydroxy-[2]naphthyl]-,
— 1-lacton **18** IV 570
— 3-lacton **18** IV 570

—, [1,4-Dihydroxy-[2]naphthyl]-,
— 1-lacton **18** IV 570

—, [2,7-Dihydroxy-[1]naphthyl]-diphenyl-,
— 2-lacton **18** IV 859

—, [1,8-Dihydroxy-neomenthyl]-,
— 1-lacton **18** IV 78
— 8-lacton **18** IV 77

—, [2,4-Dihydroxy-3-nitro-phenyl]-
diphenyl-,
— 2-lacton **18** I 337 f

—, [2,4-Dihydroxy-5-nitro-phenyl]-
diphenyl-,
— 2-lacton **18** 71 g, I 337 d

—, [1,3-Dihydroxy-10-oxo-10H-
[9]anthryliden]-,
— 1-lacton **18** 140 c, II 111 c

—, [1,4-Dihydroxy-10-oxo-10H-
[9]anthryliden]-,
— 1-lacton **18** II 111 e

—, [4,7-Dihydroxy-2-oxo-2H-chromen-3-
yl]- **18** IV 6498
— äthylester **18** IV 6499
— methylester **18** IV 6499

—, [5,7-Dihydroxy-2-oxo-2H-chromen-4-
yl]- **18** I 542 c, IV 6499

—, [6,7-Dihydroxy-2-oxo-2H-chromen-4-
yl]- **18** I 542 d, IV 6499
— äthylester **18** I 542 e

—, [7,8-Dihydroxy-2-oxo-2H-chromen-4-
yl]- **18** I 542 f, IV 6499
— äthylester **18** I 543 b, IV 6500
— anilid **18** I 543 c

—, [1,4a-Dihydroxy-7-oxo-1,2,3,4,4a,7-
hexahydro-[2]naphthyl]-,
— 1-lacton **18** IV 1416

—, [4,5-Dihydroxy-3-oxo-phthalan-1-yl]-
18 542 f, IV 6474

— äthylester **18** 542 i

—, [3,4-Dihydroxy-5-oxo-tetrahydro-
[2]furyl]- **18** IV 6451

—, [3,4-Dihydroxy-5-oxo-tetrahydro-
[2]furyl]-hydroxy- **18** 550 a, 551 a,
I 544 b, II 397 b, IV 6569
— äthylester **18** IV 6573
— methylester **18** IV 6571

—, [2,3-Dihydroxy-phenyl]-,
— 2-lacton **18** I 301 e

—, [2,4-Dihydroxy-phenyl]-,
— 2-lacton **18** IV 155

—, [2,5-Dihydroxy-phenyl]-,
— 2-lacton **18** 17 b, I 301 d,
IV 155

—, [2,4-Dihydroxy-phenyl]-bis-
[4-methoxy-phenyl]-,
— 2-lacton **18** IV 2828

—, [2,3-Dihydroxy-phenyl]-diphenyl-,
— 2-lacton **18** IV 830

—, [2,4-Dihydroxy-phenyl]-diphenyl-,
— 2-lacton **18** 70 g, I 336 d

—, [2,5-Dihydroxy-phenyl]-diphenyl-,
— 2-lacton **18** 70 f, I 336 c

—, [2,6-Dihydroxy-phenyl]-diphenyl-,
— lacton **18** 70 e

—, [2,4-Dihydroxy-phenyl]-phenyl-,
— 4-lacton **18** 48 d

—, [2,5-Dihydroxy-phenyl]-phenyl-,
— 2-lacton **18** 48 c

—, [2,6-Dihydroxy-phenyl]-phenyl-,
— lacton **18** 48 a

—, [3,5-Dihydroxy-tetrahydro-[2]furyl]-,
— 3-lacton **18** IV 1130

—, [3,4-Dihydroxy-tetrahydro-
[2]furyl]-hydroxy- **18** I 466 e, IV 5067
— amid **18** I 466 f, IV 5070
— methylester **18** IV 5068
— [N'-phenyl-hydrazid] **18** IV 5072

—, [3,4-Dihydroxy-tetrahydro-
[2]furyl]-methoxy- **18** IV 5067
— amid **18** IV 5071
— methylester **18** IV 5069

—, [1,5-Dihydroxy-1,2,3,4-tetrahydro-
[2]naphthyl]-,
— 1-lacton **18** IV 414

—, [1,7-Dihydroxy-1,2,3,4-tetrahydro-
[2]naphthyl]-,
— 1-lacton **18** IV 415

—, [2,7-Dihydroxy-1,2,3,4-tetrahydro-
[1]naphthyl]-,
— 2-lacton **18** IV 416

—, [2,3-Dihydroxy-1,3,4-trimethyl-
cyclohexyl]-,
— 2-lacton **18** IV 76

—, [2,3-Dihydroxy-2,6,6-trimethyl-
cyclohexyl]-,
— 2-lacton **18** IV 76

Essigsäure (Fortsetzung)
—, [2,4-Dihydroxy-2,6,6-trimethyl-
cyclohexyliden]-,
  — 2-lacton **18** IV 123
—, [1,2-Dihydroxy-2,3,3-trimethyl-
cyclopentyl]-,
  — 2-lacton **18** 9 c, IV 73
—, [1,2-Dihydroxy-2,3,3-trimethyl-
cyclopentyl]-hydroxy-,
  — 2-lacton **18** 83d
—, [1,2-Dihydroxy-2,3,3-trimethyl-4-oxo-
cyclopentyl]-,
  — 2-lacton **18** IV 1173
—, [2,5-Dihydroxy-3,4,6-trimethyl-
phenyl]-,
  — 2-lacton **18** IV 214
—, [2,5-Dihydroxy-3,4,6-trimethyl-
phenyl]-phenyl-,
  — 2-lacton **18** IV 670
—, [4,6-Dimethoxy-dibenzofuran-1-yl]-
18 IV 5054
  — amid **18** IV 5054
—, [4,6-Dimethoxy-2,5-dimethyl-
benzofuran-3-yl]- **18** IV 5042
—, [4,6-Dimethoxy-3,5-dimethyl-
benzofuran-2-yl]- **18** IV 5042
  — methylester **18** IV 5042
—, [4,6-Dimethoxy-3,7-dimethyl-
benzofuran-2-yl]- **18** IV 5043
—, [4,6-Dimethoxy-3,5-dimethyl-
benzofuran-2-yl]-hydroxyimino- **18**
IV 6507
  — methylester **18** IV 6508
—, [7,8-Dimethoxy-2,2-dimethyl-
chroman-5-yl]- **18** IV 5014
—, [7,8-Dimethoxy-2,2-dimethyl-4-oxo-
chroman-5-yl]- **18** IV 6479
—, [4,5-Dimethoxy-2-(6-methoxy-
benzofuran-3-yl)-phenyl]- **18**
IV 5106
  — amid **18** IV 5106
—, [6,7-Dimethoxy-2-methoxycarbonyl-
3-methyl-2,3-dihydro-benzofuran-3-yl]-,
  — methylester **18** IV 5239
—, [6,7-Dimethoxy-2-methoxycarbonyl-
3-phenyl-2,3-dihydro-benzofuran-3-yl]-,
  — methylester **18** IV 5245
—, [5,7-Dimethoxy-2-(4-methoxy-phenyl)-
4-oxo-4*H*-chromen-6-yl]- **18** IV 6643
—, [5,7-Dimethoxy-2-(4-methoxy-phenyl)-
4-oxo-4*H*-chromen-8-yl]- **18** IV 6643
—, [4,6-Dimethoxy-2-methyl-benzofuran-
3-yl]- **18** IV 5038
  — äthylester **18** IV 5039
—, [4,6-Dimethoxy-3-methyl-benzofuran-
2-yl]- **18** IV 5039
—, [6,7-Dimethoxy-2-methylcarbamoyl-
3-phenyl-2,3-dihydro-benzofuran-3-yl]-
18 IV 5245

  — methylamid **18** IV 5246
—, [4,6-Dimethoxy-7-methyl-1,3-dioxo-
phthalan-5-yl]- **18** IV 6600
—, [6,7-Dimethoxy-3-methyl-2-
methylcarbamoyl-2,3-dihydro-
benzofuran-3-yl]- **18** IV 5239
  — methylamid **18** IV 5239
—, [5,7-Dimethoxy-4-methyl-2-oxo-
2*H*-chromen-3-yl]- **18** IV 6504
  — äthylester **18** IV 6504
—, [7,8-Dimethoxy-4-methyl-2-oxo-
2*H*-chromen-3-yl]- **18**
IV 6505
  — äthylester **18** IV 6505
—, [5,8-Dimethoxy-2-methyl-4-oxo-
4*H*-chromen-7-yloxy]-,
  — äthylester **18** IV 2384
—, [6,7-Dimethoxy-2-methyl-4-oxo-
4*H*-chromen-3-yl]-semicarbazono-,
  — äthylester **18** IV 6620
—, [4,6-Dimethoxy-7-methyl-3-oxo-
phthalan-5-yl]- **18** IV 6477
  — methylester **18** IV 6477
—, [4,5-Dimethoxy-7-nitro-3-oxo-
phthalan-1-yl]- **18** 543 b
  — äthylester **18** 543 c
—, [5,7-Dimethoxy-2-oxo-2*H*-chromen-4-
yl]- **18** IV 6499
—, [7,8-Dimethoxy-2-oxo-2*H*-chromen-4-
yl]- **18** I 542 g
  — methylester **18** I 542 h
—, [5,8-Dimethoxy-1-oxo-3,4-dihydro-
1*H*-naphthalin-2,2-diyl]-di-,
  — anhydrid **18** IV 3155
—, [4,5-Dimethoxy-3-oxo-phthalan-1-yl]-
18 542 g, IV 6474
  — äthylester **18** 543 a
  — amid **18** II 391 g
  — methylester **18** 542 h,
II 391 e
—, [5,6-Dimethoxy-3-oxo-phthalan-1-yl]-
18 II 392 a
  — äthylester **18** II 392 c
  — amid **18** II 392 e
  — methylester **18** II 392 b
—, [6-(5,6-Dimethoxy-3-oxo-phthalan-1-
yl)-2,3-dimethoxy-phenoxy]- **18** 238 c,
IV 3423
  — methylester **18** IV 3423
—, [4,7-Dimethoxy-3-oxo-phthalan-1-
yliden]- **18** IV 6497
—, [2-(5,6-Dimethoxy-3-oxo-phthalan-1-
yl)-5-methoxy-phenoxy]- **18** 209 a,
IV 3193
  — äthylester **18** IV 3193
  — methylester **18** IV 3193
—, [3,4-Dimethoxy-5-oxo-tetrahydro-
[2]furyl]-hydroxy- **18** II 397 d
  — methylester **18** IV 6572

Essigsäure (Fortsetzung)

—, [3,4-Dimethoxy-5-oxo-tetrahydro-
[2]furyl]-methoxy-,
— methylester **18** IV 6573

—, [3,4-Dimethoxy-phenyl]-,
— [2-[2]furyl-äthylamid] **18** IV 7122
— [2-methoxy-2-[2]thienyl-äthylamid]
18 IV 7323
— [2-[2]thienyl-äthylamid] **18**
IV 7124

—, [2-(2,4-Dimethoxy-phenyl)-5,7-
dimethoxy-6-methoxycarbonyl-4-oxo-
4H-chromen-3-yl]-,
— methylester **18** IV 3386

—, [3,4-Dimethoxy-phenyl]-[4-(3,4-
dimethoxy-phenyl)-3,5-dioxo-dihydro-
[2]furyliden]- **18** II 403 a
— methylester **18** II 403 b

—, [4-(3,4-Dimethoxy-phenyl)-7-hydroxy-
2-oxo-2H-chromen-3-yl]-,
— äthylester **18** IV 6644

—, [3-(3,4-Dimethoxy-phenyl)-6-
methoxy-benzofuran-2-yl]- **18** IV 5107
— amid **18** IV 5108
— [2,3,9-trimethoxy-benzo[b]naphtho=
[1,2-d]furan-5-ylester] **18** IV 5108

—, [3,4-Dimethoxy-phenyl]-[6-methoxy-
benzofuran-3-yl]-,
— amid **18** IV 5106

—, [4,7-Dimethoxy-5-(1-semicarbazono-
äthyl)-benzofuran-6-yloxy]- **18** IV 2399
— methylester **18** IV 2399

—, [3,4-Dimethoxy-tetrahydro-
[2]furyl]-methoxy- **18** IV 5068
— methylester **18** IV 5070

—, [3,6-Dimethoxy-2,4b,8,10a-
tetramethyl-4,5-dioxo-1,2,3,4,4a,4b,5,8,8a,=
9,10,10a-dodecahydro-2,10-epoxido-
phenanthren-1-yl]- **18** IV 3173

—, Dimethylamino-[2-hydroxy-
cyclohexyl]-,
— lacton **18** IV 7861

—, [7-Dimethylamino-2-oxo-
2H-chromen-4-yl]- **18** I 589 e, IV 8270
— äthylester **18** I 589 f

—, [4-Dimethylamino-phenylimino]-
[1-hydroxy-9,10-dioxo-9,10-dihydro-
[2]anthryl]-,
— lacton **17** IV 6835

—, [4-Dimethylamino-phenylimino]-
[2-hydroxy-phenyl]-,
— lacton **17** IV 6130

—, [3,6-Dimethyl-benzofuran-2-yl]- **18**
IV 4281

—, [4,6-Dimethyl-benzofuran-2-yl]- **18**
IV 4281

—, [4-Dimethylcarbamoyl-5-methyl-
[2]furyl]-,
— dimethylamid **18** IV 4507

—, [2,2-Dimethyl-chroman-6-yl]- **18**
IV 4237

—, [2,2-Dimethyl-chroman-8-yl]- **18**
IV 4237
— methylester **18** IV 4237

—, [2,4-Dimethyl-cyclohexan-1,1-diyl]-di-,
— anhydrid **17** I 240 b

—, [4,4-Dimethyl-cyclohexan-1,1-diyl]-di-,
— anhydrid **17** IV 5968

—, [2,5-Dimethyl-3,6-dihydro-
2H-thiopyran-4-yl]- **18** IV 3901

—, [3,6-Dimethyl-3,6-dihydro-
2H-thiopyran-4-yl]- **18** IV 3901

—, {2-[1-(4,4-Dimethyl-3,5-dioxo-
cyclopent-1-enyl)-äthyl]-6,8-dihydroxy-6-
methyl-bicyclo[3.2.1]oct-1-yl}-,
— 8-lacton **18** IV 2530

—, {2-[1-(3,3-Dimethyl-2,4-dioxo-
cyclopentyl)-äthyl]-6,8-dihydroxy-6-
methyl-bicyclo[3.2.1]oct-1-yl}-,
— 8-lacton **18** IV 2424

—, [4,4-Dimethyl-2,5-dioxo-dihydro-
[3]furyliden]- **18** II 354 c

—, [2,5-Dimethyl-1,1-dioxo-3,6-dihydro-
2H-1λ^6-thiopyran-4-yl]- **18** IV 3901

—, [3,6-Dimethyl-1,1-dioxo-3,6-dihydro-
2H-1λ^6-thiopyran-4-yl]- **18** IV 3901

—, [10a,12a-Dimethyl-3,8-dioxo-
hexadecahydro-1,4a-äthano-naphtho=
[1,2-h]chromen-2-yl]-,
— methylester **18** IV 6070

—, [1,5-Dimethyl-2,4-dioxo-3-oxa-
bicyclo[3.3.1]non-9-yl]- **18** IV 5996
— anhydrid **18** IV 5996

—, [4,4-Dimethyl-2,5-dioxo-tetrahydro-
[3]furyl]- **18** IV 5971

—, [2,5-Dimethyl-1,1-dioxo-tetrahydro-
1λ^6-thiopyran-4-yliden]- **18** IV 3902

—, [5,5-Dimethyl-2,4-diphenyl-2,5-
dihydro-[2]furyl]- **18** IV 4394
— amid **18** IV 4394
— methylester **18** IV 4394

—, [5,5-Dimethyl-2,4-diphenyl-
tetrahydro-[2]furyl]- **18** IV 4381

—, [2,5-Dimethyl-[3]furyl]- **18** IV 4110
— amid **18** IV 4110

—, [3-(1,5-Dimethyl-hexyl)-3a,6-
dimethyl-8-oxo-tetradecahydro-
cyclopenta[7,8]naphtho[2,3-b]furan-6-yl]-
18 IV 5516
— methylester **18** IV 5516

—, [2-(1,5-Dimethyl-hexyl)-5-oxo-
tetrahydro-[2]furyl]-,
— äthylester **18** IV 5322

—, [4,6-Dimethyl-3-hydroxy-benzofuran-
2-yl]- **18** IV 4936
— methylester **18** IV 4936

—, [6,7-Dimethyl-8-nitro-2-oxo-
2H-chromen-4-yl]- **18** I 496 g

Essigsäure (Fortsetzung)

—, [2,3-Dimethyl-4-oxo-4*H*-chromen-6-
yl]- **18** IV 5614
 — äthylester **18** IV 5614
—, [4,7-Dimethyl-2-oxo-2*H*-chromen-3-
yl]- **18** IV 5614
 — äthylester **18** IV 5614
—, [6,7-Dimethyl-2-oxo-2*H*-chromen-4-
yl]- **18** I 496 c
 — äthylester **18** I 496 d
 — anilid **18** I 496 e
—, [2,3-Dimethyl-4-oxo-4*H*-chromen-6-
yloxy]- **18** IV 373
 — äthylester **18** IV 373
 — [2-diäthylamino-äthylester] **18**
 IV 374
—, [2,3-Dimethyl-4-oxo-4*H*-chromen-7-
yloxy]- **18** IV 374
 — äthylester **18** IV 374
 — [2-diäthylamino-äthylester] **18**
 IV 374
—, [4,6-Dimethyl-3-oxo-2,3-dihydro-
benzofuran-2-yl]- **18** IV 4936
 — methylester **18** IV 4936
—, [4,5-Dimethyl-2-oxo-2,3-dihydro-
[3]furyl]- **18** IV 5347
—, [4,5-Dimethyl-2-oxo-2,5-dihydro-
[3]furyl]- **18** 399 a
—, [5,5-Dimethyl-2-oxo-dihydro-
[3]furyliden]-hydroxy-,
 — äthylester **18** IV 5975
—, [4,6-Dimethyl-2-oxo-dihydro-pyran-3-
yliden]-hydroxy-,
 — äthylester **18** IV 5976
—, [2,5-Dimethyl-1-oxo-3,6-dihydro-
2*H*-1λ^4-thiopyran-4-yl]- **18** IV 3901
—, [4,7-Dimethyl-2-oxo-hexahydro-
cyclopenta[*b*]pyran-7a-yl]-,
 — äthylester **18** IV 5373
—, [1,5-Dimethyl-7-oxo-6-oxa-bicyclo-
[3.2.1]oct-8-yl]- **18** IV 5371
 — anilid **18** IV 5372
 — methylester **18** IV 5371
—, [2,2-Dimethyl-5-oxo-3-phenyl-
tetrahydro-[3]furyl]- **10** III 1868 c
—, [1,4-Dimethyl-3-oxo-phthalan-1-yl]-
18 II 335 a, IV 5541
—, [5,6-Dimethyl-3-oxo-phthalan-4-yl]-
18 427 e
—, [5,5-Dimethyl-2-oxo-tetrahydro-
chroman-8a-yl]- **18** IV 5374
—, [2,2-Dimethyl-5-oxo-tetrahydro-
[3]furyl]- **18** 384 c, 386 a, I 480 g,
II 316 a, IV 5302
 — äthylester **18** 385 a, I 480 i
 — methylester **18** I 480 h
—, [3,3-Dimethyl-5-oxo-tetrahydro-
[2]furyl]- **18** 387 e, I 480 j

—, [3,4-Dimethyl-5-oxo-tetrahydro-
[2]furyl]- **18** IV 5303
 — [4-brom-phenacylester] **18**
 IV 5303
—, [4,4-Dimethyl-2-oxo-tetrahydro-
[3]furyl]- **18** 388 c
—, [4,5-Dimethyl-2-oxo-tetrahydro-
[3]furyl]- **18** 388 a, IV 5303
—, [5,5-Dimethyl-2-oxo-tetrahydro-
[3]furyl]- **18** 387 c, IV 5303
 — äthylester **18** 387 d
—, [5,5-Dimethyl-2-oxo-tetrahydro-
[3]furyl]-[2,4-dinitro-phenylhydrazono]-,
 — äthylester **18** IV 5975
—, [2,2-Dimethyl-6-oxo-tetrahydro-
pyran-4-yl]- **18** IV 5308
 — methylester **18** IV 5308
—, [2,3-Dimethyl-6-oxo-tetrahydro-
pyran-2-yl]-,
 — äthylester **18** IV 5308
—, [2,5-Dimethyl-tetrahydro-furan-2,5-
diyl]-di-,
 — diäthylester **18** IV 4449
—, [2,5-Dimethyl-tetrahydro-thiopyran-
4-yliden]- **18** IV 3902
 — anilid **18** IV 3902
—, [2,5-Dimethyl-[3]thienyl]- **18**
 IV 4110
 — amid **18** IV 4111
—, [3,4-Dimethyl-[2]thienyl]-,
 — amid **18** IV 4110
—, [4,5-Dimethyl-[2]thienyl]- **18**
 IV 4110
 — amid **18** IV 4110
—, [2,5-Dimethyl-[3]thienylmercapto]-
17 IV 1279
—, [2,5-Dimethyl-[3]thienyl]-[toluol-4-
sulfonylamino]- **18** IV 8204
—, [2,5-Dimethyl-thiophen-3,4-diyl]-di-
18 IV 4519
—, [6,7-Dimethyl-2-thioxo-2*H*-chromen-
4-yl]-,
 — äthylester **18** I 496 h
—, [3-(3,5-Dinitro-benzoyloxy)-2-
hydroxy-cyclohexyl]-,
 — lacton **18** IV 66
—, {4-[2-(5,6-Dinitro-2-oxo-acenaphthen-
1-yliden)-3-oxo-2,3-dihydro-benzo[*b*]-
thiophen-5-yl]-phenylmercapto}- **18**
 IV 1996
—, [2-(5,6-Dinitro-2-oxo-acenaphthen-1-
yliden)-1-oxo-1,2-dihydro-naphtho[2,1-*b*]-
thiophen-8-ylmercapto]- **18** IV 1991
—, {2-[1-(2,4-Dinitro-phenylhydrazono)-
äthyl]-5-hydroxy-5-methylcyclohexyl}-,
 — lacton **17** IV 5966
—, {4-[1-(2,4-Dinitro-phenylhydrazono)-
butyl]-3,5-dioxo-tetrahydro-[2]furyl}- **18**
 IV 6132

Essigsäure (Fortsetzung)

—, [4-(2,4-Dinitro-phenylhydrazono)-5,6-dihydro-4*H*-pyran-3-yl]- **18** IV 5340
  — methylester **18** IV 5340

—, [4-(2,4-Dinitro-phenylhydrazono)-5,6-dihydro-4*H*-pyran-3-yl]-methoxy-,
  — methylester **18** IV 6278

—, [4-(2,4-Dinitro-phenylhydrazono)-7,8-dimethoxy-2,2-dimethyl-chroman-5-yl]- **18** IV 6479

—, [1-(2,4-Dinitro-phenylhydrazono)-3-[2]furyl-inden-2-yl]- **18** IV 5661

—, [3-(2,4-Dinitro-phenylhydrazono)-2-(5-hydroxy-pent-2-enyl)-cyclopentyl]-,
  — lacton **17** IV 6026

—, [8-(2,4-Dinitro-phenylhydrazono)-3-methoxy-4-oxo-2-phenyl-4*H*-chromen-7-yloxy]-,
  — äthylester **18** IV 2797

—, [2,4-Dinitro-phenylhydrazono]-[5-methyl-2,3-dihydro-benzofuran-7-yl]-,
  — äthylester **18** IV 5535

—, [2,4-Dinitro-phenylhydrazono]-[4-methyl-2-oxo-tetrahydro-pyran-3-yl]-,
  — äthylester **18** IV 5971

—, {8-[(2,4-Dinitro-phenylhydrazono)-methyl]-2-phenyl-chroman-7-yloxy}-,
  — äthylester **18** IV 658

—, [4-(2,4-Dinitro-phenylhydrazono)-tetrahydro-pyran-3-yl]- **18** IV 5277
  — methylester **18** IV 5277

—, [1,1-Dioxo-1λ⁶-benzo[*b*]thiophen-3-yl]- **18** IV 4264

—, [1,1-Dioxo-1λ⁶-benzo[*b*]thiophen-4-yl]- **18** IV 4265

—, [2,4-Dioxo-chroman-3-yl]- **18** IV 6053

—, [2,5-Dioxo-2,5-dihydro-[3]furyl]- **18** 463 Anm., I 511 f, II 353 a, IV 5989
  — methylester **18** II 353 b

—, [2,5-Dioxo-dihydro-[3]furyliden]- **18** I 511 f

—, [1,3-Dioxo-1,3,3a,4,7,7a-hexahydro-isobenzofuran-4-yl]- **18** IV 6020
  — äthylester **18** IV 6020

—, [3,5-Dioxo-4-phenyl-dihydro-[2]furyliden]-[2-methoxy-phenyl]- **18** IV 6564
  — methylester **18** IV 6564

—, [3,5-Dioxo-4-phenyl-dihydro-[2]furyliden]-[4-methoxy-phenyl]- **18** IV 6565
  — methylester **18** IV 6565

—, [3,5-Dioxo-4-phenyl-dihydro-[2]furyliden]-phenyl- **18** 480 a, II 359 f, IV 6100
  — äthylester **18** 481 b, IV 6101
  — amid **18** 481 d
  — anilid **18** 482 a, IV 6101
  — dimethylamid **18** 481 f
  — methylamid **18** 481 e
  — methylester **18** 480 b, II 360 a, IV 6101
  — [1]naphthylamid **18** 482 b
  — [2]naphthylamid **18** 482 c
  — [*N'*-phenyl-hydrazid] **18** 482 e
  — propylester **18** 481 c

—, [3,5-Dioxo-4-phenyl-tetrahydro-[2]furyl]-phenyl- **18** IV 6097
  — methylester **18** IV 6098

—, [1,3-Dioxo-7-propyl-1,3,3a,4,7,7a-hexahydro-isobenzofuran-4-yl]-,
  — methylester **18** IV 6024

—, [13,15-Dioxo-9,10,12,13-tetrahydro-9,10-furo[3,4]ätheno-anthracen-11-yl]- **18** IV 6106

—, [2,4-Dioxo-tetrahydro-[3]furyl]- **18** IV 5963
  — äthylester **18** 451 d, IV 5963
  — amid **18** IV 5963
  — isobutylamid **18** IV 5963

—, [2,5-Dioxo-tetrahydro-[3]furyl]- **18** 451 e, II 350 d, IV 5963
  — methylester **18** II 350 e, IV 5963

—, [3,5-Dioxo-tetrahydro-[2]furyl]- **18** IV 5962

—, [4,5-Dioxo-tetrahydro-[3]furyl]- **18** IV 5963

—, [1,3-Dioxo-1,10,11,11a-tetrahydro-phenanthro[1,2-*c*]furan-3a-yl]- **18** IV 6099
  — methylester **18** IV 6099

—, [2,6-Dioxo-tetrahydro-pyran-4-yl]- **18** II 351 a
  — anhydrid **18** IV 5967

—, [1,1-Dioxo-tetrahydro-1λ⁶-thiophen-3-sulfonyl]- **17** IV 1034

—, [10,10-Dioxo-10λ⁶-thioxanthen-9-yl]- **18** IV 4372
  — amid **18** IV 4374
  — [2-diäthylamino-äthylester] **18** IV 4373
  — [2-dicyclohexylamino-äthylester] **18** IV 4373
  — [2-diisopropylamino-äthylester] **18** IV 4373
  — [2-dimethylamino-äthylester] **18** IV 4373
  — [β-dimethylamino-isopropylester] **18** IV 4373

Essigsäure (Fortsetzung)
—, [3,5-Dioxo-4-p-tolyl-dihydro-
[2]furyliden]-p-tolyl-,
  — äthylester **18** II 361 g
  — amid **18** II 361 h
  — methylester **18** II 361 f
—, Diphenyl-,
  — tetrahydrothiopyran-4-ylester **17**
    IV 1090
—, 2,2'-Diphenyl-oxydi-,
  — bis-furfurylamid **18** IV 7087
—, Diphenyl-phthalidylmercapto- **18**
  II 9 e
—, Diphenyl-[3,3,6,6-tetrachlor-2-
hydroxy-4,5-dioxo-cyclohex-1-enyl]-,
  — lacton **17** I 289 c
—, Diphenyl-[2]thienyl- **18** IV 4402
  — methylester **18** IV 4403
—, Diphenyl-[2,3,5-trichlor-1-hydroxy-4-
oxo-cyclohexa-2,5-dienyl]-,
  — lacton **17** I 277 a
—, Diphenyl-[2,3,4-trihydroxy-phenyl]-,
  — 2-lacton **18** 142 g
—, [4-Dipropylcarbamoyl-5-methyl-
[2]furyl]-,
  — dipropylamid **18** IV 4508
—, [Di-xanthen-9-yl-hydrazono]- **18**
  II 497 b
—, [1,2-Epoxy-5,5-dimethyl-cyclohexyl]-,
  — methylester **18** IV 3908
—, [2,3-Epoxy-2,6,6-trimethyl-cyclohexyl]-
  18 IV 3908
  — methylester **18** IV 3908
—, [1,2-Epoxy-2,3,3-trimethyl-
cyclopentyl]- **18** 272 a
  — äthylester **18** 272 c
  — amid **18** 272 e
  — benzylester **18** 272 d
  — methylester **18** 272 b
—, Fluor-,
  — dibenzoselenophen-3-ylamid **18**
    IV 7210
  — furfurylester **17** IV 1247
—, [10a-Formyl-6a,8-dihydroxy-12a-
methyl-3-oxo-hexadecahydro-1,4a-
äthano-naphtho[1,2-h]chromen-2-yl]- **18**
  IV 6613
—, [6-Formyl-5,8-dimethoxy-2-methyl-4-
oxo-4H-chromen-7-yloxy]- **18** IV 3103
  — methylester **18** IV 3103
—, [6-Formyl-5-hydroxy-8-methoxy-2-
methyl-4-oxo-4H-chromen-7-yloxy]-,
  — methylester **18** IV 3103
—, [3-Formyl-5-methoxycarbonyl-2-
methyl-3,4-dihydro-2H-pyran-4-yl]- **18**
  IV 6131
—, [6-Formyl-8-methoxy-3-methyl-2-oxo-
2H-chromen-7-yloxy]- **18** IV 2507
  — äthylester **18** IV 2507

—, [6-Formyl-8-methoxy-4-methyl-2-oxo-
2H-chromen-7-yloxy]- **18** IV 2508
  — äthylester **18** IV 2508
—, [8-Formyl-3-methoxy-2-methyl-4-oxo-
4H-chromen-7-yloxy]-,
  — äthylester **18** IV 2507
—, [8-Formyl-5-methoxy-4-methyl-2-oxo-
2H-chromen-7-yloxy]- **18** IV 2510
  — äthylester **18** IV 2510
—, [6-Formyl-5-methoxy-2-oxo-
2H-chromen-7-yloxy]- **18** IV 2497
  — äthylester **18** IV 2497
—, [6-Formyl-8-methoxy-2-oxo-
2H-chromen-7-yloxy]- **18** IV 2498
  — äthylester **18** IV 2498
—, [8-Formyl-5-methoxy-2-oxo-
2H-chromen-7-yloxy]- **18** IV 2498
  — äthylester **18** IV 2499
—, [8-Formyl-3-methoxy-4-oxo-2-phenyl-
4H-chromen-7-yloxy]-,
  — äthylester **18** IV 2797
—, [8-Formyl-2-methyl-4-oxo-
4H-chromen-7-yloxy]- **18** IV 1532
  — äthylester **18** IV 1532
—, [8-Formyl-4-methyl-2-oxo-
2H-chromen-7-yloxy]- **18** IV 1533
  — äthylester **18** IV 1533
—, [8-Formyl-2-methyl-4-oxo-3-phenyl-
4H-chromen-7-yloxy]-,
  — äthylester **18** IV 1904
—, [8-Formyl-2-oxo-2H-chromen-7-
yloxy]- **18** IV 1522
  — äthylester **18** IV 1523
—, [1-Formyl-9-oxo-xanthen-2-yloxy]-
  18 IV 1762
  — äthylester **18** IV 1763
—, [8-Formyl-2-phenyl-chroman-7-yloxy]-,
  — äthylester **18** IV 657
—, [Furan-2-carbonylamino]-phenyl-
  18 277 k
—, [Furan-2-carbonyloxy]-,
  — äthylester **18** IV 3928
—, [Furan-2-thiocarbonylmercapto]- **18**
  IV 4008
  — äthylester **18** IV 4009
  — amid **18** IV 4010
  — anilid **18** IV 4010
  — benzylester **18** IV 4010
  — butylester **18** IV 4009
  — cyclohexylester **18** IV 4009
  — dibenzylamid **18** IV 4010
  — diphenylamid **18** IV 4010
  — methylester **18** IV 4009
  — [1-methyl-heptylester] **18** IV 4009
  — [1]naphthylamid **18** IV 4010
  — [2]naphthylester **18** IV 4010
  — phenylester **18** IV 4009
  — propylester **18** IV 4009

Essigsäure (Fortsetzung)

—, Furfurylidendimercapto-di- **17**
    IV 4476

—, [Furfuryliden-thiocarbamoyl-
    hydrazino]-,
    — äthylester **17** IV 4446

—, [2-Furfuryl-4-methyl-phenoxy]- **17**
    IV 1543

—, [2-Furfuryl-6-methyl-phenoxy]- **17**
    IV 1542

—, [4-Furfuryl-2-methyl-phenoxy]- **17**
    IV 1543

—, [4-Furfuryl-3-methyl-phenoxy]- **17**
    IV 1542

—, [2-Furfuryl-phenoxy]- **17**
    IV 1534

—, [4-Furfuryl-phenoxy]- **17**
    IV 1536

—, [2]Furyl- **18** IV 4061
    — äthylester **18** IV 4061
    — anilid **18** IV 4062
    — butylester **18** IV 4062
    — isobutylester **18** IV 4062
    — isopropylester **18** IV 4062
    — methylester **18** IV 4061
    — propylester **18** IV 4062
    — ureid **18** IV 4062

—, [3]Furyl- **18** IV 4066
    — amid **18** IV 4066
    — anilid **18** IV 4066
    — methylester **18** IV 4066

—, [(3-[2]Furyl-allyliden)-thiocarbamoyl-
    hydrazino]-,
    — äthylester **17** IV 4699

—, [2]Furyl-hydroxy- **18** I 453 b,
    IV 4831
    — äthylester **18** IV 4831
    — anilid **18** IV 4832
    — benzylester **18** IV 4832
    — methylester **18** IV 4831
    — phenacylester **18** IV 4832
    — p-phenetidid **18** IV 4832

—, [2]Furyl-hydroxy-phenyl- **18** 351 i
    — [2-diäthylamino-äthylester] **18**
        IV 4947
    — [2-dimethylamino-äthylester] **18**
        IV 4947

—, [3-[2]Furyl-1-oxo-inden-2-yl]- **18**
    IV 5661

—, [2]Furyl-phenylhydrazono- **18**
    I 488 d

—, [2]Furyl-salicyloyloxy-,
    — anilid **18** IV 4833
    — p-phenetidid **18** IV 4833

—, Gentiobiosyloxy-phenyl- **31** 399 c
    — methylester **31** 400 b

—, [O⁴-Glucopyranosyl-
    glucopyranosyloxy]- **31** 385 a

— amid **31** 385 c
— hydrazid **17** IV 3611

—, [O⁶-Glucopyranosyl-
    glucopyranosyloxy]-phenyl- **31**
    399 c
    — methylester **31** 400 b

—, Glucopyranosylmercapto- **17**
    IV 3743

—, Glucopyranosyloxy- **31** 194 e
    — amid **31** 195 d
    — methylester **31** 195 b

—, [2-Glucopyranosyloxy-4-hydroxy-6-
    (4-hydroxy-3,5-dimethoxy-benzoyloxy)-
    phenyl]-,
    — glucopyranosylester **17**
        IV 3386

—, Glucopyranosyloxy-phenyl-
    31 235 g, 236 a
    — amid **31** 237 e, 238 b
    — methylester **31** 237 b

—, [2-Glucopyranosyloxy-phenyl]- **17**
    IV 3355

—, [4-Glucopyranosyloxy-phenyl]- **17**
    IV 3355
    — methylester **17** IV 3355

—, [Hepta-O-acetyl-cellobiosyloxy]-,
    — äthylester **31** 385 b
    — amid **31** 385 d

—, [Hepta-O-acetyl-gentiobiosyloxy]-
    phenyl- **17** IV 3614, **31** 400 a
    — äthylester **17** IV 3615
    — amid **17** IV 3615
    — methylester **17** IV 3615

—, [7-Hepta-1,3,5-triinyl-1,3-dioxo-
    1,3,3a,4,7,7a-hexahydro-isobenzofuran-4-
    yl]-,
    — methylester **18** IV 6096

—, [7-Heptyl-1,3-dioxo-1,3,3a,4,7,7a-
    hexahydro-isobenzofuran-4-yl]-,
    — methylester **18** IV 6028

—, [7-Heptyl-1,3-dioxo-octahydro-
    isobenzofuran-4-yl]-,
    — methylester **18** IV 5998

—, [Hexa-O-acetyl-vicianosyloxy]-phenyl-,
    — amid **17** IV 3469

—, [Hexahydro-indan-2,2-diyl]-di-,
    — anhydrid **17** IV 6035

—, [1,3a,3b,4,7a,8a-Hexahydroxy-2-
    isopropyl-3,5,8-trimethyl-1,3a,3b,4,5,6,7,
    7a,8,8a-decahydro-cyclopent[a]inden-8-yl]-,
    — 3b-lacton **18** IV 3405

—, [7-Hexyloxy-2-oxo-2H-chromen-4-yl]-
    18 IV 6353

—, [1-(2-Hydroxy-äthyl)-cyclohexyl]-,
    — lacton **17** II 301 e

—, [1-(1-Hydroxy-äthyl)-cyclopentyl]-,
    — lacton **17** II 300 d

—, [1-(2-Hydroxy-äthyl)-cyclopentyl]-,
    — lacton **17** II 300 a

Essigsäure (Fortsetzung)

—, [6-Hydroxy-benz[*de*]anthracen-7-yliden]-phenyl-,
  — lacton **17** IV 5630

—, [6-Hydroxy-benzofuran-3-yl]- **18** IV 4910

—, [6-Hydroxy-benzofuran-3-yliden]- **18** IV 4910

—, {2-[2-(4-Hydroxy-benzofuran-5-yl)-2-oxo-äthyl]-4,5-dimethoxy-phenoxy}- **18** IV 3342
  — äthylester **18** IV 3342
  — methylester **18** IV 3342

—, [3-Hydroxy-benzo[*b*]thiophen-2-yl]-phenylhydrazono- **18** II 383 c

—, [3-Hydroxy-benzo[*b*]thiophen-2-yl]-phenylimino- **18** II 383 a

—, [2-(α-Hydroxy-benzyl)-cyclohexyliden]-,
  — lacton **17** IV 5236

—, [2-(α-Hydroxy-benzyl)-cyclopentyl]-,
  — lacton **17** IV 5147

—, [2-(α-Hydroxy-benzyliden)-acenaphthen-1-yliden]-phenyl-,
  — lacton **17** IV 5639

—, [10-(α-Hydroxy-benzyliden)-[9]phenanthryliden]-phenyl-,
  — lacton **17** IV 5644

—, [2-(α-Hydroxy-benzyl)-phenyl]-phenyl-,
  — lacton **17** IV 5569

—, [5'-(α-Hydroxy-benzyl)-*o*-terphenyl-4'-yl]-diphenyl-,
  — lacton **17** IV 5647

—, [2-Hydroxy-bicyclohexyl-3-yl]-,
  — lacton **17** IV 4662

—, [1-(2-Hydroxy-but-1-enyl)-cyclohexyl]-,
  — lacton **17** IV 4646

—, [4-(4-Hydroxy-butyl)-3,5-dioxo-tetrahydro-[2]furyl]- **18** IV 6459

—, [1-(3-Hydroxy-butyl)-2-isopropyl-5-methyl-3-oxo-cyclopentyl]-,
  — lacton **17** IV 5971

—, [4-Hydroxy-caran-4-yl]- **17** IV 330
  — äthylester **17** IV 330

—, [3-Hydroxy-cholesta-3,5-dien-2-yliden]-methoxy-,
  — lacton **18** IV 597

—, [5-Hydroxy-cholestan-6-yl]-,
  — lacton **17** IV 5049

—, [3-Hydroxy-cholestan-2-yliden]-methoxy-,
  — lacton **18** IV 483

—, [3-Hydroxy-cholest-3-en-2-yliden]-methoxy-,
  — lacton **18** IV 562

—, [1-Hydroxy-cycloheptan-1,2-diyl]-di-,
  — 1-äthylester-2-lacton **18** IV 5368

—, [2-Hydroxy-cyclohepta-2,4,6-trienyliden]-,
  — lacton **17** IV 5051

—, [2-Hydroxy-cycloheptyliden]-,
  — lacton **17** IV 4599

—, [2-Hydroxy-cyclohex-1-enyl]-,
  — lacton **17** IV 4575

—, [2-Hydroxy-cyclohex-3-enyl]-,
  — lacton **17** IV 4575

—, [2-Hydroxy-cyclohex-2-enyliden]-,
  — lacton **17** IV 4727

—, [2-Hydroxy-cyclohexyl]-,
  — lacton **17** II 299 a, IV 4332

—, [3-Hydroxy-cyclohexyl]-,
  — lacton **17** II 299 d

—, [2-Hydroxy-cyclohexyliden]-,
  — lacton **17** IV 4574

—, [2-Hydroxy-cyclohexyl]-methoxy-,
  — lacton **18** IV 64

—, [2-(2-Hydroxy-cyclohexyl)-5-methoxy-indan-1-yl]-,
  — lacton **18** IV 536

—, [1-Hydroxy-cyclohexyl]-[2]thienyl- **18** IV 4877
  — [2-diäthylamino-äthylester] **18** IV 4877

—, [1-Hydroxy-cyclohexyl]-[3]thienyl- **18** IV 4877
  — [2-diäthylamino-äthylester] **18** IV 4878

—, [2-Hydroxy-cyclopent-3-enyl]-,
  — lacton **17** IV 4554

—, [2-Hydroxy-cyclopentyl]-,
  — lacton **17** II 298 c, IV 4317

—, [3-Hydroxy-cyclopentyl]-,
  — lacton **17** IV 4318

—, [2-Hydroxy-cyclopentyl]-phenyl-,
  — lacton **17** IV 5138

—, [1-Hydroxy-cyclopentyl]-[2]thienyl- **18** IV 4876
  — [2-diäthylamino-äthylester] **18** IV 4876

—, [4-Hydroxy-decahydro-azulen-5-yl]-,
  — lacton **17** IV 4649

—, [5-Hydroxy-8,9-dihydro-7*H*-benzocyclohepten-6-yl]-,
  — lacton **17** IV 5216

—, {2-[2-(4-Hydroxy-2,3-dihydro-benzofuran-5-yl)-2-oxo-äthyl]-4,5-dimethoxy-phenoxy}- **18** IV 3232
  — äthylester **18** IV 3232
  — methylester **18** IV 3232

—, {2-[2-(6-Hydroxy-2,3-dihydro-benzofuran-5-yl)-2-oxo-äthyl]-phenoxy}- **18** IV 1742
  — methylester **18** IV 1742

—, [1-Hydroxy-3,4-dihydro-[2]naphthyl]-,
  — lacton **17** IV 5206

Essigsäure (Fortsetzung)
—, [2-Hydroxy-5,6-dihydro-[1]naphthyl]-,
  — lacton **17** IV 5207
—, Hydroxy-[3,4-dihydroxy-5-
  hydroxymethyl-tetrahydro-[2]furyl]-
  18 363 e
—, [6-Hydroxy-5,7-dimethoxy-2-oxo-
  2*H*-chromen-4-yl]- **18** IV 6598
—, [7-Hydroxy-5,8-dimethoxy-2-oxo-
  2*H*-chromen-4-yl]- **18** IV 6598
—, [2-(1-Hydroxy-5,6-dimethoxy-3-oxo-
  phthalan-1-yl)-5-methoxy-phenoxy]-
  10 1042 d, III 4815 a
—, [2-Hydroxy-4,6-dimethoxy-phenyl]-,
  — lacton **18** IV 1222
—, [3-Hydroxy-2,4-dimethoxy-
  tetrahydro-[2]furyl]-methoxy-,
  — amid **18** IV 5223
—, [2-Hydroxy-1,2-dimethyl-bicyclo=
  [3.1.0]hex-3-yl]-,
  — lacton **17** IV 4626
—, [5-Hydroxy-1,5-dimethyl-bicyclo=
  [2.1.1]hex-2-yl]-,
  — lacton **17** IV 4627
—, {2-[2-(5-Hydroxy-2,2-dimethyl-
  chroman-6-yl)-2-oxo-äthyl]-4,5-
  dimethoxy-phenoxy}- **18** IV 3242
—, {2-[2-(5-Hydroxy-2,2-dimethyl-
  2*H*-chromen-6-yl)-2-hydroxyimino-äthyl]-
  4,5-dimethoxy-phenoxy}- **18** IV 3351
—, {2-[2-(5-Hydroxy-2,2-dimethyl-
  2*H*-chromen-6-yl)-2-oxo-äthyl]-4,5-
  dimethoxy-phenoxy}- **18** IV 3350
  — methylester **18** IV 3351
—, [2-Hydroxy-1,2-dimethyl-cyclohexyl]-,
  — lacton **17** IV 4362
—, [2-Hydroxy-2,4-dimethyl-cyclohexyl]-,
  — lacton **17** IV 4363
—, [2-Hydroxy-4,4-dimethyl-cyclohexyl]-,
  — lacton **17** IV 4362
—, [2-Hydroxy-5,5-dimethyl-cyclohexyl]-,
  — lacton **17** IV 4362
—, [2-(2-Hydroxy-3,5-dimethyl-
  cyclohexyl)-6-oxo-tetrahydro-pyran-4-yl]-
  18 IV 6287
  — methylester **18** IV 6288
—, [2-Hydroxy-2,4-dimethyl-cyclopentyl]-,
  — lacton **17** 259 c
—, [2-Hydroxy-3,3-dimethyl-cyclopentyl]-,
  — lacton **17** 259 d
—, [4-Hydroxy-2,2-dimethyl-cyclopentyl]-,
  — lacton **17** IV 4344
—, [4-Hydroxy-2,5-dimethyl-1,1-dioxo-
  tetrahydro-1λ⁶-thiopyran-4-yl]- **18**
  IV 4813
  — äthylester **18** IV 4814
—, [2-(1-Hydroxy-1,5-dimethyl-hex-5-
  enyl)-5-methyl-cyclohexyl]-,
  — lacton **17** IV 4685

—, [2-(1-Hydroxy-1,5-dimethyl-hexyl)-5-
  methyl-cyclohexyl]-,
  — lacton **17** IV 4397
—, [2-Hydroxy-3,3-dimethyl-
  [2]norbornyl]-,
  — lacton **17** II 324 b
—, [2-Hydroxy-7,7-dimethyl-
  [1]norbornyl]-,
  — lacton **12** III 944 a, **17** IV 4640
—, [5-Hydroxy-4,7-dimethyl-2-oxo-
  2*H*-chromen-3-yl]- **18** IV 6386
  — äthylester **18** IV 6387
—, [7-Hydroxy-4,6-dimethyl-2-oxo-
  2*H*-chromen-3-yl]-,
  — äthylester **18** IV 6386
—, [1-Hydroxy-2,5-dimethyl-4-oxo-
  cyclohexa-2,5-dienyl]-diphenyl-,
  — lacton **17** I 277 d
—, [2-Hydroxy-4,4-dimethyl-6-oxo-
  cyclohex-1-enyl]-,
  — lacton **17** IV 6012
—, [2-Hydroxy-4,4-dimethyl-6-oxo-
  cyclohexyl]-,
  — lacton **17** IV 5953
—, [1-Hydroxy-4a,8-dimethyl-7-oxo-
  1,2,3,4,4a,7-hexahydro-[2]naphthyl]-,
  — lacton **17** IV 6217
—, [1-Hydroxy-4a,8-dimethyl-7-oxo-
  1,2,3,4,4a,5,6,7-octahydro-[2]naphthyl]-,
  — lacton **17** IV 6096
—, [2-Hydroxy-3,5-dimethyl-phenyl]-,
  — lacton **17** IV 4981
—, [2-Hydroxy-3,5-dimethyl-phenyl]-
  diphenyl-,
  — lacton **17** 394 d
—, [2-Hydroxy-4,5-dimethyl-phenyl]-
  diphenyl-,
  — lacton **17** 394 b
—, [2-Hydroxy-4,6-dimethyl-phenyl]-
  [methyl-phenyl-hydrazono]-,
  — lacton **17** II 475 e
—, [2-Hydroxy-3,5-dimethyl-phenyl]-
  phenyl-,
  — lacton **17** IV 5371
—, [2-Hydroxy-3,6-dimethyl-phenyl]-
  phenyl-,
  — lacton **17** IV 5370
—, [2-Hydroxy-4,6-dimethyl-phenyl]-
  phenyl-,
  — lacton **17** IV 5370
—, [4-Hydroxy-4,5-dimethyl-phenyl]-
  phenyl-,
  — lacton **17** IV 5371
—, [6-Hydroxy-2,3-dimethyl-phenyl]-
  phenyl-,
  — lacton **17** IV 5370
—, [2-Hydroxy-4,6-dimethyl-phenyl]-
  phenylhydrazono-,
  — lacton **17** II 475 d

Essigsäure (Fortsetzung)
—, [2-Hydroxy-4,6-dimethyl-phenyl]-
phenylimino-,
— lacton **17** II 475 b
—, [4-Hydroxy-3,5-dimethyl-tetrahydro-
[2]furyl]- **18** IV 4812
— äthylester **18** IV 4812
—, [1-Hydroxy-5,8-dimethyl-1,2,3,4-
tetrahydro-[2]naphthyl]-,
— lacton **17** IV 5150
—, [4-Hydroxy-2,5-dimethyl-tetrahydro-
thiopyran-4-yl]- **18** IV 4813
— äthylester **18** IV 4813
— amid **18** IV 4814
— anilid **18** IV 4814
—, [7-Hydroxy-2,4-dioxo-chroman-3-yl]-
18 IV 6498
— äthylester **18** IV 6499
— methylester **18** IV 6499
—, [1-Hydroxy-9,10-dioxo-9,10-dihydro-
[2]anthryl]-,
— lacton **17** IV 6802
—, [1-Hydroxy-9,10-dioxo-9,10-dihydro-
[2]anthryl]-[2-oxo-acenaphthen-1-yliden]-,
— lacton **17** IV 6838
—, [1-(3-Hydroxy-1,4-dioxo-1,4-dihydro-
[2]naphthyl)-3-oxo-phthalan-1-yl]- **18**
IV 6649
—, Hydroxy-[4,5-dioxo-tetrahydro-
[2]furyl]- **18** IV 6455
— methylester **18** IV 6456
—, [2-Hydroxy-2,3,3a,4,5,9b-hexahydro-
1H-cyclopenta[a]naphthalin-1-yl]-,
— lacton **17** IV 5238
—, 2-Hydroxy-2,2′-[hexahydro-indan-2,2-
diyl]-di-,
— äthylester-lacton **18** IV 5479
— lacton **18** IV 5479
—, [10a-Hydroxy-1,3,4,9,10,10a-
hexahydro-2H-[4a]phenanthryl]-,
— lacton **17** IV 5243
—, [2-Hydroxy-3-hydroxyimino-
cyclohexyl]-,
— lacton **17** IV 5930
—, [3-Hydroxy-4-hydroxyimino-7-
methoxy-chroman-3-yl]- **18** 543 e
—, Hydroxy-[4-hydroxy-3-methoxy-5-
oxo-tetrahydro-[2]furyl]- **18** I 544 a,
II 397 c
—, Hydroxy-[3-hydroxy-4-methoxy-
tetrahydro-[2]furyl]-,
— amid **18** IV 5070
—, Hydroxy-[4-hydroxy-3-methoxy-
tetrahydro-[2]furyl]- **18** IV 5067
— amid **18** IV 5070
— methylester **18** IV 5069
—, [3-Hydroxy-5-hydroxymethyl-2-oxo-
tetrahydro-[3]furyl]- **18** 539 b

—, [3-Hydroxy-8-hydroxymethyl-1,4b,8-
trimethyl-4a,4b,5,6,7,8,8a,9,10,10a-
decahydro-1H-[2]phenanthryliden]-,
— 3-lacton **18** IV 463
—, Hydroxy-[4-hydroxy-5-oxo-2,5-
dihydro-[2]furyl]- **18** IV 6455
— methylester **18** IV 6456
—, Hydroxy-[4-hydroxy-5-oxo-
tetrahydro-[2]furyl]- **18** I 540 b
—, [3-Hydroxy-4-(4-hydroxy-phenyl)-5-
oxo-5H-[2]furyliden]-[4-hydroxy-phenyl]-
18 IV 6646
— methylester **18** IV 6647
—, Hydroxy-[3-hydroxy-4,7,7-trimethyl-
[2]norbornyl]-,
— lacton **18** 16 g
—, [5-(1-Hydroxyimino-äthyl)-[2]thienyl]-
18 IV 5427
— methylester **18** IV 5427
—, {-2-[2-Hydroxyimino-2-(4-hydroxy-2-
isopropenyl-2,3-dihydro-benzofuran-5-yl)-
äthyl]-4,5-dimethoxy-phenoxy}- **18**
II 224 d
—, {2-[2-Hydroxyimino-2-(4-hydroxy-2-
isopropyl-benzofuran-5-yl)-äthyl]-4,5-
dimethoxy-phenoxy}- **18** IV 3352
—, Hydroxyimino-[10-hydroxymethyl-
[9]phenanthryl]-,
— lacton **17** I 275 a
—, [4-Hydroxyimino-7-methoxy-
4H-chromen-3-yl]- **18** 530 g
—, Hydroxyimino-[3-methyl-[2]thienyl]-
18 409 f
—, Hydroxyimino-phthalidyl- **18** 471 f
—, Hydroxyimino-[2]thienyl- **18** 407 b
— äthylester **18** 407 h
— methylester **18** 407 f
—, [1-Hydroxy-indan-2-yl]-,
— lacton **17** IV 5108
—, [2-Hydroxy-indan-1-yl]-,
— lacton **17** IV 5108
—, [5-Hydroxy-indan-4-yl]-phenyl-,
— lacton **17** IV 5466
—, [6-Hydroxy-indan-5-yl]-phenyl-,
— lacton **17** IV 5466
—, [1-(β-Hydroxy-isobutyl)-3-methyl-
cyclohexyl]-,
— lacton **17** IV 4389
—, [1-Hydroxy-isomenthyl]-,
— lacton **17** IV 4386
—, {2-[2-(4-Hydroxy-2-isopropenyl-2,3-
dihydro-benzofuran-5-yl)-2-oxo-äthyl]-
4,5-dimethoxy-phenoxy}- **18** II 224 b,
IV 3353
— äthylester **18** IV 3353
—, {2-[(4-Hydroxy-2-isopropyl-
benzofuran-5-yl)-glyoxyloyl]-4,5-
dimethoxy-phenoxy}- **18** IV 3534

Essigsäure (Fortsetzung)

—, {2-[2-(4-Hydroxy-2-isopropyl-
benzofuran-5-yl)-2-oxo-äthyl]-4,5-
dimethoxy-phenoxy}- **18** IV 3351
　— äthylester **18** IV 3352
　— methylester **18** IV 3352
—, {2-[2-(4-Hydroxy-2-isopropyl-2,3-
dihydro-benzofuran-5-yl)-2-oxo-äthyl]-
4,5-dimethoxy-phenoxy}- **18** II 211 b,
IV 3243
　— äthylester **18** IV 3243
—, [2-Hydroxy-3-isopropyl-6-methyl-
phenyl]-phenyl-,
　— lacton **17** IV 5396
—, [2-Hydroxy-6-isopropyl-3-methyl-
phenyl]-phenyl-,
　— lacton **17** IV 5396
—, [2-(2-Hydroxy-7-isopropyl-3-oxo-2,3-
dihydro-benzo[1,2-b;3,4-b']difuran-2-yl)-
4,5-dimethoxy-phenoxy]- **18** IV 3534
—, [2-(α-Hydroxy-isopropyl)-phenyl]-,
　— lacton **17** IV 4994
—, [2-Hydroxy-4-(4-isopropyl-phenyl)-
cyclohexyl]-,
　— lacton **17** IV 5166
—, [2-Hydroxy-4-(4-isopropyl-phenyl)-6-
oxo-cyclohexyl]-,
　— lacton **17** IV 6320
—, [2-Hydroxy-1-jod-cyclohexyl]-,
　— lacton **17** II 299 b, IV 4333
—, [2-Hydroxy-3-jod-cyclohexyl]-,
　— lacton **17** IV 4333
—, [1-Hydroxy-p-menthan-3-yl]-,
　— lacton **17** IV 4386
—, [4-Hydroxy-p-menthan-3-yl]-,
　— lacton **17** IV 4385
—, [8-Hydroxy-p-menthan-3-yl]-,
　— lacton **17** IV 4384
—, [8-Hydroxy-p-menthan-3-yliden]-,
　— lacton **17** IV 4646
—, [1-Hydroxy-p-menth-4(8)-en-3-yl]-,
　— lacton **17** IV 4648
—, [1-Hydroxy-p-menth-8-en-3-yl]-,
　— lacton **17** IV 4648
—, [4-Hydroxy-p-menth-1-en-3-yl]-,
　— lacton **17** IV 4647
—, [8-Hydroxy-p-menth-1-en-3-yl]-,
　— lacton **17** IV 4647
—, [3-Hydroxy-6-methoxy-benzofuran-2-
yl]-,
　— methylester **18** IV 5035
—, [2-(α-Hydroxy-4-methoxy-benzyl)-
phenyl]-,
　— lacton **18** IV 643
—, [3-Hydroxy-4-methoxycarbonyl-2,5-
dihydro-[2]thienyl]-,
　— methylester **18** IV 6117
—, Hydroxy-[5-methoxycarbonyl-
[2]furyl]- **18** IV 5083

—, [2-Hydroxy-9-methoxycarbonyl-1-
methyl-7,11-dioxo-decahydro-4a,1-
oxaäthano-fluoren-8a-yl]- **18** IV 6657
—, [2-Hydroxy-9-methoxycarbonyl-1-
methyl-7,11-dioxo-1,2,5,6,7,8,9,9a-
octahydro-4bH-4a,1-oxaäthano-fluoren-
8a-yl]- **18** IV 6667
—, [4b-Hydroxy-9-methoxycarbonyl-1-
methyl-2-oxo-decahydro-fluoren-8a-yl]-,
　— lacton **18** IV 6044
—, [7-Hydroxy-6-methoxycarbonyl-2-
oxo-2H-chromen-4-yl]- **18** IV 6621
　— äthylester **18** IV 6621
—, {2-[2-(5-Hydroxy-7-methoxy-2,2-
dimethyl-chroman-6-yl)-2-oxo-äthyl]-4,5-
dimethoxy-phenoxy}- **18** IV 3445
—, Hydroxy-[2-methoxy-5,6-dimethyl-4-
methylen-tetrahydro-pyran-2-yl]-,
　— {[6-(2,3-dimethoxy-propyl)-4-
　　hydroxy-5,5-dimethyl-tetrahydro-
　　pyran-2-yl]-methoxy-methylamid}
　　18 IV 5003
—, [5-Hydroxy-7-methoxy-2-(4-methoxy-
phenyl)-4-oxo-4H-chromen-6-yl]- **18**
IV 6643
—, [5-Hydroxy-7-methoxy-2-(4-methoxy-
phenyl)-4-oxo-4H-chromen-8-yl]- **18**
IV 6643
—, [1-Hydroxy-7-methoxy-2-methyl-
1,2,3,4,9,10-hexahydro-[2]phenanthryl]-,
　— lacton **18** IV 586
—, [5-Hydroxy-8-methoxy-2-methyl-4-
oxo-4H-chromen-7-yloxy]-,
　— methylester **18** IV 2383
—, [2-Hydroxy-5-methoxy-4-methyl-
phenyl]-,
　— lacton **18** IV 174
—, [7-Hydroxy-4-(2-methoxy-5-methyl-
phenyl)-2-oxo-chroman-4-yl]- **18**
IV 6552
—, [2-Hydroxy-5-methoxy-8-methyl-
1,2,3,4-tetrahydro-[1]naphthyl]-,
　— lacton **18** IV 432
—, [1-Hydroxy-7-methoxy-2-methyl-
1,2,3,4-tetrahydro-[2]phenanthryl]-,
　— lacton **18** IV 670
—, [2-Hydroxy-7-methoxy-[1]naphthyl]-
diphenyl-,
　— lacton **18** IV 859
—, [1-Hydroxy-1-methoxy-3-[2]naphthyl-
inden-2-yl]-,
　— lacton **18** IV 845
—, [3-Hydroxy-7-methoxy-4-oxo-
chroman-3-yl]- **18** 543 d, IV 6476
—, Hydroxy-[4-methoxy-5-oxo-2,5-
dihydro-[2]furyl]-,
　— methylester **18** IV 6456

Essigsäure (Fortsetzung)

—, [3-Hydroxy-4-methoxy-5-oxo-5*H*-
[2]furyliden]-,
  — methylester **18** IV 6461

—, Hydroxy-[4-methoxy-5-oxo-5*H*-
[2]furyliden]-,
  — methylester **18** IV 6461

—, [9-Hydroxy-3-methoxy-
phenalenyliden]-,
  — lacton **18** I 331 g

—, [2-Hydroxy-3-methoxy-phenyl]-,
  — lacton **18** I 301 f

—, [2-Hydroxy-4-methoxy-phenyl]-,
  — lacton **18** IV 156

—, [1-Hydroxy-1-methoxy-3-phenyl-
1*H*-cyclopenta[*a*]naphthalin-2-yl]-,
  — lacton **18** IV 844

—, [2-Hydroxy-5-(4-methoxy-phenyl)-
cyclopent-1-enyl]-,
  — lacton **18** IV 512

—, [2-Hydroxy-5-(4-methoxy-phenyl)-
cyclopentyl]-,
  — lacton **18** IV 429

—, [2-Hydroxy-4-methoxy-phenyl]-
diphenyl-,
  — lacton **18** 71 a

—, [2-Hydroxy-5-methoxy-phenyl]-
diphenyl-,
  — lacton **18** IV 830

—, [2-Hydroxy-4-methoxy-phenyl]-
[4-methoxy-phenyl]-,
  — lacton **18** IV 1688

—, [2-Hydroxy-6-(4-methoxy-phenyl)-3-
methyl-cyclohex-1-enyl]-,
  — lacton **18** IV 525

—, [6-Hydroxy-4-(4-methoxy-phenyl)-2-
methyl-cyclohex-1-enyl]-,
  — lacton **18** IV 524

—, [2-Hydroxy-2-(4-methoxy-phenyl)-5-
methyl-cyclohexyl]-,
  — lacton **18** IV 447

—, [2-Hydroxy-6-(4-methoxy-phenyl)-3-
methyl-cyclohexyl]-,
  — lacton **18** IV 447

—, [2-Hydroxy-6-(4-methoxy-phenyl)-3-
methyl-cyclohexyliden]-,
  — lacton **18** IV 524

—, [2-(4-Hydroxy-3-methoxy-phenyl)-4-
oxo-chroman-6-yl]- **18** IV 6551

—, [7-Hydroxy-4-(4-methoxy-phenyl)-2-
oxo-chroman-4-yl]- **18** IV 6551

—, [3-Hydroxy-4-(4-methoxy-phenyl)-5-
oxo-2,5-dihydro-[2]furyl]-phenyl- **18**
IV 6562

—, [3-Hydroxy-4-(4-methoxy-phenyl)-5-
oxo-5*H*-[2]furyliden]-[4-methoxy-phenyl]-
18 IV 6647
  — äthylester **18** IV 6647

—, [3-Hydroxy-4-(4-methoxy-phenyl)-5-
oxo-5*H*-[2]furyliden]-phenyl- **18**
II 395 a, IV 6563
  — äthylester **18** II 396 b
  — methylester **18** II 395 b,
    IV 6563

—, [3-Hydroxy-7-methoxy-4-
semicarbazono-chroman-3-yl]- **18** 543 f

—, [4-Hydroxy-3-methoxy-tetrahydro-
[2]furyl]- **18** IV 4996

—, [3-Hydroxy-4-methoxy-tetrahydro-
[2]furyl]-methoxy- **18** IV 5068
  — amid **18** IV 5071
  — methylester **18** IV 5069

—, [4-Hydroxy-3-methoxy-tetrahydro-
[2]furyl]-methoxy- **18** IV 5067
  — amid **18** IV 5071
  — methylester **18** IV 5069

—, [1-Hydroxy-5-methoxy-1,2,3,4-
tetrahydro-[2]naphthyl]-,
  — lacton **18** IV 414

—, [1-Hydroxy-7-methoxy-1,2,3,4-
tetrahydro-[2]naphthyl]-,
  — lacton **18** IV 415

—, [2-Hydroxy-7-methoxy-1,2,3,4-
tetrahydro-[1]naphthyl]-,
  — lacton **18** IV 416

—, [2-Hydroxy-3-methoxy-2,6,6-
trimethyl-cyclohexyl]-,
  — lacton **18** IV 76

—, [1-(2-Hydroxy-3-methyl-but-2-enyl)-
cyclohexyl]-,
  — lacton **17** IV 4654

—, [2-Hydroxy-2-methyl-chroman-4-yl]-
10 III 4262 d

—, [2-Hydroxy-4-methyl-cyclohepta-
2,4,6-trienyliden]-,
  — lacton **17** IV 5070

—, [2-Hydroxy-5-methyl-cyclohepta-
2,4,6-trienyliden]-,
  — lacton **17** IV 5070

—, [2-Hydroxy-6-methyl-cyclohepta-
2,4,6-trienyliden]-,
  — lacton **17** IV 5070

—, [2-Hydroxy-7-methyl-cyclohepta-
2,4,6-trienyliden]-,
  — lacton **17** IV 5069

—, [4-Hydroxy-1-methyl-cyclohexan-1,2-
diyl]-di-,
  — 2-lacton-1-methylester **18**
    IV 5370

—, [2-Hydroxymethyl-cyclohex-1-enyl]-,
  — lacton **17** IV 4600

—, [2-Hydroxy-3-methyl-cyclohex-2-
enyliden]-methoxy-,
  — lacton **18** I 301 b

—, [1-Hydroxymethyl-cyclohexyl]-,
  — lacton **10** III 3518 a, **17**
    II 300 c

Essigsäure (Fortsetzung)

—, [2-Hydroxymethyl-cyclohexyl]-,
  — lacton **17** IV 4340

—, [2-Hydroxy-2-methyl-cyclohexyl]-,
  — lacton **17** II 300 e, IV 4343

—, [2-Hydroxy-3-methyl-cyclohexyl]-,
  — lacton **17** IV 4342

—, [2-Hydroxy-4-methyl-cyclohexyl]-,
  — lacton **17** II 300 f

—, [2-Hydroxymethyl-cyclohexyliden]-,
  — lacton **17** IV 4599

—, [5-Hydroxy-1-methyl-cyclopentan-1,2-
  diyl]-di-,
  — 1-lacton **18** IV 5360

—, [1-Hydroxymethyl-cyclopentyl]-,
  — lacton **17** II 298 i

—, [2-Hydroxymethyl-cyclopentyl]-,
  — lacton **17** IV 4331

—, [2-Hydroxy-2-methyl-cyclopentyl]-,
  — lacton **17** IV 4335

—, [4-Hydroxy-8-methyl-decahydro-
  azulen-5-yl]-,
  — lacton **17** IV 4656

—, [3-Hydroxy-11b-methyl-4a,5,6,7,8,9,⇌
  10,11,11a,11b-decahydro-1H-6a,9-
  methano-cyclohepta[a]naphthalin-4-
  yliden]-,
  — lacton **17** IV 5249

—, [1-Hydroxy-3-methyl-3,4-dihydro-
  [2]naphthyl]-,
  — lacton **17** IV 5219

—, [10-Hydroxymethyl-9,10-dihydro-
  [9]phenanthryl]-phenylhydrazono-,
  — lacton **17** I 273 f

—, [2-Hydroxymethyl-2,3-dimethyl-4-
  oxo-cyclopentyl]-,
  — lacton **17** IV 5953

—, [2-Hydroxymethylen-cyclohexyliden]-,
  — lacton **17** IV 4733

—, [1-Hydroxymethyl-4-methyl-
  cyclohexyl]-,
  — lacton **17** IV 4354

—, [2-Hydroxymethyl-2-methyl-5-oxo-
  tetrahydro-[3]furyl]- **18** 519 c
  — methylester **18** 519 d

—, [1-Hydroxy-3-methyl-[2]naphthyl]-,
  — lacton **17** IV 5271

—, [1-Hydroxy-4-methyl-[2]naphthyl]-,
  — lacton **17** IV 5271

—, [3-Hydroxy-1-methyl-[2]naphthyl]-,
  — lacton **17** IV 5270

—, [2-Hydroxy-5-methyl-2-[2]naphthyl-
  cyclopentyl]-,
  — lacton **17** IV 5399

—, [2-Hydroxy-8-methyl-[1]naphthyl]-
  phenyl-,
  — lacton **17** IV 5542

—, [3-Hydroxymethyl-oxetan-3-yl]- **18**
  IV 4805

—, [5-Hydroxy-7-methyl-2-oxo-
  2H-chromen-4-yl]- **18** IV 6376
  — äthylester **18** IV 6376

—, [7-Hydroxy-3-methyl-2-oxo-
  2H-chromen-4-yl]- **18** 532 e
  — äthylester **18** 532 f

—, [7-Hydroxy-4-methyl-2-oxo-
  2H-chromen-3-yl]- **18** IV 6373
  — äthylester **18** IV 6374
  — amid **18** IV 6375
  — anilid **18** IV 6375

—, [7-Hydroxy-5-methyl-2-oxo-
  2H-chromen-4-yl]- **18** IV 6376
  — äthylester **18** IV 6376

—, [5-Hydroxy-2-methyl-4-oxo-
  4H-chromen-7-yloxy]-,
  — äthylester **18** IV 1360

—, [1-Hydroxy-3-methyl-4-oxo-
  cyclohexa-2,5-dienyl]-diphenyl-,
  — lacton **17** I 277 c

—, [5-Hydroxy-5-methyl-2-oxo-
  cyclohexyl]-,
  — lacton **17** IV 5944

—, [6-Hydroxy-2-methyl-3-oxo-
  cyclohexyl]-,
  — lacton **17** IV 5941

—, [2-Hydroxy-1-methyl-5-(3-oxo-
  cyclopent-1-enyl)-cyclopentyl]-,
  — lacton **17** IV 6086

—, [3-Hydroxy-11b-methyl-8-oxo-
  4a,5,6,7,8,9,10,11,11a,11b-decahydro-
  1H-6a,9-methano-cyclohepta[a]⇌
  naphthalin-4-yliden]-,
  — lacton **17** IV 6376

—, [3-Hydroxy-3-methyl-1-oxo-2,3-
  dihydro-1H-cyclopenta[a]naphthalin-2-yl]-,
  — lacton **17** IV 6450

—, [4-Hydroxy-5-methyl-2-oxo-2,5-
  dihydro-[3]furyl]- **18** IV 5968
  — äthylester **18** IV 5968

—, Hydroxy-[5-methyl-2-oxo-dihydro-
  [3]furyliden]-,
  — methylester **18** IV 5969

—, Hydroxy-[4-methyl-2-oxo-dihydro-
  pyran-3-yliden]-,
  — äthylester **18** IV 5970

—, Hydroxy-[6-methyl-2-oxo-dihydro-
  pyran-3-yliden]-,
  — äthylester **18** IV 5970
  — methylester **18** IV 5970

—, [7a-Hydroxy-4-methyl-2-oxo-2,3,5,6,⇌
  7,7a-hexahydro-benzofuran-7-yl]- **10**
  III 3931 c

—, [7a-Hydroxy-6-methyl-2-oxo-2,3,3a,4,⇌
  5,7a-hexahydro-benzofuran-7-yl]- **10**
  III 3931 c

—, [2-(1-Hydroxy-1-methyl-5-oxo-hexyl)-
  5-methyl-cyclohexyl]-,
  — lacton **17** IV 5975

Essigsäure (Fortsetzung)
—, [1-Hydroxy-1-methyl-3-oxo-indan-2-
　yl]-,
　— lacton **17** 515 j
—, [7a-Hydroxy-4-methyl-2-oxo-
　octahydro-benzofuran-7-yl]- **10**
　III 3916 c
—, [7a-Hydroxy-5-methyl-2-oxo-
　octahydro-benzofuran-7-yl]- **10**
　III 3916 e
—, [7a-Hydroxy-6-methyl-2-oxo-
　octahydro-benzofuran-7-yl]- **10**
　III 3916 c
—, [7a-Hydroxy-7-methyl-2-oxo-
　octahydro-cyclopenta[b]pyran-7-yl]- **10**
　III 3919 c
—, [1-Hydroxy-4a-methyl-7-oxo-1,2,3,4,⁼
　4a,5,6,7-octahydro-[2]naphthyl]-,
　— lacton **17** IV 6088
—, [7-Hydroxy-4-methyl-2-oxo-6-propyl-
　2H-chromen-3-yl]- **18** IV 6396
　— äthylester **18** IV 6396
—, [6-Hydroxymethyl-4-oxo-4H-pyran-3-
　yloxy]- **18** IV 1157
—, [3-Hydroxy-11b-methyl-8-oxo-
　tetradecahydro-6a,9-methano-cyclohepta⁼
　[a]naphthalin-4-yl]-,
　— lacton **17** IV 6257
—, [2-Hydroxy-2-methyl-5-oxo-
　tetrahydro-[3]furyl]- **3** 808 e, III 1384 i
—, [3-Hydroxymethyl-5-oxo-tetrahydro-
　[3]furyl]- **18** IV 6267
—, [4-Hydroxy-4-methyl-2-oxo-
　tetrahydro-[3]furyl]- **18** 517 b, IV 6267
—, [8-Hydroxy-5-methyl-4-oxo-1,2,3,4-
　tetrahydro-[1]naphthyl]-,
　— lacton **17** IV 6306
—, [6-Hydroxy-6-methyl-2-oxo-
　tetrahydro-pyran-3-yl]- **3** III 1388 e
—, [5-Hydroxy-6-methyl-3-oxo-1-
　trichlormethyl-phthalan-4-yl]- **18**
　IV 6326
—, [7-Hydroxy-6-methyl-3-oxo-1-
　trichlormethyl-phthalan-4-yl]- **18**
　IV 6326
—, [10-Hydroxymethyl-[9]phenanthryl]-
　phenylhydrazono-,
　— lacton **17** I 275 b
—, [10-Hydroxymethyl-[9]phenanthryl]-
　phenylimino-,
　— lacton **17** I 274 e
—, [2-Hydroxymethyl-phenyl]-,
　— lacton **17** IV 4964
—, [2-Hydroxy-3-methyl-phenyl]-,
　— lacton **17** IV 4967
—, [2-Hydroxy-4-methyl-phenyl]-,
　— lacton **17** IV 4966
—, [2-Hydroxy-5-methyl-phenyl]-,
　— lacton **17** IV 4966

—, [2-Hydroxy-6-methyl-phenyl]-,
　— lacton **17** IV 4966
—, [2-Hydroxy-4-methyl-phenyl]-bis-
　[4-methoxy-phenyl]-,
　— lacton **18** IV 1950
—, [2-Hydroxy-5-methyl-phenyl]-bis-
　[4-methoxy-phenyl]-,
　— lacton **18** IV 1950
—, [2-Hydroxy-3-methyl-phenyl]-
　diphenyl-,
　— lacton **17** 393 b
—, [2-Hydroxy-4-methyl-phenyl]-
　diphenyl-,
　— lacton **17** 392 f
—, [2-Hydroxy-5-methyl-phenyl]-
　diphenyl-,
　— lacton **17** 392 d
—, [2-Hydroxy-5-methyl-phenyl]-jod-
　[4-methoxy-phenyl]-,
　— lacton **18** II 35 e
—, [2-Hydroxy-5-methyl-phenyl]-jod-
　phenyl-,
　— lacton **17** II 389 b
—, [2-Hydroxy-3-methyl-phenyl]-
　[2-methoxy-phenyl]-,
　— lacton **18** I 321 a
—, [2-Hydroxy-4-methyl-phenyl]-
　[2-methoxy-phenyl]-,
　— lacton **18** I 320 g
—, [2-Hydroxy-5-methyl-phenyl]-
　[2-methoxy-phenyl]-,
　— lacton **18** I 320 e, II 35 b
—, [2-Hydroxy-5-methyl-phenyl]-
　[4-methoxy-phenyl]-,
　— lacton **18** I 320 f, II 35 c
—, [2-Hydroxy-3-methyl-phenyl]-phenyl-,
　— lacton **17** IV 5347
—, [2-Hydroxy-4-methyl-phenyl]-phenyl-,
　— lacton **17** 365 f, I 199 b,
　II 389 c, IV 5347
—, [2-Hydroxy-5-methyl-phenyl]-phenyl-,
　— lacton **17** 365 d, I 199 a,
　II 388 i, IV 5347
—, [2-Hydroxy-6-methyl-phenyl]-phenyl-,
　— lacton **17** IV 5347
—, [2-Hydroxy-5-methyl-phenyl]-
　phenylhydrazono-,
　— lacton **17** I 257 h
—, [12-Hydroxy-14-methyl-podocarp-11-
　en-13-yliden]-,
　— lacton **17** IV 5171
—, [1-Hydroxy-1-methyl-3-
　semicarbazono-indan-2-yl]-,
　— lacton **17** 515 k
—, [1-Hydroxy-3-methyl-1,2,3,4-
　tetrahydro-[2]naphthyl]-,
　— lacton **17** IV 5140

Essigsäure   (Fortsetzung)
—, [8-Hydroxy-5-methyl-1,2,3,4-
 tetrahydro-[1]naphthyl]-,
 — lacton **17** IV 5142
—, [4-Hydroxy-5-methyl-[2]thienyl]-,
 — äthylester **18** IV 4863
—, [1-Hydroxy-naphtho[2,1-*b*]furan-2-yl]-
 18 IV 4972
 — methylester **18** IV 4972
—, [2-Hydroxy-[1]naphthyl]-,
 — lacton **17** 352 i, II 376 a,
 IV 5258
—, [3-Hydroxy-[2]naphthyl]-,
 — lacton **17** IV 5257
—, [2-Hydroxy-2-[1]naphthyl-cyclohexyl]-,
 — lacton **17** IV 5399
—, [2-Hydroxy-2-[2]naphthyl-cyclohexyl]-,
 — lacton **17** IV 5399
—, [2-Hydroxy-2-[2]naphthyl-cyclopentyl]-,
 — lacton **17** IV 5391
—, [1-Hydroxy-[2]naphthyl]-diphenyl-,
 — lacton **17** 401 a, IV 5617
—, [2-Hydroxy-[1]naphthyl]-diphenyl-,
 — lacton **17** 401 d, IV 5618
—, [2-Hydroxy-[1]naphthyl]-jod-
 [4-methoxy-phenyl]-,
 — lacton **18** II 46 f
—, [2-Hydroxy-[1]naphthyl]-jod-phenyl-,
 — lacton **17** II 413 e
—, [2-Hydroxy-[1]naphthyl]-mesityl-,
 — lacton **17** IV 5547
—, [2-Hydroxy-[1]naphthyl]-methoxy-
 [4-methoxy-phenyl]-,
 — lacton **18** II 112 b
—, [2-Hydroxy-[1]naphthyl]-[2-methoxy-
 4-oxo-4*H*-[1]naphthyliden]-,
 — lacton **18** IV 1984
—, [2-Hydroxy-[1]naphthyl]-methoxy-
 phenyl-,
 — lacton **18** 67 c
—, [2-Hydroxy-[1]naphthyl]-[4-methoxy-
 phenyl]-,
 — lacton **18** I 334 c, IV 812
—, [2-Hydroxy-[1]naphthyl]-phenoxy-
 phenyl-,
 — lacton **18** 67 e
—, [1-Hydroxy-[2]naphthyl]-phenyl-,
 — lacton **17** IV 5534
—, [2-Hydroxy-[1]naphthyl]-phenyl-,
 — lacton **17** 389 b, II 413 c,
 IV 5534
—, [2-Hydroxy-[1]naphthyl]-
 phenylhydrazono-,
 — lacton **17** II 493 c, IV 6391
—, [2-Hydroxy-[1]naphthyl]-phenylimino-,
 — lacton **17** II 493 b
—, [2-Hydroxy-[1]naphthyl]-
 semicarbazono-,
 — lacton **17** II 493 e

—, Hydroxy-[1]naphthyl-[2]thienyl- **18**
 IV 4984
 — [2-diäthylamino-äthylester] **18**
 IV 4984
—, [2-Hydroxy-[1]naphthyl]-
 thiosemicarbazono-,
 — lacton **17** IV 6391
—, [1-Hydroxy-neomenthyl]-,
 — lacton **17** IV 4386
—, [2-Hydroxy-3-(4-nitro-benzoyloxy)-
 cyclohexyl]-,
 — lacton **18** IV 66
—, [2-Hydroxy-5-nitro-phenyl]-,
 — lacton **17** 309 c
—, [1-Hydroxy-5-nitro-1,2,3,4-
 tetrahydro-[2]naphthyl]-,
 — lacton **17** IV 5124
—, [1-Hydroxy-7-nitro-1,2,3,4-
 tetrahydro-[2]naphthyl]-,
 — lacton **17** IV 5124
—, [1-Hydroxy-1,2,3,4,5,6,7,8-octahydro-
 [2]anthryl]-,
 — lacton **17** IV 5244
—, 2-Hydroxy-2,2′-[octahydro-
 naphthalin-2,2-diyl]-di-,
 — lacton **18** IV 5485
—, [4-Hydroxy-octahydro-[4a]naphthyl]-,
 — lacton **17** IV 4650
—, Hydroxy-oxiranyl-,
 — allylester **18** IV 4799
—, [1-Hydroxy-10-oxo-10*H*-
 [9]anthryliden]-,
 — lacton **17** 537 c
—, [7-Hydroxy-6-oxo-6*H*-benzo[*c*]≈
 chromen-9-yl]- **18** IV 6417
—, [3-Hydroxy-4-oxo-chroman-3-yl]-
 18 IV 6320
—, [7-Hydroxy-2-oxo-chroman-4-yl]-
 18 IV 6320
—, [4-Hydroxy-2-oxo-2*H*-chromen-3-yl]-
 18 IV 6053
—, [6-Hydroxy-2-oxo-2*H*-chromen-4-yl]-
 18 IV 6352
 — äthylester **18** I 533 g, IV 6352
 — methylester **18** IV 6352
—, [7-Hydroxy-2-oxo-2*H*-chromen-4-yl]-
 18 530 h, I 534 a, IV 6352
 — äthylester **18** I 534 d, IV 6353
 — [2-brom-äthylester] **18** IV 6354
 — [3-brom-propylester] **18** IV 6354
 — [2-hydroxy-äthylamid] **18**
 IV 6355
 — methylester **18** IV 6353
—, [8-Hydroxy-2-oxo-2*H*-chromen-4-yl]-
 18 I 534 i
—, [4-Hydroxy-2-oxo-2*H*-chromen-3-
 ylmercapto]- **18** IV 1338

Essigsäure (Fortsetzung)

—, [1-Hydroxy-4-oxo-cyclohexa-2,5-
dienyl]-diphenyl-,
 — lacton **17** 543 a, I 276 b

—, [2-Hydroxy-3-oxo-cyclohex-1-enyl]-,
 — lacton **17** IV 5994

—, [2-Hydroxy-3-oxo-cyclohexyl]-,
 — lacton **17** IV 5930

—, [2-Hydroxy-5-oxo-cyclohexyl]-,
 — lacton **17** I 237 d, IV 5929

—, [5-Hydroxy-2-oxo-cyclohexyl]-,
 — lacton **17** IV 5933

—, [6-Hydroxy-3-oxo-2,3-dihydro-
benzofuran-2-yl]- **18** IV 5034
 — methylester **18** IV 5035

—, [3-Hydroxy-5-oxo-2,5-dihydro-
[2]furyl]- **18** IV 5962

—, [4-Hydroxy-2-oxo-2,5-dihydro-
[3]furyl]- **18** IV 5963
 — äthylester **18** IV 5963
 — amid **18** IV 5963
 — isobutylamid **18** IV 5963

—, [4-Hydroxy-5-oxo-2,5-dihydro-
[3]furyl]- **18** IV 5963

—, Hydroxy-[5-oxo-2,5-dihydro-
[2]furyl]- **18** IV 6276

—, Hydroxy-[2-oxo-dihydro-[3]furyliden]-
18 IV 5964
 — äthylester **18** IV 5964
 — methylester **18** IV 5964

—, Hydroxy-[3-oxo-1,3-dihydro-naphtho⸗
[2,3-*c*]furan-1-yl]- **18** II 385 j

—, [1-Hydroxy-4-oxo-1,4-dihydro-
[1]naphthyl]-diphenyl-,
 — lacton **17** I 279 d

—, [9-Hydroxy-3-oxo-2,3-dihydro-
phenalen-1-yliden]-,
 — lacton **17** I 272 a

—, Hydroxy-[2-oxo-dihydro-thiopyran-3-
yliden]-,
 — äthylester **18** IV 5967

—, [2-Hydroxy-5-oxo-2,3-diphenyl-
cyclopent-3-enyl]-,
 — lacton **17** 540 a

—, [2-Hydroxy-5-oxo-2,4-diphenyl-
tetrahydro-[3]furyl]- **10** III 4015 e

—, [3-Hydroxy-5-oxo-2,3-diphenyl-
tetrahydro-[2]furyl]- **18** I 536 b
 — äthylester **18** I 536 c

—, [4-Hydroxy-2-oxo-4,5-diphenyl-
tetrahydro-[3]furyl]- **18** 533 e

—, [3a-Hydroxy-2-oxo-hexahydro-
benzofuran-7a-yl]- **18** II 378 d

—, [6a-Hydroxy-2-oxo-hexahydro-
cyclopenta[*b*]furan-3-yl]- **10** III 3896 b

—, [6a-Hydroxy-2-oxo-hexahydro-
cyclopenta[*b*]furan-6-yl]- **10** III 3898 a

—, [1-Hydroxy-3-oxo-indan-2-yl]-,
 — lacton **17** 512 g

—, [7a-Hydroxy-2-oxo-octahydro-
benzofuran-3-yl]- **10** III 3901 a

—, [7a-Hydroxy-2-oxo-octahydro-
benzofuran-7-yl]- **10** III 3903 e

—, [7a-Hydroxy-2-oxo-octahydro-
cyclopenta[*b*]pyran-7-yl]- **10** III 3909 c

—, [7-Hydroxy-2-oxo-4-phenyl-
2*H*-chromen-3-yl]- **18** IV 6433
 — äthylester **18** IV 6433

—, [2-Hydroxy-6-oxo-4-phenyl-cyclohex-
1-enyl]-,
 — lacton **17** IV 6352

—, [2-Hydroxy-6-oxo-4-phenyl-
cyclohexyl]-,
 — lacton **17** IV 6310

—, [3-Hydroxy-5-oxo-4-phenyl-2,5-
dihydro-[2]furyl]-phenyl- **18** IV 6097

—, [3-Hydroxy-5-oxo-4-phenyl-4,5-
dihydro-[2]furyl]-phenyl-,
 — methylester **18** IV 6098

—, [3-Hydroxy-5-oxo-4-phenyl-5*H*-
[2]furyliden]-[2-methoxy-phenyl]- **18**
IV 6564
 — methylester **18** IV 6564

—, [3-Hydroxy-5-oxo-4-phenyl-5*H*-
[2]furyliden]-[4-methoxy-phenyl]- **18**
IV 6565
 — methylester **18** IV 6565

—, [3-Hydroxy-5-oxo-4-phenyl-5*H*-
[2]furyliden]-phenyl- **18** IV 6100
 — äthylester **18** IV 6101
 — anilid **18** IV 6101
 — methylester **18** IV 6101

—, [3-Hydroxy-5-oxo-4-
phenylhydrazono-tetrahydro-
[2]furyl]-phenylhydrazono- **18** 552 a

—, [1-Hydroxy-3-oxo-1-phenyl-indan-2-
yl]-,
 — lacton **17** 535 c

—, [5-Hydroxy-2-oxo-5-phenyl-
tetrahydro-[3]furylmercapto]- **10**
III 4237 c

—, [2-Hydroxy-5-oxo-2-phenyl-
tetrahydro-[3]furyl]-phenyl- **10**
III 4015 e

—, Hydroxy-[2-oxo-6-phenyl-tetrahydro-
pyran-4-yl]- **18** IV 6327
 — methylester **18** IV 6328

—, [7-Hydroxy-2-oxo-6-propyl-
2*H*-chromen-4-yl]- **18** IV 6390
 — äthylester **18** IV 6390

—, [3-Hydroxy-5-oxo-tetrahydro-
[2]furyl]- **18** IV 6265
 — methylester **18** IV 6265

—, Hydroxy-[5-oxo-tetrahydro-[2]furyl]-
18 IV 6265

—, [4-(2-Hydroxy-5-oxo-tetrahydro-
[2]furyl)-2,2-dimethyl-cyclobutyl]- **10**
III 3922 c

Essigsäure (Fortsetzung)

—, [9b-Hydroxy-2-oxo-2,3,5,9b-
tetrahydro-4*H*-naphtho[1,2-*b*]furan-3a-yl]-
10 III 3981 b

—, [2-(5-Hydroxy-pent-2-enyl)-3-oxo-
cyclopentyl]-,
  — lacton **17** IV 6026

—, [2-(5-Hydroxy-pent-2-enyl)-3-
semicarbazono-cyclopentyl]-,
  — lacton **17** IV 6026

—, [2-Hydroxy-5-*tert*-pentyl-phenyl]-
phenyl-,
  — lacton **17** IV 5403

—, [1-(*β*-Hydroxy-phenäthyl)-cyclohexyl]-,
  — lacton **17** IV 5161

—, [2-Hydroxy-2-phenäthyl-cyclohexyl]-,
  — lacton **17** IV 5162

—, [1-(*β*-Hydroxy-phenäthyl)-
cyclopentyl]-,
  — lacton **17** IV 5155

—, [10-Hydroxy-[9]phenanthryl]-,
  — lacton **17** I 211 d

—, [2-Hydroxy-phenyl]-,
  — lacton **17** 309 a, I 159 g,
    II 331 b, IV 4946

—, [2-Hydroxy-2-phenyläthinyl-
cyclohexyl]-,
  — lacton **17** IV 5284

—, [2-Hydroxy-3-phenyl-cyclohex-2-
enyliden]-methoxy-,
  — lacton **18** IV 578

—, [2-Hydroxy-2-phenyl-cyclohexyl]-,
  — lacton **17** IV 5147

—, [2-Hydroxy-4-phenyl-cyclohexyl]-,
  — lacton **17** IV 5147

—, [2-Hydroxy-2-phenyl-cyclopentyl]-,
  — lacton **17** IV 5138

—, [2-Hydroxy-5-phenyl-cyclopentyl]-,
  — lacton **17** IV 5138

—, [2-Hydroxy-phenyl]-diphenyl-,
  — lacton **17** 391 d

—, 2-Hydroxy-2,2'-*o*-phenylen-di-,
  — lacton **18** IV 5524

—, [1-Hydroxy-4-phenylhydrazono-
cyclohexa-2,5-dienyl]-diphenyl-,
  — lacton **17** I 276 c

—, [2-Hydroxy-phenyl]-[4-hydroxy-
phenyl]-,
  — 2-lacton **18** II 31 g, IV 609

—, [4-Hydroxy-phenyl]-[4-(4-hydroxy-
phenyl)-3,5-dioxo-dihydro-[2]furyliden]-
18 II 401 e, IV 6646
  — äthylester **18** II 402 a
  — methylester **18** IV 6647

—, [2-Hydroxy-phenyl]-jod-phenyl-,
  — lacton **17** II 384 d

—, [2-Hydroxy-phenyl]-methoxy-phenyl-,
  — lacton **18** II 31 d

—, [2-Hydroxy-phenyl]-[2-methoxy-
phenyl]-,
  — lacton **18** I 315 h

—, [2-(4-Hydroxy-phenyl)-4-oxo-
chroman-6-yl]- **18** IV 6421

—, [2-Hydroxy-phenyl]-phenyl-,
  — lacton **17** 360 e, II 384 b,
    IV 5316

—, [2-Hydroxy-phenyl]-
phenylhydrazono-,
  — lacton **17** I 246 b

—, [1-Hydroxy-1-phenyl-3-
semicarbazono-indan-2-yl]-,
  — lacton **17** 535 d

—, [1-Hydroxy-1-phenyl-1,2,3,4-
tetrahydro-[2]naphthyl]-,
  — lacton **17** IV 5476

—, [1-Hydroxy-3-phenyl-1,2,3,4-
tetrahydro-[2]naphthyl]-,
  — lacton **17** IV 5476

—, Hydroxy-phenyl-[2]thienyl- **18** IV 4947
  — [2-(*N*-äthyl-anilino)-äthylester]
    18 IV 4949
  — äthylester **18** IV 4947
  — [2-anilino-äthylester] **18** IV 4949
  — [2-cyclohexylamino-äthylester] **18**
    IV 4949
  — [2-diäthylamino-äthylester] **18**
    IV 4948
  — [*β*-diäthylamino-isopropylester]
    18 IV 4950
  — [3-diäthylamino-propylester] **18**
    IV 4949
  — [2-(diäthyl-methyl-ammonio)-
    äthylester] **18** IV 4948
  — [2-dibutylamino-äthylester] **18**
    IV 4949
  — [3-(dibutyl-methyl-ammonio)-
    propylester] **18** IV 4950
  — [2-dicyclohexylamino-äthylester]
    18 IV 4949
  — [2-diisopropylamino-äthylester]
    18 IV 4949
  — [2-dimethylamino-äthylester] **18**
    IV 4948
  — [3-dimethylamino-2,2-dimethyl-
    propylester] **18** IV 4950
  — [2-methylamino-äthylester] **18**
    IV 4948
  — methylester **18** IV 4947
  — propylester **18** IV 4948
  — [2-trimethylammonio-äthylester]
    18 IV 4948

—, Hydroxy-phenyl-[3]thienyl- **18**
IV 4950
  — [2-diäthylamino-äthylester] **18** IV 4950
  — [2-(diäthyl-methyl-ammonio)-
    äthylester] **18** IV 4951

Essigsäure (Fortsetzung)

—, [2-Hydroxy-phenyl]-*m*-tolyl-,
— lacton **17** IV 5346

—, [1-(2-Hydroxy-propenyl)-cyclohexyl]-,
— lacton **17** II 323 i

—, [1-(2-Hydroxy-propenyl)-cyclopentyl]-,
— lacton **17** II 323 c

—, [2-(2-Hydroxy-propenyl)-hexahydro-
indan-2-yl]-,
— lacton **17** IV 4758

—, [1-(2-Hydroxy-propyl)-3-methyl-
cyclohexyl]-,
— lacton **17** IV 4383

—, [1-(2-Hydroxy-propyl)-4-methyl-
cyclohexyl]-,
— lacton **17** IV 4383

—, [2-Hydroxy-5-propyl-phenyl]-phenyl-,
— lacton **17** IV 5386

—, [2-Hydroxy-3-semicarbazono-
cyclohexyl]-,
— lacton **17** IV 5930

—, [5-Hydroxy-2-semicarbazono-
cyclohexyl]-,
— lacton **17** IV 5933

—, Hydroxy-tetrahydro[2]furyl- **18**
IV 4803
— äthylester **18** IV 4803

—, [1-Hydroxy-1,2,3,4-tetrahydro]-
[2]naphthyl-,
— lacton **17** IV 5124

—, [2-Hydroxy-1,2,3,4-tetrahydro-
[1]naphthyl]-,
— lacton **17** IV 5125

—, [1-Hydroxy-1,2,3,4-tetrahydro-
[2]naphthyl]-phenyl-,
— lacton **17** IV 5476

—, [2-Hydroxy-5,6,7,8-tetrahydro-
[1]naphthyl]-phenyl-,
— lacton **17** IV 5476

—, [3-Hydroxy-5,6,7,8-tetrahydro-
[2]naphthyl]-phenyl-,
— lacton **17** IV 5475

—, [4-Hydroxy-1,9,10,10a-tetrahydro-
2*H*-[3]phenanthryliden]-methoxy-,
— lacton **18** IV 663

—, [4-Hydroxy-tetrahydro-pyran-3-yl]-
18 IV 4806
— amid **18** IV 4806
— hydrazid **18** IV 4806
— methylester **18** IV 4806

—, [4-Hydroxy-tetrahydro-pyran-4-yl]-,
— äthylester **18** IV 4807

—, [3-Hydroxy-tetrahydro-[3]thienyl]-
phenyl- **18** IV 4883

—, [4-Hydroxy-tetrahydro-thiopyran-3-
yl]-,
— hydrazid **18** IV 4807

—, [2-Hydroxy-2,5,5,8a-tetramethyl-
decahydro-[1]naphthyl]-,

— lacton **17** II 325 d, IV 4682

—, [2-Hydroxy-2,3,3,4-tetramethyl-6-oxo-
tetrahydro-pyran-4-yl]- **3** III 1403 b

—, Hydroxy-[2]thienyl- **18** 345 e,
IV 4834

—, Hydroxy-[3]thienyl- **18**
IV 4834

—, [4-Hydroxy-[2]thienyl]-,
— äthylester **18** IV 4831

—, [2-Hydroxy-3-(toluol-4-sulfonyloxy)-
cyclohexyl]-,
— lacton **18** IV 66

—, [5-Hydroxy-2,3,4-trimethoxy-8,9-
dihydro-7*H*-benzocyclohepten-6-yl]-,
— lacton **18** IV 2521

—, [3-Hydroxy-4,6,7-trimethyl-
benzofuran-5-yloxy]- **17**
IV 2132

—, [2-Hydroxy-2,6,6-trimethyl-
cyclohexyl]-,
— lacton **17** IV 4376

—, [5-Hydroxy-2,2,6-trimethyl-
cyclohexyl]-,
— lacton **17** IV 4377

—, [5-Hydroxy-4,4,5-trimethyl-cyclopent-
2-enyliden]-,
— lacton **17** IV 4742

—, [2-Hydroxy-2,3,3-trimethyl-
cyclopentyl]-,
— lacton **17** 262 d, I 142 c,
II 302 e, IV 4365

—, [3-Hydroxy-1,2,2-trimethyl-
cyclopentyl]-,
— lacton **17** II 302 g

—, [3-Hydroxy-2,2,3-trimethyl-
cyclopentyl]-,
— lacton **17** IV 4367

—, [4-Hydroxy-2,2,3-trimethyl-
cyclopentyl]-,
— lacton **17** IV 4365

—, [2-Hydroxy-2,3,3-trimethyl-
cyclopentyliden]-,
— lacton **17** 301 f

—, [2-Hydroxy-2,3,3-trimethyl-1-nitro-
cyclopentyl]-,
— lacton **17** 263 c

—, [2-Hydroxy-2,3,3-trimethyl-1-nitroso-
cyclopentyl]-,
— lacton **17** 263 b

—, [2-Hydroxy-2,3,3-trimethyl-4-oxo-
cyclopentyl]-,
— lacton **17** IV 5956

—, [2-Hydroxy-2,3,3-trimethyl-5-oxo-
cyclopentyl]-,
— lacton **17** IV 5956

—, [3-Hydroxy-1,2,2-trimethyl-4-oxo-
cyclopentyl]-,
— lacton **17** II 454 d

Essigsäure (Fortsetzung)
—, Hydroxy-[4,6,6-trimethyl-2-oxo-dihydro-pyran-3-yliden]-,
 — äthylester **18** IV 5978
—, [1-Hydroxy-1,5,7-trimethyl-3-oxo-indan-2-yl]-,
 — lacton **17** IV 6312
—, [3-Hydroxy-2,2,3-trimethyl-4-oxo-1-phenyl-cyclopentyl]-,
 — lacton **10** III 1868 c
—, [2-Hydroxy-2,3,3-trimethyl-6-oxo-tetrahydro-pyran-4-yl]- **3** 820 b,
 I 285 f, III 1399 f
—, [6-Hydroxy-5,5,6-trimethyl-2-oxo-tetrahydro-pyran-3-yl]- **3** III 1399 d
—, [2-Hydroxy-3,4,6-trimethyl-phenyl]-,
 — lacton **17** IV 4996
—, [2-Hydroxy-2,3,3-trimethyl-1-phenyl-cyclopentyl]-,
 — lacton **17** IV 5163
—, Hydroxy-xanthen-9-yl- **18** IV 4975
 — [2-diäthylamino-äthylester] **18** IV 4975
—, Isochroman-x-yl- **18** IV 4221
 — äthylester **18** IV 4221
 — amid **18** IV 4221
 — butylester **18** IV 4221
 — [2-chlor-äthylester] **18** IV 4221
 — decylester **18** IV 4221
 — {2-[2,4-dichlor-phenoxy]-äthylester} **18** IV 4221
 — hydrazid **18** IV 4221
 — isopropylester **18** IV 4221
 — methylester **18** IV 4221
 — octylester **18** IV 4221
—, [2-Isopentyl-3-methyl-6-oxo-tetrahydro-pyran-2-yl]-,
 — äthylester **18** II 319 a
—, [2-Isopropyl-benzofuran-4-yloxy]- **17** IV 1495
—, [6-Isopropyl-5,6-dihydro-4H-pyran-3-yl]-,
 — methylester **18** IV 3905
—, [4-Isopropyl-2,5-dimethyl-[3]thienyl]-,
 — amid **18** IV 4132
—, [3-Isopropyl-2,5-dioxo-tetrahydro-[3]furyl]- **18** IV 5977
—, [4-(5-Isopropyl-4-methoxy-2-methyl-phenyl)-6-oxo-5,6-dihydro-pyran-2-yliden]- **18** IV 2575
—, [6-Isopropyl-2-methoxy-tetrahydro-pyran-3-yl]-,
 — äthylester **18** IV 4815
—, [4-Isopropyl-5-oxo-2,5-dihydro-[2]furyl]-,
 — äthylester **18** IV 5350
 — methylester **18** IV 5350
 — phenacylester **18** IV 5350

—, [5-Isopropyl-2-oxo-2,5-dihydro-[3]furyl]- **18** 399 d
—, [4-Isopropyl-5-oxo-tetrahydro-[2]furyl]-,
 — äthylester **18** IV 5311
 — methylester **18** IV 5311
—, [4-Isopropyl-5-oxo-tetrahydro-[3]furyl]- **18** IV 5311
 — äthylester **18** IV 5311
—, [5-Isopropyl-2-oxo-tetrahydro-[3]furyl]- **18** 391 d
—, [6-Isopropyl-2-oxo-tetrahydro-pyran-3-yl]-,
 — methylester **18** IV 5314
—, Isothiocyanato-,
 — [3-tetrahydro[2]furyl-propylester] **17** IV 1149
 — tetrahydropyran-2-ylmethylester **17** IV 1134
 — tetrahydropyran-3-ylmethylester **17** IV 1137
—, [6-Isovaleryl-4-methyl-2-oxo-2H-chromen-5-yloxy]- **18** IV 1581
 — äthylester **18** IV 1581
—, Jod-,
 — furfurylamid **18** IV 7081
 — [5-nitro-furfurylester] **17** IV 1254
 — tetrahydrofurfurylester **17** IV 1104
—, [6-Jod-2-oxo-tetrahydro-3,5-methano-cyclopenta[b]furan-3-yl]- **18** IV 5455
—, [6-Lauroyl-4-methyl-2-oxo-2H-chromen-5-yloxy]- **18** IV 1600
 — äthylester **18** IV 1600
—, Menthyloxy-,
 — [4-oxo-2-phenyl-chroman-7-ylester] **18** IV 635
—, [2-Mercapto-phenyl]-,
 — lacton **17** IV 4947
—, [4-Methansulfonyloxy-5-oxo-5H-[2]furyliden]- **18** IV 6291
 — methylester **18** IV 6291
—, Methoxy-,
 — [2-hexadecyl-2,5,7,8-tetramethyl-chroman-6-ylester] **17** IV 1436
 — [4-(4-oxo-chroman-2-yl)-phenylester] **18** IV 638
 — tetrahydrofurfurylester **17** IV 1113
—, [6-Methoxy-benzofuran-2-yl]- **18** IV 4910
 — amid **18** IV 4910
—, [6-Methoxy-benzofuran-3-yl]- **18** IV 4911
—, [6-Methoxy-benzofuran-3-yliden]- **18** IV 4911
—, [2-(6-Methoxy-benzofuran-3-yl)-phenyl]- **18** IV 4985
 — amid **18** IV 4985

Essigsäure (Fortsetzung)
—, [2-Methoxycarbonyl-2,3-dihydro-
benzofuran-3-yl]-phenyl-,
— methylester **18** IV 4577
—, [2-Methoxycarbonyl-2,3-dihydro-
benzo[*b*]thiophen-3-yl]-,
— methylester **18** IV 4549
—, [7-Methoxycarbonyl-4-(4-methoxy-
phenyl)-7-methyl-2-oxo-hexahydro-
benzofuran-7a-yl]-,
— methylester **18** IV 6625
—, [2-Methoxycarbonyl-5-methyl-
benzofuran-3-yliden]-,
— methylester **18** IV 4560
—, [2-Methoxycarbonyl-6-methyl-
benzofuran-3-yliden]-,
— methylester **18** IV 4560
—, [4-Methoxycarbonyl-5-methyl-
[2]furyl]- **18** IV 4506
— methylester **18** 334 b
—, [2-Methoxycarbonyl-4-methyl-5-oxo-
2,5-dihydro-[2]furyl]- **18** IV 6129
—, [7-Methoxycarbonyl-7-methyl-2-oxo-
4-phenyl-hexahydro-benzofuran-7a-yl]-,
— äthylester **18** IV 6180
—, [2-Methoxycarbonyl-6-methyl-3-
phenyl-2,3-dihydro-benzofuran-3-yl]-,
— methylester **18** IV 4577
—, [5-Methoxycarbonyl-2-methyl-
tetrahydro-[2]furyl]-,
— methylester **18** IV 4443
—, [2-Methoxycarbonyl-naphtho[2,1-*b*]≠
furan-1-yl]-,
— methylester **18** IV 4574
—, [4-Methoxycarbonyl-3-oxo-
tetrahydro-[2]thienyl]-,
— methylester **18** IV 6117
—, [3-Methoxycarbonyl-4-
semicarbazono-tetrahydro-[2]thienyl]-,
— methylester **18** IV 6117
—, [4-Methoxy-dibenzofuran-1-yl]- **18**
IV 4972
— amid **18** IV 4972
—, [4-Methoxy-dibenzofuran-1-yl]-
semicarbazono- **18** IV 6415
—, [6-Methoxy-3,7-dimethyl-benzofuran-
2-yl]- **18** IV 4936
— amid **18** IV 4936
—, [5-Methoxy-2,2-dimethyl-chroman-6-
yl]- **18** IV 4885
—, [5-Methoxy-4,7-dimethyl-2-oxo-
2*H*-chromen-3-yl]- **18** IV 6386
— äthylester **18** IV 6387
—, [1-(3-Methoxy-1,4-dioxo-1,4-dihydro-
[2]naphthyl)-3-oxo-phthalan-1-yl]-,
— methylester **18** IV 6649
—, Methoxy-[4-methoxy-5-oxo-2,5-
dihydro-[2]furyl]- **18** IV 6455
— amid **18** IV 6457

— methylester **18** IV 6456
—, Methoxy-[4-methoxy-5-oxo-
tetrahydro-[2]furyl]- **18** IV 6451
— methylester **18** IV 6452
—, [6-Methoxy-3-(3-methoxy-phenyl)-
benzofuran-2-yl]- **18** IV 5060
— amid **18** IV 5060
— [2,9-dimethoxy-benzo[*b*]naphtho≠
[1,2-*d*]furan-5-ylester] **18** IV 5060
—, [6-Methoxy-3-(4-methoxy-phenyl)-
benzofuran-2-yl]- **18** IV 5061
— amid **18** IV 5061
— [3,9-dimethoxy-benzo[*b*]naphtho≠
[1,2-*d*]furan-5-ylester] **18** IV 5061
—, [3-Methoxy-4-(4-methoxy-phenyl)-5-
oxo-5*H*-[2]furyliden]-[4-methoxy-phenyl]-
18 II 401 f
— methylester **18** II 401 h
—, [3-Methoxy-4-(4-methoxy-phenyl)-5-
oxo-5*H*-[2]furyliden]-phenyl-,
— methylester **18** II 395 c,
IV 6563
—, [6-Methoxy-2-methyl-benzofuran-3-
yl]- **18** IV 4930
—, [6-Methoxy-3-methyl-benzofuran-2-
yl]- **18** IV 4930
— amid **18** IV 4930
—, [5-Methoxy-7-methyl-2-oxo-
2*H*-chromen-4-yl]- **18** I 535 a, vgl.
IV 6376 f
— methylester **18** I 535 b, vgl.
IV 6376 f
—, [7-Methoxy-4-methyl-2-oxo-
2*H*-chromen-3-yl]- **18** IV 6374
— äthylester **18** IV 6374
— anilid **18** IV 6375
— methylester **18** IV 6374
—, [7-Methoxy-5-methyl-2-oxo-
2*H*-chromen-4-yl]- **18** IV 6376
— äthylester **18** IV 6376
—, [7-Methoxy-1-methyl-12-oxo-1,3,4,9,≠
10,10a-hexahydro-2*H*-4a,1-oxaäthano-
phenanthren-2-yl]- **18** IV 6407
— methylester **18** IV 6407
—, [5-Methoxy-7-methyl-3-oxo-phthalan-
4-yl]- **18** IV 6323
—, [7-Methoxy-4-methyl-2-oxo-6-propyl-
2*H*-chromen-3-yl]- **18** IV 6396
— äthylester **18** IV 6397
—, [5-Methoxy-7-methyl-3-oxo-1-
trichlormethyl-phthalan-4-yl]- **18**
IV 6327
—, [7-Methoxy-5-methyl-3-oxo-1-
trichlormethyl-phthalan-4-yl]- **18**
IV 6326
—, [4-(2-Methoxy-4-methyl-phenyl)-6-
methyl-2-oxo-chroman-4-yl]- **18** IV 6425
—, [4-(2-Methoxy-4-methyl-phenyl)-7-
methyl-2-oxo-chroman-4-yl]- **18** IV 6425

Essigsäure (Fortsetzung)

—, [4-(2-Methoxy-5-methyl-phenyl)-6-methyl-2-oxo-chroman-4-yl]- **18** IV 6424

—, [4-(2-Methoxy-5-methyl-phenyl)-7-methyl-2-oxo-chroman-4-yl]- **18** IV 6425

—, [4-(2-Methoxy-4-methyl-phenyl)-6-oxo-5,6-dihydro-pyran-2-yliden]- **18** IV 2570

—, [4-(2-Methoxy-5-methyl-phenyl)-6-oxo-5,6-dihydro-pyran-2-yliden]- **18** IV 2570

—, [4-(4-Methoxy-3-methyl-phenyl)-6-oxo-5,6-dihydro-pyran-2-yliden]- **18** IV 2569

—, [2-(2-Methoxy-5-methyl-phenyl)-5-oxo-tetrahydro-[2]furyl]- **18** IV 6328
  — methylester **18** IV 6328

—, [4-(3-Methoxy-[2]naphthyl)-6-oxo-5,6-dihydro-pyran-2-yliden]- **18** IV 2801

—, [2-(6-Methoxy-[2]naphthyl)-5-oxo-tetrahydro-[2]furyl]-,
  — methylester **18** IV 6410

—, [7-Methoxy-2-oxo-chroman-4-yl]- **18** IV 6320

—, [7-Methoxy-4-oxo-chroman-3-yliden]- **18** IV 6352

—, [4-Methoxy-2-oxo-2H-chromen-3-yl]-,
  — methylester **18** IV 6351

—, [6-Methoxy-2-oxo-2H-chromen-4-yl]- **18** IV 6352

—, [7-Methoxy-2-oxo-2H-chromen-4-yl]- **18** I 534 b, IV 6353
  — äthylester **18** I 534 e, IV 6354
  — äthylidenhydrazid **18** IV 6356
  — benzylidenhydrazid **18** IV 6356
  — [2-brom-äthylester] **18** IV 6354
  — [3-brom-propylester] **18** IV 6354
  — [2-diäthylamino-äthylester] **18** IV 6354
  — [2-(2-diäthylamino-äthylmercapto)-äthylamid] **18** IV 6355
  — [4-diäthylamino-butylamid] **18** IV 6355
  — [4-diäthylamino-1-methyl-butylamid] **18** IV 6355
  — [3-diäthylamino-propylamid] **18** IV 6355
  — [3-diäthylamino-propylester] **18** IV 6355
  — [2-dibutylamino-äthylester] **18** IV 6355
  — hydrazid **18** IV 6355
  — isopropylidenhydrazid **18** IV 6356
  — methylenhydrazid **18** IV 6356
  — methylester **18** I 534 c, IV 6353
  — [3-methyl-5-oxo-cyclohexylidenhydrazid] **18** IV 6356

  — [1-methyl-propylidenhydrazid] **18** IV 6356
  — [1-phenyl-äthylidenhydrazid] **18** IV 6356

—, [7-Methoxy-2-oxo-2H-chromen-8-yl]- **18** IV 6358
  — methylester **18** IV 6358

—, [7-Methoxy-4-oxo-4H-chromen-3-yl]- **18** 530 f, IV 6351

—, [6-Methoxy-3-oxo-2,3-dihydro-benzofuran-2-yl]-,
  — methylester **18** IV 5035

—, Methoxy-[5-oxo-2,5-dihydro-[2]furyl]- **18** IV 6276

—, [7-Methoxy-2-oxo-4-phenyl-2H-chromen-3-yl]- **18** IV 6433
  — [3-methoxy-6-oxo-6H-naphtho=[2,1-c]chromen-8-ylester] **18** IV 6433

—, [3-Methoxy-5-oxo-4-phenyl-5H-[2]furyliden]-[2-methoxy-phenyl]-,
  — methylester **18** IV 6564

—, [3-Methoxy-5-oxo-4-phenyl-5H-[2]furyliden]-[4-methoxy-phenyl]-,
  — methylester **18** IV 6565

—, [3-Methoxy-5-oxo-4-phenyl-5H-[2]furyliden]-phenyl-,
  — äthylester **18** 535 e
  — amid **18** 535 h
  — methylester **18** 535 a, II 388 a, IV 6439
  — propylester **18** 535 g

—, [3-Methoxy-5-oxo-4-p-tolyl-5H-[2]furyliden]-p-tolyl-,
  — äthylester **18** II 388 k
  — methylester **18** II 388 i

—, [4-(4-Methoxy-phenyl)-3,5-dioxo-dihydro-[2]furyliden]-phenyl- **18** II 395 a, IV 6563
  — äthylester **18** II 396 b
  — methylester **18** II 395 b, IV 6563

—, [4-(4-Methoxy-phenyl)-3,5-dioxo-tetrahydro-[2]furyl]-phenyl- **18** IV 6562

—, [2-Methoxy-phenyl]-[4-(2-methoxy-phenyl)-3,5-dioxo-dihydro-[2]furyliden]- **18** II 401 a
  — methylester **18** II 401 b

—, [4-Methoxy-phenyl]-[4-(4-methoxy-phenyl)-3,5-dioxo-dihydro-[2]furyliden]- **18** IV 6647
  — äthylester **18** IV 6647
  — methylester **18** II 401 g

—, [4-(4-Methoxy-phenyl)-6-methyl-2-oxo-chroman-4-yl]- **18** IV 6423

—, [4-(4-Methoxy-phenyl)-7-methyl-2-oxo-chroman-4-yl]- **18** IV 6423

—, [4-(4-Methoxy-phenyl)-5-methyl-6-oxo-5,6-dihydro-pyran-2-yliden]- **18** IV 2570

Essigsäure (Fortsetzung)

—, [2-(4-Methoxy-phenyl)-4-oxo-
chroman-6-yl]- **18** IV 6421

—, [4-(2-Methoxy-phenyl)-2-oxo-
2*H*-chromen-3-yl]- **18** IV 6433

—, [4-(2-Methoxy-phenyl)-6-oxo-5,6-
dihydro-pyran-2-yliden]- **18** IV 2566

—, [4-(4-Methoxy-phenyl)-6-oxo-5,6-
dihydro-pyran-2-yliden]- **18** IV 2567

—, [2-(4-Methoxy-phenyl)-6-oxo-
tetrahydro-pyran-2-yl]- **18** IV 6327

—, [5-Methoxy-2-phthalidyl-phenoxy]-
18 118 e

—, Methoxy-tetrahydro[2]furyl-,
  — amid **18** IV 4803

—, [6-Methoxy-3-*m*-tolyl-benzofuran-2-
yl]- **18** IV 4988
  — amid **18** IV 4988
  — [9-methoxy-2-methyl-benzo[*b*]⸗
    naphtho[1,2-*d*]furan-5-ylester] **18**
    IV 4988

—, Methoxy-[3,4,5-trimethoxy-
tetrahydro-[2]furyl]-,
  — methylester **18** IV 5223

—, [2-Methoxy-4,6,6-trimethyl-
tetrahydro-pyran-3-yl]-,
  — methylester **18** IV 4816

—, [2-Methyl-benzofuran-3-yl]- **18**
IV 4274

—, [5-Methyl-benzofuran-3-yl]- **18**
IV 4275

—, [6-Methyl-benzofuran-3-yl]- **18**
IV 4275

—, [5-Methyl-benzofuran-3-yliden]- **18**
IV 4275

—, [6-Methyl-benzofuran-3-yliden]- **18**
IV 4275
  — anilid **18** IV 4275

—, [2-Methyl-benzofuran-5-yloxy]- **17**
IV 1477

—, [3-Methyl-benzo[*b*]thiophen-2-yl]-
18 IV 4275

—, [3-Methyl-cyclohexan-1,1-diyl]-di-,
  — anhydrid **17** I 239 e

—, [4-Methyl-cyclohexan-1,1-diyl]-di-,
  — anhydrid **17** I 239 f

—, [3-Methyl-cyclopentan-1,1-diyl]-di-,
  — anhydrid **17** IV 5951

—, [5-Methyl-2,3-dihydro-benzofuran-7-
yl]- **18** IV 4222
  — amid **18** IV 4222

—, [6-Methyl-2,3-dihydro-benzofuran-3-
yl]- **18** IV 4222

—, [4-Methyl-3,6-dioxo-cyclohexa-1,4-
dienyl]-[4-methyl-5-oxo-5*H*-[2]furyliden]-
18 IV 6186

—, [7b-Methyl-2,3-dioxo-decahydro-
indeno[1,7-*bc*]furan-5-yl]-,
  — methylester **18** IV 6024

—, [4-Methyl-2,5-dioxo-dihydro-
[3]furyliden]- **18** 464 b

—, [3-Methyl-2,5-dioxo-tetrahydro-
[3]furyl]- **18** I 510 f, IV 5967

—, [5-Methyl-2,4-dioxo-tetrahydro-
[3]furyl]- **18** IV 5968
  — äthylester **18** IV 5968

—, [4-Methyl-2,6-dioxo-tetrahydro-
pyran-4-yl]- **18** I 511 a
  — anhydrid **18** I 511 b

—, [5-Methyl-[2]furyl]- **18** IV 4096
  — amid **18** IV 4096

—, [8a-Methyl-5-methylen-2-oxo-
dodecahydro-naphtho[2,3-*b*]furan-3-yl]-
18 IV 5510

—, [5-Methyl-4-(methyl-phenyl-
carbamoyl)-[2]furyl]-,
  — [*N*-methyl-anilid] **18** IV 4508

—, [5-Methyl-5-neopentyl-2-oxo-
tetrahydro-[3]furyl]- **18** IV 5322

—, [2-Methyl-3-(5-nitro-[2]furyl)-
allylidenhydrazino]-,
  — äthylester **17** IV 4723

—, [1-Methyl-3-oxo-3*H*-benzo[*f*]⸗
chromen-2-yl]- **18** IV 5668
  — äthylester **18** IV 5668
  — methylester **18** IV 5668

—, [4-Methyl-2-oxo-2*H*-benzo[*h*]⸗
chromen-3-yl]- **18** IV 5667
  — äthylester **18** IV 5667
  — anilid **18** IV 5667

—, [7-Methyl-2-oxo-chroman-4-yl]- **18**
II 334 g

—, [6-Methyl-2-oxo-2*H*-chromen-4-yl]-
18 I 494 m, IV 5603
  — äthylester **18** I 495 a
  — anilid **18** I 495 b
  — methylester **18** IV 5603

—, [7-Methyl-2-oxo-2*H*-chromen-4-yl]-
18 I 495 d, II 338 g, IV 5604
  — äthylester **18** I 495 e, IV 5604
  — anilid **18** I 495 g
  — [2-brom-äthylester] **18** IV 5604
  — [2-brom-propylester] **18** IV 5604
  — [3-brom-propylester] **18** IV 5605
  — [4-chlor-butylester] **18** IV 5605
  — [3-chlor-propylester] **18** IV 5604
  — [2-diäthylamino-äthylamid] **18**
    IV 5605
  — [2-diäthylamino-äthylester] **18**
    IV 5605
  — [2-(2-diäthylamino-äthylmercapto)-
    äthylamid] **18** IV 5605
  — [4-diäthylamino-butylamid] **18**
    IV 5606
  — [3-diäthylamino-2-hydroxy-
    propylamid] **18** IV 5606
  — [4-diäthylamino-1-methyl-
    butylamid] **18** IV 5606

Essigsäure
—, [7-Methyl-2-oxo-2*H*-chromen-4-yl]-, (Fortsetzung)
 — [3-diäthylamino-propylamid] **18** IV 5605
 — [3-diäthylamino-propylester] **18** IV 5605
 — [3,4-dimethoxy-phenäthylamid] **18** IV 5605
 — methylester **18** IV 5604
 — *m*-tolylester **18** I 495 f
—, [8-Methyl-2-oxo-2*H*-chromen-4-yl]- **18** I 495 k, IV 5607
 — äthylester **18** I 495 l
—, [2-Methyl-4-oxo-4*H*-chromen-7-yloxy]- **18** IV 318
 — äthylester **18** IV 318
—, [4-Methyl-2-oxo-2*H*-chromen-7-yloxy]- **18** IV 338
—, [3-Methyl-5-oxo-2,5-dihydro-[2]furyl]- **18** I 483 c, IV 5342
 — äthylester **18** I 484 a
 — amid **18** IV 5342
 — methylester **18** I 483 d, IV 5342
—, [4-Methyl-5-oxo-2,5-dihydro-[2]furyl]- **18** IV 5342
 — methylester **18** IV 5343
—, [3a-Methyl-2-oxo-hexahydro-cyclopenta[*b*]furan-4-yl]- **18** IV 5360
—, [6a-Methyl-2-oxo-hexahydro-cyclopenta[*b*]furan-3-yl]-,
 — äthylester **18** IV 5360
—, [7a-Methyl-2-oxo-octahydro-benzofuran-3-yl]- **18** IV 5369
 — methylester **18** IV 5369
—, [3a-Methyl-3-oxo-octahydro-isobenzofuran-1-yl]- **18** IV 5369
—, [6-Methyl-3-oxo-2-oxa-bicyclo[3.3.1]⁼nonan-6-yl]-,
 — methylester **18** IV 5370
—, [1-Methyl-7-oxo-6-oxa-bicyclo[3.2.1]⁼oct-8-yliden]- **18** IV 5453
—, [4-Methyl-2-oxo-6-palmitoyl-2*H*-chromen-5-yloxy]- **18** IV 1620
 — äthylester **18** IV 1620
—, [5-Methyl-2-oxo-3-phenyl-benzofuran-3-yl]- **18** II 345 e
 — äthylester **18** II 345 f
—, [3-Methyl-4-oxo-2-phenyl-4*H*-chromen-6-yl]- **18** IV 5688
 — äthylester **18** IV 5688
—, [3-Methyl-4-oxo-2-phenyl-4*H*-chromen-7-yloxy]- **18** IV 742
 — äthylester **18** IV 742
—, [1-Methyl-3-oxo-phthalan-1-yl]- **18** IV 5536
 — äthylester **18** IV 5536
—, [5-Methyl-3-oxo-phthalan-1-yl]- **18** IV 5536
—, [6-Methyl-3-oxo-phthalan-1-yl]- **18** IV 5536

—, [4-Methyl-2-oxo-6-propionyl-2*H*-chromen-7-yloxy]- **18** IV 1557
 — äthylester **18** IV 1557
—, [4-Methyl-2-oxo-8-propionyl-2*H*-chromen-7-yloxy]- **18** IV 1557
 — äthylester **18** IV 1558
—, [4-Methyl-6-oxo-6*H*-pyran-2-yl]- **18** IV 5410
—, [4-Methyl-2-oxo-8-(1-semicarbazono-äthyl)-2*H*-chromen-7-yloxy]- **18** IV 1546
—, [4-Methyl-2-oxo-6-stearoyl-2*H*-chromen-5-yloxy]- **18** IV 1621
 — äthylester **18** IV 1621
—, [2-Methyl-5-oxo-tetrahydro-[2]furyl]- **18** 375 d, IV 5281
 — äthylester **18** 375 e, I 479 b, IV 5282
 — methylester **18** IV 5281
—, [2-Methyl-5-oxo-tetrahydro-[3]furyl]- **18** 375 f, I 479 c
—, [3-Methyl-5-oxo-tetrahydro-[2]furyl]- **18** I 479 d, IV 5282
 — methylester **18** IV 5282
—, [4-Methyl-2-oxo-tetrahydro-[3]furyl]- **18** 376 f
—, [4-Methyl-5-oxo-tetrahydro-[2]furyl]- **18** IV 5283
 — methylester **18** IV 5283
—, [5-Methyl-2-oxo-tetrahydro-[3]furyl]- **18** 376 a
—, [4-Methyl-2-oxo-8-*m*-toluoyl-2*H*-chromen-7-yloxy]- **18** IV 1911
 — äthylester **18** IV 1911
—, [4-Methyl-2-oxo-8-*o*-toluoyl-2*H*-chromen-7-yloxy]- **18** IV 1911
 — äthylester **18** IV 1911
—, [4-Methyl-2-oxo-8-*p*-toluoyl-2*H*-chromen-7-yloxy]- **18** IV 1912
 — äthylester **18** IV 1912
—, [4-Methyl-2-oxo-6-valeryl-2*H*-chromen-7-yloxy]- **18** IV 1579
 — äthylester **18** IV 1579
—, [4-Methyl-2-oxo-8-valeryl-2*H*-chromen-7-yloxy]- **18** IV 1579
—, [2-Methyl-5-phenyl-tetrahydro-[2]furyl]- **18** IV 4235
 — methylester **18** IV 4235
—, [5-Methyl-tetrahydro-furfuryloxy]- **17** IV 1141
—, [2-Methyl-tetrahydro-[3]furyl]- **18** IV 3848
 — äthylester **18** IV 3848
 — [4-brom-phenacylester] **18** IV 3849
—, [3-Methyl-tetrahydro-[2]furyl]- **18** IV 3845
 — methylester **18** IV 3845
—, [2-Methyl-tetrahydro-thiophenio]-,
 — menthylester **17** IV 63

Essigsäure (Fortsetzung)
—, [2-Methyl-[3]thienyl]- **18** IV 4094
—, [3-Methyl-[2]thienyl]- **18** IV 4094
 — amid **18** IV 4094
—, [5-Methyl-[2]thienyl]- **18** IV 4096
 — amid **18** IV 4096
—, [5-Methyl-[2]thienylmercapto]- **17**
 IV 1241
—, [3-Methyl-[2]thienyl]-
 phenylhydrazono- **18** 409 g
—, [5-Methyl-[2]thienyl]-[toluol-4-
 sulfonylamino]- **18** IV 8201
—, [12a-Methyl-3,6,10-trioxo-1,3,4,6,6a,≠
 7,8,10,11,12,12a,12b-dodecahydro-1,5-
 methano-naphth[1,2-c]oxocin-5-yl]- **18**
 IV 6181
 — methylester **18** IV 6182
—, [5-Methyl-2,4,5-triphenyl-2,5-dihydro-
 [2]furyl]- **18** IV 4420
—, [Naphtho[1,2-b]furan-3-yliden]- **18**
 IV 4358
—, [Naphtho[2,1-b]furan-1-yliden]- **18**
 IV 4359
—, Naphtho[2,1-b]thiophen-3-yl- **18**
 IV 4358
—, [2-[2]Naphthyl-5-oxo-tetrahydro-
 [2]furyl]- **18** IV 5651
 — methylester **18** IV 5652
—, [1]Naphthyl-[2]thienyl- **18** IV 4388
 — [3-diäthylamino-propylester] **18**
 IV 4388
 — [3-(dibutyl-methyl-ammonio)-
 propylester] **18** IV 4388
—, [5-Nitro-furfuryliden-dimercapto]-di-
 17 IV 4477
—, [5-Nitro-furfurylidenhydrazino]-,
 — äthylester **17** IV 4472
—, [(5-Nitro-furfuryliden)-
 thiocarbamoyl-hydrazino]-,
 — äthylester **17** IV 4473
—, [3-(5-Nitro-[2]furyl)-
 allylidenhydrazino]-,
 — äthylester **17** IV 4705
—, {[3-(5-Nitro-[2]furyl)-allyliden]-
 thiocarbamoyl-hydrazino}-,
 — äthylester **17** IV 4706
—, {4-[2-(5-Nitro-2-oxo-acenaphthen-1-
 yliden)-3-oxo-2,3-dihydro-benzo[b]≠
 thiophen-5-yl]-phenylmercapto}- **18**
 IV 1995
—, {4-[2-(6-Nitro-2-oxo-acenaphthen-1-
 yliden)-3-oxo-2,3-dihydro-benzo[b]≠
 thiophen-5-yl]-phenylmercapto}- **18**
 IV 1995
—, [2-(5-Nitro-2-oxo-acenaphthen-1-
 yliden)-1-oxo-1,2-dihydro-naphtho[2,1-b]≠
 thiophen-8-ylmercapto]- **18** IV 1990

—, [2-(6-Nitro-2-oxo-acenaphthen-1-
 yliden)-1-oxo-1,2-dihydro-naphtho[2,1-b]≠
 thiophen-8-ylmercapto]- **18** IV 1990
—, [6-Nitro-2-oxo-2H-benzo[h]chromen-
 4-yl]- **18** I 502 d
—, [6-Nitro-2-oxo-chroman-4-yl]- **18**
 II 334 c
—, [4-Nitro-3-oxo-phthalan-1-yliden]-
 18 IV 5590
 — methylester **18** IV 5590
—, [7-Nitro-3-oxo-phthalan-1-yliden]-
 18 IV 5590
 — methylester **18** IV 5590
—, [(5-Nitro-[2]thienylmethylen)-
 thiocarbamoyl-hydrazino]-,
 — äthylester **17** IV 4490
—, Octahydronaphthalin-1,1-diyl-di-,
 — anhydrid **17** II 460 a
—, Octahydronaphthalin-2,2-diyl-di-,
 — anhydrid **17** II 460 b
—, Oxetan-3,3-diyl-di- **18** IV 4440
 — dimethylester **18** IV 4440
—, Oxiranyl- **18** IV 3821
 — äthylester **18** IV 3821
 — methylester **18** IV 3821
 — propylester **18** IV 3822
—, [3-Oxo-1H,3H-benz[de]isochromen-1-
 yl]- **18** I 498 e
—, [2-Oxo-2H-benzo[h]chromen-3-yl]-,
 — äthylester **18** IV 5662
 — diäthylamid **18** IV 5662
—, [2-Oxo-2H-benzo[h]chromen-4-yl]-
 18 I 501 h, II 343 d
 — äthylester **18** I 502 a, II 343 e,
 IV 5662
 — amid **18** I 502 b
 — anilid **18** I 502 c
 — methylester **18** IV 5662
—, [3-Oxo-3H-benzo[f]chromen-1-yl]-
 18 I 502 f, IV 5662
 — äthylester **18** I 502 h, IV 5663
 — methylester **18** I 502 g
—, [3-Oxo-3H-benzo[f]chromen-2-yl]-
 18 IV 5663
 — äthylester **18** IV 5664
 — diäthylamid **18** IV 5664
 — methylester **18** IV 5664
—, [3-Oxo-3H-benzo[b]thiophen-2-yliden]-
 [2,3,4-triacetoxy-phenyl]- **18** II 400 d
—, [5-Oxo-3,4-bis-propionyloxy-
 tetrahydro-[2]furyl]-propionyloxy-,
 — äthylester **18** 551 c
—, [2-Oxo-chroman-3-yl]-,
 — diäthylamid **18** IV 5534
 — [2-diäthylamino-äthylester] **18**
 IV 5533
 — dimethylamid **18** IV 5533
 — [2-dimethylamino-äthylester] **18**
 IV 5533

Essigsäure (Fortsetzung)
—, [2-Oxo-chroman-4-yl]- **18** II 334 b
 — methylester **18** IV 5534
—, [4-Oxo-4*H*-chromen-2-
  carbonylmercapto]- **18** IV 5568
—, [2-Oxo-2*H*-chromen-2-sulfonyl]-,
 — methylester **18** IV 285
—, [2-Oxo-2*H*-chromen-3-sulfonyl]-,
 — äthylester **18** IV 285
—, [2-Oxo-2*H*-chromen-3-yl]- **18**
  IV 5592
 — äthylester **18** IV 5592
 — anilid **18** IV 5593
 — diäthylamid **18** IV 5593
 — [2-diäthylamino-äthylester] **18**
  IV 5593
 — [3,4-dimethoxy-phenäthylamid]
  18 IV 5593
 — dimethylamid **18** IV 5593
 — [2-dimethylamino-äthylester] **18**
  IV 5592
 — methylester **18** IV 5592
—, [2-Oxo-2*H*-chromen-4-yl]- **18**
  II 338 e, IV 5594
—, [2-Oxo-2*H*-chromen-7-yloxy]- **18**
  IV 300
—, [5-Oxo-dihydro-furan-2,2-diyl]-di-
  18 485 b
—, [5-Oxo-2,5-dihydro-[2]furyl]- **18**
  IV 5336
 — amid **18** IV 5337
 — methylester **18** IV 5337
—, [5-Oxo-4,5-dihydro-[2]furyl]-
  18 396 c
—, [5-Oxo-dihydro-[2]furyliden]- **18**
  IV 5338
 — äthylester **18** IV 5338
 — anhydrid **18** IV 5339
 — methylester **18** IV 5338
—, 1-Oxo-1,2-dihydro-naphtho[2,1-*b*]₌
  furan-2-yl]- **18** IV 4972
 — methylester **18** IV 4972
—, [4-Oxo-5,6-dihydro-4*H*-pyran-3-yl]-
  18 IV 5340
 — methylester **18** IV 5340
—, [4-Oxo-dihydro-pyran-3-yliden]- **18**
  IV 5341
 — äthylester **18** IV 5342
—, [2-Oxo-4,5-diphenyl-2,3-dihydro-
  [3]furyl]- **18** 446 b
—, [2-Oxo-4,5-diphenyl-2,5-dihydro-
  [3]furyl]- **18** 446 c
—, [5-Oxo-2,3-diphenyl-2,5-dihydro-
  [2]furyl]- **18** I 505 b, II 347 c
 — äthylester **18** I 505 c
—, [5-Oxo-2,2-diphenyl-tetrahydro-
  [3]furyl]- **18** IV 5676
—, [5-Oxo-2,3-diphenyl-tetrahydro-
  [2]furyl]- **18** I 503 a

 — äthylester **18** I 503 b
—, [2-Oxo-4,6-diphenyl-tetrahydro-
  pyran-2-yl]- **18** 442 e
—, [2-Oxo-5,5-di-*p*-tolyl-tetrahydro-
  [3]furyl]- **18** IV 5677
—, [5-Oxo-2,2-di-*p*-tolyl-tetrahydro-
  [3]furyl]- **18** IV 5677
—, [5-Oxo-5*H*-[2]furyliden]- **18** I 488 f,
  IV 5387
 — äthylester **18** IV 5387
—, [2-Oxo-2,3,3a,4,5,6-hexahydro-benzo₌
  [6,7]cyclohepta[1,2-*b*]furan-10b-yl]-,
 — methylester **18** IV 5622
—, [2-Oxo-2,4,5,6,7,7a-hexahydro-
  benzofuran-3-yl]- **18** IV 5451
—, [2-Oxo-hexahydro-benzofuran-7a-yl]-
  18 II 323 a
—, [2-Oxo-hexahydro-cyclopenta[*b*]furan-
  6a-yl]- **18** IV 5352
 — äthylester **18** IV 5352
—, [3-Oxo-1,3,3a,4,7,7a-hexahydro-
  isobenzofuran-1-yl]- **18** IV 5452
—, [3-Oxo-1,3,3a,6,7,7a-hexahydro-
  isobenzofuran-1-yl]- **18** IV 5452
—, [3-Oxo-1,3,4,5,6,7-hexahydro-
  isobenzofuran-1-yl]- **18** IV 5451
—, [3-Oxo-1,3,5,6,7,7a-hexahydro-
  isobenzofuran-1-yl]- **18** IV 5451
—, [4-Oxo-isothiochroman-3-yl]- **18**
  IV 5534
—, [2-Oxo-4-methyl-2,5-dihydro-
  [3]furyl]- **18** 397 d
—, [3-Oxo-3*H*-naphtho[1,2-*b*]furan-2-
  yliden]-,
 — äthylester **18** 438 e
 — amid **18** 438 f
—, [2-Oxo-octahydro-benzofuran-3-yl]-
  18 IV 5357
—, [2-Oxo-octahydro-benzofuran-7-yl]-,
 — äthylester **18** IV 5358
—, [2-Oxo-octahydro-cyclohepta[*b*]furan-
  8a-yl]-,
 — äthylester **18** IV 5368
—, [3-Oxo-octahydro-isobenzofuran-1-yl]-
  18 IV 5359
—, [3-Oxo-2-oxa-bicyclo[2.2.2]octan-4-yl]-
  18 IV 5354
 — methylester **18** IV 5354
—, {4-[3-Oxo-2-(1-oxo-aceanthren-2-
  yliden)-2,3-dihydro-benzo[*b*]thiophen-5-yl]-
  phenylmercapto}- **18** IV 2000
—, {4-[3-Oxo-2-(2-oxo-aceanthren-1-
  yliden)-2,3-dihydro-benzo[*b*]thiophen-5-yl]-
  phenylmercapto}- **18** IV 2000
—, [1-Oxo-2-(1-oxo-aceanthren-2-yliden)-
  1,2-dihydro-naphtho[2,1-*b*]thiophen-8-
  ylmercapto]- **18** IV 1999

Essigsäure (Fortsetzung)

—, [1-Oxo-2-(2-oxo-aceanthren-1-yliden)-
　1,2-dihydro-naphtho[2,1-*b*]thiophen-8-
　ylmercapto]- **18** IV 1999
—, {4-[3-Oxo-2-(2-oxo-acenaphthen-1-
　yliden)-2,3-dihydro-benzo[*b*]thiophen-5-yl]-
　phenylmercapto}- **18** IV 1995
—, [1-Oxo-2-(2-oxo-acenaphthen-1-
　yliden)-1,2-dihydro-naphtho[2,1-*b*]≠
　thiophen-8-ylmercapto]- **18** IV 1990
—, {4-[3-Oxo-2-(10-oxo-10*H*-
　[9]phenanthryliden)-2,3-dihydro-benzo[*b*]≠
　thiophen-5-yl]-phenylmercapto}- **18**
　IV 1998
—, [1-Oxo-2-(10-oxo-10*H*-
　[9]phenanthryliden)-1,2-dihydro-naphtho≠
　[2,1-*b*]thiophen-8-ylmercapto]- **18**
　IV 1997
—, [2-Oxo-5-pentyl-2,5-dihydro-
　[3]furyl]- **18** 403 g
—, [2-Oxo-5-pentyl-tetrahydro-[3]furyl]-
　18 394 a
—, [2-Oxo-2*H*-phenanthro[9,10-*b*]furan-
　11b-yl]- **18** I 506 e
　— äthylester **18** I 507 a
—, [4-Oxo-2-phenyl-chroman-6-yl]- **18**
　IV 5670
—, [4-Oxo-2-phenyl-chroman-7-yloxy]-,
　— äthylester **18** IV 634
—, [2-Oxo-4-phenyl-2*H*-chromen-3-yl]-
　18 IV 5684
—, [4-Oxo-2-phenyl-4*H*-chromen-7-
　yloxy]- **18** IV 695
　— äthylester **18** IV 695
　— allylester **18** IV 696
　— butylester **18** IV 695
　— *sec*-butylester **18** IV 695
　— [2-diäthylamino-äthylester] **18**
　　IV 696
　— [2-dimethylamino-äthylester] **18**
　　IV 696
　— hexylester **18** IV 696
　— isobutylester **18** IV 695
　— isopentylester **18** IV 696
　— isopropylester **18** IV 695
　— [2-methyl-butylester] **18** IV 696
　— methylester **18** IV 695
　— pentylester **18** IV 696
　— propylester **18** IV 695
—, [6-Oxo-4-phenyl-5,6-dihydro-pyran-2-
　yliden]- **17** IV 6768
—, [5-Oxo-4-phenyl-5*H*-[2]furyliden]-
　phenyl- **18** 447 d, IV 5694
　— methylester **18** IV 5695
—, [5-Oxo-4-phenyl-3-phenylacetoxy-
　5*H*-[2]furyliden]-phenyl-,
　— methylester **18** II 388 d

—, [5-Oxo-4-phenyl-3-
　phenylcarbamoyloxy-5*H*-[2]furyliden]-
　phenyl-,
　— methylester **18** II 388 e
—, [3-Oxo-1-phenyl-phthalan-1-yl]- **18**
　IV 5666
—, [5-Oxo-4-phenyl-3-propoxy-5*H*-
　[2]furyliden]-phenyl-,
　— methylester **18** 535 c
—, [5-Oxo-4-phenyl-3-semicarbazono-
　dihydro-[2]furyliden]-phenyl-,
　— methylester **18** II 360 b
—, [5-Oxo-2-phenyl-tetrahydro-[2]furyl]-,
　— äthylester **18** IV 5539
—, [5-Oxo-2-phenyl-tetrahydro-[3]furyl]-
　18 425 g
—, [5-Oxo-4-phenyl-tetrahydro-
　[2]furyl]-phenyl-,
　— methylester **18** IV 5674
—, [1-Oxo-phthalan-5-yl]- **18** II 332 h
　— amid **18** II 332 i
—, [5-Oxo-2-propyl-tetrahydro-[3]furyl]-
　18 391 c
—, [4-Oxo-4*H*-pyran-3-yl]- **18** IV 5389
—, [5-Oxo-3-sulfo-tetrahydro-[2]furyl]-
　18 I 553 e
　— äthylester **18** I 554 a
—, [2-Oxo-6,7,8,9-tetrahydro-2*H*-benzo≠
　[*g*]chromen-4-yl]- **18** IV 5644
—, [3-Oxo-7,8,9,10-tetrahydro-3*H*-benzo≠
　[*f*]chromen-1-yl]- **18** IV 5644
—, [5-Oxo-tetrahydro-furan-2,3-diyl]-di-
　18 II 362 d
—, [2-Oxo-tetrahydro-[3]furyl]- **18**
　IV 5268
　— äthylester **18** 374 c
—, [5-Oxo-tetrahydro-[2]furyl]-
　18 371 d, II 312 c, IV 5268
　— äthylester **18** IV 5268
　— methylester **18** IV 5268
—, [5-Oxo-tetrahydro-[3]furyl]- **18**
　IV 5269
　— äthylester **18** IV 5269
—, [2-Oxo-3,3a,4,5-tetrahydro-
　2*H*-naphtho[1,2-*b*]furan-9b-yl]-,
　— methylester **18** IV 5619
—, [2-Oxo-tetrahydro-pyran-3-yl]- **18**
　IV 5276
—, [4-Oxo-tetrahydro-pyran-3-yl]- **18**
　IV 5276
　— methylester **18** IV 5277
　— [4-phenyl-phenacylester] **18**
　　IV 5277
—, [6-Oxo-tetrahydro-pyran-2-yl]- **18**
　IV 5276
—, [9-Oxo-xanthen-1-yl]- **18** IV 5662
—, [9-Oxo-xanthen-1-yloxy]- **18** IV 600
　— äthylester **18** IV 600
　— amid **18** IV 600

Essigsäure (Fortsetzung)
—, Oxydi-,
 — bis-tetrahydrofurfurylester **17**
 IV 1114
—, [3,3,5,5,6-Pentachlor-2-hydroxy-4-
 oxo-cyclohex-1-enyl]-diphenyl-,
 — lacton **17** I 275 e
—, [3,4a,7,7,10a-Pentamethyl-
 dodecahydro-benzo[*f*]chromen-3-yl]-,
 — methylester **18** IV 4142
—, [3-Pentyl-oxiranyl]- **18** IV 3861
—, Phenoxy-,
 — furfurylidenhydrazid **17** IV 4446
—, Phenyl-,
 — benzo[*b*]thiophen-3-ylamid **18**
 IV 7162
 — benzo[*b*]thiophen-3-ylidenamid
 18 IV 7162
 — [2,2-dimethyl-4-oxo-thietan-3-
 ylamid] **18** IV 7844
 — furfurylamid **18** IV 7082
 — [2-nitro-benzo[*b*]thiophen-3-
 ylamid] **18** IV 7163
 — [2-nitro-benzo[*b*]thiophen-3-
 ylidenamid] **18** IV 7163
 — phthalidylamid **18** IV 7886
 — tetrahydrofurfurylester **17**
 IV 1106
 — xanthen-9-ylamid **18** 588 e,
 IV 7218
—, [2-Phenyl-benzofuran-3-yl]- **18**
 IV 4390
 — benzo[*b*]naphtho[2,1-*d*]furan-5-
 ylester **18** IV 4390
 — *p*-toluidid **18** IV 4391
—, [3-Phenyl-benzofuran-2-yl]- **18**
 IV 4390
 — benzo[*b*]naphtho[1,2-*d*]furan-5-
 ylester **18** IV 4390
 — *p*-toluidid **18** IV 4390
—, [12-Phenyl-12*H*-benzo[*a*]xanthen-12-
 ylmercapto]- **17** IV 1749
—, [12-Phenyl-12*H*-benzo[*b*]xanthen-12-
 ylmercapto]- **17** IV 1749
—, [2-(*N'*-Phenyl-hydrazino)-tetrahydro-
 pyran-3-yl]-,
 — [*N'*-phenyl-hydrazid] **18**
 IV 8322
—, Phenylhydrazono-phthalidyl-,
 — äthylester **18** 471 h
—, Phenylhydrazono-[2]thienyl-
 18 407 d
—, Phenyl-propoxy-[2]thienyl- **18**
 IV 4947
 — [2-diäthylamino-äthylester] **18**
 IV 4949
 — propylester **18** IV 4948

—, Phenyl-[tetra-*O*-acetyl-
 glucopyranosyloxy]-
 31 235 h, 236 b, 237 a
 — äthylester **31** 237 c
 — amid **31** 238 a
 — [tetra-*O*-acetyl-
 glucopyranosylester] **31** 237 d
—, [5-Phenyl-tetrahydro-[3]furyl]- **18**
 IV 4230
 — äthylester **18** IV 4230
—, Phenyl-[2]thienyl- **18** IV 4294
 — [2-(*N*-äthyl-anilino)-äthylester]
 18 IV 4296
 — äthylester **18** IV 4294
 — [2-anilino-äthylester] **18** IV 4296
 — [2-cyclohexylamino-äthylester] **18**
 IV 4295
 — [2-diäthylamino-äthylester] **18**
 IV 4295
 — [*β*-diäthylamino-isopropylester]
 18 IV 4296
 — [3-diäthylamino-propylester] **18**
 IV 4296
 — [2-(diäthyl-methyl-ammonio)-
 äthylester] **18** IV 4295
 — [2-dibutylamino-äthylester] **18**
 IV 4295
 — [3-(dibutyl-methyl-ammonio)-
 propylester] **18** IV 4296
 — [2-dicyclohexylamino-äthylester]
 18 IV 4295
 — [2-diisopropylamino-äthylester]
 18 IV 4295
 — [2-dimethylamino-äthylester] **18**
 IV 4295
 — [3-dimethylamino-2,2-dimethyl-
 propylester] **18** IV 4296
 — [(2-hydroxy-äthyl)-methyl-amid]
 18 IV 4297
 — [2-methylamino-äthylester] **18**
 IV 4294
 — methylester **18** IV 4294
—, [9-Phenyl-thioxanthen-9-ylmercapto]-
 17 IV 1708
—, Phenyl-[2,3,6-triacetoxy-5-hydroxy-4-
 (3,4,5-triacetoxy-6-acetoxymethyl-
 tetrahydro-pyran-2-yloxy)-
 hexylidenamino]-,
 — äthylester **17** IV 3263
—, Phenyl-[3,4,5-triacetoxy-6-(3,4,5-
 triacetoxy-6-acetoxymethyl-tetrahydro-
 pyran-2-yloxymethyl)-tetrahydro-pyran-2-
 yloxy]-,
 — methylester **17** IV 3614
 — amid **17** IV 3615
 — äthylester **17** IV 3615
—, Phenyl-[*O²,O³,O⁴*-triacetyl-
 glucopyranosyloxy]-,
 — amid **17** IV 3356

Essigsäure (Fortsetzung)
—, Phenyl-[O^2,O^3,O^6-triacetyl-O^4-(tetra-
  O-acetyl-glucopyranosyl)-glucit-1-
  ylidenamino]-,
  — äthylester **17** IV 3263
—, Phenyl-[O^2,O^3,O^4-triacetyl-O^6-(tetra-
  O-acetyl-glucopyranosyl)-
  glucopyranosyloxy]- **17** IV 3614,**31**
  400 a
  — äthylester **17** IV 3615
  — amid **17** IV 3615
  — methylester **17** IV 3614
—, Phenyl-[O^2,O^3,O^4-triacetyl-O^6-(tri-
  O-acetyl-arabinopyranosyl)-
  glucopyranosyloxy]-,
  — amid **17** IV 3469
—, Phenyl-[O^2,O^3,O^4-triacetyl-O^6-trityl-
  glucopyranosyloxy]-,
  — amid **17** IV 3356
—, [N'-Phenyl-ureido]-tetrahydropyran-
  4-yl- **18** IV 8157
—, [9-Phenyl-xanthen-9-ylmercapto]-
  17 IV 1707
—, Phthalidyl- **18** 419 c, I 491 c,
  II 332 c, IV 5526
  — äthylester **18** 419 d, I 491 e,
  II 332 e, IV 5526
  — amid **18** II 332 f, IV 5526
  — methylamid **18** IV 5527
  — methylester **18** I 491 d,
  II 332 d, IV 5526
—, Phthalidyliden- **18** 431 f, I 493 f,
  II 337 k, IV 5589
  — äthylester **18** II 338 a, IV 5589
  — anilid **18** IV 5590
  — [2,4-dichlor-phenylester] **18**
  IV 5590
  — [3-formyl-anilid] **18** IV 5590
  — hexylester **18** IV 5589
  — methylester **18** II 337 l, IV 5589
  — phenylester **18** IV 5590
—, Phthalidylidendi- **18** 497 e
—, Phthalidyloxy-,
  — amid **18** IV 161
—, Selenophen-2-yl-semicarbazono- **18**
  IV 5386
—, [Tetra-O-acetyl-
  glucopyranosylmercapto]-,
  — äthylester **17** IV 3743
—, [Tetra-O-acetyl-glucopyranosyloxy]-
  31 195 a
  — äthylester **31** 195 c
  — amid **31** 195 e
—, [Tetra-O-acetyl-glucopyranosyloxy]-
  p-tolyl- **17** IV 3358
—, Tetrahydrofurfuryloxy- **17** IV 1112
  — butylester **17** IV 1112
  — [2-methoxy-äthylester] **17**
  IV 1112

  — [2-tetrahydrofurfuryloxy-
  äthylester] **17** IV 1113
—, Tetrahydro[2]furyl- **18** IV 3838
—, Tetrahydro[3]furyl- **18** IV 3839
  — äthylester **18** IV 3839
  — [4-brom-phenacylester] **18**
  IV 3839
—, Tetrahydropyran-2-yl- **18** IV 3843
  — amid **18** IV 3843
  — anilid **18** IV 3844
  — [4-brom-phenacylester] **18**
  IV 3843
  — [tetrahydropyran-2-ylmethyl-amid]
  18 IV 7046
—, Tetrahydropyran-3-yl- **18** IV 3844
  — äthylester **18** IV 3844
—, Tetrahydropyran-4-yl- **18** IV 3844
  — äthylester **18** IV 3844
—, Tetrahydropyran-4-yliden-,
  — äthylester **18** IV 3885
—, Tetrahydropyran-2-yloxy-,
  — äthylester **17** IV 1072
  — amid **17** IV 1073
—, [1-Tetrahydropyran-2-yloxy-
  cyclohexyl]-,
  — äthylester **17** IV 1074
—, Tetrahydro[3]thienylmercapto- **17**
  IV 1034
—, Tetrahydrothiopyran-4-yl- **18**
  IV 3845
  — äthylester **18** IV 3845
—, [1,3,4,5-Tetrahydroxy-cyclohexyl]-,
  — 3-lacton **18** IV 2317
—, [1,2,3,5-Tetrahydroxy-10-oxo-10H-
  [9]anthryliden]-,
  — 1-lacton **18** II 225 c
—, [1,2,3,6-Tetrahydroxy-10-oxo-
  10H-[9]anthryliden]-,
  — 1-lacton **18** 230 a
—, [1,2,3,7-Tetrahydroxy-10-oxo-10H-
  [9]anthryliden]-,
  — 1-lacton **18** II 225 c
—, [2,2,5,5-Tetramethyl-2,5-dihydro-
  [3]furyl]- **18** IV 3906
—, [2,2,5,5-Tetramethyl-dihydro-
  [3]furyliden]- **18** IV 3906
—, [2,5,5,8a-Tetramethyl-hexahydro-
  chroman-2-yl]- **18** IV 3911
  — methylester **18** IV 3912
  — [4-phenyl-phenacylester] **18**
  IV 3912
—, [2,2,5,5-Tetramethyl-tetrahydro-
  [3]furyl]- **18** IV 3863
—, [2,5,6,6-Tetramethyl-tetrahydro-
  pyran-2-yl]- **18** IV 3863
  — äthylester **18** IV 3864
—, [2]Thienyl- **18** 293 c, IV 4062
  — äthylester **18** IV 4063
  — amid **18** IV 4063

ssigsäure

—, [2]Thienyl-, (Fortsetzung)
  — butylester 18 IV 4063
  — [3,4-dimethoxy-phenäthylamid]
    18 IV 4064
  — hydrazid 18 IV 4065
  — [2-hydroxy-äthylamid] 18
    IV 4064
  — methylamid 18 IV 4064
  — methylester 18 IV 4063
  — ureid 18 IV 4064
—, [3]Thienyl- 18 IV 4066
  — äthylester 18 IV 4066
  — amid 18 IV 4067
  — hydrazid 18 IV 4067
—, [1-[2]Thienyl-äthylidenaminooxy]-
  17 II 314 d
—, [2-[2]Thienyl-cyclopentyl]- 18
  IV 4189
—, [3-[2]Thienyl-cyclopentyl]- 18
  IV 4189
  — äthylester 18 IV 4189
  — amid 18 IV 4189
—, [2]Thienylmercapto- 17
  IV 1229
  — äthylester 17 IV 1229
  — amid 17 IV 1229
—, [3]Thienylmercapto- 17
  IV 1238
  — äthylester 17 IV 1239
  — amid 17 IV 1239
  — anilid 17 IV 1239
—, [2]Thienylmethylmercapto- 17
  IV 1263
  — äthylester 17 IV 1263
  — amid 17 IV 1264
—, [4-[2]Thienylmethyl-phenoxy]- 17
  IV 1537
—, [2]Thienyl-[toluol-4-sulfonylamino]-
  18 IV 8171
—, Thiocyanato-,
  — furfurylamid 18 IV 7087
  — furfurylester 17 IV 1251
  — tetrahydrofurfurylester 17
    IV 1114
—, Thiodi-,
  — bis-tetrahydrofurfurylester 17
    IV 1114
—, [Thiophen-3-sulfonyl]- 17 IV 1239
—, [Thiophen-2-thiocarbonylmercapto]-
  18 IV 4048
—, Thioxanthen-9-yl- 18 IV 4372
  — amid 18 IV 4373
  — [2-diäthylamino-äthylester] 18
    IV 4372
  — [2-dicyclohexylamino-äthylester]
    18 IV 4372
  — [2-diisopropylamino-äthylester]
    18 IV 4372

  — [2-dimethylamino-äthylester] 18
    IV 4372
  — [β-dimethylamino-isopropylester]
    18 IV 4373
  — [2-hydroxy-äthylamid] 18
    IV 4374
  — methylester 18 IV 4372
—, Thioxanthen-9-ylmercapto- 17
  IV 1613
—, [2-Thioxo-2H-benzo[h]chromen-4-yl]-,
  — äthylester 18 I 502 e
—, [2-m-Tolyl-benzofuran-3-yl]- 18
  IV 4392
  — [2-methyl-benzo[b]naphtho[2,1-d]≠
    furan-5-ylester] 18 IV 4393
  — p-toluidid 18 IV 4393
—, [2,3,5-Triacetoxy-1-hydroxy-10-oxo-
  10H-[9]anthryliden]-,
  — lacton 18 II 225 d
—, [2,3,7-Triacetoxy-1-hydroxy-10-oxo-
  10H-[9]anthryliden]-,
  — lacton 18 II 225 d
—, [5,6,7-Triacetoxy-3-oxo-1-
  trichlormethyl-phthalan-4-yl]- 18
  IV 6586
—, [O^2,O^3,O^6-Triacetyl-O^4-(tetra-
  O-acetyl-glucopyranosyl)-
  glucopyranosyloxy]-,
  — äthylester 31 385 b
  — amid 31 385 d
—, Triäthylammonio-,
  — chroman-6-ylamid 18 IV 7153
  — furfurylamid 18 IV 7092
—, Trichlor-,
  — [4-chlor-1,1-dioxo-tetrahydro-1λ^6-
    [3]thienylamid] 18 IV 7028
  — dibenzoselenophen-3-ylamid 18
    IV 7210
  — [11-oxa-bicyclo[4.4.1]undec-1-
    ylester] 17 IV 1212
  — [(9-oxo-xanthen-2-ylmethyl)-amid]
    18 IV 7968
  — [tetrahydro-1λ^4-[1]thienylidenamid]
    17 IV 37 b
—, [3,6,8-Trichlor-7-hydroxy-2-oxo-
  2H-chromen-4-yl]- 18 I 534 h
—, [2,4,5-Trichlor-phenoxy]-,
  — tetrahydrofurfurylester 17
    IV 1113
—, Trifluor-,
  — dibenzofuran-3-ylamid 18
    IV 7194
  — dibenzoselenophen-3-ylamid 18
    IV 7210
  — dibenzothiophen-3-ylamid 18
    IV 7205
  — [2-hydroxy-1-hydroxymethyl-2-(5-
    nitro-[2]thienyl)-äthylamid] 18
    IV 7432

Essigsäure (Fortsetzung)
—, [2-(4,4′,α-Trihydroxy-benzhydryl)-
  phenyl]-,
  — α-lacton **18** IV 1950
—, [1,2,3-Trihydroxy-10-oxo-10*H*-
  [9]anthryliden]-,
  — 1-lacton **18** 198 b, II 181 f
—, [5,6,7-Trihydroxy-1-oxo-
  1*H*-isochromen-4-yl]- **18** IV 6598
—, [1,5,7-Trihydroxy-1,2,3,4-tetrahydro-
  [2]naphthyl]-,
  — 1-lacton **18** IV 1416
—, [1,5,8-Trihydroxy-1,2,3,4-tetrahydro-
  [2]naphthyl]-,
  — 1-lacton **18** IV 1416
—, [1,2,4-Trihydroxy-2,3,3-trimethyl-
  cyclopentyl]-,
  — 2-lacton **18** IV 1138
—, [3,5,7-Trimethoxy-2-(4-methoxy-
  phenyl)-4-oxo-4*H*-chromen-8-yl]- **18**
  IV 6677
—, [5,6,7-Trimethoxy-2-oxo-
  2*H*-chromen-4-yl]- **18** IV 6598
  — methylester **18** IV 6598
—, [9,10,11-Trimethoxy-3-oxo-2,3,5,6,7,⸗
  11b-hexahydro-1*H*-benzo[3,4]cyclohepta⸗
  [1,2-*b*]pyran-4a-yl]-,
  — methylester **18** IV 6605
—, [5,6,7-Trimethoxy-1-oxo-isochroman-
  3-yl]- **18** IV 6585
  — methylester **18** IV 6585
—, [5,6,7-Trimethoxy-1-oxo-isochroman-
  4-yl]- **18** IV 6585
  — methylester **18** IV 6585
—, [5,6,7-Trimethoxy-1-oxo-
  1*H*-isochromen-3-yl]-,
  — *tert*-butylester **18** IV 6598
  — methylester **18** IV 6598
—, [5,6,7-Trimethoxy-1-oxo-
  1*H*-isochromen-4-yl]- **18** IV 6598
  — äthylester **18** IV 6599
  — amid **18** IV 6599
  — methylester **18** IV 6599
—, [5,6,7-Trimethoxy-3-oxo-phthalan-4-
  yl]- **18** IV 6584
—, [5,6,7-Trimethoxy-3-oxo-1-
  trichlormethyl-phthalan-4-yl]- **18**
  IV 6586
—, Trimethylammonio-,
  — [(5-brom-[2]thienylmethylen)-
    hydrazid] **17** IV 4487
  — [5-nitro-furfurylidenhydrazid] **17**
    IV 4474
  — [(5-nitro-[2]thienylmethylen)-
    hydrazid] **17** IV 4490
  — [2]thienylmethylenhydrazid **17**
    IV 4484
—, [3,4,6-Trimethyl-benzofuran-2-yl]-
  18 IV 4284

  — amid **18** IV 4284
—, [4,6,6-Trimethyl-5,6-dihydro-
  4*H*-pyran-3-yl]-,
  — methylester **19** IV 1616
—, [7,8,8-Trimethyl-octahydro-4,7-
  methano-benzofuran-3-yl]- **18** IV 4139
—, [2a,5a,7-Trimethyl-2-oxo-decahydro-
  naphtho[1,8-*bc*]furan-6-yliden]- **18**
  IV 5510
  — methylester **18** IV 5510
—, [4,6,7-Trimethyl-3-oxo-2,3-dihydro-
  benzofuran-5-yloxy]- **17** IV 2132
—, [3,3,4-Trimethyl-6-oxo-3,6-dihydro-
  2*H*-pyran-2-yl]- **18** IV 5356
—, [1,8,8-Trimethyl-4-oxo-3-oxa-bicyclo⸗
  [3.2.1]oct-2-yl]- **18** IV 5373
  — äthylester **18** IV 5374
—, [5,8,8-Trimethyl-4-oxo-3-oxa-bicyclo⸗
  [3.2.1]oct-2-yliden]- **18** IV 5470
  — äthylester **18** IV 5470
—, [1,1,5-Trimethyl-3-oxo-phthalan-4-yl]-
  18 335 d
—, [2,3,3-Trimethyl-5-oxo-tetrahydro-
  [2]furyl]-,
  — äthylester **18** IV 5312
—, [2,4,4-Trimethyl-5-oxo-tetrahydro-
  [2]furyl]- **18** IV 5313
  — äthylester **18** IV 5313
—, [4,5,5-Trimethyl-2-oxo-tetrahydro-
  [3]furyl]- **18** IV 5312
—, [3,3,4-Trimethyl-6-oxo-tetrahydro-
  pyran-2-yl]- **18** IV 5316
—, [2,6,6-Trimethyl-tetrahydro-pyran-2-
  yl]- **18** IV 3862
  — äthylester **18** IV 3862
  — methylester **18** IV 3862
—, [2,7,8-Trioxo-7,8-dihydro-
  2*H*-chromen-4-yl]-,
  — äthylester **18** I 524 b
—, Ureido-[*N*′-xanthen-9-yl-ureido]-
  18 II 424 f
—, Xanthen-9-yl- **18** 315 a, IV 4367
  — [2-(äthyl-dimethyl-ammonio)-
    äthylester] **18** IV 4368
  — [2-(äthyl-dipropyl-ammonio)-
    äthylester] **18** IV 4369
  — äthylester **18** II 280 e
  — amid **18** IV 4370
  — anilid **18** 315 b, IV 4371
  — [4-chlor-anilid] **18** IV 4371
  — [2-diäthylamino-äthylamid] **18**
    IV 4371
  — [2-diäthylamino-äthylester] **18**
    IV 4368
  — [3-diäthylamino-propylamid] **18**
    IV 4371
  — [2-diäthylamino-propylester] **18**
    IV 4370

Essigsäure

—, Xanthen-9-yl-, (Fortsetzung)
 — [3-diäthylamino-propylester] **18**
   IV 4370
 — [2-(diäthyl-isopropyl-ammonio)-
   äthylester] **18** IV 4369
 — [2-(diäthyl-methyl-ammonio)-
   äthylester] **18** IV 4368
 — [2-(diäthyl-methyl-ammonio)-
   propylester] **18** IV 4370
 — [3-(diäthyl-methyl-ammonio)-
   propylester] **18** IV 4370
 — [2-(diäthyl-propyl-ammonio)-
   äthylester] **18** IV 4369
 — [2-dicyclohexylamino-äthylester]
   18 IV 4369
 — [2-diisopropylamino-äthylester]
   18 IV 4369
 — [2-dimethylamino-äthylester] **18**
   IV 4367
 — [β-dimethylamino-isopropylester]
   18 IV 4370
 — [2-(dimethyl-propyl-ammonio)-
   äthylester] **18** IV 4368
 — [2-dipropylamino-äthylester] **18**
   IV 4369
 — [2-hydroxy-äthylamid] **18**
   IV 4371
 — [2-(isopropyl-dimethyl-ammonio)-
   äthylester] **18** IV 4369
 — [2-(methyl-dipropyl-ammonio)-
   äthylester] **18** IV 4369
 — [1]naphthylamid **18** 315 f
 — [2]naphthylamid **18** 315 g
 — *m*-toluidid **18** 315 d
 — *o*-toluidid **18** 315 c
 — *p*-toluidid **18** 315 e
 — [2-triäthylammonio-äthylester]
   18 IV 4368
 — [2-trimethylammonio-äthylester]
   18 IV 4367
 — [2-tripropylammonio-äthylester]
   18 IV 4369
—, Xanthen-9-yliden- **18** IV 4387
 — [2-diäthylamino-äthylester] **18**
   IV 4387
 — [2-triäthylammonio-äthylester]
   18 IV 4387
—, Xanthen-9-ylmercapto- **17** IV 1610
Estomycin 18 IV 7534
Estrane s. Östran
Eucalenylacetat 17 IV 1451
Eucalypten 17 IV 328
Eucalyptol 17 24 b, I 15 b, II 32 h
Eudesma-1,4-dien-12,13-disäure
—, 6-Hydroxy-11-methyl-3-oxo-,
 — äthylester-lacton **18** IV 6065
 — lacton **18** IV 6064

—, 6-Hydroxy-3-oxo-,
 — äthylester-lacton **18** IV 6062
Eudesma-4,6-dien-12,13-disäure
—, 6-Hydroxy-11-methyl-3-oxo-,
 — äthylester-lacton **18** IV 6063
Eudesma-1,4-dien-12-säure
—, 8-Acetoxy-6-hydroxy-3-oxo-,
 — lacton **18** IV 1441
—, 11-Acetoxy-6-hydroxy-3-oxo-,
 — lacton **18** IV 1439
—, 3-Acetoxyimino-6-hydroxy-,
 — lacton **17** 506 c
—, 8-Äthoxycarbonyloxy-6-hydroxy-3-
   oxo-,
 — lacton **18** IV 1441
—, 3-Amino-6-hydroxy-,
 — lacton **18** 608 a, IV 7919
—, 3-Benzyloxyimino-6-hydroxy-,
 — lacton **17** 506 b
—, 2-Brom-6-hydroxy-3-oxo-,
 — lacton **17** IV 6236
—, 11-Cyan-6-hydroxy-3-oxo-,
 — lacton **18** IV 6066
—, 6,8-Dihydroxy-3-oxo-,
 — 6-lacton **18** IV 1440
—, 6,11-Dihydroxy-3-oxo-,
 — 6-lacton **18** IV 1439
—, 3-[2,4-Dinitro-phenylhydrazono]-6,8-
   dihydroxy-,
 — 6-lacton **18** IV 1442
—, 3-[2,4-Dinitro-phenylhydrazono]-6-
   hydroxy-,
 — lacton **17** IV 6234
—, 8-Formyloxy-6-hydroxy-3-oxo-,
 — lacton **18** IV 1440
—, 6-Hydroxy-3,8-dioxo-,
 — lacton **17** IV 6755
—, 6-Hydroxy-3-hydroxyimino-,
 — lacton **17** 506 a, I 261 a,
   IV 6236
—, 6-Hydroxy-8-jod-3-oxo-,
 — lacton **17** IV 6237
—, 6-Hydroxy-3-oxo-,
 — lacton **17** 499 b, I 260 g,
   II 479 f, IV 6229
—, 6-Hydroxy-3-oxo-8-[toluol-4-
   sulfonyloxy]-,
 — lacton **18** IV 1442
—, 6-Hydroxy-3-phenylhydrazono-,
 — lacton **17** 506 d
—, 6-Hydroxy-3-semicarbazono-,
 — lacton **17** 507 a
Eudesma-1,7(11)-dien-12-säure
—, 6-Hydroxy-3-hydroxyimino-,
 — lacton **17** IV 6228
—, 6-Hydroxy-3-oxo-,
 — lacton **17** IV 6227

Eudesma-2,4-dien-12-säure
—, 8-Hydroxy-1-oxo-,
　— lacton **17** IV 6227
—, 8-Hydroxy-1-phenylhydrazono-,
　— lacton **10** III 4279 a
Eudesma-2,4(15)-dien-12-säure
—, 6-Acetoxy-2-brom-8-hydroxy-1-oxo-,
　— lacton **18** IV 1438
—, 1-[2,4-Dinitro-phenylhydrazono]-6-
　hydroxy-,
　— lacton **17** IV 6237
—, 8-Hydroxy-,
　— lacton **17** IV 5031
—, 6-Hydroxy-1-oxo-,
　— lacton **17** IV 6237
Eudesma-3,11,(13)-dien-12-säure
—, 1,6-Diacetoxy-8-hydroxy-,
　— lacton **18** IV 1278
—, 8-Hydroxy-2-oxo-,
　— lacton **17** IV 6227
Eudesma-4,7-dien-12-säure
—, 3-Acetoxy-6-hydroxy-,
　— lacton **18** IV 236
—, 6-Hydroxy-3-oxo-,
　— lacton **17** IV 6229
Eudesma-4,8-dien-12-säure
—, 6-Hydroxy-1-oxo-,
　— lacton **17** IV 6229
Eudesma-4(15),7(11)-dien-12-säure
—, 8-Hydroxy-,
　— lacton **17** IV 5030
Eudesma-4(15),11(13)-dien-12-säure
—, 6-Acetoxy-8-hydroxy-1-oxo-,
　— lacton **18** IV 1438
—, 1,6-Diacetoxy-8-hydroxy-,
　— lacton **18** IV 1278
—, 8-Hydroxy-,
　— lacton **17** IV 5031
Eudesma-5,7(11)-dien-12-säure
—, 6-Hydroxy-3-oxo-,
　— lacton **17** IV 6228
Eudesma-5,11(13)-dien-12-säure
—, 8-Hydroxy-,
　— lacton **17** 327 a, I 169 e,
　　II 356 c, IV 5030
Eudesman
—, 6-Acetoxy-8,12-epoxy- **17** IV 1319 b
—, 6-Benzoyloxy-8,12-epoxy- **17**
　IV 1319 c
—, 6,12-Epoxy- **17** IV 350
—, 8,12-Epoxy- **17** IV 349
—, 8,12-Epoxy-12,12-diphenyl- **17**
　IV 708
Eudesman-6-ol
—, 8,12-Epoxy- **17** IV 1319
Eudesman-3-on
—, 11,12-Epoxy-5-hydroxy- **18** IV 128

Eudesman-12-säure
—, 3-Acetoxy-4,6-dihydroxy-,
　— 6-lacton **18** IV 1179
—, 6-Acetoxy-4,8-dihydroxy-1-oxo-,
　— 8-lacton **18** IV 2331
—, 2-Acetoxy-3-[2,4-dinitro-
　phenylhydrazono]-6-hydroxy-,
　— lacton **18** IV 1213
—, 1-Acetoxy-8-hydroxy-,
　— lacton **18** IV 132
—, 3-Acetoxy-6-hydroxy-,
　— lacton **18** IV 135
—, 3-Acetoxy-8-hydroxy-,
　— lacton **18** IV 131
—, 8-Acetoxy-6-hydroxy-3-
　hydroxyimino-,
　— lacton **18** IV 1210
—, 2-Acetoxy-6-hydroxy-3-oxo-,
　— lacton **18** IV 1211
—, 8-Acetoxy-6-hydroxy-3-oxo-,
　— lacton **18** IV 1210
—, 2-Äthoxy-3-[2,4-dinitro-
　phenylhydrazono]-6-hydroxy-,
　— lacton **18** IV 1213
—, 2-Äthoxy-6-hydroxy-3-oxo-,
　— lacton **18** IV 1211
—, 3-Benzoyloxy-8-hydroxy-,
　— lacton **18** IV 132
—, 2-Benzyliden-6-hydroxy-3-oxo-,
　— lacton **17** IV 6420
—, 2-Brom-3,6-dihydroxy-,
　— 6-lacton **18** IV 136
—, 5-Brom-6,8-dihydroxy-1-oxo-,
　— 6-lacton **18** IV 1209
—, 2-Brom-6-hydroxy-3-oxo-,
　— lacton **17** IV 6056
—, 4-Chlor-5,6-dihydroxy-3-oxo-,
　— 6-lacton **18** IV 1214
—, 3-Chlor-6-hydroxy-,
　— lacton **17** IV 4676, 4765
—, 3-Chlor-8-hydroxy-,
　— lacton **17** IV 4674
—, 4-Chlor-8-hydroxy-,
　— lacton **17** IV 4674
—, 2-Chlor-6-hydroxy-3-oxo-,
　— lacton **17** IV 6056
—, 1,6-Diacetoxy-8-hydroxy-,
　— lacton **18** IV 1178
—, 2,2-Dibrom-6-hydroxy-3-oxo-,
　— lacton **17** IV 6057
—, 2,4-Dibrom-6-hydroxy-3-oxo-,
　— lacton **17** IV 6058
—, 1,2-Dichlor-6-hydroxy-3-oxo-,
　— lacton **17** IV 6056
—, 1,8-Dihydroxy-,
　— 8-lacton **18** IV 132
—, 3,6-Dihydroxy-,
　— 6-lacton **18** IV 133

Eudesman-12-säure (Fortsetzung)
—, 3,8-Dihydroxy-,
  — 8-lacton **18** IV 131
—, 6,8-Dihydroxy-,
  — 6-lacton **18** IV 132
—, 2,6-Dihydroxy-3-oxo-,
  — 6-lacton **18** IV 1210
—, 4,6-Dihydroxy-3-oxo-,
  — 6-lacton **18** IV 1214
—, 6,8-Dihydroxy-3-oxo-,
  — 6-lacton **18** IV 1209
—, 4,6-Dihydroxy-3-semicarbazono-,
  — 6-lacton **18** IV 1214
—, 3-[2,4-Dinitro-phenylhydrazono]-6-
  hydroxy-2-methoxy-,
  — lacton **18** IV 1212
—, 1-[2,4-Dinitro-phenylhydrazono]-
  4,5,6,8-tetrahydroxy-,
  — 6-lacton **18** IV 3069
—, 2-Formyl-6-hydroxy-3-oxo-,
  — lacton **17** IV 6728
—, 6-Hydroxy-,
  — lacton **17** IV 4674
—, 8-Hydroxy-,
  — lacton **17** IV 4672
—, 6-Hydroxy-2,3-bis-hydroxyimino-,
  — lacton **17** IV 6726
—, 6-Hydroxy-2,3-dioxo-,
  — lacton **17** IV 6726
—, 6-Hydroxy-3,8-dioxo-,
  — lacton **17** IV 6726
—, 8-Hydroxy-3-hydroxyimino-,
  — lacton **17** IV 6050
—, 6-Hydroxy-2-[4-methoxy-benzyliden]-
  3-oxo-,
  — lacton **18** IV 1753
—, 6-Hydroxy-2-methoxy-3-oxo-,
  — lacton **18** IV 1211
—, 8-Hydroxy-8-methyl-,
  — lacton **17** IV 4681
—, 6-Hydroxy-3-oxo-,
  — lacton **17** I 242 g, IV 6052
—, 8-Hydroxy-1-oxo-,
  — lacton **17** IV 6050
—, 8-Hydroxy-3-oxo-,
  — lacton **17** IV 6049
—, 4,5,6,8-Tetrahydroxy-1-oxo-,
  — 6-lacton **18** IV 3069
—, 2,3,6-Trihydroxy-,
  — 6-lacton **18** IV 1179
—, 3,4,6-Trihydroxy-,
  — 6-lacton **18** IV 1179
—, 3,6,8-Trihydroxy-,
  — 6-lacton **18** IV 1178
—, 5,6,8-Trihydroxy-,
  — 6-lacton **18** IV 1178
—, 4,5,6-Trihydroxy-3-oxo- **17** IV 6111

Eudesma-1,3,5,7(11)-tetraen-12-säure
—, 3-Acetoxy-6-hydroxy-,
  — lacton **18** IV 528
—, 3,6-Dihydroxy-,
  — 6-lacton **17** IV 6316
—, 6-Hydroxy-3-methoxy-,
  — lacton **18** IV 528
Eudesma-1,5,7(11)-trien-12-säure
—, 6-Hydroxy-3-hydroxyimino-,
  — lacton **17** IV 6316
—, 6-Hydroxy-3-oxo-,
  — lacton **17** IV 6316
Eudesma-3,5,7(10)-trien-12-säure
—, 3-Acetoxy-6-hydroxy-,
  — lacton **18** IV 451
Eudesma-3,5,7(11)-trien-12-säure
—, 3,6-Dihydroxy-,
  — 6-lacton **17** IV 6228
—, 6-Hydroxy-3-methoxy-,
  — lacton **18** IV 451
Eudesm-4-en-12,13-disäure
—, 2-Brom-6-hydroxy-11-methyl-3-oxo-,
  — äthylester-lacton **18** IV 6043
  — lacton **18** IV 6042
—, 6-Brom-11-methyl-3-oxo-,
  — monoäthylester **18** IV 6041
—, 1,2-Episeleno-11-methyl-3-oxo-,
  — diäthylester **18** IV 6157
—, 6-Hydroxy-11-methyl-3-oxo-,
  — äthylester-lacton **18** IV 6041
  — lacton **18** IV 6039
  — lacton-methylester **18** IV 6040
—, 6-Hydroxy-3-oxo-,
  — äthylester-lacton **18** IV 6038
  — lacton **18** IV 6037
Eudesm-5-eno-12-hydroxamsäure
—, 8-Hydroxy-1-hydroxyimino- **17**
  IV 6107
Eudesm-4-en-3-on
—, 11,12-Epoxy- **17** IV 4761
Eudesm-1-en-12-säure
—, 4-Brom-5,6-dihydroxy-3-oxo-,
  — 6-lacton **18** IV 1280
—, 2-Brom-6-hydroxy-3-oxo-,
  — lacton **17** IV 6109
—, 4-Chlor-5,6-dihydroxy-3-oxo-,
  — 6-lacton **18** IV 1279
—, 2-Chlor-6-hydroxy-3-oxo-,
  — lacton **17** IV 6109
—, 6-Hydroxy-3-oxo-,
  — lacton **17** IV 6108
Eudesm-2-en-12-säure
—, 4,6-Dihydroxy-1-hydroxyimino-,
  — 6-lacton **18** IV 1280
—, 4,6-Dihydroxy-1-oxo-,
  — 6-lacton **18** IV 1280
—, 6,8-Dihydroxy-1-oxo-,
  — 6-lacton **18** IV 1279
  — 8-lacton **18** IV 1279

Eudesm-2-en-12-säure (Fortsetzung)
—, 1-[2,4-Dinitro-phenylhydrazono]-4,6-
dihydroxy-,
　– 6-lacton **18** IV 1280
—, 6-Hydroxy-,
　– lacton **17** IV 4765
—, 8-Hydroxy-,
　– lacton **17** IV 4764
Eudesm-3-en-12-säure
—, 6-Acetoxy-1,8-dihydroxy-,
　– 8-lacton **18** IV 1208
—, 6-Acetoxy-8-hydroxy-1-oxo-,
　– lacton **18** IV 1278
—, 6-Hydroxy-,
　– lacton **17** IV 4765
—, 8-Hydroxy-,
　– lacton **17** IV 4763
Eudesm-4-en-12-säure
—, 8-Acetoxy-6-hydroxy-1-oxo-,
　– lacton **18** IV 1282
—, 8-Äthoxycarbonyloxy-6-hydroxy-1-
oxo-,
　– lacton **18** IV 1282
—, 2-Brom-6-hydroxy-3-oxo-,
　– lacton **17** IV 6112
—, 1,2-Dichlor-6-hydroxy-3-oxo-,
　– lacton **17** 465 e, IV 6111
—, 6,8-Dihydroxy-1-hydroxyimino-,
　– 6-lacton **18** IV 1282
—, 6,8-Dihydroxy-2-hydroxyimino-1-
oxo-,
　– 6-lacton **18** IV 2420
—, 6,8-Dihydroxy-2-hydroxymethylen-1-
oxo-,
　– 6-lacton **18** IV 2421
—, 6,8-Dihydroxy-1-oxo-,
　– 6-lacton **18** IV 1280
—, 1-[2,4-Dinitro-phenylhydrazono]-6,8-
dihydroxy-,
　– 6-lacton **18** IV 1283
—, 2-Formyl-6,8-dihydroxy-1-oxo-,
　– 6-lacton **18** IV 2421
—, 1-Hydrazono-6,8-dihydroxy-,
　– 6-lacton **18** IV 1283
—, 6-Hydroxy-1,8-dioxo-,
　– lacton **17** IV 6733
—, 6-Hydroxy-3-oxo-,
　– lacton **17** I 245 c, IV 6109
—, 6-Hydroxy-1-oxo-8-[toluol-4-
sulfonyloxy]-,
　– lacton **18** IV 1282
Eudesm-4(15)-en-12-säure
—, 6-Acetoxy-1,8-dihydroxy-,
　– 8-lacton **18** IV 1208
—, 6-Acetoxy-8-hydroxy-1-oxo-,
　– lacton **18** IV 1278
—, 8-Acetoxy-6-hydroxy-1-oxo-,
　– lacton **18** IV 1284

—, 3-Benzoyloxy-8-hydroxy-,
　– lacton **18** IV 145
—, 1,6-Diacetoxy-8-hydroxy-,
　– lacton **18** IV 1208
—, 3,8-Dihydroxy-,
　– 8-lacton **18** IV 145
—, 8,8′-Dihydroxy-13,13′-acetylimino-di-,
　– dilacton **18** IV 7882
—, 8,8′-Dihydroxy-13,13′-imino-di-,
　– dilacton **18** IV 7881
—, 6,8-Dihydroxy-1-oxo-,
　– 6-lacton **18** IV 1283
　– 8-lacton **18** IV 1278
—, 13-Dimethylamino-8-hydroxy-,
　– lacton **18** IV 7881
—, 8-Hydroxy-,
　– lacton **17** IV 4764
—, 1,6,8-Trihydroxy-,
　– 8-lacton **18** IV 1208
Eudesm-5-en-12-säure
—, 1-Acetoxy-8-hydroxy-,
　– lacton **18** IV 144
—, 8,8′-Dihydroxy-13,13′-acetylimino-di-,
　– dilacton **18** IV 7881
—, 8,8′-Dihydroxy-13,13′-imino-di-,
　– dilacton **18** IV 7881
—, 8-Hydroxy-,
　– lacton **17** IV 4763
—, 8-Hydroxy-1-oxo-,
　– lacton **17** IV 6107
Eudesm-7-en-12-säure
—, 3-Acetoxy-4,6-dihydroxy-,
　– 6-lacton **18** IV 1209
—, 4,6-Dihydroxy-3-hydroxyimino-,
　– 6-lacton **18** IV 1279
—, 4,6-Dihydroxy-3-oxo-,
　– 6-lacton **18** IV 1279
—, 4,6-Dihydroxy-3-semicarbazono-,
　– 6-lacton **18** IV 1279
—, 3,4,6-Trihydroxy-,
　– 6-lacton **18** IV 1209
Eudesm-7(11)-en-12-säure
—, 3,6-Dioxo- **17** IV 6236
　– methylester **17**
　　IV 6236
—, 8-Hydroxy-,
　– lacton **17** IV 4763
—, 6-Hydroxy-3-hydroxyimino-,
　– lacton **17** IV 6107
—, 6-Hydroxy-3-oxo-,
　– lacton **17** IV 6107
Eudesm-11(13)-en-12-säure
—, 6-Acetoxy-4,8-dihydroxy-1-oxo-,
　– 8-lacton **18** IV 2353
Eugenin 18 IV 1359
Eugenitin 18 IV 1400
Eugenitol 18 IV 1400
Eugenoloxid
—, Methyl- **17** 156 b

Euparin 18 IV 511
- [2,4-dinitro-phenylhydrazon] **18**
  IV 512
- oxim **18** IV 512
- semicarbazon **18** IV 512
—, *O*-Acetyl- **18** IV 511
—, *O*-Methyl- **18** IV 511
—, *O*-[Tetra-*O*-acetyl-glucopyranosyl]-
  18 IV 511
—, Tetrahydro- **18** IV 228
- [2,4-dinitro-phenylhydrazon] **18**
  IV 228
- oxim **18** IV 228
Eupatoriopicrin 18 IV 234
Euphan
—, 3-Acetoxy-7,8-epoxy- **17** IV 1449
—, 3-Acetoxy-8,9-epoxy- **17** IV 1450
Euphan-3-ol
—, 8,9-Epoxy- **17** IV 1449
Euphan-3-on
—, 8,9-Epoxy- **17** IV 5049
- oxim **17** IV 5050
Euph-8-en
—, 3-Acetoxy-24,25-epoxy- **17**
  IV 1523
Eupholoxid
—, *O*-Acetyl- **17** IV 1523
—, *O*-Acetyl-dihydro- **17** IV 1450
—, Dihydro- **17** IV 1449
Euphorban
—, 3-Acetoxy-8,9-epoxy- **17** IV 1453
Euphorb-8-en
—, 3-Acetoxy-24,28-epoxy- **17** IV 1531
Euphorbiasteroid 18 IV 2358
Euryopsonol 18 IV 235
- [2,4-dinitro-phenylhydrazon] **18**
  IV 236
—, *O*-Acetyl- **18** IV 235

Euxanthinsäure 18 IV 5153,**31** 277 g
- äthylester **31** 279 e
- methylester **31** 279 b
—, Amino- **18** IV 8130
—, Tetra-*O*-acetyl-,
- äthylester **31** 279 f
—, Tetra-*O*-methyl-,
- methylester **18** IV 5206
Euxanthon 18 113 g, I 356 e, II 87 g,
  IV 1682
Evatromonosid 18 IV 1475
Evobiosid 18 IV 1490
Evodion 18 IV 2414
- [2,4-dinitro-phenylhydrazon] **18**
  IV 2414
- oxim **18** IV 2414
- semicarbazon **18** IV 2414
—, Dihydro- **18** IV 2348
- [2,4-dinitro-phenylhydrazon] **18**
  IV 2348
- semicarbazon **18** IV 2348
Evodionol 18 IV 1418
- [2,4-dinitro-phenylhydrazon] **18**
  IV 1419
- oxim **18** IV 1419
—, *O*-Acetyl- **18** IV 1418
—, Dihydro- **18** IV 1261
- oxim **18** IV 1262
—, *O*-Methyl- **18** IV 1418
- [2,4-dinitro-phenylhydrazon] **18**
  IV 1419
- oxim **18** IV 1419
Evodon 17 IV 4742
Evomonosid 18 IV 1485
—, Tri-*O*-acetyl- **18** IV 1489
Evonosid 18 IV 1491
—, Nona-*O*-acetyl- **18** IV 1496
Exaltolid 17 II 295 h, IV 4273
Expansin 18 IV 1184